国家出版基金项目
NATIONAL PUBLICATION FOUNDATION

中国矿物志

第五卷　含氧盐类矿物（除硅酸盐）

第三分册

碳酸盐和硝酸盐矿物

蔡剑辉　等 编著

地质出版社

·北　京·

内 容 提 要

本书为科技基础性工作专项项目“中国矿物志-碳酸盐、硼酸盐、磷酸盐及硫酸盐类矿物卷”（项目编号：2012FY120300）的成果。本书系统地论述了53种碳酸盐、3种硝酸盐类矿物在中国的产出状况和研究成果。同时，为了全面反映碳酸盐、硝酸盐矿物种在全球的分布特征和研究程度，为进一步深化中国矿物学基础研究的深度、拓展矿物种的研究范围，本书也系统收录了截至2014年底全球已发现的229种碳酸盐、12种硝酸盐类矿物的基础研究资料和数据。本书对每个矿物种的描述分为两个部分，一是矿物学特征综述，概括描述矿物种的基本矿物学特征及其在世界范围内的产出情况；二是矿物种在中国的产出情况，包括各产地相关矿物种的产状、共（伴）生矿物、化学式、晶系、空间群、晶胞参数及单位晶胞分子数、X射线粉晶衍射数据、矿物形貌、物理性质、光学性质、化学成分和性质、光谱特征、成因、资源与环境意义以及与其他矿物种的关系等方面的内容。《中国矿物志》通过系统地综合集成并全面展示自然界已发现矿物种在中国的产出情况及其资源与环境意义，客观记录中国矿物种发现和研究的历史和成果，不仅丰富和完善了我国国家基础科学信息数据，而且对于加强国土资源管理、开展地质和资源调查、促进资源的开发与综合利用以及新型材料和新功能的研制与应用、普及矿物学知识等均具有非常重要的科学意义和应用价值。

图书在版编目（CIP）数据

中国矿物志. 第五卷，含氧盐类矿物（除硅酸盐）. 第三分册，碳酸盐和硝酸盐矿物 / 蔡剑辉等编著. 北京：地质出版社，2024. 12. --ISBN 978-7-116-14404-0

Ⅰ. P577. 2

中国国家版本馆 CIP 数据核字第 202456BX50 号

ZHONGGUO KUANGWU ZHI DI-WU JUAN HANYANG YANLEI KUANGWU (CHU GUISUANYAN)
DI-SAN FENCE TANSUANYAN HE XIAOSUANYAN KUANGWU

责任编辑：刘云龙　刘秉翔　贺　文
责任校对：关风云
出版发行：地质出版社
社址邮编：北京市海淀区学院路31号，100083
电　　话：（010）66554528（邮购部）；（010）66554643（编辑室）
网　　址：https：//www. gph. clmpg. com
传　　真：（010）66554686
印　　刷：北京地大彩印有限公司
开　　本：889 mm×1194 mm　1/16
印　　张：50. 5
字　　数：1600千字
版　　次：2024年12月北京第1版
印　　次：2024年12月北京第1次印刷
定　　价：580. 00元
书　　号：ISBN 978-7-116-14404-0

《中国矿物志》编委会

（第一届）

一、专家领导小组

组　长： 程裕淇

副组长： 张炳熹

顾　问： 蒋　溶

成　员：（以姓氏拼音为序）

陈　正　郭宗山　黄蕴慧　黄正之　庐志诚　秦淑英

沈树荣　石准立　苏明迪　王泽九　谢先德　杨敏之

赵风民　郑　直　朱关祥

秘书处： 黄蕴慧　秦淑英

二、编审委员会

主　　任： 蒋　溶

常务委员：（以姓氏拼音为序）

陈　正　陈光远　郭宗山　黄蕴慧　潘兆橹　谢先德

许文渊　杨敏之

委　　员：（以姓氏拼音为序）

曹正民　陈　正　陈光远　杜绍华　高新国　葛书华

郭宗山　黄蕴慧　季寿元　江绍英　蒋　溶　蒋良俊

蒋永年　金季瑗　李鸿超　刘万余　潘兆橹　秦淑英

任英忱　绍克忠　田慧新　王　曙　夏祖春　谢先德

许文渊　杨汉臣　杨敏之　应育浦　张静宜　郑　直

朱而勤

秘书处： 黄蕴慧（秘书长）

秦淑英　应育浦　冯建良（副秘书长）

杨建民　李戈晶　邹　星　周　正　杨汉臣（成员）

《中国矿物志》编委会

（第二届）

三、承担单位

中国地质科学院矿产资源研究所

总　序

矿物种是具有确定的化学组成和结晶学性质的、由特定地质作用以及生物作用形成的天然单质或化合物。矿物是构成地球和地外天体地质体的基本物质，它的形成和演变见证着地球和地外天体从诞生开始的整个演化过程。矿物是组成人类社会赖以生存和发展所必需的矿产资源的具有一定化学成分、特定结构及物理化学性质的最小单元，是划分地质体及确定地质体资源属性、矿业开发环境变异的直接依据，它蕴含着丰富的解析地球的起源和发展、矿产的形成与演化、环境的变迁与修复、材料的利用和研制等诸多方面的原始信息源，同时兼具地质、资源、环境、材料等多方面的属性。

矿物的多样性是由一系列自然作用过程导致的，随着地球及地外天体的演化，矿物种不断丰富，这个过程贯穿其整个演化历史。人类对自然的认识有一个不断探索、不断丰富的发展过程，对于矿物的认识也不例外。成立于 1958 年的国际矿物协会新矿物和矿物命名委员会（the Commission on New Minerals and Mineral Names，简称 CNMMN）是得到国际矿物学界认可的负责指导和审订全球新矿物以及矿物命名和矿物分类的国际学术性组织，2006 年与矿物分类委员会（the Commission on Classification of Minerals，简称 CCM）合并更名为新矿物、命名和分类委员会（the Commission on New Minerals，Nomenclature and Classification，简称 CNMNC）。2024 年 11 月 CNMNC 公布的全球有效矿物种为 6100 种，而在 20 世纪 80 年代以前，全世界已发现并被学术界所公认的矿物种仅有 2600 余种。如此丰富的矿物资源为人类的生存和发展奠定了根本的物质基础，对矿物的研究和系统认知程度是反映一个国家整体基础科研水平的重要标志之一。

中国地大物博、矿产丰富，目前已发现并开展过不同程度研究的矿物种达 2000 余种，积累了海量的矿物学资料。早在 20 世纪 50 年代，我国矿物学家就意识到重视矿物学研究成果的归纳和总结、持续开展矿物立典工作的重要性，但由于种种原因，这项工作未能获得有效的支持和资助。直至 1984 年，历经 20 余年的矿物学研究成果积累和分析，终于由中国地质学会矿物学专业委员会牵头组织召开两次扩大会议，做出在中国地质学会及其挂靠单位成立“中国矿物志编著领导小组”和“中国矿物志编审委员会”的决定。时任中国地质学会理事长程裕淇院士（1912—2002）和国际地质科学联合会副主席张炳熹院士（1919—2000）分别担任《中国矿物志》编著领导小组正、副组长；中国地质学会矿物学专业委员会主任、中国地质科学院矿床所著名矿物学家蒋溶先生（1902—1993）担任《中国矿物志》编审委员会主任。当时拟参加编著的单位主要有中国地质科学院、中国地质博物馆、地质出版社、地质矿产部各省局及研究所、全国各地质院校、中国科学院地质研究所和地球化学研究所、青海盐湖研究所等，还有冶金部天津地质研究院、中国有色金属总公司北京地质研究所和桂林地质研究院、黄金指挥部、能源部核工业地质研究院和国家建材局地质勘探公司研究所等。会议还就编著《中国矿物志》的目的和意义、编写形式、专著内容和设计、组织机构、内容要求等问题进行了详细论述，制定了《中国矿物志》的编著计划，确定《中国矿物志》分为两种形式：其一，按系统矿物学分类编著《中国矿物志》专著，总册分七卷十七分册；其二，为分区分类矿物志，如区域矿物志、矿床矿物志、矿种矿物志和重砂矿物志等。按系统矿物学分类根据矿物结构及结晶化学分类详细拟定《中国矿物志》专著编著计划如下：

第一卷　自然元素、金属互化物及碳、硅、氮、磷化物

第二卷　硫化物及硫盐

　第一分册　硫化物

　第二分册　硫盐矿物

第三卷　氧化物、氢氧化物

　第一分册　简单氧化物

　第二分册　复杂氧化物

　第三分册　羟化物

　第四分册　SiO_2 族矿物

第四卷　卤化物矿物、氧卤化物及氢氧卤化物

第五卷　含氧盐类矿物（硅酸盐除外）

　第一分册　砷、硒、碲、钒、钨、钼、铬、铌、钽、铀、锑等各种盐类矿物

　第二分册　碳酸盐、硼酸盐、磷酸盐及硫酸盐类矿物；包括碘、硝酸盐类矿物

第六卷　硅酸盐矿物

　第一分册　岛状结构矿物

　第二分册　环状结构矿物

　第三分册　单链结构矿物

　第四分册　双链结构矿物

　第五分册　架状结构矿物

　第六分册　层状结构矿物

第七卷　有机矿物

1984年《中国矿物志》编著计划的制定对于推动当时中国矿物学的发展起到了重要作用，但是在由计划经济向市场经济体制转型的时代背景下，受当时科研体制改革形势和国家经济发展规划调整的制约，矿物学科渐显萎缩之势，研究经费短缺且技术力量分散，加之随着时间的推移，原《中国矿物志》编委会一些核心成员抱憾而逝，使得中国矿物志的编著工作进展十分缓慢甚至一度搁置。直至1992年才由中国地质科学院矿产资源研究所秦淑英研究员主持完成《中国矿物志》首卷——第四卷卤化物矿物的编著和出版。当时世界上已发现的卤化物矿物有百余种，但我国发现的种数比较少，第四卷共收录矿物21种。2000年底由中国地质科学院矿产资源研究所黄蕴慧研究员主持完成第一卷自然元素单质及其互化物矿物的编著和出版工作。当时世界上已发现的该大类有近百种，但在我国仅发现60余种，第一卷共收录相关矿物61种。2000—2002年受国土资源部地质调查项目“中国矿物立典研究”资助，由中国地质科学院矿产资源研究所王立本研究员主持完成《中国矿物志》第三卷第一分册和第五卷第一分册的编著任务。

与前两卷不同的是，新编卷册不仅包含中国已发现的相关矿物种，也包含了国内尚未发现但在国外已有发现并发表的所有相关矿物种，所以在出版时将《中国矿物志》更名《矿物典》，其卷册序号及名称仍遵照《中国矿物志》原编著计划不变。2008 年《矿物典》第三卷氧化物、氢氧化物（羟化物）矿物第一分册简单氧化物类矿物和第五卷盐类矿物第一分册砷、硒、碲、钒、钨、钼、铬等盐类矿物正式出版，分别收录 72 种简单氧化物矿物及 513 种盐类矿物。从 2006 年开始，受科技部国家科技基础性工作专项（项目编号：2006FY220200，2011FY120100，2012FY120300）经费持续资助，由中国地质科学院矿产资源研究所蔡剑辉研究员主持陆续完成《中国矿物志》6 个卷册的编著工作，包括第二卷硫化物及硫盐矿物第一、二 2 个分册；第三卷氧化物、氢氧化物（羟化物）矿物的第二、三和四 3 个分册；第五卷含氧盐类矿物第二分册。2020—2023 年受国家资源调查专项经费资助（项目编号：2019FY202200），又完成第六卷第一、二分册和第七卷的编著工作。迄今为止，《中国矿物志》尚余 4 个分册的编著和出版工作亟待完成，才能全面实现中国矿物志的编著计划，完成与国际系统矿物学研究工作的接轨。

从 1984 年建立《中国矿物志》编著计划至今，已整整 40 年。40 年来，全球新矿物的发现与研究以及矿物分类命名方面均取得了非常大的发展并积累了大量丰硕的成果。从全球矿物种的数量来说，1984 年全球已发现并被国际矿物学协会新矿物及矿物分类命名专业委员会（IMA CNMNC）批准的有效矿物种不足 3000 种。截至 2024 年 11 月，全球已发现的有效矿物种已达 6100 种。在最新的矿物晶体化分类体系中出现了很多以前没有的矿物亚类、矿物超族和矿物族，所以《中国矿物志》的编著计划有必要进行与时俱进的更新和补充，才能有效保证《中国矿物志》的科学性和时效性。近 20 年来，中国地质科学院矿产资源研究所中国矿物志项目组根据国内外系统矿物学领域的最新成果，对原编著计划进行了适时变更，以保持中国矿物立典研究与国际相关研究的接轨和同步，更系统、更全面地反映中国乃至全球矿物学研究的成果。接下来出版的《中国矿物志》卷册将按照更新后的《中国矿物志》编著计划进行。新的《中国矿物志》编著计划如下：

第一卷　自然元素、金属互化物及碳、硅、氮、磷化物矿物

第二卷　硫化物及硫盐矿物

　第一分册　硫化物及其类似化合物矿物（上、中、下）

　第二分册　硫盐矿物

第三卷　氧化物和氢氧化物矿物

　第一分册　简单氧化物矿物

　第二分册　复杂氧化物矿物（上、下）

　第三分册　氢氧化物矿物

　第四分册　SiO_2 族矿物

第四卷　卤化物矿物、氧卤化物及氢氧卤化物矿物

第五卷　含氧盐类矿物（除硅酸盐）

　第一分册　砷、硒、碲、钒、钨、钼、铬、铌、钽、铀、锑等各种盐类矿物

　第二分册　（上）硼酸盐矿物

　　　　　　（下）磷酸盐类矿物

第三分册　碳酸盐和硝酸盐矿物
第四分册　硫酸盐和碘酸盐矿物
第六卷　硅酸盐矿物
第一分册　（上）单岛状硅酸盐矿物
（下）多岛状硅酸盐矿物
第二分册　环状结构矿物
第三分册　单链结构矿物
第四分册　双链结构矿物
第五分册　架状结构矿物
第六分册　层状结构矿物
第七卷　有机矿物

编著《中国矿物志》是一项耗时、耗力的庞大的系统工程。近年来其工作进程得以不断推进，编著计划得以逐步实现，完全得益于科技部国家科技基础性工作专项（现更名为科技基础资源调查专项）经费的持续资助；得益于国家科技部、自然资源部（原国土资源部）、地质调查局各相关主管部门和领导的高度重视与大力支持；得益于中国地质学会及其矿物学专业委员会、中国矿物岩石地球化学学会及其新矿物与矿物命名专业委员会等全国性矿物学学术团体的积极倡导与倾力协助；得益于中国矿物志项目承担单位中国地质科学院矿产资源研究所的正确领导和对项目实施所需物力及人力资源的充分保障；更得益于中国地质科学院矿产资源研究所中国矿物志团队数十年前赴后继、孜孜不倦的坚持和努力，《中国矿物志》基于全国所有相关专业专家同行在矿物学领域所取得的研究成果的长期积累，是集体劳动的结晶。

《中国矿物志》是关于自然界已发现的矿物种在中国的产出状况（包括矿物种类、特征、物理和化学特性、产地、产状和分布规律等）及其资源环境意义等方面信息的集成，它建立在对我国矿物学研究成果的全面收集、综合研究、合理分类、系统总结和科学归纳等基础性研究工作之上，对于全面深入认识我国的矿物种类、特征、产状及分布规律等，促进我国矿物学研究水平的提高以及进一步确立中国矿物学研究在国际矿物学领域的先进地位具有十分重要的科学意义。同时，《中国矿物志》是对自然界三大基本物质（植物、动物和矿物）之一的矿物种资料的系统性整合，作为科学发展的主要奠基石之一，对我国科技创新具有不可替代的重要支撑作用。在国民经济建设中，《中国矿物志》也为我国矿产资源综合调查、评价、开发、综合利用和管理以及新矿物材料与环境功能材料的创新开发，乃至地球科学的进步等提供了兼具权威性和系统性的基础科学支持。

蔡剑辉
2024 年 11 月

序　言

《中国矿物志》第五卷为《含氧盐类矿物（除硅酸盐）》，由4个分册组成。即第一分册《砷、硒、碲、钒、钨、钼、铬、铌、钽、铀、锑等各种盐类矿物》、第二分册（上）《硼酸盐矿物》和（下）《磷酸盐类矿物》、第三分册《碳酸盐和硝酸盐矿物》和第四分册《硫酸盐和碘酸盐矿物》。

《中国矿物志》第五卷第三分册是国家科技基础性工作专项项目“中国矿物志-碳酸盐、硼酸盐、磷酸盐及硫酸盐类矿物卷”（项目编号：2012FY120300）的部分成果。该项目起止时间为2012—2015年，执行期限3年。项目承担单位是中国地质科学院矿产资源研究所，项目负责人为蔡剑辉研究员。项目主要任务是完成《中国矿物志》第五卷第二、三、四分册的编研工作。第三分册收录截至2014年底全球已发现并经IMA CNMNC批准的碳酸盐矿物229种和硝酸盐矿物12种，其中53种碳酸盐矿物、3种硝酸盐矿物在中国有产地报道并开展了较为详细的研究。

本分册碳酸盐、硝酸盐矿物的分类主要依据国际矿物学协会新矿物及矿物命名委员会（IMA CNMNC）确定的矿物晶体化学分类原则。收录的矿物种均为2014年底以前经IMA CNMNC正式批准认可成立的有效矿物种。除中国已有产地和研究报道的矿物种外，为了提供有关碳酸盐、硝酸盐矿物种更为完整的研究资料，本分册还收录了当时全球已发现并报道的所有相关矿物种的研究概述。每种矿物的主要描述内容分两大部分，第一部分为系统矿物学特征概述，主要是归纳总结全球模式产地或典型产地相关矿物种的主要特征；第二部分为中国所有产地相关矿物的研究成果。本分册矿物学特征数据涵盖矿物名称、化学式、产地和产状及共（伴）生矿物、形貌特征、晶系、空间群及晶胞参数、主要X射线粉晶衍射数据、晶体结构参数（原子坐标）、物理性质（包括颜色、条痕、透明性、光泽、解理、裂理、断口、双晶、硬度、密度、脆性、发光性等）、光学性质（镜下颜色、一或二轴晶、均质性、多色性、透明性、突起、糙面、内反射色、双反射、色散、反射率、折射率等）、化学组成特征（主量、稀土、微量、同位素、包裹体等）、化学性质、光谱特性、热性质及其他特性、资源环境意义、成因意义、参考文献等方面。其中矿物中文名称参考由中国新矿物及矿物命名专业委员会审订出版的《英汉矿物种名称》（新矿物及矿物命名委员会，1984）和《英汉矿物种名称词典》（蔡剑辉，2024）；矿物英文名称和化学式以IMA CNMNC定期公开颁布的《The New IMA List of Minerals》为准。其他资料数据均主要来源于国际国内已公开发表的学术专著和论文，少量引自经国内外专家学者论证、评审和验收通过但暂未公开出版的一些科研、勘查报告。为了便于读者进一步追溯相关矿物资料，本分册每种矿物均提供所有原始参考文献目录。

参与本分册编研的工作人员均来自中国地质科学院矿产资源研究所，主要人员有蔡剑辉、李锦平、王立本、杨建民、周伟伟、王亚莹、闫志娇、宋建强等，各章节的统编和最终定稿由蔡剑辉研究员完成。在本分册的编著过程中，始终得到中国地质学会矿物学专业委员会和中国矿物岩石地球化学学会各矿物学相关专业委员会成员以及其他国内外同行专家学者的积极支持、悉心指导和倾力相助，在此一并表达最诚挚的感谢。

目　录

概　论

截至2014年底世界上已发现并被国际矿物协会新矿物及矿物分类和命名专业委员会(IMA CNMNC)批准的碳酸盐和硝酸盐类矿物共计241种，其中碳酸盐类矿物229种、硝酸盐类矿物12种。按照目前国际上最普遍使用的Nickel-Strunz矿物晶体化学分类方法，根据含附加阴离子、H_2O和$UO_2(CO_3)$的不同情况可将碳酸盐类矿物分为五类；硝酸盐类矿物种比较少，归为一类，共计六类。具体如下：

第一类　不含附加阴离子及H_2O的碳酸盐矿物

第二类　含附加阴离子而不含H_2O的碳酸盐矿物

第三类　不含附加阴离子而含H_2O的碳酸盐矿物

第四类　既含附加阴离子和也含H_2O的碳酸盐矿物

第五类　铀酰碳酸盐矿物

第六类　硝酸盐矿物

亚类则根据阳离子的类型来划分，例如第一类矿物，根据其主要阳离子类型划分为4个亚类：

第一亚类　仅含碱金属离子的碳酸盐矿物

第二亚类　仅含碱土金属和其他二价金属阳离子的碳酸盐矿物

第三亚类　含碱金属和碱土金属阳离子的碳酸盐矿物

第四亚类　含稀土元素的碳酸盐矿物

碳酸盐和硝酸盐类矿物的具体分类方案如表0-1所示。

表0-1　碳酸盐和硝酸盐类矿物分类表

序号	英文名称	中文名称	晶系	化学式
一、不含附加阴离子及H_2O的碳酸盐矿物				
(一)仅含碱金属阳离子的碳酸盐矿物				
1	Zabuyelite	扎布耶石*	单斜	$Li_2(CO_3)$
2	Natrite	碳钠石	单斜	$Na_2(CO_3)$
3	Gregoryite	六方碳钠石	六方	$Na_2(CO_3)$
4	Nahcolite	苏打石*	单斜	$NaH(CO_3)$
5	Kalicinite	重碳钾石*	单斜	$KH(CO_3)$
6	Teschemacherite	碳铵石	斜方	$(NH_4)H(CO_3)$
7	Wegscheiderite	碳氢钠石*	单斜	$Na_5H_3(CO_3)_4$
(二)仅含碱土金属和其他二价阳离子的碳酸盐矿物				
方解石族				
8	Calcite	方解石*	三方	$Ca(CO_3)$
9	Gaspéite	菱镍矿	三方	$Ni(CO_3)$
10	Magnesite	菱镁矿*	三方	$Mg(CO_3)$
11	Otavite	菱镉矿*	三方	$Cd(CO_3)$
12	Rhodochrosite	菱锰矿*	三方	$Mn(CO_3)$
13	Siderite	菱铁矿*	三方	$Fe(CO_3)$

续表

序号	英文名称	中文名称	晶系	化学式
14	Smithsonite	菱锌矿*	三方	$Zn(CO_3)$
15	Spherocobaltite	球菱钴矿*	三方	$Co(CO_3)$
		白云石族		
16	Ankerite	铁白云石*	三方	$CaFe^{2+}(CO_3)_2$
17	Dolomite	白云石*	三方	$CaMg(CO_3)_2$
18	Kutnohorite	锰白云石*	三方	$CaMn^{2+}(CO_3)_2$
19	Minrecordite	锌白云石	三方	$CaZn(CO_3)_2$
20	Norsethite	钡白云石*	三方	$BaMg(CO_3)_2$
		文石族		
21	Aragonite	文石*	斜方	$Ca(CO_3)$
22	Cerussite	白铅矿*	斜方	$Pb(CO_3)$
23	Strontianite	碳锶石*	斜方	$Sr(CO_3)$
		未建族矿物种		
24	Witherite	毒重石*	斜方	$Ba(CO_3)$
25	Vaterite	六方碳钙石*	六方	$Ca(CO_3)$
26	Huntite	碳钙镁石*	三方	$CaMg_3(CO_3)_4$
27	Alstonite	三斜钡解石*	三斜	$BaCa(CO_3)_2$
28	Olekminskite	三方锶解石	三方	$Sr_2(CO_3)_2$
29	Paralstonite	三方钡解石*	三方	$BaCa(CO_3)_2$
30	Barytocalcite	钡解石*	单斜	$BaCa(CO_3)_2$
31	Carbocernaite	碳铈钠石*	斜方	$(Sr, Ce, La)(Ca, Na)(CO_3)_2$
32	Benstonite	菱碱土矿*	三方	$Ba_6Ca_6Mg(CO_3)_{13}$
33	Juangodoyite	碳钠铜石	单斜	$Na_2Cu(CO_3)_2$
		(三)含碱金属和碱土金属阳离子的碳酸盐矿物		
34	Eitelite	碳钠镁石	三方	$Na_2Mg(CO_3)_2$
35	Nyerereite	萘碳钠钙石	斜方	$Na_2Ca(CO_3)_2$
36	Zemkorite	碳钙钠石	六方	$Na_2Ca(CO_3)_2$
37	Butschliite	三方碳钾钙石	三方	$K_2Ca(CO_3)_2$
38	Fairchildite	碳钾钙石	六方	$K_2Ca(CO_3)_2$
39	Shortite	碳钠钙石*	斜方	$Na_2Ca_2(CO_3)_3$
		黄碳锶钠石族		
40	Burbankite	黄碳锶钠石*	六方	$(Na, Ca)_3(Sr, Ba, Ce)_3(CO_3)_5$
41	Calcioburbankite	黄碳钙钠石	六方	$Na_3(Ca, Ce, Sr, La)_3(CO_3)_5$
42	Khanneshite	黄碳钡钠石	六方	$(Na, Ca)_3(Ba, Sr, Ce, Ca)_3(CO_3)_5$
43	Sanrománite	黄碳铅钠石	六方	$Na_2CaPb_3(CO_3)_5$
		(四)含稀土元素的碳酸盐矿物		
44	Petersenite-(Ce)	碳钠铈石	单斜	$Na_4Ce_2(CO_3)_5$
45	Rémondite-(Ce)	瑞碳钠铈石	单斜	$Na_3(Ca, Ce, La, Na, Sr)_3(CO_3)_5$
46	Rémondite-(La)	瑞碳钠镧石	单斜	$Na_3(La, Ce, Ca)_3(CO_3)_5$
		未建族矿物种		
47	Sahamalite-(Ce)	碳镁铈石	单斜	$(Mg, Fe)(Ce, La, Nd, Pr)_2(CO_3)_4$
48	Paratooite-(La)	帕碳铜镧石	斜方	$(La, Ca, Na, Sr)_6Cu(CO_3)_8$

序号	英文名称	中文名称	晶系	化学式
二、含附加阴离子而不含 H_2O 的碳酸盐矿物				
（一）含 Cu、Co、Ni、Zn、Mg、Mn 的碳酸盐矿物				
锌铜孔雀石族				
49	Chukanovite	铁孔雀石	单斜	$Fe_2(CO_3)(OH)_2$
50	Glaukosphaerite	镍孔雀石	单斜	$(Cu, Ni)_2(CO_3)(OH)_2$
51	Kolwezite	钴孔雀石	三斜	$(Cu, Co)_2(CO_3)(OH)_2$
52	Malachite	孔雀石*	单斜	$Cu_2(CO_3)(OH)_2$
53	Mcguinnessite	镁孔雀石	单斜	$(Mg, Cu)_2(CO_3)(OH)_2$
54	Nullaginite	绿碳镍石	单斜	$Ni_2(CO_3)(OH)_2$
55	Pokrovskite	镁白孔雀石	单斜	$Mg_2(CO_3)(OH)_2$
56	Rosasite	锌铜孔雀石*	单斜	$(Cu, Zn)_2(CO_3)(OH)_2$
57	Zincrosasite	铜锌孔雀石	单斜	$(Zn, Cu)_2(CO_3)(OH)_2$
未建族矿物种				
58	Azurite	蓝铜矿*	单斜	$Cu_3(CO_3)_2(OH)_2$
59	Georgeite	水羟碳铜石	非晶质	$Cu_2(CO_3)(OH)_2$
60	Aurichalcite	绿铜锌石*	斜方	$Zn_5(CO_3)_2(OH)_6$
61	Hydrozincite	羟碳锌石*	单斜	$Zn_5(CO_3)_2(OH)_6$
62	Holdawayite	红碳锰石	单斜	$Mn_6^{2+}(CO_3)_2(OH)_7(Cl, OH)$
63	Defernite	戴碳钙石	斜方	$Ca_6(CO_3)_{1.58}(Si_2O_7)_{0.21}(OH)_7[Cl_{0.50}(OH)_{0.08}(H_2O)_{0.42}]$
64	Loseyite	碳锌锰石	单斜	$Mn_4^{2+}Zn_3(CO_3)_2(OH)_{10}$
65	Sclarite	斯碳锌锰石	单斜	$Zn_7(CO_3)_2(OH)_{10}$
（二）含碱金属阳离子等的碳酸盐矿物				
66	Barentsite	氟碳铝钠石	三斜	$Na_7Al(CO_3)_2(HCO_3)_2F_4$
67	Dawsonite	碳钠铝石*	斜方	$NaAl(CO_3)(OH)_2$
68	Tunisite	碳钠钙铝石	四方	$NaCa_2Al_4(CO_3)_4(OH)_8Cl$
69	Sabinaite	碳钛锆钠石	单斜	$Na_4TiZr_2O_4(CO_3)_4$
（三）含碱土金属阳离子等的碳酸盐矿物				
70	Brenkite	氟碳钙石	斜方	$Ca_2(CO_3)F_2$
71	Rouvilleite	氟碳钙钠石	单斜	$Na_3Ca_2(CO_3)_3F$
72	Podlesnoite	氟碳钡钙石	斜方	$Ca_2Ba(CO_3)_2F_2$
（四）含稀土元素（REE）的碳酸盐矿物				
氟碳钡镧石族				
73	Cordylite-(Ce)	氟碳钡铈石*	六方	$(Na, Ca, \square)BaCe_2(CO_3)_4(F, O)$
74	Cordylite-(La)	氟碳钡镧石	六方	$NaCaBa_2La_3Sr(CO_3)_8F_2$
氟碳钕石族				
75	Bastnäsite-(Ce)	氟碳铈矿*	六方	$Ce(CO_3)F$
76	Bastnäsite-(La)	氟碳镧石	六方	$La(CO_3)F$
77	Bastnäsite-(Nd)	氟碳钕石	六方	$Nd(CO_3)F$
78	Bastnäsite-(Y)	氟碳钇石	六方	$Y(CO_3)F$
79	Hydroxylbastnäsite-(Ce)	羟碳铈石	六方	$Ce(CO_3)(OH)$
80	Hydroxylbastnäsite-(Nd)	羟碳钕石	六方	$Nd(CO_3)(OH)$
81	Thorbastnäsite	水氟碳钙钍石	六方	$ThCa(CO_3)_2F_2 \cdot 3H_2O$

序号	英文名称	中文名称	晶系	化学式
		氟碳钙铈矿族		
82	Parisite-(Ce)	氟碳钙铈矿*	单斜	$CaCe_2(CO_3)_3F_2$
83	Parisite-(La)	氟碳钙镧矿	单斜	$CaLa_2(CO_3)_3F_2$
		直氟碳钙铈矿族		
84	Huanghoite-(Ce)	黄河矿*	三方	$BaCe(CO_3)_2F$
85	Synchysite-(Ce)	直氟碳钙铈矿*	单斜	$CaCe(CO_3)_2F$
86	Synchysite-(Nd)	直氟碳钙钕矿	斜方	$CaNd(CO_3)_2F$
87	Synchysite-(Y)	直氟碳钙钇矿*	单斜	$CaY(CO_3)_2F$
		未建族矿物种		
88	Lukechangite-(Ce)	氟碳钠铈石	六方	$Na_3Ce_2(CO_3)_4F$
89	Kukharenkoite-(Ce)	库氟碳铈钡石	单斜	$Ba_2Ce(CO_3)_3F$
90	Kukharenkoite-(La)	库氟碳镧钡石	单斜	$Ba_2La(CO_3)_3F$
91	Cebaite-(Ce)	氟碳铈钡石*	单斜	$Ba_3Ce_2(CO_3)_5F_2$
92	Arisite-(Ce)	氟碳铈钠石	六方	$NaCe_2(CO_3)_2[F_{2x}(CO_3)_{1-x}]F$
93	Arisite-(La)	氟碳镧钠石	六方	$NaLa_2(CO_3)_2[F_{2x}(CO_3)_{1-x}]F$
94	Röntgenite-(Ce)	伦琴石	三方	$Ca_2Ce_3(CO_3)_5F_3$
95	Horváthite-(Y)	氟碳钠钇石	斜方	$NaY(CO_3)F_2$
96	Qaqarssukite-(Ce)	柯氟碳钡铈石	三方	$Ba(Ce, REE)(CO_3)_2F$
		(五)含Pb、Bi的碳酸盐矿物		
97	Shannonite	碳氧铅石	斜方	$Pb_2O(CO_3)$
98	Hydrocerussite	水白铅矿*	六方	$Pb_3(CO_3)_2(OH)_2$
99	Plumbonacrite	羟碳铅石	六方	$Pb_5(CO_3)_3O(OH)_2$
100	Phosgenite	角铅矿*	四方	$Pb_2(CO_3)Cl_2$
101	Bismutite	泡铋矿*	斜方	$Bi_2O_2(CO_3)$
102	Kettnerite	氟碳铋钙石	斜方	$CaBiO(CO_3)F$
103	Beyerite	碳钙铋矿	四方	$CaBi_2O(CO_3)_2$
		(六)含(Cl)、SO_4、PO_4、TeO_3的碳酸盐矿物		
		氯碳钠镁石族		
104	Ferrotychite	硫碳铁钠石	等轴	$Na_6(Fe^{2+})_2(CO_3)_4(SO_4)$
105	Manganotychite	锰杂芒硝	等轴	$Na_6(Mn^{2+})_2(CO_3)_4(SO_4)$
106	Northupite	氯碳钠镁石*	等轴	$Na_3Mg(CO_3)_2Cl$
107	Tychite	杂芒硝*	等轴	$Na_6Mg_2(CO_3)_4(SO_4)$
		未建族矿物种		
108	Bonshtedtite	碳磷铁钠石	单斜	$Na_3Fe^{2+}(PO_4)(CO_3)$
109	Bradleyite	碳磷镁钠石	单斜	$Na_3Mg(PO_4)(CO_3)$
110	Crawfordite	碳磷锶钠石	单斜	$Na_3Sr(PO_4)(CO_3)$
111	Sidorenkite	碳磷锰钠石	单斜	$Na_3Mn(PO_4)(CO_3)$
112	Daqingshanite-(Ce)	大青山矿*	三方	$Sr_3Ce(PO_4)(CO_3)_3$
113	Reederite-(Y)	硫碳钇钠石	六方	$(Na, Mn)_{15}Y_2(CO_3)_9(SO_3F)Cl$
114	Mineevite-(Y)	硫碳钇钡钠石	六方	$Na_{25}BaY_2(CO_3)_{11}(HCO_3)_4(SO_4)_2F_2Cl$
115	Brianyoungite	布羟碳锌石	单斜/斜方	$Zn_3(CO_3)(OH)_4$
116	Philolithite	羟碳锰铅石	四方	$Pb_{12}O_6Mn_7(SO_4)(CO_3)_4Cl_4(OH)_{12}$
117	Leadhillite	硫碳铅石*	单斜	$Pb_4(SO_4)(CO_3)_2(OH)_2$

续表

序号	英文名称	中文名称	晶系	化学式
118	Macphersonite	亚硫碳铅石	斜方	$Pb_4(SO_4)(CO_3)_2(OH)_2$
119	Susannite	三方硫碳铅石	三方	$Pb_4(SO_4)(CO_3)_2(OH)_2$
三、不含附加阴离子而含 H_2O 的碳酸盐矿物				
(一)含中等半径阳离子的碳酸盐矿物				
120	Nesquehonite	碳氢镁石*	单斜	$Mg(CO_3)\cdot 3H_2O$
121	Lansfordite	五水碳镁石	单斜	$Mg(CO_3)\cdot 5H_2O$
122	Hellyerite	水碳镍石	单斜	$Ni(CO_3)\cdot 6H_2O$
(二)含大半径阳离子(碱金属和碱土金属)的碳酸盐矿物				
123	Thermonatrite	水碱*	斜方	$Na_2(CO_3)\cdot H_2O$
124	Natron	泡碱*	单斜	$Na_2(CO_3)\cdot 10H_2O$
125	Trona	天然碱*	单斜	$Na_3(HCO_3)(CO_3)\cdot 2H_2O$
126	Monohydrocalcite	单水碳钙石*	六方	$Ca(CO_3)\cdot H_2O$
127	Ikaite	六水碳钙石	单斜	$Ca(CO_3)\cdot 6H_2O$
128	Pirssonite	钙水碱*	斜方	$Na_2Ca(CO_3)_2\cdot 2H_2O$
129	Gaylussite	针碳钠钙石*	单斜	$Na_2Ca(CO_3)_2\cdot 5H_2O$
130	Chalconatronite	蓝铜钠石	单斜	$Na_2Cu(CO_3)_2\cdot 3H_2O$
131	Baylissite	水碳镁钾石	单斜	$K_2Mg(CO_3)_2\cdot 4H_2O$
132	Tuliokite	水碳钍钡钠石	三方	$Na_6BaTh(CO_3)_6\cdot 6H_2O$
(三)含稀土元素(REE)的碳酸盐矿物				
碳钇钡石族				
133	Donnayite-(Y)	碳钇锶石	三斜/六方	$NaSr_3CaY(CO_3)_6\cdot 3H_2O$
134	Ewaldite	碳铈钙钡石	六方	$Ba(Na, Ca, Y, Ce, K)(CO_3)_2\cdot 2.6H_2O$
135	Mckelveyite-(Y)	碳钇钡石	三斜/单斜	$NaCaBa_3Y(CO_3)_6\cdot 3H_2O$
136	Weloganite	水碳锆锶石	三斜	$Na_2Sr_3Zr(CO_3)_6\cdot 3H_2O$
水碳钙钇石族				
137	Kimuraite-(Y)	凯水碳钙钇石	斜方	$CaY_2(CO_3)_4\cdot 6H_2O$
138	Lokkaite-(Y)	水碳钇石	斜方	$CaY_4(CO_3)_7\cdot 9H_2O$
139	Tengerite-(Y)	水碳钙钇石	斜方	$Y_2(CO_3)_3\cdot 2\sim 3H_2O$
未建族矿物种				
140	Shomiokite-(Y)	水碳钠钇石	斜方	$Na_3Y(CO_3)_3\cdot 3H_2O$
141	Calkinsite-(Ce)	水碳镧铈石	斜方	$Ce_2(CO_3)_3\cdot 4H_2O$
142	Lanthanite-(Ce)	碳铈石*	斜方	$Ce_2(CO_3)_3\cdot 8H_2O$
143	Lanthanite-(La)	碳镧石	斜方	$La_2(CO_3)_3\cdot 8H_2O$
144	Lanthanite-(Nd)	碳钕石	斜方	$Nd_2(CO_3)_3\cdot 8H_2O$
145	Adamsite-(Y)	阿水碳钠钇石	三斜	$NaY(CO_3)_2\cdot 6H_2O$
146	Decrespignyite-(Y)	水氯碳铜钇石	单斜	$Y_4Cu(CO_3)_4Cl(OH)_5\cdot 2H_2O$
147	Galgenbergite-(Ce)	水碳钙铈矿	三斜	$CaCe_2(CO_3)_4\cdot H_2O$
四、含附加阴离子和 H_2O 的碳酸盐矿物				
(一)含中等半径阳离子的碳酸盐矿物				
菱水碳铝镁石超族				
148	Brugnatellite	红磷铁镁石	六方	$Mg_6Fe^{3+}(CO_3)(OH)_{13}\cdot 4H_2O$
149	Coalingite	片碳镁石	三方	$Mg_{10}Fe_2^{3+}(CO_3)(OH)_{24}\cdot 2H_2O$

序号	英文名称	中文名称	晶系	化学式
菱水碳铝镁石超族-羟碳镁石族				
150	Caresite	羟碳铁石	三方	$(Fe^{2+})_4Al_2(OH)_{12}(CO_3)\cdot 3H_2O$
151	Charmarite	羟碳锰石	六方	$Mn_4Al_2(OH)_{12}(CO_3)\cdot 3H_2O$
152	Chlormagaluminite	氯镁铝石	六方	$Mg_4Al_2(OH)_{12}Cl_2(H_2O)_2$
153	Comblainite	羟碳钴镍石	三方	$Ni_6Co_2^{3+}(CO_3)(OH)_{16}\cdot 4H_2O$
154	Quintinite	羟碳镁石	六方/三方	$Mg_4Al_2(OH)_{12}(CO_3)\cdot 3H_2O$
155	Zaccagnaite	羟碳铝锌石	六方/三方	$Zn_4Al_2(OH)_{12}(CO_3)\cdot 3H_2O$
菱水碳铝镁石超族-菱水碳铝镁石族				
156	Desautelsite	羟碳锰镁石	三方	$Mg_6(Mn^{3+})_2(CO_3)(OH)_{16}\cdot 4H_2O$
157	Hydrotalcite	菱水碳铝镁石*	三方	$Mg_6Al_2(CO_3)(OH)_{16}\cdot 4H_2O$
158	Hydrotalcite-2*H* (Manasseite)	菱水碳铝镁石-2*H*	六方	$Mg_6Al_2(CO_3)(OH)_{16}\cdot 4H_2O$
159	Pyroaurite-2*H*(Sjögrenite)	菱水碳铁镁石-2*H*	三方	$Mg_6Fe_2^{3+}(CO_3)(OH)_{16}\cdot 4H_2O$
160	Pyroaurite-3*R*	菱水碳铁镁石-3*R*	三方	$Mg_6Fe_2^{3+}(CO_3)(OH)_{16}\cdot 4H_2O$
161	Reevesite	水碳铁镍石	三方	$Ni_6Fe_2^{3+}(CO_3)(OH)_{16}\cdot 4H_2O$
162	Stichtite	菱水碳铬镁石	三方	$Mg_6Cr_2(CO_3)(OH)_{16}\cdot 4H_2O$
163	Stichtite-2*H*(barbertonite)	菱水碳铬镁石	三方	$Mg_6(Cr,Al)_2(CO_3)(OH)_{16}\cdot 4H_2O$
164	Takovite	水铝镍石	三方	$Ni_6Al_2(CO_3)(OH)_{16}\cdot 4H_2O$
未建族矿物种				
165	Artinite	纤水碳镁石*	单斜	$Mg_2(CO_3)(OH)_2\cdot 3H_2O$
166	Callaghanite	水碳铜镁石	单斜	$Cu_2Mg_2(CO_3)(OH)_6\cdot 2H_2O$
167	Chlorartinite	水氯碳镁石	三方	$Mg_2(CO_3)Cl(OH)\cdot 2.5H_2O$
168	Claraite	水碳铜石	三斜	$(Cu^{2+})_3(CO_3)(OH)_4\cdot 4H_2O$
169	Dypingite	球碳镁石	单斜	$Mg_5(CO_3)_4(OH)_2\cdot 5H_2O$
170	Hydromagnesite	水碳镁石*	单斜	$Mg_5(CO_3)_4(OH)_2\cdot 4H_2O$
171	Indigirite	水碳镁铝石	未测	$Mg_2Al_2(CO_3)_4(OH)_2\cdot 15H_2O$
172	Kambaldaite	水碳钠镍石	六方	$NaNi_4(CO_3)_3(OH)_3\cdot 3H_2O$
173	Otwayite	羟碳镍石	斜方	$Ni_2(CO_3)(OH)_2\cdot H_2O$
174	Scarbroite	羟碳铝石	三斜	$Al_5(CO_3)(OH)_{13}\cdot 5H_2O$
175	Widgiemoolthalite	威水碳镍石	单斜	$Ni_5(CO_3)_4(OH)_2\cdot 4\sim 5H_2O$
(二)含大和中等半径阳离子的碳酸盐矿物				
水碳铝钡石族				
176	Alumohydrocalcite	水碳铝钙石	三斜	$CaAl_2(CO_3)_2(OH)_4\cdot 3H_2O$
177	Dresserite	水碳铝钡石	斜方	$BaAl_2(CO_3)_2(OH)_4\cdot H_2O$
178	Dundasite	水碳铝铅石*	斜方	$PbAl_2(CO_3)_2(OH)_4\cdot H_2O$
179	Hydrodresserite	多水碳铝钡石	三斜	$BaAl_2(CO_3)_2(OH)_4\cdot 3H_2O$
180	Kochsándorite	一水碳铝钙石	斜方	$CaAl_2(CO_3)_2(OH)_4\cdot H_2O$
181	Petterdite	水碳铬铅石	斜方	$PbCr_2(CO_3)_2(OH)_4\cdot H_2O$
182	Strontiodresserite	水碳铝锶石	斜方	$SrAl_2(CO_3)_2(OH)_4\cdot H_2O$
未建族矿物种				
183	Montroyalite	水羟碳铝锶石	三斜	$Sr_4Al_8(CO_3)_3(OH)_{26}\cdot 10H_2O$

序号	英文名称	中文名称	晶系	化学式
184	Para-alumohydrocalcite	副水碳铝钙石	未知	$CaAl_2(CO_3)_2(OH)_4 \cdot 6H_2O$
185	Schuilingite-(Nd)	碳钕铜铅石	斜方	$CuPbNd(CO_3)_3(OH) \cdot 1.5H_2O$
186	Sergeevite	水碳镁钙石	三方	$Ca_2Mg_{11}(CO_3)_9(HCO_3)_4(OH)_4 \cdot 6H_2O$
187	Szymańskiite	水碳镍汞石	六方	$Hg_{16}Ni_6(CO_3)_{12}(OH)_{12}(H_3O)_8 \cdot 3H_2O$
(三)含大半径阳离子的碳酸盐矿物				
碳锶铈矿超族-碳锶铈矿族				
188	Ancylite-(Ce)	碳锶铈矿*	斜方	$CeSr(CO_3)_2(OH) \cdot H_2O$
189	Ancylite-(La)	碳锶镧矿*	斜方	$LaSr(CO_3)_2(OH) \cdot H_2O$
190	Calcioancylite-(Ce)	碳钙铈矿*	单斜	$(Ce, Ca, Sr)(CO_3)(OH, H_2O)$
191	Calcioancylite-(Nd)	碳钙钕矿	单斜	$Nd_{2.8}Ca_{1.2}(CO_3)_4(OH)_3 \cdot H_2O$
192	Gysinite-(Nd)	碳铅钕矿	斜方	$PbNd(CO_3)_2(OH) \cdot H_2O$
碳锶铈矿超族-弘三钕矿族				
193	Kozoite-(La)	弘三镧矿	斜方	$La(CO_3)(OH)$
194	Kozoite-(Nd)	弘三钕矿	斜方	$Nd(CO_3)(OH)$
未建族矿物种				
195	Clearcreekite	单斜羟碳汞石	单斜	$Hg_3^{1+}(CO_3)(OH) \cdot 2H_2O$
196	Kamphaugite-(Y)	羟碳钙钇石	四方	$Ca_2Y_2(CO_3)_4(OH)_2 \cdot 3H_2O$
197	Niveolanite	羟碳钠铍石	四方	$NaBe(CO_3)(OH) \cdot 2H_2O$
198	Peterbaylissite	羟碳汞石	斜方	$Hg_3(CO_3)(OH) \cdot 2H_2O$
199	Sheldrickite	氟碳钠钙石	六方	$NaCa_3(CO_3)_2F_3 \cdot H_2O$
200	Thomasclarkite-(Y)	重碳钠钇石	单斜	$NaY(HCO_3)(OH)_3 \cdot 4H_2O$
五、铀酰碳酸盐矿物				
(一)$UO_2 : CO_3 > 1 : 1$ 的碳酸盐矿物				
201	Urancalcarite	黄碳钙铀矿*	斜方	$Ca(UO_2)_3(CO_3)(OH)_6 \cdot 3H_2O$
202	Wyartite	黑碳钙铀矿	斜方	$CaU^{5+}(UO_2)_2(CO_3)O_4(OH) \cdot 7H_2O$
203	Oswaldpeetersite	奥水碳铀矿	单斜	$(UO_2)_2(CO_3)(OH)_2 \cdot 4H_2O$
204	Roubaultite	铜铀矿	三斜	$Cu_2O_2(UO_2)_3(CO_3)_2(OH)_2 \cdot 4H_2O$
205	Kamotoite-(Y)	碳钇铀矿	单斜	$Y_2O_4(UO_2)_4(CO_3)_3 \cdot 14H_2O$
206	Sharpite	水碳铀矿	斜方	$Ca(UO_2)_6(CO_3)_5(OH)_4 \cdot 6H_2O$
(二)$UO_2 : CO_3 = 1 : 1$ 的碳酸盐矿物				
207	Rutherfordine	纤碳铀矿*	斜方	$(UO_2)(CO_3)$
208	Blatonite	巴纤碳铀矿	六方	$(UO_2)(CO_3) \cdot H_2O$
209	Joliotite	碳铀矿	斜方	$(UO_2)(CO_3) \cdot 2H_2O$
210	Bijvoetite-(Y)	羟碳钇铀矿	单斜	$Y_8(UO_2)_{16}O_8(CO_3)_{16}(OH)_8 \cdot 39H_2O$
(三)$UO_2 : CO_3 = 1 : 1 \sim 1 : 2$ 的碳酸盐矿物				
211	Fontanite	氧碳钙铀矿	斜方	$Ca(UO_2)_3(CO_3)_2O_2 \cdot 6H_2O$
212	Metazellerite	变碳钙铀矿	斜方	$Ca(UO_2)(CO_3)_2 \cdot 3H_2O$
213	Zellerite	碳钙铀矿	斜方	$Ca(UO_2)(CO_3)_2 \cdot 5H_2O$
(四)$UO_2 : CO_3 = 1 : 3$ 的碳酸盐矿物				
214	Agricolaite	阿碳钾铀矿	单斜	$K_4(UO_2)(CO_3)_3$
215	Albrechtschraufite	氟碳钙铀矿	三斜	$Ca_4Mg(UO_2)_2(CO_3)_6F_2 \cdot 17H_2O$

序号	英文名称	中文名称	晶系	化学式
216	Andersonite	碳钠钙铀矿	三方	$Na_2Ca(UO_2)(CO_3)_3 \cdot 6H_2O$
217	Bayleyite	碳镁铀矿	单斜	$Mg_2(UO_2)(CO_3)_3(H_2O)_{12} \cdot 6H_2O$
218	Čejkaite	碳钠铀矿	三斜	$Na_4(UO_2)(CO_3)_3$
219	Grimselite	碳钾铀矿	六方	$K_3Na(UO_2)(CO_3)_3 \cdot H_2O$
220	Liebigite	绿碳钙铀矿*	斜方	$Ca_2(UO_2)(CO_3)_3 \cdot 11H_2O$
221	Rabbittite	水碳钙镁铀矿	单斜	$Ca_3Mg_3(UO_2)_2(CO_3)_6(OH)_4 \cdot 18H_2O$
221	Swartzite	碳钙镁铀矿	单斜	$CaMg(UO_2)(CO_3)_3 \cdot 12H_2O$
223	Widenmannite	碳铅铀矿	斜方	$Pb_2(UO_2)(CO_3)_3$
224	Znucalite	羟碳铀钙锌石	单斜	$CaZn_{11}(UO_2)(CO_3)_3(OH)_{20} \cdot 4H_2O$
(五)UO_2 : CO_3 = 1 : 4 的碳酸盐矿物				
225	Shabaite-(Nd)	萨巴铀矿	单斜	$CaNd_2(UO_2)(CO_3)_4(OH)_2 \cdot 6H_2O$
226	Voglite	碳铜钙铀矿	单斜	$Ca_2Cu(UO_2)(CO_3)_4 \cdot 6H_2O$
(六)UO_2 : CO_3 = 1 : 5 的碳酸盐矿物				
227	Astrocyanite-(Ce)	碳铈铜铀矿	六方	$Cu_2Ce_2(UO_2)(CO_3)_5(OH)_2 \cdot 1.5H_2O$
(七)含 SO_4 或 SiO_4 的碳酸盐矿物				
228	Lepersonnite-(Gd)	莱普生石	斜方	$CaGd_2(UO_2)_{24}(CO_3)_8Si_4O_{28} \cdot 60H_2O$
229	Schröckingerite	板碳铀矿*	三斜	$NaCa_3(UO_2)(SO_4)(CO_3)_3F \cdot 10H_2O$
六、硝酸盐矿物				
(一)不含 OH 或 H_2O 的硝酸盐矿物				
230	Gwihabaite	铵硝石	斜方	$(NH_4)(NO_3)$
231	Niter	钾硝石*	斜方	$K(NO_3)$
232	Nitratine	钠硝石*	三方	$Na(NO_3)$
233	Nitrobarite	钡硝石	等轴	$Ba(NO_3)_2$
(二)含 OH 的硝酸盐矿物				
234	Gerhardtite	铜硝石	斜方	$Cu_2(NO_3)(OH)_3$
235	Rouaite	单斜铜硝石	单斜	$Cu_2(NO_3)(OH)_3$
(三)含 H_2O 的硝酸盐矿物				
236	Nitromagnesite	水镁硝石	单斜	$Mg(NO_3)_2 \cdot 6H_2O$
237	Nitrocalcite	水钙硝石*	单斜	$Ca(NO_3)_2 \cdot 4H_2O$
(四)含 OH 和 H_2O 的硝酸盐矿物				
238	Hydrombobomkulite	水硫硝镍铝石	单斜	$(Ni, Cu)Al_4(NO_3)_2(SO_4)(OH)_{12} \cdot 14H_2O$
239	Likasite	羟磷硝铜石	斜方	$Cu_3(NO_3)(OH)_5 \cdot 2H_2O$
240	Mbobomkulite	硫硝镍铝石	单斜	$(Ni, Cu)Al_4(NO_3, SO_4)_2(OH)_{12} \cdot 3H_2O$
241	Sveite	斯万氮石	单斜	$KAl_7(NO_3)_4(OH)_{16}Cl_2 \cdot 8H_2O$

注：*代表在中国有产地报道。

第一章　不含附加阴离子及 H_2O 的碳酸盐矿物

第一节　仅含碱金属阳离子的碳酸盐矿物

这类矿物一共有 7 种，即扎布耶石、碳钠石、六方碳钠石、苏打石、重碳钾石、碳铵石和碳氢钠石。其中有 4 种在中国有产地报道，扎布耶石为在中国西藏首次发现的新矿物。

一、扎布耶石(Zabuyelite)

扎布耶石由我国著名学者郑绵平 1987 年发现于中国西藏阿里地区扎布耶盐湖。矿物根据模式产地的地名命名。

1. 扎布耶石的一般特征

[产地、产状及共(伴)生矿物]　产于岩盐中，沉淀于富锂的盐湖边缘(中国西藏扎布耶盐湖)，或在锂辉石的液体包裹体中呈固体包裹体出现。典型产地包括中国西藏仲巴县境内的扎布耶盐湖、津巴布韦的 Bikita 和 Kamativi、美国北卡罗来纳州 Cleveland 郡的 Kings 山、加拿大 Manitoba 的 Bernic 湖的 Manitob 伟晶岩。共(伴)生矿物有岩盐、针碳钠钙石和氯碳钠镁石等(郑绵平等，1987；林月美等，1989；Lin Y L et al.，1990)。

[形貌特征]　柱状晶体，双端呈锥体，粒径最大至 1.2 mm。

[晶体结构]　单斜晶系；*C*2/*c*。$a=8.361(1)$ Å，$b=4.976(2)$ Å，$c=6.193(3)$ Å；$\beta=114.69(3)°$；$Z=4$。晶体结构参数(原子坐标)见表 1-1-1。

表 1-1-1　扎布耶石的晶体结构参数

$a=8.3593$ Å，$b=4.9725$ Å，$c=6.1975$ Å，$\alpha=90°$，$\beta=114.83°$，$\gamma=90°$，*C*2/*c*									
原子	*x*	*y*	*z*	*B*(1，1)	*B*(2，2)	*B*(3，3)	*B*(1，2)	*B*(1，3)	*B*(2，3)
Li	0.1965	0.4484	0.8344	0.0053	0.0139	0.0111	0.0007	0.0034	0.0011
C	0	0.0657	0.25	0.0035	0.0094	0.0051	0	0.0019	0
O1	0	0.3213	0.25	0.0047	0.0060	0.0194	0	0.0037	0
O2	0.1459	−0.0635	0.3127	0.0037	0.0097	0.0102	0.0016	0.0024	0.0010

注：数据引自 Effenberger et al.(1979)

[主要粉晶衍射数据 d/Å(I)(hkl)]　2.8134(999)(002)，4.1625(838)(110)，2.9176(763)($\bar{2}02$)，4.4304(395)($\bar{3}11$)，2.6265(292)($\bar{1}12$)，3.0311(237)(111)，2.488(168)(020)，1.8681(148)(311)(PDF80-1307)

[物理性质]　无色；透明；玻璃光泽。具{100}完全、{011}中等解理。性脆；摩氏硬度 $H=3$。密度 $D_{测量}=2.09(1)$ g/cm^3，$D_{计算}=2.10$ g/cm^3。

[光学性质]　二轴晶(−)。折光率：$\alpha=1.428(1)$，$\beta=1.567(1)$，$\gamma=1.574(1)$。$2V_{测量}\approx25°$。光性方位：$Y=b$；$Z\wedge c=10°$。常见{100}双晶。

[化学成分]　理想化学式为 $Li_2(CO_3)$，其化学组成(w_B/%)为：Li_2O 40.44，CO_2 59.56，合计 100.00。

［**微化反应**］ 微溶于水。

2. 在中国的产出情况

扎布耶石是比较罕见的一种碳酸盐类矿物。全球产地不多，在中国除西藏扎布耶盐湖外，还产于西藏那曲的当雄错盐湖(伍倩等，2013)和四川省甘孜康定市的甲基卡锂矿床(Li J et al.，2009)。

西藏扎布耶盐湖中的扎布耶石

［**产地、产状及共(伴)生矿物**］ 广泛产于高寒的西藏阿里扎布耶盐湖中，主要呈两种不同产状：一种呈 1.5~20 μm 的微晶被包裹于石盐立方晶体中，该含锂石盐层多位于现代盐湖沉积物的上部，厚数厘米至 1 m 左右。另一种呈单独的细小晶体，长 0.01~0.5 mm，与针碳钠钙石、氯碳钠镁石等矿物共生，产于现代盐湖的中上部和盐湖的某些边缘地带，厚数厘米至 1 m 多。

［**形貌特征**］ 扎布耶石晶体为两端呈尖刃状的棱柱体，一般长 0.1~0.5 mm，宽 0.03~0.15 mm，厚 0.01~0.05 mm，长宽厚之比约为 4：1：0.5。少数晶体长十余微米，或偶见有长达 1 mm 晶体。

［**晶体结构**］ 单斜晶系；空间群为 $C_{2h}^6 = C2/c$。晶胞参数：$a = 8.361(3)$ Å，$b = 4.976(2)$ Å，$c = 6.193(3)$ Å；$\beta = 114.69°(3)$；$V = 234.1(1)$ Å^3；$Z = 4$。计算密度 $D_c = 2.10$ g/cm^3。

［**物理性质**］ 无色、透明，偶见有乳白色或淡橘黄色(含嗜盐细菌所致)。玻璃光泽，性脆，摩氏硬度为 3。微溶于水而水溶液具碱性。在经用重液法对反复提纯的晶体测定其密度(D)为 2.09±0.01 g/cm^3(室温 16℃)。在紫外线照射下不具荧光性。

［**光谱特性**］ 红外谱线如表 1-1-2 所示。

表 1-1-2 扎布耶石的红外谱线❶

矿物	内振动					晶格振动		
	ν_3		ν_1	ν_2	ν_4			
扎布耶石	1473 (s，sh)	1430 (vs)	1088 (w)	863 (m)	739(vw) 713(vw)	488 (s)	414 (s)	259 (m)
人造碳酸锂	1500	1435	1088	885	760 715	499	—	—

注：数据引自郑绵平(1987)。

［**光学性质**］ 单偏光下无色、透明，正交偏光下具高级干涉色。β 平行 b 轴，光轴面垂直于(010)，$\gamma \wedge c = 10°$，沿(100)常显示双晶。

经钠光测定其折光率：$\gamma = 1.5743 \pm 0.001$，$\beta = 1.5672 \pm 0.001$，$\alpha = 1.4285 \pm 0.001$，$\gamma - \alpha = 0.1458 \pm 0.001$，$2V(-) \approx 25°$(薄片下测得)。正负延长。具淡黄色至浅棕色多色性。

［**化学成分**］ 由于该矿物常嵌生有较难分离的小量微细状氯碳钠镁石、针碳钠钙石、钾芒硝等盐类矿物，故其杂质较多，化学分析结果(w_B/%)：LiO_2 34.20，CO_2 52.7，Na_2O 2.49，K_2O 0.75，MgO 1.51，CaO 1.24，H_2O^+ 1.88，Cl^- 1.09，B_2O_3 0.10，SO_3 0.57，$NO_3$0.44，Fe_2O_3 0.88，MnO 0.017 以及酸不溶物 1.89。结合镜下薄片对该样品所含矿物的鉴定及其百分含量的统计，经扣除其中针碳钠钙石 5.84%、氯碳钠镁石 4.51%、钾芒硝 1.08%、含锂菱镁矿 2.59%、钾石盐 0.94%、文石 0.23%、钠硝石 0.64%、硼砂 0.25%，以及碎屑矿物和氧化铁、氧化锰 2.79%，剩余 CO_2 为 48%，Li_2O 为 34%，其分子数之比分别为 1.091 和 1.177，近似于 1：1，其化学式为 Li_2CO_3。

二、碳钠石(Natrite)

碳钠石最早发现于俄罗斯科拉半岛。矿物根据化学组成特征命名。

❶ s—强；m—中等；w—弱；v—非常(vv 表示程度更大)b—宽形；sh—尖形；sp—肩形；下文同。

1. 碳钠石的一般特征

[产地、产状及共(伴)生矿物] 大量产于俄罗斯科拉半岛碱性伟晶岩深部岩芯中；或产于加拿大 Saint-Hilaire 山峰碱性辉长-正长杂岩的方钠石捕虏体中。共(伴)生矿物有水碱、白钛硅钠石、碳钠钙石、钙水碱、针碳钠钙石、氟磷钙钠石、硅钠石、氟盐、氟镁钠石、硫铁钾矿、磷硅钛钠石、针钠钙石、方钠石、氟磷钙锶石和许多其他矿物(Khomyakov，1982；Zubkova et al.，2002)。

[形貌特征] 晶体集合体至 1 cm；呈脉状、透镜状和致密粒状。发育完好的聚片双晶。

[晶体结构] 单斜晶系(假六方)；$C2/m$。a=8.905(4)Å，b=5.237(3)Å，c=6.045(2)Å；β=101.32(1)°；Z=4。晶体结构参数(原子坐标)见表 1-1-3。

表 1-1-3 碳钠石的晶体结构参数(原子坐标)

a=8.905 Å，b=5.237 Å，c=6.045 Å，α=90°，β=101.32°，γ=90°，$C2/m$				
原子	x	y	z	$Biso$
Na1	0	0	0	2.27
Na2	0	0	0.5	2.46
Na3	0.17047	0.5	0.7478	3.22
C	0.1645	0.5	0.2497	1.85
O1	0.1023	0.2944	0.2859	4.58
O2	0.2894	0.5	0.1781	1.81

注：数据引自 Zubkova et al.(2002)。

[主要粉晶衍射数据 d/Å(I)(hkl)] 2.962(100)(002)，2.366(70)(112)，2.545(60)(310)，2.602(40)(11$\bar{2}$)，2.54(35)(202)，2.175(35)(22$\bar{1}$)，2.621(30)(020)，2.71(15)($\bar{2}$02)(PDF 37-451)。

[物理性质] 无色-浅黄色，新鲜时可为浅玫瑰红色，暴露时变为灰白色；透明；玻璃光泽，暴露下变暗淡。具{001}完全、{100}和{110}中等解理。摩氏硬度 H=3.5。密度 $D_{测量}$=2.54 g/cm^3，$D_{计算}$=2.55 g/cm^3。

[光学性质] 二轴晶(-)。折光率：α=1.410(2)，β=1.535(2)，γ=1.543(2)。光轴角 $2V_{测量}$=28°。光性方位：$Y \approx b$。

[化学成分] 理想化学式为 $Na_2(CO_3)$，其化学组成(w_B/%)为：Na_2O 58.48，CO_2 41.52，合计100.00。产于俄罗斯科拉半岛 Karnasurt 峰的样品化学成分分析结果(w_B/%)为：Na_2O 57.08，CO_2 42.92，总和 100.00，化学式 $Na_{1.92}C_{1.02}O_3(CO_2)$ 通过质量分析得到，Na_2O 通过火焰光谱法得到；由红外光谱证实，确定含 H_2O，通过扣除混合水碱中 3.7%的 H_2O 后重新计算到 100%。

[微化反应] 可在水中溶解，产生强碱性溶液。

[变化] 在空气中表面迅速转变为水碱。

2. 在中国的产出情况

目前中国尚未发现碳钠石。

三、六方碳钠石(Gregoryite)

1980 年六方碳钠石发现于坦桑尼亚阿鲁沙区恩戈罗自然保护区伦盖伊火山(Oldoinyo Lengai)。矿物根据英国探险家和地质学家 John Walter Gregory(1864—1932)的姓氏命名(Faust，1953；Graf et al.，1962；Shayan，1984；Dollase et al.，1986；Hill et al.，1997)。

1. 六方碳钠石的一般特征

[产地、产状及共(伴)生矿物] 产于坦桑尼亚 Oldoinyo Lengai 火山碳酸熔岩的斑晶中。共(伴)

生矿物有萘碳钠钙石、硫锰矿、岩盐、钾盐、萤石和方解石。

[形貌特征] 呈微小的、不完整的圆形晶体。

[晶体结构] 六方晶系；$P6_3mc$(人工合成样品)。a=5.215 Å，c=6.584 Å；Z=2。

[主要粉晶衍射数据 d/Å(I)(hkl)] 2.66(100)(102)，2.61(75)(110)，3.29(40)(002)，2.137(40)(201)，1.863(30)(202)，3.72(27)(101)，1.707(8)(210)(PDF 25-815)

[物理性质] 棕色-奶白色；透明-半透明。密度 $D_{计算}$=2.27 g/cm^3。

[光学性质] 一轴晶，折光率未测。

[化学成分] 理想化学式为 $Na_2(CO_3)$。坦桑尼亚 Oldoinyo Lengai 样品的化学分析结果(w_B/%)为：Na_2O 44.87，CaO 9.10，K_2O 3.95，SrO 0.66，BaO 0.24，P_2O_5 1.92，CO_2[36.22](括号内为化学计算值，下文同)，SO_3 4.28，F 0.4，Cl 0.60，H_2O n.d.(未测)，-O=(F，Cl)$_2$ 0.31，合计 101.93。

2. 在中国的产出情况

目前中国尚未发现六方碳钠石。

四、苏打石(Nahcolite)

苏打石最早发现于意大利坎帕尼亚大区那不勒斯市 Somma-Vesuvius 杂岩体 Vesuvius 山。矿物根据化学组成特征命名，含钠(Na)、氢(H)和碳酸盐(CO)(Palache et al.，1951；Fahey，1962；Sass et al.，1962)。

1. 苏打石的一般特征

[产地、产状及共(伴)生矿物] 产于温泉的沉淀物中；或为咸水湖和卤水周围的风化产物；或形成于碱性岩浆活动的晚期；也可作为一系列其他矿物液体包裹物中的固体产出。在意大利、美国、阿根廷、俄罗斯和南极洲等地均有分布。其共(伴)生矿物有天然碱、水碱、无水芒硝、岩盐、针碳钠钙石、碳钠矾、氯碳钠镁石和硼砂等。

[形貌特征] 晶体一般沿着[001]方向伸展，长可达约 1 cm，{110}、{010}和{101}晶面较大，{120}、{$\bar{1}$01}、{111}晶面较小。集合体呈纤维状，与层理面垂直，或呈易碎的多孔状集合体。可见穿插、贯穿或格子状双晶，常见双晶面为{101}。

[晶体结构] 单斜晶系；$P2_1/n$。a=7.525(4) Å，b=9.72(4) Å，c=3.53(3) Å；β=93°19′；Z=4。

[主要粉晶衍射数据 d/Å(I)(hkl)] 2.936(100)(111)，2.60(100)(121)，2.956(70)(220)，3.059(35)($\bar{1}$11)，3.482(30)(210)，2.648(30)($\bar{1}$21)，4.84(25)(020)，3.082(25)(101)(PDF 15-700 人工合成样品)

[物理性质] 无色、白色、黄色或可能为灰色、红棕色，因含杂质可至黑色；透明。摩氏硬度 H=2.5。密度 $D_{测量}$=2.21~2.238 g/cm^3，$D_{计算}$=2.16 g/cm^3。

[光学性质] 二轴晶(-)。折光率 α=1.375(2)，β=1.498~1.503，γ=1.583。光轴角 $2V_{测量}$≈75°，$2V_{计算}$=74°。光性方位：Y=b，$X\wedge c$=27°；色散：$r<\nu$，弱。

[化学成分] 理想化学式为 $NaH(CO_3)$，其化学组成(w_B/%)为：Na_2O 36.89，CO_2 52.39，H_2O 10.72。产于美国加利福尼亚州 Searles 湖的样品化学分析结果(w_B/%)为：Na_2O 36.74，CaO 0.20，(Al，Fe)$_2O_3$ 0.16，CO_2 51.15，H_2O 10.76，不溶物 0.82，合计 99.83。

[微化反应] 溶于水。

2. 在中国的产出情况

中国已报道的苏打石产于河南省泌阳凹陷的钻孔岩芯(杨清堂，1987)和吴城碱矿床(张幼勋，1983)、安棚安 3 井 2333.9~2337.6 m 间的固体碱矿层中(周世全等，1986)。还分布在藏北高原班戈县班公湖和尼玛县郭加林湖(郑喜玉等，1981)和内蒙古自治区巴音戈壁盆地塔木素碱矿(陈克造，1992；戴朝成等，2024)、青海省海西蒙古族藏族自治州德令哈居红图硼矿床(罗世清等，1993)、新疆维吾尔自治区伊犁哈萨克自治州塔城市准噶尔盆地玛湖凹陷风城组蒸发岩(秦志军等，2016；常海亮等，2016；毛锐等，2023)、河南省南阳市桐柏县泌阳盆地安棚碱矿(吴德云等，1997；文冬光等，1997)。

内蒙古巴音戈壁盆地塔木素碱矿床中的苏打石

[产地、产状及共(伴)生矿物] 塔木素碱矿区位于巴音戈壁盆地哈日凹陷内，天然碱矿层赋存于下白垩统巴音戈壁组二段。碱矿层中 Na-碳酸盐矿物主要为天然碱、苏打石、碳钠钙石、碳钠镁石和磷碳镁钠石。除 Na-碳酸盐外，岩石中含少量黄铁矿、钠型菱沸石、硅硼钠石和钠长石等热液矿物。苏打石和天然碱既有似层状，又有团块状分布(图 1-1-1)(戴朝成等，2024)。

[形貌特征] 苏打石在岩芯中呈棱柱状集合体，晶体无色透明，呈簇状集合体的形式生长。

[化学成分] 电子探针分析结果见表 1-1-4。碳氧同位素分析结果见表 1-1-5。

表 1-1-4　内蒙古巴音戈壁盆地碱矿层苏打石电子探针定量分析数据(w_B/%)

样品号	Cl	CaO	FeO	F	SiO_2	MgO	SO_3	P_2O_5	Na_2O	B_2O_3	合计❶
ZK40-2-1	0.018	—	—	0.004	0.006	0.008	0.013	—	21.517	2.341	23.901
ZK40-2-2	0.016	—	0.005	0.042	0.007	0.014	0.010	0.012	14.637	—	14.721
ZK40-3-2	0.015	0.015	0.027	0.029	0.014	0.011	0.025	0.002	9.576	—	9.699
ZK40-4-1	0.002	0.065	0.083	0.022	0.101	0.025	0.020	0.020	29.750	2.948	33.027
ZK40-4-2	0.007	0.036	0.022	0.097	0.025	—	0.021	—	7.791	2.839	10.795
ZK40-5-1	—	—	0.039	0.013	0.012	0.017	—	—	10.249	—	10.325
ZK40-5-2	0.008	0.015	—	0.064	0.008	0.011	0.020	0.010	15.387	2.965	18.459
ZK40-6-1	0.040	0.053	0.011	0.028	0.012	—	0.033	0.034	8.919	2.761	11.870
ZK40-6-2	0.005	—	0.028	0.049	0.002	—	0.015	—	29.764	1.433	31.264
ZK40-7-1	0.006	0.021	0.044	0.017	0.009	—	0.015	0.005	27.257	—	27.366
ZK40-7-2	0.008	—	—	0.096	0.014	0.002	0.004	0.021	16.968	8.735	25.806

注：数据引自戴朝成等(2024)。

表 1-1-5　内蒙古巴音戈壁盆地碱矿层苏打石碳氧同位素分析测试结果

样品号	矿物	深度/m	$\delta^{13}C_{VPDB}$/‰	$\delta^{18}O_{VPDB}$/‰	相对古盐度 Z 值
Z-11	苏打石	387.0	1.72	-10.25	125.72
Z-18	苏打石	407.0	2.78	-3.73	131.13
Z-17	苏打石、天然碱	341.0	2.22	-2.86	130.43

注：数据引自戴朝成等(2024)。

[光谱特征] 本区苏打石具有 685 cm^{-1}、1045 cm^{-1} 和 1268 cm^{-1} 等多个特征峰(图 1-1-1)，与美国科罗拉多州产出苏打石激光拉曼光谱图中的特征峰基本一致。

[成因意义] 根据巴音戈壁组矿物形成过程和地球化学分析，Na-碳酸盐成因模式如图 1-1-2 所示。碱矿形成与热水喷流沉积作用相关，成矿物质来源于地球内部热水系统，热水喷流形成一富 Na 卤水池，矿床形成由热水沉积和蒸发作用双重控制。碳酸盐矿物表现出白云石/方解石→天然碱→苏打石→碳钠钙石→碳钠镁石的形成序列。

五、重碳钾石(Kalicinite)

重碳钾石最早发现于瑞典。矿物根据化学组成特征(含钾，拉丁文 KalIum)命名(Palache et al.,

---

❶ 由于样品采样地点及方式、样品不纯检测方法不一致、不同作者计算取舍方式不一致，合计数据有出入(本书参照原文献未作改动，下同)。

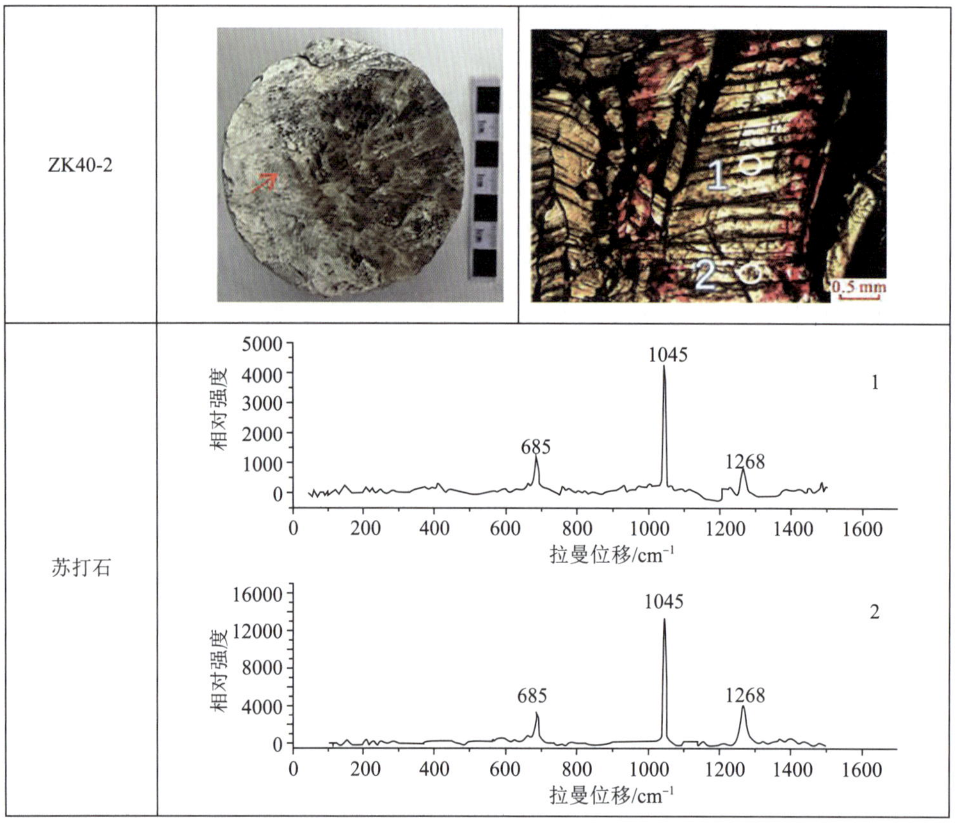

图 1-1-1 内蒙古巴音戈壁盆地碱矿层苏打石特征

（据戴朝成等，2024）

1951；Thomas et al.，1974）。

1. 重碳钾石的一般特征

［产地、产状及共(伴)生矿物］ 为死亡树木腐烂分解的产物。全球报道的产地极少，除瑞士瓦莱州 Chippis 外，仅见于俄罗斯、瑞士和美国个别产地。共(伴)生矿物组合不明。

［形貌特征］ 呈微小晶体的块状集合体。

［晶体结构］ 单斜晶系；$P2_1/a$。晶胞参数为：a = 15.1725(11) Å，b = 5.6283(5) Å，c = 3.7110(4) Å；β = 104.631(6)°；Z = 4。晶体结构参数(原子坐标)见表 1-1-6。

表 1-1-6 重碳钾石的晶体结构参数(原子坐标)

a = 15.1538 Å，b = 5.6186 Å，c = 3.6868 Å，α = 90°，β = 104。356°，γ = 90°，$P2_1/a$			
原子	x	y	z
K	0.16561	0.03227	0.29500
H	0.016	0.694	−0.451
C	0.11977	0.52253	−0.14404
O(1)	0.19336	0.54280	0.09426
O(2)	0.08305	0.32869	−0.27406
O(3)	0.07657	0.72763	−0.27523

注：引自 Thomas et al.(1974)。

［主要粉晶衍射数据 d/Å(I)(hkl)］ 2.9687(999)$(40\bar{1})$，2.8472(935)(111)，2.8614(884)$(31\bar{1})$，3.6701(784)(400)，2.6277(543)$(41\bar{1})$，7.3403(374)(200)，2.3755(372)$(51\bar{1})$，2.3755

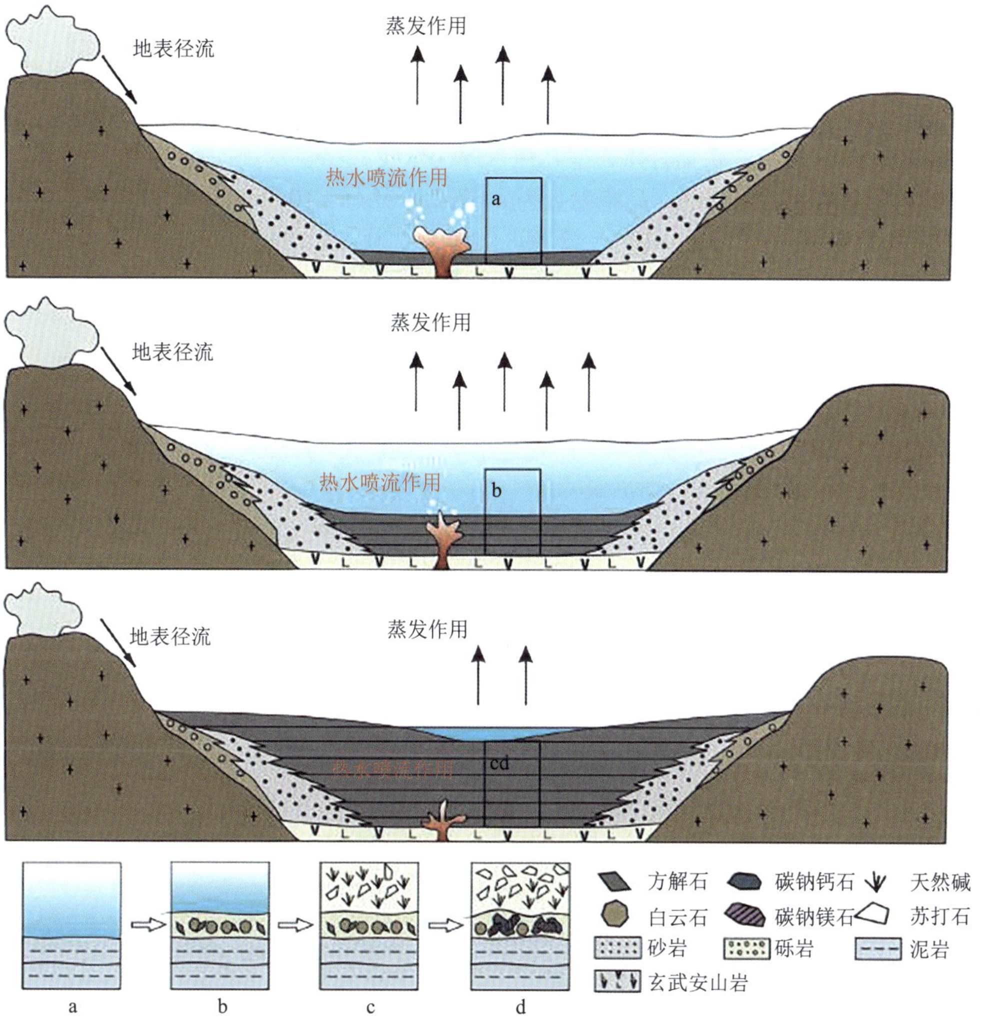

图 1-1-2　Na-碳酸盐成因模式示意图

（据戴朝成等，2024）

(372)(51$\bar{1}$)(PDF 70-995)。

[物理性质]　无色-白色，浅黄色，在透射光下无色；透明；暗淡光泽。发育{100}、{001}和{101}解理。硬度较软。密度 $D_{测量}=2.168\ g/cm^3$(人工合成)，$D_{计算}=2.15\ g/cm^3$。

[光学性质]　一轴晶(-)。折光率 $\alpha=1.380$，$\beta=1.482$，$\gamma=1.578$。光轴角 $2V_{测}=81.5°$。光性方位：$Y=b$；$X\wedge c=30°$。

[化学成分]　理想化学式为 $KH(CO_3)$，其化学组成($w_B/\%$)为：K_2O 47.05，CO_2 43.96，H_2O 9.00，合计 100.00。

[微化反应]　20℃可溶于水。遇酸起泡。

2. 在中国的产出情况

在中国未发现天然重碳钾石。仅在重庆市宝顶山石窟造像岩壁风化产物的粉末样水提取液中，经化学分析发现重碳钾石(王东云等，1995)。

六、碳铵石(Teschemacherite)

碳铵石的模式产地为南非西开普省 Saldanha 海湾自治市。矿物根据首次报道该矿物的英国化学家 Frederick Edward Teschemacher(1791—1863)的姓氏命名(Dana，1892；Palache et al.，1951；Pertlik，1981)。

1. 碳铵石的一般特征

［产地、产状及共(伴)生矿物］ 少量存在于鸟粪石中。最初发现于南非州的巴塔哥尼亚(或可能是阿根廷)的某地，在南非开普省的 Saldanha 海湾以及秘鲁外海的 Chincha 和 Guãnape 岛上也有发现。

［形貌特征］ 致密的细粒状集合体，呈几厘米厚的层状。

［晶体结构］ 斜方晶系；*Pccn*。晶胞参数为 $a=7.255$ Å，$b=10.709$ Å，$c=8.746$ Å；$Z=8$。

［主要粉晶衍射数据 *d*/Å(*I*)(*hkl*)］ 2.998(100)(220)，5.34(60)(020)，3.62(55)(200)，4.05(45)(012)，3.005(45)(131)，3.068(30)(122)，2.1547(30)(240)，3.195(20)(211)(PDF 9-145；人工合成样品)。

［物理性质］ 无色-白色、浅黄色，在透射光下无色；透明。发育{110}完全解理。性脆；摩氏硬度 $H=1.5$。密度 $D_{测量}=1.45\ g/cm^3$，$D_{计算}=1.545\ g/cm^3$。

［光学性质］ 二轴晶(-)。折光率 $\alpha=1.423$，$\beta=1.536$，$\gamma=1.554$。光轴角 $2V_{测量}=41°38'$。光性方位：$X=a$；$Y=b$；$Z=c$。色散弱，$r<v$。

［化学成分］ 理想化学式为 $(NH_4)H(CO_3)$，其化学组成(w_B/%)为：$(NH_4)_2O$ 32.94，CO_2 55.67，H_2O 11.39，合计 100.00。秘鲁样品的化学组成(w_B/%)为：$(NH_4)_2O$ 29.76，CaO 6.02，CO_2 51.53，H_2O 11.00，P_2O_5 0.60，尿酸 1.09，合计 100.00。

［微化反应］ 溶于水。

［变化］ 在湿空气中易分解。

2. 在中国的产出情况

目前在中国尚未见碳铵石的产地报道。

七、碳氢钠石(Wegscheiderite)

碳氢钠石的模式产地为美国怀俄明州甜水县 Perkins 1 号钻井。矿物根据 1913 年首次合成碳氢钠化合物的奥地利化学家 Rudolf Wegscheider(1859—1935)的姓氏命名(Fahey et al., 1963；Appleman, 1963；Fernandes et al., 1990)。

1. 碳氢钠石的一般特征

［产地、产状及共(伴)生矿物］ 产于湖沉积物中，由天然碱变化而来。在美国犹他州绿河组沉积层和科罗拉多州 Piceance 盆地产出大的晶体；也见于中国河南省的泌阳盆地。共(伴)生矿物有天然碱和岩盐等。

［形貌特征］ 半自形至他形晶体，呈针状至叶片状，最大至 5 cm。常呈纤维状集合体。

［晶体结构］ 单斜晶系；$P\bar{1}$。晶胞参数为 $a=10.04(3)$ Å，$b=15.56(4)$ Å，$c=3.466(10)$ Å；$\alpha=91°55(5)'$，$\beta=95°49(5)'$，$\gamma=108°40(5)'$；$Z=2$。

［主要粉晶衍射数据 *d*/Å(*I*)(*hkl*)］ 2.95(100b)($\bar{2}01$)，3.68(60)(040)，2.64(60)(201)，2.214(60)($\bar{3}\bar{2}1$)，2.80(50)($\bar{2}\bar{1}1$)，2.66(40)($2\bar{2}1$)，2.91(40)($0\bar{3}1$)，2.83(35)($\bar{1}21$)(PDF 15-653)。

［物理性质］ 无色；半透明；玻璃光泽。发育棱柱状解理，不平坦状-半贝壳状断口。摩氏硬度 $H=2.5\sim3$。密度 $D_{测量}=2.341\ g/cm^3$，$D_{计算}=2.334\ g/cm^3$。

［光学性质］ 二轴晶(-)。折光率：$\alpha=1.433$，$\beta=1.519(2)$，$\gamma=1.528$。光轴角：$2V_{测量}=32.4°$，$2V_{计算}=34°$。色散：$r<v$。

［化学成分］ 理想化学式为 $Na_5H_3(CO_3)_4$，其化学组成(w_B/%)为：Na_2O 43.28，CO_2 49.17，H_2O^+ 7.55，合计 100.00。产于美国绿河组中样品的化学组成(w_B/%)为：Na_2O 43.40，CO_2 46.60，H_2O^+ 10.00，合计 100.00。

［微化反应］ 可溶于水。

2. 在中国的产出情况

1982 年在中国河南省泌阳凹陷的钻孔岩芯中首次发现碳氢钠石（杨清堂，1987）。1983 年在泌阳凹陷的吴城碱矿床（张幼勋，1983）、1985 年在泌阳凹陷的安棚碱矿层中也发现了碳氢钠石（周世全等，1986；王吉平等，1991）。已报道的中国碳氢钠石产地还有新疆维吾尔自治区伊犁哈萨克自治州塔城市准噶尔盆地玛湖凹陷，在其风城组碱湖沉积岩中产有碳氢钠石（秦志军等，2016；常海亮等，2016；毛锐等，2023）。

（1）河南省泌阳凹陷中的碳氢钠石

［产地、产状及共（伴）生矿物］ 河南泌阳凹陷是河南南部一中新生代构造盆地，盆地内沉积有巨厚的陆相古近纪地层，上始新统核桃园组发育有多层天然碱矿层，碳氢钠石即产于矿层中，呈条带状或长板状和重碳钠盐矿物共生，组成碱矿层的主体。有的整个条带或长板状碳氢钠石光性一致，似为一巨型晶体。碳氢钠石和重碳钠盐的接触面呈平直状，据镜下观察，两者之向有一层非晶质薄膜。有少量长板状苏打石晶体和重碳钠盐一起星散分布在碱矿层上下的白云质围岩中，此类晶体大都受到了溶蚀破坏，有的已支离破碎，仅能辨别出原来的晶体轮廓。个别晶体受到交代作用影响，转变成重碳钠盐矿物（杨清堂，1987）。

［形貌特征］ 晶体主要呈板状。

［晶体结构］ X 射线粉晶数据经指标化计算晶胞参数值详见表 1-1-7。

表 1-1-7 河南省泌阳盆地中碳氢钠石的晶胞参数

a	b	c	α	β	γ	$a:b:c$	V
10.046 ±0.013 Å	15.633 ±0.021 Å	3.492 ±0.004 Å	92°8′ ±7′	95°42′ ±7′	108°34′ ±6′	0.64260 : 1 : 0.22339	515.9117 ±0.751 $Å^3$

注：数据引自杨清堂（1987）。

［主要粉晶衍射数据］ 粉晶分析结果见表 1-1-8。

表 1-1-8 河南省泌阳盆地中碳氢钠石的 X 射线粉晶数据

hkl	I/I_0	d/Å	hkl	I/I_0	d/Å
$\bar{1}10$	6	9.48	$2\bar{3}1$	25	2.60
110	7	7.07	$\bar{1}41$	11	2.55
120	5	4.91	—	—	—
$\bar{2}20$ 200	7	4.73	$\bar{3}01$	7	2.48
$\bar{2}30$ 210	8	4.14	131	26	2.46
040	35	3.70	—	—	—
$\bar{2}40$ 220	12	3.49	—	—	—
001	10	3.44	330	6	2.33
$\bar{1}\bar{1}1$	18	3.27	410	30	2.22
$\bar{1}50$	20	3.12	以下未指标化		
$1\bar{2}1$	30	3.09		60	2.213
021	9	3.05		2	2.201
230	100	2.97		—	—
031	23	2.94		30	2.088
—	—	—		30	2.084
$\bar{1}31$	27	2.84			
$\bar{2}\bar{1}1$	25	2.81			

续表

hkl	I/I_0	d/Å	*hkl*	I/I_0	d/Å
$0\bar{3}1$	13	2.74			
$2\bar{2}1$	41	2.67			
201	11	2.65			
$\bar{3}50$	12	2.63			

注：数据引自杨清堂(1987)。

[物理性质] 无色透明，含杂质较多者显棕褐色；油脂光泽；解理不发育。

[光学性质] 二轴晶负光性。用油浸法多次测定(焦点屏蔽法，自然光)主折射率 $N_g=1.531\pm0.001$，$N_m=1.524\pm0.001$，$N_p=1.435\pm0.001$；$N_g-N_p=0.096$。光轴角 $2V=31.45°$(计算)。

[化学组成和性质] 碳氢钠石在空气中易潮解，产生白色粉末状 $NaHCO_3$；易溶于水，遇稀盐酸剧烈起泡。河南泌阳的碳氢钠石化学组成见表 1-1-9。由于样品不纯，所以分析数据和理论成分有一定的误差。

表 1-1-9 河南省泌阳凹陷中碳氢钠石的化学组成特征(w_B/%)

来源	Na^+	K^+	Ca^{2+}	HCO_3^-	CO_3^{2-}	Cl^-
河南泌阳盆地	29.08	0.017	0.028	47.56	15.11	0.066
理想化学组成	32.11	—	—	51.13	16.73	—

注：数据引自杨清堂(1987)。

[光谱特征] 差热分析曲线见图 1-1-3，在 94℃有一吸热谷，可能是失去吸附水的原因。在 163℃有对称强吸热谷，是失去结构水的反应造成的。在 894℃的不对称吸热谷，可能是 Na_2CO_3 分解为 NaO 和 CO_2 所致。

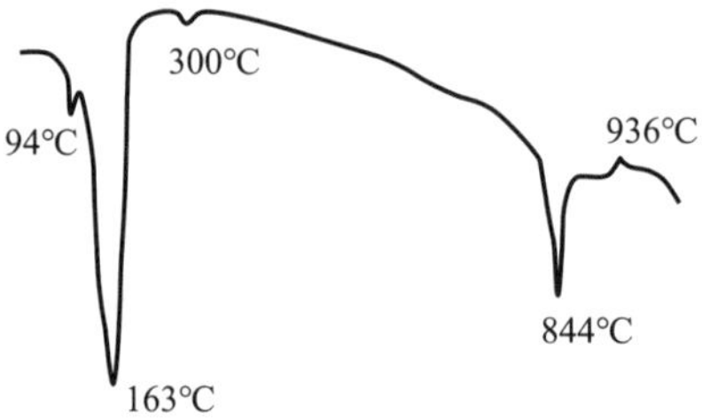

图 1-1-3 河南泌阳凹陷中碳氢钠石的差热曲线
(据杨清堂，1987)

挑选比较纯的碳氢钠石晶体，用 KBr 压片法制备样品，在双光束红外光谱仪上测得红外吸收光谱见图 1-1-4。其主要吸收带的频率位置、强度和形态如下：3104(vw b)、2931(w b)、1709(m sh)、1693(s b)、1682(s b)、1661(s b)、1650(s sh)、1567(w sh)、1554(w sh)、1514(m sh)、1464(m sh)、1427(s sh)、1370(vs sp)、1048(s sp)、1033(s sp)、1018(s sp)、838(vs sp)、695(m sh)、676(vs sp)、655(s sh)、284(m sh)、272(s)、261(s sh)、240(vs sp)、216(vs sp)。

各吸收带的性质可做如下解释：2500~2900 cm^{-1} 之间的吸收带和 1600~1800 cm^{-1} 之间的强吸收带，是 HCO_3^- 的伸缩振动引起的；1000~1600 cm^{-1} 之间的强吸收带，主要是 CO_3^{2-} 和 HCO_3^- 的混合伸缩振动引起的，其中 1370(vs b)和 1018(s sp)吸收带，是 OH^- 的弯曲振动引起的；600 cm^{-1} 和 900 cm^{-1} 之间强而尖的吸收带，是 CO_3^{2-} 和 HCO_3^- 的混合弯曲振动引起的；低于 600 cm^{-1} 的吸收带，是每个 HCO_3^- 之间的强氢键的伸缩振动和 CO_3^{2-} 的弯曲振动引起的。由于样品不纯和含有大量包裹体，所以有些吸收带可能是其他杂质所引起，如低于 3000 cm^{-1} 的弱吸收带，就可能与水的存在有关。

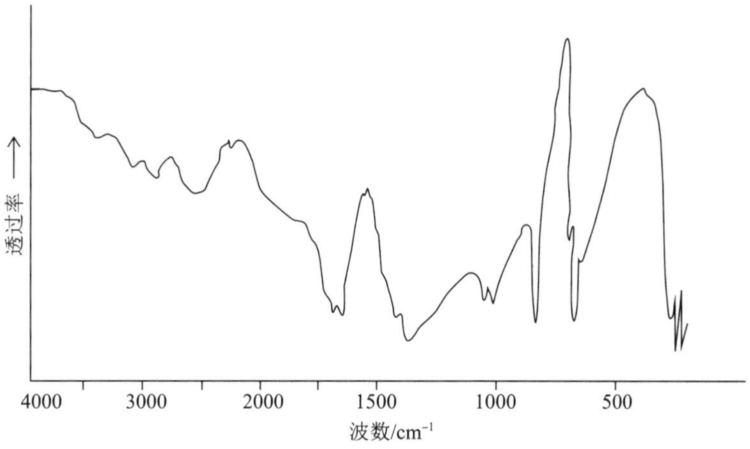

图 1-1-4　河南泌阳凹陷中碳氢钠石的红外吸收光谱

（据杨清堂，1987）

［成因意义］　根据人工合成碳氢钠石的实验，可知碳氢钠石的形成温度在 89℃左右。这一温度在一般的地表条件下是难以达到的，但在高温气候条件下，在高浓度的卤水中却是可以达到的。

(2)河南省南阳市桐柏县泌阳凹陷安棚碱矿中的碳氢钠石

［产地、产状及共(伴)生矿物］　河南泌阳凹陷的安棚碱矿赋存于上始新统下部核桃园组核一段顶部与核二段下部之间，局部出现于核三段底部。呈固相及液相产出，固相碱矿主要呈层状，辅以似层状、透镜状或团块状。其顶底板大多数为泥质白云岩、油页岩或泥岩，与围岩界线呈锯齿状，局部界线平直。矿层厚度 0. 1~2. 95 m，大多小于 0. 1 m，矿层有几十层至近百层。具有层薄、层多、密集产出的特点。埋深在 1500~2800 m 之间。碱矿物组合主要为重碳钠盐、碳钠钙石，次为天然碱及碳氢钠石，少量自生矿物方沸石、钠沸石、钠闪石、黄铁矿等。碳氢钠石多与少量碳钠钙石、天然碱及重碳钠盐组成单独矿层，与白云泥质油页岩形成互层(周世全等，1986；王吉平等，1999)。

［形貌特征］　板状晶体，晶粒粗大，直径可达 1 cm。

［主要粉晶衍射数据］　粉晶分析结果见表 1-1-10。

表 1-1-10　河南省泌阳盆地安棚碱矿中碳氢钠石的 X 射线粉晶数据

I/I_0	d/Å	I/I_0	d/Å	I/I_0	d/Å
14	14. 8	100	2. 95	40	2. 47
2	5. 07	40	2. 91	50	2. 45
10	4. 74	6	2. 83	2	2. 397
18	4. 13	50	2. 80	4	2. 369
60	3. 68	30	2. 73	4	2. 33
25	3. 50	40	2. 66	60	2. 214
20	3. 11	60	2. 64	6	2. 116
30	3. 08	6	2. 59	30	2. 09
10	3. 047	20	2. 54	30	2. 083
6	3. 01	1	2. 52		

注：数据引自周世全等(1986)。

［物理性质］　呈淡褐棕色；透明；玻璃光泽。柱状解理清楚，断口不平或呈贝壳状。摩氏硬度大于氢氧镁石，而近于方解石，应在 2. 5~3 之间。密度为 2. 31~2. 34 g/cm^3。

［光学性质］　二轴晶负光性，$2V\approx30°$，油浸法测得折光率 $N_g'=21.53$，$N_p'=1.44$。光性为负突起，闪突起不明显。干涉色为高级白。

［**化学组成和性质**］　河南安棚碱矿中碳氢钠石的化学组成见表 1-1-11。基本接近理论值。在水中快速溶解，溶速在相同条件下，约为天然碱的 2 倍、重碳钠盐的 3 倍多。在稀盐酸中溶解，放出二氧化碳气体，并可晶出漏斗状石盐骸晶。新鲜碳氢钠石，在空气中与水分作用，表面形成一层厚 0.1 cm 左右的灰褐色外壳，与天然碱形成的乳白色外壳，有着明显的不同。

表 1-1-11　河南省泌阳盆地安棚碱矿中碳氢钠石的化学组成特征（w_B/%）

样品	Na^+	K^+	CO_3^{2-}	HCO_3^-	Cl^-	H_2O	Ca^{2+}	Mg^{2+}
安$_3$	32.27	—	16.70	50.94	—	—	—	—
理想化学组成	32.11	—	15.76	51.13	16.73	—	—	

注：数据引自周世全等（1986）。

［**研究意义**］　碳氢钠石为不含结晶水的复盐矿物，国内外较少报道，碳氢钠石的发现，为碱矿矿物组合的研究、总结为数不多的古代天然碱矿床特征、沉积机理及其形成条件等提供了新资料。碳氢钠石较天然碱和重碳钠盐更易溶于水，便于水采。

第二节　仅含碱土金属和其他二价阳离子的碳酸盐矿物

此类矿物一共有 26 种，其主要阳离子包括 Ca^{2+}、Ni^{2+}、Mg^{2+}、Cd^{2+}、Mn^{2+}、Fe^{2+}、Zn^{2+}、Co^{2+}、Pb^{2+}、Sr^{2+}、Ba^{2+}和 Cu^{2+}等。此类矿物除化学组成类似外，其中不乏晶体结构类型相同的矿物，所以其中有 16 个矿物分属于 3 个不同的矿物族，即方解石族、白云石族和文石族。有的还构成类质同象系列，如三方锶解石（Olekminskite，$Sr(Sr, Ca, Ba)(CO_3)_2$）-三方钡解石（Paralstonite，$BaCa(CO_3)_2$）系列。还有化学组成相同、晶体结构类型迥异的同质多象，如三斜钡解石（Alstonite，$BaCa(CO_3)_2$）-三方钡解石（Paralstonite，$BaCa(CO_3)_2$）-钡解石（Barytocalcite，$BaCa(CO_3)_2$）。除菱镍矿、锌白云石、三方锶解石和碳钠铜石 4 种矿物在中国未见产地报道外，其余 22 种在中国均有产地。

方解石族

方解石	Calcite	$Ca(CO_3)$	三方晶系
菱镍矿	Gaspéite	$Ni(CO_3)$	三方晶系
菱镁矿	Magnesite	$Mg(CO_3)$	三方晶系
菱镉矿	Otavite	$Cd(CO_3)$	三方晶系
菱锰矿	Rhodochrosite	$Mn(CO_3)$	三方晶系
菱铁矿	Siderite	$Fe(CO_3)$	三方晶系
菱锌矿	Smithsonite	$Zn(CO_3)$	三方晶系
球菱钴矿	Spherocobaltite	$Co(CO_3)$	三方晶系

一、方解石（Calcite）

方解石是一种非常常见且分布极其广泛的矿物，其显著特征是晶形和颜色多变、硬度低（摩氏硬度仅为 3）、遇弱酸（如醋酸）有强烈反应、具明显的菱面体解理。矿物名称源于拉丁文 Calx（石灰）（Palache et al.，1951；Chang et al.，1996；Effenberger et al.，1981）。

1. 方解石的一般特征

［**产地、产状及共（伴）生矿物**］　是一种常见造岩矿物。主要在灰岩、大理岩中产出，是碎屑沉

积岩中一种常见粘合剂，在热液脉中为脉石，在碱性至基性火成岩中常以洞穴堆积物的形式存在。在世界范围内大量产出，较大而完美的晶体多产于冰岛、英国、德国、罗马尼亚、美国、墨西哥、俄罗斯、纳米比亚等国家。在低温脉中，与白云石、天青石、萤石、重晶石、黄铁矿、白铁矿、闪锌矿等矿物共(伴)生；在气液包裹体中，与沸石、玉髓和绿泥石等矿物共(伴)生；在变质岩中，通常与滑石、透闪石、钙铝榴石和石英组成共(伴)生组合；在岩浆岩中，主要共(伴)生矿物有霓石、透辉石、磷灰石和正长石等。

[形貌特征] 常见薄至厚板状完好晶体，最大粒径至 7 m。{$10\bar{1}1$}、{$21\bar{3}1$}、{0001}发育。晶面组合极其丰富，目前发现的组合形式超过 1000 种。集合体呈粒状、钟乳石状、结核状和块状。双晶发育，双晶面或接合面主要为{$01\bar{1}2$}、{$10\bar{1}1$}、{0001}、{$02\bar{2}1$}。

[晶体结构] 三方晶系；$R\bar{3}c$。晶胞参数为 a=4.9896(2)Å，c=17.0610(11)Å；Z=6。

[主要粉晶衍射数据 *d*/Å(*I*)(*hkl*)] 3.035(999)(104)，1.8753(232)($11\bar{6}$)，1.9124(217)(018)，2.2846(202)($11\bar{3}$)，2.0944(161)(202)，2.4948(147)(110)，1.6041(118)(122)，3.8548(89)(012)(PDF 47-1743)。

[物理性质] 无色或白色，也呈灰色、黄色和绿色，因包含矿物不同可能呈许多其他颜色，在透射光下为无色；白色条痕；透明至不透明；玻璃光泽，在解理面和{0001}面上为珍珠光泽。发育{$10\bar{1}1$}完全解理，贝壳状断口。性脆；摩氏硬度 H=3。密度 $D_{测量}$=2.7102(2) g/cm^3，$D_{计算}$=2.711 g/cm^3。短波和长波紫外线下发红、蓝、黄等颜色荧光。具磷光性、阴极发光性和热释光性，少数情况下见摩擦发光性。

[光学性质] 通常为一轴晶(-)，异常情况可呈二轴晶。折光率：ω=1.658，ε=1.486。光轴角 $2V_{测量}$接近 0°。色散强，吸收 $O>E$。

[化学成分] 理想化学式为 $Ca(CO_3)$，其化学组成(w_B/%)为：CaO 56.03，CO_2 43.97，合计 100.00。产于美国加利福尼亚州 Monterey 组中样品的化学组成(w_B/%)为：CaO 53.60，MgO 1.74，FeO 0.43，CO_2[44.22]，合计 99.99。

[与其他矿物种的关系] 属于方解石族，与文石和六方碳钙石构成呈同质三象；与菱锰矿构成系列。

[微化反应] 滴稀盐酸起泡。

2. 在中国的产出情况

方解石是自然界最常见的一种碳酸盐类造岩矿物，还是一种非常重要的环境矿物。方解石主要分布在碳酸盐岩地区，其次在一些基性火成岩的裂隙、空洞中也常见。方解石具有各种不同的成因类型。主要为沉积型、热液型、岩浆型和风化型。沉积型方解石：海水中的碳酸钙达到过饱和时，可沉积形成大量的石灰岩、鲕状灰岩等；热液型方解石：常见于中、低温热液矿床中，呈脉状或见于空洞里，具良好的晶型；岩浆型方解石：方解石为岩浆成因的碳酸岩和碳酸盐熔岩中的主要造岩矿物，常与白云石、金云母等共生；风化型方解石：石灰岩、大理岩在风化过程中地下水溶解易形成重碳酸钙进入溶液，当压力减小或蒸发时，大量二氧化碳逸出，碳酸钙可再沉淀下来，形成钟乳石、石笋、石柱等。

方解石是地球上分布最广的矿物之一，在全球各地有非常广泛的产出，中国的产地也多到不胜枚举。关于方解石的矿物学研究多集中于方解石晶体形变与其热发光的关系(李家驹等，1963；杨杰华等，1988；杜国云，1996)、阴极射线发光性质(周玲棣等，1981)、形貌特征(徐霭君，1982；吴为民等，1993；李荣清，1994)和位错构造特征(甘盛飞，1988；孙树林等，1990)、热性质(差热分析、失重等)和热发光性(裴静娴等，1985；郭洪中等，1996)，以及方解石的稀土元素(解庆林等，1996；黄智龙等，2001；彭建堂等，2004)和同位素组成特征(张相训，1990；张文正等，1996；田世洪等，2011；王林均等，2013)等方面的研究。此外，利用方解石及其中流体包裹体的微量元素，特别是稀土元素地球化学研究进行成矿流体示踪取得了重要进展(Zhong S J et al.，1995；陈友良等，2012)。

方解石晶体形貌、结构与化学成分可以反映其成岩流体中的成分、介质温度与压力、pH、水-岩体积比以及固-液或液-液等界面表面特征等。同时，方解石在调节环境水质和控制重金属元素的表生迁移与转化等方面的特性，方解石在岩溶环境中具有重要地位。因此，方解石在成岩成矿过程、生物矿化以及材料科学领域受到广泛关注。

方解石热发光性是方解石研究的重要内容，国内已有许多学者开展过大量相关工作(李家驹等，1963；李虎侯，1984；印莉虹等，2021)。天然矿物的热发光性质是矿物晶格的微观特征之一，同一种矿物即使晶体结构相同，而微量杂质的变化同样会改变其热发光特征。影响方解石热发光性的因素很多，最主要的是成分因素。对方解石的热发光起敏化作用的主要是 Mn^{2+} 和 REE^{3+}，起猝灭作用的主要是 Fe、Mn^{2+} 在方解石中的含量，为 $0.00n\%$ 时，发光性最强，含量更高时，则会产生浓度猝灭效应，反使发光性减弱。温度方面，形成于较高温条件下的方解石，晶格缺陷多、发光强、高温峰相对强些。较低温条件下生成的方解石，低温峰相对强些。压力的增加可使发光性减弱。时间上形成较早的方解石，低温峰会出现衰退，最后渐变为单峰。但在以后的热事件作用下，已衰退的发光中心会再次被激活。往矿体方向，发光强度降低或升高，依具体情况而定。

李家驹等(1963)对产于内蒙古地区片麻岩系中的方解石大理岩及一些热液矿脉中的方解石晶体进行伦琴射线劳厄照片的摄取，确定了方解石晶体有不同程度的形变。根据劳厄斑点的变化，将方解石晶体的形变分为强、中、弱及无形变。它们与显微镜下观察到的形变程度大致成平行关系(表 1-2-1)。

表 1-2-1　内蒙古大理岩的方解石变质程度、发光强度和劳厄点的形变程度的对比

标本号	显微镜下的形变程度	热发光强度	劳厄点的形变程度
I-05	强	强	强
花-006	强	强	强
大-14	弱	强	强
大-9	中	中	中
大-3	中	中	中
大-11	强	弱	弱
B-Γ-82	无	无	无
N695	无	无	无

注：数据引自李家驹等(1963)。

在由室温升到 450℃的过程中，通过测温及测光系统测出反映温度(横坐标)及相对发光强度(纵坐标)关系的热发光曲线(图 1-2-1)。根据相对的热发光强度的不同，划分为强(>10)、中等(10~5)、弱(>0)及无发光(0)。

可以看出，方解石晶体的形变程度及其热发光的强弱程度之间有着明显的平行关系，特别是晶体形变及热发光之间。方解石晶体在受到形变作用后，不仅在其集合体及其本身的结构构造形态上有很大变化，而且其晶体结构也产生程度不同的形变。这种形变的强弱程度也反映在热发光的强弱程度上。由此证明，方解石晶体的形变是其产生热发光的重要的、直接的激发因素之一。这不仅有助于了解矿物形成、赋存和变化的环境，同时也有助于更好地利用这种特性来解决一些地质学问题。

周玲棣等(1981)通过对我国 4 个不同成因类型的稀土矿床中方解石进行顺磁共振谱、光谱半定量、原子吸收光谱、激光光谱等测定，探讨了方解石阴极射线发光性质与其成因的关系。研究结果表明，方解石主要有 Mn^{2+} 及 REE 离子两种发光中心，前者发橙-红色光，后者呈黄、绿色的混色光。方解石在阴极射线激发下均能发出较强的光，根据其发光离子的组合可以将其分为 3 类：第Ⅰ类由 Sm^{3+}、Dy^{3+} 等离子组成，第Ⅱ类由 Mn^{2+} 和 Ce^{2+} 组成；第Ⅲ(Ⅲa、Ⅲb 和Ⅲc 亚类)类仅出现 Mn^{2+} 离子(图 1-2-2)。岩浆和高-中温热液矿床的方解石均以 Mn^{2+} 为激活剂，分别属Ⅲc、Ⅲb 型。

从方解石中钐、镝、铒、铕、铈等稀土离子的发光谱线(表 1-2-2)来看，Sm^{3+}、Dy^{3+} 的第一组谱

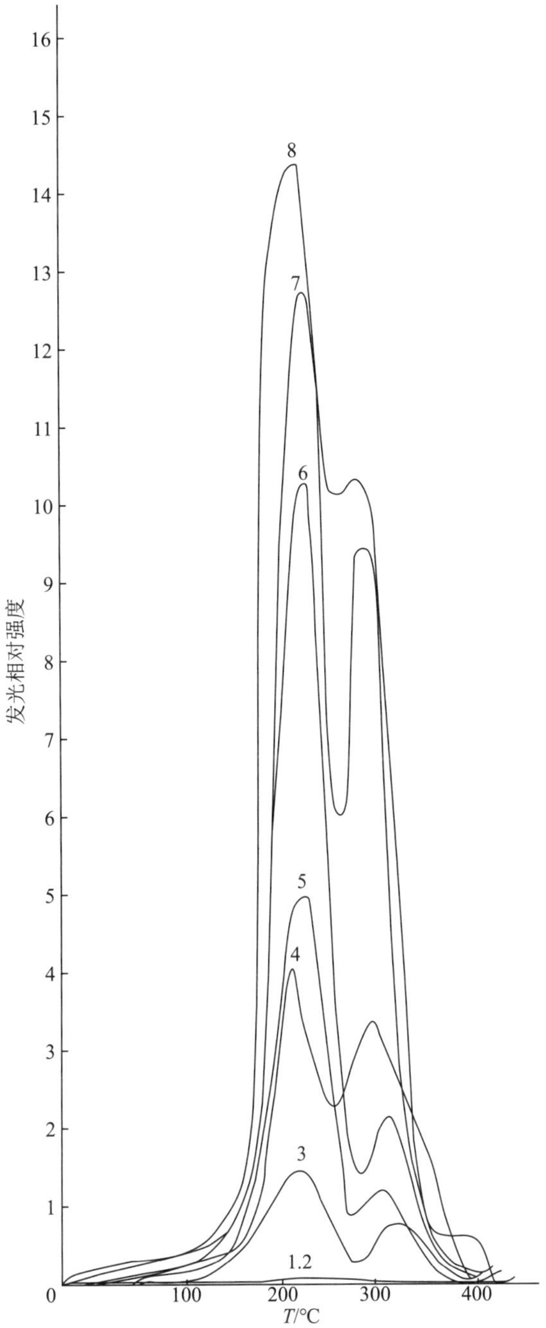

图 1-2-1　内蒙古大理岩方解石的热发光曲线

（据李家驹等，1963）

1—N695；2—B-Γ-82；3—大-11；4—大-3；5—大-9；6—大-14；7—花-006；8—I-50

线是方解石中黄光的主要来源，Er^{3+}的谱线虽然也在黄光区，但强度比较小，对发光贡献不大。Dy^{3+}的第二组谱线和Eu^{2+}分别为绿、蓝色发光的起因。Sm^{3+}的第二组谱线和Ce^{2+}则为红光的起因。多数情况下，一个样品往往显现出几个稀土离子的发光谱线，其相对强度却因样品而异，所以观察到的常常是具有不同色调的混合光。

第Ⅰ类样品中锰含量最低。具稀土元素发光中心的第Ⅰ、Ⅱ类方解石还显示了稀土低含量（$<2\times10^{-6}$），反之以Mn^{2+}为激活剂的第Ⅲ类却以高锰和高稀土为特征（表 1-2-3），这表明并非大量稀土杂质元素进入方解石结构而构成发光中心。Mn^{2+}进入晶格除成为激活剂外，对某些稀土离子还可以起到敏化剂的作用，在第Ⅰ类方解石样品中不排斥存在这种可能性。

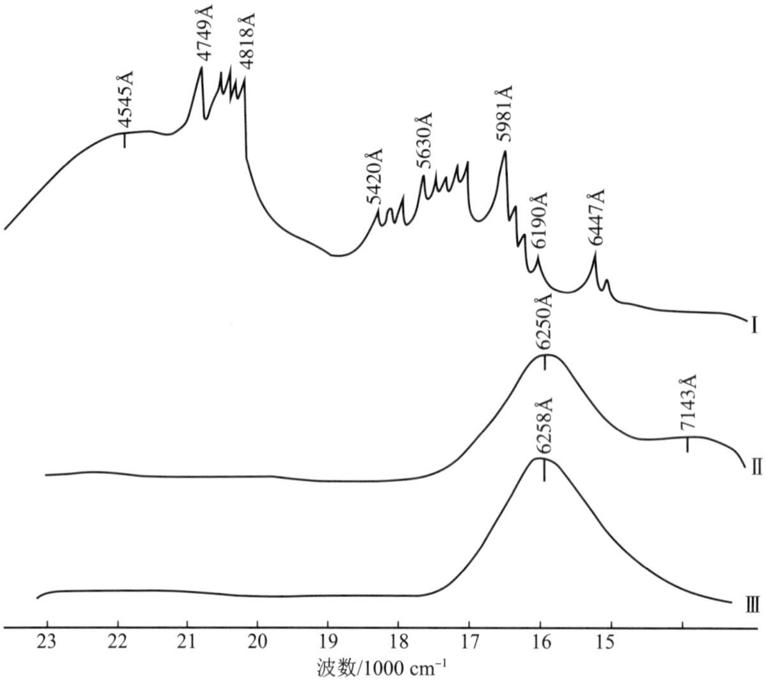

图 1-2-2　方解石的阴极射线发光谱

（据周玲棣等，1981）

Ⅰ—第Ⅰ类型发光谱；Ⅱ—第Ⅱ类型发光谱；Ⅲ—第Ⅲ类型发光谱

表 1-2-2　方解石发光谱中稀土离子的谱线位置及能级跃迁

波长/Å	4545	4749，4798 4819，4844 4864，4878	5420 5458 5490	5630，5662 5701，5737 5791	5918，6024 6050，6192	6447 6546	7143
颜色	蓝	绿	黄			红	
激活剂 能级跃迁	Eu^{2+} $f \to d$	Dy^{3+} $^6H_{11/2} \to {}^6H_{15/2}$	Er^{3+} $^4S_{3/2} \to {}^4S_{15/2}$	Dy^{3+} $^4F_{11/2} \to {}^6H_{13/2}$	Sm^{3+} $^4G_{5/2} \to {}^6H_{7/2}$	Sm^{3+} $^4G_{5/2} \to {}^6H_{9/2}$	Ce^{2+}

注：数据引自周玲棣等(1981)。

表 1-2-3　不同发光类型方解石中锰及稀土含量

发光类型		Ⅰ	Ⅱ	Ⅲa	Ⅲb	Ⅲc
Mn/%	范围	0~0.024	0.001~0.18	0.37~2.38	0.36~1.05	0.30~0.80
	平均值	0.0127(6)	0.0905(2)	0.99(2)	0.69(4)	0.537(7)
$RE/10^{-6}$		14228.2	120	400	3996	655

注：数据引自周玲棣等(1981)；括号内为样品数。

我国4个稀土矿床中的方解石阴极射线发光性质各具特征，且显示了与各自成因的一定联系（表1-2-4）。在白云鄂博矿床中，稀土离子对方解石的发光贡献很大，主要为Ⅰ、Ⅲ类发光谱。竹山矿床中方解石按不同产状分属Ⅲa、Ⅲc型，为竹山岩体岩浆成因说提供了一个有力的依据。松政地区地质资料不多，据方解石发光谱类型(Ⅲc型)推测，可能为岩浆成因的；微山湖高-中温热液矿床中的方解石虽也为Mn^{2+}发光，但与众不同，属Ⅲb型。

方解石晶体形态多种多样，最常见的为菱面体，不同聚形达600种以上。颜色通常为白色、灰白色，在自然界因含其他元素或杂质可呈现红、紫、紫红、蓝、绿、黄、棕、黑等不同色调。晶形完美、颜色多变的方解石常可作为观赏石，具有美学和收藏价值。我国的观赏方解石主要产于湖南、贵州、江苏、河南等地。

表 1-2-4 我国 4 个稀土矿床中的方解石发光谱特征

序号		1	2	3	4	5	6	7	8	9	10	11	12	13	14	15	16	17	18	19	20	21	22	23	24	25	26	27	28	29
产地		白云鄂博									竹山												松政			微山湖				
产状		碳酸盐脉			钠辉石岩		碳酸盐脉		矽卡岩	钠闪石岩	碳酸盐脉				碳酸岩								碳酸岩			重晶石-碳酸盐脉				
Dy^{3+}		+	+	+	+	+																								
Sm^{3+}		+	+	+	+	+																								
Er^{3+}		+	+	+	+	+																								
Eu^{2+}		+	+	+	+		+																							
Ce^{2+}								+	+																					
Mn^{2+}/Å	6329							+	+																					
	6300									+		+	+	+																
	6250																									+	+	+	+	+
	6211														+	+	+	+	+	+	+	+	+	+	+					
发光类型		Ⅰ							Ⅱ	Ⅲa					Ⅲc											Ⅲb				

注：数据引自周玲棣等(1981)。

(1)渤海湾盆地济阳坳陷下古生界碳酸盐岩中的方解石

[产地、产状及共(伴)生矿物] 济阳坳陷下古生界碳酸盐岩为中新生代含油气盆地的基底岩石。本区方解石呈胶结物赋存于奥陶系碳酸盐岩和孔洞缝中。

[化学成分] 济阳坳陷奥陶系碳酸盐岩孔洞缝充填的方解石(表 1-2-5)与碳酸盐原岩的 C、O 稳定同位素组成差异较大。碳酸盐原岩样品的 $\delta^{13}C$ 值为-2.3‰~0.8‰，平均值为-0.86‰，$\delta^{18}O$ 值为-10.1‰~-5.9‰，平均值为-8.12‰；孔缝中的方解石 $\delta^{13}C$ 值为-9.92‰~0.64‰，平均值为-4.23‰，$\delta^{18}O$ 值为-19.26‰~-7.73‰，平均值为-13.07‰。

表 1-2-5 济阳坳陷碳酸盐岩中孔洞缝中充填方解石 C、O 稳定同位素测试结果

样品号	层位	岩性特征	$\delta^{13}C_{PDB}$/‰	$\delta^{18}O_{PDB}$/‰	相对古盐度 Z 值
1号	八陡段	车古 201 井微晶白云岩溶蚀成角砾状、砾间充填方解石	-6.6	-13.02	107.3
11号		车古 202 井白云质灰岩中的裂隙充填粗晶方解石	-2.29	-19.01	113.1
J12-1			0.64	-7.73	124.8
J12		粗晶灰岩，溶孔充填方解石	-0.87	-12.44	119.3
J10		灰岩裂隙充填方解石	-2.66	-16.86	113.5
J09-1		粉晶白云岩中裂隙充填方解石	-2.3	-19.26	113.0
J09		粉晶白云岩溶蚀孔充填方解石	-4.68	-13.56	111.0
J08		微晶灰岩裂隙充填方解石	-4.42	-14.12	111.2
J05		粉晶白云岩裂隙充填方解石	-2.36	-16.59	114.2
J02		钙质粉晶白云岩中裂隙充填方解石	-2.69	-14.96	114.3
G10		微晶灰岩中裂隙充填方解石	-2.3	-11.64	116.8
G08		灰岩溶蚀洞缝充填的方解石	-9.47	-13.65	101.1
G07		粉晶白云岩中裂隙充填方解石	-3	-18.07	112.2
G5		结晶灰岩中裂隙充填方解石	-3.88	-13.82	112.5
W14	五阳山段	灰岩裂隙充填方解石含白云石微晶灰岩中的裂隙	-3.6	-14.29	112.8
W10			-2.97	-9.42	116.5

续表

样品号	层位	岩性特征	$\delta^{13}C_{PDB}$/‰	$\delta^{18}O_{PDB}$/‰	相对古盐度 Z 值
HB19-1	三山子组	白云岩溶洞充填方解石	-9.92	-8.84	102.6
HB19		白云岩溶洞充填黄褐色方解石	-7.68	-7.97	107.6
HB12		白云岩裂缝充填方解石	-5.24	-9.97	111.6
HB09-1		白云岩小溶蚀孔隙中充填的方解石	-7.89	-8.92	106.7
HB09		白云岩裂隙充填的亮晶方解石	-7.45	-9.51	107.3
HB03		白云岩裂隙充填方解石	-1.41	-13.95	117.5
平均值			-4.23	-13.07	112.1

注：数据引自张云峰等(2007)。

可以看出，奥陶系碳酸盐岩马家沟组和三山子组缝洞中充填的方解石 C、O 同位素特征有所不同，三山子组缝洞方解石的 $\delta^{13}C$ 和 $\delta^{18}O$ 值均为负值，$\delta^{13}C$ 向较高负值偏移，$\delta^{18}O$ 值向较低负值偏移；马家沟组八陡段 $\delta^{13}C$ 和 $\delta^{18}O$ 值也多为负值，但 $\delta^{13}C$ 向较正值方向偏移，$\delta^{18}O$ 值向较高负值偏移。济阳坳陷奥陶系碳酸盐岩储集层 C、O 同位素特征表明，奥陶系碳酸盐原岩为海相环境成因，孔洞缝充填的方解石成岩环境为大气淡水环境和埋藏环境。孔缝充填方解石的 C、O 同位素特征反映了奥陶系碳酸盐岩下部地层与上部地层成岩环境甚至成岩演化和期次是有差别的。对孔洞充填方解石和裂缝中的方解石的 C、O 同位素和成岩环境进行统计表明：75%的孔洞样品分布在大气成岩环境区，其余为埋藏成岩环境；而裂缝样品的 64%分布在埋藏成岩环境，其余的 36%为大气环境成因，表明碳酸盐岩次生孔洞和裂缝的形成环境和期次存在很大差异。

(2)东海陆坡碳酸盐结核中的方解石

[产地、产状及共(伴)生矿物] 东海陆坡(29°08′N，127°30′E，水深 240 m)采到的碳酸盐结核属海相自生成因。结核由碳酸盐胶结陆源碎屑而成，陆源碎屑的粒度为细砂，成分以石英为主，还有长石、云母等。除矿物碎屑外也存在少量有孔虫、软体动物等生物骨屑。根据化学分析资料可知，结核中碳酸盐含量为 28.23%~41.96%，平均约 38.33%。碳酸盐含量由表层至中心有明显增加(朱而勤，1985)。

[主要粉晶衍射数据] 结核的 X 射线衍射分析的结果(表 1-2-6)表明，结核中碳酸盐的矿物相为高镁方解石(含 $MgCO_3$ 摩尔分数 15%~23%)，从表层向内，高镁方解石的 d_{104} 均为一宽化峰(2θ=29.846°~30.547°)。这说明镁方解石的各个单体中的 $MgCO_3$ 含量可在一定范围内变化。而且，该宽化峰经慢速扫描，常稳定地分裂为两峰，一峰(PⅠ)的 d_{104} 值为 2.982~2.992 Å，另一峰(PⅡ)的变化较大，为 2.926~2.948 Å。PⅠ、PⅡ含 $MgCO_3$ 摩尔分数应分别为 15%~18%和 17%~23%。经慢速扫描测得各层中此两峰的相对面积为 72%~78%和 28%~22%。但是，各层次的总 $MgCO_3$ 含量没有表现出规律的变化。

表 1-2-6　东海陆坡碳酸盐结核各层样品中镁方解石的 d_{104} 值的变化

峰(d_{104})	特征数据	外层	中层	中内层	内层	平均
PⅠ	2θ/°	29.907	29.846	29.865~29.963	29.859~29.884	
	d/Å	2.9876	2.9935	2.9916~2.9821	2.992~2.989	2.991
	$MgCO_3$/%	16	14	15~18	14~16	15
PⅡ	2θ/°	30.317~30.381	30.455	30.341~30.547	30.346~30.458	
	d/Å	2.948~2.942	2.935	2.946~2.926	2.945~2.935	2.941
	$MgCO_3$/%	17~18	20	17~23	17~20	19

注：数据引自朱而勤(1985)；$MgCO_3$ 为摩尔分数。

[形貌特征] 在扫描电镜下结核中镁方解石的形态与近岸钙质结核中方解石(朱而勤，1983)显

著不同。后者呈微晶、粉晶，彼此镶嵌，而高镁方解石则围绕陆源碎屑生长成菱面体(粒径 7～10 μm)或阶梯状、球状。由于溶液中的 Mg^{2+}对方解石侧向生长起阻碍作用，使菱面体在发育过程中发生了位错而成为阶梯状，或由于晶面弯曲而成球状。

[**化学成分**] 结核酸溶物的化学分析结果(表 1-2-7)表明，样品中的镁方解石大体相当于含 $MgCO_3$ 摩尔分数分别为 27% 和 12%。据此分析结果，镁方解石的分子式为 $(Ca_{73}Mg_{26}Fe_1)CO_3$ 和 $(Ca_{86}Mg_{12}Fe_2)CO_3$。

表 1-2-7 东海陆坡碳酸盐结核酸溶物的化学成分(w_B/%)及 $MgCO_3$ 的摩尔分数(χ_{MgCO_3}/%)

样品	CaO	MgO	FeO	MnO	CO_2	碳酸盐总量	不溶残渣	总计	$MgCO_3$
F_3-1	18.15	4.71	0.41	0.022	18.67	41.96	53.32	95.28	27
F_3-2	21.10	2.09	0.62	0.03	18.10	41.94	52.90	94.84	12

注：数据引自朱而勤(1985)，$MgCO_3$ 为摩尔分数。

[**成因意义**] 高镁方解石是潮坪沉积物、海滩岩及深海沉积中较广泛出现的无机矿物相，还可作为多种生物壳体的组成成分。本区镁方解石结核产出于陆坡环境，从结核的形态特征看来，没有搬运痕迹，应属海洋自生成因。由于结核保留了原始沉积物的层理构造，故可确定他形成在早期成岩阶段。

(3)鄂尔多斯盆地上古生界砂岩中的方解石

[**产地、产状及共(伴)生矿物**] 方解石是鄂尔多斯盆地南部上古生界碎屑岩储层中主要的胶结物类型之一。方解石胶结物产状主要有以下几种：①方解石充填于粒间孔中，常占据孔隙中心部位，由孔壁向孔隙中心部位胶结物的类型依次是：泥质套膜、石英加大边、方解石胶结物。②嵌晶状胶结多个颗粒，形成局部碳酸盐胶结物富集，残余孔隙难以保存。③以细小晶体交代长石，在长石表面溶蚀孔及微孔内沉淀。④交代高岭石及硅质胶结物。在阴极光照射下，方解石发橙黄色光，高岭石发深蓝色光，两者之间有明显的黄蓝色光过渡带，同时可以见到被方解石所包围的硅质和高岭石胶结物残余，指示方解石对高岭石和硅质胶结物的交代。方解石胶结物的产状特征充分说明其主要形成期在泥质胶结和硅质胶结之后(胡宗全，2003)。

[**化学成分**] 电子探针微量元素分析结果表明，碳酸盐胶结物的元素组成具有高 Fe^{2+}的特征(表 1-2-8)，这进一步证实了碳酸盐胶结物形成于较高温压下的封闭环境。粗粒方解石胶结物形成于封闭的成岩环境在碳酸盐岩储层中已得到证实(白玉雷等，1994)。

表 1-2-8 鄂尔多斯盆地上古生界砂岩中的方解石胶结物的电子探针微量元素分析结果(w_B/%)

序号	埋深/m	层位	MgO	SrO	CaO	BaO	FeO	Na_2O	MnO	CO_2	其他
1	3184.2	盒 9	0.07	0.09	54.5	0.05	0.43	0.05	2.50	42.06	0.24
2	3286.1	盒 7	0.21	0.00	51.4	0.00	0.28	0.21	3.87	43.28	0.75
3	3445.6	山 2	8.83	0.00	30.0	0.00	13.10	0.20	0.55	47.25	0.13
4	3267.1	盒 9	0.16	0.11	52.3	0.07	1.17	0.07	2.74	42.15	1.22
5	2888.0	盒 7	0.51	0.15	49.9	0.00	1.16	0.08	4.02	42.34	1.93

注：数据引自胡宗全(2003)。

方解石胶结物稳定同位素分析结果表明(表 1-2-9)，$\delta^{13}C_{PDB}$ 分布范围为-4‰～-12‰，$\delta^{18}C_{PDB}$ 分布在-9‰～-16‰之间，分布相对集中，仅有一个样品显示较高的 $\delta^{18}C_{PDB}$ 异常(图 1-2-3)。据推测可能在鄂尔多斯盆地南部山西组—下石盒子组储层中存在少量的早期方解石胶结物，从方解石胶结物包裹体温度分布图上也可以看出早期方解石胶结物的迹象，但大部分方解石为晚期形成。

由氧同位素平衡温度和 Z 值的计算结果和两者的散点图(图 1-2-4)可以看出，在碳氧同位素散点图上，不合群的样本在平衡温度与 Z 值的散点图上仍与其他样本之间存在一定的差异，以低的平衡温度为其特征。说明储层中可能存在早期方解石，但含量很低，大部分方解石为晚期在较高温度下形成的。运用同位素计算出的平衡温度与方解石包裹体均一温度存在系统误差，但包裹体低温值（90℃）和分布峰值（120℃）之间相差30℃，氧同位素平衡温度低值（67℃左右）与其分布峰值（大约为97℃）之间也恰恰相差30℃，说明两种方法之间具有很好的匹配性。

表1-2-9　鄂尔多斯盆地上古生界砂岩中的方解石胶结物氧碳同位素分析结果

序号	井深/m	层位	$\delta^{13}C_{PDB}$/‰	$\delta^{18}C_{PDB}$/‰	$\delta^{18}C_{SMOW}$/‰	氧同位素平衡温度 T/℃	相对古盐度 Z 值
1	2648.20	盒8	-5.2	-9.7	20.8	67.18	111.82
2	2254.28	盒9	-4.8	-14.5	15.9	90.40	110.25
3	1973.85	盒8	-9.5	-14.9	15.5	95.80	100.42
4	2048.47	山1	-8.6	-16.0	14.4	97.42	101.72
5	2050.57	山1	-6.1	-14.0	16.5	101.20	107.84
6	2185.81	盒8	-4.4	-15.0	15.4	100.12	110.82
7	2837.00	盒9	-7.7	-15.3	15.1	97.42	103.91
8	3138.39	盒9	-11.9	-15.8	14.6	95.26	95.06
9	2830.26	山1	-9.1	-15.3	15.1	93.10	101.04

注：数据引自胡宗全(2003)。

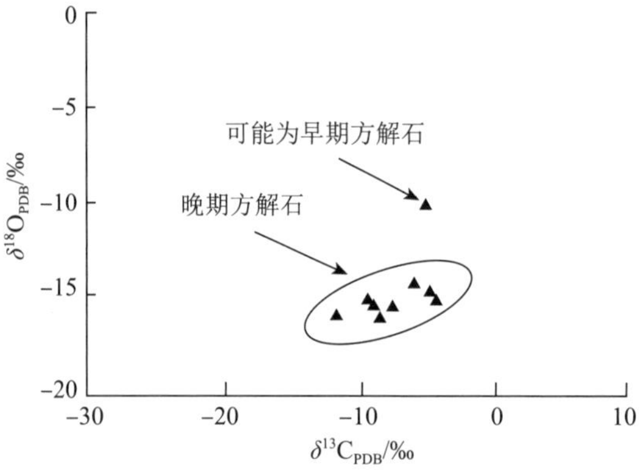

图1-2-3　鄂尔多斯盆地上古生界砂岩中的方解石氧、碳同位素散点图
（据胡宗全，2003）

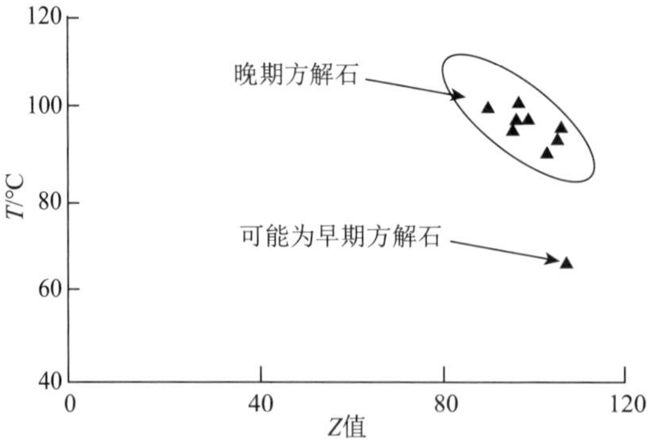

图1-2-4　相对古盐度 Z 值与平衡温度之间的散点图
（据胡宗全，2003）

［成因意义］　包裹体均一温度分析结果显示（图1-2-5），方解石包裹体均一温度主要分布区间为105~130℃。方解石胶结物内包裹体均一温度分布范围比硅质小得多。说明在最大埋藏深度处的条件不利于方解石沉淀，所以方解石大多是晚期形成的。

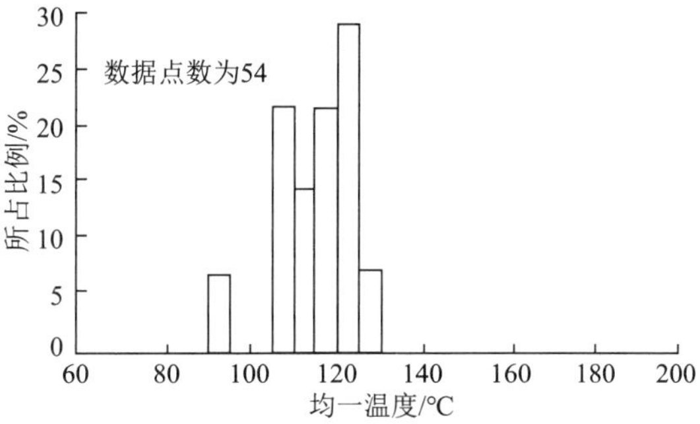

图 1-2-5 鄂尔多斯盆地上古生界砂岩中的方解石胶结物包裹体均一温度分布
（据胡宗全，2003）

(4)甘肃省大水金矿床中的方解石

[产地、产状及共(伴)生矿物] 甘肃大水金矿床位于秦-祁-昆中央造山带西秦岭南带。方解石是大水金矿床脉石矿物之一，其形成贯穿整个成矿过程。方解石按形成时间可分为矿化期前、矿化期和矿化期后3期：①矿化期前粗晶方解石脉，呈灰-灰白色，马蹄状、环状，结晶为中-粗粒或粗大的带状变晶方解石，一般不含金属硫化物。②同矿化期的碳酸盐化方解石脉，呈灰-褐黄色，细脉状、网脉状产出，并胶结角砾岩、碎裂岩；含辰砂、黄铁矿等少量硫化物，晶洞或裂隙有自然金。主要有3种方解石脉组成：第一种为网脉状方解石，胶结矿化角砾岩；第二种为主矿化期后强矿化方解石脉；第三种为弱矿化方解石脉。③矿化期后巨晶方解石脉和充填晶洞中包裹矿化体角砾的粗晶方解石(代文军等，2011)。

[化学成分] 从方解石稀土元素含量和特征参数(稀土元素的球粒陨石标准化采用Boynton(1984)数据)可以看出，矿化期前方解石(粗晶方解石)的稀土总量较低∑REE为0.2×10^{-6}，LREE为0.102×10^{-6}，LREE/HREE为0.108，$(La/Yb)_N$为0.57，$(La/Sm)_N$为6.92，$(Gd/Yb)_N$为0.39，稀土配分模式为轻稀土富集型，且呈锯齿状(图1-2-6a)，具有明显的正Eu异常和弱正Ce异常(δEu为3.75，δCe为1.11)；同矿化期方解石(条带状方解石脉、薄层状方解石脉、纹层状方解石脉)的稀土总量∑REE为$1.53\times10^{-6}\sim16.62\times10^{-6}$，变化范围较大，LREE为$1.3\times10^{-6}\sim13.16\times10^{-6}$，LREE/HREE为3.81~5.76，稀土配分模式呈轻微的右倾型(图1-2-6b)，具有弱负Eu异常和弱负Ce异常(δEu为0.45~0.79，δCe为0.43~0.60)，有1个样(1831 GB-3(40-1B))具弱正Ce异常(δCe为1.29)，显示出它们岩浆成分具有叠加改造的特点；矿化期后方解石(巨晶方解石)的稀土总量∑REE为$0.77\times10^{-6}\sim5.89\times10^{-6}$较低，LREE为$0.44\times10^{-6}\sim3.11\times10^{-6}$，LREE/HREE为1.12~1.35，稀土配分模式为平坦型(图1-2-6c)，具有弱负Eu异常和弱负Ce异常(δEu为0.50~0.77，δCe为0.87~0.93)，轻重稀土分异不明显，表现出海相碳酸盐岩稀土配分曲线特点。

从稀土元素配分模式图(图1-2-6)上可以看出，不同类型方解石的稀土元素分布不均匀，显示不同的稀土元素含量、有关参数和配分模式(铕负异常轻稀土富集型、相对平坦型和具有铕正异常轻稀土富集型)。大水金矿床不同产状矿体中方解石在Y/Ho-La/Ho图(图1-2-7)上，不呈水平分布，表明其不具同源性。矿化期前的方解石来源于岩浆热液，而同矿化期和矿化期后的方解石则源于大气降水的混合水和区内碳酸盐岩重结晶作用的产物。

矿化期前方解石具有正Eu异常，可能暗示了成矿流体的源区可能有长石的破坏作用；同矿化期和矿化期后方解石具有弱负Eu异常，表明其形成于相对开放而氧化的环境。由大水金矿床中的方解石表现出LREE的相对富集、La/Yb值均小于100，表明方解石属热液成因。

同位素特征：矿床方解石脉碳、氧同位素的研究也表明，早期方解石的成矿流体来源于岩浆水，晚期方解石成矿流体为改造的大气降水的混合水，其形成环境与海相碳酸盐岩形成环境类似(闫升好等，2000)。矿床成矿流体具多来源特征，地幔流体可能参与了成矿作用。

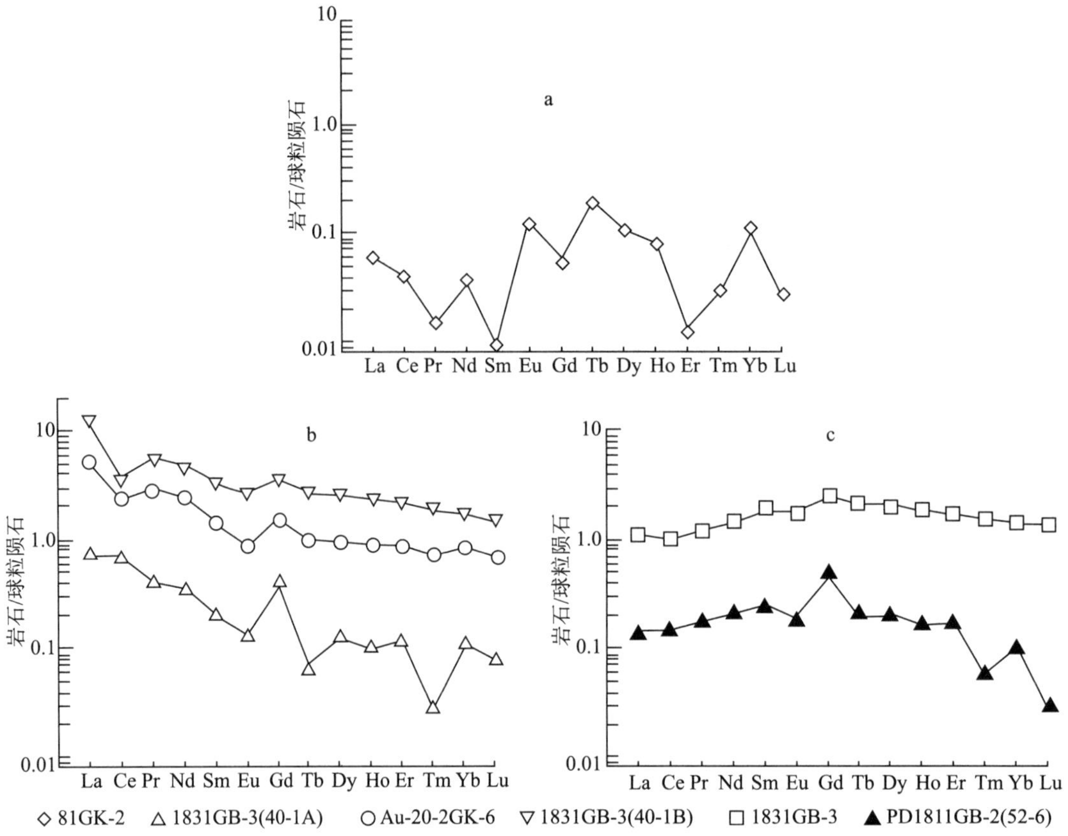

图 1-2-6　甘肃大水金矿床不同类型方解石稀土配分曲线

（据代文军等，2011）

a—矿化期前；b—矿化期；c—矿化期后

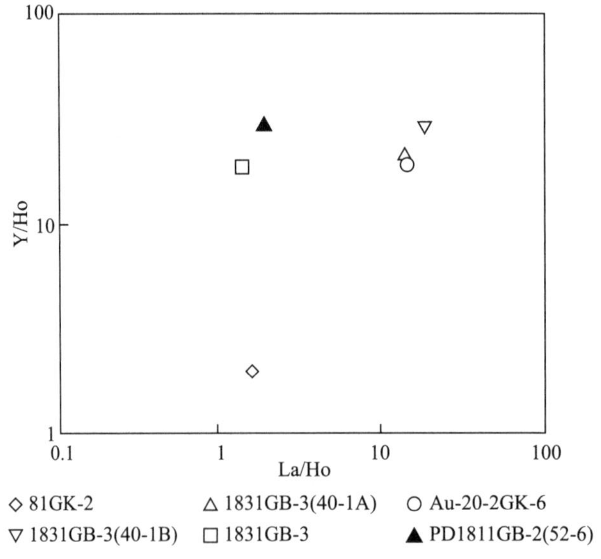

图 1-2-7　甘肃水金矿床中方解石的 Y/Ho-La/Ho 图解

（据代文军等，2011）

(5)甘肃省黄土高原黄土-红粘土中的方解石

[产地、产状及共(伴)生矿物]　甘肃省灵台县朝那镇剖面顶部海拔为 1464 m，四周切割强烈，地层出露十分完整。整个黄土-红粘土序列厚 300 m，古地磁测年显示出底部年龄为 8.1 Ma。黄土-红

粘土中的碳酸盐主要由方解石和白云石组成(陈秀玲等，2007)。

[化学成分] 朝那黄土-红粘土剖面方解石含量的变化如表1-2-10所示。

表1-2-10 朝那黄土-红粘土剖面方解石含量的变化

年龄/Ma	8.1~5.5	5.5~2.8	2.8~1.5	1.5~0
平均含量/%	13.76	11.66	8.69	5.17
变化范围/%	5.56~25.88	3.89~26.91	0.70~28.63	0.01~39.69
标准偏差(σ)	3.76	3.92	4.25	6.91
最低含量平均值/%	10.33	6.83	4.35	0.84

注：数据引自陈秀玲等(2007)。

(6)广东省302铀矿床中的方解石

[产地、产状及共(伴)生矿物] 302铀矿床是我国华南主要花岗岩型铀矿床之一。常见的矿物共生组合主要有铀-赤铁矿-红色微晶石英-方解石、铀-紫黑色萤石和沥青铀矿-胶黄铁矿-灰黑色微晶石英3种。根据方解石的产状、颜色等可分为成矿早期、主成矿期及成矿晚期3种(图1-2-8)：成矿早期主要为肉红色脉状、团块状；主成矿期为浅肉红色自色细粒团斑状、团块状，分布于矿脉的中心；晚期方解石大部分为白色、无色大脉状，分布于断裂硅化带周围，距矿脉有一定的距离，常与晚期乳白色微晶石英、浅色无色萤石共生。

图1-2-8 广东302铀矿床各期次方解石照片
(据张国全等，2008)

[化学成分] 如表1-2-11所示，成矿早期方解石$\delta^{13}C_{PDB}$和$\delta^{18}O_{SMOW}$值分别为-4.9‰~-4.34‰(平均-4.5‰)、7.8‰~13.3‰(平均9.0‰)；主成矿期方解石$\delta^{13}C_{PDB}$和$\delta^{18}O_{SMOW}$值分别为-9.3‰~-6.7‰(平均-8.2‰)、10.5‰~12.7‰(平均11.9‰)；成矿晚期方解石碳氧同位素值变化范围很窄，$\delta^{13}C_{PDB}$和$\delta^{18}O_{SMOW}$值分别为-9.7‰~-8.7‰(平均-9.4‰)、12.3‰~13.2‰(平均12.8‰)。从成矿早期到成矿晚期$\delta^{13}C_{PDB}$值有降低的趋势，而$\delta^{18}O_{SMOW}$值则有增高的趋势。

表1-2-11 广东302铀矿床方解石碳氧同位素组成

成矿期次	样品号	描述	位置	$\delta^{18}O_{SMOW}$/‰	$\delta^{13}C_{PDB}$/‰
成矿早期	2-14	白色细脉状(辉绿岩构造面上)	150 m中段	10.2	-6.9
	2-15	肉红色脉状	100 m中段	7.8	-4.3
	2-21	肉红色脉状	100 m中段	7.9	-4.3
	3-15	肉红色团块状	100 m中段	8.2	-4.6
	3-26	肉红色团块状	50 m中段	9.1	-4.4
	1-25	肉红色团块状	150 m中段	13.3	-4.9
	1-21	肉红色团块状	200 m中段	7.9	-4.4

续表

成矿期次	样品号	描述	位置	$\delta^{18}O_{SMOW}$/‰	$\delta^{13}C_{PDB}$/‰
主成矿期	1-29	浅肉红色-白色团斑状	150 m 中段	12.7	-7.6
	3-18	浅肉红色-白色团斑状	100 m 中段	12.1	-7.2
	3-33	浅肉红色脉状	0 m 中段	10.5	-6.7
	3-13	浅肉红色团斑状	250 m 中段	12.2	-8.8
	3-27	浅肉红色团斑状	50 m 中段	11.3	-9.0
	3-26	浅肉红色团斑状	50 m 中段	12.2	-9.2
	2-71	浅肉红色团斑状	150 m 中段	12.4	-9.3
成矿晚期	2-65	白色脉状	250 m 中段	12.3	-8.7
	2-18	白色脉状	100 m 中段	13.2	-9.4
	1-43	白色脉状	200 m 中段	12.9	-9.3
	1-37	白色脉状	200 m 中段	12.8	-9.3
	1-38	白色脉状	200 m 中段	12.8	-9.8
	1-47	白色脉状	250 m 中段	12.7	-9.7

注：数据引自张国全等(2008)。

由于本矿床矿物共生组合简单，属黄铁矿方解石型，既无高氧逸度条件下形成的重晶石，也无低氧逸度条件下形成的石墨和磁黄铁矿，故方解石的 $\delta^{13}C$ 值可近似代表成矿热液的碳同位素组成。表 1-2-11 中各阶段碳同位素数据值基本都位于幔源碳同位素组成内，表明流体中的碳可能主要来自地幔。

(7)广东省长坑金银矿床中的方解石

[产地、产状及共(伴)生矿物] 长坑金银矿床位于华南褶皱系粤中坳陷的三洲上古生界断陷盆地的北西边缘，属于微细浸染型(卡林型)金矿和碳酸盐岩交代型银矿构成的矿床组合。矿石矿物主要为黄铁矿、辉锑矿、雄黄、雌黄、闪锌矿、方铅矿，脉石矿物主要为石英、方解石及少量伊利石、绢云母、重晶石等。方解石发育多个世代，较早期产物呈细脉-中脉状与粒状充填在灰岩和矿石的裂隙中，或与石英一起构成复合脉产出，脉体内可含铁、铅、锌、银的硫化物；晚期方解石则呈粗脉和团块状产于灰岩和硅质矿体中，菱面体晶形完好，呈灰白色、淡红色，晶隙间可见有雄黄矿物(张生等，1997)。

[化学成分] 稀土元素特征：由表 1-2-12 可知，热液方解石的 $\sum$REE 为 $1.557\times10^{-6}\sim17.676\times10^{-6}$，轻稀土(LREE)高于重稀土(HREE)，二者比值为 1.89~9.21，存在铈的负异常，铕异常则可正可负。方解石的稀土配分曲线变化较大(图 1-2-9)，可能反映了形成时的热液性质或物化条件不同，如稀土总量和 HREE 含量较高、配分曲线呈拱形的 CH-22C 方解石产在浅部金矿化硅质岩之上的蚀变角砾状灰岩中，而稀土总量较低的其他 3 个方解石样品则产于银矿化硅质岩附近的硅化灰岩之内。

表 1-2-12 广东长坑金银矿床中方解石的稀土元素含量($w_B/10^{-6}$)与特征参数

样品号	JL-9C	CH-7C	CH-20C	CH-22C
La	0.27	1.63	1.12	1.25
Ce	0.48	2.41	1.83	1.55
Pr	0.07	0.34	0.26	0.35
Nd	0.26	1.14	0.93	2.48
Sm	0.06	0.27	0.21	1.03
Eu	0.01	0.105	0.074	0.326

续表

样品号	JL-9C	CH-7C	CH-20C	CH-22C
Gd	0.06	0.23	0.21	1.36
Tb	0.009	0.03	0.03	0.20
Dy	0.047	0.17	0.15	1.07
Ho	0.01	0.04	0.03	0.22
Er	0.024	0.09	0.07	0.48
Tm	0.003	0.01	0.01	0.06
Yb	0.015	0.06	0.05	0.28
Lu	0.002	0.01	0.01	0.03
Y	0.237	1.26	1.11	6.99
∑REE	1.557	7.795	6.094	17.676
LREE	1.15	5.895	4.424	6.986
HREE	0.17	0.64	0.56	3.70
LREE/HREE	6.77	9.21	7.90	1.89
δEu	0.56	1.38	1.17	0.94
δCe	0.72	0.65	0.69	0.48
$(La/Yb)_N$	10.69	16.13	13.3	2.65

注：数据引自张生等(1997)。

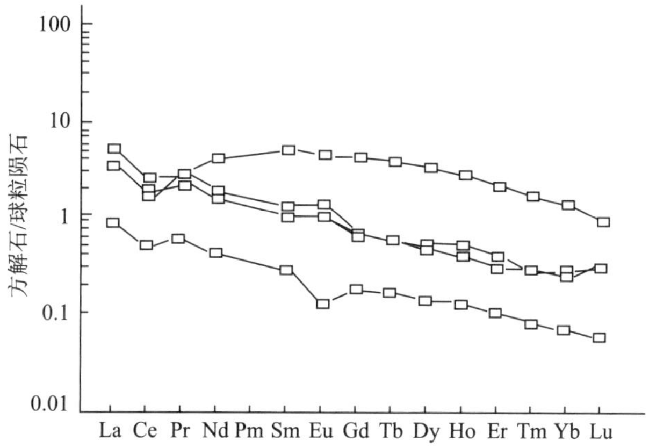

图 1-2-9 广东长坑金银矿床中方解石稀土元素球粒陨石标准化模式图
（据张生等，1997）

德国 Harz 西部脉状铅锌矿床与岩浆水有关方解石的稀土总量较高且变化大(57.95×10^{-6} ~ 1247.2×10^{-6})，而来自加热围岩和表生水成因方解石的∑REE 仅为 1.84×10^{-6} ~ 53.55×10^{-6}；我国湘南坪宝多金属成矿带与岩浆热液有关方解石脉的稀土总量最高可达 364.03×10^{-6}，平均为 59.25×10^{-6}。与之相比，本矿床方解石的∑REE 较低，且与矿区灰岩和角砾状灰岩的稀土总量(6.30×10^{-6} ~ 20.847×10^{-6})相似，由此推断，长坑金银矿床的成矿流体应主要为加热大气降水，成矿物质来自围岩，石英和方解石包体水的氢、氧同位素特征也支持这一论点。

同位素特征：方解石的碳、氧同位素组成见表 1-2-13，可见方解石的 $\delta^{18}O$ 值为 8.64‰~18.61‰，平均为 14.32‰；$\delta^{13}C$ 变化较小，为-3.23‰~0.25‰，平均为-1.14‰。方解石的 $\delta^{18}O$ 与赋矿地层下石炭统灰岩和泥灰岩的 $\delta^{18}O$ 值(10.01‰~15.14‰)接近，而海相灰岩的 $\delta^{18}O$ 值通常为 22‰~30‰，这可能一方面表明围岩与贫 ^{18}O 的大气降水发生了明显的同位素交换作用，同时也显示方解石来自交换过程中溶解的碳酸盐围岩，方解石的 $\delta^{13}C$ 值靠近零值分布可为之提供佐证，因为世界范围内海相碳酸盐的 $\delta^{13}C$ 平均值为 0±4‰。

表 1-2-13　广东长坑矿床中方解石的碳、氧同位素组成特征

样品	$\delta^{18}O_{SMOW}$/‰		$\delta^{13}C_{PDB}$/‰		样品数
	范围	平均	范围	平均	
方解石	8.64~18.61	14.32	-3.23~0.25	-1.14	5
下石炭统硅质岩	18.40				1
下石炭统灰岩	15.14		0.59		1
下石炭统泥灰岩	10.01				1
上三叠统页岩	8.64~11.07	9.85			2

注：数据引自张生等(1997)。

［**光谱特征**］　本矿区方解石样品的自然热发光特征参数见表 1-2-14。

表 1-2-14　广东长坑矿床与其他矿床石英和解石的自然热发光特征参数对比

样品号	采样位置、围岩及矿化	峰类型	自然峰位/℃	自然峰强/(cps · mg^{-1})
CH-20C	钻孔 ZK1609 深 216 m 处灰岩附近方解石脉，银矿化	单峰	344	873
CH-7C	钻孔 ZK3207 深 444 m 处硅化灰岩中方解石脉，银矿化	单峰	345	519
CH-14C	钻孔 ZK3206 深 219 m 处硅化灰岩中方解石脉，银矿化	单峰	309	2906
S-9C	长坑露采场方解石化、硅化灰岩，金矿化	双峰	264、345	279、446
CH-22C	ZK4802 深 241 m 处糜棱岩所夹灰岩中的方解石脉，糜棱岩见金矿化	多峰	200、300 340、392	292、2298 3478、2108
湘南坪宝	铅锌矿体和铜钼铅锌银矿体中方解石脉	单峰	300	7.00~9.95
	灰岩中方解石脉	双峰	200、290	0.31~19.4
微山湖	高温含 REE 重晶石-碳酸盐脉	多峰	115、180 260、330	640、830 6205、3636
竹山	方解石 Nb-REE 矿体中方解石	单峰	330	3.96~16.88
	方解石碳酸岩体中方解石	多峰	140、330、450	1.6、10.2、46.7

注：数据引自张生等(1997)。

本矿区方解石的自然热发光曲线有 3 种，即单峰、双峰和多峰型(图 1-2-10)。前者主要与银矿化有关，峰位为 345℃或 309℃，随深度增大发光强度减小。S-9C 和 CH-22C 方解石产于金矿石围岩中，形成深度相对较浅，热发光曲线出现双峰和多峰，中温峰为 200℃和 264℃，强度较弱，高温峰为 300~392℃，强度较大。与表 1-2-14 中其他矿床热液成因方解石相比，虽然中高温区间(200~340℃)的热发光峰位基本相同，且均表现出较高温度峰位发光强度大的特点，但热发光曲线的总体形态仍有一定的差别，这可能是不同矿床的方解石结晶温度、习性、杂质元素种类(如 Mn^{2+}、Pb^{2+}、REE^{3+}、Fe^{2+}、Ni^{2+}等)和数量不同所致。总之，长坑矿床方解石的热发光特征与热液成因方解石存在相似之处。

(8)广东省凡口铅锌矿床中的方解石

［**产地、产状及共(伴)生矿物**］　凡口超大型铅锌矿床位于粤北曲仁华力西构造盆地的北缘，为我国目前最大的铅锌矿床生产基地。方解石为锌矿床中的一种主要脉石矿物，依据其地质产状可分为两种类型，一种是与方铅矿、闪锌矿等金属硫化物密切共生的灰白色成矿期方解石；另一种赋存于远离矿体的结晶灰岩或矿体的裂隙内，为未矿化的粗粒无色透明的成岩期方解石(郭洪中等，1996)。

［**化学成分**］　方解石单矿物的稀土元素测定结果表明，两类方解石的稀土配分曲线显著不同(图 1-2-11)。成岩期方解石的稀土配分模式与矿区内泥盆纪灰岩的稀土配分模式基本相同，∑REE 为 138.8×10^{-6}，LREE/HREE 为 8.16，$(La/Yb)_N=8.76$，显示出沉积成因的特征。而矿石中的成矿

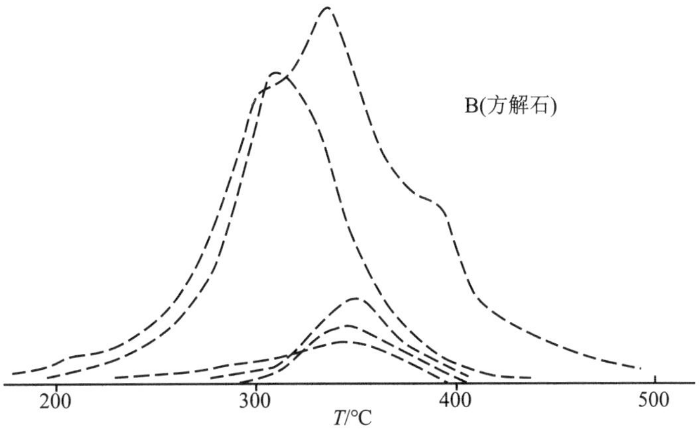

图 1-2-10　广东省长坑矿区方解石的热发光曲线

（据张生等，1997）

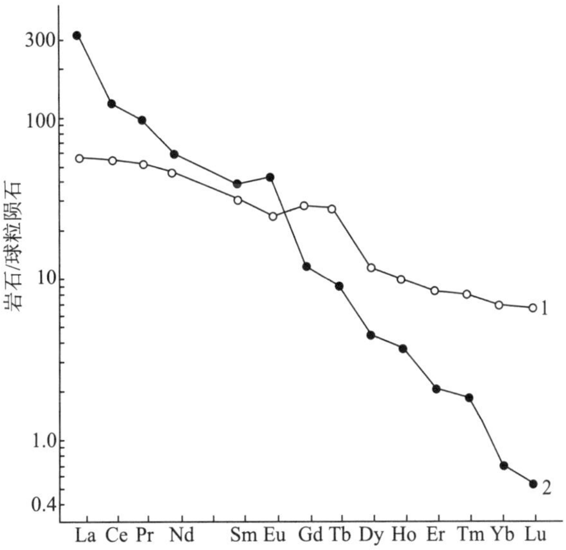

图 1-2-11　广东省凡口矿区方解石中 REE 配分模式

（据郭洪中等，1996）

1—成岩期方解石；2—成矿期方解石

期方解石表现出高的稀土总量 $\sum$REE = 308.4×10^{-6} 和 LREE/HREE 值(45.17)，强烈的重稀土亏损和轻稀土富集[$(La/Yb)_N$ = 484.7]，很高的正铕异常(δEu = 3.16)。结合该矿床氢氧同位素、矿物包裹体等地球化学资料，推断热液活动是造成这种稀土配分特征的主要因素。

[**光谱特征**]　差热分析：方解石的差热分析结果见图 1-2-12，整理出的曲线特征见表 1-2-15。从表 1-2-15 中可以看出，矿化灰岩、矿石及非矿化灰岩中的方解石其 DTA 曲线具有如下特征：①矿化灰岩及矿石中的方解石 DTA 曲线多表现为双峰及多峰形式，而非矿化灰岩中的方解石为单峰式；②矿石及矿化灰岩的方解石中基本上都含有谷底温度小于 200℃ 的吸热谷，而非矿化灰岩无一例外地不含此吸热谷；③矿区中部 202 线和坑道内的方解石中含有谷底温度大于 1000℃ 的吸热谷，而远离矿区的 220 线样品中的方解石除 ZK102 样含有谷底温度为 1030℃ 的吸热谷外，其余样品均没有大于 1000℃ 的谷；④部分矿石中的方解石含有峰顶温度 320~335℃ 的放热峰，部分矿化灰岩和灰岩(样号 ZK102 和 ZK16019-2)中的方解石含有 240~262℃ 的吸热谷；⑤矿石中的方解石部分含有 400~600℃ 的放热峰；⑥本区所有方解石样品除含有较多黑色物质和肉红色白云质(双目镜下)的 D26-1 号样品 DTA 主谷底温度在 757℃，热焓(ΔH)为 217.92 J/g 外，其余样品谷底温度十分稳定，在 819.3~

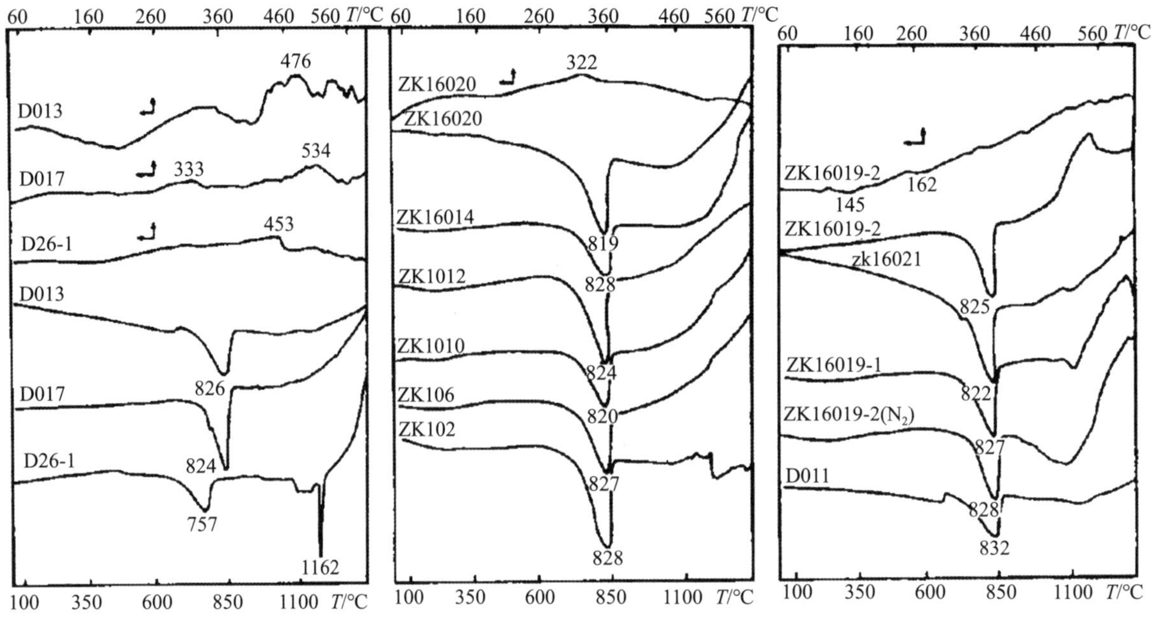

图 1-2-12　广东省凡口矿区方解石的差热分析曲线

（据郭洪中等，1996）

832.0℃之间，热焓值(ΔH)在678.909～1226.037 J/g之间。

凡口矿区方解石的差热分析主吸热谷温度在819～832℃之间，较正常方解石的DTA分解温度低，这种特征可能与本区成岩成矿时存在较高的古地温梯度和热液活动有关。依据包裹体测温、硫同位素地质温度计、方解石的常量及微量元素分析、有机质成熟度指标及矿区所处的大地构造位置，推断该区在成岩成矿时存在着较高的地温梯度。这种异常高的古地温梯度是在碳酸钙沉积成岩过程中，沿海底断裂上涌的热泉及火山热液造成的。在这种环境下形成的方解石，结晶程度差，含有较多的Fe、Mg、Mn、Pb、Zn等杂质元素，在晶体缺陷中包含有水和有机物质等，其包裹体均一温度在200℃以上，这些因素可能是造成凡口矿区方解石DTA峰温降低的主要原因。

表 1-2-15　广东凡口矿区方解石的DTA曲线特征

序号	样品号	样品性质	气氛	曲线特征	<200℃		200～400℃		400～600℃		600～1000℃		>1000℃	
					峰(谷)温	热焓	峰(谷)温	热焓	峰(谷)温	热焓	峰(谷)温	热焓	峰(谷)温	热焓
1	ZK102	D_2t^c 灰岩(280 m)	空气	双峰			242	0.666			828	251.95	1030	33.80
2	ZK106	D_3t^b 灰岩(360 m)	空气	单峰							827	240.26		
3	ZK1010	D_3t^b 灰岩(470 m)	空气	单峰							820	248.60		
4	ZK1012	$C_{2+3}ht$ 弱矿化白云岩(480 m)	空气	双峰	169.7	11.24					824	264.89		
5	ZK12014	D_2d^b 灰岩(304 m)	空气	单峰							828	241.16		
6	ZK16020	D_3t^a 灰岩(560 m)	空气	双峰			322	−19.95			819	268.30		

续表

序号	样品号	样品性质	气氛	曲线特征	<200℃		200~400℃		400~600℃		600~1000℃		>1000℃	
					峰(谷)温	热焓	峰(谷)温	热焓	峰(谷)温	热焓	峰(谷)温	热焓	峰(谷)温	热焓
7	ZK16021	D_2t^c 灰岩(565 m)	空气	单峰							822	293.23	1093.8	15.26
8	ZK16019-1	D_3t^a 矿石(546 m)	空气	双峰	171	4.13					927	292.58	1100	45.80
9	ZK16019-2	D_3t^a 围岩(546 m)	空气	三峰	145	0.744	262	0.599			925	258.10	1270	70.12
10	ZK16019-2	D_3t^a 围岩(546 m)	N_2	单峰							828.5	239.11	1074	220.86
11	D011	辉绿岩接触带灰岩	空气	单峰							832	240.81	1114	21.11
12	D013	Sh216 号矿体	空气	三峰	196.8	5.92			476	-7.62	826	251.83	1005	11.76
13	D017	Jb2 号矿体	空气	三峰			333	-1.52	534	-3.81	824	162.25		
14	D26-1	C_1 角砾状方解石	空气	双峰					453	-11.95	757	52.06	1121	17.98

注：数据引自郭洪中等(1996)。热焓单位为4186 J/g；括号内数字为钻孔进尺；大于1000℃只统计了主峰(谷)温及热焓值。

热发光：本区方解石的自然热发光曲线主要有3种类型(表1-2-16)：第一种为双峰式(ZK1012和D014)，低温峰分别为168℃和283℃，高温峰分别为368℃和380℃；第二种类型为单峰式，是本区方解石的主要发光类型，峰值为270℃(D019样)及363~384℃之间；第三种类型为在实验条件下没有出现发光峰(ZK1010和D05号样)。辐照后方解石的热发光曲线有两种形式：第一类为双峰式，低温在152~175℃之间，高温峰除D019号样品为168℃之外，其余均在363~375℃之间；第二类为三峰式，峰值分别为152~175℃、260~286℃和355~380℃。从表1-2-16可以看出，自然热发光中只有弱矿化的白云岩(样号ZK1012)和矿石(D014)出现了双峰，人工辐照后的热发光曲线具有三峰的基本上全是矿石样品。峰强度的变化特征为：辐照后的峰强大于自然热发光峰强，高温(355~384℃)峰强一般大于低温峰强，自然热发光中矿石的峰强略低于围岩中方解石的峰强，人工辐照后矿石及灰岩的热发光峰强差异不明显。

表1-2-16中列出了湖南坪宝多金属成矿带的黄沙坪铅锌矿和宝山铜钼铅锌银矿床的方解石热释光特征，这两个矿床属于产在下石炭统灰岩和白云质灰岩中的热液型铅锌矿床，以及白云鄂博Fe-REE矿床和微山湖REE矿床中方解石的热释光特征，白云鄂博铁-稀土矿床属于叠加矿床，即产在元古宙的海相碳酸盐地层叠加了来自晚古生代岩浆分泌出的成矿物质。微山湖矿床是高温热液矿床，成矿与碱性正长岩有关，这些矿床中的方解石因矿床成因不同而具有十分明显差异的热发光曲线。将凡口铅锌矿床中方解石的热发光曲线与上述矿床方解石的热发光曲线特征对比可以看出(表1-2-16)，本区方解石的自然热发光及人工辐照的热发光曲线特征明显不同于热液成因的方解石热发光特征，排除了凡口矿床是热液形成的可能，但其特征与白云鄂博产在元古宙海相白云岩地层中Fe-REE矿床的方解石热释光曲线特征十分相似，说明其方解石有相似的结晶习性和形成条件，据此可以推断凡口铅锌矿床的成矿作用以同生沉积作用为主。

(9)广东省云浮大理岩中的方解石

[产地、产状及共(伴)生矿物] 广东省云浮市东北部出露的下石炭统岩关阶灰岩，已变质为黑色碳质条带大理岩，其中全部方解石颗粒都发育有良好的双晶页理和变形条带，说明大理岩形成后，还经受过构造力的作用(徐霭君，1982)。

表 1-2-16　广东凡口矿区方解石的热发光特征

样品号	样品性质	峰温/℃						峰强/($n\cdot s^{-1}\cdot mg^{-1}$)						数据来源
		N			*N*+*β*			*N*			*N*+*β*			
ZK106	D_3t^b 灰岩（360 m）			375	175		375			1533	438		1500	郭洪中等，1996
ZK1010	D_3t^b 灰岩（470 m）		不明显		175	260	355				576	835	687	
ZK1012	$C_{2+3}ht$ 弱矿化白云岩（480 m）	168		368	154		364	4328		280645	87500		296428	
ZK120211	D_2d^b 灰岩（290 m）			367	160	286	365			121	436	384	711	
ZK12013	D_2d^b 围岩（300 m）			372	161		372			571	967		710	
ZK12014	D_2d^b 灰岩（304 m）			384	164		370			390	657		424	
D05	sh6 号矿石		不明显		152	260	377				550	475	450	
D014	sh210 号矿石		283	380	161	283	380		300	1467	533	566	1700	
D015	Jb5 号矿体中的方解石透镜体			363	152		363			913	711		800	
D019	Jb2 号矿体围岩		270		152	268			300		571		921	
湘南黄沙坪	矿体中方解石		300			210			4.58			1.25		李荣清，1993
	灰岩中方解石	200	290			210			5.02			2887		
湘南宝山	矿体中方解石		300			210			7.00			2.07		
	灰岩中方解石	200	290			210			10.4			3107		
白云鄂博晚期方解石脉			260	360	150	260	360		18.64			26.8		周玲棣等，1983
微山湖高温热液脉		115180	260	110	180	260	330		11222			23397		

注：*N*—自然热发光；*N*+*β*—自然+辐照热发光。括号内数字为钻孔进尺。

［形貌特征］　云浮大理岩薄片中所有方解石晶粒都显示显微变形构造，且几乎每个颗粒都有两种以上变形机制，它们可能是同时的，也可能稍有先后。多种滑移机制的共同作用，使集合体的各个颗粒具有大致相同的变形。本区方解石主要和普遍出现的变形机理是沿 *e* 面的正指向双晶滑移，其次是沿 *r* 面的负指向直线滑移，还有少量沿 *f* 面的双晶滑动。有些晶粒由于 *e* 面或 *r* 面的滑移引起内部旋转。变形条带沿 *e* 面和 *a* 面、可能还有 *r* 面发育。在同一应力场中变形的晶粒，显示不同的显微构造，说明变形时晶粒晶格方位不相同，使作用于各晶粒不同滑动系统的分解剪切应力的数值和指向有差别，故不同晶粒的变形机制也有差别。

［成因意义］　云浮大理岩受后期应力影响，方解石出现复杂的显微构造，晶粒内保留了各种双晶滑移、直线滑移和内部旋转的痕迹。大理岩无明显重结晶现象，说明变形后温度一般保持在 300℃

以下，即其深度不超过地表以下 10 km。

(10)广东省诸广-下庄铀矿床中的方解石

[产地、产状及共(伴)生矿物] 诸广-下庄地区是我国花岗岩型铀矿分布最为集中的大型矿集区，区内已发现数个花岗岩型铀矿田，发育有数十个铀矿床，它们主要集中分布在诸广岩体南部和贵东岩体东部。在下庄矿田中，不同颜色的方解石往往成团块状或脉状与沥青铀矿紧密共生，因此可以通过研究方解石的碳、氧和锶同位素组成来研究与铀成矿作用相关流体中的水、矿化剂(CO_2 等)及成矿物质铀的来源(张展适等，2005)。

[化学成分] 下庄矿田成矿期及成矿期后方解石的碳、氧和锶同位素组成见表 1-2-17。本次测试的下庄矿田成矿期方解石的 $\delta^{13}C$ 值介于-2.9‰~-7.8‰之间，$\delta^{13}C$ 值主体在-4‰~-8‰之间，表明本区方解石中的碳是幔源的，来自华南地区铀成矿的共同碳源区。下庄矿田中方解石的 $\delta^{18}O$ 值变化于 3.6‰~12.5‰之间，其中成矿期 $\delta^{18}O$ 值变化于 8.9‰~12.5‰之间。

表 1-2-17　广东下庄矿田方解石的碳、氧和锶同位素组成

样品号	期次	$\delta^{13}C$/‰	$\delta^{18}O$/‰	$^{87}Sr/^{86}Sr$
XZ-T	成矿期	-4.3	12.5	0.718
XZ41-1		-7.8	10.9	0.719
XZ41-2		-4.1	12.1	0.717
XZ41-3		-2.9	8.9	0.728
XZ41-4		-6.1	10.5	0.722
XZ41-5		-6.4	12.2	0.719
XZ-15		-6.6	10.7	0.721
XZ-38	成矿期后	-4.4	3.6	0.737

注：数据引自张展适等(2005)。

矿田范围内方解石的$^{87}Sr/^{86}Sr$ 值介于 0.717~0.737 之间，前人研究表明本区花岗岩中的($^{87}Sr/^{86}Sr$)$_i$ 值变化于 0.705~0.707 之间，基性脉岩的($^{87}Sr/^{86}Sr$)$_i$ 值变化于 0.705~0.749 之间。可以看出方解石的初始锶同位素值接近于花岗岩，而明显有别于基性脉岩。由于 Sr 和 Ca 的密切相关性，这可能表明方解石中的是壳源的，而与方解石共生的沥青铀矿也是壳源的。

(11)广西博白县飞鹅岭铅锌矿床中的方解石

[产地、产状及共(伴)生矿物] 飞鹅岭矽卡岩型铅锌多金属矿床位于云开地块的西南缘，属于大中型矽卡岩型铅锌矿床。矿床内的方解石、钙铁榴石、含锰阳起石、榍石和绿帘石等构成了典型的钙矽卡岩矿物组合。方解石是赋存于内矽卡岩、外矽卡岩和矿体中的典型矿物。内矽卡岩岩性为流纹状石英斑岩，微晶结构，其中方解石呈他形，形态多变不规则；外矽卡岩主要矿物组合为石榴子石、阳起石、方解石和少量金属矿物，显微特征复杂多变，其中的方解石可呈自形-半自行粒状，也可他形，形态多变；矿石岩性为铅锌多金属矿，含少量他形粒状的方解石(曾长育等，2015)。

[形貌特征] 早期结晶的方解石自形晶具有较高的结晶度和有序度，而晚期结晶的他形方解石具有较低的结晶度和有序度。外矽卡岩中方解石晶体包含有二氧化硅杂质，而内矽卡岩和矿石中的方解石均较为纯净。这说明矽卡岩形成阶段的含二氧化硅热液流体因温度较高而更为活跃并进入方解石晶体内，晚期硫化物阶段的温度偏低导致杂质很难进入方解石晶体内。

[光谱特征] 方解石的特征拉曼光谱出现 1086 cm^{-1}、713 cm^{-1}、281 cm^{-1}、157 cm^{-1} 峰位(图 1-2-13)。拉曼位移的半高宽(*FWHM*)值具有一定的变化规律(图 1-2-14)，结晶较早呈自形晶的方解石具有较低的半高宽值，相反，结晶较晚呈他形的方解石具有较高的半高宽值。通过对方解石 1086 cm^{-1} 附近的特征拉曼位移进行高斯拟合，得到了(C2，D2，E2，F 和 G)5 个点的方解石半高宽值(*FWHM*)。内矽卡岩(C2)、外矽卡岩(E2)和矿体(G)中晶型较差的方解石 *FWHM* 值分别为

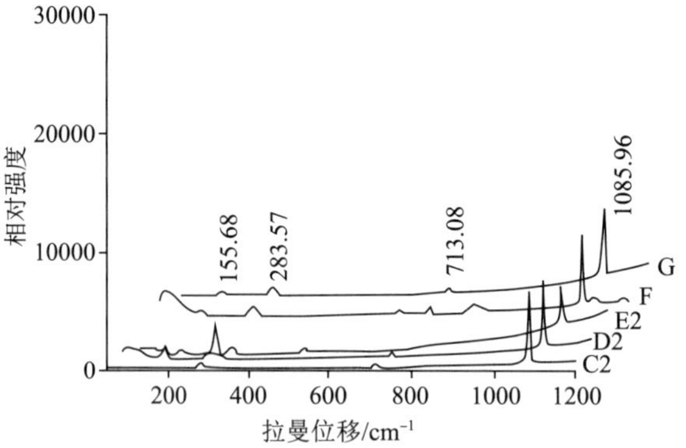

图 1-2-13　广西飞鹅岭矽卡岩型铅锌矿床中方解石的原位拉曼光谱

（据曾长育等，2015）

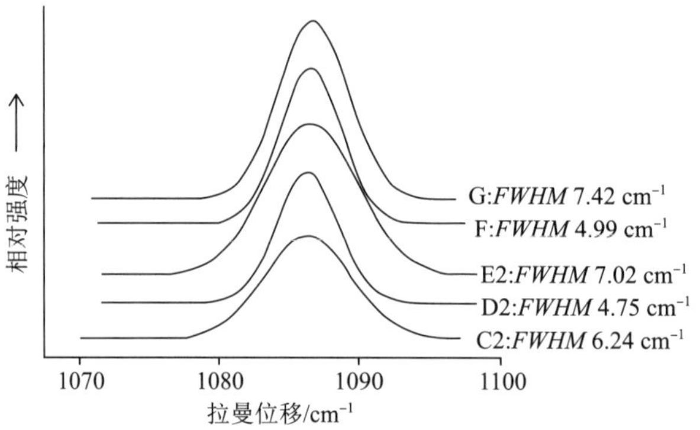

图 1-2-14　广西飞鹅岭矽卡岩型铅锌矿床中方解石 1086 cm^{-1} 拉曼光谱的半高宽值(*FWHM*)

（据曾长育等，2015）

6.24 cm^{-1}、7.02 cm^{-1} 和 7.62 cm^{-1}，其他外矽卡岩(D2、F)中晶型较好的方解石 ***FWHM*** 值分别为 4.99 cm^{-1} 和 4.75 cm^{-1}，但方解石的半高宽值与成矿阶段之间没有明显的相关关系。

方解石的红外光谱图见图 1-2-15。可见，矽卡岩中方解石谱峰特征存在不小差异。矿体和脉岩包含的方解石主要造就 880 cm^{-1} 附近的 Ca-O 振动峰，1490 cm^{-1} 附近的 C-O 对称伸缩振动峰，以及 3750~3868 cm^{-1} 的倍频峰。矽卡岩样品除了以上峰值外，还存在 1004 cm^{-1} 附近的 Si-O-Si 不对称伸缩振动。红外光谱特征支持了拉曼光谱的分析结果，证明了在早-晚矽卡岩形成的阶段，在较高温度条件下方解石结晶的过程中混进了二氧化硅杂质，而低温条件下的晚期硫化物阶段形成的方解石较为

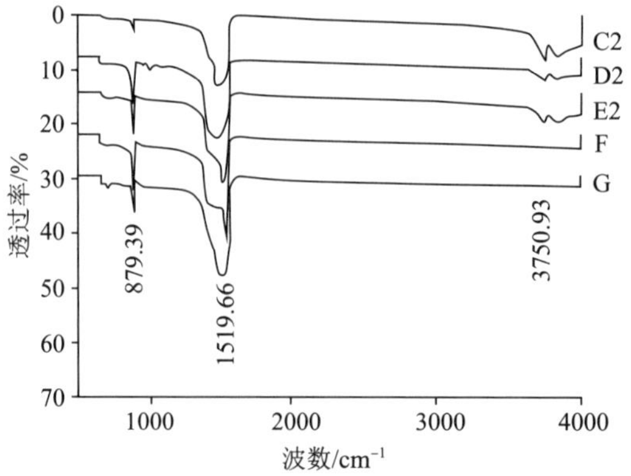

图 1-2-15　广西大厂飞鹅岭矽卡岩型铅锌矿床中方解石的红外光谱

（据曾长育等，2015）

纯净，极少包含其他杂质。

(12)广西大厂锡多金属矿床中的方解石

[产地、产状及共(伴)生矿物] 广西大厂锡多金属矿田位于广西南丹县，是世界级大型锡矿田之一。方解石是广西大厂锡多金属矿床矿石中重要的脉石矿物，广泛分布于不同类型的矿体之中，可呈块状、脉状分布(表 1-2-18)(梁婷等，2007)。

表 1-2-18 广西大厂长坡-铜坑矿脉石矿物方解石的特点

样品号	矿体类型		采样位置	产状
405-5-1	脉状矿体	层面脉状	405 中段 28-30 号线	细条带灰岩与小扁豆灰岩接触面上的层面方解石脉，矿化弱
455-13			455 中段 14 号勘探线	小扁豆灰岩与细条带灰岩接触面上层面方解石脉，矿化弱
483-3			483 中段 10-12 线	细条带与宽条带灰岩的接触面上方解石脉，白色，弱矿化
455-3			455 中段南运输港	硅质岩与宽条带灰岩之间接触面，矿化较差
455-8			455 中段南运输港	硅质岩与宽条带灰岩之间接触面，团块状
455-17			455 中段 14 号勘探线	硅质岩与宽条带灰岩之间石英-方解石脉
201-8		裂隙脉状	505 中段	大脉带的 201 号辉锑锡铅矿-方解石脉
505-201(2)			505 中段	大脉带的 201 号辉锑锡铅矿-方解石脉
455-27			455 中段 0 号线	小扁豆灰岩中 38 号大脉矿化
455-10			455 中段	锡石-硫盐-方解石细脉带
455-11			470 中段 202 线	硅质岩中毒砂-方解石脉
405-18	190 号矿体		405 中段 203 勘探线	大厂断裂中的团块状方解石、乳白色
355-4			355 中段 201 线	F_1 断裂团块状方解石
355-6	92 号矿体		355 中段 201 线	92 号矿体中钙质结核体中粗粒方解石
455-92-8			455 中段	92 号矿体的块状矿石
455-91	91 号矿体		455 中段	91 号矿体的块状矿石
GF-9	100 号矿体		100~150 中段之间	近矿方解石细脉
DC-100			高峰矿	100 号矿体块状矿石
Lm-7	矽卡岩型锌铜矿		拉么 560 中段	锌铜矿石

注：数据引自梁婷等(2007)。

[化学成分] 大厂方解石稀土元素含量和特征参数见表 1-2-19。利用球粒陨石(Taylor et al.，1985)进行标准化，得到不同产状矿体中方解石稀土元素配分模式(图 1-2-16)。对比不同产状矿体中方解石的稀土配分模式(图 1-2-16g)，可以看出，方解石$\sum$REE 从矿床下部矽卡岩型锌铜矿→100 号锡多金属矿体→F_1 断裂中 190 号矿体→91 号、92 号矿体是依次增大的。稀土元素配分曲线模式也显示出有规律性的变化：矽卡岩锌铜矿体、100 号锡多金属矿体及充填交代于 F_1 断裂中的 190 号矿体中方解石稀土配分曲线相似的，为具有明显的铈负异常，微弱的铕异常的相对平坦型；91 号、92 号矿体方解石的$\sum$REE 较高，配分曲线与龙箱盖花岗岩及蚀变的赋矿围岩(图 1-2-16f)相似，表现为轻稀土富集的右倾“V”形模式，具有显著的铕负异常，无到弱的铈异常；而呈脉状产出的方解石的稀土配分曲线为轻稀土富集型，具有明显的铕正异常和铈负异常。所以，大厂锡多金属矿区不同产状矿体中方解石的稀土元素分布不均匀，显示不同的 REE 含量、有关参数，存在三种稀土模式，即具有铕负异常轻稀土富集型，相对平坦型和具有铕正异常轻稀土富集型，总体上铈异常较弱。但在的 Y/Ho—La/Ho 图上(图 1-2-17a)，总体上呈现水平分布，表明其方解石具有同源性。且 La/Ho 值随不同产状，即由拉么锌铜矿体→高峰 100 号块状矿体→91 号、92 号层状矿体→层面脉状→裂隙脉状等具有一定连续变化趋势。在方解石变异图(图 1-2-18)上，也显示不同产状方解石的 REE 地球化学具有一定的连续变化的趋势，暗示他们可能为同源不同阶段的产物。

用 Yb/Ca-Yb/La 的变化图解(图 1-2-19)，可以判断方解石的形成和演化。投影的结果显示，

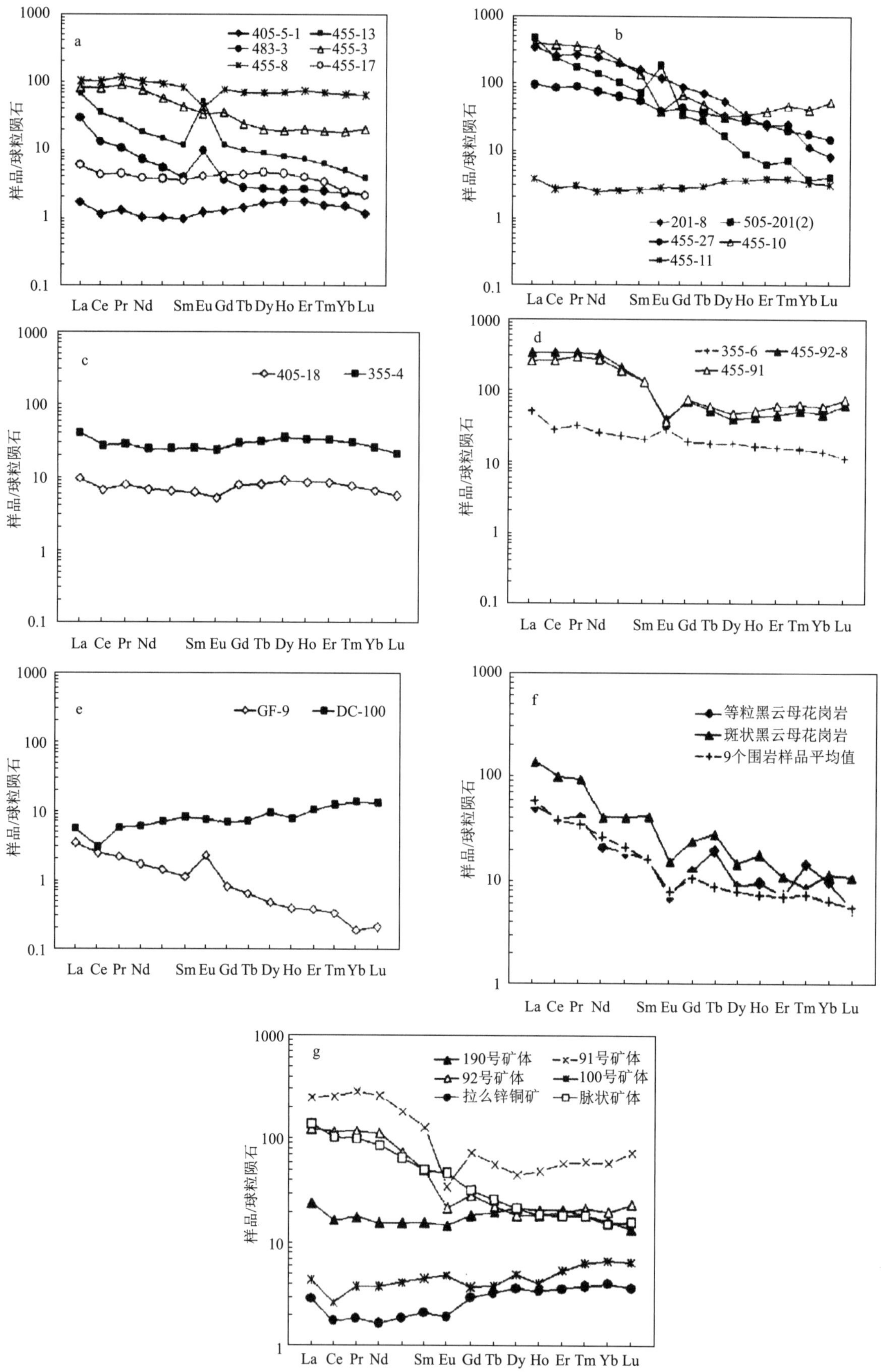

图 1-2-16　广西大厂不同产状方解石的稀土元素配分模式

（据梁婷等，2007）

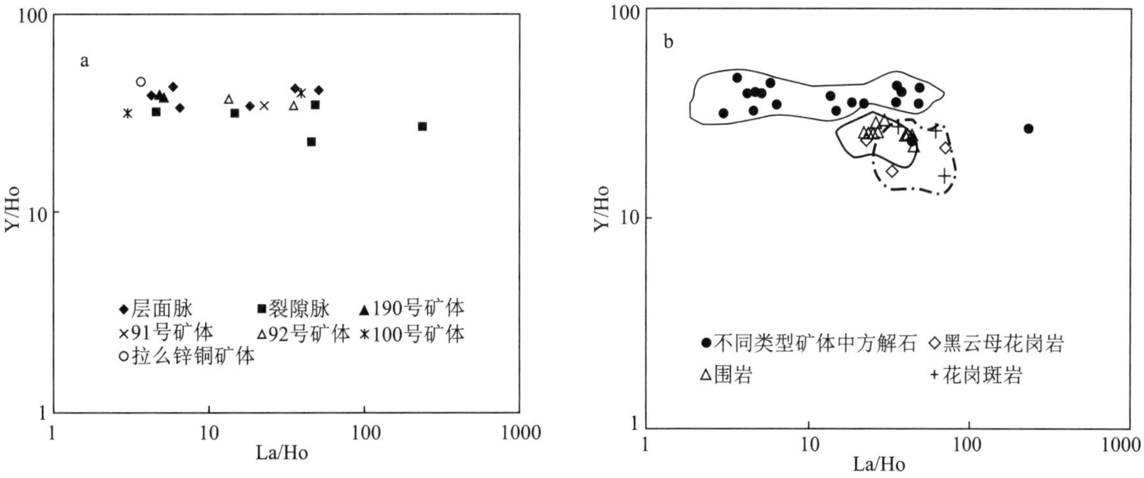

图 1-2-17　广西大厂方解石的 Y/Ho-La/Ho 图解

（据梁婷等，2007）

大厂不同类型矿体中所有的方解石均投影到岩浆成因区，显示岩浆热液对方解石稀土来源具有重要的意义。

Eu、Ce 异常主要与发生水-岩反应作用时的氧化-还原作用有关，所以可以反映环境信息。大厂不同产状方解石中的 Ce 异常变化不明显，均显示弱的负异常，而 δEu 值表现出由明显负异常、弱异常或无异常到正异常的演化，意味着成矿氧化还原环境的变化。在成矿流体中，Eu 形成 Eu^{3+}，在相对还原的环境，溶液中 Eu 部分变为 Eu^{2+} 而与其他稀土元素分离，因此认为在相对环境条件下形成的方解石，稀土含量相对较高，其 δEu 比较小，出现铕负异常。随着大气降水叠加成矿，造成稀土元素大量流失，含量降低，在相对氧化的环境下，δEu 相对较大，形成铕正异常，这反映了矿区成矿环境可能存在一个由相对还原向相对氧化的变化过程。

（13）广西凭祥早三叠世英安岩中的方解石

［产地、产状及共（伴）生矿物］　在广西凭祥地区发育一套海相酸性、中酸性火山岩。方解石在英安岩中主要呈细脉状切穿岩石，少数胶结长英质基质产出（顾尚义等，2007）。

［形貌特征］　方解石在英安岩中呈薄脉状（脉宽 0.05～1 mm）和填充英安岩基质孔隙（孔隙大小 0.1～0.3 mm）而成。

［化学成分］　由于方解石单矿物的挑选较为困难，采用化学淋滤法研究方解石中的稀土元素。化学淋滤液中 Ca 和 REE 分析结果列于表 1-2-20，REE 经球粒陨石标准化后的配分曲线见图 1-2-20。可以看出，化学淋滤液的稀土元素显示出右倾的特点，$(La/Yb)_N$ 为 9.42～27.82，平均为 17.33；无铈异常，δCe 为 0.98～1.07，具有明显的负铕异常，δEu 为 0.46～0.72，平均为 0.62。将化学淋滤液的稀土含量换算成方解石稀土含量后，方解石的稀土总量为 284.88×10^{-6}～468.40×10^{-6}，平均为 361.85×10^{-6}。远高于一般热液方解石与碳酸盐岩的稀土元素含量，后者的稀土元素含量一般低于 100×10^{-6}。而凭祥英安岩中方解石的稀土总量与英安岩稀土总量却相近，说明英安岩蚀变过程中，稀土元素在蚀变流体中迁移的距离不远，然后进入方解石中。

方解石中稀土元素的存在形式有两种，一是稀土元素以异价类质同象的形式交代方解石中的 Ca^{2+}，二是以独立矿物的形式存在。扫描电镜分析表明，研究的方解石中并无独立稀土矿物。而凭祥英安岩化学淋滤液中的 Ca 浓度与稀土元素含量具有很高的相关性（相关系数 R^2 从 0.93～0.98），图 1-2-21 给出了 La 与 Ca 和 Lu 与 Ca 的相关关系。因此，凭祥英安岩方解石中稀土元素主要是呈固溶体形式交代其中的钙离子，或者以 2 个三价 REE 交代 3 个二价 Ca 离子，或者是以三价 REE 与一价 Na 离子交代两个二价 Ca 离子。

表 1-2-19　广西大厂方解石的稀土元素含量($w_B/10^{-6}$)及相关参数

样品号	La	Ce	Pr	Nd	Sm	Eu	Gd	Tb	Dy	Ho	Er	Tm	Yb	Lu	Y	∑REE	LREE	HREE	LREE/HREE	La_N/Yb_N	δEu	δCe	Ca/%
405-5-1	0. 627	1. 063	0. 178	0. 727	0. 227	0. 108	0. 384	0. 083	0. 633	0. 147	0. 439	0. 055	0. 369	0. 044	5. 682	5. 08	2. 93	2. 15	1. 36	1. 15	1. 11	0. 74	36. 74
455-13	24. 28	33. 34	3. 652	13. 24	2. 635	4. 449	3. 564	0. 556	3. 363	0. 677	1. 784	0. 222	1. 237	0. 145	28. 42	93. 14	81. 6	11. 6	7. 07	13. 26	4. 44	0. 75	33. 53
483-3	10. 85	12. 37	1. 455	5. 165	0. 913	0. 849	1. 089	0. 161	1. 024	0. 218	0. 661	0. 088	0. 576	0. 082	9	35. 5	31. 6	3. 9	8. 11	12. 73	2. 6	0. 64	36. 11
455-3	29. 78	76. 34	12. 35	52. 69	9. 948	2. 952	10. 62	1. 386	7. 705	1. 63	5. 002	0. 679	4. 536	0. 773	56. 53	216. 4	184	32. 3	5. 69	4. 44	0. 87	0. 93	36. 33
455-8	37. 47	96. 8	15. 67	72. 09	18. 72	3. 613	23. 12	3. 961	26. 2	5. 814	17. 88	2. 414	15. 88	2. 378	195. 8	342	244	97. 7	2. 5	1. 59	0. 53	0. 93	37. 42
455-17	2. 192	4. 087	0. 597	2. 698	0. 82	0. 319	1. 294	0. 246	1. 764	0. 374	0. 989	0. 12	0. 618	0. 081	16. 13	16. 23	10. 7	5. 49	1. 96	2. 4	1. 03	0. 83	36. 73
201-8	121	237	35. 3	166	36. 2	10. 1	26	3. 97	19. 8	2. 7	5. 68	0. 86	2. 73	0. 3	59. 6	667. 6	606	62	9. 76	29. 95	0. 96	0. 84	
5050-201(2)	167	214	23. 2	96. 3	16. 1	15. 6	9. 9	1. 58	6. 1	0. 72	1. 51	0. 25	0. 9	0. 15	18. 9	553. 3	532	21. 1	25. 21	125. 4	3. 51	0. 72	
455-27	33. 23	77. 3	11. 89	50. 99	12. 17	3. 197	12. 93	2. 047	11. 74	2. 223	5. 885	0. 694	4. 138	0. 535	69. 99	229	189	40. 2	4. 7	5. 43	0. 77	0. 91	34. 96
455-10	136	345	47. 1	224	29. 6	3. 24	19. 5	2. 7	11. 9	2. 81	9. 22	1. 63	9. 66	1. 96	96. 1	844. 32	784. 94	59. 38	13. 22	9. 51	0. 39	1. 01	
455-11	1. 355	2. 529	0. 399	1. 692	0. 584	0. 242	0. 83	0. 167	1. 321	0. 295	0. 935	0. 132	0. 807	0. 115	9. 477	11. 4	6. 8	4. 6	1. 48	1. 13	1. 06	0. 8	29. 97
405-18	3. 538	6. 451	1. 084	4. 839	1. 458	0. 455	2. 446	0. 476	3. 498	0. 738	2. 179	0. 271	1. 648	0. 217	29. 08	29. 3	17. 8	11. 5	1. 55	1. 45	0. 73	0. 77	36. 18
355-4	14. 58	25. 42	3. 862	17. 41	5. 819	2. 096	8. 978	1. 813	13. 21	2. 811	8. 232	1. 066	6. 383	0. 83	107. 6	112. 5	69. 2	43. 3	1. 6	1. 54	0. 88	0. 78	36. 28
355-6	18. 31	25. 58	4. 249	17. 46	4. 669	2. 453	5. 708	1. 007	6. 747	1. 363	3. 849	0. 53	3. 361	0. 425	51. 25	95. 71	72. 7	23	3. 16	3. 68	1. 45	0. 66	25. 86
455-91	94. 2	248	39. 8	188	29. 8	3. 06	22. 3	3. 33	17. 4	4. 17	14. 6	2. 15	14. 3	2. 78	144	683. 9	603	81	7. 44	4. 45	0. 35	0. 95	
455-92-8	121	317	45. 1	224	29. 9	3. 36	20. 8	2. 96	14. 5	3. 42	10. 9	1. 78	11. 3	2. 29	120	808. 3	740	68	10. 9	7. 24	0. 39	1. 01	
GF-9	1. 263	2. 319	0. 298	1. 204	0. 259	0. 197	0. 247	0. 037	0. 181	0. 033	0. 095	0. 012	0. 047	0. 008	1. 311	6. 2	5. 54	0. 66	8. 39	18. 16	2. 35	0. 86	39. 39
DC-100	2. 01	2. 8	0. 76	4. 27	1. 84	0. 65	2. 06	0. 41	3. 63	0. 66	2. 6	0. 44	3. 27	0. 49	20. 4	25. 89	12. 3	13. 6	0. 91	0. 42	1. 02	0. 53	
Lm-7	1. 071	1. 72	0. 256	1. 205	0. 493	0. 17	0. 921	0. 193	1. 412	0. 292	0. 897	0. 138	0. 99	0. 14	13. 34	9. 9	4. 92	4. 98	0. 99	0. 73	0. 76	0. 75	32. 63
等粒黑云母花岗岩	18. 4	37. 2	5. 5	14. 6	3. 7	0. 6	3. 7	1. 1	3. 3	0. 8	1. 8	0. 5	2. 4	0. 2	18. 3	93. 80	80. 00	13. 80	5. 80	5. 18	0. 49	0. 86	
斑状黑云母花岗岩	50. 3	92. 2	12. 6	28. 2	9. 4	1. 3	7. 2	1. 6	5. 4	1. 5	2. 7	0. 3	2. 8	0. 4	25	215. 90	194. 00	21. 90	8. 86	12. 14	0. 47	0. 84	
9 个地层样品均值	21. 00	35. 20	4. 61	18. 31	3. 71	0. 67	3. 14	0. 49	2. 92	0. 61	1. 71	0. 25	1. 54	0. 21	15. 16	94. 38	83. 50	10. 87	7. 06	8. 40	0. 60	0. 78	

注：数据引自梁婷等(2007)。

表 1-2-20　广西凭祥英安岩化学淋溶液中 Ca(w_B/%)和 REE 含量($w_B/10^{-6}$)

样品号	Ca	La	Ce	Pt	Nd	Sm	Eu	Gd	Tb	Dy	Ho	Er	Tm	Yb	Lu
JN-1	13.050	5.21	9.92	1.06	4.59	1.04	0.21	0.99	0.14	0.70	0.12	0.27	0.04	0.23	0.03
JN-2	22.650	5.39	11.36	1.21	4.95	1.30	0.30	1.32	0.21	1.09	0.18	0.40	0.05	0.31	0.04
JN-3	12.100	2.79	5.18	0.57	2.57	0.60	0.14	0.68	0.11	0.57	0.09	0.23	0.03	0.20	0.02
JN-4	24.650	8.04	16.41	1.92	7.51	1.84	0.29	1.81	0.26	1.17	0.17	0.34	0.04	0.26	0.04
JN-5	16.300	5.50	11.28	1.36	5.79	1.56	0.22	1.45	0.21	0.92	0.14	0.30	0.04	0.25	0.03
JN-6	25.900	8.06	15.70	1.81	7.58	1.95	0.34	1.91	0.29	1.27	0.18	0.41	0.05	0.27	0.04
JN-7	17.450	4.42	8.74	1.04	4.12	0.95	0.22	0.94	0.13	0.61	0.09	0.19	0.02	0.16	0.02
JN-8	91.350	22.47	44.84	5.22	21.26	4.82	1.09	4.45	0.53	2.29	0.33	0.77	0.10	0.54	0.08
JN-9	24.200	6.44	12.77	1.52	6.72	1.71	0.40	1.85	0.27	1.17	0.17	0.38	0.05	0.26	0.03

注：数据引自顾尚义等(2007)。

黑云母蚀变为绿泥石与稀土元素在方解石中的配分变化是造成方解石相对英安岩更富集轻稀土的原因。方解石中铕负异常较英安岩弱可能是斜长石的强烈蚀变作用造成。

[成因意义]　酸性岩浆岩中的方解石可能为岩浆成因、热液成因或沉积成因。一般岩浆成因的方解石呈浸染状，且含量很低(最多仅千分之几)，与凭祥英安岩中方解石的产状不一致，因此凭祥英安岩中的方解石不可能是岩浆来源的。此外，凭祥英安岩中方解石的 $\delta^{13}C_{PDB}$ 和 $\delta^{18}O_{PDB}$ 在 0 左右，表明方解石中的碳和氧来源于海水，而与地下水成因的方解石碳氧同位素组成差别较大。结合凭祥英安岩的产状(海底喷发)及其中方解石的碳氧同位素特征，方解石为海相喷发的酸性岩浆经海水蚀变形成。凭祥英安岩与化学淋滤液的稀土配分模式较为相近，即稀土配分曲线均为右倾型，无铈异常，具中等程度的铕负异常，这与海水中明显的负铈异常形成鲜明的对比。因此，凭祥英安岩方解石中的稀土元素主要来源于英安岩。

(14)广西下甲方解石脉型水晶矿床中的方解石

[产地、产状及共(伴)生矿物]　矿区位于右江褶皱带，东西向的短轴背斜轴部。出露地层有中泥盆统东岗岭组，为微细粒灰岩，局部夹泥质或白云质条带。厚度大于 420 m。本组见 F_{84}、F_{96}、F_{111} 等含水晶方解石脉。上泥盆统融县组，为鲕状灰岩夹白云质和硅质条带。厚度 400~900 m。为含水晶方解石脉的主要赋存层位。下二叠统茅口阶为角砾灰岩。此外在上泥盆统灰岩中发育有一种脉状灰岩。矿脉形态为厚饼状和月牙状，矿脉以其物质成分极为简单且与围岩成分完全一致为其显著特点。矿物成分几乎全由方解石(98%以上)和石英(1%~2%)组成。此外有少量辉锑矿、黄铁矿和绢云母(均小于 1%)(张相训，1990)。

[化学成分]　矿脉中 $\delta^{34}S$ 在 -0.3‰~10.54‰范围内，均为负值。平均 -3.16‰。$^{32}S/^{34}S$ 在 22.227~22.250 之间，为轻硫型，具生物硫特征，说明硫源来自浅层生物活动区，这符合古岩溶水的产出环境。

(15)广西镇圩滑石矿床中的方解石

[产地、产状及共(伴)生矿物]　镇圩滑石矿床位于广西上林县，滑石矿化(碳酸盐岩型)产于石炭纪白云质灰岩中，为一种极其独特的滑石矿床。该矿化矿物组合极为简单，主要为滑石和少量方解石，偶有少量石英细脉充填。在矿体边缘和围岩常见方解石团块，以及矿体中方解石与滑石共生的现象(蔡伊等，2015)。

[形貌特征]　方解石与滑石共生，有机质含量较高，主要呈黑色、无色和乳白色(图 1-2-22)。

[化学成分]　方解石单矿物 Rb、Sr 含量和锶同位素比值分析结果列于表 1-2-21。由表 1-2-21 可知，镇圩滑石矿床中方解石的 Rb 含量极低，介于 0.04×10^{-6}~0.19×10^{-6} 之间，平均值低于 0.10×10^{-6}；Sr 含量较高，介于 88.79×10^{-6}~163.06×10^{-6} 之间，平均值为 135.74×10^{-6}；其 Rb/Sr 值也极

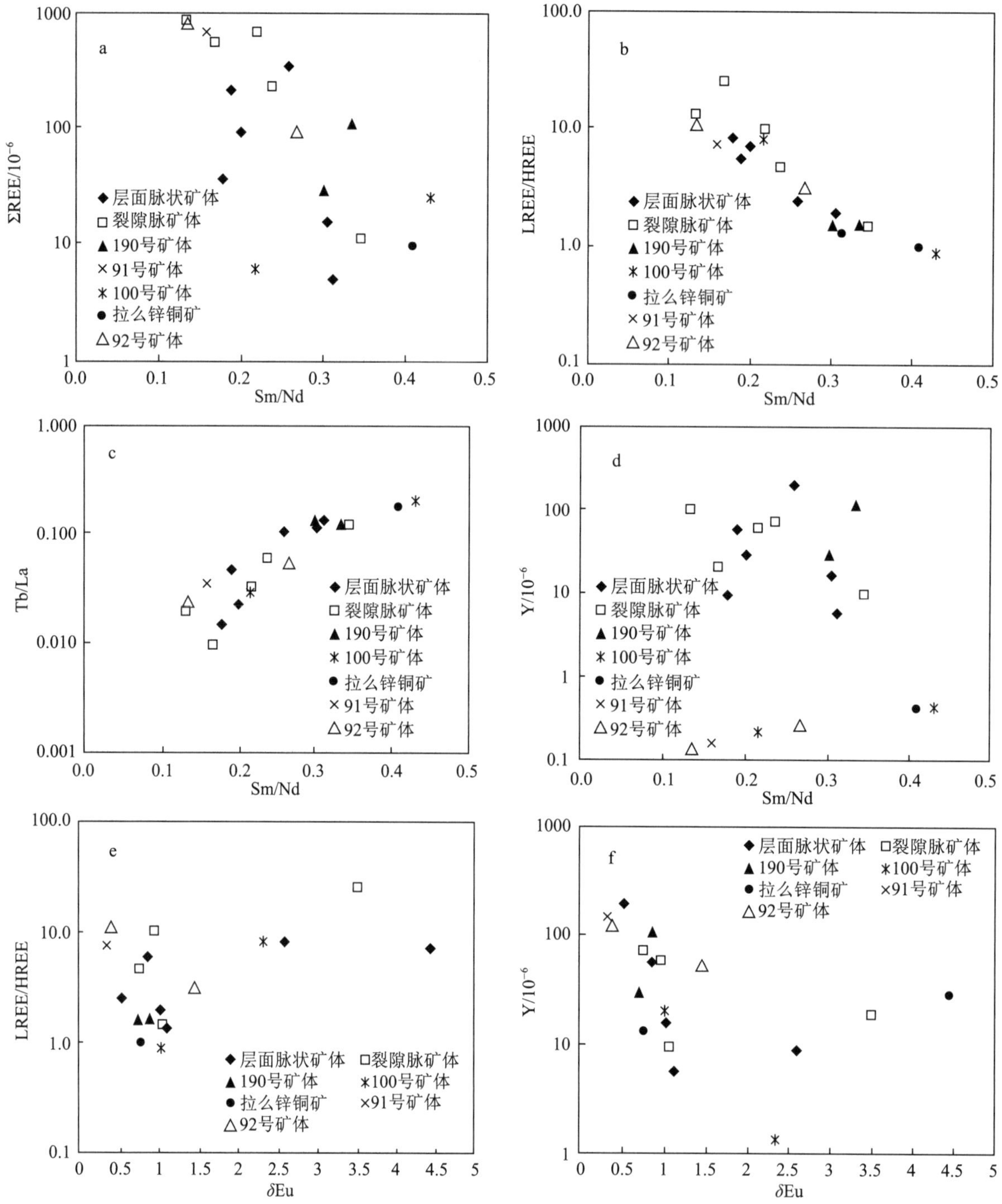

图 1-2-18　广西大厂方解石 REE 变异图

（据梁婷等，2007）

小，介于 0.0003~0.0013 之间。所以，方解石现在的锶同位素组成可以近似地代表其沉淀时的锶同位素组成，即矿化时成矿流体的锶同位素组成。方解石的锶同位素组成较为均一，其值介于 0.708220~0.708911 之间(变化幅度仅为 0.000691)，平均值为 0.7085110。$^{87}Sr/^{86}Sr$ 与 Rb 在 $^{87}Sr/^{86}Sr$-Rb 图解中不呈线性关系(图 1-2-23a)，表明热液方解石中无放射性成因的 Sr，这也进一步支持方解石的锶同位素组成能代表其沉淀时的锶同位素组成。$^{87}Sr/^{86}Sr$ 与 1/Sr、$^{87}Rb/^{86}Sr$ 在 $^{87}Sr/^{86}Sr$ - 1/Sr (图 1-2-23b)和 $^{87}Sr/^{86}Sr$-$^{87}Rb/^{86}Sr$(图 1-2-23c)图解中也不呈线性关系。因此，镇圩矿床的 Sr 不可能为简单的二元混合来源，可能为单一来源或多元混合。

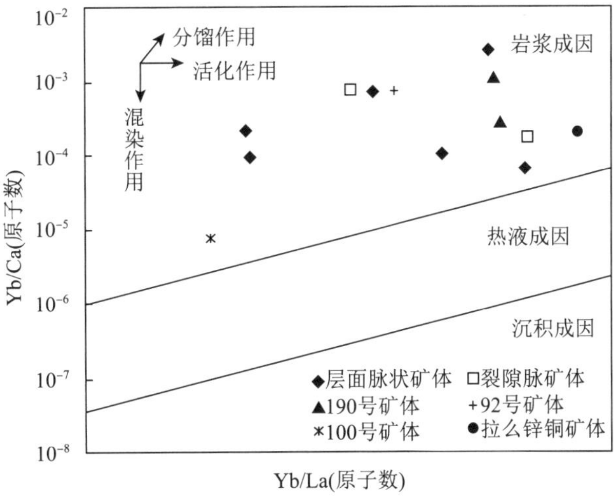

图 1-2-19　广西大厂方解石的 Yb/Ca-Yb/La 的变化图解

（据梁婷等，2007；底图据 Moller et al.，1983）

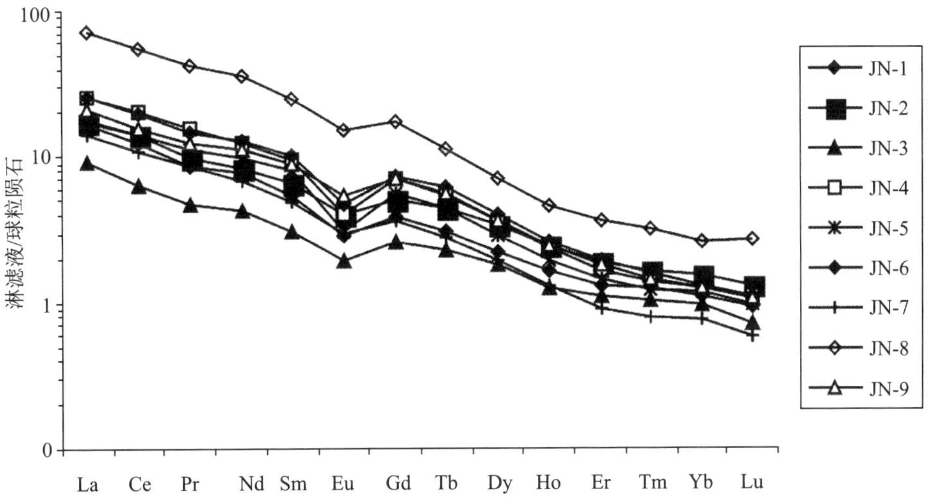

图 1-2-20　广西凭祥英安岩化学淋滤液球粒陨石标准化后的稀土元素配分曲线图

（据顾尚义等，2007）

表 1-2-21　广西镇圩滑石矿床方解石的锶同位素组成

样品号	$Rb/10^{-6}$	$Sr/10^{-6}$	$^{87}Rb/^{87}Sr$	$(^{87}Sr/^{86}Sr)_m$	$2\sigma/10^{-6}$	$(^{87}Sr/^{86}Sr)_i$
ZX-3	0. 19	163. 06	0. 00342	0. 708263	13	0. 708252
ZX-5	0. 08	153. 74	0. 00152	0. 708626	14	0. 708621
ZX-10	0. 04	88. 79	0. 00133	0. 708911	19	0. 708907
ZX-13	0. 04	143. 39	0. 00090	0. 708456	21	0. 708453
ZX-15	0. 09	127. 80	0. 00193	0. 708848	25	0. 708842
ZX-16	0. 17	136. 74	0. 00362	0. 708220	20	0. 708208
ZX-19	0. 08	136. 65	0. 00174	0. 708254	25	0. 708248

注：数据引自蔡伊等(2015)。$(^{87}Sr/^{86}Sr)_m$ 和 $(^{87}Sr/^{86}Sr)_i$ 分别代表现在和 230 Ma 时方解石的锶同位素。

(16)贵州省板其金矿床中的方解石

[产地、产状及共(伴)生矿物]　板其金矿床位于贵州省黔西南自治州册亨县城南西约 26 km 处，是滇黔桂卡林型金矿带内的重要组成部分，是中国发现的第一个卡林型金矿床(李朝阳，1995)。方

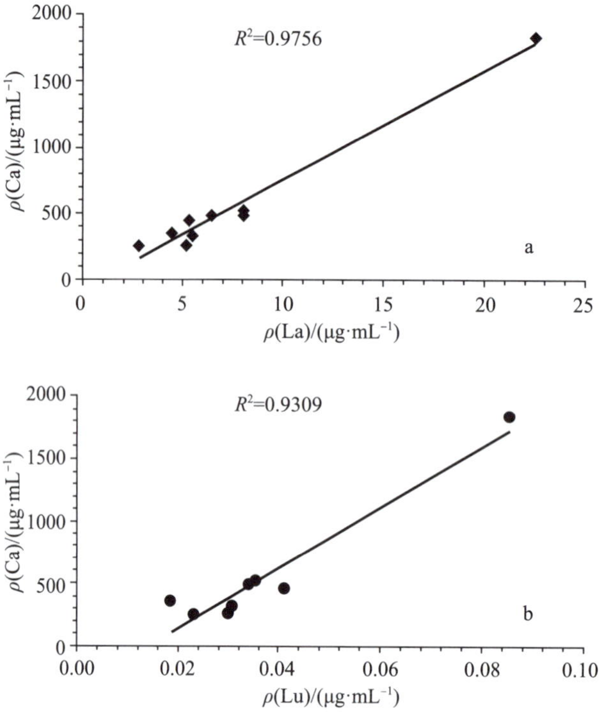

图 1-2-21　广西凭祥英安岩化学淋滤液中的 La 与 Ca 浓度及 Lu 与 Ca 浓度的相关关系图

（据顾尚义等，2007）

图 1-2-22　广西镇圩滑石矿床的矿石和方解石样品

（据蔡伊等，2015）

解石是该矿床最主要的脉石矿物，按其产状可分为成矿前、主成矿期、成矿晚期、成矿期后 4 种类型（王加昇等，2015）。

[形貌特征]　成矿前的方解石为乳白色、白色，呈似层状、脉状；主成矿期的方解石为白色，呈团块状、脉状、网脉状；成矿晚期的方解石为白色、透明、淡黄色、黄褐色，呈晶洞状、梳状产出；成矿期后的方解石为浅粉红、淡黄色，呈脉状、团块状分布于破碎带中。

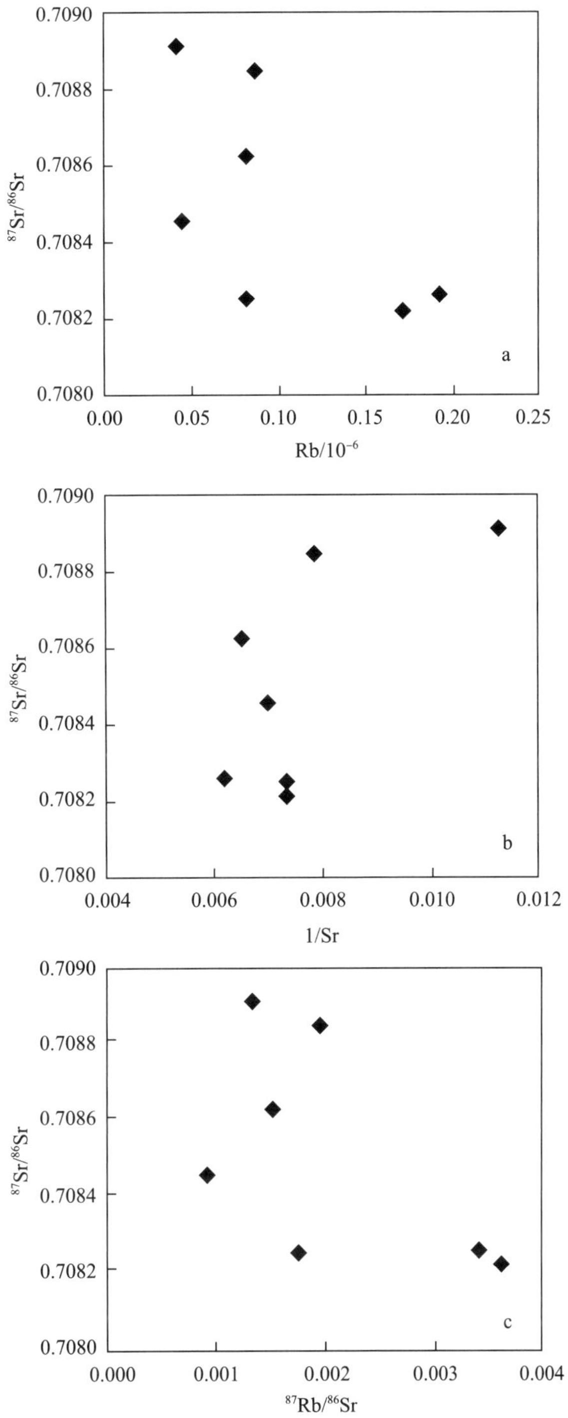

图 1-2-23　广西镇圩方解石 Rb-Sr 同位素体系特征

（据蔡伊等，2015）

[化学成分]　成矿前方解石稀土元素含量最高($\sum REE=29.70\times10^{-6}\sim40.10\times10^{-6}$)，最为富集轻稀土元素(LREE/HREE=1.96~3.03)，$(La/Yb)_N$ 为 1.52~4.16，稀土配分模式为右倾型，具有最大的正 Eu 异常(δEu=3.83~5.02)，无明显的 Ce 异常(δCe=1.02~1.05)。主成矿期方解石稀土元素含量相对较低($\sum REE=10.76\times10^{-6}\sim15.53\times10^{-6}$)，最富集中重稀土元素(LREE/HREE=0.11~0.23)，$(La/Yb)_N$ 为 0.01~0.03，稀土配分模式为左倾型，Eu 异常 δEu=0.73~1.20)与 Ce 异常(δCe=0.88~1.25)均不太明显。成矿晚期方解石稀土元素含量最低($\sum REE=2.82\times10^{-6}\sim4.34\times10^{-6}$)，与主成矿期方解石一样均以中重稀土元素富集为特征(LREE/HREE=0.26~0.86)，$(La/Yb)_N$ 为 0.12~

0.71，稀土配分模式为左倾型，弱的 Eu 负异常(δEu=0.67~0.83)与 Ce 负异常(δCe=0.55~0.81)。成矿期后方解石稀土元素含量相对较低($\sum$REE=6.92×10^{-6}~10.91×10^{-6})，以轻稀土元素富集为特征(LREE/HREE=1.83~2.34)，$(La/Yb)_N$ 为 2.27~3.59，稀土配分模式为右倾型，弱的 Eu 负异常(δEu=0.72~0.74)与中等 Ce 负异常(δCe=0.41~0.50)。

4 种类型的方解石稀土特征参数各不一致，其中成矿前与成矿后的方解石均以富集轻稀土元素为特征，成矿前的方解石具有较高的稀土元素含量以及较大的正 Eu 异常区别于成矿后方解石的弱 Eu 负异常。而成矿期的方解石均以富集中重稀土元素为特征，主成矿期方解石较成矿晚期方解石稀土含量更高，更富中重稀土元素和更贫轻稀土元素。这也说明中重稀土元素富集型方解石与成矿关系最为密切，通过方解石稀土特征研究可为该类矿床找矿勘查提供重要线索。

(17)贵州省苗龙金锑矿床中的方解石

[产地、产状及共(伴)生矿物] 苗龙金锑矿床位于贵州三都-丹寨金锑汞成矿带，矿体赋存于上寒武统三都组海相碳酸盐岩中。方解石是苗龙金锑矿床最主要的脉石矿物，与辉锑矿密切共生(孙国涛等，2015)。

[化学成分] 苗龙金锑矿床成矿期方解石样品稀土元素含量变化较大，$\sum$REE 最低为 6.15 μg/g，最高可达 139 μg/g。这些方解石样品$(La/Yb)_N$ 为 0.33~11.68，一般大于 1，$\sum$LREE/$\sum$HREE 为1.28~9.22，表明轻、重稀土分馏明显，大多数样品富集轻稀土；其$(La/Sm)_N$ 为 0.22~1.74，$(Gd/Yb)_N$ 为 1.47~8.15，指示轻稀土元素内部的分馏不明显，低于重稀土元素内部的分馏程度。成矿期方解石样品 δEu 值变化范围为 0.63~1.80，指示其形成于低氧逸度条件下；且无铈异常(δCe=0.97~1.19)。成矿期方解石的球粒陨石标准化曲线存在一些差异，大多数样品具有轻稀土富集特征，少量样品表现为中稀土富集特征。在 Y/Ho-La/Ho 图解中表现出相同的水平分布的趋势，表明这些方解石沉淀自同一成矿流体。

苗龙金锑矿床成矿期方解石的锶含量较高，且变化范围大(730~2110 μg/g)。这些方解石样品$^{87}Sr/^{86}Sr$ 变化范围为 0.7108~0.7144，明显高于赋矿围岩同时期海水的$^{87}Sr/^{86}Sr$ 值(约 0.709)，表明成矿流体相对富放射性成因锶，不可能主要由赋矿的三都组灰岩提供，而是来自或流经富放射性成因锶的前寒武纪基底。

该矿床成矿期方解石的 Sm 含量为 0.305 ~ 13.5 μg/g，Nd 含量为 1.44 ~ 30.6 μg/g；$^{143}Sm/^{144}Nd$、$^{143}Nd/^{144}Nd$ 变化范围分别为 0.1073~0.2674、0.5118~0.5122。在$^{147}Sm/^{144}Nd$-$^{143}Nd/^{144}Nd$ 图解中具有明显线性相关关系，但所获的等时线年龄无地质意义，这种假等时线现象可能是由成矿流体初始$^{143}Nd/^{144}Nd$ 不均一造成的。此外，方解石 $\varepsilon_{Nd}(0)$(-14.02~-9.48)远小于 0，指示成矿流体中的 Sm 和 Nd 来源于陆壳。

(18)贵州省天桥铅锌矿床中的方解石

[产地、产状及共(伴)生矿物] 天桥铅锌矿床位于黔西北铅锌成矿区的中部，距赫章县城约 60 km。该矿床成矿流体具有多来源特征，即一部分来自赋矿地层碳酸盐岩，一部分来自下伏地层碳酸盐岩及基底昆阳群岩石。热液方解石是原生矿石中最为主要的脉石矿物，其形成贯穿成矿期 3 个主要成矿阶段，即黄铁矿-闪锌矿(深色)-方解石阶段(第一世代)、黄铁矿-闪锌矿(棕色)-方解石阶段(第二世代)和闪锌矿(浅色)-方铅矿-方解石阶段(第三世代)。成矿期热液方解石主要呈团块状，乳白色，菱面体解理发育，与矿石硫化物紧密共生(周家喜等，2012)。

[化学成分] 稀土元素特征：本区热液方解石稀土元素含量分析结果如表 1-2-22 所示。可见，全部样品的$\sum$REE 含量较低，但变化范围较宽，为 6.80×10^{-6}~49.1×10^{-6}，$\sum$LREE 变化范围为 5.3×10^{-6}~39.2×10^{-6}，$\sum$HREE 变化范围为 1.53×10^{-6}~9.96×10^{-6}，$\sum$LREE/$\sum$HREE 变化范围为 2.60~4.67，显示轻稀土富集。Eu 负异常明显，δEu 变化范围为 0.30~0.55；Ce 异常不明显，δCe 变化范围为 0.88~1.02。热液方解石中$\sum$LREE/$\sum$HREE 相对稳定，其$(La)_N<(Ce)_N<(Pr)_N\approx(Nd)_N<(Sm)_N$，$(La/Yb)_N$ 变化范围为 1.35~16.26、$(La/Pr)_N$ 变化范围为 0.38~0.78，$(La/Sm)_N$ 变化范围

为0.22~0.62，$(Gd/Yb)_N$变化范围为3.06~24.97，表明LREE和HREE之间的分馏较小，而LREE和HREE内部分馏较大。

表1-2-22 贵州天桥铅锌矿床热液方解石稀土元素含量($w_B/10^{-6}$)及特征参数统计表

编号	TQ-08-01	TQ-48	TQ-13	TQ-10	TQ-08-03	TQ-08-02
描述	第三世代	第一世代	第二世代	第二世代	第二世代	第一世代
La	0.501	4.58	0.615	0.591	0.815	2.33
Ce	2.19	13.9	2.42	1.66	2.45	7.04
Pr	0.525	2.31	0.51	0.317	0.517	1.25
Nd	3.26	12.9	3.07	1.85	3.02	7.31
Sm	1.46	4.67	1.34	0.763	1.26	2.6
Eu	0.132	0.806	0.129	0.084	0.112	0.323
Gd	1.11	4.29	1.17	0.639	1.05	2.02
Tb	0.150	0.592	0.169	0.077	0.125	0.26
Dy	0.640	2.9	0.791	0.393	0.516	1.13
Ho	0.101	0.524	0.161	0.071	0.073	0.203
Er	0.188	1.11	0.420	0.180	0.137	0.474
Tm	0.017	0.099	0.053	0.022	0.008	0.047
Yb	0.077	0.4	0.308	0.129	0.034	0.285
Lu	0.009	0.042	0.039	0.020	0.003	0.044
∑REE	10.4	49.1	11.2	6.80	10.1	25.3
LREE	8.1	39.2	8.1	5.3	8.2	20.9
HREE	2.30	9.96	3.11	1.53	1.94	4.47
LREE/HREE	3.50	3.90	2.60	3.40	4.20	4.67
δEu	0.32	0.55	0.32	0.37	0.30	0.43
δCe	0.92	1.02	0.97	0.91	0.88	0.98
$(La/Sm)_N$	0.22	0.62	0.29	0.49	0.41	0.56
$(Gd/Yb)_N$	11.63	8.66	3.06	4.00	24.97	5.73
$(La/Yb)_N$	4.40	7.72	1.35	3.09	16.26	5.51
$(La/Pr)_N$	0.38	0.78	0.48	0.73	0.62	0.73

注：数据引自周家喜等(2012)。

不同世代热液方解石的稀土配分模式相同(图1-2-24a)，表明不同世代热液方解石具有相同的稀土来源，即为同源不同阶段演化的产物，与地质观察而划分不同世代是一致的。同时可见第一世代热液方解石∑REE较第二世代和第三世代高，而后两世代热液方解石∑REE基本相当。从图1-2-24a中可以看出，该矿床脉石矿物热液方解石的稀土元素球粒陨石标准化配分模式为轻稀土富集型，更偏向中稀土富集型，即呈现为“M”形，具有稀土四分组效应，该特征与会泽铅锌矿团块状方解石稀土配分模式一致，而不同于会泽脉石团斑状及脉状方解石(黄智龙等，2004a)。在图1-2-24c中，热液方解石与矿石硫化物、矿石全岩、蚀变围岩、地层中的黄铁矿及近矿围岩具有相似的稀土元素球粒陨石标准化配分模式，表明成矿流体中的稀土是通过热液蚀变(水/岩交换)的方式继承地层碳酸盐岩的。

同位素特征：本区热液方解石C、O同位素组成分析结果见表1-2-23。可以看出，矿石中脉石矿物热液方解石的C、O同位素组成相对均一，其$\delta^{13}C_{PDB}$值介于-5.3‰~-3.4‰之间，均值-4.6‰；$\delta^{13}O_{SMOW}$值介于14.7‰~19.5‰之间，均值17.6‰，介于原生碳酸岩和海相碳酸盐岩之间(图1-2-25)。

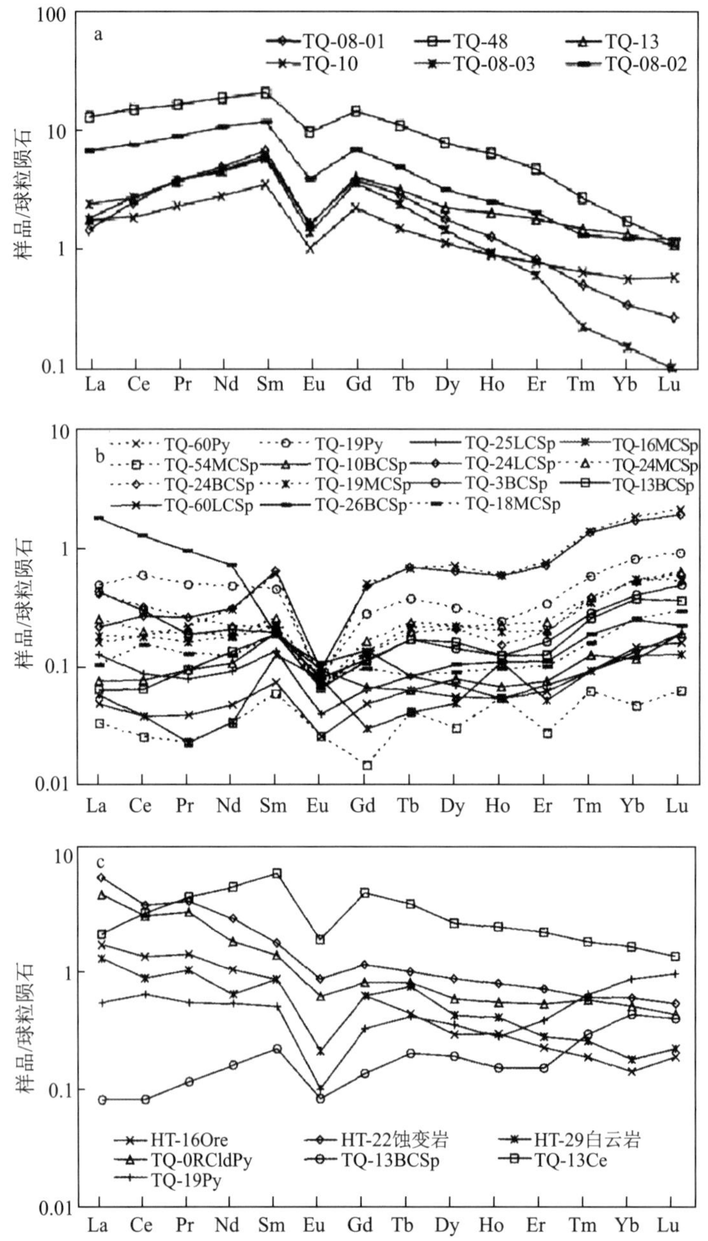

图 1-2-24　贵州天桥铅锌矿床稀土元素球粒陨石标准化配分模式

a—热液方解石 REE 配分模式（据周家喜等，2012）；b—硫化物 REE 配分模式（据 Zhou J X et al.，2011）；
c—围岩地层及矿石、矿物 REE 配分模式（据毛德明，2001）

表 1-2-23　贵州天桥铅锌矿床碳酸盐岩 C、O 同位素组成

样品编号	研究对象	$\delta^{13}C_{PDB}$/‰	$\delta^{13}O_{SMOW}$/‰
TQ-10	第二世代热液方解石	-4.6	18.1
TQ-13	第二世代热液方解石	-4.3	19.5
TQ-48	第一世代热液方解石	-4.9	18.2
TQ-50	第二世代热液方解石	-4.0	16.5
TQ-57	第二世代热液方解石	-5.3	18.4
TQ-70	第二世代热液方解石	-5.1	18.1
TQ-08-01	第三世代热液方解石	-3.4	14.7

续表

样品编号	研究对象	$\delta^{13}C_{PDB}$/‰	$\delta^{13}O_{SMOW}$/‰
TQ-08-02	第一世代热液方解石	-4.9	18.6
TQ-08-03	第二世代热液方解石	-4.4	16.5
HTQ	远矿围岩碳酸盐岩	-0.8	23.0
	围岩碳酸盐岩(5 件平均)	-1.8	23.6
	白云岩化碳酸盐岩	-0.7	18.6
TQ-近	白云岩	-3.0	20.6
	重结晶化碳酸盐岩	-2.3	20.6

注：数据引自周家喜等(2012)。

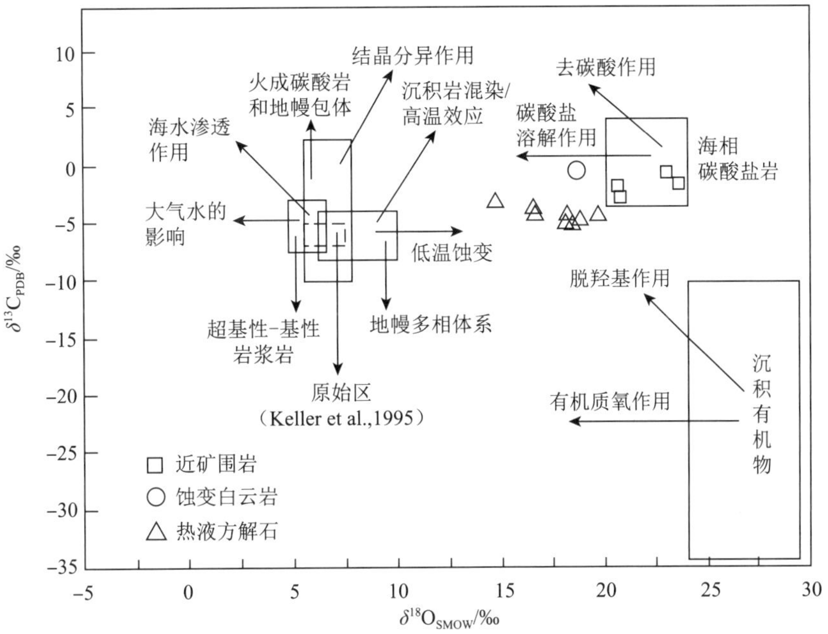

图 1-2-25　贵州天桥铅锌矿 $\delta^{13}C_{PDB}$-$\delta^{13}O_{SMOW}$ 图

(据周家喜等，2012)

(19)贵州西北部铅锌矿床中的方解石

[产地、产状及共(伴)生矿物]　黔西北铅锌成矿区是川滇黔铅锌成矿域的重要组成部分，区内已发现矿床(点)上百处，但均属于中-小型或矿点规模。碳酸盐岩是铅锌矿的赋矿围岩。区内具有代表性的矿床有青山、筲箕湾、天桥和银厂坡。这些代表性矿床的矿石主要由黄铁矿、方铅矿、闪锌矿、方解石和白云石组成(王林均等，2013)。

[化学成分]　筲箕湾铅锌矿床的热液方解石 $\delta^{13}C_{PDB}$ 值介于-5.3‰~-0.6‰之间，$\delta^{18}O_{SMOW}$ 值介于+11.3‰~20.9‰之间。天桥热液方解石 $\delta^{13}C_{PDB}$ 值介于-5.3‰~-0.7‰之间，$\delta^{18}O_{SMOW}$ 值介于+14.9‰~+20.8‰之间；筲箕湾热液方解石 $\delta^{13}C_{PDB}$ 值介于-3.1‰~-2.5‰之间，$\delta^{18}O_{SMOW}$ 值介于+18.9‰~+19.3‰之间；青山热液方解石 $\delta^{13}C_{PDB}$ 值介于-5.0‰~-3.4‰之间，$\delta^{18}O_{SMOW}$ 值介于+18.9‰~+19.6‰之间；银厂坡 $\delta^{13}C_{PDB}$ 值介于-3.2‰~-0.6‰之间，$\delta^{18}O_{SMOW}$ 值介于+11.3‰~+20.9‰之间(表 1-2-24)。可见，银厂坡热液方解石具有宽泛的 C-O 同位素组成，而筲箕湾热液方解石 C-O 同位素组成较天桥和青山热液方解石样品 C-O 同位素组成略高。

(20)河南省内乡县北部铅锌银矿床中的方解石

[产地、产状及共(伴)生矿物]　豫西南内乡地区发现多个铅锌银矿床，包括银洞沟、周庄、夏

表 1-2-24　黔西北铅锌成矿区典型 C-O 同位素组成

矿床	样品编号	测试对象	$\delta^{13}C_{PDB}$/‰	$\delta^{18}O_{SMOW}$/‰
天桥	TQ-10	热液方解石	-4.6	18.4
	TQ-13		-4.2	19.5
	TQ-48		-4.9	18.2
	TQ-57		-5.3	18.6
	TQ-70		-5.1	18.3
	TQ-08-01		-3.4	14.9
	TQ-08-02		-4.9	18.6
	TQ-08-03		-4.4	16.5
	T-1	蚀变围岩	-1.2	20.8
	T-4		-0.7	18.6
	T-5		-2.3	20.6
	T-5		-2.5	20.4
	HTQ-蚀变围岩		-3.0	20.7
	HTQ-围岩	围岩	-0.8	23.1
	5 件围岩平均		-1.8	23.6
筲箕湾	SJW-16	热液方解石	-2.8	19.3
	SJW-20		-2.5	19.1
	SJW-22		-3.1	18.9
	SJW-28		-2.6	19.2
青山	QS-09-01	热液方解石	-3.6	19.2
	QS-09-02		-3.4	18.9
	QS-09-03		-4.3	19.0
	QS-09-06		-3.9	19.4
	QS-09-12		-5.0	19.6
	Qs-w-04	围岩	2.3	22.9
	Qs-w-05		1.1	24.1
	QS-02		1.8	24.3
	QS-03		1.0	24.7
	HT-01		0.6	24.4
	HT-10		0.9	23.8
	Qs-02		1.7	23.4
	Qs-03		1.0	23.9
	Qs-01		2.3	23.3
	Qs-04		1.1	22.1
	YCP4-7	热液方解石	-0.6	20.9
	YCP3-17		-3.2	17.5
	YCP6		-1.5	11.3
	YCP6-A		-1.5	16.0
	YCP6-1		-2.2	13.0
	YCP6-3		-2.6	17.5
	YCP3-5K(C_1b)		-2.3	18.5

注：数据引自王林均等(2013)。

家沟、银虎曼、洞青沟等。均赋存于蚀变构造破碎带中，赋矿围岩为小寨组绢云石英片岩、变质砂岩及火神庙组(变)细碧岩、(变)细碧凝灰岩及花岗岩体。围岩蚀变类型为硅化、绢云母化、碳酸盐化、绿泥石化等，其中碳酸盐化强度较弱，主要发生在热液主成矿阶段和尾声阶段。方解石多与金属硫化物共生(向世红等，2013)。

[形貌特征] 本区方解石呈白色，有的微带粉色。呈片状、块状、粒状等(图1-2-26)。

[化学成分] 河南内乡北部银洞沟铅锌银矿床3条矿脉(编号分别为Y1、Y6、Y10)和周庄铅锌银矿床Z2号矿脉内9件方解石样品的C、O同位素组成分析结果(表1-2-25)显示，$\delta^{13}C$为-5.45‰~-2.19‰，均值为-3.50‰；$\delta^{18}O$为10.03‰~14.50‰，均值为11.73‰。银洞沟铅锌银矿床流体包裹体中的C、O同位素组成$\delta^{13}C$为-0.2‰~0.9‰，均值为0.23‰；$\delta^{18}O$为12.1‰~15.5‰，均值为13.43‰。

表1-2-25 河南内乡北部铅锌银矿床碳、氧同位素组成

样品号	矿床及矿脉	样品	$\delta^{13}C_{PDB}$/‰	$\delta^{13}C_{\Sigma C}$/‰	$\delta^{18}O_{SMOW}$/‰	均一温度/℃	数据来源
YT-44	银洞沟Y1号矿脉	方解石	-5.45	0.47	12.01	178	向世红等，2013
YT-68			-4.44	1.42	11.16	152	
YT-74	银洞沟Y6号矿脉		-2.39	0.99	11.49	163	
YT-75			-3.19	0.53	14.50	176	
YT10-2-1	银洞沟Y10号矿脉		-2.19	0.12	10.03	189	
YT10-2-2			-3.34	0.77	11.16	169	
Z2-6	周庄Z2号矿脉		-3.31	0.06	11.05	191	
Z2-12			-3.42	0.85	10.56	167	
Z2-17			-3.85	0.37	10.11	181	
YDG-31	银洞沟Y1号矿脉	流体包裹体	0.2	0.20	14.50	344	张静等，2005
YDG-32			0.4	0.40	12.50	344	
YDG-3			0.1	0.60	12.10	365	
YDG-3'			0.1	0.10	12.10	248	
YDG-4-1			0.2	0.20	12.20	360	
YDG-13			0.1	0.10	14.50	365	
YDG-12					14.70	318	
YDG-14			0.9	0.90	15.50	318	
YDG-15					13.10	318	
YDG-16					14.20	318	
YDG-17			-0.2	0.50	12.30	237	

注：$\delta^{13}C_{\Sigma C}$为计算所得；均一温度为平均均一温度。

从$\delta^{13}C$-$\delta^{18}O$投图(图1-2-27)可以看出，内乡北部银洞沟和周庄铅锌银矿的碳或来源于海相碳酸盐岩，或与火成岩(原生碳酸岩)/岩浆系统有关。$\delta^{18}O$值在10.03‰~14.50‰范围内，指示成矿流体中的水来自变质作用，说明成矿流体是来自由秦岭群沿朱夏大断裂向北俯冲到二郎坪群时的变质脱水。

(21)黑龙江省大庆长垣油层砂岩中的方解石

[产地、产状及共(伴)生矿物] 大庆长垣扶余油层储层砂岩类型为长石岩屑砂岩和岩屑长石砂岩，粘土以I/S(伊/蒙混层)+I(伊利石)+K(高岭石)组合为代表。方解石为储层砂岩中广泛分布的一种胶结物，方解石胶结是储层致密化控制因素之一。方解石(0~44%)以孔隙充填为主，局部呈连生嵌晶结构，除作为胶结物外(图1-2-28a、b)，方解石还部分交代长石和岩屑(宋土顺等，2015)。

[化学成分] 方解石胶结物碳氧同位素分析结果见表1-2-26。方解石碳同位素($\delta^{13}C_{PDB}$)分布在

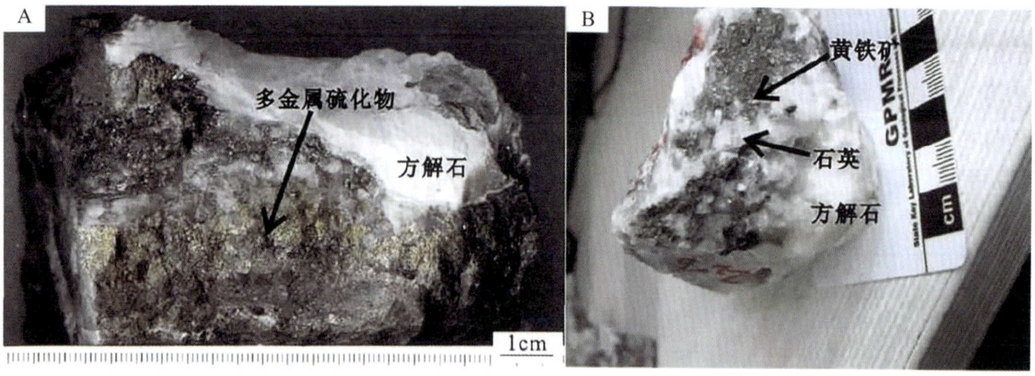

图 1-2-26 河南内乡北部铅锌银矿床手标本照片

（据向世红等，2013）

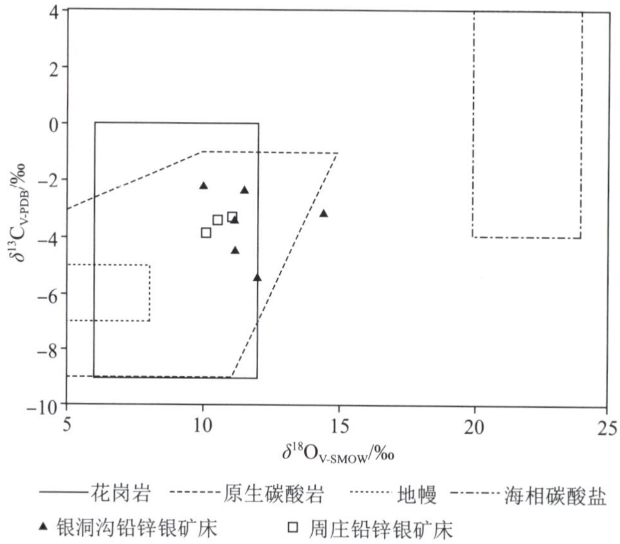

图 1-2-27 河南内乡北部铅锌银矿床方解石 $\delta^{13}C$-$\delta^{18}O$ 图

（据向世红等，2013）

图 1-2-28 大庆长垣扶余油层储层砂岩成岩自生矿物显微特征

（据宋土顺等，2015）

a—粗晶方解石分布于石英次生加大后剩余孔隙，P53 井，埋深 2320.1 m，正交偏光；b—石英次生加大边及方解石强烈交代长石颗粒，P633 井，埋深 2087.6 m，阴极发光；Q—石英；F—长石；Cc—方解石；M—蒙脱石；K—高岭石；Oq—次生加大边

-20.3‰~-3.2‰(图 1-2-29a)；氧同位素($\delta^{18}O_{PDB}$)分布在-25.3‰~-20.3‰，平均为-22.67‰，$\delta^{18}O_{PDB}$ 值变化幅度为 5‰(图 1-2-29b)；$\delta^{18}O_{SMOW}$ 分布在 4.8‰~10‰，平均为 7.53‰。其形成与有机酸脱羧作用有关，暗示其碳来源于有机碳(图 1-2-30)。

表 1-2-26　大庆长垣扶余油层方解石胶结物 $\delta^{13}C$ 与 $\delta^{18}O$ 分析数据及 Z 值计算结果

井号	深度/m	编号	矿物	古地温/℃	$\delta^{13}C_{PDB}$/‰	$\delta^{18}O_{PDB}$/‰	$\delta^{18}O_{SMOW}$/‰	同位素换算温度/℃	相对古盐度(Z)
D421	2415.34	35	Cc	120.77	-6.10	-23.70	6.50	89	103.00
D421	2416.24	36	Cc	120.81	-5.10	-24.10	6.00	93	104.85
G20	1988.15	8	Cc	99.41	-9.80	-23.30	6.80	86	92.62
G20	1989.25	9	Cc	99.46	-8.10	-24.00	6.10	92	95.63
G20	1998.75	10	Cc	99.94	-11.10	-24.00	6.10	92	96.45
G20	1999.10	11	Cc	99.96	-9.30	-23.70	6.50	89	98.76
G431	1915.54	48	Cc	95.78	-4.00	-22.40	7.80	78	104.83
G431	1916.24	49	Cc	95.81	-3.60	-21.10	9.20	68	106.22
G431	1919.54	45	Cc	95.98	-5.50	-22.50	7.70	79	107.95
G431	1922.79	46	Cc	96.14	-4.70	-23.00	7.20	83	109.42
G431	1916.74	50	Cc	95.84	-3.50	-25.30	4.80	104	107.53
G431	1920.34	47	Cc	96.02	-3.50	-22.60	7.60	80	108.88
G59	2280.17	43	Cc	114.01	-9.70	-22.10	8.10	76	93.04
G59	2281.21	44	Cc	114.06	-10.60	-25.20	4.90	103	96.43
G633	2087.90	28	Cc	104.40	-4.70	-23.80	6.40	89	105.62
G633	2087.60	27	Cc	104.38	-4.80	-23.80	6.30	90	105.82
M72	1897.88	12	Cc	94.89	-5.90	-23.40	6.80	86	85.24
M72	1897.28	14	Cc	94.86	-5.40	-23.40	6.80	86	103.56
M72	1898.68	13	Cc	94.93	-15.60	-20.30	10.00	62	104.59
P33	1765.40	18	Cc	88.27	-14.80	-20.30	10.00	62	85.88
P33	1784.85	19	Cc	87.74	-14.60	-20.30	10.00	62	86.88
P33	1762.65	15	Cc	88.13	-14.80	-22.30	8.00	77	86.39
P33	1763.00	16	Cc	88.15	-14.70	-21.70	8.50	73	87.29
P33	1764.65	17	Cc	88.23	-14.40	-22.10	8.10	76	86.80
P434	1682.52	30	Cc	84.13	-3.50	-20.90	9.40	66	108.16
P434	1697.57	34	Cc	84.88	-3.20	-21.80	8.40	74	109.72
P434	1683.42	31	Cc	84.17	-3.90	-22.40	7.80	78	109.23
P434	1707.07	33	Cc	85.35	-3.50	-21.90	8.30	74	109.89
P53	1768.26	4	Cc	88.41	-11.30	-22.20	8.00	77	92.23
P53	1768.01	5	Cc	88.40	-11.70	-22.30	7.90	77	93.10
S952	2359.15	22	Cc	117.96	-19.10	-22.00	8.20	75	73.92
S952	2361.00	23	Cc	118.05	-20.30	-23.70	6.50	89	77.23
P38	1899.32	B-22	Cc	94.966	-10.7	-22.00	8.23	75	94.43
P38	1898.72	B-23	Cc	94.936	-11.7	-22.80	7.41	81	91.98
P38	1898.22	B-24	Cc	94.911	-11.5	-22.90	7.30	82	92.34

注：数据引自宋土顺等(2015)。

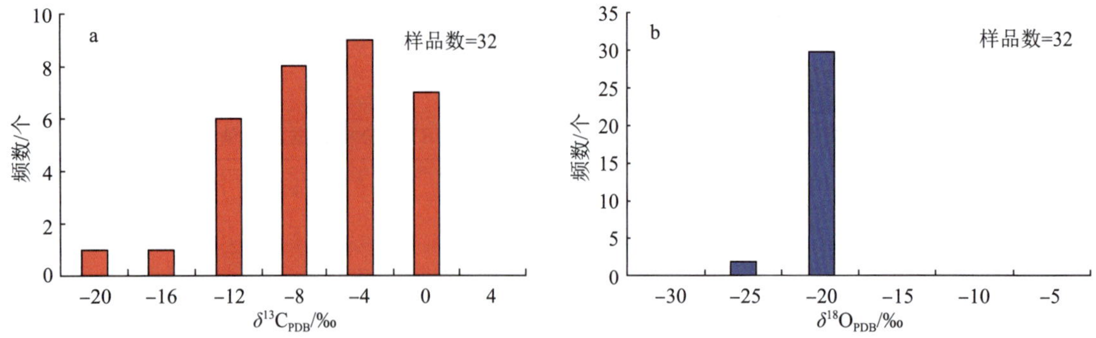

图 1-2-29　大庆长垣扶余油层方解石胶结物的 $\delta^{13}C$ 与 $\delta^{18}O$ 分布直方图

（据宋土顺等，2015）

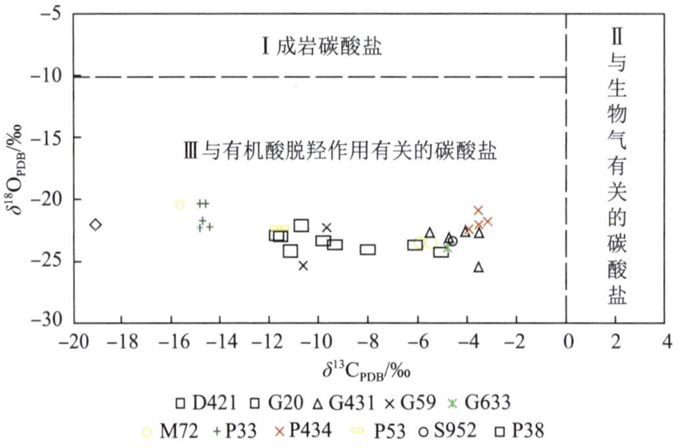

图 1-2-30　大庆长垣扶余油田方解石胶结物 $\delta^{13}C$-$\delta^{18}O$ 图解

（据宋土顺等，2015）

如表 1-2-26 所示，形成方解石胶结物流体古盐度值（Z）分布在 73.92~109.89 之间，表明形成时古流体为矿化度较高的淡水。根据碳、氧同位素测试数据计算的方解石的形成温度区间为 62~104℃（图 1-2-31），主要形成于 80~100℃。暗示方解石胶结物在成岩过程中形成较晚。

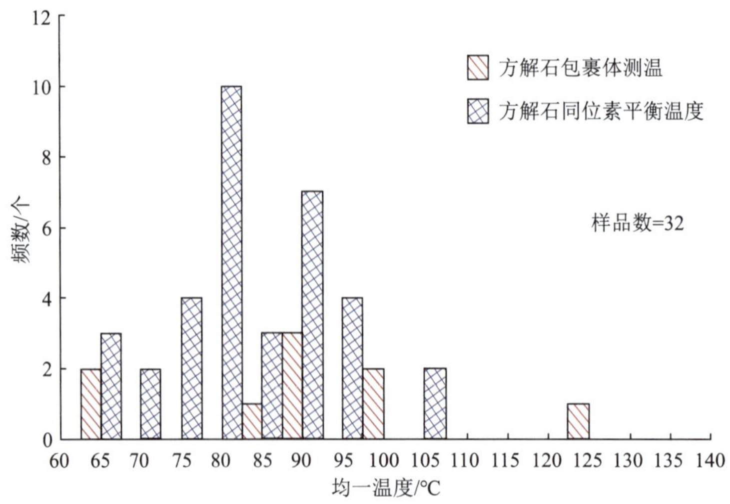

图 1-2-31　大庆长垣扶余油田方解石胶结物同位素平衡温度及包裹体均一温度分布直方图

（据宋土顺等，2015）

(22)黑龙江省老柞山金矿床中的方解石

[产地、产状及共(伴)生矿物] 老柞山金矿位于吉黑褶皱系佳木斯地块中部。矿床分为两个成矿期，早期包括磁黄铁矿-毒砂-方解石-石英阶段(Ⅰ)、胶状黄铁矿-白铁矿-玉髓状石英阶段(Ⅱ)、粗粒毒砂-方解石-石英阶段(Ⅲ)；晚期包括纯石英阶段(Ⅳ)、粗粒毒砂-石英-方解石阶段(Ⅴ)、多金属硫化物-毒砂-石英-方解石阶段(Ⅵ)、石英-方解石阶段(Ⅶ)。区内方解石分布广泛，在矿体或围岩中均可见到。多呈脉状产出，有的则呈囊状出现在矿脉之中。早期方解石分为两个世代，相当于Ⅰ、Ⅲ成矿阶段，以 $CC_{Ⅰ}$、$CC_{Ⅱ}$ 表示。主要分布在东矿带与中矿带，分布不均匀，呈囊状或脉状产出，主要与磁黄铁矿、毒砂等金属硫化物共生。晚期方解石分为 3 个世代，相当于Ⅴ、Ⅵ、Ⅶ成矿阶段，以 $CC_{Ⅲ}$、$CC_{Ⅳ}$、$CC_{Ⅴ}$ 表示，主要发育在西矿带，而中、东矿带分布较少。该期方解石以第Ⅶ成矿阶段中最为发育。绝大多数呈脉状，少数为囊状。总体上看，早期方解石在数量上远远大于晚期的方解石(表 1-2-27)(赵以辛，1994)。

[物理性质] 如表 1-2-27 所示，不同世代的方解石多为粒状、浅黄色、白色及无色。因解理发育，完整晶形少见，聚片双晶明显。

表 1-2-27 黑龙江省老柞山金矿床中的各世代方解石特征

世代	早期		晚期		
代号	$CC_{Ⅰ}$	$CC_{Ⅱ}$	$CC_{Ⅲ}$	$CC_{Ⅳ}$	$CC_{Ⅴ}$
方解石特征	半自形，可见聚片双晶，浅黄-白色，透明度中等	自形晶，大解理块白色粗粒，聚片双晶明显，透明度好	粗粒，白色-无色透明，解理完全，聚片双晶发育	半自形，中-细粒浅褐黄色，解理完全	中粗粒无色透明，大解理块，极完全解理
分布情况	东矿带最多，中矿带也易见	东、中矿带发育，西矿带未见	主要发育在中、西矿带	主要在西矿带，中矿带也有分布	以西矿带为主
与同世代石英含量相对比	>石英	>石英	<石英	<石英	<石英
主要矿物组合	磁黄铁矿+毒砂+黄铜矿+黄铁矿+方解石+石英	粗粒毒砂+方解石+粗粒石英+黄铜矿	粗粒毒砂+黄铁矿+黄铜矿+石英+方解石	细粒毒砂+方铅矿+闪锌矿+黄铁矿+黄铜矿+石英+方解石	石英+方解石+黄铜矿
主要载金矿物与成矿阶段	磁黄铁矿、毒砂、黄铁矿主成矿阶段	毒砂主成矿阶段	毒砂、黄铁矿	毒砂、闪锌矿、方铅矿、黄铁矿主成矿阶段	

注：数据引自赵以辛(1994)。

[光谱特征] 各世代方解石热发光曲线及参数见图 1-2-32 和表 1-2-28。$CC_{Ⅰ}$世代的方解石热发光曲线为双峰型，始发光位出现在 150~180℃之间，主峰位在 235~250℃之间，主峰强度变化幅度大，最高值为 45.3 R(伦琴)，而最低值只有 2.298 R。但从整体来看，该世代的热发光曲线的主峰强度均偏大。在 320~350℃之间有隐伏峰，其强度变化也较大，但与主峰强度相比较，则明显减弱(图 1-36)。

$CC_{Ⅰ}$ 世代方解石热发光曲线也为双峰型，但与 $CC_{Ⅱ}$ 世代的峰型有所不同，其始发光位只在 170~180℃之间，主峰位在 330~350℃之间，主峰强度在 7.08~3.84 R 之间等等。这些参数值的变化范围相对均很小，并且隐伏峰位均在主峰位之前的 230~280℃之间，其隐伏峰强度变化也小，只在 1.07~2.83 R。该世代方解石热发光曲线与 $CC_{Ⅱ}$ 世代的曲线主要区别在于强峰位于弱峰位之后。

$CC_{Ⅲ}$ 世代方解石热发光曲线的发光峰明显具有单峰的特点，当温度升高为 180~210℃时，开始发光，发光较缓慢；在 300~330℃之间，发光强度增大，主峰位在 330~370℃之间，主峰强度在 1.55~9.85 R 之间，变化幅度稍大，也无规律性。$CC_{Ⅳ}$ 世代中的方解石，其发光曲线为明显的双峰型，始发光位是 175~180℃，变化范围小，主峰位于 370~375℃，但其主峰强度很小，只有 1.46~2.53 R。该曲线的隐伏峰在235~240℃之间，其强度稍弱于主峰强度，在0.89~2.43 R之间。CC_{IV}方解石热发光曲线与CC_{III}的曲线形状有其相近之处，如始发光位均在170~180℃之间、隐伏峰位均在主峰位之前的230~250℃之间。但其主峰位却相差较大，CC_{III}世代方解石发光曲线主峰位在330~350℃之间，而CC_{IV}曲线主峰位却在370~375℃之间，并且主峰强度相差也较大，CC_{III}世代曲线的主峰强度为7.08~3.84 R之间，而CC_{IV}世代曲线主峰强度在1.46~2.53 R之间。因此，CC_{IV}的曲线可与CC_{III}世代热发光曲线相区别。CC_{V}世代方解石热发光曲线是一条随着温度升高而上升的平缓曲线，经反复测试，并无峰型出现，可与其他世代的方解石热发光曲线进行区别。

表1-2-28　黑龙江省老柞山金矿床中方解石热发光曲线参数表

序号	矿带	成矿阶段及世代	发光曲线类型	始发光位/℃	主峰位/℃	主峰强度/R	半高宽/cm	隐伏峰位/℃	隐伏峰强度/R
1	东矿带	Ⅰ(CC_{I})	双峰	180	240	7.81	1.2	345	5.05
2			双峰	160	245	23.4	1.5	320	17.2
3			双峰	170	245	23.10	1.0	340	14.06
4			双峰	150	235	8.803	1.8	330	7.1
5			双峰	160	240	11.5	1.1	340	7.0
6			双峰	155	240	14.2	1.8	320	13.8
7		Ⅲ(CC_{II})	双峰	170	330	7.08	0.8	230	2.832
8			双峰	180	345	5.35	0.7	240	1.07
9			双峰	170	330	5.22	0.8	240	1.879
10	中矿带		双峰	180	350	1.73	1.80	250	1.42
11			双峰	170	340	3.84	1.5	245	2.761
12		Ⅴ(CC_{III})	单峰	180	330	2.62			
13			单峰	180	330	2.41			
14			单峰	210	340	6.98			
15	西矿带		单峰	210	360	2.114			
16			单峰	210	370	1.59			
17			单峰	205	370	1.55			
18			单峰	185	360	9.856			
19		Ⅵ(CC_{IV})	双峰	180	370	1.399	1.8	240	0.8
20			双峰	175	370	2.015	1.8	240	1.8
21			双峰	185	370	3.368	1.8	235	2.43
22			双峰	180	375	2.531	1.7	235	2.41
23		Ⅶ(CC_{V})	平缓曲线	230	385	0.832			
24			平缓曲线	210	380	1.715			
25			平缓曲线	210	380	0.91			
			平缓曲线	210	380	1.084			

注：数据引自赵以辛(1994)。

[成因意义]　老柞山金矿中方解石热发光曲线的研究表明，CC_{I}、CC_{II}、CC_{IV}世代方解石即第Ⅰ、Ⅲ、Ⅵ成矿阶段的热发光曲线为双峰型，而这3个成矿阶段也是该矿区的主成矿阶段；CC_{III}、CC_{V}世代方解石即第Ⅴ、Ⅶ成矿阶段的热发光曲线各不相同。CC_{III}曲线特征为单峰型，CC_{V}曲线为平缓曲线。因此，可认为该矿区方解石天然热发光曲线为双峰型时，其相对应的成矿阶段为主要成矿阶段。另外，由于各成矿阶段相对应的方解石热发光曲线各有明显特征，因此根据方解石热发光曲线峰型特征作为划分各成矿阶段的重要依据。由于对该区方解石Au含量测试的不足，目前还不能由其曲

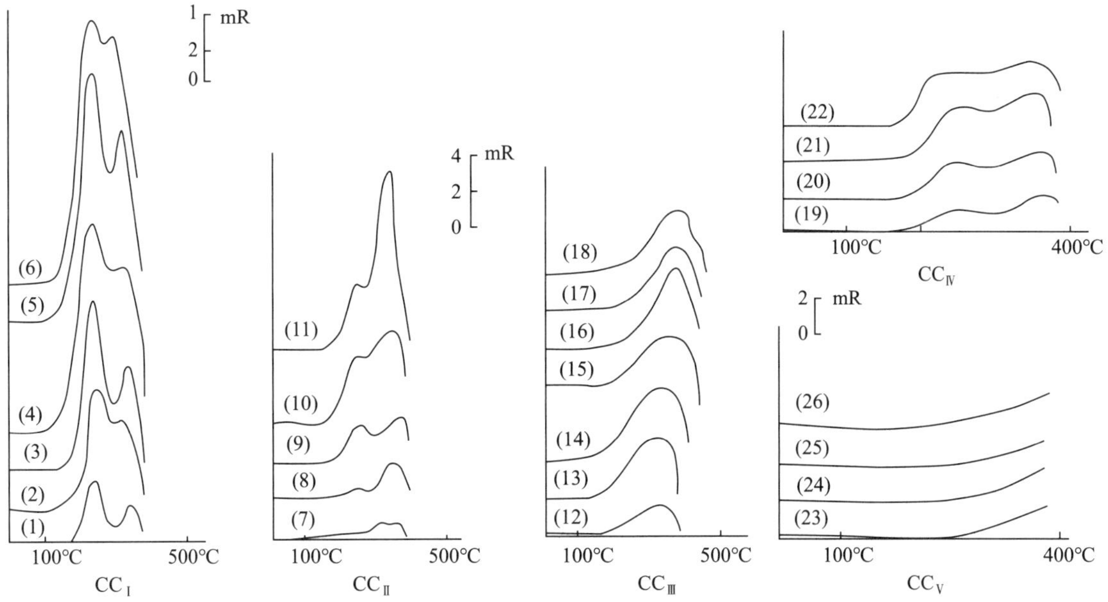

图 1-2-32 黑龙江省老柞山金矿床中不同世代方解石天然热发光曲线

（据赵以辛，1994）

线特征来判断方解石的含 Au 量，但可根据其曲线特征来判定与之共生(同阶段)相应的金属硫化物含 Au 量的情况，如在多金属硫化物成矿阶段(Ⅵ)中，方解石热发光曲线为双峰型，其始发光位不超过 180℃，与之共生的多金属硫化物大都含 Au 量较高；而成矿后期第Ⅶ成矿阶段的方解石($CC_Ⅴ$)热发光曲线无峰型，与之对应的为不含 Au 的成矿阶段。

(23)湖北省徐家山锑矿床中的方解石

[产地、产状及共(伴)生矿物] 湖北省通山县的徐家山锑矿床产在上震旦统陡山沱组和灯影组的海相碳酸盐岩中。方解石是该矿最主要的脉石矿物之一，根据其生成与锑矿化发生的时间先后关系，主要可分为成矿前和成矿期两期。成矿前方解石一般呈白色、乳白色，呈不规则脉状和团包状广泛分布于围岩中；成矿期方解石一般呈白色、灰白色，呈脉状、斑团状与辉锑矿共生，该期方解石与含矿的脉状硅化相伴出现，其产状和矿物组合与脉状硅化相似，分布范围也相当(沈能平等，2007)。

[化学成分] 徐家山锑矿床中方解石的 C、O 同位素组成测试结果见表 1-2-29 和图 1-2-33。从中可知，成矿前方解石具相对较高的 $\delta^{13}C_{PDB}$、$\delta^{18}O_{SMOW}$ 值，$\delta^{13}C_{PDB}$ 为 -0.7‰～+2.0‰(平均 +0.8‰)，$\delta^{18}O_{SMOW}$ 为+18.6‰～+19.6‰(平均+19.1‰)。这种 C、O 同位素组成与典型的海相碳酸盐岩($\delta^{13}C_{PDB}$=±4‰；$\delta^{18}O_{SMOW}$=+20‰～+24‰)较为一致，暗示其 C、O 直接来源于海相碳酸盐岩，围岩中碳酸盐矿物溶解和重新结晶可能是该期方解石形成的主要机制。与成矿前方解石相比，成矿期方解石明显亏损^{13}C、^{18}O，具相对较低的 $\delta^{13}C_{PDB}$(-3.9‰～-2.10‰，平均-3.1‰)和 $\delta^{18}O_{SMOW}$(+11.5‰～+15.3‰，平均+13.3‰)，且两者具有明显的正相关关系(图 1-2-33)。

矿床中方解石的 Sr 含量及其同位素组成见表 1-2-30 和图 1-2-34。从中可知，成矿前方解石 Sr 含量高，介于 2645～8174 μg/g 之间，平均为 5656 μg/g。相对而言，成矿期方解石 Sr 含量要低得多(785～2563 μg/g，平均 1571)。值得指出的是，在整个华南锑矿带中很少见热液含钙矿物中有如此高的 Sr 含量，徐家山方解石中的 Sr 含量明显高于该带锡矿山锑矿床中的方解石(87～273 μg/g，平均 160 μg/g)和晴隆锑矿床中的萤石(34～179 μg/g，平均 60 μg/g)，而与湘西沃溪 Au-Sb-W 矿床中白钨矿的 Sr 含量大体相当(650～6809 μg/g，平均 2434 μg/g)。该矿不同期次方解石的 Sr 同位素组成明显不同，成矿期方解石明显比成矿前方解石富放射成因^{87}Sr：前者的$^{87}Sr/^{86}Sr$ 值变化范围较大，为 0.7109～0.7154，平均为 0.7141；后者的$^{87}Sr/^{86}Sr$ 值变化较小，为 0.7096～0.7097。此外，对比发现，徐家山锑矿床中绝大多数成矿期方解石的 Sr 同位素组成高于锡矿山成矿期方解石(0.7102～0.7144，

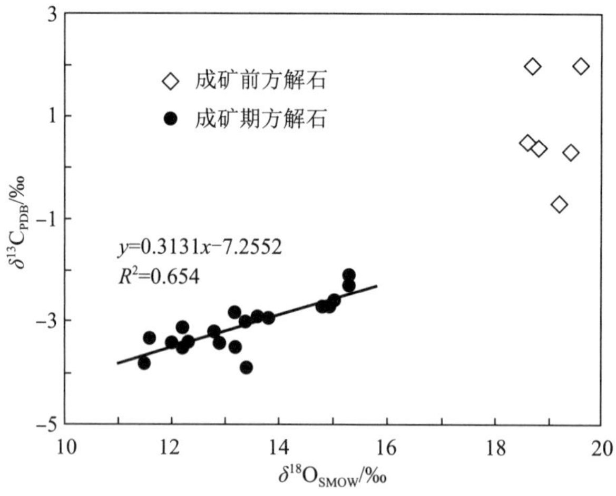

图 1-2-33 湖北徐家山锑矿床方解石的 $\delta^{13}C_{PDB}$-$\delta^{18}O_{SMOW}$ 图解

（据沈能平等，2007）

表 1-2-29 湖北徐家山锑矿床方解石的 C、O 同位素组成

期次	样品号	采样位置	产状	$\delta^{13}C_{PDB}$/‰	$\delta^{18}O_{SMOW}$/‰
成矿前	XJS-10	+323 中段	与石英共生脉	+2.0	+18.7
	XJS-11	+323 中段	与石英共生脉	-0.7	+19.2
	XJS-22	+323 中段	方解石脉	+0.4	+18.8
	XJS-38	+323 中段	与石英共生脉	+0.3	+19.4
	XJS-42	+323 中段	与石英共生脉	+0.5	+18.6
	XJS-45	+323 中段	方解石脉	+2.0	+19.6
成矿期	XJS-1	废石堆，来自+323 中段	方解石脉	-2.9	+13.6
	XJS-2	废石堆，来自+323 中段	方解石脉	-2.1	+15.3
	XJS-3	+323 中段	与辉锑矿共生	-3.4	+12.3
	XJS-6	+323 中段	方解石脉	-3.8	+11.5
	XJS-7	+323 中段	与辉锑矿共生	-3.3	+11.6
	XJS-8	+323 中段	方解石脉	-3.2	+12.8
	XJS-13	+323 中段	与辉锑矿共生	-3.0	+13.4
	XJS-14	+323 中段	与辉锑矿共生	-2.9	+13.6
	XJS-16	+323 中段	与辉锑矿共生	-2.7	+14.9
	XJS-27	+323 中段	与辉锑矿共生	-3.9	+13.4
	XJS-30	+323 中段	方解石脉	-2.3	+15.3
	XJS-31	+323 中段	方解石脉	-2.6	+15.0
	XJS-41	+323 中段	方解石脉	-3.5	+12.2
	XJS-48	+363 中段	方解石脉	-3.4	+12.0
	XJS-50	+363 中段	方解石脉	-2.7	+14.8
	XJS-52	+363 中段西洞口	与石英共生脉	-3.1	+12.2
	XJS-53	+363 中段	与辉锑矿共生	-2.8	+13.2
	XJS-57	+363 中段	与石英共生脉	-3.5	+13.2
	XJS-59	+363 中段	与辉锑矿共生	-3.4	+12.9

注：数据引自沈能平等(2007)。

平均 0.7115）和晴隆成矿期萤石（0.7077～0.7131，平均 0.7088）；但明显小于沃溪矿床中的白钨矿（0.7468～0.7504，平均 0.7492）。

从表 1-2-30 可知，成矿前方解石的 Sr 同位素组成与区域内海相碳酸盐岩接近，其 Sr 含量也异常高，表明其流体与物质主要来自赋矿围岩——震旦系海相碳酸盐岩，碳酸盐矿物的溶解与重新结晶可能是其形成的主要机制。成矿前和成矿期方解石的 Rb 含量都非常低（0.04～4.90 μg/g），这与方解石的晶体化学结构特征相吻合：在含钙矿物晶格中，Ca 的位置能有限地容纳 Sr 而不接受 Rb。而且，徐家山方解石中 Sr 含量非常高，故该矿方解石中 Rb 原地衰变产生的 ^{87}Sr，对其 Sr 同位素组成的影响可忽略不计，即该矿方解石的 $^{87}Sr/^{86}Sr$ 测定值可以代表其形成时母源流体的 Sr 同位素组成。与成矿前方解石相比，成矿期方解石的 $^{87}Sr/^{86}Sr$ 值较高，而 Sr 含量较低，表明成矿流体为富 H_2CO_3 流体，它来自或流经了下伏的基底碎屑岩——中元古界冷家溪群浅变质岩；流体与围岩之间的水-岩反应导致徐家山成矿期方解石和辉锑矿的沉淀。

表 1-2-30　湖北徐家山锑矿床方解石 Rb、Sr 含量及 Sr 同位素组成

序号	样品号	期次	Rb/（μg·g^{-1}）	Sr/（μg·g^{-1}）	$^{87}Sr/^{86}Sr \pm 2\sigma$
7	XJS-10	成矿前	0.08	2645	0.709705±12
8	XJS-11		0.24	6740	0.709646±12
12	XJS-22		4.61	6412	—
16	XJS-38		2.49	3249	—
18	XJS-42		1.74	6713	0.709552±13
19	XJS-45		1.28	8174	—
1	XJS-1	成矿期	0.35	1040	0.712409±13
2	XJS-2		0.22	1886	0.710891±13
3	XJS-3		0.28	2245	0.715043±15
4	XJS-6		0.16	1639	0.715229±12
5	XJS-7		0.12	1749	0.714724±13
6	XJS-8		1.44	2563	0.715222±11
9	XJS-13		0.16	1873	0.714333±11
10	XJS-14		0.15	2350	0.714433±13
11	XJS-16		0.04	1446	0.715369±12
13	XJS-27		4.90	1935	0.714422±13
14	XJS-30		4.22	934	0.711699±10
15	XJS-31		3.34	1124	—
17	XJS-41		2.79	1770	—
20	XJS-48		2.35	1392	0.714983±12
21	XJS-50		1.73	785	0.712300±10
22	XJS-52		1.98	1013	0.714690±12
23	XJS-53		1.34	1025	—
24	XJS-57		1.16	1520	—
25	XJS-59		2.20	1558	0.715108±13

注：数据引自沈能平等（2007）。

（24）湖南省芙蓉锡矿田中的方解石

［产地、产状及共（伴）生矿物］　湖南芙蓉矿田位于著名的华南东西向钨锡成矿带中段北缘，可分白蜡水、麻子坪、狗头岭、山门口等主要矿区，不同矿区的矿化类型存在差异，矿床属中-高温热液矿床。方解石是芙蓉锡矿田中常见的脉石矿物，广泛分布于各矿区成矿阶段晚期。方解石主要呈团

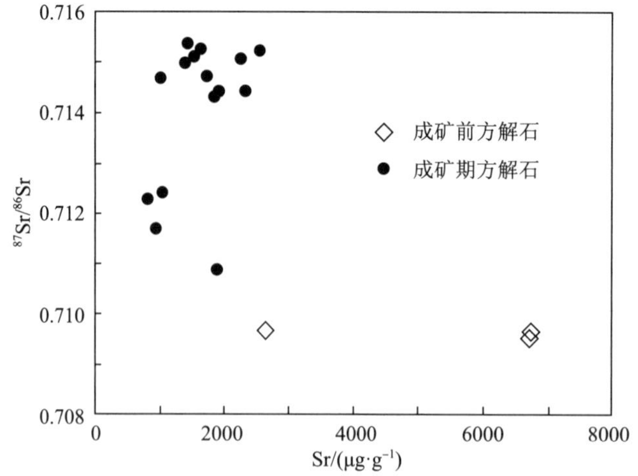

图 1-2-34　湖北徐家山锑矿床方解石的$^{87}Sr/^{86}Sr$-Sr 图解

（据沈能平等，2007）

块状、细脉状和脉状广泛分布在不同矿化类型的矿石中。云英岩型矿石中方解石呈团块状和片状分布，肉红色-白色，结晶颗粒较小，与浸染状方铅矿、黄铁矿共生；蚀变岩体型矿石中方解石呈脉状产出，乳白色，与细粒黄铁矿共生；构造蚀变带-矽卡岩型矿石中方解石呈团块状和细脉状分布，肉红色，与锡石、毒砂、黄铁矿、黄铜矿、闪锌矿、方铅矿共生(双燕等，2006)。

[**化学成分**]主量元素特征：方解石 Mg、Fe、Mn 含量分析结果和比值见表 1-2-31。从岩体向围岩方向，不同产状方解石 Mg、Fe、Mn 含量呈降低的趋势，即蚀变岩体型和云英岩型方解石高于构造蚀变带-矽卡岩型。具相对平坦型稀土模式的蚀变岩体型方解石 Mn 含量最高，其次是 LREE 富集型的云英岩型方解石，构造蚀变带-矽片岩型方解石最低。相对 Mn 含量，Mg 和 Fe 含量变化相对较小。结合研究区 Sn 矿化与骑田岭岩体具有密切的时间和空间关系，云英岩型和蚀变岩体型矿石中方解石 Mg、Fe、Mn 含量较高，表明形成方解石的热液为岩浆期后热液。

表 1-2-31　湖南芙蓉锡多金属矿床的热液方解石 Mg、Fe、Mn 含量(w_B/%)

样号	GTL-23	GTL-25	GTL-26	S-10-10	FL-1	TPK	WCP-1-1	WCP-3-10	WCP-28	WCP-2-3
矿化类型	云英岩型		蚀变岩型			构造蚀变带-矽卡岩型				
Mg	0.350	0.272	0.259	0.084	0.018	0.024	0.024	0.042	0.006	0.036
Fe	1.49	0.672	0.364	0.329	0.126	0.084	0.105	0.070	0.126	0.056
Mn	1.43	1.27	3.83	2.97	1.96	0.613	0.323	0.412	0.680	0.420
Mg+Fe+Mn	3.27	2.21	4.46	3.39	2.10	0.721	0.452	0.524	0.812	0.512
Mn/Mg	4.08	4.67	14.8	35.2	108.1	25.4	13.4	9.76	112.7	11.6
Mn/Fe	0.959	1.89	10.5	9.04	15.5	7.30	3.08	5.90	5.40	7.50

注：数据引自双燕等(2006)。

稀土元素特征：方解石稀土元素配分模式见图 1-2-35，白蜡水和狗头岭矿区新鲜花岗岩稀土元素配分模式见图 1-2-36。可见，白蜡水矿区云英岩型方解石稀土总量为95.9×10^{-6}，稀土配分模式为轻稀土(LREE)富集型($\sum$LREE/$\sum$HREE=6.24)，$(La/Yb)_N$ 为 6.88，中等至弱的负 Eu 异常(δEu=0.521)；蚀变岩体型方解石稀土总量为 $27.19\times10^{-6}\sim133.4\times10^{-6}$，稀土配分模式为相对平坦型($\sum$LREE/$\sum$HREE = 1.15 ~ 1.68)，$(La/Yb)_N$ 为 0.687 ~ 0.908，中等负 Eu 异常(δEu = 0.611 ~ 0.658)。构造蚀变带-矽卡岩型矿石中方解石稀土总量为 $5.49\times10^{-6}\sim14.6\times10^{-6}$，明显低于蚀变岩体型和云英岩型方解石稀土总量，但稀土配分模式与云英岩型方解石类似，$\sum$LREE/$\sum$HREE=2.58~6.49，$(La/Yb)_N$ 为 2.47~9.42，中等负 Eu 弱异常(δEu=0.655~1.10)。狗头岭矿区云英岩型方解石

稀土总量为 $92.5\times10^{-6}\sim94.0\times10^{-6}$，稀土配分模式为 LREE 富集型（$\sum$LREE/$\sum$HREE = 3.05～3.63），$(La/Yb)_N$ 为 1.77～2.60，中等负 Eu 异常（δEu = 0.311～0.366），蚀变岩体型方解石稀土总量为 37.0×10^{-6}，稀土配分模式为相对平坦型（$\sum$LREE/$\sum$HREE = 1.03），$(La/Yb)_N$ 为 0.741，中等负 Eu 异常（δEu = 0.429）。两矿区花岗岩的稀土总量略有差异，稀土模式均为 LREE 富集型（图 1-2-36a、b）。其中，白蜡水矿区中粗粒斑状角闪黑云母钾长（二长）花岗岩的稀土总量为 $286.2\times10^{-6}\sim516.0\times10^{-6}$，$\sum$LREE/$\sum$HREE = 8.76～15.74，$(La/Yb)_N$ 为 9.22～16.63，δEu = 0.439～0.535，狗头岭矿区细中粒斑状角闪黑云母钾长（二长）花岗岩稀土总量为 $177.2\times10^{-6}\sim262.2\times10^{-6}$，$\sum$LREE/$\sum$HREE = 4.81～7.39，$(La/Yb)_N$ 为 3.53～6.39，δEu = 0.082～0.151。因此，相对于白蜡水矿区花岗岩稀土模式的明显右倾型，狗头岭矿区花岗岩稀土总量略低，稀土模式为略右倾型。对比研究区新鲜花岗岩与蚀变花岗岩的稀土模式（图 1-2-36c、d）可以看出，相对于新鲜花岗岩，蚀变花岗岩具有较高的 LREE 含量。

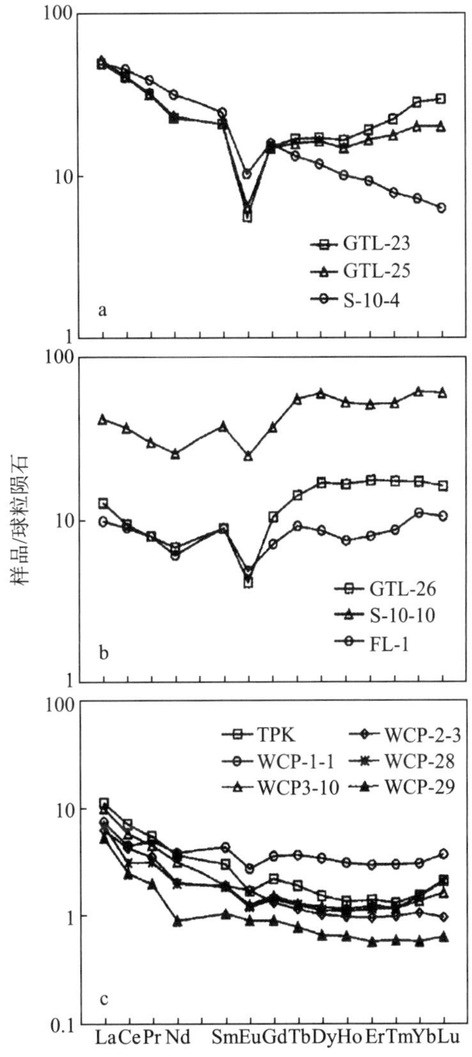

图 1-2-35　湖南芙蓉锡矿方解石 REE 配分模式

（据双燕等，2006；球粒陨石据 Boynton，1984）

a—云英岩型；b—蚀变岩体型；c—构造蚀变带-矽卡岩型

芙蓉矿田白蜡水矿区和狗头岭矿区不同产状方解石虽然 REE 含量、特征参数和配分模式存在差异，具有两种稀土模式：LREE 富集型和相对平坦型，但形成 LREE 富集型方解石和相对平坦型方解石的热液均来源于骑田岭花岗岩的岩浆热液。它们在 Y/Ho-La/Ho 图解（图 1-2-37）上总体呈水平分

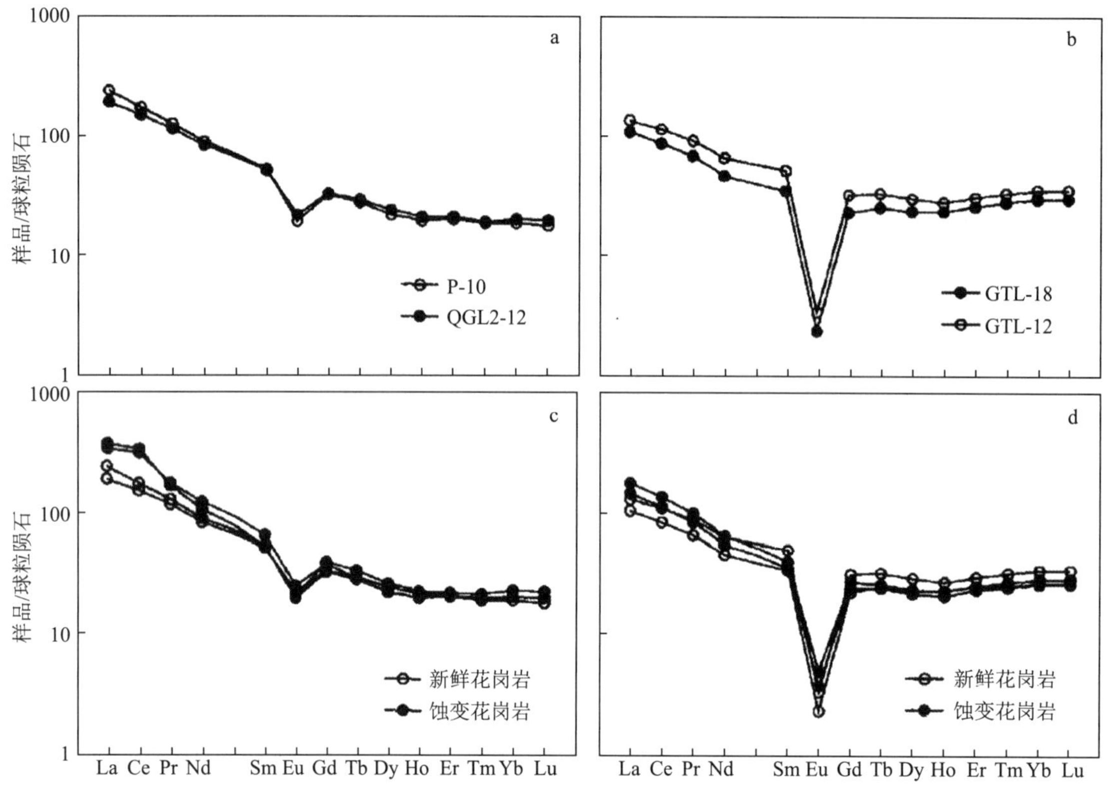

图 1-2-36　湖南芙蓉锡矿花岗岩 REE 配分模式

（据双燕等，2006）

a—白蜡水矿区新鲜花岗岩；b—狗头岭矿区新鲜花岗岩；c—白蜡水矿区新鲜花岗岩与蚀变花岗岩对比；d—狗头岭矿区新鲜花岗岩与蚀变花岗岩对比

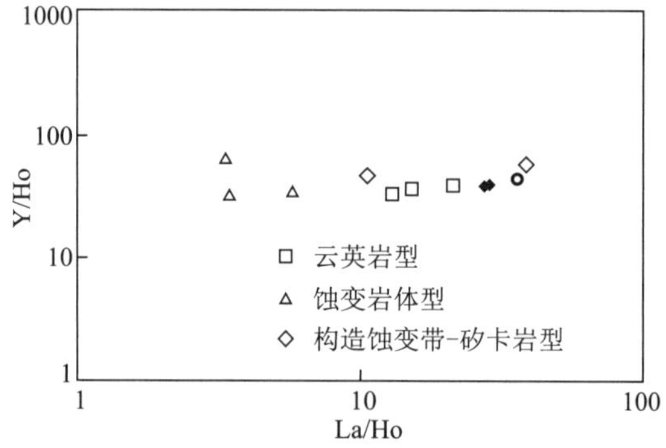

图 1-2-37　湖南芙蓉锡矿方解石的 Y/Ho-La/Ho 图解

（据双燕等，2006）

布，表明其同源性。在图 1-2-38 上矿区 LREE 富集型方解石和相对平坦型方解石的 REE 地球化学具连续变化的特征，可能显示它们为同源不同阶段的产物。

与各矿区新鲜花岗岩全岩的稀土特征对比（图 1-2-39）可以发现，尽管不同矿区 LREE 富集型方解石的稀土模式存在差异，但它们的稀土模式和特征参数与本区花岗岩具明显的相似性，继承了各区花岗岩的稀土元素特征，表明两矿区 LREE 富集型方解石的 REE 配分模式受岩浆分异流体性质的控制。

在 Yb/Ca-Yb/La 图上（图 1-2-40），各矿区方解石主要投影在热液成因区，接近岩浆成因，也显示花岗岩岩浆热液对方解石的稀土来源具有重要意义。白蜡水矿区从蚀变岩体型矿石和云英岩型矿

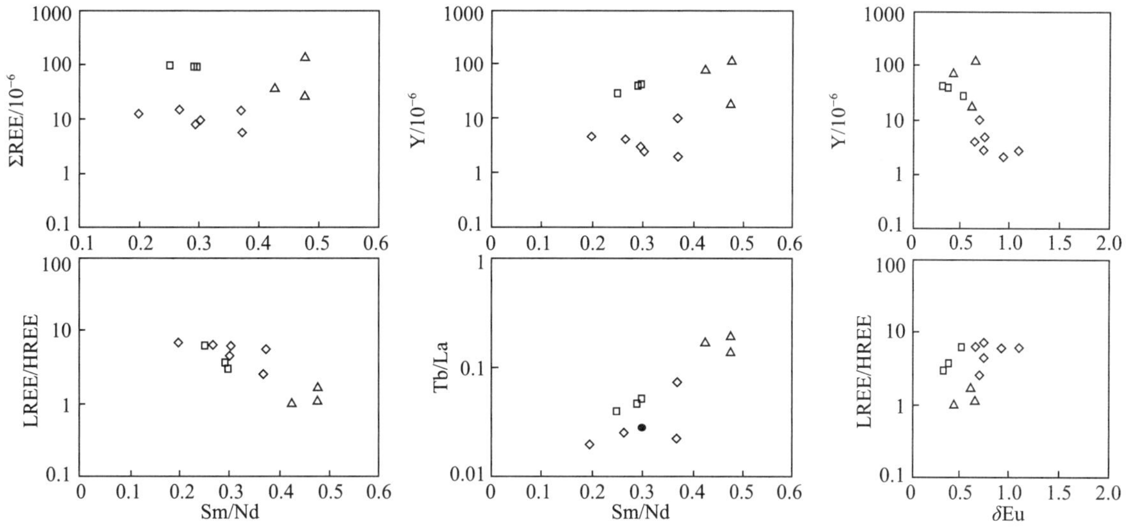

图 1-2-38　湖南芙蓉锡矿方解石 RFF 变异图

（据双燕等，2006）

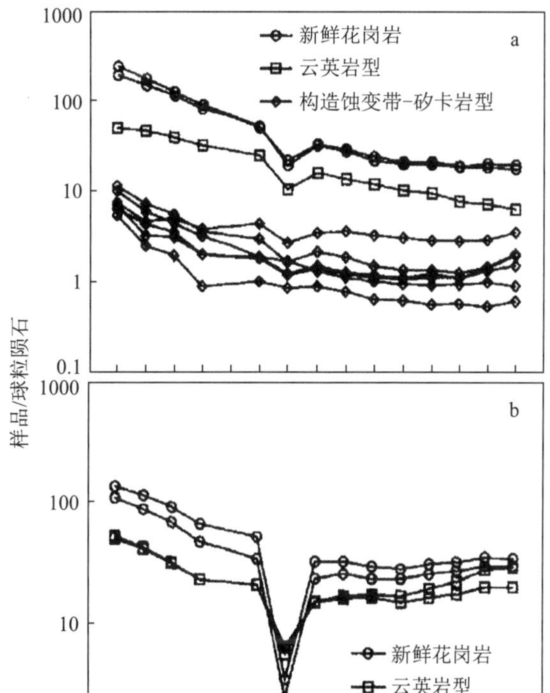

图 1-2-39　湖南芙蓉锡矿花岗岩与方解石稀土配分模式对比

（据双燕等，2006）

A—白蜡水矿区；B—狗头岭矿区

石到构造蚀变带-矽卡岩型矿石，方解石的稀土总量明显降低，说明晚期残余热液在从储矿裂隙向围岩扩散时，热液中的稀土含量逐渐减少。

(25)湖南省合仁坪金矿床中的方解石

[产地、产状及共(伴)生矿物]　合仁坪金矿床位于湖南省怀化市沅陵县柳林汊乡境内五强溪镇，是湘西柳林汊金矿带最为典型的钠长石-石英脉型金矿床。方解石是合仁坪金矿床中原生矿石中较为

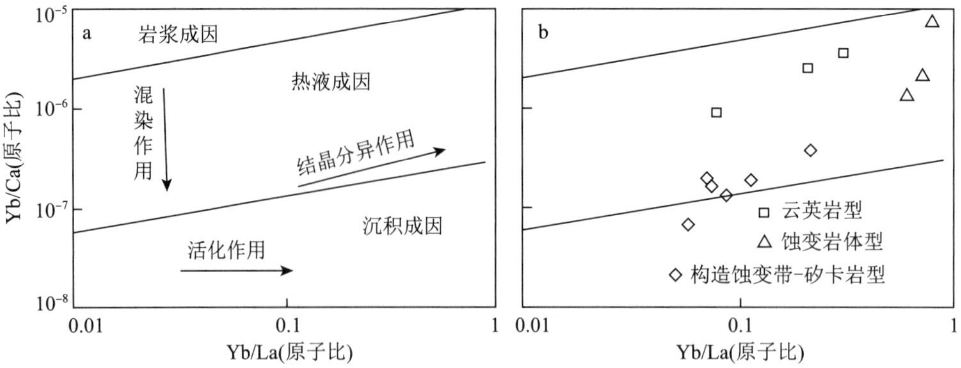

图 1-2-40　湖南芙蓉锡矿方解石的 Yb/Ca-Yb/La 图

（据双燕等，2006）

a—方解石 Yb/Ca-Yb/La 底图(据 Moller et al.，1983)；b—芙蓉矿田方解石的 Yb/Ca-Yb/La 图

主要的脉石矿物(胡诗倩等，2015)。

[化学成分]　表 1-2-32 为合仁坪金矿床方解石碳、氧同位素分析结果。由此可见，本矿床方解石的 $\delta^{13}C_{PDB}$ 值为-6.1‰~-3.9‰，极差为 3.8‰，平均值为-5.3‰；$\delta^{18}O_{SMOW}$ 值为 16.9‰~19.5‰，极差为 2.6‰，平均值为 17.4‰，碳、氧同位素组成范围较窄。求得相对应的流体的 $\delta^{18}O$ 值为 8.53‰~11.69‰，均值为 9.58‰。所以，合仁坪金矿床成矿流体主要来源于变质水，属于低温变质热液。

表 1-2-32　湖南合仁坪金矿床方解石 C、O 同位素组成

样品号	岩石类型	$\delta^{13}C_{V\text{-}PDB}$/‰	$\delta^{18}O_{V\text{-}PDB}$/‰	$\delta^{18}O_{V\text{-}SMOW}$/‰
HRP-2	方解石	-5.1	-13.3	17.2
HRP-15	方解石	-5.6	-13.2	17.3
HRP-18	方解石	-5.2	-13.4	17.1
HRP-22	方解石	-5.5	-13.3	17.2
HRP-24	方解石	-6.1	-13.2	17.3
HRP-28	方解石	-5.6	-13.4	17.1
CLG-1	方解石	-5.7	-13.5	17
CLG-3	方解石	-5.6	-13.3	17.2
CLG-12	方解石	-5.7	-13.6	16.9
CLG-21	方解石	-5.6	-13	17.6
CLG-22	方解石	-5.6	-13	17.5
CLG-35-1	方解石	-4.4	-13.3	17.2
QZC-13-1	方解石	-5.1	-11.1	19.5
QZC-15	方解石	-5.5	-12.6	17.9
TSM-6	方解石	-3.9	-13.2	17.3

注：数据引自胡诗倩等(2015)。

在 $\delta^{13}C_{PDB}$-$\delta^{18}O_{SMOW}$ 图(图 1-2-41)上的投影点较为集中，呈明显的正相关性，位于原生碳酸盐岩、海相碳酸盐岩与沉积有机物三者之间，靠近海相碳酸盐岩一侧。而且方解石流体包裹体的均一温度为 210~240℃，其盐度随着均一温度的降低而降低，这是流体与围岩之间的水/岩反应和温度降低耦合作用的结果。

方解石的 $\delta^{18}O_{PDB}$ 值为-13.6‰~-11.1‰，均值-13.1‰，根据 $\delta^{13}C_{PDB}$ 和 $\delta^{18}O_{PDB}$ 的值及在 $\delta^{13}C_{PDB}$-$\delta^{18}O_{PDB}$ 图(图 1-2-42)中的分布，可以确定样品主要分布在低温热液碳酸盐区以及低温热液碳酸盐区与火成岩外变质岩带之间的区域。说明合仁坪金矿成矿流体属于低温热液，与测温结果相吻合。

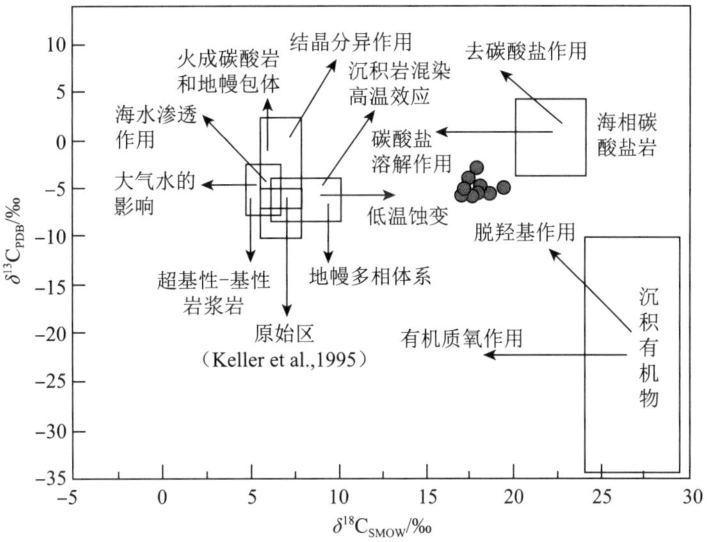

图 1-2-41　湖南合仁坪金矿床 $\delta^{13}C_{PDB}$-$\delta^{18}O_{SMOW}$

（据胡诗倩等，2015）

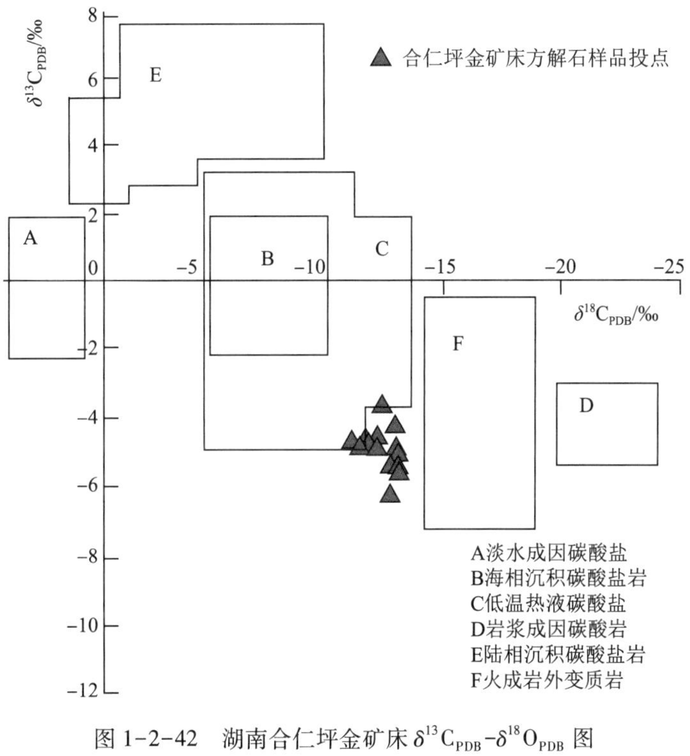

图 1-2-42　湖南合仁坪金矿床 $\delta^{13}C_{PDB}$-$\delta^{18}O_{PDB}$ 图

（据胡诗倩等，2015）

(26)湖南省花垣狮子山铅锌矿床中的方解石

[产地、产状及共(伴)生矿物]　湖南花垣矿区狮子山矿床产于寒武系清虚洞组藻灰岩地层中，为大型-超大型铅锌矿。金属矿物主要为闪锌矿，其次为方铅矿和黄铁矿，非金属矿物主要为方解石、重晶石、萤石以及碳质沥青，与成矿密切相关的围岩蚀变主要有黄铁矿化、方解石化、重晶石化(王彦博等，2015)。

[化学成分]　本区碳酸盐围岩、热液方解石稀土元素含量分析结果表明，热液方解石总稀土含量低，变化范围窄($\sum REE=7.69\times10^{-6}\sim16.06\times10^{-6}$)，LREE/HREE 值介于 11.87~19.05 之间，(La/

Yb)$_N$ 值介于 17.76~39.42 之间，表明热液方解石样品轻、重稀土分异明显，即热液方解石更富集轻稀土。δEu=0.55~0.91，呈现中等至弱的负 Eu 异常，而 δCe=0.81~0.91，表现为弱的负 Ce 异常，热液方解石稀土配分曲线上总体表现为轻稀土富集、向右陡倾的特征；围岩总稀土含量更低（$\sum$REE=1.56×10^{-6}~3.86×10^{-6}，变化范围更窄，$\sum$LREE/$\sum$HREE 值介于 6.51~10.60 之间，(La/Yb)$_N$ 值介于 7.92~15.51 之间，围岩样品轻、重稀土分异比较明显。δEu=0.34~0.81，呈现明显的负 Eu 异常，而 δCe=0.62~0.76，表现为中等负 Ce 异常，围岩稀土元素配分曲线同样表现为轻稀土富集的右倾型特征。方解石与碳酸盐围岩稀土配分模式相似，只是稀土元素含量有所差别，表明两者可能存在相似的流体来源（吴越，2013）。狮子山矿床方解石负 Ce 异常是成矿流体继承了海水 Ce 异常特征，暗示原始成矿流体可能起源于封存在地层中的海水。Eu 异常则指示成矿过程中流体处于相对还原的环境。

狮子山矿床碳酸盐围岩和成矿期方解石 C、O 同位素分析结果表明，碳酸盐围岩的 $\delta^{13}C_{PDB}$ 值（0.65‰~0.98‰）和 $\delta^{18}O_{SMOW}$ 值（21.63‰~23.89‰）变化范围较小，组成相对均一（蔡应雄等，2014）。在 $\delta^{13}C_{PDB}$-$\delta^{18}O_{SMOW}$ 图解上投影点均位于正常海相碳酸盐区，这与地质事实相符，围岩 C、O 同位素数据可作为研究区的背景值。成矿期热液方解石的 $\delta^{13}C_{PDB}$ 值（-0.6‰~2.4‰）和 $\delta^{18}O_{SMOW}$ 值（17.3‰~18.0‰），在 $\delta^{13}C_{PDB}$-$\delta^{18}O_{SMOW}$ 图解上投影点位于碳酸盐溶解作用的区域内，方解石 C、O 同位素组成与围岩 C、O 同位素组成相比呈明显的下降趋势（图 1-2-43）。造成这种现象的原因有：①成矿流体与碳酸盐围岩之间的水-岩反应；②有机质在成矿过程中发生热化学还原反应（TSR）；③大气降水的渗入。方解石 $\delta^{13}C_{PDB}$ 值大多数落在典型海相碳酸盐 $\delta^{13}C_{PDB}$ 值范围内，且与围岩的 $\delta^{13}C_{PDB}$ 比较接近，指示成矿流体的 C 主要来自碳酸盐围岩。

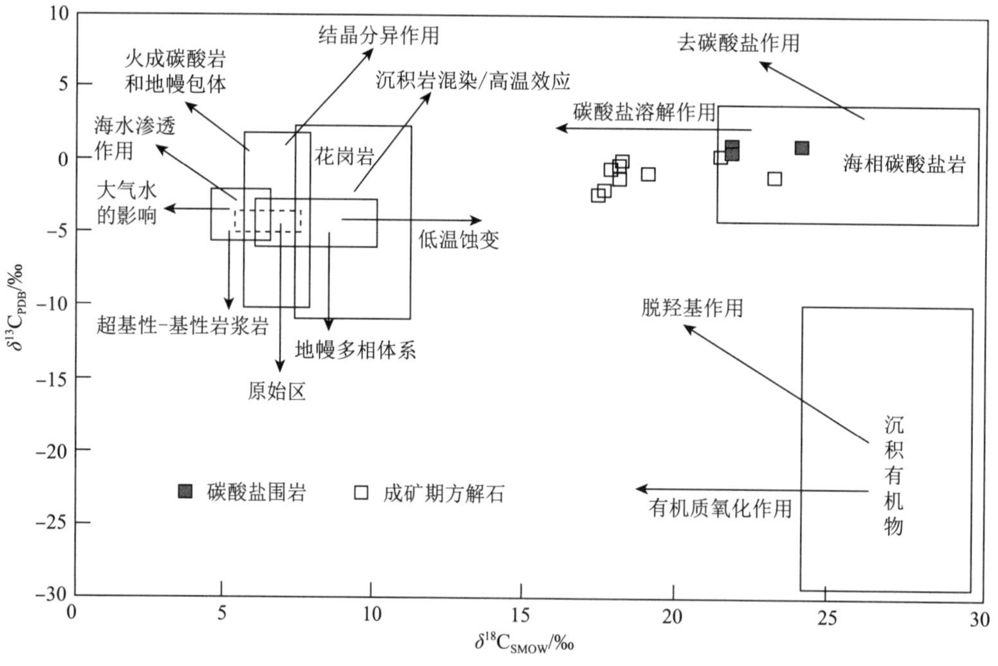

图 1-2-43 湖南狮子山矿床碳酸盐围岩与成矿期方解石 $\delta^{13}C_{PDB}$-$\delta^{18}O_{SMOW}$ 图解

（据王彦博等，2015）

（27）湖南七里坪矽卡岩型硼矿床中的方解石

湖南七里坪硼矿床是我国著名的矽卡岩型硼矿床，其物质组分相当复杂，经研究发现主要硼矿石类型都是方解石岩。它们由硼矿物和方解石组成，二者都是含硼气液交代白云石大理岩（围岩）的结果。矿石的化学成分既富钙又富镁，钙来自方解石，镁来自硼矿物，贫其他成分，因此矽卡岩型硼矿床不是传统的镁矽卡岩矿床，而是钙镁质矽卡岩矿床（黄富荣，2000）。

(28)湖南省锡矿山锑矿床中的方解石

[产地、产状及共(伴)生矿物] 锡矿山锑矿床位于湘中盆地，是世界上最大的锑矿床。矿石的矿物共生组合简单，金属矿物为辉锑矿，脉石矿物主要为石英和方解石，局部可见极少量的萤石、重晶石和受热液改造的沉积型黄铁矿。方解石在数量上仅次于石英，按其野外地质特征、矿物共生组合，方解石可划分为成矿期、成矿后两种(刘焕品等，1985；文国璋等，1993)。成矿期方解石均呈脉状产出。成矿早期方解石常呈乳白色，与板状、柱状辉锑矿共生，少量呈肉红色，与乳白色的方解石常常共生，但肉红色方解石中未见辉锑矿产出。早期方解石数量较少，仅见于北矿童家院。成矿晚期的方解石广泛发育，特别是在南矿飞水岩矿区的深部中段，呈白色-无色，或与针状、毛发状、放射状辉锑矿共生，或呈脉状充填于矿体附近的围岩中。成矿期后的方解石往往分布于晶洞中，无色透明，颗粒粗大(彭建堂等，2004；肖亮明等，2006)。

[形貌特征] 成矿早期的方解石，呈脉状、豆状、葡萄状、被膜状及晶簇状，其晶形较复杂，主要为菱面体晶形，但其他单形及聚形多，如菱面体和六方柱形，晶体粒度较小，一般小于 30 cm，主要与辉锑矿、石英共生，还可与小立方体形的萤石共生，这是与晚期方解石的区别。晚期的方解石，主要分布在矿体下部的溶洞、空洞和断裂裂隙中，晶形与早期的方解石极不相似，结晶程度和晶形较为完整，主要为菱面体和锐菱面体，也可见六方柱，复三方偏三角面体，晶体粒度较早期生成的方解石大，一般为 30～40 cm。成矿期后方解石，主要呈粒状、土状、多孔状、脉状，晶体粒度变化大。

方解石的单体形态与形成温度有很好的对应关系(图 1-2-44)。锡矿山锑矿床中、早期的方解石均一化温度为 1665～255℃，晚期的方解石均一化温度略低，为 140℃左右，成矿期后的方解石成矿均一温度最低，温度接近常温。从图 1-2-44 中可以看出，随着温度的降低，晶形由底面以钝菱面体为主变为以六方柱、复三方偏三角面体及锐菱面体为主，晶面间的网面间距逐渐减少。

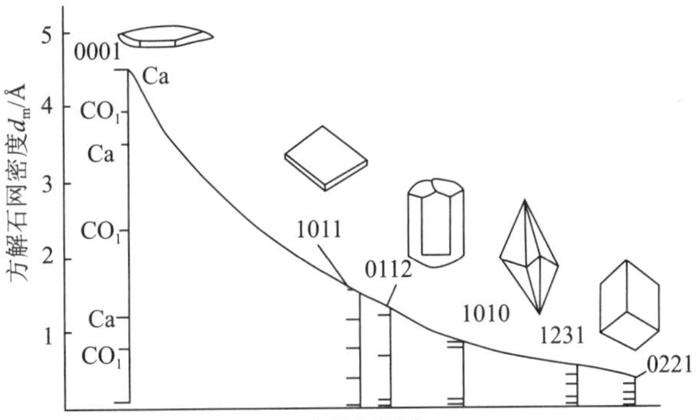

图 1-2-44　方解石的单体形态与形成温度的关系

(据肖亮明等，2006)

[物理性质] 成矿早期方解石常呈乳白色，少量呈肉红色；晚期方解石主要呈白色-无色；成矿期后的方解石主要为白色、不透明，但在晶洞中常呈无色透明。

[光学性质] 早期、晚期的方解石 $N_o=1.6586$，$N_e=1.4861$，$\Delta N=0.1725$；成矿期后的方解石 $N_o=1.6585$，$N_e=1.4861$，$\Delta N=0.1724$，这说明 Fe、Ni 等着色元素的增高，同时表明这些着色元素在方解石形成过程中分布不均匀。

[化学成分] 本矿床方解石的稀土元素分析结果见表 1-2-33。其 REE 配分模式见图 1-2-45，REE 的球粒陨石标准化采用 Herrman(1970)的数据。可以看出，锡矿山成矿期方解石的稀土元素配分模式明显不同于普通热液方解石，其方解石均表现为 LREE 相对亏损、MREE 和 HREE 相对富集，稀土元素的配分模式为向左倾的曲线。

虽然锡矿山锑矿床中早、晚期热液成因方解石均表现出 MREE 和 HREE 相对富集、LREE 亏损的特征，但两者的 REE 特征参数和配分模式仍存在着较大差别。由图 1-2-46 可知，相对于晚期方解石，早期方解石的 La→Nd 明显偏低，Sm 稍低，但其 Eu→Lu 明显高于晚期方解石；早、晚期方解石的 Eu 略有不同；两者的 LREE、HREE 配分模式较相似，但 MREE 配分模式相差较明显。尽管早、晚两期方解石的成矿温度明显不同，但成矿流体的温度并不改变热液矿物中 REE 配分系数的内部关系(Graf，1984)。因此，锡矿山热液方解石中 REE 元素的这种差异可能与成矿流体本身有关。同位素研究(彭建堂等，2001，2002a，2002b)也显示，锡矿山成矿早、晚两期方解石是从 C、O、Sr 同位素组成截然不同的两种流体中沉淀出来的。

表 1-2-33　湖南锡矿山锑矿床中热液方解石的稀土元素组成($w_B/10^{-6}$)及特征参数

样号	XN3-9	XN3-10	XN3-11	XN3-13	XN3-15	XS19W-13	XS19W-7	XS19W-8	XS19W-3	XS11-36
颜色	肉红色	乳白色				白色				白色-无色
产状	方解石	方解石+辉锑矿				方解石+辉锑矿				
阶段	成矿早期					成矿晚期				
La	0.037	0.065	0.049	0.069	0.044	0.310	0.328	0.380	0.130	0.262
Ce	0.184	0.252	0.253	0.413	0.199	0.586	1.42	1.94	0.841	1.22
Pr	0.038	0.048	0.04	0.062	0.042	0.144	0.276	0.396	0.197	0.219
Nd	0.299	0.339	0.292	0.438	0.292	0.992	2.04	2.69	1.47	1.39
Sm	0.801	0.956	0.455	0.737	0.792	0.607	1.34	1.82	0.844	0.716
Eu	0.598	0.774	0.390	0.498	0.577	0.212	0.459	0.621	0.336	0.296
Gd	3.73	4.94	2.08	2.78	4.28	1.10	2.69	3.59	1.55	1.30
Tb	0.763	1.10	0.445	0.648	1.19	0.183	0.519	0.673	0.308	0.326
Dy	5.09	7.19	2.88	4.05	8.71	1.25	3.53	4.89	1.98	2.23
Ho	0.959	1.30	0.497	0.723	1.72	0.286	0.692	0.959	0.402	0.521
Er	2.33	3.18	1.34	1.96	5.04	0.811	2.06	2.64	1.23	1.42
Tm	0.302	0.347	0.170	0.258	0.688	0.119	0.261	0.328	0.179	0.192
Yb	1.80	2.15	1.01	1.41	4.13	0.755	1.41	2.09	1.05	0.929
Lu	0.184	0.247	0.118	0.148	0.527	0.119	0.199	0.258	0.149	0.115
Y	33.07	45.07	19.59	24.30	50.18	8.92	22.86	30.46	13.49	17.39
∑REE+Y	50.17	67.95	29.61	38.49	78.40	16.51	40.08	53.73	24.14	28.54
LREE	0.56	0.70	0.63	0.98	0.58	2.03	4.06	5.40	2.64	3.10
MREE	11.93	16.26	6.75	9.44	17.26	3.74	9.23	12.55	5.42	5.39
HREE	4.62	5.92	2.64	3.77	10.38	1.82	3.93	5.32	2.60	2.66
δEu	1.02	1.02	1.19	1.08	0.89	0.84	0.82	0.82	0.997	1.04
δCe	0.91	0.89	1.11	1.20	0.87	0.57	0.91	0.92	0.87	0.99
$(La/Yb)_N$	0.01	0.02	0.03	0.03	0.01	0.24	0.14	0.11	0.07	0.17
$(La/Sm)_N$	0.03	0.04	0.07	0.06	0.03	0.32	0.15	0.13	0.10	0.23
$(Gb/Yb)_N$	1.27	1.42	1.26	1.21	0.64	0.95	1.17	1.05	0.91	0.87
La/Sm	0.04	0.05	0.10	0.09	0.03	1.08	0.47	0.40	0.32	0.50
Yb/La	48.5	33.1	20.6	20.4	93.8	2.5	4.3	5.5	8.0	3.5
Tb/La	20.6	16.9	9.1	9.4	27.0	0.6	1.6	1.8	2.4	1.2

注：数据引自彭建堂等(2004)。

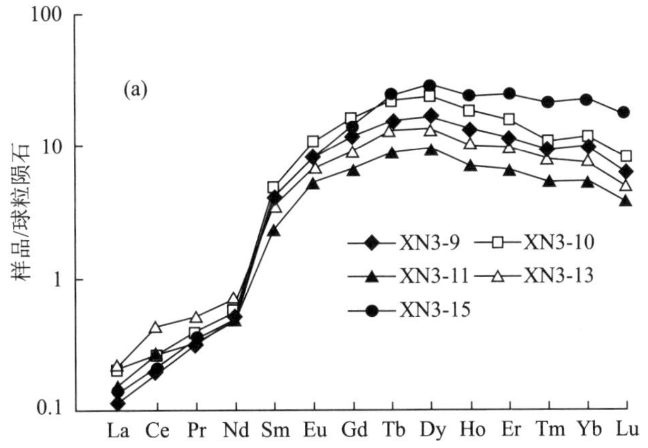

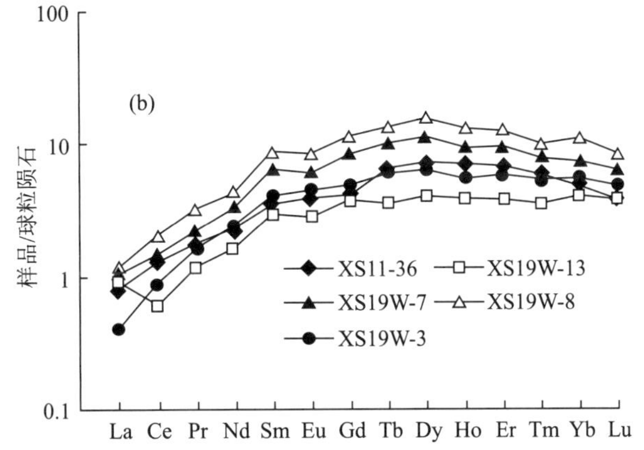

图 1-2-45　湖南锡矿山锑矿床成矿早期(a)、晚期方解石(b)的 REE 配分模式图
（据彭建堂等，2004）

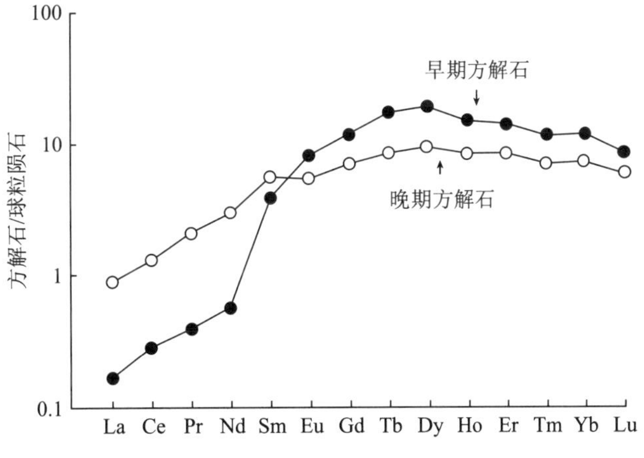

图 1-2-46　湖南锡矿山锑矿床成矿期热液方解石的 REE 配分模式
（据彭建堂等，2004）

成矿期后的方解石稀土元素含量较低，其 REE 配分曲线相当平缓或由于含量呈锯齿状(图 1-2-47)，明显不同于成矿期方解石。

REE 在方解石-流体中配分行为与其离子半径、相对离子半径、相对离子体积关系密切，并且这种关系能用相关的函数方程进行拟合。不难发现，锡矿山方解石 REE 标准化值与上述 3 个参数之间均呈良好的函数关系(图 1-2-48～图 1-2-50)，表现为类似抛物线的曲线。但其确切物理含义，目前

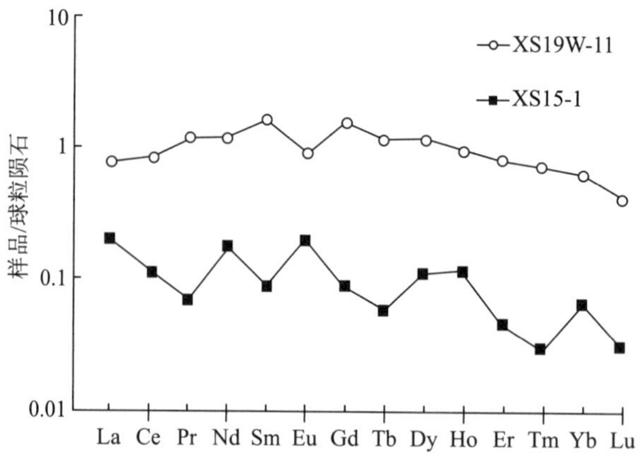

图 1-2-47　湖南锡矿山锑矿床成矿期后方解石的 REE 配分模式图
（据肖亮明等，2006）

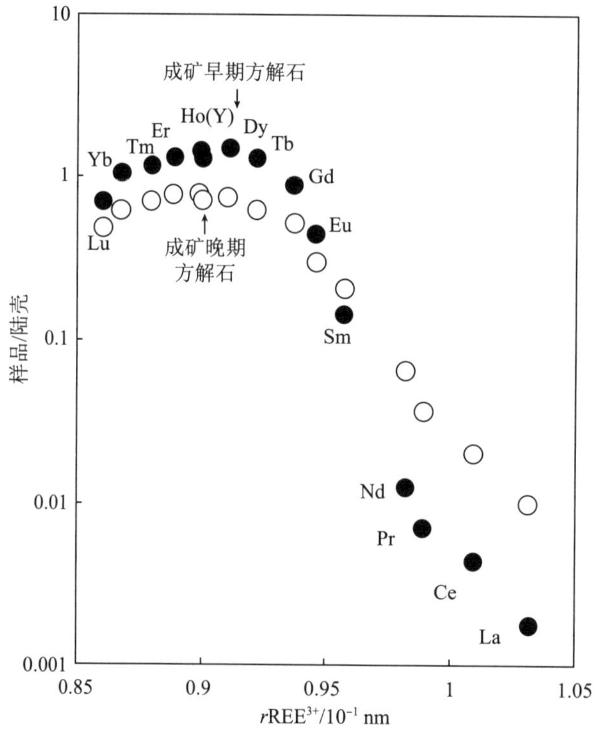

图 1-2-48　湖南锡矿山热液方解石的 REE 标准化值与离子半径关系图
（据彭建堂等，2004）

仍不太清楚，有待于今后进一步探讨。方解石中最佳替代位置的离子半径大约为 0.091±0.001 nm，与 HREE、MREE 的离子半径接近，而明显小于理想 Ca^{2+}的半径。这种可能由方解石晶体结构决定的最佳置换位置，有利于 MREE、HREE 对 Ca^{2+}的优先置换。

［**光谱特征**］　锡矿山方解石的自然热发光强度如表 1-2-34 所示，自然热发光曲线见图 1-2-51。可以看出，热发光曲线可以分为 3 种类型：①远离矿体的方解石细脉样品是单峰，峰形紧闭对称（样品 C69、C58、C80），指标温度为 280℃±，发光强度较大，在曲线末尾又有一小的弱峰出现。②在近矿体顶板大理岩中的方解石，受含矿热水溶液影响较大，粒度粗，颜色白色（样品 C79、C142、C104），在方解石脉周围有微细脉型的黄铁矿、方铅矿和闪锌矿。该种类型的方解石热发光曲线峰强低，双峰式，分别位于 260℃±和 360℃±。③矿体内的方解石团块其曲线为单峰开阔型，尾部扬起，峰所对应的温度为 290℃±。同黄沙坪矿区、宝山矿区、凡口矿区相比具有一定的相似性，矿体中的

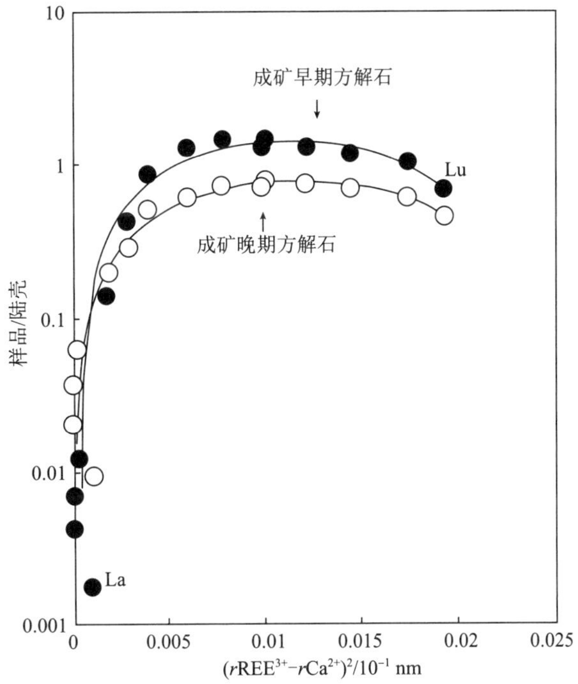

图 1-2-49 湖南锡矿山热液方解石 REE 标准化值-相对离子半径关系图
（据彭建堂等，2004）

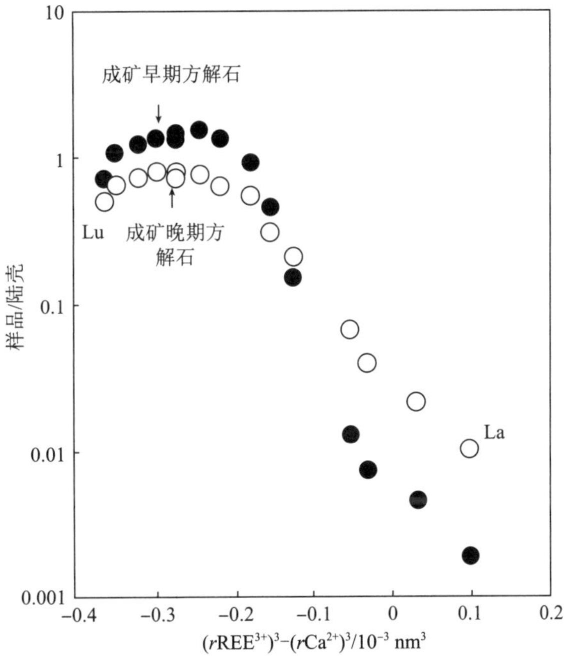

图 1-2-50 湖南锡矿山热液方解石 REE 标准化值与其离子体积差关系图
（据彭建堂等，2004）

方解石热发光曲线均为单峰型。且发光强度一般较低，在远离矿体时，热发光强度增强，且呈双峰式，方解石的热发光由于成矿作用的多期性而变得较为复杂，因此对于本区方解石的分期、方解石的稀土元素含量、微量元素特点、晶胞参数和物理性质还有待于做进一步的研究。

［成因意义］ 成矿早期方解石的形成温度相对较高，其流体包裹体的均一温度为 200～300℃，而成矿晚期方解石的形成温度通常为 100～200℃（刘焕品等，1985）。

表 1-2-34　湖南锡铁山矿区方解石和其他铅锌矿区方解石发光强度对比

矿区	样品号	采样地点及产状	相对自然热发光强度	数据来源
锡铁山矿区	C69	白色块状的大理岩中的方解石脉	31.6	陈振强，1996
	C58	白色块状的大理岩中的方解石脉	23.9	
	C80	灰白色条带状大理岩中的方解石脉	7.7、4.2	
	C79	近矿的大理岩中的方解石脉，共生有细脉状硫化物	5.1	
	C142	近矿的大理岩中的方解石脉，共生有细脉状硫化物	2.5、3.0	
	C104	近矿的大理岩中的方解石脉，共生有细脉状硫化物	4.1、2.3	
	C112	黄铁方铅闪锌矿、方解石团块，块状矿体中	1.27	
	C23	黄铁方铅闪锌矿、方解石团块，块状矿体中	0.86	
凡口矿区	517	生物碎屑灰岩中的羽状方解石脉	3.44	李荣清，1988
	586	闪锌矿、方铅矿、方解石团块	10.58	
	468	条带状灰岩中的层间闪锌矿、方铅矿、方解石脉	7.06	
	401	叠加于黄铁矿之上的闪锌矿、方铅矿、方解石团块	5.86	
	254	含黄铁矿、闪锌矿的方解石脉	5.03	
	852	闪锌矿、方铅矿、方解石团块	4.96	
	206	条带瘤状灰岩中的层间闪锌矿、方解石脉	3.02	
	419	方铅矿方解石脉	2.99	
	17	黄铁铅锌矿石中的方解石脉，含石英、方铅矿等	1.47	
黄沙坪矿区	C-3	灰岩露头中的方解石细脉，距矿体约 180 m	13.1	李荣清，1993
	C-2	灰岩露头中的方解石细脉，距矿体约 130 m	8.64	
	C-1	灰岩露头中的方解石细脉，距矿体约 80 m	0.31	
	C-5	273 中段，距矿体约 30 m 的结晶灰岩内的方解石脉	2.27	
	C-6	273 中段，距矿体约 30 m 的结晶灰岩内的方解石脉	0.79	
	C-7	273 中段，距矿体约 0.3 m 的强结晶灰岩内的方解石脉	0.11	
	C-8	273 中段，矿体内的晚期方解石脉	9.95	
宝山矿区	250-4	250 中段，弱结晶灰岩中的方解石脉	1.40	李荣清，1993
	250-28	250 中段，弱结晶灰岩中的方解石脉	19.4	
	250-8	250 中段，弱结晶灰岩中的方解石脉	0.86	
	250-48	250 中段，弱结晶灰岩中的方解石脉	0.48	
	250-37	250 中段，与硫化物共生的方解石	7.00	

(29)湖南省湘南地区多金属矿床中的方解石

[产地、产状及共(伴)生矿物]　湘南地区盛产稀土、稀有、钨、锡、钼、铋、铜、铅、锌、银等多金属矿产，成矿作用与燕山期中酸性岩浆活动关系密切。主要有宝山铜钼多金属矿床、铜山岭铜多金属矿床、黄沙坪铅锌矿床和瑶岗仙钨多金属矿床等。方解石为湘南地区内生多金属矿床中最常见的贯通性矿物之一，它一般呈脉状广泛分布于矿体和围岩中。其中产于开放性裂隙、空洞和灰岩溶洞中的方解石常形成形态各异的晶洞构造。晶洞方解石的形态和晶体表面微形貌与矿化类型、产出部位关系密切。按照产状可将本区方解石分为远矿正常灰岩内方解石(Ⅰ)、近矿结晶灰岩内方解石(Ⅱ)和矿体内方解石(Ⅲ)3 种(李荣清，1992，1993)。

以黄沙坪和宝山两矿区的方解石为例，Ⅰ类方解石呈细脉状产于距矿体较远的灰岩和白云质灰岩中，脉体细小，脉宽一般小于 1 cm，延伸距离短，且不连续，粒度细小，白色或浅灰黄色；Ⅱ类方

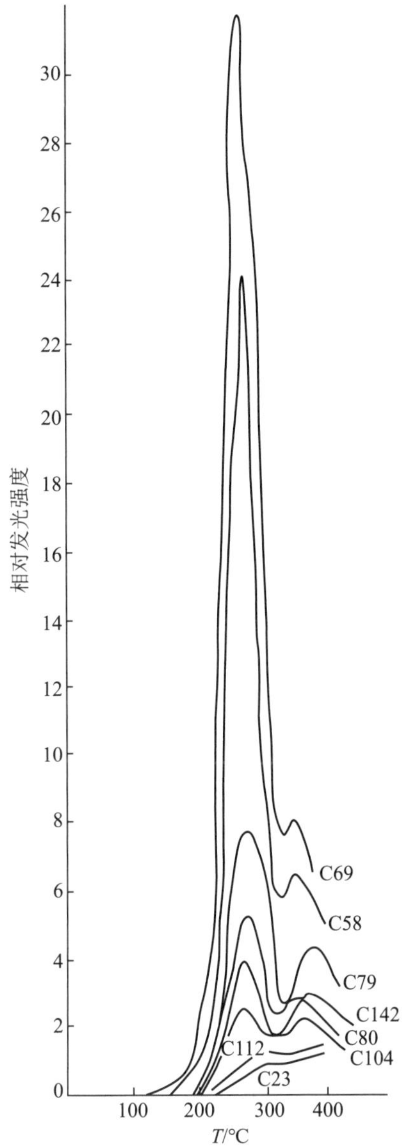

图 1-2-51　湖南锡矿山热液方解石热发光曲线

（据陈振强，1996）

解石呈脉状产于距矿体数十米内的结晶灰岩内或矿体裂隙内，脉较粗大，脉宽多在 1 cm 以上，个别可达 20~30 cm，结晶粗，灰白色或淡红色，有时无色透明，局部形成晶洞，晶形主要为六方柱 $\{10\bar{1}0\}$ +菱面体 $\{01\bar{1}2\}$ 聚形，复三方偏三角面体 $\{21\bar{3}1\}$ +菱面体 $\{01\bar{1}2\}$ 聚形和菱面体 $\{101\bar{1}\}$；Ⅲ类方解石主要呈粒状分布于硫化物粒间，有时也呈团块状分布于矿石中，淡灰白色-淡红色，常见有硫化物和硫盐矿物，如黄铁矿、硫锑铅矿晶体包于方解石中。偶见方解石晶洞，晶形为菱面体 $\{01\bar{1}2\}$ +柱面 $\{10\bar{1}0\}$ 聚形，柱面很不发育，晶面上有时附生有黄铁矿晶体。推测Ⅰ类方解石是由碳酸盐岩侧分泌作用形成的，Ⅱ类方解石是成矿后残余热液活动的产物，Ⅲ类方解石是成矿期间和成矿晚期形成的。

［**形貌特征**］　湘南地区内生多金属矿床中常见的方解石形态如图 1-2-52 所示。产于钨矿床中的方解石以层状晶体发育为特征，晶体形态主要为层状晶体 $\{0001\}$ 和柱面极不发育的 $\{01\bar{1}2\}$ + $\{10\bar{1}0\}$ 聚形，晶体表面微形貌呈菱形生长阶梯状。围岩中为菱面体 $\{101\bar{1}\}$ 和尖菱面体 $\{40\bar{4}1\}$ 等；产于铅锌矿床中的方解石一般不出现层解石，晶体形态主要为 $\{21\bar{3}1\}$、$\{01\bar{1}2\}$ + $\{10\bar{1}0\}$ 和 $\{0001\}$ + $\{10\bar{1}0\}$ +

$\{01\bar{1}2\}$，晶体表面微形貌呈密集的平行纹或丘状突起发育。近矿围岩中为$\{21\bar{3}1\}$、$\{10\bar{1}1\}$和$\{10\bar{1}0\}$+$\{01\bar{1}2\}$聚形；远矿正常灰岩内方解石晶体形态主要为$\{40\bar{4}1\}$。

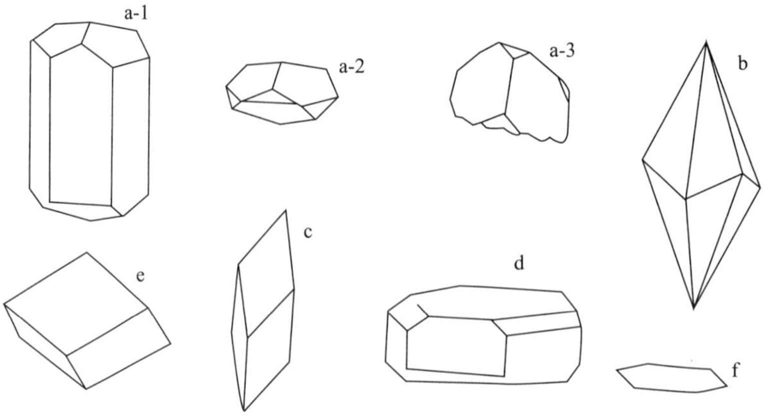

图 1-2-52　湘南地区内生矿床方解石常见晶形

（据李荣清，1994）

影响晶体形态的因素很多，决定晶体生长形态的因素主要是溶液温度和 pH，尤其是温度。由晶体化学可知，类质同象替代与温度关系密切，温度愈高，替代量愈大。但为什么形成于高温条件下的$\{0001\}$和$\{10\bar{1}1\}$等方解石晶体却反而不如形成于中温条件下的$\{21\bar{3}1\}$和$\{01\bar{1}2\}$+$\{10\bar{1}0\}$聚形等方解石含 Fe、Mn 杂质元素多呢？这可能与 Fe、Mn 这两个元素属变价元素有关。本区热液早期均有大量的石英生成，说明此阶段热液的 E_h 较高，溶液中的 Fe、Mn 多以较高的价态存在，如 Fe^{3+}、Mn^{4+}等，待大量的石英等氧化物矿物晶出后，E_h 降低，此时溶液温度也随之降低至中温状态。随着 E_h 的降低，溶液中 Fe^{2+}、Mn^{2+}随之增多，并进入方解石晶体而晶出。所以，中温条件下形成的方解石中含 Fe、Mn 量最多。至晚期低温阶段，溶液中 Fe、Mn 已消耗得差不多了。而且，低温条件也不利于类质同象置换，Fe、Mn 含量也就最少。从表 1-2-35 可以看出，产于矿体内和近矿结晶灰岩中具有$\{01\bar{1}2\}$+$\{10\bar{1}0\}$和$\{21\bar{3}1\}$等形态的方解石中 Mg、Fe、Mn、REE 等含量较高。产于围岩中具有$\{40\bar{4}1\}$晶形的方解石含 Mg、Fe、Mn 和 REE 较低。

表 1-2-35　方解石的形态和成分关系

矿区	样品号	产状	形态	Mg/%	Fe/%	Mn/%	Mg+Fe+Mn/%	REE/10^{-6}
1	白-1	黑钨矿脉小晶洞	$\{0001\}$	0.012	0.028	0.291	0.331	31.21
2	Y_{14}	黑钨矿脉小晶洞	$\{01\bar{1}2\}$+$\{10\bar{1}0\}$	0.077	0.392	2.070	2.539	67.40
2	Y_{18}	黑钨矿脉小晶洞	$\{01\bar{1}2\}$+$\{10\bar{1}0\}$	0.116	0.438	3.236	3.790	77.28
2	Y_{B-5-14}	结晶灰岩内晶洞	$\{10\bar{1}1\}$	0.092	0.003	0.000	0.095	1.27
3	H4-4	黄铁矿黄铜矿方解石脉	$\{21\bar{3}1\}$	0.491	0.090	2.050	2.631	364.20
3	H3	黄铁矿方解石脉	$\{01\bar{1}2\}$+$\{10\bar{1}0\}$	0.057	0.060	0.960	1.077	42.05
3	H6	结晶灰岩内	$\{01\bar{1}2\}$+$\{10\bar{1}0\}$	0.092	0.170	2.100	2.362	4.92
4	273-5	结晶灰岩内、晶体外带	$\{10\bar{1}0\}$+$\{01\bar{1}2\}$	0.239	0.173	0.557	0.969	42.07
4	273-6	结晶灰岩内、晶体内带	$\{21\bar{3}1\}$	0.073	0.143	0.607	0.823	18.42
4	273-206	结晶灰岩内晶洞	$\{10\bar{1}0\}$+$\{01\bar{1}2\}$	0.051	0.260	0.730	1.041	
4	273-903	结晶灰岩内晶洞	$\{01\bar{1}2\}$+$\{10\bar{1}0\}$	0.163	0.564	0.583	1.310	14.35
4	273-904	矿体内晶洞	$\{01\bar{1}2\}$+$\{10\bar{1}0\}$	0.084	0.547		2.241	37.30
5	385-3	铜铝矿体内脉团	$\{0001\}$+$\{10\bar{1}0\}$+$\{01\bar{1}2\}$	0.274	0.633		1.199	

续表

矿区	样品号	产状	形态	Mg/%	Fe/%	Mn/%	Mg+Fe+Mn/%	REE/10^{-6}
5	365-5	结晶灰岩内小晶洞	$\{10\bar{1}0\}$	0.395	0.010	0.020	0.425	
5	B-35	灰岩内小晶洞	$\{40\bar{4}1\}$	0.230	0.001	0.002	0.233	1.16

注：数据引自李荣清(1994)。1—白云仙钨矿；2—瑶岗仙钨矿；3—横山岭铅锌矿；4—黄沙坪铅锌矿；5—宝山铜多金属矿。

[化学成分] 主量元素特征：方解石的镁铁锰化学分析结果列于表1-2-36。在镁铁锰三元素中，本区方解石的锰含量(w_B)变化最大，从0.0n%至3%以上，最高可达5%。不同矿区，不同产状方解石差别明显。含锰量最高的是东坡矿田横山岭矿区的方解石，其次是宝山和黄沙坪等矿区的方解石，铜山岭矿区方解石含锰量最低。各矿区内矿体和近矿围岩中的方解石明显地高于远矿正常灰岩中的方解石。多数方解石的含铁量在0.5%以下，少数达0.5%~0.8%，极个别达1%以上。各矿区间方解石的含铁量差别不明显，从矿体到围岩的变化趋势同锰。绝大部分方解石的含镁量为0.0n%~0.3n%，少量样品含镁量小于0.01%，含镁量大于1%的有香花岭的3个样(2.10%~2.21%)和黄沙坪的一个样(3.7%)。从产状上看，这些富镁的方解石形成时间较早，它们往往被矿体或矿脉切断。多数矿区，从矿体到远矿正常灰岩，方解石的含镁量略有降低。

表1-2-36 方解石Mg、Fe、Mn分析(w_B/%)结果与比值

矿区	样品号	产状	Mg	Fe	Mn	Mg+Fe+Mn	Mn/Mg	Mn/Fe
宝山	385-3	铜钼矿体内方解石细脉	0.274	0.633	0.292	1.199	1.07	0.46
	365-1	铜钼矿体内方解石团块	0.092	0.220	3.650	3.962	39.67	16.59
	365-2	铜钼矿体边缘方解石团体	0.138	0.100	0.640	0.878	4.64	6.40
	365-3	铜钼矿体外15 m结晶灰岩内细脉	0.103	0.160	0.180	0.443	1.75	1.13
	365-4	铜钼矿体外30 m结晶灰岩内细脉	0.095	0.190	0.090	0.375	0.95	0.47
	365-5	铜钼矿体外50 m结晶灰岩内细脉	0.395	0.010	0.020	0.425	0.05	2.00
	330-1	矽卡岩铜矿体方解石团块	0.318	0.060	1.521	1.899	4.78	25.35
	330-24	矽卡岩铜矿体方解石团块	0.294	0.271	3.641	4.206	12..38	13.44
	250-48	强结晶灰岩方解石脉	0.085	0.122	3.640	3.847	42.82	29.84
	250-37	铅锌矿体内方解石与硫化物共生	0.299	0.049	2.935	3.283	9.82	59.90
	250-28	结晶灰岩内方解石细脉	0.268	0.018	0.023	0.309	0.09	1.28
	250-8	结晶灰岩内方解石细脉	0.210	0.060	0.300	0.570	1.43	5.00
	250-4	断层内方解石大脉	0.235	0.052	1.137	1.424	4.84	21.87
	210-12	矿体内方解石细脉	0.292	0.016	0.330	0.638	1.13	20.63
	170-6	结晶灰岩内方解石细脉	0.257	0.090	0.070	0.417	0.27	0.78
	B-53	地表铜钼矿床南约150 m	0.230	0.001	0.002	0.233	0.01	2.00
	B-11	地表铜钼矿床南约200 m	0.160	0.006	0.007	0.173	0.04	1.21
	B-12	地表铜钼矿床南约600 m	0.240	0.007	0.014	0.261	0.06	1.94
	B-10	地表铜钼矿床南约1000 m	0.125	0.026	0.012	0.163	0.10	0.48
	B-3	地表铜钼矿床南约1500 m	0.072	0.139	0.015	0.226	0.20	0.10
	B-1	地表铜钼矿床南约2500 m	0.084	0.010	0.042	0.137	0.50	4.24
	B-4	地表铜钼矿床西约800 m	0.140	0.011	0.074	0.225	0.53	6.61
	B-5	地表铜钼矿床西约1200 m	0.198	1.155	0.019	0.372	0.10	0.12
	B-6	地表铜钼矿床西约1500 m	0.198	0.02	0.012	0.212	0.06	5.80
	B-8	地表铜钼矿床西约2000 m	0.215	0.000	0.005	0.220	0.02	12.50
	B-9	地表铜钼矿床西约3500 m	0.103	0.023	0.004	0.130	0.04	0.17

续表

矿区	样品号	产状	Mg	Fe	Mn	Mg+Fe+Mn	Mn/Mg	Mn/Fe
黄沙坪	C-554	地表距矿体约 500 m	0.131	0.010	0.010	0.151	0.08	1.00
	C-4	地表距矿体约 250 m	0.297	0.045	0.012	0.354	0.04	0.27
	C-3	地表距矿体约 180 m	0.169	0.004	0.005	0.178	0.03	1.25
	C-2	地表距矿体约 130 m	0.118	0.014	0.016	0.148	0.14	1.14
	C-1	地表距矿体约 80 m	0.112	0.084	0.026	0.222	0.23	0.31
	375-902	矿体边缘方解石脉团	3.700	0.139	0.095	3.934	0.03	0.68
	375-903	203-5 号矿体外 5 m，方解石脉	0.163	0.564	0.583	1.130	3.58	1.03
	273-904	203-5 号矿体内方解石脉团	0.084	0.547	1.610	2.241	19.17	2.94
	273-05	结晶灰岩内方解石晶洞，矿外 10 m	0.239	0.173	0.557	0.969	2.33	3.22
	273-06	结晶灰岩内方解石晶洞，矿外 10 m	0.073	0.143	0.607	0.823	8.32	4.34
	273-07	矿体边缘方解石脉	0.298	0.489	2.520	3.307	8.46	5.15
	273-08	矿体内方解石脉	0.196	0.380	2.250	2.826	11.48	5.92
	273-206	结晶灰岩内方解石晶洞，矿外 30 m	0.051	0.260	0.730	1.041	14.31	2.81
	273-23	51 号岩体内 PY-CPY-SP-CC 脉		0.370	0.520	>0.89		1.41
	165-893	结晶灰岩内方解石晶洞矿外 20 m	0.071	0.376	0.307	0.754	4.32	0.82
	165-896	结晶灰岩内含闪锌矿方解石脉	0.003	0.079	0.093	0.175	31.00	1.18
	40-2	40 号孔 229-231 m52 号岩体内含萤石	0.115	0.341	1.850	2.481	16.09	5.43
	40-7	40 号孔 350 m 含黄铁矿方解石脉	0.155	0.220	0.200	0.575	1.29	0.91
上银山	X-2	上银山银铅锌矿氧化带	0.197	0.370	3.180	3.247	19.02	10.13
	X-5	矿体露头外约 100 m	0.154	0.029	0.043	0.226	0.28	1.48
	X-11	上银山南约 700 m 细脉	0.115	0.008	0.012	0.135	0.10	1.50
铜山岭	BT-12	猫仔湾地表灰岩距矿体约 300~400 m	0.231	0.034	0.009	0.274	0.04	0.26
	TB-7	露头矿化角砾岩内方解石细脉	0.175	0.425	0.218	0.818	1.25	0.51
	T260-6	结晶灰岩由方解石细脉矿外 50 m	0.078	0.020	0.006	0.104	0.08	0.30
	T260-7	矿体内方解石脉	0.087	0.450	0.092	0.629	1.06	0.20
	230-1A	方解石脉被黄铁矿脉穿切	0.115	0.085	0.113	0.313	0.98	1.33
	230-1B	雄黄-方解石脉	0.085	0.083	0.222	0.390	2.61	2.67
	230-7	石英-硫化物脉内方解石团块	0.063	0.296	0.180	0.539	2.86	0.61
	230-11	矽卡内石英-方解石脉	0.027	0.210	0.172	0.409	6.37	0.82
	T-55	背后山矿体外 1 m 结晶灰岩内	0.133	1.162	0.123	0.418	0.92	0.76
	T-59	矿化矽卡岩内方解石脉	0.006	0.017	0.147	0.170	24.50	8.65
水口山	H01	石英、方解石、闪锌矿、方铅矿矿石	痕	0.777	0.759	1.536		0.98
康家湾	K-7-16	铅锌黄铁矿体外 2 m 细脉	0.163	0.121	0.373	0.657	2.20	3.08
	K-7-16	铅锌黄铁矿体外 30 m 细脉	0.109	0.100	0.193	0.402	1.77	1.93
香花岭	新-6	太平矿段 F_1 顶板透辉石矽卡岩内	0.093		0.517	>0.61	5.56	
	新-12	太平矿段矿脉顶板大理岩内	2.165		0.097	>2.26	0.04	
	空方-1	灰岩中方解石晶洞	0.180	0.050	0.360	0.590	2.00	7.20
	绿方-1	绿色条纹岩中	2.210	0.310	0.740	3.260	0.33	2.39
	027	白色条纹岩中	2.100	0.050	0.430	0.690	2.05	8.60

续表

矿区	样品号	产状	Mg	Fe	Mn	Mg+Fe+Mn	Mn/Mg	Mn/Fe
瑶岗仙	Y1#	14 中段石英-黑钨脉内晶洞	0.077	0.392	2.070	2.539	26.90	5.28
	Y18	18 中段石英-黑钨脉内晶洞	0.116	0.438	3.236	3.790	27.90	7.39
	YB-5-14	白钨矿体外约 100 m 晶洞	0.092	0.003	0.000	0.095		
	YT-32	白钨矿体外约 600 m 大理石内细脉	0.285	0.030	0.062	0.377	0.22	2.07
	YT-23	白钨矿体外约 900 m 结晶灰岩内细脉	0.239	0.068	0.007	0.314	0.03	0.10
	YT-24	白钨矿体外约 1200 m 灰岩内细脉	0.287	0.009	0.005	0.301	0.02	0.56
白支仙	白-1	石英-黑钨脉内晶洞层解石	0.012	0.028	0.291	0.311	24.25	10.39
横山岭	H-1	结晶灰岩内细脉矿外约 100 m	0.116	0.030	0.320	0.466	2.76	10.70
	H4-1	铅锌矿体内团块	0.325	0.140	3.550	4.015	10.90	25.40
	H4-4	矿体外 5 m PY-CPY-CC 细脉	0.491	0.090	2.050	2.631	4.18	22.80
	H-5	结晶灰岩内细脉晶面附生有黄铁矿	0.057	0.060	0.960	1.077	16.80	16.00
	H-7	辉绿岩脉中细脉	0.251	0.150	5.000	5.401	19.90	33.30
	H-9	结晶灰岩内细脉(晶洞)	0.092	0.170	2.100	2.362	11.80	12.40
枇杷所	P-1	近矿围岩内方解石脉团	0.198	0.229	0.019	0.446	0.10	0.08

注：数据引自李荣清(1995a)。

从矿体到围岩，镁铁锰三组分总量的变化也是呈降低趋势。产于矿体内和近矿围岩内方解石一般为0.3以上，仅个别较低。产于正常灰岩中的方解石一般在0.3以上，个别为0.3~0.4。将各矿区矿体内方解石的镁铁锰总量的平均值投入图1-2-53上。可见，以郴州-临武断裂带为界，断裂附近及南东侧矿床矿体内的方解石明显地高于北西侧的铜山岭、水口山等矿床中的方解石。由于从矿体到围岩，锰含量具有明显的变化，而铁镁含量的变化相对小些，致使Mn/Mg，Mn/Fe值产生较大的差别。尤其是Mn/Mg值变化最有特征。矿体内和近矿围岩中的方解石的Mn/Mg值一般大于1，远矿正常灰岩中的方解石一般小于1。在Mg-Fe-Mn三角图解上，矿体内的方解石投点多靠近于锰端元角；正常灰岩中方解石的投点多靠近于镁端元角；近矿围岩中的方解石的投点散布于中间部位。有些矿区趋于锰端元角，如黄沙坪矿区，有些矿区趋近于镁端元角，如瑶岗仙矿区。

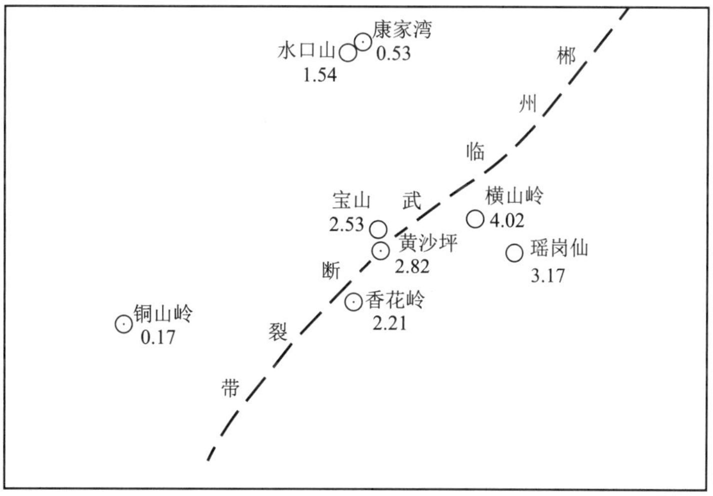

图1-2-53　湘南多金属矿床方解石Fe、Mn总量均值分布图
(据李荣清，1995a)

如果将表1-2-37中各矿区方解石分为矿体内，近矿结晶灰岩内和远矿正常灰岩内三组，可以看出，除镁外，从矿体到远矿正常灰岩、铁、锰、镁铁锰总量、Mn/Mg、Mn/Fe等值都是依次降低的。

方解石的锰含量与方解石的产状关系密切，从矿体到围岩，方解石中的锰含量降低。

表 1-2-37　湘南地区不同产状方解石的锰含量(w_B/%)

矿区	产状	变化范围	平均值
宝山	矿体内方解石(6)	0.292~3.650	2.062
	近矿结晶灰岩内方解石脉(9)	0.02~3.640	0.678
	地表灰岩内方解石脉(11)	0.02~0.074	0.019
铜山岭	矿体内方解石(7)	0.092~0.222	0.163
	近矿结晶灰岩内方解石脉(2)	0.006~0.147	0.077
	地表灰岩内方解石脉(1)		0.009
黄沙坪	矿体内方解石(5)	0.520~3.180	1.880
	近矿结晶灰岩内方解石脉(8)	0.093~2.520	0.700
	地表灰岩内方解石脉(7)	0.005~0.043	0.018
横山岭	矿体内方解石(3)	2.050~5.000	3.530
	近矿结晶灰岩内方解石脉(3)	0.320~2.10	1.127
香花岭	矿化矽卡岩内方解石脉(3)	0.430~0.740	0.562
	近矿结晶灰岩内方解石脉(2)	0.097~0.360	0.229
瑶岗仙	黑钨矿石英脉内方解石(2)	2.070~3.236	2.653
	近矿结晶灰岩内方解石脉(3)	0.000~0.062	0.023
	地表灰岩内方解石脉(8)	0.005~0.032	0.016

注：数据引自李荣清(1995b)。

如表 1-2-38 所示，国内外一些矿区不同产状方解石中镁铁锰的平均组成，从矿体到围岩，变化趋势与湘南地区基本一致，说明上述方解石镁锰铁含量的变化特征具有普遍性。

表 1-2-38　国内外一些矿区方解石的 Mg、Fe、Mn 含量(w_B/%)及比值

矿区	产状	样品数	Mg	Fe	Mn	Mg+Fe+Mn	Mn/Mg	Mn/Fe
美国犹他州 Lisbon 铜矿	矿体内方解石	6	0.392	0.342	0.378	1.112	0.960	1.110
	近矿晶洞方解石	1	0.205	0.000	0.116	0.321	0.570	
	矿区外断层角砾岩中	1	0.000	0.000	0.000			
加拿大魁北克 Oka 铌矿	矿体方解石	95	0.293	1.058	0.411	0.262	1.400	7.090
	晚期方解石	7	0.248	0.189	0.107	0.544	0.430	0.570
广东凡口铅锌矿	矿体成矿脉中方解石	10	0.235	0.502	0.579	1.316	2.460	1.150
	围岩中方解石脉	7	0.174	0.267	0.146	0.587	0.840	0.550
湖南禾青铅锌矿	方铅矿、闪锌矿、方解石组合	1			0.140			
	近矿围岩中方解石	2			0.097			
	矿区外围断层中	1			0.010			
辽宁青城子铅锌矿	矿体中方解石		0.310	0.250	0.111	0.671	0.360	0.440
	围岩中方解石		0.274	0.190	0.023	0.487	0.080	0.120
内蒙古白云鄂博稀土矿体	矿体及交代岩内方解石	6	0.233	0.701	1.238	2.172	5.310	1.770
	大理岩内方解石	1	1.550	0.210	1.302	2.062	0.190	1.440
	围岩中方解石	11	0.363	0.206	0.057	0.626	0.160	0.280
广西大厂锡矿	与锡石、硫化物共生	15			3.590			
	围岩中晚期方解石	12			1.960			
	远离矿体灰岩中方解石	4			0.038			

续表

矿区	产状	样品数	Mg	Fe	Mn	Mg+Fe+Mn	Mn/Mg	Mn/Fe
宁夏宁南金矿	矿体顶部	1	0.247		0.087			
	矿体围岩中细脉		0.289		0.067			
山东玲珑金矿	与硫化物共生方解石	11	0.247	1.403	0.987	3.137	1.320	0.070
	围岩中晚期方解石	3	痕	0.746	0.410	1.156		0.550

注：数据引自李荣清(1995a)。

黄沙坪矿区不同阶段方解石的镁铁锰含量特征(表1-2-39)说明，硫化物成矿前的方解石以富镁为特征，硫化物成矿期间的和成矿后的方解石以富锰和富铁为特征，由硫化物成矿前到成矿后，方解石的镁减少，锰和铁增加。

表1-2-39　黄沙坪矿区不同阶段方解石镁、铁、锰含量(w_B/%)及比值

成矿阶段	Mg	Fe	Mn	Mg+Fe+Mn	Mn/Mg	Mn/Fe	样品数
硫化物成矿前	3.700	0.139	0.095	3.934	0.03	0.68	1
硫化物成矿期间	0.073	0.327	0.943	1.343	12.92	2.88	4
硫化物成矿后	0.131	0.329	1.007	1.467	7.69	3.06	8

注：数据引自李荣清(1995a)。

图1-2-54为宝山矿区铜钼矿床365台阶与矿床南部地表方解石样品相接而成。图上曲线表明，由矿体往外50 m范围内，锰和Mn/Mg值逐渐下降；50 m以外趋于平稳。铁在50 m范围内含量较高，但变化不稳。50 m以外低而平稳。镁在矿体往外0~30 m范围内较平稳，略有降低，至50 m处升高，然后又逐渐降低(50~200 m范围内含镁高，可能与该段围岩含白云质成分较高有关)。镁铁锰总量则在0~200 m范围内逐渐下降。200 m以外趋于平稳。由此可见，方解石的铁锰含量及Mn/Mg值，对矿体具有近程指示作用，镁铁锰总量具有相对远程的指示作用。

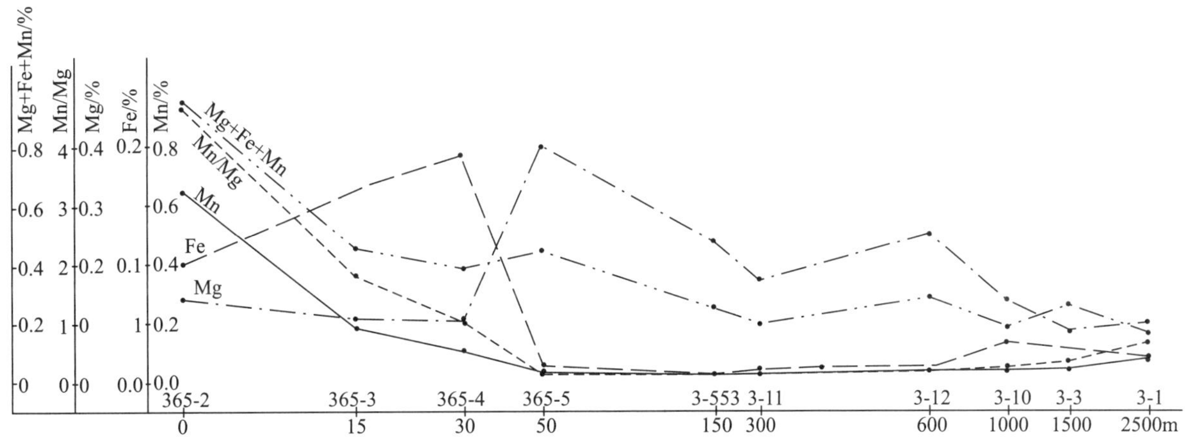

图1-2-54　宝山矿区365 m台阶及南部地表方解石微量元素分布曲线

(据李荣清，1995a)

不难看出，含锰和铁较高的方解石在时间上是成矿期间和成矿后的方解石，空间上是矿体内和近矿围岩内的方解石。或者说，凡是热液活动有关的方解石均以富含铁锰为特征，尤其是富锰为特征。富锰是岩浆期后热液的特征之一，因为Mn^{2+}不太容易进入造岩矿物，也不易进入硫化物，所以，它趋向于在残余热液中富集，直到碳酸盐沉淀时才与Ca^{2+}、Fe^{2+}等一起晶出。另外，成矿热液的相对高温条件，也利于Mn、Fe等进入方解石。郴州-临武断裂带附近宝山、黄沙坪矿区及南东侧的瑶岗仙钨矿床等矿区的方解石含Mg、Fe、Mn较高，就可能和这些矿床成矿温度较高有关。那些远矿正常灰岩中的方解石一般是在近地表正常温度下地下水作用的产物。所以，铁锰等杂质元素含量特别低。图1-2-54所示的那种由矿体往围岩方向，锰含量降低的趋势，可能是成矿热液温度降低和Mn^{2+}离子浓度降低双重作用的结果。

稀土元素特征：各矿区不同产状方解石样品的稀土元素分析结果见表1-2-40。方解石的稀土配分曲线见图1-2-55，可分为4种类型：①明显右倾，无Eu异常，宝山、铜山岭，康家湾和横山岭等以铅锌为主的多金属矿床中的方解石以及各矿区产于地表正常灰岩中的方解石的稀土配分曲线属这种类型；②略有右倾，有明显的Eu亏损，黄沙坪矿区内产于矿体和近矿围岩中的方解石属此类；③略有右倾，无Eu异常，从La至Lu，曲线变化较平缓，或La端高于Lu端。瑶岗仙钨矿区产于黑钨石英脉内方解石属此类；④左倾型，具Eu正异常，香花岭矿区方解石属此类。

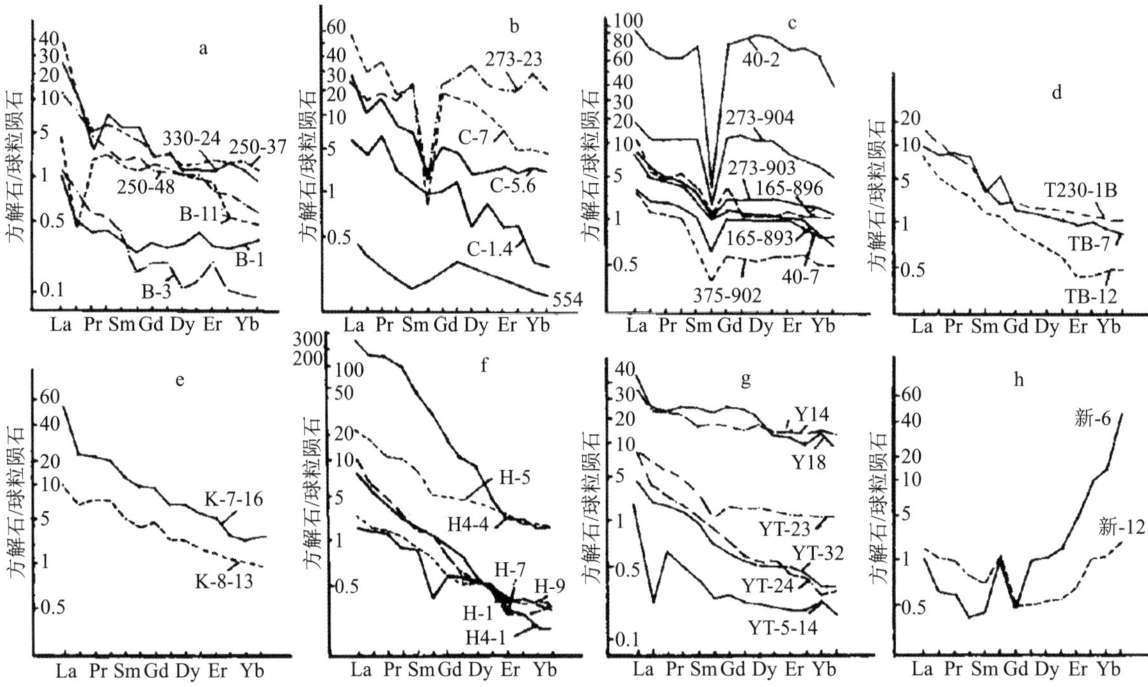

图1-2-55　方解石稀土元素配分型式

（据李荣清，1995b）

a—宝山矿区；b、c—黄沙坪矿区；d—铜山岭矿区；e—康家湾矿区；f—横山岭矿区；

g—瑶岗仙矿区；h—香花岭矿区（样品产状见表1-2-40）

从图1-2-56可以看出，花岗岩类稀土配分曲线左右大致对称，有明显的Eu亏损，花岗闪长岩类则呈右倾型，相对的富轻稀土，无Eu亏损。对比图1-2-55和图1-2-56，可以看出，除个别矿区外，方解石的稀土配分模式在一定程度上反映了热源的特征。如宝山、铜山岭和康家湾等矿区矿体内和近矿结晶灰岩内方解石的稀土配分曲线均呈右倾型，继承了花岗闪长岩稀土分布模式的特征；黄沙坪矿区矿体和近矿结晶灰岩内的方解石则与花岗岩稀土分布模式很相似；在瑶岗仙和香花岭两矿区方解石的稀土配分曲线上，虽然Eu亏损不明显，但反映出了这些矿区中岩浆岩相对富重稀土的特征。

稀土总量（$\sum$REE）列于表1-2-41。从中可以看出，同为矿体内方解石，与花岗闪长岩类有关的宝山和铜山岭两个矿床中的方解石含稀土总量较低。宝山矿区矿体内方解石平均含稀土总量（$\sum$REE）为19.56×10^{-6}，铜山岭矿区矿体内方解石为9.26×10^{-6}。与花岗岩类有关的矿床中，除香花岭外，瑶岗仙钨矿、横山岭铅锌矿和黄沙坪铅锌矿床中矿体内方解石含稀土总量都比较高，高出宝山和铜山岭两矿床矿体内方解石的3倍以上。由此可见，花岗岩类平均含$\sum$REE为196.01×10^{-6}～666.46×10^{-6}，花岗闪长岩类为75.81×10^{-6}～196.01×10^{-6}，即花岗岩类稀土含量明显地高于花岗闪长岩

表 1-2-40　湘南地区多金属矿床中方解石稀土元素分析结果($w_B/10^{-6}$)及特征参数

矿区	样号	产状	La	Ce	Pr	Nd	Sm	Eu	Gd	Tb	Dy	Ho	Er	Tm	Yb	Lu	Y	∑REE	δEu	La/Yb
宝山铅锌银矿	330-24	铜钼矿体	8. 53	8. 95	0. 41	4. 72	1. 12	0. 13	0. 65	0. 15	0. 18	0. 11	0. 31	0. 07	0. 32	0. 03	2. 99	26. 28	1. 4	26. 7
	250-37	铅锌矿体	11. 94	8. 95	0. 62	3. 77	0. 99	0. 31	0. 69	0. 14	0. 61	0. 15	0. 48	0. 07	0. 48	0. 05	4. 72	29. 25	1. 1	27. 1
	250-48	结晶灰岩	3. 80	6. 50	0. 56	2. 10	0. 45	0. 20	0. 39	0. 07	0. 41	0. 09	0. 17	0. 03	0. 14	0. 02	1. 50	14. 93	1. 4	24. 9
	B-1	地表灰岩	0. 33	0. 42	0. 05	0. 26	0. 07	0. 02	0. 09	0. 02	0. 11	0. 03	0. 07	0. 01	0. 07	0. 01	0. 74	1. 56	0. 8	4. 7
	B-3	地表灰岩	0. 49	0. 63	0. 07	0. 32	0. 08	0. 01	0. 06	0. 01	0. 04	0. 01	0. 05	0. 01	0. 02	0. 01	0. 24	1. 81	0. 6	23. 3
	B-11	地表灰岩	1. 11	0. 26	0. 29	1. 64	0. 36	0. 11	0. 51	0. 07	0. 37	0. 07	0. 19	0. 02	0. 11	0. 02	2. 78	5. 53	0. 8	12. 9
黄沙坪铅锌矿	554	地表灰岩	0. 158	0. 302		0. 136	0. 319	0. 016		0. 016					0. 036	0. 005				
	C-1	地表灰岩	1. 10	1. 60	0. 55	0. 95	0. 21	0. 04	0. 23	0. 09	0. 11	0. 05	0. 11	0. 02	0. 06	0. 10	0. 08	5. 28	0. 5	20. 0
	C-4	地表灰岩	2. 80	5. 50	1. 10	2. 40	0. 50	0. 10	0. 33	0. 10	0. 25	0. 06	0. 14	0. 02	0. 09	0. 08	1. 50	13. 47	0. 7	32. 9
	375-902	地表灰岩	1. 01	1. 25	0. 16	0. 71	0. 12	0. 03	0. 15	0. 03	0. 17	0. 04	0. 12	0. 02	0. 11	0. 02	1. 58	3. 97	0. 6	9. 9
	273-903	地表灰岩	2. 64	1. 85	0. 59	2. 62	0. 66	0. 08	0. 63	0. 12	0. 87	0. 19	0. 52	0. 07	0. 42	0. 05	4. 26	14. 36	0. 4	6. 4
	273-904	铅锌矿体	5. 75	9. 14	1. 38	7. 03	2. 24	0. 15	3. 15	0. 60	3. 58	0. 79	1. 76	0. 24	1. 34	0. 16	19. 60	37. 31	0. 2	4. 3
	C-5	地表灰岩	12. 79	12. 21	2. 97	6. 13	2. 24	0. 21	1. 91	0. 31	0. 96	0. 24	0. 79	0. 11	0. 79	0. 11	11. 02	42. 07	0. 3	16. 2
	C-6	地表灰岩	4. 69	5. 70	0. 99	3. 26	0. 69	0. 13	0. 87	0. 14	0. 65	0. 16	0. 18	0. 06	0. 53	0. 06	5. 91	18. 41	0. 5	8. 9
	C-7	地表灰岩	18. 00	24. 00	4. 40	11. 00	4. 30	0. 06	5. 00	0. 09	4. 90	0. 75	1. 70	0. 16	1. 05	0. 15	31. 00	75. 56	0. 1	17. 1
	273-23	铅锌矿体	7. 50	13. 00	2. 25	9. 50	4. 50	0. 14	6. 00	1. 30	11. 00	1. 70	4. 30	0. 65	6. 00	0. 65	65. 00	68. 49	0. 1	1. 3
	165-893	地表灰岩	2. 15	3. 95	0. 52	2. 33	0. 46	0. 08	0. 43	0. 07	0. 14	0. 10	0. 26	0. 03	0. 17	0. 02	2. 19	11. 31	0. 5	11. 44
	165-896	地表灰岩	3. 50	4. 55	0. 58	3. 21	0. 75	0. 09	1. 00	0. 16	0. 10	0. 10	0. 32	0. 04	0. 25	0. 01	2. 16	14. 99	0. 3	14. 2
	10-2	石英斑岩	29. 00	38. 50	7. 80	37. 70	14. 70	0. 26	19. 70	3. 82	28. 10	6. 03	14. 80	2. 04	13. 60	1. 25	158. 0	237. 30	0. 1	2. 1
	40-7	结晶灰岩	1. 13	1. 93	0. 28	1. 19	0. 28	0. 04	0. 27	0. 05	0. 32	0. 08	0. 21	0. 03	0. 17	0. 03	1. 89	5. 96	0. 5	6. 8

续表

矿区	样号	产状	La	Ce	Pr	Nd	Sm	Eu	Gd	Tb	Dy	Ho	Er	Tm	Yb	Lu	Y	ΣREE	δEu	La/Yb
铜山岭铅锌银矿	TB-7	黄铁矿化角砾岩	3.05	6.77	0.88	3.72	0.70	0.39	0.50	0.08	0.45	0.08	0.20	0.03	0.19	0.03	2.14	16.99	0.6	1.7
	TB-12	地表灰岩	2.18	1.36	0.50	1.95	0.33	0.11	0.23	0.01	0.22	0.04	0.11	0.02	0.10	0.02	1.20	10.51	0.7	0.9
	T230-1B	雄黄方解石脉	5.11	9.11	0.99	1.16	0.78	0.17	0.67	0.09	0.66	0.13	0.34	0.04	0.23	0.01	2.58	22.55	0.7	21.8
康家湾金矿	K-7-16	结晶灰岩	17.00	18.00	2.60	11.60	2.40	0.70	2.40	0.32	2.20	0.40	1.12	0.11	0.62	0.10	12.50	59.57	0.9	27.4
	K-8-13	结晶灰岩	3.00	5.50	0.91	4.50	1.00	0.30	1.20	0.11	0.90	0.15	0.37	0.04	0.21	0.03	5.20	18.25	0.8	14.3
香花岭锡铅锌矿	新-6	矽卡岩	0.35	0.50	0.08	0.25	0.09	0.08	0.13	0.05	0.36	0.11	1.03	0.34	3.25	1.50	1.80	8.15	2.3	0.1
	新-12	大理岩	0.62	0.95	0.12	0.18	0.12	0.09	0.13	0.02	0.18	0.01	0.11	0.04	6.30	0.08	1.15	3.31	2.2	2.1
瑶岗仙钨矿	Y-14	石英黑钨矿脉	11.10	19.10	2.71	12.50	3.12	1.22	1.14	0.68	5.18	0.94	2.78	0.41	2.83	0.39	30.70	67.40	1.0	4.0
	Y-18	石英黑钨矿脉	13.10	20.20	2.78	11.60	4.63	1.60	6.21	1.09	6.26	0.86	2.37	0.29	2.69	0.27	26.90	77.28	0.9	5.0
	YB-5-14	结晶灰岩	0.32	0.20	0.08	0.25	0.08	0.02	0.08	0.01	0.08	0.02	0.05	0.01	6.05	0.01	0.62	1.30	0.8	6.2
	YT-32	结晶灰岩	1.39	1.97	0.26	1.02	0.19	0.05	0.16	0.03	0.16	0.01	0.09	0.11	0.07	0.01	1.06	5.45	0.9	19.3
	YT-23	结晶灰岩	2.69	5.60	0.69	2.83	0.65	0.09	0.52	0.09	0.61	0.12	0.29	0.01	0.25	0.01	2.92	11.51	0.5	10.7
	YT-24	灰岩	2.61	3.30	0.35	1.33	0.25	0.07	0.19	0.03	0.17	0.04	0.09	0.01	0.06	0.01	1.11	8.51	0.9	8.5
横山岭铅锌矿（东坡矿田）	H-1	结晶灰岩	0.70	1.50	0.20	0.63	0.18	0.01	0.18	0.03	0.20	0.04	0.09	0.02	0.09	0.01	1.20	3.91	0.6	8.2
	H4-1	铅锌矿体	3.00	5.30	0.53	2.00	0.40	0.11	0.28	0.04	0.21	0.01	0.08	0.01	0.05	0.01	0.85	12.06	1.0	57.7
	H4-4	黄铁矿黄铜矿脉	100.0	150.0	20.0	69.0	10.40	2.90	6.10	0.65	3.30	0.40	0.68	0.10	0.43	0.07	8.00	361.03	1.0	232.6
	H-5	结晶灰岩	8.50	17.0	1.65	7.5	1.90	0.43	1.50	0.25	1.60	0.31	0.73	0.09	0.50	0.07	9.00	12.05	0.8	17.0
	H-7	辉绿岩脉	3.80	6.0	0.63	2.1	0.38	0.11	0.21	0.03	0.20	0.04	0.08	0.01	0.08	0.01	0.88	13.71	1.0	50.7
	H-9	结晶灰岩	1.10	1.80	0.23	0.85	0.29	0.07	0.18	0.03	0.20	0.04	0.10	0.01	0.09	0.01	1.00	1.91	1.0	11.8

注：数据引自李荣清(1995b)。ΣREE 中不包括 Y。

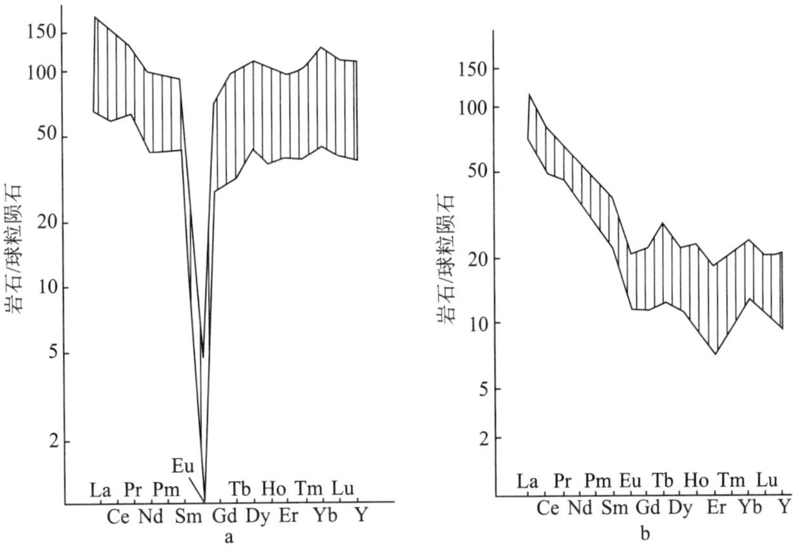

图 1-2-56　岩体稀土元素配分型式

（据李荣清，1995b）

a—水口山、宝山、铜山岭花岗闪长岩；b—瑶岗仙、千里山、香花岭黑云母花岗岩

类。矿区内方解石稀土元素含量的差异，与矿区岩浆岩稀土元素含量的差异一致。方解石一般是晚期热液的产物，这也从一个侧面证实，这些矿床的成矿作用与岩浆热液密切相关。形成于岩浆热液的方解石比形成于地下水的方解石稀土含量高得多，说明方解石的高稀土含量主要与岩浆热液有关。香花岭矿区方解石含稀土较低，可能是由于该矿区产有较多的氟铈矿、氟碳铈矿等稀土元素，从而使残余热液中的稀土浓度大为降低，方解石中的稀土含量也就随之减少。

表 1-2-41　湘南地区不同产状方解石稀土总量($w_{\sum REE}/10^{-6}$)

矿区	产状	变化范围	平均值
宝山	矿体内方解石脉团(3)	3. 14~29. 25	19. 56
	近矿结晶灰岩内方解石脉(4)	8. 38~16. 14	12. 05
	地表灰岩内方解石脉(5)	1. 09~5. 53	2. 23
铜山岭	矿体内方解石脉团(6)	5. 43~22. 55	11. 02
	近矿结晶灰岩内方解石脉(3)	1. 38~9. 66	4. 93
	地表灰岩内方解石脉(1)		10. 51
黄沙坪	矿体内方解石脉团(3)	37. 31~237. 30	114. 37
	近矿结晶灰岩内方解石脉(8)	3. 97~75. 56	23. 33
	地表灰岩内方解石脉(2)	5. 28~13. 47	9. 38
横山岭	矿体内方解石脉团(3)	12. 06~364. 03	129. 93
	近矿结晶灰岩内方解石脉(3)	3. 91~42. 05	16. 96
香花岭	矿化矽卡岩内方解石脉(1)		8. 41
	大理岩内方解石脉(1)		3. 31
瑶岗仙	石英黑钨矿脉内方解石脉(2)	67. 40~77. 28	72. 34
	结晶灰岩内方解石脉(3)	1. 30~14. 51	7. 09
	地表灰岩内方解石脉(1)		8. 51

注：数据引自李荣清(1995b)。括号内数字为样品数。

从表 1-2-41 还可以看出，从矿体到近矿结晶灰岩、再到远矿正常灰岩，方解石的稀土总量明显降低。说明晚期残余热液在从储矿裂隙向围岩扩散时，热液中的稀土含量逐渐减少。综上所述，湘南地区方解石中稀土含量与矿区内成矿岩体类型关系密切，与花岗岩类有关的矿床中，方解石一般含稀土较高，相对地富重稀土；与花岗闪长岩类有关的矿床中的方解石一般含稀土较低，相对地富轻稀土。因此，本区方解石稀土含量特征可以作为岩控矿床成矿系列的找矿标志。

对比表 1-2-41 和表 1-2-37 可见方解石中稀土含量与锰含量有着很强的正相关性。在 La-Mn 图解上直观地反映出这种正相关性。矿体内方解石多分布于远离坐标原点的位置，而正常灰岩中的方解石则位于坐标原点附近。一般认为，富锰和富稀土都是岩浆热液的特征之一，各矿床方解石的锰和稀土含量特征再次证明上述矿床在成因上主要为岩浆热液成矿。从矿体到近矿结晶灰岩，再到远矿正常灰岩，方解石稀土含量降低。方解石中稀土元素含量与锰含量有明显的正相关性。

[**光谱特征**] 热发光性：本区方解石的热发光参数列于表 1-2-42，发光曲线有单峰型、双峰型，少数无峰，仅一条斜线(图 1-2-57)。从表 1-2-42 所列参数可以看出，产于矿体或近矿结晶灰岩中的方解石多数为单峰型或斜线型，少数为双峰型，发光强度相对较低。产于远矿正常灰岩中的方解石多数为双峰型，个别呈单峰型，发光强度相对较高。

宝山矿区南部剖面上方解石的测定结果表明，往矿体方向，发光强度降低(图 1-2-58)。瑶岗仙矿区也有类似特征。这种趋势与靠近矿体方向、方解石的 Fe、Mn 含量增高的趋势一致，可用 Fe 的猝灭作用和 Mn 的浓度猝灭效应解释。从表 1-2-43 中各矿区不同产状方解石的平均铁锰含量可以看出，矿体内和近矿结晶灰岩中方解石含锰量都达 0.0n%以上，尤其是矿体内方解石平均含锰可达 2%以上，如此高的含 Mn 量，必然会产生浓度猝灭作用。

表 1-2-42　湘南地区多金属矿床中方解石的热发光参数

矿区	样品号	产状	峰型	第一发光峰		第二发光峰	
				温度/℃	相对强度	温度/℃	相对强度
宝山	365-1	365 台阶铜钼矿体内脉团	单			340	27
	365-2	365 台阶铜钼矿体边缘脉团	单			340	79
	365-3	365 台阶矿外 15 m 结晶灰岩内细脉	无			350	14
	365-4	365 台阶矿外 30 m 结晶灰岩内细脉	双	250	13	350	16
	365-5	365 台阶矿外 50 m 结晶灰岩内细脉	单			330	21
	B-11	地表，矿外约 200 m 灰岩内细脉	单			330	245
	B-12	地表，矿外约 600 m 灰岩内细脉	双	250	260	350	380
	B-10	地表，矿外约 1000 m 灰岩内细脉	单			340	156
	B-3	地表，矿外约 1500 m 灰岩内细脉	双	260	38	340	80
	B-1	地表，矿外约 2500 m 灰岩内细脉	双	250	660	340	1700
铜山岭	TB-12	地表，矿外约 100 m 灰岩内细脉	单			320	39
	TB-7	地表，矿化露头内方解石脉	单			340	34
	T260-6	260 m 中段矿外 50 m 结晶	双	250	35	330	60
	T230-7	铜铅锌矿体内方解石脉团	单			340	18
	T230-1B	雄黄方解石脉	单			340	18
黄沙坪	375-903	375 m 中段，结晶灰岩内方解石	无			350	10
	273-904	273 m 中段，矿体内方解石脉团	单			340	16
	165-893	165 m 中段，结晶灰岩内方解石脉	双	250	12	325	14
	165-896	165 m 中段，闪锌矿方解石脉	双	240	18	330	22
	2K40-2	-30 m，石英斑岩内方解石脉	双	240	27	330	30
	2K40-7	-150 m，黄铁矿方解石脉	双	170	15	340	32

续表

矿区	样品号	产状	峰型	第一发光峰		第二发光峰	
				温度/℃	相对强度	温度/℃	相对强度
瑶岗仙	Y-18	石英、黑钨矿脉内方解石	无			350	10
	Y-14	石英、黑钨矿脉内方解石	无			350	13
	Y_T-21	矽卡岩外约 200 m 结晶灰岩中方解石脉	双	250	19	340	17
	Y_T-23	矽卡岩外 300 m 结晶灰岩中方解石脉	双	250	29	335	21
	Y_T-24	矽卡岩外约 800 m 生物碎屑灰岩中方解石脉	双	240	60	330	32
	Y_T-27	矽卡岩外约 1800 m 生物碎屑灰岩中方解石脉	双	240	600	340	1200

注：数据引自李荣清(1992)。

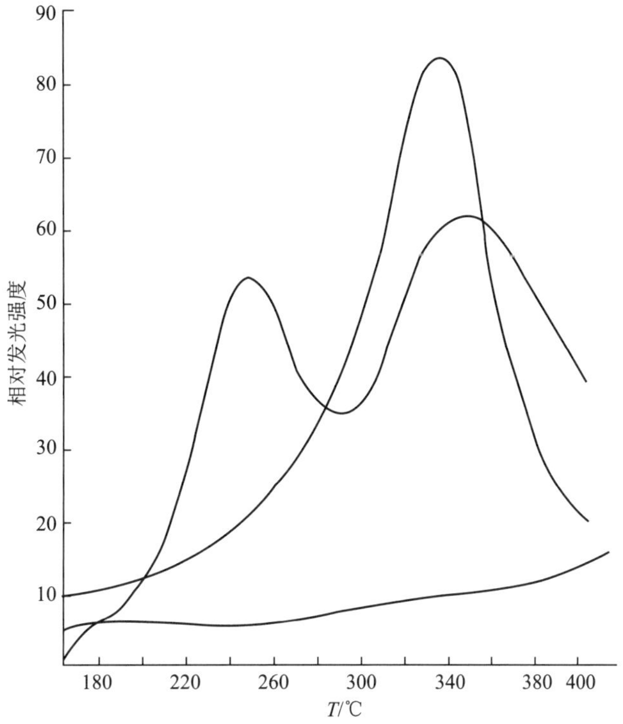

图 1-2-57　湘南地区多金属矿床中方解石热发光峰的 3 种类型
（据李荣清，1992）

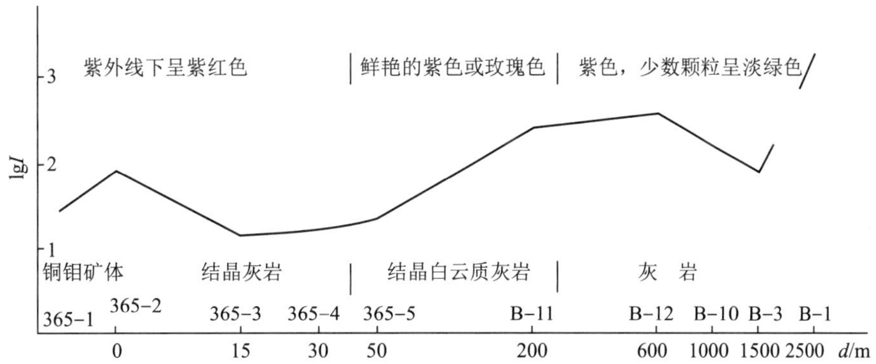

图 1-2-58　湖南宝山矿区 365 m 台阶及南部剖面方解石 340℃峰发光强度曲线和紫外线下颜色变化
（据李荣清，1992）

表 1-2-43 湘南地区多金属矿床中不同产状方解石的铁锰平均含量($w_B/\%$)

矿区	产状类型	样数	Fe	Mn
宝山	Ⅰ	6	0.208	2.062
	Ⅱ	9	0.089	0.678
	Ⅲ	11	0.035	0.019
黄沙坪	Ⅰ	5	0.400	1.880
	Ⅱ	8	0.288	0.700
	Ⅲ	7	0.054	0.018
铜山岭	Ⅰ	7	0.224	0.163
	Ⅱ	2	0.091	0.077
	Ⅲ	1	0.034	0.009
瑶岗仙	Ⅰ	2	0.415	2.653
	Ⅱ	3	0.075	0.023
	Ⅲ	8	0.024	0.016

注：数据引自李荣清(1992)。产状Ⅰ为矿体内方解石；Ⅱ为近矿结晶灰岩中的方解石脉；Ⅲ为远矿正常灰岩中的方解石脉。

荧光性：由表 1-2-44 可知，方解石在紫外线下的颜色有紫红色、玫瑰色(鲜艳的紫浅红色)、淡蓝色等几种，还有相当一部分呈紫色，实际上是不发光的表现。仅反射了紫光灯的紫色光线而已。产于矿体内的方解石多数为玫瑰色或紫红色，极少数为紫色(不发光)；产于结晶灰岩中的方解石一般为紫色，夹杂少量淡蓝绿色颗粒。宝山矿区由正常灰岩到矿体，方解石在紫外线下的发光性如图 1-2-58 所示。由此可见，方解石在紫外线下的发光性与热发光具有相反的趋势。往矿体方向，方解石的热发光强度降低，而在紫外线下则由不发光变为发红色光。这仍然与锰含量有关。前人的研究表明，方解石中二价锰离子置换钙处于八面体中时，为一典型的橙红色发光，这正好与往矿体方向方解石锰含量增加一致。

表 1-2-44 湘南地区多金属矿床中方解石在紫外线下的发光性

矿区	产状	样号	颜色特征
宝山	矿体内方解石	385-3	深紫色
		365-1	紫红色
		330-1	玫瑰色、淡紫色各半
		330-24	玫瑰色、淡紫色各半
		250-37	玫瑰色
		250-53	紫色为主，少量玫瑰色
		210-12	紫红色
	近矿结晶灰岩内脉	365-2	紫红色
		365-3	紫红色
		365-4	紫色，略带红色
		365-5	鲜艳的紫色夹鲜艳的玫瑰色
		250-4	蓝紫色主体，鲜艳的玫瑰色脉
		250-28	蓝紫色
		250-48	玫瑰色
		B-11	鲜艳的紫色夹鲜艳的玫瑰色
	外围正常灰岩内方解石脉	B-1	紫色，少量淡绿色颗粒
		B-3	紫色，少量淡绿色颗粒
		B-4	紫色，少量淡绿色颗粒
		B-5	紫色，少量淡绿色颗粒
		B-9	紫色，少量淡绿色颗粒

续表

矿区	产状	样号	颜色特征
黄沙坪	地表正常灰岩内	C-1	深紫色，少量淡绿色颗粒
		C-2	紫色，少量淡绿色颗粒
		C-3	淡紫色，少量淡绿色颗粒
	近矿结晶灰岩内	273-5	单晶中心玫瑰色，边缘淡紫色
		273-7	紫红色夹玫瑰色
		273-44	紫红色为主，夹玫瑰色斑块
		273-206	玫瑰色
		165-873	深紫色
		165-896	紫红色
		40-7	紫色，夹玫瑰色颗粒
	矿体内方解石	346-1	玫瑰色
		273-23	紫红色
		273-904	紫红色夹玫瑰色
		40-2	紫红色、玫瑰色各半
铜山岭	地表正常灰岩内	TB-12	主体紫色，5%~10%玫瑰色，少量淡蓝色
	地表矿体露头内	TB-7	紫红色，3%~5%玫瑰色
	矿脉内	T230-1A	紫色，极少量淡蓝色
		T230-1B	淡紫色
	矽卡岩内	T230-1B	紫红色
	近矿围岩内	T-55	深紫色，极少量淡蓝色
	矽卡岩内	T-59	紫色，1/3 玫瑰色
瑶岗仙	石英-黑钨脉内	Y-14	玫瑰色
		Y-18	玫瑰色
		Y-19	紫红色
	结晶灰岩内	YB-5-14	淡蓝紫色
	大理岩内	YT-32	紫色，少量玫瑰色
	结晶灰岩内	YT-23	暗紫色，极少量灰绿色
	灰岩内	YT-24	暗紫色，极少量灰绿色

注：数据引自李荣清(1992)。

(30)江西省6722(草桃背)铀矿床中的方解石

[产地、产状及共(伴)生矿物] 6722铀矿床又称草桃背铀矿床，属于华南地区禾草坑铀矿田，在构造上受到白垩纪草桃背火山机构的控制。6722矿床中矿石成分较简单，主要由沥青铀矿、微晶石英、萤石、方解石、水云母、黄铁矿、赤铁矿等组成。方解石并非赋存于矿床的主体矿石隐爆角砾岩矿体中，而是与品位偏低的花岗型浸染状矿体相伴生，离隐爆角砾岩矿体有一定距离(陈恒等，2012)。

[形貌特征] 方解石均为浅肉红-粉色，呈团块状或脉状产出，无明显的后期蚀变，自形程度高，晶形好，肉眼偶见少量沥青铀矿呈浸染状分布。

[化学成分] 稀土元素特征：根据本区方解石稀土元素分析结果(表1-2-45)和球粒陨石标准化稀土配分模式(图1-2-59)，均具有富集轻稀土，Eu明显负异常等特征。且在Y/Ho-La/Ho图解上总体呈水平分布(图1-2-60)，指示形成这些方解石的流体具有同源性。

表 1-2-45　江西 6722 矿床方解石稀土元素分析结果($w_B/10^{-6}$)及特征参数

样品号	CTB-38	CTB-54	CTB-66	CTB-67	CTB-68	CTB-69	CTB-70	CTB-71
La	16.8	5.16	6.99	26.4	12.8	51.3	12.9	19.6
Ce	23.6	12.9	14.9	46.3	28.4	111	21.8	37.9
Pr	2.37	1.74	1.62	4.71	3.38	13.4	2.15	3.77
Nd	8.03	6.71	5.82	15.9	12.7	50.3	7.79	12.6
Sm	1.78	3.34	1.12	3.55	3.16	16.4	1.97	2.65
Eu	0.18	0.23	0.14	0.21	0.20	1.22	0.15	0.17
Gd	1.74	3.07	1.07	3.42	2.77	16.4	1.93	2.54
Tb	0.37	0.85	0.22	0.75	0.60	4.58	0.37	0.51
Dy	2.09	5.25	1.24	5.04	3.40	34.0	2.50	3.26
Ho	0.49	0.96	0.29	1.16	0.72	7.43	0.57	0.79
Er	1.51	2.61	0.93	3.60	2.10	21.8	1.70	2.40
Tm	0.22	0.39	0.12	0.60	0.32	3.29	0.26	0.41
Yb	1.90	2.82	0.92	4.29	2.21	20.8	2.01	3.24
Lu	0.30	0.36	0.16	0.64	0.36	2.78	0.32	0.56
Y	21.3	33.9	13.1	44.6	30.9	244	28.9	31.3
LREE/HREE	6.12	1.84	6.19	4.97	4.85	2.20	4.84	5.58
La_N/Yb_N	6.36	1.31	5.43	4.41	4.14	1.77	4.59	4.33
δEu	0.31	0.22	0.39	0.18	0.20	0.23	0.24	0.20
δCe	0.80	1.05	1.05	0.94	1.04	1.02	0.92	1.01

注：数据引自陈恒等(2012)。

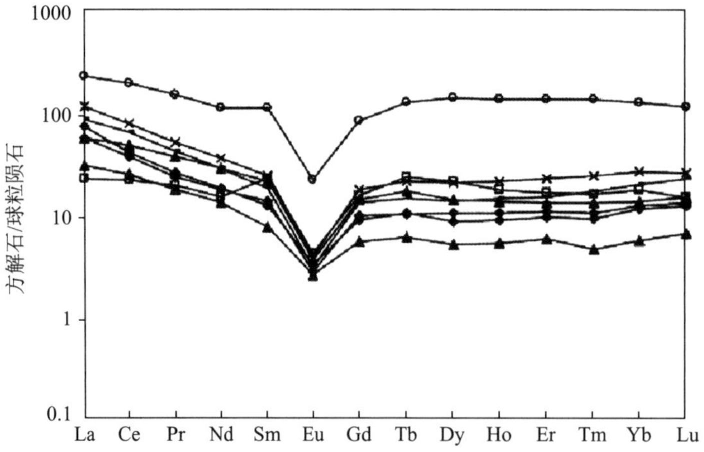

图 1-2-59　江西 6722 矿床方解石稀土元素分布型式图解

(据陈恒等，2012)

同位素特征：方解石样品的 Sm-Nd 同位素分析结果列于表 1-2-46，年龄等时线利用 Isoplot (Ludwig，2006)软件进行绘制。其中衰变常数为 $\lambda(^{147}Sm) = 6.54\times10^{-12}a^{-1}$，$^{147}Sm/^{144}Nd$ 的误差为 0.05%，$^{143}Nd/^{144}Nd$ 的误差详见表 1-2-46。在等时线图上，所分析的 8 个样品构成很好的线性相关(图 1-2-61)，计算获得的等时线年龄为 113.4±6.9 Ma，$^{143}Nd/^{144}Nd$ 初始值为 0.5121272±0.0000065。虽然年龄误差稍大，但加权平均偏差 *MSWD* 值较低(0.32)，说明等时线年龄可信度较高。113.4±6.9 Ma 代表了本矿床早期成矿的年龄。

方解石碳同位素 $\delta^{13}C_{PDB}$ 变化范围较小，分布范围集中在-4.9‰～-5.7‰之间，为典型的地幔来源。

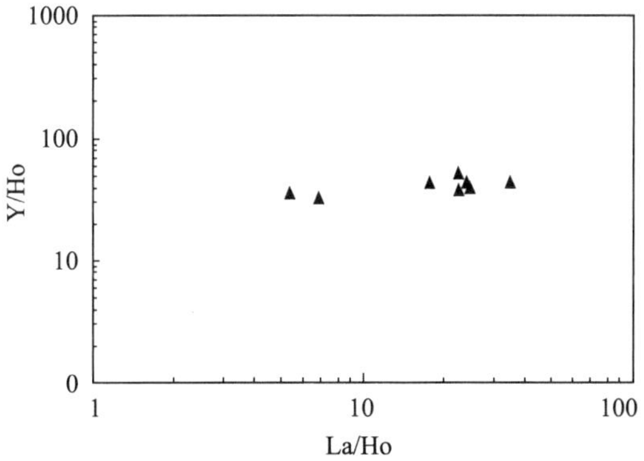

图 1-2-60　江西 6722 矿床方解石 La/Ho-Y/Ho 图解
（据陈恒等，2012）

表 1-2-46　江西 6722 矿床方解石 Sm-Nd 同位素分析结果

样品号	Sm/(μg·g^{-1})	Nd/(μg·g^{-1})	$^{147}Sm/^{144}Nd$	$^{143}Nd/^{144}Nd$
CTB-38	1.8119	8.0920	0.1354	0.512227±16
CTB-54	3.3103	7.0302	0.2847	0.512337±7
CTB-66	1.2752	4.8428	0.1592	0.512247±5
CTB-67	3.4818	15.3478	0.1371	0.512230±4
CTB-68	3.3093	12.1162	0.1651	0.512251±9
CTB-69	18.6940	55.9509	0.2020	0.512278±19
CTB-70	2.0600	8.3770	0.1487	0.512240±6
CTB-71	2.6416	12.1840	0.1311	0.512224±2

注：数据引自陈恒等(2012)。

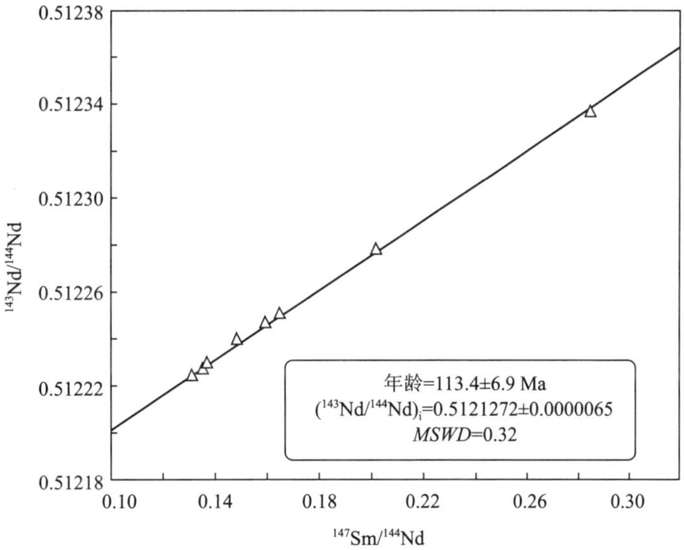

图 1-2-61　江西 6722 矿床方解石 Sm/Nd 等时线年龄
（据陈恒等，2012）

(31)江苏省南京栖霞山铅锌矿床现代钙华中的方解石

[产地、产状及共(伴)生矿物]　栖霞山铅锌矿床位于南京市东郊约 19 km 处，是长江下游地区最大的铅锌银多金属矿床。采矿巷道壁上现代钙华的主要矿物成分为方解石(刘婷等，2009)。

[主要粉晶衍射数据]　对取自钙华层的样品进行粉晶 X 射线衍射测试结果表明，方解石是该钙华样品中仅有的结晶态物相(图 1-2-62)。

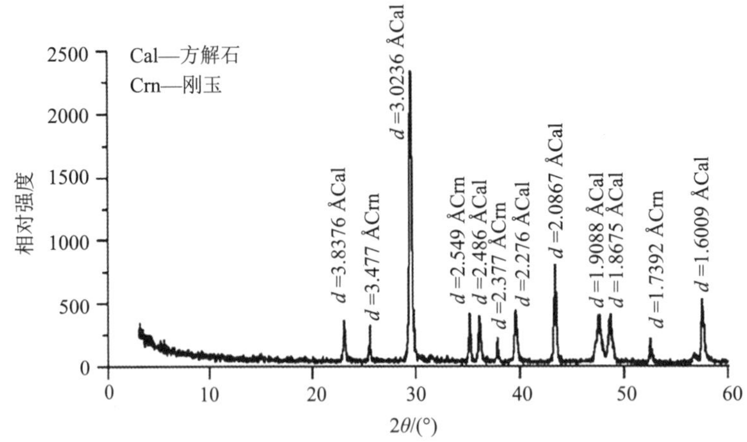

图 1-2-62　江苏南京栖霞山钙华的粉晶 X 射线衍射谱图(刚玉为内标)

(据刘婷等，2009)

[**形貌特征**]　对钙华进行扫描电子显微镜观察和能谱分析，观察结果表明，钙华壳中的方解石颗粒的大小均在十几微米以上(图 1-2-63a)，多呈菱面体晶形，表面平整光滑。

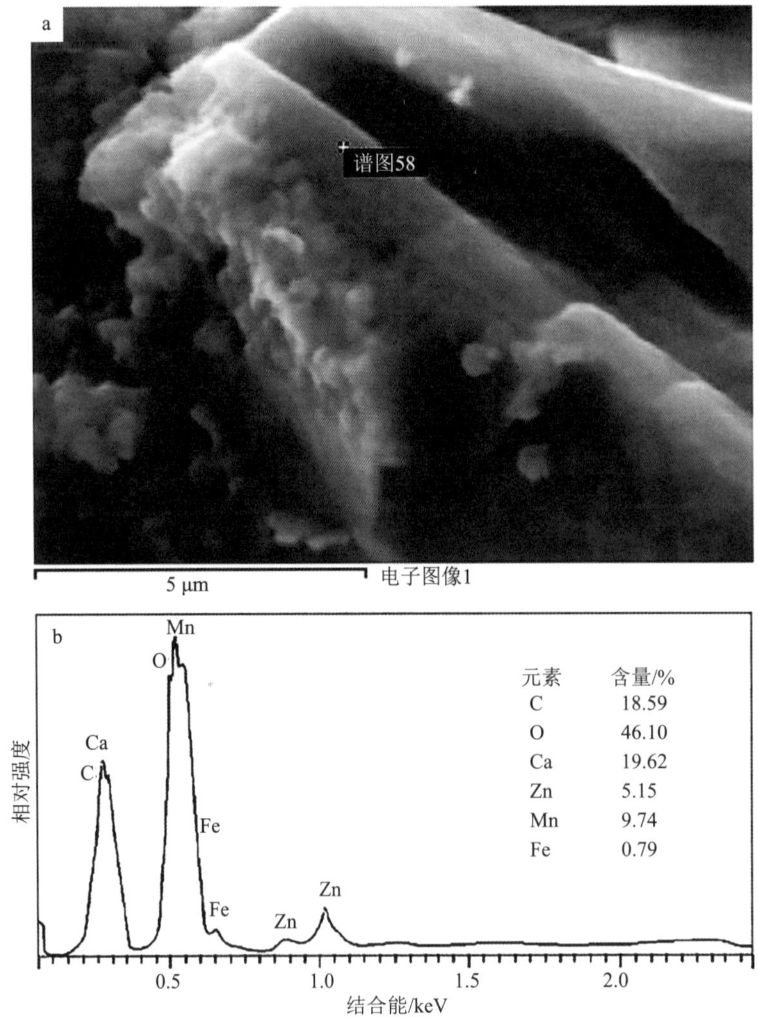

图 1-2-63　扫描电子显微镜能谱分析

(据刘婷等，2009)

a—钙华的扫描电子显微镜图像；b—方解石的能谱分析

［**化学成分**］ 利用电子探针对碳酸盐钙华进行了系统的成分分析(表 1-2-47)，结果表明，除 CaO 外，钙华还含有 Mn、Zn、Mg、Fe 和 Pb 等多种重金属元素，尤以 Mn、Zn 和 Fe 为主，其含量变化较大，分别为 0.07%~23.65%、0.08%~9.6%和 0~4.44%，Mg 和 Pb 的含量相对较低，最高仅分别为 0.76%和 0.66%。

表 1-2-47 基岩中方解石微量元素含量的电子探针分析结果(w_B/%)

点号	CaO	ZnO	MnO	MgO	FeO	PbO
0-1	57.51	—	4.22	0.44	0.02	—
0-2	55.77	—	8.63	0.17	0.13	—
0-3	53.00	0.06	7.60	0.21	0.57	0.07
0-4	55.12	0.11	6.17	0.11	0.08	—

注：数据引自刘婷等(2009)。

为精确获得钙华方解石的重金属含量变化特征，选择两条穿越基岩、Ⅰ层和Ⅱ层的线段，每隔约 10 μm 进行一次点分析(图 1-2-64a，表 1-2-47)，显示出 Zn 和 Mn 的变化规律(图 1-2-65)。

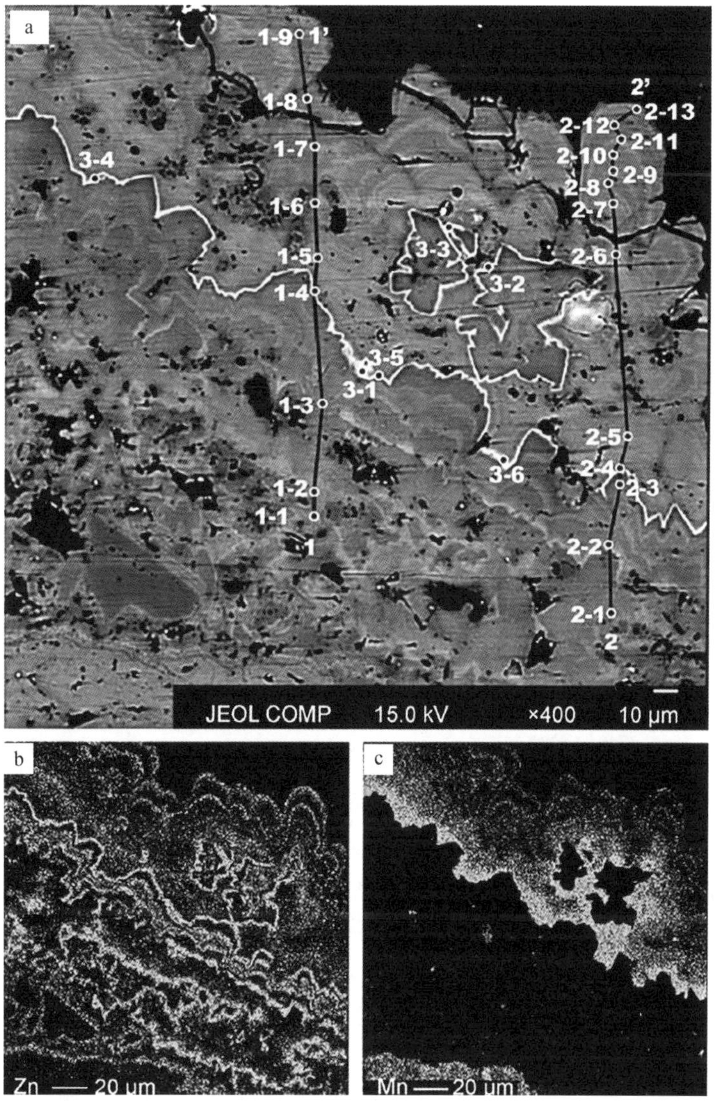

图 1-2-64 南京栖霞山铅锌矿中钙华的背散射电子像及元素 Zn 和 Mn 的面分析图像
(据刘婷等，2009)
a—背散射电子像；b—元素 Zn 面分析图像；c—元素 Mn 的面分析图像 Mn 的含量在基岩、Ⅰ层及Ⅱ层中的含量差异显著不同

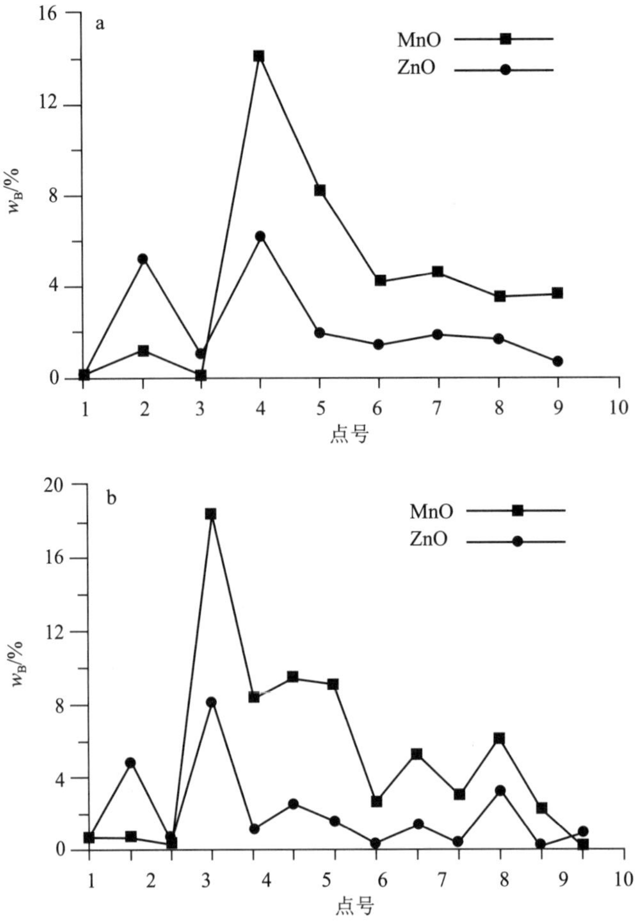

图 1-2-65　南京栖霞山铅锌矿床钙华中重金属 MnO 和 ZnO 的对应变化关系
（据刘婷等，2009）
a—第一条分析线；b—第二条分析线

能谱分析也进一步证明方解石颗粒中含有较高的锌(最高 5. 15%)、锰(最高 9. 74%)(图 1-2-63b)。此外，元素扫描未发现硫酸盐矿物，排除了锌、锰硫酸盐物质的存在。

(32)内蒙古白云鄂博地区的方解石

[产地、产状及共(伴)生矿物]　方解石在白云鄂博地区的分布有限，但产状较为复杂。①分布在主、东、西矿以及靠近东部接触带的白云岩里，一般量很少，最多者达 5%。其特点是以不规则状的微粒产于含铁白云石的颗粒间和颗粒中。②分布在东部接触带的大理岩化地段，白色，粒度粗。原有的白云岩经接触变质作用变成含粗晶磁铁矿和斜硅镁石的大理岩。原岩的含铁白云石呈各种形式的孤岛残余散布在深红色(方解石)的背景之中。③分布在东部接触带的矽卡岩化地段，白色，粗粒。④分布在主、东矿的钠交代岩和各类铁矿石里。白色、量少，但很普遍。呈浸染状或微细脉状产出，与钠闪石、霓石、金云母、磁铁矿等密切共生。粒度较细，一般 0. *n* 毫米或更细，少数达几毫米。⑤呈斑点浸染状分布在主、东、西矿的白云岩里，粒度较细。常与闪石、磁铁矿、萤石或金云母共生，并组成小团块体分布于白云岩中。⑥分布在整个矿区各矿体及围岩之中，白色或淡黄色，粒度粗(达几毫米)，呈团块和细脉状产于裂隙和破碎带。它的矿物组合较单纯，往往单独产出，有时看到它与复水锰矿等共生。⑦分布在矿区外围五台系花岗片麻岩里，呈“岩脉”产出，细粒，与闪石、金云母等共生。⑧分布在矿区外围宽沟背斜北翼的 H8 地层中以及背斜南翼的局部地段，是硅质灰岩、硅质白云质灰岩的主要成分(蔡秀成等，1984；彭华等，2001)。

[晶胞参数]　X 射线粉晶分析证明，含 FeO 高的方解石的晶胞比一般的要小些。

［**化学成分**］ 本区方解石的化学组成见表 1-2-48。可以看出，这 6 种不同产状的方解石在化学组成和谱学分析结果上是有明显差别的。只有第⑥种方解石的 CaO 含量大于或近于 55%，其余均明显低于 55%；MgO 含量一般约为 0.5%，唯有第②种方解石的含量较高，达 2.57%，与其总是夹杂含铁白云石残余体有关；第②、③种方解石的 FeO 含量为 0.*n*%，第⑥种的明显低，一般是 0.0*n*%或缺失，第①、④、⑦种的含量较高，约为 1%，因而使这种方解石被染为紫或紫红色；第①、②、③种方解石的 MnO 含量一般是 0.*n*%，第④、⑦种的较高(约 1%)，最高达 3.8%，第⑥种比较特殊，大多缺失，个别含约 0.1%；只有第⑥种不含 Sr，其余各种方解石一般均含 0.*n*%。根据 EPR 分析，第②、③种含 Mn^{2+}约 0.1%，第④种含量较高，一般为 0.*n*%，个别≥1%，第⑥种含量极低，一般约为 0.00005%，个别达 0.0008%。

表 1-2-48　内蒙古白云鄂博地区不同产状方解石的分析结果

产状编号	样号	化学组成/%					EPR 分析 Mn^{2+}/%	阴极射线发光离子	染色片中的颜色
		CaO	MgO	FeO	MnO	Sr			
①	BD-22	54.7	0.83	0.12	0.12	0.3	—	—	深红
	BD-25	52.1	0.70	2.50	0.5	—	—	—	紫红
②	BD-77	50.2	2.57	0.27	0.39	0.7	0.1	Mn^{2+}	深红
③	BD-23	52.6	0.28	0.15	0.44	1.2	0.1	Mn^{2+}	深红
④	BZ-43	54.56	0.30	1.04	0.62	—	一般是 0.*n*，少数≥1[5]	Mn^{2+}，个别样品还有 Eu^{2+}[5]	一般为紫和紫红
	BZ-56	53.55	0.41	0.76	1.10	0.2			
	BZ-57	51.28	0.41	1.18	1.68	0.9			
	BD-14	53.22	0.50	0.99	1.92	—			
	BD-16	50.67	0.42	1.29	3.83	0.6			
⑥	BZ-36	66.95	0.59	—	—	—	一般是约 0.00005，个别样达 0.0008[13]	Mn^{2+}、Ce^{2+}、Eu^{2+}、Dy^{2+}、Sm^{3+}[7]	鲜红
	BZ-39	55.39	0.68	0.08	—	—			
	BZ-50	55.95	0.28	—	—	—			
	BZ-52	55.99	0.47	0.07	—	—			
	BD-41	55.17	0.58	0.07	0.14	—			
	BS-4	54.89	0.66	—	—	—			
	BS-13	55.06	0.38	—	—	—			
	BS-16	54.92	0.91	—	—	—			
	BD-74	55.33	0.56	0.07	0.05	—			
⑦	BZ-71	49.98	0.90	1.05	1.44	1.00	—	Mn^{2+}	紫、紫红

注：数据引自蔡秀成等(1984)；中括号中数字是分析样品数。

利用茜素红和赤血盐等试剂将薄片染色的染色法是镜下鉴别方解石、含铁方解石及含铁白云石的有效方法。对于了解上述各碳酸盐矿物之间的空间关系和研究该矿区的交代蚀变作用具有重要意义。而且，依据染得的颜色(蓝色和紫色)的深浅可以判断 Fe^{2+}含量高低。

彭华等(2011)对主矿区东部接触带中 3 个未受热液交代变质作用的方解石样品进行电子探针分析(表 1-2-49)。其中 D0034-1 方解石产于粗粒大理岩中经受了热变质作用。PI-X 和 PI-12 方解石产于方解石绿帘石云母化片岩中，偏光显微镜下呈眼球状斑晶，经受了构造动力变质作用。从表 1-2-49 看，D0034-1 方解石的热分解峰顶温度最低，PI-12 最高，这反映出热变质重结晶作用比弱动力变质作用更影响其热分解温度。

［**光谱特征**］ 方解石的穆斯鲍尔效应谱(图 1-2-66)表明，其中的 Fe^{2+}进入晶格。这种方解石的穆氏谱与菱铁矿、铁白云石的相类似，只是它的四极矩分裂值比菱铁矿小一些，而与铁白云石的相近。这种含 FeO 较高的方解石称为“含铁方解石”。

表 1-2-49　内蒙古白云鄂博主矿区东部接触带中方解石的电子探针分析结果(w_B/%)

样号	CaO	MgO	FeO	MnO	CoO	NiO	ZnO	PbO	SrO	BaO	Nb_2O_5	TiO_2	Y_2O_3	CeO_2	Nd_2O_3
PI-X	52.55	0.74	0.36	2.25	0.22	0	0.21	0	1.29	0.10	0.25	0	0.17	0	0.16
PI-12	51.83	0.44	0	1.56	0	0	0	0.73	1.57	0.68	0	0	0	0.41	0.32
D0034-1	54.67	0.41	0	0.05	0	0.15	0	0	0.40	0.20	0.07	0	0.06	0	0

注：数据引自彭华等(2001)。

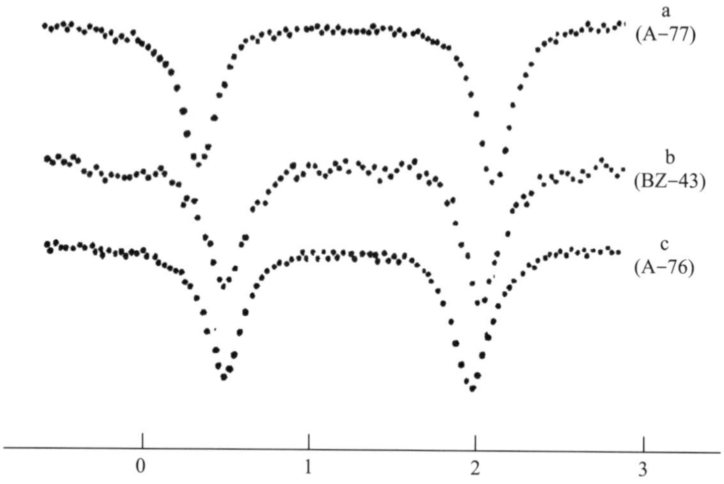

图 1-2-66　菱铁矿(a)、方解石(b)和铁白云石(c)的穆斯鲍尔谱
(据蔡秀成等，1984)

根据阴极射线发光特征，以第⑥种产状方解石含发光离子较多。除 Mn^{2+} 外，还有若干稀土离子，第④种产状的方解石一般只有 Mn^{2+}，个别还有 Eu^{2+}。这种方解石与钠交代作用有关，其稀土离子发光很可能被高浓度的 Fe^{2+} 猝灭，其他各种方解石只有 Mn^{2+}。

纯方解石的差热曲线如图 1-2-67 中 b 线所示，$CaCO_3$ 在 830~1020℃分解，吸热峰峰顶温度为 960℃。白云鄂博方解石的差热曲线(图 1-2-68)与纯的有较大的不同。方解石的吸热峰分裂为两个小尖峰，峰顶温度为 842~907℃，降低 37~98℃。从表 1-2-49 与表 1-2-50 中方解石的成分进行分析，CaO 含量愈低，热分解温度高，反之愈低；PI-12 与 PI-X 相比，其他金属氧化物总和愈高，热分解温

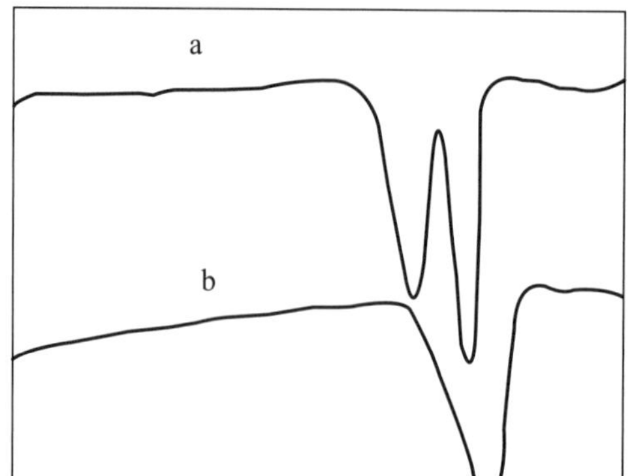

图 1-2-67　纯白云石、方解石的差热曲线
(据彭华等，2001)

度愈低，这与白云石的热分解反应机理一致。方解石的晶格中多种金属阳离子的置换总量愈高，其热分解峰顶温度的降低得愈多。方解石经受的热变质作用愈强，其热分解峰顶温度降低得愈多。

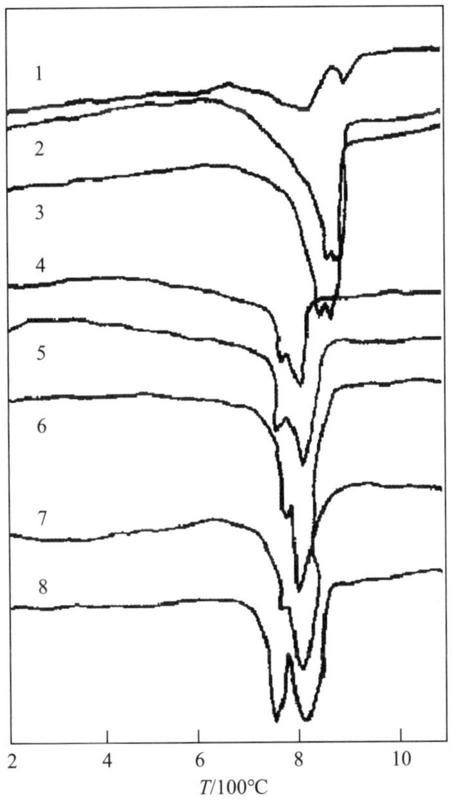

图 1-2-68　白云鄂博地区方解石、白云石的差热曲线

（据彭华等，2001）

1~3—方解石；4~8—白云石

表 1-2-50　白云鄂博矿区方解石主和次要元素含量及热分解峰顶温度

样号	CaO/%	其他金属氧化物总和/%	峰顶温度/℃	
PI-12	51.83	5.71	907	862
PI-X	52.55	5.75	876	862
D0034-1	54.67	1.34	962	842

注：数据引自彭华等(2001)。

白云鄂博灰岩、白云岩和硅质白云质灰岩差热分析的结果如图 1-2-69 所示。

[成因意义]　按照产出特点、化学组成和某些谱学特征，本区 8 种产状的方解石可以分成下列 5 种成因类型：(Ⅰ)第①、⑧种产状的方解石为沉积成因；(Ⅱ)第②、③种方解石属于接触变质作用形成的；(Ⅲ)第⑤种方解石为区域变质作用形成的；(Ⅳ)第④种方解石为局部性碱交代作用形成的，主要局限于主矿、东矿；(Ⅴ)第⑥种方解石为次生成因。第⑦种方解石，按其矿物组合和化学组成的特点不应属于次生方解石。它的成因有待进一步研究。

方解石的标型特征：①局部性交代作用形成的方解石：具有特殊的交代蚀变矿物共生组合(钠闪石-霓石-金云母-磁铁矿-萤石-含铁方解石-稀土氟碳酸盐等矿物)；Mn^{2+} 含量一般为 0. n%，有的≫1%；FeO 含量约 1%；含 Sr 0. n%。这些特点综合起来可以成为判断方解石是否与局部性碱交代作用有关的标型特征。②低含量的 FeO(0. 0n%或更低)和 Mn^{2+}(一般为 0. 0000n%)；Sr 的缺失以及稀土成为重要的发光离子等都是该矿区次生方解石的标型特征。此类方解石中，稀土成为发光离子显然

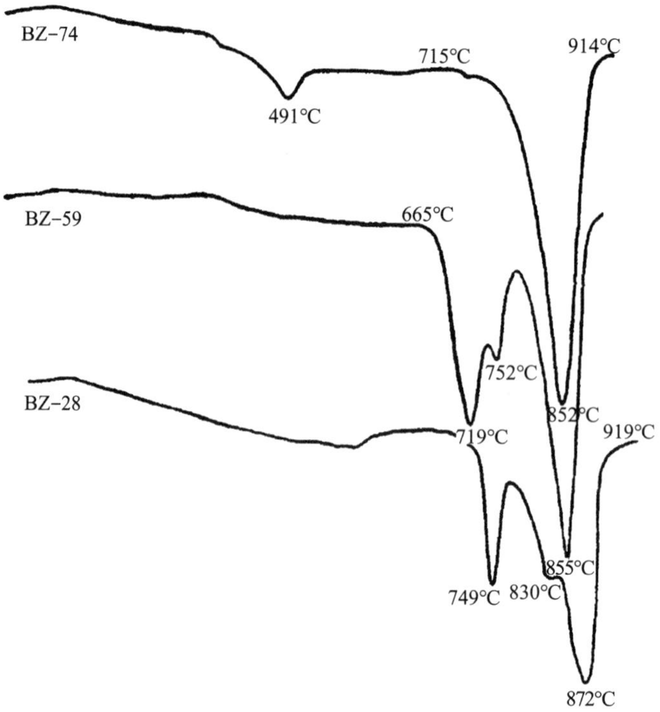

图 1-2-69　白云鄂博灰岩(BZ-74)、白云岩(BZ-59)和硅质白云质灰岩(BS-28)的差热曲线
(据蔡秀成等，1984)

是存在稀土矿化的指示剂。

(33)宁夏银南金矿床中的方解石

[产地、产状及共(伴)生矿物]　宁夏银南氧化带金矿床位于腾格里沙漠南缘。氧化带产出的主要矿物为黄钾铁矾、针铁矿、方解石、石英、自然金和自然银等。方解石在本矿床分布广泛，在矿体和围岩中常可见到方解石脉。根据颜色可将本矿区方解石分成 3 种：红色、灰色和白色方解石。红色方解石呈脉状分布于矿体顶部，基本顺层产出，在方解石底面和中间裂隙面上可见到孔雀石。灰色方解石呈脉状广泛分布于矿体围岩臭牛沟组灰岩中，切层产出。在灰色方解石脉中常可见到黄铁矿晶体，偶见黄铜矿。白色方解石呈透镜状产于矿体围岩臭牛沟组灰岩中(邱朝霞，1991)。

[晶胞参数]　本矿床方解石晶胞参数如表 1-2-51 所示，红色方解石和灰色方解石的晶胞参数大于白色方解石的晶胞参数，也大于方解石晶胞参数的理论值(a=4.98 Å，c=17.02 Å)。这可能与其不同杂质元素的含量有关。方解石中，当半径小于 Ca^{2+} 的离子 Mg^{2+}、Zn^{2+}、Fe^{2+} 和 Mn^{2+} 等呈类质同象代替 Ca^{2+} 而进入方解石的晶格时，将引起晶胞参数变小；而半径大于 Ca^{2+} 的离子 Ba^{2+}、Sr^{2+}、Pb^{2+} 等进入方解石的晶格时，将引起晶胞参数增大。从表 1-2-51 可以看出，红色方解石、灰色方解石与白色方解石相比，离子半径大于 Ca^{2+} 的离子 Ba^{2+}、Pb^{2+}、Sr^{2+} 的含量之和较大，而离子半径小于 Ca^{2+} 的离子 Fe^{2+}、Mg^{2+}、Zn^{2+} 和 Mn^{2+} 的含量之和较小。

表 1-2-51　宁夏银南金矿床方解石晶胞参数与成分的关系

样品号	采样位置	a/Å	c/Å	Ba+Sr+Pb/10^{-6}	Mg+Zn+Fe+Mn/10^{-6}
Ca-1	PD_4 矿体顶部红色方解石脉	5.0182	17.1410	410	13480
Ca-2	PD_4 矿体围岩中灰色方解石脉	5.0189	17.2406	370	16253
Ca-3	灯 1 矿体围岩中白色方解石透镜体	4.9803	17.0091	340	17690

注：数据引自邱朝霞(1991)。

[化学性质]　本区 3 种方解石的成分列于表 1-2-52，从表 1-2-52 可见，它们的主成分均低于标准值(CaO=56.03%，CO_2=43.97%)。3 种方解石比较，红色方解石中 Pb、Zn、Mn、Cu 和 Ti 含量

最高，而 Fe 含量最低；灰色方解石含 Mg、Sr 较高；白色方解石含 Fe、Ba 高。另外，本矿床方解石的 Au、Ag 含量较高，比一般沉积形成的方解石之 Au、Ag 含量(一般 Au<0.015 g/t，Ag<0.5 g/t)高一个数量级以上，表明本矿床方解石在形成时环境中 Au、Ag 浓度较高。

表 1-2-52　宁夏银南金矿床方解石的化学成分特征

样品号	采样位置	CaO/%	CO_2/%	MgO/%	MnO/%	BaO/%	SrO/%	Pb/%
Ca-1	PD_4 矿体顶部红色方解石脉	55.08	42.98	0.41	0.112	0.005	0.030	0.006
Ca-2	PD_4 矿体围岩中灰色方解石脉	54.19	42.30	0.52	0.084	0.002	0.034	0.001
Ca-3	灯 1 矿体围岩中白色方解石透镜体	54.24	43.19	0.44	0.088	0.007	0.026	0.001
样品号	采样位置	Zn/%	Cu/%	Ti/%	TFe/%	Au/($g\cdot t^{-1}$)	Ag/($g\cdot t^{-1}$)	
Ca-1	PD_4 矿体顶部红色方解石脉	0.006	0.004	0.015	0.82	0.2	10.6	
Ca-2	PD_4 矿体围岩中灰色方解石脉	0.001	0.0003	0.0015	1.02	0.2	12.2	
Ca-3	灯 1 矿体围岩中白色方解石透镜体	0.001	0.005	<0.001	1.24	0.2	13.7	

注：数据引自邱朝霞(1991)。

本矿床方解石的包裹体特征如表 1-2-53 所示，灰色方解石与白色方解石较相似，而红色方解石则完全属于另外一种类型。红色方解石中包裹体的数量很少，呈椭圆形，主要是液相包裹体。而灰色方解石和白色方解石中包裹体数量较多，为菱形或不规则六面体状，呈稀疏体产出，除液相包裹体外，还有石盐子矿物包裹体，表明其形成时盐度较大(盐度测定结果为相当于 NaCl 含量 23%~25%)。3 种方解石的形成温度均低于 220℃(经过压力校正)，其中灰色方解石的形成温度最高，红色方解石的形成温度最低。

表 1-2-53　宁夏银南金矿床方解石包裹体的特征

样品		Ca-1 红色方解石	Ca-2 灰色方解石	Ca-3 白色方解石
包裹体特征	类型	液相	液相、多相	液相、多相
	数量及分布	很少见，呈单体产出	分布广泛，呈稀疏群体产出	分布较广，呈稀疏群体产出
	形状	椭圆形	菱形及不规则六面体	菱形及不规则六面体
	大小/μm	5~8		2~10
	气液比		4%~20%	4%~15%
	子矿物特征		NaCl，熔点 100℃	NaCl，熔点 219~299℃
温度/℃	范围值	145~160	170~230	160~185
	平均值	150	195	173
压力/10^5 Pa			240~280	230~300
经压力校正后温度/℃			220	193
盐度/%	范围值		17.4~28	17~33
	平均值		23	25

注：数据引自邱朝霞(1991)。

本矿床方解石的包裹体液相成分列于表 1-2-54。由表可见，方解石包裹体液相的矿化度较高(121~199.01 g/L)，其中的阳离子主要有 Ca^{2+}、Na^+，另有 K^+、Mg^{2+} 和少量的 Li^+，阴离子主要有 Cl^-、SO_4^{2-}、F^-、SO_4^{2-}/Cl^- 的摩尔浓度之比为 0.14~0.23，表明形成方解石的流体为 Cl-Ca-Na 型。本矿床方解石的包裹体液相成分与热卤水成因的万山汞矿和密西西比河谷型铅锌矿床中矿物包裹体的液相成分比较相似。可以看出，本矿区 3 种方解石中 Au、Ag 含量都较高，表明它们形成时环境中 Au、Ag 元素的浓度较高，这 3 种方解石脉(透镜体)的形成与金矿化可能有一定的关系。从空间分布来看，红色方解石脉位于矿体中，灰色方解石脉和白色方解石产于矿体围岩中。红色方解石与灰色方解石及白色方解石在化学成分、热释光特征、红外吸收强度及包裹体特征等方面都具有明显的差异，可能是不同期热液活动的产物。另外，包裹体研究表明，方解石的形成温度都低于220℃；形成方解石的流体为高矿化度、高盐度、高Cl^-含量、具有热卤水的特征，且在矿区范围内火成岩不发育，因此，本矿区的3种方解石可能是由热卤水形成的。

表1-2-54　宁夏银南金矿床方解石包裹体液相成分特征及部分参数

样品		K^+	Na^+	Ca^{2+}	Mg^{2+}	Li^+	F^-	Cl^-	SO_4^{2-}	Σ阳离子	Σ阴离子	矿化度	K/Na	SO_4^{2-}/Cl^-
红色方解石	含量/(g·L⁻¹)	0.33	2.46	69.49	0.73	0.04	1.36	39.6	7.088	73.05	48.05	121.10	0.134	0.178
	浓度/(mol·L⁻¹)	0.009	0.107	3.475	0.06	0.006	0.716	1.115	0.148	3.657	1.333	4.99	0.084	0.137
	占阳离子(或阴离子)总量的比例/%	0.25	2.93	95.02	19.96	0.16	5.36	83.5	11.09					
灰色方解石	含量/(g·L⁻¹)	4.04	26.36	79.04	2.55	0.09	0.952	65.6	20.38	112.08	86.93	199.01	0.153	0.311
	浓度/(mol·L⁻¹)	0.104	1.146	3.952	0.213	0.013	0.013	1.848	0.426	5.428	2.324	7.752	0.091	0.231
	占阳离子(或阴离子)总量的比例/%	1.92	21.11	72.81	3.92	0.24	0.24	79.52	18.33					

注：数据引自邱朝霞(1991)。

[光学性质]　红色方解石的实测折射率为$\omega=1.6587$，$\varepsilon=1.56580$。灰色方解石实测的折射率为$\omega=1.6592$，$\varepsilon=1.5658$。白色方解石实测的折射率为$\omega=1.6652$，$\varepsilon=1.5658$。

[光谱特征]　根据方解石的天然热释光特性(图1-2-70，表1-2-55)，本矿床的方解石划分为两种类型：矿体中的红色方解石为第Ⅰ类型，其主发光峰位于365℃，发光强度大，峰型呈对称圆滑紧闭的倒“V”形；围岩中的灰色方解石和白色方解石属第Ⅱ类型，其特点是发光强度小，在300~365℃范围内出现一个平缓、开阔的发光峰(图1-2-70)。

表1-2-55　宁夏银南金矿床方解石的天然热释光特征

温度/℃	295	300	335	350	360	365	类型
红色方解石(Ca-1)	18					170	Ⅰ
灰色方解石(Ca-2)		6	75	7.25		5.5	Ⅱ
白色方解石(Ca-3)		8	8		7.5	7.5	Ⅲ

注：数据引自邱朝霞(1991)。

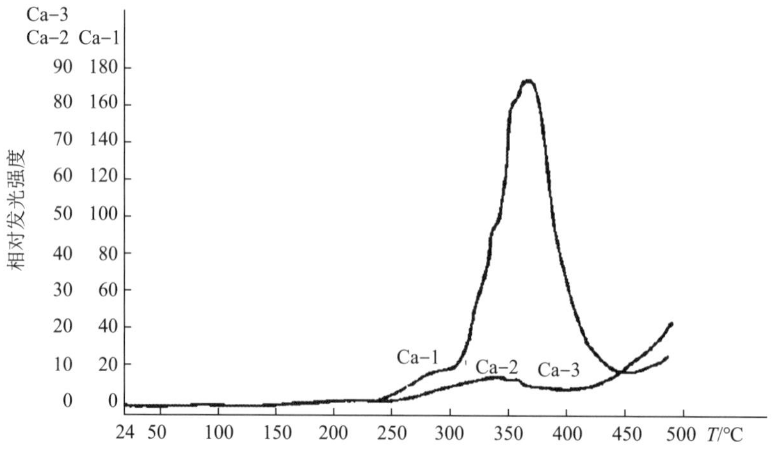

图1-2-70　宁夏银南金矿床方解石的天然热发光曲线
(据邱朝霞，1991)

本矿床方解石的粉末红外图谱中(图 1-2-71), 878 cm^{-1}、716 cm^{-1} 处的吸收峰很尖锐, 325 cm^{-1} 处的吸收峰各样品之间的半高宽差别不大, 这些吸收峰的强度可近似地用吸收率代替(表 1-2-56); 1430 cm^{-1} 处的吸收峰较宽阔(图 1-2-71), 表 1-2-56 中除列出其吸收率外, 还列出了其半高宽。从红外吸收强度来看, 与热释光相同, 本矿床的方解石可以划分为两种: 一种是矿体中的红色方解石, 其吸收强度较小; 另一种是围岩中的灰色方解石和白色方解石, 其吸收强度大, 其中白色方解石的吸收强度又略大于灰色方解石。可见, 本矿床方解石的红外吸收峰频率稳定, 三种方解石之间相同吸收峰的频率相差小于 2 cm^{-1}, 但同一频率的吸收峰强度却有明显的差别。

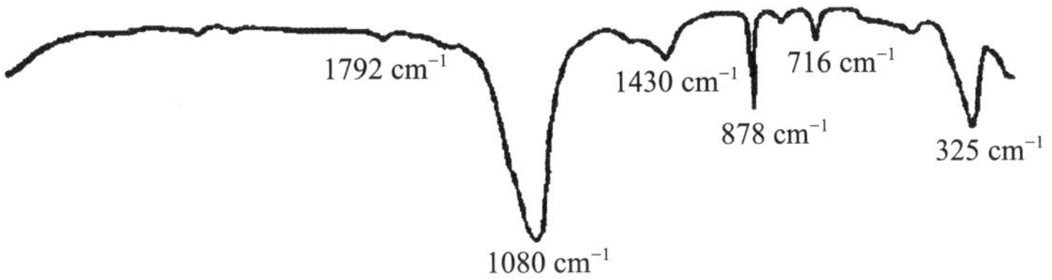

图 1-2-71　宁夏银南金矿床方解石粉末的红外光谱图
(据邱朝霞, 1991)

表 1-2-56　宁夏银南金矿床方解石红外吸收峰强度(以吸收率代替)

样号	吸收峰频率/cm^{-1}						半高宽	$CaO+CO_2$	CaO/CO_2
	325	716	878	1430	1792	1085	(1430 cm^{-1})/mm	/%	
Ca-1	35.3	10.3	27.1	57.8	5	13.1	17	99.55	1.282
Ca-2	55.1	17.3	46	78.2	9.1	15	20.8	98.33	1.281
Ca-3	58	16	47	78.9	9.1	5.2	24	98.16	1.256

注: 数据引自邱朝霞(1991)。

320~330 cm^{-1} 之间的振动是方解石的晶格振动, 亦为 Ca^{2+} 与基团 $[CO_3]^{2-}$ 之间的伸缩振动。当方解石中晶格缺陷多时可能发生菱面体格子的畸变, 造成 $Ca^{2+}-[CO_3]^{2-}$ 空间位置偏离标准位置, $Ca^{2+}-[CO_3]^{2-}$ 之间的伸缩振动位移量增大, 从而引起 320~330 cm^{-1} 之间的共振红外吸收的强度(吸收率)增大。从表 1-68 可见, 从红色方解石→灰色方解石→白色方解石, $CaO+CO_2$ 的含量偏离理论值(1.274)的程度增大, CaO/CO_2 值偏离理论值(100)的程度也基本是增大的, 亦即其晶格缺陷增多, 其 325 cm^{-1} 左右的吸收峰强度也随之增大。此外, 1430 cm^{-1} 是 $[CO_3]^{2-}$ 的非对称伸缩振动, 878 cm^{-1} 是 $[CO_3]^{2-}$ 的外弯曲振动, 它们的强度变化趋势与 325 cm^{-1} 的振动相似, 亦从红色方解石→白色方解石增大(表 1-68)。

(34)青海省玉树东莫扎抓和莫海拉亨铅锌矿床中的方解石

[产地、产状及共(伴)生矿物]　青海玉树地区的东莫扎抓和莫海拉亨铅锌矿床位于"三江"北段铜铅锌多金属成矿带。野外研究表明, 方解石为乳白色, 结晶粗, 呈不规则状、囊状, 被后期矿化所穿切(图 1-2-72), 形成于挤压(逆冲推覆阶段)到拉伸(成矿阶段)的过渡阶段, 是联系逆冲推覆构造与铅锌矿床之间的"纽带"(田世洪等, 2011)。

[化学成分]　东莫扎抓铅锌矿床过渡阶段粗晶方解石的 Rb、Sr 含量和同位素组成测定结果见表 1-2-57。粗晶方解石的 Sm、Nd 含量和同位素组成测定结果见表 1-2-58。东莫扎抓矿区方解石 Rb-Sr 等时线年龄 t=35.2±2.6 Ma, Sm-Nd 等时线年龄 t=35.5±4.8 Ma, 平均为 35.4 Ma。

莫海拉亨铅锌矿床过渡阶段粗晶方解石的 Rb、Sr 含量和同位素组成测定结果见表 1-2-59。粗晶方解石的 Sm、Nd 含量和同位素组成测定结果见表 1-2-60。莫海拉亨矿区方解石 Rb-Sr 等时线年龄 t=34.0±1.7 Ma, 方解石 Sm-Nd 等时线年龄 t=34.6±4.8 Ma, 平均为 34.3 Ma。

图 1-2-72　玉树地区的巨晶方解石

（据田世洪等，2011）

a—东莫扎抓矿区逆冲推覆构造，其内产有巨晶方解石团块；b—东莫扎抓矿区不规则状、囊状巨晶方解石胶结灰岩角砾；c—东莫扎抓矿区巨晶方解石被后期矿化穿切；d、e—莫海拉亨矿区不规则状方解石胶结灰岩角砾；f—莫海拉亨矿区巨晶方解石被后期矿化穿切

表 1-2-57　青海东莫扎抓铅锌矿床粗晶方解石 Rb-Sr 同位素组成

样品号	样品名称	$Rb/10^{-6}$	$Sr/10^{-6}$	$^{87}Rb/^{86}Sr$	$^{87}Sr/^{86}Sr$
ZK1502-1	方解石	47.95	19.62	7.213	0.712533±9
ZK1502-25	方解石	16.73	23.58	2.169	0.709932±7
ZK3102-34	方解石	2.549	51.75	0.1485	0.709109±6
DM09-1-1	方解石	17.37	58.95	0.9046	0.709292±8
DM09-1-2	方解石	0.2408	73.89	0.0115	0.708841±7
DM09-21-1	方解石	38.71	22.49	5.256	0.711493±9

注：数据引自田世洪等(2011)。

表 1-2-58　青海东莫扎抓铅锌矿床粗晶方解石 Sm-Nd 同位素组成

样品号	样品名称	$Sm/10^{-6}$	$Nd/10^{-6}$	$^{147}Sm/^{144}Nd$	$^{143}Nd/^{144}Nd$
ZK1502-1	方解石	0. 0948	0. 1257	0. 4531	0. 512434±8
ZK1502-25	方解石	0. 1843	0. 1136	0. 9847	0. 512537±6
ZK3102-34	方解石	0. 0694	0. 2145	0. 2094	0. 512399±5
DM09-1-1	方解石	0. 1334	1. 207	0. 0672	0. 512319±8
DM09-1-2	方解石	0. 2925	1. 182	0. 1561	0. 512389±9
DM09-21-1	方解石	0. 7911	0. 3196	1. 503	0. 512692±7

注：数据引自田世洪等(2011)。

表 1-2-59　青海东莫海拉亨铅锌矿床粗晶方解石 Rb-Sr 同位素组成

样品号	样品名称	$Rb/10^{-6}$	$Sr/10^{-6}$	$^{87}Rb/^{86}Sr$	$^{87}Sr/^{86}Sr$
ZK10302-2	方解石	49. 87	18. 05	8. 172	0. 712887±11
ZK10302-8	方解石	38. 72	32. 64	3. 568	0. 710644±9
ZK10302-32	方解石	14. 97	40. 37	1. 124	0. 709463±8
ZK10302-33	方解石	4. 018	133. 6	0. 0953	0. 708967±8
ZK10302-34	方解石	48. 33	23. 78	6. 011	0. 711844±7
ZK10302-37	方解石	39. 92	25. 91	4. 792	0. 711035±6
ZK10302-39	方解石	43. 66	17. 66	7. 309	0. 712452±5
ZK10302-41	方解石	21. 35	42. 51	1. 508	0. 709649±5

注：数据引自田世洪等(2011)。

表 1-2-60　青海东莫海拉亨铅锌矿床粗晶方解石 Sm-Nd 同位素组成

样品号	样品名称	$Sm/10^{-6}$	$Nd/10^{-6}$	$^{147}Sm/^{144}Nd$	$^{143}Nd/^{144}Nd$
ZK10302-2	方解石	0. 2139	0. 2587	0. 5023	0. 512422±7
ZK10302-8	方解石	0. 7745	0. 4335	1. 084	0. 512527±6
ZK10302-32	方解石	0. 4432	0. 4556	0. 5995	0. 512433±5
ZK10302-33	方解石	0. 0689	0. 5948	0. 0718	0. 512312±7
ZK10302-34	方解石	0. 5743	1. 282	0. 2723	0. 512359±8
ZK10302-37	方解石	0. 2191	0. 453	1. 416	0. 512631±6
ZK10302-39	方解石	1. 963	0. 9537	1. 259	0. 512579±8
ZK10302-41	方解石	0. 6153	0. 5328	0. 7437	0. 512463±5

注：数据引自田世洪等(2011)。

(35)山东省平度石墨矿床附近的六方柱状方解石

[产地、产状及共(伴)生矿物]　山东平度石墨矿出露于古元古界荆山群陡崖组中，岩性主要有石墨黑云斜长片麻岩、(含)石墨大理岩等。石墨矿附近产出的方解石粒径从数毫米至十几毫米不等，白色，晶形为六方短柱状和六方板状，横截面为六边形(张晓琳等，2010)。

[主要粉晶衍射数据]　挑选无杂质的六方柱状晶体进行 X 射线粉晶衍射分析(图 1-2-73)，主要为方解石。

[晶体结构]　经计算，其晶胞参数为：$a=b=0.4984$ nm，$c=1.7036$ nm；$\{01\bar{1}2\}$。

[形貌特征]　方解石晶体发育为非常完整的六方短柱状和六方板状，为六方柱 $m\{10\bar{1}0\}$ 与平行双面 $c\{0001\}$ 的聚形。天然方解石晶形中可出现六方柱与菱面体的聚形，但以六方柱与平行双面的聚形出现者少见。大多数晶体无色透明，晶面平整、晶棱平直。晶体的顶面由一层大小不等的正三角形

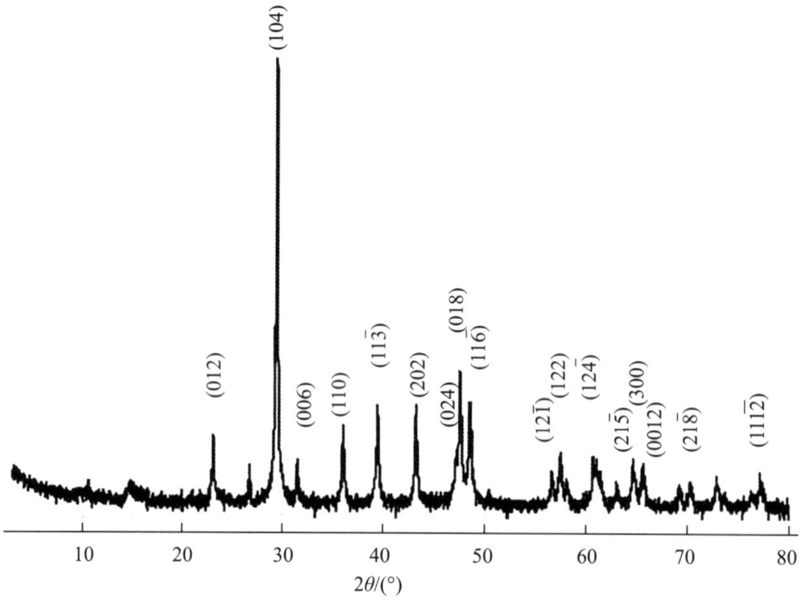

图 1-2-73　山东平度六方柱状方解石 X 射线粉晶衍射图谱

（据张晓琳等，2010）

晶体组成的壳状表面，晶体中心普遍发育有“△”形生长台阶。这些生长台阶分为两类：一类晶体中心的生长台阶凸出明显，呈锥状，类似三方单锥与单面的聚形，顶面有蚀坑，部分则为完整三角形平面。另一类生长台阶为简单的平面三角形，晶面平整(图 1-2-74a)。

［化学成分］ 电子能谱分析显示六方柱状方解石的主要成分是 $CaCO_3$，但在壳状表面部分较低凹处成分中除了 C、O 及 Ca 外，还含有较高的 Al。

［成因意义］ 影响晶体形态的因素很多，但最主要的是流体的温度和 pH，尤其是温度。研究表明，具有{0001}和{$10\bar{1}1$}形态的方解石是热液早期的产物，形成温度在 250～350℃以上；{$10\bar{1}0$}+{$01\bar{1}2$}聚形方解石形成温度范围为 250～150℃；尖菱面体方解石形成温度为 75～25℃(李荣清，1994)。一般认为六方柱晶形出现在较低温的结晶环境(潘兆橹等，1994)。本区方解石赋存于典型的经区域变质作用形成的变成石墨矿空洞中，属于低温热液裂隙充填。通过对结晶于成矿后期的六方柱状方解石结晶学特征和微观形貌的观察分析，结合方解石 C、O 同位素及其中包裹体研究，可为进一步了解该矿区成矿流体演化及成矿温度环境变化提供证据。

(36)陕西省-甘肃省华庆地区长 6 油层组中的方解石

［产地、产状及共(伴)生矿物］ 华庆油区地处陕西省吴起县、甘肃省华池县境内，长 6 油层组是鄂尔多斯盆地中生界主要的油气储层和产层，方解石胶结物是导致储层致密的重要因素之一。长 6 油层组砂岩中方解石胶结物的产状和赋存状态主要有 3 种：①泥微晶结构方解石，方解石胶结物以泥微晶结构方式存在，使碎屑颗粒“漂浮”在胶结物中，粒间体积大，显示该类方解石形成于有效压实作用之前，说明其形成时间较早，为同沉积的湖相内杂基。②粒状和嵌晶式结构方解石，除泥微晶结构方解石胶结物外，还常见粒状和嵌晶式结构方解石胶结物，阴极发光下可见贫铁方解石胶结物发暗红-橙红色光，基本没有占据长石溶孔，说明其在长石颗粒溶蚀之前形成，形成时间较早，扫描电镜下可见方解石表面被片丝状伊利石溶蚀，为沉积阶段和早成岩阶段 A 期产物。③嵌晶式结构铁方解石，扫描电镜照片下可见铁方解石主要呈嵌晶式结构，铸体薄片下可见铁方解石充填长石等铝硅酸盐矿物溶蚀形成的次生孔隙，并交代碎屑。岩石粒间体积较小，颗粒的接触关系主要为线接触，表明铁方解石胶结物的形成时间相对较晚，主要发生于有效压实作用之后，为早成岩阶段 B 期(张莹莹等，2012)。

图 1-2-74　山东平度六方柱状方解石形貌图

（据张晓琳等，2010）

a—手标本照片：方解石的六方柱状晶形；b—偏光显微镜下六方柱状方解石(0001)面三角形生长锥（正交偏光）；c—六方柱状方解石(0001)面三角形生长锥环境扫描电子显微镜图像；d—三角形生长锥侧面平行生长台阶环境扫描电子显微镜图像

[化学成分]　华庆地区碳酸盐胶结物碳、氧同位素分析结果表明，方解石胶结物的 $\delta^{13}C_{PDB}$ 值大多在 0 附近，分布范围为-0.30‰～0.96‰，$\delta^{18}O_{PDB}$ 值分布范围为-21.68‰～-14.98‰，显示为无机碳源同位素特征，能与沉积水介质中的碳酸钙过饱和及沉积时的碱性条件有关，沉淀温度相对较低，推测其形成时间大致为沉积阶段和早成岩阶段 A 期。

铁方解石的 $\delta^{13}C_{PDB}$ 值相对较低，分布范围为-4.34‰～-2.19‰，$\delta^{18}O_{PDB}$ 值分布范围为-22.64‰～-20.78‰，显示为有机碳源同位素特征，其形成与有机质脱羧基作用有关，沉淀温度相对较高，沉淀时间为早成岩阶段 B 期。

[成因意义]　沉积阶段方解石胶结物为同沉积的湖相内杂基；早成岩阶段 A 期主要发生铝硅酸盐矿物和变质岩、岩浆岩岩屑的水化作用生成早期方解石胶结物；早成岩阶段 B 期主要发生有机酸对铝硅酸盐矿物的溶蚀及粘土矿物的转化作用生成铁方解石胶结物。

(37)陕西省洛川黄土中的方解石

[产地、产状及共(伴)生矿物]　洛川黄土剖面典型样品中存在纳米棒状方解石。样品采自黑木沟剖面，该剖面位于陕西省洛川县南约 5 km，采样层位包括马兰黄土(L1)、离石黄土顶部第一层古土壤(S1)、离石黄土下部古土壤(S5)(陈天虎等，2005)。

[形貌特征]　TEM 分析显示，方解石棒直径 30～50 nm，长度几百纳米至几微米。纳米方解石呈交织状排列，分布在伊利石等粘土矿物边缘。电子衍射和高分辨图像表明棒状晶体属于单晶，具有方解石的晶体结构，晶体延长方向大致平行于(104)面网并垂直 *b* 轴。纳米棒状晶体有圆滑地粗细变化和弯曲现象，偶见晶体连接成树枝状或晶体直角连接形成框架状形态。显然与自然界无机成因方解石

晶体形态特征截然不同。方解石晶体在土壤颗粒空隙内的生长属于自由空间的晶体生长，类似于晶洞内晶体的生长。在无机界中，自由空间内结晶生长受到结晶学基本原理控制，一般形成棱直面平的几何凸多面体。而黄土中的纳米方解石形态特征和结晶学原理不协调，这说明方解石的生长与一般的无机过程不同。黄土中纳米棒状方解石特殊形态可以用微生物代谢或分解产物(衍生物)控制着方解石晶体生长来解释。

[化学成分] X-射线能谱分析显示方解石有少量的镁、磷和硫。方解石中含有少量的磷和硫是生物成因的地球化学标志，一般生物成因的方解石都含有一定量的镁，化学成分显示纳米棒状方解石形成与微生物有密切的关系。

[成因意义] 从成因来说，黄土中碳酸盐可以划分为原生和次生两种类型。原生碳酸盐是碎屑成因，风搬运堆积而成，在形貌上保持次磨圆状的碎屑成因特征。次生碳酸盐是黄土堆积之后由于黄土中矿物风化和原生碳酸盐溶解重结晶以及生物矿化形成，次生碳酸盐反映了黄土堆积或成壤过程的古环境特征，是黄土古气候研究的目标矿物之一。按照次生碳酸盐的特征又可以分为胶膜状碳酸盐、淋溶淀积结核状碳酸盐、根管化石和蜗牛壳碳酸盐等多种形式。毫无疑问，纳米棒状方解石属于黄土中次生碳酸盐，是在黄土空隙中结晶形成。

(38)山西省乡宁县方解石矿床中的方解石

[产地、产状及共(伴)生矿物] 山西乡宁县南部坂儿上庄方解石矿体主要发育于中奥陶统上马家沟组中，为充填型内生热液成因。矿石成分较单一，主要由方解石组成，含量达80%~95%以上，其次为铁方解石，菱铁矿等成分，偶见褐铁矿等次生矿物(范绍明等，1998)。

[形貌特征] 方解石晶体多呈板状、粒状、纤维状或糖粒状。单向延长的晶体长度一般为0.5~1 cm，最长可达2~3 cm，粒状晶体多为2~3 mm。

[物理性质] 微透明-半透明状，玻璃光泽。$(10\bar{1}0)$解理完全，摩氏硬度3，密度2.70 g/cm^3(2个样平均值)，pH 8~9(10%悬浮液)。

[光学性质] 不同色调方解石的实测折射率分别为：白色方解石 $N_o=1.665$，$N_e'=1.565$；灰色方解石 $N_o=1.659$，$N_e'=1.565$。偏光镜下无色透明，结晶程度高，多为半自形结构。双晶发育，常见聚片双晶和因遭受地质应力后形成的机械双晶。一轴晶负光性。

[化学成分] 本矿床方解石矿石的化学成分见表1-2-61。从表中可看出，矿石中 $CaCO_3$ 含量较低，为94%，Mg、Si、S含量较高，其中 $Fe_2O_3+Al_2O_3$ 含量达1.38%。白度为80.2%。

表1-2-61 山西乡宁方解石化学成分特征(w_B/%)

CaO	MgO	SiO_2	Al_2O_3	Fe_2O_3	FeO	K_2O
52.05	1.17	2.86	0.92	0.46	0.13	0.15
Na_2O	TiO_2	SO_3	P_2O_5	酸不溶物	烧失量	
0.38	0.00	0.36	0.03	2.84	42.17	

注：数据引自范绍明等(1998)。

(39)四川省巴塘县砂西银铅锌矿床中的方解石

[产地、产状及共(伴)生矿物] 砂西银铅锌矿床位于四川巴塘县措拉乡辖区内。矿体中可见大量的石英和少量方解石。方解石在矿体中有3种产状：①顺层脉状，宽2 cm左右；②切层脉状，宽0.5 cm左右；③与萤石紧密共生(田彩霞等，2013a)。

[化学成分] 从方解石样品稀土配分曲线看，3种类型方解石的配分曲线变化趋势完全一致，但与方铅矿的稀土元素配分曲线完全不一致，而且含量上也有很大差异，说明形成3种方解石的热液流体与形成方铅矿的含矿流体不同。而晶洞中方解石和黄铁矿的热液很可能来源于围岩。

所有方解石样品的微量元素蛛网曲线在Nb、Ta、Zr、Hf、Ti处都呈现出明显的低谷。考虑到Nb、Ta、Zr、Hf这4个不相容元素趋向于在晚期岩浆热液中富集，蛛网曲线中Nb、Ta、Zr、Hf都出现低谷说明形成方解石的热液与岩浆热液没有直接的相关性。而 Ti 在流体中的含量随流体温度的增高而增大，Ti 出现显著的低谷说明形成这些方解石的流体温度很低，进一步说明方解石的形成与岩浆热液没有直接的联系。矿区外围辉长岩中的方解石与矿体内的方解石的蛛网曲线变化趋势不一致，表明其形成的热液具有差异性。因此，可以推断形成 3 种类型的方解石的热液流体并不属于该矿床主成矿流体。方解石的形成与矿床的形成没有直接的相关性。

(40)四川省木洛稀土矿床中的方解石

[产地、产状及共(伴)生矿物] 木洛稀土矿床位于攀西地区，为一中型稀土萤石矿床。矿床主要分为 3 大矿段，由北至南分别为碉楼山矿段、方家堡矿段和郑家梁子矿段。矿床由多组不同类型，大小不等矿脉组成，主要稀土矿物成分为氟碳铈矿，脉石矿物以萤石、重晶石、方解石、长石、石英、云母和霓辉石为主。方解石是矿区常见的一种脉石矿物。在郑家梁子矿段发现两类方解石，一类主要作为脉石与条带状稀土矿共生，另外一类切穿辉绿岩、碱性花岗岩及矿体，主要产于断裂破碎带泥沙状稀土矿附近(朱志敏等，2008)。

[形貌特征] 纯白色，无杂质混染，主要呈方解石脉，脉宽 20 cm，少量为晶洞方解石。

[化学成分] 主量元素特征：木洛矿区方解石主要元素含量见表 1-2-62。其 SiO_2 含量为 1.92%~2.75%(晶洞方解石 ML-7 为 0.18%)，TiO_2 含量为 0.0016%~0.0042%，Al_2O_3 含量为 0.99%~3.09%(ML-7 为 0.001%)，CaO 含量为 52.75%~55.38%，CO_2 含量为 39.51%~42.71%，CaO+CO_2 含量达到 92.77%~98.09%，MgO 含量为 0.60%~0.79%(ML-7 为 0.086%)，MnO 含量为 0.010%~0.018%(ML-7 为 0.0004%)，Fe_2O_3+FeO 为 0.138%~0.73%(ML-7 为 0.0096%)，而 Na_2O、K_2O 和 P_2O_5 含量较为稳定。总的来看，本区方解石富 Ca 贫 Si；P 和 Na 含量远低于世界钙质碳酸岩而与中国东部沉积碳酸盐岩接近；强烈亏损 Ti、Mn、Mg、K、Fe，明显不同于岩浆成因方解石，相对更相似于沉积型碳酸盐岩。暗示其成因可能是沉积的而不是岩浆的。

表 1-2-62　四川木洛方解石的主量元素(w_B/%)

样品	ML-7	ML-9	PD11-2	PD11-3	PD11-5	ML-Y3	碳酸盐岩	碳酸岩
SiO_2	0.18	2.75	2.29	2.65	1.92	0.31	6.79	2.72
TiO_2	0.0016	0.0042	0.0031	0.0041	0.0038	0.0025	0.0533	0.15
Al_2O_3	0.001	1.10	2.68	0.99	3.09	0.42	1.14	1.06
Fe_2O_3	0.0063	0.096	0.36	0.096	0.39	0.16	0.35	2.25
FeO	0.0033	0.042	0.27	0.056	0.34	0.13	0.32	1.01
MnO	0.0004	0.010	0.018	0.011	0.015	0.15	0.034	0.52
MgO	0.086	0.62	0.75	0.60	0.79	0.24	6.53	1.80
CaO	55.38	53.97	52.75	54.04	53.28	54.85	42.84	49.12
Na_2O	0.0076	0.047	0.150	0.058	0.160	0.030	0.10	0.29
K_2O	0.0011	0.0096	0.0036	0.011	0.0054	0.026	0.34	0.26
P_2O_5	0.022	0.025	0.033	0.026	0.020	0.032	0.0366	2.1
H_2O^-	0.057	0.019	0.059	0.018	0.038	0.038		
H_2O^+	0.11	0.05	0.03	0.04	0.02	0.07	0.74	
CO_2	42.71	40.97	40.02	41.31	39.51	42.11	40.45	
总计	98.566	99.713	99.417	99.910	99.582	98.569		

注：数据引自朱志敏等(2008)；ML-Y3 为矿区碳酸岩，其余均为方解石脉，碳酸盐岩为中国东部碳酸盐岩平均值(鄢明才等，1997)，碳酸岩为世界钙质碳酸岩平均值(Sainoilov，1991)。

微量元素特征：本区方解石富集 Sr(含量为 428×10^{-6}~1129×10^{-6}，但 ML-7 为 198×10^{-6})、亏损 Nb(含量为 0.11×10^{-6}~0.73×10^{-6})和 Zr(含量为 0.8×10^{-6}~2.6×10^{-6})；其他的 Rb、Ba、Th、Ta、Hf、Y、Sc 等元素含量较为稳定，均接近中国东部碳酸盐岩平均值。由于 Sr 的离子半径与 Ca 接近，所以

Sr 离子容易取代 Ca 离子进入方解石晶体，导致方解石往往是富 Sr 的。矿区方解石普遍的富 Sr 可能代表了一种区域 Sr 的富集，也可能是样品经历了特殊的 Sr 富集过程。

稀土元素特征：方解石稀土元素含量较为稳定(表 1-2-63)，∑REE 为 $185.55\times10^{-6}\sim201.43\times10^{-6}$，平均 191.87×10^{-6}；LREE 为 $184.01\times10^{-6}\sim195.62\times10^{-6}$，平均 187.84×10^{-6}；HREE 为 $1.54\times10^{-6}\sim5.81\times10^{-6}$，LREE/HREE 在 33.18～119.64 之间，Sm/Nd 为 0.13～0.30。REE 配分模式为 LREE 富集型，且呈锯齿状(图 1-2-75)，其 $(La/Yb)_N$ 为 2.7～15.77，有中等负 Eu 异常(δEu 为 0.43～0.75，ML-7 为 2.71)，有强烈的正 Ce 异常(δCe 为 13.77～52.89)。矿区方解石的∑REE 和 LREE 低于矿区的碳酸岩(∑REE 为 $735.6\times10^{-6}\sim2970.9\times10^{-6}$)，平均 1371×10^{-6}，也远远低于世界钙质碳酸岩平均值(∑REE 为 3732.70×10^{-6})，但却高于中国东部碳酸盐岩平均值(∑REE 为 25.58×10^{-6})。

表 1-2-63　四川木洛方解石中的微量元素含量($w_B/10^{-6}$)

样品	ML-7	ML-9	PD11-2	PD11-3	PD11-5	ML-Y3	碳酸盐岩	碳酸岩
Rb	5.2	5.0	6.6	5.2	5.7	7.6	9	14
Ba	95	27	28	34	27	75	63	10
Th	0.2	0.6	1.6	0.7	1.4	1.0	1.1	52
Ta	0.46	0.20	0.15	0.25	1.60	0.17	0.1	5
Nb	0.20	0.13	0.52	0.11	0.73	0.37	2	1204
Zr	0.8	1.4	2.6	1.4	2.4	0.3	16	189
Hf	0.24	ND	0.50	ND	0.87	ND	0.34	0.3
Y	3.0	1.0	4.0	1.0	4.0	36	4.8	119
Sc	0.1	0.1	0.4	0.1	0.4	1.4	1.3	7
La	0.8	0.8	4.2	1.7	7.0	342.0	5.5	608
Ce	166	169	163	167	169	739	10.3	1687
Pr	0.6	0.7	0.7	0.7	0.9	54.0	1.2	219
Nd	16.1	16.8	17.0	16.2	17.6	210.2	4.6	883
Sm	0.21	0.12	0.59	0.16	0.72	33.44	0.95	130
Eu	0.3	0.3	0.3	0.3	0.4	6.8	0.21	39
Gd	0.5	3.1	4.1	2.6	4.0	14.1	0.88	105
Tb	0.2	0.2	0.3	0.3	0.3	2.5	0.13	9
Dy	0.2	0.1	0.4	0.1	0.5	6.7	0.69	34
Ho	0.08	0.03	0.12	0.03	0.13	1.45	0.15	6
Er	0.3	0.3	0.4	0.2	0.5	2.9	0.42	4
Tm	0.03	0.02	0.04	0.01	0.05	0.44	0.065	1
Yb	0.2	0.1	0.2	0.1	0.3	2.0	0.42	5
Lu	0.03	0.01	0.04	0.01	0.04	0.31	0.065	0.7

注：数据引自朱志敏等(2008)；ML-Y3 为矿区碳酸岩，其余均为方解石脉，碳酸盐岩为中国东部碳酸盐岩平均值(鄢明才等，1997)，碳酸岩为世界钙质碳酸岩平均值(Sainoilov，1991)。

本区方解石以弱 Eu 负异常为主，表明其形成于相对开放而氧化的环境。其中一个晶洞方解石样品有较强的铕正异常，推测该晶洞方解石受到热液输入的影响。

除 Ce 外，木洛方解石稀土含量均与中国东部碳酸盐岩相当，表现为沉积型。稀土元素进入热液方解石主要是通过 Ca^{2+} 与 REE^{3+} 之间的置换，由于 $LREE^{3+}$ 的离子半径比 $HREE^{3+}$ 的离子半径更接近于 Ca^{2+}，从而使 LREE 比 HREE 更容易置换晶格中的 Ca^{2+} 而进入方解石，导致热液体系中沉淀的方解石是富 LREE 的。木洛方解石整体表现出富 LREE(LREE/HREE 在 33.18～119.64 之间)，但方解石中 Ce 含量在∑REE 中的份额为 83.90%～89.46%，Ce 表现出强烈的正异常。因此，木洛此类方解石可

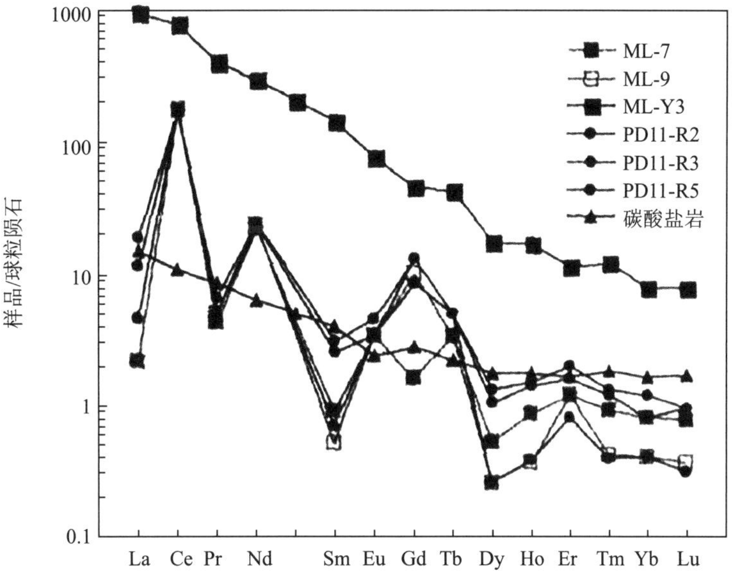

图 1-2-75 四川木洛方解石稀土元素配分

（据朱志敏等，2008）

球粒陨石数据引自 Boynton(1984)

能代表了一种特殊的高 Ce 含量流体的产物，或者流体在结晶过程中经历了一种特殊的 Ce 富集过程。

[成因意义] 根据 REE-La/Yb 图解(图 1-2-76)，木洛方解石脉均落在沉积岩范围内，一个晶洞方解石样品落在玄武岩与沉积岩交界处。在 Yb/Ca-Yb/La 图上(图 1-2-77)，木洛方解石均为非岩浆成因，且主要位于沉积和热液成因之间，说明方解石形成过程中经历了活化作用和结晶分异作用；其中晶洞方解石 ML-7 样品完全落在热液成因区。由此可见，木洛方解石为同源流体的结晶产物，其成因为沉积热液成因，代表了地幔流体成矿后的一次沉积热液的流体改造。此类方解石可作为氧化型高品位泥沙状稀土矿和铂铅矿的找矿标志。

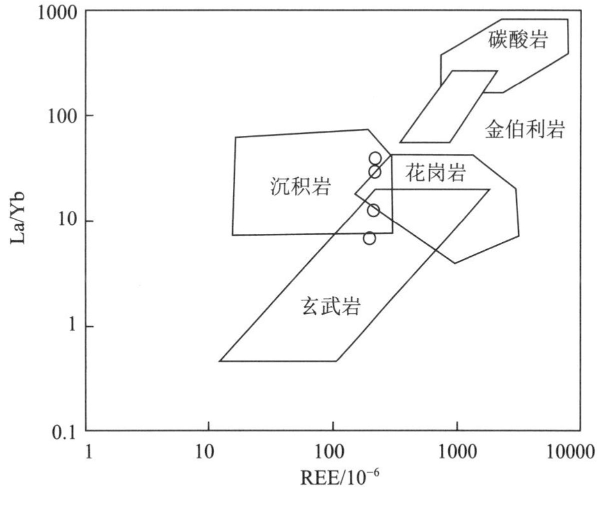

图 1-2-76 四川木洛方解石的 REE-La/Yb 图解

（据朱志敏等，2008）

(41)四川省若尔盖铀矿田中的方解石

[产地、产状及共(伴)生矿物] 若尔盖铀矿田主要位于四川省阿坝藏族羌族自治州西北部的若尔盖县与甘肃省迭部县和碌曲县交界地带。为碳硅泥岩型铀矿床，该矿田的铀矿床规模大、品位较富。方解石是若尔盖铀矿田与成矿最为密切的脉石矿物之一。按产状分为 3 种类型：即产于地层中方

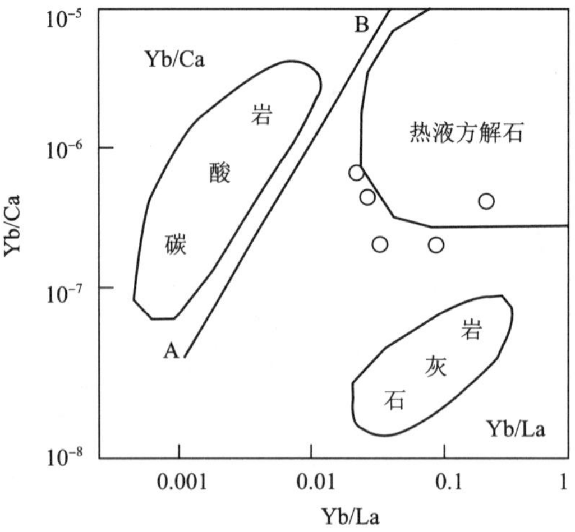

图 1-2-77　四川木洛方解石 Yb/La-Yb/Ca 图解

（据朱志敏等，2008）

AB 线为区分岩浆成因碳酸岩与沉积成因碳酸盐岩（石灰岩）的界线

解石脉（产于地层中，无明显的蚀变现象）、矿区方解石脉（产于矿区蚀变岩中，为成矿前期热液蚀变作用的产物）、含矿方解石脉（产于矿石中，为成矿期热液形成的产物）3 种产出状态（陈友良等，2012）。

［**化学成分**］　稀土元素特征：本区方解石的稀土元素含量和特征参数见表 1-2-64。利用球粒陨石进行标准化，得到不同产出状态方解石的稀土元素配分模式（图 1-2-78）。可以看出，产于地层中

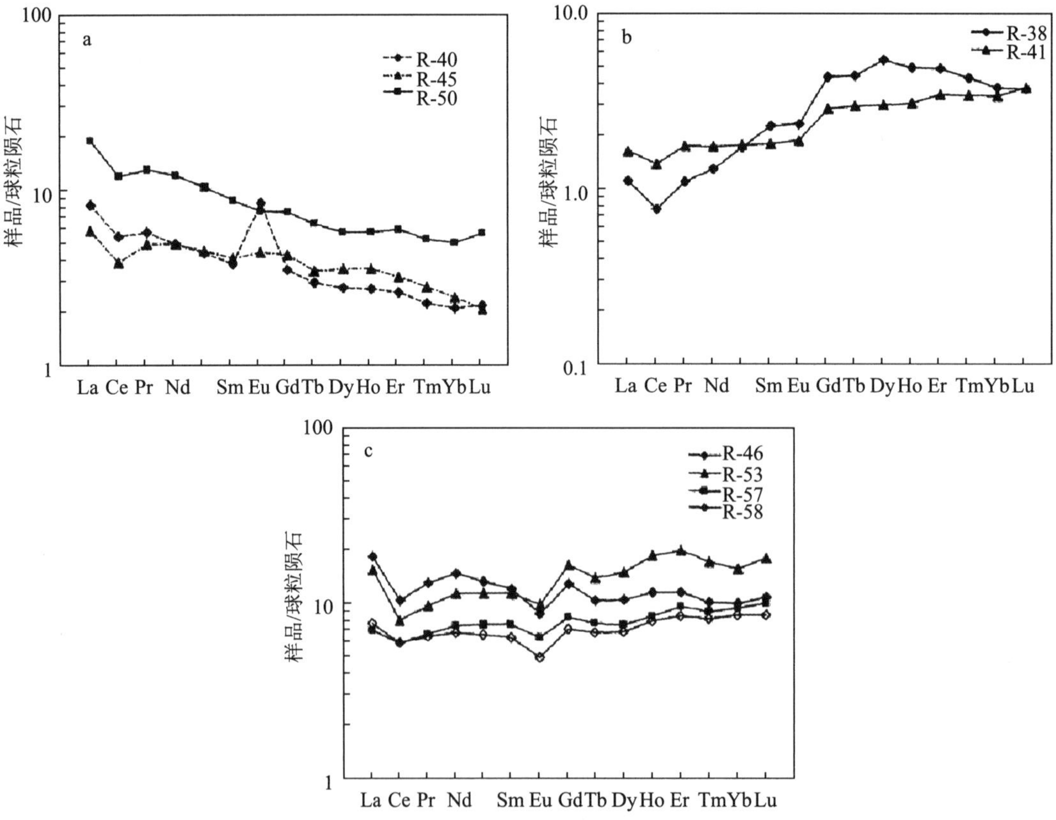

图 1-2-78　四川若尔盖铀矿田方解石 REE 球粒陨石标准化配分模式图

（据陈友良等，2012）

a—地层中方解石；b—矿区中方解石；c—含矿方解石

的方解石、矿区方解石(成矿前期)和含矿方解石(成矿期)的稀土元素具有明显不同的特征：地层中的方解石以富集LREE、具有明显的正Eu异常或无Eu异常为特征(图1-2-78a)，其LREE/HREE为2.321~3.629，平均为3.168；$(La/Yb)_N$为2.414~3.898，平均为3.367；δEu值为0.943~2.339，平均为1.449；其稀土配分模式为轻稀土富集右倾型。

表1-2-64 四川若尔盖铀矿田方解石稀土元素含量($w_B/10^{-6}$)及特征参数表

样品号	R-40	R-45	R-50	R-38	R-41	R-46	R-53	R-57	R-58
	地层中	地层中	地层中	矿区中	矿区中	矿石中	矿石中	矿石中灰	矿石中灰
样品名称	白色方	白色方	白色方	白色方	白色方	白色含矿	白色含矿	黄色含矿	黄色含矿
	解石脉	解石脉	解石脉	解石脉	解石脉	方解石脉	方解石脉	方解石脉	方解石脉
采样位置	512-3	513	511	512-3	512-1	513	511	510-1	510-1
	矿床	矿床	矿床	矿床	矿床	矿床	矿床	矿床	矿床
La	1.940	1.380	4.480	0.262	0.384	4.320	3.690	1.670	1.820
Ce	3.280	2.330	7.250	0.466	0.839	6.280	4.820	3.590	3.630
Pr	0.540	0.468	1.230	0.103	0.164	1.230	0.914	0.630	0.610
Nd	2.300	2.270	5.640	0.599	0.800	6.840	5.250	3.500	3.160
Sm	0.578	0.616	1.330	0.341	0.273	1.850	1.730	1.160	0.974
Eu	0.491	0.255	0.440	0.135	0.108	0.507	0.570	0.370	0.284
Gd	0.711	0.869	1.520	0.882	0.586	2.640	3.390	1.700	1.460
Tb	0.109	0.128	0.239	0.163	0.110	0.385	0.521	0.286	0.254
Dy	0.696	0.902	1.440	1.370	0.756	2.660	3.830	1.930	1.740
Ho	0.154	0.200	0.322	0.275	0.174	0.650	1.050	0.476	0.445
Er	0.429	0.520	0.969	0.792	0.565	1.890	3.270	1.590	1.400
Tm	0.057	0.071	0.133	0.109	0.086	0.260	0.440	0.228	0.208
Yb	0.357	0.410	0.848	0.635	0.570	1.690	2.680	1.600	1.460
Lu	0.055	0.053	0.142	0.094	0.095	0.274	0.458	0.254	0.217
Y	6.920	8.750	14.600	11.600	8.050	28.000	57.700	23.300	20.100
LREE	9.129	7.319	20.370	1.906	2.568	21.027	16.974	10.920	10.478
HREE	2.568	3.153	5.613	4.320	2.942	10.449	15.639	8.064	7.184
ΣREE	11.697	10.472	25.983	6.226	5.510	31.476	32.613	18.984	17.662
LREE/HREE	3.555	2.321	3.629	0.441	0.873	2.012	1.085	1.354	1.459
$(La/Yb)_N$	3.898	2.414	3.790	0.296	0.483	1.834	0.988	0.749	0.894
δEu	2.339	1.065	0.943	0.714	0.803	0.701	0.707	0.805	0.727
δCe	0.773	0.708	0.744	0.695	0.819	0.658	0.625	0.858	0.841
CaO	51.35	52.87	54.39	54.08	54.82	55.35	54.29	54.96	54.96

注：数据引自陈友良等(2012)。

矿区中的方解石为成矿前期的热液作用产物，以富集HREE、具有弱的负Eu异常为特征(图1-2-78)，其LREE/HREE为0.441~0.873，平均为0.657；$(La/Yb)_N$为0.296~0.483，平均为0.390；δEu值为0.714~0.803，平均为0.759；其稀土配分模式为重稀土富集左倾型。

含矿方解石为成矿期的热液作用产物，以轻重稀土分馏不明显、具有弱的负Eu异常为特征(图1-2-78c)，其LREE/HREE为1.085~2.012，平均为1.478；$(La/Yb)_N$为0.749~1.834，平均为1.116；δEu值为0.701~0.805，平均为0.735；其稀土配分模式为相对平坦型。

从Yb/Ca-Yb/La图(图1-2-79)可以看出，若尔盖铀矿田各方解石均投影在热液成因区，反映

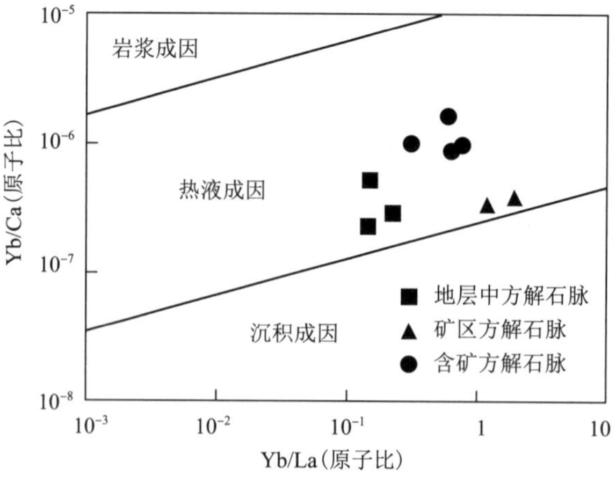

图 1-2-79　四川若尔盖铀矿田方解石 Yb/Ca-Yb/La 图
（据陈友良等，2012）

该矿田的方解石主要为热液成因。

同位素特征：根据若尔盖铀矿田灰岩、硅灰岩及方解石脉的碳氧同位素组成特征，产于地层中的灰岩、硅灰岩及方解石脉的 $\delta^{13}C$ 值为-1.48‰~-3.18‰，平均为 1.51‰，虽稍有偏高，但总体上仍为海洋沉积碳酸盐岩的碳同位素组成特征。$\delta^{18}O$ 值为-12.81‰~-3.71‰，平均为-9.92‰，在铀矿田中 $\delta^{18}O$ 值最高，而方解石的 $\delta^{18}O$ 值亦与沉积碳酸盐岩相似。与成矿作用关系最为密切的含矿方解石脉具有比较稳定的碳同位素组成，其 $\delta^{13}C$ 值为-2.78‰~-4.81‰，平均为-3.93‰，明显表现为地幔来源的特点。$\delta^{18}O$ 值为-13.14‰~15.05‰，平均为-13.87‰，其值在铀矿田中介于地层中岩石（脉）与矿区方解石脉之间，与岩浆期后热液型或地慢流体富集型铀矿相比，其 $\delta^{18}O$ 值较高，暗示在成矿过程中可能发生了较强的水岩交换作用或有大气降水的混入。而矿区方解石脉的 $\delta^{13}C$ 值为-3.53‰~6.35‰，平均为-4.93‰，与含矿方解石脉的碳同位素组成相近，表明其亦是成矿作用的产物。矿区方解石脉的 $\delta^{18}O$ 值为-16.00‰~24.75‰，平均为-19.36‰，在铀矿田 $\delta^{18}O$ 值最低，明显表现为深部来源特征，反映成矿前期的流体主要来源于深部。

[成因意义]　对比方解石与岩石、矿石的稀土特征参数和稀土配分模式可以看出，产于地层中的方解石明显继承了地层中岩石的稀土元素特征，其流体来源于由动力变质作用所形成的变质流体，而与 U 的热液成矿作用没有直接的联系。而含矿方解石表现出与矿石稀土元素相似的特征，说明其是成矿期的热液直接产物。这种初始成矿热液具有较高温压特征，其形成深部为 4.49~4.67 km，反映其来源于深部，而非下降的大气降水。而矿区方解石的稀土元素特征可能反映了最初的成矿流体以富 HREE 为主，随着热液作用的演化，REE^{3+}（尤其是 $LREE^{3+}$）与 Ca^{2+} 发生置换，导致成矿期方解石具有相对平坦型稀土配分模式。

(42) 四川省夏塞银铅锌矿床中的方解石

[产地、产状及共(伴)生矿物]　四川省巴塘县夏塞银铅锌矿床位于义敦古岛弧碰撞造山带西部昌多阔-哈嘎拉构造岩浆岩带及银锡多金属成矿带中段，为一个富含银铅锌、伴生铜锡金的超大型银多金属矿床。矿体中可见大量的石英和少量方解石。方解石在矿体中可见 3 种出现形式：①顺层脉状，宽约 2 cm；②切层脉状，宽约 0.4 cm；③呈自形粒状与自形黄铁矿共生于晶洞中（田彩霞等，2013b）。

[化学成分]　从本矿床方解石、黄铁矿、方铅矿样品的稀土配分曲线来看，仅晶洞中的方解石、黄铁矿与围岩样品的配分曲线变化趋势一致外，其他样品的配分曲线变化各不相同。晶洞中的方解石与围岩的配分曲线不仅变化趋势一致，而且各元素的含量也相差不大，但晶洞中的黄铁矿的配分曲线的变化趋势虽与晶洞中的方解石、围岩一致，但元素含量明显低于方解石和围岩。由此可以推断形成晶洞中方解石和黄铁矿的热液很可能来源于围岩。而方铅矿的配分曲线与 3 种类型的方解石的配分曲

线不仅变化趋势完全没有一致性，而且含量上也有很大差异，这说明形成3种方解石的热液流体与形成方铅矿的含矿流体是完全不同的。

所有方解石样品的微量元素蛛网曲线在Nb、Ta、Zr、Hf、Ti处都呈现出明显的低谷，这说明了形成方解石的热液与岩浆热液没有直接的相关性。而Ti在流体中的含量随流体温度的增高而增大，方解石的蛛网曲线在Ti出现显著的低谷，这说明形成这些方解石的流体的温度很低，再一次说明了方解石的形成与岩浆热液没有直接的联系。Nb、Ta、Zr、Hf 4个不相容元素来说，这4个元素趋向于在晚期岩浆热液中富集，前人研究表明该矿床的形成与花岗岩岩浆作用有密切的成因关系。因此，可以推断形成3种类型的方解石的热液流体并不属于该矿床的成矿流体。

(43)四川省龙门山造山带中段方解石脉中的方解石

[产地、产状及共(伴)生矿物] 印支期—燕山期龙门山造山带是中国西部和东部地形的分界线，也是中国西部扬子地台西缘各大地构造单元的过渡区。龙门山造山带变质变形活动中形成大量的热液脉。按矿物成分可分为石英脉、方解石-石英脉及方解石脉。石英脉和方解石-石英脉主要分布在映秀断裂以西的龙门山造山带以及松潘-甘孜造山带东部，方解石脉主要分布在映秀断裂以东及四川盆地内(黄永健等，1999)。

[化学成分] 龙门山造山带不同地段方解石脉微量元素含量如表1-2-65所示。

表1-2-65 四川龙门山造山带不同地段方解石脉微量元素含量($w_B/10^{-6}$)及特征参数表

层位	地点	样品数	K	Na	Sc	Cr	Co	Sr	Th	U	La	Ce	Nd	Sm
西康群(T_2)	下孟	2	0.02	0.02	11.16	4.5	0.6	1413	0.07	1.45	9.9	30	22	9.5
茂县群(S)	薛城-汶川	3	0.02	0.01	2.67	3.2	1.3	2334	0.08	0.67	10.7	23.67	13.67	4.77
须家河组($T_3\gamma$)	映秀-漩口	3	0.02	0.01	4.88	2.8	0.5	1575	0.35	<0.2	2.51	12.03	17.31	11.24

层位	地点	样品数	Eu	Tb	Yb	Lu	As	Sb	K/Na	Th/U	La/Sm	La/Yb	Eu*
西康群(T_2)	下孟	2	2.57	4.35	8	1.13	1.60	0.85	1	0.05	1.04	1.24	0.16
茂县群(S)	薛城-汶川	3	2.36	1.24	3.22	0.40	1.73	0.10	2	0.12	2.24	3.32	0.94
须家河组($T_3\gamma$)	映秀-漩口	3	6.81	4.15	3.40	0.39	0.23	1.52	2	1.75	0.22	0.74	0.99

注：数据引自黄永健等(1999)。

(44)塔里木盆地北部地区奥陶系碳酸盐岩中的方解石

[产地、产状及共(伴)生矿物] 塔北地区轮南、塔河、哈拉哈塘-新垦等区块的奥陶系主要发育一套碳酸盐岩缝洞型岩溶储层。塔北地区奥陶系碳酸盐岩缝洞充填大量方解石，按方解石的充填产状可分为不规则缝洞充填方解石、洞穴充填方解石、构造裂缝充填方解石和溶蚀孔洞充填方解石(韦东晓等，2015)。

[光谱特征] 本区奥陶系缝洞充填方解石具有不同强度的阴极发光性，从弱到强分为不发光、暗棕褐色光、中暗橘黄色光、中等橘黄色光和明亮橘黄色光5个等级(图1-2-80)。

本区不同产状方解石Mn^{2+}和Fe^{2+}含量交会与阴极发光相关性分析结果表明，当碳酸盐矿物中不含Mn^{2+}且Fe^{2+}也很少时，或Mn^{2+}/Fe^{2+}值为0.05~0.2，不发光；当Mn^{2+}/Fe^{2+}值为0.2~2时，发光强度昏暗，颜色为棕褐色，反映氧化成岩环境，是由于Mn^{2+}趋向于被氧化为高价态而不易置换Ca^{2+}进入晶格所致；当Mn^{2+}/Fe^{2+}值为2~10时，发光强度中暗，颜色为橘黄色，反映弱氧化成岩环境；当Mn^{2+}/Fe^{2+}值大于10且Mn^{2+}含量大于0.04%时，发光强度中等，颜色为橘黄色，反映弱还原成岩环境；当Mn^{2+}含量大于0.04%时，Mn^{2+}含量为阴极发光的主要控制因素，表现为发明亮橘黄色光，高Mn^{2+}含量反映成岩环境为还原条件，也可能与不发光胶结作用相关的氧化水的停滞有关。

粒间胶结方解石的阴极发光性主要发暗棕褐色光-不发光(图1-2-81a)，Mn^{2+}和Fe^{2+}含量均小于0.04%，Mn^{2+}/Fe^{2+}值小于0.2的样品占65.5%，表明为大气淡水成岩环境下形成的；溶蚀孔洞充填方解石阴极发光性主要为不发光-暗棕褐色光(图1-2-81b)，Mn^{2+}含量多小于0.04%，Fe^{2+}含量也在0.05%以下，Mn^{2+}/Fe^{2+}值小于0.2的样品占71.9%，表明为弱氧化-还原成岩环境；构造裂缝及不规

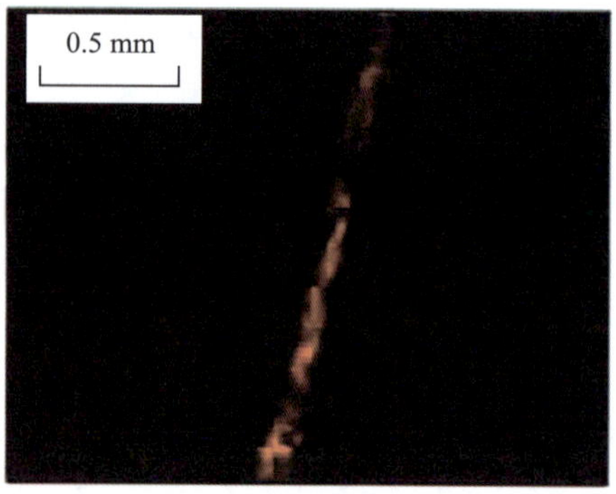

a. 巨晶方解石，
暗棕褐色光

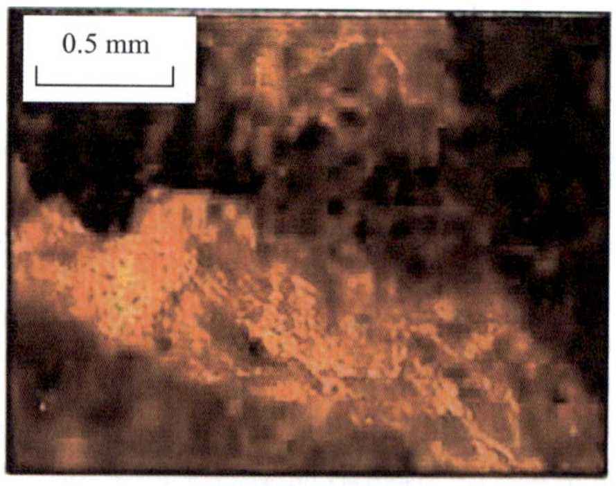

b. 裂缝方解石脉，
中暗-中等橘黄色光

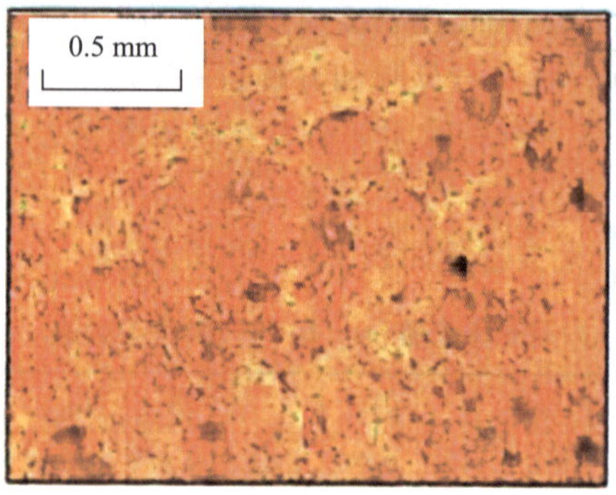

c. 裂缝方解石脉，
中等橘黄色光

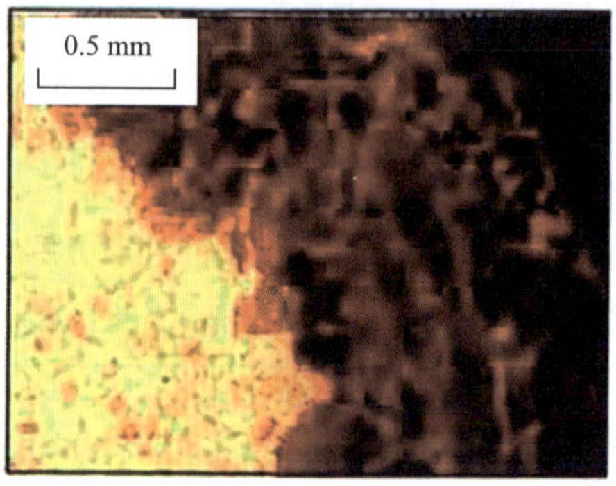

d. 第2期方解石脉，
明亮橘黄色光

图 1-2-80　塔北地区奥陶系缝洞充填方解石阴极发光特征

（据韦东晓等，2015）

则缝洞充填方解石的阴极发光较为丰富，5 个等级均有，反映出裂缝形成的多期性，Mn^{2+}和 Fe^{2+}含量及 Mn^{2+}/Fe^{2+}值变化较大，总体上与研究区的构造演化有关(图 1-2-81c、d)；洞穴充填方解石的阴极发光较为丰富，从不发光、暗棕褐色光、中暗橘黄色光、中等橘黄色光到明亮橘黄色光都有，Mn^{2+}和 Fe^{2+}含量及 Mn^{2+}/Fe^{2+}值变化较大，反映出洞穴充填的复杂性和多期性(图 1-2-81e、f)。

[成因意义]　碳酸盐矿物中的微量元素对阴极发光性有明显影响，Mn^{2+}一般作为发光最主要的激活剂，而 Fe^{2+}则作为最主要的猝灭剂。方解石胶结物的阴极发光性主要受其 Mn^{2+}和 Fe^{2+}含量及 Mn^{2+}/Fe^{2+}值的控制，随着矿物中 Mn^{2+}和 Fe^{2+}含量和 Mn^{2+}/Fe^{2+}值的变化，碳酸盐矿物在阴极射线下呈现出不同的颜色和亮度，但总体上 Mn^{2+}/Fe^{2+}值起主导作用。一般而言，缝洞充填方解石中的碳酸盐矿物要发光，Mn^{2+}含量须大于 0.01%，Fe^{2+}含量至少在 0.8%以下，Mn^{2+}/Fe^{2+}值应大于 0.05。

统计研究还发现，不同阴极发光性与方解石流体包裹体均一温度存在一定的相关性。发暗棕褐色光的方解石流体包裹体均一温度主要为 60~90℃和 150~190℃，发中暗橘黄色光的温度为 90~130℃，发中等橘黄色光的温度为 120~150℃，发明亮橘黄色光的温度为 140~200℃。

(45)塔里木盆地中部上奥陶统碳酸盐岩中的方解石

[产地、产状及共(伴)生矿物]　塔里木盆地塔中地区上奥陶统良里塔格组为一套厚度达 800 m 的灰岩。本区上奥陶统碳酸盐岩的成岩作用类型和成岩期次繁多、关系复杂。通过数百块岩石薄片和抛光面中各种胶结物特征和成因的观察，并结合微量元素和碳、氧稳定同位素分析，可识别出 11 种胶结物类型：微晶方解石胶结、纤维状方解石胶结、放射纤维状方解石胶结、放射轴状方解石胶结、束状方解石胶结、六方碳钙石方解石胶结、新月形或悬垂型胶结、渗流粉砂填隙、环带状方解石胶结、粗粒亮晶方解石胶结和嵌晶方解石胶结(王振宇等，2009)。

[形貌特征]　微晶方解石胶结物在塔中地区上奥陶统颗粒灰岩中常见，呈暗线出现，可直接覆于颗粒表面，也可覆于先前的泥晶套上，围绕颗粒形成一个规则等厚的包壳，呈一个 2~20 μm 的薄

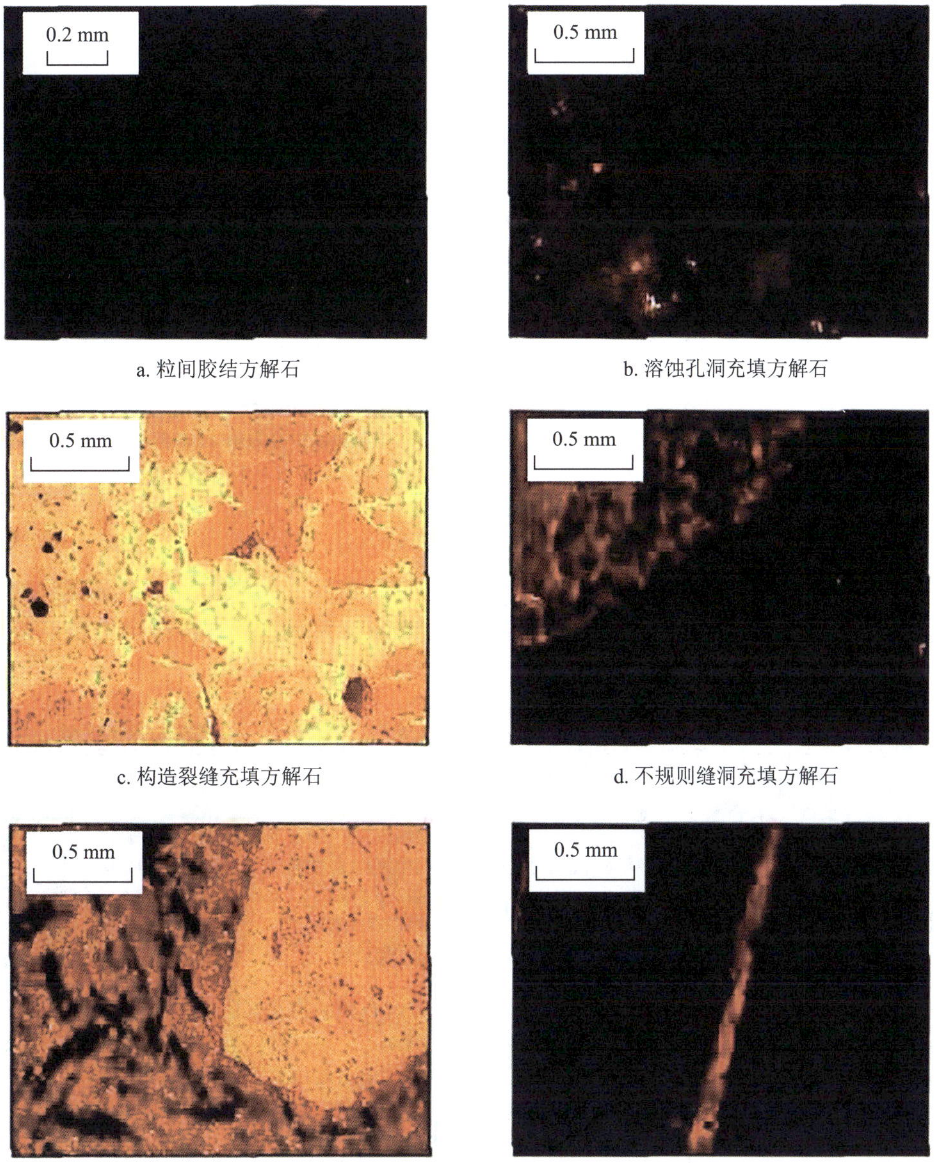

a. 粒间胶结方解石　b. 溶蚀孔洞充填方解石

c. 构造裂缝充填方解石　d. 不规则缝洞充填方解石

e. 洞穴充填含重晶石方解石　f. 洞穴充填巨晶方解石

图 1-2-81　塔北地区奥陶系不同产状方解石阴极发光特征

（据韦东晓等，2015）

膜，包壳外可生长有叶片状方解石胶结物。微晶方解石胶结物含量通常为 1%~2%。

纤维状和纤柱状方解石胶结物主要出现于中高能滩的亮晶颗粒灰岩和礁丘的粘结岩、骨架岩、礁砾屑灰岩的孔洞中。晶体多呈浑浊状，常含微粒状的黑色杂质，部分已重结晶为细晶方解石，仅残留纤状或纤柱状晶体的外形在正交偏光下，纤维状方解石没有统一的消光位。不同岩石类型孔洞中胶结物生长状态也不同，亮晶颗粒灰岩中，纤维状方解石纤柱状方解石胶结物围绕颗粒长成栉壳状略等厚的环边（图 1-2-82a、b），厚度通常为 0.02~0.10 mm；粘结岩、骨架岩孔洞和窗格孔洞中也多作为第一期胶结物从孔洞壁上向孔洞中心生长，晶体长轴垂直于孔洞壁，胶结物环边厚度为 0.02~0.50 mm。

放射纤维状方解石主要出现在生物礁骨架岩和粘结岩的孔洞中，晶体粗大，呈浑浊状，不具明显的波状消光，可长成厚达 0.5~3.0 mm 的放射纤维状方解石胶结物的环边（图 1-2-82c）。其胶结作用一般可使礁灰岩中的原生孔隙减少 10%~30%，甚至可填满大部分的孔隙空间。

放射轴状方解石和束状方解石在研究区大量出现于礁丘的粘结岩、格架岩的孔洞中。放射轴状方

图 1-2-82 塔中地区上奥陶统纤维状、纤柱状和放射纤维状方解石胶结物特征

（据王振宇等，2009）

a—亮晶砂砾屑灰岩，早期纤状环边胶结物被溶蚀，与细粒状方解石呈胶结不整合接触，TZ15 井，4671.43 m，(-)×63；b—隐藻粘结岩，孔洞边部为第一期纤柱状方解石，晶体混浊，中心为第 2、3 期细晶胶结物，晶体明亮，TZ44 井，1484.30 m，(-)×10；c—粘结岩，孔洞边部为放射纤维状方解石胶结物，之上生长放射轴状胶结物，外缘出现尖头方解石的晶端和环带，TZ42 井，5375.60 m，(+)×25

解石多出现于纤维状、束状方解石胶结物之外，或增生于纤维状、束状方解石的晶体终端上，出现菱形晶端(图 1-2-83a、b)，或通过胶结不整合面生长于纤维状方解石之外；也可直接反复生长，形成由多层放射轴状方解石组成的皮壳状构造。

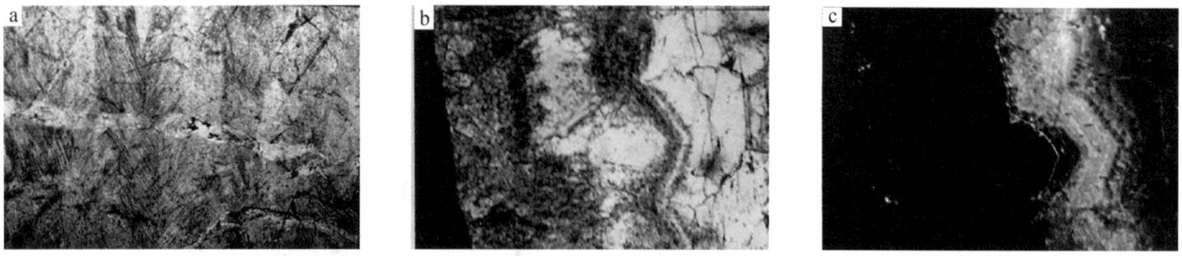

图 1-2-83 塔中地区上奥陶统放射轴状方解石胶结物及其阴极发光特征

（据王振宇等，2009）

a—礁灰岩孔洞中的放射轴状方解石胶结物，被早期的细晶方解石充填缝切割，TZ42 井，5375.60 m，(+)×25；b—粘结岩孔洞中的放射轴状方解石，外缘出现方解石晶端和环带，TZ42 井，4671.00 m，(-)×40；c、b—图的阴极发光片，孔洞边部的放射纤维状和放射轴状方解石不发光，放射轴状方解石外缘出现亮橙、昏暗、暗橙的多个发光环带，TZ42 井，5487.60 m，阴极发光，×10

球粒状的纤维胶结物(图 1-2-84a)和似球文石主要出现于礁丘灰岩孔洞中。部分球粒状纤维胶结物的外围可见有纤维状方解石围绕其生长这些与礁有关的球粒状纤维裙和六方碳钙石通常被看作是原生文石海洋胶结物，随后经重结晶作用变成为方解石。

新月形胶结物是指颗粒的接触处存在的、外缘呈连续的弧形弯曲(近似于弯月状)的胶结物(图 1-2-84b)，它们可以是单晶的，也可以是多晶集合体。悬垂型胶结物是指存在于孔隙上方、向下悬垂生长的胶结物，其形状和结构具方向性。

渗流粉砂是指碳酸盐岩中存在原生或次生孔洞中内充填的一种粉砂级碎屑沉积物(图 1-2-84c)，本区主要出现在生物礁(丘)的各种孔洞中，通常为泥晶碳酸盐，并含有细粒生物碎屑。其下部有纤维状、叶片状方解石胶结物，可与渗流粉砂形成示底构造。渗流粉砂的顶部界面大致是平的，内部具显微交错层理。它们是在渗流带向下渗流的、具较高流速的孔隙水携带的物质沉积形成。

环带状方解石以阴极发光下明显发育环带为特征(图 1-2-85a)，一般以细晶-中粗晶为主，在不发光的核心之外，发育有 2~3 个由亮橙光与暗橙光或不发光交替组成的环带。不发光环带含铁和镁高，而发光环带的锰、铬、钾含量较高，反映了环带方解石是在介质条件多变的环境中形成的，其主要形成于大气水潜流带-浅埋藏的区域地下水作用环境中。

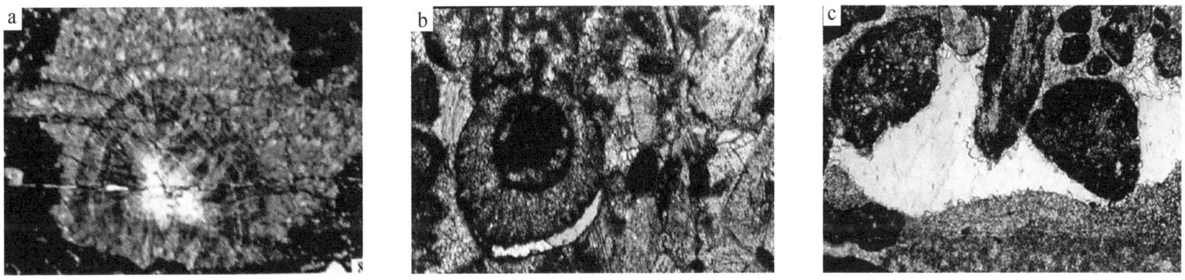

图 1-2-84　塔中地区上奥陶统球粒状纤维、新月形、渗流粉砂方解石胶结物特征

（据王振宇等，2009）

a—隐藻粘结岩，孔洞底部的球粒状纤维胶结物，外围有纤维状方解石胶结物的生长，TZ161 井，5020.1 m，(-)×10；b—亮晶生屑砂屑灰岩，砂屑底部见悬垂型方解石胶结物，TZ161 井，4620 m，(-)×25；c—亮晶藻砂屑灰岩，大气淡水溶蚀形成的孔洞，其底部为渗流粉砂充填，TZ161 井，4327.32 m，(-)×25

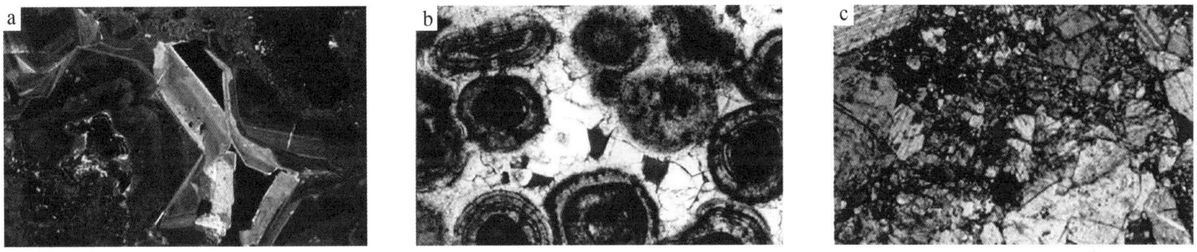

图 1-2-85　塔中地区上奥陶统环带状方解石阴极发光及粗粒亮晶、嵌晶方解石胶结物特征

（据王振宇等，2009）

a—亮晶藻砂砾屑灰岩，粒间溶蚀孔洞，为中粗晶环带状方解石半充填，阴极射线下呈昏暗、暗橙的环带状发光，TZ44 井，4883.72 m，(-)×40；b—亮晶鲕粒灰岩，粒间粗晶方解石胶结，呈他形、半自形或镶嵌状，TZ30 井，5100.2 m，(-)×40；c—砂屑灰岩，充填裂缝的中晶镶嵌状方解石，经埋藏溶蚀作用形成晶间溶孔，TZ161 井，4397.45 m，(-)×25

粗粒亮晶方解石多呈中粗-巨晶他形、半自形或镶嵌状充填于孔洞中央。在未充填满的孔洞中，也可见到发育较好的晶形(图 1-2-85)。电子探针分析表明，它们的成分变化较大，同位素分析显示出其的 $\delta^{13}C$ 和 $\delta^{18}O$ 值的变化也较大。总体上其铁、锰含量较高，阴极发光以昏暗光、暗橙光和不发光为特征，$\delta^{18}O$ 值明显偏负，含大量的两相流体包体且均一温度较高，反映了它们形成于埋藏环境中。

嵌晶方解石以具有嵌含组构为特征，即一个方解石大晶体包含若干个颗粒，它们常发育有应力双晶，阴极发光以暗淡发光为主(图 1-2-85c)。

[化学成分]　粘结岩和隐藻凝块石灰岩孔洞中的纤维状方解石的电子探针分析表明(表 1-2-66)，其 MgO、Na_2O 和 K_2O 的含量较高，SrO 含量变化较大，Ba、Mn、Fe 的含量总体上较低，部分样品的含 Fe 量稍高，可能与后期的重结晶作用有关。

表 1-2-66　塔中地区上奥陶统粘结岩和隐藻凝块石灰岩孔洞内纤维状方解石胶结物的电子探针分析结果

井号	深度/m	岩性	发光特征	$w_B/10^{-6}$							备注
				MgO	SrO	Na_2O	K_2O	BaO	MnO	FeO	
TZ161	4360.0	隐藻凝块石灰岩	不发光	6300	0	570	0	0	0	0	浑浊状
TZ161	4360.0	隐藻凝块石灰岩	不发光	5390	330	1850	240	3130	130	0	浑浊状
TZ30	5027.8	粘结岩	昏暗	6510	0	1240	20	0	70	550	浑浊状
TZ30	5065.7	隐藻凝块石灰岩	昏暗	6560	0	4050	230	0	390	0	重结晶为细晶，浑浊
TZ44	5017.1	粘结岩	昏暗-不发光	3820	1300	100	100	0	0	480	重结晶为细晶，浑浊

注：数据引自王振宇等(2009)。

礁灰岩孔洞中的放射纤维状方解石的电子探针微量元素分析结果(表1-2-67)显示，其MgO含量较高，而SrO含量总体较低，Na、K变化总体上具有一致性。MnO含量较低，部分样品为520×10⁻⁶，FeO含量多数样品为420×10⁻⁶~550×10⁻⁶。其中Fe、Mn含量可能与含杂质有关，因放射纤维状方解石后期均遭受了不同程度的重结晶作用的影响。

表1-2-67 塔中地区上奥陶统粘结岩孔洞中的放射纤维状方解石电子探针分析结果($w_B/10^{-6}$)

井号	深度/m	岩性	MgO	SrO	Na_2O	K_2O	BaO	MnO	FeO
TZ30	5027.80	粘结岩	6510	0	1240	260	0	70	550
TZ42	4378.00	粘结岩	5110	0	360	60	0	520	420
TZ42	5375.00	粘结礁灰岩	3090	0	0	0	0	0	450
TZ44	4843.56	藻粘结砂屑灰岩	1780	540	800	90	0	0	0

注：数据引自王振宇等(2009)。

粘结岩和骨架礁灰岩孔洞中放射轴状方解石不同部位的电子探针微量元素分析结果表明(表1-2-68)，晶体不同部位的微量元素含量和阴极发光具有明显的差异。晶体中下部Mg、Sr、Na含量较高、而不含Fe、Mn，阴极发光性上显示出不发光-昏暗；晶体顶端及外缘MgO、SrO、Na_2O含量相对降低，而MnO和FeO含量升高，且愈向外缘，Mg、Sr、Na含量愈降低、Fe含量愈高，阴极发光上晶体顶端和外缘发暗橙-橙光(图1-2-83c)。这一特征反映了放射轴状方解石在生长过程中介质环境的变化。

表1-2-68 塔中地区上奥陶统粘结岩和骨架岩孔洞中放射轴状方解石胶结物的电子探针和阴极发光分析结果($w_B/10^{-6}$)

井号	深度/m	位置	阴极发光	MgO	SrO	Na_2O	K_2O	BaO	MnO	FeO
TZ42	4378.0	晶体中部	昏暗	2900	1510	2620	0	2540	0	0
TZ42	4378.0	晶体外缘	暗橙	3000	0	540	0	0	0	570
TZ42	4378.0	晶体外缘	橙	3170	840	1070	70	0	840	0
TZ42	5375.0	晶体中上部	不发光	3640	0	90	0	0	0	1010
TZ49	6398.7	晶体底	不发光	3890	250	400	0	590	0	240
TZ49	6398.7	晶体上部	暗橙	910	1900	0	0	1380	0	480

注：数据引自王振宇等(2009)。

同位素特征：微晶方解石基质的氧、碳同位素值分别为-5.24‰、0.90‰，与本区上奥陶统碳酸盐岩中代表海水环境的四方管珊瑚和层孔虫壳体的碳氧同位素值的结果($\delta^{18}O_{PDB}$=-5.25‰~-5.36‰、$\delta^{13}C_{PDB}$=0.77‰~0.97‰)接近。

(46)我国某水晶矿床中的方解石

[产地、产状及共(伴)生矿物] 1975年在我国发现的一个新的水晶矿床类型——产于碳酸盐岩层中的含晶方解石脉型水晶矿床。矿床位于上古生界的产状平缓、岩性单纯的中厚层石灰岩中。含晶脉为方解石脉(郑明华等，1975)。本矿区内的碳酸盐层中普遍地穿插着大量的、大小和形态极不相同的方解石脉。这些方解石脉，按其产出状态、规模、结晶习性和含晶特征等诸方面，可划分出两种类型：不含水晶的细脉状和极不规则状方解石脉、含水晶的方解石脉。前者脉体的体积小，全部由方解石组成，个别脉体还可见到文石的假象。这类脉体中的方解石一般均垂直脉壁生长，成为“柱状体”，并由于迅速冷却而在脉壁生成一厚数毫米的冷却带(图1-2-86)；后者主要充填于经过地下水溶蚀的各种裂隙(可能以张性裂隙为主)扩展而成的各种形态的溶洞中。含晶方解石脉体中的矿物成分(晶洞内矿物除外)相当单纯，约99%以上由方解石组成。伴生矿物主要为石英，在少数的脉体内还可见到微量的辉锑矿、绢云母、孔雀石等。

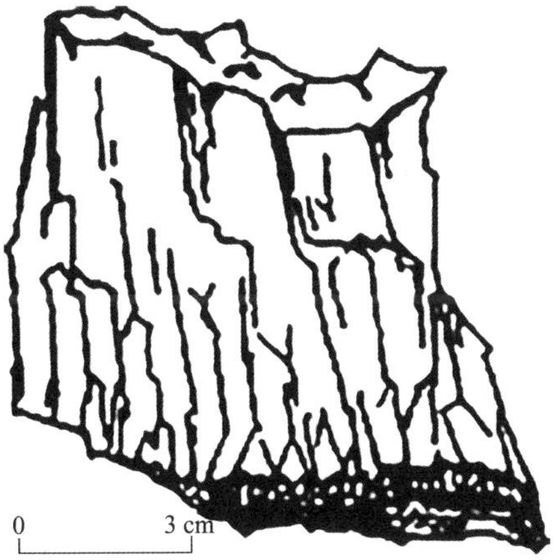

图 1-2-86　我国某水晶矿床中的方解石晶体垂直脉壁生长及冷却边缘带的生长形貌特征
（据郑明华等，1975）

含晶方解石脉具有重要的分带现象(或环带构造)。在整个脉体中，按其矿物成分在各带中并无区别，但从各带的方解石的颜色、某些化学成分的含量上却表现出相当明显的差异。例如，一般在脉体的边部主要生成的是呈深灰色-灰色的方解石，向内则渐变为白色方解石，脉体的中部则形成空洞或含晶晶洞。固有的分带规律显示，各个晶洞的边缘和靠近晶洞的部位必然是白色方解石，然后向外远离晶洞渐变为深灰色或灰色方解石的分带现象依然存在。

[形貌特征]　不含晶的细脉状和极不规则状方解石脉内方解石的颜色一般均匀一致，但不同的脉体其颜色差别很大，主要有深灰色、灰色、白色、褐黄色和黄色等。

含晶方解石脉体内方解石的形态极为壮观。外表上看整个脉体系由许多菱形块体砌成(图 1-2-87)。每个菱形块体内具有相同方向的三组节理，这些相同方向(不中断)的、延伸可达数米之长的解理。经镜下观察表明在外表似乎有相同方向的三组节理的菱形块体，并不完全是由单一晶体构成的。方解石颗粒之大、产出之壮观，实属罕见。

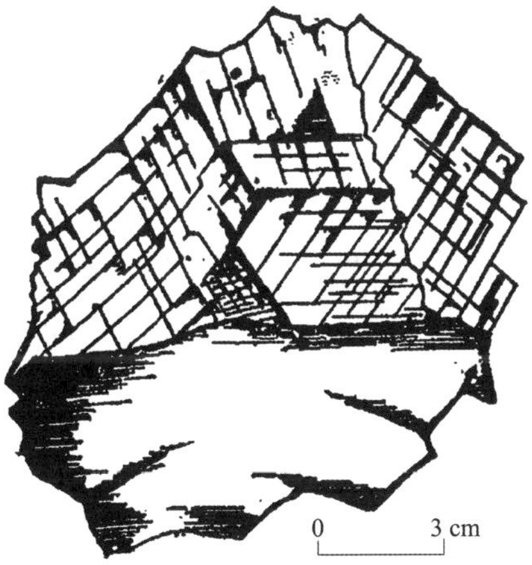

图 1-2-87　我国某水晶矿床中的菱形块体“伟晶”方解石
（据郑明华等，1975）

[化学成分]　含晶方解石脉的分带现象(或环带构造)在某些化学成分的含量上表现出相当明显的差异。图 1-2-88 提供的硅、镁、锑在各带中的含量变化就不难看出，尽管各带的主要化学成分大体相似，但参与成矿的其他少量元素却存在着含量上的差异。这种差异是造成分带的基础，同时也说明了下列的一个重要事实：在形成含晶方解石脉体的过程中，溶液曾经发生过重要的分异作用，并向有利于成晶的方向发展。

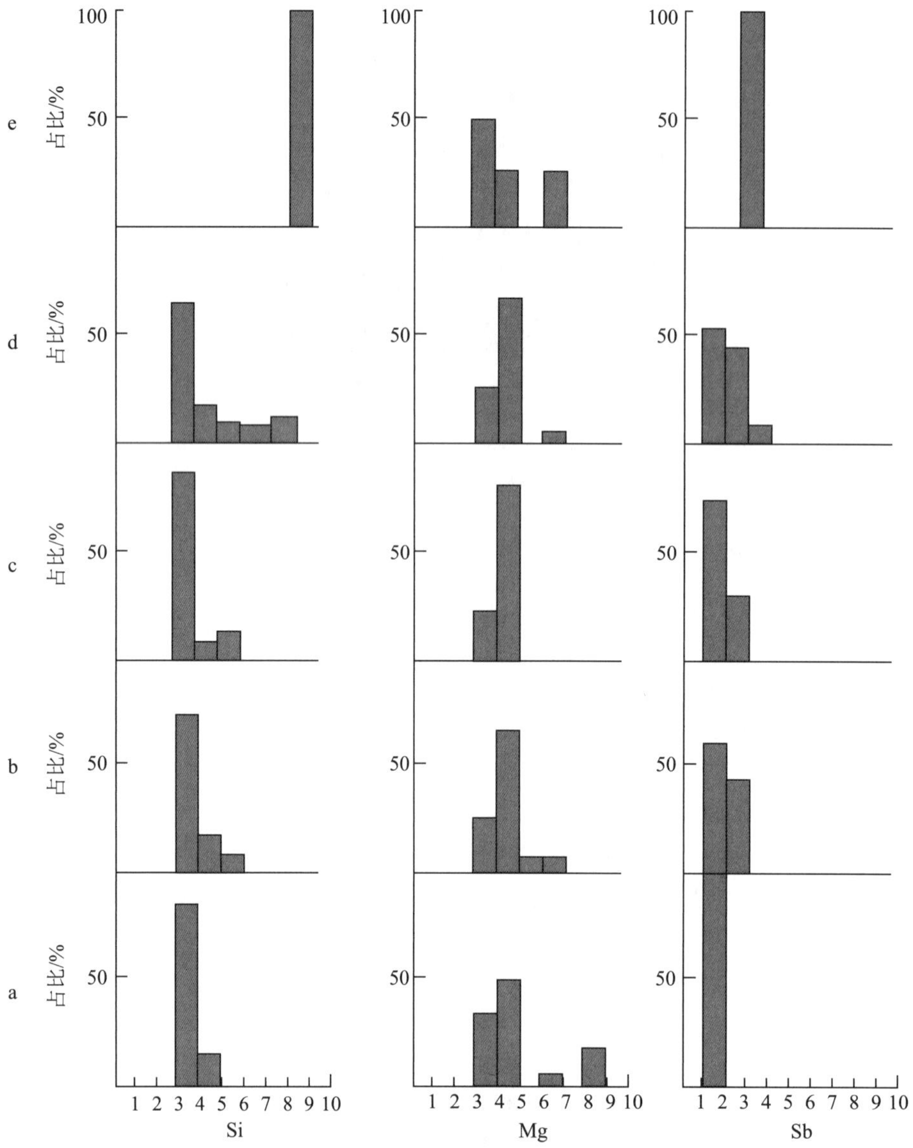

图 1-2-88　我国某水晶矿床中几种元素在含晶方解石脉中的含量变化

（据郑明华等，1975）

a—远脉围岩；b—近脉围岩；c—深灰和灰色方解石；d—白色方解石；e—晶洞内水晶和块状石英。横坐标示含量百分比等级（1：<0.001；2：0.01~0.001；3：0.09~0.011；4：0.9~0.1；5：1.9~1.0；6：2.9~2.0；7：3.9~3.0；8：4.9~4.0；9：5~10；10：>10）；纵坐标示各含量级所占的百分比

（47）新疆东天山铁（铜）矿床中的方解石

［产地、产状及共（伴）生矿物］　东天山黑峰山铁矿床、双峰山铁矿床以及沙泉子铜铁矿床位于新疆哈密盆地以南，是东天山阿齐山-雅满苏构造带的重要矿床。黑峰山铁矿产在具浅色蚀变的凝灰岩中，主矿体上盘出现石英角斑岩、霏细岩。矿石矿物以磁铁矿为主，次为假象赤铁矿，并含一定量的黄铁矿。脉石矿物为石榴子石、绿帘石、绿泥石、方解石、石英（黄小文等，2013）。

［化学成分］　黑峰山铁矿、双峰山铁矿和沙泉子铜铁矿床的方解石稀土元素含量及特征值列于表 1-2-69。

不同矿床的方解石具有明显不同的稀土元素配分型式。整体上，黑峰山铁矿大部分的方解石表现为重稀土元素富集型配分曲线，而样品 HFS0903 表现为中稀土元素相对富集。方解石样品 HFS0903 具有最低的稀土元素总量（$\sum REE = 1.73\times10^{-6}$），轻、重稀土元素分馏不明显，LREE/HREE 值为

1.08，$(La/Yb)_N$ 值为 1.03；Ce、Eu 异常不明显($\delta Ce=0.80$ 和 $\delta Eu=0.89$)。黑峰山铁矿其他方解石样品具有相似的稀土元素总量($\sum REE=2.96\times10^{-6}\sim8.44\times10^{-6}$)，轻、重稀土元素分馏明显，富集重稀土元素，$\sum LREE/\sum HREE$ 值为 0.25~0.48，$(La/Yb)_N$ 值为 0.03~0.25。样品 HFS0914 无 Eu 异常，样品 HFS0912 表现出 Eu 的正异常，其他样品表现为 Eu 的负异常($\delta Eu=0.38\sim0.57$)。所有样品均未表现出明显的 Ce 异常($\delta Ce=0.80\sim1.01$)。

表 1-2-69　新疆东天山铁(铜)矿床中方解石的稀土元素组成($w_B/10^{-6}$)及特征参数

矿床	黑峰山铁矿						双峰山铁矿					沙泉子铜铁矿		
样品号	HFS0901	HFS0903	HFS0904	HFS0911	HFS0912	HFS0914	SFS0902	SFS0903	SFS0911	SFS0912	SFS0914	SQZ0923	SQZ0924	SQZ0925
La	0.218	0.156	0.214	0.060	0.052	0.042	0.289	0.138	0.070	0.176	0.234	4.570	2.915	1.571
Ce	0.651	0.284	0.553	0.338	0.147	0.158	0.920	0.358	0.126	0.315	0.650	8.085	5.537	2.728
Pr	0.131	0.044	0.087	0.102	0.029	0.036	0.116	0.053	0.016	0.039	0.091	0.931	0.601	0.330
Nd	0.978	0.243	0.589	0.912	0.233	0.376	0.498	0.254	0.088	0.182	0.481	3.706	2.217	1.357
Sm	0.591	0.124	0.334	0.550	0.125	0.213	0.155	0.065	0.020	0.046	0.134	0.573	0.458	0.270
Eu	0.159	0.047	0.066	0.087	0.144	0.116	0.589	0.248	0.057	0.191	0.447	0.286	0.402	0.200
Gd	1.211	0.213	0.655	0.893	0.240	0.486	0.173	0.094	0.031	0.097	0.147	0.529	0.495	0.307
Tb	0.217	0.044	0.131	0.203	0.059	0.105	0.027	0.014	0.007	0.015	0.022	0.059	0.082	0.050
Dy	1.659	0.260	1.005	1.537	0.542	0.932	0.176	0.081	0.047	0.096	0.154	0.261	0.449	0.262
Ho	0.400	0.051	0.267	0.422	0.149	0.277	0.045	0.021	0.012	0.026	0.033	0.049	0.107	0.057
Er	1.068	0.127	0.723	1.324	0.530	0.866	0.121	0.055	0.036	0.072	0.105	0.133	0.295	0.167
Tm	0.150	0.017	0.104	0.201	0.078	0.132	0.018	0.007	0.004	0.012	0.015	0.013	0.041	0.021
Yb	0.867	0.102	0.585	1.420	0.551	0.869	0.143	0.045	0.023	0.074	0.080	0.072	0.269	0.137
Lu	0.143	0.015	0.090	0.223	0.084	0.139	0.021	0.006	0.005	0.012	0.013	0.012	0.042	0.021
Y	15.0	1.68	11.3	12.5	6.07	8.52	1.90	0.80	0.50	1.00	1.56	2.71	4.26	2.45
$\sum REE$	8.44	1.73	5.40	8.27	2.96	4.75	3.29	1.44	0.54	1.35	2.61	19.28	13.91	7.48
$\sum LREE$	2.73	0.90	1.84	2.05	0.73	0.94	2.57	1.12	0.38	0.95	2.04	18.15	12.13	6.46
$\sum HREE$	5.72	0.83	3.56	6.22	2.23	3.81	0.72	0.32	0.16	0.40	0.57	1.13	1.78	1.02
$\sum LREE/\sum HREE$	0.48	1.08	0.52	0.33	0.33	0.25	3.55	3.45	2.30	2.35	3.57	16.11	6.82	6.32
$(La/Yb)_N$	0.17	1.03	0.25	0.03	0.06	0.03	1.37	2.08	2.02	1.60	1.99	42.92	7.33	7.76
$(La/Sm)_N$	0.23	0.79	0.40	0.07	0.26	0.13	1.17	1.34	2.25	2.41	1.10	5.02	4.01	3.66
$(Gd/Yb)_N$	1.13	1.69	0.91	0.51	0.35	0.45	0.99	1.69	1.08	1.05	1.50	5.96	1.49	1.82
δEu	0.57	0.89	0.43	0.38	2.54	1.10	10.96	9.69	7.12	8.77	9.73	1.59	2.58	2.12
δCe	0.90	0.80	0.95	1.01	0.90	0.95	1.18	0.98	0.88	0.89	1.04	0.92	0.98	0.89

注：数据引自黄小文等(2013)。

与黑峰山铁矿相比，双峰山铁矿的方解石具有更低的稀土元素总量($\sum REE=0.54\sim3.29$)，轻、重稀土元素无明显分馏，表现为较平坦的稀土元素配分曲线。双峰山铁矿中的方解石具有明显的正 Eu 异常($\delta Eu=7.12\sim10.96$)，无明显的 Ce 异常($\delta Ce=0.88\sim1.88$)。

沙泉子铁矿中的方解石具有较高的稀土元素总量，表现为右倾的稀土元素配分型式；明显富集轻稀土元素，$\sum LREE/\sum HREE$ 值为 6.32~16.1，$(La/Yb)_N$ 值为 7.33~42.9；正 Eu 异常($\delta Eu=1.59\sim2.58$)，Ce 异常不明显(0.89~0.98)。

(48)新疆塔河油田中-下奥陶统岩溶洞穴中的方解石

[产地、产状及共(伴)生矿物]　塔河油田地处新疆维吾尔自治区的库车县和轮台县境内，天山南麓塔克拉玛干沙漠北缘。油田的奥陶纪地层发育较齐全，奥陶纪碳酸盐岩发育多期构造作用和多期

古岩溶作用。古岩溶洞穴中巨晶方解石主要有3种产出状态：一以角砾岩的填隙物产出；二与暗河沉积物一起产出；三以巨晶方解石单一产状产出(刘存革等，2008)。碳酸盐岩中方解石胶结物以粗粒亮晶、嵌晶胶结物为主，主要出现在较大的晶间孔隙、溶蚀孔隙、溶蚀缝及裂隙中靠孔隙壁一侧，同时晶体自形程度较好，晶体较大，通常可识别出4~5期具不同阴极发光强度的环带，即极强、强、中等、弱和极弱。方解石晶体的环带厚度不等，大致变化在0.003~0.025 mm之间，环带都具有方解石菱形自形晶的轮廓，直到与周围晶体竞争生长空间时才会发生变形，空间的局限控制了晶体的生长，并形成不规则的晶体形态(刘丽红等，2010)。

［**化学成分**］ 主量元素特征：本区碳酸盐岩中方解石胶结物的微量元素电子探针分析结果列于表1-2-70中，可以看出，具不同阴极发光性的各环带的Sr、Na、Mn、Fe微量元素含量有所差别，显示不发光或具有较暗阴极发光的环带(Z1、Z2)具有较低的Mn、Fe含量，但具有较高的Sr、Na含量；而发亮光的环带(Z3、Z4)则具有较高的Mn、Fe含量和较低的Sr、Na含量(图1-2-89，表1-2-70)。图1-2-89显示，随着方解石胶结物阴极发光强度的增强，Sr、Na含量呈逐渐降低的趋势，而Mn含量逐渐增加，这与逐渐增强的大气水成岩作用有关，同时受晶体生长速率的控制。

表1-2-70 新疆塔河油田奥陶系碳酸盐岩方解石胶结物阴极发光强度同微量元素含量的关系

阴极发光环带	$w_{Sr}/10^{-6}$				$w_{Na}/10^{-6}$			
	照片b	照片d	照片f	平均值	照片b	照片d	照片f	平均值
不发光环带(Z1)	431.25	295.96	84.56	270.59	133.55	14.84	89.03	79.14
弱发光环带(Z2)	109.93	126.84	76.10	104.29	22.26	37.10	148.39	69.25
强发光环带(Z3)	194.49	119.38	59.19	124.35	20.13	22.26	96.45	46.28
极强发光环带(Z4)	50.74	59.19	67.64	59.19	14.84	14.84	96.45	42.04
阴极发光环带	$w_{Mn}/10^{-6}$				$w_{Fe}/10^{-6}$			
	照片b	照片d	照片f	平均值	照片b	照片d	照片f	平均值
不发光环带(Z1)	38.72	85.19	23.23	46.05	217.65	108.82	7.77	111.41
弱发光环带(Z2)	85.19	131.66	69.70	351.09	202.1	108.82	108.82	139.91
强发光环带(Z3)	278.8	232.33	836.41	449.18	31.09	178.78	171.01	126.96
极强发光环带(Z4)	294.29	611.82	828.66	578.26	0	233.19	202.10	145.09

注：数据引自刘丽红等(2010)。

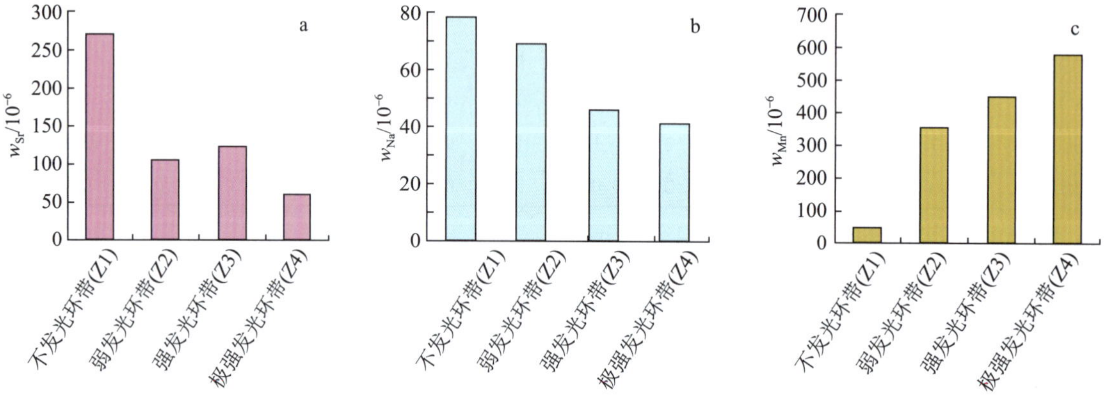

图1-2-89 新疆塔河油田奥陶系碳酸盐岩的方解石胶结物阴极发光强度与微量元素含量关系直方图
(据刘丽红等，2010)

同位素特征：巨晶方解石的碳、氧、锶同位素组成见表1-2-71。可以看出，本区巨晶方解石的$\delta^{13}C_{PDB}$分布在-5.6‰~-0.4‰之间，平均值为-2.838‰，主要分布区间为-5.6‰~-2.3‰(图1-2-90)，与中-下奥陶统灰岩的背景值差异明显(-1.0‰~1.4‰，平均值为-0.36‰)，存在来自风化壳上有机质氧化来源的^{13}C，该来源的^{13}C可引起$\delta^{13}C$偏负。S85井和T114井的巨晶方解石碳同位素分布较集中，而其他4口井则分布较分散。这种差异性可能是方解石在潜流岩溶带形成过程中，由洞穴环境的不同、流体流量的季节性变化、水-岩反应程度、方解石的沉淀速率等单个或多种因素影响下造成的。

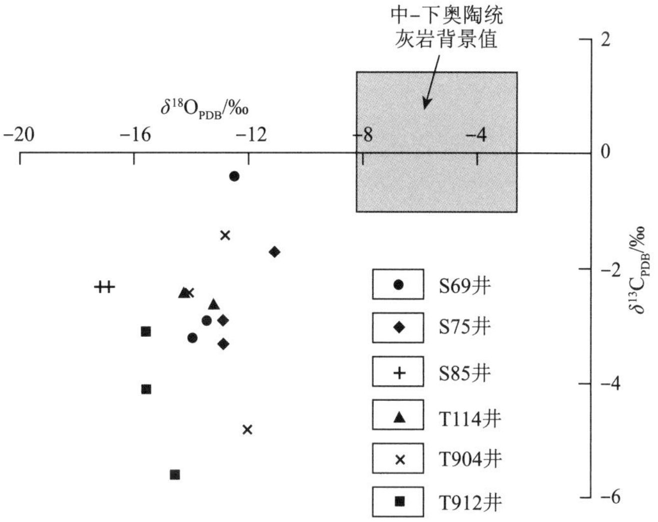

图1-2-90 新疆塔河油田巨晶方解石$\delta^{13}C_{PDB}$-$\delta^{18}O_{PDB}$关系图

（据刘存革等，2008）

氧同位素主要分布在-17.2‰~-11.1‰之间，平均值为-13.97‰，与背景值相比(-8.2‰~-5.7‰，平均值为-6.79‰)，明显受到大气淡水的影响。单个洞穴巨晶方解石的$\delta^{18}O_{PDB}$分布范围相对较窄，但整体分布相对较宽，说明洞穴环境(季节、蒸发作用)对氧同位素的组成起着控制作用。

本区巨晶方解石的$N(^{87}Sr)/N(^{86}Sr)$值分布在0.709184~0.709938之间，平均值为0.709645，比中-下奥陶统灰岩背景值(分布在0.708673~0.709066间，平均值为0.7087696)高(图1-2-91)，说明其主要受到壳源锶的影响。

表1-2-71 新疆塔河油田巨晶方解石胶结物碳、氧、锶同位素组成

序号	井号	块号	产状	$\delta^{13}C_{PDB}$ /‰	$\delta^{18}O_{PDB}$ /‰	Sr	
						$(^{87}Sr/^{86}Sr)_N$	2δ
1	T114	616/65	洞穴巨晶方解石	-2.6	-13.3	0.709753	±0.000011
2	T114	69/65	洞穴巨晶方解石，下面为泥质	-2.4	-14.3	0.709938	±0.000015
3	T904	127/33	洞穴巨晶方解石	-4.8	-12.1	0.709184	±0.000015
4	T904	134/42	洞穴巨晶方解石	-1.4	-12.8	0.709852	±0.000012
5	T904	1324/42	洞穴巨晶方解石	-2.4	-14.1	0.709869	±0.000011
6	S85	175/9	洞穴巨晶方解石	-2.3	-17.2	0.709526	±0.000011
7	S85	178/9	洞穴巨晶方解石	-2.3	-17.0	0.709580	±0.000012
8	S75	83/37	洞穴巨晶方解石	-1.7	-11.1	0.709571	±0.000012
9	S75	812/37	洞穴巨晶方解石	-3.3	-12.9	0.709624	±0.000009
10	S75	832/37	洞穴巨晶方解石	-2.9	-12.9	0.709577	±0.000012
11	S69	81/17	洞穴巨晶方解石	-3.2	-14.0	0.709890	±0.000011
12	S69	89/17	洞穴巨晶方解石，与泥质混杂堆积	-0.4	-12.5	0.709567	±0.000014
13	S69	916/19	洞穴巨晶方解石，含有泥岩角砾	-2.9	-13.5	0.709424	±0.000013

续表

序号	井号	块号	产状	$\delta^{13}C_{PDB}$ /‰	$\delta^{18}O_{PDB}$ /‰	Sr	
						$(^{87}Sr/^{86}Sr)_N$	2δ
14	T912	92/15	洞穴巨晶方解石	-5.6	-14.6	0.709627	±0.000011
15	T912	1031/49	洞穴巨晶方解石	-3.1	-15.6	0.709685	±0.000009
16	T912	1044/49	洞穴巨晶方解石	-4.1	-15.6	0.709645	±0.000013

注：数据引自刘存革等(2008)。块号指被取样岩芯的编号，如序号 1 中的 T114 6 16/65 是指该样品取自 T114 井第 6 回次取芯中的第 16 块岩芯，该回次取芯共有 65 块岩芯。

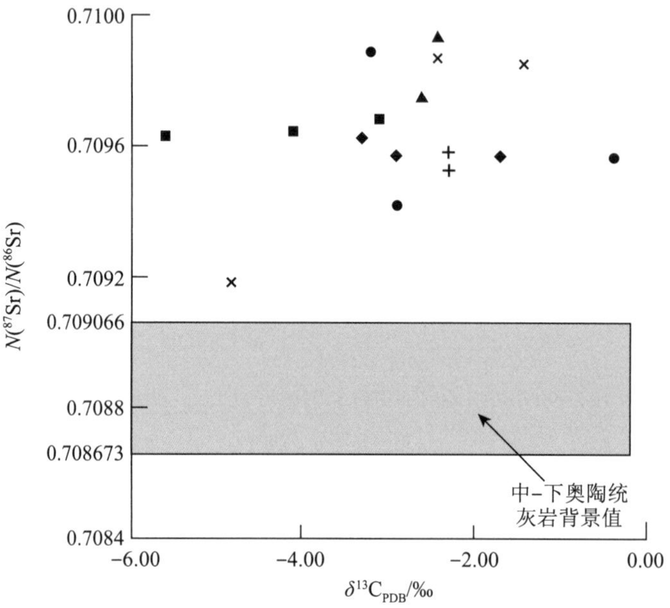

图 1-2-91　新疆塔河油田巨晶方解石 $N(^{87}Sr)/N(^{86}Sr)$ 和 $\delta^{13}C_{PDB}$ 关系图

(据刘存革等，2008)

包裹体特征：本区巨晶方解石样品中包裹体类型较多，包括液烃、固烃+液烃、气烃+液烃和气烃等类型的有机包裹体，以及单相液体、气液两相和含烃盐水等多种类型的盐水包裹体。包裹体大小介于 2 mm×10 mm~40 mm×50 mm 之间，气液比≤5%。根据测温结果，包裹体的均一温度介于 67~142℃之间，平均为 92.7℃，主要分布在 80~100℃之间(图 1-2-92)。巨晶方解石中含烃盐水包裹体的盐度分布在 0.18%~23.18%之间(图 1-2-93)，平均值为 13.5%。其中，0.18%~3.5%这个盐度范围小于现代平均海水盐度，淡水盐度的存在说明巨晶方解石形成于潜流岩溶带的低温环境。根据巨晶方解石中出现的单相水溶液包裹体和淡水盐度，可以说明其形成于地表岩溶环境中。

(49)新疆西南天山小哈拉军山辉长岩体中的方解石

[产地、产状及共(伴)生矿物]　西南天山特克斯县东南的小哈拉军山辉长岩体主要由角闪辉长岩和含磁铁矿辉长岩组成。角闪辉长岩主要由单斜辉石、角闪石和斜长石组成；含磁铁矿辉长岩主要由斜长石和磁铁矿组成。这两类岩石都含少量方解石。这些方解石均呈独立矿物出现，且与长石、单斜辉石或黑云母平衡共生。这些方解石是原生碳酸盐矿物，不是后期热液蚀变的产物(郭璇等，2011)。

[形貌特征]　方解石大小变化较大(0.5~1 mm)，呈菱形或柱状，有的方解石晶体发育平行双晶纹(图 1-2-94)。

[化学成分]　本区方解石的电子探针分析结果如表 1-2-72 所示。

(50)新疆伊宁琼布拉克铜矿床中的方解石

[产地、产状及共(伴)生矿物]　琼布拉克铜矿床位于新疆伊宁县境内，拜什墩农场北东约 11 km 处，属火山热液型，方解石与黄铜矿、辉铜矿等共生(罗勇等，2011)。

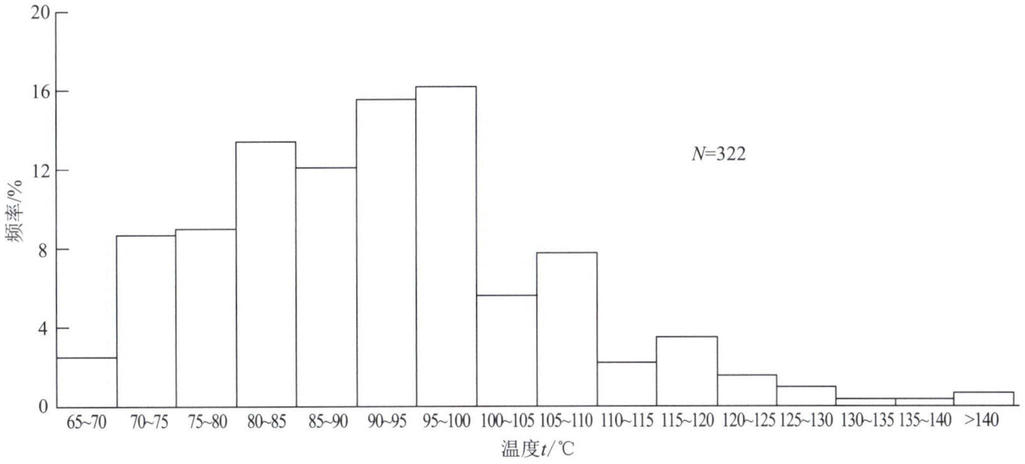

图 1-2-92　新疆塔河油田巨晶方解石盐水包裹体均一温度直方图

（据刘存革等，2008）

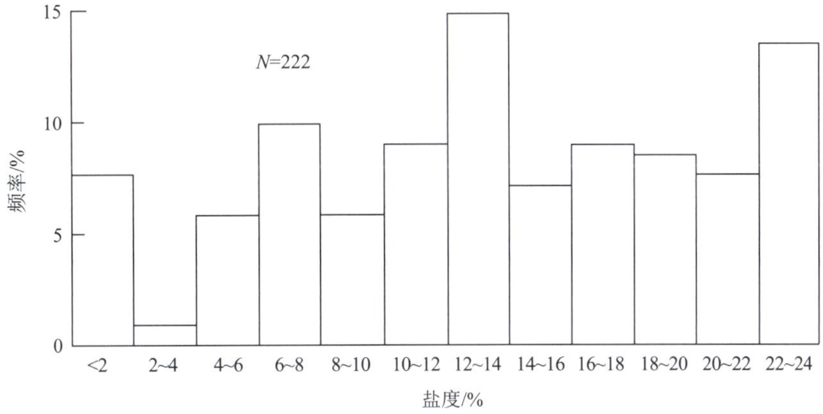

图 1-2-93　新疆塔河油田巨晶方解石盐水包裹体盐度直方图

（据刘存革等，2008）

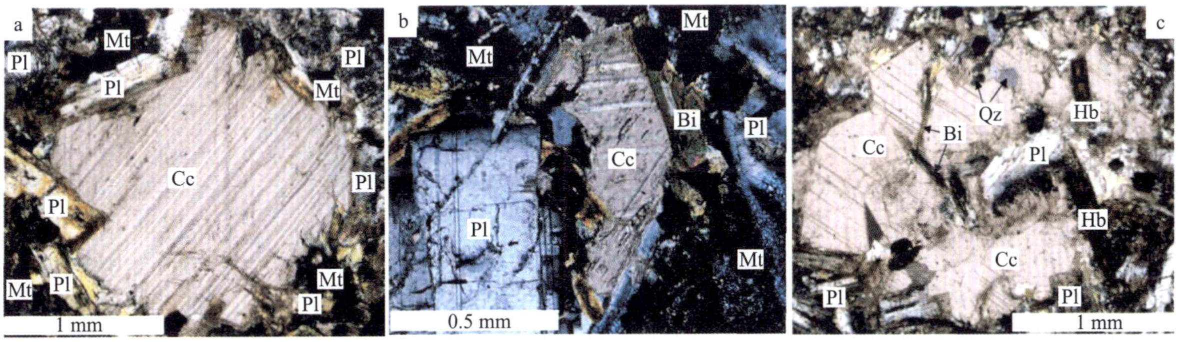

图 1-2-94　新疆西南天山小哈拉军山辉长岩体中的方解石形貌特征

（据郭璇等，2011）

a—斜长石环绕方解石生长；b—方解石与斜长石、黑云母平衡共生；c—方解石内部包裹长石、云母、石英等矿物

Pl—斜长石；Mt—磁铁矿；Cc—方解石；Bi—黑云母；Qz—石英；Hb—角闪石

［化学成分］　根据本区方解石碳、氧稳定同位素分析结果(表 1-2-73)，$\delta^{13}C_{PDB}$ 为-7.37‰~-41.9‰，与地幔碳同位素值-5±2‰基本吻合；$\delta^{18}O_{PDB}$ 为 9.63‰~11.91‰，与火山岩氧同位素值5‰~15‰也基本一致。

表 1-2-72　新疆小哈拉军山辉长岩中方解石的电子探针分析结果(w_B/%)

样号	SiO_2	TiO_2	Al_2O_3	Cr_2O_3	FeO	MnO	NiO	MgO	CaO	Na_2O	K_2O	总计
6TS96-1.1	0.00	0.00	0.02	0.00	0.00	0.00	0.07	0.02	53.98	0.00	0.00	54.09
6TS96-1.2	0.00	0.00	0.00	0.05	0.01	0.03	0.03	0.01	54.35	0.00	0.00	54.48
6TS96-2.1	0.00	0.00	0.00	0.00	1.65	1.81	0.00	0.53	53.40	0.04	0.00	57.43
6TS96-2.2	0.00	0.00	0.01	0.00	1.25	1.46	0.00	0.47	53.09	0.02	0.01	56.30
6TS96-5.1	0.00	0.00	0.00	0.00	0.67	0.98	0.04	0.16	55.63	0.00	0.00	57.49
6TS96-5.2	0.00	0.00	0.01	0.00	0.16	0.44	0.04	0.07	56.21	0.00	0.00	56.93
6TS96-5.3	0.00	0.00	0.02	0.02	0.42	0.52	0.00	0.15	55.67	0.00	0.01	56.81
6TS96-5.4	0.00	0.00	0.00	0.00	0.43	0.53	0.00	0.16	55.99	0.00	0.00	57.11
6TS96-6.1	0.00	0.03	0.00	0.03	0.58	1.16	0.00	0.15	55.33	0.01	0.00	57.28
6TS96-6.2	0.00	0.00	0.04	0.00	0.98	1.55	0.00	0.23	54.74	0.04	0.00	57.57
6TS96-8.1	0.00	0.01	0.00	0.00	1.53	1.79	0.00	0.48	54.00	0.01	0.00	57.82
6TS96-8.2	0.00	0.00	0.00	0.06	1.05	1.13	0.00	0.48	55.45	0.03	0.01	58.20
6TS98-1.1	0.00	0.00	0.01	0.07	0.93	1.38	0.00	0.19	53.17	0.00	0.00	55.75
6TS98-1.2	0.00	0.00	0.04	0.00	1.89	1.73	0.00	0.85	52.40	0.00	0.00	56.91
6TS98-1.3	0.00	0.00	0.01	0.01	1.38	1.84	0.01	0.49	52.93	0.00	0.00	56.67

注：数据引自郭璇等(2011)。

表 1-2-73　新疆琼布拉克铜矿床方解石碳、氧稳定同位素数据

样品号	主矿物	$\delta^{13}C_{PDB}$/‰	$\delta^{18}O_{PDB}$/‰	$\delta^{18}O_{SMOW}$/‰
QBW-1	方解石	-7.37	-18.43	11.91
QBW-2	方解石	-6.65	-19.81	10.49
QBW-3	方解石	-7.12	-18.54	11.80
QBW-4	方解石	-4.19	-20.64	9.63
QBW-5	方解石	-5.95	-19.58	10.72
QBW-6	方解石	-6.12	-20.25	10.04
QBW-7	方解石	-6.63	-20.34	9.94

注：数据引自罗勇等(2011)。

(51)云南省白秧坪多金属矿集区东矿带中的方解石

[产地、产状及共(伴)生矿物]　云南白秧坪地区位于兰坪盆地北部，兰坪白秧坪铜银多金属矿集区东矿带沿华昌山断裂从南部的黑山到北部的东至岩和河西铅矿等地，南北延伸达 30 余千米，东西宽度达 15 km 以上，目前共划分出黑山、灰山、华昌山、燕子洞、下区五、东至岩、麦地坡和河西 8 个矿段。方解石作为白秧坪多金属富集区东矿带的主要脉石矿物，以块状、粗脉状、细脉状及角砾状等分布于不同类型的矿体和矿石中(图 1-2-95)(冯彩霞等，2011)。

[化学成分]　方解石稀土元素含量和特征参数见表 1-2-74。利用球粒陨石进行标准化，得到不同产状矿体中方解石的稀土元素配分模式(图 1-2-96)。可以看出，东矿带不同产状方解石具有 LREE 富集型和相对水平型 2 种稀土模式。在 La/Ho-Y/Ho 相关图上(图 1-2-97)，总体上呈现水平分布，表明其方解石具有同源性，且 La/Ho 值随着矿区不同，即由华昌山矿段→下区吾矿段→东至岩矿段具有一定连续变化趋势。

在方解石 REE 变异图(图 1-2-98)上，也显示不同矿段不同产状方解石的 REE 地球化学具有一定的连续变化趋势，暗示它们可能为同源不同阶段的产物。

表 1-2-74　东矿带方解石样品的采样点、稀土元素含量($w_B/10^{-6}$)及相关参数

样品号	样品描述	采样点	La	Ce	Pr	Nd	Sm	Eu	Gd	Tb	Dy	Ho	Er	Tm	Yb	Lu	Y	∑REE	$(La/Yb)_N$	δEu	δCe
HCS10-1-2	与矿石共生的粗脉状 Cal	华昌山1号矿坑	0.45	0.95	0.18	0.94	0.42	0.14	0.75	0.15	0.90	0.22	0.57	0.07	0.37	0.05	7.69	6.17	0.83	0.81	0.81
HCS10-4	矿石中的 Cal 脉		0.94	1.93	0.33	1.77	0.60	0.21	1.25	0.20	1.24	0.27	0.66	0.07	0.36	0.05	11.90	9.88	1.79	0.79	0.82
HCS10-5	与矿石共生的粗脉状 Cal		0.62	1.38	0.25	1.19	0.54	0.15	0.95	0.17	1.07	0.23	0.58	0.07	0.37	0.05	9.85	7.61	1.14	0.68	0.84
HCS10-6	含 Gn+Sp 的 Cal 脉		0.57	1.26	0.24	1.17	0.45	0.16	0.85	0.17	1.01	0.22	0.60	0.07	0.43	0.06	7.42	7.25	0.90	0.82	0.82
HCS10-7			1.23	2.40	0.43	2.19	0.72	0.26	1.43	0.26	1.71	0.40	1.06	0.14	0.84	0.13	13.10	13.19	1.00	0.84	0.78
HCS10-10			0.39	0.77	0.14	0.66	0.26	0.11	0.61	0.11	0.68	0.15	0.37	0.04	0.23	0.03	5.82	4.53	1.16	0.90	0.79
HCS10-13	含闪锌矿的 Cal 脉		0.49	1.09	0.22	1.22	0.67	0.29	1.66	0.33	2.13	0.46	1.07	0.12	0.68	0.09	16.20	10.51	0.49	0.90	0.79
HCS10-14			0.50	1.14	0.20	1.01	0.40	0.14	0.82	0.15	0.99	0.21	0.54	0.07	0.40	0.06	8.23	6.64	0.84	0.79	0.85
HCS10-15	围岩+Cal 矿石		1.79	3.86	0.68	3.42	1.23	0.41	2.17	0.43	2.77	0.61	1.67	0.22	1.40	0.19	21.10	20.85	0.87	0.82	0.83
HCS10-19	灰岩中的 Cal 脉（白云石化）	1号矿坑上方	2.21	2.77	0.44	1.69	0.38	0.15	0.53	0.08	0.44	0.09	0.26	0.03	0.17	0.02	4.40	9.26	8.96	1.12	0.67
HCS10-22	与矿石共生的粗脉状 Cal(白云石化)	华昌山1号矿坑	0.23	0.44	0.09	0.47	0.18	0.18	0.38	0.08	0.47	0.10	0.25	0.03	0.18	0.02	3.40	3.10	0.87	2.20	0.74
HCS10-23	与矿石共生的粗脉状 Cal		0.33	0.63	0.12	0.58	0.30	0.11	0.78	0.15	0.93	0.21	0.52	0.06	0.31	0.04	8.30	5.07	0.72	0.77	0.75
XQW10-7	含 Cal 细脉铜矿石	下区吾氧化矿	2.21	4.95	0.63	2.59	0.85	0.18	1.00	0.17	1.09	0.23	0.66	0.08	0.55	0.07	7.81	15.27	2.70	0.65	1.00
XQW10-07-1			3.00	6.39	0.78	3.19	0.74	0.18	0.92	0.18	1.02	0.24	0.66	0.09	0.53	0.08	6.98	18.01	3.86	0.71	0.99
XQW10-33	近矿含 Cal+Dol 灰岩		6.17	10.90	1.97	8.64	2.24	0.54	2.42	0.43	2.28	0.49	1.28	0.17	1.21	0.09	13.90	38.93	3.45	0.76	0.74
DZY10-48	含 Cal 脉的灰岩	东至岩铜矿	1.98	2.26	0.29	1.06	0.22	0.07	0.30	0.06	0.28	0.07	0.19	0.02	0.13	0.17	3.09	6.93	10.73	0.86	0.72

注：数据引自冯彩霞等(2011)；球粒陨石标准化 REE 数据据 Boynton(1984)；δCe 和 δEu 指球粒陨石标准化后计算的值；$Ce^*=(La\cdot Pr)^{1/2}$，$\delta Ce=Ce/Ce^*$；$Eu^*=(Sm\cdot Gd)^{1/2}$，$\delta Eu=Eu/Eu^*$。

图 1-2-95　云南白秧坪矿区东矿带不同产状矿体中的方解石

（据冯彩霞等，2011）

a—角砾状方解石；b—宽脉+细脉方解石与方铅矿共生；c—宽脉方解石与闪锌矿共生；d—宽脉方解石与闪锌矿+方铅矿共生；e—与闪锌矿+方铅矿共生的宽脉方解石镜下照片；f—与方铅矿共生的宽脉方解石镜下照片。Cal—方解石；Sp—闪锌矿；Gn—方铅矿

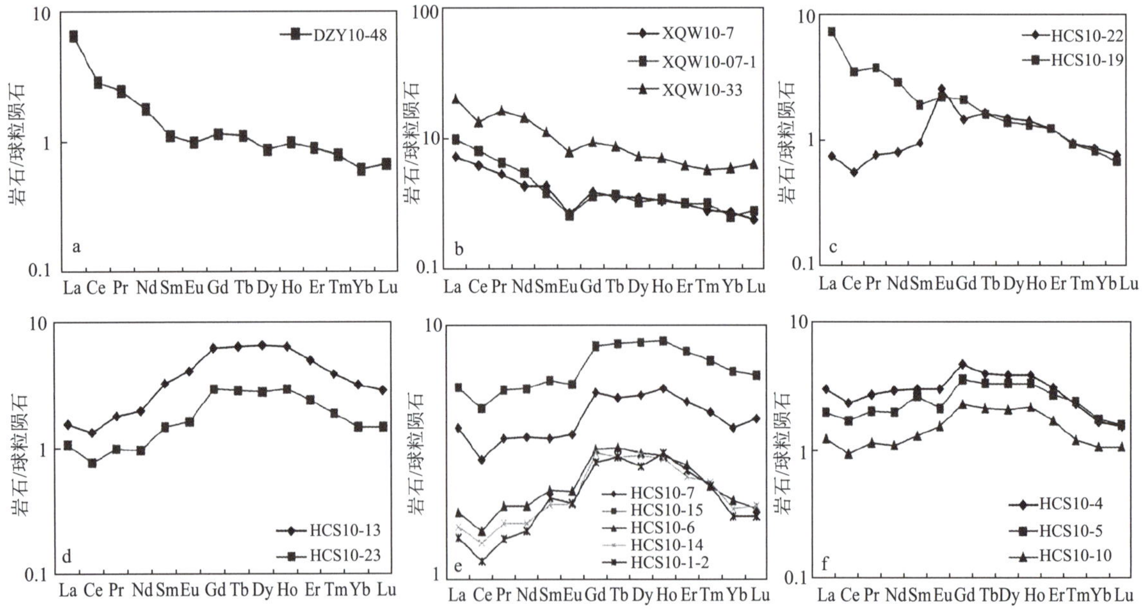

图 1-2-96　滇西北白秧坪东矿带不同类型方解石的 REE 配分模式图

（据冯彩霞等，2011）

东矿带方解石的稀土配分模式和特征参数与本区围岩具明显的相似性，继承了各矿段围岩的稀土元素特征，表明东矿带不同矿区 LREE 富集型方解石的 REE 配分模式受围岩地层的控制。

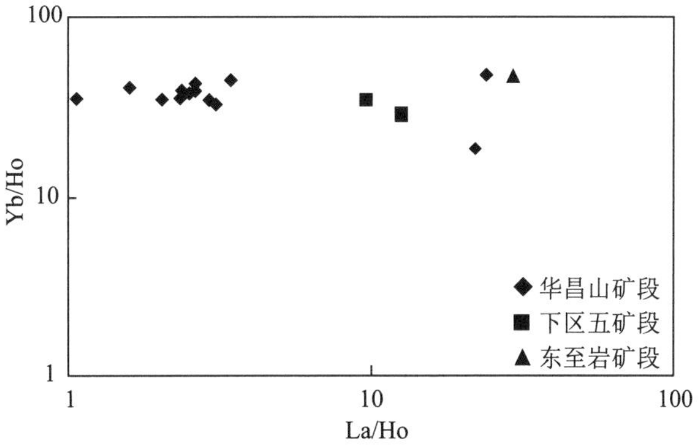

图 1-2-97　云南白秧坪矿区东矿带方解石 La/Ho-Y/Ho 相关图
（据冯彩霞等，2011）

东矿带不同矿段不同产状的方解石其 ∑REE 含量和 $(La/Yb)_N$ 值分别为 $3.10\times10^{-6}\sim38.93\times10^{-6}$ 和 0.49～10.73，该值明显不同于岩浆成因方解石，而与热液成因方解石值相近。这说明成矿流体应以热卤水为主，与本区流体包裹体的氢、氧同位素组成得出的观点一致（陈开旭等，2004），即成矿流体主要来源于大气降水与围岩反应所形成的热卤水。

Eu、Ce 异常主要与水-岩反应中的氧化-还原条件有关，可以反映地质环境信息。东矿带不同矿段和不同产状方解石中的 Ce 异常变化不明显，均显示弱的负异常，而 Eu 值有明显负异常-弱异常或无异常-正异常的演化，暗示成矿过程中氧化-还原条件的变化。矿区成矿环境可能存在一个由相对还原向相对氧化的变化过程。

（52）云南省北衙金矿床中的方解石

［产地、产状及共（伴）生矿物］　北衙金矿床是金沙江哀牢山富碱侵入岩带上与富碱侵入岩有关的最重要的金矿床。方解石是北衙金矿体中的主要脉石矿物，呈脉状、网脉状、团块状、团斑状等产于其中，其形成与金矿化关系密切。根据其产状、晶形，包裹体形态学研究和测温资料以及与成矿的关系大致划分为 3 个期次：Ⅰ期（成矿前期）方解石呈脉状产在斑岩体内；Ⅱ期（主成矿期）方解石呈团块状或脉状产在隐爆角砾岩筒内或接触带附近灰岩中，与金成矿关系密切；Ⅲ期（成矿晚期或后期）方解石有多种产状类型，主要包括：①呈脉状穿切接触带矽卡岩铁（金）矿体，②呈网脉状或团斑状充填在褐铁矿或赤铁矿矿石裂隙中，③呈网脉状产在砂糖状碳酸盐中（吴开兴等，2010）。

［形貌特征］　Ⅰ期方解石呈脉状；Ⅱ期方解石呈团块状或脉状，晶体粗大、菱面体解理发育；Ⅲ期方解石的共同点是菱面体解理不发育，呈不规则到规则的粒状集合体。

［化学成分］　同位素特征：矿体和近矿围岩中的方解石或碳酸盐脉 C、O 同位素测定结果列于表 1-2-75 中。北衙金矿Ⅰ期方解石 C、O 同位素组成为 $\delta^{13}C=-5.05‰$，$\delta^{18}O=11.57‰$，具岩浆流体的碳同位素（$\delta^{13}C=-9‰\sim-4‰$）和氧同位素（$\delta^{18}O=6‰\sim15‰$）组成特征，其形成可能与富碱岩浆热液去气（CO_2）作用有关；Ⅱ、Ⅲ期方解石与Ⅰ期方解石相比，具有较宽的碳同位素范围（$\delta^{13}C=-8‰\sim0‰$）和较高的氧同位素组成（$\delta^{18}O=13‰\sim19‰$），显示不同的形成过程。

北衙金矿Ⅱ、Ⅲ期方解石投影在碳、氧同位素组成图上，呈现以灰岩 $\delta^{18}O_{SMOW}\approx28‰$、$\delta^{13}C_{PDB}\approx0$ 为初始点，沿碳、氧同位素比值降低的方向演化（图 1-2-99a），这是典型的碳酸盐蚀变（重结晶）成因的分布趋势。图 1-2-99b 中手标本清楚地显示了灰岩蚀变形成粒状方解石（大理岩）和方解石细脉现象，是北衙金矿Ⅱ、Ⅲ期方解石成因过程的直接反映。

包裹体特征：Ⅱ期方解石流体包裹体发育，个体大（一般 5～25 μm），形态较规则，以气液和气体包裹体为主，并含大量的富 CO_2 包裹体。气液均一温度 t_n 为 269～406℃，集中区间 280～320℃（图 1-2-100a）。气液包裹体盐度较高，分布区间为 6.67%～16.98%，平均 11.93%。但富 CO_2 包裹

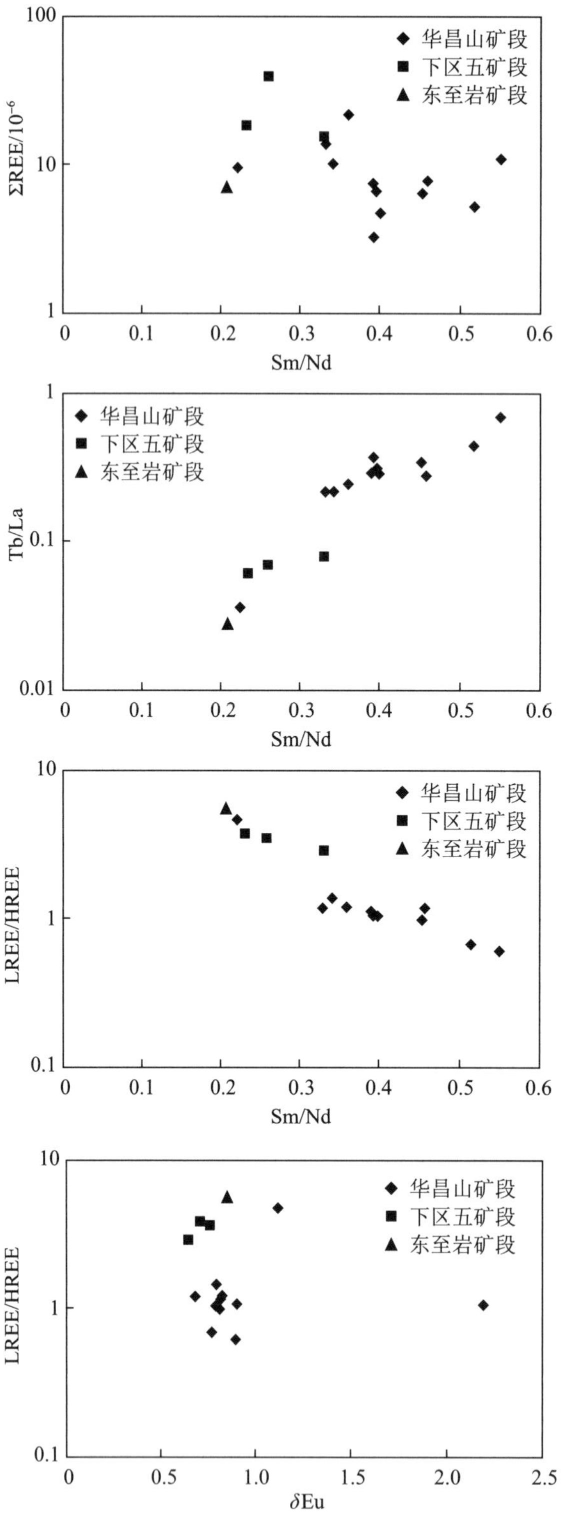

图 1-2-98　云南白秧坪矿区东矿带方解石 REE 变异图

（据冯彩霞等，2011）

体显示较高的均一温度和较低的盐度。Ⅲ期方解石的流体包裹体由不发育到发育均有，但包裹体都较小(一般小于 5 μm)，形态为圆形、椭圆形或不规则状，以液体包裹体(气液比小于 15%)，本研究没有发现富 CO_2 包裹体存在。气液均一温度 198~327℃，集中区间为 240~280℃(图 1-2-100b)。由于包裹体较小，准确测定其盐度较困难，但仍可估计其上限为 10%，多数小于 5%。

表 1-2-75　北衙金矿床方解石及蚀变灰岩的 C、O 同位素组成

样品(期次)	样品	产地	$\delta^{13}C_{PDB}$/‰(2σ)	$\delta^{18}O_{SMOW}$/‰(2σ)	产状描述	资料来源
方解石(Ⅰ)	Wd1	万洞山	-5.05(1)	11.57(1)	岩体内方解石脉	刘秉光等，1999
方解石(Ⅱ)	HN-29	红泥塘	0.051(7)	18.464(2)	团块状，菱面体解理	吴开兴等，2010
	BJ-2-4	笔架山	-1.020(8)	14.712(12)		
方解石(Ⅲ)	HN-19	红泥塘	-4.146(6)	15.858(8)	脉状，穿插矿体，粒状集合体	
	WD-20	万洞山	-4.809(13)	14.637(11)		
	WD-19	万洞山	-3.180(5)	14.400(3)		
	BJ-2-2	笔架山	-1.060(4)	18.706(12)	产在砂糖状碳酸盐岩中，多呈网脉状，为粒状集合体，局部呈块状，具菱面体解理	
	BJ-2-5	笔架山	-5.494(14)	14.218(27)		
	BJ-2-7	笔架山	-3.777(5)	13.325(12)		
	BJ-2-1	笔架山	-3.766(7)	13.011(14)		
	BJ-13	笔架山	-5.268(5)	14.160(17)		
	BJ-3	笔架山	-2.872(12)	13.590(8)		
	WD-13	万洞山	-5.837(4)	13.964(22)	呈团斑状产在铁金矿石中，粒状集合体	
	WD-2	万洞山	-5.704(9)	14.370(12)		
	89w5	万洞山	-8.13(1)	15.23(2)	赤铁矿中碳酸盐脉	刘秉光等，1999
蚀变碳酸盐	Bywx0	万洞山	0.66(1)	27.16(5)	砂糖状碳酸盐岩	
	Lw20	万洞山	0.72(1)	18.39(3)	砂糖状碳酸盐岩	
	89w18	万洞山	-0.84(1)	23.76(3)	铁化灰岩	
	Bys02	笔架山	0.49(1)	23.76(3)	硅化灰岩	

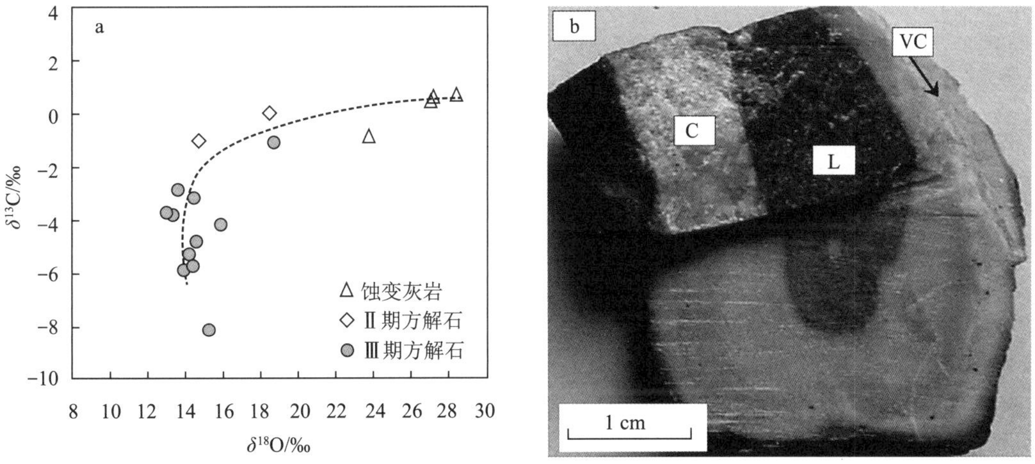

图 1-2-99　北衙金矿方解石及蚀变灰岩 C、O 同位素组成图解(a)与北衙金矿手标本显示灰岩蚀变形成方解石(b)

L—灰岩；C—粒状方解石(大理岩)；VC—方解石细脉

(53)云南省大红山铜矿床中的方解石

[产地、产状及共(伴)生矿物]　大红山铁铜矿床位于云南省玉溪市新平县。含矿层位稳定，矿化基本均匀，矿体呈层状、似层状产出。矿石中金属矿物以黄铜矿、磁铁矿为主，黄铁矿次之；脉石矿物主要为钠长石、石英、黑云母，次为方解石、石榴子石、绿泥石(吴孔文等，2008)。

[化学成分]　选取 8 件与石英、黄铜矿共生的方解石样品做 $\delta^{13}C$ 和 $\delta^{18}O$ 值分析结果见表 1-2-76。其 $\delta^{13}C$ 值范围为-5.6‰~-3.1‰，与地幔碳同位素值(-5.0±2‰)完全吻合。$\delta^{18}O$ 值范围为 12.4‰~15.5‰。热液中 H_2O 的 $\delta^{18}O$ 值可以根据方解石-水氧同位素分馏方程求出(O′Neil et al.，1969)，计

算结果在3.4‰~13.7‰之间，与火山岩 $\delta^{18}O$ 值范围(5‰~15‰)基本一致。

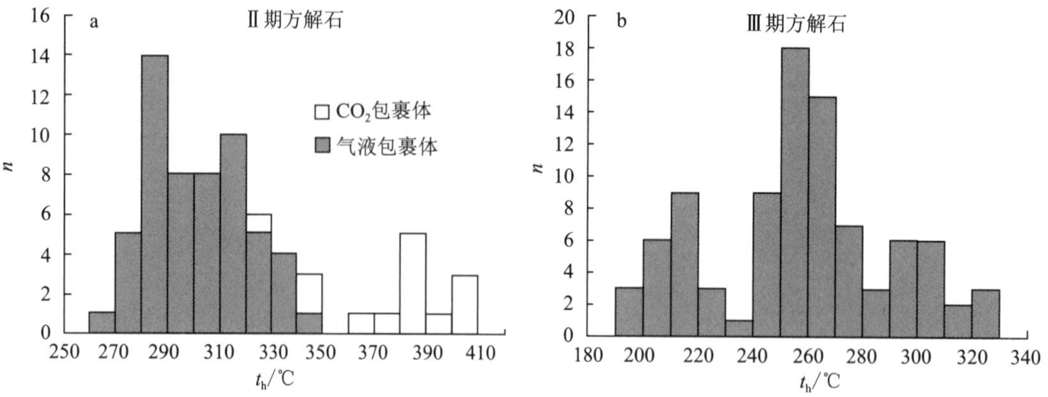

图1-2-100 云南北衙金矿Ⅱ期和Ⅲ期方解石中流体包裹体均一温度柱状图

(据吴开兴等，2010)

表1-2-76 云南大红山层状铜矿方解石 $\delta^{13}C$ 和 $\delta^{18}O$ 值分析结果及成矿流体 $\delta^{18}O$ 值计算结果

样品号	$\delta^{13}C_{PDB}$/‰	$\delta^{18}O_{PDB}$/‰	$\delta^{18}O_{SHOW}$/‰	不同温度下热液 H_2O 的 $\delta^{18}O_{SHOW}$/‰	
				200℃	456℃
HS-0611C	-3.1	-17.2	13.2	4.2	11.4
HS-0616B	-4.4	-14.9	15.5	6.5	13.7
HS-0622B	-5.6	-15.6	14.8	5.8	13.0
HS-0630	-3.3	-17.9	12.4	3.4	10.6
HS-0630C	-3.4	-17.9	12.4	3.4	10.6
HS-0640	-4.1	-17.1	13.2	4.2	11.4
HS-0650B	-3.7	-17.8	12.5	3.5	10.7
HS-0652	-3.8	-17.5	12.9	3.9	11.1

注：数据引自吴孔文等(2008)。

(54)云南省会泽铅锌矿床中的方解石

[产地、产状及共(伴)生矿物] 方解石是云南会泽铅锌矿床最重要的脉石矿物，氧化矿和混合矿中的方解石绝大部分已被淋滤，在原生矿石中主要呈团块状、团斑状和脉状产出(黄智龙等，2001；2003)。

[形貌特征] 团块状方解石形态不规则，一般大于10 cm×10 cm×10 cm，与矿石矿物之间的界线清晰，块体边缘常见矿石矿物脉，块体中偶见矿石矿物粗晶；团斑状方解石呈星点状均匀分布于矿石矿物中，多小于2 cm×2 cm×2 cm，与矿石矿物之间的界线不清晰；脉状方解石呈脉体穿切矿石矿物，脉体宽一般小于2 cm，延伸5~20 cm不等，与矿石矿物之间的界线清晰。相对数量团块状≫团斑状>脉状。3种产状方解石的形成顺序为团块状→团斑状→脉状。

[化学成分] 本矿床原生矿中3种产状方解石的REE含量及有关参数统计结果见表1-2-77。可以看出，原生矿石中3种产状方解石，从团块状→团斑状→脉状，方解石的∑REE(包括Y)含量、LREE和HREE(不包括Y)含量降低，LREE/HREE增加；Sm/Nd和Tb/La降低；La/Ho增加。

3种产状方解石的REE配分模式也有差别(图1-2-101)，分别为"M"形、"烟斗"形和"W"形，从团块状→团斑状→脉状，方解石的$(La/Yb)_N$(平均值：30.230→47.129→209.969)、$(La/Pr)_N$(平均值：0.545→0.707→1.513)和$(La/Sm)_N$(平均值：0.872→1.630→5.065)增加，从Eu负异常到Eu正异常(δEu平均值：0.622→1.564→2.171)，Ce异常变化不明显(δCe平均值：1.184→1.158→1.014)。虽然三种产状方解石的REE含量、有关参数及配分模式均有较明显的差别，但三者之间，尤其是团块状与团斑状之间，REE 含量以及有关 REE 参数的变化范围有重叠部分，同种产状方解石的 REE 含量及有关参数也表现有规律的变化，其变化特征与不同产状方解石的 REE 地球化学变化特征相似，在图 1-2-102 中更清楚地看出不同产状和同种产状方解石的 REE 变化特征一致。这些现象表明，矿区原生矿石中方解石的 REE 地球化学具有连续变化特征。

表 1-2-77　云南会泽铅锌矿方解石 REE 含量($w_B/10^{-6}$)及参数统计结果

产状		∑REE	LREE	HREE	LREE/HREE	δEu	δCe	$(La/Sm)_N$	$(La/Pr)_N$	$(Gd/Yb)_N$	$(Lu/Yb)_N$
团块状方解石(18)	范围	31. 898~357. 141	24. 108~238. 390	2. 622~40. 448	3. 725~17. 906	0. 325~0. 955	1. 077~1. 250	0. 385~1. 928	0. 345~0. 835	2. 647~64. 902	2. 674~131. 634
	均值	106. 935	77. 340	10. 462	8. 710	0. 622	1. 184	0. 872	0. 545	18. 427	30. 230
团斑状方解石(7)	范围	22. 601~106. 670	18. 390~95. 920	1. 705~7. 718	8. 219~24. 947	1. 138~2. 040	1. 107~1. 281	0. 589~3. 510	0. 430~1. 210	3. 415~50. 083	6. 861~223. 441
	均值	65. 157	55. 239	4. 146	14. 984	1. 564	1. 158	1. 630	0. 707	13. 851	47. 129
脉状方解石(3)	范围	23. 700~36. 241	22. 529~34. 475	0. 604~1. 040	30. 711~40. 702	1. 731~2. 533	1. 003~1. 028	4. 317~6. 238	1. 408~1. 633	15. 753~34. 107	137. 096~353. 008
	均值	31. 348	29. 648	0. 830	36. 238	2. 171	1. 014	5. 065	1. 513	22. 619	209. 969
北东构造带中的方解石(7)	范围	5. 471~56. 788	3. 504~42. 918	0. 649~4. 956	4. 533~8. 688	0. 439~0. 742	0. 899~1. 085	1. 574~3. 338	1. 039~2. 075	1. 734~5. 041	4. 660~18. 677
	均值	17. 455	12. 367	1. 745	6. 115	0. 612	0. 990	2. 324	1. 496	3. 016	9. 596
地层中晶洞方解石(4)	范围	1. 901~9. 736	0. 657~2. 926	0. 222~1. 320	2. 217~5. 669	0. 738~3. 709	0. 606~1. 184		2. 110~2. 642	1. 530~1. 838	4. 376~6. 812
	均值	4. 143	1. 529	0. 521	3. 642	1. 933	0. 848		2. 308	1. 682	5. 854

注：数据引自黄智龙等(2001)。括号内为样品数；地层中晶洞方解石的 REE 数据仅供参考。

与原生矿石中方解石相比，北东向构造带中方解石的 REE 含量范围较宽，其∑REE、LREE 和 HREE 分别为 $5.471\times10^{-6}\sim56.788\times10^{-6}$、$3.504\times10^{-6}\sim42.918\times10^{-6}$ 和 $0.649\times10^{-6}\sim4.956\times10^{-6}$，但 LREE/HREE 相对稳定(4. 533~8. 688)；REE 配分模式与脉石矿物方解石明显不同(图 1-2-102)，为形态相似的 LREE 富集型，其$(La/Yb)_N$ 为 4. 660~18. 677、$(La/Pr)_N$ 为 1. 039~2. 075、$(La/Sm)_N$ 为 1. 574~3. 338，具有明显 Eu 负异常(δEu：0. 439~0. 742)。

综上所述，会泽铅锌矿床中方解石 REE 变化特征记录了成矿流体的演化过程，从早阶段到晚阶段形成的方解石 REE 主要变化特征：①REE 含量逐渐降低；②REE 之间的比值有规律变化；③δEu 逐渐升高。特征①表明成矿流体中 REE 越来越低，同时也暗示本区成矿过程中较少再有相对富集 REE 的流体参与。特征②可能与方解石晶格变化以及成矿流体的物理化学条件变化有关，对此有待深入研究。特征③可能与成矿过程中氧化还原变化有关，Eu 在成矿流体中通常形成 Eu^{3+}，在相对还原条件下部分变为 Eu^{2+} 与其他稀土元素分离，因而在相对还原条件下形成的方解石其 δEu 相对较小，相对氧化条件下形成的方解石其 δEu 相对较大，可见，本区成矿环境存在一个由相对还原向相对氧化的变化过程。

(55)云南省兰坪金顶铅锌矿床中的方解石

[产地、产状及共(伴)生矿物]　金顶铅锌矿位于云南省怒江傈僳族自治州兰坪县，是伴生银、铊、镉、硫铁矿和天青石等多种组分的超大型铅锌矿床。脉石矿物以方解石、碎屑石英为主，少量白云石、碎屑长石、粘土矿物等。矿区方解石产状复杂，具有多期次性。早阶段方解石作为陆源碎屑的胶结物，多呈泥晶、细晶状，常被硫化物交代(图 1-2-103a、b)；成矿期方解石主要有 2 种产状：脉状和结核状。脉状方解石常为粗晶亮晶状、晶粒大小不等，脉宽常小于 1 cm，主要产于角砾岩型矿石中，与方铅矿、闪锌矿、黄铁矿和天青石等共生，有时也见被硫化物交代现象(图 1-2-103c、

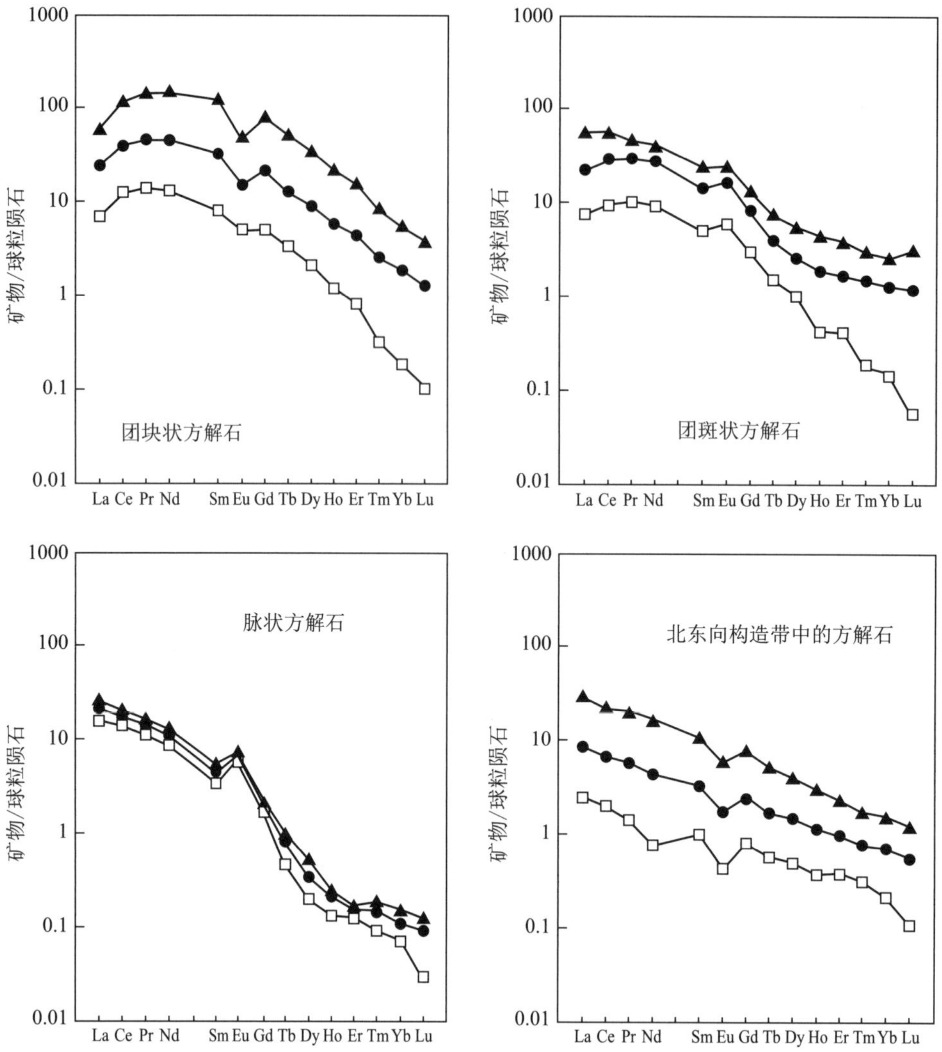

图 1-2-101　云南会泽铅锌矿床中方解石 REE 配分模式

（据黄智龙等，2001；球粒陨石据 Boynton，1984）

d)；结核状方解石常为粗晶状，产于角砾岩型矿石或砂岩型矿石的溶蚀孔洞中，与方铅矿、黄铁矿等共生(图 1-2-103e、f)。结核状方解石晚于脉状方解石形成(唐永永等，2011)。

[化学成分]　主量元素特征：由方解石 Mg、Fe 和 Mn 含量分析结果及比值(表 1-2-78)可见，2 种产状方解石显示相似的 Mg、Fe、Mn 含量特征，相对富 Mn，Mn/Fe、Mn/Mg 值大于 1。说明金顶铅锌矿成矿期方解石属热液成因。

微量元素特征：本区成矿期脉状方解石和结核状方解石在微量元素上分别显示规律性的特征(表 1-2-79，图 1-2-104)。脉状方解石相对中国东部碳酸盐岩以显著富集 Sr、Ba、Co、Ni、Zn、Cd、Sb、Tl、(W)、Mo、As、Bi、Pb 和 Y；而结核状方解石相对富集 Sr、Ba、Zn、Cd、Tl、As、Pb、Y，且其元素含量较低。研究显示：W、Mo、Bi 属高温成矿元素，通常与岩浆热液相关，Cd、Tl、Sb 是典型的亲硫重金属元素，常作为 Pb、Zn 的伴生元素赋存于硫化物矿床。薛春纪等(2006)认为金顶成矿流体相对富含 Co、Ni 可能指示了成矿作用与深部岩浆或地幔流体具有某种联系。结合铅同位素(张乾，1993)、稀有气体(薛春纪等，2003；王彦斌等，2004)以及超压流体包裹体(Chi G X et al.，2005)研究成果，认为金顶铅锌矿脉状方解石的形成很可能与深源流体或隐伏岩浆岩有关，而结核状方解石微量元素特征更接近于浅成的低温热液流体，未受到或者很少受到深源流体的影响。

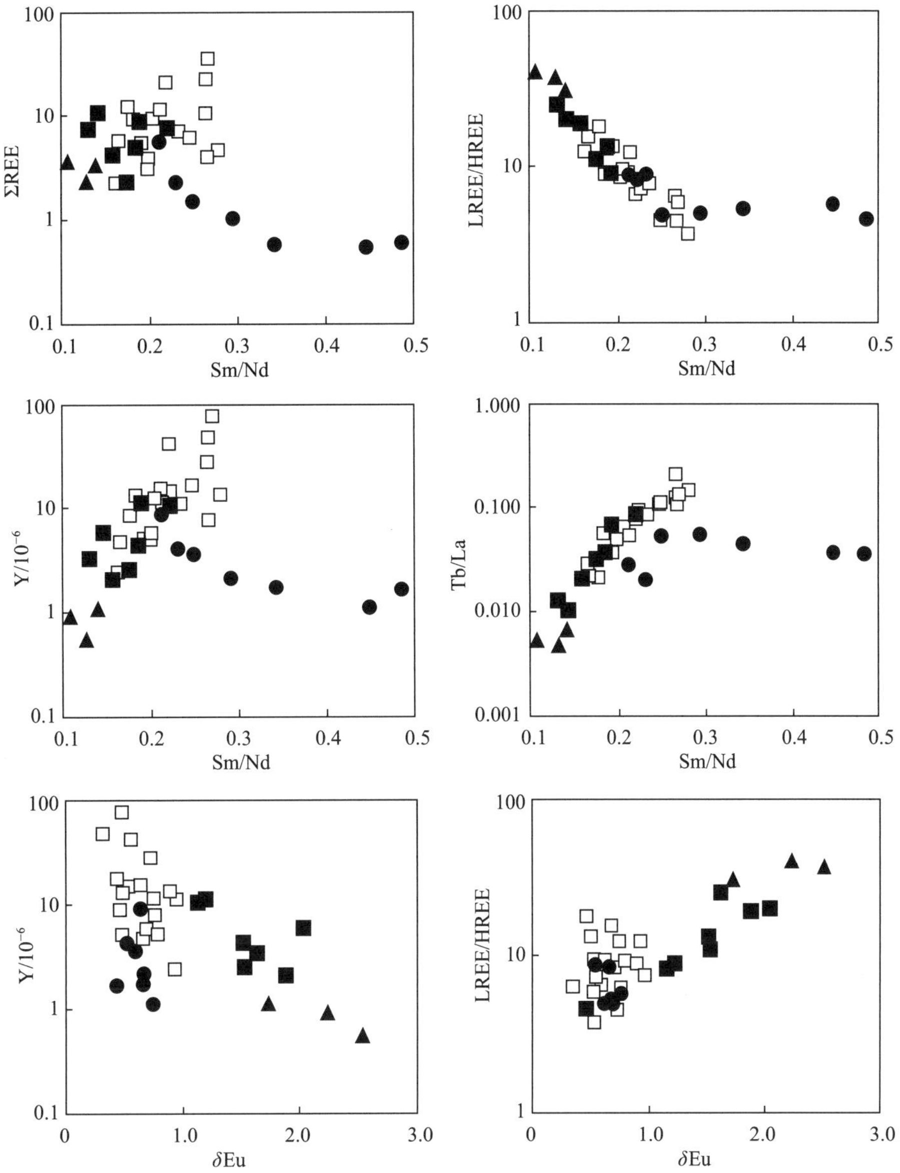

图 1-2-102 云南会泽铅锌矿床中方解石 REE 变异图

（据黄智龙等，2001）

表 1-2-78 云南金顶铅锌矿方解石 Ca、Mg、Fe、Mn 含量(w_B/%)及比值

样品号	JD09-15	JD09-45	JD10-22	JD19-27	JD10-37	JD10-13	JD10-15A	JD10-40
产状	成岩期脉状方解石					成岩期结核状方解石		
CaO	56.04	55.08	56.91	55.54	54.11	54.94	57.17	54.88
MgO	0.264	0.224	0.175	0.205	0.157	0.262	0.317	0.119
FeO	0.005	0.021	0.16	0.168	0.485	0.666	0.019	0.057
MnO	0.961	0.979	0.257	0.718	0.674	0.693	0.244	0.822
Mg+Fe+Mn	0.92	0.92	0.43	0.82	1.00	1.22	0.4	0.76
Mn/Fe	195	47.29	1.63	4.34	1.41	1.06	13.03	14.63
Mn/Mg	4.76	5.72	1.92	4.58	5.61	3.46	1.01	9.03

注：数据引自唐永永等(2011)。

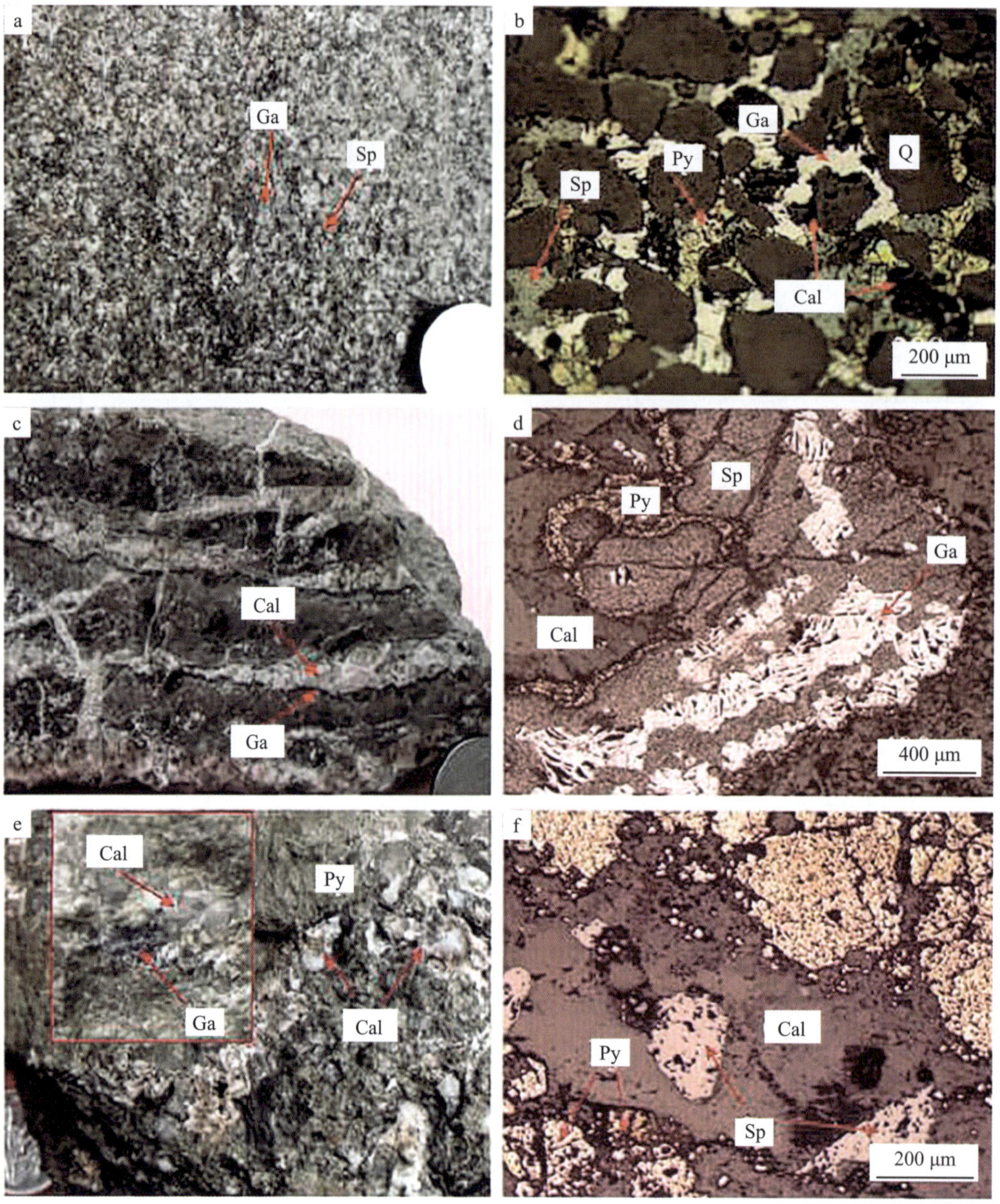

图 1-2-103　云南金顶铅锌矿不同产状方解石

（据唐永永等，2011）

a—砂岩型矿石，方解石胶结石英碎屑；b—方解石呈微晶状胶结碎屑石英，硫化物又交代方解石，充填于石英间隙中（反射光）；c—脉状方解石，方铅矿呈微细脉沿方解石脉边缘生长；d—硫化物脉（方铅矿-闪锌矿-黄铁矿），在边部与方解石共生（反射光）；e—结核状方解石，被细粒黄铁矿胶结，在方解石边缘有方铅矿产出；f—黄铁矿、闪锌矿和方解石共生（反射光）。Ga—方铅矿；Sp—闪锌矿；Py—黄铁矿；Cal—方解石；Q—石英

稀土元素特征：方解石稀土元素特征见表 1-2-79 和图 1-2-105。可见，成矿期脉状方解石 $\sum REE=33.02\times10^{-6}\sim228.3\times10^{-6}$，平均 92.51×10^{-6}，LREE/HREE 介于 8.09～12.57 之间，平均 9.73，中等至弱的负 Eu 异常（$\delta Eu=0.66\sim0.82$，平均 0.75），弱的负 Ce 异常（$\delta Ce=0.72\sim0.96$，平均 0.82），稀土配分模式为向右陡倾型。而成矿期结核状方解石的 $\sum REE=29.66\times10^{-6}\sim90.66\times10^{-6}$，平均为 58.42×10^{-6}，低于脉状方解石；LREE/HREE=6.05～7.08，平均为 6.71，具弱的负 Eu 异常（$\delta Eu=0.74\sim0.78$，平均 0.76），弱的负 Ce 异常（$\delta Ce=0.76\sim0.86$，平均 0.80），稀土配分模式为向右陡倾型。

Yb/Ca-Yb/La 图是判断方解石形成与演化的有效工具（Subias et al.，1995），本区方解石主要投在热液成因区(图 1-2-106)。

同位素组成特征：金顶铅锌矿成矿期脉状方解石碳同位素分散($\delta^{13}C_{PDB}$ 介于-22.95‰~2.56‰之间)，兼具碳酸盐和有机碳的特征(表 1-2-80，图 1-2-107)，说明热液中的 CO_2 起源于沉积碳酸盐

表 1-2-79　云南兰坪金顶铅锌矿床方解石微量元素组成($w_B/10^{-6}$)及特征参数

样品号	JD09-15	JD09-45	JD10-22	JD19-27	JD10-37	JD10-13	JD10-15A	JD10-40	中国东部碳酸盐岩
产状	成岩期脉状方解石					成岩期结核状方解石			
Rb	0.19	0.10	0.02	0.22	0.11	0.13	0.10	0.06	9.00
Sr	1920	513	175	316	276	248	240	817	320
Ba	458	41	9.0	437	377	931	12	38	63.0
Co	1.02	2.92	0.93	0.92	0.84	0.84	1.00	1.17	1.50
Ni	18.9	17.7	17.9	18.3	16.4	15.6	17.0	18.0	4.80
Cu	3.85	12.52	3.82	5.55	3.79	5.94	3.81	2.50	4.00
Zn	232	1360	47	31.2	32	220	51	868	18.0
Cd	3.92	9.34	0.38	0.11	0.60	2.03	2.64	14.50	0.13
Sb	0.84	1.11	0.09	0.08	0.06	0.05	0.18	0.17	0.24
Tl	0.16	0.63	0.05	0.11	0.01	0.25	0.64	0.31	0.14
Mo	0.74	2.32	0.25	36.34	0.27	1.05	0.72	0.60	0.57
W	0.09	0.02	—	2.33	—	0.08	—	—	0.27
As	15.93	15.81	15.33	16.28	15.21	18.80	32.81	22.15	3.20
Ag	0.14	0.04	0.01	0.03	0.01	0.04	0.02	0.02	0.06
Bi	0.70	0.04	0.04	10.80	0.29	0.12	0.26	0.05	0.07
Pb	174.8	174.8	4.17	5.60	9.47	18.41	28.90	15.61	8.00
Y	7.97	7.60	21.60	14.70	21.10	8.07	20.20	27.40	4.80
La	7.54	8.95	21.50	19.40	57.70	6.06	12.10	21.00	5.50
Ce	11.70	11.70	29.30	36.60	95.90	10.80	18.60	31.50	10.3
Pr	1.64	1.44	3.57	4.11	10.90	1.49	2.62	4.44	1.20
Nd	6.94	5.98	14.30	16.10	39.40	6.15	11.10	18.40	4.60
Sm	1.24	0.91	2.19	2.75	6.10	1.10	2.05	3.03	0.95
Eu	0.38	0.28	0.76	0.65	1.48	0.34	0.68	1.07	0.21
Gd	1.59	1.27	3.86	3.25	6.71	1.77	3.78	5.60	0.88
Tb	0.19	0.14	0.40	0.45	0.88	0.20	0.42	0.57	0.13
Dy	0.94	0.63	2.04	2.61	4.41	0.97	2.02	2.82	0.69
Ho	0.18	0.15	0.47	0.53	0.87	0.18	0.41	0.57	0.15
Er	0.40	0.29	1.01	1.38	2.05	0.39	0.81	1.16	0.42
Tm	0.04	0.02	0.09	0.20	0.23	0.04	0.06	0.09	0.07
Yb	0.21	0.11	0.35	1.24	1.46	0.15	0.26	0.36	0.42
Lu	0.03	0.02	0.05	0.19	0.21	0.02	0.03	0.05	0.07
ΣREE	33.02	31.89	79.89	89.45	228.3	29.66	54.94	90.66	25.6
LREE/HREE	8.21	11.11	8.67	8.09	12.57	6.99	6.05	7.08	8.04
δEu	0.82	0.78	0.79	0.66	0.70	0.75	0.74	0.78	0.69
δCe	0.78	0.72	0.75	0.96	0.87	0.86	0.77	0.76	0.94

注：数据引自唐永永等(2011)。表中“—”代表测试样品元素含量低于检出限。

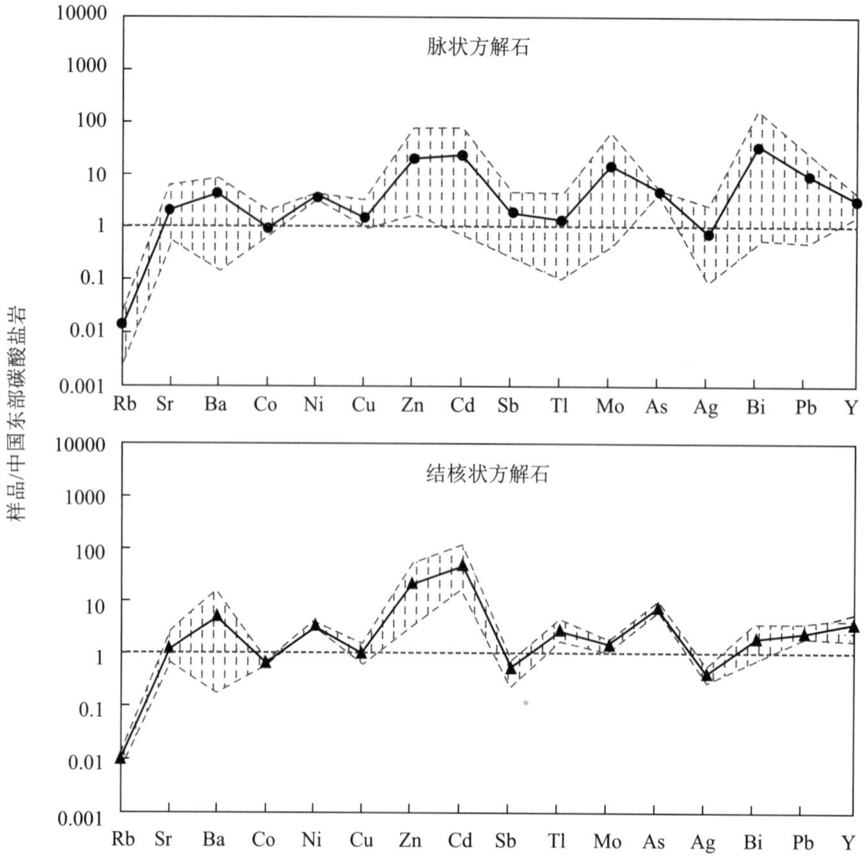

图 1-2-104 云南金顶铅锌矿脉石矿物方解石微量元素组成与中国东部碳酸盐岩对比

（据唐永永等，2011）

折线为不同产状方解石微量元素平均；竖线区代表微量元素变化范围；水平线代表中国东部碳酸盐岩

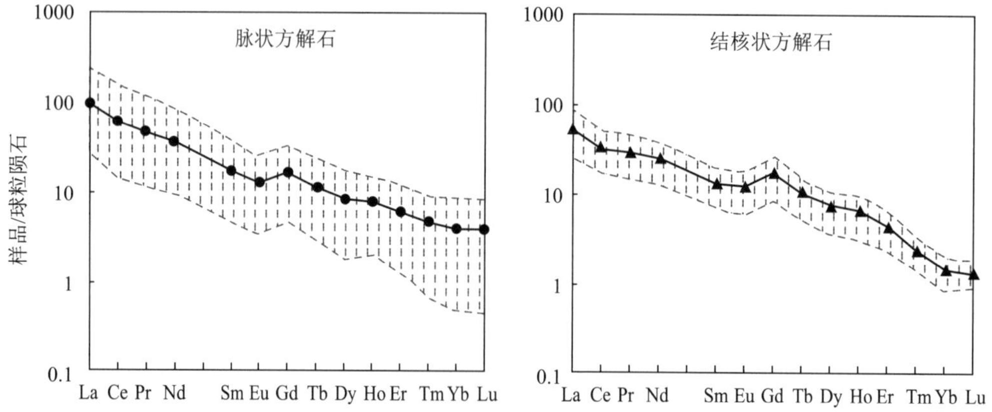

图 1-2-105 云南金顶铅锌矿方解石 REE 配分曲线

（据唐永永等，2011）

折线为不同产状方解石稀土元素平均；竖线区代表稀土元素变化范围

岩和地层有机物的分解（罗君烈等，1994；王彦斌等，2004；He L Q et al.，2009）；而氧同位素组成（表 1-2-80，图 1-2-107）相对均一（$\delta^{18}O_{PDB}$=22.09‰～23.49‰），理论计算在 250～300℃下与之处于氧同位素平衡状态的成矿流体的 $\delta^{18}O_{PDB}$ 介于 12.96‰～17.71‰之间，显示了沉积岩的氧同位素组成特征。研究表明，金顶矿区上三叠统三合洞组广泛分布三叠系灰黑色、深灰色海相、潟湖相泥灰岩、富碳灰岩，其有机质含量丰富，有机碳为 3.28%，而矿石中沥青的 $\delta^{13}C$=−27.7‰～−27.4‰（高永宝等，2008），暗示了沉淀脉状方解石的成矿流体与含有机质丰富的三合洞组灰岩关系密切。结核

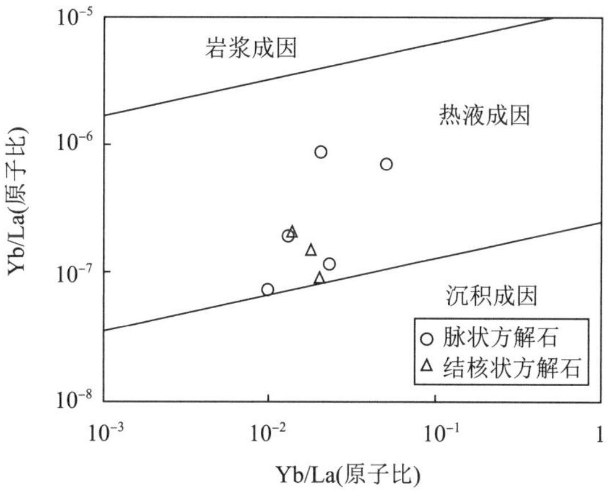

图 1-2-106　云南兰坪金顶方解石 Yb/Ca-Yb/La 图

（据唐永永等，2011）

状方解石碳同位素分布集中，$\delta^{13}C_{PDB}$=-7.02‰~-6.18‰，平均-6.56‰，通常这种碳同位素组成表明，流体中的碳来自深部或者碳酸盐与有机碳的混合作用(Hoefs，1997；彭建堂等，2001)。而该期方解石 $\delta^{13}C$ 较窄的变化范围，排除了有机物为方解石提供主要碳的可能性。方解石 $\delta^{18}O_{SMOW}$ 介于20.16‰~22.43‰，理论计算在150~200℃下与之处于氧同位素平衡状态的成矿流体的 $\delta^{18}O_{SMOW}$ 介于7.06‰~12.65‰之间，该值明显偏离原生水(5‰~7‰，Ohmoto，1986)或岩浆水(5.5‰~8.5‰)，这种氧同位素组成指示热液体系可能为地层水或者是与围岩充分交换同位素的大气降水。据罗君烈等(1994)资料，与结核状方解石近于同期的天青石 δD_{H_2O} 为-100.55‰，$\delta^{18}O_{H_2O}$ 为-8.64‰，靠近大气降水线，成矿溶液较多来自大气降水；方解石 Sr 同位素也显示壳源特征。因此，与结核状方解石相关的成矿流体以大气降水为主。

表 1-2-80　云南兰坪金顶铅锌矿床方解石碳氧同位素组成

样品号	产状	$\delta^{13}C_{PDB}$/‰	$\delta^{18}O_{SMOW}$/‰	$\delta^{18}O_{平衡均H_2O(SMOW)}$/‰
JD09-15	脉状方解石	-22.95	23.40	15.94~17.61
JD09-45		-22.62	23.49	16.04~17.71
JD10-22		-15.62	22.79	15.34~17.00
JD10-27		-4.26	22.09	14.64~16.31
JD10-37		-2.56	22.42	12.96~16.63
JD10-13	结核状方解石	-7.02	21.96	8.87~12.19
JD10-15A		-6.18	20.13	7.06~10.38
JD10-40		-6.47	22.43	9.34~12.65

注：数据引自唐永永等(2011)。

流体包裹体特征：金顶铅锌矿流体包裹体有以下几种类型(图 1-2-108)：①纯液相包裹体(图 1-2-108a)，成群分布，常呈椭圆状，少量具不规则状，粒径通常小于 10 μm，无色透明或略带色调，主要生长于石英、石膏和方解石中，该类型包裹体较发育；②富液体包裹体(图 1-2-108b~f)，成群分布或孤立产出，气液比通常介于 5%~10%，椭圆状、长条状或不规则状，包裹体粒径通常小于 10 μm，个别较大，寄主矿物为石英、方解石、天青石，该类包裹体最为发育；③有机包裹体(图 1-2-108g、h)，孤立产出或成群分布，椭圆状或不规则状，粒径通常介于 4~10 μm 之间，淡黄、黄褐、棕褐色调，寄主矿物主要为方解石和天青石，在矿区广泛发育；④富气体包裹体(图 1-2-108k)，孤立产出，不规则状，粒径常小于 10 μm，气液比为 55%~90%，寄主矿物为方解石，该类包裹体发

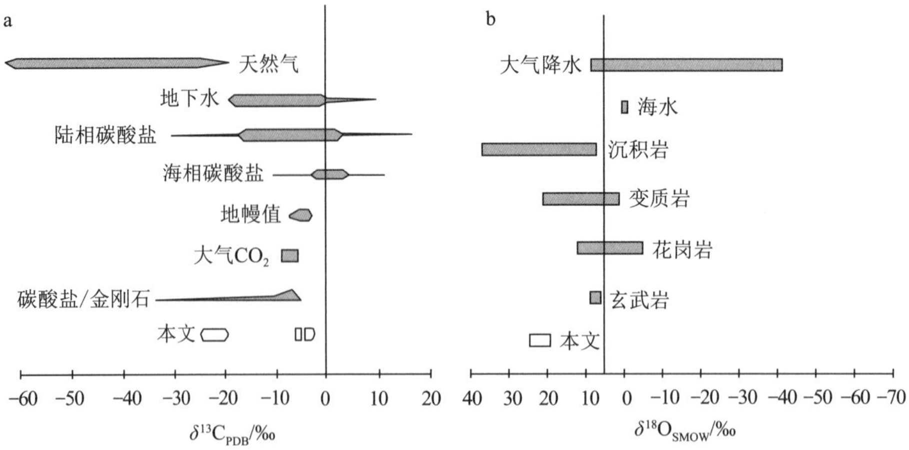

图 1-2-107　重要地质储库：碳同位素特征(a)和氧同位素特征(b)

(据唐永永等，2011)

育较少；⑤CO_2 包裹体(Chi G X et al.，2005)，识别出来的较少。

流体包裹体均一温度分布范围为 54~370℃，大体上呈现出 4 个峰，分别是 80~100℃、120~140℃、170~210℃和 250~280℃(图 1-2-109a)。前 3 个均一温度峰值代表了热液成矿 3 个阶段的温度(薛春纪等，2002a)。250~280℃均一温度峰值的存在，包裹体主要是有机包裹体，其寄主矿物为天青石、方解石。这一相对较高的成矿温度对于金顶铅锌矿床的意义有待进一步研究。包裹体盐度变化于 1.2%~18.0%之间，集中于 2 个区间：大于 8%和小于 8%(图 1-2-109b)。

在方解石流体包裹体均一温度-盐度散点图上(图 1-2-110)，结核状方解石流体包裹体相对低温低盐(T_h<200℃、S<8.0%)，其特征最接近大气降水体系，暗示了成矿流体可能以大气降水为主，在下渗过程中受地温梯度的影响被加热，对围岩的淋滤作用致使盐度升高(Ⅰ或Ⅳ)。而脉状方解石显示相对高温高盐的特征(T_h>250℃、S>8.0%)，该类流体主要介于盆地卤水系统与岩浆热液系统之间，可能是低温高盐型盆地卤水的衍生产物(Ⅱ)或流体混合所致。所以，脉状方解石和结核状方解石分别代表 2 类不同性质的热液体系，早期成矿流体相对高温高盐，而晚期成矿流体则显示相对低温低盐的特征。

(56)云南省浪都矽卡岩型铜矿床中的方解石

[产地、产状及共(伴)生矿物]　浪都矽卡岩型铜矿床位于滇西北香格里拉市格咱乡。矿体主要产于斑岩岩体与碳酸盐岩接触带，围岩具角岩化、大理岩化、矽卡岩化、绢云母化，并形成较为典型的矽卡岩型矿体。方解石为矿床中一种主要的脉石矿物(任涛等，2011)。

[化学成分]　成矿期方解石的稀土总量(∑REE)变化于 4.3×10^{-6}~47.6×10^{-6} 之间，稀土元素配分模式明显不同于普通热液方解石，该矿方解石均表现为 LREE 相对亏损、MREE 和 HREE 相对富集，稀土元素的配分模式为向左倾的曲线，并且具有明显的 Eu 的正异常特征。与锡矿山锑矿床中的方解石类似(彭建堂等，2004)。

(57)云南省茂租铅锌矿床中的方解石

[产地、产状及共(伴)生矿物]　滇东北茂租铅锌矿床赋存于震旦系灯影组白云岩中，矿体呈似层状、脉状和不规则状，矿石主要由黄铁矿、闪锌矿、方铅矿、方解石和白云石等组成。方解石是该矿床中最为主要的脉石矿物，其形成贯穿整个成矿过程。热液方解石呈团块状或脉状与矿石矿物共生或充填在其中(包广萍等，2013)。

[化学成分]　稀土元素特征：本区热液方解石稀土元素含量分析结果列于表 1-2-81。由表 1-2-81 可见热液方解石总稀土含量不高，但具有较宽的变化范围(∑REE = 19.56×10^{-6} ~ 62.55×10^{-6})，∑LREE/∑HREE 值介于 1.30~10.83 之间，$(La/Yb)_N$ 值介于 2.83~31.40 之间，表明全部样品轻、重稀土间分异较明显，即热液方解石样品富集轻稀土(图 1-2-111)。全部样品的$(La/Sm)_N$ 值介于 0.92~6.30 之间，$(Gd/Yb)_N$ 值介于 3.08~5.24 之间，暗示轻稀土和重稀土内部分异不显著。全部样

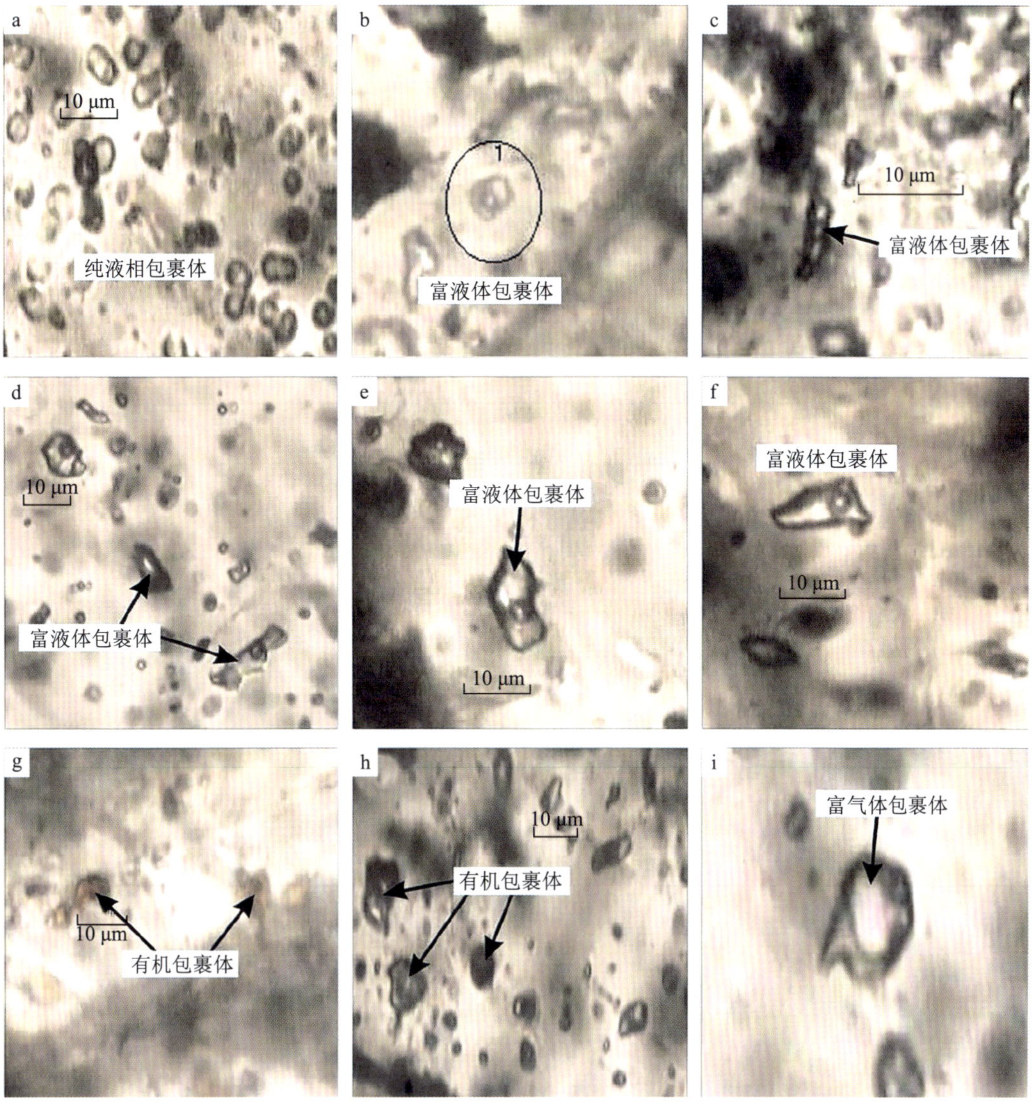

图 1-2-108　云南金顶铅锌矿方解石流体包裹体类型

（据唐永永等，2011）

a—方解石中的纯液相包裹体；b~f—方解石中的富液体包裹体；g、h—方解石中的有机包裹体；i—方解石中的富气体包裹体

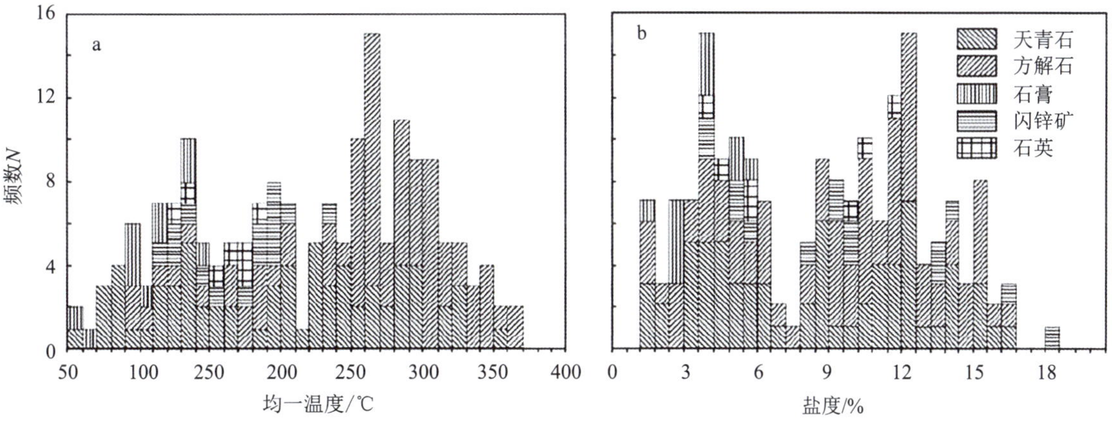

图 1-2-109　云南金顶铅锌矿流体包裹体均一温度直方图(a)和盐度直方图(b)

（据唐永永等，2011）

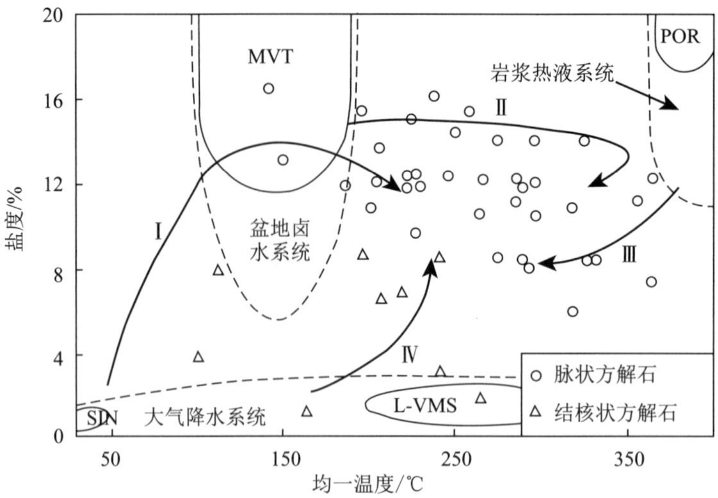

图 1-2-110　云南金顶铅锌矿不同产状方解石流体包裹体均一温度-盐度散点图

（据唐永永等，2011）

Ⅰ—成岩作用中存在于岩石裂隙或矿物中的大气降水；Ⅱ—盆地中的原生水、有机流体及盐湖卤水，著名的 MVT 型 Pb-Zn 矿就由此类性质的热液形成；Ⅲ—源于深部的岩浆热液，可以提供充足的成矿金属和能量，常与斑岩 Cu 矿(POR)或夕卡岩矿床相关；Ⅳ—大气降水下渗，被加热和淋滤围岩，之后回流成矿，低温端产物如热泉伴随石灰华和泉华(SIN)，高温端形成低硫化型的热液 Cu-Au 矿(L-VMS)

品的 δEu 值变化范围为 1.87~4.27，呈现明显的 Eu 正异常特征，而 δCe 值变化范围为 0.83~1.18，显示 Ce 异常特征不明显。

表 1-2-81　云南茂租铅锌矿床热液方解石稀土元素含量($w_B/10^{-6}$)及特征参数

样品号	MZ-17	MZ-26	MZ-36	MZ-38	MZ-39
La	5.31	8.42	2.59	8.89	3.03
Ce	9.70	12.00	7.51	13.80	10.30
Pr	1.08	1.25	0.91	1.81	1.57
Nd	2.53	4.04	2.55	4.75	4.61
Sm	0.53	0.86	0.80	3.16	2.07
Eu	0.87	0.74	1.13	2.91	2.85
Gd	0.74	0.81	1.32	7.14	3.66
Tb	0.12	0.16	0.29	1.79	0.80
Dy	0.59	0.78	1.36	10.00	3.98
Ho	0.11	0.15	0.25	1.87	0.74
Er	0.23	0.36	0.52	3.94	1.59
Tm	0.03	0.04	0.05	0.41	0.16
Yb	0.11	0.20	0.24	1.87	0.72
Lu	0.01	0.03	0.03	0.21	0.08
∑REE	21.97	29.83	19.56	62.55	36.14
∑LREE	20.02	27.31	15.50	35.32	24.43
∑HREE	1.95	2.52	4.06	27.23	11.72
∑LREE/∑HREE	10.27	10.83	3.81	1.30	2.09
$(La/Yb)_N$	31.40	28.38	7.19	3.21	2.83
$(La/Smb)_N$	6.30	6.16	2.04	1.77	0.92
$(Gd/Yb)_N$	5.24	3.27	4.39	3.08	4.08
δEu	4.27	2.70	3.37	1.87	3.16
δCe	0.97	0.89	1.18	0.83	1.14

注：数据引自包广萍等(2013)。

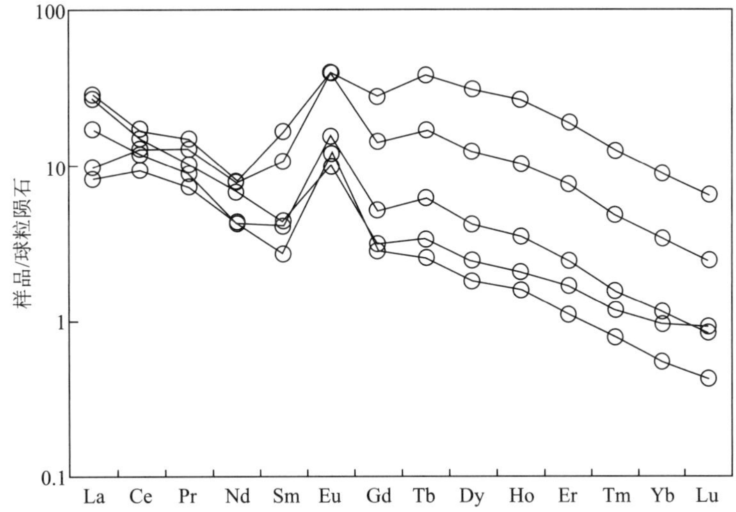

图 1-2-111　云南茂租铅锌矿床热液方解石稀土元素配分模式图

（据包广萍等，2013）

可见，茂租铅锌矿床热液方解石稀土元素配分模式呈“M”形，与震旦系灯影组白云岩、不同时代地层沉积岩和峨眉山玄武岩稀土元素配分模式明显不同，但与会泽超大型铅锌矿床团斑状和脉状方解石稀土元素配分模式相似，暗示成矿流体中的 REE 可能来源于其他源区。Eu 在成矿流体中通常呈 Eu^{3+}，在相对还原的条件下，部分 Eu^{3+} 变为 Eu^{2+}，导致 Eu 与其他稀土元素分离，此时沉淀的方解石其 Eu/Eu^* 值相对较小；相反，相对氧化的条件下，沉淀的方解石具有相对较大的 Eu/Eu^* 值。因此，茂租铅锌矿床热液方解石 Eu 正异常的稀土元素“M”形配分暗示其沉淀是在相对氧化的环境下进行的。

同位素特征：本区热液方解石的 $^{147}Sm/^{144}Nd$ 值变化范围为 0.1279～0.4024，$^{143}Nd/^{144}Nd$ 值变化范围为 0.512097～0.512449，$\varepsilon_{Nd}(t=200\ Ma)$ 值变化范围为-8.9～8.6，其 Sm-Nd 等时线年为 196±13 Ma（图 1-2-112），与天桥铅锌矿床硫化物 Rb-Sr 等时线年龄（191.9±6.9 Ma）相近，略晚于会泽超大型铅锌矿床热液方解石 Sm-Nd 等时线年龄（222～228 Ma）和闪锌矿 Rb-Sr 等时线年龄（223～226 Ma）。

［成因意义］　热液方解石的 $\delta^{13}C_{PDB}$ 值为-3.7‰～-2.0‰，$\delta^{18}O_{SMOW}$ 值为+13.8‰～+17.5‰，介

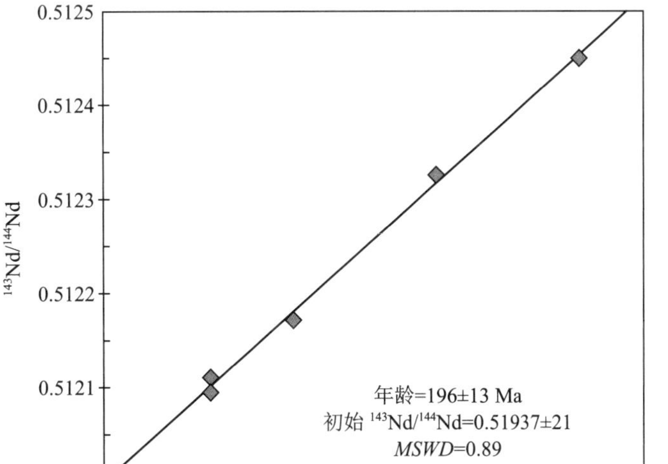

图 1-2-112　云南茂租铅锌矿床热液方解石 Sm-Nd 等时线年龄

（据包广萍等，2013）

于海相碳酸盐岩和原生碳酸岩之间，靠近海相碳酸盐岩一侧，与会泽(Huang Z L et al.，2010)和天桥(Zhou J X et al.，2013a)热液方解石 C-O 同位素组成范围部分重叠。可见茂租铅锌矿床热液方解石 $\delta^{13}C_{PDB}$ 值明显高于沉积物有机质的碳同位素组成，且方解石沉淀时温度相对较低，成矿温度均值约为 202℃(刘文周，2009)，这排除了沉积物中的有机质和原生碳酸岩是主要碳源的可能性。因此，茂租铅锌矿床热液方解石碳源主要由海相碳酸盐岩溶解作用形成的(Zhou J X et al.，2013b)。

(58)浙江省桐庐县糁源方解石矿床中的方解石

[产地、产状及共(伴)生矿物] 浙江糁源方解石矿床层出露上寒武统华严寺组深灰色条带状灰岩夹薄层状泥质灰岩，厚 200m。本矿床方解石矿化带呈大脉状，断续出露长度 300m，见于空洞里具良好的晶形，成因类型属低温裂隙充填型。矿石矿物成分主要为方解石，含量大于 98%，长石、石英、透闪石小于 1%，其矿物颗粒包裹在方解石之中，局部含极少云母类等矿物(朱浙辉等，2009)。

[形貌特征] 方解石结晶很好，粒径一般 3~8 mm，晶体大者可达 5~10 cm。方解石的晶体形态与形成条件有关。随着形成时温度的降低，其晶形有从板状、钝角菱面体为主的晶形向复三方偏三角面体、六方柱为主及锐角菱面体晶形演化的趋势。本矿床属低温热液矿床，方解石具良好的晶形，很多含 Mn、Fe 等类质同象替代，被染成褐黄色。方解石晶体形态主要以复三方偏三角面体和六方柱为主，伴随有螺旋生长。

[化学成分] 矿体的 $CaCO_3$ 含量达 98%以上，Fe_2O_3 0.39%，白度 65%~90%不等，酸不溶物 0.26%，Al_2O_3 0.53%，S 0.05%，P 0.006%，烧失量 43.73%。

二、菱镍矿(Gaspéite)

1. 菱镍矿的一般特征

[产地、产状及共(伴)生矿物] 是一种不常见的次要矿物，发现于加拿大加斯佩(Gaspe)半岛变质硅质白云岩的含镍硫化物脉中；在南非本阿科尔德(Bon Accord)也有产出，可能是富镍陨石的蚀变产物。此外，在日本 Shinshiro、西澳大利亚 Otway prospect、意大利等地区也有分布。其共(伴)生矿物有针硫镍矿、红砷镍矿、镍华、辉砷镍矿、辉镍矿、六方硫镍矿、菱镁矿、尖晶石和白云石(加拿大)，镍纤蛇纹石、菱镁矿、菱铁矿、温石棉、叶蛇纹石、磁铁矿、针硫镍矿、辉镍矿(西澳大利亚)，羟碳铜镍石、羟碳铜镁石和绿水镍矿(日本)，镍橄榄石、铁镍矿、镍硼镁铁矿、镍孔雀石、绿镍矿、紫硫镍矿、针硫镍矿和镍绿泥石(南非)(Kohls et al.，1966；Nickel，1973；Pertlik，1986b)。

[形貌特征] 菱形晶体，通常为集合体，粒径可达 0.6 mm。在结核体中常呈致密块状。

[晶体结构] 三方晶系；[$R\bar{3}c$](通过对方解石族的类比得到)。晶胞参数为 a=4.608~4.621 Å，c=14.805~14.93 Å；Z=6。

[主要粉晶衍射数据 d/Å(I)] 2.741(100)，1.692(45)，3.543(36)，2.098(36)，1.932(25)，2.317(20)，1.337(11)(加拿大加斯佩半岛)。

[物理性质] 浅绿色至亮玻璃绿色、橄榄绿色；黄绿色条痕；玻璃至暗淡光泽。

[光学性质] 一轴晶(-)。折光率 w=1.83(1)，ε=1.61(1)。

[化学成分] 理想化学式为 $Ni(CO_3)$，其化学组成(w_B/%)为：NiO 36.79，MgO 19.85，CO_2 43.36，合计 100.00。其典型产地样品的化学组成(w_B/%)如表 1-2-82 所示。

表 1-2-82 菱镍矿的化学组成(w_B/%)

产地/成分	CO_2	SiO_2	FeO	NiO	MgO	CaO	不溶物	合计
加拿大	42.0	0.9	5.7	35.0	17.3		1.8	102.7
西澳大利亚	[35.9]	0.9	0.1	55.5	2.6	0.3		95.3

[和其他矿物种的关系] 属于方解石族，与菱铁矿成系列。

2. 在中国的产出情况

目前中国暂未发现菱镍矿。

三、菱镁矿(Magnesite)

1. 菱镁矿的一般特征

[**产地、产状及共(伴)生矿物**] 为岩浆岩或者沉积岩中的一种主要矿物，主要由蛇纹石和橄榄石变质或蚀变而形成。也偶见于大洋蒸发岩和热液脉中，碳酸盐岩中比较稀少。菱镁矿是一种分布非常广泛的资源矿物，可用于生产耐火材料，世界保有储量估计100亿余吨。研究程度比较高的地区包括希腊Magnesia、意大利的Piedmont、奥地利的Sunk和Radenthein(有大的晶体)、挪威的Snarum、巴西的Brumado(晶体较细)、加拿大的Mt. Brussilof和Del Oro矿区，在美国的Gabbs以及加利福尼亚州、华盛顿州有许多大型菱镁矿矿山，在中国辽宁省有巨大型的菱镁矿矿床。此外，还有大量已知的其他产地。其共(伴)生矿物主要有滑石、叶蛇纹石、绿泥石、白云石和方解石(Palache et al., 1951; Markgraf et al., 1985; Chang et al., 1996)。

[**形貌特征**] 晶体少见，但粒径大至30 cm，有大的$\{10\bar{1}1\}$和$\{01\bar{1}2\}$晶面，晶体被$\{10\bar{1}0\}$，$\{11\bar{2}0\}$面所限，有时在$\{0001\}$面上呈扁平状。集合体呈典型的土状、粉末状、瓷状、纤维状、粗粒至细粒状和致密块状。

[**晶体结构**] 三方晶系；$R\bar{3}c$。晶胞参数为$a=4.6632$ Å，$c=15.015$ Å；$Z=6$。

[**主要粉晶衍射数据 d/Å(I)(hkl)**] 2.742(100)(104)，2.102(45)(113)，1.700(35)(116)，2.503(18)(006)，1.939(12)(202)，1.354(8)(119)，1.338(8)(300)，0.9134(8)(232)(PDF 8-479，人工合成)。

[**物理性质**] 无色、白色、浅黄色、浅棕色、微弱的粉色和淡紫玫瑰色；条痕白色；透明-半透明；玻璃光泽。发育$\{10\bar{1}1\}$完全解理，贝壳状断口；性脆。摩氏硬度$H=3.5\sim4.5$。密度$D_{测量}=3.00(2)$ g/cm^3，$D_{计算}=3.010$ g/cm^3。在紫外光下可能显示浅绿色至浅蓝色荧光和磷光，摩擦发光。

[**光学性质**] 在透射光下无色；一轴晶(-)。折光率$\omega=1.700$，$\varepsilon=1.509$。色散很强。吸收性$O>E$。

[**化学成分**] 理想化学式为$Mg(CO_3)$，其化学组成(w_B/%)为：MgO 47.80，CO_2 52.20，合计100.00。产于巴西Brumado的样品化学组成(w_B/%)为：MgO 47.09，FeO 0.60，MnO 0.67，CaO 0.07，CO_2[51.74]，合计100.17(CO_2为化学计算值)，化学式为$(Mg_{0.98}Fe_{0.01}Mn_{0.01})_{\Sigma1.00}CO_3$。

[**与其他矿物种的关系**] 属于方解石族，与菱镍矿和菱铁矿分别成系列。

2. 在中国的产出情况

我国菱镁矿资源丰富，已探明的菱镁矿储量占世界探明储量的30%左右，居世界之首。但分布极不平衡，储量相对集中、大型矿床多，主要集中分布于辽宁、山东、新疆、河北、西藏、四川、甘肃、青海、黑龙江、内蒙古和安徽等省(自治区)。辽宁的菱镁矿储量、产量约占全国总储量的90%以上，其中辽东半岛南部的大石桥至海城一带，菱镁矿储量占全国的85%以上，向北东延伸至辽阳、岫岩、海城、宽甸，并在盖州市、庄河市也有零星展布。绝大多数为层控晶质菱镁矿，极少数为隐晶质菱镁矿(成田亮，1959)。华北地区菱镁矿主要分布于山东莱州、河北邢台及内蒙古察汗奴鲁等地，菱镁矿资源储量约占全国总储量的15%，仅次于辽宁辽阳菱镁矿区(赵泽霖等，2021)。此外新疆、甘肃、四川等地菱镁矿资源也较为丰富(丁建华等，2013；孙鹏慧等，2018)。四川菱镁矿分布于川西南凉山、雅安、乐山交界处的甘洛、汉源、洪雅等县境内(刘纯义，1997)。

根据成因，全球菱镁矿矿床可大体分为3类：与超基性岩有关的菱镁矿、大型层状菱镁矿及现代蒸发沉积条件下形成的菱镁矿。一般来说，蒸发环境下的富镁海水可能会促进菱镁矿的形成，例如在现代盐湖、萨布哈等环境下菱镁矿能够直接从海水中沉淀，但仅为薄层。与此形成鲜明对比的是，世界上大型层状菱镁矿主要发育在前寒武纪的碳酸盐岩地层中。此外，热液交代或埋藏成岩过程也可形成菱镁矿。此过程主要为富镁流体(淋滤周围白云岩或其他富镁岩石)交代沉积的白云石形成菱镁矿。我国菱镁矿床成因类型可划分为沉积变质型、热液-热液交代型、沉积型、风化壳型。以沉积变质型矿床为主，其次是与超基性岩有关的风化淋滤型和湖相沉积型(表 1-2-83)。

表 1-2-83　中国菱镁矿成矿类型及其分布特征

序号	成矿类型	主要分布地区	代表性矿床
1	沉积变质型	主要分布于辽宁海城与营口、山东莱州，少量分布于新疆鄯善和甘肃等地	辽宁桦子峪、山东粉子山、河北大河、新疆尖山菱镁矿
2	热液-热液交代型	青海、甘肃	甘肃四道红山、别盖菱镁矿
3	与超基性岩有关的风化淋滤型(风化壳型)	西藏、内蒙古、青海	西藏巴夏、青海祁连县草大坂、内蒙古察汗奴鲁、黑龙江依兰宏克力菱镁矿
4	湖相沉积型	西藏、河北	西藏八达、班戈错、郭加林错、色林错，河北阳原泥河湾组菱镁矿

菱镁矿因具有较高的耐火性、粘结性及其他优良的物化特性，而被广泛用于冶金、建材、化工及金属镁提炼等领域。所以菱镁矿是一种重要的资源矿物。除此之外，菱镁矿还是一种地幔条件下稳定的碳酸盐矿物，发现于金伯利岩(McGetchin et al.，1973)和超高压变质岩中(Lappin et al.，1978)。我国大别山毛屋、碧溪岭、南山岭超高压变质镁铁-超镁铁岩(樊祺诚等，1996)以及新疆阿尔金山中段高压-超高压带(校培喜等，2001)和西天山含蓝闪石榴辉岩(张立飞等，2002)中均发现超高压变质矿物-菱镁矿。

(1)安徽省大别山超高压变质镁铁-超镁铁岩中的菱镁矿

[产地、产状及共(伴)生矿物]　大别山毛屋、碧溪岭、南山岭超高压变质镁铁-超镁铁岩中均存在钛斜硅镁石(±钛粒硅镁石)和菱镁矿共生组合(樊祺诚等，1996)。表明菱镁矿能在 100 km 以上的地幔深处稳定存在(Gillet，1993；Redfern et al.，1993)。毛屋、南山岭菱镁矿能与高压成因的钛粒硅镁石、钛斜硅镁石共生，无疑都是上地幔条件下高压变质的产物。

毛屋岩体薄层的方辉橄榄岩和橄榄方辉岩中均发现钛粒硅镁石、钛斜硅镁石、菱镁矿与橄榄石、斜方辉石共生。菱镁矿以不规则填隙状与钛粒硅镁石共生，多出现在斜方辉石的粒间。

碧溪岭岩体为大别山最大的含柯石英榴辉岩体，其中菱镁矿以填隙状或包裹体产于石榴二辉橄榄岩的斜方辉石粒间或其颗粒内部。

南山岭镁铁-超镁铁岩体由石榴橄榄岩、石榴透辉岩和榴辉岩组成，在石榴橄榄岩中，板条状或叶片状钛斜硅镁石，以及少量填隙菱镁矿与橄榄石、斜方辉石和透辉石共生。

[化学成分]　本区菱镁矿电子探针分析结果见表 1-2-84。可见 3 个岩体的菱镁矿几乎都不含 CaO(0.04%~0.09%)，主要由 MgO(43.28%~44.52%)和少量 FeO(3.45%~6.05%)组成。但毛屋、南山岭、碧溪岭三地的 MgO、FeO 含量也不一样，其 Mg′分别为 95.8、91.8、92.8，与其相应岩石中共存矿物顽火辉石、橄榄石的 Mg′有相似的变化。表明是由主矿物转变而来。

表 1-2-84　大别山超高压变质镁铁-超镁铁岩中菱镁矿电子探针分析结果($w_B/\%$)

产地	岩石	样品号	FeO	MnO	MgO	CaO	总计
毛屋	橄榄方辉岩	AM23-2	3.54	0.06	44.52		48.12
			3.45	0.15	44.26		47.86
南山岭	石榴橄榄岩	DN-11	5.09	0.16	43.28	0.09	48.62
碧溪岭	石榴二辉橄榄岩	DX-19	6.05	0.14	43.77	0.07	50.03
			4.59	0.17	45.14	0.33	50.23

注：数据引自樊祺诚等(1996)。

(2)安徽省霍邱李老庄铁矿-菱镁矿矿床中的菱镁矿

[产地、产状及共(伴)生矿物] 李老庄铁矿-菱镁矿矿床位于霍邱铁矿田中部。矿床主要产于新太古界霍邱群变质岩系中，成矿物质来源于这些变质岩系的含铁建造多层、分散的矿源层中，属火山-沉积成因。菱镁矿赋存于吴集组上段下磁铁矿岩层夹富镁碳酸盐层中，共有3个矿体。矿石为晶质菱镁矿，由菱镁矿、白云石、蛇纹石、金云母、滑石以及磁铁矿、黄铁矿、赤铁矿等组成(孙玉宝，2007)。

[形貌特征] 菱镁矿石为粗粒镶嵌变晶结构，交代结构不发育，部分菱镁矿呈脉状交代白云岩或粗粒菱镁矿包裹、交代细粒菱镁矿。块状构造为主，少量条带状、细脉状和压碎构造。

[化学成分] 菱镁矿矿石的化学成分如表1-2-85所示。

表1-2-85 安徽李老庄菱镁矿石化学成分(w_B/%)

矿体编号	组分						
	MgO	CaO	SiO_2	Fe_2O_3	Al_2O_3	MnO_2	S
$Ⅲ_{Mg}$	41.98	1.86	1.50				
$Ⅱ_{Mg}$	41.63	1.86	1.95				
$Ⅰ_{Mg}$	40.72	3.19	0.95				
全区	41.15	2.49	1.36	6.28	0.38	0.31	0.013

注：数据引自孙玉宝(2007)。

(3)河北省邢台县大河菱镁矿矿床中的菱镁矿

[产地、产状及共(伴)生矿物] 大河菱镁矿矿床位于太行隆起中段赞皇隆起南部，属于沉积变质-热液交代型菱镁矿。赋矿地层为赞皇岩群立洋河岩组镁质大理岩(原红鹤组)，矿体呈似层状、透镜状，局部呈不规则团块状，产状与围岩基本一致，菱镁矿化形成于造岩矿物白云石经过变质热液作用重结晶而成。矿石矿物成分以菱镁矿为主，脉石主要为白云石，少量石英、长石，偶见黄铜矿、黄铁矿、赤铁矿、孔雀石等矿物。白云石与菱镁矿含量互为消长，矿石中随白云石比例增高而变为镁质白云岩、白云岩(赵泽霖等，2021)。

[形貌特征] 菱镁矿石多呈浅黄色，少量白色，叶片状或粒状镶嵌结构，他形粒状结构，块状构造。

(4)河北阳原县泥河湾组菱镁矿矿床中的菱镁矿

[产地、产状及共(伴)生矿物] 河北阳原早更新世菱镁矿为一种湖积菱镁矿矿床，出露于阳原盆地桑干河两岸，赋存于泥河湾组的顶部。此含矿岩系的层位相当稳定，但其成分和岩相则有一定变化：在阳原城东南约14 km的开阳村附近，此含矿岩系主要由灰白色、具斜交层理及波痕构造的长石、石英粉砂层及白色、土状、多孔具假鲕状结构的菱镁矿矿层组成，代表一种滨湖沉积。其粉砂层一般含20%~30%的隐晶质菱镁矿；而菱镁矿的主矿层厚约40 cm，含隐晶质菱镁矿达80%左右。但在阳原城东约56 km的河栏杆附近，此含矿岩系主要由灰白色方解石-文石灰泥组成，含20%~25%隐晶质菱镁矿，具水平层理，代表了一种湖底的沉积(曹冠勤等，1990)。

(5)辽宁省海城-大石桥菱镁矿成矿带中的菱镁矿

[产地、产状及共(伴)生矿物] 辽宁海城-大石桥地区发育有全球最大规模的大型-超大型层状菱镁矿成矿带，主要包括小圣水寺、青山怀、水泉、桦子峪、金家堡子-下房身和祝家等矿床。产于含方柱石及微含沉积菱镁质的古元古界辽河群火山-沉积建造中，主要以层状或似层状严格赋存于大石桥组三段富镁碳酸盐建造之中。主要矿石矿物为菱镁矿(含量87%~97%)，其次为白云石、滑石、透闪石、直闪石、方柱石、石英、蛋白石、斜绿泥石、绢云母、海泡石、菱铁矿、黄铁矿、赤铁矿、褐铁矿及碳质物等(朱国林，1984；罗耀星等，1989；李晓安等，2014；胡古月等，2022)。

[形貌特征] 菱镁矿在矿石中以粒状、不规则状及其集合体产出，菱面体解理比较发育。在菱镁矿的裂隙中有白云石脉充填穿插(图1-2-113a)；在菱镁矿裂隙中常夹杂石英(蛋白石)

（图 1-2-113b）；同时在菱镁矿的孔隙中有斜绿泥石分布（图 1-2-113c）。矿石中菱镁矿的浸染粒度较粗，是以粗粒嵌布为主，不均匀分布，细粒很少。

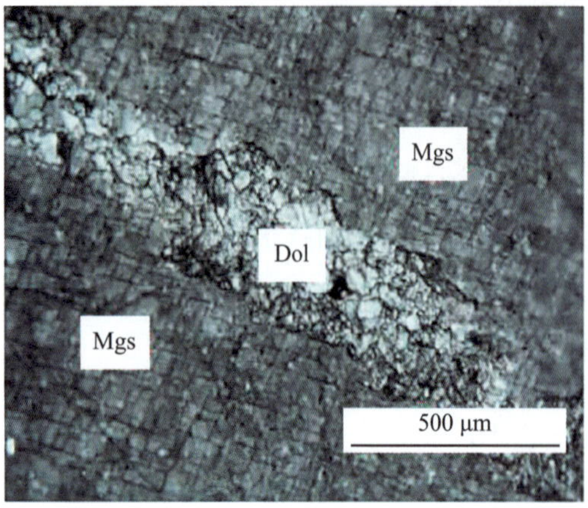

a. 白云石（Dol）以粒状集合体沿菱镁矿（Mgs）裂隙充填胶结，呈脉状产出。正交偏光

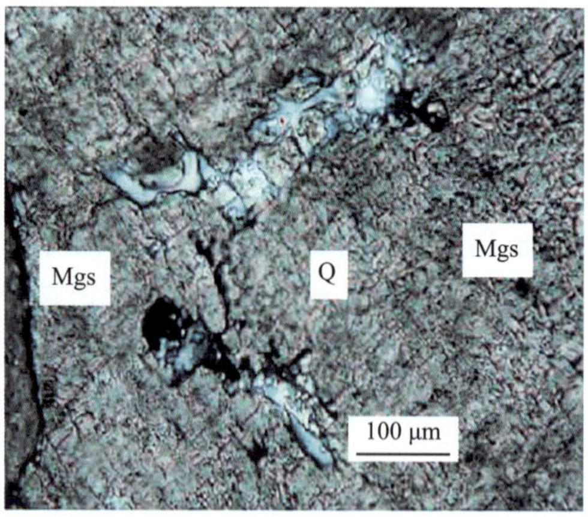

b. 石英（蛋白石）（Q）以不规则粒状产出于菱镁矿（Mgs）的裂隙中。正交偏光

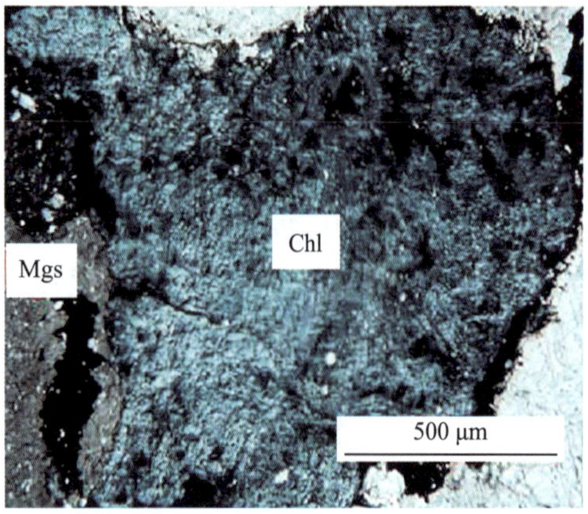

c. 斜绿泥石（Chl）以纤维状、鳞片状产出。正交偏光

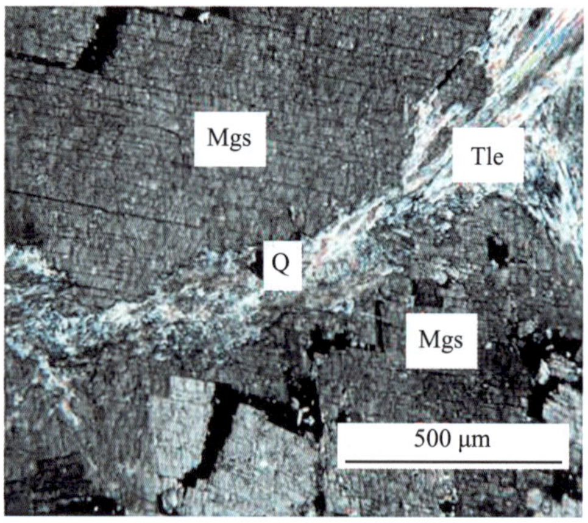

d. 滑石（Tle）沿菱镁矿（Mgs）裂隙产出，并包裹石英（Q）颗粒

图 1-2-113　辽宁省海城大石桥菱镁矿矿石主要矿物的鉴定图
（据李晓安等，2014）

菱镁矿的浸染粒度统计结果如表 1-2-86 所示，累计 $d \geq 0.075$ mm 粒级分布率为 96.82%，-0.074 mm 粒级分布率为 3.18%，其中 $d<0.037$ mm 粒级分布率仅为 0.28%，所以矿石菱镁矿浸染粒度是很粗的，菱镁矿易单体解离。

表 1-2-86　辽宁大石桥菱镁矿浸染粒度统计结果

粒级 d/mm	$d\geq1$	$0.5\leq d<1$	$0.15\leq d<0.5$	$0.10\leq d<0.15$	$0.075\leq d<0.10$	$0.053\leq d<0.075$	$0.037\leq d<0.053$	$d<0.037$
分布率/%	23.95	26.21	42.56	1.61	2.49	2.44	0.46	0.28
累计/%	23.95	50.16	92.72	94.33	96.82	99.26	99.72	100.00

注：数据引自李晓安等（2014）。

晶质菱镁矿集合体构成粒状、放射状、菊花状、条带状。结晶颗粒大小不等，最大的直径可达 15 mm，一般为 3~10 mm，中粗晶互相穿插，以块状为主，重结晶现象明显。具有原生构造的菱镁矿一般都含有碳质。后期的热动力变质作用下再次重结晶，粗晶，菊花状。在强应力作用地段为巨晶。显微镜下，菱镁矿都呈镶嵌变晶结构，矿物表面都有雾状物，常有波状消光，菱形解理可见，无双晶。

［**物理性质**］ 以白色、浅肉红色为主。

［**化学成分**］ 主、微量元素特征：桦子峪菱镁矿矿床矿石和含矿围岩的主、微量元素组成特征见表1-2-87。可以看出，辽东地区晶质菱镁矿矿石显示富镁（MgO，45.39%~47.05%）和贫钙（CaO，0.31%~1.11%）为特征，镁和钙含量之间呈反相关关系。

表1-2-87 辽东半岛桦子峪菱镁矿矿床的矿石和含矿围岩主量元素和微量元素组成

样品号	HZY-1	HZY-2	HZY-3	HZY-6	HZY-8	HZY-11	HZY-13	HZY-15	HZY-16	HZY-18	HZY-19	HZY-20	HZY-22	HZY-23	HZY-24	HZY-26
岩性	菱镁矿	菱镁矿	菱镁矿	菱镁矿	菱镁矿	菱镁矿	菱镁矿	菱镁矿	白云岩	白云岩	菱镁矿	菱镁矿	菱镁矿	硅化菱镁矿	硅化菱镁矿	变粒岩
SiO_2	0.69	0.87	0.35	0.4	1.88	0.36	1.49	1.11	0.45	1.03	1.12	0.43	0.64	5.7	7.78	56.94
MgO	46.28	46.18	47.05	46.61	45.39	47.02	46.18	46.48	35.24	22.11	46.79	46.43	46.64	44.74	43.84	3.27
Al_2O_3	0.15	0.21							0.120		0.13	0.11	0.16	0.72	1.25	17.4
Fe_2O_3		0.05											0.06		0.06	6.51
FeO		0.25	0.28	0.33	0.26	0.35	0.24	0.25	0.24	0.17	0.3	0.26	0.59	0.43	0.5	5.4
MnO	0.02	0.02	0.01	0.01	0.01	0.02	0.02	0.01	0.02	0.01	0.01	0.02	0.04	0.02	0.03	0.08
TiO_2		0.01				0.01		0.01					0.01	0.06	0.06	0.69
CaO	0.74	0.7	0.6	0.55	1.11	0.31	0.51	0.7	12.85	30.1	0.52	0.72	0.47	1.01	1.02	0.54
Na_2O	0.05	0.06									0.05		0.05	0.05		1.45
K_2O		0.05														1.29
P_2O_5	0.06	0.06	0.04	0.05	0.02	0.01	0.03	0.03		0.01	0.04	0.19	0.11	0.09	0.06	0.11
S	0.012	0.017	0.007	0.011	0.01	0.009	0.008	0.008	0.007	0.006	0.009	0.009	0.008	0.034	0.012	0.01
烧失量	50.38	50.36	50.65	50.82	49.61	50.94	50.01	49.94	48.48	45.78	50.13	50.28	50.97	46.97	45.14	1.29
总计	98.382	98.837	98.987	98.781	98.29	99.029	98.488	98.538	97.407	99.216	99.099	98.449	99.748	99.824	99.752	94.99
La	1.488	0.730	0.629	0.773	0.702	0.519	0.560	0.125	0.126	1.170	0.691	0.477	2.699	2.060	18.840	0.243
Ce	2.879	1.564	1.314	1.608	3.171	1.131	1.450	0.273	0.226	3.307	1.797	1.138	8.044	5.567	39.836	0.463
Pr	0.310	0.158	0.127	0.171	0.534	0.116	0.171	0.026	0.016	0.294	0.221	0.132	1.133	0.739	4.907	0.043
Nd	1.038	0.530	0.443	0.634	2440	0.439	0.678	0.153	0.079	1.040	0.959	0.614	4.812	3.173	19.712	0.912
Sm	0.174	0.089	0.062	0.099	0.542	0.081	0.122	0.048	0.016	0.216	0.183	0.120	1.003	0.691	3.975	0.041
Eu	0.039	0.027	0.021	0.027	0.080	0.021	0.027	0.011	0.004	0.035	0.046	0.032	0.273	0.176	1.045	0.015
Gd	0.149	0.102	0.061	0.086	0.502	0.068	0.110	0.063	0.036	0.175	0.179	0.122	1.188	0.761	3.620	0.046
Tb	0.019	0.015	0.012	0.012	0.079	0.013	0.015	0.013	0.004	0.031	0.022	0.027	0.207	0.138	0.630	0.006
Dy	0.118	0.095	0.076	0.074	0.459	0.098	0.089	0.096	0.047	0.183	0.140	0.156	1.353	0.856	3.994	0.040
Ho	0.026	0.022	0.016	0.019	0.093	0.020	0.022	0.022	0.010	0.032	0.028	0.038	0.295	0.195	0.802	0.012
Er	0.070	0.072	0.063	0.054	0.260	0.062	0.060	0.059	0.042	0.092	0.077	0.097	0.867	0.544	2.417	0.038
Tm	0.010	0.009	0.008	0.007	0.032	0.007	0.008	0.007	0.004	0.012	0.009	0.015	0.099	0.078	0.356	0.005
Yb	0.060	0.048	0.039	0.039	0.156	0.043	0.042	0.047	0.025	0.076	0.042	0.075	0.537	0.438	2.356	0.034
Lu	0.009	0.006	0.007	0.004	0.020	0.005	0.006	0.006	0.004	0.009	0.008	0.010	0.074	0.064	0.366	0.003
Y	1.149	1.120	0.961	0.867	3.630	0.911	0.924	0.854	0.665	1.104	1.216	1.565	11.719	8.261	20.190	0.554
ΣREE	5.88	7.44	4.46	3.73	4.36	12.64	3.43	4.16	1.62	1.11	4.28	5.47	4.5	34.27	23.75	122.99
B	99.6	94.5	144	287	83.9	40.2	38.4	47.8	9.76	17.9	53.2	65.4	457.7	69	59.8	192

注：数据引自胡古月等（2022）。主量元素含量单位为%；微量元素和稀土元素含量单位为10^{-6}；空白处为含量低于检出限。

大石桥菱镁矿矿床矿石的化学成分见表1-2-88。由表中结果可知，各粒级中MgO的含量均大于

45%，随着菱镁矿粒度的变细，杂质成分含量越高，其中-0.075 mm 粒级中 MgO 含量 45.03%，CaO 含量 1.65%，SiO_2 含量 2.78%，Al_2O_3 含量 0.28%，Fe_2O_3 含量 0.72%。

表 1-2-88　辽宁大石桥菱镁矿矿石的各粒级化学成分(w_B/%)

粒级/mm	产率/%	MgO	CaO	SiO_2	Al_2O_3	Fe_2O_3	烧失量
+1.6	8.62	46.53	0.94	0.44	0.17	0.35	51.57
-1.6+1.25	11.95	46.50	0.88	0.41	0.17	0.35	51.69
-1.25+1.0	12.54	46.51	0.97	0.33	0.16	0.37	51.66
-1.0+0.80	8.67	46.45	0.95	0.44	0.15	0.38	51.63
-0.80+0.60	12.55	46.49	0.83	0.45	0.16	0.39	51.68
-0.60+0.40	11.84	46.49	0.94	0.47	0.17	0.37	51.56
-0.40+0.20	13.83	46.43	0.90	0.69	0.18	0.47	51.33
-0.20+0.15	4.62	46.18	1.04	0.96	0.23	0.51	51.08
-0.15+0.125	2.29	46.29	1.15	0.97	0.25	0.43	50.91
-0.125+0.10	2.37	46.03	1.19	1.21	0.27	0.44	50.86
-0.10+0.075	2.47	45.85	1.22	1.33	0.27	0.46	50.87
-0.075	8.26	45.03	1.65	2.78	0.28	0.72	49.54
平均	100.00	46.23	1.00	0.73	0.19	0.42	51.20

注：数据引自李晓安等(2014)。

同位素特征：桦子峪菱镁矿矿床的硼同位素测试结果如表 1-2-89 所示。可见，桦子峪晶质菱镁矿矿石的 $\delta^{11}B$ 值为 9.8‰~13.4‰，平均 11.9‰±0.3‰(n=11)。矿体中的低品位矿石和白云岩(HZY-16，HZY-18)的 $\delta^{11}B$ 值为 10.2‰~11.3‰，与晶质菱镁矿 B 同位素地球化学特征相近。与滑石伴生的菱镁矿具有较低的 $\delta^{11}B$ 值(7.7‰~8.4‰)，可能与硅质热液交代有关。矿体上盘的大石桥组二段地层中的富硼石榴十字黑云变粒岩的全岩 $\delta^{11}B$ 值为 4.3‰。

表 1-2-89　辽东半岛桦子峪菱镁矿矿床的硼同位素 MC-ICP-MS 测试数据

样品编号	位置	岩石/矿物类型	$\delta^{11}B_{NIST\ SRM951}$/‰
HZY-1	大石桥组三段	晶质菱镁矿	+9.8
HZY-2	大石桥组三段	晶质菱镁矿	+12.3
HZY-3	大石桥组三段	晶质菱镁矿	+12.8
HZY-6	大石桥组三段	晶质菱镁矿	+13.4
HZY-8	大石桥组三段	晶质菱镁矿	+11.6
HZY-11	大石桥组三段	晶质菱镁矿	+13.4
HZY-13	大石桥组三段	晶质菱镁矿	+10.8
HZY-15	大石桥组三段	晶质菱镁矿	+11.9
HZY-16	大石桥组三段	白云岩	+10.2
HZY-18	大石桥组三段	白云岩	+11.3
HZY-19	大石桥组三段	晶质菱镁矿	+13.1
HZY-20	大石桥组三段	晶质菱镁矿	+12.2
HZY-22	大石桥组三段	晶质菱镁矿	+11.4
HZY-23	大石桥组三段	硅化晶质菱镁矿	+7.7
HZY-24	大石桥组三段	菱镁矿(产于滑石矿体)	+8.4
HZY-26	大石桥组二段	变粒岩	+4.3

注：数据引自胡古月等(2022)。

在碳同位素组成方面，菱镁矿的$\delta^{13}C$的变化范围为-2.9‰~0.1‰，8个试样的平均值为-1.2‰；白云石大理岩的$\delta^{13}C$的变化范围为-1.8‰~+0.3‰，6个样品的平均值为-0.6‰，两者均接近于0（表1-2-90）。说明菱镁矿与白云石大理岩在相同环境下形成（朱国林，1984）。

表1-2-90　辽东半岛滑石-菱镁矿矿床中白云石、菱镁矿碳、氧同位素组成

序号	样号	试样名称		$\delta^{13}C_{PDB}$/‰	$\delta^{18}O_{SMOW}$/‰	成因
1	C_8-1-1		条带状白云石大理岩	-1.8		
2	C_{15}-H-6		块状白云石大理岩	-1.7		
3	C_{13}-H-1-1		块状白云石大理岩	-0.2		
4	C_5-2	白云岩	纯白色块状白云石大理岩	-0.04	17.05	热液
5	C_{20}-I-3		条带状白云石大理岩	+0.3	13.96	
6	C_{24}-I-10		块状白云石大理岩	+0.1		
7	C_{10}-Q-10		脉状白云石	+0.4		
8	C_{18}-Q-3		含碳含藻类菱镁矿	-2.9	12.40	
9	C_{12}-Q-8		褐色细粒菱镁矿	-2.0		
10	C_9-10-1		白色细粒菱镁矿	-1.8		
11	C_1-X-147		含碳细粒菱镁矿	1.2		
12	C_{25}-Y-163		碳质条带中粒菱镁矿	-1.2		
13	C_3-X-76		纯白色细粒菱镁矿	-0.7	11.08	
14	C_2-X-172		含碳条带状	-0.5		
15	C_{33}-I-1	菱镁矿	条带状菱镁矿	-0.1		热液
16	C_{18}-H-10		白色粗粒（梳状）	-2.2		
17	C_{10}-Q-6		浅褐色粗板状菱镁矿	-1.3		
18	C_{21}-I-20		白色中粗粒（含碳条带）	-0.7		
19	C_{17}-H-15		白色中粗块状	-0.1		
20	C_{18}-H-10		纯白色粗晶	+0.3		
21	C_{11}-I-22		肉红色粗晶板状	+0.3	7.93	
22	C_7-J-150		粉红色中粗粒（脉状）	+0.57		

注：数据引自朱国林（1984）。

大石桥组三段及其中赋存的菱镁矿矿石的变化范围较宽，$\delta^{13}C_{V-PDB}$值为-4.5‰~4.4‰（表1-2-91）。其中，大型层状矿体中心部位的晶质菱镁矿矿石$\delta^{13}C_{V-PDB}$值集中在0.3‰~1.6‰之间，位于海相沉积碳酸盐岩范围内，并显示有微弱的碳同位素正异常。菱镁矿的碳同位素微弱正异常可能是因为蒸发沉积作用所致。矿体底板中脉状菱镁矿矿石的$\delta^{13}C_{V-PDB}$值为-2.70‰，围岩中的高硅白云岩和滑石菱镁矿也普遍显示偏低的碳同位素组成。因此，虽然海城-石桥地区菱镁矿矿床中局部变质热液流体交代导致菱镁矿$\delta^{13}C_{V-PDB}$值下降，但整体上菱镁矿矿石显示的微弱碳同位素正异常表明变质热液作用所影响的范围仍然是局部的。

表1-2-91　辽东半岛菱镁矿矿床的碳同位素测试数据

矿床	样品编号	岩石类型	$\delta^{13}C_{V-PDB}$/‰	$\delta^{18}O_{V-PDB}$/‰	$\delta^{18}O_{V-SMOW}$/‰
桦子峪	HZY-1	晶质菱镁矿	1.1	-17.8	12.5
桦子峪	HZY-2	晶质菱镁矿	0.8	-182	12.2
桦子峪	HZY-3	晶质菱镁矿	1.0	-18.3	12.1
桦子峪	HZY-6	晶质菱镁矿	0.5	-17.9	12.7
桦子峪	HZY-8	晶质菱镁矿	1.0	-18.4	11.9

续表

矿床	样品编号	岩石类型	$\delta^{13}C_{V-PDB}$/‰	$\delta^{18}O_{V-PDB}$/‰	$\delta^{18}O_{V-SMOW}$/‰
桦子峪	HZY-11	晶质菱镁矿	0.6	-19.2	11.2
桦子峪	HZY-13	晶质菱镁矿	1.0	-183	12.0
桦子峪	HZY-15	晶质菱镁矿	1.1	-181	12.3
桦子峪	HZY-16	白云岩	1.6	-21.8	8.4
桦子峪	HZY-18	白云岩	1.3	-10.6	19.9
桦子峪	HZY-19	晶质菱镁矿	0.9	-18.4	11.9
桦子峪	HZY-22	晶质菱镁矿	0.3	-17.0	13.4
桦子峪	HZY-23	硅化菱镁矿	0.3	-16.7	9.7
桦子峪	HZY-24	菱镁矿(滑石矿体内)	0.3	-16.9	10.4
		菱镁矿	-1.4~1.2	-19.2~-17.8	11.6~12.6
		白云岩	-4.5~4.4	-18.2~-7.9	12.2~22.8
		菱镁矿	-1.9~1.0	-24.9~-16.6	5.2~13.8
		白云岩	-0.4~1.2	-17.8~-12.0	12.6~18.5
青山怀和牌楼		菱镁矿	-27~1.4	-20.8~-11.0	9.2~19.5
桦子峪		菱镁矿	-0.3~1.0	-19.3~-11.3	11.0~19.3

注：数据引自胡古月等(2022)。

氧同位素白云石大理岩的 $\delta^{18}O$ 的变化范围是+17.1‰~+13.96‰，其平均值为 15.5‰，菱镁矿的 $\delta^{18}O$ 变化范围为+12.40‰~+7.93‰，其平均为 10.2‰(表 1-2-90)。氧同位素有些偏低的现象，可能由于区域变质作用加入地表水中的轻同位素的影响有关。

菱镁矿矿床中石膏 $\delta^{34}S_{V-CDT}$ 值为+23.9‰~+26.5‰；菱镁矿矿石 $\delta^{34}S_{V-CDT}$ 值为+15.6‰~+23.7‰，黄铁矿 $\delta^{34}S_{V-CDT}$ 值为+16.0~+20.7(表 1-2-92)。整体上的硫同位素比值较高且集中，显示海相蒸发沉积的特征。

表 1-2-92　辽东半岛菱镁矿矿床的硫同位素测试数据

样品编号	位置	岩石类型	$\delta^{34}S_{V-CDT}$/‰
HZY-1	矿体内	晶质菱镁矿	15.6
HZY-23	裂控滑石矿体边缘	硅化晶质菱镁矿	23.7
	矿体内	黄铁矿	16.0~20.7
	大石桥组三段围岩	石膏	23.9~26.5

注：数据引自胡古月等(2022)。

[光谱特征]　差热分析结果显示，菱镁矿的分解温度是在 710~740℃之间，其温度的高低与含量有一定的关系，含量在 90%以上的其分解温度都在 725℃以上。同时与共生矿物和含有其他成分有关，如菱镁矿含有碳质或为深灰色的分解温度都较低，低于 720℃。

菱镁矿矿石红外吸收光谱分析结果(表 1-2-93)显示，菱镁矿矿石所含矿物主要有菱镁矿、白云石、滑石、绿泥石、透闪石、石英等，与 X 射线衍射分析基本一致。

(6)内蒙古察汗奴鲁菱镁矿矿床中的菱镁矿

[产地、产状及共(伴)生矿物]　察汗奴鲁菱镁矿矿床位于内蒙古自治区巴彦淖尔市乌拉特中旗，属于超基性岩风化残积型矿床。与菱镁矿成矿有关的超基性岩岩性主要是早二叠世纯橄榄岩和斜方辉橄岩，矿区蚀变以蛇纹石化为主。菱镁矿体分布在碳酸盐化淋滤蛇纹岩带所形成的风化壳中，呈不规则透镜状及层状，水平或近水平产于纯橄榄岩硅质的菱镁矿富集带中，走向东西向，长 440 m，宽 50~60 m，最宽 200 m(赵泽霖等，2021)。

表 1-2-93 辽东半岛滑石-菱镁矿矿床菱镁矿矿石的红外吸收光谱振动频率(cm^{-1})

菱镁矿	白云石	滑石	绿泥石	透闪石	石英
752~748	730~725	475~457	765	575~510	479
900~885	896~879	455~445	667	690~682	697~692
1478~1445	1450~1430	675~668	962~960	950~955	785~775
1823~1818	1818~1810	1020~1018	995~900	1020~1010	1090~1076
		1640-2000	3450-3412	1000-995	

注：数据引自朱国林(1984)。

[物理性质] 矿石主要由非晶质菱镁矿组成，按物理性质的不同可分两种，一种为块状非晶质菱镁矿，摩氏硬度5.5，土状断口；另一种为块状纯菱镁矿，雪白色，风化表面呈乳黄色。外观细致光滑，质纯，吸水性强，摩氏硬度4，贝壳状断口。

(7)内蒙古额济纳旗洗肠井菱镁矿矿床中的菱镁矿

[产地、产状及共(伴)生矿物] 洗肠井菱镁矿矿床产于洗肠井蛇绿混杂岩段。由增生混杂岩带内超基性岩蚀变和风化淋滤而成，矿体呈透镜状、似层状产于增生混杂岩带内，走向近东西向、南东东向，长多为数米至百米不等，宽多为数米或十数米，向深部往往延伸不长，呈无根状态。矿石主要由菱镁矿、次闪石和硅质组成，含量分别为80%~85%、3%~5%、10%~15%(赵泽霖等，2021)。

[形貌特征] 菱镁矿呈他形粒状、半自形菱形晶，粒度一般小于0.2 mm，少数0.2~0.5 mm，杂乱分布，接触边缘较平直、圆滑，沿裂隙及边缘细粒化作用明显。

[成因意义] 根据前人的研究，按产状菱镁矿矿床可分为两大类：赋存于前寒武纪镁质碳酸盐岩地层中的晶质菱镁矿矿床和赋存于超镁铁质岩内或与超镁铁质岩中有关的隐晶质菱镁矿矿床(Pohl，1990；Abu-Jaber et al.，1992)。赵泽霖等(2021)发现，由超基性岩蚀变而成的菱镁矿也可以显晶质状态存在，如洗肠井菱镁矿矿床中的菱镁矿以显晶质存在，菱镁矿化超基性岩以透镜状"岩块"产于由强变形细碎屑岩形成的"基质"内。继而提出将超基性岩风化残积型菱镁矿进一步划分为超基性岩风化淋滤隐晶质型菱镁矿和显晶质菱镁矿2个亚类。

(8)山东省莱州粉子山菱镁矿矿床中的菱镁矿

[产地、产状及共(伴)生矿物] 山东省莱州菱镁矿床呈带状分布在莱州市西部，东西长10 km，南北宽1.5 km，主要产于粉子山地区粉子山群张格庄组镁质碳酸盐岩地层内。属于沉积变质型矿床。矿体可与白云石大理岩、菱镁岩等围岩呈渐变过渡关系，局部矿体与白云山大理岩呈互层。矿石的矿物成分为菱镁矿，脉石矿物有滑石、白云石，微量矿物有黄铁矿、磷灰石和白钛矿。矿物成分简单且稳定，矿石矿物与围岩矿物具有相似性，说明矿床的形成与围岩有直接关系(王翠芝，1997；赵泽霖等，2021)。

[形貌特征] 矿石中有用矿物菱镁矿以显晶质状态产出，具不等粒变晶结构、中厚层状构造。在厚层的菱镁矿中，一般重结晶呈粗大的晶体。而在重结晶较弱的地段，菱镁矿的晶体较细。菱镁矿有多次重结晶，表现为在细粒晶质菱镁矿中又生长出粗晶菱镁矿、板状菱镁矿，切穿了早期重结晶的菱镁矿。镜下可见粗粒菱镁矿在早期结晶细粒菱镁矿基础上生长或在粗大晶体的边缘分布着菊花状、帚状的菱镁矿。

[化学成分] 粉子山矿床菱镁矿矿石的化学组成如表1-2-94所示。矿石中有益组分为MgO，有害组分为CaO、SiO_2、Fe_2O_3，其他成分甚微，对矿石的质量影响不大。其中MgO含量为42.0%~47.0%；SiO_2含量为2.0%~6.0%；CaO含量为0.3%~1.5%，最高可达4.05%，最低为0.15%；Fe_2O_3含量较低，仅为0.4%~1.0%。

从表1-2-94可知，矿带中的各矿层其主要成分基本相同，其中MgO、CaO、SiO_2的含量变化也有一定规律(图1-2-114)，一般是沿着矿层的走向以及各矿层的垂向上，MgO与CaO、SiO_2含量的变化成反消长关系。

表 1-2-94　山东莱州粉子山矿床菱镁矿矿石的化学组成(w_B/%)

品级及化学成分			矿层					
			Ⅳ	Ⅴ	Ⅵ	Ⅶ	Ⅷ	Ⅳ-Ⅷ平均
优质矿体	Ⅰ	MgO	46.62	46.74	46.63	46.55	46.43	46.69
		CaO	0.50	0.48	0.50	0.43	0.57	0.49
		SiO_2	1.50	1.27	1.53	1.60	1.54	1.36
		Fe_2O_3	0.59	0.55	0.56	0.66	0.65	0.56
	Ⅱ	MgO	46.02	46.06	46.14	45.83	45.75	46.04
		CaO	0.53	0.55	0.52	0.63	0.69	0.55
		SiO_2	2.75	3.08	2.41	3.16	3.23	2.82
		Fe_2O_3	0.72	0.61	0.74	0.76	0.70	0.69
	Ⅲ	MgO	44.91	45.19	45.12	45.10	45.18	45.05
		CaO	0.89	0.92	0.99	0.90	1.08	0.93
		SiO_2	4.70	4.37	4.35	4.63	4.24	4.52
		Fe_2O_3	0.73	0.66	0.74	0.81	0.73	0.72
	级内平均	MgO	45.72	46.18	46.02	45.56	45.53	45.90
		CaO	0.66	0.60	0.62	0.73	0.87	0.65
		SiO_2	3.25	2.56	2.65	3.70	3.58	2.98
		Fe_2O_3	0.70	0.59	0.71	0.78	0.71	0.67
劣质矿体	级外(Y)	MgO	44.38	44.40	44.24	44.09	44.39	44.33
		CaO	0.94	0.76	0.68	0.76	0.68	0.81
		SiO_2	7.12	7.55	8.10	8.32	8.06	7.62
		Fe_2O_3	0.76	0.76	0.77	0.62	0.73	0.74

注：数据引自王翠芝(1997)。

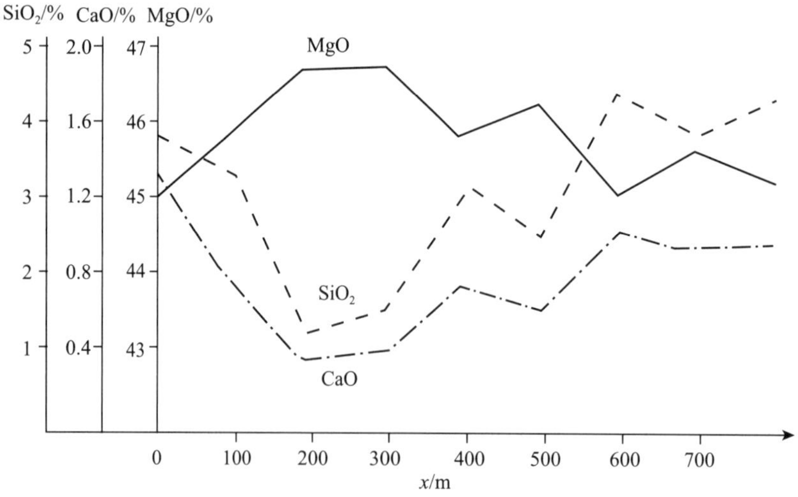

图 1-2-114　矿石主要组分沿矿层走向变化关系

(据王翠芝，1997)

(9)四川盆地三叠纪蒸发岩系中的菱镁矿

[产地、产状及共(伴)生矿物]　四川盆地中下三叠统蒸发岩发育，蒸发岩系普遍含有碳酸盐组分，特别是硬石膏岩中的黑色条带和薄层，这些硬石膏中的黑色条带和薄层有的主要是泥质或含泥质的菱镁矿条带，其碳酸盐组分中菱镁矿含量比可达到90%以上。有的薄层甚至完全是菱镁矿所组成，

其中只含少量硬石膏，而很少含泥质，菱镁矿含量高达83%，完全构成菱镁矿层的程度。

(10)四川省汉源菱镁矿矿床中的菱镁矿

[产地、产状及共(伴)生矿物] 四川汉源菱镁矿属于高钙低硅型菱镁矿床，赋存于震旦系上部的海相白云岩中。矿床计有大小矿体100多个，但多数规模比较小，呈串珠状，储量小。矿体呈饼状，与围岩呈渐变关系。矿石的矿物组成比较简单，主要为菱镁矿和白云石，其中菱镁矿占70%，白云石占18%，其他伴生矿物有石英、黄铁矿、铜矿物、石棉、滑石等，总量1%~2%。次生矿物有方解石、褐铁矿和泥质(于漮，1995a)。

[形貌特征] 菱镁矿以全晶质半自形-他形为主，自形晶较少。属不等粒变晶结构，分粗晶、细晶和结晶粒度不等3种。未见聚片双晶。

[物理性质] 粗晶为深灰色，含有铁质，粒径2~5 mm，半自形-他形，晶面及解理发育，见于斑点状及块状菱镁矿中。细晶为白色，粒径小于2 mm，他形至半自形，晶面不甚发育，主要见于斑点状菱镁矿中。结晶不等粒者，有浅黄、黄、浅灰诸色，粒径0.4~5 mm，自形-他形，常见于斑纹状菱镁矿中，成大小不等的脉状，充填于菱镁矿裂隙中。

[化学成分] 矿石的化学成分为($w_B/\%$)：MgO 41.10~45.02，CaO 3.92~8.00，Fe_2O_3 0.23，Al_2O_3 0.048，SiO_2 0.03~0.05，Mn O_2 0.03，P 0.006，酸不溶物0.175，烧失量51.75。可以看出，该菱镁矿属于低硅高钙型菱镁矿(表1-2-95)。

表1-2-95 我国菱镁矿的矿石类型及其成分($w_B/\%$)

矿石类型	MgO	CaO	SiO_2	实例
高硅高钙型	40.35	4.79	6.40	内蒙古、河北邢台
低硅高钙型	41.10	8.00	0.05	四川汉源
低硅低钙型	47.18	0.57	0.78	辽宁海城
高硅低钙型	46.37	0.69	1.43	山东莱州粉子山

注：数据引自于漮(1995a)。

矿石经过风化作用，MgO有所提高，CaO有所降低，因此，质量有提高(表1-2-96)。

表1-2-96 菱镁矿经风化作用后成分($w_B/\%$)的变化

	MgO	CaO	烧失量	酸不溶物	Fe_2O_3	MnO_2	P
地下	45.02	3.92	51.76	0.175	0.23	0.03	0.006
地表	47.00	0.42	51.30	0.60	0.39	0.054	0.008

注：数据引自于漮(1995a)。

(11)新疆和静县哈勒哈特菱镁矿矿床中的菱镁矿

[产地、产状及共(伴)生矿物] 哈勒哈特菱镁矿位于新疆和静县西115 km处，矿床由32个矿体组成，主要赋矿岩性为厚层白云岩夹菱镁矿透镜体、矿化白云岩及少量生物碎屑灰岩。矿石矿物为菱镁矿，脉石矿物主要为白云石，少量至微量方解石、石英、滑石、绿泥石、赤铁矿等(胡秀军等，2011)。

[形貌特征] 主要以半自形-他形粒状产出，呈菱形六面体、粒状、柱状。菱形解理发育，无聚片双晶。菱镁矿嵌布粒度较粗，达3~5 mm，细粒0.1~0.3 mm，一般0.3~5 mm。见有少量白云石呈半自形晶或他形晶粒状分布于菱镁矿粒间，两者接触界线较平直，局部可见未被交代完全的白云石残晶。

[物理性质] 一般呈白色、灰白色，质纯者为白色，具青色色调。性脆，玻璃光泽。

[化学成分] 菱镁矿中MgO为有用组分，CaO、SiO_2为有害组分。本区菱镁矿MgO含量41.82%~45.87%，最低41.22%，最高47.14%；CaO含量1.23%~5.54%，最低0.48%，最高5.69%；SiO_2含量0.24%~0.85%，最低0.10%，最高1.85%。可见哈勒哈特菱镁矿是高钙低硅菱镁

矿，矿石质量等级以 4 级品为主。

(12)新疆鄯善县尖山菱镁矿矿床中菱镁矿

[产地、产状及共(伴)生矿物] 新疆鄯善县尖山菱镁矿产于下泥盆统阿尔彼什麦布拉克组上亚组第二岩性层中，主要岩性为灰白色-浅黄色白云石大理岩及菱镁矿大理岩。属于镁质碳酸盐岩层中的层控晶质菱镁矿床。岩石主要成分为白云石、菱镁矿，次为硅化石英及少量褐铁矿(范香连等，2012)。

[形貌特征] 半自形-自形晶，粒度一般为 4~15 mm。

[物理性质] 白色、灰白色，个别浅肉红色。

[化学成分] 对尖山菱镁矿矿床不同位置菱镁矿白云石大理岩的主要化学组分含量进行分析(表 1-2-97)，可以看出矿体中菱镁矿白云石大理岩的 SiO_2 含量最少(0.56~1.42)，MgO/CaO 值最大(10.74~51.92)，说明脱硅化作用较强；向矿体上、下盘顶底板位置，矿化白云石大理岩的 SiO_2 含量有增多趋势(1.12~7.90)，MgO/CaO 值减少(2.93~4.67)，说明脱硅作用和菱镁矿化均有所减弱；再向外至近矿围岩，白云石大理岩的 SiO_2 含量有增多趋势(7.23~34.28)，MgO/CaO 值减少(0.91~2.08)，脱硅作用和菱镁矿化均降至最弱。

表 1-2-97　新疆尖山菱镁矿区岩矿石化学成分分析结果表

岩、矿石类型	样品数	分析结果/%													MgO/CaO
		Al_2O_3	Fe_2O_3	SiO_2	TiO_2	MnO	MgO	CaO	Na_2O	K_2O	P_2O_5	FeO	CO_2	H_2O^-	
矿石	1	0.15		0.56		0.03	44.98	2.52					50.23		17.85
矿石	1	0.10		0.67		0.04	42.48	3.95					48.77		10.75
矿石	1	0.10		1.04		0.02	45.91	1.39					48.97		33.03
矿石	1	0.26		1.42		0.02	46.21	0.89					50.07		51.92
白云石大理岩(矿体顶板)	1	0.20		1.64		0.02	36.00	12.29					48.37		2.93
白云石大理岩(矿体底板)	1	3.01		7.90		0.14	23.94	5.13					22.61		4.67
白云石大理岩(矿体底板)	1	0.14		1.12		0.05	37.28	9.98					48.37		3.74
白云石大理岩(近矿围岩)	1	8.40		34.28		0.08	19.27	9.26					26.15		2.08
白云石大理岩(近矿围岩)	1	1.18		7.23		0.08	18.20	19.95					32.51		0.91
绢云石英片岩(矿体底板)	1	7.65	9.16	39.56	0.13	0.03	23.65	1.74	0.05	0.37	0.17	0.74		0.09	
绢云石英片岩(近矿围岩)	1	9.48	11.93	48.01	0.15	0.03	15.19	0.52	0.04	0.56	0.30	0.58		0.07	
绢云石英片岩(远矿岩石)	1	13.79	10.70	56.59	0.41	0.02	1.72	0.50	0.38	3.27	0.17	1.02		0.13	

注：数据引自范香连等(2012)。

(13)新疆西天山超高压变质榴辉岩中的菱镁矿

[产地、产状及共(伴)生矿物] 根据不同产状，新疆西天山超高压变质榴辉岩分为三种类型：第Ⅰ类与蓝片岩互层、第Ⅱ类呈枕状、第Ⅲ类产于大理岩中，呈透镜状。在第Ⅲ类榴辉岩，即大理岩中呈透镜状的方解石/白云石榴辉岩中发现变质成因的菱镁矿(张立飞等，2002)。

[形貌特征] 菱镁矿在榴辉岩中仅以残留状晶体出现，呈圆形到半自形包体(0.01~0.1 mm)于白云石之中(图 1-2-115a)或者在蓝闪石中呈带有白云石反应边的圆形包体出现(图 1-2-115b)。许多菱镁矿颗粒具暗红色氧化边。这些结构特征显示绿辉石+菱镁矿+柯石英为峰期矿物组合，为后期的蓝片岩相矿物组合白云石+蓝闪石+黝帘石所替代。

[化学成分] 新疆西天山榴辉岩中菱镁矿的电子探针分析结果如表 1-2-98 所示。西天山菱镁矿中 Ca 含量低，与其他地区石榴橄榄岩、二辉石岩和榴辉岩(Yang J et al.，1993；Zhang R Y et al.，1994；Messiga et al.，1999)中所见菱镁矿相似，有一定量的 Mg 为 Fe 所替代。在西天山榴辉岩中菱镁矿以 Mg^{2+} 0.79%、Fe^{2+} 0.19%~0.20%和 Ca^{2+} 0.01%(每分子式单位)为特征，含镁量高于大别榴辉岩(Zhang R Y et al.，1995，1996)但低于西阿尔卑斯榴辉岩(Messiga et al.，1999)。

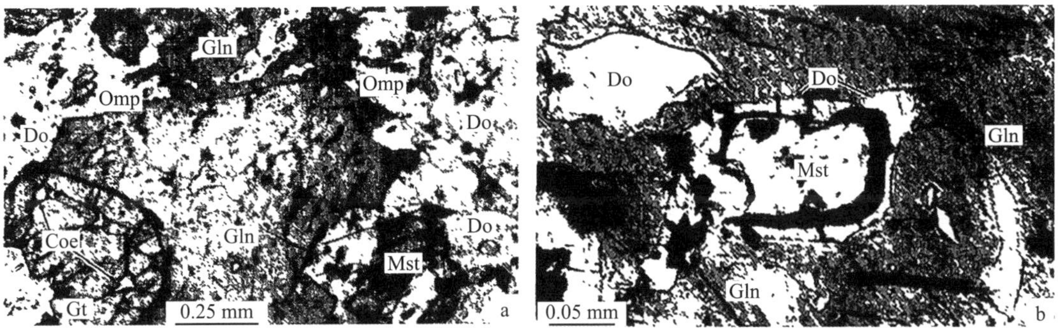

图 1-2-115　新疆西天山含菱镁矿榴辉岩的显微照片

（据张立飞等，2002）

a—菱镁矿（Mst）以残留状退变为白云石（Do），绿辉石（Omp）呈短柱状保留在白云石中，石榴子石（Gt）含有柯石英假象（Coe）为蓝闪石（Gln）替代，样号 519-1；b—浑圆状的菱镁矿包体具有白云石的反应边，被包裹在蓝闪石中，样号 519-2

表 1-2-98　新疆西天山榴辉岩中菱镁矿的电子探针分析结果（w_B/%）

样品号	519-1	519-2	508	样品号	519-1	519-2	508
SiO_2	0.24	0.13	0.11	Si^{4+}	0.00	0.00	0.00
TiO_2	0.00	0.00	0.00	Al^{IV}	0.00	0.00	0.00
Al_2O_3	0.00	0.00	0.00	Al^{VI}	0.00	0.00	0.00
Cr_2O_3	0.25	0.12	0.04	Ti^{4+}	0.00	0.00	0.00
FeO	16.18	14.73	16.38	Cr^{3+}	0.00	0.00	0.00
MnO	0.39	0.18	0.16	Fe^{3+}	0.00	0.00	0.00
MgO	35.13	35.63	35.50	Fe^{2+}	0.20	0.18	0.20
CaO	0.57	0.76	0.47	Mg^{2+}	0.79	0.80	0.79
Na_2O	0.34	0.43	0.19	Ca^{2+}	0.01	0.01	0.01
总计	53.10	51.98	52.85	Mn^{2+}	0.00	0.00	0.00
				Na^{+}	0.00	0.01	0.00

注：数据引自张立飞等（2002）。

［成因意义］　菱镁矿在地幔捕虏体和金刚石矿物包体中的发现和有关菱镁矿稳定性的实验热力学研究均表明菱镁矿乃地幔中主要稳定碳酸盐矿物相。目前菱镁矿作为超高压变质的特征变质矿物已在大别-苏鲁超高压变质带（Yang J et al.，1993；Zhang R Y et al.，1994）和意大利的西阿尔卑斯榴辉岩中（Messiga et al.，1997）发现。这些超高压变质地体都产于经历过中、高温榴辉岩相变质地区，新疆西天山含蓝闪石榴辉岩中出现菱镁矿是目前唯一报道的在低温榴辉岩相中出现菱镁矿的超高压变质事例，对于探讨洋壳俯冲发生超高压变质过程中流体的性状和作用都具有重要意义。

（14）云南省勐野井钾盐矿床中的菱镁矿

［产地、产状及共（伴）生矿物］　云南江城勐野井盐矿位于思茅红层盆地东南部，矿层赋存于古新统勐野井组下段，其主要岩性为紫红色钙泥质粉砂岩、泥岩和泥砾岩，夹有少量泥灰岩、泥云岩及细砂岩。是以石盐、钾石盐为主的氯化物型盐矿床。菱镁矿遍布各韵律层中，但不同形态的菱镁矿在含盐地层中分布是不同的，C 类形态即简单菱面体状，在不同类型含盐层中皆见，而 B 类和 A 类形态却不然，其分布有明显的规律性：A 类铁饼状形态出现在石盐层内，B 类六方薄板状形态只出现在钾盐层中（梁婉雪等，1983）。

［形貌特征］　本区菱镁矿晶体细小，粒径多数小于 1 mm，大者仅 1～2 mm。然而晶形完好，晶形随沉积时水介质盐度变化而改变。所见晶形有下列 3 种：

1)六方厚铁饼状：由两个菱面体(r与f)和一个平行双面(c)组成，平行双面不太发育，形态上中间厚边缘薄。粒径0.3~1.6 mm不等，0.3~0.5 mm居多，晶粒宽厚比为5∶1~3∶1，有的中间很厚，可达3∶2~1∶1(图1-2-116a)。

2)六方薄板状：由平行双面(c)和菱面体(f)组成，平行双面极发育，形成两向延伸的板状。粒径一般在0.3~0.1 mm，大者达1 mm，厚仅0.03~0.04 mm，少数较厚(0.1~0.2 mm)。薄板状环带构造较发育(图1-2-116b)。

3)菱面体状：主要发育一种菱面体单形(f)，部分晶体出现平行双面(c)和菱面体(f)，但很不发育，粒径0.3~2.0 mm不等。

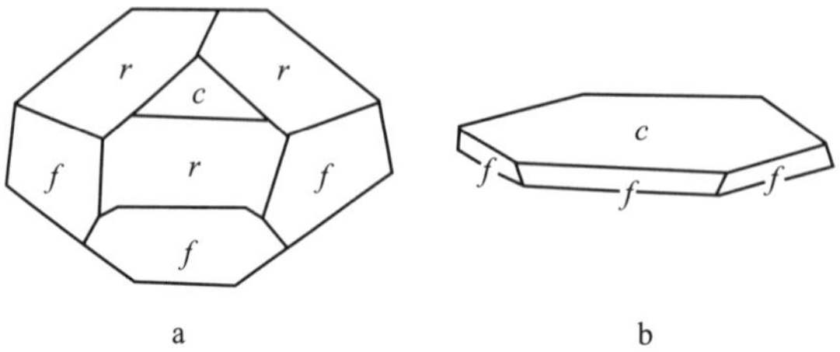

图1-2-116　菱镁矿形态(侧视图)

(据梁婉雪等，1983)

a—六方铁饼状；b—六方薄板状

虽然菱镁矿出现不同形态，但组成单形只有平行双面(c)和菱面体(r、f)。c、r、f的形号为：c-{0001}、r-{$10\bar{1}1$}、f-{$02\bar{2}1$}。上述3种形态的差别，只是这几种单形(c、r、f)相对发育程度不同的结果。形态A，主要是{$10\bar{1}1$}和{$02\bar{2}1$}，{0001}不发育。形态B是{0001}和{$02\bar{2}1$}的组合，{0001}极发育。形态C以{$02\bar{2}1$}为主，其余两种单形不发育或缺失。

从图1-2-117可以看出，同一沉积旋回，从棕红色石盐岩→青白色石盐岩→青灰色钾石盐岩及灰绿色钾盐卤泥岩的形成过程，反映了盐盆卤水浓度逐渐递增。菱镁矿形态随盐度增加而变化，即由六方厚铁饼状→六方铁饼状→六方板状→六方薄板状；晶体上的单形，除{$02\bar{2}1$}外，{$10\bar{1}1$}与{0001}的消长也有规律：{$10\bar{1}1$}逐渐消失，{0001}逐渐变大，在成钾阶段{0001}占绝对优势。可见，含盐地层中菱镁矿形态与沉积介质盐度密切相关，{0001}发育的六方薄板状形态是钾盐阶段的产物。

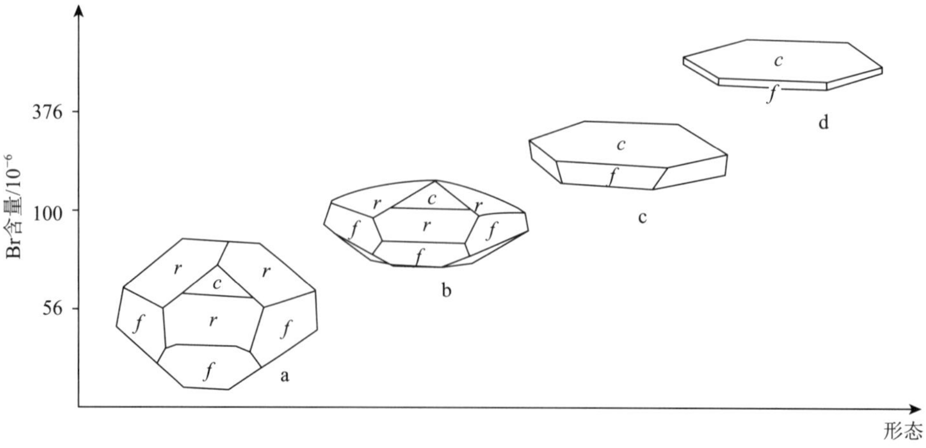

图1-2-117　菱镁矿形态与盐度(以Br含量表示)关系

(据梁婉雪等，1983)

［晶胞参数］ $a_H = 4.625 \pm 0.003$ Å，$c_H = 15.025 \pm 0.003$ Å，$\alpha = 48°05'$。

［主要粉晶衍射数据 ***d*/Å(*I*)**］ 2.7315(10)，2.0908(5)，1.9239(4)，1.6875(6)。

［物理性质］ 密度 2.91～3.05 g/cm^3。

［光学性质］ 折光率 $N_g = 1.7088 \sim 1.7012$，$N_e = 1.5246 \sim 1.5133$。

［化学成分和性质］ 菱镁矿成分较纯，仅含微量 Fe^{2+}，化学式为 $(Mg_{0.99 \sim 0.97}Fe^{2+}_{0.01 \sim 0.03})CO_3$。化学性质较稳定，在热盐酸中不易分解。

［其他特性］ 菱镁矿的红外吸收光谱如图 1-2-118 所示。1450 cm^{-1}、745 cm^{-1} 为 CO_3 伸缩振动，885 cm^{-1}、665 cm^{-1} 为 CO_3 弯曲振动，854 cm^{-1} 为 $MgCO_3$ 的特征吸收。

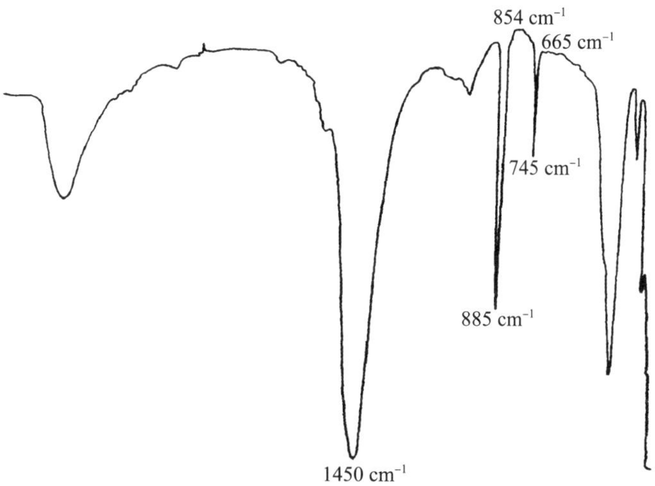

图 1-2-118　云南勐野井钾盐矿床菱镁矿红外吸收光谱

（据梁婉雪等，1983）

四、菱镉矿(Otavite)

1. 菱镉矿的一般特征

［产地、产状及共(伴)生矿物］ 为一种稀有的次生矿物，产于热液有色金属(铜、铝、铅、锌、锡)矿床氧化带。主要分布在纳米比亚 Tsumeb、俄罗斯 Bilyakchan 和 Beresovsk、意大利 Sardinia、希腊 Laurium、英国 Coldstones、澳大利亚 Broken Hill、越南北部铅锌矿床及美国 Blanchard 和 Franklin 等地，中国主要产地为贵州省牛角塘锌矿床。共(伴)生矿物有菱锌矿、白铅矿、水锌矿、异极矿、蓝铜矿、孔雀石、锌孔雀石、橄榄铜矿、磷氯铅矿、方解石和萤石(Palache et al.，1951;，Borodin et al.，1979)。

［形貌特征］ 菱面体晶形{1011}，粒径可达 2 mm，常呈结壳状；可见双晶。

［晶体结构］ 三方晶系；$R\bar{3}c$(人工合成)。晶胞参数为 $a = 4.93$ Å，$c = 16.27$ Å；$Z = 6$。

［主要粉晶衍射数据 ***d*/Å(*I*)(*hkl*)**］ 2.95(100)(104)，3.78(74)(012)，1.825(31)(116)，2.46(30)(110)，2.065(24)(202)，1.839(24)(018)，1.583(13)(122)，1.891(12)(024)(PDF 42-1342，人工合成)。

［物理性质］ 白色，不纯时为黄棕色至红棕色，在透射光下无色；半透明；玻璃-金刚光泽。{$10\bar{1}1$}解理。摩氏硬度 $H = 3.5 \sim 4$(据方解石族矿物类推)。密度 $D_{测量} = 4.96$ g/cm^3(人工合成)，$D_{计算} = 5.03$ g/cm^3。

［光学性质］ 一轴晶(-)，折光率 $\omega = 1.830$，$\varepsilon = 1.605$。

［化学成分］ 理想化学式为 $Cd(CO_3)$。人工合成样品(Cd：Zn = 1：1)的化学组成(w_B/%)为：

CdO 43.12，ZnO 27.33，CO_2 29.55，其化学式为(Cd，Zn)CO_3。对纳米比亚 Tsumeb 产出的样品做了部分分析，其中 CdO 为 43.12%。

[与其他矿物种的关系] 属于方解石族。

2. 在中国的产出情况

菱镉矿是一种非常罕见的次生矿物，加之晶粒微小，一般仅几微米至数十微米，肉眼很难鉴别，所以相关研究报道较少。我国有报道的菱镉矿产地只有贵州省牛角塘镉锌矿床(刘铁庚等，2005)和辽宁省抚顺县关门山铅锌矿床(杨敏之，2000)。

贵州省黔西南都匀市牛角塘镉锌矿床中的菱镉矿

[产地、产状及共(伴)生矿物] 贵州牛角塘镉锌矿床位于黔东铅锌成矿带。矿体主要呈层状或似层状赋存于下寒武统清圩洞组藻类白云岩中，与围岩成过渡渐变关系。矿石以致密块状和稠密浸染状为主，还有草莓状、结核状和微层理构造，属于弱改造的层控矿床。矿石主要由闪锌矿、黄铁矿和白云石组成，还有少量的方铅矿、纤锌矿和重晶石等，微量的硫镉矿、黄硫镉矿、菱镉矿和方镉矿(?)。菱镉矿常与菱锌矿、硫镉矿和黄硫镉矿等共伴生在一起充填微裂隙或晶洞中，呈疏松集合体、皮壳或薄膜状产出，有的分布在硫镉矿边部(叶霖等，2001)。

[形貌特征] 菱镉矿晶粒微小(一般几微米，大者几十微米)，颗粒形状极不规则，好像是被菱锌矿交代的残骸。

[光学性质] 在单偏光镜下无色。非常高的正突起，有闪突起；正交偏光镜下为高级白干涉色，与其他碳酸盐矿物很难区分。

[化学成分] 本矿床中菱镉矿的电子探针分析结果和计算结果如表 1-2-99 所示。由于电子探针分析目前还不能做到定量测定碳和氧含量，所以碳酸盐和氧化物矿物只能测试一些金属阳离子的含量，而后进行氧化物或碳酸盐矿物的配分计算，看计算结果的总量哪个接近 100%，就是那个矿物。从表 1-2-99 可以看出，计算后氧化物的总量远远小于 100%，而碳酸盐的总量非常接近 100%，偏差基本都在±1%以内。

表 1-2-99 贵州牛角塘镉锌矿床中菱镉矿电子探针测试及配分计算结果(w_B/%)

样品号		物种	含量	物种	含量	物种	含量	物种	含量	共计
N-1	实测	Fe	0.00	Cd	54.31	Zn	9.54	S	0.00	63.85
N-1	计算	$FeCO_3$	0.00	$CdCO_3$	83.28	$ZnCO_3$	18.87	SO_2	0.00	101.57
N-1	计算	Fe_2O_3	0.00	CdO	62.04	ZnO	11.87	SO_2	0.00	73.91
L-5	实测	Fe	—	Cd	63.87	Zn	1.49	S	0.00	65.36
L-5	计算	$FeCO_3$	—	$CdCO_3$	97.96	$ZnCO_3$	2.86	SO_2	0.00	100.82
L-5	计算	Fe_2O_3	—	CdO	72.96	ZnO	1.85	SO_2	0.00	74.81
L-6	实测	Fe	—	Cd	51.32	Zn	10.74	S	0.00	62.06
L-6	计算	$FeCO_3$	—	$CdCO_3$	78.72	$ZnCO_3$	20.59	SO_2	0.00	99.31
L-6	计算	Fe_2O_3	—	CdO	58.63	ZnO	13.37	SO_2	0.00	72.00
L-5	实测	Fe	—	Cd	58.71	Zn	4.12	S	0.05	62.88
L-5	计算	$FeCO_3$	—	$CdCO_3$	90.05	$ZnCO_3$	7.90	SO_2	0.10	98.05
L-5	计算	Fe_2O_3	—	CdO	67.07	ZnO	5.13	SO_2	0.10	72.30
C-4	实测	Fe	—	Cd	64.15	Zn	3.20	S	0.00	67.35
C-4	计算	$FeCO_3$	—	$CdCO_3$	98.39	$ZnCO_3$	6.14	SO_2	0.00	104.53
C-4	计算	Fe_2O_3	—	CdO	73.28	ZnO	4.03	SO_2	0.00	77.31

注：数据引自刘铁庚等(2005)。

透射电镜分析结果也证实该矿物主要含 Cd、C 和 O 组分，还含少量的 Zn，表明它是含锌或富锌的菱镉矿。经透射电镜定性衍射分析(图 1-2-119)，它们是晶体，并非混合物，进一步说明它是含锌或富锌菱镉矿。

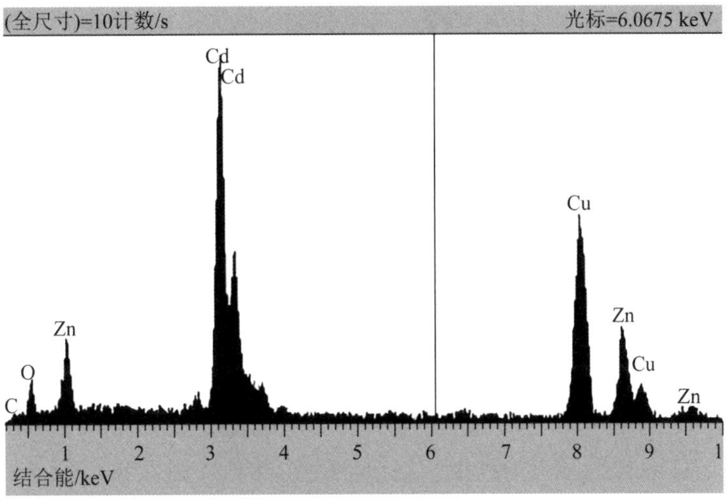

图 1-2-119　贵州牛角塘镉锌矿床中菱镉矿的透射电镜能谱图

（据刘铁庚等，2005）

［研究意义］　镉是非常有害的重金属元素，是工业“三废”中最重要的毒性物质之一。目前主要用 $CaCO_3$ 吸附水中溶解的镉，把它转变为菱镉矿(Michael et al.，1992)，这是控制镉的运移速度和速率的最好方法之一，可以明显减轻镉对环境的污染。

五、菱锰矿(Rhodochrosite)

1. 菱锰矿的一般特征

［产地、产状及共(伴)生矿物］　为低-中温热液脉中的主要矿物，在变质矿床中也有产出，常见于碳酸盐岩，是沉积物中的自生和次生矿物，但在花岗岩中不常见。全世界产地十分丰富，比较闻名的有罗马尼亚 Cavnic 和 Herja、德国 Wolf 矿区、俄罗斯 Vuoriyarvi 碳酸盐岩杂岩体、美国的 Emma 等矿区、墨西哥 Cananea 等、阿根廷 Capillitas 矿山以及日本 Inakuraishi 和 Yakumo 矿山，而且加拿大 Mont Saint-Hilaire、秘鲁 Huallap′on 矿山和南非 N′Chwaning 矿山盛产大的双晶型晶体。与方解石、菱铁矿、白云石和萤石共(伴)生(Palache et al.，1951；Deer et al.，1962；Effenberger et al.，1981；Chang et al.，1996)。

［形貌特征］　晶体为菱面体$\{10\bar{1}1\}$面或者偏三角面体$\{21\bar{3}1\}$，粒径可至 12 cm，常被$\{0001\}$，$\{10\bar{1}0\}$，$\{11\bar{2}0\}$面所限，此外晶体也可能呈其他形状，如圆形或者马鞍形。集合体常呈叶片状，还可见圆柱状、钟乳石状、致密粒状和块状。发育接触、片状双晶，双晶面$\{10\bar{1}2\}$。

［晶体结构］　三方晶系；$R\bar{3}c$(人工合成样品)。晶胞参数 a=4.7901 Å，c=15.694 Å；Z=6。

［主要粉晶衍射数据 *d*/Å(*I*)(*hkl*)］　2.85(100)(104)，3.67(29)(012)，1.767(29)(116)，1.773(23)(018)，2.178(19)(113)，2.005(17)(202)，2.395(15)(110)，1.5375(8)(122)(PDF 44-1472 人工合成样品)。

［物理性质］　粉色、玫瑰红色、樱桃红色、黄色、黄棕色、肉桂棕色，可能呈色带状；条痕白色；在透射光下为浅玫瑰红色-无色；透明-半透明；玻璃光泽，集合体为珍珠光泽。$\{10\bar{1}1\}$完全解理；$\{01\bar{1}2\}$不完全解理，不平整至贝壳状断口。性脆；摩氏硬度 3.5～4。密度 $D_{测量}$ = 3.70 g/cm^3，

$D_{计算}=3.67\ g/cm^3$。

［**光学性质**］ 一轴负晶。折光率 $\omega=1.810$，$\varepsilon=1.597$。微弱多色性，吸收率 $O>E$。

［**化学成分**］ 理想化学式为 $Mn(CO_3)$，其化学组成($w_B/\%$)为：MnO 61.71，CO_2 38.29，合计 100.00。产于波斯尼亚-黑赛哥维亚 Ljubija 的样品化学组成($w_B/\%$)为：MnO 60.87，FeO 0.77，CaO 0.51，MgO 微量，CO_2 38.26，总和 100.41。

［**与其他矿物种的关系**］ 属于方解石族，分别与方解石和菱铁矿构成两个矿物系列。

2. 在中国的产出情况

菱锰矿在热液、沉积及变质的条件下均能形成，也能形成于地表半氧化带中(祝寿泉，2001)。在还原环境中，Mn 主要以 Mn^{2+} 的形式和 CO_3^{2-} 结合而沉淀；氧化环境中，Mn 主要以 Mn^{4+} 氧化物或氢氧化物形式沉淀。然后再在后期的成岩过程中，被还原成锰碳酸盐而形成菱锰矿。

菱锰矿是提取锰和制造锰合金、锰化合物的矿物原料，通过锰矿生产的金属锰在冶金、化工、轻工、电子材料等领域有着极为广泛的应用。全球菱锰矿的产地很多，但相对产量很少。锰矿是中国重要的矿产资源，我国菱锰矿产地分布非常广泛，几乎遍及全国各地，但产量主要集中于湘、桂、黔、川、滇、鄂、辽等省区，主要产出于沉积碳酸锰矿区。此外还有少量菱锰矿作为成矿晚期产物产于热液型多金属矿床中，如辽宁下兰家沟钼矿床(艾永富等，1983)、浙东银铅锌矿床(魏元柏等，1995，1996)、黑龙江二道坎银铅锌矿床(董娟等，2022)等。色泽艳丽、透明的菱锰矿可以制作成低档饰品，晶体大、色美、透明者可做宝石(称为红纹石)，颗粒细小、半透明的菱锰矿集合体可作玉雕材料。全球产出品质较高、能作为收藏品菱锰矿的产地非常少，主要分布在南非、美国、秘鲁、阿根廷和中国。我国广西梧州市苍梧县六堡镇的梧桐铅锌银多金属矿产出的“中国皇帝”和“中国皇后”是顶级的菱锰矿藏品(图 1-2-120)。

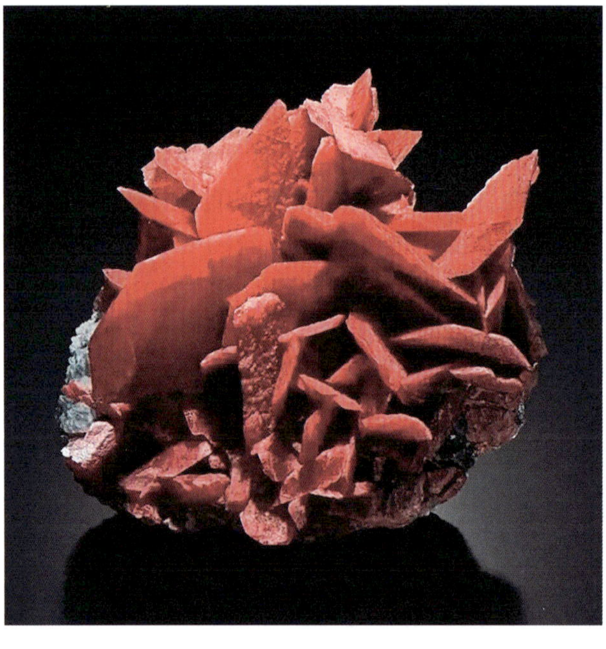

图 1-2-120 广西梧州所产“中国皇后”菱锰矿

(大小 40 cm×22 cm×36 cm，现存于湖南地质博物馆)

中国的锰矿资源最主要的产地都分布在西南黔湘渝地区的“锰三角”，主要包括湖南花垣民乐锰矿、湘潭锰矿、古丈烂泥田锰矿，贵州铜仁大塘坡锰矿、从江八当锰矿、松桃县道沱、西溪堡和李家湾锰矿，重庆城口高燕、秀山小茶园等大型-超大型锰矿床。这些锰矿床的锰矿石矿物以菱锰矿为主(何明华，2001；周琦等，2013，安正泽等，2014；瞿永泽等，2018；周宗赞，2019；程湘等，2021)，低品位锰矿石居多(高艺等，2020)。

姚敬劬(1991)对我国沉积碳酸盐型锰矿中菱锰矿的特征进行总结。其主要成矿时期有震旦纪、泥盆纪、二叠纪、三叠纪，其次有石炭纪与奥陶纪。各锰矿按照含锰建造又可分为碎屑岩泥岩型、碳酸盐型(包括硅质岩-碳酸盐型和泥质岩-碳酸盐型)、与火山有关的沉积锰矿三大类。各类型主要特征见表 1-2-100。

表 1-2-100　我国沉积碳酸盐型锰矿不同含矿建造的特征

建造	成矿时代	岩性组合	矿物共生组合	实例
碎屑岩-泥质岩建造	震旦纪	细砂岩、粉砂岩、泥质岩，含碳质	菱送矿、钙菱锈矿、镁菱锰矿、锰方解石、白云石、水白云母、伊利石、石英	湘潭、民乐、松桃、古城、三尖峰
	晚二叠世	含绿泥石粘土岩、含菱铁矿及黄铁矿粘土	菱锰矿、镁菱锰矿、铁菱锰矿、白云石、方解石绿泥石、石英	遵义
	三叠纪	粗砂岩、细砂岩、泥质岩、粉沙质泥岩	菱锰矿、镁菱锰矿、方解石、石英、钠长石、白云石、绿泥石	斗南
碳酸盐建造	泥盆纪	硅质岩、灰岩、泥质灰岩	菱锰矿、钙菱锰矿、锰方解石、石英、黑云母、绿泥石、阳起石、黄铁矿	下雷
	石炭纪	灰岩、硅质灰岩	菱锰矿、锰方解石、钙菱锰矿、白云石、石英、方解石	龙头
	奥陶纪	泥质岩、灰岩	菱锰矿、钙菱锰矿、锰方解石、方解石、百云石、伊利石、石英	桃江
与火山岩有关的沉积建造	三叠纪	含锰千枚岩、含锰灰岩、磁铁绿泥石岩	菱锰矿、镁菱锰矿、铁菱锰矿、方解石、石英、绿泥石、白云母、锰石榴子石	黑水

注：数据引自姚敬劬(1991)。

各不同含锰建造中所产菱锰矿的成分对成因特点有所反映。同一种含锰建造，虽然形成时代不同，但其中菱锰矿的成分都相似。同建造中菱锰矿成分的主要差别在于 $MgCO_3/CaCO_3$ 的值。碎屑岩-泥岩建造中菱锰矿 $MgCO_3/CaCO_3=0.7\sim1.8$；碳酸盐型建造中菱锰矿 $MgCO_3/CaCO_3=0\sim0.625$；与火山岩有关的沉积锰矿中菱锰矿 $MgCO_3/CaCO_3=1.2\sim4.8$。

根据菱锰矿的 Mn、Ca、Mg、Fe 4 种主要组分的频率分布特点，将菱锰矿分成 4 个亚类：①菱锰矿，凡 $MnCO_3$ 分子比大于 0.75 者都划归此类，相当于狭义的菱锰矿；②钙菱锰矿，$MnCO_3$ 分子比 0.5~0.75，并且 $CaCO_3>MgCO_3>FeCO_3$；③镁菱锰矿，$MnCO_3$ 分子比 0.5~0.75，并有 $MgCO_3>CaCO_3>FeCO_3$；④铁菱锰矿，$MnCO_3$ 分子比 0.5~0.75，并有 $FeCO_3>MgCO_3$，$FeCO_3>CaCO_3$。

各类菱锰矿的聚类特征如下：

第Ⅰ类：常见，$MnCO_3$ 分子比 0.760~0.980，平均 0.819，$CaCO_3$ 分子比 0.02~0.189，平均 0.0819；$MgCO_3$ 分子比 0~0.130，平均 0.0844；$FeCO_3$ 分子比 0~0.087，平均 0.009；钙镁比值没有固定关系。属于含锰较高的菱锰矿(表 1-2-101)。

第Ⅱ类：常见，成分见表 1-2-102。由表 1-2-102 可知，菱锰矿中 $MnCO_3$ 分子比 0.531~0.767，平均 0.682；$CaCO_3$ 分子比 0.160~0.370，平均 0.261；$MgCO_3$ 分子比 0~0.137，平均 0.0513；$FeCO_3$ 分子比 0~0.025，平均 0.0048；$MgCO_3/CaCO_3<1$，平均 0.241；$FeCO_3/MgCO_3\ll1$，平均 0.073，属于贫铁低镁的菱锰矿。

第Ⅲ类菱锰矿成分见表 1-2-103。该类菱锰矿也较常见。由表 1-2-103 可知，菱锰矿中 $MnCO_3$ 分子比 0.520~0.725，平均 0.636；$CaCO_3$ 分子比 0.065~0.240，平均 0.106；$MgCO_3$ 分子比 0.163~0.284，平均 0.225；$FeCO_3$ 分子比 0~0.060，平均 0.0205；$MgCO_3/CaCO_3=1\sim3.23$，平均 1.684；$FeCO_3/MgCO_3=0\sim0.313$，平均 0.078。属贫铁高镁的菱锰矿。

表 1-2-101　我国沉积碳酸盐型锰矿中第Ⅰ类菱锰矿组成(分子比)及比值

样号	产地	$MnCO_3$	$CaCO_3$	$MgCO_3$	$FeCO_3$	$MgCO_3/CaCO_3$	$FeCO_3/MgCO_3$
50	下雷	0.840	0.070	0.090	0.000	1.286	0
53		0.780	0.090	0.130	0.000	1.440	0
66	斗南	0.826	0.090	0.084	0.000	0.722	0
70	黑水	0.810	0.100	0.090	0.000	0.90	0
32	桃江	0.935	0.065	0.000	0.000	0	0
47	下田	0.980	0.020	0.000	0.000	0	0
3	团山沟	0.881	0.087	0.030	0.002	0.345	0.066
5	湘潭	0.845	0.155	0.000	0.000	0	0
6		0.822	0.173	0.000	0.000	0	0
65	遵义	0.767	0.166	0.064	0.006	0.367	0.090
59		0.821	0.051	0.040	0.087	0.784	2.175
31	麻柳坝	0.836	0.053	0.086	0.025	1.623	0.291
26	秀山	0.767	0.233	0.000	0.000	0	0

注：数据引自姚敬劬(1991)。

表 1-2-102　我国沉积碳酸盐型锰矿中第Ⅱ类菱锰矿组成(分子比)及比值

样号	产地	$MnCO_3$	$CaCO_3$	$MgCO_3$	$FeCO_3$	$MgCO_3/CaCO_3$	$FeCO_3/MgCO_3$
1	团山沟	0.643	0.297	0.055	0.003	0.185	0.055
9	民乐	0.683	0.18o	0.137	0.000	0.761	0.000
25	秀山	0.652	0.348	0.000	0.000	0.000	0.000
26		0.767	0.233	0.000	0.000	0.000	0.000
24	三尖峰	0.710	0.290	0.000	0.000	0.000	0.000
37	桃江	0.687	0.322	0.000	0.000	0.000	0.000
40		0.716	0.231	0.046	0.007	0.199	0.152
41		0.689	0.246	0.056	0.009	0.228	0.161
44		0.531	0.365	0.079	0.025	0.216	0.208
45	下雷	0.721	0.179	0.090	0.010	0.503	0.268
49	下田	0.610	0.370	0.020	0.000	0.054	0.359
54	龙头	0.710	0.210	0.080	0.000	0.381	0.111
55		0.740	0.160	0.100	0.000	0.625	0.000
67	斗南	0.690	0.180	0.130	0.000	0.722	0.000

注：数据引自姚敬劬(1991)。

第Ⅳ类菱锰矿成分见表 1-2-104。由表 1-2-104 可知，这一类菱锰矿中 $MnCO_3$ 分子比 0.532~0.766，平均 0.672；$CaCO_3$ 分子比 0.028~0.100，平均 0.0735；$MgCO_3$ 分子比 0.007~0.150，平均 0.062；$FeCO_3$ 分子比 0.117~0.240，平均 0.178；$MgCO_3/CaCO_3$ = 0.071~1.875，平均 0.717；$FeCO_3/MgCO_3$ = 1.11~34.28，$FeCO_3/CaCO_3$ = 1.603~7.143，平均 2.899，为富铁的菱锰矿。

(1)广西苍梧县梧桐多金属矿床中的菱锰矿

[产地、产状及共(伴)生矿物]　梧桐多金属矿床位于广西苍梧县六堡镇梧桐村南西 2 km。菱锰矿矿主要形成于上寒武统岩系中，岩性以灰岩粉砂岩为主，是热液后期阶段的产物。菱锰矿多以块状，单晶体等分布于含矿热液脉、粉砂围岩或晶洞中(李宁等，2009)，其中发现颗粒大、透明度高、颜色呈均匀鲜艳红色的宝石级菱锰矿(图 1-2-121)(柳牡丹，2021)。

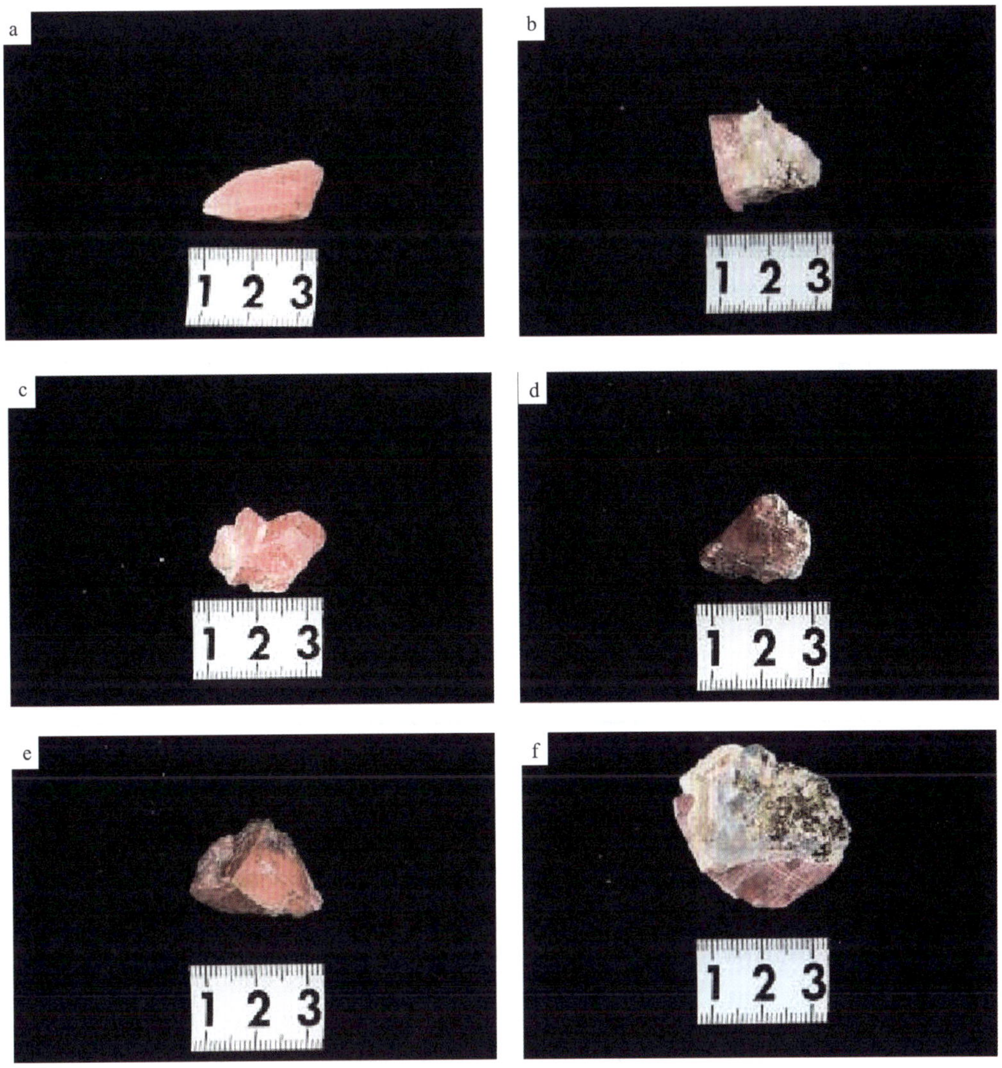

图 1-2-121　广西梧州宝石级菱锰矿的外观特征

（据柳牡丹，2021）

a—玫红色菱锰矿；b—有白色伴生矿物的菱锰矿（LMK-1）；c—半透明状菱锰矿，具阶梯状断面（LMK-2）；d—有黑色粘土杂质的菱锰矿（LMK-3）；e—细粒结构菱锰矿，有黑色粘土矿物包体；f—与方解石、黄铁矿、黄铜矿、石英、萤石等伴生的菱锰矿（LMK-4）

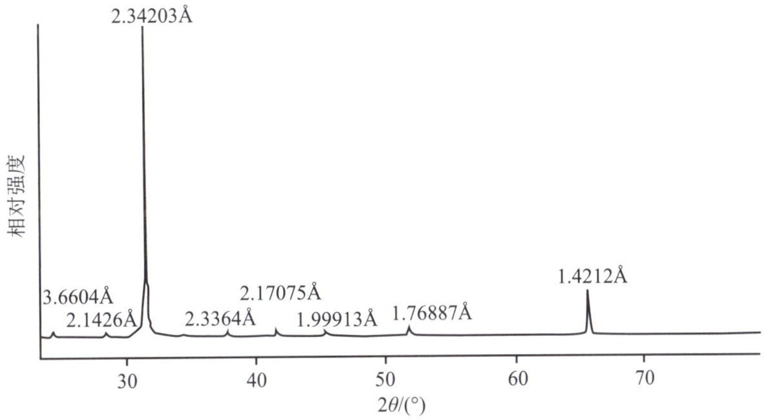

图 1-2-122　广西梧桐菱锰矿的 XRD 图谱

（据李宁等，2009）

表 1-2-103　我国沉积碳酸盐型锰矿中第Ⅲ类菱锰矿组成(分子比)及比值

样号	产地	$MnCO_3$	$CaCO_3$	$MgCO_3$	$FeCO_3$	$MgCO_3/CaCO_3$	$FeCO_3/MgCO_3$
8	湘潭	0.569	0.199	0.230	0.000	1.156	0.000
11	民乐	0.676	0.120	0.204	0.060	1.700	0.294
12		0.636	0.112	0.192	0.060	1.700	0.313
17	古城	0.645	0.149	0.206	0.000	1.383	0.000
18		0.035	0.146	0.202	0.017	1.384	0.084
20	松桃	0.725	0.065	0.210	0.000	3.230	0.000
21		0.602	0.146	0.163	0.000	1.116	0.000
27	棠甘山	0.600	0.160	0.220	0.020	1.375	0.091
68	斗南	0.566	0.150	0.284	0.000	1.890	0.000
74	黑水	0.710	0.080	0.190	0.020	2.375	0.105
82		0.682	0.106	0.201	0.010	1.896	0.049
56	龙头	0.520	0.240	0.240	0.000	1.000	0.000

注：数据引自姚敬劬(1991)。

表 1-2-104　我国沉积碳酸盐型锰矿中第Ⅳ类菱锰矿组成(分子比)及比值

样号	产地	$MnCO_3$	$CaCO_3$	$MgCO_3$	$FeCO_3$	$MgCO_3/CaCO_3$	$FeCO_3/MgCO_3$	$FeCO_3/CaCO_3$
28	棠甘山	0.655	0.093	0.007	0.240	0.071	24.280	2.449
29		0.766	0.073	0.004	0.117	0.603	2.650	1.603
61	遵义	0.725	0.062	0.046	0.166	0.742	3.610	2.677
62		0.753	0.028	0.018	0.200	0.643	1.110	7.143
75	黑水	0.600	0.080	0.150	0.170	1.875	1.130	2.215
86		0.532	0.100	0.109	0.176	0.109	1.615	1.760
96	瓦房子	0.721	0.063	0.062	0.154	0.979	2.496	2.444

注：数据引自姚敬劬(1991)。

[主要粉晶衍射数据]　X 射线粉晶衍射(XRD)分析测试结果如图 1-2-122 和表 1-2-105 所示。将梧桐菱锰矿的 X 射线衍射数据与卡片号为 00-007-0268 的同名矿物对照，基本吻合，较强谱线的 d 值为：3.66034 Å、2.84208 Å、2.3861 Å、2.17079 Å、1.99913 Å、1.76887 Å、1.42120 Å。其中在 2.84208 处 I/I_0 为 100，为菱锰矿最强特征吸收峰，与卡片号为 00-007-0268 的同名矿物基本吻合。

表 1-2-105　广西梧桐菱锰矿 XRD 数据表

序号	*hlk*	α/Å	2θ/(°)	I/I_0
1	012	3.66034	24.3172	8.0
2	104β	3.14726	20.3504	4.0
3	104	2.84208	31.475	100.0
4	110β	2.62134	34.178	2.6
5	110	2.3861	37.604	6.0
6	113	2.17079	41.5681	12.0
7	202	1.99913	45.306	12.0
8	024	1.82705	49.8723	5.0
9	018	1.76887	51.631	14.0

续表

序号	*hlk*	α/Å	2θ/(°)	I/I_0
10	116	1. 76142	51. 8658	12. 0
11	122	1. 5318	60. 3793	1. 0
12	208	1. 4212	65. 6406	30. 3
13	300	1. 375863	67. 938	5. 0
14	0012	1. 3060	72. 288	1. 0
15	0210	1. 2480	76. 228	1. 0
16	128	1. 21936	78. 230	2. 0
17	1112	1. 1460	84. 469	2. 0
18	134	1. 1014	88. 755	2. 0

注：数据引自李宁等(2009)。

[晶胞参数] a_0=4. 7770 Å，b_0=4. 7770 Å，c_0=15. 6700 Å。

[形貌特征] 菱锰矿矿石主要呈块状构造、角砾状构造、晶洞构造产出于含矿热液脉中，并多与方铅矿、闪锌矿、黄铁矿、萤石等共生。肉眼识别菱锰矿主要依据其具有菱面体解理和特征的玫瑰红色等。

菱锰矿一般呈粒状自形晶，晶体呈菱面体状，晶面弯曲，集中在热液脉中出现，但少见。多以粒状、块状构造、角砾构造、晶洞构造出现，少数呈半自形粒状。可加工成饰品或作为晶体观赏石。

[物理性质] 梧桐菱锰矿的颜色鲜艳而丰富，有浅粉红色、粉红色、玫瑰红色，其中红色至玫瑰红色较多，以其漂亮、纯净、均匀的玫瑰红色备受瞩目。不透明-半透明、透明，总体透明度较好。呈现玻璃光泽。显示完全的菱面体解理。硬度和密度见表 1-2-106。结合产出位置和含铁量变化，可推测梧桐菱锰矿随着 Fe 含量的增加颜色加深。

表 1-2-106　广西梧桐菱锰矿的物理性质测定

样号	密度/(g · cm^{-3})	折射率	摩氏硬度
Rh-1	3. 129	1. 594~1. 682	3. 5
Rh-2	3. 223	1. 598~1. 680	3. 5
Rh-3	3. 586	1. 602~1. 686	4
Rh-4	3. 564	1. 610~1. 702	4
Rh-5	3. 619	1. 612~1. 706	4
Rh-6	3. 591	1. 606~1. 698	4

注：数据引自李宁等(2009)。

[光学性质] 偏光显微镜下，菱锰矿呈粗粒状结构，镜下无色、青灰色，具有{1011}完全菱形解理，闪突起显著，高级白干涉色，负延性。折射率见表 1-2-106。推测梧桐菱锰矿随着 Fe 含量的增加，其折射率有所增大。

[化学成分] 菱锰矿矿石的扫描电镜能谱化学成分分析结果列于表 1-2-107 中。由表可知，六堡铅锌矿中菱锰矿的主要元素为 Mn、Fe，其次为 Mg、Ca 等。同时，MnO 的含量(94. 90%~97. 92%)很高，明显高于 FeO 的含量(2. 15%~3. 71%)。FeO 含量变化较小，结合采样位置深度和产出颜色、光泽及透明度的对比，矿脉下部产出者 FeO 含量高，最高 3. 71%，而上部产出者相对较少，最少 2. 15%，而且颜色相对比较鲜艳。通过和广东东平半氧化带中菱锰矿的对比，梧桐产出菱锰矿 MnO 明显要高一些，而且不含 CaO。

表 1-2-107　广西六堡梧桐铅锌矿床中菱锰矿的成分分析结果(w_B/%)

样品号	MnO	FeO	MgO	CaO	Al_2O_3	Sb_2O_3
Cl-1	32.65	3.07	11.41	47.89	1.23	3.74
Cl-2	33.46	2.89	11.08	48.25	1.34	2.98
Rh-6-1	97.80	2.20				
Rh-6-2	97.28	2.72				
Rh-6-3	97.72	2.28				
Rh-9-1	97.92	2.08				
Rh-9-2	96.88	3.12				
Rh-9-3	97.75	2.25				
Rh-18-1	97.62	2.38				
Rh-18-2	97.85	2.15				
Rh-18-3	94.90	3.71	1.39			
广东东平卫	81.28	9.22		9.50		
广东东平卫	82.40	9.48		8.12		
广东东平卫	80.92	16.90	0.34	1.84		
广东东平卫	80.72	16.29	0.39	2.60		

注：数据引自李宁等(2009)。

广西梧州宝石级菱锰矿样品中稀土元素含量分析结果见表 1-2-108。可以看出，稀土元素总量(∑REE)为 130.09×10^{-6}~310.01×10^{-6}；轻稀土含量(∑LREE)介于 3.24×10^{-6}~6.34×10^{-6} 之间；中稀土含量(∑MREE)介于 24.81×10^{-6}~652.79×10^{-6} 之间；重稀土含量(∑HREE)介于 102.04×10^{-6}~250.88×10^{-6} 之间。∑LREE/∑HREE<1，指示弱碱性环境，与热液成因的菱锰矿的稀土元素特征大致相符。

表 1-2-108　广西梧州宝石级菱锰矿样品中稀土元素含量分析结果

元素	LMK-1	LMK-2	LMK-3	LMK-4
La/10^{-6}	4.03	3.99	3.24	6.34
Er/10^{-6}	135.67	107.34	95.67	245.32
Tb/10^{-6}	4.87	4.35	8.03	12.45
Ho/10^{-6}	0.72	0.75	1.03	0.89
Lu/10^{-6}	4.03	8.11	5.34	4.67
Gd/10^{-6}	31.02	25.67	16.78	40.34
∑REE	180.34	150.21	130.09	310.01
∑LREE	4.03	3.99	3.24	6.34
∑MREE	35.89	30.02	24.81	52.79
∑HREE	140.42	116.20	102.04	250.88
∑LREE/∑EMREE	0.11	0.13	0.13	0.12
∑MREE/∑HREE	0.26	0.26	0.24	0.21

注：数据引自柳牡丹(2021)。

[光谱特征]　红外光谱特征：根据梧桐菱锰矿的红外光谱，测试样品在 1500~600 cm^{-1} 范围内具有 3 个明显的吸收带，位于 1500~1300 cm^{-1} 和 900~600 cm^{-1} 区间，3 个谱带分别对应了碳酸盐矿物的碳酸根$[CO_3]^{2-}$振动模式在 1500~600 cm^{-1} 出现的 v_3(非对称伸缩振动)、v_2(面外弯曲振动)和 v_3(面内弯曲振动)3 个谱带。1400± $cm^{-1}$$v_3$ 带吸收非常宽而且吸收最强，860± $cm^{-1}$$v_2$ 吸收较尖

锐，710± $cm^{-1}v_1$ 吸收峰很尖锐而且相对较弱，是碳酸盐矿物的特征吸收频率，同时也说明 CO_3^{2-} 基团内的 C-O 共价键结合能力远远要比 Mn^{2+}-CO_3^{2-} 离子间及 $MnCO_3$ 分子间的结合力强得多。通过与菱锰矿($MnCO_3$)的标准矿物红外光谱图对比，吸收峰特征基本吻合。

吸收峰位移的变化主要是由于 Fe^{2+}、Mg^{2+}等取代 Mn^{2+}，即“阳离子效应”，阳离子半径大小、原子质量对振动频率均有影响。原子质量越大，振动向低频率方向位移，半径越小，振动向高频率的方向位移，对于 Fe^{2+}、Mg^{2+}来说，原子质量和离子半径对于振动的影响变化刚好相反，故对非对称伸缩振动(v_3)、面外弯曲振动(v_2)和面内弯曲振动(v_1)峰位的位移导致的差别不是很明显。

宝石级菱锰矿样品的红外光谱测定结果如图 1-2-123 所示。由图 1-2-123 可知，样品的红外吸收峰位置基本保持一致，均集中于 1500~400 cm^{-1}、3000~1500 cm^{-1} 之间出现 5 个弱吸收。其中，718 cm^{-1} 处吸收峰归属于菱锰矿样品中$[CO_3]^{2-}$的面内弯曲振动，也是该矿物的标志；863 cm^{-1} 处吸收峰对应$[CO_3]^{2-}$的面外弯曲振动；1417 cm^{-1} 处吸收峰归属于$[CO_3]^{2-}$内部 C-O 的反对称伸缩振动；1804 cm^{-1}、2360 cm^{-1}、2488 cm^{-1}、2835 cm^{-1} 处吸收峰峰强较弱，通常归类为$[CO_3]^{2-}$振动的和频峰。除此之外，菱锰矿样品于 1080 cm^{-1} 和 995 cm^{-1} 处出现的弱吸收峰，结合 XRD 衍射图谱分析可知，应归属于石英相中 Si-O 键的伸缩振动峰。此外，由图中可知，不同菱锰矿样品的红外吸收峰位置有轻微的差异，这与样品中所含杂质阳离子直接相关。菱锰矿为碳酸盐类矿物，在结晶形成阶段，由于类质同象替代现象的发生致使其微观晶格结构存在微小变动，从而使得红外光谱吸收峰有所偏移。

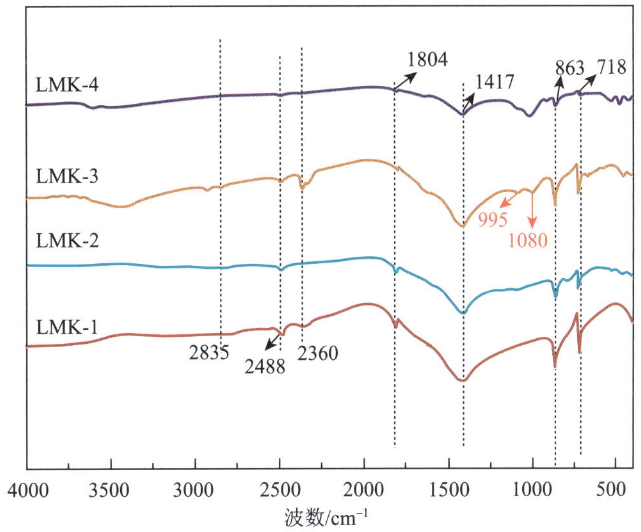

图 1-2-123　广西梧州宝石级菱锰矿样品红外图谱
(据柳牡丹，2021)

紫外-可见光谱特征：宝石级菱锰矿样品的紫外-可见光谱测试结果如图 1-2-124 所示。由图 1-2-124 可知，所有菱锰矿样品的紫外-可见吸收光谱吸收谷的位置基本相同，主要集中于 311 nm、343 nm、364 nm、407 nm、450 nm 和 552 nm。400~600 nm 呈现出较陡半吸收，紫外区和紫区吸收较强。364 nm 和 407 nm 处吸收带分别归属于菱锰矿八面体结构中 Mn^{2+}的$^6A_{1g}\rightarrow{}^4A_{1g}$ 与$^6A_{1g}\rightarrow{}^4Eg$ 跃迁，552 nm 处的吸收归属于八面体配位 Mn^{2+}的$^6A_{1g}\rightarrow{}^4T_{1g}$ 跃迁。

(2)广西天等县东平锰矿床中的菱锰矿

[产地、产状及共(伴)生矿物]　广西东平锰矿是一个大型红土型锰矿床。矿床含锰风化壳剖面从上到下可分为氧化带、半氧化带和原生带 3 个带。原生带由 13 个锰矿小层和夹层含锰泥质灰岩组成，位于氧化界面以下，矿物以碳酸锰矿物、石英、绿泥石、伊利石为主；半氧化带在氧化界面上，是原生带进入氧化带的一个过渡带，该带上部有偏酸锰矿、钙锰矿、硬锰矿，下部主要为菱锰矿，次为偏酸锰矿。该带的特征是碳酸锰矿物和次生氧化锰矿物共生；氧化带上部为一层红土层，下部为次

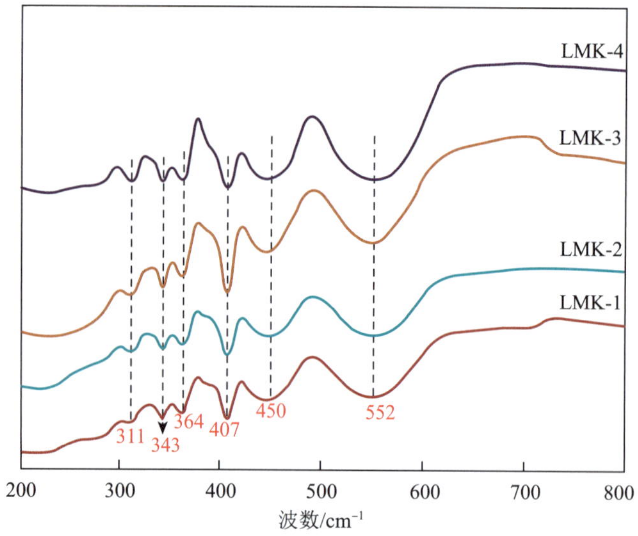

图 1-2-124 广西梧州宝石级菱锰矿样品紫外-可见光谱

（据柳牡丹，2021）

生氧化锰矿（祝寿泉，2001）。

［形貌特征］ 东平沉积碳酸盐型贫锰矿石中的菱锰矿以微粒他形结晶产出（$d=1\sim81\ \mu m$），与各种成分的方解石、白云石类矿物的微晶紧密共生，其间含有微细粒的石英、粘土和有机碳等物质。半氧化带中的菱锰矿集合体呈蠕虫状定向排列，或呈波纹细条带状产出，与层理平行。

［形貌特征］ 对原生带菱锰矿进行电子探针能谱分析，每个样品测 Mn、Ca、Mg、Fe 4 种成分，再计算其中的 $MnCO_3$、$CaCO_3$、$MgCO_3$、$FeCO_3$ 的分子百分数（表 1-2-109）。

表 1-2-109 广西东平锰矿床原生带中碳酸盐锰矿电子探针分析结果

样品	主要成分/%				主要成分计算结果/%				矿物名称
	Mn	Ca	Mg	Fe	$MnCO_3$	$CaCO_3$	$MgCO_3$	$FeCO_3$	
52	37.07	3.771	1.355	0.441	80.92	11.34	6.79	0.95	菱锰矿
53	31.74	13.366	1.807	0.389	58.09	33.64	7.58	0.69	钙菱锰矿
54	46.633	12.156	1.816	0.475	61.87	29.86	7.44	0.84	钙菱锰矿
55	34.766	11.190	1.674	0.678	63.63	28.15	7.03	1.21	钙菱锰矿
56	34.942	10.954	2.16	0.749	62.74	27.05	8.89	1.32	钙菱锰矿
57	35.556	11.210	1.954	0.455	63.61	27.58	8.01	0.80	钙菱锰矿
58	32.984	12.920	2.063	0.498	58.94	31.74	8.44	0.87	钙菱锰矿
59	32.669	13.151	1.945	0.469	58.68	32.48	8.00	0.83	钙菱锰矿
63	28.31	17.140	1.840	0.650	49.90	41.54	7.43	1.12	钙菱锰矿
64	28.062	15.152	2.195	1.216	50.90	37.80	9.12	2.12	钙菱锰矿
65	25.823	14.830	2.389	2.638	47.58	37.56	10.08	4.77	钙菱锰矿
66	30.046	13.909	2.439	1.243	53.87	34.29	9.65	2.19	钙菱锰矿
95	27.129	14.395	2.372	2.432	49.56	36.16	9.93	4.36	钙菱锰矿
98	30.974	13.028	2.364	1.010	56.02	32.39	9.80	1.79	钙菱锰矿
101	29.339	14.926	2.306	1.453	51.86	36.29	9.33	2.52	钙菱锰矿
103	29.586	13.017	2.745	2.161	52.92	32.02	11.26	3.80	钙菱锰矿
110	30.406	13.464	2.431	1.444	54.59	33.24	9.63	2.55	钙菱锰矿

注：数据引自祝寿泉（2001）。

半氧化带菱锰矿的电子探针能谱分析结果列于表 1-2-110。与原生带碳酸盐锰矿物相对比，菱半氧化带中的菱锰矿 Ca 失去约 88%，Mg 减少 96%，而 Mn 增加 44%，Fe 富集 5.4 倍。

表 1-2-110 广西东平锰矿床半氧化带中碳酸锰矿物的电子探针分析结果

样品	主要成分/%				主要成分计算结果/%				矿物名称
	Mn	Ca	Mg	Fe	$MnCO_3$	$CaCO_3$	$MgCO_3$	$FeCO_3$	
17	39.73	3.380		4.59	81.28	9.50		9.22	菱锰矿
18	40.20	2.880		4.71	82.40	8.12		9.48	菱锰矿
19	39.04	3.810		4.90	79.50	10.68		9.80	菱锰矿
20	39.58	3.120		5.01	81.12	8.80		10.08	菱锰矿
25	39.22	3.280		5.17	80.35	9.25		10.40	菱锰矿
30	39.35	3.030		5.29	80.79	8.55		10.67	菱锰矿
31	41.04	2.470		4.39	84.34	6.79		8.87	菱锰矿
32	38.74	0.623	0.074	8.26	80.92	1.84	0.34	16.90	菱锰矿
43	38.78	0.910	0.082	7.97	80.72	2.60	0.39	16.29	菱锰矿
45	39.02	1.170	0.091	7.44	81.05	3.35	0.43	15.17	菱锰矿
46	38.69	1.050	0.099	7.87	80.46	3.01	0.47	16.07	菱锰矿
47	38.85	0.830	0.099	7.91	80.96	2.37	0.47	16.19	菱锰矿
48	38.55	0.890	0.085	8.21	80.26	2.55	0.40	16.79	菱锰矿
49	39.04	1.030	0.098	7.58	81.12	2.94	0.47	15.47	菱锰矿
50	38.68	1.260	0.108	7.69	80.23	3.59	0.51	15.66	菱锰矿
平均	39.23	1.980	0.092	6.47	81.02	5.52	0.43	13.03	

注：数据引自祝寿泉(2001)。

[成因意义] 本区原生带中的碳酸锰矿物的变化是有规律的递变，存在着一个 $CaCO_3$-$MnCO_3$ 的连续类质同象系列，属沉积成因的锰矿物。碳酸锰矿石风化后，首先是 Ca、Mg 发生迁移，其次是 Mn 的流失。而 Fe 的迁移能力很弱，在风化过程中，一般很少迁移，常在风化壳形成褐铁矿。自然界的这种分离，使迁移到氧化界面以上的 Mn 质，如果遇有充足的 CO_3^{2-}，就会形成菱锰矿。可见半氧化带中的菱锰矿是改造后形成的。经过改造后，使原来沉积的层状贫碳酸锰矿变成了似层状菱锰矿矿体，矿石中的锰含量从 10.43%增加到 19.62%，提高了近 10 个百分点。证明菱锰矿除在热液、沉积和变质条件下形成外，在地表半氧化带中也能形成。

(3)贵州省松桃县道坨锰矿床中的菱锰矿

[产地、产状及共(伴)生矿物] 贵州道坨锰矿是一个全隐伏的大型碳酸锰矿床，含矿层位为南华系大塘坡组底部的含锰黑色页岩。矿石矿物为菱锰矿，脉石矿物为石英、白云石、黄铁矿等，还可见少量磷灰石(裴浩翔等，2015)。

[化学成分] 锰矿石全岩和主要含锰矿物菱锰矿的稀土元素测试结果列于表 1-2-111。结果显示菱锰矿的稀土元素配分模式与矿石全岩的有很大差别(图 1-2-125)。锰矿石全岩的轻稀土、中稀土、重稀土含量以及稀土总量分别为 $117.37\times10^{-6}\sim190.00\times10^{-6}$、$40.60\times10^{-6}\sim84.72\times10^{-6}$、$5.91\times10^{-6}\sim9.78\times10^{-6}$、$171.84\times10^{-6}\sim243.08\times10^{-6}$；菱锰矿的轻稀土元素、中稀土、重稀土含量以及稀土总量分别介于 $17.82\times10^{-6}\sim80.33\times10^{-6}$、$13.27\times10^{-6}\sim49.11\times10^{-6}$、$4.42\times10^{-6}\sim6.25\times10^{-6}$、$32.52\times10^{-6}\sim135.69\times10^{-6}$ 之间。

从 PAAS 标准化的稀土元素配分模式图(图 1-2-125)可以看出，菱锰矿的 $\sum$REE 占全岩 $\sum$REE 的比例从 15%到 80%不等，且随着全岩中锰含量的升高而升高，两者有高度的相关性，而全岩的稀土含量则无此规律。菱锰矿的稀土配分模式都是呈中稀土相对富集，轻稀土、重稀土相对中稀土亏损的“帽”式配分模式，而锰矿石全岩的配分模式基本是平坦的直线型。随着全岩中 Mn 含量的升高，

表 1-2-111 贵州道坨锰矿床中锰矿石全岩和菱锰矿的锰、磷、稀土元素含量及特征参数

	样品原号	La /10^{-6}	Ce /10^{-6}	Pr /10^{-6}	Nd /10^{-6}	Sm /10^{-6}	Eu /10^{-6}	Gd /10^{-6}	Tb /10^{-6}	Dy /10^{-6}	Y /10^{-6}	Ho /10^{-6}	Er /10^{-6}	Tm /10^{-6}	Yb /10^{-6}	Lu /10^{-6}	ΣLREE /10^{-6}	ΣREE /10^{-6}	ΣREE /10^{-6}	ΣREE /10^{-6}	LREE/MREE	MREE/HREE	δCe	δEu	Mn /%	P /10^{-6}
锰矿石全岩	ZK102-8	35.70	74.40	8.52	31.50	5.43	0.64	5.09	0.66	4.10	23.80	0.88	2.99	0.42	3.02	0.45	150.12	40.60	6.88	197.60	3.70	5.90	0.98	0.57	1.0	858
	ZK102-16	40.00	84.00	9.91	37.30	7.11	1.21	6.93	1.01	6.24	36.00	1.27	3.98	0.54	3.68	0.55	171.21	59.77	8.75	239.73	2.86	6.83	0.97	0.81	1.6	910
	ZK102-10	41.50	95.50	10.20	36.90	6.07	0.88	6.03	0.78	4.82	31.00	1.06	3.63	0.51	3.66	0.54	184.10	50.64	8.34	243.08	3.64	6.07	1.07	0.68	4.8	1119
	ZK102-13	33.90	82.90	8.23	30.80	6.68	1.42	6.96	1.00	6.22	36.40	1.28	3.93	0.57	3.72	0.55	155.83	59.96	8.77	224.56	2.60	6.84	1.14	0.97	6.6	2668
	ZK102-19	41.60	93.50	10.70	44.20	10.20	2.52	10.60	1.66	9.67	48.20	1.87	4.95	0.62	3.67	0.54	190.00	84.72	9.78	284.50	2.24	8.66	1.02	1.13	16.6	2363
	ZK102-3	28.30	72.60	6.49	25.20	5.05	1.10	4.89	0.76	4.70	23.70	0.96	2.77	0.37	2.42	0.35	132.59	41.16	5.91	179.66	3.22	6.96	0.99	1.03	17.9	1713
	ZK102-5	23.00	64.50	6.07	23.80	5.15	1.34	5.14	0.80	5.28	29.00	1.05	3.23	0.42	2.71	0.35	117.37	47.76	6.71	171.84	2.46	7.12	1.02	1.09	26.3	1593
硫酸提取	ZK102-8	3.25	8.37	1.05	5.16	1.73	0.28	2.26	0.30	1.60	6.83	0.28	0.71	0.10	0.54	0.07	17.82	13.27	1.42	32.52	1.34	9.35	1.03	0.64	0.8	827
	ZK102-16	4.22	10.70	1.42	6.76	2.13	0.43	3.02	0.43	2.39	11.43	0.42	1.17	0.14	0.79	0.11	23.10	20.24	2.21	45.56	1.14	9.15	0.99	0.77	1.2	805
	ZK102-10	6.20	16.95	1.99	9.01	2.54	0.49	3.39	0.49	3.11	16.82	0.63	1.78	0.23	1.27	0.17	34.14	27.47	3.466	5.06	1.24	7.95	1.10	0.77	4.0	1010
	ZK102-13	7.26	22.59	2.77	13.36	3.98	0.96	5.70	0.80	4.73	24.75	0.91	2.38	0.28	1.77	0.21	45.98	41.83	4.64	92.45	1.10	9.01	1.13	0.92	5.7	2007
	ZK102-19	14.43	35.86	4.79	22.18	6.72	1.79	9.25	1.41	8.05	43.36	1.51	3.87	0.49	2.63	0.33	77.26	72.09	7.32	156.67	1.07	9.85	0.98	1.03	13.6	1897
	ZK102-3	11.49	32.71	3.18	14.54	3.66	0.90	4.94	0.72	4.33	22.73	0.92	2.38	0.30	1.81	0.25	61.92	38.21	4.74	104.87	1.62	8.06	1.24	0.97	14.8	1517
	ZK102-5	15.58	43.26	4.23	17.26	3.96	1.12	5.74	0.80	4.90	31.50	1.10	3.08	0.41	2.41	0.35	80.33	49.11	6.25	135.69	1.64	7.86	1.23	1.06	21.4	1255

注：数据引自裴浩翔等(2015)。

全岩和菱锰矿的配分模式越来越相似。这可能说明菱锰矿是在后期的成岩过程中形成的。随着菱锰矿的形成，原来沉积时的稀土元素特征被改变，从而使得菱锰矿与全岩的稀土元素越来越一致。

δCe 随着 Mn 含量的升高而变大。这可能是因为 Ce 在锰氧化物或氢氧化物逐渐沉积富集的过程中，逐渐被吸附，而造成了异常值的逐渐增大，从而说明菱锰矿的形成经过了锰氧化物或氢氧化物的阶段。

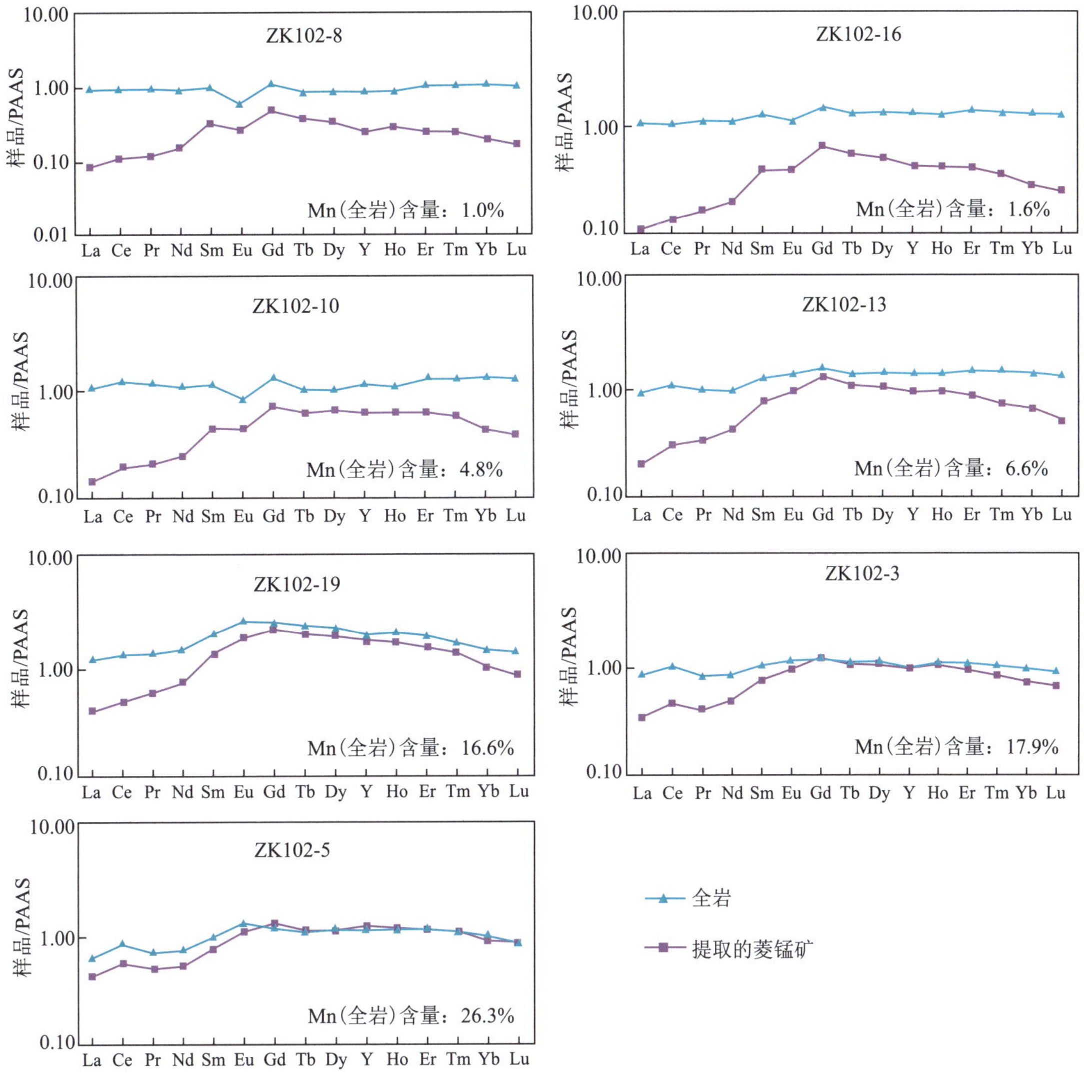

图 1-2-125　贵州省道坨锰矿床中菱锰矿与全岩的稀土元素 PAAS 标准化配分模式对比

（据裴浩翔等，2015）

PAAS 表示数据对澳大利亚新太古代页岩进行标准化(Mclennan，1989)

比较菱锰矿中 P、Mn 与轻、中、重稀土的相关性，Mn 与轻稀土相关性最强，其次是重稀土，与中稀土相关性最弱。而与 Mn 相反，P 与中稀土的相关性最好，与重稀土次之，与轻稀土最弱。因此，菱锰矿中稀土富集的现象是与 P 密切相关的(图 1-2-126)。

安正泽等(2014)对道坨锰矿区菱锰矿的碳同位素进行了研究，菱锰矿的 $\delta^{13}C_{V\text{-}PDB}$ 值分布在 -10‰～-7‰之间。

(4)贵州省铜仁地区菱锰矿矿床中的菱锰矿

[产地、产状及共(伴)生矿物]　贵州铜仁位于西南“锰三角”地区，锰矿蕴藏量丰富。在贵州铜仁的大塘坡地区发现大量赋存于南华系黑色页岩中的锰矿床，被称之为“大塘坡式锰矿”。南华系大塘坡组是以黑色页岩、菱锰矿、碳质粉砂岩为主的沉积序列，其中广泛发育的菱锰矿为锰矿资源的

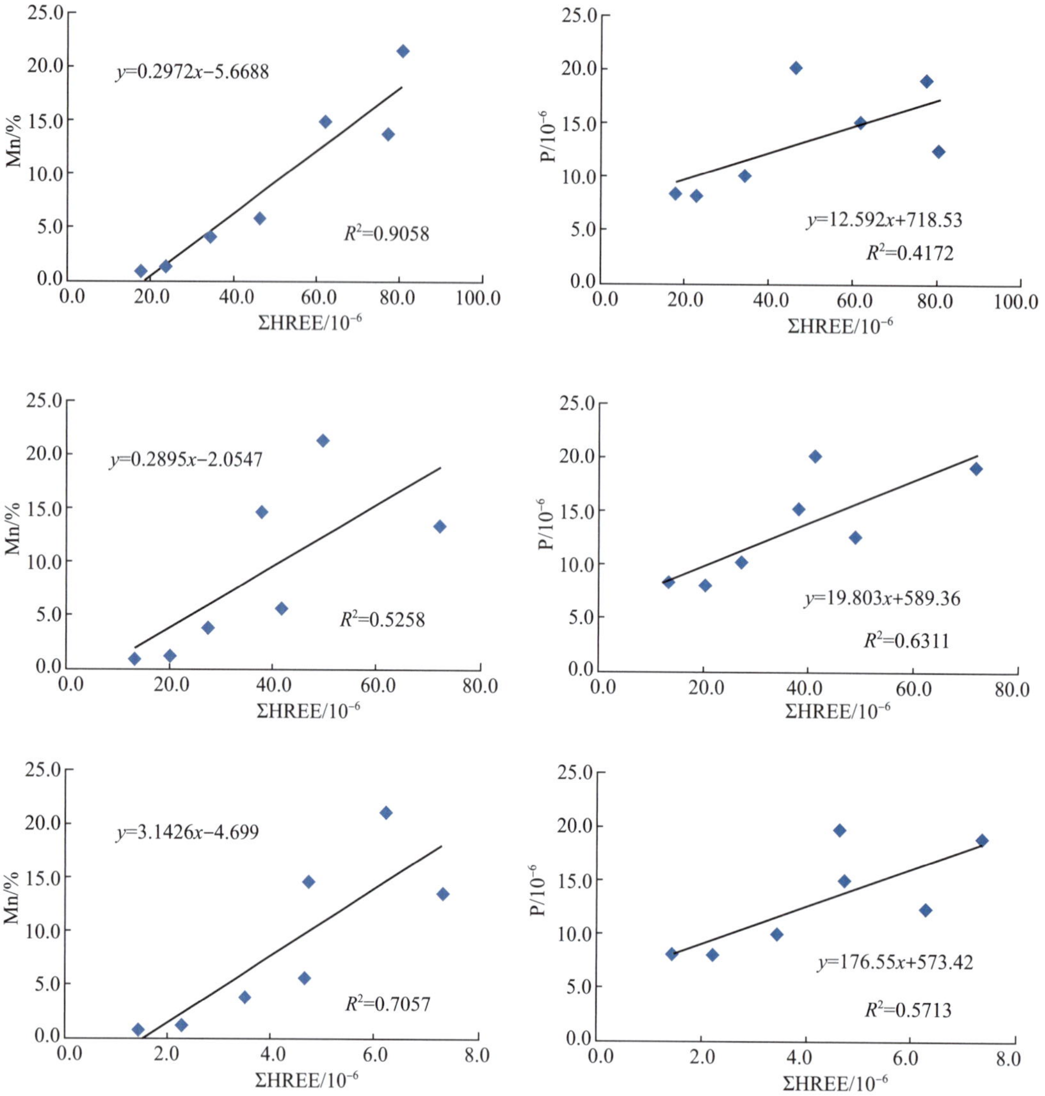

图 1-2-126　贵州道坨锰矿床菱锰矿中 P 和 Mn 与轻、中、重稀土的相关性

（据裴浩翔等，2015）

存在形式（瞿永泽等，2018；林伟志等，2024）。

［**形貌特征**］　菱锰矿粒度分析结果如图 1-2-127 所示。由图 1-2-127 可知，菱锰矿粒度分布不均匀，主要集中在 100 μm 以下，中位粒径为 21. 82 μm，平均粒径为 46. 88 μm。根据中位、平均粒径值并结合实际操作，将菱锰矿分为 3 个区间，通过颗粒累积分布曲线结果表明，粒径<23 μm 的为 52. 55%、位于 23～48 μm 间的为 15. 49%、粒径≥48 μm 的为 31. 96%

根据菱锰矿的 SEM-EDS 实验结果（图 1-2-128），菱锰矿的形貌具有多样性，表面粗糙且具有层状堆叠结构，大颗粒呈不规则的球状，在其旁围绕有许多小颗粒及片状物等，同时还有些小颗粒附着在其表面。

［**化学成分**］　混合矿样及不同粒度区间菱锰矿的 XRD 分析结果如图 1-2-129 所示。由图 1-2-129 可知，菱锰矿中硅元素主要以石英（SiO_2）形式存在，特征衍射峰为 20. 86°、26. 65°、36. 57°、50. 15°等，锰元素主要以碳酸锰矿（$MnCO_3$）形式存在，特征衍射峰为 24. 21°、31. 24°和 51. 40°，钙和镁元素则以白云石［$CaMg(CO_3)_2$］形式赋存，特征衍射峰为 31. 24°、42. 46°和 51. 40°，铁和硫元素主要是以黄铁矿（FeS_2）形式存在，特征衍射峰为 33. 05°、37. 55°和 56. 30°。而不同粒径区间菱锰矿的特征峰及峰的强弱等未见明显差异。

菱锰矿的 XPS 扫描结果如图 1-2-130 所示。由图 1-2-130a 可知，菱锰矿中存在 Mn、Fe、Ca、Mg、

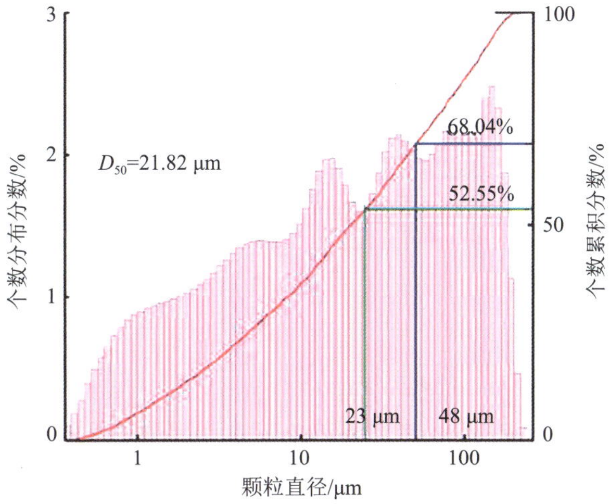

图 1-2-127　贵州铜仁菱锰矿的粒度分布图

（据林伟志等，2024）

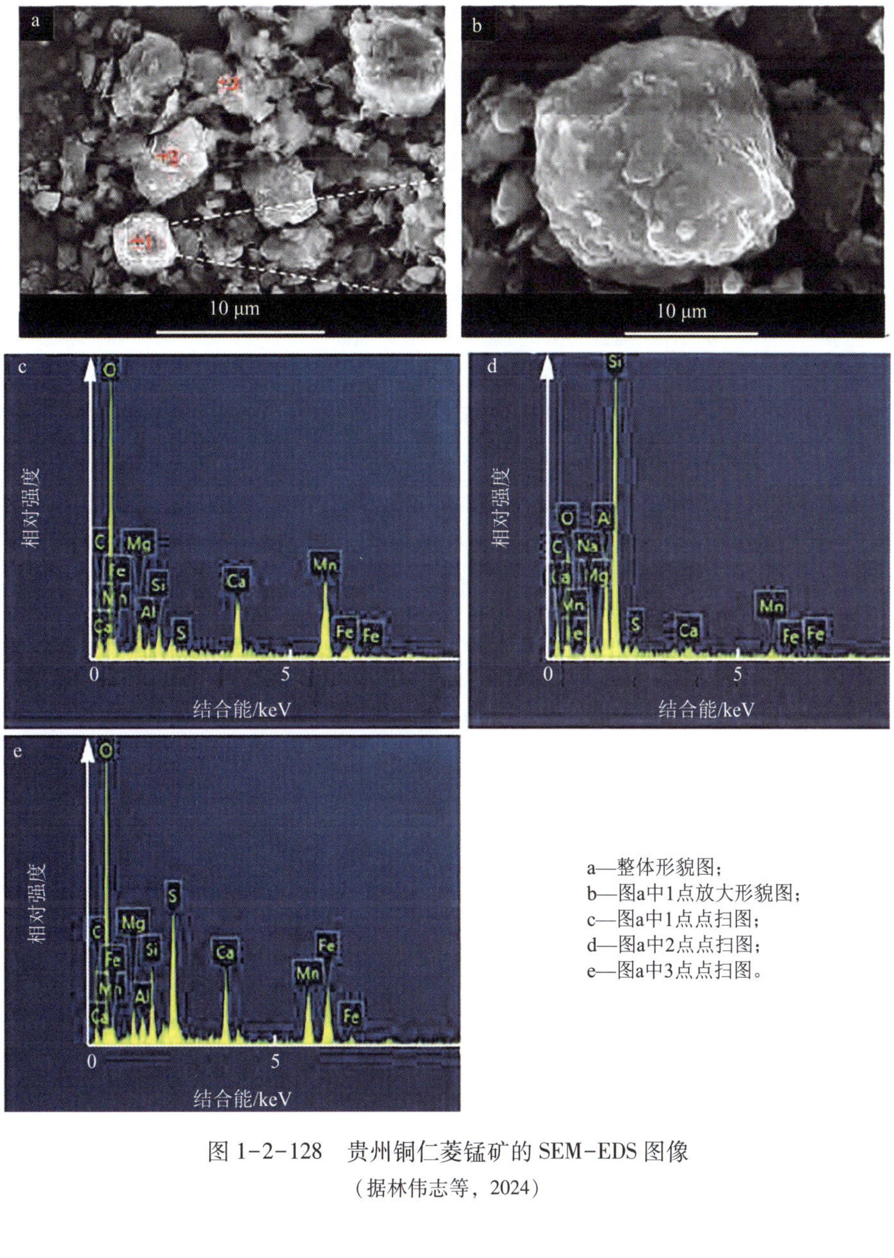

图 1-2-128　贵州铜仁菱锰矿的 SEM-EDS 图像

（据林伟志等，2024）

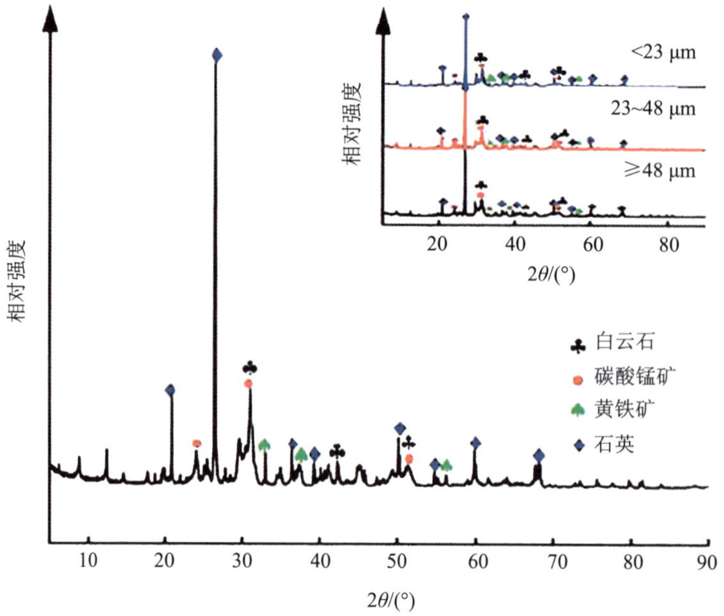

图 1-2-129 贵州铜仁菱锰矿的 X 射线衍射图

（据林伟志等，2024）

K、Al 等金属元素及 C、O、S、F 等非金属元素。由图 1-2-130b 可知，对 Mn 元素的窄谱扫描图进行分峰拟合得到 4 个特征峰，分别对应 Mn^{2+}和 Mn^{4+}。由图 1-2-130c 可知，对 Fe 元素的窄谱扫描图进行分峰拟合得到 3 个特征峰，分别对应 Fe^{2+}和 Fe^{3+}。结合 XRD 谱图(图 1-2-130)分析推测，菱锰矿中的 Mn 元素主要以碳酸锰矿形式存在，尚有部分二氧化锰矿；菱锰矿中的 Fe 可能分别以黄铁矿及其他正铁盐的形式存在。

根据菱锰矿的电子探针元素面扫结果，元素 Mn、C、Ca、Mg 具有较强的相关性，其中 Mn 和 C 的元素分布大多都分布于同一个区域中，因此该区域可以判断为碳酸锰的分布；Ca 和 Mg 同样具有较强的相关性，并且大部分与 Mn 和 C 集中在相同区域，由此也可进一步推断碳酸锰和碳酸钙镁是具有共生或伴生关系的。而元素 Si 多围绕在 Mn 元素的周围，由此可见，菱锰矿中的碳酸锰与石英互相嵌布；同时可以观察到少量 Si 与 Ca、Mg 分布同一区域，因此判断该区域分布为硅酸钙和硅酸镁。

贵州松桃县高地锰矿床中菱锰矿的 $\delta^{13}C_{V-PDB}$ 值全为负值，变化范围在-11.5‰~-6.8‰之间，平均 $\delta^{13}C_{V-PDB}$ 值为-9.41‰±1.32‰。($n=21$，1σ)，峰值分布在-11‰~-8‰之间(表 1-2-112)。样品为富轻碳同位素的特征，与民乐锰矿白云岩、大塘坡菱锰矿、江八当锰矿区的白云岩和菱锰矿的碳同位素值比较接近(Tang et al.，1999；周琦等，2007；覃英等，2013)。

表 1-2-112 贵州高地锰矿菱锰矿碳、氧同位素分析结果

样号	采样矿区	样品名称	$\delta^{13}C_{V-PDB}$/‰	$\delta^{18}O_{V-PDB}$/‰	$\delta^{18}O_{V-SMOW}$/‰
ZK2115-30	贵州高地	菱锰矿	-7.2	-11.5	19.1
ZK2115-29	贵州高地	菱锰矿	-7.3	-10.7	19.8
ZK2115-27	贵州高地	菱锰矿	-9.9	-8.7	21.9
ZK2115-26	贵州高地	菱锰矿	-9.4	-8.4	22.3
ZK2115-25	贵州高地	菱锰矿	-8.9	-7.9	22.7
ZK2115-24	贵州高地	菱锰矿	-10.5	-8.0	22.7
ZK2115-23	贵州高地	菱锰矿	-9.8	-8.2	22.5
ZK2115-22	贵州高地	菱锰矿	-10.3	-7.2	23.5
ZK2115-21	贵州高地	菱锰矿	-10.0	-8.0	22.7

样号	采样矿区	样品名称	$\delta^{13}C_{V-PDB}$/‰	$\delta^{18}O_{V-PDB}$/‰	$\delta^{18}O_{V-SMOW}$/‰
ZK2115-20	贵州高地	菱锰矿	-9.2	-6.4	24.3
ZK2115-18	贵州高地	菱锰矿	-10.7	-6.9	23.8
ZK2115-17	贵州高地	菱锰矿	-9.9	-9.6	21.0
ZK2115-16	贵州高地	菱锰矿	-11.2	-8.0	22.6
ZK2115-15	贵州高地	菱锰矿	-8.8	-14.3	16.2
ZK2115-14	贵州高地	菱锰矿	-8.4	-8.6	22.0
ZK2115-13	贵州高地	菱锰矿	-9.9	-3.9	26.9
ZK2115-12	贵州高地	菱锰矿	-6.8	-11.8	18.7
ZK2115-11	贵州高地	菱锰矿	-11.5	-4.6	26.2
ZK2115-10	贵州高地	菱锰矿	-11.3	-4.9	25.8
ZK2115-9	贵州高地	菱锰矿	-7.9	-15.0	15.5
ZK2115-8	贵州高地	菱锰矿	-8.7	-14.2	16.3

注：数据引自瞿永泽等(2018)。

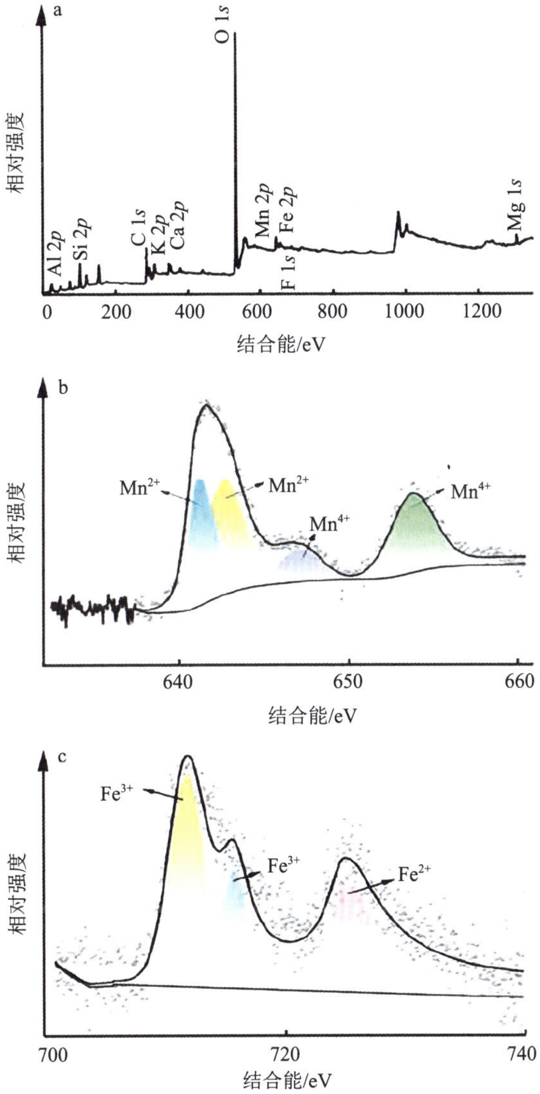

图 1-2-130 贵州铜仁菱锰矿的 XPS 谱图

（据林伟志等，2024）

a—菱锰矿的 XPS 全谱图；b—Mn 的 XPS 谱图；c—Fe 的 XPS 谱图

高地锰矿床中菱锰矿的 $\delta^{18}O_{V-PDB}$ 值全部为负值，变化范围在-15‰~-3.9‰之间，平均 $\delta^{18}O_{V-PDB}$ 值为-8.89±13.01‰($n=21$，1σ)，集中分布在-6‰~-11‰之间(表1-2-112)。样品的氧同位素值呈现较低负值，较 Tang 等(1999)在民乐锰矿白云岩和大塘坡菱锰矿获得的氧同位素值偏低(-5‰~-3‰之间)，但与周琦等(2007)和覃英等(2013)获得的大塘坡菱锰矿和江八当菱锰矿的氧同位素值较接近，分别为-13‰~9‰和-9‰~-7‰。

由此可见，南华系大塘坡组黑色页岩中赋存的菱锰矿具有较低的 $\delta^{13}C_{V-PDB}$ 值和 $\delta^{18}O_{V-PDB}$ 值，有机质的降解是导致 $\delta^{13}C_{V-PDB}$ 值明显偏负的重要原因，沉积期的低温和高 CO_2 分压也对 $\delta^{13}C_{V-PDB}$ 的低负值有所贡献；淡水的输入是 $\delta^{18}O_{V-PDB}$ 值的低负值的最主要原因。碳、氧同位素记录与菱锰矿的埋藏层位具有一定的相关性，菱锰矿层中菱锰矿的 $\delta^{13}C$ 相对于碳质页岩层中菱锰矿的 $\delta^{13}C_{V-PDB}$ 值偏低，$\delta^{18}O_{V-PDB}$ 值则相对偏高，反映了菱锰矿是在成岩期通过有机质降解作用形成的。

[光谱特征] 菱锰矿的同步热分析测试结果如图1-2-131所示。可以得到菱锰矿的3个热解的最佳温度点，分别为510℃、640℃、705℃，对应DSC曲线3个吸热峰的温度为519℃、620℃、690℃，

表明有3种物质的分解。菱锰矿的分解主要集中在两个阶段，第一阶段从450℃开始分解，450~550℃出现第一次较大幅度的失重，这个温度段为 $MnCO_3$ 发生分解，$MnCO_3$ 分解为 MnO 和 CO_2；第二阶段是在600~800℃，$CaMg(CO_3)_2$ 先分解为 $CaCO_3$、MgO 和 CO_2，同时其分解产物 $CaCO_3$ 继续分解为 CaO 和 CO_2。

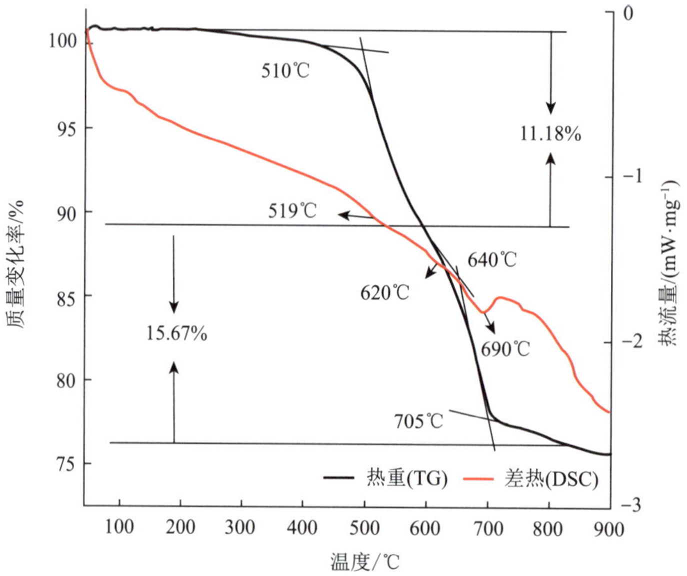

图1-2-131　贵州铜仁菱锰矿 TG-DSC 曲线
(据林伟志等，2024)

(5)黑龙江省二道坎银铅锌矿床中的菱镁矿

[产地、产状及共(伴)生矿物] 二道坎银铅锌矿床是黑龙江多宝山矿集区的一个三叠纪大型银铅锌矿床。成矿过程大致分3个阶段，即早期的黄铁矿-磁铁矿-石英阶段，主成矿期的沥青-银-硫化物-石英阶段以及晚期的碳酸盐阶段。矿石类型主要为热液角砾岩。菱锰矿作为碳酸盐阶段的重要矿物，广泛分布于角砾岩型矿石中。主要以乳白色、米黄色的粒状、团块状及脉状产出为主(图1-2-132)。手标本下观察，可见菱锰矿穿切含沥青的石英脉，显示晚于沥青形成的特征。另外，可见大量风化作用形成的红褐色含锰铁锰硅酸盐、赤铁矿与菱锰矿共生，部分菱锰矿还穿切早期形成的石英(董娟等，2022)。

[形貌特征] 显微镜下观察显示，菱锰矿无色透明，具有两组解理，常沿着角砾边部生长，呈不规则形态。

图 1-2-132　黑龙江二道坎银铅锌矿床含菱锰矿矿石照片
（据董娟等，2022）
a—晚期菱锰矿穿切石英；b—菱锰矿、团块状石英及云雾状方解石共生；c—菱锰矿与赤铁矿共生；
d—菱锰矿与方铅矿共生。Rds—菱锰矿；Cal—方解石；Py—黄铁矿；Qz—石英；Gn—方铅矿

［**化学成分**］　主量元素特征：根据 LA-ICP-MS 测试结果(表 1-2-113)，菱锰矿中占比较大的元素主要包括 Mn、Fe、Mg、Ca 4 种元素，换算成碳酸盐，即 $MnCO_3$、$FeCO_3$、$MgCO_3$、$CaCO_3$，其质量分数分别为 65.00%~79.60%、14.00%~26.40%、0.25%~0.81%、5.58%~9.59%。

表 1-2-113　黑龙江二道坎银铅锌矿床菱锰矿主量元素质量分数

样品号	$MgCO_3$/%	$CaCO_3$/%	$MnCO_3$/%	$FeCO_3$/%	Al/10^{-6}	Zn/10^{-6}	Co/10^{-6}	Ni/10^{-6}	As/10^{-6}	总和/%
B003-01	0.31	7.19	68.10	24.00	35.50	23.70	0.14	0.50	2.39	99.56
B003-02	0.32	7.21	67.70	24.30	33.90	26.20	0.19	—	0.68	99.54
B003-03	0.33	6.86	68.70	23.50	60.10	13.70	0.12	—	1.22	99.39
B003-04	0.52	6.32	69.80	22.80	54.30	39.50	0.33	0.78	3.24	99.43
B003-05	0.40	6.91	67.30	24.80	52.00	23.70	0.11	0.44	0.82	99.46
B003-06	0.27	7.00	70.40	21.90	13.00	13.00	0.05	0.31	0.21	99.57
B003-07	0.81	7.34	65，00	26.40	34.70	34，40	0.12	0.73	1.31	99.57
B003-08	0.38	5.58	79.60	14.00	18.90	12.60	0.04	—	0.96	99.61
B004-01	0.46	8.28	74.50	16.00	14.60	58.60	0.20	1.78	10.60	99.26
B004-02	0.26	8.14	75.70	15.50	5.44	52.90	0.10	1.73	3.88	99.50
B004-03	0.25	9.00	72.10	18.30	4.55	25.00	0.12	1.02	0.98	99.58
B004-04	0.25	9.59	70.80	19.20	5.07	22.60	0.08	1.11	3.18	99.74
B004-05	0.26	8.64	70.10	20.70	3.10	15.40	0.04	0.99	0.57	99.78
B004-06	0.30	8.57	70，70	20.00	8.63	46.40	0.17	—	3.43	99.62
B004-07	0.26	9.36	70.80	19.20	9.80	20.20	0.06	—	0.17	99.58
B004-08	0.25	8.24	75.50	15.60	8.57	17.40	0.04	0.21	1.59	99.57

注：数据引自董娟等(2022)。

矿床中菱锰矿中 Fe、Mg+Ca+Fe 与 Mn 的质量分数呈极好的负相关关系(图 1-2-133)，指示了 Fe、Mg、Mn、Ca 的类质同象替换。其中 Fe 与 Mn 的质量分数相关性最好，其次为 Mg，而 Ca 与 Mn 的质量分数相关性最差。该结果可能指示 Ca 进入菱锰矿晶格取代 Mn 十分有限，而晶格中 Fe 对 Mn 的类质同象替换明显。

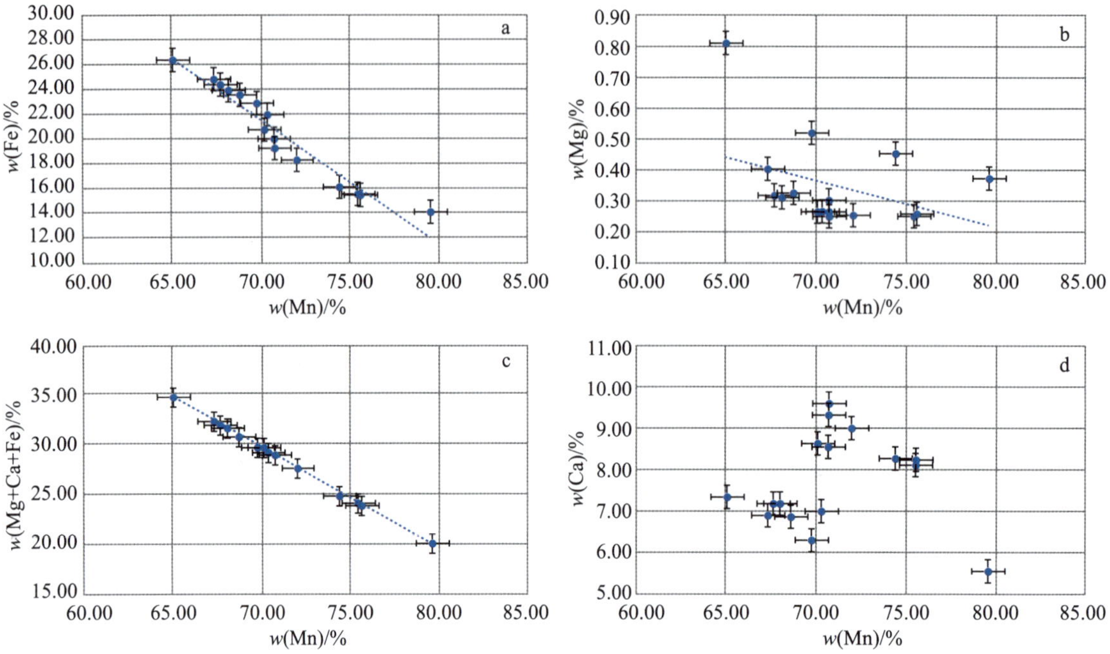

图 1-2-133　黑龙江二道坎银铅锌矿床菱锰矿主量元素相关关系图

（据董娟等，2022）

微量元素特征：微量元素方面，菱锰矿亏损 Th、U、Zr、Hf、Nb、Ta 等高场强元素(HFSE)与 Rb、Sr、Ba、K 等大离子亲石元素，并亏损 Ti 等过渡元素(表 1-2-114，图 1-2-134)，而 Al、Zn 等元素相对富集，$w(Al)=(3.10\sim60.10)\times10^{-6}$，$w(Zn)=(12.60\sim58.60)\times10^{-6}$。另外，在菱锰矿中还检测到一定质量分数的 Co、Ni、As 元素，其中 $w(Co)=(0.04\sim0.33)\times10^{-6}$，$w(Ni)=(0.21\sim1.78)\times10^{-6}$，而 $w(As)=(0.17\sim10.6)\times10^{-6}$。

表 1-2-114　黑龙江二道坎银铅锌矿床菱锰矿微量元素质量分数($w_B/10^{-6}$)

样品号	Rb	Ba	Th	U	K	Nb	Ta	La	Ce	Sr
B003-01	—	0.2974	—	0.0083	—	—	1.3715	2.2796	1.3527	
B003-02	—	0.6416	0.0062	0.0039	0.9474	—	0.0021	1.1186	1.7642	1.5878
B003-03	—	0.2947	0.0062	0.0078	9.6178	—	—	2.4718	3.7218	1.2878
B003-04	0.0898	1.2881	0.0022	0.0081	7.7497	0.0052	—	2.8343	4.1002	2.9357
B003-05	—	0.5441	0.0042	0.0020	1.4024	—	—	1.2089	2.0380	2.0730
B003-06	—	0.1122	0.0022	—	0.2198	—	—	0.6134	1.0829	0.7226
B003-07	—	1.6183	0.0084	—	6.3375	0.0050	—	1.1853	2.2432	6.7035
B003-08	0.0220	0.3273	0.0021	—	5.2990	—	—	0.7346	1.5233	2.1367
B004-01	0.0106	0.8699	0.0021	—	1.4322	—	—	4.0301	6.5622	1.8689
B004-02	0.0479	0.2143	—	0.0007	4.5740	—	—	1.0608	2.0329	1.2181
B004-03	—	0.1931	—	—	1.5652	0.0089	—	0.9141	1.5517	1.1530
B004-04	—	0.1208	0.0019	0.0035	—	—	—	0.9869	1.9852	0.8866

续表

样品号	Rb	Ba	Th	U	K	Nb	Ta	La	Ce	Sr
B004-05	—	0.1902	0.0018	—	1.0670	—	—	0.5687	1.2631	0.6878
B004-06	—	0.3116	—	—	7.6536	0.0044	—	0.5942	1.5241	2.1682
B004-07	—	0.1375	—	0.0016	7.3057	—	—	1.0058	1.9842	1.0640
B004-08	—	0.1206	—	—	0.4322	0.0044	0.0037	0.6039	1.7941	0.6567

样品号	Nd	P	Zr	Hf	Ti	Eu	Sm	Tb	Yb	Y
B003-01	1.3221	48.5081	0.2095	—	0.5702	0.0721	0.1779	0.0749	0.4103	4.1577
B003-02	1.0328	61.2397	0.0392	—	0.2903	0.0225	0.5328	0.0657	0.3292	3.6957
B003-03	0.9187	83.9785	—	0.0067	0.6711	0.0586	0.3669	0, 0636	0.1832	3.2744
B003-04	1.0489	73.7396	0.3688	0.0070	1.9669	0.0424	0.4006	0.0458	0.2009	3.2652
B003-05	1.0944	44.6866	0.4885	—	0.8592	0.0366	0.4059	0.0645	0.2044	3.4553
B003-06	1.2417	19.1410	—	—	0.0470	0.0188	0.3136	0.0526	0.2105	2.9912
B003-07	1.5665	34.9545	0.1180	—	0.9731	0.1403	0.3349	0.1364	0.6440	7.0565
B003-08	0.5805	50.0566	—	—	0.3132	0.0366	0.1693	0.0356	0.0837	1.7117
B004-01	0.9106	5.2048	0.1187	—	0.2927	0.0638	0.1518	0.0310	0.0463	2.2264
B004-02	0.6697	69.4522	0.0779	—	—	0.0314	0.2328	0.0305	0.0821	1.5851
B004-03	0.6297	39.1288	0.0702	—	0.0053	0.0284	0.0900	0.0216	0.0329	1.2188
B004-04	0.6691	54.3564	—	—	—	0.0324	0.1802	0.0118	0.0247	0.6158
B004-05	0.6971	40.2953	—	—	—	0.0478	0.0592	0.0039	0.0243	0.3876
B004-06	0.4347	21.9323	—	—	0.1254	0.0281	0.0753	0.0117	0.0245	0.9289
B004-07	0.7704	47.8327	0.0330	—	—	0.0268	0.0856	0.0168	0.0468	1.4615
B004-08	0.5935	29.5394	—	0.0060	—	0.0444	0.2104	0.0177	0.0821	1.0867

注：数据引自董娟等(2022)。

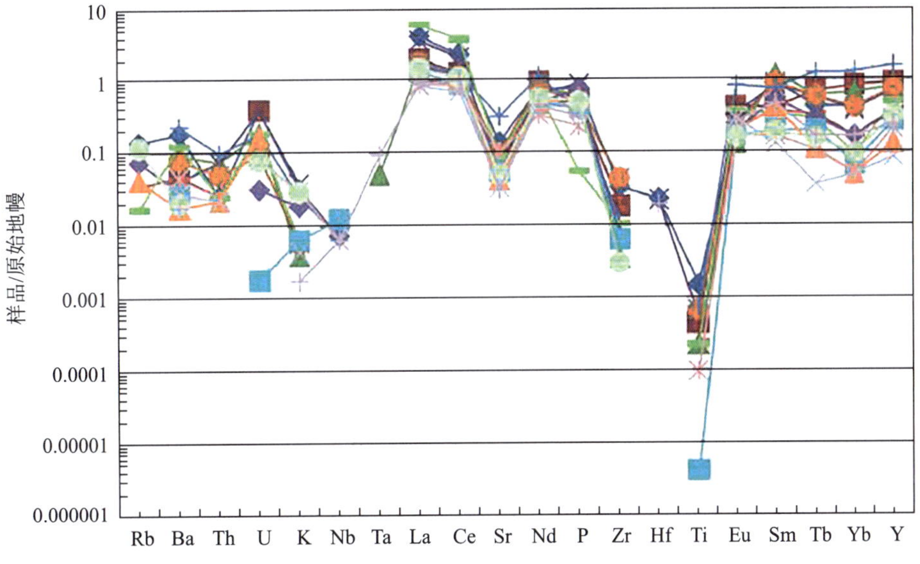

图 1-2-134　黑龙江二道坎银铅锌矿床菱锰矿微量元素标准化蛛网图

(据董娟等，2022；标准化数据引自 Sun et al.，1989)

稀土元素特征：稀土元素组成上，菱锰矿 $w(\sum REE)$ 值变化于 $2.97\times10^{-6}\sim12.66\times10^{-6}$ 之间(表 1-2-115)，LREE/HREE 值为 1.72~17.65，$(La/Yb)_N$ 值为 1.32~62.43，具有轻稀土元素富集、重稀土元素亏损、总体右倾的 REE 配分曲线(图 1-2-135)。$(La/Sm)_N=1.26\sim17.14$，$(Gd/Yb)_N=$

0.58~2.69，轻稀土元素分馏程度明显高于重稀土元素。综合来看，物质来源具有深-浅源混合的特征。与矿石中其他矿物相比，菱锰矿 δEu 值为 0.06~0.85，δCe 为 2.73~4.63，显示强 Eu 负异常，Ce 正异常。指示菱锰矿的结晶环境呈还原性。

表 1-2-115　黑龙江二道坎银铅锌矿床菱锰矿稀土元素质量分数($w_B/10^{-6}$)及特征参数

样品号	La	Ce	Pr	Nd	Sm	Eu	Gd	Tb	Dy	Ho	Er
B003-01	1.37	2.28	0.15	1.32	0.18	0.07	0.29	0.07	0.56	0.12	0.26
B003-02	1.12	1.76	0.15	1.03	0,53	0.02	0.25	0.07	0.52	0.11	0.23
B003-03	2.47	3.72	0.14	0.92	0.37	0.06	0.22	0.06	0.39	0.09	0.24
B003-04	2.83	4.10	0.17	1.05	0.40	0.04	0.45	0.05	0.35	0.14	0.26
B003-05	1.21	2.04	0.22	1.09	0.41	0.04	0.23	0.06	0.35	0.09	0.20
B003-06	0.61	1.08	0.15	1.24	0.31	0.02	0.31	0.05	0.32	0.08	0.26
B003-07	1.19	2.24	0.26	1.57	0.33	0.14	0.75	0,14	0.80	0.20	0.65
B003-08	0.73	1.52	0.08	0.58	0.17	0.04	0.20	0.04	0.17	0.04	0.07
B004-01	4,03	6.56	0.24	0.91	0.15	0.06	0.14	0,03	0.31	0.06	0.09
B004-02	1.06	2.03	0.13	0.67	0.23	0.03	0.07	0.03	0.17	0.04	0.10
B004-03	0.91	1.55	0.14	0.63	0.09	0.03	0.09	0.02	0.12	0.02	0.09
B004 04	0.99	1.99	0.14	0.67	0.18	0.03	0.03	0.01	0.12	0.01	0.02
B004-05	0.57	1.26	0.14	0.70	0.06	0.05	0.05	0.00	0.07	0.01	0.02
B004-06	0.59	1.52	0.15	0.43	0.08	0.03	0.03	0.01	0.16	0.03	0.06
B004-07	1.01	1.98	0.17	0.77	0.09	0.03	0.15	0.02	0.13	0.01	0.06
B004-08	0.60	1.79	0.17	0.59	0.21	0.04	0.10	0.02	0.09	0.03	0.06

样品号	Tm	Yb	Lu	ΣREE	LREE/HREE	δEu	δCe	$(La/Yb)_N$	$(La/Sm)_N$	$(Gd/Yb)_N$
B003-01	0.06	0.41	0.06	7.21	2.93	0.31	3.00	2.40	4.98	0.58
B003-02	0.04	0.33	0.04	6.21	2.89	0.06	2.79	2.44	1.36	0.64
B003-03	0.04	0.18	0.06	8.97	5.95	0.20	2.85	9.68	4.35	1.01
B003-04	0.04	0.20	0.06	10.15	5.52	0.10	2.73	10.12	4.57	1.87
B003-05	0.03	0.20	0.04	6.20	4.16	0.12	2.86	4.24	1.92	0.92
B003-06	0.04	0.21	0.04	4.74	2.59	0.06	2.85	2.09	1.26	1.23
B003-07	0.08	0.64	0.08	9.06	1.72	0.26	3.10	1.32	2.28	0.96
B003-08	0.03	0.08	0.01	3.77	4.88	0.20	3.73	6.30	2.80	1.95
B004-01	0.02	0.05	0.01	12.66	17.22	0.44	3.07	62.43	17.14	2.46
B004-02	0.01	0.08	0.01	4,68	8,01	0.20	3.41	9.27	2.94	0.75
B004-03	0.00	0.03	0.01	3.74	8.84	0.31	2.94	19.94	6.56	2.36
B004-04	0.01	0.02	—	4.22	17.65	0.31	3,54	28.69	3.54	0.90
B004-05	0.00	0.02	0.01	2.97	14.36	0.85	3.57	16.80	6.20	1.80
B004-06	0.01	0.02	—	3.13	8.61	0.55	4.09	17.41	5.10	0.94
B004-07	0.01	0.05	0.01	4.48	9.28	0.23	3.36	15.42	7.58	2.69
B004-08	0.01	0.08	0.01	3.80	8.93	0.29	4.63	5.28	1.85	0.97

注：数据引自董娟等(2022)。

(6)内蒙古白云鄂博铁铌稀土矿床中的菱锰矿

[产地、产状及共(伴)生矿物]　内蒙古白云鄂博铁铌稀土矿床中的菱锰矿产于矿化白云岩中(张培善等，1986)。

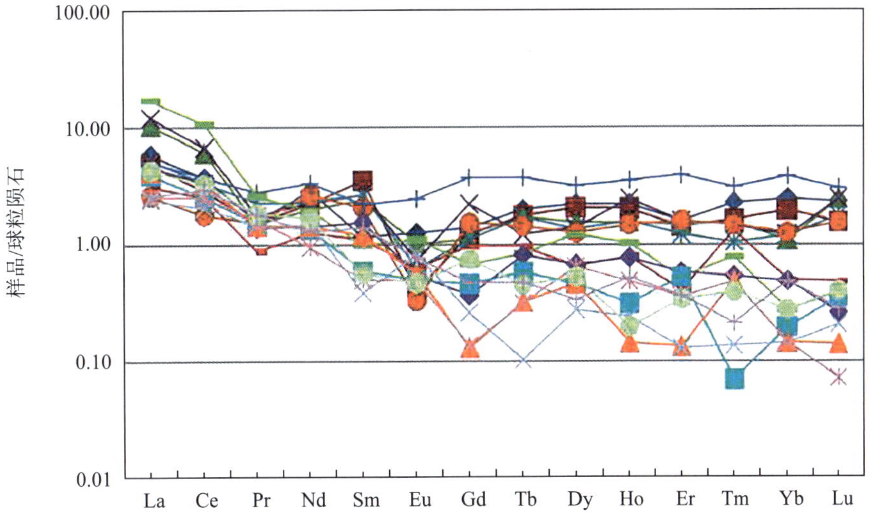

图 1-2-135 黑龙江二道坎银铅锌矿床菱锰矿稀土元素标准化配分图

（据董娟等，2022；标准化数据引自 Sun et al.，1989）

[形貌特征] 粒状。

[晶体结构] 三方晶系。

[物理性质] 红褐色；薄片中粉色；玻璃光泽。摩氏硬度 $H=3\sim4$。密度 $D_{测量}=3.70\ g/cm^3$。

[光学性质] 折光率 $\omega=1.81$，$\varepsilon=1.597$。

[化学成分] MnO 61.71%，CO_2 38.2%。

(7)浙江省东部银多金属矿床中的菱锰矿

[产地、产状及共(伴)生矿物] 浙东地区的黄岩五部和天台大岭口银铅锌矿床均产于浅成和超浅成的次火山岩体、筒状或不规则状爆破角砾岩体的内外接触带或其内部的裂隙构造带中。属于中、低温陆相火山-次火山期后热液型。矿体以脉状或透镜状形式产生，其金属矿物主要为方铅矿、闪锌矿和黄铁矿，次为黄铜矿、自然银、辉银矿、砷硫银矿等；脉石矿物则主要为石英、绿泥石、高岭石、绢云母、菱锰矿及少量方解石。矿床中的菱锰矿为晚期矿化作用的产物，与晚期银铅锌矿石相伴生，或呈星散状分布于晚期的银铅锌矿石中，或呈脉状穿插于早先形成的银铅锌矿石中，亦有少量分布于矿体之顶板附近，或呈脉状充填于围岩之裂隙中(魏元柏等，1995，1996)。

[主要粉晶衍射数据] 本区菱锰矿的 X 射线衍射特征及 $d_{10\bar{1}4}$ 值见图 1-2-136 和表 1-2-116。Ca^{2+}的离子半径(1.08)大于 Mn^{2+}(0.75)，而 Fe^{2+}的离子半径(0.71)略小于 Mn^{2+}，故而菱锰矿的 $d_{10\bar{1}4}$ 值随 CaO 含量的增加而增大，随 FeO 含量的增加而略显减少。由于样品中 CaO 和 FeO 的含量均较低，故其 $d_{10\bar{1}4}$ 值与标准菱锰矿的值 2.8460 甚为接近。

表 1-2-116 浙东地区银铅锌矿床中菱锰矿的 $d_{10\bar{1}4}$ 值

	HW-10	HW-02	HW-05	TD-08	TD-15	TD-04	TD-17
$d_{10\bar{1}4}$/Å	2.845	2.843	2.842	2.841	2.840	2.841	2.839
CaO/%	1.30	0.94	0.78	0.64	0.60	0.40	0.52
FeO/%	2.84	1.79	2.24	3.00	2.92	2.84	3.95

注：数据引自魏元柏等(1995)。

[形貌特征] 菱锰矿的颜色多为玫瑰-浅玫瑰红色，自形程度中等偏差。

[化学成分] 主量元素特征：从表 1-2-117 可以看出，浙东地区不同矿床中的菱锰矿的化学组

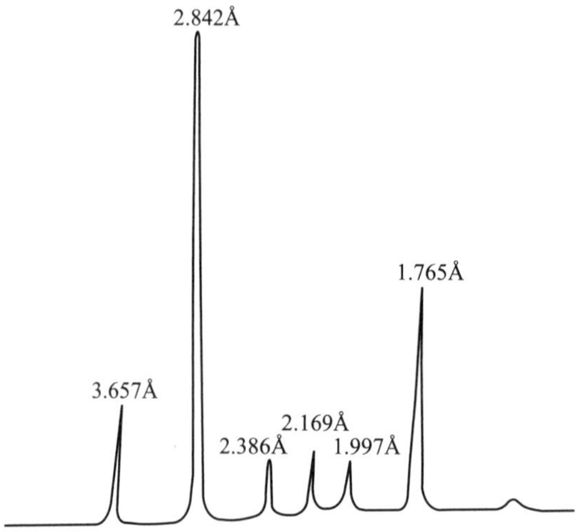

图 1-2-136　菱锰矿的 X 射线衍射图

（据魏元柏等，1995）

成十分近似，普遍高锰低铁贫镁钙。其 $MnCO_3$ 的分子比为 0.916~0.952，平均为 0.936；$FeCO_3$ 的分子比为 0.002~0.052，平均为 0.035；$MgCO_3$ 的分子比为 0.002~0.042，平均为 0.007；$CaCO_3$ 的分子比为 0.008~0.039，平均为 0.022。显然，它们均属狭义的菱锰矿范畴。姚敬劬(1991)对我国沉积成因的菱锰矿之成分进行了大量的统计分析表明，$MnCO_3$ 分子比大于 0.910 者不常见，$CaCO_3$ 分子比变化于 0.06~0.13 之间。由此可知，浙东地区银铅锌矿床中的菱锰矿与沉积成因者在成分上存在着较大的差别。

表 1-2-117　浙东地区银铅锌矿床中菱锰矿的化学组成(分子比)

矿床名称	样号	$MnCO_3$	$FeCO_3$	$MgCO_3$	$CaCO_3$
五部	HW-02	0.949	0.029	0.002	0.020
	HW-05	0.947	0.035	0.002	0.016
	HW-10	0.921	0.047	0.005	0.027
大岭口	TD-04	0.943	0.047	0.002	0.008
	TD-08	0.935	0.049	0.002	0.013
	TD-15	0.935	0.048	0.004	0.013
	TD-17	0.935	0.052	0.002	0.011
	T-3	0.952	0.019	0.005	0.025
	T-5	0.947	0.013	0.007	0.033
	T-1	0.916	0.044	0.002	0.037
拔茅	B-33	0.917	0.002	0.042	0.039

注：数据引自魏元柏等(1995)。

微量元素特征：从菱锰矿中微量元素的含量(表 1-2-118)来看，其 Co/Ni 值为 0.307~0.594，平均为 0.457，即 Ni 含量普遍高于 Co 含量；Ba/Sr 值为 10.472~21.179，平均为 15.014，即 Ba 含量远大于 Sr 含量。本区菱锰矿的 Co/Ni<1，这与火山成因或热液成因之锰矿床中的菱锰矿特征(Co/Ni>1)(莫斯霖，1987)正好相反。

[光谱特征]　本区菱锰矿样品的红外光谱图谱见图 1-2-137。由于菱锰矿结构中，孤立的 $[CO_3]^{2-}$ 属 D3 对称，故而在其红外图谱中只能见到 γ_2、γ_3 和 γ_4 3 个吸收峰，其相应的值列于表 1-2-119。

表 1-2-118　浙东地区银铅锌矿床中菱锰矿的微量元素含量

矿区		大岭口		五部	
样号		TD-04	TD-15	HW-02	HW-10
$w_B/10^{-6}$	Al	526.40	284.80	594.80	1803.60
	Ba	1270.00	237.20	89.60	150.80
	Be	10.80	4.00	4.00	4.00
	Co	54.80	39.60	54.40	60.00
	Cr	257.60	260.40	234.00	248.40
	Cu	304.00	274.00	173.20	167.60
	Ga	479.60	437.60	408.80	500.80
	K	4908.00	3834.80	4872.00	7516.00
	Li	10.00	5.20	2.00	10.80
	Mo	70.40	54.00	46.40	52.40
	Na	1166.80	1174.40	805.60	1114.00
	Ni	152.40	129.20	91.60	105.60
	P	841.60	948.80	910.40	940.00
	Pb	622.00	437.60	501.20	581.20
	Sr	71.60	11.20	8.40	14.40
	Ti	41.60	41.20	36.80	36.40
	V	81.60	83.60	72.00	85.20
	Zn	401.20	170.40	241.60	390.40

注：数据引自魏元柏等(1995)。

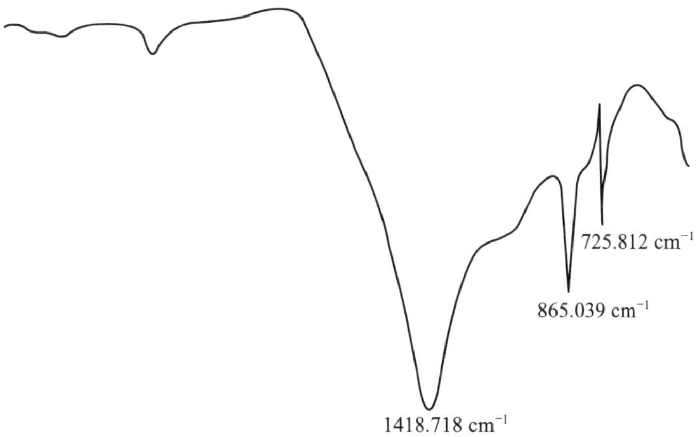

图 1-2-137　浙东地区银多金属矿床菱锰矿的红外光谱图
（据魏元柏等，1995）

表 1-2-119　浙东地区银多金属矿床菱锰矿红外光谱中吸收带频率值(cm^{-1})

吸收率	HW-02	HW-10	HW-05	TD-17	TD-08	TD-04	TD-15	标准值
γ_2	865.039	864.996	865.523	864.988	864.867	864.660	864.781	866
γ_3	1418.718	1413.156	1421.175	1415.425	1416.207	1421.503	1412.906	1420
γ_4	725.812	725.789	725.523	725.750	725.722	725.648	725.609	726

注：数据引自魏元柏等(1995)。

本区菱锰矿样品的差热分析曲线和参数值见图 1-2-138 和表 1-2-120。由此可见，本区菱锰矿在 588~595℃(平均 592℃)之间有一吸热谷，在 680~689℃(平均为 686℃)之间有一放热峰，系由于 Mn^{2+} 氧化所致。

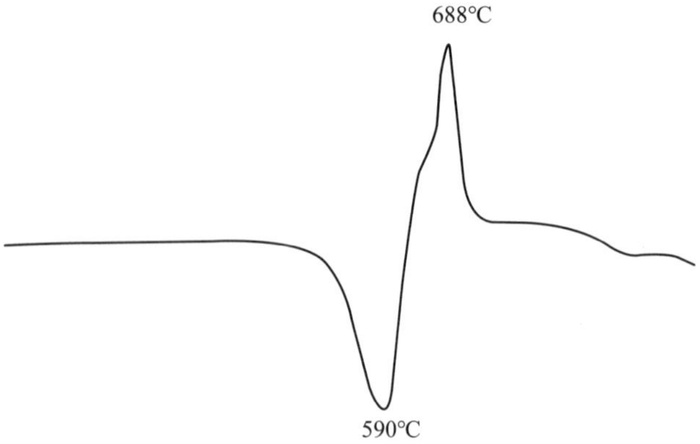

图 1-2-138　浙东地区银多金属矿床菱锰矿的差热曲线图
(据魏元柏等，1995)

表 1-2-120　浙东地区银多金属矿床菱锰矿的差热特征

名称	样号					
	HW-02	HW-10	TD-04	TD-08	TD-15	TD-17
吸热谷/℃	588	590	595	595	590	595
放热峰/℃	681	680	687	689	688	689

注：数据引自魏元柏等(1995)。

[成因意义]　研究表明，菱锰矿形成时的 pH 为 7.3~11，当 pH 为 7.8 时，菱锰矿得以大量沉淀，而碳酸钙沉淀的 pH 边界值为 7.8。因此介质 pH 的变化对于 Mn、Ca 矿物的形成和组合起了决定性的作用(许遵立，1980)。当介质 pH 缓慢变化时，Mn^{2+} 和 Ca^{2+} 能够充分地分离，可以形成相对较纯的菱锰矿，反之当 pH 急速变化时，Mn^{2+} 和 Ca^{2+} 来不及分离，将导致它们同时析出或形成钙菱锰矿、锰方解石等。浙东地区银铅锌矿床之成矿介质中 pH 值是渐变的，且变化比较缓慢(魏元柏等，1993)。对菱锰矿形成时的物理化学条件研究表明，其形成温度为 200℃左右，pH 为 6.8(相应温度下的 pH)，对菱锰矿包裹体酸碱度的测定为 7.8，其 $\lg f_{CO_2} \geq -1.55$。这些条件促使菱锰矿形成时能够较好地发生 Ca、Mn 和 Fe、Mn 的分离，使菱锰矿具有高锰贫铁低钙镁的特征。菱锰矿的形成大大降低了成矿热液中 CO_3^{2-} 和 HCO_3^- 的浓度，这大大加快了 Ag 的沉淀速度。锰矿物的形成与银的矿化作用存在着紧密的联系，因此，可以利用菱锰矿的成因标志来指导银多金属矿床的找矿勘探。

(8)中国南海北部湾沉积物中的菱锰矿

[产地、产状及共(伴)生矿物]　北部湾西部(红河口一带)表层沉积物中生长着海绿石、黄铁矿、方解石、文石、针铁矿、菱铁矿、菱锰矿等自生矿物。菱锰矿呈褐色或浅褐黄色的瘤状、葡萄状、肾状或结核状体的团粒，为数不多，与自生针铁矿团粒共生(陈丽蓉等，1989)。

[主要粉晶衍射数据]　X 射线粉晶分析数据(表 1-2-121)证实自生菱锰矿团粒主要矿物为菱锰矿，并含有少量的石英。

[形貌特征]　在扫描电镜下可清楚见自生菱锰矿团粒，有时还可见到两个颗粒的连生体，往往具有一个或多个石英颗粒核心，有的石英颗粒还镶嵌在菱锰矿团粒的表面，团粒大小为 0.063~0.25 mm。

[光学性质]　在偏光镜下其重折率高，干涉色为高级白。折光率 N_o=1.610，N_e>1.80。

[化学成分]　电子探针的分析结果(表 1-2-122)显示，自生菱镁矿团粒的主要化学成分为 $MnCO_3$ 与 $CaCO_3$。

表 1-2-121　北部湾沉积物中自生菱锰矿团粒的 X 射线粉晶照相数据

d/Å	I	d/Å	I
3.60	70	2.18	50
3.30	50	1.99	60
2.84	100	1.76	80
2.38	50		

注：数据引自陈丽蓉等(1989)。

表 1-2-122　北部湾沉积物中自生菱锰矿团粒的电子探针分析数据(w_B/%)

样号	化学成分							
	SiO_2	Al_2O_3	TiO_2	K_2O	Na_2O	$MnCO_3$	$CaCO_3$	$MgCO_3$
1	0.02	0.03	0.01	0.00	0.08	74.67	10.74	3.24
2	1.27	0.71	0.00	0.05	13.04	36.69	47.38	1.59

注：数据引自陈丽蓉等(1989)。

[成因意义]　从红河水带入海盆中的锰，受海水的氧化，由二价锰形成四价锰，所形成的 MnO_2 固体沉至海底，在北部湾西部海底的还原性沉积环境中，MnO_2 中的部分 Mn^{4+} 易被还原成 Mn^{2+}，因 Mn^{2+} 溶解于海水而重新回到海水中去，被氧化后，Mn^{4+} 又将下沉，这样，在海底表层的锰离子浓度将逐渐增高，尤其是 MnO_2 被还原的局部地区，当 Mn^{2+} 浓度与 CO_3^{2-} 浓度大于其溶解度时，即形成 $MnCO_3$ 沉淀，该种沉淀也往往先附着于某一质点，而后逐渐增大，在增大的过程中，有可能将两个或多个 $MnCO_3$ 颗粒凝结而成为一个大团粒或各式连生体。

(9)重庆市高燕锰矿床中的菱镁矿

[产地、产状及共(伴)生矿物]　重庆高燕锰矿床位于晚震旦世秦巴成锰沉积盆地，主要赋存于陡山沱组顶部，由黑色页岩及锰矿层组成，呈层状、似层状产出。菱锰矿矿石以球粒结构为主，鲕状和胶体结构次之。矿石主要呈层状、似层状的条带状构造或条纹状构造，块状构造次之(图 1-2-139)。条带状、条纹状构造是由菱锰矿与水云母粉砂质页岩或白云岩相互间隔而成，具有中心为块状，向两侧过渡为条带—条纹状，同时条带-条纹由稀粗转变为细密的变化规律。矿石矿物成分：菱锰矿 60%~85%，泥质 8%，石英 5%~10%，锰白云石 7%，另有少量的黄铁矿、胶菱矿，脉石矿物主要有高岭石、白云石、方解石、石英、玉髓、绿泥石、黄铁矿、胶磷矿(周维贵等，2016)。

[形貌特征]　原生碳酸锰矿石基质为灰色-黑色，微晶结构，块状构造。鲕粒为钢灰色或肉红色，大小较一致，正交偏光下可观察其鲕粒粒径 0.2~2 mm，少见粒径大于 2 mm。

[化学成分]　本区鲕状锰矿石均为菱锰矿，其中 Mn 的含量为 5.28%~29.3%，平均为 22.39%；SiO_2 含量较高，为 11.44%~44.22%，平均为 19.85%；Fe 含量为 0.61%~2.96%，平均为 1.17%；P 含量稍高，平均为 0.084%(表 1-2-123)。鲕状锰矿石中 CaO 和 SiO_2 的含量变化较大，且没有规律。从表 1-2-123 中看出，Mn 与 SiO_2 含量存在明显的负相关关系，造成这种现象的原因是两者矿物沉淀时介质的酸碱度不同。

Mn/Al 和 MgO/Al_2O_3 值及其投点结果(图 1-2-140，图 1-2-141)表明，菱锰矿受陆源物质的影响很小，与海洋沉积有关，主要是海洋自生产物。

Al/(Al+Fe+Mn)和 SiO_2/Al_2O_3 值及其投点结果(图 1-2-142，图 1-2-143)均表明，重庆高燕地区菱锰矿沉积过程中有热水参与，是热水沉积成因的产物。

六、菱铁矿(Siderite)

1. 菱铁矿的一般特征

[产地、产状及共(伴)生矿物]　常见于层状沉积型铁矿床和变质铁建造以及热液金属脉中，偶

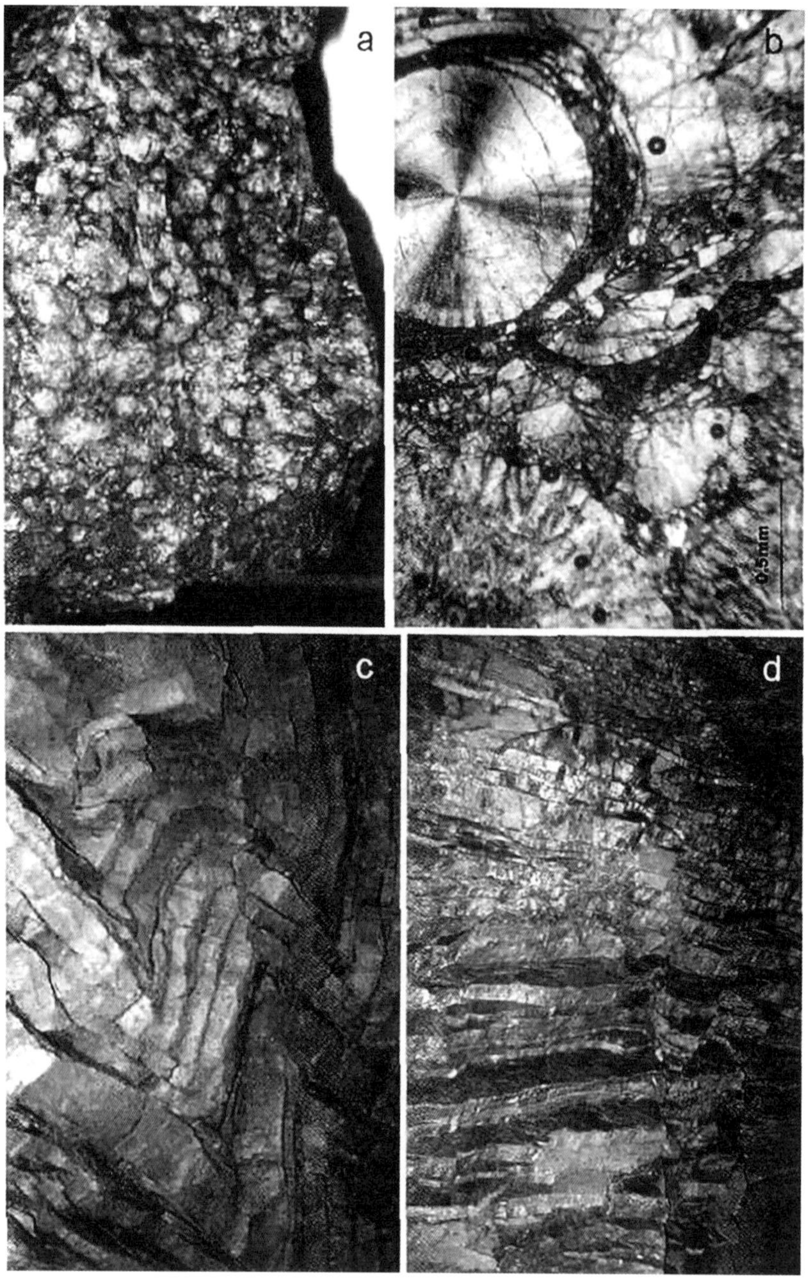

图 1-2-139 重庆高燕地区菱锰矿矿石结构与构造

（据周维贵等，2016）

a—鲕粒-球粒构造；b—鲕状构造；c—条带状构造；d—条纹状构造

见于花岗岩和霞石正长伟晶岩中，在碳酸盐岩和结核体中也有产出。广泛分布于世界各地，比较知名的产地包括德国 Siegerland、奥地利 Erzberg、法国 Allevard、英国 Cornwall 等矿山、葡萄牙 Panasqueira、格陵兰 Ivigtut、美国 Bisbee 和巴西 Morro Velho 金矿床等，玻利维亚 Mosojllacta 和加拿大 Mont Saint-Hilaire 盛产大的晶体。共(伴)生矿物有石英、重晶石、萤石和黄铁矿等(Palache et al.，1951；Deer et al.，1962；Effenberge et al.，1981；Chang L L Y et al.，1996)。

[形貌特征] 常见晶体介于典型的菱面体 $\{10\bar{1}1\}$ 和夸张的偏三角面体 $\{21\bar{3}1\}$ 之间，柱面体 $\{10\bar{1}0\}$、$\{0001\}$ 及其他小晶形，粒径可至 25 cm。集合体为纤维状、钟乳石状、球粒状、裂解状和细粒块状。$\{01\bar{1}2\}$ 页片双晶不常见，$\{0001\}$ 页片双晶更为稀有。

［**晶体结构**］ 三方晶系；$R\bar{3}c$。晶胞参数(Å) $a=4.6916\sim4.6935$，$c=15.3796\sim15.3860$，$Z=6$。

表 1-2-123 重庆高燕地区菱锰矿常量元素含量(w_B/%)及特征值

采样位置	Mn	P	SiO_2	Fe	CaO	MgO	Al_2O_3	烧失量	P/Mn	Mn/Al	$(MgO/Al_2O_3)/10^2$	Al/(Al+Fe+Mn)	SiO_2/Al_2O_3
ZK129-3	25.64	0.03	11.44	0.62	13.25	5.80	1.36	30.11	0.001	35.61	426.47	0.03	8.41
ZK129-3	27.26	0.03	12.14	0.61	10.48	6.02	1.12	29.51	0.001	46.20	537.50	0.02	10.84
ZK129-3	25.28	0.13	42.44	1.99	11.05	6.85	7.64	17.72	0.025	1.31	89.66	0.36	5.55
ZK129-3	27.93	0.01	13.50	0.87	9.98	4.55	0.98	28.70	0.000	53.71	464.29	0.02	13.78
ZK115-7	22.05	0.08	16.72	0.79	8.77	4.95	1.92	28.90	0.004	21.62	257.81	0.04	8.71
ZK127-7	25.50	0.13	19.04	1.11	7.59	4.60	2.23	26.97	0.005	21.61	206.28	0.04	8.54
ZK133-7	10.95	0.20	44.22	2.96	3.83	3.46	7.67	14.93	0.018	2.70	45.11	0.23	5.77
ZK115-11	29.30	0.10	11.72	0.77	7.78	4.48	1.60	30.06	0.003	34.47	280.00	0.03	7.33
ZK115-11	28.14	20.07	15.15	1.00	6.61	4.14	2.12	28.28	0.002	25.13	195.28	0.04	7.15
ZK115-11	27.42	20.07	15.12	0.92	7.42	4.39	2.25	28.54	0.003	23.04	195.11	0.04	6.72
ZK115-11	26.46	20.08	16.89	1.26	6.48	4.49	12.54	27.27	0.003	3.98	35.81	0.20	1.35

注：数据引自周维贵等(2016)。

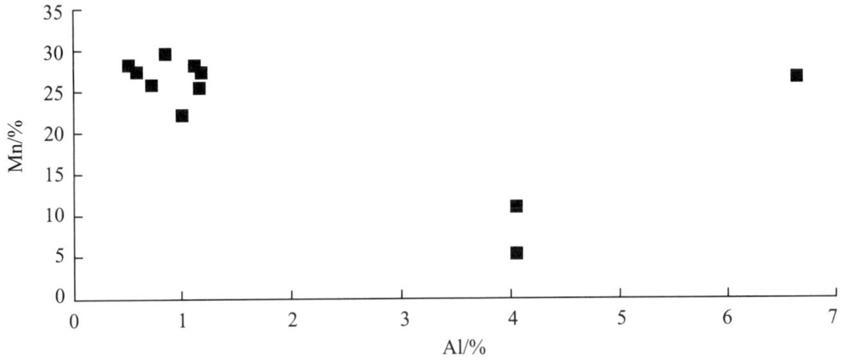

图 1-2-140 重庆高燕地区菱锰矿的 Mn-Al 图解
(据周维贵等，2016)

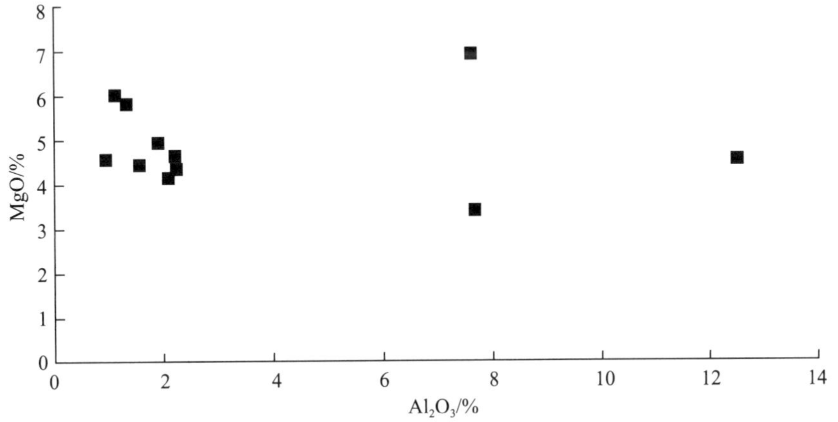

图 1-2-141 重庆高燕地区菱锰矿的 MgO-Al_2O_3 图解
(据周维贵等，2016)

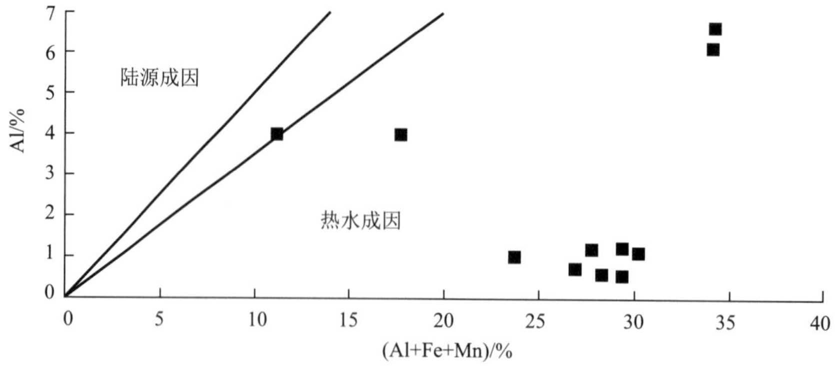

图 1-2-142　重庆高燕地区菱锰 Al-(Al+Fe+Mn) 投点结果
（据周维贵等，2016）

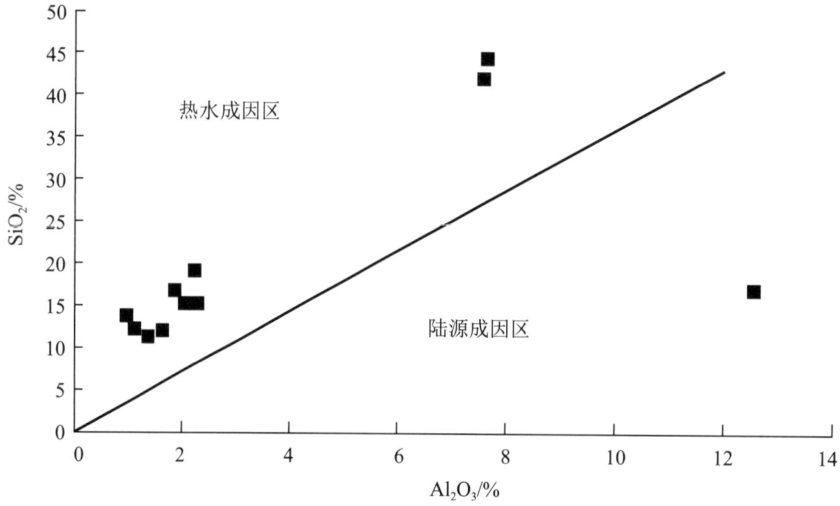

图 1-2-143　重庆高燕地区菱锰 SiO_2-Al_2O_3 投点结果
（据周维贵等，2016）

［主要粉晶衍射数据 d/Å(I)(hkl)］　2.795(100)(104)，1.7315(35)(116)，1.7382(30)(018)，3.593(25)(012)，2.346(20)(110)，2.134(20)(113)，1.9650(20)(202)，1.5063(14)(122)(PDF 29-696)。

［物理性质］　黄棕色、棕色、白色、灰色、黄灰色和浅绿色；条痕白色；透明；玻璃光泽，可能呈珍珠或者丝绢光泽。$\{10\bar{1}1\}$完全解理，不平整至贝壳状断口。性脆；摩氏硬度 H=3.75~4.25。密度 $D_{测量}$=3.96(1) g/cm³，$D_{计算}$=3.932 g/cm³。

［光学性质］　在透射光下为无色、黄色和黄棕色。一轴晶(-)。色散强。折光率 ω=1.875，ε=1.633。

［化学成分］　理想化学式为 $Fe(CO_3)$，其化学组成(w_B/%)为：FeO 62.01，CO_2 37.99，合计 100.00。产于英国 Camborne 的样品化学组成(w_B/%)为：FeO 61.08，MnO 1.12，MgO 0.13，CaO 0.10，CO_2 38.19，总计 100.62。

［与其他矿物种的关系］　属于方解石族，与菱镁矿、菱锰矿和菱锌矿分别构成 3 个矿物系列。

2. 在中国的产出情况

菱铁矿是一种较为常见的碳酸盐矿物。其化学组分 $FeCO_3$ 与 $MgCO_3$、$MnCO_3$、$CaCO_3$ 能形成广泛的多元类质同象替换，所以菱铁矿中经常含有 Mn、Mg、Ca 类质同象混入物，形成锰菱铁矿、钙菱铁矿等变种。其晶体结构与菱镁矿、菱锰矿和方解石相同，均属于三方晶系，空间群为 $R\bar{3}c$。菱铁矿具有热液和沉积两种成因类型。它的化学组分除菱铁矿具有热液和沉积两种成因，一般呈薄层状产于页岩、粘土或煤系中。菱铁矿在全球分布十分广泛，普遍存在于与沉积成因有关的铁矿床、变质铁建造和热液金属脉中，在金属矿床的氧化带、碳酸盐岩、砂岩中均有分布。中国菱铁矿的产地也非常多，主要产地分布在黑龙江、吉林、辽宁、内蒙古、青海、甘肃、陕西、山东、山西、河北、河南、江西、湖北、湖南、安徽、广东、广西、福建、云南、贵州、四川、西藏、新疆，此外宁夏、江苏、浙江、天津、海南、重庆有少量产地。但在大多数产地的产出量都较小，并非主要或重要矿物，所以研究程度有限。相对而言，关于沉积型铁矿床、各种成因的菱铁矿床(体)中以及具有一定成因、岩相指示意义的菱铁矿研究程度较高。

菱铁矿矿床大部分是由菱铁矿与赤铁矿(镜铁矿)-褐铁矿及磁铁矿组成的混合型铁矿床，有少部分为由菱铁矿或以菱铁矿为主的单一型铁矿床，其地表部分极易氧化成褐铁矿。菱铁矿按成因可划分为沉积型菱铁矿与热液型菱铁矿两种类型(涂光炽，2010)。沉积型菱铁矿在世界铁矿类型中只占次要地位，因为沉积菱铁矿虽然分布广泛，但矿层通常很薄，稳定性较差，品位很低。在内生作用过程中，菱铁矿主要产于岩浆期后低温热液及火山作用后期。

邱柱国(1987)认为，在正常沉积矿床(不包括火山沉积矿床)中，沉积菱铁矿有两种成因：一种为成岩成因菱铁矿，另一种为后生成因菱铁矿。两者的主要特征与区别如表1-2-124所示。

表1-2-124　成岩菱铁矿与后生菱铁矿的主要特征与区别

性质	类别	
	成岩菱铁矿	后生菱铁矿
颜色	青灰色、灰色、黄灰色、深灰色	米黄色、淡黄色、米白色、浅褐色
透明度	差	高
粒度	主要呈隐晶、微粒、细粒，也有中粒，粒度均匀，一般0.0 n~1 mm	粗、巨粒，粒度变化大，一般2~60 mm，菱面体解理发育，解理面常弯曲
矿石结构	重结晶现象显著，交代现象也显著；具半自形、他形成晶结构，碎屑、胶结结构，侵蚀残余结构	从后生水容液中结晶，半自形、他形、自形淀晶结构与交代结构均发育
矿石构造	层状、层纹状、结核状、缝合线、透镜状、条带状、鲕状假象等构造	脉状、网脉状、斑点状、晶洞状、梳状，肾状等构造
与层理关系	沿层成层分布，或在层中成结核	与层理不整合，常切穿层理
包裹体	固态包裹体多，特别是碳质、泥质、硅质包裹体多，流态包裹体极少，在400~500倍显微镜下看不见，爆裂法测温一般无反应	固态包裹体很少；流态包裹体一般细小，爆裂法测温可形成完整的曲线
杂质	杂质多	杂质少
TFe	较低(赫章菜园子33.83%)	较高(赫章菜园子39.25%)
SiO_2	较高(赫章菜园子8.38%)	较低(赫章菜园子0.74%)
Al_2O_3	较高(赫章菜园子2.21%)	较低(赫章菜园子0.075%)
Ni、Co	较高(庞家堡Ni 0.0364%，Co 0.0178%)	较低(綦江土台Ni、Co均小于0.001%)
S	较高(赫章菜园子0.89%)	较低(赫章菜园子0.047%)
酸不溶物	较高(赫章菜园子11.79%)	较低(赫章菜园子1.02%)
有机碳	较高(江油、彭州1.04%~0.19%)，粒间常见碳(煤)质	较低(江油、彭州小于0.19%)，粒间无碳(煤)质胶结
交代对象	赤(红)铁矿、方解石、鲕绿泥石、生物遗体、石英砂屑、硅质岩、围岩	均微细粒菱铁矿(成岩菱铁矿)、赤(红)铁矿等各种成岩矿物，围岩
共生矿物	绿泥石、玉髓、成岩黄铁矿、土状硅铁矿、水云母等	石英(水晶)、镜铁矿、磁铁矿、磁赤铁矿、后生黄铁矿、黄铜矿、方铅矿、闪锌矿、方解石、萤石等

续表

性质	类别	
	成岩菱铁矿	后生菱铁矿
矿体形状	平行地层，呈与地层整合的层状、似层状和透镜状	常呈与地层不整合的脉状、透镜状、囊状、串珠状、葫芦状
穆斯堡尔谱	*Q. S.*(四极分裂)= 1.81(綦江土台)	*Q. S.*(四极分裂)= 1.78；并含有磁铁矿的谱图(綦江土台)
红外光谱	吸收峰较宽，半高宽较大，v_3 稍小(1420 cm^{-1})；有石英的小吸收峰，其频率为：1165 cm^{-1}、1085 cm^{-1}、799 cm^{-1}、779 cm^{-1}、696 cm^{-1}、575 cm^{-1}、465 cm^{-1}，说明结晶程度相对较低，杂质较多(綦江土台)	吸收峰较尖锐，半高宽较小，v_3 稍大(1425 cm^{-1})，说明结晶程度较高，成分较纯(綦江土台)
比磁化率	61.36×10^{-6} cm^3/g(綦江土台)	66.9×10^{-6} cm^3/g(綦江土台)
天然热发光	发光极弱，只在 270~350 ℃区间表现，小于 0.5×10^{-10} lm(綦江土台)	发光显著，有 3 个发光峰：主峰值湿度为 285℃，峰值 10×10^{-10} lm，其次为 325℃，5×10^{-10} lm 和 170℃，1×10^{-1} lm(綦江土台)
形成条件	强还原，弱碱性-碱性	弱还原，弱碱性-碱性

注：数据引自邱柱国(1987)。

菱铁矿不仅可以作为铁矿石来提炼铁，同时又具有特殊的环境指示意义(董贞环等，1980；黄丽萍，2004；周国正，2009)。自生菱铁矿很好地记录了其形成时的地质信息及海洋中的生物地球化学过程，是示踪成岩作用带和氧化还原环境变化的绝佳载体(崔娜等，2023)。

菱铁矿鉴定比较复杂，很容易同它伴生的白云岩、铁白云岩等混淆，镜下均呈现高级白干涉色、三组清晰的解理以及较高的突起。因而对于菱铁矿的鉴定经常需要引入一些测试技术，例如差热分析、X 射线粉晶衍射、红外光谱、拉曼光谱、同位素地质等。柴超等(2012)对菱铁矿、菱锰矿、菱钴矿、菱锶矿、菱铅矿、菱镁矿、菱锌矿、白云石、方解石等碳酸盐进行拉曼光谱测试(图 1-2-144)，测试结果显示，菱铁矿拉曼光谱特征与其他碳酸盐矿物的区别在于只有菱铁矿存在位于约 500 cm^{-1} 处的光谱，位于约 500 cm^{-1} 处的拉曼光谱表明要有电子拉曼散射和 Fe—O 键振动，可作为菱铁矿的鉴定特征。

(1)安徽省冬瓜山铜矿床中的菱铁矿

[产地、产状及共(伴)生矿物] 安徽冬瓜山矿床为海底热水喷流沉积型铜矿床，矿体呈层状、似层状，赋存于石炭系黄龙组中；脉状-网脉状和浸染状矿化或矿体，产在层状块状矿体底部的泥盆系五通组之中。自下而上矿体由硅质矿石、黄铁矿-黄铜矿矿石、黄铁矿-黄铜矿-石膏矿石组成，呈现明显的矿石垂直分带性。菱铁矿存在于黄铁矿-黄铜矿矿石中，与石英共生(李红阳等，2006)。

[化学成分] 含铜块状层状硫化物矿石中菱铁矿的 $\delta^{18}O$ 值介于+11.6‰~+15.3‰之间，平均值为+13.97‰；$\delta^{13}C$ 值介于-4.1‰~+3.2‰之间，平均值为-1.53‰。反映同生沉积和热液自交代的叠加。

(2)安徽省龙桥铁矿床中的菱铁矿

[产地、产状及共(伴)生矿物] 龙桥铁矿床是安徽庐枞火山岩盆地中的一个大型的铁矿床。按照矿床中矿石结构构造特征和各类矿石的产出关系、矿物的共生组合关系等，将矿床的成矿期次划分为沉积成矿期和热液成矿期，其中热液期又分为 4 个阶段：含磁铁矿矽卡岩阶段、磁铁矿阶段、石英-硫化物阶段和镜铁矿、方解石阶段。本矿床的菱铁矿具两种成因：一种为沉积成因；另一种为热液成因。沉积成因菱铁矿主要赋存在纹层状矿石中(段超等，2009)。

[形貌特征] 纹层状矿石中，菱铁矿呈菱面体细粒自形结构，粒径较均匀，为 0.05 mm 左右，未见集合体发育。似层状和纹层状产出，为沉积成因。部分菱铁矿颗粒具有环带特征，为后期经历了

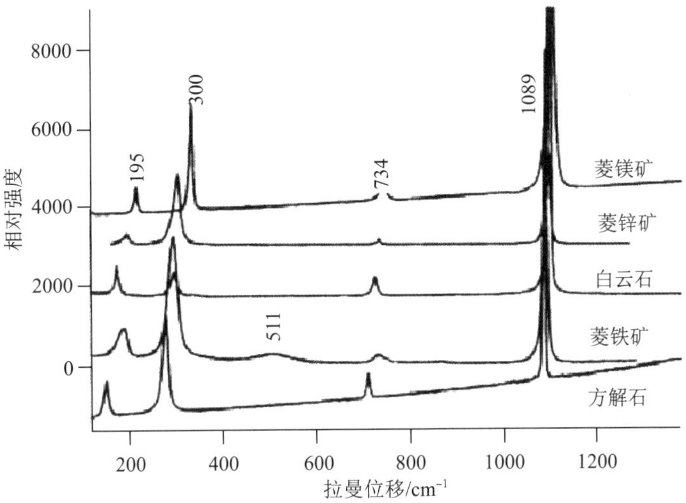

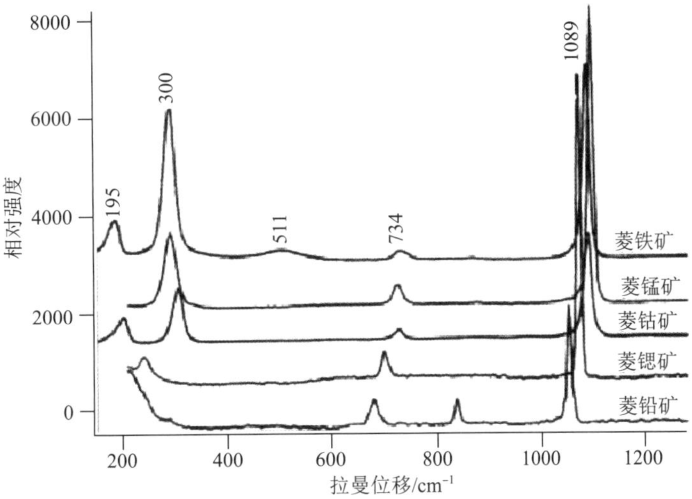

图 1-2-144　菱铁矿与其他几种碳酸盐矿物的拉曼光谱对比

（据柴超等，2012）

氧化作用的结果；部分菱铁矿被磁铁矿交代呈残余骸晶结构。

［光学性质］ 单偏光下呈无色、淡褐色。

［化学成分］ 从纹层状矿石中菱铁矿电子探针分析结果来看，矿石深色条带和浅色条带中的菱铁矿单矿物成分相似，FeO 含量为 35.05%~52.50%，平均为 44.91%；MgO 含量为 1.97%~8.48%，平均为 4.69%；CaO 含量为 0.78%~5.34%，平均为 3.85%；MnO 含量为 0.18%~2.49%，平均为 1.84%。计算矿物化学式为$(Fe_{0.75}Mg_{0.14}Ca_{0.08})_{\Sigma 0.97}CO_3$。

菱铁矿中的 Mn 是指示菱铁矿成因的重要指示元素，沉积成因的菱铁矿中 MnO 含量为 1.5%~2.5%；热液成因的菱铁矿中 MnO 含量为 0.5%左右。由龙桥铁矿纹层状矿石中的菱铁矿 MnO 含量图（图 1-2-145）可以看出，菱铁矿中 MnO 的含量大部分在 1.5%~2.5%之间，为沉积成因。

（3）福建省龙永煤田童子岩组煤系中的菱铁矿

［产地、产状及共（伴）生矿物］ 在福建省龙永煤田童子岩组煤系中，菱铁矿常以球粒，形态各异的结核，泥晶-微晶等结构形态赋存（表 1-2-125）。在童子岩组煤系顶部存在厚达 70~80 m 的鲕状菱铁矿带，菱铁矿鲕粒仅赋存于具块状构造（少量为水平或隐水平层理）的泥质岩或粉砂泥岩及粉砂质泥岩中，通常纯净的泥质岩中含量最高，在粉砂岩和砂岩中一般不含菱铁矿鲕粒。其中的菱铁矿鲕粒仅见于此带的中下部，菱铁矿鲕粒富集形成 1~2 层鲕状菱铁岩或鲕状菱铁质泥岩（黄丽萍，2004；涂荣祯，2005）。

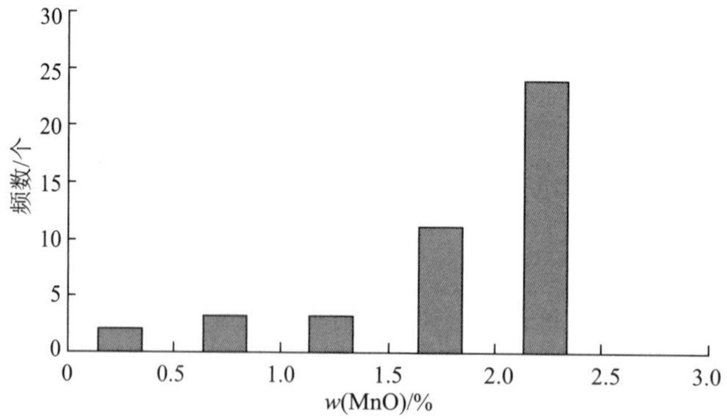

图 1-2-145　安徽龙桥铁矿床内菱铁矿 MnO 含量图

（据段超等，2009）

表 1-2-125　福建龙永煤田菱铁矿结构特征表

地层代号	结核成分与丰度	常见形态	主要赋存岩性
P_1t^{3-3}	P_{2CP}~1 号煤层间，少量菱铁矿及菱铁矿-黄铁矿结核	肾状、瘤状、透镜状	含粉砂泥岩为主，也见于细砂岩
	1 煤层~标Ⅲ$_3$：局部发育，主要为菱铁矿；菱铁矿-绿泥石结核少量	瘤状与透镜状为主，此外有眼球状、椭球状、豆状、花生仁状、葡萄状、土豆状、蚕豆状、似层状	水云母泥岩，含粉砂泥岩、含(富)碳泥岩。似层状结核见于中粒岩屑石英砂岩
P_1t^{3-2}	菱铁矿质结核较丰富，少量的绿泥石-菱铁矿结核	透镜状、饼状、似层状、瘤状等	含粉砂(质)泥岩为主、少量也见于粗粉砂岩
P_1t^{3-1}	结核很不发育，见有菱铁矿-黄铁矿质结核	似层状、透镜状	泥岩
P_1t^2	菱铁矿结核较发育，次为菱铁矿-绿泥石结核，少量菱铁矿-黄铁矿结核	透镜状、瘤状、似层状	含(富)碳泥层为主，局部见于细砂岩、粉砂岩
P_1t^{1-2}	结核欠发育，见绿泥石-菱铁矿(为主)结核	透镜状、瘤状	泥质岩
P_1t^{1-1}	菱铁矿结核欠发育	饼状、瘤状	水云母泥岩

注：数据引自黄丽萍(2004)。

[形貌特征]　菱铁矿晶体以呈{$10\bar{1}1$}菱面体者最常见，晶面常弯曲。集合体呈粗粒至细粒状，亦有结核状、致密块体、葡萄状、土状、鲕状者。在显微镜下，菱铁矿通常为自形、半自形微晶或泥晶结构，有时呈纤维状、柱状、板状，或为鲕状、球粒状、葡萄状等结构形态。菱铁矿的结晶能力很强，泥晶-微晶菱铁矿在高倍镜下(≥400×)仍可见为菱形自形-半自形晶粒。

煤系顶部存在的菱铁矿鲕粒粒径一般为 0.2~1.0 mm，多在 0.5 mm 左右。显微镜下可见菱铁矿纤维呈同心放射状分布。

[物理性质]　手标本上新鲜的菱铁矿为灰黑、黑灰色，风化后呈褐色、浅黄褐色；条痕白色；玻璃光泽。摩氏硬度 3.5~4.5，指甲划不动，小刀刻动；性脆。菱面体解理完全，但呈鲕状、结核状者无解理。相对密度 3.7~3.9，手感较重，随 Mg 和 Mn 含量的不同而有所变化。

[光学性质]　在单偏光镜下，菱铁矿呈青灰色或灰色带浅黄褐色调，大晶体的边缘和节理缝附近常见因风化而产生的黄色锈斑。有时见有假吸收现象和闪突起(糙面现象)。菱铁矿的闪突起不显著，但当 N_e-N_o 变化大时，闪突起异常显著。{$10\bar{1}1$}菱形解理完全。沿解理线对称消光。正交光下具珍珠晕彩高级白干涉色，薄片边缘可呈现较鲜艳的干涉色色带，双晶接合面平行于长对角线方向，

有时可见{$10\bar{1}2$}聚片双晶，双晶纹同菱形解理的长对角线平行，{0001}双晶少见。负延长。强色散。

[成因意义] 菱铁矿是许多煤系地层中常见的自生矿物，它开始产生于准同生期，主要发育于成岩早期-成岩晚期。菱铁矿生成所要求的地球化学条件是：$E_h=0.0\sim-0.6$，pH=6~10的弱酸、弱碱性至碱性、还原的、$\sum CO_2$的活度较高的环境。而铁质主要系由陆源区的河水带来的铁溶胶所提供，因此，含菱铁矿的岩相环境主要是上三角洲平原的陆缘湖泊及下三角洲平原分流间湾或潟湖相环境。

(4)甘肃省肃南县镜铁山铁矿床中的菱铁矿

[产地、产状及共(伴)生矿物] 镜铁山铁矿床位于北祁连造山带西段，为一类特殊类型的BIF型铁矿，同时含有大型重晶石矿床和中型铜矿床。形成时代为中元古代。矿石矿物主要为镜铁矿和菱铁矿，由碧玉、镜铁矿、菱铁矿和重晶石构成韵律性条带。变质程度较低，为低绿片岩相。基于镜铁矿、石英(碧玉)和菱铁矿三种矿物含量的不同，镜铁山BIF主要包括氧化物相(镜铁矿含量大于80%)、碳酸盐相(菱铁矿和铁白云石含量大于80%)、氧化物-碳酸盐混合相BIF(镜铁矿含量20%~80%、菱铁矿含量80%~20%)，以及少量的硫化物相BIF和硅酸盐相BIF(含镜铁矿、菱铁矿千枚岩)(杨秀清等，2015)。

[化学成分] 主量元素特征：碳酸盐相BIF中菱铁矿(Ⅰ类)FeO含量为44.399%~51.020%，MgO含量为6.556%~9.429%，MnO含量为0.308%~2.769%，其他氧化物含量较低，对应$n(FeCO_3)$为84%~90%、$n(MgCO_3)$为9%~14%、$n(MnCO_3)$为1%~5%(平均含量分别为89%、11%和2%)。氧化物-碳酸盐混合相BIF中菱铁矿(Ⅱ类)FeO含量为44.112%~60.572%，MgO含量为0.03%~9.191%，MnO含量为0~1.918%，对应的$n(FeCO_3)$为85%~100%、$n(MgCO_3)$为0~11%、$n(MnCO_3)$为0~4%(平均含量分别为91%、7%和2%)。海洋环境形成的菱铁矿不纯，$n(FeCO_3)$最高达90%，Fe通常被镁($n(MgCO_3)$高达41%)和钙置换($n(CaCO_3)$达15%)。而形成于淡水环境中菱铁矿相对比较纯净($n(FeCO_3)$通常大于90%)，此外，淡水环境中菱铁矿含有较高Mn含量($n(MnCO_3)$大于2%)和比较高的Ca/Mg值。镜铁山地区菱铁矿大多较纯净，$n(FeCO_3)$大多大于84%，与菱铁矿(Ⅰ类)相比($n(FeCO_3)\leqslant 90\%$)，菱铁矿(Ⅱ类)含有更高的$n(FeCO_3)$($n(FeCO_3)$平均为91%)，显示更多的淡水成因菱铁矿的特征，暗示其沉积场所更接近大陆边缘。菱铁矿中可见较大比例的Mg替代Fe，而未见Ca替代Fe，暗示当时海水富Mg、Fe而贫Ca。

微量元素特征：菱铁矿(Ⅰ类)稀土元素总量为$29.92\times10^{-6}\sim51.50\times10^{-6}$，Y/Ho值为29.91~30.18。经太古宙澳大利亚页岩(PAAS)标准化后，未见明显轻重稀土分馏现象(La_{PAAS}/Yb_{PAAS})=0.86~1.05，Ce异常不明显($Ce/Ce^*=0.90\sim0.93$)，未见明显的Ce负异常，表明水体中氧气含量很低。具较弱的Eu正异常($Eu/Eu^*=1.52\sim1.56$)，$(Sm/Yb)_{PAAS}$变化范围为1.86~3.47。

菱铁矿(Ⅱ类)稀土元素变化较大，$\sum REE=23.21\times10^{-6}\sim114.49\times10^{-6}$，Y/Ho值为28.81~45.71。经PAAS标准化后呈现轻稀土相对亏损重稀土相对富集的特征(La/Yb=0.16~0.92)，$Ce/Ce^*=0.66\sim0.96$，可见少量Ce负异常，暗示其形成环境相对氧化。具强烈的Eu正异常特征($Eu/Eu^*=4.40\sim6.50$)，暗示其成矿物质来源于海底热液。$(Sm/Yb)_{PAAS}$值较高，变化范围为4.14~95.79，暗示其形成于相对酸性的环境。菱铁矿(Ⅱ类)具有较高的$(Sm/Yb)_{PAAS}$和更明显的Eu异常，表明相对于菱铁矿(Ⅰ类)其形成环境更偏酸性。现代海水Y/Ho值为44~74，球粒陨石平均为28，碎屑物质(长英质和玄武质地壳)平均为26。两类菱铁矿Y/Ho值均大于球粒陨石Y/Ho值，而低于海水，表明其继承了海水的特征。

同位素特征：菱铁矿(Ⅰ类)碳同位素($\delta^{13}C_{PDB}$)变化范围为-8.4‰~-7.1‰，氧同位素($\delta^{18}O_{PDB}$)变化范围为-12.3‰~-11.7‰，镜铁山BIF菱铁矿变化范围为-8.4‰~-3.0‰，与海底热液流体$\delta^{13}C$值比较接近(-5.5±2‰)，表明碳可能主要来自海底热液。同时，$\delta^{13}C$值与Eu异常呈正相关关系(r=0.65)，也暗示其与海底热液相关。

铁同位素($\delta^{56}Fe$)变化范围为-0.707‰~-0.623‰；菱铁矿(Ⅱ类)碳同位素值略高于菱铁矿(Ⅰ

类)，变化范围为-6.9‰~-3.0‰，氧同位素略低于菱铁矿(Ⅰ类)，变化范围为-16.6‰~-11.9‰，铁同位素变化范围也较大，为-1.624‰~-0.409‰。计算得到菱铁矿沉淀时$Fe^{Ⅱ}_{溶液}$的$\delta^{56}Fe$值分别为-0.227‰~-0.143‰(Ⅰ类)和-1.144‰~-0.071‰(Ⅱ类)，大多介于海底热液(-0.69‰~-0.21‰，平均值为-0.39‰±0.13‰)和海水(负值或接近零值)$\delta^{56}Fe$值之间，表明镜铁山菱铁矿与海底热液和同期海水铁同位素保持分馏平衡，菱铁矿大多为原始沉积成因。少量菱铁矿(Ⅱ类)具有较低的$\delta^{56}Fe$值，可能与异化铁还原过程有关。

(5)甘肃省肃南县塔里干沟铁矿床中的菱铁矿

[产地、产状及共(伴)生矿物] 塔里干沟铁矿位于甘肃省酒泉市肃南县，区内出露地层简单，主要为青白口系、震旦系(朱龙关群)、白垩系和第四系。铁矿主要赋存于朱龙关群之中。塔里干沟地区主要为菱铁矿石，矿石比较纯净，以菱铁矿为主，其次可见燧石/石英、黄铁矿(自形)、黄铜矿(他形)、重晶石(半自形-他形)、碳酸盐矿物和绢云母等，部分板岩中菱铁矿含量也相对较高(杨秀清等，2021)。

[形貌特征] 菱铁矿一般呈灰白或黄白色，氧化后呈红褐色，颗粒大小为50~200 μm，硫化物(黄铁矿和黄铜矿)呈稀疏浸染状分布于菱铁矿石中，暗示这些硫化物、重晶石和菱铁矿为沉积成岩阶段的产物。

[化学成分] 从菱铁矿($n=25$)电子探针测试结果可以看出，菱铁矿比较纯净，FeO含量为53.11%~58.13%，MgO含量为2.67%~7.20%，MnO含量为0.94%~1.77%，其他氧化物含量较低，对应$FeCO_3$摩尔百分比为83%~92%，$MgCO_3$摩尔百分比为6%~16%，$MnCO_3$摩尔百分比为1%~2%(平均含量分别为88%、10%和2%)。

根据碳、氧同位素测试结果，8件菱铁矿单矿物样品碳同位素($\delta^{13}C_{PDB}$)变化范围为-2.6‰~0.1‰(平均为-1.4‰)。氧同位素($\delta^{18}O_{PDB}$)变化范围为-12.20‰~-10.3‰，平均为-11.1‰。

(6)广东省珠江口盆地恩平油区浅储层中的菱铁矿

[产地、产状及共(伴)生矿物] 珠江口盆地是中国南海北部最大的中新生代沉积盆地，恩平凹陷位于珠江口盆地珠一坳陷西端。中浅层油藏胶结物以菱铁矿胶结物最为常见，胶结物总体积分数均值11.1%，其中菱铁矿胶结物体积分数均值8.0%，部分层段菱铁矿体积分数高达35%。

[形貌特征] 镜下菱铁矿胶结物主要是以微粉晶状碳酸盐岩的形式存在，不均匀分布于粒间，轻微交代碎屑颗粒边缘，主要呈条带状富集于粒间，起到堵塞孔道、降低渗透率的作用(图1-2-146)。其中，菱铁矿的含量与泥质含量有一定的关系，一般来讲，菱铁矿含量越高，泥质含量也越高，且菱铁矿常沿泥质条带分布。

[成因意义] 本区菱铁矿胶结物主要富集于中浅层，据E1井地化研究成果，碳酸盐岩胶结物体积分数高(19%~72%)的样品$\delta^{13}C$的值介于-22.98‰~-7.57‰之间，为较大的负值，说明研究区菱铁矿明显富集^{12}C，表明其碳源可能主要来自有机碳。恩平油区的菱铁矿是成岩作用过程中由有机质降解产生的CO_2与孔隙水中富集的Fe^{2+}结合的产物。

(7)贵州省赫章县菜园子铁矿床中的菱铁矿

[产地、产状及共(伴)生矿物] 菜园子铁矿床位于贵州省赫章县，为产于中泥盆统龙洞水组—独山组及石炭系大埔组碳酸盐岩中，并受北西向褶断带控制的隐伏大型热液型层控铁矿床。根据矿石的结晶粒度、颜色及形成方式的不同，菱铁矿石可分为两种类型，即米黄色粗晶镁菱铁矿石(简称黄矿)和具有各种“灰色”色调的细-粗晶镁菱铁矿石(简称灰矿)。矿体中多以“灰矿”分布为主，“黄矿”仅局限分布于中部，数量较少。规模较大的矿体，从中心到边缘常见到黄矿与灰矿更迭发育的分带现象。菱铁矿石的矿物组成以菱铁矿为主，一般占90%以上。其余矿石及脉石矿物有砷黝砷矿、黄铜矿、黄铁矿、铁白云石、石英、水云母、有机质等，但都分布零星、数量少。菱铁矿也常呈斑点、团斑及细脉状浸染于顶底板围岩(白云岩)及夹石中(林立青等，1986；聂筑陵，1986；晏勇等，2012)。

[形貌特征] 本矿床的菱铁矿石具有典型的热水交代-充填特征。热水交代充填特征表现为灰矿

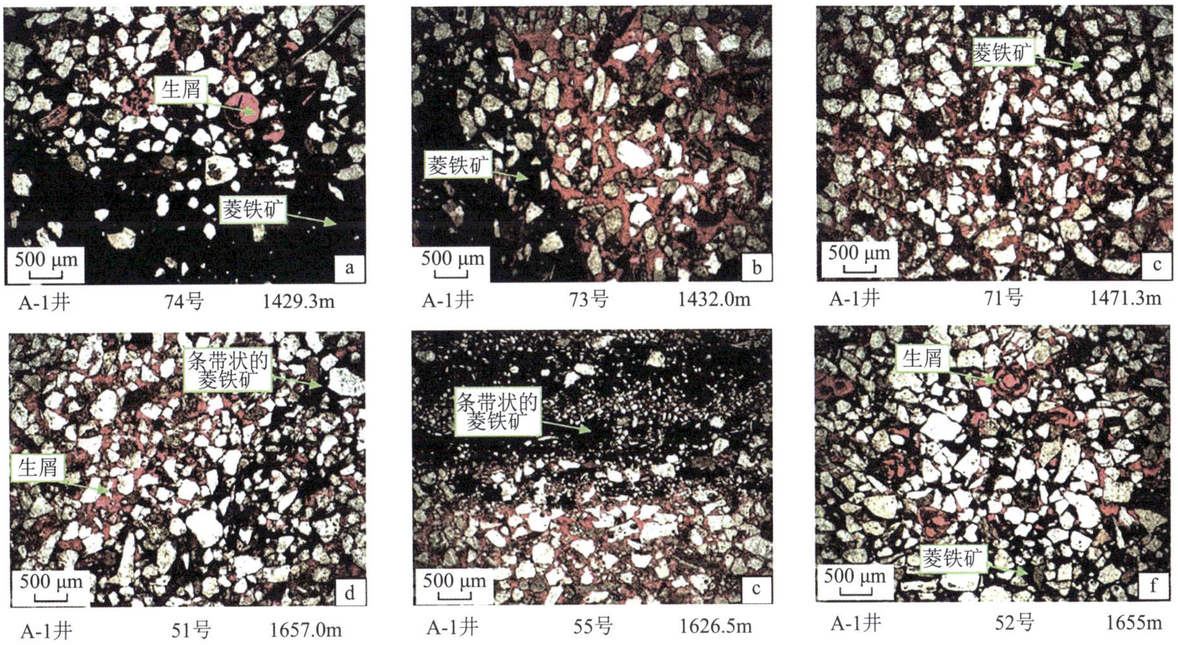

图 1-2-146 广东恩平油区 A-1 井中菱铁矿胶结物

（据杨娇等，2023）

a、b、c—微粉晶状菱铁矿分布不均匀，局部富集，偶见生屑(腹足)；d—微粉晶状菱铁矿呈条带状富集于粒间；e—微粉晶状菱铁矿呈条带状富集，间杂碳质；f—菱铁矿、方解石、铁白云石多呈微粉晶状充填于粒间

中普遍发育假象交代结构，黄矿中多呈现粗巨晶自形他形结构、梳状构造；两种类型矿石中均含有大量的、均一温度在 195~260℃的气液包裹体等。菱铁矿矿物主要呈米黄色伟晶状，10~50 mm；灰色中粗晶，0.1~2 mm。在镜下，菱铁矿常沿白云石晶间、解理、微缝及晶洞浸入交代，直至包含白云石，发育假象交代结构，即菱铁矿晶粒由数个至百余个白云石假晶构成，均具同一的消光方位及解理系统，有时假晶内尚见白云石残晶。

［**主要粉晶衍射数据**］ X 射线粉晶分析结果见表 1-2-126，可知本矿床菱铁矿属于镁菱铁矿及菱镁铁矿，与化学计算及其他测试鉴定结果相吻合。其最强谱线 d_{104} 面网间距随着 $FeCO_3$ 分子含量的增加、$MgCO_3$ 分子含量的减少，d_{104} 从 2.760 Å 增至 2.780 Å(表 1-2-127)。表明镁菱铁矿及菱镁铁矿是菱铁矿中铁、镁类质同象量比规律变化的反映。

表 1-2-126 贵州菜园子铁矿床镁菱铁矿、菱镁铁矿 X 射线粉晶分析结果

d/Å	I	d/Å	I	d/Å	I	d/Å	I	d/Å	I	矿物
3.57	5	2.120	4	1.515	1	1.348	2	1.120	2	镁菱铁矿 $(Fe, Mg)CO_3$
3.07	4	1.955	3	1.499	2	1.275	1	1.0835	2	
2.778	10	1.898	2	1.419	2	1.220	1	1.079	4	
2.57	1	1.790	1	1.388	1	1.195	2	1.063	3	
2.338	4	1.723	9	1.370	1	1.170	1	1.060	2	
3.55	4	1.948	4	1.415	2	1.229	1	1.0255	1	菱镁铁矿 $(Fe, Mg)CO_3$
3.05	3	1.892	1	1.383	1	1.215	1	1.0200	1	
2.76	10	1.780	1	1.367	1	1.191	2			
2.54	1	1.716	9	1.346	2	1.115	2			
2.33	4	1.510	1	1.269	2	1.080	1			
2.114	5	1.495	2	1.249	1	1.075	4			

注：数据引自聂筑陵(1986)。

表 1-2-127　贵州赫章菜园子菱铁矿分子组成与 d 值关系表

样品编号	矿物名称	分子组成/%				d_{104}/Å
		$FeCO_3$	$MgCO_3$	$MnCO_3$	$CaCO_3$	
单-1	菱镁铁矿	59	37	2	2	2.760
单-8	镁菱铁矿	70	27	2	1	2.775
单-18	镁菱铁矿	87	10	2	1	2.780

注：数据引自聂筑陵(1986)。

［**晶胞参数**］　根据本区菱铁矿晶胞参数测定结果及其与成分的关系(表 1-2-128)，晶胞棱长 a、c 及晶胞体积、计算密度均与菱铁矿中铁原子数呈正相关，而与镁原子数呈负相关，表明本矿床中菱铁矿的铁、镁原子进入晶格，呈现类质同象替换关系。

表 1-2-128　贵州菜园子铁矿床中菱铁矿晶胞参数与成分对照表

序号	样品编号	原子组成(原子比)				六方晶胞		晶胞体积/$Å^3$	理论相对密度
		Fe	Mg	Mn	Ca	a_0/Å	c_0/Å		
1	单 2	0.60	0.36	0.02	0.02	4.6700	15.269	288.378	3.5985
2	单 4	0.65	0.31	0.02	0.02	4.6748	15.287	289.312	3.6412
3	单 5	0.67	0.29	0.02	0 02	4.6750	15.299	289.564	3.6597
4	单 6	0.68	0.28	0.02	0.02	4.6780	15.300	289.954	3.6656
5	单 10	0.74	0.23	0.02	0.01	4.680	15.320	290.582	3.7175
6	单 11	0.74	0.22	0.03	0.01	4.6808	15.313	290.548	3.7281
7	单 14	0.79	0.19	0.02	0.00	4.6850	15.330	291.393	3.7553
8	单 15	0.81	0.16	0.03	0.00	4.6840	15.336	291.383	3.7722
9	单 17	0.86	0.12	0.02	0.00	4.6860	15.340	291.708	3.8266
10	单 18	0.87	0.10	0.02	0.01	4.6880	15.342	291.995	3.8390

注：数据引自聂筑陵(1986)。

［**物理性质**］　呈棕黄、深米黄、浅米黄、黄灰、灰、深灰及灰黑等颜色。研究表明，黄色的深浅取决于矿物铁镁比值的大小，灰色的深浅则决定于矿物中有机质、黄铁矿等非碳酸盐混入的多少，菱铁矿交代白云岩，碳酸盐组分改变的同时，白云岩中非碳酸盐组分则残留于菱铁矿中，导致菱铁矿继承白云岩的灰色调。

密度 $D_{实测}=3.58\sim3.83\ g/cm^3$(表 1-2-129)。从表 1-2-129 可以看出，随着 $FeCO_3$ 含量的增加，相应地 $MgCO_3$ 分子含量减少，菱铁矿密度增大，表明其密度是铁、镁类质同象关系的反映。

表 1-2-129　贵州赫章菜园子菱铁矿密度与成分对照表

样品编号	矿物颜色	分子组成/%		实测相对密度值			理论相对密度值
		$FeCO_3$	$MgCO_3$	$D_{扭}$	$D_{瓶}$	平均	
单 1	深灰	59	37	3.61	3.54	3.58	3.57
单 1-1	米黄	77	20	3.75			3.75
单 18	棕黄	87	10	3.86	3.80	3.83	3.84
总平均		74	22	3.74	3.67	3.71	3.72

注：数据引自聂筑陵(1986)。

［**光学性质**］　实测光学常数与成分的关系见表 1-2-130。可以看出，其光学常数及化学成分正居于菱镁矿-菱铁矿系列中的菱镁铁矿及镁菱铁矿分类界线的两侧。

表 1-2-130　贵州赫章菜园子菱铁矿光学常数与成分的关系

成分与常数	菱镁铁矿	分类界线	镁菱铁矿
$MgCO_3$ 分子/%	37.11	30	10.35
$FeCO_3$ 分子/%	59.25	70	87.40
N_o	1.815	1.820	1.847
N_e	1.596	1.600	1.615
相对密度	3.58	3.65	3.83

注：数据引自聂筑陵(1986)。

[化学成分]　主量元素特征：本区菱铁矿主要化学成分为 Fe、Mg、Ca、Mn、CO_2 及少量 Si、Al、K、S、Ti、P、Cu 以及有机碳等。其计算化学式为($Fe_{0.67\sim0.87}Mg_{0.20\sim0.10}Mn_{0.02}Ca_{0.02\sim0.01}$)($CO_3$)和($Fe_{0.59\sim0.65}Mg_{0.37\sim0.31}Mn_{0.02}Ca_{0.02}$)($CO_3$)。从表 1-2-131 可以看出，本矿床菱铁矿是以铁、镁为主，在一定范围内变化的类质同象系列(菱铁矿-菱镁矿)的中间成员-镁菱铁矿及菱镁铁矿。灰色、青灰色、深灰色菱铁矿中 SiO_2、Al_2O_3、S、有机碳、TiO_2 等含量较高，TFe 的含量较低，乃是由于其中泥质、砂质、硅质、有机质、黄铁矿等固态包体物质含量较多所致，是同生沉积物在固态条件下经成岩重结晶作用、交代作用形成的反映；而米黄色菱铁矿中，SiO_2、Al_2O_3、S、有机碳、TiO_2 等含量较低，TFe 含量较高，表明后生水溶解、搬运、沉淀出 $FeCO_3$ 组分，使矿物成分净化变纯。

表 1-2-131　贵州赫章菜园子菱铁矿单矿物分析结果(w_B/%)

菱铁矿类型	TFe	SiO_2	Al_2O_3	CaO	MgO	Mn	S	TiO_2
灰至深灰色菱铁矿	33.83	8.38	2.21	0.79	7.83	0.99	0.89	0.10
米黄色菱铁矿	39.25	0.74	0.075	0.36	7.89	1.14	0.047	0.009

注：数据引自邱柱国(1987)。

同位素特征：菱铁矿及围岩的氧、碳同位素特征如表 1-2-132 所示。可以看出，所有菱铁矿石尽管产出层位有别，产状不同、矿石类型亦各异，但其氧、碳同位素组成基本一致，无明显差别，表明它们应是同一成矿作用的产物。而典型沉积成因的细晶菱铁矿的氧、碳同位素组成与菱铁矿矿石相比则差值甚大，表明它与菱铁矿矿石绝非同一成矿作用形成；产于不同含矿层位内的菱铁矿体中的菱铁矿石具有一致的氧、碳同位素组成，且远低于围岩(白云岩)的氧、碳同位素组成，表明菱铁矿与正常海相沉积的白云岩(矿体围岩)不是同一环境、同一形成作用的产物。从本矿床菱铁矿氧、碳同位素组成低于其围岩(海相成因白云岩)这一特点来分析，本矿床菱铁矿中氧、碳元素的主体部分应来源于被菱铁矿所交代的原岩，但在成矿过程中有相当数量的轻氧和轻碳参加，这部分氧、碳来源于含有生物成因轻碳的大气降水。

包裹体特征：菱铁矿气液包裹体基本特征列于表 1-2-133。据均一法测温结果，其均一温度范围 195~260℃，平均 217℃(表 1-2-134)。由此得出本矿床菱铁矿系热水成矿的结论。爆裂法测温结果表明，温度在 167~295℃范围内变化(最大温差 128℃)，一般在 200~290℃之间，矿体平均温度 251℃，与均一温度可相互印证。从矿体边部至中心，温度从 276℃降至 232℃，反映成矿作用由边部向中心的趋势。脉状矿体与似层状矿体的平均温度分别为 253℃及 249℃，仅相差 4℃，表明两种产状的菱铁矿体的形成温度一致，是同一成矿温度下的统一产物。黄矿石与灰矿石的平均温度分别为 232℃及 262℃，显示黄矿石较灰矿石形成温度低。镁菱铁矿平均温度 249℃，明显低于菱镁铁矿的 276℃，表明矿体边部富镁的菱铁矿形成温度较高。因此，本矿床菱铁矿体的形成温度具连续性和分带性：边部高、中心低，灰矿石高、黄矿石低，富镁者高、富铁者低。

表 1-2-132　贵州赫章菜园子菱铁矿及围岩(白云岩)氧、碳同位素组成

特征				菱铁矿		围岩(白云岩)	
				$\delta^{18}O$(SMOW)/‰	$\delta^{13}C$(PDB)/‰	$\delta^{18}O$(SMOW)/‰	$\delta^{13}C$(PDB)/‰
同位素组成		区间值		15.21~17.80	−6.53~−3.9	24.06~25.92	−0.44~3.21
		区间差值		2.59	2.62	1.86	3.65
		平均值		16.59	−5.66	24.96	0.88
		标准偏差		0.81	0.65	0.62	1.11
菱铁矿(件数)	产状	脉状	黄矿(14)	6.65	−5.55	—	—
			灰矿(6)	16.58	−5.76		
			平均(20)	16.63	−5.61		
		似层状	黄矿(5)	16.61	−5.50		
			灰矿(5)	16.40	−6.02		
			平均(10)	16.50	−5.76		
	产出层位	D_2d	黄矿(13)	16.74	−5.49	25.06(9)	1.02(9)
			灰矿(5)	16.77	−5.72		
			平均(18)	16.75	−5.55		
		D_2l	黄矿(6)	16.42	−5.64	24.06(1)	−0.44(1)
			灰矿(6)	16.27	−6.01		
			平均(12)	16.34	−5.82		
	平均		黄矿(19)	16.64	−5.53	24.96(10)	0.88(10)
			灰矿(11)	16.49	−5.88		
沉积细晶菱铁矿(2件)(区间/平均)				21.27~21.48 21.38	−17.24~−16.08 −16.66	—	

注：数据引自林立青等(1986)。

表 1-2-133　贵州赫章菜园子菱铁矿不同矿石类型包裹体特征对比

包裹体类型			矿石类型	
			黄矿石	灰矿石
液体包裹体(普遍)	颜色	气相	灰色	灰色、浅灰色、浅红色
		液相	透明无色	透明无色、透明灰色或浅灰黄色
	形态		规则椭圆状、规则多边形或不规则状	长方形、多边形、长条状或不规则状
	大小/μm		5~7	2~7
	气液比/%		10~20	10~15
有机包裹体(少量)	颜色	气相	深褐色	黑褐色
		液相	黄、绿、灰、褐等色杂质较多	黄褐色
	形态		不规则多边形或不规则状	不规则状
	大小/μm		5~15	10~20
	气液比/%		20~25	40~50

注：数据引自聂筑陵(1986)。

菱铁矿包裹体成分分析结果列于表 1-2-135，与海水相比包裹体成分中阳离子(K^+、Na^+、Ca^{2+}、Mg^{2+})及阴离子(F^-、Cl^-)含量均明显偏高。液包裹体盐度测定结果显示其盐度为 10.9%~26.2%。

[光谱特征]　菱铁矿差热分析及热失重分析结果(表 1-2-136)表明，铁原子数与吸热谷温度呈负相关，与放热峰温度及热失重值也有负相关趋势，镁原子情况与铁原子相反。说明菱铁矿热质分析

的性质主要取决于其中铁、镁类质同象组成。

表 1-2-134 贵州赫章菜园子菱铁矿气液包裹体均一温度测定结果

类型			样品号	采样位置			矿物特征	均一温度/℃
菱铁矿	黄矿石	脉状矿体	75 菜 D012	ZK8001	253.7 m	1 矿体中部	米黄色伟晶菱铁矿	206
			T002	ZK7904	238 m	1 矿体中部	米黄色伟晶菱铁矿	212
			T006	ZKT904	259 m	1 矿体中部	米黄色伟晶菱铁矿	227
			KB_1	ZK7952	264.7 m	1 矿体中部	深米黄色伟晶菱铁矿	217~260
			KB_2	ZK8152	268 m	1 矿体中部	浅米黄色伟晶菱铁矿	218~252
		似层状矿体	S-36	ZK7507	241 m	I_3^1 矿体中部	米黄色巨晶菱铁矿	206
	灰矿石	脉状矿体	KB_3	ZK8152	269 m	1 矿体底部	灰黄色巨晶菱铁矿	218~225
		似层状矿体	KB_4	ZK7202	168 m	I_2^9 矿体上部	灰色粗晶菱铁矿	195~201
			KB_5	ZK8627	510 m	I_1^8 矿体中部	灰色中粗晶菱铁矿	200~203
			K_B6	ZK8416	511 m	I_2^5 矿体底部	黄灰色粗巨晶菱铁矿	217~225

注：数据引自聂筑陵(1986)。

表 1-2-135 贵州赫章菜园子菱铁矿气液包裹体成分分析结果

样品号	矿体	采样位置		矿物特征	H_2O /mg	盐类/%						
						K^+	Na^+	Ca^{2+}	Mg^{2+}	F^-	Cl^-	SO_4^{2-}
H474	1	ZK8105	252 m	米黄色伟晶菱铁矿	13.9	0.265	1.879	1.501	0.174	1.740	—	未检出
H488	2	ZK8105	289 m	米黄色伟晶菱铁矿	2.2	4.5	13.6	—	11.4	8.2	—	18.2
H520	I_3^3	ZK8105	396 m	米黄色伟晶菱铁矿	18.7	5.3	29.6	4.2	1.3	0.2	128.3	2.6
H530	I_2^5	ZK8105	415 m	灰色中粗晶菱铁矿	17.3	0.7	3.8	2.8	0.6	0.1	130.4	2.4
KB_1	1	ZK7952	264 m	深米黄色伟晶菱铁矿	23.3	12.9	66.5	21.9	3.0	0.2	128.8	115.9
KB_2	1	ZK8152	268 m	浅米黄色伟晶菱铁矿	8.9	14.6	74.2	26.4	6.2	0.1	156.7	50.6
KB_3	1	ZK8152	296 m	灰黄色巨晶菱铁矿	17.7	14.4	70.1	73.7	16.4	0.4	223.2	296.6
KB_4	I_2^9	ZK7202	168 m	灰色粗晶菱铁矿	41.6	8.5	40.4	17.7	1.2	—	71.6	62.5
KB_5	I_1^3	ZK8627	510 m	灰色中粗晶菱铁矿	26.5	32.8	32.5	46.2	7.9	0.3	154.7	150.9
KB_6	I_2^5	ZK8416	511 m	黄灰色粗巨晶菱铁矿	35.9	21.9	27.0	25.8	7.4	0.1	82.2	103.1

注：数据引自聂筑陵(1986)。

表 1-2-136 贵州赫章菜园子菱铁矿化学成分与热分析数据对照表

样品编号	原子组成		差热温度/℃		热失重/%		非碳酸盐/%
	Fe	Mg	谷	峰	理论值	实测值	
单 1	0.59	0.37	592	622	37.65	35.20	5.79
单 8	0.70	0.27	580	623	35.85	35.80	0.06
单 12	0.75	0.22	534	567	34.79	27.83	16.48
单 15	0.81	0.16	518	584	33.52	33.21	1.03
单 18	0.87	0.10	504	574	32.26	32.54	0.97

注：数据引自聂筑陵(1986)。

菱铁矿红外吸收光谱分析结果如图 1-2-147 所示。从红外图谱可以知道，本区菱铁矿均具有 v_3 (1400 cm^{-1} 左右)、v_2(870 cm^{-1} 左右)和 v_4(740 cm^{-1} 左右)3 条谱带，其中 v_2 及 v_4 两条谱带窄而尖，而 v_3 宽而平缓，符合无水碳酸盐方解石族菱铁矿矿物图谱特点。谱带频率随铁、镁含量变化而发生位移，当样品中 $FeCO_3$ 分子数增加(即 $MgCO_3$ 分子数相应地减少)时，谱带频率则随之变低(即移向长波)，以 v_2 谱带最为明显。

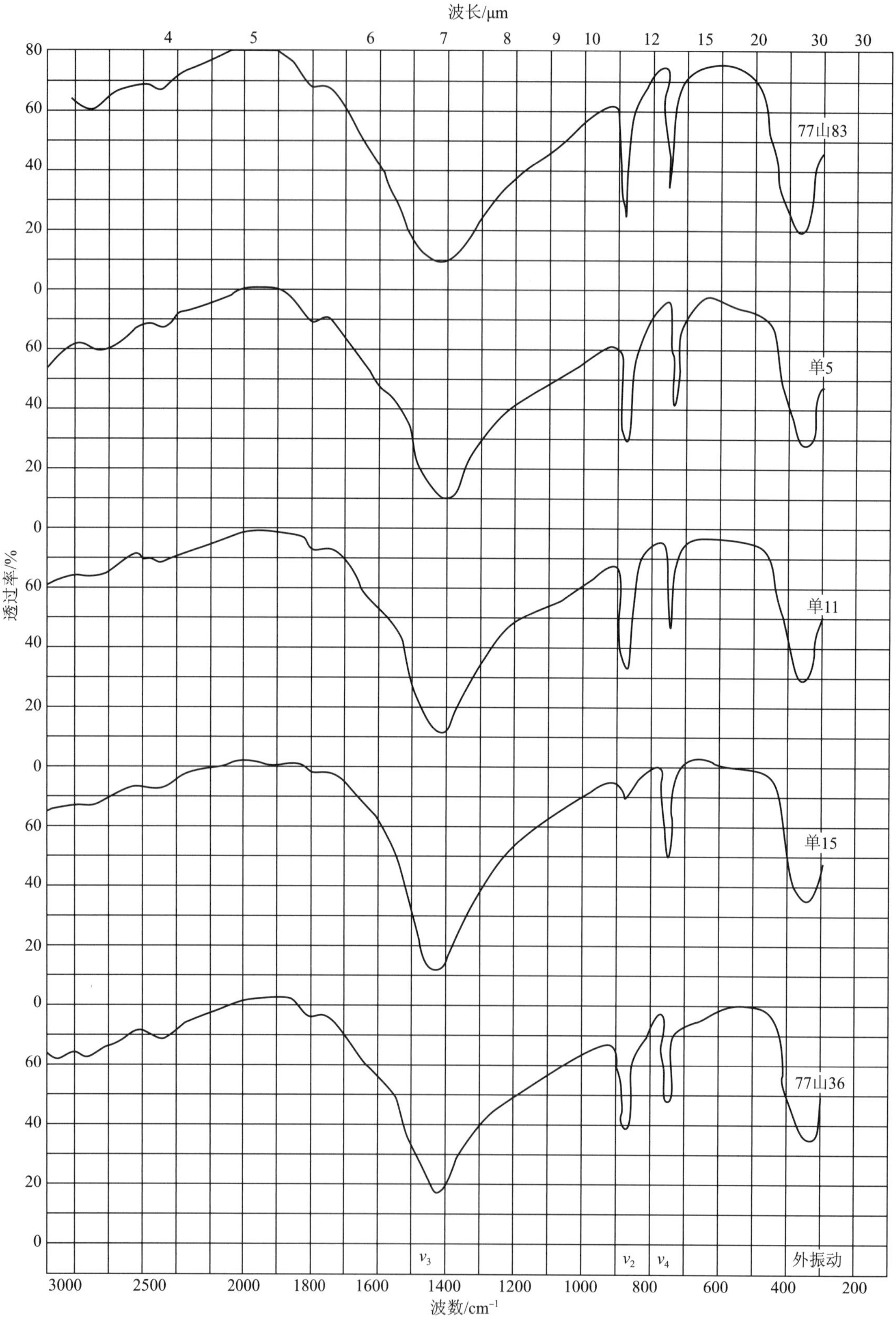

图 1-2-147　贵州赫章菜园子菱铁矿红外光谱分析图谱

(据聂筑陵，1986)

菱铁矿主要谱带频率位置与成分关系(表 1-2-137；图 1-2-148)表明，本矿床菱铁矿中的铁、镁以离子状态进入晶格，属于等结构的菱铁矿-菱镁矿系列中的镁菱铁矿及菱镁铁矿成员。

表 1-2-137 贵州赫章菜园子菱铁矿红外光谱主要谱带频率与成分对照表

样品号	分子组成/%		$FeCO_3/MgCO_3$	v_2 谱带/cm^{-1}	v_4 谱带/cm^{-1}
	$FeCO_2$	$MgCO_3$			
77Ⅲ83	60	36	1.67	872	742
单 5	67	29	2.31	871	741
单 11	74	22	3.36	870	740
单 15	81	16	5.06	868	739
77Ⅲ36	87	10	8.70	866	738

注：数据引自聂筑陵(1986)。

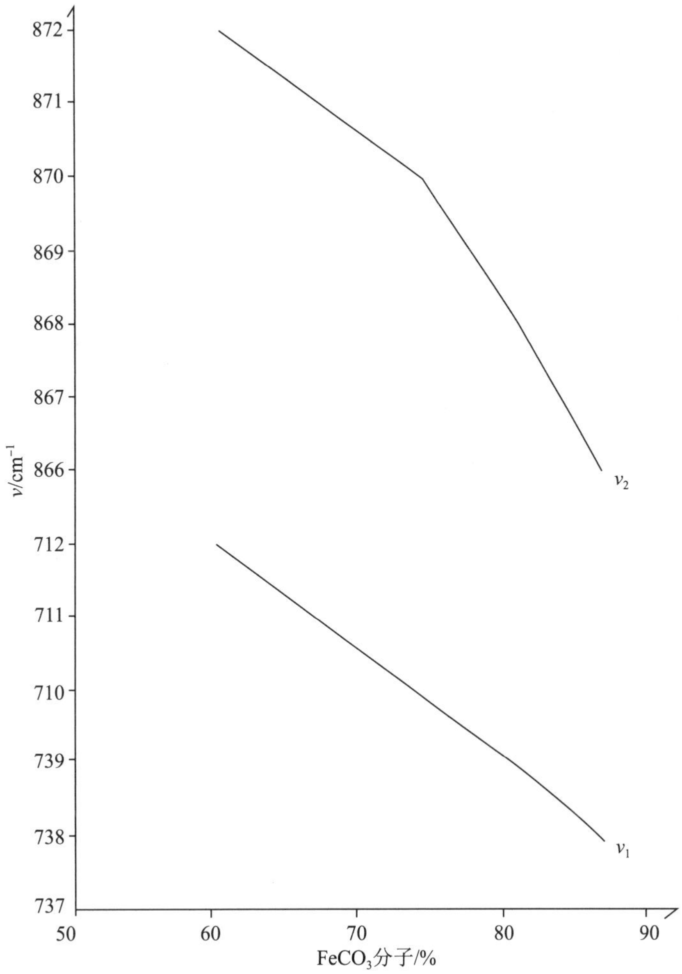

图 1-2-148 贵州赫章菜园子菱铁矿 v_2、v_4 频率与 $FeCO_3$ 曲线

(据聂筑陵，1986)

(8)贵州省盘关地区晚二叠世煤系中的菱铁矿

[产地、产状及共(伴)生矿物] 黔西盘关地区晚二叠世煤系中发育多层含菱铁矿层，内部菱铁矿以多种微观形态产出，主要为沉积成岩成因。依微观形态差异本区菱铁矿可划分为凝胶状菱铁矿、微粉晶菱铁矿、球粒状菱铁矿 3 种类型，其中凝胶状菱铁矿发育于层序内部最大海泛面附近，微粉晶菱铁矿发育于海侵体系域海平面上升期或高位体系域内，球粒状菱铁矿在层序内未见明显发育规律

(张一杰等，2020)。

［**形貌特征**］ 如图 1-2-149 所示，凝胶状菱铁矿以胶结物的形式充填于碎屑颗粒的孔隙间，局部可见磨圆较差的海绿石(图 1-2-149a)，或以团块形式聚集，被碎屑颗粒与粘土矿物包围，局部发育黄铁矿(图 1-2-149b)；分散有机质绕胶状菱铁矿团块生长，指示此类菱铁矿为同沉积期产物(图 1-2-149c)；泥岩中发育大量微晶菱铁矿，菱铁矿晶体分布均匀(图 1-2-149d)；自形程度较好的粉晶菱铁矿与含铁白云石伴生(图 1-2-149e)；粉晶菱铁矿呈栉壳状，发育于被方解石充填空腔的边缘(图 1-2-149f)；方解石含量较高区域发育颗粒较大、自形程度好的粉晶菱铁矿(图 1-2-149g)；隐晶菱铁球粒集合体，内部发育放射状结构(图 1-2-149h)；球粒状菱铁矿在正交偏光镜下可见明显的十字消光现象(图 1-2-149i)。

图 1-2-149　贵州盘关地区晚二叠世煤系中各类型菱铁矿微观形态特征

(据张一杰等，2020)

Sd—菱铁矿；Ge—海绿石；OM—有机质；Qz—石英；M—铁白云石；Cal—方解石；Py—黄铁矿

［**化学成分**］ 本区菱铁矿微区原位主微量元素特征见表 1-2-138。可以看出，凝胶状菱铁矿 $FeCO_3$ 质量分数在 29.01%～43.84%之间，均值为 36.09%，质量分数量偏低；其 Sr/Ba 值介于 0.73～3.25 之间，变化幅度较大，均值为 2.03。这指示研究区发育的凝胶状菱铁矿形成于相对海平面较高、古盐度较大的偏海相沉积环境。3 个凝胶状菱铁矿样品的 V/Sc 值介于 22.33～65.38 之间，均远大于 10，指示着此类菱铁矿形成时期的沉积水体处于缺氧环境。3 个凝胶状菱铁矿样品的 V/(V+Ni)值介于 0.63～0.82 之间，均值为 0.72，反映此类菱铁矿形成于沉积水体分层，但分层程度不强的缺氧环境中。

微粉晶菱铁矿 $FeCO_3$ 质量分数介于 68.82%～76.88%之间，均值为 73.57%，含量明显高于凝胶状菱铁矿；其 Sr/Ba 介于 0.53~1.02 之间，均值为 0.71，指示研究区发育的微粉晶菱铁矿形成于相对海平面较低、古盐度偏低的海陆过渡相沉积环境；Ce_{anom} 值介于-0.07~-0.04 之间，均值-0.05，整体仍表现为 Ce 富集，但富集程度低于凝胶状菱铁矿，表明此类菱铁矿形成于贫氧-弱还原的古沉积环境。其 V/Sc 值介于 6.77~9.11 之间，均值为 7.95，远小于凝胶状菱铁矿，也反映了此类菱铁矿沉积期水体处于贫氧环境中；其 V/(V+Ni) 值介于 0.72~0.92 之间，均值为 0.84，反映此类菱铁矿形成于沉积水体分层程度不强的缺氧环境中，与凝胶状菱铁矿的水体分层性质较为相似。整体而言，微粉晶菱铁矿形成于相对海平面偏低、贫氧-弱还原的海陆过渡相沉积环境中，相较于凝胶状菱铁矿而言处于更高能的环境，溶液浓度偏低，沉淀速度缓慢导致形成自形程度较好、颗粒直径较大的微粉晶菱铁矿集合体。

表 1-2-138　黔西盘关地区晚二叠世煤系中菱铁矿的地球化学特征分析结果

样品编号	质量分数均值/%		质量分数均值/10^{-6}								Sr/Ba	Ce_{anom}值	V/(V+Ni)	V/Sc
	$CaCO_3$	$FeCO_3$	Sc	V	Ni	Sr	Ba	La	Ce	Nd				
J2-27	4.24	43.84	6.86	151.3	32.65	75.19	35.66	25.44	65.66	40.29	2.09	-0.02	0.82	22.33
J2-50	1.39	35.43	7.46	202.63	83.36	28.18	46.75	6.65	14.04	7.63	0.73	-0.05	0.71	28.47
J2-71	1.52	29.01	3.11	194.52	114.17	43.06	13.38	13.73	40.88	30.92	3.27	-0.03	0.63	65.38
J2-8	5.14	76.88	12.50	112.77	43.88	32.68	31.38	5.96	13.44	8.28	1.02	-0.05	0.72	9.11
J2-16	3.64	68.82	23.90	161.01	13.21	51.94	98.30	29.85	66.63	37.20	0.53	-0.04	0.92	6.77
J2-41	5.21	75.00	13.99	107.54	17.15	57.53	101.06	18.52	38.29	22.26	0.57	-0.07	0.86	7.97
J2-14	1.54	90.62	3.69	74.58	44.64	18.86	38.23	19.90	36.28	19.40	0.49	-0.11	0.60	20.63
J2-37	2.68	78.53	13.91	104.10	16.31	43.17	86.93	21.25	41.43	24.78	0.50	-0.08	0.86	7.61

注：数据引自张一杰等(2020)。

球粒状菱铁矿 $FeCO_3$ 质量分数介于 78.53%~88.06%之间，均值为 83.29%，含量极高；其 Sr/Ba 值介于 0.49~0.50 之间，变化不大，指示着研究区发育的球粒状菱铁矿受淡水作用影响较大，推测与研究区脉动式水进作用造成菱铁矿多期次结晶生长有关；Ce_{anom} 值介于-0.11~-0.08 之间，均值-0.1，Ce_{anom} 值未表现出明显的富集或亏损，反映此类菱铁矿形成于弱氧化-弱还原的古沉积环境。推测此类菱铁矿的地化特征与脉动式海侵或周期性孔隙水作用引发的菱铁矿多期次结晶生长有关，球粒状菱铁矿在后期成岩流体的作用下不断生长，球粒直径不断增大的同时其地球化学特征也逐渐趋于后期成岩流体的性质，因此用该地球化学方法分析球粒状菱铁矿得到的可能是多期次水体(后期孔隙流体)性质的累计结果。

(9)贵州省织金煤田中的菱铁矿

[产地、产状及共(伴)生矿物]　织金煤田位于贵州省织金县西南，其西南矿区二叠系龙潭组、长兴组含煤地层中广泛发育菱铁矿层或含菱铁矿层，与其他岩层交替出现，分别产于不同的沉积相，且产出形态多样。就菱铁矿形态及其所产出的沉积相可分为薄层状微晶菱铁矿、球晶状菱铁矿、鲕状菱铁矿、粉晶-细晶菱铁矿、规则结核状菱铁矿、不规则结核菱铁矿、饼状-串珠状菱铁矿、交代层状菱铁矿、交代叠层状菱铁矿(周国正，2009)。

织金矿区乐平世煤系中的菱铁矿以多种微观形态产出。研究表明菱铁矿可划分为第一世代的胶状集合体、第二世代圈层结构发育不良的球粒及第三世代圈层结构发育完好的鲕粒与菱面体 3 个成岩世代产物(图 1-2-150)。菱铁矿胶状集合体主要发育在煤层附近的泥岩当中，菱铁矿胶状集合体以基质的形式普遍发育在其他形态的菱铁矿周围。在粉砂结构的沉凝灰岩中，菱铁矿同样以胶状集合体的形式充填于粒间孔隙中；菱铁矿隐晶质结核体又可细分为同心圈层发育不良的球粒、同心圈层发育完好的鲕粒与菱面体(张涛等，2018)。

[形貌特征]　菱铁矿的结晶形态为薄层状微晶状、球晶状、鲕状、粉晶-细晶状、规则结核状、不规则结核状、饼状-串珠状、交代层状和交代叠层状等。规则菱铁矿，呈圆球状、椭球状，大小为

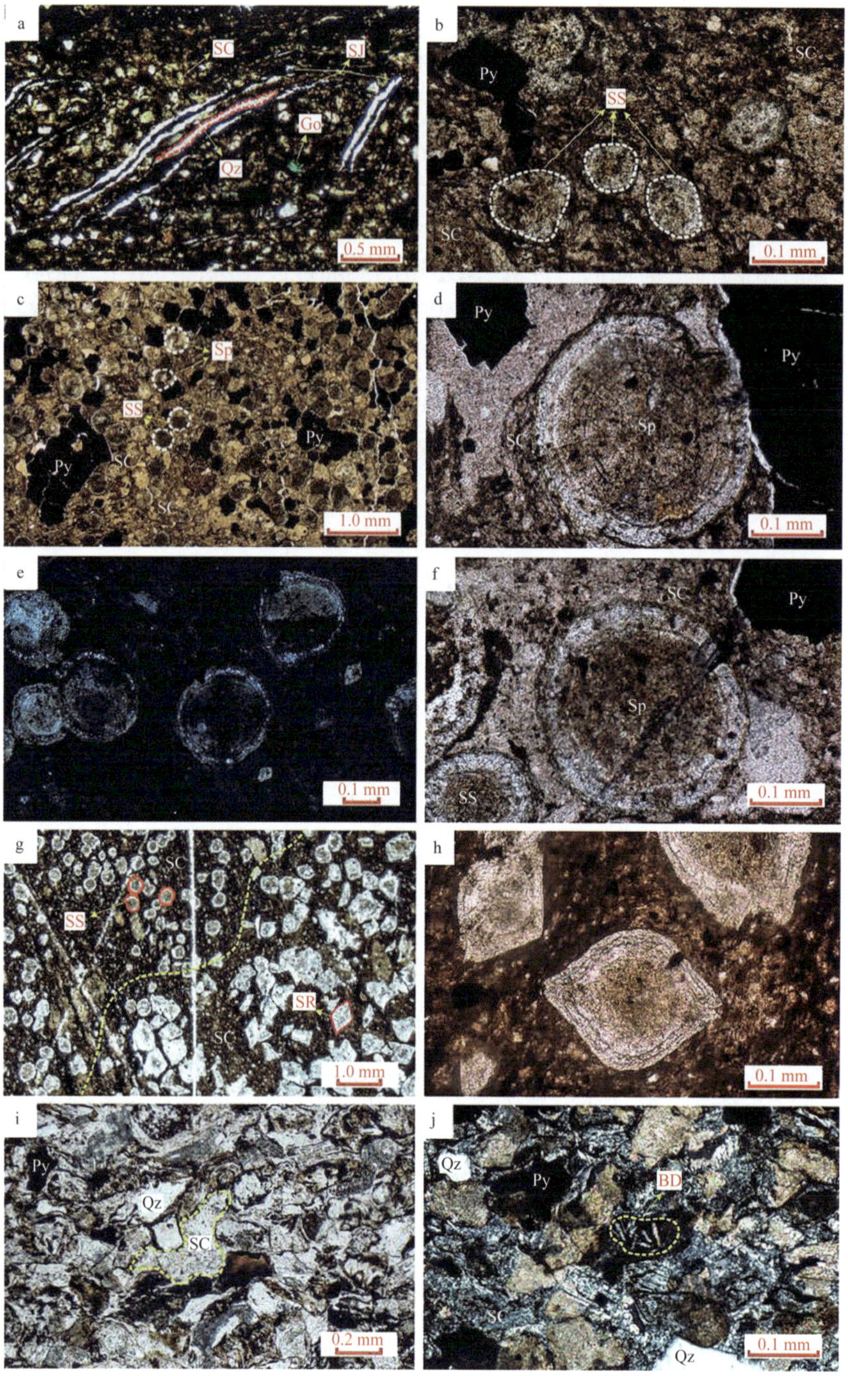

图 1-2-150　贵州织金矿区乐平世煤系中含菱铁矿层岩相学特征

（据张涛等，2018）

a—泥岩中发育大量黄褐色菱铁矿胶状集合体，内部发育收缩缝，被硅质充填，局部可见海绿石发育，J2 井，499.92 m，单偏光；b—不具同心圈层结构的菱铁矿球粒被菱铁矿胶状集合体胶结在一起，局部可见黄铁矿发育，J1 井，432 m，单偏光；c—大量同心圈层结构发育完美的菱铁矿鲕粒与少量菱铁矿球粒共生，二者均被菱铁矿胶状集合体胶结，J1 井，432 m，单偏光；d—菱铁矿鲕粒内部发育同心圈层结构与放射状结构，J1 井，432 m，单偏光；e—菱铁矿鲕粒在正交偏光下可见典型的马耳他十字消光现象，J1 井，432 m，正交偏光；f—菱铁矿鲕粒与球粒共生，鲕粒的直径明显大于球粒，二者均被菱铁矿胶状集合体胶结在一起，J1 井，432 m，单偏光；g—圈层结构发育良好的菱面体状菱铁矿与圈层结构发育不良的菱铁矿球粒共生发育，二者的发育范围界线清晰，J1 井，433.79 m，单偏光；h—菱面体状菱铁矿发育核心与较好的同心圈层结构，J1 井，433.79 m，单偏光；i—具粉砂结构的沉凝灰岩，菱铁矿以胶结物的形式发育在粒间空隙中，J1 井，329.3 m，单偏光；j—具粉砂结构的沉凝灰岩中可见玄武岩岩屑，J1 井，329.3 m，正交偏光。SC—菱铁矿胶状集合体；SS—菱铁矿球粒；Sp—菱铁矿鲕粒；SR—菱面体状菱铁矿；BD—玄武岩岩屑；Py—黄铁矿；Qz—石英；Ge—海绿石；SJ—收缩缝

1~2 cm，最大达 20 cm；不规则结核菱铁矿，结核大小不等，通常在 2~5 cm 之间。

［资源环境意义］ 菱铁矿层的产出形态与沉积相密切相关，多数形态具有指相意义。菱铁矿的产出形态可能对应其产出的沉积相有草甸相、沙泥潮坪相、淡化潟湖相、沿坝砂坝相、开阔海碳酸盐台地潮坪相。

（10）河北省上官庄菱铁矿矿床中的菱铁矿

［产地、产状及共（伴）生矿物］ 上官庄菱铁矿位于河北邯郸市峰峰矿区北东。菱铁矿层产于石炭系—二叠系上石盒子组一段、下石盒子组二段、山西组、太原组和本溪组。其沉积环境各不相同，浅海相本溪组赋存的菱铁矿在连续性、厚度方面优于其他沉积环境中的菱铁矿。按矿石结构、构造菱铁矿矿石可分为两种类型：①稀疏-均匀粒状菱铁矿，多在本溪组与上、下石盒子组含矿岩系中产出的菱铁矿层中出现；②致密块状菱铁矿，主要出现于山西组含矿岩系中（刘庆民等，2013）。

［形貌特征］ 本溪组中产出的菱铁矿多呈半自形粒状-自形菱面体和细鳞片-自形菱面体，晶体内部具环带构造，粒径可达 0.225~0.45 mm，为重结晶形成，构成稀疏-均匀粒状块体；上、下石盒子组含矿岩系中产出的菱铁矿呈粒状-半自形粒状，粒度大小不均匀，细粒者呈麦粒状、圆粒状；较粗者呈不规则形态，集合体呈团块状或呈豆粒状，豆粒中心或由菱铁矿组成或由粘土矿物组成，由豆粒向外有放射状生长的叶片状菱铁矿组成环带状构造；产于山西组的矿石矿物菱铁矿为他形显微粒状-细粒状，构成致密块状矿石。

［物理性质］ 产于本溪组的菱铁矿呈灰褐色；产于石盒子组的菱铁矿呈灰绿色；产于山西组的菱铁矿呈深灰-黑灰色。

［化学成分］ 菱铁矿矿石的主要化学组成见表 1-2-139。可以看出，本矿床主要为贫铁矿石，除山西组致密块状菱铁矿品位较富（TFe 最高为 38.48%）外，其余各组段中菱铁矿多为低品位矿石，其可熔铁与全铁含量接近，二者相差平均不足 1%，说明矿石中硅酸铁含量极少。各组段菱铁矿石 TFe/FeO 值为 0.8~1.0，小于 2.7 者为原生矿石，上石盒子组一段赤铁矿 TFe/FeO 为 4.97，大于 2.7 者为氧化矿石。矿石中（CaO+MgO）/（SiO_2+Al_2O_3）值依产出层位不同而不同，产于本溪组和下石盒子组二段中的矿石比值为 0.07，小于 0.5 者为酸性矿石；产于太原组和山西组的矿石比值为 0.6，大于 0.5、小于 0.8 者为半自熔性矿石。TFe 与 SiO_2+Al_2O_3 基本上呈相互消长关系。有害组分硫含量为 0.03%~0.57%，平均 0.20%，磷含量 0.005%~0.413%，平均为 0.16%，结果表明菱铁矿矿石中有益、有害组分含量甚微。不同层位矿石化学组分的差异性，表明各层位的沉积环境不同。

表 1-2-139 河北上官庄菱铁矿矿石主要化学组分分析结果（w_B/%）

层位	TFe	sFe	FeO	CaO	MgO	SiO_2	Al_2O_3	S	P	备注
P_1s^3	29.11	28.70	35.16	1.25	2.60			0.10	0.007	菱铁矿
P_1x^2	25.42	25.05	30.85	1.48	0.62	22.52	7.00	0.03	0.26	菱铁矿
P_1s	$\frac{31.45\sim38.48}{34.15}$	$\frac{30.52\sim38.07}{33.91}$	$\frac{40.62\sim47.00}{44.14}$	3.07	2.20	2.71	0.11~0.14	0.006~0.15	菱铁矿	
C_3t	$\frac{23.96\sim32.95}{29.23}$	$\frac{25.05\sim31.52}{28.08}$	$\frac{28.58\sim38.08}{30.07}$	9.01	5.16	$\frac{8.05\sim28.00}{16.05}$	5.03	0.09~0.57	0.094~0.16	菱铁矿
C_2b	$\frac{23.74\sim28.33}{28.29}$	$\frac{23.52\sim35.00}{28.00}$	$\frac{28.67\sim35.86}{32.82}$	1.25	1.10	$\frac{8.03\sim23.68}{16.76}$	$\frac{14.87\sim20.12}{16.67}$	0.22		菱铁矿

注：数据引自刘庆民等（2013）。$\frac{23.96\sim32.95}{29.23}$表示$\frac{最低品位\sim最高品位}{平均品位}$。

（11）河北省宣龙地区铁矿床中的菱铁矿

［产地、产状及共（伴）生矿物］ 河北宣龙地区包括宣化-龙关-赤城一带。宣龙式铁矿呈层状产于中新元古界串岭沟组，层位稳定、分布较广，尤以宣龙地区发育最好。串岭沟组含矿岩系厚 0.6~6 m，由赤铁矿、菱铁矿、含铁砂岩、粉砂质页岩等组成。通常由 3 层或 4 层微生物铁岩与含铁石英

砂岩、灰绿色伊利石石英砂岩和黑色碳质粉砂岩交替互层组成。其中的菱铁矿矿层薄，数量少，往往与赤铁矿构成混合矿体。虽然宣龙地区菱铁矿未构成单一矿体，但在剖面上分布较普遍。经常与菱铁矿共生在一起的铁矿物有赤铁矿、鲕绿泥石和黄铁矿，非铁矿物有石英和粘土矿物(陈志明等，1982；刘敏等，1997，1998)。

根据组成菱铁矿的结构构造、矿物组分等特征(菱铁矿、鲕绿泥石和赤铁矿组合)，可以将宣龙地区的菱铁矿划分为几种主要的矿石类型。陈志明等(1982)划分为鲕状菱铁矿、细微晶菱铁矿、鲕绿泥石菱铁矿和菱铁矿质砂岩等；刘敏等(1997)划分为叠层石菱铁矿和核形石菱铁矿等生物结构类型，以及微晶菱铁矿等。

[形貌特征] 不同类型矿石中菱铁矿的结晶形态各异。在鲕状菱铁矿中，粒屑成分主要由菱铁矿鲕粒组成，一般具有核心和同心纹层构造。核心主要为石英碎屑，同心纹层由微晶菱铁矿组成，层数不多，由几圈到十几圈。鲕粒形状规则，为圆形、扁圆形和椭圆形，大小不一，大者达 1.0 mm，中者为 0.6 mm，小者仅 0.3 mm。此外，还有少量的不具同心纹层的球状菱铁矿，与菱铁矿鲕粒混生在一起。基质成分以细微晶菱铁矿为主。细微晶菱铁矿主要由细微晶菱铁矿构成基质成分，晶粒大小为 0.04~0.08 mm，质纯，是由泥晶菱铁矿岩经重结晶作用而变成的。

在球粒鲕绿泥石菱铁矿中，粒屑成分除有单纯的鲕绿泥石外，还有鲕绿泥石和菱铁矿共同组成鲕粒成分。球粒中鲕绿泥石和菱铁矿的分布不均匀。有的菱铁矿分布在球粒的中心，有的则在球粒边缘，并有切断和交代鲕绿泥石现象。球粒大小不一，为 1.36~0.37 mm。基质成分以细微晶菱铁矿为主，掺杂石英碎屑，多数石英被鲕绿泥石所包围，构成鲕粒的雏形，显然是晚期成岩作用的产物。

[物理性质] 为浅灰白-浅黄白色，由于风化作用，常为浅褐色；透明-半透明；玻璃光泽。

[化学成分] 不同产状的菱铁矿的电子探针分析结果见表 1-2-140，研究区菱铁矿 FeO 含量为 44.038%~62.576%。按其成分可将它们分为菱铁矿和富镁菱铁矿。

表 1-2-140 河北宣龙铁矿床中菱铁矿的电子探针分析结果(w_B/%)

类型	产状	样号	SiO_2	Al_2O_3	K_2O	Na_2O	CaO	MgO	FeO	MnO	TiO_2	NiO	Cr_2O_3
泥晶	层状	2-L	0.366	0.154	—	—	0.083	0.022	60.51	0.937	—	0.041	0.048
		94X-5	0.110	—	—	0.007	0.231	5.022	52.72	1.92	—	0.028	0.049
		2-2L	0.068	—	—	0.005	0.03	0.048	62.05	0.237	0.025	—	0.003
		1-2L	0.13	0.014	0.013	0.017	0.133	0.057	62.58	0.19	0.028	0.036	0.026
粒状	基质	94X-5	0.096	0.014	—	—	0.296	0.293	59.27	0.599	—	0.101	—
		94X-5	0.124	—	—	0.014	0.209	0.265	59.23	0.671	—	0.016	—
		1-2U	0.043	—	—	—	0.007	8.422	50.69	0.678	0.062	—	0.041
		1-2L	0.058	—	—	0.014	0.68	10.35	46.45	0.852	0.026	0.142	—
		1-2L	0.029	—	—	—	0.123	8.561	50.71	0.707	0.012	0.061	0.055
		1-2L	0.084	—	—	0.006	0.018	0.028	61.09	0.134	—	—	0.033
		1-2M	0.131	—	—	—	0.147	0.044	61.41	0.222	—	0.052	
半自形	柱间	2-L	0.195	—	—	0.025	0.224	0.104	60.92	0.244	—	0.031	0.026
泥晶	核心	2-L	0.171	—	0.047	0.036	0.392	11.68	44.65	0.111	0.05	—	—
		1-2M	0.092	—	—	—	0.016	2.819	56.81	0.003	—	—	0.017
泥晶	裂隙	94X-5	0.102	—	—	0.038	0.188	0.295	59.82	0.757	—	0.113	0.015
泥晶	纹层	1-2L	0.157	0.031	0.01	0.016	0.633	4.472	56.3	0.082	—	0.032	0.01
		94X-5	0.96	0.561	0.081	0.042	0.297	1.718	56.78	0.092	—	0.117	0.009
显晶	纹层	1-2U	0.038	—	0.007	—	—	3.019	58.42	0.844	0.013	—	0.007
	栉壳	1-2L	0.069	—	—	0.017	0.049	2.994	58.25	0.748	—	0.059	0.023

续表

类型	产状	样号	SiO_2	Al_2O_3	K_2O	Na_2O	CaO	MgO	FeO	MnO	TiO_2	NiO	Cr_2O_3
泥晶	纹层	2-L	0.298	—	0.005	—	0.108	0.042	59.98	1.454	0.023	0.007	—
			0.392	0.164	0.03	0.049	1.907	8.691	48.35	0.209	—	0.032	—
			0.256	0.056	0.018	0.008	1.231	2.902	55.76	0.678	0.012	0.068	—
			0.512	0.166	0.016	—	2.095	6.951	49.44	0.125	0.031	0.10	0.035
		1-2L	0.069	0.036	0.022	—	0.428	0.387	64.47	—	—	—	0.01
			0.152	0.031	0.031	0.017	0.126	13.67	44.04	0.706	—	0.112	—
菱铁矿*		1	—	—			0.10	0.13	61.08	1.12	—	—	
		2	—	—			3.6	2.50	51.87	3.17	—	—	
富锰菱铁矿*		1	—	—			1.49	0.21	40.10	19.2	—	—	
		2	—	—					37.6	24.01	—	—	

注：表中主要数据引自刘敏等(1997)；*引自王濮等(1987)。

表1-2-141列出了不同产状的菱铁矿与原生赤铁矿在含Fe、Mg+Mn+Ca及Al+Si含量方面的差异。从表中可见，Fe与Mg呈负增长，当Fe^{2+}含量少时，则菱铁矿便会有较多的Mg，从而形成富镁菱铁矿。总的来看，基质中的菱铁矿(包括层状菱铁矿)含Mg+Mn+Ca较高，为3.67；而藻体中菱铁矿相对Mg+Mn+Ca含量较少，为0.73。上述特点可能与有机质含量以及交代作用早晚有关，因为藻体中含有更丰富的有机质，因此可以提供足够量的Fe^{2+}，而基质(胶结物)中有机质含量则相对较少。从表中我们还可以看出，即使为同一产状，如在基质中，它们的成岩作用表现形式也不尽相同，即早期为菱铁矿，在镜下它们偏暗，晚期则为含镁或锰高的菱铁矿，镜下偏灰白，并形成环带结构，这种现象在研究区内菱铁矿中是常见的，因此不同成分及类型的菱铁矿又可以反映它们形成的沉积条件及成岩作用的早晚。

表1-2-141 河北宣龙铁矿中菱铁矿与赤铁矿主要元素含量关系

矿物	Fe/%	Mg+Mn+Ca/%	Al+Si/%
原生赤铁矿(Fe_2O_3)	63.39(64.14~67.26)	0.08(0.05~0.12)	2.57(2.12~2.37)
菱铁矿(基质)	41.89(34.70~47.03)	3.67(0.8~8.19)	0.38(0.05~1.5)
菱铁矿(藻体或纹层)	46.41(44.70~48.03)	0.73(0.33~0.91)	0.75(0.05~0.13)

注：数据引自刘敏等(1997)。

宣龙菱铁矿的碳和氧同位素组成具有明显的特征，菱铁矿的$\delta^{13}C$值(PDB)为-9.01‰~-11.74‰，$\delta^{18}O$值(SMOW)为18.62‰~22.7‰。与其他地区的沉积-成岩菱铁矿的氧、碳同位素进行比较，可见本区菱铁矿的特点是氧同位素组成明显高于地史时期同时代正常海相碳酸岩的氧同位素组成，而$\delta^{13}C$为较大的负值。推断菱铁矿矿石中重要的碳源主要来自沉积有机质的降解(产生富^{18}C的成矿溶液)，可视为生物成因的标志。

[成因意义] 本区菱铁矿主要是在成岩时期形成的，与其他铁矿物生成顺序见图1-2-151。可以看出，宣龙地区的菱铁矿在沉积盆地中不能直接以$FeCO_3$形式沉淀下来，而是在成岩环境中，由赤铁矿经有机质还原而成的。古地理对菱铁矿相的控制是明显的，反映在沉积物的有机质含量和结构以及成岩孔隙溶液的流动，对菱铁矿形成起着直接控制作用。

(12)河南省某斑岩型钼-多金属硫铁矿床中的菱铁矿

[产地、产状及共(伴)生矿物] 河南某钼-多金属硫铁矿床产于燕山期超浅成钙碱性、富钾的二氧化硅过饱和酸性深源小侵入体与震旦亚界白云岩的接触带中。属于典型的岩浆热液矿床(徐国风等，1982)。

[晶胞参数] 本矿床菱铁矿经X光衍射仪分析，4806-556-Sid样品的a_0值为4.480 Å、c_0值为

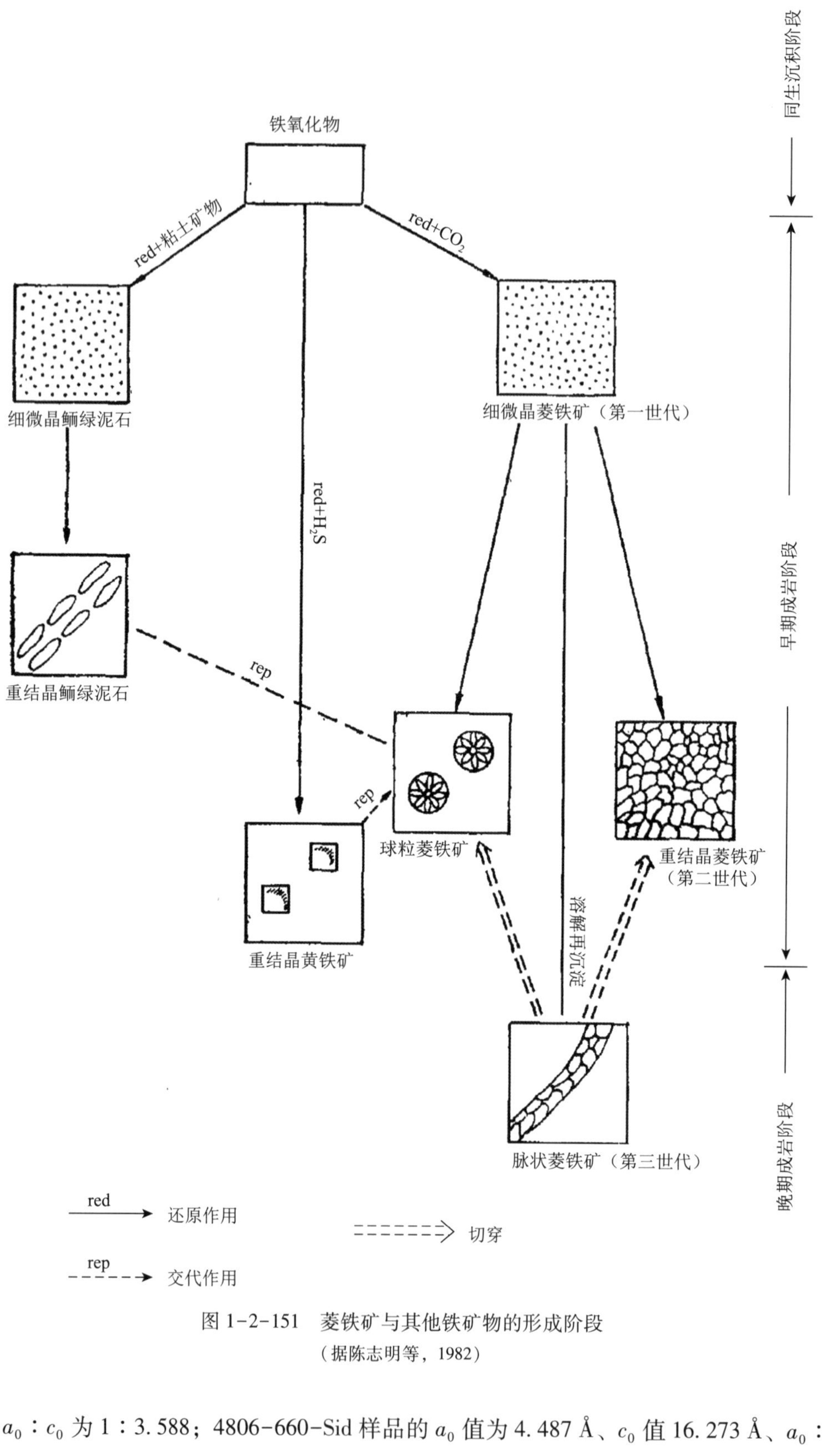

图 1-2-151　菱铁矿与其他铁矿物的形成阶段

（据陈志明等，1982）

16. 073 Å，a_0 ∶ c_0 为 1 ∶ 3. 588；4806-660-Sid 样品的 a_0 值为 4. 487 Å、c_0 值 16. 273 Å、a_0 ∶ c_0 为 1 ∶ 3. 627。

［**形貌特征**］　本矿床中的菱铁矿具有交代早期形成矿物的交代溶蚀外貌特征。如菱铁矿交代磁铁矿和假象赤铁矿而形成具有磁铁矿完美晶形的“假象菱铁矿”　和菱铁矿交代早阶段粗粒黄铁矿构成细脉状外形，并被同阶段的细粒黄铁矿所交代。这些都与沉积成因菱铁矿的纹层状构造、草莓结构

等矿石组构特点迥然不同。

[化学成分] 根据20个菱铁矿单矿物样品定量化学分析，平均含Ni 37.94 g/t、Co 85.46 g/t，Ni/Co值为0.444，即小于1。此为与沉积成因菱铁矿（Ni/Co值>1）区别的重要标型特征。21个单矿物样品光谱半定量分析平均含Ba 331 g/t、Sr极微、Sr/Ba值远小于1；另含Zn 10664 g/t、Pb 40.7 g/t、Ti 82.5 g/t、Ga 5.9 g/t（含量较高），含V 3.29 g/t（含量较低），且含有一定数量的金（Au 2.57 g/t）、铬（Cr 5.9 g/t）和氟（8个样品化学定量分析含F 852.5 g/t）。这些也是有别于沉积成因菱铁矿的标型特征。

本矿床菱铁矿包裹体爆裂曲线具有明显的峰形特征；7501-4-Sid号样品中与菱铁矿共生的石英内有多为2~5 μm大小的包裹体，包裹体有气液比为20%~30%的液相包裹体、气液比为40~60的气相包裹体以及含固相NaCl子矿物的多相包裹体。菱铁矿的形成温度为220~260℃。这些包裹体特征说明系岩浆热液成因，与沉积菱铁矿显然不同。

[光谱特征] 619-814-Sid样品菱铁矿的穆斯堡尔谱参数：Fe^{2+}的同质异位能1.10 mm/s、四级分裂1.82 mm/s、线宽0.38 mm/s（图1-2-152）。

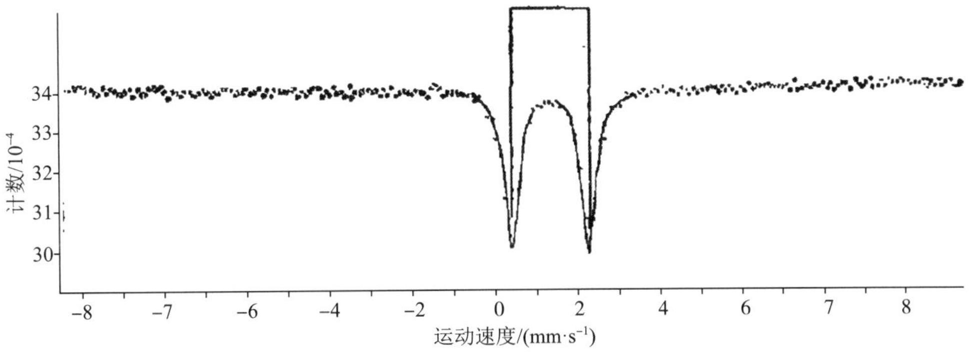

图1-2-152 河南岩浆热液成因菱铁矿的穆斯堡尔谱特征
（据徐国风等，1982）

（13）河南省永城煤矿新庄井田中的菱铁矿

[产地、产状及共（伴）生矿物] 在永城煤矿新庄井田，高岭石粘土岩层为二叠系山西组和下石盒子组的分界标志层。菱铁矿呈分散状、结核状产在高岭石粘土岩中，特征见表1-2-142（张善德等，1999）。

表1-2-142 菱铁矿在高岭石粘土岩中的表现特征

层位	层厚/m	结构	显微特征	扫描电镜	X射线衍射	化学分析/%	除铁方式	主要用途
四	1.35	粘土结构	菱铁矿呈现少量的结核状	菱铁矿晶体呈鳞片状叠加在一起	菱铁矿的衍射为0.27983 m，略有显示，含量<5%	SiO_2为53 Al_2O_3为33 Fe_2O_3为4	破碎分离磁选化学除铁	陶瓷原料化工原料
三	2.4	菱铁矿粘土结构	菱铁矿结核小而多，连生在一起	菱铁矿呈菱形板状	菱铁矿的衍射峰强背底高0.22983 nm，含量为50%	SiO_2为17.9 Al_2O_3为15.15 Fe_2O_3为37.32		作为铁矿开采
二	1.6	含砂粘土结构	呈褐色雾状	菱铁矿无显示	菱铁矿无显示	SiO_2为53 Al_2O_3为33 Fe_2O_3<1	化学除铁	精瓷原料
一	1.51	含粉砂粘土结构	菱铁矿大小都有显示	菱铁矿呈菱形板状	菱铁矿衍射波为0.22967 nm	SiO_2为48 Al_2O_3为23 Fe_2O_3为12	手选磁选	粗瓷原料

注：数据引自张善德等（1999）。

［形貌特征］ 呈结核分散在粘土矿物之中，颗粒大小不等，大者在 2 mm 以上，小者在 0.1 mm 以下，一般在 0.1～0.2 mm 之间。扫描电镜下菱铁矿呈菱面体板状，细小晶体呈片状叠加在一起。呈放射状矿集合体，纤维放射状、花瓣放射状或扇形放射状；有的是由微晶集合体或单晶组成的结核。

［物理性质］ 氧化而呈褐红色。

［光学性质］ 高级白干涉色。具有闪突起。糙面显著。

(14)黑龙江省鹤岗煤矿床中的菱铁矿

［产地、产状及共(伴)生矿物］ 黑龙江鹤岗煤矿床兴安矿深部软岩中的主要矿物成分为石英、长石、方解石和粘土矿物，个别试样中含有菱铁矿和金红石(周莉等，2012)。

［形貌特征］ 晶体多呈菱面体，构成致密块状或粒状集合体。在扫描电镜(SEM)图像中可见晶间缝隙 5～10 μm，晶体表面为片状粘土矿物。

［晶系］ 三方晶系。

［物理性质］ 扫描电镜(SEM)图像显示本区菱铁矿解理发育。

［化学成分］ EDS 谱图(图 1-2-153)显示，本区菱铁矿 Fe 元素谱峰最强，元素中包括 Fe^{2+}、Fe^{3+}，Fe 原子质量分数为 12.93%，C 原子为 17.36%。

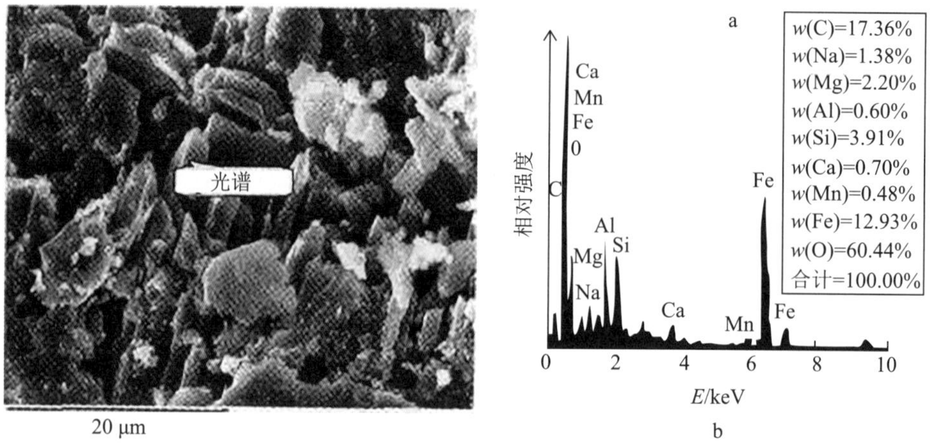

图 1-2-153 黑龙江省鹤岗煤矿床中菱铁矿的 SEM-EDS 分析结果
(据周莉等，2012)

(15)湖北省龙角坝铁矿床中的菱铁矿

［产地、产状及共(伴)生矿物］ 五峰县龙角坝铁矿是鄂西四大宁乡式铁矿床之一，其中上矿层为褐铁矿鲕绿泥石矿层，下矿层为鲕状赤铁矿层。矿石由大量磁铁矿和赤铁矿、菱铁矿、鲕绿泥石等组成，菱铁矿含量 0.12%～14.58%(秦元奎等，2011)。

［形貌特征］ 晶体呈不规则粒状，粒度 0.05～0.1 mm，相互镶嵌，构成团块状、条带状产出。

［变化］ 风化蚀变为褐铁矿。

(16)吉林省小栗子铁矿床中的菱铁矿

［产地、产状及共(伴)生矿物］ 小栗子铁矿位于吉林省临江市境内，为沉积变质后期改造成因。矿体总体形态比较规则，呈层状、似层状产出。矿石矿物主要有赤铁矿、磁铁矿、菱铁矿，少量铁绿泥石和黄铁矿(苗迪等，2012)。

［形貌特征］ 本区菱铁矿有两种，一种为原始沉积成因的菱铁矿，呈粒状，粒度 0.01～0.3 mm，部分被磁铁矿交代；另一种呈脉状或团块状产出，颗粒普遍较粗，粒度在 0.4 mm 以上，个别达 3.5 mm。

［物理性质］ 原始沉积成因的菱铁矿呈浅玫瑰色。

（17）东海龙井1号钻井中的菱铁矿

［产地、产状及共（伴）生矿物］ 东海龙井1号钻井自430 m（M-3号样品）起断续有菱铁矿出现，含量比较高。自生菱铁矿富集在一套灰色-黑灰色泥岩夹粉砂质泥岩的互层中，在全井的颗粒百分数（即在300~400颗碎屑矿物中自生菱铁矿所占百分数）最高达86%，最低1.2%（林锦英，1982）。

［形貌特征］ 本区自生菱铁矿呈圆球粒状、哑铃状、粒状、棒状、扁形放射状、块粒状等。以块粒状为主，球粒状、哑铃状为次，其他少量。其颜色有灰白色、灰色、灰棕色、淡黄色、淡棕色、棕黑灰色，从上到下由浅变深，球粒状、哑铃状也增多。

［成因意义］ 龙井构造区的菱铁矿与沉积作用有关，与其他含铁碳酸盐一起经过后期热液改造，表生风化淋滤及岩溶堆积作用所形成。同时，溶于海水中的碳酸盐从上覆的海水中扩散到沉积物中，菱铁矿最初也可以是化合物，近于黑色。灰色的细分散的碳化物，经有机碳与其作用形成菱铁矿。

（18）江苏省南京市梅山铁矿床中的菱铁矿

［产地、产状及共（伴）生矿物］ 梅山铁矿床位于江苏省南京市南约10 km，是宁芜中生代陆相火山岩断陷盆地中典型的大型铁矿床。菱铁矿为铁矿床中的一种主要矿石矿物，分布普遍、数量可观。约占矿石矿物的30%，且在矿床的北西部相对集中，并主要产在斑点状和浸染状矿石中，而菱铁矿的含量由斑点状矿石→竹叶状矿石→角砾状矿石→浸染状矿石→块状矿石依次降低，矿体外缘菱铁矿含量高而中间低（陈小华，2003）。

［晶胞参数］ X光晶体分析鉴定其 $a_0=4.70$ Å，$c_0=15.41$ Å，菱铁矿晶体中常混有白云石。

［形貌特征］ 矿床中的菱铁矿主要是交代形成的，部分具充填特征。在被交代的矿物中最主要的是石榴子石（主要为钙铁榴石）。一般菱铁矿以微晶-隐晶集合体的形式交代石榴子石并呈假晶。晶型多为不规则状，见弯曲马鞍状菱面体，有时呈鳞片状变晶集合体。菱铁矿的粒径主要在0.02~0.1 mm之间，其中0.02~0.05 mm的居多数。当菱铁矿交代石榴子石时，先沿其晶粒边缘、裂隙、环带进行交代构成网络状结构，网格中保留有石榴子石残余；交代充分者形成完全由菱铁矿等碳酸盐矿物组成的石榴子石假晶。在交代形成的网格状结构之网眼中常为稍晚的白云石、含铁白云石、方解石等充填。由交代形成的菱铁矿常见菱铁矿-碳酸盐组合、菱铁矿-碳酸盐-石英组合、菱铁矿-赤铁矿组合。菱铁矿除了交代形成之外还充填在石榴子石、透辉石、磁铁矿等的晶体间隙中，并充填在晶洞以及各类矿石、岩石的裂隙中形成网脉状和网脉角砾状矿石。

［物理性质］ 多为浅黄色、浅灰黄色，玻璃光泽、半透明，条痕白色、黄白色。易氧化，氧化后呈黄褐色，甚者呈深褐色-深红褐色。维氏硬度（H_V）为262.00~367.50 kg/mm^2，摩氏硬度为4.2~4.8，与标准值基本一致。斑点状菱铁矿的密度3.64±0.01 g/cm^3。磁场强度为0.32T左右。

［光学性质］ 斑点状菱铁矿的实测折光率（n_0）为1.830±0.01。

［化学成分］ 本区菱铁矿的电子探针分析结果见表1-2-143。可以看出，菱铁矿大多数属镁菱铁矿（MgO含量大于4.5%），少数属靠端元组分的菱铁矿。菱铁矿中 $FeCO_3$ 与 $CaCO_3$、$FeCO_3$ 与 $MgCO_3$、$FeCO_3$ 与（$CaCO_3+MgCO_3$）彼此都呈现出明显的反消长关系，表明端元菱铁矿的形成是 Fe^{2+} 不断置换 Ca^{2+}、Mg^{2+} 等的结果。根据电子探针分析结果计算的菱铁矿分子式为：$(Fe_{0.65}Mn_{0.02}Ca_{0.06}Mg_{0.14})_{\Sigma 0.87}CO_3$，由于 $CaCO_3$ 不能和 $FeCO_3$ 形成完全类质同象系列，并且由于X光晶体分析时发现菱铁矿中有白云石特征线条，因此在计算菱铁矿的分子式时，应将一部分MgO和全部CaO一起计算成白云石，然后将另一部分MgO计算到菱铁矿中去，于是本矿床菱铁矿的分子式为：$(Fe_{0.87}Mn_{0.02}Mg_{0.10})_{\Sigma 1.00}CO_3$。

［光谱特征］ 差热分析表明其吸热反应温度为545~590℃，放热反应温度为500~634℃。

［成因意义］ 菱铁矿主要是交代钙铁榴石、透辉石和磁铁矿等含铁矿物形成的。经矿物包裹体爆裂法测温，菱铁矿形成的温度范围为355~400℃，平均376℃，属陆相火山高温气液交代成因。

（19）江西省大背坞地区浅变质碎屑岩中的菱铁矿

［产地、产状及共（伴）生矿物］ 江西省浮梁县境内大背坞地区浅变质碎屑岩内的韧性剪切带中发育有同构造成因的菱铁矿变斑晶和黄铁矿变斑晶。菱铁矿变斑晶主要发育在较细的岩石中，在

表 1-2-143 江苏梅山铁矿床菱铁矿化学组分电子探针分析结果

分析号	采样地点	产状	化学组分/%										四组分/%				三组分/%		
			FeO	MnO	CaO	SiO_2	MgO	Al_2O_3	V	Cu	Zn	TiO_2	$FeCO_3$	$MgCO_3$	$MnCO_3$	$CaCO_3$	$FeCO_3$	$MgCO_3$	$MnCO_3$
79-电$_1$	ZK69-437	交代钙铁榴石形成的“斑点”菱铁矿	50.72	1.570	2.15	0.43	4.08	0.76	0.05	0.02	0.15	0.03	81.36	11.67	2.55	4.42	85.12	12.21	2.67
79-电$_2$	ZK69-437		48.09	1.34	2.80	1.25	4.62	0.66	0.07	0.01	0.10	0.02	78.49	13.43	2.22	5.86	83.38	14.27	2.35
79-电$_3$	ZK69-3		48.19	1.34	3.18	0.69	5.35	0.48	0.03	0.02	0.31	0.06	76.30	15.09	2.15	6.46	81.57	16.13	2.30
79-电$_4$	ZK68-3$_2$		46.05	0.94	3.94	1.34	5.22	0.67	0.11	0.01	0.22	0.47	75.05	15.16	1.55	8.24	81.79	16.52	1.69
79-电$_5$	ZK68-3$_1$		46.02	0.92	3.20	0.45	5.40	2.09	0.05	0.00	0.14	0.02	75.83	15.87	1.54	6.76	81.33	17.02	1.65
79-电$_6$	ZK76-2$_1$		44.13	0.79	2.89	1.62	4.52	2.66	0.01	0.00	0.14	0.00	77.84	14.22	1.41	6.53	83.28	15.21	1.51
79-电$_7$	ZK76-2$_2$		47.93	1.22	2.68	0.67	4.50	0.57	0.07	0.00	0.19	0.00	79.06	13.22	2.04	5.68	83.82	14.02	2.16
79-电$_8$	ZK77-2$_1$		46.27	0.63	3.34	0.38	4.27	0.05	0.03	0.00	0.72	0.00	78.70	12.94	1.09	7.27	84.87	13.95	1.18
79-电$_9$	ZK61-222		45.77	1.44	2.97	1.33	5.21	0.48	0.04	0.00	0.06	0.00	75.88	15.40	2.42	6.30	80.98	16.44	2.58
79-电$_{10}$	ZK68-480		47.40	1.39	1.65	0.63	3.60	0.42	0.05	0.00	0.30	0.00	82.67	11.18	2.46	3.69	85.84	11.61	2.55
80-电$_1$	ZK66-390.92	交代磁铁矿的菱铁矿	54.42	1.42	2.13	0.05	3.21	0.09	0.09		0.19	0.04	84.62	8.90	2.23	4.25	88.38	9.29	2.33
80-电$_2$	ZK43-237	角砾间充填的菱铁矿	59.61	0.23	0.57	0.02	0.80	0.04	0.01		0.14	0.01	96.16	2.29	0.37	1.18	97.31	2.32	0.37
80-电$_3$	ZK68-560	交代霓透辉石形成的“竹叶”菱铁矿	49.01	0.56	2.00	2.31	6.65	2.78	0.07		0.21	0.00	76.59	18.52	0.89	4.00	79.78	19.29	0.93
80-电$_4$	ZK24-394	“变晶”状菱铁矿	50.88	1.03	0.98	0.77	5.76	1.39	0.06		0.29	0.00	80.20	16.18	1.64	1.98	81.82	16.51	1.67

注：数据引自陈小华(2003)。

糜棱岩中呈稀疏浸染状分布，含量3%~20%，个别可达25%(陈柏林等，1997)。

［形貌特征］ 菱铁矿变斑晶由单晶或数个晶体的连晶组成，形态多为椭球状或眼球状，少数较小的菱铁矿变斑晶为菱形。变斑晶的长轴总体沿糜棱岩片理呈定向排列(但因变形旋转，排列情况较复杂)，菱铁矿变斑晶中往往包含有原岩中的石英粉砂，构成变余砂状结构，也保留同构造形成的片理或原始微层理。

［化学成分］ 菱铁矿变斑晶的化学成分主要为FeO和CO_2，其次是MgO(表1-2-144)，按成分定名为含镁菱铁矿。

表1-2-144 菱铁矿变斑晶主要成分电子探针分析结果

样号	采样位置	矿物特征	主要成分/%					总量/%
			FeO	MgO	CaO	MnO	CO_2	
1-1	PD11-1	深灰黑色	46.6	9.81	0.28	0.58	39.70	96.97
1-2	ZK1104	深灰黑色	42.84	12.89	0.55	0.33	40.81	97.42
2	PD11-1	蜡黄色	47.03	10.0	0.20	1.87	40.91	100.00
平均			45.49	10.9	0.39	0.93	40.47	

注：数据引自陈柏林等(1997)。

［地质意义］ 同构造成因的菱铁矿变斑晶是区内浅变质细碎屑岩在韧性剪切变形中所伴生的进变质作用的产物，也是这种韧性剪切带的典型标志。

(20)江西省银山多金属矿床中的菱铁矿

［产地、产状及共(伴)生矿物］ 银山多金属矿床产于赣东北德兴中生代火山沉积盆地东缘，是具有重要经济价值的Cu(Au)、Pb-Zn(Ag)多金属矿床。在成矿阶段Ⅲ和Ⅳ均出现菱铁矿，阶段Ⅳ的矿物组合主要为方铅矿、菱铁矿、绿泥石和少量石英，菱铁矿穿插交代闪锌矿，方铅矿穿插菱铁矿。在Zn-Pb矿化带常见黄铁矿+闪锌矿+菱铁矿共生组合(陈繁荣等，1997)。

［形貌特征］ 在成矿阶段Ⅳ中形成的菱铁矿自形程度高，常见梳状构造。

［化学成分］ 据电子探针分析，环带状菱铁矿中的$MnCO_3$+$MgCO_3$含量高达15%~20%，从中心往边缘，呈现$MnCO_3$含量增加、$MgCO_3$含量降低的特点。

(21)辽宁省岫岩陨石坑中的菱铁矿

［产地、产状及共(伴)生矿物］ 岫岩陨石坑位于我国辽宁省鞍山市岫岩满族自治县苏子沟镇。坑内上部为107 m厚的湖泊沉积物，下部为188 m厚的角砾岩单元。在角砾岩单元的顶部，即深度为107~108 m处，发现少量棕褐色的菱铁矿角砾岩。菱铁矿角砾岩的组成物质按照粒度划分为基质(小于30 μm)和角砾两部分，基质由菱铁矿、石英、长石和角闪石等组成，菱铁矿约占基质的70%(尹锋等，2012)。

［形貌特征］ 粒状，粒径5~30 μm，颗粒间结晶致密，透光性差。薄片中可见部分长石和角闪石晶屑被菱铁矿沿其解理或裂隙充填的现象，说明菱铁矿形成时间较晚。

［主要粉晶衍射数据］ 菱铁矿角砾岩全岩XRD分析显示出较强且明锐的菱铁矿衍射峰(图1-2-154；表1-2-145)，说明岩石主要成分为菱铁矿且结晶较好。

表1-2-145 辽宁岫岩陨石坑中菱铁矿角砾岩的XRD主要衍射峰参数及归属

2θ/(°)	d/Å	I	归属矿物
6.204	14.2342	10.9	绿泥石
8.935	9.8892	12.7	云母
10.584	8.3517	3.4	角闪石
12.524	7.0621	6.5	绿泥石
17.842	4.9673	4.7	云母

续表

2θ/(°)	d/Å	I	归属矿物
20.924	4.2420	8.8	石英
22.102	4.0185	1.1	长石
23.613	3.7646	1.4	云母
24.794	3.5880	37.5	菱铁矿
26.714	3.3343	46.7	石英
27.985	3.1857	23.7	长石
32.044	2.7908	100.0	菱铁矿
33.062	2.7072	9.4	角闪石
36.595	2.4535	4.2	石英
38.354	2.3449	22.6	菱铁矿
42.344	2.1327	22.8	菱铁矿
42.344	2.1327	22.8	菱铁矿
46.184	1.9640	25.5	菱铁矿
50.204	1.8157	5.5	石英
50.804	1.7957	12.9	菱铁矿
52.634	1.7375	24.4	菱铁矿
52.854	1.7307	41.4	菱铁矿
53.974	1.6974	8.8	云母
61.524	1.5060	17.3	菱铁矿
65.324	1.4273	11.9	菱铁矿
69.304	1.3547	16.0	菱铁矿
79.824	1.2005	9.5	菱铁矿

注：数据引自尹锋等(2012)。*I* 是以面积积分计算的相对强度。

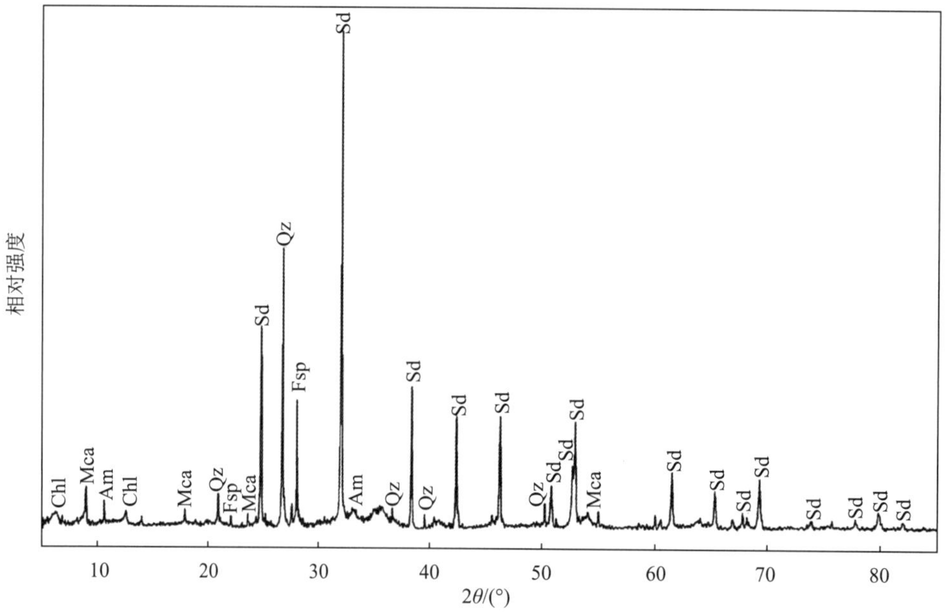

图 1-2-154　辽宁岫岩陨石坑中菱铁矿角砾岩的 X 射线衍射图

（据尹锋等，2012）

Sd—菱铁矿；Chl—绿泥石；Mca—云母；Am—角闪石；Qz—石英；Fsp—长石

［物理性质］ 透射光下，菱铁矿为深褐色。

［化学成分］ 根据 XRD 半定量计算分析(表 1-2-145)角砾岩中各矿物组分的含量为菱铁矿 39%、长石 21%、石英 18%、云母 8%、绿泥石 8%、角闪石 4%，其他矿物 2%，与在光学显微镜下的观察结果基本相同。角砾岩全岩成分中铁含量(x(FeO))并不高，只有 59.46%(表 1-2-146)。

表 1-2-146 辽宁岫岩陨石坑中菱铁矿角砾岩及基质主元素成分

项目	全岩		菱铁矿基质	
	w/%	x/%	w/%	x/%
SiO_2	19.06	28.10	0.74	1.17
TiO_2	0.25	0.28	0.02	0.03
Al_2O_3	4.57	3.97	0.10	0.09
FeO	48.22	59.46	69.04	91.25
MnO	2.43	3.03	3.62	4.84
MgO	0.55	1.21	0.11	0.27
CaO	1.33	2.10	0.91	1.54
Na_2O	0.37	0.53	0.18	0.27
K_2O	0.99	0.93	0.10	0.10
P_2O_5	0.62	0.39	0.64	0.43
Cr_2O_3	—	—	0.02	0.01
LOI	21.40	—	—	
总计	99.79	100.00	75.48	100.00

注：数据引自尹锋等(2012)。全岩成分为 XRF 测试结果；基质成分是 EPMA 测试结果；x(摩尔分数)=w(质量分数)/M_r(相对分子质量)；“—”表示未测试。

碳-氧同位素分析结果(表 1-2-147)表明，该菱铁矿角砾岩具有较高的 $\delta^{13}C$ 正异常，平均高达 13.76‰；而其 $\delta^{18}O$ 则未显示异常，为-1.18‰。

表 1-2-147 辽宁岫岩陨石坑中菱铁矿角砾岩和大理岩的碳氧同位素

样品名称	$\delta^{13}C_{V-PDB}$/‰	$\delta^{18}O_{V-PDB}$/‰
菱铁矿角砾岩	13.76	-1.18
大理岩	-2.46	-26.68

注：数据引自尹锋等(2012)。

(22)内蒙古东升庙多金属硫铁矿床中的菱铁矿

［产地、产状及共(伴)生矿物］ 东升庙矿床位于内蒙古自治区乌拉特后旗东升庙镇境内，是一特大型含铜硫铁多金属矿床。矿区内硫、锌、铅、铜矿体及不同组合的复合矿体均产于以白云石大理岩为主的狼山群二组中。菱铁矿主要呈层状产于该组三段的白云石大理岩中，发现深灰色、灰白色两种菱铁矿石，菱铁矿的百分含量为 63.2%~86.3%(刘仁福等，1987；彭润民，1992)。

［主要粉晶衍射数据］ 见表 1-2-148。

［晶胞参数］ 单矿物粉晶 X 射线衍射分析结果显示，本矿床菱铁矿除主要组分 Fe 之外，Mg 含量较高。其晶胞参数为：a_0=4.674~4.681 Å，c_0=15.315~15.323 Å。与纯菱铁矿($FeCO_3$=100%)的晶胞参数(a_0=4.68 Å，c_0=15.26 Å)相比，a_0 很接近，c_0 相差略大。

［形貌特征］ 具他形-半自形粒状变晶结构，粒径为 0.10~2.00 mm，一般 0.30~0.80 mm。

［物理性质］ 呈灰、浅灰、青灰色，少数为灰黄色(氧化后都呈褐色)。

［化学成分］ 单矿物电子探针定量分析分析结果(表 1-2-149)表明，本矿床菱铁矿与国内外的某些菱铁矿成分相比，表现出多 Mg 而少 Mn、Ca 的特征。根据这一特征，考虑单矿物粉晶 X 射线衍

射结果，根据王濮等(1987)对菱铁矿的划分方案(表1-2-150)，东升庙矿床的菱铁矿应属镁菱铁矿。

表1-2-148　内蒙古东升庙矿床菱铁矿石粉晶X射线衍射分析结果

1号样	*hkl*	0.12	101	104	110	113	202	024	116 018	122	214	208	203	030
	d/Å	3.576	3.345	2.776	2.336	2.123	1.955	1.789	1.723	1.501	1.422	1.390	1.374	1.350
	I/*I*′	7	5	100	6	12	7	3	22	3	3	7	2	2
	结果	菱铁矿(含镁)，石英，黄铁矿(？少)												
2号样	*hkl*	0.12	101	104	110	113	202	112	024	116 018	122	214	203	030
	d/Å	3.584	3.343	2.778	2.341	2.128	1.957	1.818	1.789	1.725	1.500	1.422	1.372	1.350
	I/*I*′	16	37	100	10	17	9	5	4	20	4	4	5	4
	结果	菱铁矿(含镁)，石英												

注：数据引自彭润民(1992)。

表1-2-149　国内外菱铁矿单矿物成分(w_B/%)

产地	内蒙古东升庙		英格兰康沃尔州	英格兰东北部(2)	罗马尼亚	贵州赫章菜园子
	范围	平均值(样品数)				
FeO	39.58~41.13	40.43(8)	61.08	51.87	40.10	44.32
MgO	13.91~15.72	14.82(8)	0.13	2.50	0.21	7.83
MnO	2.43~2.79	2.59(8)	1.12	3.17	18.20	1.28
CaO	0.40~0.72	0.52(8)	0.10	3.60	1.49	0.79
矿物名称	镁菱铁矿		菱铁矿	菱铁矿	富锰菱铁矿	镁菱铁矿
数据来源	彭润民，1992		王濮等，1987			邱柱国，1987

表1-2-150　$MgCO_3$-$FeCO_3$系列矿物的成分

	菱镁矿	铁菱镁矿	富铁菱镁矿	富镁菱铁矿	镁菱铁矿	菱铁矿
$MgCO_3$/%	100.00	91.00	65.80	49.80	23.30	0.00
$FeCO_3$/%	0.00	9.00	16.30	50.20	73.20	100.00

注：数据引自王濮等(1987)。

东升庙矿床的菱铁矿矿石化学成分分析结果(表1-2-151)显示，FeO的含量偏低，Fe_2O_3的含量多少于0.50%，Al_2O_3的含量不高，K_2O、Na_2O未检出，而MgO的含量则明显偏高。此外，MnO含量略高，SiO_2、CaO、SO_3、TS的含量相近或偏低。

表1-2-151　内蒙古东升庙矿床菱铁矿石化学分析结果(w_B/%)

	89-h_1	89-h_2	89-h_3	89-h_4	89-h_5	89-h_6	89-h_7	89-h_8	89-h_9	89-h_{10}	89-h_{11}	89-h_{12}	89-h_{13}	89-h_{14}	89-h_{15}
TFe	30.64	29.24	32.29	22.62	23.45	30.14	28.22	31.60	29.58	30.26	32.49	30.26	28，61	27.09	26.26
Fe_2O_3	0.00	1.02	0.99	0.00	0.49	2.21	0.20	0.42	0.16	0.00	0.62	0.61	1.90	0.00	0.01
FeO	39.39	36.68	40.62	29.08	29.71	36.75	36.09	40.24	37.94	38.94	41.20	38.37	35.07	34.83	26.25
CO_2	39.21	35.15	40.33	40.87	36.32	38.39	37.39	39.98	35.22	39.00	38.01	38.15	37.81	39.29	39.94
TS	0.30	0.08	00.14	0.00	0.61	2.03	0.44	0.33	0.40	0.10	1.02	0.41	1.68	0.38	0.35

注：数据引自彭润民(1992)。

菱铁矿碳、氧稳定同位素与白云石大理岩类的相近或者一致，尤其氧同位素组成极为接近。菱铁

矿的 $\delta^{13}C(PDB)=-2.4‰\sim-2.8‰$，$\delta^{18}O(PDB)=-13.0‰\sim13.3‰$或 17.1‰~17.5‰(SMOW)。由于碳酸盐年代效应不明显，而且变质作用一般没有发生碳同位素交换，可以近似地认为现在所测定的 $\delta^{13}C$ 值接近或者相当于沉积成岩时的碳酸盐岩同位素组成。因此，由上述 $\delta^{13}C$ 值与天然物质中的碳同位素对比，得知菱铁矿与围岩白云石大理岩的碳同位素组成都属于海相碳酸盐的组成范围。进一步证实二者是在海相环境中沉积形成。

[光谱特征] 从差热分析曲线(图 1-2-155)看出，东升庙矿床的菱铁矿单矿物吸热谷在 560±5℃范围，放热峰在 507±3℃区间。放热峰是 FeO 氧化为 Fe_3O_4，并继续氧化为 Fe_2O_3 产生的效应。将东升庙矿床的菱铁矿煅烧至 600℃左右，便可全部转化为磁铁矿。

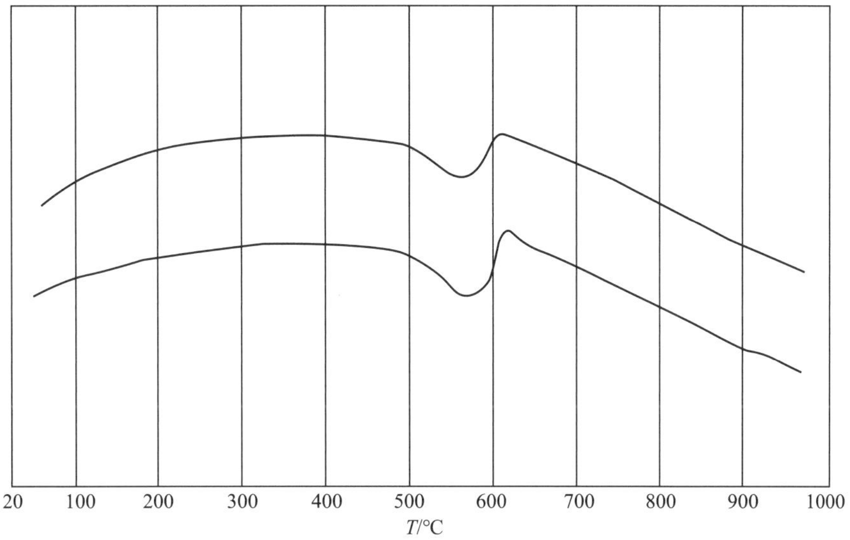

图 1-2-155 内蒙古东升庙矿床菱铁矿单矿物差热分析曲线
(据彭润民，1992)

(23)内蒙古海拉尔盆地贝尔凹陷火山碎屑岩中的菱铁矿

[产地、产状及共(伴)生矿物] 海拉尔盆地为中新生代陆相沉积盆地，贝尔凹陷位于海拉尔盆地东南部，贝尔凹陷铜钵庙组和南屯组储层岩石类型主要为熔结凝灰岩、凝灰岩、沉凝灰岩、凝灰质砂岩和砂岩。在凝灰质砂岩中见大量菱铁矿充填孔隙(图 1-2-156)，菱铁矿生长在石英次生加大与碎屑石英之间(董林森等，2011)。

图 1-2-156 内蒙古海拉尔盆地贝尔凹陷凝灰质砂岩显微镜下照片
(据董林森等，2011)
a—菱铁矿充填孔隙，贝 71 井，2979.38 m，正交偏光；b—菱铁矿生长在石英次生加大与碎屑石英之间，贝 71 井，2979.38 m，单偏光

［**形貌特征**］ 单晶大小约 0.02 mm，形成结壳，结壳厚度约 0.04 mm。

(24)宁夏卫宁北山地区铁矿体中的菱铁矿

［**产地、产状及共(伴)生矿物**］ 宁夏卫宁北山地区地处河西走廊 Fe-Mn-萤石-盐类-凹凸棒石-石油成矿带东段，其中块状菱铁矿矿体产于土坡组白色石英砂岩及泥质页岩中，为原生菱铁矿。在矿床的氧化带中，褐铁矿、赤铁矿和菱铁矿三者共生(徐广平等，2011)。

［**形貌特征**］ 晶体呈粗粒自形晶，构成致密块状集合体。

［**物理性质**］ 以灰白色-浅黄色为主，密度较大。

(25)秦岭泥盆系含铁建造中的菱铁矿

［**产地、产状及共(伴)生矿物**］ 秦岭泥盆系非常发育，广泛分布，属地槽型浅海相含铁建造。该含铁建造中形成许多不同类型的矿床，其中菱铁矿分为沉积型(如磨沟、尖尼等菱铁矿点)，沉积-热液型、变质改造型(如大西沟菱铁矿)和沉积-地液再造型(如洛大菱铁矿床及九风地、代家庄、茹树沟等菱铁矿点)三类(赵绳武，1979)。

沉积型菱铁矿矿石物质成分简单，主要为菱铁矿，深灰色，微晶-显微隐晶结构，含较高的砂泥质及微量的碳。有些菱铁矿以不同比例构成砂岩的胶结物，还见部分菱铁矿呈鲕状与鲕绿泥石、胶磷矿共生。

沉积-热液型、变质改造型菱铁矿矿石物质成分单一，主要为菱铁矿，灰-绿灰色，细晶结构，含砂泥质。

沉积-地液再造型菱铁矿矿石物质成分简单，主要为菱铁矿，浅灰黄色，中粗粒状，以常见巨大(大于 8 mm)的晶粒引人注意；次为黄铁矿，半自形粒状，星散镶嵌于菱铁矿中，局部集中构成黄铁矿体。脉石矿物有白色石英、方解石等。

［**形貌特征**］ 洛大菱铁矿矿石有米黄色粗晶菱铁矿石和青灰色细晶菱铁矿石。前者占矿区的绝大部分，构成工业矿体，后者很少，工业意义不大。菱铁矿石的物质成分，除菱铁矿外，还有黄铁矿、石英、铁白云石、方解石和有机碳，另有少量至微量黄铜矿。其中菱铁矿矿物为灰白色(风化后呈米黄色)，粒径 3~5 mm，部分可达 5 mm 以上，半自形-他形粒状，呈直线边互相镶嵌，颗粒愈细，颜色愈深，颗粒愈粗，颜色愈浅(江洪良，1980)。

［**化学成分**］ 沉积型菱铁矿化学成分上以低硫(小于 0.08%)，高磷(0.5%~1.5%)和特高二氧化硅(40%~50%)，含锰(1%~2%)为特点。

沉积-热液型、变质改造型菱铁矿化学成分上，以具高硫(0.3%~0.6%)、高硅铝(25%~40%)、低磷(小于 0.1%)、含锰(0.5%~1.2%)为特点。

沉积-地液再造型菱铁矿化学成分上，以富铁(全铁 37%~43%)，高硫(1%~5%)、低磷(小于 0.008%)、含锰(0.34%~1.74%)为特点。

(26)青海省锡铁山铅锌矿床中的菱锌矿

［**产地、产状及共(伴)生矿物**］ 锡铁山矿床位于青海省海西蒙古族藏族自治州大柴旦镇，属于喷流沉积成因，是我国最大规模的铅锌矿床之一。菱铁矿大量见于氧化带矿石中，石膏与菱铁矿主要呈胶结物出现；采矿坑道中，石膏往往与菱铁矿一同出现于硫化物矿体附近及两侧的大理岩中；在岩溶发育地段，菱铁矿含量明显增多(祝新友等，2006)。

［**化学成分**］ 锡铁山矿床中的菱铁矿普遍含锌，平均化学成分为$(Fe_{0.61}Zn_{0.24}Mn_{0.05}Mg_{0.10})CO_3$。菱铁矿样品的$\delta^{13}C=-5.09‰\sim2.51‰$(表 1-2-152)；大多数样品的$\delta^{18}O=26.76‰\sim30.11‰$。锡铁山矿床中大部分菱锌矿具有明显不同于大理岩和矿体中的方解石的$\delta^{13}C$、$\delta^{18}O$组成，即便是一些紧邻的大理岩与菱锌矿样品，二者的$\delta^{18}O$值也明显不同，这反映出二者具有不同的物质来源与成因。

(27)陕西省大西沟菱铁矿矿床中的菱铁矿

［**产地、产状及共(伴)生矿物**］ 大西沟铁矿床位于陕西省商洛市柞水县境内，与银洞子大型银铅矿床毗邻。矿体主要赋存在泥盆系青石垭组中上段，容矿岩石为一套海相复理石碎屑岩和碳酸盐岩建造。成矿可划分为以下 3 期 6 个阶段：第一期喷流沉积期，可分为硅质岩-黄铁矿-菱铁矿阶段

(Ⅰ)和重晶石-磁铁矿阶段(Ⅱ)；第二期热液改造期，可分为堇青石-黄铁矿-磁铁矿阶段(Ⅲ)、石英-碳酸盐阶段(Ⅳ)和碳酸盐-硫化物-磁铁矿阶段(Ⅴ)；第三期表生氧化期(Ⅵ)。其中，Ⅰ、Ⅱ、Ⅴ为主成矿阶段。矿床最重要的矿石矿物——菱铁矿主要集中产于大西沟采场东侧1392平台，形成时间较早，呈整齐的厚层状、条带状、纹层状构造，与硅质碎屑岩、沉积粘土矿物(已变质)共生(詹涵钰等，2019)。

表 1-2-152　青海锡铁山矿床碳酸盐矿物碳、氧同位素组成

序号	样号	岩石及其产状	测定矿物	$\delta^{13}C_{PDB}$/‰	$\delta^{18}O_{SMOW}$/‰
1	85D-3	含锌菱铁石膏岩，矿体围岩	菱铁矿	1.23	28.02
2	85D-3	含锌菱铁石膏岩，矿体围岩	菱铁矿	2.26	27.21
3	85HG-46	含锌菱铁石膏岩，矿体围岩	菱铁矿	2.46	30.11
4	85HG-44	含锌菱铁石膏岩，矿体围岩	菱铁矿	-3.74	29.98
5	85HG-45	含锌菱铁石膏岩，矿体围岩	菱铁矿	-3.44	29.92
6	86B-53	含锌菱铁石膏岩，矿体围岩	菱铁矿	-5.09	26.76
7	85G-203	脉状矿体脉石	菱铁矿	2.20	29.96
8	86GB-10	粗晶块状矿石脉石	菱铁矿	2.51	28.12
9	85Df1	条带状铅锌矿石脉石	菱铁矿	-0.20	13.20
10	85Df1	条带状铅锌矿石脉石	菱铁矿	-0.03	11.57
11	82XB-253	条带状铅锌矿石脉石	菱铁矿	1.76	10.55
12	XK-33	2942 中段 23 线	大理岩	-0.90	12.50
13	XK-34	2942 中段 23 线	大理岩	0.20	12.20
14	XK-36	2942 中段 23 线	大理岩	0.20	11.60
15	XK-44	2942 中段 23 线	大理岩	-0.20	10.10

注：数据引自祝新友等(2006)。

[**化学成分**]　大西沟矿床碳酸盐矿物的C、O同位素分析结果如表1-2-153所示。由表中数据可知，不同阶段碳酸岩的C、O同位素组成相对比较均一，尤其是同一阶段不同样品的同位素组成十分接近，表明成矿过程中未发生明显的同位素分馏，也没有强烈的水-岩相互作用。喷流沉积期菱铁矿的$\delta^{13}C_{PDB}$位于-1.75‰～-1.15‰之间；$\delta^{18}O_{SMOW}$为21.92‰～22.01‰。热液改造期Ⅳ阶段菱铁矿的$\delta^{13}C_{PDB}$为-1.92‰～-1.53‰，$\delta^{18}O_{SMOW}$介于21.22‰～21.36‰之间。热液改造期Ⅴ阶段菱铁矿的$\delta^{13}C_{PDB}$范围为-3.43‰～-1.51‰，$\delta^{18}O_{SMOW}$为21.3‰～21.82‰。热液改造期Ⅴ阶段2个方解石样品的$\delta^{13}C_{PDB}$均值分别为-3.57‰和-3.58‰，$\delta^{18}O_{SMOW}$均值分别为19.84‰和19.96‰。

在碳酸盐矿物的$\delta^{13}C_{PDB}$-$\delta^{18}O_{SMOW}$图解(图1-2-157)中，大西沟矿床的所有样品均落在海相碳酸盐区域及其附近，其中Ⅰ阶段与硅质碎屑岩共生的菱铁矿和Ⅳ阶段菱铁矿石英脉中的样品C、O同位素投影全落在海相碳酸盐区域内。Ⅰ阶段菱铁矿是海底热液喷流沉积作用的产物，这与菱铁矿矿石的喷流沉积结构特征相符合。Ⅳ阶段菱铁矿的形成可能与三叠纪碰撞造山作用有关、由Ⅰ阶段菱铁矿发生变质重结晶形成。Ⅴ阶段与磁铁矿和金属硫化物共生菱铁矿和方解石虽没有完全落在海相碳酸盐岩区域内，表现出向火成碳酸盐岩靠近的趋势，可能是被高温岩浆热液交代形成。

流体包裹体显微测温结果列于表1-2-154和图1-2-158中。测试结果显示，大西沟矿床流体包裹体的均一温度、子矿物熔化温度和冰点温度分别为179～495℃、331～495℃和-0.4～-12.3℃，其中，Ⅴ阶段透明矿物中含子矿物多相包裹体，气泡在子矿物熔化之前消失，当子矿物消失时包裹体达到均一状态，因此子矿物消失温度即是均一温度。根据子矿物熔化温度和冰点计算的盐度为0.71%～59.7%。

表 1-2-153　陕西省大西沟矿床碳酸盐矿物 C、O 同位素组成

成矿阶段	矿物种类	样号	$\delta^{13}C_{V-PDB}$/‰	$\delta^{18}C_{V-PDB}$/‰	$\delta^{18}C_{V-SMOW}$/‰
Ⅰ	菱铁矿	DXG07-1	-1.74	-8.72	21.92
		DXG07-2	-1.75	-8.65	21.99
		DXG15-1	-1.17	-8.68	21.96
		DXG15-2	-1.16	-8.70	21.94
		DXG16-1	-1.29	-8.64	22.00
		DXG16-2	-1.30	-8.63	22.01
		DXG18-1	-1.16	-8.66	21.98
		DXG18-2	-1.15	-8.66	21.98
Ⅳ	菱铁矿	DXG35-1	-1.92	-9.26	21.36
		DXG35-2	-1.91	-9.27	21.35
		DXG39-1	-1.65	-9.39	21.23
		DXG39-2	-1.63	-9.40	21.22
		DXG40-1	-1.60	-9.37	21.25
		DXG40-2	-1.53	-9.39	21.23
Ⅴ	菱铁矿	DXG41-1	-2.20	-8.82	21.82
		DXG41-2	-2.40	-8.91	21.72
		DXG46-1	-3.43	-9.21	21.42
		DXG46-2	-3.41	-9.19	21.44
		DXG48-1	-1.51	-9.32	21.30
		DXG48-2	-1.68	-9.23	21.39
Ⅴ	方解石	DXG49-1	-3.58	-10.74	19.84
		DXG49-2	-3.57	-10.62	19.96

注：数据引自詹涵钰等(2019)。

表 1-2-154　陕西大西沟矿床菱铁矿中流体包裹体测温数据

样品号	寄主矿物	阶段	包裹体数/个	大小/μm	相态组合	冰点温度/℃	子矿物消失温度/℃	盐度/%	均一温度/℃
DXG15	菱铁矿	Ⅰ	45	4~8	L+V	-12.3~-9.4		13.3~16.2	209~259
DXG16				4~7	L+V	-12.1~-10.2		14.2~14.1	180~267
DXG17				4~8	L+V	-11.7~-6.7		10.1~15.7	156~288
DXG18				4~8	L+V	-11.4~-6.7		10.1~15.4	188~286
DXG34	菱铁矿	Ⅳ	29	4~16	L+V	-9.2~-1.7		2.9~13.1	203~270
DXG35				5~10	L+V	-6.1~-1.5		2.6~9.4	218~284
DXG41	菱铁矿	Ⅴ	7	5~12	L+V+D		403~442	47.4~52.0	403~442
				4~12	L+V	-5.6~-3.1		5.1~8.7	290~316

注：数据引自詹涵钰等(2019)；L—液相；V—气相；D—子矿物。

测温结果同时还显示，不同成矿阶段或同一成矿阶段不同矿物中的流体包裹体其均一温度和盐度存在较大的变化范围(图 1-2-159)。

(28)陕西省青山金矿床中的菱铁矿

[产地、产状及共(伴)生矿物]　青山金矿床位于南秦岭镇安盆地。矿体呈脉状、囊状、透镜状、似层状等产出，主要赋存在上泥盆统九里坪组与下石炭统界河街组假整合面之上的界河街组的黑色碳

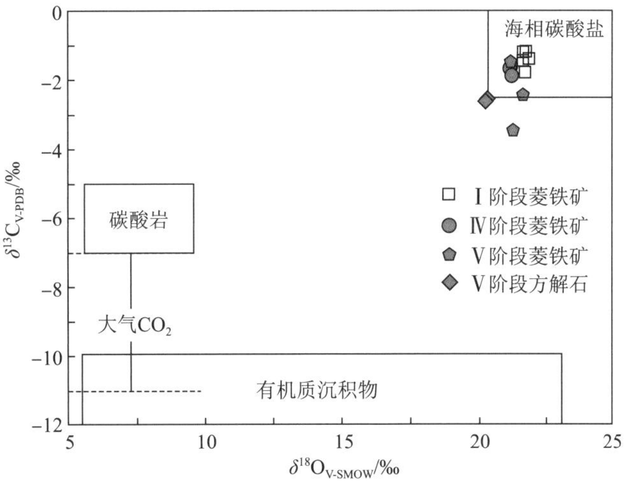

图 1-2-157　大西沟矿床碳酸岩矿物 $\delta^{13}C_{V-PDB}$-$\delta^{18}O_{V-SMOW}$ 图解

（据詹涵钰等，2019）

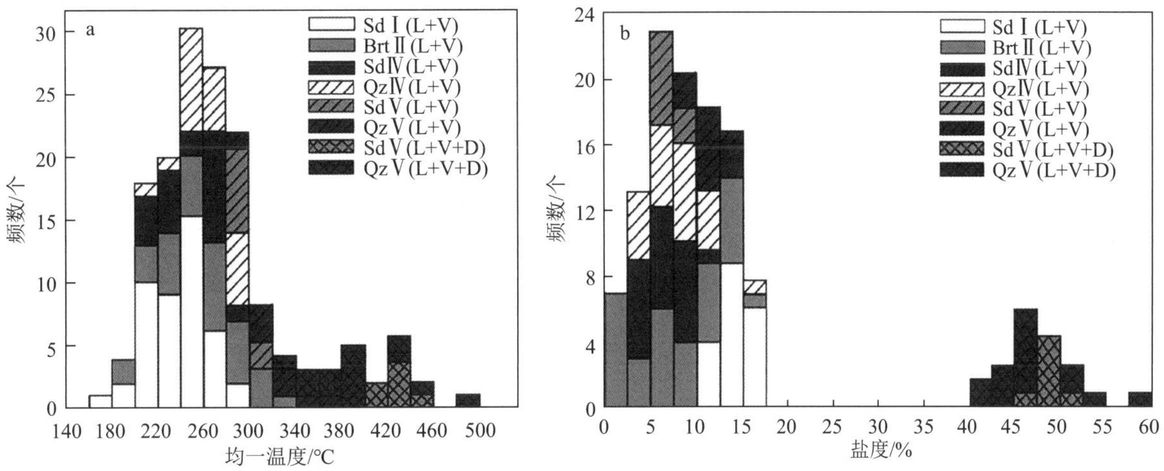

图 1-2-158　陕西大西沟铁矿床流体包裹体均一温度直方图(a)和盐度直方图(b)

（据詹涵钰等，2019）

SdⅠ(L+V)—Ⅰ阶段菱铁矿中气液两相包裹体；BrtⅡ(L+V)—Ⅱ阶段重晶石中气液两相包裹体；SdⅣ(L+V)—Ⅳ阶段菱铁矿中的气液两相包裹体；QzⅣ(L+V)—Ⅳ阶段石英中气液两相包裹体；SdⅤ(L+V)—Ⅴ阶段菱铁矿中的气液两相包裹体；QzⅤ(L+V)—Ⅴ阶段石英中气液两相包裹体；SdⅤ(L+V+D)—Ⅴ阶段菱铁矿中含子矿物多相包裹体；QzⅤ(L+V+D)—Ⅴ阶段石英中含子矿物多相包裹体

质板岩和碳酸盐岩中。矿石分为原生的含金黄铁矿-菱铁矿型及铁帽型。矿石中主要金属矿物为菱铁矿、黄铁矿、褐铁矿和自然金(陈兵等，2009；彭惠娟等，2009)。

[形貌特征]　晶体呈半自形粒状，构成块状、浸染状集合体。

[化学成分]　菱铁矿-褐铁矿型金矿石中的菱铁矿氢同位素平均值为-109.56‰，变化范围-101.2‰~-120.9‰，均在大气水范围内(表 1-2-155)。又由于δD 变化范围极小，几乎无明显变化，反映了成矿流体兼具大气水与地热水的特点。

将矿物的氧同位素值换算成 $\delta^{18}O_{H_2O}$，其平均值为-11.23‰，变化范围-13.38‰~-8.41‰，也在大气水范围内。由于δD 无明显变化，而 $\delta^{18}O_{H_2O}$ 变化较大，这符合“氧同位素飘移”现象，说明成矿流体为雨水来源的地热水。

(29)四川省乐平煤系中的菱铁矿

[产地、产状及共(伴)生矿物]　四川盆地南缘的乐平煤系厚约 100 m，其中含菱铁矿。菱铁矿呈

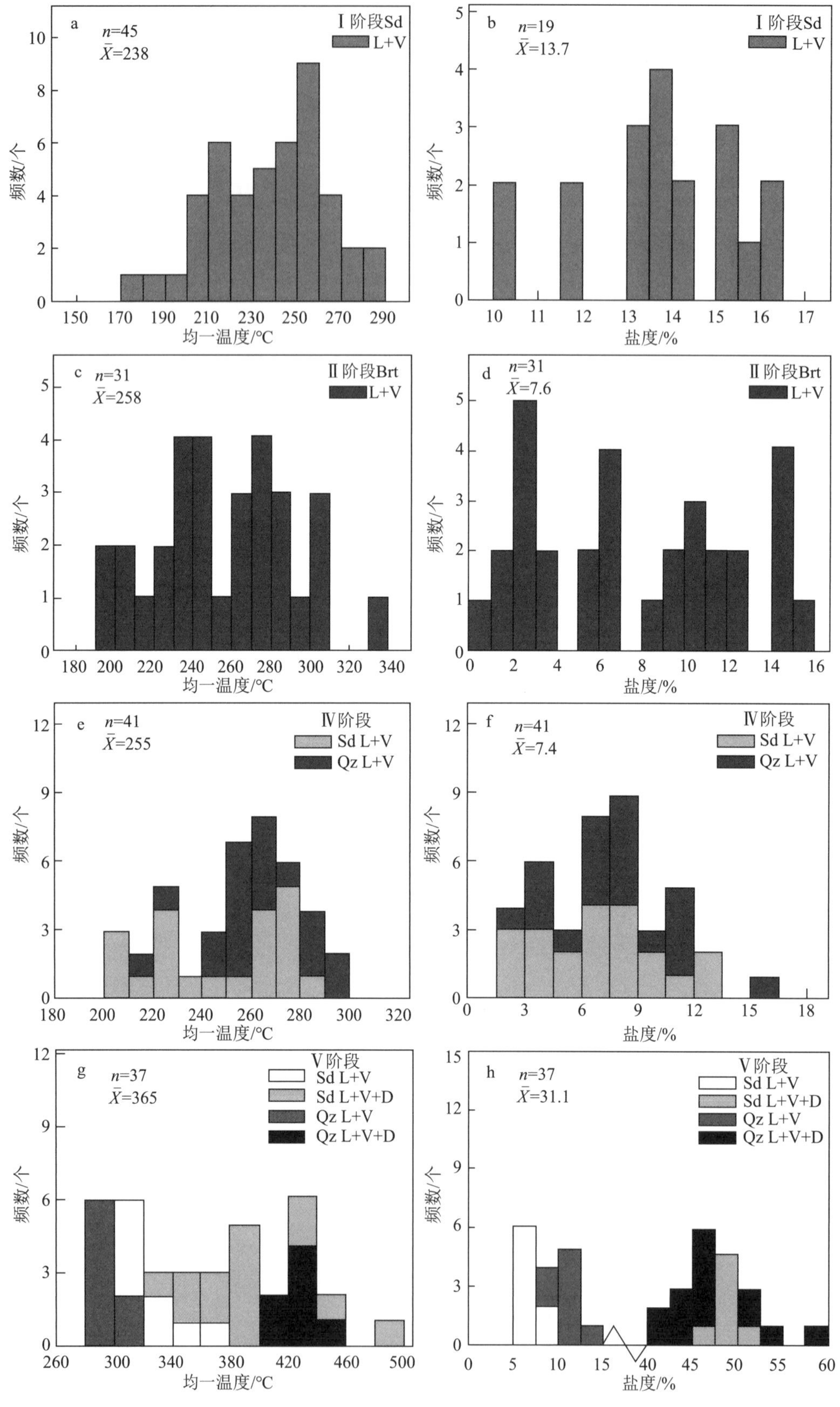

图 1-2-159　不同矿物流体包裹体均一温度和盐度直方图

（据詹涵钰等，2019）

a、b—为Ⅰ阶段菱铁矿中流体包裹体均一温度和盐度直方图；c、d—Ⅱ阶段重晶石中流体包裹体均一温度和盐度直方图；e、f—Ⅳ阶段菱铁矿、石英中流体包裹体均一温度和盐度直方图；g、h—Ⅴ阶段菱铁矿、石英中流体包裹体均一温度和盐度直方图层状、透镜状和结核状产出。菱铁矿矿层厚度自几厘米至数十厘米不等，常见者多为 10 cm 左右，最厚者可达 40 cm；菱铁矿透镜状大小不一，一般厚 10~15 cm，其直径为 20~30 cm，大者可达 50 余厘米。透镜体排列成层，其疏密各有不同，其长轴平行于岩层层理；结核状菱铁矿夹在青灰色、灰色页岩和碳质页岩中，结核大小不一，其直径一般为数厘米，很少见到超过 10 cm 者，直径为数十厘米之结核仅偶尔可见。碳质页岩中菱铁矿结核的排列较凌乱，但也可见到结核逐层排列的现象(刘福辉，1959)。

表 1-2-155　陕西青山金矿床稳定同位素分析结果

样品号	样品名	$\delta^{13}C_{PDB}(CO_2)$/%	$\delta^{18}O_{SMOW}$/%	δD_{SMOW}/%
PD8-5-1	菱铁矿	-9.60	-3.02	-119.4
PD8-5-2	菱铁矿		-3.16	-120.9
Bh03-1	方解石		1.81	-101.2
Bh03-2	方解石		1.97	-101.2
Bx046-2	方解石	-8.57	-2.64	-105.1

注：数据引自彭惠娟等(2009)。

[形貌特征]　菱铁矿为矿石主要矿物，一般占 90% 左右。在显微镜下见有小粒状(0.05~0.12 mm)和微粒状(<0.01 mm)，呈均粒结构、他形结构以及球粒状结构，也可见自形结构(菱铁矿趋于自形菱面体)。在结核状菱铁矿中则常为中粒结晶的均粒结构。菱铁矿颗粒为硅质胶结。煤系中的菱铁矿因长期出露地表经受风化，铁质在外表或层面、节理面富集而成皮壳状的铁壳(铁壳厚薄不定，视其风化程度和含铁量多少而定，一般厚度 3~5 mm，厚者达 1.5 cm)，内为细泥沙，被称为“排矿”或“空壳矿”“箱箱矿”。结核状菱铁矿风化后，外形如瓦罐，被称为“罐罐铁”。

[化学成分]　本区菱铁矿矿石含 Fe 30%~38%。透镜状、结核状菱铁矿一般含铁较高；层状者含铁较低些，含硫较高，一般为 0.1%~0.45%。层状菱铁矿含 SiO_2 也较高。尽管其中含有一些有害杂质，但冶炼结果证明，这些杂质对生铁的质量并无妨碍。

(30)四川省木里耳泽金矿床中的菱铁矿

[产地、产状及共(伴)生矿物]　耳泽金矿位于川西高原中生代义敦碰撞带南段东侧。矿床内主要矿体赋存于古溶洞中，原生矿为含金硫化物-菱铁矿，经氧化形成铁帽型金矿。矿床中存在原生矿石(Ⅰ)和氧化矿石(Ⅱ)两大自然类型。原生矿石即含金黄铁矿-菱铁矿型矿石；氧化矿石是矿床最主要的矿石类型。菱铁矿是原生矿石的主要载金矿物之一，为热液成矿期次显微金-黄铁矿-菱铁矿化阶段的产物，构成金-硫化物-菱铁矿建造(周光明等，1992)。

[形貌特征]　菱铁矿矿体内晶洞发育，矿物结晶颗粒粗大，菱铁矿为粗晶。

[化学成分]　菱铁矿的氢、氧同位素组成特征见表 1-2-156。投入氢和氧同位素组成的直角坐标图中(图 1-2-160)，基本落在岩浆水和变质水区域之外，并明显“偏离”雨水线，显示出经交换后的大气降水特征。从图中也可看出，菱铁矿 $\delta^{18}O_{H_2O}$ 值与石英的值有一定差别，显示二者之成矿流体不完全相同，前者有较大的交换或有一定其他流体混合。

表 1-2-156　四川耳泽金矿床中菱铁矿的氢和氧同位素组成

采样位置	$\delta^{18}O_{H_2O}$/‰	δD_{H_2O}/‰
③号矿体 XK901 孔	4.085	-75.965
③号体 ZK901 孔	4.375	-68.706
③号矿体	5.064	-59.611
⑧号矿体 ZK901 孔	4.851	-110.770

注：数据引自周光明等(1992)。

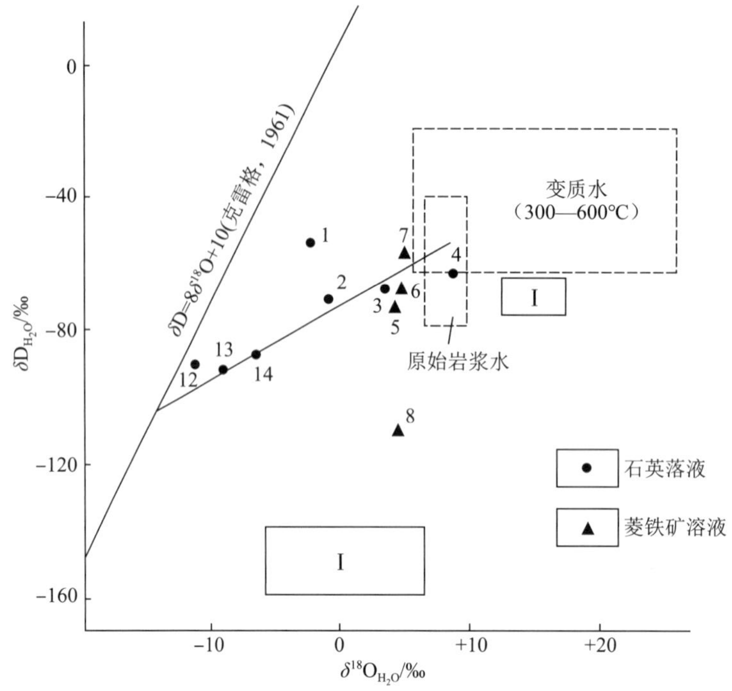

图 1-2-160　氢和氧同位素组成相关图

（据周光明等，1992）

1—石英溶液；2—菱铁矿溶液。Ⅰ—四川东北寨金矿床；Ⅱ—美国卡村金矿床

(31)台湾省国姓地区中新世海相页岩中的菱铁矿

[产地、产状及共(伴)生矿物]　台湾国姓地区中新统猴洞坑组海相泥页岩中发育有大量自生菱铁矿结核。菱铁矿呈致密结核状，以不连续透镜体平行散布于泥页岩中，主要产于冷泉碳酸盐岩发育层位之间，与围岩界线明显。菱铁矿结核中保存了大量形态完好的草莓状黄铁矿(陈成业等，2022；崔娜等，2023)。

[形貌特征]　菱铁矿结核呈致密块状，结核表面呈铁褐色，抛光面显示均一的结构。菱铁矿主要是以泥微晶碳酸盐岩的形式存在(图 1-2-161)。SEM 观察发现，菱铁矿主要是似菱形的小颗粒，直径为 2~5 μm。生物碎屑和黄铁矿颗粒也随机散落在碳酸盐岩基质上。

[化学成分]　菱铁矿结核的 XRD 分析结果(表 1-2-157)显示菱铁矿是主要的碳酸盐岩矿物，含量为 46%~92%，平均为 78.63%，部分结核样品中含有极少量方解石。除此之外，菱铁矿结核还含有石英等陆源碎屑(平均含量为 13.25%)和少量粘土矿物。

表 1-2-157　台湾省国姓菱铁矿结核的主要矿物和同位素组成

样品	菱铁矿/%	方解石/%	白云石/%	石英/%	钠长石/%	钾长石/%	粘土矿物/%	$\delta^{18}C_{V-PDB}$/‰	$\delta^{18}O_{V-PDB}$/‰
G01	65			19	8	8		-1.46	-0.93
G02	82			18	0	0		-0.84	-1.09
G03	84			16	0	0		-0.93	-0.80
G04	92			8	0	0		-0.53	-0.15
G05	87			13	0	0		-0.74	0.25
G06	81	5		14	0	0		-0.99	-0.35
G09	92	4		4	0	0		-3.69	-0.10
G10	46	11		14	14	0	16	0.08	-0.27

注：数据引自陈成业等(2022)。

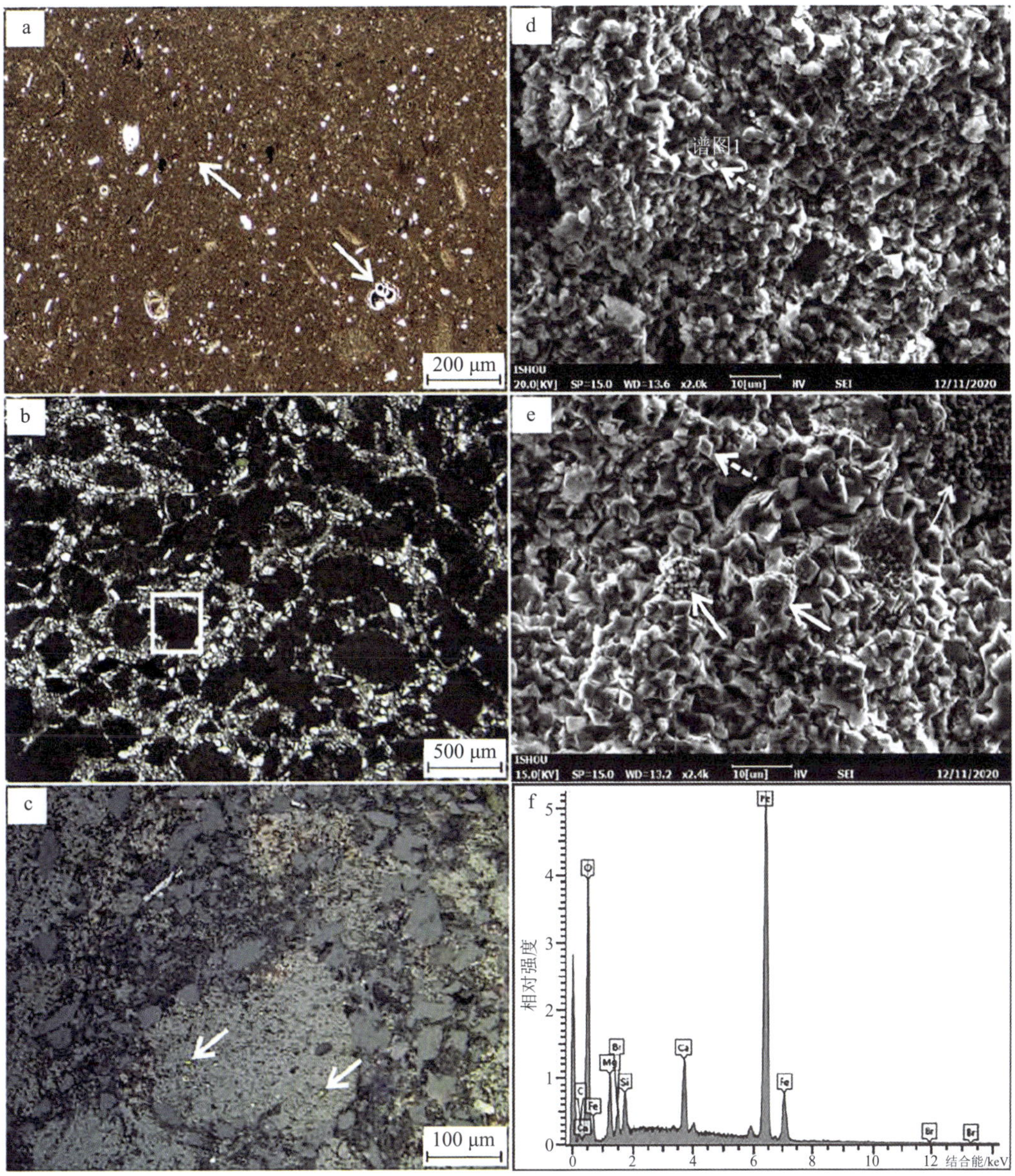

图 1-2-161　台湾国姓菱铁矿偏光显微镜和扫描电子显微镜照片

（据陈成业等，2022）

a—泥微晶菱铁矿基质中可见生物碎屑颗粒；b—灰褐色碳酸盐岩基质和大量的石英等陆源碎屑；c—图 b 中白色矩形放大区域，白色箭头指示黄铁矿颗粒；d—类似菱形的菱铁矿颗粒（白色虚线箭头）；e—草莓状黄铁矿和自形晶黄铁矿（白色实线箭头）；f—图 d 中谱图。光学显微镜照片均为单偏光

菱铁矿结核稀土元素分析结果见表 1-2-158。可以看出，菱铁矿结核的总稀土元素（$\sum$REE）含量为 32×10^{-6}~43×10^{-6}，菱铁矿的稀土元素展示出相似的配分模式，中稀土（MREE）相对富集，轻稀土（LREE）相对亏损（平均 $(Gd/Yb)_N=1.86$；$(Pr/Yb)_N=0.83$）；轻微的 La 的负异常（平均 $(La/La^*)_N=0.96$）；轻微 Ce 异常（平均 $(Ce/Ce^*)_N=1.07$）；接近平均页岩的 Y/Ho 值（平均（Y/Ho）= 26.93）。

碳氧同位素分析结果见表 1-2-157。菱铁矿的 $\delta^{13}C$ 介于 -3.69‰~+0.08‰之间，平均值为 -1.14‰，与上下地层中发育的冷泉碳酸盐岩（$\delta^{13}C$：-47.6‰~20.0‰）相比，显示较重的值。菱铁矿的 $\delta^{18}O$ 值显示较小的变化范围，介于 -1.09‰~+0.25‰之间，平均值为 -0.43‰（表 1-2-157）。

［成因意义］　本区菱铁矿具有接近但略低于海水的碳、氧同位素值，且稀土元素配分模式显示

出轻、重稀土亏损、中稀土富集的特征，无/正铈异常，很可能指示国姓地区的菱铁矿沉积于海底浅表层沉积物的次氧化带内，而不是产甲烷带内(陈成业等，2021)。然而，菱铁矿的碳同位素指示可能存在多种碳源混合，而稀土元素可能受到成岩改造的影响(赵彦彦等，2019)，导致国姓地区菱铁矿形成于次氧化带内的结论还需要进一步确证。国姓地区菱铁矿中草莓状黄铁矿的粒径变化范围较大，硫同位素值较海水(+21‰)偏负，显示其形成于相对开放的弱氧化浅表层沉积环境，支持了菱铁矿形成于海底浅表层沉积物的次氧化带内的结论。

表 1-2-158　台湾省国姓菱铁矿结核稀土元素含量及特征参数

元素	G01	G02	G03	G04	G05	G06	G09
$La/10^{-6}$	4.27	4.84	4.70	5.81	5.49	6.34	5.50
$Ce/10^{-6}$	12.06	12.37	12.46	15.01	14.58	16.81	13.87
$Pr/10^{-6}$	1.52	1.46	1.58	1.78	1.74	2.02	1.59
$Nd/10^{-6}$	6.75	6.26	7.03	7.44	7.35	8.61	6.79
$Sm/10^{-6}$	1.70	1.50	1.81	1.84	1.82	2.11	1.68
$Eu/10^{-6}$	0.41	0.38	0.46	0.46	0.47	0.55	0.43
$Gd/10^{-6}$	1.76	1.70	2.08	2.08	2.02	2.38	1.87
$Tb/10^{-6}$	0.27	0.27	0.33	0.34	0.32	0.37	0.32
$Dy/10^{-6}$	1.47	1.50	1.98	1.92	1.80	2.09	1.86
$Ho/10^{-6}$	0.26	0.28	0.38	0.36	0.34	0.38	0.36
$Er/10^{-6}$	0.67	0.74	1.04	0.94	0.86	0.95	0.96
$Tm/10^{-6}$	0.09	0.10	0.14	0.12	0.11	0.11	0.13
$Yb/10^{-6}$	0.49	0.55	0.88	0.68	0.63	0.63	0.76
$Lu/10^{-6}$	0.07	0.08	0.13	0.10	0.09	0.09	0.11
La_N/Sm_N	0.37	0.47	0.38	0.46	0.44	0.44	0.48
Dy_N/Sm_N	1.03	1.19	1.30	1.24	1.17	1.17	1.31
Gd_N/Yb_N	2.17	1.87	1.42	1.85	1.96	2.28	1.48
Pr_N/Yb_N	0.99	0.85	0.57	0.83	0.89	1.02	0.67
Y/Ho	25.97	27.77	25.30	28.18	26.86	27.37	27.09
$(La/La^*)_N$	0.94	1.00	1.00	0.91	0.90	0.93	1.02
$(Ce/Ce^*)_N$	1.07	1.06	1.04	1.08	1.09	1.08	1.07

注：数据引自陈成业等(2022)。$(Ce/Ce^*)_N=3Ce_N/(2La_N+Nd_N)$；$(La/La^*)_N=La_N/(3Pr_N-2Nd_N)$；$(Pr/Pr^*)=2Pr_N/(Ce_N+Nd_N)$，公式中 N 表示澳大利亚后太古宙页岩标准化(PAAS)(McLennan，1989)

(32)太湖及其周边地区淤泥层位中的菱铁矿

太湖及其周边地区淤泥层位广泛分布一些形状奇特的菱铁矿结核体，包括产状直立的 1~2 cm 粗的棒状体、随意形状的结核体及大量微米级到毫米级的球粒结核体。结核体以菱铁矿微晶为基质。根据棒状结核体的直立产状及各类菱铁矿结核体的形态特征，推测这种结核体很可能是冲击过程中回落的溅射物(王鹤年等，2012)。

(33)天津蓟州区下马岭组黑色岩系中的菱铁矿

[产地、产状及共(伴)生矿物]　蓟州区铁岭子村附近新出露的下马岭组下部黑色岩系中富含菱铁矿，部分层位已达到了铁矿品位。这套地层整体呈黑红色，以黑色页岩和粉砂质富铁层/菱铁矿结核层互层产出为特征(图 1-2-162)，另外还夹有少量粉砂岩。这些菱铁矿可以以结核的形式存在，构成菱铁矿结核层(图 1-2-162b)；也可以与石英粉砂一起，构成致密粉砂质富铁层(图 1-2-162c)；或呈颗粒状零星分布于黑色页岩、粉砂岩中(图 1-2-162d)。其中铁结核中菱铁矿的含量最高，可达 80%左右；其次是粉砂质富铁层，菱铁矿含量 50%左右；黑色页岩中菱铁矿的含量较低，5%~8%；

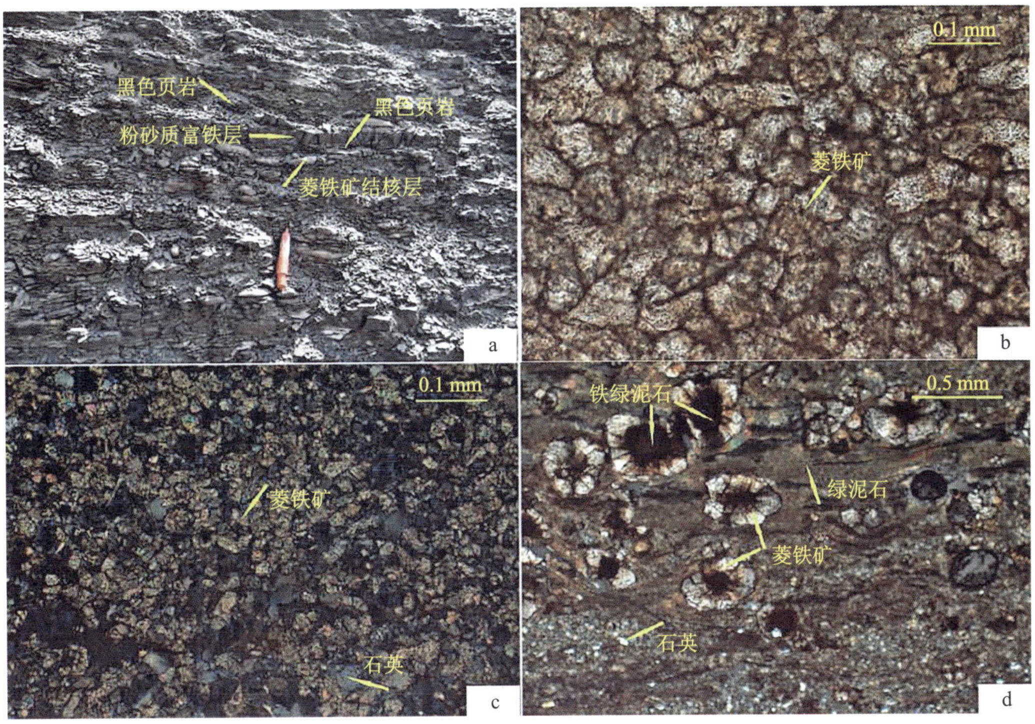

图 1-2-162　天津蓟州区下马岭组富菱铁矿地层的野外产出特征及显微镜下特征

（据张衔等，2013a）

a—下马岭组剖面菱铁矿结核层、粉砂质富铁层、黑色页岩等互层出现；b—菱铁矿结核的显微镜下特征；c—粉砂质富铁层的显微镜下特征；d—黑色页岩中的菱铁矿颗粒

粉砂岩中菱铁矿的含量仅为 1%左右（朱祥坤等，2013；张衔等，2013a，2013b）。

［**主要粉晶衍射数据**］　从蓟州区下马岭组结核层中铁结核的 X 射线粉晶衍射图谱（图 1-2-163）可以看出，铁结核主要由菱铁矿组成，其次含少量石英。图谱中出现的 d=0. 27925 nm 的菱铁矿的特征衍射峰非常明显，且峰形尖锐；另外还有 d=0. 35899 nm、0. 235 nm、0. 21317 nm、0. 17322 nm 等小的菱铁矿的特征衍射峰。石英的特征衍射峰有 d=0. 42402 nm、0. 33448 nm 等。半定量分析结果表

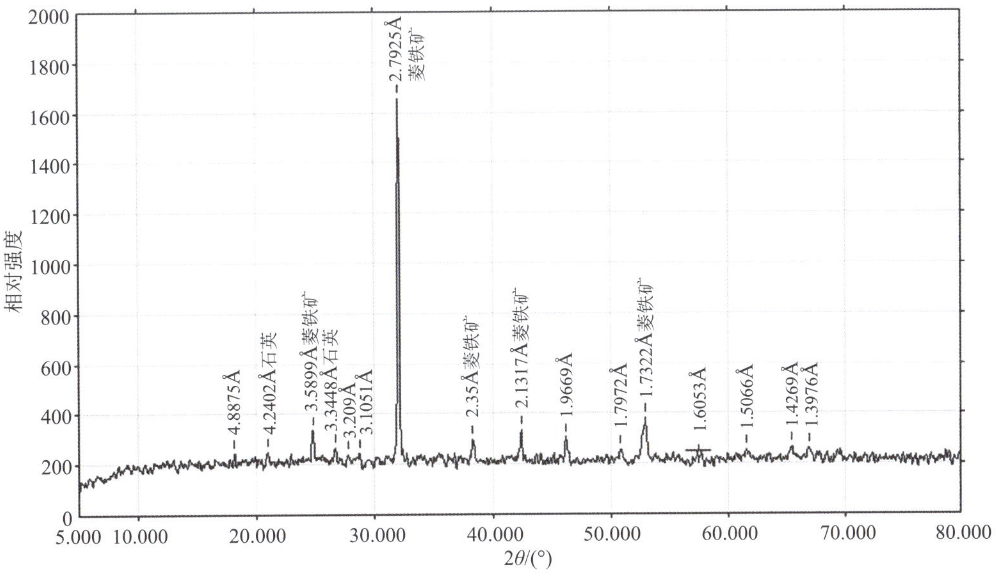

图 1-2-163　天津蓟州区中元古界下马岭组结核层中铁结核的 X 射线粉晶衍射图谱

（据朱祥坤等，2013）

明该结核样品中菱铁矿约占83%，石英约占15%。

[形貌特征] 镜下鉴定表明，铁结核主要由亮晶或泥晶菱铁矿组成。亮晶菱铁矿结核中菱铁矿含量较高，有些视域几乎全由菱铁矿组成。单偏光镜下无色，多因蚀变而具浅黄褐色边缘或黄、棕色锈斑，突起较高且具闪突起，正交光下具高级白干涉色。等粒结构，粒度约0.05 mm。泥晶菱铁矿结核中菱铁矿含量约占70%，其次还夹有少量石英、云母等。菱铁矿发生一定程度的蚀变形成褐铁矿，呈褐红色，显微镜下亦具等粒结构，粒径不到0.01 mm。

在背散射模式下，铁结核中的菱铁矿或呈泥晶结构成片分布，或呈圆度中等偏差的颗粒状紧密排布，粒径10~50 μm。部分菱铁矿表面出现亮色条带，EDS未归一化数据显示其FeO含量约为80%，应为菱铁矿蚀变形成褐铁矿致使其Fe含量升高所致。其次，菱铁矿结核中还含有少量石英，除此之外还发现了极少量的黄铁矿，这些黄铁矿多呈浑圆颗粒状分布在菱铁矿粒间，粒径约10 μm。

[化学成分] 铁质结核中菱铁矿的化学成分能谱测试(EDS)结果(表1-2-159)表明，氧原子按化学计量法归一化后，菱铁矿的CO_2的含量变化范围为32%~53%，FeO的含量变化范围为47%~60%，部分含少量MnO、MgO以及极少量的CaO。

表1-2-159 天津蓟州区中元古界下马岭组菱铁矿EDS测试结果(w_B/%)

样品号	测试点	CO_2	FeO	MnO	MgO	CaO
2012-xml$_3$-11b	1	39.99	57.83	2.17		
	2	41.43	58.57			
	3	40.70	57.02	2.29		
	4	41.23	56.28	2.49		
	5	53.00	47.00			
	6	39.09	58.78	2.13		
	7	39.51	57.37	3.13		
2012-xml-14	1	40.22	59.78			
	2	39.39	58.32	2.28		
	3	32.43	58.48	3.72	4.43	0.94

注：数据引自朱祥坤等(2013)。表中氧原子按化学计量法已进行归一化处理。

菱铁矿的碳同位素测试结果(表1-2-160)显示，所有样品的无机碳同位素组成均显示轻同位素富集，$\delta^{13}C$的变化范围为-19.2‰~-7.8‰，平均约-15.0‰。其中，黑色页岩中菱铁矿的$\delta^{13}C$为-18.4‰；粉砂岩中菱铁矿的$\delta^{13}C$为-14.3‰；铁结核中菱铁矿的$\delta^{13}C$变化范围为-17.5‰~-13.7‰，平均约-16.2‰；粉砂质富铁层中菱铁矿的$\delta^{13}C$变化范围较大，为-19.2‰~-7.8‰，平均约-14.3‰。明显富集碳的轻同位素，说明这些菱铁矿中的碳主要来源于有机碳。有机碳可通过两种方式形成轻同位素富集的碳酸盐岩：海洋中大量有机质被氧化释放出富^{12}C的CO_2溶解于海水后直接沉淀而成；成岩过程中由有机质降解产生的金属离子结合而成。由于前者一般要求极其氧化的水体环境，而这种条件下不可能有大量的Fe^{2+}存在，因此不会形成菱铁矿沉淀，故判定研究区菱铁矿应是成岩过程中由有机质降解产生的CO_2与孔隙水中富集的Fe^{2+}结合的产物。

表1-2-160 天津蓟州区下马岭组不同层位菱铁矿的碳同位素组成

样品编号	采样层位	$\delta^{13}C_{V-PDB}$/‰
12-xml$_3$-7	粉砂质富铁层	-12.2
12-xml$_3$-9	粉砂质富铁层	-11.0
12-xml$_3$-10	粉砂质富铁层	-12.5
12-xml$_3$-11a	粉砂质富铁层	-18.4
12-xml$_3$-11b	菱铁矿结核层	-13.7

续表

样品编号	采样层位	$\delta^{13}C_{V-PDB}$/‰
12-xml$_3$-12	粉砂质富铁层	-7.8
12-xml$_3$-13	粉砂质富铁层	-14.5
12-xml$_3$-14	黑色页岩层	-18.4
12-xml$_3$-15	粉砂质富铁层	-19.2
12-xml$_3$-16	菱铁矿结核层	-17.3
12-xml$_3$-17	粉砂质富铁层	-16.8
12-xml$_3$-18	粉砂质富铁层	-16.4
12-xml$_3$-19	菱铁矿结核层	-17.5
12-xml$_3$-20	粉砂岩层	-14.3

注：数据引自张衎等(2013).

[成因意义] 在野外露头多数菱铁矿以结核的形式产出(图 1-2-164a)，而这种结核往往被认为是沉积物在成岩过程中发生物质重新分配形成的。且无论是菱铁矿结核或者粉砂质富铁层，均产在黑色页岩中，黑色页岩本身亦发育有菱铁矿颗粒，部分菱铁矿颗粒中心还含有不透明的铁绿泥石残余(图 1-2-164d)。正交偏光显微镜下，一些菱铁矿具有明显的放射十字消光和扇状消光现象(张衎等，2013b)，该特征同样可指示成岩作用(董贞环等，1980)。除此之外，新鲜的菱铁矿样品中，FeO 与 *TOC*(总有机碳含量)具有很好的正相关关系，进一步说明这些菱铁矿的形成与有机质有关(张衎等，2013b)。

(34)新疆布隆金矿床中的菱铁矿

[产地、产状及共(伴)生矿物] 布隆金矿床位于新疆克孜勒苏克尔孜自治州阿合奇县，处于西南天山造山带与塔里木地块两大构造元的接合部位。金矿体主要呈薄的似层状、脉状沿层间破碎带产出。矿石的矿物成分简单，金属矿物含量不足 1%，以石英、重晶石、方解石和菱铁矿为主体，还有黄铁矿、褐铁矿、自然金、黄铜矿、斑铜矿和孔雀石。菱铁矿多产于矿体的边部(刘家军等，2004；杨建国等，2006)。

[形貌特征] 菱形或半自形。

(35)新疆克拉玛依侏罗纪橄榄玄武岩中的菱铁矿

[产地、产状及共(伴)生矿物] 克拉玛依市西盆山交界处发育侏罗纪杏仁玄武岩-橄榄玄武岩-含菱铁矿橄榄玄武岩组合(图 1-2-164)，其中含菱铁矿橄榄玄武岩中存在原生菱铁矿(≈10%)。含菱铁矿橄榄玄武岩中的菱铁矿常常包裹浑圆状针长石，且与斜长石呈锯齿状接触。菱铁矿与玄武玻璃、斜长石、单斜辉石和钛铁矿呈明显的共生关系。在有些情况下观察到玄武玻璃与菱铁矿充填在斜长石格架的现象(薛云兴等，2007)。

[形貌特征] 含菱铁矿橄榄玄武岩中菱铁矿形状不规则，粒度 0.05~0.6 mm(少数大于 1.0 mm，大多集中在 0.2~0.3 mm 之间)。菱铁矿、玄武玻璃、斜长石和钛铁矿表现出明显的共生关系。菱铁矿的边缘有的平直，有的弯曲，有的呈锯齿状与斜长石或玄武玻璃共生接触。菱铁矿有三种存在形式：颗粒较大的菱铁矿(约 1 mm)包裹单斜辉石和斜长石，其中的斜长石包体呈浑圆状；菱铁矿与玄武玻璃和钛铁矿一起充填在斜长石和单斜辉石构成的格架中，这种类型的菱铁矿最常见；第三种菱铁矿是以包体形式存在于斜长石中。在背散射图像中可以观察到菱铁矿的环带现象，结晶较早的核部(暗色)与较晚结晶边缘(浅色)之间表现出成分上的突变特征。菱铁矿一般与玄武玻璃共生，二者的接触边界向玄武玻璃一侧形成港湾状弯曲，但也有平直接触边界。

[化学成分] 菱铁矿的电子探针分析结果见表 1-2-161，这些菱铁矿属于以菱铁矿为主的菱铁矿-白云石的固熔体，另含少量的菱锰矿组分(图 1-2-165a)。$CaMg(CO_3)_2$ 端元最高达 47.3%，但大多小于 30%，有些矿物颗粒是纯菱铁矿端元。菱铁矿显示明显的成分梯变带(图 1-2-165b)，在背散

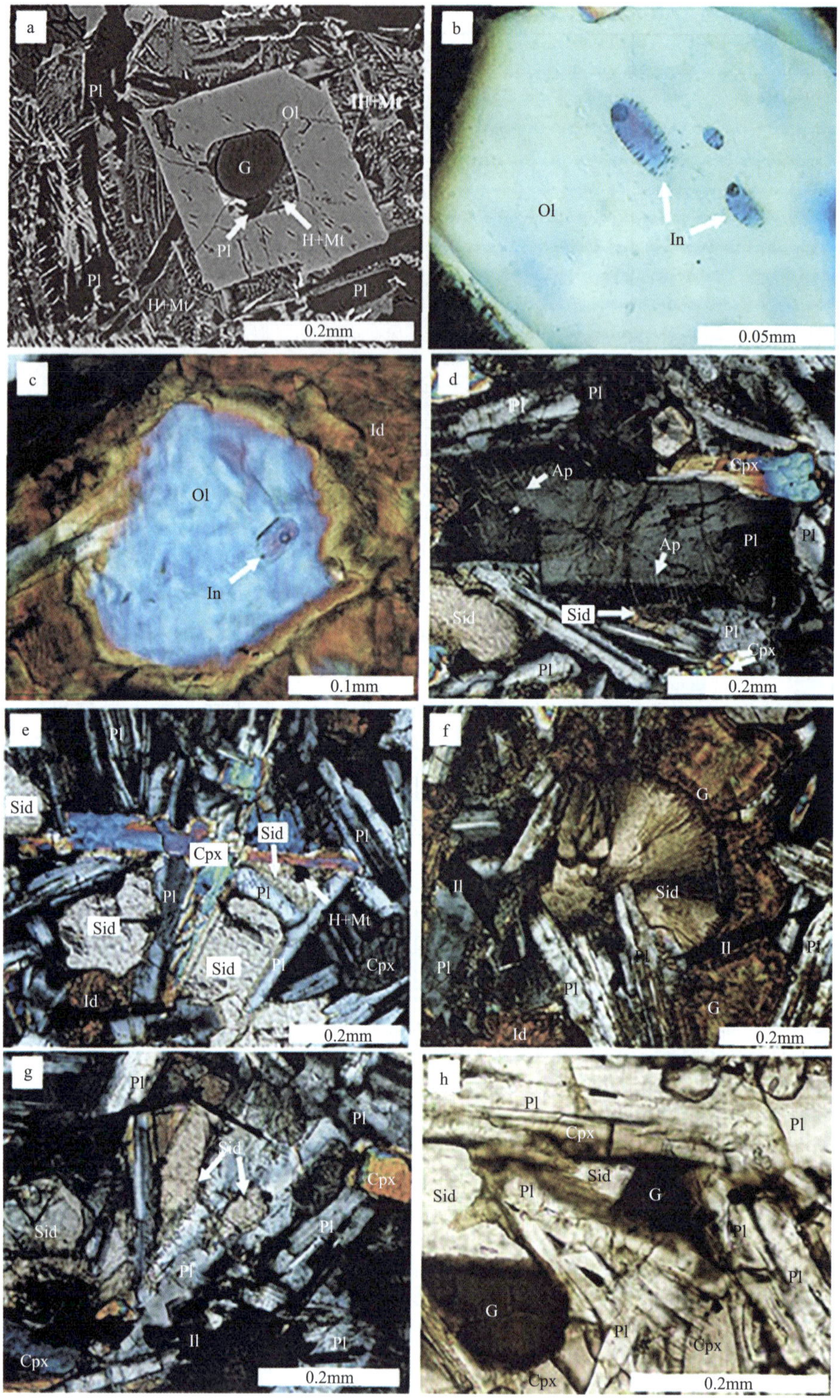

图 1-2-164　新疆克拉玛依橄榄玄武岩(a、b)及含菱铁矿橄榄玄武岩(c~h)显微照片

(据薛云兴等，2007)

a—橄榄石内部包裹有乳滴状玄武玻璃、斜长石及不透明矿物，背散射电子图(BSE)；b—橄榄石内包裹有熔融包裹体，正交偏光；c—橄榄石常发生伊丁石化，内部包裹熔融包裹体，正交偏光；d—板状斜长石及内部包裹的磷灰石、菱铁矿与斜长石、单斜辉石共生，正交偏光；e—菱铁矿及不透明矿物充填在单斜辉石、斜长石构成的格架中，正交偏光；f—菱铁矿、玄武玻璃(有脱玻化)、斜长石及钛铁矿的共生关系，正交偏光；g—斜长石与菱铁矿的锯齿状接触以及斜长石内部包裹菱铁矿的现象，正交偏光；h—菱铁矿与玻璃充填在由斜长石、单斜辉石构成的格架中，单偏光。Ap—磷灰石；Cpx—单斜辉石；G—玻璃；Id—伊丁石；Il-钛铁矿；In—熔融包裹体；Mt—磁铁矿；Ol—橄榄石；Pl—斜长石；Sid—菱铁矿

射图中，可分为暗色和浅色部分。FeO 和 MnO 在暗色部分含量分别为 33.0%~48.8%和 0.39%~0.63%，在浅色部分分别为 46.0%~54.0%和 0.70%~6.3%，MgO 和 CaO 在暗色部分的含量分别为 1.8%~5.7%和 4.7%~6.1%(最大值为 19.0%)，在浅色部分分别为 0.94%~3.2%和 1.9%~3.0%。MnO 在浅色部分的含量变化并非连续的(部分小于 1.0%，其余大于 4.0%)。由图 1-2-165b~f 可知，菱铁矿在由暗色部分突变为浅色部分后，MnO 含量基本不变，MgO 含量渐变，FeO 与 CaO 含量发生了突变(而且二者的变化呈严格的镜像关系)。因此本区菱铁矿成分不连续变化并非因为 MnO，而是由于 FeO 和 CaO 含量突变所致。

表 1-2-161　原生菱铁矿电子探针分析结果(w_B/%，CO_3^{2-}=1)

样品号	类型	SiO_2	TiO_2	Al_2O_3	MnO	FeO^t	CaO	MgO	Na_2O	总量	Si	Ti	Al	Mn	Fe	Ca	Mg	Na
Klm15-3d	B	0.04	0.02	0	0.70	46.56	5.66	3.97	0.10	57.05	0.001	0	0	0.011	0.751	0.117	0.115	0.004
Klm16-1	B	0.04	0.02	0.01	5.90	46.69	5	0.85	0.01	58.57	0.001	0	0	0.099	0.769	0.106	0.025	0
Klm16-1	B	0	0.10	0	5.52	45.71	5.69	0.89	0	57.96	0	0.002	0	0.093	0.758	0.121	0.027	0
Klm16-1	B	0	0	0	5.61	45.42	6.31	0.92	0	58.26	0	0	0	0.093	0.746	0.133	0.027	0
Klm16-1	B	0.17	0.06	0.05	0.55	47.54	4.71	5.06	0.34	58.52	0.003	0.001	0.001	0.009	0.738	0.094	0.141	0.012
Klm16-1	B	0.05	0.05	0.01	0.64	47.34	5.94	4.88	0.21	59.22	0.001	0.001	0	0.01	0.728	0.117	0.135	0.008
Klm16-1	B	0.03	0.03	0.02	5.30	45.38	5.72	1.81	0.17	58.48	0.001	0	0	0.087	0.734	0.119	0.053	0.006
Klm16-1	B	0.01	0.05	0	0.49	48.79	4.97	5.04	0	59.38	0	0.001	0	0.008	0.753	0.099	0.14	0
Klm16-1	B	0	0.09	0	0.53	45.97	6.09	5.74	0.03	58.45	0	0.001	0	0.08	0.709	0.121	0.159	0.001
Klm16-1	B	0	0.02	0.02	0.62	47.4	5.52	4.79	0.10	58.48	0	0	0	0.01	0.74	0.111	0.135	0.004
Klm16-1	B	0.10	0.04	0	0.39	32.97	19.02	3.22	0.06	55.84	0.002	0.001	0	0.06	0.516	0.383	0.091	0.002
Klm16-1	B	0.03	0	0	5.20	45.86	5.73	1.13	0.10	58.07	0.001	0	0	0.087	0.754	0.121	0.033	0.004
Klm16-1	B	0.05	0.03	0.01	5.85	45.58	5.55	1.05	0.07	58.19	0.001	0	0	0.098	0.75	0.117	0.031	0.003
Klm16-1	B	0.02	0.05	0	0.63	47.09	5.90	5.17	0.05	58.91	0	0.001	0	0.01	0.727	0.117	0.144	0.002
Klm15-3d	L	0.07	0	0	1.29	56.47	0.33	0.02	0.02	58.25	0.001	0	0	0.022	0.967	0.007	0.01	0.01
Klm15-3d	L	0.42	0	0	2.43	52.76	0.75	0.03	0.13	56.54	0.009	0	0	0.043	0.925	0.017	0.001	0.005
Klm15-3d	L	0.07	0.09	0.01	2.07	55.29	0.36	0	0.11	58.01	0.01	0.001	0	0.036	0.949	0.008	0	0.004
Klm15-3d	L	0.09	0.06	0	2.61	54.41	0.36	0.03	0.09	57.65	0.002	0.001	0	0.046	0.939	0.008	0.01	0.003
Klm5-3d	L	0.22	0	0.04	3.10	53.94	0.65	0.06	0.16	58.18	0.004	0	0.001	0.054	0.919	0.014	0.002	0.006
Klm5-3d	L	0.02	0.05	0	1.61	54.94	0.54	0.06	0.01	57.22	0	0.001	0	0.028	0.956	0.012	0.002	0
Klm5-3d	L	0.06	0.02	0	0.99	56.85	0.69	0.09	0.02	58.71	0.001	0	0	0.017	0.963	0.015	0.003	0.001
Klm15-3d	L	0.09	0	0.01	1.16	56.11	0.46	0.07	0.11	58.01	0.002	0	0	0.02	0.961	0.01	0.002	0.004
Klm15-3d	L	0.05	0	0	4.09	52.44	1.83	0.05	0.03	58.49	0.001	0	0	0.07	0.887	0.04	0.001	0.001
Klm16-1	L	0.15	0.04	0	0.76	54.04	1.89	2.32	0.175	9.44	0.003	0.001	0	0.012	0.871	0.039	0.067	0.006
Klm16-1	L	0.04	0.01	0	0.98	53.19	2.84	2.58	0.15	59.81	0.001	0	0	0.016	0.846	0.058	0.074	0.06
Klm16-1	L	0.11	0.03	0	4.59	50.84	3.0	0.97	0.23	59.79	0.002	0	0	0.075	0.823	0.062	0.028	0.009
Klm16-1	L	0.05	0.03	0.02	4.14	52.31	2.16	0.94	0.32	60.01	0.001	0	0	0.068	0.846	0.045	0.027	0.012
Klm16-1	L	0.23	0	0	0.72	52.59	2.38	3.22	0	59.18	0.004	0	0	0.012	0.842	0.049	0.093	0
Klm16-1	L	0.04	0.01	0	0.70	53.85	2.21	3.1	0.05	59.97	0.001	0	0	0.011	0.853	0.045	0.088	0.002
Klm16-1	L	0.01	0	0.04	6.30	45.97	4.82	1.11	0	58.25	0	0	0.001	0.106	0.758	0.102	0.033	0
Klm16-1	L	0.03	0.04	0	0.93	53.44	2.68	2.99	0.02	60.13	0.001	0.001	0	0.015	0.844	0.054	0.085	0.001
Klm16-1	L	0.02	0.01	0	0.74	52.98	1.95	2.36	0.12	58.19	0	0	0	0.012	0.871	0.041	0.07	0.05

注：数据引自薛云兴等(2007)。B—菱铁矿背散射图中暗色部分；L—菱铁矿背散射图中浅色部分。

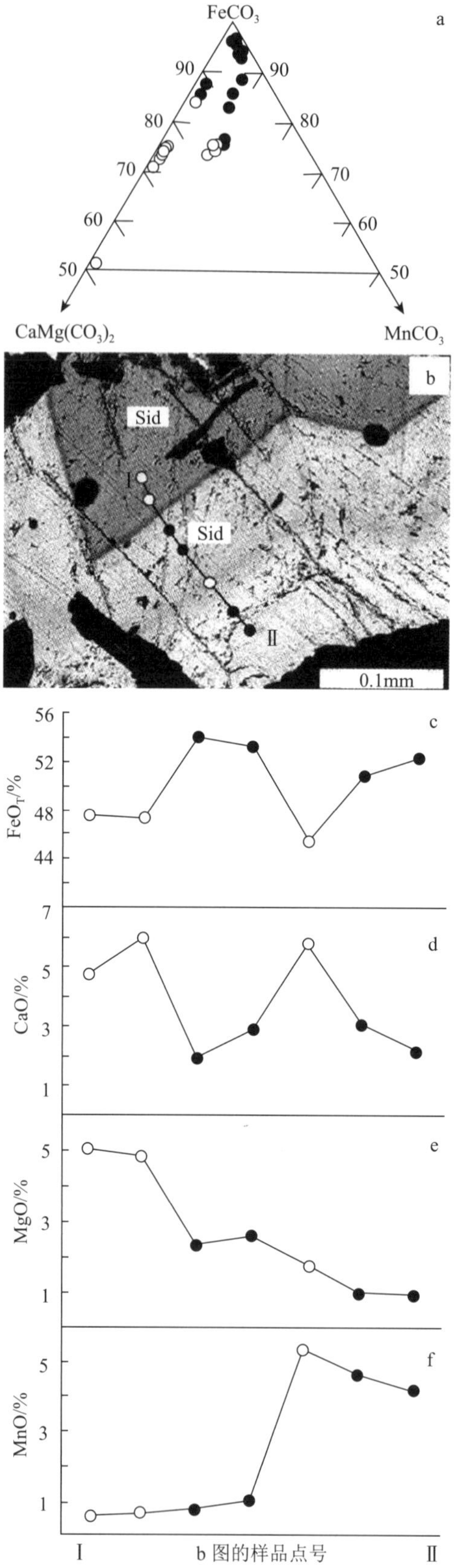

图 1-2-165　岩浆碳酸盐矿物成分变化三角图(a)；菱铁矿的背散射电子图(BSF)显示环带(b)；菱铁矿环带别面的成分变化图(c~f)

(据薛云兴等，2007)

○菱铁矿背散射图中暗色部分；●菱铁矿背散射图中浅色部分

［成因意义］ 克拉玛依侏罗纪含菱铁矿橄榄玄武岩中的菱铁矿为岩浆碳酸盐矿物。菱铁矿能够包裹浑圆状的斜长石，且与斜长石呈锯齿状接触，表明菱铁矿与斜长石的共生关系。背散射图中菱铁矿暗色部分边界可一直延伸到浅色部分与玻璃的接触边界，显示菱铁矿与玻璃之间共生，并且浅色与暗色部分的菱铁矿成因一致。在显微照片中菱铁矿与玄武玻璃、斜长石、单斜辉石和钛铁矿之间显示很清楚的共生关系。菱铁矿与斜长石相互包裹，表明二者的结晶时间相近。观察菱铁矿边缘、玄武玻璃、斜长石边缘三者形态可知，在斜长石结晶后，玄武玻璃与菱铁矿才充填空隙。因此含菱铁矿橄榄玄武岩中的菱铁矿属于原生岩浆成因。

(36)新疆契列克其-卓木吉勒尕铁铜矿床中的菱铁矿

［产地、产状及共(伴)生矿物］ 契列克其-卓木吉勒尕矿区位于西昆仑北段海拔4000~5500 m的高山高原地带。矿区发育一套前寒武纪浅海海相碳酸盐岩和细粒碎屑岩的深变质岩系列，在其特定层位赋存着规模大、品位高的沉积变质型菱铁矿床。铁矿床矿体透镜状或似层状，与围岩为整合接触关系，其围岩大理岩中常见菱铁矿团块，菱铁矿与大理岩具有相同沉积层理，并具同褶皱构造。其主要矿石矿物为磁铁矿、黄铜矿、黄铁矿等；脉石矿物主要为石英、白云石、方解石，含量占10%~15%(关剑宇等，2002)。

［化学成分］ 根据矿体及近矿围岩中菱铁矿样品的测定结果(表1-2-162)，其硫同位素组成变化范围很广，在-15.84‰~20.72‰之间。具有跳跃式分布的特点，说明矿床中硫化物中硫的来源比较复杂，既有细菌成因的轻硫，又有来自海水硫酸盐的重硫，硫同位素分布特点与国内外沉积型铁矿相同。

表1-2-162 新疆契列克其菱铁矿硫同位素测定结果

野外号	编号	取样位置	矿物	$\delta^{34}S$/‰	$^{32}S/^{34}S$
Q-01	S-056	1号矿体	黄铁矿	-9.88	22.035
Q-02	S-057	1号矿体围岩	黄铁矿	8.60	22.318
Q-03	S-058	4号矿体	黄铁矿	-15.84	21.965
Q-04	S-059	6号矿体	黄铁矿	20.72	22.306
Q-05	S-060	10号矿体	黄铁矿	3.44	22.047
Q-06	S-061	12号矿体	黄铁矿	-11.00	22.320
Q-07	S-062	14号矿体	黄铁矿	-0.81	21.988
Q-08	S-063	14号矿体围岩	黄铁矿	6.80	22.487
平均				0.25	22.221

注：数据引自关剑宇等(2002)。

(37)新疆且日克其菱铁矿矿床中的菱铁矿

［产地、产状及共(伴)生矿物］ 且日克其菱铁矿矿床为一大型喷流沉积型铁矿床，位于西昆仑金属成矿省布伦口-桑株塔格多金属成矿带西端，矿床赋存于下志留统温泉沟群(S_1W)底部。矿体形态为透镜状、似层状。矿石矿物主要为菱铁矿，脉石矿物主要为石英、白云母、铁白云石及少量黄铁矿和黄铜矿等(方怀宾等，2009)。

［形貌特征］ 菱铁矿晶体呈半自形-自形粒状，粒度变化较大。条带状和纹层状产出的菱铁矿粒度较细，一般0.1~0.5 mm；呈块状产出的菱铁矿粒度较粗，一般0.5~1 mm。最大5 mm。有时菱铁矿包含石英、电气石等子矿物。

［化学成分］ 本区菱铁矿矿石的化学分析结果如表1-2-163所示。据测定，单个样品最高铁品位为52.25%，最低为30.85%，平均品位为45.07%；$(CaO+MgO)/(SiO_2+Al_2O_3)$为0.24~0.42，平均0.29，属于酸性铁矿石。

(38)云南省北衙铁金多金属矿床中的菱铁矿

［产地、产状及共(伴)生矿物］ 滇西北衙超大型铁金多金属矿床处于西南“三江”富碱斑岩多

金属成矿带中段，为一与喜马拉雅期富碱斑岩有关的接触交代型-热液(脉)成因型矿床，以铁与金、铜、铅、锌等多金属共(伴)生为特点，发育大量磁铁矿、菱铁矿(图1-2-166)等。菱铁矿化由岩体向外依次有穆磁铁矿-菱铁矿组合(Sd1)、(含)黄铁黄铜矿-穆磁铁矿-菱铁矿组合(Sd2)及方铅矿-菱铁矿组合(Sd3)三种类型(牛浩斌等，2019)。

表1-2-163 新疆且日克其菱铁矿矿床中菱铁矿矿石的化学成分

样品编号	矿石名称	w_B/%				$w_B/10^{-6}$				
		FeO	MnO	CaO	MgO	Cu	Pb	Zn	Ni	Cr
FD190/1-(1)	块状菱铁矿	62.01	2.01	0.60	2.09	570.44	8.00	46.00	80.00	100.00
D190/1-(3)	块状菱铁矿	59.03	1.56	0.51	1.77	7.00	5.01	39.00	7.00	12.00
D193/1-(1)	块状菱铁矿	64.38	2.34	1.19	1.99	23.00	5.01	60.00	14.02	11.00
D190/2-(2)	块状菱铁矿	64.21	2.22	0.54	2.98	8.25	7.00	35.00	15.00	11.46
D193/2-(1)	块状菱铁矿	65.18	2.40	1.23	1.60	6.00	5.01	37.00	8.00	14.00

注：数据引自方怀宾等(2009)。

图1-2-166 云南北衙铁金多金属矿床菱铁矿矿化特征

(据牛浩斌等，2019)

a—Ⅱ阶段菱铁矿沿磁铁矿角砾间隙充填胶结(采自56GK7-1钻孔356 m)；b—菱铁矿与保留赤铁矿假象的针状、长柱状穆磁铁矿(Ⅱ阶段早期)共生，其解理内具赤铁矿残留(采自56GK34钻孔207 m，反射光)；c—Ⅱ阶段片状菱铁矿自形晶与方铅矿、(磁)黄铁矿、黄铜矿等共生(采自72ZK17钻孔148 m)；d—Ⅱ阶段的菱铁矿与方铅矿、(磁)黄铁矿、黄铜矿等共生(采自68GK30钻孔440.50 m)；e—Ⅱ阶段的菱铁矿与方铅矿等金属硫化矿物共生(采自34GK4钻孔179 m，反射光)；f—Ⅱ阶段含稠密团斑状方铅矿的菱铁矿脉(采自55ZK19钻孔217.5 m，55ZK19钻孔310 m，透射光)。Mag—磁铁矿；Hem—磁-赤铁矿；Gn—方铅矿；Sp—闪锌矿；Ccp—黄铜矿；Py—黄铁矿；Po—磁黄铁矿；Qtz—石英；Sd—菱铁矿

[**形貌特征**] 穆磁铁矿-菱铁矿共生类型(Sd1型)主要表现为乳白色、米黄色的粒状、自形片状菱铁矿集合体与长柱状、针状穆磁铁矿自形晶集合体紧密共生。其中，菱铁矿一般以晶簇状、粒状集合体等充填于穆磁铁矿集合体间隙内。

(含)黄铁黄铜矿-穆磁铁矿-菱铁矿共生类型(Sd2型)，与穆磁铁矿-菱铁矿共生类型特征一致，仅零星伴生有(磁)黄铁矿、黄铜矿等，自形-半自形晶，多呈浸染状、团斑状产出。

方铅矿簇菱铁矿共生类型(Sd3 型)，菱铁矿与方铅矿关系密切，常充填于方铅矿晶体边缘或间隙，呈条带状、不规则透镜状、脉状及团状产出。其中菱铁矿主要呈乳白色、米黄色的片状、粒状集合体产出，具不规则粒状(粒径 0.006~0.03 mm)、自形片状(大小为 3~5 mm)晶形，并发育晶洞、晶簇，含量一般在 60%~70%之间。另外，菱铁矿集合体内常发育浸染状、团斑状的黄铁矿、黄铜矿、毒砂等，多为自形-半自形晶，菱铁矿则呈块状或不规则粒状集合体分布在这些硫化物的边部。

［**化学成分**］ 主量元素特征：主量元素组成电子探针分析结果显示，菱铁矿总体上具有贫 Si、Ti、Al、Na、K，富 Ca、Mg、Mn 特征(表 1-2-164)。菱铁矿中 SiO_2 含量为 0~0.09%，TiO_2 含量为 0~0.02%，Al_2O_3 含量为 0~0.05%，Na_2O 含量为 0~0.15%，K_2O 含量为 0~0.03%。从 Sd1、Sd2 到 Sd3，MgO 含量分别集中变化在 1.54%~4.54%(平均 2.83%)、2.94%~3.32%(平均 3.04%)、1.01%~3.80%(平均 2.51%)之间，CaO 含量分别集中变化在 0.41%~0.77%(平均 0.65%)、1.10%~2.35%(平均 1.80%)、1.72%~3.49%(平均 2.54%)之间，MnO 含量分别集中变化在 4.33%~6.97%(平均 5.16%)、7.38%~7.57%(平均 7.51%)、6.31%~9.82%(平均 8.05%)之间。除 MgO 含量略微降低外，CaO、MnO 含量总体呈升高的趋势。

表 1-2-164 云南北衙铁金多金属矿床菱铁矿 EMPA 主量元素组成特征表(w_B/%)

样品编号	类型	Na_2O	MgO	Al_2O_3	SiO_2	K_2O	CaO	TiO_2	Cr_2O_3	MnO	FeO	总计
56ZK7-1(238 m)	Sd1	—	3.96	0.02	0.02	0.02	0.75	0.01	0.04	6.56	47.01	58.38
56ZK7-1(238 m)	Sd1	0.02	1.52	—	0.04	—	0.56	—	0.01	3.88	53.81	59.83
56ZK7-1(238 m)	Sd1	—	3.16	—	0.05	0.01	2.42	0.01	0.01	5.62	47.66	58.94
56ZK7-1(238 m)	Sd1	0.01	7.11	0.03	—	0.01	0.53	—	—	8.55	42.62	58.87
56ZK7-1(238 m)	Sd1	0.03	4.45	0.01	0.04	0.01	0.37	0.01	0.05	7.63	46.13	58.72
56ZK7-1(238 m)	Sd1	0.15	1.47	0.03	0.02	0.03	0.53	0.01	0.15	3.27	54.42	60.07
56ZK7-1(238 m)	Sd1	0.06	2.25	0.01	0.04	0.02	0.32	—	—	5.91	52.17	60.78
56ZK7-1(238 m)	Sd1	0.04	3.79	0.01	0.03	0.02	0.48	0.01	0.01	6.86	49.99	61.23
56ZK7-1B2	Sd1	—	2.25	0.03	0.02	—	0.41	0.01	0.01	4.33	50.38	57.45
56ZK7-1B2	Sd1	—	2.61	—	0.03	0.01	0.64	0.01	—	7.69	48.40	59.39
56ZK7-1B2	Sd1	0.01	4.54	0.05	0.02	—	0.56	—	0.05	6.53	49.28	61.07
56ZK7-1B2	Sd1	—	4.53	—	0.06	—	0.77	—	0.05	6.97	49.22	61.59
56ZK7-1B2	Sd1	—	2.73	0.01	0.01	0.01	0.46	—	—	4.46	52.18	59.86
56ZK7-1B2	Sd1	—	1.27	—	—	—	0.33	0.01	0.01	5.19	53.04	59.85
56ZK7-1B2	Sd1	0.04	0.25	0.07	1.71	0.01	0.08	0.02	0.11	0.70	78.28	81.26
56ZK7-1B2	Sd1	—	2.03	—	—	—	1.33	—	0.01	5.36	51.98	60.71
56ZK7-1B2	Sd1	0.01	1.54	—	—	—	0.55	0.01	0.01	2.11	56.14	60.36
56ZK7-1B2	Sd1	—	0.70	0.02	0.01	0.01	0.34	—	—	1.18	57.52	59.77
56ZK7-1B2	Sd1	0.01	1.70	0.02	0.09	—	0.60	—	—	2.55	57.79	62.74
8ZK8(277.09 m)	Sd2	0.03	2.59	—	0.03	0.01	1.11	0.01	0.03	7.38	47.00	58.19
8ZK8(277.09 m)	Sd2	0.02	2.94	0.01	0.02	—	1.47	—	0.01	7.21	47.07	58.75
8ZK8(277.09 m)	Sd2	0.05	3.16	0.01	0.06	0.02	3.07	0.01	0.03	7.46	45.92	59.79
8ZK8(277.09 m)	Sd2	—	3.32	—	0.04	—	1.71	0.01	0.08	7.31	45.55	58.03
8ZK8(277.09 m)	Sd2	0.01	3.25	—	—	—	2.35	—	0.01	7.57	46.84	60.03
8ZK8(277.09 m)	Sd2	—	2.98	0.01	0.05	0.01	1.10	0.01	0.13	8.10	47.26	59.64
8ZK8(279 m)	Sd3	—	2.44	0.01	0.02	—	2.85	—	0.03	9.60	47.90	62.85
8ZK8(279 m)	Sd3	—	2.49	0.04	0.02	0.01	3.49	—	0.07	9.27	47.19	62.57

续表

样品编号	类型	Na_2O	MgO	Al_2O_3	SiO_2	K_2O	CaO	TiO_2	Cr_2O_3	MnO	FeO	总计
8ZK8(279 m)	Sd3	0.03	2.53	—	—	0.01	2.13	0.01	—	9.34	45.15	59.21
8ZK8(279 m)	Sd3	0.02	2.50	—	0.01	—	2.21	0.01	0.05	9.51	47.07	61.38
8ZK8(279 m)	Sd3	0.03	2.59	0.02	0.02	—	2.29	0.01	—	9.41	46.17	60.53
8ZK8(279 m)	Sd3	—	2.62	—	—	—	3.08	—	0.07	9.43	46.55	61.75
8ZK8(279 m)	Sd3	—	2.53	—	—	—	3.35	—	—	7.98	46.75	60.61
8ZK8(279 m)	Sd3	0.01	2.57	0.03	—	—	3.85	0.01	0.02	8.71	46.03	61.23
8ZK8(279 m)	Sd3	0.03	2.88	0.02	—	—	1.58	0.02	0.08	8.74	45.60	58.95
8ZK8(279 m)	Sd3	0.01	2.84	0.02	0.01	—	1.88	—	0.06	9.15	45.8	59.76
8ZK8(279 m)	Sd3	0.04	2.53	—	0.07	0.03	2.12	—	0.08	9.29	45.96	60.12
8ZK8(279 m)	Sd3	0.01	2.43	—	0.01	—	2.29	0.01	0.03	9.82	46.39	61.00
79ZK06(240 m)	Sd3	0.02	4.05	—	0.03	—	1.69	0.01	0.01	6.33	47.34	59.49
79ZK06(240 m)	Sd3	—	3.59	0.01	0.04	—	1.72	0.02	0.02	6.36	48.02	59.77
79ZK06(240 m)	Sd3	0.01	3.80	—	—	—	1.58	—	0.04	6.44	47.54	59.40
79ZK06(240 m)	Sd3	0.02	4.84	0.01	0.07	—	1.40	0.01	—	6.31	47.97	60.63
79ZK06(240 m)	Sd3	0.01	3.66	0.03	0.04	—	1.62	—	—	6.93	47.43	59.73
79ZK06(240 m)	Sd3	—	3.44	0.02	0.02	—	1.62	0.02	0.04	6.99	47.38	59.52
DC308B2-1	Sd3	0.03	1.09	—	—	—	2.34	—	—	8.71	47.65	59.82
DC308B21	Sd3	—	0.96	—	0.02	0.01	2.07	—	0.01	8.77	47.59	59.43
DC308B2-1	Sd3	0.07	0.97	—	—	—	2.51	0.01	—	8.55	47.23	59.34
DC308B2-1	Sd3	0.03	1.16	—	0.01	—	4.54	—	—	7.92	46.76	60.41
DC308B2-1	Sd3	0.03	1.08	—	0.04	—	3.24	—	0.09	8.44	47.20	60.11
DC308B21	Sd3	0.01	1.12	0.01	0.04	0.01	4.68	—	0.09	7.90	47.24	61.09
DC308B2-1	Sd3	0.01	1.05	—	—	—	2.90	0.02	—	8.33	47.44	59.74
DC308B2-1	Sd3	0.01	1.10	0.02	0.03	—	3.12	—	0.04	8.71	47.23	60.25
DC308B2-1	Sd3	0.04	1.01	0.02	0.03	—	5.51	—	0.06	8.21	45.41	60.30

注：数据引自牛浩斌等(2019)。相同样品分析编号者表示同一样品多点测试结果；“—”表示未检测或低于检测限值；其中，CO_2 未列于表中。

稀土元素特征：稀土元素组成上，Sd1 型菱铁矿 ∑REE 值变化于 $5.93\times10^{-6}\sim6.4\times10^{-6}$ 之间(表 1-2-165)，LREE/HREE 值为 0.35~0.60，$(La/Yb)_N=0.20\sim0.28$，具轻稀土元素亏损、重稀土元素富集、总体平缓略左倾的 REE 配分曲线(图 1-2-167)；$\delta Eu=1.17\sim1.22$，$\delta Ce=0.92\sim0.98$，显示弱 Eu 负异常，无明显 Ce 异常，$(La/Sm)_N=0.86\sim0.87$，$(Gd/Yb)_N=0.41\sim0.56$，$(Y/Ho)_N=22.9\sim25.0$，轻稀土元素分馏程度较重稀土元素略强。Sd2 型菱铁矿 ∑REE 值变化于 $24.50\times10^{-6}\sim61.88\times10^{-6}$ 之间，LREE/HREE 值为 2.32~9.54，$(La/Yb)_N=2.10\sim12.11$，略富集轻稀土元素、亏损重稀土元素、具平缓略右倾的 REE 配分曲线(图 1-2-167)；$\delta Eu=0.55\sim0.93$，$\delta Ce=0.98\sim0.99$，存在弱 Eu 正异常，无明显 Ce 异常，$(La/Sm)_N=1.26\sim3.78$，$(Gd/Yb)_N=1.83\sim2.12$，$(Y/Ho)_N=21.2\sim24.1$，轻、重稀土元素分馏程度总体相似。Sd3 型菱铁矿 ∑REE 值为 $5.22\times10^{-6}\sim119.53\times10^{-6}$，集中变化于 $14.38\times10^{-6}\sim31.90\times10^{-6}$ 之间，LREE/HREE 值为 2.56~35.11，集中于 5.22~20.75 之间，$(La/Yb)_N$ 值为 2.40~89.78，集中在 10.04~27.14 之间，强烈富集轻稀土元素、亏损重稀土元素、具明显右倾的 REE 配分曲线(图 1-2-167)；$\delta Eu=1.26\sim86.10$，$\delta Ce=0.68\sim0.99$，总体存在强烈 Eu 正异常和弱 Ce 负异常，$(La/Sm)_N=1.38\sim10.41$，$(Gd/Yb)_N=1.27\sim6.35$，$(Y/Ho)_N=24.5\sim36.4$(部分样品 Ho 低于检测限，Y/Ho 或更大)，轻、重稀土元素分馏程度相似。

表 1-2-165　云南北衙铁金多金属矿床菱铁矿 ICP-MS 微量元素组成($w_B/10^{-6}$)及特征参数

样品编号	类型	La	Ce	Pr	Nd	Sm	Eu	Gd	Tb	Dy	Ho	Er	Tm	Yb	La	Y	ΣREE
8ZK08-279 m	Sd3	2.41	5.58	0.73	2.97	0.55	1.33	0.47	<0.05	0.19	<0.05	0.09	<0.05	0.06	<0.05	0.89	14.38
79ZK06-240 m	Sd3	4.60	11.30	1.69	7.28	1.68	1.50	1.60	0.22	1.18	0.17	0.44	<0.05	0.24	<0.05	6.18	31.90
79ZK06-56 m	Sd3	2.80	5.31	0.58	2.10	0.31	0.64	0.32	<0.05	0.20	<0.05	0.10	<0.05	0.08	<0.05	1.03	12.44
DC308-B_{2-2}	Sd3	2.57	5.46	0.71	3.02	0.66	1.03	0.67	0.07	0.34	<0.05	0.15	<0.05	0.10	<0.05	1.76	14.78
86ZK3-412 m	Sd3	3.78	5.74	0.66	2.27	0.54	1.98	0.67	0.10	0.59	0.11	0.35	0.05	0.30	0.03	2.82	17.17
90ZK5-373 m	Sd3	3.42	6.46	0.80	3.11	0.74	1.90	0.83	0.12	0.84	0.15	0.53	0.08	0.53	0.07	4.25	19.58
64ZK39-447.7 m	Sd3	1.02	0.93	0.10	0.33	0.08	2.52	0.10	<0.01	0.06	0.01	0.04	<0.01	0.03	<0.01	0.34	5.22
58ZK3-217.4 m	Sd3	4.01	7.24	0.90	3.42	0.90	1.33	0.97	0.16	0.84	0.13	0.36	0.04	0.27	0.04	3.19	20.61
34ZK4-479 m	Sd3	1.88	4.13	0.61	2.56	0.86	0.40	1.10	0.20	1.24	0.22	0.65	0.08	0.53	0.06	5.59	14.52
34ZK4-191 m	Sd3	37.20	53.10	5.47	17.20	2.25	1.00	1.55	0.16	0.74	0.11	0.39	0.04	0.28	0.04	3.02	119.5
56ZK7-1-B_3	Sd1	0.40	0.84	0.10	0.62	0.29	0.15	0.49	0.13	1.01	0.24	0.87	0.14	0.98	0.14	6.00	6.40
56ZK34-207 m	Sd1	0.26	0.53	0.07	0.35	0.19	0.13	0.61	0.16	1.36	0.27	0.89	0.13	0.88	0.10	6.17	5.93
56ZK34-225.3 m	Sd2	2.74	7.04	1.04	4.43	1.37	0.50	1.99	0.36	2.36	0.39	1.16	0.14	0.88	0.10	9.41	24.50
56ZK34-226.4 m	Sd2	12.90	26.60	3.10	10.90	2.15	0.36	1.88	0.26	1.56	0.29	0.94	0.13	0.72	0.09	6.16	61.88

样品编号	类型	LR/HR	δEu	δCe	$(La/Yb)_N$	$(La/Sm)_N$	$(Gd/Yb)_N$	Y/Ho	Rb	Sr	Ba	Cs	Ga	Nb	Ta	Zr	Hf
8ZK08-279 m	Sd3	16.75	7.99	0.99	27.14	2.76	6.35	>17.8	0.15	4.94	0.59	0.07	3.25	<0.05	<0.05	0.25	<0.05
79ZK06-240 m	Sd3	7.29	2.80	0.95	12.95	1.72	5.40	36.4	0.62	10.10	14.00	<0.05	3.75	<0.05	<0.05	0.64	<0.05
79ZK06-56 m	Sd1	6.77	6.21	0.98	23.65	5.69	3.24	>20.6	0.16	7.93	<0.05	0.05	2.96	<0.05	<0.05	0.21	<0.05
DC308-B_{2-2}	Sd3	10.11	4.73	0.95	17.37	2.45	5.43	>35.2	0.26	2.53	<0.05	0.07	3.15	<0.05	<0.05	0.58	<0.05
86ZK3-412 m	Sd3	6.80	10.10	0.85	8.51	4.41	1.81	25.6	2.08	20.20	5.65	0.19	9.67	0.17	0.03	1.48	0.04
90ZK5-373 m	Sd3	5.22	7.41	0.92	4.36	2.91	1.27	28.3	0.49	11.60	2.24	0.16	8.57	0.05	<0.01	0.74	0.02
64ZK39-447.7 m	Sd3	20.75	86.10	0.68	22.98	8.03	2.70	34.0	0.54	15.80	2.30	0.17	8.31	0.04	<0.01	0.35	<0.01
58ZK23-217.4 m	Sd3	6.33	4.35	0.89	10.04	2.80	2.91	24.5	4.71	6.98	3.45	0.39	9.26	0.26	0.02	4.03	0.12
34ZK4-179 m	Sd3	2.56	1.26	0.90	2.40	1.38	1.68	25.4	1.92	3.39	2.51	0.27	8.94	0.20	0.02	2.49	0.07
34ZK4-191 m	Sd3	35.11	1.64	0.87	89.78	10.40	4.49	27.5	0.80	2.43	1.36	0.18	11.60	0.02	<0.01	0.39	0.01
56ZK7-1-B_2	Sd1	0.60	1.22	0.98	0.28	0.87	0.41	25.0	0.34	0.82	0.67	<0.05	2.48	<0.05	<0.05	0.29	<0.05
56ZK34-207 m	Sd1	0.35	1.17	0.92	0.20	0.86	0.56	22.9	0.60	3.81	1.84	0.08	6.61	0.11	0.02	0.86	0.03
56ZK34-225.3 m	Sd2	2.32	0.93	0.98	2.10	1.26	1.83	24.1	0.43	13.30	7.42	0.10	5.96	0.06	0.02	2.18	0.03
56ZK34-226.4 m	Sd2	9.54	0.55	0.99	12.11	3.78	2.12	21.2	0.69	10.50	5.06	0.13	4.80	0.08	0.01	1.52	0.03

样品编号	类型	Th	V	Cr	Co	Ni	Sc	U	Ti	Sb	Ag	Cu	Zn	W	Ti/V	Ni/Ca
8ZK08-279 m	Sd3	<0.05	<0.05	2.30	0.18	8.22	0.71	0.13	2.84	<0.05	<0.05	1.70	120	0.38	>56.80	45.67
79ZK06-240 m	Sd3	0.06	<0.05	1.14	7.11	9.67	2.66	<0.05	8.04	0.06	0.26	9.97	103	1.35	>160.80	1.36
79ZK06-156 m	Sd3	<0.05	<0.05	0.77	2.85	12.00	0.69	<0.05	4.01	<0.05	0.32	2.63	526	0.30	>80.20	4.21
DC308-B_{2-2}	Sd35	0.06	<0.05	1.62	0.18	8.89	1.32	0.30	11.90	0.09	0.48	8.11	108	0.21	>238.00	49.39
86ZK3-412 m	Sd3	0.11	11.70	6.36	0.87	2.28	0.87	0.31	44.70	1.18	1.09	—	221	—	3.82	2.62
90ZK5-373 m	Sd3	0.05	17.40	3.32	0.62	1.78	2.85	0.28	12.80	0.28	0.44	—	70	—	0.74	2.87
64ZK39-447.7 m	Sd3	0.02	5.96	2.36	0.37	1.68	0.18	0.41	11.10	0.81	1.55	—	47	—	1.86	4.54
58ZK23-217.4 m	Sd3	0.21	9.14	4.88	0.51	2.64	1.49	1.13	98.80	0.17	0.61	—	75	—	10.81	5.18
34ZK4-179 m	Sd3	0.10	8.53	3.78	2.78	3.15	1.30	0.29	74.40	0.70	0.80	—	128	—	8.72	1.13
34ZK4-191 m	Sd3	0.15	5.07	2.18	0.70	2.66	1.48	0.21	9.00	6.31	1.18	—	424	—	1.78	3.80

续表

样品编号	类型	Th	V	Cr	Co	Ni	Sc	U	Ti	Sb	Ag	Cu	Zn	W	Ti/V	Ni/Ca
56ZK7-1-B_2	Sd1	<0.05	1.19	2.80	0.58	7.62	5.75	<0.05	10.50	0.10	<0.05	64	0.61	8.82	13.14	
56ZK34-207 m	Sd1	0.04	4.930	1.38	0.47	1.22	3.05	0.13	33.60	0.18	0.02	—	86	—	6.82	2.60
56ZK34-225.3 m	Sd2	0.05	8.11	3.01	1.91	3.93	3.65	0.50	18.90	0.29	0.03	—	305	—	2.33	2.06
56ZK34-226.4 m	Sd2	0.24	7.03	2.94	2.95	3.39	4.89	0.48	22.00	0.22	1.41	—	184	—	3.13	1.15

注：数据引自牛浩斌等(2019)。<0.05、<0.01 以“0”计算；“—”为未检测；标准化数据源自 Bontony(1984)。

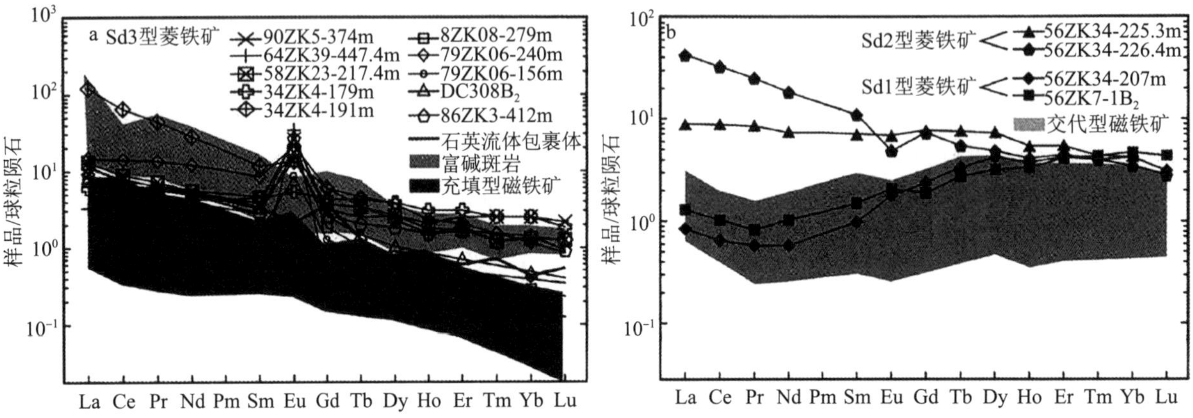

图 1-2-167　云南北衙铁金多金属矿床菱铁矿稀土元素标准化图解

（据牛浩斌等，2019；标准化数据源于 Boyton，1984）

其他微量元素方面，菱铁矿强亏损 Th、U、Zr、Hf、Nb、Ta 等高场强元素(HFSE)与 Rb、Ba 等大离子亲石元素(LILE)，并亏损 Cu、Ni、Cr、W、Ag、Ti、V 等过渡元素，而 Co、Sr、Sc、Zn 等元素含量则保持相对稳定，整体上具有相似的趋势特征和配分型式(图 1-2-168)。从 Sd1、Sd2 到 Sd3，菱铁矿微量元素也存在规律性的变化：Sc 含量从 $3.05\times10^{-6}\sim5.75\times10^{-6}$ 渐降为 $0.18\times10^{-6}\sim2.85\times10^{-6}$，Yb 含量自 $0.72\times10^{-6}\sim0.98\times10^{-6}$ 减少为 $0.06\times10^{-6}\sim0.53\times10^{-6}$，而 Ag 含量则由 $0\sim0.025\times10^{-6}$ 增加至 $0.26\times10^{-6}\sim1.55\times10^{-6}$，Ti/V 值从 2.33~8.82 变化至 0.74 至大于 238，Ni/Co 值也由 1.15~13.14 变化至 1.13~49.39，总体上反映 Ti、Ni 含量增高和 V、Co 含量减少的趋势特征。

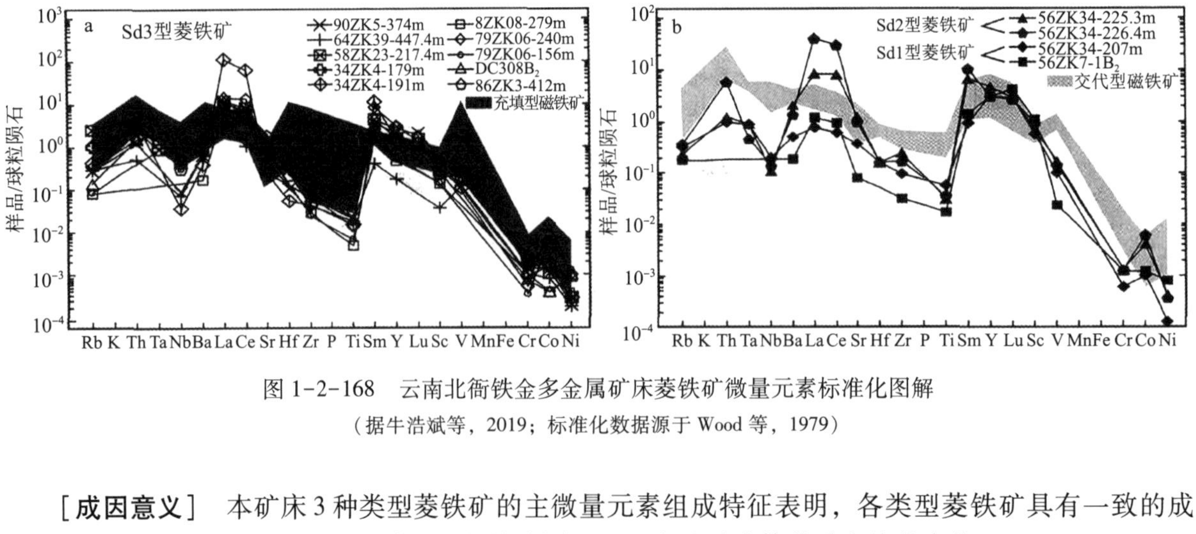

图 1-2-168　云南北衙铁金多金属矿床菱铁矿微量元素标准化图解

（据牛浩斌等，2019；标准化数据源于 Wood 等，1979）

[成因意义]　本矿床 3 种类型菱铁矿的主微量元素组成特征表明，各类型菱铁矿具有一致的成矿物质来源和成因，并与早期磁铁矿一起均为同一源区含矿质流体分阶段演化产物。

(39)云南省滇中地区层控菱铁矿矿床中的菱铁矿

[产地、产状及共(伴)生矿物] 滇中地区前震旦系昆阳群大龙口组和黑山头组中广泛赋存层控菱铁矿矿床。其矿物成分简单，主要为菱铁矿、赤铁矿和褐铁矿。根据矿体形态和围岩特征大致可分两个类型：鲁奎山式菱铁矿体主要呈似层状、透镜状产出，次为脉状；王家滩式菱铁矿体陡倾斜矿脉为主，延深大于延长(沈冰等，2006)。

[形貌特征] 本区菱铁矿有两种类型，一种是灰色细晶菱铁矿，另一种是米黄色粗-巨晶菱铁矿，以前者为主。细晶菱铁矿具变嵌晶结构，主要由他形粒状细晶菱铁矿组成，其中常包含有许多粉砂粒级的石英和鳞片状绢云母包体，菱铁矿呈拉长状，与云母排列方向一致，使片理更加清晰；粗-巨晶菱铁矿晶体粗大，长径为0.24~0.36 mm，短径为0.20 mm。常与粗粒石英伴生。这种类型菱铁矿呈脉状沿裂隙展布，推断其是后期改造的产物。

(40)云南省勐腊县曼洒菱铁矿矿床中的菱铁矿

[产地、产状及共(伴)生矿物] 曼洒铁多金属矿区位于云南省西双版纳州勐腊县。菱铁矿(化)体主要产于上三叠统良子寨组(T_3l)灰岩、泥灰岩及粉砂质泥岩中，呈层状、似层状和透镜体状产出，层控特征明显。铁矿石主要由浅表的褐铁矿石和深部的菱铁矿石组成(坚润堂等，2017)。

[化学成分] 菱铁矿样品的Fe同位素分析结果见表1-2-166。样品δ^{56}Fe总体变化范围在-0.337‰~-0.201‰之间，平均值为-0.261‰；δ^{57}Fe的变化范围为-0.518‰~-0.289‰，平均值-0.378‰。显示其Fe同位素组成与海底热液Fe同位素组成分布范围一致，表明本矿床的形成与海底热液有一定成因联系。

表1-2-166 云南曼洒铁多金属矿床Fe同位素表

样品编号	样品名称	δ^{56}Fe/‰	δ^{57}Fe/‰
DJZ_ 01	菱铁矿	-0.271	-0.407
DJZ_ 02	菱铁矿	-0.201	-0.307
ZK1501_ 6	菱铁矿	-0.216	-0.289
ZK1501_ 7	菱铁矿	-0.247	-0.333
ZK1501_ 9	菱铁矿	-0.222	-0.326
ZK1501_ 10	菱铁矿	-0.321	-0.438
ZK1501_ 11	菱铁矿	-0.237	-0.352
ZK2301_ 1	菱铁矿	-0.337	-0.518
ZK2301_ 2	菱铁矿	-0.237	-0.369
ZK2301_ 4	菱铁矿	-0.316	-0.458
平均值		-0.261	-0.380
热液脉型矿床	菱铁矿		-2.01~1.04，平均-1.34
宣龙式铁矿床(沉积型)	菱铁矿		-9.77~10.62，平均-10.30
安徽新桥铁矿床(热液型)	菱铁矿		-1.04~0.14，平均-0.61
安徽姑山铁矿床(岩浆型)	赤铁矿	0.03~0.53	0.05~0.79
BIF型铁矿床	菱铁矿		-29.4~15.3，平均-9.0

注：数据引自坚润堂等(2017)。

曼洒矿区菱铁矿的Fe同位素组成变化范围很窄，呈现出较为明显的Fe的轻同位素富集特征，δ^{57}Fe值落入海底热液范围狭窄的小区间内(图1-2-169)，δ^{56}Fe值则与全球典型碳酸盐岩的δ^{56}Fe范围基本一致(Johnson et al.，2013；Sun J et al.，2013)，但分布范围更加集中(图1-2-170)。与国内不同类型铁矿床相比较，曼洒铁多金属矿床Fe同位素组成更接近热液型铁矿床的Fe同位素组成，但均一化程度更高。

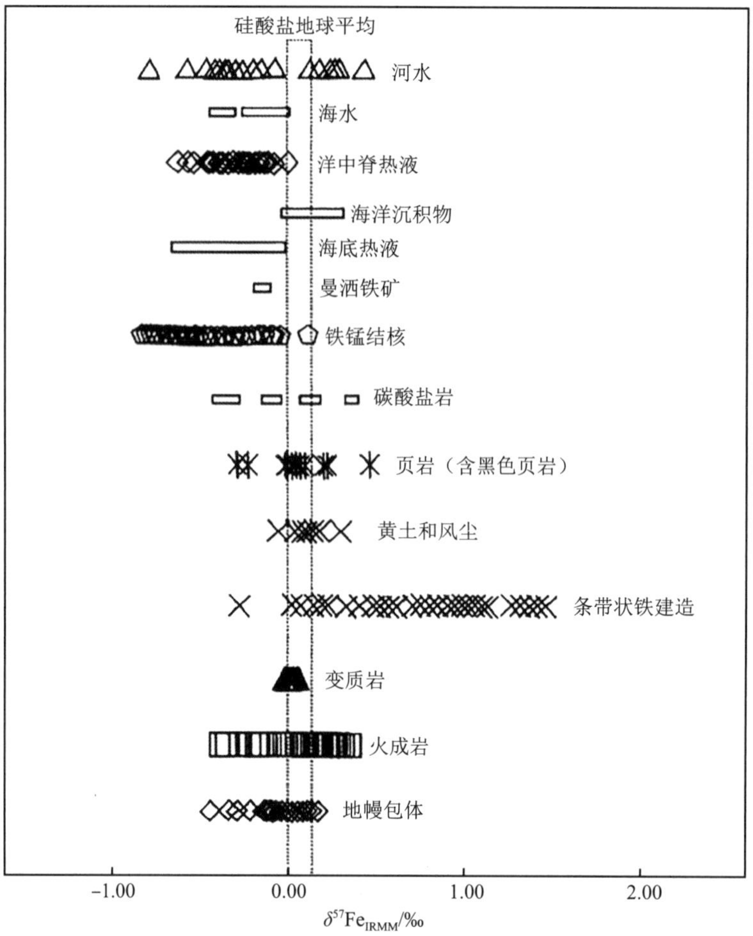

图 1-2-169　不同地质储库的^{57}Fe 同位素变化

（据王跃等，2012）

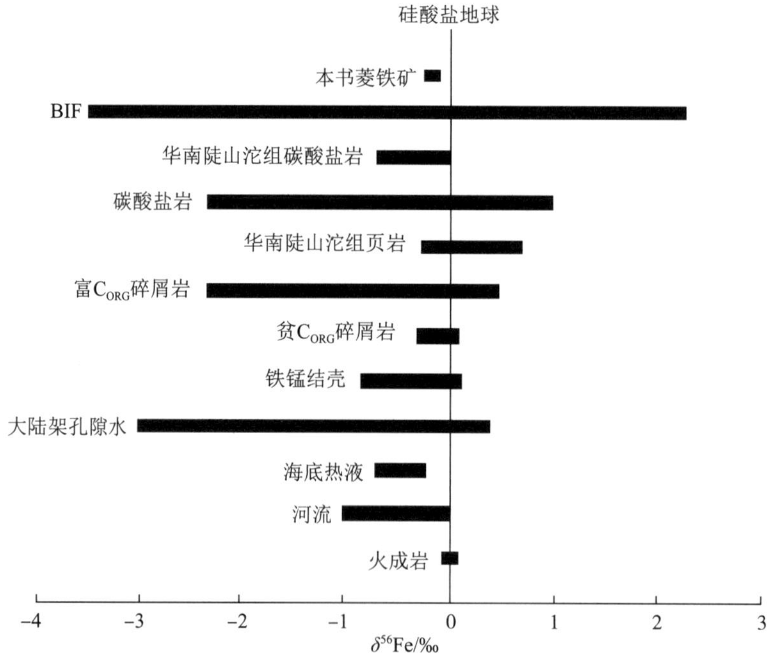

图 1-2-170　不同地质储库的^{56}Fe 同位素组成

（据闫斌，2009）

(41)云南省勐腊县新山菱铁矿多金属矿床中的菱铁矿

［产地、产状及共(伴)生矿物］ 勐腊县新山菱铁矿-多金属矿床位于兰坪-思茅盆地内，由菱铁矿体、铅锌矿体及铜矿体三部分组成，均产于大路边组下段灰岩地层中。块状菱铁矿矿石为自形、半自形晶粒结构，颗粒度 0.1~2 mm，多为 0.5~1.5 mm，最大可达 9~10 mm。块状、层纹状构造。菱铁矿可占 90%~95%，其余为石英。黄铁矿、黝铜矿、重晶石，偶见黄铜矿、绢云母、水云母以及一些泥质岩碎块和砂粒，菱铁矿风化后变成褐铁矿。黄色、黄灰色脉状菱铁矿沿灰岩之裂隙充填，菱铁矿为粗粒状，并含少量黝铜矿及黄铁矿(赵大贤，1985；崔银亮等，1997)。

［主要粉晶衍射数据］ 本区灰色菱铁矿与黄色菱铁矿之晶胞参数(面网间距)一致(表 1-2-167)，说明菱铁矿在运动变化过程中没有外来物质加入晶格。

［形貌特征］ 微细粒灰色菱铁矿矿石俗称“灰矿”，具块状及层纹状构造、自形-半自形粒状结构，粒度 0.05~1.15 mm；黄矿为米黄色粗粒菱铁矿矿石，具块状、晶洞构造，中粒-粗晶或巨晶结构，晶粒自形程度完好，粒度大于 1.15 mm，含 Fe 稍高于灰矿。二者常共生组成“混合矿”。粗粒菱铁矿多由细粒菱铁矿重结晶或被交代而成。有的“黄矿”呈细脉穿切“灰矿”或二者互为条纹状分布。部分粗晶菱铁矿在灰岩裂隙中生长成晶簇状。

表 1-2-167　云南新山矿床菱铁矿 X 射线分析数据

灰矿	d/Å	2.79	1.73	2.34	2.12	1.96	3.60	3.06	1.35	1.20
	I/I_0	100	80	70	70	70	50	50	40	40
黄矿	d/Å	2.78	1.73	3.60	3.06	2.13	1.96	2.34	1.20	
	I/I_0	100	80	60	50	50	50	40	40	

注：数据引自赵大贤(1985)。

［化学成分］ 新山矿区层状菱铁矿及其顶底板生物碎屑灰岩的 $\delta^{18}O$ 值分别为 -9.950‰~-11.07‰和-5.675‰~-13.539‰，二者相似，显示成岩、成矿介质水为混合有大气降水的海水。但二者的 $\delta^{13}C$ 值差别较大，其中层状菱铁矿 $\delta^{13}C$=-4.449‰~-5.809‰(8 个样)落入海相碳酸盐和热液碳酸盐的重叠区。顶底板灰岩的 $\delta^{13}C$=1.886‰~12.615‰(10 个样)落入海相碳酸盐岩的范围。这也佐证了成矿在海相环境中进行，是热水作用的结果。

(42)云南省新平县大红山铜铁矿床中的菱铁矿

［产地、产状及共(伴)生矿物］ 云南省新平县大红山矿区由火山气液富化铁矿床、火山熔浆(矿浆)铁矿、火山喷发-沉积铜矿床及火山-沉积改造菱铁矿床等组成。矿区东部的哈母白祖菱铁矿矿床为碳酸盐岩中火山-沉积改造菱铁矿床(沈远仁，1981)。矿区东段Ⅰ号矿带以产铁铜共生矿体为主要特征，赋存有数量可观的菱铁矿。矿体呈层状、似层状及凸镜状，产于白云石大理岩夹黑云钠长片岩层中，矿层顶板为块状钠柱石大理岩。普遍含有菱铁矿条带。菱铁矿为主要矿石矿物之一，常与白云石共生(刘伟等，2012)。

［形貌特征］ 呈半自形-他形粒状，一般粒度为 0.2~0.5 mm，部分可达 0.7~1 mm，含石英、钠长石、黑云母、电气石等包体。

［物理性质］ 新鲜菱铁矿为灰白色、米黄色，氧化后为棕褐色。性脆；烧后颜色变黑，并具磁性。

［光学性质］ 折光率如表 1-2-168 所示，与菱锰矿(平均值 N_o=1.833，光轴角 $2V$=15°)相比，折光率稍偏低。

［化学成分］ 菱铁矿单矿物物相分析结果显示，含碳酸铁 69%~74%、碳酸镁 10%~17%、碳酸锰 10%~13%(矿物的折光率)，与 $MgCO_3$-$FeCO_3$-$MnCO_3$ 三组连续系列(表 1-2-168)相比较，属于菱锰矿-菱铁矿的过渡系列。

东段Ⅰ号矿带中菱铁矿矿石的化学成分见表 1-2-169。表中各矿体磁铁矿量与菱铁矿量的比值：Ⅰc 为 0.61，Ⅰb 为 0.59，Ⅰa 为 0.80，Ⅰo 为 0.23，其 Mn 含量正好与之成反比关系，具有明显的指示作用。另外 Mn 含量均高于 100，有沉积改造型菱铁矿矿石的特征。菱铁矿的 $K_2O>Na_2O$，表明其为沉积成因。

表 1-2-168 云南哈母白祖菱铁矿矿床中菱铁矿单矿物物相分析结果

成分	镁菱铁矿/%	锰菱铁矿/%	菱铁矿/%	含锰镁菱铁矿/%
$MgCO_3$	9.1~23.3	—	—	10.6~17.7
$FeCO_3$	83.6~73.2	77.2	97.7~100.0%	69.6~74.7
$MnCO_3$	—	15.8	0~1.8	10.9~13.3
NO	1.830~1.847	1.849	1.8724~1.875	1.833

注：数据引自沈远仁(1981)。

表 1-2-169 云南大红山矿区东段 I 号矿带菱铁矿矿石化学特征表(w_B/%)

矿体	FeO	SiO_2	Al_2O_3	CaO	MgO	Na_2O	K_2O	TiO_2	S	Mn
Ⅰc	32.47	16.65	2.29	3.12	5.06	0.37		0.09	2.52	
Ⅰb	30.27	23.55	4.01	4.55	3.57	1.55	2.04	0.79	0.13	2.76
Ⅰa	25.31	34.17	6.63	2.50	2.53	1.08	1.34	0.69	0.14	2.37
Ⅰo	33.58	18.66	2.16	5.06		0.24	3.53		0.32	4.36

注：数据引自刘伟等(2012)。

[光谱特征] 经差热分析(图 1-2-171)，本区菱铁矿分解时吸热谷和放热峰的温度值都比一般菱铁矿偏高。吸热谷为 560~570℃(菱铁矿的理论计算分解温度为 470~552℃)。这是因为菱铁矿中含有较多的类质同象镁与锰之故(镁有耐温性)，所以本区菱铁矿应为含锰镁菱铁矿。

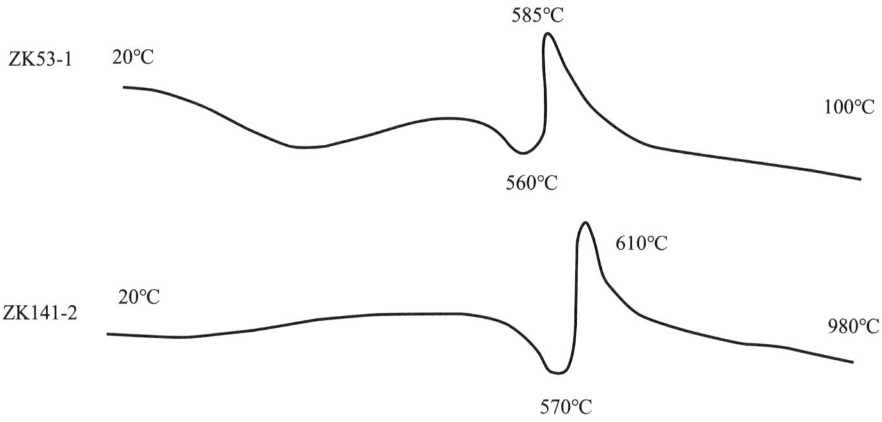

图 1-2-171 云南哈母白祖菱铁矿矿床中菱铁矿的差热分析曲线
(据沈远仁，1981)

(43)云南省永平县上别咧铜多金属矿床中的菱铁矿

[产地、产状及共(伴)生矿物] 上别咧铜多金属矿床处于三江褶皱系兰坪-思茅凹陷盆地西缘。矿床主要金属矿物有砷黝铜矿、黄铜矿、黄铁矿、毒砂、辉铜矿、磁黄铁矿、磁铁矿、斑铜矿、辰砂等；脉石矿物主要有菱铁矿、重晶石、白云石、石英等。次生矿物主要有褐铁矿、赤铁矿、蓝铜矿等。

[形貌特征] 晶体呈菱形粒状，构成粒状、半自形粒状集合体。

(44)长江中下游地区扬子型铜矿床中的菱铁矿

[产地、产状及共(伴)生矿物] 长江中下游地区的扬子型铜矿床分为 3 个类型，即位于石炭系黄龙组底部(C_2h)碎屑岩与碳酸盐岩过渡地段的层状含铜黄铁矿矿体、中酸性小侵入体接触带上的含

铜矽卡岩矿体、矿脉和侵入体及角砾岩筒中的网脉或细脉浸染状铜矿体。菱铁矿主要产于黄龙组下部，一是呈层状产出，常与白云石或(胶)黄铁矿形成层纹状构造；二是呈脉状、团块状等产出，可能为改造或热液成因(董平等，1995)。

[物理性质] 青灰色和米黄色两种。

[化学成分] 弱改造菱铁矿 $\delta^{18}O_{SMOW}=10.60‰$，$\delta^{13}C_{PDB}=1.77‰$；强改造菱铁矿的 $\delta^{18}O_{SMOW}=16.21‰$，$\delta^{13}C_{PDB}=4.42‰$，后者明显高于前者，说明随着改造程度的增强，菱铁矿与热液中的同位素交换程度也增强。

(45)浙江省西湖凹陷古近系储层砂岩中的菱铁矿

[产地、产状及共(伴)生矿物] 西湖凹陷位于东海陆架盆地北部，为一狭长的新生代沉积凹陷，是东海陆架盆地中规模最大、最具油气潜力的一个次级盆地。西湖凹陷古近系储层砂岩中自生碳酸盐矿物的主要类型包括方解石、白云石和菱铁矿。菱铁矿胶结物主要分布在平湖组上部地层，以颗粒环边方式产出，形成的部位主要是在原生粒间孔内以及颗粒接触线和石英颗粒边缘尘线上(王春梅等，2008；邹明亮等，2008)。

[形貌特征] 大多数菱铁矿以泥晶、微晶到粉晶的形式分布于碎屑粒间；少数菱铁矿以团块状产出，晶体大小仍为泥晶-微晶级。

[化学成分] 本区菱铁矿主要是同生或准同生阶段沉淀成因(一些粉晶菱铁矿可能是早成岩阶段的胶结物)。具有最高的 $\delta^{18}O$ 值(表 1-2-170)说明其中大多数组分具有较低的沉淀温度；在所有组分中，菱铁矿 $\delta^{13}C$ 的值也是最高的，这可能与准同生阶段甲烷的形成消耗大量的轻碳有关。

表 1-2-170 浙江西湖凹陷古近系储层砂岩碳酸盐矿物氧、碳同位素及相应化学组成成分分析结果

主要矿物构成	主要产出方式	同位素/‰		化学组成/%			
		$\delta^{13}C$	$\delta^{18}O$	Fe_2O_3	CaO	MgO	酸溶物
方解石	粒状结构	-0.253	-1.577	1.24	1.29	0.59	6.77
方解石	连生结构	-0.439	-1.859	2.06	7.21	1.01	19.14
菱铁矿	泥粉晶结构	0.227	-0.923	2.32	0.26	0.61	6.70
碳酸盐	不清			0.70	0.07	0.33	2.78
碳酸盐	分散碎屑状	-0.136	-1.094	0.84	0.10	0.40	3.33
铁白云石	粒状环边	-0.282	-1.219	1.98	8.90	3.42	26.68
平均		-0.245	-1.490	1.55	3.13	0.87	10.94

注：数据引自王春梅等(2008)。

七、菱锌矿(Smithsonite)

1. 菱锌矿的一般特征

[产地、产状及共(伴)生矿物] 为一种产于含锌矿床氧化带的次生矿物，可能是置换锌矿床附近的碳酸盐岩石而形成菱锌矿的矿床。产地很丰富，主要有希腊 Laurium、波兰 Tarnowitz 和 Beuthen、比利时 Moresnet、德国 Altenberg、奥地利 Bleiberg、意大利 Iglesias、美国 Friedensville 等、墨西哥 Santa Eulalia 等、越南北部 Trang da 和澳大利亚 Broken Hill 等地，法国 Chessy、赞比亚 Kabwe 和纳米比亚 Tsumeb 产出完好的大晶体样品。共(伴)生矿物有异极矿、硅锌矿、水锌矿、白铅矿、孔雀石、蓝铜矿、绿铜锌矿和铅矾(Palache et al.，1951；Effenberger et al.，1981)。

[形貌特征] 不常见晶体，粒径最大可至 10 cm。发育菱面体{$10\bar{1}1$}和偏三角面体{$21\bar{3}1$}，常见晶面{$10\bar{1}0$}、{0001}及其他附加的修饰面，晶面弯曲。集合体常呈葡萄状、肾状、球粒状、钟乳石状、珠状、土状、碎裂状、粒状至多孔状或者致密块状。

[晶体结构] 三方晶系；$R\bar{3}c$。晶胞参数为 $a=4.6526(7)$ Å，$c=15.0257(22)$ Å；$Z=6$。

［**主要粉晶衍射数据** $d/\mathrm{Å}(I)(hkl)$］ 2.760(100)(104)，3.55(50)(012)，1.703(45)(018)，2.327(25)(110)，1.946(25)(202)，2.110(18)(113)，1.515(14)(211)，1.493(14)(122)(PDF 8-449)。

［**物理性质**］ 白色、浅灰色、深灰色、浅棕色、棕色，少见红色、粉色、橘黄色、黄色、苹果绿色、翡翠绿色、蓝色和蓝灰色；条痕白色；透明-半透明；玻璃光泽，可为珍珠光泽。{$10\bar{1}1$}完全解理，不平整至贝壳状断口；性脆；摩氏硬度 $H=4\sim4.5$。密度 $D_{测量}=4.43(1)\ g/cm^3$，$D_{计算}=4.43\ g/cm^3$。在紫外光下可能发出浅绿色或浅蓝色荧光。

［**光学性质**］ 在透射光下显示无色至微弱的色调。一轴负晶；折光率 $\omega=1.842\sim1.850$，$\varepsilon=1.619\sim1.623$。色散强。

［**化学成分**］ 理想化学式为 $Zn(CO_3)$，其化学组成($w_B/\%$)为：ZnO 64.90，CO_2 35.10，合计 100.00。产于德国 Aachen 的样品化学组成($w_B/\%$)为：ZnO 64.55，MgO 0.04，CaO 0.35，不溶物 0.07，CO_2 35.25，总计 100.26。

［**与其他矿物种的关系**］ 属于方解石族，分别与菱锰矿和菱铁矿形成两个矿物系列。

2. 在中国的产出情况

菱锌矿主要产于各种成因的铅锌矿床的氧化带中，或者产于菱锌矿矿床中。菱锌矿是非硫化物锌矿床的主要矿石矿物，在闪锌矿被发现之前，菱锌矿一直作为锌的主要来源。大多数学者认为菱锌矿是原生锌硫化物矿床表生氧化作用的产物，属于表生成因(Mondillo et al.，2018)；也有部分学者提出菱锌矿可能为原生热液成因(Boni et al.，2007；Borg，2015)。根据成分划分为含铁菱锌矿和不含铁菱锌矿，含铁菱锌矿是氧化带中的偏胶体矿物，多为肾状、葡萄状、钟乳状、皮壳状和土状集合体，当其中的铁发生氧化后会形成褐铁矿，从而被褐铁矿浸染。中国菱锌矿的产地较为丰富，主要集中分布在辽宁、内蒙古、甘肃、青海、陕西、河南、湖北，湖南、广东、广西、云南、贵州、四川、西藏和新疆等省(直辖市、自治区)。此外在吉林、山东、河北、江西、江苏、福建和重庆等地区也有零星产出。但关于菱锌矿的矿物学特征研究比较少。

菱锌矿颜色丰富，常见有绿、蓝、黄、黄绿、淡、棕、粉、白至无色等。罗洁等(2022)选取黄绿色菱锌矿玉对其颜色的成因进行了探讨。样品为纯净的菱锌矿，主要成分为 ZnO，其平均含量为 61.3%，次要成分有 CaO、FeO、MnO、CdO 及 PbO。样品中含有微量过渡金属元素 Fe 和 Mn，平均含量分别为 7363.5×10^{-6} 和 3558×10^{-6}。样品在 740 cm^{-1}、883 cm^{-1} 和 1490 cm^{-1} 处出现菱锌矿的特征吸收带，740 cm^{-1} 归属于$[CO_3]^{2-}$的面内弯曲振动单峰，883 cm^{-1} 归属于$[CO_3]^{2-}$的面外弯曲振动峰，1490 cm^{-1} 处的强吸收谱带为$[CO_3]^{2-}$反对称伸缩振动所致。拉曼谱有 300 cm^{-1}、728 cm^{-1} 和 1091 cm^{-1} 等方解石族特征峰，300 cm^{-1} 归属于 ZnO 对称伸缩振动，728 cm^{-1} 归属于$[CO_3]^{2-}$面内弯曲振动，1091 cm^{-1} 归属于$[CO_3]^{2-}$对称伸缩振动。综合分析认为，Fe^{3+}的$^6A_1\rightarrow{}^4E(D)$跃迁、$^6A_1\rightarrow{}^4T_2(D)$跃迁、$Mn^{2+}$的 d 电子跃迁产生的紫外-可见光谱 377 cm^{-1}、395 cm^{-1} 和 417 nm 附近的吸收带是样品产生黄绿色的原因。EPR 谱也显示出 $g=2.0$ 左右的 Mn^{2+}的特征六重超精细共振谱线和 $g=1.98$ 左右的 Fe^{3+}的特征谱线。结合样品成分和吸收光谱等特征，可以认为菱锌矿玉样品的黄绿色是由 Fe^{3+}和 Mn^{2+}的 d-d 轨道电子跃迁共同导致。

菱锌矿除了可作为锌的矿石矿物外，还是一种传统的中药材，具有收敛、防腐的功效，其具有强大的修复作用，可以防止日晒后引起的氧化作用，增进肌肤自然抗御自由基酵素，现在很多高端化妆品里都含有菱锌矿(廖宝丽等，2017)。

(1)东北地区某铅锌矿床的菱锌矿

［**产地、产状及共(伴)生矿物**］ 东北地区某铅锌矿床位于低山冷湿-温湿气候区，属低温热液充填矿床。原生矿体成凸镜状、囊状，受北东和向、北西西向两组断裂控制。原生矿物主要有方铅矿、淡黄褐色闪锌矿、黝铜矿、车轮矿、黄铁矿等。其氧化带深度达 30~40 m，氧化带内的菱锌矿晶体形态种类较多，变化也大，是氧化带分带和形成条件的重要指示体。根据各种菱锌矿晶体的单形、晶面指数、

聚形种类及地质产状的不同，菱锌矿的晶体可分为多菱面体聚形晶体（图 1-2-172～图 1-2-174）、单菱面体聚形晶体（图 1-2-175）和菱面体单形晶体（图 1-2-176）三类（杨敏之等，1966）。

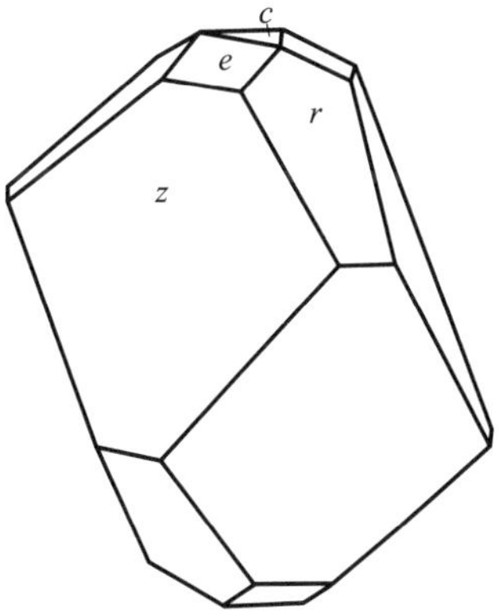

图 1-2-172　多菱面体聚形的菱锌矿晶体

（据杨敏之等，1966）

单形：$c\{0001\}$，$e\{10\bar{1}2\}$，$r\{10\bar{1}1\}$，$z\{05\bar{5}2\}$

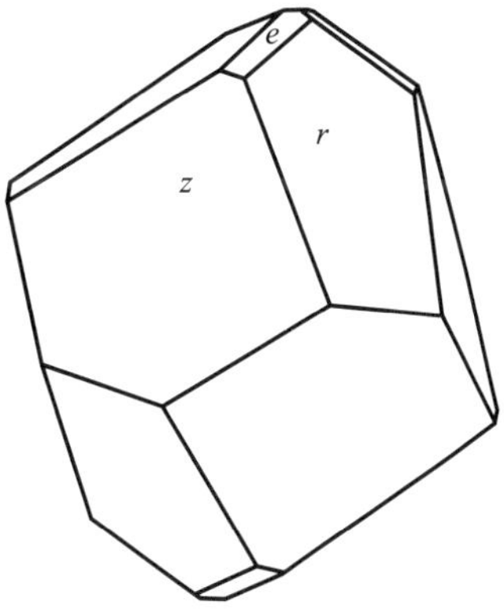

图 1-2-173　多菱面体聚形的菱锌矿晶体（标本小 1003）

（据杨敏之等，1966）

单形：$e\{10\bar{1}2\}$，$r\{10\bar{1}1\}$，$z\{05\bar{5}2\}$

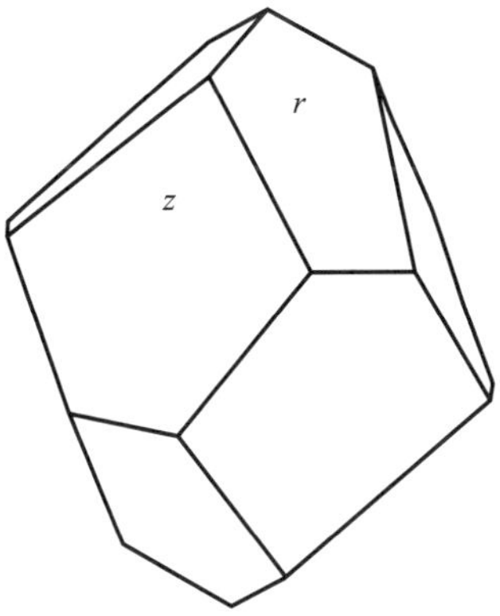

图 1-2-174　多菱面体聚形的菱锌矿晶体（标本小 1004）

（据杨敏之等，1966）

单形：$r\{10\bar{1}1\}$，$z\{05\bar{5}2\}$

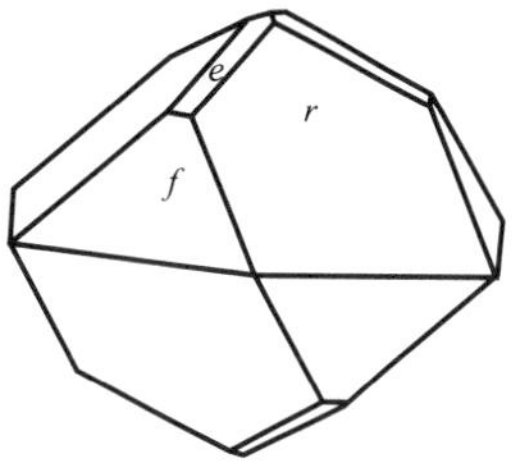

图 1-2-175　单菱面体聚形的菱锌矿晶体

（据杨敏之等，1966）

单形：$e\{10\bar{1}2\}$，$r\{10\bar{1}1\}$，$f\{02\bar{2}1\}$

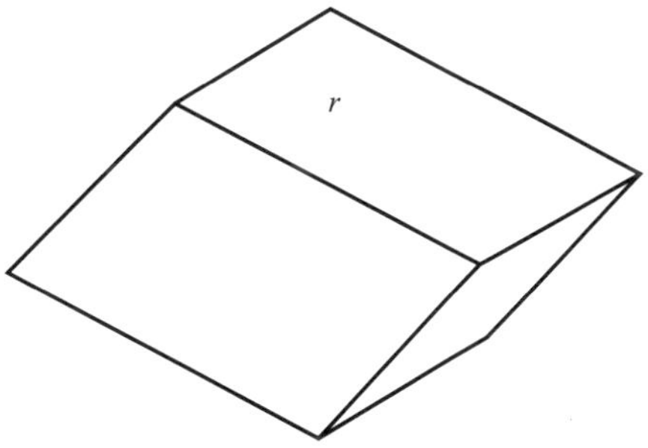

图 1-2-176　菱面体的菱锌矿晶体（标本大 1007）

（据杨敏之等，1966）

单形：$r\{10\bar{1}1\}$

［晶系］　各种形态的菱锌矿晶体均属三方晶系，对称型：$L_6^3 3L^2 3PC$。

［形貌特征］　多菱面体聚形晶体发育有单形 $c\{0001\}$、$e\{10\bar{1}2\}$、$r\{10\bar{1}1\}$、$z\{05\bar{5}2\}$。出现有 3 种聚形：$c\{0001\}$、$e\{10\bar{1}2\}$、$r\{10\bar{1}1\}$、$z\{05\bar{5}2\}$ 聚形；$e\{10\bar{1}2\}$、$r\{10\bar{1}1\}$、$z\{05\bar{5}2\}$ 聚形和 $r\{10\bar{1}1\}$、

$z\{05\bar{5}2\}$聚形，这些聚形都出现单形 $z\{05\bar{5}2\}$。这种聚形晶体呈乳白-灰色，晶体大小 0.3 mm×0.5 mm~1.0 mm×1.5 mm，晶体棱角多被溶蚀，晶体内含水针铁矿包体，多被揭铁矿混染，晶面上覆盖有褐铁矿被膜，晶体微透明-透明，在高倍镜下观察以 $z\{05\bar{5}2\}$ 晶面上出现有连续的生长锥（高 0.005 mm，宽 0.01 mm，长 0.015 mm），锥顶向着晶体的顶点，晶面上高低不平，弱玻璃光泽。晶体多集合成小球体（1.5 mm×1.5 mm~3.0 mm×3.0 mm）和薄层状（厚 1.0~2.0 mm），晶体多星散生长在水针铁矿，针铁矿组成的格状、蜂窝状构造的空洞内。该类晶体在风化深的矿体氧化带的铁帽带的上部出现。

单菱面体聚形晶体由单形 $e\{10\bar{1}2\}$、$r\{10\bar{1}1\}$、$f\{02\bar{2}1\}$ 组成的聚形，该类晶体单形的晶面指数较低，没有出现单形 $z\{05\bar{5}2\}$。聚形晶体呈灰色-无色，弱玻璃光泽，晶体大小一般 2.5 mm×2.0 mm~3.0 mm×4.0 mm，部分晶棱被溶蚀，大部分晶体晶面上没有出现生长锥，只有少部晶体的 $f\{02\bar{2}1\}$ 单形的晶面上出现生长锥（长 0.005 mm，宽 0.01 mm，高 0.002 mm），这些生长锥多孤单分布。晶体的表面较平滑，只有少部分晶体被揭铁矿混染和覆盖。该类晶体多成晶簇生长在水针铁矿、针铁矿集合体的孔洞内。部分晶体呈星散状赋存在角砾状构造的氧化矿石空洞内。晶体上常生长有白铅矿。该类晶体产在铁帽带下部。

菱面体单形晶体由单形 $r\{10\bar{1}1\}$ 组成。晶体出现两种不同的形态：长窄的菱面体（c 轴较长）和短宽的菱面体（c 轴较短）。该种晶体无色透明，玻璃光泽，晶体较大，一般 2.0 mm×4.0 mm~6 mm×8 mm。晶体的各晶面光滑平坦，没有出现生长锥。晶棱完整没有溶蚀现象，亦没有被混染和被覆盖的现象。晶体多成晶簇出现在菱锌矿层的裂隙和空洞内。该种晶体产在菱锌矿带。

［成因意义］ 矿床氧化带内的菱锌矿晶体自地表向下具分带现象（表 1-2-171）。可以看出，从铁帽带到菱锌矿带，菱锌矿晶体形态的变化为：多菱面体聚形晶体→单菱面体聚形晶体→菱面体单形晶体。所以，菱锌矿晶体的不同形态是氧化带分带的标志之一。

表 1-2-171 各种菱锌矿晶体在氧化带不同部位的含量百分比变化表

氧化带名称	距地表深度	多菱面体聚形晶体		单菱面体聚形晶体	菱面体晶体
铁帽带上部	5 m	标本数量 含量/%	52 86.66	5 8.33	35.00
	10 m	标本数量 含量/%	62 71.26	15 17.24	10 11.50
铁帽带下部	15 m	标本数量 含量/%	4 5.31	45 71.25	10 23.44
菱锌矿带	20 m	标本数量 含量/%	— —	4 7.41	50 92.54
	25 m	标本数量 含量/%	— —	— —	60 100.00

注：数据引自杨敏之等（1966）。

根据菱锌矿各种晶体形态、表面结构、单形种类和相互关系的比较研究，说明菱锌矿晶体在生长过程中晶面的生长发育是有规律的。菱锌矿晶体在生长的早期阶段出现多菱面体聚形晶，中期阶段出现单菱面体聚形晶，晚期阶段形成单菱面体晶体。在菱锌矿晶体生长过程中，晶面，$(10\bar{1}1)$ 生长较慢，较稳定，不易消失；晶面 $(05\bar{5}2)$、$(20\bar{2}1)$ 生长较快，较不稳定，晶面上多出现生长锥，易消失。由于铁帽带上部处在 CO_2 分压低，ZnO 浓度低的碱性溶液条件下，不利于菱锌矿晶体的生长，这使菱锌矿晶体在早期阶段就停止了生长，保存了多菱面体聚形晶体。菱锌矿带处于 CO_2 分压高，ZnO 浓度高的弱碱性溶液中，有利于菱锌矿晶体生长，所以菱锌矿晶体生长发育一直延续到晚期阶段，出现菱面体单形晶体。

(2)甘肃省宕昌县代家庄铅锌矿床中的菱锌矿

[产地、产状及共(伴)生矿物] 代家庄非硫化物锌矿床位于甘肃陇南地区宕昌县城东北约15 km处，产于西成盆地西部泥盆系的碳酸盐岩夹碎屑岩中，代家庄菱锌矿床中发现了层纹状矿石。地表氧化带所见金属矿物以菱锌矿、白铅矿为主，次有土状褐铁矿、赤铁矿、铅钒等，脉石矿物为方解石、重晶石、石膏、石英、绢云母等。这些埋藏较深的菱锌矿具有纹层状组构，与金顶等铅锌矿中氧化带的菱锌矿组构主要为土状、皮壳状和晶簇状不一样，并非简单的表生氧化矿床(段永民等，2007；杨永强等，2010)。

[形貌特征] 菱锌矿呈他形-半自形不等粒状(晶粒状)，粒度0.03~1.5 mm。

(3)广东省蕉岭县麻坑锌矿床中的菱锌矿

[产地、产状及共(伴)生矿物] 麻坑非硫化物型锌矿床位于粤东晚古生代梅州拗陷东北部、近南北向蕉岭向斜的西翼，含矿岩石为强风化浅绿色粘土岩、黑色锰土及黑土角砾岩，未见原生金属硫化物。锌矿物有两种，即异极矿和菱锌矿，异极矿含量高(15%~40%)、分布最广；菱锌矿仅见于H0258样品中且含量少(王松等，2008)。

[主要粉晶衍射数据] X射线物相分析结果显示(图1-2-177)，本区矿石中主要矿物成分为蒙脱石、绢云母、石英、方解石、异极矿、菱锌矿，另含少量高岭石(?)、闪石类(?)及石榴子石，其中异极矿和菱锌矿是最主要的锌矿物。

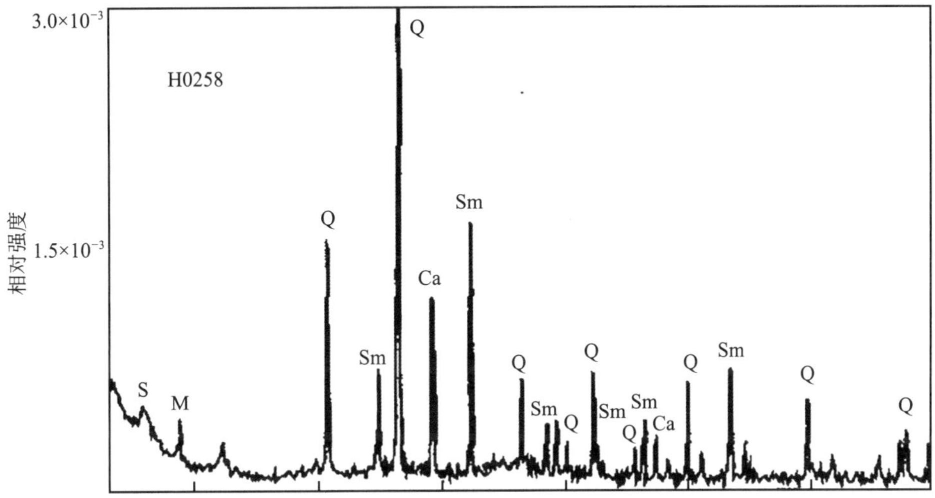

图1-2-177 广东麻坑锌矿床矿石粉末X射线物相分析谱线图

(据王松等，2008)

S—蒙脱石；M—云母；Q—石英；Ca—方解石；Sm—菱锌矿

[形貌特征] 菱锌矿呈圆形、葡萄状、肾状，大小0.05~0.5 mm。

[物理性质] 透射光下无色；无解理；无双晶。

[光学性质] 单颗粒单偏光中正突起。正交偏光下为高级白干涉色。常聚集成团块或形成细脉，脉宽0.5 mm。

[化学成分] 本区菱锌矿的电子探针分析结果如表1-2-172所示。

(4)贵州省都匀市牛角塘镉锌矿床中的菱锌矿

[产地、产状及共(伴)生矿物] 牛角塘镉锌矿床位于贵州省都匀地区，产于扬子准地台与江南褶皱带的过渡带断陷盆地中，受同生断层控制。矿体主要为层状或似层状，产状与围岩基本一致，与围岩为渐变的过渡关系。矿石主要由闪锌矿和黄铁矿组成，其次是方铅矿、纤锌矿和菱锌矿。脉石矿物基本都是白云石，少量的粘土矿物、石英和方解石，偶见重晶石(刘铁庚等，2004)。

[形貌特征] 菱锌矿为自形或半自形晶体。

表 1-2-172 广东麻坑锌矿床中菱锌矿的电子探针分析结果(w_B/%)

样品号	矿物	Na_2O	MgO	Al_2O_3	SiO_2	K_2O	CaO	TiO_2	CrO_3	MnO	FeO	ZnO	总计
H0258	菱锌矿	0.00	0.02	0.01	0.03	0.04	0.78	0.00	0.00	0.00	0.01	65.60	66.49
	菱锌矿	0.00	0.02	0.01	0.00	0.12	1.34	0.00	0.00	0.00	0.01	62.37	63.87
	菱锌矿	0.00	0.01	0.00	0.01	0.04	1.31	0.00	0.00	0.03	0.03	62.08	63.49

注：数据引自王松等(2008)。

(5)贵州省某铅锌砂矿床中的菱锌矿

贵州省某矿区第四系铅锌砂矿是由原生矿风化残积(搬运)形成的，矿砂中富含稀贵金属锗和银。经能谱分析，该矿砂中含有菱锌矿、白铅矿、针铁矿以及脉石矿物白云石和石英(鱼鹏涛等，2010)。

(6)湖北省兴山县滩羊河菱铁矿矿床中的菱铁矿

滩羊河矿床位于湖北兴山县。矿体顺背斜轴部产出，自然弯曲呈饼状。其矿石矿物主要有菱锌矿、锌褐铁矿，少量白锌矿、锌矾、红锌矿，另外还有少量淋蚀残余闪锌矿、方铅矿、黄铁矿等。脉石矿物有白云石、方解石、文石、重晶石、石英、玉髓等(王六明，1988)。

(7)湖南省龙山县江家垭菱锌矿矿床中的菱铁矿

[产地、产状及共(伴)生矿物] 湖南省西北部龙山-桑植铅锌矿带的菱锌矿床，主要赋存于上寒武统耗子沱群第3段和下奥陶统南津关组底部的“硅化体”与纯灰岩接触面附近，为以菱锌矿为主、异极矿其次的锌矿床。矿体呈似层状、透镜状、似脉状等，主要产于硅化体下部或其沿倾斜延伸位及其尖灭处。矿石矿物成分简单，主要金属氧化矿物为菱锌矿，次为异极矿，少量水锌矿、硅锌矿、白铅矿，偶见红锌矿。非金属矿物主要为石英、方解石和白云石，次为玉髓、粘土、铁泥质物、绢云母和石膏等(鲍正襄等，1982，2001；鲍珏敏等，1987，2003)。

[形貌特征] 菱锌矿为半自形-他形粒状结构，偶见水锌矿呈皮壳状与纤维菱锌矿(有生长纹)共生，分隐晶-粉晶(<0.05 mm)和粉晶-细晶(0.05~0.2 mm)2个粒级。

[化学成分] 按照本区菱锌矿石化学成分分析结果(表1-2-173)，为富镁含硅贫钙的质地较纯的氧化矿石，镉含量较高，且镉与锌含量呈正相关(γ=0.50~0.72)，Zn/Cd值为63~157。

表 1-2-173 湖南江家垭菱锌矿矿床矿石主要化学成分分析结果(w_B/%)

矿床	样号	矿石类型	Zn	Pb	Cu	Fe	Cd	MgO	CaO	Al_2O_3	SiO_2	S
江家娅	1	菱锌矿(1)	45.50	0.33	0.99	0.30	1.08	—	—	—	8.60	1.50
	2	菱锌矿(1)	47.66	1.98	0.20	0.35	—	—	—	—	8.80	0.30
	3	菱锌矿(1)	50.66	0.04	0.04	—	—	28.23	1.28	0.28	6.19	—
二垭	4	异极矿(1)	41.56	0.04	0.04	—	—	24.70	0.72	0.50	31.36	—
	5	白铅矿(1)	—	—	—	—	—	0.54	0.31	0	0.63	—
	6	氧化矿(3)	16.89	—	—	—	0.191	—	—	—	—	—
	7	混合矿(1)	20.54	—	—	—	0.283	—	—	—	—	—
	8	闪锌矿(3)	33.01	—	—	—	0.361	—	—	—	—	—

注：数据引自鲍正襄等(2001)。括号内数字江家垭矿床为样品数；二垭矿床为矿体数。

在江家垭矿床含锌50.54%的菱锌矿石内，其中$Zn_{碳酸锌}$ 32.92%、$Zn_{硅酸锌}$ 17.0%、$Zn_{硫化锌}$ 0.29%、$Zn_{氧化物}$ 0.13%。即该区菱锌矿石主要以碳酸锌($ZnCO_3$)形式存在，其次以碱式硅酸锌[$Zn_4(Si_2O_7)OH \cdot H_2O$]形式存在，属于菱锌矿-异极矿混合相，而硫化锌(ZnS)、氧化物[$(Fe, Mn, Zn)O \cdot (Fe, Mn)_2O_3$]则含量甚微。

(8)陕西省凤县铅洞山铅锌矿床中的菱锌矿

[产地、产状及共(伴)生矿物] 陕西凤县铅洞山大型铅锌矿床产于中泥盆统古道岭组上岩段含碳生物灰岩和星红铺组下岩段碳质千枚岩夹薄层灰岩的过渡带中，矿体呈似层状、透镜状赋存于铅洞

山背斜的鞍部及两翼，受层位、岩相和构造控制。该矿床1号主矿体上部氧化带发育。主要有用矿物为白铅矿、菱锌矿及少量闪锌矿、方铅矿，脉石矿物为针铁矿、方解石、白云石、石英、绢云母及少量伊利石、软锰矿、石膏、地开石等(李徽，1987)。

[主要粉晶衍射数据] 见表1-2-174。

表1-2-174 陕西铅洞山铅锌矿床中菱锌矿的X射线粉晶数据

序号	菱锌矿						No.	菱锌矿					
	d/Å	I/I_1	d/Å	I/I_1	d/Å	I/I_1		d/Å	I/I_1	d/Å	I/I_1	d/Å	I/I_1
1	3.9	1	3.9	2	3.9	1	19	1.210	3	1.205	3	1.210	3
2	3.53	7	3.53	8	3.53	7	20	1.187	5	1.186	5	1.187	5
3	3.02	4	3.03	5	3.02	4	21	1.163	1	1.165	2	1.163	1
4	2.73	10	2.74	10	2.73	10	22	1.105	5	1.105	4	1.105	5
5	2.55	1	2.56	2	2.55	1	23	1.071	8	1.070	8	1.071	8
6	2.31	6	2.32	6	2.31	6	24	1.055	4	1.056	4	1.055	4
7	2.21	2	2.22	2	2.21	2	25	1.037	1	1.038	1	1.037	1
8	2.10	5	2.10	5	2.10	5	26	1.011	2	1.010	2	1.011	2
9	1.95	6	1.95	6	1.95	6	27						
10	1.87	2	1.87	3	1.87	2	28						
11	1.77	4	1.78	4	1.77	4	29						
12	1.70	10	1.70	9	1.70	10	30						
13	1.56	1	1.55	1	1.56	1	31						
14	1.49	5	1.49	4	1.49	5	32						
15	1.41	6	1.41	5	1.41	6	33						
16	1.38	1	1.37	2	1.38	1	34						
17	1.34	4	1.34	3	1.34	4	35						
18	1.260	2	1.255	2	1.260	2	36						

实验条件：
1. 阳极：Fe
2. 滤波片：—
3. 电压：30 kV
4. 电流：10 mA
5. 相机直径：57.3 m/m

曝光时间：10 h

测定人：张德义

注：数据引自李徽(1987)。

[形貌特征] 以他形粒状、皮壳状为主，而针状、放射状及自形者少见。

[物理性质] 薄片中无色或浅褐黄色；透明。以比重瓶法实测其密度为4.3 g/cm^3。显微硬度经Orthoplan显微镜测定为484.2~537.2 kg/mm^2。

[光学性质] 一轴负晶；突起高；高级白干涉色。反射光下呈灰黑色，双反射显著，内反射为白色。反射率R_o=9.8%，R_e=5.6%(589 nm)。

[化学成分] 本区菱锌矿贫Fe、Pb，而Ca、Mg含量微少(表1-2-175)，伴生有益组分是Cd、Hg、Ag，而Ga、Ge等甚微。本区8件菱锌矿样品平均含Cd 1296×10^{-6}，低于云南兰坪铅锌矿床同种矿物的Cd品位(平均7040×10^{-6})，而与广东凡口铅锌矿床该矿物的Cd含量(平均1200×10^{-6})相近。以含Hg为特征，高者可达500×10^{-6}，低者140×10^{-6}，8件样品平均Hg含量为369×10^{-6}。含Ag 45.2 g/t。

[光谱特征] 两件菱锌矿品的红外吸收光谱图(图1-2-178)特征完全一致，并在743 cm^{-1}、840 cm^{-1}、870 cm^{-1}、1435 cm^{-1}和1820 cm^{-1}有几条特征波数，与德国菱锌矿的红外吸收光潜之标准图谱相同。

(9)陕西省南郑区楠木树铅锌矿床中的菱锌矿

[产地、产状及共(伴)生矿物] 陕西楠木树铅锌矿床矿石中有用矿物以菱锌矿、闪锌矿、方铅矿为主，少量硅锌矿、黄铁矿等。脉石主要为白云石、石英。菱锌矿为主要的含锌矿物，其锌含量占矿石总锌量的70.00%以上，菱锌矿常交代闪锌矿，使其呈残晶，也交代硅锌矿、白云石，

发现交代闪锌矿的水锌矿逐渐结晶成菱锌矿(武俊杰等，2012)。

表 1-2-175 陕西铅洞山铅锌矿床中菱锌矿单矿物化学分析结果表

矿物	含量/%									含量/10^{-6}								Σ/%
	Pb	Z	Fe	Cu	S	CaO	MgO	H_2O^+	CO_2	Cd	Ga	Ge	Se	Hg	Mn	Ag	Au	
菱锌矿	0.96	4.99	0.58	0.005	0.036	0.170	0.280	1.54	34.44	1740	1	1	1	220	640	38.7	0.08	100.91
菱锌矿	0.56	48.9	0.62	0.005	0.026	0.500	0.640	0.84	34.39	860	1	1	1	140	1420	9.8	0.02	99.19
菱锌矿	0.72	48.8	1.58	0.005	0.213	0.860	0.740	1.18	34.17	2030	1	28	0	270	1110	17.4	0.12	101.33

注：数据引自李徽(1987)。$\Sigma = PbO+ZnO+Fe_2O_3+CO_2+CaO+MgO+H_2O++S+\cdots+Au$(%)；PbO=Pb×1.08；ZnO=Zn×1.25；FeO=Fe×1.29。

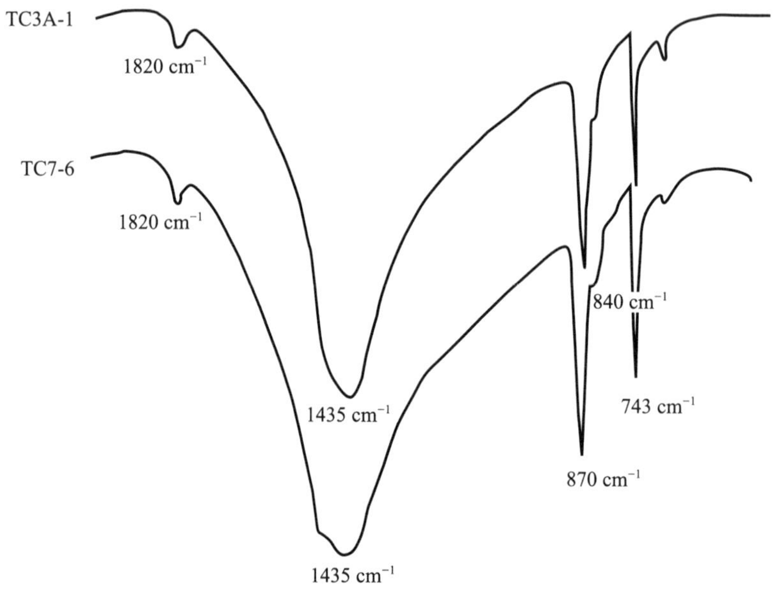

图 1-2-178 陕西铅洞山铅锌矿床中菱锌矿的红外吸收光谱图

(据李徽，1987)

[**化学成分**] 本区原生矿石的光谱半定量分析结果如表 1-2-176 所示。

表 1-2-176 陕西楠木树铅锌矿床原生矿石光谱半定量分析结果

元素	含量/10^{-6}	元素	含量/10^{-6}	元素	含量/10^{-6}	元素	含量/10^{-6}
Ag	4.0000	Cu	60.0000	Na_2O	0.0050	Th	10.0000
Al_2O_3	0.0020	TFe_2O_3	0.0160	Nb	5.0000	Ti	50.0000
B	20.0000	Ga	<1.0000	Ni	5.0000	V	10.0000
Ba	3000.0000	As	—	P	530.0000	W	<1.0000
Be	<1.0000	Hf	5.0000	Pb	0.0100	Y	2.0000
Bi	—	K_2O	0.0003	Rb	<1.0000	Zn	>0.0100
CaO	>0.2000	La	<1.0000	Sb	—	Zr	5.0000
Cd	130.0000	Li	15.0000	Sc	<1.0000	SiO_2	>0.1000
Ce	<1.0000	MgO	0.0850	Sn	<1.0000	Hg	—
Co	<1.0000	Mn	25.0000	Sr	50.0000	Au	—
Cr	30.0000	Mo	20.0000	Ta	1.0000	—	—

注：数据引自武俊杰等(2012)。

(10)陕西省旬阳县红花坪铅锌矿床中的菱锌矿

红花坪铅锌矿位于南秦岭旬阳盆地的金铜、铅锌、汞锑等多金属成矿带内，矿体形态较简单，呈层状、似层状，局部呈不规则的脉状或透镜状，沿走向或倾向延伸较为稳定。矿体产状与围岩地层产状近似一致。矿石中主要矿石矿物为闪锌矿、方铅矿，其次为少量黄铁矿、菱锌矿和菱锌锰矿等。菱锌矿为原生锌矿物在地表氧化带的次生矿物，在矿石中呈星散-稀疏浸染状分布，在其粒间和边部分布有菱锌锰矿(图1-2-179)；其次，菱锌矿被含锌菱铁矿交代形成交代结构(图1-2-180)(郭彩莲等，2013)。

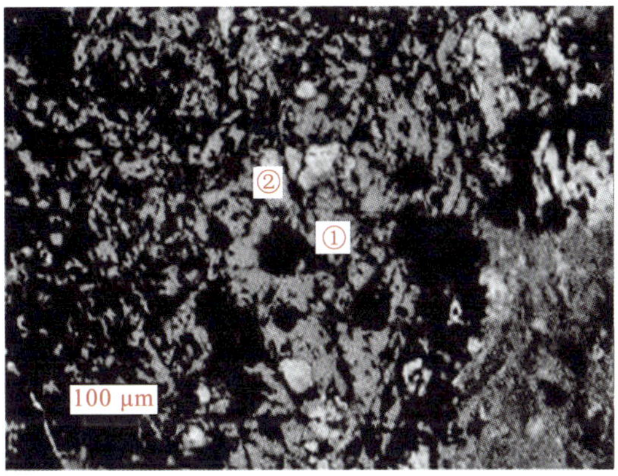

图1-2-179　菱锌矿与菱锌锰矿连生

(据郭彩莲等，2013)

①菱锌矿；②菱锌锰矿

图1-2-180　含锌菱铁矿沿菱锌矿边部分布

(据郭彩莲等，2013)

①菱锌矿；②含锌菱铁矿

(11)西藏谢通门县斯弄多铅锌矿床中的菱锌矿

谢通门县斯弄多矿区位于冈底斯-念青唐古拉板块冈底斯陆缘火山-岩浆弧南缘隆格尔-南木林地块北缘，其铅锌矿体赋存于石炭系昂杰组白云质灰岩-白云岩层间构造破碎带内，受构造破碎带控制。矿石矿物主要为褐铁矿、异极矿、菱锌矿、方铅矿、白铅矿、铅矾(孙晓轩等，2012)。

(12)新疆和田火烧云菱锌矿矿床中的菱锌矿

[产地、产状及共(伴)生矿物]　新疆和田火烧云矿床是迄今我国规模最大的锌(铅)矿床，同时也是全球罕见的巨型菱锌矿矿床。容矿围岩龙山组由泥晶灰岩、砂屑灰岩、鲕粒灰岩和生物碎屑灰岩等组成，广泛发育鸟眼构造、窗格构造和平底晶洞构造，指示沉积环境为中侏罗世碳酸盐岩台地滨海-潮坪的滩坝(介壳滩、鲕粒滩)高能环境。矿床形成经历了阶段Ⅰ菱锌矿(Sm1)、阶段Ⅱ菱锌矿

(Sm2)-(方铅矿)和阶段Ⅲ菱锌矿(Sm3)-方铅矿(铅矾)3 个连续成矿阶段，其中主成矿阶段菱锌矿(Sm1)占比 80%以上。按矿石矿物组合可划分为菱锌矿矿石、菱锌矿-白铅矿(方铅矿)矿石和方铅矿-菱锌矿矿石等，其中菱锌矿矿石是矿区矿石主体，作为火烧云矿区主要矿石类型，占比超过 80%。矿石矿物以菱锌矿为主，少量白铅矿和方铅矿；脉石矿物以方解石为主，少量石膏。菱锌矿具有多阶段叠加成矿特点。从早到晚可分 3 个阶段(Sm1，Sm2，Sm3)，早期主成矿阶段菱锌矿(Sm1)含量占比超过 80%，进一步划分为泥晶菱锌矿 Sm1a 和亮晶菱锌矿 Sm1b，以前者为主(高兰等，2020)。

[形貌特征] 泥晶菱锌矿(Sm1a)浅褐色-浅棕红为主，次为深灰至浅灰色。菱锌矿交代结晶结构，呈菱形、长粒状、多边形、似鲕状等多种形态，自形-半自形粒状结构，稠密浸染状、块状、镶嵌构造。菱锌矿单晶粒级从粉晶到细晶(图 1-2-181h~l)，其中雾心亮边菱形菱锌矿(图 1-2-181i、h)和似鲕粒菱锌矿(图 1-2-181m)较为特征，晶体环带构造发育(图 1-2-181h)。泥晶菱锌矿(Sm1a)阴极发光(CL)呈亮红色。亮晶菱锌矿(Sm1b)浅灰色至无色，呈不规则团块状和细脉状产出(图 1-2-181e)，半自形-他形粒状结构，脉状、镶嵌构造。亮晶菱锌矿(Sm1b)为成矿早期晶隙或裂隙充填结晶菱锌矿，与泥晶菱锌矿(Sm1a)菱锌矿伴生产出(图 1-2-181e)。Sm1b 阴极发光(CL)呈暗红色或不发光。

第二阶段菱锌矿(Sm2)浅灰色至无色，与第一阶段菱锌矿(Sm1b)不同，主要呈裂隙脉状，沿早期菱锌矿(Sm1a-b)间裂隙充填，自裂隙壁两侧向中心对称生长(图 1-2-181e)。菱锌矿(Sm2)常与菱锌矿(Sm1b)伴生，以栉壳状和少量方铅矿(Gn2)枝晶为标志特征，显示菱锌矿快速的沉淀，形成于相对还原(低 E_h)pH 接近中性的环境。菱锌矿(Sm2)阴极发光(CL)呈暗红色或不发光，常见振荡式暗红色夹亮红色阴极发光条带(图 1-2-181n)。第三阶段菱锌矿(Sm3)浅棕色，自形-半自形粒状结构，与方铅矿(Gn3)(铅矾)-石膏共生呈脉状产出。

本矿床菱锌矿矿物形态多样(图 1-2-181e、h、i、k、m)，大多数继承了被交代原岩碳酸盐岩矿物或生物化石形貌特征，如残余颗粒幻影结构、雾心亮边(图 1-2-181i、h)、化石假象(图 1-2-181n、j)等，显示后生热液交代特点。阴极发光显微照片显示菱锌矿“鲕粒”(图 1-2-181m、n)保留了原灰岩鲕粒同心层假象，证实灰岩鲕粒被菱锌矿交代的分层溶蚀-沉淀特征(图 1-2-181n)。“腹足”假象菱锌矿(图 1-2-181j)由骨骼形态亮晶菱锌矿和腹腔形态泥晶菱锌矿组成，保留了交代前原“腹足”骨骼和腹腔的完整形态，亮晶菱锌矿由腹足骨骼亮晶方解石溶蚀-菱锌矿充填沉淀而成，泥晶菱锌矿则继承了交代前泥晶充填物的泥晶结构，“腹足”化石假象菱锌矿为其交代生物碎屑灰岩成因提供了重要证据。

[化学成分] 本矿床碳-氧同位素测试结果表明，菱锌矿 $\delta^{13}C_{V-PDB}$ 主要分布于 0.77‰~4.97‰之间，$\delta^{18}O_{V-SMOW}$ 主要分布于 20.90‰~40.87‰之间。碳酸盐(岩)$\delta^{13}C_{V-PDB}$-$\delta^{18}O_{V-SMOW}$ 散点图(图 1-2-182)显示，火烧云矿床菱锌矿(Sm1、Sm2 和 Sm3)和灰岩及方解石脉 $\delta^{13}C_{V-PDB}$ 和 $\delta^{18}O_{V-SMOW}$ 投点范围相近，菱锌矿和方解石与灰岩碳和氧同位素具有继承关系，并没有受到开放系统大气影响而贫 $\delta^{13}C_{V-PDB}$，相反，由于锌碳酸盐成矿过程中热液作用，导致一定的碳同位素分馏，菱锌矿 $\delta^{13}C_{V-PDB}$ 呈现更为富集趋势，最高值接近 5‰。火烧云菱锌矿与伊朗 Angouran 矿床深成菱锌矿(SS)(Gilg et al.，2008)的 $\delta^{13}C_{V-PDB}$ 和 $\delta^{18}O_{V-SMOW}$ 分布范围重叠，表明两个矿床菱锌矿具有相似的原生深成热液成因。

(13)云南省兰坪县来龙铅锌矿床中的菱锌矿

[产地、产状及共(伴)生矿物] 云南兰坪县的菱锌矿主要产于来龙铅锌矿属热液脉型铅锌矿床，其矿体是产于上三叠统三合洞组(T_3s)灰岩层间破碎带中，矿体受断裂破碎带控制比较明显。菱锌矿主要产于铅锌矿床氧化带，是由闪锌矿氧化分解所产生的硫酸锌交代碳酸盐围岩或原生矿石中的方解石而成，常与孔雀石、蓝铜矿等次生矿物伴生。菱锌矿矿石呈皮壳状构造，主要产在白云岩(灰色)空洞边缘，裂隙表面，形成具有弯曲面或不规则形状的壳层构造。和此构造一起发育的、常有晶洞状构造和胶状构造(廖宝丽等，2017)。

[形貌特征] 菱锌矿细粒状，其大小在 0.5~1 cm 之间。晶面弯曲，伴有晶洞出现。

[物理性质] 呈浅黄色至金黄色，黄色菱锌矿俗称“火鸡油”。玻璃-油脂光泽；透明或半透明

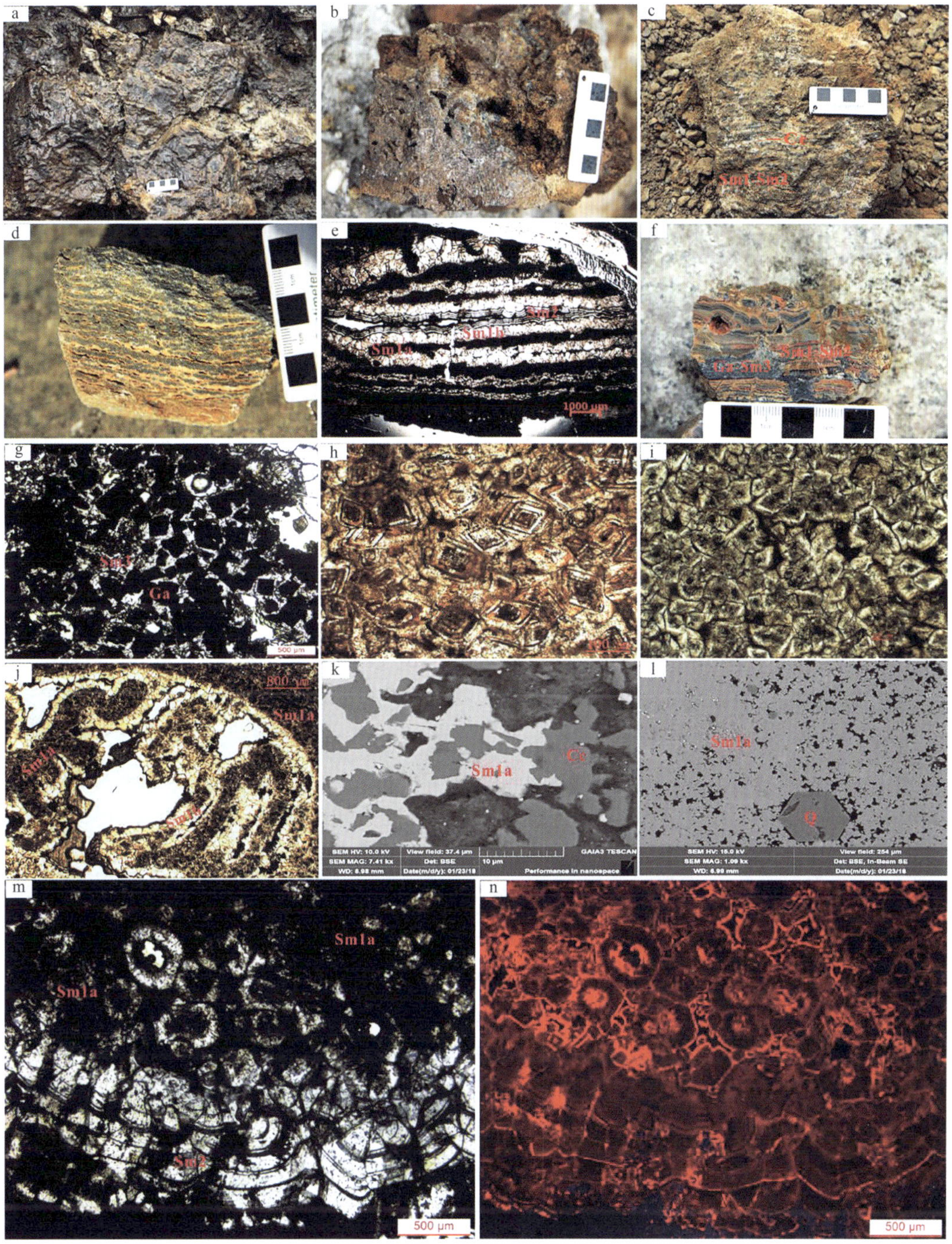

图 1-2-181　新疆和田火烧云矿床主要矿石类型及其特征

（据高兰等，2020）

a—角砾状菱锌矿（Sm1a）矿石，III_1 主矿体；b—块状菱锌矿（Sm1a）矿石，晶洞发育，III_1 主矿体；c—斑马状矿石，深灰色菱锌矿（Sm1a-b）与白色白铅矿（Ce）组成 Sm1a-Sm1b-Ce-Sm1b-Sm1a 斑马构造，II_1 矿体；d—斑马状矿石，深灰色菱锌矿（Sm1）-浅灰-无色菱锌矿（Sm2）组成 Sm1-Sm2-Sm2-Sm1 式斑马构造，II_1 矿体；e—图 d 斑马状菱锌矿矿石局部显微照片，Sm2 具有栉壳状、胶状（重结晶）构造，单偏光；f—深灰色方铅矿（铅矾）-菱锌矿（Sm3）脉向上穿切斑马状菱锌矿矿石（Sm1-Sm2），II_1 矿体；g—图 f 中深灰色方铅矿（铅矾）-菱锌矿（Sm3）显微照片，单偏光；h—细晶菱锌矿（Sm1a），自形晶结构，具多环雾心亮边结构，单偏光；i—半自形镶嵌状雾心亮边菱锌矿（Sm1a），单偏光；j—腹足化石假象菱锌矿，腹足骨骼溶蚀后被亮晶菱锌矿（Sm2）充填，基质及腹足腔内均为（交代）泥晶菱锌矿（Sm1a），单偏光；k—菱锌矿交代方解石前锋，深灰色为方解石（Cc），灰白色为菱锌矿（Sm1a），凹坑为未充填溶蚀孔隙；l—块状菱锌矿矿石（Sm1a），晶间孔和晶间溶孔发育，照片下方为石英晶体（Q），扫描电镜；m—交代似鲕状菱锌矿（Sm1a，Sm1b）和胶状菱锌矿（Sm2）脉；n—图 m 的 CL 视域，菱锌矿（Sm1a）发亮红色光，菱锌矿（Sm2）发暗红色光，菱锌矿（Sm1b）不发光

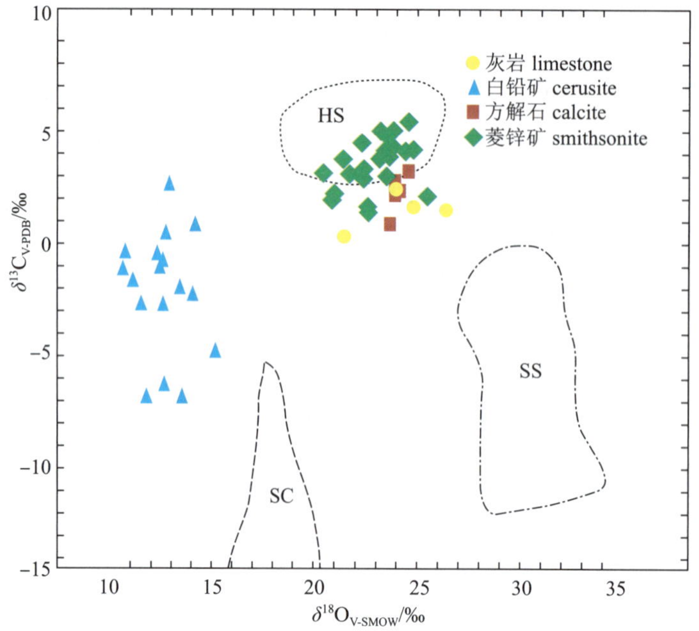

图 1-2-182　新疆和田火烧云矿区碳酸盐矿物及灰岩碳-氧同位素图解

（据高兰等，2020）

虚线框据 Gilg 等(2008)；SC—表生白铅矿；SS—表生菱锌矿；HS—伊朗 Angouran 矿床原生(深成)菱锌矿

状。采用静水称重法进行相对密度测定，经过测试 6 个样品，每个样品测试 3 次取得的相对密度为 4. 198~4. 330。摩氏硬度在 4~5 之间。在紫外荧光灯下表现为强荧光，长波下为蓝白荧光，短波下为橙黄色荧光。

[光学性质] 显微镜下，薄片呈无色至灰色，解理沿菱面体发育，突起高。干涉色高级白，对称消光，一轴负晶。单偏光下无色、灰色，解理沿棱面发育明显，正交下具高级干涉色，对称消光，负延性。利用矿物折射仪对菱锌矿集合体进行测定，其集合体折射率为 1. 74(点测法)。

[化学成分和性质] 测试结果如表 1-2-177 显示，云南兰坪县菱锌矿的主要成分为 ZnO、CO_2。其中，ZnO 含量为 60. 37%~61. 56%，平均为 60. 97%；CO_2 为 35. 10%，平均为 35. 10%。此外，还含有 CaO、CdO、PbO、FeO、MnO，随着样品 PbO+CaO 含量的增加，ZnO 的含量逐渐减少，表明菱锌矿结构中 Pb、Ca 类质同象替代 Zn 的量有所增加。测试结果表明菱锌矿中含有较高的镉，含量为 0. 23%~0. 93%，镉含量高的菱锌矿样品颜色较黄，含量低的则浅，结合文献资料和镉元素的性质，推断其黄色正是镉所致色，镉在地壳中的含量比锌少得多，常常以少量包含于锌矿中，而镉具有一定的毒性，被镉污染的空气和食物对人体具有一定的危害。菱锌矿遇酸会起泡。

表 1-2-177　云南兰坪县菱锌矿电子探针波谱成分分析结果(w_B/%)

样品	ZnO	CO_2	CaO	FeO	CdO	CuO	MnO	PbO	总计
1	60. 982	35. 10	0. 462	0. 469	0. 373	0. 095	0. 167	0. 194	97. 845
2	61. 25	35. 10	0. 593	0. 395	0. 300	0. 000	0. 191	0. 174	98. 003
3	60. 082	35. 10	0. 426	0. 461	0. 303	0. 017	0. 137	0. 093	96. 631
4	58. 839	35. 10	0. 848	0. 410	0. 230	0. 037	0. 153	0. 133	95. 750
5	60. 444	35. 10	0. 243	0. 270	0. 619	0. 005	0. 133	0. 254	97. 068
6	59. 875	35. 10	0. 463	0. 211	0. 934	0. 000	0. 066	0. 247	96. 896
7	61. 146	35. 10	1. 039	0. 553	0. 472	0. 000	0. 158	0. 254	98. 722
8	61. 616	35. 10	1. 005	0. 478	0. 545	0. 083	0. 095	0. 161	99. 116

续表

样品	ZnO	CO_2	CaO	FeO	CdO	CuO	MnO	PbO	总计
9	60.033	35.10	1.160	0.552	0.441	0.000	0.154	0.04	97.480
10	62.016	35.10	0.311	0.426	0.493	0.112	0.116	0.147	98.721
11	62.918	35.10	0.559	0.380	0.664	0.000	0.036	0.080	99.737
12	62.322	35.10	0.251	0.357	0.612	0.000	0.000	0.000	98.642
13	60.075	35.10	0.213	0.264	0.623	0.111	0.015	0.321	96.724
14	61.960	35.10	0.228	0.287	0.815	0.050	0.066	0.254	98.774

注：数据引自廖宝丽等(2017)。

[光谱特征] 显微拉曼光谱测试结果见图 1-2-183，样品均具有 5 组拉曼位移：v_1 100～350 cm^{-1}，v_2 680～750 cm^{-1}，v_3 1040～1130 cm^{-1}，v_4 1380～1460 cm^{-1} 和 v_5 1700～1800 cm^{-1}。低频率端 192 cm^{-1} 和 300 cm^{-1} 为晶格振动，728 cm^{-1} 处为晶格内部 C-O 键对称弯曲振动，1090 cm^{-1} 处为晶格内部 C—O 键对称伸缩振动。峰值 300 cm^{-1}、728 cm^{-1} 和 1090 cm^{-1} 与菱锌矿的标准矿物拉曼图谱对比，拉曼特征峰基本吻合，出现拉曼位移的变化，主要是由于 Fe^{2+}、Cd^{2+} 等离子取代 Zn^{2+}。拉曼图谱偏离基线，越往后上升幅度越大，表明了菱锌矿具有荧光，与矿物学常规测试结果一致。

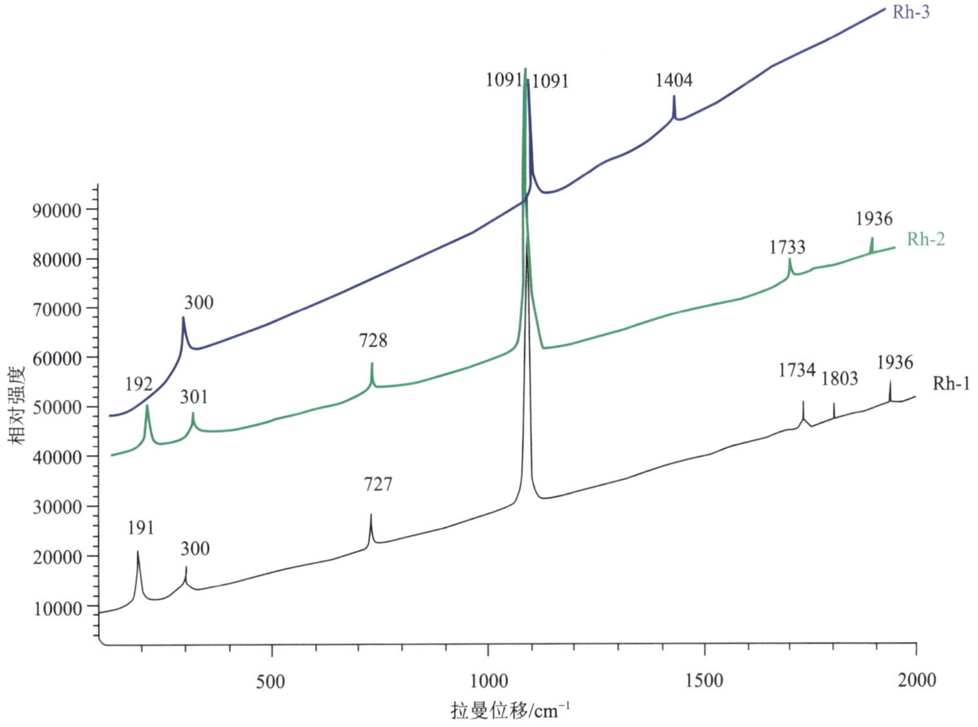

图 1-2-183　云南兰坪菱锌矿的激光拉曼光谱图
（据廖宝丽等，2017）

红外光谱测试结果见图 1-2-184。在 1600～300 cm^{-1} 范围具有 3 个明显的吸收带，分别位于 140～1000 cm^{-1}、800～600 cm^{-1}、300～100 cm^{-1} 区间，3 个谱带分别对应了碳酸盐矿物的碳酸根 CO_3^{2-} 振动模式在 1500～600 cm^{-1} 出现的 v_1(非对称伸缩振动)、v_2(面外弯曲振动)和 v_3(面外弯曲振动)3 个谱带。1430± cm^{-1}v_3 带吸收非常宽而且吸收最强，870±cm^{-1} v_2 吸收较尖锐，740±cm^{-1}v_4 吸收峰很尖锐而且相对较弱，是碳酸盐矿物的特征吸收频率，同时也说明 CO_3^{2-} 基团内的 C—O 共价键结合能力远远要比 Zn^{2+}-CO_3^{2-} 离子间及 $ZnCO_3$ 分子间的结合力强得多。通过与菱锌矿($ZnCO_3$)的标准矿物红外光谱图对比，吸收峰特征基本吻合。

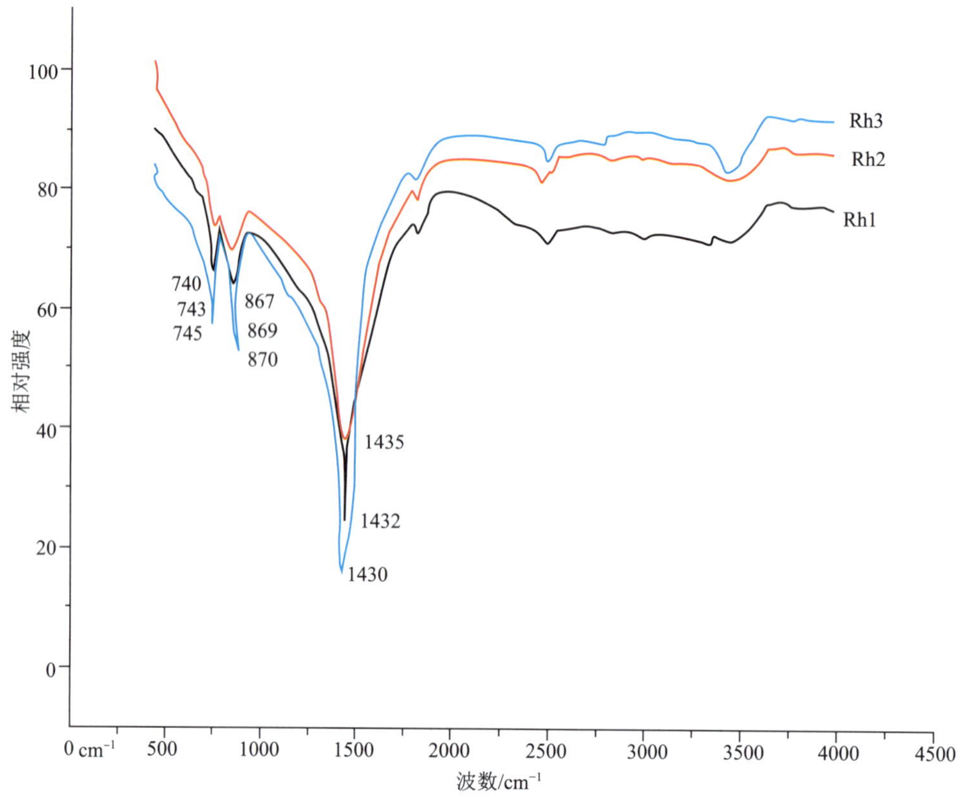

图 1-2-184　云南兰坪菱锌矿的红外光谱图
（据廖宝丽等，2017）

八、球菱钴矿(Spherocobaltite)

1. 球菱钴矿的一般特征

[产地、产状及共(伴)生矿物]　是热液含钴矿床中的一种少见的次生矿物。主要产地分布于德国 Schneeberg，意大利 Libiola，格鲁吉亚 Zemo－Svanetia，刚果 Katanga，摩洛哥 Aghbar，美国 Cameron，墨西哥 Boleo 和澳大利亚 Mt. 钴矿床等。共(伴)生矿物有砷钴钙石、钴华和镍华(德国 Schneeberg)；含钴方解石和含钴白云石(刚果)(Palache et al.，1951；Pertlik，1986)。

[形貌特征]　晶体不常见，菱面体{$10\bar{1}1$}，发育圆形晶面{0001}和修饰晶面{$10\bar{1}1$}，粒径可至 5 mm。集合体常呈致密辐射同心状、球状、块状和结壳状。可见双晶。

[晶体结构]　三方晶系；$R\bar{3}c$。晶胞参数为 a=4.659 Å，c=14.957 Å；Z=6。

[主要粉晶衍射数据 d/Å(I)(hkl)]　2.743(100)(104)，3.551(40)(012)，1.702(30)(116)，1.697(25)(018)，2.330(20)(110)，2.112(20)(113)，1.948(20)(202)，1.4946(12)(122)(PDF11-692；人工合成样品)。

[物理性质]　深玫瑰红色、红色，表面可能变为灰色、棕色或者天鹅绒黑色；条痕桃红色；透明；玻璃光泽。摩氏硬度 H=4。密度 $D_{测量}$=4.13 g/cm^3，$D_{计算}$=4.214 g/cm^3。

[光学性质]　一轴负晶。折光率 ω=1.855(5)，ε=1.60(1)。多色性：O=红紫色，E=玫瑰红色。

[化学成分]　理想化学式为 Co(CO_3)，其化学组成(w_B/%)为：CoO 63.00，CO_2 37.00，合计 100.00。产于德国 Schneeberg 的样品化学组成(w_B/%)为：CoO 61.75，CaO 1.89，CO_2 36.36，总计 100.00(减去 Fe_2O_3 3.41%，H_2O 1.22%后按总计 100%重新计算)。

[与其他矿物种的关系]　属于方解石族。

2. 在中国的产出情况

球菱钴矿非常罕见，目前有报道的中国球菱钴矿唯一产地为青海省海西蒙古族藏族自治州格尔木市肯德可克矿床(董春艳等，2005)。

白云石族(Dolomite group)

铁白云石	Ankerite	$CaFe^{2+}(CO_3)_2$	三方晶系
白云石	Dolomite	$CaMg(CO_3)_2$	三方晶系
锰白云石	Kutnohorite	$CaMn^{2+}(CO_3)_2$	三方晶系
锌白云石	Minrecordite	$CaZn(CO_3)_2$	三方晶系
钡白云石	Norsethite	$BaMg(CO_3)_2$	三方晶系

九、铁白云石(Ankerite)

1. 铁白云石的一般特征

[产地、产状及共(伴)生矿物] 形成于低级变质铁矿石和沉积条带铁建造中，也可产于碳酸盐岩中，为成岩作用过程中形成的自生矿物，或是碳酸盐沉积中热液交代的产物，或在热液硫化物脉中出现。产地众多，但是很少有完好晶体或者大量产出，仅在新西兰北岛的 Tui 矿山中有大的铁白云石晶体产出。其他主要产地还有奥地利 Styria、意大利 Brosso 矿山、英国 Oldham、美国 Roxbury 铁矿床等和哥伦比亚 Muzo，以及美国、加拿大、西澳等地的沉积铁建造中。其共(伴生)矿物有菱铁矿和白云石(Palache et al., 1951; Klein et al., 1976; Reeder et al., 1989; Rosenberg, 1991; Chang L L Y et al., 1996)。

[形貌特征] 菱面体晶体$\{10\bar{1}1\}$，晶面弯曲或呈马鞍状；发育柱状至板状晶面$\{11\bar{2}0\}$和$\{0001\}$；或呈$\{10\bar{1}1\}$和$\{0001\}$晶面同样发育的假八面体晶形。粒径可至 5 cm。集合体呈柱状、钟乳石状、粒状和块状。发育简单双晶，双晶面为$\{0001\}$，$\{10\bar{1}0\}$或者$\{11\bar{2}0\}$。

[晶体结构] 三方晶系；$R\bar{3}$。晶胞参数为 $a=4.8312(2)$ Å，$c=16.1663(3)$ Å；$Z=3$。

[主要粉晶衍射数据 *d*/Å(*I*)(*hkl*)] 2.906(999)(104)，1.7986(222)$(11\bar{6})$，1.7986(222)(009)，2.2043(181)$(11\bar{3})$，3.7157(172)(012)，1.8196(170)(018)，2.0252(160)(202)，2.0252(160)(107)。

[物理性质] 棕色、黄色、白色；在透射光下无色；条痕白色；透明-半透明；玻璃-珍珠光泽。发育$\{10\bar{1}0\}$完全解理，半贝壳状断口；性脆。摩氏硬度 $H=3.5\sim4$。密度 $D_{测量}=2.93\sim3.10$ g/cm^3，$D_{计算}=3.11$ g/cm^3。

[光学性质] 一轴负晶。折光率 $\omega=1.690\sim1.750$，$\varepsilon=1.510\sim1.548$。强色散。

[化学成分] 理想化学式为 $CaFe^{2+}(CO_3)_2$。产于加拿大 Sokoman 建造中铁白云石的电子探针分析结果(w_B/%)为：CaO 27.49，MgO 7.37，MnO 4.92，FeO 17.56，CO_2[42.30]，总计 99.64。化学式 $Ca_{0.98}(Fe_{0.49}Mg_{0.38}Mn_{0.14})_{\Sigma 1.01}(CO_3)_{2.00}$。

[与其他矿物种的关系] 属于白云石族，分别与白云石、锰白云石成系列。

2. 在中国的产出情况

按照国际矿物学协会(IMA)固溶体中 50% 原则(Nikel et al., 1998)，在 Ca-Mg-Fe 的碳酸盐矿物中，当铁没有替代半数镁的位置时，称作白云石；当铁替代超过半数镁的位置，称为铁白云石。

铁白云石晶体结构是由层状的金属原子和层状的碳酸基团交替组成，其氧原子的形态近似于六方体的紧密堆积。理想的有序白云石晶格结构(图 1-2-185a)中镁钙分层而列，互不侵扰，镁和钙各自占据自己的层位，即当金属原子种类多于1时(如有钙和镁两种时)，存在着与碳酸基团交替有序排列，与单一的钙离子(方解石)相比，金属原子多于1时与 $R\bar{3}$ 呈对称型要多于与方解石呈 $R\bar{3}c$ 对称性。因为 Mg—O 的键长和 Ca—O 的键长之间存在差异，O 原子在钙和镁之间的相对位置并未位于中央，其净结果是指定层中的 CO_3 基团相对于它们在方解石中的位置围绕三重轴进行旋转。在白云石晶体中，因铁离子的半径无论是高自旋态 95 pm(hs)，或是低自旋态 75 pm(Ls)均与镁离子半径 86 pm 相当，因而铁离子取代白云石晶体中镁的位置(图1-2-185b)。

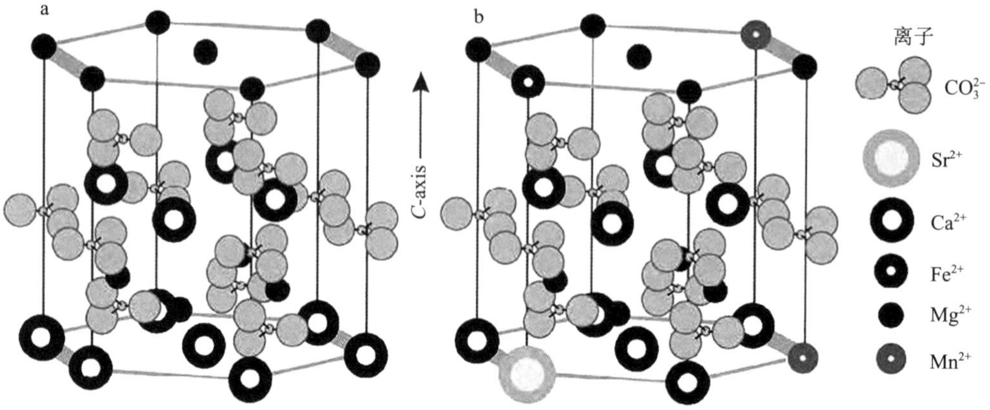

图1-2-185　理想的有序白云石晶体结构图及铁离子的位置
(据由雪莲等，2018)

铁白云石和白云石相比在矿物性质上既有共性，又因为铁的类质同象而致使其晶格结构、有序度、红外光谱曲线等显示出不同的特征。铁白云石是沉积矿床、碳酸盐岩储层中常见的伴生矿物，所以产地非常多，中国黑龙江、吉林、辽宁、内蒙古、青海、甘肃、陕西、山西、山东、河北、天津、河南、江西、湖北、湖南、广西、广东、浙江、安徽、云南、贵州、四川、重庆、新疆、西藏各省(直辖市、自治区)均有铁白云石的产地报道。但由于产出量较少，详细的研究资料不多。

铁白云石既有原生成因也有次生成因。但在常温常压的地表环境，无机条件下白云石很难直接从溶液中直接沉淀(Land，1998)，铁白云石也是如此，但是加入微生物因素后，通过少数微生物菌种可以从溶液中直接介导沉淀出原生白云石(由雪莲等，2011，2018)。因此原生铁白云石的形成环境相对特殊，产出量有限。所以长期以来铁白云石一直被默认为次生产物，铁白云石的形成首先必须有铁的来源，此外还需要一定的碱度、较高的 CO_2 分压和较大的(Fe^{2+}，Mg^{2+})/Ca^{2+} 值(Hendry，2002；Xu T et al.，2004)，所以铁白云石较少大量产出，通常主要分布在埋深相对较大的地层中，是相对晚期成岩阶段的产物。

(1)安徽省淮北市卧龙湖煤矿床中的铁白云石

[产地、产状及共(伴)生矿物]　卧龙湖煤矿位于淮北煤田，是典型的岩浆改造煤田区。煤矿中形成大规模的岩-煤蚀变带，其中蚀变岩石、蚀变煤以及两者接触带内存在大量的铁白云石(姜亚琳等，2015)。

[形貌特征]　光学显微镜下显示，铁白云石为浅黄色，或白色、灰色，具荧光性，多为泥晶铁白云石、粉晶铁白云石，边缘见大量石英以及黄铁矿，呈棱面体，解理完全，常见聚片双晶。扫描电镜下鉴定结果显示，侵入体中铁白云石多呈规则的板状、片状，与天然焦形成轮廓明显的不规则纹象构造，其边缘见自形-半自形黄铁矿分布，两者整体呈镶嵌结构。岩-煤过渡带内可见大量铁白云石分布，多呈不规则的短柱状、粒状；与天然焦呈界线可见的不规则纹象结构，其毗邻区域存在晶粒相对致密的黄铁矿以及石英脉。蚀变煤层中的铁白云石呈规则的长柱状、针状，与天然焦呈界限模糊、似乳滴状纹象结构，与黄铁矿共同填充于天然焦的纹象构造网格内。

[成因意义]　侵入体中铁白云石多与黄铁矿共生，这可能表明黄铁矿在侵入体中的形成与铁白

云石的碳酸盐化有密切关系。岩-煤过渡带中见大量铁白云石，则铁白云石主要形成于此阶段；铁白云石分布于石英脉与黄铁矿之间，呈阶梯状，可能表明石英的生成早于铁白云石，进而说明铁白云石的成因与石英有着密切的关系；铁白云时中含黄铁矿包裹体，说明黄铁矿是铁白云石的副产物。蚀变煤中的铁白云石与黄铁矿共同充填于天然焦的网格间隙内，这表明铁白云石在天然焦之后形成，更加说明黄铁矿可能是铁白云石的副产物。因此，可以推测，岩-煤蚀变带应该存在由“石英-铁白云石-黄铁矿”向“铁白云石-黄铁矿”转换的物质演化过程。该过程最先由侵入体开始进行，到岩-煤过渡带时发育尤为明显，在蚀变煤层中仍然有少部分进行发育。

(2)广东省珠江口盆地白云凹陷古近系—新近系储层中的铁白云石

[产地、产状及共(伴)生矿物] 珠江口盆地位于南海北部陆坡区，是发育在中生代褶皱基底上的新生代含油气盆地。白云凹陷位于珠江口盆地南部深水区。铁白云石是白云凹陷古近系—新近系储层中最主要的成岩矿物之一，其在地层埋深1000 m左右、地层温度60℃左右时已经开始出现，主要分布在中-浅部地层中。岩石薄片显微镜下鉴定和统计表明，砂岩中铁白云石平均含量为1.8%，占碳酸盐胶结物总量的35.0%。高地温梯度区铁白云石含量较高(含量为0~45.0%，平均2.3%)。铁白云石含量与埋深和地层温度的关系(图1-2-186)显示，铁白云石在浅部(约1000 m)、低温(约60℃)储层中已经开始出现，在中部(1500~3000 m)、中温(80~130℃)储层中含量达到峰值，而在深部(>3000 m)、高温(>130℃)储层中含量较低(庞江等，2019)。

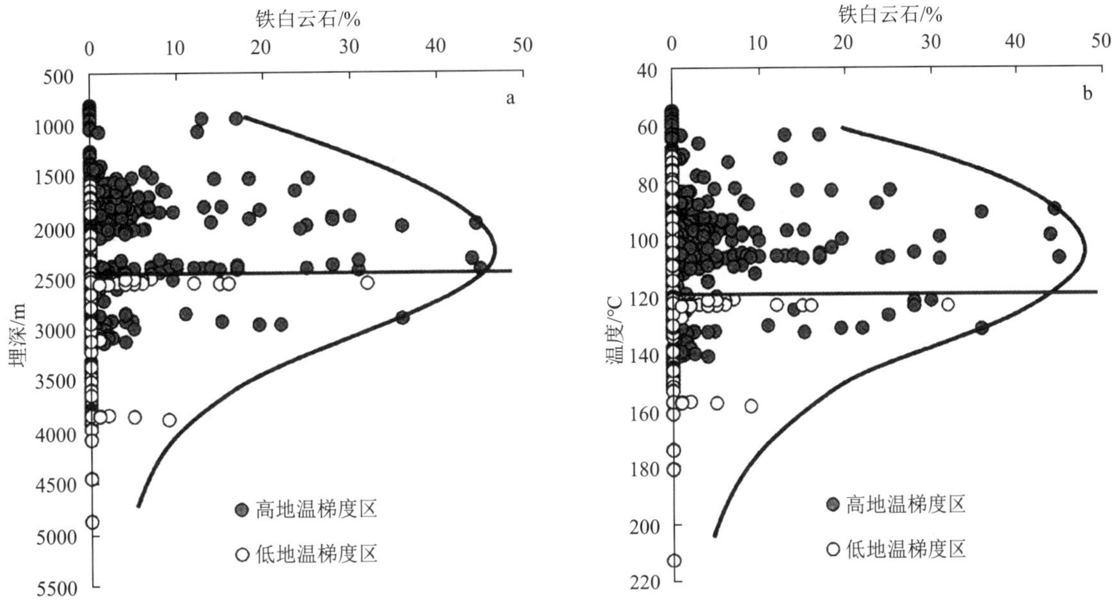

图1-2-186 广东白云凹陷古近系—新近系砂岩中铁白云石含量与地层埋深(a)及地层温度(b)的关系

(据庞江等，2019)

[形貌特征] 铁白云石染色后呈蓝色-深蓝色，多数为自形、半自形，部分为他形，晶粒以粉晶-细晶为主(图1-2-187a~i)，阴极发光特征为不发光(图1-2-187i)。根据其微观特征，研究区铁白云石可分为早、晚两期。

早期的铁白云石通常以分散粒状或斑块状集合体形式充填粒间孔隙并交代碎屑颗粒边缘(图1-2-187a，b)，常见该期铁白云石部分或完全交代早期方解石、白云石及生物碎屑(图1-2-187c、d)。可见粒间的铁白云石限制石英次生加大的现象(图1-2-187e)，而且在铁白云石孔隙式和基底式胶结的砂岩中完全看不到石英次生加大(图1-2-187a~c)，说明该期铁白云石的形成早于石英次生加大。早期铁白云石很少充填长石溶孔，说明其形成于长石大量溶蚀之前。早期铁白云石发育的砂岩具有较大的粒间孔隙体积，颗粒之间以点接触到点钱接触为主(图1-2-187a~c)，表明其形成时期压实作用较弱。另外，可见该期铁白云石与菱铁矿、海绿石共生的现象(图1-2-187a、c)。该期铁白云石在储层中含量较高，主要分布在高地温梯度区。晚期的铁白云石通常分布在压实剩余粒间孔隙中或充填长石溶孔(图 1-2-187f、g)，并交代碎屑颗粒，表明其形成于长石溶蚀及压实作用之后。该期铁白云石含量较低，主要分布在低地温梯度区埋深较大的地层中。

[化学成分] 铁白云石的 $\delta^{13}C$ 值为-2.83‰~-1.83‰，$\delta^{18}O$ 值为-9.45‰~-5.37‰，$^{87}Sr/^{86}Sr$ 值在 0.7101~0.7161 之间。铁白云石的 $\delta^{13}C$ 值较重，与气藏中 CO_2 的 $\delta^{13}C$ 值较为一致，具有无机成因的特征。铁白云石的 $\delta^{18}O$ 值明显偏重，铁白云石形成时流体的 $\delta^{18}O_{SMOW}$ 为 3‰~9‰，铁方解石形成时流体的 $\delta^{18}O_{SMOW}$ 为 0~8‰，远高于正常成岩流体的 $\delta^{18}O_{SMOW}$ 值，所以研究区铁碳酸盐胶结物的沉淀可能受到了深部热流体活动的影响。铁白云石的部分 $^{87}Sr/^{86}Sr$ 值明显偏小(0.7093~0.7101)，异于正常成岩演化过程形成的碳酸盐矿物的锶同位素组成，也反映出铁碳酸盐胶结物的形成受到了深部热流体的影响。C、O、Sr 同位素特征表明，本区晚期铁碳酸盐胶结物的形成同时受到了有机质热脱羧作用及深部热流体活动的影响。

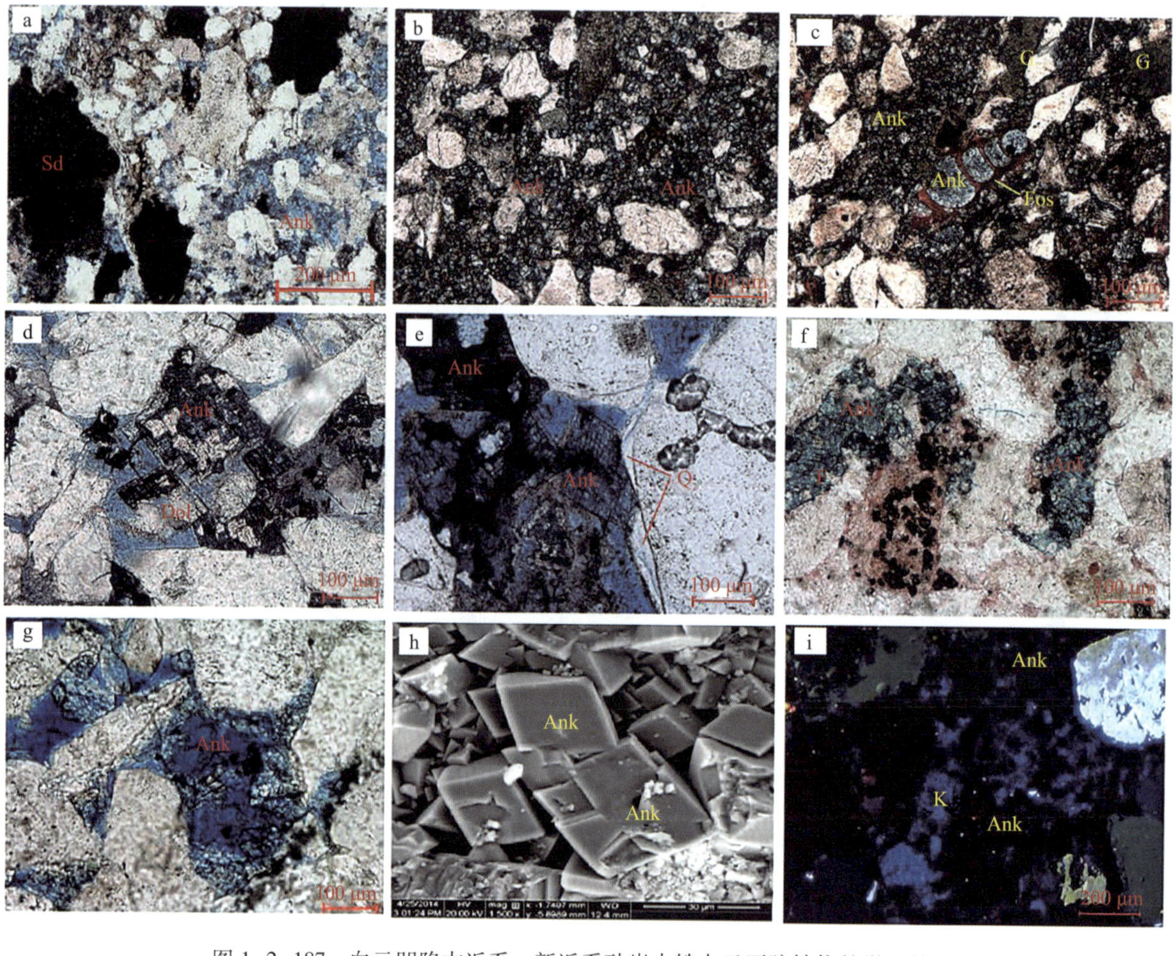

图 1-2-187 白云凹陷古近系—新近系砂岩中铁白云石胶结物的微观特征

(据庞江等，2019)

a—铁白云石充填粒间，菱铁矿团块发育，D2 井，1078.4 m；b—铁白云石斑块状胶结，H6 井，23819 m；c—铁白云石斑块状胶结、充填生物体腔孔，海绿石发育，H6 井，2381.9 m；d—铁白云石交代白云石，H6 井，2407.8 m；e—铁白云石充填粒间并限制石英次生加大，H6 井，2426.6 m；f—铁白云石充填长石溶孔并交代碎屑颗粒，P15 井，3842.9 m；g—铁白云石充填粒间孔隙并发生了溶蚀，H7 井，2334.2 m；h—铁白云石晶粒集合体充填粒间，扫描电镜，H6 井，2819.8 m；i—铁白云石和高岭石充填粒间，铁白云石不发光，高岭石发蓝光，阴极发光，P11 井，2561.4 m。Ank—铁白云石；Dol—白云石；Fos—生物碎屑；F—长石；K—高岭石；G—海绿石；Q—石英次生加大；Sd—菱铁矿

(3)贵州省毕节市大方煤田中的铁白云石

[产地、产状及共(伴)生矿物] 大方煤田位于贵州省西北部，含煤岩系为二叠系龙潭组。主要

由砂岩、粉砂岩、泥岩、13 层灰岩和 30 余层煤组成，总厚度约 300 m。龙潭组的沉积环境自下而上主要包括潟湖、潮坪、下三角洲和碳酸盐台地沉积。大方煤田 11 号煤层中有高含量的脉状石英(11.4%)和脉状铁白云石(10.2%)，铁白云石周边常被针铁矿所包裹，在脉状石英中发现有热液成因的黄铜矿、闪锌矿和硒方铅矿，此外，还有少量高岭石充填在脉中，这 7 种矿物常常同脉共存(代世峰等，2006)。

[化学成分] 铁白云石主要由 Ca、Fe 和 Mg 组成，另外含有少量的 Si、Na、Mn 和 Al。铁白云石是煤中 Mn、Cu、Ni、Pb 和 Zn 富集的主要原因，这 5 种微量元素的含量分别为 0.09%、74.0×10^{-6}、33.6×10^{-6}、185×10^{-6} 和 289×10^{-6}。通过对流体包裹体形成温度的测定，铁白云石形成的温度为 55~160℃，均值为 85℃。脉状铁白云石的 SEM-EDX 半定量分析结果见表 1-2-178。

表 1-2-178　贵州大方煤田中脉状铁白云石的 SEM-EDX 半定量结果(w_B/%)

测点		Na	Mg	Al	Si	S	K	Ca	Mn	Fe	Ti	Cu	Ni	Pb	Zn
铁白云石	最小值	0.23	3.94	bdl	bdl	bdl	bdl	18.0	0.23	1.11	bdl	bdl	bdl	bdl	bdl
	最大值	1.77	7.83	1.62	6.42	0.15	bdl	23.1	0.67	15.9	0.09	1800	1300	2200	2900
	平均值	0.97	6.22	0.39	2.15	0.06	bdl	21.3	0.48	12.5	0.02	700	300	1700	2500

注：数据引自代世峰等(2006)。bdl—低于检测极限。

(4)贵州省东南地区石英脉型金矿床中的铁白云石

[产地、产状及共(伴)生矿物] 黔东南天柱、锦屏、黎平地区的金矿床位于扬子准地台和华南加里东褶皱带的结合部雪峰山多金属成矿带的西南段。金矿的赋存地层主要是前震旦系下江群，少量赋存于震旦系中。成矿作用可划分为贫金-石英成矿或成脉阶段、石英-硫化物-铁白云石-自然金主成矿阶段和碳酸盐-石英阶段。其矿石矿物主要有自然金、黄铁矿、毒砂、磁黄铁矿等金属硫化物，以及石英、铁白云石、绢云母、方解石等非金属矿物。铁白云石是主成矿阶段的主要脉石矿物，与自然金、石英、黄铁矿和毒砂等硫化物呈浸染状分布(图 1-2-188)(牟雨亮等，2017)。

[形貌特征] 含金矿体中铁白云石含量一般为 30%~65%，呈浸染状自形-半自形集合体产出，也有呈脉状无定形微细粒集合体产出。可以看出，铁白云石与金的矿化关系十分密切。时间上它是金的主成矿阶段的产物，空间上与富含金的黄铁矿、毒砂等硫化物共生。铁白云石新鲜面呈浅黄白色或白色，风化面呈黄褐色或红褐色等铁锈色调(图 1-2-188)。

浸染状铁白云石主要分布于容矿岩石中，以晶形较好的自形-半自形晶出现，粒径为 0.1~50 mm。常在石英周边或者晶洞中产出并与毒砂和黄铁矿等硫化物共生在一起，显示其与硫化物在成因上有密切关系。这种类型的铁白云石是在金矿体中最常出现的。

脉状铁白云石通常与石英组成细小的脉，沿岩石裂隙分布。这类铁白云石晶形较差(他形-半自形)，粒径为 1~7 mm，在脉的两侧多分布有毒砂、黄铁矿等硫化物矿物(图 1-2-188)。

[包裹体特征] 浸染状铁白云石中包裹体比较发育，表现为数量多、类型多、形态复杂，沿解理分布。包裹体的大小 2~80 μm 不等，集中在 5~25 μm 之间，气液比 5%~45%不等，变化较大，形态主要有负晶形、多边形、菱形和不规则形等。它与铁白云石的结晶习性密切相关。根据室温(25℃)下包裹体的相态特征以及冷冻降温过程中包裹体相态的变化，可将矿床中的流体包裹体划分为 3 种类型：单相包裹体、两相包裹体和三相包裹体。

流体包裹体测温结果见表 1-2-179。测出均一温度在 220.8~319.9℃之间，温度变化幅度较大，多数集中在 240~300℃范围内，平均均一温度为 267.2℃。温度分布直方图呈现出单峰的特点，峰值温度 260~300℃(图 1-2-189)。与铁白云石共生的石英内的液体包裹体均一温度在 204~354℃之间，温度变化幅度比铁白云石大，多数集中在 260~320℃范围内，平均均一温度为 282.8℃。温度分布直方图呈现出单峰的特点，峰值温度 280~300℃(图 1-2-189)，与铁白云石相差不大。

流体包裹体冰点及盐度测试结果显示，黔东南石英脉型金矿床铁白云石的冰点介于-4.6~-18.6℃之间(表 1-2-180)。由此可知，其盐度为 7.31%~21.40%，平均为 15.31%，显示成矿流体

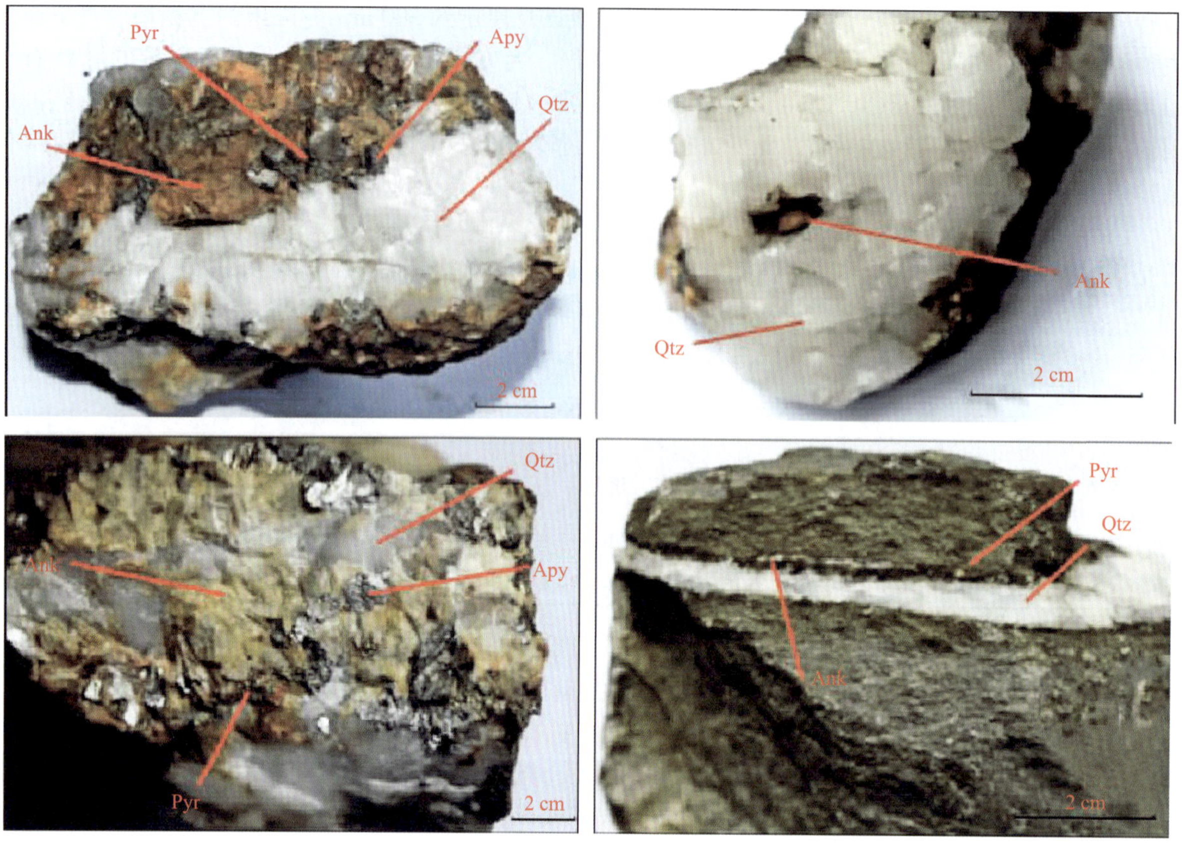

图 1-2-188　黔东南石英脉型金矿床中铁白云石产状特征

（据牟雨亮等，2017）

a—浸染状铁白云石，包含毒砂、石英，风化后呈红褐色（平秋）；b—石英晶洞中生长的自形铁白云石晶体（平秋）；c—浸染状铁白云石，包含毒砂、黄铁矿、石英，新鲜面呈浅黄白色（花桥）；d—脉状铁白云石（坑头）。Ank—铁白云石；Pyr—黄铁矿；Qtz—石英；Apy—毒砂

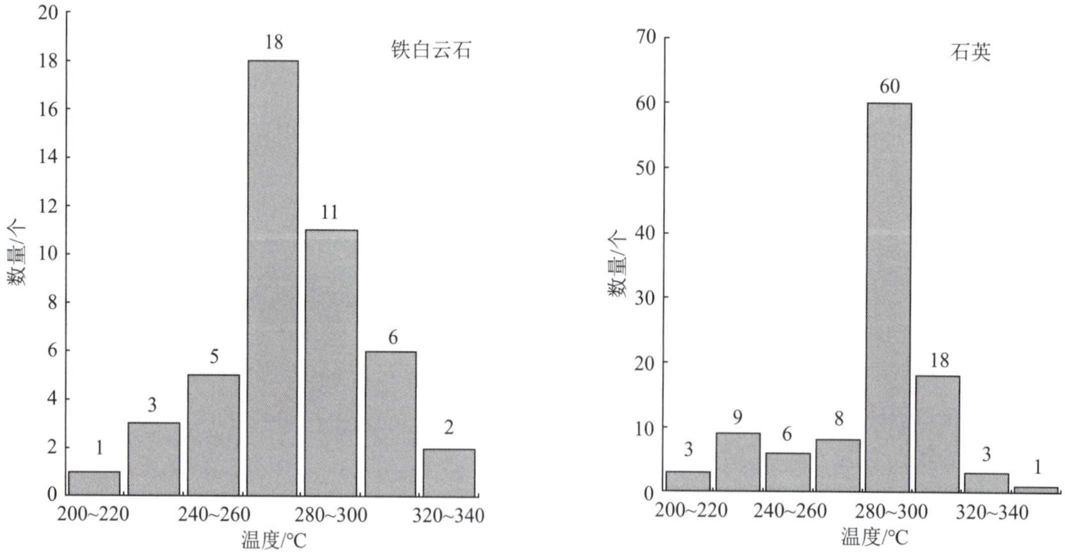

图 1-2-189　黔东南石英脉型金矿床流体包裹体均一温度分布直方图

（据牟雨亮等，2017）

具低盐度的性质；与铁白云石共生的石英的冰点介于-0.9~-8.7℃之间。其盐度为 1.57%~12.96%，平均为 7.18%，铁白云石盐度明显高于石英的盐度。

表 1-2-179　黔东南石英脉型金矿床流体包裹体均一温度

矿床	样品号	主矿物	均一温度/℃	
			范围	平均值
平秋	PQ-6	铁白云石	264.3~319.9	298.9
	PQ-4	铁白云石	220.8~246.7	239.8
	PQ-4	石英	210.7~278.2	246.3
	PQ-12	石英	207.2~354.0	302.3
八克	BK-4	石英	271.3~313.5	294.2
	K-11	石英	204.0~293.0	275.0
花桥	HQ-2	铁白云石	270.0~312.0	294.0
	HQ-15	石英	280.0~299.0	289.0
坑头	KT-1	石英	222.1~330.0	297.5
	KT-3	铁白云石	238.4~341.1	287.6

注：数据引自牟雨亮等(2017)。

表 1-2-180　黔东南石英脉型金矿流体包裹体冰点及盐度

矿床	样品号	载体矿物	冰点温度/℃	盐度范围/%	盐度平均值/%
平秋	PQ-6	铁白云石	-9.1~-16.3	12.96~19.68	16.30
	PQ-4	铁白云石	-5.0~-12.4	7.86~16.34	14.50
	PQ-4	石英	-2.5~-8.7	4.18~12.51	7.98
八克	BK-4	石英	-0.9~-6.2	1.57~12.85	5.62
花桥	HQ-2	铁白云石	-5.6~-18.6	8.68~21.40	18.73
	HQ-15	石英	-2.4~-7.2	4.03~10.73	7.28
坑头	KT-1	石英	-4.0~-6.0	6.45~9.21	7.64
	KT-3	铁白云石	-4.6~-10.9	7.31~14.87	11.74
金厂坡	JCP-1	石英	-2.3~-4.8	3.87~7.59	6.83

注：数据引自牟雨亮等(2017)。

采用铁白云石中流体包裹体的均一温度和盐度数据进行投点(图 1-2-190)，结果表明，黔东南石英脉型金矿床中成矿流体的密度介于 0.70~0.97 g/cm^3 之间，成矿流体具中高密度的性质。

(5)河北省张家口市小营盘和张家庄金矿床中的铁白云石

[产地、产状及共(伴)生矿物]　河北小营盘石英-碳酸盐型金矿床石英脉产在绿岩带缓倾斜韧性剪切带中，为绿岩带金矿中的重要类型之一。主要工业矿体的形成晚于缓倾斜石英脉，而与铁白云石化蚀变和脆性剪切破碎作用直接相关，即铁白云石蚀变岩包裹着含金破碎石英脉，二者共同构成金矿体。铁白云石脉及其蚀变岩在南北向断裂带平行产出，并穿插到石英脉中或其顶、底板。铁白云石化蚀变或其脉体侵位时间与南北向断裂大致同时或稍晚，而明显晚于石英脉。铁白石蚀变岩在空间上呈包裹石英脉的趋势，共生矿物有绢云母、石英、黄铁矿(银剑钊等，1995；邱小平等，1997)。

[化学成分]　小营盘和张家庄金矿床铁白云石碳、氧同位素组成见表 1-2-181。本区铁白云石的 $\delta^{13}C$ 值变化范围小，平均值为-4.13‰。

小营盘金矿铁白云石蚀变岩铅同位素组成见表 1-2-182。铁白云石 Pb-Pb 等时线年龄 2711±238 Ma。小营盘金矿床铁白云石蚀变岩 Pb-Pb 等时线年龄见图 1-2-191。

[资源和环境意义]　蚀变铁白云石为载金矿物。

(6)江西省德兴市金山金矿床中的铁白云石

[产地、产状及共(伴)生矿物]　江西德兴金山金矿床位于扬子板块和华南克拉通之间的江南造

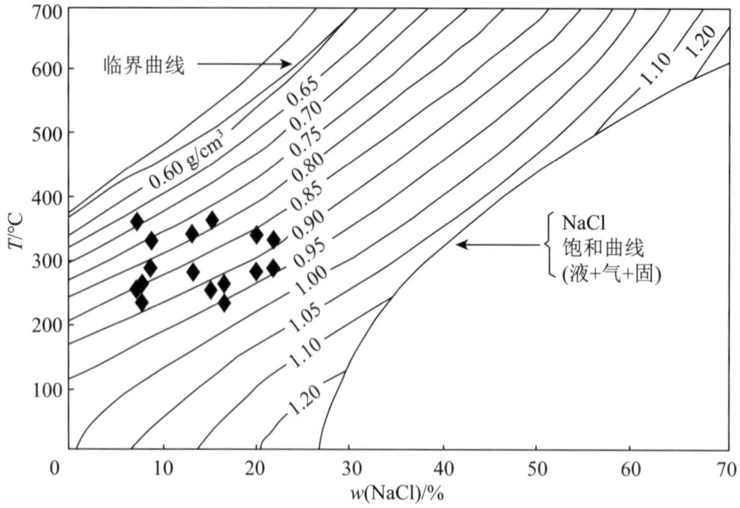

图 1-2-190　黔东南石英脉型金矿流体密度投影图

（据牟雨亮等，2017）

山带东段赣东北深大断裂带的次级剪切带中，是一个与韧-脆性剪切带有关的超大型金矿床。金山金矿床的矿石类型包括蚀变岩型和含金石英脉型，均为与断裂(或者裂隙)充填有关的不同尺度石英脉系统。矿床中的铁白云石与钠长石、石英、绢云母、黄铁矿共生(李晓峰等，2009)。

表 1-2-181　河北小营盘和张家庄金矿铁白云石碳酸盐碳、氧同位素组成

样品号	采样地点	矿物	$\delta^{18}O_{PDB}$/‰	$\delta^{18}O_{SMOW}$/‰	$\delta^{13}C_{PDB}$/‰	资料来源
950410-2	小营盘西坑	铁白云石	-18.1	12.2	-4.3	邱小平，1997
950411-1	小营盘东坑	铁白云石	-26.7	3.3	-2.4	
950420-2	小营盘西坑	铁白云石	-16.9	13.4	-4.4	
961128-1	小营盘东坑	铁白云石	-12.9	17.6	-5.4	
ZE830-1-01	张家庄金矿	铁白云石	-24.5	4.9	-4.7	银剑钊等，1995
ZE790-17-02	张家庄金矿	铁白云石	-21.5	8.0	-4.9	
ZE790-19-01	张家庄金矿	铁白云石	-21.0	8.5	-5.0	

表 1-2-182　河北小营盘金矿铁白云石蚀变岩铅同位素组成

样品号	采样位置	岩石	$^{206}Pb/^{204}Pb$	$^{207}Pb/^{204}Pb$	$^{208}Pb/^{204}Pb$
950410-2	西坑 1400 采场	铁白云石蚀变岩	16.3131±0.0014	15.2070±0.0014	36.3933±0.0036
950411-1	西坑 1336 采场	铁白云石蚀变岩	17.5005±0.0044	15.4500±0.0042	37.3770±0.0030
950420-2	西坑 1390 回头巷	铁白云石蚀变岩	17.3348±0.0023	15.4054±0.0025	37.6802±0.0068
980424-4	东坑 1381 坑道 F35 断裂带	铁白云石蚀变岩	16.2420±0.0042	15.2023±0.0038	36.9832±0.0042
950421-2	西坑 1420 坑道斜井交汇处	铁白云石蚀变岩	16.9868±0.0021	15.3289±0.0014	36.1010±0.0010
951227-1	西坑 1400-0 采场东缘	铁白云石蚀变岩	17.1582±0.0020	15.3548±0.0020	37.6860±0.0036

注：数据引自邱小平(1997)。

[化学成分]　铁白云石的碳、氧同位素值分别变化于-5.0‰～-4.2‰和 4.4‰～8.0‰之间(表 1-2-183)，与世界上大多数脉状金矿床的碳、氧同位素值基本一致。

(7)内蒙古包头市白云鄂博碱性-碳酸岩杂岩中的铁白云石

[产地、产状及共(伴)生矿物]　在内蒙古白云鄂博地区发育着一套由碱性-碳酸岩杂岩(原 HS)、碳酸岩岩墙群、沉积-火山岩系(原 H_9)、矿区浅成中基性岩岩墙群和角砾橄榄岩体群等组成的独具特色的大型杂岩。白云鄂博地区存在富稀土白云质岩浆碳酸岩脉，早期阶段形成碱性长石和铁白云石，无稀土矿化。铁白云石常常出溶铁质而自身则形成方解石。铁白云石与方解石、少量磷灰石、

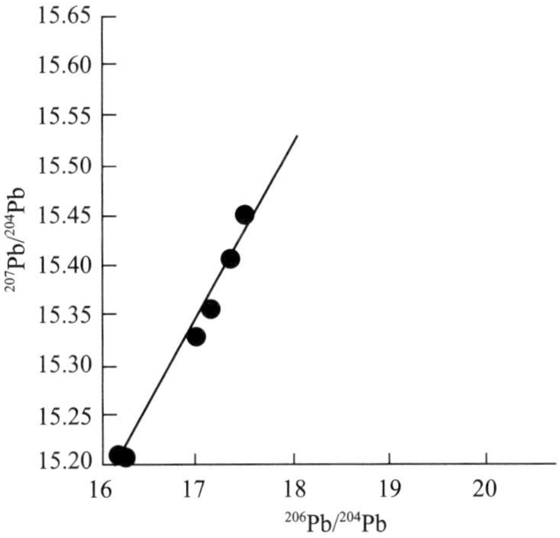

图 1-2-191　河北省小营盘金矿床铁白云石蚀变岩 Pb-Pb 等时线年龄图

（据邱小平等，1997）

表 1-2-183　江西德兴金山金矿床中铁白云石的碳、氧同位素特征

样品编号	矿物	$\delta^{13}C_{V2PDB/j}$/‰	$\delta^{18}O_{V2PDB/j}$/‰	$\delta^{18}O_{V2SMOW/j}$/‰
J108	铁白云石	-5.0	-22.9	7.3
J11	铁白云石	-4.2	-25.7	4.4
J18	铁白云石	-4.9	-22.2	8.0

注：数据引自李晓峰等(2004)。

氟碳铈矿、赤铁矿、铌铁矿、碱性长石，石英共生(王希斌等，2002)。

[形貌特征]　铁白云石粒度一般为 0.05~0.1 mm，粗者可达 1~2 mm，颗粒之间界线清楚，但稀土矿化强烈时岩石粒度多不均一，呈交代变晶结构，其颗粒之间极为模糊。铁白云石一般为圆形、椭圆形矿物集合体，集合体边缘部分常常出现交代的特征，颗粒间常常有网脉充填状的赤铁矿，内部有许多细小的不透明物质，为出溶的赤铁矿。边缘常常发生蚀变和交代作用析出铁质而形成方解石，析出的铁质则形成赤铁矿。

[化学成分]　白云鄂博矿区铁白云石电子探针分析结果见表 1-2-184。

[光谱特征]　本区铁白云石-赤铁矿-方解石拉曼光谱特征见图 1-2-192。显微拉曼探针分析很好揭示了铁白云石的蚀变过程。其中析出铁质部分拉曼谱峰值为 1091 cm^{-1}，介于铁白云石(1094 cm^{-1})和方解石(1086 cm^{-1})之间，尽管析出部分铁质，仍然部分保留了铁白云石的特征，而右侧透明矿物则是完全交代的产物，其荧光效应明显强于铁白云石和不完全交代的铁白云石。铁白云石中没有发现流体包裹体，说明铁白云石形成时是贫流体的，属于早期碳酸岩岩浆结晶的产物。

表 1-2-184　内蒙古白云鄂博矿区铁白云石电子探针分析结果(w_B/%)

样号	Na_2O	MgO	Al_2O_3	SiO_2	K_2O	CaO	TiO_2	Cr_2O_3	MnO	FeO	CO_2	总量	产地
1	0.01	18.84	0.00	0.01	0.00	30.34	0.00	0.01	0.70	3.22		53.12	主矿
2	0.04	19.78	0.01	0.00	0.00	30.18	0.00	0.33	0.69	2.21		53.24	
3	0.00	19.16	0.00	0.00	0.00	29.64	0.00	0.00	1.25	3.44		53.49	主矿
4	0.00	17.81	0.00	0.00	0.00	28.73	0.00	0.00	1.68	4.58		52.81	
5	0.00	17.19	0.00	0.00	0.00	28.95	0.00	0.01	0.73	6.51		53.40	宽沟海探槽
6	—	13.55	—	—	—	28.93	—	—	4.07	9.46	45.07	101.08	原 H_8 矿石
7	—	11.12	—	—	—	29.28	—	—	2.26	13.19	44.68	100.53	

注：数据引自王希斌等(2002)。

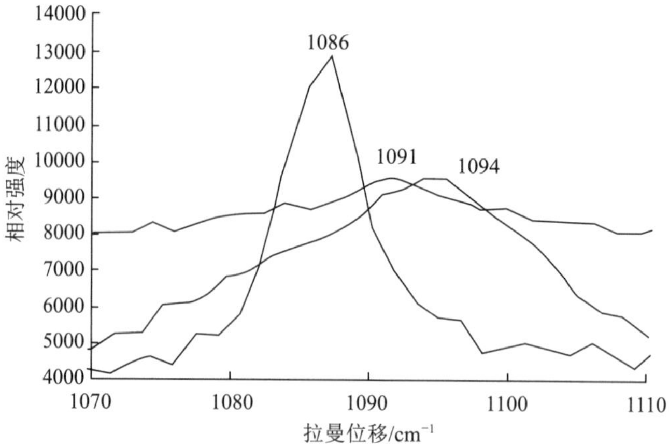

图 1-2-192　内蒙古白云鄂博矿区铁白云石-赤铁矿-方解石拉曼光谱特征

（据秦朝建等，2007）

(8)陕西省太白县太白金矿床中的铁白云石

[产地、产状及共(伴)生矿物]　太白金矿位于陕西省太白县境内，是南秦岭凤州-商南一带长约400 km的泥盆系含金角砾岩带中的典型矿床。金矿化主要产于含铁白云石-黄铁矿等胶结物中，这些载金矿物中普遍有大量流体包裹体产出，在这些流体包裹体中发现黄铁矿、毒砂和铁白云石等子矿物(谢玉玲等，2000)。

[形貌特征]　通过扫描电镜(SEM/EDS)研究，在含铁白云石和石英包裹体中发现单晶的、形似立方体或菱柱体的子矿物，经能谱分析显示较高的Ca、Mg、Fe峰值，(Mg+Fe)/Ca(质量比)为0.833~0.729，Fe/Mg(质量比)为1.06~1.27，定为铁白云石。此外还有多晶的形态复杂的子矿物，经能谱分析为铁白云石和石盐。铁白云石子矿物多呈单晶。

[化学成分]　在含铁白云石等矿物中发现黄铁矿和铁白云石子矿物，与该矿床的矿物共生组合相似。但子矿物铁白云石中Fe含量高，而主矿物中Fe低，Fe/Mg<1属低铁或含铁白云石。此外还发现了富As毒砂，说明成矿温度高，与包裹体测温结果吻合。

十、白云石(Dolomite)

1. 白云石的一般特征

[产地、产状及共(伴)生矿物]　是一种主要的造岩矿物，为灰岩成岩作用或者热液蚀变的产物，是超盐度沉积环境的一个主要物相，也是一些接触变质岩和大理岩的主要矿物组分，是热液脉中的一种脉石矿物，也见于碳酸盐岩和超基性岩中。在世界各地均有分布并且有很多商业用途，产出完好晶体的产地分布于意大利Traversella和Brosso、西班牙Eugui、奥地利Tirol、德国Saxony、瑞士Binntal、科索沃地区Trepča，英国Frizington、俄罗斯Vuoriyarvi碳酸盐岩杂岩体、巴西Brumado等、墨西哥Naica，美国Lockport等地。共(伴)生矿物有萤石、重晶石、方解石、菱铁矿、石英和金属硫化物矿物(热液作用)；方解石、天青石、石膏和石英(沉积作用)；滑石、蛇纹石、菱镁矿、方解石、磁铁矿、透辉石、透闪石、镁橄榄石和钙硅石(变质作用)；方解石、铁白云石、菱铁矿和磷灰石(碳酸盐岩中)(Palache et al., 1951；Howie et al., 1958；Effenberger et al., 1981；Chang L L Y et al., 1996)。

[形貌特征]　晶体常由$\{10\bar{1}1\}$和$\{11\bar{2}0\}$晶面组合而成，除板面{0001}外，还有许多小的晶面。晶面弯曲。晶粒最大至20 cm。集合体呈鞍状、柱状、钟乳石状、粒状和块状。常见简单接触双晶和$\{02\bar{2}1\}$面上的聚片双晶，双晶面为{0001}、$\{10\bar{1}1\}$或者$\{11\bar{2}0\}$。

[晶体结构]　三方晶系；$R\bar{3}$。晶胞参数为a=4.812(1)Å，c=16.020(3)Å；Z=3。

[主要粉晶衍射数据 *d*/Å(*I*)(*hkl*)]　2.888(100)(104)，2.193(19)(113)，1.787(13)(116)，2.015(10)(202)，1.8049(10)(018)，2.404(7)(110)，3.699(4)(012)，2.67(4)(006)(PDF36-426)。

［物理性质］ 无色、白色、黄色、棕色、浅粉色；条痕白色；透明-半透明；玻璃-珍珠光泽。发育{1011}极完全解理，{0221}裂理，半贝壳状断口。性脆，摩氏硬度 $H=3.5\sim4$。密度 $D_{测量}=2.86\ g/cm^3$，$D_{计算}=2.876\ g/cm^3$。紫外线下发白色-粉色荧光。摩擦发光。

［光学性质］ 在透射光下无色；一轴负晶，或二轴晶。折光率 $\omega=1.679$，$\varepsilon=1.500$。光轴角 $2V_{测量}$小。色散很强。

［化学成分］ 理想化学式为 $CaMg(CO_3)_2$，其化学组成($w_B/\%$)为：MgO 21.86，CaO 30.41，CO_2 47.73，合计 100.00。产于加拿大 Haley 的样品化学组成($w_B/\%$)为：MgO 21.12，CaO 31.27，FeO 0.22，SiO_2 0.12，H_2O 0.02，CO_2 47.22，总计 99.97。

［与其他矿物种的关系］ 属于白云石族，分别与铁白云石、锰白云石成系列。

2. 在中国的产出情况

白云石是自然界最广泛存在的一种碳酸盐矿物。白云石和方解石这两种矿物占自然界产出的各种碳酸盐矿物总重量的90%以上。白云石大量出现在古老岩层中，在现代近地表环境的常温、常压实验条件下不能生成完美有序的白云石矿物。白云石是组成白云岩和白云质灰岩的主要造岩矿物，又与一些低温热液金属矿床(如 MVT 型铅锌矿床和很多矽卡岩矿床)、盐矿床和油气藏关系密切。因此，我国白云石的分布十分广泛，蕴藏很丰富，产地非常多。就白云岩储集层而言，在中国四川盆地、塔里木盆地、鄂尔多斯盆地均发现了大量的白云岩油气储层。白云石是一种经济价值较高的矿物，除了是提取高纯氧化镁的资源矿物外，还可以作为生产优质耐火材料、胶凝材料的原料。

白云石晶体结构可以看成是由方解石晶体结构导出来的。假设在方解石晶体结构中，Ca 原子层相间地被 Mg 原子代替，形成 Ca 原子层和 Mg 原子层有序的交替排列，这就构成了白云石晶体结构。由于白云石晶体结构中，Ca 原子层和 Mg 原子层是有序排列的，就使在方解石晶体结构中存在的 c-滑移面消失，同时二次对称轴也不复存在。这样，白云石的空间群是 $R\bar{3}$。白云石晶体结构与方解石晶体结构有某些相似性但也有不同点，方解石晶体结构中阳离子只有一种晶体化学位置。白云石晶体结构中，阳离子有 A 和 B 两种晶体化学位。在理想的白云石晶体结构中，阳离子占位是完全有序的，大半径阳离子 Ca^{2+} 占据 A 位，半径较小的阳离子 Mg^{2+} 占据 B 位。Ca 原子和 Mg 原子都位于三次对称轴上，也都位于对称中心。C 原子仍位于三次对称轴上，但从 O 平面产生了轻微的位移。理想的白云石晶体结构中，阳离子占位是完全有序的。但是，大多数天然产出的白云石不符合理想的化学配比和理想的结构，即大多数白云石都呈过渡相，具有一定程度的无序现象。因此，白云石有序度是白云石矿物学特征的重要表征参数。通过观测白云石的 X 射线粉晶衍射图，利用超结构线强度减弱的情况可以估计白云石晶体结构的有序-无序程度(刘集银等，1988)。一般用 015 与其相邻的衍射峰 110 的强度进行比较，获得一个强度比值 I_{015}/I_{110}。这个强度比值称为白云石的有序指数。当 $I_{015}/I_{110}=1.0$ 时，表示白云石晶体结构是完全有序的，当 $I_{015}/I_{110}<1.0$ 时，表示白云石晶体结构具有不同的无序程度。有序度是白云石晶体生长过程中温度、压力、流体特征等的综合表征。影响白云石有序度的因素包括岩石类型、白云石的 $CaCO_3$ 摩尔分数、白云石的结晶温度、白云石中其他取代阳离子(如 Fe^{2+}、Mn^{2+}、Sr^{2+}等)、白云石的形成机制等(王小芬等，2011)。已有的研究表明，白云石的 $CaCO_3$ 摩尔分数及有序度与其形成条件有着密切的关系(中国科学院地球化学研究所，1978)。有序度低，反映了快速结晶的沉积环境，如准同生白云岩化；有序度高，反映了成核作用较慢的成岩环境，如大气水、地下水与海水混合而形成的混合水交代白云岩化。埋藏白云石是在高的温度和压力条件下交代灰岩，高的温度可以克服白云石化的动力学障碍，形成有序度高的稳定化学计量白云石。

白云石的成分、结构比较简单，但其成因来源却较为复杂。按照成因，白云石大体上可划分为原生白云石和次生白云石，但其形成机理一直存在争论、至今悬而未决。我们知道，白云石是岩石中一种常见的碳酸盐矿物，它广泛分布在古老岩层中，却很少分布在全新世沉积物中。现代海水对白云石过饱和，但却很少有白云石沉淀，即便在实验设备如此先进的当代，地表温度下如果没有微生物细菌的媒介作用参与，实验室几乎不可能人工合成出真正意义上的白云石(Warren，2000)。至今全世界学者已提出数十种白云石化模式(表 1-2-185)，但这些模式都或多或少地存在一定的局限性。关于

表 1-2-185　白云石成因模式分类

模式分类			先驱者（发表年份）	应用地区	应用条件	Mg^{2+}来源	Ca^{2+}流向	Mg^{2+}/Ca^{2+}	流体运输机制	成因机理
原生白云石模式		直接沉淀的原生白云石	Alderman 等（1957 年）	澳大利亚南部考龙地区	水很深、pH 很高、植物茂盛的潟湖环境					以化学沉淀方式直接从水体中沉淀的白云石
原生白云石模式		非叠层石生态系蓝细菌白云石	方少仙等（2003 年）	四川盆地	黑色非叠层石生态系蓝细菌发育	海水				蓝细菌作用下在沉积期形成的白云石
次生白云石化模式	高镁钙比白云石化模式	回流渗透白云石化	Adams 等（1960 年）	美国德克萨斯西部地区	气候干旱、相对封闭的蒸发环境，高渗透性台地沉积物	海水	海水	10~30	风暴灌注，蒸发泵，密度流	向下回流渗透的高镁水交代穿过的碳酸钙沉积物或石灰岩发生白云石化
次生白云石化模式	高镁钙比白云石化模式	蒸发泵白云石化	Hsu 等（1969 年）	波斯湾萨布哈地区	气候干旱、强烈蒸发作用的高盐度条件	海水或大陆卤水	孔隙水	10~30	蒸发系吸，风暴灌注，潮汐流	潮上带的高镁粒间盐水或表层水交代文石发生白云石化
次生白云石化模式	低镁钙比白云石化模式	调整白云石化	Goodell 等（1969 年）	巴哈马安德罗斯岛	地壳上升，海平面相对下降的条件	沉积物本身	海水	1.2~3.6	密度流	大气水影响下使碳酸盐沉积物发生溶解和交代作用，在化学成分及矿物成分上进行重新组合或调整，使原来的碳酸盐沉积物发生白云石化作用
次生白云石化模式	低镁钙比白云石化模式	混合水白云石化	Badiozamani（1973 年）	美国威斯康星地区	陆表海陆棚或发育在正向单元	海水	海水	1.2~3.6	潮汐泵	海水含量为 10%~40% 的混合液，对白云石过饱和，对方解石却不饱和，对白云石沉淀有利
次生白云石化模式	低镁钙比白云石化模式	盐度变动白云石化	郑荣才等（1992 年）	广西崇左江洲地区	陆表海陆棚或发育在正向单元的混合带中	海水	海水	1.2~3.6	潮汐泵	混合水带形成的无序白云石在偏向淡水潜流带的端元重结晶形成有序白云石
次生白云石化模式	正常镁钙比白云石化模式	潮汐泵吸白云石化	Carballo 等（1987 年）	佛罗里达岛链 Sugarlof 岛	活跃的潮汐泵吸作用，沉积物具有合适的渗透率	海水	海水	5.2~10	潮汐泵	潮汐泵使大量海水集中通过具有合适渗透率的沉积物发生白云石化
次生白云石化模式	正常镁钙比白云石化模式	海水泵吸白云石化	Saller 等（1984 年）	太平洋 Enewetak 环礁带	海水泵吸、热循环作用强烈，沉积物具有合适的渗透率	海水	海水	5.2~10	海水泵吸及向上的热对流	海水泵吸使大量海水集中通过具有合适渗透率的沉积物发生白云石化
次生白云石化模式	正常镁钙比白云石化模式	Kolout 对流白云石化	Mullins 等（1985 年）	巴哈马台地边缘地区	热对流活跃、沉积物具有合适的渗透率	海水	海水	5.2~10	地热形成的大规模对流系统	地热的对流，使大量海水集中通过具有合适渗透率的沉积物发生白云石化
次生白云石化模式	其他白云石化模式	埋藏白云石化	Illing 等（1959 年）	加拿大西部地区	地层较深，温度、压力较高，石灰岩具有一定的孔隙度和渗透率	粘土矿物、深部高温热液及高镁方解石	地下水	4~10	深海沉积的泥岩压实作用	高温下压实作用使 Mg^{2+} 运移到石灰岩中从而导致白云石化
次生白云石化模式	其他白云石化模式	沉积-热液白云石化	Zdzislaw（1959 年）	波兰圣十字山地区	地壳深大断裂周期性活动	深部热液流体及萃取的围岩镁离子	广海水		构造运动及深部热液循环	地热流体沿着地壳深大断裂带上涌，在交代围岩中萃取镁离子。这些组分与海水混合后在硫化细菌作用下，多次脉动循环形成白云岩

续表

模式分类				先驱者（发表年份）	应用地区	应用条件	Mg^{2+}来源	Ca^{2+}流向	Mg^{2+}/Ca^{2+}	流体运输机制	成因机理
次生白云石化模式	其他白云石化模式	生物白云石化		王国忠等（1984年）	海南岛排浦地区	热带海岸潮间带的耐盐性植物	海水	孔隙水	2.3~4.1	压实驱动、薄膜的蒸腾作用	植物强烈的蒸腾作用使得粒间水被浓缩，水温、盐度、Mg^{2+}/Ca^{3+}和pH升高，有利于白云石的沉淀
		地形补给白云石化		Garven等（1984年）	美国密苏里地区	沉积盆地抬升造山并在几千米，甚至整个盆地尺度上暴露在大气水的补给环境中	大气水及其溶解围岩的镁离子	地下水		水头压力	地形驱动庞大数量的大气水穿越沉积盆地可渗透地层时，不断发生的水岩作用使得大气水中的矿化度逐渐增加。其中一些富Mg离子的高矿化度流体进入到可渗透性灰岩，并将其白云石化
		热液白云石化	构造热液白云石化	Anderson等（1987年）	美国怀俄明、密西西比地区	区域构造运动，深大断裂带发育，且灰岩上部覆盖致密碎屑岩	深部热液流体	地下水	4~10	区域构造运动、地热异常以及放射性热源	富Mg^{2+}的构造热液流经上覆灰岩地层，并对其进行白云石化改造
			火山热液白云石化	Cervato等（1990年）	阿尔卑斯南段古特提斯海地区	火山活动，伴有区域构造运动的发生	火山热液及火山物质的蚀变产物	地下水及火山热液	4~10	火山活动及其导致的构造运动	富Mg^{2+}的火山热液流经上覆灰岩地层，并对其进行白云石化改造
			变质热液白云石化	Mountjoy等（1991年）	美国阿巴拉契亚南部地区	变质作用强烈，产生大量的变质热液	变质热液及遭受变质岩石	地下水	4~10	区域驱动流或地层深部热液对流	在变质作用引起的富Mg的热液流经上覆灰岩地层，并对其进行白云石化改造
		出溶白云石化		邬金华等（1992年）	鄂尔多斯盆地、河北唐山地区	压力增高的富镁条件下出溶	Mg方解石	海水		压力驱动	沉淀镁方解石重结晶后在压力增加的条件下经出溶作用形成白云石
		微生物白云石化		Vaconoelaes（1997年）	巴西Lagpa Vemmlha地区	超盐度盐碱难中嗜硫细菌发育	富镁离子的海水	孔隙水	0.7~6.0	密度流	微生物的新陈代谢利用SO_4^{2-}产克服动力学障碍，释放出Mg^{2+}，为白云石的沉淀提供了条件
		构造挤压白云石化		Mlorrow等（1998年）	美国Helderberg群	活跃的构造运动及与地层流体流动具有良好的耦合关系	地层流体	地下水		构造负荷产生的地形排驱	富Mg离子的地层流体因为构造负荷作用产生的挤压变形从地层中排出，并被驱动到盆地边缘导致可渗透性灰岩发生白云石化作用
		玄武岩淋滤白云石化		金振奎等（1999年）	滇东-川西地区	上部发育巨厚玄武岩	玄武岩中镁矿物的风化分解	孔隙水		上覆玄武岩形成高大山脉造成的水头压力	富含铁镁的玄武岩遭受淡水淋滤后释放出镁离子从而使下伏的石灰岩白云石化

注：数据引自王茂林等(2013)。

白云石成因模式的研究仍有待深入。

黄志诚等(1996)通过南方上震旦统灯影组碳酸盐岩中原生白云岩与各时代交代成因白云石的矿物学对比研究，获得区别白云石原生成因和交代成因的矿物学和地球化学标志。

从晶体形态上对比，浙江、江苏、安徽、湖北、四川、云南等省灯影组的原生白云石主要发育于滨外台地的藻礁、滩、潟湖与潮坪相的第2段和部分第3段富藻白云岩中。这些白云石沉积物经早期成岩的海水白云石胶结作用，在封闭的成岩系统中岩石的沉积结构和早期胶结物结构得以保存，没有发生交代或重结晶的破坏，为原生白云石。通过扫描电子显微镜(SEM)分析，藻白云岩中藻结构和泥晶白云岩及渗流纹层中的泥晶白云石晶体大小均匀，在1~4 μm之间，少数小于1 μm，形态有3类：第1类为{$10\bar{1}1$}菱面体自形晶堆集状，晶间有未被充填的多边形晶格架微孔，显示从溶液中自由状态结晶沉淀堆集的特点；第2类有规则和定向排列的{$10\bar{1}1$}菱面体自形晶集合体，并可见晶体沿某一方向拉长、集束定向分布，以及由大小均一的菱面体组成20 μm左右的球状集合体，晶间发育未充填的晶格架微孔，这类泥晶由藻细胞控制沉淀生长而成，是藻胞(环)壁、藻纹层的主要组成部分；第3类为晶棱被磨蚀或破碎状的泥晶白云石碎屑，呈自然堆集，晶间有微孔。白云石胶结物有3种主要形态：纤状、刃状、粒状。纤状白云石为第一、三世代早期胶结物，有两种晶形：一种宽0.5~2 μm，长1~5 μm，呈{$11\bar{2}0$}柱状单晶形，沿c轴延长，平行排列成平直纤状集合体；另一种由1~3 μm呈{$10\bar{1}1$}菱面体单晶形，沿晶棱错位连接成辫状弯曲的纤状集合体(图1-2-193a、b)。刃状白云石多形成第二世代胶结物，占据大部分孔隙空间，是原生白云岩的主要胶结物类型。形状为宽10~15 μm，长50~200 μm，由{$10\bar{1}1$}菱面体叠合连晶生长，顶部沿c轴伸长的菱面体晶面形成似刀刃状的集合体(图1-2-193c)。粒状白云石分布于孔隙中心，是最后一期胶结物，呈他形到自形菱面体镶嵌接触的粒状晶，大小在0.5~3 mm之间。白云石胶结物中含液、气液相包体，在纤刃状白云石中包体垂直晶体生长方向呈带状分布，刃状晶包体盐度为6.29%~10.24%，粒状晶包体盐度为4.79%~10.11%，表明晶体是在盐度偏高的水溶液中形成。

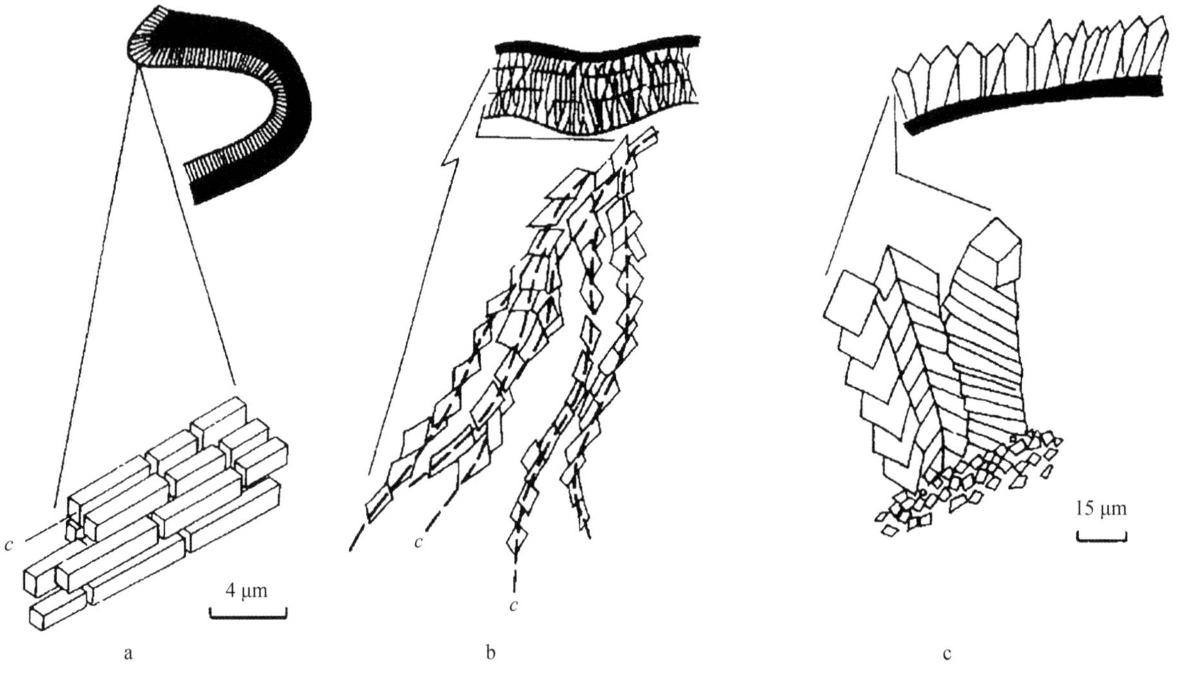

图1-2-193　原生白云岩中纤状、刃状白云石胶结物

(据黄志诚等，1996)

a—由{$11\bar{2}0$}细柱体平行排列成平直型纤状体；b—由{$10\bar{1}1$}菱面体(1~3 μm)沿晶棱错位连接成辫状弯曲型纤状体；c—刃状白云石由细小菱面体沿c轴方向叠合连晶生长而成

而各类交代白云岩中的白云石常见呈微晶(5~20 μm)、粉晶(20~100 μm)和细晶(100~250 μm)白云石，多为他形、半自形不等粒的菱面体，呈镶嵌接触，经常有交代石灰岩的残余结构和白云石晶体跨越被交代物的边缘，或占据孔隙空间的现象。晶体内有尘点状包体，经能谱测定为交代残留的细小方解石晶体和细小的溶蚀孔洞。

从化学组成上对比，原生白云石的晶体元素面扫描分析结果显示原生白云石的 Mg 和 Ca 元素面分布均匀，浓度变化小，起伏变化相一致。而交代白云石的 Mg 和 Ca 面分布与原生白云石截然不同，在一个交代细晶白云石菱面体晶体内，在 Mg 和 Ca 均匀分布的基底上散布许多由几个微米到 30 μm 大小的缺 Mg 高 Ca 的斑块区，浓度曲线低 Mg 高 Ca 的变化对应得很好，证明交代白云石中残余的方解石大量存在。

原生白云石和交代白云石的氧、碳同位素和微量元素的组成，可作为区分白云石不同成因的参考标志。灯影组原生白云石沉积物和白云石胶结物的同位素有相似的组成，泥晶白云石 $\delta^{13}C$=0.18‰~5.52‰(PDB)，平均 3.25‰；$\delta^{18}O$=0.40‰~-3.27‰(PDB)，平均-1.34‰(5 个样)；藻白云岩(藻泥晶+海水白云石胶结物)$\delta^{13}C$=2.27‰~4.15‰(PDB)，平均 3.47‰；$\delta^{18}O$=-0.38‰~-2.52‰(PDB)，平均-1.94‰(7 个样)；早期海水纤状和刃状白云石胶结物 $\delta^{13}C$=2.88‰~4.43‰(PDB)，平均 3.43‰(PDB)，$\delta^{18}O$=-1.06‰~-3.21‰(PDB)，平均-1.79‰(7 个样)。以上 $\delta^{13}C$ 和 $\delta^{18}O$ 组成表明白云石沉积物和白云石胶结物具有相同的形成环境，是海水沉积、沉淀的产物。最后一期的大晶粒白云石胶结物 $\delta^{13}C$=2.93‰~4.23‰(PDB)，平均 3.58‰，$\delta^{18}O$=-7.76‰~-10.14‰(PDB)，平均-8.64‰(5 个样)，证明为埋藏环境同生水较高温度沉淀的白云石。交代白云石的氧、碳同位素随交代环境不同有较大的变化，但总是表现为 $\delta^{13}C$ 偏向更轻，$\delta^{18}O$ 全部为中负值，即使是灯影组的交代白云石也不例外。交代白云石的 $\delta^{13}C$ 和 $\delta^{18}O$ 组成有一种趋向，随交代白云石晶粒增大更偏向轻的同位素组成。微晶白云石 $\delta^{13}C$=1.82‰~-0.75‰(PDB)，平均 0.47‰，$\delta^{18}O$=-3.72‰~-7.57‰(PDB)，平均-5.70‰(5 个样)；粉晶白云石 $\delta^{13}C$=1.74‰~-1.69‰(PDB)，平均 0.15‰，$\delta^{18}O$=-7.4‰~-8.66‰(PDB)，平均-8.02‰(6 个样)；细晶、中-粗晶白云石 $\delta^{13}C$=-0.16‰~-0.85‰(PDB)，平均-0.54‰，$\delta^{18}O$=-5.69‰~-17.97‰(PDB)，平均-10.25‰(6 个样)。交代微晶白云石的同位素组成较重，可能与交代环境的盐度较高有关，较低的盐度溶液和较长时间的交代，有利于较大的交代白云石晶粒形成，因而同位素偏向轻组成变化。由于交代作用是在半开放或开放成岩系统中，受后期成岩作用影响使 $\delta^{18}O$ 更偏向负值。

原生白云石的微量元素含量较低，Sr=64.42×10^{-6}，Mn=69.11×10^{-6}，Fe=684.62×10^{-6}(24 个样平均)。交代白云石 Sr=110.62×10^{-6}，Mn=455.55×10^{-6}，Fe=1295.6×10^{-6}(13 个样平均)。交代白云石交代石灰岩虽然降低微量元素含量，但因方解石或文石中 Sr、Mn、Fe 等元素含量较原生沉淀的白云石高，故交代后仍留有比原生白云石高的微量元素含量。

从晶体成分和有序度方面对比，原生白云石晶体 $CaCO_3$ 摩尔分数接近 50%，变化在 49.41%~-51.15%之间。均显示 Mg：Ca≈1 的理想白云石组成。晶体 Mg 和 Ca 有序度除少数偏低外，多为中-高等，表明原生白云石从溶液中结晶沉淀时晶体 Mg 和 Ca 含量接近理想配比，结晶有序度随结晶环境趋向稳定、结晶速度变慢有序度增高(表 1-2-186)。而交代白云石晶体均为稍富钙的白云石，晶体 $CaCO_3$ 摩尔分数为 50.07%~53.83%，平均为 51.27%。晶体的 Mg 和 Ca 组成随交代结晶晶体增大而变化，微晶白云石 $CaCO_3$ 摩尔分数为 52.15%，粉晶白云石 $CaCO_3$ 为 51.26%，细晶、中-粗晶白云石 $CaCO_3$ 为 50.74%。结晶有序度也随晶体增大而增高，这些特点表明交代白云石在交代 $CaCO_3$ 过程中 Mg^{2+} 总是不能完全取代 Ca^{2+} 而组成纯净的 Mg^{2+} 层，因而难以组成理想的 Mg、Ca 配比。

从晶体微结构对比研究(杨守业等，1997)发现，原生白云石中多世代的白云石胶结物微结构现象复杂，晶体结构不均一，泥晶白云石和大晶粒白云石胶结物的微结构现象较少，晶体结构较均匀。主要微结构有位错和调制结构。在原生白云石中普遍存在零乱分布的不规则弯曲细线或位错圈(环)，并可形成位错墙和位错网；以及常具有沿(0001)面方向平行排列的螺旋位错，这是一种低-中温条件下结晶形成的生长位错，并非后期变形作用所致。而交代白云石的细晶、中粗晶的微结构较少，粉

表 1-2-186 原生白云石与交代白云石的 X 射线衍射分析计算的晶体成分和有序度

样品号	样品名称	d_{104} 校正值/nm	$CaCO_3$ 摩尔分数/%	近似有序度 I_{015}/I_{110}
		原生白云石		
Z-3R1	泥晶白云石	0.28830	49.77	0.53
Z-29R	泥晶白云石	0.28837	50.00	0.71
JZ-11-13	泥晶白云石	0.28846	50.30	0.65
JZ-17-24	泥晶白云石	0.28865	50.94	0.85
EZ-20-1	泥晶白云石	0.28862	50.85	0.69
EZ-30-2	泥晶白云石	0.28853	50.64	0.82
Z-26RP	环藻白云岩(藻泥晶+刃状白云石)	0.28840	50.10	0.80
Z-1R1-(P1)	层状孔中一世代纤状白云石	0.28846	50.30	0.86
Z-1R1-(P2)	层状孔中二世代粒状白云石	0.28838	50.03	0.78
Z-1R1-(P3)	层状孔中三世代纤状白云石	0.28830	49.77	0.62
Z-1R1-(P4)	层状孔中四世代纹层与纤状白云石	0.28819	49.41	0.84
Z-1R2-(PS)	层状孔中五世代刃状白云石	0.28830	49.77	0.75
Z-1R1-(P6)	层状孔中六世代粒状白云石	0.28820	49.44	0.84
Z-3R-2	粒状白云石胶结物(鸟眼孔中)	0.28835	49.93	0.96
Z-23R1-2	粒状白云石胶结物	0.28833	49.87	0.55
EZ-20-1-①	粒状白云石胶结物(鸟眼孔中)	0.28850	50.46	0.91
Z-23R1-1	刃状白云石胶结物	0.28832	49.84	0.69
Z-33R	栉壳状白云石胶结物	0.28843	50.20	0.88
JZ-7-8	纤状白云石胶结物	0.28872	51.15	0.73
EZ-79-②	纤状白云石胶结物(鸟眼孔中)	0.28868	51.01	0.65
		交代白云石		
YT-18L-3	微晶白云石	0.28869	51.06	1.35
YT-19-21	微晶白云石	0.28885	51.57	0.66
ZT-80	微晶白云石	0.28953	53.83	0.69
YT-14-9	粉晶白云石	0.28876	51.30	0.75
SG-17-45-1	粉晶白云石	0.28890	51.75	0.73
L_1-30-64	粉晶白云石	0.28876	51.09	0.69
O_1L-2R	粉晶白云石	0.28864	50.89	0.60
SG-1-1	细晶白云石	0.28866	50.97	1.08
L_1-28-51	细晶白云石	0.28880	51.39	1.05
L_1-19-40	中晶白云石	0.28840	50.07	1.00
L_1-15-32	中晶白云石	0.28850	50.43	1.16
SG-11-18	中-粗晶白云石	0.28862	50.83	0.94

注：数据引自黄志诚等(1996)。Z，JZ，EZ，YT 字头样品分别采自江苏省句容县、湖北省京山县、四川省峨眉山、浙江省余杭区的灯影组；SG—安徽省石台县下奥陶统，L_1—江苏省句容县寒武系和下奥陶统，ZT—江苏省宜兴县中、下三叠统。$CaCO_3$ 摩尔系数分析误差为 0.086%~0.02%。

晶白云石微结构现象多，晶体均一性差，除位错发育外，调制结构有较大面积的发育，呈不规则的条纹状、蠕虫状，连续性差，延伸长度和调制波长不均一，最大差别可达 8 倍，有时可见两组交叉的调制波。能谱测出交代白云石的调制结构区与不含调制区的 Mg 和 Ca 相对含量差别较大，在调制区 Mg

和 Ca 含量与原生白云石相似，而非调制区几乎全为 Ca，仅含极少量 Mg，表明交代白云石中含调制结构部分和无调制结构的方解石并存，甚至可见含调制的白云石中残留方解石孤立分布于调制波间或在方解石中包有含调制结构的白云石。这种现象在原生白云石中从未发现，是交代成因白云石重要的特征。

(1)安徽省岳西地区含白云石柯石英榴辉岩中的白云石

[产地、产状及共(伴)生矿物] 安徽岳西撞钟地区与超基性岩伴生的柯石英榴辉岩的共生矿物组合是石榴子石+绿辉石+白云石+柯石英+金红石或石榴子石+绿辉石+柯石英+斜黝帘石+白色云母+金红石。岳西地区的柯石英榴辉岩呈条带状、团块状或似层状产于石榴子石橄榄岩和黑云斜长片麻岩中，大者几米，小者仅几厘米。岩石为灰绿或灰黑色，中粒柱状变晶结构，块状构造。这是大别山地区首次报道的含原生碳酸盐矿物(白云石)的榴辉岩(张泽明，1992)。

[形貌特征] 白云石具两组菱形解理，其边部发育由细小碳酸盐矿物组成的后成合晶冠状体。

[化学成分] 染色和能谱分析均证明，本区榴辉岩中的碳酸盐矿物为白云石，其 CaO/MgO = 1。含白云石的榴辉岩较为罕见，Smith(1984)最先发现柯石英的榴辉岩也含白云石。变质白云石的存在说明柯石英榴辉岩的原岩富含碳质，并处于氧过剩的变质条件下。

(2)甘肃省合作市早子沟金锑矿床中的白云石

[产地、产状及共(伴)生矿物] 甘南早子沟超大型金锑矿床位于西秦岭造山带，矿体赋存于三叠系古浪提组板岩和中酸性侵入岩内，包括蚀变岩型矿化(浸染状、细脉状、网脉状)和脉状矿化样式。蚀变岩型矿化产于侵入岩和板岩中，金属矿物以黄铁矿和毒砂为主，是大部分陡倾斜矿体(Au1等)的主要矿化样式。脉状矿化分为两种，分别为金属硫化物石英-白云石脉型和赤铁矿化白云石-硫化物脉型。可见矿床中的白云石形成于辉锑矿-闪锌矿-石英-白云石-自然金(Ⅲ)和辉锑矿-石英-白云石(Ⅳ)两个成矿阶段(于皓丞等，2019)。

[形貌特征] 白云石呈自形板状。

[化学成分] 本区白云石 Sm-Nd 元素含量和同位素组成见表 1-2-187。白云石 Sm 含量为 0.3221×10^{-6} ~ 4.918×10^{-6}，Nd 含量为 0.5667×10^{-6} ~ 22.76×10^{-6}。有 3 个样品 $^{147}Sm/^{144}Nd$ 和 $^{143}Nd/^{144}Nd$ 低于检出限。其余 6 个样品 $^{147}Sm/^{144}Nd$ 和 $^{143}Nd/^{144}Nd$ 分别为 0.1306 ~ 0.2891 和 0.511847 ~ 0.512141，可构筑一条 Sm-Nd 等时线，$t = 273 \pm 59$ Ma ($n = 6$；$MSWD = 50$)，初始 $^{143}Nd/^{144}Nd = 0.511626$。其中 4 个样品可构筑一条误差更小的等时线，$t = 282.5 \pm 5.1$ Ma ($n = 4$；$MSWD = 1.6$)，初始 $^{143}Nd/^{144}Nd = 0.5116053$(图 1-2-194)。白云石 $\varepsilon_{Nd}(0)$ 为 -15.42 ~ -9.70，$\varepsilon_{Nd}(t)$ 为 -13.66 ~ -12.19，t_{DM2} 为 2033 ~ 2097 Ma。Nd 同位素特征表明早子沟矿床脉状金锑矿化中的白云石与英安斑岩围岩具有相同的 Nd 源区，且很可能来自扬子克拉通北缘或南秦岭的古元古代结晶基底。

表 1-2-187　甘肃早子沟金锑矿床白云石 Sm-Nd 同位素组成

样品号	位置	$Nd/10^{-6}$	$Sm/10^{-6}$	$^{147}Sm/^{144}Nd$	$^{143}Nd/^{144}Nd$	1/Nd	$\varepsilon_{Nd}(0)$	$\varepsilon_{Nd}(t)$	t_{DM2}/Ma
ZZG28	2860 中段	2.464	1.179	0.2891	0.512141	0.41	-9.70	-12.19	2003
ZZG29	2860 中段	3.471	1.157	—	—	0.29			
ZZG39	2860 中段	18.94	4.121	0.1315	0.511862	0.05	-15.13	-13.38	2075
ZZG40	2860 中段	22.76	4.918	0.1306	0.511847	0.04	-15.42	-13.66	2097
ZZG41	2860 中段	19.04	4.223	0.1340	0.511855	0.05	-15.26	-13.60	2091
ZZG42	2760 中段	3.903	1.452	—	—	0.26			
ZZG43	2760 中段	0.5667	0.3221	—	—	1.76			
ZZG44	2760 中段	8.762	2.307	0.1592	0.511943	0.11	-13.56	-12.56	2001
ZZG45	2760 中段	6.580	2.067	0.1899	0.511952	0.15	-13.37	-13.19	2028
BCR-2		28.63	6.521	0.1377	0.512655				
LRIG					0.512203				

注：数据引自于皓丞等(2019)。

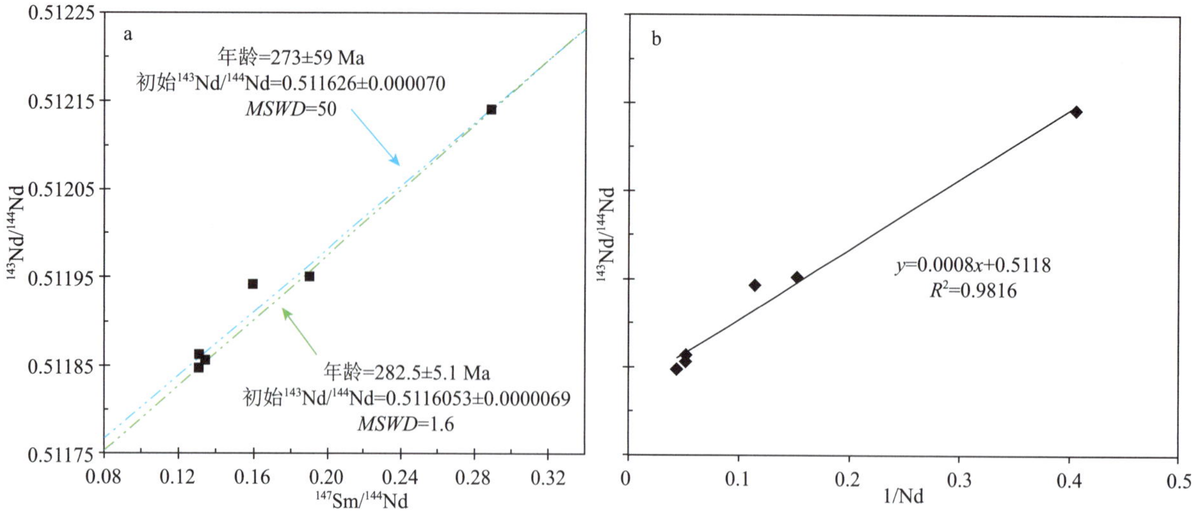

图 1-2-194　甘肃早子沟金锑矿床白云石

（据于皓丞等，2019）

a—Sm-Nd 等时线图；b—1/Nd-^{143}Nd/^{144}Nd 图

［成因意义］　本矿床成矿期热液白云石 Sm-Nd 同位素等时线定年为 282.5±5.1 Ma，早于矿床围岩，与地质事实不符。这种假等时线产生的原因可能是白云石 Sm-Nd 分馏很弱且成矿流体混染了古元古代结晶基底物质，这一认识将为西秦岭同类型金锑矿床的年代学研究提供参考。白云石 Sm-Nd 同位素体系可能同样无法为该类型金锑矿床提供正确的年代学信息。

（3）甘肃省嘉峪关市黑山白云石矿床中的白云石

［产地、产状及共（伴）生矿物］　黑山白云石矿床地处河西走廊过渡带酒泉中新生代拗陷，矿体赋存于中寒武统中岩组中，矿体围岩均为硅质岩，矿体规模属小型。矿石主要为中晶白云岩，呈浅灰白带土黄色，中晶结构，块状构造，矿石主要由白云石（占 85.5%~88%），少量菱镁矿、方解石、石英、碳质等组成；副矿物有磁铁矿、黄铁矿等。该矿区矿石主要以熔剂用白云岩为主（王茂，2021）。

［形貌特征］　白云石无色透明，半自形菱形横切面-他形粒状，闪突起明显，d=0.20~0.60 mm，高级白干涉色，聚片双晶发育，双晶带平行短对角线。

（4）甘肃省西峰赵家川黄土-红粘土剖面中的白云石

［产地、产状及共（伴）生矿物］　黄土高原赵家川风尘剖面红粘土样品中发现白云石（谢巧勤等，2011）。

［形貌特征］　白云石表面光滑、洁净、菱面体，完全的自形形态，具典型的自生矿物特征。SEM 观察还发现，自生凹凸棒石覆盖在白云石表面，甚至包裹白云石。这些微结构和形貌特征说明红粘土中的白云石为自生成因，而不是风尘碎屑成因。

［化学成分］　EDS 成分分析显示主要元素为 Ca、Mg、C 和 O，其中 Mg/Ca 值接近 1∶1，与典型白云石成分完全一致，同时 XRD 也显示有白云石存在（岳统波，2010）。

［环境意义］　在古近纪—新近纪以来的沉积盆地和现代土壤、特别是干旱区土壤中，白云石是常见矿物，并且与石膏、凹凸棒石等蒸发盐或干旱环境指示矿物关系密切，表明白云石形成与周期性的蒸发作用有关。黄土-红粘土中的碳酸盐主要由方解石和白云石两种矿物组成，二者具有不同成因和气候意义。方解石主要是沉积后成壤过程中形成，反映沉积区气候演变，白云石主要由源区携带而来，主要反映粉尘源区的气候特点（盛雪芬等，2000）。但赵家川红粘土中自生白云石反映的是黄土高原气候特征，而不是粉尘源区的干旱气候特征。

（5）甘肃省玉门市花海湖全新世沉积物中的白云石

［产地、产状及共（伴）生矿物］　花海湖位于河西走廊西段玉门市东北约 90 km 处，目前为一典

型的内陆干旱湖泊。在花海湖全新世的沉积物中有明显的白云石沉积。从花海湖湖盆最低洼处的研究剖面来看，X衍射分析结果显示在整个剖面的沉积过程中白云石含量较为丰富。根据层位的划分，6.83 m以上是典型的全新世沉积，其中10.60~10.47 cal ka B.P.时期(6.30~3.73 m)以冲洪积和风成沉积为主，白云石含量较低，Fe^{3+}含量相对较高，显示了较强的氧化性特点。而在风成砂为主的风成沉积阶段(5.25~4.53 m)，白云石含量虽然有所上升，但仍然低于10%，显示了在风成沉积和冲洪积阶段较低的含量特点。10.47~8.87 cal ka B.P.时期(3.73~3.08 m)，是花海湖的一个成湖期，湖泊水位开始逐渐回升，该时期白云石含量迅速降低，石膏和Fe^{3+}含量突然增加。8.87~5.50 cal ka B.P.时期(3.08~0.73 m)，白云石和石膏含量呈现明显的波动，但二者呈现一定反相位关系，白云石含量较高的阶段，均对应着石膏含量的低值。与此同时，3.08~2.30 m深度中，Fe^{3+}离子含量最低，表明氧化性最弱，湖泊水位升高。5.50~0 cal ka B.P.(0.73 m至地表)，为现代的洪泛堆积(李卓仑等，2013)。

[主要粉晶衍射数据] 通过沉积物矿物组成的XRD图谱(图1-2-195)可以很好地判定白云石的存在。

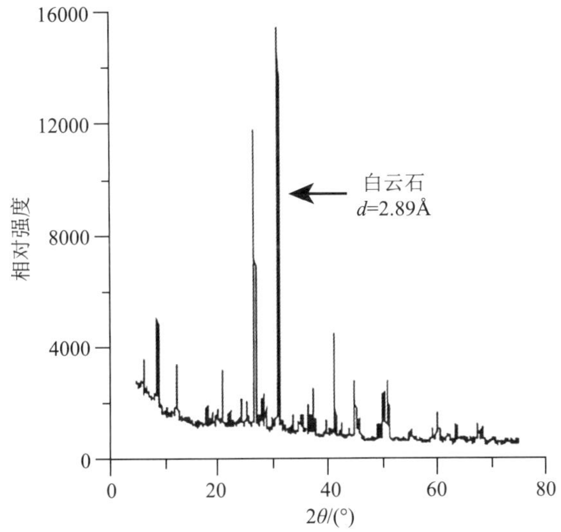

图1-2-195 甘肃花海湖白云石(210.5 cm深度沉积物)X衍射图
(据李卓仑等，2013)

[环境意义] 花海湖全新世时期白云石的存在以及岩性、沉积过程、石膏以及Fe^{3+}含量的变化表明，花海湖全新世白云石沉积的环境以还原环境为主，还原环境利于白云石的形成。白云石作为碳酸盐矿物，可以反映一定的湖水盐度，虽然其含量的变化可以指示湖水盐度的变化，但并非直接指示湖水的咸化随着湖水盐度的进一步增加，在硫酸盐型湖泊中，白云石含量随盐度的增加而相应地减少。

(6)广西北海涠洲岛全新世海滩岩中的白云石

[产地、产状及共(伴)生矿物] 在广西涠洲岛全新世海滩岩孔隙中发现粗粒有序透明白云石，产于珊瑚碎屑石灰岩中。鹿角珊瑚碎屑多由粒状状方解石胶结，其晶粒多为0.2~0.3 mm，白云石作为填隙物多以生物屑为底质，呈晶洞充填方式分布于粒间孔洞中(王英华，1987)。

[主要粉晶衍射数据] X光粉晶分析结果如图1-2-196和表1-2-188所示。计算结果表明白云石有序度为1。

[形貌特征] 白云石晶体多出现于粒间孔和遮蔽孔隙中，这些白云石多以晶粒或集合体形式出现，晶粒粒级和数量似与溶孔大小和形态有关。显微镜下白云石呈菱面体自形晶，晶面有时略呈弯曲。晶粒大小相差不大，一般在2~0.5 mm之间。晶面时具溶蚀现象，晶体中未见环带状构造。

[物理性质] 白云石晶体呈灰白色或无色，洁净透明或半透明，遇有铁染时，晶面可呈黄褐色。白云石具玻璃光泽，摩氏硬度为4，菱面体解理完全，用微矿物法测得其相对密度为3.1。

表 1-2-188　广西涠洲岛全新世海滩岩中白云石的 X 射线粉晶分析数据

I	d/Å	I	d/Å
1	3.6926	3.5	1.8099
9	2.8847	3.5	1.7906
10	2.8666	1.5	1.5441
1	2.6749	1	1.4670
2	2.4044	1	1.4467
3	2.1910	1	1.3394
2	2.0144	1	1.3407
<1	1.8504		

注：数据引自王英华(1987)。

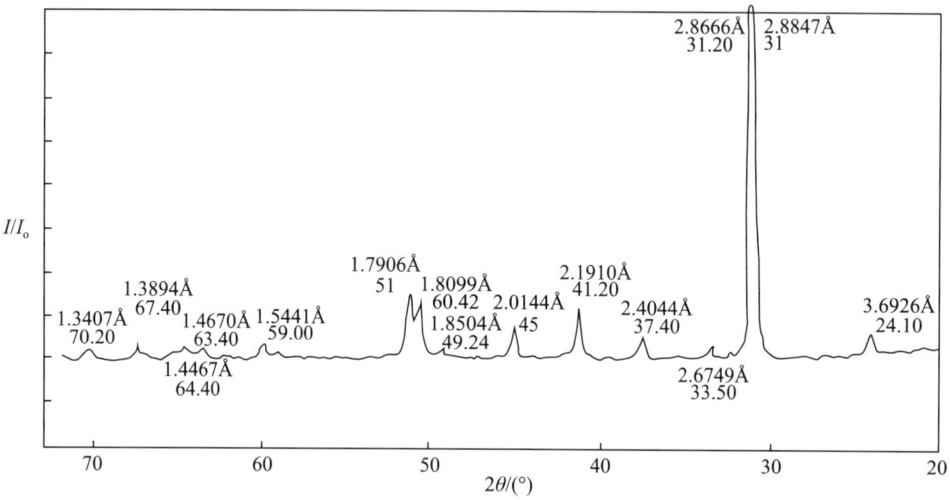

图 1-2-196　广西涠洲岛全新世海滩岩中白云石的 X 光衍射曲线

（据王英华，1987）

[光学性质]　白云石为一轴负晶。实测折光率 N_o = 1.673，N_e = 1.514，闪突起显著，具强色散效应。

[化学成分和性质]　本区白云石中可能含少量 Fe^{2+}、Mn^{2+}等阳离子组分，其分子式应为 Ca(Mg, Fe, Mn)$(CO_3)_2$。透明白云石在冷稀盐酸中不易溶解，但晶面可因腐蚀而变暗或失去光泽；在热盐酸中易于溶解。

[光谱特征]　红外光谱分析结果(图 1-2-197)表明其为白云石，但其中可能有待进一步化学分析证明的少量 $FeCO_3$ 分子的存在。差热分析曲线亦可与标准样品曲线对比。

[成因意义]　本区粗粒洁净透明白云石均以晶洞充填方式产于岩石的原生孔隙中。因此，其形成时间当在生物碎屑被胶结之后。根据对海滩岩珊瑚屑所作 C^{14} 测定的结果，知其绝对年龄为 2120±90a 左右，可称为现代白云石。

本区珊瑚碎屑石灰岩 $\delta^{18}O$ 均具高负值，表示了淡水渗流带中海相沉积物大气成岩作用的影响，白云石则以其 $\delta^{18}O$ 和 $\delta^{13}C$ 均为高负值显示了脱离海洋环境后的淡水成因。它们与湖相泥晶白云岩具类似的氧、碳同位素组成，而与国内外咸化海水中形成的交代白云岩的氧、碳同位素组成截然不同(表 1-2-189)。

(7)广西桂林市临桂区白云石矿床中的白云石

[产地、产状及共(伴)生矿物]　广西桂林市临桂区白云石矿床中矿石属于晶质的白云石类型，

单晶体常呈菱面体，集合体常呈粗粒至细粒状，结构致密，是生产苛性白云石的较好原料(蒋述兴等，2010)。

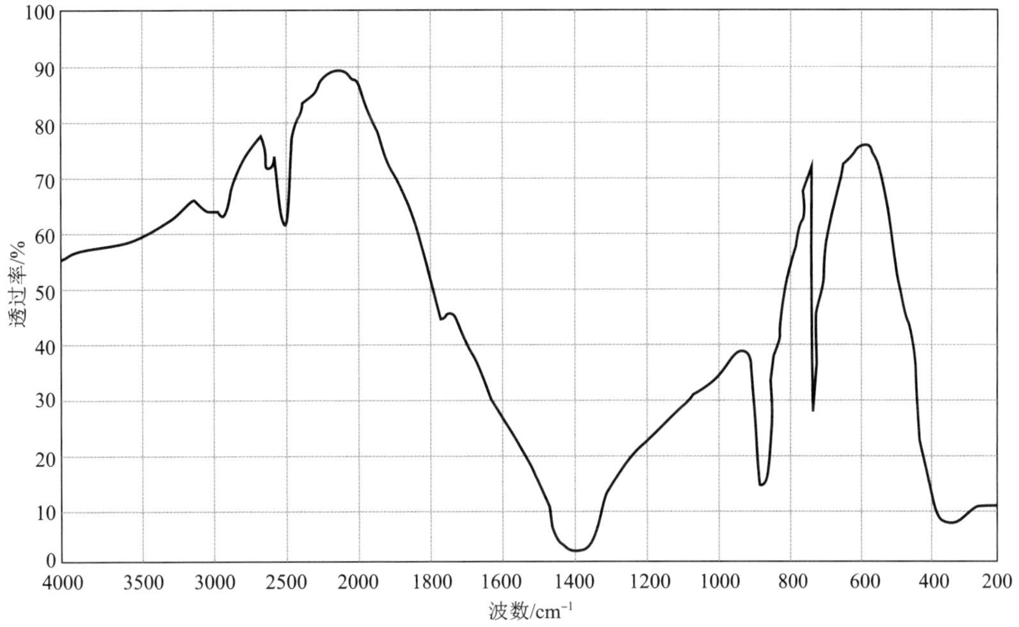

图 1-2-197 广西涠洲岛全新世海滩中白云石的红外光谱曲线
(据王英华，1987)

表 1-2-189 不同成因的白云石(岩)的氧、碳同位素组成

样品	$\delta^{18}O$/‰	$\delta^{18}C$/‰	E	有序度	备注
涠洲岛全新世淡水白云石	-5.29	-4.66	115.1	1	
天水古近纪—新近纪湖相泥晶白云石	-6.01	-4.95	114.2		
贵州三叠纪灰岩溶洞中的石钟乳	-8.66	-4.06	114.7		
涠洲岛全新世珊瑚碎屑石灰岩	-6.56	-0.98	126.0		
昆明平顶山二叠纪虎斑白云岩	-10.95	5.60	133.3	0.37	5 个样品的平均值
陕西瓦刀子古近纪—新近纪石膏顶板的白云岩	-4.63	2.09	129.3	0.73	4 个样品的平均值
巴哈马群岛的白云石	4.10	0.50	130.0		
犹他盐湖白云石	-4.00	1.20	127.3		
南澳大利亚盐湖的白云石	-5.83	-0.90	122.5		

注：数据引自王英华(1987)。

[主要粉晶衍射数据] 从矿石的 X 射线粉晶分析谱图可以看出，本区白云石矿石中的主要矿物成分为白云石，其他杂质矿物含量很低，均小于3%。与标准白云石样品的 X 射线粉晶分析数据(表 1-2-190)非常吻合，说明本区白云石的结晶程度很好。

表 1-2-190 标准白云石 X 射线粉晶数据

I	d/Å	I	d/Å	I	d/Å	I	d/Å
2	4.05	2	2.06	1	(1.530)	1	1.200
3	3.70	4	2.013	3	1.463	4	1.168
4	(3.18)	2	(1.970)	1	1.440	1	1.142
10	2.88	3	1.850	2	1.429	2	1.123
1	(2.80)	7	1.808	1	1.410	5	1.112

续表

I	d/Å	I	d/Å	I	d/Å	I	d/Å
2	2.70	7	1.785	4	1.387	1	(1.103)
4	2.67	2	(1.700)	3	1.333	2	1.097
3	2.54	1	(1.610)	2	1.298	1	1.068
5	2.41	2	1.565	2	1.270	4	1.008
7	2.19	3	1.545	3	1.237	5	1.001

注：数据引自蒋述兴等(2010)。

［**形貌特征**］ 白云石的颜色一般为灰色，有的微带浅黄色。单晶体常呈菱面体，集合体常呈粗粒至细粒状，结构致密，解理平行菱面体完全。从薄片看，常具自形晶的菱形截面，并呈环带构造，明显可见两组交叉的解理缝(图 1-2-198，图 1-2-199)。

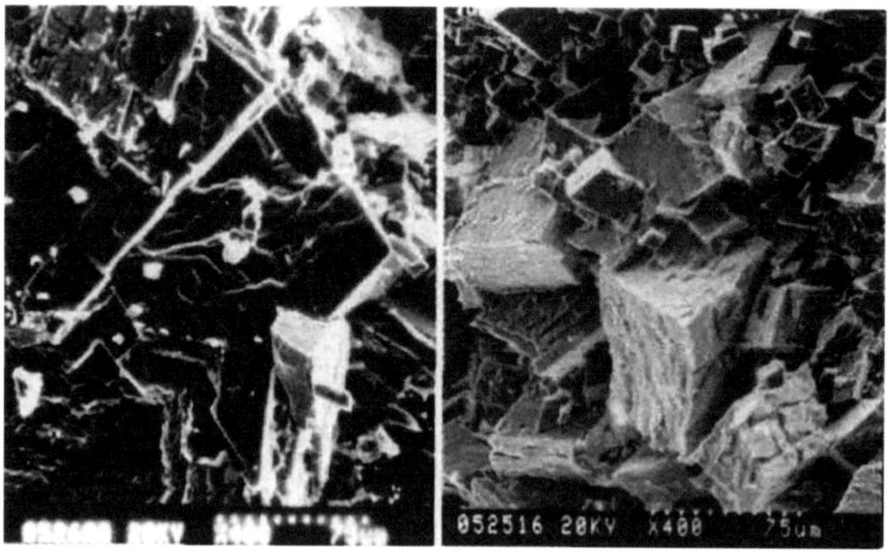

a　　　　b

图 1-2-198　广西临桂区白云石 SEM 照片(×400)
(据蒋述兴等，2010)

［**化学成分和性质**］ 临桂区白云石矿石的化学成分分析结果见表 1-2-191。可以看出，本区白云石杂质成分含量不算很高，而 Mg 和 CaO 的含量均接近白云石的理论组成。因此，该产地的白云石质量较好。遇冷稀盐酸反应微弱，加热盐酸起泡。用 0.2～0.5 cm 大小的矿物碎粒，置于 1%铬蓝黑 $C_{20}H_{13}O_5SN_2$ 的强碱性(10%NaOH)溶液中煮沸 10 min，将矿物碎粒冲洗，白云石被染成紫红色。

表 1-2-191　广西临桂区白云石矿石的化学成分及含量(w_B/%)

样品编号	各成分含量						
	MgO	CaO	SiO_2	Fe_2O_3	Al_2O_3	K_2O+Na_2O	烧失量
1	21.27	30.41	1.45	0.12	0.24	0.37	45.70
2	20.70	30.30	0.50	0.06	0.12	0.29	46.88
3	21.26	29.52	1.17	0.18	0.37	0.41	47.07
4	21.19	30.47	1.36	0.48	0.48	0.35	46.19
5	21.58	31.19	0.50	0.40	0.08	0.37	46.00
6	20.64	29.83	0.54	0.37	0.44	0.39	47.19
平均	21.10	30.28	0.92	0.27	0.29	0.36	46.51

注：数据引自蒋述兴等(2010)。

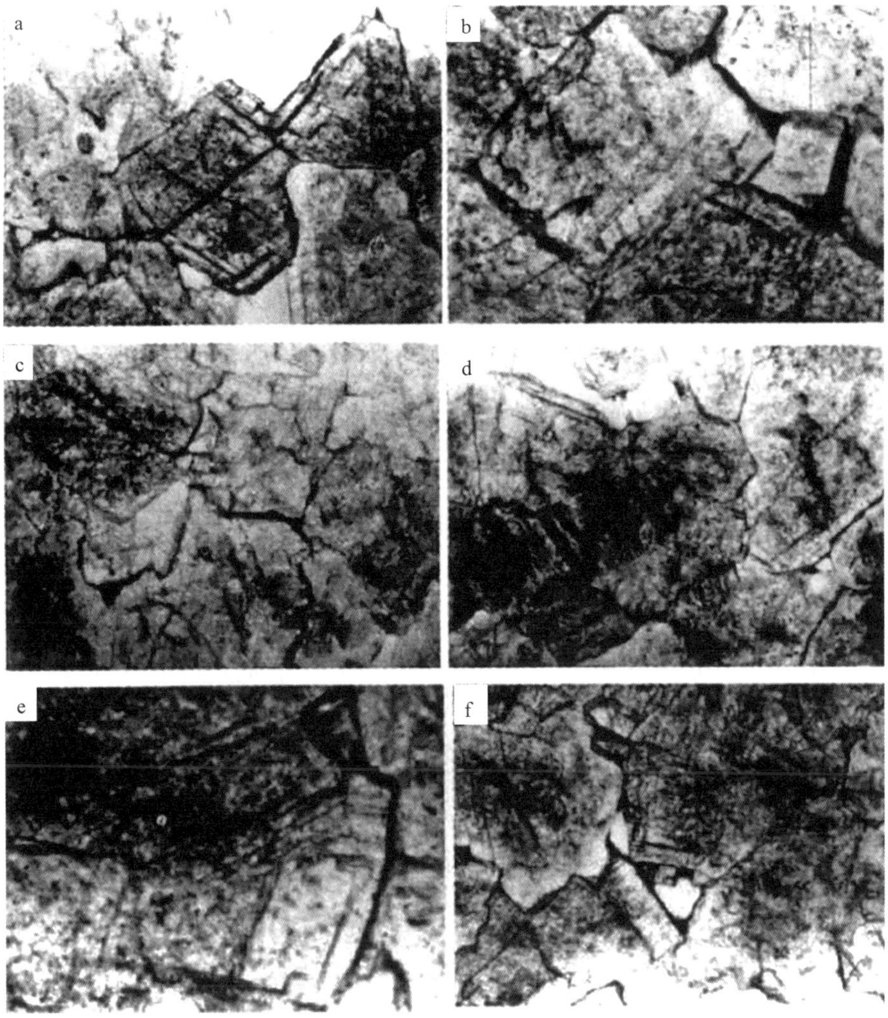

图 1-2-199　广西临桂区白云石的显微镜下照片(×100，单偏光)
(据蒋述兴等，2010)

[**光谱特征**]　DTA 分析结果见图 1-2-200。从图 1-2-200 可以看出，白云石中 $MgCO_3$ 的分解温度大致在 500~747℃。

(8)广西十万大山地区下-中泥盆统白云岩中的白云石

[**产地、产状及共(伴)生矿物**]　十万大山地区系指广西壮族自治区南部凭祥-东门断裂一线以南、扶隆-小董-沙坪一线以北的区域。台盆沉积区域主要发育硅质岩或硅质岩与灰岩间互沉积，台地沉积区主要发育一套纯净的白云岩沉积。依据白云岩或白云石的产状、结构、阴极发光、微量元素和稳定同位素特征，区内下-中泥盆统白云岩或白云石可分为 3 种成因类型，即蒸发泵和渗透回流成因白云岩、大气水-海水混合成因白云岩和淡水成因白云石。蒸发泵和渗透回流成因白云岩都发生于高盐度海水条件下，主要形成微晶云岩、微晶藻云岩、生物碎屑粉晶云岩，部分层段见硬石膏与之共生；大气水-海水混合水白云石化作用形成亮晶生屑云岩、亮晶海百合云岩、藻团块中-细晶云岩和粉-中晶云岩。淡水成因白云石是白云岩受大气水溶蚀的副产物，往往不单独构成白云岩，而是沿白云岩溶蚀缝、孔、洞壁生长，并与大气水成因的连晶方解石构成共生矿物对(李国蓉等，2004)。

[**形貌特征**]　蒸发泵和渗透回流成因白云岩中白云石晶体一般细小，个别较粗，但晶形往往不好，多呈他形晶或半自形-自形晶，晶体表面脏；大气水-海水混合成因白云岩中白云石晶体多呈粉-中晶，晶形较好，半自形-自形，表面较干净或具雾心亮边结构。淡水成因白云石晶体可达细-中晶，晶体自形程度极高，呈自形菱面体；表面干净，或具环带状构造，最外部往往为干净环带。

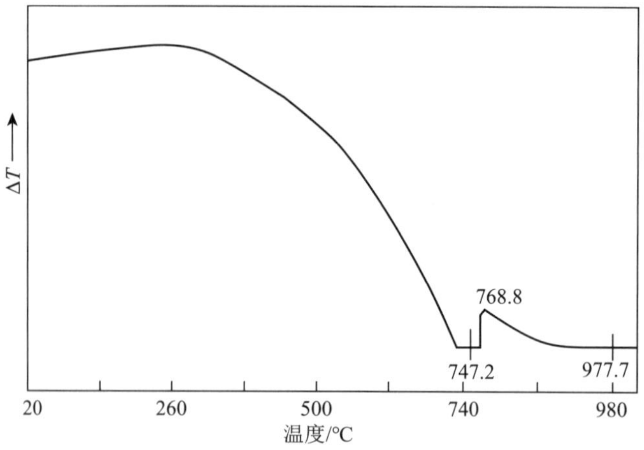

图 1-2-200　广西临桂区白云石在空气气氛下的 DTA 分析曲线
（据蒋述兴等，2010）

［化学成分］ 根据电子探针分析结果，蒸发泵和渗透回流成因白云岩中白云石的 SrO 和 Na_2O 含量高，分别为 0.543‰和 0.560‰；Al_2O_3、MnO 和 FeO 含量低，分别为 0.150‰、0.260‰和 0.0600‰。质谱分析结果显示其 $\delta^{13}C_{PDB}$ 值为-1.786‰~3.864‰，$\delta^{18}O_{PDB}$ 值为-6.210‰~-8.065‰。大气水-海水混合成因白云岩中的白云石 Na_2O 含量稍高，为 0.610‰，而 SrO、K_2O、MnO 和 FeO 含量均较低，分别为 0.099‰、0.200‰、0.240‰和 0.320‰。有关白云石样品的稳定同位素测定结果，$\delta^{13}C_{PDB}$ 值为-1.930‰~1.882‰，$\delta^{18}O_{PDB}$ 值为-3.883‰~6.005‰。淡水成因白云石的微量元素组成与大气水-海水混合成因白云石相近，Na_2O 含量较高，为 0.990‰，SrO、K_2O、MnO 和 FeO 含量低，分别为 0.280‰、0.050‰、0.190‰和 0.500‰。有关白云石样品稳定同位素分析结果，$\delta^{13}C_{PDB}$ 值 -18.690‰~-1.224‰，$\delta^{18}O_{PDB}$ 值为-5.556‰~-5.705‰，比同层位大气水成因连晶方解石 $\delta^{18}O_{PDB}$ 值高 5.42‰。

(9)广西武宣县朋村-盘龙中下泥盆统碳酸盐岩中的白云石

［产地、产状及共(伴)生矿物］ 本区位于武宣县城南东方向，包括朋村、古立、师古洲、盘龙等矿区。本区常见的白云岩类碳酸盐岩有细粒-中粒白云岩、微晶白云岩、含生物屑假象白云岩。灰岩类有泥晶灰岩、含生物屑泥晶灰岩、生物屑泥晶灰岩、泥晶生物屑灰岩。矿物成分主要为方解石、白云石、石英、玉髓以及少量的粘土矿物(钟文华，1989)。

［化学成分］ 从岩石化学分析(表 1-2-192)可见，岩石中的 CaO、MgO、CO_2 的总量多大于 90%，这些组分组成了碳酸盐矿物，Al_2O_3、SiO_2、Na_2O、K_2O 等成分主要赋存于粘土矿物与硅质矿物中，是碳酸盐岩中的酸不溶组分。

(10)贵州省都匀市早泥盆世牛场暗河沉积物中的白云石

［产地、产状及共(伴)生矿物］ 贵州都匀牛场早泥盆世暗河沉积物的白云石化以粘土岩屑最剧，由粉砂质泥岩、泥质粉砂岩岩屑及石英碎屑等依次减弱。而石英岩状砂岩岩屑最稳定，无白云石化反应。不同岩屑中白云石的分布和矿物学特征各不相同。粘土岩屑中的白云石化多沿页理、裂隙或边缘向内进行，岩屑愈细白云石化愈彻底。石英碎屑中的石英颗粒未见加大，交代沿其边缘进行，常呈孤岛状残体(刘树晖等，1984)。

［形貌特征］ 粘土岩屑中的白云石为粉-粗晶，以边缘、页理处较粗，多棱面接触。自形为主，多具环带，外环净洁，核心多粘土残余。石英碎屑中的白云石呈细-中晶，净洁、透明，环带、核心极少，但自形程度差，彼此齿状接触。含沥青泥质粉砂岩或粉砂质泥岩岩屑白云石化的情况大致介于以上两者之间。可见，牛场暗河沉积中白云石晶粒大，但晶体的自形程度及杂质的有无则较多变，或自形而不完全净洁，或净洁而不自形，受被交代矿物的成分和结构的影响。

表 1-2-192　广西武宣朋村-盘龙中下泥盆统碳酸盐岩岩石化学特征(w_B/%)

样品号	1	3	4	5	6	11	14	18	19	21	45
岩石名称	生物屑岩晶灰岩	细粒白云岩	细粒白云岩	细粒白云岩	泥晶生物屑灰岩	生物屑泥晶灰岩	泥晶灰岩	中粒白云岩	中粒白云岩	液晶白云岩	中粒白云岩
岩石化学成分											
CaO	46.96	31.78	32.48	28.38	52.35	53.82	51.94	31.76	32.16	32.28	32.05
MgO	1.60	19.93	19.20	15.57	0.64	0.53	1.06	16.33	17.64	18.46	19.44
CO_2	38.65	47.62	46.47	39.70	42.21	43.57	41.93	43.31	45.91	45.84	46.14
Al_2O_3	1.85	0.19	0.22	1.35	0.24	0.14	0.55	2.03	0.84	0.55	0.33
SiO_2	8.39	0.93	0.84	13.43	3.59	2.04	2.89	6.80	3.30	2.79	2.62
Na_2O	0.053	0.027	0.028	0.035	0.027	0.015	0.027	0.037	0.027	0.023	0.039
K_2O	0.84	0.11	0.14	0.59	0.31	0.08	0.28	0.68	0.28	0.16	0.14
岩石化学理论值计算											
$MgCO_3$	3.35	41.69	40.17	32.58	1.34	1.11	2.22	34.16	36.90	38.62	40.67
$CaCO_3$	83.82	56.72	57.97	50.67	94.19	96.83	92.70	56.68	57.40	51.61	57.20
$CaMg(CO_3)_2$	7.32	91.19	87.85	70.25	2.93	2.43	4.35	74.72	80.70	84.47	88.95
$CaCO_3$	79.81	7.23	10.29	11.98	91.84	94.76	90.07	16.12	13.59	11.76	8.92
酸溶组分	87.21	99.33	93.15	83.65	95.20	97.92	94.93	91.40	95.71	96.58	97.63
酸不溶组分	11.13	1.26	1.23	15.41	4.17	2.23	3.75	9.55	4.45	3.52	3.13
实测酸不溶组分	10.50			14.50			3.90	9.20			2.90

注：数据引自钟文华(1989)。

[化学成分]　粘土岩屑中的白云石 $\delta^{18}O=-8.06‰$，$Na<300\times10^{-6}$，$Sr<100\times10^{-6}$。石英碎屑中的白云石的 $\delta^{18}O=-10.21‰$，$Na<300\times10^{-6}$，$Sr<100\times10^{-6}$。粉砂岩或粉砂质泥岩岩屑中的白云石 $Sr<100\times10^{-6}$，$Na=300\times10^{-6}$。总的来说牛场暗河沉积物中白云石 $\delta^{18}O$、Sr、Na 含量都低。

(11)贵州省普定县纳雍枝铅锌矿床中的白云石

[产地、产状及共(伴)生矿物]　黔西北铅锌成矿区是川滇黔多金属矿集区的重要组成部分，纳雍枝铅锌矿床是区内最具代表性的矿床之一。矿体以层状、似层状、脉状产于下寒武统清虚洞组第一、二段层间裂隙和断层破碎带的白云岩地层中。该矿床从西向东由砂岩、金坡、芦茅林和玉合 4 个矿段组成。原生金属矿物矿石矿物主要为闪锌矿、方铅矿及少量黄铁矿等，脉石矿物以白云石为主，次为方解石，含少量重晶石等(图 1-2-201)(韦晨等，2018)。

[形貌特征]　①赋矿白云岩(D1)结晶颗粒细小(0.20～0.50 mm)，孔隙度高，常见镶嵌结构(图 1-2-202a)；阴极发光(CL)照射下呈暗红色(图 1-2-202b)，或总体较均匀、少量边缘发亮红光。②成矿期白云石(HD1)结晶颗粒较为粗大(10～20 mm)，常见叶片状、刃状、鞍状，与方铅矿、闪锌矿等硫化物伴生(图 1-2-202a)，在阴极发光(CL)下，单个白云石颗粒出现多个暗红色与亮红色相间的同心环带(图 1-2-202b)，根据发光特征和生长环带，HD1 白云石晶体生长至少经历 8 个世代。③期后热液白云石(HD2)，粗-巨晶，裂隙发育(图 1-2-202c)，阴极发光照射下整体呈玫瑰红色，沿晶体边缘、解理面及微裂隙发亮红色(图 1-2-202d)，HD2 白云石切穿闪锌矿脉(图 1-2-202b)，应为成矿期后热液作用的产物，与铅锌成矿无成因联系。

[化学成分]　纳雍枝铅锌矿赋矿白云岩、成矿期白云石、期后热液白云石稀土元素含量分析结果见表 1-2-193。总体上来说，虽赋矿白云岩、成矿期白云石和期后热液白云石稀土含量、LREE、HREE 的分馏程度有较明显的差别，但三者均富集轻稀土亏损重稀土，且 Eu 异常明显(图 1-2-203)。

图 1-2-201　贵州纳雍枝铅锌矿矿物组成特征

（据韦晨等，2018）

a—成矿期白云石(HD1)、方铅矿和闪锌矿呈脉状分布于白云岩中；b—期后热液白云石(HD2)切穿成矿期白云石(HDl)和闪锌矿脉；c—成矿期白云石(HD1)和闪锌矿脉充填白云岩裂隙中；d—期后热液白云石(HD2)胶结白云岩角砾(D1)。D1—赋矿白云岩；Sp—闪锌矿；Gn—方铅矿；HD1—成矿期白云石；HD2—期后热液白云石

表 1-2-193　贵州纳雍枝铅锌矿白云岩(石)稀土元素含量($w_B/10^{-6}$)及特征参数

岩性	赋矿白云岩			成矿期白云石			期后热液白云石	
样品号	SY-36	LML-2	SY-21	SY-28	LML-9	SY-2	SY-12	SY-16
La	6.75	8.31	8.14	5.20	4.80	5.76	1.31	1.50
Ce	14.9	16.70	16.40	25.10	25.20	26.00	2.36	3.10
Pr	1.55	1.63	1.68	3.93	4.09	3.92	0.24	0.32
Nd	5.67	6.16	6.37	18.50	18.70	17.60	1.00	1.60
Sm	1.05	1.03	1.03	3.37	3.66	3.05	0.20	0.29
Eu	0.23	0.23	0.22	0.45	0.64	0.48	0.04	0.07
Gd	1.08	1.13	1.05	2.45	2.68	2.58	0.21	0.30
Tb	0.14	0.17	0.16	0.30	0.34	0.32	0.03	0.04
Dy	0.89	0.88	0.80	1.21	1.48	1.35	0.12	0.22
Ho	0.19	0.21	0.18	0.22	0.25	0.24	0.03	0.04
Er	0.52	0.56	0.48	0.57	0.63	0.57	0.07	0.09
Tm	0.07	0.07	0.07	0.06	0.08	0.07	0.01	0.01
Yb	0.42	0.50	0.42	0.39	0.43	0.38	0.03	0.08
Lu	0.07	0.09	0.05	0.05	0.06	0.05	0.01	0.01
Y	6.26	7.14	6.69	7.95	9.10	8.38	1.5	2.14
LREE	30.15	34.06	33.84	56.55	57.09	56.81	5.15	6.89
HREE	3.36	3.61	3.21	5.24	5.94	5.55	0.49	0.79
REE	33.51	37.68	37.05	61.79	63.03	62.37	5.64	7.68

续表

岩性	赋矿白云岩			成矿期白云石			期后热液白云石	
样品号	SY-36	LML-2	SY-21	SY-28	LML-9	SY-2	SY-12	SY-16
LREE/HREE	8.97	9.43	10.54	10.78	9.61	10.23	10.52	8.71
δEu	0.66	0.66	0.63	0.48	0.63	0.53	0.60	0.77
δCe	1.08	1.06	1.04	1.30	1.33	1.28	0.98	1.04
$(La/Sm)_N$	4.05	5.08	4.97	0.97	0.83	1.19	4.10	3.28
$(Gb/Yb)_N$	2.10	1.82	2.02	5.09	5.11	5.57	5.40	3.19
$(La/Yb)_N$	10.96	11.14	13.1	9.01	7.63	10.35	28.65	13.16

注：数据引自韦晨等(2018)。

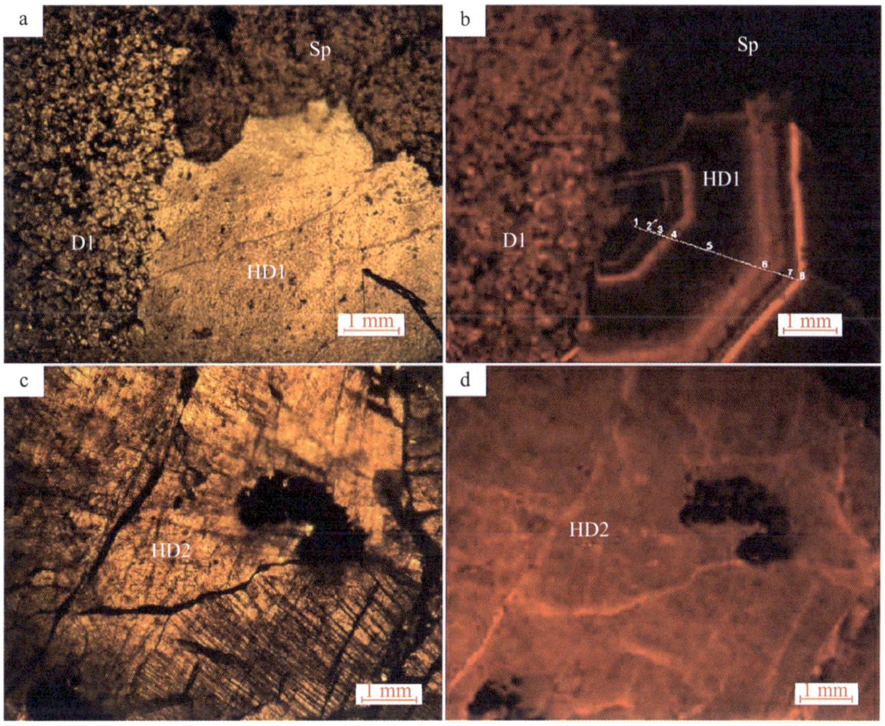

图 1-2-202　贵州纳雍枝铅锌矿碳酸盐岩透射光和阴极发光图像

(据韦晨等，2018)

a—赋矿白云岩(D1)结晶颗粒细小，孔隙度高，成矿期白云石(HD1)呈叶片状、鞍状，单偏光(-)；b—赋矿白云岩(D1)显示为暗红色，成矿期单个白云石(HD1)颗粒为同心环带状，呈现暗红与亮红色交替出现，CL；c—期后热液白云石(HD2)，自形晶，结晶颗粒粗大，单偏光(-)；d—期后热液白云石(HD2)呈玫瑰红色，沿晶体边缘、解理面及微裂隙发亮红色，CL

在 Y-REE 和 Y-Sm 图解(图 1-2-204)中，成矿期白云石投影点范围相对独立，明显不同于清虚洞组白云岩、期后热液白云石，其 Y 和 Sm 含量明显高于清虚洞组白云岩，因而成矿流体不可能完全由赋矿地层提供，应有 REE 相对富集的流体加入。

(12)贵州省松桃县桃子坪娄山关组中的白云石

[产地、产状及共(伴)生矿物]　娄山关组中有大量颗粒(鲕、豆、核形石、藻团粒、内碎屑等)白云岩和藻纹层白云岩，这类岩性占娄山关组(厚度)50%~60%(王尚彦等，1999)。

[晶体结构]　根据本区白云岩的 X 衍射分析结果(表 1-2-194)，整个娄山关组白云岩的有序度是较高的，但不同体系域仍有一些差异：海进体系域有序度较低，以 0.67~0.90 为主；高水位体系域有序度较高，全为 1。白云石有序度指白云石形成时，Mg^{2+} 和 Ca^{2+} 排列的有序程度，完全有序为 1，

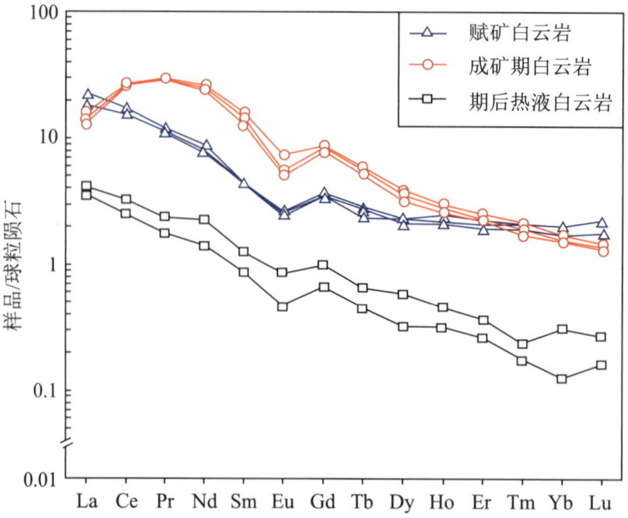

图 1-2-203　贵州纳雍枝铅锌矿碳酸盐岩稀土元素配分模式图

（据韦晨等，2019）

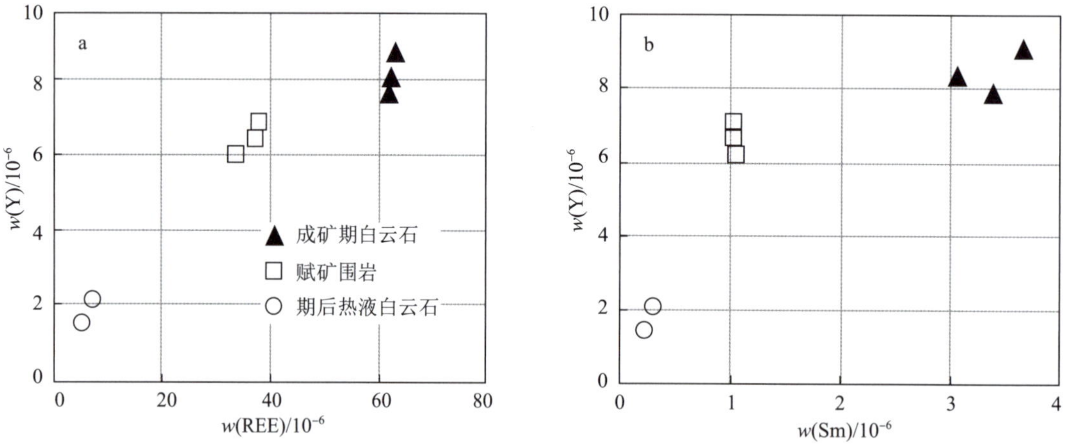

图 1-2-204　贵州纳雍枝铅锌矿床白云岩 Y-REE(a) 和 Y-Sm(b) 变化图解

（据韦晨等，2019）

数值越小有序程度越低，0 则完全无序。白云石的有序度在一定程度上可反映白云岩的形成环境。有序度高，说明白云石形成时，水体中 Mg/Ca 值小，其他离子浓度低，白云石的成分接近化学配位，它们的成核作用和结晶速度较慢这些白云石在形成时，可能有大气淡水加入，即大多形成于渗流带或潜流带附近。有序度低，表明白云石形成时，水体中 Mg/Ca 值大，其他离子浓度高，白云石成核作用和结晶速度快。这些白云石可能在较闭塞的还原环境中形成。

［**形貌特征**］　多为自形-半自形，颗粒粗。白云石中鸟眼构造常见，也有小型帐篷构造和小型冲刷面及扁平砾石。

［**成因意义**］　结合岩性特征，可知研究区娄山关组白云岩大致有两种成因，即准同生和混合水白云岩化。娄山关组中海进体系域底部的白云岩大多具水平层理，色深，颗粒细，原生沉积构造保留完整。这类白云岩中白云石的有序度一般小于 1，可能是在潟湖环境中准同生期形成的。海侵初期，当海水浸没台地时，台地边缘有隆起障壁与广海相隔，本区所处的台缘内侧多形成潟湖，在潟湖中往往有准同生白云岩沉积。

(13) 海南省西沙群岛西琛 1 井碳酸盐岩中的白云石

［**产地、产状及共(伴)生矿物**］　西沙群岛西琛 1 井碳酸盐岩地层可分为 3 个白云岩层和 4 个石

灰岩层。白云岩层中白云石矿物体积分数为91.1%~100%，其他矿物小于8.9%，以泥晶为主，分布在岩石的骨架颗粒和孔隙充填物等各种结构组分中(魏喜等，2008)。

表 1-2-194　贵州省松桃县桃子坪娄山关组白云岩X衍射分析结果表

样号	产出层序	产出位置	岩性	X衍射分析资料	
				有序度	白云石类型
GST-20-x	Ⅲ$_{8}$	高水位体系域顶界面附近	细-中晶孔洞白云岩	1	高有序白云石
GST-16-x	Ⅲ$_{6}$		细晶孔洞白云岩	1	
GST-12-x_1	Ⅲ$_{4}$		亮晶颗粒白云岩	1	
GST-7-x	Ⅲ$_{3}$		中晶孔洞白云岩	1	
GST-19-x	Ⅲ$_{6}$	高水位体系域	细-中晶孔洞白云岩	1	
GST-18-x_1	Ⅲ$_{7}$		细-中晶孔洞白云岩	1	
GST-16-x_1	Ⅲ$_{6}$		细晶孔洞白云岩	1	
GST-15-x_1	Ⅲ$_{6}$		中晶孔洞白云岩	1	
GST-13-x_1	Ⅲ$_{5}$		亮晶颗粒白云岩	1	
GST-11-x_1	Ⅲ$_{4}$		中晶孔洞白云岩	1	
GST-11-x_1	Ⅲ$_{4}$		亮晶颗粒白云岩	1	
GST-10-x	Ⅲ$_{4}$		亮晶颗粒白云岩	1	
GST-7-x_1	Ⅲ$_{3}$		亮晶鲕粒白云岩	1	
GST-5-x	Ⅲ$_{2}$		亮晶鲕(豆)粒白云岩	1	
GST-2-x_2	Ⅲ$_{2}$	海进体系域	具交错层理细晶白云岩	1	
GST-2-x_1	Ⅲ$_{2}$		细晶白云岩	1	
GST-6-x	Ⅲ$_{3}$		细晶白云岩	1	
GST-8-x_1	Ⅲ$_{4}$		砂(砾)屑白云岩	0.86	低有序白云石
GST-9-x	Ⅲ$_{4}$		藻纹层白云岩	1	高有序白云石
GST-14-x_2	Ⅲ$_{5}$		藻纹层白云岩	0.85	低有序白云石
GST-16-x_2	Ⅲ$_{6}$		细晶白云岩	0.90	低有序白云石
GST-14-x	Ⅲ$_{5}$		藻纹层白云岩	0.67	低有序白云石
GST-21-x	Ⅲ$_{4}$		颗粒白云岩	0.75	低有序白云石

注：数据引自王尚彦等(1999)。

[化学成分]　西沙群岛西琛1井3层白云岩$\delta^{13}C$和$\delta^{18}O$均为正值，其中$\delta^{13}C$为0.80‰~3.16‰，平均为2.24‰；$\delta^{18}O$为0.56‰~5.23‰，平均为256‰。

(14)河北省唐山市赵各庄下奥陶统亮甲山组中的白云石

[产地、产状及共(伴)生矿物]　河北唐山赵各庄以西约3 km处的下奥陶统亮甲山组按白云石化强度，可大致分成上下两段，上段主要为细晶白云岩，夹几层角砾状细晶白云岩和少量云质条带泥晶灰岩，在细晶白云岩中偶尔可见内碎屑和化石碎片阴影状残余。下段岩性较复杂，上部为细晶白云岩和云斑(生屑)泥晶灰岩、叠层石灰岩、砾屑灰岩互层，在云斑(生屑)泥晶灰岩内部有大量虫孔，虫孔和粒间白云石化构成了两种形态特殊的云斑，下部主要为互层的云斑、云条泥晶灰岩和云斑亮晶颗粒(生屑、内碎屑、藻屑等)灰岩，底部为3~12 m厚的叠层石灰岩。米粒状白云石赋存在该组下段上部的云斑(生屑)泥晶灰岩、砾屑灰岩和叠层石灰岩中。宏观上，亮甲山组白云石化从上往下逐渐减弱，但是米粒状白云石既不与上段细晶白云石(自形菱面体或他形、具环带或雾心)共生，也不与下段下部含铁白云石和发育在藻粒内部或周边的具弧形边缘的白云石共生，这说明该处亮甲山组白云岩可能不是单一成因(邹金华等，1992)。

[形貌特征]　如果生长不受限制(散布在方解石泥晶的背景中)，米粒状白云石看来仍为菱面体，

但在一个方向上明显地伸长，致使薄片中多呈拉长的六边形、平行四边形或梯形。晶体一般长 0.1~0.15 mm，宽 0.03~0.04 mm，长轴指向杂乱。在虫孔内部和砾屑颗粒之间，晶体非常密集且较大较胖，长 0.2~0.5 mm，宽 0.1~0.3 mm，自形程度变差，但一向伸长的特征仍很明显。在虫孔四周，随距虫孔距离的增加，晶体大小和密集程度有减小的趋势，但在砾屑内部，晶体却小而稀疏，偶尔晶体可交切腕足或三叶虫碎片。晶体与普通白云石的光性相同，但绝无环带或雾心，单个晶体的消光明晰而均匀。晶体 *c* 轴与长边垂直。

电镜下被稀酸处理过的晶体显出许多大小较均匀的细小腐蚀空洞(0.5~1 μm)，大致平行其延长方向分布。这些空洞原先无疑是被方解石占据着。

在阴极射线照射下，所有米粒状白云石均只呈非常暗的玫瑰红且很均匀，只有极个别晶体有一圈亮橙红色的线状周边或环带(方解石?)。这种发光的均一反映了白云石中 Mn^{2+}/Fe^{2+} 值的均一，说明白云石化可能是在相对稳定的化学条件下一次完成的。

［**化学成分**］ 在本区白云岩粉末衍射图上与 NaCl 比较，2.88 Å 衍射峰漂移到了 2.902 Å 的位置上，这是白云石中部分 Mg 被 Ca 取代造成的。按此差值计算得出晶体中 $MgCO_3$ 和 $CaCO_3$ 摩尔数之比为 45.3∶54.7。本区白云岩成分化学分析结果如表 1-2-195 所示。可以看出，其 MgO 大大低于 CaO，其镁钙摩尔比平均只有 0.53。化学分析结果中 CaO 的异常偏高很可能是这些方解石“包体”中有一部分在第一次酸分离时混到白云石中了。从表 1-2-195 还可以看出，与方解石泥晶相比，白云石中 Na、Fe、Mn、Ba 等含量较高，Sr 含量较低，尤其是 Fe 和 Ba 高出方解石几十倍。定性能散分析揭示米粒白云石内部 Ca、Mg 的分布大致是均匀的，但在 Mg 分布图中仍有一些小区没有 Mg 显示，而在 Ca 分布图中这些小区却是 Ca 的富集区，这显然是白云石内细小方解石“包体”的反映。定量能散分析也印证了 Ca、Mg 的这种分布特点(表 1-2-196)。在各个晶体内的不同测点上显示的 Ca 和 Mg 的含量没有很大差别，除非测点落在方解石“包体”内或其边缘。

表 1-2-195　河北赵各庄下奥陶统亮甲山组含米粒状白云石岩石成分的化学分析结果

样品		方解石			白云石+杂质			杂质			白云石③		
		HL-1	HL-2	平均	HL-1	HL-2	平均	HL①-1	HL②-2	平均	HL-1	HL-2	平均
w_t/%	CaO	20.1	34.5	27.3	36.4	32.0	34.2	0.05	0.10	0.08	35.4	34.8	35.1
	MgO	1.25	3.19	2.22	12.6	16.3	14.5	0.59	0.66	0.63	12.5	14.3	13.4
	Na_2O	0.01	0.02	0.02	0.14	0.13	0.14	0.10	0.14	0.12	0.13	0.13	0.13
w_t/10^{-6}	Fe	117	353	235	2980	2770	2875	3200	7610	5410	2770	3480	3130
	Mn	16	37	27	74	81	78	22	24	23	72	94	83
	Ba	3	3	3	145	111	128	358	280	319	122	103	113
	Sr	83	117	i00	72	28	50	36	34	35	69	42	56
Mg/Ca		0.09	0.13	0.11	0.48	0.71	0.60				0.49	0.57	0.53

注：数据引自邹金华等(1992)；①杂质/(白云石+杂质)=6.4%；②杂质/(白云石+杂质)=2.7；③结果由前二项计算所得；Mg/Ca 为摩尔比。

表 1-2-196　河北赵各庄下奥陶统亮甲山组米粒状白云石定量能散分析结果

晶体号	测点及其位置		质量/%					Mg/Ca
			CaO	MgO	FeO	MnO	Na_2O	
1	边缘	1	57.00	41.66	0.44	—	0.91	1.02
		2	91.07	8.50	0.43	—	—	0.13
		3	61.95	37.08	0.98	0.83	—	—
		4	55.98	42.25	0.46	—	1.31	1.05
	中心	5	58.09	40.79	1.12	—	—	0.98

续表

晶体号	测点及其位置		质量/%					Mg/Ca
			CaO	MgO	FeO	MnO	Na_2O	
2	边缘	1	58.68	40.75	0.57	—	—	0.97
		2	58.51	39.53	0.64	—	1.32	0.94
		3	60.22	39.29	0.49	—	—	0.91
		4	57.83	41.47	0.50	0.20	—	1.00
		5	59.21	40.03	0.76	—	—	0.94
	中心	6	58.28	41.15	0.58	—	—	0.98
3	边缘	1	57.60	41.95	0.45	—	—	1.01
		2	58.38	41.11	0.51	—	—	0.98
		3	58.40	41.37	0.23	—	—	0.99
		4	56.92	42.89	0.19	—	—	1.05
		5	57.52	42.48	—	—	—	1.03
	中心	6	59.45	39.99	0.19	0.37	—	0.94
4	边缘	1	61.01	38.73	0.26	—	—	0.88
		2	55.35	42.59	0.18	—	1.88	1.07
		3	57.84	41.75	0.40	—	—	1.00
		4	58.99	39.10	—	0.35	1.56	0.92
		5	58.81	40.75	0.44	—	—	0.96
		6	56.40	43.60	—	—	—	1.08
	中心	7	65.54	34.28	0.19	—	—	0.73
5	边缘	1	58.71	40.47	0.82	—	—	0.96
		2	57.95	41.42	0.63	—	—	0.99
	中心	3	58.19	41.25	0.38	0.18	—	0.99
		4	57.85	41.68	0.47	—	—	1.00
	边缘	5	57.15	42.34	0.50	—	—	1.03
6	边缘	1	56.65	40.46	0.37	—	2.53	0.99
		2	56.45	40.97	0.53	—	2.06	1.01
		3	57.51	42.05	0.44	—	—	1.02
		4	57.27	42.44	—	0.29	—	1.03
	中心	5	56.66	42.52	0.56	0.26	—	1.04
		6	57.56	42.18	0.26	—	—	1.02
	边缘	7	56.34	41.55	0.37	—	1.73	1.03
7	边缘	1	57.04	41.61	0.41	—	0.93	1.02
		2	58.18	41.54	0.28	—	—	0.99
		3	57.41	42.21	0.38	—	—	1.02
		4	58.13	41.66	0.21	—	—	1.00
	中心	5	57.08	41.36	—	—	1.55	1.01
		6	58.26	40.50	0.17	—	1.06	0.97
		7	59.63	40.10	0.27	—	—	0.94
	边缘	8	59.41	40.59	—	—	—	0.95

注：数据引自邹金华等(1992)；Mg/Ca 为摩尔比。

(15)河北省易县南坡白云石矿床中的白云石

[产地、产状及共(伴)生矿物] 南坡方解石-白云石矿床位于河北省易县良岗镇境内。方解石和白云石赋存于新太古界阜平群团泊口组上部地层中。白云石矿石为白色，粗粒变晶结构、细粒变晶结构，块状构造。主要矿物成分为白云石(刘发荣等，2001)。

[形貌特征] 矿物粒径3~8 mm，一般为4~6 mm，白云石含量99%以上，微量方解石呈星点状分布于白云石中。

[化学成分] 白云石化学成分分析结果见表1-2-197和表1-2-198，从中可以看出，白云石MgO含量在20%~21.98%之间的占总样品件数的87.6%，MgO含量18%~19%，仅占总样品数的12.36%。由此说明矿区白云石化学成分稳定，有害有毒组分低微，是一种优质的多用途的白云石资源。

表1-2-197 河北南坡白云石矿床中白云石的化学成分平均含量(w_B/%)

项目	CaO	MgO	SiO_2	Al_2O_3	Fe_2O_3	K_2O	Na_2O	SO_3	Cl^-
含量	30.93	20.92	0.58	0.25	0.19	0.004	0.044	0.011	0.0099

注：数据引自刘发荣等(2001)。

表1-2-198 河北南坡白云石矿床中白云石有毒元素分析结果

样号	Hg/10^{-6}	Pb/10^{-6}	As/10^{-6}	Se/10^{-6}	F/%
Yd2	0.13	15.5	0.48	<0.01	0.037
Yd5	0.42	42.2	0.48	<0.01	0.018

注：数据引自刘发荣等(2001)。

(16)河南省豫西地区白云石矿床中的白云石

[产地、产状及共(伴)生矿物] 本区位于中朝古陆板块与秦岭古海洋板块俯冲、碰撞带或华北准地台与秦岭造山带川的交接复合部位。出露地层为太古宇太华群中、下部、元古宇、下寒武系等。白云石矿体形态呈层状和似层状，主要产在太古宇太华群和秦岭群陶湾组白云岩、白云石大理岩中。矿石矿物主要有白云石，还有少量的方解石、透闪石、蛇纹石、石英、白云母等。本区白云石按其所含SiO_2(>3%)的含量分为两种矿化亚类型，即高硅白云石和低硅白云石两种。从北至南可分为两个集中地区：北部区主要分布在灵宝境内的小秦岭地区，白云石矿化西起豫灵-泉家峪-枣香峪-焕池峪；南部区主要分布在蟒岭山脉一带，从兰草-官坡或灰池子岩体-瓦窑沟分布(何文平等，2004)。

[形貌特征] 白云石以细粒(0.10~0.85 mm)、中细粒为主；晶体较洁净，颗粒之间层镶嵌接触，菱面解理发育。

[化学成分] 从本区白云石矿石的化学分析结果(表1-2-199)来看，其MgO含量为18.14%~21.90%；多集中在20.24%~21.28%之间。

(17)湖北省潜江凹陷泥质白云岩中的白云石

[产地、产状及共(伴)生矿物] 潜江凹陷为湖北江汉盆地中一个典型的断坳型凹陷。盐间地层是位于凹陷中南部含盐韵律地层中盐湖水体相对淡化条件下的沉积物，含盐韵律层为盐岩层与盐间层(为碳酸盐岩、硫酸盐和泥质岩的混合岩)频繁交互沉积，潜江凹陷潜江组盐间层中白云岩按成分、结构分类法共分4类：泥晶白云岩、粒泥白云岩、颗粒白云岩和晶粒白云岩。每一类可细分为若干类，其中以泥晶白云岩和粒泥白云岩为主，其他相对少见。泥晶白云岩分布较广，多呈薄纹状、块状、条带状等，以灰色-深灰色为主，部分灰黑色，生物化石缺乏，在剖面上分布较为稳定；粒泥白云岩和颗粒白云岩分布和含量仅次于泥晶白云岩，常呈灰色至深灰色，以薄层或纹层状为主，部分为条带状、透镜状；晶粒白云岩在白云岩中所占比例均不超过10%，具薄层状、纹层状、条带状和透镜状构造，压实后纹层多显示出波状起伏，可见钙芒硝晶体或白云石晶体压实后隔断或压弯泥纹层。

本区盐间泥晶白云岩中白云石的伴生矿物有方解石、钙芒硝、石盐等(漆智先等，2012)。

[形貌特征] 本区盐间层中白云岩的晶粒普遍小于 10 μm，隐晶结构占碳酸盐晶粒结构的 73.76%~87.08%，晶粒平均值 2~3 μm。其中泥晶白云岩中的白云石为泥晶结构，半自形至他形，晶形差，常含有数量不等的陆源粉砂以及少量次生石膏和硬石膏(由钙芒硝潮解形成)。

表 1-2-199 豫西地区白云石矿床中白云石矿石岩石化学表(w_B/%)

地区		SiO_2	Al_2O_3	Fe_2O_3	FeO	CaO	MgO	K_2O	Na_2O	P_2O_5	MnO	S
北部区	1	2.45	0.07	0.02	0.23	31.00	21.28	0.02	0.02	0.008	0.06	0.014
	2	1.17	0.13	0.07	0.29	30.25	21.24	0.09	0.055	0.003	0.10	0.019
	3	2.75	0.42	0.14	0.16	31.50	20.34	0.06	0.16	0.002		0.02
	4	1.45	0.11	0.08	0.26	31.35	20.66	0.02	0.01	0.01		0.02
	5	3.11	0.47	0.15	0.42	33.10	18.11	0.28	0.16	0.009		0.02
	6	1.78	0.28	0.17	0.26	31.10	20.77	0.03	0.14	0.017		0.028
	7	1.34	0.38	0.07	0.13	30.60	21.42	0.02	0.09	0.043		0.012
	8	0.52	0.27	0.14	0.06	31.05	21.17	0.01	0.10	0.007		0.016
	平均	1.89	0.24	0.11	0.20	31.28	20.63	0.07	0.07	0.01	0.08	0.02
	9	4.90	1.02	0.17	0.32	30.60	19.41	0.02	0.01	0.005		0.012
	10	16.94	0.98	0.43	0.55	34.60	14.30	0.01	0.01	0.01		0.014
	11	9.10	0.62	0.02	0.56	32.00	20.88	0.02	0.02	0.003	0.04	0.02
	12	13.86	0.17	0.10		32.37	18.14	0.01	0.01	0.02		
	平均	11.20	0.70	0.18	0.48	32.39	18.18	0.02	0.01	0.01	0.04	0.01
北部区	13、14	1.6		0.13		31.22	21.16					
	15	0.90	0.51	0.18	0.09	32.34	21.32	0.09	0.17	0.02	0.01	
	16	0.36	0.51	0.09								
	平均	0.94	0.51	0.13	0.09	31.78	21.24	0.09	0.17	0.02	0.01	

注：数据引自何文平等(2004)。

粒泥白云岩和颗粒白云岩中的粒泥主要由颗粒和泥晶组成，颗粒为粉屑和极细砂屑，少量砂屑，呈圆-椭圆形，成分均为泥晶白云石；泥晶基质为白云石。颗粒白云岩的颗粒为内碎屑，主要由粉屑和极细砂屑组成，少量砂屑和陆屑。粒屑成分为泥晶白云石，少量为泥质，呈圆-椭圆形，受挤压变形后成蝌蚪状、透镜状、长条状，其长轴多平行排列。此外还含有泥质、陆源石英、长石和少量黄铁矿。

晶粒白云岩在白云岩中所占比例均不超过 10%，其中的白云石以半自形为主，少量自形和他形，此外还有钙芒硝、泥质以及少量陆源石英、长石、黄铁矿、石膏等。显微镜下可见白云石交代发育完好的钙芒硝菱形假晶，使其边缘呈锯齿状或不规则状。阴极发光镜下，白云石晶体中心呈红色光，晶体边缘发光暗或不发光。

[化学成分] 根据本区白云岩的微量元素分析结果(表 1-2-200)，上述四类白云岩均表现出 Sr、Ba、Ni、V、Fe、Mn 等含量较高的特点；Sr/Ba 值均大于 1，反映沉积环境盐度较高。其中泥晶白云岩与后 3 类存在一定差别，Sr/Ba 值较大，反映出两者沉积环境有微弱的不一致性。

(18)湖北省神农架地区灯影组中的白云石

[产地、产状及共(伴)生矿物] 神农架地区位于中扬子板块北缘。其灯影组白云石化作用非常强烈，薄片分析白云岩中白云石化程度为 100%未见方解石，为一套台地边缘滩相、局限海台地潮坪-潟湖相的砂砾屑白云岩、泥粉晶白云岩及硅质(化)白云岩，厚度 702.66 m，可划分为 3 个岩性段。第一段以大套灰-浅灰色厚层-块状粉晶白云岩、砂砾屑白云岩、藻(纹层)白云岩为主，针状溶孔极为发育，且以粒内溶孔为主，是灯影组主要的储集层段；第二段为大套中-厚层状硅质(化)白云

岩，夹薄层状硅质岩及硅质条带；第三段以中-厚层状泥-粉晶白云岩为主，上部薄层状硅质岩及硅质条带较发育(刘新民等，2007)。

表 1-2-200　湖北省潜江凹陷泥质白云岩微量元素含量表

类型	微量元素含量/(mg·kg^{-1})							样品数/个
	Sr	Ba	Ni	V	Fe	Mn	Sr/Ba	
泥晶白云岩	1518.5	206.2	11.8	36.8	12346	314.2	7.4	13
粒泥白云岩	865.9	239.6	16.8	61.5	19500	387.1	3.6	3
颗粒白云岩	160	148	37.9	35.9	17600	422	1.1	2
晶粒白云岩	1190	545	36.2	57.2	15900	226	2.2	1

注：数据引自漆智先等(2012)。

[**形貌特征**]　泥、粉晶白云岩以及藻白云岩成层性好，通常为薄-中层状，部分为厚层状，藻纹层发育。第三段白云岩层间多夹有紫红色泥质，并发育水平纹层，以及被白云石晶体全充填的溶孔，属于潮间-潮上沉积环境。阴极发光镜下，藻白云岩中的“格架”白云石发红色光，“格架”之间充填的结晶较粗大的白云石晶体发橙红色-橙黄色光。

[**化学成分**]　本区各段白云岩的碳氧同位素值如表 1-2-201 所示。准同生白云石化作用白云岩的碳氧同位素值相对较高，碳同位素值-0.47‰~2.31‰(PDB)，平均值 1.32‰。氧同位素值-6.25‰~-4.41‰(PDB)，平均值-5.63‰。盐度指数 *Z* 值 123~129，古地温 24~33℃，平均 30℃。回流渗透白云石化作用形成的白云岩碳氧同位素值较准同生白云岩高，碳同位素值 2.75‰~4.92‰(PDB)，平均值 3.84‰。氧同位素值-5.56‰~-3.9‰(PDB)，平均值-4.81‰。盐度指数 *Z* 值也较高，为 130~135。古地温 22~30℃，平均 26℃。

表 1-2-201　湖北神农架地区灯影组白云岩储层碳氧同位素特征

序号	样品编号	岩性	层段	孔隙度/%	渗透率/10^{-3} μm^2	碳氧同位素		相对古盐度 *Z* 值	*T*/℃
						$\delta^{13}C_{PDB}$/‰	$\delta^{18}O_{PDB}$/‰		
1	WS-44	细晶粉晶白云岩	三段	2.3	0.026	1.39	-6.19	127	33
2	WS-41	粉晶白云岩		1.7	0.049	-0.47	-5.65	123	30
3	WS-38	溶孔泥晶白云岩		8.3	25.891				
4	WS-37	泥晶白云岩		4.1	6.48	2.31	-4.41	129	24
5	WS-36	溶孔泥晶白云岩	二段	9.2	2.391				
6	WS-35	绵层白云岩		2.8	0.050	2.06	-6.25	128	33
7	WS-27	溶孔细晶白云岩	一段	4.5	0.049	2.75	-5.56	130	30
8	WS-22	溶孔亮晶砂屑白云岩		11.6	0.031	4.92	-3.9	135	22
9	WS-17	细晶白云岩		12.2	0.376	4.65	-5.32	134	29
10	WS-11	溶孔粉晶砂白云岩		12.8	0.277	3.16	-4.89	131	26
11	WS-4	亮晶砂屑白云岩		1.6	0.022	3.71	-4.38	133	24

注：数据引自刘新民等(2007)。

[**成因意义**]　结合沉积相分析及薄片、阴极发光、地球化学等资料，本区灯影组的白云石化作用主要有两种成因：

1)准同生白云石化作用，主要发育于第二段、第三段，岩石类型为泥、粉晶白云岩以及藻白云岩。准同生白云石化的形成机制主要是毛细管浓缩作用，或叫蒸发泵作用，主要形成于水体浅、能量低的潮坪环境。形成的泥粉晶白云岩的孔隙度、渗透率均较低(平均孔隙度仅 2.7%)。但经过后期的溶蚀改造后，其孔隙度和渗透率可大大提高，从而成为良好的储层。

2)回流渗透白云石化作用，该模式是与毛细管浓缩白云石化作用相联系的，但由于其发生在成岩期，甚至是成岩后期，因而属于成岩或后生白云石化作用，所生成的白云岩一般晶粒较粗，多为粉晶以上。灯影组第一段大套台地边缘滩相的(溶孔)亮晶砂砾屑白云岩即是渗透回流白云石化作用的产物。阴极发光镜下，颗粒内部的白云石发暗光，颗粒边缘的泥晶套发红色光，亮晶白云石胶结物发暗光及橙红色光，并可见多期胶结物暗光、亮光间互发光的现象。

(19)湖北省宜昌地区寒武系碳酸盐岩中的白云石

鄂西宜昌地区寒武系出露齐全、连续，且岩石类型多样、化石丰富，是我国寒武系的标准剖面之一。白云岩是本地区数量最多的岩石类型。从下寒武统石龙洞组开始都是白云岩沉积(张秀莲等，2003)。白云岩可据白云石化作用的机理和时间分为准同生白云岩和准同生后白云岩两大类：

准同生白云岩分为泥(粉)晶白云岩和叠层藻白云岩：①泥(粉)晶白云岩广泛出现于中上寒武统，岩石呈土黄色、砖红色，具纹层、鸟眼、干裂构造，其上下常为叠层藻白云岩，含有一定量的陆源泥和石英粉砂，泥质含量有时高达30%~40%。部分泥晶白云石已重结晶为粉晶半自形的白云石，镜下可见针状、刃状白云石，它们是早期的石膏被白云石交代的结果。②叠层藻白云岩有3种形态，即层纹石、缓波状叠层石、半球状叠层石。该类白云岩具纹层构造，纹层由暗色的富藻层和明亮的富白云石层组成，纹层厚度0.5~1 mm，少数仅0.1 mm左右，纹层间距0.5~1.5 mm，一般暗色纹层较厚，明亮纹层较薄。

准同生后白云岩根据残余颗粒的有无可分为残余颗粒白云岩和晶粒白云岩两大类：①残余颗粒白云岩，单颗粒白云岩以竹叶白云岩、板条状砾屑白云岩为特征。竹叶白云岩集中出现于上寒武统三游洞组，呈中厚至厚层状，竹叶大小不一，一般长5~20 mm，最长可达7 cm，宽1~4 mm，为泥粉晶白云石结构；残余砾屑白云岩本区的残余砾屑白云岩在下寒武统石龙洞组与中上寒武统具不同的成因和岩石学特征；本区残余砂屑白云岩中的砂屑为藻泥晶结构；残余鲕粒白云岩，鲕粒由粉晶或细晶白云石组成，边界模糊，鲕粒内部结构已被白云石化完全破坏；颗粒白云岩常见类型有残余砾砂屑白云岩、残余砂屑鲕粒白云岩。②石龙洞组的晶粒白云岩为早期潮下低能沉积的灰泥经重盐水回流交代而成。晶粒大小0.1~0.125 mm，半自形-自形结构，表面污浊，不具环带，阴极发光下白云石发光较均一，呈紫红色，且晶间孔发育。上寒武统的晶粒白云岩为深埋藏白云石化的产物，白云石多为细晶、自形。少数为中晶半自形。回流渗透白云石化的白云石较深埋藏白云石化的白云石具较高的$\delta^{13}C$值、较低的$\delta^{18}O$值。前者的$\delta^{13}C$为0.58‰，$\delta^{18}O$为-9.18‰；后者的$\delta^{13}C$为0.24‰，$\delta^{18}O$为-8.81‰。

(20)湖南省慈利县晚二叠世长兴期珊瑚礁中的白云石

[产地、产状及共(伴)生矿物] 湖南慈利康家坪发现的长兴期珊瑚礁白云石化主要出现在礁的核部和顶部，碳酸盐岩石包括白云岩和白云石化灰岩。根据不同白云石化作用以及矿物晶体的大小和产出状态，将白云岩分为：①粉-微晶白云石化为主的白云岩；②细-粉晶白云石化为主的白云岩；③细-粗晶鞍状白云石较多的白云岩。本区白云石化作用可以分为3个世代。早期成岩阶段粉-微晶白云石化属第Ⅰ世代，晚期成岩阶段细-粉晶白云石化和鞍状白云石化，分别属第Ⅱ、第Ⅲ两个世代。3个世代白云石化形成时间不同，它们的成岩环境也不一样(杨万容等，2002)。

[形貌特征] 在粉-微晶白云石化为主的白云岩中，白云石晶体直径一般0.01~0.03 mm，他形-半自形，稍大者可见菱形，雾状不干净，阴极发光下橘红色。

在以细-粉晶白云石为主的白云岩中，白云石晶体直径一般小于0.2 mm，0.03~0.06 mm较常见，自形-他形，有明净的边缘和雾心，阴极发光下具有环带结构。

在鞍状白云石较多的白云岩中，白云石晶体直径小于0.25~0.60 mm，大者1 mm以上，晶体明净，或局部雾状，往往可见细-粉晶白云石包裹体，具特征的弯曲解理面和波状消光。常与细-粉晶白云石共存，也一同出现在粉微晶白云石为主的白云岩中。

[化学成分] 主量元素特征：本区白云岩化学组成见表1-2-202。可以看出，粉-微晶白云石化为主的白云岩中除酸不溶残余物外，其中MgO和CaO的含量几乎都在18.11%~21.7%和30.4%~34.8%范围内。显示出慈利珊瑚礁白云石化作用很强，含生屑白云岩中MgO含量最低，CaO含量最

高，有可能说明有较多的残留方解石。

表 1-2-202　湖南慈利珊瑚礁白云岩成分特征

岩石名称	样号	碳酸盐氧化物/%		备注
		MgO	CaO	
粉-微晶白云石为主的白云岩	Ccx-42(1)	19.7	32.63	
	Ccp-37	20.46	31.86	
	Ccp-20	21.68	30.69	
	Ccp-15	21.39	30.76	碎砾
	CD-37	20.36	32.00	
	CD-15	17.71	34.74	含生物屑
细-粉晶白云石为主的白云岩	Cg-8-2	21.49	30.68	珊瑚
	Ccx-18	20.57	31.58	
	Ccx-7	21.10	31.07	
	Ccp-25	20.64	31.65	
鞍状白云石较多的白云岩	Cg-19	18.24	34.48	
	Cg-7	19.78	32.45	
	Ccx-42(2)	19.36	33.35	

注：数据引自杨万容等(2002)。

细-粉晶白云石为主的白云岩矿物成分较单一，MgO 和 CaO 的含量接近白云石，有些珊瑚群体显示出极强的白云石化。与粉微晶白云石为主的白云岩相比，Fe 含量在不受残矿影响的情况下偏高(表 1-2-203)。

表 1-2-203　湖南慈利长兴期珊瑚礁 Ccx-42 样品白云石 FeO、MnO 相对含量

白云石	测点数	FeO(相对百分含量)		MnO(相对百分含量)	
		$\bar{\chi}$	σ	$\bar{\chi}$	σ
粉-微晶白云石	4	0.29	0.27	0.23	0.14
细-粉晶白云石	11	0.43	0.26	0.27	0.18
鞍状白云石	2	0.54	0.06	0.14	0.06

注：数据引自杨万容等(2002)。

鞍状白云石富 Ca。从经历不同白云石化的花斑状白云岩(表 1-2-202 中 Cox-42 样品)不同部分的化学分析结果表明，鞍状白云石较多部分 MgO 偏低，CaO 偏高。这种现象可能与鞍状白云石微富钙有一定关系。

微量元素特征：本区白云岩平均微量元素含量见表 1-2-204。可以看出，与粒泥岩相比，粉-微晶白云石化为主的白云岩中 Sr 含量要低许多。而 Na 含量比粒泥岩高一倍以上，Fe、Mn 也较高，而 Zn、Cu 一般变化不大。Fe、Mn 含量较高。很可能与残矿量高(可达 2%~6%)有关。要是只考虑残矿含量小于 1%的样品，其 Fe、Mn 含量分别约 700×10^{-6} 与 50×10^{-6}。Na 含量不受残矿多少的影响。

与粒泥岩相比，细-粉晶白云石为主的白云岩 Sr 低，Na、Fe、Mn、Zn 都高一倍以上(表 1-2-204)。

与粒泥岩相比，鞍状白云石 Sr 含量低，Na、Fe、Mn、Cu 含量高(表 1-2-204)。与细-粉晶白云石为主的白云岩相比，Na、Zn 含量低许多，Cu 含量高许多，Fe 含量比较相近(表 1-2-204)。

同位素特征：从本区白云岩的碳、氧同位素组成(表 1-2-205)可知，其 $\delta^{13}C$ 值变化范围较大，$\delta^{18}O$ 变化范围较小。与粒泥岩相比，$\delta^{14}C$ 最大值偏重 1.5‰以上，最小值偏轻 1.5‰以上，$\delta^{18}O$ 偏重 1.67‰~4.73‰，平均值偏重 2.946‰。*Z* 值变化范围也较大。

表 1-2-204　湖南慈利珊瑚礁白云岩微量元素含量(均值)

岩石名称	样数	微量元素/10^{-6}					
		Sr	Na	Fe	Mn	Zn	Cu
粒泥岩(部分弱云化)	3	108.4	454	279	35.60	37.30	1.23
粉-微晶白云石为主白云岩	4	75.58	1133	1997	62.08	34.9	2.47
细-粉晶白云石为主白云岩	6	56.50	1395	917	82.2	76.98	1.94
鞍状白云石较多白云岩	2	59.80	850	803	63.95	11.90	10.78

注：数据引自杨万容等(2002)。Sr 为光谱分析，其他为原子吸收光谱分析。

以细-粉晶白云石为主的白云岩 $\delta^{13}C$ 和 $\delta^{18}O$ 值变化范围都较小。与粒泥岩相比，$\delta^{13}C$ 偏重 1‰~3‰，$\delta^{18}O$ 偏重 2‰~4‰。*Z* 值变化范围也较小。

鞍状白云石 $\delta^{13}C$ 明显偏轻，变化范围也较大，$\delta^{18}O$ 比前两种白云岩都偏轻，比较接近粒泥岩的 $\delta^{18}O$ 值。Z 值偏小，变化范围也较大(表 1-2-205)。

表 1-2-205　湖南慈利长兴期珊瑚礁白云岩 $\delta^{13}C$、$\delta^{18}O$ 和 Z 值范围

岩石矿物成分特点	样品数	氧、碳同位素/‰						相对古盐度 *Z* 值
		$\delta^{13}C$			$\delta^{18}O$			
		分布范围	平均	σ	分布范围	平均	σ	
粒泥岩(部分弱云化)	4	+1.59~+2.689	+1.828	0.64	-8.122~-9.990	-8.846	0.86	126~128
粉-微晶白云石为主的白云岩	5	-0.456~+4.301	+1.616	1.92	-5.259~-6.456	-5.900	0.47	124~133
细-粉晶白云石为主的白云岩	6	-2.280~+3.991	+3.199	0.60	-6.004~-7.630	-6.787	0.58	129~132
鞍状白云石较多的白云岩	3	-3.439~+0.693	-1.258	2.08	-8.222~-8.976	-8.494	0.42	116~121

注：数据引自杨万容等(2002)。

(21)江苏省徐州地区下古生界碳酸盐岩中的白云石

[产地、产状及共(伴)生矿物]　徐州位于华北地台的东南缘，区内下古生界广泛出露，且地层齐全、剖面连续。地层中广泛出露碳酸盐岩，主要矿物成分为方解石、白云石(桑树勋等，2004)。

[化学成分]　根据大量方解石、白云石矿物的碳、氧同位素的测试结果(表 1-2-206)可以发现徐州地区下古生界碳酸盐岩中白云石矿物 $\delta^{13}C$ 变化于-3.9‰~3.4‰之间，数据相对离散；白云石矿物 $\delta^{18}O$ 变化于-9.9‰~-5.9‰之间，变化范围较窄。$\Delta^{13}C_{白云石-方解石}$变化范围-3.0‰~5.4‰，平均值为 1.4‰；$\Delta^{18}O_{白云石-方解石}$变化范围-1.9‰~3.5‰，平均值为 0.7‰。碳酸盐岩中，白云石的碳、氧同位素组成一般要比方解石的重一些，白云石与方解石间碳同位素的分馏及其变化较氧同位素更为显著。

表 1-2-206　江苏徐州地区下古生界碳酸盐岩的碳、氧同位素测试结果

样品号	采样点与层位	岩石类型	测试矿物	$\delta^{13}C$/‰	$\delta^{18}O$/‰	$\Delta\delta^{13}C$/‰	$\Delta\delta^{18}O$/‰
$J311^{s}$	贾旺，马家沟组	泥晶灰岩	方解石	-1.6	-7.9	3.9	1.3
			白云石	2.3	-6.6		
$J259^{s,d}$	贾旺，肖县组	含白云质灰岩	方解石	-2.2	-10.5	1.4	3.5
			白云石	-0.8	-7.0		
$J49^{s,d}$	贾旺，毛庄组	泥晶生屑藻粒含云灰岩	方解石	-1.0	-7.3	0.5	0.8
			白云石	-0.5	-6.5		
$J153^{d}$	贾旺，尚山组	粉晶灰岩	方解石	-1.7	-8.9		
$J2^{d}$	贾旺，猴家山组	粉晶含泥质灰岩	方解石	-6.9	-8.5		

续表

样品号	采样点与层位	岩石类型	测试矿物	$\delta^{13}C$/‰	$\delta^{18}O$/‰	$\Delta\delta^{13}C$/‰	$\Delta\delta^{18}O$/‰
BW89[s,d]	大北望，徐庄组	藻礁含海绿石含云灰岩	方解石	-2.5	-10.2	-1.1	0.8
			白云石	-3.6	-9.4		
BW33[s,d]	大北望，馒头组下段	藻粒含泥灰岩	方解石	0.7	-8.3	2.4	0.1
			白云石	3.1	-8.2		
BW257[d]	大北望，三山子组	砂晶白云岩	方解石	-1.2	-5.7	-1.7	-0.7
			白云石	-2.9	-6.4		
BW119[s,d]	大北望，张夏组	泥晶砂屑灰岩	方解石	0.1	-8.7	-0.1	0.8
			白云石	-0.0	-7.9		
BW106[d]	大北望，张夏组	亮晶鲕粒灰岩	方解石	-3.6	-9.9	1.5	1.1
			白云石	-2.9	-6.4		
BW102[d]	大北望，张夏组	亮晶鲕粒含云灰岩	方解石	2.1	-9.5	1.3	2.6
			白云石	3.4	-6.9		
BW24[s]	大北望，馒头组下段	藻粒含泥质灰岩	方解石	-1.8	-0.6		
BW99[d]	大北望，徐庄组	细粒含海绿石灰质砂岩	方解石	-3.7	-9.1	5.42	1.75
			白云石	1.7	-7.4		
BW127[s,d]	大北望，张夏组	泥晶生屑藻灰岩	方解石	-1.5	-8.4		
BW163[d]	大北望，崮山组	粉晶白云质灰岩	方解石	-1.6	-8.2	3.4	1.3
			白云石	1.8	-6.9		
BW76[s,d]	大北望，徐庄组	亮晶含砾屑藻粒砂屑灰岩	方解石	1.1	-9.2		
BW1[d]	大北望，猴家山组	粉晶含泥质白云岩	方解石	-4.3	-7.1	0.4	-0.1
			白云石	-3.9	-7.2		
BW81[s,d]	大北望，徐庄组	藻粒含泥灰岩	方解石	-1.8	-8.0	1.4	-1.1
			白云石	-0.4	-9.1		
BW219[d]	大北望，凤山组下段	砂晶含云灰岩	方解石	-1.9	-8.3	4.5	1.6
			白云石	2.6	-6.7		
BW256[d]	大北望，凤山组上段	细砂晶含泥质灰岩	方解石	-0.5	-8.2		
BW73[s,d]	大北望，毛庄组	亮晶鲕粒含云灰岩	方解石	-1.2	-6.3	0.1	-1.0
			白云石	-1.1	-7.3		
BW55[d]	大北望，馒头组上段	含藻粒粉晶灰岩	方解石	0.4	-8.6	-1.7	0.9
			白云石	-1.3	-7.8		
BW234[d]	大北望，凤山组上段	砂晶灰质白云岩	方解石	-2.2	-7.5	2.8	0.0
			白云石	0.6	-7.5		
BW229[s,d]	大北望，凤山组下段	泥晶砂屑鲕粒灰岩	方解石	-2.5	-9.2	4.2	2.1
			白云石	1.7	-7.1		
BW66[s,d]	大北望，馒头组上段	泥晶核形石砾屑含泥灰岩	方解石	-3.6	-8.0	1.7	-1.9
			白云石	-2.9	-9.9		
BW30[d]	大北望，馒头组下段	粉晶含云泥灰岩	方解石	-4.7	-8.1	2.7	2.2
			白云石	-2.0	-5.9		
BW16[s,d]	大北望，馒头组下段	含生屑藻灰岩	方解石	-0.2	-8.5		
BW12[s]	大北望，馒头组下段	含生屑泥岩	方解石	-5.9	-11.4		
BW60-2[s,d]	大北望，馒头组上段	含砂质亮晶鲕粒灰岩	方解石	-1.7	-8.3		

续表

样品号	采样点与层位	岩石类型	测试矿物	$\delta^{13}C/‰$	$\delta^{18}O/‰$	$\Delta\delta^{13}C/‰$	$\Delta\delta^{18}O/‰$
BW22[s,d]	大北望，馒头组下段	亮晶生屑砂屑灰岩	方解石	-2.8	-9.8	0.2	0.4
			白云石	-2.6	-9.4		
BW11[s,d]	大北望，馒头组下段	生屑藻粒含泥灰岩	方解石	-1.1	-9.1	-2.1	-0.7
			白云石	-3.2	-9.8		
BW137[s]	大北望，张夏组	藻粒泥晶灰岩	方解石	-1.0	-8.8	2.0	-0.6
			白云石	0.9	-9.4		
BW36[s,d]	大北望，馒头组下段	泥晶砂屑灰岩	方解石	-1.5	-10.4	-0.8	0.6
			白云石	-2.3	-9.8		
BW100[s,d]	大北望，张夏组	亮晶含海绿石砂屑灰岩	方解石	-3.1	-8.8		
BW38[s,d]	大北望，馒头组下段	亮晶含砾屑鲕粒砂屑灰岩	方解石	-0.8	-8.2	-1.3	-0.8
			白云石	-2.1	-9.0		
XB34[s]	白土，肖县组	泥晶灰岩	方解石	-3.4	-7.1	2.5	0.6
			白云石	-0.9	-6.5		
XB80[s,d]	白土，马家沟组	泥晶砂屑灰岩	方解石	-1.9	-8.1	3.0	2.1
			白云石	1.1	-6.0		
XB145	白土，白土组	泥晶灰岩	方解石	-7.4	-9.0		
XB1S1	白土，太原组	生屑泥晶灰岩	方解石	-5.7	-9.9		
XB150	白土，本溪组	泥晶生屑灰岩	方解石	-8.4	-7.7	3.4	1.3
			白云石	-5.0	-6.4		

注：数据引自桑树勋等(2004)。s 为沉积环境分析样品；d 为成岩环境分析样品；s，d 为兼用的样品。

从统计数据可以看出，白云石和方解石的碳同位素比值变化已经超过正常海相沉积灰岩的 $\delta^{13}C$ 值范围(0±2‰)，反映部分碳酸盐岩并非是形成于正常海相，成岩作用也会有不同程度的影响。在 $\delta^{13}C-\delta^{18}O$ 图解(图 1-2-205a)上，白云石和方解石的碳、氧同位素比值大致呈正相关关系(一个样品除外)，或者指示碳酸盐岩形成时沉积环境的变迁，或者指示成岩过程中外来流体与碳酸盐岩间发生了同位素交换。在 $\delta^{18}O-\Delta^{18}O$ 图解(图 1-2-205b)和在 $\delta^{13}C-\Delta^{18}C$ 图解(图 1-2-205c)上，白云石的碳、氧同位素比值分别与白云石-方解石碳、氧同位素分馏值也大致呈正相关分布，因为沉积环境变迁不会对陆表海古水温和白云石-方解石-水体系的分馏产生如此显著的影响，故说明白云石主要形成于成岩白云化作用，碳酸盐岩的碳、氧同位素组成在成岩作用过程中受到了外来流体的强烈作用并发生了明显变化。

(22)南华北盆地上寒武统白云岩中的白云石

[产地、产状及共(伴)生矿物] 南华北盆地位于东秦岭-大别山构造带北缘，华北地台的南部，为发育于中-新元古界结晶及杂岩之上的叠合盆地。该地区上寒武统白云岩发育，实际厚度 222~456.6 m。可呈厚层块状、中厚层状和薄层状集中产出，也常作为灰岩、泥岩中的夹层或透镜体产出，主要为局限台地-开阔台地环境下的一套沉积产物。结构-成因划分为晶粒白云岩、残余粒屑白云岩及藻(层纹石、叠层石)白云岩等(时国等，2013)。

[形貌特征] 晶粒白云岩按结构可分为细-中晶白云岩、中-粗晶白云岩及粗晶白云岩。细-中晶白云岩具明显的结构分异性，细晶白云石通常较脏，晶体曲面他形居多，彼此间镶嵌接触，少见菱形雾心、干净亮边的白云石；中-粗晶白云岩中白云石往往较干净，晶体多为曲面他形，彼此间面状接触，在靠近孔隙侧，白云石晶体再生长，晶体边缘变为平直、相对自形；粗晶白云岩白云石晶体半自形-他形晶面曲面-直面，晶体相对较脏，边缘有时干净，岩溶缝、溶洞生长的晶体自形程度好、晶面平直，在有些薄片中可见到白云石雾心亮边的环带构造。

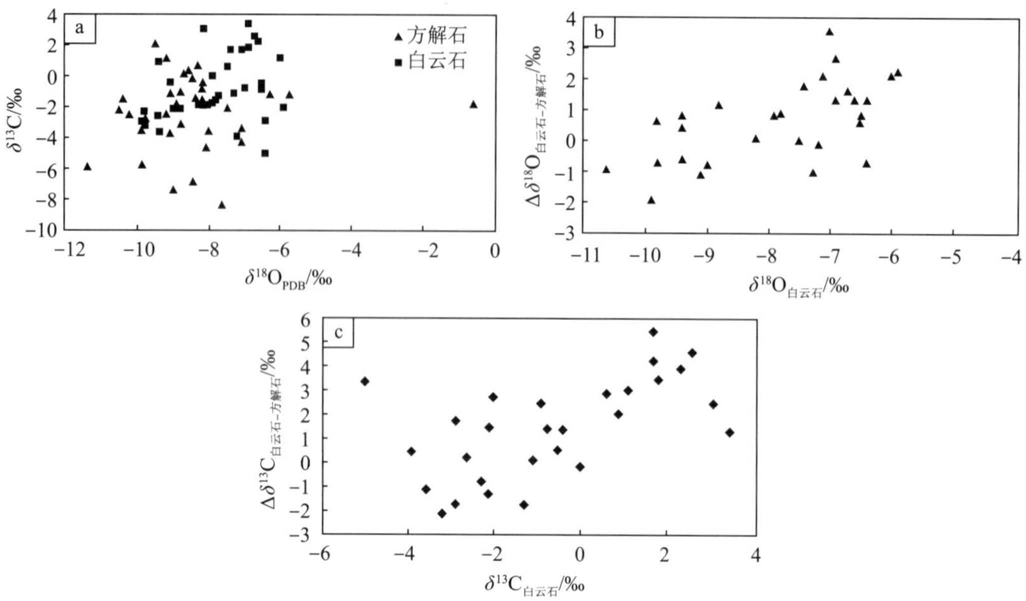

图 1-2-205　江苏徐州地区下古生界碳酸盐岩碳、氧同位素组成相关图解

（据桑树勋等，2004）

在炒米店组残余粒屑白云岩中，残余粒屑多为生物屑、鲕粒、砂屑，粒屑残余结构依稀可辨。主要发育于局限台地浅滩或鲕滩、潮下浅滩环境，马家沟组白云岩多为潮沟产物，白云石含量 50%～100%，组成残余颗粒的白云石细小（泥粉晶）且污浊，而颗粒之间的白云石则较粗大（粗粉晶至细晶）且干净明亮，自形程度较高，表明这些白云石并非是同一阶段所形成。

在崮山组上部藻（层纹石、叠层石）白云岩中，层纹石、叠层石主要呈共生或过渡关系。藻白云岩大多数孔隙不发育，部分重结晶成为粉晶白云石，晶面平直，自形程度好。

［化学成分］　各类白云岩微量元素含量如表 1-2-207 所示。晶粒白云岩低 Sr 含量反应白云岩化过程中大量 Sr 的流失，可能形成于埋藏阶段，与藻白云岩具相近的 Na、Mn 含量，可能说明两者白云岩化流体具有一定的同源性。藻白云岩中高浓度的锶是由周围古陆基岩风化而带人海洋中的 Sr^{2+} 与 $CaCO_3$ 沉淀而形成文石，并通过生物和藻类从浅海漂运及深海表层沉降，使盆地沉积物中的锶相应富集。残余粒屑白云岩中的锶的低含量，低于正常海水与泥晶灰岩的锶含量，主要是由于在成岩交代过程中淡水加入，使盐度下降。另外 Fe 高达 3978×10^{-6}，说明交代作用发生在还原条件下。因此推测残余粒屑白云化是淡水与海水混合的低盐度水交代成岩固结中的碳酸盐沉积物。

表 1-2-207　南华北盆地上寒武统各类白云岩微量元素含量（$w_B/10^{-6}$）

样品编号	岩性	Fe	Mn	Sr	Na	Cu	B	Zn
TC3-14	藻白云岩（粉晶）	3656	775	1606	370	0	39	53
TC3-17	藻白云岩（粉晶）	2944	77	2114	148	0.02	43	120
TC3-19	中晶	1089	1316	2198	1088	0	23	104
TC3-24	细晶	1167	1309	2283	1187	7.48	80	55
DFSB-4	中晶	467	1007	1267	519	11.49	69	38
DFSB-6	粗晶	2510	280	75	410	0	37	33
DFSB-12	粒屑	1899	249	7	20.47	9.82	32	45
SJ-51	粒屑	3978	1317	76	740	7.53	22	30

注：数据引自时国等（2013）。

(23)内蒙古包头市白云鄂博矿床中的白云石

[产地、产状及共(伴)生矿物] 白云鄂博矿床位于包头以北 150 km，是世界最大的轻稀土矿床，又是超大型铌矿和大型铁矿。矿区内出露的主要地层为古元古界下白云鄂博群，是一套原岩为砂岩、粉砂岩、灰岩和白云岩组成的浅变质岩，按岩性分为 H1 至 H10 共 10 个岩性段(中国科学院地球化学研究所，1988)。矿区白云岩呈层状产出，由于普遍受到大理岩化变质作用，形成大理岩，是矿区主要赋矿岩石。按矿物组成可分为白云石或铁白云石白云岩、方解石-白云石白云岩及方解石白云岩 3 类。白云岩的主要组成矿物为白云石和铁白云石，含量 70%~90%，次要矿物有方解石、磁铁矿、萤石、钠闪石及钠铁闪石，少量矿物有金云母、重晶石、钠辉石、菱铁矿、赤铁矿、磷灰石、黄铁矿、微斜长石、石英及镁橄榄石。白云岩稀土矿物发育，主要是独居石和氟碳铈矿。在主矿区，铁矿和稀土矿石中，交代、变质、蚀变现象复杂，白云石与铁矿物及稀土矿物共生。白云石是铁矿石和稀土矿石中的主要脉石矿物，方解石较少见(彭华等，2001；袁忠信等，2004)。

[形貌特征] 按矿物粒度，白云岩大体可分为粗晶白云岩及细晶白云岩两类。前者粒度 0.5~3 mm，矿物多为他形，由于受挤压变质，常呈定向排列的短条形，菱形解理发育；后者矿物粒度 0.02~0.5 mm，多为多边形粒状，颗粒间接触边界平直，常见三连晶结构。

从不同产状白云石来看，表 1-2-208 中主矿区白云石样品有 5 个，Z1-1 号白云岩产于主矿西部，稀土矿呈细粒条带或蜂窝状，白云石与磁铁矿呈较粗粒的自形半自形斑状变晶结构；Z1-8 号白云岩产于主矿东部，钠闪石化、金云母化，白云石呈细粒变晶结构，磁铁矿呈粗斑晶、半自形晶，未见稀土矿化，是一种经受碱质热液交代的白云岩。D0056-3、D0018-2 号白云岩均产于主矿北部与 H4 石英砂岩接触部位，白云石呈粗粒自形-半自形结构，解理极发育，聚片双晶发育，无稀土、铁矿化，是一种热变质的大理岩。PⅠ-2 白云岩产于主矿东部花岗岩与白云岩的接触带部位，稀土呈较粗粒条带，白云石呈较粗粒的，为半自形斑状变晶结构，在 4×10 倍偏光显微镜下见少量白云石颗粒中包裹黑色铁矿物粉尘，是一种典型的接触交代变质的白云岩。

[化学成分] 本区纯净的白云石电子探针分析结果见表 1-2-208。

表 1-2-208 内蒙古白云鄂博矿床中白云石化学成分电子探针分析结果(w_B/%)

名称	样号	CaO	MgO	FeO	MnO	CoO	NiO	ZnO	PhO	SrO	BaO	Nh_2O_5	TiO_2	Y_2O_3	CeO_2	Nd_2O_3
白云石	Z1-1	29.26	19.28	3.97	1.82	0.02	0	0	0.68	0.02	0.01	0.02	0	0	0	0.57
	Z1-1	27.39	19.49	5.50	1.95	0.07	0.08	0.28	1.31	0.05	0.02	0.16	0.08	0.11	0	0
	Z1-8	27.49	18.68	3.82	1.55	0.02	0	0	1.90	1.11	0	0.07	0.13	0	0.28	0
	D0018-1	29.68	20.51	3.53	0.73	0.12	0	0	0.73	0.52	0	0	0.12	0	0	0.18
	D0018-1	29.35	21.33	3.88	0.59	0.08	0	0	0.70	0.24	0.22	0	0	0	0.03	0
	D0056-3	30.10	19.90	3.12	0.45	0.04	0	0	1.25	0.55	0.01	0	0	0	0	0
	PI-2	29.34	19.69	3.58	1.70	0	0.23	0	0	0.04	0.33	0.10	0	0	0	0.04

注：数据引自彭华等(2001)。

粗晶白云岩及细晶白云岩的岩石化学成分列于表 1-2-209。由表列数据可知，细晶白云岩较粗晶白云岩富 Fe、Mn、REE、F 和 H_2O，而 Ca、Mg、P 及 CO_2 的含量相对较低。细晶白云岩含大量稀有稀土元素及挥发分元素，与矿体在空间上、组成上甚至成因上关系更为密切。

Le Bas et al. (1997)通过对岩石 O、C、Sr 同位素研究，得出白云鄂博群沉积石灰岩和白云岩的 $\delta^{18}O$ 约为+20‰，$\delta^{13}C$ 约为 0，$^{87}Sr/^{86}Sr>0.710$。矿区粗晶白云岩 $\delta^{18}O=+8‰\sim+12‰$，$\delta^{13}C=-5‰\sim-13‰$，细晶白云岩的 $\delta^{18}O=+12‰\sim+16‰$，$\delta^{13}C=-4‰\sim0$。两类白云岩的($^{87}Sr/^{86}Sr$)$_i$ 值均小于 0.704。因此认为，粗晶白云岩是火成碳酸岩，细晶白云岩是在矿化溶液影响下晶出的。

[光谱特征] 本区白云岩差热曲线如图 1-2-206 所示。纯白云石的差热曲线产生两个吸热峰，720~800℃是白云石分解为 $CaCO_3$ 和 $MgCO_3$ 及 $MgCO_3$ 分解为 MgO 和 CO_2，其吸热峰峰顶温度为 830℃；$CaCO_3$ 在 870~990℃分解，吸热峰峰顶温度为 940℃。与纯白云石的差热曲线相比，本区白

云石的吸热峰峰顶温度分别为756~798℃和798~835℃，$MgCO_3$吸热峰峰面积变小，峰顶温度降低，两者分别降低30~74℃、105~152℃。

表1-2-209　内蒙古白云鄂博矿床中粗晶白云岩和细晶白云岩的岩石化学成分(w_B/%)

岩石名称	SiO_2	Al_2O_3	FeO^T	TiO_2	CaO	MgO	MnO	K_2O	Na_2O	P_2O_5	TR_2O_3	Nb_2O_5	Ta_2O_5	F	H_2O	CO_2	烧矢量
粗晶白云岩	0.33	0.042	4.72	0.024	31.34	16.58	0.559	0.065	0.12	1.64	0.142	0.066	0.0014	0.144	0.46	40.51	42.47
细晶白云岩	0.39	0.083	11.19	0.120	27.17	14.16	1.074	0.13	0.18	0.39	2.41	0.081	0.0023	1.101	0.67	37.29	38.79

注：数据引自袁忠信等(2004)。

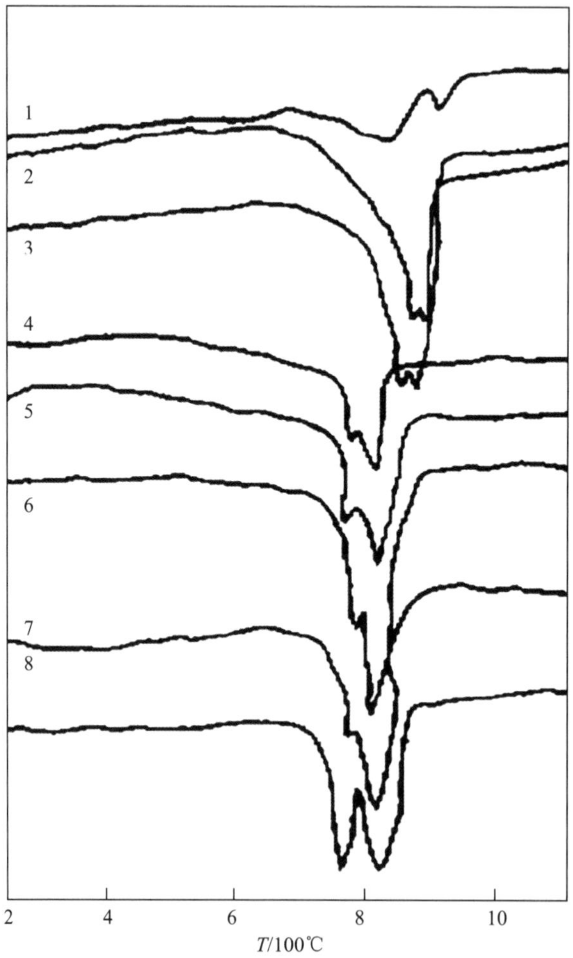

图1-2-206　内蒙古白云鄂博矿床中方解石、白云石的差热曲线

(据彭华等，2001)

1~3—方解石；4~8—白云石

从表1-2-210看，白云石的热分解温度变化范围不大，为798~830℃、756~798℃，反映出白云石后期变质作用影响其热分解温度。PⅠ-2、Z1-1号白云石峰顶温度最低，经受稀土热液交代作用最强；D0018-2、D0056-3号粗粒白云石经受晚期碱质热液交代，未受早期稀土热液交代，其热分解温度降低较少。

据白云石的电子顺磁共振谱显示，Mn优先占据Mg位置，其次占据Ca位置，未经热液改造的白云石中Mn^{2+}(Mg)：Mn^{2+}(Ca)的值为3.8，受热液改造者为58，即热液改造有利于Mn^{2+}从Ca位转入

Mg 位置(中国科学院地球化学研究所，1988)。根据这种结论可以推出，白云石经受热液变质作用后，金属阳离子更趋向于置换 Mg^{2+} 位置，热分解过程中 MgO 提早生成，有助于 CaO 提早生成。白云石经受的热液交代变质作用愈强，其热分解温度降低愈多，反之降低得愈少。

表 1-2-210　内蒙古白云鄂博矿床中白云石、方解石主和次要元素含量及热分解峰顶温度

名称	样号	(CaO+MgO)/%	其他金属氧化物含量/%	峰顶温度/℃		代号
白云石	Z1-1	48.54(29.26+19.28)	7.11	798	765	4
		47.41(29.93+19.48)	9.61			
	Z1-8	46.17(27.49+18.68)	8.68	830	779	5
	D0018-1	50.19(29.68+20.51)	5.93	835	793	6
		50.68(29.35+21.33)	5.64			
	D0056-3	50.00(30.10+19.90)	5.42	830	798	7
	PI-2	49.03(29.34+19.69)	6.08	817	756	8
名称	样号	CaO/%	其他金属氧化物含量/%	峰顶温度/℃		代号
方解石	PI-12	51.83	5.71	907	862	1
	PI-X	52.55	5.75	876	862	2
	D0034-1	54.67	1.34	862	842	3

注：数据引自彭华等(2001)。

(24)内蒙古鄂尔多斯盆地奥陶系马家沟群中的白云石

[产地、产状及共(伴)生矿物]　鄂尔多斯盆地位于华北地台西部，奥陶系主要由石灰岩和白云岩组成。奥陶系自下而上分为冶里组、亮甲山组、马家沟组(包括马一段、马二段、马三段、马四段、马五段、马六段)、平凉组及背锅山组。本区马家沟群的白云岩类型繁多，成因复杂。按成因阶段，可分为准同生白云岩和准同生后白云岩两大类。

在马四段中，准同生泥晶-泥粉晶白云岩的分布仅限于庆阳地区的云坪上，准同生后粗粉晶-细晶白云岩非常发育。准同生后白云岩的表面砂糖感很强，故又称之为“砂糖状白云岩”。根据白云石的晶形，可将准同生后砂糖状白云岩进一步分为两类，即类型Ⅰ砂糖状白云岩和类型Ⅱ砂糖状白云岩。类型Ⅰ砂糖状白云岩由正常晶形白云石组成，这类白云岩分布广泛，是主体。类型Ⅱ砂糖状白云岩主要由一向延伸的白云石晶体组成，这类白云岩仅出现于鄂尔多斯地区的东南部，白云石晶体状似麦粒，称之为“麦粒状白云石”(张永生等，1999)。

在马家沟组中部发育一套厚层块状白云岩。在西部地区定边至鄂托克旗一带，这套块状白云岩连续厚度达数百米。定探1井揭示的最大厚度为 431 m。自西向东，白云岩体由厚变薄，并与石灰岩呈指状交织。这套块状白云岩由粗粉晶-细晶白云石组成，斑状结构发育(张永生，2000)。苏里格地区奥陶系顶部地层为马家沟组五段(简称马五段)，其中的白云石可以分为 3 类：Ⅰ类白云石为泥晶白云石，少数为粉晶；Ⅱ类白云石为细-中晶白云石，个别为粗晶，为自形或半自形结构；Ⅲ类白云石充填于溶蚀孔、缝或角砾间孔中，为粉-中晶，晶体大小变化较大，自形程度高于Ⅰ类，一般低于Ⅱ类(付金华等，2011)。

鄂尔多斯盆地马家沟组五段白云岩，按照晶粒可分为两种类型：晶粒较细的 M 型微晶白云岩和晶粒相对较粗的 F 型粉细晶白云岩(张军涛等，2017)。

[晶体结构]　X 射线衍射分析结果(表 1-2-211)表明，麦粒状白云石的有序度为 0.52~0.60，平均值为 0.56。$CaCO_3$ 的摩尔分数为 51.22%~52.05%，平均值为 51.64%，属富钙白云石。

从鄂尔多斯盆地奥陶系碳酸盐样品中白云石有序度的测试结果(表 1-2-212)来看，本区含灰云岩、灰质云岩、白云岩中白云石有序度的分布范围从 0.51 到 0.91 再到 1.0，是依次增高的。其中基本上全由白云石构成的白云岩的白云石有序度分布范围为 0.49~1.00。由此可见，白云石化越彻底，白云石有序度越高。在基本上全由白云石构成的白云岩中，晶体相对较大的结晶白云岩的白云石有序度明显好于泥晶云岩。但本区含云次生灰岩、云质灰岩，原岩为白云岩、膏云岩或云膏岩，经过灰化交代而形成现在的含云灰岩或云质灰岩，其白云石有序度都很高，从 0.77~0.85。

从白云石有序度与 $CaCO_3$ 摩尔分数的关系图（图 1-2-207）可以看出，当 $CaCO_3$ 的摩尔分数（49.3%~51.3%）越接近理论值 50%，白云石有序度值越高。这说明当白云岩中 Ca^{2+}、Mg^{2+} 的含量趋于相等时，Mg/Ca 值很低，甚至接近于 1∶1。这种低盐度环境形成的白云岩结晶速度慢，成分较纯，几乎不含杂质，晶形良好、晶面平整而光滑，组成离子排列高度有序，故白云石有序度高。

表 1-2-211　内蒙古鄂尔多斯地区马四组白云岩分析数据

岩石类型		有序度		$CaCO_3$ 摩尔分数/%	
		范围	平均	范围	平均
类型Ⅱ	（2 个样品）	0.52~0.60	0.56	51.22~52.05	51.64
类型Ⅰ	（67 个样品）	0.65~0.95	0.85	50.4~51.8	50.65
岩石类型		$\delta^{13}C_{PDB}$/‰		$\delta^{18}O_{PDB}$/‰	
		范围	平均	范围	平均
类型Ⅱ	（2 个样品）	-0.12~-0.20	-0.16	-5.75~-6.28	-6.02
类型Ⅰ	（67 个样品）	0.18~1.40	0.61	-6.27~-8.58	-7.43
岩石类型		$Fe^{2+}/10^{-6}$		$Mn^{2+}/10^{-6}$	
		范围	平均	范围	平均
类型Ⅱ	（2 个样品）	2980~3140	3063	83.4~104.5	94.0
类型Ⅰ	（17 个样品）	1693~2180	1926.5	110~116	113
岩石类型		$K^{+}/10^{-6}$		$Na^{+}/10^{-6}$	
		范围	平均	范围	平均
类型Ⅱ	（2 个样品）	1200~1410	1305	840~850	845
类型Ⅰ	（17 个样品）	674~781	727.5	421~442	431.5

注：数据引自张永生等（1999）。

表 1-2-212　内蒙古鄂尔多斯盆地奥陶系碳酸盐样品的 XRD 数据表

井号	样品号	层位	岩性	白云石 d_{015}	白云石 d_{110}	有序度
大 32 井	D32-8	马五段	砂砾屑泥晶白云岩	356	589	0.60
	D32-24	马五段	粉-细晶含云次生灰岩	96	124	0.77
	D32-28	马五段	泥晶砂砾屑白云岩	368	600	0.61
	D32-39	马五段	砾屑泥晶含灰白云岩	304	596	0.51
建 1 井	J1-13	马四段	残余颗粒中-细晶白云岩	683	725	0.94
	J1-21	马四段	残余颗粒中-细晶白云岩	768	850	0.90
	J1-24	马四段	中-细晶白云岩	559	559	1.00
	J1-37	马五段	中-细晶白云岩			1.00
	J1-39	马五段	粉晶白云岩	573	654	0.88
	J1-46	马五段	粉晶白云岩	463	630	0.73
	J1-56	马五段	粉晶残余竹叶状砾屑白云岩	582	582	1.00
	J1-60-3	马五段	残余砂屑白云岩	206	360	0.57
	J1-63	马五段	泥晶白云岩	175	356	0.49
	J1-65	马五段	泥晶白云岩	267	542	0.49

续表

井号	样品号	层位	岩性	白云石 d_{015}	白云石 d_{110}	有序度
富古7井	FG7-2	马五段	细晶含云次生灰岩	94	110	0.85
	FG7-4	马五段	巨晶含云次生灰岩	63	79	0.80
	FG7-16	马五段	溶塌角砾云灰岩	213	264	0.81
	FG7-32	马五段	泥-细粉晶白云岩	452	508	0.89
	FG7-34	马五段	泥-细粉晶灰云岩	211	232	0.91
	FG7-36	马五段	粗粉晶白云岩	433	460	0.94
	FG7-41	马五段	巨晶含云次生灰岩	253	310	0.82

注：数据引自王小芬等(2011)。

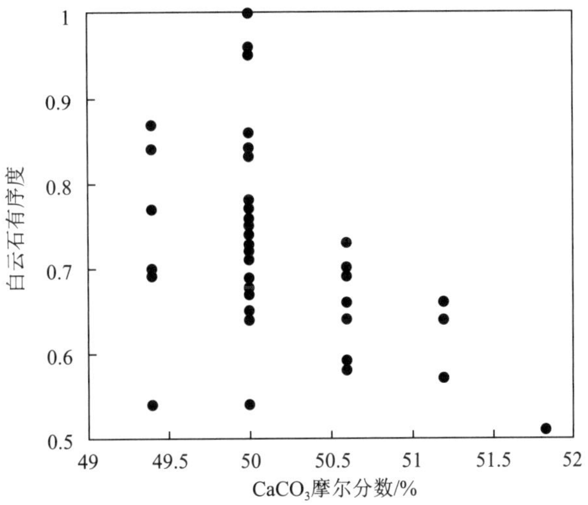

图 1-2-207 内蒙古鄂尔多斯盆地 D 井白云石有序度与 $CaCO_3$ 摩尔分数关系图
（据王小芬等，2011）

由图 1-2-208、图 1-2-209 可以看出，白云石有序度与 Fe^{2+}、Mn^{2+}有良好的负相关性，即在白云石形成过程中，如果有较多的取代阳离子 Fe^{2+}、Mn^{2+}时，白云石有序度则明显降低。

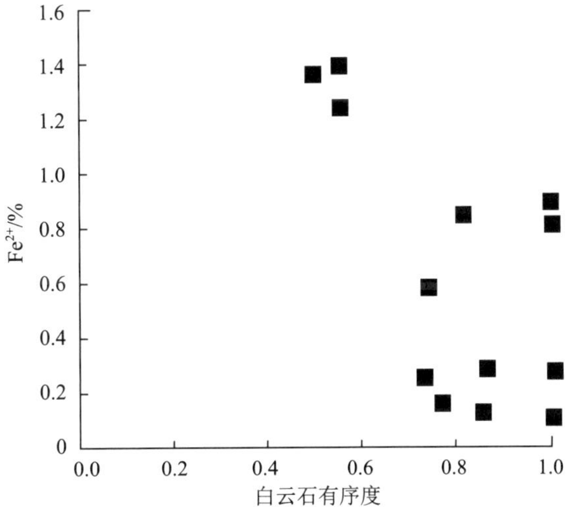

图 1-2-208 内蒙古鄂尔多斯盆地奥陶系马家沟组白云石有序度与 Fe^{2+}含量关系图
（据王小芬等，2011）

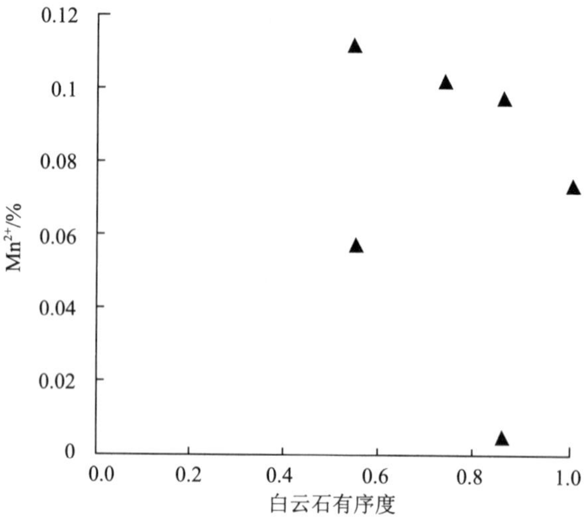

图 1-2-209　内蒙古鄂尔多斯盆地奥陶系马家沟组白云石有序度与 Mn^{2+} 含量关系图

（据王小芬等，2011）

此外，白云石的有序度与其岩石类型、成因有关，碳酸盐岩中白云石含量越高，即白云石化越彻底，白云石有序度越好；白云石结晶程度好，晶形较粗大的白云石有序度好于泥晶、泥微晶白云石；与白云石结晶温度有关，相对较高温度条件下形成的白云石有序度好于相对低温条件下形成的白云石；与其云化机制有关，准同生白云石化形成的白云石有序度最低，次之为渗透回流白云石化形成的白云石有序度，混合白云石化形成的白云岩中白云石有序度较好，埋藏白云石化形成的白云岩中白云石有序度最好。

[形貌特征]　麦粒状白云石的晶体为一向延伸的菱面体，晶体的 *c* 轴与延伸方向垂直（图 1-2-210），长短轴的比值为 2~3，长径为 0. 05~0. 15 mm，长轴无定向排列。与长边平行的一组解理很发育，呈平行束状，其他两组解理不发育，晶体中显微溶蚀孔隙较发育。这种异形白云石晶体的形态和分布与膏岩中硬石膏晶体的形态和分布很相似。在阴极发光下，这种麦粒状白云石发均匀的暗红色光。这表明白云石晶体形成于同一白云石化事件。

块状白云岩中的白云石晶体直径 10~500 μm，他形-半自形-自形。马五段白云石以半自形或他

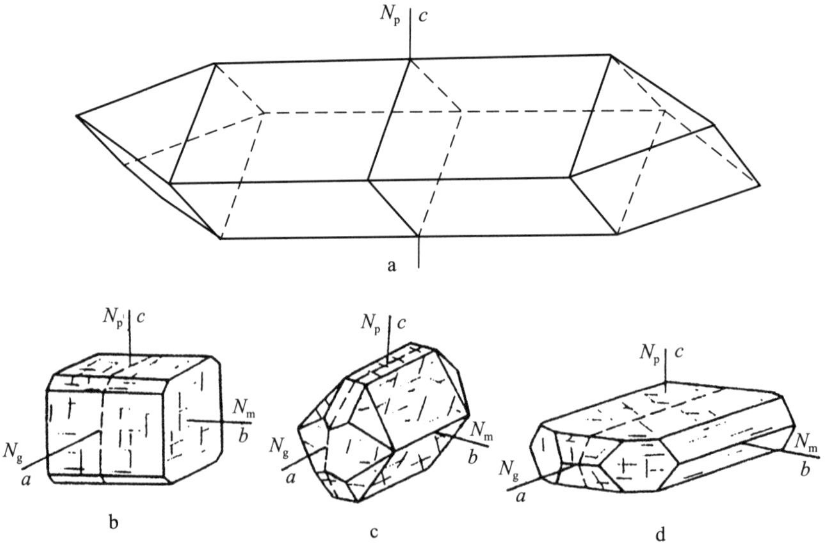

图 1-2-210　麦粒状白云石与硬石膏、天青石、重晶石的光性方位和晶形的比较

（据张永生等，1999）

a—麦粒状白云石；b—硬石膏；c—天青石；d—重晶石

形泥晶结构为主。马四段白云石晶体较大，直径可大于 200 μm，甚至达 500 μm。

马家沟组五段 M 型微晶白云岩中的白云石多为自形，晶粒较细，为微晶，在扫描电镜下可见晶间孔。在表生岩溶期，硬石膏结核和单晶被溶解后，形成膏溶铸模孔，后又多有方解石、粉晶白云石、粗晶白云石或石英充填其中，粗晶白云石经茜素红和铁氰化钾染色后呈天蓝色(图 1-2-211a)。在阴极发光下，基质白云石为暗红色，粉晶白云石充填物内部与基质相似，而边缘为亮红色(图 1-2-211b)。M 型微晶白云岩沉积环境主要为蒸发潮坪，形成于萨布哈白云岩化作用。F 型粉-细晶白云岩中的白云石多为自形-半自形，晶粒相对较粗，往往具有重结晶的特征，部分样品中可以见到颗粒幻影结构，裂缝、晶间孔和不规则溶孔发育，且有石英、白云石或方解石半充填(图 1-2-211c)。在阴极发光下，基质白云石呈暗红色，白云石和石英充填物不发光(图 1-2-211d)，白云岩化程度在不同地区存在差异，西部地区要优于东部地区，也存在未完全云化的过渡岩性，对于干旱的马五段沉积时期而言，其沉积环境相对海进的潮坪-颗粒滩，原岩为灰岩，白云岩化作用可能发生于浅埋藏期。

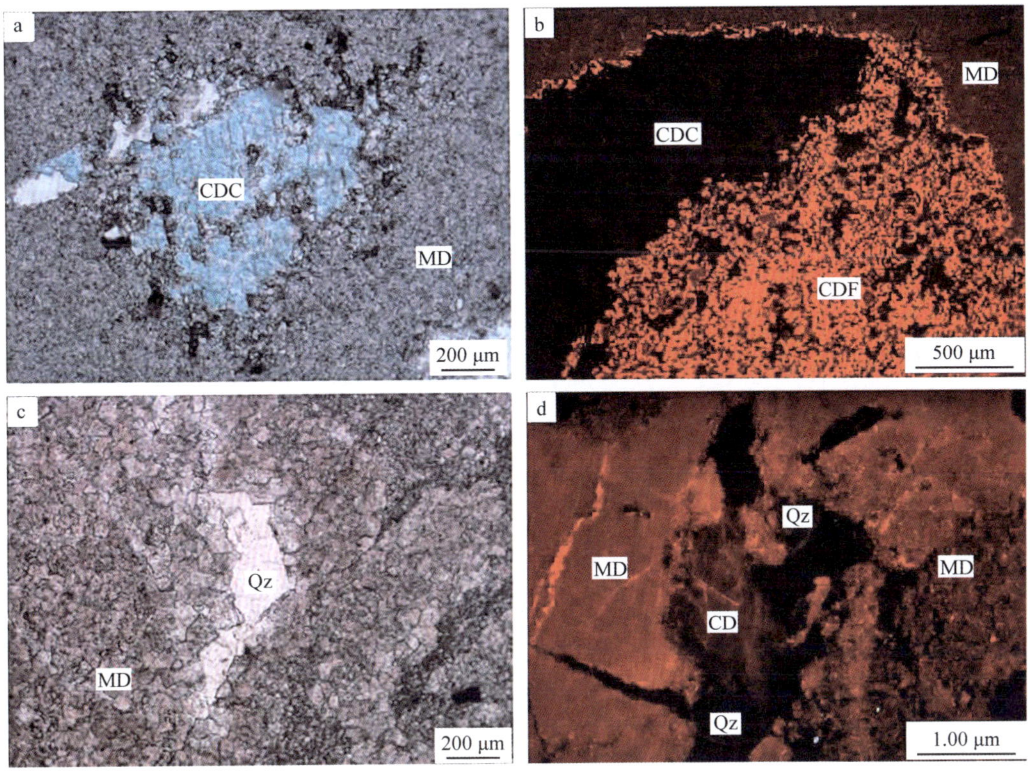

图 1-2-211　内蒙古鄂尔多斯盆地马五段两种不同类型的白云岩

(据张军涛等，2017)

a—M 型泥-粉晶白云岩，硬石膏铸模孔发育，有粗晶白云石充填，陕 338 井，奥陶系马五段；b—M 型泥-粉晶白云岩，硬石膏铸模孔发育，有粗晶白云石和粉晶白云石充填，莲 5 井，奥陶系马五段，阴极发光；c—F 型粉-细晶白云岩，不规则溶孔发育，可见颗粒幻影，苏 345 井，马五段，单偏光；d—F 型粉-细晶白云岩，不规则溶孔发育，有粗晶白云石充填，苏 234 井，马五段，阴极发光。CD—白云石充填物；CDF—粉晶白云石充填物；CDC—粗晶白云石充填物；MD—白云石基质；Qz—石英

［化学成分］　由表 1-2-213 可以看出，麦粒状白云岩的 Fe^{2+} 的含量为 $2980\times10^{-6}\sim3140\times10^{-6}$，平均值为 3063×10^{-6}；Mn^{2+} 的含量为 $83.4\times10^{-6}\sim104.5\times10^{-6}$，平均值为 94.0×10^{-6}；K^{+} 的含量为 $1200\times10^{-6}\sim1410\times10^{-6}$，平均值为 1305×10^{-6}；Na^{+} 的含量为 $840\times10^{-6}\sim850\times10^{-6}$，平均值为 845×10^{-6}。Fe^{2+} 和 Mn^{3+} 的含量较高，反映白云石化作用发生于还原环境。K 和 Na 两元素的含量也较高，从侧面反映了白云石化水体的盐度也较高。与马四组中的粗砂糖状白云岩(类型Ⅰ)相比(Feng Z Z et al.，1998)，麦粒状白云石晶体的有序度较低；$CaCO_3$ 的摩尔分数较高，这与低有序变值是相呼应的。$\delta^{13}C$、$\delta^{18}O$

值基本接近；K^+、Na^+和 Fe^{2+}的含量较高。

苏里格地区白云石的电子探针分析数据列于表 1-2-213 中。可见其中包括部分铁白云石。本区白云石以明显高的 Fe 含量和低的 Na，Mn，Sr 含量为特征。

从表 1-2-214 可以看出，取自 3045.10~4300.05 m 的 150 个白云石样品分析结果表明，$\delta^{18}O$ 值在-16.00‰~-5.73‰之间，平均-8.11‰，中值-7.15‰；$\delta^{13}C$ 值在-11.46‰~1.90‰之间，平均 0.01‰，中值 0.48‰。

表 1-2-213　内蒙古鄂尔多斯盆地苏里格地区奥陶系马家沟组白云石主量和微量元素含量

类型	参数	CaO/%	MgO/%	CO_2/%	Na/10^{-6}	Mn/10^{-6}	Fe/10^{-6}	Sr/10^{-6}
Ⅰ类白云石	最小值	29.67	19.92	47.08	0	0	210	
	最大值	30.68	21.75	48.88	2077	31	8758	70
	平均	30.36	21.24	47.97	118	10	2400	16
	中值	30.34	21.26	48.00	49	7	2065	9
	标准偏差	0.17	0.25	0.34	297	9	1938	19
	样品数/个	54	54	54	54	54	54	54
Ⅱ类白云石	最小值	30.19	21.11	47.79	0	0	124	0
	最大值	30.58	21.86	48.43	156	19	1952	47
	平均	30.36	21.37	48.08	58	5	828	9
	中值	30.32	21.33	48.06	45	3	463	0
	标准偏差	0.13	0.24	0.25	48	7	706	17
	样品数/个	6	6	6	6	6	6	6
Ⅲ类白云石	最小值	29.58	11.63	47.24	0	0	39	0
	最大值	30.70	21.75	48.35	312	112	86746	56
	平均	30.24	19.18	47.77	69	36	20643	18
	中值	30.26	21.05	47.75	45	7	3220	12
	标准偏差	0.28	3.18	0.35	72	41	27897	18
	样品数/个	21	21	21	21	21	21	21
全部白云石	最小值	29.58	11.63	47.08	0	0	39	0
	最大值	30.70	21.86	48.88	2077	112	86746	70
	平均	30.33	20.71	47.93	101	16	7014	16
	中值	30.33	21.25	47.97	45	6	1952	8
	标准偏差	0.21	1.87	0.35	247	25	16416	19
	样品数/个	81	81	81	81	81	81	81

注：数据引自付金华等(2011)。

表 1-2-214　内蒙古鄂尔多斯盆地苏里格地区奥陶系马家沟组白云石氧、碳同位素；$CaCO_3$、$MaCO_3$ 含量和有序度

类型	参数	$\delta^{18}O_{PDB}$/‰	$\delta^{13}C_{PDB}$/‰	$x(CaCO_3)$/%	$x(MgCO_3)$/%	有序度
Ⅰ类白云石	最小值	-13.93	-11.46	51.11	42.63	0.51
	最大值	-5.73	1.90	57.37	48.89	0.59
	平均	-7.50	0.18	54.18	45.82	0.55
	中值	-6.99	0.55	53.93	46.07	0.55
	标准偏差	1.56	1.50	1.81	1.81	0.03
	样品数/个	124	124	14	14	14

续表

类型	参数	$\delta^{18}O_{PDB}$/‰	$\delta^{13}C_{PDB}$/‰	$x(CaCO_3)$/%	$x(MgCO_3)$/%	有序度
Ⅱ类白云石	最小值	-8.43	0.70	51.01	43.58	0.61
	最大值	-7.33	1.00	56.42	48.99	0.69
	平均	-7.76	0.81	54.40	45.60	0.66
	中值	-7.64	0.76	53.66	46.34	0.65
	标准偏差	0.37	0.12	1.89	1.89	0.02
	样品数/个	5	5	12	12	12
Ⅲ类白云石	最小值	-16.00	-3.86	53.23	42.32	0.70
	最大值	-8.48	0.69	57.68	46.77	0.77
	平均	-11.83	-1.21	54.11	45.89	0.71
	中值	-10.99	-0.81	54.68	45.32	0.72
	标准偏差	2.36	1.37	1.65	1.65	0.02
	样品数/个	21	21	5	5	5
全部白云石	最小值	-16.00	-11.46	51.01	42.32	0.51
	最大值	-5.73	1.90	57.68	48.99	0.77
	平均	-8.11	0.01	53.95	46.05	0.62
	中值	-7.15	0.48	54.12	45.88	0.61
	标准偏差	2.25	1.54	1.85	1.85	0.07
	样品数/个	150	150	31	31	31

注：数据引自付金华等(2011)。

块状白云岩样品的氧碳同位素分析数据(表 1-2-215)表明，这套块状白云岩的 $\delta^{13}C$ 值为 0.18‰~1.40‰(PDB)，平均值为 0.61‰；$\delta^{18}O$ 值为-6.55‰~-8.58‰，平均值为-7.43‰。$\delta^{18}O$ 出现高负值有两种情况：或是大气淡水的加入，或是深埋藏环境中高温的影响。在这里后者的影响是主要的。

表 1-2-215 内蒙古鄂尔多斯地区马家沟群中部块状白云岩的 X 衍射及氧碳同位素等分析数据

岩石	有序度		N_{CaCO_3}/%		$\delta^{13}C$/‰(PDB)		$\delta^{13}C$/‰(PDB)	
	样品数	平均值	样品数	平均值	样品数	平均值	祥品数	平均值
极细晶-细晶白云岩	67	085	67	50.65	67	0.61	67	-7.43

注：数据引自张永生(2000)。

苏里格地区白云石的锶 $^{87}Sr/^{86}Sr$ 值示于表 1-2-216。苏里格地区原始沉积的碳酸盐岩和碳酸盐岩溶角砾岩的 $^{87}Sr/^{86}Sr$ 值除一个样品为 0.707977，小于 0.7082 外，其余 30 个样品的 $^{87}Sr/^{86}Sr$ 值均大于 0.7086。

表 1-2-216 内蒙古鄂尔多斯盆地苏里格地区奥陶系马家沟组各类白云石的 $^{87}Sr/^{86}Sr$ 值

类型	$^{87}Sr/^{86}Sr$		样品数/个
	最小值	最大值	
Ⅰ类白云石	0.709234±0.000110	0.711442±0.000109	14
Ⅱ类白云石	0.708936±0.000128	0.709838±0.000125	3
Ⅲ类白云石	0.707977±0.000070	0.711791±0.000064	7
全部白云石	0.707977±0.000070	0.711791±0.000064	21

注：数据引自付金华等(2011)。

虽然鄂尔多斯盆地马五段具有较高的 Fe 含量，但 Fe 在两类白云岩内部中并不是均一分布的（图 1-2-212）。在 M 型微晶白云岩中，基质白云石的铁含量相对较高，在 $583\times10^{-6}\sim3811\times10^{-6}$；粉晶白云石充填物在孔隙多以示顶底半充填于孔隙之中，与 M 型基质白云石相似，铁含量在 $887\times10^{-6}\sim2582\times10^{-6}$ 之间；粗晶白云石充填物电子探针微区分析显示铁含量普遍较高，铁含量在 $29112\times10^{-6}\sim647148\times10^{-6}$ 之间，均匀分布于晶体之中。在 F 型粉-细晶白云岩中，其基质白云石的铁含量略低于 M 型泥-粉晶白云岩，但仍高于同期灰岩，最高为 2007×10^{-6}，最低为 233×10^{-6}；同样，裂缝和孔隙内充填的白云石的铁含量也是这类白云岩最高的组构，这类白云石与 M 型白云岩中的粗晶白云石充填物相类似，电子探针背散射图像显示铁在白云石充填物均匀分布，铁含量可达 9178×10^{-6}。另外，在孔隙发育区的基质白云石边缘也常常受到铁质浸染，铁含量在 $4021\times10^{-6}\sim13963\times10^{-6}$ 之间。可见，M 型白云岩中的粗晶白云石孔隙充填物和 F 型白云岩中孔隙充填物整体铁含量都较高，而 M 型白云岩中的粉晶白云石孔隙充填物边缘和 F 型白云岩中孔隙附近白云石晶体中只有边缘部分受浸染，具有较高 Fe 含量。越靠近孔隙，Fe 则越容易富集。Mn 含量与 Fe 含量有非常好的相关性，但是 M 型微晶白云岩中锰含量要远远的高于 F 型泥粉-晶白云岩。

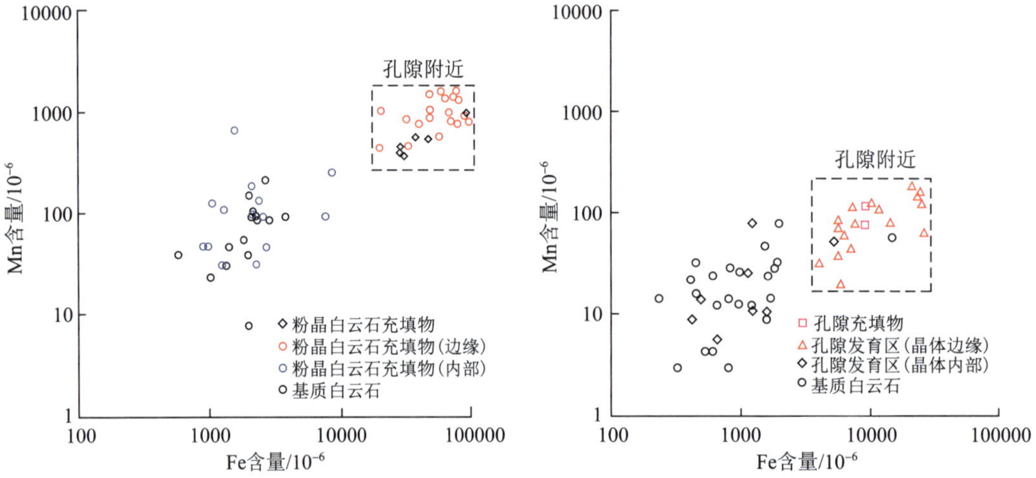

图 1-2-212　鄂尔多斯盆地马五段白云岩 Fe-Mn 含量

（张军涛等，2017）

a—M 型微晶白云岩；b—F 型粉-细晶白云岩

图 1-2-213 显示，M 型微晶白云石的 $\delta^{13}C_{V-PDB}$ 值在-3.5‰~1.4‰之间，$\delta^{18}O_{V-PDB}$ 值在-6.5‰~-8.0‰之间，碳同位素与同期海水值(0.5‰~-2‰)较为接近，氧同位素比同期海水(-6.6‰~-4.5‰)略微偏负，这与萨布哈白云岩化^{18}O 同位素更为富集，氧同位素偏正的认识相悖，这可能是与长期的暴露大气降水的影响有关。孔隙充填物粉晶白云石 $\delta^{13}C_{V-PDB}$ 值在-0.7‰~-2.7‰之间，$\delta^{18}O_{V-PDB}$ 值在-9.8‰~-11.5‰之间，碳同位素接近同期海水值，氧同位素相比同期海水以及基质更为偏负，说明其受到流体的影响更为强烈，可能与边缘 Fe 的浸染有一定的联系。孔隙充填物粗晶白云石的 $\delta^{13}C_{V-PDB}$ 值范围在-1.7‰~-2.9‰，$\delta^{18}O_{V-PDB}$ 值范围在-9.9‰~-11.3‰之间，粗晶白云石的碳氧同位素值较基质白云石都明显偏负，反映了基质白云石成因差异，且可能受到过热水或者大气降水的改造。F 型粉-细晶白云岩的 $\delta^{13}C_{V-PDB}$ 值在-0.4‰~-0.8‰之间，$\delta^{18}O_{V-PDB}$ 值在-5.3‰~-6.6‰之间，碳同位素和氧同位素都与同期海水值较为接近，说明其白云岩化流体来源于海水，且形成时，应处于浅埋藏阶段，而且由于岩溶时期其埋藏较深，受大气降水的影响较弱。

[成因意义]　在本区奥陶系马四段中，主要由麦粒状白云石组成的类型Ⅱ白云岩的分布仅限于鄂尔多斯盆地的东南部，麦粒状白云石是由富镁离子和硫酸根离子的卤水于深埋藏环境中交代石灰岩而形成的，而不是直接交代石膏的结果。但它们在形成机理方面的确与石膏的存在有着密切的关系，硫酸根离子的富集来源于周缘地层中石膏或硬石膏的溶解。

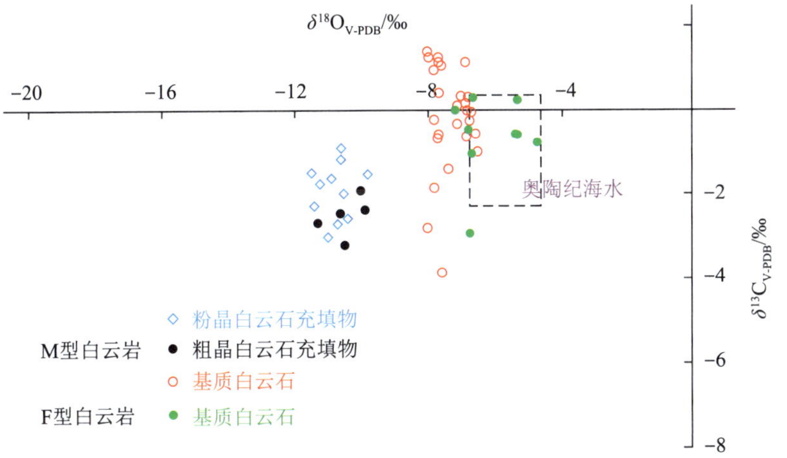

图 1-2-213　鄂尔多斯盆地马五段白云岩碳、氧同位素交会图
（张军涛等，2017）

马五段 M 型微晶白云岩富含蒸发矿物，是准同生期萨布哈白云岩化作用的产物(21)，但是长期的暴露，大气降水的影响使得氧同位素偏负，F 型粉-细晶白云岩的形成流体具有海水的特征，其形成可能略晚于萨布哈白云岩化作用，可能为浅埋藏期渗透回流白云岩化作用的产物。这两类白云岩基质形成的深度都相对近地表，不具备富集 Fe 条件。而 Fe 在两类白云岩中的分布富集特征，表明 Fe 来源于后期改造，而非原生沉积。

(25)内蒙古鄂尔多斯盆地三叠系延长组砂岩中的白云石

[产地、产状及共(伴)生矿物]　鄂尔多斯盆地中生界上三叠统延长组是一套以大型内陆盆地为背景，以河流和湖泊相为主的陆源碎屑沉积。延长组砂岩中，白云石胶结物是最为主要的胶结物类型之一。就全盆地而论，白云石胶结物在岩石中的含量为 0.77%。鄂尔多斯盆地延长组砂岩中存在两种不同类型的白云石胶结物，一种主要分布于贫碳酸盐岩屑的陕北物源区相对远离印支期不整合面的延长组烃源层中，另一种主要分布于富碳酸盐岩屑的陇东物源区靠近印支期不整合面的延长组上部油层组中。陇东地区的白云石胶结物的纵向分布不同于砂岩中白云石胶结物的经典模式，在印支期不整合面之下，白云石含量随深度增加而减少(吴素娟等，2005)。

[化学成分]　主量元素特征：电子探针分析结果显示(表 1-2-217)，鄂尔多斯盆地延长组砂岩中作为胶结物的白云石的 $MgCO_3$ 含量变化在 11.30%～37.86%之间，平均值 23.76%；$FeCO_3$ 含量在 8.627%～23.82%之间，平均值 16.94%。而与白云石胶结物共生的白云岩岩屑中的白云石的 $MgCO_3$ 含量在 45.59%～50.38%之间，平均值为 48.84%；$FeCO_3$ 含量在 0～2.63%之间，平均值 0.45%，因而白云岩岩屑由低铁白云石组成，具有沉积白云石的特征并接近理想的组成。

鄂尔多斯盆地不同地区延长组砂岩中的白云石胶结物的电子探针分析结果如表 1-2-218 所示。其中陇东地区的铁白云石胶结物 $MgCO_3$ 含量在 11.30%～31.63%之间，平均值 19.31%；$FeCO_3$ 含量在 13.00%～23.82%之间，平均值 20.49%。而陕北地区铁白云石胶结物的 $MgCO_3$ 含量在 13.10%～37.86%之间，平均值 27.14%；$FeCO_3$ 含量在 15.33%～13.03%之间，平均值 14.35%。虽然陇东地区的铁白云石胶结物比陕北地区具有更高的 Fe 含量和较低的 Mg 含量，但两个地区白云石都已属铁白云石范畴。另外，陇东地区的铁白云石胶结物含有一定数量的 Na、Sr 和 Ba 等元素，可能说明陇东地区砂岩中铁白云石胶结物与海相碳酸盐的亲缘关系，其物质来源与海相碳酸盐岩屑的溶解有关。

同位素特征：鄂尔多斯盆地延长组砂岩中部分白云石胶结物的碳、氧同位素组成如表 1-2-219 所示。陇东物源区的 5 个样品的 $\delta^{13}C$ 值十分接近奥陶系海水的 $\delta^{13}C$ 值(大致变化在 1‰～-2‰之间)，说明其物质来源中存在较多的海源特征。陕北物源区的白云石胶结物具有很低的 $\delta^{13}C$ 值(-9‰左右)，显示其碳来源中的一部分可能与有机质脱羧基作用有关，同时也说明作为次要烃源层的长 4+5 油层组处于有机酸的活跃带中。在氧同位素组成上，延长组的白云石胶结物都具有负的 $\delta^{18}O$ 值，可能与后期深埋藏过程中富 ^{16}O 的深部流体的交换有关，而不能代表其沉淀温度条件下的 $\delta^{18}O$ 值。尽管如此，陇东物源区和陕北物源区的样品仍显示出氧同位素组成上的巨大差异，差值高达-8.724‰，这个差值显然是其沉淀温度的差值造成的。计算结果表明该差值所代表的温度差值为 89.1℃。按陕北物源区 S 井样品所经历的最大埋深 2638.5 m，地温梯度为 3.8℃/100m，取地表温度 20℃，以此推算出该井样品所经历的最大古地温为 120.3℃。因而可推算得陇东物源区长 2 和长 3 油层组白云石胶结物的沉淀温度为 31.2℃。

表 1-2-217　鄂尔多斯盆地延长组砂岩储层中部分白云石胶结物和共生白云岩岩屑的化学组成(x_B/%)

		Na_2CO_3	$MgCO_3$	$Al_2(CO_3)_3$	$Sr(CO_3)_2$	$SrCO_3$	K_2CO_3	$CaCO_3$	$Ti(CO_3)_2$	$BaCO_3$	$MnCO_3$	$FeCO_3$	$NiCO_3$	$ZnCO_3$
白云石胶结物	最小值	0.000	11.303	0.000	0.000	0.023	0.000	45.932	0.000	0.000	0.000	8.620	0.000	0.000
	最大值	0.280	37.855	0.134	3.562	0.069	0.000	75.717	0.104	0.642	5.220	23.822	0.116	0.108
	平均值	0.028	23.759	0.020	0.362	0.044	0.000	56.560	0.024	0.130	2.200	16.944	0.030	0.023
	分析点数	11	11	11	11	5	11	11	11	5	11	11	5	5
白云石岩屑	最小值	0.000	45.592	0.000	0.000	0.000	0.000	49.345	0.000	0.000	0.000	0.000	0.000	0.000
	最大值	0.160	50.381	0.021	0.027	0.078	0.019	51.286	0.128	0.000	0.386	2.626	0.159	0.186
	平均值	0.020	48.844	0.007	0.007	0.020	0.004	50.436	0.023	0.000	0.092	0.449	0.049	0.049
	分析点数	9	9	9	9	9	9	9	9	9	9	9	9	9

注：数据引自吴素娟等(2005)。

表 1-2-218　鄂尔多斯盆地陇东和陕北地区延长组砂岩中白云石胶结物化学组成对比(x_B/%)

地区	Na_2CO_3	$MgCO_3$	$Al_2(CO_3)_3$	$Si(CO_3)_2$	$SrCO_3$	$CaCO_3$	$Ti(CO_3)_2$	$BaCO_3$	$MnCO_3$	$FeCO_3$
陇东	0.010	31.631	0.045	0.000	0.047	53.737	0.044	0.000	1.254	13.008
	0.023	16.451	0.000	0.000	0.043	59.535	0.048	0.007	2.025	21.860
	0.000	11.303	0.002	0.006	0.039	61.795	0.000	0.642	2.358	23.822
	0.000	17.852	0.040	0.098	0.023	57.470	0.104	0.000	1.141	23.271
平均值	0.008	19.310	0.022	0.026	0.038	58.134	0.049	0.162	1.694	20.490
陕北	0.000	37.855	0.000	0.000	0.000	45.932	0.000	0.000	2.195	14.017
	0.000	33.197	0.000	3.562	0.000	47.079	0.000	0.000	3.137	13.025
	0.000	13.199	0.000	0.000	0.000	66.565	0.000	0.000	5.220	15.017
	0.000	24.303	0.000	0.000	0.000	56.255	0.000	0.000	4.107	15.335
平均值	0.000	27.139	0.000	0.890	0.000	53.958	0.000	0.000	3.665	14.349

注：数据引自吴素娟等(2005)。

表 1-2-219　鄂尔多斯盆地延长组砂岩中部分白云石胶结物的碳、氧同位素组成

井号	井深/m	层位	描述	$\delta^{13}C_{PDB}$/‰	$\delta^{18}C_{PDB}$/‰
陇东物源区	1238.2	长 2 油层组	铁白云石胶结物	-3.139	-17.303
	1276.3	长 2 油层组	铁白云石胶结物	0.19	-14.780
	1347.8	长 3 油层组	铁白云石胶结物	1.336	-14.430
	1371.92	长 3 油层组	铁白云石胶结物	0.929	-16.133
	1414.02	长 3 油层组	铁白云石胶结物	0.359	-16.410
	平均值			-0.065	-15.811
陕北物源区(S 井)	1247.4	长 4+5 油层组	铁白云石胶结物	-8.887	-24.535

注：数据引自吴素娟等(2005)。

延长组储层砂岩碳酸盐胶结物的碳、氧同位素之间表现为正相关关系(图 1-2-214)。因此碳同位素所反映的物质来源和氧同位素所反映的温度关系之间是有联系的。

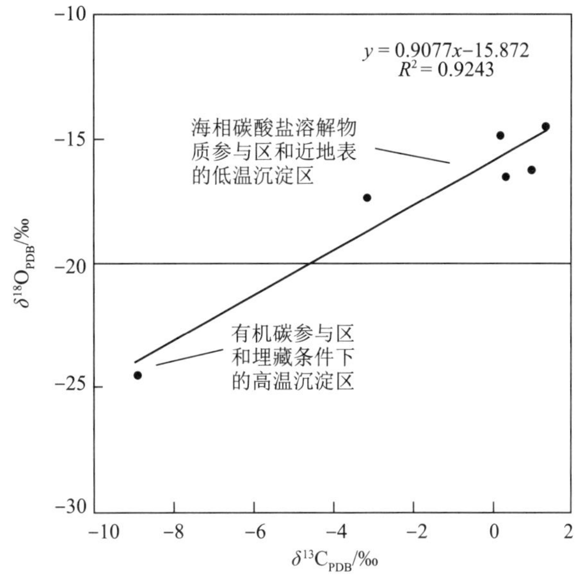

图 1-2-214　鄂尔多斯延长组砂岩中白云石胶结物 $\delta^{18}O$-$\delta^{13}C$ 值投点图
(据吴素娟等, 2005)

(26)黔桂地区泥盆系—石炭系白云岩中的白云石

[产地、产状及共(伴)生矿物]　黔桂地区泥盆系—石炭系层状白云岩，厚度大，层位稳定，主要分布于陆相连的碳酸盐岩台地外缘及孤立碳酸盐岩台地上。研究认为，本区白云岩的形成模式主要有 5 种，即潮汐泵汲白云石化模式、正常海水白云石化模式、近地表混合水白云石化模式(可分为海水较高和海水较低两种模式)、埋藏成岩环境白云石化模式(又可分为压实排挤和热(盐)水为主混合的两种模式)及构造热液白云石化模式。不同成因模式下形成的白云岩组构各有特色(方少仙等, 1999)。

[形貌特征]　层状白云岩的中心部位呈中-粗晶结构，原始石灰岩组构已不可辨，向两侧白云石化逐渐减弱，白云岩晶粒过渡为细晶、粉晶级，厚石灰岩组构逐渐可辨，直至过渡为无白云石化的石灰岩。不同成因模式下形成的白云岩中白云石的结晶形态也各异：潮汐泵汲白云石化模式下的白云岩经受了后期埋藏成岩作用和表生成岩作用的叠加和改造，已重结晶为 5~40 μm 的微亮晶至细粉晶白云岩；海平面较高时的混合白云石化模式下的弱白云石化部位，白云石主要为自形、半自形的细晶组构，含量达 15%~30%；强白云石化部位，白云石呈镶嵌粒状组构的斑块分布。

[物理性质]　由白云岩中心向两侧颜色由白色过渡为灰白、灰色。

[化学成分]　潮汐泵汲白云石化模式下形成的白云岩稳定同位素 $\delta^{13}C$ 分布范围为-0.028‰~0.35‰, $\delta^{18}O$ 分布范围为-0.111‰~0.666‰, $^{87}Sr/^{86}Sr$ 值为 0.708080~0.708453，均值为 0.708195，较偏高。正常海水白云石化模式下白云岩的稳定同位素 $\delta^{13}C$ 分布范围为 0.064‰~0.159‰, $\delta^{18}O$ 为-0.660‰~0.337‰，主要分布于-0.555‰~0.337‰之间。$^{87}Sr/^{86}Sr$ 值分布范围为 0.708263~0708812。海平面较高时的混合白云石化模式下形成的白云石稳定同位素值 $\delta^{18}O$ 为-0.893‰，明显偏负, $\delta^{13}C$ 值为-0.600‰，具有混合水的特征。

(27)青藏高原现代湖泊沉积物中的白云石

[产地、产状及共(伴)生矿物]　青藏高原现代湖泊包括冷湖、大苏干湖、小苏干湖、大柴旦湖、小柴旦湖、托素湖、尕海、茶卡湖、错鄂、乃日平错、纳木错、空姆错和普莫雍错等。XRD 结果显示这些湖泊的表层沉积物中碳酸盐矿物多以方解石为主，并含白云石。其中冷湖以白云石为主，尕海

还含有一定量的文石(王宁等，2008)。

[化学成分] 青藏高原现代湖泊沉积物中总碳酸盐矿物、方解石和白云石氧同位素组成如表1-2-220所示，白云石$\delta^{18}O$变化在-15.3‰~-5.1‰范围内。

表1-2-220 青藏高原现代湖泊沉积物总碳酸盐、方解石和白云石氧同位素组成

样点	$\delta^{18}O$(碳酸盐)/‰	$\delta^{18}O$(方解石)/‰	$\delta^{18}O$(白云石)/‰
冷湖	-3.4	12.8	-10.8
大苏干湖	2.6	3.9	-8.4
小苏干湖	-4.2	-3.5	-8.7
大柴旦湖	-2.5	-1.9	-5.4
小柴旦湖	-4.3	-3.9	-6.7
托素湖	-6.7	-6.7	—
尕海	-1.3	—	-6.4
茶卡湖	-5.0	-4.6	-5.5
唐古拉-1	-6.0	-5.9	-7.8
错鄂	-11.8	-11.2	-15.3
乃日平错	-10.3	-10.3	—
纳木错	-10.6	-10.6	-10.2
空姆错	-11.7	-11.7	—
普莫雍错	-15.9	-16.2	-10.8

注：数据引自王宁等(2008)。

(28)青海省海西蒙古族藏族自治州小柴旦盐湖湖滩岩中的白云石

[产地、产状及共(伴)生矿物] 湖滩岩分布在小柴旦盐湖南岸，分为两个层位，一是现代湖底，被湖水所覆盖；二是埋藏在暗色卤泥岩之下，埋深16~21 m。湖滩岩呈深灰色，为细粒长石岩屑砂岩，胶结物为柱硼镁石，呈基底胶结。湖滩岩中白云石的赋存状态有两种。大多数呈砂粒包壳出现，包壳厚度一般为0.01~0.1 mm，在同一砂粒上包壳厚度不匀。包壳边与砂粒之间的接触界线有平直状、波状、锯齿状、港湾状等。白云石包壳在低倍镜下呈泥晶状，而在高倍镜下则呈现蠕虫状集合体。少数白云石呈藻屑和藻团块存在，其中常粘结有砂粒。藻屑为管状集合体。藻丝体清晰可见。藻团块则为细小的团粒状集合体(夏文杰等，1986)。

[主要粉晶衍射数据] 见表1-2-221。

表1-2-221 青海小柴旦盐湖湖滩岩中白云石的X射线粉晶数据

I	*d*/Å	*hkl*	*I*	*d*/Å	*hkl*
3	3.69	012	6	1.78	116
10	2.91	104	5	1.55	122
4	2.66	006	2	1.47	214
4	2.42	110	1	1.43	119
6	2.20	113	2	1.38	030
3	2.05	021	4	1.34	$00\underline{12}$
3	2.01	202	1	1.19	220
1	1.96	116β	3	1.20	$21\underline{10}$
1	1.85	024	2	1.114	134
6	1.82	018			

注：数据引自夏文杰等(1986)。

[晶体结构] 根据粉晶 X 射线衍射数据，计算得到六方晶胞参数为 $a_0 = 4.812$ Å，$c_0 = 16.102$ Å；菱面体晶胞参数为 $a_{rh} = 6.044$ Å，$\alpha = 46°92'$。

[化学成分] 由于白云石大部分呈砂粒包壳存在，以致无法将样品提纯作化学分析，只做过 2 个样品的电子探针分析(表 1-2-222)和激光光谱分析(表 1-2-223)。可见，湖滩岩中白云石的化学成分甚纯，除 CaO 和 MgO 外，Al_2O_3、SiO_2、FeO、MnO 等含量均极低、微量元素的种类也很少，仅含极少量的 Ti、Sn、Cu 等。

表 1-2-222 青海小柴旦盐湖湖滩岩中白云石的电子探针分析数据

样品	化学成分/%							Ca : Mg 原子比
	CaO	MgO	Al_2O_3	SiO_2	FeO	MnO	K_2O	
1	38.89	20.78	0.06	1.77	0.01	0.27	0.63	Ca57.3 : Mg42.7
2	35.22	18.63	0.17	1.01	0.01	0.22	0.10	Ca57.6 : Mg42.4
平均值	37.055	19.705	0.115	1.39	0.01	0.245	0.365	Ca57.5 : Mg42.5

注：数据引自夏文杰等(1986)。

表 1-2-223 青海小柴旦盐湖湖滩岩中白云石的激光光谱分析数据

样品	元素成分/%								
	Al	Si	B	Ca	Mg	Mn	Cu	Sn	Ti
1	1	1.5	10	10	28	0.015	0.005	0.1	0.005
2	0.5	0.15	5	15	25	0.005	<0.001	0.1	0.005

注：数据引自夏文杰等(1986)。

[光谱特征] 红外光谱分析曲线如图 1-2-215 所示，三个样品的红外光谱曲线一致，CO_3^{2-} 基团吸收带位置完全相同，只是强度稍有差异，分别为 725 cm^{-1}、879 cm^{-1}、1440 cm^{-1}。

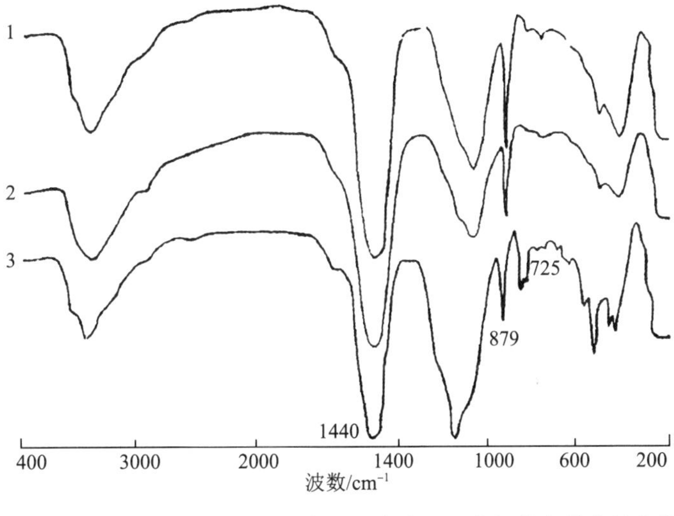

图 1-2-215 青海小柴旦盐湖湖滩岩中白云石的红外光谱分析曲线
(据夏文杰等，1986)

(29)青海省青海湖底沉积物中的白云石

[产地、产状及共(伴)生矿物] 青海湖为盐度低于海水的内陆高原微咸水湖泊。X 射线衍射定量分析表明，青海湖底的现代沉积物中陆源碎屑矿物占 25.7%，以石英和长石为主，含有少量角闪石；碳酸盐矿物含量达 27.1%，其中主要是文石，其次是方解石，且普遍含白云石，平均可达 2.2%；粘土矿物含量为 32.5%，其中伊利石含量最多，且具 1M、$2M_1$ 多型，绿泥石次之，另外还含有极少量的高岭石(于炳松等，2007)。

[形貌特征] 高分辨率扫描电镜分析结果表明，其中存在粒度为 1~2 μm 的球状白云石集合体，其成分经能谱分析证实为白云石(图 1-2-216)。这些白云石集合体呈球状和椭球状，内部具有特定的规则的显微结构形态，且广泛发育有亚微米-纳米级孔隙(微孔隙)。同时，还发现了共生的、粒度也在 1~2 μm 的草莓状黄铁矿集合体。集合体中具有典型的微生物细胞结构形态。

图 1-2-216 青海湖底沉积物中白云石集合体及其 EDS 分析结果
(据于炳松等，2007)

[成因意义] 青海湖底沉积物中的球状白云石集合体，其形态特征与文献中报道的微生物细胞体形态的白云石集合体极为相似(Wright，1999)，但与实验室高温条件下化学沉淀的白云石完全不同(Arvidson et al.，1999)。亚微米-纳米级孔隙(微孔隙)的广泛存在，也说明了其生物成因特征。

(30)青海省沱沱河地区新生代湖相白云岩中的白云石

[产地、产状及共(伴)生矿物] 青藏高原腹地沱沱河地区的主要出露地层有始新统风火山群、渐新统雅西错群和中新统五道梁群。研究野外实测剖面为沱沱河地区古近系—新近系雅西措群(YP 剖面)和五道梁群(WP 剖面)。剖面白云岩及灰岩产出层位共有 8 层，厚度约为 186.42 m。其中 WP 剖面白云岩均为泥晶白云岩，岩石结构致密；有机质含量较高；镜下见有隐粒结构藻纹层理；底部层位岩样薄片观察见有粉砂级内碎屑，其外观大小均一，磨圆好，显示经历了长距离或长时间的搬运改造作用(李军鹏等，2008)。

[形貌特征] 按照粒径的不同可以将所研究的白云石分为两类：第一类白云石为他形晶，粒径小于 1 μm。第二类白云石为自形晶，粒径多大于 1 μm. 中间存在过渡类型。YP 剖面白云岩镜下可见明显的致密层与疏松层的分界，白云石晶体晶形常为半自形-他形，具有较好品形的白云石晶体多生长于疏松层与致密层的分界处。WP 剖面的白云岩溶孔、缝常见，白云石的晶形较 YP 剖面为好，多为半自形-他形。

(31)山东省东营凹陷利页 1 井泥页岩中的白云石

[产地、产状及共(伴)生矿物] 利页 1 井泥页岩中赋存 2 种白云石，一种是菱形自形晶，一种为不规则显微晶的白云石。属于原生白云石，部分经历埋藏成岩重结晶的改造。白云石的形成可划分为 2 个阶段，即以化学方式沉淀泥晶-显微晶原生白云石和准同生白云石化阶段、通过纹层间毛细管力差异泵汲途径发生重结晶阶段(滕建彬，2018)。

[形貌特征] 白云石自形晶具有似加大边的重结晶成岩特征(图 1-2-217a)，以矿物长轴为 10~15 μm 的不规则白云石为核心。重结晶边缘可以分为 2 个期次，第 1 期次为环绕不规则白云石边缘生长的白云石边缘，趋于规则有序化。第 2 期次是在第 1 期次的基础上附着 1~2 μm 的泥晶白云石晶

a—2个期次重结晶白云石自形晶(3761.86 m)　b—白云石粒缘缝发育(3815.51 m)　c—白云石与方解石、石英、粘土矿物及黄铁矿共生、方解石具有溶蚀特征(3818.09 m)

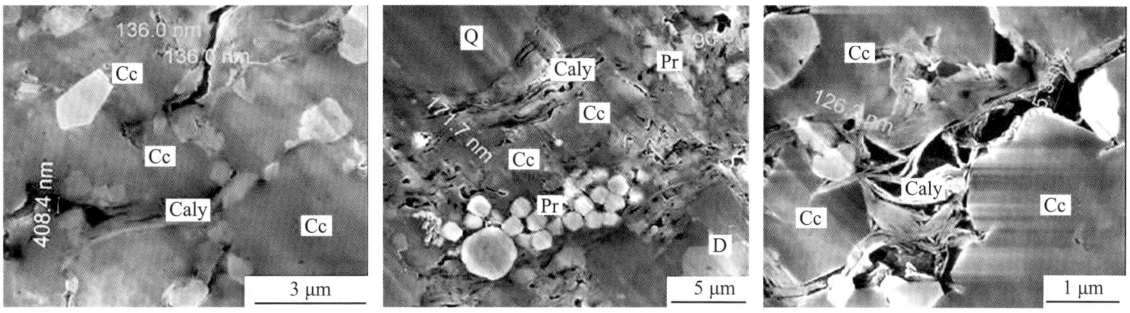

c—石英包裹于方解石晶间孔内(3829.22 m)　d—黄铁矿富集，方解石包裹白云石(3826.83 m)　e—方解石晶体间半充填伊利石，形成晶间残余孔隙(3826.83 m)

图 1-2-217　山东东营凹陷利页 1 井泥页岩中白云石的赋存状态及与其他矿物的接触关系

（据滕建彬，2018）

Caly—粘土矿物；D—白云石；Cc—方解石；Q—石英；Pr—黄铁矿

体，具有较规则的菱形晶体特征，但晶体更微小。2 个期次之间具有明显的界线。

不规则的显微晶白云石赋存在泥质和方解石的混层中(图 1-2-217b)，在白云石颗粒边缘易产生粒缘缝，这种现象表明白云石在基质孔隙中的独特支撑作用，有利于基质孔缝系统的发育。受控于有机质热演化的影响，形成了部分有机质孔隙(图 1-2-217c)，这些孔隙边缘较为圆滑，表明在成岩微环境中方解石受到了有机质酸的溶蚀。少量石英颗粒包裹于方解石颗粒中(图 1-2-217d)，表明部分方解石发生过重结晶作用，在晶体生长重排列过程中，石英颗粒嵌入柱状方解石内或被排挤到晶间孔缝中，阻碍了方解石晶型的正常生长(图 1-2-217d)。常见白云石、方解石、石英、黄铁矿及粘土矿物等(图 1-2-217c)，黄铁矿集中发育的还原环境中，白云石被重结晶方解石包裹(图 1-2-217e)。氩离子抛光-扫描电镜观察到白云石与方解石和其他矿物紧密接触(图 1-2-217c)，这种现象是原生白云石的重要识别标识。扫描电镜下常见，方解石晶体间充填伊利石等粘土矿物，形成晶间残余孔隙(图 1-2-217f)，方解石晶体的支撑作用有利于孔隙的发育和保存。

(32)山东省济阳坳陷碳酸盐岩中的白云石

[产地、产状及共(伴)生矿物]　位于渤海湾盆地内的济阳坳陷是油气最为富集的地区之一。济阳坳陷中有下古生界成岩白云岩，推测大多数的原岩为粒屑灰岩(库丽曼等，2007)。

[形貌特征]　白云石晶体大小主要在粉晶-中晶范围内，以半自形-自形晶为主，部分有不清楚的残余粒屑结构。

[化学成分]　白云岩(或基质)与孔洞或脉中充填的亮晶方解石在 O、C、Sr 同位素组成，Sr 和 Mn 含量等方面显示出巨大的差别。白云岩(或基质)的 $^{87}Sr/^{86}Sr$ 值显著低于孔洞或脉中充填的亮晶方解石，且与海水值十分接近，$\delta^{13}C$ 和 $\delta^{18}O$ 值显著高于孔洞或脉中充填的亮晶方解石，也偏向于海水值；Mn 含量则显著低于孔洞或脉中充填的亮晶方解石，说明它们受淡水作用的影响很小。

(33)山东省临沂市矿坑-马庄白云岩矿床中的白云石

山东省临沂市矿坑-马庄白云岩矿包括破山矿段和楼山沟矿段。矿床赋存于寒武纪—奥陶纪地层中，岩性为灰黄色中厚层细晶白云岩，呈层状裸露地表，为海相沉积矿床。矿石为灰黄色细晶白云岩，泥晶、细晶结构，中厚层-厚层状构造。主要矿物成分为白云石、方解石和粘土矿物(魏军，2013)。

(34)山东省乳山市蓬家夼金矿床中的白云石

[产地、产状及共(伴)生矿物] 蓬家夼金矿床位于胶东半岛北部我国最著名的巨型金矿集中区。由于成矿流体富含 CO_2，成矿的较晚阶段或主阶段大都有碳酸盐矿物的生成。蓬家夼金矿的碳酸盐化较发育，至少有两期碳酸盐胶结物，电子探针研究表明均属铁白云石-白云石固溶体系列，常与石英紧密共生，一道作为胶结物或细脉产出(刘建明等，2003)。

[化学成分] 山东蓬家夼金矿床白云石的碳氧同位素组成测定结果见表 1-2-224。盆地边缘砾岩型蓬家夼金矿白云石的氧同位素组成显示相对富集 ^{16}O 而且变化范围大的特征，$\delta^{18}O$ 值变化在 2.9‰~11.2‰之间，平均 7.5‰；$\delta^{13}C$ 值变化在-0.1‰~-4.8‰之间，平均-2.4‰。

表 1-2-224　山东蓬家夼金矿床白云石的碳、氧同位素测定结果

样品编号	样品描述	$\delta^{18}O_{V-SMOW}$/‰	$\delta^{13}C_{V-PDB}$/‰
盆地边缘砾岩型			
DYK-5	蓬家夼白云石	8.0	-2.6
DYK-8a	蓬家夼白云石	6.3	-1.3
DYK8b	蓬家夼白云石	2.9	-0.1
DYK10a	蓬家夼白云石	7.6	-3.9
DYK10b	蓬家夼白云石	7.4	-3.5
DYK13a	蓬家夼白云石	10.1	-3.0
DYK13a1	蓬家夼白云石	8.5	-1.9
DYK13a2	蓬家夼白云石	4.2	-1.5
DYK13a3	蓬家夼白云石	4.8	-1.2
DYK13b	蓬家夼白云石	9.1	-2.5
DYK13b1	蓬家夼白云石	8.2	-2.2
DYK13b2	蓬家夼白云石	5.8	-1.0
DYK17a	蓬家夼白云石	10.9	-4.8
DYK17b	蓬家夼白云石	11.2	-4.7
	平均值(14)	7.5	-2.4

注：数据引自刘建明等(2003)。

本区白云石的锶-钕同位素组成见表 1-2-225，I_{Sr} 变化在 0.709524~0.713810 之间，ε_{Nd} 为-7.4~-20.2。具较高的初始锶和低的初始钕同位素比值，显示 EMII 型富集地幔的特征。

表 1-2-225　山东蓬家夼金矿床白云石的 Sr-Nd 同位素测定值和计算的初始比值(t=120 Ma)

样品编号	样品描述	$Rb/10^{-6}$	$Sr/10^{-6}$	$^{84}Rb/^{86}Sr$	$^{87}Sr/^{86}Sr$	$(^{87}Sr/^{86}Sr)_i$	$^{143}Nd/^{144}Nd$	ε_{Nd}
盆地边缘砾岩型金矿床								
DYK-8a	蓬家夼白云石	18.28	161	0.3279	0.710083±14	0.709524	0.512100±9	-7.5
DYK-8b	蓬家夼白云石	5.169	1122	0.01332	0.713833±17	0.713810	0.512106±12	-7.4
DYK-10a	蓬家夼白云石	4.122	423.9	0.02809	0.713133±17	0.713085	0.51145618	-20.1
DYK-10b	蓬家夼白云石	11.03	99.4	0.3206	0.712520±11	0.711973	0.511450±9	-20.2

注：数据引自刘建明等(2003)。

(35)山东省沾化凹陷部 54 井湖相白云岩中的白云石

[产地、产状及共(伴)生矿物] 沾化凹陷位于渤海湾盆地济阳坳陷的东北部，其古近系沙河街

组四段上亚段发育湖相白云岩。白云岩以颗粒岩为主，岩石类型为亮晶内碎屑白云岩和泥晶藻屑白云岩。岩石的矿物成分主要为白云石和方解石，含少量石英和粘土矿物。它们属于典型的断陷湖盆边缘浅滩沉积。亮晶内碎屑白云岩主要形成于浅滩高能环境，原生孔隙较发育，生物化石稀少。X 射线衍射分析表明，此类白云岩中白云石含量的变化范围 73.1%~99.7%，均值为 84.4%；泥晶藻屑白云岩主要形成于间歇动荡环境，能量中等，生物化石少见。邵 54 井中此类岩石在 2794.1~2794.8 m、2798.1~2800.2 m 层位较为发育。X 射线衍射分析表明，此类白云岩中白云石含量的变化范围 70.0%~97.0%，均值为 83.5%。藻屑大小各异，粒径为 0.1~0.3 mm，形态不规则；颗粒边缘光滑且较明亮，多为钙藻碎屑(王文勇等，2012)。

[化学组分] 根据本区白云岩的常量及微量元素分析结果(表 1-2-226)，其 Sr/Ba 值全部大于 1，平均值 7.43，较高的 Sr 的含量反映了白云岩是在盐度较高的环境中形成的。

表 1-2-226　山东沾化凹陷邵 54 井白云岩常量及微量元素分析结果中的白云石

深度/m	岩性	ICP-MS 分析					XRF 分析	
		$Sr/10^{-6}$	$V/10^{-6}$	$Ni/10^{-6}$	Sr/Ba	V/(V+Ni)	Al_2O_3/%	TiO_2/%
2793.42	亮晶内碎屑白云岩	4829.22	9.27	16.21	6.28	0.36	0.454	0.0192
2794.2	泥晶藻屑白云岩	3417.64	7.63	17.28	11.75	0.31	0.395	0.0214
2798.92	泥晶藻屑白云岩	2049.39	8.98	19.39	9.31	0.32	0.379	0.0172
2803.5	亮晶内碎屑白云岩	3711.71	11.41	17.03	7.81	0.40	0.482	0.0189
2804	亮晶内碎屑白云岩	1970.00	12.02	20.28	2.61	0.37	0.808	0.0397
2804.5	亮晶内碎屑白云岩	2081.85	13.45	17.52	6.84	0.43	0.582	0.0293

注：数据引自王文勇等(2012)。

(36)陕甘宁盆地中部气田奥陶系碳酸盐岩中的白云石

[产地、产状及共(伴)生矿物] 陕甘宁盆地中部气田产于奥陶系顶部古风化壳碳酸盐岩中，碳酸盐岩储集空间的形成是不同期次的溶蚀作用和充填作用相互作用的结果。化学充填作用形成的自生矿物主要有方解石、白云石、粘土矿物、石英、石膏等。白云石充填于溶洞及溶缝或裂缝中，除了渗流的碎屑状白云石以外，化学沉淀的白云石至少有 3 期(刘永先，1995)。

[形貌特征] 第一期微晶白云石，自形、半自形、菱面体，充填网状成岩收缩裂缝中，或充填于溶洞最底部，常与石膏溶解后残留有机碳伴生，有微纹层，有机碳含量可达 0.314%~0.626%。第二期粉晶自形菱面体白云石，干净明亮，充填于溶洞的下半部，位于第一期微晶白云石之上。第三期细-中晶云雾状的马鞍状白云石，充填溶洞的上半部及溶缝或裂缝中，有的沉淀在第二期石英晶面上。马鞍状白云石是白云石具有歪曲晶格的异种，其变形为晶面和解理的弯曲现象，以及正交偏光下波状消光为明显的特征。因含有大量的微包裹体而呈雾状。

[化学成分] 本区白云石的化学组成特征见表 1-2-227。

表 1-2-227　陕甘宁盆地中部气田碳酸盐岩中第二期、第三期白云石地球化学特征

样品号	层位	$Fe/10^{-6}$	$Sr/10^{-6}$	$Mn/10^{-6}$	$\delta^{13}C_{PDB}$/‰	$\delta^{18}O_{PDB}$/‰
第二期白云石						
陕 2-2	马五$_1^3$	127	694	147	-3.78	-8.38
陕 2-14	马五$_2$	—	210	92.7	-3.01	-7.73
陕 5-1	马五$_1$	110	496	146		
陕 5-6	马五$_1$	20.5	213	105	-1.22	-9.16
陕 5-8	马五$_1$	—	530	99.3	-0.56	-8.46
陕 2-23	马五$_4$	76	77.4	96.2	-0.23	-7.74
陕 6-3(2)	马五$_3$	116	154	189	-0.24	-7.94
陕 13-7	马五$_3$	232	292	162	-2.37	-9.97

续表

样品号	层位	$Fe/10^{-6}$	$Sr/10^{-6}$	$Mn/10^{-6}$	$\delta^{13}C_{PDB}/‰$	$\delta^{18}O_{PDB}/‰$
陕 13-9	马五$_3$	—	151	134	-2.09	-9.63
陕 37	马五$_3$	160	145	117	-2.43	-8.52
	平均	120.5	234.2	144.6	-1.77	-9.0
马鞍状白云石						
陕 37-1	马五$_4$	1700	1264	158	1.309	-9.93

注：数据引自刘永先(1995)。

(37)陕西省汉中市马元铅锌矿床中的白云石

[产地、产状及共(伴)生矿物] 陕西汉中南部的马元铅锌矿床位于扬子地块北缘。铅锌矿化主要赋存于上震旦统灯影组角砾状白云岩中。赋矿角砾状白云岩的角砾成分单一，主要为白云岩和硅质白云岩(图 1-2-218)。角砾大小不一，砾径一般为 3~100 cm，最大者达 3 m 以上。马元铅锌矿矿石矿物以闪锌矿为主，次为方铅矿，可见少量黄铁矿等。脉石矿物主要为白云石，次有重晶石、方解石和石英，可见少量萤石、沥青等(刘淑文等，2013)。

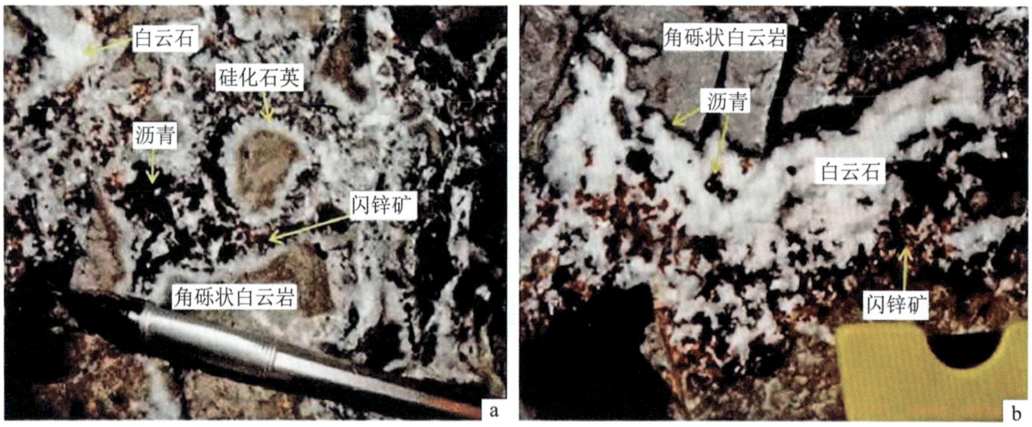

图 1-2-218　陕西汉中马元铅锌矿床中的角砾状白云岩野外产状

(据刘淑文等，2013)

a—角砾状白云岩的缝洞边缘被石英交代，进而被闪锌矿、粗晶鞍形白云石充填，眼球状沥青充填剩余的孔隙中；
b—沿角砾状白云岩的空隙边缘有早期沥青镶边，之后被闪锌矿及白云石充填，而眼球状沥青充填剩余的孔隙中

[化学成分] 本区白云岩的稀土元素测试分析及相关参数的统计结果见表 1-2-228，热液白云石的稀土元素总量(∑REE)变化范围为 2.43×10^{-6}~4.03×10^{-6}，平均为 3.14×10^{-6}，轻、重稀土元素比值 LREE/HREE 变化范围 4.97~5.85，平均为 5.5。赋矿灯影组泥晶-微晶白云岩的稀土元素总量(∑REE)变化范围 0.46×10^{-6}~4.78×10^{-6}，平均为 16×10^{-6}；轻、重稀土元素比值 LREE/HREE 变化范围 6.18~8.33，平均为 7.07。

(38)陕西省太白县双王金矿床中的白云石

[产地、产状及共(伴)生矿物] 双王金矿床位于陕西省太白县西南部。直接容矿岩石为钠质构造角砾岩，角砾岩体两侧围岩为层状钠质岩系。矿体与角砾岩体基本一致，角砾成分主要是钠长岩，胶结物包括含铁白云石、钠长石及黄铁矿等矿物，金主要赋存于黄铁矿及含铁白云石的晶隙或裂隙之间。本矿床含铁白云石的分布十分广泛，主要有 4 种产状类型：层状钠质岩(矿体围岩)中的含铁白云石(Ⅰ)、含金角砾岩体钠质岩角砾中的含铁白云石(Ⅱ)、含金角砾岩胶结物中的含铁白云石(Ⅲ)和近矿蚀变岩中的含铁白云石(Ⅳ)。从成因上分析是两大类，类型Ⅰ、Ⅱ是中泥盆世海底热水沉积作用形成的，类型Ⅲ、Ⅳ是后期热液作用充填和交代作用的产物，两大类含铁白云石分属于两个时间间隔较长的成矿期(炎金才，1993)。

表 1-2-228　陕西马元铅锌矿床稀土元素含量和特征值

样品名称	样品号	$w_B/10^{-6}$																LREE/HREE	(La/Yb)$_N$	δEu_N	δCe_N
		La	Ce	Pr	Nd	Sm	Eu	Gd	Tb	Dy	Ho	Er	Tm	Yb	Lu	Y	ΣREE				
马元铅锌矿区南矿化带楠木树矿段热液脉石矿物																					
白云石	MD08-1	0. 532	1. 332	0. 184	0. 723	0. 154	0. 051	0. 181	0. 032	0. 14	0. 035	0. 082	0. 05	0. 064	0. 012	1. 013	3. 4	5. 30	0. 81	1. 34	0. 93
白云石	MD08-2	0. 516	1. 21	0. 164	0. 681	0. 13	0. 041	0. 16	0. 026	0. 127	0. 027	0. 065	0. 011	0. 045	0. 008	0. 892	3. 21	5. 85	1. 11	1. 25	0. 91
白云石	MD08-4	0. 354	0. 878	0. 14	0. 529	0. 116	0. 03	0. 136	0. 019	0. 116	0. 024	0. 059	0. 007	0. 04	0. 006	0. 819	2. 43	4. 97	0. 86	1. 05	0. 95
白云石	MD09-6	0. 455	1. 137	0. 150	0. 622	0. 142	0. 076	0. 16	0. 021	0. 123	0. 024	0. 058	0. 007	0. 042	0. 006	0. 902	3. 02	5. 85	1. 05	2. 21	0. 95
白云石	B10	0. 394	0. 94	0. 122	0. 593	0. 124	0. 051	0. 151	0. 018	0. 11	0. 021	0. 053	0. 007	0. 036	0. 005	0. 789	2. 63	5. 55	1. 06	1. 64	0. 93
白云石	B2	0. 743	1. 527	0. 181	0. 743	0. 169	0. 041	0. 193	0. 025	0. 17	0. 031	0. 101	0. 012	0. 078	0. 01	1. 24	4. 03	5. 48	0. 92	1. 00	0. 91
方解石	MD04-1	21. 26	24. 46	2. 415	9. 244	1. 6	0. 527	2. 076	0. 266	1. 607	0. 304	0. 813	0. 095	0. 504	0. 054	13. 01	65. 28	10. 41	4. 09	1. 25	0. 74
方解石	MD07-14	11. 15	10. 07	0. 845	2. 931	0. 768	0. 23	0. 53	0. 061	0. 362	0. 064	0. 176	0. 02	0. 103	0. 01	3. 271	27. 35	19. 201	0. 49	1. 54	0. 71
方解石	MD07-16	18. 21	16. 4	1. 45	5. 513	1. 001	0. 48	1. 139	0. 13	0. 674	0. 124	0. 319	0. 05	0. 191	0. 022	5. 079	45. 72	16. 36	9. 24	1. 97	0. 69
方解石	MD08-6	0. 653	0. 875	0. 086	0. 33	0. 072	0. 022	0. 051	0. 008	0. 032	0. 004	0. 012	0. 001	0. 05	0. 01	0. 366	2. 15	17. 88	2. 65	1. 59	0. 80
方解石	MD08-11	2. 26	2. 639	0. 235	1. 255	0. 331	0. 115	0. 22	0. 026	0. 147	0. 025	0. 066	0. 006	0. 035	0. 006	1. 253	7. 43	12. 99	6. 26	1. 87	0. 70
方解石	D81	4. 929	5. 781	0. 66	2. 794	0. 543	0. 249	0. 63	0. 073	0. 366	0. 067	0. 173	0. 021	0. 101	0. 014	2. 846	16. 40	10. 35	4. 73	1. 87	0. 70
方解石	D88	9. 205	9. 001	0. 805	2. 986	0. 494	0. 319	0. 539	0. 065	0. 328	0. 056	0. 131	0. 013	0. 065	0. 007	2. 917	24. 11	18. 23	13. 79	2. 60	0. 72
方解石	D110	0. 97	1. 159	0. 119	0. 381	0. 062	0. 359	0. 095	0. 009	0. 038	0. 008	0. 017	0. 003	0. 019	0. 002	0. 436	3. 24	15. 97	4. 95	20. 54	0. 74
石英	Md10-1	0. 301	0. 53	0. 06	0. 202	0. 038	0. 053	0. 065	0. 005	0. 036	0. 006	0. 02	0. 003	0. 017	0. 003	0. 257	1. 39	7. 96	1. 72	4. 68	0. 94
石英	Md07-6	0. 06	0. 125	0. 012	0. 037	0. 009	0. 06	0. 013	0. 002	0. 008	0. 02	0. 005	0. 001	0. 005	0. 001	0. 044	0. 29	6. 73	1. 16	2. 44	1. 01
重晶石	D75	0. 74	0. 174	0. 024	0. 132	0. 09	0. 013	0. 039	0. 005	0. 027	0. 005	0. 011	0. 002	0. 008	0. 002	0. 296	1. 181	10. 93	8. 48	1. 46	0. 29

续表

样品名称	样品号	$w_B/10^{-6}$																LREE/HREE	$(La/Yb)_N$	δEu_N	δCe_N
		La	Ce	Pr	Nd	Sm	Eu	Gd	Tb	Dy	Ho	Er	Tm	Yb	Lu	Y	ΣREE				
马元铅锌矿区南矿化带楠木树矿段出露地层																					
震旦系灯影组白云岩	ZK183	0.121	0.329	0.036	0.161	0.037	0.014	0.041	0.006	0.027	0.004	0.011	0.001	0.006	0.001	0.227	0.80	7.201.95	1.58		
	B07	0.132	0.295	0.03	0.16	0.027	0.009	0.032	0.004	0.021	0.004	0.011	0.002	0.011	0.002	0.199	0.74	7.51	1.16	1.34	1.02
	B16	0.155	0.375	0.044	0.229	0.043	0.012	0.038	0.005	0.031	0.005	0.014	0.002	0.007	0.001	0.282	0.96	8.33	2.15	1.30	0.99
	D90	0.203	0.371	0.052	0.227	0.048	0.014	0.048	0.06	0.04	0.008	0.021	0.003	0.019	0.03	0.289	1.06	6.18	1.04	1.28	0.79
	D79	0.238	0.486	0.056	0.23	0.048	0.017	0.053	0.07	0.038	0.008	0.024	0.003	0.019	0.003	0.277	1.23	6.94	1.21	1.48	0.92
	MD02-2	0.068	0.181	0.018	0.099	0.023	0.006	0.022	0.004	0.016	0.003	0.01	0.001	0.005	0.001	0.173	0.46	6.37	1.32	1.17	1.13
	XH-3	0.249	0.623	0.068	0.326	0.07	0.014	0.054	0.008	0.058	0.01	0.032	0.013	0.082	0.013	1.173	4.78	6.25	1.10	0.93	0.90
	D78	0.933	1.889	0.202	0.851	0.181	0.044	0.237	0.03	0.165	0.031	0.088	0.004	0.018	0.002	0.37	1.54	7.26	1.34	1.00	1.04
	D115	0.623	1.124	0.134	0.538	0.096	0.019	0.108	0.014	0.083	0.016	0.048	0.007	0.049	0.007	0.403	2.87	7.63	1.23	0.82	0.85
寒武系郭家坝组碳质板岩	D92	20.16	47.3	5.464	22.21	4.018	0.854	4.385	0.631	3.948	0.829	2.541	0.364	2.543	0.381	19.78	117.63	6.53	0.84	0.89	0.94
	D94	25.53	53.99	6.053	23.77	4.076	0.842	3.879	0.541	3.294	0.698	2.151	0.337	2.344	0.33	17.14	127.87	8.40	1.06	0.93	0.95
	PD2YH12	35	57.1	6.33	27.6	4.84	0.9	3.2	0.48	2.67	0.5	1.35	0.2	1.31	0.18	10.8	141.66	13.32	2.59	1.00	0.84
火地垭群火山碎屑岩	YT5	29.7	04.1	5.39	22.2	4.09	0.7	3.5	0.65	4.1	0.81	2.71	0.36	2.56	0.28	22.1	121.22	7.10	1.12	0.89	0.76
	4001	15.5	26.5	4.1	16.5	3.81	1.15	3.53	0.61	3.59	0.78	2.13	0.36	2.11	0.34	20	81.01	5.02	0.71	1.38	0.72
	4016	16.4	41	6.44	29.5	7.95	2.07	7.08	1.25	7.12	1.52	4.19	0.72	4.18	0.66	33	130.09	3.87	0.38	1.21	0.87

注：数据引自刘淑文等(2013)。ΣREE 不包含 Y；$(La/Yb)_N$、$(Sm/Yb)_N$、$(Pr/Sm)_N$、δEu_N、δCe_N 为北美页岩标准化值。

[**形貌特征**]　含铁白云石是层状钠质岩的主要矿物之一，常和钠长石以不同比例构成各种钠质岩。在钠长岩中含铁白云石一般少于5%，而在含铁白云石钠长岩中含量可达15%~10%，钠长铁白云岩中高达50%以上。含铁白云石在上述各类钠质岩中均呈半自形-自形菱面体，在岩石中均匀分布，粒径一般在0.03~0.1 mm之间。在含金角砾岩体中，角砾主要是钠质岩成分，其矿物成分和层状钠质岩一样，含铁白云石粒径均小于0.1 mm。实际上钠质岩角砾就是层状钠质岩的构造破碎产物。含铁白云石也是含金角砾岩体胶结物的主要成分之一，常呈脉状、团块状穿插在钠质角砾之间，特别是主矿化阶段非常发育。含铁白云石呈菱面体形态，以半自形晶和他形晶常见。矿物粒径粗大，多在0.5 mm以上，个别颗粒可达20 mm左右，是金的重要载体矿物。矿体附近的板岩、粉砂质板岩等围岩，常受到程度不等的钠长石化及含铁白云石化作用，蚀变强度随着与矿体距离的增加而变弱。含铁白云石在蚀变岩中的含量变化很大，但最高不超过40%，矿物粒径多小于0.05 mm。

[**晶体结构**]　当白云石含一定数量的铁时，Fe^{2+}(0.074 nm)会取代Mg^{2+}(0.066 nm)，引起白云石结构上的变化。如白云石中的Fe^{2+}增高成为铁白云石时，虽然仍保持三方菱面体结构，但晶体结构参数已发生较大变化。白云石的$a_H=0.4813$ nm，$c_H=1.6022$ nm。$Z=2$；而白铁云石的$a_H=0.4834$ nm，$c_H=1.611$ nm。$Z=1$。同时衍射线强度I_{015}、I_{110}也发生显著变化，由I_{015}/I_{110}接近于1变成$I_{015}/I_{110}=0$。因而可以通过I_{015}/I_{110}来间接了解白云石结构的有序程度。当$I_{015}/I_{110}=1$时为结构完全有序，而$I_{015}/I_{110}=0$时为结构完全无序。本矿床含铁白云石(类型Ⅰ和类型Ⅲ)X射线衍射分析(表1-2-229)表明，其有序度都很低。

表1-2-229　陕西省太白县双王金矿床含铁白云石的有序度(S)

产状类型	Ⅰ			Ⅱ			
样号	260	265	304	127	153	225	277
d_{104}/nm	0.2987	0.2987	0.2893	0.2893	0.2891	0.2893	0.2891
I_{016}	108	182	177	127	392	228	289
I_{110}	400	438	425	262	475	582	600
I_{015}/I_{110}	0.270	0.415	0.416	0.484	0.825	0.392	0.481
S平均值	0.367			0.545			

注：数据引自炎金才(1993)。

[**化学成分**]　主量元素特征：本矿床白云石的电子探针分析或化学分析结果列于表1-2-230。由此可见，层状钠质岩中的含铁白云石(类型Ⅰ)化学成分上的特点是不含MnO和TiO_2，与Ⅲ、Ⅳ类型相比，FeO含量高而MgO含量低，$Fe^{2+}/Mg=0.773$。含金角砾岩体钠质岩角砾中的含铁白云石(类型Ⅱ)与类型Ⅰ的化学成分极为相似，同样具有不含MnO和TiO_2及与Ⅲ、Ⅳ类型相比FeO高、MgO低的特点，$Fe^{2+}/Mg=0.985$，已接近铁白云石的成分。含金角砾岩体胶结物中的含铁白云石(类型Ⅲ)的化学成分与Ⅰ、Ⅱ两个类型相比有明显差异。在5个样品中，MnO的含量变化范围为0.18%~0.26%，平均为0.22%；TiO_2的含量变化范围为0.005%~0.010%，平均值接近0.010%。FeO含量较Ⅰ、Ⅱ类型低，而MgO含量较高，$Fe^{2+}/Mg=0.510$，是4个类型中最低的。近矿蚀变岩(主要是钠长石化)中的含铁白云石(类型Ⅳ)化学成分有一定的变化，对蚀变强度不同的3个蚀变岩样品分析表明，含铁白云石的化学成分平均值与类型Ⅲ的平均值十分近似，尤其是在FeO、MgO、CaO、MnO等主要成分上表现更为明显(表1-2-230)，$Fe^{2+}/Mg=0.597$。含铁白云石的化学成分变化常随蚀变强度的不同而有一定的规律性，由强蚀变的钠长岩至弱蚀变的钠长石化绢云板岩，MnO、CaO逐渐增高，而FeO、MnO却呈降低的趋势，Fe^{2+}/Mg由0.997降至0.31(表1-2-231)，与此同时，含铁白云石的Fe^{2+}、Mg^{2+}、Ca^{2+}离子系数也发生了规律性变化。

不同蚀变岩中含铁白云石的晶体化学式为：$Ca_{0.965}(Mg_{0.699}Fe_{0.303}Mn_{0.018})_{\Sigma 1.020}(C_{1.001}O_3)_2$(交代钠长

岩中的含铁白云石）、$Ca_{0.968}(Mg_{0.794}Fe_{0.205}Mn_{0.004})_{\Sigma 1.003}(C_{1.001}O_3)_2$（含铁白云石钠长石化绢云板岩中的含铁白云石）和$Ca_{1.068}(Mg_{0.967}Fe_{0.132}Mn_{0.004})_{\Sigma 1.103}(C_{0.957}O_3)_2$（钠长石化绢云板岩中的含铁白云石）。

表1-2-230 陕西省太白县双王金矿床含铁白云石的化学成分(w_B/%)及比值

产状类型	样品数	SiO_2	Al_2O_3	TiO_2	FeO	MgO	CaO	Fe_2O_3	Na_2O	K_2O	MnO	CO_2	Fe^{2+}/Mg
Ⅰ	1	1.40	0.40	0.00	8.88	14.85	28.86		0.12	0.00	0.00		0.773
Ⅱ	1	0.74	0.45	0.00	10.88	14.23	27.79		0.12	0.00	0.00		0.985
Ⅲ	5°	0.24	0.28	0.01	6.80	17.00	29.28	0.2			0.22	44.96	0.510
Ⅳ	3°	0.16	0.13	0.42	7.88	17.01	29.04		0.22	0.08	0.32	44.72	0.597

注：数据引自炎金才(1993)。空格未分析。

表1-2-231 陕西省太白县双王金矿床近矿蚀变岩中含铁白云石的主要成分(w_B/%)及比值

蚀变岩名称	Na_2O	MgO	FeO	CaO	MnO	Fe^{2+}/Mg
交代钠长岩	0.340	14.409	11.146	27.610	0.648	0.997
含铁白云石钠长石化绢云板岩	0.319	16.462	7.628	28.546	0.153	0.600
钠长石化绢云板岩	0.014	20.169	4.882	30.986	0.162	0.310

注：数据引自炎金才(1993)。

可见，本区含铁白云石明显地可分为两大类：Ⅰ、Ⅱ类型为第一大类，含铁白云石是中泥盆世海底热水沉积的产物；Ⅲ、Ⅳ类型为第二大类，是后期以地下水为主的热液充填和交代的产物。两个大类在化学成分上有相似之处，与普通白云石相比，FeO含量偏高，均达5%以上，MgO含量偏低，多为14%~17%，显然是FeO代替了部分的MgO。但$Fe^{2+}/Mg<1$，均属于含铁白云石或低铁白云石。成分上的相似性，说明两大类含铁白云石形成时的流体化学成分是相似的，都是在具一定温度、含Fe较高的流体中形成的，如第一大类是在海底喷流热水中形成的，第二大类是在后期热液中形成的。同时，二者在化学成分上具有明显的继承性，即第二大类的含铁白云石及其成矿流体主要来自层状钠质岩。这与矿石中硫、氢、氧同位素组成及流体包裹体成分与层状钠质岩等近矿围岩基本一致的事实相符合。两个大类含铁白云石在化学成分上也有一定的差异，主要表现在以下两个方面：一方面是FeO含量不同，另一方面是TiO_2和MnO的含量不同。在第一大类的含铁白云石中不含TiO_2和MnO，但FeO含量较高，使MgO含量相对变低。在第二大类的含铁白云石中$w(TiO_2)$达0.01%~0.42%，w(MnO)达0.22%~0.32%，FeO含量较低，MgO含量相对变高。造成这些差异的原因和其形成环境有密切的关系，在海底热水沉积过程中，热水处于相对氧化的环境，主要沉积的是硅酸盐及氧化物，含铁的金属硫化物形成不多，热水溶液中Fe的浓度相对富集，同时Ti主要形成金红石(TiO_2)，Mn也主要进入金红石及电气石中，造成含铁白云石富Fe贫Ti和Mn。而在后期热液作用中，处于相对还原的环境，热液中的Fe主要是形成含金黄铁矿及其他含铁金属硫化物，使热液中Fe浓度不断下降；同时相对还原的环境也不利于金红石的形成，使Ti、Mn在热液中不断富集，造成后期热液中形成的含铁白云石，铁相对低而Ti、Mn含量增高。不难看出，含铁白云石中FeO、TiO_2、MnO的含量可以作为判别两大类含铁白云石的标志。

同位素特征：本矿床含铁白云石(类型Ⅰ、Ⅲ)的碳、氧同位素分析结果列于表1-2-232。含铁白云石(类型Ⅰ)$\delta^{18}O_{SMOW}$变化范围为+18.316‰~+19.277‰，平均为+18.735‰。离散度仅0.916‰。与泥盆纪海相碳酸盐$\delta^{18}O_{SMOW}$平均值(22.95±12.51‰)相比略低。由于碳酸盐矿物氧同位素变异是温度的函数，温度愈高则$\delta^{18}O$值愈低，因而含铁白云石(类型Ⅰ)的形成温度必然较海相碳酸盐高。为层状钠质岩中含铁白云石的海底热水沉积成因提供了可靠证据。含铁白云石(类型Ⅰ)$\delta^{13}C_{PDB}$为−2.819‰~−7.804‰，平均值为−6.136‰，与红海底层热卤水中溶解的无机碳同位素组成($\delta^{13}C_{PDB}$为−3‰~−5‰)和世界地热区HCO_3^-的碳同位素值($\delta^{13}C_{PDB}$为−2‰~−8‰)相似，与我国某些热水沉积矿床中碳酸盐的碳同位素值也十分相似，如我国大宝山热水沉积多金属矿床中菱铁矿的 $\delta^{13}C_{PDB}$ 为-2.55‰~-8.33‰，因而，推测层状钠质岩中含铁白云石是 Fe^{2+}、Mg^{2+} 离子与进入热水的深源 CO_2 相互作用形成的。

角砾岩胶结物中含铁白云石（类型Ⅲ）碳氧同位素与类型Ⅰ十分相似，$\delta^{18}O_{SMOW}$ 为+15.06‰~+18.66‰，平均为+17.04‰，较类型Ⅰ略低，但较岩浆碳酸岩（$\delta^{18}O_{SMOW}$ 为+6‰~+10‰）高得多。$\delta^{13}C_{PDB}$ 为-4.47‰~-7.89‰，平均为-6.32‰，与类型Ⅰ几乎一样。

表 1-2-232　陕西省太白县双王金矿床含铁白云石碳、氧同位素值

序号	采样位置	产状类型	$\delta^{13}C_{PDB}$/‰	$\delta^{18}O_{SMOW}$/‰
1	KT8	Ⅰ	-7.578	+18.719
2	太白河	Ⅰ	-2.819	+19.277
3	太白河	Ⅰ	-6.109	+18.601
4	岩层沟	Ⅰ	-6.370	+18.316
5	岩层沟	Ⅰ	-7.804	+18.763
6	CM30/1330	Ⅱ	-4.470	+15.060
7	CM34/1330	Ⅱ	-6.090	+18.320
8	CM34/1330	Ⅱ	-6.440	+17.720
9	CM28/1330	Ⅱ	-7.890	+18.660
10	CM26/1330	Ⅱ	-6.260	+15.110

注：数据引自炎金才（1993）。

将类型Ⅰ和类型Ⅲ含铁白云石碳、氧同位素值投入 $\delta^{18}O-\delta^{13}C$ 图解中（图 1-2-219），其投影点均位于岩浆碳酸岩与海相沉积碳酸盐之间的过渡部位，类型Ⅰ（1-5 号样）的 5 个样品投影点几乎排列为一条直线，比较靠近海相沉积碳酸盐的左下侧，而类型Ⅲ（6-10 号样）的 J 个样品投影点则位于类型Ⅰ的左侧，说明两个类型的含铁白云石既不是海相沉积碳酸盐成因，也不是岩浆碳酸岩成因。

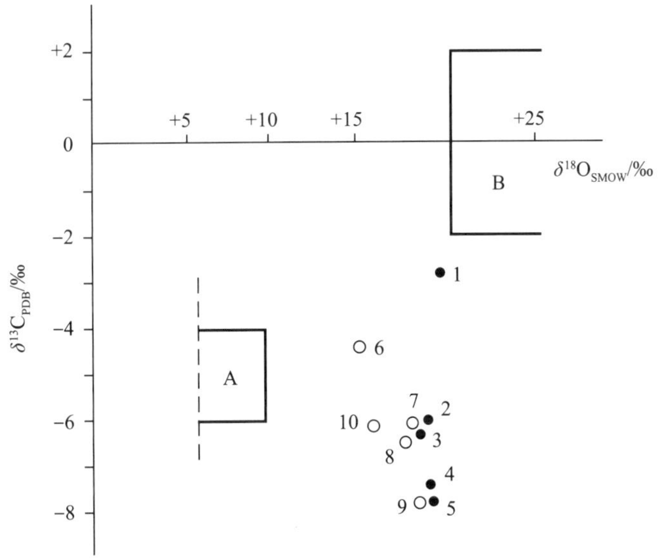

图 1-2-219　陕西双王金矿床含铁白云石的 $\delta^{18}O-\delta^{13}C$ 图解

（据炎金才，1993）

A—岩浆碳酸岩投影区；B—海相沉积碳酸盐投影区；●类型Ⅰ投影点；○类型Ⅲ投影点；数字为样品顺序号（同表 1-2-232）

（39）四川盆地川东地区上二叠统长兴组生物礁中的白云石

［产地、产状及共（伴）生矿物］　川东地区上二叠统长兴组生物礁一直是油气勘探的重要目标。

这些礁体都不同程度地发生了白云岩化。依据白云岩以及礁灰岩中白云石的产状、晶粒大小、晶形和形成方式等特征，将礁白云石分为 6 种类型：深色白云石、黄色白云石、砂糖状白云石、环边白云石胶结物、白色白云石胶结物和鞍状白云石胶结物(表 1-2-233)(李红亮等，1999)。

[形貌特征] 见表 1-2-233。

表 1-2-233 礁白云石的类型及其特征

类型	特征
深色白云石	深色，半自形为主，粒径 0.005~0.03 mm，伴生有纹层鸟眼、石膏假晶、干裂等沉积构造，其构成潮坪白云岩
黄色白云石	灰黄色，晶形差，粒径 0.01~0.05 mm，以拟组构方式交代礁灰岩生物骨骼和纤状、放射状方解石的生长纹界，或交代生屑灰岩
砂糖状白云石	灰黄色至透明无色，自形-半自形为主，少量他形粒径 0.04~0.4 mm，常见雾心亮边结构，它们构成多孔砂糖状白云岩，或部分交代生屑泥粒-粒泥灰岩和礁灰岩
环边白云胶结物	粒径 0.2~0.5 mm，在骨架孔和白云岩中孔隙边缘的白云化底质上向孔隙中心生长，其外侧晶形好且透明，常具生长环带
白色白云石胶结物	自形程度好，粒径 0.4~0.9 mm，无色透明，一般在砂糖状白云岩孔隙中生长，有时具生长环带
鞍状白云石胶结物	自形，粒径 0.5~1.5 mm，在砂糖状白云岩孔隙中或其他孔隙中生长，具弯曲的晶格和解理

注：数据引自李红亮等(1999)。

(40)四川盆地灯影组中的皮壳-葡萄状白云石

[产地、产状及共(伴)生矿物] 四川盆地灯影组由下至上可划分为 4 段，皮壳-葡萄状白云石主要出现在灯二段及灯一段。皮壳-葡萄状白云石主要呈层状、穿层状或缝洞中产出，外形呈三角状，外圈为灰黑色条带，中心为白色-乳白色的中晶白云石及残留孔洞(图 1-2-220a)。分布较集中处，形成生长纹相连、半球状或席状(图 1-2-220b)；而围岩为以潮上-潮间带富含菌藻的藻纹层、叠层石、藻凝块或砂屑白云岩(图 1-2-220c、d)或含菌藻微晶、泥粉晶白云岩(钱一雄等，2017)。

[形貌特征] 皮壳-葡萄状白云石往往具有相向的对称生长并发育了等厚纤状环边(图 1-2-220f、i)以及底面凹凸不平甚至发育海底硬底构造。明暗相间的“同圈层-环带”构造较为常见。其中，浅色层是由纤柱状-粒状亮晶白云石组成，呈放射状或晶簇状垂直层纹生长；暗色层具致密泥晶和纤状白云石构成，富含有机质。中心常可见纤柱状、粒状或少量悬垂型、刀刃状、鞍形的白云石或乳白色石英、黄铁矿、沥青等充填及残留的溶蚀孔洞(图 1-2-220)。根据纤状、纤柱状、刀刃状岩石结构和束状消光特征以及同心圈层构造，以及“球形-哑铃”晶形等特征推断，明暗纹层皮壳-葡萄状白云石早期应为文石和高镁方解石，细菌及藻类可能在皮壳-葡萄状白云石形成中起重要作用。葡萄石状白云石是由菱形的粒状白云石构成(50~100 μm)(图 1-2-221)。

[化学成分] 本区皮壳-葡萄石状白云石微区同位素特征见表 1-2-234。可以看出，微区 $\delta^{13}C_{PDB}$ 和 $\delta^{18}O_{PDB}$ 值有以下变化趋势：①黑色纤状泥粉晶比白色粒状白云石的 $\delta^{13}C_{PDB}$ 平均值要高，且 $\delta^{18}O_{PDB}$ 正偏或高正偏；反映了早期藻菌类或有机质微影响，不支持暗色体是经大气水残留交代的产物的认识；②粉细晶白云石环带比皮壳状中的黑、白色纤状的泥粉晶白云石 $\delta^{13}C_{PDB}$ 对应值低、$\delta^{18}O_{PDB}$ 偏负，反映了两者在流体性质、有机质含量、温度等方面的差异；③不同剖面中的黑、白色纤状的泥粉晶白云石的 $\delta^{13}C_{PDB}$ 和 $\delta^{18}O_{PDB}$ 有一定的变化，但与对应剖面中的白云岩基质有相似的变化趋势。$\delta^{13}C_{PDB}$：岩孔剖面>金石 1 井>林 1 井>范店剖面，与上述不同剖面中的基质白云岩的 $\delta^{13}C_{PDB}$ 变化一致，反映出 $\delta^{13}C_{PDB}$ 受控于沉积亚微相及有机相的变化，另一方面也揭示了葡萄石状白云岩与基岩有相似沉积与成岩过程。

从本区皮壳-葡萄状云岩(环带)微区碳、氧同位素变化趋势(图 1-2-222)可以看出，皮壳-葡萄状白云石 $\delta^{13}C_{PDB}$ 总体变化较平缓(一般小于±1.5‰)。从核部至边缘略有升高的趋势、或稍有减小、

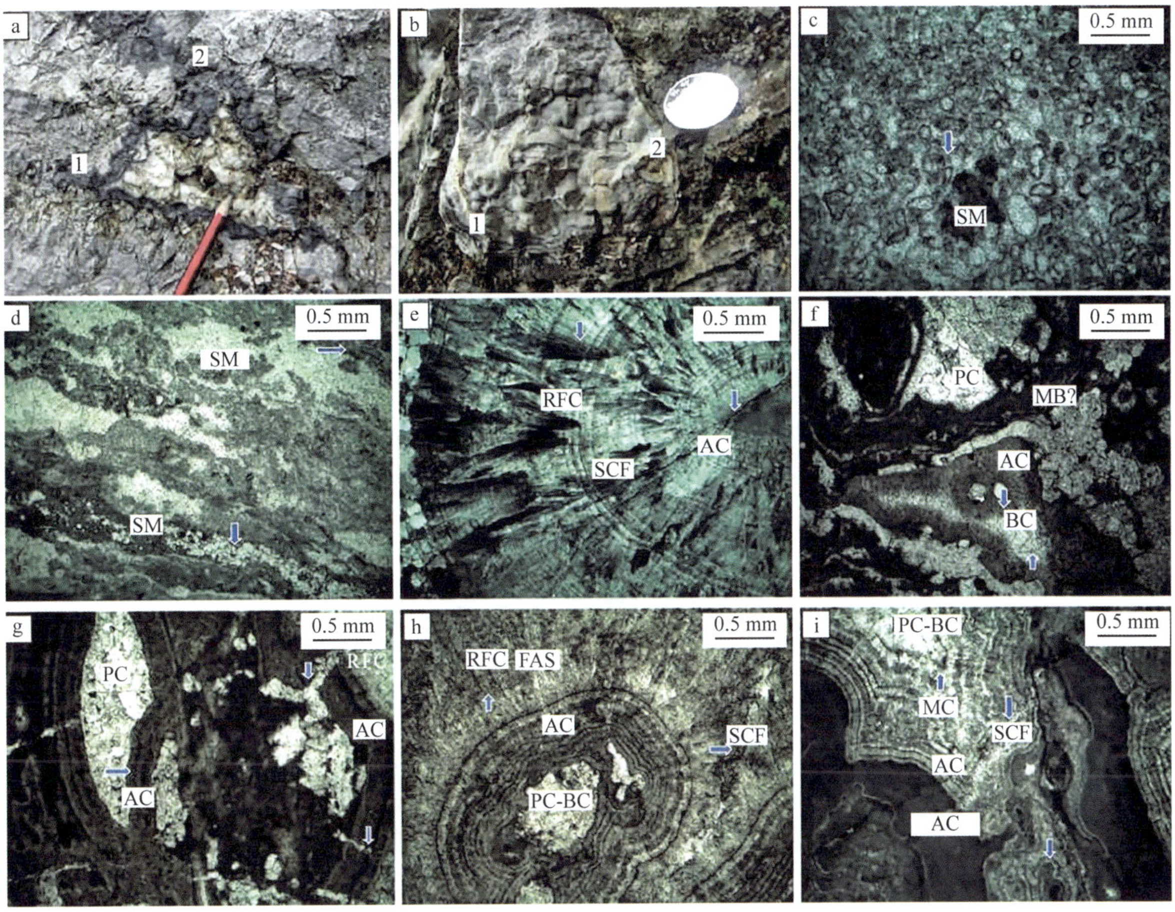

图 1-2-220　四川盆地震旦系灯二段、灯三段皮壳-葡萄状白云石岩相学特征

（据钱一雄等，2017）

a—样品 JSYK-10，暗色纹层状-半球状皮壳-葡萄状泥晶白云石，构成三角形，核部发育菱形中晶白云石及少量石英；b—样品 JSYK-23，边缘是明暗藻纹层泥晶云岩，中心为半球状皮壳-葡萄状泥晶白云石；c—样品 FD-023，藻云岩，藻丘，大量肾形藻，边缘暗色泥晶化，含球状有机质团粒（SM）；d—样品 FD-020，藻纹层-藻团粒云岩，发育暗色微晶质有机球粒（SM）；e—样品 FD-003，中心为长快波的束状光性的纤状（AC），向外为慢波束状-放射状纤状（RFC）或束状（FAS）-犬牙状泥晶白云石，并发育穿心的收缩微缝，海水潜流及大气淡水带；f—样品 JSYK-002，相向生长的针状-纤状泥晶白云石（原为文石 AC）及纤柱状（原为高镁方解石 BC），中心为斑块粒状白云石（原为粒状方解石 PC），微生物膜（MB），似角砾状-示底构造，藻纹层中泥晶套由暗色的针状-纤状泥晶白云石胶结物构成，海水潜流及大气淡水带；g—样品 JSYK-023，类似于卷曲状-角砾状及空隙，斑块粒状白云石（PC），明暗的纤状纹层中的藻-细菌活动遗迹或干裂，潮上带；h—样品 JSYK-034，基本同 e，空隙（BC）周围为同心圈层的明暗纤状泥晶白云石，从纤状（AC）向外为海底纤状（RFC）至刀刃状-束状白云石（FAS），发育收缩微缝（SCF）；i—样品 JSYK-033，相对厚的暗色藻纹层泥晶云岩（AC），向中心明暗的纹层（MC），出现了暗色核心“豆荚状或胡桃状钙豆粒”（右下角）；或片状空隙收缩微缝（SCF），潮上带，海水潜流及大气淡水带

或呈“之”字形变化。$\delta^{13}C_{PDB}$ 低于基岩平均值，或稍高于基岩 $\delta^{13}C_{PDB}$ 平均值，但均接近于所在井段（或剖面）平均值，反映了皮壳-葡萄状白云石主要受海水控制。氧同位素变化较大、且较复杂，或先降后升、或总体呈上升趋势、或两端低中间变化较平缓。与本区或剖面的岩的 $\delta^{18}O_{PDB}$ 平均值对比发现，葡萄石状白云岩氧同位素变化受海水控制为主、同时受又受后期大气水作用影响。

（41）四川盆地东南地区林 1 井灯影组中的白云石

［产地、产状及共（伴）生矿物］　震旦系灯影组为一套以藻白云岩和泥晶-微晶白云岩为主的局限台地潮坪-潟湖相沉积。灯影组白云岩是四川盆地深具有勘探潜力的油气储层之一。四川盆地东南地区林 1 井是中国石化川东南探区的一口探井，目的层为震旦系灯影组。林 1 井中灯影组广泛发育鞍形白云石，且储集性能好（宋光永等，2011）。

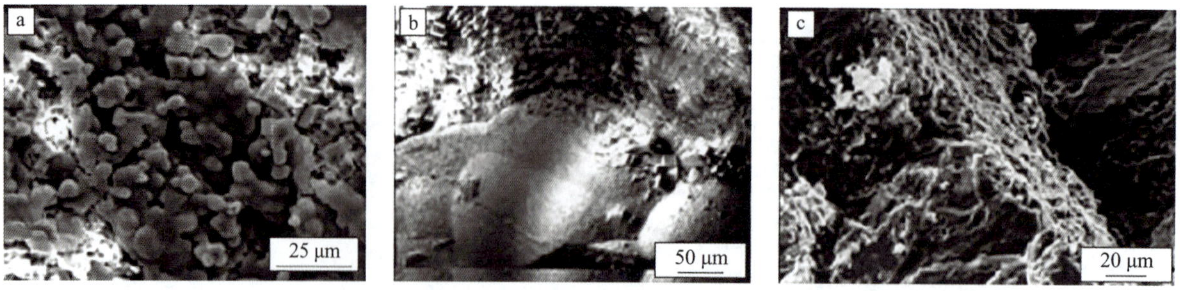

图 1-2-221　四川盆地金沙岩孔灯影组藻团粒-皮壳-葡萄状云岩(JSYK-4)扫描电镜图像

(据钱一雄等，2017)

a—藻纹层-藻球粒泥粉晶云岩中“球形-哑铃”及菱形泥微晶白云石；b—明暗色层中的不同粒级、组构白云石，顺层生呈球形、环带、水平条带；c—台阶式生长，溶液中的晶体生长模式

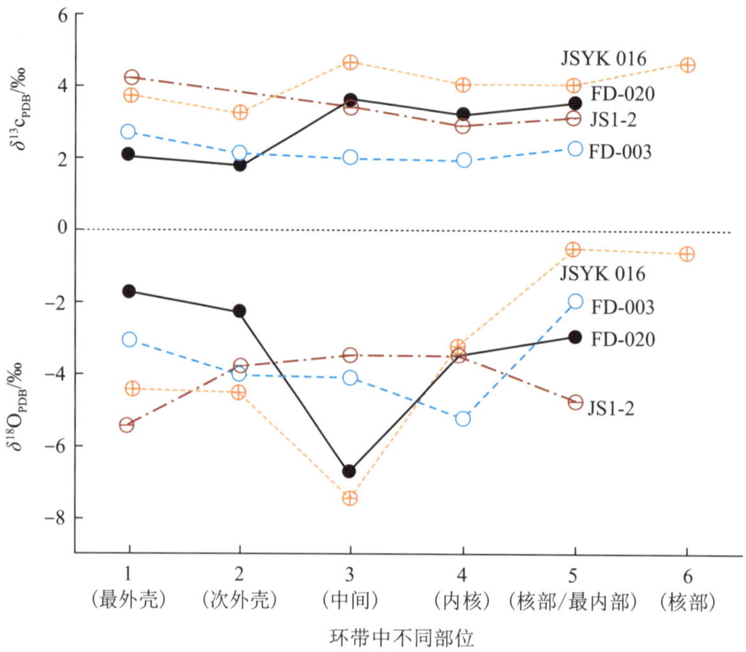

图 1-2-222　四川盆地灯影组皮壳-葡萄状云岩(环带)微区碳、氧同位素变化

(据钱一雄等，2017)

表 1-2-234　四川盆地灯影组基质白云岩与皮壳-葡萄状白云石的有序度及碳、氧、锶同位素值对比

剖面或井	测试对象	有序度(δ)	δ^{13}C(PDB)/‰	δ^{15}O(PDB)/‰	^{87}Sr/^{86}Sr
资阳	纤状白云石(皮壳-葡萄状)	0.902(*n*=10，0.770~1.00)	−0.463(*n*=10，−1.906~0.830)	−8.806(*n*=10，−11.933~−6.784)	—
	粉细晶白云岩	0.865(*n*=4，0.870~1.00)	0.132(*n*=4，−1.397~1.132)	−5.220(*n*=4，−9.396~−2.925)	—
林 1 井	藻纹层泥粉晶白云岩	—	3.130(*n*=6，2.700~3.390)	−5.220(*n*=6，−8.250~−6.880)	0.70960(*n*=6，0.70910~0.70990)
松林、太原、丁山 1 和林 1 井	皮壳-葡萄状白云石	—	−0.385(*n*=10，−1.906~0.830)	−7.994(*n*=10，−11.030~−6.684)	0.71541(*n*=3，0.71055~0.72188)
	基岩	—	3.768(*n*=5，3.450~4.240)	−6.150(*n*=5，−8.360~−4.900)	0.70546(*n*=3，0.70475~0.70654)

续表

剖面或井	测试对象	有序度(δ)	$\delta^{13}C$(PDB)/‰	$\delta^{15}O$(PDB)/‰	$^{87}Sr/^{86}Sr$
先锋、金口河、杨坝	纤状白云石(皮壳-葡萄状)	—	2.570(n=2, 2.290~2.850)	-3.030(n=2, -3.430~-2.630)	0.70898(n=2, 0.70895~0.70900)
	泥晶白云岩	0.640~0.645	3.437(n=3, 2.300~4.520)	-4.780(n=3, -8.510~-21.000)	0.70864(n=3, 0.70799~0.70899)
杨坝	皮壳-葡萄状白云石	—	—	—	0.70900~0.71030(纤状) 0.70900~0.70910(围岩)
杨坝	纤状白云石	—	2.00~3.50	-6.00~-2.00	0.70860~0.70950(暗)
	泥晶白云岩	—	3.50~5.00	-5.50~-2.00	0.70900(白，基岩)
林1、金石1井、沙湾范店、金沙岩孔	纤状白云石(皮壳-葡萄状)	0.740(n=4, 0.570~1.000)	3.20(n=24, 1.10~4.74)	-4.10(n=24, -8.10~-0.47)	0.70977(n=7, 0.70856~0.71193)
	粉细晶白云岩	0.785(n=11, 0.380~1.000)	3.50(n=53, 0.90~6.90)	-4.30(n=53, -7.10~1.30)	0.71000(n=23, 0.70850~0.71402)

注：数据引自钱一雄等(2017)。“—”代表未分析或未提供。

[形貌特征] 在反光镜下，鞍形白云石呈不透明到半透明的乳白色，表明晶体内含有大量的包裹体，晶面弯曲，同时经常出现折曲、阶步和缺损。在偏光镜下常显示为波状消光，且晶面粗糙，裂痕发育(图1-2-223a)。鞍形白云石这种非面状晶体特征表明其形成于高温(至少高于白云石的临界糙化温度)与过饱和状态下。鞍形白云石多充填于孔洞中或以脉体形式出现(图1-2-223b、c)，在岩芯上主要以线状充填于晶洞中(图1-2-223d)，其共生矿物主要为石英和沥青(图1-2-223d、e、f；表1-2-235)。

表1-2-235　四川盆地东南地区林1井岩芯镜下鞍形白云石特征

井深/m	岩性	鞍形白云石特征
2647.75	强硅化构造角砾含硅白云岩	硅化主要选择角砾硅化，石英质主要由微晶燧石组成。马鞍状白云石脉2条(白云石98%)，为硅质细脉切割，成岩作用演化序列为硅化-马鞍状白云石脉-硅质脉充填
2654.50	微晶白云岩	充填序列：马鞍状白云石-沥青
2655.00	微晶白云岩	成岩演化序列：马鞍状白云石脉-硅质斑块-溶蚀-沥青充填-沥青部分被冲洗
2656.37	细晶-微晶花斑状白云岩	充填序列：沥青-马鞍状白云石-沥青-石英
2657.05	微晶白云岩	充填序列：沥青-马鞍状白云石
2658.00	微晶白云岩	构造缝充填马鞍状白云石，岩石见硅化现象。溶蚀孔洞充填马鞍状白云石，晶间孔半充填沥青
2762.50	微晶白云岩	马鞍状白云石脉
2767.75	富含晶间孔微晶白云岩	充填序列：沥青-白云石-天青石；石英-马鞍状白云石
2825.00	条纹状粉晶-粗晶白云岩	条纹状构造由大小不同的晶粒构成，晶粒粗大的为鞍形白云石，鞍形白云石晶间孔未充填
2827.62	中晶-粉晶白云岩	中晶鞍形白云岩和粉晶白云岩呈条纹状构造，见张开缝
2828.00	粉晶-细晶白云岩	溶蚀孔洞充填鞍形白云石，晶间孔未见沥青充填
2829.10	粉晶-细晶白云岩	由面状非自形白云石组成，白云石紧密堆积，晶形较差，接触界线不规则
2829.70	粉晶白云岩	脉内鞍形白云石、天青石呈序列充填
2832.00	粉晶-粗晶白云岩	由面状非自形白云石组成，缝洞充填粗晶鞍形白云石

注：数据引自宋光永等(2011)。

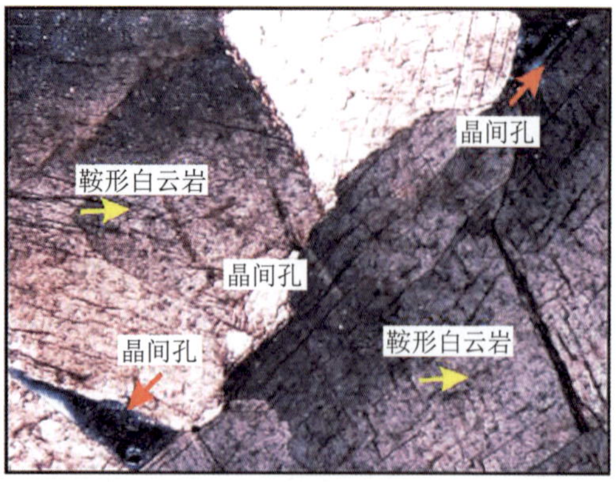

a. 微晶白云岩，溶蚀孔洞充填鞍形白云石，具波状消光，晶间孔未充填，上震旦统灯影组，林1井，2659.53m，(+)×4

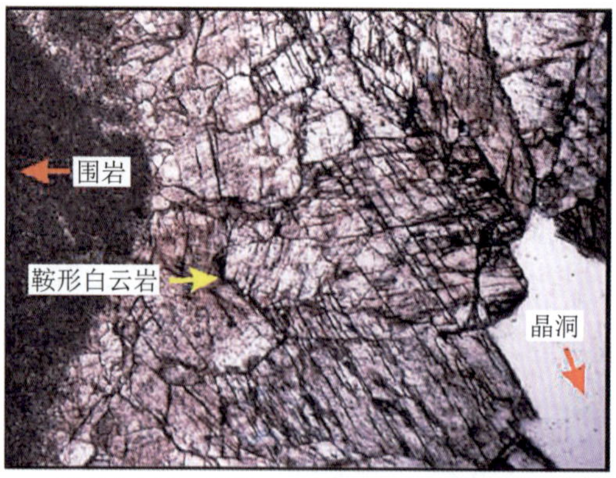

b. 泥晶白云岩，鞍形白云石晶洞，未见沥青充填，上震旦统灯影组，林1井，2767.45m，(-)×4

c. 强硅化构造角砾含硅白云岩，鞍形白云石脉切割角砾，上震旦统灯影组，林1井，2647.75m，(+)×4

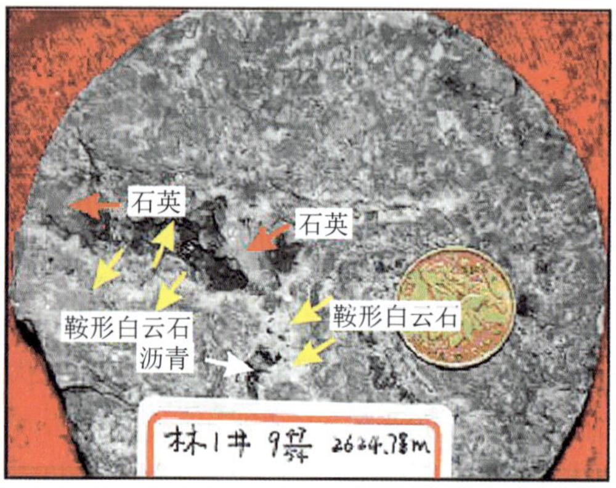

d. 白云石晶洞，鞍形白云石线状充填，后期柱状石英晶体，沥青充填溶蚀孔，上震旦统灯影组，林1井，2624.78m，岩芯

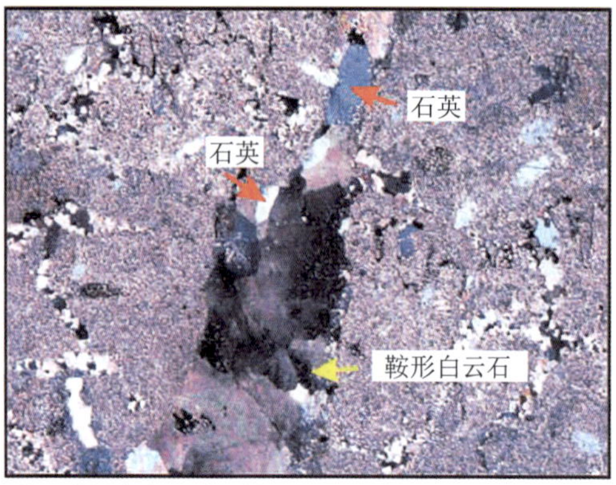

e. 微晶花瓣状白云岩，鞍形白云石脉，脉内见自生石英，上震旦统灯影组，林1井，2656.37m，(+)×4

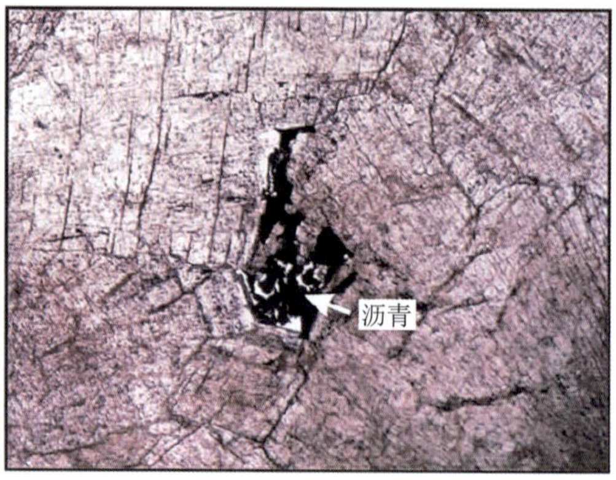

f. 微晶白云岩，溶蚀孔洞充填鞍形白云石，晶间孔沥青充填，有剩余空间，上震旦统灯影组，林1井，2659.53m，(-)×4

图 1-2-223　四川盆地东南地区林 1 井鞍形白云石岩相特征

（据宋光永等，2011）

［化学成分］ 同位素特征：鞍形白云石碳、氧、锶同位素特征见表 1-2-236。测试结果表明，鞍形白云石(晶洞充填物或脉体)与灯影组基质白云岩(围岩)相比，$^{87}Sr/^{86}Sr$ 值偏大，$\delta^{18}O$ 偏小，而深度在 2619.29~2654.70 m 间的鞍形白云石 $\delta^{13}C$ 值大于围岩，深度在 2654.70 m 以下的鞍形白云石 $\delta^{13}C$ 则小于围岩(图 1-2-224)。

包裹体特征：鞍形白云石包裹体测试结果(表 1-2-237)表明，林 1 井鞍形白云石的原生包裹体均一温度处于 270~320℃之间，对应于干酪根生烃的热变质-干气、次石墨生成阶段($T>250$℃)。

鞍形白云石中气-液两相原生包裹体激光拉曼光谱测定结果(表 1-2-238)表明，流体包裹体的气相部分以 CO_2、CH_4 和 N_2 为主；液相部分以 H_2O 和 CO_2 为主。故形成鞍形白云石的流体体系属于

$H_2O-CO_2-CH_4-N_2$ 多元体系。包裹体有机组分以甲烷为主，仅含少量重烃，与均一温度指示的热变质阶段亦相吻合。

表 1-2-236 四川盆地东南地区林 1 井鞍形白云石及围岩同位素地球化学分析结果

样品编号	岩性	井深/m	$\delta^{13}C_{PDB}$/‰	$\delta^{18}O_{PDB}$/‰	$^{87}Sr/^{86}Sr$	Δ(充填物-围岩)		
						$\Delta\delta^{13}C$/‰	$\Delta\delta^{18}O$/‰	$\Delta^{87}Sr/^{86}Sr$
1V	白云石脉	2619.29	2.944	-9.150	0.7121	1.037	-2.573	0.0027
1C	泥晶白云岩		1.907	-6.577	0.7094			
2V	白云石(孔洞)	2624.07	2.292	-11.463	0.7119	0.644	-4.188	0.0026
2C	泥晶白云岩		1.648	-7.275	0.7093			
3V	白云石(含石英)	2624.91	2.358	-11.394	0.7120	0.751	-4.253	0.0024
3C	藻微晶白云岩		1.607	-7.141	0.7096			
4V	白云石	2651.14	2.984	-10.092	0.7123	1.146	-7.284	0.0023
4C	泥晶白云岩		1.838	-2.808	0.7100			
5V	白云石	2654.70	2.354	-10.128	0.7111	0.22	-3.533	-0.0001
5C	泥晶白云岩		2.134	-6.595	0.7112			
6V	白云石	2659.02	1.637	-12.266	0.7119	-0.902	-6.054	0.0019
6C	泥晶白云岩		2.539	-6.212	0.7100			
7V	白云石	2762.45	2.433	-11.188	0.7119	-0.827	-4.931	0.0015
7C	泥晶白云岩		3.260	-6.257	0.7104			
8V	白云石	2764.37	1.636	-12.273	0.7118	-1.731	-5.919	0.0020
8C	泥晶白云岩		3.367	-6.354	0.7098			
9V	白云石	2764.89	1.817	-12.566	0.7121	-1.454	-5.564	0.0024
9C	泥晶白云岩		3.271	-7.002	0.7097			
10V	白云石(孔洞)	2825.19	1.916	-11.713	0.7107	-1.101	-4.252	0.0008
10C	白云岩		3.017	-7.461	0.7099			
11V	白云石(孔润)	2827.72	2.196	-11.274	0.7129	-0.501	-3.029	0.0032
11C	藻纹层状白云岩		2.697	-8.245	0.7097			
12V	粗晶白云石(孔洞)	2828.77	1.890	-11.594	0.7132	-1.226	-4.257	0.0041
12C	藻纹层状白云岩		3.116	-7.337	0.7091			
13V	白云石(孔洞)	2830.64	2.412	-8.857	0.7130	-0.733	-1.974	0.0036
13C	藻纹层状白云岩		3.145	-6.883	0.7094			
14V	白云石	2832.06	2.242	-9.984	0.7121	-1.13	-2.808	0.0023
14C	泥晶白云岩		3.372	-7.176	0.7098			
15V	白云石	2832.17	2.082	-10.638	0.7120	1.312	-3.507	0.0023
15C	泥晶白云岩		3.394	-7.131	0.7097			

注：数据引自宋光永等(2011)。样品编号中 V 代表孔洞充填物或脉体(鞍形白云石)，C 代表围岩(灯影组白云岩)。

表 1-2-237 四川盆地东南地区林 1 井鞍形白云石均一温度

样品编号	深度/m	测试矿物	均一温度/℃					
			第一次	第二次	第三次	第四次	第五次	第六次
1	2619.28	白云石	285.2	283.6	283.5	280.4	284.5	—
2	2657.20	白云石	225.3	220.8	273.1	270.4	269.6	272.5
3	2659.45	白云石	300.5	300.0	300.2	295.5	296.3	295.2
4	2767.45	白云石	305.2	327.1	326.4	323.5	295.6	295.4

注：数据引自宋光永等(2011)。

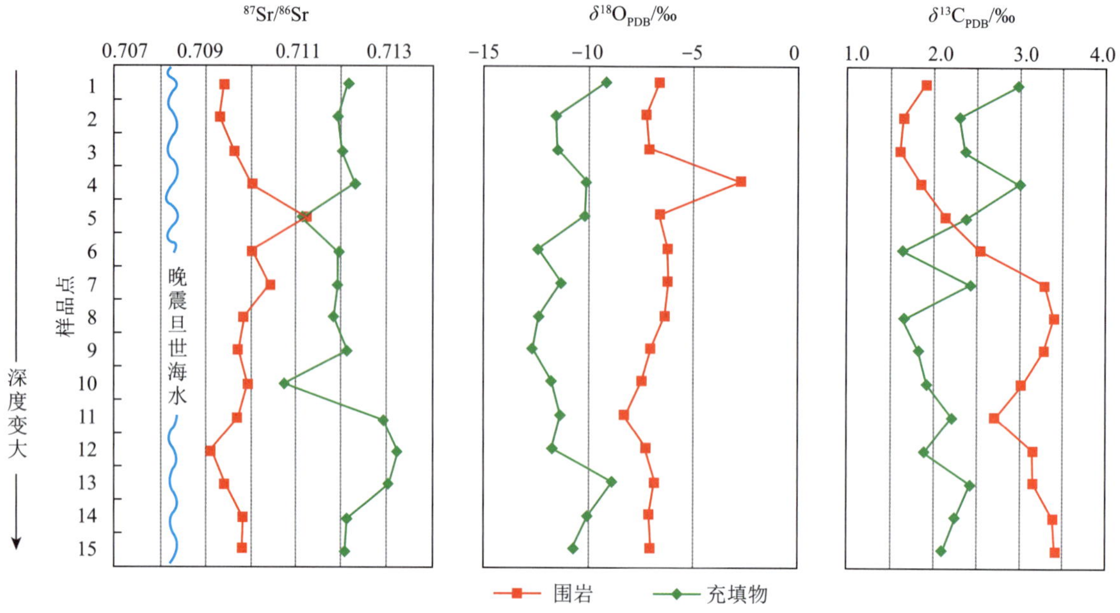

图 1-2-224　四川盆地东南地区林 1 井鞍形白云石与灯影组围岩的锶、氧、碳同位素特征比较
（据宋光永等，2011）

表 1-2-238　四川盆地东南地区林 1 井鞍形白云石气液两相包裹体激光拉曼光谱测定

样品编号	深度/m	测试矿物	气相/%							
			CO_2	H_2S	CH_4	N_2	C_2H_4	C_2H_6	C_6H_6	总和
1	2619.28	白云石	51.9	3.0	35.9	7.8	*	*	1.4	100.0
2	2657.20	白云石	67.4	4.4	4.0	22.7	*	1.5	*	100.0
3	2659.45	白云石	35.6	*	43.8	16.0	*	4.6	*	100.0
4	2767.45	白云石	26.9	*	61.4	5.7	4.2	*	1.8	100.0

样品编号	深度/m	测试矿物	液相/%					
			CO_2	H_2S	CH_4	H_2O	C_3H_8	总和
1	2619.28	白云石	28.3	*	*	70.5	1.2	100.0
2	2657.20	白云石	21.0	*	*	79.0	*	100.0
3	2659.45	白云石	13.6	2.8	1.0	82.6	*	100.0
4	2767.45	白云石	19.2	2.3	6.8	71.7	*	100.0

注：数据引自宋光永等(2011)。* 做过测试，但未测到数据。

［**成因意义**］　本区鞍形白云石是热液活动的产物。热液活动在岩石学上表现为鞍形白云石线状充填的晶洞及鞍形白云石脉，石英及沥青是常见的共生矿物(图 1-2-224)。在同位素地球化学方面，热液形成的鞍形白云石与灯影组围岩相比具有$^{87}Sr/^{86}Sr$ 值偏大，$\delta^{18}O$ 值和 $\delta^{13}C$ 值偏小的特征。鞍形白云石与围岩之间强烈的同位素差异表明形成鞍形白云石的流体应为外来流体，而非来自灯影组本身。鞍形白云石的原生包裹体均一温度处于 270~320℃之间，明显高于最大埋藏温度。流体包裹体的气相部分以 CO_2、CH_4 和 N_2 为主；液相部分以 H_2O 和 CO_2 为主。流体包裹体的这些特征揭示出形成鞍形白云石的外来流体为来自深部的热液流体。锶同位素来源对比分析揭示，热液流体可能来自晋宁运动形成的古老基底。与晚震旦世灯影期海水原始组成相比，灯影组围岩的$^{87}Sr/^{86}Sr$ 值增大，$\delta^{18}O$ 值和 $\delta^{13}C$ 值变小，表明热液活动对灯影组围岩进行了改造。灯影组白云岩受热液溶蚀改造而发育热液改造型白云岩储层，并有过油气成藏过程。

(42)四川盆地南部寒武系白云岩中的白云石

[产地、产状及共(伴)生矿物] 四川盆地南部寒武系发育的沉积相带主要有：局限台地相、浅海陆棚相及滨岸相。中-晚寒武世沉积相带主要为稳定的碳酸盐岩局限台地相，进一步可分为潮坪、潟湖亚相，沉积物以白云岩为主。共发育4种类型的白云石：微晶白云石、细-粉晶白云石、细晶白云石和鞍状白云石，其中鞍状白云石按产状可分为溶蚀孔洞内鞍状白云石、膏溶孔洞内鞍状白云石、溶缝内鞍状白云石(雷和金等，2016)。

[主要粉晶衍射数据] 本区白云石样品X衍射有序度分析结果显示有序度主要分布于0.49~0.89之间(图1-2-225)。其中，微晶白云石与细-粉晶白云石的有序度较为相似，分布区间分别为0.49~0.63和0.49~0.67，平均值分别为0.56和0.55；细晶白云石的有序度在0.56~0.68之间，平均值为0.62；鞍状白云石的有序度在0.57~0.89之间，平均值为0.762。进一步分析认为，研究区内微晶白云石与细-粉晶白云石的有序度较为相似，可能指示着其成岩环境以及成岩流体具有一定的相似性，而且，这两类白云石的有序度在研究区内相对较低，这揭示了白云石化流体的盐度较高，Mg^{2+}供给充分，是一个快速结晶的过程。细晶白云石的有序度相对较高，表明其成岩环境及流体可能发生了改变，Mg^{2+}供给不足，导致结晶速度变慢，晶体增大。鞍状白云石的有序度显示为最高，而鞍状白云石为典型的热液矿物，故推测其高的有序度可能与较高的结晶温度有关。

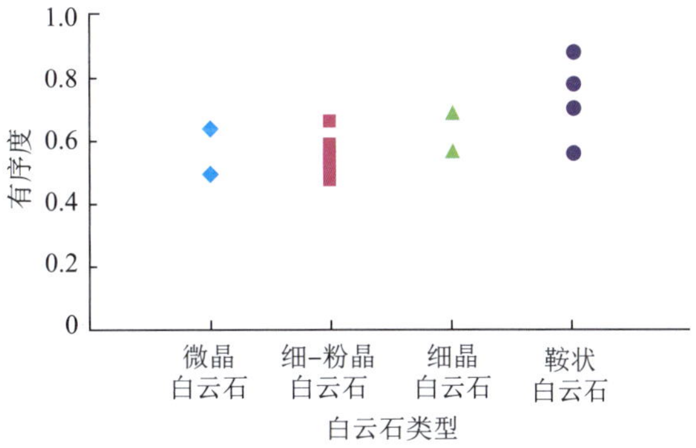

图1-2-225 四川盆地南部寒武系白云石有序度分布特征

(据雷和金等，2016)

[形貌特征] 微晶白云石发育普遍，晶径均小于0.005 mm，晶体形态以他形为主，结构较单一，这类白云石在上寒武统较为多见，多发育于潮坪沉积环境，由于其白云石化较为彻底，因此基本无法识别原岩组构；细-粉晶白云石的晶径在0.005~0.25 mm之间，晶体表面较脏，大多自形程度差，呈他形晶，多发育在潮坪相带；细晶白云石的晶径在0.1~0.25 mm之间，自形程度多为半自形-他形，局部发育具雾心亮边结构的自形-半自形细晶白云石，多发育于潟湖沉积环境；鞍状白云石晶体较大，晶径多在0.25~2 mm之间，晶体表面干净，通常具有晶面弯曲特征，正交偏光下可见波状消光现象。

[化学成分] 稀土元素特征：本区各类白云石样品的稀土元素分析结果如表1-2-239和图1-2-226所示。可见各类型白云石的∑LREE/∑HREE，其值分布范围为1.69~7.23，总体呈轻稀土元素(LREE)富集、重稀土元素(HREE)亏损特征。这是由于在成岩过程中，HREE更易溶解于流体中，LREE更易被吸附至颗粒表面，HREE相对于LREE在海水中更稳定，故HREE迁移能力更强。岩孔剖面微晶白云石的∑LREE/∑HREE值为2.17，具有LREE弱富集、HREE弱亏损的右倾型配分模式。三汇场剖面细-粉晶白云石的∑LREE/∑HREE值较低，为1.69，此值的配分模式呈平缓型，指示较快的沉积速度导致REE分异程度降低。范店剖面两个细-粉晶白云石样品的∑LREE/∑HREE，比值分别为2.56及2.06，表现了LREE弱富集、HREE弱亏损特征。三汇场剖面细晶白云石的∑LREE/∑HREE值为1.90，配分模式与微晶白云石基本一致。鞍状白云石REE配分模式具有差异性，膏溶孔洞内鞍状白云石与溶蚀孔洞内鞍状白云石具有相似的LREE富集、HREE亏损的右倾型配

分模式，∑LREE/∑HREE 值较高，分别为 7.23 和 4.85。溶缝内鞍状白云石具有 LREE 弱富集、HREE 反向富集的微右倾型特征，∑LREE/∑HREE 值为 3.64。

表 1-2-239　四川盆地南部寒武系白云石稀土元素含量($w_B/10^{-6}$)及特征参数

样品号	447	181	563	138-1	630	138	173	607
样品来源	岩孔剖面	范店剖面	三汇场剖面	范店剖面	三汇场剖面	范店剖面	范店剖面	三汇场剖面
白云石类型	微晶白云石	细-粉晶白云石	细-粉晶白云石	细-粉晶白云石	细晶白云石	溶蚀孔洞内鞍状白云石	溶缝内鞍状白云石	膏溶孔洞内鞍状白云石
La	6.60	9.28	4.40	12.64	4.99	24.58	24.60	74.62
Ce	3.86	7.14	2.96	9.13	2.87	36.09	5.86	53.65
Pr	3.14	6.41	2.53	8.15	2.55	41.81	5.10	42.82
Nd	2.18	4.59	1.76	5.81	1.72	30.40	4.82	27.45
Sm	1.23	3.12	1.19	3.75	1.08	15.21	4.60	12.51
Eu	0.62	1.83	0.46	2.11	0.39	6.67	18.06	5.96
Gd	0.74	1.97	0.66	2.09	0.61	7.68	2.62	6.72
Tb	0.51	1.81	0.53	1.88	0.44	5.51	1.57	4.86
Dy	0.58	1.67	0.65	1.88	0.48	3.96	0.66	3.74
Ho	0.53	1.44	0.43	1.42	0.40	2.94	0.46	2.75
Er	0.52	1.43	0.51	1.48	0.46	2.37	0.70	2.60
Tm	4.37	4.90	4.10	4.90	4.09	5.74	4.61	5.97
Yb	0.51	1.47	0.54	1.45	0.44	1.99	1.97	1.91
Lu	0.37	0.99	0.46	1.12	0.23	1.72	4.74	1.48
∑REE	25.76	48.05	21.18	57.81	20.75	186.67	80.37	247.04
∑LREE	17.63	32.37	13.30	41.59	13.60	154.77	63.04	217.01
∑HREE	8.13	15.68	7.88	16.22	7.15	31.91	17.33	30.03
∑LREE/∑HREE	2.17	2.06	1.69	2.56	1.90	4.85	3.64	7.23
δEu	0.63	0.72	0.49	0.72	0.47	0.58	5.01	0.62
δCe	0.79	0.91	0.85	0.87	0.76	1.09	0.39	0.91

注：数据引自雷和金等(2016)。

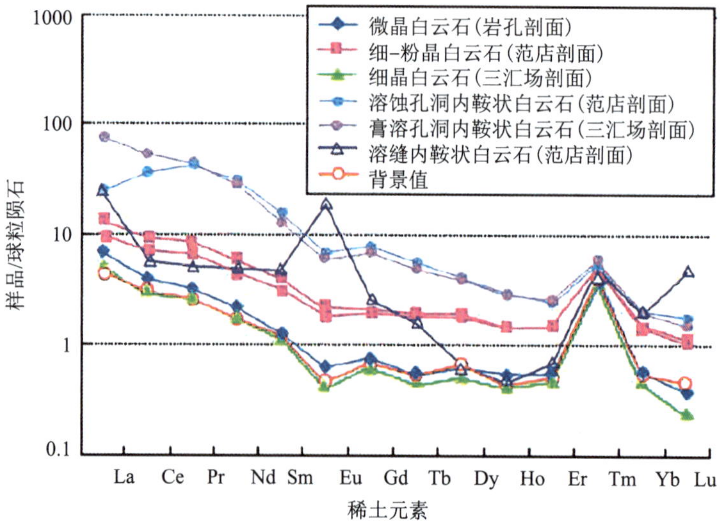

图 1-2-226　四川盆地南部寒武系各类白云岩的稀土元素(REE)配分模式图
(据雷和金等，2016)

鞍状白云石通常被视为热液白云石化的产物，本区鞍状白云石 Eu 元素含量相对较高，根据 Eu 异常情况，可以分为两类：一类是溶缝内鞍状白云石 δEu>1，为明显的 Eu 正异常特征，揭示了此为热液白云石化作用的产物；另一类孔洞内鞍状白云石 δEu<1，呈负异常，这可能指示了研究区存在两期热液作用，Eu 负异常可能是由于原岩稀土元素组成特征与该期热液改造较弱的共同结果。其他类型白云石的 Ce、Eu 异常特征较为相似，δCe 值介于 0.76~0.91 之间，呈接近而小于 1 的特征，均表现为 Ce 负异常，而 δEu 分布于 0.47~0.72 之间，均表现为 Eu 负异常，且总体上 δCe 大于 δEu，δCe、δEu 的这些特征揭示了氧化沉积环境和成岩流体为正常海水或与海水相似的地层水。

同位素特征：本区不同类型白云石的碳氧同位素值测定结果见表 1-2-240。从图 1-2-227 可以看出，从微晶白云石(岩)→细-粉晶白云石→细晶白云石→鞍状白云石，δ^{18}O 值呈明显的递减趋势，这可能揭示为一个沉积成岩中连续、多阶段白云石化作用的过程，随着埋深加大，受重结晶、热液白云石化等后期成岩作用改造，导致 δ^{18}O 值减小。

表 1-2-240　四川盆地南部寒武系白云石碳氧同位素组成

序号	取样剖面/井位	样品号	样品号	白云石类型		δ^{18}O/‰ 测试值	δ^{18}O/‰ 平均值	δ^{13}C/‰ 测试值	δ^{13}C/‰ 平均值
1	范店剖面	FD-$\in$-29	洗象池组($\in_{2+3}x$)	微晶白云石		-6.03	-5.587	-1.10	-0.68
2	西门 1 井	XM1-5-51/51	娄山关群($\in_{2+3}L$)			-6.25		-1.87	
3	岩孔剖面	LM-$\in$-27	清虚洞组($\in_1qx$)			-4.48		0.93	
4	范店剖面	FD-$\in$-33	洗象池组($\in_{2+3}x$)	细-粉晶白云石		-6.27	-6.412	-2.28	-1.94
5	金石 1 井	JS1-1-50/53	洗象池组($\in_{2+3}x$)			-6.70		-2.49	
6	金石 1 井	S1-1-39/53	清虚洞组($\in_1qx$)			-6.68		-2.16	
7	岩孔剖面	LM-$\in$-32	高台组($\in_2g$)			-5.57		-0.88	
8	西门 1 井	XM1-5-42/51	娄山关群($\in_{2+3}L$)			-6.84		-1.89	
9	三汇场剖面	JFS-$\in$-107	毛田组($\in_{2+3}mt$)	细晶白云石		-6.85	-7.025	-1.98	-1.92
10	西门 1 井	XM1-5-39/51	娄山关群($\in_{2+3}L$)			-7.20		-1.87	
11	范店剖面	FD-$\in$-27	洗象池组($\in_{2+3}x$)	鞍状白云石	溶蚀孔洞内巨晶鞍状白云	-12.16	-11.350	-1.74	-1.77
12	范店剖面	FD-$\in$-35	洗象池组($\in_{2+3}x$)		石溶蚀孔洞内鞍状白云石	-11.50		-1.19	
13	范店剖面	FD-$\in$-36	洗象池组($\in_{2+3}x$)		溶蚀孔洞内巨晶鞍状白云石	-12.36		-2.04	
14	范店剖面	FD-$\in$-38	洗象池组($\in_{2+3}x$)		溶蚀孔洞内鞍状白云石	-12.03		-1.92	
15	岩孔剖面	LM-$\in$-87	娄山关群($\in_{2+3}L$)		溶蚀孔洞内巨晶鞍状白云石	-8.88		-3.72	
16	岩孔剖面	LM-$\in$-97	娄山关群($\in_{2+3}L$)		溶蚀孔洞内巨晶鞍状白云石	-9.88		0.34	
17	范店剖面	FD-$\in$-71	洗象池组($\in_{2+3}x$)		溶缝内鞍状白云石	-12.64		-2.13	
18	三汇场剖面	JFS-$\in$-84	毛田组($\in_{2+3}mt$)		膏溶孔洞内巨晶鞍状白云石	-9.41	-9.753	-1.27	-1.31
19	三汇场剖面	JFS-$\in$-87	毛田组($\in_{2+3}mt$)			-10.53		-1.87	
20	三汇场剖面	JFS-$\in$-90	毛田组($\in_{2+3}mt$)			-9.12		-1.01	
21	三汇场剖面	JFS-$\in$-93	毛田组($\in_{2+3}mt$)			-9.95		-1.09	

注：数据引自雷和金等(2016)。

本区白云石的 δ^{13}C 值相对于 δ^{18}O 值的变化范围较小(图 1-2-228)，主要分布于-3.72‰~0.34‰之间。由此揭示碳同位素值的变化没有受大气淡水的影响，而是由于有机质生烃产生的 CO_2 所致。鞍状白云石的 δ^{13}C 值相对于正常的碳酸盐岩有所减小，可能是受热液流体的影响。

包裹体特征：鞍状白云石的包裹体均一化温度测试数据分布特征如图 1-2-229 所示。可以看出，区内包裹体温度分布存在明显的差异性，存在双区间分布特征，可能揭示了两期热液白云石化的发生，这也证实了前文稀土元素特征分析得出的两期热液作用的结论。

[成因意义]　根据地球化学特征，白云石的形成机制与模式如下：微晶白云石为同生期蒸发泵

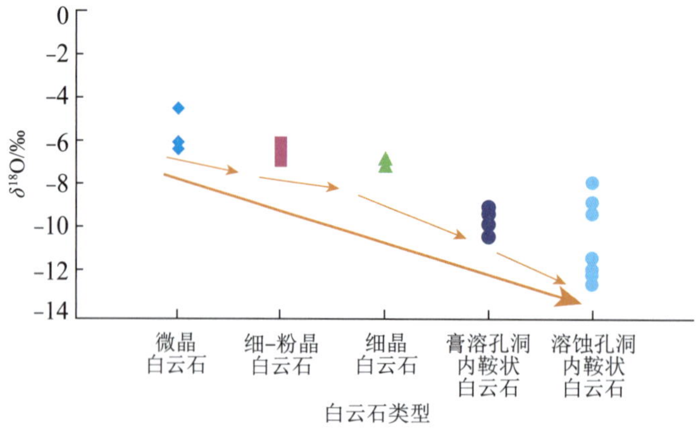

图 1-2-227　四川盆地南部寒武系不同类型白云石 $\delta^{18}O$ 值特征

（据雷和金等，2016）

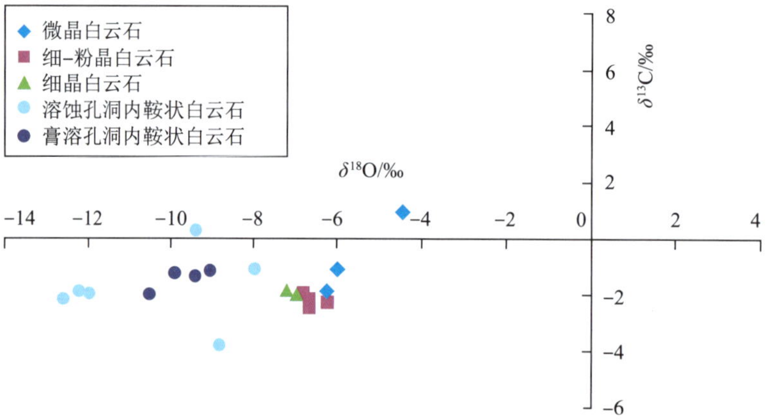

图 1-2-228　四川盆地南部寒武系白云石 $\delta^{13}C$、$\delta^{18}O$ 值交汇图

（据雷和金等，2016）

白云石化的产物，细-粉晶白云石为同生期渗透回流白云石化的产物，细晶白云石为浅埋藏白云石化的产物，鞍状白云石为热液白云石化的产物。

（43）四川盆地西部雷口坡组中的白云石

［产地、产状及共(伴)生矿物］　四川盆地西部中三叠统雷口坡组是该区域极具勘探开发潜力的层系。其中发育多种类型白云石，包括粉-微晶白云石、粉-细晶他形脏白云石、粉-细晶自形白云石、鞍形白云石等。统计结果，白云岩中溶蚀缝孔洞内鞍形白云石出现频率高，为 19.74%；灰岩中鞍形白云石斑块的出现率较高，为 7.37%；裂缝内鞍形白云石出现频率低，为 4.63%。构造裂缝内鞍形白云石系热液成因鞍形白云石，灰岩中交代成因鞍形白云石及孔洞内鞍形白云石系非热液成因鞍形白云石(李国蓉等，2020)。

［形貌特征］　鞍形白云石以晶体较粗大，可达中-巨晶，晶形不好、晶面扭曲、可显镰刀状形态，正交光下具波状消光为特征(图 1-2-230)。根据产出状态，鞍形白云石进一步分为 3 种：其一是灰岩中交代方解石的鞍形白云石斑块，可交代灰岩沉积组构、成岩缝洞方解石、去膏化方解石、构造裂缝方解石(图 1-2-230a、d)；其二是白云岩中溶蚀缝孔洞内沉淀的鞍形白云石(图 1-2-230b、e)；其三是构造裂缝内沉淀的鞍形白云石，可受到缝合线及构造角砾化改造(图 1-2-230c、f)。

阴极发光分析表明，这 3 种产状的鞍形白云石特征有别，灰岩中鞍形白云石斑块往往发玫瑰红色光，而灰岩围岩近于不发光，两者反差较大(图 1-2-231a、d)；白云岩中溶蚀缝孔洞内鞍形白云石发暗玫瑰红色光，与白云岩围岩及溶蚀缝孔洞内粉-细晶自形白云石发光近于一致(图 1-2-231b、e)；构

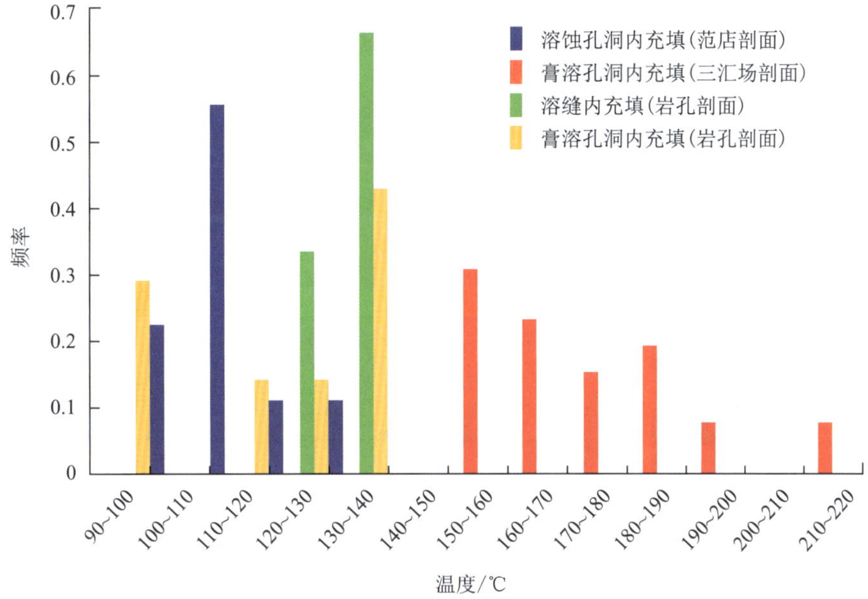

图 1-2-229　四川盆地南部寒武系不同产状的鞍状白云石包裹体均一化温度分布图

(据雷和金等，2016)

图 1-2-230　四川盆地西部雷口坡组鞍形白云石(sd)

(据李国蓉等，2020)

a—灰岩中交代成因鞍形白云石斑点，羊深 1 井，雷四段，埋深 6124.33 m；b—白云岩中溶蚀缝洞鞍形白云石及方解石充填，羊深 1 井，雷四段，埋深 6210.10 m；c—膏云岩中构造裂缝鞍形白云石及硬石膏充填，撞深 1 井，雷四段，埋深 5849.47 m；d—灰岩中交代成因鞍形白云石斑块，正交光下波状消光特征清楚，彭州 1 井，雷四段，埋深 5765.10 m；e—白云岩中溶蚀缝洞内鞍形白云石部分充填，鸭深 1 井，雷四段，埋深 5786.91 m；f—膏云岩中多期裂缝内鞍形白云石充填，龙深 1 井，雷三段，埋深 6296.17 m

造裂缝内鞍形白云石发亮橘红色光(图 1-2-231c、f)，与前面几者明显不同。

[化学成分]　微量元素特征：根据 ICP-MAS 分析结果，不同类型鞍形白云石的微量元素组成有差异(图 1-2-232)，交代及孔洞内鞍形白云石具有 K、Na 和 Sr 含量相对较高，Mn 和 Fe 含量均低的特征；构造裂缝内鞍形白云石具有 K 和 Fe 含量低，Na 和 Sr 含量高，Mn 含量较高的特征。

图 1-2-233 是电子探针分析获得的区内雷口坡组白云石微量元素含量。可见，孔洞内自形白云

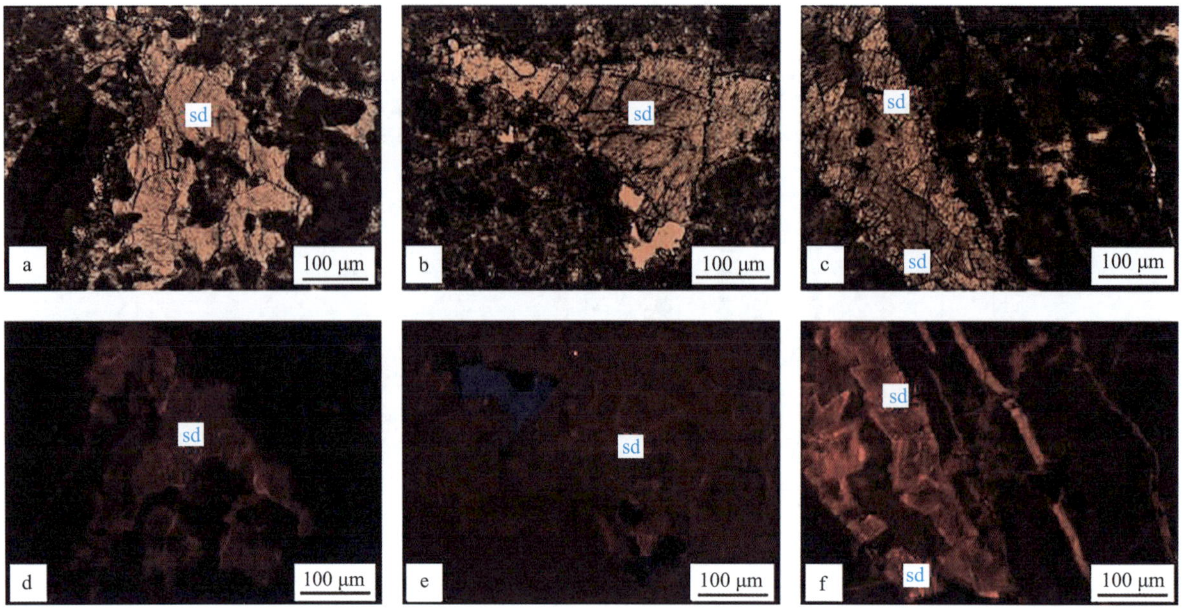

图 1-2-231　四川盆地西部雷口坡组鞍形白云石(sd)的阴极发光特征

(据李国蓉等，2020)

a、d—灰岩中的交代成因鞍形白云石斑块发玫瑰红色光，灰岩围岩近于不发光，羊深 1 井，雷四段，埋深 6121.94 m，a(-)，d(cl)，5×；b、e—白云岩溶蚀孔洞内沉淀成因鞍形白云石发玫瑰红色光，与白云岩围岩发光颜色相似，羊深 1 井，雷四段，埋深 6217.15 m，b(-)，e(cl)，5×；c、f—构造裂缝内鞍形白云石发亮橘红色光，白云岩围岩发玫瑰红色光，撞深 1 井，雷四段，埋深 5849.79 m，c(-)，f(cl)，5×

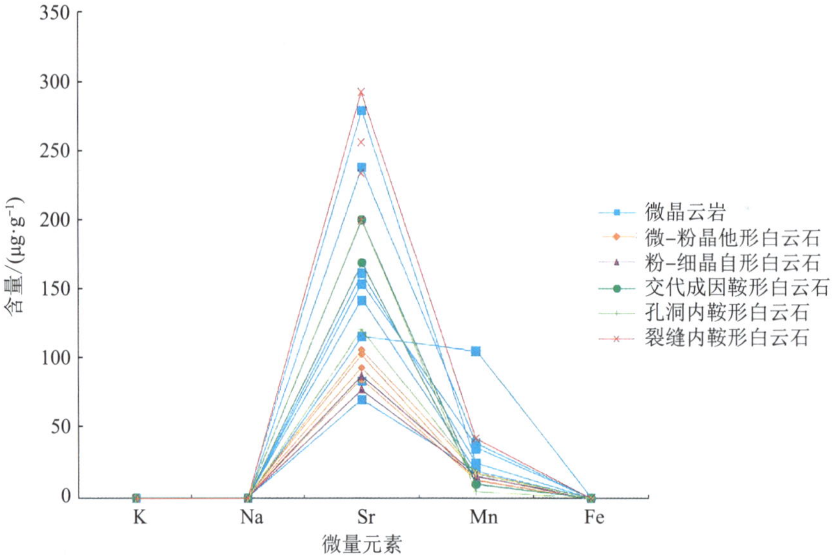

图 1-2-232　四川盆地西部雷口坡组白云石微量元素组成特征(据 ICP-MAS 分析)

(据李国蓉等，2020)

石、交代成因鞍形白云石斑块、孔洞内鞍形白云石、部分构造裂缝内鞍形白云石的 K_2O、Na_2O、SrO、MnO 和 FeO 含量特征大体相似，MnO 和 FeO 含量及其 Mn/Fe 值变化与这些白云石的阴极发光特征非常吻合等等，可能揭示了它们是从相似或相同的流体中沉淀而来，或者这些白云石化流体都为干旱高盐度海水演化而来。而另一类构造裂缝鞍形白云石的电子探针分析微量元素含量特征明显不同于前面，展现出 SrO 和 MnO 含量相对较高，FeO 含量高的特征，表明白云石化流体不同于前面，不是干旱高盐度海水演化而来，而是地层外部或深部来源，其 MnO 和 FeO 含量及其 Mn/Fe 值变化亦与此类裂缝白云石的阴极发光特征吻合，则表明此期深部流体成因鞍形白云石与阴极射线下发亮橘红色光的裂缝鞍形白云石并非同一期热液作用，亦即研究区雷口坡组存在多期热液作用，盆缘区断裂多期次活动是热液多期次作用的诱导因素。

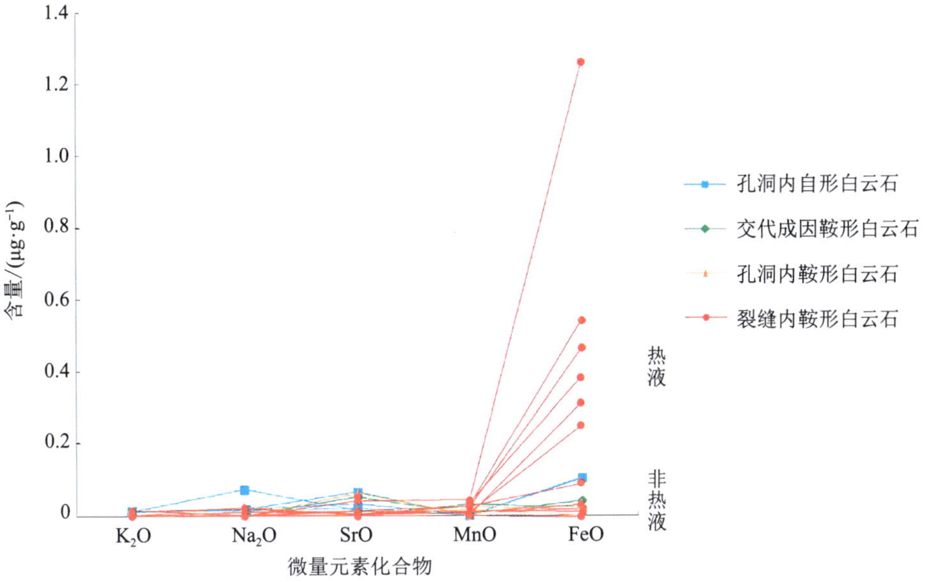

图 1-2-233 四川盆地西部雷口坡组白云石微量元素化合物特征(据电子探针分析)

(据李国蓉等，2020)

稀土元素特征：图 1-2-234 为本区雷口坡组鞍形白云石的稀土元素组成图，可见交代成因鞍形白云石斑块的稀土元素组成与正常海相灰岩、微晶灰岩极其相似，孔洞内鞍形白云石的稀土元素组成无 Ce 异常和 Eu 异常，与前述微晶云岩的稀土元组成特征极其相似，揭示了这些鞍形白云石的流体为沉积期干旱、高盐度海水来源地层卤水，揭示了其非热液成因。

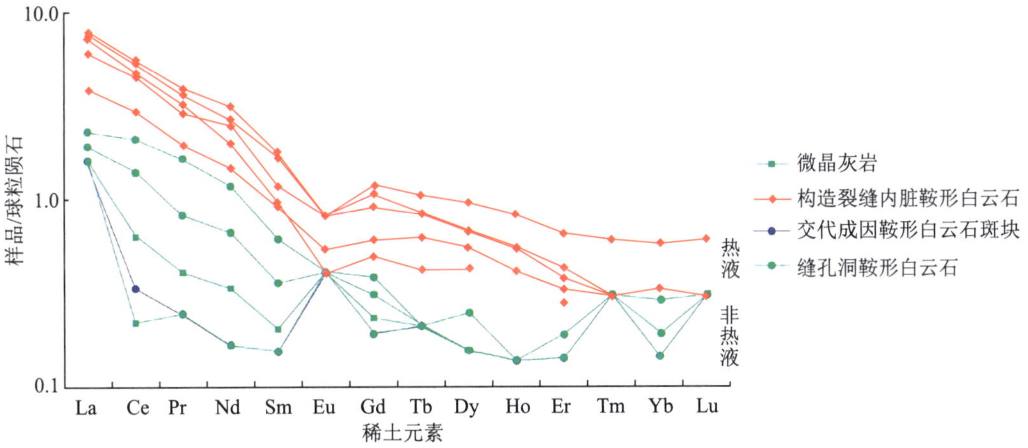

图 1-2-234 四川盆地西部雷口坡组鞍形白云石稀土元素组成

(据李国蓉等，2020)

图 1-2-235 是区内雷口坡组各类白云石的 δEu-δCe 交汇图，可见微晶灰岩、微晶白云石、微-粉晶他形脏白云石、粉-细晶自形白云石、交代成因鞍形白云石斑块、孔洞内鞍形白云石都投点落入了 Eu 正异常、Ce 负异常的区域，指明了形成它们的流体为中三叠统雷口坡组沉积时期的干旱高盐度海水、沉积时期干旱高盐度海水来源并演化而来的地层卤水。而构造裂缝内鞍形白云石投点落入了 Ce 缺乏异常、Eu 负异常的区域，也指示了沉淀构造裂缝鞍形白云石的流体不同于前面的各类白云石，

不是中三叠统雷口坡组沉积时期的干旱高盐度海水、沉积时期干旱高盐度海水来源并演化而来的地层卤水，而是地层外部或深部来源的流体，与中酸性岩浆期后活动有关的深部流体。

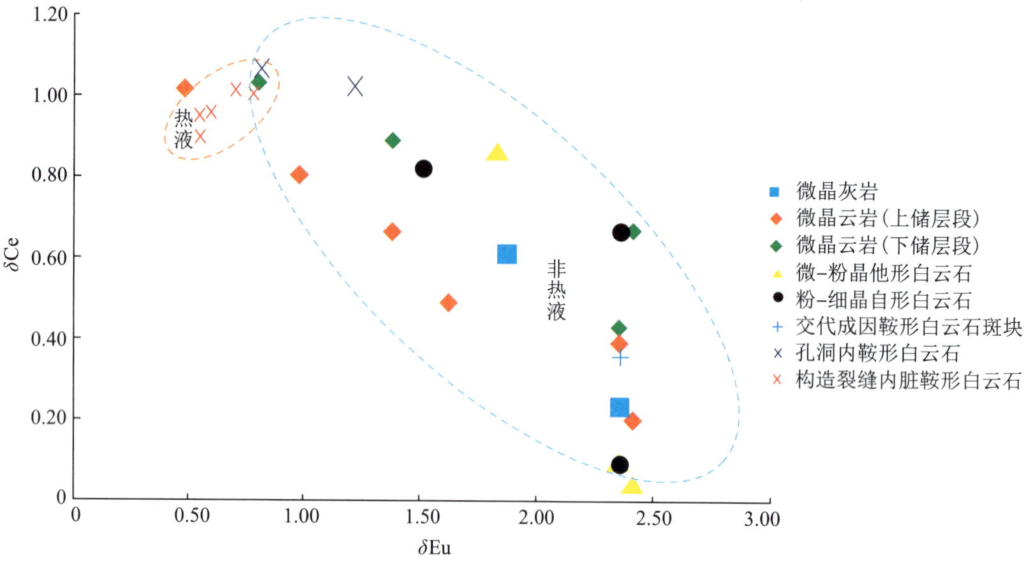

图 1-2-235　四川盆地西部雷口坡组白云石 δEu-δCe 交汇图

（据李国蓉等，2020）

同位素特征：表 1-2-241 是本区雷口坡组不同类型白云石的碳、氧稳定同位素分析结果，图 1-2-236 是本区雷口坡组鞍形白云石及相关类型白云石的碳、氧稳定同位素分布，可见不同产状的鞍形白云石的碳、氧稳定同位素组成差异明显。交代成因的鞍形白云石斑块具有 $\delta^{13}C$ 值正值-负值变化、$\delta^{13}C_{PDB}$ 值为 -1.33‰ ~ -2.57‰，平均值为 0.85‰；$\delta^{18}O_{PDB}$ 值相对较低，为 -5.52‰ ~ -7.87‰，平均值为-6.64‰。缝孔洞内鞍形白云石具有 $\delta^{13}C_{PDB}$ 低负值-正值变化，为 -0.72‰ ~ 2.57‰，平均值为 0.057‰；$\delta^{18}O_{PDB}$ 值相对较低，为-5.22‰ ~ -7.56‰，平均值为-6.44‰。构造裂缝内鞍形白云石具有 $\delta^{13}C_{PDB}$ 值为正值，为 0.38‰ ~ 2.69‰，平均值为 1.14‰；$\delta^{18}O_{PDB}$ 值相对较高，为-1.97‰ ~ -5.35‰，平均值为-4.19‰。

表 1-2-241　四川盆地西部雷口坡组白云石碳、氧稳定同位素分析结果统计

序号	井号	层位	产状描述	$\delta^{13}C_{PDB}$/‰	$\delta^{18}O_{PDB}$/‰	备注
1	羊深 1	雷四下储层段	微晶云岩	2.21	0.72	微晶白云石
2	羊深 1	雷四下储层段	粉-微晶云岩	2.61	-1.63	微晶白云石
3	新深 1	雷四段	微晶云岩	2.65	-0.64	微晶白云石
4	龙深 1	雷三段	微晶云岩	0.11	-0.89	微晶白云石
5	孝深 1	雷四上储层段	微晶云岩	0.94	0.22	微晶白云石
6	孝深 1	雷四上储层段	微晶云岩	0.65	0.19	微晶白云石
7	孝深 1	雷四上储层段	微晶云岩	1.89	-1.05	微晶白云石
8	彭州 103	雷四上储层段	粉-微晶云岩	1.02	-0.31	微晶白云石
9	彭州 115	雷四上储层段	粉-微晶云岩	1.96	0.44	微晶白云石
10	彭州 115	雷四上储层段	粉-微晶云岩	1.64	0.51	微晶白云石
11	彭州 115	雷四上储层段	粉-微晶云岩	1.83	0.17	微晶白云石
12	邑深 1	雷四上储层段	微晶云岩	1.57	-0.18	微晶白云石
13	羊深 1	雷四下储层段	粉-细晶自形白云石呈层	1.56	-5.74	粉-细晶自形白云石
14	鸭深 1	雷四下储层段	粉-细晶自形白云石密集	2.39	-6.94	粉-细晶自形白云石

序号	井号	层位	产状描述	$\delta^{13}C_{PDB}$/‰	$\delta^{18}O_{PDB}$/‰	备注
15	鸭深1	雷四上储层段	微-粉晶自形白云石呈层	1.96	-6.86	粉-细晶自形白云石
16	彭州1	雷四上储层段	交代成因鞍形白云石斑块	2.57	-5.52	交代成因鞍形白云石
17	鸭深1	雷四下储层段	交代成因鞍形白云石斑块	-1.33	-6.53	交代成因鞍形白云石
18	彭州103	雷四下储层段	交代成因鞍形白云石斑块	1.30	-7.87	交代成因鞍形白云石
19	羊深1	雷四下储层段	孔洞内鞍形白云石	0.34	-5.22	溶蚀孔洞内鞍形白云石
20	彭州1	雷四下储层段	孔洞内鞍形白云石	2.57	-5.28	溶蚀孔洞内鞍形白云石
21	鸭深1	雷四下储层段	缝洞内鞍形白云石	-0.52	-7.56	溶蚀孔洞内鞍形白云石
22	鸭深1	雷四下储层段	孔洞内鞍形白云石	-0.62	-6.41	溶蚀孔洞内鞍形白云石
23	鸭深1	雷四下储层段	孔洞内鞍形白云石	-0.72	-6.65	溶蚀孔洞内鞍形白云石
24	鸭深1	雷四下储层段	孔洞内鞍形白云石	-0.71	-7.50	溶蚀孔洞内鞍形白云石
25	新深1	雷四段	构造裂缝内脏鞍形白云石	2.69	-1.97	构造裂缝内鞍形白云石
26	彭州115	雷四段	构造裂缝内鞍形白云石	1.45	-3.91	构造裂缝内鞍形白云石
27	龙深1	雷三段	构造裂缝内脏鞍形白云石	1.53	-4.06	构造裂缝内鞍形白云石
28	龙深1	雷三段	构造裂缝内脏鞍形白云石	1.51	-4.21	构造裂缝内鞍形白云石
29	龙深1	雷三段	构造裂缝内脏鞍形白云石	0.42	-5.24	构造裂缝内鞍形白云石
30	龙深1	雷三段	构造裂缝内脏鞍形白云石	0.53	-4.23	构造裂缝内鞍形白云石
31	龙深1	雷三段	构造裂缝内脏鞍形白云石	0.57	-5.35	构造裂缝内鞍形白云石
32	龙深1	雷三段	构造裂缝内脏鞍形白云石	0.38	-4.58	构造裂缝内鞍形白云石

注：数据引自李国蓉等(2020)。

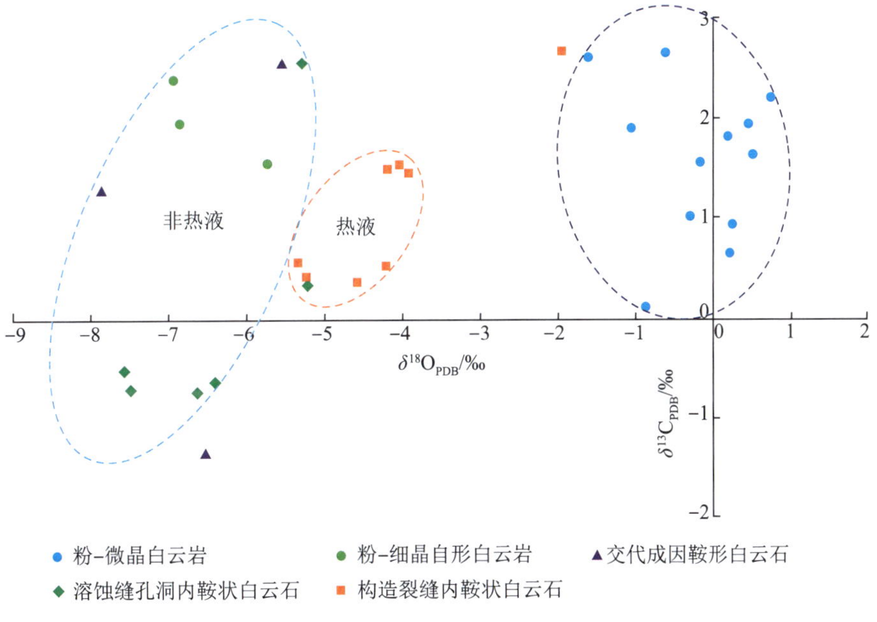

图 1-2-236　四川盆地西部雷口坡组鞍形白云石碳、氧稳定同位素分布
（据李国蓉等，2020）

[成因意义]　本区构造裂缝内鞍形白云石非常发育，并有多期次发育充填的特点，其可受到缝合线及构造角砾化切割改造，表明其形成相对较早。其在阴极射线下可表现为发亮橘红色光或橘红色、不发光两类，其白云石有序度较高，$\delta^{13}C$ 值为正值及 $\delta^{18}O$ 值明显较高，锶同位素值较高，明显较海相微晶灰岩富集稀土元素并显 Eu 负异常，ICP-MAS 分析揭示其 K 和 Fe 含量低，Na 和 Sr 含量

高，Mn 含量较高的特征，阴极射线下不发光者电子探针分析表现为 K_2O 和 Na_2O 含量低，SrO 和 MnO 含量相对较高，FeO 含量高的特征。指示白云石化流体不是雷口坡组地层内部干旱高盐度海水来源演化而来的地层卤水，而是雷口坡组地层外部流体，与深部中、酸性岩浆期后活动有关的热液流体。所以推测这些白云石是岩浆活动热液白云石化作用的产物，系热液白云石。

灰岩中交代成因鞍形白云石斑块、白云岩中溶蚀缝孔洞内鞍形白云石沉淀充填是区内雷口坡组较为普遍的成岩现象，交代成因鞍形白云石可交代去膏化方解石和裂缝方解石；缝孔洞内沉淀的鞍形白云石原生包裹体均一化温度为 137.5～165.5℃，指示其形成于中-深埋藏条件下。其有序度较高，$\delta^{13}C$ 值为低负值及 $\delta^{18}O$ 值都低，锶同位素组成相对较高，稀土元素组成与微晶灰岩相近，并与微晶云岩极其相似，ICP-MAS 分析揭示 K、Na 和 Sr 含量相对较高，亦与微晶白云石相似，指示了其白云石化流体是与形成微晶白云石相似的高盐度流体，但又具有一些差异性，可能是中晚成岩期中深埋藏地层卤水白云石化的产物。

(44)四川省东北部飞仙关组白云岩中的白云石

[产地、产状及共(伴)生矿物] 川东北地区飞仙关组储集岩主要是白云岩，主要包括 4 种主要的结构类型：Ⅰ微晶白云岩，白云石晶体大小在微晶以下，主要分布于采样井段顶部的潟湖潮坪环境中；Ⅱ结晶白云岩，白云石的晶体大小至少是粉晶级，大多数样品都在细晶以上，多数样品可以识别出残余粒屑结构，但构成岩石所有结构组分的白云石基本上都是细-中晶大小，大多数样品方解石少于 10%，晶间孔(或残余粒屑的粒间孔)十分发育，该类岩石分布于采样井段的台缘鲕粒滩坝环境的核心部位；Ⅲ具原始结构的粒屑白云岩，这类岩石基本上保留了岩石的原始沉积结构，粒屑或基质可以由微晶甚至泥晶级的白云石构成，亮晶则由他形的不等晶白云石构成，岩石中可以有示底构造，绝大多数该类岩石的白云石含量大于 90%，这类白云岩分布于采样井段台缘鲕粒滩坝相对上部靠近潟湖潮坪的部位；Ⅳ粒屑灰岩和粒屑白云岩在成分上的过渡岩类，岩石部分白云石化，白云石呈极好的菱形自形晶(粉晶以上)，更多地分布在颗粒内部，有的岩石粒屑全由白云石组成，而胶结物仍为亮晶方解石，在成分上可以是含云灰岩、云质灰岩和灰质云岩等过渡岩石类型，多数岩石中含 30% 以上的方解石。其中结晶白云岩是重要的天然气储集岩(陈更生等，2005；黄思静等，2006)。

[形貌特征] 飞仙组岩石中的白云石主要有 3 种类型：第一种为半自形-他形细-中晶白云石；第二种为泥晶白云石；第三种为自形中晶-粗晶白云石。细晶白云石分布于台地边缘，强烈交代鲕粒及其间灰泥填隙物，白云石具云雾状晶面，由这种白云石组成的白云岩常发育粒间孔隙和晶间孔隙；泥晶白云石主要分布于台内局限潟湖区，常与石膏共生。中晶-粗晶白云石主要分布于台地边缘的鲕粒灰岩中，以半自形-自形中晶为主，选择性交代鲕粒，鲕粒常被一个白云石晶体或几个白云石晶体交代。

[化学成分] 表 1-2-242 列出了全部 37 个样品的 Mg、Mn、Sr、Fe 含量和锶同位素分析结果。3 种类型白云岩具有类似的锶含量，但其 $^{87}Sr/^{86}Sr$ 值均不同程度地高于同期海水值。

表 1-2-242 川东罗 2 井、罗 6 井三叠系飞仙关组白云岩样品的锶同位素和 MgO、Mn、Fe、Sr 分析结果

井号	深度/m	岩性①	岩类②	样品号	MgO 10^{-2}	Mn 10^{-6}	Fe③ 10^{-6}	Sr 10^{-6}	锶同位素		白云石④ /%
									$^{87}Sr/^{86}Sr$	$2\sigma(\pm)$	
罗 2	3196.2	微晶白云岩	Ⅰ	1	18.94	111	2727.7	140	0.707859	0.000018	92.7
罗 2	3205.8	粒屑白云岩(原始结构)	Ⅲ	4	15.96	71	3007.5	168	0.707726	0.000017	84.2
罗 2	3211.2	粒屑白云岩(原始结构)	Ⅲ	5	21.12	81	608.5	128	0.707523	0.000018	97.5
罗 2	3213.5	粒屑白云岩(原始结构)	Ⅲ	6	20.75	124	573.5	127	0.707406	0.000017	96.8
罗 2	3216.6	结晶白云岩	Ⅱ	7	21.36	30	398.7	92	0.70809	0.000025	97.9
罗 2	3220.1	细晶白云岩	Ⅱ	8	20.86	28	370.7	100	0.707724	0.000015	97
罗 2	3223.2	鲕粒白云岩(原始结构)	Ⅲ	9	20.115	33	349.7	124	0.707489	0.000017	95.5
罗 2	3225.0	鲕粒白云岩(原始结构)	Ⅲ	10	18.30	25	909.2	162	0.707581	0.000018	91.1

续表

井号	深度/m	岩性①	岩类②	样品号	MgO 10^{-2}	Mn 10^{-6}	Fe③ 10^{-6}	Sr 10^{-6}	锶同位素		白云石④ /%
									$^{87}Sr/^{86}Sr$	2σ(±)	
罗2	3227.9	结晶白云岩	Ⅱ	11	21.34	19	489.6	90	0.707781	0.000018	97.9
罗2	3230.3	中晶白云岩	Ⅱ	12	19.82	22	489.6	160	0.708276	0.000021	94.8
罗2	3232.8	细晶白云岩	Ⅱ	13	20.15	118	139.9	190	0.70775	0.000017	95.5
罗2	3234.7	细晶白云岩	Ⅱ	14	21.28	23	370.7	101	0.708007	0.00003	97.8
罗2	3236.0	细晶白云岩	Ⅱ	15	21.28	22	412.7	90	0.708128	0.000015	97.8
罗2	3237.0	细晶白云岩	Ⅱ	16	21.112	22	293.8	101	0.707691	0.00002	97.5
罗2	3240.3	细晶白云岩	Ⅱ	117	21.28	23	4611.6	100	0.710073	0.000017	97.8
罗2	3241.4	结晶白云岩	Ⅱ	18	20.71	22	300.7	160	0.707719	0.000016	96.7
罗2	3243.6	结晶白云岩	Ⅱ	19	21.63	117	909.2	120	0.707952	0.000018	98.4
罗2	3244.7	细晶白云岩	Ⅱ	20	20.115	119	335.7	110	0.707881	0.000018	95.5
罗2	3246.9	细晶白云岩	Ⅱ	21	20.96	116	412.7	120	0.710414	0.00002	97.2
罗2	3248.7	结晶白云岩	Ⅱ	22	21.04	115	342.7	130	0.707596	0.000013	97.3
罗2	3249.7	结晶白云岩	Ⅱ	23	21.36	21	300.7	100	0.707707	0.000016	97.9
罗2	3250.6	结晶白云岩	Ⅱ	24	21.68	22	251.8	100	0.707744	0.000015	98.5
罗2	3252.0	结晶白云岩	Ⅱ	25	21.28	20	237.8	120	0.707706	0.00002	97.8
罗2	3254.5	结晶白云岩	Ⅱ	26	20.96	19	251.8	150	0.707566	0.000015	97.2
罗2	3256.6	细晶白云岩	Ⅱ	27	20.79	21	377.7	120	0.707665	0.000017	96.8
罗2	3258.5	结晶白云岩	Ⅱ	28	21.44	23	223.8	140	0.707581	0.000015	98.1
罗2	3260.6	细晶白云岩	Ⅱ	29	21.04	22	300.7	120	0.707729	0.000015	97.3
罗2	3266.11	细晶白云岩	Ⅱ	30	20.39	20	321.7	140	0.707645	0.000018	96
罗2	3268.8	含云微晶藻屑灰岩	Ⅳ	31	2.48	8	90.9	1750	0.707348	0.000019	18.5
罗2	3277.2	粉-细晶白云岩	Ⅱ	32	20.31	15	321.7	140	0.707609	0.000013	95.9
罗2	3285.9	含灰粉晶白云岩	Ⅱ	34	15.31	8	104.9	380	0.70769	0.0000019	82.1
罗2	3299.1	含灰粉晶白云岩	Ⅱ	37	17.41	9	412.7	240	0.707436	0.000017	88.6
罗6	3926.0	含云粒屑灰岩	Ⅳ	38	2.12	9	111.9	2200	0.707491	0.000015	16.11
罗6	3929.6	灰质鲕粒白云岩	Ⅳ	39	10.72	14	258.8	1420	0.707518	0.000016	64.0
罗6	3954.3	灰质亮晶粒屑白云岩	Ⅳ	40	11.04	8	111.9	200	0.707557	0.00014	65.5
罗6	3961.0	含云亮晶粒屑灰岩	Ⅳ	41	2.01	12	104.9	682	0.707507	0.000016	15.4
罗6	3967.9	灰质鲕粒白云岩	Ⅳ	42	11.93	8	90.9	230	0.707586	0.000017	69.3

注：数据引自黄思静等(2006)；①方解石>50%为石灰岩，白云石>50%为白云岩，结晶白云岩的白云石晶体大小在粉晶以上，通常由粉晶-细晶-中晶级别的不同大小的白云石晶体组成；②岩石类型；③为了便于与Mn对比，将分析结果中的Fe_2O_3含量换算成了相应Fe含量；④岩石中白云石的含量，由化学分析中MgO含量换算，换算时按白云石具理想组成(X射线衍射分析表明，本研究涉及的白云石接近化学计量组成，d_{104}=0.2887~0.2889 nm)，并假定岩石由方解白和白云石两种矿物构成。

(45)四川省广安市华蓥山地区三叠系碳酸盐岩中的白云石

[产地、产状及共(伴)生矿物] 上扬子台地早、中三叠世的嘉陵江组和雷口坡组是一套灰岩-白云岩-蒸发岩沉积组合。在该组合的白云岩(尤其是在嘉陵江组第四段的白云岩)中，经常见到一种具有一个方向延长特性的特殊类型白云石。对华蓥山地区嘉陵江组第四段在两条剖面上进行了逐层薄片统计，发现特型白云石主要产于距蒸发岩(由于溶失和坍塌，在地表已成盐溶角砾岩)底板2.4~7.8 m以下的白云岩层中。含有特型白云石的白云岩累积厚度为3.59 m和13.84 m，分别占该段白云岩总厚度的26.3%和40.1%。特型白云石可以在下列6种白云岩相中出现：鲕粒白云岩、骨屑-内屑

粒白云岩、骨屑泥粒白云岩、骨屑粒泥白云岩、泥状白云岩和含膏泥粒白云岩。在鲕粒白云岩和骨屑泥粒白云岩中出现的频率最高(72.7%~100%);在骨屑-内屑粒白云岩和骨屑粒泥白云岩中次之(42.9%~46.2%);而在泥状白云岩和含膏泥状白云岩中出现的频率则很低(12.5%~20%),这种分布特点表明,特型白云石倾向于在富颗粒的岩相中聚集(朱井泉,1996)。

[**主要粉晶衍射数据**] 由X光衍射分析数据中的I_{015}/I_{110}值计算得到的有序度值(表1-2-243)表明,尽管特型白云石与同层位的正常白云石都属非完全有序白云石,但相比较而言,特型白云石的有序度要略高于正常白云石(前者平均为0.91,而后者平均为0.83)。特型白云石的成分构成和有序度更接近理论白云石(其$MgCO_3$摩尔分数为50%,有序度为1)的特点,可能反映了它是在一种更有利于白云石晶体生成的过程中形成的,研究认为,这种过程就是白云石对先成的特型方解石进行假象交代。这也解释了为什么特型白云石较之伴生的正常白云石更加清澈透亮的特性。

表1-2-243 部分特型白云石和正常白云石的特征及X光衍射数据

赋存岩相	是否含特型白云石及白云石形态		X光衍射数据及计算有序度值			
			I_{015}	I_{110}	有序度(I_{015}/I_{110})	
含膏泥状白云岩	含	板柱状、麦粒状	1911	2412	0.79	平均0.91
鲕粒白云岩		针状	1837	1645	1.00	
骨屑粒泥白云岩		针状、板柱状	1633	1876	0.87	
鲕粒白云岩		针状、树枝状	1525	1584	0.98	
泥状白云岩	不含	半自形粒状	1298	1971	0.66	平均0.83
泥状白云岩		他形粒状	1579	2147	0.74	
骨屑粒泥白云岩		他形粒状	1966	2094	0.94	
鲕粒白云岩		他形粒状	1754	2140	0.82	
泥状白云岩		他形粒状	2139	1985	1.00	

注:数据引自朱井泉(1996)。I_{015}/I_{110}值大于1的均按1处理,因为有序度的最大值只能为1。

[**形貌特征**] 在薄片鉴定中上述特殊类型白云石粗看似针状或柱状晶体,因而前人曾形象地称之为"针状白云石""板柱状白云石"或"麦粒状白云石"。在显微镜下观察,特型白云石长10~130μm,长宽比2:1~15:1。由于这种白云石一般含微尘状杂质较少,因而总是显得比周围正常形态白云石更清澈透亮一些。在正交偏光镜下,特型白云石连生体具有一致的平行消光位(这正是前人将其误作单晶的主要原因),总体显正延性特征。利用扫描电镜对大量样品观察统计表明,连生体的总体外貌不仅有"针状""板柱状"和"麦粒状",而且还发现有呈"枝状"分叉的。

尽管特型白云石的形态多种多样,但其外缘总是呈锯齿状凹凸,表明它们并非是细长的单晶体,而是由若干个菱面体白云石单晶平行连生而成。特型白云石的整体延性特征表明,连生的方向与每个单晶的结晶"*c*"轴相垂直。从大量的扫描电镜照片上分析判断,其连生的方式可能有两种:①依某个二次对称轴共棱连生(图1-2-237a);②沿两个二次对称轴夹角平分线共顶连生(图1-2-237b)。特型白云石的这两种连生方式完全类似于现生特型方解石的晶体生长特点,所形成的连生体也与特征方解石所特有的菱面体链相一致(Jones et al., 1993)。

[**化学成分**] 本区特型白云石与同层位的正常白云石化学组成电子探针分析结果(表1-2-244)显示,虽然特型白云石和正常白云石都具有富Ca^{2+}贫Mg^{2+}特征,但相对而言,前者的$MgCO_3$摩尔分数略高于后者(前者平均为47.33%,而后者平均为46.53%)。

[**环境意义**] 特型白云石是由相似形态的特型方解石经白云石化作用而假象交代形成的,无论其形态特征、生长(连生)方式还是产出规律都可与现生的特型方解石相类比。特型白云石蕴含有十分确定的沉积与成岩环境指示意义。它指示环境具有大气渗滤、介质溶液过饱和以及微生物强烈参与这三大特征。

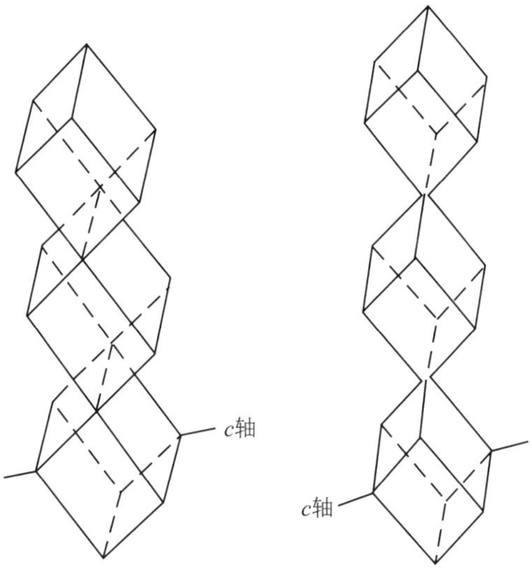

图 1-2-237　特型白云石连晶的两种可能连生方式
（据朱井泉，1996）
a—共棱连生；b—共顶连生

表 1-2-244　部分特型白云石和正常白云石的电子探针分析数据(w_B/%)

分析值 组分	特型白云石				正常白云石			理论白云石
	1	2	3	4	5	6	7	
MgO/%	22.84	22.10	19.79	20.44	22.17	21.06	20.85	21.86
CaO/%	34.05	32.87	32.06	32.98	36.21	32.78	34.13	30.41
K_2O/%	0.05	0.09	0.08	0.04	0.10	0.08	0.01	
Na_2O/%	0.07	0.17	0.10	0.02	0.02	0.00	0.17	
FeO/%	0.50	0.52	0.10	0.50	0.38	1.04	0.60	
SrO/%	0.03	0.13	0.11	0.01	0.00	0.00	0.11	
BaO/%	0.10	0.00	0.0o	0.00	0.00	0.00	0.00	
总计/%	57.64	55.88	52.24	53.99	58.88	54.96	55.87	52.27
Mg/Ca （摩尔分数比）	$\frac{48.28}{51.72}$	$\frac{48.34}{51.66}$	$\frac{46.22}{53.78}$	$\frac{46.46}{53.54}$	$\frac{46.15}{53.85}$	$\frac{47.34}{52.66}$	$\frac{46.09}{53.91}$	$\frac{50}{50}$
赋存岩相	鲕粒白云岩		鲕粒白云岩		骨屑粒泥白云岩	泥状白云岩		

注：数据引自朱井泉(1996)。

(46)四川省泸溪县兴隆场地区长兴组中的白云石

[产地、产状及共(伴)生矿物]　四川盆地东部长兴组—飞仙关组礁滩相储层为重要的天然气勘探目的层，优质储层的岩性多为白云岩，且主要分布于开江-梁平陆棚的东西两侧。川东兴隆场地区位于开江-梁平陆棚西侧有利相带的东南端，长兴组白云岩层段为该区主力产气层，且白云岩主要分布在台地边缘礁滩相等易于发生暴露的高能沉积相带。兴隆场地区的白云岩主要为结晶(至少是粉晶级以上)白云岩，为成岩期埋藏交代成因，原始结构在白云化过程中遭到不同程度的破坏(成晓啸等，2013)。

[晶体结构]　X 衍射分析白云石有序度并计算出相应 Mg/Ca 值(表 1-2-245)，发现他形晶白云石(XL1-6)有序度最低，半自形晶白云石(XL1-7)次之，自形晶白云石(XL1-10)有序度最高，但总体来看，储层白云石有序度均介于 0.81~1.0 之间，均值为 0.92，接近于 1，为近理想状态的有序白云石。

表 1-2-245　四川兴隆场地区长兴组白云石 X 衍射分析结果

样品编号	层位	岩性	白云石有序度	Mg/Ca
XL1-2a	长兴组	细晶白云岩	0.88	1.0487
XL1-6	长兴组	细晶白云岩	0.81	0.998
XL1-7	长兴组	细晶白云岩	0.98	1.099
XL1-10	长兴组	细晶白云岩	1.0	1.093

注：数据引自成晓畊等(2013)；Mg/Ca 为摩尔分数比值。

[形貌特征]　按照白云石的晶形可以划分为他形白云石(图 1-2-238a)、半自形白云石(图 1-2-238b)和自形白云石(图 1-2-238c)。白云石表面较脏，普遍发育有雾心亮边结构，储集空间以晶间孔、晶间溶孔为主(图 1-2-238b、c、d、f)。通过铸体薄片的观察，发现在白云石晶间孔、晶间溶孔的孔壁发育有沥青斑点及薄膜(图 1-2-238c)，并且还发育典型的鞍状白云石(图 1-2-238e)及与缝合线相关的自形白云石(图 1-2-238f)。

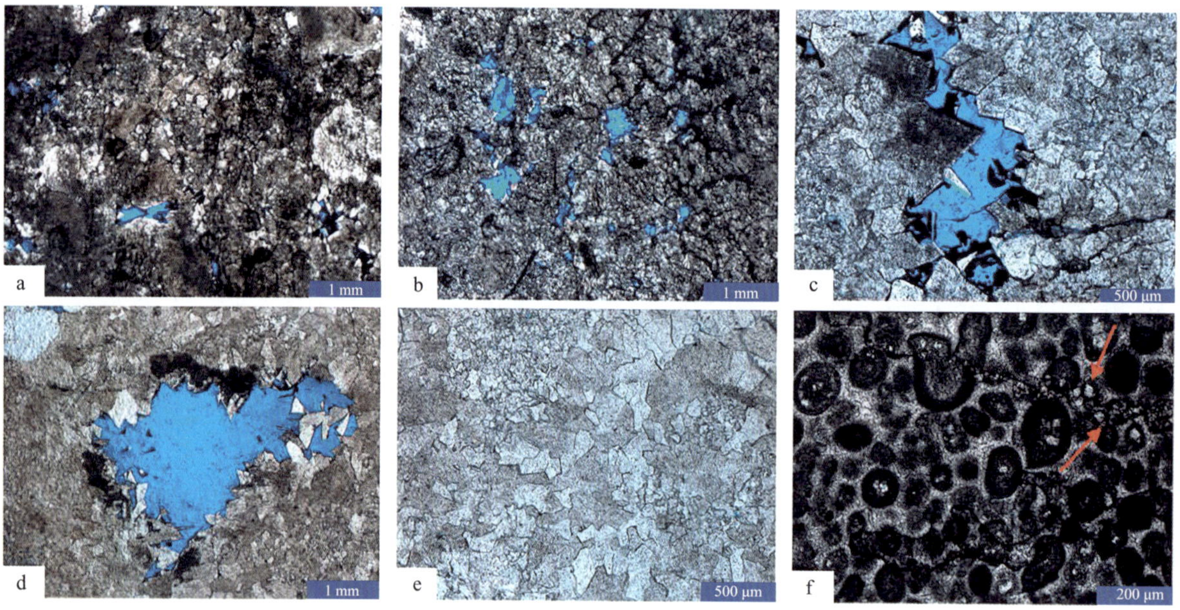

图 1-2-238　四川兴隆场地区长兴组—飞仙关组白云岩(蓝色铸体薄片，单偏光)
(据成晓畊等，2013)

a—残余生屑白云岩，为他形晶；b—溶孔细晶白云岩，为半自形晶，发育晶间孔、晶间溶孔；c—溶孔细晶白云岩，为自形晶，发育晶间孔、晶间溶孔，孔壁见沥青斑点及薄膜；d—溶孔细晶白云岩，发育生物体腔溶孔；e—溶孔细晶白云岩，发育鞍状白云石；f—亮晶鲕粒灰岩发育与缝合线相关的自形白云石(箭头所指)

[化学成分]　主量元素特征：根据电子探针分析结果(表 1-2-246)，作为储层的结晶白云岩主体细晶白云石的 CaO 含量(质量分数)介于 29.92%～30.85%之间，均值 30.51%，MgO 含量介于 21.07%～21.57%之间，均值 21.28%(共 4 个测点)。

微量元素特征：兴隆 1 井细晶白云石和粒内方解石微量元素含量分析结果(表 1-2-246)显示，细晶白云石具有较高的 Sr 含量(由 SrO 含量换算)，其介于 0.061%～0.082%之间，均值为 0.072%，并且粒内方解石 Sr 含量高达 0.96%。郑荣才等(2009)认为 Sr 含量大于 0.3%为高异常值，这种 Sr 的富集代表了一种封闭的埋藏成岩环境。

同位素特征：从表 1-2-247 可以看出，长兴组白云岩 $\delta^{13}C$ 介于 1‰～2.5‰之间，均值 1.69‰。$\delta^{18}O$ 介于-6‰～-4‰之间，均值-5.49‰。分布在同期古海水的 $\delta^{13}C$(0‰～5.8‰)、$\delta^{18}O$(-7.5‰～-3.5‰)变化范围内，并与全球典型埋藏白云岩 $\delta^{13}C$、$\delta^{18}O$ 分布区间一致，说明白云化流体具有同期海水性质，且形成于埋藏成岩环境中。长兴组白云岩的 $^{87}Sr/^{86}Sr$ 值(0.707108～0.707507，均值

0.707486）覆盖在了川东北晚二叠世海水 Sr 同位素（0.706620～0.707742）的变化范围，证明白云化流体来源于同期海水。

表 1-2-246　四川兴隆场地区长兴组—飞仙关组白云石、方解石电子探针分析结果

井号	层位	岩性	产状	元素组成/%		
				MgO	CaO	SrO
XL1	长兴组	细-中晶白云石	溶孔周围的中晶白云石	21.067	30.847	0.097
XL1	长兴组	细-中晶白云石	岩石内部的半自形白云石	21.573	29.921	0.072
XL1	长兴组	细-中晶白云石	溶孔周围的中晶白云石	21.269	30.846	0.092
XL1	长兴组	细-中晶白云石	岩石内部的半自形白云石	21.211	30.450	0.079
XL1	飞仙关组	亮晶鲕粒灰岩	鲕粒内部的自形白云石	20.809	30.387	0.053
XL1	飞仙关组	亮晶鲕粒灰岩	鲕粒内部的自形白云石	20.853	30.641	0.129
XL1	飞仙关组	亮晶鲕粒灰岩	沿缝合线分布的白云石	20.716	31.423	0.101
XL1	飞仙关组	亮晶鲕粒灰岩	沿缝合线分布的白云石	20.643	31.227	0.061
XL1	飞仙关组	亮晶鲕粒灰岩	沿缝合线分布的白云石	20.767	31.026	0.108
XL1	飞仙关组	亮晶鲕粒灰岩	鲕粒内部方解石	0.41	55.391	1.129

注：数据引自成晓啉等（2013）。

表 1-2-247　四川兴隆场地区长兴组不同岩石类型碳酸盐岩 C、O、Sr 同位素，Fe、Mn 含量及 Z 值、温度

井号	层位	岩性	$\delta^{18}O_{PDB}$/‰	$\delta^{13}C_{PDB}$/‰	$^{87}Sr/^{86}Sr$	$Fe/10^{-6}$	$Mn/10^{-6}$	Z 值（相对古盐度）	T/℃
XL1-1a	P_2ch	溶孔细晶白云岩	-4.95	2.27	0.707507	203	85.21	129	59.33
XL1-2a	P_2ch	溶孔细晶白云岩	-5.13	1.50	0.707472	203	85.21	127	60.53
XL1-6	P_2ch	溶孔细晶白云岩	-5.87	1.25	0.707484	392	69.72	126	65.61
XL1-7	P_2ch	溶孔细晶白云岩	-5.54	2.36	0.707501	378	72.82	129	63.32
XL1-10	P_2ch	溶孔细晶白云岩	-5.96	1.05	0.707468	245	85.21	126	66.25
XL2-1	P_2ch	泥晶生屑灰岩	—	—	0.707108	224	16.27		
XL2-2	P_2ch	泥晶生屑灰岩	—	—	0.707243	910	6.19		
XL1-1	T_1f	泥晶灰岩	—	—	—	980	16.27		
XL1-2	T_1f	亮晶鲕粒灰岩	—	—	—	840	7.75		
XL1-3	T_1f	亮晶鲕粒灰岩	—	—	—	1428	6.19		
平均值			-5.49	1.686		580	45.08	128	63.01

注：数据引自成晓啉等（2013）。成岩温度 T：$1000 1n\alpha_{Dol-H_2O}=2.73\times106/T^2(K)+0.26$，其中，$\alpha_{Dol-H_2O}=(1+\delta^{18}O_{Dol}/1000)/(1+\delta^{18}O_{H_2O}/1000)$，$\delta^{18}O_{H_2O}=O_{SMOW}$（Vasconcelos et al.，2005）；流体盐度（Z）$=2.048\times(\delta^{13}C+50)+0.498\times(\delta^{18}O+50)$（Keith et al.，1964）。

（47）四川省渠县龙门峡三叠系嘉陵江组中的白云石

［产地、产状及共（伴）生矿物］　四川省渠县龙门峡剖面嘉陵江组三段（简称嘉三段）厚度 132.6 m，石灰岩占 95%以上，白云岩呈薄夹层分布于灰岩中。该段白云岩均为微晶云岩。嘉三段具大量的潮间-潮上标志，白云岩呈薄夹层分布于灰岩中，因而该段白云岩的成因可用蒸发泵机理解释，属准同生期高 Mg^{2+}/Ca^{2+} 值孔隙水交代 $CaCO_3$ 沉积物形成。

嘉陵江组四段一亚段厚度 56.3 m，全由厚层白云岩（部分去白云化成次生结晶灰岩）组成，其原始沉积结构保存尚好，为颗粒云岩、微晶云岩及条带（纹）状云岩。颗粒主要集中于该亚段下部及中部。该亚段下部及中部的颗粒云岩属浅滩沉积。上部靠近嘉四段二亚段的微晶云岩属浅滩向潟湖过渡的低能环境产物。该亚段高有序白云石的成因可能与混合水作用有关，系成岩期淡水与高 Mg^{2+}/Ca^{2+} 值海水混合白云化作用形成。

嘉四段二亚段为厚度为159.10 m的石膏、硬石膏沉积，白云岩呈薄夹层分布于石膏、硬石膏沉积中，均为微晶云岩。显然这套石膏、硬石膏岩属滩后的超咸水潟湖沉积、石膏、硬石膏中的白云岩薄夹层系准同生期高 Mg^{2+}/Ca^{2+} 值卤水交代碳酸盐软泥形成，由于岩石中未见生物及其他颗粒，不发育交代特征，因而亦可能是超咸水条件下原水沉淀的产物(黄思静，1985)。

[晶体结构] 嘉三段白云石X射线衍射分析表明其有序度介于0.397~0.603之间(表1-2-248)，平均0.509，由 d_{104} 判断的 $CaCO_3$ 摩尔分数介于50.25%~51.15%之间，平均51.22%。

表1-2-248 四川龙门峡剖面嘉三段—嘉四段白云石特征及X射线衍射数据

赋存白云石岩石的特征				白云石晶体形态及大小		X射线衍射数据				
层位	产出状况	编号	岩石名称	形态	大小/mm	d_{104}/Å	$CaCO_3$ 摩尔分数/%	I_{015}	I_{110}	有序度
嘉四段二亚段	石膏中的白云岩薄夹层	L229	微晶云岩	他形粒状	0.01~0.015	2.8866	50	0.71	0.87	0.816
		L014	微晶云岩	他形-半自形粒状	0.005~0.010	2.8847	60	10.11	13.52	0.748
		平均值					50			0.782
嘉四段一亚段	石灰岩与石膏层之间的厚层白云岩	168-1	微晶云岩	半自形粒状	0.005~0.015	2.8865	50.25	0.85	0.88	0.988
		164-1	微晶云岩		0.005~0.015	2.8847	50	0.79	0.80	0.988
		162-1	微晶云岩		0.005~0.030	2.8865	50.25	0.60	0.62	0.968
		155-1	有孔虫-砂屑颗粒云岩	半自形-自形粒状及板柱状	0.010~0.030	2.8865	50.25	9.305	9.59	0.970
		150-1	细砂屑-有孔虫颗粒云岩		0.010~0.040	2.8865	50.25	0.65	0.65	1.00
		140-1	生物屑颗粒云岩		0.015~0.030	2.8883	50.15	6.00	9.21	0.651
		平均值					50.19			0.923
嘉三段	石灰岩中的白云岩薄夹层	131-1	微晶云岩	半自形-自形粒状	0.015~0.020	2.8919	50.25	5.92	8.82	0.603
		111-13	微晶云岩		0.020~0.030	2.8883	51.15	3.18	6.02	0.528
		097-1	微晶云岩		0.020~0.030	2.8865	50.25	3.06	7.71	0.397
		平均值					51.22			0.509

注：数据引自黄思静(1985)。

嘉陵江组四段一亚段除一紧靠嘉三段的样品(样号140-1)的有序度为0.651外，其余样品有序度均在0.968以上，平均0.923，多数样品接近完全有序(表1-2-248)；$CaCO_3$ 摩尔分数50%~50.25%，平均50.19%。二亚段白云石有序度变化在0.747~0.816之间，平均0.782，由 d_{104} 判断的 $CaCO_3$ 摩尔分数均为50%。

[形貌特征] 嘉三段白云石呈半自形-自形粒状，晶粒0.015~0.030 mm。嘉四段一亚段白云石呈半自形-自形粒状晶及板、柱状晶，这种板、柱状晶可能系白云石交代石膏、硬石膏的产物，粒径0.005~0.040 mm。二亚段白云石晶粒0.005~0.015 mm，他形粒状及半自形粒状晶。

(48)四川省西北地区中二叠统栖霞组中的白云石

[产地、产状及共(伴)生矿物] 四川盆地西部栖霞组厚度为23~313 m。盆地内部受到白云化作用的影响，白云岩的厚度大多是数米至数十米，主要集中在栖霞组中上部。栖霞组白云岩主要为不具原始结构或原始结构保存较差的白云岩即结晶白云岩，白云石晶体较大，主要分布在中晶-极粗晶的范围。白云石一般以云斑石灰岩中云斑的形式出现(王丹等，2011；吕杰等，2013)。

[形貌特征] 白云石以粉晶-细晶为主，少量为中晶，多为半自形晶-自形晶，部分晶体表面污浊，多无环带，少量具有波状消光和机械双晶。黄思静等(2011)将栖霞组白云石斑晶划分为平直晶面斑状晶、平直晶面自形晶、作为过渡类型的平直晶面半自形晶到非平直晶面他形晶、非平直晶面他

形晶以及非平直晶面鞍形晶。非平直晶面鞍形晶白云石通常以胶结物的形式出现。

栖霞组白云岩中，去白云化可以发生在不同结构类型(包括平直晶面和非平直晶面)的白云石中。但是，发生在非平直晶面鞍形晶白云石胶结物之中的去白云化作用较常见(图 1-2-239)，其他结构类型中的去白云化作为也有发现，但数量很少。

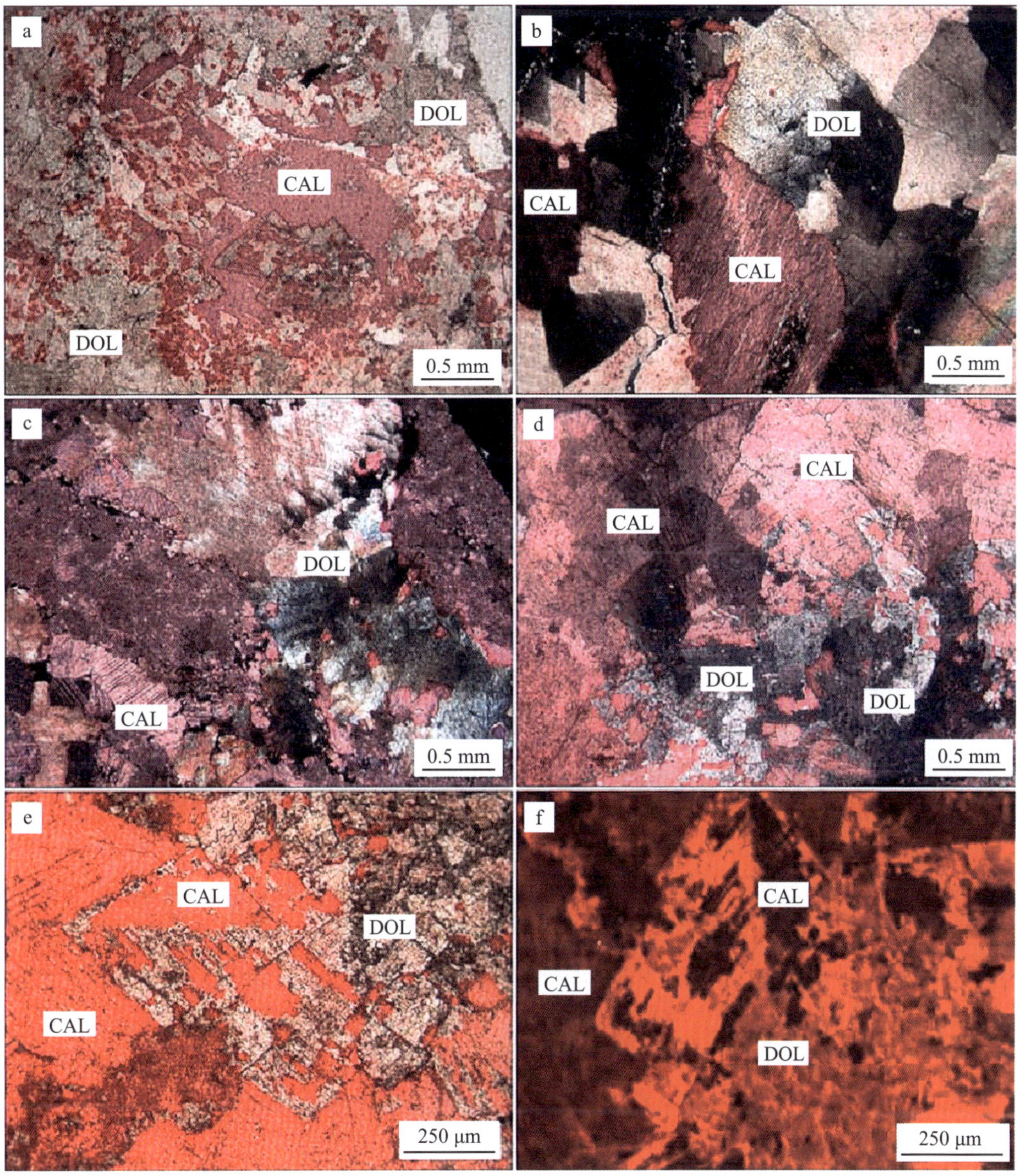

图 1-2-239　四川盆地西部中二叠统栖霞组白云岩中鞍形白云石的去白云化作用的显微照片

(据吕杰等，2013)

a—平直晶面自形晶-非平直晶面鞍形晶白云石胶结物中发生的去白云化作用，白云石斑块“漂浮”于方解石中，茜素红染色，单偏光，长江沟剖面，栖霞组二段，累计厚度 55.99 m；b—非平直晶面鞍形白云石中发生的去白云化作用，去白云化作用跨越不同晶体发生，方解石与白云石中同时出现波状消光且光性一致，茜素红染色，正交偏光，HS-1 井，栖霞组，深度 4.994 km；c—非平直晶面白云石中发生的去白云化作用，方解石斑块不规则出现在白云石内部，茜素红染色，正交偏光，WJ-1 井，栖霞组，深度 4.033 km；d—非平直晶面鞍形白云石胶结物中发生的去白云化作用，强烈的去白云化作用导致白云石晶体边界模糊，方解石与白云石同时出现波状消光且光性一致，茜素红染色，正交偏光，长江沟剖面，栖霞组二段，累计厚度 48.99 m；e—非平直晶面鞍形白云石胶结物中发生的去白云化作用，白云石仅剩部分残余，可以明显识别出已经完全被方解石交代的白云石生长环带，茜素红染色，单偏光，长江沟剖面，栖霞组二段，累计厚度 48.99 m；f—与 e 中相同视域的阴极发光照片，白云石为橘红色到暗红色明亮发光，方解石为褐色黯淡发光到不发光。CAL—方解石；DOL—白云石

［**化学成分**］ 本区栖霞组白云岩的碳、氧同位素分析结果见表 1-2-249。浅灰色细晶云斑石灰岩中 $\delta^{13}C$ 为 0.790‰~5.065‰，平均 2.886‰。$\delta^{18}O$ 为-8.556‰~-2.216‰，平均-5.760‰，$\delta^{18}O$ 值偏低，其主要原因不是由于淡水作用的结果，而是主要与形成时的地层温度较高有关，因为高温对 $\delta^{18}O$ 的影响远比淡水作用强烈。$\delta^{13}C$ 值远高于混合水白云化成因值-2.00‰，反映白云石形成时没有或很少有淡水或有机质的参与。

表 1-2-249　川西北地区栖霞阶白云岩中的 $\delta^{13}C$、$\delta^{18}O$ 及 Z 值、温度分析统计表

分布	$\delta^{13}C$/‰	$\delta^{18}O$/‰	Z(相对古盐度)	T/℃
最高	5.065	-2.216	137.67	137.50
最低	0.790	-8.556	128.92	88.10
平均	2.886	-5.760	133.21	114.66

注：数据引自王丹等(2011)。

(49)四川省雅安市汉源剖面五峰组—龙马溪组页岩中的白云石

［**产地、产状及共(伴)生矿物**］ 五峰组—龙马溪组是上扬子地区重要的页岩气产气层位。四川雅安汉源剖面位于扬子地台西南缘康滇古陆东侧，五峰组底部以高钙碳质页岩、硅质碳质页岩及碳质泥质白云岩为主，顶部见藻类灰岩、生屑灰岩；龙马溪组以钙质页岩和粉砂质页岩为主，球形钙质结核广泛发育，均形成于深水陆棚-浅水陆棚环境。剖面下部富有机质白云石初次出现的位置岩性为灰黑色薄-中层碳质白云质泥岩夹白云岩纹层，向上岩性变为深灰色薄层碳质泥岩夹灰色白云质泥岩。根据显微镜观察，本区白云石分为 3 类：A 类白云石少量且呈零散分布，在底部碳质硅质泥岩中常见，成分主要是泥质、白云石和有机质，三者呈混染分布，有机质呈黑色；泥质中分布有少量海绵骨针与放射虫化石(图 1-2-240a、b、c)；B 类白云石大量且呈层状分布，在龙马溪组下部碳质泥岩中常见。泥晶/微晶白云石汇聚呈条带状分布，条带宽 0.1~0.6 mm；或局部与泥质、有机质混染分布，泥质层中见有大量生物化石，包括海绵骨针与放射虫等(图 1-2-240d、e、f)；C 类白云石大量且呈分散状分布，在龙马溪组中上部含碳泥岩中可见，成分主要是亮晶白云石，含泥质和少量有机质。白云石主要与泥质、有机质混合分布，或局部呈层状分布(图 1-2-240g、h、i)(赵安坤等，2022)。

［**形貌特征**］ 镜下观察发现，白云石以微晶为主，晶粒大小为 0.03~0.08 mm，自形-半自形，聚集形成白云岩纹层(图 1-2-240i)；白云石或呈自形晶不均匀分布在泥质中；或以泥晶为主，晶粒粒径多小于 0.005 mm。此外，还见有少量陆源碎屑石英颗粒(图 1-2-240h、i)，分选磨圆差粒径为 0.03~0.08 mm，零星分布在白云岩纹层中(图 1-2-240i)。

［**化学成分**］ 富有机质白云石薄片中见有大量古生物化石，地球化学参数显示其具有高 *TOC*、低 Al_2O_3 含量、白云石与 Mn 含量呈正相关特征，指示其形成于缺氧硫化的高古生产力环境，受陆源碎屑输入影响较小，繁盛的微生物是形成富有机质白云石的有利条件。

［**成因意义**］ 富有机质白云石的存在指示在相对水深较浅情况下，高古生产力及有机质分解耗氧可使水体保持缺氧毒化环境，这为有机质富集提供了有利条件，其分布范围可能为盆缘地带，是有利页岩气探勘的区域。

(50)四川省资阳地区震旦系灯影组中的白云石

［**产地、产状及共(伴)生矿物**］ 资阳地区包括四川盆地中的仁寿、简阳、资阳和资中。处于浅水台坪沉积环境，沉积地层属于晚震旦世灯影期。本区震旦系灯影组中的孔、洞、缝中充填的白云石可以分为 4 种类型：纤状白云石、粉-细晶白云石、叶片状白云石晶体和乳白色粗晶白云石。纤状白云石、粉-细晶白云石为正常白云石，叶片状白云石、乳白色粗晶白云石则为具有歪曲晶格的白云石异种，属于异形白云石类。而异形白云石多为深埋藏条件下的产物。粉-细晶白云石形成时间早，而叶片状白云石、乳白色粗晶白云石形成时间较晚(向芳等，1998)

［**形貌特征**］ 纤状白云石一般沿洞、缝生长，在有的地方沿角砾生长，其长短、粗细可有很大

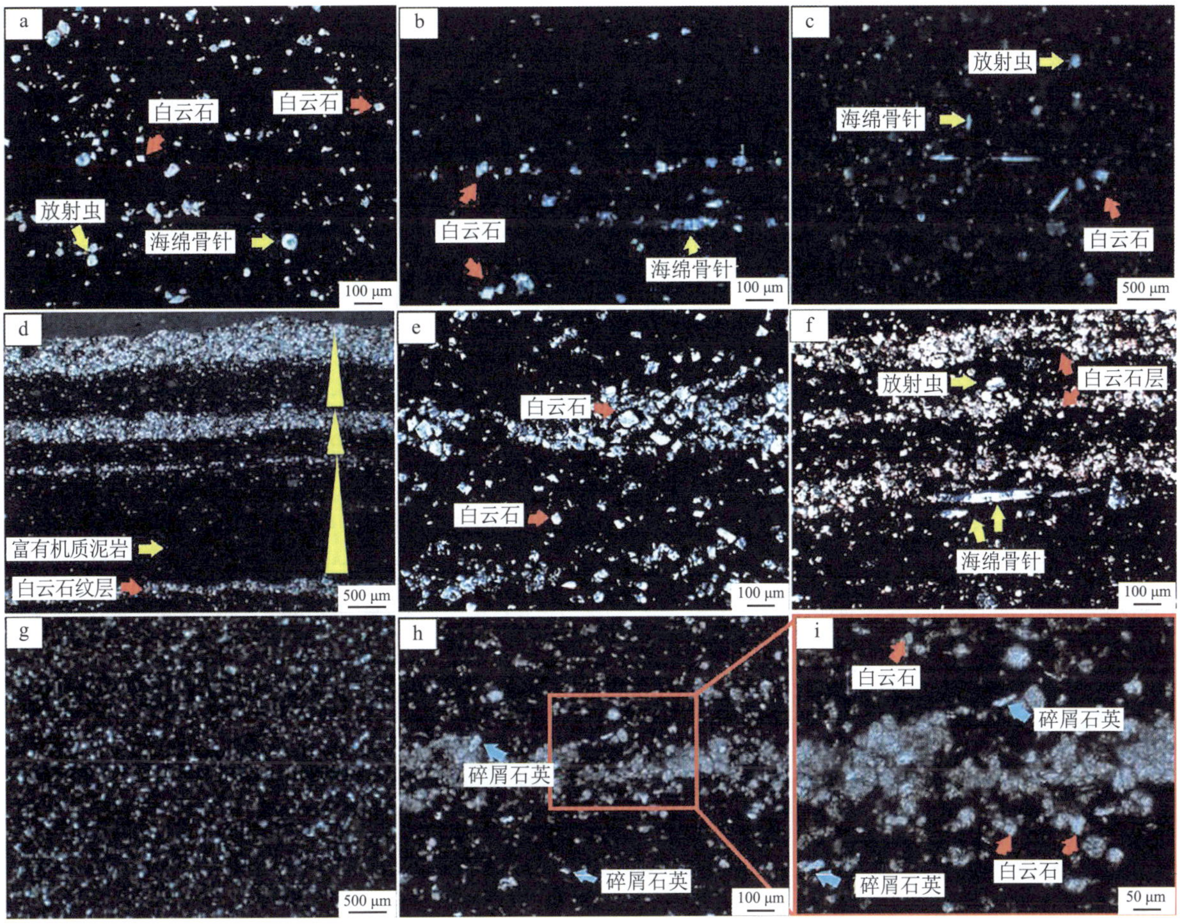

图 1-2-240　五峰组-龙马溪组页岩镜下特征（正交偏光）

（据赵安坤等，2022）

a—少量白云石分散于泥质中，偶见骨针与放射虫化石；b—零星白云石分散于泥质中，偶见骨针化石；c—少量白云石分散于泥质中，偶见骨针与放射虫化石；d—大量自云石呈层状分布于暗色泥质中；e—泥岩中的白云石纹层；f—白云岩与泥岩互层、白云岩呈纹层状分布，生物碎屑以放射虫为主，呈圆形或椭圆形分布于泥岩中；g—大量白云石颗粒均匀分布于泥岩中；h—白云石颗粒与富有机质泥岩混染分布；i—白云石与有机质、泥质等混合分布

的变化。这些纤状白云石可形成浅色和深色的薄层，并由不同薄层的交互出现而形成葡萄花边构造。通过电镜观察发现，这种纤状白云石实际上是沿 c 轴生长的，由平行连生的超微复晶白云石所构成的。粉-细晶白云石粒径在 0.03~0.25 mm 之间，半自形-自形，干净明亮。叶片状白云石晶体小，一般直径小于 3 mm，干净明亮，呈扁平菱面体状，晶面、解理弯曲，晶棱也弯曲变形成斧刃状。其中见有气液包裹体，在正交偏光镜下有波状消光特征。乳白色粗晶白云石结晶形态不明显，晶体由阶梯状、马鞍状晶面组成。在正交偏光镜下也可见波状消光特征。具有乳白色的气液包裹体。

［化学成分］　主量元素特征：本区不同类型的充填白云石的 $CaCO_3$ 摩尔百分数、有序度、Fe^{2+}、Mn^{2+}、Sr^{2+}、$\delta^{13}C$、$\delta^{18}O$、液体包裹体均一温度等数据列于表 1-2-250 和表 1-2-251 中。可以看出，纤状白云石、粉-细晶白云石的平均 $CaCO_3$ 摩尔分数分别为 49.23% 和 49.6%，平均有序度分别为 0.902 和 0.865，都没达到理想白云石所具有的 $CaCO_3:MgCO_3=1:1$，有序度为 1 的内部组构。叶片状白云石和乳白色粗晶白云石的平均 $CaCO_3$ 摩尔分数分别为 49.43% 和 49.67%，平均有序度分别为 0.943 和 0.91，虽然也没有达到理想白云石的结构，但其 $CaCO_3$ 摩尔分数更接近于 50%，有序度更接近于 1；并且在有些样品中，其 $CaCO_3:MgCO_3$ 已达到 1∶1，有序度为 1。这说明后两种白云石形成在更高温度条件下。因为升高温度有利于克服结晶时的动力阻碍，有利于 $MgCO_3$ 进入晶格，并进行有序排列。

表 1-2-250　四川资阳地区震旦系充填白云石的地球化学特征

白云石类型	井号	井深/m	$CaCO_3$	有序度	$\delta^{13}C$/‰	$\delta^{18}O$/‰	$Fe^{2+}/10^{-6}$	$Mn^{2+}/10^{-6}$	$Sr^{2+}/10^{-6}$
纤状白云石	资 2	3771	49.0	0.91	0.083	-7.738	310	290	139
纤状白云石	资 1	4042.61	48.67	0.93	-1.768	-6.784		450	141
纤状白云石	资 2		49.0	0.86	-0.153	-7.687	110	250	125
纤状白云石	威 117	3077	49.33	0.99	0.830	-9.584		290	96
纤状白云石	资 2	3771	49.67	0.77	0.126	-7.420	180	240	151
纤状白云石	资 2	3757.66	49.33	0.89	0.671	-7.296		180	125
纤状白云石	资 3	3856.26	49.33	0.82	-1.906	-7.139	160	310	120
纤状白云石	资 2	3771	48.67	0.87	0.229	-7.209	260	240	145
纤状白云石	资 2-1	3768.5	49.3	1	-1.717	-8.073	460	54	126
纤状白云石	资 3	3855	50.3	0.98	-1.022	-11.933			
粉-细晶云石	资 1	4014.72	49.3	0.87	-1.397	-9.396		520	329
粉-细晶云石	资 4-1	4486.85	49.7	0.89	0.296	-2.925		400	114
粉-细晶云石	资 7	3954	49.7	0.7	1.132	-5.370	390	140	102
粉-细晶云石	威 117A	3331.2	49.7	1	0.495	-3.190	350	300	96
叶片状细晶云石*	资 2-2	3768.5	49.3	1	-3.258	-7.777	650	670	141
叶片状细晶云石	资 2	3808.2	49.7	1	-1.770	-9.106		650	198
叶片状细晶云石	资 4	4520.1	49.3	0.83	-1.666	-9.691		430	287
乳白色粗晶云石	资 1	4042.47	49.7	1	-1.009	-8.804	320	440	152
乳白色粗晶云石	资 4	4154.39	50	0.95	-1.862	-11.922	440	240	277
乳白色粗晶云石**	威 117		49.7	0.89	-0.388	-11.816	340	230	333
乳白色粗晶云石	威 117B	3331.2	49.3	1	-1.636	-9.876	580	460	93
乳白色粗晶云石	资 4-2	4486.85	49.3	0.83	-1.606	-10.910		460	296
乳白色粗晶云石	威 117-2	4494.14	49.7	1	-0.762	-12.600	850	490	155
乳白色粗晶云石	威 117-1	4494.14	50	0.7	-1.646	-10.727	630	240	298

注：数据引自向芳等(1998)。*液体包体均一温度为 130℃，有机包体均一温度为 120℃；**液体包体均一温度为 150~210℃，有机包体为沥青。

表 1-2-251　四川资阳地区震旦系充填的地球化学特征的平均值

白云石类型	$\chi_B(CaCO_3)$/%	有序度	$\delta^{13}C$/‰	$\delta^{18}O$/‰	$Fe^{2+}/10^{-6}$	$Mn^{2+}/10^{-6}$	$Sr^{2+}/10^{-6}$
纤状白云石	49.23	0.902	-0.4627	-8.086	466	256	129.78
粉-细晶云石	49.60	0.865	0.1315	-5.220	370	340	160.30
叶片状细晶云石	49.43	0.943	-2.231	-8.858	650	583.3	208.67
乳白色粗晶云石	49.67	0.910	-1.2727	-10.951	526.7	365.7	229.10

注：数据引自向芳等(1998)。

同位素特征：纤状白云石的 $\delta^{13}C_{PDB}$ 值变化范围为 0.83‰~-1.906‰，平均为-0.4627‰；$\delta^{18}O_{PDB}$ 为-6.784‰~-11.933‰，平均为-8.0862‰。粉-细晶白云石的 $\delta^{13}C$ 为 1.132‰~-1.397‰，平均为 0.1315‰；$\delta^{18}O$ 为-2.925‰~-9.396‰，平均为-5.22‰。叶片状白云石的 $\delta^{13}C$ 为-1.666‰~-3.258‰，平均为-2.231‰；$\delta^{18}O$ 为-7.777‰~-9.691‰，平均为-8.858‰。乳白色粗晶白云石的 $\delta^{13}C$ 为-0.388‰~-1.862‰，平均为-1.2727‰；$\delta^{18}O$ 为-8.804‰~-12.600‰，平均为-10.951‰。由此可见，纤状白云石及粉-细晶白云石的 $\delta^{13}C$ 值在 0 附近变化，而 $\delta^{18}O$ 值中等偏负，反映出富 ^{18}O 的大气淡水的作用。并且其 $\delta^{18}O$ 和 $\delta^{13}C$ 的变化范围较大，也证实是受了同位素含量波动较大的大气

淡水的影响。叶片状白云石和乳白色粗晶白云石的 $\delta^{18}O$ 和 $\delta^{13}C$ 值波动较小，说明是在同位素含量较稳定的溶液中形成的。$\delta^{13}C$ 值偏负，表征其形成与深埋环境中硫酸盐细菌还原和有机质热成熟作用有关。$\delta^{18}O$ 值明显偏负，证实了深埋环境下高温对 $\delta^{18}O$ 值的影响。从图 1-2-241 中也可看出，从纤状白云石、粉-细晶白云石，到叶片状白云石、乳白色粗晶白云石，其 $\delta^{13}C$ 和 $\delta^{18}O$ 的组成向左下方变化的负偏移趋势。

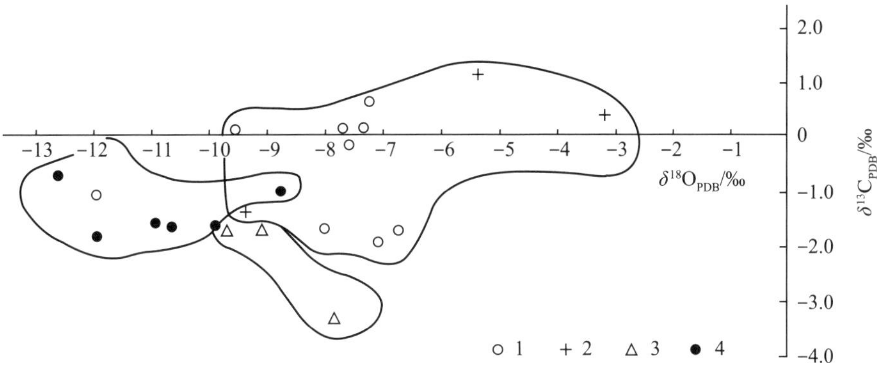

图 1-2-241　四川资阳地区震旦系充填白云石的 $\delta^{13}C_{PDB}$ 和 $\delta^{18}O_{PDB}$ 分布关系

（据向芳等，1998）

1—纤状白云石；2—粉-细晶白云石；3—叶片状白云石；4—乳白色粗晶白云石

从微量元素 Fe^{2+}、Mn^{2+}、Sr^{2+} 的含量来看，纤状白云石和粉-细晶白云石的 Sr^{2+} 含量低（平均分别为 129.78×10^{-6}、160.3×10^{-6}），Mn^{2+} 含量低（平均分别为 256×10^{-6}、340×10^{-6}）而叶片状白云石和乳白色粗晶白云石的 Sr^{2+}（平均分别为 208.67×10^{-6}、229.1×10^{-6}），Mn^{2+}（平均分别为 583.3×10^{-6}、365.7×10^{-6}）含量高。充填白云石中 Sr^{2+} 与 $\delta^{18}O$ 组成关系如图 1-2-242 所示。对于 Fe^{2+} 来说，由于制样时易造成污染，所以分析结果常出现较大的波动。但剔出样品分析结果中一些明显偏大的值以后，仍可看出，纤状白云石和粉-细晶白云石的 Fe^{2+} 多在 $(200\sim300)\times10^{-6}$ 范围内变化，而叶片状白云石和乳白色粗晶白云石的 Fe^{2+} 多在 $(400\sim700)\times10^{-6}$ 范围内变化。由此可见，纤状白云石和粉-细晶白云石是低 Fe^{2+}、Mn^{2+}、Sr^{2+} 的，反映出生成环境为氧化、开放的大气淡水环境。而叶片状白云石和乳白色粗晶白云石为高 Fe^{2+}、Mn^{2+}、Sr^{2+}，证明了其生成在封闭、还原的深埋藏条件下。

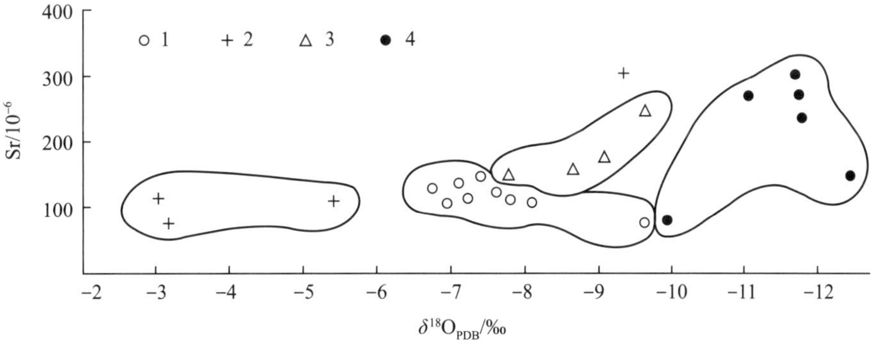

图 1-2-242　四川资阳地区震旦系充填白云石的 Sr^{2+} 含量与 $\delta^{18}O_{PDB}$ 的关系

（据向芳等，1998）

1—纤状白云石；2—粉-细晶白云石；3—叶片状白云石；4—乳白色粗晶白云石

包裹体特征：从包裹体方面来研究 4 种白云石，发现纤状白云石和粉-细晶白云石中不见包裹体，而叶片状白云石和乳白色粗晶白云石中可找到液体包裹体及有机包裹体。测得叶片状白云石中液体包裹体的均一温度为 130℃；有机包裹体的均一温度为 120℃；粗晶白云石液体包裹体的均一温度为 150~210℃，其有机包裹体为沥青。这些测试结果又一次证实了叶片状白云石和乳白色粗晶白云石形成在温度较高的深埋藏条件中。

[成因意义] 综上，本区纤状白云石和粉-细晶白云石形成在温度较低、开放、氧化的大气水环境中，为淡水白云石；而叶片状白云石和乳白色粗晶白云石是在温度较高、还原、封闭的深埋藏条件下形成的。

(51)松辽盆地松科 1 井嫩江组白云岩中的白云石

[产地、产状及共(伴)生矿物] 松科 1 井位于松辽盆地齐家-古龙凹陷内，是我国大陆第一口以白垩系为主的全取芯科学探井。嫩江组湖相白云岩层系属于该钻井中的一套特殊岩层，是松辽盆地重要的产油层。嫩江组白云岩主要集中在南孔嫩一段和嫩二段底部岩芯，XRD 物相分析结果表明，主要矿物为白云石和石英，另含少量伊利石/蒙脱石混层(伊/蒙混层)、高岭石、斜长石、黄铁矿、方解石等(图 1-2-243)(高翔等，2010)。

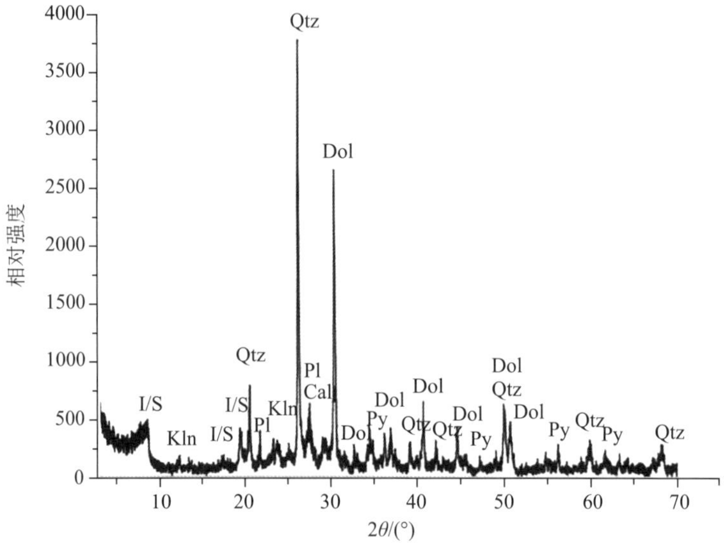

图 1-2-243 松辽盆地松科 1 井嫩江组白云岩样品的 XRD 物相分析

(高翔等，2010)

Dol—白云石；Cal—方解石；I/S—伊/蒙混层；Kln—高岭石；Pl—斜长石；Py—黄铁矿；Qtz—石英

[主要粉晶衍射数据] 本区较纯白云岩样品的 XRD 分析结果见表 1-2-252 和图 1-2-244，主要矿物为白云石，另含少量石英。

表 1-2-252 松辽盆地松科 1 井嫩江组白云岩样品与标准白云石和铁白云石的衍射数据对比

样品	S-N1-7		S-N1-10		S-N1-24		S-N1-30		标准白云石			标准铁白云石		
	d/Å	I/I_0	*d*/Å	I/I_0	*d*/Å	I/I_0	*d*/Å	I/I_0	*d*/Å	I/I_0	*hkl*	*d*/Å	I/I_0	*hkl*
1	4.043	1	4.044	4	4.052	2	4.037	2	4.033	1	101	4.051	<1	101
2	3.720	6	3.717	12	3.720	9	3.708	8	3.699	3	012	3.714	2	012
3	2.908	100	2.892	100	2.901	100	2.897	100	2.888	100	104	2.906	100	104
4	2.693	3	2.692	6	2.681	4	2.674	3	2.670	4	006	2.693	4	006
5	2.564	2	2.543	5	2.549	4	2.545	4	2.539	3	015	2.556	<1	015
6	2.416	7	2.411	16	2.415	11	2.410	9	2.404	8	110	2.414	4	110
7	2.205	12	2.201	32	2.200	24	2.196	21	2.193	25	113	2.203	7	113
8	2.050	4	2.058	8	2.071	4	2.068	3	2.065	4	021	2.073	<1	021
9	2.026	10	2.017	15	2.022	15	2.020	13	2.015	4	202	2.024	6	202

续表

样品	S-N1-7		S-N1-10		S-N1-24		S-N1-30		标准白云石			标准铁白云石		
	d/Å	I/I_0	*d*/Å	I/I_0	*d*/Å	I/I_0	*d*/Å	I/I_0	*d*/Å	I/I_0	*hkl*	*d*/Å	I/I_0	*hkl*
10	1.859	4	1.854	7	1.853	5	1.852	4	1.847	5	024	1.856	2	024
11	—	—	1.808	18	1.810	14	1.807	9	1.805	16	018	1.818	8	018
12	1.798	11	1.795	22	1.791	16	1.793	13	1.787	21	116	1.797	10	116
13	—	—	—	—	—	—	—	—	1.780	3	009	1.795	5	009
14	1.573	2	1.569	5	1.570	4	1.568	3	1.567	4	211	1.573	2	211
15	1.552	4	1.548	9	1.548	7	1.547	6	1.545	7	122	1.550	4	122
16	1.470	3	1.466	6	1.468	5	1.468	4	1.465	4	214	1.472	4	214
17	—	—	—	—	—	—	—	—	1.444	4	208	1.452	4	208
18	1.394	2	1.391	8	1.390	6	1.390	4	1.389	4	300	1.394	2	300

注：数据引自高翔等(2010)。标准白云石和标准铁白云石均为国际粉末衍射(ICDD)标准数据，其 PDF 卡号分别为 36-426 和 41-586，均为三方晶系菱面体格子，空间群为 $R\bar{3}$。

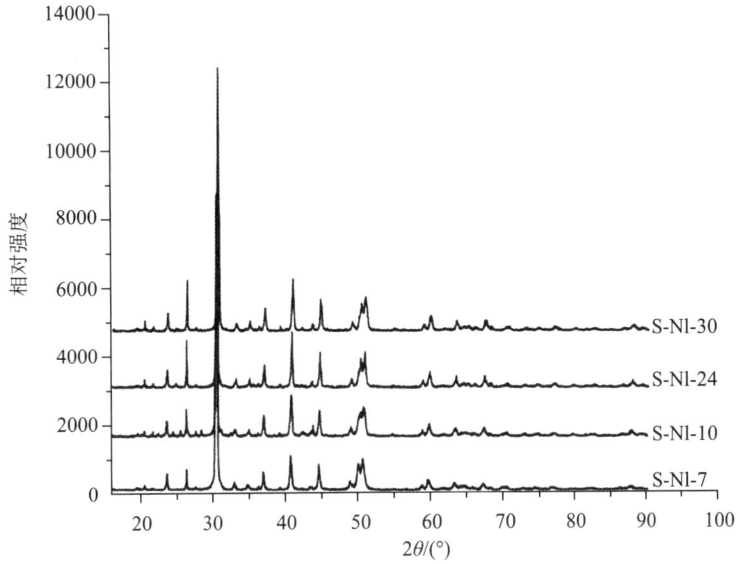

图 1-2-244　松辽盆地松科 1 井嫩江组白云岩样品白云石晶胞参数 XRD 图谱
(高翔等，2010)

[晶胞参数]　从白云岩样品的 XRD 图谱中剔除石英的谱峰后，对白云石进行晶胞精修(表 1-2-253)。国际标准铁白云石(PDF 41-586)的晶胞参数 *a*、*c* 和 *V* 值均大于标准白云石(PDF 36-426)的值，说明在白云石晶体结构中，正是由于 Fe^{2+} 对 Mg^{2+} 的部分替代而导致晶胞轴长和体积的增大。4 个样品晶胞参数精修的结果也表明，其 *a*、*c*、*V* 值均大于标准白云石，略小于但更接近于标准铁白云石，说明含铁白云石和铁白云石具有相同的晶体结构，只是在同一结构位置上，Fe^{2+} 和 Mg^{2+} 的数量比存有差异。因此，从晶体结构的角度证实本区样品为白云石和铁白云石之间的过渡类型-含铁白云石。

在 XRD 衍射数据的基础上，通过计算得到嫩江组 30 个含铁白云石样品的有序度多在 0.31～0.44，个别样品为 0.54 和 0.66，均值为 0.40；$CaCO_3$ 为 52.55～59.21 g/mol，均值为 55.48 g/mol，表现为较富钙特征。

[形貌特征]　本区白云岩呈层状和椭球状结核两种形态产出，以层状为主。

[化学成分]　较纯白云岩样品的电子探针微区化学成分分析结果见表 1-2-254。可以看出，样

品的主要化学成分为 CaO 和 MgO，二者之和达到 39.778%~50.429%；FeO 和 SiO_2 的含量次之，FeO 为 2.117%~12.610%，SiO_2 为 0.891%~2.370%；TiO_2、Cr_2O_3、P_2O_5、NiO 等均为微量成分。

表 1-2-253　松辽盆地松科 1 井嫩江组白云岩样品晶胞参数精修结果和标准值的对比

样品号	晶胞参数		
	a/Å	c/Å	V/Å³
S-N1-7	4.8264(0.0008)	16.1441(0.0022)	325.83
S-N1-10	4.8258(0.0020)	16.1311(0.0056)	325.34
S-N1-24	4.8225(0.0017)	16.1120(0.0064)	324.51
S-N1-30	4.8236(0.0023)	16.1411(0.0058)	325.24
白云石(36-426)	4.8090	16.0200	320.88
铁白云石(41-586)	4.8290	16.1520	326.15

注：数据引自高翔等(2010)。

表 1-2-254　松辽盆地松科 1 井嫩江组白云岩样品的电子探针分析结果(w_B/%)

样品号	S-N1-5(4 个点均值)	S-N1-9(3 个点均值)	S-N1-13(5 个点均值)	S-N1-23(3 个点均值)	S-N1-24(6 个点均值)	S-N1-30(3 个点均值)	S-N1-36(5 个点均值)
CaO	23.367	34.017	27.910	30.654	29.028	29.131	28.213
MgO	16.411	17.845	17.908	19.775	17.782	17.359	19.512
FeO	12.610	2.699	4.703	3.334	4.128	4.483	2.117
Na_2O	0.110	0.169	0.091	0.117	0.079	0.133	0.103
K_2O	0.053	0.064	0.076	0.058	0.040	0.073	0.053
MnO	0.234	0.107	0.209	0.142	0.106	0.150	0.160
Al_2O_3	0.377	0.411	0.270	0.338	0.168	0.404	0.274
TiO_2	0.012	0.043	0.012	0.020	0.205	0.025	0.027
Cr_2O_3	0.015	0.000	0.033	0.024	0.025	0.009	0.014
SiO_2	2.370	1.451	1.431	0.891	0.713	1.541	1.135
P_2O_5	0.042	0.051	0.099	0.083	0.087	0.092	0.122
NiO	0.008	0.008	0.004	0.008	0.012	0.004	0.007
总计	55.609	56.865	52.747	55.444	52.373	53.404	51.736

注：数据引自高翔等(2010)。

(52)塔里木盆地寒武系白云岩中的白云石

[产地、产状及共(伴)生矿物]　塔里木盆地寒武系发育有一套厚达千米的白云岩层系，其中白云岩形成后经历了多期次、多种类型地质作用，既可以形成于成岩过程中，又可能在成岩过程中受到不同程度的改造。沙 88 井发育典型的斑状白云石，由于白云岩化主要沿缝合线及层理面发育，白云石呈云斑状分布，故称为斑状白云石。这类白云石晶形多为自形，大小为几十微米，很少达到 100 μm(图 1-2-245a)。沙 88 井蓬莱坝组白云岩受后期成岩改造较弱，白云岩较致密，岩芯中裂隙以及方解石脉等胶结物少见。白云石颗粒大小在几十微米至 200 μm 不等，呈半自形-他形镶嵌结构(图 1-2-245c)；同 1 井丘里塔格下亚群白云岩的典型特征是重结晶作用强烈，晶体较粗大，均超过 200 μm，呈自形-半自形。由于受到较强的后期溶蚀改造局部形成溶蚀孔洞，并且在裂隙与溶蚀孔洞中见白云石与方解石充填物(图 1-2-245d、e)；古隆 1 井白云石晶体较小，小于 100 μm，具有明显的雾心亮边结构。局部受后期热液改造明显，并形成热液改造充填白云石(图 1-2-245b、f)。根据薄片显微镜下观察，充填白云石在正交镜下均呈现波状消光，为鞍状白云石(王小林等，2009)。

鞍状白云石分为 3 种类型：去白云石化鞍状白云石、富铁鞍状白云石和富铁富锰鞍状白云石。去

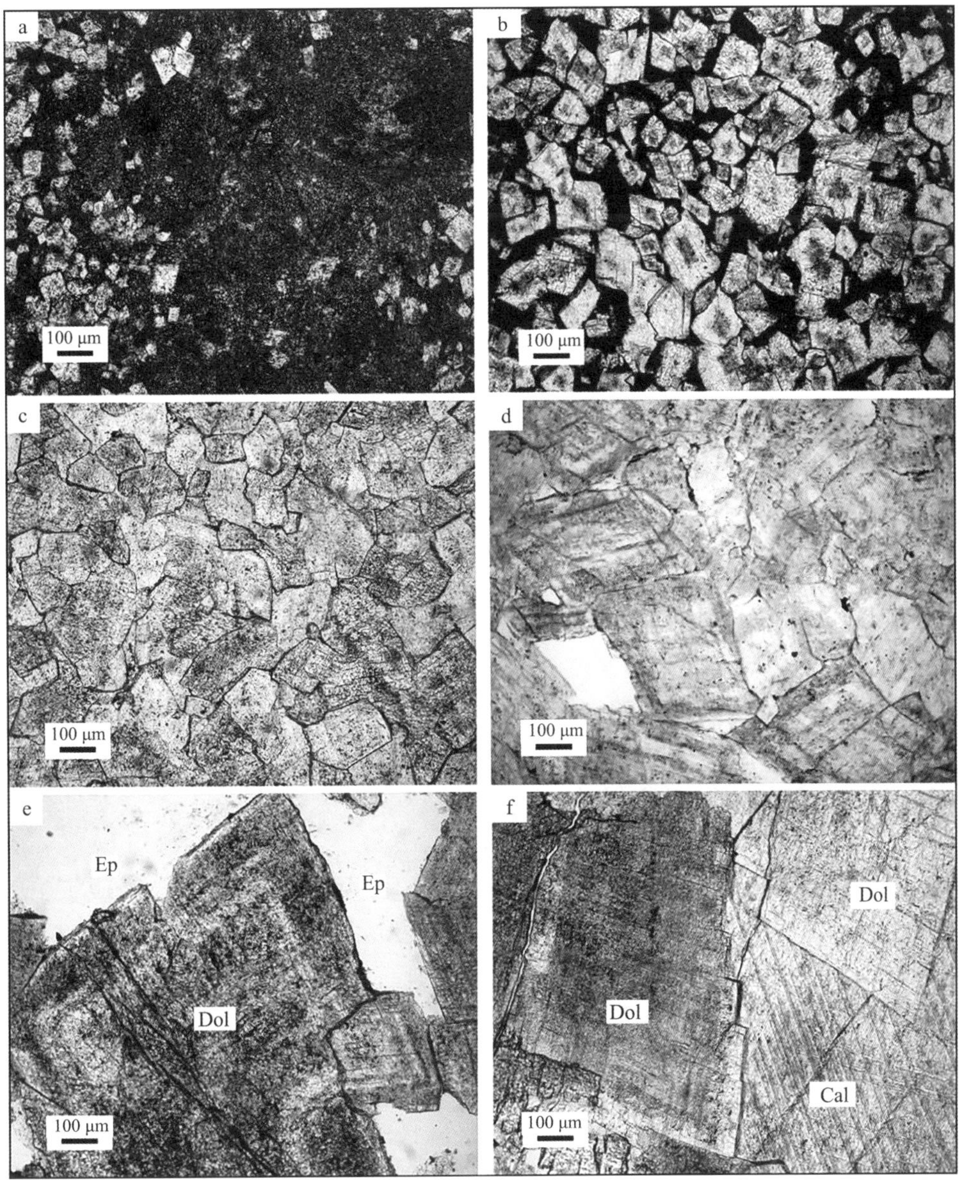

图 1-2-245　塔里木盆地寒武系不同类型白云石显微照片

（据王小林等，2009）

a—含云灰岩中的斑状白云石，白云石沿缝合线分布，在缝合线交叉处白云石呈云斑状分布（沙 88 井，O_1y，6102.64 m）；b—具雾心亮边结构的白云岩，白云石呈自形，颗粒小于 100 μm，具有明显的雾心亮边结构（古隆 1 井，O_1p，6455.20 m）；c—具镶嵌结构的白云岩，白云石颗粒大小在几十微米至 200 μm 之间，呈半自形-他形镶嵌结构（沙 88 井，O_1p，6433.53 m）；d—重结晶白云岩，白云石呈自形-半自形，颗粒粗大，均大于 200 μm，后期重结晶作用显著（同 1 井，$∈_3Q$，3173.30 m）；e—成岩改造充填白云石，白云石颗粒粗大，具有分带性，正交镜下呈现波状消光，为鞍状白云石（同 1 井，$∈_3Q$，3183.02 m）；f—热液改造充填白云石，颗粒粗大，充填于孔隙中，由外而内充填物依次是白云石、方解石，白云石亦为鞍状白云石（古隆 1 井，O_1p，6534.10 m）。Dol—白云石；Cal—方解石；Ep—树胶

白云石化鞍状白云石多见于上寒武统以及中寒武统底部的沉积层序中，发育于粉晶白云岩中。与基质白云石界线清楚，差异明显。常为乳白色，多呈不规则团块型的鞍状白云石，晶面弯曲（图 1-2-246a），在正交光下波状消光。并有后期方解石发育圈；富铁鞍状白云石在上寒武统丘里塔格下亚群中较为常见，多发育在中-粗晶白云岩中；富铁富锰鞍状白云石可见于塔里木盆地北部的寒武系中，多发育在角砾状的中-粗晶白云岩中，与断层关系密切。颜色多为肉红色，呈齿状产出于白云岩的裂

隙以及裂缝扩大溶孔中(张军涛等，2011，2014)。

王小林等(2016)发现在塔里木盆地和田1井中寒武统岩芯的膏岩层中除硬石膏外，还发育一类原生白云石。和田1井位于中央隆起区的巴楚隆起区，发育一套蒸发台地相中的潟湖微相。含膏云岩段底部主要岩性从上往下依次为去白云岩化含云灰岩、致密微晶白云岩、与膏岩有关的原生白云石以及他形细晶白云岩。根据原生白云石与石膏相对含量以及产状的不同，可以将原生白云石分A、B两类。

[形貌特征] 去白云石化鞍状白云石与基质白云石界线清楚，差异明显。常为乳白色，多呈不规则团块型的鞍状白云石，晶面弯曲(图1-2-246a)，在正交光下波状消光。并有后期方解石发育。在背散射图像下，热水白云石晶体内部较为均一，边缘因发生去白云岩化作用，而表现为环带状(图1-2-246b)，与因Fe、Mn含量不同而形成的环带有所不同。晶体内部富含不规则状方解石包裹体，大小由几微米到十几微米不等。而晶体边缘基本不含方解石包裹体。

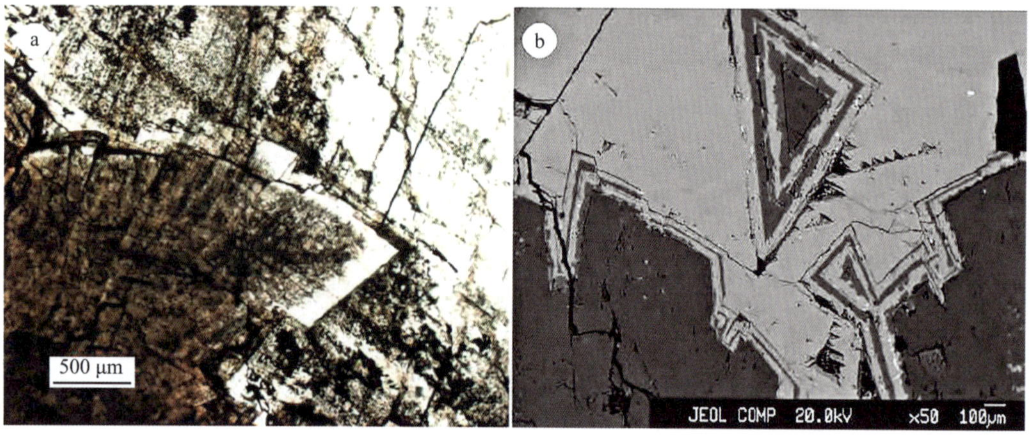

图1-2-246 塔里木盆地寒武系去白云石化鞍状白云石内部结构
(据张军涛等，2014)
a—鞍状白云石，具有弯曲的晶面，蓬莱坝剖面，上寒武统，显微照片；
b—鞍状白云石，具有去白云岩环带，蓬莱坝剖面，上寒武统，背散射照片

富铁鞍状白云石颜色多为乳白色或青灰色，呈齿状产出于白云岩的裂隙和溶孔中(图1-2-247a)。晶体一般为粗晶，甚至可达到巨晶。具有弯曲的晶面，在正交光下波状消光，呈现出鞍状白云石的特征。晶体一般具有“雾心亮边”结构，且发育一个加大边，与晶体内部迥异。其内部结构非常复杂，又可细分为内核、环带和外缘3部分(图1-2-247b)。在电子探针背散射图像中，3部分具有较大的差异。但也有部分白云石晶体发育得并不完整。晶体内核颜色较暗，富集白色方解石包裹体，呈星点状散布，形状不规则，大小不等，粒径一般几微米。晶体环带又可分为内环带和外环带。内外环带的差别主要体现在方解石包裹体含量上。内环带富含方解石包裹体，由暗色与亮色条纹相间而成。外环带则基本不含方解石包裹体，而夹有亮色细条纹的暗色层。外环带内的条纹结构较复杂，界线明显，且发育溶蚀边(图1-2-247b)。外缘是鞍状白云石晶体的最外层，无环带结构。内部较为均一，但也有部分外缘含方解石包裹体(图1-2-247b)。

在显微镜下，富铁富锰鞍状白云石呈现出鞍状白云石的特征：弯曲的晶面，在正交光下波状消光，明显的雾心亮边结构，且与基质白云石有明显的界线(图1-2-248a)。基质白云石类型多样，既可为粉晶，又可为中粗晶。电子探针背散射照片(图1-2-249)下显示，此类白云石晶体内部结构较前一种更为复杂。其中发育有多期多类型的条纹，呈现出“玫瑰花”状，可将其简单地分为内环带和外环带两部分。内环带含有少量的方解石包裹体，环带颜色较淡，条纹多且细，界线模糊不清，含方解石包裹体；而外环带，环带颜色较亮，条纹少且粗，往往只含有一条较粗的亮条纹，且亮暗界线明显。

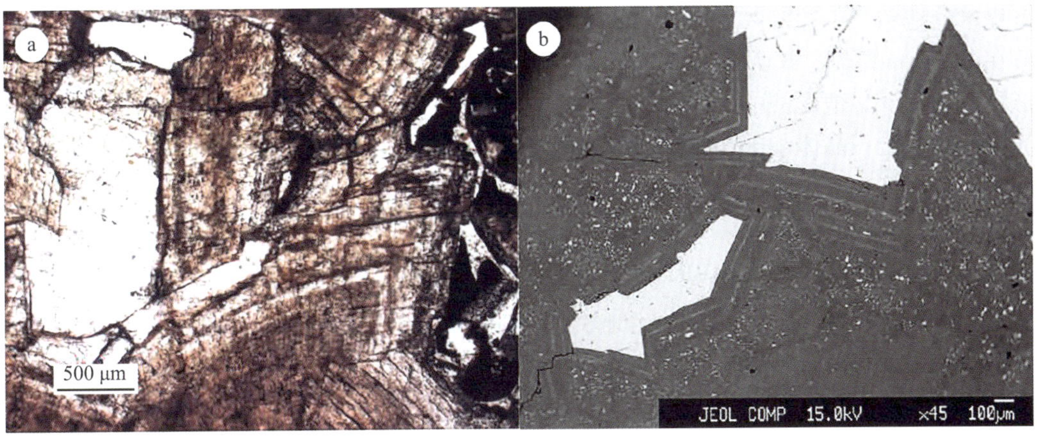

图 1-2-247　塔里木盆地寒武系富铁鞍状白云石内部结构

（据张军涛等，2014）

a—鞍状白云石，具有弯曲的晶面，同 1 井，上寒武统，显微照片；

b—鞍状白云石，具有富铁环带，同 1 井，上寒武统，背散射照片

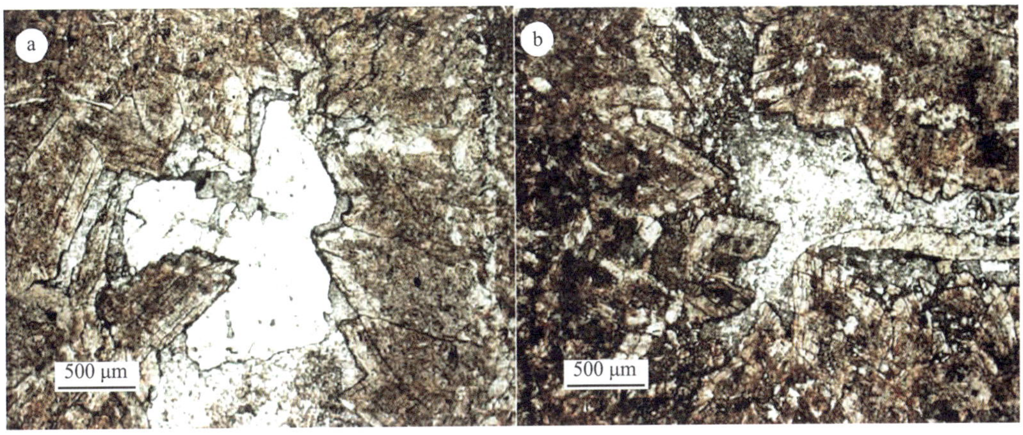

图 1-2-248　塔里木盆地寒武系富铁富锰鞍状白云石显微特征

（据张军涛等，2014）

a—孔隙内的鞍状白云石，具有雾心亮边结构，寒武系，大古 1 井；

b—孔隙内的鞍状白云石，具有雾心亮边结构，寒武系，大古 1 井

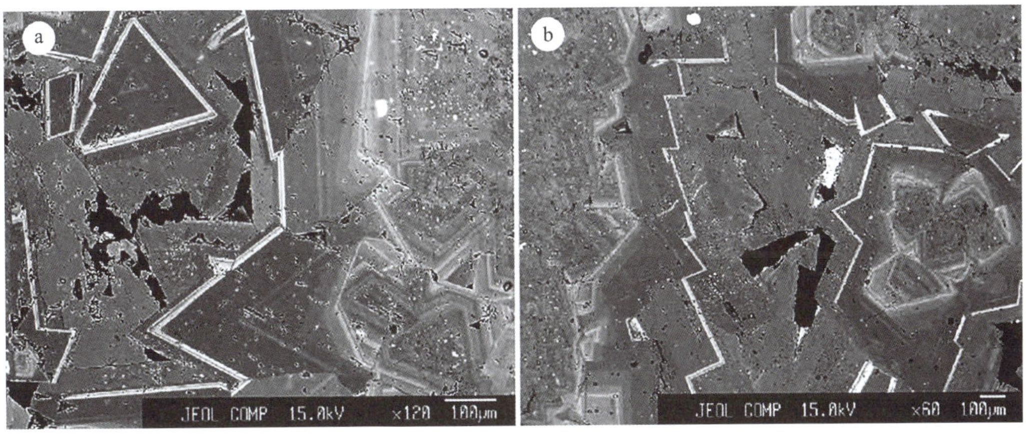

图 1-2-249　塔里木盆地寒武系富铁富锰鞍状白云石内部结构特征

（据张军涛等，2014）

a—大古 1 井上寒武统中的鞍状白云石；b—星火 2 井寒武系中的鞍状白云石

在塔里木盆地和田1井寒武系岩芯的膏岩层中发现的A类原生白云石，包裹在硬石膏内，晶体大小一般在3~5 μm之间；B类原生白云石的晶体较小，一般小于3~5 μm。两类原生白云石互层，白云石形状不规则，呈他形-次圆状，晶体大小一般小于5 μm，未发现任何灰质交代残余，指示了其原生沉淀成因。白云石晶体小于5 μm，并且呈他形，说明白云石经历的重结晶作用较弱，这也说明石膏层的存在，屏蔽了外来流体对原生白云石的影响，使得其原生结构特征得以保存。

［化学成分］ 主量元素特征：本区基质白云岩的Ca/Mg值在0.95~1.11之间，接近化学计量值白云岩。鞍状白云石的Ca/Mg值(0.97~1.28)要略高于基质白云石的Ca/Mg值(表1-2-255)。

表1-2-255 塔里木盆地寒武系鞍状白云石元素含量及Ca/Mg值

样品	CaO/%	MgO/%	Na/10^{-6}	Fe/10^{-6}	Mn/10^{-6}	Sr/10^{-6}	Ca/Mg
Dg1-12	54.97	37.37	119	29338	3904	118	1.24
Dg1-12	55.16	40.29	156	34798	4954	127	1.15
Dg1-12	54.22	41.62		38057	5056		1.09
Dg1-12	55.41	40.24	89	34969	4744		1.16
Dg1-12	56.27	43.90	223	132		212	1.08
Dg1-12	58.92	49.35	193	6907	93	228	1.00
Dg1-12	57.66	48.03	45	19110	187		1.01
Dg1-12	55.48	45.53	7	25091	894	76	1.02
XH1-4	56.62	40.48	275		280		1.18
XH1-4	57.43	46.80	82	972	187		1.03
XH1-4	56.99	46.02		7863	311		1.04
XH1-4	55.40	43.88	111	451	280		1.06
XH1-4	48.23	19.14	148	124172	2893		2.12
XH1-4	52.57	43.27	52	19950	3119		1.02
Shy1-1				428		203	1.19
Shy1-1			111	957			1.09
Shy1-2					480	102	1.08
Shy1-2				156	194	59	1.08
Shy1-3				187	256	17	1.08
Shy1-3				187	108		1.07
Shy1-3				132		322	1.09
Shy-1				319		330	1.15
Shy-1					341	279	1.17
Shy-1			89	404	54	296	1.15
Shy-2			7		31	8	1.00
Shy-2			111	132	287	186	0.97
Shy-2				319	225		0.97
Shy1-2				342	333	279	1.28
Shy1-2				241	85	127	1.17
T1-07-3	54.46	37.70		14140	194		1.10
T1-07-3	54.79	40.29	126	1104	194		1.04
T1-07-3	55.74	39.52	111	93	85	51	1.08
T1-07-14	61.24	33.77	67	264	31	51	1.38
T1-07-14	57.28	36.92	163	3500	85	347	1.18

续表

样品	CaO/%	MgO/%	$Na/10^{-6}$	$Fe/10^{-6}$	$Mn/10^{-6}$	$Sr/10^{-6}$	Ca/Mg
T1-07-27	55.52	39.22	349	342	899		1.08
T1-07-27	53.52	33.83	215	35700	77		1.21
T1-07-16	53.04	37.25	45	44886	411	42	1.20
T1-07-16	58.58	41.31	52	86		127	1.19
T1-07-32	56.67	38.40	148			254	1.05
T1-07-32	55.24	38.27	37	7031	93		1.03
T1-3-8	58.21	38.65	22	358		254	1.08
T1-07-8	55.69	38.99	45	109	434	330	1.02
T1-07-8	52.56	35.81	260	29548	852	245	1.05
T1-07-11	54.84	30.53		43190	1216	51	1.28
T1-07-11	54.85	38.10	67	723	449		1.03
T1-07-14	57.94	36.91	37		248	127	1.20
T1-07-14	60.14	34.42	126	124	108	17	1.33
T1-07-27	55.90	38.80		412	85		1.10
T1-07-16	57.97	41.79	304		124	68	1.17
T1-07-8	55.46	39.86	22		287	195	0.99
T1-07-26	54.06	37.71		12227		296	1.02
T1-07-32	55.22	38.59	67	5476	674	186	1.02

注：数据引自张军涛等(2014)。

去白云石化鞍状白云石充填物 Fe 含量在 132~428 μg/g 之间，仅有一个测点的 Fe 含量较高，为 957 μg/g。基质白云石的 Fe 含量略低于白云石充填物，分布于 54~373 μg/g 之间。Mn 在白云石充填物内为 31~480 μg/g，基质白云石的 Mn 含量比鞍状白云石略低，范围在 85~364 μg/g。而方解石中的 Mn 含量也相对较低，范围在 54~651 μg/g。

富铁鞍状白云石的 Ca/Mg 值(0.99~1.38)，内核的值在 0.99~1.33 间，环带的值在 1.02~1.38 间。晶体内部的亮环带主要是由于较高的 Fe 含量引起的，最高可达 44886 μg/g，而 Mn 含量相对于其他增加值并不明显，最高值为 1216 μg/g。

富铁富锰鞍状白云石有一个显著特征：具有较高的 Fe 和 Mn 含量，测点中位于晶体的外环带亮条纹上 Fe 含量的最高值可达 124172 μg/g，大部分测点范围在 19950~38057 μg/g，而内环带 Fe 含量在 6907~25091 μg/g；Mn 含量最高值可达 5056 μg/g，位于晶体的外环带亮条纹上，外环带的含量范围在 2893~5056 μg/g，Fe、Mn 也均为 3 种白云石充填物中的最高值。而电子探针线分析(图 1-2-250)也显示出，这种成分分布在晶体内部的差异性，最高的 Fe 和 Mn 含量集中分布于晶体的外环带的亮条纹中，而内环带则普遍具有相对较高的 Fe 含量，而 Mn 含量与晶体内部并无太大区别，与基质基本一致。而基质白云石以及白云石充填物边缘的 Fe 和 Mn 含量都很低。

由和田 1 井中寒武统两类原生白云石电子探针分析结果(表 1-2-256)，可以看出，A 类白云石具有较高的 $n(Mg)/n(Ca)$ 值，其值位于 0.90~1.03 之间，平均值为 0.96，接近化学计量白云石；B 类白云石 $n(Mg)/n(Ca)$ 值稍低，从 0.84 到 0.97 不等，平均值为 0.90。因此，A 类白云石较 B 类白云石具有较高的 $n(Mg)/n(Ca)$ 值，更为接近化学计量白云石。通常认为，在较低盐度环境下，白云石沉淀速率相对较慢，从而易于形成接近化学计量的白云石。所以，A 类白云石较 B 类白云石形成于相对低盐度的水体中。相比而言，B 类白云石 $n(Mg)/n(Ca)$ 值较低，说明其形成的水体具有相对高的盐度，硬石膏量很少，说明石膏沉淀阶段基本结束。石膏大量沉淀消耗了水体中的 Ca^{2+}，提高了水体的 $n(Mg)/n(Ca)$ 值，在这种较高的水体盐度与 $n(Mg)/n(Ca)$ 值条件下，白云石快速沉淀，形成晶体较小的、有序度差的白云石。

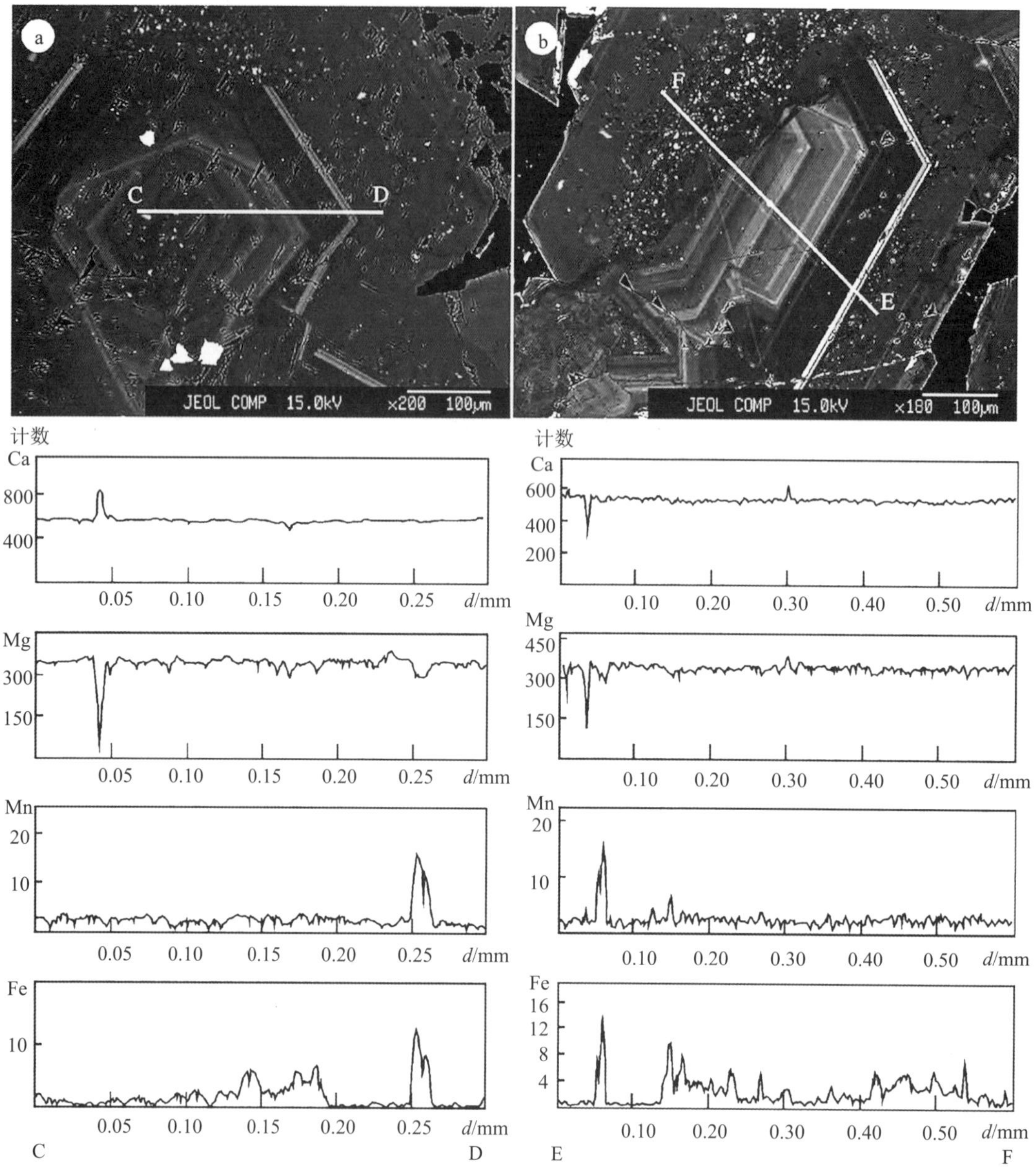

图 1-2-250　塔里木盆地寒武系富铁富锰鞍状白云石线分析图

（据张军涛等，2014）

a、b—鞍状白云石充填物，大古 1 井，寒武系，塔北地区

微量元素特征：如表 1-2-256 所示，和田 1 井中寒武统两类原生白云石均具有比较高的 Na_2O 含量，其中 A 类白云石 Na_2O 含量在 70~360 μg/g 之间，平均值为 160 μg/g；B 类白云石的 Na_2O 含量在 100~540 μg/g 之间，平均值为 319 μg/g。通常认为，正常海水环境中形成的白云石 Na_2O 含量在 110~160 μg/g 之间，与形成于正常海水环境的白云石相比，A、B 类白云石具有较高的 Na_2O 含量。高的 Na_2O 含量说明白云石形成于高盐度环境。

A 类白云石的 SrO 含量在 30~460 μg/g 之间，平均值为 270 μg/g；B 类白云石的 SrO 含量有两个点低于检测限，其余在 60~540 μg/g 之间，平均值为 218 μg/g（表 1-2-256，图 1-2-251）。据报道，蒸发环境中形成的同生白云石 SrO 含量在 500~700 μg/g 之间，而根据 Sr 在海水与白云石之间的分配关系，可以计算出与正常海水平衡的白云石的 SrO 含量，应在 470~550 μg/g 之间。因此，与现代白云石相比，A 类与 B 类白云石较低的 Sr 含量可能与白云石形成后的“净化”过程有关，也可能是天青石沉淀，消耗了大量的 Sr。

表 1-2-256　塔里木盆地和田 1 井中寒武统两类原生白云石元素组成的电子探针分析结果

	点号	Na_2O	K_2O	CaO	MgO	FeO	MnO	SrO	BaO	Al_2O_3	SiO_2	SO_3	总量	$\frac{n(Mg)}{n(Ca)}$
A 类原生白云石	1	140	1400	28.749	20.733	3070	—	70	—	5010	67470	2620	57.46	1.01
	2	70	700	30.514	19.721	260	—	240	—	2920	14970	1290	52.273	0.90
	3	140	2120	28.011	20.53	5360	20	190	—	16090	42440	1640	55.341	1.03
	4	100	830	31.169	21.007	610	120	460	—	780	2030	1120	52.781	0.94
	5	360	1930	31.58	21.009	2110	150	300	—	4010	16070	1440	55.226	0.93
	6	70	1490	31.211	20.815	2080	180	380	240	3720	16970	1620	54.701	0.93
B 类原生白云石	1	430	1570	33.475	20.098	2370	30	60	950	2750	13210	1190	55.829	0.84
	2	100	830	31.92	20.223	2530	200	160	—	1750	10030	950	53.798	0.89
	3	540	750	33.065	20.585	710	90	260	240	430	14660	30	55.395	0.87
	4	180	3800	28.921	19.438	500	200	310	230	9610	92180	1920	59.702	0.94
	5	150	620	32.39	19.391	1280	270	540	—	320	2240	640	52.387	0.84
	6	340	220	31.852	19.854	160	100	70	350	320	920	2510	52.205	0.87
	7	540	380	31.779	21.101	1820	150	70	940	740	1200	160	53.48	0.93
	8	320	850	32.908	20.185	2200	200	240	470	1710	910	690	53.852	0.86
	9	80	1580	30.584	19.734	1920	580	250	—	1820	10430	1220	52.048	0.90
	10	460	4200	30.049	20.383	3410	—	—	—	9280	32820	330	55.525	0.95
	11	370	1160	30.247	20.878	3430	—	—	—	1120	9140	520	52.699	0.97

注：数据引自王小林等(2016)。“—”表示元素含量低于检测限；CaO、MgO、总量单位均为%；其他单位均为 μg/g。

两类白云石均具有较高的 FeO 和 MnO 含量，各有两个点的 MnO 含量低于检测限。A 类白云石的 FeO 和 MnO 含量变化范围分别是 260~5360 μg/g、20~180 μg/g，平均值分别为 2250 μg/g 和 120 μg/g。B 类白云石 FeO、MnO 含量变化范围分别是 160~5000 μg/g、30~580 μg/g，平均值分别为 2257 μg/g 和 202 μg/g。

稀土元素特征：本区碳酸盐岩微区 REE 分析结果见表 1-2-257。由此可见，白云石∑REE 比海水要高出 3 个数量级，甚至更高，表明碳酸盐类矿物在沉淀过程中具有较高的 REE 配分系数。海水标准化后，LREE/HREE 远大于 1，具有显著的轻稀土富集特点，说明在白云石或方解石形成过程中，优先富集轻稀土元素。Ce 含量相对较高，并且与∑REE 呈很好的正相关关系，决定系数 $R^2=0.989$（图 1-2-252），Ce_{SWN} 与 $\sum REE_{SWN}$ 之间也具有类似的线性关系，$R^2=0.976$。因此，可以利用 Ce_{SWN} 含量来大致反映∑REE 的富集程度。与硅酸盐矿物相比，∑REE 含量普遍较低，90%以上的数据低于 20 μg/g，仅个别达近 60 μg/g(图 1-2-252)，并且 REE_{SWN} 配分曲线特征类似(图 1-2-253)，说明样品未受粘土矿物等杂质的影响。

表 1-2-257　塔里木盆地下古生界碳酸盐岩微区 REE 分析结果($w_B/10^{-6}$)

样品	La	Ce	Pr	Nd	Sm	Eu	Gd	Tb	Dy	Ho	Er	Tm	Yb	Lu	∑REE
S88-4-1.1(Lim)	0.41	3.39	0.61	0.47	0.48	0.30	0.17	0.14	0.12	0.12	0.08	—	0.10	0.07	6.46
S88-4-1.2(ICC)	1.09	8.07	1.23	0.94	0.87	0.59	0.40	0.35	0.30	0.25	0.18	0.19	0.25	0.19	14.91
S88-4-4.1(D)	0.65	5.21	0.970	0.86	0.92	0.73	0.51	0.51	0.42	0.30	0.23	0.16	0.14	0.12	11.73
S88-4-5.1(D)	0.64	5.13	0.90	0.78	0.82	0.58	0.56	0.49	0.36	0.23	0.19	0.13	0.15	0.13	11.10
S88-21-2.1(D)	1.00	6.60	1.15	1.01	0.88	0.82	0.61	0.49	0.41	0.20	0.21	0.26	0.16	0.16	13.94
S88-21-2.2(D)	2.11	15.07	2.65	2.11	2.08	1.59	1.03	0.96	0.73	0.43	0.38	0.39	0.46	0.34	30.32
S08-21-3.1(ICC)	1.73	11.44	1.98	1.70	1.59	1.27	0.88	0.82	0.66	0.44	0.42	0.31	0.45	0.27	23.96

续表

样品	La	Ce	Pr	Nd	Sm	Eu	Gd	Tb	Dy	Ho	Er	Tm	Yb	Lu	ΣREE
S88-33-1.1(D)	0.44	4.48	0.75	0.73	0.78	0.76	0.35	0.45	0.27	0.20	0.16	0.24	0.19	0.14	9.93
S88-33-2.1(C)	0.30	3.01	0.52	0.45	0.47	0.35	0.28	0.30	0.26	0.13	0.09	0.08	0.11	0.08	6.45
S88-33-2.2(R)	0.49	4.49	0.77	0.64	0.66	0.50	0.33	0.36	0.26	0.17	0.15	0.15	0.17	0.10	9.24
S88-52-1.1(C)	1.20	2.29	0.22	0.84	0.14	0.03	0.13	0.03	0.16	0.03	0.06	0.01	0.07	0.01	5.21
S88-52-1.2(R)	1.92	3.77	0.35	1.35	0.26	0.04	0.25	0.02	0.10	0.01	0.06	—	0.06	—	8.20
S88-52-2.2(R)	2.12	4.34	0.41	1.42	0.28	0.07	0.28	0.03	0.17	0.04	0.10	—	0.10	—	9.36
S88-52-3.1(C)	1.02	2.21	0.23	0.92	0.15	0.05	0.21	0.02	0.16	0.03	0.09	0.01	0.08	—	5.20
S88-52-3.2(R)	2.07	4.17	0.40	1.62	0.27	0.07	0.28	0.03	0.15	0.03	0.07	—	0.10	0.01	9.26
S88-52-4-1(C)	1.17	2.32	0.23	0.90	0.16	0.04	0.13	0.02	0.16	0.04	0.09	0.01	0.12	0.01	5.41
S88-52-4-2(R)	2.20	4.24	0.42	1.62	0.24	0.07	0.23	0.03	0.16	0.05	0.12	0.01	0.10	0.02	9.50
S88-52-5.1(C)	0.96	1.85	0.17	0.67	0.14	0.03	0.10	0.03	0.14	0.04	0.09	0.01	0.07	0.01	4.31
S88-52-5.2(R)	1.95	3.68	0.35	1.45	0.21	0.06	0.23	0.03	0.20	0.03	0.06	—	0.11	0.01	8.36
S88-61-1.1(C)	0.14	1.25	0.23	0.22	0.25	—	0.10	0.15	0.11	0.05	—	—	—	0.08	2.57
S88-61-1.2(R)	0.15	1.18	0.20	0.16	—	—	—	0.13	0.07	0.05	—	—	—	—	1.94
S88-61-2.1(D)	0.14	1.16	0.18	0.16	0.22	—	0.10	0.14	0.07	0.05	0.05	0.08	—	—	2.36
S88-61-4.1(C)	0.16	1.29	0.25	0.19	0.15	—	—	0.08	0.05	0.03	0.04	—	0.06	0.06	2.35
S88-61-4.2(R)	0.16	1.23	0.21	0.14	0.18	0.14	—	0.10	0.05	0.04	0.03	—	—	0.06	2.34
S88-65-1.1(CV)	1.60	17.67	3.31	2.93	2.84	1.65	1.50	1.23	0.83	0.53	0.41	0.34	0.29	0.17	35.31
S88-65-2.1(CV)	2.97	29.43	5.12	4.46	4.33	2.74	2.21	1.83	1.33	0.89	0.66	0.60	0.62	0.35	57.55
S88-65-3.1(D)	0.39	3.51	0.61	0.56	0.33	0.28	0.28	0.24	0.19	0.13	0.13	0.10	0.11	0.09	6.97
S88-65-4.1(D)	0.50	4.25	0.80	0.75	0.73	0.44	0.37	0.34	0.29	0.21	0.16	0.14	0.21	0.16	9.35
S88-65-5.1(D)	0.47	3.75	0.60	0.58	0.55	0.46	0.30	0.31	0.26	0.14	0.14	0.14	0.13	0.09	7.90
T1-8-2.1(C)	0.25	0.45	0.05	0.22	—	0.03	—	—	—	0.01	—	—	—	—	1.00
T1-8-2.2(R)	2.22	6.10	0.79	3.23	0.61	0.11	0.43	0.04	0.29	0.05	0.09	0.02	0.07	—	14.04
T1-8-4.1(C)	0.20	1.50	0.25	0.26	0.23	0.20	0.10	0.12	0.08	0.06	0.06	0.09	—	0.05	3.19
T1-8-4.2(R)	0.43	5.49	1.18	1.15	1.48	1.11	0.76	0.83	0.58	0.40	0.33	0.28	0.21	0.17	14.40
T1-9-2.1(C)	0.21	1.80	0.30	0.25	0.28	0.18	0.16	0.15	0.13	0.08	0.04	0.10	0.08	0.07	3.83
T1-9-2.2(R)	0.34	2.82	0.43	0.37	0.30	0.22	0.18	0.15	0.11	0.11	0.09	0.06	0.06	0.06	5.31
T1-9-3.1(C)	0.82	1.59	0.18	0.72	0.15	0.04	0.13	0.03	0.14	0.02	0.07	0.01	0.05	—	3.95
T1-9-3.2(R)	1.11	2.20	0.23	0.78	0.12	0.03	0.13	0.02	0.12	0.02	0.06	0.01	0.08	—	4.89
T1-10-1.1(R)	0.09	0.78	0.11	0.09	—	—	—	—	—	0.04	—	—	—	0.06	1.17
T1-10-1.2(R)	0.18	1.33	0.22	0.17	0.19	—	—	—	0.09	0.06	0.05	—	—	—	2.29
T1-10-1.3(C)	0.15	1.49	0.29	0.24	0.18	—	0.10	0.15	0.14	0.09	0.07	—	—	—	2.90
T1-10-2.1(R)	0.17	1.38	0.21	0.19	—	—	0.16	0.10	0.08	0.06	0.07	—	—	—	2.43
T1-10-2.2(C)	0.35	3.37	0.59	0.50	0.46	0.36	0.30	0.27	0.22	0.12	0.11	0.13	0.11	—	6.89
G1-2-1.1(C)	1.35	11.51	1.92	1.69	1.69	1.27	0.90	0.98	0.75	0.51	0.37	0.38	0.34	0.28	23.93
G1-2-1.2(R)	0.54	4.51	0.77	0.65	0.49	0.370	0.31	0.35	0.19	0.15	0.12	0.10	0.13	0.06	8.75
G1-2-4.1(C)	1.54	12.14	2.08	1.86	1.53	1.13	1.01	1.00	0.75	0.56	0.42	0.44	0.41	0.26	25.12
G1-2-4.2(R)	0.59	5.12	0.89	0.77	0.82	0.54	0.48	0.42	0.30	0.22	0.16	0.19	0.20	0.111	10.80
G1-7-1.1(C)	0.30	2.73	0.41	0.44	0.44	0.31	0.22	0.24	0.17	0.10	0.09	0.07	0.06	0.04	5.62
G1-7-1.2(R)	0.57	1.58	1.05	0.11	0.08	0.85	0.00	0.04	0.00	0.02	—	—	—	—	4.30

续表

样品	La	Ce	Pr	Nd	Sm	Eu	Gd	Tb	Dy	Ho	Er	Tm	Yb	Lu	ΣREE
G1-7-2.1(D)	2.68	0.29	1.06	0.24	0.29	0.19	0.03	0.18	0.04	0.10	0.01	0.09	0.01	—	5.22
G1-7-3.1(C)	1.37	0.16	0.59	0.12	0.03	0.14	0.02	0.12	0.02	0.07	0.01	0.05	—	—	2.68
G1-7-3.2(R)	0.19	0.23	0.02	0.09	0.06	—	—	—	—	—	0.02	—	—	—	0.61
G1-7-4.1(C)	0.25	0.37	0.04	0.19	—	—	—	—	—	—	—	—	—	—	0.86
G1-7-4.2(R)	0.17	0.32	0.04	0.12	—	0.02	—	0.01	—	—	0.03	0.01	0.04	—	0.75

注：数据引自王小林等(2009)。“—”表示低于检测限；Lim 代表灰岩；D 代表白云石；ICC 代表晶间方解石；CV 代表方解石脉；C 代表白云石核部；R 代表白云石边部。

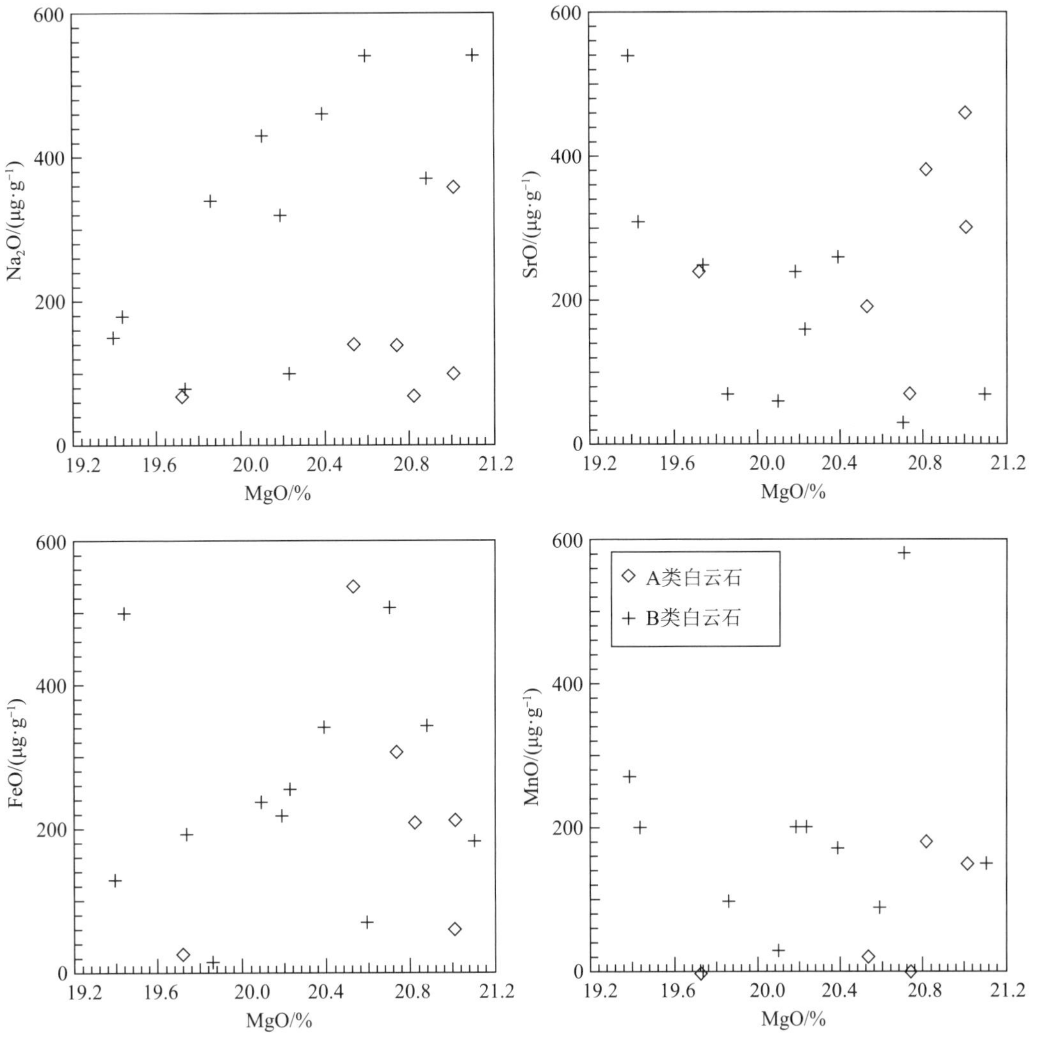

图 1-2-251 塔里木盆地和田 1 井中寒武统两类原生白云石的 Na_2O、FeO、MnO、SrO 与 MgO 含量投点图

(据王小林等，2016)

同位素特征：去白云石化鞍状白云石的氧同位素值远低于基质白云石的 $\delta^{18}O$ 值，在-12.3‰~-10.1‰之间(仅有一个值为-7.7)，基质白云石的 $\delta^{18}O$ 值在-7.8‰~-6.1‰之间。鞍状白云石和基质白云石的 $\delta^{13}C$ 差别不大，前者的值在-1.2‰~-0.3‰之间，后者的值在-1.4‰~-0.5‰之间。包裹体的均一温度主要分布在 87~140℃之间，多数集中于 90~130℃。鞍状白云石 $^{87}Sr/^{86}Sr$ 值在 0.708979~0.709038 之间，远低于基质白云石的 $^{87}Sr/^{86}Sr$ 值(0.709403~0.709438)(表 1-2-258)。

富铁鞍状白云石的氧同位素值在-9‰~-5‰(VPDB)之间，相较于基质白云石-7‰~-4.5‰

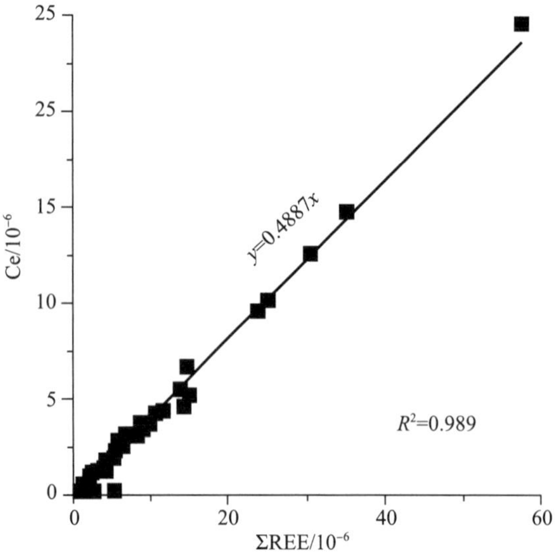

图 1-2-252　塔里木盆地下古生界碳酸盐岩∑REE 与 Ce 含量关系图

（据王小林等，2009）

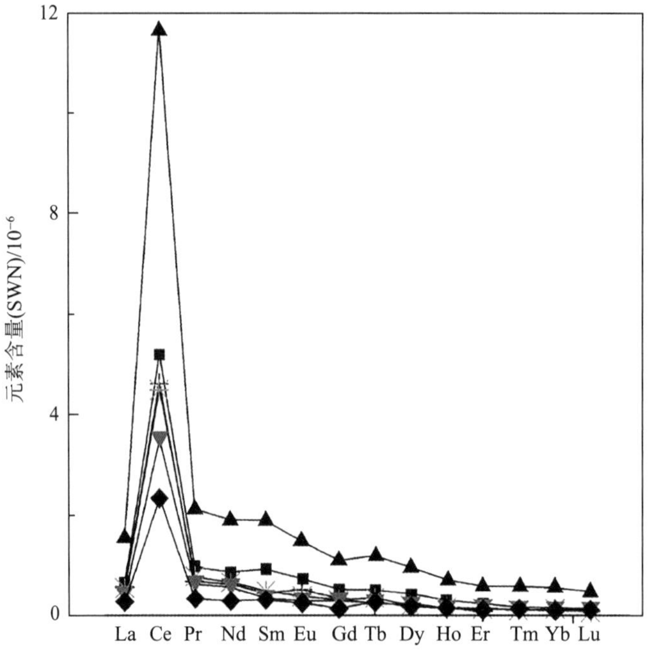

图 1-2-253　塔里木盆地下古生界碳酸盐岩部分样品 REE 配分特征

（据王小林等，2009）

(VPDB)略微偏负，包裹体均一温度分布于 100～150℃之间。鞍状白云石的锶同位素有很大的差异，$^{87}Sr/^{86}Sr$ 值在 0.708824～0.709391，低于基质白云岩，高于同期海水。

和田 1 井中寒武统致密微晶白云石与原生白云石的碳氧同位素组成见表 1-2-259 和图 1-2-254 所示。可以看出，所有样品 $\delta^{13}C_{PDB}$、$\delta^{18}O_{SMOW}$ 值均落在海相碳酸盐岩范围内，并且明显富集^{18}O。B 类原生白云石具有最高的 $\delta^{18}O_{SMOW}$ 值，说明其形成水体具有最高的盐度。从碳同位素组成上看，两类原生白云石 $\delta^{13}C_{PDB}$ 值接近，而致密微晶白云石 $\delta^{13}C_{PDB}$ 值最低，可达-1.8‰，但是 $\delta^{18}O_{SMOW}$ 值与其他两类白云石相差不大，排除了大气淡水参与下的混合水白云岩化成因。较低的 $\delta^{13}C_{PDB}$ 值可能由于生物呼吸作用释放大量贫^{13}C 的 CO_2，从而导致沉淀白云石的水体富含贫^{13}C 的 CO_3^{2-}，形成的白云石也就具有低的 $\delta^{13}C_{PDB}$ 值。

表 1-2-258 塔里木盆地寒武系去白云石化鞍状白云石$^{87}Sr/^{86}Sr$数据

实验室分析号	样品号	$^{87}Sr/^{86}Sr$	2σ
ZJT8	SHY2-6M	0. 709512	0. 000011
ZJT23	SHY1-7	0. 709004	0. 000011
ZJT24	SHY1-8	0. 708979	0. 000012
ZJT25	SHY1-4	0. 709038	0. 000011
ZJT26	SHY1-9M	0. 709425	0. 000015
ZJT27	SHY1-10M	0. 709424	0. 000013
ZJT28	SHY1-4C	0. 709403	0. 000012
ZJT29	SHY2-5M	0. 709438	0. 000011
ZJT30	SHY3-5M	0. 709504	0. 000012

注：数据引自张军涛等(2014)。

表 1-2-259 塔里木盆地和田 1 井中寒武统致密微晶白云石与原生白云石碳氧同位素组成

描述	MD	MD	MD	MD	MD	MD	A	A	B	B	B	B
$\delta^{13}C_{PDB}/‰$	-1. 8	-1. 8	-1. 8	-1. 8	-1. 8	-1. 8	0. 1	0. 4	-0. 5	-0. 5	-0. 5	0. 2
$\delta^{18}O_{白云石\text{-}SMOW}/‰$	24. 8	25. 0	24. 7	24. 7	25. 1	25. 0	24. 5	24. 8	25. 0	25. 2	25. 7	24. 9
$\delta^{18}O_{水\text{-}SMOW}/‰$	-5. 1	-4. 8	-5. 2	-5. 2	-4. 7	-4. 8	-5. 4	-5. 1	-4. 8	-4. 6	-4. 2	-4. 9

注：数据王小林等(2016)。MD 表示致密微晶白云石；A、B 分别表示 A 类、B 类原生白云石。

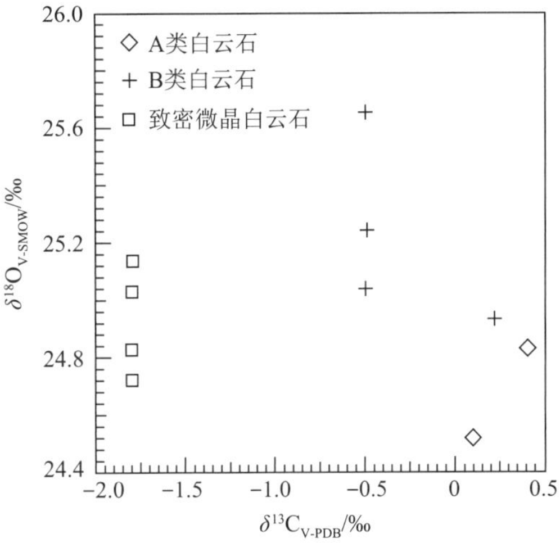

图 1-2-254 塔里木盆地和田 1 井中寒武统白云石碳氧同位素组成

(据王小林等，2016)

[成因意义] 鞍状白云石形成于较高的温度中。本区三类鞍状白云石形成于不同的环境中，其形成流体的性质也存在很大的差异。去白云石化鞍状白云石可能与寒武系层内流体有一定关系，富铁环带和富铁锰环带白云石都受到了与断裂相关流体的影响，而富铁锰环带的形成流体深度可能更深。

(53)塔里木盆地中央隆起区上寒武统—下奥陶统白云岩储层中的白云石

[产地、产状及共(伴)生矿物] 塔里木盆地中央隆起区下奥陶统—上寒武统发育一套厚达千米的白云岩层系，在这套白云岩中已发现了塔中 162 井等油气藏。这套白云岩储层中的白云石通常与方解石、石英等矿物共生。其中，白云石、方解石、白云石-石英和白云石-方解石是最为常见的共生矿物组合。在白云石-方解石，以及白云石-石英等的矿物组合中，白云石通常为第一期充填物，而方解石和石英为后期充填物(张军涛等，2008；何湉等，2013)。

［**形貌特征**］ 按白云石的晶体形态特征，本区内白云岩中白云石充填物可分为菱形白云石和鞍状白云石两类(图 1-2-255 和图 1-2-256)。菱形白云石内部结构简单，较为均一；鞍状白云石内部结构较为复杂，由内核、环带和外缘 3 部分组成。菱形白云石形成于成岩作用的早期，成岩物质来源于残余的海水，其沉淀是一个相对稳定的过程，仅有部分后期富铁流体的掺入，从而形成了个别晶体的亮条纹。比较而言，鞍状白云石的形成则与断裂活动密切相关，其物质来源于热液运移过程中的白云石的溶解。鞍状白云石内部复杂的结构可能反映了断裂的幕式活动，在断裂活动初期，流体快速沉淀形成了鞍状白云石的内核，断裂活动高峰期，流体性质变化频繁，是晶体环带部分的生长期，而断裂活动后期，流体性质趋于稳定，形成了晶体的较为均一的外缘。

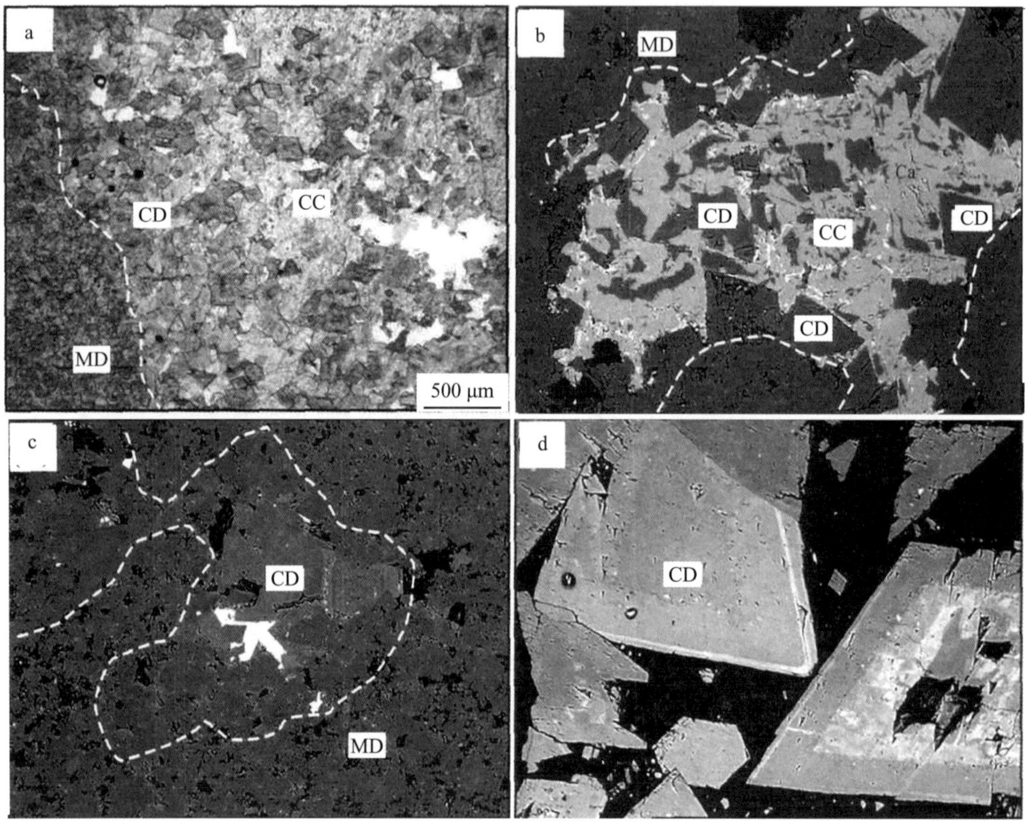

图 1-2-255 塔里木盆地中央隆起区下古生界典型储层白云石充填物的显微特征
(据张军涛等，2008)

a—菱形白云石，孔隙后又为方解石完全充填，中 1 井，上寒武统丘里塔格下亚群；b—菱形白云石后期被方解石交代，发生去白云岩化充填白云石被方解石交代，去白云岩化，e3q-47，柯坪隆起蓬莱坝剖面；c—菱形白云石晶体内部较为均一，边缘颜色较浅，后又为方解石完全充填，e3xq-56，柯坪隆起蓬莱坝剖面；d—晶体内部较为均一，晶体边缘呈含一条亮色的细条纹，个别晶体内部也为亮色，T1-07-3，同 1 井，上寒武统丘里塔格下亚群。CD—白云石充填物；MD—基质白云石；CC—方解石

何洧等(2013)按结构类型将塔里木盆地中央隆起带中下奥陶统白云岩的白云石划分为泥微晶白云石、粉-细晶自形-半自形漂浮状白云石、粉-细晶半自形-他形白云石、粉-细晶自形(环带)白云石、细-粗晶他形白云石和粗晶鞍形白云石。不同类型白云石的结构特征见表 1-2-260。

上述不同类型白云石的阴极发光特征有所差异(图 1-2-257)。泥微晶白云石在阴极射线下基本不发光(图 1-2-257a)，应属于同生或准同生期海水成岩环境的产物；粉-细晶自形-半自形漂浮状白云石在阴极射线下旋光性微弱，以暗红色为主，部分白云石可见环带结构，少量环带甚至发中等亮度红色光(图 1-2-257b)。说明其形成于浅埋藏阶段；粉-细晶半自形-他形白云石在阴极射线下旋光性为弱到中等，为暗红色到中等亮度红色。沿缝合线发育的斑状粉晶他形白云石发弱的旋光，常见暗红色光(图 1-2-253c)；粉-细晶自形(环带)白云石在阴极射线下发弱到中等的旋光，以暗红色光为主，但是溶孔边缘处有亮红色斑点，可能反映了大气水的影响；细-粗晶他形白云石旋光性较弱或不发光，以暗红色或不发光为主，部分旋光性较强的样品是岩石发生了白云石化作用以后，为构造抬升遭受表生岩溶改造的结果；粗晶鞍形白云石旋光性以发暗红色光为主(图 1-2-257d)，边缘见明亮环带。

表 1-2-260 塔里木盆地中央隆起中部中下奥陶统白云石结构类型及特征

结构类型	晶间关系	典型特征	形成环境	分布层位(典型井)	典型薄片特征	
泥微晶白云石	镶嵌接触	晶面污浊。晶体细小、半自形-他形。晶间泥质含量高	近地表	鹰山组(古隆 3 井)		古隆 3 井 6154. 9 m 鹰山组(-)
粉-细晶自形-半自形漂浮状白云石	不接触	晶面平直，污浊。部分晶体发育明亮环带	浅埋藏	鹰山组(中 15 井，巴开 1 井，中 19 井)	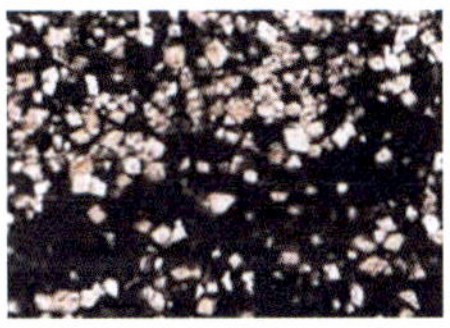	巴开 1 井 4304. 8 m 鹰山组(-)
粉-细晶半自形-他形白云石	线接触 镶嵌接触	晶面平直。晶面他形，部分晶体发育雾心亮边	浅-中埋藏	鹰山组(中 12 井，中 13 井，中 19 井)	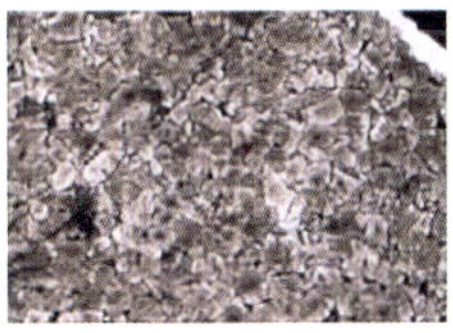	中 12 井 5611. 6 m 鹰山组(+)
粉-细晶自形(环带)白云石	点接触 线接触	晶面平直。多为菱形，部分晶体发育明亮环带	浅-中埋藏	鹰山组(中 13 井，中 19 井，中 15 井)	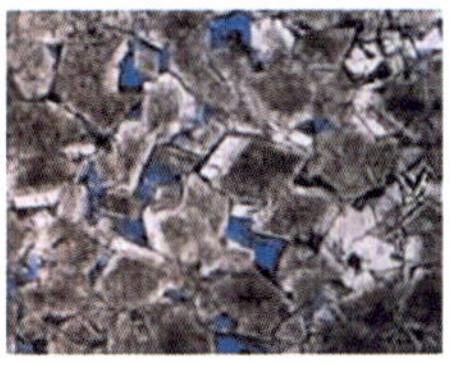	中 19 井 5526. 0 m 鹰山组(+)
细-粗晶他形白云石	镶嵌接触	晶面弯曲，污浊。晶体大小不一	中-深埋藏	鹰山组，蓬莱坝组(古隆 1 井，中 3 井，中 4 井)		中 4 井 3612. 8 m 蓬莱坝组(+)
粗晶鞍形白云石	镶嵌接触	晶体呈马鞍形。波状消光明显	深埋藏	鹰山组，蓬莱坝组(中 1 井，古隆 1 井)		古隆 1 井 6533. 3 m 蓬莱坝组(+)

注：数据引自何消等(2013)；“(-)”代表单偏光，“(+)”代表正交偏光。

[**化学成分**] 本区白云石的电子探针测试结果列于表 1-2-261 中。可以看出，菱形白云石的 Ca/Mg 多位于 1.10~1.18 之间，并且晶体内部的 Ca/Mg 值略低于晶体外部，与基质白云石 Ca/Mg 值基本相近，稍有降低；Ca/Mg 值在鞍状白云石晶体内也有差异，其中内核的 Ca/Mg 值最低，在 1.04~1.12 之间。外缘的 Ca/Mg 值略低于基质白云石，而环带的 Ca/Mg 值变化较大，在 1.06~1.18 中都有分布，这充分展示了鞍状白云石充填物形成过程的复杂性。

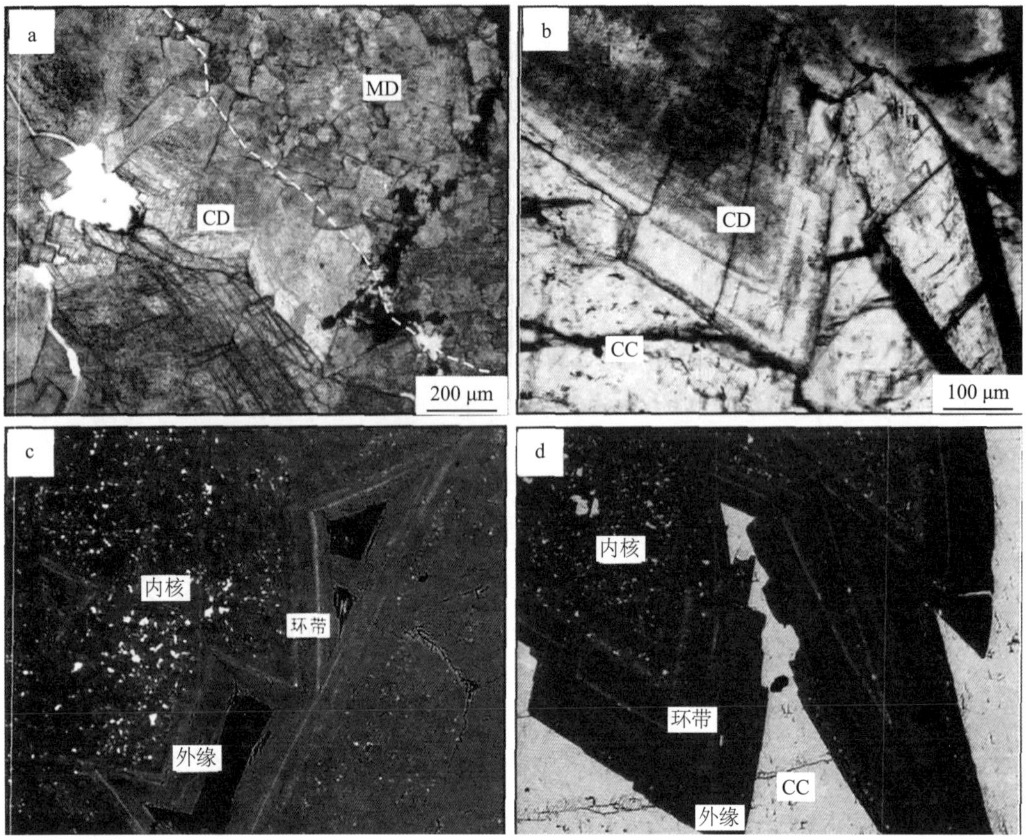

图 1-2-256　塔里木盆地中央隆起区上寒武统—下奥陶统白云岩储层中鞍状白云石的背散射图像
（据张军涛等，2008）

a—裂隙中发育的鞍状充填白云石，晶体多为粗晶-巨晶，与细晶的基质白云石具有明显的差异，O1p-94，柯坪隆起野外剖面，下奥陶统蓬莱坝组；b—为鞍状白云石在单偏光下的图像，晶面弯曲，波状消光，TO1-27，同1井，上寒武统丘里塔格下亚群；c—具环带结构的白云石，环带不均一生长，O1P-96a，柯坪隆起野外剖面，下奥陶统蓬莱坝组；d—为b的背散射的图像；在背散射电子像下晶体的内核与内环带对应于显微镜下晶体的雾心，晶体外环带与外缘分别对应于显微镜下晶体的亮边，晶面弯曲，具多期环带，溶蚀边。CD—白云石充填物；MD—基质白云石；CC—方解石

表 1-2-261　塔里木盆地中央隆起区白云岩储层中白云石充填物的地球化学数据

样品号	井号	深度/m	层位	CaO/%	MgO/%	FeO/%	MnO/%	BaO/%	SiO_2/%	总计/%	Ca/Mg	样品类型	
T1-07-3	同1井	3181.4	上寒武统	31.05	20.90	—	—	—	—	52.00	1.06	菱形白云石	
				31.02	20.90	—	0.01	—	0.01	52.01	1.06		
				30.50	19.75	1.82	0.03	0.16	—	52.28	1.10		
				30.68	21.11	0.14	0.03	—	—	52.02	1.04		
				31.22	20.70	0.01	0.01	—	0.01	52.01	1.08		
T1-07-7	同1井	3177.9	上寒武统	31.91	19.89	0.11	0.04	—	0.02	52.02	1.15	鞍状白云石	外缘
				31.09	19.56	1.42	0.04	—	—	52.23	1.14		环带
T1-3-8	同1井	3177.0	上寒武统	31.00	20.80	—	—	0.16	0.01	52.00	1.06	鞍状白云石	内核
				32.60	20.24	0.05	—	—	0.03	52.95	1.15		外缘
T1-07-11	同1井	3176.0	上寒武统	30.72	19.96	0.09	0.06	—	—	52.00	1.10	鞍状白云石	内核
T1-07-16	同1井	3173.5	上寒武统	30.97	20.89	—	0.02	0.04	0.01	52.02	1.06	鞍状白云石	内核
				28.34	18.61	5.77	0.05	0.04	0.01	52.84	1.09		内环带

续表

样品号	井号	深度/m	层位	CaO/%	MgO/%	FeO/%	MnO/%	BaO/%	SiO_2/%	总计/%	Ca/Mg	样品类型	
				31.08	20.73	—	0	—	—	52.02	1.08		外缘
				31.57	20.33	—	0.04	—	0.01	52.01	1.11		内环带
				31.30	20.65	0.01	—	—	0.02	52.00	1.09		内核
T1-07-27	同1井	3172.5	上寒武统	30.79	20.70	—	—	0.28	—	52.04	1.06	鞍状白云石	外缘
				31.09	20.54	0.04	0.06	—	0.03	52.03	1.08		环带
				28.97	18.72	4.59	0.01	—	0.03	52.47	1.10		内环带
Zh4-07-35	中4井	3612.5	上寒武统	30.32	21.07	—	0.04	—	—	52.00	1.03	菱形白云石	
				31.16	20.63	0.01	—	0.16	0.01	52.00	1.08		
Zh4-07-42	中4井	5812.7	上寒武统	32.23	20.63	—	0.04	—	0.03	52.97	1.11	鞍状白云石	外缘
				31.36	21.01	0.04	0.01	0.13	0.01	52.58	1.06		内核
				31.24	20.82	0.08	—	0.33	0	52.51	1.08		内核
Zh4-07-43	中4井	5811.6	上寒武统	31.51	20.30	0.05	0.01	0.06	0.02	52.00	1.11	鞍状白云石	内核
				32.57	19.71	003	0.04	—	0.02	52.40	1.18		环带
				30.48	20.23	1.25	0.05	0.03	0.01	52.10	1.08		环带
				31.77	20.10	0.06	—	—	0.01	52.00	1.12		环带
				31.80	20.04	0.02	—	—	—	52.01	1.14		外缘
Zh4-07-57	中4井	5969.3	上寒武统	30.68	21.08	0.03	—	0.16	0.02	52.01	1.04	鞍状白云石	内核
				31.65	20.18	0.04	0.05	—	0.03	52.02	1.12		外缘
				31.46	20.36	—	—	—	0.01	52.02	1.10		外缘
Olp-84	柯坪隆起蓬莱坝剖面		下奥陶统蓬莱坝组	31.30	20.34	—	0.02	—	0.02	52.01	1.10	菱形白云石	
				31.96	20.53	—	0.01	0.03	0.05	52.63	1.11		
				32.12	19.98	—	0.03	—	0.02	52.63	1.15		
				32.04	19.69	0.22	0.01	—	0.01	52.01	1.16		
				32.14	19.86	0.06	0.03	—	0.01	52.15	1.15	基质白云石	
O1p-95b	柯坪隆起蓬莱坝剖面		下奥陶统蓬莱坝组	30.42	21.23	0.04	0.09	—	0.05	52.75	1.12	基质白云石	
				31.27	20.93	0.03	0.04	—	—	52.30	1.06	鞍状白云石	内核
				28.92	22.84	—	—	0.06	0.02	51.99	0.90		外缘
E3q-56	柯坪隆起蓬莱坝剖面		上寒武统	31.66	20.12	0.09	0.01	—	0.03	51.51	1.12	基质白云石	
				30.38	20.31	0.17	0.01	0.16	0.02	52.00	1.06	菱形白云石	
				31.54	19.81	0.35	—	0.03	0.02	51.77	1.14		

注：数据引自张军涛等(2008)；成分含量为质量分数，Ca/Mg 为摩尔分数比值。

基质白云石中的 FeO 含量非常低，最高值仅为 0.09%。两类白云石充填物的 FeO 含量也有明显的不同(图 1-2-258)。MnO 在基质白云石和白云石充填物中，含量都较低。3 个基质白云石的 MnO 含量分别为 0.01%、0.03%和 0.09%。BaO 在基质白云石中含量非常低，多低于检测限。

同位素特征：下奥陶统不同类型的白云石样品的碳、氧、锶同位素分析结果如表 1-2-262 所示。可以看出，中下奥陶统白云石样品的 $\delta^{13}C$ 值和 $\delta^{18}O$ 值大致显示出微晶白云石→粉晶半自形-他形白云石→细晶自形(环带)白云石→中-粗晶他形白云石不断偏负的特征。白云石的 Sr 同位素组成基本与早奥陶世海水的 Sr 同位素组成范围是一致的，这说明基质白云石对海水 $^{87}Sr/^{86}Sr$ 值有明显的继承性，白云石的成因与海源流体关系密切，白云石化作用和成岩改造并未造成 $^{87}Sr/^{86}Sr$ 值的明显变化。

[成因意义] 综合对不同类型白云石的结构特征、碳氧锶同位素、阴极发光特征以及古地理背

单偏光　　阴极偏光

a. 泥微晶白云石，古隆3井6235.7 m，中下奥陶统鹰山组

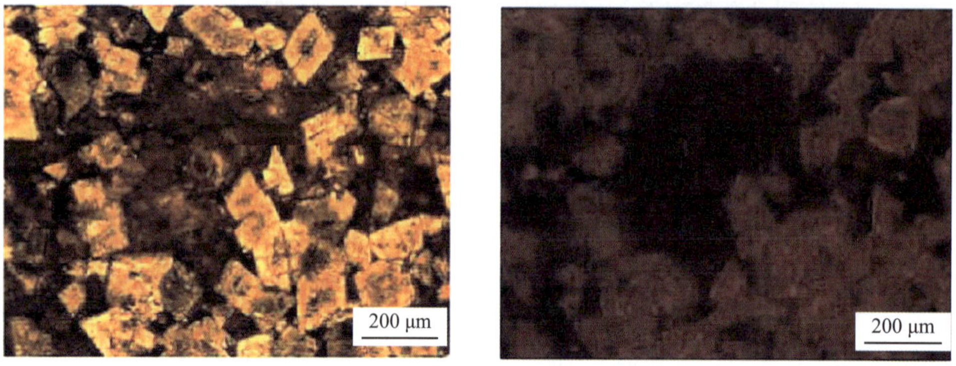

b. 粉-细晶自形-半自形漂浮状白云石，中15井5484.6 m，中下奥陶统鹰山组

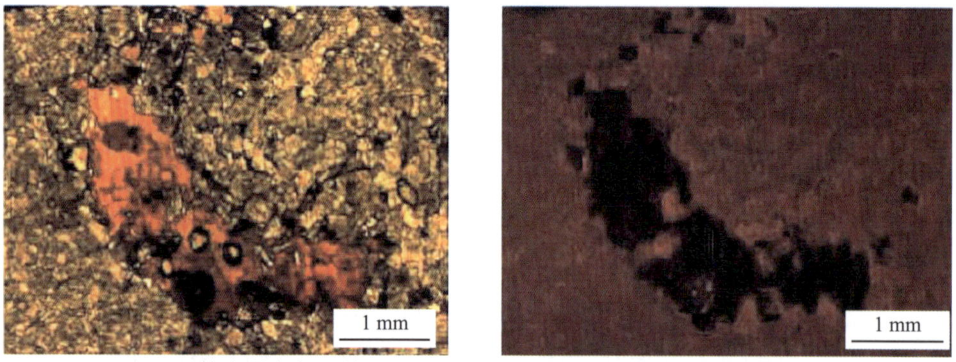

c. 粉-细晶半自形-他形白云石，中1井5370.9 m，中下奥陶统鹰山组

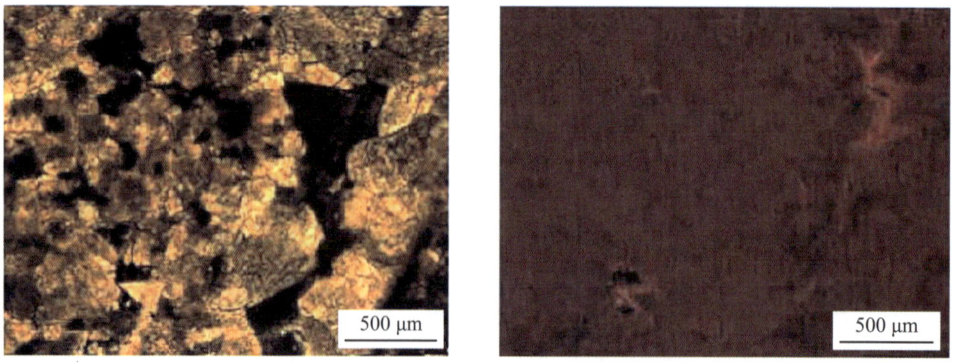

d. 粗晶鞍形白云石，中4井5813.55 m，下奥陶统蓬莱坝组

图 1-2-257　塔里木盆地中央隆起中部中下奥陶统白云石阴极发光特征及与单偏光特征的对比
（据何洧等，2013）

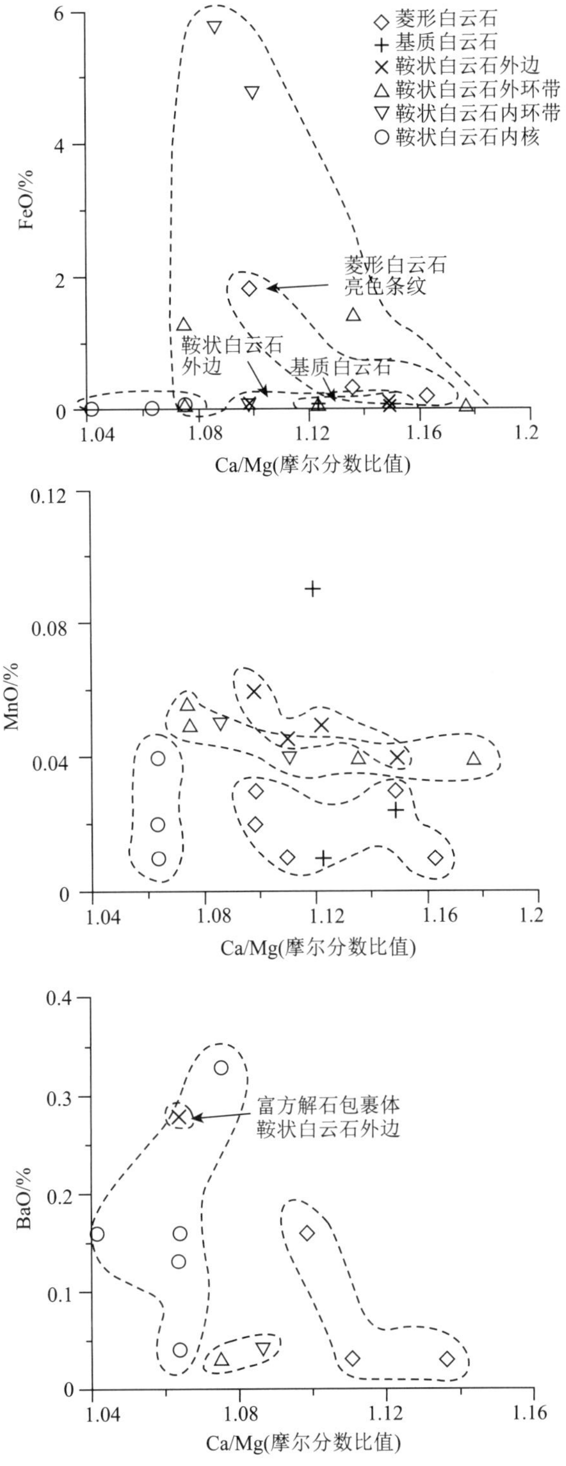

图 1-2-258 塔里木盆地中央隆起区上寒武统—下寒武统白云岩储层中白云石 FeO、MnO 和 BaO 含量与 Ca/Mg 交会图

（据张军涛等，2008）

景，中下奥陶统白云石的成岩作用，总体上以埋藏白云石化作用为主，准同生回流白云石化作用和热液白云石化作用次之。鞍形白云石的分布与断裂关系密切，通常在断层发育的井段分布，这类白云石对于白云石储集体具有明显的改造作用。

(54)台湾省古冷泉碳酸盐岩中的白云石

冷泉发现于 20 世纪 80 年代中期，是继洋中脊热泉之后的又一个地球科学领域的重大发现，它是指来自海底沉积界面之下的低温流体以喷涌或渗漏方式注入盆地，并产生系列的物理、化学和生物作用。在冷泉环境中甲烷的缺氧氧化作用被认为是一个基本的生物地球化学过程和碳循环的一个重要环节，而该作用是由甲烷氧化古菌和硫酸盐还原细菌共同新陈代谢作用的结果，形成了以方解石、文石和白云石为主的自生碳酸盐岩(Roberts et al.，1994；陈多福等，2002；卞友艳等，2014)。

表 1-2-262　塔里木盆地中央隆起中部中下奥陶统不同类型白云石碳氧锶同位素分析结果

白云石类型	样品数	$\delta^{13}C_{V-PDB}$/‰		$\delta^{18}O_{V-PDB}$/‰		$^{87}Sr/^{86}Sr$	
		范围	平均值	范围	平均值	范围	平均值
泥微晶白云石	2	-0.3~-0.2	-0.25	-5.3~-5.1	-5.2	0.708358~0.708362	0.708360
粉-细晶自形-半自形漂浮状白云石	1	-0.1	-0.1	-9.5	-9.5	0.708231	0.708231
粉-细晶半自形-他形白云石	11	-0.8~-0.5	-0.6	-10.7~-7.0	-8.7	0.707193~0.709028	0.708425
粉-细晶自形(环带)白云石	6	-1.1~-0.1	-0.5	-10.5~-5.8	-6.5	0.707895~0.711247	0.708722
细-粗晶他形白云石	5	-1.9~-1.2	-1.5	-7.6~-5.7	-6.8	0.707684~0.710705	0.708340
粗晶鞍形白云石	3	-5.1~-1.8	-3.1	-14.9~-14.4	-14.6	—	—
原始泥晶灰岩(比照样品)	2	-1.6~-1.4	-1.5	-8.8~-8.4	-8.6	0.708231	0.708231

注：数据引自张军涛等(2008)。

台湾省发育有含大量白云石为主的古冷泉碳酸盐岩。台湾高雄那玛夏村的晚中新世红花子地层中发育有宽 50 m、高 5 m 的丘状冷泉碳酸盐岩建隆，满月蛤(*lucinid*)化石发育，其中的管状、球状和蘑菇状碳酸盐岩的白云石含量为 16.64%~92.45%(Chen C W et al.，2012)。台湾大岗山地区的古冷泉碳酸盐岩也形成于晚中新世，6 个露头和 11 个钻孔岩芯中的碳酸盐岩均以白云石为主，只有少量的方解石，主要以白云质泥岩、白云石管状碳酸盐和大小不同的次棱角状和次圆形白云质中砾和细砾形态存在，该岩层横向长达 13 m，高度为 0.5~3.2 m，在露头中同样发育有大量满月蛤化石(Wang S W et al.，2006)。

(55)天津市千米桥地区奥陶纪白云岩中的白云石

[产地、产状及共(伴)生矿物]　千米桥地区位于天津市东南。区内发育奥陶系白云岩，分为泥晶白云岩、(含)残余颗粒白云岩、(含)膏质泥晶白云岩和粉晶白云岩，以前 3 种为主(蒋裕强等，2006)。

[形貌特征]　本区泥晶白云岩属于同生期白云岩，具泥晶-粉晶结构，其中白云石晶体一般小于 0.03 mm，块状构造，有时发育纹层理；粉晶白云岩则为早成岩期浅埋藏白云岩，其中白云石呈半自形粉晶，0.03~0.1 mm，多具雾心亮边现象，泥质含量较低，但常含云泥包体，因而使白云石晶体表面显得较污浊；白云石晶间多呈镶嵌接触。

[化学成分]　本区同生白云岩的有序度及碳、氧同位素特征见表 1-2-263。

表 1-2-263　天津市千米桥地区奥陶纪同生白云岩有序度和碳、氧同位素对比表

白云岩类	样品数	有序度	碳同位素 $\delta^{14}C_{PDB}$/‰	氧同位素 $\delta^{18}O_{PDB}$/‰
泥晶白云岩类	5	0.65~0.79	-0.09~0.11	-6.29~-5.53
	平均	0.73	0.03	-6.80
含膏质泥晶白云岩类	5	0.63~0.70	0.80~1.20	-7.80~-6.21
	平均	0.67	0.79	-5.84

注：数据引自蒋裕强等(2006)。

(56)西藏柴达木盆地西部 SG-1 钻孔中的白云石

[产地、产状及共(伴)生矿物]　柴达木盆地是位于青藏高原东北部的封闭断陷型盆地，SG-1 钻孔位于柴达木盆地西部的察汗斯拉图次级盆地。在 SG-1 钻孔中出现大量白云石和铁白云石，其含量范围分别为 0~44%、0~31%，二者分布不均匀，白云石主要分布在钻孔下部 500 m，而铁白云石主

要分布在下部的 418 m(王晓晓等，2020)。

[主要粉晶衍射数据] XRD 衍射数据中，白云石、铁白云石的判断依据主要是三强峰的出现(图 1-2-259 和图 1-2-260)。

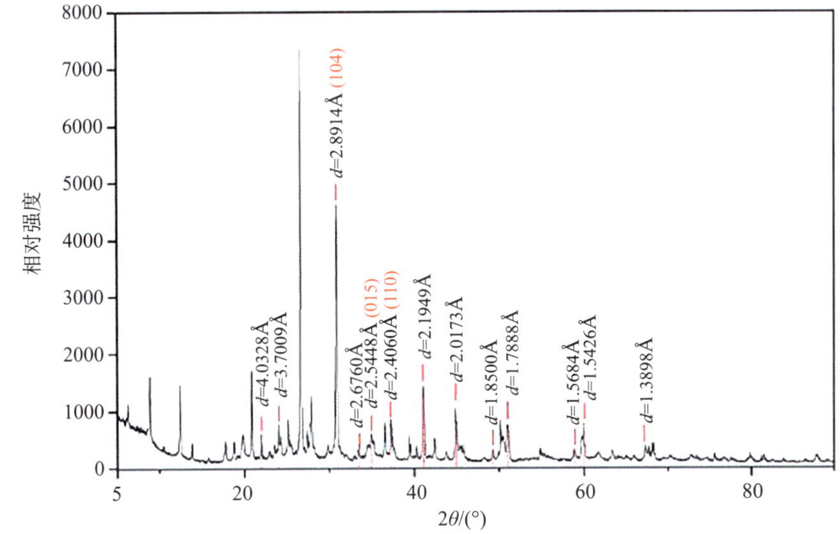

图 1-2-259　白云石 X 射线衍射图谱

(据王晓晓等，2020)

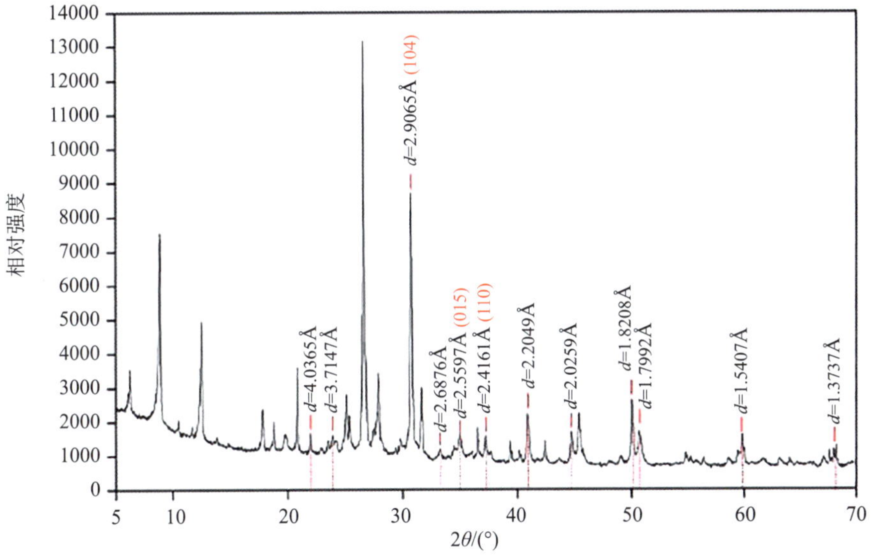

图 1-2-260　铁白云石 X 射线衍射图谱

(据王晓晓等，2020)

选取钻孔中白云石、铁白云石含量较高的样品进行白云石和铁白云石有序度的计算，如表 1-2-264 和表 1-2-265。白云石的有序度为 0.19~0.52，铁白云石的有序度为 0.40~0.99，白云石的有序度均较低且普遍低于铁白云石的有序度。可能是白云石中的部分 Mg 被 Fe 替代，导致 d_{104} 增高。

[成因意义] 在湖泊演化早期阶段形成。蒸发作用为白云石形成提供了足够高浓度的 Mg^{2+}，微生物的介导作用帮助 Mg^{2+} 克服障碍进入碳酸钙结构中，形成白云石晶体。低盐度环境如咸水湖环境(2.8~2.2 Ma、2.0~1.2 Ma)和早期盐湖环境(2.2~2.0 Ma)微生物作用强，白云石含量高，盐湖晚期阶段(1.2~0.1 Ma)微生物作用很弱，白云石含量很低。铁白云石是 Fe^{2+} 替代白云石中的 Mg^{2+} 形成的

次生矿物，Fe^{2+}有两种来源：深部热源和粘土矿物转换过程中的释放。Fe^{2+}进入白云石替代Mg^{2+}的过程主要是在无机、高温环境下完成的，但不排除微生物的介导作用。

表 1-2-264 西藏柴达木盆地西部 SG-1 钻孔白云石有序度

沉积环境	样品号	样品深度/m	d_{104}/Å	I_{015} 反射强度	I_{110} 反射强度	白云石有序度(δ)
盐湖（0~414 m）	SG-1-34.4	35.60	2.8848	249	550	0.45
	SG-1-54.4	56.33	2.8971	330	633	0.52
	SG-1-118.4	123.92	2.8957	173	934	0.19
	SG-1-307.4	314.70	2.8835	209	577	0.36
	SG-1-384.4	397.59	2.8987	384	1250	0.31
咸水湖（414~657 m）	SG-1-465.4	484.54	2.8864	494	1606	0.31
	SG-1-510.4	532.32	2.8941	408	1031	0.40
	SG-1-581.4	607.41	2.8881	531	1819	0.29
	SG-1-612.4	640.65	2.8942	497	1222	0.41
	SG-1-631.4	661.08	2.8942	521	1502	0.35
	SG-1-641.4	671.85	2.8880	427	1259	0.34
盐湖（657~723 m）	SG-1-678.4	711.58	2.8972	531	1153	0.46
	SG-1-710.4	745.78	2.8834	615	1671	0.37
咸水湖（723~938.5 m）	SG-1-770.4	811.05	2.8909	369	1808	0.20
	SG-1-804.0	848.00	2.8972	549	1582	0.35
	SG-1-817.4	863.54	2.8880	562	2064	0.27
	SG-1-860.0	913.13	2.8942	515	1114	0.46

注：数据引自李明慧等(2010)；Li M H et al.(2013)。

表 1-2-265 西藏柴达木盆地西部 SG-1 钻孔铁白云石有序度

沉积环境	样品号	样品深度/m	d_{104}/Å	I_{015} 反射强度	I_{110} 反射强度	铁白云石有序度(δ)
盐湖（0~414 m）	SG-1-48.4	50.08	2.8987	474	478	0.99
	SG-1-188.4	199.58	2.8988	284	859	0.33
	SG-1-238.4	240.56	2.8972	345	789	0.44
	SG-1-279.7	284.88	2.8998	502	960	0.52
	SG-1-329.4	338.40	2.9019	337	844	0.40
咸水湖（414~657 m）	SG-1-502.4	523.85	2.9003	279	492	0.57
	SG-1-509.4	531.26	2.9034	345	455	0.78
	SG-1-633.4	663.24	2.9065	645	718	0.90
盐湖（657~723 m）	SG-1-678.0	711.16	2.9915	514	629	0.82
	SG-1-707.4	742.58	2.8988	553	885	0.62
	SG-1-722.4	758.79	2.8957	504	906	0.56
咸水湖（723~938.5 m）	SG-1-768.4	808.85	2.9005	425	558	0.76
	SG-1-781.0	822.69	2.9034	471	566	0.83
	SG-1-804.4	848.47	2.9005	400	570	0.70
	SG-1-859.4	912.43	2.8987	448	529	0.85
	SG-1-879.0	935.46	2.8987	598	1416	0.42
	SG-1-878.4	934.75	2.9003	567	936	0.61

注：数据引自李明慧等(2010)；Li M H et al.(2013)。

(57)西藏羌塘盆地油藏白云岩中的白云石

[产地、产状及共(伴)生矿物] 羌塘盆地位于青藏高原中北部，为中国最大的中生代海相沉积盆地。盆地中央隆起带南侧的隆额尼-昂达尔错一线发现了东西长达 100 km，南北宽 20 km 的古油藏白云岩带，其孔隙度达 5%~15%。该区白云岩主要发育以下成岩组构类型：不等粒结构、雾心亮边结构、环边胶结和世代生长结构。白云岩矿物成分主要由白云石和方解石组成，白云石含量在 85%~95%之间。盆地南部中侏罗统布曲组白云岩类型主要包括粒屑白云岩和晶粒白云岩。粒屑白云岩由残余粒屑结构组成(图 1-2-261a)，粒屑类型主要包括鲕粒、内碎屑以及生物碎屑等，形态多呈球形或椭球形。晶粒白云岩中白云石自形程度较高，多呈菱面体，根据粒径大小可分为粉-细晶、细-中晶和中-粗晶 3 类。油藏带中-粗砂糖状白云岩中除发育雾心亮边白云石外，还广泛分布一类具有特殊形态的白云石晶体-鞍形白云石(刘建清等，2008a，2008b；2010；张帅等，2016)。

图 1-2-261　西藏隆鄂尼地区布曲组白云岩显微结构照片

(据张帅等，2016)

[晶体结构] 根据 X 衍射分析结果可看出，该区白云石有序度($S=I_{105}/I_{110}$)较高，其均值为 0.88，最大值为 1，最小值为 0.75(表 1-2-266)。$CaCO_3$ 摩尔分数($x(CaCO_3)/\% = 333.33 \times d_{104} - 911.11$)均值 51.255%，最大值 52.42%，最小值 50.51%。理想白云石的晶体化学式为 $CaMg(CO_3)_2$，其 $CaCO_3$ 摩尔分数为 50%。所以，本区白云石具有序度较高的特点，$CaCO_3$ 摩尔分数也接近化学计量的有序-完全有序白云石。由本区白云石有序度特征，可看出，该区白云石有序度总体较高，为交代成因，而非超盐水的准同生白云岩化作用形成。

[形貌特征] 一般为自形-半自形粒状，粗中细晶粒均有，不规则相间分布，晶棱多较平直。白云石呈雾心亮边结构，少量具环带构造。阴极发光显微镜下，白云石一般发暗橘红色光，亮边常发亮橘红色光，环带构造白云岩常呈暗橘红色-亮橘红色的交替变换(图 1-2-262)。

晶粒白云岩中白云石自形程度较高，多呈菱面体，根据粒径大小可分为 3 类。粉-细晶白云岩中白云石晶体以他形曲面为主，晶粒大小为 0.03~0.25 mm，常呈镶嵌结构，发育弥散状的晶间微孔

(图 1-2-261b)。细-中晶白云岩由自形-半自形白云石组成粒状镶嵌结构，晶粒大小为 0.1~0.5 mm，可见雾心亮边构造，晶间溶孔及溶孔、溶缝中可见方解石、沥青质充填(图 1-2-261c)。中-粗晶白云岩由晶粒大小为 0.25~1 mm 的白云石组成，晶体间多为凹凸接触，发育晶间孔隙和溶蚀缝洞(图 1-2-261d)。

表 1-2-266 西藏羌塘盆地油藏白云岩中白云石的有序度

样品号	岩性	d_{104}/Å	I_{015}	I_{110}	白云石有序度	$CaCO_3$ 摩尔分数/%	$MgCO_3$ 摩尔分数/%
ZRP-6	中细晶白云岩	2.88944	4.48	4.34	1	51.15	48.85
ZRP-8	细粉晶白云岩	2.88944	4.53	5.23	0.87	51.15	48.85
BP-12	粉细晶白云岩	2.88944	2.73	2.63	1	51.15	48.85
BP-14	中细晶白云岩	2.88754	2.16	2.87	0.75	50.51	49.49
YP-13	中细晶白云岩	2.88944	2.26	2.97	0.76	51.15	48.85
YP-15	细晶白云岩	2.89325	2.75	3.04	0.9	52.42	47.58

注：数据引自刘建清等(2010)。ZRP 为扎仁剖面；YP 为雅乃南剖面；RP 为巴格底加日剖面。

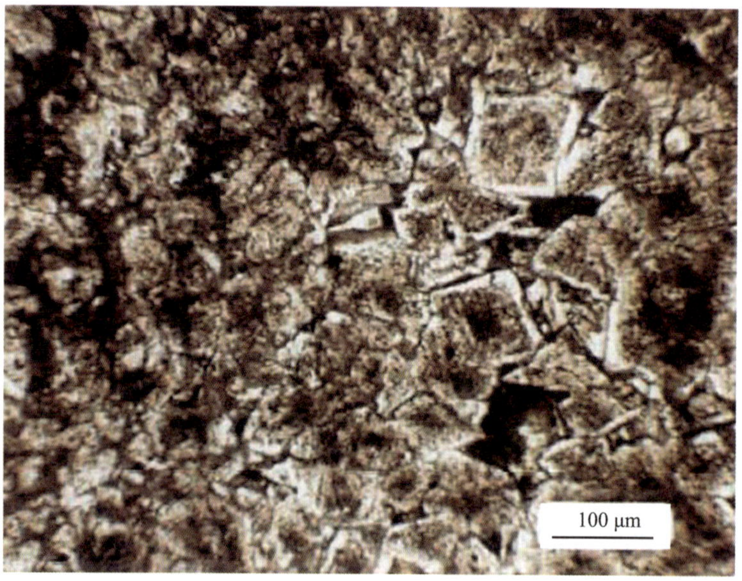

图 1-2-262 西藏羌塘盆地油藏白云岩中白云石的形貌特征
(据刘建清等，2008a)

中-粗晶白云岩中发育有鞍形白云石，呈不均匀的斑点状充填孔洞及裂缝，含量为 5%~10%不等，晶粒一般大于 0.5 mm。正交偏光下具有典型的波状消光，可见弯曲的晶面和解理，总体形态为菱面体的弯曲变形；晶体边界呈曲折的轮廓和弧形的端面，内部可见阶步式的断裂，边缘洁净度与透明度相对较好(图 1-2-263a、b)。鞍形白云石阴极发光整体呈暗红色，无明显环带，沿解理发育部位发光呈亮红色，局部可见后期溶蚀作用沉淀的方解石呈暗橘黄色(图 1-2-263c、d)。

[化学成分] 主量元素特征：本区白云岩常量元素含量及特征元素特征值如表 1-2-267 所示。白云岩中 Sr/Ba 平均值为 9.56，最大值 11.79，最小值 6.53。明显低于海水平均值(533.3)。就交代白云岩成因机制而言，有混合水交代、埋藏作用、构造作用 3 种主要形式，该区白云岩的低 Sr/Ba 值特征反映出其并非形成于埋藏环境。

微量元素特征：本区白云岩微量元素、不溶残渣、Sr/Ca 值及部分白云岩硫含量数据如表 1-2-268 所示。可见白云岩的 Sr 含量与灰岩相比明显偏低，其平均含量为 60.01×10^{-6}，最大值 81.2×10^{-6}，最小值 48.3×10^{-6}，数据离散度较小。

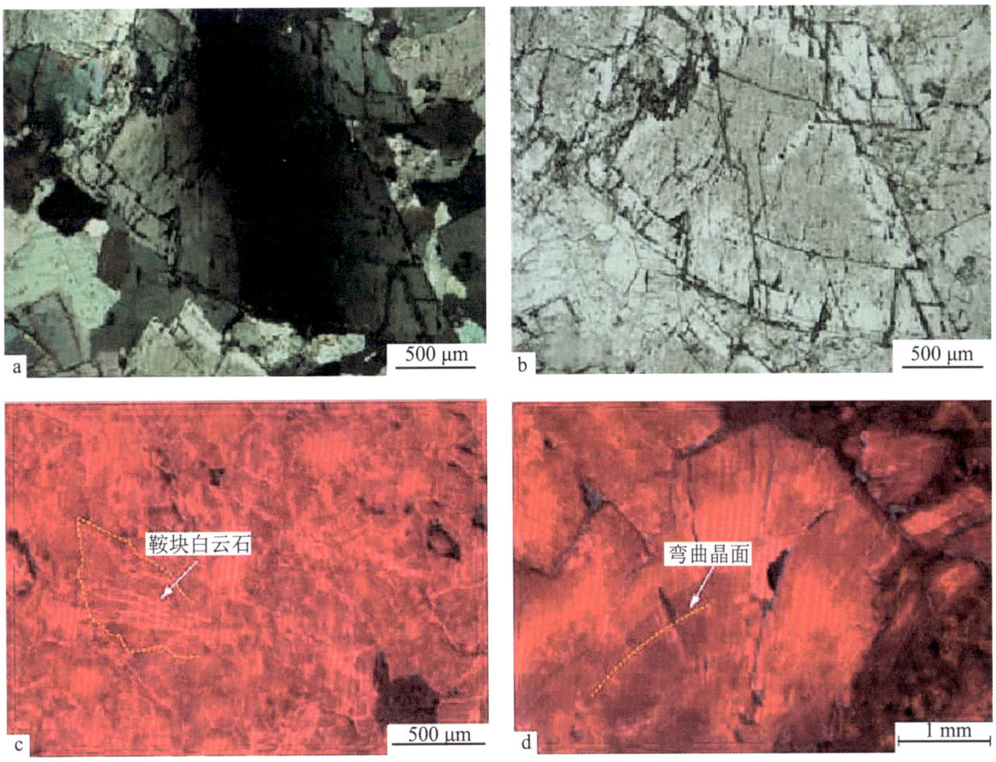

图 1-2-263　西藏隆鄂尼地区布曲组鞍形白云石显微结构及阴极发光照片

（据张帅等，2016）

a—鞍形白云石呈波状消光，正交偏光；b—鞍形白云石弯曲的晶面和解理，单偏光；c、d—鞍形白云石阴极发光照片，总体发暗红色光，沿解理发育部位发光较亮，局部可见方解石胶结物发暗橘黄色光

表 1-2-267　西藏羌塘盆地油藏白云岩常量元素含量（w_B/%）及特征元素特征值

样号	岩性	Si	Al	Fe	Mg	K	Na	Ti	Mn	Sr/Ba	*m*	Fe/Mn	$B_{校}$
BP-12	纹层白云岩	0.03	0.13	0.02	11.49	0.074	0.190	0.000	0.032	8.4	7801.4	0.7	0.0
BP-14	纹层白云岩	0.07	0.13	0.02	11.22	0.035	0.082	0.001	0.014	6.5	7617.3	1.4	0.0
ZRP-6	残余鲕粒白云岩	0.05	0.12	0.03	12.47	0.045	0.120	0.003	0.005	11.8	9169.9	5.0	0.0
ZRP-7	残余鲕粒白云岩	0.09	0.10	0.02	11.48	0.043	0.140	0.003	0.004	10.2	10125.9	5.4	0.0
ZRP-8	纹层状白云岩	0.05	0.06	0.04	12.16	0.058	0.200	0.002	0.004	9.9	16898.3	9.2	0.0
ZRP-9	残余鲕粒白云岩	0.05	0.04	0.02	11.51	0.050	0.100	0.001	0.005	11.5	24293.9	3.7	0.0
ZRP-10	纹层状白云岩	0.12	0.10	0.03	12.35	0.054	0.130	0.009	0.011	9.9	11438.7	3.1	0.0
D1	纹层状白云岩	0.03	0.14	0.03	11.25	0.028	0.096	0.001	0.007	8.4	7092.2	4.3	0.0

注：数据引自刘建清等(2008a)。样品测定值均为氧化物质量百分比，测定误差小于0.02%。表中单元素值根据分子量换算所得。表中 $m=100\times MgO/Al_2O_3$；BP 为巴格底加日剖面；ZRP 为扎仁剖面；D_1 为隆额尼样品。

表 1-2-268　西藏羌塘盆地油藏白云岩微量元素（10^{-6}）、不溶残渣（w_B/%）、Sr/Ca 值及部分白云岩 S 含量（w_B/%）数据

样号	岩性	Cr	Ni	Cu	Zn	Pb	Ba	Sr	V	B	S	不溶残渣	Sr/Ca
BP-12	纹层白云岩	6.8	8.1	18.8	28.4	5.2	5.8	48.3	1.4	2.0	0.010	0.21	0.000226517
BP-14	纹层白云岩	6.3	8.6	6.1	13.7	2.9	8.5	55.4	1.6	2.4	0.010	0.53	0.000265741
ZRP-6	残余鲕粒白云岩	9.2	7.6	5.5	5.4	1.6	5.2	61.3	0.9	2.0	0.010	0.255	0.000272716
ZRP-7	残余鲕粒白云岩	7.0	7.7	5.5	7.5	2.0	7.7	78.6	1.2	2.0	0.012	0.29	0.000329759
ZRP8	纹层状白云岩	6.6	10.0	6.2	9.9	2.0	8.2	81.2	2.8	2.0	0.010	0.35	0.000353383

续表

样号	岩性	Cr	Ni	Cu	Zn	Pb	Ba	Sr	V	B	S	不溶残渣	Sr/Ca
ZRP-9	残余鲕粒白云岩	7.6	9.4	5.7	20.2	2.5	5.4	62.1	2.8	2.6		0.185	0.000258905
ZRP-10	纹层状白云岩	6.9	9.4	5.3	9.8	3.3	5.8	57.3	2.3	2.0	0.010	0.32	0.000252671
D1	纹层状白云岩	7.1	7.1	4.8	4.3	2.2	7.2	59.9	1.0	2.0		0.18	0.000248179

注：数据引自刘建清等(2008a)。测定误差小于0.02%。BP为巴格底加日剖面；ZRP为扎仁剖面；D_1为隆额尼样品。

稀土元素特征：本区白云岩具有稀土总量REE较低的特点，与灰岩相比，白云岩REE总量更低。白云岩REE总量均值1.2685×10^{-6}，最大值2.116×10^{-6}，最小值0.71×10^{-6}(表1-2-269)。本区灰岩δEu值较高，而白云岩δCe较高，反映出灰岩形成于相对的还原环境，而白云岩形成于相对的氧化环境，这些均与其古地理环境有着密切的关系。从图1-2-264中可看出白云岩$\sum$REE落点主要位于左侧，而灰岩则主要位于图的右侧。交代白云岩化作用有3种主要形式：埋藏成因、构造成因、混合水交代成因，但该区白云岩在稀土总量上并未表现出埋藏成因或构造成因。因此，可认为，该区灰岩及白云岩形成于近岸的局限台地环境，在海平面相对下降期间，受大气淡水的淋漓作用导致了稀土总量的降低，其中白云岩处于古地理环境中相对高点的潮上高能带、潮坪环境及台地边缘藻丘礁，在原始沉积及后来海平面相对下降期间，均更容易受到大气淡水的淋漓作用，表现出稀土总量更低的特点基于此认为，该区白云岩应系混合水交代成因。

表1-2-269　西藏羌塘盆地油藏白云岩稀土元素值($w_B/10^{-6}$)

样号	岩性	La	ce	pr	Nd	Sm	Eu	Gd	Tb	D y	Ho	Er	Tm
BP-12	纹层白云岩	0.12	0.23	0.03	0.12	0.02	0.01	0.07	0.01	0 03	0.01	0.01	0.00
BP-14	纹层白云岩	0.15	0.28	0.03	0 12	0.03	0.01	0.08	0.01	0.02	0.01	0.02	0.00
ZRP-6	残余鲕粒白云岩	0.28	0.49	0.06	0.22	0.04	0.01	0.11	0.01	0.03	0.01	0.02	0.00
ZRP-7	残余鲕粒白云岩	0.37	0.71	0.08	0.33	0.05	0.02	0.13	0.01	0.05	0.01	0.03	0.00
ZRP-8	纹层状白云岩	0.18	0.32	0.04	0 17	0.03	0.00	0 09	0.00	0.02	0.01	0.01	0.00
ZRP-9	残余鲕粒白云岩	0.10	0.18	0.02	0.08	0.02	0.00	0.10	0.00	0.02	0.01	0.04	0.00
ZRP-10	纹层状白云岩	0.33	0.64	0.07	0.26	0.05	0.01	0.09	0.01	0.05	0.01	0.03	0.01
D1	纹层状白云岩	0.18	0.31	0.04	0.16	0.04	0.01	0.08	0.01	0.03	0.01	0.02	0.00

注：数据引自刘建清等(2008b)。BP为巴格底加日剖面；ZRP为扎仁剖面；D_1为隆额尼样品。

同位素特征：鞍形白云石微区碳氧同位素测试结果显示$\delta^{13}C_{PDB}$值为-4.81‰~4.29‰，$\delta^{18}O_{PDB}$值介于-11.2‰~-7.51‰之间(表1-2-270)。本区砂糖状白云岩全岩样品的$\delta^{13}C$(PDB)值一般介于3.02‰~4.23‰之间，$\delta^{18}O_{PDB}$值介于-8.94‰~-7.9‰之间。白云石$\delta^{13}C$值随温度变化的同位素分馏很轻微，$\delta^{18}O$值主要受流体氧同位素以及温度的影响。鞍形白云石的$\delta^{13}C$值显示其碳来源主要为封闭系统中的宿主地层，较大的负偏可能受封闭环境下生物成因CO_2介入的影响。

表1-2-270　西藏隆鄂尼地区布曲组鞍形白云石微区碳氧同位素分析结果

样品号	采样位置	岩性	测试方法	$\delta^{13}C_{PDB}$/‰	$\delta^{18}O_{PDB}$/‰
1	格鲁关那	鞍形白云石	微区	4.29	-10.02
2	格鲁关那	鞍形白云石	微区	3.36	-10.65
3	格鲁关那	鞍形白云石	微区	3.49	-10.31
4	德如日	鞍形白云石	微区	3.22	-7.51
5	格鲁关那	鞍形白云石	微区	-4.81	-11.2

注：数据引自张帅等(2016)。

包裹体特征：镜下观察自形白云石中盐水包裹体形态较规则，大小主要分布在5~8 μm之间，沿

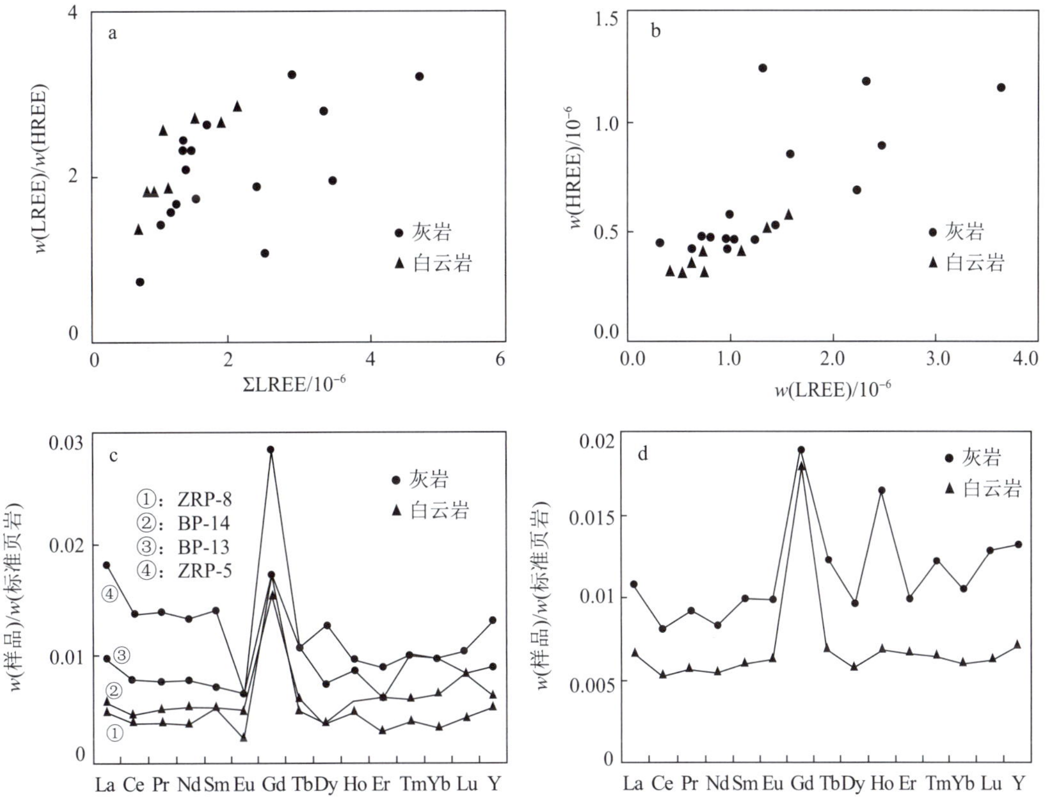

图 1-2-264 西藏羌塘盆地油藏白云岩及伴生灰岩稀土总量与配分模式

（据刘建清等，2008b）

a—∑LREE-w(LREE)/w(HREE)相关图，白云岩稀土总量偏低；b—w(LREE)-w(HREE)相关图，白云岩轻稀土、重稀土总量均较灰岩低；c—典型灰岩及白云岩样品稀土配分模式，灰岩样品稀土总量较白云岩高；d—灰岩及白云岩样品均值稀土配分模式，灰岩样品稀土总量较白云岩高

晶体生长面呈带状分布。鞍形白云石中原生盐水包裹体大小一般为 2~5 μm，形态不规则。布曲组砂糖状白云岩气液两相盐水包裹体的测试结果显示(图 1-2-265)，自形白云石盐水包裹体均一温度变化范围为 139.5~180.7℃，平均值为 150.4℃，采用 $H_2O-CaCl_2$ 二元体系近似换算盐度均值为 20.1%。鞍形白云石均一温度介于 152.8~174.1℃之间，平均均一温度为 163.7℃，盐度均值为 23.3%。鞍形白

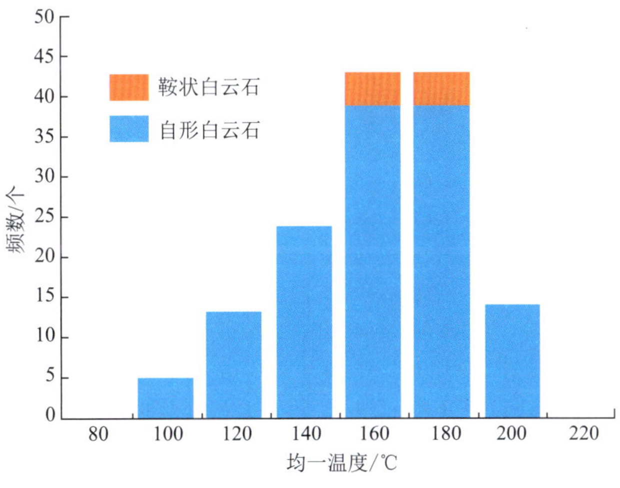

图 1-2-265 西藏隆鄂尼地区布曲组白云石包裹体均一温度

（据张帅等，2016）

云石的包裹体均一温度介于自形白云石分布范围内，其平均值及盐度均值高于自形白云石，整体上呈高温高盐度的流体特征(表1-2-271)。

表1-2-271 西藏隆鄂尼地区自形白云石与鞍形白云石、方解石包裹体均一温度及盐度

样品	均一温度/℃		盐度均值/%
	分布范围	平均值	
自形白云石	139.5~180.7	150.4	20.1
鞍形白云石	152.8~174.1	163.7	23.3
方解石	64.3~114.9	84.8	5.1

注：数据引自张帅等(2016)。

(58)新疆巴楚地区寒武系碳酸盐岩中的白云石

[产地、产状及共(伴)生矿物] 巴楚隆起位于塔里木盆地中央隆起西部，面积约4.2×10^4 km^2。巴楚隆起为多期构造运动形成的活动古隆起，寒武纪总体为碳酸盐岩台地沉积环境，主要发育碳酸盐岩和蒸发岩。岩石类型以石膏、白云岩、石灰岩、泥灰岩为主。中-下寒武统自下而上发育肖尔布拉克组中厚层灰色白云岩(盐下白云岩段)、吾松格尔组灰色白云质膏岩、沙依里克组泥粉晶灰岩(盐间灰岩段)及阿瓦塔格组膏盐岩段，为蒸发台地相的沉积产物，由下至上沉积水体有逐渐变浅的趋势；上寒武统丘里塔格组为巨厚的浅灰色、深灰色、褐灰色白云岩(盐上白云岩段)，为局限台地相沉积，沉积水体向上逐渐加深(周波等，2012)。

[化学成分] 对上寒武统丘里塔格组盐上白云岩、中寒武统沙依里克组盐间灰岩、盐间灰岩中的白云石和下寒武统肖尔布拉克组盐下白云岩进行了系统微取样测试。共获得30个样品的$\delta^{18}O$和$\delta^{13}C$值(表1-2-272)。样品$\delta^{18}O$值主要分布在-9‰~-3‰之间，偏负，这与现今深埋藏环境有关。从$\delta^{13}C$值来看，盐下白云岩、盐间灰岩中的白云石和盐上白云岩之间区别明显：盐下白云岩多为粉晶-细晶白云岩，$\delta^{13}C$值为0~4‰(Ⅰ区)，偏正，受超盐度卤水影响，说明其形成可能与蒸发环境有关；盐间灰岩中的白云石$\delta^{13}C$值为-1.0‰~0.5‰，居中；盐上白云岩$\delta^{13}C$值为-2‰~-1‰(Ⅲ区)。偏负，晶形以中-粗晶为主，具备埋藏(高温)白云石化特征，且镜下普遍见波状消光特征，这是由于高温状态下的白云石在自身重力作用下产生塑性流变变形所致。

表1-2-272 新疆巴楚寒武系碳酸盐岩样品稳定碳、氧同位素测试数据表

样号	井名	深度/m	岩性/矿物	$\delta^{13}C$/‰	$\delta^{18}O$/‰	样号	井名	深度/m	岩性/矿物	$\delta^{13}C$/‰	$\delta^{18}O$/‰
1	康2	3822.08	盐上白云岩	-2.10	-5.00	16	和4	5346.66	盐间灰岩	-0.15	-6.56
2	康2	4137.65	盐上白云岩	-1.00	-7.70	17	和4	5349.42	盐间灰岩	-0.36	-6.91
3	和6	3191.27	盐上白云岩	-2.10	-6.50	18	和4	5351.92	盐间灰岩	0.01	-7.31
4	和6	3195.66	盐上白云岩	-2.00	-6.50	19	和4	5352.61	盐间灰岩	0.26	-6.90
5	和6	3768.00	盐上白云岩	-1.70	-8.60	20	和4	5355.85	盐间灰岩	0.26	-6.92
6	方1	3221.04	盐上白云岩	-1.66	-5.35	21	和4	5357.57	盐间灰岩	-0.75	-7.58
7	方1	3221.24	盐上白云岩	-1.67	-5.75	22	方1	4517.35	盐下粉-细晶白云岩	1.97	-7.24
8	方1	3491.21	盐上白云岩	-1.16	-6.45	23	方1	4519.12	盐下粉-细晶白云岩	1.85	-7.49
9	方1	3491.65	盐上白云岩	-1.58	-7.37	24	方1	4578.59	盐下粉-细晶白云岩	0.62	-6.62
10	方1	3492.24	盐上白云岩	-1.03	-6.12	25	方1	4578.87	盐下粉-细晶白云岩	0.48	-7.18
11	和6	5658.21	盐间灰岩中的白云石	-1.10	-5.00	26	方1	4580.39	盐下粉-细晶白云岩	0.41	-7.74
12	和6	5659.39	盐间灰岩中的白云石	-0.40	-4.80	27	方1	4598.25	盐下粉-细晶白云岩	2.64	-3.34
13	和6	5659.87	盐间灰岩中的白云石	-0.10	-5.70	28	方1	4599.28	盐下粉-细晶白云岩	2.60	-4.91
14	和6	5660.02	盐间灰岩中的白云石	-0.20	-5.80	29	方1	4601.05	盐下粉-细晶白云岩	2.96	-3.08
15	康2	5492.43	盐间灰岩中的白云石	-0.70	-6.70	30	方1	4604.96	盐下粉-细晶白云岩	3.41	-0.13

注：数据引自周波等(2012)。

对比盐上、盐间、盐下 3 个层位白云石的 $^{87}Sr/^{86}Sr$ 值(表 1-2-273)，区别较为明显。盐间灰岩中的白云石 $^{87}Sr/^{86}Sr$ 值最低，康 2 井与和 4 井中寒武统盐间灰岩中的白云石 $^{87}Sr/^{86}Sr$ 值分别为 0.70907 和 0.70886，小于 0.7091，略低于寒武纪海水，反映出白云石化流体受到淡水的影响；盐上白云岩 $^{87}Sr/^{86}Sr$ 值相对较高，为 0.7091~0.7094，与寒武纪海水一致；盐下白云岩 $^{87}Sr/^{86}Sr$ 值明显较大，多大于 0.7101，高于古海水锶同位素组成，亦高于同时期石灰岩的锶同位素组成，白云石化流体的 $^{87}Sr/^{86}Sr$ 值高于白云石化前流体介质的背景值，表明白云石化流体中可能混合了深部卤水或外来热流体。

表 1-2-273　新疆巴楚寒武系碳酸盐岩样品锶同位素测试数据表

井名	深度/m	层位	岩性/矿物	$^{87}Sr/^{86}Sr$	误差/10^{-5}
和 4	4815.45	丘里塔格组	盐上白云岩	0.70934	2
和 4	4924.85	丘里塔格组	盐上白云岩	0.70914	4
和 4	5296.96	阿瓦塔格组	上膏盐岩段含盐粉晶云岩	0.70958	4
康 2	5291.61	沙依里克组	盐间灰岩中的白云石	0.70907	5
和 4	5450.90	沙依里克组	盐间灰岩中的白云石	0.70886	5
方 1	4377.01	肖尔布拉克组	盐下含膏泥晶云岩	0.70980	6
方 1	4379.02	肖尔布拉克组	盐下含膏泥晶云岩	0.71022	3
方 1	4514.93	肖尔布拉克组	盐下藻云岩	0.71236	3
方 1	4517.35	肖尔布拉克组	盐下藻云岩	0.70973	2
康 2	5495.41	肖尔布拉克组	盐下白云岩	0.71016	2

注：数据引自周波等(2012)。

(59)新疆库车坳陷中的白云石

[产地、产状及共(伴)生矿物]　库车坳陷位于塔里木盆地北缘，是由不同时期的盆地叠加形成的叠合陆相前陆盆地，盆地中新生界陆相碎屑岩的沉积厚度巨大，其中在北部的山前凹陷内厚度可达万米。在这套巨厚的碎屑岩沉积中，仍然夹有少量的碳酸盐岩沉积。它们的厚度虽然不大，但分布却较为广泛。其中古近系库姆格列木群白云岩主要沿山前带分布，以厚层块状、透镜状常见，分布稳定，厚度 3~12 m，按其产状和结构特征可进一步分为亮晶砂屑白云岩、泥晶砂屑-砂屑泥晶白云岩、泥晶生屑白云岩、泥粉晶白云岩、泥晶云质膏岩、膏质云岩以及部分泥晶灰岩层(图 1-2-266)(刘春等，2010)。

亮晶砂屑云岩砂屑含量 70%~80%，生屑少见，砂屑磨圆较好，呈椭圆状、圆状，少量次棱角状，分选中等-较好；泥晶砂屑-砂屑泥晶云岩砂屑含量 40%~55%，砂屑磨圆较好，砂屑边缘大多可见环粒状亮晶胶结物，这类岩石一般均含有硬石膏；泥粉晶云岩由泥晶粉晶白云石组成，粉晶大小一般为 0.025~0.035 mm，白云石晶间充填泥晶白云石，陆源碎屑以含粉砂为主，这类岩石常发育有 1~2 期构造裂缝；泥晶云质膏岩、膏质云岩由泥晶白云石、硬石膏组成，硬石膏含量 30%~75%，呈板状集合体，泥晶白云岩呈板块状集合体不均匀分布。

[化学成分]　库车坳陷古近系碳酸盐岩微量元素分析结果如表 1-2-274 所示。

表 1-2-274　新疆库车坳陷古近系碳酸盐岩微量元素分析结果($w_B/10^{-6}$)

剖面点	岩性	Mn	V	Cr	Ni	Pb	Sr	Ba	B
克拉 202	生屑云岩	75.8	6.2	66.8	6.5	1.8	1070	39	41.5
($E_{1-2}km$)	膏质云岩	7.58	2.2	4.2	2.3	1.3	1630	43	34.5

注：数据引自刘春等(2010)。

库车坳陷古近系白云岩碳氧同位素分析结果见表 1-2-275。$\delta^{13}C$ 较轻，为-2.8‰~5.8‰。平均-2.75‰。古近系白云岩整体有贫 $\delta^{18}O$ 的趋势，为-10.89‰~-1.6‰，平均-7.91‰，说明白云石在形成的过程中受到了大气水淋滤的影响。

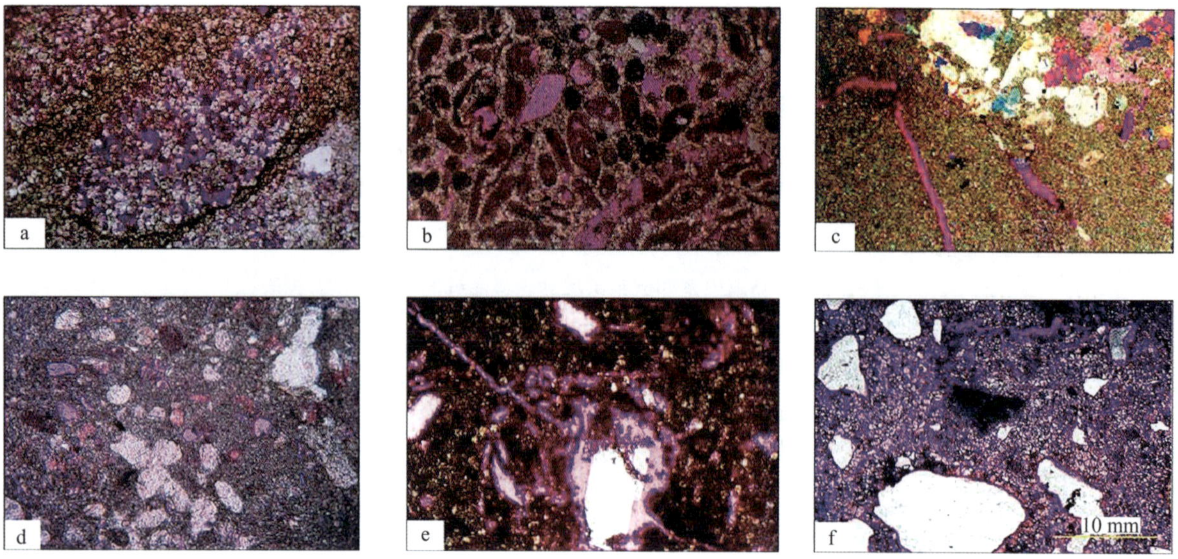

图 1-2-266　新疆库车坳陷古近系库姆格列木群白云岩显微照片

（据刘春等，2010）

a—克拉 204 井，$E_{1-2}km$(3778.43 m)，粉晶白云岩，砂屑残余结构，发育晶间孔、晶间溶孔，单偏光，×120；b—吐北 1 井，$E_{1-2}km$(4196.61 m)，亮晶砂屑白云岩，发育粒间溶孔、粒内溶孔、铸模孔，单偏光，×50；c—克拉 201 井，$E_{1-2}km$(3600 m)，含膏泥晶云岩，基质孔、裂缝、生物铸模孔，单偏光，×50；d—克拉 201 井，$E_{1-2}km$(3602.37 m)，泥晶云岩，收缩孔，鸟眼孔，×100；e—克拉 202 井，$E_{1-2}km$(4303.01 m)，泥晶生屑白云岩，发育生屑铸模孔、构造缝，单偏光，×50；f—克孜勒努尔，$E_{1-2}k$，含颗粒粉晶云岩，构造缝、陆源碎屑零星分布，单偏光，×40

表 1-2-275　新疆库车坳陷古近系白云岩碳氧同位素含量及分析结果表

井号(剖面)	样品编号	岩性	$\delta^{13}C_{PDB}$/‰	$\delta^{18}O_{PDB}$/‰	Z 值(相对古盐度)	S/‰	T/℃
克拉 2		白云质泥岩	5.8	-1.6	138.4	33.2	21.2
克拉 201		生屑云岩	5.6	-3.8	136.9	31.0	31.7
吐北 1		泥晶白云岩	-2.8	-8.3	117.4	26.5	54.3
库车河	KC-5	灰质云岩	-5.035	-10.893	111.6	23.9	68.1
库车河	KC-6	灰质云岩	-5.395	-8.225	112.2	26.5	53.9
依奇克里克	YQ-4	灰质云岩	-1.032	-11.865	119.3	22.9	73.3
依奇克里克	YQ5	灰质云岩	-4.829	-8.514	113.2	26.2	55.4
克孜勒努尔	KZ-1	灰质云岩	-5.092	-8.213	112.8	26.5	53.8
克孜勒努尔	KZ-2	灰质云岩	-5.432	-8.689	111.8	26.1	56.3
克孜勒努尔	KZ-3	灰质云岩	-5.035	-8.462	112.8	26.3	55.1
克孜勒努尔	KZ-4	灰质云岩	-4.044	-8.037	115.0	26.7	52.9
克孜勒努尔	KZ-5a	灰质云岩	-4.225	-8.148	114.6	26.6	53.5
克孜勒努尔	KZ-5b	灰质云岩	-4.281	-8.141	114.5	26.6	53.5

注：数据引自刘春等(2010)。

(60)新疆三塘湖盆地芦草沟组白云岩中的白云石

[产地、产状及共(伴)生矿物]　三塘湖盆地地处新疆维吾尔自治区的东北部，盆地呈北西—南东向狭长状分布。三塘湖盆地芦草沟组白云岩主要为粉-泥晶白云岩和方沸钾长白云岩。前者主要由含量约 70%的泥晶白云石和含量约 30%的粉晶白云石构成，白云石有序度为 0.48，是低有序白云石；后者主要由晶粒为 0.08~0.35 mm 的细粒方沸石、泥晶钾长石(透长石)、泥晶白云石和铁白云石构成，个别为粗晶白云石，白云石有序度为 0.58。其中含白云石 39.3%~51.6%。方沸钾长白云岩多为

浅灰色和灰白色，以夹层形式存在于暗色泥岩中，单层厚度约0.5~2 cm，坚硬致密(李红等，2012)。

[形貌特征] 泥晶白云石约占白云石的70%，粒度小于0.0039 mm，以半自形-他形晶为主，晶间有少量粘土矿物；粉晶白云石约占30%，粒度为0.005~0.01 mm，以半自形-自形为主。

扫描电镜下，白云石主要有菱形(图1-2-267a、b)、他形(图1-2-267a)、球状和管状(图1-2-267b、c、d)4种形态，菱形及他形的白云石粒径1~3 μm，球状、管状白云石多呈集合体，单个球状白云石粒径约0.1~0.2 μm，管状白云石粒径约0.3~0.5 μm。此外，扫描电镜放大至3万倍时还可见到大量球状白云石微粒聚集并彼此粘结形成毡状的白云石(图1-2-267c)，菱形和他形的白云石也可见到这种情况(图1-2-267a)，说明粉晶白云石很可能是这3种形态的白云石微粒发生重结晶作用后形成的。

偏光显微镜下，方沸钾长白云岩中白云石自形程度略差，主要为泥晶和粉晶(图1-2-268c、d)，个别为粗晶，分布不甚均匀：在岩层的顶、底部与泥岩接触处白云石含量较少，且以类似胶结物形式充填于粒状方沸石之间(图1-2-268a、b)，有时还可见铁白云石交代方沸石的现象(图1-2-268a、b)；在岩层的中部白云石含量明显增多，且多与不规则状的胶质方沸石共生，但交代关系不明显，因此，推测铁白云石与方沸石基本同期形成或略晚于方沸石。扫描电镜下，铁白云石为半自形的菱形晶体(图1-2-269a、b)，部分为他形(图1-2-269c)，表面可见较多丘状突起。根据X射线衍射及偏光显微镜分析，将其定名为方沸钾长白云岩。其有序度也偏低，为0.58。偏光显微镜和背散射照片显示，少量粗晶铁白云石为沿裂缝灌入的脉体(图1-2-269e中①位置)，与泥晶白云石(图1-2-269e中②位置)产状截然不同，显然不是同期产物，可能是埋藏成岩期形成的。

[物理性质] 粉晶白云岩白云石以橘红色为主。染色薄片(茜素红-S与铁氰化钾配比溶液染色)中部分泥晶白云石呈绿蓝色，说明白云石含铁，粉晶白云石多数未被染色；方沸钾长白云岩中绝大多数白云石呈绿蓝色。

[化学成分] 电子探针分析表明，粉-泥晶白云岩中白云石含少量铁(表1-2-276)。能谱分析表明，自形程度较好的菱形白云石含铁略高(图1-2-267a中编号a点谱图)，他形白云石有的含铁(图1-2-267a中编号b点谱图)，具有球状集合体形态的白云石含少量铁。方沸钾长白云岩中白云石的铁、锰含量明显高于粉-泥晶白云岩中的白云石，多为铁白云石和含铁白云石(表1-2-276)。

表1-2-276　新疆三塘湖盆地两类白云岩电子探针成分分析(w_B/%)及比值

编号	1	2	3	4	5	6	7	8	9	10
样品名	MS-1-1	MS-1-1	MS-1-1	MS-1-1	MS-1-1	MS-1-1	MS-33-2	MS-33-2	MS-33-6	MS-33-6
SiO_2	0.266	0.135	1.707	0.332	0.047	0.025	0.015	—	0.027	0.339
Al_2O_3	0.099	0.077	0.991	0.073	0.034	0.017	—	0.015	0.024	0.008
Na_2O	0.058	0.102	0.05	0.095	0.069	0.05	0.08	0.169	0.107	0.109
FeO	1.412	0.978	1.854	1.596	1.849	0.642	10.46	10.396	4.584	3.38
K_2O	—	—	0.019	—	—	0.003	0.001	—	—	0.002
MgO	21.463	21.153	20.851	19.873	20.954	0.168	11.458	12.004	14.233	13.334
NiO	0.006	—	—	—	—	—	—	—	—	0.02
TiO_2	—	—	0.005	0.004	0.008	—	0.01	0.038	—	—
CaO	33.34	34.421	28.663	31.923	30.802	64.81	26.578	28.256	31.418	31.741
MnO	—	0.018	—	0.071	0.009	0.036	2.156	2.451	4.193	4.159
Cr_2O_3	—	0.045	0.347	0.006	0.006	0.023	0.009	—	—	0.025
P_2O_5	—	0.044	0.041	—	—	0.044	—	—	—	—
总计	56.644	56.973	54.528	53.973	53.778	65.818	50.767	53.329	54.586	53.117
矿物定名	白云石	白云石	白云石	白云石	白云石	方解石脉	铁白云石	铁白云石	白云石	白云石
Mg/Ca	0.54	0.52	0.61	0.53	0.57	0.00	0.36	0.36	0.38	0.35
(Mg+Fe)/Ca	0.59	0.55	0.68	0.58	0.64	0.01	0.79	0.76	0.54	0.47

注：数据引自李红等(2012)。

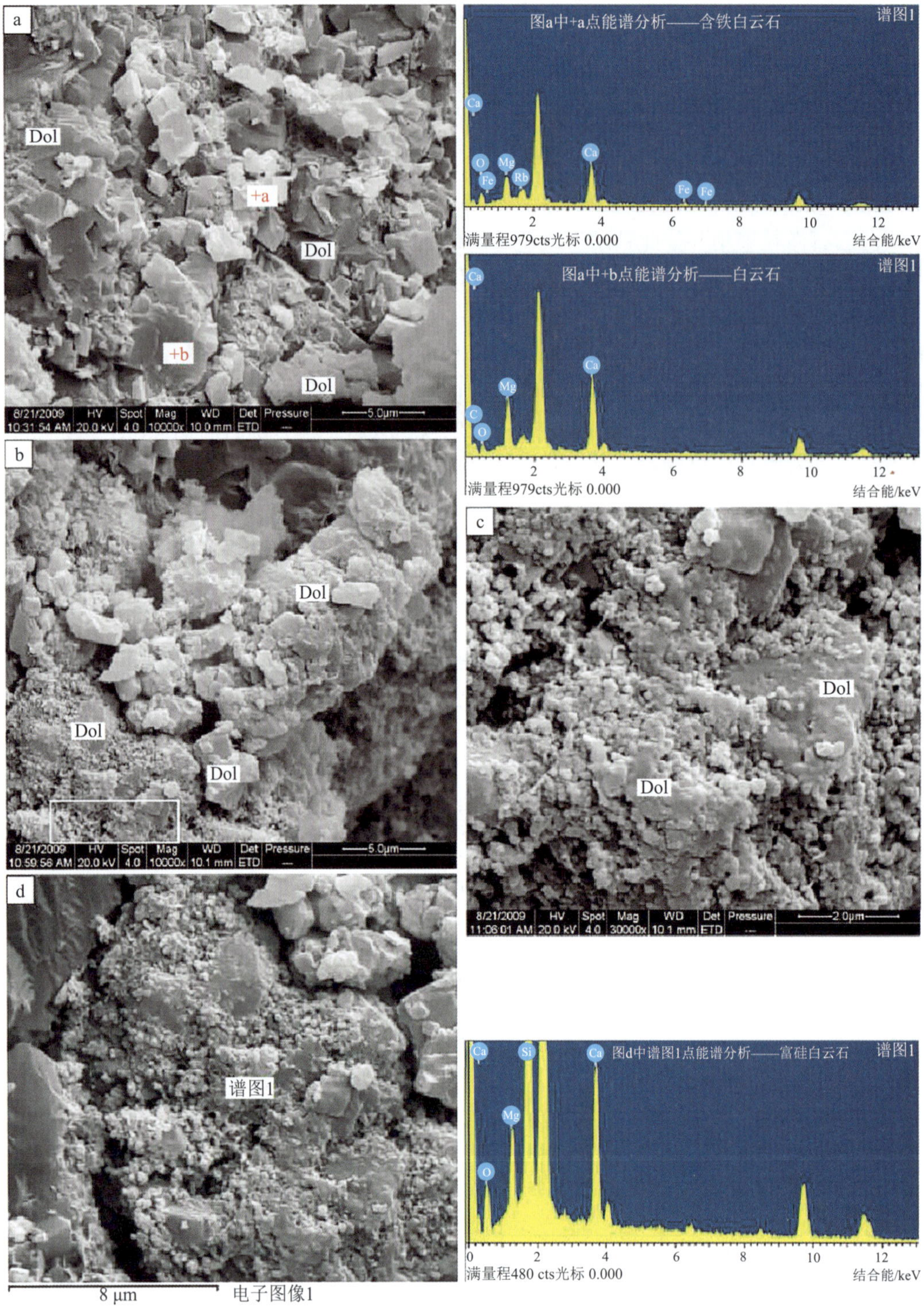

图 1-2-267 新疆三塘湖盆地芦草沟组白云岩中粉-泥晶白云岩显微组构特征及能谱分析

（据李红等，2012）

a—放大 1 万倍视域，可见自形较好的菱形、较残破的菱形及他形白云石，左上侧及中部可见他形和菱形白云石发生了重结晶，+a 点残破的菱形体为含铁白云石，+b 点他形白云石，不含铁，右侧分别为+a 与+b 点的能谱图，扫描电镜；b—放大 1 万倍视域，中央可见少量菱形白云石，左侧可见大量球状微粒白云石分布在相对较大块白云石周围，右侧大块白云石似为球状及他形微粒粘结而成，扫描电镜；c—为图 B 左下角放大 3 万倍视域，可见大量微球状白云石和少数管状白云石微粒，球状白云石粒径约 0.1~0.2 μm，管状约 0.3~0.5 μm，可见无数微球状白云石聚集、粘结在一起形成大块的毡状白云石，表面还隐约可见起伏的球粒；d—放大 1.6 万倍，可见球状白云石微粒分布在大块白云石表面，大块者似为微球粒粘结形成。图 a~d 均为 MS-1-1 样品。Dol—白云石

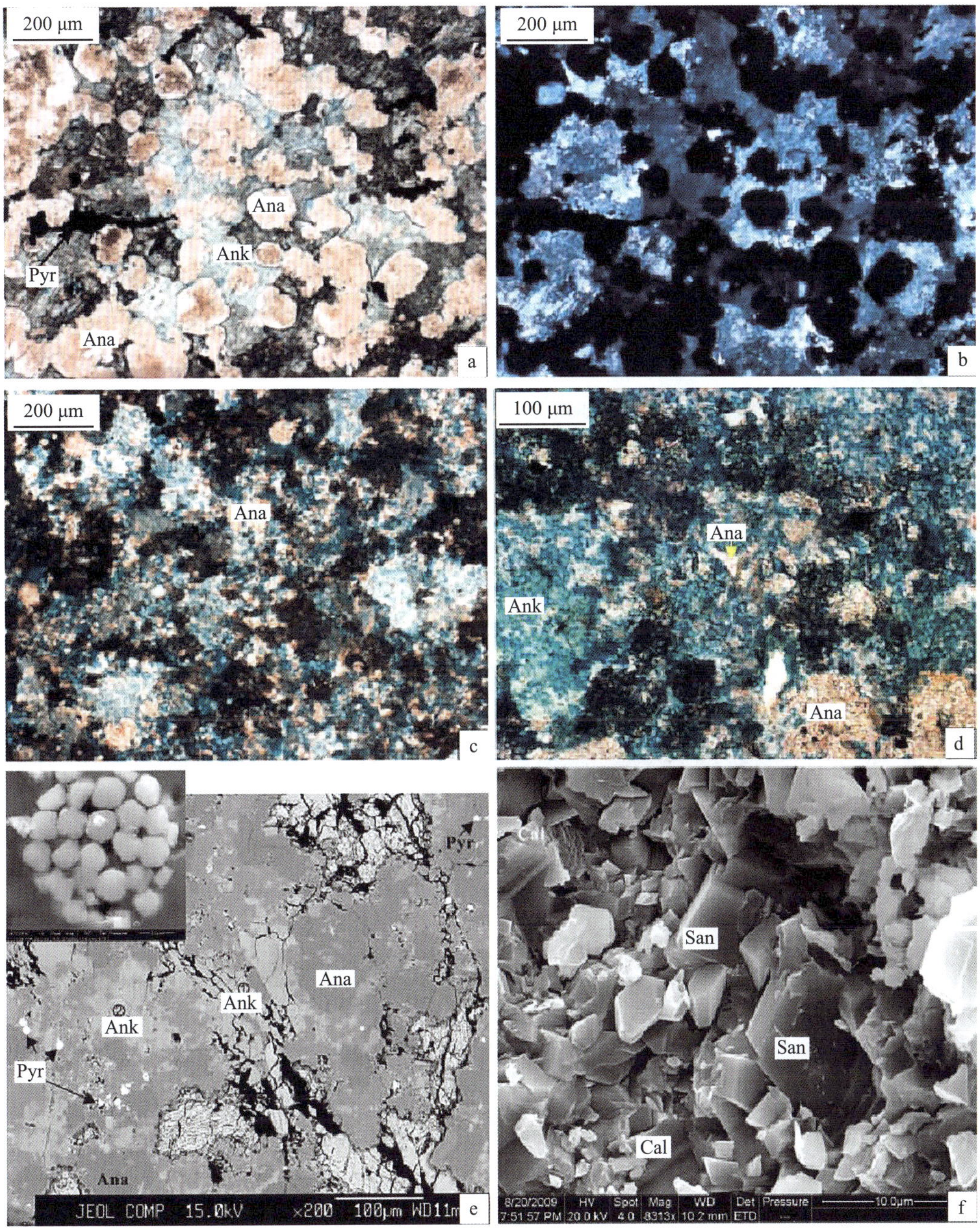

图 1-2-268　新疆三塘湖盆地芦草沟组白云岩中方沸钾长白云岩镜下特征

（据李红等，2012）

a—样品编号 MS-33-2，该视域为岩石边部靠近泥岩处，方沸石(Ana)为浅黄色粒状，绿蓝色为泥晶铁白云石(Ank)，可见铁白云石充填于方沸石之间，部分方沸石被铁白云石交代而显破碎，边缘不甚平整。黑色箭头所指不透明矿物为黄铁矿(Pyr)，单偏光，染色薄片；b—与 a 同视域，正交偏光，方沸石全消光，铁白云石为高级白干涉色，部分方沸石被铁白云石交代而呈破碎状；c—样品编号 MS-33-3，该视域为岩石中间部位，方沸石(Ana)多为他形粒状或不规则形态，铁白云石染色为绿蓝色，白云石为灰色，3 种矿物似为共生关系，单偏光，染色薄片；d—样品编号 MS-33-3，箭头所指为不规则状方沸石，似为胶质体，部分粒状方沸石边缘被铁白云石交代，泥晶铁白云石(Ank)染色呈绿蓝色，粒度不可辨，单偏光；e—样品编号 MS-33-6，背散射照片，方沸石(Ana)以粒状为主，部分颗粒边缘不平整，箭头所指为黄铁矿(Pyr)，呈球状微粒散落分布，左上角小图为单个球状黄铁矿放大 2.7 万倍，可见由若干粒径约 1 μm 的黄铁矿微粒构成，样品裂缝较发育，①为在裂缝内发育的铁白云石(Ank)，可能是埋藏成岩期产物，②为泥晶铁白云石，方解石(Cal)充填于裂缝及孔洞中，显然是后期产物；f—样品编号 MS-33-2，透长石(San)为自形的长柱状，方解石(Cal)为半自形，表面分布有丘状小突起

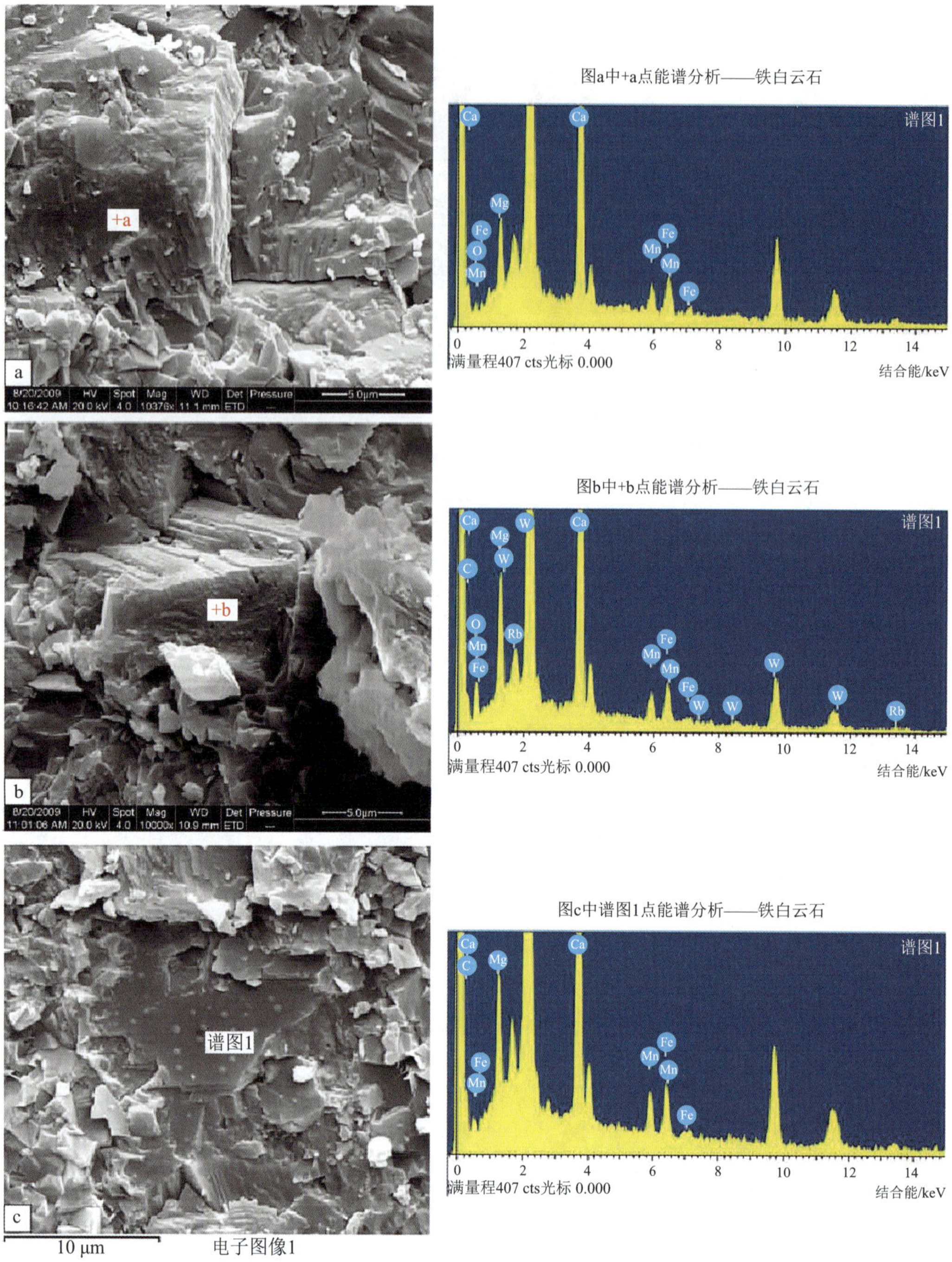

图 1-2-269 新疆三塘湖盆地芦草沟组白云岩中方沸钾长白云岩显微组构特征及能谱分析
（据李红等，2012）

a—样品编号 MS-33-3，放大约 1.4 万倍，富含铁、锰的白云石为半自形菱形晶体，+a 为能谱分析点位，谱图见右侧；b—样品编号 MS-33-3，铁白云石为半自形、自形晶体，富含铁、锰，+b 为能谱分析点，谱图见右侧；c—样品编号 MS-33-3，铁白云石晶形不好，表面可见丘状突起，富含铁、锰，谱图 1 为能谱分析点，谱图见右侧

从表 1-2-277 可以看出，本区两类白云岩的 Mg/Ca 值均小于 0.5，这可能是由于样品不是由纯白云石构成的，其还包括了方解石等其他矿物。在地质历史时期，碳酸盐矿物的溶解-再沉淀、重结晶等的再生过程是一个 Sr 逐渐丢失的过程，许多古代碳酸盐岩的 Sr 丰度非常低(Flügel，2004)。研究区两类白云岩却显示出 Sr 富集的特征，且粉-泥晶白云岩比方沸钾长白云岩更富集 Sr，但 Sr/Ca 值很接近，表明这两类样品中的白云石均没有经历后期明显的重结晶作用和交代作用，具有原生白云石

的特点。Mn 通常富集在远洋或近远洋深水沉积物中或处于温暖陆棚缺氧环境的泥质沉积物中，研究区两类白云岩均富 Mn，说明沉积环境可能都是缺氧的深水环境，然而，方沸钾长白云岩的 Mn 含量比粉-泥晶白云岩高 13 倍多，表明前者异常富集的 Mn 可能有其他来源。

表 1-2-277 新疆三塘湖盆地样品全岩化学分析及微量元素比值

编号	岩性	SiO_2 / %	TiO_2 / %	Al_2O_3 / %	Fe_2O_3 / %	K_2O / %	Ca / %	Mg / %	Na / 10^{-6}	Sr / 10^{-6}	Mn / 10^{-6}	Mg/Ca	Sr/Ca / 10^{-4}
MS-1-1	粉-泥晶白云岩	13.48	0.07	1.44	2.27	0.27	18.73	9.26	1335.33	1776	851.90	0.49	94.82
MS-33-3	方沸钾长白云岩	40.68	0.03	11.39	2.79	4.94	10.08	2.10	7233.06	1073	11461.97	0.21	106.45

注：数据引自李红等(2012)。Fe_2O_3 为全铁含量。

本区白云岩全岩碳、氧同位素组成见表 1-2-278。粉-泥晶白云岩的 $\delta^{18}O_{SMOW}$ 为 23.33‰；方沸钾长白云岩的 $\delta^{18}O_{SMOW}$ 值为 16.42‰~16.94‰，比全球二叠纪的海相及淡水相灰岩(22‰~30‰)(魏菊英和王关玉，1988)的 $\delta^{18}O$ 值偏低。将两类白云岩与 MS-7 井泥晶灰岩及 MS-3 井芦草沟组暗色泥岩中顺层发育的粗大方解石脉(编号 MS-3-2)对比，发现方解石脉的 $\delta^{18}O$ 值最低，很可能与大气降水有关。粉-泥晶白云岩、泥晶灰岩及方沸钾长白云岩与方解石脉相比，均显示出略偏高的 $\delta^{18}O$ 值(表 1-2-278)，表明它们在形成时可能与大气水或浅层地下水发生了部分同位素置换。尤其是方沸钾长白云岩的 $\delta^{18}O$ 值与方解石脉的 $\delta^{18}O$ 值更接近，表明该类热水沉积岩的热液很可能有地表水或湖水的参与。

表 1-2-278 新疆三塘湖盆地岩芯样品中碳、氧同位素组成

样品编号	岩性	$\delta^{18}O_{PDB}$/‰	$\delta^{18}O_{SMOW}$/‰	$\delta^{13}C_{PDB}$/‰
MS-1-1	泥-粉晶白云岩	-7.3	23.33	8.3
MS-7-2	泥晶灰岩(主要为高镁方解石和文石)	-11.4	19.11	4.6
MS-3-2	暗色泥岩中的顺层方解石脉	-19.9	10.35	0.6
MS-33-3	方沸钾长白云岩	-13.5	16.94	-4.1
MS-33-2	方沸钾长白云岩	-14.0	16.42	-3.7
MS-33-6	硅质方沸石岩(含少量含铁白云石)	-17.8	12.51	-2.3

注：数据引自李红等(2012)。碳同位素精度为 0.1‰，氧同位素精度为 0.3‰；其中 $\delta^{18}O_{SMOW}$ 为换算数据，公式参考魏菊英等(1988)。

方沸钾长白云岩的 $\delta^{13}C_{PDB}$ 为-3.7‰~-4.1‰，变化幅度比 $\delta^{18}O$ 值要小，与碳酸岩、金伯利岩和金刚石所确定的原始地幔 $\delta^{13}C$ 值-3‰~-8‰(Rollison，2000)相似。而粉-泥晶白云岩、泥晶灰岩及方解石脉体等碳同位素值均偏正，很可能指示了此类白云岩与深部热液的喷流沉积作用有关。此外，粉-泥晶白云岩与方沸钾长白云岩的碳同位素的差异性也暗示这两类白云岩的成因机制可能不同。

本区白云岩 Sr、Nd 同位素特征见表 1-2-279。粉-泥晶白云岩与方沸钾长白云岩的初始锶(I_{Sr})高于地幔初始锶，表明有陆源锶的存在，说明白云石形成所需的离子部分来自壳源物质。然而，$^{87}Sr/^{86}Sr$ 值低于二叠纪全球海水及海相碳酸盐的平均值，以及 ε_{Nd} 偏正值，又提供了可能存在深部物质参与的证据。

表 1-2-279 新疆三塘湖盆地岩芯样品 Sr、Nd 同位素构成及特征参数

样品编号	$^{87}Sr/^{86}Sr$	2σ	Sr /10^{-6}	Rb /10^{-6}	$\varepsilon_{Sr}(t)$	$I_{Sr}(t)$	$^{143}Nd/^{144}Nd$	2σ	Nd /10^{-6}	Sm /10^{-6}	Sm /Nd	$\varepsilon_{Nd}(t)$	I_{Nd}
MS-1-1	0.705118	0.000000994	1776.406	10.408	10.23	0.704937	0.512630	0.00842	4.393	0.961	0.219	2.04	0.51198
MS-33-3	0.706438	0.00010	1073.200	163.654	20	0.701715	0.512713	0.000020	1.288	0.269	0.209	3.84	0.512091

注：数据引自李红等(2012)。

(61)新疆塔河油田寒武系—奥陶系碳酸盐岩中的白云石

[产地、产状及共(伴)生矿物] 塔河油田位于新疆维吾尔自治区塔里木盆地北缘，地层包括寒武系下丘里塔格群，奥陶系蓬莱坝组和鹰山组。寒武系下丘里塔格群岩性主要为浅灰色、灰色泥-粉晶白云岩、细-中晶白云岩，下部夹亮晶鲕粒白云岩、藻层纹白云岩、藻粘结白云岩，厚度大于1500 m。奥陶系共分为6个组，下奥陶统蓬莱坝组岩性为浅灰色白云岩、灰质白云岩夹白云质灰岩；中-下奥陶统鹰山组分为2段，上段为浅灰色泥微晶灰岩、生屑泥微晶灰岩、泥微晶砂屑灰岩互层，下段为泥微晶灰岩、泥微晶砂屑灰岩夹浅灰色白云质灰岩、灰质白云岩、白云岩(钟倩倩等，2009)。

[晶体结构] 本区白云岩样品XRD分析结果如图1-2-270所示。通过数据进行处理，计算出其对应的白云石 $MgCO_3$ 摩尔分数和有序度见表1-2-280。

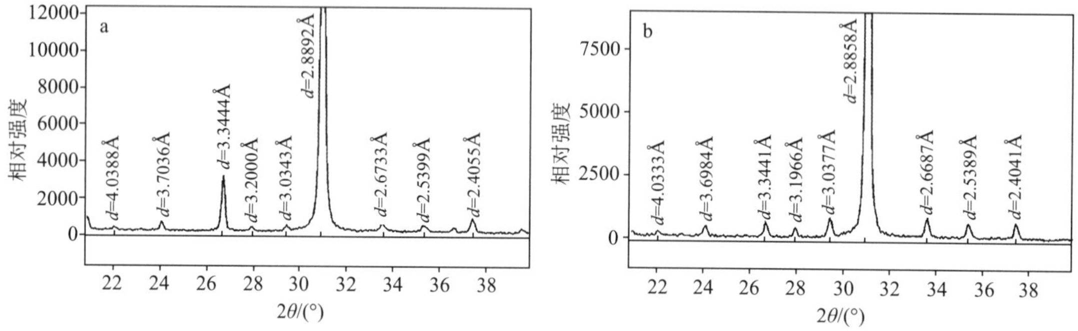

图1-2-270 塔河油田下古生界白云石X射线衍射曲线
(据钟倩倩等，2009)
a—SS15井，样品号SS15-7，蓬莱坝组；b—SS88井，样品号SS88-3，蓬莱坝组

表1-2-280 新疆塔河油田下古生界碳酸盐样品的XRD数据表

井号	样品号	地层群组	岩石定名	d_{104}/Å	I_{015}	I_{110}	$MgCO_3$(摩尔分数)/%	有序度
SS15	SS15-1	蓬莱坝组	中粗晶灰质云岩	2.8865	481	844	49.83	0.4130
	SS15-2	蓬莱坝组	中粗晶灰质云岩	2.8865	488	623	49.83	0.7051
	SS15-3	蓬莱坝组	细中晶灰质云岩	2.8865	424	646	49.83	0.5325
	SS15-4	蓬莱坝组	细中晶云岩	2.8863	476	794	49.90	0.4647
	SS15-5	蓬莱坝组	细中晶云岩	2.8878	548	802	49.40	0.5785
	SS15-6	蓬莱坝组	细中晶云岩	2.8872	477	524	49.60	0.8610
	SS15-7	蓬莱坝组	中细晶灰质云岩	2.8892	281	699	48.93	0.1104
	SS15-8	蓬莱坝组	中细晶云岩	2.8869	406	624	49.70	0.4923
	SS15-9	蓬莱坝组	中晶云岩	2.8857	505	530	50.10	0.8969
SS88	SS88-1	鹰山组	云质灰岩	2.8870	145	210	49.67	0.1121
	Ss88-2	蓬莱坝组	细晶灰质云岩	2.8866	251	485	49.80	0.2115
	SS88-3	蓬莱坝组	细晶云岩	2.8858	570	613	50.07	0.9161
	SS88-4	蓬莱坝组	细粉晶云质灰岩	2.8851	413	706	50.30	0.4158
TTS	TTS-1	下丘里塔格群	细粉晶云岩	2.8876	741	820	49.47	0.8642
	TTS-2	下丘里塔格群	颗粒灰质云岩	2.8856	643	760	50.13	0.7424
	TTS-3	下丘里塔格群	粗中晶云岩	2.8857	630	836	50.10	0.6853
	TTS-4	下丘里塔格群	具残余结构云岩	2.8865	641	704	49.83	0.8428
	TTS-5	下丘里塔格群	具残余结构云岩	2.8880	613	751	49.33	0.7564
	TTS-6	下丘里塔格群	细粉晶云岩	2.8862	424	562	49.93	0.6338
	TTS-7	下丘里塔格群	细粉晶云岩	2.8854	573	810	50.20	0.6425
	TTS-8	下丘里塔格群	具残余结构云岩	2.8851	663	847	50.30	0.7094

注：数据引自钟倩倩等(2009)。

由表 1-2-280 可以看出，鹰山组碳酸盐岩中的白云石有序度为 0.1121；蓬莱坝组白云石有序度的分布区域为 0.1~1.0；寒武系下丘里塔格群白云石有序度分布区域为 0.6~1。可见，总体上地层越老白云石有序度越高。白云石的有序度与赋存白云石的岩石矿物组成(主要是碳酸盐岩中方解石和白云石的相对含量)以及岩石中白云石的结构(主要指晶体大小)相关。根据分析样品数据(表 1-2-280)，从云质灰岩→灰质云岩→白云岩，白云石有序度是依次增高的，同时在基本上全由白云石构成的白云岩中，晶体相对较大的结晶白云岩(细晶以上)的白云石有序度明显好于泥微晶白云岩。

当白云石中 $MgCO_3$ 摩尔分数为 48.9%~50.3%时，白云石有序度与白云石中 $MgCO_3$ 摩尔分数呈现出良好的正相关关系(图 1-2-271a)，当 $MgCO_3$ 摩尔分数高时，白云石的有序度也会相应增高，当 $MgCO_3$ 摩尔分数在接近 50%的范围(49.8%~50.2%)内变化时，白云石的有序度最高(图 1-2-271b)。这说明当白云石中 Mg^{2+} 和 Ca^{2+} 的数值趋于相等时，给 2 种离子进行规律互层排列提供了更高的可能性，同时白云石形成时的 Mg^{2+} 和 Ca^{2+} 的比值低，属于低盐度条件，白云石的成核作用和结晶速度较慢，故有序度高。

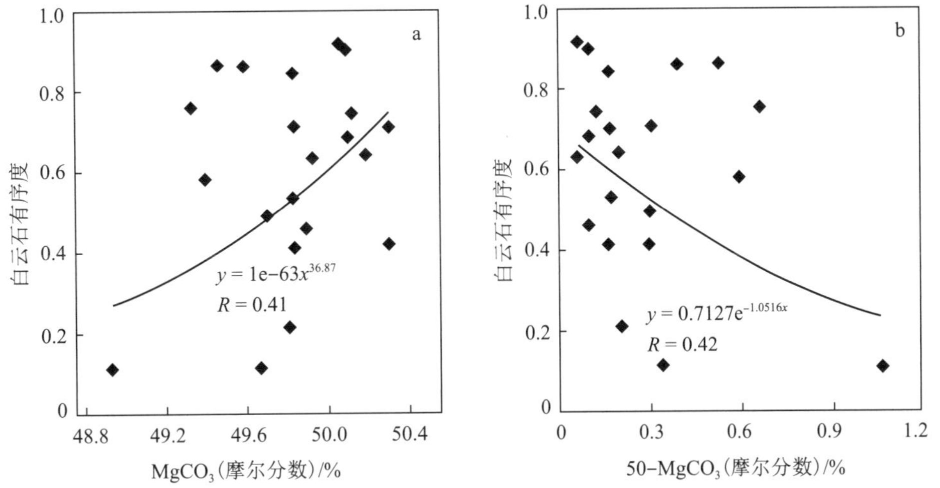

图 1-2-271　新疆塔河油田下古生界白云石有序度与白云石中 $MgCO_3$ 摩尔分数的关系

(据钟倩倩等，2009)

a—白云石中 $MgCO_3$ 摩尔分数与其相应白云石有序度的投点图；b—白云石中 $MgCO_3$ 摩尔分数与理想摩尔分数($MgCO_3$ 摩尔分数=50%)之间的差值与相应白云石有序度的投点图

具有不同结构的白云石与其包裹体均一化温度投点图(图 1-2-272)显示包裹体均一化温度较高(指示较高结晶温度或白云石化温度)，相应白云石的有序度越高。这实际上与白云石的结构(晶体大小)和白云石有序度的关系是一致的，因为晶体相对较大的白云石通常也具有较高的有序度。

[成因意义]　影响白云石有序度的因素，包括其形成时代(可能涉及相应的埋藏深度)、岩石结构(白云石晶体大小)、岩石成分(岩石中白云石相对含量)以及白云石结晶(或白云石化)的温度(白云石的包裹体均一化温度)，这些因素实际上都与白云石的形成机制有关。由准同生和渗透回流白云石化形成的碳酸盐岩中白云石有序度最差，混合白云石化形成的白云岩中白云石有序度较好，埋藏白云石化形成的白云岩中白云石有序度最好。

(62)新疆塔里木盆地玉北地区蓬莱坝组中的白云石

[产地、产状及共(伴)生矿物]　新疆玉北地区早奥陶世整体属于台盆型沉积。鞍形白云石充填物是玉北地区下奥陶统白云岩储层中的一种主要充填物类型。根据不同的产状，玉北地区蓬莱坝组白云岩可分为粉细晶(0.01~0.25 mm)基质白云岩和中粗晶(0.25~2 mm)基质白云岩以及鞍形白云石充填物，其中粉细晶基质白云岩多见于蓬莱坝组的上部，白云石呈自形、半自形，以细晶为主，其次为粉晶，晶粒镶嵌接触，晶面较污浊，岩性致密基本不发育孔隙(图 1-2-273a)；粗晶基质白云岩则广泛分布于蓬莱坝组下段，裂缝类型多以中-高构造缝和水平溶蚀缝为主(图 1-2-273b)，溶蚀缝中常

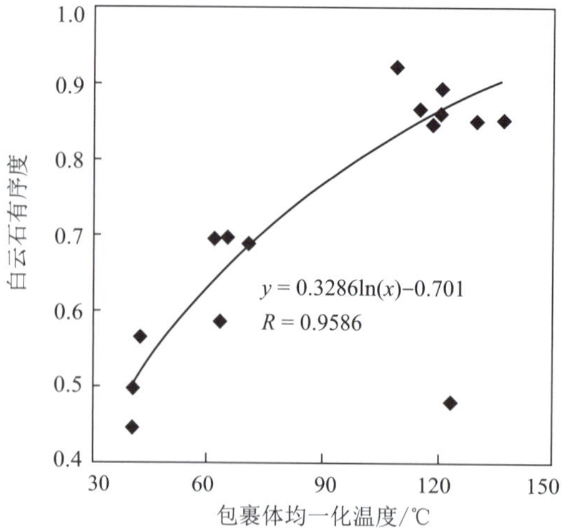

图 1-2-272　川东北三叠系白云石有序度与白云石中包裹体均一化温度的关系图

（据穆曙光等，1994）

见层状石英和鞍形白云石伴生充填（图 1-2-273c）。镜下特征来看，该类岩性的晶面污浊，晶形自形程度差，以曲面他形镶嵌接触为主，且粒度大小范围跨度大，各个大小晶级均有发育，其中粒度较粗的晶粒还可见波状消光特征（图 1-2-273d）；鞍形白云石作为研究区最为常见的一类充填物，多发育在粗晶基质白云岩中，常常作为缝洞内的第一期充填物，并与石英共生，多为乳白色或灰白色，晶体以粗晶为主，正交光下具有波状消光特征，与基质白云岩之间呈过渡接触，通常沿洞壁或缝壁等生长，空间充足的部位生长最为密集，晶形也最完整。鞍形白云石充填物在镜下并未发现有明显的环带

图 1-2-273　塔里木盆地玉北地区蓬莱坝组基质白云岩及鞍形白云石充填物特征

（据焦健等，2016）

a—YB5 井，6606. 35 m，白云石呈自形、半自形，以细晶为主，其次为粉晶，晶粒镶嵌接触，基本不发育孔隙（-）；b—YB5 井，6742. 23~6742. 45 m，高角度构造缝（黄色箭头）、斜交水平溶蚀缝（红色箭头），裂缝半充填或未充填；c—YB5 井，6742. 8 m，鞍形白云石（SD）与硅质（Q）呈层状充填于溶蚀缝洞中；d—YB5 井，6741. 9 m，白云岩以粗晶为主，其次为中晶，可见少量细晶，可见硅质充填孔隙（+）；e—YB5 井，6742. 5 m，粗晶基质白云岩（M）、溶洞中沿洞壁生长的鞍形白云石充填物（SD），岩芯可见油迹；f—YB7 井，6230. 35 m，鞍形白云石镜下特征，可见波状消光，晶间可见少量方解石充填（+）

结构(焦健等，2016)。

［**形貌特征**］ 见图 1-2-273。

［**化学成分**］ 微量元素特征：玉北 5 井蓬莱坝组 2 种基质白云岩及鞍形白云石充填物的部分微量元素及比值列于表 1-2-281 中。可以看出，鞍形白云石充填物与粗晶基质白云岩在微量元素数据方面虽有差别，但整体上特征相似，二者与细粉晶基质白云岩特征差异明显：①相对粉细晶基质白云岩而言，二者的 Sr 元素含量很低。因此高的 Sr 含量反映粉细晶基质白云岩的成岩时间较早(以交代文石为主)；粗晶基质白云岩的低 Sr 特征则反映其成岩时间较晚(以交代低 Mg 方解石为主)，另外，大气混合水作用、埋藏及重结晶作用也会导致 Sr 的大量流失，玉北地区蓬莱坝组白云岩显然与埋藏白云岩化关系密切。②粗晶基质白云岩与鞍形白云石充填物的 Ba 元素含量都高于 Sr 含量，说明二者都经历了比较强烈的后期改造。③U/Th 和 Ba/Sr 值等反映成岩环境的参数均表明粉细晶基质白云岩以沉积成因为主，而粗晶基质白云岩和鞍形白云石充填物则与埋藏高温有关，尤其是鞍形白云石具有热液成因特征。

表 1-2-281 塔里木盆地玉北 5 井蓬莱坝组基质白云岩及鞍形白云石充填物部分微量元素及比值

序号	样品	类型	$Ba/10^{-6}$	$Sr/10^{-6}$	$U/10^{-6}$	$Th/10^{-6}$	CaO/%	MgO/%	Ca/Mg	U/Th	Ba/Sr
1	6-5/11-M1	粉细晶基质白云岩	11.83	121.77	0.48	0.70	27.05	17.66	0.91	0.69	0.10
2	6-5/11-M2		11.87	129.72	0.48	0.68	27.54	17.94	0.91	0.70	0.09
3	7-28/30-1	粗晶基质白云岩	95.59	72.93	0.90	0.49	27.96	19.68	0.99	1.84	1.31
4	7-28/30-2		113.80	69.78	0.88	0.43	27.72	19.88	1.00	2.05	1.63
5	7-28/30-3		105.60	71.08	0.82	0.36	27.00	19.39	1.01	2.26	1.49
6	7-12/30-1	鞍形白云石充填物	319.20	76.67	0.84	0.37	29.74	21.03	0.99	2.30	4.16
7	7-12/30-2		320.20	73.19	0.90	0.32	29.21	21.07	1.01	2.78	4.37
8	7-12/30-3		361.10	75.03	0.91	0.31	29.49	21.16	1.00	2.89	4.81

注：数据引自焦健等(2016)；比值为质量比。

稀土元素特征：本区样品的稀土元素分析数据显示，粉晶基质白云岩的∑REE 的平均值为 5.733 μg/g，δEu 基本无异常，平均值为 0.982，δCe 显示微弱负异常，平均值为 0.865；粗晶基质白云岩的∑REE 平均值为 3.556 μg/g，δEu 的平均值为 2.255，显示正异常，δCe 基本无异常，平均值为 1.038；鞍形白云石充填物的∑REE 平均值为 3.105 μg/g，为三者中最低，δEu 的平均值为 4.481，为三者中最高，具有显著正异常特征，δCe 平均值为 0.931，基本无异常。将样品经北美页岩标准化后的配分模式可见(图 1-2-274)，三者的配分曲线特征总体上相似，说明三类白云岩(石)的分异程度相近，但粗晶基质白云岩与鞍形白云石充填物具有明显的 δEu 正高异常。

同位素特征：基质白云岩的 $\delta^{13}C_{PDB}$ 为−0.9‰～0.1‰，平均值−0.44‰，$\delta^{18}O_{PDB}$ 为−10.2‰～−5.9‰，平均值为−8.6‰；鞍形白云石充填物的 $\delta^{13}C_{PDB}$ 为−0.8‰～−0.1‰，平均值−0.45‰，$\delta^{18}O_{PDB}$ 为−13.1‰～−8‰，平均值−9.9‰；缝洞方解石充填物的 $\delta^{13}C_{PDB}$ 为−1.3‰～−0.1‰，$\delta^{18}O_{PDB}$ 为−10.1‰～−13.1‰，平均值−10.5‰(图 1-2-275a)。2 种类型白云岩(石)样品的 $\delta^{13}C_{PDB}$ 变化范围都不大，接近于 0，在 0～−1.3‰之间，完全落入早奥陶世海相方解石碳同位素的分布范围区间内(−1.5‰～0.5‰)，反映了白云岩交代成因，同时说明白云岩成岩过程中并无有机碳参与，形成时间早于油气充注时间。图 1-2-275b 显示形成基质白云岩与鞍形白云石充填物的流体 $\delta^{18}O_{PDB}$ 值显著高于当时的海水值(−6.5‰～−8.5‰，分别为 0～6‰和 3‰～4.5‰)，低于岩浆水的 $\delta^{18}O_{PDB}$(6.0‰～10.0‰)，但略高于塔中下奥陶统地层水的 $\delta^{18}O_{PDB}$ 值(−1.5‰～0.8‰)。因此高温、高盐度的地层卤水应该是粗晶基质白云岩与鞍形白云石充填物形成的主要成岩流体。

包裹体特征：包裹体均一温度测试结果显示，粗晶基质白云岩为 93.1～128.2℃，平均值为 110.2℃，鞍形白云石充填物为 112.3～220.0℃，平均值为 137.72℃，且内核的平均均一温度要高于

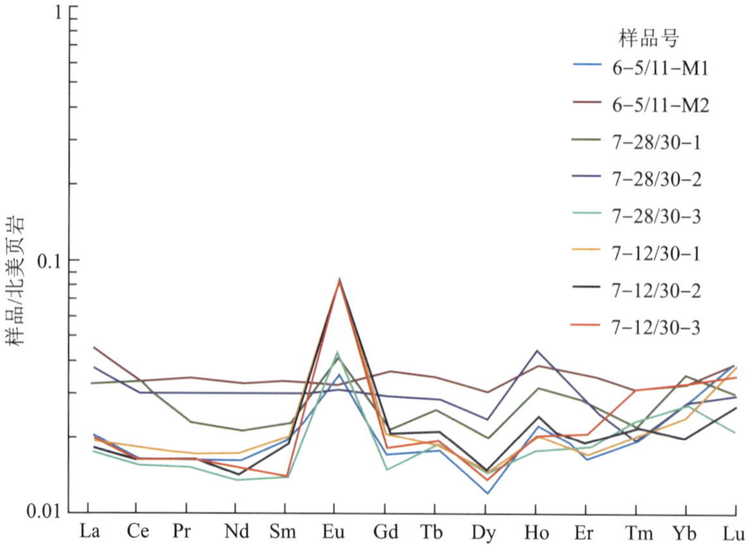

图 1-2-274 塔里木盆地玉北地区蓬莱坝组基质白云岩及鞍形白云石充填物稀土元素配分模式

（焦健等，2016）

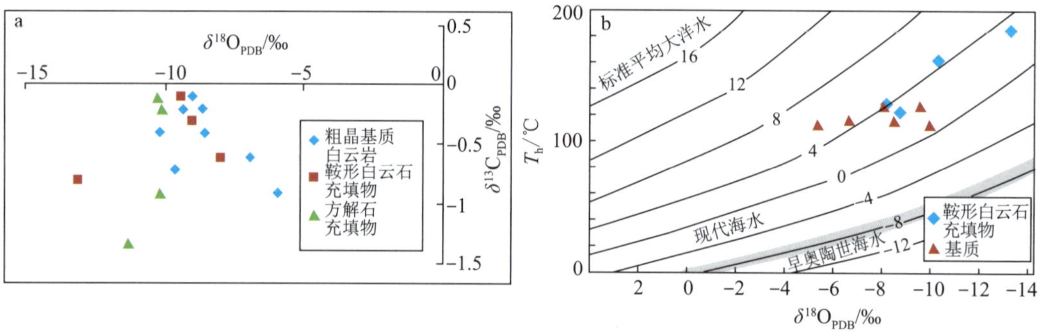

图 1-2-275 塔里木盆地玉北地区白云岩碳、氧同位素及温度的相互关系

（据焦健等，2016）

边缘；方解石充填物为97.1～188.2℃，平均值为128.8℃，硅质充填物为128.5～159.1℃，平均值为142.8℃。均一温度分布直方图显示，4类宿主矿物的均一温度在110～130℃区间有部分重叠，但总体上各类充填物的温度均要高于粗晶基质白云岩，个别鞍形白云石充填物还测得200℃以上的高温。盐度方面，基质白云岩的盐度范围在14.36%～19.53%，平均值14.36%；鞍形白云石充填物为12.85%～22.71%，平均值为18.49%，略高于前者。两者盐度都明显高于正常的海水值，而与蒸发岩的层间卤水盐度相似。

（63）新疆乌鲁木齐地区中二叠统芦草沟组碳酸盐岩中的白云石

[产地、产状及共(伴)生矿物] 新疆乌鲁木齐地区红雁池南剖面中二叠统芦草沟组主要发育浅湖至半深湖背景下的中、薄层深灰色白云岩、灰岩、粉砂岩与中、厚层灰黑色页岩、泥岩互层。白云岩主要由泥晶白云石、铁白云石及少量方解石、高镁方解石组成，富含有机质(雷川等，2012)。

养牛场剖面中二叠统芦草沟组以发育浅湖-半深湖背景下的中层深灰色、灰色碳酸盐岩、粉砂岩、细砂岩与中-厚层灰黑色泥岩、油页岩的互层沉积为特点。湖相碳酸盐岩以微晶白云岩为主体，其次为微晶灰岩。微晶白云岩主要由白云石、铁白云石及少量方解石等组成，常混有泥质组分且富含有机质(李红等，2013)。

[形貌特征] 红雁池南剖面中的白云石粒径3～10 μm，阴极发光呈现均匀昏暗的砖红色。白云石主要有微球状(直径5～8 μm)、微簇状(长度约2 μm)及他形(1～10 μm)3种微形貌(图1-2-

276)。微球状白云石具有显微纹层结构，似为生长纹层，放大至6万倍发现显微纹层是由无数纳米级颗粒构成。他形白云石放大至4万倍发现主要由大量直径约0.25 μm的球状微粒聚集粘结而成，具有微生物矿化的特征。将研究区白云石与现代典型微生物成因白云石相比，其显微形态特征非常相似。

图 1-2-276　新疆红雁池南剖面中二叠统芦草沟组微生物白云石的显微形貌

（据雷川等，2012）

a—微球状白云石的扫描电镜照片，可见球状白云石具有显微纹层结构（实线箭头所指），最外层的纹层有破损，纹层又是由无数纳米级颗粒组成的纳米颗粒层，纹层最外侧分布有垂直纹层生长的纳米级针状物（虚线箭头所指），"+"号处为能谱采集点，下同，样品编号HYC-27；b—微球状白云石表面微形貌，密集的纳米级颗粒垂直于球面（虚线箭头所指），在纳米颗粒层之上可见由纳米球粒（直径约200 nm）紧密粘结组成的纹层（实线箭头所指），样品编号HYC-27；c—簇状白云石集合体（实线箭头所指），集合体中管状白云石长0.1~0.3 μm，横截面直径约80 nm，含镁、硅、钙等元素，硫元素出现可能是由于采集区含黄铁矿，虚线箭头所指为大量50~80 nm的微粒粘结构成的颗粒层；样品编号HYC-11；d—微米级他形白云石，大小不等，由大量粒径约0.25 μm的微粒聚集粘结构成，样品编号HYC-32

镜下观察养牛场剖面中的白云石主要为微晶（<4 μm）及微亮晶（4~10 μm），极少数为亮晶（>10 μm）。扫描电镜分析发现微晶白云岩中存在微球状（直径约9 μm）、微棒状（长度为0.3~1.2 μm）及微米级他形（<5 μm）等3种微形貌的白云石，其中微米级他形白云石在白云岩中占绝大多数。

［**化学成分**］　根据养牛场剖面中微晶白云岩与微晶灰岩的主量、微量元素分析结果（表1-2-282），可以发现灰岩样品SiO_2含量普遍高于白云岩，白云岩中白云石铁含量明显高于灰岩，白云岩

Mg/Ca 值介于 0.3~0.61 之间，(Fe+Mg)/Ca 值则为 0.49~0.81，可能为样品包含部分含铁白云石和少量方解石所致。

表 1-2-282 新疆乌鲁木齐养牛场剖面芦草沟组碳酸盐岩全岩化学分析及微量元素比值

编号	NFG-2	NFG-12	NFG-13	NFG-15	NFG-17	NFG-18	NFG-19	NFG-21	NFG-22	NFG-23	NFG-23CH	NFG-24
岩性含量	微晶泥质白云岩	微晶白云岩	微晶白云岩	微晶含泥含钙白云岩	微晶白云岩	微晶含泥白云岩	微晶含泥白云岩	微晶白云岩	微晶含泥白云岩	微晶含泥白云岩	含燧石微晶灰岩	含燧石微晶灰岩
SiO_2/%	25.28	2.20	2.90	11.86	3.82	10.86	1250	3.32	16.11	13.94	59.49	27.96
TiO_2/%	0.13	0.02	0.05	0.04	0.06	0.10	0.12	0.03	0.08	0.10	0.01	<0.01
Al_2O_3/%	2.92	0.58	0.98	0.80	1.19	1.77	2.34	0.99	1.65	2.14	0.22	0.21
Fe_2O_3/%	4.08	1.84	2.39	4.15	3.64	6.75	5.46	3.21	4.75	4.42	0.62	1.56
MnO/%	0.21	0.11	0.13	0.18	0.18	0.44	0.25	0.15	0.11	0.19	0.05	0.08
MgO/%	12.11	19.47	19.93	12.65	18.68	10.50	13.09	19.27	15.91	14.88	0.88	2.10
CaO/%	20.31	29.32	27.68	29.92	26.95	29.21	25.92	27.68	2242	24.34	20.35	35.89
Na_2O/%	0.54	0.40	0.35	0.27	0.33	0.32	044	0.37	0.37	0.55	0.07	0.08
K_2O/%	0.37	0.04	0.10	0.05	0.14	0.19	0.28	0.10	0.17	0.24	0.01	0.01
P_2O_3/%	0.24	0.25	0.16	0.23	0.23	1.93	0.78	0.34	0.23	0.08	0.08	0.22
烧失量/%	33.98	45.74	45.67	40.09	44.86	38.00	39.01	44.95	38.23	39.35	17.73	31.44
总计/%	100.17	99.97	100.34	100.24	100.08	100.07	100.19	100.41	100.03	100.23	99.51	99.55
Fe/%	2.85	1.29	1.67	2.90	2.55	4.72	3.82	2.25	3.32	3.09	0.43	1.09
$Sr/10^{-6}$	527.47	591.40	1002.18	439.72	640.72	362.94	205.15	955.97	650.67	839.95	250.15	524.39
$Mn/10^{-6}$	1626.36	851.90	1006.79	1394.02	1394.02	3407.61	1936.14	1161.69	851.90	1471.47	387.23	619.57
Mg/Ca	0.50	0.56	0.61	0.36	0.58	0.30	0.43	0.59	0.60	0.52	0.04	0.05
Sr/Ca	36.34	28.22	50.66	20.56	33.27	17.39	11.07	48.32	40.61	48.28	17.20	20.44
(Fe+Mg)/Ca	0.70	0.62	0.69	0.49	0.72	0.53	0.63	0.70	0.81	0.69	0.07	0.09

注：数据引自据李红等(2013)。Fe_2O_3 为全铁含量。

红雁池南剖面中岩石样品的碳、氧同位素值见表 1-2-283。其中 $\delta^{13}C_{PDB}$ 值分布于 1.8‰~13.8‰ 之间，平均 9.29‰；$\delta^{18}O_{PBD}$ 值在-12.1‰~-4.1‰之间，平均-7.31‰。白云岩的碳同位素正偏表明其形成可能与产烃带微生物代谢活动引起的甲烷生成作用有关。白云岩氧同位素偏负很可能是由于湖水主体来源于大气降水造成的。因此，红雁池南剖面中白云岩氧同位素的变化可能指示了白云岩形成于以蒸发作用为主的陆相湖泊较深水环境。

表 1-2-283 新疆红雁池南剖面中二叠统芦草沟组湖相碳酸盐岩碳、氧同位素组成

样品编号	岩性	$\delta^{13}C_{PDB}$/‰	$\delta^{18}O_{PDB}$/‰	$\delta^{18}O_{SMOW}$/‰
HYC-11	鲕粒白云岩	3.2	-12.1	18.4
HYC-14	白云质灰岩	4.6	-11.6	19.0
HYC-18	双壳类化石层	1.8	-8.4	22.3
HYC-23	粉晶白云岩	11.7	-5.0	25.8
HYC-24	内碎屑白云岩	13.1	-5.8	25.0
HYC-26	泥晶白云岩	13.6	-5.0	25.8
HYC-35	粉晶白云岩	13.8	-5.3	25.4
HYC-38	含钙白云岩	11.9	-4.1	26.7
HYC-40	泥晶白云岩	9.9	-8.5	22.1

注：数据引自雷川等(2012)。

养牛场剖面中白云岩样品的 C、O 同位素值见表 1-2-284。微晶白云岩 $\delta^{13}C_{PDB}$ 值分布于 9.2‰~15.6‰之间，$\delta^{18}O_{PBD}$ 值介于-8.5‰~-3‰之间。

表 1-2-284 新疆养牛场剖面中芦草沟组碳酸盐岩稳定同位素组成

样品编号	岩性	$\delta^{18}O_{PDB}$/‰	$\delta^{13}C_{PDB}$/‰
NFG-8	白云质泥岩	-4.7	153
NFG-12	微晶白云岩	-5.2	14
NFG-13	微晶白云岩	-5.2	13.9
NFG-15	微晶含泥含钙白云岩	-4.2	13.9
NFG-18	微晶含泥白云岩	-8.5	9.2
NFG-19	微晶含泥白云岩	-7.8	113
NFG-21	微晶白云岩	-3.5	15.1
NFG-22	微晶含泥白云岩	-3	15.6
NFG-23CH	含燧石微晶灰岩	-10	4.7
NFG-24	含燧石微晶灰岩	-9.8	8.7

注：数据引自据李红等(2013)。

(64)新疆乌鲁木齐养牛场剖面二叠系碳酸盐岩中的白云石

[产地、产状及共(伴)生矿物] 新疆乌鲁木齐地区养牛场剖面中二叠统芦草沟组以发育浅湖-半深湖背景下的中层深灰色-灰色碳酸盐岩、粉砂岩、细砂岩与中-厚层灰黑色泥岩、油页岩的互层沉积为特点。湖相碳酸盐岩以微晶白云岩为主体，其次为微晶灰岩。微晶白云岩主要由白云石、铁白云石及少量方解石等组成，常混有泥质组分且富含有机质(李红等，2013)。

[形貌特征] 镜下观察白云石主要为微晶(<4 μm)及微亮晶(4~10 μm)，极少数为亮晶(>10 μm)。扫描电镜分析发现微晶白云岩中存在微球状(直径为 9 μm)、微棒状(长度为 0.3~1.2 μm)及微米级他形(<5 μm)3 种微形貌的白云石，其中微米级他形白云石在白云岩中占绝大多数。

[化学成分] 根据本区微晶白云岩与微晶灰岩的主量、微量元素分析结果(表 1-2-285)，可以发现灰岩样品 SiO_2 含量普遍高于白云岩，白云岩中白云石铁含量明显高于灰岩，白云岩 Mg/Ca 值介于 0.3~0.61 之间，(Fe+Mg)/Ca 值则为 0.49~0.81，可能为样品包含部分含铁白云石和少量方解石所致。

表 1-2-285 新疆乌鲁木齐养牛场剖面芦草沟组碳酸盐岩全岩化学分析及微量元素比值

编号	NFG-2	NFG-12	NFG-13	NFG-15	NFG-17	NFG-18	NFG-19	NFG-21	NFG-22	NFG-23	NFG-23CH	NFG-24
岩性	微晶泥质白云岩	微晶白云岩	微晶白云岩	微晶含泥含钙白云岩	微晶白云岩	微晶含泥白云岩	微晶含泥白云岩	微晶白云岩	微晶含泥白云岩	微晶含泥白云岩	含燧石微晶灰岩	含燧石微晶灰岩
SiO_2/%	25.28	2.20	2.90	11.86	3.82	10.86	12.50	3.32	16.11	13.94	59.49	27.96
TiO_2/%	0.13	0.02	0.05	0.04	0.06	0.10	0.12	0.03	0.08	0.10	0.01	<0.01
Al_2O_3/%	2.92	0.58	0.98	0.80	1.19	1.77	2.34	0.99	1.65	2.14	0.22	0.21
Fe_2O_3/%	4.08	1.84	2.39	4.15	3.64	6.75	5.46	3.21	4.75	4.42	0.62	1.56
MnO/%	0.21	0.11	0.13	0.18	0.18	0.44	0.25	0.15	0.11	0.19	0.05	0.08
MgO/%	12.11	19.47	19.93	12.65	18.68	10.50	13.09	19.27	15.91	14.88	0.88	2.10
CaO/%	20.31	29.32	27.68	29.92	26.95	29.21	25.92	27.68	22.42	24.34	20.35	35.89
Na_2O/%	0.54	0.40	0.35	0.27	0.33	0.32	0.44	0.37	0.37	0.55	0.07	0.08
K_2O/%	0.37	0.04	0.10	0.05	0.14	0.19	028	0.10	0.17	0.24	0.01	0.01
P_2O_3/%	0.24	0.25	0.16	0.23	0.23	1.93	0.78	0.34	0.23	0.08	0.08	0.22
烧失量/%	33.98	45.74	45.67	40.09	44.86	38.00	3901	44.95	38.23	39.35	17.73	31.44
总计/%	100.17	99.97	100.34	100.24	100.08	100.07	100.19	100.41	100.03	100.23	99.51	99.55

续表

编号	NFG-2	NFG-12	NFG-13	NFG-15	NFG-17	NFG-18	NFG-19	NFG-21	NFG-22	NFG-23	NFG-23CH	NFG-24
岩性	微晶泥质白云岩	微晶白云岩	微晶白云岩	微晶含泥含钙白云岩	微晶白云岩	微晶含泥白云岩	微晶含泥白云岩	微晶白云岩	微晶含泥白云岩	微晶含泥白云岩	含燧石微晶灰岩	含燧石微晶灰岩
Fe/%	2.85	1.29	1.67	290	2.55	4.72	3.82	2.25	3.32	3.09	0.43	1.09
$Sr/10^{-6}$	527.47	591.40	1002.18	439.72	640.72	362.94	205.15	955.97	650.67	839.95	250.15	524.39
$Mn/10^{-6}$	1626.36	851.90	1006.79	1394.02	1394.02	3407.61	1936.14	1161.69	851.90	1471.47	387.23	619.57
Mg/Ca	0.50	0.56	0.61	0.36	0.58	0.30	0.43	0.59	0.60	0.52	0.04	0.05
Sr/Ca	36.34	28.22	50.66	20.56	33.27	17.39	11.07	48.32	40.61	48.28	17.20	20.44
(Fe+Mg)/Ca	0.70	0.62	0.69	0.49	0.72	0.53	0.63	0.70	0.81	0.69	0.07	0.09

注：数据引自据李红等(2013)。Fe_2O_3 为全铁含量。

本区白云岩样品的C、O同位素值见表1-2-286。微晶白云岩 $\delta^{13}C_{PDB}$ 值分布于9.2‰~15.6‰之间，$\delta^{18}O_{PBD}$ 值介于-8.5‰~-3‰之间。

表1-2-286 新疆养牛场剖面芦草沟组碳酸盐岩稳定同位素组成

样品编号	岩性	$\delta^{18}O_{PDB}$/‰	$\delta^{13}C_{PDB}$/‰
NFG-8	白云质泥岩	-4.7	15.3
NFG-12	微晶白云岩	-5.2	14
NFG-13	微晶白云岩	-5.2	13.9
NFG-15	微晶含泥含钙白云岩	-4.2	13.9
NFG-18	微晶含泥白云岩	-8.5	9.2
NFG-19	微晶含泥白云岩	-7.8	11.3
NFG-21	微晶白云岩	-3.5	15.1
NFG-22	微晶含泥白云岩	-3	15.6
NFG-23CH	含燧石微晶灰岩	-10	4.7
NFG-24	含燧石微晶灰岩	-9.8	8.7

注：数据引自据李红等(2013)。

(65)新疆准噶尔盆地二叠系白云岩中的白云石

[产地、产状及共(伴)生矿物] 准噶尔盆地西北缘风城地区白云质岩类主要分布于风城组、夏子街组和乌尔禾组，主要岩性为泥质白云岩、白云质泥岩、白云质粉砂岩、白云质细砂岩，白云石含量为15%~80%，平均含量24%，多数岩石并非严格意义上的白云岩，大部分为白云质岩或者含白云石岩，主要有纹层状微晶白云质岩和星散状细晶-中晶白云质岩两种类型(尹路等，2013)。

玛湖凹陷位于准噶尔盆地西北缘，面积约6800 km^2，是准噶尔盆地重要的富烃凹陷，风城组是玛湖凹陷的主要烃源岩层和产油气层。下二叠统风城组厚度200~1400 m，白云质岩累计厚度为100~300 m。风城组自下而上划分为3段，白云质岩累计厚度10~128 m，主要分布于风一段上部、风二段和风三段下部。风城组白云质岩主要由石英、钾长石、斜长石、白云石、盐类矿物、火山玻璃组成。自生矿物以白云石为主(唐勇等，2023)。

[形貌特征] 风城地区纹层状白云石由泥晶白云石和微晶白云石组成，晶粒细小(小于0.03 mm)，晶形差，半自形-他形晶为主，表明形成于一种低能量安静、温暖的环境中。星散状白云质岩为含铁白云石交代方解石而成，同时可见其交代方沸石的现象，铁白云石晶体粗大，自形程度较好。

玛湖凹陷风城组白云质岩中，分布最广泛、含量最高的是半自形、半自形-自形白云石(图1-2-277)。为方便对比分析，将白云石过渡晶形如他形-半自形、半自形-自形等划归半自形，从而将白云石晶形分为自形、半自形和他形 3 种(表 1-2-287)。白云石晶体以微晶、粉晶、细晶为主，其中含量最高的是粉晶。白云石含量在不同类型岩石中存在较大差异，整体而言，颗粒较细的白云质凝灰岩、陆源碎屑岩中白云石含量高。白云质凝灰岩中的白云石主要以粉晶、细晶半自形白云石为主，表现为斑状、团块状和条带状等(图 1-2-277c~e)。在相对较粗的陆源碎屑岩中，白云石主要以他形为主，以胶结和交代颗粒形式出现，多表现为连晶状(图 1-2-277f)。

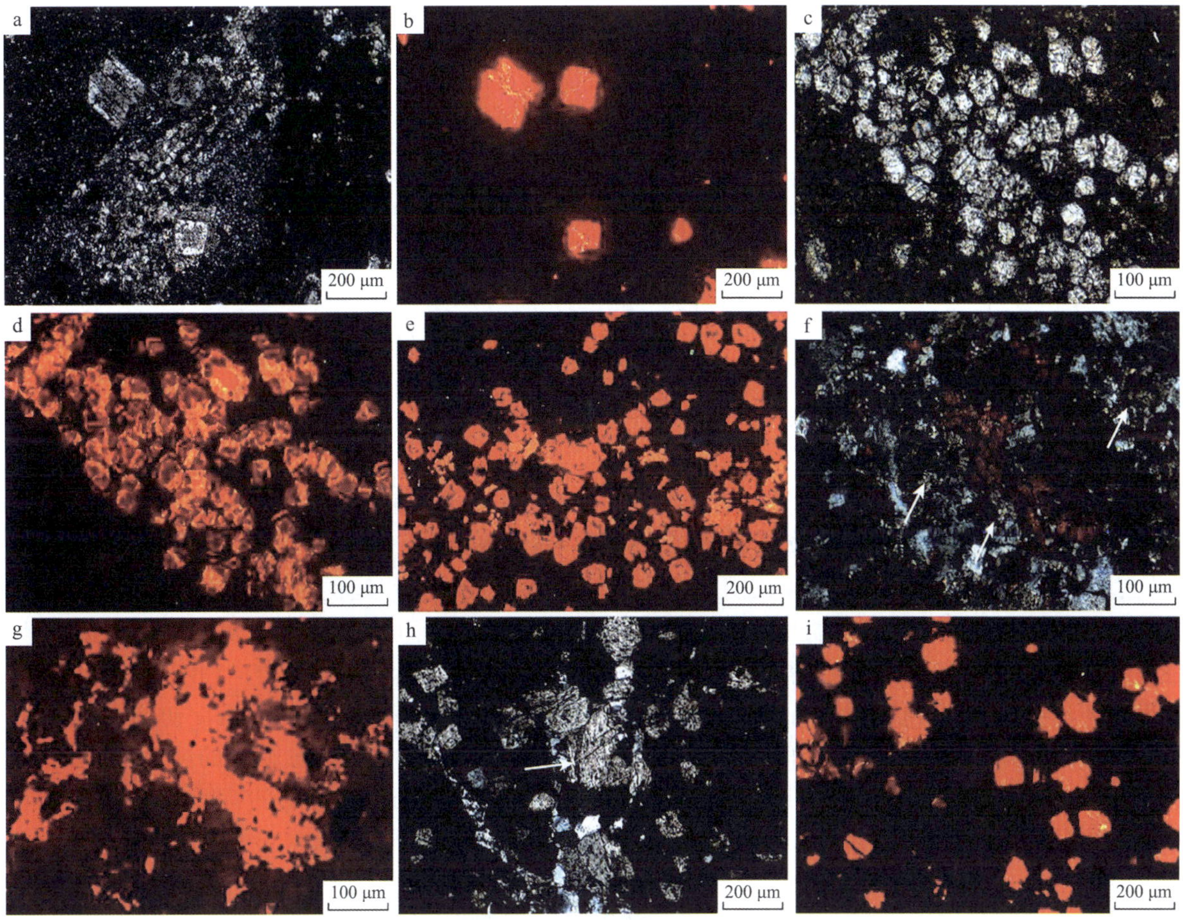

图 1-2-277　玛湖凹陷风城组白云质岩中白云石微观特征

(据唐勇等，2023)

a—FN14 井，4162.77 m，P_1f_2，细晶-粉晶半自形-自形白云石呈漂浮状分布于凝灰质中，正交偏光；b—白云石阴极发光为橘红色，与 a 同视域，阴极发光；c—MY1 井，4669.85 m，P_1f_2，粉晶半自形白云石呈条带状分布，有序度 0.49，单偏光；d—白云石阴极发光为橘红色-橘黄色，具有环带状构造，与 c 同视域，阴极发光；e—MY1 井，P_1f_3，4595.34 m，细晶-粉晶半自形白云石呈条带状分布，阴极发光主要为橘红色，具有环带状构造，阴极发光；f—K204 井，4348.05 m，P_1f_3，交代火山碎屑的白云石(白色箭头)，有序度 0.71，正交偏光；g—白云石不具阴极发光，方解石阴极发光为橘红色，与 f 为同一视域，阴极发光；h—MY1 井，P_1f_2，4814.13 m，裂缝中充填细晶半自形-自形白云石(白色箭头)，有序度 0.97，正交偏光；i—裂缝中充填白云石不具阴极发光，与 h 为同一视域，阴极发光

呈充填状、交代状的他形白云石阴极发光以暗红色、不发光为主(图 1-2-277g)，主要形成于中埋藏期。构造裂缝和溶蚀孔洞中充填的细晶白云石(图 1-2-277h)，不具阴极发光(图 1-2-277i)，流体包裹体均一温度多大于 120℃，说明其多形成于中-深埋藏期。

风城组中各类白云石的有序度分布特征为：半自形的为 0.49~0.76(图 1-2-277c)，均值为 0.59；他形的为 0.64~0.79(图 1-2-277f)，均值为 0.70；自形的有两种：①低有序度(小于 0.7)，平均有序度为 0.43；②高有序度(大于等于 0.7)，平均为 0.71~0.97，平均值为 0.79。根据有序度与白云石化机制的相关关系(Tucker et al.，1990；林春明等，2019)，风城组低有序度自形白云石、半自形白云石相当于准同生期形成，他形白云石、高有序度自形白云石相当于中-深埋藏期形成。由此也说明，风城组中白云石主要形成于中二叠世早期的浅埋藏环境，其次为中二叠世中期的中埋藏环境。

表 1-2-287　新疆玛湖凹陷风城组白云质岩中不同时期白云石特征

形成时期	样品温度/℃	晶体特征	主要产状	荧光颜色	阴极发光	有序度	$\delta^{18}O$/‰	Mg^{2+}来源	形成机制
准同生期-浅埋藏期	55~89	自形、半自形；微晶、粉晶	条带状、漂浮状	无荧光，褐黄色	橙红色，橙黄色	0.43~0.66	-4.53~0.63	碱湖高盐度咸水	微生物诱导下的准同生白云石化，回流-渗透白云石化
中埋藏期	91~118	半自形；粉晶、细晶	充填粒间孔，交代状	橙黄色	暗红色，不发光	0.64~0.79	-8.03~-5.05	火山玻璃脱玻化，岩石基质的酸性溶蚀	埋藏白云石化
中-深埋藏期	121~144	自形、他形；细晶	交代状，充填裂缝、溶孔	绿色	橙红色，不发光	0.71~0.97	-10.54~2.38	岩石基质的溶蚀，火山热液	埋藏白云石化，热液交代白云石化

注：数据引自唐勇等(2023)。

［**化学成分**］　主量元素特征：风城组中部分半自形白云石表现出环带生长特征(图 1-2-278a~d)，由边缘到中部 MgO、MnO、SrO 含量逐渐降低，SiO_2、FeO、Na_2O 含量逐渐升高(表 1-2-288)，白云石晶体边缘则因为 Fe 元素含量高导致阴极发光猝而不发光或者发很暗的褐黄色光(图 1-2-278b)。SiO_2、Na_2O 含量升高与火山玻璃脱玻化释放的 Si^{4+}、Na^{+}相关，而 FeO 的显著升高与火山物质的埋藏蚀变有关。交代状白云石部分继承了被交代碎屑的化学组成，但沿晶体生长方向(由边缘到中部)表现出与环带状白云石相似变化特征(图 1-2-278e，表 1-2-288)。因此，白云石沉淀初期，其流体来源主要与碱湖流体相关；随后在埋藏过程中，大规模脱玻化作用和铝硅酸盐矿物的蚀变释放出 Na^{+}、Al^{3+}，相对晚期白云石中 Na_2O 降低而 Al_2O_3 增加。裂缝充填白云石中最显著的特征是铁含量明显高于其他白云石(图 1-2-278f，表 1-2-288)，与其形成于较深埋藏环境有关。

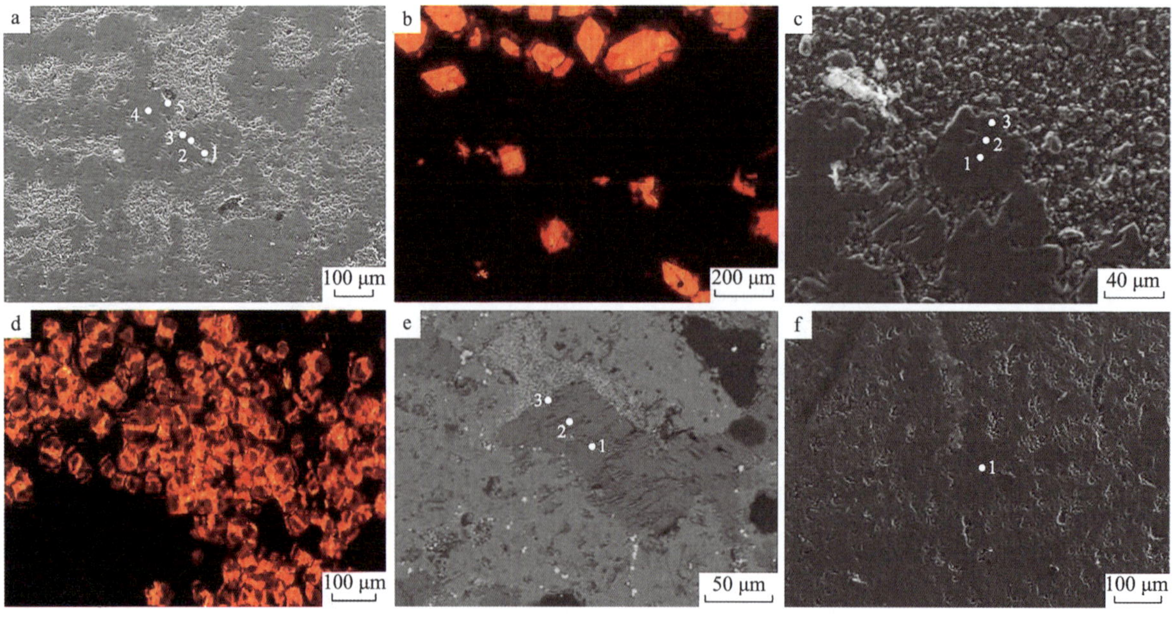

图 1-2-278　玛湖凹陷风城组白云石电子探针点号位置及微观特征

(据唐勇等，2023)

表 1-2-288　玛湖凹陷 MY1 井风城组白云质岩中不同产状白云石电子探针数据

井深/m	点号	白云石产状	质量分数/%									Fe/Mn
			MgO	SiO_2	MnO	SrO	Na_2O	CaO	FeO	Al_2O_3	K_2O	
4610.86（图 1-2-278a）	1	环带状	36.54	4.68	0.58	0.37	0.50	56.60	0.16	0.42	0.15	0.27
	2		34.67	5.47	0.50	0.31	0.60	57.44	0.37	0.37	0.27	0.75
	3		30.80	5.96	0.43	0.17	0.19	56.84	4.14	1.22	0.25	9.82
	4		30.84	3.95	0.40	0	0.18	59.46	4.45	0.37	0.35	11.42
	5		33.38	2.62	0.37	0.38	0.26	62.40	0.51	0.02	0.06	1.39
4669.85（图 1-2-278c）	1	条带状	29.26	0.88	6.78	0.41	0.25	62.19	0.15	0.05	0.04	0.02
	2		33.17	1.38	0.27	0.40	0.29	64.00	0.05	0.26	0.18	0.18
	3		30.49	4.15	0.04	0.65	0.73	62.67	0.16	1.02	0.09	4.56
4852.18（图 1-2-278e）	1	交代状	22.95	20.19	0.49	0.00	0.28	43.98	1.63	5.71	4.77	3.36
	2		33.92	4.16	0.40	0.51	0.78	59.77	0.08	0.15	0.23	0.20
	3		32.52	5.31	0.52	0.47	0.94	59.41	0.28	0.23	0.32	0.54
4814.13（图 1-2-278f）	1	裂缝充填	26.96	1.51	0.15	0.16	0.17	64.21	6.46	0.02	0.36	42.61

注：数据引自唐勇等(2023)。表中数据为归一化处理结果；点号位置见图 1-2-278。

同位素特征：风城组中自生白云石的 $\delta^{13}C$ 值与二叠系海相(咸水)碳酸盐 $\delta^{13}C$ 值(Keith et al.，1964)和古代海相白云石 $\delta^{13}C$(Degens et al.，1964)大致相当，且以重碳同位素组成为主，约 87%的样品 $\delta^{13}C$ 值大于 0。约 68%的样品 $\delta^{18}O$ 值为-8.03‰~2.38‰，与二叠系海相(咸水)碳酸盐 $\delta^{18}O$ 值(Keith et al.，1964)和古代海相白云石 $\delta^{18}O$ 值(Degens et al.，1964)相近。

风城组白云石碳氧同位素组成分布范围与国内外现代和古代与受火山活动显著影响的碱湖碳氧同位素组成分布范围基本一致。风城组大部分白云石 $\delta^{18}O$ 偏负，而 $\delta^{13}C$ 明显偏正，难以用传统的埋藏白云石化作用对其成因进行合理解释。风城组中自生白云石 $\delta^{13}C$ 值为 2.07‰~5.74‰，平均值为 3.69‰，接近无机碳 $\delta^{13}C$ 值(-9.00‰~2.70‰)，远高于现代盐湖同生白云石 $\delta^{13}C$ 值(1.31‰)(图 1-2-279a)及有机碳 $\delta^{13}C$ 值(-35.00‰~-19.40‰)。第Ⅰ、Ⅱ、Ⅲ期白云石 $\delta^{13}C$ 值基本未发生变化(图 1-2-279a)，说明埋藏过程有机质演化产生的 CO_2 对 $\delta^{13}C$ 值几乎没有影响。因此，风城组自生白云石中的碳除了部分来源于碱湖沉积水体之外，火山物质提供的富 ^{13}C 的 CO_2 是碳的重要来源。

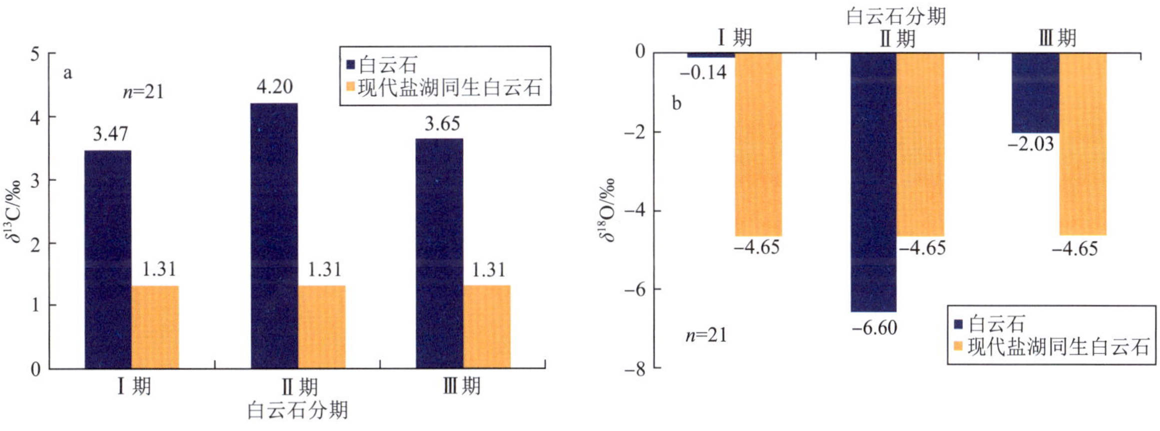

图 1-2-279　新疆玛湖凹陷风城组白云质岩中白云石平均 $\delta^{13}C$ 值(a)与平均留 $\delta^{18}O$ 值(b)分布直方图

(据唐勇等，2023)

现代盐湖同生白云石 $\delta^{13}C$、$\delta^{18}O$ 值据 Degens et al.(1964)，n 为样品数量

风城组自生白云石 $\delta^{18}O$ 值为-10.54‰~6.32‰，平均为-2.21‰，明显高于现代盐湖同生白云石 $\delta^{18}O$ 值(-4.65‰)(图1-2-279b)。第Ⅱ期白云石 $\delta^{18}O$ 值远低于第Ⅰ期白云石 $\delta^{18}O$ 值(图1-2-279b)，反映了埋藏过程中升温导致的 $\delta^{18}O$ 亏损。第Ⅰ期白云石 $\delta^{18}O$ 值一般为-4.53‰~0.63‰，代表了浅埋藏低温条件下碱湖水体氧同位素组成，部分 $\delta^{18}O$ 正值主要是因火山热液的影响。第Ⅱ期白云石 $\delta^{18}O$ 值分布区间为-8.03‰~-5.05‰，平均值为-6.60‰，主要与埋藏升温有关。第Ⅲ期白云石 $\delta^{18}O$ 值为-10.54‰~-2.38‰，平均值为-2.03‰，整体差异较大，$\delta^{18}O$ 负值主要与埋藏升温有关，$\delta^{18}O$ 正值主要与富 ^{18}O 的火山物质有关。

根据风城组白云石的锶同位素分析数据，除一个样品外，$^{87}Sr/^{86}Sr$ 值均低于全球二叠纪海水及海相碳酸盐 $^{87}Sr/^{86}Sr$ 值，远低于现代河流 $^{87}Sr/^{86}Sr$ 值，接近现今幔源 $^{87}Sr/^{86}Sr$ 值(图1-2-280)。白云质岩中自生白云石普遍交代火山碎屑、火山玻璃，整体继承了火山物质的锶同位素组成，是造成 $^{87}Sr/^{86}Sr$ 值接近幔源锶的重要原因之一。

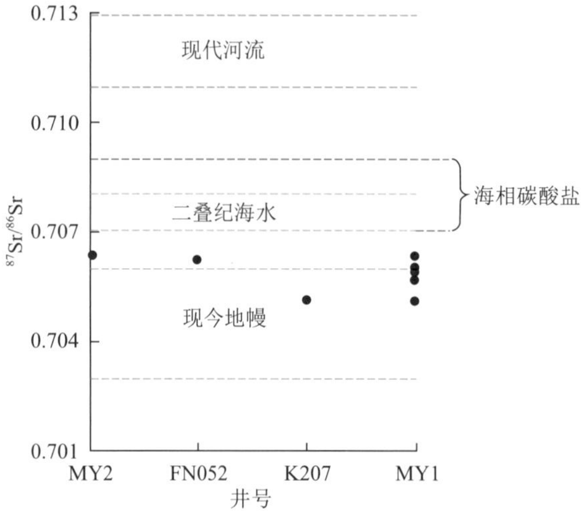

图1-2-280　新疆玛湖凹陷风城组白云质岩中白云石与其他锶源的 $^{87}Sr/^{86}Sr$ 值分布图
（据唐勇等，2023）

包裹体特征：根据玛湖凹陷风城组中半自形白云石流体包裹体的荧光及其温度特征，未捕获油气包裹体的白云石的沉淀温度为58.07~69.96℃，其古埋深多小于1000 m(图1-2-281a)；具橙黄、黄色荧光油气包裹体的白云石(图1-2-281b、c)沉淀温度为86.06~97.40℃，对应第Ⅰ期油气充注；具有绿色、黄绿色荧光的油气包裹体的白云石(图1-2-281d、e)的沉淀温度为120.9~122.8℃，对应第Ⅱ期油气充注，说明黄色荧光包裹体形成早，绿色荧光形成晚。部分半自形具有环带状荧光，由中部到晶体边部，荧光由黄色向绿色变化(图1-2-281f)，说明其沉淀初期为烃源岩低成熟期，而晶体外围生长时，烃源岩已进入成熟期。因此，根据风城组半自形白云石主要为橙黄色、黄色荧光特点，可以间接推断其主要形成于浅埋藏期的早成岩阶段。

(66)新疆准噶尔盆地吉木萨尔凹陷中二叠统芦草沟组中的白云石

[产地、产状及共(伴)生矿物]　准噶尔盆地吉木萨尔凹陷中二叠统芦草沟组发育一套陆内裂谷背景下，由粉砂级-泥级陆源碎屑、凝灰碎屑、碳酸盐及热液矿物组成的湖相细粒云质岩。岩石主要组成矿物有石英(平均含量21.7%)、斜长石(平均含量22.4%)、白云石和铁白云石(平均含量21.7%)、蒙脱石(平均含量14%)、方解石(平均含量13.3%)、钾长石(平均含量8.4%)。白云石分为微粉晶白云石和细晶白云石两类，其中微粉晶白云石是本区芦草沟组中最常见的白云石，除了集中分布形成白云石纹层，也大量分布于凝灰质纹层、粉砂岩和泥岩纹层中，与凝灰碎屑、粉砂级-泥级陆源碎屑混合堆积。白云石被纹层包绕，表明白云石形成于沉积物未固结的同生期-准同生期，早期形成的白云石与沉积物纹层共同经历压实作用而造成纹层包绕白云石；细晶白云石分布极其局限，推

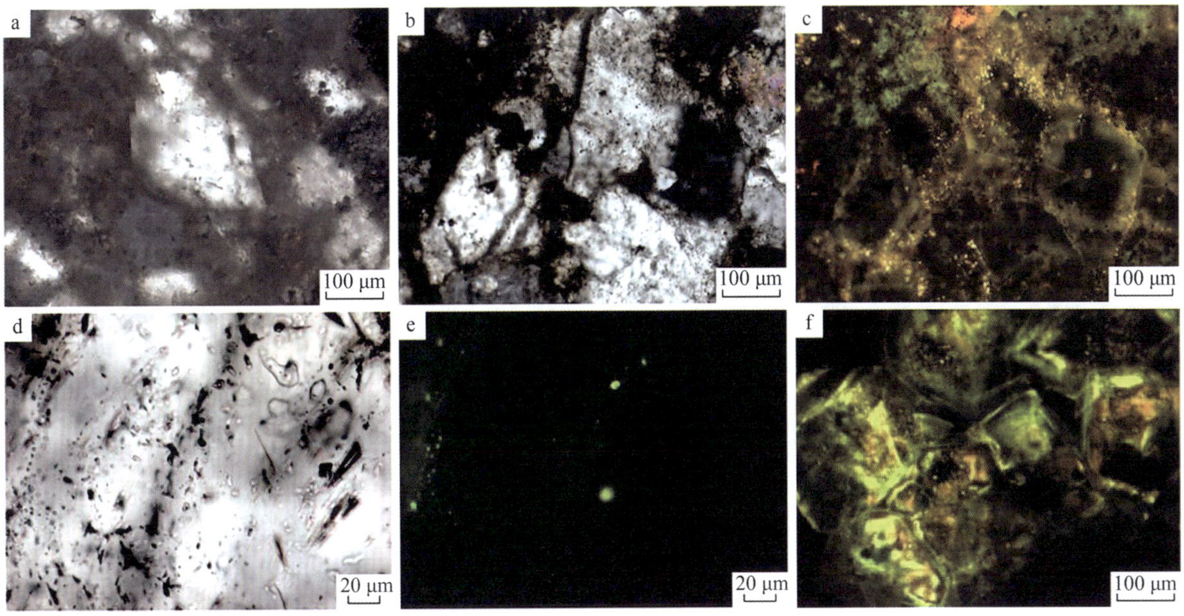

图 1-2-281　新疆玛湖凹陷风城组白云质岩中白云石及其共生矿物流体包裹体与荧光特征

（据唐勇等，2023）

a—MY1 井，4899.86 m，P_1f_1，细晶半自形白云石中盐水包裹体，均一温度为 68℃，$\delta^{13}C$ = 2.07‰，$\delta^{18}O$ = −0.86‰（激光同位素），单偏光；b—FN14 井，4165.90 m，P_1f_2，半白云石中油气包裹体，均一温度为 91℃，单偏光；c—半白云石包裹体具橙黄色荧光，与 b 同一视域，显微荧光；d—K207 井，4854.30 m，P_1f_2，溶孔中的粗晶白云石油气包裹体，均一温度为 121℃，$\delta^{13}C$ = 3.65，$\delta^{18}O$ = 2.29‰（激光同位素），单偏光；e—白云石中油气包裹体具绿色荧光，与 d 同一视域，显微荧光；f—K204 井，4333.05 m，P_1f_3，半自形白云石具环带状荧光，显微荧光

测该类白云石可能通过成岩期交代方解石和菱锶矿形成（张帅等，2018）。

［形貌特征］　微粉晶白云石在显微镜下无法观察到晶形，背散射图像和扫描电镜下可观察到白云石具平直晶面，呈自形-半自形，粒度为 5～30 μm（图 1-2-282）。微粉晶白云石的有序度为 0.46，为低有序度白云石，表明该类白云石结晶迅速。

细晶白云石具平直晶面，呈自形-半自形，粒度为 50～200 μm，以单颗粒或团块产出（图 1-2-283）。白云石自形晶边部可见不规则的生长边（图 1-2-283c），白云石集合体中白云石之间以生长边连接（图 1-2-283d），为重结晶的产物；白云石核部可见方解石（图 1-2-283e）和菱锶矿（图 1-2-283d、f），为典型的交代残余结构。

［化学成分］　主量元素特征：电子探针分析结果见表 1-2-289。结果显示，本区微粉晶白云石和细晶白云石均具有富 Ca、Sr、Fe、Mn，贫 Mg、Al、Si、Na 的特征。与理想白云石（CaO 含量为 30.41%，MgO 含量为 21.86%）相比，本区两类白云石 MgO 含量均较低（微粉晶白云石和细晶白云石的 MgO 含量分别为 19.152%和 16.599%）。微粉晶白云石的 CaO 含量（30.569%）稍高，而细晶白云石的 CaO（29.247%）偏低，这是由于含量较高的 Fe 和 Mn 替代了白云石晶体中的 Ca，两类白云石中的（CaO+FeO+MnO）含量均显著高于理想白云石的 CaO 含量，因此本区两类白云石均显示“高钙低镁”的特征。但二者显示该特征的原因不同，由于细晶白云石多见交代残余结构，其“高钙低镁”的特征可能由于交代不彻底造成；而微粉晶白云石成分均匀，推测其可能通过快速成核结晶形成，Mg^{2+} 和 Ca^{2+} 没有充足的时间组建理想的白云石晶体结构。细晶白云石的 FeO 和 MnO 含量显著高于微粉晶白云石，这可能是成岩蚀变的结果；另外，成岩期交代形成的白云石处于还原环境，往往富集 Fe^{2+}（黄思静，2010）。两类白云石均富 Sr，表明其形成于富锶的流体的作用下。

同位素特征：本区微粉晶白云石的碳、氧同位素分析结果见表 1-2-290。表中 7 个样品的 Mn/Sr 值均小于 2，表明其未受成岩蚀变的影响。沉积碳酸盐岩的 $\delta^{18}O$ 对成岩蚀变作用敏感。一般情况下，

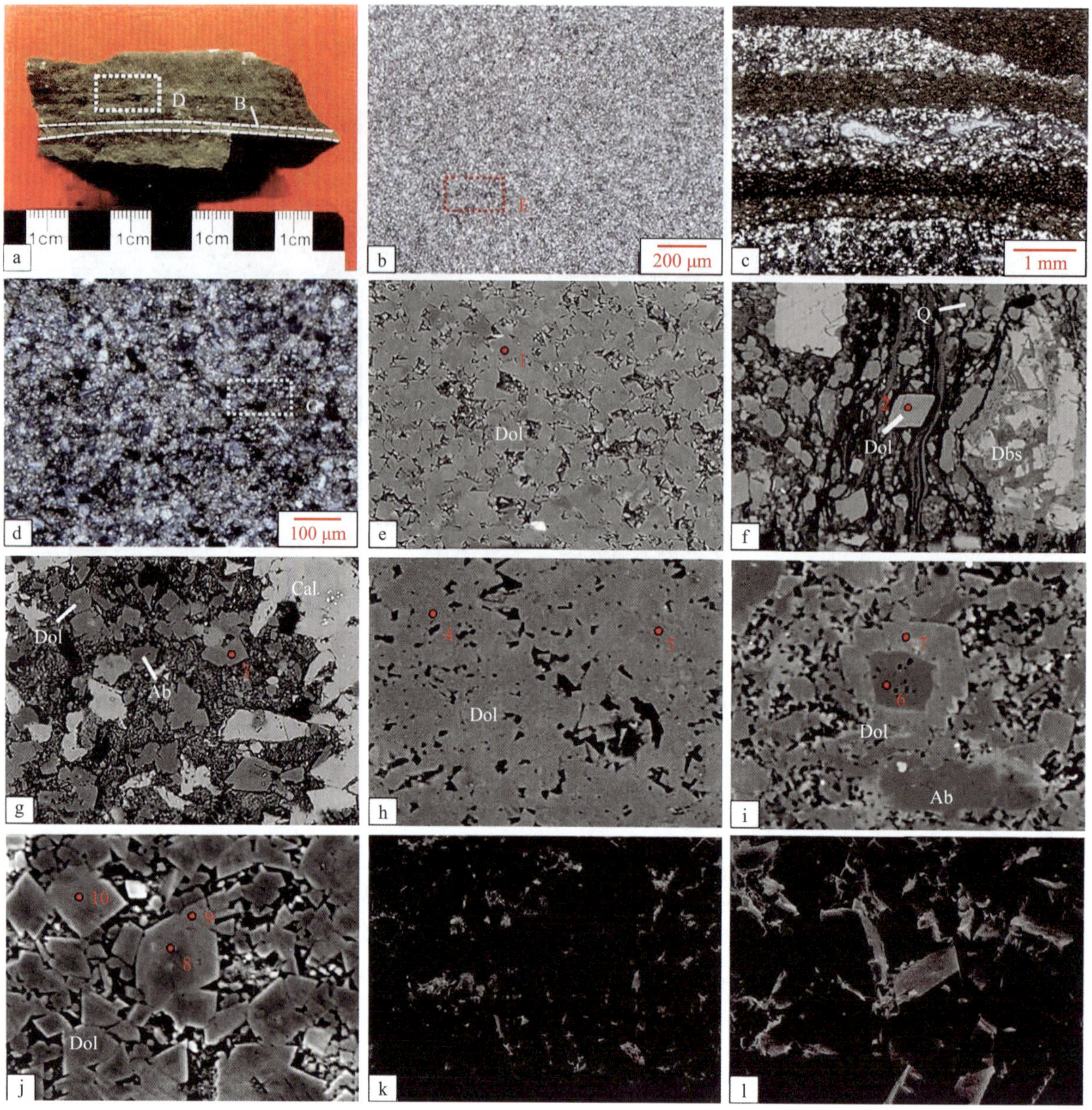

图 1-2-282　新疆准噶尔盆地吉木萨尔凹陷中二叠统芦草沟组微粉晶白云石矿物学特征
（据张帅等，2018）

a—灰色云质沉凝灰岩，B 层遇酸起泡较强，D 部分遇酸起泡较弱，J35 井，4033. 1 m；b—图 a 中的白云岩层，白云石呈自形-半自形微晶，显微镜下无法观察到晶形，单偏光；c—云质沉凝灰岩，亮色的凝灰质层与暗色的白云岩层互层分布，J35 井，4040. 3 m；d—图 a 中的方框部分，白云石与凝灰碎屑混合，单偏光；e—图 b 方框的部分，白云石呈自形-半自形颗粒紧密堆积，白云石粒间为蒙脱石，背散射图像；f—云质泥岩，白云石与泥级石英、长石颗粒混合，纹层包绕白云石微晶，表明白云石形成于早期，与纹层共同经历了压实作用，背散射图像，J35 井，4086. 2 m；g—图 d 的方框部分，凝灰碎屑主要由石英、钠长石及钾长石组成，基质部分主要为蒙脱石，背散射图像；h—局部可见少量泥晶级白云石，呈自形-半自形，背散射图像，J174 井，3200 m；i、j—白云石微晶核部与边部含铁量不同，由内向外含铁量增加，背散射图像，J174 井，3200 m；k、l—微粉晶白云石的扫描电镜图像，J174 井，3200 m。红点和数字为电子探针分析点。Dol—白云石；Ab—钠长石；Q—石英；Dbs—岩屑

未受成岩蚀变的碳酸盐岩的 $\delta^{18}O$ 大于-11‰（Kaufman et al.，1993），本区白云石的 $\delta^{18}O$ 均大于-11‰（表 1-2-290），也表明其保留了原始 $\delta^{13}C$ 和 $\delta^{18}O$。本区样品 $\delta^{13}C_{PDB}$ 值介于 7. 38‰~9. 68‰之间，平均值为 8. 79‰，$\delta^{18}O_{PDB}$ 介于-7. 55‰~-3. 16‰之间，平均值为-4. 72‰。

本区白云石的 $\delta^{18}O_{PDB}$ 和 $\delta^{13}C_{PDB}$ 具有一定的正相关性，推测其与热液的参与程度有关。热液参与越多时，白云石形成温度越高，造成白云石越低的 $\delta^{18}O_{PDB}$；同时深源热液具有低 $\delta^{13}C_{PDB}$（Zheng Y F et

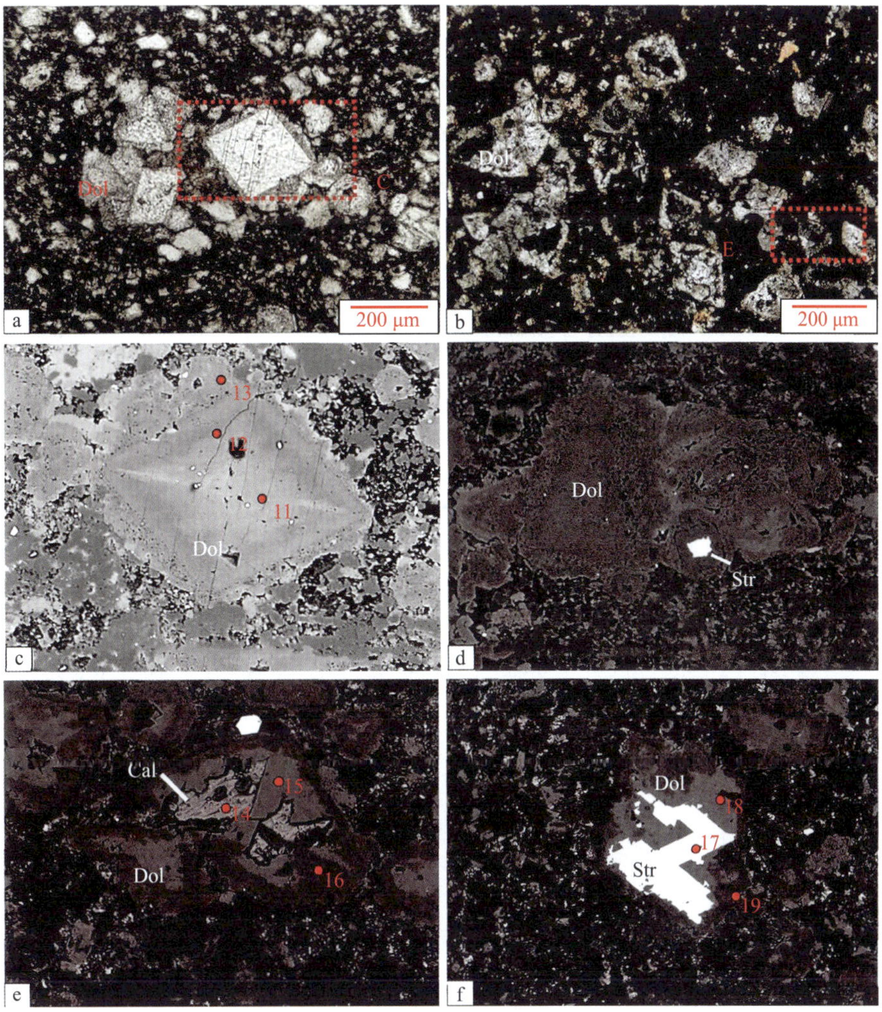

图 1-2-283　新疆准噶尔盆地吉木萨尔凹陷中二叠统芦草沟组细晶白云石矿物学特征
（据张帅等，2018）

a—云质沉凝灰岩，局部发育细晶白云石，呈自形晶，边部为重结晶的生长边，单偏光，J35 井，4087.2 m；b—富有机质云质泥岩，局部发育细晶白云石，基质部分为泥级石英、钠长石、钾长石和少量蒙脱石，单偏光，J174 井，3260 m；c—图 a 的方框部分，由于铁离子分布不均匀而呈现环带结构，从内向外铁离子含量降低，背散射图像；d—细晶白云石集合体，白云石之间以重结晶的生长边彼此连接，局部发育菱锶矿，背散射图像，J35 井，4087.2 m；e—图 b 的方框部分，核部为方解石，呈现典型的交代残留结构，白云石环带结构发育，由内向外含铁量降低，背散射图像；f—细晶白云石，核部为菱锶矿，背散射图像，J174 井，3260 m。红点和数字为电子探针分析点。Dol—白云石；Cal—方解石；Str—菱锶矿

al.，1993)，越多的热液也会导致白云石具有越低的 $\delta^{13}C_{PDB}$。

(67)云南省会泽铅锌矿床中的白云石

[产地、产状及共(伴)生矿物]　会泽铅锌矿床是川滇黔碳酸盐岩型铅锌成矿域规模最大的铅锌矿床。粗晶白云岩是铅锌矿体最主要的赋矿围岩。矿床矿石矿物主要有闪锌矿、方铅矿、黄铁矿，脉石矿物主要有白云石、铁白云石、方解石等。白云石广泛赋存于矿石、接触带、围岩中(谭茂等，2022)。

[形貌特征]　镜下可见矿石→接触带→围岩中白云石，均呈不等粒结构(粒度 0.5~1.5 mm)，重结晶现象明显，矿物晶形完整，具他形鞍状，晶内微裂隙、溶孔，独特的尖顶、曲面接触，不规状晶边(图 1-2-284d~f)。通过扫描电镜能谱分析，因 Fe、Mn 元素的参与，不同带上的白云石、锰白云石和铁白云石颜色上呈现灰黑-灰白-亮灰的区别，且具有明显的交代结构。矿石中锰白云石和铁白

云石含量多，并且差异较大。3 种不同颜色的白云石交错出现，呈不规则交代网格状结构（图 1-2-284g）。接触带上呈现 3 种不同颜色白云石交替出现的带状分布特征（图 1-2-284h），指示流体演化的过程。部分接触带上的白云石沿矿石边缘形成反应边结构。在围岩中主要为灰黑色的白云石，部分铁-锰白云石沿缝隙呈脉状产出（图 1-2-284i）。根据上述微区特征分析，矿石-接触带-围岩中白云石可能为同一流体演化形成，是重结晶/交代成因所形成。

表 1-2-289 准噶尔盆地吉木萨尔凹陷中二叠统芦草沟组白云石电子探针成分（w_B/%）

矿物名称	分析点	Na_2O	MgO	Al_2O_3	SiO_2	SrO	CaO	K_2O	MnO	TFeO	BaO	总计
微粉晶白云石	1	0.231	18.478	0.291	1.019	0.252	31.604	0.122	0.656	1.070	0.190	53.913
	2	0.151	17.729	0.047	0.000	0.410	29.767	0.004	0.375	2.589	0.063	51.135
	3	0.299	19.072	0.012	0.020	0.254	30.566	0.022	0.351	1.529	0.000	52.125
	4	0.319	18.255	0.029	0.000	0.203	32.180	0.000	0.536	0.505	0.063	52.090
	5	0.121	18.006	0.067	0.000	0.201	31.430	0.019	0.083	1.902	0.000	51.829
	6	0.000	21.415	0.011	0.024	0.026	29.564	0.026	0.058	0.156	0.000	51.280
	7	0.209	19.331	0.354	0.333	0.203	30.992	0.107	0.224	1.211	0.118	53.082
	8	0.158	18.558	0.007	0.007	0.207	30.083	0.008	0.083	3.729	0.144	52.984
	9	0.271	21.313	0.000	0.052	0.174	29.073	0.005	0.000	0.629	0.018	51.535
	10	0.137	19.364	0.000	0.075	0.173	30.432	0.000	0.083	3.266	0.117	53.647
	平均值	0.190	19.152	0.082	0.153	0.210	30.569	0.031	0.245	1.659	0.071	52.362
细晶白云石	11	0.173	18.956	0.038	0.000	0.337	29.634	0.007	0.716	5.327	0.000	55.188
	12	0.137	18.188	0.000	0.000	0.196	28.987	0.012	0.798	4.633	0.134	53.085
	13	0.167	15.383	0.000	0.000	0.092	28.194	0.010	0.304	7.388	0.000	51.538
	15	0.049	13.824	0.000	0.000	0.134	30.267	0.005	0.380	8.550	0.018	53.227
	16	0.249	17.423	0.029	0.004	0.116	29.036	0.004	0.121	4.809	0.107	51.898
	18	0.039	13.847	0.000	0.000	0.291	29.794	0.017	0.140	8.211	0.018	52.357
	19	0.129	18.571	0.000	0.000	0.205	28.816	0.008	0.287	4.035	0.081	52.132
	平均值	0.135	16.599	0.010	0.001	0.196	29.247	0.009	0.392	6.136	0.051	52.775

注：数据引自张帅等（2018）。

表 1-2-290 新疆准噶尔盆地吉木萨尔凹陷中二叠统芦草沟组微粉晶白云石的碳、氧同位素

样品编号	$\delta^{13}C_{PDB}$/‰	$\delta^{18}O_{PDB}$/‰	白云石含量/%	Mn/Sr 值	白云石形成温度/℃		
					$\delta^{18}O_{流体,SMOW}=0$	$\delta^{18}O_{流体,SMOW}=6.0‰$	$\delta^{18}O_{流体,SMOW}=10.0‰$
Jm7-1	8.48	-6.31	64.30	1.24	73.95	122.28	168.29
Jm7-2	9.54	-3.36	40.60	1.56	55.75	95.97	132.55
Jm7-3	8.98	-3.48	42.20	0.40	56.43	96.94	133.84
Jm7-4	7.38	-7.55	54.70	0.93	82.57	135.18	186.46
Jm7-5	8.06	-5.61	38.90	1.05	69.35	115.52	158.95
Jm7-6	9.39	-3.16	59.40	0.50	54.61	94.38	130.43
Jm7-7	9.68	-3.56	66.50	0.48	56.89	97.59	134.70

注：数据引自张帅等（2018）。

［化学成分］ 主量元素特征：白云石电子探针主量元素测试结果见表 1-2-291。总体表现出矿石→接触带→围岩中白云石的 CaO、MgO 含量依次递增，而 FeO、MnO 含量依次递减，与前人研究的宏观蚀变带上的白云石特征一致。这些特征说明矿石→接触带→围岩中白云石受到不同程度的水/岩

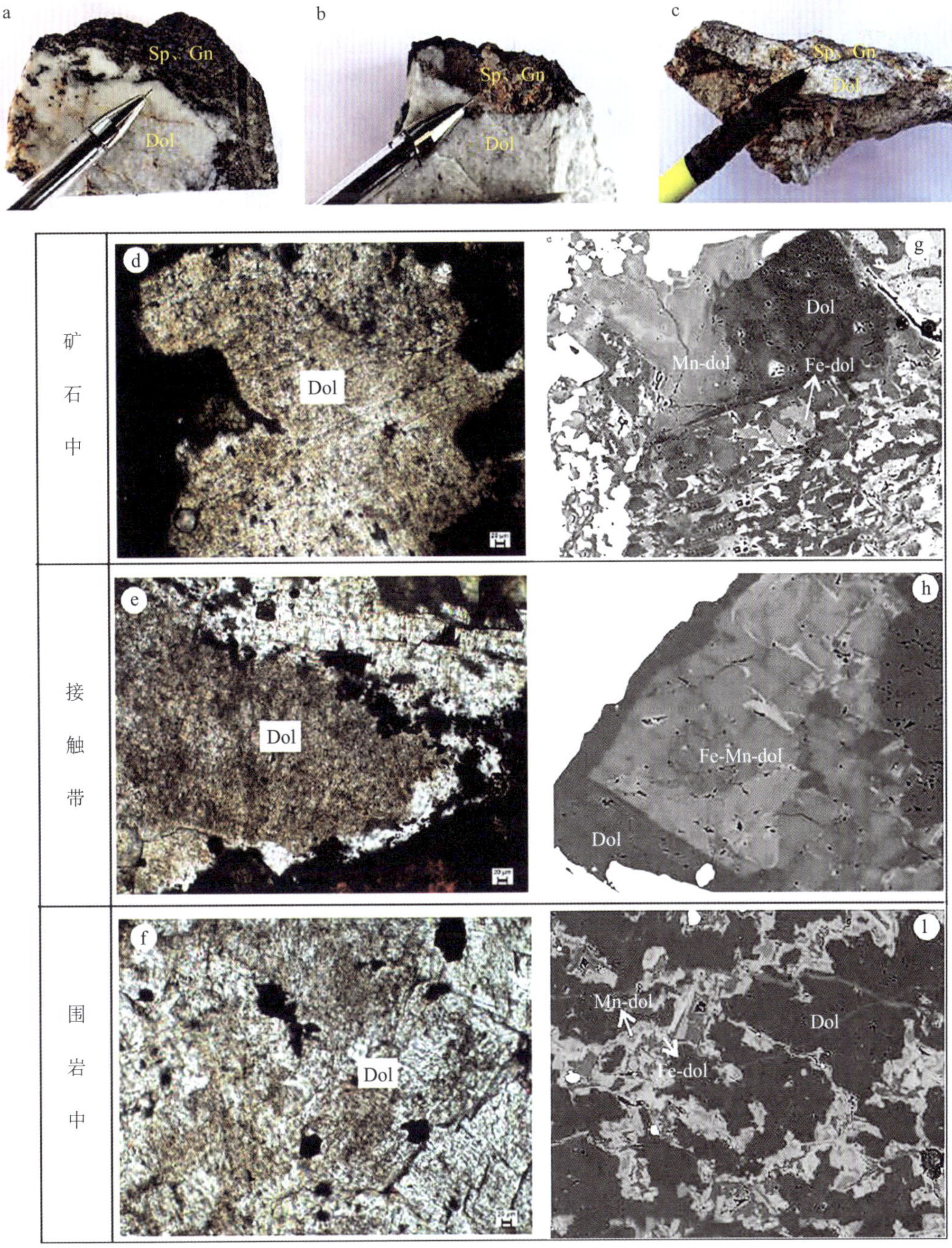

图 1-2-284　云南会泽铅锌矿床白云岩手标本照片及矿石-接触带-围岩白云石镜下照片

（据谭茂等，2022）

Sp—闪锌矿；Gn—方铅矿；Dol—白云石；Mn-dol—锰白云岩；Fe-dol—铁白云岩；Fe-Mn-dol—铁锰白云岩

相互作用影响，Ca、Mg、Fe、Mn 等元素经历不同程度的活化迁移。其他主量元素含量变化不明显。

远离矿体白云岩的主量、微量和稀土元素分析结果见表 1-2-292。主量元素主要由 CaO 和 MgO 组成，CaO 和 MgO 含量较低，CaO 为 28.62%～31.41%，MgO 为 19.23%～21.75%。

微量元素特征：本区 3 个不同带白云石的微量元素特征见表 1-2-293。可见 3 个不同带的白云石均主要富集 Mn、Fe、Zn 且变化范围大，Co、Ni、Cu、Ga、Ge、Ag、In、Sb、Sn、Cr 元素含量相对较低。从矿石→接触带→围岩中白云石总体表现出 Mn、Fe、Cu、Zn、Ga、Sr、Ag、Cd、In、V 等微量元素含量逐渐递减，Cu、Zn、Ag、Cd 等成矿元素含量在接触带和围岩中差异不明显，但矿石中较高。

从表 1-2-293 可以看出，远离矿体白云岩的微量元素含量特征显示主要富集 Cu、Zn、Sr、Cr、

Pb 等微量元素。其中 Cu 为 $10.90\times10^{-6}\sim26.31\times10^{-6}$，Zn 为 $39.22\times10^{-6}\sim89.72\times10^{-6}$，Sr 为 $52.54\times10^{-6}\sim129.00\times10^{-6}$，Cr 为 $33.58\times10^{-6}\sim57.53\times10^{-6}$，Pb 为 $11.36\times10^{-6}\sim102.62\times10^{-6}$。

稀土元素特征：本区白云石稀土元素特征如图 1-2-285 所示。总体表现出白云石稀土元素含量较低，轻稀土元素相对富集，矿石→接触带→围岩中白云石的轻稀土元素含量呈现递增趋势，3 个带中均呈现 Eu、Ce 负异常，且异常程度依次减弱。

从表 1-2-292 可以看出，远离矿体白云岩的轻稀土元素相对富集，与微区样品中围岩的地球化学特征相似。其中 REE 为 $4.69\times10^{-6}\sim8.77\times10^{-6}$，LREE 为 $3.85\times10^{-6}\sim8.31\times10^{-6}$，HREE 为 $0.82\times10^{-6}\sim1.46\times10^{-6}$，$\delta$Eu 值为 0.92~22.80，$\delta$Ce 值为 0.24~0.90。

表 1-2-291　云南会泽铅锌矿床矿石→接触带→围岩中白云石主量元素表（w_B/%）

样品号	位置	CaO	MgO	FeO	MnO	BaO	Na_2O	SrO	Al_2O_3	CO_2	总计
kb-2	矿石中	28.86	18.18	4.687	0.756	—	0.032	0.014	—	47.68	100.21
		28.67	18.60	4.062	0.513	—	—	—	0.006	47.68	99.52
		28.67	18.52	4.129	0.782	0.007	—	0.015	—	47.68	99.80
		28.85	17.17	5.514	0.693	0.012	—	0.023	—	47.68	99.94
		29.07	18.91	3.993	0.714	—	0.027	0.019	0.01	47.68	100.42
	接触带	28.99	19.44	1.025	1.245	—	0.008	—	0.002	47.68	98.39
		29.49	19.98	0.982	1.467	0.018	—	—	—	47.68	99.62
		29.62	19.56	1.827	1.321	0.007	0.027	0.034	0.032	47.68	100.10
		29.55	19.49	1.330	1.369	0.015	0.023	0.038	—	47.68	99.49
		29.73	20.84	0.891	1.336	0.029	—	0.024	0.027	47.68	100.56
		29.77	20.41	0.954	1.289	0.04	0.019	—	—	47.68	100.15
	围岩中	30.70	22.00	0.122	0.031	0.002	0.03	0.061	—	47.68	100.63
		29.35	22.28	0.047	0.030	—	0.004	0.068	—	47.68	99.46
		30.67	21.90	0.323	0.087	0.046	—	0.056	0.007	47.68	100.77
		30.87	22.12	0.083	0.015	—	0.026	0.014	—	47.68	100.81
ql-8	矿石中	28.81	12.77	13.403	1.755	0.023	0.057	0.044	0.013	47.68	104.56
		28.43	12.61	12.842	1.576	—	0.013	0.031	—	47.68	103.19
		29.01	12.42	13.352	1.513	—	0.04	0.019	0.001	47.68	104.04
		29.03	12.95	12.496	1.747	—	—	0.026	0.002	47.68	103.93
		28.67	12.90	12.064	1.556	—	0.039	—	0.013	47.68	102.92
	接触带	29.73	21.62	0.135	0.295	—	0.03	—	0.035	47.68	99.52
		30.34	21.98	0.057	0.252	0.003	—	0.075	0.023	47.68	100.42
		28.97	13.87	10.192	1.709	0.007	0.021	0.077	0.059	47.68	102.59
		29.09	14.74	8.828	1.764	—	—	0.031	0	47.68	102.13
		30.30	21.47	0.177	0.879	—	0.023	0.008	0.018	47.68	100.55
		29.42	21.07	0.732	0.605	—	—	0.06	0.018	47.68	99.59
	围岩中	29.00	13.77	10.919	1.653	0.005	0.017	0.011	—	47.68	103.05
		29.21	14.87	9.326	1.683	0.046	0.017	0.043	—	47.68	102.88
		31.03	22.08	0.160	0.010	—	—	0.083	0.079	47.68	101.12
		29.22	14.91	9.202	1.624	—	—	0.015	—	47.68	102.65
		29.01	13.62	10.660	1.796	0.013	—	—	0.023	47.68	102.80
		30.38	22.17	0.063	0.003	0.018	—	0.024	0.001	47.68	100.34

续表

样品号	位置	CaO	MgO	FeO	MnO	BaO	Na_2O	SrO	Al_2O_3	CO_2	总计
kb-3	矿石中	29.30	19.36	2.529	1.722	—	0.051	0.057	0.005	47.68	100.70
		31.14	20.93	0.150	0.178	0.017	—	—	0.016	47.68	100.11
		29.66	20.25	0.125	0.176	0.02	0.082	0.005	—	47.68	97.99
		30.20	21.34	0.168	0.146	—	—	0.031	—	47.68	99.57
		30.70	21.21	0.133	0.150	—	0.015	0.019	0.018	47.68	99.92
	接触带	30.26	21.17	0.032	0.163	0.007	0.019	0.037	—	47.68	99.37
		30.84	21.83	0.014	0.151	—	0.015	0.005	0.032	47.68	100.56
		30.09	21.97	0.029	0.139	—	—	0.046	0.033	47.68	99.99
		30.81	21.54	0.023	0.134	—	—	—	0.018	47.68	100.21
		30.84	21.81	0.017	0.154	—	—	0.028	0.023	47.68	100.55
		30.63	21.91	0.022	0.168	0.013	0.041	—	0.007	47.68	100.47
		30.69	21.61	0.022	0.176	—	—	—	0.027	47.68	100.20
		30.62	22.35	0.021	0.157	0.067	—	0.048	—	47.68	100.94
kb-4	矿石中	29.34	19.45	2.420	1.379	—	—	0.016	0.01	47.68	100.29
		29.38	20.80	0.915	1.249	0.037	—	0.015	—	47.68	100.07
		29.68	21.74	0.391	1.089	—	—	0.023	—	47.68	100.61
		28.25	21.52	0.083	0.215	—	0.033	0	—	47.68	97.78
		29.99	21.44	0.240	0.829	—	0.026	0	0.006	47.68	100.21
	接触带	31.17	22.16	0.003	0.002	0.017	0.011	0.045	0.002	47.68	101.09
		29.82	22.26	0.030	0.471	—	0.045	0.037	—	47.68	100.34
		30.71	21.85	0.016	0.005	—	—	0.072	0.006	47.68	100.34
		29.55	19.45	0.007	0.310	—	0.064	0.012	0.018	47.68	97.10
		30.70	22.18	0.004	0.010	0.003	—	0.005	—	47.68	100.58
	围岩中	30.83	21.88	0.016	0.035	—	0.067	—	0.032	47.68	100.54
		30.64	21.98	0.009	0.179	0.025	—	0.042	0.013	47.68	100.57
		31.17	22.16	0.003	0.002	0.017	0.011	0.045	0.002	47.68	101.09

注：数据引自谭茂等(2022)。

表 1-2-292　云南会泽铅锌矿床远矿白云岩主量元素和微量、稀土元素 ICP-MS 分析结果

样品	$w_B/\%$									$w_B/10^{-6}$						
	Al_2O_3	CaO	TFe_2O_3	K_2O	MgO	Na_2O	MnO	TiO_2	P_2O_3	Co	Ni	Cu	Zn	Ga	Ge	Sr
ykb-1	0.52	30.58	0.88	0.06	20.60	0.16	0.04	0.03	0.01	3.40	11.20	26.31	44.63	1.11	0.10	61.62
ykb-2	0.20	30.11	0.49	0.04	20.43	0.07	0.03	0.01	0.01	1.55	5.74	10.90	52.00	1.00	0.10	129.00
ykb-3	0.06	31.41	0.63	0.03	21.75	0.08	0.05	0.01	0.01	1.76	3.81	12.17	52.11	1.00	0.10	104.18
ykb-4	0.06	29.65	0.62	0.03	20.37	0.13	0.08	0.01	0.01	2.15	5.00	12.56	89.72	1.00	0.10	64.88
ykb-5	0.29	30.24	0.41	0.08	20.18	0.08	0.03	0.01	0.01	1.99	5.53	12.42	64.71	1.00	0.10	56.36
ykb-6	0.21	28.62	0.43	0.06	19.23	0.08	0.02	0.01	0.01	2.66	6.76	11.54	39.22	1.00	0.10	56.13
ykb-7	0.24	30.61	0.96	0.06	21.16	0.09	0.02	0.02	0.01	2.31	5.99	18.11	45.94	1.00	0.10	72.84
ykb-8	0.74	30.87	1.47	0.22	20.81	0.09	0.04	0.04	0.01	5.33	10.25	22.41	49.27	1.03	0.10	52.54

样品	$w_B/10^{-6}$														
	Ag	Cd	In	Sn	V	Cr	Pb	La	Ce	Pr	Nd	Sm	Eu	Gd	Tb
ykb-1	2.00	0.06	0.05	1.18	10.00	57.53	49.50	2.19	3.65	0.38	1.67	0.32	0.10	0.35	0.10
ykb-2	2.00	0.05	0.05	1.00	10.00	39.46	55.41	1.77	1.44	1.13	0.82	0.15	1.12	0.28	0.10
ykb-3	2.00	0.05	0.05	1.01	10.00	40.42	44.00	1.00	1.00	0.39	0.67	0.10	0.83	0.12	0.10
ykb-4	2.00	0.05	0.05	1.00	10.00	37.24	54.89	1.18	1.30	0.39	0.76	0.11	0.10	0.13	0.10
ykb-5	2.00	0.06	0.05	1.00	10.00	38.79	61.15	1.68	2.19	0.57	1.36	0.22	0.10	0.23	0.10
ykb-6	2.00	0.11	0.05	1.00	10.00	43.13	29.57	1.87	3.12	0.65	1.56	0.23	0.10	0.30	0.10
ykb-7	2.00	0.08	0.05	1.00	10.00	47.71	102.62	1.06	1.45	0.40	0.83	0.15	0.10	0.15	0.10
ykb-8	2.00	0.07	0.05	2.64	10.00	33.58	11.36	1.70	2.76	0.37	1.07	0.17	0.10	0.19	0.10

样品	$w_B/10^{-6}$										LREE/HREE	$(La/Yb)_N$	δEu	δCe
	Dy	Ho	Er	Tm	Yb	Lu	Y	∑REE	LREE	HREE				
ykb-1	0.31	0.10	0.20	0.10	0.19	0.10	2.55	9.77	8.31	1.46	5.69	8.09	0.92	0.90
ykb-2	0.11	0.10	0.10	0.10	0.17	0.10	1.00	7.50	6.44	1.06	6.07	7.54	16.30	0.24
ykb-3	0.10	0.10	0.10	0.10	0.10	0.10	1.00	4.82	4.00	0.82	4.85	7.17	22.80	0.39
ykb-4	0.11	0.10	0.10	0.10	0.10	0.10	1.00	4.69	3.85	0.84	4.61	8.48	2.56	0.47
ykb-5	0.23	0.10	0.14	0.10	0.13	0.10	1.65	7.26	6.13	1.14	5.39	9.08	1.36	0.55
ykb-6	0.26	0.10	0.15	0.10	0.13	0.10	2.03	8.77	7.53	1.24	6.08	10.36	1.18	0.69
ykb-7	0.13	0.10	0.10	0.10	0.10	0.10	1.20	4.87	3.98	0.88	4.51	7.59	2.02	0.54
ykb-8	0.14	0.10	0.11	0.10	0.15	0.10	1.12	7.16	6.17	0.99	6.24	8.02	1.72	0.82

注：数据引自谭茂等(2022)。

表 1-2-293　云南会泽铅锌矿床 LA-ICP-MS 矿石→接触带→围岩中白云石微量元素组成($w_B/10^{-6}$)

样品			Mn	Fe	Co	Ni	Cu	Zn	Ga	Ge
Kb-2	矿石中(n=10)	最大值	11070	40906	1.75	12.7	1.13	8672	0.13	0.15
		最小值	6997	8593	0.03	0.19	0.04	195	0.02	0.09
		平均值	8814	21171	0.70	5.39	0.34	3150	0.04	0.12
		标准差	1163	10397	0.63	5.04	0.36	2899	0.03	0.03
	接触带(n=9)	最大值	10650	37890	0.23	1.38	10.2	994	0.09	0.23
		最小值	988	2675	0.02	0.14	0.02	11.2	0.01	0.02
		平均值	6162	14605	0.09	0.70	1.24	143	0.03	0.15
		标准差	3339	11396	0.06	0.41	3.35	321	0.03	0.07
	围岩中(n=5)	最大值	536	1452	0.15	0.97	0.42	26.4	0.03	0.49
		最小值	94.4	377	0.06	0.45	0.04	5.69	0.01	0.12
		平均值	351	714	0.09	0.74	0.18	18.2	0.02	0.27
		标准差	191	431	0.03	0.20	0.21	8.14	0.01	0.19
Q1-8	矿石中(n=12)	最大值	13390	82182	0.17	0.91	23.8	88442	9.16	1.11
		最小值	93.2	629	0.04	0.07	0.02	8.67	0.01	—
		平均值	5624	23949	0.09	0.41	2.52	9258	0.97	—
		标准差	4490	27681	0.04	0.22	7.05	26392	2.72	—
	接触带(n=16)	最大值	13524	176741	1.99	12.9	16.5	185	0.32	1.20
		最小值	103	555	0.02	0.01	0.01	8.91	0.01	0.01
		平均值	6329	39998	0.20	1.35	1.72	45.3	0.06	0.29
		标准差	5333	47141	0.52	3.48	4.56	43.4	0.08	0.35

续表

样品			Mn	Fe	Co	Ni	Cu	Zn	Ga	Ge
Q1-8	围岩中（n=8）	最大值	11493	56336	0. 20	0. 77	0. 77	57. 9	0. 62	0. 50
		最小值	900	5077	0. 04	0. 36	0. 02	17. 1	0. 01	0. 06
		平均值	5120	24079	0. 11	0. 53	0. 22	32. 8	0. 18	0. 27
		标准差	3909	17643	0. 05	0. 14	0. 27	14. 2	0. 21	0. 14
Kb-3	矿石中（n=3）	最大值	2125	3391	1. 08	17. 6	6. 48	49693	0. 08	0. 25
		最小值	771	424	0. 09	0. 80	0. 05	606	0. 03	0. 22
		平均值	1369	1950	0. 49	6. 65	2. 23	17922	0. 05	0. 24
		标准差	691	1486	0. 52	9. 53	3. 68	27552	0. 03	0. 02
	接触带（n=13）	最大值	6488	10618	0. 14	0. 94	0. 53	24. 7	0. 06	0. 33
		最小值	64. 7	65. 9	0. 01	0. 02	0. 00	1. 05	—	0. 01
		平均值	1310	1489	0. 06	0. 34	0. 11	7. 84	—	0. 20
		标准差	1620	2868	0. 05	0. 29	0. 17	6. 81	—	0. 11
	围岩中（n=5）	最大值	1140	1832	0. 10	0. 83	0. 04	13. 7	0. 04	0. 19
		最小值	152	345	0. 05	0. 33	—	4. 06	0. 01	0. 04
		平均值	380	749	0. 07	0. 58	—	6. 55	0. 02	0. 10
		标准差	426	613	0. 02	0. 23	—	4. 06	0. 01	0. 08
Kb-4	矿石中（n=3）	最大值	1080	258	0. 07	0. 43	1. 46	47838	0. 07	0. 41
		最小值	117	144	0. 01	0. 38	0. 11	34. 5	0. 02	0. 24
		平均值	483	213	0. 03	0. 41	0. 64	18264	0. 04	0. 34
		标准差	522	60. 9	0. 03	0. 03	0. 72	25842	0. 03	0. 09
	接触带（n=11）	最大值	3079	644	0. 12	0. 69	0. 19	11. 8	0. 04	0. 44
		最小值	540	212	0. 02	—	0. 05	1. 42	—	0. 04
		平均值	1432	399	0. 05	—	0. 08	6. 85	—	0. 20
		标准差	872	130	0. 03	—	0. 05	3. 01	—	0. 14
Kb-zk	接触带（n=10）	最大值	401	10306	0. 28	2. 42	0. 28	3161	0. 13	2. 25
		最小值	89. 9	462	0. 03	0. 63	0. 05	115	0. 01	0. 11
		平均值	238	2195	0. 07	1. 02	0. 11	1188	0. 03	0. 65
		标准差	122	2975	0. 08	0. 55	0. 07	1225	0. 04	0. 68
	围岩中（n=5）	最大值	252	817	0. 04	0. 69	0. 23	1441	0. 01	0. 27
		最小值	47. 5	183	0. 02	0. 45	0. 06	4. 35	—	0. 01
		平均值	140	423	0. 03	0. 55	0. 15	391	—	0. 10
		标准差	83. 3	287	0. 01	0. 09	0. 08	604	—	0. 14

样品			As	Sr	Ag	Cd	ln	Sn	Sb	V	Cr
Kb-2	矿石中（n=10）	最大值	15. 0	109	0. 23	18. 2	0. 008	0. 76	0. 60	83. 9	8. 33
		最小值	0. 09	67. 7	0. 01	0. 32	0. 001	0. 07	0. 02	7. 84	1. 24
		平均值	1. 77	91. 1	0. 10	2. 89	0. 005	0. 35	0. 17	31. 1	3. 44
		标准差	4. 65	12. 4	0. 10	5. 45	0. 002	0. 26	0. 18	26. 0	2. 53
	接触带（n=9）	最大值	8. 43	106	35. 1	1. 25	0. 007	0. 68	32. 2	15. 1	29. 5
		最小值	0. 14	29. 2	—	0. 05	0. 001	0. 15	—	0. 78	1. 58
		平均值	1. 25	79. 9	—	0. 29	0. 005	0. 35	—	6. 80	7. 36
		标准差	2. 70	29. 1	—	0. 37	0. 002	0. 18	—	4. 88	9. 02

续表

样品			As	Sr	Ag	Cd	In	Sn	Sb	V	Cr
Kb-2	围岩中 (n=5)	最大值	2.88	38.7	0.03	0.31	0.005	0.27	0.03	0.72	2.31
		最小值	0.04	31.4	0.01	0.20	—	0.12	0.00	0.24	1.27
		平均值	0.70	35.3	0.02	0.25	—	0.18	0.01	0.47	1.94
		标准差	1.22	2.58	0.01	0.04	—	0.06	0.01	0.20	0.40
Q1-8	矿石中 (n=12)	最大值	58.3	119	6.37	165	0.512	8.54	5.88	4.78	4.56
		最小值	0.21	54.9	—	0.04	0.001	0.04	0.01	0.22	0.22
		平均值	11.4	87.5	—	17.5	0.063	1.00	0.69	2.70	2.16
		标准差	18.3	20.9	—	49.1	0.168	2.51	1.75	1.45	1.17
	接触带 (n=16)	最大值	2238	106	0.94	0.38	0.009	0.50	5.66	9.49	5.87
		最小值	0.10	58.5	—	0.04	0.001	0.07	0.02	0.24	0.44
		平均值	181	79.6	—	0.17	0.004	0.29	0.52	3.60	2.37
		标准差	596	14.3	—	0.10	0.003	0.13	1.54	3.29	1.57
	围岩中 (n=8)	最大值	104	103	0.06	0.35	0.008	0.47	0.16	4.98	4.05
		最小值	0.03	60.9	0.01	0.09	0.002	0.09	—	1.16	1.14
		平均值	13.6	79.0	0.03	0.22	0.004	0.27	—	2.80	2.68
		标准差	36.7	14.7	0.02	0.09	0.002	0.14	—	1.45	0.88
Kb-3	矿石中 (n=3)	最大值	0.79	95.5	0.60	90.0	0.018	0.57	0.53	88.9	2.12
		最小值	0.69	25.3	0.00	0.32	0.003	0.43	0.02	1.60	0.78
		平均值	0.74	54.9	0.25	32.7	0.010	0.52	0.27	32.4	1.44
		标准差	0.07	36.3	0.31	49.7	0.011	0.07	0.26	49.0	0.67
	接触带 (n=13)	最大值	5.49	125.4	0.19	0.29	0.012	0.51	0.24	6.40	5.23
		最小值	0.04	24.1	—	—	0.001	0.25	0.02	0.16	0.16
		平均值	0.79	83.3	—	—	0.004	0.38	0.07	2.03	1.12
		标准差	1.44	37.6	—	—	0.004	0.07	0.07	1.90	1.40
	围岩中 (n=5)	最大值	0.69	62.1	0.01	0.34	0.001	0.51	0.06	0.95	1.55
		最小值	0.42	41.5	0.01	0.12	—	0.35	0.01	0.07	0.26
		平均值	0.52	49.1	0.01	0.24	—	0.44	0.03	0.46	0.89
		标准差	0.10	8.27	0.00	0.09	—	0.08	0.02	0.40	0.52
Kb-4	矿石中 (n=3)	最大值	0.53	82.9	8.93	61.6	0.056	0.61	0.77	0.49	1.05
		最小值	0.29	54.3	0.00	0.28	—	0.42	0.06	0.30	0.72
		平均值	0.39	64.6	3.13	24.6	—	0.54	0.32	0.40	0.83
		标准差	0.13	15.9	5.02	32.6	—	0.10	0.39	0.14	0.18
	接触带 (n=11)	最大值	0.57	93.2	0.46	0.33	0.006	0.75	0.37	3.32	3.41
		最小值	0.19	50.9	—	—	0.001	0.11	0.01	0.38	0.37
		平均值	0.36	73.7	—	—	0.003	0.34	0.14	1.25	1.43
		标准差	0.14	15.6	—	—	0.002	0.22	0.10	0.87	0.82
Kb-zk	接触带 (n=10)	最大值	185	56.1	0.05	114	0.154	0.32	87.3	1.68	3.12
		最小值	0.76	35.8	—	1.49	0.002	0.12	0.08	0.12	0.53
		平均值	33.3	46.9	—	27.0	0.027	0.21	12.3	1.06	1.93
		标准差	59.5	5.34	—	35.0	0.049	0.07	26.7	0.53	1.03

续表

样品			As	Sr	Ag	Cd	In	Sn	Sb	V	Cr
Kb-zk	围岩中 (n=5)	最大值	4.46	51.6	0.06	5.26	0.004	0.22	0.65	2.40	4.27
		最小值	0.24	42.6	0.01	0.18	0.003	0.15	0.04	0.41	1.54
		平均值	1.39	46.6	0.04	1.80	0.004	0.17	0.24	1.04	2.60
		标准差	1.77	3.57	0.02	2.21	0.000	0.03	0.26	0.93	1.09

注：数据引自谭茂等(2022)。“—”为低于检测限值。

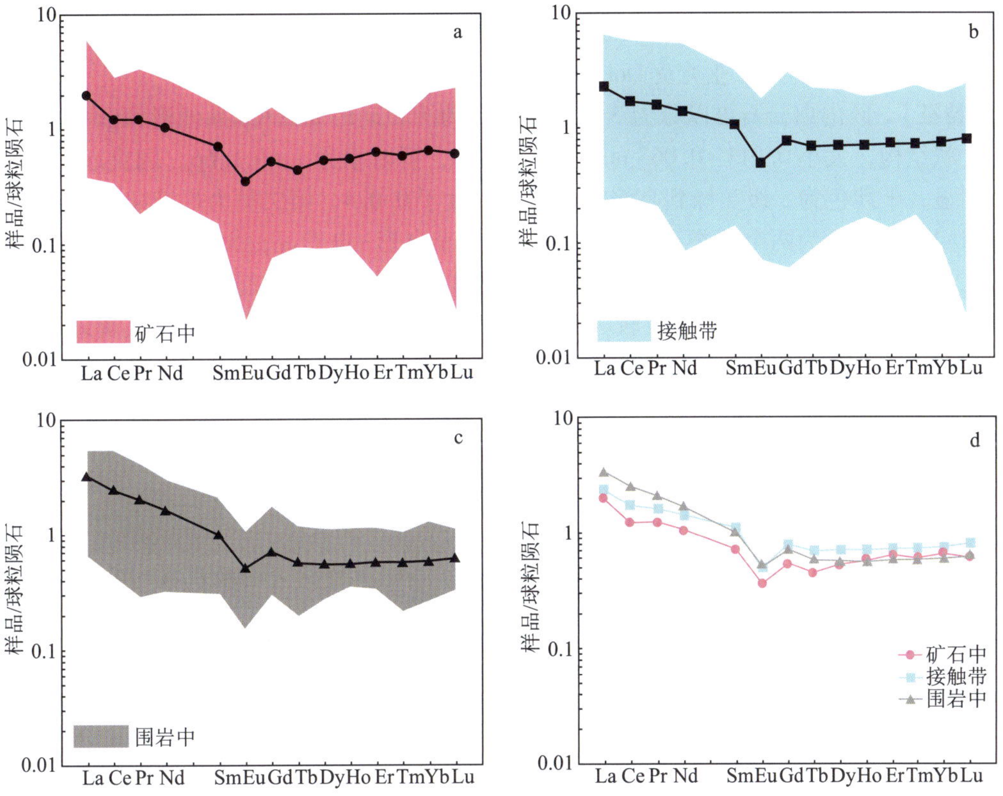

图 1-2-285　云南会泽铅锌矿床不同带中白云石球粒陨石标准化稀土配分曲线图

(据谭茂等，2022)

标准化值据 McDonough et al. (1995)

[成因意义]　本区从矿石→接触带→围岩，其中的白云石特征差异明显，矿石中白云石呈不规则交代网格状结构；接触带上白云石交替出现呈带状分布，其中部分白云石沿矿石边缘形成反应边结构；在围岩中白云石沿缝隙呈脉状产出。3 个带中白云石重结晶现象明显，具有典型的交代结构。白云石呈现 CaO 和 MgO 含量依次升高，而 FeO 和 MnO 及 Ga、Sr、In、Sn、V 等微量元素含量依次降低，表明富含这些元素的流体交代白云岩，替代白云中的 Ca^{2+}、Mg^{2+}，迁入白云石中。矿石中白云石的 Cu、Zn、Ag、Cd 成矿元素含量远高于接触带和围岩中的白云石，表明靠近矿体的白云岩经历强烈的水/岩相互作用，成矿元素迅速进入矿石中的白云石。3 个带中白云石稀土元素含量依次升高，与主量元素 Ca 呈现规律一致，指示稀土元素与 Ca 元素化学性质相似，随 Ca 含量的变化而变化。微区样品中围岩的地球化学特征与远离矿体白云岩相似，反映其微观和宏观指示性一致。成矿流体的相对演化方向为矿石→接触带→围岩，流体性质从碱性向中性和弱酸性演化，水/岩相互作用过程中实现元素交换，越接近矿体的白云岩发生水/岩相互作用越强烈，从流体中获得的成矿元素含量越高。

(68)云南省毛坪铅锌矿床Ⅰ号矿群中的白云石

[产地、产状及共(伴)生矿物]　毛坪铅锌矿床位于扬子地块西南缘滇东台缘凹陷带中北部，属

于滇东北富铅锌成矿带。矿床主要由Ⅰ、Ⅱ、Ⅲ号矿体(群)组成，赋矿岩性主要为浅灰色中厚层状中-粗晶白云岩及碳酸盐化白云质灰岩。矿石矿物组合为闪锌矿、铁闪锌矿、方铅矿、黄铁矿、白铁矿、毒砂、黄铜矿，脉石矿物主要为白云石、铁白云石、方解石、石英、沥青，少量菱铁矿及伊利石等。区内铅锌成矿作用可分为沉积成岩期、油气期、热液成矿期和次生氧化期。其中，热液成矿期可细分为5个矿化阶段：(Ⅰ)Dol(白云石)-Py(黄铁矿)-Mrc(白铁矿)-Apy(毒砂)阶段、(Ⅱ)Sp(闪锌矿)-Gn(方铅矿)-Py(黄铁矿)-Mrc(白铁矿)-(Cpy 黄铜矿)-Cal(方解石)-Dol(白云石)-Q(石英)-Ill(伊利石)阶段、(Ⅲ)Sp(闪锌矿)-Gn(方铅矿)-Py(黄铁矿)-Mrc(白铁矿)-Dol(白云石)-Cal(方解石)-Q(石英)-Ill(伊利石)阶段、(Ⅳ)Dol(白云石)-Sd(菱铁矿)-Ill(伊利石)阶段及(Ⅴ)Ca1(方解石)阶段。白云石跨越4个矿化阶段，其中Ⅰ、Ⅳ阶段白云石主要是Dol2的第一亚类；Ⅱ、Ⅲ阶段白云石主要是Dol2的第二亚类及Dol3(魏爱英等，2011)。

[形貌特征] 区内白云石可以分为3类。第一类为沉积期的泥晶-细晶他形白云石(Dol1)，褐黄色，他形粒状结构，大小0.011~0.063 mm，正中突起，折射率为1.6~1.66，闪突起，解理不发育，多色性不明显，干涉色为二级黄绿到高级白，双折率大于0.024。第二类为热液期中-粗晶半自形-自形白云石(Dol2)，可分为两个亚类：一亚类为灰白色半自形-自形晶，大小为0.055 mm，解理不发育，有粉红色浅绿色的多色性，正高突起，折射率为1.6~1.66，闪突起显著，一级灰白干涉色，双折率为0.005，二亚类呈褐黄色，颗粒较大，短轴宽0.006~2.5 mm，发育不完全解理，多色性不明显，正高突起，折射率为1.66~1.78，闪突起显著，一级灰白干涉色，双折率为0.0038。其中，热液期白云石有一部分自形晶具有环带结构含铁的白云石，将其划为第三类(Dol3)，其特征是环带状白云石分布在Ⅱ阶段脉体周围，以中心为褐黄色中心亮白色的亮边环带为特征，大小为0.025~0.08 mm，菱形晶体，正高突起，见白色-紫红的多色性，发育两组不完全解理，干涉色为一级灰白，双折率为0.024，含量约5%；当含锰较高时，以褐色环带边结构为显著特点。

[化学成分] 本区白云石电子探针分析结果显示，不同类型白云石及其在时空上均体现出了一定的差异。Dol1中CaO含量为30.874%，MgO含量为21.081%，且Al_2O_3较高，达0.296%。CaO/MgO值为1.46，其中CaO含量高于理论值，MgO含量低于理论值(理论组分含量为CaO 30.41%，MgO 21.86%)(王濮等，1984)。Dol2中CaO含量为29.771%，MgO含量为21.24%，均低于理论值，CaO/MgO值为1.0012。Dol3中CaO含量为30.737%，MgO含量为22.229%，均高于理论值，CaO/MgO值为1.383。

不同阶段变化特征：CaO/MgO值大于0.94，都较接近1，相比之下Ⅰ、Ⅳ的值阶段较更加接近，即有序度较高。FeO、MnO值逐渐减小，以类质同象替代Mg。Ba、Pb、Zn、Co、Cd等微量元素变化不一致。Ba、Co与Mg呈现一定的负相关性，以类质同象的形式替代Mg；Ⅰ、Ⅱ阶段Zn与Mg、Cd、Pb与Ca负相关性较好，Ⅲ、Ⅳ阶段其负相关性差，即在热液早期Zn以类质同象的形式替代Mg、Cd、Pb替代Ca，晚期均以微细粒包裹体形式出现。

空间变化特征，垂向上，成分具有以下特点：①CaO/MgO值介于0.85~1之间，即有序度较高，相比之下670 m、760 m、784 m中段比846 m中段具更高的有序度；②FeO、MnO值逐渐减小，但910 m中段较846 m中段稍高；③Ba与Mg呈负相关性，以类质同象的形式替代Mg；Cd、Pb随着CaO、MgO的增大而增大，以微细粒包裹体的形式存在于白云石中，且在846 m中段含量最多。Zn在910 m以类质同象代替Mg，以下以微细粒包裹体的形式存在。

横向及纵向上，白云石的有序度都较高，即CaO/MgO值在1左右波动不大。FeO在矿体中心含量达到峰值往周围减小，MnO的变化与FeO呈负相关关系。且在纵向上往北东向减少。Ba以类质同象代替Mg，Pb、Zn以微细粒包裹体的形式存在。Co与Zn呈负相关性，Cd与Zn呈正相关性，可见Co、Cd的赋存形式与闪锌矿有关。

白云石环带结构中元素分带特征：760 m中段白云石橘黄色环带结构发育，内部为高度有序的白云石，Ca和Mg的原子比近等于1，中间橘黄色环带为含Fe、Mn的白云石；颜色纯净的亮边为低镁方解石。自内向外CaO的含量呈韵律性增高，MgO和CaO呈负相关性；FeO和Mn变化趋势一致且与 Mg 为负相关，Fe^{2+}、Mn^{2+} 其以类质同象的形式进入白云石晶格替代 Mg^{2+}，还有 Ba^{2+}。Zn 与 MgO 和 CaO 和相关性都不强，为微细的闪锌矿包体形式出现，Zn 的含量大于 Pb。

［成因意义］ Dol1 为褐黄色他形粒状结构，且 Al_2O_3 的含量较高，有序度也低。该类型白云石为热液蚀变提供充足的物质来源。Dol2 为自形晶，颜色较为纯净，泥质含量少，第一亚类为流体溶解交代围岩重结晶形成，指示围岩被强烈改造，为揭示流体强烈活动提供佐证；Dol2 第二亚类为后期流体沿围岩裂隙充填后结晶形成，是围岩受挤压形成裂隙的有力证据。Dol3 为张性环境中矿物生长速率大于物质供应的环境中结晶沉淀形成，为流体前锋的标志，其分布在高品位矿体的边部和上部，可作为缩小找矿靶区具有的重要指示意义。

白云石的时空演化与流体及成矿作用以及物理化学环境密切相关。由于流体中的元素最终的表现形式是矿物，不同阶段的白云石其成分上的差别反应不同阶段流体性质的差异。不同类型白云石的成分有差别，且其时空分布特点与成矿作用关系显著，对揭示流体成矿作用以及相应的物理化学环境有重要意义。

(69)云南省巧家县茂租铅锌矿床中的白云石

［产地、产状及共(伴)生矿物］ 茂租铅锌矿床位于扬子地台西南缘，是滇东北矿集区内的一个大型矿床，矿体呈似层状产于震旦系灯影组白云岩中。矿石矿物以闪锌矿为主，次为方铅矿。脉石矿物主要为白云石、萤石和方解石。矿床的矿化蚀变分带明显，从围岩到矿体，矿化蚀变分带分别为斑点状白云石化带、脉状白云石化带、星点状矿化带、细脉浸染状矿化带和矿体。白云石是该矿床的重要脉石矿物，除了震旦系灯影组的微晶-细晶白云石外，与成矿热液活动有关的白云石主要有斑点状白云石、脉状白云石和团块状白云石(吴永涛等，2018)。

［形貌特征］ 震旦系灯影组中的白云石为微晶-细晶。与热液活动有关的白云石主要有 3 种类型：①斑点状白云石(图 1-2-286a、b)，分布于斑点状白云石化带，呈白色、灰白色不规则粒状(粒径 5~20 mm)，充填于灰色-深灰色细-中晶灯影组白云岩的溶蚀孔洞中(图 1-2-287a、b)。斑点状白云石化带位于矿化蚀变的最外带，分布范围较小，带宽 1~3 m，偶见铅锌矿化；②脉状白云石(图 1-2-286c、d)，分布于脉状白云石化带，多沿层理裂隙顺层分布，呈脉状产出(宽 5~50 mm)，为白色、灰白色中-粗晶半自形-自形热液白云石，具波状消光(图 1-2-286c、d)，脉状白云石化带更靠近矿体，蚀变较为强烈，分布范围也较大，蚀变带宽 2~10 m，见团斑状和细脉状铅锌矿化；③团块状白云石(图 1-2-286e、f)，呈白色灰白色团块状，晶粒粗大，晶型较好，具波状消光和鞍状结构。分布于星点状矿化带、细脉浸染状矿化带和矿体部位，是矿体赋存部位主要的热液白云石类型，常被稍晚形成的闪锌矿、萤石和方解石所包裹和交代溶蚀(图 1-2-287e、f)。由图 1-2-286 可以看出，从赋矿围岩灯影组白云岩到矿体，依次分布有斑点状白云石、脉状白云石和团块状白云石。且随着矿化蚀变逐渐增强，这 3 种热液白云石的结晶程度、蚀变强度逐渐增强，分布范围也逐渐增大，这是成矿热液引起围岩发生热液白云石化，且白云石化由远到近逐渐增强的趋势的反映。

［化学成分］ 本区白云石的稀土元素分析测试及相关参数的统计结果见表 1-2-294。图 1-2-288 为相应的稀土元素球粒陨石标准化图。由此可见，灯影组白云岩的稀土元素总量(∑REE)变化范围为 6.43×10^{-6}~13.4×10^{-6}，轻、重稀土元素比值 LREE/HREE 变化范围 5.96~8.78，$(La/Yb)_N$ 值为 8.27~15.06，δEu 为 0.57~0.74，δCe 为 0.70~0.76。总体表现为稀土元素含量较低，轻稀土元素富集，具有 Eu 和 Ce 元素负异常的特征(图 1-2-288a)。

表 1-2-294　云南茂租铅锌矿床中白云岩的稀土元素组成($w_B/10^{-6}$)和特征参数

组分	灯影组白云岩				斑点状白云石		脉状白云石				团块状白云石	
	MZ-7+	MZ-2+	MZ-3+	MZ-15+	MZ-8	MZ-11	MZ-7	MZ-12	MZ-13	MZ-5	MZ-14	MZ-17
La	3.1	1.75	2.01	1.68	2.65	3.14	1.33	1.15	1.89	1.24	4.34	11.3
Ce	4.33	2.51	2.93	2.25	4.11	4.67	2.01	1.47	2.39	1.61	6.34	15.7
Pr	0.67	0.35	0.4	0.31	0.56	0.72	0.33	0.19	0.29	0.21	0.84	1.93

续表

组分	灯影组白云岩				斑点状白云石		脉状白云石				团块状白云石	
	MZ-7+	MZ-2+	MZ-3+	MZ-15+	MZ-8	MZ-11	MZ-7	MZ-12	MZ-13	MZ-5	MZ-14	MZ-17
Nd	2.7	1.48	1.56	1.19	2.24	3.13	1.3	0.65	1.08	0.79	3.02	7.15
Sm	0.55	0.25	0.3	0.23	0.46	0.65	0.27	0.13	0.22	0.15	0.59	1.71
Eu	0.13	0.04	0.05	0.05	0.13	0.23	0.17	0.05	0.22	0.07	0.71	1.34
Gd	0.45	0.18	0.26	0.22	0.43	0.62	0.53	0.11	0.11	0.15	0.66	2.03
Tb	0.1	0.02	0.03	0.04	0.07	0.09	0.06	0.02	0.02	0.03	0.08	0.39
Dy	0.56	0.24	0.23	0.18	0.32	0.37	0.33	0.11	0.19	0.16	0.48	2.42
Ho	0.12	0.05	0.07	0.03	0.05	0.06	0.07	0.03	0.04	0.04	0.1	0.46
Er	0.33	0.11	0.1	0.13	0.2	0.16	0.23	0.05	0.09	0.11	0.27	1.01
Tm	0.05	0.02	0.03	0.01	0.03	0.04	0.03	0.01	0.01	0.01	0.02	0.19
Yb	0.27	0.09	0.1	0.08	0.13	0.06	0.16	0.05	0.08	0.08	0.13	0.68
Lu	0.05	0.03	0.02	0.03	0.03	0.01	0.07	0.01	0.01	0.01	0.02	0.12
Y	4.87	1.83	1.47	1.51	2.38	2.84	2.76	1	1.56	1.21	5.5	24.9
ΣREE	13.4	7.12	8.09	6.43	11.4	13.93	6.89	4.03	6.64	4.65	17.58	46.42
LREE	11.48	6.39	7.25	5.71	10.15	12.53	5.41	3.65	6.1	4.06	15.84	39.13
HREE	1.93	0.73	0.84	0.72	1.25	1.4	1.47	0.38	0.54	0.59	1.74	7.29
LREE/HREE	5.96	8.78	8.69	7.93	8.09	8.98	3.67	9.61	11.2	6.92	9.09	5.37
$(La/Yb)_N$	8.27	13.95	14.56	15.06	14.19	40.22	6	15.56	16.74	11.26	23.95	11.9
δEu	0.74	0.6	0.57	0.68	0.89	1.07	1.36	1.34	3.8	1.36	3.5	2.19
δCe	0.7	0.74	0.76	0.71	0.79	0.73	0.72	0.7	0.71	0.71	0.76	0.75

注：数据引自吴永涛等(2018)。REE 的球粒陨石标准化采用 Sun S S et al. (1989)的数据。

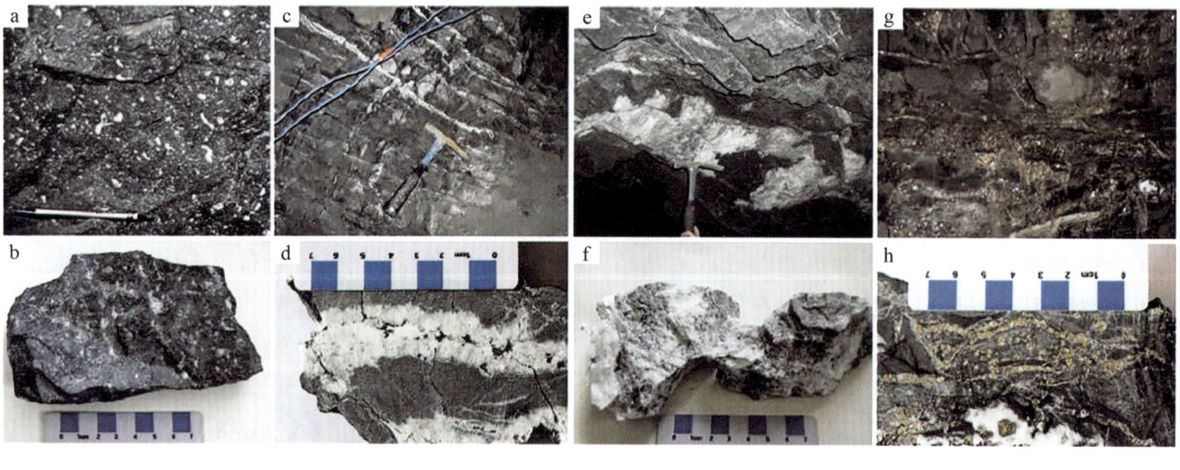

图 1-2-286　云南茂租铅锌矿床不同产状热液白云石

(据吴永涛等，2018)

a、b—斑点状白云石化带，见灰黑色细晶白云岩中发育乳白色斑点状白云石，粒径 5~20 mm；c、d—脉状白云石化带，见深灰色细晶白云岩中发育乳白色脉状白云石化，脉宽约 5~50 mm；e、f—星点状和细脉浸染状矿化带发育乳白色团块状白云石化，块状白云石和闪锌矿共生；g、h—矿体中发育致密块状闪锌矿

斑点状热液白云石的稀土元素总量(ΣREE)变化范围为 $11.4\times10^{-6}\sim13.93\times10^{-6}$，轻、重稀土元素值(LREE/HREE)变化范围 8.09~8.98，$(La/Yb)_N$ 值为 14.19~40.22，δEu 为 0.89~1.07，δCe 为 0.73~0.79。总体表现为稀土元素含量较低，轻稀土元素富集，具有 Ce 元素负异常和 Eu 元素异常不

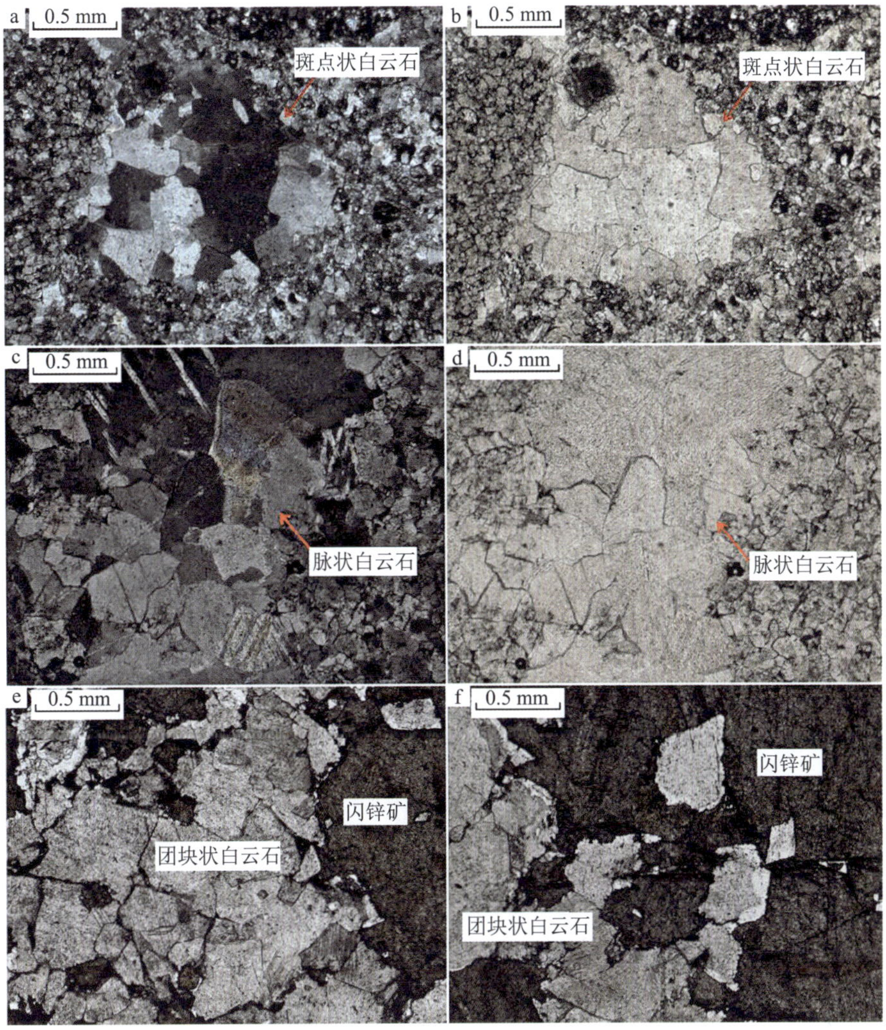

图 1-2-287　云南茂租铅锌矿床不同产状热液白云石镜下特征
（据吴永涛等，2018）

a、b—微晶白云岩中发育斑点状热液白云石，直径约 10 mm，白云石为中粗晶，具鞍状结构和波状消光；c、d—微晶白云岩中发育脉状热液白云石，脉宽约 10~15 mm，脉内白云石为中-粗晶，具鞍状结构和波状消光；e、f—团块状热液白云石和闪锌矿共生，白云石为中-粗晶自形-半自形，具鞍状结构，白云石被黄褐色闪锌矿包裹、交代。a、c—为正交偏光；其余为单偏光

明显的特征(图 1-2-288b)。

脉状热液白云石的稀土元素总量(∑REE)变化范围为 $4.03\times10^{-6}\sim6.89\times10^{-6}$，轻、重稀土元素比值 LREE/HREE 变化范围 3.67~11.2，$(La/Yb)_N$ 值为 6.0~16.74，δEu 为 1.34~3.80，δCe 为 0.70~0.72。总体表现为稀土元素含量较低，轻稀土元素富集，具有 Ce 元素负异常和 Eu 元素正异常的特征(图 1-2-288c)。

团块状热液白云石的稀土元素总量(∑REE)变化范围为 $17.58\times10^{-6}\sim46.42\times10^{-6}$，轻、重稀土元素比值(LREE/HREE)变化范围为 5.37~9.09，$(La/Yb)_N$ 值为 11.9~23.95，δEu 为 2.19~3.50，δCe 为 0.75~0.76。总体表现为稀土元素含量较高，轻稀土元素富集，具有 Ce 元素负异常和 Eu 元素正异常的特征(图 1-2-288d)。

[成因意义]　灯影组白云岩、斑点状白云石、脉状白云石和团块状白云石的稀土元素配分模式比较接近，总体上具有稀土元素总量低、轻稀土元素富集、稀土元素标准化曲线右倾、Ce 元素负异常的特征。这些相似的稀土元素特征表明 3 种热液蚀变白云石与围岩之间存在着成因联系。斑点状白

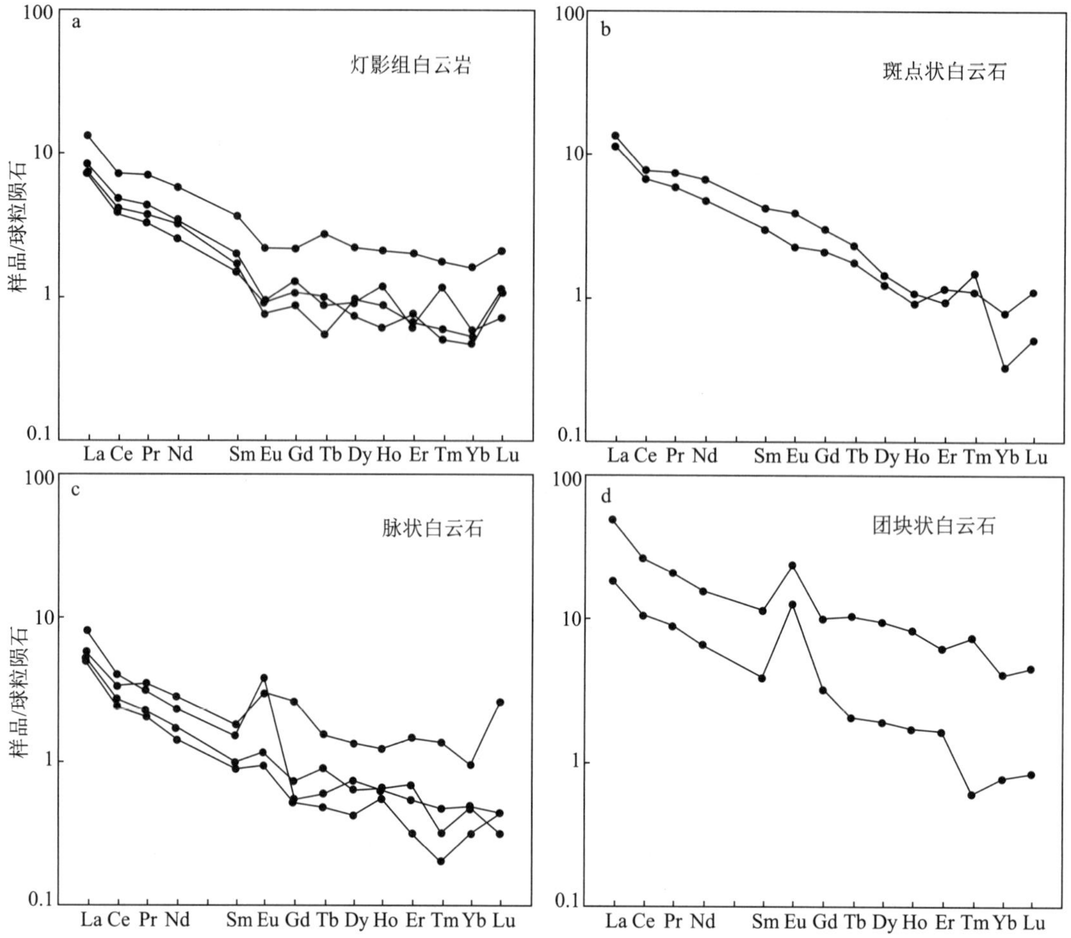

图 1-2-288　云南茂租铅锌矿床中白云岩稀土元素球粒陨石标准化图
（据吴永涛等，2018）

云石和脉状白云石的稀土元素总量 $\sum$REE 与灯影组白云岩接近或偏低。说明斑点状白云石和脉状白云石主要源于围岩的溶解；而团块状白云石的 $\sum$REE 高于灯影组白云岩，说明有富含 REE 流体的加入。灯影组白云岩具有 Eu 元素负异常，而脉状和团块状热液白云石具有明显的 Eu 元素正异常，反映了存在较高温度的流体活动，热液蚀变白云岩是由高温热液流体形成。斑点状热液白云石 Eu 元素异常不太明显，可能是由于蚀变强度较弱，继承了原岩 Eu 元素负异常的特征。灯影组白云岩和 3 种热液白云石的 δCe 相近，都表现出明显的 Ce 元素负异常的特征。灯影组白云岩的 Ce 元素负异常具有与海水稀土元素相似的特征，而 3 种蚀变白云岩继承了原岩 Ce 元素负异常的特征。形成热液白云石的流体主要来源于地层，也有其他 REE 富集流体的加入。

十一、锰白云石(Kutnohorite)

1. 锰白云石的一般特征

[产地、产状及共(伴)生矿物]　常产于与含锰沉积物有关的矿床中。比较重要的产地分布在捷克 Kutná Hora 和 Chvaletice、瑞典 Långban、意大利 Levane、美国新泽西州、加拿大魁北克、墨西哥 Providencia、日本 Hoei 锡矿山、澳大利亚 Broken Hill 等地，在南非 N'Chwaning 矿区出产好的锰白云石晶体。其常见的共(伴)生矿物为菱锰矿、文石和方解石(Palache et al.，1951；Frondel et al.，1955；Farkas et al.，1988)。

[形貌特征]　多晶体构成球状集合体，最大粒径可至 2 cm。

[晶体结构]　三方晶系；$R\bar{3}$。晶胞参数为 a=4.8518(3)Å，c=16.217(2)Å；Z=3。

［**主要粉晶衍射数据** d/Å(I)(hkl)］ 2.9162(100)(104)，1.8256(21)(018)，1.8052(21)(116)，2.2128(17)(113)，2.0333(14)(202)，3.7304(12)(012)，2.4251(10)(110)，1.5584(8)(122)(PDF43-695)

［**物理性质**］ 白色，浅粉色-亮粉色，透明。发育{$10\bar{1}1$}完全解理，半贝壳状断口。性脆，摩氏硬度 H=3.5~4。密度 $D_{测量}$=3.12 g/cm^3，$D_{计算}$=3.15 g/cm^3。

［**光学性质**］ 一轴负晶。折光率 ω=1.710~1.727，ε=1.519~1.535。

［**化学成分**］ 理想化学式为 $CaMn^{2+}(CO_3)_2$，其化学组成(w_B/%)为：MnO 32.99，CaO 26.08，CO_2 40.93，合计 100.00。典型产地样品的化学组成见表 1-2-295。

表 1-2-295 美国和捷克白云石的化学成分分析数据(w_B/%)

产地	CO_2	FeO	MnO	MgO	CaO	合计
捷克	42.62	4.27	23.76	5.18	24.66	100.49
美国	41.80	0.50	28.31	2.21	27.44	100.26

［**与其他矿物种的关系**］ 属于白云石族，与白云石，铁白云石分别成系列。

2. 在中国的产出情况

中国的锰白云石产地不多，主要分布于辽宁、内蒙古、陕西、甘肃、河南、江苏、云南、广西、贵州、四川、重庆、新疆的少数沉积型锰矿床中。沉积碳酸盐型锰矿是我国一个重要的锰矿种类，孤峰组含锰岩系碳酸盐型锰矿在东北、西南各省份广泛分布，主要矿石矿物均为锰白云石。此外，在安徽、湖北、湖南等地也发现锰白云石矿床(姚敬劬等，1995；曾令熙等，2014；宋志娇等，2016)。

(1)安徽省池州市贵池仰天堂锰矿床中的锰白云石

［**产地、产状及共(伴)生矿物**］ 安徽贵池地区二叠系孤峰组为主要含锰岩系，仰天堂锰矿床为该区多个锰矿床之一。矿体赋存于二叠系孤峰组下段，顶板多为含碳锰质硅质白云质灰岩，局部为含锰硅质钙质页岩，底板为含碳锰质硅质白云质夹含碳硅钙质页岩。矿体中包括碳酸锰矿和氧化锰矿两种矿石类型。矿床矿石矿物以锰白云石为主，含量约 25%。矿石中锰白云石呈两种结构，均主要产于矿石中瘤状体内：一是泥晶锰白云石，为沉积期主要矿物之一，与碳质、泥晶方解石密切共生，无色，受碳质影响，呈微透明-半透明的集合体，部分聚集呈团粒状，团粒粒径 0.1~0.5 mm；二是微晶-粉晶锰白云石，为沉积期后重结晶的产物。在泥晶锰白云石团粒边部可见有重结晶的放射状、晶簇状、鳞片状锰白云石集合体，较为洁净，呈锯齿状，由团粒向外侧含锰方解石方向生长。含锰质团块由内部向外，锰白云石的粒径有泥晶→微晶→粉晶的变化特征(袁晓玲等，2018)。

［**主要粉晶衍射数据**］ 矿石经 X 射线衍射分析验证，成分主要为含锰方解石、锰白云石和石英等。样品中含锰方解石的含量较高，结晶颗粒大，衍射强度高。锰白云石的结晶度虽低，但由于含量较高，其衍射强度稍低(d=2.943Å、1.814Å、1.837Å)。

［**形貌特征**］ 本区锰白云石按粒径分为泥晶锰白云石和微晶-粉晶锰白云石，此外可见重结晶的放射状、晶簇状、鳞片状锰白云石集合体，重结晶的锰白云石比较纯净，含锰较高。

［**光学性质**］ 单偏光下呈无色，透明，折射率明显高于含锰方解石，周围常有不透明矿物析出(图 1-2-289)。

［**化学成分**］ 锰白云石电子探针结果见表 1-2-296，结果显示，重结晶的微晶粉晶锰白云石的氧化锰含量平均 28.717%，接近锰白云石的理论值。未发生重结晶的泥晶锰白云石，其氧化锰含量为 21.898%，而氧化钙高出约 5.5%，氧化镁则高出约 0.6%，显微镜下观察，其团块略呈灰黑色，并含不均匀的碳质，染色反应显示有方解石的存在，说明其主要成分为锰白云石，含少量方解石($Ca[CO_3]$)和白云石($CaMg[CO_3]_2$)。

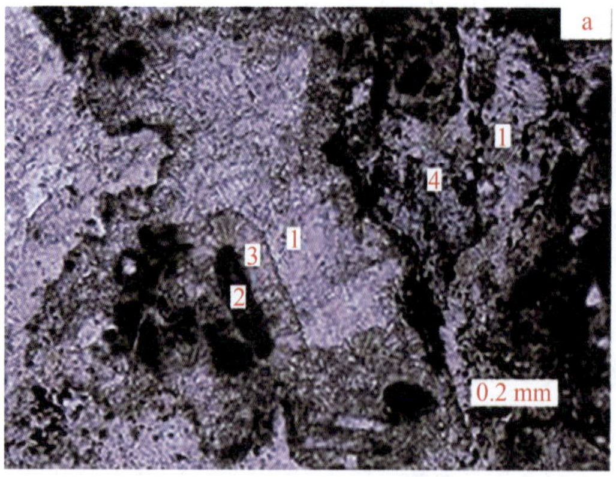

1—含锰方解石；2—锰白云石；3—重结晶锰白云石；
4—硅质和不透明矿物

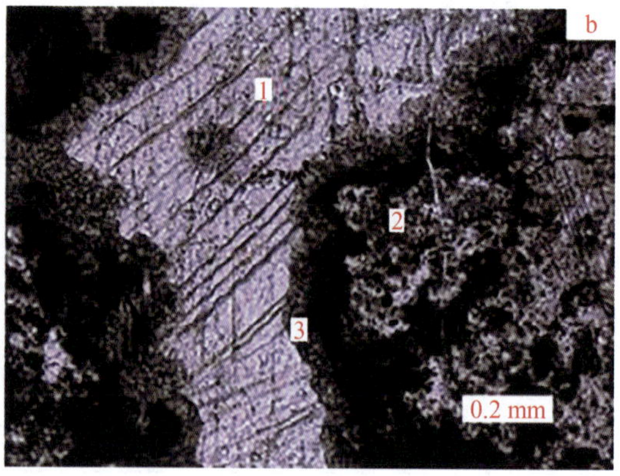

1—含锰方解石；2—锰白云石；
3—重结晶锰白云石

图 1-2-289　安徽仰天堂锰矿床中锰白云石的结构
（据袁晓玲等，2018）
a—正交镜下，隐晶质-粉晶结构；b—正交镜下，隐晶质-微晶结构

表 1-2-296　安徽仰天堂锰矿床中锰白云石电子探针分析表（w_B/%）

分析编号	MgO	CaO	MnO	SrO	BaO	FeO	ZnO	总计	定名
14gbp458-2-2	2.807	23.359	28.746	0.208	0.000	0.738	0.040	55.897	锰白云石
14gbp458-3-2	2.532	23.968	28.001	0.000	0.000	0.076	0.000	54.577	锰白云石
14gbp458-4-1	2.436	23.252	29.405	0.035	0.016	0.150	0.040	55.334	锰白云石
14gbp462-2-2	3.232	29.174	21.898	0.000	0.000	0.113	0.059	54.476	锰白云石

注：数据引自袁晓玲等(2018)。

（2）川陕渝交界大巴山地区锰矿带中的锰白云石

［产地、产状及共（伴）生矿物］　巴山锰矿带位于大巴山深大断裂南侧，扬子准地台北缘巨大坳陷带内。自北西向南东依次分布有陕西西乡县水晶坪锰矿，镇巴县栗子垭锰矿，紫阳县屈家山锰矿、麻柳坝锰矿；四川万源市田坝、大竹河锰矿；重庆市城口县明月、高燕、上山坪、大渡溪、修齐锰矿。锰白云石主要分布于震旦系灯影组第一岩性段（Z_2dn^1）的锰矿层中，是构成锰矿石的主要矿物（万平益，2002）。

［物理性质］　浅灰色、灰白色。

［化学成分］　主要由锰白云石组成的矿石平均化学组成为 Mn 25.55%，P 1.088%，SiO_2 14.63%，P/Mn 0.042，Mn/Fe 27.77。

（3）贵州省松桃县白石溪锰矿床中的锰白云石

［产地、产状及共（伴）生矿物］　白石溪锰矿位于贵州省松桃县大屋矿段中部。其含矿岩系为南华系大塘坡组第一段，是锰矿富集的唯一层位。矿床中锰白云石含量甚微，主要分布于菱锰矿的粒间或砂屑间，有时充填于凝块、斑块的他形晶间；部分充填于矿石的碎裂缝隙中（杨晓飞等，2013）。

［形貌特征］　颗粒很细，粒度小于 0.001 mm。

（4）贵州省松桃县大塘坡锰矿床中的锰白云石

［产地、产状及共（伴）生矿物］　贵州松桃大塘坡锰矿产于南华系大塘坡组第一段（Nh_1d^1）。典型矿石为块状锰质岩，矿物组合包括菱锰矿、钙菱锰矿、锰白云石、锰方解石、石英、伊利石，形成于沉积环境伸展阶段（叶太平等，2021）。

［主要粉晶衍射数据］　矿石全岩 X 粉晶衍射如图 1-2-290 所示，其矿物成分为菱锰矿、钙菱锰矿、锰白云石、锰方解石、石英、伊利石。

［形貌特征］　锰白云石呈自形粒状，多分布于后期充填石英边缘，具重结晶特征，其钙、锰含

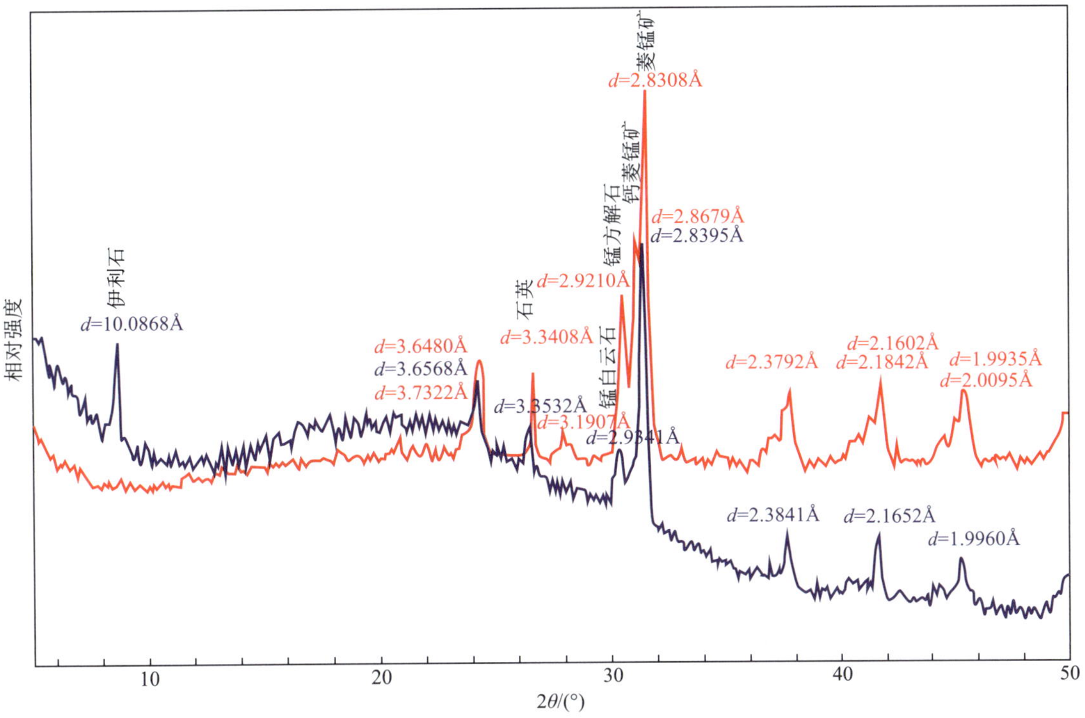

图 1-2-290　贵州松桃大塘坡锰矿典型矿石全岩 XRD 图

（据叶太平等，2021）

量分布较为均匀；为后期重结晶而成。

(5)贵州省遵义铜锣井锰矿床中的锰白云石

[产地、产状及共(伴)生矿物] 贵州松桃大塘坡锰矿产于中二叠统茅口组第二段(P_2m^2)。典型矿石包括砂屑锰质岩、块状锰质岩、蚀变锰质岩(叶太平等，2021)。

[主要粉晶衍射数据] 矿石全岩 X 粉晶衍射如图 1-2-291 所示，其矿物成分包括菱锰矿、钙菱锰矿、锰方解石、锰白云石、硫锰矿、黄铁矿、闪锌矿、高岭石、伊利石、菱铁矿。

[形貌特征] 锰白云石自形程度较高，为后期重结晶而成。

(6)湖北省东北部沉积变质锰矿床中的锰白云石

[产地、产状及共(伴)生矿物] 鄂东北古元古代沉积变质锰矿是由锰质碳酸盐岩经区域变质作用后又经风化富集而形成的。含矿层产于元古宇红安群下部天台山组第一段白云石大理岩中。原生矿石锰矿物分为碳酸锰类、黑锰矿-磁铁矿类、方铁锰矿类和硅酸锰类。经 X 光衍射分析、差热分析及电子探针分析确定，含锰碳酸盐类矿物中菱锰矿-方解石系列及白云石-锰白云石系列均有产出(姚敬劬，1992)。

[形貌特征] 锰白云石以粒径 0.1~0.3 mm 的粒状变晶产出，紧密镶嵌组成花岗变晶结构。

[主要粉晶衍射数据 d/Å(I)] 2.945(100)，3.732(20)，2.210(30)，2.041(20)。

[化学成分] 本区锰白云石的化学组成见表 1-2-297。据化学组成计算，$CaCO_3$ 的分子数与 $MnCO_3$+$MgCO_3$ 分子数相当，约各占 50%，$FeCO_3$ 的分子数很少。

[光谱特征] 差热分析在 910℃与 735℃出现吸收峰。

(7)湖北省靖远县鹰嘴山锰矿床中的锰白云石

[产地、产状及共(伴)生矿物] 鄂东北地区鹰嘴山锰矿床属于沉积变质型锰矿床，位于湖北省广水市城区北东约 12 km 处。其形成后经抬升剥蚀至地表，遭受了表生氧化作用。锰成矿过程可分为 3 个期次：第 1 期为沉积成岩成矿期，锰矿物由菱锰矿、锰方解石及锰白云石组成；第 2 期为变质改造期，锰矿物主要由重结晶菱锰矿、黑锰矿及锰铝榴石等矿物组成；第 3 期为表生氧化期，锰矿物则

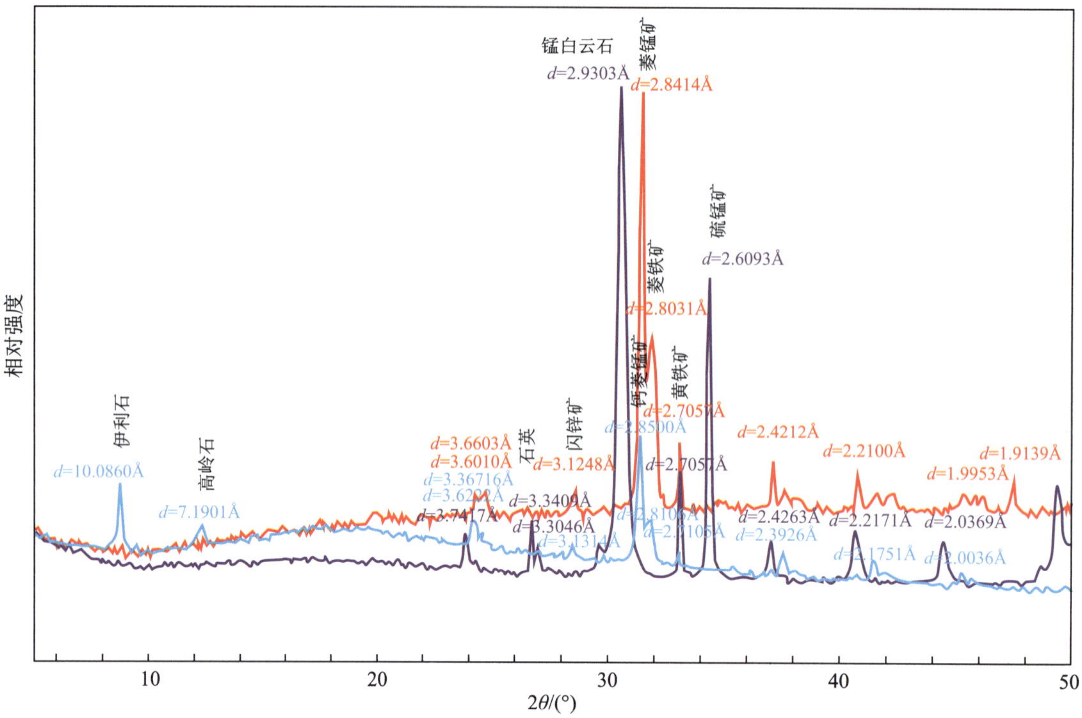

图 1-2-291 贵州遵义铜锣井锰矿典型矿石全岩 XRD 图

（据叶太平等，2021）

主要由硬锰矿、软锰矿及锰钡矿等矿物组成。锰白云石与细粒菱锰矿共生(代吉祥等，2022)。

[形貌特征] 手标本上锰白云石与锰方解石不易区分锰白云石亦常与Ⅰ类细粒菱锰矿共生。

[化学成分] 本矿床锰白云石的电子探针分析结果见表 1-2-298。可见，锰白云石中 MnO 为 7.70%~8.60%，MgO 为 14.46%~14.54%，其化学成分以高 MgO(14.46%~14.54%)特征与锰方解石相区别。

表 1-2-297 湖北省东北部沉积变质锰矿床中锰白云石化学组成的电子探针分析结果

样号	矿物名称	成分/%				晶体化学式
		Mn	Ca	Mg	Fe	
T_6	锰白云石	20.62	19.81	3.04	0.05	$Ca_{0.496}(Mn_{0.376}Mg_{0.127})CO_3$
T_7	锰白云石	22.46	17.89	2.73	0.11	$Ca_{0.480}(Mn_{0.4236}Mg_{0.117})Fe_{0.002}CO_3$
T_8	锰白石云	16.60	19.13	5.76	0.19	$Ca_{0.467}(Mn_{0.295}Mg_{0.235})Fe_{0.003}CO_3$
T_9	锰白云石	21.99	17.49	3.10	0.42	$Ca_{0.447}(Mn_{0.411}Mg_{0.133})Fe_{0.007}CO_3$
T_{11-1}	含锰白云石	10.13	22.17	6.42	0.01	$Ca_{0.0.551}(Mn_{0.184}Mg_{0.285})CO_3$
T_5	含锰白云石	9.40	19.67	7.52	0.15	$Ca_{0.503}(Mn_{0.115}Mg_{0.320})Fe_{0.003}CO_3$
T_{11-2}	含锰白云石	5.66	22.93	9.49	0.17	$Ca_{0.547}(Mn_{0.100}Mg_{0.377})Fe_{0.003}CO_3$

注：数据引自姚敬劬(1992)。

表 1-2-298 湖北鹰嘴山锰矿床中锰白云石的电子探针分析结果(w_B/%)

矿物	K_2O	BaO	MnO	CaO	FeO	SiO_2	P_2O_5	MgO	SO_3	TiO_2	总计
锰白云石	0.00	0.00	7.70	28.21	3.92	0.00	0.00	14.54	0.00	0.01	54.37
	0.00	0.02	8.60	28.73	4.77	0.00	0.02	14.46	0.00	0.00	56.59

注：数据引自代吉祥等(2022)。

(8)湖北省蕲春县孙冲锰矿床中的锰白云石

[产地、产状及共(伴)生矿物] 孙冲锰矿床位于鄂东北东部的蕲春地区，鄂东北地区是我国典型的新元古代锰成矿域。矿体呈层状、似层状、透镜状赋存在大理岩和片岩中。矿石类型包括碳酸锰矿石和氧化锰矿石，地表以氧化锰矿石为主，深部以原生碳酸锰矿石为主。原生碳酸锰矿石主要分布于 100 m 左右或更深部位置。矿石主要含菱锰矿、锰方解石及锰白云石等锰矿物(陈松等，2022)。

[形貌特征] 手标本上锰白云石与锰方解石不易区分，背散射(BSE)图像中多显示为菱形状，锰白云石亦常与细粒菱锰矿共生。

[化学成分] 其化学成分以高 MgO 特征与锰方解石相区别。

(9)湖北省四方山-团山沟锰矿床中的锰白云石

[产地、产状及共(伴)生矿物] 四方山-团山沟锰矿床是鄂东北代表性古元古代沉积变质型锰矿床之一，位于湖北省广水-孝昌-黄破-春元古代沉积变质锰矿远景区内。由古元古代锰质碳酸盐岩经区域变质作用而成，后又经风化富集形成。原生变质矿石是以菱锰矿-锰方解石-锰白云石-锰铝榴石-黑镁铁锰矿等矿物为组合特征(尤静静等，2020)。

[形貌特征] 镜下可见黑镁铁锰矿中锰白云石残余，显示变质反应过程中锰白云石向黑镁铁锰矿的转变，且可见与重晶石呈共结边结构现象，周围可见褐锰矿、硬锰矿分布。同时，硬锰矿内部及边部也常可见菱锰矿、锰方解石、锰白云石残余，呈胶状分布。

[化学成分] 锰白云石与菱锰矿、锰方解石的不同在于钙、镁含量较高，易被氧化交代成黑色硬锰矿。

(10)湖南省棠甘山层控锰矿床中的锰白云石

[产地、产状及共(伴)生矿物] 棠甘山锰矿床位于湘中盆地，属于典型的沉积-岩浆气液叠加型层控锰矿床。含锰岩组主要由黑色板岩夹碳酸盐组成。锰矿体单个矿体呈透镜状分布。含锰矿物包括锰的碳酸盐、硫化物、硅酸盐和氧化物矿物。矿石中主要的锰矿物有锰白云石、硫锰矿、褐硫锰矿、锰铝榴石和复水锰矿。锰白云石是由沉积的锰方解石和菱锰矿被改造而成(张宝贵等，1982，1987)。

[晶系] 三方晶系。

[晶胞参数] $a=4.864\pm0.027$ Å，$c=16.159\pm0.013$ Å。

[主要粉晶衍射数据] 见表 1-2-299。

表 1-2-299 湖南棠甘山锰矿床中锰白云石的 X 射线粉晶分析结果

JCPDS 11-345			M-100(本文)	
I	*d*/Å	*hkl*	*I*	*d*/Å
6	4.27	101	—	—
20	3.75	012	3	3.72
100	2.94	104	10	2.920
6	2.73	006	1	2.700
4	2.59	015	—	—
14	2.44	110	4	2.420
20	2.23	113	7	2.210
4	2.10	021	—	—
20	2.04	107	5	2.025
10	1.876	024	2	1.865
25	1.837	018	6	1.830
30	1.814	009	6	1.805
6	1.588	211	1	1.570
4	1.566	122	3	1.556

续表

JCPDS 11-345			M-100(本文)	
I	d/Å	hkl	I	d/Å
4	1.540	212	—	—
8	1.486	214	3	1.477
4	1.469	028	1	1.451
4	1.465	119	—	—
6	1.409	125	3	1.398
6	1.363	0011	3	1.350
4	1.294	2010	2	1.277
4	1.258	128	—	—
4	1.189	2011	—	—
4	1.145	2110	2	1.133
4	1.141	—	—	—
6	1.126	134	5	1.121
4	1.089	0015	—	—
6	1.027	2014	2	1.018
6	0.9763	1115	—	—
a=4.85，c=16.34			a=4.864±0.027，c=16.159±0.013	

注：数据引自张宝贵等(1987)。

[形貌特征] 矿物细小，集合体多为0.0n~0.n mm。

[物理性质] 灰褐色，灰黑色；透射光下无色，多呈烟雾状；摩氏硬度3，密度3.120 g/cm^3。

[光学性质] 一轴晶。折光率N_o=1.724±0002，N_e=1.535±0.002。

[化学成分] CaO 23.95、MnO 22.65、MgO 3.97、Al_2O_3 1.41、Fe_2O_3 0.96、Na_2O 0.06、K_2O 0.03、TiO_2 0.12、CO_2 43.39、P_2O_5 1.31、S 1.09、H_2O^+ 0.99、H_2O^- 0.14，总计100.07。

[光谱特征] 红外光谱与白云石比较，正则频率v_3、v_2、v_4向长波移动约10 cm^{-1}。这是由于锰置换镁的结果(图1-2-292)。

(11)湖南省湘潭锰矿床中的锰白云石

[产地、产状及共(伴)生矿物] 湘潭锰矿床属于海相沉积原生碳酸锰矿床。矿体赋存在震旦系莲沱群黑色页岩中，呈层状产出。矿石中主要矿物为含锰碳酸盐-锰白云石，次为石英和粘土，其他矿物少量。锰白云石往往出现在经过较强改造的低锰碳酸盐矿石中(孔令双，1986)。

[形貌特征] 自形粒状，砂糖状，晶粒大小均匀。

[物理性质] 为较浓的褐色。

(12)湖南省益阳市桃江奥陶系磨刀溪组锰质岩中的锰白云石

奥陶系磨刀溪组含锰岩系分布在湖南省益阳市桃江县、安化县一带。等锰质岩或锰矿层呈薄层或条带夹在含有笔石的黑色泥页岩中。含锰白云岩主要呈薄层或条带夹在矿层下部或与菱锰矿形成互层。本区锰质岩的矿物成分非常复杂，含有多种含锰碳酸盐矿物和脉石矿物。其中碳酸盐矿物以菱锰矿、钙菱锰矿、镁锰方解石为主，其次是锰镁方解石、锰方解石、锰白云石和方解石等。脉石矿物有石英、伊利石、绿泥石、长石、黄铁矿和有机碳等(赵东旭，1992)。

(13)陕西省汉中市天台山磷锰矿床中的锰白云石

[产地、产状及共(伴)生矿物] 天台山锰矿床产于磷质岩系中。锰矿层中碳酸盐相锰矿石中80%~91%的矿物为锰白云石(杨绍许等，1996)。

[形貌特征] 细晶，粒度一般为0.004~0.012 mm，亦有部分泥晶白云石存在。矿石中锰矿物球

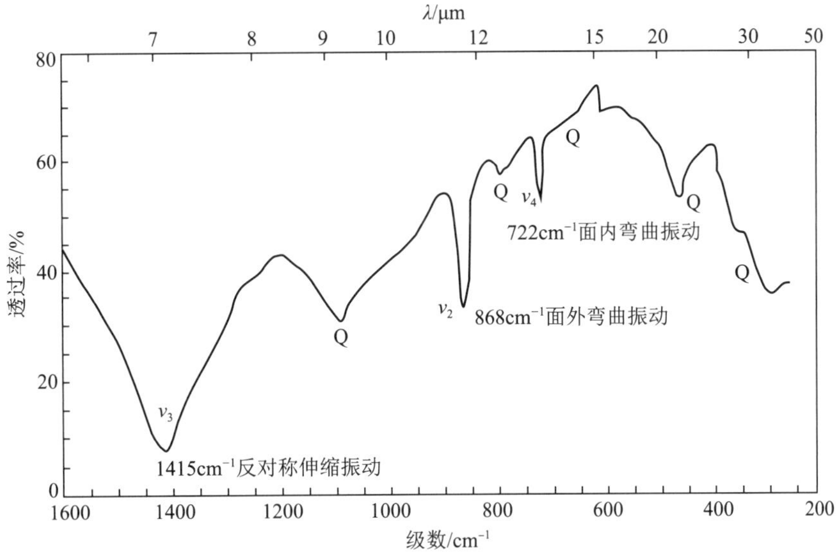

图 1-2-292 湖南棠甘山锰矿床中锰白云石的红外光谱分析曲线

（据张宝贵等，1987）

Q 为样品中石英杂质

粒发育，粒径为 0. 1~3 mm，呈层状构造，具有明显的十字消光，部分呈同心圆层状并夹有石英薄层，属胶体化学的典型结构。

[光学性质] 折光率 N_o=1. 712~1. 688，N_e=1. 526~1. 512。

(14)重庆市城口县高燕锰矿床中的锰白云石

[产地、产状及共(伴)生矿物] 重庆城口锰矿是中国西南地区的大型碳酸盐型锰矿床，位于大巴山深大断裂南侧。该矿主要由 3 个矿区组成，分别为城口县西部的高燕锰矿区、东部的大渡溪锰矿区和修齐锰矿区。高燕矿区矿石品位低，矿物组成复杂，资源利用率低，为典型高磷贫锰矿石。矿物组成以碳酸盐为主。依据成分分析结果，结合偏光显微镜、扫描电子显微镜和电子探针，可知有用元素锰主要赋存在菱锰矿和锰白云石中(宋志娇等，2015)。

[形貌特征] 锰白云石以他形-半自形粒状和鲕状为主，也可见粒状、交代等结构。其嵌布特征为菱锰矿及含锰高的锰白云石包裹含锰低或不含锰的矿物，构成锰含量由外向内的渐变；中心矿物自形程度较高，局部中心可见空洞。含锰高的与含锰低的锰白云石呈接触镶嵌，粒间可见孔隙及非晶质粘土矿物充填。

[化学成分] 锰白云石为 Ca、Mg、Mn 的相互类质同象替换构成的过渡矿物，锰含量变化较大。

十二、锌白云石(Minrecordite)

1. 锌白云石的一般特征

[产地、产状及共(伴)生矿物] 产于寄主岩石为白云岩的热液多金属矿床中(纳米比亚 Tsumeb)；也产于寄主岩石为碳酸盐岩的铅锌矿床围岩中(爱尔兰 Navan 矿床)。在纳米比亚、爱尔兰和美国犹他州 Centennial Eureka 矿山等地均有产出。其共(伴)生矿物有绿铜矿、砷铜铅矿、孔雀石、白铅矿、含锌白云石和方解石(纳米比亚)；闪锌矿、黄铁矿、胶黄铁矿(melnikovite)、含镁方解石、白云石、方解石和石英(爱尔兰 Navan 矿床)(Garavelli et al.，1982)。

[形貌特征] 拼接的菱面体晶体，只显示{$10\bar{1}4$}晶面，最大至 0. 5 mm，晶面呈马鞍状，被强烈曲扭。

[晶体结构] 三方晶系；$R\bar{3}$。晶胞参数为 a=4. 8183(4)Å，c=16. 0295(10)Å；Z 未测。

[主要粉晶衍射数据 *d*/Å(*I*)(*hkl*)] 2. 890(100)(104)，1. 789(40)(116)，1. 806(35)(018)，

2.410(25)(110)，3.701(20)(012)，2.196(20)(113)，2.019(15)(202)，4.039(10)(101)(PDF 35-667)。

［物理性质］ 奶白色-无色；半透明；玻璃-珍珠光泽。具{$10\bar{1}4$}极完全解理。摩氏硬度 H=3.5。密度 $D_{测量}$=3.45(2) g/cm³，$D_{计算}$=3.445 g/cm³。

［光学性质］ 一轴负晶。折光率 ω=1.734~1.750，ε=1.542~1.550。

［化学成分］ 理想化学组成(w_B/%)为：ZnO 36.09，CaO 24.87，CO_2 39.04，理想化学式为 $CaZn(CO_3)_2$。纳米比亚 Tsumeb 样品的化学组成(w_B/%)为：ZnO 33.46，CaO 24.64，MgO 1.20，FeO 1.10，MnO 0.10，CO_2[39.50]，总和 100.00，相应的化学式为 $Ca_{0.98}(Zn_{0.92}Mg_{0.06}Fe_{0.03})_{\Sigma 1.01}(CO_3)_2$。

2. 在中国的产出情况

目前在中国暂未发现锌白云石。

十三、钡白云石(Norsethite)

1. 钡白云石的一般特征

［产地、产状及共(伴)生矿物］ 是一种稀有的原生矿物，但也是碳酸盐岩的主要矿物之一，发现于绿河组中及其下伏地层；偶见于变质热液矿床中。在美国 Westvaco 矿、加拿大 Chipman 湖相碳酸盐岩、巴西 Tapira 碳酸盐岩、俄罗斯 Vuoriyarvi 碳酸盐岩、中国白云鄂博铁-铌稀土矿床、苏格兰 Foss 矿床、瑞典 Långban 和纳米比亚 Rosh Pinah 锌铅铜矿床等地均有产出。在美国 Westvaco 天然碱矿，其共(伴)生矿物为碳钠钙石、硅钛钾钡矿、水硅硼钠石、氯碳酸钠镁石、丝硅镁石、钡解石、碳钡矿、黄铁矿和石英(Mrose et al., 1961；Secco et al., 1999)。

［形貌特征］ 板状晶体，平行{0001}面延展，可见晶面{$10\bar{1}1$}、{0001}、{$10\bar{1}0$}、{$11\bar{2}0$}，晶粒最大可至 2 mm。集合体呈盘形、波纹粒状。

［晶体结构］ 三方晶系；$R\bar{3}m$ 或者 $R32$。晶胞参数为 a=5.020(5) Å，c=16.75(2) Å；Z=3。晶体结构参数(原子坐标)见表 1-2-300。

［主要粉晶衍射数据 d/Å(I)(hkl)］ 3.015(100)(104)，3.860(35)(012)，2.656(35)(015)，2.512(35)(110)，2.104(35)(202)，1.931(35)(024)，1.864(35)(116)，4.21(30)(101)(PDF 12-530)。

表 1-2-300 钡白云石的晶体结构参数(原子坐标)

a=5.022 Å，b=5.022 Å，c=16.770 Å，α=90°，β=90°，γ=120°，$R\bar{3}m2$									
原子	x	y	z	$U(1,1)$	$U(2,2)$	$U(3,3)$	$U(1,2)$	$U(1,3)$	$U(2,3)$
Ba	0	0	0	0.0113	0.0113	0.0158	0.00565	0	0
Mg	0	0	0.5	0.0096	0.0096	0.013	0.0048	0	0
C	0	0	0.2391	0.0108	0.0108	0.013	0.0054	0	0
O	0.1463	0.1463	0.2420	0.043	0.043	0.024	0.039	0.002	-0.002

注：数据引自 Effenberger(1985)。

［物理性质］ 无色-奶白色；透明；玻璃光泽。发育{$10\bar{1}1$}中等解理；锯齿状断口。摩氏硬度 H=3.5。密度 $D_{测量}$=3.837 g/cm³，$D_{计算}$=3.840 g/cm³。在紫外光照射下发暗红色荧光。

［光学性质］ 在透射光下无色。一轴负晶。折光率 ω=1.694(1)，ε=1.519(1)。

［化学成分］ 理想化学式为 $BaMg(CO_3)_2$，其化学组成(w_B/%)为：BaO 54.44，MgO 14.31，CO_2 31.25，合计 100.00。典型产地样品的化学分析结果(w_B/%)见表 1-2-301。

［与其他矿物种的关系］ 属于白云石族。

表 1-2-301 钡白云石的化学成分分析结果($w_B/\%$)

产地/成分	CO_2	SiO_2	FeO	ZnO	MnO	MgO	CaO	BaO	Na_2O	不溶物	合计
美国	31.2	0.3	0.4		0.1	13.9	0.5	52.9	0.2	0.4	99.9
巴西	31.33		0.61	0.06		14.08	0.16	53.76			100.00

2. 在中国的产出情况

钡白云石又名菱钡镁石，在中国的产出报道非常少，目前仅发现于内蒙古白云鄂博稀土矿床。

内蒙古白云鄂博矿床中的钡白云石

[产地、产状及共(伴)生矿物] 白云鄂博矿床是超大型稀土-铁矿床，位于内蒙古自治区包头以北的白云鄂博。含矿带主要分布于华北地台北缘中元古界白云鄂博群的碳酸盐岩层中，在片岩和各种混合岩中也有矿化现象。矿区分主矿、东矿和西矿。稀土矿主要赋存于主矿、东矿，其东西长16 km，南北宽3000 m，稀土型铁矿矿体一般呈透镜状、似层状，少数呈脉状，铁矿体顶底板白云岩、脉岩也富含稀土金属，已达开采品位，可构成稀土矿体，与围岩常为渐变关系。矿石多呈细条带状、块状及斑杂状构造。富矿一般呈致密块状。矿石中矿物种类多达160种，主要有磁铁矿、赤铁矿、稀土(轻稀土为主)矿物，如氟碳铈矿、独居石、氟碳钙铈矿(石)、氟碳铈钡石等，以及易解石、铌铁矿、烧绿石和铌铁金红石等。非金属矿物为霓石、钠闪石-钠铁闪石、金云母、黑云母、钠长石和碳酸盐矿物等。钡白云石产于脉状含铌稀土白云石碳酸岩中。共生矿物主要有白云石和含铁白云石，其他矿物有方解石、碳铈钠石、钙菱锶矿、菱碱土矿、烧绿石、独居石、磷灰石、金云母、石英、钠长石、锆石、铁钍石、黄铁矿、磁铁矿、闪锌矿和钠长石等(梁有彬等，1982)。

[形貌特征] 呈他形不规则状块体、板状体和菱面体状产出，粒度一般为0.05~0.2 mm。

[晶体结构] 三方晶系；空间群 $R32$。晶胞参数 $a=5.018$ Å，$c=16.76$ Å；$\beta=47°0'$；$Z=3$。

[主要粉晶衍射数据 d/Å(I)] 5.59(3)，4.60(2)，4.20(6)，3.83(7)，3.32(4)，3.00(10)，2.76(1)，2.63(8)，2.51(7)，2.38(2)，2.30(6)，2.15(6)，2.11(8)，2.07(2)，1.92(2)，1.89(8)，1.86(9)，1.80(2)，1.773(2)，1.629(1)，1.604(6)，1.563(2)，1.525(6)，1.515(2)，1.497(2)，1.476(3)，1.453(2)，1.440(2)，1.402(4)，1.397(4)，1.355(3)，1.326(4)，1.293(5)，1.288(3)，1.252(2)，1.245(1)，1.233(1)，1.223(5)，1.204(1)，1.194(1)，1.173(2)，1.162(4)，1.156(3)，1.148(2)，1.138(1)，1.116(1)，1.108(1)，1.082(1)，1.076(2)，1.050(1)，1.045(3)，1.041(2)，1.031(1)，1.023(2)，1.018(2)，1.008(3)，0.996(1)，0.980(1)，0.972(4)，0.966(2)，0.956(1)，0.949(2)，0.948(1)，0.935(4)，0.921(1)，0.913(2)。与美国俄怀明州产出的钡白云石基本一致。

[物理性质] 无色-乳白色、很淡的黄色和淡紫红色；条痕无色；半透明-透明；油脂-玻璃光泽及珍珠光泽。发育$(10\bar{1}1)$菱形解理；参差状断口；见双晶。摩氏硬度 $H=3.56$。密度 $D=3.64\ g/cm^3$，$VHN=150.3\sim180.4\ kg/mm^2$。比磁化系数($K$)为$(5.8\sim7.0)\times10^{-8}\ cm^3/g$。

[光学性质] 透射光下无色透明。一轴负晶。折光率 $N_o=1.6681$，$N_e=1.5155$，高级白干涉色。突起中等，具闪突起。无多色性。

[化学成分和性质] 化学成分分析结果见表1-2-302，该区的钡白云石与美国俄怀明州和西非罗皮纳产出的钡白云石相比，除含微量Ca、Fe、Mn外，还含有微量的Sr、TR、Na等。相应的化学式$(Ba_{0.9133}Sr_{0.0420}Ca_{0.0773}K_{0.0005}Na_{0.0017}TR_{0.0095})_{\Sigma1.0443}(Mg_{0.9455}Fe_{0.0858}Mn_{0.0158}Al_{0.0011})_{\Sigma1.0482}(CO_3)_{1.9302}$，简化式 $BaMg(CO_3)_2$。易溶于稀盐酸，并剧烈起泡放出 CO_2。

[光谱特征] 红钡白云石外吸收光谱分析结果(图1-2-293)显示，1455 cm^{-1}(强)，1118 cm^{-1}(弱)，882 cm^{-1}(中)，709 cm^{-1}(弱)。

差热分析曲线见图1-2-294，680℃强吸热峰代表矿物分解的热效应，860℃弱吸热峰代表矿物晶系转变时伴随的吸热效应。

表 1-2-302　白云鄂博矿床中钡白云石的化学分析数据($w_B/\%$)

CaO	SrO	MgO	BaO	Al_2O_3	Fe_2O_3	MnO	K_2O	Na_2O	TR_2O_2	H_2O^+	CO_2	总计
1.54	1.55	13.50	49.0	0.023	2.44	0.42	0.008	0.020	0.29	0.22	30.08	99.69

注：数据引自梁有彬等(1982)。

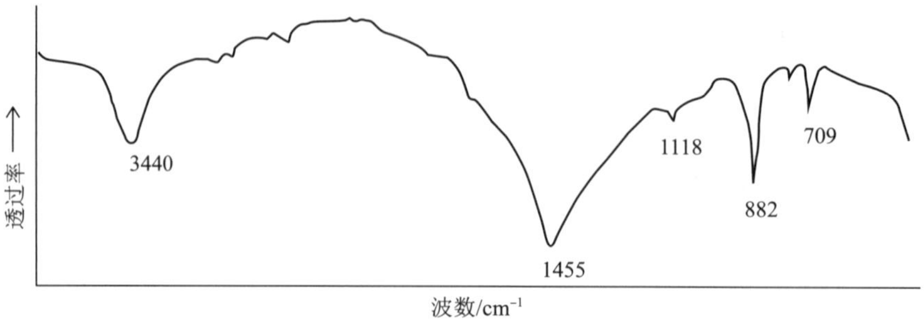

图 1-2-293　白云鄂博矿床钡白云石红外吸收光谱谱线图
(据梁有彬等，1982)

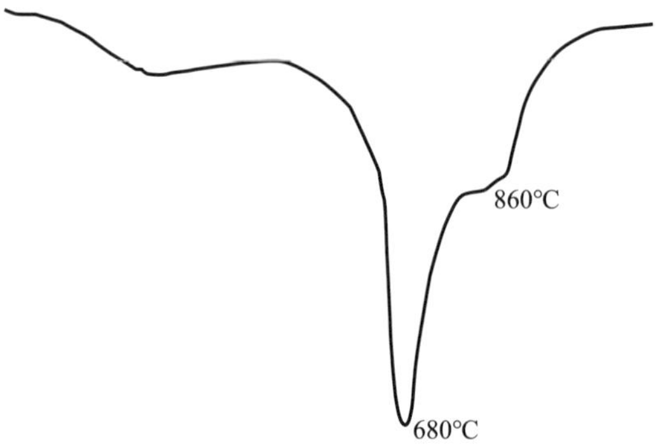

图 1-2-294　白云鄂博矿床钡白云石差热分析曲线
(据梁有彬等，1982)

文石族(Aragonite group)

文石	Aragonite	$Ca(CO_3)$	斜方晶系
白铅矿	Cerussite	$Pb(CO_3)$	斜方晶系
碳锶石	Witherite	$Sr(CO_3)$	斜方晶系

十四、文石(Aragonite)

1. 文石的一般特征

[产地、产状及共(伴)生矿物]　文石的产状多变，它是温暖海水中的主要沉淀物之一，呈鲕粒岩和碳酸盐泥；也是碎屑沉积的主要组成部分，以很多海洋微生物、贝壳和骨骼的坚硬部分存在；或来自蒸发岩沉积；或产在温泉泉华和洞穴石笋中；具高压、低温(蓝片岩相)变质的特征；呈玄武岩和安山岩中的"杏仁"产出；也是蚀变超基性岩石中的次生矿物。其分布非常广泛，产地众多，但是完好晶体不常见。著名的产地分布在西班牙、意大利、斯洛伐克、波兰、奥地利、捷克、英国、摩洛哥、纳米比亚和美国，其中意大利 Sicily、摩洛哥 Touissit、美国新墨西哥州 Arthur 湖等地产出比较大的完好的晶体。不同产状文石的共(伴)生矿物不同，在蒸发岩矿床中，主要是石膏、硫磺和天青

石；在蓝片岩中，主要是绿纤石、硬柱石、蓝闪石和石英；在蚀变的超基性岩中，主要与方解石、白云石、水菱镁矿、水镁石和菱镁矿共(伴)生(Palache et al.，1951；Jarosch et al.，1986；Chang L L Y et al.，1996)。

[形貌特征] 晶体方向呈短至长柱状[010]，也呈带勾的针状带凿状；呈复六方双锥，厚板状主要晶面为{001}、{110}和{110}，最大可至 30 cm。集合体呈柱状、壳状、球状、肾状、豆状、珊瑚状和钟乳石状，内部为纤维状、带状结构。见复合双晶接触双晶，双晶面为{110}；也见六方柱状三联晶；或呈聚片双晶，双晶纹平行[001]方向。

[晶体结构] 斜方晶系(假六方)；*Pmcn*。晶胞参数为 $a=4.9611(4)$ Å，$b=7.9672(6)$ Å，$c=5.7407(4)$ Å；$Z=4$。

[主要粉晶衍射数据 *d*/Å(*I*)(*hkl*)] 3.4625(999)(111)，3.5335(696)(021)，2.0303(658)(221)，2.7336(480)(012)，2.0882(385)(041)，2.3942(365)(112)，2.5603(337)(130)，2.4844(302)(102)(PDF 71-2392)。

[物理性质] 无色、白色、灰色，有黄色、蓝色、紫罗兰色、绿色和红色；条痕白色；透明-半透明；玻璃光泽，断口为树脂光泽。具{010}完全、{110}和{011}不完全解理；性脆。摩氏硬度 $H=3.5\sim4$。密度 $D_{测量}=2.95$ g/cm^3，$D_{计算}=2.930$ g/cm^3。阴极射线照射下发荧光。在长波和短波紫外光下发红色或黄色荧光。具磷光性。

[光学性质] 在透射光下无色。二轴负晶。折光率 $\alpha=1.530$，$\beta=1.681$，$\gamma=1.685$；光轴角 $2V_{测量}=18°$。光性方位：$X=c$，$Y=a$，$Z=b$。色散弱 $r<v$。

[化学成分] 理想化学组成(w_B/%)为：CaO 56.03，CO_2 43.97，合计 100.00，理想化学式为 $Ca(CO_3)$。日本 Matsushiro 样品的化学组成(w_B/%)为：CaO 55.96，MgO 0.03，不溶物 0.13，CO_2 43.95，合计 100.07。

[与其他矿物种的关系] 属于文石族，与方解石、六方碳钙石(曾用名球文石)呈同质三象。

[变化] 经历漫长的地质时期转化成方解石。

2. 在中国的产出情况

中国各种产状的文石都有产出，有的产于海相沉积碳酸盐岩中，如南沙群岛永暑礁等 8 座环礁现代沉积物中、海南岛全新世海滩岩胶结物中、南海西沙海槽的碳酸盐结壳中、山东乳山海滩岩中和各种珊瑚礁中；有的产于沉积地层、矿床的沉积岩和溶洞中，如太原西山水峪贯地区奥陶系、河北冀中坳陷饶阳凹陷、内蒙古白云鄂博铁-铌-稀土矿床、云南兰坪银多金属矿床、四川会理县通安区某铜矿点和桂林的岩溶洞穴；有的为蒸发岩沉积，如青海柴达木盆地中和西藏扎布耶盐湖钙华岛的文石；还有的产于高压低温变质岩中，如大别地区与大理岩共生的榴辉岩中的文石包裹体、湖北木兰山蓝片岩中的文石和苏北高压变质带绿片岩中石榴子石内的文石包裹体；此外在养殖的珍珠中也含有文石。

(1)安徽省大别地区榴辉岩中的文石

[产地、产状及共(伴)生矿物] 太别地区位于华北板块与扬子板块之间，由于两个大陆板块边界的长期相互作用在本区形成各种变质杂岩。文石呈包裹体产于与大理岩共生的榴辉岩中，主要存在于石榴子石和绿辉石里。多数文石已转变为方解石多晶集合体，特别是颗粒较大者，在这一转变过程中体积增大 8.15%，故使寄主矿物亦形成胀裂结构(刘晓春等，1993)。

[形貌特征] 一般呈自形柱状双锥体或浑圆形，平均粒径为 1~50 μm，最大者可达 80 μm。

[光学性质] 二轴晶；光轴角 $2V=26°\sim35°$。具明显闪突起。沿柱面平行消光。

[物理性质] 未见解理。

[光谱特征] 经拉曼光谱分析获得的特征峰值包括 1085.5 cm^{-1}、712 cm^{-1}、701.5 cm^{-1}、694 cm^{-1}、281 cm^{-1}、275 cm^{-1}、206 cm^{-1} 和 154 cm^{-1}，其中 712 cm^{-1} 附近的几个分裂峰明显有别于方解石(表 1-2-303)。

表 1-2-303 安徽大别地区榴辉岩中文石的拉曼光谱分析结果

拉曼位移/cm^{-1}	振动类型	分子类型	谱峰归属
154	弯曲	Ca—O	文石
206			文石
275			文石
281			文石
356	变形	O—Si—O	石榴子石
464	弯曲	Si—O—Si	石英
694			文石
701.5			文石
712			文石
845	反对称伸缩	Si—O	石榴子石
905	对称伸缩	Si—O	石榴子石
1085.5	对称伸缩	CO_3^{2-}	文石

注：数据引自刘晓春等(1993)。

(2)广西桂林市岩溶洞穴中的文石

［**产地、产状及共(伴)生矿物**］ 桂林地区位于广西壮族自治区东北部，是一个中外驰名的岩溶发育区。岩溶洞穴主要发育于本区中部呈向西突出的弧形构造带内。其中文石大部分呈石瘤状产出，偶见呈文石鹅管产出。石瘤(或称瘤状石或玉米花)在桂林附近许多洞穴中是一种较为常见的洞穴沉积物，但数量不多，呈白色、灰白色至浅土黄色不规则的瘤状、疙瘩状或爆玉米花状突起，附生于洞壁或石钟乳上。石瘤横切面一般为1~6 cm，系由单一文石或文石和方解石所组成。每个石瘤根部可见有裂隙存在，有时敲开石瘤后，见到少量水从缝隙中流出，说明石瘤系由渗透水所产生的。文石在石瘤中呈极细纤维状晶体(汪训一，1982)。

［**主要粉晶衍射数据**］ 见表 1-2-304。

表 1-2-304 广西桂林兴安乳洞中文石(样品号：80-172)的 X 射线衍射结果(主要谱线)

d/Å	3.40	3.25	2.69	2.48	2.19	2.11	1.97	1.88	1.81	1.74	1.239	1.035
I	8	6	7	7	5	4	10	7	5	4	4	4

注：数据引自汪训一(1982)。

［**形貌特征**］ 晶体呈纤维状，长 5~9 μm，呈放射状生长，构成瘤状集合体，集合体呈云朵状围绕某一中心而发育。

［**光学性质**］ 正交镜下呈扇形消光或黑十字消光。

［**光谱特征**］ 文石的差热分析如图 1-2-295 所示。

(3)海南省全新世海滩岩胶结物中的文石

［**产地、产状及共(伴)生矿物**］ 我国海南岛及南海诸岛沿岸，广泛发育海滩岩。海南岛全新世海滩岩胶结物的矿物成分有文石、高镁方解石、方解石(指低镁方解石)(王恕一等，1985)。

［**形貌特征**］ 文石多呈纤维状-针状，也有呈泥晶状。

(4)河北省冀中坳陷饶阳凹陷中的文石

［**产地、产状及共(伴)生矿物**］ 在河北冀中坳陷饶阳凹陷宁 81 井区沙一段在 3200~3300 m 井段中存在大量的文石。与粘土矿物、泥晶方解石、白云石和细粉砂级陆源碎屑混杂不均匀分布(李莉等，2013)。

［**形貌特征**］ 由于岩石结构致密，文石形态多呈不规则粒状，很少具有柱状或针状外形。粒径多为几微米，颗(晶)粒细小。

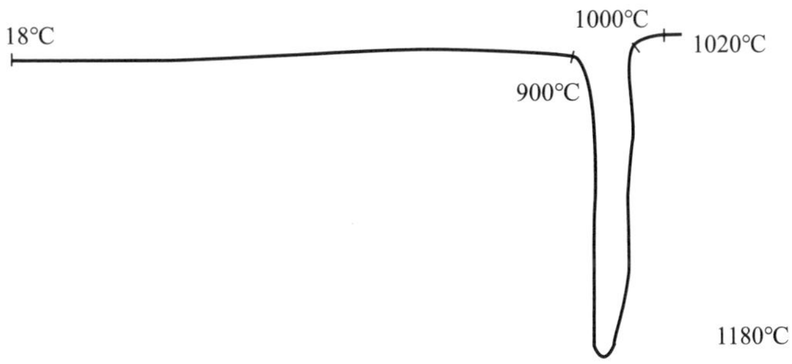

图 1-2-295　文石和方解石石瘤(80-138，阳朔月亮山水岩)的差热曲线
(据汪训一，1982)

[物理性质]　白色和黄白色，有时为浅绿色；薄片中无色。

[光学性质]　闪突起十分明显。

[变化]　文石不稳定，常温下易变为方解石，在薄片中常见方解石、白云石置换文石的假象。

(5)湖北省木兰山蓝片岩中的文石

[产地、产状及共(伴)生矿物]　木兰山蓝片岩分布在湖北大悟-浠水断裂南侧孝感碌岸、黄陂木兰山、红安觅儿和广济四望一带，木兰山蓝片岩主要由变酸性火山岩型蓝片岩类和变基性火山岩型蓝片岩类岩石构成。木兰山蓝片岩中的文石有两种产状：其一为微米级粒间文石，产于变酸性蓝闪白云钠长片岩，共生岩石为赤铁绿帘绿泥阳起钠长片岩和白云片岩；其二为亚微米级文石包裹体，产于灰绿色具变余交织结构和定向粒状片状变晶结构的岩石中，其共生岩石为强应变赤铁蓝闪钠长绿帘绿泥钠长片岩(赵文俞等，2001)。

[主要粉晶衍射数据]　通过透射电镜进行包裹体选区电子衍射图样的标定并与文石晶体的 X 射线衍射数据的对比，推断该区包裹体是具有重要指示意义的文石晶体。

[光学性质]　粒间文石为二轴晶，透射镜下无色，具闪突起和高级白干涉色特征。

(6)南海西沙海槽的碳酸盐结壳中的文石

[产地、产状及共(伴)生矿物]　西沙海槽位于南海西北部，具有断层构造发育、沉积速率和平均热流值较高、深部超高压环境等特点；具备碳氢化合物形成、聚集和储藏的构造背景和物源条件，是天然气水合物聚集和储藏的有利区域。文石产于冷泉碳酸盐结壳中，其共生矿物主要为重晶石、石英、斜长石、粘土矿物(伊利石)和少量的未知矿物(陈忠等，2007)。

[形貌特征]　在显微镜下，文石晶体呈针状或网格状结构，直径 1~3 μm，长 10~50 μm。

在扫描显微镜下，文石晶体呈针状，表现出两种生长形态，一种是晶体生长方向与小微孔壁近于平行，另一种与微孔壁大体垂直，不同生长形态的文石的化学元素均较单一，主要为 Ca、C 和 O。

(7)内蒙古白云鄂博铁-铌-稀土矿床中的文石

[产地、产状及共(伴)生矿物]　内蒙古白云鄂博铁、铌、稀土矿床中的文石产于脉状含铌、稀土白云石碳酸盐岩中，赋存于白云石和含铁白云石的粒间和空隙中。与文石共生的矿物有白云石、含铁白云石、碳铈钠石、钙碳锶矿、钡白云石、菱碱土矿、方解石、钠长石、磁铁矿、磷灰石、烧绿石、铌铁矿、重晶石、独居石、锆石、石英和金云母(梁有彬，1990)。

[主要粉晶衍射数据]　X 射线粉晶分析结果见图 1-2-296 和表 1-2-305。

表 1-2-305　内蒙古白云鄂博矿床中富锶文石的 X 射线粉晶数据

富锶文石		文石①		富锶文石		文石	
I	*d*/Å	*I*	*d*/Å	*I*	*d*/Å	*I*	*d*/Å
4	4.19	4	(3.73)	2	2.091	1	(2.074)
8	3.85	2	(3.59)	1	2.080	7	1.970

续表

富锶文石		文石[①]		富锶文石		文石	
I	*d*/Å	*I*	*d*/Å	*I*	*d*/Å	*I*	*d*/Å
10	3.456	10	3.39	9	2.016	5	1.873
8	3.351	5	3.26	4	1.937	4	1.810
10	3.009	2	(2.966)	1	1.920	5	1.738
4	2.945	1	2.872	1	1.908	3	1.722
7	2.773	7	2.687	9	1.864	2	1.557
4	2.513	5	2.171	7	1.790	2	1.498
2	2.486	1	2.402	3	1.777	3	1.431
6	3.428	3	2.365	1	1.683	3	1.360
7	2.398	4	2.324		1.583	3	1.261
1	2.227	4	(2.176)	3		4	1.239
5	2.147	3	2.098				

注：富锶文石数据引自梁有彬(1991)；①文石数据引自《矿物 X-射线粉晶鉴定手册》(中国科学院地球化学研究所，1978)。

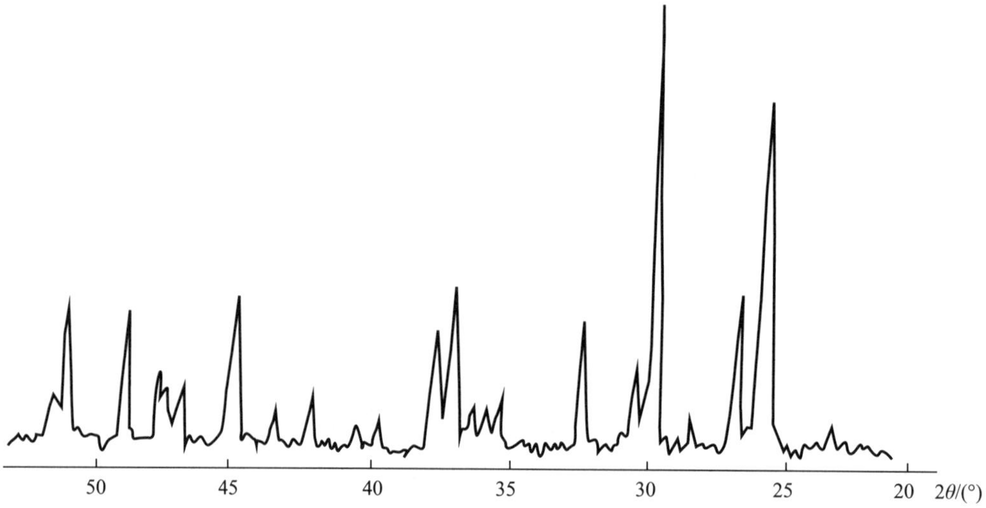

图 1-2-296　内蒙古白云鄂博矿床中富锶文石的 X 射线衍射图谱

(据梁有彬，1991)

[晶系]　斜方晶系。

[晶胞参数]　a=4.91 Å，b=7.89 Å，c=5.78 Å。

[形貌特征]　呈细小晶粒状或砂糖状集合体产出，单个晶体一般为 0.01~0.03 mm。

[物理性质]　白色；条痕为白色；透射光下无色；透明；玻璃光泽。无解理或解理很不发育。摩氏硬度 H=3.75，密度 $D_{测量}$=3.34 g/cm^3，VHN_{50}=180~190 kg/mm^2。比磁化系数为 0.32×10^{-10} cm^3/g。

[光学性质]　二轴负晶。折光率 N_g=1.6620，N_m=1.6561，N_p=1.5168；光轴角 2V=9°；高级白干涉色，并有较密的等色曲线；突起中等，有弱闪突起；无多色性。

[化学成分]　根据单矿物化学全分析结果(表 1-2-306)，计算出的分子式应为：$(Ca_{0.4964}Sr_{0.4446}Mg_{0.0114}Ba_{0.0170}Al_{0.0007}Fe_{0.0088}K_{0.0009}Na_{0.0089}Mn_{0.0016}REE_{0.0088})_{\Sigma 0.9991}[(CO_3)_{0.9973}(OH)_{0.0308}]_{\Sigma 1.0281}$，简化式为 $(Ca, Sr)CO_3$。

表 1-2-306　内蒙古白云鄂博矿床中富锶文石的电子探针分析结果(w_B/%)

元素	CaO	SrO	BaO	MgO	FeO	ΣCe_2O_3
1	18.77	45.55	1.93	0.09	—	0.45
2	17.31	48.33	1.95	0.09	—	
3	21.96	44.22	1.44	0.19	0.10	
4	19.42	42.79	2.25	0.11	0.08	
5	25.81	37.58	1.51	0.18	0.09	
6	22.11	41.51	1.47	0.18	0.09	
平均	20.88	43.34	1.75	0.14	0.09	0.45

注：数据引自梁有彬(1990)。

[光谱特征]　富锶文石与文石的红外吸收光谱(图 1-2-297 和表 1-2-307)基本相似，均属文石型结构。钙、锶类质同象置换引起不对称伸缩振动。

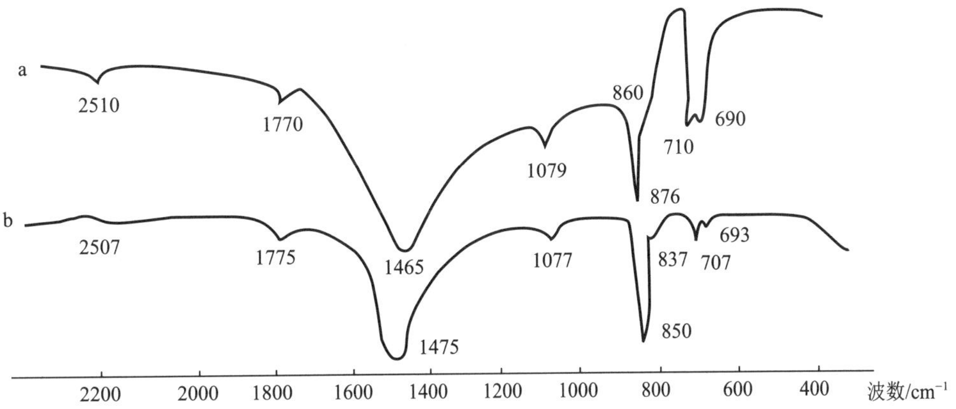

图 1-2-297　内蒙古白云鄂博矿床中富锶文石和文石的红外吸收光谱图

(据梁有彬，1991)

a—富锶文石；b—文石

表 1-2-307　内蒙古白云鄂博矿床中富锶文石红外光谱振动频率和解释

模式	视率/cm^{-1}
v_3 不对称伸缩振动	1465(很强)
v_1 对称伸缩振动	1079(弱)
v_2 面外弯曲振动	860 876(强)
v_4 面内弯曲振动	710 690(中)

注：数据引自梁有彬(1991)。

富锶文石的差热分析结果见图 1-2-298。该矿物在 320℃ 和 480℃ 出现两个小的放热峰。在 670℃ 和 900℃ 有两个强的吸热效应，456℃ 和 980℃ 有两个弱吸热效应。富锶文石和文石的差热曲线图基本相同，但富锶文石的吸热谷在差热曲线上的位置略有变化，这可能由于锶大量置换钙的结果。

(8)山东省乳山海滩岩中的文石

[产地、产状及共(伴)生矿物]　山东乳山海滩岩出露在乳山市白沙滩镇白口村海岸沙堤的上部，乳山海滩岩呈孔隙式胶结，碎屑间没有杂基充填，完全被钙质胶结物所占有，在扫描电镜下放大 3000 倍以上，可见海滩岩中有的柱状方解石还保留着纤维状文石顶端的晶簇形状，粗粒方解石的表

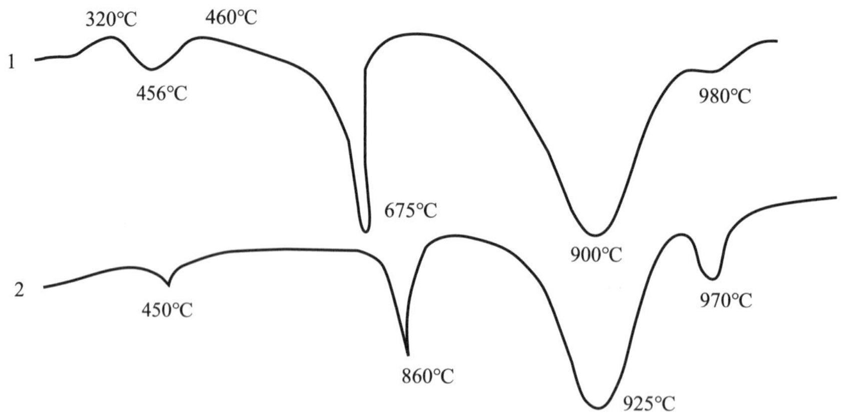

图 1-2-298　内蒙古白云鄂博矿床中富锶文石差热曲线图

（据梁有彬，1991）

1—富锶文石；2—文石

面可见零散的纤维状文石。在岩石的有些部位的胶结物中出现了较多的纤维状文石(毕福志等，1991)。

［**形貌特征**］　晶体呈纤维状，长 5~15 μm，宽 0.4~1 μm，杂乱分布。

(9)山西省太原市西山水峪贯地区奥陶系中的文石

［**产地、产状及共(伴)生矿物**］　太原西山水峪贯地区的文石产于奥陶系峰峰组，位于山前大断裂附近。上覆地层为本溪组，与中奥陶统峰峰组呈断层接触(武永强等，1995)。

［**形貌特征**］　晶体为柱状，长 10~15 cm，横断面约 30 mm，断面为假六边形；其集合体呈放射状、菊花状。

［**物理性质**］　深灰色至灰黑色，透射光下无色。解理不发育。

［**光学性质**］　具有明显的闪突起。高级自干涉色。晶体柱面为平行消光。

［**化学成分**］　文石中微量元素 Sr 的含量如表 1-2-308 所示。可以看出，两个文石样品中 Sr 的含量均为 417×10^{-6}，为最高值。而三个方解石样品中的 Sr 含量从 288×10^{-6} 变化到 417×10^{-6}，最高值也为 417×10^{-6}。这就表明溶液中 Sr 含量的高低并不是控制文石形成的决定性因素，在方解石 2 中 Sr 的含量已达 417×10^{-6}，但并没有形成文石。在文石中，Sr 可以很容易地替换 Ca，其 SrO 的含量可达 4.08%，而在方解石中 SrO 很少超过 1.0%。这就说明矿物的晶体化学在控制 Sr/Ca 比例上起主要作用，文石中的 Sr 含量高是受其自身的晶体结构所控制。同样，方解石中 Sr 含量较低的原因也是与其自身的晶体结构有关。也就是说溶液中 Sr 含量的高低与文石、方解石的形成没有必然的关系。利用这一理论可以比较完善地解释太原西山奥陶系文石和方解石中 Sr 含量的高低。由于原始文石中的 Sr 含量比较高，所以当文石转变为方解石时仍保持了比较高的 Sr 含量。

表 1-2-308　山西太原西山文石和方解石的锶(Sr)含量

样品	文石 1	文石 2	方解石 1	方解石 2	方解石 3
$Sr/10^{-6}$	417	417	288	419	396

注：数据引自武永强等(1995)。

本区文石的碳氧同位素分析结果如表 1-2-309 所示。可以看出，文石的 $\delta^{18}O$ 和 $\delta^{13}C$ 值比方解石的要低，这就表明文石形成时的水介质条件和方解石形成时的水介质条件是不同的。太原西山奥陶系的泥晶方解石是在正常海水中沉积的，其氧碳同位素值是和当时海水的氧碳同位素所平衡的，而文石是在成岩作用过程中形成的，其氧碳同位素值是和成岩期水介质的氧碳同位素有关。

［**光谱特征**］　差热分析结果如图 1-2-299 所示。其中文石 1 和文石 2 为文石样品，方解石 1 为文石中的脉状方解石，方解石 2 和方解石 3 为文石围岩中的泥晶方解石，分别取自文石的顶部和底部。

表 1-2-309　山西太原西山文石和方解石的氧、碳同位素分析结果

样品	文石 1	方解石 1	方解石 2	方解石 3
$\delta^{18}O$/‰(PDB)	-1.15	-0.45	-0.01	-0.34
$\delta^{13}C$/‰(PDB)	-10.16	-7.43	-8.22	-7.61

注：数据引自武永强等(1995)。

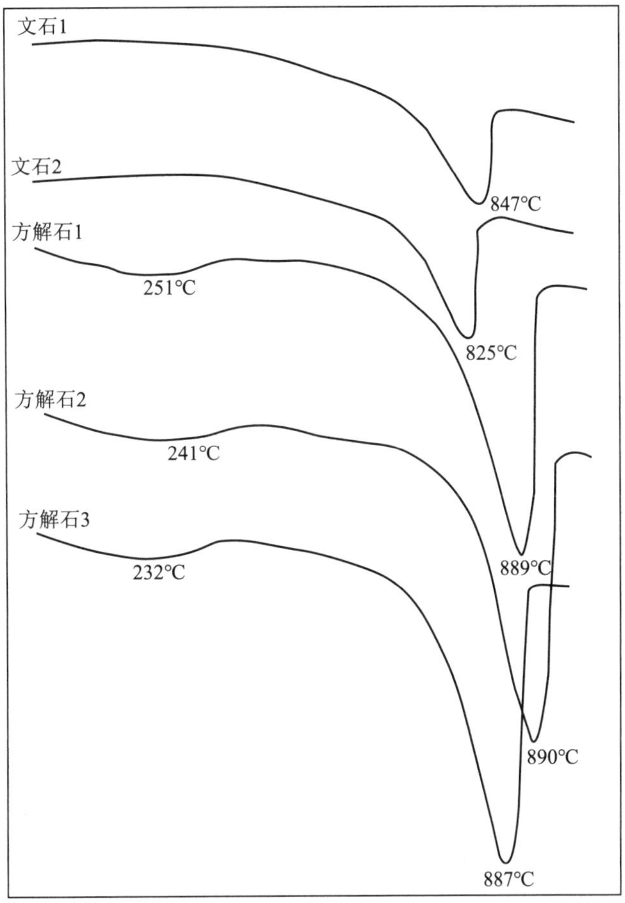

图 1-2-299　山西太原西山文石和方解石的差热曲线

(据武永强等，1995)

(10)四川省会理县通安某铜矿点中的文石

[产地、产状及共(伴)生矿物]　产于四川会理县通安区某铜矿点，呈晶簇状产于矿化板岩风化表面和裂隙中，裂隙两壁的文石晶体相向生长形成了马牙石和晶簇(戈莹，1992)。

[形貌特征]　晶簇呈放射状生长，晶体为细柱状，长 1~5 mm，直径 0.2~1 mm。{010} 和 {110} 均较发育，部分晶体 {001} 发育，呈平顶状。部分晶体 {011} 发育，{011} 晶面不平。还可见沿 {110} 形成的双晶。

[主要粉晶衍射数据]　晶体的 X 射线衍射分析数据如表 1-2-310 所示。可以看出，其数据与已知的文石数据基本吻合。

[物理性质]　晶体无色；透明；玻璃光泽。解理不发育；断口呈贝壳状。{010} 面上测得显微硬度为 208.35 kg/mm^2，相当于摩氏硬度 4.0。密度 D=2.90 g/cm^3。

[光学性质]　二轴负晶；折光率 N_g=1.6855，N_m=1.6801，N_p=1.5295；光轴角 $2V_{计算}$=22°；高级白干涉色。

[化学成分和性质]　单矿物化学全分析结果见表 1-2-311。如果把 Al_2O_3 和 SiO_2 作为附着的杂

质组分剔除，其晶体化学式为：$(Ca_{1.0043}Mg_{0.0022}Sr_{0.0007}Ba_{0.0001}Fe_{0.0002}Cu_{0.0001}Zn_{0.0000}Pb_{0.0000}Mn_{0.0000})_{\Sigma 1.0076}$ $(Ca_{0.9953}As_{0.0000})_{\Sigma 0.9953}O_3$，近于纯 $CaCO_3$。文石晶体遇稀 HCl 剧烈起泡。对文石和方解石晶体同时用 10%硝酸钴溶液加热至沸腾，10 min 后，将两种晶体清洗，文石晶体变成浅紫色，而方解石晶体颜色不发生变化。

表 1-2-310　四川会理通安文石 X 射线粉晶衍射数据

文石		文石 A		文石		文石 A	
I	*d*/nm	*I*	*d*/nm	*I*	*d*/nm	*I*	*d*/nm
10	0.3398	10	0.3390	3	0.2190		0.2176
4	0.3275	5	0.3260	4	0.2106	3	0.2098
1	0.2871	1	0.2872	6	0.1978	7	0.1970
7	0.2702	7	0.2687	4	0.1880	5	0.1873
5	0.2486	5	0.2471	3	0.1828		
1	0.2411	1	0.2402	3	0.1815	4	0.1810
5	0.2373	5	0.2365	4	0.1742	5	0.1738
2	0.2342			1	0.1559	2	0.1557
2	0.2330	4	0.2324	1	0.1499	2	0.1498

注：数据引自戈莹(1992)。

表 1-2-311　四川会理通安文石的化学全分析

组分	w_t/%	修正后 w_t/%	分子量	分子数/10000	O=3 时阳离子原子数
CaO	55.83	56.1200	56.079	9956	1.0043
MgO	0.09	0.0905	40.304	22	0.0022
CO_2	43.46	43.6858	44.009	9875	0.9963
Al_2O_3	0.2100				
SiO_2	0.080				
SrO	0.0717	0.0721	103.619	7	0.0007
BaO	0.0114	0.0115	153.299	1	0.0001
FeO	0.0122	0.0123	71.839	2	0.0002
CaO	0.0039	0.0039	75.539	1	0.0001
ZnO	0.0016	0.0016	81.379	0.2	0.00002
PbO	0.0014	0.0014	223.199	0.1	0.00001
As_2O_3	0.00013	0.0001	197.840	0.01	0.000001
MnO	0.00083	0.0008	70.937	0.1	0.00001
合计	99.77316				
去掉 Al_2O_3	0.2100			$\Sigma O=29739.43$	
去掉 SiO_2	0.080				
	99.48316	100.0000			

注：数据引自戈莹(1992)。

[光谱特征]　纯净文石晶体的差热分析结果如图 1-2-300 所示。从图中可见在 467.8℃的温度有一个相变产生的吸热峰，该峰恰为文石所特有。

文石的红外光谱特征峰数据如表 1-2-312 和图 1-2-301 所示。文石 v_3 振动出现的宽峰和齿状峰顶说明该文石晶体中的$[CO_3^{2-}]$基团有一定程度的无序，即三个氧原子绕碳原子有某些角度上的旋转。

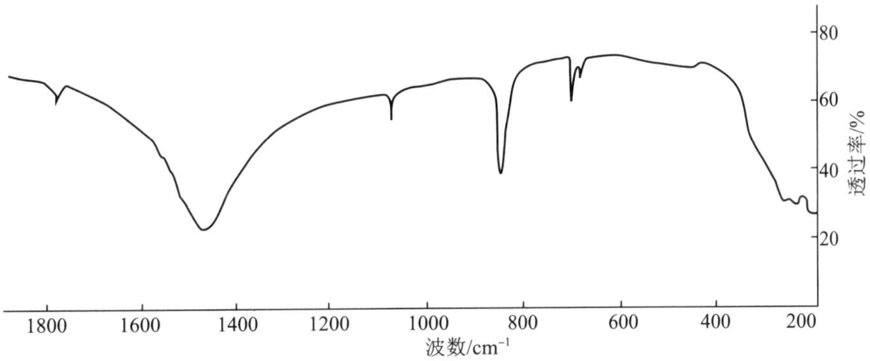

图 1-2-300　四川会理通安文石的红外光谱图

（据戈莹，1992）

表 1-2-312　四川会理通安文石红外光谱特征峰数据

振动类型	v_1	v_2	v_2	v_4
波数/cm^{-1}	1075	855 842	1470	712 698
波数 A①/cm^{-1}	1077	850 837	1475	707 693
波数 B②/cm^{-1}		873	1420	708

注：①和②引自彭文世等(1982)；其余数据引自戈莹(1992)。

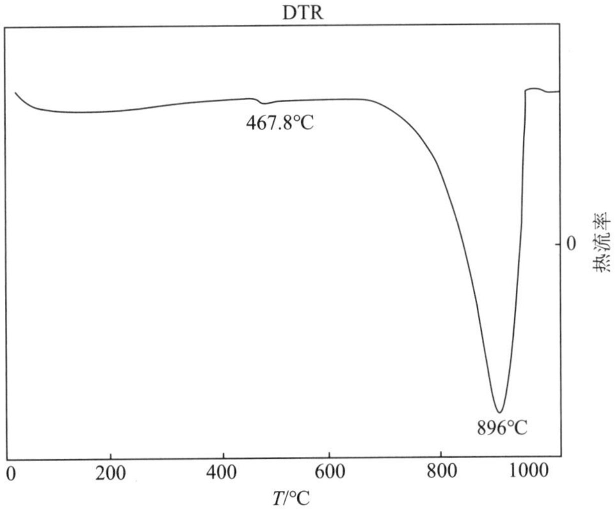

图 1-2-301　四川会理通安文石的差热分析

（据戈莹，1992）

［成因意义］　文石在地表温度压力条件下，是 $CaCO_3$ 的不稳定变体，除非在其成分中有大量的钙为锶所置换(Deer et al.，1962)。因此，在自然界中文石晶体很难保存下来。文石晶体中的[CO_3^{2-}]基团有一定程度的无序，即三个氧原子绕碳原子有某些角度上的旋转。从晶体结构角度看，文石结构为沿 c 轴方向叠置的 Ca^{2+} 与沿 c 轴重叠置的[CO_3^{2-}]相间排列而成，Ca-O 多面体不很规则，[CO_3^{2-}]绕 c 轴的转动不妨碍晶体的形成。方解石中[CO_3^{2-}]的各 O^{2-} 离子要以 Ca^{2+} 为中心形成规则的八面体，[CO_3^{2-}]的方向不合适即不能形成方解石结构。溶液中的[CO_3^{2-}]基团的运动包括转动，温度越高，转动越快，越难形成方解石。晶体生长速度过快也是生成文石的条件之一。形成后的文石如果和成矿母

液迅速分开，文石向方解石的转变就会慢得多。

会理县地区每年有半年以上的旱季，日照充足，蒸发量大，为沿裂隙渗出的地下水迅速浓缩结晶形成文石创造了良好的条件。经过半年旱季，晶体长大到一定程度后再向方解石转化就会慢得多，这就是该处文石晶体能保存下来的原因。生物体中的文石得以保存，可能是有生物膜保护的结果。此外，该处地下水的弱酸性条件(硫化物风化的结果)，可能是文石生成的另一原因。在酸性条件下Ca^{2+}的浓度大大超过[CO_3^{2-}]的浓度，在达到沉淀所需溶度积时，[CO_3^{2-}]的浓度并不很大，可供选择的方向合适的[CO_3^{2-}]不多，只能先形成文石，再逐步转变为稳定的方解石。由此可见，常温常压下形成的文石是$CaCO_3$的一种准稳定态物质，它具有较高的内能，而方解石才是该条件下内能最低的稳定态物质。

(11)苏北高压变质带绿片岩中的文石

[产地、产状及共(伴)生矿物] 苏北高压变质带位于大别-苏鲁超高压变质带的南部。连云港港口东南的红石嘴处，即云台岩组的中下部。绿片岩呈岩片夹于围岩白云斜长石英片岩、绿帘白云斜长石英片岩中，其面理产状为NE60°~70°∠29°~40°。石榴子石在绿片岩中分布较广。石榴子石内部常含有阳起石、榍石、黄铁矿、磷灰石及文石包裹体。包裹体多呈“S”形构造或同心环状分布(邱海峻等，2002)。

[形貌特征] 呈短柱状或不规则粒状出现，粒径为5~55 μm。

[物理性质] 透射光下无色。

[光学性质] 具闪突起和高级白干涉色。

(12)西藏扎布耶盐湖钙华岛钙华中的文石

[产地、产状及共(伴)生矿物] 扎布耶盐湖位于西藏自治区日喀则地区仲巴县境内，扎布耶钙华岛的钙华自北而南呈高出湖面25~30 m、15~25 m和0~15 m产出。由钙华样品的扫描电镜观察结果可以看出，钙华中的矿物主要有文石、方解石，以文石为主。由于文石不稳定，在形成之后可以变为方解石(赵元艺等，2010)。

[形貌特征] 文石主要呈实心与空心针状，长度为5~55 μm，多数为20~50 μm。

[成因意义] 热水沉积物的生长方式一般是垂直纹层向外生长，这是一种快速的结晶生长方式。扎布耶钙华的文石也充分体现出这种垂直纹层向外生长的特点，是其快速结晶生长的表现。

(13)云南省兰坪银多金属矿床中的文石

[产地、产状及共(伴)生矿物] 云南兰坪银多金属矿集区位于云南兰坪中、新生代沉积盆地的北缘。富锶文石产于燕子洞多金属矿床近地表或裂隙发育的氧化带附近的空洞中，呈皮壳状、肾状、钟乳状产出，厚度0.5~5 cm，最厚可达8 cm。共生矿物有水晶、方解石、蓝铜矿、孔雀石等(刘琰等，2002，2003)。

[形貌特征] 集合体由大量胶状、显微粒状或纤维交织状文石晶体组成，手标本有密集的同心环状构造，表面环带分层较多，多达10~20层，各个同心环中的文石在粒度和颜色上有所不同。

[晶胞参数] 斜方晶系，其晶胞参数如表1-2-313所示。

表1-2-313　云南兰坪富锶文石的晶胞参数

样品	a_0/nm	b_0/nm	c_0/nm
1	0.4988	0.8028	0.5802
2	0.4986	0.8042	0.5799
3	0.4989	0.8039	0.5809
内蒙古富锶文石	0.491	0.789	0.578
文石	0.4950	0.7960	0.5730
菱锶矿	0.5128	0.8421	0.6094

注：样品为云南兰坪文石，1、2、3数据引自刘琰等(2003)；内蒙古富锶文石引自梁有彬(1987)；其余引自王濮等(1987)。

［主要粉晶衍射数据］ 本区产出文石的 X 射线粉晶衍射分析数据见表 1-2-314。

表 1-2-314 云南兰坪富锶文石 X 射线粉晶衍射数据

hkl	$d_{实测}$/Å	$d_{理论}$/Å	*hkl*	$d_{实测}$/Å	$d_{理论}$/Å
111	3.4240	3.4215	041	1.8980	1.8967
021	3.3070	3.3010	202	1.8910	1.8911
121	2.7560	2.7527	132	1.8300	1.8298
012	2.7270	2.7284	141R	1.7570	1.7729
200	2.4950	2.4938	113R	1.7400	1.7594
112	2.3930	2.3937	311	1.5670	1.5675
130	2.3590	2.3580	241	1.5070	1.5097
211	2.2040	2.2032	321	1.4860	1.4849
220	2.1180	2.1183	151	1.4780	1.4779
221	1.9890	1.9898	312R	1.4120	1.4197

注：实测数据引自刘琰等(2003)；理论值引自 JCPDS(1974)。

［物理性质］ 浅天蓝色或浅天蓝绿色，可见颜色深浅不同的条纹，外观极像异极矿；条痕白色；半透明-不透明；玻璃光泽；半贝壳状断口；加盐酸起泡。矿物的硬度、密度等主要物理性质测试结果见表 1-2-315。该矿物集合体的结构比较致密，质地细腻，与一般优质玉石的结构相似，颜色鲜艳，呈浅蓝色或蓝绿色，不同于内蒙古白云鄂博碳酸盐岩中白色的富锶文石。

表 1-2-315 云南兰坪富锶文石的主要物理性质

样品	H_v/(kg·mm^{-2})	摩氏硬度	密度/(g·cm^{-3})
1	252.23	4.27	2.960
2	303.30	4.54	3.067
3	284.04	4.44	2.977
单晶文石		3.5~4.25	2~3
异极矿		4~5	3.40~3.50

注：样品为云南兰坪文石，1、2、3 数据引自刘琰等(2003)；其余引自王濮等(1987)。

［光学性质］ 二轴负晶；高级白干涉色；正高突起，有明显的闪突起。由于该矿物以非常致密的集合体形式存在，折光率测量非常困难，故采用点测法对样品集合体的抛光面进行测试，得到 3 个样品的折光率分别为 1.66、1.66 和 1.67，与一般文石的折光率(N_g=1.686，N_m=1.682，N_p=1.530)相近。

［化学成分］ 利用电子探针对 3 块样品进行随机取点分析，分析结果如表 1-2-316 所示。

十五、白铅矿(Cerussite)

1. 白铅矿的一般特征

［产地、产状及共(伴)生矿物］ 常见于铅矿床的氧化带中，可能形成重要的矿石。白铅矿分布非常广泛，在自然界可以形成非常完好的晶体，这样的产地主要分布在德国 Friedrichssegen 矿山、捷克 Příbram、斯洛文尼亚 Mězica、苏格兰 Leadhills、英国 Frankmills 矿山、法国 Rossignol 脉、意大利 Monteponi 和 Montevecchio、俄罗斯 Nerchinsk、突尼斯 Sidi-Amor-ben-Salem、摩洛哥 Mibladen，纳米比亚 Tsumeb 和 Kombat Cu-Pb-Ag 矿、伊朗 Nakhlak 矿、澳大利亚 Broken Hill 和美国 Wheatley 矿等地区。主要的共(伴)生矿物有铅矾、菱锌矿、孔雀石、蓝铜矿、角铅矿、磷氯铅矿和方铅矿(Palache et al., 1951；Chang L L Y et al., 1996；Chevrier et al., 1992)。

表 1-2-316　云南兰坪富锶文石的化学成分电子探针分析结果(w_B/%)

样品	CaO	SrO	MgO	MnO	FeO	ZnO	NiO	CoO	SiO_2	TiO_2	Al_2O_3	Cr_2O_3	K_2O	Na_2O	P_2O_5	总计
1-1	18.95	39.29	0.16	0.00	0.19	0.00	0.06	0.00	2.09	0.03	0.00	0.13	0.22	0.45	0.22	61.79
1-2	46.16	10.75	0.09	0.23	0.24	0.33	0.14	0.25	0.67	0.00	0.08	0.07	0.03	0.01	0.56	59.58
2-1	12.30	47.89	0.04	0.17	0.00	0.00	0.03	0.25	3.84	0.00	0.19	0.00	0.00	0.00	0.60	65.31
2-2	52.15	0.03	0.27	0.20	0.35	3.06	0.00	0.12	0.00	0.07	0.00	0.00	0.01	0.64	0.09	56.99
3-1	46.45	11.75	0.08	0.00	0.27	1.06	0.00	0.13	0.96	0.13	0.00	0.13	0.02	0.09	0.18	61.26
3-2	49.75	10.48	0.00	0.28	0.14	0.47	0.00	0.00	0.78	0.00	0.41	0.00	0.18	0.65	0.57	63.71
2-1-1	28.71	35.38	0.20	0.08	0.00	0.18	0.00	0.16	1.17	0.37		0.05	0.00	0.30	0.57	67.16
2-1-2	38.78	27.23	0.00	0.18	0.04	0.00	0.00	0.07	0.94	0.00		0.28	0.03	0.00	0.45	68.00
2-2-1	21.35	40.77	0.00	0.06	0.05	0.32	0.00	0.00	2.11	0.00		0.17	0.00	0.66	0.49	65.97
2-2-2	22.46	40.66	0.12	0.00	0.00	0.10	0.00	0.00	1.67	1.11		0.09	0.00	0.93	0.40	66.55
2-3-1	22.96	37.57	0.00	0.00	0.00	0.46	0.00	0.23	1.59	0.00		0.04	0.04	0.44	0.40	63.72
2-3-2	25.28	36.04	0.00	0.01	0.09	0.08	0.34	0.00	1.41	0.03		0.09	0.00	0.00	0.00	63.36
2-4-1	20.46	38.68	0.16	0.00	0.00	0.22	0.59	0.06	1.97	0.04		0.00	0.00	0.00	0.19	62.40
2-4-2	21.98	38.51	0.22	0.00	0.17	0.00	0.00	0.14	1.66	0.03		0.16	0.00	0.49	0.49	63.87
2-5-1	53.46	14.51	0.00	0.00	0.00	0.00	0.00	0.16	1.13	0.00		0.00	0.00	0.00	0.45	69.71
2-5-2	53.56	14.02	0.00	0.12	0.26	0.69	0.00	0.00	0.69	0.00		0.00	0.04	0.16	0.32	69.85
2-6-1	56.94	11.14	0.00	0.00	0.00	0.30	0.18	0.00	0.61	0.05		0.00	0.00	0.00	0.63	69.85
2-6-2	54.58	12.54	0.00	0.00	0.16	0.00	0.15	0.00	0.76	0.00		0.06	0.00	0.00	0.66	68.90
2-7-1	50.15	14.41	0.08	0.00	0.00	0.16	0.09	0.06	0.70	0.08		0.00	0.14	0.53	0.30	66.69
2-7-2	50.40	13.51	0.24	0.05	0.00	1.31	0.00	0.16	1.32	0.00		0.00	0.00	0.38	0.47	67.82
2-8-1	55.12	14.12	0.00	0.14	0.00	0.47	0.00	0.19	0.96	0.00		0.32	0.00	0.00	0.19	71.52
2-8-2	51.44	17.43	0.12	0.00	0.32	0.48	0.21	0.22	1.46	0.00		0.00	0.08	0.20	0.71	72.67

注：数据引自刘琰等(2003)。

[形貌特征]　最大晶体粒径可达0.6 m，呈板状{010}，沿[001]或[100]方向延长；或者呈六方双锥{111}，主要可见晶面有{110}、{010}、{111}、{021}、{012}、{011}、{130}和{001}，还有很多其他晶面。集合体呈粒状、粉状、钟乳石状，也呈任意交生的棱柱状集合体，少见纤维状和块状。常见接触双晶{110}，形成心形集合体；也可见六方星射状或网状双晶{130}。两种双晶律可以在同一个集合体中出现。

[晶体结构]　斜方晶系；*Pmcn*。晶胞参数为 a=5.178 Å，b=8.515 Å，c=6.146 Å；Z=4。

[主要粉晶衍射数据 *d*/Å(*I*)(*hkl*)]　3.59(100)(111)，3.50(37)(021)，2.49(23)(022)，2.49(23)(130)，3.073(21)(002)，2.082(21)(221)，2.523(19)(112)，4.418(15)(110)(PDF 47-1734；人工合成样品)。

[物理性质]　无色、白色、浅黄色，暗-深灰色，带包裹体者为黑色；条痕白色；透明-半透明；金刚光泽，近玻璃、树脂光泽。摩氏硬度 H=3~3.5。密度约为6.4~6.6 g/cm^3。

[光学性质]　在透射光下无色。二轴负晶；折光率 α=1.803，β=2.074，γ=2.076；光轴角 $2V_{测量}$=8°~9°。光性方位：X=c；Y=b；Z=a。色散显著 $r>v$。

[化学成分]　理想化学组成(w_B/%)为：PbO 83.53，CO_2 16.47，合计100.00，理想化学式为 $Pb(CO_3)$。纳米比亚Tsumeb样品的化学组成(w_B/%)为：PbO 83.27，不溶物0.24，CO_2 16.64，合计100.15。

[与其他矿物种的关系]　属于文石族。

2. 在中国的产出情况

白铅矿广泛存在于铅锌矿床的氧化带中，是寻找铅矿的标型矿物。中国的白铅矿产地很多，在黑龙江、吉林、辽宁、内蒙古、山东、山西、陕西、甘肃、青海、河北、河南、江西、湖北、湖南、安徽、江苏、广西、广东、福建、海南、香港、云南、贵州、四川、新疆和西藏等省(自治区、特别行政区)均有产地报道，但大部分产地的产出量不大，所开展的相关研究工作也不多。只有少数产地的白铅矿产出特征明显，或者可作为主要有用矿物利用，其相关研究资料相对详细一些。

白铅矿大量聚集可作铅矿石开采，是炼铅的主要原料，多与磷氯铅矿共生。此外，白铅矿还是古代化妆用的脂粉和绘画用颜料“铅白”中重要的一种矿物成分。晶质白铅矿是自然界极为少见的高密度、高色散值透明矿物，并常以双晶的形式出现，包括心形、星状、“V”形、雪花状等(何雪梅等，2023；李会稽，2023)，所以，品质优良的白铅矿晶体可达宝石级，可作为流光溢彩的宝石或漂亮的矿晶观赏石(图 1-2-302)，具观赏、收藏和保值价值。

图 1-2-302　白铅矿晶体

(据何雪梅等，2023)

(1)甘肃省代家庄铅锌矿床中的白铅矿

[产地、产状及共(伴)生矿物]　代家庄非硫化物锌矿床位于甘肃陇南地区宕昌县城东北约 15 km 处，产于西成盆地西部泥盆系的碳酸盐岩夹碎屑岩中，代家庄菱锌矿床中发现了层纹状矿石。地表氧化带所见金属矿物以菱锌矿、白铅矿为主，次有土状褐铁矿、赤铁矿、铅钒等，脉石矿物为方解石、重晶石、石膏、石英、绢云母等。

[形貌特征]　白铅矿呈结晶粒状(0.1~1.2 mm)，少数大于 2 mm。

(2)贵州省某矿区第四系铅锌砂矿中的白铅矿

产于贵州某矿区第四系中的铅锌砂矿达 20 余万吨，它是由原生矿风化残积(搬运)形成的。经解谱分析，该矿样中含有菱锌矿、白铅矿、针铁矿以及脉石矿物白云石和石英。分析表明，矿样中的铅主要以白铅矿为主，铅铁矾和难溶铅矿次之，方铅矿、砷(磷、钒)氯铅矿、铅矾含量甚微(鱼鹏涛等，2010)。

(3)湖南省湘西龙山江家垭菱锌矿矿床中的白铅矿

湖南西北部龙山-桑植铅锌矿带的菱锌矿床，为以菱锌矿为主、异极矿其次的氧化锌矿床。本矿床以似层状-透镜状菱锌矿体为主，其次为产于挤压构造带及矿体下盘之脉状矿体，有大量方解石团块(脉)与之共生，局部尚见白铅矿或异极矿(后者多单独构成矿体)。矿石矿物成分简单。主要金属氧化矿物为菱锌矿，次为异极矿，少量水锌矿、硅锌矿、白铅矿，偶见红锌矿。非金属矿物主要为石英、方解石和白云石，次为玉髓、粘土、铁泥质物、绢云母和石膏等(包正相等，1982)。

(4)陕西省凤县铅洞山铅锌矿床中的白铅矿

[产地、产状及共(伴)生矿物] 陕西凤县铅洞山大型铅锌矿床产于中泥盆统古道岭组上岩段含碳生物灰岩和星红铺组下岩段碳质千枚岩夹薄层灰岩的过渡带中，矿体呈似层状、透镜状赋存于铅洞山背斜的鞍部及两翼，受层位、岩相和构造控制。该矿床 1 号主矿体上部氧化带发育。主要有用矿物为白铅矿、菱锌矿及少量闪锌矿、方铅矿，脉石矿物为针铁矿、方解石、白云石、石英、绢云母及少量伊利石、软锰矿、石膏、地开石等(李徽，1987)。

[主要粉晶衍射数据] 本区白铅矿 X 射线分析结果见表 1-2-317，与该矿物的主要标准谱线基本一致。

表 1-2-317 陕西铅洞山铅锌矿床中白铅矿和菱锌矿的 X 射线粉晶数据

序号	白铅矿				菱锌矿					
	d/Å	I/I_1	d/Å	I/I_1	d/Å	I/I_1	d/Å	I/I_1	d/Å	I/I_1
1	4.4	1			3.9	1	3.9	2	3.9	1
2	3.9	2			3.53	7	3.53	8	3.53	7
3	3.58	10	3.58	10	3.02	4	3.03	5	3.02	4
4	3.05	3	3.05	3	2.73	10	2.74	10	2.73	10
5	2.73	1			2.55	1	2.56	2	2.55	1
6	2.58	1			2.31	6	2.32	6	2.31	6
7	2.48	7	2.48	7	2.21	2	2.22	2	2.21	2
8	2.20	1			2.10	5	2.10	5	2.10	5
9	2.07	6	2.07	6	1.95	6	1.95	6	1.95	6
10	1.97	2			1.87	2	1.87	3	1.87	2
11	1.92	5	1.92	5	1.77	4	1.78	4	1.77	4
12	1.85	6	1.85	6	1.70	10	1.70	9	1.70	10
13	1.63	4	1.63	4	1.56	1	1.55	1	1.56	1
14	1.59	3	1.59	2	1.49	5	1.49	4	1.49	5
15	1.57	3	1.57	2	1.41	6	1.41	5	1.41	6
16	1.51	2			1.38	1	1.37	2	1.38	1
17	1.47	3	1.47	2	1.34	4	1.34	3	1.34	4
18	1.45	2			1.260	2	1.255	2	1.260	2

序号	白铅矿				菱锌矿					
	d/Å	I/I_1	d/Å	I/I_1	d/Å	I/I_1	d/Å	I/I_1	d/Å	I/I_1
19	1.34	1			1.210	3	1.205	3	1.205	3
20	1.31	6	1.31	6	1.187	5	1.186	5	1.187	5
21	1.285	3	1.285	2	1.163	1	1.165	2	1.163	1
22	1.270	3	1.270	3	1.105	5	1.105	4	1.105	5
23	1.244	4	1.244	4	1.071	8	1.070	8	1.071	8
24	1.215	4	1.215	4	1.055	4	1.056	4	1.055	4
25	1.185	4	1.185	4	1.037	1	1.038	1	1.037	1
26	1.162	2			1.011	2	1.010	2	1.011	2
27	1.152	4	1.152	4						
28	1.090	4								
29	1.075	3	1.075	3						
30	1.064	5	1.064	5						
31	1.042	5	1.042	5						
32	1.025	5	1.025	5						
33	1.015	3	1.015	2						
34	0.995	3	0.995	2						
35	0.983	2	0.983	1						
36	0.980	3	0.980	3						

实验条件：
1. 阳极：Fe
2. 滤波片：—
3. 电压，30 kV
4. 电流：10 mA
5. 相机直径，57.3 m/m
曝光时间：10 h
测定人：张德义

注：数据引自李徽(1987)。

[形貌特征] 呈他形粒状、胶状或柱状。

[物理性质] 薄片中无色透明；含尘点状方铅矿残体时为灰黑色，半透明。以比重瓶法实测其密度为 6.4 g/cm^3。显微硬度为 171.3~211 kg/mm^2。

[光学性质] 二轴负晶。突起高。高级白干涉色。反射光下呈深灰或蓝灰色。双反射显著，反射色为灰-灰白色。测定的反射率 Rg 为 9.8%，Rp 是 12.9%(589 nm)。

[化学成分] 根据本区白铅矿的化学分析结果(表 1-2-318)，含银较高(191.5~1108.6 g/t)，但变化大，5 个样品平均为 457.19 g/t。Ag 在柱状白铅矿中呈散点状均匀分布，在胶状白铅矿中有沿胶体环带局部富集的现象。4 件白铅矿样品 Hg 含量平均 265×10^{-6}，表明 Hg 赋存于白铅矿内。稀有分散元素除 Cd 外，Ga、Ge、Se 等含量极微。含少量 Zn、Fe、S 和微量 Ca、Mg 外。

[光谱特征] 本区不同白铅矿样品的红外吸收光谱征(图 1-2-303)完全相同，都在 677 cm^{-1}、836 cm^{-1}、1050 cm^{-1}、1395 cm^{-1} 和 1730 cm^{-1} 显示特征波数，与我国其他地区和德国该矿物的红外吸收光谱之标准图谱相一致。

表 1-2-318　陕西铅洞山铅锌矿床中白铅矿和菱锌矿单矿物化学分析结果表

矿物	含量/%									含量/10^{-6}								总计
	Pb	Zn	Fe	Cu	S	CaO	MgO	H_2O^+	CO_2	Cd	Ga	Ge	Se	Hg	Mn	Ag	Au	(Σ)/%
白铅矿	76.66	0.87	0.122	0.004	1.50	0.015	0.060	0.74	15.16	30	1	0	1	240	110	307.5	0.11	101.58
白铅矿	72.3	2.58	0.24	0.004	0.256	0.010	0.125	0.74	17.09	110	1	1	0	190	260	191.5	0.12	99.89
白铅矿	72.58	2.21	0.50	0.0085	0.304	0.015	0.075	0.94	16.48	149	0	0	2	—	172	1108.6	0.04	99.76
菱锌矿	0.96	4.99	0.58	0.005	0.036	0.170	0.280	1.54	34.44	1740	1	1	1	220	640	38.7	0.08	100.91
菱锌矿	0.56	48.9	0.62	0.005	0.026	0.500	0.640	0.84	34.39	860	1	1	1	140	1420	9.8	0.02	99.19
菱锌矿	0.72	48.8	1.58	0.005	0.213	0.860	0.740	1.18	34.17	2030	1	28	0	270	1110	17.4	0.12	101.33

注：数据引自李徽(1987)。$\Sigma = PbO + ZnO + Fe_2O_3 + CO_2 + CaO + MgO + H_2O + S + \cdots + Au$；$PbO = Pb \times 1.08$；$ZnO = Zn \times 1.25$；$FeO = Fe \times 1.29$。

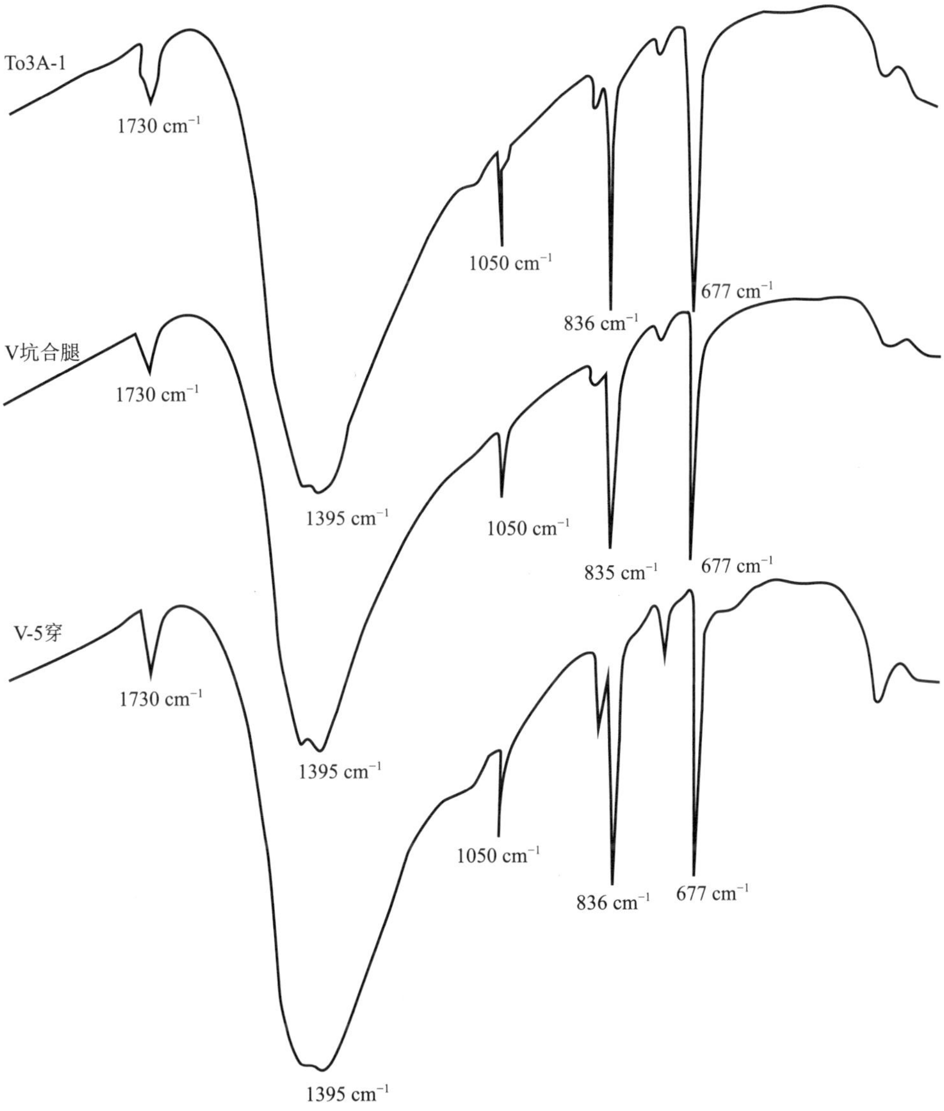

图 1-2-303　陕西铅洞山铅锌矿床中白铅矿红外吸收光谱图

（据李徽，1987）

(5)西藏自治区谢通门县斯弄多铅锌矿床中的白铅矿

谢通门县斯弄多铅锌矿床属于西藏冈底斯成矿带，矿体赋存于石炭系昂杰组层间构造破碎带内，受构造破碎带控制。矿石矿物主要为褐铁矿、异极矿、菱锌矿、方铅矿、白铅矿、铅矾。脉石矿物主要为方解石、石英、白云石和粘土矿物。矿区铅锌矿成矿大致可分为三期两个成矿阶段，白铅矿形成于第三期表生期(孙晓轩等，2012)。

十六、碳锶石(Strontianite)

1. 碳锶石的一般特征

[产地、产状及共(伴)生矿物] 产在灰岩、泥灰岩和粉砂岩脉中，是一种不常见的低温热液矿物，通常在晶洞和结核中产出。但是在热液金属脉中少见，在碳酸盐岩中常见(Palache et al.，1951；Speer et al.，1976；Jarosch et al.，1988)。

[形貌特征] 晶体常呈短至长柱状，可能为针状，沿[001]方向延长，假六方晶系，晶体最长至8 cm。集合体呈柱状、纤维状、圆状、粒状、粉末状和块状。偶见聚片双晶，常见接触双晶贯穿双晶{110}，可重复出现至三或四连晶。

[晶体结构] 斜方晶系；*Pmcn*。晶胞参数为 a=5.1059(7)Å，b=8.4207(13)Å，c=6.0319(11)Å；Z=4。

[主要粉晶衍射数据 *d*/Å(*I*)(*hkl*)] 3.535(100)(111)，3.450(70)(021)，2.0526(50)(221)，2.458(40)(130)，1.9053(35)(132)，2.481(34)(112)，2.4511(33)(022)，1.8253(31)(113)(PDF 5-418；人工合成样品)。

[物理性质] 无色、灰色、浅黄色、浅绿色、黄棕色、浅红色，颜色可能呈纵向分带；透明-半透明；玻璃光泽，变形时为树脂光泽。具{110}完全、{021}不完全、{010}极不完全解理；不平坦状-半贝壳状断口；性脆，摩氏硬度 H=3.5。密度 $D_{测量}$=3.76(2)g/cm^3，$D_{计算}$=3.780 g/cm^3；具热发光性；在紫外线下发荧光；在X射线和电子束下呈阴极射线发光性。

[光学性质] 在透射光下无色；二轴负晶。折光率 α=1.517，β=1.663，γ=1.667；光轴角未测，$2V_{计算}$=7°07′。光性方位：$X=c$；$Y=b$；$Z=a$。色散弱 $r<\nu$。

[化学成分] 理想化学组成(w_B/%)为：SrO 70.19，CO_2 29.81，合计100.00；理想化学式为 $Sr(CO_3)$。苏格兰 Strontian 样品的化学组成(w_B/%)为：SrO 66.31，CaO 2.70，BaO 0.17，CO_2 30.35，合计99.53。

[与其他矿物种的关系] 属于文石族。

2. 在中国的产出情况

碳锶石曾用名碳锶矿、菱锶矿。碳锶石是一种不常见的矿物，产出量非常有限，而且颗粒较小，所以受关注度不高。关于中国碳锶石产地的报道不多，主要产地分布于辽宁省丹东市宽甸县赛马U-REE矿床、内蒙古自治区包头市白云鄂博西矿(梁有彬等，1981)、青海省海西蒙古族藏族自治州茫崖盐湖(杨绍修，1991)和大风山锶矿床(李善平等，2013)、陕西省渭南市华阴华阳川铀-铌-铅矿床(Huang et al.，1984；惠小朝等，2014)、山西省大同地区早中生代煌斑岩-碳酸岩(邵济安等，2003)、云南省怒江兰坪县白秧坪铜-钴-银矿床(刘家军等，2004)和金顶锌-铅-银矿床(薛春纪等，2006)、贵州省贵阳市乌当区地下热水(邬立等，2012)、四川省凉山州德昌县大陆槽稀土矿床(李小渝，2005)和冕宁县牦牛坪稀土矿床(徐九华等，2001)以及包子山稀土矿床(曲云伟等，2021)、重庆市大足区兴隆锶矿(周四春等，1999)和铜梁区玉峡锶矿(朱创业，1998)。

(1)广西壮族自治区来宾市二叠纪菊花石中的碳锶石(菱锶矿)

[产地、产状及共(伴)生矿物] 广西菊花石产于中部来宾市一带下二叠统栖霞组中-上部的一套深灰-黑灰色含燧石团块条带的生物屑泥粒岩、泥粒岩、灰泥岩夹泥质岩、泥质条带灰岩组合中。光学显微镜鉴定表明，来宾菊花石中“菊花”的矿物组成主要为方解石、白云石及少量石英，几种矿物集合体成柱状矿物的假象。原认为“菊花”的原生矿物为天青石(沙庆安，1990；周怀玲等，1994)，张刚生等(1999)通过X射线衍射分析和X射线能谱仪分析，证实广西二叠纪菊花石的原生矿物为菱锶石。

［主要粉晶衍射数据］ 广西来宾菊花石的 X 射线衍射分析结果见表 1-2-319。衍射数据中，最强衍射峰 3.523Å（d 值）及次强衍射峰 3.432Å、2.442Å、2.040Å（d 值）等及相关衍射峰的组合明确显示该样品中含较多的菱锶矿。d 值为 3.034Å 的较强衍射峰显示样品中含较多的方解石，d 值为 2.884Å、2.173Å、1.803Å 的衍射峰是由白云石引起的，d 值为 4.255Å 及 3.348Å 的较弱衍射峰表明样品中含少量石英。根据各矿物的最强衍射峰的 I/I_0 的值可推断该样品以菱锶矿为主，含较多方解石和白云石及少量石英。

表 1-2-319 广西来宾菊花石 X 射线衍射分析数据

来宾菊花石		标准菱锶矿		来宾菊花石		标准菱锶矿	
d/Å	I/I_0	d/Å	I/I_0	d/Å	I/I_0	d/Å	I/I_0
4.350	7	4.34	2	2.442	67	2.44	7
4.255	3			2.283	4		
4.188	4	4.18	1	2.255	4	2.26	4
3.523	100	3.52	10	2.173	16	2.17	4
3.432	79	3.44	7	2.126	3		
3.348	9			2.092	6		
3.300	3			2.044	37	2.040	7
3.095	3			1.974	33	1.975	4
3.034	35			1.940	13	1.938	4
3.002	14	3.00	4	1.910	6		
2.961	3			1.895	20	1.895	6
2.884	21			1.873	4		
2.824	21	2.82	5	1.839	3		
2.585	12	2.58	2	1.816	31	1.820	5
2.546	16	2.54	4	1.803	17	1.810	3
2.523	6			1.760	6	1.762	2
2.470	34	2.47	5	1.714	4		

注：数据引自张刚生等（1999）。

［化学成分］ 经能谱仪分析，来宾菊花石花蕊主要由菱锶矿组成，其中含有微粒重晶石（约 20 μm），此外，见少量方解石沿裂隙交代菱锶矿（表 1-2-320）。花蕊区菱锶矿常被脉状石英交代，细小方解石颗粒呈网脉交代菱锶矿。来宾菊花石中，重晶石含 Sr 量较高，菱锶矿中亦含少量的 Ca（表 1-2-320）。

表 1-2-320 广西来宾菊花石能谱仪成分分析结果（w_B/%）

分析区域	SrO	CaO	SO_3	BaO	CO_2	矿物
花蕊	67.04	3.15			29.81	菱锶矿
花蕊	67.33	2.86			29.81	菱锶矿
花蕊	67.09	3.10			29.81	菱锶矿
花蕊	15.36	0.30	35.08	49.26		重晶石
花蕊	16.14	0.71	36.11	46.78		重晶石
花蕊	15.08	1.31	35.88	47.73		重晶石
理论值	70.19				29.81	菱锶矿
理论值			34.28	65.72		重晶石

注：数据引自张刚生等（1999）。

综合多种鉴定方法，得出来宾菊花石的矿物组成如下：①“花蕊”：菱锶矿为主，微量重晶石(20 μm)、方解石、白云石；②“花瓣”：方解石为主，少量白云石，含量90%左右，粒度0.25～2 mm，晶形为半自形-他形；石英含量为5%左右，粒度0.1 mm左右；菱锶矿含量小于5%，为被交代残余；③基质：重结晶方解石为主，粒度0.125 mm左右，铁染严重，粘土矿物含量5%左右。

(2)四川省河坝地区三叠统飞仙关组中的碳锶石(菱锶矿)

[产地、产状及共(伴)生矿物] 川东北河坝地区下三叠统飞仙关组三段发现气藏，飞三段储层主要的成岩作用为泥晶化、溶蚀、胶结、白云石化、压实压溶和破裂作用，其中储层的发育主要与准同生期的大气水选择性溶蚀、深埋条件下的菱锶矿胶结、鞍状白云石充填等相关的埋藏溶蚀作用及构造裂缝的发育有关。菱锶矿胶结作用是本区较为特殊的一种成岩胶结作用，形成于早期环边马牙状方解石胶结作用之后，胶结物内部常见微孔，可能因晶体不规则生长而形成。通常认为，菱锶矿主要形成于中-晚成岩阶段形成的埋藏成因热水与岩石中封存水混合形成富锶热卤水，这些富锶热卤水与方解石胶结物发生交代形成菱锶矿；或者该溶液中的Sr^{2+}、CO_3^{2-}离子浓度达到菱锶矿析出的饱和度，就会在溶蚀孔、洞、缝中结晶而成。菱锶矿多出现在溶蚀孔隙发育的岩芯样品中，表明孔隙的发育与该区的低温热液作用具有某种成因联系(李宏涛，2013)。

[化学成分] 在电子探针及扫描电镜背散射镜下，由于Sr元素具有比Ca、Mg大得多的原子量，导致矿物在镜下的发光明亮程度明显不同，且得到了能谱分析的证实(图1-2-304)。

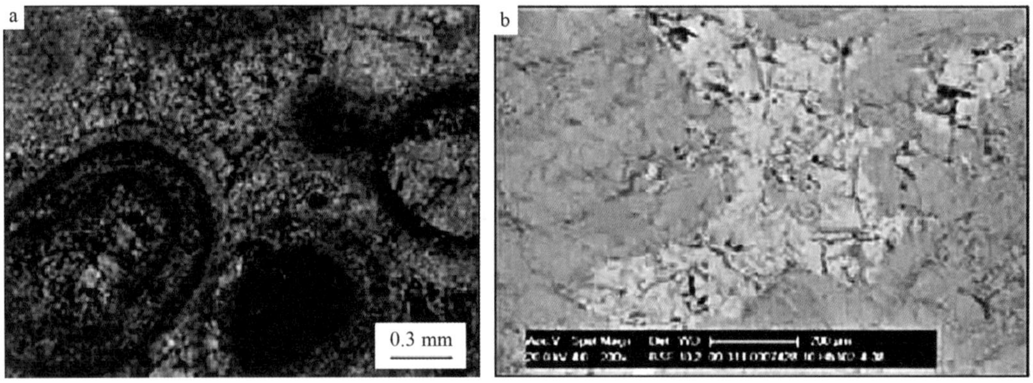

图1-2-304 四川河坝地区飞三段储集岩成岩作用类型及特征

(据李宏涛，2013)

a—溶孔亮晶鲕粒灰岩，菱锶矿粒间胶结，河坝2井，5104.61 m，染色薄片；

b—溶孔亮晶鲕粒灰岩，粒间菱锶矿胶结，河坝102井，5178.93 m，扫描电镜及能谱

未建族矿物

十七、毒重石(Witherite)

1. 毒重石的一般特征

[产地、产状及共(伴)生矿物] 通常在低温热液脉中少量产出，是重晶石蚀变的典型产物；也可能来自缺氧的沉积源区，钡来源于火山热泉活动；在煤层中不常见。自然界中毒重石的产地很多，英国、奥地利、捷克、德国、俄罗斯、美国、加拿大、日本、澳大利亚等国家都有较为典型的产地，其中英国Alston Moor和美国Rosiclare附近均产出晶形完好的大晶体(Palache et al., 1951; De Villiers, 1971; Baldasari et al., 1979; Chang Y Y L et al., 1996)。在中国陕西省与四川省交界处的紫阳-城口有一大型毒重石矿床。毒重石与重晶石、萤石、方解石、方铅矿共(伴)生(王忠诚等，1992)。

[形貌特征] 假六方双锥晶型，由双晶重复叠加形成。短柱状沿[001]方向延伸，{010}、{021}、{012}和其他晶面通常较粗糙并且有水平条纹，晶体最大至12 cm。集合体可为葡萄状-球状、

筒状纤维、粒状和块状。一般都有双晶，双晶面为{110}。

[晶体结构] 斜方晶系；*Pmcn*(合成)。晶胞参数为 $a = 5.314$ Å，$b = 8.904$ Å，$c = 6.430$ Å；$Z = 4$。

[主要粉晶衍射数据 *d*/Å(*I*)(*hkl*)] 3.72(100)(111)，3.66(53)(021)，2.150(28)(221)，2.628(24)(112)，2.590(23)(130)，2.019(21)(132)，3.215(15)(002)，1.94(15)(113)(PDF 5-378；人工合成)。

[物理性质] 无色、白色、浅灰色、浅黄色、浅棕色或浅绿色；条痕白色。透明-半透明；玻璃光泽，断口为树脂光泽。具{010}极完全、{110}和{012}不完全解理；不平坦状断口。摩氏硬度 H=3~3.5。密度 $D_{测量}$=4.22~4.31 g/cm^3，$D_{计算}$=4.24~4.29 g/cm^3。在紫外光、X 射线和电子束下发荧光和磷光，在阴极射线照射下会发出浅蓝色的荧光。

[光学性质] 在透射光下无色；二轴负晶；折光率 $\alpha = 1.529$，$\beta = 1.676$，$\gamma = 1.677$；光轴角 $2V_{测量} = 16°$。光性方位：$X = c$；$Y = b$；$Z = a$。色散：$r > v$，很弱。

[化学成分] 理想化学式为 $Ba(CO_3)$，其化学组成(w_B/%)为：BaO 77.70，CO_2 22.30，合计 100.00。英国 Anglezark，样品的电子探针分析结果(w_B/%)为：BaO 77.15，SrO 0.68，CaO 0.08，CO_2 22.50，合计 100.41。

[与其他矿物种的关系] 属于文石族，与碳锶石成系列。

[微化反应] 溶于稀盐酸、硝酸、乙酸、氯化铵溶液和硝酸铵溶液；微溶于含有二氧化碳的水中；几乎不溶于水。

2. 在中国的产出情况

毒重石是稀缺的含钡矿石矿物，目前世界上毒重石资源十分匮乏。在我国也仅产于新疆、浙江和川陕交界一带；主要产地分布在四川、陕西、湖北交界的北大巴山加里东褶皱带西南缘，南以大巴山断裂带为界与扬子地台相邻。

(1)川陕鄂交界毒重石成矿带中的毒重石

[产地、产状及共(伴)生矿物] 在扬子地台西北缘的川陕鄂交界的大巴山地区发现世界罕见的一条大型层状毒重石成矿带，发现近百处不同规模的毒重石和重晶石矿床(点)。整个毒重石成矿带沿大巴山弧形断裂北侧出露，西起陕西西乡富水河，向南东经陕西紫阳、四川城口，进入湖北竹溪、竹山一带。区内地层较简单。由老到新主要为下震旦统、下寒武统鲁家坪组和箭竹坝组以及中寒武统毛坝关组和八卦庙组以及上寒武统。含矿岩系主要是一套下寒武统鲁家坪组的黑色岩建造。以毒重石为主的钡矿床，在紫阳县毛坝鲁家坪、黄柏树湾及四川城口巴山一带形成密集区。毒重石矿体呈层状、似层状、串珠状产于厚层状硅质岩及薄层状硅质岩之间，与顶、底板呈整合接触。共有 3 个矿层，即下部的钡解石-重晶石-毒重石矿层、中部的钡解石-重晶石矿层和上部的钡解石矿层，各矿层之间以层纹状-薄层状硅质岩相隔。矿石类型有毒重石矿石、重晶石矿石、钡解石矿石和交代混合矿石。有用矿物主要为毒重石、钡解石和重晶石(王忠诚等，1992；贾建业，1993；夏学惠等，2005；罗莉等，2012)。

[主要粉晶衍射数据] 本区主要矿石矿物毒重石的粉晶 X 射线衍射图谱见图 1-2-305。

[形貌特征] 在陕西紫阳、鲁家坪、黄柏树湾毒重石矿床中均发现一种奇特的玫花瓣状矿石结构(图 1-2-306)。研究表明，花瓣状结构是由发射状分布的柱状、针状毒重石、钡解石和重晶石组成(吕志成等，2004)。毒重石在薄片中大面积分布，为主要矿石矿物。在透射光下为无色，他形粒状。

[物理性质] 毒重石发育{010}中等、{110}和{012}不完全解理。

[光学性质] 毒重石在透射光下无色；二轴负晶；光轴角 2*V* 约为 16°，光轴面平行于{010}。

[化学成分] 陕西紫阳矿区矿石中几种主要矿石矿物的电子探针分析数据见表 1-2-321。可以看出，玫花瓣状结构的组成物质为重晶石(表 1-2-321，图 1-2-306)。主要由 BaO 和 SO_3 组成，可

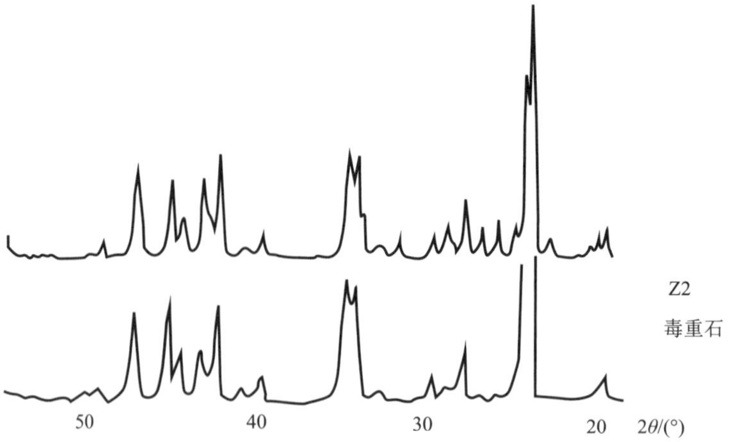

图 1-2-305　毒重石 X 射线衍射谱图
（据王忠诚等，1992）

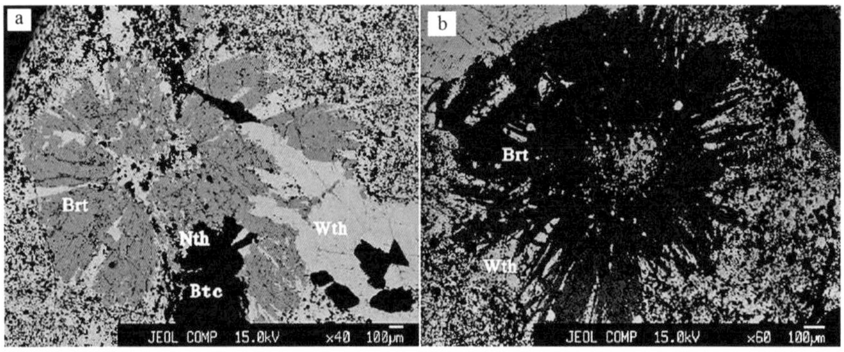

图 1-2-306　陕西紫阳毒重石矿床矿石玫花瓣状结构特征
（据罗莉等，2012）
Brt—重晶石；Wth—毒重石；Btc—钡解石；Nth—钡白云石

含极微量 CaO 和 SrO。除了重晶石外，还有毒重石、钡解石及少量钡白云石（$BaCa(CO_3)_2$），其中毒重石含 SrO 可高达 2.76%。

表 1-2-321　陕西紫阳黄柏树湾矿床中毒重石矿石玫花瓣状结构的电子探针分析结果（w_B/%）

测点号	1	2	3	4	5	6	7	8	9	10	11	12	13
矿物	重晶石				毒重石			钡解石		钡白云石			
BaO	65.44	65.06	65.42	65.48	77.16	75.00	74.96	57.70	58.94	55.76	55.97	55.52	53.23
MgO	0.04	0.02	0.00	0.01	0.12	0.02	0.02	16.06	17.32	0.07	0.08	0.03	0.04
CaO	0.46	0.09	0.16	0.01	0.10	0.00	0.05	0.33	0.15	21.13	20.97	21.57	20.30
SO_3	34.72	34.37	34.67	34.24	0.00	0.00	0.00	0.00	0.00	0.00	0.00	0.00	0.00
SrO	0.11	0.34	0.00	0.00	0.19	0.97	2.76	0.00	0.02	0.05	0.05	0.03	0.31
SiO_2	0.04	0.05	0.07	0.01	0.04	0.03	0.04	0.03	0.01	0.05	0.05	0.01	0.01
Al_2O_3	0.05	0.07	0.07	0.07	0.05	0.04	0.03	0.01	0.03	0.04	0.04	0.04	0.03

注：数据引自罗莉等（2012）。

根据陕西紫阳黄柏树湾矿床中毒重石矿石微量元素分析结果（表 1-2-322），紫阳灰黑色毒重石矿石和矿化围岩硅质岩的 Mo、V、Ni、U 等元素含量较高，Th/U<0.04，V/(V+Ni)>0.9，V/(V+Cr)>0.8；表明其形成于较强的还原（缺氧）条件。

C-O 同位素组成分析表明（表 1-2-322），紫阳灰黑色毒重石矿石的 $\delta^{13}C$ 值为-10.9‰～-16‰。所有样品的 $\delta^{18}O$ 值变化范围相同，为 18.1‰～22.3‰。形成毒重石的碳源可能是有机质通过氧化作

表 1-2-322 陕西紫阳毒重石矿石氧化还原敏感微量元素和 C-O 同位素组成及特征参数分析结果

样品号	Wth-1	Wth-1	Wth-2	Wth-3	Wth-4	With-5	Wth-6	Wth-6	Wth-7	Btc-1	Btc-2	Btc-3	H-1	H-2	H-3	H-5	H-4
岩性	灰黑色毒重石									灰白色钡解石			矿化硅质岩				矿化板岩
碳酸盐/%	61.76	61.76	66.92	62.79	97.18	74.03	85.69	85.68	83.66	87.24	99.29	10.0	16.99	27.67	36.20	14.51	39.18
$V/10^{-6}$	99.5	104	180	93.6	135	50.0	12.3	11.0	21.6	1.49	16.3	1.17	904	457	174	346	367
$Cr/10^{-6}$	5.54	5.29	36.9	5.98	11.0	5.08	2.68	2.72	3.78	9.50	2.16	2.71	78.7	24.2	20.1	40.7	41.2
$Mn/10^{-6}$	25.2	25.7	86.9	133	71.3	24.4	12.9	12.7	15.1	18.4	251	9.07	235	65.9	51.0	157	162
$Co/10^{-6}$	3.11	3.36	3.74	3.85	8.47	0.58	0.37	0.29	0.46	0.47	3.85	0.24	7.39	1.43	1.32	3.22	2.70
$Ni/10^{-6}$	18.6	19.28	20.37	22.27	51.2	1.48	2.39	2.17	2.26	32.7	23.75	3.06	144	7.24	16.31	60.5	22.44
$Mo/10^{-6}$	2.90	2.66	3.73	4.68	0.96	1.75	2.50	2.44	1.23	0.62	0.29	0.13	13.32	6.30	44.5	57.50	33.67
$Th/10^{-6}$	0.09	0.07	0.10	0.11	0.11	0.01	0.00	0.001	0.00	0.01	0.03	0.01	0.04	0.12	0.01	0.15	0.18
$U/10^{-6}$	10.19	9.99	2.99	13.07	3.63	2.43	1.38	1.24	1.04	1.10	3.02	0.44	27.21	26.72	16.04	65.0	43.0
Th/U	0.009	0.007	0.035	0.009	0.029	0.006	0.001	0.009	0.001	0.012	0.011	0.029	0.001	0.004	0.001	0.002	0.004
V(V+Cr)	0.95	0.95	0.83	0.94	0.92	0.91	0.82	0.80	0.85	0.14	0.88	0.30	0.92	0.95	0.90	0.89	0.90
V(V+Ni)	0.84	0.84	0.90	0.81	0.73	0.97	0.84	0.84	0.91	0.04	0.41	0.28	0.86	0.98	0.91	0.85	0.94
$\delta^{13}C_{V-PDB}/‰$	-11.8		-10.9	-12.0		-13.9	-16.0		-11.9	-21.1		-21.4		-16.18			
$\delta^{18}O_{V-PDB}/‰$	-8.3		-12.3	-8.6		-9.9	-10.5		-10.1	-11.5		-10.0		-10.5			
$\delta^{18}O_{V-SMOW}/‰$	22.3		18.1	22.0		20.6	20.0		20.4	19.0		20.5		20.0			

注：数据引自罗莉等(2012)。

用或脱羧基作用提供的低^{13}C的碳与同期海水提供的高^{13}C的水溶性HCO_3^-或CO_3^{2-}混合的结果。

紫阳与城口两个毒重石矿床毒重石碳、氧同位素分析结果见表1-2-323。毒重石相对富集^{13}C，说明形成毒重石的碳为有机成因，钡主要来源于海底火山、热泉与生物。

表1-2-323　城口与紫阳下寒武统毒重石与钡解石的碳、氧同位素组成

地区	编号	名称	$\delta^{13}C_{PDB}$/‰		$\delta^{18}O_{PDB}$/‰	
城口	Z2	毒重石	-15.5	平均-14.36	-13.5	平均-13.3
	Z4	毒重石	-14.5		-13.1	
	Z11	钡解石	-13.2		-12.5	
	Z3	毒重石	-15.6		-14.4	
	Z13a	毒重石	-12.9		-13.0	
紫阳	M5	毒重石	-20.9	平均-18.1	-10.5	平均-10.7
	M7		-22.5		-11.7	
	M9		-13.9		-10.1	
	M21		-16.1		-10.6	
	M25		-18.0		-11.0	
	M27		-17.2		-10.7	

注：数据引自王忠诚等(1992)。

南秦岭不同的钡矿床中毒重石有着不同$\delta^{13}C$和$\delta^{18}O$值范围，但总的$\delta^{13}C$范围为-23.63‰~-10.8‰，$\delta^{18}O$范围为9.88‰~21.23‰。毒重石的$\delta^{13}C$值与早古生代海相碳酸盐岩中的$\delta^{13}C$值范围(±2‰)有显著的不同，表明毒重石中的碳元素并不是来自海水中组成碳酸盐中的碳元素，而是由有机事件转化来的。石梯矿区除一个样品偏离外，其他样品$\delta^{13}C$和$\delta^{18}O$值呈线性相关($R=0.62$)，并且石梯矿区的$\delta^{13}C$值较其他矿区高，$\delta^{18}O$值较其他矿区低，$\delta^{13}C$和$\delta^{18}O$值呈现的范围较狭小；文峪、巴山和黄柏树湾$\delta^{18}O$值圈定范围大体依次升高，它们的$\delta^{13}C$值范围较宽泛，但是这些矿区毒重石的$\delta^{13}C$和$\delta^{18}O$值呈现的线性关系不明显(图1-2-307)。

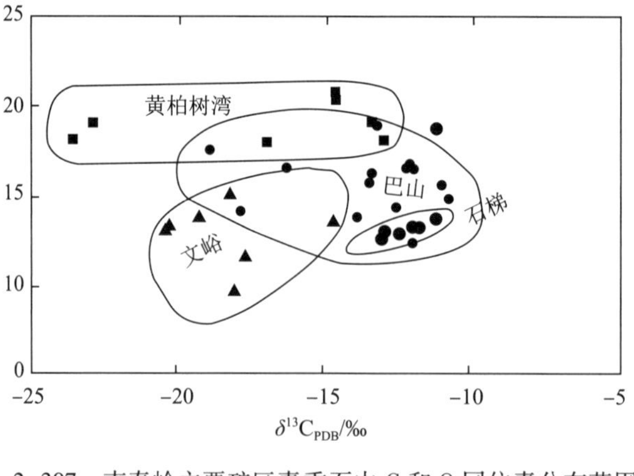

图1-2-307　南秦岭主要矿区毒重石中C和O同位素分布范围
(据吴胜华等，2010)

[**光谱特征**]　红外吸收光谱和差热分析曲线见图1-2-308。毒重石红外吸收谱图上仅在1426 cm^{-1}附近有一个吸收峰。差热分析曲线可以很好地区分毒重石和钡解石。

本区毒重石的锶同位素比值测定结果如表1-2-324所示。可以看出，四川城口和陕西紫阳两个毒重石矿床的银同位素比值接近，它们都低于当时海水和海相碳酸盐岩的锶同位素比值(约为0.7094)。由此得出结论，它们沉积过程中有来源于海底火山或海底热液活动提供的具有

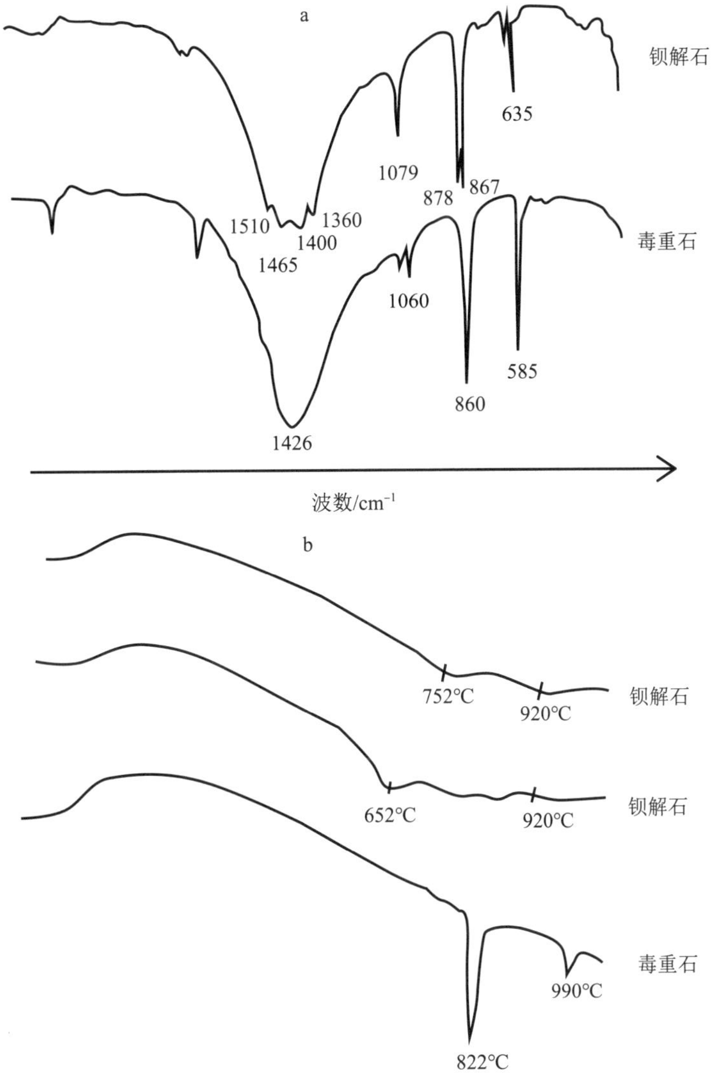

图 1-2-308 钡解石与毒重石的红外吸收光谱与差热曲线

（据王忠诚等，1992）

a—钡解石、毒重石的红外吸收光谱谱图；b—钡解石、毒重石的差热曲线

低$^{87}Sr/^{86}Sr$值的锶加入。毒重石是在海水中SO_4^{2-}被耗尽、有机质存在并且硫酸盐还原细菌作用的条件下形成的。

表 1-2-324 中国南方晚震旦世—早寒武世层状毒重石的锶同位素组成

产地	矿物	样品号	地质时代	$^{87}Sr/^{86}Sr$
陕西紫阳	毒重石	M21	ϵ_1	0.708584
陕西紫阳	毒重石	M27	ϵ_1	0.708715
四川城口	毒重石	Z2	ϵ_1	0.708373
四川城口	毒重石	Z13	ϵ_1	0.708418

注：数据引自王忠诚等(1993)。

(2)湖北省十堰市竹山县文峪河毒重石矿床中的毒重石

[产地、产状及共(伴)生矿物] 竹山文峪河毒重石-重晶石矿床处于武当古陆西南缘，南以北大巴山断裂为界与扬子准地台相毗邻。矿床赋存于下寒武统鲁家坪组下部的硅质岩中，重晶石-毒重石

矿体呈层状或似层状产出。矿床矿石有用矿物主要为重晶石、毒重石及少量钡解石，杂质矿物主要为石英、碳质、绢云母、黄铁矿、闪锌矿、方解石及绿泥石(吕志成等，2003)。

[**化学成分**] 本区碳酸盐矿物的碳、氧、硼同位素分析结果见表1-2-325。由表1-2-325可知，4件毒重石及2件钡解石单矿物的$\delta^{13}C$为-11.0‰~-22.2‰，平均值为-18.3‰。1件与钡解石共生的方解石样品(H-19-2)$\delta^{13}C$为-11.0‰，另一件充填于后期构造裂隙中的胶状方解石样品(H-14)其$\delta^{13}C$为-5.8‰，与毒重石、钡解石及与钡解石共生的方解石的$\delta^{13}C$明显不同，而与淡水碳酸盐的$\delta^{13}C$值(-4.93‰)接近，应为表生条件下上覆地层中的碳酸盐岩发生溶解并在构造裂隙中发生再沉淀的产物。竹山文峪河毒重石-重晶石矿床中毒重石、钡解石及与钡解石共生的方解石其$\delta^{13}C$组成及其变化范围位于沉积有机质的$\delta^{13}C$变化范围内(-11‰~-34‰)，与寒武纪碳酸盐的$\delta^{13}C$(±2‰)组成明显不同。相对于黄柏树湾毒重石或钡解石的$\delta^{13}C$值，竹山文峪河毒重石或钡解石具有相对富集^{12}C的特点，在$\delta^{13}C$与$\delta^{18}O_{V-SMOW}$关系图解中(图1-2-309)，竹山文峪河毒重石-重晶石矿床中毒重石、钡解石的碳、氧同位素投影点位于沉积有机物经氧化作用而形成的烃类物质(有机质)范围内，这一结果说明了形成毒重石或钡解石的CO_3^{2-}离子可能源于氧化-还原界面上部沉积物中的生物有机质经喜氧细菌降解而形成的CO_2，在这一过程中，沉积物中的生物有机质通过微生物和喜氧细菌的降解作用及有机质的氧化作用而形成大量富^{12}C的CO_2气体，这些富^{12}C的CO_2气体通过与沉积物中空隙水作用而最终形成水溶性HCO_3^-或CO_3^{2-}离子，从而提供了形成文峪河毒重石或钡解石所必需的CO_3^{2-}离子。与形成黄柏树湾毒重石或钡解石碳的演化历程不同，形成文峪河毒重石或钡解石的碳没有经过甲烷阶段，而更可能是沉积物中的有机质直接氧化作用(或喜氧细菌的降解)而形成的CO_2，反映了毒重石形成于氧化-还原界面上部至水-岩界面下部或其附近的沉积环境中。

表1-2-325 湖北竹山文峪河毒重石-重晶石矿床的毒重石、钡解石及方解石的$\delta^{13}C_{V-PDB}$、$\delta^{18}O_{V-SMOW}$及$\delta^{11}B$分析结果

样品号	采样地点	矿物名称	$\delta^{13}C$/‰	$\delta^{18}O_{V-SMOW}$/‰	$\delta^{18}O_{V-PDB}$/‰	$\delta^{11}B$/‰
H-9	文峪河	毒重石	-20.0	13.8	-16.6	-14.9
H-12	文峪河	毒重石	-22.2	14.6	-15.8	-15.6
H-13	文峪河	毒重石	-18.7	17.2	-13.3	-9.0
H-20	文峪河	毒重石	-19.2	18.7	-11.8	
H-11	文峪河	钡解石	-21.0	14.4	-16.0	-15.4
H-19-1	文峪河	钡解石	-15.7	14.9	-15.6	-8.5
H-19-2	文峪河	方解石	-11.0	16.8	-13.7	
H-14	文峪河	方解石	-5.8	22.3	-8.4	-1.5

注：数据引自吕志成等(2003)。

本区毒重石河钡解石单矿物的$\delta^{11}B$为-15.6‰~-1.5‰，与海相碳酸盐的$\delta^{11}B$值(22±3‰)明显不同，并低于重结晶碳酸盐的$\delta^{11}B$值(-5.5‰)。说明毒重石不是在海水的介质条件下沉淀而形成的。结合毒重石的碳氧同位素研究结果，它们更可能形成于早期成岩阶段沉积物的孔隙水介质中。在毒重石和钡解石的$\delta^{11}B$与$\delta^{13}C$关系图解中(图1-2-310)，投影点呈线性演化趋势，表明随毒重石或钡解石CO_3^{2-}中有机碳份额的增加(即$\delta^{13}C$趋向于减少)，而富^{10}B的来自有机质的硼($\delta^{11}B$减小)亦是增加的。毒重石和钡解石的$\delta^{11}B$与$\delta^{13}C$明显的线性演化趋势表明，在早期成岩阶段，沉积物中的生物有机质在成熟化过程中曾释放出大量的有机硼，而这种硼成为影响毒重石或钡解石中硼同位素组成的主要因素。

本矿床毒重石、钡解石、方解石及围岩的铷锶同位素分析结果见表1-2-326。由此可见，本矿床中毒重石和钡解石的Rb含量极低，变化于0.01385~0.3228 μg/g之间，平均值为0.1379 μg/g，同样也说明了毒重石或钡解石是不含Rb矿物。毒重石和钡解石的Sr含量为796.7~3412 μg/g，平均值为

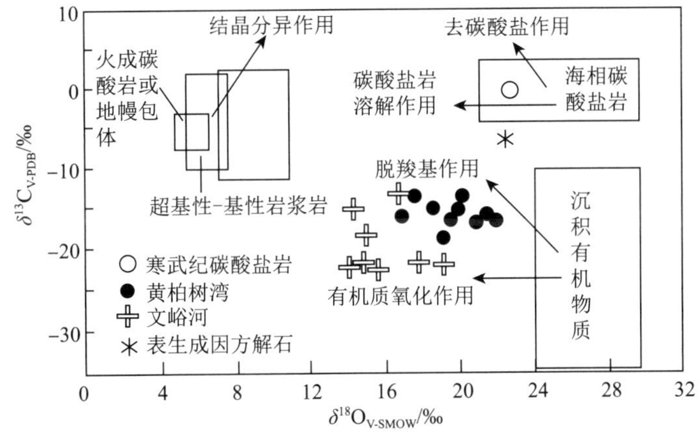

图 1-2-309　毒重石、钡解石及方解石的 $\delta^{13}C$-$\delta^{18}O$ 图解

（据刘建明等，1997）

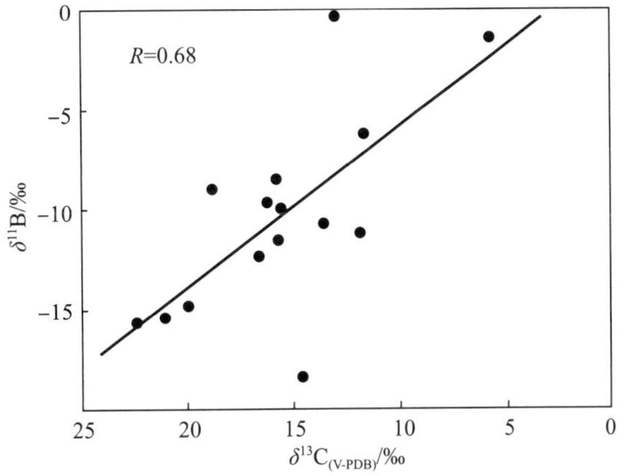

图 1-2-310　毒重石、钡解石及方解石的 $\delta^{11}B$-$\delta^{13}C$ 图解

（据吕志成等，2003）

2017 μg/g。毒重石和钡解石的 Sr 含量及其变化范围与紫阳黄柏树湾层状矿体中的脉状重结晶毒重石和钡解石的 Sr 含量及其变化范围相当，而明显低于层状矿体中毒重石的 Sr 含量及其变化范围，表明文峪河矿床中毒重石和钡解石均发生过一定程度的重结晶作用，Sr 已发生分异。这与镜下见到的毒重石和钡解石普遍发生重结晶的事实一致。另一件产于后期构造裂隙中的表生方解石样品 Rb 含量为 0.4174 μg/g，Sr 含量为 243.9 μg/g，Rb 含量与毒重石或钡解石相当，而 Sr 含量明显偏低。上述结果表明，Sr 在毒重石或钡解石中的分布特征与其后期所经历的重结晶作用有关，具有成因标型意义。

表 1-2-326　湖北文峪河毒重石矿床毒重石、钡解石、方解石及围岩的碳氧及铷锶同位素分析结果

样号	矿物/岩石名称	$\delta^{13}C$/‰	$\delta^{18}O$/‰	Rb/(μg·g^{-1})	Sr/(μg·g^{-1})	$^{87}Rb/^{86}Sr$	$^{87}Sr/^{86}Sr\pm2\sigma$	$(^{87}Sr/^{86}Sr)_i$
				文峪河				
H-9	毒重石	-20.0	13.8	0.3228	3045	0.0003070	0.708122±14	0.708120
H-11	钡解石	-21.0	14.4	0.2178	859.0	0.0007342	0.708485±12	0.708479
H-12	毒重石	-22.2	14.6	0.01385	3412	0.00001176	0.708186±14	0.708186
H-13	毒重石	-18.7	17.2	0.04339	796.7	0.0001577	0.708450±14	0.708449
H-19-1	钡解石	-15.7	14.9	0.09168	1974	0.0001345	0.708265±10	0.708264
H-19-2	方解石	-11.0	16.8					
H-20	毒重石	-19.2	18.7					

续表

样号	矿物/岩石名称	$\delta^{13}C$/‰	$\delta^{18}O$/‰	Rb/(μg·g^{-1})	Sr/(μg·g^{-1})	$^{87}Rb/^{86}Sr$	$^{87}Sr/^{86}Sr\pm2\sigma$	$(^{87}Sr/^{86}Sr)_i$
H-14	方解石	-5.8	22.3	0.4174	243.90	0.004954	0.709951±14	0.709914
H-2	伊利石石英片岩			4.754	132.30	0.1041	0.710806±10	
H-3	白云岩			7.054	488.10	0.04211	0.710432±12	0.710115
H-22	硅质岩			5.202	25.630	0.5878	0.710419±13	
11*	细碧岩			13.989	527.46	0.07645	0.706750±6	0.706175
12*	细碧岩			19.452	384.61	0.1458	0.706850±6	0.705753
13*	细碧岩			31.257	364.84	0.24699	0.707610±6	0.705751

注：数据引自吕志成等(2005)。*引自文献王寿琼(1996)；碳氧同位素数据引自吕志成等(2003)。

(3)陕西省平利县长梁重晶石-毒重石矿床中的毒重石

[产地、产状及共(伴)生矿物] 平利县长梁重晶石-毒重石矿床位于秦岭褶皱系北大巴山加里东褶皱带之紫阳-中峰褶皱束平利复背斜南翼，由重晶石矿体和毒重石矿体组成，矿体赋存于下震旦统灯影组第一岩性段地层之中，严格受地层层位控制，属于浅海沉积成因。矿体主要呈层状、似层状、扁透镜状产出，水平层理发育，与围岩整合接触，界线清晰了然。重晶石矿体中矿石矿物主要成分为重晶石，次为钡解石、毒重石(含量为0.20%~17.25%)。在毒重石矿体中矿石矿物主要成分为毒重石(一般含量为54.48%~65.13%)，伴生重晶石(李广运，2013)。

[形貌特征] 显微粒状，粒径0.01~0.02 mm，颗粒中常见有碳质尘点包裹体。

[物理性质] 白色或被染成灰色、浅黄褐色；玻璃光泽。摩氏硬度3~3.5；密度4.2~4.5 g/cm^3，性脆。

[微化反应] 加稀盐酸剧烈反应。

(4)陕西省大丫毒重石矿床中的毒重石

[产地、产状及共(伴)生矿物] 大丫毒重石矿床产于南秦岭钡成矿带北矿带，根据野外矿石特征和室内流体包裹体研究表明本矿床具有热液成因特征。本区毒重石矿石中的毒重石颗粒呈粒状、板状和滚圆状，细粒碎屑颗粒支架沉积结构，条带状构造或透镜状构造，晶粒大小与重晶石相当，玻璃光泽，两组解理(吴胜华等，2009)。

[化学成分] 毒重石包裹体类型多为气液两相、液相包裹体。气液两相包裹体在单个毒重石颗粒中占20%~30%，气/液体积值大部分集中在5%~10%；大部分以椭圆状、长条状、不规则状为主；切面上短轴与长轴的范围大部分为1.5~7.0 μm、2.0~10.8 μm；这类包裹体的液相以H_2O为主，气相含CO_2、N_2、CH_4或C_6H_6，其中大部分气相中含有机组分。

经流体包裹体显微测温分析，本矿区毒重石流体包裹体的均一温度范围为146.8~246.5℃(n=35)，峰值不明显，主要集中于160~200℃；盐度范围为2.90%~11.93%(n=31)。总体特征反映了毒重石形成时的流体温度要高于重晶石形成时的流体温度；盐度的峰值有变化，重晶石流体包裹体的盐度峰值有两个，分别为2%~4%和6%~8%，而毒重石流体包裹体盐度峰值出现在6%~8%。

根据毒重石矿物中的流体包裹体成分激光拉曼光谱分析，除了毒重石主矿物峰外，流体包裹体气相成分含有CH_4、C_6H_6、N_2和CO_2的峰和液相H_2O、HS^-的峰。位移在2915~2917 cm^{-1}处为气相CH_4的特征峰；3067~3069 cm^{-1}处为气相C_6H_6的特征峰；2327~2329 cm^{-1}处为气相N_2的特征峰；1386~1387 cm^{-1}处为气相CO_2的特征峰；3442~3447 cm^{-1}处为液相H_2O的特征峰；2572~2580 cm^{-1}处为液相HS^-的特征峰。

[成因意义] 结合矿床成矿地质背景、矿床特征和流体包裹体数据表明，毒重石形成于较高温、富含CH_4、C_6H_6和CO_2的流体条件下。据此，认为毒重石的形成可能和热化学硫酸盐还原作用(TSR)密切联系。在较高温度的条件下，不易发生细菌的硫酸盐还原作用，而是热化学硫酸盐还原作用，此反应需要CH_4等有机气体和溶液中硫酸盐的存在。热化学硫酸盐还原作用消耗了硫酸盐，抑

制了重晶石的形成，促使了毒重石的形成。

(5)四川省万源市庙子钡矿床中的毒重石

庙子钡矿床是属于海底喷流热水沉积型毒重石-钡解石-钡白云石矿床。含矿岩系主要是一套下寒武统鲁家坪组的黑色岩建造。此建造由暗色的硅岩、毒重石岩、硅质板岩和碳质板岩组成，毒重石矿层呈黑灰色似层状或透镜状夹于硅岩中。钡矿石的主要组分为毒重石、钡解石、钡白云石、石英、钠长石、黄铁矿以及有机质、泥质等(唐菊兴等，1998)。

(6)重庆市城口地区左岚毒重石矿床中的毒重石

[产地、产状及共(伴)生矿物] 左岚毒重石矿床位于重庆城口地区，构造位置处于北大巴山毒重石成矿亚带北大巴山逆冲推覆带左岚复式背斜两翼。矿体赋存于下寒武统巴山组二段中上部，呈透镜状-似层状产出。主要矿石矿物为钡解石、毒重石和钡白云石。毒重石是本矿床的主要含钡碳酸盐矿物，约占矿物总量的16.5%。毒重石在各类型矿石中均有分布，在毒重石型矿石中的含量最高可达80%~85%，一般为40%~60%(胡云喜等，2020)。

[形貌特征] 本区毒重石为浅灰色-深灰色，按晶体大小和生成世代可分为同生和次生两种类型。前者为泥晶粒状集合体，粒度小于0.01 mm，重结晶后可增至0.02~0.05 mm，与石英、碳质和粒状重晶石伴生，定向分布，显示微层理构造，为准同生阶段生成。另一种为次生毒重石，粒度介于0.03~2 mm之间，为埋藏及成岩后生阶段进一步重结晶形成。

十八、六方碳钙石(Vaterite)

1. 六方碳钙石的一般特征

[产地、产状及共(伴)生矿物] 可能有两种产状，其一是由斜硅钙石转化而成的碳钙硅质水凝胶杂岩体的一种主要矿物组分(爱尔兰 Ballycraigy)；其二是变质钙质硅酸岩石在大气CO_2中发生低温水合作用形成的一种造岩矿物，存在于风化壳内弱变质的泥灰岩和砾岩中(以色列 Hatrurim 组)。主要产地分布在爱尔兰 Ballycraigy、德国 Bellerberg 和 Emmelberg 火山、奥地利 Hopffeldboden、加拿大 Mont Saint-Hilaire、南非 Wessels 矿山、以色列 Hatrurim 组、澳大利亚 Liawenee 和南极洲 McMurdo 地区。六方碳钙石在低于近400℃时处于亚稳定状态，是一种不太常见的生物矿物，在自然界易于留存在温泉、有机组织、胆结石和尿结石中。最新研究表明，硫酸盐有利于六方碳钙石的稳定。产于以色列 Hatrurim 组中的六方碳钙石主要与方解石、文石、雪硅钙石、水榴石和高岭石共(伴)生(Palache et al.，1951；McConnell，1960；Gross，1977；Sato et al.，1969；Meyer，1969；Wang J W et al.，2009)。

[形貌特征] 晶体呈细小纤维状，最大可至0.1mm，集合体常呈球状，粒径很小，一般为0.05~5 μm。

[晶体结构] 六方晶系；$P6_3/mmc$。晶胞参数为a=7.1473 Å，c=16.917 Å；Z=6。

[主要粉晶衍射数据 d/Å(I)(hkl)] 3.294(100)(112)，2.73(90)(114)，1.82(70)(118)，3.573(60)(110)，2.063(60)(300)，1.854(30)(304)，1.646(25)(224)，2.113(20)(008)(PDF 33-268)。

[物理性质] 无色；透明-半透明；亚玻璃、蜡状光泽；不规则、不平坦断口；性脆，易碎。摩氏硬度H=3。密度$D_{测量}$=2.54 g/cm^3，$D_{计算}$=2.65 g/cm^3。

[光学性质] 一轴正晶。折光率ω=1.550，ε=1.644~1.650。

[化学成分] 理想化学式为$Ca(CO_3)$，其化学组成(w_B/%)为：CaO 56.03，CO_2 43.97，合计100.00。

[与其他矿物种的关系] 与文石和方解石形成同质三象，又名球文石。

[变化] 在低温下接触水转变为方解石，约60℃时则转变为文石。

2. 在中国的产出情况

六方碳钙石曾用名球文石，在常温常压下很不稳定，虽然在实验室中极易合成，但在地质环境中分布极稀少，一般只在极端气候条件如北极或冷水湖底偶尔存在。而且天然球文石微小且不稳定，很难获得其样品，所以相关矿物学资料较少。马红艳等(2001)首次在淡水无光珍珠中发现球文石。

(1)浙江省雷甸淡水无光珠中的六方碳钙石(球文石)

[产地、产状及共(伴)生矿物] 珍珠的主要无机成分为 $CaCO_3$。从矿物学角度，$CaCO_3$ 可以形成方解石、文石和六方碳钙石 3 种同质多象变体。海水养殖珍珠的主要物相为文石和方解石，但淡水无光珠中存在球文石(六方碳钙石)(马红艳等，2001)。浙江雷甸为我国优质淡水珍珠产地之一，在雷甸珍珠中有部分珍珠圆度很好，但不具珍珠光泽，从横切面观察，或通体无珍珠光泽，或外部圈层无光泽而内部有光泽，或大部分珠体无光而局部有光泽，统称为无光珠，这种无光珠为球文石的主要载体，当然，不是所有的无光珠中都能发现球文石。球文石的存在是影响淡水珍珠质量的关键内在因素之一，其含量越高，珍珠质量越差(马红艳等，2003)。

[主要粉晶衍射数据] 雷甸无光淡水珍珠的 X 射线粉晶衍射分析结果列于表 1-2-327。与标准球文石、文石、方解石的衍射数据(d、I 值)对比可知，无光珠中既有文石谱线，又有球文石谱线。淡水无光珠中含有海水珍珠及优质珠中不曾有的矿物相——球文石，标准球文石的几个主峰 d 值为 0.3571 nm、0.3289 nm、0.2732 nm、0.2061 nm、0.1855 nm、0.1821 nm、0.1644 nm、0.1477 nm。在测试样品中均有发现，表现为 0.3533 nm、0.3266 nm、0.2733 nm、0.2057 nm、0.1850 nm、0.1811 nm、0.1641 nm、0.1473 nm，与文石相比，球文石独具的峰 0.3571 nm、0.2732 nm、0.2061 nm、0.1644 nm，在样品测试结果中相应表现为 0.3553 nm、0.2723 nm、0.2057 nm、0.1641 nm，极其吻合。

表 1-2-327　无光球、优质珠与碳酸钙矿物标样的 X 射线衍射数据

无光珠		优质珠		碳酸钙矿物标准 X 射线衍射数据					
				球文石 33-268		文石 5-0453		方解石 24-27	
d/nm	I/I_0	d/nm	I/I_0	d/nm	I/I_0	d/nm	I/I_0	d/nm	I/I_0
0.4201	4	0.4202	4	0.4219	25	0.4212	2	0.3852	29②
0.3553③	22			0.3571	60②				
0.3377	47	0.3396	58			0.3396	100①		
0.3266③	36	0.3272	31	0.3289	100①	0.3273	52②	0.3030	100①
0.2859	23	0.2870	21			0.2871	4	0.2834	2
0.2723③	23			0.2732	90②				
0.2698	100	0.2702	100			0.2700	46②		
0.2476	32	0.2485	0.33			0.2481	33②	0.2495	7
0.2400	6	0.2406	9			0.2409	14		
0.2636	37	0.2373	44			0.2372	38②		
0.2323	19	0.2329	22	0.2320	5	0.2328	6	0.2284	7
0.2181	6	0.2187	6			0.2188	11		
0.2098	10	0.2104	11			0.2106	23	0.2094	27②
0.2057③	15			0.2061	60②				
0.1971	23	0.1975	28			0.1977	65②	0.1926	4
0.1874	16	0.1897	19			0.1877	23	0.1907	19②
0.1850③	5			0.1855	30②	0.1872	34②		
0.1811	18	0.1814	16	0.1821	70②	0.1814	23		
0.1738	36	0.1742	39			0.1742	25		
0.1722	19	0.1726	20			0.1728	15		
0.16411	5			0.1644	30②			0.1604	15

续表

无光珠		优质珠		碳酸钙矿物标准X射线衍射数据					
				球文石 33-268		文石 5-0453		方解石 24-27	
0. 14731	4			0. 1477	10②				
0. 1410	12	0. 1412	12	0. 1412	2	0. 1411	5		
0. 1356	10	0. 1358	6	0. 1366	10	0. 1358	3		

注：数据引自马红艳等(2001)。①表示最强特征峰；②表示应具有的强峰；③表示球文石。

[形貌特征] 雷甸无光珍珠中的球文石矿物颗粒大小为3~15 μm，有粒状、放射状、不规则状，闪突显著，高级白干涉色，团块状消光。

[光谱特征] 反射条件下，对显微镜下颗粒明显可辨的通体无光珠从中心到边缘进行系列微区红外光谱测试，结果见表1-2-328和图1-2-311。淡水无光珍珠中球文石的红外光谱特征波数为ν_1：1087 cm^{-1}、1050 cm^{-1}；ν_2：876 cm^{-1}、830 cm^{-1}；ν_3：1489 cm^{-1}、1450 cm^{-1}、1420 cm^{-1}；ν_4：762 cm^{-1}、743 cm^{-1}。

表1-328 浙江雷甸淡水无光珠中球文石与$CaCO_3$矿物红外谱特征波数对比表

碳酸钙矿物	CO_3^{2-}离子的振动模式			
	ν_1/cm^{-1}	ν_2/cm^{-1}	ν_3/cm^{-1}	ν_4/cm^{-1}
标准方解石		875	1426	712
标准文石	1082	859	1485	712，699
标准球文石	1088	876	1480，1440	745
标准球文石	1085，1070	870，850，830	1490，1420	750
通体无光珠	1087，1050	876，830	1489，1450，1420	743，762

注：数据引自马红艳等(2001)。

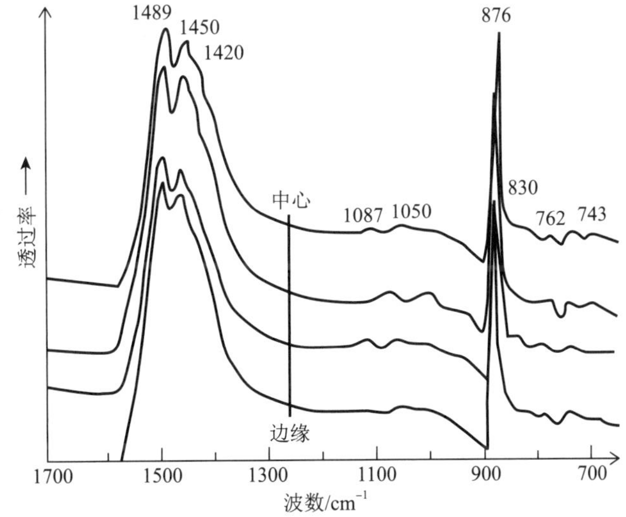

图1-2-311 浙江省雷甸通体无光珠显微红外光谱图

(据马红艳等，2001)

对比$CaCO_3$的三种同质多象变体(方解石、文石和六方碳钙石)的红外光谱(图1-2-312)发现，方解石ν_1为非红外活性，没有红外谱带，ν_3带宽，吸收最强，ν_2为一个窄而锐的中等谱带，ν_4为一个弱的锐带；文石与方解石明显不同的是ν_1有谱带出现，为呈弱的锐带，ν_4带分裂为两个弱的锐带，

ν_3、ν_2 带发生位移；六方碳钙石最显著的特征是 ν_3 进一步分裂，ν_4 分裂向右位移，波数为 750 cm^{-1}。可见，雷甸无光珍珠样品(图 1-2-311)与方解石、文石的红外光谱结果明显不同，只是 ν_4 出现两个峰，其他波数略有位移。

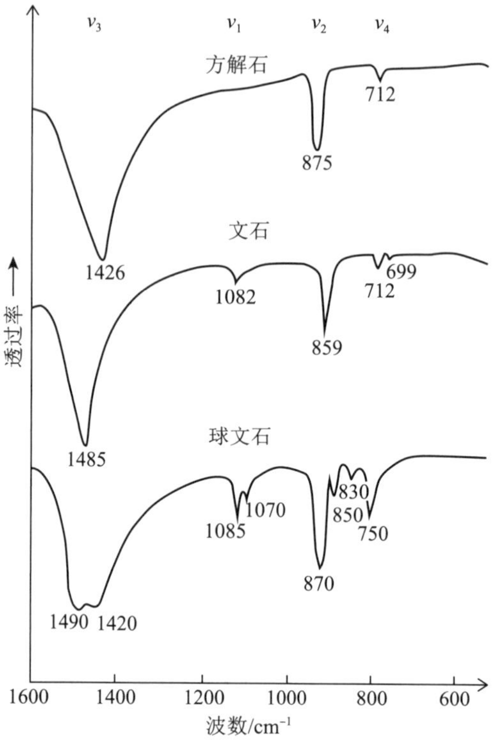

图 1-2-312　碳酸钙矿物标准红外光谱图

(据马红艳等，2001)

(2)我国淡水养殖珍珠及苹果蜗牛卵壳中的六方碳钙石(球文石)

[产地、产状及共(伴)生矿物]　球文石在我国淡水养殖珍珠中普遍存在。苹果蜗牛卵壳是目前确证的唯一受遗传控制的含球文石生物矿化体(张刚生等，2005)。

[主要粉晶衍射数据]　对采自浙江诸暨山下湖珍珠养殖场的淡水无光珍珠(样品号：p1)和采自广西大学西校园一号池塘的苹果蜗牛卵壳样品(样品号分别为：E1、E2、E3)进行粉末 XRD 分析，分析结果表明，珍珠样品(图 1-2-313a)及卵壳样品(图 1-2-313b)均只探测到六方碳钙石的存在，不含任何其他的结晶矿物相，且不同孵化时间卵壳样品的 XRD 谱基本相同。另外，从图 1-2-313 可以看出，珍珠样品的 XRD 谱图与标准六方碳钙石(JCPDS Card No. 330268)相比，无论是在谱线位置还是相对强度上相当一致，而卵壳样品 XRD 谱线的相对强度有明显不同，其中最明显的是(008)面网(d 值约 0. 2115 nm，2θ 约为 42. 7°)谱线在卵壳样品中几乎观察不到，而在珍珠样品及标准六方碳钙石中却为中等强度的谱线，表明两种生物成因的六方碳钙石样品晶体结构中应存在微小的区别。

[晶体结构]　六方晶系；空间群为 $P6_3/mmc$。晶胞参数为 a=7. 15 Å，c=16. 98 Å；Z=12。其晶体结构与文石类似，都为 NiAs 型，但置换的方式不同(图 1-2-314)。文石 Ca 置换 As，$(CO_3)^{2-}$ 置换 Ni；而球文石是 Ca 置换 Ni，$(CO_3)^{2-}$ 置换 As。文石的 Ca 是九次配位，而六方碳钙石是六次配位。文石的 $(CO_3)^{2-}$ 三角面垂直 c 轴，而六方碳钙石的平行 c 轴。

[形貌特征]　理想形貌为六方柱状，一般常呈球状集合体出现。

[光学性质]　一轴晶。

[光谱特征]　珍珠及卵壳样品的红外光谱特征见图 1-2-315、图 1-2-316 及表 1-2-329。在

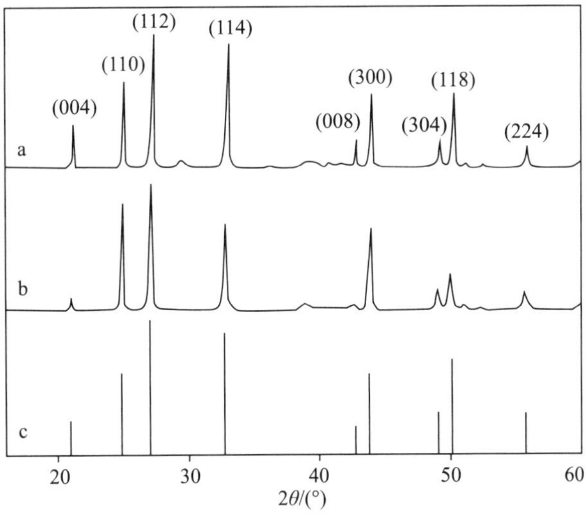

图 1-2-313 珍珠样品(a)卵壳样品(b)的粉末 XRD 谱及与标准六方碳钙石(c)的特征衍射峰对比图(用垂直线表示)

(据张刚生等，2005)

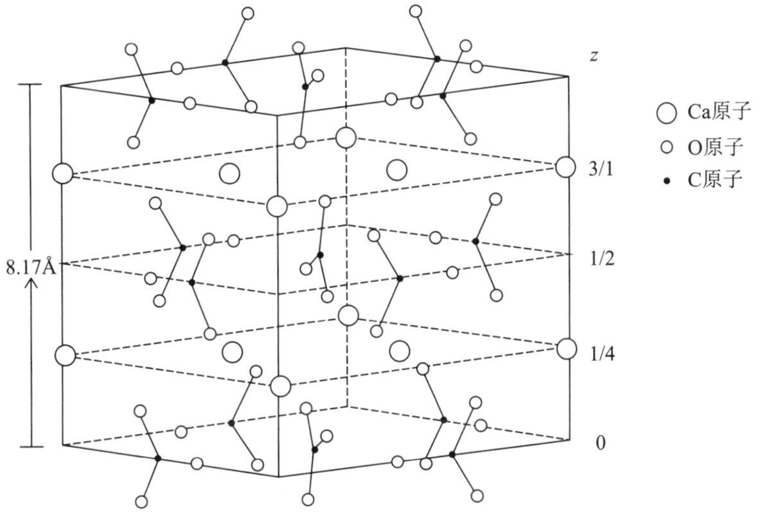

图 1-2-314 六方碳钙石晶体结构

(据郝玉兰，2005)

400~2000 cm^{-1} 波数范围内，除 1632 cm^{-1} 左右宽缓的吸收带为吸附水引起的外，其余主要为六方碳钙石晶体中 CO_3^{2-} 基团内振动引起的吸收带。卵壳样品中 ν_1 模式分裂的两个带 1088 cm^{-1}、1075 cm^{-1} 之间的相对强度在不同的样品中是变化的；ν_3 模式分裂的 4 个带中，1414 cm^{-1} 带与相邻其他 3 个带之间的相对强度比值同样与样品有关。这表明样品中除了含六方碳钙石之外，可能还存在其他的第二种物相。但 XRD 分析证实所有实验样品中只含有一种六方碳钙石矿物相，因此推断，样品中存在的其他相为非晶质相。

十九、碳钙镁石(Huntite)

1. 碳钙镁石的一般特征

[产地、产状及共(伴)生矿物] 通常由风化后的含菱镁矿或白云石岩石、蛇纹岩和蛇绿岩蒸发浓缩沉淀形成，填充于岩石晶洞中和包裹在裂隙表面。其产出地很多，除了一些较小的产地外，主要分布在美国 Ala-Mar 和 Gabbs 等矿山和采石场、澳大利亚 Tea Tree Gully、乌兹别克斯坦 Kurgashinkan

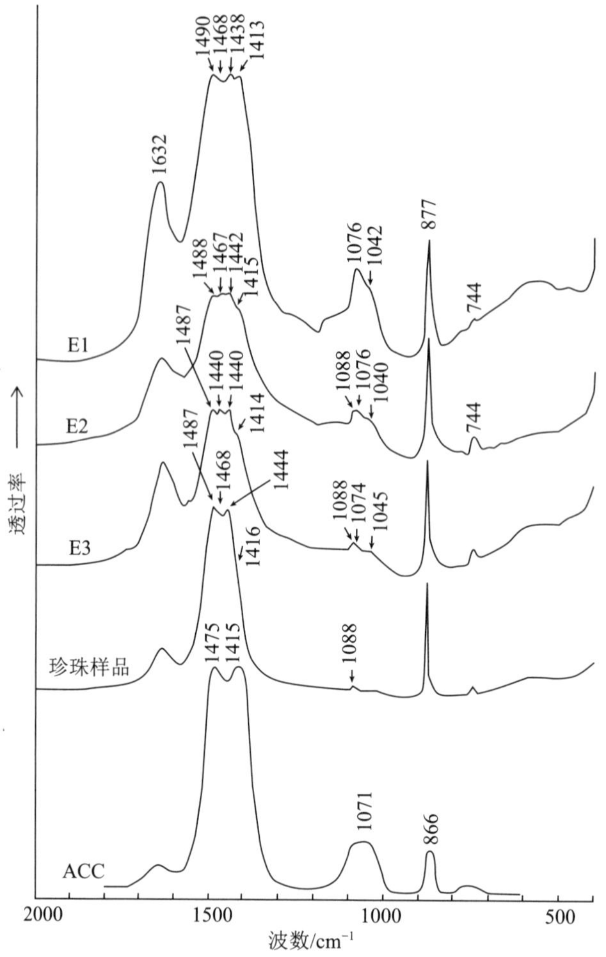

图 1-2-315　六方碳钙石样品的 FTIR 谱图(ACC 为非晶质碳酸钙)
(据张刚生等，2005)

铅锌矿床、加拿大 Castleguard 溶洞、匈牙利 Dorog and Beremend 晶洞、罗马尼亚 Pestera Fagului 溶洞、马来西亚 Gunung Mulu 国家公园等地。其共(伴)生矿物有菱镁矿、白云石、文石、方解石和水菱镁矿等(Faust，1953；Graf et al.，1962；Shayan，1984；Dollase et al.，1986；Hill et al.，1997)。

表 1-2-329　观察到的六方碳钙石及非晶质碳酸钙(ACC)的内振动红外光谱频率

样品来源	CO_3^{2-} 内振动模式			
	v_1/cm^{-1}	v_2/cm^{-1}	v_3/cm^{-1}	v_4/cm^{-1}
合成 ACC	1490，1425	1067	864	725，690
生物成因 ACC	1475，1415	1071	866	—
合成六方碳钙石	1490，1420	1085，1070	870，850，830	750
合成六方碳钙石	1487，1470①，1445，1418①	1089，1077①	877，873	746，738
珍珠样品	1487，1468，1444，1416	1088，1074	877	744
卵壳样品	1488，1468，1440，1414	1088，1076	877	744

注：数据引自张刚生等(2005)。“—”未观察到；①认为是非基频带。

[形貌特征]　呈板状长斜方形晶体，最大至 1 μm。集合体呈致密粉状块体。

[晶体结构]　三方晶系；*R*32。晶胞参数为 $a=9.505$ Å，$c=7.821$ Å；$Z=3$。晶体结构参数(原子坐标)见表 1-2-330。

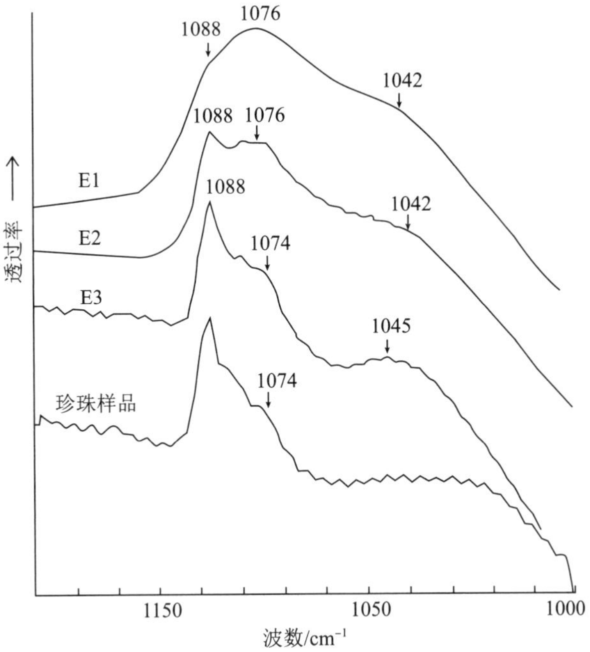

图 1-2-316　图 1-2-315 中 1000 cm^{-1} ~ 1050 cm^{-1} 波数范围内光谱的详细特征
（据张刚生等，2005）

表 1-2-330　碳钙镁石的晶体结构参数（原子坐标）

a=9.5027 Å，b=9.5027 Å，c=7.8212 Å，α=90°，β=90°，γ=120°，$R32$				
原子	x	y	z	$Biso$
Ca	0	0	0	0.94
Mg	0.5443	0	0	0.94
Cl	0	0	0.5	0.94
C2	0.4535	0	0.5	0.94
O1	0.8663	0	0.5	0.94
O2	0.5895	0	0.5	0.94
O3	0.4569	0.1355	0.5161	0.94

注：数据引自 Dollase et al.（1986）。

［**主要粉晶衍射数据 d/Å(I)(hkl)**］　2.833(100)(202)，1.972(30)(312)，2.888(20)(211)，1.765(20)(024)，1.757(20)(223)，2.604(12)(003)，2.432(10)(122)，1.991(10)(401)(PDF 14-409)。

［**物理性质**］　白色；条痕白色；透明；黯淡光泽；半贝壳状断口；性脆。摩氏硬度小于等于 3。密度 $D_{测量}$=2.696 g/cm^3，$D_{计算}$=2.875 g/cm^3。

［**光学性质**］　在透射光下无色；一轴负晶。折光率 w=1.622，ε=1.615。

［**化学成分**］　理想化学式为 $CaMg_3(CO_3)_4$，其化学组成(w_B/%)为：CaO 15.88，MgO 34.25，CO_2 49.87，合计 100.00。典型产地样品的化学分析结果(w_B/%)见表 1-2-331。

表 1-2-331　碳钙镁石的化学成分分析结果(w_B/%)

产地	CO_2	SiO_2	FeO	MnO	MgO	CaO	SrO	H_2O^+	H_2O^-	不溶物	合计
美国内华达州 Ala-Mar 矿床	48.85	0.06	0.00		34.09	15.42		0.86	0.47		99.75
澳大利亚 Geelong	48.18		0.03	0.03	33.27	13.24	1.86		0.67	1.90	99.18

2. 在中国的产出情况

中国碳钙镁石仅见于张宝贵等(1975)的报道，产于铜镍矿床中，但具体产地不明。

中国某地某铜-镍矿床中的碳钙镁石

［**产地、产状及共(伴)生矿物**］ 产在某硫化镍矿床氧化带中，多呈被膜状沉淀在氧化矿石表面和菱镁矿的表面，也有呈细腻块状沉淀在氧化矿石空洞和围岩裂隙中。矿床原生含矿岩石为含辉橄榄岩和二辉橄榄岩组成的超基性岩石。在表生作用条件下，当铜镍硫化矿床氧化时，流经矿床和围岩中的天然水具有偏酸性，有较强的溶解能力，溶解多量的镁、钙和少量的锶、铜、镍等离子，使流经矿床中的天然水逐渐变成中性-碱性时，大量的镁和钙以碳酸盐的形式沉淀出来，当天然水中镁、钙离子浓度均大，但镁离子浓度又高于钙离子浓度时，则沉淀出碳钙镁石。由于流经矿床的天然水钙、镁离子浓度变化较大，在氧化矿石中可见碳钙镁石、方解石、菱镁矿互相交替出现，反映出规律性变化。碳钙镁矿与菱镁矿、文石和斜方绿铜锌矿共生，生成顺序晚于其共生矿物(张宝贵等，1975)。

［**形貌特征**］ 白垩状和细腻块状集合体。在电子显微镜下，放大 12200 倍时可见完好六方菱面体晶形。单体很小，电子显微镜分析表明，一般小于 0. 3 mm，仅个别颗粒可达 30 mm。

［**晶体结构**］ 六方晶系；点群符号 D_3^7-$R32$。晶胞参数为 a_0=9. 505 Å，c_0=7. 821 Å；Z=3。

［**主要粉晶衍射数据 *d*/Å(*I*)**］ 2. 83(10)，1. 97(7)，1. 760(7)，1. 006(7)。

［**物理性质**］ 白色，在浸油中无色至褐黄色；白色条痕；似贝壳状断口。用扭力天秤在四氯化碳溶液中测得密度为 2. 69 g/cm^3。无味，粘舌头，有滑腻感。在水中起泡，并发出嘶嘶的声音，随之矿物迅速破碎直至变成粘稠状胶体。

［**光学性质**］ 一轴晶。折光率 ω=1. 6218±0. 003，ε=1. 6147±0. 003。

［**化学成分**］ 光谱分析和激光光谱分析表明，除含大量的镁、钙和少量的锶和铜外，还含有微量的镍、钠、钴、铁、钡、铝、硅和锰等元素。化学组成见表 1-2-332。

表 1-2-332 中国某铜-镍矿床中碳钙镁石的化学成分

氧化物	化学成分(w_B/%)		分子数	分子比
MgO	33. 22	33. 90	0. 731	2. 96
CaO	15. 53	15. 85	0. 247	1. 00
SrO	0. 43	0. 44	0. 004	
CuO	0. 13	0. 13	0. 001	
CO_2	48. 69	49. 68	0. 982	3. 98
H_2O^-	2. 27	—		
合计	100. 27	100. 00		
化学式	$3MgO \cdot CaO \cdot 4CO_2$ 或 $Mg_3Ca(CO_3)_4$			

注：数据引自张宝贵等(1975)。

［**光谱特征**］ 碳钙镁石差热分析结果(图 1-2-317)显示，在 580℃和 909℃时分别出现两个吸热效应，前者吸热谷较后者大，为碳酸镁分解，后者为碳酸钙分解。碳酸镁分解时温度较文献资料中略低，可能是由于矿物中含有少量碳酸锶引起。

碳钙镁石失重分析结果(图 1-2-318)表明，在 459~654℃时由于碳酸镁分解放出二氧化碳失重 33%；在 759~950℃时由于碳钙镁石分解放出二氧化碳失重 10%。33% ：10% ≈ 3 ：1，相当于 $3MgCO_3$ ：$1CaCO_3$，与碳钙镁石的化学式 $3MgCO_3 \cdot CaCO_3$ 或 $Mg_3Ca(CO_3)_4$ 是一致的。

红外光谱分析结果(图 1-2-319 和表 1-2-333)表明，一个含有 n 个原子的非线性分子或基团有 $3n$-6 个基准振动。碳钙镁石具有碳酸盐类的 6 个基准振动：对称伸缩振动 ν_1，平面外弯曲振动 ν_2，二重简并对称伸缩振动 ν_3 和二重简并平面内弯曲振动 ν_4。

碳钙镁石红外光谱分析最大的特点是在 6. 5~7 mm 范围内的碳酸盐分子的最强吸收带分裂成两个

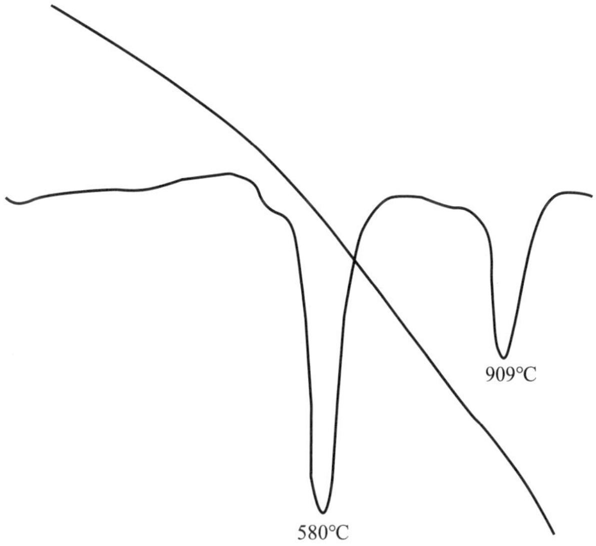

图 1-2-317　中国某铜-镍矿床中碳钙镁石的差热分析曲线

（据张宝贵等，1975）

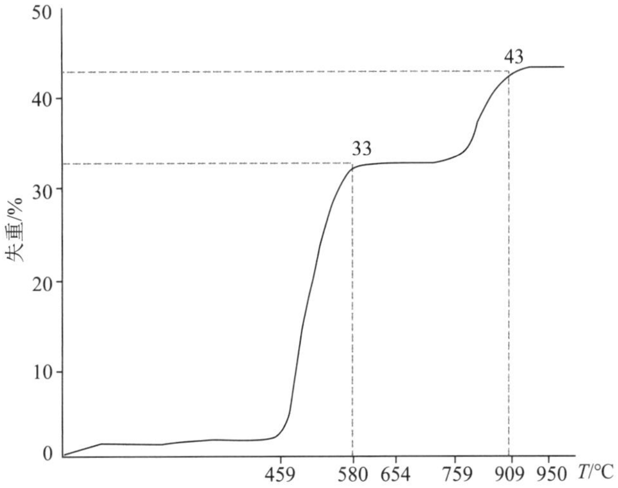

图 1-2-318　中国某铜-镍矿床中碳钙镁石的失重分析曲线

（据张宝贵等，1975）

(6.63 μm、6.92 μm)清晰的强吸收带，这是二重简并消除的结果；在 11～11.5 μm 之间也出现两个(11.20 μm、11.48 μm)尖锐的强吸收带，这是与碳钙镁石单位晶胞中存在有两种不等价的碳酸盐阴离子有关。

表 1-2-333　中国某铜-镍矿床中碳钙镁石的红外光谱分析数据

基准振动	ν_1	ν_2	ν_3	ν_4
波长/μm	6.63、6.92	8.98	11.20、11.48	13.49

注：数据引自张宝贵等(1975)。

二十、三斜钡解石(Alstonite)

1. 三斜钡解石的一般特征

［产地、产状及共(伴)生矿物］　常见于低温热液铅锌矿床中的一种低温热液矿物；偶见于碳酸

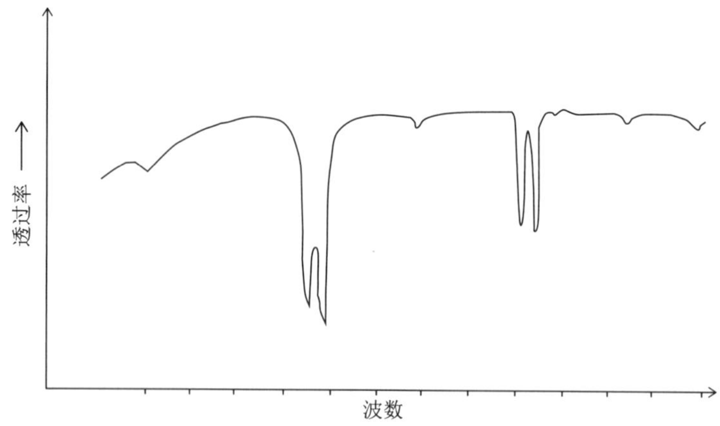

图 1-2-319　中国某铜-镍矿床中碳镁钙石的红外光谱分析曲线
（据张宝贵等，1975）

盐岩中。主要分布于英国 Bromley Hill 铅锌矿床、威尔士 BK-3 矿、俄罗斯 Vuoriyarvi 碳酸盐岩杂岩体、波兰 Tajno 凿洞、法国 Garaoulère 铅锌矿体、美国伊利诺伊州 Minerva 一号矿和澳大利亚 Wittingham 煤层中。其共(伴)生矿物有方解石、重晶石、铁白云石、菱铁矿、菱钡镁矿、方铅矿、闪锌矿、黄铁矿和石英等(Palache et al.，1951；Sartori，1975；Alabaster，1990；Young et al.，1990)。

[形貌特征]　呈被假六方柱体包围的假六方双锥晶型。晶粒最大可至 6 mm。垂直[0001]方向晶面有显著的条纹，平行[0001]方向常见晶面有中等角度的内凹角。双晶普遍存在，以假斜方晶系{$1\bar{1}0$}和{310}为双晶面发育双晶，形成假六方晶组。

[晶体结构]　三斜晶系(假斜方)；$P\bar{1}$ 或者 $P1$。晶胞参数为 a = 17.382 Å，b = 17.403 Å，c = 6.123 Å；α=90.35°，β=90.12°，γ=120.08°；Z=12。

[主要粉晶衍射数据 *d*/Å(*I*)(*hkl*)]　3.55(100)($\bar{4}21$)，2.509(45)(060)，2.050(25)($\overline{44}1$)，1.943(25)($6\bar{6}2$)，1.846(19)($4\bar{2}3$)，2.835(8)($\bar{2}22$)，1.590(8)(821)，5.65(7)(011)(PDF 27-32)。

[物理性质]　无色-雪白色，也呈浅灰色、浅灰黄色、粉色-浅玫瑰红色，光照褪色；条痕白色；透明-半透明；玻璃光泽。具{110}不完全解理；不平坦状断口。摩氏硬度 4～4.5。密度 $D_{测量}$ = 3.631 g/cm^3，$D_{计算}$ = 3.69 g/cm^3。在短波和长波紫外线下发黄色荧光。

[光学性质]　在透射光下无色，偏光镜下观察矿物横切面薄片，发现每个复合晶体都是由 12 片 6 个不同定向的晶体组成的。二轴负晶；折光率 α = 1.526，β = 1.671，γ = 1.672；光轴角 $2V_{测量}$ = 6°。光性方位：X=c；Y=a；Z=b。色散：$r>v$，弱。

[化学成分]　理想化学式为 $BaCa(CO_3)_2$，其化学组成(w_B/%)为：BaO 51.56，CaO 18.85，CO_2 29.59，合计 100.00。英国 Alston 样品的电子探针分析结果(w_B/%)为：BaO 48.54，SrO 4.25，CaO 17.60，CO_2 29.41，合计 99.80。

[与其他矿物种的关系]　与钡解石和三方钡解石呈同质多象。

[微化反应]　溶于稀盐酸。

2. 在中国的产出情况

三斜钡解石在中国非常罕见，目前唯一报道的产地为内蒙古白云鄂博矿床(张培善等，1998)。

二十一、三方锶解石(Olekminskite)

1. 三方锶解石的一般特征

[产地、产状及共(伴)生矿物]　产自碱性岩体的岩浆角砾岩，分布在钡解石-石英脉中。目前主

要在俄罗斯 Kedrovyi 碱性岩体中发现。其共(伴)生矿物有三方钡解石、方解石、重晶石、铁白云石、碳酸锶铈矿、短柱石、闪锌矿和方铅矿等(Konev et al., 1991)。

[形貌特征] 针状晶体,最长至 0.15 mm,在横切面上为六边形至圆形。集合体呈球粒状。

[晶体结构] 三方晶系;$P32_1$。晶胞参数为 a=8.668 Å,c=6.080 Å;Z=3。

[主要粉晶衍射数据 d/Å(I)(hkl)] 3.50(100)(111),2.49(90)(300),2.03(90)(221),1.305(70b)(332),1.928(60)(302),1.837(60)(113),1.581(60b)(411),1.443(60)(330)(PDF 44-1422)。

[物理性质] 白色;半透明;玻璃光泽;性脆。摩氏硬度 H=3。密度 $D_{测量}$=3.70(2) g/cm^3,$D_{计算}$=3.65~3.68 g/cm^3。

[光学性质] 一轴负晶。折光率 ω=1.670(2),ε=1.527(2)。

[化学成分] 理想化学式为 $Sr_2(CO_3)_2$。俄罗斯 Kedrovyi 样品的电子探针分析结果(w_B/%)为:SrO 49.86,BaO 11.23,CaO 6.68,Ce_2O_3 0.5,La_2O_3 0.21,CO_2[29.94],合计 98.48(CO_2 为化学计算值),相应的化学式为 $Sr_{1.00}(Sr_{0.41}Ca_{0.35}Ba_{0.22}Ce_{0.01})_{\Sigma 0.99}(CO_3)_{2.00}$。

[与其他矿物种的关系] 与三方钡解石成系列。

2. 在中国的产出情况

目前中国尚未发现三方锶解石。

二十二、三方钡解石(Paralstonite)

1. 三方钡解石的一般特征

[产地、产状及共(伴)生矿物] 是一种稀有的产于低温热液铅锌矿床中的碳酸盐类矿物。主要产地在美国和俄罗斯。在美国伊利诺伊州 Minerva 一号矿体和 Annabel Lee 矿区,其共(伴生)矿物包括方解石、碳钙钡矿、萤石和闪锌矿;在俄罗斯 Kedrovyi 碱性岩体中,其与六方锶解石、方解石、重晶石、铁白云石、碳酸锶铈矿、短柱石、闪锌矿和方铅矿相共(伴)生(Roberts, 1979;Effenberger, 1980;Konev et al., 1991)。

[形貌特征] 呈被{$22\bar{4}1$}包围的六方单锥晶型,少见复方六方双锥型。晶纹平行[0001]方向,晶面略显被内凹角、不规则缝合线切割的现象。晶粒最大可至 1 mm。

[晶体结构] 三方晶系;$P321$。晶胞参数为 a=8.692(3) Å,c=6.148(4) Å;Z=3。

[主要粉晶衍射数据 d/Å(I)(hkl)] 3.550(100)(111),2.510(65)(300),2.048(20)(221),6.15(18)(001),1.943(18)(302),1.853(15)(113),4.35(11)(110),2.85(11)(102)(PDF 33-178)。

[物理性质] 无色、烟白色至浅灰色,薄片无色;条痕白色;透明-半透明;玻璃光泽;不平坦状断口;性脆。摩氏硬度 H=4~4.5。密度 $D_{测量}$=3.60(2) g/cm^3,$D_{计算}$=3.62 g/cm^3。在长波紫外线照射下发浅色至亮橘黄色荧光。

[光学性质] 一轴负晶。折光率 ω=1.672(3),ε=1.527(3)。

[化学成分] 理想化学式为 $BaCa(CO_3)_2$,其化学组成(w_B/%)为:BaO 51.55,CaO 18.86,CO_2 29.59,合计 100.00。典型产地样品的电子探针分析结果(w_B/%)见表 1-2-334(其中 CO_2 为化学计算值)。

表 1-2-334 三方钡解石的电子探针分析结果(w_B/%)

产地	CO_2	CaO	SrO	BaO	合计	化学式
美国	30.0	18.8	5.2	45.6	99.6	$Ba_{0.87}Ca_{0.98}Sr_{0.15}(CO_3)_{2.00}$
俄罗斯	30.1	19.42	0.50	51.23	101.25	$Ba_{0.98}Ca_{1.01}Sr_{0.01}(CO_3)_{2.00}$

［与其他矿物种的关系］ 与三斜钡解石和钡解石形成同质三象；与六方锶解石成系列。

2. 在中国的产出情况

三方钡解石在中国非常罕见，目前唯一报道的产地为内蒙古白云鄂博矿床(张培善等，1998)。

二十三、钡解石(Barytocalcite)

1. 钡解石的一般特征

［产地、产状及共(伴)生矿物］ 是金属脉中的一种相对不常见的副矿物，形成于热液流体与灰岩的反应过程，但是非常主要的含钡矿物种。少量出现于碳酸盐岩和阿尔卑斯型岩脉(高山岩脉)中。主要产地分布在英国 Bleagill 矿、威尔士 Llantrisant、德国 Himmelsfürst 矿山，捷克 Stříbro、俄罗斯 Vuoriyarvi 碳酸盐岩杂岩体、澳大利亚南部 Ediacara 矿山、中国白云鄂博 Fe-Nb-REE 矿床、加拿大 Jason 铅锌矿床、美国 Westvaco 天然碱矿床和 Pigeon Roost 矿床等地。其共(伴)生矿物有重晶石、方解石、菱锶矿、菱铁矿、三斜钡解石、菱钡镁矿、碳钡矿、钡白云石、萤石、闪锌矿、磁黄铁矿和石英等(Palache et al.，1951；Dickens et al.，1971；Kapustin，1971)。

［形貌特征］ 常呈细长晶体，短至长柱状，晶面发育平行于[101]方向的条纹，最长至 5 cm；或呈等轴状，大的晶面有{100}、{$\bar{1}$11}、{$\bar{1}$31}和{210}，小的晶面有{001}和{110}。集合体呈块状、裂解状。

［晶体结构］ 单斜晶系；$P2_1$ 或 $P2_1/m$。晶胞参数为 a=8.134 Å，b=5.229 Å，c=6.547 Å；β=106.0°；Z=2。

［主要粉晶衍射数据 *d*/Å(*I*)(*hkl*)］ d(Å)(I)]：3.125(100)(210)，3.140(90)(002)，4.018(40)(011)，4.345(25)(110)，2.157(25)($\bar{2}$21)，2.512(20)($\bar{2}$12)，2.379(20)($\bar{1}$21)，2.009(20)(212)(PDF 15-285)。

［物理性质］ 无色至白色、浅灰色、亮至浅绿色和浅黄色，在透射光下无色；透明-半透明；玻璃-树脂光泽。发育{210}完全、{001}不完全解理；不平坦状-半贝壳状断口。摩氏硬度 H=3.5~4。密度 $D_{测量}$=3.66~3.71 g/cm³，$D_{计算}$=3.72 g/cm³。在长波和短波紫外光照射下发浅黄色至红色荧光。

［光学性质］ 二轴负晶。折光率 α=1.525，β=1.684，γ=1.686。光轴角 $2V_{测量}$=15°。光性方位：Z=b；$X\wedge c$=64°；$Y\wedge c$=-26°。色散：$r>v$，弱。

［化学成分］ 理想化学式为 $BaCa(CO_3)_2$，其化学组成(w_B/%)为：BaO 51.56，CaO 18.85，CO_2 29.59，合计 100.00。产于俄罗斯 Vuoriyarvi 的样品的化学组成(w_B/%)为：BaO 48.92，CaO 18.75，SrO 1.81，MgO 0.50，CO_2 29.95，合计 99.93。相应的化学式为 $Ba_{0.92}Ca_{1.03}Sr_{0.08}Mg_{0.03}(CO_3)_{2.00}$。

［与其他矿物种的关系］ 与三斜钡解石和六方钡解石为同质三象。

2. 在中国的产出情况

钡解石属于比较少见的含钡矿物，常常出现在沉积盆地和火成碳酸岩中。在中国主要产于川陕交界地区毒重石-钡解石成矿带，以及内蒙古白云鄂博矿床中，其他分布较为零星。

(1)川陕交界一带毒重石-钡解石矿床中的钡解石

［产地、产状及共(伴)生矿物］ 在我国在川陕交界地区发现一条呈北东至南西向展布的毒重石和钡解石成矿带。区内地层较简单。由老到新主要为下震旦统、下寒武统鲁家坪组和箭竹坝组以及中寒武统毛坝关组和八卦庙组以及上寒武统，岩性以碳酸岩、硅质岩和板岩为主。含矿岩系主要是一套下寒武统鲁家坪组的黑色岩建造。此建造由暗色的硅岩、毒重石岩、硅质板岩和碳质板岩组成，构成一套完整的海底喷流热水沉积岩石组合。至今未发现仅由毒重石构成的矿床，在毒重石矿层上下相隔数米到十几米的黑色硅质岩中常出现钡解石与重晶石矿层。矿石分为两种类型，即含重晶石毒重石矿石和钡解石矿石。主要矿床有陕西紫阳的黄柏树湾矿床、四川城口的巴山矿床、四川省万源市庙子矿。钡矿体主要呈层状、似层状、串珠状产出。矿石为粒状变晶或交代残余结构，矿石矿物以毒重

石、钡解石为主，还有少量重晶石、铝硅钡石、碱土石、钡白云石等，脉石矿物为石英、白云石、方解石、黄铁矿、有机碳和粘土矿物等(王忠诚等，1992；贾建业，1993；罗莉等，2012)。

[形貌特征] 钡解石在薄片中零星分布，为次要矿石矿物。结晶较粗大，为他形粒状，一般粒度为10~100 μm，通常大于毒重石。板柱状、针状钡解石围绕某种核心(核心可能为生物)呈放射状排列，以玫瑰花式出现在硅岩中。

[主要粉晶衍射数据] 本区主要矿石矿物钡解石的粉晶X射线衍射图谱见图1-2-320。钡解石与毒重石在显微镜下不易区分，通过X射线衍射得到的钡解石衍射数据与ASTM卡片上的钡解石的数据相同。

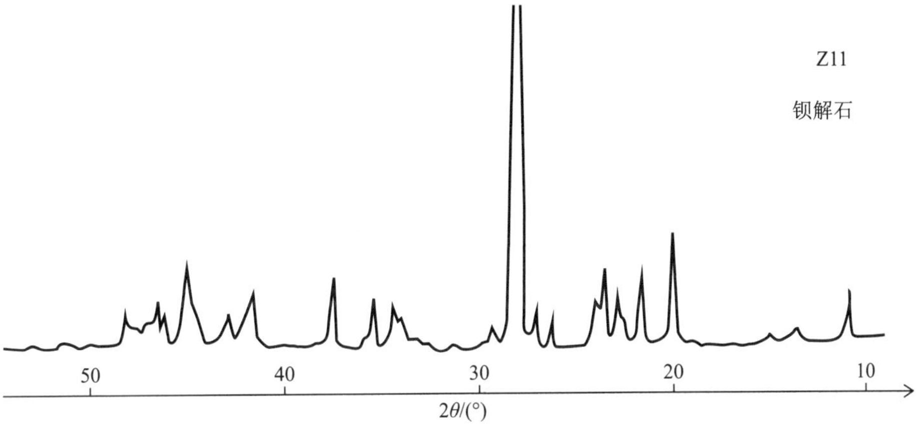

图1-2-320 川陕交界一带毒重石-钡解石矿床中钡解石的X射线衍射谱图
(据王忠诚等，1992)

[物理性质] 钡解石略带玫瑰红色。

[光学性质] 在透射光下无色；二轴负晶；光轴角 $2V=15°\sim17°$，光轴面垂直于{010}。正突起比毒重石明显。

[化学成分] 本区毒重石-钡解石矿石的化学成分一般为($w_B/\%$)：$BaCO_3$ 37~64，$BaSO_4$ 14~24，SiO_2 16~27，CaO 1~2，MgO 0.1~0.3，FeO 0.3~1.0。Al_2O_3 0.1，SrO 0.5~10.0。陕西紫阳矿区矿石中几种主要矿石矿物的电子探针分析数据见表1-2-335。

表1-2-335 陕西紫阳黄柏树湾矿床中毒重石矿石玫花瓣状结构的电子探针分析结果($w_B/\%$)

测点号	1	2	3	4	5	6	7	8	9	10	11	12	13
矿物	重晶石				毒重石			钡解石		钡白云石			
BaO	65.44	65.06	65.42	65.48	77.16	75.00	74.96	57.70	58.94	55.76	55.97	55.52	53.23
MgO	0.04	0.02	0.00	0.01	0.12	0.02	0.02	16.06	17.32	0.07	0.08	0.03	0.04
CaO	0.46	0.09	0.16	0.01	0.10	0.00	0.05	0.33	0.15	21.13	20.97	21.57	20.30
SO_3	34.72	34.37	34.67	34.24	0.00	0.00	0.00	0.00	0.00	0.00	0.00	0.00	0.00
SrO	0.11	0.34	0.00	0.00	0.19	0.97	2.76	0.00	0.02	0.05	0.05	0.03	0.31
SiO_2	0.04	0.05	0.07	0.01	0.04	0.03	0.04	0.03	0.01	0.05	0.05	0.01	0.01
Al_2O_3	0.05	0.07	0.07	0.07	0.05	0.04	0.03	0.01	0.03	0.04	0.04	0.04	0.03

注：数据引自罗莉等(2012)。

根据陕西紫阳黄柏树湾矿床中钡解石于矿石微量元素分析结果(表1-2-336)，紫阳灰黑色毒重石矿石和矿化围岩硅质岩的Mo、V、Ni、U等元素含量较高，Th/U<0.04，V/(V+Ni)>0.9，V/(V+Cr)>0.8；表明其形成于较强的还原(缺氧)条件。相对而言，晚期形成的灰白色钡解石脉这些元素含量较低，形成环境还原性不如前者。

表 1-2-336　陕西紫阳黄柏树湾矿床中矿石和主要矿物的微量元素和 C-O 同位素组成及特征参数分析结果

样品号	Wth-1	Wth-1	Wth-2	Wth-3	Wth-4	With-5	Wth-6	Wth-6	Wth-7	Btc-1	Btc-2	Btc-3	H-1	H-2	H-3	H-5	H-4
岩性	灰黑色毒重石									灰白色钡解石			矿化硅质岩				矿化板岩
碳酸盐/%	61.76	61.76	66.92	62.79	97.18	74.03	85.69	85.68	83.66	87.24	99.29	10.0	16.99	27.67	36.20	14.51	39.18
V/%	99.5	104	180	93.6	135	50.0	12.3	11.0	21.6	1.49	16.3	1.17	904	457	174	346	367
Cr/%	5.54	5.29	36.9	5.98	11.0	5.08	2.68	2.72	3.78	9.50	2.16	2.71	78.7	24.2	20.1	40.7	41.2
Mn/%	25.2	25.7	86.9	133	71.3	24.4	12.9	12.7	15.1	18.4	251	9.07	235	65.9	51.0	157	162
Co/%	3.11	3.36	3.74	3.85	8.47	0.58	0.37	0.29	0.46	0.47	3.85	0.24	7.39	1.43	1.32	3.22	2.70
Ni/%	18.6	19.28	20.37	22.27	51.2	1.48	2.39	2.17	2.26	32.7	23.75	3.06	144	7.24	16.31	60.5	22.44
Mo/%	2.90	2.66	3.73	4.68	0.96	1.75	2.50	2.44	1.23	0.62	0.29	0.13	13.32	6.30	44.5	57.50	33.67
Th/%	0.09	0.07	0.10	0.11	0.11	0.01	0.00	0.001	0.00	0.01	0.03	0.01	0.04	0.12	0.01	0.15	0.18
U/%	10.19	9.99	2.99	13.07	3.63	2.43	1.38	1.24	1.04	1.10	3.02	0.44	27.21	26.72	16.04	65.0	43.0
Th/U	0.009	0.007	0.035	0.009	0.029	0.006	0.001	0.009	0.001	0.012	0.011	0.029	0.001	0.004	0.001	0.002	0.004
V(V+Cr)	0.95	0.95	0.83	0.94	0.92	0.91	0.82	0.80	0.85	0.14	0.88	0.30	0.92	0.95	0.90	0.89	0.90
V(V+Ni)	0.84	0.84	0.90	0.81	0.73	0.97	0.84	0.84	0.91	0.04	0.41	0.28	0.86	0.98	0.91	0.85	0.94
$\delta^{13}C_{V-PDB}$/‰	-11.8		-10.9	-12.0		-13.9	-16.0		-11.9	-21.1		-21.4		-16.1			
$\delta^{18}O_{V-PDB}$/‰	-8.3		-12.3	-8.6		-9.9	-10.5		-10.1	-11.5		-10.0		-10.5			
$\delta^{18}O_{V-SMOW}$/‰	22.3		18.1	22.0		20.6	20.0		20.4	19.0		20.5		20.0			

注：数据引自罗莉等(2012)。

C-O 同位素组成分析表明，紫阳灰黑色毒重石矿石的 $\delta^{13}C$ 值为-10.9‰~16.0‰，而 2 个灰白色钡解石脉的 $\delta^{13}C$ 值更低(-21.1‰~21.4‰)，所有样品的 $\delta^{18}O$ 值变化范围相同，为 18.1‰~22.3‰。形成毒重石和钡解石的碳源可能是有机质通过氧化作用或脱羧基作用提供的低 ^{13}C 的碳与同期海水提供的高 ^{13}C 的水溶性 HCO_3^- 或 CO_3^{2-} 混合的结果。

紫阳与城口两个毒重石矿床毒重石与钡解石的碳、氧同位素分析结果见表 1-2-337。毒重石、钡解石相对富集 ^{12}C，说明形成毒重石与钡解石的碳为有机成因。

表 1-2-337 重庆城口与陕西紫阳下寒武统毒重石与钡解石的碳、氧同位素组成

地区	编号	名称	$\delta^{13}C_{PDB}$/‰		$\delta^{18}O_{PDB}$/‰	
城口	Z2	毒重石	-15.5	平均-14.36	-13.5	平均-13.3
	Z4	毒重石	-14.5		-13.1	
	Z11	钡解石	-13.2		-12.5	
	Z3	毒重石	-15.6		-14.4	
	Z13a	毒重石	-12.9		-13.0	
紫阳	M5	毒重石	-20.9	平均-18.1	-10.5	平均-10.7
	M7		-22.5		-11.7	
	M9		-13.9		-10.1	
	M21		-16.1		-10.6	
	M25		-18.0		-11.0	
	M27		-17.2		-10.7	

注：数据引自王忠诚等(1992)。

[光谱特征] 本区钡解石的红外吸收光谱和差热分析曲线见图 1-2-321。在红外吸收光谱图上，钡解石在 1300~1550 cm^{-1} 之间有 4 个吸收峰。

(2)河南省嵩县黄庄乡含稀土碱性碳酸岩矿脉中的钡解石

[产地、产状及共(伴)生矿物] 嵩县黄庄乡稀土矿化点主要出露中元古界长城系熊耳群鸡蛋坪组、马家河组和龙脖组，其中稀土矿脉主要产在马家河组中。已发现的稀土矿脉呈北北东向、近东西向脉状或网脉状产出，厚约数米至十余米，走向长约 200~1500 m。矿脉主体由正长岩和碱性碳酸岩组成。其中碳酸岩主要由钡解石、方解石、霓辉石、石英、磷灰石组成(图 1-2-322)，同时发现少量钡钙铈矿、钡锆石等矿物。钡解石与霓辉石共生，且部分钡解石在霓辉石中以布丁状存在(汪方跃等，2021)。

[形貌特征] 钡解石在显微镜下显示高级白干涉色，和方解石不能很好地区分(图 1-2-323)，而在电子显微镜下则能较好地区分，显示出清晰的矿物共生组合及晶型特征。典型的钡解石背散射图见图 1-2-324，钡解石显示为两种状态：第 1 种颗粒变化较大(从几十微米至几厘米)，与霓辉石共生(钡解石正晶型(颗粒较大)，霓辉石围绕钡解石生长；霓辉石正晶型，钡解石(颗粒较小，且与方解石共生)围绕霓辉石生长)；第 2 种钡解石与石英、方解石和磷灰石共生，呈他形。早期方解石与钡解石共生；晚期方解石以布丁状分布于钡解石和霓辉石中，部分方解石则围绕钡解石生长，并交代钡解石，使钡解石呈现溶蚀港湾状。

[化学成分] 主量元素特征：电子探针数据结果显示，钡解石主量元素由 BaO、CaO、SrO 组成，根据总阳离子为 4 计算，配比 CO_2 后总量为 100.10%~100.45%，其中 BaO 含量为 51.80%~52.88%，CaO 含量为 14.39%~15.09%，SrO 含量为 4.80%~5.00%，计算分子式为 $Ba_{1.04}Ca_{0.81}Sr_{0.14}(CO_3)_2$，为锶钡解石。

微量元素特征：从表 1-2-338 可以看出，该钡解石表现为富 Na、K、Fe、Mn、Sr、Pb、REE、Y 等元素。稀土元素配分显示轻稀土元素富集、重稀土元素亏损特征(图 1-2-325)。钡解石总稀土元素含量为 187.57×10^{-6}~4089.88×10^{-6}，变化较大，但远高于低温热液成因(10×10^{-6}~50×10^{-6})(Liu G

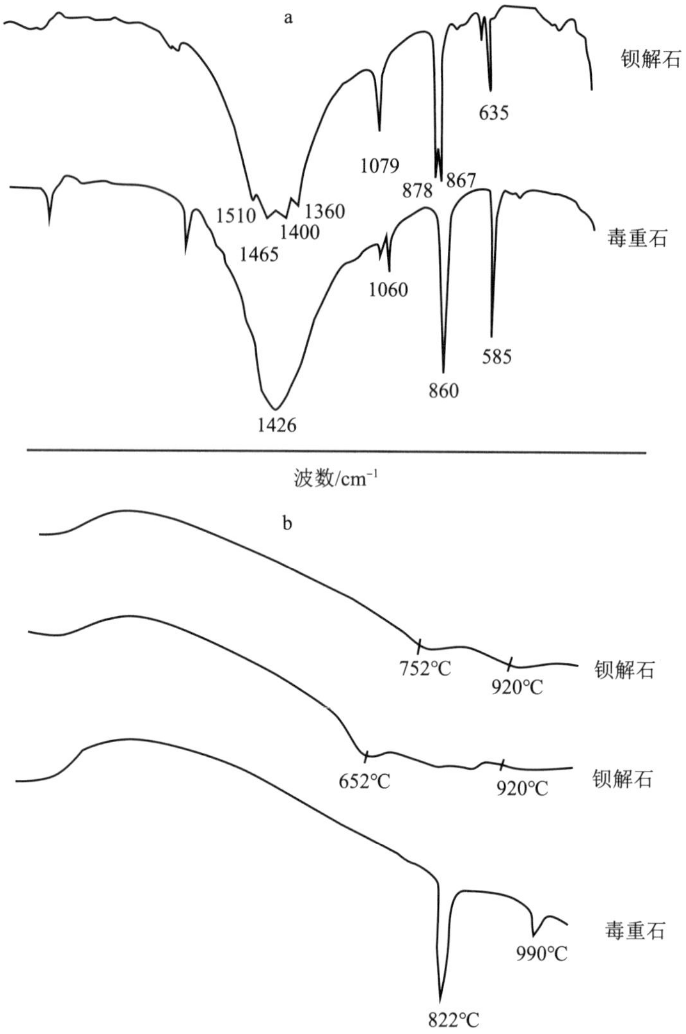

图 1-2-321　钡解石与毒重石的红外吸收光谱与差热曲线
（据王忠诚等，1992）

X et al.，2020）和沉积成因的碳酸盐稀土元素总量（平均值 24×10^{-6}）（Liu Q Q et al.，2018）。应属于一种高温热液型富稀土钡解石。

表 1-2-338　LA-ICP-MS 钡解石微量元素分析结果（$w_B/10^{-6}$）

	Na	K	Cr	Mn	Fe	Zn	Ga	Ge	Rb	Sr	Y	Pb
h4-1-ba rich-1	169.00	620.00	7.41	476	332	20.90	13.30	5.39	0.930	30007	180.00	150.50
h4-1-ba rich-2	22.60	10.70	22.10	786	346	1.12	0.46	0.50	0.020	8002	21.10	38.80
h4-1-ba rich-3	37.30	17.20	1.26	1121	360	1.44	1.01	0.64	0.021	7487	59.20	28.10
h4-1-ba rich-4	56.20	23.80	0.98	1536	373	1.42	1.33	0.74	0.029	6120	78.70	25.60

	La	Ce	Pr	Nd	Sm	Eu	Gd	Tb	Dy	Ho	Er	Tm	Yb	Lu	∑REE
h4-1-ba rich-1	1382.00	1680.00	176.00	615.00	82.60	18.40	57.30	6.85	35.50	6.21	14.90	1.95	11.60	1.57	4089.88
h4-1-ba rich-2	40.20	76.20	9.29	38.00	6.75	1v75	6.22	0.68	3.73	0.79	1.60	0.24	1.85	0.27	187.57
h4-1-ba rich-3	53.30	101.00	12.70	53.20	11.00	2.70	11.10	1.70	10.30	2.32	6.84	0.93	6.84	0.99	274.92
h4-1-ba rich-4	64.60	144.00	18.80	81.60	17.10	4.11	16.20	2.39	13.70	2.90	8.03	1.13	7.88	1.20	383.64

注：数据引自汪方跃等（2021）。

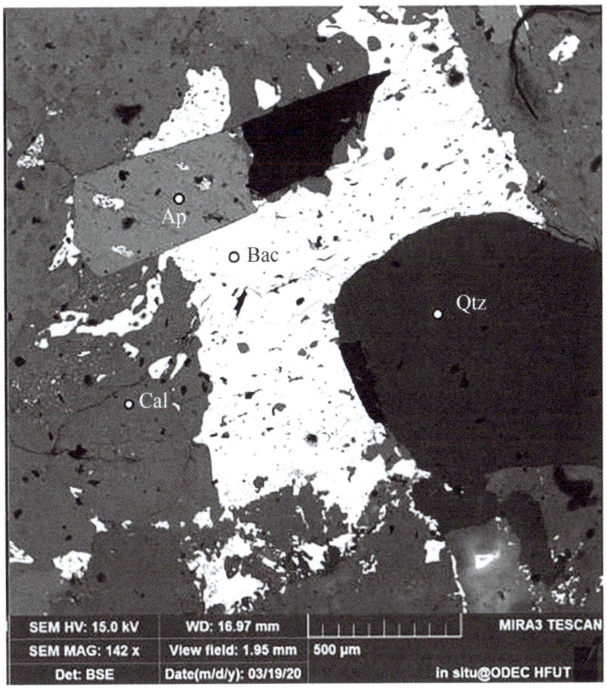

图 1-2-322　河南嵩县黄庄乡含稀土碱性碳酸岩代表性样品显微结构的 SEM 照片

（据汪方跃等，2021）

Qtz—石英；Cal—方解石；Bac—钡解石；Ap—磷灰石

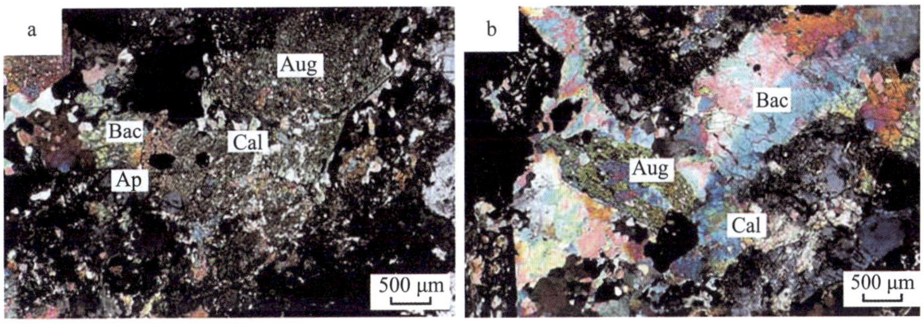

图 1-2-323　河南篙县黄庄一带稀土矿石照片及正交偏光镜下特征

（据汪方跃等，2021）

Aug—霓辉石；Cal—方解石；Bac—钡解石；Ap—磷灰石

（3）内蒙古白云鄂博矿床中的钡解石

［产地、产状及共（伴）生矿物］　钡解石在白云鄂博矿床中产于白云岩中的脉中，与菱碱土矿、大青山矿等矿物共生（张培善等，1986）。

［主要粉晶衍射数据 d/Å（I）］　4.02（4），3.14（9），3.13（10）。

［晶系］　单斜晶系。

［形貌特征］　粒状。

［物理性质］　白色；玻璃光泽；相对密度 3.65；摩氏硬度 4。

［光学性质］　折光率 $N_g=1.686$，$N_m=1.684$，$N_p=1.525$，$N_g-N_p=0.661$。光轴角 $2V(-)$ 约 15°。

［化学性质］　溶于盐酸。

（4）陕西省平利县长梁重晶石-毒重石矿床中的钡解石

［产地、产状及共（伴）生矿物］　平利县长梁重晶石-毒重石矿床位于秦岭褶皱系北大巴山加里东褶皱带之紫阳-中峰褶皱束平利复背斜南翼，由重晶石矿体和毒重石矿体组成，矿体赋存于下震旦统

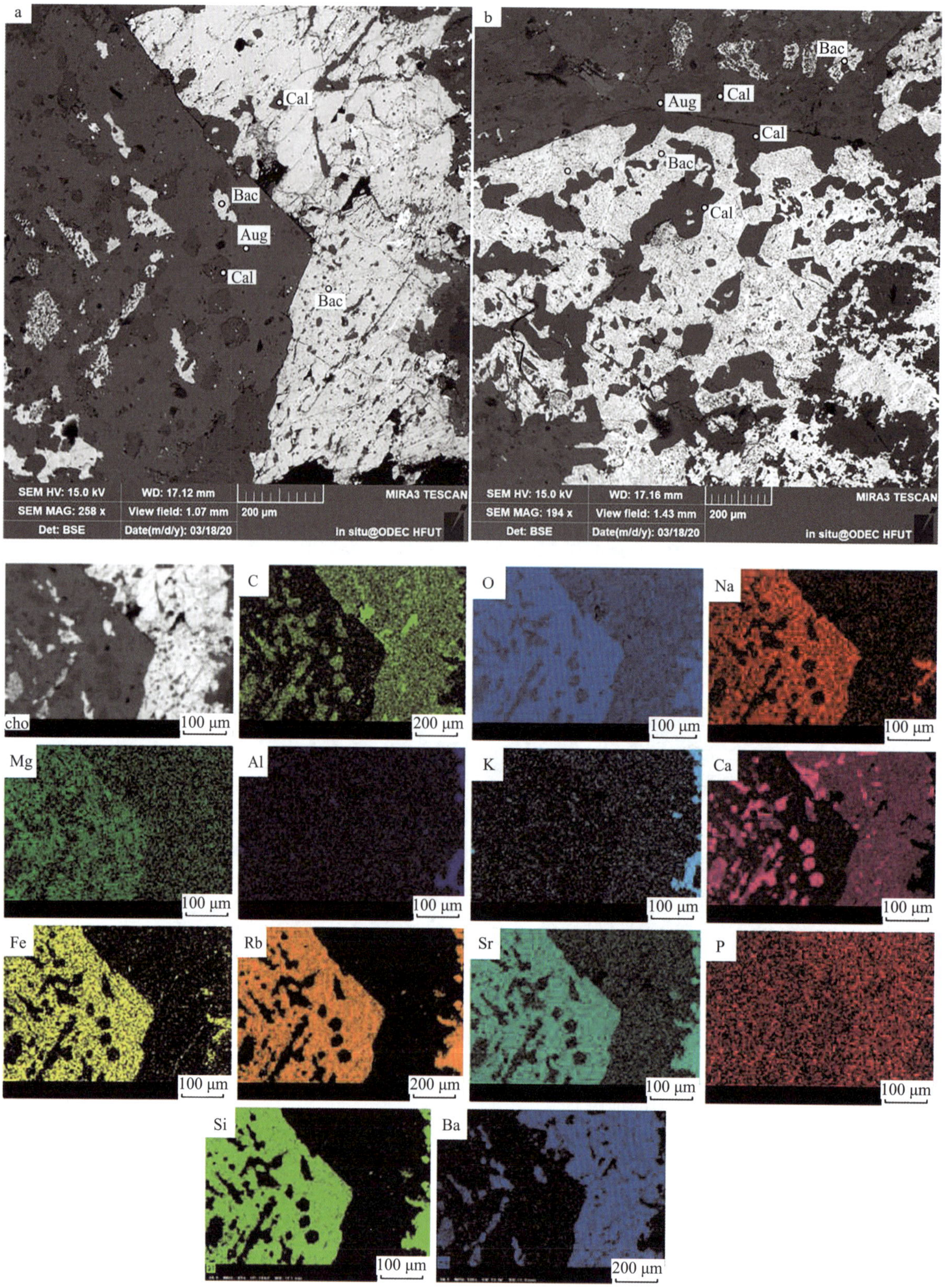

图 1-2-324 碳酸岩型方解石-钡解石-霓辉石共生组合

（据汪方跃等，2021）

a—霓辉石(Aug)呈正晶型，钡解石(Bac)呈负晶型，围绕霓辉石生长，霓辉石内部发育方解石(Cal)和钡解石包体，方解石呈圆珠状，钡解石则呈长条状和不规则状，部分钡解石分布于方解石内部，钡解石中也含有部分方解石；b—方解石(Cal)呈正晶型，霓辉石(Aug)呈负晶型，方解石中钡解石与方解石呈相互溶解状态，无定型，霓辉石中发育溶解型钡解石(Bac)和布丁状方解石。此共生现象可能显示钡解石、霓辉石、方解石在高温时为共融体，随着体系温度下降，矿物出溶形成

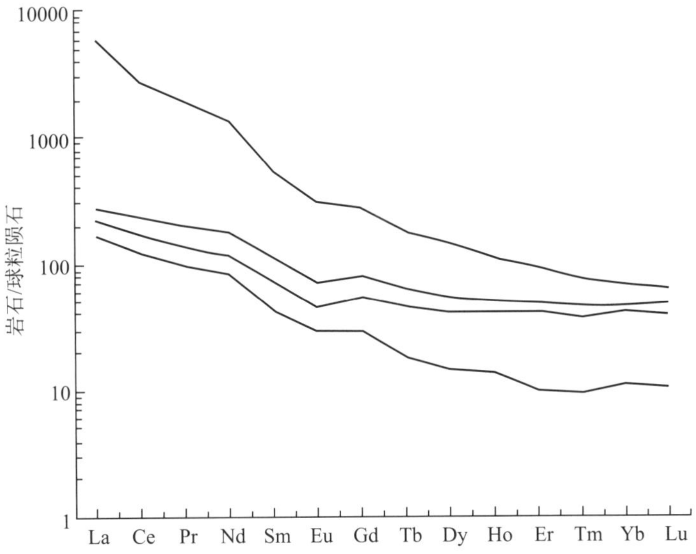

图 1-2-325　钡解石原位 LA-ICP-MS 稀土元素球粒陨石标准化图解
（据汪方跃等，2021）
（球粒陨石标准化数值引自 Sun S S et al.，1989）

灯影组第一岩性段地层之中，严格受地层层位控制，属于浅海沉积成因。矿体主要呈层状、似层状、扁透镜状产出，水平层理发育，与围岩整合接触，界线清晰了然。重晶石矿体中矿石矿物主要成分为重晶石，次为钡解石（含量为 0~18.5%）、毒重石。在毒重石矿体中矿石矿物主要成分为毒重石（含量一般为 54.48%~65.13%），伴生重晶石（李广运，2013）。

［形貌特征］ 他形粒状，粒径 0.06~0.30 mm。颗粒间相互嵌布。

［物理性质］ 呈白、灰、深灰色，有的颗粒含杂质；透明度低；玻璃光泽；菱面解理发育；锤击易碎，发出强烈的硫化氢气味。

［微化反应］ 常温下与稀盐酸发生反应而剧烈起泡。

二十四、碳铈钠石（Carbocernaite）

1. 碳铈钠石的一般特征

［产地、产状及共（伴）生矿物］ 比较特征的产状有两种，一种是与碱性超基性岩共生的白云石-方解石碳酸盐岩中不太常见的副矿物（俄罗斯 Vuoriyarvi）；一种是从方解石中出溶而保留在霓长岩化橄榄霞石岩的碳酸盐岩脉中的矿物（印度 Sarnu-Dandali 岩体）。比较知名的产地有俄罗斯 Vuoriyarvi 碳酸盐岩杂岩体和 Khibiny 岩体、阿富汗 Khanneshin 碳酸盐岩杂岩体、中国白云鄂博 Fe-Nb-RE 矿床和山东微山、越南 Phan Si Pan、印度 Sarnu-Dandali 碱性岩体和加拿大 Sturgeon 湖等。其共（伴）生矿物有绿泥石、铁白云母、三斜钡解石、锐钛矿和石英（俄罗斯 Vuoriyarvi）；白云石、重晶石、绿泥石、碳钇钡石、水碳镧铈石和碳钙钡石（阿富汗 Khanneshin 杂岩体）等（Bulakh et al.，1961；Shi N C et al.，1982；Wall et al.，1993）。

［形貌特征］ 呈片状晶体，两端为楔状，最长至 4 mm。显示主要晶面{100}，少量出现晶面{010}、{001}、{021}、{540}和{210}以及{305}和{210}；也呈粒状和出溶页片状。

［晶体结构］ 斜方晶系；*Pmc*21 或 *Pb*2*m*。晶胞参数为 a=6.410 Å，b=7.279 Å，c=5.198 Å；Z=4。

［主要粉晶衍射数据 *d*/Å(*I*)(*hkl*)］ 2.989(100)(021)，4.81(50)(110)，4.05(50)(---)，2.013(50)(122)，5.19(40)(---)，3.53(40)(111)，6.39(30)(100)，2.926(30)(210)(PDF 25-175)。

［物理性质］ 无色、白色、黄色、黄绿色和玫瑰色，可变为棕色；透明-半透明；玻璃光泽，断

口为油脂光泽。密度 $D_{测量}=3.53\ g/cm^3$，$D_{计算}=3.75\ g/cm^3$。

［**光学性质**］ 二轴负晶。折光率 $\alpha=1.569(2)$，$\beta=1.679(2)$，$\gamma=1.708(2)$；光轴角 $2V_{计算}=52°$。光性方位：$X=b$；$Y=a$；$z=c$。色散：$r>v$，显著。

［**化学成分**］ 理想化学式为(Sr，Ce，La)(Ca，Na)$(CO_3)_2$。典型产地产出样品的电子探针分析结果见表 1-2-339(其中 CO_2 为化学计算值)。

表 1-2-339 碳铈钠石的化学成分电子探针分析结果(w_B/%)

产地	CO_2	Ce_2O_3	La_2O_3	Pr_6O_{11}	Nd_2O_3	Sm_2O_3	Gd_2O_3	FeO	MnO	CaO	SrO
中国白云鄂博	33.85	10.27	8.78	0.99	2.47	0.30	0.39	0.53		16.68	17.77
印度 Sarnu-Dandali	32.02	10.16	13.26	0.76	1.82	0.31			0.69	17.15	18.74

产地	BaO	Na_2O	H_2O	合计	化学式
中国白云鄂博	5.24	3.15	1.22	101.64	$(Ca_{0.78}Na_{0.26})_{\Sigma1.04}(Sr_{0.44}RE_{0.40}Ba_{0.10})_{\Sigma0.94}(CO_3)_2$
印度 Sarnu-Dandali	1.64	3.83		100.38	$(Ca_{0.67}Na_{0.33})_{\Sigma1.00}(Sr_{0.31}RE_{0.44}Ca_{0.15}Ba_{0.03}Mn_{0.03})_{\Sigma0.96}(CO_3)_2$

2. 在中国的产出情况

碳铈钠石是有工业价值的稀土矿物，但极为罕见。目前中国有报道的碳铈钠石产地仅有两处，一处为内蒙古自治区白云鄂博矿床(梁有彬等，1981)，另一处为山东省济宁市微山县的郗山稀土矿床(钱定福，1979；施倪承等，1982；张培善等，1998)。

(1)内蒙古自治区白云鄂博铁-稀土特大型矿床中的碳铈钠石

［**产地、产状及共(伴)生矿物**］ 内蒙古白云鄂博铁-稀土特大型矿床的出露地层为元古宇白云鄂博群，是一套石英岩、板岩、泥质灰岩和白云岩的沉积变质岩系。南部和东南部为华力西期偏碱性的黑云母花岗岩。矿区由主矿、东矿、西矿三大矿组成。沉积变质-热液交代富集的铁-铌稀土矿体严格受沉积岩的岩性和层理控制，铁矿体赋存于白云鄂博群泥质灰岩和白云岩中，是多期多因素形成的综合性矿床。碳铈钠石(文献中定名为碳酸铈钠矿)产于西矿区岩浆型脉状含铌稀土白云石碳酸盐岩中。矿石为粗晶质块状和斑杂状构造，自形晶和半自形晶粒状结构。与碳铈钠石共生的矿物主要为白云石和含铁白云石，次为菱锶矿、钙菱锶矿、菱钡镁石、β-钙菱锶矿、菱碱土矿、磁铁矿、磁黄铁矿、黄铁矿、烧绿石、独居石、方解石、磷灰石、金云母、石英、铁钍石、钠闪石、钠长石等(梁有彬，1979；梁有彬等，1981)。

［**形貌特征**］ 呈薄板状{100}、厚板状晶体和不规则粒状。

［**晶体结构**］ 斜方晶系；空间群为 $Pmc2_1$。晶胞参数为 $a=5.21$ Å，$b=6.43$ Å，$c=7.30$ Å；$Z=4$。

［**主要粉晶衍射数据**］ 见表 1-2-340。

表 1-2-340 碳铈钠石 X 射线粉晶分析数据

白云鄂博		科拉半岛		白云鄂博		科拉半岛		白云鄂博		科拉半岛	
碳酸铈钠矿		碳酸铈钠矿		碳酸铈钠矿		碳酸铈钠矿		碳酸铈钠矿		碳酸铈钠矿	
d/Å	I	d/Å	I	d/Å	I	d/Å	I	d/Å	I	d/Å	I
		6.70	1	1.66	2	1.655	4	0.997	1		
5.27	3	5.29	4	1.62	2	1.610	2	{0.993	4	0.989	8
4.81	3	4.92	4	1.57	1	1.571	1	0.993	4		
4.04	4	4.10	8	1.54	2	1.531	2	0.985	2		
3.65	2	3.66	5	1.50	2	1.492	2	0.982	2	0.9819	1
3.56	8	3.58	4	1.48	1			0.978	1		

续表

白云鄂博		科拉半岛		白云鄂博		科拉半岛		白云鄂博		科拉半岛	
碳酸铈钠矿		碳酸铈钠矿		碳酸铈钠矿		碳酸铈钠矿		碳酸铈钠矿		碳酸铈钠矿	
d/Å	*I*	*d*/Å	*I*	*d*/Å	*I*	*d*/Å	*I*	*d*/Å	*I*	*d*/Å	*I*
3.27	2			1.46	1	1.454	1	0.976	1		
3.18	2	3.20	8	1.41	8	1.438	4			0.9475	4
2.99	10	3.00	10	1.39	1					0.9295	1
2.80	1			1.37	1					0.9172	2
2.69	1	2.71	1	1.33	1	1.322	1			0.9051	3
2.62	2	2.60	7	1.31	1					0.8931	1
2.52	5			1.28	5	1.278	7			0.8801	1
2.45	1	2.43	1	1.26	1	1.253	1			0.8678	1
2.39	1			1.24	2					0.8518	1
2.27	5	2.29	7	1.21	1					0.8368	1
2.23	1			1.180	5	1.174	8			0.8232	8
2.18	1			1.177	5					0.8179	8
2.15	4			1.166	1	1.155	1				
2.09	2	2.082	5	1.120	1	1.128	1				
2.06	1			1.104	8						
2.02	8	2.015	9	1.095	8	1.093	5				
1.95	7	1.948	5	1.061	8	1.080	5				
1.92	8			1.051	2						
1.86	1			1.040	1	1.036	1				
1.82	8	1.813	8	1.030	1						
1.77	1			1.022	1						
1.74	3	1.712	3	1.016	1						
1.72	3	1.709	5	1.006	2	1.001	4				
1.68	1	1.671	1								

注：数据引自梁有彬等(1981)。

[晶体结构] 通过对单晶体样品进行了回摆及华盛堡照相，确定其为斜方晶系。可能的空间群是 $Pmc2_1$、$P2cm$。求出了大致的晶胞参数及其他结晶学参数见表 1-2-341。

表 1-2-341 白云鄂博碳铈钠石的结晶学参数

斜方晶系	$Z=2$
$a=5.214(4)$ Å	$D_m=3.54$ g/cm³
$b=6.430(3)$ Å	$D_c=3.64$ g/cm³
$c=7.301(12)$ Å	$\lambda=0.70926$，MoKα
$V=244.797$ Å³	$\mu=124.8$/cm

注：数据引自施倪承等(1982)。

原子坐标及热振动参数见表 1-2-342 和表 1-2-343。碳饰钠石的键长、键角数据见表 1-2-344。

表 1-2-342　白云鄂博碳铈钠石的原子坐标

序号	原子	*GI*(晶格指数)	*x*	*y*	*z*
1	Sr(TR, Ba)	0.5	0	0.1168(4)	0.2555(11)
2	Ca(Na)	0.5	0.5	0.4844(14)	0.5495(10)
3	O1	1	0.2097(26)	0.4907(24)	0.2951(20)
4	O2	1	0.2850(33)	0.1288(27)	0.5452(23)
5	O3	0.5	0	0.2313(43)	0.9204(41)
6	O4	0.5	0.5	0.1433(41)	0.1462(36)
7	C1	0.5	0	0.4176(40)	0.8436(38)
8	C2	0.5	0.5	0.343(49)	0.5782(45)

注：数据引自施倪承等(1982)。

表 1-2-343　白云鄂博碳铈钠石的热振动参数

序号	原子	B_i	B_{11}	B_{22}	B_{33}	B_{12}	B_{13}	B_{23}
1	Sr(TR, Ba)	1.41(6)	1.25(10)	0.75(10)	2.19(10)	0	0	-0.05(15)
2	Ca(Na)	1.86(21)	1.56(26)	1.52(32)	2.73(34)	0	0	-0.22(33)
3	O1	2.02(33)	2.06(56)	1.48(55)	2.64(76)	0.30(53)	0.38(54)	0.08(47)
4	O2	2.49(34)	2.22(70)	1.35(71)	3.77(69)	-0.33(62)	-0.18(63)	0.11(64)
5	O3	3.15(57)	2.85(117)	1.49(118)	4.66(119)	0	0	0.04(109)
6	O4	2.62(53)	4.01(98)	0.66(104)	3.77(104)	0	0	0.52(96)
7	C1	0.95(47)	2.22(88)	0.92(86)	1.09(96)	0	0	0.35(79)
8	C2	1.68(62)	1.75(103)	1.23(121)	2.55(115)	0	0	0.57(97)

注：数据引自施倪承等(1982)。

表 1-2-344　碳铈钠石的键长和键角

Sr(TR, Ba)—O 配位多面体	键长/Å	Ca(Na)—O 配位多面体	键长/Å
Sr(TR, Ba)—O1	2.657×2	Ca(Na)—O1*a*	2.396×2
—O2*a*	2.587×2	—O1b	2.352×2
—O2*b*	2.657×2	—O2	2.547×2
—O3*a*	2.555	—O4	2.496
—O3b	2.542		
碳酸根三角形			
化学键	键长/Å	化学键	键角/(°)
O1—O1	2.187	O1—C1—O1	115.65
O1—O3	2.287	O1—C1—O3	121.99
C1—O1	1.292		
C1—O3	1.323		
O2—O2	2.242	O2—C2—O2	119.52
O2—O4	2.205	O2—C2—O4	121.60
C2—O2	1.298		
C2—O4	1.245		

注：数据引自施倪承等(1982)。

结构分析表明，Sr 和 Ca 处于两个不同的结晶化学位置，由电子密度可推算出 Sr 与稀土元素(TR)及 Ba 之间、Ca 与 Na 之间存在着类质同象置换，这基本符合地球化学周期表中的化学元素相互置换的对角线法则。碳铈钠石的晶体结构沿 c 轴的投影图见图 1-2-326。在结构中，在 a 轴方向 Sr(TR，Ba)、Ca(Na)原子层是相间排列的，它们分别位于 $a=0$ 及 1/2 处且与 a 轴相垂直。碳酸根三角形平面与 a 轴平行但与 b 轴及 c 轴斜交。由于 Sr(TR，Ba)原子层本身是对称面，因此这两个原子层将垂直于它们的碳酸根三角形平分成两个相等的部分，这就使 Sr(TR，Ba)及 Ca(Na)原子层之间增加了一个氧原子层，它们是由位于一般位置的 O1 及 O2 组成，而 C 原子及位于特殊位置的 O3 及 O4 则分别位于 Sr(TR，Ba)及 Ca(Na)原子层之中。在碳铈钠石晶体结构中，Sr(TR，Ba)呈八次配位，其配位多面体为一个三方柱加两个四方单锥，Ca(Na)呈七次配位，其配位多面体是一个三方柱加一个四方单锥。这两个原子配位关系的 ORTEP 图见图 1-2-327。

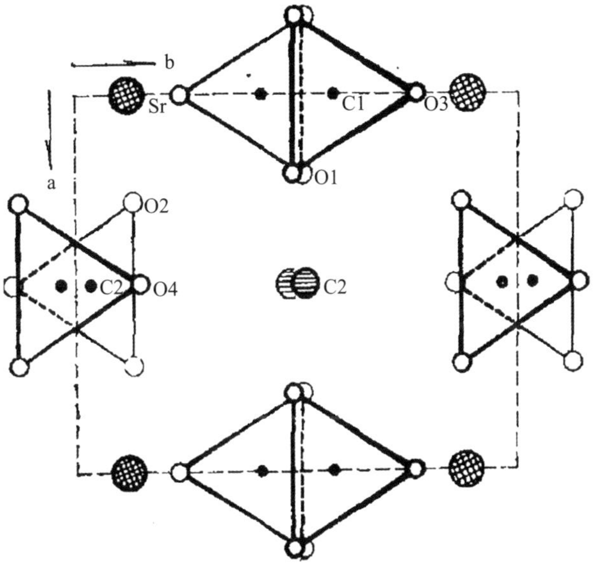

图 1-2-326　碳铈钠石的晶体结构沿 c 轴的投影图
（据施倪承等，1982）

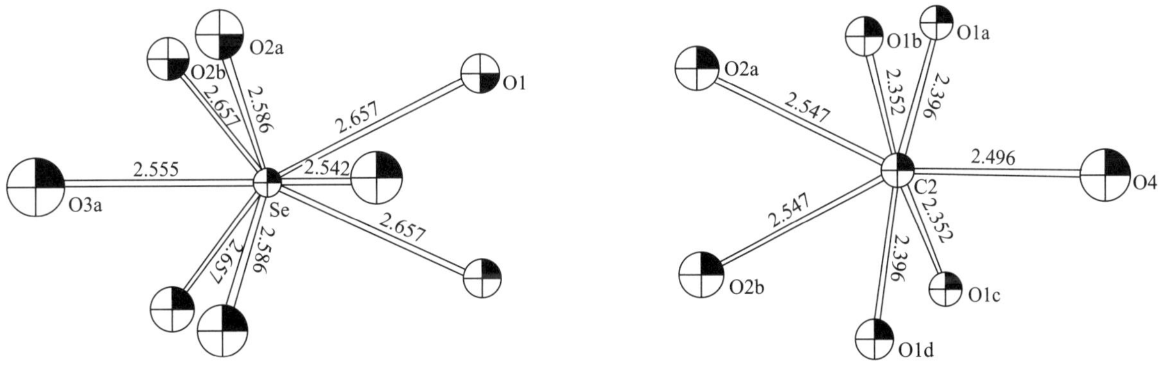

图 1-2-327　碳铈钠石晶体结构中 Sr(左)和 Ca(右)配位关系的 ORTEP 图
（据施倪承等，1982）

［物理性质］　无色或淡黄色微带绿色调；条痕无色；透明；玻璃光泽。发育二组解理；参差状断口。摩氏硬度 4.2~4.3，显微硬度 $VHN_{20}=243\sim267$ kg/mm^2。密度 $D=3.53$ g/cm^3(显微比重法)，$D_{测量}=3.54$ g/cm^3，$D_{计算}=3.64$ g/cm^3。比磁化系数 K 为$(2.4\sim2.8)\times10^{-8}$ cm^3/g。

［光学性质］　透射光下为无色或微带黄色调，二轴晶(-)。折光率 $\alpha=1.7012$，$\beta=1.6662$，$\gamma=1.5611$；光轴角 $2V=56°42'$；突起中等，比白云石稍高；无多色性。干涉色最高达三级顶部，具等色曲线。

［化学成分及性质］　本矿床碳铈钠石的化学成分见表 1-2-345；稀土配分见表 1-2-346。用于

晶体结构分析的碳铈钠石样品化学全分析结果($w_B/\%$)为：Ce_2O_3 10.27，La_2O_3 8.78，Pr_6O_{11} 0.99，Nd_2O_3 2.47，Sm_2O_3 0.30，Gd_2O_3 0.39，SrO 17.77，BaO 5.24，CaO 16.68，FeO 0.53，Na_2O 3.15，CO_2 33.85，H_2O^+ 1.22，总计 101.64。扣除水以后，根据这个分析计算出的化学分子式是：$(Sr_{0.44}TR_{0.40}Ba_{0.10})_{\Sigma 0.94}(Ca_{0.78}Na_{0.26})_{\Sigma 1.04}(CO_3)_2$(施倪承等，1982)。通过矿物化学成分对比，发现本区碳铈钠石稀土含量稍低于山东和俄罗斯科拉半岛产出的碳铈钠石，而锶和钡含量稍高，可见不同产地产出的碳铈钠石在化学成分上稍有变化。

表 1-2-345　碳铈钠石化学全分析($w_B/\%$)及对比表

组分	白云鄂博	山东	俄罗斯科拉半岛
Fe_2O_3	0.42	0.04	1.50
CaO	15.10	18.09	15.10
SrO	18.77	16.10	12.43
BaO	6.25	1.93	3.20
Na_2O	3.30	4.06	5.11
K_2O	0.032	0.09	—
MnO	0.07	0.28	—
MgO	0.42	—	—
TR_2O_3	22.34	26.51	26.10
H_2O^+	0.05	3.77	2.77
H_2O^-	—	0.09	0.30
CO_2	33.67	33.01	31.82
不溶物	0.27	—	1.40
总计	100.69	103.97	99.73

注：数据引自梁有彬等(1981)。

表 1-2-346　白云鄂博碳铈钠石稀土配分表($w_B/\%$)

La	Ce	Pr	Nd	Sm	Gd
34.6	49.1	4.6	9.2	1.4	1.5

注：$\sum$REE=100%；数据引自梁有彬等(1981)。

易溶于稀盐酸，并剧烈起泡放出 CO_2。

[**光谱特征**]　碳铈钠石的差热分析和失重分析结果如图 1-2-328 和图 1-2-329 所示。可以看出，该矿物在660℃和950℃有两个强的吸热效应。差热曲线图上660℃的强吸热峰是碳铈钠石开始发生分解的温度，从而950℃的强吸热峰是矿物开始熔融所致，而推断出矿物的熔点为950℃左右。该矿物的失重分析得出其失重率为32.8%，这是矿物分解失去 CO_2 和 H_2O^+ 致。失重率与矿物化学全分析 CO_2 和 H_2O^+ 的百分含量相一致。

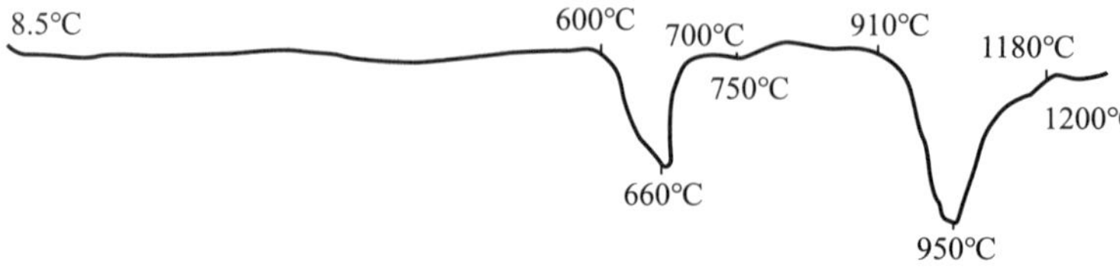

图 1-2-328　白云鄂博碳铈钠石差热分析曲线

(据梁有彬等，1981)

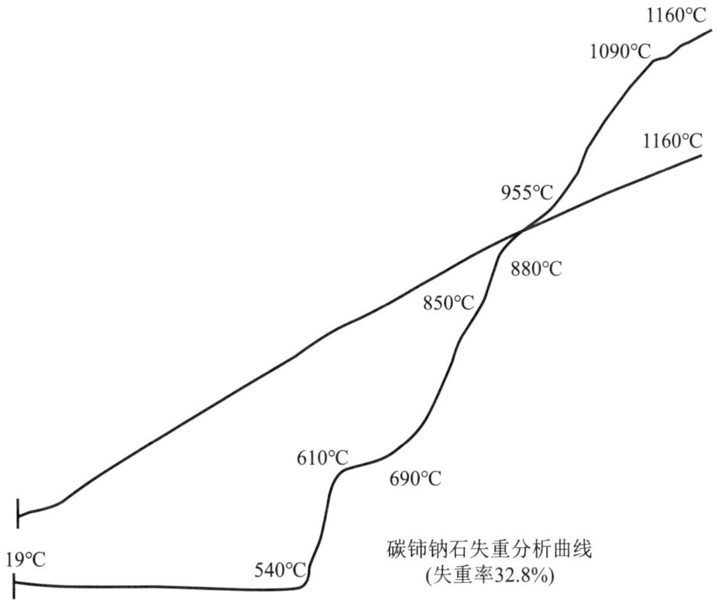

图 1-2-329　白云鄂博碳酸铈钠石的失重分析曲线

（据梁有彬等，1981）

红外吸收光谱如图 1-2-330 所示。碳铈钠石红外吸收光谱振动频率及其解释见表 1-2-347。其中 ν_1 为对称伸缩振动，弱且有分裂；ν_2 为面外弯曲振动，表现出尖锐而较强的波带共有 3 个；ν_3 为不对称伸缩振动，宽且强，显然分裂成两部分并有附属波带出现；ν_4 为面内弯曲振动，分裂成两部分并有附属波带出现。碳铈钠石红外光谱中 ν_1 的出现可确定其属文石结构。该矿物吸收带明显增多，这是因为晶胞中含有两个非等效碳酸盐分子使结构更复杂所致。

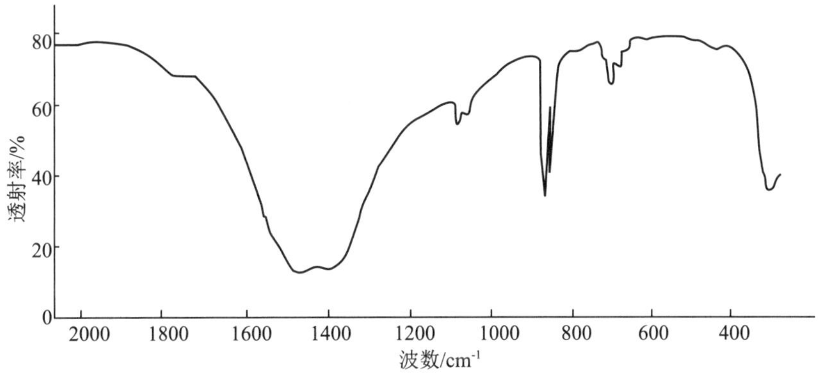

图 1-2-330　白云鄂博碳铈钠石的红外吸收光谱图

（据梁有彬等，1981）

表 1-2-347　白云鄂博碳铈钠石红外光谱振动频率及其解释

模式	频率/cm^{-1}
ν_3	1560 1510 1470（强） 1395
ν_1	1085（弱） 1065

续表

模式	频率/cm^{-1}
ν_2	880 870(中) 857
ν_4	784 713(弱) 690 678

注：数据引自梁有彬等(1981)。

(2)山东省微山县郗山稀土矿床中的碳铈钠石

[产地、产状及共(伴)生矿物] 产于山东微山稀土矿床中与霓辉正长岩有关的气成热液矿脉中，而霓辉正长岩赋存在前震旦纪黑云斜长片麻岩中，后者普遍遭受了混合岩化作用。附近还有钠长细晶岩脉、磷灰金云母岩脉穿插。碳铈钠石(文献中定名为碳铈钠矿)的共生矿物有方解石、重晶石和氟碳铈矿等(钱定福，1979；施倪承等，1982)。

[主要粉晶衍射数据] 见表 1-2-348。

表 1-2-348 山东碳铈钠石的 X 光粉晶数据及其对比

俄罗斯科拉半岛		中国山东		俄罗斯科拉半岛		中国山东		俄罗斯科拉半岛		中国山东	
碳铈钠矿		碳铈钠矿		碳铈钠矿		碳铈钠矿		碳铈钠矿		碳铈钠矿	
d/Å	I	d/Å	I	d/Å	I	d/Å	I	d/Å	I	d/Å	I
6.7	1			1.742	3	1.74	40	1.001	4		
5.29	4	52.0	30	1.709	5	1.72	20	0.9896	3		
4.92	4	4.75	40	1.671	1			0.9819	1		
4.10	3			1.655	4	1.65	30	0.9475	4		
3.66	5	3.56	30	1.610	2	1.60	30	0.9295	1		
3.58	4			1.571	1			0.9172	2		
3.20	3	3.15	40	1.531	1			0.9051	3		
3.00	10	2.96	100	1.492	2	1.49	30	0.8931	1		
2.71	1			1.454	1	1.415	20	0.8803	1		
2.60	7	2.55	50	1.368	4	1.38	20	0.8678	1		
2.43	1			1.332	1	1.36	10	0.8518	1		
2.29	7	2.27	10	1.278	7	1.28	60	0.8368	1		
		2.24	20	1.253	1	1.23	10	0.8232	3		
		2.17	10			1.20	10	0.8179	3		
		2.13	10	1.174	8	1.175	20				
2.082	5	2.06	30	1.155	1	1.165	20				
2.015	9	2.00	60	1.128	1						
1.948	5	1.95	50	1.093	5						
		1.92	20	1.080	5						
1.813	8	1.805	60	1.036							

注：数据引自钱定福(1979)。

[形貌特征] 呈中-粗粒状，最大颗粒达 2 cm。双目镜下，粒状、晶簇状或沿一组解理呈厚

板状。

[物理性质] 白色，大多数无色透明；玻璃光泽，呈乳白色者透明度差并显油脂光泽；性脆。显微硬度为102.1~137.5 kg/mm^2，平均为120.3 kg/mm^2。密度为3.41 g/cm^3(扭力天秤法)。比磁化系数$K=2.47\times10^{-6}$ cm^3/g。

[光学性质] 偏光镜下，呈粗大他形晶，无色透明，三组解理不完全，在碎屑油浸下，以一组(100)解理占优势，因此常沿(100)呈板状，并在此种板面上见到有点偏斜了的锐角等分线干涉图(因解理不完全)。二轴负晶。油浸测得黄光折光率$N_g=1.703\pm0.002$，$N_m=2.685\pm0.002$，$N_p=1.570\pm0.002$。光轴角$2V_{测量}=50°$，$2V_{测量}=43°10'$。色散：$r>v$。由此得到该斜方晶系的光性方位：$N_p=a$，$N_m=b$，$N_g=c$。薄片中可见一条方解石-重晶石-氟碳铈矿细脉穿插碳铈钠石，沿不完全解理局部有微小方解石分布。

[化学成分和性质] 单矿物化学全分析结果如表1-2-349所示。相应的化学式为：$(Ca_{0.41},Sr_{0.20},TR_{0.20},Na_{0.17},Ba_{0.02})_{1.00}C_{0.96}O_3$，从化学式可以看出，在这种碳酸盐矿物的晶格中，除了锶以等价类质同象置换钙以外，稀土元素(主要是铈和镧)和钠是以异价类质同象取代钙进入晶格的，即$2Ca^{2+}\leftarrow Na^{1+}+TR^{3+}$($Ce^{3+}$，$La^{3+}$等)，因为$Na^{1+}_{0.18}$和$TR^{3+}_{0.21}$的系数非常接近，所以保证了这种异价类质同象置换的电价平衡。与俄罗斯科拉半岛产出的碳铈钠石相比，两者化学成分基本相同，只是山东的含钙和锶偏高些，含钡和钠偏低些。

表1-2-349 山东碳铈钠石的化学成分(w_B/%)分析数据及其对比

分析项目	中国山东	俄罗斯科拉半岛
TR_2O_3	26.51	26.10
CaO	18.09	15.10
SrO	16.10	12.43
BaO	1.93	3.20
Fe_2O_3	0.04	1.50
Al_2O_3	—	0.30
MnO	0.28	—
K_2O	0.09	—
Na_2O	4.06	5.11
CO_2	33.01	31.82
H_2O^+	3.77	2.10
H_2O^-	0.09	0.30
不溶物	—	1.40
合计	103.97	99.36

注：数据引自钱定福(1979)。

本区碳铈钠石的稀土分量分析结果及其与俄罗斯科拉半岛产出的碳铈钠石对比(表1-2-350)，两者稀土元素含量基本相同。

表1-2-350 山东碳铈钠石的稀土分量(w_B/%)对比

分析项目	中国山东	俄罗斯科拉半岛
La_2O_3	43.50	42.61
CeO_2	46.45	44.64
Nd_2O_3	5.85	8.56
Sm_2O_3	0.10	4.19
Pr_5O_{11}	2.61	—
合计	98.51	100.00

注：数据引自钱定福(1979)。

极易溶于盐酸，在 1∶5 的冷盐酸中激烈起泡，放出 CO_2。

［光谱特征］ 碳铈钠石的差热分析曲线如图 1-2-331 所示。从图可以看出这条曲线具有双吸热效应的特征。

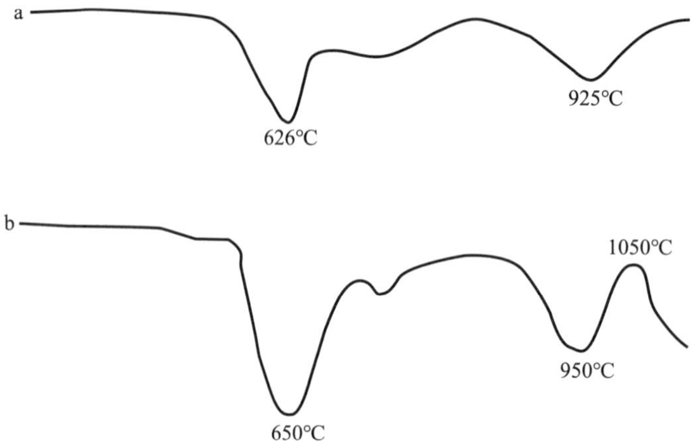

图 1-2-331　山东碳铈钠石的差热分析曲线

（据钱定福，1979）

a—中国山东的碳铈钠石；b—俄罗斯科拉半岛的碳铈钠石

二十五、菱碱土矿(Benstonite)

1. 菱碱土矿的一般特征

［产地、产状及共(伴)生矿物］ 常见产状有两种，一是产于重晶石矿床中(美国 Baroid 重晶石矿床)，另一种是产在切穿碳酸盐岩的阿尔卑斯型岩脉中(中国白云鄂博矿床)。典型产地除分布在美国和中国外，其他还有加拿大 Jason 铅锌矿床、瑞典 Långban、纳米比亚 Rosh Pinah、俄罗斯 Murun 岩体，印度 Jogipatt 碳酸盐岩体等地。不同产地其共(伴)生矿物组合各有不同，主要有：重晶石、方解石和石英(美国 Magnet Cove 的 Baroid 重晶石矿床)；方解石、三斜钡解石、萤石和闪锌矿(美国伊利诺伊州 Minerva 1 号矿体)；碳钙镁石、钡解石、菱锶矿、黄铁矿、金云母、独居石和大青山石(中国白云鄂博)(Lippmann，1962；White et al.，1970；Effenberger，1979)。

［形貌特征］ 菱面体晶型，粒径最大至 1 cm。集合体常呈裂解块状，具完好的镶嵌结构。

［晶体结构］ 三方晶系；$R\bar{3}$。晶胞参数为 $a=18.280(9)$ Å，$c=8.652(8)$ Å；$Z=3$。晶体结构参数(原子坐标)见表 1-2-351。

表 1-2-351　菱碱土矿的晶体结构参数(原子坐标)

$a=18.280$ Å，$b=18.280$ Å，$c=8.652$ Å，$\alpha=90°$，$\beta=90°$，$\gamma=90°$，$R\bar{3}$												
原子	*x*	*y*	*z*	*occ*	*Uiso*	*U*(1，1)	*U*(2，2)	*U*(3，3)	*U*(1，2)	*U*(1，3)	*U*(2，3)
Ba	0.0533	0.1778	0.3007			0.0091	0.0104	0.0148	0.0059	0.0008	0.0006
Ca	0.3319	0.0860	0.0238			0.0050	0.0052	0.0067	0.0030	0.0012	0.0010
Mg	0	0	0		0.007						
O1	0.4820	0.4856	0.1724		0.019						
O2	0.3798	0.3543	0.1180		0.013						
O3	0.3525	0.4613	0.1185		0.015						
O4	0.2393	0.1124	0.1817		0.010						
O5	0.1039	0.0689	0.1414		0.027						

$a=18.280$ Å, $b=18.280$ Å, $c=8.652$ Å, $\alpha=90°$, $\beta=90°$, $\gamma=90°$, $R\bar{3}$											
原子	x	y	z	occ	$Uiso$	$U(1,1)$	$U(2,2)$	$U(3,3)$	$U(1,2)$	$U(1,3)$	$U(2,3)$
O6	0.1993	0.2036	0.1101		0.020						
O7	0.0789	0.0549	0.4749	0.5	0.018						
C1	0.4058	0.4334	0.1398		0.009						
C2	0.1797	0.1288	0.1376		0.008						
C3	0	0	0.4785	0.5	0.017						

注：数据引自 Effenberger(1979)。

[主要粉晶衍射数据 d/Å(I)(hkl)] 3.085(100)(312)，3.92(40)(131)，2.536(30)(620)，2.127(25)(621)，1.905(18)(523)，4.19(16)(012)，1.945(12)(134)，3.60(10)(401)(PDF 14-637)。

[物理性质] 雪白色、象牙白色、浅黄色、浅黄棕色；透明。发育{$31\bar{4}2$}完全解理。摩氏硬度 $H=3\sim4$。密度 $D_{测量}=3.596$-3.66 g/cm^3，$D_{计算}=3.695$ g/cm^3。在长波和短波紫外线、X 射线照射下发红色或黄色荧光；具强烈的磷光性，红色。

[光学性质] 一轴负晶。折光率 $\omega=1.690(1)$，$\varepsilon=1.527(1)$。

[化学成分] 理想化学式为 $Ba_6Ca_6Mg(CO_3)_{13}$，其化学组成(w_B/%)为：BaO 49.23，CaO 18.00，MgO 2.16，CO_2 30.61，合计 100.00。产于美国 Magnet Cove 的样品化学组成(w_B/%)为：BaO 43.05，SrO 4.02，CaO 19.52，MgO 1.69，MnO 0.35，CO_2 31.35，合计 99.98。相应的化学式为 $(Ba_{5.27}Sr_{0.73})_{\Sigma6.00}Ca_{6.00}(Mg_{0.79}Ca_{0.12}Mn_{0.09})_{\Sigma1.00}(CO_3)_{13.00}$。

2. 在中国的产出情况

菱碱土矿非常稀少，全球产地不多，中国白云鄂博稀土矿床是非常重要的产地之一，此外中国未见其他产地报道。

内蒙古自治区包头市白云鄂博稀土矿床中的菱碱土矿

[产地、产状及共(伴)生矿物] 白云鄂博矿床是超大型稀土-铁矿床。位于内蒙古自治区包头以北的白云鄂博。含矿带主要分布于华北地台北缘中元古界白云鄂博群的碳酸盐岩层中，在片岩和各种混合岩中也有矿化现象。矿区分主矿、东矿和西矿。稀土矿主要赋存于主矿、东矿。矿石中矿物种类多达 200 多余种。矿床中的菱碱土矿产在西矿区的脉状含铌稀土白云石碳酸岩中。共生矿物有 β-钙菱锶矿、钙菱锶矿、菱钡镁石、菱碱土矿、含锶方解石、菱锶矿、毒重石、碳酸铈钠矿、独居石、烧绿石、氟碳铈钡石和铌铁矿等(梁有彬等，1982)。

[晶体结构] 三方晶系。晶胞参数为 $a=18.28$ Å，$c=8.63$(梁有彬，1982)。

[主要粉晶衍射数据 d/Å(I)] 3.89(6)，3.04(10)，2.52(7)，2.12(6)，1.95(8)，1.87(8)，1.55(5)，1.166(6)。

[物理性质] 白色、骨白色、雪白色。摩氏硬度 $H=3.54$。密度 $D=3.62$ g/cm^3。

[光学性质] 一轴负晶。$\omega=1.6870$，$\varepsilon=1.5215$。

[化学成分] 本矿床中菱碱土矿的化学组成见表 1-2-352，相应的化学式为 $(Ca, Mg, Mn)_7(Ba, Sr)_6(CO_3)_{13}$。

表 1-2-352 内蒙古白云鄂博稀土矿床中菱碱土矿的化学组成(w_B/%)

CaO	SrO	MgO	BaO	Al_2O_3	Fe_2O_3	MnO	K_2O	Na_2O	TR_2O_3	H_2O	CO_2	总计
51.06	4.57	0.23	0.10	—	0.54	—	—	—	—	—	42.58	99.08

注：数据引自梁有彬等(1982)。

[光谱特征] 红外光谱频率：1461 cm^{-1}(强)，879 cm^{-1}(中)，713 cm^{-1}(弱)。

二十六、碳钠铜石(Juangodoyite)

1. 碳钠铜石的一般特征

［产地、产状及共(伴)生矿物］ 2004年发现于智利北部Atamaca沙漠中Santa Rosa银-铜-铅多金属矿床的氧化带。其共(伴)生矿物有蓝铜钠石、孔雀石、方解石、硬石膏、天然碱和苏打石(Schlüter et al., 2005)。

［形貌特征］ 呈蓝铜钠石(Chalconatronite, $Na_2Cu(CO_3)_2 \cdot 3H_2O$)的细粒假晶，晶粒最大可至5 μm。

［晶体结构］ 单斜晶系；$P2_1/b$。晶胞参数为 a = 6.171 Å，b = 8.171 Å，c = 6.171 Å；β = 116.23°；Z=2。

［主要粉晶衍射数据 d/Å(I)(hkl)］ 2.666(100)($11\bar{2}$)，4.258(75)($11\bar{1}$)，5.056(66)(001)，2.619(65)(210)，4.575(57)(110)，4.298(37)(011)，2.450(33)($22\bar{1}\bar{1}$)，2.907(32)(111)。

［物理性质］ 鲜艳的天青蓝色；条痕蓝色；土状光泽；硬度未测，质软；密度 $D_{计算}$ = 2.984 g/cm^3；无荧光性。

［光学性质］ 由于粒度小，无法测光学性质。计算折光率值为1.571。

［化学成分］ 理想化学式为$Na_2Cu(CO_3)_2$。产于智利Santa Rosa矿床的碳钠铜石电子探针分析结果(w_B/%)为：Na_2O 28.27，CuO 33.77，CO_2 38.45，合计100.49，对应的化学式为$Na_{2.08}Cu_{0.98}(C_{1.99}O_6)$。

［微化反应］ 易溶于盐酸，遇盐酸强烈起泡。

［变化］ 不溶于水，但遇水即发生水合反应，几小时内变为蓝铜钠石。

2. 在中国的产出情况

目前中国暂未发现碳钠铜石。

第三节　含碱金属和碱土金属阳离子的碳酸盐矿物

此类矿物一共有10种，即碳钠镁石(Eitelite)、萘碳钠钙石(Nyerereite)、碳钙钠石(Zemkorite)、三方碳钾钙石(Butschliite)、碳钾钙石(Fairchildite)、碳钠钙石(Shortite)、黄碳锶钠石(Burbankite)、黄碳钙钠石(Calcioburbankite)、黄碳钡钠石(Khanneshite)和黄碳铅钠石(Sanrománite)。仅碳钠钙石和黄碳锶钠石两种矿物在中国有产出，其余8种未见产出报道。

一、碳钠镁石(Eitelite)

1. 碳钠镁石的一般特征

［产地、产状及共(伴)生矿物］ 为白云质页岩和沥青质泥灰岩中的原生矿物(美国犹他州)，或产在碱性岩浆岩体中(俄罗斯Khibiny)。主要产地分布在美国犹他州和俄罗斯Vuonnemiok河谷。不同产地的共(伴)生矿物组合有所不同，美国犹他州Kermit Poulson一号井有硅硼钠石、白钛石、水硅硼钠石、青石棉和碳钠钙石；美国犹他州Mapco Shrine Hospital一号井产出丰富的碳钠镁石大晶体，主要与天然碱、苏打石、碳酸钠钙石和氯碳钠镁石共(伴)生(Milton et al., 1955；Pabst，1973；Khomyakov et al., 1980；Knobloch et al., 1980)。

［形貌特征］ 呈不太完好菱面体至假八面体晶型，粒径最大可至17mm，由{$10\bar{1}1$}、{$01\bar{1}2$}和{0001}晶面组成。

［主要粉晶衍射数据 d/Å(I)(hkl)］ 2.602(100)(015)，2.731(25)(006)，2.469(25)(110)，2.251(20)(113)，1.8975(20)(024)，2.0710(18)(202)，3.794(16)(012)，1.5311(11)(1010)

(PDF 24-1227；人工合成)。

［物理性质］ 无色；透明；玻璃光泽。密度 $D_{测量}=2.737\ g/cm^3$，$D_{计算}=2.733\ g/cm^3$。

［光学性质］ 一轴负晶。折光率 $\omega=1.605$，$\varepsilon=1.450$。

［化学成分］ 理想化学式为 $Na_2Mg(CO_3)_2$，其化学组成($w_B/\%$)为：Na_2O 32.57，MgO 21.18，CO_2 46.25，合计 100.00。产于俄罗斯 Khibiny 的样品化学组成($w_B/\%$)为：Na_2O 31.42，MgO 12.20，MnO 2.07，FeO 10.93，CO_2 43.94，合计 100.56。对应的化学式为 $Na_{2.03}(Mg_{0.61}Fe_{0.30}Mn_{0.06})_{\Sigma 0.97}(CO_3)_{2.00}$。

2. 在中国的产出情况

目前在中国暂未发现碳钠镁石。

二、萘碳钠钙石(Nyerereite)

1. 萘碳钠钙石的一般特征

［产地、产状及共(伴)生矿物］ 系碳酸盐岩浆快速冷凝结晶的产物，多呈斑晶产出。主要产于坦桑尼亚 Oldoinyo Lengai 和 Kerimasi 火山岩中。其共(伴)生矿物有岩盐、钾盐、萤石、六方碳钠石和方解石(McKie et al.，1977；Church et al.，1995)。

［形貌特征］ {001}板状晶体，呈粗而短的矩形，微晶两端呈燕尾状。晶体最长至 1 mm。有双晶，与[001] 平行方向发育多孪晶。

［晶体结构］ 斜方晶系；$Cmc2_1$；晶胞参数为 $a=5.044(3)$ Å，$b=8.809(7)$ Å，$c=12.743(3)$ Å；$Z=4$。晶体结构参数(原子坐标)见表 1-3-1。

表 1-3-1 萘碳钠钙石的晶体结构参数(原子坐标)

$a=5.044$ Å，$b=8.809$ Å，$c=12.743$ Å，$\alpha=90°$，$\beta=90°$，$\gamma=90°$，$Cmc2_1$				
原子	x	y	z	occ
Ca	0	0.98	0	
Na1	0	0.32	0.82	0.64
K1	0	0.32	0.82	0.36
Na2	0	0.32	0.12	
C1	0	0.35	0.51	
C2	0	0.99	0.23	
O1	0.22	0.28	0.52	
O2	0	0.49	0.49	

注：数据引自 McKie et al. (1977)。

［主要粉晶衍射数据 d/Å(I)(hkl)］ 3.046(100)(023)，3.046(100)(113)，6.377(90)(002)，4.385(90)(020)，4.385(90)(110)，2.536(90)(130)，2.161(90)(221)，2.071(90)(222)(PDF 33-1221；斜方晶系)；3.2125(999)(004)，3.0601(965)(103)，2.0701(765)(202)，2.5891(649)(104)，2.5250(578)(110)，1.9476(324)(203)，1.8077(308)(204)，6.4250(237)(002)(PDF 83-1252；六方晶系)。

［物理性质］ 无色；半透明；硬度未测。密度 $D_{测量}=2.541\ g/cm^3$。

［光学性质］ 二轴负晶；折光率 $\alpha=1.511$，$\beta=1.533$，$\gamma=1.534$。光轴角 $2V_{测量}=29°$。光性方位：$X=c$；$Y=a$；$Z=b$。

［化学成分］ 理想化学式为 $Na_2Ca(CO_3)_2$，其化学组成($w_B/\%$)为：Na_2O 30.08，CaO 27.21，

CO_2 42.71，合计 100.00。产于坦桑尼亚的样品化学组成（w_B/%）为：Na_2O 26.20，K_2O 7.90，SrO 2.00，CaO 22.20，BaO 0.60，CO_2 39.00，SO_3 2.10，F 0.23，Cl 0.42，H_2O 0.80，$-O=(F, Cl)_2$ 0.20，合计 101.25。

［与其他矿物种的关系］ 与碳钙钠石（Zemkorite）呈同质多象。

2. 在中国的产出情况

目前中国暂未发现萘碳钠钙石。

三、碳钙钠石（Zemkorite）

1. 碳钙钠石的一般特征

［产地、产状及共（伴）生矿物］ 产于地下 400~450 m 深处未发生蛇纹石化但已发生钠质交代的金伯利岩中，填充裂隙并作为包裹体存在；发现于俄罗斯 Sakha 的 Udachnaya 金伯利岩岩筒中。主要共生矿物为碳钠钙石和岩盐（Yegorov et al.，1988）。

［形貌特征］ 少量为由他形晶体构成的扇状集合体，5 mm；在岩脉和裂隙中呈粒状块体。

［晶体结构］ 六方晶系；$P6_3/mmc$，$P\bar{6}2c$ 或 $P6_3mc$。晶胞参数为 $a=10.06(2)$ Å，$c=12.72(1)$ Å；$Z=8$。

［主要粉晶衍射数据 d/Å（I）（hkl）］ 4.36（100）（200），3.04（100）（203），2.52（10）（220），2.06（100）（402），6.36（90）（002），1.797（80）（404），2.18（70）（400），3.18（60）（004）（PDF 41-1440）。

［物理性质］ 无色；透明；玻璃-珍珠光泽；发育片状完全解理；性脆。摩氏硬度 $H=2$。密度 $D_{测量}=2.46(2)$ g/cm^3，$D_{计算}=2.47$ g/cm^3。

［光学性质］ 一轴负晶。折光率 $\omega=1.535(1)$，$\varepsilon=1.513(1)$。

［化学成分］ 理想化学式为 $Na_2Ca(CO_3)_2$，其化学组成（w_B/%）为：Na_2O 30.08，CaO 27.21，CO_2 42.71，合计 100.00。产于俄罗斯 Udachnaya 岩筒中的样品化学组成（w_B/%）为：Na_2O 25.72，CaO 28.39，Al_2O_3 0.05，CO_2 39.20，合计 99.78。对应的化学式为 $(Na_{1.80}K_{0.29})_{\Sigma 2.09}Ca_{1.10}(CO_3)_{1.93}$。

［与其他矿物种的关系］ 与萘碳钙钠石成同质二象。

2. 在中国的产出情况

目前中国暂未发现碳钙钠石。

四、三方碳钾钙石（Butschliite）

1. 三方碳钾钙石的一般特征

［产地、产状及共（伴）生矿物］ 来自树木部分燃烧过程中熔化的木灰渣，一般见于森林中被闪电摧毁的树干（枝）。在美国亚利桑那州大峡谷国家公园、爱达荷州 Kaniksu 国家森林、弗吉尼亚州 Long Shop 以及加拿大安大略省 Eganville 和 Deseronto 附近均有产出。其共（伴）生矿物主要是方解石和碳钾钙石（Palache et al.，1951；Milton et al.，1947；Effenberger et al.，1984）。

［形貌特征］ 微晶呈筒状，沿[0001]方向延长。集合体呈土状至瓷质块状。

［晶体结构］ 三方晶系；$R\bar{3}m$。晶胞参数为 $a=5.3822(4)$ Å，$c=18.156(2)$ Å；$Z=3$。

［主要粉晶衍射数据 d/Å（I）］ 2.862（100），3.02（35），1.690（20），1.641（20），1.044（20），0.933（20），2.071（14）（ICDD 25-625，人工合成）。

［物理性质］ 灰黄色、棕灰色，混入杂质可呈浅绿色；半透明。发育{0001}极完全/完全解理。密度 $D_{计算}=2.607$ g/cm^3。

［光学性质］ 一轴负晶。折光率 $\omega=1.595$，$\varepsilon=1.455$。

［化学成分］ 理想化学式为 $K_2Ca(CO_3)_2$。主要依据与人工合成样品 X 粉晶图形的一致性来鉴定

矿物。

［与其他矿物种的关系］ 与碳钾钙石(Fairchildite)呈同质二象。

2. 在中国的产出情况

目前中国暂未发现三方碳钾钙石。

五、碳钾钙石(Fairchildite)

1. 碳钾钙石的一般特征

［产地、产状及共(伴)生矿物］ 来自树木部分燃烧过程中熔化的木灰渣，一般见于森林中被闪电摧毁的树干(枝)。在美国亚利桑那州大峡谷国家公园、爱达荷州 Kaniksu 国家森林、弗吉尼亚州 Long Shop 以及加拿大安大略省 Eganville 和 Deseronto 附近均有产出。其共(伴)生矿物主要是方解石和三方碳钾钙石(Palache et al.，1951；Pertlik，1981)。

［形貌特征］ 微晶呈{0001}六方板片状；常见集合体呈致密石质。

［晶体结构］ 六方晶系；$P6_3/mmc$。晶胞参数为 $a=5.294(1)$ Å，$c=13.355(2)$ Å；$Z=2$。

［主要粉晶衍射数据 ***d*/Å(*I*)(*hkl*)**］ 3.192(100)(103)，2.646(70)(110)，2.699(30)(104)，2.168(20)(202)，2.225(16)(006)，6.67(14)(002)，2.039(14)(203)，1.891(14)(204)(PDF 21-1287；人工合成)。

［物理性质］ 晶体无色，集合体为亮灰色至蓝灰色，透明。

［光学性质］ 一轴负晶，折光率 $\omega=1.533$，$\varepsilon=1.498$。

［化学成分］ 理想化学式为 $K_2Ca(CO_3)_2$。没有对纯天然的物质进行分析，主要依据与人工合成样品 X 粉晶图形的一致性来鉴定矿物。

［和其他矿物种的关系］ 与三方碳钾钙石(Bütschliite)成同质多象。

2. 在中国的产出情况

目前中国暂未发现碳钾钙石。

六、碳钠钙石(Shortite)

1. 碳钠钙石的一般特征

［产地、产状及共(伴)生矿物］ 产状主要分为 5 种，即盐湖的白云石质泥灰岩中(美国犹他州和怀俄明州绿河组)、金伯利岩脉中(加拿大 Upper Canada 金矿床、俄罗斯 Udachnaya 金伯利岩岩筒)、碳酸盐岩中(俄罗斯科拉半岛 Vuoriyarvi 碳酸盐岩杂岩体)、分异的碱性岩中(俄罗斯 Kovdor 和 Khibiny)以及碱性辉长-正长岩体中(加拿大 Mont Saint-Hilaire)。其中美国犹他州和怀俄明州预计碳钠钙石储量为数十亿吨。各产地分别对应的共(伴)生矿物组合为：天然碱、苏打石和黄铁矿(美国)；金云母、磁铁矿、磷灰石、钙钛矿、方解石和橄榄石(加拿大 Upper Canada)；氟碳钠铝石、氟盐、碳钠石、钠沸石和钠长石(俄罗斯 Khibiny)(Palache et al.，1951；Fahey，1962；Dickens et al.，1971；Watkinson et al.，1973)。

［结晶形态］ 晶体常呈楔形，平行[100]方向呈扁平至短柱状，最大至 3 cm。可见晶面(100)、$(\bar{1}00)$、(011)、$(0\bar{1}\bar{1})$和$(00\bar{1})$，$\{00\bar{1}\}$发育平行[100]方向的晶面纹。

［晶体结构］ 斜方晶系；$Amm2$。晶胞参数为 $a=4.947(1)$ Å，$b=11.032(2)$ Å，$c=7.108(1)$ Å；$Z=2$。

［主要粉晶衍射数据 ***d*/Å(*I*)(*hkl*)**］ 2.562(100)(122)，5.520(70)(020)，4.960(70)(100)，2.179(70)(042)，1.996(60)(142)，5.990(50)(011)，3.820(50)(111)，2.475(50)(200)(PDF21-1348)。

［物理性质］ 无色、浅黄色、深黄色，在透射光下无色；透明；玻璃光泽。发育{010}极完全解

理；贝壳状断口。摩氏硬度 $H=3\sim4.5$。密度 $D_{测量}=2.629\ g/cm^3$，$D_{计算}=2.620\ g/cm^3$。具强热电性。在短波紫外光照射下发浅琥珀色荧光。

[光学性质] 二轴负晶。折光率 $\alpha=1.531\sim1.532$，$\beta=1.555\sim1.556$，$\gamma=1.570$。光轴角 $2V_{测量}=69.0(5)°$，$2V_{计算}=73.9°\sim75°$。光性方位：$X=c$；$Y=a$；$Z=b$。色散：$r<v$，中等。

[化学成分] 理想化学式为 $Na_2Ca_2(CO_3)_3$，其化学组成($w_B/\%$)为：Na_2O 20.25，CaO 36.63，CO_2 43.12，合计 100.00。典型产地产出样品的化学分析结果如表 1-3-2 所示。

表 1-3-2 碳钠钙石的化学分析结果($w_B/\%$)

产地/成分	CO_2	MgO	CaO	Na_2O	不溶物	合计
美国怀俄明州	42.90	0.04	36.34	19.91	0.66	99.85
加拿大 Upper Canada 矿	[43.37]		36.57	20.06		100.00

[微化反应] 在水中缓慢溶解，有 $CaCO_3$ 沉淀。

2. 在中国的产出情况

目前我国的碳钠钙石仅发现于河南省南阳市桐柏县的安棚碱矿(周建民等，1989)和河南南阳泌阳盆地内的吴城天然碱矿床(张幼勋，1983)，以及新疆维吾尔自治区伊犁自治州塔城的准噶尔盆地(Zhang Z et al.，2018)。

(1)河南省桐柏县安棚碱矿中的碳钠钙石

安棚碱矿位于河南南襄盆地泌阳凹陷的东南部，凹陷内主要为中新生界沉积，安棚一带为该凹陷的沉积中心，始新统核桃园组核二段发育有白云岩和重碳钠盐岩等蒸发岩类。核二段底部含碱段主要发育 4 种岩石类型，其中细-粉砂岩中胶结物为泥晶白云石，上部有时为碳钠钙石亮晶胶结；油页岩中常夹碳钠钙石亮晶胶结的砂岩薄层或透镜体；白云岩中局部分布有零星的或呈菊花状、放射状排列的碳钠钙石集合体(周建民等，1989)。

(2)河南省桐柏县吴城天然碱矿床中的碳钠钙石

河南省桐柏县吴城盐碱矿是世界罕见的古代天然碱矿床之一，属于典型的陆相碳酸盐型盐湖沉积。矿床赋存于一个古近纪断陷盆地中，呈多层状产出，下部为天然碱矿层，上部则为含岩盐天然碱层。矿床盐类矿物组合以天然碱为主，次为石盐、重碳酸钠盐。碳钠钙石的共生矿物有磷钠钙石、氯碳钠镁石。

黄碳锶钠石族(Burbankite group)

黄碳锶钠石	Burbankite	$(Na,Ca)_3(Sr,Ba,Ce)_3(CO_3)_5$	六方晶系
黄碳钙钠石	Calcioburbankite	$Na_3(Ca,Ce,Sr,La)_3(CO_3)_5$	六方晶系
黄碳钡钠石	Khanneshite	$(Na,Ca_3)(Ba,Sr,Ce,Ca)_3(CO_3)_5$	六方晶系
黄碳铅钠石	Sanrománite	$Na_2CaPb_3(CO_3)_5$	六方晶系
碳钠铈石	Petersenite-(Ce)	$Na_4(Ce,La,Nd)_2(CO_3)_5$	单斜晶系
瑞碳钠铈石	Rémondite-(Ce)	$Na_3(Ce,Ca,Na)_3(CO_3)_5$	单斜晶系
瑞碳钠镧石	Rémondite-(La)	$Na_3(La,Ca,Na)_3(CO_3)_5$	单斜晶系

七、黄碳锶钠石(Burbankite)

1. 黄碳锶钠石的一般特征

[产地、产状及共(伴)生矿物] 是碳酸盐岩中大量产出的常见副矿物，也是产于碱性辉长-正长杂岩体中的一种原生矿物。主要产地位于美国蒙大拿州、犹他州和怀俄明州、加拿大魁北克和安大略

省、格陵兰 Qaqarssuk、巴西 Poços de Caldas、俄罗斯 Vuoriyarvi 碳酸盐岩和 Khibiny 等、波兰 Tajno 和南非 Zeerust 等地。共伴生矿物有：菱锶铬矿、水碳镧铈石、镧石、方解石、黑云母和重晶石(美国蒙大拿州)；菱锶铬矿、碳铈钠石和方解石(加拿大 Mont Saint-Hilaire)(Pecora et al., 1953；Chen T T et al., 1974；Effenberger et al., 1985)。

[形貌特征] 为拉长的复六方柱状晶体，两端呈尖锥状，晶面条纹平行[001]。集合体呈为纤维状球形集或他形粒状，大至 5 cm。

[晶体结构] 六方晶系；$P6_3mc$。晶胞参数为 a = 10.41 ~ 10.547 Å，c = 6.250 ~ 6.520 Å；Z = 2。晶体结构参数(原子坐标)见表 1-3-3。

[主要粉晶衍射数据 d/Å(I)(hkl)] 2.6561(100)(022)，3.0471(90)(121)，2.6304(81)(220)，2.1516(76)(041)，3.7377(57)(021)，3.2692(48)(002)，5.3087(31)(011)，5.2586(29)(110)(PDF 51-1461)。

[物理性质] 无色、灰黄色、粉色、浅绿色；透明-半透明；珍珠光泽。发育{$10\bar{1}0$}完全-不完全解理。摩氏硬度 H=3.5~4。密度 $D_{测量}$=3.50~3.58 g/cm^3，$D_{计算}$=3.50~3.54 g/cm^3。具压电性。

表 1-3-3 黄碳锶钠石的晶体结构参数(原子坐标)

a=10.514 Å，b=10.514 Å，c=6.477 Å，α=90°，β=90°，γ=120°，$P6_3mc$												
原子	x	y	z	occ	$Uiso$	U(1，1)	U(2，2)	U(3，3)	U(1，2)	U(1，3)	U(2，3)
NaA	0.52343	-0.52343	0.3128	0.82	0.0222	0.0190	0.0190	0.0273	0.0085	0.0002	-0.0002
CaA	0.52343	-0.52343	0.3128	0.17	0.0222	0.0190	0.0190	0.0273	0.0085	0.0002	-0.0002
SrB	0.84125	-0.84125	0	0.57	0.01472	0.01338	0.01338	0.01632	0.00589	0.00071	-0.00071
CaB	0.84125	-0.84125	0	0.16	0.01472	0.01338	0.01338	0.01632	0.00589	0.00071	-0.00071
BaB	0.84125	-0.84125	0	0.11	0.01472	0.01338	0.01338	0.01632	0.00589	0.00071	-0.00071
YB	0.84125	-0.84125	0	0.03	0.01472	0.01338	0.01338	0.01632	0.00589	0.00071	-0.00071
CeB	0.84125	-0.84125	0	0.05	0.01472	0.01338	0.01338	0.01632	0.00589	0.00071	-0.00071
LaB	0.84125	-0.84125	0	0.02	0.01472	0.01338	0.01338	0.01632	0.00589	0.00071	-0.00071
NdB	0.84125	-0.84125	0	0.02	0.01472	0.01338	0.01338	0.01632	0.00589	0.00071	-0.00071
PrB	0.84125	-0.84125	0	0.01	0.01472	0.01338	0.01338	0.01632	0.00589	0.00071	-0.00071
ThB	0.84125	-0.84125	0	0.03	0.01472	0.01338	0.01338	0.01632	0.00589	0.00071	-0.00071
C1	0.799	-0.799	0.5372		0.0151	0.0144	0.0144	0.017	0.0071	0.0015	-0.0015
C2	0	0	0.8313		0.0172	0.017	0.017	0.017	0.0085	0	0
C3	1/3	2/3	0.490		0.0177	0.019	0.019	0.014	0.0097	0	0
O1	0.3749	0.0815	0.6308		0.0240	0.0224	0.0179	0.0312	0.0096	-0.0024	0.0047
O2	0.9304	-0.9304	0.3353		0.0316	0.0250	0.0250	0.053	0.019	0.0006	-0.0006
O3	0.40439	-0.40439	0.4864		0.0242	0.0296	0.0296	0.0214	0.0208	0.0006	-0.0006
O4	0.7756	-0.7756	0.3533		0.0245	0.0240	0.0240	0.0251	0.0117	-0.0019	0.0019

注：数据引自 Onac et al. (2009)。

[光学性质] 一轴负晶。折光率 ω=1.616~.635，ε=1.597~1.623。

[化学成分] 理想化学式为$(Na, Ca)_3(Sr, Ba, Ce)_3(CO_3)_5$。典型产地样品的化学组成如表 1-3-4 所示。

[和其他矿物种的关系] 属于黄碳锶钠石族。

2. 在中国的产出情况

目前发现的黄碳锶钠石中国产地为数不多，仅有湖北省十堰市神农架自然保护区的杀熊洞碳酸岩杂岩体(王彤等，1989；文献中定名黄菱锶铈矿)和竹山县庙垭碳酸岩岩体(Orris et al., 2002)。

湖北省十堰市杀熊洞碳酸岩杂岩体中的黄碳锶钠石

［产地、产状及共(伴)生矿物］ 湖北竹山杀熊洞碳酸岩杂岩体由5种岩石类型组成，在每种岩石类型中均含黄碳锶钠石，但以黑云霓石碳酸岩中含量最高。黄碳锶钠石呈浸染状产出，伴生的副矿物还有磷灰石、黄铁矿、磁铁矿、烧绿石等(王彤等，1989)。

表 1-3-4 黄碳锶钠石的化学组成($w_B/\%$)

产地/成分	CO_2	Y_2O_3	La_2O_3	Ce_2O_3	Pr_2O_3	Nd_2O_3	Sm_2O_3	Gd_2O_3	Dy_2O_3	Tb_2O_3	Yb_2O_3
美国 Montana	33.24	<0.03	3.37	5.39	0.46	1.26	0.14	0.41		0.05	
加拿大 Mont Saint-Hilaire	33.17			2.12		0.13			0.08		0.10
产地/成分	CaO	SrO	BaO	Na_2O	合计	化学式					
美国 Montana	11.47	25.08	11.47	8.34	100.68	$(Na_{1.78}Ca_{0.89})_{2.67}(Sr_{1.60}Ba_{0.50}Ca_{0.46}La_{0.14}Ce_{0.22}Nd_{0.05}Pr_{0.02}Gd_{0.01})_{3.00}(CO_3)_5$					
加拿大 Mont Saint-Hilaire	12.03	32.35	11.02	8.30	99.30	$(Na_{1.78}Ca_{1.07})_{2.85}(Sr_{2.07}Ba_{0.48}Ca_{0.35}RE_{0.10})_{3.00}(CO_3)_5$					

［形貌特征］ 以不完好的六方短柱状颗粒为主，有时带有锥体，粒度通常≤0.2 mm。

［晶体结构］ 计算所得晶胞参数为 a=10.49 Å，c=6.42 Å。

［主要粉晶衍射数据］ 本区黄碳锶钠石的衍射衍射数据见表 1-3-5。特征衍射峰为：2.620(100)(202，220)，3.026(60)(221，300)；2.138(50)(401)。

表 1-3-5 黄碳锶钠石 X 射线衍射分析数据

d/Å	I	hkl	d/Å	I	hkl	d/Å	I	hkl
9.125	8	100	2.342	14	212 311	1.747	21	322
5.247	31	101	2.269	6	400	1.685	3	412
4.544	14	200	2.202	10	302	1.656	17	421
3.707	30	201	2.138	50	401	1.631	3	510 313
3.431	12	210	2.086	20	103 320	1.579	5	511
3.216	17	002	2.030	19	222	1.558	4	
3.026	60	211 300	1.980	23	410 321	1.513	14	
2.738	31	112 301	1.936	21	203	1.493	3	
2.620	100	202 220	1.853	13	402	1.453	6	
2.515	8	310	1.816	4	303 500			

注：数据引自王彤等(1989)。

［物理性质］ 呈淡肉红色至淡褐黄色；在偏光显微镜下呈无色；少量无色；条痕白色。断口具油脂光泽；贝壳状断口。硬度低；实测密度 3.501 g/cm³；性脆。

［光学性质］ 一轴负晶。用油浸法测得其折光率 N_o=1.623，N_e=1.612，N_o-N_e=0.011。干涉色为一级黄白色。

［化学成分］ 本区黄碳锶钠石单矿物化学分析结果见表 1-3-6。与美国蒙大拿和俄罗斯卡累利阿地区黄碳锶钠石对比，其化学成分特点是 NaO 含量较低，CaO 稍高，$\sum Ce_2O_3$ 中等，SrO 明显大于

BaO。(Na, Ca)$_3$(Sr, Ba, Ce)$_3$(CO_3)$_5$。根据化学成分计算的矿物化学式为:($Ce_{0.10}Na_{0.26}Ca_{0.34}Ba_{0.04}Sr_{0.38}$)$_{\Sigma 1.12}C_{0.98}O_3$。

本区黄碳锶钠石稀土元素分析结果见表1-3-7。可以看出,黄碳锶钠石的稀土含量很高,稀土总量达106993.15×10^{-6},且LREE占绝对优势,达10587.88×10^{-6},轻重稀土比值很大,LREE/HREE达116.82,整个轻稀土配分占98.96%。这一特点与美国蒙大拿和俄罗斯卡累利阿的黄碳锶钠石也十分相似。

表1-3-6 黄碳锶钠石化学成分(w_B/%)

组分	产地		
	竹山杀熊洞	美国蒙大拿	俄罗斯卡累利阿
ΣCe_2O_3	12.53	0.48	15.12
P_2O_6		0.12	
SiO_2		0.16	0.19
CO_2	32.58	32.55	34.30
Al_2O_3		0.25	1.05
Fe_2O_3		0.03	0.48
BaO	4.87	13.56	11.62
SrO	29.49	19.42	12.86
CaO	14.52	13.46	10.86
MgO		0.14	0.35
K_2O		0.15	0.99
Na_2O	6.03	9.69	11.44
H_2O^+		}0.18	0.86
H_2O^-			0.11
S		0.24	—
-O=S		0.12	
合计	100.02	98.31	100.23
备注	除CaO、CO_2为化学分析结果外,其余均为电子探针分析结果	引自CeMeHOB,1963	引自CeMeHOB,1963

注:数据引自王彤等(1989)。

表1-3-7 黄碳锶钠石稀土全分析结果($w_B/10^{-6}$)和稀土配分值

La	Ce	Pr	Nd	Sm	Eu	Gd	Tb	Dy	Ho
33395.6	51106.7	5565.31	14014.8	1564.53	230.94	586.78	80.21	120.31	27.78
Er	Tm	Yb	Lu	Y	ΣREE	LREE	HREE	LREE/HREE	
57.81	15.47	16.13	1.87	208.91	106993.15	105877.88	906.36	116.82	
稀土配分	本区	$La_{31.21}Ce_{47.77}Pr_{5.20}Nd_{13.10}Sm_{1.46}Eu_{0.22}Gd_{0.55}$							
	美国蒙大拿	$La_{25.6}Ce_{63.1}Pr_{4.2}Nd_{15.3}Sm_{1.1}Gd_{0.8}$							
	俄罗斯卡累利阿	$La_{38}Ce_{49}Pr_{3.6}Nd_{8.9}$							

注:数据引自王彤等(1989)。

[光谱特征] 根据本区黄碳锶钠石的红外光谱分析曲线(图1-3-1),看出其特征红外谱带是1400~1600 cm^{-1}间有一明显的CO_3^{2-}O的反对称伸缩振动带存在,860 cm^{-1}为反相面外弯曲振动,700 cm^{-1}和730 cm^{-1}为反相面内弯曲振动。根据差热分析曲线(图1-3-2),其特征为在633℃和727℃处有两个明显的吸热谷。

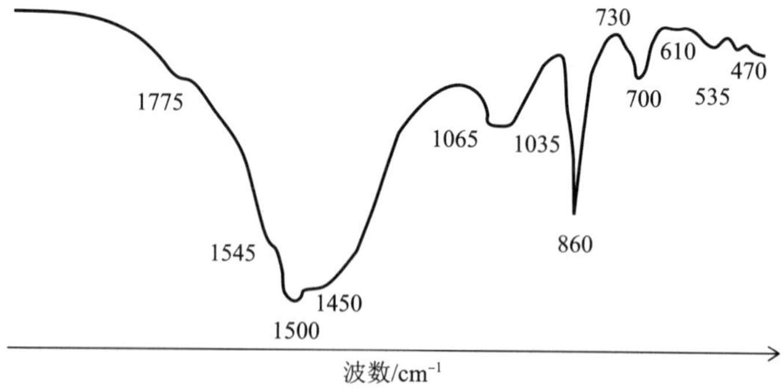

图 1-3-1 黄碳锶钠石的红外光谱分析曲线

（据王彤等，1989）

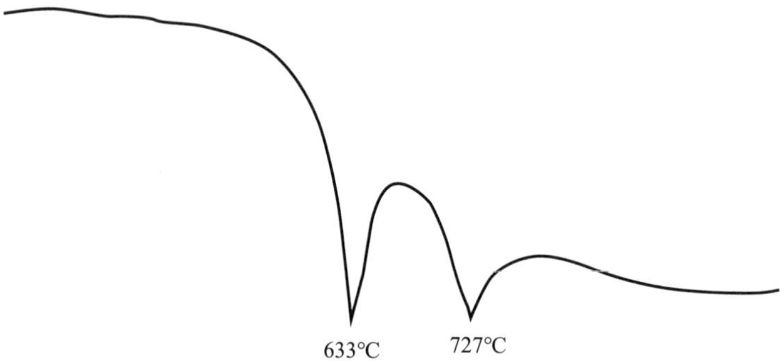

图 1-3-2 黄碳锶钠石的差热分析曲线

（据王彤等，1989）

［**微化反应**］ 易溶于酸。

八、黄碳钙钠石(Calcioburbankite)

1. 黄碳钙钠石的一般特征

［**产地、产状及共(伴)生矿物**］ 是碱性辉长-正长岩杂岩体中比较少见的一种晚期矿物。主要产在加拿大魁北克省 Mont Saint-Hilaire。在气孔状或蚀变伟晶岩中，其共(伴)生矿物有碳酸锶铈矿、方解石、碳钇锶石、氟磷灰石、钠沸石、黄铁矿、菱锰矿、金红石、绿泥石；在大理岩捕虏体中，则主要为霓石、方解石、萤石、方铅矿、白铍石、锰-柱星叶石、微斜长石、辉钼矿-2*H* 和辉钼矿-3*R*、短柱石、针钠钙石、黄铁矿、氟氯钠矾、碳钠钙石、方钠石、闪锌矿、水碱和榍石(van Velthuizen et al., 1995)。

［**形貌特征**］ 柱状晶体，发育不太好，沿[0001]方向伸展，最长至 2 cm。{$10\bar{1}0$}晶面清晰可见；也可呈等粒状晶体，见{$10\bar{1}0$}和{0001}晶面，终端呈纤维状。

［**晶体结构**］ 六方晶系；$P6_3mmc$、$P6_3mc$ 或者 $P\bar{6}2c$。晶胞参数为 a=10.447(3) Å，c=6.318(3) Å；Z=2。

［**主要粉晶衍射数据 *d*/Å(*I*)(*hkl*)**］ 2.601(100)(220)，2.130(60)(401)，3.01(50)(300)，3.01(50)(211)，2.509(50)(310)，5.20(40)(110)，3.68(30)(201)，9.07(20)(100)(PDF 48-1900)。

［**物理性质**］ 亮橘黄色、浅粉色；条痕白色；透明；玻璃-丝绢光泽。

［**光学性质**］ 一轴负晶。折光率 ω=1.636(1)，ε=1.631(1)。

［**化学成分**］ 理想化学式为 $Na_3(Ca, Ce, Sr, La)_3(CO_3)_5$。加拿大 Mont Saint-Hilaire 的样品电

子探针分析结果(w_B/%)为：CO_2 35.13，La_2O_3 9.30，Ce_2O_3 14.38，Pr_2O_3 1.26，Nd_2O_3 3.76，Sm_2O_3 0.48，CaO 11.81，SrO 7.65，BaO 0.46，Na_2O 15.17，合计 99.40。相应的化学式为 $Na_{3.07}(Ca_{1.32}Ce_{0.55}Sr_{0.46}La_{0.36}Nd_{0.14}Pr_{0.05}Sm_{0.02}Ba_{0.02})_{\Sigma 2.92}(CO_3)_5$。

[和其他矿物种的关系] 属于黄碳锶钠石族；与黄碳锶钠石成类质同象。

2. 在中国的产出情况

目前中国尚未发现黄碳钙钠石。

九、黄碳钡钠石(Khanneshite)

1. 黄碳钡钠石的一般特征

[产地、产状及共(伴)生矿物] 目前发现的矿物或散布在热液蚀变的细粒碳酸盐岩中(阿富汗 Khanneshin 岩体)，或存在于分异碱性岩的碳酸盐岩岩脉中(俄罗斯 Khibiny)。分别对应于不同的共(伴)生矿物，前者有白云石、水碳镧铈石、碳铈钠石、碳钇钡石、重晶石和绿泥石；后者为方解石、片钠铝石和磁铁矿(Yeremenko et al., 1982；Pekov et al., 1998)。

[形貌特征] 呈拉长的六方晶体，最长至 1 cm；集合体呈放射状纤维或细粒状。

[晶体结构] 六方晶系；$P6_3mc$。晶胞参数为 a=10.574 Å，c=6.540 Å；Z=2。

[主要粉晶衍射数据 *d*/Å(*I*)(*hkl*)] 2.6589(100)(022)，2.6418(100)(220)，3.7512(94)(021)，2.1612(93)(041)，3.0602(86)(121)，3.0602(86)(030)，5.3163(79)(101)，5.3163(79)(110)(PDF 51-1460)。

[物理性质] 浅黄色至几乎无色；半透明。发育一组平行晶体延展方向的不完全解理，一组横向裂理。性脆；硬度较软。密度 $D_{测量}$=3.8-3.9 g/cm^3，$D_{计算}$=3.94 g/cm^3。

[光学性质] 一轴负晶。折光率 ω=1.620~1.623，ε=1.608~1.610。

[化学成分] 理想化学式为$(Na, Ca)_3(Ba, Sr, Ce, Ca)_3(CO_3)_5$。典型产地样品的化学组成如表 1-3-8 所示。

表 1-3-8 黄碳钡钠石的化学组成(w_B/%)

产地/成分	CO_2	RE_2O_3	La_2O_3	Ce_2O_3	Pr_2O_3	Nd_2O_3	CaO	SrO	BaO	Na_2O
阿富汗 Khanneshin	28.48	10.41					6.40	7.16	36.38	8.63
阿富汗 Khanneshin	28.85	11.18					9.25	8.32	31.92	8.39
俄罗斯 Khibiny	[30.59]		4.07	10.46	1.01	3.60	5.37	9.04	22.99	11.86

产地/成分	K_2O	H_2O	合计	化学式
阿富汗 Khanneshin	0.95	1.59	100.00	$(Na_{2.13}Ca_{0.87})_{\Sigma 3.00}(Ba_{1.82}Sr_{0.53}RE_{0.49}K_{0.15})_{\Sigma 2.99}(CO_3)_{4.96}\cdot 0.67H_2O$
阿富汗 Khanneshin	0.77	1.32	100.00	$(Na_{2.02}Ca_{0.98})_{\Sigma 3.00}(Ba_{1.55}Sr_{0.60}RE_{0.51}Ca_{0.25}K_{0.12})_{\Sigma 3.03}(CO_3)_{4.89}\cdot 0.55H_2O$
俄罗斯 Khibiny	0.00		98.99	$(Na_{2.75}Ca_{0.23})_{\Sigma 2.98}(Ba_{1.08}Sr_{0.63}Ca_{0.46}Ce_{0.46}La_{0.18}Nd_{0.15}Pr_{0.04})_{\Sigma 3.00}(CO_3)_{5.00}$

[和其他矿物种的关系] 属于黄碳锶钠石族；与黄碳锶钠石、黄碳钙钠石呈类质同象。

2. 在中国的产出情况

目前中国尚未发现黄碳钡钠石。

十、黄碳铅钠石(Sanrománite)

1. 黄碳铅钠石的一般特征

[产地、产状及共(伴)生矿物] 2006 年发现于智利北部 Atamaca 沙漠中 Santa Rosa 银-铜-铅多金属矿床的氧化带。其共(伴)生矿物有蓝铜钠石、孔雀石、方解石、硬石膏、天然碱、苏打石和碳钠铜石(Schlüter et al., 2007)。

［形貌特征］ 针状晶体，集合体呈放射针状或洋蓟状。

［晶体结构］ 六方晶系；$P6_3mc$。晶胞参数为 a=10.553 Å，c=6.6441 Å；Z=2。

［主要粉晶衍射数据 d/Å(I)］ 3.769(100)，2.640(65)，3.066(51)，2.688(50)，2.161(50)，1.993(44)，3.323(43)，2.066(34)。

［物理性质］ 无色，绿-黄色。摩氏硬度 H=3~4。密度 $D_{计算}$=5.2 g/cm³。

［光学性质］ 一轴负晶。折光率 1.822。

［化学成分］ 理想化学式为 $Na_2CaPb_3(CO_3)_5$。智力 Santa Rosa 矿床所产黄碳铅钠石的化学组成(w_B/%)为 Na_2O 6.04，CaO 5.64，PbO 65.86，CO_2 21.84，合计 99.38。

［微化反应］ 易溶于浓 HCl，起泡强烈。它在浓硝酸和浓硫酸中缓慢分解，分别产生白色和蓝白色残留物。

［和其他矿物种的关系］ 属于黄碳锶钠石族；与黄碳锶钠石、黄碳钙钠石和黄碳钡钠石呈类质同象。

2. 在中国的产出情况

目前中国尚未发现黄碳铅钠石。

第四节 含稀土元素的碳酸盐矿物

此类矿物一共有 5 种，分别是碳钠铈石(Petersenite-(Ce))、瑞碳钠铈石(Rémondite-(Ce))、瑞碳镧钠石(Rémondite-(La))、碳镁铈石(Sahamalite-(Ce))和帕碳铜镧石(Paratooite-(La))。在中国均无产地报道。

一、碳钠铈石(Petersenite-(Ce))

1. 碳钠铈石的一般特征

［产地、产状及共(伴)生矿物］ 是与角页岩接触的霞石-方钠石正长岩体中伟晶岩的稀有矿物组分，这个岩体与碱性辉长-正长岩杂岩体有关(地点为加拿大 Mont Saint-Hilaire)，也发现于分异的碱性岩体伟晶岩晶洞中(地点为俄罗斯科拉半岛 Mt. Koashva 岩体)。其对应的共(伴)生矿物有霞石、钠长石、微斜长石、黑云母、绿泥石、多硅锂云母、方解石、菱锰矿、方沸石、钠锆石、斜方板晶石、异性石、桃针钠石、萤石、方铅矿、闪锌矿、天然碱、水碳钠钇石、暗绿云母、霓石、氟磷钙钠石、磷铈钠石、针钠钙石、水碱、磷硅钛钠石和水硅锆钇钠石(Grice et al.，1994；Pekov et al.，1998)。

［形貌特征］ 柱状-针状晶体，最大粒径至 7 mm，常组成并联状集合体。

［晶体结构］ 单斜晶系(假六方)；$P2_1$。晶胞参数为 a=20.872~20.89 Å，b=6.338~6.367 Å，c=10.60~10.601 Å，β=120.50°~120.8°；Z=4。

［主要粉晶衍射数据 d/Å(I)(hkl)］ 2.607(100)(402)，5.22(50)(011)，3.70(40)($\bar{4}12$)，9.13(30)(001)，4.13(30)($\bar{5}01$)，2.148(30)(313)，2.148(30)($\bar{9}13$)，1.921(30)($\bar{4}32$)。

［物理性质］ 灰色带粉色调、黄色、淡紫色；条痕白色；透明-半透明；玻璃光泽；具贝壳状断口。具极脆性。摩氏硬度约为 3。密度 $D_{测量}$=3.69(3) g/cm³，$D_{计算}$=3.67 g/cm³。

［光学性质］ 二轴晶(+)或(-)。折光率 α=1.623(1)，β=1.636(1)，γ=1.649(1)。光轴角 $2V_{测量}$=89.7°~90°，$2V_{计算}$=89.8°。光性方位：$X=b$；$Z=a$；$Y \wedge c$=30°。色散中等。

［化学成分］ 理想化学式为 $Na_4Ce_2(CO_3)_5$。主要产地样品的化学组成如表 1-4-1 所示。

［与其他矿物种的关系］ 属于黄碳锶钠石族。

2. 在中国的产出情况

目前中国尚未发现碳钠铈石。

表 1-4-1 碳钠铈石的化学组成(w_B/%)

产地	CO_2	ThO_2	Y_2O_3	La_2O_3	Ce_2O_3	Pr_2O_3	Nd_2O_3	Sm_2O_3	CaO
加拿大	[32.92]			14.49	23.66	2.00	5.82	0.60	1.32
俄罗斯	[33.69]	0.78	0.04	11.97	17.80	1.54	5.20	0.39	5.52
产地	SrO	BaO	Na_2O	合计	化学式				
加拿大	1.70	0.32	17.38	100.21	$(Na_{3.75}Ca_{0.16})_{\Sigma 3.91}(Ce_{0.96}La_{0.59}Nd_{0.23}Sr_{0.11}Pr_{0.08}Sm_{0.02}Ba_{0.01})_{\Sigma 2.00}(CO_3)_5$				
俄罗斯	4.10	0.42	17.51	98.96	$(Na_{3.70}Ca_{0.30})_{\Sigma 4.00}(Ce_{0.71}La_{0.48}Ca_{0.34}Sr_{0.25}Nd_{0.20}Pr_{0.06}Th_{0.02}Ba_{0.02}Sm_{0.01})_{\Sigma 2.09}(CO_3)_5$				

二、瑞碳钠铈石(Rémondite-(Ce))

1. 瑞碳钠铈石的一般特征

[产地、产状及共(伴)生矿物] 最先发现于喀麦隆 Ebounja 的霞石正长岩中；在碱性辉长-正长杂岩体中也有产出。主要产地是喀麦隆 Ebounja 和加拿大 Mont Saint-Hilaire。共伴生矿物有黄碳锶钠石、霓石和方解石(Cesbron et al., 1988; Ginderow, 1989)。

[形貌特征] 晶体最大粒径至 5 cm；集合体呈块状，或填充细叶脉。

[晶体结构] 单斜晶系(假六方)；$P2_1$。晶胞参数为 a=10.412(4) Å，b=6.291(3) Å，c=10.414(4) Å；β=119.80(5)°；Z=2。

[主要粉晶衍射数据 d/Å(I)(hkl)] 2.589(100)(022)，2.589(100)($\bar{2}22$)，3.006(70)($\bar{1}13$)，3.006(70)($\bar{2}13$)，2.609(70)($\bar{2}04$)，2.132(70)(014)，2.617(50)(202)，2.127(50)($\bar{4}14$)(PDF 46-1268)。

[物理性质] 红橘色、琥珀黄色，光照条件下颜色会发生变化；碎片透明；玻璃光泽；具贝壳状断口。摩氏硬度 H=3~3.5。密度 $D_{测量}$=3.43(1) g/cm^3，$D_{计算}$=3.46 g/cm^3。

[光学性质] 二轴晶(+)或者(-)。折光率 α=1.632(2)，β=1.633(2)，γ=1.638(2)。光轴角 $2V_{测量}$=40(6)°，$2V_{计算}$=48°。

[化学成分] 理想化学式为 $Na_3(Ca, Ce, La, Na, Sr)_3(CO_3)_5$。主要产地样品的化学组成如表 1-4-2 所示。

[与其他矿物的关系] 属于黄碳锶钠石族；与瑞碳钠镧石呈类质同象。

2. 在中国的产出情况

目前中国暂未发现瑞碳钠铈石。

表 1-4-2 瑞碳钠铈石的化学组成(w_B/%)

产地	CO_2	Y_2O_3	La_2O_3	Ce_2O_3	Pr_2O_3	Nd_2O_3	Sm_2O_3	Eu_2O_3	Gd_2O_3
喀麦隆	35.24	0.24	11.6	14.99	1.49	3.34	0.5	0.09	0.14
产地	Dy_2O_3	Ho_2O_3	Er_2O_3	Yb_2O_3	Lu_2O_3	CaO	SrO	Na_2O	合计
喀麦隆	0.07	0.01	0.03	0.03	<0.01	10.54	3.98	17.16	99.55

三、瑞碳钠镧石(Rémondite-(La))

1. 瑞碳钠镧石的一般特征

[产地、产状及共(伴)生矿物] 系晚期热液成因矿物，一般产在分异碱性岩体中的小伟晶岩内，较为罕见。主要产地为俄罗斯科拉半岛 Khibiny 岩体 Mt. Koashva。共(伴)生矿物有高硅钙霞石、微斜

长石、方钠石、氟盐、钠沸石、针钠钙石、磷硅钛钠石、钡闪叶石、钠锆石、泡碱、水碱、水硅锆钇钠石、含铌层硅铈钛矿、磷铈钠石和氟磷灰石(Pekov et al.，2000)。

[形貌特征] 晶体呈不规则粒状，最大粒径至 5 μm；集合体大体呈柱状。

[晶体结构] 单斜晶系(假六方)；$P2_1$。晶胞参数为 a=10.49 Å，b=6.417 Å，c=10.5 Å；β=119.8(1)°；Z=2。

[主要粉晶衍射数据 d/Å(I)(hkl)] 2.623(100)($20\bar{1}$)，2.623(100)(022)，3.036(90)(112)，3.036(90)(211)，2.143(80)(014)，2.143(80)(410)，3.70(70)(012)，2.041(60)(222)(PDF 52-1666)。

[物理性质] 亮黄橘色，光照条件下颜色会发生变化；条痕白色；透明；玻璃光泽；具贝壳状断口。性脆。摩氏硬度约为3。密度 $D_{测量}$=3.5(1) g/cm^3，$D_{计算}$=3.57 g/cm^3。

[光学性质] 在透射光下无色；二轴负晶。折光率 α=1.615(2)，β=1.619(3)，γ=1.622(3)。光轴角 $2V_{测量}$=80(10)°，$2V_{计算}$=85(5)°。

[化学成分] 理想化学式为 $Na_3(La, Ce, Ca)_3(CO_3)_5$。主要产地样品的化学组成和相应化学式如表 1-4-3 所示。

[与其他矿物的关系] 属于黄碳锶钠石族；与瑞碳钠铈石呈类质同象。

2. 在中国的产出情况

目前中国暂未发现瑞碳钠镧石。

表 1-4-3 瑞碳钠镧石的化学组成(w_B/%)

产地	CO_2	ThO_2	Y_2O_3	La_2O_3	Ce_2O_3	Pr_2O_3	Nd_2O_3
俄罗斯 Mt. Koashva 岩体	[32.97]	1.34	0	19.75	16.67	0.99	2.27
产地	Sm_2O_3	CaO	SrO	BaO	Na_2O	K_2O	合计
俄罗斯 Mt. Koashva 岩体	0.37	5.13	2.93	0.18	15.48	0.58	98.66
化学式							
$Na_{2.87}(La_{0.80}Ce_{0.68}Ca_{0.61}Na_{0.46}Sr_{0.18}Nd_{0.09}K_{0.08}Pr_{0.04}Th_{0.03}Sm_{0.01}Ba_{0.01})_{\Sigma 2.99}(CO_3)_5$							

未建族矿物

四、碳镁铈石(Sahamalite-(Ce))

1. 碳镁铈石的一般特征

[产地、产状及共(伴)生矿物] 产于含稀土的重晶石-白云石碳酸盐岩中，是一种稀有的副矿物。产地主要分布在美国和马拉维共和国。各产地有不同的共(伴)生矿物组合，在美国 Pass 山脉，主要包括氟碳钙铈矿、氟碳铈镧矿、重晶石、白云石、铁白云石、石英和赤铁矿；在美国 Durham Ranch，则为铝钙闪石、钙铁辉石、钛钙铁榴石、磁铁矿、镁铁矿、尖晶石、斜长石、钙铝黄长石、镁黄长石、钙硅石、钛尖晶石、霞石、磷灰石；在马拉维 Kangankunde，主要是菱铈钙矿、独居石、菱锶矿和石英(Jaffe et al.，1953；Pertlik et al.，1983)。

[形貌特征] 呈柱状自形晶，最大至 0.2 mm，沿{$\bar{2}01$}面延展，可见{110}、{120}、{010}、{$\bar{1}31$}、{012}和{$\bar{1}42$}晶面。组成近平行放射状集合体。

[晶体结构] 单斜晶系；$P2_1/a$。晶胞参数为 a=5.92 Å，b=16.21 Å，c=4.63 Å；β=106.7°；Z=2。

[主要粉晶衍射数据 d/Å(I)(hkl)] 3.90(100)(021)，3.65(100)($\bar{1}21$)，2.87(100)(121)，

5.33(70)($\bar{1}$10)，4.26(70)(011)，3.03(70)(111)，2.12(70b)($\bar{1}$32)，2.10(70)(211)。

［物理性质］ 无色；半透明。发育{010}不完全解理，有{$\bar{2}$01}解理痕迹。硬度未测。密度$D_{测量}$=4.30 g/cm^3，$D_{计算}$=4.30 g/cm^3。

［光学性质］ 二轴负晶。折光率α=1.679(2)，β=1.776(2)，γ=1.807(2)。光轴角$2V_{测量}$=57°，$2V_{计算}$=57°。光性方位：$Y=b$，$Z\wedge c$=29°。色散可见，$r<v$。

［化学成分］ 理想化学式为(Mg，Fe)(Ce，La，Nd，Pr)$_2$(CO_3)$_4$。产于美国Pass山脉的样品化学分析结果(w_B/%)为CO_2 31.7，Ce_2O_3 31.4，(La，Nd)$_2O_3$ 27.8，FeO 2.0，MgO 6.1，不溶物0.5，合计99.5。相应的化学式为($Mg_{0.85}Fe_{0.15}$)$_{\Sigma 1.00}$[$Ce_{1.06}$(La，Nd)$_{0.93}$]$_{\Sigma 1.99}$(CO_3)$_{4.00}$。

2. 在中国的产出情况

目前中国尚未发现碳铈镁石。

五、帕碳铜镧石(Paratooite-(La))

1. 帕碳铜镧石的一般特征

［产地、产状及共(伴)生矿物］ 是2005年发现于澳大利亚南部Paratoo铜矿床中的一种表生矿物，产在围岩细裂隙中，为弱碱性的含二氧化碳的地表水沉淀生成。共(伴)生矿物有水碳钠锶钇石、水羟碳钙钇石和氟碳钇石(Pring et al.，2006)。

［形貌特征］ 单晶呈束状、放射矛状，通常粒径为50~200 μm；集合体为刃状-板状，厚度小于5 mm。

［晶体结构］ 斜方晶系；*P*222、*P*mmm、$P222_1$或*Pmm*2。晶胞参数为a=10.0862(5) Å，b=12.8088(6) Å，c=7.2360(4) Å；Z=2。

［主要粉晶衍射数据*d*/Å(*I*)(*hkl*)］ 2.927(100)(202)，5.047(53)(200)，2.530(52)(241)，4.786(49)(021)，3.957(43)(220)，3.468(43)(012，221)，2.344(22)(420，103)，2.232(20)(421)。

［物理性质］ 浅蔚蓝色-浅蓝色；条痕浅蓝色；透明。玻璃和珍珠光泽。未发现解理，但根据形态学和TEM研究推测可能存在一组平行{100}的解理。摩氏硬度为4。$D_{测量}$=3.68(3) g/cm^3，$D_{计算}$=3.78 g/cm^3。

［光学性质］ 二轴负晶(-)。折光率α=1.605(3)，β=1.696(3)，γ=1.696(3)；光轴角$2V_{测量}$=80(10)°，$2V_{计算}$=85(5)°。多色性中等，X很浅的蓝色，Y和Z为带绿色调的蓝色，吸收性Z≈Y≫X。

［化学成分］ 理想化学式为(La，Ca，Na，Sr)$_6$Cu(CO_3)$_8$。澳大利亚南部Paratoo铜矿床中样品的化学组成(w_B/%)为：La_2O_3 26.47，Pr_2O_3 7.74，Nd_2O_3 8.15，Sm_2O_3 0.66，Gd_2O_3 0.85，Y_2O_3 0.72，CaO 7.57，SrO 3.15，Na_2O 3.3，CuO 5.77，F 0.24，CO_2 32.05，NO_2 1.12，-O=F 0.10，总计100.03。相应的化学简化式为(REE，Ca，Na，Sr)$_6$Cu(CO_3)$_8$或REE_3(Ca，Sr)$_2$NaCu(CO_3)$_8$。

2. 在中国的产出情况

目前中国暂未发现帕碳铜镧石。

第二章 含附加阴离子而不含 H_2O 的碳酸盐矿物

第一节 含 Cu、Co、Ni、Zn、Mg、Mn 的碳酸盐矿物

此类矿物一共有 17 种，分别是蓝铜矿(Azurite)、水羟碳铜石(Georgeite)、镍孔雀石(Glaukosphaerite)、钴孔雀石(Kolwezite)、孔雀石(Malachite)、镁孔雀石(Mcguinnessite)、绿碳镍石(Nullaginite)、镁白孔雀石(Pokrovskite)、锌铜孔雀石(Rosasite)、铜锌孔雀石(Zincrosasite)、铁孔雀石(Chukanovite)、绿铜锌石(Aurichalcite)、羟碳锌石(Hydrozincite)、红碳锰石(Holdawayite)、戴碳钙石(Defernite)、碳锌锰石(Loseyite)和斯碳锌锰石(Sclarite)。其中只有蓝铜矿、孔雀石、锌铜孔雀石、绿铜锌石和羟碳锌石 5 种矿物在中国有产出报道，其余 12 种矿物暂未发现。

锌孔雀石族(Rosasite group)

铁孔雀石	Chukanovite	$Fe_2(CO_3)(OH)_2$	单斜晶系
镍孔雀石	Glaukosphaerite	$(Cu, Ni)_2(CO_3)(OH)_2$	单斜晶系
钴孔雀石	Kolwezite	$(Cu, Co)_2(CO_3)(OH)_2$	三斜晶系
孔雀石	Malachite	$Cu_2(CO_3)(OH)_2$	单斜晶系
镁孔雀石	Mcguinnessite	$(Mg, Cu)_2(CO_3)(OH)_2$	单斜晶系
绿碳镍石	Nullaginite	$Ni_2(CO_3)(OH)_2$	单斜晶系
镁白孔雀石	Pokrovskite	$Mg_2(CO_3)(OH)_2$	单斜晶系
锌铜孔雀石	Rosasite	$(Cu, Zn)_2CO_3(OH)_2$	单斜晶系
铜锌孔雀石	Zincrosasite	$(Zn, Cu)_2(CO_3)(OH)_2$	单斜晶系

一、铁孔雀石(Chukanovite)

1. 铁孔雀石的一般特征

[产地、产状及共(伴)生矿物] 发现于地球上蚀变的陨石碎块中。产地为俄罗斯莫斯科东南 350 km 处 Dronino 附近，铁孔雀石发现于此处的镍铁陨石的孔洞中。其共(伴)生矿物有铁纹石、镍纹石、铬铁矿、陨硫铁、针铁矿、正方针铁矿、赤铁矿、氯褐铁矿、陨菱铁镍矿、镍铁矾和未定名的 Fe-Ni 硫化物矿物(Pekovi et al., 2007)。

[形貌特征] 针状-纤维状，延长方向[001]，最长 0.5 mm，厚度 2~3 μm；或常呈粒状，粒径很少超过 1 mm。集合体呈葡萄状、束状或筒状，最大粒径为 1 mm。

[晶体结构] 单斜晶系；$P2_1/a$。晶胞参数为 a=12.396(1)Å，b=9.407(1)Å，c=3.2152(3)Å，β=97.78°；Z=1。

[主要粉晶衍射数据 d/Å(I)] 2.645(100)，3.73(80)，5.15(60)，6.14(40)，2.361(40)，

2.171(40)。

[物理性质] 晶体呈浅绿色、无色；集合体为褐绿色；条痕白色；透明；玻璃光泽。发育{02$\bar{1}$}完全解理；不平坦断口。性脆；摩氏硬度 H=3.5~4。密度未实测，$D_{计算}$=3.60 g/cm^3。

[光学性质] 二轴负晶，折光率 α=1.673(3)，β=1.770(5)，γ=1.780(5)；光轴角 $2V_{计算}$=10(5)°。

[化学成分] 理想化学式为 $Fe_2(CO_3)(OH)_2$。俄罗斯 Dronino 陨石中样品的化学组成(w_B/%)为 FeO 68.8，MgO 0.1，NiO 0.6，CO_2 19.8，H_2O 10.9，合计 100.2。相应的化学式为 $(Fe^{2+}_{1.97}Ni_{0.02}Mg_{0.01})_{\Sigma 2.00}(CO_3)_{0.93}(OH)_{2.14}\cdot 0.18\,H_2O$。

[与其他矿物种的关系] 属于锌铜孔雀石族。与孔雀石呈类质同象。

2. 在中国的产出情况

目前中国尚未发现铁孔雀石。

二、镍孔雀石(Glaukosphaerite)

1. 镍孔雀石的一般特征

[产地、产状及共(伴)生矿物] 产在镍铜硫化物矿床氧化带中的一种稀有次要矿物。产地主要分布在澳大利亚 Kambalda 附近和西澳的镍矿床中，还有日本 Shinshiro、刚果 Kasompi、美国内华达州的 Key West 和希腊 Kamariza 的矿山。共(伴)生矿物有含镍孔雀石、蓝铜矿、副氯铜矿、水胆矾、蓝铜钠石、水铝镍石、水羟碳铜石、镍铝矾、菱镍矿、镍蛇纹石、含镍温石棉、含镍绿磷石、石膏、泻利盐、含镍菱镁矿、针铁矿和石英(Pryce et al.，1974；Deliens，1975；Nickel et al.，1981)。

[形貌特征] 呈分散的纤维至同心带状球体，粒径至 3 mm；集合体呈羽毛状，少量呈平行纤维状粘结块体。

[晶体结构] 单斜晶系(假斜方)；空间群未测。晶胞参数为 a=9.36(3)Å，b=11.92(3)Å，c=3.08(1)Å，β=91.1(0.04)°；Z=4。

[主要粉晶衍射数据 d/Å(I)(hkl)] 2.587(100)($\bar{2}$01)，3.68(70)(220)，2.516(40)(240)，5.04(30)(120)，2.124(30)(250)，1.473(30)(180)，5.96(20)(020)，3.02(20)(310)(PDF 27-178)。

[物理性质] 深孔雀绿色至苹果绿色，条痕浅绿色。半透明。半玻璃-黯淡光泽，纤维状为丝绢光泽。平行于[001]方向发育一组解理。性脆。摩氏硬度 H=3~4。密度 $D_{测量}$=3.78~3.96 g/cm^3，$D_{计算}$=3.78~4.03 g/cm^3。

[光学性质] 二轴负晶。折光率 α=1.69~1.71，β=1.83~1.85，γ=1.83~1.85；2V 未测。多色性：X=深孔雀绿，Y=Z=苹果绿。光性方位：$X\wedge c$=7°。

[化学成分] 理想化学式为 $(Cu, Ni)_2(CO_3)(OH)_2$。典型产地产出样品的化学组成见表 2-1-1。相应的化学式为 $(Cu_{5.01}Zn_{0.05})_{\Sigma 5.06}(CO_3)_3(OH)_{4.12}\cdot 6.3H_2O$。

表 2-1-1 镍孔雀石的化学组成(w_B/%)

产地/成分	CO_2	SiO_2	Fe_2O_3	ZnO	CuO	NiO	CoO	MgO	H_2O^+	H_2O^-	不溶物	合计
西澳 Kambalda	21.7	<0.01	0.47	0.02	41.57	25.22	0.07	1.23	9.85	<0.01		100.13
刚果 Kasompi	20.15		0.4		44.03	23.92			8.25	0.19	2.28	99.22

产地/成分	化学式
西澳 Kambalda	$(Cu_{1.08}Ni_{0.70}Mg_{0.06})_{\Sigma 1.84}(CO_3)_{\Sigma 1.02}(OH)_{1.94}$
刚果 Kasompi	$(Cu_{1.23}Ni_{0.71})_{\Sigma 1.94}(CO_3)_{1.02}(OH)_{2.04}$

[与其他矿物种的关系] 属于锌孔雀石族。

2. 在中国的产出情况

目前中国暂尚未发现镍孔雀石。

三、钴孔雀石(Kolwezite)

1. 钴孔雀石的一般特征

[产地、产状及共(伴)生矿物] 存在于铜-钴热液矿床氧化带中，是一种不常见的次生矿物。目前仅在刚果(金)Katanga 省的 Musonoi 和 Kamoto 铜-钴矿区发现。共伴生矿物有含钴孔雀石、含钴白云石和异极矿(Deliens et al.，1980)。

[形貌特征] 呈球状集合体，最大至 1 cm；也可呈微晶结壳。

[晶体结构] 三斜晶系；$P\bar{1}$ 或者 $P1$。晶胞参数为 $a=9.50$ Å，$b=12.15$ Å，$c=3.189$ Å，$\alpha=93.32°$，$\beta=90.74°$，$\gamma=91.47°$；$Z=4$。

[主要粉晶衍射数据 d/Å(I)(hkl)] 3.70(100)(220)，6.04(80)(020)，5.08(80)(120)，2.591(80)(031)，2.956(50)(021)，2.535(50)(240)，3.02(40)(040)，2.338(40)(150)(PDF 29-1416)。

[物理性质] 黑棕色-浅象牙色、绿色；条痕象牙色；半透明。摩氏硬度约为 4。密度 $D_{测量}=3.97(1)$ g/cm^3，$D_{计算}=3.94$ g/cm^3。

[光学性质] 二轴晶。折光率 $\alpha=1.688(2)$，β 未测，$\gamma=1.90$。光轴角未测。

[化学成分] 理想化学式为$(Cu,Co)_2(CO_3)(OH)_2$。刚果(金)Musonoi 矿区产出的样品化学组成(w_B/%)为 CuO 48.40，CoO 22.94，CO_2 19.44，H_2O 8.78，合计 99.56；相应的化学式为$(Cu_{1.33}Co_{0.67})_{\Sigma 2.00}(CO_3)_{0.98}(OH)_{2.07}$。

[与其他矿物种的关系] 属于锌铜孔雀石族。

2. 在中国的产出情况

目前中国尚未发现钴孔雀石。

四、孔雀石(Malachite)

1. 孔雀石的一般特征

[产地、产状及共(伴)生矿物] 在铜矿床氧化带中形成的常见次生矿物，可作为铜矿石。有很丰富的产出，其中产出量较大的产地集中在法国、俄罗斯、刚果(金)、纳米比亚、澳大利亚和美国，例如俄罗斯 Nizhni Tagil 和 Ekatarinburg 周围的矿山曾经盛产又大又纯净的大块孔雀石，此外法国的 Chessy、刚果(金)的 Lubumbashi、纳米比亚的 Tsumeb、澳大利亚 Broken Hill 和美国亚利桑那州的 Copper Queen 也是孔雀石的世界知名产地。共(伴)生矿物有蓝铜矿、赤铜矿、白铅矿、硅孔雀石、方解石和“褐铁矿”(Palache et al.，1951；Süsse，1967；Zigan et al.，1977)。

[形貌特征] 晶体呈针状至柱状、厚板状，各占一半，主要晶面有{100}、{010}、{001}、{110}、{$\bar{2}$01}。还有一些其他形状，圆形、辐射状和天然复合的集合体，最大可至 9 cm；钟乳状、葡萄状集合体比较常见，其内部呈放射纤维状。常见接触或者穿插双晶，也呈聚片双晶，双晶面{100}、{201}。

[晶体结构] 单斜晶系；$P2_1/a$。晶胞参数为 $a=9.500$ Å，$b=11.944$ Å，$c=3.249$ Å，$\beta=98.72°$；$Z=4$。

[主要粉晶衍射数据 d/Å(I)(hkl)] 3.69(100)(220)，5.04(96)(120)，5.97(84)(020)，2.861(73)(20-1)，2.518(55)(240)(100)，2.781(28)(21$\bar{1}$)，2.985(20)(040)，2.128(20)(25)(PDF 41-1390；人工合成)。

[物理性质] 亮绿色、深绿色、黑绿色，常呈不同颜色条带；条痕浅绿色；半透明-不透明；金

刚-玻璃光泽，集合体为丝绢光泽，块状为暗淡-土状光泽。发育{$\bar{2}01$}完全、{010}中等解理；半贝壳状-不平坦状断口。摩氏硬度 H=3.5~4。密度 $D_{测量}=4.05(2)\ g/cm^3$，$D_{计算}=3.983\ g/cm^3$。

[光学性质] 在透射光下为绿色至黄绿色。二轴负晶。折光率 $\alpha=1.655(3)$，$\beta=1.875(3)$，$\gamma=1.909(3)$。光轴角 $2V_{测量}=43(2)°$。多色性：X=几乎无色，Y=黄绿色，Z=深绿色。光性方位：$Y=b$；$X \wedge c=23.5°$。色散：$r<v$，中等。

[化学成分] 理想化学式为 $Cu_2(CO_3)(OH)_2$，其化学组成(w_B/%)为 CuO 71.95，CO_2 19.90，H_2O 8.15，合计 100.00。意大利 Rio Marina 产出的样品化学组成(w_B/%)为 CuO 72.03，CO_2 20.04，H_2O 8.09，合计 100.16。相应的化学式为$(Cu_{1.33}Co_{0.67})_{\Sigma 2.00}(CO_3)_{0.98}(OH)_{2.07}$。

[与其他矿物种的关系] 属于锌铜孔雀石族；与铁孔雀石呈类质同象。

[微化反应] 遇盐酸起反应，并且容易溶解。

2. 在中国的产出情况

孔雀石俗称铜绿、石绿或绿青，主要产于铜的硫化物矿床氧化带，少见单晶体，多常以针柱状或纤维状晶粒聚集为多晶质集合体，与其他含铜矿物(蓝铜矿、辉铜矿、赤铜矿、自然铜等)共生。一般的铜矿床中都含有孔雀石化，所以孔雀石是铜矿床表生带中最常见的矿物之一，其产地十分丰富。

中国广东阳春的石菉铜矿床和湖北黄石大冶的铜绿山铜矿床因产出质地致密、颜色鲜艳、色带纹带清晰的孔雀石而闻名，是中国著名的孔雀石产地。云南东川铜矿、易门铜矿，安徽省铜陵、宣州一带的铜矿氧化带均产出品质优良甚至达宝石极的孔雀石集合体。除此之外，我国新疆、西藏、内蒙古、江西、宁夏、甘肃等地区铜矿床中均有大量的孔雀石产出报道。

孔雀石可以作为炼铜的原材料，而质优色美、结晶完美的孔雀石晶体和形态多变的钟乳状、结核状、肾状、被膜状集合体既可作为宝石原料又可作为观赏石，具有文化、观赏和收藏价值。孔雀石因颜色酷似孔雀羽毛上斑点的绿色而得名，中国古代称孔雀石为“绿青”“石绿”或“青琅玕”，所以孔雀石又是一种独特的天然矿物颜料。此外，孔雀石还是一味重要的中药，主要有解毒、去腐、杀虫的功效。

(1)甘肃省北山大口子铜金矿床中的孔雀石

甘肃大口子铜金矿床位于肃北马鬃山镇。其东矿段以发育多条含金石英脉为特征，矿石矿物成分简单，金属矿物主要有原生黄铁矿、黄铜矿，见有孔雀石、褐铁矿等氧化矿物；西矿段以铜矿化为主，矿化集中在北西—南东向断裂构造破碎带内。西矿段以黄铜矿化为主，并普遍发育孔雀石等氧化矿石，因此矿石类型可划分为以黄铜矿为主的原生矿石和以孔雀石化矿石为特征的氧化矿石。西矿段常见的矿石矿物有黄(褐)铁矿、黄铜矿、孔雀石及少量磁铁矿等，偶见斑铜矿和辉铜矿。可见，孔雀石化是本铜金矿区一种主要的矿化蚀变，分布有大量细脉浸染状孔雀石化的矿化点(孙新春等，2009)。

(2)广东省阳春市石菉铜矿床中的孔雀石

[产地、产状及共(伴)生矿物] 石菉铜矿包括原生铜矿和次生铜矿两部分，前者沿着石英闪长粉岩与大理岩的接触带断续分布，系矽卡岩型铜矿床；后者是本矿区主要工业矿体，产于花岗闪长岩类与古生代石炭纪黄龙组石灰岩接触带的氧化带中，矿体长 2000 m、宽 550 m、平均厚度 25 m。东西两段，以东段为主，矿床底板即洼地灰岩(中石炭统黄龙灰岩)。原生铜矿和洼地灰岩为孔雀石的形成创造了优厚的天然条件。葡萄状、肾状集合体、块状等形态孔雀石多分布在矿体东部-4~20 m 标高的灰岩之上，厚度自几厘米至十几米不等。其位置处于沉积物与灰岩接触面附近。该处由于地下水位的波动作用，往往形成一些规模不大(多为 1 m×1 m~0.5 m×2 m)的空硐，给矿物结晶提供了良好的空间条件，是孔雀石最为富集的地段。细小不规则放射状、粒状孔雀石集合体主要分布在砂砾石空隙中，分布较均匀，粒径多为 2~8 mm，是矿体的主体。细脉状孔雀石充填于局部灰岩表面裂隙中，脉长 1~100 cm 不等，脉厚 0.5~5 mm，亦有充填在粘土裂缝中的，但极少见。呈薄膜状被附在砾石表面或细小的粘土裂隙中的孔雀石比较少见(杨世礼，1985)。

石菉铜矿是世界有名的孔雀石产地，其储量和品质均居全国之首(胡林玉，2007，2012)。其所产品质优良的孔雀石大致分为 3 种类型：第一类孔雀石呈草绿或粉绿色，内为同心层状构造的结核状集合体，质地细腻民坚硬，如外形优美则可视为精品，这类孔雀石是理想的宝石原料(图 2-1-1a)；第二类孔雀石的硬度仅次于前者，呈草绿或墨绿色，有绒毛感，泛银绿丝绢光泽，外形多为葡萄状(图 2-1-1b)；第三类孔雀石为钟乳状，旱笋形或柱形，这类孔雀石常集翠绿、粉绿、天蓝等多种颜色于一身，表面光滑或有绒毛感，质地坚实或疏松，形态多姿多彩，变化万千，是理想的雅石藏品(图 2-1-1c)。

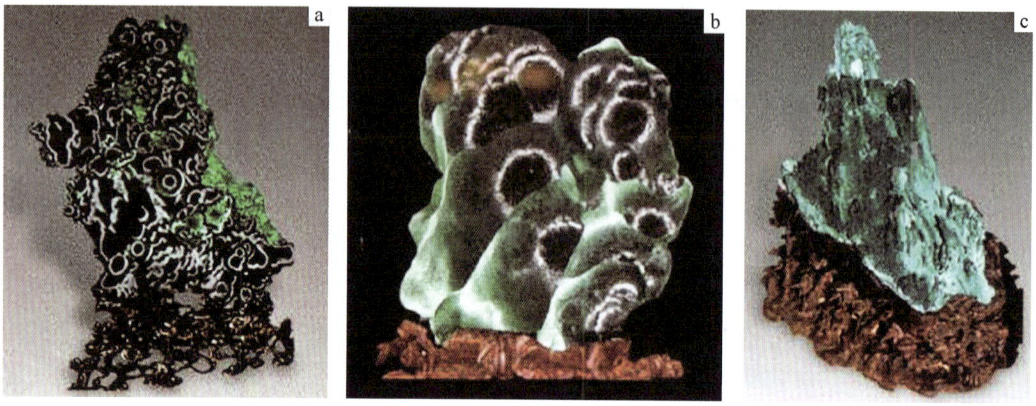

图 2-1-1　广东阳春石菉结核状(左)、银绿丝绢光泽(中)和钟乳状(右)孔雀石
(据胡林玉，2007)

石菉岩溶孔雀石矿床是属于广东阳春石菉铜钼矿区东段的中型次生矿床，是一个赋存在山间盆地第四纪洪积层下部、岩溶洼地不整合面上的隐伏矿床。矿体形态简单，以似层状为主。矿体形态和产状与岩溶洼地(部分溶洞)地貌近于一致。矿区次生铜矿，主要有用矿物是孔雀石，硅孔雀石和少量蓝铜矿(梁英强，1982；阮汀，1984)。

[形貌特征]　主要呈集合体，形态有葡萄状、肾状、钟乳状、皮壳状、放射状、块状、脉状、细粒浸染状，以及碎屑状、粉末状等。

(3)湖北省大冶市铜绿山铜矿床中的孔雀石

[产地、产状及共(伴)生矿物]　鄂东南铜绿山矿为一大型的矽卡岩型铜铁矿床，由 12 个大小不等的矿体(群)组成。矿石类型及矿物成分复杂，主要金属矿物有黄铜矿、黄铁矿、磁铁矿，次为斑铜矿、辉铜矿等，脉石矿物以方解石、斜长石、石英及矽卡岩矿物组合为主。孔雀石的主要产在石英闪长岩与二叠系至三叠系碳酸岩围岩接触带，是含铜硫化物矿床氧化带次生风化淋滤作用的产物。大冶的孔雀石呈肾状、葡萄状、皮壳状、同心圆状集合体，外表由深浅不同的绿色至浅绿白色组成的条带、环带，十分美丽；内部常具同心层状或放射纤维状结构，具有从核部向外矿物颗粒变粗，同心环带变宽的特征。由于大冶铜绿山矿床氧化带产出的孔雀石质地致密，颜色鲜艳，成为中国最著名的孔雀石产地之一(胡承诚，1991；毛立音，2000)。

[形貌特征]　晶体呈放射状、纤维状和丝绒状；集合体大多为豆状、皮壳状。从矿晶的角度来划分，层状或放射纤维状结构，具有从核部向外矿物颗粒变粗，同心环带变宽的特征。大冶的孔雀石大体有 4 个品种：块状孔雀石、青孔雀石、孔雀石猫眼和观赏孔雀石。块状孔雀石由致密的纤维状孔雀石微晶组成，结构细腻，具有迷人的丝绢光泽；青孔雀石由孔雀石与蓝铜矿或者孔雀石与硅孔雀石紧密结合，翠绿色与深蓝色或蓝绿色相互衬托、交相辉映，十分罕见；孔雀石猫眼由一组平行排列的纤维状孔雀石经特殊加工后形成；观赏孔雀石为肾状、葡萄状孔雀石集合体自然组合，外观造型奇特，颜色具有层次性，断面呈扇形放射状。

[物理性质]　本区孔雀石呈深绿色或墨绿色。玻璃-金刚光泽(湿水后更清楚)，聚晶者亦呈丝绢

光泽，偶尔可见丝状闪光现象和变彩现象。经抛光后有水波花纹，绿莹莹的仿佛半透明，有的还呈猫眼现象。摩氏硬度在3.5~4之间。密度为3.95 g/cm^3，坚韧厚重。

［光学性质］ 折光率为1.66~1.91。

［资源和环境意义］ 铜绿山孔雀石具有色泽鲜艳、花纹美丽、结构致密和光泽多样等特点，并有一定的硬度和折光率，是有观赏、收藏价值的工艺原料。此外，由于孔雀石色泽鲜艳，可作找寻原生铜矿床的标志。

(4)内蒙古扎鲁特旗好布勒图铜多金矿床中的孔雀石

好布勒图铜多金属矿位于扎鲁特旗巴雅尔胡硕镇好布勒图南东约5 km处。地表铜矿化以孔雀石化为主，呈细脉浸染状，伴生有褐铁矿化、硅化。蚀变带内见孔雀石化带宽0.5~5.0 m，平均宽2.7 m。褐铁矿化硅化蚀变带中也发育有呈团块的孔雀石化。铜矿化带中见大量孔雀石沿岩石裂隙贯入，含矿岩石为花岗闪长岩，矿石矿物为孔雀石、褐铁矿等(刘琴，2017)。

(5)宁夏卫宁地区大铜沟铜矿床中的孔雀石

［产地、产状及共(伴)生矿物］ 大铜沟铜矿区位于宁夏卫宁北山地区，矿体赋存于上石炭统土坡组底部。矿体呈似层状。矿化主要为细脉状、浸染状。矿体以氧化矿为主，常见的矿石矿物为孔雀石、蓝铜矿，偶见辉铜矿及黄铜矿。按不同的含矿岩性，矿石分为含铜石英岩状砂岩铜矿石和孔雀石化粉砂质板岩铜矿石，其矿物成分有别，前者的矿物主要有孔雀石、蓝铜矿、针铁矿等；后者矿石矿物为孔雀石、针铁矿。孔雀石沿层间裂隙呈浸染状分布，或呈细脉状分布(宋新华等，2009)。

［形貌特征］ 单晶呈长柱状；集合体呈放射状、斑块状分布。

(6)青海格尔木市分水岭铜金矿床中的孔雀石

分水岭铜金矿位于东昆仑西段祁漫塔格山中东部。矿床类型为接触交代型、热液型及石英脉-构造蚀变岩型(金矿)。围岩蚀变主要有褐铁矿化、黄铜矿化、孔雀石化、绢云母化、绿帘石化、绿泥石化、碳酸盐化等。铜矿化带岩性主要为石英砂岩，其间石英脉中及脉侧见零星的孔雀石附着于岩石裂隙面(唐学渊等，2014)。

(7)青海省都兰县哈图沟脑金铜多金属矿床中的孔雀石

哈图沟脑金铜多金属矿床产于辉橄岩、黑云母石英片岩中，辉橄岩岩石表面孔雀石化较为常见，见孔雀石呈绿色粉末状分布在岩石的表面。黑母石英片岩片理、节理中孔雀石、铜蓝发育。矿石矿物主要有黄铜矿、辉铜矿、斑铜矿、铜蓝、黄铁矿、褐铁矿等，黄铜矿表面往往孔雀石化，形成斑铜矿-辉铜矿-铜蓝-孔雀石、斑铜矿-辉铜矿-黄铜矿-铜蓝-孔雀石等矿物组合(俞永强等，2017)。

(8)青海省小赛什腾铜矿床中的孔雀石

［产地、产状及共(伴)生矿物］ 小赛什腾斑岩型铜矿位于甘肃、青海、新疆三省(自治区)交界附近，赋存于华里西期闪长岩、闪长斑岩中。铜矿体主要由含铜闪长斑岩、闪长岩等组成，整个岩体中普遍可见弱孔雀石化，铜矿物为自然铜、辉铜矿、孔雀石等，表面见孔雀石化明显。含铜闪长岩中的金属矿物主要为褐铁矿和孔雀石，孔雀石含量占3%，主要呈片状、胶状集合体沿岩石裂、微裂隙充填分布；含铜闪长斑岩的金属矿物主要为褐铁矿、磁铁矿和孔雀石，孔雀石呈胶状、细脉状沿岩石裂隙分布；含铜石英脉普遍发育孔雀石化，与含铜石英闪长岩形成细脉浸染状铜矿体(王平户等，2003)。

［形貌特征］ 孔雀石呈他形晶粒状沿裂隙薄膜状、星点状、皮壳状分布。

(9)四川省会理县翟窝厂铜矿床中的孔雀石

翟窝厂铜矿床位于康滇地轴与上扬子台拗过渡部位，属同生沉积后生改造型铜矿床。矿床赋存于侏罗系官沟组(J_2g)下部浅灰色泥岩和下白垩统小坝组下段(K_1x)底部砂岩砾岩中。矿体主要呈层状、似层状、透镜体状产出。含铜矿物以孔雀石为主，少量辉铜矿、黄铜矿呈胶结物状态出现，紧密共生。孔雀石通常呈斑点状、薄膜状沿裂隙面分布(刘堂等，2016)。

(10)西藏岗讲-白容铜钼矿床中的孔雀石

岗讲-白容铜铝矿为斑岩型矿床，位于冈底斯斑岩铜矿带的东段。矿区局部见孔雀石化，氧化带的矿石矿物主要有孔雀石、蓝铜矿，其中以孔雀石最为常见。矿区氧化矿体可以分为2种：一种与寄主岩没有成因关系，所寄生的岩石本身不具矿化或者矿化强度很弱，矿质主要来自其上部(或边部)含矿岩石，成矿物质被风化-淋滤带出，并在岩石节理裂隙中形成薄膜、星点状、团块状的孔雀石和少量蓝铜矿；另一种为矿化岩石本身经物理化学风化作用形成浸染状、星点状、细脉状产出的孔雀石和蓝铜矿，这种氧化矿对寻找深部硫化矿具较强的指导意义，一般其深部可见硫化物矿体产出(张庆松等，2012)。

(11)西藏墨竹工卡县驱龙铜矿床中的孔雀石

[产地、产状及共(伴)生矿物] 驱龙斑岩铜矿床位于西藏自治区墨竹工卡县西南的甲马乡，矿区地表水发育，矿区下游沿主水系发育数千米长的孔雀石沉淀带。在矿区下游的戎母错和且金朗主水系中分别发育孔雀石沉淀带，长7 km和3 km。凡是河水可以浸没的地方，所有转石的表面均沉淀了一层翠绿色孔雀石膜(杨少平等，2006)。

(12)新疆富蕴县加波萨尔铜异常区的孔雀石

加波萨尔地区位于新疆富蕴县，是铜、金成矿远景区。加波萨尔金属矿化带是一个长条形的区域，该区域内有较高的铜背景值，并发现一些孔雀石露头，因此被定为铜矿靶区。矿点周围出露的与矿化有关的地层主要是中泥盆统托让格库都克组和中泥盆统蕴都喀拉组，孔雀石化主要存在这两组地层的角砾体和次级构造中，呈膜状或浸染状分布于角砾体中。在整个成矿带上，发现的铜矿化主要有：角砾岩中的膜状孔雀石，探槽揭露的沉凝灰岩中与硅化有关的孔雀石、硅孔雀石，石英脉中的孔雀石，斑岩体裂隙中的孔雀石(单立华等，2006)。

(13)新疆红山梁铜矿床中的孔雀石

红山梁铜矿位于新疆阿齐山-雅满苏多金属成矿带上。区内孔雀石化石英脉及石英钠长斑岩极为发育。氧化矿石位于地表和近地表，主要有褐铁矿孔雀石脉矿石和孔雀石石英脉矿石。矿石中以次生金属矿物为主，有褐铁矿、孔雀石和少量黄铁矿等(常永红等，2010)。

(14)新疆喀拉通克铜镍硫化矿床中的孔雀石

[产地、产状及共(伴)生矿物] 喀拉通克铜镍硫化矿床位于阿尔泰褶皱带与准噶尔褶皱带接合部位。含矿岩体西北端抬起裸露地表，经过长期氧化作用形成了铜镍矿床氧化带。氧化带主要由铁、铜硫酸盐、氧化物，氢氧化物，碳酸盐和硅酸盐组成，少量次生硫化物和自然元素。孔雀石在氧化带分布比较广泛，与黄钾铁矾、硅孔雀石、针铁矿、蓝铜矿、氯铜矿共生。在淋滤带，次生富集带以及围岩中也有分布(王启华，1989)。

[形貌特征] 多呈集合体产出，有的呈薄膜状、脉状、放射状、肾状。主要沿裂隙面呈网脉状分布。其内部常见同心层状构造和放射纤维状。其中同心层状主要分布于裂隙面上，同心层厚度大致一致(3~4 mm)，同心层为鲜绿色和淡绿色相间排列成圆环状。

[物理性质] 深绿-鲜绿色，条痕为淡绿色；玻璃光泽，纤维状集合体呈丝绢光泽。

[化学成分] 本矿床中孔雀石的电子探针分析结果如表2-1-2所示。

表2-1-2 新疆喀拉通克铜镍硫化矿床中孔雀石的电子探针分析数据及分子式计算结果

组分	质量/%	分子数	分子系数比	分子式
FeO	0.05	0.001	0.001	$CuCO_3 \cdot Cu(OH)_2$
MgO	0.01	0	—	
Al_2O_3	0.02	0	—	
CuO	72.92	0.001	0.999	

注：数据引自王启华(1989)。

(15)新疆尼勒克县圆头山铜矿床中的孔雀石

圆头山铜矿属于西天山成矿带的阿吾拉勒铜多金属成矿亚带。孔雀石矿石结构主要为他形细粒结构。矿石中主要金属矿物有辉铜矿、赤铜矿、铜蓝、孔雀石、褐铁矿，以及黄铁矿、黝铜矿、自然铜、黄铜矿等。孔雀石与重晶石、辉铜矿共生(韩长江，2007)。

(16)新疆青河县加马特金铜矿床中的孔雀石

[产地、产状及共(伴)生矿物] 矿点位于哈旦孙“三角岩体”与中泥盆统北塔山组第二段接触带附近，矿体成因属岩浆汽液交代-充填型。金铜矿化体附近围岩蚀变较为强烈，矿体形态多呈细脉状、透镜状。金铜矿(化)体蚀变组合主要为绿帘石化、绿泥石化、黑云母化、硅化、碳酸盐化、孔雀石化、磁铁矿化、黄铁矿化等。孔雀石矿化是加马特金铜矿最明显最直接的找矿标志(吴建新，2013)。

(17)新疆塔什库尔干县瓦恰铜铅锌多金属矿床中的孔雀石

新疆瓦恰铜铅锌多金属矿位于塔什库尔干县南东东向直距约45 km处，主要矿体成因类型为矽卡岩型-热液改造型。区内各矿(化)体、矿化带集中分布于上石炭统卡拉乌依组第二、三岩性段大理岩接触带附近的角岩化粉砂岩中。矿化以孔雀石、磁铁矿为主，蚀变带局部孔雀石相对富集成矿。孔雀石呈薄膜状、皮壳状沿矿石裂隙面分布。地表铜氧化的孔雀石可作为找矿的直接标志(冯昌荣，2014)。

(18)新疆托克逊县彩花沟含铜黄铁矿床中的孔雀石

彩花沟含铜黄铁矿位于南天山萨阿尔明山早古生代非岩浆被动陆缘造山带东段。主要矿(化)体基本平行层理呈似层状和脉状顺层产出。氧化矿石见于地表氧化带中，矿石中主要铜矿物为孔雀石、胆矾，偶见蓝铜矿，伴生矿物为黄钾铁矾、褐铁矿、水绿矾、明矾及针铁矾等(单小莉等，2009)。

(19)新疆托里县阿达依斑岩铜矿点中的孔雀石

阿达依斑岩铜矿点产于巴尔喀什斑岩成矿带中，成因属斑岩型。矿化以孔雀石矿化为主，是黄铜矿氧化的产物。孔雀石呈粒状零星分布，局部矿化较强，呈稀疏浸染状(任雯，2009)。

(20)新疆乌恰县沙立它克能托铜矿床中的孔雀石

沙立它克能托铜矿床位于新疆克孜勒苏柯尔克孜自治州乌恰县东南部山区玛依喀克一带的沙立它克能托地区，为沉积型砂岩型铜矿。地表矿石主要以孔雀石形式出现，偶见少量的黄铜矿和黄铁矿，脉石矿物主要为长石和石英。孔雀石呈薄膜、星点状、团块状产在寄生岩石节理裂隙中，或呈浸染状、细脉状产出(刘熠等，2015)

(21)云南省楚雄州大姚县BJQ铜矿床中的孔雀石

[产地、产状及共(伴)生矿物] BJQ铜矿区位于云南省楚雄州大姚县北，赋矿围岩为中生代白垩纪的一套陆相碎屑岩，矿床属于典型的沉积热液改造型矿床。产出矿石矿物有黄铜矿、斑铜矿、辉铜矿、孔雀石、蓝铜矿及大量铁的氧化物。孔雀石与蓝铜矿密切共生(施玉娇等，2013)。

[形貌特征] 孔雀石呈不规则粒状、纤维状集合体，嵌布在砂粒间，少量呈薄膜状。

五、镁孔雀石(Mcguinnessite)

1. 镁孔雀石的一般特征

[产地、产状及共(伴)生矿物] 产于蛇纹石化橄榄岩中的稀有次生矿物。主要产地分布在美国、墨西哥、奥地利、摩洛哥、日本和新西兰等国家。不同产地有不同的共(伴)生矿物，在美国Red Mountain，主要有羟硅铝钙石、孔雀石、蓝铜矿、硅孔雀石和铁氧化物矿物；在美国Cedar Hill采石场，主要是片碳镁石和镁白孔雀石；在日本Shinshiro，则是镍孔雀石、菱镍矿和绿水镍矿(Erd et al.，1981)。

[形貌特征] 晶体呈纤维状，长径可达2 μm，集合呈辐射状纤维球状、半球状或平板状。

[晶体结构] 单斜晶系；$P2/a$ 或者 $P2_1/a$。晶胞参数为 $a=9.398(2)$ Å，$b=12.011(2)$ Å，$c=3.379(2)$ Å；$\beta=93.28(5)°$；$Z=4$。

[主要粉晶衍射数据 d/Å(I)(hkl)] 6.015(100)(020)，3.694(65)(220)，2.530(25)(240)，2.139(25)(250)，5.054(16)(120)，2.326(15)(150)，3.002(12)(040)，2.605(12)(211)(PDF 35-481)。

[物理性质] 浅蓝绿色、蓝绿色和白色，常呈色带分布；透明；玻璃-丝绢光泽。具平坦状断

口；性脆；摩氏硬度 $H=2.5$。密度 $D_{测量}=3.02\sim3.22\ g/cm^3$，$D_{计算}=3.076\sim3.234\ g/cm^3$。

[光学性质] 二轴负晶。折光率 $\alpha=1.596\sim1.607$，$\beta=1.724\sim1.740$，$\gamma=1.724\sim1.740$。光轴角 2*V* 未测。多色性弱，X=浅绿色，$Y=Z$=浅蓝绿色；$X<Y=Z$。具负延性，$X\wedge c=11°$。

[化学成分] 理想化学式为 $(Mg, Cu)_2(CO_3)(OH)_2$，其化学组成($w_B/\%$)为 CuO 43.73，MgO 22.16，CO_2 24.20，H_2O 9.91，合计 100.00。美国 Red Mountain 产出的样品化学组成($w_B/\%$)为 CuO 39.6，MgO 23.7，CaO 0.07，CO_2 24.73，H_2O 10.13，合计 98.23。

[与其他矿物种的关系] 属于锌孔雀石族。

2. 在中国的产出情况

目前中国尚未发现镁孔雀石。

六、绿碳镍石(Nullaginite)

1. 绿碳镍石的一般特征

[产地、产状及共(伴)生矿物] 产自富镍热液矿床氧化带中的一种稀有矿物。产地位于澳大利亚西部的 Otway 镍矿床。其共(伴)生矿物有镁质镍纤蛇纹石、石膏、磁铁矿、绿泥石、含镍蛇纹石(Nickel et al., 1981)。

[形貌特征] 晶体呈纤维状；集合体呈毡状，发育十字交叉脉络，也可构成鹅卵状-不规则状结核，粒径最大至 2 mm。

[晶体结构] 单斜晶系；$P2_1/m$ 或者 $P2_1$。晶胞参数为 $a=9.236(3)$ Å，$b=12.001(6)$ Å，$c=3.091(2)$ Å；$\beta=90.48(7)°$；$Z=4$。

[主要粉晶衍射数据 *d*/Å(*I*)(*hkl*)] 2.579(100)($\bar{2}01$)，2.557(90)(201)，4.619(40)(200)，3.660(40)(130)，7.30(30b)(110)，5.038(30)(120)，1.545(30)(002)，1.541(30)(600(PDF 35-501)。

[物理性质] 亮绿色；半透明；黯淡或土状光泽，纤维状者为丝绢光泽。显微硬度 $VHN_{20g}=25\sim45\ kg/mm^2$。密度 $D_{测量}=3.56(4)\ g/cm^3$，$D_{计算}=3.66\ g/cm^3$。

[光学性质] 在透射光下为浅绿色。二轴负晶。折光率 $\alpha=1.67$，$\beta=1.78$，$\gamma=1.78$；光轴角未测。多色性弱。光性方位：Y 或 $Z\approx b$；$X\wedge c=6°$。吸收性：垂直于纤维方向>沿纤维方向。

[化学成分] 理想化学式为 $Ni_2(CO_3)(OH)_2$，其化学组成($w_B/\%$)为 NiO 70.66，CO_2 20.82，H_2O 8.52，合计 100.00。澳大利亚 Otway 矿床产出的样品化学组成($w_B/\%$)为 NiO 68.67，CuO 0.11，MgO 0.98，Cr_2O_3 0.42，Fe_2O_3 0.24，CO_2[21.03]，H_2O[8.59]，合计 100.04。相应的化学式为 $(Ni_{1.93}Mg_{0.05}Cr_{0.01})_{\Sigma1.99}(CO_3)(OH)_2$。

[与其他矿物种的关系] 属于锌铜孔雀石族。

2. 在中国的产出情况

目前中国尚未发现绿碳镍石。

七、镁白孔雀石(Pokrovskite)

1. 镁白孔雀石的一般特征

[产地、产状及共(伴)生矿物] 是纯橄岩或蛇纹岩岩体中不常见一个矿物种。主要在哈萨克斯坦 Zlatogorsk 岩体的钻孔内和美国 Hunting Hill、Addie 采石场等地发现。不同产地共(伴)生矿物有所不同，在哈萨克斯坦 Zlatogorsk 侵入岩体中，主要为白云石、菱镁矿和水镁铁石；在美国 Cedar Hill 采石场，则为片碳镁石和镁孔雀石(Ivanov et al., 1984)。

[形貌特征] 柱状-针状晶体，最长至 7 mm；集合体呈束状、球粒状，球粒状集合体中晶体呈交叉纤维状、石棉状。

［晶体结构］ 单斜晶系；$P2_1/a$。晶胞参数为 $a=9.43(1)$ Å，$b=12.27(1)$ Å，$c=3.395(3)$ Å，$\beta=96.60(9)°$；$Z=4$。

［主要粉晶衍射数据 *d*/Å(*I*)(*hkl*)］ 2.60(100b)(031)，2.17(90)(141)，6.10(70)(020)，4.70(70)(200)，3.73(70)(031)，1.561(70b)(600)，1.385(50)(56)，5.20(40)(120)(PDF 37-454)。

［物理性质］ 白色，带肉色色调，条痕白色；半透明，由于含包裹体而致不透明；黯淡光泽；摩氏硬度约为3。密度 $D_{测量}=2.51\sim2.52$ g/cm^3，$D_{计算}=2.58$ g/cm^3。

［光学性质］ 二轴负晶。折光率 $\alpha=1.537$，$\beta=1.619$，$\gamma=1.619$。光轴角 $2V_{测量}=18°$。光性方位：$X\wedge c=8°$。具负延性。

［化学成分］ 理想化学式为 $Mg_2(CO_3)(OH)_2$，其化学组成($w_B/\%$)为 MgO 53.16，CO_2 29.02，H_2O 17.82，合计 100.00。哈萨克斯坦 Zlatogorsk 岩体产出的样品化学组成($w_B/\%$)为 MgO 50.80，CO_2 28.78，MnO 1.02，Fe_2O_3 1.90，$Al_2O_3<0.05$，$SiO_2<0.10$，CaO 0.39，BaO 0.10，Na_2O 0.10，$K_2O<0.10$，H_2O^+ 16.72，H_2O^- 0.44，合计 100.05。相应的化学式为 $(Mg_{1.93}Fe_{0.04}Mn_{0.02})_{\Sigma1.99}(CO_3)(OH)_2\cdot0.42H_2O$。

［与其他矿物种的关系］ 属于锌孔雀石族。

2. 在中国的产出情况

目前中国尚未发现镁白孔雀石。

八、锌铜孔雀石(Rosasite)

1. 锌铜孔雀石的一般特征

［产地、产状及共(伴)生矿物］ 产在含铜锌矿床氧化带中的不常见次生矿物，常来源于原生铜矿物中的含锌溶体，形成于矿化后期。主要产地为意大利的 Rosas 矿区、英国 Caldbeck Fells 等地以及美国新墨西哥州的 Kelly 矿区、加利福尼亚州 Mohawk 矿区、科罗拉多州的 Leadville、内华达州的 Majuba Hill 和犹他州的 Hidden Treasure 矿区，在纳米比亚 Tsumeb、美国亚利桑那州 Silver Bill 等矿床和墨西哥 Ojuela 矿区产出大量精美的晶体标本。共(伴)生矿物有孔雀石、绿铜锌矿、菱锌矿、白铅矿、水锌矿和异极矿(Palache et al.，1951；Roberts et al.，1986)。

［形貌特征］ 晶体呈针状，最长至 0.5 mm；集合体呈辐射状、发散状或球状，也可呈致密的钟乳状-葡萄状结壳和块体，表面常见纤维状和瘤状。双晶面{100}。

［晶体结构］ 单斜晶系；$P2_1/a$。晶胞参数为 $a=12.873(3)$ Å，$b=9.354(3)$ Å，$c=3.156(2)$ Å；$\beta=110.36(3)°$；$Z=4$。

［主要粉晶衍射数据 *d*/Å(*I*)(*hkl*)］ 2.600(100)($\bar{1}21$)，6.047(90)(200)，5.0731(90)(210)，3.6935(90)(220)，2.9623(70)($\bar{2}11$)，2.5338(50)(420)，2.1441(50)(520)，2.4992(40)(021)(PDF 36-1475)。

［物理性质］ 绿色、蓝绿色、天蓝色，半透明。发育两组解理；性脆；摩氏硬度 $H=4.5$。密度 $D_{测量}=4.0\sim4.2$ g/cm^3，$D_{计算}=4.15$ g/cm^3。

［光学性质］ 在透射光下为浅蓝色-无色。二轴负晶。折光率 $\alpha=1.672\sim1.688$，$\beta=1.796\sim1.83$，$\gamma=1.811\sim1.831$；光轴角 $2V_{测量}=33(5)°$，$2V_{计算}=36.4°$。多色性：强；X=浅翠绿色，Z=深翠绿色，吸收性 $X>Y>Z$。光性方位：$X=c$；$Y\wedge a\approx10°$。

［化学成分］ 理想化学式为 $(Cu, Zn)_2(CO_3)(OH)_2$，其化学组成($w_B/\%$)为 ZnO 36.50，CuO 35.68，CO_2 19.74，H_2O 8.08，合计 100.00。意大利撒丁岛产出的样品化学组成($w_B/\%$)为 ZnO 24.60，CuO 47.53，CO_2 19.54，H_2O 8.33，合计 100.00。

［与其他矿物种的关系］ 属于锌铜孔雀石族。

2. 在中国的产出情况

中国的锌铜孔雀石产地有广东省罗定市新榕锰-银矿床和辽宁省抚顺关门山铅锌矿床。新榕锰矿是广东省重要的锰矿床，主矿体产于地下岩溶空洞内。辽宁省关门山铅锌矿床位于铁岭-靖宇古隆起的泛河凹陷内，为层控-热卤水沉积-热液改造型铅锌矿床。锌孔雀石发现于矿床的氧化带中（黄圭成等，2001；杨敏之，2003）。

九、铜锌孔雀石（Zincrosasite）

1. 铜锌孔雀石的一般特征

［**产地、产状及共（伴）生矿物**］ 产于以白云岩为主体的热液多金属矿床氧化带。最早发现于纳米比亚 Tsumeb 矿区，陆续在澳大利亚 Broken Hill、捷克 Moravia、法国 St Nicolas 矿区、匈牙利 Rudabanya 和希腊 Kamariza 等地发现。共（伴）生矿物主要有蓝铜矿、白铅矿和异极矿（纳米比亚 Tsumeb）；白铅矿、绿铜锌矿、孔雀石（匈牙利 Rudabanya）（Strunz，1959；Blaß et al.，1995；Perchiazzi，2006）。

［**形貌特征**］ 放射纤维状，最长至 1.5 mm。集合体呈结壳状。

［**晶体结构**］ 单斜晶系；空间群和晶胞参数未测。

［**主要粉晶衍射数据**］ 未测。

［**物理性质**］ 白色、浅蓝色。浅蓝色条痕。半透明。摩氏硬度 $H=4.5$。

［**光学性质**］ 二轴负晶。色散相当强。

［**化学成分**］ 理想化学式为$(Zn, Cu)_2(CO_3)(OH)_2$。纳米比亚的样品未发表化学分析数据，但已知其 Zn∶Cu=58.60∶51.94 或更大。

［**与其他矿物种的关系**］ 属于锌孔雀石族；与锌铜孔雀石呈类质同象。

2. 在中国的产出情况

目前中国尚未发现铜锌孔雀石。

未建族矿物

十、蓝铜矿（Azurite）

1. 蓝铜矿的一般特征

［**产地、产状及共（伴）生矿物**］ 产于与碳酸盐岩有关的铜矿床的氧化带中，大量产出可作为铜资源利用。产地分布非常广泛，而且有许多产地出产好的蓝铜矿晶体，这些产地主要分布在法国、意大利、俄罗斯、摩洛哥、赞比亚、纳米比亚、美国、墨西哥、澳大利亚和中国。如法国 Chessy、意大利 Alghero、俄罗斯 Zmeinogorsk 和 Zolotuskinskii 矿山等，摩洛哥的 Touissit 矿床、美国亚利桑那州、墨西哥 El Cobre、澳大利亚 Girilambone 矿床都产出大的比较完好的矿物晶体。中国的蓝铜矿主要分布在广东阳春、湖北大冶和江西省西北部。共（伴）生矿物有孔雀石、硅孔雀石、水胆矾、块铜矾、赤铜矿、白铅矿、菱锌矿、方解石、白云石（Dana，1883；Palache et al.，1951；Gattow et al.，1958）。

［**形貌特征**］ 晶体常呈复合晶型，据报道超过 100 种复合，最大晶体可至 30 cm。{001} 面为板状，{102} 或者 $\{\bar{1}02\}$ 面不常见；沿着[001]方向的短至长柱状，有主要的 {110} 和 {100} 面，或者沿着[010]方向，有楔形的终端。呈长斜方形，透镜状，或者球形近平行集合体，可能形成玫瑰花；也可能呈内部放射状钟乳石状或者柱状集合体；葡萄状，晶簇状，土状，块状。双晶：少见；双晶面为 $\{\bar{1}01\}$，$\{\bar{1}02\}$ 和 {001} 面。

［**晶体结构**］ 单斜晶系；$P2_1/c$。晶胞参数为 $a=5.0109(5)$ Å，$b=5.8485(6)$ Å，$c=10.345(2)$ Å；$\beta=92.43(3)°$；$Z=2$。

［**主要粉晶衍射数据 *d*/Å（*I*）（*hkl*）**］ 3.5.26（999）（111），5.1679（664）（002），3.6745（528）（$\bar{1}02$），2.5134（341）（113），5.0901（334）（011），2.2279（283）（023），2.2881（263）（$\bar{2}02$），1.949

(246)($\bar{2}$13)(PDF 70-1579)。

[物理性质] 碧蓝色、柏林蓝、深至浅蓝色；条痕浅蓝色；透明-半透明；玻璃-半金刚光泽。具{011}完全、{100}中等、{110}不完全解理；贝壳状断口。性脆；摩氏硬度 $H=3.5\sim4$。密度 $D_{测量}=3.773(3)\ g/cm^3$，$D_{计算}=3.78\ g/cm^3$。

[光学性质] 透射光下为浅蓝色。二轴正晶。折光率 $\alpha=1.730$，$\beta=1.754\sim1.758$，$\gamma=1.835\sim1.838$；光轴角 $2V_{测量}=67°$。多色性：蓝色；$Z>Y>X$。光性方位：$X=b$；$Z\wedge c=12°36'$。色散：$r>v$，强。

[化学成分] 理想化学式为 $Cu_3(CO_3)_2(OH)_2$，其化学组成(w_B/%)为 CuO 69.23，CO_2 25.54，H_2O 5.23，合计 100.00。法国 Chessy 产出样品的化学组成(w_B/%)为 CuO 69.08，CO_2 25.46，H_2O 5.46，合计 100.00。

2. 在中国的产出情况

蓝铜矿是自然界广泛存在的铜碳酸盐矿物，主要产于铜矿床的氧化带，为含铜氧化矿体中常见的一种表生矿物，常与孔雀石密切共生。易与孔雀石相互转化，但蓝铜矿更易吸收空气中的水分转变为孔雀石，所以蓝铜矿的分布没有孔雀石广泛。蓝铜矿大量聚集，可作为铜资源开采，但蓝铜矿更多是可作为寻找原生铜矿床的标型矿物。此外，蓝铜矿具非常鲜艳独特的蓝色，酷似孔雀羽毛上斑点的蓝色，古称石青，是一种古老的玉料，可作饰品和艺术品，也是一种常见的天然矿物颜料。

中国的蓝铜矿产地非常多，遍及全国各地，但多数报道仅限提及矿物种名，较详细的研究资料很少。广东阳春、湖北大冶和江西省西北部是我国较为著名的蓝铜矿产地，特别是阳春蓝铜矿享誉全球，因其艳丽的色彩和独特的晶体造型而珍稀(图 2-1-2)。

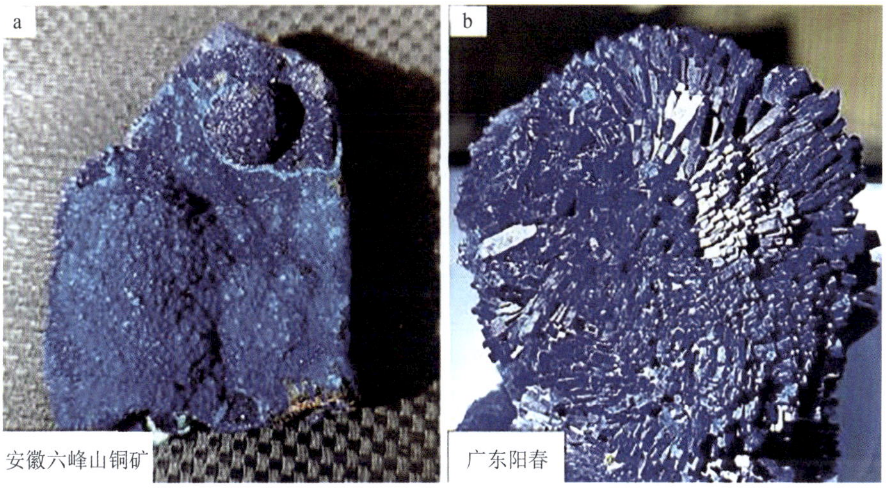

图 2-1-2 中国安徽六峰山铜矿(a)和广东阳春(b)所产蓝铜矿
(据徐翠香等，2024)

(1)安徽省池州市贵池区六峰山铜矿床中的蓝铜矿

[产地、产状及共(伴)生矿物] 蓝铜矿为安徽六峰山铜矿床氧化带中常见的一种次生矿物(徐翠香等，2024)。

[形貌特征] 样品均显示深蓝-鲜蓝色，呈他形粒状且深蓝色表面有层浅蓝色。从扫描电镜图像(图 2-1-3)可以看出，在微观上的晶体主要呈块状、柱状或厚板片状，高倍下观察矿物表面较为光滑致密。

[主要粉晶衍射数据] 根据矿物的 X 衍射图谱，安徽六峰山蓝铜矿样品物相匹配结果统计如表 2-1-3 所示。可见安徽六峰山样品主要物相为蓝铜矿(质量百分比 83.1%)，还伴生有部分孔雀石

图 2-1-3　安徽六峰山蓝铜矿的二次电子图像(SEM)
(据徐翠香等，2024)

物相(质量百分比 13.4%)。这可能与矿物所处环境有关，在一定环境下蓝铜矿与孔雀石可相互转化，因而有可能在一定条件下相互伴生。

表 2-1-3　安徽六峰山蓝铜矿矿物物相分析结果

矿物产地	PDF 卡片号	物相组成(含量)	晶胞参数	晶系
安徽六峰山	01-072-1270 00-001-0959 01-085-0798	$Cu_3(OH)_2(CO_3)_2$(83.1%)、 $CuCO_3 \cdot Cu(OH)_2$(13.4%)、 SiO_2(3.5%)	a=0.5 nm，b=0.585 nm，c=1.035 nm a=0.938 nm，b=1.195 nm，c=0.318 nm a=0.4914 nm，c=0.5405 nm	单斜 单斜 六方

注：数据引自徐翠香等(2024)。

[化学成分]　能谱分析图谱如图 2-1-4 所示，可见本区样品含 C、O、Cu 元素质量分数共占 94.78%，含少量 Si、Al、Fe、K、Mg 元素。

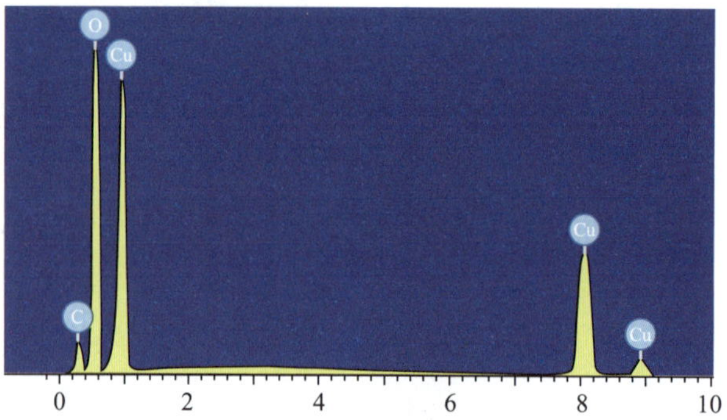

图 2-1-4　安徽六峰山蓝铜矿样品粉末能谱分析组成元素图谱
(据徐翠香等，2024)

[光谱特征]　从热重分析曲线可以看出，安徽六峰山的蓝铜矿样品分解起始点最低为 320℃，峰值为 346℃。

从红外光谱特征分析结果(图 2-1-5)可以看出，安徽六峰山蓝铜矿样品具 3422 cm^{-1}、1458 cm^{-1}、1400 cm^{-1}、1091 cm^{-1}、949 cm^{-1}、813 cm^{-1}、767 cm^{-1} 和 742 cm^{-1} 特征峰，代表了蓝铜矿，红外光谱在 1040 cm^{-1} 处有一个明显的特征峰，代表了孔雀石。

(2)安徽省庐枞铜矿床中的蓝铜矿

[产地、产状及共(伴)生矿物]　庐枞铜矿床为陆相火山-热液成因，原生矿为含黄铁矿石英脉型铜矿床，含铜氧化矿体是赋存于安山岩中的矿床表生氧化部分，多呈脉状，脉体不规则，和原生矿不吻合，脉宽 30~50 cm 不等，少数是囊状，受断裂和裂隙控制明显。氧化矿石矿物主要为孔雀石、蓝铜矿、硅孔雀石、黄铁矿、赤铁矿、褐铁矿等，有时有赤铜矿、黑铜矿、自然铜、辉铜矿、铜蓝共生组合；非金属矿物以石英、粘土类矿物为主，伴生少量的明矾石、重晶石等(朱继存，1995)。

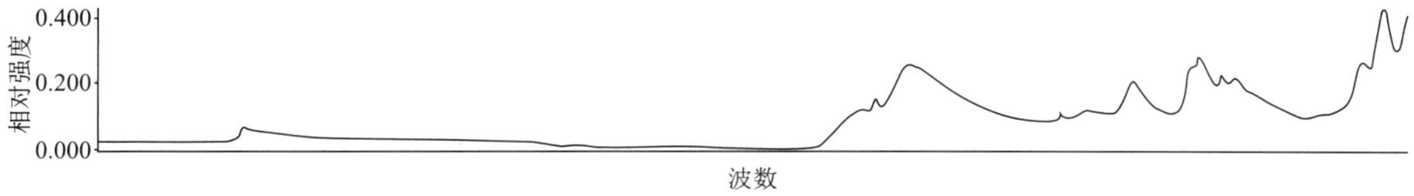

图 2-1-5　安徽六峰山蓝铜矿样品的红外光谱特征
（据徐翠香等，2024）

［形貌特征］　蓝铜矿主要呈皮壳状、葡萄状和肾状，有时呈粒状。

［其他矿物特性］　本区蓝铜矿的差热分析线谱如图 2-1-6 所示，可见蓝铜矿的分解温度为 400~420℃，此时它们脱水、脱气；第二个吸热谷是氧化分解的产物融熔吸热。

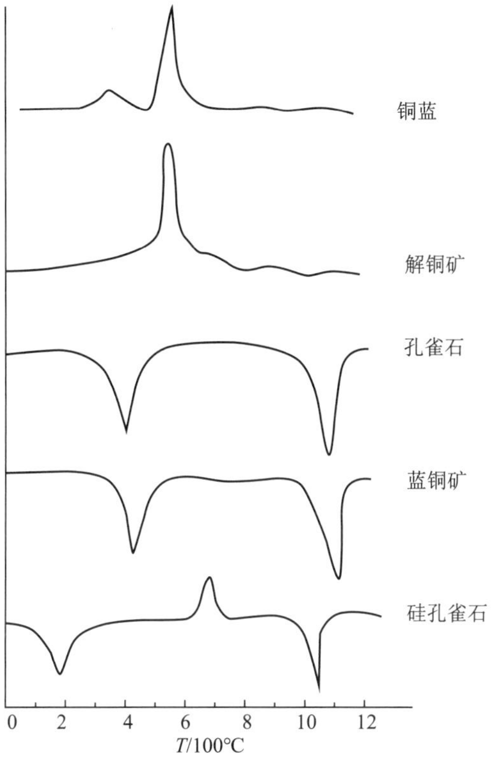

图 2-1-6　安徽庐枞铜矿床中含铜矿物的差热分析曲线
（据朱继存，1995）

(3)广东省阳春石菉铜矿床中的蓝铜矿

［产地、产状及共(伴)生矿物］　广东省阳春石菉铜矿床是中国最大的蓝铜矿产地，阳春蓝铜矿以品质、色彩和独特的晶形冠绝全球。

［形貌特征］　深蓝-鲜蓝色，晶体呈板状、柱状扩散形，以产出独特的花瓣形集合体为特征。从扫描电镜图像(图 2-1-7)可以看出，尽管蓝铜矿的宏观外形上差异明显，但在微观上的晶体主要呈块状、柱状或厚板片状，高倍下观察矿物表面较为光滑致密(徐翠香等，2024)

［主要粉晶衍射数据］　根据矿物的 X 衍射图谱，广东阳春蓝铜矿样品物相匹配结果统计如表 2-1-4 所示。可见广东阳春样品物相与蓝铜矿(标准衍射卡片 JCPDS 01-072-1270)峰位特征相符，为纯蓝铜矿。

［化学成分］　能谱分析图谱如图 2-1-8 所示，可见本区样品含 C、O、Cu 元素质量分数共占 99.02%，含少量 Si、Al 元素。

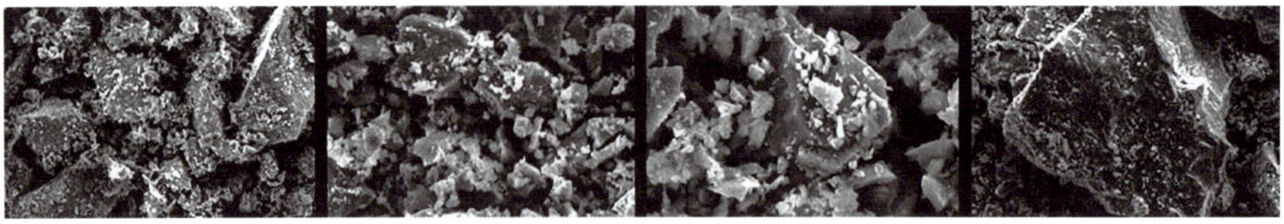

图 2-1-7　广东阳春蓝铜矿的二次电子图像(SEM)

(据徐翠香等，2024)

表 2-1-4　广东阳春蓝铜矿矿物物相分析结果

矿物产地	PDF 卡片号	物相组成(含量)	晶胞参数	晶系
广东阳春	01-072-1270	$Cu_3(OH)_2(CO_3)_2$(100%)	a=0.5 nm，b=0.585 nm，c=1.035 nm	单斜

注：数据引自徐翠香等(2024)。

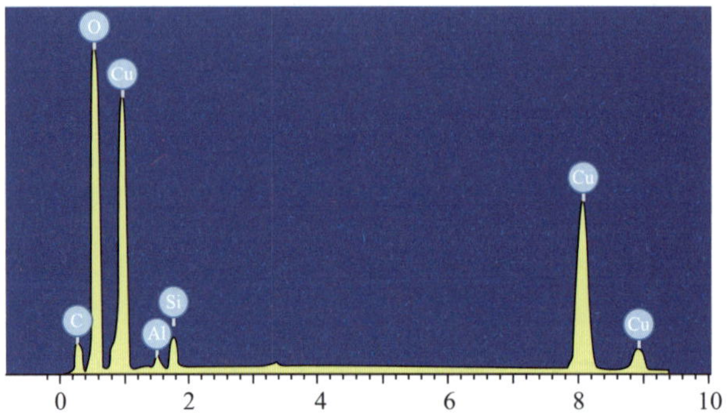

图 2-1-8　广东阳春蓝铜矿样品粉末能谱分析组成元素图谱

(据徐翠香等，2024)

[光谱特征]　从热重分析曲线可以看出，广东阳春蓝铜矿样品分解起始点最低为 347℃，峰值为 360℃。

从红外光谱特征分析结果(图 2-1-9)可以看出，广东蓝铜矿样品具 3422 cm^{-1}、1458 cm^{-1}、1400 cm^{-1}、1091 cm^{-1}、949 cm^{-1}、813 cm^{-1}、767 cm^{-1} 和 742 cm^{-1} 特征峰，代表了蓝铜矿。

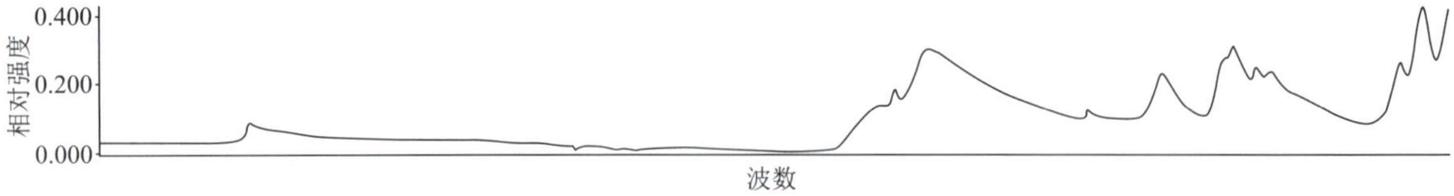

图 2-1-9　广东阳春蓝铜矿样品的红外光谱特征

(据徐翠香等，2024)

(4)宁夏中卫大铜沟铜矿床中的蓝铜矿

大铜沟铜矿位于宁夏卫宁北山地区，矿体赋存于上石炭统土坡组底部。矿体呈似层状。矿化主要为细脉状、浸染状。矿石矿物为孔雀石、蓝铜矿，偶见辉铜矿及黄铜矿。铜矿石中伴生金(宋新华等，2009)。

(5)新疆阿勒泰小红山铜矿床中的蓝铜矿

小红山铜矿床位于阿勒泰造山带南缘。矿体主要赋存在于浅肉红色及灰白色霏细岩中。在铜矿体地表的氧化矿体中，主要含铜矿物为蓝铜矿和孔雀石。含铜矿物呈树枝状、细脉状、细脉浸染状、网脉状沿片理化带、构造角砾岩及树枝状裂隙中分布(王长青，2011)。

(6)新疆托克逊县彩花沟含铜黄铁矿矿床中的蓝铜矿

彩花沟含铜黄铁矿床距新疆托克逊县城 120 km，矿床具成矿作用复杂、成矿多期性、成矿物质多来源的特点，其成因类型为火山喷发沉积-火山热液富集叠加改造型。氧化矿石见于地表氧化带中，矿石中主要铜矿物为孔雀石、胆矾，偶见蓝铜矿，伴生矿物为黄钾铁矾、褐铁矿、水绿矾、明矾及针铁矾等(单小莉等，2009)。

(7)云南省兰坪-思茅盆地勐野井钾盐矿床中的蓝铜矿

云南兰坪-思茅盆地勐野井钾盐矿床为固体钾盐矿床。其底板扒沙河组石英砂岩中除存在少量海相矿物-海绿石外，普遍见到含铜矿物-蓝铜矿和孔雀石等(图2-1-10)。据薄片镜下鉴定，可知蓝绿色的孔雀石分布在碳酸盐化石英砂岩的微裂隙中(图2-1-10b)，深蓝色的蓝铜矿则分布在石英颗粒间的孔隙内(图2-1-10c、d)。孔雀石和蓝铜矿分别沿裂隙和石英颗粒间孔隙分布的特征表明，两种铜矿物的形成时间晚于石英砂岩，是深部热液沿裂隙和颗粒孔隙充填的结果。

图2-1-10 扒沙河组石英砂岩中的孔雀石和蓝铜矿

(据高翔等，2013)

a—石英砂岩标本中的蓝铜矿和孔雀石；b—砂岩裂隙中的孔雀石(Mal)，单偏光(10×40)；

c、d—单偏光(10×10)和正交下(10×20)石英(Qtz)砂岩中的蓝铜矿(Azu)

(8)云南省维西大宝山铜多金属矿床中的蓝铜矿

云南维西大宝山铜多金属矿床位于青藏高原东南缘之三江成矿带昌都-兰坪-思茅地块中。矿床由南向北划分为望香台、滑石板、青龙山及二溪沟矿段。望香台矿段矿石种类繁多，矿石组合类型由地表向深部分别为孔雀石+蓝铜矿+褐铁矿、辉铜矿+石英+褐铁矿、辉铜矿+白云石(铁白云石)组合。孔雀石+蓝铜矿+褐铁矿组合主要分布于矿体浅部(埋深<100 m)，为原生含铜矿物经次生富集作用及氧化作用而成。其中孔雀石多呈团块状，局部呈脉状充填于石英及脉石裂隙中；蓝铜矿多呈团块状产出(图2-1-11和图2-1-12)(巩鑫等，2017；付桥林等，2023)。

(9)云南省云龙县河口铜矿床中的蓝铜矿

[产地、产状及共(伴)生矿物] 云南云龙县河口铜矿位于兰坪-思茅中新生代坳陷盆地中部，铜矿体呈似层状、透镜状、脉状赋存于断层构造破碎带中，属构造控矿的中低温热液型充填(交代)的脉状铜矿床。矿石中主要金属矿物有蓝铜矿、砷黝铜矿、孔雀石、褐铁矿等。蓝铜矿为矿石中的主要氧化铜矿物。蓝铜矿沿矿石裂隙中分布，部分沿石英颗粒的裂隙中分布，与石英、方解石、孔雀石、

图 2-1-11　云南大宝山铜多金属矿床望香台矿段矿石组合特征

（据付桥林等，2023）

a—孔雀石、蓝铜矿、褐铁矿组合；b—孔雀石、蓝铜矿组合。Az—蓝铜矿；Lim—褐铁矿；Mal—孔雀石

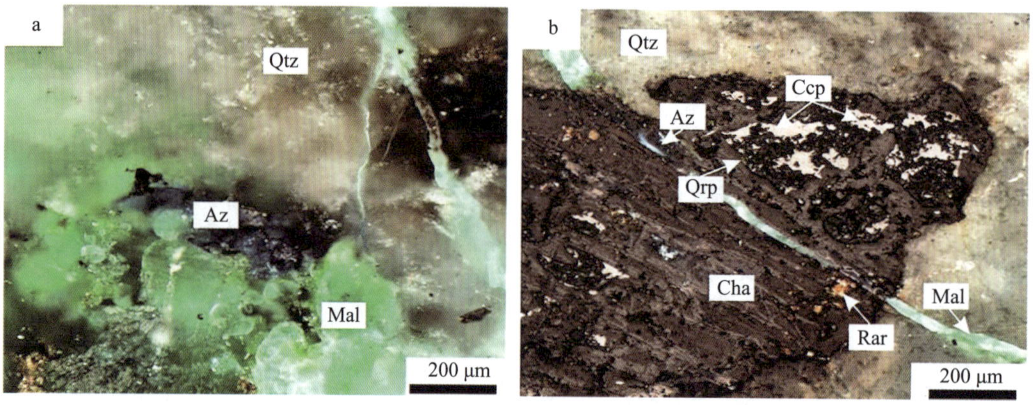

图 2-1-12　云南大宝山铜多金属矿床望香台矿段镜下矿石组合特征

（据付桥林等，2023）

a—正交偏光下孔雀石、蓝铜矿及石英；b—正交偏光下辉铜矿、孔雀石、蓝铜矿、黄铜矿、雄黄。Az—蓝铜矿；Ccp—黄铜矿；Cha—辉铜矿；Mal—孔雀石；Qtz—石英；Rar—雄黄；Qrp—雌黄

褐铁矿等连生(图 2-1-13)(王天华等，2020)。

[形貌特征]　单晶呈他形粒状或自形柱状，集合体呈皮壳状、脉状。粒度范围较大，在 0.005~0.08 mm 之间。

[化学成分]　蓝铜矿中平均含 Cu 50.38%，不含 As、S 等有害元素。

十一、水羟碳铜石(Georgeite)

1. 水羟碳铜石的一般特征

[产地、产状及共(伴)生矿物]　一种稀有的次生矿物，产于镍-铜硫化物矿床氧化带。产地位于澳大利亚西部 Kalgoorlie 的 Carr Boyd Rocks 镍矿区。共(伴)生矿物有孔雀石、蓝铜钠石、含镍菱镁矿和石膏(Bridge et al.，1979；Pollard et al.，1991)。

[形貌特征]　从粉末状至大块的薄膜或厚壳。

[晶体结构]　非晶质。

[主要粉晶衍射数据]　通过 X 射线和电子衍射分析证明澳大利亚的样品为非晶质。

[物理性质]　浅天蓝色-浅蓝色；条痕为很浅的蓝色。透明-半透明；玻璃-土状光泽；贝壳状断口。性脆；硬度“很软”。密度 $D_{测量}=2.55(10)\,g/cm^3$。

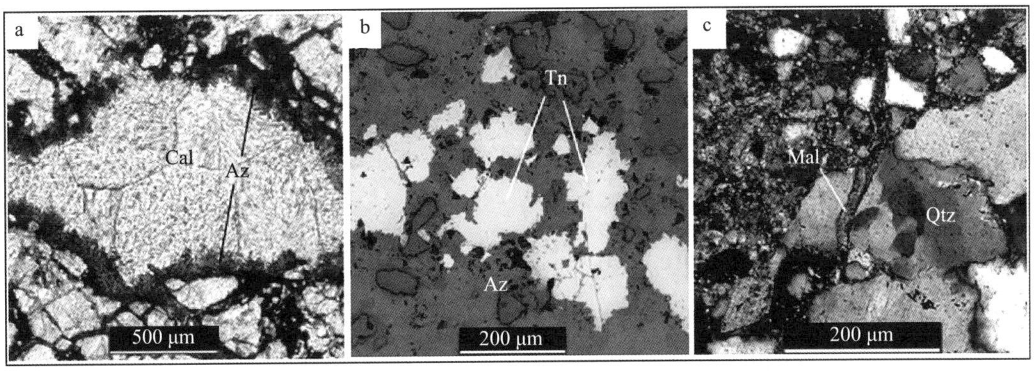

图 2-1-13　云南河口铜矿床中主要金属矿物的镜下照片
（据王天华等，2020）
a—方解石（Cal）边缘皮壳状的蓝铜矿（Az）；b—砷黝铜矿（Tn）与蓝铜矿（Az）连生；c—石英（Qtz）裂隙中的孔雀石（Mal）

［**光学性质**］　在透射光下为浅蓝色。均质性。折光率 $n=1.593(2)$。

［**化学成分**］　理想化学式为 $Cu_2(CO_3)(OH)_2$，其化学组成（$w_B/\%$）为 CuO 59.02，CO_2 19.59，H_2O 21.39，合计 100.00。澳大利亚产出样品的化学组成（$w_B/\%$）为 CuO 58.3，ZnO 0.6，CO_2 19.3，H_2O 22.0，合计 100.2。相应的化学式为 $(Cu_{5.01}Zn_{0.05})_{\Sigma 5.06}(CO_3)_3(OH)_{4.12}\cdot 6.3H_2O$。

2. 在中国的产出情况

目前中国尚未发现水羟碳铜石。

十二、绿铜锌石（Aurichalcite）

1. 绿铜锌石的一般特征

［**产地、产状及共（伴）生矿物**］　产于铜锌矿床的氧化带中。广泛分布但产量不多，能出产较好的有价值样品的产地主要分布于俄罗斯 Loktevskii 矿区、意大利 Rosas 矿区、希腊 Laurium、法国 Chessy、伊朗 Tchah Khuni 矿区、纳米比亚 Tsumeb 和刚果（金）Kipushi 以及美国的加利福尼亚州和犹他州等，其中墨西哥 Ojuela 和美国亚利桑那州的 Silver Hill 等矿山产出较好的矿物晶体。共（伴）生矿物有锌铜孔雀石、菱锌矿、异极矿、水锌矿、孔雀石和蓝铜矿等（Palache et al.，1951；Jambor et al.，1965；Harding et al.，1994；Charnock et al.，1996）。

［**形貌特征**］　晶体呈针状-板状，晶面{010}非常显著，常见平行于[001]方向的条纹，晶端为楔形，粒径最大至 3 cm；集合体常呈簇状、发散状或球状，构成厚壳；少量呈柱状、层状或粒状。在 X 射线下可观察到双晶。

［**晶体结构**］　单斜晶系；$P2_1/m$。晶胞参数为 $a=13.82(2)$ Å，$b=6.419(3)$ Å，$c=5.29(3)$ Å；$\beta=101.04(2)°$；$Z=2$。

［**主要粉晶衍射数据 d/Å（I）（hkl）**］　6.78（100）（400），2.61（80）（620），3.68（70）（610），2.89（40）（420），2.72（40）（121），1.656（40）（032），3.25（30）（511），2.81（30）（711）（斜方晶系，PDF 17-743）。

［**物理性质**］　浅绿色、绿蓝色、天蓝色，透明-半透明；丝绢-珍珠光泽。发育{010}和{100}完全解理；易碎；摩氏硬度 $H=1\sim2$。密度 $D_{测量}=3.96$ g/cm^3，$D_{计算}=3.94$ g/cm^3（斜方）；$D_{计算}=3.93$ g/cm^3（单斜）。

［**光学性质**］　在透射光下为无色至浅蓝色、浅绿色。二轴负晶。折光率 $\alpha=1.654\sim1.661$，$\beta=1.740\sim1.749$，$\gamma=1.743\sim1.756$；光轴角很小。多色性弱，X=无色，$Y=Z$=蓝绿色。光性方位：$X=b$；$Y\approx a$；$Z\approx c$。色散：$r<v$，强。

［**化学成分**］　理想化学式为 $Zn_5(CO_3)_2(OH)_6$。美国犹他州产出样品的化学组成（$w_B/\%$）为 ZnO

54.01，CuO 19.87，CaO 0.36，CO_2 16.22，H_2O 9.93，合计 100.39。相应的化学式为 $(Zn_{3.63}Cu_{1.37})_{\Sigma 5.00}(CO_3)_2(OH)_6$。

2. 在中国的产出情况

有矿晶收藏者披露采自云南省昆明市东川区三郭庄村、文山自治州文山矿的藏品中含有有绿铜锌石，但具体情况不详。

十三、羟碳锌石(Hydrozincite)

1. 羟碳锌石的一般特征

[产地、产状及共(伴)生矿物] 形成于含锌矿床氧化带，由闪锌矿或菱锌矿转变而来；也呈硬壳出现在矿山开采巷道和洞穴中。产地分布广泛，在奥地利的 Bleiberg、意大利 Monte Malfidano、西班牙 Picos de Europa、美国宾夕法尼亚州、墨西哥 Ojuela、伊朗 Tchah Kuh、澳大利亚 Paddy's Rive 矿区和保加利亚等地都产出较好的矿物标本。共(伴)生矿物有菱锌矿、异极矿、硅锌矿、白铅矿、绿铜锌矿、方解石、褐铁矿(Palache et al.，1951；Ghose，1964；Jambor et al.，1965)。

[形貌特征] 晶体不常见，呈板状{100}或条带状[001]，晶端尖锐，长至 6 mm；集合体呈纤维状、钟乳状、肾状和单球状，也可呈土状、粉末状和块状。

[晶体结构] 单斜晶系；$C2/m$。晶胞参数为 $a=13.58$ Å，$b=6.28$ Å，$c=5.41$ Å，$\beta=95°60'$；$Z=2$。

[主要粉晶衍射数据 d/Å(I)(hkl)] 6.77(100)(200)，2.480(70)(510)，2.72(60)(021)，3.14(50)(020)，3.66(40)($\bar{3}10$)，1.688(40)(800)，2.85(30)(220)，1.915(30)(222)(PDF 19-1458)。

[物理性质] 无色、白色、灰色、浅黄、棕色、粉色、绿色，球形晶体呈同心色带。透明。珍珠光泽，集合体为丝绢-黯淡光泽、土状光泽。发育{100}完全解理。性很脆。摩氏硬度 $H=2\sim2.5$。密度 $D_{测量}=4.00(3)\ g/cm^3$，$D_{计算}=3.97\ g/cm^3$。在紫外光照射发浅蓝色-紫色荧光。

[光学性质] 在透射光下无色。二轴负晶。折光率 $\alpha=1.635\sim1.640$，$\beta=1.736$，$\gamma=1.740\sim1.750$；光轴角未测，$2V_{计算}=40°$。光性方位：$X=b$；$Z\wedge c\approx40°$。色散：$r<v$，强。

[化学成分] 理想化学式为 $Zn_5(CO_3)_2(OH)_6$，化学组成(w_B/%)为 ZnO 74.12，CO_2 16.03，H_2O 9.85，合计 100.00。美国内华达州 Goodsprings 产出样品的化学组成(w_B/%)为 ZnO 74.67，CO_2 [16.41]，H_2O 8.92，合计 100.00。

2. 在中国的产出情况

羟碳锌石(即水锌矿)通常为闪锌矿和菱锌矿次生蚀变的产物，多产于含锌矿床的氧化带。据范良明等(1982)总结，羟碳锌石的形成条件是：铅、锌硫化物矿床的围岩是碳酸盐、氧化作用强烈而彻底、潮湿多雨气温较高、强烈的碱性环境使先形成的菱锌矿遭受溶蚀和灰岩中裂隙及空隙的大量发育。所以并不是所有含锌矿床的氧化带都利于羟碳锌石的生成，羟碳锌石的大量发育，是铅锌硫化物矿床氧化带氧化作用强烈和彻底的重要标志。

我国羟碳锌石的产地非常丰富，主要分布在气候相对比较温暖潮湿的南方，如云南、贵州、四川、重庆、广西、湖南等地，此外在西藏、新疆、陕西和辽宁有零星出现。但总体上来说我国羟碳锌石的产出量并不多，通常都只有少量产出，多呈细脉状充填于岩(矿)石的裂隙中或呈星点状散布于岩(矿)石表面，相关的研究程度并不高，多数只提及羟碳锌石(水锌矿)的存在及赋存位置。

已报道的主要产地主要分布于川滇黔地区的铅锌矿床，如云南省保山市核桃坪铅锌矿床(薛传东等，2008)、德钦州鲁春铜铅锌矿床(杨喜安等，2013)、红河州个旧卡房矿田龙树脚矿床(高建国等，2005)、蒙自白牛厂银多金属矿床(江鑫培，1994)、怒江州兰坪县白秧坪矿区(刘家军等，2010)、金顶铅锌银矿床(白嘉芬等，1985；高怀忠，1989)、普洱市镇原县萝卜山铅锌矿床(Liu H S et al.，2024)、曲靖市罗平县富乐铅锌矿床(Zhu C et al.，2018；Li Z et al.，2018)、昭通市鲁甸县乐红矿床

（周云满，2003）、永善县金沙厂铅锌矿床（陈启良，2002）、昭阳区茅坪铅锌矿（张长青等，2005）；贵州省毕节市赫章县白腊厂铅锌矿床（张长青等，2005）、筲箕湾铅锌矿床（张信伦等，2009）、银盘铅锌矿床（金中国等，2009）、威宁县雅都铅锌矿床（张长青等，2005）、黔东南市台江县龙井街铅锌矿床（杨义录等，2007）、六盘水市水城县观音山矿床（黄绍银，1975）；四川省凉山州布拖县小东子铅锌矿床（王勇军等，2012）、会东县大银厂铅锌矿床（Khin et al.，2007）、会东铅锌矿床（大梁子铅锌矿床）（王则江，1981）、会理县天宝山铅锌矿床（王则江，1981）、宁南县雀珠山地区跑马铅锌矿（雀珠山铅锌矿）（旦贵兵，2007）；重庆市石柱县石柱铅锌矿床（范良明等，1982）、洗脚溪铅锌矿区（范良明等，1981）等。其他产地还有广西贺州市姑婆山锡多金属矿区新路锡多金属矿田（Chi G X，1992）；湖南省湘西龙山县江家垭菱锌矿矿床（鲍觉敏，1987；鲍珏敏等，2003）和下光荣铅锌矿床（付胜云等，2006）；辽宁省抚顺市抚顺县关门山铅锌矿床（杨敏之，2003）；陕西省安康市旬阳县镇安-旬阳铅锌矿区南沙沟铅锌矿床、泗人沟铅锌矿床（朱华平和张德全，2002）、宝鸡市凤县-太白矿区铅硐山铅锌矿床（张兴兵，1999）、汉中市南郑区马元铅锌矿床（王晓虎等，2008）；西藏昌都市拉拢拉铅锌矿（刘英超等，2013）、波密多依弄巴铅锌矿床（王兆成等，2008）；新疆博尔塔拉蒙古自治州温泉县哈尔达坂矿床（Jiang Z et al.，2021）和喀喇昆仑多宝山铅锌矿床（高永宝等，2020）。

（1）重庆市石柱铅锌矿床中的水锌矿（羟碳锌石）

［产地、产状及共（伴）生矿物］ 石柱铅锌矿床主要出露地层为寒武纪的一套碳酸盐建造。在矿床氧化带中，原生的方铅矿、闪锌矿已不可见，均被氧化成白铅矿、水锌矿和菱锌矿，构成矿区内的氧化富矿石，以锌的矿化为主。水锌矿产于中寒武统高台组第二段含矿层的次生氧化矿石中，与白云石、方解石、菱锌矿、白铅矿等紧密伴生或共生。水锌矿在氧化富矿石中含量较多，分布普遍，呈细脉状和星点状充填于褐铁矿化灰岩的裂隙中及方解石、白云石晶粒间（图 2-1-14）。细脉宽度最大可达 2 cm，最小仅 0.01 mm 左右。细脉的主要矿物为水锌矿，另外还含少量白云石和方解石。根据野外观察，水锌矿显然是由原生闪锌矿遭受氧化作用后形成含锌水溶液搬运至灰岩的空隙、裂隙中沉淀充填而成（范良明等，1982）。

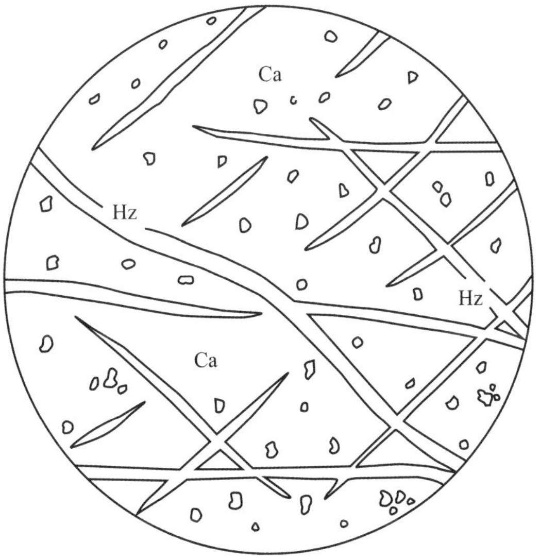

图 2-1-14 四川石柱铅锌矿床氧化矿石中的细脉状及星点状水锌矿（镜下素描，视域直径 2 cm）
（据范良明等，1982）
Hz—水锌矿细脉及星点；Ca—褐铁矿化灰岩，其中均匀嵌布米粒状菱锌矿

［主要粉晶衍射数据］ X 射线粉晶分析数据见表 2-1-5。

［形貌特征］ 单晶体极为细小，沿{100}或{001}发育成薄片状。集合体由单个晶体组合成致密状、放射球状和皮壳状等多种形态，其中最常见的为致密状，由极为细小的片状晶体组成，晶片片径

1~2 μm(0.001~0.002 mm)，长宽相近。在电子显微镜下，水锌矿沿灰岩的裂隙面上构成极为美观的菊花状集合体，由细小片晶成弯曲放射状排列，将局部放大1000倍后，可见晶片成竹叶状放射排列，晶片长约50 μm，宽约8 μm。在致密状集合体表面，水锌矿常形成大小不等的球状或椭球状小集合体，可清楚见到水锌矿片晶排列组成一朵朵玫瑰花形态，晶片直径约为10 μm。由此可见，水锌矿片晶确实极为细小，片径变化于1~50 μm之间。

表 2-1-5　四川石柱铅锌矿床氧化矿石中水锌矿的X射线粉晶数据

I	*d*(实)/Å	*hkl*	*I*	*d*(实)/Å	*I*	*d*(实)/Å
5	(7.22)	200β	4	1.756	4K	1.121
10	6.46	200	6	1.681	4	1.106
2	3.94	$\bar{1}11$	3	1.639	4	1.096
3	3.58	310	3	1.572	1	1.085
1	(3.40)	020β	5	1.538	1	1.074
5	3.05	020，$\bar{3}11$	1	1.487	3	1.059
3	2.93	311	4	1.459	4K	1.032
5	2.82	220	1	1.393	5K	1.019
8	2.68	021	3	1.357	2	1.007
4	2.54	$\bar{2}02$	4	1.334	4	0.999
7	2.44	510，221	1	1.290	3	0.974
4	2.28	420	1	1.218		
5	2.17	600	2	1.227		
4K	2.06	421	4K	1.190		
1	1.934	$\bar{1}13$	2	1.153		
5	1.891	330	3	1.140		
3	1.787					

注：数据引自范良明等(1982)。

[物理性质]　集合体呈白色，有时被铁染成黄色至黄褐色，条痕白色，很脆。维氏硬度为56 kg/mm^2，相当于摩氏硬度(H_M)2.3，用比重瓶法测得相对密度为3.719，用磁天平在多用磁力仪上测得比磁化系数为-0.09×10^{-6} cm^3/g，显抗磁性，紫外光下发浅蓝至紫色荧光。

[光学性质]　单偏光镜下无色，为细薄片状，发育{100}或{001}完全解理。具多色性，N_p无色，N_g浅绿色。正交偏光镜下，干涉色高。锥光下，为二轴晶正光性。用油浸法测得水锌矿折光率$N_p=1.640$，$N_m=1.736$，$N_g=1.740$；光轴角2*V*很小。

[化学成分]　化学分析结果见表2-1-6。从表2-1-6中可以看出，水锌矿的化学成分比较单纯，ZnO、CO_2、H_2O^+为其主要组分，其余杂质元素的含量均不高。根据光谱半定量分析结果，除化学分析的元素外，还含有少量As(0.02%)、Co(0.01%)、Sr(0.01%)、Cu(0.005%)、Ge(0.004%)、Ni(0.005%)、In(0.0005%)、V(0.001%)、Zr(0.002%)、Be(0.0004%)等元素。根据化学分析结果进行计算，水锌矿的结晶化学式为$(Zn_{4.89}Mg_{0.07}Fe_{0.02}Mn_{0.01}Ca_{0.01})_{\Sigma 5.00}(OH)_{5.96}(CO_3)_{2.01}$，简化后为$Zn_5(OH)_6(CO_3)_2$，与理论式完全吻合。

[光谱特征]　水锌矿的差热曲线如图2-1-15所示。可以看出，水锌矿的热谱比较简单，仅在315℃附近有一吸热谷，为$Zn_5(OH)_6(CO_3)_2$脱羟和分解成ZnO和CO_2所致。

水锌矿的红外吸收曲线（图2-1-16）表明，在3220~3300 cm^{-1} 范围内的吸收是水锌矿中 H_2O 的伸缩振动所致，在3600 cm^{-1} 附近的肩为OH的伸缩振动1375~1500 cm^{-1} 范围内的强吸收为 CO_3 离子的非对称伸缩振动引起，1050 cm^{-1} 处的较强吸收为 CO_3^{2-} 离子的对称伸缩振动引起，850~890 cm^{-1} 范围内的吸收为 CO_3^{2-} 离子的面外弯曲振动引起，460 cm^{-1}、720 cm^{-1} 和750 cm^{-1} 等处的吸收为 CO_3^{2-} 离子的面内弯曲振动所致。与标准水锌矿曲线完全一致。

表2-1-6　四川石柱铅锌矿床氧化矿石中水锌矿的化学成分

组分	含量/%	分子数	原子数		系数
			阴离子	阳离子	
ZnO	72.52	0.8912	0.8912	0.8912	4.889
MgO	0.48	0.0119	0.0119	0.0119	0.065
FeO	0.26	0.0036	0.0036	0.0036	0.020
MnO	0.13	0.0018	0.0018	0.0018	0.010
CaO	0.06	0.0011	0.0011	0.0011	0.006
CdO	0.02	0.0002	0.0002	0.0002	0.001
CO_2	16.15	0.3670	0.7340	0.3670	2.013
H_2O^+	9.78	0.5433	0.5433	1.0866	5.961
总计	99.40		2.1871		

注：数据引自范良明等（1982）。

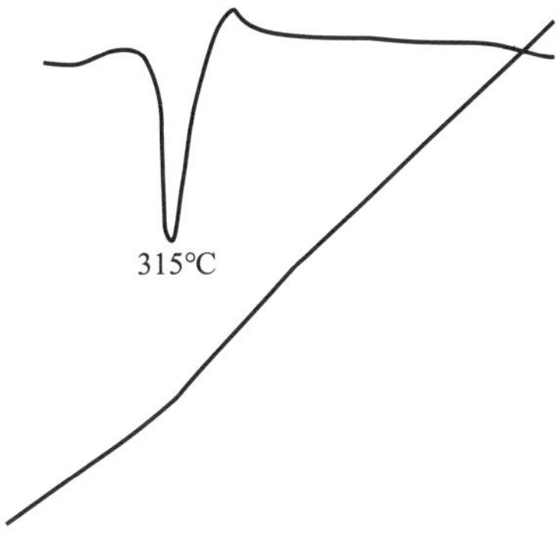

图2-1-15　四川石柱铅锌矿床氧化矿石中水锌矿的差热曲线
（据范良明等，1982）

［成因意义］　经综合分析，推测水锌矿的成因可能是这样的：以闪锌矿为主的原生硫化物矿石，当其遭受氧化作用时，闪锌矿被氧化分解形成含锌的酸性溶液，当这种溶液流动至酸度较低、pH较高的方解石、白云石晶粒间时，由于pH增高，CO_3^{2-} 离子增多等环境的改变，于是结晶沉淀出菱锌矿。随着氧化作用的继续进行，待全部锌、铅、铁等的硫化矿物全部氧化分解，锌全部形成了菱锌矿后，氧化带内溶液的酸度逐渐降低，pH急剧增高，在这种较强的碱性环境下，菱锌矿不稳定，从晶体表面开始逐渐被溶蚀而形成含锌碱性溶液，当这种溶液流动至灰岩的裂隙及空隙中时，由于水的加入使碱性溶液稀释变淡，pH有所降低，于是结晶沉淀形成细脉状或星点状的水锌矿。

（2）新疆喀喇昆仑多宝山铅锌矿床中的水锌矿（羟碳锌石）

新疆喀喇昆仑多宝山铅锌矿床赋存于上白垩统铁隆滩组灰岩段中。成矿阶段可分为3期：早期硫化物成矿阶段（方铅矿、闪锌矿、方解石）、中期交代成矿阶段（菱锌矿、铁氧化物、白铅矿、石膏）与晚期氧化阶段（水锌矿）。可见，本矿床矿石矿物主要为大量铅锌硫化物，但也存在菱锌矿、白铅矿、水锌矿等铅锌非硫化物。主要矿石矿物方铅矿、闪锌矿的边部多见白铅矿、菱锌矿及水锌矿，与方解石共生（高永宝等，2020）。

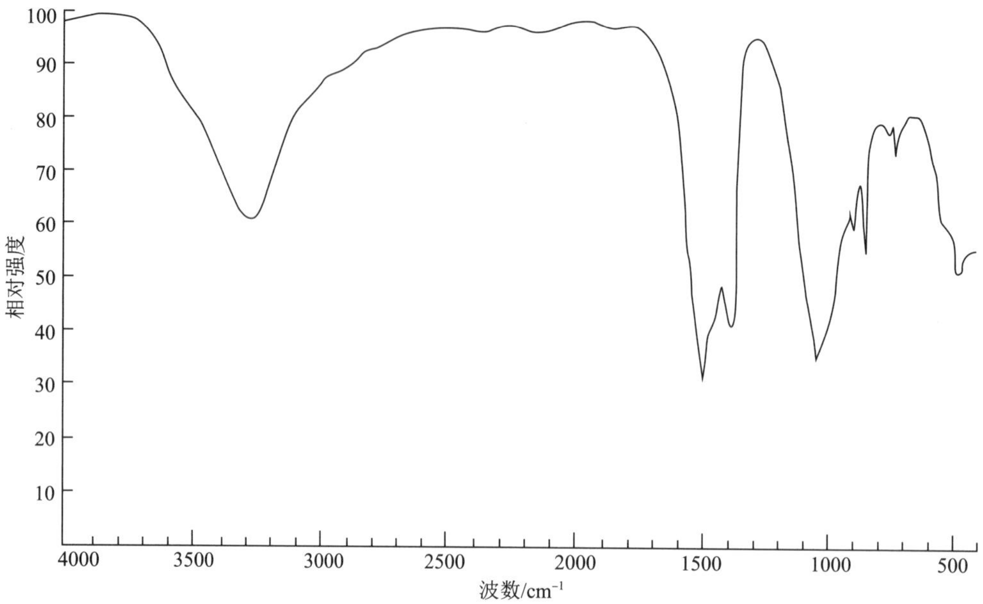

图 2-1-16　四川石柱铅锌矿床氧化矿石中水锌矿的红外吸收曲线
（据范良明等，1982）

十四、红碳锰石(Holdawayite)

1. 红碳锰石的一般特征

[产地、产状及共(伴)生矿物]　一种稀有矿物，但在产地大量产出，它存在于低级变质的与沉积铁矿互层的富锰沉积岩中。目前在纳米比亚 Kombat 铜-铅-银矿床和罗马尼亚 Răzore 发现。其共(伴)生矿物包括有锰白云石、羟硅锰石、粒硅锰石、锰尖晶石、羟锰矿、硼锰石、方铅矿、自然铜、羟磷灰石、钙质菱锰矿、赤铁矿、菱铁矿、白云石和方解石(Peacor et al.，1988a，b)。

[形貌特征]　晶体呈纤维状，沿[001]方向延长。常见粒状、块状集合体，独立晶粒粒径至 2 cm。

[晶体结构]　单斜晶系；$C2/m$。晶胞参数为 a=23.437(5)Å，b=3.3137(3)Å，c=16.618(6)Å；β=111.15(2)°；Z=4。

[主要粉晶衍射数据 d/Å(I)(hkl)]　10.93(100b)(200)，5.459(80b)(002)，3.879(70b)(004)，1.789(70)(117)，2.690(60b)(113)，2.589(50b)($\bar{6}$06)，7.77(40)(002)，2.926(40)(602)(PDF 46-1299)。

[物理性质]　新鲜时为浅至深粉色，暴露空气中变为棕色，并形成深黑色包衣；条痕浅粉色。透明-半透明。玻璃光泽，纤维状集合体为丝绢光泽。发育{100}完全解理；不规则状断口。中等脆性。摩氏硬度约为 3。密度 $D_{测量}$=3.19(4)g/cm³，$D_{计算}$=3.24 g/cm³。

[光学性质]　二轴负晶。折光率 α=1.644(1)，β=1.719(1)，γ=1.721(1)。光轴角 $2V_{测量}$=12(3)°，$2V_{计算}$=18°。光性方位：X=b；$Z\wedge c$=45(3)°。色散：$r<v$，中等。

[化学成分]　理想化学式为 $Mn_6^{2+}(CO_3)_2(OH)_7(Cl,OH)$。纳米比亚 Kombat 矿区产出样品的化学组成(w_B/%)为 MnO 64.6，FeO 0.2，B_2O_3 1.2，CaO 0.5，CO_2 14.2，H_2O 11.47，Cl 4.4，$-O=Cl_2$ 1.0，合计 100.00。相应的化学式为 $(Mn_{5.24}Mg_{0.62}Ca_{0.06}Fe_{0.02})_{\Sigma 5.94}[(CO_3)_{1.86}(BO_3)_{0.20}]_{\Sigma 2.06}[(OH)_{7.34}Cl_{0.74}]_{\Sigma 8.08}$。

[微化反应]　遇稀盐酸弱起泡。用茜素红-稀盐酸混合物可将其染成浅粉色。

2. 在中国的产出情况

目前中国尚未发现红碳锰石。

十五、戴碳钙石(Defernite)

1. 戴碳钙石的一般特征

[产地、产状及共(伴)生矿物] 目前仅在土耳其 Güneyce-ikizdere 和纳米比亚 Kombat 矿区发现，前者矿物产于花岗岩-灰岩接触带的矽卡岩中，后者矿物分散在一大块粒状黑锰矿中。前者的共(伴)生矿物有符山石、钙硅石、钙铁榴石、透辉石、方解石、复氯硅石、灰硅钙石、水硅钙石；后者的则为黑锰矿、水硅钙石、水镁石、锰铜矿、重晶石、方解石、符山石、黑镁锰铁矿、赤铁矿和自然铜(Sarp et al.，1980；Liebich et al.，1985；Peacor et al.，1988)。

[形貌特征] 晶体呈他形片状{010}，最大粒径至 2 cm；或呈扇形。

[晶体结构] 斜方晶系；*Pnam*。晶胞参数为 a=17.82~17.86 Å，b=22.62~22.78 Å，c=3.63~3.66 Å；Z=8。

[主要粉晶衍射数据 *d*/Å(*I*)(*hkl*)] 11.38(100)(020)，8.32(90)(210)，2.985(40)(321)，2.893(40)(241)，3.065(35)(311)，5.681(30)(040)，1.889(30b)(811)，1.814(30b)(002)(PDF 42-1324)。

[物理性质] 无色至深红色或玫瑰棕色；条痕粉色。透明。玻璃光泽。具{010}极完全、{100}完全解理；贝壳状-参差状断口。硬度未测。密度 $D_{测量}$=2.34~2.5 g/cm^3，$D_{计算}$=2.31~2.42 g/cm^3。

[光学性质] 二轴负晶。折光率 α=1.544(2)，β=1.580(2)，γ=1.584(2)。光轴角 $2V_{测量}$=38(2)°。多色性强，X=褐棕色，Y=棕橘色-褐棕色，Z=无色-黄色。光性方位：$X=c$；$Y=b$；$Z=a$。色散：$r>v$，弱。

[化学成分] 理想化学式为 $Ca_6(CO_3)_{1.58}(Si_2O_7)_{0.21}(OH)_7[Cl_{0.50}(OH)_{0.08}(H_2O)_{0.42}]$。典型产地样品的化学组成($w_B$/%)如表 2-1-7 所示。

表 2-1-7 戴碳钙石的化学组成(w_B/%)

产地	SiO_2	FeO	MnO	MgO	CaO	Cl	H_2O^+	CO_2	$-O=Cl_2$	合计
土耳其	1.2				62.9	3.3	[19.94]	13.4	0.74	100.00
纳米比亚	3.6	0.1	1.2	0.1	65.0	3.5	11.47	16.3	0.8	100.47

产地	化学式
土耳其	$Ca_{6.00}(CO_3)_{1.62}(SiO_4)_{0.1}(OH)_{7.82}Cl_{0.50}2.00H_2O$
纳米比亚	$(Ca_{5.90}Mn_{0.09}Mg_{0.01})_{\Sigma 6.00}(CO_3)_{1.88}(SiO_4)_{0.30}(OH)_{6.48}Cl_{0.50}$

2. 在中国的产出情况

目前中国尚未发现戴碳钙石。

十六、碳锌锰石(Loseyite)

1. 碳锌锰石的一般特征

[产地、产状及共(伴)生矿物] 十分罕见的矿物，发现于变质层状锌矿床中，产在块状矿石的细脉中。目前仅在美国新泽西州 Franklin 有产出报道。其共(伴)生矿物有羟锰矿、硼锰石、绿砷锌锰矿和方解石(Palache et al，1951；Hill，1981)。

[形貌特征] 板状晶体，沿[010]方向延伸，最大粒径至 0.5 mm。构成放射束状、近平行束状集合体。

[晶体结构] 单斜晶系；*A*2/*a*。晶胞参数为 a=16.23 Å，b=5.51 Å，c=14.95 Å；β=95.4°；Z=4。

[主要粉晶衍射数据 *d*/Å(*I*)(*hkl*)] 3.68(100)(013)，2.63(100)(413)，3.80(90)($\bar{3}11$)，7.49

(80)(002)，2.54(70)(122)，3.54(60)(113)，2.79(60)($\bar{5}$11)，2.77(60)(020)(PDF17-206)。

［物理性质］ 浅蓝色、浅棕色；透明；摩氏硬度约为 3。密度 $D_{测量}$ = 3.27 g/cm^3，$D_{计算}$ = 3.37 g/cm^3。

［光学性质］ 在透射光下无色。二轴正晶。折光率 α = 1.637，β = 1.648，γ = 1.676；光轴角 $2V_{测量}$ = 64°。光性方位：$Y=b$。色散：$r>v$，微弱。

［化学成分］ 理想化学式为 $Mn_4^{2+}Zn_3(CO_3)_2(OH)_{10}$。美国新泽西州 Franklin 产出样品的化学组成(w_B/%)为 MnO 34.94，ZnO 32.77，MgO 3.42，FeO 0.64，Mn_2O_3 1.03，$CO_2$12.59，H_2O 13.83，不溶物 0.16，合计 99.38。相应的化学式为$(Mn_{3.49}Zn_{2.85}Mg_{0.60}Fe_{0.06})_{\Sigma 7.00}(CO_3)_{2.02}(OH)_{10.86}$。

［与其他矿物种的关系］ 与斯碳锌锰石等结构型。

2. 在中国的产出情况

目前中国尚未发现碳锌锰石。

十七、斯碳锌锰石(Sclarite)

1. 斯碳锌锰石的一般特征

［产地、产状及共(伴)生矿物］ 发现于一块采自变质层状锌矿体的博物馆标本中，非常罕见的一种矿物，可能产于热液脉中。产地在美国新泽西州 Franklin。共伴生矿物有水硅锰镁锌矿、水硅锰矿、绿砷锌锰矿、菱锰矿、硅锌矿、红锌矿、锌铁尖晶石等(Dunn，1986；Grice et al.，1989)。

［形貌特征］ 呈板状晶体{001}，沿[010]方向拉长，最长可至 0.2 mm；集合体呈粗球粒状。

［晶体结构］ 单斜晶系；$A2/a$。晶胞参数为 a=16.110(7)Å，b=5.432(1)Å，c=15.041(10)Å，β=95.490(4)°；Z=4。

［主要粉晶衍射数据 ***d*/Å(*I*)(*hkl*)**］ 7.50(100)(002)，3.63(50)(311)，2.621(50)(-115)，3.75(40)(004)，3.53(40)(113)，2.500(40)(006)，2.281(30)(315)，5.23(20)(202)(PDF 46-1270)。

［物理性质］ 无色-灰白色。条痕白色。透明-半透明。玻璃光泽。中等脆性。摩氏硬度 H=3～4。密度 $D_{测量}$=3.51(5)g/cm^3，$D_{计算}$=3.547 g/cm^3。

［光学性质］ 二轴正晶。折光率 α = 1.648(1)，β = 1.664(1)，γ = 1.702(2)。光轴角 $2V_{测量}$ = 63.4(6)°，$2V_{计算}$=67°。光性方位：$Y=b$；$X\wedge c$=49°。色散：$r\gg v$，强。

［化学成分］ 理想化学式为 $Zn_7(CO_3)_2(OH)_{10}$，含微量替代 Zn 的 Mg 和 Mn。美国新泽西州 Franklin 产出样品的化学组成(w_B/%)为 ZnO 62.0，MnO 4.2，MgO 6.7，FeO 0.1，$CO_2$12.67，H_2O 12.97，合计 98.64。相应的化学式为$(Zn_{2.39}Mg_{1.18}Mn_{0.42})_{\Sigma 3.99}Zn_{3.00}(CO_3)_2(OH)_{10}$。

［与其他矿物种的关系］ 与碳锌锰石等结构型。

2. 在中国的产出情况

目前中国尚未发现斯碳锌锰石。

第二节　含碱金属阳离子等的碳酸盐矿物

本节共有 4 种矿物，包括氟碳铝钠石(Barentsite)、碳钠铝石(Dawsonite)、碳钠钙铝石(Tunisite)和碳钛锆钠石(Sabinaite)。仅碳钠铝石在中国有产出报道。

一、氟碳铝钠石(Barentsite)

1. 氟碳铝钠石的一般特征

［产地、产状及共(伴)生矿物］ 非常罕见的矿物，存在于已分异的碱性岩体内碱性伟晶岩的热

液细脉中。发现于俄罗斯科拉半岛 Khibiny 山的 Mt. Restin'yun。共(伴)生矿物有碳钠钙石、氟盐、冰晶石、氟镁钠石、碳磷钠铁矿、泡碱和钠长石(Khomyakov et al., 1983; Trinh et al., 1983)。

[形貌特征] 粒状，最大至5 mm。

[晶体结构] 三斜晶系(假六方); $P\bar{1}$ 或者 $P1$。晶胞参数为 a=6.472(2)Å, b=6.735(2)Å, c=8.806(2)Å; α=92.50(2)°, β=97.33(2)°, γ=119.32(2)°; Z=1。

[主要粉晶衍射数据 d/Å(I)(hkl)] 2.778(100)(200), 2.658(100)($2\bar{2}1$), 2.887(85)(003), 2.169(70)(120), 2.316(50)($2\bar{2}2$), 1.870(42)($\bar{3}31$), 2.543(30)($\bar{2}02$), 1.67(30)($21\bar{4}$)(PDF 35-693)。

[物理性质] 新鲜时无色；透明；玻璃光泽，解理面为珍珠光泽，当风化时变黯淡。发育{001}和{110}完全解理。性脆。摩氏硬度 H=3，显微硬度 VHN=86~172 kg/mm^2，平均100~165 kg/mm^2。密度 $D_{测量}$=2.56 g/cm^3，$D_{计算}$=2.55 g/cm^3。

[光学性质] 二轴负晶。折光率 α=1.358(2)，β=1.479(2)，γ=1.530(2)。光轴角 $2V_{测量}$=62°。光性方位：$X\approx${001}；$X\wedge a\approx$45°。色散：$r<v$，弱。

[化学成分] 理想化学式为 $Na_7Al(CO_3)_2(HCO_3)_2F_4$，化学组成($w_B$/%)为 Na_2O 42.87，Al_2O_3 10.08，CO_2 34.79，F 15.02，H_2O 3.56，$-O=F_2$ 6.32，合计100.00。俄罗斯 Mt. Restin'yun 产出样品的化学组成(w_B/%)为 Na_2O 44.1，Al_2O_3 10.5，CO_2 31.45，F 14.0，H_2O 3.59，$-O=F_2$ 5.9，合计97.74。相应的化学式为 $H_{1.96}Na_{6.99}Al_{1.01}(CO_3)_{3.51}F_{3.62}$。

[微化反应] 在空气中表面转化为白色粉末。在水中缓慢分解。

2. 在中国的产出情况

目前中国尚未发现氟碳铝钠石。

二、碳钠铝石(Dawsonite)

1. 碳钠铝石的一般特征

[产地、产状及共(伴)生矿物] 在加拿大、美国、意大利、瑞士、阿尔巴尼亚、匈牙利、俄罗斯、坦桑尼亚、阿尔及利亚和澳大利亚等国家都有产出。主要产状有3种，一是产于热液蚀变的长石脉和与霞石正长岩共生的角页岩中，附着在孔洞和裂隙内壁，如在加拿大 Mont Saint-Bruno；二为碱性页岩和含煤岩石中的自生矿物，如在美国绿河组沉积层和澳大利亚悉尼盆地中；三是存在于霞石正长凝灰岩内的盐渍土中，如在坦桑尼亚 Olduvai Gorge。共(伴)生矿物主要有萤石、方解石、白云石、文石、黄铁矿和石英(加拿大)；方沸石、白云石、石英、方解石、黄铁矿、钠长石、冰晶石、岩盐和萤石(Palache et al., 1951; Smith et al., 1966; Mandarino et al., 1965; Goldbery et al., 1970; Corazza et al., 1977)。

[形貌特征] 晶体呈针状-叶片状，沿[001]方向延伸，最长至3.5 cm；集合体常呈玫瑰花状、辐射纤维状和簇状。

[晶体结构] 斜方晶系；$Imam$。晶胞参数为 a=6.77 Å，b=10.40 Å，c=5.58 Å；Z=4。

[主要粉晶衍射数据 d/Å(I)(hkl)] 5.67(100)(110), 2.784(90)(211), 2.601(70)(040), 1.988(70)(150), 1.728(70)(312), 3.38(60)(200), 2.151(60)(202), 1.656(60)(242)(PDF 19-1175)。

[物理性质] 无色-白色，较少见粉色；条痕白色；透明；玻璃光泽，纤维状集合体为丝绢光泽。发育{110}完全解理。摩氏硬度 H=3。密度 $D_{测量}$=2.440 g/cm^3，$D_{计算}$=2.434 g/cm^3。

[光学性质] 在透射光下为无色。二轴负晶。折光率 α=1.466，β=1.542，γ=1.596。光轴角 $2V_{测量}$=77°。光性方位：$X=a$；$Y=c$；$Z=b$。色散：$r<v$，弱。

[化学成分] 理想化学式为 $NaAl(CO_3)(OH)_2$，其化学组成(w_B/%)为 Na_2O 21.52，Al_2O_3

35.41，CO_2 30.56，H_2O 12.51，合计 100.00。澳大利亚 Glen Davis 产出样品的化学组成($w_B/\%$)为 Na_2O 21.10，Al_2O_3 35.60，Fe_2O_3 0.10，TiO_2 0.01，CO_2 31.41，H_2O 11.85，合计 100.67。

2. 在中国的产出情况

碳钠铝石又名片钠铝石。它不仅是长石遭受水热反应被改造的产物，也可以是一种成岩作用自生矿物。碳钠铝石并不常见，主要分布在陆源碎屑岩及煤系地层中、海相白云岩、油页岩中，可呈自生矿物、脉体或胶结物。研究表明，碳钠铝石的形成首先需要碳酸溶液或过量的 CO_2 气体溶于水形成碳酸溶液，其次需要富含钠。所以碳钠铝石的分布往往与 CO_2 天然气藏相伴生，碳钠铝石是富 CO_2 流体运移或聚集的"示踪矿物"(高玉巧等，2005b)。

我国碳钠铝石主要赋存于陆源碎屑岩中，而且其分布往往与 CO_2 天然气藏或热流体活动相伴生。如东营凹陷滨南地区片钠铝石只分布在富含 CO_2 的油气田中，而不含 CO_2 的油气田中未发现片钠铝石(杜韫华，1982)。同样，海拉尔盆地乌尔逊凹陷片钠铝石的分布受控于岩浆成因的 CO_2 气，据徐衍彬等(1994)研究，该区片钠铝石的形成与 CO_2 的分压有关，含有片钠铝石的井均分布在 CO_2 分压的高值区。

中国东部中新生代盆地是世界范围内为数不多的碳钠铝石发育带。1966 年首次于胜利油田砂岩中发现这种矿物，之后又陆续在其他盆地中发现，以白垩系为主，其次为古近系—新近系。目前在白垩系中识别出碳钠铝石的盆地包括海拉尔盆地(高玉巧等，2005a，2005b；2006；2007a，2007b；刘立等，2006；曲希玉等，2007；刘立，2009；孙彦达等，2006；周冰等，2013；徐衍彬等，1994)、塔木察格盆地(刘立等，2009)、二连盆地(刘立等，2009)、开鲁盆地(张金亮，1995)、阜新盆地(孟庆山，2003；刘远征等，2008)和松辽盆地(薛永超等，2005；高玉巧等，2007；董林森等，2009；刘立等，2009；于志超等，2011)；在中发育碳钠铝石的盆地包括渤海湾盆地(杜韫华，1992；曲希玉等，2010)、苏北盆地(黄炳善等，1992；黄炳善，1996)；此外，在莺歌海盆地(李德敏等，1995)、吉林大安北油田(吴新民等，1999)、江汉盆地(李春梅等，2001)、东海陆架盆地台北坳陷丽水凹陷(陈志勇等，2000)中也有碳钠铝石产出。

(1)渤海湾盆地胜利油田中的碳钠铝石(片钠铝石)

[**产地、产状及共(伴)生矿物**] 渤海湾盆地是华北地台上发育起来的中新生代断陷盆地，是中朝地台经古生代沉积，并在印支期、燕山期运动的基础上发展起来的中、新生代断陷。目前已找到 100 多个油气田，建成了胜利、辽河、华北、大港、中原等油气田区。

碳钠铝石见于东营盆地滨南地区油气田内，是次生低温热液产物。碳钠铝石只分布在富含 CO_2 的油气田中，CO_2 含量一般为 40%~60%，最高达 97%，而不含 CO_2 的油气田迄今未发现碳钠铝石，而且很少见于水层中。碳钠铝石仅见于含油气的砂、泥岩地层中，不见于灰岩地层。产在砂岩中的碳钠铝石部分或全部交代陆源斜长石、钾长石、泥质粉砂岩屑、白云石碎屑、石英及同生泥屑。交代的有利部位是矿物的边缘、解理、双晶面，部分或全部交代；产于空隙较发育的砂岩中的碳钠铝石充填原生粒间空隙、剩余粒间孔隙及溶解孔隙。在孔隙中，碳钠铝石沿 c 轴方向拉长，可达 350 μm，它的生长受其他矿物的制约。说明其为晚期作用的产物。与碳钠铝石共生的有高岭石及自生石英(杜韫华，1992；曲希玉等，2010)。

[**形貌特征**] 产在砂岩中的碳钠铝石呈纤维状、针状和毛发状集合体，部分或全部交代陆源斜长石、钾长石、泥质粉砂岩屑、白云石碎屑、石英及同生泥屑。交代的有利部位是矿物的边缘、解理、双晶面，部分或全部交代；产于孔隙较发育的砂岩中的碳钠铝石呈放射状、菊花状，充填原生粒间孔隙、剩余粒间孔隙及溶解孔隙。在孔隙中，碳钠铝石沿 c 轴方向拉长，可达 350 μm，它的生长受其他矿物的制约。说明片钠铝石晚于方解石、白云石和高岭石等矿物；产在砂岩所夹的薄层泥岩中，以毛发状或棒柱状形态出现。

[**主要粉晶衍射数据 d/Å(I)**] 5.67(10)，3.36(2)，3.33(1)，3.30(1)，3.08(1)，2.81(5)，2.599(2)，2.498(1)，2.221(0.5)，2.151(1.5)，1.988(2)，1.950(1)，1.728(2)，1.687(2)，1.657(2)；5.67(1)，3.38(6)，2.78(9)，2.61(6)，2.15(5)，1.99(7)，1.95(4)，1.73(6)，

1.69(7)。

[物理性质] 白色，单个晶体无色透明。具(110)完全解理。性脆，易裂开。密度 2.4～2.5 g/cm^3。

[光学性质] 透射光下无色透明。二轴负晶。折光率 $\alpha=1.466\pm0.003$，$\beta=1.542\pm0.003$，$\gamma=1.596\pm0.003$。平行消光。

[化学成分] 光谱分析结果表明，本区碳钠铝石的 Na、Al 含量均大于 10%，其他金属元素含量均在百分之零点几以下。简易化学分析表明 CO_2 含量甚高。

[微化反应] 溶于酸，在浓度为 5%的盐酸中其溶解速度小于方解石，略大于白云石。

[光谱特征] 本区碳钠铝石的红外光谱特征见图 2-2-1 和表 2-2-1。从图 2-2-1 和表 2-2-1 看出，谱带 850 cm^{-1}、865 cm^{-1}、730 cm^{-1}、1396 cm^{-1} 及 1565 cm^{-1} 都是碳酸根的特征吸收，而谱带 3273 cm^{-1} 是羟基的吸收。

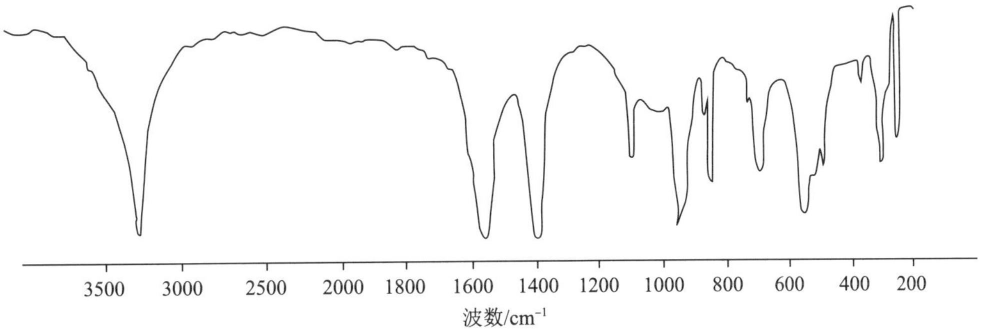

图 2-2-1 渤海湾盆地胜利油田中碳钠铝石的红外吸收光谱

(据杜韫华等，1992)

表 2-2-1 渤海湾盆地胜利油田中碳钠铝石的红外光谱数据(cm^{-1})

样品序号 1	495	518	550		698	732	770	849	863	940	957	1010	1099		1396	1565	1721	3273
对比资料	490	515	550	650	690	730	760	850	865	942	958	1010	1100	1135	1403	1570	1730	3285

注：数据引自杜韫华等(1992)。

(2)开鲁盆地陆东凹陷中的碳钠铝石(片钠铝石)

[产地、产状及共(伴)生矿物] 陆东凹陷位于开鲁盆地，其面积约 1340 km^2，南为塔拉干断裂，东为希伯花断裂并毗邻于广阔的舍伯吐隆起，北边为清河断裂。盆地充填沉积由上侏罗统义县组、九佛堂组、沙海组和阜新组组成，其中九佛堂组为盆地内湖泊水体最深，生油层和储集层同时发育的时期。本区碳钠铝石仅见于交 2 井 1092～1676.00 m 井段，并在较深水重力流油气储层中最为发育。它们多为钠长石和岩屑的交代产物，部分充填于溶孔中(张金亮，1995)。

[形貌特征] 多以放射状和扇状集合体的形式出现，部分呈分散柱状。

[化学成分] 本区碳钠铝石的电子探针分析结果见表 2-2-2。

表 2-2-2 开鲁盆地陆东凹陷中碳钠铝石的电子探针分析结果(w_B/%)

样品号	深度/m	矿物形态	Na_2O	MgO	Al_2O_3	SiO_2	K_2O	CaO	TiO_2	MnO	Cr_2O_3	NiO	FeO	P_2O_5	总量
$JIAO_2$-41	1674.50	放射状	10.13	0	59.09	0.34	0	0.04	0	0.02	0.05	0.10	0.08	0.07	70.01
$JIAO_2$-42	1676.20	扇状	11.83	0	61.58	0.64	0.12	0.08	0.01	0.04	0	0.10	0.22	0.01	74.63

注：数据引自张金亮等(1995)。

(3)内蒙古海拉尔盆地中的碳钠铝石(片钠铝石)

[产地、产状及共(伴)生矿物] 海拉尔盆地位于中国东北部，是在古生界褶皱基底上发育起来的中生代裂谷盆地，具有多期叠合改造的特点。海拉尔盆地相继在多口井内发现碳钠铝石，除德 2、

德 6 两口井位于贝尔凹陷中以外，其余各井均分布在盆地的乌尔逊断陷内，与获得工业油流的 4 口井及获得 CO_2 气流的 4 口井的分布相吻合。说明碳钠铝石的形成有 3 个必要条件：一是有大量的 CO_2 气；二是富含钠铝硅酸盐矿物；三是储层有一定的空隙空间，为成岩矿物的形成提供场所。故碳钠铝石分布区成为寻找 CO_2 气的有利地区。通过研究海拉尔盆地乌尔逊凹陷碳钠铝石的碳氧同位素组成，认为形成碳钠铝石所需的 CO_2 气为与燕山期岩浆作用有关的幔源 CO_2 气，深大断裂是深部 CO_2 气向上运移到浅部砂岩的主要通道。

巴彦塔拉 13 井内碳钠铝石的研究认为，碳钠铝石与碱性深部流体的 CO_2 排气作用有关，而且碳钠铝石、方沸石、柯绿泥石、钠板石共生组合是火山凝灰质和典型沉积岩划界区分的标型矿物组合。在形成碳钠铝石的碱交代过程中，可形成对油气成藏具有重大意义的次生孔隙。通过对海拉尔盆地乌尔逊凹陷内含碳钠铝石砂岩的研究，提出碳钠铝石含量 10%似乎是储层质量发生变化的界限，当碳钠铝石含量低于 10%时，随碳钠铝石含量增加，部分砂岩的孔隙度和渗透率表现出增加趋势，含量超过 10%时，情况则相反。

贝尔凹陷属于贝尔湖坳陷内的二级构造单元，北与乌尔逊凹陷相接，是盆地内最大的一个凹陷，受北东向和北东东向断层控制而呈北东向展布。其中碳钠铝石分布普遍且含量高(5%~25%，平均为 15%)，证明沉凝灰岩具有较好的 CO_2 矿物捕获能力。碳钠铝石以交代颗粒为特征，轻微-强烈-完全交代长石颗粒现象十分普遍，长石是碳钠铝石最主要的“前体”矿物。碳钠铝石也可以从胶结物或火山岩岩屑中获取金属离子物质来源，表现为交代高岭石胶结物和岩屑(高玉巧等，2005a，2005b；2006；2007a，2007b；刘立等；2006；刘立，2009；孙彦达等，2006；周冰等，2013；徐衍彬等，1994)。

[形貌特征] 产自乌尔逊断陷内的碳钠铝石发现两种晶形，一种为放射状的纤维状集合体，另一种为杆状集合体。前者多见于岩屑砂岩的空隙中，或交代砂岩中的岩屑；后者多见于长石砂岩作为长石的交代矿物。也就是说，海拉尔盆地陆源碎屑岩中碳钠铝石的产状有 2 种：一种是部分或全部交代陆源碎屑长石、石英、岩屑等，呈板柱状、纤维状集合体出现(图 2-2-2a、b)；另一种产于碎屑岩的孔隙中，呈放射状、束状、毛发状、菊花状集合体，其生长受其他矿物的制约(图 2-2-2c~f)。

产自巴彦塔拉 13 井内的碳钠铝石呈针状-似针状放射集合体交代斜长石晶屑或在空隙中次生生长(图 2-2-3)。产自海拉尔乌尔逊凹陷白垩系南屯组中的碳钠铝石可长成巨大颗粒，交代斜长石的碳钠铝石单晶可以长达 50 μm 及以上，呈针柱状、放射状集合体产出，共生薄膜状柯绿泥石和钠板石(图 2-2-4)。

[晶体结构] 单斜晶系。

[主要粉晶衍射数据] 3 个主要特征峰 $d(I/I_0)$ 为 $(5.65\sim5.70)\times10^{-1}$ nm(1)，$(3.385\sim3.455)\times10^{-1}$ nm(0.16)，1.69×10^{-1} nm(0.14)(图 2-2-5)。

[物理性质] 无色或白色；白色条痕；透明；玻璃-丝绢光泽。发育{110}完全解理。摩氏硬度 $H=3$。密度在 2.40~2.44 g/cm³ 之间(平均 2.42 g/cm³)。易碎。无磁性。

[化学成分] 海拉尔盆地巴彦塔拉 13 井产出样品的化学组成见表 2-2-3，化学式为 $NaAl(CO_3)(OH)_2$。

表 2-2-3 海拉尔盆地巴彦塔拉 13 井碳钠铝石化学组成(w_B/%)

产地	CO_2	Al_2O_3	Na_2O	H_2O	总和
海拉尔盆地巴彦塔拉 13 井	30.56	35.40	21.52	12.51	99.99

注：数据引自孙彦达等(2006)。

海拉尔盆地片钠铝石的 $\delta^{13}C_{PDB}$ 值为-2.05‰~-3.96‰，CO_2 的 $\delta^{13}C_{PDB}$ 值为-8.02‰~-8.78‰，大体位于幔源碳分布范围，即-6‰ ±2‰，而且 CO_2 在组分中占 65%~93%，表明该 CO_2 天然气为无机成因。此外，结合区域地质背景及在该区深井中未发现碳酸盐地层的事实，进一步证明该 CO_2 是

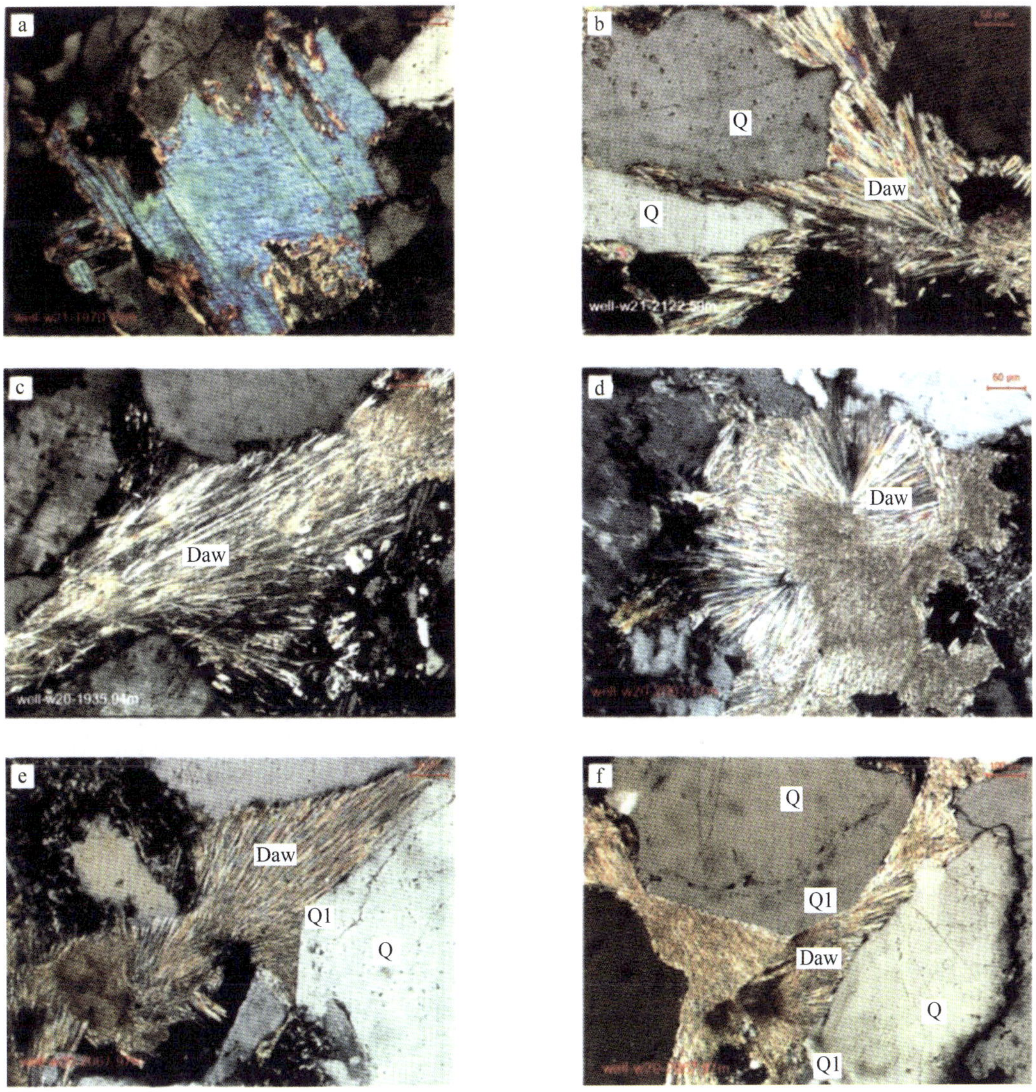

图 2-2-2 海拉尔盆地乌尔逊凹陷碳钠铝石(片钠铝石)产状

(据高玉巧等，2005b)

a—板状片钠铝石交代长石，乌 21 井，1970.19 m；b—放射状片钠铝石交代石英边缘，乌 21 井，2122.59 m；c—发丝状片钠铝石充填孔隙，乌 20 井，1935.94 m；d—菊花状片钠铝石充填孔隙，部分交代长石，乌 20 井，2067.17 m；e—纤维状片钠铝石充填孔隙，乌 20 井，2067.97 m；f—束状片钠铝石充填孔隙，乌 20 井，2067.97 m。Daw—片钠铝石；Q—石英；Q1—石英次生加大边

岩浆作用成因，受控于燕山期岩浆活动，而非碳酸盐热解成因。

(4)松辽盆地中的碳钠铝石(片钠铝石)

[产地、产状及共(伴)生矿物] 松辽盆地是我国东北地区由大小兴安岭、长白山环绕的一个大型沉积盆地，横跨黑龙江、吉林、辽宁三省，面积约 26×10^4 km^2。松辽盆地中的碳钠铝石在红岗油田和大安北油田、新立油田和孤店 CO_2 气田中均有发现。红岗油田位于吉林省大安市两家子镇境内，是松辽盆地中央坳陷区红岗阶地内的一个局部构造。松辽盆地地层齐全，自下而上依次沉积了白垩系登娄库组、泉头组、青山口组、姚家组、嫩江组、四方台组、明水组，古近系—新近系和第四系。其中在青山口组砂岩中碳钠铝石极其发育。含碳钠铝石砂岩为长石岩屑砂岩和岩屑长石砂岩，其成岩共生序列为：粘土包壳-方解石-石英次生加大、高岭石-碳钠铝石-铁白云石-沥青。碳钠铝石以充填孔隙和交代碎屑颗粒形式产出(图 2-2-6)。通过流体包裹体实验，其形成温度为 120~130℃。大安北油田位于吉林省大安市内，北邻嫩江、南为大安油田、西有红岗油田，区域构造位置位于中央洼陷区

图 2-2-3　海拉尔盆地巴 13 井 1470~1472 m 处碳钠铝石形貌特征

（据孙彦达等，2006）

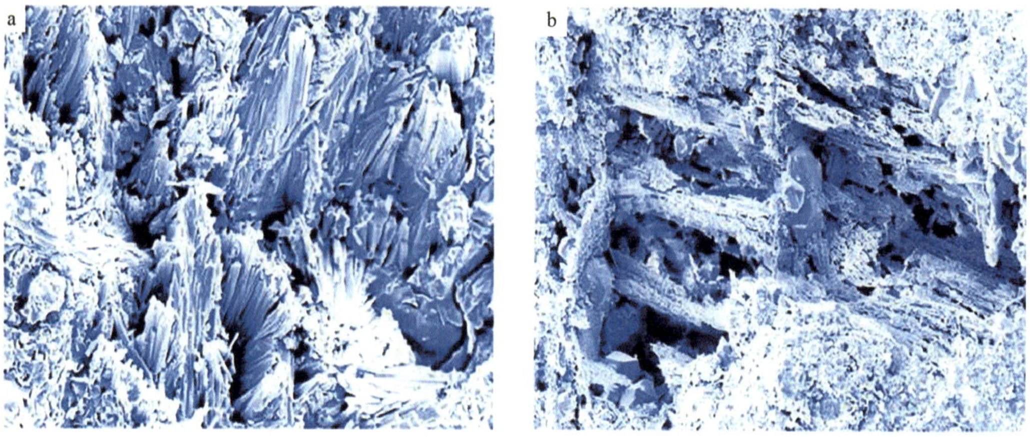

图 2-2-4　海拉尔盆地 BY 井碳钠铝石柯绿泥石与钠板石的扫描电镜特征

（据黄学等，2010）

a—碳钠铝石(左下)共生薄膜状柯绿泥石和钠板石；b—碳钠铝石交代斜长石晶屑形成次生孔隙，共生薄膜状柯绿泥石和钠板石

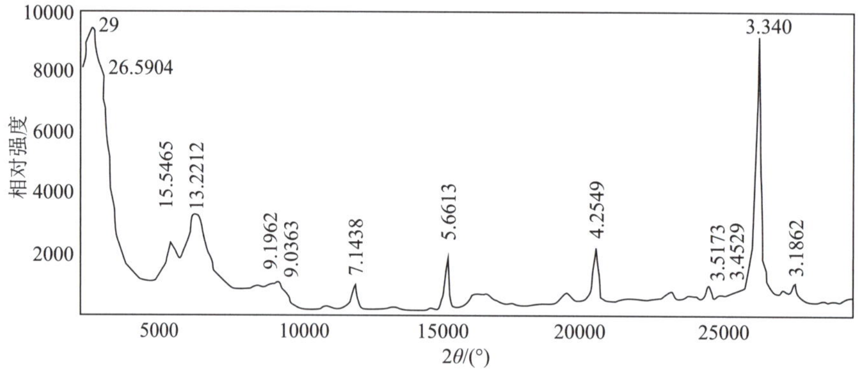

图 2-2-5　海拉尔盆地巴 13 井碳钠铝石与粘土矿物混合样品的 X 射线衍射曲线

（据孙彦达等，2006）

大安-红岗的大安背斜带上。碳钠铝石在葡萄花组储层岩石中分布较为普遍，含量平均 10%左右。新立油田位于松辽盆地中央凹陷区扶余-新木隆起最西端新立背斜上，它是被断层复杂化的近东西向穹隆背斜。碳钠铝石在其中交代石英、长石、岩屑或方解石而产出，并常与铁白云石共生，充填于粒间孔或次生溶孔中。其交代和充填作用形成于溶解作用之后，对本区砂岩储层的渗透性影响较大，多形

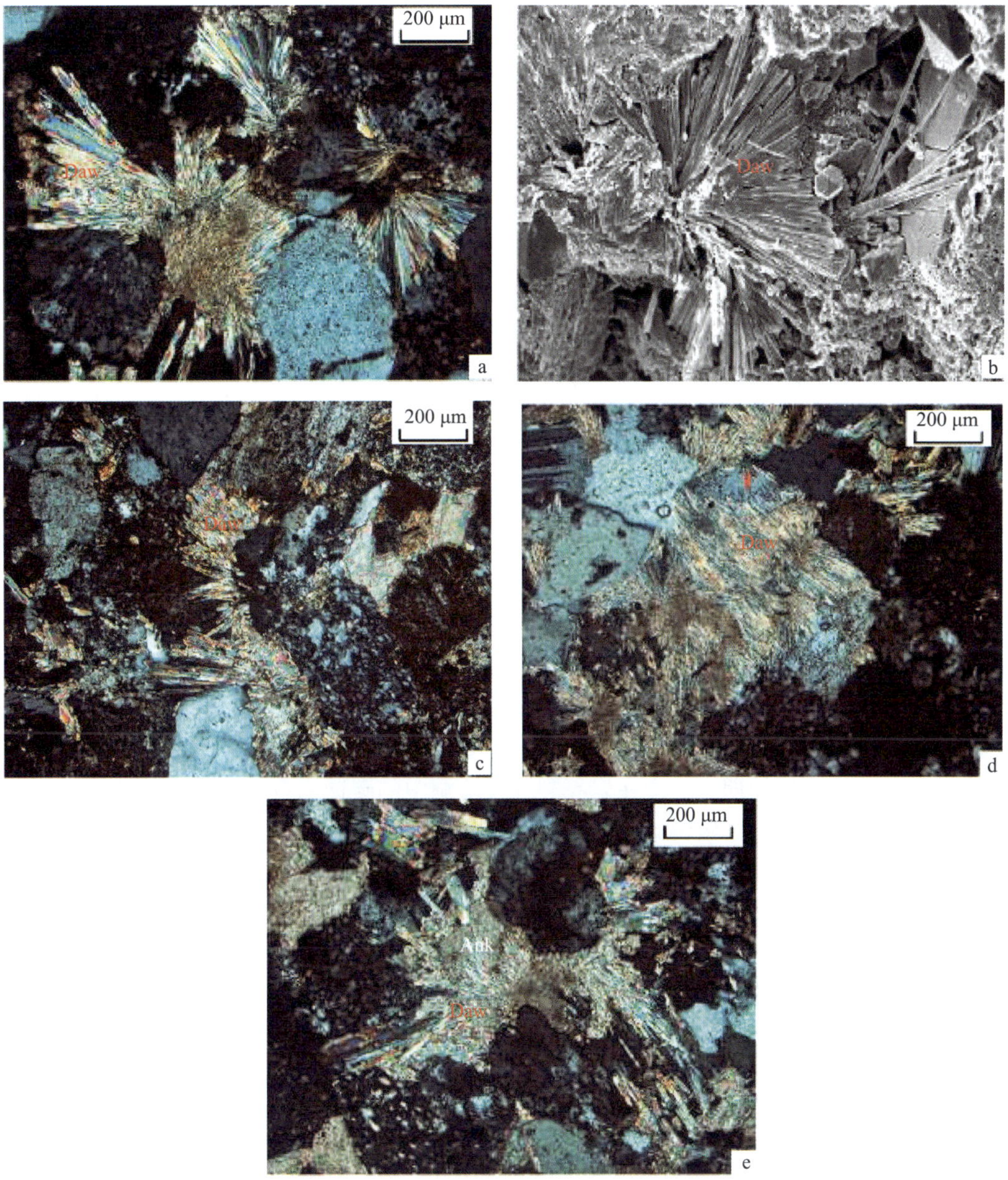

图 2-2-6　松辽盆地成岩作用特征显微照片

（据董林森等，2009）

a—团簇状-放射状片钠铝石充填孔隙，正交偏光；b—放射状碳钠铝石充填孔隙；c—放射状碳钠铝石充填孔隙；d—碳钠铝石交代长石；e—铁白云石交代放射状碳钠铝石。Daw—碳钠铝石；Ank—铁白云石

成低渗透储层。孤店 CO_2 气田是松辽盆地中央坳陷区南部长岭凹陷内的一个局部构造。在 CO_2 气井及其附近的下白垩统泉头组四段砂岩中自生碳钠铝石较为发育。通过稳定同位素和矿物分布信息判断 CO_2 气和形成碳钠铝石的 CO_2 绝大部分属于幔源-岩浆型（薛永超等，2005；高玉巧等，2007；董林森等，2009；刘立等，2009；于志超等，2011）。

［**形貌特征**］　本区的片钠铝石以充填孔隙和交代碎屑颗粒形式产出，其中充填孔隙的片钠铝石按其形态分为放射状、栉状和板状（图 2-2-6b、c、d）。交代碎屑颗粒的碳钠铝石包括交代长石、石英和岩屑，团簇状-放射状及放射状，碳钠铝石晶体从根部向末端越长越宽（红岗油田）。该矿物部分或全部交代碎屑长石、石英、岩屑等，多呈板柱状、束状或放射状集合体，或作为胶结物产于砂岩碎屑颗粒间的孔隙中，呈放射状、束状、菊花状、杂乱毛发状集合体（孤店 CO_2 气田）。

［**化学成分**］　与海拉尔盆地乌尔逊断裂中的碳钠铝石相比，本区碳钠铝石富 Si，贫 Na、Al 和

O。孤 27 井碳钠铝石碳氧同位素组成见表 2-2-4。

表 2-2-4　松辽盆地孤 27 井碳钠铝石碳氧同位素组成

样品编号	Gu27-1	Gu27-2	Gu27-3	Gu27-4	Gu27-5	Gu27-6
井号	孤 27	孤 27	孤 27	孤 27	孤 27	孤 27
深度/m	1203.75	1196.70	1297.24	1231.38	1188.88	1211.56
$\delta^{13}C$/‰	0.3	-0.9	-1.9	-0.3	-1.2	-0.5
$\delta^{18}O$/‰	-17.6	-18.6	-19.0	-17.8	-18.3	-18.3

注：数据引自高玉巧等(2007)。

(5)苏北盆地金湖凹陷中的碳钠铝石(片钠铝石)

[产地、产状及共(伴)生矿物]　苏北盆位于山东半岛以南和福建-岭南水下隆起以北的地域，是一个新生代盆地，面积约 18×10^4 km^2。该盆地的演化历史与渤海-华北盆地相似，始于始新世，新近纪构成统一的沉积盆地。苏北盆地在剖面上总体呈南断北超的构造特征。江苏油田即位于苏北盆地南部的高邮凹陷中。碳钠铝石多见于金湖凹陷南部杨家坝地区阜宁组二段中，主要分布在含油粉砂-细砂岩、粒屑灰岩的粒间孔和裂隙面中。很少见于水层和干层。产在砂岩中的碳钠铝石部分或全部交代碎屑、方解石和白云石胶结物，被交代矿物的边缘和解理交代发育，说明碳钠铝石形成晚于方解石和白云石。砂岩中碳钠铝石出现深度为 1500~1650 m，共生的矿物有方解石、白云石、伊利石、绿泥石、铁方解石、铁白云石和硅质(呈石英共轴生长或自生石英小晶体)等晚期成岩自生矿物；产于粒间孔隙和长石溶蚀的粒内孔隙中，大部分晶体生长主要受孔隙形态和其他矿物的制约，说明形成于酸性水对砂岩碎屑及胶结物溶蚀期后；产在岩石裂缝及溶洞中的碳钠铝石一般都紧贴缝、洞壁生长，含量高时可填满裂缝及溶洞。本区碳钠铝石为富含低等浮游生物的岩层在偏碱性环境中形成的晚期低温自生矿物(黄炳善等，1992；黄炳善，1996)。

[形貌特征]　不同产状的矿物形态有所不同。其中产在砂岩中的碳钠铝石呈纤维状、毛发状和针状集合体；产于粒间和粒内孔隙中的一般呈放射状，一般沿 *c* 轴方向伸长，可达 280 μm；产在岩石裂缝及溶洞中的呈放射球状和纤维状，球状直径一般为 1.0~3.0 mm，较大者可达 5 mm。扫描电镜下多呈放射状集合体。

本区碳钠铝石除了在砂岩储层中广泛分布外，在粒屑灰岩的粒间孔隙和裂缝中也有分布，其含量可达 5%以上。产状主要呈纤维状、毛发状集合体，交代方解石或白云石呈假象存在。可见，碳钠铝石在灰岩中的形成较晚。

[主要粉晶衍射数据]　见表 2-2-5。可见本区碳钠铝石测得的 X 射线衍射数据与碳钠铝石的标准数据一致。

表 2-2-5　苏北盆地金湖凹陷中碳钠铝石 X 射线衍射分析数据表

I_s	d_s/Å	I_m	d_m/Å	I_s	d_s/Å	I_m	d_m/Å
100	5.67	100	5.661	60	2.151	2	2.149
60	3.38	12	3.374	20	2.066	2	2.061
20	3.31	2	3.326	70	1.988	10	1.989
20	3.09	4	3.081	40	1.949	3	1.949
90	2.784	17	2.782	5	1.882	1	1.887
70	2.601	13	2.600	70	1.728	3	1.727
10	2.500	1	2.500	50	1.689	6	1.688
50	2.221	0.6	2.454	60	1.654	3	1.657
		1	2.222				

注：数据引自黄炳善(1996)。*I*—强度；*d*—晶面间距；I_s、d_s—标准片钠铝石；I_m、d_m—测得的片钠铝石。

[物理性质]　白色，单个晶体无色透明；丝绢光泽。发育(110)完全解理。摩氏硬度 $H=3$。密

度 $D=2.3\sim2.5\ g/cm^3$。性脆、易折断，集合体易裂开。在阴极射线照射下不发光。

[**光学性质**]　偏光镜下无色透明。二轴负晶。折光率 $\alpha=1.465\pm0.003$，$\beta=1.540\pm0.003$，$\gamma=1.594\pm0.003$。光轴角 70°~80°。平行消光。干涉色为高级白。

[**化学成分**]　本区碳钠铝石化学组成分析数据见表 2-2-6。

区内碳钠铝石矿物 $\delta^{13}C$ 值为-16.9‰，属有机成因。

[**微化反应**]　溶于浓度为 5%的盐酸中，溶解度介于方解石与白云石之间。

[**光谱特征**]　红外光谱特征见红外吸收光谱谱线图(图 2-2-7)和红外光谱数据表(表 2-2-7)。

表 2-2-6　苏北盆地金湖凹陷中碳钠铝石化学成分数据(w_B/%)

化学成分	Na_2O	Al_2O_3	CO_2	H_2O	SiO_2+CaO
被测样品/%	20.81	36.01	28.64	11.86	2.66
理论值/%	21.53	35.40	30.56	12.5	

注：数据引自据黄善炳(1996)；理论值引自王濮等(1984)。

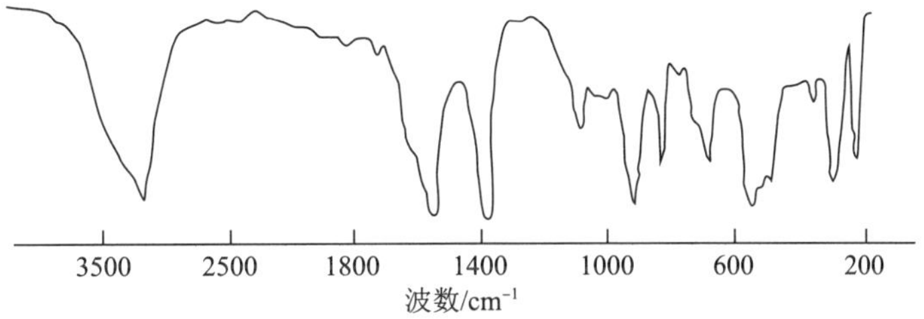

图 2-2-7　苏北盆地金湖凹陷中碳钠铝石红外吸收光谱谱线图

(据黄炳善等，1992)

表 2-2-7　苏北盆地金湖凹陷中碳钠铝石红外吸收光谱数据对比表(cm^{-1})

样品	谱带位置																
被测样品	492	513	552		696	732	712	812	869	941	956	1010	1100	1134	1401	1575	1731	3280
标准片钠铝石	490	515	550	650	690	730	760	850	865	942	958	1010	1100	1135	1403	1570	1730	3285

注：数据引自据黄善炳(1996)。

[**成因意义**]　本区阜宁组砂岩中的碳钠铝石是晚成岩期自生成因。根据产状，碳钠铝石是在酸性水对碎屑颗粒及胶结物溶蚀以后形成的。杨家坝地区阜宁组为生物鲕滩相，富含藻类等低等浮游生物。阜宁组二段出现的片钠铝石，是富含低等浮游生物的岩层在偏碱性环境中形成的晚期低温自生矿物。

(6)莺歌海盆地中的碳钠铝石(片钠铝石)

莺歌海盆地位于海南岛与越南之间的海域，是在南海北部大陆架西侧的前古近纪基底上发育起来的一个呈北西—南东向展布的新生代走滑拉张盆地。区内 LD15-1 构造莺黄组砂岩大多为石英砂岩，其次为纯石英砂岩，另有少量次岩屑长石砂岩和次长石岩屑砂岩。莺黄组砂岩中出现的自生矿物主要有菱铁矿、黄铁矿、白云石及片钠铝石等。它们以各种不同产出形式分布在砂岩储层中。片钠铝石仅在局部井段出现。呈纤状集合体生长于粒间或颗粒表面，含量小于 3%。碳钠铝石为铝硅酸盐矿物分解而成的低温热液矿物。生成碳钠铝石需要过量的二氧化碳。二氧化碳气体在与富含铝酸钠及碳酸氢钠的孔隙水作用下生成自生的碳钠铝石(李德敏等，1995)。

三、碳钠钙铝石(Tunisite)

1. 碳钠钙铝石的一般特征

[**产地、产状及共(伴)生矿物**]　充填于方解石晶洞中，非常稀有。发现于突尼斯 Sakiet Sidi

Yousseff 铅锌矿床中，与方解石共生；在乌克兰发现于 Slavyansk 盐矿床中；在法国发现于 Condorcet，与天青石、方解石、黄铁矿、黄铜矿、石膏和水草酸钙石共(伴)生(Johan et al.，1969；Martin et al.，1979；Effenberger et al.，1981)。

［形貌特征］ 呈板状晶体{001}，可见晶面{010}和{110}以及大量相邻的晶面，最大粒径至 8 mm；近平行-无序排布的晶体构成书本状集合体，上覆粉末状外壳。

［晶体结构］ 四方晶系；*P4/nmm*。晶胞参数为 $a=11.22$ Å，$c=6.582$ Å；$Z=2$。

［主要粉晶衍射数据 *d*/Å(*I*)(*hkl*)］ 5.62(100)(200)，2.592(90)(401)，3.551(80)(310)，3.288(70)(002)，2.754(70)(212)，2.526(70)(222)，5.070(60)(111)，3.13(60)(311)(PDF 27-1001)。

［物理性质］ 白色、无色。半透明。发育{001}、{*hk*0}完全解理。摩氏硬度 $H=4.5$。密度 $D_{测量}=2.510\ g/cm^3$，$D_{计算}=2.480\ g/cm^3$。

［光学性质］ 一轴正晶。折光率 $\omega=1.573(1)$，$\varepsilon=1.599(1)$。

［化学成分］ 理想化学式为 $NaCa_2Al_4(CO_3)_4(OH)_8Cl$，其化学组成($w_B$/%)为 Na_2O 4.98，Al_2O_3 32.75，CaO 18.01，CO_2 28.27，Cl 5.69，H_2O 11.57，$-O=Cl_2$ 1.27，合计 100.00。突尼斯 Sakiet Sidi Yousseff 矿床产出样品的化学组成(w_B/%) Na_2O 4.60，Al_2O_3 35.0，CaO 20.3，CO_2 26.8，Cl 4.90，H_2O 10.7，$-O=Cl_2$ 1.10，合计 101.20。

2. 在中国的产出情况

目前在中国尚未发现碳钠钙铝石。

四、碳钛锆钠石(Sabinaite)

1. 碳钛锆钠石的一般特征

［产地、产状及共(伴)生矿物］ 发现于加拿大 Francon 采石场和 Mont Saint-Hilaire，的一种稀有矿物。产于硅质碳酸盐岩晶洞中，共(伴)生矿物有方解石、碳钠铝石、水碳锆锶石、冰晶石、黄铁矿、方铅矿、重晶石、黑金红石、铁白云石、菱铁矿和石英；产于与碱性辉长-正长杂岩共生的方钠石正长岩晶洞中，与钠长石、微斜长石、碳钠铝石、方沸石、方钠石、针钠钙石、白云石和霓石共(伴)生(Jambor et al.，1980；Chao G Y et al.，1985；McDonald，1996)。

［形貌特征］ 晶体呈片状-块状，主要可见晶面{001}、{010}、{100}、{110}，最大粒径至 0.4 mm，晶体外观呈不规则假六方轮廓；集合体呈致密土状，具粉状外壳。

［晶体结构］ 单斜晶系(假斜方)；*C2/c*。晶胞参数为 $a=10.171$ Å，$b=6.623$ Å，$c=17.976$ Å；$\beta=94.32°$；$Z=4$。

［主要粉晶衍射数据 *d*/Å(*I*)(*hkl*)］ 8.96(100)(002)，3.251(50)(021)，2.990(50)(006)，2.017(45)($42\bar{1}$)，2.239(40)(008)，1.795(35)(332)，4.48(25)(004)，2.727(25)(221)(PDF 36-414)。

［物理性质］ 无色。透明。玻璃光泽，集合体呈丝绢光泽。发育{001}、{100}完全解理。密度 $D_{测量}=3.36\ g/cm^3$，$D_{计算}=3.44\sim3.48\ g/cm^3$。

［光学性质］ 二轴正晶或负晶。折光率 $\alpha=1.72\sim1.74$，$\beta=1.79\sim1.80$，$\gamma=1.85\sim1.90$。光轴角 $2V_{测量}=82°\sim85°$。光性方位：$Y=b$；$X\wedge c=13°$。色散：$r>v$，中等。

［化学成分］ 理想化学式为 $Na_4TiZr_2O_4(CO_3)_4$，其化学组成(w_B/%)为 ZrO_2 39.35，TiO_2 12.75，Na_2O 19.79，CO_2 28.11，合计 100.00。加拿大两个产地样品的其化学组成如表 2-2-8 所示。

2. 在中国的产出情况

目前中国尚未发现碳钛锆钠石。

表 2-2-8　碳钛锆钠石的化学组成(w_B/%)

产地/成分	CO_2	TiO_2	ZrO_2	HfO_2	CaO	Na_2O	合计
加拿大 Francon	27.1	12	39.1	0.47	0.2	20.7	99.57
加拿大 Mont Saint-Hilaire	[27.56]	10.91	40.64	0.45	0.02	19.53	99.11

产地	化学式
加拿大 Francon	$(Na_{4.18}Ca_{0.02})_{\Sigma 4.20}(Zr_{1.99}Hf_{0.01})_{\Sigma 2.00}Ti_{0.94}O_{4.14}(CO_3)_{3.86}$
加拿大 Mont Saint-Hilaire	$Na_{4.02}(Zr_{1.99}Hf_{0.01})_{\Sigma 2.00}(Ti_{0.87}Zr_{0.12})_{\Sigma 0.99}O_4(CO_3)_4$

第三节　含碱土金属阳离子等的碳酸盐矿物

本节共介绍 3 种矿物，包括氟碳钙石(Brenkite)、氟碳钠钙石(Rouvilleite)和氟碳钡钙石(Podlesnoite)。在中国均无产出报道。

一、氟碳钙石(Brenkite)

1. 氟碳钙石的一般特征

[产地、产状及共(伴)生矿物]　在斑岩型白霓霞岩(又名黝方响岩)的裂隙和孔洞中产出。目前发现于德国 Brenk 以西 0.5 km 的 Schellkopf。其共(伴)生矿物有钙十字沸石、叶沸石、斜方钙沸石和方解石等(Hentschel et al., 1978; Leufer et al., 1980)。

[形貌特征]　晶体呈柱状{010}，沿[001]延长，发育晶面{010}、{110}、{102}和{021}，最大粒径至 6 mm；集合体呈放射状和球状。

[晶体结构]　斜方晶系；*Pbcn*。晶胞参数为 $a=7.650(2)$ Å，$b=7.550(2)$ Å，$c=6.548(2)$ Å；$Z=4$。

[主要粉晶衍射数据 *d*/Å(*I*)(*hkl*)]　2.794(100)(112)，3.028(80)(211)，3.006(80)(121)，1.835(80)(123)，2.486(70)(221)，3.276(60)(002)，2.265(60)(311)，1.790(60)(330)(PDF 29-322)。

[物理性质]　无色，条痕白色；半透明。摩氏硬度 H 约为 5。密度 $D_{测量}=3.10$ g/cm^3，$D_{计算}=3.126$ g/cm^3。

[光学性质]　二轴负晶。折光率 $\alpha=1.525(5)$，$\beta=1.590(5)$，$\gamma=1.593(5)$。光轴角 $2V_{测量}=26°\sim28°$，$2V_{计算}=23.5°$。光性方位：$X=c$；$Y=a$；$Z=b$。

[化学成分]　理想化学式为 $Ca_2(CO_3)F_2$，其化学组成(w_B/%)为 CaO 62.95，CO_2 24.70，F 21.33，$-O=F_2$ 8.98，合计 100.00。德国 Schellkopf 产出样品的化学组成(w_B/%)为 CaO 62.30，CO_2 24.60，F 21.3，$-O=F_2$ 9.0，合计 99.2。

2. 在中国的产出情况

目前中国尚未发现氟碳钙石。

二、氟碳钙钠石(Rouvilleite)

1. 氟碳钙钠石的一般特征

[产地、产状及共(伴)生矿物]　主要发现于加拿大魁北克省的 Mont Saint-Hilaire，产在碱性辉长-正长杂岩体的方钠石捕虏体中；还发现于俄罗斯科拉半岛 Lovozero 地块，产在分异的碱性岩中。前者的共(伴)生矿物有锰星叶石、氟盐、霓石、微斜长石、钙霞石、方沸石、碳钠钙石、磷硅铌钠石、冰晶石和斜氟钠矾；后者则为锰杂芒硝、硫碳钇钡钠石、苏打石、天然碱、钙水碱、碳磷锰钠

石、菱锰矿、(俄罗斯 Lovozero)等(McDonald et al., 1991; Khomyakov et al., 1991; Yamnova et al., 1991)。

[形貌特征] 柱状晶体，沿着[001]方向拉长，可见晶面{100}、{010}、{110}、{001}、{101}、{023}、{03$\bar{2}$}，最大粒径至 1 mm；集合体常见呈粒状块体。

[晶体结构] 单斜晶系；$C2/c$ 或者 Cc。晶胞参数为 a=8.012~8.043 Å，b=15.79~15.812 Å，c=7.019~7.030 Å，β=100.78°~101.16(3)°；Z=4。

[主要粉晶衍射数据 d/Å(I)(hkl)] 2.895(100)(20$\bar{1}$)，2.711(90)(22$\bar{2}$)，7.081(80)(110)，1.869(75)(35$\bar{2}$)，2.937(70)(150)，2.039(70)(242)，2.637(60)(060)，1.746(60)($\bar{1}$14)(PDF 48-1854)。

[物理性质] 浅锡色、浅粉色、黄色、无色，因含杂质而呈红棕色；条痕白色。透明-半透明。玻璃-蜡状光泽。发育{001}中等、{010}不完全解理；不平坦状-贝壳状断口，性脆，摩氏硬度 H=3~4。密度 $D_{测量}$=2.67~2.73 g/cm^3，$D_{计算}$=2.69 g/cm^3。

[光学性质] 二轴负晶。折光率 α=1.472~1.473，β=1.562~1.564，γ=1.569~1.570。光轴角 $2V_{测量}$=25°~27°。光性方位：Y=b；$X\wedge c$=6°~20°。色散：$r>v$，弱。

[化学成分] 理想化学式为 $Na_3Ca_2(CO_3)_3F$，其化学组成(w_B/%)为 CaO 32.22，CO_2 37.9，Na_2O 26.7，F 5.46，Gd_2O_3 2.3，合计 104.58。德国 Schellkopf 产出样品的化学组成如表 2-3-1 所示。

表 2-3-1 氟碳钙钠石的化学组成(w_B/%)

产地	CO_2	Y_2O_3	Gd_2O_3	Dy_2O_3	Er_2O_3	Yb_2O_3	FeO	MnO	MgO	CaO
加拿大 Mont Saint-Hilaire	[37.21]						0.52	6.83	0.01	26.47
俄罗斯 Mt. Alluaiv	36.90	1.06	0.03	1.03	0.06	0.08	1.20	8.63		21.16

产地	Na_2O	F	$-O=F_2$	合计	化学式
加拿大 Mont Saint-Hilaire	26	5.65	2.38	100.26	$Na_{2.96}(Ca_{1.66}Mn_{0.34}Fe_{0.02})_{\Sigma 2.02}(CO_3)_3F_{1.06}$
俄罗斯 Mt. Alluaiv	26.10	5.20	2.19	99.26	$Na_{3.08}(Ca_{1.36}Mn_{0.44}Fe_{0.06}Y_{0.03}Dy_{0.02})_{\Sigma 1.91}(CO_3)_{3.02}F_{0.99}$

2. 在中国的产出情况

目前中国尚未发现氟碳钙钠石。

三、氟碳钡钙石(Podlesnoite)

1. 氟碳钡钙石的一般特征

[产地、产状及共(伴)生矿物] 发现于俄罗斯科拉半岛 Kirovskii 磷灰石矿床中，产在热液成因的透镜体孔洞中。共生矿物有钠沸石、黑云母、钛铁矿、霓石、硅钠钛矿、钡解石、方解石、萤石、星叶石和黄碳锶钠石(Zubkova et al., 2007; Pekov et al., 2008)。

[形貌特征] 晶体呈完美柱状，大小 1 mm×1 mm×4 mm；集合体为放射状纤维球粒，粒径可达 8 mm。可见晶面{100}、{110}、{210}、{001}、{101}、{112}、{313}、{111}和{021}。

[晶体结构] 斜方晶系；$Cmcm$。晶胞参数为 a=12.501(8) Å，b=5.846(3) Å，c=9.443(5) Å；Z=4。

[主要粉晶衍射数据 d/Å(I)(hkl)] 3.527(100)(112)，3.397(71)(310)，2.313(43)(222)，1.940(40)(314)，1.948(39)(422)，2.302(22)(510)，5.303(21)(110)，2.609(20)(402)，2.211(20)(204)。

[物理性质] 晶体无色，透明，纯净；球粒雪白色；条痕白色，半透明，玻璃光泽，性脆，无解理，贝壳状断口。摩氏硬度 H=3.5~4。密度 $D_{测量}$=3.62(1)g/cm^3，$D_{计算}$=3.60 g/cm^3。短波紫外光照射下，无色晶体发强烈的粉橘色荧光；白色球粒发微弱的蓝紫色荧光。长波紫外光下发紫蓝色荧光。

［光学性质］ 二轴负晶。折光率 $\alpha=1.500$，$\beta=1.612(2)$，$\gamma=1.614(2)$。光轴角 $2V_{测量}=10°(5)$，$2V_{计算}=14°$。光性方位：$X=a$；$Y=b$；$Z=c$。

［化学成分］ 理想化学式为 $Ca_2Ba(CO_3)_2F_2$，其化学组成($w_B/\%$)为 Na_2O 0.11，K_2O 0.05，CaO 29.02，SrO 0.13，BaO 40.77，MnO 0.07，FeO 0.25，CO_2 22.9，F 9.95，$-O=F_2$ 4.19，合计 107.44。

［与其他矿物种的关系］ 具全新的晶体结构类型，与文石族略相近。

2. 在中国的产出情况

目前中国尚未发现氟碳钡钙石。

第四节 含稀土元素(REE)的碳酸盐矿物

本类矿物共有 28 种，其中，中华铈矿(Zhonghuacerite-(Ce))、氟碳钕钡矿(Cebaite-(Nd))和羟碳镧石(Hydroxylbastnäsite-(La))3 种矿物资料虽已公开发表，但并未得到 IMA CNMNC 的批准。此外，直氟碳钙镧矿(Synchysite-(La))仅被认为是直氟碳钙铈矿(Synchysite-(Ce))的 La 端元，其矿物名称和矿物种本身并未得到 CNMNC 的批准，所以这 4 种矿物不在本节的叙述范围。其余 24 种矿物种包括氟碳钡镧石族的氟碳钡铈石(Cordylite-(Ce))、氟碳钡镧石(Cordylite-(La))；氟碳钕石族的氟碳铈矿(Bastnäsite-(Ce))、氟碳镧石(Bastnäsite-(La))、氟碳钕石(Bastnäsite-(Nd))、氟碳钇石(Bastnäsite-(Y))、羟碳铈石(Hydroxylbastnäsite-(Ce))、羟碳钕石(Hydroxylbastnäsite-(Nd))、水氟碳钙钍石(Thorbastnäsite)；氟碳钙铈矿族的氟碳钙铈矿(Parisite-(Ce))、氟碳钙镧矿(Parisite-(La))；直氟碳钙铈矿族的黄河矿(Huanghoite-(Ce))、直氟碳钙铈矿(Synchysite-(Ce))、直氟碳钙钕矿(Synchysite-(Nd))、直氟碳钙钇矿(Synchysite-(Y))；以及未建族的氟碳铈钠石(Arisite-(Ce))、氟碳镧钠石(Arisite-(La))、氟碳铈钡石(Cebaite-(Ce))、氟碳钠钇石(Horváthite-(Y))、库氟碳铈钡石(Kukharenkoite-(Ce))、库氟碳镧钡石(Kukharenkoite-(La))、氟碳钠铈石(Lukechangite-(Ce))、柯氟碳钡铈石(Qaqarssukite-(Ce))和伦琴石(Röntgenite-(Ce))。这其中只有 7 种矿物在中国有产出报道。

氟碳钡镧石族(Cordylite group)

氟碳钡铈石	Cordylite-(Ce)	(Na，Ca，□)$BaCe_2(CO_3)_4(F，O)$	六方晶系
氟碳钡镧石	Cordylite-(La)	$NaCaBa_2La_3Sr(CO_3)_8F_2$	六方晶系

一、氟碳钡铈石(Cordylite-(Ce))

1. 氟碳钡铈石的一般特征

［产地、产状及共(伴)生矿物］ 其产状基本均与碱性伟晶岩相关，一般少量产于碱性伟晶岩中(如格陵兰 Narssârssuk)，或是晶洞和裂隙中的晚期矿物(如加拿大 Saint-Amable)，或产于与碱性辉长-正长岩有关的伟晶岩脉中(如加拿大 Mont Saint-Hilaire)。除上述 3 个典型产地外，在俄罗斯和中国也有产出。3 个典型产地对应的共(伴)生矿物分别有霓石、碳酸锶铈矿、菱铈钙矿、氟碳钙铈矿、柱星叶石(格陵兰)；方沸石、霓石、钠长石、红钛锰矿；六方碳钙石、碳钙钡矿、碳锶铈石、氟碳铈钡石、碳钇钡石、氟磷灰石和重晶石(Palache et al.，1951；Chen T T et al.，1975a；沈今川等，1992；Horváth et al.，1998；Giester et al.，1998)。

［形貌特征］ 呈柱状或薄至厚板状晶体，呈六边形轮廓，主要晶形{$10\bar{1}0$}、{$40\bar{4}15$}和{$10\bar{1}1$}，最大粒径至 13 mm，晶面条纹平行{0001}，晶端呈拐杖形。薄片状晶体构成玫瑰花状、近平行状和球状集合体。

［晶体结构］ 六方晶系；$P6_3/mmc$。晶胞参数为 $a=5.090\sim5.109$ Å，$c=23.049\sim23.289$ Å；$Z=2$。

[**主要粉晶衍射数据** d/Å(I)(hkl)]　3.193(100)(105)，3.510(90)(104)，4.336(80)(101)，3.843(80)(006)，2.550(80)(110)，2.040(80)(10 10)，2.122(70)(203)，4.13(60)(102)(PDF 27-34)。

[**物理性质**]　无色、白色、蜡黄色、琥珀黄色、浅黄色、黄绿色、绿灰色，显示放射状色带，蚀变后变为赫黄色；条痕白色。透明-半透明。金刚、玻璃、树脂和油状光泽，{0001}面为珍珠光泽，遭蚀变转化为蜡状光泽。发育{0001}中等解理；贝壳状-不规则状断口，性脆。摩氏硬度 H=4.5。密度 $D_{测量}=4.01\sim4.44\ g/cm^3$，$D_{计算}=3.97\ g/cm^3$。

[**光学性质**]　在透射光下为无色-浅黄色。一轴负晶。折光率 $\omega=1.764\sim1.775$，$\varepsilon=1.576\sim1.598$。弱多色性，$O$=绿黄色；$E$=棕黄色。

[**化学成分**]　理想化学式为(Na，Ca，□)$BaCe_2(CO_3)_4$(F，O)。典型产地的样品化学组成如表2-4-1所示。

[**与其他矿物族的关系**]　属于氟碳钡镧石族；与氟碳钡镧石呈类质同象。

2. 在中国的产出情况

目前中国仅在内蒙古白云鄂博矿区发现氟碳钡铈石(孟庆昌，1981；张培善等，1985，1986；沈今川等，1992；Yang X M et al.，2003)。

内蒙古白云鄂博稀土矿床中的氟碳钡铈石

[**产地、产状及共(伴)生矿物**]　产于内蒙古白云鄂博铁铌稀土矿床的热液交代白云岩(西矿区)、钠辉石型矿石(主矿)中，与氟碳钙铈矿、重晶石、钠辉石、钠闪石、磷灰石、萤石、重晶石和等共生(孟庆昌，1981；张培善等，1985，1986；沈今川等，1992；Miyawaki et al.，2011)。

表 2-4-1　氟碳钡铈石的化学组成(w_B/%)

产地/成分	CO_2	Ce_2O_3	La_2O_3	Nd_2O_3	Pr_2O_3	Sm_2O_3	CaO	SrO	BaO	Na_2O
格陵兰 Narssârssuk	[25.36]	22.1	14.61	4.58	1.78		1.09	1.44	22.22	4.73
加拿大 Saint-Amable	[24.50]	23.85	14.73	4.9	1.46	0.21	0.36	0.74	20.91	3.96

产地/成分	F	$-O=F_2$	合计	化学式
格陵兰 Narssârssuk	3.6	1.51	100.00	$(Na_{1.08}Ca_{0.14})_{\Sigma1.22}(Ba_{1.03}Sr_{0.10})_{\Sigma1.13}(Ce_{0.96}La_{0.64}Nd_{0.20}Pr_{0.08})_{\Sigma1.88}(CO_3)_{4.10}F_{1.35}$
加拿大 Saint-Amable	[2.64]	1.11	97.15	$(Na_{0.92}Ca_{0.04})_{\Sigma0.96}(Ba_{0.98}Sr_{0.05})_{\Sigma1.03}(Ce_{1.05}La_{0.65}Nd_{0.21}Pr_{0.06}Sm_{0.01})_{\Sigma1.98}(CO_3)_4F$

[**形貌特征**]　柱状或粒状，半自形。

[**晶体结构**]　三方晶系，六方晶胞。晶胞参数为 $a=5.08\sim5.10$ Å，$c=23.10\sim23.22$ Å，V=514.39~523.04 Å^3。

[**主要粉晶衍射数据**]　见表2-4-2。

表 2-4-2　内蒙古白云鄂博稀土矿床氟碳钡铈石的 X 射线粉晶衍射数据

白云鄂博西矿		白云鄂博主矿		白云鄂博西矿		白云鄂博主矿	
I	d/Å	I	d/Å	I	d/Å	I	d/Å
3	4.37	3	4.3	2	2.193	2	2.193
3	4.13	3	4.1	1	2.118	1	2.118
4	3.87	3	4.0	4	2.055	4	2.055
9	3.82	3	3.9	3	1.987	3	1.987
10	3.201	4	2.50b	3	1.919	3	1.919
4	2.900	5	3.20b			2	1.800
8	2.546	10	2.89			2	1.780
		1	2.803	2	1.599	1	1.650
		8	2.546			1	1.599
						1	1.650

注：数据引自张培善等(1986)。

［物理性质］ 黄褐色、淡黄色、黄色；薄片中淡黄色，透明；玻璃-油脂光泽。柱状切面上有两组解理，一组垂直于柱状颗粒的长轴，另一组不完全平行于颗粒的长轴方向。矿物颗粒中经常有不规则裂纹，类似橄榄石中的不规则裂开。摩氏硬度 $H=4\sim4.5$。密度 $D_{测量}=4.20\sim4.49\ g/cm^3$。弱电磁性，磁场强度为 764356~923476 A/m。

［光学性质］ 一轴负晶，有的为二轴负晶。折光率 $\omega=1.733\sim1.760$，$\varepsilon=1.535\sim1.648$。光轴角小于5°。具弱多色性，高干涉色，平行消光，垂直光轴的切面呈等轴状，平行光轴的切面呈柱状。

［化学成分］ 化学分析结果见表 2-4-3。化学组成中的金属元素主要是钡和稀土，钡可为少量钙或锶所置换，并含一定数量的钠。白云鄂博主矿的氟碳钡铈石中的西矿的氟碳钡铈石晶体化学式为：$(Ba_{0.97}Sr_{0.01})_{\Sigma 0.98}(Ce_{0.82}La_{0.95}Ca_{0.22}Th_{0.01})_{\Sigma 2.00}(CO_3)_{2.49}F_{1.17}(OH)_{0.40}$；主矿的为：$(Ba_{0.61}Sr_{0.03}Na_{0.32}K_{0.04})_{\Sigma 1.00}(Ce_{1.77}Fe^{3+}_{0.08}Th_{0.04}Al_{0.01})_{\Sigma 1.90}C_{2.81}O_{9.31}F_{1.60}$；简化式为 $BaCe_2(CO_3)_3F_2$。

沈今川等(1992)在研究白云鄂博矿区稀土氟碳酸盐时，在分析和总结前人的资料(表 2-4-4)以及自己深入研究的基础上，认为以往有关氟碳钡铈石的成分和结构资料都存在着明显的错误。氟碳钡铈石的结构化学式应为$(Na_{1-x},Ca_{0.5x})BaCe_2(CO_3)_4F$，而不是 $BaCe_2(CO_3)_3F_2$。Na 和 Ca 等大阳离子在氟碳钡铈石中有其自己的独立的晶体化学位置。

表 2-4-3 内蒙古白云鄂博矿床中氟碳钡铈石的化学全分析结果(w_B/%)

稀土元素	白云鄂博(西矿)	白云鄂博(主矿)	理论成分
Na_2O		1.79	
K_2O		0.37	
BaO	24.13	16.73	24.09
SrO	0.15	0.47	
CaO	3.41		
MgO	1.01		
FeO			
Al_2O_3		0.07	
Fe_2O_3	0.87	1.16	
Ce_2O_3	21.81	52.19	51.53
$(La, Pr...)_2O_3$	25.50		20.81
ThO_2	0.19	1.89	
CO_2	19.97	22.17	
H_2O^+	0.58		
F	3.60	5.46	6.16
$-O=F_2$	1.51	2.30	2.59
总计	99.71	100.00	100.00

注：数据引自张培善等(1985，1986)。

表 2-4-4 氟碳钡铈石的化学成分(w_B/%)

产地	华北	格陵兰	加拿大	华北
Na_2O				4.73
CaO	3.41	1.91	0.66	1.04
BaO	24.13	17.30	22.54	20.38
FeO		1.43		
Fe_2O_3	0.87			
SrO	0.15		0.58	
MgO	1.01			
Ce_2O_3	47.31	49.39	51.32	45.92
ThO_2	0.19	0.30	0.26	

续表

产地	华北	格陵兰	加拿大	华北
不溶物		2.58		
CO_2	19.97	23.47	20.97	24.64
F	3.60	4.87	4.75	2.50
H_2O	0.58	0.80		
$-O=F_2$	1.51	2.05	2.00	1.05
总计	99.71	100.00	99.08	98.16
数据来源	王贤觉，1973	Flink，1901	Chen T T et al.，1975a	傅平秋等，1987

本矿床中的氟碳钡铈石主要富铈族稀土(表 2-4-5)，以铈为最多，依次为镧、钕、镨、钐等，其矿物化学式应为：$Ba(Ce, Nd, La)_2(CO_3)_2F_2$ 或 $Ba(Ce, La, Nd)_2(CO_3)_3F_2$。

表 2-4-5　内蒙古白云鄂博矿床中氟碳钡铈石的稀土配分($w_B/10^{-6}$)

稀土元素	白云鄂博(西矿)	白云鄂博(主矿)	格陵兰 Narsarssuk(Semenov et al.，1958)
La	19.4	19.79	30.1
Ce	51.9	45.34	44.2
Pr	6.4	6.98	5.4
Nd	19.4	24.17	15.1
Sm	1.93	2.34	3.1
Eu	0.35	0.37	0.1
Gd	0.60	0.54	2.0
Tb	—	0.18	—
Dy	—	—	—
Ho	—	—	—
Er	—	—	—
Tm	—	—	—
Yb	—	—	—
Lu	—	—	—
Y	—	0.29	—

注：以 REE 为 100%计；数据引自张培善等(1986)。

[**光谱特征**]　差热分析曲线显示，加热至 520℃出现强吸热效应，矿物受热分解。白云鄂博主矿的氟碳钡铈石红外吸收光谱图(图 2-4-1)显示出明显的碳酸根原子基团的振动频率范围，频率高的 1475 cm^{-1} 附近的振动为伸缩振动，或称价键振动，频率低的 870 cm^{-1} 附近的振动为弯曲振动，或称变形振动。

[**微化反应**]　易溶于 HCl、H_2SO_4、HNO_3 等各种无机酸和有机酸，并起泡。

图 2-4-1　内蒙古白云鄂博氟碳钡铈石红外吸收光谱谱线
(据张培善等，1985)

二、氟碳钡镧石(Cordylite-(La))

1. 氟碳钡镧石的一般特征

[产地、产状及共(伴)生矿物] 发现于俄罗斯博代博市(Bodaibo)以东 145 km 处伊尔库茨克区北部 Biraya 铁-稀土矿床。产在与霓长岩岩墙共生的碳酸岩透镜体中，主要共(伴)生矿物有文石-碳锶石北部，富钙碳锶石、富锶方解石、碳锶石、碳锶铈矿、钍石、碳铈钠石、重晶石、碳硅铁铈石、富铌硅钛铈矿、褐钕铌矿、碳锶镧矿、大青山矿、氟碳铈石、羟碳铈石、铈独居石、滑石、硅镁石、方铅矿、黄铁矿、磁黄铁矿(Mills et al.，2012)。

[形貌特征] 呈不规则粒状或浑圆的板片-短柱状六方晶粒，最大粒径至 3 mm，发育晶面条纹，主要单形为{$10\bar{1}0$}和{0001}；也可呈氟碳钡镧石的核心产出。

[晶体结构] 六方晶系；$P6_3/mcc$。晶胞参数为 a=5.1182(3)Å，c=23.1785(16)Å；Z=1。

[主要粉晶衍射数据 d/Å(I)] 3.209(100)，3.532(95)，2.562(89)，4.371(65)，4.148(54)，2.213(52)，1.921(52)，产地为俄罗斯 Biraya 铁-稀土矿床。

[物理性质] 无色、蜜黄色或粉黄色；条痕白色；半透明；树脂-玻璃光泽。发育{0001}极完全解理；贝壳状-不规则状断口。性脆；摩氏硬度 H=4.5。密度 $D_{测量}$=4.31(1)g/cm^3，$D_{计算}$=4.311~4.329 g/cm^3。

[光学性质] 一轴负晶。折光率 ω=1.573(1)~1.574(1)，ε=1.749(2)~1.751(2)。中等突起。

[化学成分] 理想化学式为 $NaCaBa_2La_3Sr(CO_3)_8F_2$。代表性产地的样品化学组成如表 2-4-6 所示。

表 2-4-6　氟碳钡镧石的化学组成(w_B/%)

产地	CO_2	Ce_2O_3	La_2O_3	Nd_2O_3	Pr_2O_3	CaO	SrO	BaO	Na_2O	H_2O
俄罗斯 Biraya 矿床	[25.87]	15.67	18.31	2.10	0.48	3.17	6.70	23.43	2.80	[0.03]
	[25.89]	15.93	17.01	3.09	1.21	3.22	7.16	22.21	2.78	[0.25]
产地	F	$-O=F_2$	合计	化学式						
俄罗斯 Biraya 矿床	2.47	1.01	99.99	$(Na_{1.24}Ca_{0.78})_{\Sigma 2.02}Ba_{2.10}[(La_{1.54}Ce_{1.31}Nd_{0.17}Pr_{0.04})_{\Sigma 3.06}Sr_{0.89}]_{\Sigma 3.95}(C_{1.01}O_3)_8(F_{1.78}OH_{0.05})_{\Sigma 1.83}$						
	2.10	0.88	99.97	$(Na_{1.23}Ca_{0.79})_{\Sigma 2.02}Ba_{1.98}[(La_{1.43}Ce_{1.33}Nd_{0.25}Pr_{0.10})_{\Sigma 3.11}Sr_{0.94}]_{\Sigma 4.05}(C_{1.01}O_3)_8(F_{1.51}OH_{0.38})_{\Sigma 1.89}$						

注：H_2O 和 CO_2 根据晶体结构计算。

[与其他矿物种的关系] 属于氟碳钡镧石族，与氟碳钡铈石呈类质同象。

2. 在中国的产出情况

目前中国尚未发现氟碳钡镧石。

氟碳钕石族(Bastnäsite group)

氟碳钕石族的通式为 $M(CO_3)X$，其中 M=REE、Th，X=F 或 OH。目前该矿物族由以下种矿物组成：

氟碳铈矿	Bastnäsite-(Ce)	$Ce(CO_3)F$	六方晶系
氟碳镧石	Bastnäsite-(La)	$La(CO_3)F$	六方晶系
氟碳钕石	Bastnäsite-(Nd)	$Nd(CO_3)F$	六方晶系
氟碳钇石	Bastnäsite-(Y)	$Y(CO_3)F$	六方晶系

羟碳铈石	Hydroxylbastnäsite-(Ce)	$Ce(CO_3)(OH, F)$	六方晶系
羟碳镧石	Hydroxylbastnäsite-(La)	$La(CO_3)(OH, F)$	六方晶系
羟碳钕石	Hydroxylbastnäsite-(Nd)	$Nd(CO_3)(OH, F)$	六方晶系
水氟碳钙钍石	Thorbastnäsite	$ThCa(CO_3)_2F_2 \cdot 3H_2O$	六方晶系

三、氟碳铈矿(Bastnäsite-(Ce))

1. 氟碳铈矿的一般特征

[产地、产状及共(伴)生矿物] 是产出量最大的含稀土矿物，虽然最开始认识的产状是岩浆原生成因，但常见的还是热液成因。可产于花岗岩、碱性正长岩和伟晶岩，碳酸盐岩以及接触-变质矿床中，也可作为碎屑矿物产于砂矿中。比较有名的产地位于瑞典 Bastnäs 矿区、法国 Trimouns 滑石矿、土耳其 Shinwaro、阿富汗 On Zegi 山脉、坦桑尼亚 Karonge、赞比亚 Nkombwa 山、美国 Stove 山等、加拿大魁北克 Mont Saint-Hilaire 以及中国内蒙古白云鄂博铁-铌-稀土矿床。共(伴)生矿物有褐石、方铈矿、菱铈钙矿、氟碳钙铈矿、铈硅石、氟铈矿和萤石等(Palache et al., 1951; Ni Y et al., 1993; Jansen et al., 1959)。

[形貌特征] 晶体常呈板状-等径状，主要晶面{0001}和{$10\bar{1}1$}，被晶面{$10\bar{1}2$}、{$10\bar{1}3$}、{$11\bar{2}2$}所截，发育水平晶面条纹，可呈伸长状晶体。常与伦琴石、直氟碳钙铈矿、氟碳钙铈矿、氟碳钡铈石连生，形成粒状、块状集合体，最大粒径可至 20 cm。

[晶体结构] 六方晶系；$P\bar{6}2c$。晶胞参数为 a=7.118(1)Å，c=9.762(1)Å；Z=6。

[主要粉晶衍射数据 d/Å(I)] 2.88(100)，3.56(71)，2.06(50)，1.892(50)，4.90(35)，2.01(35)，1.675(24)(美国科罗拉多州 Stove Mountain 的样品)。

[物理性质] 蜡黄色、蜜黄色、红棕色；透明-半透明。玻璃-油脂光泽，裂理面为珍珠光泽。发育{$10\bar{1}0$}不完全解理、{0001}完全-极完全裂理；不平坦断口。性脆。摩氏硬度 H=4~4.5。密度 $D_{测量}$=4.9~5.2 g/cm^3，$D_{计算}$=5.12 g/cm^3。具强压电性。阴极发光深红色。

[光学性质] 在透射光下为浅黄色-无色。一轴正晶。折光率 ω=1.717~1.722，ε=1.818~1.823。多色性模糊；吸收性：$O<E$。

[化学成分] 理想化学式为 $Ce(CO_3)F$。人工合成样品的化学组成(w_B/%)为：Ce_2O_3 37.55，La_2O_3 37.28，CO_2 20.14，F 8.69，$-O=F_2$ 3.66，合计 100.00(La∶Ce=1∶1)。产于马达加斯加的样品化学组成(w_B/%)为：Ce_2O_3 40.50，La_2O_3 36.30，CO_2 20.20，P_2O_5 0.60，F 6.23，$-O=F_2$ 2.61，合计 101.22。

[与其他矿物种的关系] 有 4H、6R、3R 共 3 种多型，属于氟碳铈矿族；与氟碳镧石、氟碳钇石呈类质同象，与羟碳铈石成系列。

2. 在中国的产出情况

氟碳铈矿是自然界比较常见的一种有工业价值的稀土矿物。分布较为广泛，多分布在与碱性超基性岩、正长岩及碱性花岗岩有关的伟晶岩、接触交代岩及热液矿脉中，在表生条件下，它常交代早期形成的稀土矿物。在大型的与碳酸岩相关的稀土矿床中，以氟碳铈矿为主要矿石矿物的矿床数量占全球 50%以上。

实验研究(黄舜华等，1986)发现，氟碳铈矿是一种形成条件很宽的矿物，即在常温约 400℃，常压约 1000 bar，溶液 pH 为 6.7~11.0 的条件下，只要具备所需的成矿物质，就可形成氟碳铈矿，这是它在自然界广泛分布并在表生条件下能稳定存在的原因。

我国的各种稀土矿床中基本上均有产出。特别是与碳酸岩相关的稀土矿床，如内蒙古白云鄂博、四川冕宁-德昌、山东微山等著名稀土矿床，其中的矿石矿物氟碳铈矿的研究较为详尽。

(1)河南省嵩县黄水庵碳酸岩型 Mo-REE 矿床中的氟碳铈矿

[产地、产状及共(伴)生矿物] 黄水庵矿床地处河南省嵩县中部，位于华北克拉通南缘熊耳山

矿集区，是东秦岭钼矿带典型的碳酸岩型 Mo-REE 矿床之一。黄水庵矿床的 Mo-REE 矿体主要产于碳酸岩中，碳酸岩呈脉状和隐爆角砾。矿床中稀土矿物主要有独居石、氟碳铈矿、氟碳钙铈矿、磷灰石和褐帘石(王汉辉等，2023)。

［**形貌特征**］ 背散射(BSE)图像中氟碳铈矿多呈半自形-他形(图 2-4-2)，颗粒大小不一(50~100 μm)，内部结构均一。

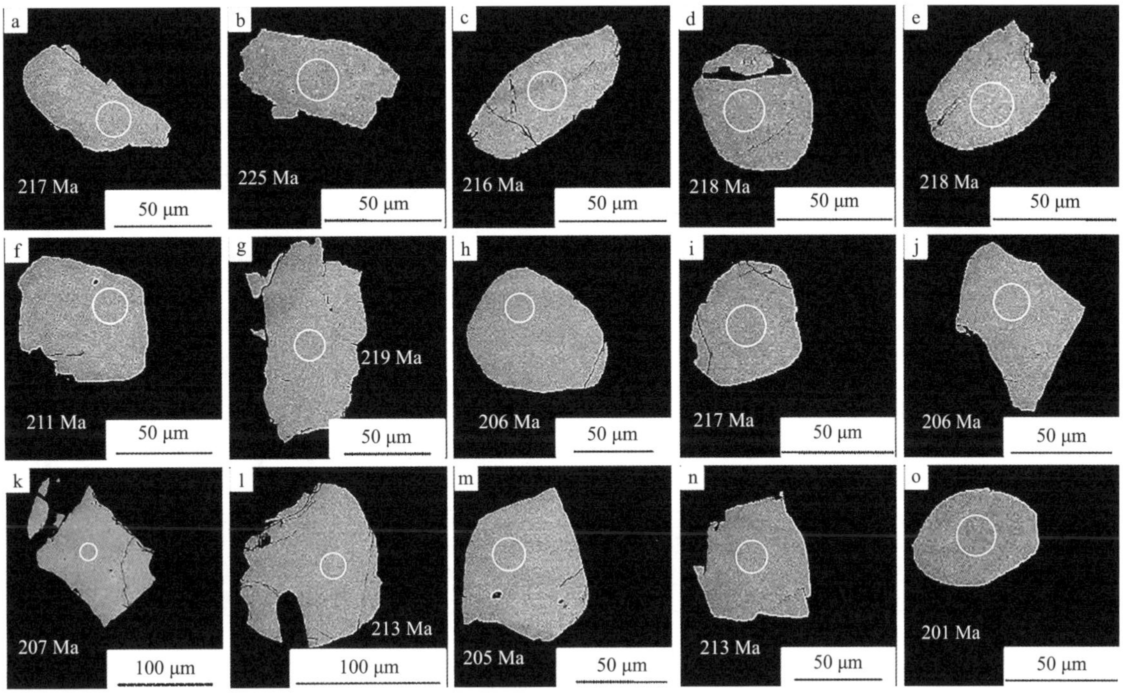

图 2-4-2 黄水庵 Mo-REE 矿床氟碳铈矿背散射图像、测点位置和 $^{208}Pb/^{232}Th$ 年龄
(据王汉辉等，2023)

［**同位素年代学**］ 黄水庵 Mo-REE 矿床的氟碳铈矿 U-Th-Pb 同位素定年结果见表 2-4-7。15 个测点 U 含量为 50.1×10^{6} ~ 109×10^{6}，Th 含量为 3139×10^{6} ~ 19660×10^{6}，相对应的 Th/U 值为 48.9~212.5。在反谐和年龄图中，15 个测点获得下交点年龄为 252±17 Ma($MSWD$=6.3)(图 2-4-3)。氟碳铈矿 $^{208}Pb/^{232}Th$ 年龄为 201~225 Ma，除去几个明显较高或较低 $^{208}Pb/^{232}Th$ 年龄数据，其加权平均年龄为 213.5±2.9 Ma($MSWD$=3.5，n=12)(图 2-4-3)，代表黄水庵矿床的稀土成矿年龄。

表 2-4-7 东秦岭黄水庵 Mo-REE 矿床氟碳铈矿 U-Th-Pb 分析结果表

分析点	Th/10^{-6}	U/10^{-6}	Th/U	同位素比值						表面年龄/Ma	
				$^{207}Pb/^{206}Pb$	±1σ	$^{207}Pb/^{235}U$	±1σ	$^{206}Pb/^{238}U$	±1σ	$^{208}Pb/^{232}Th$	±1σ
19HSA-16-01	12908	82.9	155.7	0.6307	0.0165	11.6407	0.3916	0.1342	0.0032	217	2.5
19HSA-16-02	9144	61.3	149.3	0.5635	0.0165	9.6557	0.6406	0.1145	0.0056	225	2.6
19HSA-16-03	9136	68.4	133.6	0.0752	0.0048	0.4364	0.0255	0.0447	0.0010	216	2.5
19HSA-16-04	14191	92.2	154.0	0.2152	0.0109	1.5037	0.0917	0.0467	0.0010	218	2.4
19HSA-16-05	7391	47.3	156.4	0.1542	0.0098	0.9948	0.0783	0.0450	0.0012	218	2.8
19HSA-16-06	8723	55.1	158.3	0.2517	0.0194	2.1331	0.2012	0.0540	0.0021	211	2.4
19HSA-16-07	7222	53.8	134.2	0.2106	0.0133	1.9949	0.1782	0.0588	0.0021	219	2.5
19HSA-16-08	11312	53.2	212.5	0.2592	0.0186	3.3988	0.4794	0.0713	0.0069	206	2.7
19HSA-16-09	7420	50.6	146.5	0.3724	0.0116	3.5058	0.1283	0.0690	0.0014	217	2.2
19HSA-16-10	6284	105	59.7	0.2630	0.0123	2.3595	0.2174	0.0534	0.0022	206	2.6

续表

分析点	Th/10^{-6}	U/10^{-6}	Th/U	同位素比值						表面年龄/Ma	
				$^{207}Pb/^{206}Pb$	±1σ	$^{207}Pb/^{235}U$	±1σ	$^{206}Pb/^{238}U$	±1σ	$^{208}Pb/^{232}Th$	±1σ
19HSA-16-11	5586	55.1	101.4	0.1384	0.0134	1.1324	0.1747	0.0465	0.0019	207	2.4
19HSA-16-12	17925	85.4	209.9	0.1494	0.0109	1.4164	0.1382	0.0549	0.0016	213	2.3
19HSA-16-13	3139	64.2	48.9	0.2480	0.0125	1.5941	0.0922	0.0460	0.0011	205	2.3
19HSA-16-14	19660	109	179.6	0.0765	0.0045	0.4377	0.0263	0.0424	0.0008	213	2.2
19HSA-16-15	12267	97.5	125.8	0.1291	0.0058	0.7494	0.0370	0.0417	0.0009	201	2.3

注：数据引自王汉辉等(2023)。

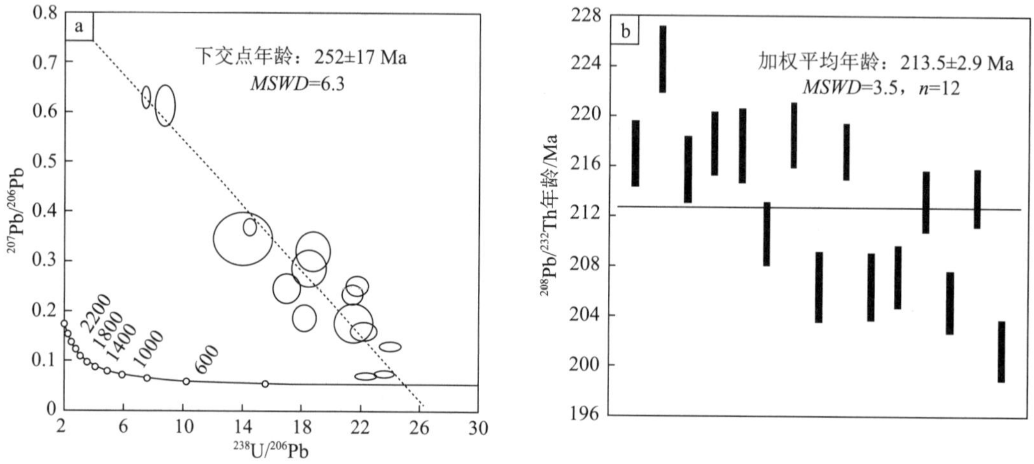

图 2-4-3　河南黄水庵 Mo-REE 矿床的氟碳铈矿 U-Th-Pb 年龄

（据王汉辉等，2023）

(2)内蒙古白云鄂博超大型稀土矿床中的氟碳铈矿

[产地、产状及共(伴)生矿物]　内蒙古白云鄂博矿是世界著名的超大型稀土-铁-铌(REE-Fe-Nb)矿床，矿床位于华北地块北缘，处于内蒙古古陆北缘的白云鄂博裂谷带中。自东至西。整个矿床可分为东接触带、东矿、主矿、西矿 4 个矿段。其中主、东矿矿体最大，铁和稀土等矿质最为富集。矿区主要稀土矿物有独居石、氟碳铈矿、黄河矿、氟碳铈钡石、氟碳钙铈矿、氟碳钡铈石、褐帘石、易解石、铈磷灰石等(张培善等，1986)。

[形貌特征]　颗粒细小，一般直径数微米或数十微米，钠辉石型矿石中氟碳铈矿颗粒稍大，直径达数百微米，晚期脉中，有 1 cm 左右的板状氟碳铈矿晶体。

[晶体结构]　属六方晶系；其晶胞参数为 $a=0.714380(9)\,nm$，$c=0.9808(2)\,nm$，$\gamma=120°$，$Z=6$；空间群 $P\bar{6}_2c$。氟碳铈矿的晶体结构表现为[CO_3]平面三角形平行 c 轴分布，铈的配位数为 9(图 2-4-4，图 2-4-5)，Ce—O(F)平均键长为 0.2515 nm，C—O 平均键长为 0.1327 nm(表 2-4-8)，每个氟原子与周围 3 个铈原子相连。氟碳铈矿的 F 离子可被 OH^- 所取代形成 $CeCO_3(OH)$。原子坐标参数及其温度因子参数见表 2-4-9。

[主要粉晶衍射数据]　列于表 2-4-10。

[物理性质]　通常为浅黄色，次为黄色或黄褐色；薄片中无色透明，或呈黄色。玻璃光泽。发育(0001)解理。相对密度变化于 4.3～4.9 g/cm^3 之间；理论相对密度 4.99 g/cm^3。摩氏硬度 H 约 4.5。电磁性较之独居石稍小(0.9～1.0 Å)(自动磁力分离仪数据)。

[光学性质]　一轴正晶。折光率 $N_e=1.798～1.812$，$N_o=1.712～1.723$。干涉色高，多色性弱，突起高。

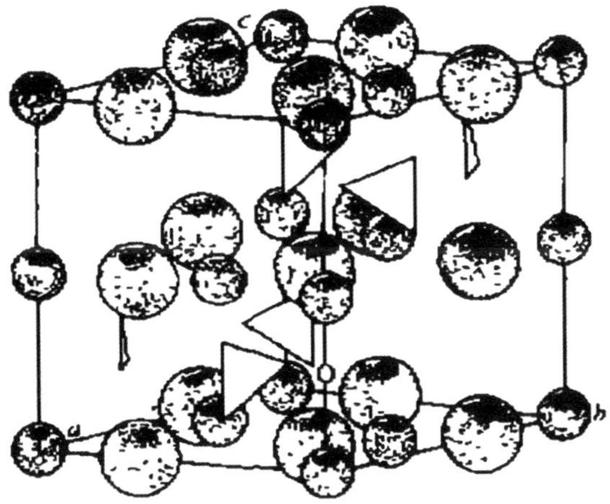

图 2-4-4　氟碳铈矿的晶体结构

（据宓锦校等，1996）

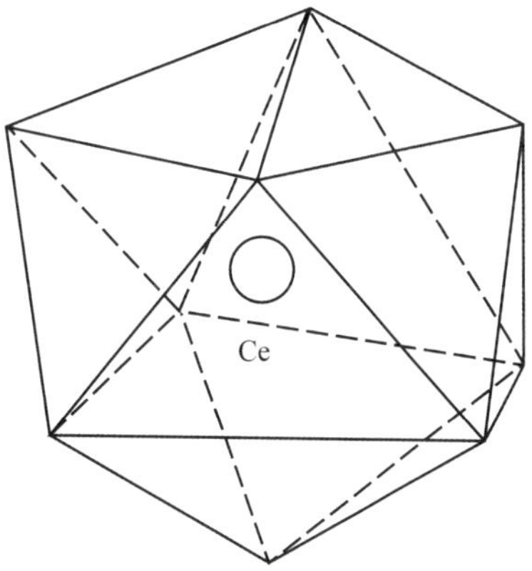

图 2-4-5　氟碳铈矿的配位多面体

（据宓锦校等，1996）

表 2-4-8　氟碳铈矿的键长和键角

化学键	键长/nm	化学键	键长/nm	键角/(°)
Ce—F_2	0.32408(4)×2	C—O_2	0.1322(9)×2	
Ce—F_1	0.22429(1)	C—O_1	0.1338(9)	
Ce—O_2	0.22544(7)×2	平均值	0.1327	
Ce—O_1	0.22576(7)×2	O_2—C—O_2	0.2271	118.4(9)
Ce—O_2	0.22577(7)×2	O_2—C—O_1	0.2313	120.8(9)
平均值	0.22515			

注：数据引自宓锦校等(1996)。

表 2-4-9　氟碳铈矿的原子坐标参数及其温度因子参数

原子	x/a	y/b	z/c	U_{11}
Ce	0.3400(2)	0.0000	0.0000	0.0125(13)
C	0.3246(39)	0.2893(34)	0.2500	0.0032(49)
O_1	0.3220(36)	0.1007(32)	0.2500	0.0129(46)
O_2	0.3311(31)	0.3872(27)	0.1342(13)	0.0154(35)
F_1	0.0000	0.0000	0.0000	0.0156(67)
F_2	0.6667	0.3333	0.0499(19)	0.0092(45)

注：数据引自宓锦校等(1996)。

表 2-4-10　内蒙古白云鄂博矿床中氟碳铈矿 X 射线粉晶数据

I	d/Å	I	d/Å	I	d/Å	I	d/Å
1	5.37	3	2.270	4	1.575	3	1.181
4	4.88	8	2.053	2	1.487	5	1.156
2	3.90	5	2.008	3	1.441	3	1.070
8	3.56	8	1.889	2	1.350	4	1.040
2	3.15	1	1.851	8	1.301	1	1.029
10	2.867	3	1.772	2	1.281	2	1.008
2	2.429	6	1.672	2	1.204		

注：数据引自张培善等(1986)。

［**化学成分**］　矿物化学全分析结果列于表 2-4-11 中。

表 2-4-11　内蒙古白云鄂博矿床中氟碳铈矿化学成分分析结果(w_B/%)

样品号	1401(59)(主矿)	东 1592-1(东矿)	B137(东矿)	B100(东矿)	124/62(东矿)	B73-50	理论成分
K_2O	—	0.19	—	—	—	—	
Na_2O	—	0.66	—	—	—	—	
MnO	0.06	—	—	未测	0.07	0.08	
CaO	0.69	0.17	0.14	1.46	3.04	1.68	
MgO	0.31	—	0.50	0.21	0.45	0.32	
SrO	0.21	0.06	0.32	0.19	1.10	0.14	
BaO	—	0.30	0.07	5.40	1.10	—	
Fe_2O_3	0.27	0.25	0.13	0.84	0.42	0.49	
Al_2O_3	0.47	0.01	1.40	0.46	0.96	0.60	
Ce_2O_3	27.16	70.24	37.27	33.74	32.09	34.16	74.77
$(La, Nd\cdots)_2O_3$	47.10	—	37.62	32.55	35.36	36.55	
SiO_2	0.11	—	0.52	0.98	1.10	未测	
TiO_2	0.05		—	0.10	0.06	—	
ThO_2	0.11	1.34	0.28	0.02	0.23	0.21	
Nb_2O_5	—		—	未测	0.02	0.01	
CO_2	16.18	22.12	17.31	17.82	16.76	18.32	20.17
F	7.31	9.76	7.01	6.42	7.49	7.57	8.73
H_2O^+	2.32	未测	未测	1.65	2.19	2.67	
H_2O^-	0.31		0.37	0.37	0.06	0.12	
$-O=F_2$	3.08	4.10	2.95		3.15	3.19	3.67
总计	99.58	101.15	99.99	99.51	99.35	99.72	100.00

注：数据引自张培善等(1986)。

晚期脉中的氟碳酸盐矿物的碳、氧同位素值较低，具有幔源热液结晶的特点。白云岩型矿石中氟碳铈矿 $\delta^{13}C$ 为-1.1‰~-3.4‰，$\delta^{18}O$ 为 8.6‰~12.0‰；萤石型矿石中氟碳铈矿 $\delta^{13}C$ 为-5.2‰~-5.8‰，$\delta^{18}O$ 为 3.6‰~5.5‰。

［**微化反应**］　溶解于各种无机酸中。

［**光谱特征**］　拉曼光谱特征：从激光拉曼光谱(图 2-4-6)可以看出，氟碳铈矿的特征拉曼振动峰为 160 cm^{-1}，253 cm^{-1}，346 cm^{-1}，603 cm^{-1}，733 cm^{-1}，1090 cm^{-1}，1439 cm^{-1}，1740 cm^{-1}。

差热和失重：差热和失重分析结果(图 2-4-7，图 2-4-8)表明，500℃左右 CO_2 逸出，矿物晶格破坏。

(3)山东省兰陵县龙宝山稀土矿床中的氟碳铈矿

［**产地、产状及共(伴)生矿物**］　龙宝山稀土矿位于兰陵县城西北约 15km 处的龙宝山一带。龙

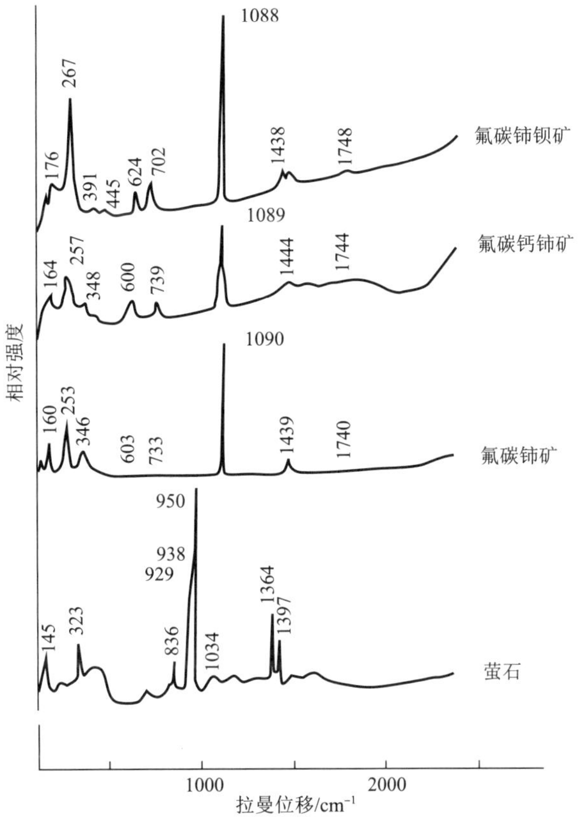

图 2-4-6　白云鄂博典型稀土氟碳酸盐、萤石的激光拉曼光谱

（据范宏瑞等，2003）

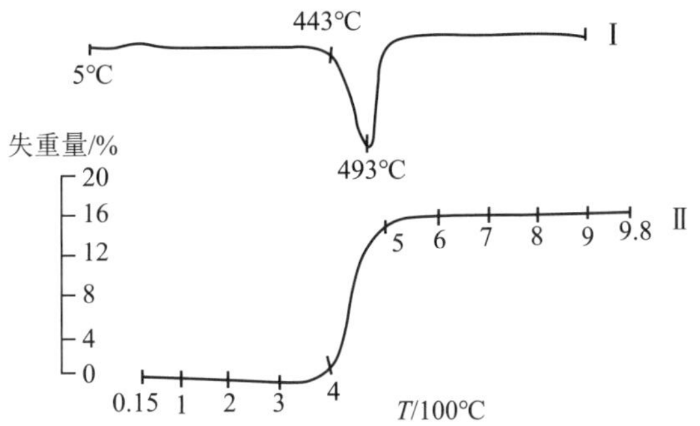

图 2-4-7　氟碳铈矿失重曲线

（张培善等，1986）

宝山矿区共圈定稀土矿体 9 个，矿体总体呈脉状或透镜状产出。稀土矿物有氟碳铈矿、氟碳铈镧矿、氟碳钙铈石及氟碳铈矿氧化物(风化稀土)；其他金属矿物有褐铁矿、磁铁矿、黄铁矿、黄铜矿、方铅矿、闪锌矿及少量自然金、银金矿等。非金属矿物主要有石英、方解石、钾长石、斜长石、辉石、黑云母、萤石、重晶石、角闪石、磷灰石、锆石及榍石等(刘涛等，2009；于学峰等，2010)。

[形貌特征]　多呈自形、半自形柱状及不规则粒状赋存于玉髓集合体中或包裹于石英晶体内，少量分布于石英晶粒间。

[物理性质]　无色，淡黄色，风化后呈黄褐色、黑褐色。玻璃光泽，半透明，性脆，发育[0001]完全解理。

[光学性质]　正高突起，双折光率，高级白干涉色，平行消光。

(4)山东省莱西市塔埠头稀土矿床中的氟碳铈矿

[产地、产状及共(伴)生矿物]　山东莱西市塔埠头稀土矿为一小型伟晶岩型稀土矿床，稀土矿

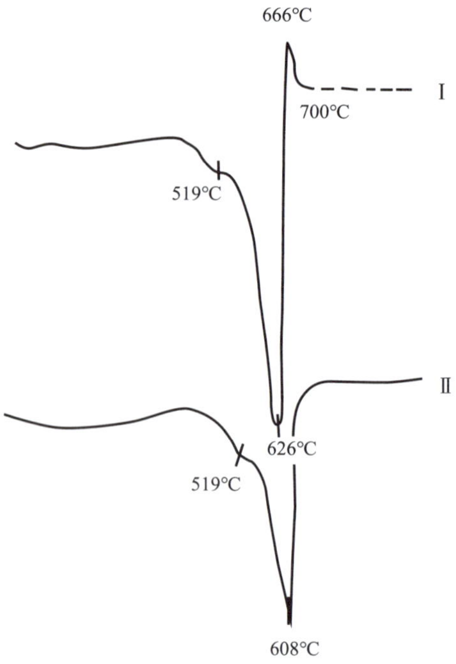

图 2-4-8 氟碳铈矿差热曲线
（张培善等，1986）

体主要赋存于花岗伟晶岩脉及其附近围岩中，远离杂岩体则无矿化现象。氟碳铈矿是花岗伟晶岩中的微量矿物，矿物晶型完好，镜下可以看出氟碳铈矿主要包裹在长石中（图 2-4-9），说明氟碳铈矿的形成与长石十分密切（汪子杰等，2018）。

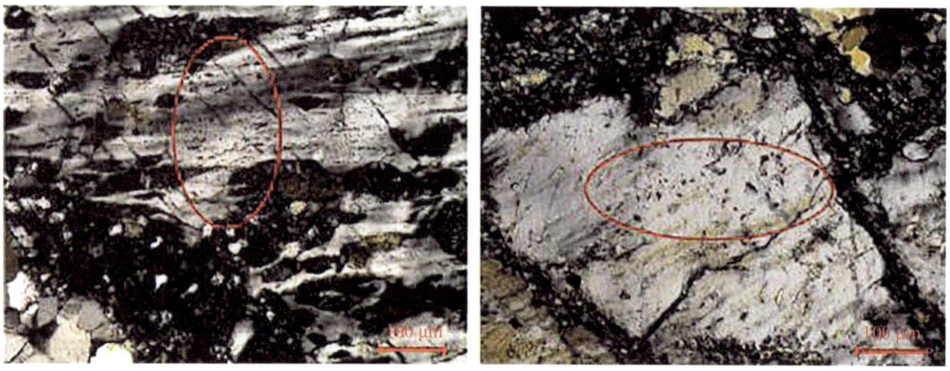

图 2-4-9 氟碳铈矿显微特征
（据汪子杰等，2018）

［形貌特征］ 镜下观察，氟碳铈矿比母岩形成晚，矿物切割斜长石的条纹（图 2-4-10），显示氟碳钵矿出溶于钾长石中（图 2-4-11）。

［形成时代］ 采用单颗粒氟碳铈矿 Th-Pb 定年方法，确定成矿年龄。本矿床 2 个样品的年龄测试结果表明塔埠头稀土矿形成于 128.5±2.0～134.4±1.2 Ma。成矿年龄晚于区域花岗岩的成岩年龄。

（5）山东省微山县郗山稀土矿床中的氟碳铈矿

［产地、产状及共（伴）生矿物］ 微山稀土矿位于山东省枣庄市微山县东南约 18km 的郗山村附近。根据产出特征，矿体可分为单脉状、网脉状和浸染状。矿石矿物复杂多样，包括氟碳铈矿、氟碳钙铈矿、菱钙锶铈矿、独居石、钍石、富铀烧绿石、铈磷灰石、碳酸锶铈矿和碳酸铈钠矿等，主要为氟碳铈矿和氟碳钙铈矿。脉石矿物为石英、萤石、方解石、重晶石、白云石、黄铁矿、黄铜矿、方铅矿、闪锌矿、白云母和钾长石等（蓝廷广等，2011）。

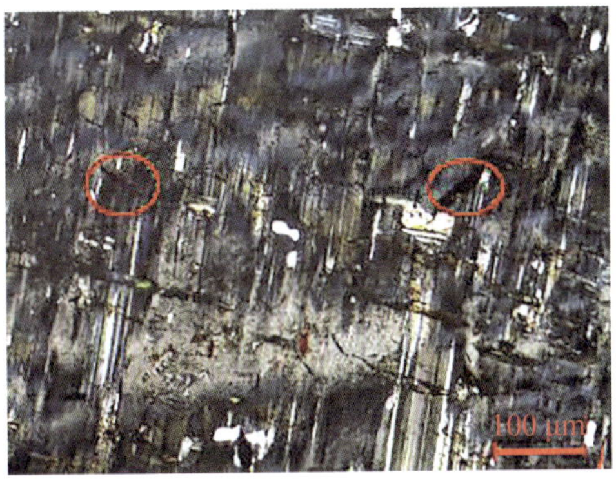

图 2-4-10　氟碳铈矿与斜长石关系显微照片
（据汪子杰等，2018）

图 2-4-11　氟碳铈矿与钾长石关系显微照片
（据汪子杰等，2018）

[化学成分]　对矿区 -160 m 中段 4 号矿脉中的氟碳铈矿的激光原位 Nd 同位素测定结果（表 2-4-12）表明，氟碳铈矿的 $^{143}Nd/^{144}Nd = 0.512032 \sim 0.512101$，$\varepsilon_{Nd}(t) = -9.4 \sim -8.2$，平均值为 -8.8。表明稀土矿的成矿物质与其围岩碱性岩一样，来源于富集地幔。

表 2-4-12　山东微山稀土矿氟碳铈矿激光 Nd 同位素组成

点号	$^{147}Sm/^{144}Nd$	$^{143}Na/^{144}Nd$	2σ	$(^{143}Nd/^{144}Nd)_i$	$\varepsilon_{Nd}(t)$
07SDO09BA（氟碳铈矿）					
01	0.0397	0.512042	0.000026	0.512011	-9.2
02	0.0501	0.512039	0.000027	0.512000	-9.4
03	0.0381	0.512088	0.000027	0.512058	-8.3
04	0.0498	0.512069	0.000024	0.512030	-8.8
05	0.0450	0.512074	0.000029	0.512038	-8.7
06	0.0489	0.512062	0.000031	0.512024	-9.0
07	0.0497	0.512096	0.000029	0.512057	-8.3
08	0.0468	0.512101	0.000030	0.512064	-8.2
09	0.0458	0.512058	0.000022	0.512022	-9.0
10	0.0394	0.512032	0.000028	0.512001	-9.4
11	0.0506	0.512068	0.000027	0.512028	-8.9
12	0.0427	0.512081	0.000026	0.512047	-8.5
13	0.0416	0.512079	0.000024	0.512047	-8.5
14	0.0378	0.512059	0.000026	0.512030	-8.9
15	0.0503	0.512051	0.000022	0.512012	-9.2
16	0.0471	0.512075	0.000028	0.512038	-8.7
17	0.0495	0.512092	0.000026	0.512054	-8.4
18	0.0479	0.512062	0.000025	0.512025	-9.0
19	0.0385	0.512077	0.000029	0.512047	-8.5
20	0.0476	0.512053	0.000025	0.512015	-9.1
21	0.0379	0.512054	0.000028	0.512025	-9.0
22	0.0504	0.512087	0.000028	0.512047	-8.5
23	0.0420	0.512089	0.000027	0.512056	-8.3
24	0.0425	0.512053	0.000026	0.512020	-9.0
25	0.0502	0.512090	0.000027	0.512050	-8.5
26	0.0513	0.512051	0.000022	0.512011	-9.2

注：数据引自蓝廷广等（2011）。以 120 Ma 计算 ε_{Nd}。

（6）四川省昌北 M 稀土矿床中的氟碳铈矿

[产地、产状及共（伴）生矿物]　昌北 M 稀土矿是我国西南地区唯一的大型轻稀土矿床。昌北 M

稀土矿是属于霓石碱性花岗岩及其派生的碱性岩脉(以伟晶岩为主)-碳酸岩脉型多金属稀土矿床新类型。矿石中90%左右的REE是以稀土独立矿物形式产出，其中氟碳铈矿占稀土矿物总量的80%~97%以上，其他为少量到微量的硅钛铈矿、氟碳钙铈矿、方铈矿、易解石、褐帘石、独居石、稀土榍石、贝塔石和稀土磷灰石、磷钇矿、变种锆石(施泽民，1992)。

[**化学成分**] 本区氟碳铈矿的稀土配分值和特征值见表2-4-13。可见其稀土配分均属Ce>La>Nd的富LREE的强选择配分型，稀土配分型式如图2-4-12。由此可知，不同矿石类型中氟碳铈矿的稀土含量、特征值和配分值有一定的差异。如碳酸岩型矿石REO含量比碱性伟晶岩型矿石低2%以上，La_2O_3 配分值约降低8%~10%，而中重稀土配分值则有所提高，LREO/HREO=86~107，LREO/∑REO在98.85%~99.07%之间，Eu_2O_3 配分值0.156%~0.187%，Y配分值0.259%~0.373%，比碱性伟晶岩型矿石高出一倍左右。碱性伟晶岩型矿石的LREO/HREO=184~219，LREO/∑REO高达99.46%~99.54%，Eu_2O_3 和 Y_2O_3 配分值低，分别为0.070%~0.099%和0.101%~0.156%。

表2-4-13 氟碳铈矿的稀土配分值(以∑REE=100%计)

矿物名称	氟碳铈矿							
产地	四川昌北M					白云鄂博	湖北庙垭	美国帕斯山
矿石类型	碱性伟晶岩型			碳酸岩型			碳酸岩型	碳酸岩型
顺序号	1	2	3	4	5	6	7	8
La_2O_3	37.92	10.27	38.32	28.78	32.33	25.18	33.85	34
Ce_2O_3	47.12	16.31	17.03	50.71	18.11	52.28	48.98	50
Pr_6O_{11}	3.28	3.16	3.27	1.20	4.92	5.80	4.49	4
Nd_2O_3	10.15	9.00	9.92	3.88	11.80	14.77	10.44	11
Sm_2O_3	0.88	0.71	0.87	1.32	1.23	1.08	0.85	0.5
Eu_2O_3	0.099	0.070	0.095	0.187	0.156	0.205	0.37	0.1
Gd_2O_3	0.221	0.204	0.209	0.319	0.532	0.308	0.16	0.2
Tb_4O_7	0.045	0.041	0.041	0.056	0.136	0.205	0.18	—
Dy_2O_3	0.060	0.054	0.055	0.097	0.112	—	0.10	—
Ho_2O_3	0.015	0.013	0.013	0.025	0.026	—	0.08	—
Er_2O_3	0.026	0.025	0.025	0.037	0.042	—	0.02	—
Tm_2O_3	0.007	0.004	0.004	0.007	0.022	—	0.04	—
Yb_2O_3	0.009	0.009	0.009	0.015	0.015	—	0.04	—
Lu_2O_3	0.001	0.001	0.001	0.001	0.001	—	0.16	—
Y_2O_3	0.156	0.101	0.132	0.373	0.259	0.161	0.24	—
∑REO/%	75.528	75.558	75.684	73.275	73.304	68.23	76.80	
$\frac{LREO}{HREO}$	184	219	202	107	86	147	97	
$\frac{LERO}{\sum REO}$/%	99.46	99.54	99.51	99.07	98.85	99.32	98.98	
$\frac{Ce_2O_3}{\sum REO}$/%	47.12	16.34	47.03	50.71	18.1	52.28	18.98	

注：数据引自施泽民(1992)。

(7)四川省德昌县大陆槽稀土矿床中的氟碳铈矿

大陆槽稀土矿床位于川西冕宁-德昌稀土矿带，是该矿带中规模仅次于牦牛坪矿床的大型碳酸岩稀土矿床，围岩为元古宙石英闪长岩，含矿主岩为新生代碳酸岩-正长岩杂岩体。主要稀土矿物氟碳铈矿粒度较粗，可选冶。按矿物共生组合，矿脉可分为3类：氟碳铈矿-霓辉石-萤石-锶重晶石大脉；氟碳铈矿-霓辉石-萤石-钡天青石大脉；氟碳铈-锶重晶石-方解石碳酸岩脉。在矿脉和紧邻矿脉的围岩中，氟碳铈矿呈板柱状晶体、粒状晶体，常与锶重晶石-钡天青石系列矿物、萤石、霓辉石、方解石等共生(李小渝，2005)。

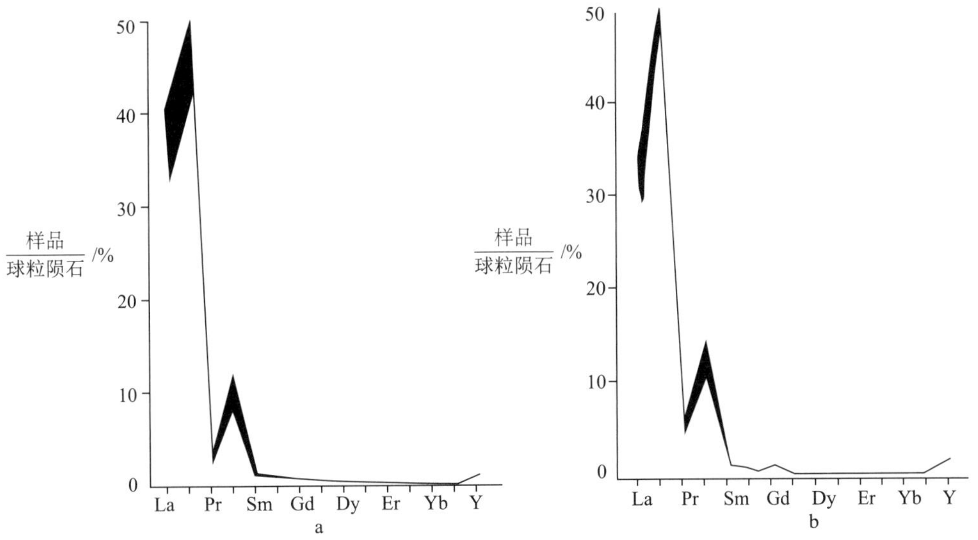

图 2-4-12　四川昌北 M 稀土矿床氟碳铈矿的稀土配分型式

（据施泽民，1992）

a—碱性伟晶岩型稀土矿石；b—碳酸岩型稀土矿石

(8)四川省冕宁县牦牛坪稀土矿床中的氟碳铈矿

[产地、产状及共(伴)生矿物]　氟碳铈矿是四川牦牛坪大型稀土矿床中最主要的工业稀土矿物，占稀土矿物总量的 76%~92%。它广泛分布于碱性花岗岩及其派生的碱性伟晶岩、碳酸岩等脉岩中，呈浸染状、团块状、斑块状、斑点状及单一的氟碳铈矿细脉产出，构成多种稀土矿石类型。在碱性伟晶岩脉中相对富集，有的全脉矿化或富集于大脉的中上侧，氟碳铈矿含量可高达 50%以上，形成特富稀土矿石。与氟碳铈矿共生的主要矿物有重晶石、天青石、霓辉石、霓石、萤石、方解石、碱性长石、石英、氟碳钙铈矿、硅钛铈矿、方铈矿、易解石、钍石、贝塔石、独居石、榍石、锆石、方铅矿、闪锌矿、黄铁矿等(施泽民等，1993；王鲜华等，1996)。

[形貌特征]　常呈六方自形-半自形板状(0001)，亦呈柱状和他形粒状，粒度变化大，<0.01 mm 至 50 mm，大多数在 0.1~10 mm 之间，伟晶状者可达 15 cm。产于碱性伟晶岩型矿石中者粒度粗大，个别巨晶在 50 cm×15 cm×10 cm 以上。

[晶体结构]　对氟碳铈矿进行 X 射线衍射分析，粉末衍射图进行指标化后，求得其晶胞参数列于表 2-4-14。表明本区氟碳铈矿的晶胞参数是比较稳定的，受成矿环境的影响很小。对矿物进行热重分析、红外光谱分析和 X 射线衍射分析，其晶胞参数 a、b 为 0.71149~0.71399 nm，c 为 0.97620~0.97829 nm，c/a 为 1.3698~1.3714，V 为 0.42795~0.43189 nm^3。

表 2-4-14　氟碳铈矿的晶胞参数

产地	矿石类型	样号	a、b/nm	c/nm	c/a	V/nm^3
四川牦牛坪	碱性伟晶岩型	AK2	0.71308	0.97761	1.3703	0.43050
		Mo5	0.70925	0.95835	1.3512	0.41748
		AK13	0.71350	0.97763	1.3702	0.43101
		AK5	0.71243	0.97627	1.3703	0.42911
	碳酸岩型	AK14	0.71399	0.97829	1.3702	0.43189
		AK9	0.71149	0.97620	1.3721	0.42795
		AK10	0.71229	0.97569	1.3698	0.42869
	碱性花岗岩型	AK1	0.71310	0.97795	1.3714	0.43068
白云鄂博			0.71358	0.98279	1.3773	0.43339

注：数据引自施泽民等(1993)。

［**主要粉晶衍射数据**］ 5 个半自形柱状到短柱状氟碳铈矿晶体的 X 射线苷多菲照相分析数据与晶胞参数见表 2-4-15。

表 2-4-15　氟碳铈矿的 X 射普多菲照相分析数据与晶体参数计算结果

样号		ZK310D		ZK311D		ZK332 附近(1)		ZK332 附近(2)		TC272	
曝光时间/h		6		2		5.5		5		4	
序号	*hkl*	*I*	*d*/Å	*I*	*d*/Å	*I*	*d*/Å	*I*	*d*/Å	*I*	*d*/Å
1	002			5	4.81	3	4.81			3	4.78
2	110	5	3.54	4	3.53	5	3.54	6	3.52	5	3.52
3	112	8	2.86	7	2.87	6	2.87	7	2.85	6	2.85
4	004			2	2.43	4	2.41	2	2.42	1	2.41
5	104	2	2.27			1	2.28	3	2.27	1	2.27
6	300	9	2.05	3	2.05	10	2.05	10	2.05	7	2.04
7	114	4	2.01	10	2.01	9	2.01	5	2.00	10	2.00
8	302	10	1.889	5	1.889	6	1.892	9	1.889	6	1.889
9	220	4	1.776			5	1.777	5	1.774	3	1.772
10	222	8	1.670	1.668	8	1.673	8	1.668	5	1.668	
11	304	4	1.568	4	1.570	5	1.571	4	1.567	4	1.568
12	116	2	1.476	6	1.477	5	1.478	1	1.473	4	1.474
13	224	6	1.436	3	1.435	6	1.439	6	1.436	4	1.435
14	410	5	1.346			4	1.347	5	1.346	2	1.344
15	412	9	1.297	3	1.296	8	1.229	9	1.297	5	1.296
16	306	2	1.276	3	1.273	4	1.278	2	1.276	3	1.275
17	226	1	1.201			2	1.203	2	1.200	2	1.202
18	330	2	1.188			1	1.191	1	1.187		
19	414	2	1.179			3	1.178	3	1.180	3	1.179
20	118/332	5	1.153			4	1.157	4	1.154	4	1.153
21	334							4	1.067		
22	308			3	1.050	3	1.049	2	1.019		
23	416	2	1.036	1	1.037	4	1.038	2	1.037	3	1.037
24	600	1	1.028								
25	228/602	3	1.006	3	1.006	4	1.008	4	1.006	3	1.007
26	520	2	0.9882			3	0.9885	4	0.9825		
27	522	4	0.9691	1	0.9680	4	0.9697	3	0.9588	3	0.9699
28	524	3	0.9166			4	0.9172	4	0.9166	2	0.9168
29	418	2	0.9055	4	0.9054	4	0.9058	3	0.9644	3	0.9055
30	419	4	0.8455	4	0.8461	4	0.8465	3	0.8462	2	0.8465
31	444	3	0.8377			2	0.8389	2	0.8380		
32	624					3	0.8055	4	0.8072	1	4.8073
晶胞参数	a/Å	7.120(2)		7.132(9)		7.123(2)		7.122(1)		7.134(2)	
	c/Å	9.765(5)		9.800(1)		9.789(5)		9.743(6)		9.796(14)	
	c'''/Å	4.878		4.900		4.894		4.872		4.898	
	V/Å^3	428.3(3)		431.7(1)		430.1(2)		428.0(2)		431.8(4)	

注：数据引自王鲜华等(1996)。

［**物理性质**］ 主要为淡黄色、蜡黄色，次为淡褐黄、棕褐、绿黄等色；条痕无色-淡黄白色；透明；油脂-玻璃光泽；性脆。发育{$10\bar{1}0$}不完全解理，参差状断口，在受力作用下晶体一般沿平行

{0001}方向裂开，摩氏硬度4.3~4.5，实测密度4.909~5.051 g/cm³。具弱电磁性。

[光学性质] 薄片中呈无色、淡黄色、淡褐色，高级白干涉色，浸油下观察为正极高突起，N_e 的突起明显高于 N_o，具有闪突起的特点。一轴正晶。折光率 N_o = 1.7190~1.738。

[化学成分]

主量元素特征：氟碳铈矿的主要组分是∑REO、CO_2 和 F，其次有少量 SiO_2、ThO_2、CaO 及 H_2O^+。本矿区氟碳铈矿的化学成分与白云鄂博、山东微山产出者相比，ThO_2、F、CO_2 明显偏低，而∑REO 较高。与湖北竹山产出者比较接近(表2-4-16)。

表2-4-16 氟碳铈矿的化学分析结果(w_B/%)及其比较

产地	四川牦牛坪					湖北竹山	山东微山	白云鄂博
矿石类型	碱性伟晶岩型			碳酸岩型	碱性花岗岩型	碳酸岩型		钠辉石型
样号	AK2	Mo5	AK13	AK14	AK1			东1592-1
顺序号	1	2	3	4	5	6	7	8
SiO_2	0.25	1.10	0.50	2.35	0.55		0.13	
TiO_2	0.00	0.05	0.05	0.00	0.05			
ThO_2	0.24	0.19	0.41	0.20	0.43	0.49	0.674	1.34
Fe_2O_3	0.03	0.07	0.03	0.06	0.07		0.08	0.25
Al_2O_3	0.00	0.00	0.00	0.00	0.00		0.02	0.01
∑REO	77.66	76.81	76.74	74.40	77.02	76.80	71.04	70.24
CaO	0.56	0.67	0.78	2.47	0.50	0.14	1.87	0.17
BaO	0.00	0.00	0.00	0.00	0.00			0.30
SrO	0.06	0.06	0.06	0.06	0.06			0.06
K_2O	0.03	0.00	0.00	0.03	0.00		0.006	0.19
Na_2O	0.02	0.02	0.02	0.02	0.02		0.02	0.66
CO_2	16.40	15.90	16.20	14.90	15.80	14.16	18.99	22.12
P_2O_5	0.03	0.14	0.03	0.24	0.17		0.42	0.15
Nb_2O_5	0.007	0.007	0.007	0.007	0.007			
S	0.015	0.035	0.01	0.057	0.057			
H_2O^+	0.25	0.20	0.45	0.50	0.25		2.52	
H_2O^-	0.024	0.026	0.028	0.01	0.037			
F	6.40	6.60	6.50	5.90	6.90	9.45	7.23	9.76
$-O=F_2$	-2.69	-2.78	-2.74	-2.48	-2.90	-3.98	-3.04	-4.11
合计	99.29	99.10	99.08	98.72	99.02	97.06	99.96	101.14

注：数据引自施泽民等(1993)。

经计算，本区氟碳铈矿的晶体化学式与氟碳铈矿的理论晶体化学式基本一致。

AK2：$(Ce_{0.58}La_{0.48}Pr_{\Sigma 0.04}Nd_{0.12}Sm_{0.01})_{\Sigma 1.23}CO_3(F_{0.89}OH_{0.07})_{\Sigma 0.96}$；

Mo5：$(Ce_{0.54}La_{0.47}Pr_{\Sigma 0.04}Nd_{0.12}Sm_{0.01})_{\Sigma 1.18}CO_3(F_{0.90}OH_{0.06})_{\Sigma 0.96}$；

AK13：$(Ce_{0.56}La_{0.47}Pr_{\Sigma 0.04}Nd_{0.11}Sm_{0.01})_{\Sigma 1.20}CO_3(F_{0.89}OH_{0.13})_{\Sigma 1.02}$；

AK14：$(Ce_{0.54}La_{0.47}Pr_{\Sigma 0.04}Nd_{0.11}Sm_{0.01})_{\Sigma 1.17}CO_3(F_{0.81}OH_{0.14})_{\Sigma 0.95}$；

AK1：$(Ce_{0.61}La_{0.46}Pr_{0.01}Nd_{0.13}Sm_{0.01})_{\Sigma 1.25}CO_3(F_{0.98}OH_{0.08})_{\Sigma 1.06}$。

稀土元素特征：从表2-4-17可以看出，本矿区氟碳铈矿的稀土配分属富∑Ce的强选择配分型，ΣCe_2O_3 占稀土总量的99%以上，$Ce_2O_3 > La_2O_3 > Nd_2O_3$。不同矿石类型中氟碳铈矿的稀土配分和特征值变化大，如 ΣCe_2O_3 99.489%~99.603%，ΣY_2O_3 0.397%~0.540%，$\Sigma Ce_2O_3/\Sigma Y_2O_3$ =

184~251，Eu_2O_3 0.073%~0.110%，Y_2O_3 0.092%~0.156%。与白云鄂博产出者相比，ΣREO 含量和 La_2O_3 配分值较高，而 Ce_2O_3、Pr_2O_3，Nd_2O_3 Eu_2O_3 等的配分值低，如本区 Eu_2O_3 平均为 0.089%左右，而白云鄂博产出者为 0.21%。与湖北竹山、山东微山产出者相比，除 Eu_2O_3 偏低外，其他组分基本接近。

牦牛坪稀土矿床风化强烈，氟碳铈矿在氧化带不稳定，稀土元素发生活化、分馏，致使稀土配分关系重新调整。其新鲜、半风化和风化氟碳铈矿的稀土配分值见表 2-4-17。由表 2-4-18 可知，随氟碳铈矿风化程度由弱到强，ΣREO 含量和 LREO 配分值略降低，MREO 和 HREO 配分值略增高，其中碱性伟晶岩型中 HREO 变化稍大，而碳酸岩型中却 MREO 变化稍大，但变化幅度都较小。

表 2-4-17　氟碳铈矿的稀土配分值(w_B/%)

产地	四川牦牛坪					湖北竹山	山东微山	白云鄂博
矿石类型	碱性伟晶岩型			碳酸岩型	碱性花岗岩型	碳酸岩型		钠辉石型
样号	AK2	Mo5	AK13	AK14	AK1			东 1592-1
顺序号	1	2	3	4	5	6	7	8
La_2O_3	38.644	37.923	40.102	39.820	36.308	33.85	35.46	25.18
Ce_2O_3	47.184	47.125	46.336	46.043	47.808	48.98	47.76	52.28
Pr_2O_3	3.217	3.278	3.522	3.587	3.519	4.49	3.95	5.80
Nd_2O_3	9.614	10.154	9.000	9.413	10.794	10.44	10.90	14.47
Sm_2O_3	0.784	0.879	0.571	0.597	0.949	0.85	0.79	1.08
Eu_2O_3	0.079	0.099	0.073	0.082	0.110	0.37	0.13	0.21
Gd_2O_3	0.226	0.221	0.157	0.186	0.212	0.16	0.20	0.31
Tb_4O_7	0.041	0.045	0.057	0.057	0.042	0.18	0.01	0.21
Dy_2O_3	0.053	0.060	0.040	0.044	0.060	0.10		
Ho_2O_3	0.014	0.15	0.012	0.014	0.016	0.08		
Er_2O_3	0.025	0.026	0.019	0.021	0.029	0.02		
Tm_2O_3	0.004	0.007	0.013	0.014	0.004	0.04		
Yb_2O_3	0.009	0.009	0.005	0.006	0.009	0.04	0.03	
Lu_2O_3	0.001	0.001	0.001	0.001	0.001	0.16		
Y_2O_3	0.105	0.156	0.092	0.115	0.138	0.24	0.76	0.16
ΣCe_2O_3	99.521	99.460	99.603	99.542	99.489	98.97	98.99	99.32
ΣY_2O_3	0.479	0.540	0.397	0.458	0.511	1.02	1.00	0.68
$\frac{\Sigma Ce_2O_3}{\Sigma Y_2O_3}$	208	184	251	217	195	97	99	146
LREO	98.659	98.481	98.960	98.860	98.430	97.76	98.07	98.03
MREO	1.197	1.319	0.909	0.983	1.389	1.74	1.13	1.81
HREO	0.145	0.200	0.130	0.157	0.181	0.50	0.79	0.16
ΣTSE	0.139	0.167	0.156	0.168	0.173	0.83	0.14	0.42

注：以ΣREO=100%计；数据引自施泽民等(1993)。

［**光谱特征**］　热重分析曲线如图 2-4-13 所示，可以看出，氟碳铈矿的失重始温在 375~400℃，失重终温在 538~622℃，失重比 17.65~18.77。氟碳铈矿的热分解过程为 $3CeCO_3F+O=2CeO_2+CeF_3+CO_2\uparrow$，当加热到失重峰温时氟碳铈矿的结构已遭破坏，放出 CO_2，并转变为方铈矿(CeO_2)和氟铈矿(CeF_3)。按差热分析，氟碳铈矿结构破坏时的失重主要是 CO_2 逸出所致。在加热过程中，氟碳铈矿

的颜色逐渐发生变化，由常温下的淡黄色、蜡黄色，到600℃时呈黄白色-黄灰色，900℃时呈暗紫色。

表2-4-18　四川牦牛坪稀土矿床不同风化程度氟碳铈矿的稀土配分值(w_B/%)

矿石类型	碱性伟晶岩型			碳酸岩型		
样号	AK13-1	AL13-2	AK13-3	AK14-1	AK14-2	AK14-3
风化程度	新鲜	半风化	风化	新鲜	半风化	风化
La_2O_3	40.10	39.17	37.79	39.82	38.88	33.06
Ce_2O_3	46.34	46.30	46.79	46.04	48.68	49.16
Pr_6O_{11}	3.52	3.62	3.81	3.59	3.66	4.32
Nd_2O_3	9.00	9.78	10.37	9.41	9.61	11.88
Sm_2O_3	0.57	0.61	0.65	0.60	0.61	0.77
Eu_2O_3	0.073	0.078	0.091	0.082	0.085	0.124
Gd_2O_3	0.157	0.177	0.215	0.186	0.201	0.318
Tb_4O_7	0.057	0.059	0.059	0.057	0.060	0.064
Dy_2O_3	0.040	0.054	0.047	0.044	0.048	0.059
Ho_2O_3	0.012	0.014	0.015	0.014	0.014	0.018
Er_2O_3	0.019	0.020	0.023	0.021	0.023	0.028
Tm_2O_3	0.013	0.015	0.015	0.014	0.014	0.015
Yb_2O_3	0.003	0.005	0.006	0.006	0.006	0.007
Lu_2O_3	0.001	0.001	0.001	0.001	0.001	0.002
Y_2O_3	0.092	0.101	0.117	0.115	0.118	0.170
$\sum Ce_2O_3$	99.603	99.558	99.521	99.542	99.525	99.314
$\sum Y_2O_3$	0.396	0.446	0.498	0.458	0.485	0.681
LREO	98.96	98.87	98.76	98.86	98.83	38.42
MREO	0.909	0.992	1.087	0.983	1.018	1.353
HREO	0.130	0.142	0.162	0.157	0.162	0.222
$\sum$REO	74.111	73.449	74.451	70.542	70.580	60.616

注：数据引自施泽民等(1993)。

氟碳铈矿的红外吸收光谱曲线见图2-4-14。其典型波数是1450 cm^{-1}、1100 cm^{-1}、875 cm^{-1}和745 cm^{-1}。整个谱带轮廓、相对强度及频率与已知氟碳铈矿红外吸收光谱曲线相吻合。

(9)四川省冕宁县木洛稀土矿床中的氟碳铈矿

[产地、产状及共(伴)生矿物]　木洛稀土矿床位于四川省凉山彝族自治州冕宁县境内，与牦牛坪、羊房沟稀土矿、大陆槽等大中型稀土矿床，以及其他一些矿化点构成了攀西地区一条十分重要的南北向展布的攀西稀土成矿带。主要稀土矿物有氟碳铈矿、氟碳铈镧矿、少量氟碳钙铈矿。氟碳铈矿为本矿床单一的主要工业矿物，其他矿物微量。氟碳铈矿常与萤石、重晶石、方解石等共生(田世洪等，2005；周家云等，2006)。

[形貌特征]　呈自形板状或粒状，粒度一般为0.1~1.0 mm。

[化学成分]　$\delta D_{V\text{-}SMOW}$值为-63‰~-86‰，平均为-71‰。

(10)四川省冕宁县箐水沟稀土矿床中的氟碳铈矿

[产地、产状及共(伴)生矿物]　箐水沟稀土矿位于扬子准地台西缘川滇南北向构造带北段。Ⅰ号稀土矿体赋存于喜马拉雅期碱性杂岩与下二叠统大理岩接触的断层破碎蚀变带中，走向近南北向展布。Ⅱ号稀土矿体赋存于喜马拉雅期碱性杂岩与下二叠统大理岩接触的断层破碎蚀变带中，位于Ⅰ号稀土矿体东侧，走向近南北向展布。矿石矿物主要为氟碳铈矿，少量氟碳铈钙矿、硅钛铈矿及方铈石

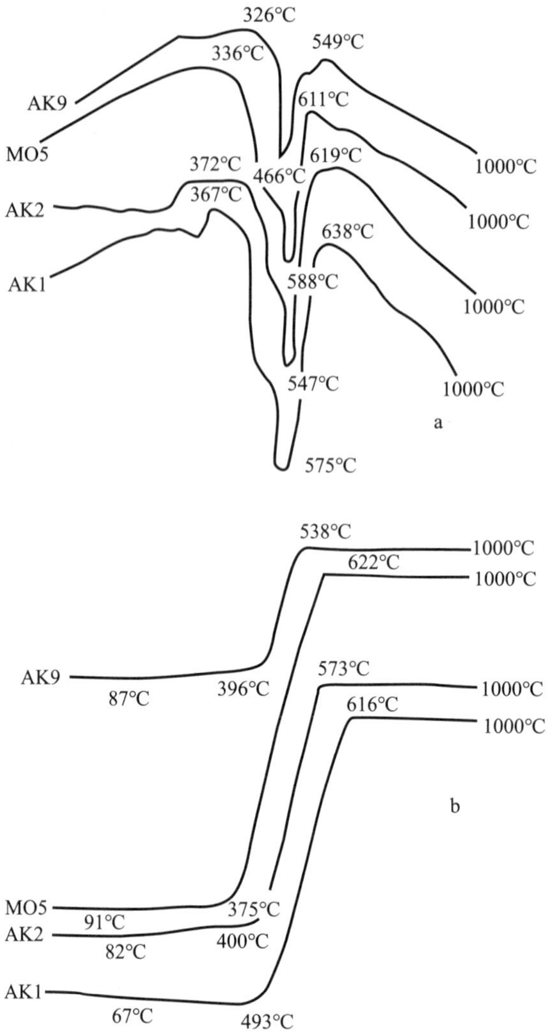

图 2-4-13　氟碳铈矿的热分析曲线

（据施泽民等，1993）

a—差热曲线；b—失重曲线

等，一般为 1%~5%，脉石矿物有方解石、重晶石、萤石、霓辉石、钠长石、石英、长石等（宋绍华等，2013）。

［结晶形态］　晶形呈长柱状、板柱状、柱粒状无规则相间集体分布于霓辉石、长石、石英、重晶石、萤石等矿物粒间，呈自形-半形晶产出，粒径以 0.1~10 mm 为主，部分达 10~18 mm，0.22~1 mm 者少数。

［物理性质］　浅蜡黄色及蜡黄，玻璃光泽，菱形解理发育，比重大。

四、氟碳镧石（Bastnäsite-（La））

1. 氟碳镧石的一般特征

［产地、产状及共（伴）生矿物］　在俄罗斯 Belaya Zima 稀土-铌矿床中产于晚期铁白云石碳酸盐岩内；在尼日利亚 Odegi 附近也有发现，其共（伴）生矿物有氟铈矿和方铈矿（Vainshtein et al.，1961；Styles et al.，1983）。

［形貌特征］　细粒块状。

［晶体结构］　六方晶系；$P\bar{6}2c$。晶胞参数未测。

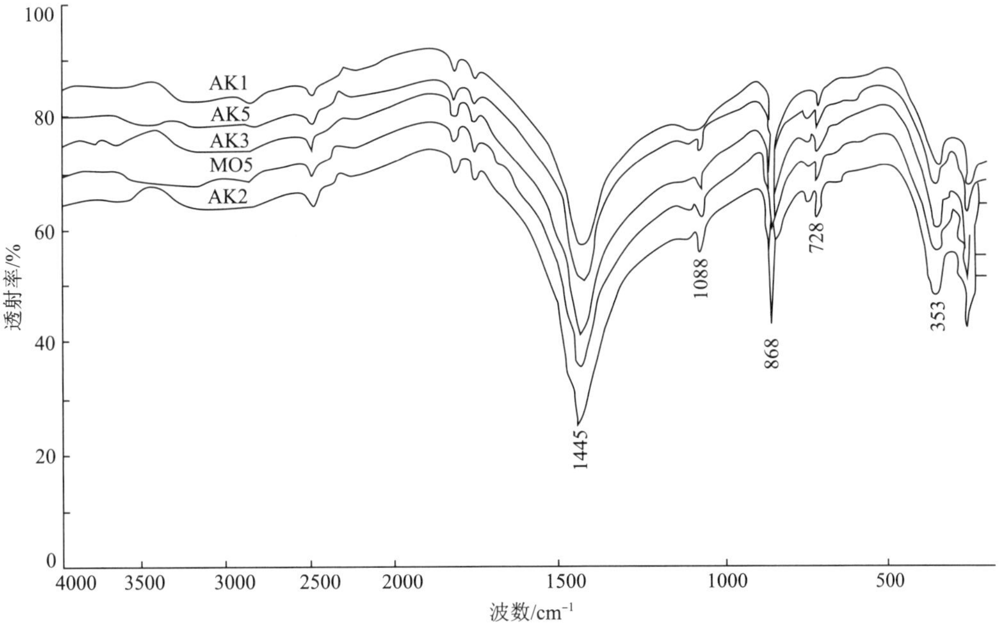

图 2-4-14　氟碳铈矿的红外吸收光谱曲线

（据施泽民等，1993）

［主要粉晶衍射数据］　可能与氟碳铈矿几乎一致。

［物理性质］　黑棕色；半透明。摩氏硬度 H=4~4.5。密度未测且未计算。

［光学性质］　一轴正晶。折光率 ω=1.717，ε=1.818。

［化学成分］　理想化学式为 $La(CO_3)F$。人工合成样品的化学组成（w_B/%）为：Ce_2O_3 37.55，La_2O_3 37.28，CO_2 20.14，F 8.69，$-O=F_2$ 3.66，合计 100.00（La：Ce=1：1）。产于俄罗斯 Belaya Zima 的样品部分化学组成（w_B/%）为：Ce_2O_3 n.d.（未测），La_2O_3 55.04，CO_2n.d.（未测），Pr_2O_3 4.35，Nd_2O_3 11.49，Sm_2O_3 n.d.（未测），CaO 1.72，F n.d.（未测），$-O=F_2$ n.d.（未测），H_2O n.d.（未测）；相应的化学式为 $(La_{0.71}Nd_{0.14}Ca_{0.09}Pr_{0.06})_{\Sigma 1.00}(CO_3)F$。

［与其他矿物种的关系］　有 4H、6R、3R 共 3 种多型；属于氟碳铈矿族；与氟碳铈矿呈类质同象；与羟氟碳镧石成系列。

2. 在中国的产出情况

目前中国尚未发现氟碳镧石。

五、氟碳钕石（Bastnäsite-（Nd））

1. 氟碳钕石的一般特征

［产地、产状及共（伴）生矿物］　发现于挪威 Nordland 的 Stetind 伟晶岩中，该伟晶岩系花岗片麻岩中的石英-微斜长石 Nb-Y-F 伟晶岩，其中的富钇萤石透镜体内含有氟碳铈矿、氟碳钕石呈带状分布在氟碳铈矿晶体的外部。共（伴）生矿物包括氟碳铈矿、硅铈石、羟氧硅钇石、碳钙钕石、羟碳钕石和羟硅铝钇石（Miyawaki et al.，2013）。

［形貌特征］　呈带状，最大粒径至 20 μm，附着于氟碳铈矿晶体的外部。

［晶体结构］　六方晶系；$P\bar{6}_2c$。晶胞参数为 a=7.0792(13) Å，c=9.721(2) Å；Z=6。

［主要粉晶衍射数据 d/Å（I）］　2.86（100），4.86（71），3.54（70），2.00（48），2.04（31），1.883（29），2.43（22）（样品来自挪威 Stetind 伟晶岩）。

［物理性质］　浅紫粉色-无色；条痕白色。不透明。玻璃、油脂或珍珠光泽。发育{$10\bar{1}0$}不完全

解理；不平坦状断口。性脆。摩氏硬度 $H=4\sim4.5$。密度 $D_{计算}=5.23\ g/cm^3$。

［光学性质］ 折光率 $n_{计算}=1.76$。

［化学成分］ 理想化学式为 $Nd(CO_3)F$。产于挪威 Stetind 伟晶岩中样品的化学分析结果（$w_B/\%$）如下：Y_2O_3 0.19，La_2O_3 18.64，Ce_2O_3 18.64，Pr_2O_3 6.41，Nd_2O_3 26.86，Sm_2O_3 2.95，Gd_2O_3 1.30，Dy_2O_3 0.07，F 8.98，CO_2［19.92］，$-O=F_2$ 3.78，合计 100.18；相应的化学式为 $(Nd_{0.353}La_{0.253}Ce_{0.251}Pr_{0.086}Sm_{0.037}Gd_{0.016}Y_{0.004}Dy_{0.001})_{\Sigma1.001}CO_{2.978}F_{1.044}$。

［与其他矿物种的关系］ 属于氟碳铈矿族；与羟碳钕石呈类质同象。

2. 在中国的产出情况

目前中国尚未发现氟碳钕石。

六、氟碳钇石（Bastnäsite-(Y)）

1. 氟碳钇石的一般特征

［产地、产状及共（伴）生矿物］ 产于微斜长石-石英伟晶岩脉中的一种稀有次要矿物，发现于哈萨克斯坦 Verkhne-Espe 碱性岩体中。其共（伴）生矿物有氟钙钠钇石、萤石、微斜长石、赤铁矿和石英（Mineev et al.，1970；Pekov，1998）。

［形貌特征］ 不规则颗粒，最大粒径至 4 μm，集合体呈致密的氟钙钠钇石假晶。

［晶体结构］ 六方晶系；$P\bar{6}_2c$。晶胞参数为 $a=6.57(20)$ Å，$c=9.48(2)$ Å；$Z=6$。

［主要粉晶衍射数据 d/Å(I)］ 2.78(10)，1.948(10)，3.43(7.5)，1.976(7.5)，1.822(7.5)，1.260(5)，1.608(4)（产自哈萨克斯坦）。

［物理性质］ 砖红-深红色，半透明。摩氏硬度 $H=4\sim4.5$。密度 $D_{测量}=3.9\sim4.0\ g/cm^3$。

［光学性质］ 在透射光下为浅棕色。一轴正晶。折光率 $n=1.66\sim1.67$。

［化学成分］ 理想化学式为 $Y(CO_3)F$。产于哈萨克斯坦 Verkhne-Espe 的样品化学组成见表 2-4-19；相应的化学式为 $[(Y_{0.36}Dy_{0.10}Er_{0.07}RE_{0.37})_{\Sigma0.90}Ca_{0.09}Th_{0.01}]_{\Sigma1.00}(CO_3)_{1.00}[F_{0.73}(OH)_{0.19}]_{\Sigma0.92}$。

表 2-4-19 氟碳钇石的化学组成（$w_B/\%$）

产地/成分	CO_2	SiO_2	ThO_2	RE_2O_3	Al_2O_3	Fe_2O_3	CaO	K_2O	F	H_2O^+	H_2O^-	$-O=F_2$	总计
哈萨克斯坦	18.99	3	0.72	60	0.4	3.3	4.09	0.4	7.28	0.74	4.36	3.1	100.18

［与其他矿物种的关系］ 属于氟碳铈矿族；与氟碳铈矿、氟碳镧石呈类质同象。

2. 在中国的产出情况

中国内蒙古白云鄂博矿床似有氟碳钇石产出（Pekov，1998），最近有关于中国广东省玉水铜矿床中发现有氟碳钇石的报道（Liu P et al.，2024），但均无相应的研究数据。此外未发现其他产地。

七、羟碳铈石（Hydroxylbastnäsite-(Ce)）

1. 羟碳铈石的一般特征

［产地、产状及共（伴）生矿物］ 发现于俄罗斯科拉半岛 Vuoriyarvi 碱性超基性岩体辉石岩的方解石-白云石碳酸盐岩脉中；在日本 Kamihori 发现产于条纹长石伟晶岩晶洞中；在加拿大 Desmont 矿床则产于大理岩岩脉和透镜体中。分别对应的共（伴）生矿物是 重晶石、菱锶矿、菱锶铈矿、萤石、磁黄铁矿、黄铁矿、黄铜矿、磁铁矿、锐钛矿、独居石、黄碳锶钠石和石英；绿柱石、锆石、菱钇矿、褐帘石、褐钇铌矿、硅铍钇矿和钛铁矿；硅硼钙石、方解石、磷灰石、榍石、钍石、方钍石、铀钍矿、方柱石和电气石（Kirillov，1964，1966；Minakawa et al.，1992；Sabina，1982；Pekov，1998；Yang H et al.，2008）。

［形貌特征］ 晶体呈板状{0001}、{1120}，最大粒径至 0.5 mm，或呈粒状-短柱状、肾状；集合体呈束状。发育双晶{1120}。

［晶体结构］ 六方晶系；$P\bar{6}$。晶胞参数为 a = 12.4730(9) Å，c = 9.9607(14) Å；Z = 18；a = 12.4112(2) Å，c=9.8511(3) Å(Yang et al.，2008)。

［主要粉晶衍射数据 **d/Å(I)**］ 2.92(10)，3.59(9)，2.09(9)，1.923(9)，2.05(8)，1.698(7)，1.319(7)(俄罗斯科拉半岛 Vuoriyarvi 岩体)。

［物理性质］ 无色、蜡黄色、黑棕色；半透明-几乎不透明；玻璃-油脂光泽。发育{1120}不完全解理；不平坦状断口。摩氏硬度 H 为 4。密度 $D_{测量}$ = 4.745 g/cm^3，$D_{计算}$ = 4.79 g/cm^3。

［光学性质］ 透射光下无色。一轴正晶。折光率 ω = 1.760(3)，ε = 1.870(6)。

［化学成分］ 理想化学式为 $Ce(CO_3)(OH, F)$。产于俄罗斯 Vuoriyarvi 岩体中样品的化学组成(w_B/%)为 SO_3 0.40，P_2O_5 0.23，CO_2 19.70，SiO_2 0.30，TiO_2 0.04，ThO_2 0.50，La_2O_3 26.86，Ce_2O_3 37.50，Nd_2O_3 3.43，Sm_2O_3 1.59，$(Y + Dy)_2O_3$ 1.47，Fe_2O_3 2.17，MnO 0.06，MgO 0.16，CaO 0.40，BaO 0.70，Na_2O 0.13，F 1.15，H_2O^+ 3.96，H_2O^- 0.11，$-O=F_2$ 0.50，合计 100.36。对应的化学式为 $(Ce_{0.53}La_{0.38}Nd_{0.05}Sm_{0.02}Y_{0.02})_{\Sigma 1.00}(CO_3)_{1.03}[(OH)_{0.86}F_{0.14}]_{\Sigma 1.00}$。

［与其他矿物种的关系］ 属于氟碳铈矿族；与氟碳铈矿、羟碳镧石、羟碳钕石呈类质同象；与羟碳铈石成系列。

2. 在中国的产出情况

目前中国尚未发现羟碳铈石。

八、羟碳钕石(Hydroxylbastnäsite-(Nd))

1. 羟碳钕石的一般特征

［产地、产状及共(伴)生矿物］ 发现于黑山 Nikšić 附近 Zagrad 铝土矿矿床中，是一种少见的原生矿物，该铝土矿床的围岩为石灰岩。共生矿物是“铝土矿”(Maksimović et al.，1985；Farkas et al.，1985)。

［形貌特征］ 堆积板状晶体，最大至 0.2 mm，构成块状连生体。

［晶体结构］ 六方晶系；$P\bar{6}_2c$。晶胞参数为 a=7.191(1) Å，c=9.921(2) Å；Z=6。

［主要粉晶衍射数据 **d/Å(I)**］ 2.911(100)，4.95(88)，3.596(79)，2.042(51)，1.914(30)，2.077(29)，2.481(16)(黑山 Nikšić 附近)。

［物理性质］ 白色；条痕白色。集合体呈暗光泽。不透明。发育{0001}裂理。集合体摩氏硬度 H=1~2。密度 $D_{计算}$ = 4.89 g/cm^3。

［光学性质］ 一轴正晶。折光率 ω = 1.715(2)，ε = 1.81(1)。

［化学成分］ 理想化学式为 $Nd(CO_3)(OH, F)$。产于黑山 Nikšić 附近的样品化学组成(w_B/%)为 CO_2 20.63，Y_2O_3 0.2，La_2O_3 27.1，Ce_2O_3 0.3，Pr_2O_3 8.5，Nd_2O_3 31.5，Sm_2O_3 4.4，Eu_2O_3 1.3，Gd_2O_3 1.4，CaO 0.3，F 3.3，H_2O 2.26，$-O=F_2$ 1.39，合计 99.80。对应的化学式为 $(Nd_{0.41}La_{0.36}Pr_{0.11}Sm_{0.06}Gd_{0.02}Eu_{0.02}Ca_{0.01})_{\Sigma 0.97}[(OH)_{0.55}F_{0.38}]_{\Sigma 0.93}(CO_3)_{1.03}$。

［与其他矿物种的关系］ 属于氟碳铈矿族；与羟碳铈石、羟碳镧石呈类质同象。

2. 在中国的产出情况

目前中国尚未发现羟碳钕石。

九、水氟碳钙钍石(Thorbastnäsite)

1. 水氟碳钙钍石的一般特征

［产地、产状及共(伴)生矿物］ 发现于俄罗斯西伯利亚 Pichikhol 碱性岩体中，分布在正长岩体

的变质钠长石岩和石英-白云母脉中。共(伴)生矿物包括层硅铈钛矿、锆石、烧绿石、黑稀金矿和钍石(Pavlenko, et al., 1965; Pekov, 1998)。

[形貌特征] 呈隐晶质块体。

[晶体结构] 六方晶系；$P\bar{6}2c$。晶胞参数为 a=6.99(2)Å，c=9.71(2)Å；Z=3。

[主要粉晶衍射数据 d/Å(I)] 2.85(10)，2.03(10b)，3.54(8)，1.870(7)，1.279(6)，1.656(5)，1.165(5)(俄罗斯 Pichikhol)。

[物理性质] 棕色，半透明，硬度未测。密度 $D_{测量}$ = 4.04 g/cm^3，由于含过量的水而变低；$D_{计算}$ = 5.70 g/cm^3。具放射性。

[光学性质] 一轴晶。折光率 n=1.670~1.678。

[化学成分] 理想化学式为 $ThCa(CO_3)_2F_2 \cdot 3H_2O$。产于俄罗斯 Pichikhol 的样品化学分析结果(w_B/%)如下：CO_2 14.78，SiO_2 2.01，ThO_2 46.79，TiO_2 0.05，U_3O_8 0.11，Al_2O_3 1.76，Y_2O_3 1.73，La_2O_3 1.59，Ce_2O_3 1.28，Pr_2O_3 0.34，Nd_2O_3 1.22，Sm_2O_3 0.25，Gd_2O_3 0.25，Dy_2O_3 0.32，Ho_2O_3 0.12，Er_2O_3 0.21，Yb_2O_3 0.15，Fe_2O_3 3.62，PbO 0.33，CaO 7.97，F 6.87，H_2O^+ 9.04，H_2O^- 2.14，$-O=F_2$ 2.89，合计 100.04；相应的化学式为 $Th_{1.05}(Ca_{0.85}Y_{0.09}La_{0.06}Ce_{0.04}Nd_{0.04}Pr_{0.01}Sm_{0.01}Gd_{0.01}Dy_{0.01}Er_{0.01}Yb_{0.01})_{\Sigma 1.14}(CO_3)_{2.00}F_{2.15} \cdot 3.70H_2O$。

[与其他矿物种的关系] 属于氟碳钍石族。

2. 在中国的产出情况

目前中国尚未发现水氟碳钙钍石。

氟碳钙铈矿族(Parisite group)

氟碳钙铈矿	Parisite-(Ce)	$CaCe_2(CO_3)_3F_2$	单斜晶系
氟碳钙镧矿	Parisite-(La)	$CaLa_2(CO_3)_3F_2$	单斜晶系

十、氟碳钙铈矿(Parisite-(Ce))

1. 氟碳钙铈矿的一般特征

[产地、产状及共(伴)生矿物] 为产在分异的碱性地块、花岗伟晶岩和富稀土碳酸盐岩中的副矿物。产地比较多，但产出量并不大，在哥伦比亚 Muzo 地区、美国蒙大拿州 Snowbird 矿区、加拿大 Mont Saint-Hilaire、挪威 Holmestrand、法国 Trimouns 滑石矿床、意大利 Monterfano、威尔士 Gallty Wenallt、俄罗斯 Khibiny、马拉维 Malosa 山脉、马达加斯加 Ifasina、刚果(金)Lueshe 碳酸盐岩、日本 Shirashi 伟晶岩、中国白云鄂博矿床和越南 Nam Nam Xe 等地产出比较好的矿物晶体。共(伴)生矿物有氟碳铈矿、菱铈钙石、氟碳钡铈矿、碳锶铈石、方解石、萤石和石英(Palache et al., 1951; Ni Y et al., 2000; Cheang, 1977)。

[形貌特征] 呈较尖的双锥状晶体。可见晶面很多，但是由于与氟碳铈矿、菱铈钙石、伦琴石和氟碳钡铈矿构成平行于{0001}的假连生体而不好确定晶面符号，晶粒最大可至 24 cm。

[晶体结构] 单斜晶系(假六方)；空间群 Cc；晶胞参数为 a = 12.3049 Å，b = 7.1056 Å，c = 28.2478 Å；β=98.2416°；Z=12。六方晶系，空间群 P；晶胞参数为 a=7.143 Å，c=28.11 Å；Z=6。

[主要粉晶衍射数据 d/Å(I)(hkl)] 3.565(100)(110)，2.838(100)(116)，2.060(80)(300)，1.938(60)(305)，1.882(50)(306)，1.658(50)(1115)，14.03(40)(002)，4.68(40)(006)(PDF 42-1332)。

[物理性质] 棕黄色、橘黄色、橘黄棕色、棕色、蜡黄色、灰黄色、淡紫色；条痕浅黄色。透

明-半透明，玻璃-树脂光泽。{0001}解理面为珍珠光泽，发育{0001}不完全解理；半贝壳状-锯齿状断口，性脆，摩氏硬度 $H=4.5$。密度 $D_{测量}=4.33\ g/cm^3$（斜方晶系）；$D_{测量}=4.32\ g/cm^3$，$D_{计算}=4.301\ g/cm^3$（假六方晶系）。深红色阴极发光。

［光学性质］ 在透射光下为无色。一轴正晶。折光率 $\omega=1.671\sim1.676$，$\varepsilon=1.771\sim1.757$。多色性弱，$O$=浅黄色；$E$=金黄色；吸收性 $O<E$。

［化学成分］ 理想化学式为 $CaCe_2(CO_3)_3F_2$；化学组成（$w_B/\%$）为 CO_2 24.58，La_2O_3 30.33，Ce_2O_3 30.56，CaO 10.44，F 7.07，$-O=F_2$ 2.98，合计 100.00。哥伦比亚 Muzo 产出样品的化学组成如表 2-4-20；相应的化学式为 $Ca_{1.02}(Ce_{0.94}La_{0.50}Nd_{0.37}Pr_{0.10}Sm_{0.05})_{\Sigma 1.96}(CO_3)_3F_{1.51}$。

表 2-4-20　氟碳钙铈矿的化学组成（$w_B/\%$）

CO_2	Y_2O_3	La_2O_3	$(La,Dy)_2O_3$	Ce_2O_3	Pr_2O_3	Nd_2O_3	Sm_2O_3	Eu_2O_3	Fe_2O_3	CaO	Na_2O	K_2O	F	$-O=F_2$	总计
24.22			29.74	30.67					0.2	10.7	0.2	0.1	6.82	2.87	99.78
24.58		15.1		28.87	3	11.65	1.46	0.2		10.7			5.34	2.24	98.65

［与其他矿物种的关系］ 属于氟碳钙铈矿族；与氟碳钙镧矿、氟碳钙钕矿呈类质同象；有 2*M* 多型以及假多型 3*R*、4*H*、6*R*、8*H*、10*H*、14*H*、16*H*、18*R*、25*R*、30*R*、36*R*、42*R* 和 48*R*。

2. 在中国的产出情况

氟碳钙铈矿是一种常见的稀土矿物，主要产在碱性岩，花岗岩有关的热液矿床中，还见于白云母化的霞石正长岩中，钠长岩化碱性正长岩及花岗岩石中。中国的氟碳钙铈石产地比较丰富，主要分布在内蒙古包头市白云鄂博矿床（张培善等，1986）和通辽市扎鲁特旗巴尔哲岩体（朱京占等，2013；吴鸣谦等，2024）、山东省济宁市微山县郗山稀土矿床（于学峰等，2010；原显顺，2019）和龙宝山稀土矿床（刘涛等，2009）、甘肃省武威市干沙鄂博稀土矿床（陈耀宇等，2014；黄增保等，2019）和酒泉市阿克塞县余石山铌钽矿床（吴义布等，2024）、陕西省渭南市华阴黄龙铺钼矿床（Huang D et al.，1984）、河南省南阳市西峡县太平镇稀土矿床（Qu K et al.，2019；曲凯等，2019）和嵩县稀土矿床（张利忠等，2021）、江西省赣州市大余县西华山矿田（Chen Y J et al.，2007）、湖北省十堰市竹山县庙垭碳酸岩杂岩体（Li S，1982）、湖南省郴州市临武县香花岭锡多金属矿田尖峰岭 Nb-Ta-Sn 矿床（Diao X et al.，2022）、广西百色市靖西市渠洋铝土矿矿床（Wang Q F et al.，2010）、广东省仁居离子吸附型稀土矿床（黄健等，2022）和南岭地区离子吸附型稀土矿床（豆敬兆等，2024）、浙江省荷地稀土矿床（陈晨等，2020）、云南省武定县迤纳厂铁铜稀土矿床（温利刚等，2018）和红河州建水县普雄风化淋积型稀土矿床（Wang Q F et al.，2024）、四川省德昌县-冕宁县离子吸附型稀土矿床（杨光明等，1993；王鲜华等，1995，1996；孟大维等，2001；杨主明等，2002；Yang Z M et al.，2006；Ge X et al.，2017；曲云伟等，2021）。

中国在氟碳钙铈矿的发现和研究上积累了不少的成果，在晶体结构上也取得了一些新的认识。首先，通过电子衍射和高分辨电子显微技术研究，进一步证明氟碳钙铈矿晶体中存在的多型结构相当复杂，新发现一系列氟碳钙铈矿新多型，并认识到以长周期堆垛形成的多型体出现的概率要比短周期堆垛的多型体少得多。杨光明等（1993）对我国四川昌北 M 稀土矿床中的氟碳钙铈矿微结构特征作了电子衍射分析和晶格象观察，发现了 42*R*、48*R* 和 16*H* 三种新多型。孟大维等（1994）研究霓石碱性花岗岩稀土矿床中的氟碳钙铈矿时，发现氟碳钙铈矿的 $6R_2$ 新多型体，确定了其亚结构晶胞呈六方（*H*）对称，$a'=0.412$ nm，$c'''=0.471$ nm，超结构晶胞呈菱面体（*R*）对称，$a=0.714$ nm，$c=8.478$ nm，可能的空间群为 $R\bar{3}c$ 和 $R3c$。$[\bar{1}2\bar{1}0]$取向的高分辨结构像显示出该多型体结构单元层沿 *c* 轴的有序堆垛及重复周期，[0001]取向的电子衍射和高分辨结构图像表明，晶体沿垂直 *a*、*b* 轴方向存在位错、层错及畸变等非均匀结构现象。其次，吴秀玲等(1993)和孟大维等(1995)用高分辨电子显微术(HREM)研究氟碳钙铈矿(BS)晶体结构中的无序堆垛和体衍交生现象，结果表明该矿物的衍生多晶体是由钙-铈氟碳酸盐矿物中不同组分的氟碳铈矿(B)和直氟碳钙铈矿(S)结构单元层沿 c 方向无序堆垛而成。高分辨结构像揭示出氟碳钙铈矿衍生多晶体的微结构特征和氟碳钙铈矿结构中的堆垛层错等晶体缺陷现象。

(1)甘肃省武威市干沙鄂博稀土矿床中的氟碳钙铈石

[产状、产地及共(伴)生矿物] 干沙鄂博稀土多金属矿床位于北祁连加里东褶皱带东段，成矿与干沙鄂博碱性斑岩体有关。干沙鄂博斑岩体为一小型岩株，岩性以霓辉正长斑岩为主，其次为霓辉碱长石英正长斑岩。矿石矿物以氟碳钙铈矿为主，其他金属矿物有黄铜矿、方铅矿、斑铜矿及辉铂矿等(陈耀宇等，2014；黄增保等，2019)。

[形貌特征] 氟碳钙铈矿在重砂中呈蜡黄、土黄或红褐色细粒集合体，玻璃光泽或油脂光泽，薄片中多呈淡褐黄色、深褐色和黄褐色的自形柱状(图 2-4-15)，粒径一般长 0.06~0.20 mm，宽 0.006~0.06 mm，长宽比 2∶1~10∶1，以中粒(0.074~0.037 mm)和细粒(0.037~0.01 mm)为主，呈稀疏浸染状嵌布于长石、方解石、石英颗粒之间，少数被长石和石英包裹或沿绿泥石间隙生长，边部常见铁染。

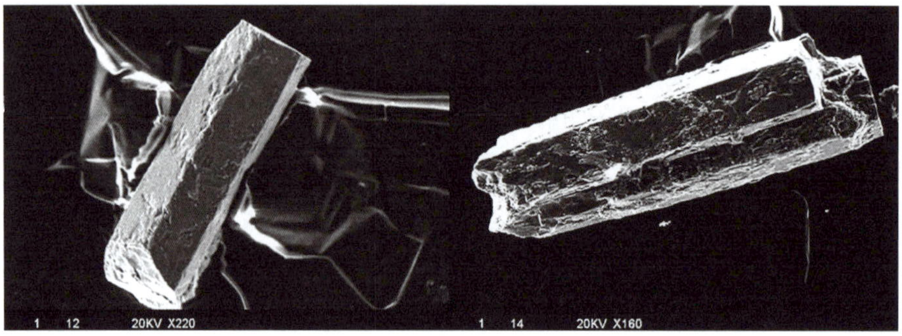

图 2-4-15 甘肃干沙鄂博矿床氟碳钙铈矿的背散射图像

(据陈耀宇等，2014)

(2)广东省上寨稀土矿床中的氟碳钙铈矿

[产状、产地及共(伴)生矿物] 上寨矿床位于广东省北部，为华南地区新发现的一个同时富含轻重稀土的离子吸附型稀土矿床，矿体位于粗粒黑云母花岗岩风化壳中。上寨矿床成矿母岩中的原生褐帘石被热液流体交代后蚀变形成了氟碳钙铈矿，被交代褐帘石及其周围的矿物中发育有孔洞或裂隙，这些孔洞或裂隙中发育氟碳钙铈矿(图 2-4-16a、b)(冯雨周等，2024)。

[形貌特征] 在背散射图像中，氟碳钙铈矿最亮，但颗粒细小，形状不规则(图 2-4-16a、b)。

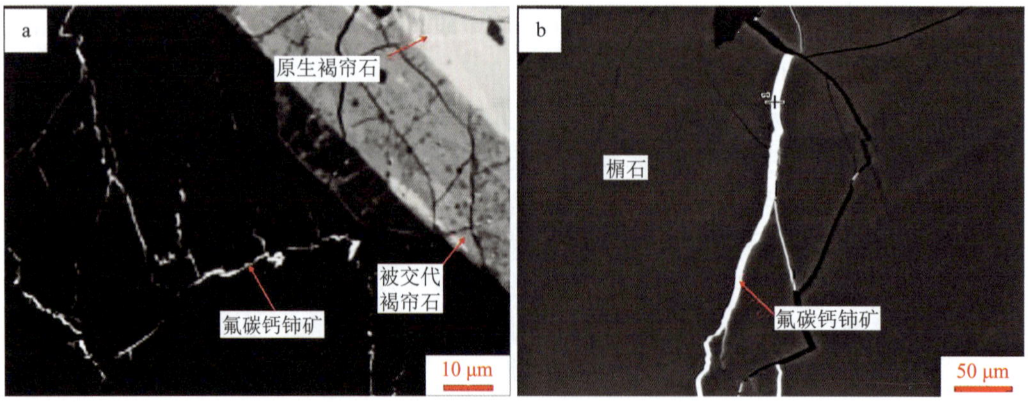

图 2-4-16 广东上寨矿床氟碳钙铈矿显微特征

(据冯雨周等，2024)

［化学成分］ 本区氟碳钙铈矿 EPMA 分析结果（表 2-4-21）显示，其成分主要包括 F（4.46%～5.61%）、CaO（12.21%～13.55%）、La_2O_3（10.82%～11.75%）、Ce_2O_3（28.42% 30.87%）、Nd_2O_3（11.52%～13.19%）、Sm_2O_3（0.98%～1.45%）和 Gd_2O_3（5.76%～6.43%）。

表 2-4-21 广东上寨矿床氟碳钙铈矿电子探针数据（w_B/%）

点号	CaO	La_2O_3	Ce_2O_3	Nd_2O_3	Sm_2O_3	Gd_2O_3	F	总计
01	13.55	11.75	30.65	11.57	1.08	5.83	5.01	79.44
02	12.21	11.20	30.81	11.52	0.98	5.59	5.61	77.92
03	12.47	10.88	30.87	12.20	1.37	5.76	4.94	78.49
04	13.30	10.82	28.42	13.19	1.45	6.43	4.46	78.07

注：数据引自冯雨周等（2024）。

（3）广西梧州市岑溪地区花岗岩中的氟碳钙铈矿

［产状、产地及共（伴）生矿物］ 桂东南梧州岑溪地区花岗岩位于大容山-十万大山一带圈定出的离子吸附型稀土矿的成矿潜力区。岩石富含独居石、氟碳钙铈矿、锆石、磷灰石等稀土矿物（图 2-4-17）（赵永山等，2023）。

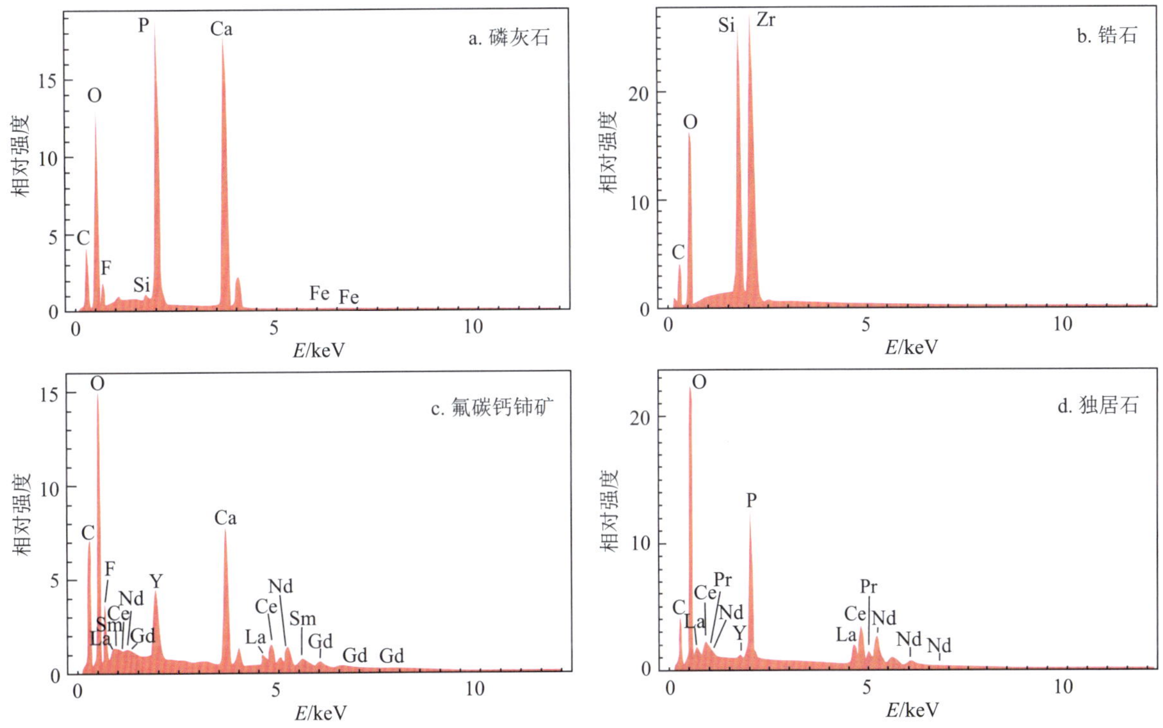

图 2-4-17 桂东南岑溪地区花岗岩所含稀土矿物能谱分析谱图
（据赵永山等，2023）

［形貌特征］ 本区氟碳钙铈矿（氟菱钙铈矿）呈条带状分布，粒度约 50～100 μm（图 2-4-18）。

［化学成分］ 能谱测试分析数据显示（表 2-4-22），氟碳钙铈矿中 F 的含量为 6.36%～8.10%，平均值为 7.23%；CaO 的含量为 27.14%～27.31%，平均值为 27.23%；Ce_2O_3 的含量为 19.55%～30.72%，平均值为 25.14%；Y_2O_3 的含量为 7.72%～18.73%，平均值为 13.23%；La_2O_3 的含量为 9.78%～15.49%，平均值为 12.42%；Nd_2O_3 的含量为 9.11%～10.42%，平均值为 9.77%；稀土氧化物含量较高，总量（$\sum RE_xO_y$）达 64.25%～64.59%，平均含量为 64.47%，氟碳钙铈矿属氟碳酸盐类，化学式为 $Ca(Ce, La)[CO_3]_3F_2$，是提取稀土元素的主要矿物之一。

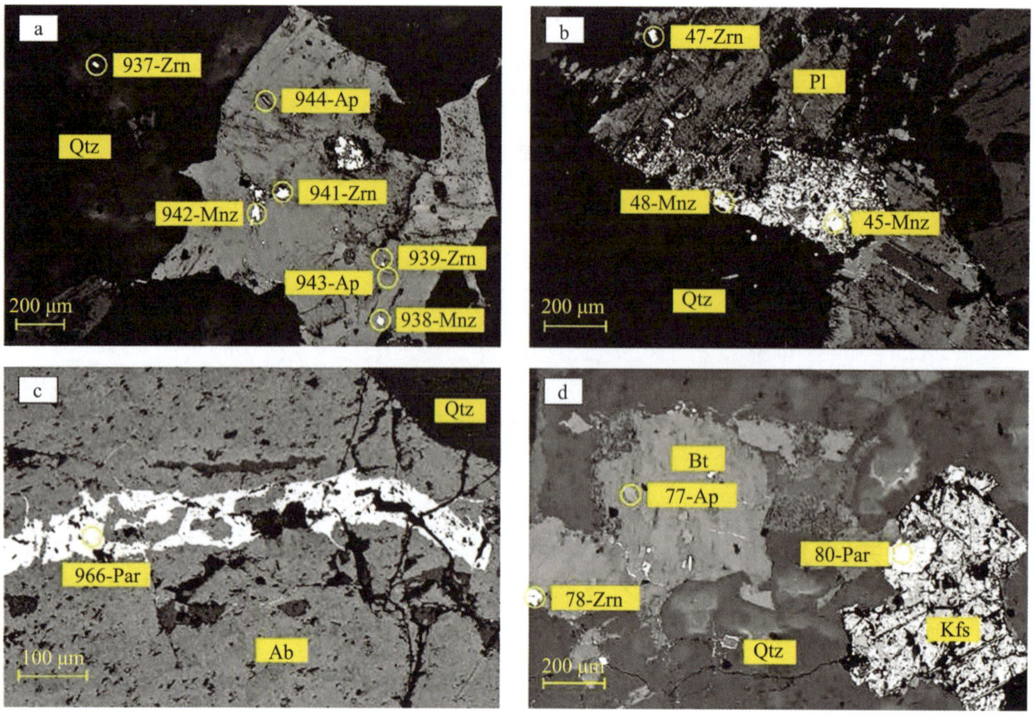

图 2-4-18　桂东南岑溪地区花岗岩扫描电镜图像

（据赵永山等，2023）

Ab—钠长石；Ap—磷灰石；Bt—黑云母；Kfs—钾长石；Mnz—独居石；Par—氟碳钙铈矿；P1—斜长石；Qtz—石英；Zrn—锆石。图中黄色圈代表能谱分析位置，数字代表能谱分析编号，字母代表矿物名称

表 2-4-22　桂东南岑溪地区花岗岩所含氟碳钙铈矿能谱分析结果

氟碳钙铈矿			
谱图 80		谱图 966	
元素	含量/%	元素	含量/%
F	6.36	F	8.10
Ce_2O_3	30.72	CaO	27.31
CaO	27.14	Ce_2O_3	19.55
La_2O_3	15.49	Y_2O_3	18.73
Nd_2O_3	10.42	La_2O_3	9.78
Y_2O_3	7.72	Nd_2O_3	9.11
Ag_2O_3	1.76	Cd_2O_3	3.73
		Sm_2O_3	3.69

注：数据引自赵永山等(2023)。

(4)江西省崇义县铁木里碱长花岗岩中的氟碳钙铈矿

[产状、产地及共(伴)生矿物]　铁木里岩体位于华南内部南岭成矿带东段赣南崇义地区，成岩时代为早白垩世。铁木里岩体的岩性主要为准铝质局马过铝质的含黑云母碱长花岗岩。氟碳钙铈矿为岩石中的一种副矿物，主要与氟碳铈矿、金红石共生(图 2-4-19)(郭娜欣等，2022)。

[形貌特征]　背散射图像下呈明(氟碳铈矿)、暗(氟碳钙铈矿)相间条纹状(图 2-4-20)。氟碳铈矿和氟碳钙铈矿的粒径在 20~200 μm 之间不等，与萤石、热液锆石、独居石、绿泥石、石英等矿物共主，穿入造岩矿物长石或磷灰石的晶体内部或间隙中，显示为热液阶段产物。

[形貌特征]　根据电子探针分析结果(表 2-4-23)，氟碳钙铈矿的 $\sum Re_2O_3$ 含量为 63.75%~

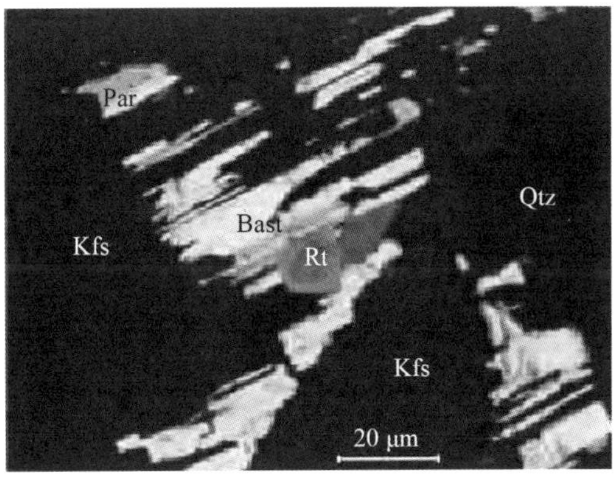

图 2-4-19　江西铁木里碱长花岗岩中与氟碳铈矿、氟碳钙铈矿共生的金红石

（据郭娜欣等，2022）

Bast—氟碳铈矿；Kfs—碱蚀石；Par—氟碳钙铈矿；Qtz—石英；Rt—金红石

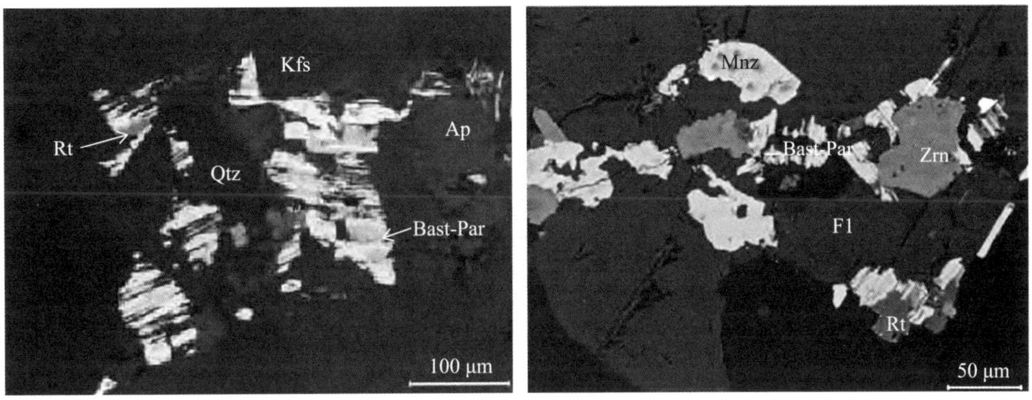

图 2-4-20　江西铁木里碱长花岗岩中的氟碳铈矿-氟碳钙铈矿交生体

（据郭娜欣等，2022）

Ap—磷灰石；Bast-Par—氟碳铈矿-氟碳钙铈矿交生体；Fl—萤石；Kfs—碱蚀石；Rt—金红石；

Qtz—石英；Mnz—独居石；Zrn—锆石

71.89%，F 含量为 2.50%~2.89%，CaO 含量为 6.50%~10.57%，F 含量较理论值略微偏低。此外，氟碳铈矿与氟碳钙铈矿均含有少量 Th、U、Fe，二者相比，氟碳铈矿的 ThO_2(0.50%~1.08%)、UO_2(0.05%)较高，氟碳钙铈矿的 FeO^T(0.16%~0.46%)较高。

表 2-4-23　江西铁木里碱长花岗岩中氟碳钙铈矿的电子探针分析结果(w_B/%)

测点号	TML-10-42	TML-10-4-1	TML-11-2-1	TML-11-2-2
矿物	氟碳铈矿	氟碳钙铈矿	氟碳铈矿	氟碳钙铈矿
岩性	g-G		r-G	
SiO_2	0.05	0.05	0.05	0.05
CaO	0.17	10.57	3.92	6.50
FeO^T	0.00	0.16	0.45	0.46
ThO_2O	1.08	0.43	0.50	0.19
UO_2	0.05	0.02	0.05	0.00
F	6.04	2.89	4.16	2.50
Cl	0.04	0.04	0.04	0.04
La_2O_3	11.53	9.34	10.95	9.12

续表

测点号	TML-10-42	TML-10-4-1	TML-11-2-1	TML-11-2-2
矿物	氟碳铈矿	氟碳钙铈矿	氟碳铈矿	氟碳钙铈矿
岩性	g-G		r-G	
Ce_2O_3	41.47	35.66	45.56	42.11
Pr_2O_3	4.21	3.63	4.43	3.86
Nd_2O_3	8.87	7.87	8.46	8.06
Sm_2O_3	1.62	1.38	1.48	1.57
Eu_2O_3	—	—	—	—
Gd_2O_3	6.60	5.73	7.98	7.00
Tb_2O_3	—	—	—	—
Dy_2O_3	—	—	—	0.05
Ho_2O_3	0.03	0.06	0.03	0.02
Er_2O_3	—	—	—	—
Tm_2O_3	—	—	—	—
Yb_2O_3	—	0.03	—	—
Lu_2O_3	0.09	—	—	—
Y_2O_3	0.10	0.06	0.21	0.11
总计	81.94	77.91	88.27	81.63

注：数据引自郭娜欣等(2022)。

(5)江西省邹家山铀矿床中的氟碳钙铈矿

[产状、产地及共(伴)生矿物] 江西相山矿田邹家山矿床中伴生有较高的重稀土元素。矿床稀土矿物主要为独居石、氟碳钙铈矿和磷钇矿。其中氟碳钙铈矿与钠长石共生(王运等，2018)。

[形貌特征] 氟碳钙铈矿为自形、半自形，大小为 2.00～30.00 μm，生长于钠长石中(图 2-4-21)。

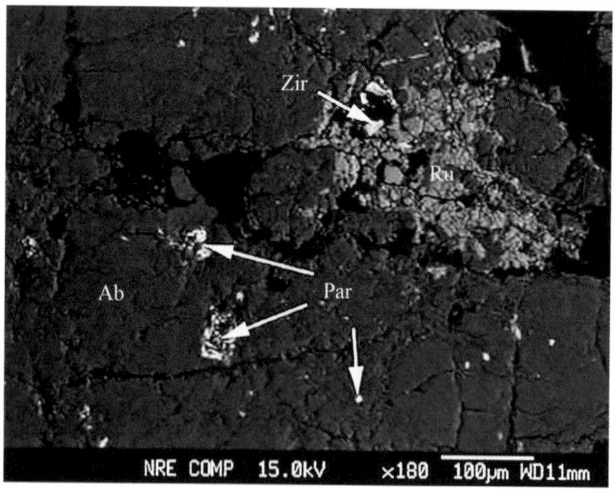

图 2-4-21 江西邹家山铀矿床氟碳钙铈矿的电子探针背散射电子图像

(据王运等，2018)

Ab—钠长石；Par—氟碳钙铈矿

[化学成分] 本矿床氟碳钙铈矿中稀土元素质量分数列于表 2-4-24。氟碳钙铈矿的 $w(\sum REE+Y)$为 544386.00×10^{-6}，LREE/HREE>1，为轻稀土富集型。邹家山氟碳钙铈矿稀土元素质量分数高于牦牛坪。

表 2-4-24　江西邹家山及其他地区氟碳钙铈矿稀土元素含量($w_B/10^{-6}$)及特征参数

产地	序号	矿物	La	Ce	Pr	Nd	Sm	Eu	Gd	Tb	Dy	Ho
邹家山	XS23-1	氟碳钙铈矿	245225.00	183260.00	76160.00	15824.00	1462.00	—	20967.00	—	—	696.00
牦牛坪	ZK332	氟碳钙铈矿	217770.00	287980.00	12410.00	12384.00	—	—	—	—	—	—
哥伦比亚	17	氟碳钙铈矿	138550.00	232900.00	26775.00	96320.00	10922.00	7396.00	6177.00	—	—	—
巴基斯坦	5	氟碳钙铈矿	110500.00	243100.00	30685.00	117820.00	13330.00	9632.00	4002.00	—	—	—

产地	序号	矿物	Er	Tm	Yb	Lu	Y	LREE	HREE	∑REE	∑REE+Y	LREE/HREE	方法	引用文献
邹家山	XS23-1	氟碳钙铈矿	—	—	264.00	528.00	—	521931.00	22455.00	544386.00	544386.00	23.24	EPMA	王运等，2018
牦牛坪	ZK332	氟碳钙铈矿	—	—	—	—	—	530544.00	—	530544.00	530544.00	—	EPMA	王鲜华等，1996
哥伦比亚	17	氟碳钙铈矿	—	—	—	—		512863.00	6177.00	519040.00	519040.00	83.03	EPMA	Gysi et al., 2015
巴基斯坦	5	氟碳钙铈矿	—	—	—	—		525067.00	4002.00	529069.00	529069.00	131.20	EPMA	Gysi et al., 2015

(6)内蒙古白云鄂博矿床中的氟碳钙铈矿

[产状、产地及共(伴)生矿物]　氟碳钙铈石是白云鄂博矿区内分布比较广泛的稀土矿物之一，多形成于氟化阶段。可产于主矿体晚期脉中；产于主矿钠辉石型矿石中，与钠辉石、重晶石、易解石、碳酸盐、钠闪石等矿物共生；产于块状铁矿石中；产于主矿块状铁矿石中的磷酸盐晚期脉中；产于主矿条带状矿石中的萤石碳酸盐晚期脉中。往往与钠辉石、方解石、氟碳铈矿等矿物共生(张培善等，1986)。

[主要粉晶衍射数据]　见表 2-4-25。

表 2-4-25　内蒙古白云鄂博矿床中氟碳钙铈矿的粉晶衍射数据

1958(白)		B123		1958(白)		B123	
I	*d*/Å	*I*	*d*/Å	*I*	*d*/Å	*I*	*d*/Å
		1	5.10	3	1.775	3	1.777
2	4.62	5	4.69	5	1.657	6	1.661
1	3.92	2	3.906	2	1.541	4	1.540
9	3.54	8	3.544	1	1.420	4	1.425
1	3.28			1	1.413	4	1.417
2	(3.10)	4	3.124	2	1.34	2	1.347
1	2.97	2	3.004	6	1.29	9	1.295
9	2.82	10	2.330			2	1.245
1	2.33	2	2.265	2	1.185		
3	2.26	3	2.193	1	1.164	2	1.166
		1	2.147	1	1.148	7	1.151
1	2.14	1	2.048			6	1.122
10	2.05	9	1.951			1	1.108
7	1.95	7	1.840			3	1.0655
		1				2	1.0579

续表

1958(白)		B123		1958(白)		B123	
I	d/Å	I	d/Å	I	d/Å	I	d/Å
				1	1.026	3	1.0282
				1	1.017	6	1.019
				1	1.003	6	1.0043
						6	0.9882

注：数据引自张培善等(1986)。

[晶体结构] 经电子衍射研究，观察到 3 种多型：$4H$，$P6$，a=7.12 Å，c'=56.4 Å；$6R$，$R3$，a=7.12 Å，c'''=84.6 Å；$3R$，$R3$，a=7.12 Å，c'=42.3 Å。其中 $4H$ 为新多型(杨主明等，1992)。

[形貌特征] 六方柱状或粒状、致密块状。晶体大者可达数厘米。由图 2-4-22 可见，氟碳钙铈矿一般呈粒状，颗粒较大，通常在 0.3~4 mm 之间，在矿石中多以浸染状分布，常与辉石、重晶石，易解石等共生，主要含 Ce、La、Nd、Pr、C、O、Ca、F 以及少量 Eu、Dy、Gd、Tb、Sm、Y 等元素。

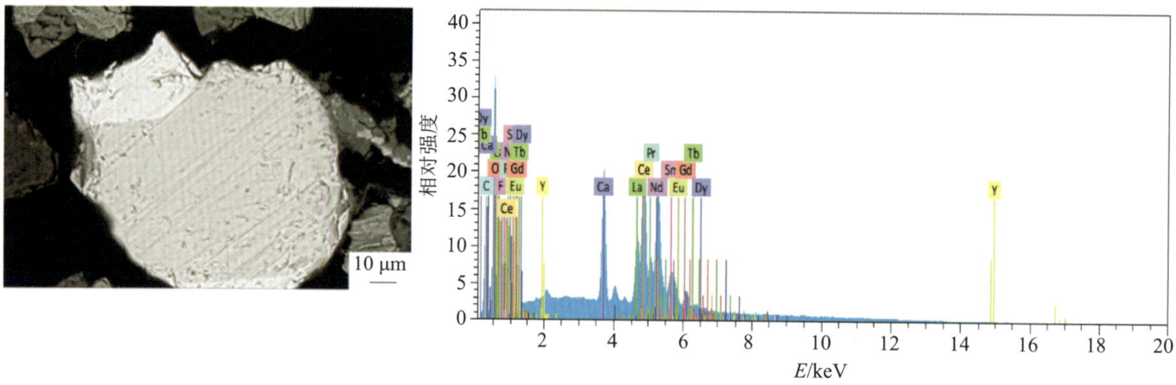

图 2-4-22 内蒙古白云鄂博主矿氟碳铈钙矿背散射电子图像及能谱分析图
(据杨占峰等，2019)

[物理性质] 黄褐色或红褐色；薄片下无色透明或略微黄色。玻璃-油脂光泽。密度 4.2~4.5 g/cm^3。显微硬度 256~381 kg/mm^2，摩氏硬度 H=4.2~4.6。

[光学性质] 一轴正晶。折光率 N_e=1.755，N_o=1.670，N_e-N_o=0.075。突起高。

[化学成分] 化学分析结果见表 2-4-26。矿物分子式多数为$(Ce, Nd, La)_2Ca(CO_3)_3F_2$，少数为：$(Ce, La, Nd)_2Ca(CO_3)_3F_2$。

表 2-4-26 内蒙古白云鄂博矿床中氟碳钙铈矿的化学分析结果(w_B/%)

样品号	理想组分	1958(白)	B-409	B-362	B-87-1	13-59
Na_2O		0.46				
K_2O		痕量				
CaO	10.44	8.92	10.10	10.70	10.59	10.96
SrO		0.0036			0.25	0.20
BaO		0.16				
MgO		痕量			0.66	0.37
MnO		0.09			0.06	0.08
RE_2O_3	60.89	61.98	63.37	63.32	60.30	61.29
Fe_2O_3		0.18	0.32	1.16	0.42	0.27

续表

样品号	理想组分	1958(白)	B-409	B-362	B-87-1	13-59
Al_2O_3			1.49	0.41	0.75	0.30
SiO_2			0.12	0.15	0.22	
TiO_2					0.06	0.05
ThO_2		1.10	0.12	0.93	0.24	0.23
CO_2	24.58	23.11	21.11	17.86	22.67	22.30
H_2O^+		0.11			未测	0.49
H_2O^-		0.16			0.04	0.18
F	7.07	6.47	5.47	5.60	6.27	6.87
$-O=F_2$	2.98	2.73	2.30	2.35	2.62	2.80
总计	100.00	100.01	99.80		99.90	100.67

注：数据引自张培善等(1986)。

从表2-4-27可以看出，本区氟碳钙铈矿中的稀土元素主要为铈族，而以铈最富集，其次为钕、镧、镨、钐等。

表2-4-27　内蒙古白云鄂博矿床中氟碳钙铈矿的稀土配分表($w_B/\%$)

样品号	1958(白)	B-409	B-362	B-87-1	13-59	B-123	46-63	B-328
La	16.25	15.4	14.8	19.5	19.8	26.4	34.1	23.8
Ce	44.84	51.7	45.4	43.3	54.6	50.1	46.9	54.3
Pr	8.00	7.4	7.30	6.7	6.2	5.2	4.5	5.5
Nd	25.53	23.6	27.9	23.5	17.6	15.8	12.4	14.0
Sm	1.87	1.50	3.04	2.1	1.0	1.0	0.6	1.41
Eu	0.30	0.09	0.42	0.4		0.3	0.2	0.21
Gd	0.60	0.22	0.75	0.6	0.2	0.9	0.6	0.46
Tb	0.31	—	—	0.2	—	—	—	—
Dy	0.21	—	0.11	0.9	0.2	0.1	—	0.06
Ho	—	—	—		—	—	—	—
Er	0.19	—	—	1.1	—	—	—	—
Tm	0.08	—	—	—	—	—	—	—
Yb	0.12	—	—	0.9	—	—	—	—
Lu	—	—	—	0.2	—	—	—	—
Y	1.70	—	0.20	0.6	0.2	0.2	0.2	0.28
RE_2O_3	61.98	63.37	63.32	60.30	61.29			62.25

注：以REE=100%计；数据引自张培善等(1986)。

由表2-4-28也可以看出，氟碳钙铈矿中轻稀土以Ce最为富集，La和Nd含量较接近，中重稀土元素Eu含量较高，其次是Y和Tb，氟碳钙铈矿REO总量为63.52%，以REO=100%计，稀土配分为：Ce 53.26%，La 19.03%，Nd 16.91%，Pr 6.66%，Eu 2.58%，Sm 0.68%，Y 0.44%，Tb 0.31%，Dy 0.08%，Gd 0.05%，其中轻稀土为95.86%，中重稀土为4.14%。

[光谱特征]　本区氟碳钙铈矿的差热分析曲线显示温度610~613℃出现一个较大吸热谷。其红外光谱分析结果显示出碳酸盐矿物的伸缩振动和弯曲振动的特征。

[微化反应]　易溶于盐酸、硝酸或硫酸等强无机酸中。

表 2-4-28　内蒙古白云鄂博主矿霓石型稀土铁矿石中氟碳钙石矿稀土能谱分析值及氧化物含量(w_B/%)

元素	La	Ce	Pr	Nd	Sm	Eu	Gd	Tb	Dy	Y
Point1	11.04	27.17	3.30	9.23	0.37	1.39	—	0.17	—	0.38
Point2	10.31	25.77	3.25	8.65	0.38	1.52	0.07	0.20	0.03	0.19
Point3	10.77	26.92	3.38	8.89	0.32	1.53	0.01	0.22	0.03	0.23
Point4	11.54	28.57	3.54	9.82	0.40	1.44	0.01	0.16	0.06	0.24
Point5	7.88	29.27	4.04	9.45	0.40	1.24	0.11	0.09	—	0.23
平均	10.31	27.54	3.50	9.21	0.37	1.42	0.03	0.17	0.04	0.25
REO	12.09	33.83	4.23	10.74	0.43	1.64	0.03	0.20	0.05	0.28

注：数据引自杨占峰等(2019)。

(7)山东省兰陵县龙宝山稀土矿床中的氟碳钙铈矿

[产状、产地及共(伴)生矿物]　龙宝山稀土矿床位于山东省兰陵县城北西部约 40 km 处龙宝山浅成碱性杂岩体内部，矿体赋存于侵入角砾岩带内，呈脉状。主要矿石矿物为氟碳铈矿、氟碳钙铈矿，颗粒较大，最大可达 5 mm。多赋存于玉髓集合体中或被石英晶体包裹，少量分布于石英晶粒间(刘涛等，2009)。

[形貌特征]　黄色，风化面呈褐黄色，蜡黄色，蜡状光泽，半透明，性脆。六方晶系，一轴晶，自形，半自形柱状，长柱状，板状及不规则粒状，粒径悬殊，0.02~5 mm。正高突起，双折射率，高级白干涉色，柱状切面平行消光，发育[0001]解理。

(8)山东省微山县微山稀土矿床中的氟碳钙铈矿

[产状、产地及共(伴)生矿物]　山东微山稀土矿床是中国第三大轻稀土矿床，位于鲁西隆起西南侧的微山县郗山村，是与碱性侵入岩有关的中-低温热液型矿床。主要稀土矿物为氟碳铈矿、氟碳钙铈矿、碳酸锶铈矿、菱钙锶铈矿、铈磷灰石、独居石等。稀土矿物以微细脉状、浸染状充填于新太古代泰山岩群片麻岩以及燕山晚期含霓辉石正长岩中。稀土元素主要赋存于氟碳铈矿和氟碳钙铈矿，共占稀土总量的 80.09%。氟碳钙铈矿主要与褐铁矿、重晶石、长石镶嵌，被褐铁矿、重晶石包裹。大多数氟碳钙铈矿为交代氟碳铈矿而生成，常分布在氟碳铈矿边缘，少量呈浸染状分布在次生的方解石、石英中(图 2-4-23)(于学峰等，2010；原显顺，2019)。

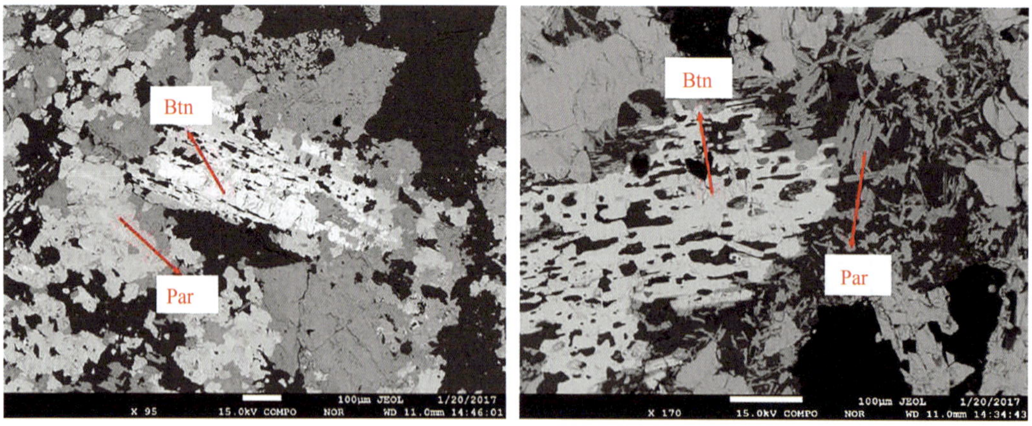

图 2-4-23　山东微山稀土矿氟碳铈矿(Btn)和氟碳钙铈矿(Par)镶嵌关系背散射像
(据原显顺，2019)

[形貌特征]　晶体呈板状、柱状、桶状、六边形板状，三方双锥锥状及矛状，有时可见他形粒状。晶面常见水平条纹，有时可见裂开(图 2-4-24，图 2-4-25)。具聚片双晶。

[物理性质]　晶体多呈褐黄色，蜡黄色。也见有淡黄色、浅褐黄色、黄褐色；粒径 0.04~0.5 mm，条痕浅黄色，贝壳状断口，玻璃-油脂光泽，{0001}裂理面呈珍珠光泽，透明-半透明，发

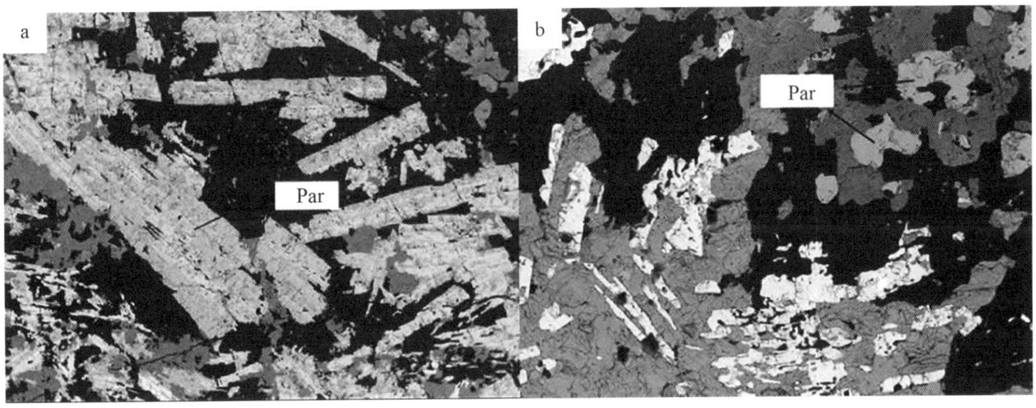

图 2-4-24　山东微山稀土矿氟碳钙铈矿(Par)的板状、柱状晶形(a)他形粒状(b)背散射像
(据原显顺，2019)

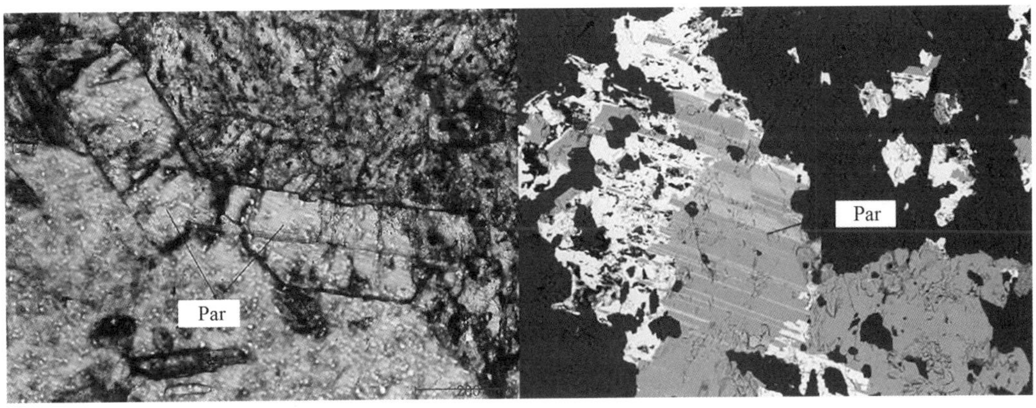

图 2-4-25　山东微山稀土矿氟碳钙铈矿(Par)的柱状晶形及聚片双晶背散射像
(据原显顺，2019)

育(0001)完全、(0001)中等解理，可能为裂理。摩氏硬度 4.5；维氏硬度 VHN_{20g} = 352~381 kg/mm^2。测量密度 4.33~4.51 g/cm^3。性脆，无磁性；荧光惰性；中等电磁性。抗磨大于萤石，易磨光。

[光学性质]　偏光显微镜下，薄片中无色，厚切面具多色性：N_o = 浅黄色，N_e = 金黄色，有时见棕色的颜色环带。透射光下为黄色。多色性弱：N_o = 黄色，N_e = 金黄色。一轴正晶，折射率：N_o = 1.671~1.676，N_e = 1.771~1.757。正高突起，具有高级白干涉色，平行消光，正延性。光片下显弱双反射，反射率 6.6~7.3，反射色为微带土黄深灰色，显弱多色性，棕灰或带土黄灰-浅绿褐色。内反射呈土黄色。显稍强非均质性，颜色变化不明显，浅黄灰白-消光位，显强烈内反射色。

[化学成分]　电子探针分析结果见表 2-4-29。本区氟碳钙铈矿主要稀土元素为 Ce、La、Nd 和少量 Pr，未发现放射性元素 Th 的替代。

表 2-4-29　山东微山稀土矿床氟碳钙铈矿电子探针分析结果(w_B/%)

样品编号	CaO	BaO	F	Na_2O_3	SrO	Pr_2O_3	Nd_2O_3	Ce_2O_3	La_2O_3	总计
MW-9-1-Par-1	8.004	0.000	8.433	0.000	0.818	2.418	9.352	28.170	16.173	73.368
MW-9-1-Par-2	8.840	0.000	7.636	o.000	0.798	2.246	9.336	27.687	15.220	71.763
MW-9-1-Par-3	7.739	0.000	7.292	0.000	0.833	2.293	10.08	28.599	14.914	71.750
MW-9-2-Paur-1	6.874	0.000	8.171	0.000	0.538	2.639	10.000	29.092	15.787	73.101
MW-9-2-Par-2	6.820	0.000	7.364	0.000	0.435	2.369	9.489	28.562	15.316	70.355
MW-9-2-Par-3	6.910	0.000	7.810	0.000	0.321	2.568	10.068	28.903	15.750	72.330

续表

样品编号	CaO	BaO	F	Na_2O_3	SrO	Pr_2O_3	Nd_2O_3	Ce_2O_3	La_2O_3	总计
MW-10-1-Par-1	7.253	0.000	7.930	0.000	0.144	2.288	6.690	30.707	17.978	72.990
MW-10-1-Par-2	7.386	0.000	8.043	0.000	0.081	2.666	6.354	30.205	17.760	72.475
MW-10-1-Par-3	7.047	0.000	8.088	0.000	0.227	2.553	7.110	31.388	17.460	73.873
MW-10-2-Par-1	18.945	0.000	4.196	0.000	0.139	1.822	4.672	27.181	16.573	73.528
MW-10-2-Par-2	18.74	0.000	4.043	0.000	0.115	1.761	4.455	26.639	16.974	72.727
MW-10-2-Par-3	18.783	0.000	3.651	0.000	0.168	1.417	3.769	25.347	19.772	72.907
MW-1-Par-1	10.464	0.000	5.414	0.000	0.415	2.470	9.414	28.648	14.701	75.519
MW-1-Par-2	9.971	0.000	6.575	0.000	0.476	2.379	9.182	28.211	14.871	71.526
MW-1-Par-3	8.469	0.000	7.966	0.000	0.587	2.583	8.189	29.632	16.223	71.665
MW-3-Par-1	10.659	0.000	8.562	0.000	0.206	2.214	7.202	27.83	15.947	72.620
MW-3-Par-2	9.745	0.000	6.675	0.000	0.216	1.984	5.357	26.956	19.933	70.866
MW-3-Par-3	8.159	0.000	6.965	0.000	0.22	1.623	4.385	27.810	22.438	71.600
MW-4-1-Par-1	6.105	0.000	8.604	0.000	0.576	2.550	8.014	31.616	16.402	73.867
MW-4-1-Par-2	4.724	0.000	9.385	0.000	0.228	2.636	7.753	31.835	17.713	74.274
MW-4-1-Par-3	6.571	0.000	8.230	0.000	0.277	2.336	6.627	29.713	18.676	72.430
MW-4-2-Par-1	9.423	0.000	6.808	0.000	0.427	2.203	7.484	29.236	16.530	72.111
MW-4-2-Par-2	10.408	0.000	6.295	0.000	0.073	2.292	7.374	28.899	17.048	72.389
MW-4-2-Par-3	12.087	0.000	6.388	0.000	0.076	1.637	6.414	27.821	15.726	70.149
MW-5-Par-1	7.184	0.000	6.806	0.000	0.287	2.398	7.123	30.187	17.548	71.533
MW-5-Par-2	7.289	0.000	8.603	0.000	0.349	2.327	6.830	30.519	17.359	73.276
MW-5-Par-3	6.964	0.000	8.681	0.000	0.326	2.217	7.128	30.938	18.064	74.318
MW-6-Par-1	10.383	0.000	6.474	0.000	0.000	2.094	6.769	30.427	16.341	72.488
MW-6-Par-2	10.472	0.000	7.394	0.000	0.037	2.275	5.855	29.539	16.063	71.635
MW-6-Par-3	9.939	0.000	5.982	0.000	0.610	2.465	7.425	29.191	16.539	72.151
MW-8-Par-1	9.818	0.000	6.312	0.000	0.670	2.372	7.684	28.767	15.252	70.875
MW-8-Par-2	7.256	0.000	7.210	0.000	0.654	2.156	8.363	29.996	16.005	71.640
MW-8-Par-3	7.229	0.000	8.985	0.000	0.551	2.283	7.723	30.035	16.712	73.518

注：数据引自原显顺(2019)。

[微化反应] 易溶于盐酸、硝酸、硫酸等无机酸中。

(9)陕西省平利县石板沟火成岩中的氟碳钙铈矿

[产状、产地及共(伴)生矿物] 石板沟位于陕西平利县东南。区内早古生代以超基性、基性及酸性岩为主，次为中性岩浆岩；碱性火成岩类多沿洛河-松杉河断裂两侧分布，碱性火成岩和辉石玢岩接触部位常出现碳酸岩脉和煌斑岩脉。火成岩中含稀土矿物氟碳钙铈石、直氟碳钙铈矿、独居石。氟碳钙铈矿主要与方解石、黄铁矿、钠长石、钾长石共生，其中与方解石和破碎的黄铁矿关系更为密切，在两者的接触部位产出大量的大颗粒的氟碳钙铈矿，也有被独居石和黄铁矿、方解石包裹(安博博等，2017)。

[形貌特征] 氟碳钙铈矿形成最早，为粒状，粒度变化也较大，从几微米到上百微米，自形程度较低。集合体块状(图 2-4-26)。

[光学性质] 透射光下为无色或黄色。

[化学性质] 电子探针分析结果见表 2-4-30。CaO 的含量 9.61%~13.32%，平均含量为 11.90%；F 的含量 5.11%~6.75%，平均含量为 5.99%；La_2O_3 的含量 12.88%~14.43%，平均含量

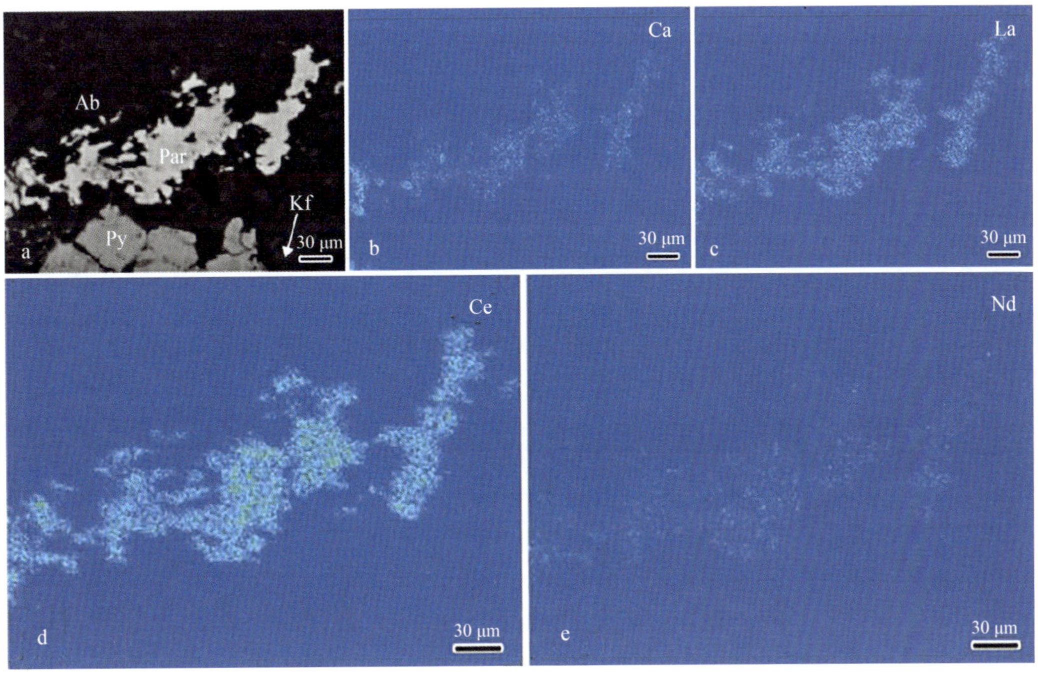

图 2-4-26 陕西石板沟火成岩氟碳钙铈矿的 BSE 图像及元素面扫描图

（据安博博等，2017）

a—氟碳钙铈矿的 BSE 图像；b—a 的 Ca 元素扫描图；c—图像 a 的 La 元素扫描图；d—图像 a 的 Ce 元素扫描图；e—图像 a 的 Nd 元素扫描图。Par—氟碳钙铈矿；Kf—钾长石；Ab—钠长石；Py—黄铁矿

为 13.64%；Ce_2O_3 的含量 30.27%~34.72%，平均含量为 32.64%；Nd_2O_3 的含量 9.86%~13.16%，平均含量为 11.53%，其元素分布均匀无明显变化(图 2-4-29b~e)。

表 2-4-30 陕西石板沟火成岩中氟碳钙铈矿的电子探针分析(w_B/%)

样品号	CaO	La_2O_3	Ce_2O_3	Nd_2O_3	F	总计
ZK02-24-2-2-1-1 边	11.78	13.93	31.2	12.89	5.74	75.54
ZK02-24-2-2-1-2	12.08	13.83	31.26	12.51	6.61	76.29
ZK02-24-2-2-1-3	11.90	13.46	30.59	13.12	6.75	75.82
ZK02-24-2-2-1-4	11.95	13.65	30.29	13.16	6.46	75.51
ZK02-24-2-2-1-5	13.21	13.4	30.89	11.89	6.27	75.66
ZK02-24-2-2-1-6 核	11.68	13.95	31.33	12.03	6.33	75.32
ZK02-24-2-2-1-7	11.67	13.8	32.72	11.48	6.60	76.27
ZK02-24-2-2-1-8	12.20	13.61	30.54	12.79	6.60	75.74
ZK02-24-2-2-1-9	11.83	13.74	32.21	11.65	6.13	75.56
ZK02-24-2-2-2-10 边	11.90	13.69	30.27	13.06	6.59	75.51
ZK02-24-2-2-2-1	13.32	12.88	33.83	10.17	5.33	75.53
ZK02-24-2-2-2-2	12.92	13.74	34.47	10.57	5.11	76.81
ZK02-24-2-2-2-3	12.07	13.24	33.62	10.41	5.26	74.6
ZK02-24-2-2-2-4	11.92	13.44	34.13	10.91	5.20	75.6
ZK02-24-2-2-3-5	12.16	13.59	34.54	9.86	5.18	75.33
ZK02-24-2-2-3-1	11.90	13.41	34.25	10.34	5.59	75.49
ZK02-24-2-2-3-2	11.78	13.65	33.91	10.57	5.88	75.79

续表

样品号	CaO	La_2O_3	Ce_2O_3	Nd_2O_3	F	总计
ZK02-24-2-2-3-3	11.21	13.6	33.86	10.65	5.92	75.24
ZK02-24-2-2-3-4	10.90	13.68	34.16	10.84	6.03	75.61
ZK02-24-2-2-3-5	9.61	14.43	34.72	11.62	6.22	76.6
平均值	11.90	13.64	32.64	11.53	5.99	75.69

注：数据引自安博博等(2017)。

氟碳钙铈矿稀土配分以铈族为主，其元素含量分布没有明显的规律(图 2-4-27)。由于 Ce^{3+} 和 La^{3+}、Nd^{3+} 离子半径相近，Ce^{3+} 与 La^{3+}、Nd^{3+} 呈现负相关关系，表明 La^{3+}、Nd^{3+} 与 Ce^{3+} 存在替代关系(图 2-4-27)。由图 2-4-390b 可见 Ca 与 $\sum$REE 也存在着负相关关系，两者之间也存在替代关系。

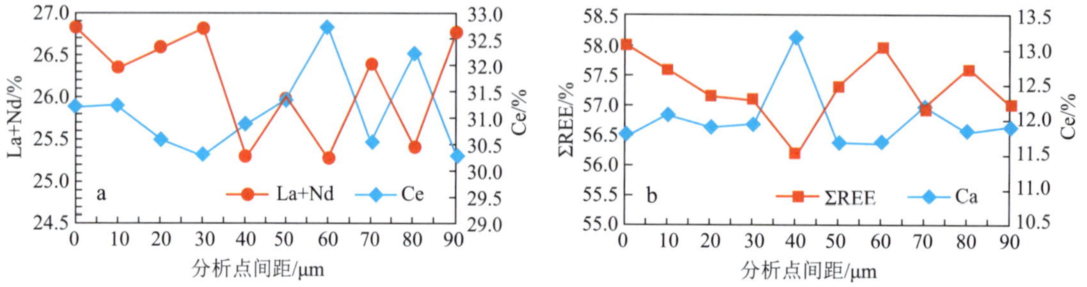

图 2-4-27　陕西石板沟火成岩氟碳钙铈石中组分的含量剖面图

(据安博博等，2017)

a—La+Nd 和 Ce 含量剖面图；b—$\sum$REE 和 Ca 含量剖面图。

(10)四川省德昌县大陆槽稀土矿床中的氟碳钙铈矿

[产状、产地及共(伴)生矿物]　四川德昌县大陆槽乡稀土矿区矿体产于一套碱性火成岩中，以轻稀土矿床为主。稀土矿物主要为氟碳铈矿，少量硅钛铈矿、氟碳钙铈矿和微量独居石。

[形貌特征]　在显微镜下氟碳钙铈矿和氟碳铈矿难以分辨，在 X 射线粉晶衍射分析及扫描电镜下偶见微量。

[化学成分]　能谱分析结果见表 2-4-31。

表 2-4-31　四川大陆槽稀土矿床氟碳钙铈矿能谱分析数据(w_B/%)

C	O	F	Ca	La	Ce
5.16	36.39	12.29	6.04	17.18	22.94

注：数据引自王盼盼等(2019)。

(11)四川省冕宁县牦牛坪稀土矿床中的氟碳钙铈矿

[产状、产地及共(伴)生矿物]　牦牛坪稀土矿床位于攀西裂谷北段。含矿岩石为碳酸岩+正长岩，碳酸岩呈平行脉状穿入正长岩体中。稀土矿物为氟碳铈矿+少量(硅钛铈矿+氟碳钙铈矿)(王鲜华等，1995，1996；孟大维等，2001；杨主明等，2002)。

[主要粉晶衍射数据]　本区 4 个具晶面横纹、半自形氟碳钙铈矿晶体的 X 射线昔多菲照相分析数与计算晶胞参数见表 2-4-32。在衍射图谱的分析过程中，没有观察到体衍生多晶衍射，但 ZK332D 的相应晶体经 X 射线单晶回摆照相发现有氟碳铈矿弱衍射，由此看来，X 射线昔多菲法对钙稀土氟碳酸盐系列矿物照相分析，一般分辨不了体衍生多晶的衍射特点。

表 2-4-32　四川牦牛坪矿床氟碳钙铈矿的 X 射线普多菲照相分析数据与晶胞参数计算结果

样品号		ZK595		ZK332 附近				ZK332D		样品号		ZK595		ZK332 附近				ZK332D	
		1		1		2		1				1		1		2		1	
曝光时间/h		4		4		2		5		曝光时间/h		4		4		2		5	
序号	*hkl*	*I*	*d*/Å	*I*	*d*/Å	*I*	*d*/Å	*I*	*d*/Å	序号	*hkl*	*I*	*d*/Å	*I*	*d*/Å	*I*	*d*/Å	*I*	*d*/Å
1	0018			4	4.61	4	4.60	4	4.62	17	3018	3	1.537	3	1.536	3	1.536	5	1.537
2	110	5	3.54	5	5.53	3	3.52	5	3.52	18				2	1.479				
3	1112	1	3.12	2	3.13	2	3.14	2	3.12	19		1	1.426	2	1.423	3	1.420	4	1.422
4	1118	6	2.81	7	2.82	7	2.81	8	2.80	20	2236	1	1.408	2	1.413			1	1.410
5	0036			2	2.33	3	2.32	3	3.32	21	410	4	1.343	1	1.344	3	1.342	2	1.342
6		2	2.26					1	2.26	22	4118	7	1.293	5	1.292	7	1.290	6	1.291
7	1130			1	2.19	1	2.18	1	2.19	23						1	1.270	1	1.270
8				1	2.15			1	2.15	24				2	21.241	22	1.235	3	1.239
9	300	10	2.05	9	2.05	10	2.05	9	2.04	25						2	1.209	1	1.209
10				2	2.01					26				1	1.199	1	1.194	1	1.196
11	1136	10	1.943	10	1.945	9	1.941	10	1.941	27	330	2	1.185	1	1.189	1	1.185	1	1.184
12	3018	7	1.873	7	1.876	8	1.873	7	1.870	28	4136	4	1.165	4	1.167	5	1.163	4	1.165
13	220	2	1.777	1	1.774	3	1.773	2	1.775	29	3318	3	1.148	3	1.151	2	1.149	2	1.149
14				1	1.747	1	1.739	2	1.743	30		2	1.016	3	1.016	3	1.015	3	1.016
15	2218	5	1657	4	1.659	6	1.657	6	1.655	31		1	1.003	1	1.002	1	1.002	1	1.003
16				3	1.570	1	1.562	5	1.537	32		1							

	样号	ZK592	ZK332 附近(1)	ZK332 附近(2)	ZK332D
晶胞参数	a/Å	7.177(2)	7.183(3)	7.171(3)	7.175(3)
	c/Å	84.248(13)	84.138(64)	84.139(44)	84.123(23)
	c‴/Å	4.680	4.674	4.674	4.673
	V/Å^3	3758(2)	3760(3)	3747(2)	3750(1)

注：数据引自王鲜华等(1996)。

［**晶体结构**］　晶体结构测定所得到的原子坐标、键长、占位度与各项同性温度因子列于表 2-4-33。根据晶体结构解析得到的原子坐标做得图 2-4-28。由图可见，晶体结构的主体为由钙离子的六方网格层和铈离子的六方网格层按一层钙两层铈的 1∶2 形式交替排列成六方格架，并且沿 c 方向形成 Ce-Ce-Ca-Ce-Ce-Ca 的层状排列，其中重原子在 c 方向重复周期为$\frac{1}{2}c'$，即亚周期 c''。F 近似地处在稀土离子层 Ce 的六方网格面上，而且处于由半数 Ce 构成的等边三角形中心、略偏离层面的位置。O 位于阳离子层间、Ca 或 Ce 构成的等边三角形的中心连线上，对应 Ce 层的等边三角形中心没有 F 离子。晶胞沿 c 方向，上下两部分的原子坐标位由螺旋轴 $P6_3$ 相联系。从已求得的 O 原子位可以看出，与相邻 Ce 层间 2 个沿 c 轴相对排列的 O 构成 CO_3 离子组的另处 1 个 O，对称特点与重复周期已超出 a′c′亚晶胞范围，同样与相邻 2 个 Ca-Ce 层间 3 个 O 分别构成 2 个 CO_3 离子组的其他 O 原子位具有同样特点。从 O 的分布情况可知，Ca-Ce 层间 CO_3 离子组三角平面平行 c 轴而立，在相邻 2 个 Ca-Ce 层间，其中之一的 CO_3 三角平面平行 c 轴而立。但表 2-4-33 中的键长表明，该三角形有些偏离正三角形，这可能由于 Ca-Ce 层间距小，而被“压扁”了。另外 1 个 Ca-Ce 层间，只测定出 1 个靠近 Ca 层的 O，其余 2 个与其构成 CO_3 离子组的 O。由于 CO_3 三角平面的倾斜，使它们超出了 a′c′亚晶胞的重复单位。于是在氟碳钙铈矿晶体结构中，稀土 Ce-Ce 层间，CO_3 离子组的三角平面平行 c 轴而直立，在 Ca-Ce 层间，CO_3 三角平面倾斜或者以偏离正三角形的形式直立，从而形成球霰石型

结构。阳离子层间，由 CO_3 离子组构成的结构相联结。直立或近于直立 CO_3 三角平面离子组的方位，在 $a'c'$亚晶胞的基础上，形成超晶胞 ac。

表 2-4-33　氟碳钙铈矿的原子坐标、占位度与热振动参数

原子	原子坐标			占位度	温度因子
	x/a'	y/b'	z/c'	K	U_{11}
Ce_1	0. 0	0. 0	0. 0	0. 333	0. 0025(11)
Ce_2	0. 0	0. 0	0. 1737(1)	0. 3333	0. 0003(9)
Ca_2	0. 0	0. 0	0. 3345(16)	0. 3333	0. 0060(11)
F_1	0. 3333	0. 6667	-0. 0166(23)	0. 3333	0. 0507(86)
F_2	0. 3333	0. 6667	0. 1780(23)	0. 3333	0. 0443(83)
O_1	0. 6667	0. 3333	-0. 0562(27)	0. 3333	0. 0590(93)
O_2	0. 6667	0. 3333	-0. 1283(30)	0. 3333	0. 0535(87)
O_3	0. 6667	0. 3333	0. 0452(29)	0. 3333	0. 0527(92)
O_4	0. 6667	0. 3333	0. 1277(31)	0. 3333	0. 0621(94)
O_5	0. 6667	0. 3333	0. 29886(31)	0. 3333	0. 0407(91)
键长/Å					
O_1—Ce_1	2. 839(41)	O_2—Ca_1	2. 585(37)	O_1—F_1	2. 613(12)
O_3—Ce_2	2. 692(38)	O_5—Ca_2	2. 568(37)	O_4—F_2	2. 752(3)
O_4—Ce_2	2. 693(42)			O_1—O_2	2. 014(37)
				O_3—O_4	2. 303(42)

注：数据引自王鲜华等(1995)。

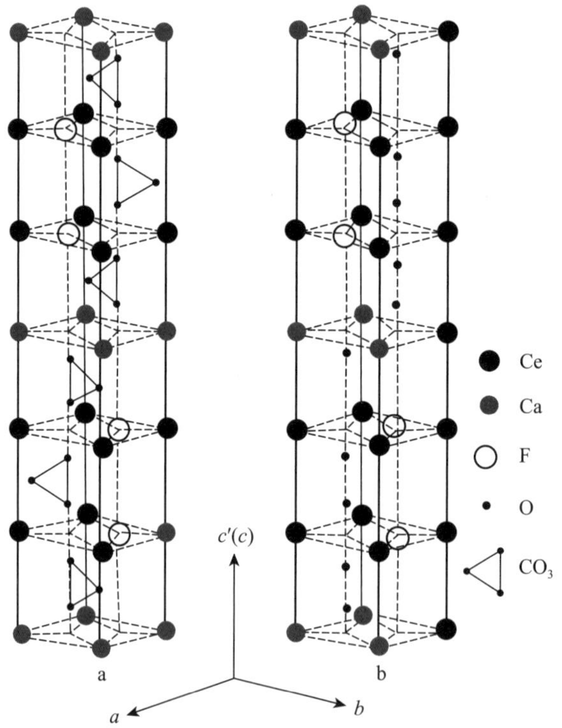

图 2-4-28　氟碳钙铈矿二级亚晶胞 $a'c'$晶体结构示意图

（据王鲜华等，1995）

［形貌特征］ 晶体为自形柱状、矛状、筒状、短柱状，少数为半自形或他形粒状晶体。常见有垂直柱面、密集排列的晶面横纹，有的甚至使晶面呈台阶状。这些晶面横纹是由张角不同的一系列正负菱面体生长形成的。正负菱面体同时出现构成貌似锥形晶体。发育三方单锥 $p\{10\bar{1}L_{1i}\}$ 和 $q\{01\bar{1}L_{2i}\}$，柱面有三方柱 $a\{11\bar{2}0\}$ 和 $m\{10\bar{1}0\}$，柱面一般发育很差，单面 $c\{0001\}$ 常发育很好，晶面光滑且宽大。三方单锥 p 与 q，各自由于张角不同，分别构成二套 $\{10\bar{1}L_{1i}\}$ 和 $\{01\bar{1}L_{2i}\}$ 单锥，致使晶面横纹发育。粒度 0.1~0.5 mm，多为 0.25~0.15 mm。

［物理性质］ 黄色、米黄色、蜡黄色，少数为无色。玻璃光泽或油脂光泽。具有{0001}不完全解理；亚贝壳状断口。实测比重 4.14 g/cm^3。

［光学性质］ 透射光显微镜下，无色或淡黄色。一轴正晶。以波长 $\lambda=589$ nm 的单色光为光源，在室温 21℃时，测得折射率 $N_o=1.6705$，$N_e=1.7666$。在浸油中观察为正至正极高突起。

［化学成分］ 根据电子探针分析结果(表 2-4-34)，计算得晶体化学式为：$(Ca_{0.92}Sr_{0.01})_{\Sigma 0.93}(Ce_{1.12}La_{0.84}Pr_{0.05})_{\Sigma 2.01}F_{2.00}[C_{3.00}O_{9.00}]$，与氟碳钙铈矿相同，具有强选择轻稀土的特点。

表 2-4-34 四川牦牛坪矿床氟碳钙铈矿电子探针成分分析结果(w_B/%)

样号	Al_2O_3	SiO_2	BsO	SrO	CsO	La_2O_3	Ce_2O_3	Pr_2O_3	Nd_2O_3	Y_2O_3	ThO_2	CO_2	F	-O=F	总量
ZK311D	0.13	0.23	0.00	0.20	9.53	25.38	27.48	0.54		0.51	0.70				93.37
ZK332附近		0.05	0.00	0.10	9.57	25.62	33.88	1.46	1.44	0.10	0.21	24.58	7.07	2.98	101.10
ZK332D					10.00	22.69	29.81								101.17

注：数据引自王鲜华等(1995)。

［光谱特征］ 从本区氟碳钙铈矿的红外吸收光谱(图 2-4-29)可以看出，它为典型的氟碳钙铈矿吸收谱。

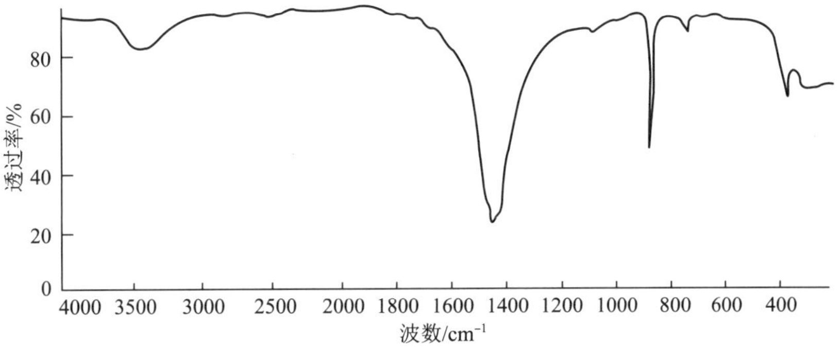

图 2-4-29 四川牦牛坪矿床氟碳钙铈矿的红外吸收光谱

(据王鲜华等，1996)

(12)松辽盆地中生代火山岩中的氟碳钙铈矿

［产状、产地及共(伴)生矿物］ 在松辽盆地深层发育的中生代酸性火山岩中发现氟碳钙铈矿，其寄主岩为球粒流纹岩、流纹岩、流纹质熔结凝灰岩、流纹质凝灰岩，分布深度为 2930~3830 m，形成时代为早白垩世晚期。氟碳钙铈矿常与石英、碳酸盐、钠铁闪石、钠长石、绿泥石、绿帘石、粘土矿物等次生矿物共生，充填于气孔或零星分布于岩石的孔隙中。氟碳钙铈矿是岩浆后期热液和大气降水多阶段、多次作用萃取的产物，与天然气储层有着一种内在的联系(赵海玲等，2009)。

［形貌特征］ 晶体较小，在薄片中零星分布。薄片中呈浅褐色，多呈不规则状(图 2-4-30)。

［物理性质］ 薄片中呈浅褐色；发育{0001}完全解理。

［光学性质］ 一轴正晶；高正突起；干涉色为高级白。

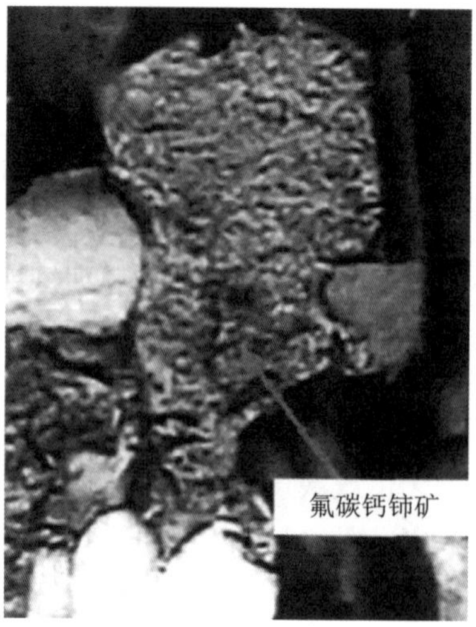

图 2-4-30　松辽盆地流纹质熔结凝灰岩中的氟碳钙铈矿(-)，×10
（据赵海玲等，2009）

［化学成分］　由电子探针分析结果(表 2-4-35)可以看出，本区氟碳钙铈矿除含有 Ce_2O_3、Nd_2O_3、La_2O_3、CaO 等主要组分外，还含有少量的 MgO、SiO_2、Al_2O_3、FeO 和微量的 TiO_2 等。通常氟碳钙铈矿含有少量的 MgO、SiO_2、SrO、Al_2O_3、FeO、ThO_2，以及微量的 TiO_2，Nb_2O_5、MnO 等，稀土配分以铈族为主，Ce 被 La、Nd、Sm 等稀土元素的替代量可达 1：1 或超过此值。与一般氟碳钙铈矿比较，本区的氟碳钙铈矿富含 Nd，Nd 以类质同象进入矿物晶格替代 Ce 和 La。

表 2-4-35　松辽盆地中生代火山岩中氟碳钙铈矿的电子探针分析结果(w_B/%)

SiO_2	Al_2O_3	CaO	MgO	FeO	MnO	K_2O	Na_2O_3	TiO_2	La_2O_3	Ce_2O_3	Nd_2O_3	Nb_2O_3
0.2	0.08	16.98	0.02	0.12	0	0	0	0.21	8.43	20.05	12.03	0

注：数据引自赵海玲等(2009)。

(13)云南省禄丰县鹅头厂铁铜矿床中的氟碳钙铈矿

［产状、产地及共(伴)生矿物］　云南禄丰鹅头厂铁铜矿床为元古宙含铜富铁矿床之一，矿床中除了铁、铜等资源外，还伴生少量的稀土组分。矿床中发现氟碳钙铈矿、氟碳铈矿、褐钇铌矿等独立的稀土矿物。其中，氟碳钙铈矿主要富集在条纹条带状矿石中，含量为 0.17%左右，分布极不均匀，局部富集，主要呈微细粒半自形至他形粒状晶体，多为微细粒的不规则粒状集合体，与磁铁矿间隙中的方解石和绿泥石等脉石矿物紧密共生，在氟碳钙铈矿颗粒中普遍含有呈板状或柱状、片状、针状的微细粒氟碳铈矿。此外，本书在块状磁铁矿矿石中也发现少量的氟碳钙铈矿，含量非常稀少，仅为 0.02%左右，主要呈星点状分布于磁铁矿矿物间隙中(温利刚等，2019)。

［形貌特征］　条纹条带状矿石中的氟碳钙铈矿结晶粒度较细，粒径一般小于 30 μm，主要呈微细粒半自形至他形粒状晶体，多为微细粒的不规则粒状集合体，与磁铁矿间隙中的方解石和绿泥石等脉石矿物紧密共生，呈镶嵌接触关系(图 2-4-31a、b)，显示出氟碳钙钵矿形成于热液期晚阶段。矿石中氟碳钙铈矿很少呈单一均匀晶体存在，普遍含有呈板状或柱状、片状、针状的氟碳铈矿微细晶体骨架(图 2-4-31c、d)。块状磁铁矿矿石中的氟碳钙铈矿结晶细小，粒径一般小于 10 μm，主要呈微细粒自形至半自形晶，部分颗粒自形程度很好，呈微细粒长柱状晶体(图 2-4-31e、f)，与绿泥石关系密切，亦显示出氟碳钙铈矿形成于热液期晚阶段。

［化学成分］　通过 X 射线能谱点分析(图 2-4-32)，得到条纹条带状矿石中氟碳钙铈矿的平均化学元素组成为 C 3.36%、O 10.99%、F 1.41%、Ca 18.89%、La 24.29%、Ce 33.77%、Pr 1.84%、Nd 4.49%、Y 0.96%(表 2-4-35)。矿物中富含轻稀土元素，以 Ce、Nd、La 为主，一般 Ce>La>Nd，

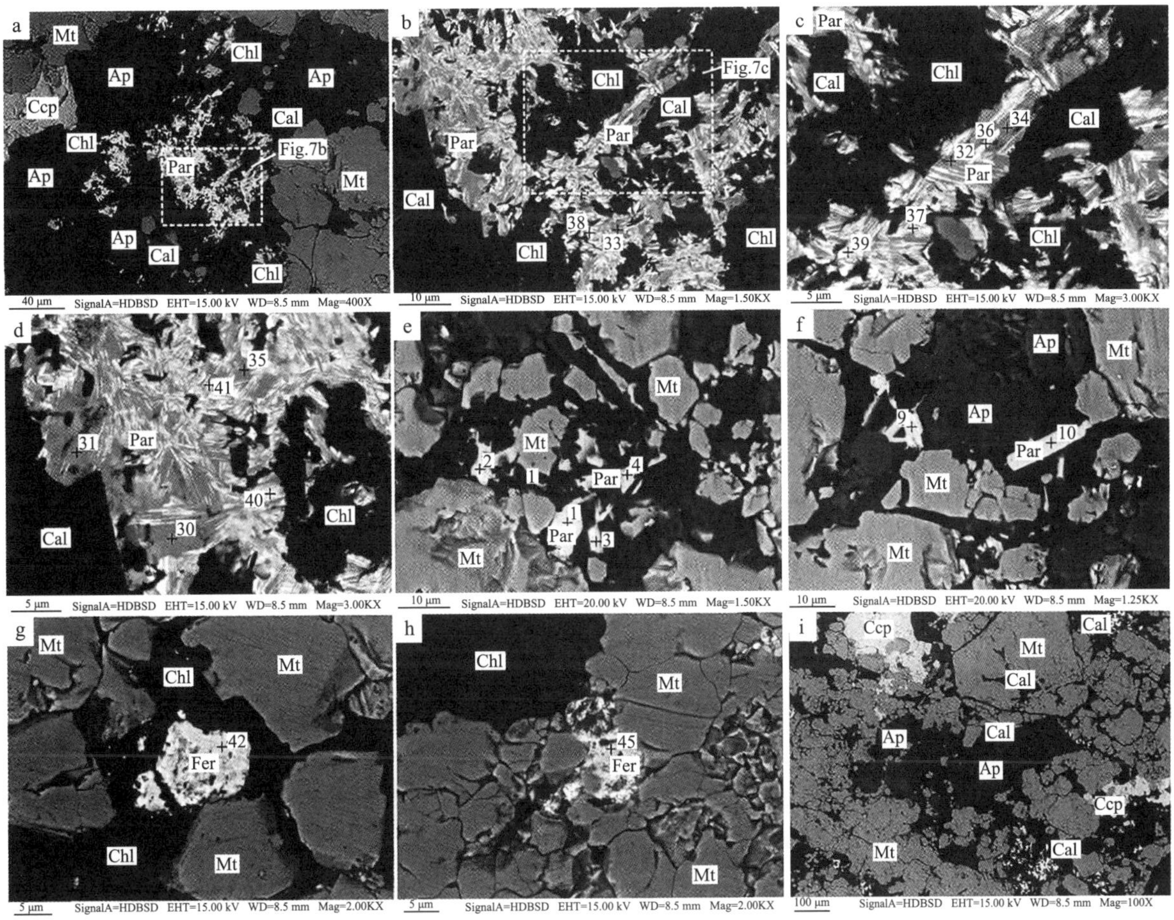

图 2-4-31 云南禄丰鹅头厂铁铜矿床稀土矿物 BSE 微观形貌图

（据温利刚等，2019）

Ap—磷灰石；Cal—方解石；Ccp—黄铜矿；Chl—绿泥石；Fer—褐钇铌矿；Mt—磁铁矿；Par—氟碳钙铈矿

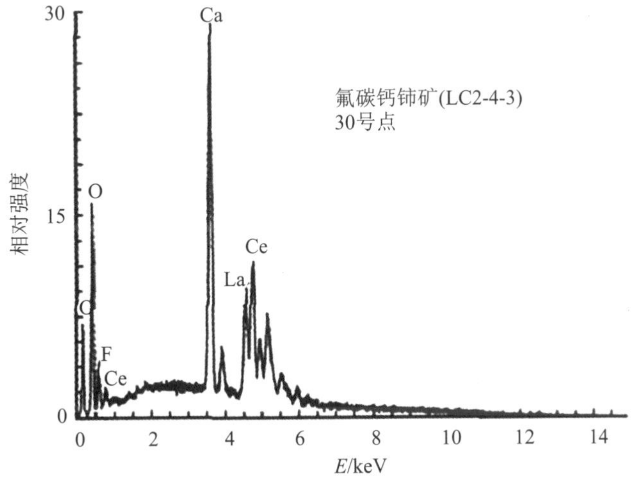

图 2-4-32 云南禄丰鹅头厂铁铜矿床氟碳钙铈矿能谱图

（据温利刚等，2019）

含少量 Pr、Y，无放射性元素 U 和 Th 的替代。

X 射线能谱点分析得到块状矿石中氟碳钙铈矿的平均化学元素组成为 C 7.37%，O 20.13%，F 3.06%，Ca 18.00%，Fe 2.10%，La 17.59%，Ce 24.87%，Pr 1 .84%，Nd 4.78%，Y 0.26%

(表 2-4-36)。矿物中富含轻稀土元素，以 Ce、Nd、La 为主，一般 Ce>La>Nd，含少量 Pr、Y，无放射性元素 U 和 Th 的替代。

表 2-4-36　云南禄丰鹅头厂铁铜矿床中氟碳钙铈矿能谱分析结果(w_B/%)

矿物名称及样号	能谱点编号	C	O	F	Ca	Fe	Y	La	Ce	Pr	Nd	总量
氟碳钙铈矿(LC2-21)	1	7.12	19.02	3.02	17.61	2.12	0.49	17.97	25.89	1.97	4.79	100.00
	2	7.82	20.58	3.44	18.77	2.78	0.08	16.87	22.90	2.04	4.72	100.00
	5	8.02	21.53	3.15	16.93	2.02	0.13	17.56	24.25	1.73	4.67	99.99
	6	7.67	21.08	3.26	18.13	2.34	0.29	17.01	23.77	1.86	4.57	99.98
	7	7.50	20.63	2.79	17.62	2.07	0.19	17.68	24.83	1.77	4.91	99.99
	8	7.92	21.47	3.24	17.77	2.18	0.23	16.70	23.99	1.70	4.79	99.99
	9	6.01	17.42	2.56	18.93	1.73	0.26	19.24	27.17	1.85	4.83	100.00
	10	6.92	19.27	2.98	18.24	1.53	0.43	17.70	26.17	1.78	4.98	100.00
	平均值	7.37	20.13	3.06	18.00	2.10	0.26	17.59	24.87	1.84	4.78	100.00
氟碳钙铈矿(LC2-4-3)	30	3.64	11.90	1.50	19.89	—	0.36	22.88	33.19	2.16	4.49	100.01
	31	3.65	11.86	1.46	20.93	—	0.79	22.54	32.84	1.47	4.47	100.01
	32	2.99	10.62	1.30	20.15	—	1.50	23.35	33.45	2.11	4.55	100.02
	33	2.99	9.21	1.29	14.73	—	0.86	27.77	37.03	1.85	4.26	99.99
	34	3.07	10.48	1.31	21.19	—	1.29	22.91	33.43	1.62	4.70	100.00
	35	3.79	11.89	1.61	16.46	—	0.94	26.30	32.66	1.85	4.48	99.98
	平均值	3.36	10.99	1.41	18.89	—	0.96	24.29	33.77	1.84	4.49	100.00

注：数据引自温利刚等(2019)。

(14)云南省武定县迤纳厂铁铜稀土矿床中的氟碳钙铈矿

[产状、产地及共(伴)生矿物]　云南武定迤纳厂铁铜稀土矿床是滇中地区具有代表性的元古宙铁铜稀土矿床之一。矿床中除了铁、铜资源外，还伴生有稀土、稀有(铌)、钇、钼、钴等组分。在矿石中发现了含量可观的氟碳钙铈矿、氟碳铈矿和少量的独居石、褐帘石、铌铁矿、褐钇铌矿、硅钍钇矿、含铌金红石等稀有稀土矿物。在铁氧化物和铜硫化物成矿两个阶段均伴随有稀土成矿作用。在脉状矿石中，氟碳钙铈矿含量高达 5.76%，与褐帘石、硅钍钇矿、含铌金红石等稀有稀土矿物主要局部富集，与石英、方解石、绿泥石和晚期黄铜矿、黄铁矿等紧密共生；在条纹条带状矿石中的氟碳钙铈矿的含量稀少，只有 0.03%。主要分布于磁铁矿、菱铁矿、磷灰石、萤石、氟碳铈矿等矿物的边缘间隙中，或与氟碳铈矿、独居石等一起散布于磷灰石颗粒中，可能是由于后期热液的叠加改造作用，磷灰石中的稀土元素析出而形成的(温利刚等，2018)。

[形貌特征]　脉状矿石中氟碳钙铈矿含量比较高，分布极不均匀，局部非常富集，结晶粒度较细，多数小于 0.05 mm。氟碳钙铈矿在脉状矿石中主要有 2 种嵌布形式：①呈微细粒自形至半自形晶，多为微细粒放射状、针状、长柱状和板状连晶集合体(图 2-4-33a、b、c)，也有部分氟碳钙铈矿结晶程度较差，呈半自形-他形晶体(图 2-4-33d)，与绿泥石、方解石、石英等脉石矿物以及晚期形成的自形程度较好、颗粒较大的黄铜矿、黄铁矿等硫化物紧密共生，这种嵌布形式的氟碳钙铈矿占多数，主要富集在脉状矿石中；②他形微细粒的氟碳钙铈矿颗粒，呈不规则浸染状杂乱嵌布于绿泥石中(图 2-4-33e、f)。

条纹条带状矿石中的氟碳钙铈矿的含量稀少，主要有 2 种嵌布形式：①呈不规则的他形粒状分布于磁铁矿、菱铁矿、磷灰石、萤石、氟碳铈矿等矿物的边缘间隙中，自形程度一般较差(图 2-4-34)；②呈微细粒的氟碳钙铈矿颗粒，呈包裹体的形式散布于磷灰石颗粒中，这种氟碳钙铈矿颗粒自形程度较好，主要呈微细粒长柱状-针状晶体，与氟碳铈矿、独居石等一起分布于他形或半自形磷灰石颗粒中。

[化学成分]　根据 X 射线能谱点分析结果，本区氟碳钙铈矿的平均化学元素组成为 C 8.38%、O

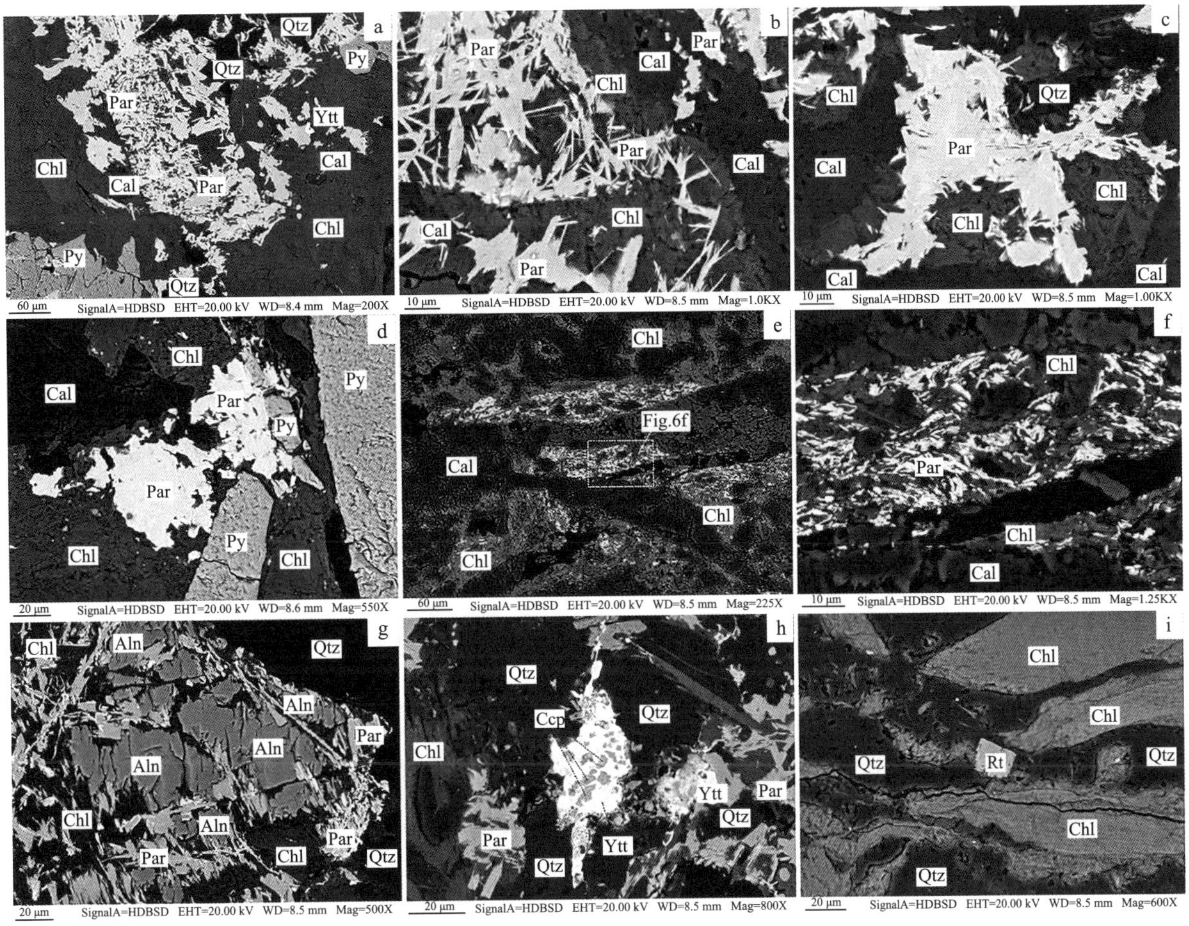

图 2-4-33　云南武定迤纳厂矿床脉状矿石中主要稀有与稀土矿物微观形貌

（据温利刚等，2018）

a、b、c—自形半自形的氟碳钙铈矿构成放射状、针状、长柱状和板状连晶集合体；d—半自形他形的氟碳钙铈矿；e，f—呈不规则浸染状杂乱嵌布于绿泥石中的他形微细粒氟碳钙铈矿；g—与绿泥石、氟碳钙铈矿等共生的褐帘石；h—与绿泥石、石英、氟碳钙铈矿等紧密共生的硅钍钇矿及其中的黄铜矿包体；1—自形程度较好的含含金红石。Par—氟碳钙铈矿；Aln—褐帘石；Cal—方解石；Ccp—黄铜矿；Chl—绿泥石；Py—黄铁矿；Qtz—石英；Rt—金红石；Ytt—硅钍钇矿

22.94%、F 3.74%、Al 0.30%、Si 0.07%、Ca 17.62%、Fe 0.76%、Y 0.49%、La 12.97%、Ce 22.80%、Pr 2.25%和 Nd 7.69%。矿物中富含轻稀土元素，以 Ce、Nd、La 为主，一般 Ce>La>Nd，含少量 Pr、Y(部分氟碳钙铈矿 Y 含量较高)，无放射性元素 U 和 Th 的替代。

条纹条带状矿石中的氟碳钙铈矿平均化学元素组成为 10.11% C、26.44% O、4.66% F、11.48% Ca、10.46% Fe、2.49% Y、0.97% La、12.22% Ce、2.65% Pr 和 18.52% Nd。矿物富含轻稀土元素，以 La、Ce、Nd 为主，含少量 Pr、Y，无放射性元素 U 和 Th 的替代。

(15)云南省新平县大红山铜铁矿床中的氟碳钙铈矿

[产状、产地及共(伴)生矿物]　大红山铜铁矿床位于滇中铜铁多金属成矿带南缘。矿区出露前寒武系变质基底，并经历了强烈的变形和变质改造作用，铜铁矿体呈似层状分布于曼岗河组和红山组的变质火山沉积地层。通过扫描电镜能谱测试在矿石中发现大量与铜铁矿物共生的氟碳钙铈矿、磷钇矿、磷铈镧矿、铌钇氧化物等稀土矿物，这些稀土矿物均分布于变钠质凝灰岩为围岩的矿体中，稀土矿物含量随铜品位升高而升高。稀土矿物主要分布在具浸染状构造(Ⅰ类矿石)和条纹条带状构造(Ⅱ类矿石)的矿石中，在Ⅰ类矿石中观察到少量磷铈镧矿、氟碳钙铈矿和类氟碳钙铈矿；而在Ⅱ类矿石中不仅发现了磷铈镧矿、氟碳钙铈矿、类氟碳钙铈矿和氟碳铈矿 4 种轻稀土矿物，且发现了磷钇矿和铌钇氧化物两种重稀土矿物，说明稀土矿物主要赋存在Ⅱ类矿石中，另一方面说明轻重稀土元素在成

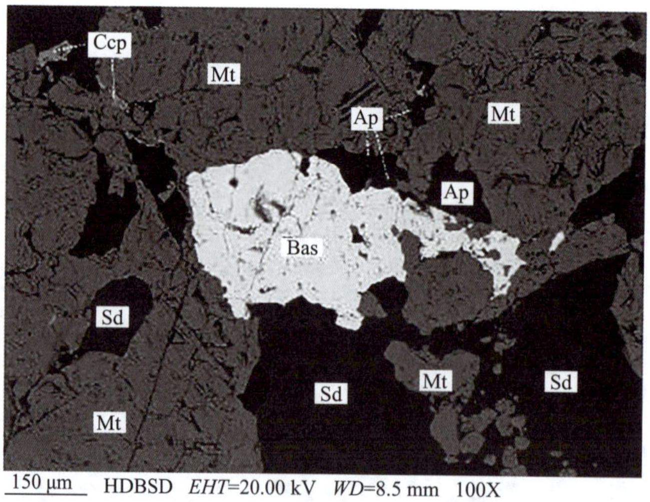

图 2-4-34 云南武定迤纳厂矿床条纹条带状矿石中氟碳钙铈矿的微观形貌

（据温利刚等，2018）

Ap—磷灰石；Bas—氟碳铈矿；Ccp—黄铜矿；Col—铌铁矿；Fer—褐钇铌矿；Mnz—独居石；Mt—磁铁矿；Par—氟碳钙铈矿；Py—黄铁矿；Qtz—石英；Sd—菱铁矿

矿过程中出现了明显的分馏(罗洪等，2023)。

［形貌特征］ 在扫描电镜下，氟碳钙铈矿呈他形粒状和针柱状集合体，粒径为 1~50 μm，多与类氟碳钙铈矿紧密共生包裹于黑云母中，部分分布在黑云母裂隙或磁铁矿的边缘(表 2-4-37)。

表 2-4-37 云南大红山铜铁矿床矿石中氟碳钙铈矿元素含量(w_B/%)

矿物名称	粒径	成分															产状
		O	Ce	La	F	Nd	Ca	C	Ta	P	Y	Ir	Dy	Al	In	Fe	
氟碳钙铈矿	1~50 μm	34.30	19.50	11.50	8.60	9.90	13.70	2.60									多呈他形粒状和针柱状集合体包裹于黑云母之中
		28.50	26.00	14.00	9.40	12.50	6.90	2.60									
		31.10	25.10	12.60	11.20	10.60	7.20	2.10									
		29.80	23.20	14.10	8.50	11.10	10.10	3.10									
		33.70	21.80	12.20	8.20	9.60	12.00	2.40									

注：数据引自罗洪等(2023)。

［化学成分］ 氟碳钙铈矿元素平均含量：O 31.48%，Ce 23.12%，La 12.88%，F 9.18%，Ti 10.74%，Ca 9.98%，C 2.56%(表 2-4-36；图 2-4-35a、b 和图 2-4-36)。

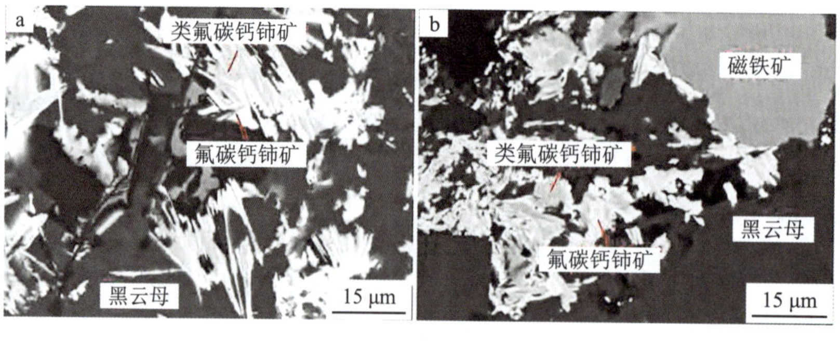

图 2-4-35 云南大红山铜铁矿床氟碳钙铈矿背散射电子图像

（据罗洪等，2023）

a—包裹于黑云母中的与类氟碳钙铈矿紧密共生的氟碳钙铈矿；b—分布于黑云母裂隙或磁铁矿边缘的与类氟碳钙铈矿紧密共生的氟碳钙铈矿

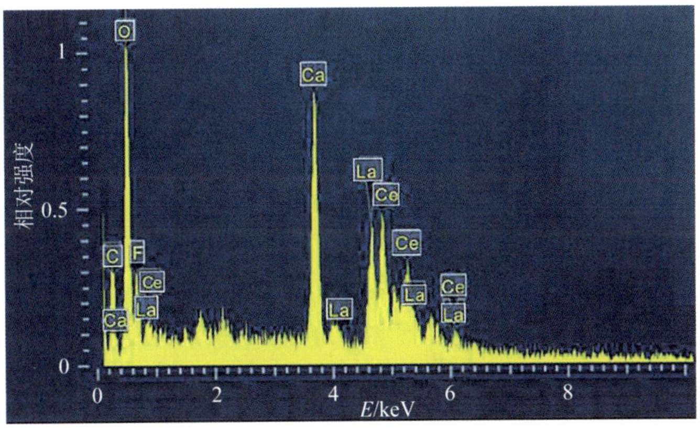

图 2-4-36　云南大红山铜铁矿床氟碳钙铈矿 X 射线能谱分析图
（据罗洪等，2023）

十一、氟碳钙镧矿(Parisite-(La))

1. 氟碳钙镧矿的一般特征

[产地、产状及共(伴)生矿物]　发现于巴西 Mula 矿床。产于穿切变流纹岩的热液石英脉中，由大陆裂谷期间过铝质和碱性岩浆作用形成的变质流纹岩中的玉髓胶结而成。共生矿物包括钛锰锌铅矿、赤铁矿、金红石、氟铈矿、方镁石、镧独居石、一水磷镧石和氟碳镧石(Menezes et al.，2018)。此外，在希腊、巴拉圭和美国怀俄明州也有产出。

[形貌特征]　呈最大粒径达 5 mm 的残留晶核，产于长可至 8.2 cm 的具双晶端和波状晶面条纹的假六方晶体中。晶体呈尖锐的假双锥状，发育水平晶面条纹；或由于尖锥体的交叉组合晶体看起来呈柱状；或构成微晶质结壳。

[晶体结构]　单斜晶系(假三方)；空间群 *C*2、*Cm* 或 *C*2/*m*。晶胞参数为 $a=12.356(1)$ Å，$b=7.1368(7)$ Å，$c=28.299(3)$ Å；$\beta=98.342(4)°$；$Z=12$。

[主要粉晶衍射数据 *d*/Å(*I*)]　2.827(100)，3.555(88)，2.055(58)，13.95(55)，1.950(38)，4.655(37)，1.880(36)，产地为巴西 Mula 矿山。

[物理性质]　黄绿色-白色；条痕白色；透明；玻璃光泽(呈黄绿色时)、乌光泽(呈白色时)。发育{001}完全解理；层状、贝壳状或不平坦状断口。性脆；摩氏硬度 $H=4\sim5$。密度未测，$D_{计算}=4.273\ g/cm^3$。

[光学性质]　在透射光下为无色。假一轴正晶。折光率 $\omega=1.670(2)$，$\varepsilon=1.782(5)$。高突起。

[化学成分]　理想化学式为 $CaLa_2(CO_3)_3F_2$。化学组成(w_B/%)如表 2-4-48 所示。

表 2-4-48　氟碳钙镧铈矿的化学组成(w_B/%)

来源	CO_2	Y_2O_3	La_2O_3	Ce_2O_3	Pr_2O_3	Nd_2O_3	Sm_2O_3	Eu_2O_3	Fe_2O_3	CaO	F
巴西 Mula 矿床	[24.50]	0.52	24.77	11.16	4.73	15.82	1.25	0.07		10.10	7.30
巴西 Mula 矿床	[24.70]	0.51	24.82	12.99	7.95	14.77	1.24	0.07		9.45	6.71
理想化学组成	24.63		60.80							10.46	7.09

来源	$-O=F_2$	合计	化学式
巴西 Mula 矿床	3.07	97.15	$Ca_{0.89}(La_{0.83}Nd_{0.51}Ce_{0.37}Pr_{0.16}Sm_{0.04}Y_{0.03})_{\Sigma1.94}C_{3.03}O_{8.91}F_{2.09}$
巴西 Mula 矿床	2.82	100.39	$Ca_{0.91}(La_{0.82}Nd_{0.47}Ce_{0.43}Pr_{0.26}Sm_{0.04}Y_{0.02})_{\Sigma2.04}(CO_3)_3F_{1.91}$
理想化学式	2.98	100.00	$CaLa_2(CO_3)_3F_2$

[与其他矿物种的关系]　属于氟碳钙铈矿族；与氟碳钙铈矿呈类质同象。

2. 在中国的产出情况

目前中国尚未发现氟碳钙镧矿。

直氟碳钙铈石族(Synchysite group)

黄河矿	Huanghoite-(Ce)	$BaCe(CO_3)_2F$	三方晶系
直氟碳钙铈矿	Synchysite-(Ce)	$CaCe(CO_3)_2F$	单斜晶系
直氟碳钙钕矿	Synchysite-(Nd)	$CaNd(CO_3)_2F$	斜方晶系
直氟碳钙钇矿	Synchysite-(Y)	$CaY(CO_3)_2F$	单斜晶系

十二、黄河矿(Huanghoite-(Ce))

1. 黄河矿的一般特征

[产地、产状及共(伴)生矿物] 发现于碱性杂岩体中含稀土碳酸盐矿床，为热液脉中不常见的矿物。主要产地分布在中国、俄罗斯、加拿大和格陵兰。在中国白云鄂博矿床中，共(伴)生矿物为霓石、萤石、磁铁矿、赤铁矿、独居石、氟碳铈矿、氟碳钙铈石、易解石和方解石；在俄罗斯则主要为绿泥石、重晶石、菱锶矿、黄铁矿、赤铁矿、铁白云石和白云石(Semenov et al., 1961；Kapustin, 1972；Yang J et al., 1993；Mercier et al., 1993)。

[形貌特征] 板状-粒状晶体构成集合体，最大粒径至10 cm。

[晶体结构] 三方晶系；$R\bar{3}m$ 或 P。晶胞参数为 $a=5.072$ Å，$c=38.46$ Å，$Z=6(R\bar{3}m)$；$a=5.10$ Å，$c=19.6$ Å；$Z=3(P)$。

[主要粉晶衍射数据 d/Å(I)(hkl)] 3.2428(999)(018)，3.9953(972)(104)，2.536(432)(110)，1.9887(349)(11 12)，2.1411(290)(024)，2.1087(282)(10 16)，1.9977(171)(208)，2.1367(167)(00 18)(PDF 82-479，空间群 $R\bar{3}m$)；3.21(100)(006)，1.937(100)(205)，2.01(90)(116)，3.91(70)(005)，2.50(70)(111)，1.616(70)(213)，1.557(70)(1110)，1.335(70)(1014)(PDF 15-286，空间群 P)。

[物理性质] 蜜黄色-黄绿色，橘黄色。透明。油脂光泽。发育{0001}极完全解理；不规则状断口。摩氏硬度 $H=4.5$。密度 $D_{计算}=4.842$ g/cm^3(空间群 $R\bar{3}m$)；$D_{测量}=4.59$ g/cm^3，$D_{计算}=4.699$ g/cm^3(空间群 P)。

[光学性质] 一轴负晶。折光率 $\omega=1.765\sim1.770$，$\varepsilon=1.588\sim1.610$。多色性：弱，绿黄色。

[化学成分] 理想化学式为 $BaCe(CO_3)_2F$；化学组成(w_B/%)为：BaO 36.82，Ce_2O_3 39.41，CO_2 21.13，F 4.56，$-O=F_2$ 1.92，合计100.00。中国产出样品的化学组成(w_B/%)为：BaO 36.46，REE_2O_3 38.40，CO_2 20.90，F 4.00，H_2O 0.93，$-O=F_2$ 1.68，合计99.01。

[与其他矿物种的关系] 属于直氟碳钙铈矿族；与直氟碳钙铈矿呈类质同象。

2. 在中国的产出情况

黄河矿是在我国内蒙古白云鄂博铁铌稀土矿床中首次发现的新矿物，目前也只在白云鄂博发现。

内蒙古白云鄂博铁铌稀土矿床中的黄河矿

[产地、产状及共(伴)生矿物] 发现于内蒙古白云鄂博铁铌稀土矿床的钠辉石型矿石中，是在氟、二氧化碳、钠等十分活跃的条件下形成的，且成矿溶液中聚集着大量的稀土和碱土等元素。共生矿物有氟碳铈钡石、重晶石、钠辉石、铁白云石、方解石以及混浊土黄色的磷灰石(谢苗诺夫等，1961)。

[形貌特征] 晶体呈板状；粒状集合体。黄河矿的双晶非常发育，但由于晶体比较细小，晶形不多见，肉眼不易察觉。同时，因黄河矿为一轴晶，双晶面垂直 c 轴，即相邻两个单体的 c 轴是重合

的，它们的光率体主轴也是重合的，无法用光学显微镜的方法确定其双晶的存在，故黄河矿的双晶一直未被人们所认识。沈今川等(1990)用转靶四圆单晶衍射仪首次发现黄河矿的一种特殊类型的双晶，其双晶轴平行 c 轴，双晶面//(0001)。发现在晶体中存在着的所有衍射点均符合 $-h+k+l=3n$ 或 $h-k+d=2n$ 的衍射条件。

[晶体结构] 六方晶系；空间群 $R3$。晶胞参数为 $a_0=5.1$ Å，$c_0=19.6$ Å，$c_0/a_0=3.84$，$V=440$ Å^3，假周期通常为 $c_0/2=9.8$ Å，$Z=3$(谢苗诺夫等，1961)。

电子衍射方法测得晶体的六角晶胞参数：$a_0=5.07$ Å，$c_0=38.6$ Å(李方华等，1982)

三方晶系，空间群 $R3m$。$a=5.070(3)$ Å，$c=38.408(5)$ Å(千金子等，1982)。

六方晶系，空间群 $R3m$。$a=5.065(2)$ Å，$c=38.40(2)$ Å，$\gamma=120°$，$V=852.9(8)$ Å^3(沈今川等，1990)。

空间群 $R\bar{3}m$。$a=0.5072(1)$ nm，$c=3.846(1)$ nm，$V=856.8\times10^{-3}$ nm；$Z=6$(杨主明等，1993)。

六方亚晶胞：晶胞参数为 $a'=5.0$ Å，$c'=9.747$ Å；一级超结构：$a''=5.1$ Å，$c''=19.6$ Å；真实结构：$a=5.07$ Å，$c=38.41$ Å；$Z=6$。

晶体结构如图 2-4-37 所示。可以看出，与同类矿物相比，黄河矿晶体由重原子以及由 CO_3^{2-} 所构成垂直于 c 轴的面网沿 c 方向交替地堆叠，这是已知的钡铈及钙铈氟碳酸盐矿物所共有的，另外，与直氟碳钙铈矿(新奇钙铈矿)相比，尽管黄河矿具有和它酷似的化学成分(只是以钡代替了新奇钙铈矿的钙)，它们的晶体结构却有显著的区别：在黄河矿中，两层相邻的同类重原子之间相距 6.54 Å，而在新奇钙铈矿中则为 9.12 Å；在黄河矿中，全部 CO_3^{2-} 都垂直于 c 轴，而在新奇钙铈矿中则全部平行于 c 轴；在黄河矿中与 F 构成一个垂直于 c 轴的面网的是 Ba，而在新奇钙铈矿中与 F 构成一个垂直于 c 轴的面网的是 Ce，简单地从几何上考虑，这些差别都可以认为是由于 Ba^{2+} 的半径较大于 Ca^{2+} 及 Ce^{3+} 这一事实所引起的。

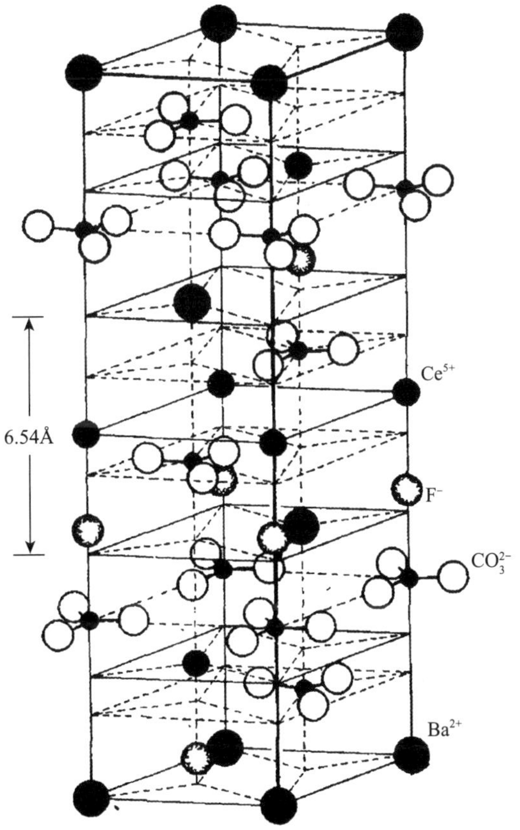

图 2-4-37 黄河矿的晶体结构

(据范海福等，1963)

千金子等(1982)对黄河矿赝结构及超结构的关系作了探讨，获得黄河矿结构参数如表2-4-39、表2-4-40和表2-4-41所示。

表2-4-39 黄河矿的坐标参数及温度因子

原子	坐标参数			温度因子		
	x	y	z	B_{33}	B_{12}	B
Ba_1	0	0	0	1.18858(7791)	0.83318(1254)	
Ba_2	0	0	0.50095(21)	1.42489(7789)	0.61590(1110)	
Ce_1	0	0	0.25534(7)	1.72297(10348)	0.64432(1352)	
Ce_2	0	0	0.74515(6)	0.57555(8198)	0.17647(981)	
F_1	0	0	0.31700(78)			1.63012(53089)
F_2	0	0	0.68490(91)			3.43739(67666)
C_1	0	0	0.12721(129)			0.99255(71997)
C_2	0	0	0.39361(131)			1.96857(82602)
C_3	0	0	0.60860(126)			0.86960(76501)
C_4	0	0	0.87351(153)			2.34507(90309)
O_1	0.29366(494)	0.14960(474)	0.12689(49)			1.83376(33298)
O_2	0.29832(435)	0.14859(442)	0.39479(43)			0.94301(29440)
O_3	0.13850(475)	0.28614(488)	0.60822(47)			1.64114(33285)
O_4	0.14752(433)	0.29018(438)	0.87240(45)			1.05327(29885)

注：数据引自千金子等(1982)。

表2-4-40 黄河矿的键长

化学键	键长/Å	化学键	键长/Å	化学键	键长/Å
$Ba_1—O_2$	2.841(018)	$Ce_1—O_3$	2.675(024)	$O_1—O_1$	2.225(037)
$Ba_1—F_1$	2.993(006)	$Ce_1—O_4$	2.501(019)	$O_1—O_1$	2.845(037)
$Ba_1—F_2$	2.997(005)	$Ce_2—O_1$	2.470(025)	$O_2—O_2$	2.274(033)
$Ba_1—O_3$	2.787(022)	$Ce_2—O_2$	2.624(019)	$O_2—O_2$	2.796(033)
$Ba_2—O_4$	2.939(021)	$Ce_2—O_2$	2.619(020)	$O_3—O_3$	2.161(034)
$Ba_2—O_4$	2.921(018)	$Ce_2—F_2$	2.299(036)	$O_3—O_3$	2.909(034)
$Ba_2—O_1$	2.990(025)	$C_1—O_1$	1.285(029)	$O_4—O_4$	2.218(027)
$Ba_2—O_1$	2.964(025)	$C_2—O_2$	1.314(022)	$O_4—O_4$	2.852(027)
$Ce_1—F_1$	2.344(029)	$C_3—O_3$	1.248(027)		
$Ce_1—O_3$	2.628(028)	$C_4—O_4$	1.28(022)		

注：数据引自千金子等(1982)。

表2-4-41 黄河矿的键角

化学键	键角/(°)	化学键	键角/(°)
$F_1—Ba_1—F_1$	115.70(45)	$O_4—Ba_2—O_4$	97.35(54)
$F_1—Ba_1—O_2$	67.43(50)	$O_3—Ce_1—O_3$	145.94(72)
$F_1—Ba_1—O_2$	116.67(50)	$O_3—Ce_1—O_3$	112.54(72)
$O_2—Ba_1—O_2$	58.96(55)	$O_3—Ce_1—O_1$	48.10(72)
$F_1—Ba_1—O_3$	62.04(58)	$O_3—Ce_1—O_1$	66.55(72)
$F_1—Ba_1—O_3$	115.01(58)	$O_3—Ce_1—O_4$	98.93(67)
$O_2—Ba_1—O_3$	118.72(62)	$O_3—Ce_1—O_4$	141.29(67)
$O_2—Ba_1—O_3$	177.50(62)	$O_1—Ce_2—O_1$	70.35(84)
$O_3—Ba_1—O_3$	62.93(69)	$O_1—Ce_2—O_2$	98.80(73)
$O_1—Ba_2—O_1$	116.74(71)	$O_1—Ce_2—O_2$	69.14(73)

续表

化学键	键角/(°)	化学键	键角/(°)
$O_1—Ba_2—O_1$	43.88(70)	$O_1—Ce_2—O_2$	139.35(73)
$O_1—Ba_2—O_1$	95.54(70)	$O_2—Ce_2—O_2$	150.46(60)
$O_1—Ba_2—O_1$	57.09(70)	$O_2—Ce_2—O_2$	114.04(60)
$O_1—Ba_2—O_4$	122.36(64)	$O_1—C_1—O_1$	120.00(277)
$O_1—Ba_2—O_4$	83.68(62)	$O_2—C_2—O_2$	i19.81(289)
$O_1—Ba_2—O_4$	61.99(63)	$O_3—C_3—O_3$	120.00(242)
$O_1—Ba_2—O_4$	178.70(64)	$O_4—C_4—O_4$	119.98(292)
$O_4—Ba_2—O_4$	58.24(53)		

注：数据引自千金子等(1982)。

千金子等(1982)认为黄河矿的晶体结构可以看作是Ba、Ce、CO_3、F原子构成垂直于c轴的菱形面网沿c方向堆垛而成(图2-4-38)。在单位晶胞中，Ba、Ce交替分布在垂直于c轴R网格的结点上，为保持CO_3的三次对称，C原子则严格处于三次轴上，CO_3平面必垂直c轴，CO_3层分别夹于Ba、Ce相间的重原子层间形成似白云石结构，F亦分布于R面网的结点上，其z坐标与Bal的z坐标比较接近，Ce_1、Ce_2均由9个O及1个F原子包围，形成不规则的多面体配位，Ba_1由6个O及6个F原子包围形成似三角二十面配位体，Ba_2则由12个O包围，其配位体见图2-4-39。

[主要粉晶衍射数据] 见表2-4-42。

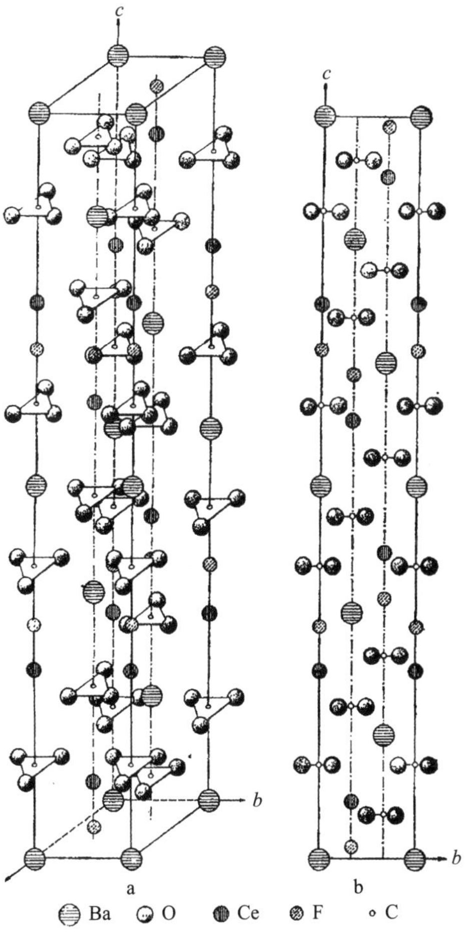

图2-4-38 黄河矿晶体结构图(a)及其晶体结构投影图(b)
(据千金子等，1982)

表 2-4-42 黄河矿的粉晶数据

I	d/Å	I	d/Å
7	3.91	7	1.335
10	3.21	6	1.325
7	2.50	5	1.252
9	2.01	3	1.201
10	1.937	5	1.176
4	1.759	3	1.157
7	1.616	6	1.083
7	1.557		

注：数据引自谢苗诺夫等(1961)。

[物理性质] 蜜蜡黄色或浅黄绿色；透明-半透明，玻璃、油脂光泽。发育(0001)解理；不平坦状断口。显微硬度 411 kg/mm^2；摩氏硬度约 4.7。密度 $D_{测量}=4.67 \sim 4.51\ g/cm^3$。发红黄色荧光。

[光学性质] 一轴负晶。折光率 $\omega=1.765$，$\varepsilon=1.603$。多色性：浅绿-淡黄色，N_o 为淡黄，N_e 为浅黄绿。

[化学成分] 见表 2-4-43。黄河矿显然是选择性的铈稀土矿物，重镧元素的含量并不多。稀土部分为钍所置换，钡为锶所置换；光谱分析尚发现有 Ti、Zr(0.00n%)。

表 2-4-43 黄河矿和氟碳钡铈石的化学分析结果

成分	黄河矿					氟碳钡铈石(南格陵兰)含量/%
	理论成分含量/%	标本 1		标本 2	标本 3(风化者)	
		含量/%	原子数	含量/%	含量/%	
BaO	36.84	36.46	0.238	36.14	15.11	17.30
CaO	—	—	—	—	5.65	1.91
TR_2O_3	39.39	38.40	0.234	37.35	41.70	49.39
Fe_2O_3	—	—	—	—	7.70	1.43
ThO_2	—	—	—	—	1.50	0.30
CO_2	21.13	20.90	0.475	18.90	14.00	23.47
H_2O	—	0.93	—	—	4.54	0.80
不溶物	—	—	—	—	6.61	2.58
F	4.56	4.00	0.211	3.45	5.43	4.87
$-O=F_2$	1.92	1.68	—	—	2.20	2.05
总计	100.00	99.01			100.04	100.00

注：数据引自谢苗诺夫等(1961)。

黄河矿的稀土中主要为铈族稀土，铈为最多，其余依次为镧、钕、镨、钐等(表 2-4-44)。

表 2-4-44 黄河矿的稀土成分(w_B/%)

	La	Ce	Pr	Nd	Sm	Eu	Gd	Tb	Dy	Ho	Er	Tu	Yb	Lu
标本 1	22	49.8	6.4	20	1	0.1	0.5	—	0.2	—	—	—	—	—
标水 2	24	46.9	6	19	1.4	0.2	1.2	0.2	0.2	—	0.4	—	0.5	—

注：数据引自谢苗诺夫等(1961)。

[光谱特征] 加热至 600~680℃时矿物结构分解破坏。矿物差热曲线(图 2-4-40)上的吸热谷为 480℃、680℃(最大者)和 800℃，根据失重曲线(图 2-4-40)来看，最大的失重发生在第二个谷上。后二者相当于 $CeCO_3F$ 和 $BaCO_3$ 分解温度。

黄河矿的红外光谱曲线反映了碳酸盐矿物的特征，同时也反映着黄河矿的特征。1380~1500 cm^{-1}

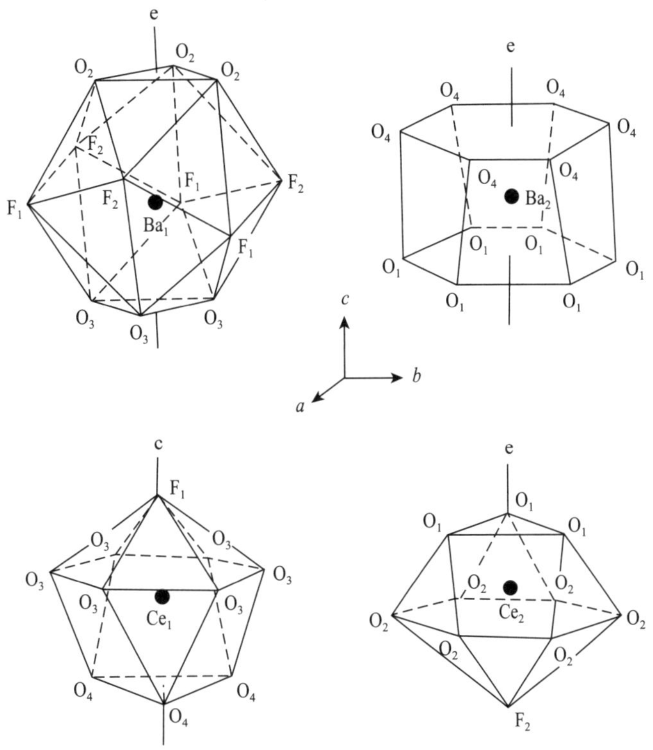

图 2-4-39　黄河矿配位多面体图

（据千金子等，1982）

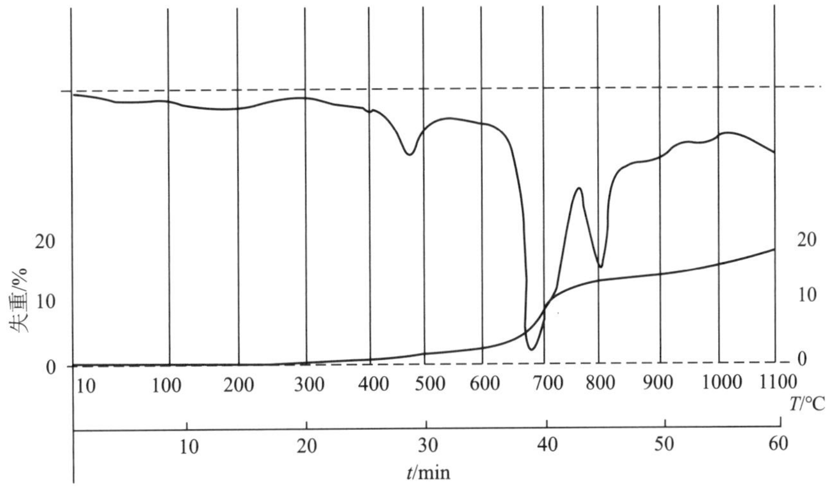

图 2-4-40　黄河矿的差热曲线和失重曲线

（据谢苗诺夫等，1961）

的振动为伸缩振动，870 cm^{-1}、880 cm^{-1} 的振动为弯曲振动。拉曼光谱如图 2-4-41 所示。

［微化反应］　易溶于盐酸、过氟酸、硝酸或硫酸等强无机酸中。

［变化］　黄河矿在氧化带中很不稳定，易于变成表生氟碳铈矿的黄色或褐色赭土。

十三、直氟碳钙铈矿（Synchysite-（Ce））

1. 直氟碳钙铈矿的一般特征

［产地、产状及共（伴）生矿物］　产在花岗岩和碱性正长岩中，是一种不常见的热液成因副矿物。在德国、挪威、西班牙、意大利、瑞士、奥地利、法国、俄罗斯、加拿大和澳大利亚等国家均有产

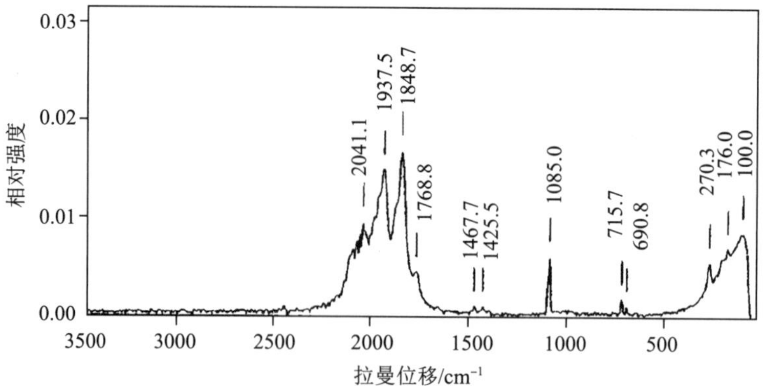

图 2-4-41　黄河矿拉曼光谱图

（据段玉然等，1998）

出，最典型的产地有格陵兰 Narssârssuk，其共(伴)生矿物有星叶石、钠锆石、柱星叶石、斜方板晶石、斜钠锆石、氟碳钡铈矿、萤石、菱锰矿、多硅锂云母、霓石、微斜长石和钠长石；在俄罗斯 Khibiny，则主要与碳钇钡石、锶铈磷灰石、萤石、硅钛铌钠矿、碳酸锶铈矿、库氟碳镧钡石、碳钇钡石、黄碳锶钠石、方解石(calcite)、重晶石和正长石共(伴)生(Palache et al., 1951; Wang L et al., 1994; de Parseval et al., 1997)。

［形貌特征］ 常呈尖锥状{$10\bar{1}0$}至平行板状，晶面条纹平行{0001}。但因与氟碳铈矿、氟碳钙铈矿、伦琴石和氟碳钡铈矿连体衍生变化多端。晶体粒径最大至 6 cm。双晶面{0001}，可能为聚片双晶。

［晶体结构］ 单斜晶系(假六方)；$C2/c$。晶胞参数为 a = 12.329(2) Å，b = 7.110(1) Å，c = 18.741(2) Å，β = 102.68(1)°；Z = 12。六方晶系；$P3_1$。晶胞参数为 a = 7.10 Å，c = 54.72 Å；Z = 18。

［主要粉晶衍射数据 d/Å(I)(hkl)］ 3.55(100)(110)，2.80(100)($11\underline{1}2$)，9.1(60)(006)，4.53(50)($00\underline{12}$)，2.06(50)($10\underline{25}$)，1.934(50)($20\underline{22}$)，3.32(40)(116)，1.873(40)(3012)(PDF 18-284，六方晶系)。

［物理性质］ 蜡黄色、棕色、灰黄色。透明。玻璃-半金刚光泽，可能为蜡状光泽。半贝壳状-锯齿状断口。性脆。摩氏硬度 H = 4.5。密度 $D_{测量}$ = 3.90 g/cm³，$D_{计算}$ = 3.88 g/cm³(单斜晶系)；$D_{测量}$ = 3.92 g/cm³，$D_{计算}$ = 3.99 g/cm³(六方晶系)。

［光学性质］ 在透射光下无色至浅黄色。一轴正晶。折光率 ω = 1.674，ε = 1.770。多色性：弱；吸收性 O<E。

［化学成分］ 理想化学式为 $CaCe(CO_3)_2F$。产于法国 Trimouns 滑石矿床的样品化学分析结果(w_B/%)为：CO_2 [27.95]，SiO_2 0.14，Y_2O_3 0.45，La_2O_3 9.96，Ce_2O_3 22.34，Pr_2O_3 2.27，Nd_2O_3 12.73，Sm_2O_3 1.79，Gd_2O_3 1.27，CaO 18.14，F 5.73，$-O=F_2$ 2.41，总计 100.36；相应的化学式为 $Ca_{1.02}(Ce_{0.43}La_{0.24}Nd_{0.19}Pr_{0.05}Sm_{0.03}Gd_{0.02}Y_{0.01})_{\Sigma 0.97}(CO_3)_2F$。

［与其他矿物种的关系］ 属于直氟碳钙铈矿族；与黄河矿、直氟碳钙钕矿、直氟碳钙钇矿、羟直氟碳钙铈矿呈类质同象。

2. 在中国的产出情况

直氟碳钙铈矿是富含稀土元素的氟碳酸盐矿物，一般是热液活动或大气降水多阶段、多次作用萃取的产物，这种相互作用是多元体系参与并经历多阶段演化，直氟碳钙铈矿形成于富 Ca^{2+} 和 CO_3^{2-} 的流体及还原性环境(王濮等，1982；赵海玲等，2009)。直氟碳钙铈矿的出现主要与环境中的 Ca^{2+} 浓度有关，所以只能形成于某些特定区域。据流体包裹体研究表明，直氟碳钙铈矿的结晶沉淀温度为 210~480℃，属于中低温矿物(袁忠信等，1995；周利敏等，2011)。由此可见，直氟碳钙铈矿并不是一种常见的稀土矿物，故其分布较为有限。而且，直氟碳钙铈矿晶体粒径小，单晶颗粒极为少见，而且具有复杂体衍生现象，晶体结构分析需在透射电镜高放大倍数及高分辨率下，研究难度相对较大，所以研究程度也受限。

中国已报道的直氟碳钙铈矿产地不多，主要分布在内蒙古包头市白云鄂博（孟庆昌，1981）和通辽市扎鲁特旗巴尔哲岩体（Wu M et al.，2021）、甘肃省酒泉市阿克塞县余石山铌钽矿床（Yu J P et al.，2023）、山东省微山县郗山稀土矿床（吴秀玲等，1994；赵文霞等，1997）、河南省南阳市西峡县太平镇稀土矿床（Qu K et al.，2019）、湖北省十堰市竹山县庙垭碳酸岩杂岩体（Li S，1982）、广东省粤北地区产铀花岗岩（祁家明等，2014；张丽等，2018）、广西豆乍山花岗岩（胡欢等，2012）以及江西省赣州市安远县石头坪重稀土矿床（Gong L X et al.，2023）、定南县寨北矿床（Shi A G et al.，2024）、龙南县龙南稀土矿床（林运淮等，1985）、足洞钇矿床（Shi A G et al.，2024）、寻乌县河岭稀土矿床（林运淮，1986）和西华山富钇花岗杂岩体（Wang R C，2003a）。

（1）广东省长江岩体中的直氟碳钙铈矿

［产地、产状及共（伴）生矿物］ 长江岩体位于诸广复式花岗岩体南部中段，是粤北地区重要的产铀花岗岩。其中302铀矿床是中国最重要的花岗岩型铀矿床之一。长江岩体中的副矿物有锆石、磷灰石、褐帘石、铀石-钍石、晶质铀矿、独居石等。独居石中铀含量较高，当其周围矿物绿泥石化时，独居石蚀变形成直氟碳钙铈矿并释放铀（图2-4-42）。棉花坑铀矿床蚀变花岗岩中发育较多直氟碳钙铈矿，分布于长英质矿物颗粒之间，且内部可见有大量钍石（祁家明等，2014；张丽等，2018）。

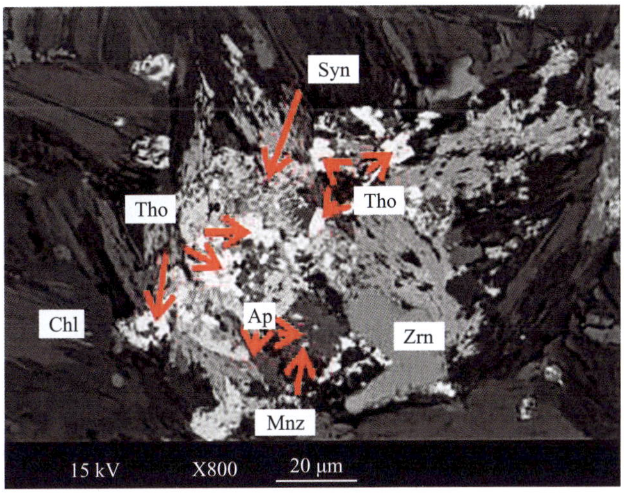

图2-4-42 长江岩体新鲜花岗岩及蚀变花岗岩中铀石-钍石的背散射图像
（据张丽等，2018）
Ap—磷灰石；Chl—绿泥石；Mnz—独居石；Syn—直氟碳钙铈矿；Tho—钍石；Zrn—锆石

［形貌特征］ 本区直氟碳钙铈矿为独居石蚀变的产物，在背散射电子图像中，直氟碳钙铈矿通常呈浸染状、脉状或散块状，为后期成矿流体所带入，且只发育于蚀变花岗岩中，在正常花岗岩样品及矿石样品中未发现该矿物。如图2-4-43所示，靠近绿泥石一侧或间隙中的独居石已发生蚀变，形成蚀变产物——直氟碳钙钵矿，而靠近长石、石英一侧的独居石未发生蚀变或仅发生轻微蚀变。位于绿泥石间隙中的独居石已基本全部蚀变成直氟碳钙钵矿，并且在直氟碳钙铈矿内部发育许多小颗粒的钍石，表明独居石的蚀变与绿泥石化蚀变作用密切相关。独居石的这种蚀变现象仅在蚀变内带中发现，在蚀变外带中并未发现，说明独居石的蚀变与第二期热液蚀变作用关系更为密切。

［化学成分］ 电子探针化学分析（表2-4-45）表明，未蚀变的独居石成分单一，Ce_2O_3 含量为29.4%~31.4%，La_2O_3 含量为13.4%~14.6%，UO_2 含量为0.27%~0.73%，ThO_2 含量为2.40%~5.89%，Y_2O_3 含量为0.59%~3.44%。与未蚀变的独居石相比，其蚀变产物——直氟碳钙铈矿的REE含量改变不大，而CaO和 Y_2O_3 含量明显增加，ThO_2、UO_2 含量显著减少（图2-4-44），U含量多低于检测限，这暗示着随着独居石蚀变成直氟碳钙铈矿，其所含U被活化并得以完全释放出来。

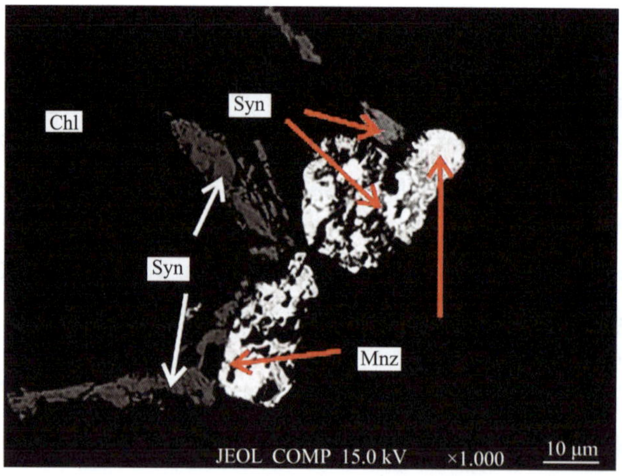

图 2-4-43 广东长江岩体蚀变花岗岩中独居石及其蚀变产物的背散射图像

（据张丽等，2018）

Chl—绿泥石；Mnz—独居石；Syn—直氟碳钙铈矿

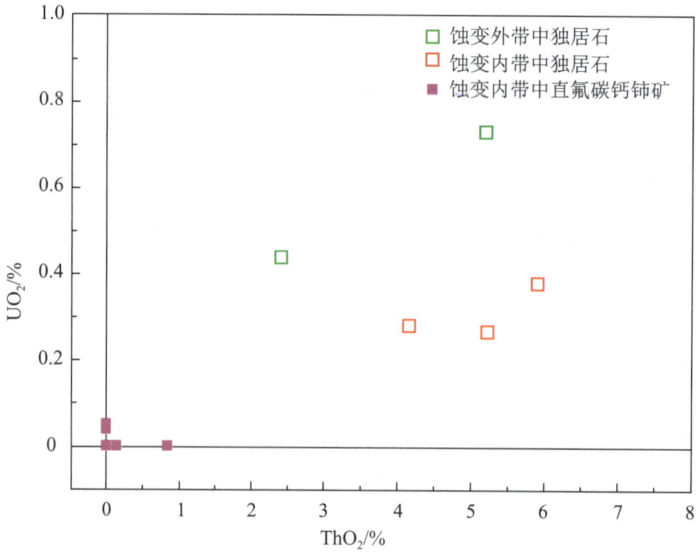

图 2-4-44 广东长江岩体蚀变花岗岩中独居石及其蚀变产物直氟碳钙铈矿的 ThO_2-UO_2 相关图

（据张丽等，2018）

表 2-4-45 长江岩体蚀变花岗岩中独居石及其蚀变产物（直氟碳钙铈矿）的电子探针分析结果（w_B/%）

矿物名称	分析点位	CaO	F	SiO_2	ThO_2	UO_2	PbO	P_2O_5	Y_2O_3	La_2O_3	Ce_2O_3	Pr_2O_3
独居石	14CJ-3-11	0.76	0.36	0.03	2.40	0.44	—	31.28	3.44	14.55	29.99	1.78
	14CJ-3-21	0.70	0.48	0.18	5.19	0.73	0.06	30.09	0.59	13.51	31.44	1.74
	14CJ-2-2	0.40	0.57	0.06	5.22	0.27	—	29.70	1.13	13.52	30.01	1.88
	14CJ-2-3	0.58	0.44	0.00	4.15	0.28	0.04	30.25	1.88	13.38	29.39	1.80
	14CJ-2-4	0.39	0.37	0.11	5.89	0.38	0.11	29.56	1.56	13.58	30.29	2.15
直氟碳钙铈矿	14CJ-2-5	18.39	2.94	—	0.04	0.05	—	0.01	3.71	10.32	22.78	1.45
	14CJ-2-6	19.61	2.77	—	—	—	—	—	5.47	3.63	21.07	1.36
	14CJ-2-7	18.91	2.76	—	0.13	—	—	0.03	3.64	3.56	21.88	1.69
	14CJ-2-12	18.19	4.35	0.22	0.82	0.00	0.08	0.06	1.81	3.59	22.21	1.49
	14CJ-2-18	17.77	3.41	—	0.05	0.04	—	0.03	2.67	10.56	24.32	1.59

续表

矿物名称	分析点位	Nd_2O_3	Sm_2O_3	Gd_2O_3	Tb_2O_3	Dy_2O_3	Ho_2O_3	Er_2O_3	Tm_2O_3	Yb_2O_3	Lu_2O_3	总计
独居石	14CJ-2-2	13.28	1.52	1.59	—	0.37	—	0.26	—	0.06	0.01	99.61
	14CJ-2-3	12.97	1.76	1.54	—	0.58	0.33	0.16	0.22	—	—	99.58
	14CJ-2-2	13.28	1.52	1.59	—	0.37	—	0.26	—	0.06	0.01	99.61
	14CJ-2-3	12.97	1.76	1.54	—	0.58	0.33	0.16	0.22	—	—	99.58
	14CJ-2-4	12.87	1.31	1.15	—	0.36	0.09	0.14	—	—	—	100.15
直氟碳钙铈矿	14CJ-2-5	11.88	1.09	1.58	—	0.35	—	0.28	—	—	0.18	73.82
	14CJ-2-6	9.78	1.05	2.01	0.12	0.84	—	0.22	—	0.03	0.25	67.05
	14CJ-2-7	10.94	1.22	1.37	—	0.41	0.33	—	—	—	0.15	65.86
	14CJ-2-12	8.16	0.41	0.22	—	—	—	—	—	0.20	0.09	60.04
	14CJ-2-18	10.65	0.94	1.35	—	0.67	0.43	0.18	—	—	0.11	73.33

注：数据引自张丽等(2018)。“—”代表低于检测限。

棉花坑铀矿床蚀变花岗岩中直氟碳钙铈矿成分的电子探针分析(表 2-4-46)表明，其含 La、Ce 和 Pr 等轻稀土元素及 Ca、F 等元素，这些元素共占其总量的 66%左右。其中 Ce_2O_3 含量为 25.00%~28.00%，La_2O_3 含量为 9.81%~12.83%，Pr_2O_3 含量为 4.72%~6.36%，CaO 含量为 17.00%~20.34%，F 含量为 2.47%~4.15%。除以上组分外，直氟碳钙铈矿还含有少量的 SiO_2、Al_2O_3、FeO 等。

表 2-4-46　广东棉花坑铀矿床蚀变花岗岩中直氟碳钙铈矿成分电子探针定量分析结果(w_B/%)

样品编号	分析点位	CaO	F	Lu_2O_3	UO_2	SiO_2	Tm_2O_3	ThO_2	Al_2O_3	Ho_2O_3	P_2O_5	Yb_2O_3	Y_2O_3
F393-6	1	20.34	3.5	—	—	0.05	—	1.54	0.02	—	0.02	—	0.87
	2	18	3.28	—	—	0.16	0.13	2.34	0.04	0.15	—	0.15	0.48
	3	18.4	3.83	—	0.05	0.13	0.11	1.17	0.05	0.21	—	0.13	0.36
F393-7	1	18.26	3.62	—	—	—	0.17	1.53	—	—	0.04	0.04	0.46
	2	18.66	3.11	—	0.01	0.14	0.03	0.77	—	0.04	—	—	0.8
	3	18.25	3.3	—	0.02	0.03	0.01	0.77	0.03	0.49	—	0.07	0.44
F393-8	1	19.15	3.06	—	0.05	—	—	0.64	—	—	—	0.13	1.5
	2	18.88	2.47	—	0.01	0.03	0.02	0.26	0.04	—	0.04	—	1.14
	3	18.72	3.04	—	0.07	—	0.28	0.04	—	—	—	0.05	1.57
	4	19.75	3.63	—	0.07	0.03	0.12	2.32	—	—	—	0.01	1.37
	5	18.15	3.29	—	0.06	0.03	—	0.59	0.12	—	—	0.05	1.17
F393-9	1	17	2.62	0.09	—	0.1	—	0.05	0.32	—	—	—	1.68
	2	18.63	3.88	—	0.02	0.08	—	0.08	0.02	0.38	0.02	0.01	1.72
	3	17.95	2.71	0.08	—	—	0.07	0.23	—	0.14	0.03	—	2.14
	4	18.42	3.41	—	—	0.12	0.17	0.34	—	—	0.05	—	1.51
	5	18.62	3.04	0.03	—	0.15	—	0.11	—	0.08	0.04		1.97
	6	18.66	3.2	—	0.04	0.1	0.19	0.82	0.01	0.24	0.01	—	0.94
	7	18.52	3.03	—	—	1.06	—	4.2	0.04	—	0.02	0.12	0.96
	8	18.7	4.15	—	—	0.64	—	1.5	0.35	—	—	0.04	0.9

样品编号	分析点位	Er_2O_3	La_2O_3	Gd_2O_3	Nd_2O_3	FeO	Sm_2O_3	Tb_2O_3	Eu_2O_3	Pr_2O_3	Dy_2O_3	Ce_2O_3	总和
F393-6	1	0.01	9.81	0.86	—	0.1	0.61	—	0.01	6.36	0.05	27.43	70.08
	2	0.07	11.36	0.3	—	0.43	0.8	—	—	5.56	—	27.44	69.31
	3	—	12.83	0.29	—	0.48	1.52	—	—	5.14	—	26.87	69.97
F393-7	1	—	11.32	1.18	—	0.07	1.4	—	—	4.95	—	26.33	67.82
	2	—	10.56	1.28	—	0.46	1.95	—	—	4.68	—	25.99	67.17
	3	—	11.06	0.68	—	0.22	1.35	—	—	4.8	—	28.08	68.20

续表

样品编号	分析点位	Er_2O_3	La_2O_3	Gd_2O_3	Nd_2O_3	FeO	Sm_2O_3	Tb_2O_3	Eu_2O_3	Pr_2O_3	Dy_2O_3	Ce_2O_3	总和
F393-8	1	0.09	10.04	0.97	—	0.13	2.27	—	0.02	4.85	—	27.19	68.79
	2	—	11.65	0.93	—	0.2	1.04	—	0.01	5.24	—	26.77	67.69
	3	0.06	11.82	1.32	—	0.22	2.05	—	—	4.89	—	27.49	70.35
	4	—	11.19	0.93	—	0.56	1.21	—	0.07	4.89	0.65	26.45	71.69
	5	—	10.72	0.91	—	0.28	1.81	—	0.1	4.67	0.06	26.45	67.05
F393-9	1	—	12.06	1.3	—	0.17	2.07	—	—	4.85	0.53	26.42	68.13
	2	—	11.42	1.43	—	0.33	2.11	—	0.08	4.7	0.28	26	69.54
	3	—	10.9	1.57	—	0.24	2.07	—	—	5.01	0.86	24.26	67.14
	4	0.12	11.6	1.15	—	0.32	1.81	—	0.08	5.03	—	26.77	69.45
	5	—	12.22	1.65	—	0.64	1.94	—	—	4.75	0.42	24.99	69.37
	6	—	11.62	0.75	—	0.17	1.42	—	—	5.19	0.17	28.09	70.27
	7	—	10.33	0.6	—	0.23	1.3	—	0.01	4.72	—	25.34	69.20
	8	—	11.66	0.5	—	0.62	1.75	—	0.06	5.16	0.38	26.69	71.36

注：数据引自祁家明等(2014)。“—”低于检测限；FeO 为全铁。

在稀土元素含量分布图(图 2-4-45)中，直氟碳钙铈矿轻稀土含量较高(以 Ce、La、Pr 3 种稀土元素为主)，而重稀土含量很低，其中 Nd_2O_3、Tb_2O_3 的含量均低于检测限(见表 2-4-45)。不同蚀变带中直氟碳钙铈矿稀土元素含量分布模式十分相似，说明它们具有相同的来源。

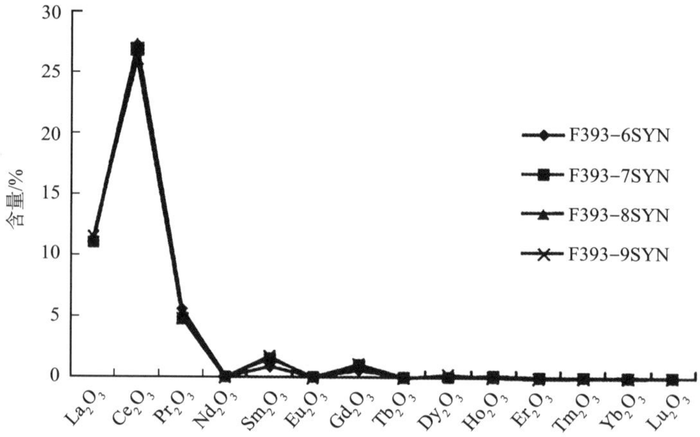

图 2-4-45 广东棉花坑铀矿床蚀变花岗岩中直氟碳钙铈矿稀土元素含量分布图

(据祁家明等，2014)

[成因意义] 直氟碳钙铈矿中 UO_2 的含量并不高，部分低于检测限，最大含量不超过 0.069%，ThO_2 的含量为 0.05%~4.20%。虽然其 U、Th 含量并不高，但它富含 F、C 等元素。基于棉花坑铀矿床的脉石矿物以萤石、方解石为主，反映成矿流体中铀主要以含 F、C 等铀酰络合物形式搬运，在流体运移过程中可从岩体中萃取大量的轻稀土元素；同时，直氟碳钙铈矿在镜下多呈浸润状、脉状产出。因此，可判断直氟碳钙铈矿是成矿流体卸载铀后由残余流体所形成的矿物。该矿物中的铀含量虽很低，但因其只发育于铀矿床的蚀变花岗岩中，因而可作为找矿的标志性矿物。

(2)广西豆乍山产铀花岗岩中的直氟碳钙铈矿

[产地、产状及共(伴)生矿物] 桂东北苗儿山铀矿田是华南重要的花岗岩型铀成矿区，其内部分布有诸多规模较大花岗岩型铀矿床，而位于岩体中段的豆乍山花岗岩，是苗儿山铀矿田内重要的产铀花岗岩之一。花岗岩中原生富铀副矿物主要是独居石和磷钇矿。电子探针背散射电子图像显示独居石和磷钇矿常发生热液蚀变，形成铀含量低的直氟碳钙铈矿和磷灰石。如图 2-4-46 所示，位于绿泥石和石英颗粒之间的独居石边部发生蚀变，分解成直氟碳钙铈矿(胡欢等，2012)。

［形貌特征］ 颗粒非常小。

［化学成分］ 豆乍山花岗岩中独居石及其蚀变产物直氟碳钙铈矿的电子探针分析数据列于表 2-4-47。可以看出，本区独居石可分为未蚀变和蚀变两种，当包裹于造岩矿物，如长石、石英、黑云母中时，它们基本未发生蚀变，且成分均匀(表 2-4-47)，而位于矿物晶隙之间，尤其是位于绿泥石附近时，独居石常发生蚀变，独居石蚀变较弱，仅沿颗粒边部或裂隙发生局部蚀变，蚀变产物为直氟碳钙铈矿(图 2-4-46)。由于蚀变多从矿物边部开始，蚀变独居石核部的成分基本不变，而蚀变后形成的直氟碳钙钟矿铀含量低于检测限 0.28%，明显低于原生独居石，说明原生矿物结构中 U 随着蚀变得以释放活化出来，初步富集于热液，从而为晚期热液铀成矿提供铀源。

表 2-4-47 广西豆乍山花岗岩中独居石及其蚀变产物的电子探针分析结果(w_B/%)

矿物	原生独居石		边部微弱蚀变的独居石		
			核部未蚀变区域	蚀变产物直氟碳钙铈矿	
分析点号	1	2	13	3	14
SiO_2	0.73	0.44	0.74	2.15	4.94
Al_2O_3	—	—	—	0.56	1.93
CaO	3.38	1.22	1.70	19.04	16.68
FeO	—	—	—	0.68	1.79
P_2O_5	29.22	30.54	27.33	0.06	0.05
UO_2	1.68	1.75	0.98	0.01	0.00
ThO_2	15.60	15.94	13.05	4.11	2.45
HfO_2	—	—	—	—	—
PbO	0.07	—	—	—	—
Y_2O_3	2.11	2.51	2.20	3.09	4.64
La_2O_3	8.00	8.66	10.81	11.07	8.68
Ce_2O_3	19.69	20.51	23.96	20.20	18.62
Pr_2O_3	3.33	3.38	3.45	3.41	2.76
Nd_2O_3	9.78	9.54	10.11	10.19	8.46
Sm_2O_3	2.54	2.65	1.83	1.72	1.50
Gd_2O_3	1.79	1.75	1.24	1.14	1.94
Tb_2O_3	—	—	—	—	—
Dy_2O_3	1.73	1.39	1.03	1.70	1.88
Ho_2O_3	—	0.11	0.04	—	—
Er_2O_3	0.23	—	0.06	—	—
Tm_2O_3	0.30	0.18	0.31	0.05	0.08
Yb_2O_3	0.11	—	0.14	—	0.05
Lu_2O_3	n.a.	n.a.	n.a.	n.a.	n.a.
F	n.a.	n.a.	n.a.	2.47	4.02
总和	100.29	100.57	99.98	81.65	80.47
F=O	0.00	0.00	0.00	1.04	1.69
结果	100.29	100.57	99.98	80.61	78.78
Si	0.0286	0.0169	0.0303	0.2108	0.4426
Al	0.0000	0.0000	0.0000	0.0651	0.2032
Ca	0.1417	0.0507	0.0744	1.9999	1.6000
Fe	0.0000	0.0000	0.0000	0.0250	0.0604
P	0.9689	1.0051	0.9439	0.0053	0.0036
U	0.0146	0.0152	0.0089	0.0002	0.0001
Th	0.1390	0.1410	0.1211	0.0917	0.0499
Hf	0.0000	0.0000	0.0000	0.0000	0.0000

矿物	原生独居石		边部微弱蚀变的独居石		
			核部未蚀变区域	蚀变产物直氟碳钙铈矿	
Pb	0.0008	0.0000	0.0000	0.0000	0.0000
Y	0.0440	0.0518	0.0478	0.1610	0.2212
La	0.1156	0.1241	0.1627	0.4003	0.2868
Ce	0.2823	0.2918	0.3579	0.7249	0.6104
Pr	0.0476	0.0479	0.0513	0.1217	0.0902
Nd	0.1368	0.1324	0.1473	0.3567	0.2706
Sm	0.0343	0.0355	0.0257	0.0581	0.0461
Gd	0.0232	0.0225	0.0168	0.0371	0.0574
Tb	0.0000	0.0000	0.0000	0.0000	0.0000
Dy	0.0219	0.0174	0.0135	0.0538	0.0542
Ho	0.0000	0.0013	0.0005	0.0000	0.0000
Er	0.0028	0.0000	0.0008	0.0000	0.0000
Tm	0.0036	0.0022	0.0040	0.0015	0.0023
Yb	0.0014	0.0000	0.0018	0.0000	0.0013
Lu	0.0000	0.0000	0.0000	0.0000	0.0000
F	0.0000	0.0000	0.0000	0.7642	1.1373

注：数据引自胡欢等(2012)。—表示低于检测限；n.a. 表示未分析；结构化学式计算：独居石、直氟碳钙铈矿分别根据阴离子总数4、6计算矿物化学式。

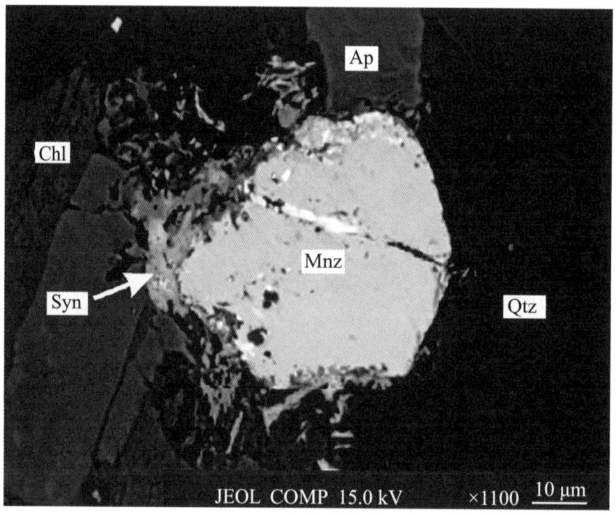

图 2-4-46 广西豆乍山花岗岩中独居石及分解产物的背散射图像

(胡欢等，2012)

Ap—磷灰石；Chl—绿泥石；Mnz—独居石；Qtz—石英；Syn—直氟碳钙铈矿

［成因意义］ 当独居石位于矿物晶隙之间，尤其是位于绿泥石附近时，则会蚀变分解为直氟碳钙铈矿，这不仅表明外在构造因素可能导致原温压条件发生改变，以至于独居石变得不稳定发生蚀变，而且蚀变产物成分富含 Ca 的特征也反映了流体富含 Ca。黑云母转变为绿泥石常形成富 Ca 的榍石，说明黑云母绿泥石化是富 Ca 流体所致，和稀土磷酸盐矿物蚀变作用流体成分相一致，证实独居石蚀变和绿泥石密切相关。独居石蚀变为直氟碳钙铈矿的蚀变反应关系可表示为：

独居石+黑云母+富 Ca^{2+}、F^-、CO_3^{2-} 流体→直氟碳钙铈矿+绿泥石+U^{6+}。

(3)河南省西峡县太平镇稀土矿床中的直氟碳钙铈矿

［产地、产状及共(伴)生矿物］ 豫西太平镇稀土矿床位于北秦岭造山带东段北部，是以 Ce、La、

Nd、Pr 为主的中型轻稀土矿床。目前发现的稀土矿物主要有氟碳铈矿，占 90%左右，其他有少量钙稀土氟碳酸盐多体矿物、直氟碳钙铈矿、褐帘石、独居石、氟镧矿、羟硅铈矿、太平石等，这些稀土矿物以集合体的形式紧密共生(陈化凯等，2020)。

［**形貌特征**］ 电子探针背散射图像显示，本矿床中的直氟碳钙铈矿呈柱状、板状晶形，矿物颗粒较小，一般 0.01~0.12 mm，与氟碳铈矿和氟碳钙铈矿等稀土矿物共生(图 2-4-47)。

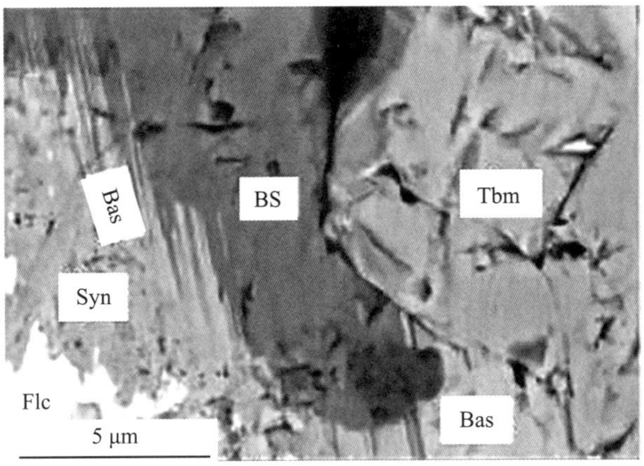

图 2-4-47 河南太平镇稀土矿床直氟碳钙铈矿及其共生矿物照片

(据陈化凯等，2020)

Bas—氟碳铈矿；BS—钙稀土氟碳酸盐多体矿物；Flc—氟铈镧矿；Syn—直氟碳钙铈矿；Tbm—羟硅铈矿

［**化学成分**］ 从表 2-4-48 可以看出，直氟碳钙铈矿的稀土元素主要是 Ce、La、Nd、Pr，其他元素主要是 C、Ca、F。稀土氧化物总量为 47.67%~49.62%，平均 48.83%。其中 Ce_2O_3 24.91%~25.92%，平均 25.55%；La_2O_3 11.94%~13.44%，平均 12.73%；Nd_2O_3 5.90%~7.45%，平均 6.32%，Pr_2O_3 1.97%~2.71%，平均 2.51%；Ce_2O_3、La_2O_3、Nd_2O_3、Pr_2O_3 合计达到 46.59%~47.83%，平均 47.1%，其他稀土氧化物较低；CaO 一般 18.81%~19.70%，平均 19.33%；F 3.9%~5.19%，平均 4.52%。

表 2-4-48 直氟碳钙铈矿的电子探针分析结果(w_B/%)

矿物	样品号	分析点位	F	SiO_2	CaO	Al_2O_3	MgO	FeO	La_2O_3	CeO_2	Pr_2O_3	Nd_2O_3	Sm_2O_3	Eu_2O_3	Gd_2O_3
直氟碳钙铈矿	1-ZK2402-12	1	4.27	0.16	19.70	0.04	—	—	12.72	25.47	2.65	6.11	0.73	0.63	—
	1-ZK2402-12	2	3.90	0.09	19.63	—	—	—	12.80	25.92	1.97	5.90	0.27	0.42	—
	1-ZK2402-12	8	4.70	—	19.19	0.02	—	—	13.44	25.88	2.69	5.82	0.26	0.42	0.45
	1-ZK4002-1	6	5.19	0.23	18.81	0.21	0.12	—	11.94	24.91	2.71	7.45	0.72	0.50	0.33
	平均值		4.52	0.12	19.33	0.07	0.03	—	12.73	25.55	2.51	6.32	0.50	0.49	0.20

矿物	样品号	分析点位	Tb_2O_3	Dy_2O_3	Ho_2O_3	Fr_2O_3	Tm_2O_3	Yb_2O_3	Lu_2O_3	Y_2O_3	Σ REO	ThO_2	UO_2	HfO_2	总计
直氟碳钙铈矿	1-ZK2402-12	1	—	—	—	0.55	0.10	0.08	0.13	—	49.17	—	0.09	0.13	73.56
	1-ZK2402-12	2	—	0.11	—	0.17	0.11	—	—	—	47.67	0.07	0.19	0.13	71.68
	1-ZK2402-12	8	—	0.15	—	0.38	—	—	—	0.13	49.62	—	—	—	73.53
	1-ZK4002-1	6	—	—	—	0.31	—	—	—	—	48.87	0.23	—	—	73.66
	平均值		—	0.07	—	0.35	0.05	0.02	0.03	0.03	48.83	0.08	0.07	0.07	73.11

注：数据引自陈化凯等(2020)。

(4)山东省微山县郗山稀土矿床中的直氟碳钙铈矿

[产地、产状及共(伴)生矿物] 山东郗山稀土矿床中的霓辉石英正长岩和同生斑岩中发现直氟碳钙铈矿。该矿床中的钙-铈氟碳酸盐系列矿物微体衍生现象发育，且矿物颗粒细小(属微米级，1~2 μm)，光学显微镜下直氟碳钙铈矿难于与同系列其他矿物区别，经透射电镜分析证实其为直氟碳钙铈矿(吴秀玲等，1994；赵文霞等，1997)。

[晶体结构] 三方晶系。晶胞参数如表 2-4-49 所示。

表 2-4-49 直氟碳钙铈矿晶胞参数

晶系	重复层数	晶胞参数/nm						β/(°)	可能的空间群
		a′	*a*	*c‴*	*c″*(*b*)	*c′*	*c*		
斜方或单斜*	6	0.410	0.710	0.456	0.912	1.824	5.470	120.0	—
单斜#	2	—	1.233	—	0.711	—	1.874	102.7	*C*2/*c*
三方	6	0.411	0.712	0.468	0.936	1.872	5.616	120.0	*R*3*c*，*R*3*c*

注：* 数据引自 Donnap et al.（1953）；#数据引自 Wang L B et al.（1995）；其他数据引自赵青霞等(1997)。

[化学成分] 本矿床中几种钙铈氟碳酸盐矿物主要成分的 X 射线能谱图如图 2-4-48 所示。图中 S 为直氟碳钙铈矿(S)，BS 为氟碳钙铈矿(P)，B_2S 为中间混层组分(B_2S)，B 为氟碳铈矿(B)。可以看出，直氟碳钙铈矿的钙含量最高，几乎与铈的含量相等，具有不同于该系列其他矿物的钙含量。经电镜中的 X 射线能谱成分分析，本矿床中的直氟碳钙铈矿化学组成($w_B/\%$)为：Ce_2O_3 47.17，CaO 18.74，由于 X 射线能谱仪对轻元素的检测有限制，未能获得 CO_2 和 F 的质量分数，但该矿物主要组成元素的氧化物的质量分数与理想的化学成分相近，采用 CO_2 和 F 的理想值计算化学式仍为 $CaCe[CO_3]_2F$。

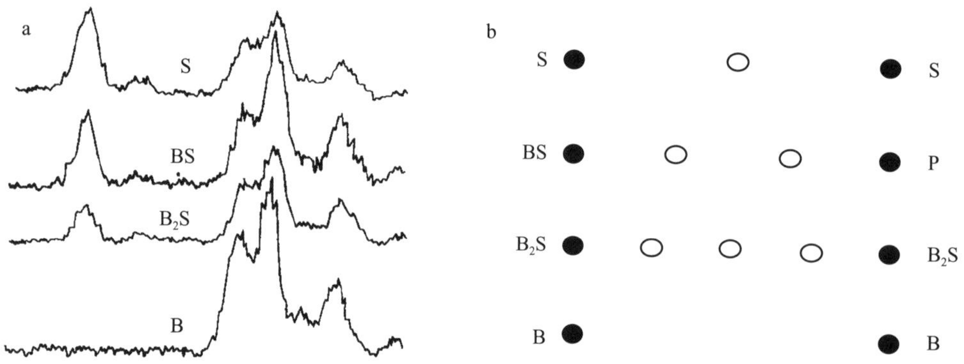

图 2-4-48 山东郗山稀土矿床几种钙-铈氟碳酸盐矿物的主要成分的 X 射线能谱图(a)和相应的[0001]×点列的电子衍射示意图(b)

(据赵青霞等，1997)

图 b 根据 Landuyt 等(1975)的有关图解改编而来，其中实心点间距离表示三级晶胞 *c*×长度 c′，空心点间距离表示二级晶胞 *c*＊长度 *c″*。S—直氟碳钙铈矿；BS—氟碳钙铈矿；B_2S—中间混层组分；B—氟碳铈矿

十四、直氟碳钙钕矿(Synchysite-(Nd))

1. 直氟碳钙钕矿的一般特征

[产地、产状及共(伴)生矿物] 发现于捷克 Holičky 矿床，是产在砂岩基质中的一种原生矿物；在科索沃地区 Grebnik 铝土矿矿床，则充填在与灰岩接触的铝土矿床底部晶洞中；此外，在芬兰 Pyörönmaa 伟晶岩中也有产出。共(伴)生矿物有磷铝铈石、闪锌矿、锰菱铁矿、黄铁矿、高岭石和石英(Scharm et al.，1983；Maksimovic′ et al.，1978)。

[形貌特征] 晶体呈叶片状，至 0.036 mm，组成辐射状-板状集合体。

［晶体结构］ 六方晶系；$P31$。晶胞参数为 $a=6.984$ Å，$c=54.27$ Å；$Z=18$。

［主要粉晶衍射数据 d/Å(I)(hkl)］ 4.52(100)(00 12)，9.04(60)(006)，2.77(35)(11 12)，1.898(35)(11 24)，3.50(19)(110)，3.25(16)(116)，2.26(16)(00 24)，3.02(11)(201)(PDF 35-589)。

［物理性质］ 浅灰色；条痕白色。透明-半透明。黯淡光泽。集合体的摩氏硬度约为 1。密度 $D_{计算}=4.14\ g/cm^3$。

［光学性质］ 透射光下为浅棕色、灰棕色、浅紫色至无色。二轴正晶。折光率 $\alpha=1.61$，$\beta=1.66$，$\gamma=1.74$。光轴角未测。光性方位：负延性，平行消光。

［化学成分］ 理想化学式为 $CaNd(CO_3)_2F$。产于捷克 Holičky 和科索沃地区 Grebnik 矿床的样品化学分析结果如表 2-4-50 所示。

表 2-4-50　直氟碳钙钕矿的化学组成(w_B/%)

产地/成分	CO_2	UO_2	La_2O_2	Ce_2O_3	Pr_2O_3	Nd_2O_3	Sm_2O_3	Eu_2O_3	Gd_2O_3	Dy_2O_3	Ho_2O_3	Lu_2O_3
捷克	[26.9]	0.9	0.9	0.7	1.8	17.6	6.9	2.3	7.8	2.5	0.3	0.2
科索沃地区	[17.1]		17.9	3	6.8	23.2	4.3		3.8			

产地/成分	Y_2O_3	CaO	F	$-O=F_2$	合计	化学式
捷克	9	18.3	6.8	2.9	100.0	$(Ca_{1.03}U_{0.01})_{\Sigma1.04}(Nd_{0.33}Y_{0.25}Gd_{0.14}Sm_{0.13}Eu_{0.04}Dy_{0.04}Pr_{0.03}La_{0.02}Ce_{0.01}Ho_{0.01})_{\Sigma1.00}(CO_3)_{1.94}F_{1.13}$
科索沃地区	5.8	12.6	7	2.9	100.0	$Ca_{1.10}(Nd_{0.34}La_{0.27}Y_{0.12}Pr_{0.10}Sm_{0.08}Gd_{0.05}Ce_{0.04}Dy_{0.02})_{\Sigma1.02}(CO_3)_{1.90}F_{0.90}$

［与其他矿物种的关系］ 属于直氟碳钙铈矿族；与直氟碳钙铈矿、直氟碳钙钇矿呈类质同象。

2. 在中国的产出情况

目前中国尚未发现直氟碳钙钕矿。

十五、直氟碳钙钇矿(Synchysite-(Y))

1. 直氟碳钙钇矿的一般特征

［产地、产状及共(伴)生矿物］ 是产于碱性花岗岩和花岗伟晶岩中的一种少见的热液成因的副矿物。分布在美国 Scrub Oak 铁矿床等地、加拿大 Evans-Lou 采石场、威尔士 Gallty Wenallt、瑞士 Cherbadung、德国 Bad Grund、乌克兰 Bantyshevo、沙特阿拉伯 Jabal Sa′id 伟晶岩和中国青海等地。共伴生矿物有钙钇铒矿、氟碳铈矿、磷钇矿、赤铁矿和石英(Smith et al.，1960；Levinson et al.，1962；Levinson，1966；Kvasnitsa et al.，1990；王立本等，1995)。

［形貌特征］ 呈晶形$\{11\bar{2}1\}$和$\{0001\}$，带稍小的$\{10\bar{1}0\}$，$\{02\bar{2}1\}$，$\{33\bar{6}5\}$，$\{5.5\overline{10}.3\}$，晶粒粒径至 0.2 mm；常组成很细的细粒集合体。

［晶体结构］ 单斜晶系(假六方)；$C2/c$；晶胞参数为 $a=12.051$ Å，$b=6.957$ Å，$c=18.418$ Å，$\beta=102.479°$；$Z=12$。六方晶系；$P31$；晶胞参数为 $a=7.06$ Å，$c=54.72$ Å；$Z=18$。

［主要粉晶衍射数据 d/Å(I)(hkl)］ 8.99(100)(002)，2.754(100)(313)，4.496(50)(004)，2.01(50)($\bar{6}02$)，1.831(45)($\bar{3}35$)，3.477(40)($\bar{3}11$)，1.6229(40)(622)，1.3762(30)(3111)(PDF 44-1432 单斜晶系)；9.10(100)(006)，3.53(100)(110)，2.80(100)(1112)，2.04(80)(2020)，1.916(80)(1124)，4.55(60)(108)，1.863(60)(1228)，1.772(60)(2120)(PDF 29-393，六方晶系)。

［物理性质］ 红棕色、浅黄色、浅粉色、无色。透明-半透明。油脂光泽。摩氏硬度约为 4.5。密度 $D_{测量}=3.85\ g/cm^3$，$D_{计算}=3.91\ g/cm^3$(单斜)；$D_{计算}=3.4\ g/cm^3$(六方)。

［光学性质］ 一轴正晶。折光率 $\omega=1.643\sim1.645$，$\varepsilon=1.73\sim1.74$。

［化学成分］ 理想化学式为 $CaY(CO_3)_2F$；化学组成（w_B/%）为 CO_2 29.98，$Y_2O_3$19.23，Ce_2O_3 27.95，CaO 19.10，F 6.47，-O=F_2 2.73，合计 100.00。产于美国科罗拉多州 Cotopaxi 附近的样品化学分析结果（w_B/%）如下：CO_2 31.4，Y_2O_3 24，RE_2O_3［22.1］，CaO 18.5，F 5.7，-O=F_2 2.4，合计 99.3；相应的化学式为 $Ca_{1.0}(Y_{0.6}RE_{0.4})_{\Sigma 1.0}(CO_3)_{2.0}F_{0.9}$。

［与其他矿物种的关系］ 属于直氟碳钙铈石族；与直氟碳钙铈矿、直氟碳钙钕矿呈类质同象。

2. 在中国的产出情况

直氟碳钙钇矿（新奇钙钇矿）是极度富集重稀土的热液成因矿物，易风化，主要赋存于花岗岩风化壳及其与之相关的离子吸附型稀土矿床。我国已报道的直氟碳钙钇矿（新奇钙钇矿）大多集中于赣南地区的离子吸附型稀土矿床，如龙南县龙南稀土矿床（林运淮等，1985）、足洞矿床（陈德潜等，1994）、大余县西华山矿田（Wang R C et al.，2003a，2003b）、寻乌县河岭稀土矿床（Bao Z W et al.，2008）、南岭科学深钻中库里组变质凝灰岩（王臻等，2019）、定南县寨背矿床（Zhao D et al.，2022）、赣县大埠稀土矿床（Zhao F et al.，2024）和安远县石头坪离子吸附型重稀土矿床（张德富等，2024）等。稀土是我国优势矿产资源，其中华南地区的离子吸附型稀土矿床为全球提供了约 35% 的稀土。赣南地区的离子吸附型稀土矿床拥有全世界最大的储量和产量，其成矿物质来源主要是母岩中易风化的稀土矿物，如褐帘石、榍石、石榴子石等含稀土硅酸盐矿物及氟碳铈矿、直氟碳钙钇矿（新奇钙钇矿）、氟碳钇铈矿等稀土氟碳酸盐矿物（杨岳清等，1981；赵芝等，2017，2019）。

江西省石头坪重稀土矿床中的直氟碳钙钇矿（新奇钙钇矿）

［产地、产状及共（伴）生矿物］ 赣南石头坪重稀土矿床位于南岭多金属成矿带东段，地处安远县与会昌县交界处。赋矿母岩主体为轻稀土型中粗粒正长-碱长花岗岩。石头坪正长花岗岩约占整个岩体出露面积的 70%，局部过渡为碱长花岗岩。正长花岗岩中富重稀土副矿物可分为岩浆成因和热液成因两大类：①岩浆成因重稀土矿物，包括锆石、钍石、磷钇矿等；②热液成因重稀土矿物，主要包括大量与萤石共生的纤维放射状直氟碳钙钇矿（新奇钙钇矿）和氟碳钇铈矿（图 2-4-49）（张德富等，2024）。

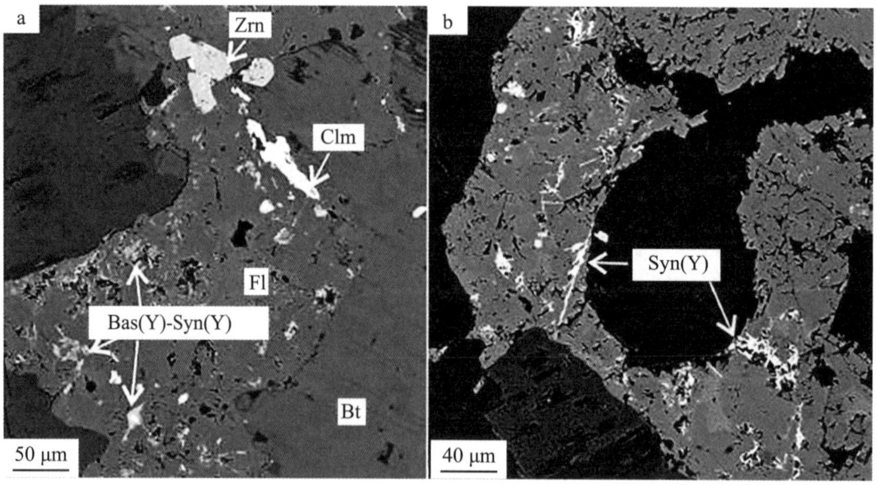

图 2-4-49 赣南石头坪正长花岗岩中富重稀土矿物显微镜下特征和背散射照片
（据张德富等，2024）
a—与萤石共生的氟碳钇铈矿、直氟碳钙钇矿（新奇钙钇矿）重稀土矿物（BSE）；b—与萤石共生的直氟碳钙钇矿（新奇钙钇矿）重稀土矿物（BSE）。Bt—黑云母；Bas（Y）—氟碳钇铈矿；Syn（Y）—直氟碳钙钇矿（新奇钙钇矿）；Zrn—锆石；Clm—铌铁矿；Fl—萤石

［形貌特征］ 呈纤维放射状，大量沉淀于萤石内部（图 2-4-50）。

［化学成分］ 赣南足洞岩体中直氟碳钙钇矿（新奇钙钇矿）的化学组成（w_B/%）为：Re_2O_3 52，LRE_2O_3 10，HRE_2O_3 42，Y/RE_2O_3 45.3（样品数 n=7）（赵芝等，2017）。

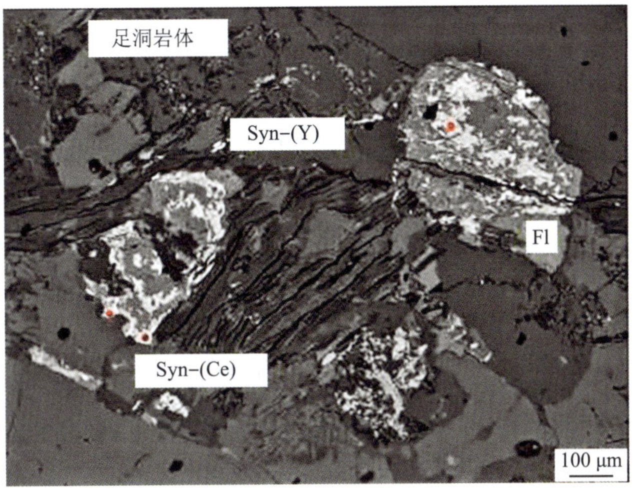

图 2-4-50　南岭成矿花岗岩中稀土矿物的背散射图像

（据赵芝等，2017）

Syn-（Y）—直氟碳钙钇矿（新奇钙钇矿）；Syn-（Ce）—直氟碳钙铈矿（新奇钙铈矿）；Fl—萤石

未建族矿物

十六、氟碳钠铈石（Lukechangite-（Ce））

1. 氟碳钠铈石的一般特征

［产地、产状及共（伴）生矿物］　发现于与碱性辉长-正长杂岩体相关的伟晶岩脉中，是一种非常罕见的矿物。主要产在加拿大魁北克省 Mont Saint-Hilaire。其共（伴）生矿物有微斜长石、方沸石、方钠石、霓石、针钠锰石、异性石、钠锆石、氟石、碳钠铈石、菱铁矿、星叶石和钠长石（Grice et al.，1997）。

［形貌特征］　呈板状-短柱状、筒状晶体，最大至 1 mm，可见晶面{0001}、{11$\bar{2}$0}和{11$\bar{2}$1}，晶面条纹平行{0001}。

［晶体结构］　六方晶系；$P6_3/mm$。晶胞参数为 a=5.068 Å，c=22.87 Å；Z=2。

［主要粉晶衍射数据 d/Å（I）（hkl）］　4.31（100）（101），2.192（90b）（109），3.169（70）（105），2.534（70）（110），1.978（70）（205），2.877（60）（106），5.71（50）（004），3.804（50b）（006）（PDF 50-1629）。

［物理性质］　无色-浅米黄色；条痕白色；半透明。{0001}面为玻璃-珍珠光泽。发育{0001}完全解理；不平坦状-贝壳状断口；性脆；摩氏硬度约为 4.5。密度 $D_{测量}>3.3$ g/cm^3，$D_{计算}$ = 4.02 g/cm^3。

［光学性质］　一轴负晶。折光率 ω=1.728（3），ε=1.542（1）。

［化学成分］　理想化学式为 $Na_3Ce_2(CO_3)_4F$，其化学组成（w_B/%）为 Ce_2O_3 53.97，Na_2O 15.29，CO_2 28.94，F 3.12，$-O=F_2$ 1.32，合计 100.00。加拿大 Mont Saint-Hilaire 产出的样品化学组成如表 2-4-51 所示。

表 2-4-51　氟碳钠铈石的化学组成（w_B/%）

产地	CO_2	La_2O_3	Ce_2O_3	Pr_2O_3	Nd_2O_3	CaO	SrO	Na_2O	F	$-O=F_2$	合计
加拿大 Mont Saint-Hilaire	[28.40]	16.36	29.48	1.95	5.88	0.10	0.12	14.94	3.58	1.51	99.30
	$(Na_{2.99}Ca_{0.01}Sr_{0.01})_{\Sigma 3.01}(Ce_{1.11}La_{0.62}Nd_{0.22}Pr_{0.07})_{\Sigma 2.02}(CO_3)_{4.00}F_{1.17}$										

2. 在中国的产出情况

目前中国尚未发现氟碳钠铈石。

十七、库氟碳铈钡石(Kukharenkoite-(Ce))

1. 库氟碳铈钡石的一般特征

[产地、产状及共(伴)生矿物] 产于碱性正长岩和碳酸盐岩中。在俄罗斯科拉半岛 Kirov 磷灰石矿床、Vuoriyarvi 碳酸盐岩岩体中；中国白云鄂博铁-铌-铼矿床中以及加拿大 Mont Saint-Hilaire 有产出。共(伴)生矿物有锶铈磷灰石、碳锶铈石、氟碳铈钡石、氟碳钡铯矿、菱铈钙矿、碳钇钡石、碳钇钡石、层硅铈钛矿、水羟硅钠锰石、硅钛铌钠矿、锰坡缕石、锆钽矿、黄碳锶钠石、方解石、重晶石、氟磷灰石和氟石(张培善等，1981；Mercier et al.，1993；Zaitsev et al.，1996)。

[形貌特征] 晶体呈板形或刃形柱状，最大粒径至 1mm；集合体常呈树枝状、网状、放射线状或纤维状，也呈细粒块状。不发育双晶。以网格状结构为特征。

[晶体结构] 单斜晶系，斜方六面体；$P2_1/m$。晶胞参数为 $a=13.396$ Å，$b=5.067$ Å，$c=6.701$ Å；$\beta=106.58°$；$Z=2$。

[主要粉晶衍射数据 d/Å(I)(hkl)] 4.00(100)(201)，3.269(100)(310)，2.140(40)(221)，2.003(40)(511)，2.535(20)(020)，1.635(10)(620)，1.373(10)(910)，1.79(5)($\bar{7}11$)(PDF 50-1642)。

[物理性质] 无色、白色、银灰色、浅粉色、黄色、绿黄色、红棕色；条痕白色；透明-半透明，含包裹体时可能为不透明。玻璃-油脂光泽。不平坦状断口。性脆。摩氏硬度约为 4.5，显微硬度 $VHN_{25g}=250\sim320$ kg/mm^2，平均 280 kg/mm^2。密度 $D_{测量}=4.70$ g/cm^3，$D_{计算}=4.62\sim4.73$ g/cm^3。

[光学性质] 二轴负晶。折光率 $\alpha=1.584\sim1.594$，$\beta=1.710\sim1.730$，$\gamma=1.715\sim1.730$。光轴角 $2V_{测量}=10°\sim20°$，$2V_{计算}=18°\sim22°$。光性方位：$Y=b$，$Z\wedge c=26.5°$。色散：$r>v$，中等。

[化学成分] 理想化学式为 $Ba_2Ce(CO_3)_3F$。典型产地产出的样品化学组成如表 2-4-52 所示。

表 2-4-52 库氟碳铈钡石的化学组成(w_B/%)

产地/成分	CO_2	Y_2O_3	$(La,Nd)_2O_3$	La_2O_3	Ce_2O_3	Pr_2O_3	Nd_2O_3	MgO	CaO	SrO	BaO
俄罗斯 Khibiny 岩体	[21.95]	0.15		6.61	15.3	1.19	4.26		0.39	1.55	47.39
中国白云鄂博矿床	21.1		13.89		10.96			0.85	2.33	1.79	44.26

产地/成分	F	$-O=F_2$	残留物	合计	化学式
俄罗斯 Khibiny 岩体	3.18	1.34		100.63	$(Ba_{1.86}Sr_{0.09}Ca_{0.04})_{\Sigma1.99}(Ce_{0.56}La_{0.24}Nd_{0.15}Pr_{0.04}Y_{0.01})_{\Sigma1.00}(CO_3)_{3.00}F_{1.01}$
中国白云鄂博矿床	3.21	1.35	2.99	100.03	$(Ba_{1.56}Ca_{0.22}Mg_{0.11}Sr_{0.09})_{\Sigma1.98}(Ce_{0.34}Ln_{0.46})_{\Sigma0.80}(CO_3)_3F$

[与其他矿物种的关系] 与库氟碳镧钡石呈类质同象。

2. 在中国的产出情况

目前中国尚未发现库氟碳铈钡石。

十八、库氟碳镧钡石(Kukharenkoite-(La))

1. 库氟碳镧钡石的一般特征

[产地、产状及共(伴)生矿物] 2002 年发现于俄罗斯科拉半岛 Kirovskii 磷灰石矿床中，是产在碱性侵入岩体内伟晶岩晶洞中的晚期热液矿物。共(伴)生矿物有微斜长石、钠长石、方解石、硅钛铌钠矿、水硅钠锆石、单斜钠锆石、菱锶矿、碳钇锶石、直氟碳钙铈矿、黄铁矿、针钠钙石和霓石(Pekov et al.，2003；Krivovichev et al.，2003)。

［形貌特征］ 簇状-针状晶柱，最大粒径至 0.5 mm。可见晶面{010}和{$\bar{2}$01}以及{100}和{001}。发育双晶，绕[100]旋转。

［晶体结构］ 单斜晶系；$P2_1/m$。晶胞参数为 a = 13.39 Å，b = 5.111 Å，c = 6.672 Å，β = 106.63°；Z=2。

［主要粉晶衍射数据 d/Å(I)］ 4.01(100)，3.27(100)，2.14(80)，1.998(80)，2.54(50)，1.636(20)，1.370(20)。

［物理性质］ 无色-白色、浅绿色；条痕白色；透明；玻璃光泽。性脆；未发现解理，不平坦状断口。摩氏硬度 H=4。密度 $D_{测量}$=4.65 g/cm^3。

［光学性质］ 二轴负晶。折光率 α = 1.581(3)，$\beta \approx \gamma$ = 1.715(5)。光轴角 $2V_{测量}$ = 5(3)°，$2V_{计算}$=0°。光性方位：$X \wedge a$=9°，Y=b，$Z \wedge c \approx$ 26°。

［化学成分］ 理想化学式为 $Ba_2La(CO_3)_3F$。俄罗斯科拉半岛 Kirovskii 产出的样品化学组成(w_B/%)为 Na_2O 0.23，Pr_2O_3 0.87，K_2O 0.27，Nd_2O_3 0.76，CaO 0.99，ThO_2 9.41，SrO 2.38，CO_2 21.30，BaO 44.10，F 3.38，La_2O_3 11.18，-O=F_2 1.42，Ce_2O_3 5.36，合计 98.81。相应的化学式为 $(Ba_{1.78}Sr_{0.14}K_{0.04})_{\Sigma 1.96}(La_{0.43}Th_{0.22}Ce_{0.20}Ca_{0.11}Na_{0.05}Pr_{0.03}Nd_{0.03})_{\Sigma 1.07}(CO_3)_3F_{1.10}$。

［与其他矿物种的关系］ 与库氟碳铈钡石呈类质同象。

2. 在中国的产出情况

目前中国尚未发现库氟碳镧钡石。

十九、氟碳铈钡石(Cebaite-(Ce))

1. 氟碳铈钡石的一般特征

［产地、产状及共(伴)生矿物］ 在中国白云鄂博矿床产于白云石大理岩中；在俄罗斯 Khibiny 产于已分异的碱性岩体中，此外在斯洛伐克 Upohlava 砾岩中也有产出。其共(伴)矿物包括库氟碳铈钡石、霓石、萤石、重晶石和磷灰石(中国)；碳钇钡石、氟碳钡铈矿、碳钇锶石(俄罗斯)(张培善等，1983；Mercier et al.，1993；Yang Z M，1995；Zaitsev et al.，1998)。

［形貌特征］ 晶体呈扁平粒状，粒径最大至 0.2 mm；集合体呈粒状。

［晶体结构］ 单斜晶系；$C2/m$ 或 $P2$。晶胞参数为 a=21.42(5)Å，b=5.078(5)Å，c=13.30(5)Å，β=94.8(2)°；Z = 4($C2/m$)。a = 21.4256 Å，b = 5.0348 Å，c = 13.2395 Å，β = 94.613°；Z = 4($P2$)。

［主要粉晶衍射数据 d/Å(I)(hkl)］ 3.22(100)($\bar{2}$13)，3.96(60)(203)，1.995(50)(423)，2.13(40)(422)，2.53(30)(711)，1.26(20)(1117)，3.35(10)(601)，1.167(10)(---)(PDF 43-691)。

［物理性质］ 黄橘色-蜡黄色；条痕黄橘色-浅灰色。半透明。玻璃-蜡状光泽。发育{30$\bar{1}$}不完全解理；不平坦状断口。摩氏硬度 H=4.5~5。密度 $D_{测量}$=4.31~4.66 g/cm^3，$D_{计算}$=4.81 g/cm^3。

［光学性质］ 二轴负晶。折光率 α=1.598~1.604，β=1.735，γ=1.740~1.748。光轴角 $2V_{测量}$ = 5°~10°。

［化学成分］ 理想化学式为 $Ba_3Ce_2(CO_3)_5F_2$，其化学组成(w_B/%)为 BaO 44.64，REE_2O_3 31.86，CO_2 21.36，F 3.69，-O=F_2 1.55，合计 100.00。典型产地产出的样品化学组成如表 2-4-53 所示。

2. 在中国的产出情况

氟碳铈钡石是中国发现的新矿物，其模式产地为中国内蒙古白云鄂博铁铌稀土矿床东矿区。

内蒙古白云鄂博稀土铌铁矿床中的氟碳铈钡石

［产地、产状及共(伴)生矿物］ 在白云鄂博铁铌稀土矿床的东、西两矿区均有产出。1965 年首先发现于西矿区，其成因与黑云母花岗岩有关的热液交代矿床中相关(中国科学院地球化学研究所稀

有元素矿物研究组，1972）；在东矿区发现于矿区中上端的钠辉石型矿石中（张培善等，1982）。本矿床氟碳铈钡石产于条带状萤石稀土赤铁矿矿石和钠辉石型矿石中（洪文兴等，1999）。共生矿物主要为钠辉石、萤石、重晶石，其次有钠闪石、易解石、独居石、磷灰石、石英、方解石等。伴生矿物有磁铁矿等。

表 2-4-53　氟碳铈钡石的化学组成（w_B/%）

产地/成分	P_2O_5	CO_2	RE_2O_3	Al_2O_3	Fe_2O_3	ThO_2	FeO	MnO	CaO	SrO	BaO	Na_2O
中国白云鄂博	0.07	23.43	29.03	0.03	0.42	0.71			0.29	0.62	43.28	0.28
俄罗斯 Khibiny		[21.42]	28.34			0.92	0.16	0.16	0.61	1.43	42.77	0.10
产地/成分	K_2O	F	$-O=F_2$	合计	化学式							
中国白云鄂博	0.37	3.81	1.60	100.70	$(Ba_{2.73}Na_{0.09}K_{0.07}Sr_{0.06}Ca_{0.05})_{\Sigma 3.00}(RE_{1.71}Fe^{3+}_{0.05}Th_{0.03}P_{0.01})_{\Sigma 1.80}C_{5.15}O_{15.95}F_{1.94}$							
俄罗斯 Khibiny		3.76	1.58	98.09	$(Ba_{2.90}Sr_{0.14}Ca_{0.11}Na_{0.03}Mn_{0.02})_{\Sigma 3.20}RE_{1.82}(CO_3)_5F_{2.06}$							

［**晶体结构**］　单斜晶系。晶胞参数为 $a=21.4256$ Å，$b=5.0348$ Å，$c=13.2395$ Å，$\beta=94.613°$，$V_0=1423.57(\text{Å})^3$；$Z=4$；$a:b:c=4.256:1:2.630$。矿物为单斜晶系，与二轴晶的光性是相吻合的。

［**主要粉晶衍射数据**］　氟碳铈钡石的粉晶衍射数据见表 2-4-54 和表 2-4-55。

表 2-4-54　内蒙古白云鄂博稀土铌铁矿床西矿区氟碳铈钡石的 X 射线粉晶衍射数据

I	*d*/Å	*I*	*d*/Å	*I*	*d*/Å	*I*	*d*/Å
6	3.97	3	1.775	3	1.335	3	1.067
10	3.24	4	1.633	5	1.262		
4	2.520	3	1.570	4	1.181		
7	2.126	2	1.462	4	1.175		
7	1.990	5	1.367	5	1.089		

注：数据引自中国科学院地球化学研究所稀有元素矿物研究组（1972）。

表 2-4-55　内蒙古白云鄂博稀土铌铁矿床东矿区氟碳铈钡石的 X 射线粉晶衍射数据

一号氟碳铈钡石（东 1606）			二号氟碳铈钡石（东 1634-3-1）			三号氟碳铈钡石（东 1634-3-2）		
I	*d*/Å	*hkl*	*I*	*d*/Å	*hkl*	*I*	*d*/Å	*hkl*
			3	4.40(β)		3	4.40(β)	
6	3.96	101	9	4.00	101	8	3.98	101
3	3.55(β)		3	3.60(β)		4	3.57(β)	
1	3.35							
10	3.22	003	10	3.24	003	10	3.25	003
						1	2.60	
						1	2.60	
3	2.530	110	2	2.530	110	3	2.52	110
			1	2.340	$1\bar{1}1$	3	2.35	111
			1	2.210		4	2.20	
4	2.130	201	5	2.120	201	8	2.11	201
5	1.995	113	5	1.995	113	9	1.99	113
						1	1.79	105

续表

一号氟碳铈钡石（东 1606）			二号氟碳铈钡石（东 1634-3-1）			三号氟碳铈钡石（东 1634-3-2）		
						1	1.73	114
1	1.630	121	1	1.63	121；211	2	1.63	121；211
		211						
1	1.570	122	1	1.560	122	1	1.56	122；212
		212			212	1	1.50	
1	1.390	$21\bar{4}$						
2	1.355	116	1	1.360	116	2	1.36	116
			1	1.330	303	1	1.33	303
2	1.260	$\bar{1}17$	2	1.260	117	3	1.26	$\bar{1}17$
						1	1.181	132；312
						1	1.169	
1	1.167	108						
						1	1.085	009
						1	1.060	208

注：数据引自张培善等（1982）。

［形貌特征］ 常呈粒状、板状，大小不一，集合体大者可达数毫米，颗粒大小一般 1 mm 左右，有时达 2 mm 以上。

［物理性质］ 橘黄色、蜜蜡黄色、略带绿的米黄色；产于钠辉石型矿石中者为深黄色，略显绿色调。透明。玻璃-油脂光泽。发育$\{30\bar{1}\}$不完全解理；不平坦状断口。密度 $D_{测量}$ = 4.46～4.66 g/cm^3；产于钠辉石型矿石中者密度偏低，为 4.31 g/cm^3。摩氏硬度为 4.5～5.0，显微硬度为 340 kg/mm^2。具弱电磁性。

［光学性质］ 镜下呈微淡黄色，完全透明。二轴负晶或一轴负晶。折光率 N_g = 1.740～1.748，N_m = 1.735，N_p = 1.598～1.604。光轴角很小（2V 为 5°～10°）。

［化学成分］ 主量元素特征：白云鄂博矿床西矿产出氟碳铈钡石的化学分析结果（w_B/%）见表 2-4-56，计算化学式为：$[Ce_{0.987}(La, Pr, Nd...)_{1.057}Th_{0.006}]_{\Sigma 2.05}(Ba_{2.886}Sr_{0.035})_{\Sigma 2.921}(CO_3)_{1.99}F_{1.89}$，接近于理论成分的分子式 $REE_2Ba(CO_3)_5$。

表 2-4-56 白云鄂博氟碳铈钡石和黄河矿、氟碳钡铈石的化学分析结果

成分	氟碳铈钡石						黄河矿	氟碳钡铈石	
	理论成分	标本 1		标本 2	标本 3	标本 4	我国某地	我国某地	格陵兰南部
	质量分数/%	质量分数/%	原子数	质量分数/%	质量分数/%	质量分数/%	质量分数/%	质量分数/%	质量分数/%
MnO		—		—	—	—	—	—	
CaO		1.10		1.89	0.24	1.40	0.35	3.41	1.91
MgO		0.31		0.22	0.31	0.22	0.55	1.01	
SrO		0.34	0.0033	0.37	1.88	0.41	0.38	0.15	
BaO	44.65	41.38	0.2698	44.49	40.57	40.94	35.12	24.13	17.30
FeO									
Fe_2O_3		0.16		0.20	0.09	0.09	0.06	0.87	1.43
Al_2O_3		1.05			1.00	0.89	0.81		
Ce_2O_3	31.86	14.38	0.0876	15.84	13.97	15.59	17.22	21.81	23.72
La，Pr，$(Nd\cdots)_2O_3$		16.25	0.0988	16.05	16.84	16.49	22.49	25.5	25.67

续表

成分	氟碳铈钡石						黄河矿	氟碳钡铈石	
	理论成分	标本 1		标本 2	标本 3	标本 4	我国某地	我国某地	格陵兰南部
	质量分数/%	质量分数/%	原子数	质量分数/%	质量分数/%	质量分数/%	质量分数/%	质量分数/%	质量分数/%
ThO_2		0.15	0.0006	0.13	0.25	0.14	0.51	0.19	0.30
SiO_2		0.51		0.15	1.94	0.26	0.31		
TiO_2		—		—	—	—	—		
CO_2	21.36	20.54	0.4667	18.23	19.62	20.22	20.01	19.97	23.47
Nb_2O_5		—		—	—	—	—		
Ta_2O_3		—		—	—	—	—		
F	3.68	3.36	0.1768	3.54	3.60	3.47	4.22	3.60	4.87
不溶物									2.58
H_2O^+		1.01			0.54	0.70		0.58	0.80
H_2O^-		0.29			0.36	0.20	0.19		
$-O=F_2$	1.55	1.39		1.49	1.51	1.42	1.77	1.51	2.05
总计	100.00	99.44		99.62	99.70	99.60	100.45	99.71	100.00
分析者	稀有元素化学分析组								R. 毛柴留斯

注：数据引自中国科学院地球化学研究所稀有元素矿物研究组(1972)。

东矿氟碳铈钡石的电子探针分析结果如表 2-4-57 所示。

表 2-4-57　氟碳铈钡石的电子探针分析结果(w_B/%)

SiO_2	ThO_2	UO_2	Al_2O_3	Y_2O_3	La_2O_3	Ce_2O_3	Pr_2O_3	Nd_2O_3	Sm_2O_3	Gd_2O_3
0.44	0.47	<0.1	0.46	0.17	12.85	15.52	1.58	2.76	0.10	<0.15
0.45	<0.1	0.25	0.50	0.14	14.17	16.62	1.32	2.99	0.16	<0.15
0.25	<0.1	0.31	0.54	0.08	10.78	14.22	1.51	2.74	0.04	<0.15

MgO	CaO	SrO	BaO	Na_2O	CO_2	F	总计	$-O=F_2$	总和	REE_2O_3
0.11	3.37	2.37	36.36	0.17	21.65	2.55	101.02	1.99	100.46	48.78
0.05	3.57	2.87	33.42	<0.1	21.85	2.93	101.54	1.07	99.94	33.07
0.08	0.42	3.43	42.63	<0.1	20.78	2.80	99.49	1.23	100.31	35.53

注：数据引自杨学明等(1999)。

稀土元素特征：西矿氟碳铈钡石的稀土元素测试结果见表 2-4-58，可以看出，其稀土配分属富于铈族稀土的强选择配分型。La、Ce、Nd 和 Pr 的含量占优势，Ce 占有最高峰，而钇族稀土的含量不高。

表 2-4-58　白云鄂博矿床西矿区氟碳铈钡石的稀土配分(以 $\sum TR$ 为 100%计)

样号	含 TR_2O_3 质量分数/%	La	Ce	Pr	Nd	Sm	Eu	Gd	Tb	Dy	HO	Er	Tm	Yb	Lu	Y
标本 1	30.63	32.2	45.4	4.8	15.7	0.7	0.1	0.7	—	0.1	—	—	—	—	—	0.3
标本 2	31.89	32.4	51.7	4.1	10.5	0.7	0.13	0.29	0.07	—	—	—	—	—	—	0.11
标本 5	31.57	27.7	51.5	4.9	13.9	1.1	0.20	0.5	—	—	—	—	—	—	—	0.2
标本 6	32.90	32.0	49.4	3.9	12.5	0.9	0.3	0.4	—	0.2	—	—	—	—	—	0.4
标本 7	29.68	29.9	54.3	4.6	10.2	0.7	—	0.3	—	—	—	—	—	—	—	—

注：数据引自中国科学院地球化学研究所稀有元素矿物研究组(1972)。

张培善等(1983)对东矿区的 3 个氟碳铈钡石样品进行稀土配分分析，结果列于表 2-4-59 和图 2-4-51。结果表明，氟碳铈钡石为富含铈族稀土的氟碳酸盐矿物，其中铈的选择性最强，镧铈、镨、钕几乎占有全部稀土含量，其他稀土则含量甚微。

表 2-4-59 白云鄂博矿床东矿区氟碳铈钡石稀土配分分析结果(以 RE 为 100%计)

元素符号	产地		
	东 1606	东 1634-3-1	东 1634-3-2
La	31.69	23.87	35.04
Ce	46.94	49.96	44.61
Pr	5.15	6.40	4.65
Nd	12.63	17.16	12.29
Sm	1.36	0.94	0.97
Eu	0.24	0.17	0.24
Gd	0.43	0.37	0.50
Tb	0.28	0.24	0.25
Dy	0.18	0.10	0.20
Ho	—	—	—
Er	0.11	0.09	0.10
Tm	0.09	0.04	0.08
Yb	0.02	—	0.02
Cu	—	—	—
Y	0.88	0.66	1.05

注：数据引自张培善等(1983)。

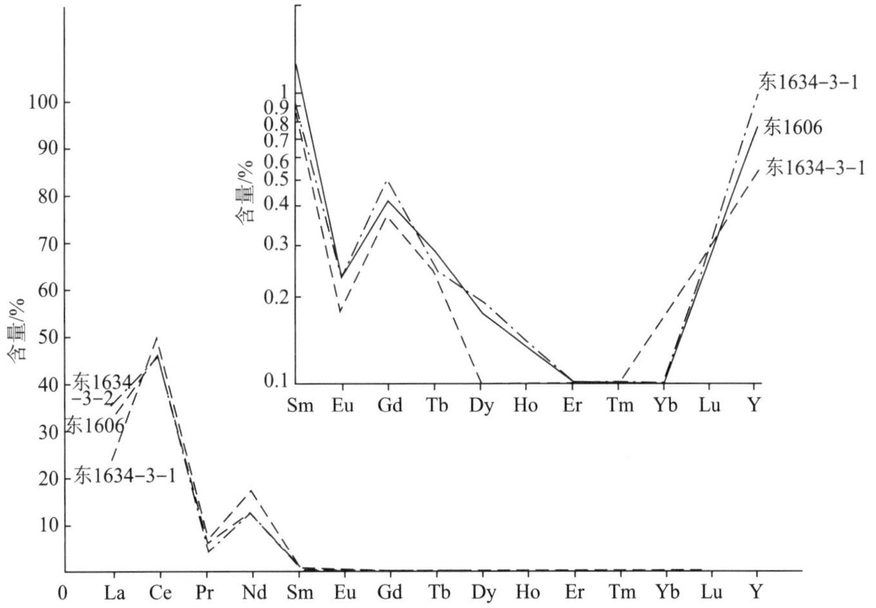

图 2-4-51 氟碳铈钡石稀土配分图解

(据张培善等，1983)

[光谱特征] 热重和差热分析：西矿氟碳铈钡石的差热曲线显示 2 个明显的吸热谷(图 2-4-52)。将热重分析与差热分析对照，表明伴随 698℃左右的吸热谷有显著的失重，如把已做过差热分

析的氟碳铈钡石样品重作差热分析(图2-4-53)，发现在698℃左右的吸热谷已消失，而800℃左右的吸热谷则重复出现。可以认为图中所表现的698℃的吸热谷是由于矿物分解放出 CO_2 所引起，而800℃左右的吸热谷可能是分解产物碳酸钡的相变温度。

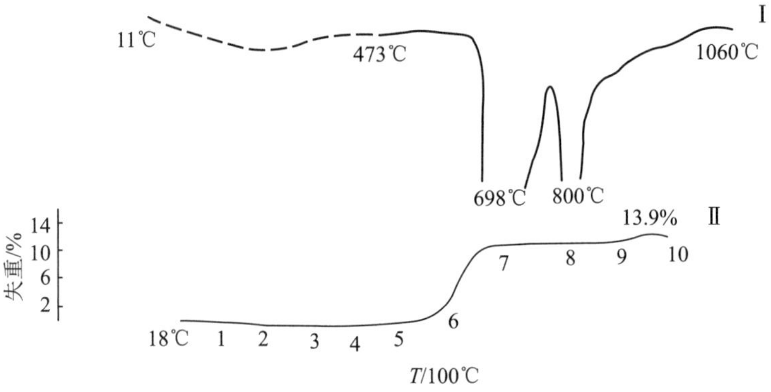

图2-4-52 氟碳铈钡石差热曲线和失重曲线

(据中国科学院地球化学研究所稀有元素矿物研究组，1972)

I—差热曲线，升温时间45 min；II—失重曲线，升温时间85 min

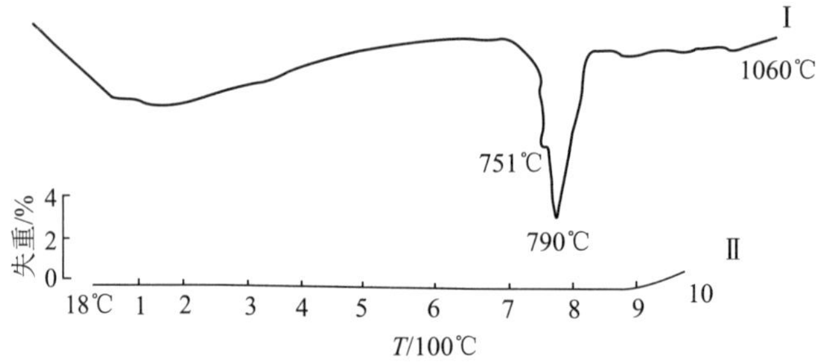

图2-4-53 氟碳铈钡石二次差热曲线和失重曲线

(据中国科学院地球化学研究所稀有元素矿物研究组，1972)

I—差热曲线，升温时间45 min；II—失重曲线，升温时间95 min

东矿氟碳饰钡石的差热曲线见图2-4-54。703℃为主要吸收谷，反映 CO_2 的逸出，778℃的次要吸收谷则可能是 $BaCO_3$ 的最终分解所致。

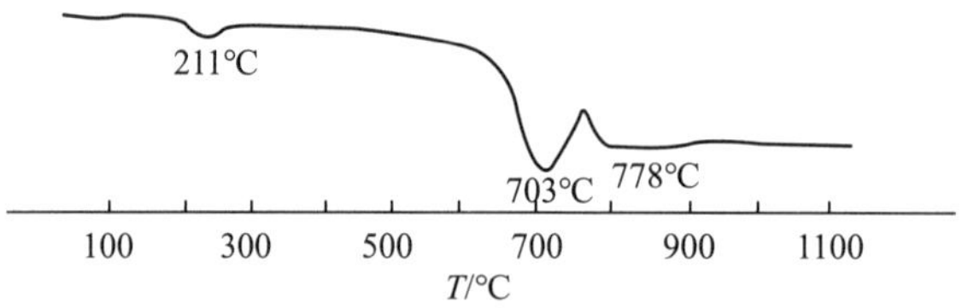

图2-4-54 氟碳铈钡石(东1606)的差热曲线

(据张培善等，1983)

红外光谱特征：东矿氟碳铈钡石红外吸收光谱分析结果见(图2-4-55；表2-4-58)。波段850~900 cm^{-1} 间和1400 cm^{-1} 左右的较强吸收，反映了一般碳酸盐矿物的特征。

拉曼光谱特征：Farmer(1974)分析确定$(CO_3)^{2-}$离子具有4个振动模式：ν_1 对称伸缩振动，ν_2 面外弯曲振动，ν_3 非对称伸缩振动，ν_4 面内弯曲振动。氟碳铈钡石 ν_1、ν_2 和 ν_3 均为单峰，ν_4 为双峰。图2-4-56为氟碳铈钡石的拉曼光谱。氟碳铈钡石中$(CO_3)^{2-}$离子的拉曼谱带归属：$\nu_1=1088\ cm^{-1}$、$\nu_2=911\ cm^{-1}$，$\nu_3=1516\ cm^{-1}$，$\nu_4=718\ cm^{-1}$ 或 $625\ cm^{-1}$。

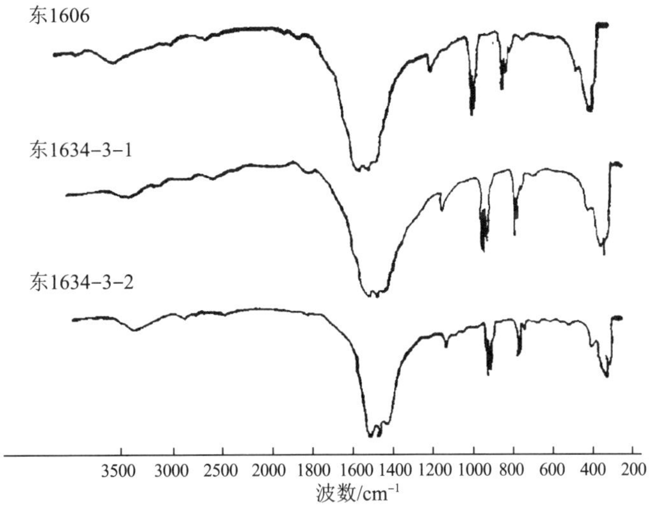

图 2-4-55　白云鄂博矿床东矿氟碳铈钡石的红外吸收光谱曲线

（据张培善等，1983）

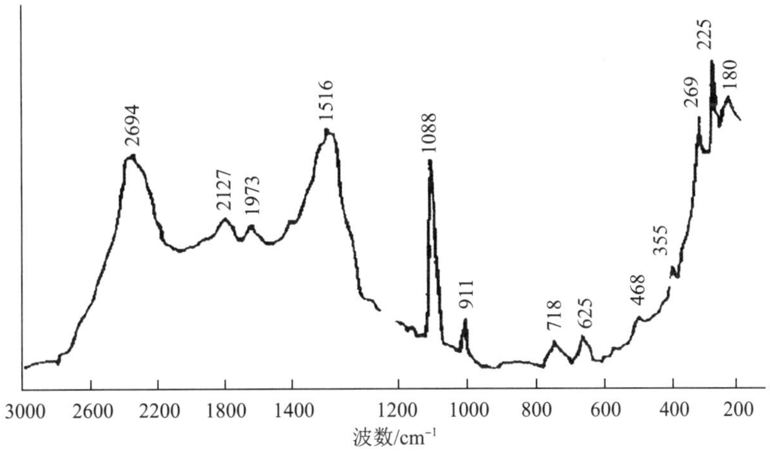

图 2-4-56　白云鄂博氟碳铈钡石的拉曼光谱曲线

（据洪文兴等，1999）

［微化反应］　易溶于稀盐酸中，也溶于硝酸或过氯酸等强无机酸中。在 10%的 HCl 中可溶 96%左右。

二十、氟碳铈钠石（Arisite-（Ce））

1. 氟碳铈钠石的一般特征

［产地、产状及共（伴）生矿物］　一种岩浆晚期和岩浆期后热液矿物，产于碱性岩体的响岩中，存在于小的碱性伟晶岩脉晶洞内、正长岩透镜体中或正长岩方钠石捕虏体中。产在纳米比亚中部 Aris 响岩采石场，共（伴）生矿物有氟盐、霓石、硅钛钾钡矿族矿物、钠铁坡缕石、钠沸石、方沸石、锰柱星叶石、鱼眼石、萤石和马水硅钠石；在加拿大 Saint-Amable 的 Varennes 采石场，与钠沸石、霓石、钠长石、锰柱星叶石、菱锰矿、闪锌矿和星叶石共（伴）生；在加拿大 Mont Saint-Hilaire 伟晶岩中，与霓石、钠长石、某种单斜辉石、某种异性石族矿物、微斜长石、褐硅铈矿、钠沸石、纤沸石和氟磷灰石共（伴）生；在加拿大 Mont Saint-Hilaire 方钠石正长岩捕虏体中，与霓石、"四方钠沸石"、多硅锂云母、萤石、方钠石、针钠锰石、微斜长石、单斜钠锆石、黄铁矿、烧绿石、磁黄铁矿、针铁矿、某种碱性长石和某种星叶石族矿物共（伴）生（Piilonen et al.，2010a）。

表 2-4-58　白云鄂博矿床东矿氟碳铈钡石红外吸收光谱数据

吸收峰频率/cm^{-1}	吸收峰强度
3420	弱
1470	极强
1420	极强
1390	极强
1090	中
880	强
860	强
720	强
710	中
680	弱
620	弱
330	中
260	强

注：数据引自张培善等(1983)。

[形貌特征]　六方云母片状，粒径最大至 1.5 mm，六方板柱状{100}，构成玫瑰花状和球状集合体。可观察到未知双晶律的双晶。

[晶体结构]　六方晶系；$P\bar{6}m2$。晶胞参数为 a=5.1109(2)Å，c=8.6713(4)Å；Z=1。

[主要粉晶衍射数据 d/Å(I)]　4.439(100)，3.103(87)，4.352(52)，1.9748(42)，2.561(38)，2.424(21)，1.9501(16)(纳米比亚中部 Aris 响岩采石场样品)。

[物理性质]　米白色、米黄色、浅柠檬黄色-粉色、银色；条痕白色。透明。玻璃光泽。发育{001}不完全解理；贝壳状断口。性脆，薄片具挠性。摩氏硬度 H=3~3.5。密度 $D_{测量}$=3.3 g/cm^3，$D_{计算}$=4.126 g/cm^3。

[光学性质]　一轴负晶。折光率 ω=1.696~1.714(4)，ε=1.594~1.611(3)。

[化学成分]　理想化学式为 $NaCe_2(CO_3)_2[F_{2x}(CO_3)_{1-x}]F$，$x<1$。典型产地产出的样品化学组成如表 2-4-61 所示。

表 2-4-61　氟碳铈钠石的化学组成(w_B/%)

产地	Na_2O	Sm_2O_3	CaO	Gd_2O_3	SrO	La_2O_3	Ce_2O_3	Pr_2O_3	Nd_2O_3	CO_2	F
纳米比亚	5.89	0.47	1.51	0.01	0.11	25.47	29.80	1.43	3.54	[23.40]	5.93
加拿大	4.49	0.69	5.39	0.54	2.78	15.56	30.71	3.05	8.12	[20.92]	9.62

产地	$-O=F_2$	合计	化学式
纳米比亚	2.50	95.26	$(Na_{0.97}Ca_{0.03})_{\Sigma 1.00}(Ce_{0.92}La_{0.80}Nd_{0.11}Pr_{0.04}Sm_{0.01}Ca_{0.09})_{\Sigma 1.97}(CO_3)_2[(CO_3)_{0.71}F_{0.59}]_{\Sigma 1.3}F$
加拿大	4.05	97.90	$(Na_{0.70}Ca_{0.30})_{\Sigma 1.00}(Ce_{0.90}La_{0.49}Nd_{0.23}Pr_{0.09}Sm_{0.02}Gd_{0.01}Ca_{0.16}Sr_{0.13})_{\Sigma 2.03}(CO_3)_2[F_{1.43}(CO_3)_{0.28}]_{\Sigma 1.71}F$

[微化反应]　滴稀盐酸起泡。

2. 在中国的产出情况

目前中国尚未发现氟碳铈钠石。

二十一、氟碳镧钠石(Arisite-(La))

1. 氟碳镧钠石的一般特征

[产地、产状及共(伴)生矿物]　一种岩浆晚期和岩浆期后热液矿物，产于与碱性火山岩有关的

响岩晶洞中，通常作为氟碳铈钠石的富镧晶核存在。主要产地是纳米比亚中部 Aris 响岩采石场。共(伴)生矿物有氟盐、霓石、方沸石、磷灰石、萤石、锰柱星叶石、微斜长石、钠沸石、闪锌矿、钠铁坡缕石、水羟硅铁钠石和氟碳铈钠石(Piilonen et al.，2010b)。

[形貌特征] 六方晶体，板状{001}-柱状{100}，最大粒径至 1.5 mm。可观察到未知双晶律的双晶。

[晶体结构] 六方晶系；$P\bar{6}m2$。晶胞参数为 a=5.1131(7)Å，c=8.6759(17)Å，Z=1。

[主要粉晶衍射数据 d/Å(I)] 4.439(100)，3.103(87)，4.352(52)，2.212(43)，1.9748(42)，2.561(38)，21.9501(16)(纳米比亚中部 Aris 响岩采石场样品)。

[物理性质] 米白色、米黄色、浅柠檬黄色-粉色；条痕白色。透明。玻璃光泽。发育{001}不完全解理。贝壳状断口；性脆；摩氏硬度 3.5。名单 $D_{测量}$=3.3 g/cm^3，$D_{计算}$=4.072 g/cm^3。

[光学性质] 一轴负晶。折光率 ω=1.696~1.714(4)，ε<1.594~1.611(3)。

[化学成分] 理想化学式为 $NaLa_2(CO_3)_2[F_{2x}(CO_3)_{1-x}]F$，$x$<1；其化学组成($w_B$/%)为：$Na_2O$ 6.49，La_2O_3 68.19，CO_2[18.42]，F 11.93，$-O=F_2$ 5.02，合计 110.05。典型产地产出的样品化学组成(w_B/%)如表 2-4-62 所示。

表 2-4-62 氟碳镧钠石的化学组成(w_B/%)

产地/成分	Na_2O	Sm_2O_3	CaO	Gd_2O_3	SrO	La_2O_3	Ce_2O_3	Pr_2O_3	Nd_2O_3	CO_2	F
纳米比亚	6.07	0.34	1.62		0.10	28.83	26.86	1.10	2.68	[22.80]	6.51

产地/成分	$-O=F_2$	合计	化学式
纳米比亚	2.74	94.17	$(Na_{0.99}Ca_{0.01})_{\Sigma 1.00}(La_{0.90}Ce_{0.83}Nd_{0.08}Pr_{0.03}Sm_{0.01}Ca_{0.14})_{\Sigma 1.99}(CO_3)_2[F_{0.73}(CO_3)_{0.63}]_{\Sigma 1.36}F$

[微化反应] 滴稀盐酸起泡。

2. 在中国的产出情况

目前中国尚未发现氟碳镧钠石。

二十二、伦琴石(Röntgenite-(Ce))

1. 伦琴石的一般特征

[产地、产状及共(伴)生矿物] 为一种少见的晚期热液成因矿物，在格陵兰 Narssârssuk，产于花岗伟晶岩中；在中国四川冕宁稀土矿床中，产于碱性正长伟晶岩中。此外，在乌兹别克斯坦和加拿大 Mont Saint-Hilaire 也有发现。共(伴)生矿物有氟碳铈矿、氟碳钙铈矿和直氟碳钙铈矿，呈衍体互生(Donnay，1953；Donnay et al.，1953；van Landuyt et al.，1975；Ni Y et al.，1993)。

[形貌特征] 六方晶体，主要单形为{$10\bar{1}1$}、{$0\bar{1}2$}、{$11\bar{2}0$}和{0001}小晶面，发育水平晶面条纹，粒径最大至 3 mm。常与氟碳铈矿、氟碳钙铈矿、直氟碳钙铈矿和氟碳钡铯矿连生。少见双晶，双晶面(0001)。

[晶体结构] 三方晶系；$R3$。晶胞参数为 a=7.13(3)Å，c=69.4(2)Å；Z=9。

[主要粉晶衍射数据 d/Å(I)] 23.13(100)，11.57(70)，3.565(49)，2.824(48)，4.627(44)，1.881(18)，1.941(16)，2.058(15)，7.71(13)(ICDD-PDF 35-579)。

[物理性质] 蜡黄色、棕色、绿色。透明-半透明。蜡状光泽。半贝壳状断口。摩氏硬度 H=4.5(推算)。密度 $D_{计算}$=4.19 g/cm^3。

[光学性质] 在透射光下为浅黄色-无色。一轴正晶。折光率 ω=1.658~1.662，ε=1.756。

[化学成分] 理想化学式为 $Ca_2Ce_3(CO_3)_5F_3$。化学成分(w_B/%)系通过补插在氟碳铈矿-菱铈钙石系列中推断得到，CaO 13.08，Ce_2O_3 57.41，F 6.65，CO_2 25.66。

2. 在中国的产出情况

伦琴石较为罕见，中国白云鄂博铁铌稀土矿床的东矿和四川冕宁牦牛坪稀土矿床有产出报道。

二十三、氟碳钠钇石(Horváthite-(Y))

1. 氟碳钠钇石的一般特征

[产地、产状及共(伴)生矿物] 是霞石正长岩内蚀变伟晶岩岩墙中的一种非常稀有的晚期矿物。发现于加拿大魁北克的Mont Saint-Hilaire。共(伴)生矿物有微斜长石、霓石、片钠铝石、菱锰矿、方钠石、钠沸石、钠长石、针钠锰石、菱铁矿、带云母、单斜钠锆石、星叶石和锌日光榴石(Grice et al., 1997)。

[形貌特征] 呈堆积晶体，板状{100}或呈放射条带状晶体构成的圆柱状集合体，延向[010]，主要单形有{100}、{001}、{010}和较小的{110}、{011}、{101}，晶体粒径最大至1 mm。

[晶体结构] 斜方晶系；*Pmcn*。晶胞参数为 a=6.959(2)Å，b=9.170(2)Å，c=6.301(1)Å；Z=4。

[主要粉晶衍射数据 *d*/Å(*I*)] 3.477(100)，5.19(90)，2.800(50)，2.087(50)，2.057(50)，1.966(50)，1.849(50)(样品产自加拿大Mont Saint-Hilaire)。

[物理性质] 无色-乳白色；条痕白色。透明-半透明。玻璃光泽。发育{100}完全、{010}中等解理。性脆；摩氏硬度 H=4。密度 $D_{测量}$>3.3 g/cm^3，$D_{计算}$=3.61 g/cm^3。

[光学性质] 二轴负晶。折光率 α=1.457(1)，β=1.543(1)，γ=1.622(1)。光轴角 $2V_{测量}$=82(1)°，$2V_{计算}$=83°。多色性：弱，X=无色；$Y \approx Z$=浅棕色。光性方位：$X=b$；$Y=a$；$Z=c$。

[化学成分] 理想化学式为 $NaY(CO_3)F_2$。产于加拿大Mont Saint-Hilaire样品的电子探针分析结果(w_B/%)如下：CO_2[19.83]，Y_2O_3 45.07，Gd_2O_3 0.45，Tb_2O_3 0.12，Dy_2O_3 2.49，Ho_2O_3 0.81，Er_2O_3 3.02，Yb_2O_3 1.64，CaO 1.86，Na_2O 12.62，F 17.22，$-O=F_2$ 7.23，合计97.90；相应的化学式为 $(Na_{0.90}Ca_{0.07})_{\Sigma 0.97}(Y_{0.89}Er_{0.04}Dy_{0.03}Yb_{0.02}Gd_{0.01}Ho_{0.01})_{\Sigma 1.00}(CO_3)F_{2.01}$。

2. 在中国的产出情况

目前中国尚未发现氟碳钠钇石。

二十四、柯氟碳钡铈石(Qaqarssukite-(Ce))

1. 柯氟碳钡铈石的一般特征

[产地、产状及共(伴)生矿物] 发现于格陵兰西南部的Qaqarssuk稀土碳酸盐岩脉中，这种矿物在当地产量较大，构成一个潜在的矿床。共(伴)生矿物有方解石、白云石、菱锶矿、金云母和黄铁矿(Grice et al., 2006)。

[形貌特征] 晶体呈自形，最大粒径达50 μm，集合体粒径可至2 mm。

[晶体结构] 三方晶系；$P\bar{3}c1$。晶胞参数为 a=7.2036(9)Å，c=18.172(3)Å；Z=6。

[主要粉晶衍射数据 *d*/Å(*I*)(*hkl*)] 3.348(100)(112)，2.078(60)(300)，4.55(43)(004)，3.534(41)(111)，3.093(40)(113)，2.569(35)(204)，3.671(32)(104)，5.14(28)(102)。

[物理性质] 黄褐色-褐色；条痕白色；不透明；亚金刚-油脂光泽。无解理；不平坦状断口。性脆。摩氏硬度 H=3~4。密度 $D_{计算}$=4.64 g/cm^3。无荧光性。

[光学性质] 一轴正晶。折光率 ω=1.672(3)，ε=1.751(5)。无多色性。

[化学成分] 理想化学式为 $Ba(Ce, REE)(CO_3)_2F$。格陵兰产出样品的电子探针分析结果(w_B/%)为：CaO 2.82，SrO 3.92，BaO 27.41，La_2O_3 8.82，Ce_2O_3，20.26，Pr_2O_3 1.85，Nd_2O_3 6.64，Sm_2O_3 0.37，Eu_2O_3 0.18，TiO_2 1.41，P_2O_5 0.05，F 5.04，CO_2[23.00]，$-O=F_2$ 2.12，合计99.65；相应的化学式为 $(Ba_{0.68}Ca_{0.19}Sr_{0.14})_{\Sigma 1.01}(Ce_{0.47}La_{0.21}Nd_{0.15}Pr_{0.04}Sm_{0.01}Ti_{0.07})_{\Sigma 0.95}(CO_3)_2F_{1.01}$。

[与其他矿物种的关系]　与黄河矿呈同质多象。

[微化反应]　溶于浓盐酸，起泡。

2. 在中国的产出情况

目前中国尚未发现柯氟碳钡铈石。

第五节　含 Pb、Bi 的碳酸盐矿物

本节一共有 7 种矿物，它们是碳氧铅石(Shannonite)、水白铅矿(Hydrocerussite)、羟碳铅石(Plumbonacrite)、角铅矿(Phosgenite)、泡铋矿(Bismutite)、氟碳铋钙石(Kettnerite)和碳钙铋矿(Beyerite)。其中水白铅矿、角铅矿、泡铋矿在中国有发现和研究。

一、碳氧铅石(Shannonite)

1. 碳氧铅石的一般特征

[产地、产状及共(伴)生矿物]　存在于铅矿床氧化带的一种稀有次生矿物，由酸性地下水与白铅矿反应生成。发现于美国亚利桑那州的 Grand Reef 矿区。共(伴)生矿物有白铅矿、铅黄、黄铅丹、铅丹、水白铅矿、萤石、铅铁矾、赤铁矿、含锰氧化物、石英和白云母(Roberts, et al., 1995; Krivovichev et al., 2000)。

[形貌特征]　晶体呈他形-板状，最大粒径至 400 μm；集合体呈瓷质结壳。

[晶体结构]　斜方晶系；$P2_12_12_1$。晶胞参数为 a=9.294 Å，b=9.000 Å，c=5.133 Å；Z=4。

[主要粉晶衍射数据 d/Å(I)(hkl)]　3.215(100)(211)，3.181(90)(121)，4.02(40)(111)，2.858(40)(130)，2.564(35)(002)，6.49(30)(110)，4.14(30)(210)，2.931(30)(310)(PDF 48-1888)。

[物理性质]　白色；条痕白色；不透明；蜡状光泽；不平坦状断口。性脆；摩氏硬度 H=3~3.5。密度 $D_{计算}$=7.31~7.59 g/cm^3。

[光学性质]　在反射光下为白色，有白色内反射。二轴晶；折光率 n=[2.09]。

[化学成分]　理想化学式为 $Pb_2O(CO_3)$；化学组成(w_B/%)为：PbO 91.03，CO_2 8.97，合计 100.00。美国产出样品的化学组成(w_B/%)为：PbO 89.9，CO_2 9.7，合计 99.6；相应的化学式为 $Pb_{1.91}O(C_{1.05}O_3)$。

2. 在中国的产出情况

目前中国尚未发现碳氧铅石。

二、水白铅矿(Hydrocerussite)

1. 水白铅矿的一般特征

[产地、产状及共(伴)生矿物]　铅矿床氧化带产出的一种不常见的次生矿物。主要产地分布在瑞典、挪威 Tvedalen、英国 Higher Pitts 农场和 Merehead 采石场、苏格兰 Wanlockhead、希腊 Kamariza 矿床、格陵兰 Ilímaussaq 岩体、纳米比亚 Tsumeb、伊朗 Seh-Changi 矿床、加拿大 Mont Saint-Hilaire 和美国 Mammoth-St. Anthony 和 Bunker Hill 矿区等地。在瑞典 Långban，与自然铅共生；在美国亚利桑那州 Mammoth-St. Anthony 矿床，其共(伴)生矿物有白铅矿、硫碳酸铅矿、氟氯铅矿、单斜水氯铅矿、羟铜铅矿、硫碳酸铅矿和方铅矿(Palache et al., 1951; Olby, 1966)。

[形貌特征]　晶体呈尖六方锥体{$h0\bar{h}l$}至板状，最大粒径至 4 cm；集合体呈透镜状至薄鳞片状、裂解块状。

[晶体结构]　六方晶系。晶胞参数为 a=5.239(5)Å，c=23.65(2)Å；Z=3。

[**主要粉晶衍射数据** d/Å(I)(hkl)]　2.623(100)(110)，3.611(90)(104)，3.286(90)(015)，4.47(60)(101)，4.247(60)(012)，2.231(50)(202)，1.696(40)(122)，2.491(30)(113)(PDF 13-131 人工合成样品)。

[**物理性质**]　无色-白色、灰色、绿色；透明-半透明；金刚光泽，{0001}面上为珍珠光泽。发育{0001}完全解理；不规则状断口；性脆。摩氏硬度 H=3.5。密度 $D_{测量}$=6.80~6.82 g/cm^3，$D_{计算}$=6.873 g/cm^3。

[**光学性质**]　在透射光下无色。一轴负晶。折光率 ω=2.09，ε=1.94。

[**化学成分**]　理想化学式为 $Pb_3(CO_3)_2(OH)_2$；化学组成(w_B/%)为：PbO 86.33，CO_2 11.35，H_2O 2.32，合计 100.00。英国 Mendip 山产出样品的化学组成(w_B/%)为：PbO 86.52，CO_2 11.21，H_2O 2.23，-O=Cl_2 0.06，合计 99.90。

2. 在中国的产出情况

水白铅矿比较少见，中国有报道的水白铅矿产地为甘肃省北山马庄山金矿床(侯俭，1990)、河南省洛宁县上宫金矿床(侯俭，1992；Chen Y J et al.，2008；星玉才等，2013)、云南省个旧锡多金属矿床(金祖德，1981)和会泽县五星厂铅锌矿床(张晨等，2019)。但缺乏较详细的研究资料。

三、羟碳铅石(Plumbonacrite)

1. 羟碳铅石的一般特征

[**产地、产状及共(伴)生矿物**]　少量出现在多金属热液矿床的氧化带。发现于苏格兰 Wanlockhead 和美国亚利桑那州 Mammoth-St. Anthony 矿床。共(伴)生矿物有铅矾、青铅矿和方铅矿等(美国)(Palache et al.，1951；Olby，1966；Haacke et al.，1981；Krivovichev et al.，2000)。

[**形貌特征**]　鳞片状晶体组成的集合体，最大粒径至 0.1 mm。

[**晶体结构**]　六方晶系；$P6_{3c}m$。晶胞参数为 a=9.0921(7)Å，c=24.923(3)Å；Z=6。

[**主要粉晶衍射数据** d/Å(I)]　2.619(10)，4.26(8)，3.357(7)，1.699(5)，2.953(4)，2.235(4)，3.98(3)(人工合成样品)。近似水白铅矿(Hydrocerussite)。

[**物理性质**]　无色-白色。透明-半透明。珍珠光泽。硬度未测。密度 $D_{测量}$=7.07 g/cm^3(合成样品)，$D_{计算}$=7.069 g/cm^3。

[**光学性质**]　一轴晶。折光率未测。

[**化学成分**]　理想化学式为 $Pb_5(CO_3)_3O(OH)_2$；化学组成(w_B/%)为：PbO 88.15，CO_2 10.43，H_2O 1.42，合计 100.00。苏格兰 Wanlockhead 产出样品的化学组成(w_B/%)为：PbO 92.85，CO_2 4.76，H_2O 2.01，不溶物 0.78，合计 100.40。

2. 在中国的产出情况

目前中国尚未发现羟碳铅石。

四、角铅矿(Phosgenite)

1. 角铅矿的一般特征

[**产地、产状及共(伴)生矿物**]　常形成于热液铅矿床氧化带中方铅矿的蚀变作用过程，或是海水与其他铅矿物反应形成，不常见。在英国 Bage 矿床、意大利 Sardinia、希腊 Monteponi 和 Montevecchio、波兰 Tarnowitz、俄罗斯 Syzjanov 矿床、摩洛哥 Touissit、突尼斯 Sidi Amor ben Salem、纳米比亚 Tsumeb、澳大利亚 Broken Hill、墨西哥 Boleo 以及美国亚利桑那州 Terrible 矿山和新墨西哥州 Stevenson-Bennett 矿区均产出较好的矿物晶体。共(伴)生矿物有白铅矿、铅矾、氟氯铅矿和羟氯铅矿等(Palache，et al.，1951；Midgley，1958；Giuseppetti et al.，1974)。

[**形貌特征**]　晶体为短柱状-柱状[001]，少见厚板状{001}；可见晶面{001}、{111}，晶体粒

径最大可至 30 cm。集合体呈粒状、块状。

［**晶体结构**］ 四方晶系；*P4/mbm*。晶胞参数为 $a=8.160(4)$ Å，$c=8.883(6)$ Å；$Z=4$。

［**主要粉晶衍射数据 *d*/Å(*I*)(*hkl*)**］ 2.79(100)(212)，3.61(80)(210)，2.56(80)(310)，4.40(60)(002)，4.04(50)(200)，2.21(40)(004)，1.800(40)(412)，1.426(40)(522)(PDF 12-218)。

［**物理性质**］ 浅黄色-黄棕色、浅棕色、烟棕色、烟紫色、无色、浅玫瑰色、灰色、黄灰色、浅绿色；条痕白色；透明-半透明；金刚光泽。发育{001}和{110}极完全、{100}完全解理；贝壳状断口。具可切性，垂直于[001]方向可弯曲。摩氏硬度 $H=2\sim3$，硬度随方向改变。密度 $D_{测量}=6.12\sim6.15$ g/cm³，$D_{计算}=6.124$ g/cm³。在长波紫外光照射下发黄色荧光。

［**光学性质**］ 在透射光下无色。一轴正晶，异常为二轴晶。折光率 $\omega=2.118$，$\varepsilon=2.145$。在较厚的薄片中，显弱多色性：O=粉色；E=浅绿色。

［**化学成分**］ 理想化学式为 $Pb_2(CO_3)Cl_2$；化学组成(w_B/%)为：PbO 81.86，CO_2 8.07，Cl 13.00，$-O=Cl_2$ 2.93，合计 100.00。西伯利亚 Altai 地区产出样品的化学组成(w_B/%)为：PbO 81.78，CO_2 8.13，Cl 12.91，$-O=Cl_2$ 2.91，合计 99.91。

2. 在中国的产出情况

角铅矿不是常见矿物，多产于铅锌银矿床氧化带和海洋沉积物中。我国报道的角铅矿产地很少，相关的研究资料较为匮乏。目前已知产地主要分布于云南兰坪县金顶铅锌矿床(胡明安，1989)，贵州省威宁县下河坝铅锌矿床(陈德荣等，2014)、铜仁市沿河县三角塘和长润地区铅锌矿床(顾晓敏，2012a，2012b)，河南省桐柏县破山银矿床(叶霖等，2003)，新疆和田火烧云铅锌矿床(任广利等，2024)。

五、泡铋矿(Bismutite)

1. 泡铋矿的一般特征

［**产地、产状及共(伴)生矿物**］ 在热液矿床和花岗伟晶岩中相对常见的一种矿物，由其他含铋矿物蚀变而来。分布非常广泛，比较固定的产地分布在德国 Ullersreuth、法国 Meymac、英国 Wheal Owles、俄罗斯 Beresovsk、玻利维亚 Tazna、美国新墨西哥州 Harding 矿区、澳大利亚 Kingsgate 等地。共(伴)生矿物有自然铋、辉铋矿、辉碲铋矿和其他许多含铋矿物(Lagerkrantz et al.，1948；Palache et al.，1951；Sahama et al.，1968)。

［**形貌特征**］ 少见板状晶体，最大至 0.5 mm；集合体常呈放射状至球状，或呈结壳和土状-致密块状集合体。

［**晶体结构**］ 斜方晶系(假四方)；*Imm*2(假 *I*4/*mmm*)。晶胞参数为 $a=3.865$ Å，$b=3.862$ Å，$c=13.675$ Å；$Z=2$。

［**主要粉晶衍射数据 *d*/Å(*I*)(*hkl*)**］ 2.953(100)(013)，2.72(40)(011)，2.734(35)(110)，1.617(35)(123)，2.135(30)(114)，6.841(25)(002)，1.75(25)(116)，1.933(20)(020)(PDF 41-1488；人工合成样品)。

［**物理性质**］ 稻草棕色、棕色、棕黄色、浅黄色、浅绿色、绿灰色，在致密假晶中可能为深灰色-黑色；条痕灰色。小颗粒不透明-透明。玻璃光泽、蜡状光泽或土状光泽。发育{001}解理。摩氏硬度 $H=2.5\sim3.5$。密度 $D_{测量}=6.1\sim7.7$ g/cm³，平均 8.11 g/cm³；$D_{计算}=8.25$ g/cm³。

［**光学性质**］ 在透射光下为无色至浅黄色或浅绿色。一轴晶。折光率 $n=2.12\sim2.30$。突起非常高。

［**化学成分**］ 理想化学式为 $Bi_2O_2(CO_3)$；化学组成(w_B/%)为：Bi_2O_3 91.37，CO_2 8.63，合计 100.00。墨西哥 Guanajuato 产出样品的化学组成(w_B/%)为：Bi_2O_3 91.68，CO_2 8.29，H_2O 痕量，合计 99.97。

［**微化反应**］ 溶于酸并起泡。

2. 在中国的产出情况

泡铋矿是一种高温热液矿物，常与白钨矿、辉钼矿组成高温矿物组合，与其他铋矿物共(伴)生。我国泡铋矿的产地比较多，但产出量非常少，矿物粒级小，常呈粉末状充填于其他矿物的裂隙中，或呈其他矿物的覆膜，所以研究程度并不高。目前已报道的泡铋矿产地主要分布在黑龙江省黑河市红叶子岩金矿床(刘世伟等，1998)、吉林省延边小西南岔铜(金)矿床(吴尚全，1986)、内蒙古包头市乌拉山金矿(聂凤军等，1994)、北京市平谷区杨家洼金矿床(孙志富等，1994)、陕西省洛南县大王西峪金矿床(李兴民，1989)、青海省海西肯德可克铁金多金属矿床(蔡岩萍等，2011)、甘肃省酒泉市肃北县金场沟金银钼钨矿床(潘伯龄等，1989)、河南省栾川县石瑶沟钼矿床(张江明等，2011)、榆木沟钼矿床(王怀智等，2010)、汝阳县东沟特大型斑岩钼矿(杨根生等，2006)、江西省赣州市安远县盘古山矿床(任英忱等，1986)、定南县岿美山金矿床(方贵聪等，2021)、湖北省黄冈市某石英脉型金矿床(何松，1987)、湖南省郴州市桂阳县黄沙坪铅锌多金属矿床(Zhao D et al.，2022)、安徽省铜陵市狮子山矿田包村金矿(任云生等，2006)、广西百色市乐业县浪全金矿床(牛林，1994)、广东省茂名市信宜市银岩锡矿床(肖春莲，2008)、福建省三明市清流县行洛坑钨钼矿床(张佳静等，2008)、云南省个旧锡矿打磨山矿田(Chen J et al.，1992)、石屏县龙潭钨矿床(薛步高，2003)、普洱市西盟县阿莫锡矿(施加辛，1985；赵大贤等，1991)、四川省凉山宁南县雀珠山铅锌矿床(旦贵兵等，2007)、四川省石渠县渣陇沟锡多金属矿床(张德考等，1988)、新疆玛纳斯河砂矿(白建勋，1987)、新疆皮山县某自然硫矿床(杜品龙，1984)、新疆伊犁大喀拉苏矿床(王登红等，2003)、新疆阿尔泰伟晶岩区(张如柏，1986)、新疆和静县察汗乌苏金矿(尹剑僧，2013)、西藏那曲崩纳藏布金矿(王春红等，2006)、西藏昌都市马牧普铜金矿床(肖续等，2023)、西藏山南市克鲁铜金矿床(李光明等，2006)等。

(1)南岭铋矿床中的泡铋矿

[产地、产状及共(伴)生矿物] 南岭铋矿床主要分布在湘南、粤北和赣南。南岭的铋矿主要呈共伴生形式出现在与花岗岩有关的热液矿床中，大多产在钨矿床中。泡铋矿发现于广东省英德市长岗岭石英脉型铋矿床和海丰县莲花山钨矿床、江西省定南县岿美山金矿床和赣州于都县盘古山钨矿床中(方贵聪等，2021)。

[形貌特征] 呈粉末状、土状集合体覆盖在辉铋矿表面或交代辉铋矿而成假象结构，或呈脉状填充于石英等矿物的裂隙中，常与辉铋矿、自然铋伴生，反射色呈微粉红白色，不显多色性，内反射以黄色为主，亦有土黄、棕红、黄白色，均质性显著。在广东长岗岭铋矿中与铋华、褐铁矿伴生。

(2)新疆哈拉苏地区伟晶岩中的泡铋矿

[产地、产状及共(伴)生矿物] 泡铋矿产于新疆哈拉苏地区的一条含Nb-TR的伟晶岩中，该伟晶岩分带性不好，但交代作用发育，主要是白云母化和钠长石化。伟晶岩中主要的稀有元素矿物是铌铁矿-钽铁矿、褐钇铌矿、铌金红石和绿柱石等(张如柏，1986)。

[主要粉晶衍射数据 d/Å(I)(hkl)] 3.711(4)(101)，2.949(10)(103)，2.742(5)(110)，1.927(6)(200)，1.620(7)(213)，1.709(6)(136)。

[晶胞参数] a=3.85 Å，c=13.72 Å，V=203.36 Å^3；Z=2。

[形貌特征] 不规则的粒状和块状体。

[物理性质] 淡黄色-黄白色，条痕淡黄-白色。金刚光泽。摩氏硬度1.5~2.0。相对密度7.64。

[光学性质] 在显微镜下，泡铋矿是无色透明的纤维状和鳞片状集合体，无多色性，平行消光。在正交偏光下，泡铋矿显一轴正晶。折光率N=2.30。光轴角2V=45°(观察值)。色散：$r>v$。

[化学成分] 电子探针分析结果(w_B/%)是：Bi_2O_3 84.20，PbO 3.06，Sb_2O_3 1.51，CaO 0.61，U_3O_8 0.33，CO_2 7.62，H_2O^+ 0.72，H_2O^- 1.42，总计99.47。根据化学成分计算出泡铋矿的结晶化学式为$(Bi_{1.92}Pb_{0.07}Sb_{0.07}Ca_{0.09}U_{0.006})_{\Sigma 2.11}CO_3 \cdot O_2$或$(Bi, Pb)_2O_2CO_3$。

［光谱特征］ 差热曲线表明，CO_2 释放出的温度从 280℃ 到 355℃ 止。矿物的红外吸收曲线在 1450 cm^{-1}、1380 cm^{-1} 和 845 cm^{-1} 均有吸收，它们均相当于$[CO_3]^{2-}$的弯曲振动。

(3)新疆和静县察汗乌苏金矿床中的泡铋矿

［产地、产状及共(伴)生矿物］ 察汗乌苏金矿为石英脉蚀变岩型金矿床，位处新疆和静县以西 70 km。金矿石自然类型含金石英脉型。金属矿物有自然金、泡铋矿、黝铜矿、孔雀石及少量钛铁矿。金矿物主要产于石英粒间，其余均包于泡铋矿中或产于泡铋矿与石英粒间(尹剑等，2013)。

［形貌特征］ 在镜下，泡铋矿多呈纤维集合体状，交代自然铋；反光镜下目估反射率 13%左右，反射色灰白色，均质性，内反射呈棉絮状土黄、棕红和黄白色杂色，低硬度。自然铋多呈交代残晶状包于泡铋矿中。

(4)浙江省淳安县木瓜钨铋矿床中的泡铋矿

［产地、产状及共(伴)生矿物］ 木瓜钨铋矿床为高温热液充填型矿床，位于浙西扬子准地台，矿化围绕流纹斑岩两侧的石英脉产出。石英脉中矿石矿物主要为黑钨矿、辉铋矿及少量的白钨矿，也可见有少量的半自形泡铋矿(金博等，2016)。

［形貌特征］ 泡铋矿呈草黄绿色，晶体呈半自形-他形，集合体为纤维状、丝状结构，呈浸染状-稀疏浸染状-星点浸染状分布在石英脉中。

六、氟碳铋钙石(Kettnerite)

1. 氟碳铋钙石的一般特征

［产地、产状及共(伴)生矿物］ 发现于捷克 Krupka 钾长石伟晶岩的石英脉中。在德国、美国和塔吉克斯坦等地也有产出。在捷克，共(伴)生矿物有萤石、自然铋、辉铋矿、赤铁矿和黄玉；在美国加利福尼亚州，与氯氧铋铅矿、异极矿、铝溴银矿、萤石、硅孔雀和石英共(伴)生(Zak et al.，1956，1957；Grice et al.，1999)。

［形貌特征］ 片状晶体，最大粒径至 0.3 mm，主要单形为{001}、{111}和{1010}；球状集合体。发育优良的双晶。

［晶体结构］ 斜方晶系，由于双晶表现为假四方晶系；*Pmmn*。晶胞参数为 a=3.7976(2)Å，b=3.7976(2)Å，c=13.569(4)Å，Z=2。

［主要粉晶衍射数据 ***d*/Å(*I*)(*hkl*)**］ 13.569(999)(001)，2.9084(393)(013)，3.3138(157)(012)，2.6853(120)(110)，3.6571(118)(101)，1.9431(104)(114)，2.6342(92)(111)，6.7845(88)(002)(PDF 89-6526)。

［物理性质］ 棕色、棕黄色、柠檬黄色；半透明。硬度较“软”。密度 $D_{测量}$ = 5.80 g/cm^3，$D_{计算}$=5.85 g/cm^3。

［光学性质］ 二轴或一轴晶。折光率 $n \geq 2.05$。

［化学成分］ 理想化学式为 $CaBiO(CO_3)F$；化学组成(w_B/%)为：Bi_2O_3 67.71，CaO 8.15，CO_2 12.79，CaF_2 11.35，合计 100.00。捷克 Krupka 产出样品的化学组成(w_B/%)为：Bi_2O_3 67.9，CaO 8.30，CO_2 12.60，CaF_2 10.6，H_2O 0.5，合计 99.90。

2. 在中国的产出情况

目前中国尚未发现氟碳铋钙石。

七、碳钙铋矿(Beyerite)

1. 碳钙铋矿的一般特征

［产地、产状及共(伴)生矿物］ 是热液矿床和花岗岩中的一种稀有次生矿物，由含铋硫化物和硫盐矿物蚀变而形成。主要产地分布在德国 Schneeberg、捷克 Eliáš 和 Rovnost 矿山、印度 Bisundi 伟晶岩体、塔吉克斯坦 Chinorsayskiy 花岗闪长岩体、美国加利福尼亚 Stewart 矿区等、加拿大 Evans-Lou

采石场和阿根廷 San Elías 矿区。共(伴)生矿物有泡铋矿、锑铋矿、砷铋矿、三斜水砷铋石、钒铋矿、硅铋石、羟钒铋铜矿、斜钒铋矿、坦铋矿、辉铋矿和自然铋(Heinrich, 1947; Lagerkrantz et al., 1948; Palache et al., 1951)。

[形貌特征] 晶体呈薄矩形板状，可见单形{001}、{111}，最大粒径至0.5 mm；构成玫瑰花状和近平行状集合体，常呈致密土状、薄膜状和块状。

[晶体结构] 四方晶系；*I4/mmm*。晶胞参数为 $a=3.784$ Å，$c=21.76$ Å；$Z=2$。

[主要粉晶衍射数据 *d*/Å(*I*)(*hkl*)] 2.851(100)(105)，10.90(90)(002)，3.35(80)(103)，2.67(70)(110)，2.15(70)(116)，1.578(70)(215)，1.689(60)(11 10)，1.907(50)(118)(PDF 22-1067)。

[物理性质] 亮黄色、柠檬黄色、浅黄色、灰绿色、灰色、白色；条痕白色；透明-不透明；玻璃光泽；贝壳状断口。摩氏硬度 $H=2\sim3$。密度 $D_{测量}=6.56\ g/cm^3$，$D_{计算}=6.50\ g/cm^3$。

[光学性质] 在透射光下浅黄色-无色。一轴晶(-)；异常为二轴晶。折光率 $\omega=2.13(2)$，$\varepsilon=1.99(2)$。

[化学成分] 理想化学式为 $CaBi_2O(CO_3)_2$；化学组成($w_B/\%$)为：Bi_2O_3 76.38，CaO 9.19，CO_2 14.43，合计100.00。美国 Mica Lode 伟晶岩中产出样品的化学组成($w_B/\%$)为：Bi_2O_3 75.29，CaO 9.05，CO_2 13.89，PbO 1.77，合计100.00。

2. 在中国的产出情况

目前中国尚未发现碳钙铋矿。

第六节 含(Cl)、SO_4、PO_4、TeO_3 的碳酸盐矿物

这类矿物共有16种，它们是硫碳铁钠石(Ferrotychite)、锰杂芒硝(Manganotychite)、氯碳钠镁石(Northupite)、杂芒硝(Tychite)、碳磷铁钠石(Bonshtedtite)、碳磷镁钠石(Bradleyite)、碳磷锶钠石(Crawfordite)、碳磷锰钠石(Sidorenkite)、大青山矿(Daqingshanite-(Ce))、硫碳钇钠石(Reederite-(Y))、硫碳钇钡钠石(Mineevite-(Y))、布羟碳锌石(Brianyoungite)、羟碳锰铅石(Philolithite)、硫碳铅石(Leadhillite)、亚硫碳铅石(Macphersonite)和三方硫碳铅石(Susannite)。其中硫碳铁钠石与杂芒硝构成类质同象系列；硫碳铅石、亚硫碳铅石和三方硫碳铅石构成同质三象。

大青山矿为在内蒙古白云鄂博铁铌稀土矿床中首次发现的新矿物，另外还有其他3种矿物(氯碳钠镁石、杂芒硝和硫碳铅石)在中国有发现和研究。其余12种未见产出报道。

氯碳钠镁石族(Northupite group)

硫碳铁钠石	Ferrotychite	$Na_6(Fe^{2+})_2(CO_3)_4(SO_4)$	等轴晶系
锰杂芒硝	Manganotychite	$Na_6(Mn^{2+})_2(CO_3)_4(SO_4)$	等轴晶系
氯碳钠镁石	Northupite	$Na_3Mg(CO_3)_2Cl$	等轴晶系
杂芒硝	Tychite	$Na_6Mg_2(CO_3)_4(SO_4)$	等轴晶系

一、硫碳铁钠石(Ferrotychite)

1. 硫碳铁钠石的一般特征

[产地、产状及共(伴)生矿物] 产于俄罗斯科拉半岛 Khibiny 碱性侵入杂岩体的霓霞岩-磷霞岩脉中，发现于一钻孔中，少见。共(伴)生矿物有碳钠钙石、磷碳铁钠石和方沸石(Khomyakov et al., 1981; Malinovskii et al., 1979; Pekov, 1998)。

［形貌特征］ 粒状，最大可至 1 mm。

［晶体结构］ 等轴晶系；$Fd3$。晶胞参数为 a=13.962(5)Å；Z=8。

［主要粉晶衍射数据 d/Å(I)(hkl)］ 2.68(100)(511)，4.18(90)(311)，2.47(80)(440)，1.614(60)(751)，2.36(40)(531)，1.958(40)(711)，1.351(40)(951)，1.428(30)(844)(PDF 35-707)。

［物理性质］ 无色-亮黄色，表面风化变为亮棕色；半透明；玻璃光泽；贝壳状断口。摩氏硬度 H=4；显微硬度 VHN=214～247 kg/mm^2，平均 228 kg/mm^2。密度 $D_{测量}$=2.79 g/cm^3，$D_{计算}$=2.78 g/cm^3。具强磁性。

［光学性质］ 均质体。n=1.550(2)。

［化学成分］ 理想化学式为 $Na_6(Fe^{2+})_2(CO_3)_4(SO_4)$；化学组成($w_B$/%)为：FeO 24.53，$Na_2O$ 31.75，CO_2 30.05，SO_3 13.67，合计 100.00。俄罗斯 Khibiny 岩体中产出样品的化学组成(w_B/%)为：FeO 15.26，MnO 4.35，MgO 2.77，Na_2O 32.30，CO_2[30.75]，SO_3 14.00，合计 99.43。

［与其他矿物种的关系］ 属于氯碳钠镁石族；与杂芒硝、锰杂芒硝呈类质同象。

［微化反应］ 加入碱性溶液时溶解于水中。

2. 在中国的产出情况

目前中国尚未发现硫碳铁钠石。

二、锰杂芒硝(Manganotychite)

1. 锰杂芒硝的一般特征

［产地、产状及共(伴)生矿物］ 发现于俄罗斯科拉半岛 Mt. Alluaiv 碱性岩体的伟晶岩岩脉中，并不常见，与碳钠钙石、钙水碱、碳磷锰钠石、斜氟钠矾和许多其他矿物共(伴)生；在加拿大 Mont Saint-Hilaire 也有产出，共(伴)生矿物有天然碱、碳钠钙石、碳钠铈石、氟硫碳钇钠石、钠锆石和方沸石(Khomyakov et al., 1990)。

［形貌特征］ 呈不规则粒状，最大粒径至 1 cm；块状集合体。

［晶体结构］ 等轴晶系；$Fd3$。晶胞参数为 a=13.9951(8)Å；Z=8。

［主要粉晶衍射数据 d/Å(I)(hkl)］ 2.695(100)(511)，4.22(76)(311)，2.474(70)(440)，1.959(28)(711)，1.616(28)(555)，2.366(27)(531)，1.605(25)(555)，2.111(17)(622)(PDF 43-1482)。

［物理性质］ 浅粉色，白色；半透明；玻璃-黯淡光泽。贝壳状断口。摩氏硬度 H=4。密度 $D_{测量}$=2.70(5)，$D_{计算}$=2.79。弱磁性。

［光学性质］ 均质。折光率 n=1.544(2)。

［化学成分］ 理想化学式为 $Na_6(Mn^{2+})_2(CO_3)_4(SO_4)$；化学组成($w_B$/%)为：MnO 24.30，$Na_2O$ 31.84，CO_2 30.15，SO_3 13.71，合计 100.00。俄罗斯 Mt. Alluaiv 产出样品的化学组成(w_B/%)为：MnO 15.00，MgO 1.98，FeO 6.00，Na_2O 32.21，CO_2 30.68，SO_3 14.13，合计 100.00；相应的化学式为 $Na_{5.99}(Mn^{2+}_{1.22}Fe^{2+}_{0.48}Mg_{0.28})_{\Sigma 1.98}(SO_4)_{1.04}(CO_3)_{4.02}$。

［与其他矿物种的关系］ 属于氯碳钠镁石族；与杂芒硝、硫碳铁钠矾呈类质同象。

［微化反应］ 在水中微溶，形成一种棕色外壳。

2. 在中国的产出情况

目前中国尚未发现锰杂芒硝。

三、氯碳钠镁石(Northupite)

1. 氯碳钠镁石的一般特征

［产地、产状及共(伴)生矿物］ 可能在 20～50℃间形成的一种不常见矿物，呈湖成矿床或者在

泥和粘土深部中；可能为棱柱状或者早期盐类矿物的替代物。分布在美国、乌干达、乍得、波斯尼亚和黑赛哥维那、南极洲、中国等地。共伴生矿物有杂芒硝、钙水碱、碳酸钠钙石、天然碱、钙水矿，单斜钠钙石、硅钛钾钡矿、水硅硼钠石、钡白云石、丝硅镁石、黄铁矿、石英等(Palache et al., 1951; Fahey, 1962; Dal Negro et al., 1975)。

[形貌特征] 晶体呈正八面体，粒径至 2 cm；球状块体。

[晶体结构] 等轴晶系；$Fd\bar{3}$。晶胞参数为 a=13.98 Å；Z=16。

[主要粉晶衍射数据 d/Å(I)(hkl)] 2.473(100)(440), 2.697(75)(511), 2.111(55)(622), 8.08(50)(111), 3.21(35)(331), 4.96(30)(220), 2.863(30)(422), 2.37(30)(531)(PDF 19-1213)。

[物理性质] 无色，当含二价铁时为浅绿色，或因为含有杂质而变为浅黄色、灰色和棕色；透明-半透明；玻璃光泽。贝壳状断口；性脆。摩氏硬度 H=3.5~4。密度 $D_{测量}$=2.380 g/cm^3，$D_{计算}$=2.419 g/cm^3。

[光学性质] 在透射光下为无色。均质体，局部显示异常双折射。折光率 n=1.5144，当含二价铁时为 1.550。

[化学成分] 理想化学式为 $Na_3Mg(CO_3)_2Cl$；化学组成(w_B/%)为：MgO 16.20，Na_2O 37.39，CO_2 35.38，Cl 14.25，$-O=Cl_2$ 3.22，合计 100.00。美国产出样品的化学组成如表 2-6-1 所示。

表 2-6-1 氯碳钠镁石的化学组成(w_B/%)

产地	SO_3	CO_2	MgO	CaO	Na_2O	Cl	H_2O	不溶物	$-O=Cl_2$	合计
美国 Searles	0.08	35.12	16.08		36.99	14.1	0.72	0.22	3.16	100.15
美国 John Hay		35.72	15.98	0.04	36.58	14.01	0.04	0.68	3.15	99.9

[与其他矿物种的关系] 属于氯碳钠镁石族；与杂芒硝呈类质同象。

[微化反应] 在水中缓慢分解，残留 $MgCO_3$。

2. 在中国的产出情况

氯碳钠镁石在中国有多处产地报道，如西藏的班戈湖、郭加林湖和青海省海西大柴旦盐湖湖滨泉水溢出带的硼土等，与碳酸盐、水菱镁矿、氯碳钠镁石和芒硝等共生；河南省信阳地区桐柏县吴城和安棚发现古近系固相天然碱矿，与其共生的碱金属矿物就中含有氯碳钠镁石(张幼勋，1983；周天驹，1991)；内蒙古鄂尔多斯地区是我国现代碱湖分布最集中的地区，各碱湖矿层的主要盐类矿物是泡碱，其次是芒硝、天然碱和石盐，并含少量氯碳钠镁石，其共生矿物还有单斜钠钙石、钙水碱和水碱(王吉平等，1999)；在青藏高原郭加林盐湖、扎布耶盐湖的沉积物、藏北羌塘高原南部的班戈错盐湖中均含有氯碳钠镁石(郑喜玉等，1981；郑绵平等，1987；李明慧等，2008；赵光通等，2018)；在准噶尔盆地乌尔禾地区二叠系风城组盐类矿物中也含有氯碳钠镁石(蒋宜勤等，2012；余宽宏等，2016)。但是缺乏比较详细的矿物学研究。

四、杂芒硝(Tychite)

1. 杂芒硝的一般特征

[产地、产状及共(伴)生矿物] 发现于湖相蒸发矿床中，不常见。产地在美国加利福尼亚 Searles 湖和科罗拉多州绿河组沉积建造、乌干达西部 Katwe 湖。共(伴)生矿物有氯碳钠镁石、斜钠钙石、无水芒硝、氟氯钠矾和钙水碱(美国 Searles 湖)；氯碳钠镁石(乌干达 Katwe 湖)(Palache et al., 1951; Keester et al., 1969; Mwanje et al., 1977)。

[形貌特征] 可见单形{111}、小的{100}，粒径最大至 8 mm。

[晶体结构] 等轴晶系；$Fd3$。晶胞参数为 a=13.880~13.942 Å；Z=8。

［主要粉晶衍射数据 d/Å(I)(hkl)］ 2.674(100)(511)，4.19(75)(311)，2.459(40)(440)，3.190(25)(331)，1.605(25)(751)，2.349(20)(531)，2.006(18)(444)，1.736(18)(800)(PDF 22-479)。

［物理性质］ 白色；透明-半透明；玻璃光泽；贝壳状断口。摩氏硬度 H=3.5~4。密度 $D_{测量}$=2.367~2.743 g/cm^3，$D_{计算}$=2.586 g/cm^3。

［光学性质］ 在透射光下无色。均质性。折光率 n=1.508~1.510。

［化学成分］ 理想化学式为 $Na_6Mg_2(CO_3)_4(SO_4)$；化学组成(w_B/%)为：MgO 15.42，Na_2O 35.58，CO_2 33.68，SO_3 15.32，合计 100.00。美国加利福尼亚州 Searles Lake 产出样品的化学组成(w_B/%)如下：MgO 15.80，Na_2O 35.57，CO_2 33.50，SO_3 15.07，合计 99.94。

［与其他矿物种的关系］ 属于氯碳钠镁石族；与硫碳铁钠矾、锰杂芒硝呈类质同象；与硫碳铁钠矾成完全类质同象系列。

2. 在中国的产出情况

杂芒硝在中国报道的唯一产地为西藏那曲地区班戈错盐湖(李秉校，1981；郑喜玉等，1981)。

未建族矿物

五、碳磷铁钠石(Bonshtedtite)

1. 碳磷铁钠石的一般特征

［产地、产状及共(伴)生矿物］ 产在碱性岩体中碱质-碳酸盐交代变质形成的细脉中。在俄罗斯科拉半岛 Khibiny 和 Kovdor 碱性岩体的钻孔中发现。共(伴)生矿物有碳钠钙石、水碱、碳镁钠石、氟镁钠石、天然碱、黄碳锶钠石、氟碳铝钠石、菱铁矿和霓石(Khomyakov et al., 1982；Thi et al., 1984)。

［形貌特征］ 晶体呈片状，沿着[010]方向延伸，晶面{210}、$\{\bar{1}01\}$和$\{\bar{1}11\}$发育良好，晶体粒径最大至 5 mm；集合体呈细粒状。

［晶体结构］ 单斜晶系(假斜方)；$P2_1/m$。晶胞参数为 a=8.921 Å，b=6.631 Å，c=5.151 Å，β=90°25′；Z=2。

［主要粉晶衍射数据 d/Å(I)(hkl)］ 3.318(100)(020)，2.662(30)(220)，8.923(20)(100)，2.578(20)(002)，2.146(18)(130)，1.658(18)(040)，1.851(15b)(420)，4.465(10b)(200)(PDF 35-678)。

［物理性质］ 无色，带玫瑰红色、浅黄色或浅绿灰色调；透明；玻璃光泽，在解理面上为珍珠光泽。发育{010}、{100}完全解理。性脆；摩氏硬度约为 4。密度 $D_{测量}$=2.95~3.16 g/cm^3，$D_{计算}$=3.05 g/cm^3。

［光学性质］ 在透射光下为无色。二轴负晶。折光率 α=1.520~1.525，β=1.568~1.570，γ=1.591~1.597。光轴角 $2V_{测量}$=68°。光性方位：$X=b$；$Y=c$；$Z=a$。

［化学成分］ 理想化学式为 $Na_3Fe^{2+}(PO_4)(CO_3)$。俄罗斯产出样品的化学组成如表 2-6-2 所示。

表 2-6-2 碳磷铁钠石的化学组成(w_B/%)

产地	P_2O_5	CO_2	SiO_2	FeO	MnO	MgO	CaO	Na_2O	K_2O	烧失量	合计
Khibiny 岩体	26.17	[16.09]		16.66	1.65	2.54	0.03	35.34	0.03		98.51
Kovdor 岩体	25.80	14.70	0.43	16.8	0.30	4.61	0.26	33.00	0.35	4.33	100.58

	化学式
Khibiny 岩体	$Na_{3.00}(Fe_{0.63}Mg_{0.17}Na_{0.12}Mn_{0.06})_{\Sigma 0.98}(PO_4)_{1.01}(CO_3)_{1.00}$
Kovdor 岩体	$(Na_{2.99}K_{0.02})_{\Sigma 3.01}(Fe_{0.66}Mg_{0.28}Mn_{0.01})_{\Sigma 0.95}(PO_4)_{1.03}(CO_3)_{0.91}$

2. 在中国的产出情况

目前中国尚未发现碳磷铁钠石。

六、碳磷镁钠石(Bradleyite)

1. 碳磷镁钠石的一般特征

[产地、产状及共(伴)生矿物] 产在绿河组沉积层油页岩中的一种稀有矿物。发现于美国怀俄明州 John Hay 的一号 Jr. 钻井。共(伴)生矿物有碳钠钙石、粘土矿物、天然碱、钙水碱、氯碳钠镁石、斜钠钙石、碳钙钡矿、白云石和石英(Palache et al., 1951; Fahey et al., 1962)。

[形貌特征] 少见小晶体,发育晶面{001},构成极细粒状块体。

[晶体结构] 单斜晶系;$P2_1/m$。晶胞参数为 $a=8.85$ Å,$b=6.63$ Å,$c=5.16$ Å;$\beta=90.42°$;$Z=2$。

[主要粉晶衍射数据 *d*/Å(*I*)(*hkl*)] 2.655(100)(220),3.312(70)(020),8.85(50)(100),2.576(35)(002),1.839(30)($\bar{4}21$),3.690(25)(111),1.655(25)(040),4.47(18)($\bar{1}01$)(PDF 22-478)。

[物理性质] 亮灰色;半透明;玻璃光泽;贝壳状断口。摩氏硬度 $H=3.5$。密度 $D_{测量}=2.720$~$2.734\ g/cm^3$,$D_{计算}=2.723\ g/cm^3$。

[光学性质] 二轴负晶。折光率 $\alpha=1.487(2)$,$\beta=1.546(2)$,$\gamma=1.560(2)$。光轴角 $2V_{测量}=49°$,$2V_{计算}=50°$。光性方位:$X=b$;$Z\wedge c=7°$。色散:$r<v$。

[化学成分] 理想化学式为 $Na_3Mg(PO_4)(CO_3)$;化学组成(w_B/%)为 MgO 16.23,Na_2O 37.45,CO_2 17.73,P_2O_5 28.59,合计 100.00。美国怀俄明州 John Hay 的一号 Jr. 钻井产出的样品化学组成如表 2-6-3 所示。

[与其他矿物种的关系] 晶体结构与碳磷钠铁石相近。

[微化反应] 可溶于水中,溶解磷酸钠。

表 2-6-3 碳磷镁钠石的化学组成(w_B/%)

SO_3	P_2O_5	SiO_2	CO_2	Al_2O_3	Fe_2O_3	MgO	Na_2O	Cl	H_2O^-	合计
0.55	26.34	0.02	18.39	0.29	0.62	15.44	37.57	0.42	0.36	100.00

2. 在中国的产出情况

目前中国尚未发现碳磷镁钠石。

七、碳磷锶钠石(Crawfordite)

1. 碳磷锶钠石的一般特征

[产地、产状及共(伴)生矿物] 产于已分异碱性岩体内超钠质伟晶岩中的热液矿物。发现于俄罗斯科拉半岛 Khibiny 岩体的 Mt. Koashva。共(伴)生矿物有针钠钙石、星叶石、钡闪叶石、硅铌钡纳石、磷硅铌钠石、硅钛锰钠石、水羟硅铁钠石、硅铍钠石、泡碱、氟盐、硫铁钾矿、钾长石、霞石、方钠石和霓石(Khomyakov et al., 1994)。

[形貌特征] 他形粒状,最大至 1 mm。

[晶体结构] 单斜晶系;$P2_1$。晶胞参数为 $a=9.187$ Å,$b=6.707$ Å,$c=5.279$ Å,$\beta=89.98°$;$Z=2$。

[主要粉晶衍射数据 *d*/Å(*I*)(*hkl*)] 2.708(100)(220),2.172(100)(410),2.648(90)(301),1.891(80)(222),1.415(70)(042),1.129(60)(343),1.106(60)(641),1.676(50)(040)(PDF 47-1853)。

［物理性质］ 无色；透明-半透明；玻璃光泽；贝壳状断口。摩氏硬度 $H=3$。密度 $D_{测量}=3.05\ g/cm^3$，$D_{计算}=3.08\ g/cm^3$。在紫外线照射下发亮绿黄色荧光。

［光学性质］ 二轴负晶。折光率 $\alpha=1.520(2)$，$\beta=1.564(2)$，$\gamma=1.565(2)$。光轴角 $2V_{测量}=20(1)°$，$2V_{计算}=17°$。光性方位：$X\approx c$；$Y\approx a$；$Z\approx b$。

［化学成分］ 理想化学式为 $Na_3Sr(PO_4)(CO_3)$；化学组成($w_B/\%$)为 SrO 33.26，Na_2O 29.84，CO_2 14.12，P_2O_5 22.78，合计 100.00。俄罗斯 Khibiny 岩体产出样品的化学组成($w_B/\%$)为：SrO 27.42，Na_2O 31.83，CaO 1.45，K_2O 0.22，CO_2［14.47］，P_2O_5 23.64，合计 99.03；相应的化学式为 $Na_{3.03}(Sr_{0.81}Na_{0.10}Ca_{0.08}K_{0.01})_{\Sigma 1.00}(P_{1.01}O_4)(C_{1.00}O_3)$。

2. 在中国的产出情况

目前中国尚未发现碳磷锶钠石。

八、碳磷锰钠石(Sidorenkite)

1. 碳磷锰钠石的一般特征

［产地、产状及共(伴)生矿物］ 发现于俄罗斯科拉半岛 Mt. Alluaiv 的一种低温热液矿物，形成于分异碱性岩中超钠质伟晶岩的晚期结晶作用，与氟盐、斜氟钠矾、水碱和霓石共生；也产于加拿大 Mont Saint-Hilaire 与碱性辉长-正长杂岩体有关的方钠石正长岩捕虏体中，共(伴)生矿物有硫铁钾矿、紫脆云母和氟盐(Khomyakov et al.，1979；Kurova et al.，1980)。

［形貌特征］ 箱状晶体，沿［001］方向延伸，单形主要为{100}、{010}，少见{001}，晶体粒径最大至 3 cm；集合体呈粒状。

［晶体结构］ 单斜晶系(假斜方)；$P2_1/m$ 或者 $P2_1$。晶胞参数为 $a=8.979$ Å，$b=6.729$ Å，$c=5.115$ Å；$\beta=90.10°$；$Z=2$。

［主要粉晶衍射数据 ***d*/Å(*I*)(*hkl*)**］ 3.36(100)(201)，8.97(20)(100)，1.682(20)(040)，2.69(15)(121)，2.99(12)(300)，2.243(12)(400)，2.58(8)(002)，1.868(8)(231)(PDF 331266)。

［物理性质］ 无色，浅玫瑰红色-浅粉色，表面带棕色或黄色调。透明；玻璃光泽，解理面上为珍珠光泽。发育{100}和{010}极完全、{001}不完全解理；不平坦状断口。性脆；摩氏硬度约为 2。密度 $D_{测量}=2.90\sim3.03\ g/cm^3$，$D_{计算}=2.98\ g/cm^3$。具强电磁性。

［光学性质］ 二轴负晶。折光率 $\alpha=1.521(2)$，$\beta=1.563(2)$，$\gamma=1.585(2)$。光轴角 $2V_{测量}=68°$，$2V_{计算}=70°$。光性方位：$X=b$；$Y=c$；$Z=a$。

［化学成分］ 理想化学式为 $Na_3Mn(PO_4)(CO_3)$；化学组成($w_B/\%$)为 MnO 25.44，Na_2O 33.33，CO_2 15.78，P_2O_5 25.45，合计 100.00。俄罗斯 Mt. Alluaiv 产出样品的化学组成($w_B/\%$)为：MnO 22.40，FeO 0.49，Na_2O 32.36，CaO 2.20，K_2O 0.44，CO_2 15.71，P_2O_5 25.77，合计 99.37；相应的化学式为 $(Na_{2.93}K_{0.03})_{\Sigma 2.96}(Mn_{0.89}Ca_{0.11}Fe_{0.02})_{\Sigma 1.02}(PO_4)_{1.02}(CO_3)_{1.00}$。

2. 在中国的产出情况

目前中国尚未发现碳磷锰钠石。

九、大青山矿(Daqingshanite-(Ce))

1. 大青山矿的一般特征

［产地、产状及共(伴)生矿物］ 产于中国白云鄂博铁矿体底部含稀土的碳酸盐衍生出来的黑云母白云岩中，共(伴)生矿物有菱钡镁矿、碳钙镁石、菱锶矿、黄铁矿、金云母和独居石；产于加拿大 Mont Saint-Hilaire 碱性辉长-正长杂岩体中，与钠长石、碳锶铈石、黄铁矿、锐钛矿和绿泥石共生；产于赞比亚 Nkombwa 山蚀变的镁质碳酸盐岩中，与白云石、独居石、氟磷钙镁石、磷灰石、菱锶矿和石

英共生(Ren Y C et al. , 1983; Horváth et al. , 1990; Appleton et al. . 1992; Hughes et al. , 1994)。

[形貌特征] 晶体呈半自形-浑圆扁平状，也可能呈自然的菱面体，粒径可至 3 mm，常呈集合体。偶见复杂聚片双晶。

[晶体结构] 三方晶系；$R3m$，$R\bar{3}m$ 或 $R32$。晶胞参数为 $a=10.06$ Å，$c=9.23$ Å；$Z=3$。晶体结构参数(原子坐标)见表 2-6-4。

表 2-6-4 大青山矿的晶体结构参数(原子坐标)

$a=10.073$ Å，$b=10.073$ Å，$c=9.234$ Å，$\alpha=90°$，$\beta=90°$，$\gamma=120°$，$R3m$				
原子	x	y	z	$Biso$
Sr	0. 48294	−0. 48294	0. 0431	0. 897
Ce	0	0	0	0. 845
P	1/3	2/3	0. 2448	1. 30
C	0. 3307	0. 16535	0. 2325	1. 2
O1	1/3	2/3	0. 2448	1. 30
O2	0. 2503	0. 5006	0. 1897	1. 8
O3	0. 1900	0. 0950	0. 2071	1. 4
O4	0. 4046	0. 0938	0. 2521	1. 73

注：数据引自 Hughes et al. , 1994。

[主要粉晶衍射数据 d/Å(I)(hkl)] 3. 17(100)(202)，3. 94(80)(021)，2. 12(80)(401)，2. 04(80)(024)，1. 948(80)(223)，3. 06(75)(003)，2. 52(75)(220)，5. 03(50)(110)(PDF 47-1814)。

[物理性质] 浅黄色-近白色，薄片无色；条痕白色；半透明；玻璃-油脂光泽。发育{$10\bar{1}1$}完全解理；贝壳状断口。显微硬度 $VHN_{20g}=335$ kg/mm^2。密度 $D_{测量}=3.81$ g/cm^3，$D_{计算}=3.71$ g/cm^3。

[光学性质] 一轴负晶。折光率 $\omega=1.708$，$\varepsilon=1.609$。

[化学成分] 理想化学式为 $Sr_3Ce(PO_4)(CO_3)_3$。典型产地样品的化学组成见表 2-6-5。

表 2-6-5 大青山矿的化学组成(w_B/%)

产地	P_2O_5	CO_2	ThO_2	Al_2O_3	La_2O_3	Ce_2O_3	RE_2O_3	Fe_2O_3	MnO	MgO	CaO	SrO	BaO
中国	11. 73	16. 19	0. 04	0. 18	7. 88	10. 16	2. 696	0. 21	0. 02	0. 72	6. 17	26. 1	15. 98
赞比亚	10. 5	n. d.	<0. 22	<0. 12	10. 22	12. 24	<3. 36			<0. 12	0. 94	41. 82	4. 57

产地	Na_2O	K_2O	F	Cl	H_2O^+	$-O=F_2$	合计	化学式
中国	0. 13	0. 03	0. 8		0. 68	0. 34	99. 376	$(Sr_{1.52}Ca_{0.67}Ba_{0.63}Mg_{0.11}Na_{0.03})_{\Sigma 2.96}(Ce_{0.37}La_{0.29}RE_{0.10}Al_{0.02}Fe^{3+}_{0.02})_{\Sigma 0.80}(PO_4)_{1.00}(CO_3)_{2.23}[(OH)_{0.46}F_{0.26}]_{\Sigma 0.72}$
赞比亚	<0. 16		0. 29	0. 1	n. d.			$(Sr_{2.69}Ba_{0.20}Ca_{0.11})_{\Sigma 3.00}(Ce_{0.50}La_{0.42}RE_{0.10})_{\Sigma 1.02}(PO_4)_{0.99}(CO_3)_{3-x}[(OH), F]_x$

2. 在中国的产出情况

大青山矿是中国内蒙古白云鄂博铁-稀土矿床西矿铁矿体下盘含多种稀土矿物的白云岩中首次发现的一种锶稀土磷酸盐碳酸盐矿物。1982 年 3 月经国际新矿物及矿物命名委员会(IMA)审议获全票通过，确认该矿物是一种新矿物。目前白云鄂博是大青山矿在中国的唯一产地。

内蒙古白云鄂博矿床中的大青山矿

[产地、产状及共(伴)生矿物] 白云鄂博矿床是超大型稀土-铁矿床。位于内蒙古自治区包头以

北的白云鄂博。含矿带主要分布于华北地台北缘中元古界白云鄂博群的碳酸盐岩层中，在片岩和各种混合岩中也有矿化现象。矿区分主矿、东矿和西矿。稀土矿主要赋存于主矿、东矿。矿石中矿物种类多达160种，主要有磁铁矿、赤铁矿、稀土(轻稀土为主)矿物，如氟碳铈矿、独居石、氟碳钙铈矿、氟碳铈钡石等，以及易解石、铌铁矿、烧绿石和铌铁金红石等。非金属矿物为霓石、钠闪石-钠铁闪石、金云母、黑云母、钠长石和碳酸盐矿物等。矿石类型可分为铌-稀土-铁、铌-稀土和铌矿石三类。西矿含稀土金属比主矿、东矿略低。大青山矿产于西矿铁矿体下盘含稀土的白云岩中，围岩为黑云母白云岩。其产状有二：其一与白云岩的条带一致，白云石和大青山矿的颗粒都被拉长，呈定向排列；其二呈不规则的网脉穿插于白云岩中，网脉宽约0.3 cm。在网脉中心，大青山矿多呈集合体产出，质地疏松；在脉的边部，则与菱碱土矿、碳钙镁石、碳锶石、黄铁矿、金云母及微量的独居石共生(任英忱等，1982；西门露露等，1985)。

［**形貌特征**］ 晶形发育差，多呈扁平状，晶棱较圆滑，偶见有菱面体。粒度约0.05 mm。

［**晶体结构**］ 三方晶系；$R3m$ 或 $R\bar{3}m$。晶胞参数为 $a=10.058(2)$ Å，$c=9.225(3)$ Å；$Z=3$。大青山矿的原子坐标及热参数见表2-6-6和表2-6-7。表2-6-8和表2-6-9分别列出部分键长及键角。

表2-6-6 大青山矿的原子、价态(F)、重复点数(E)、占有度(K)及原子坐标参数(x，y，z)

原子	F	E	K	x	y	z
Ce	Ce^{3+}	3	0.15(1)	0	0	0
Sr	Sr^{2+}	9	0.47(2)	0.4833(2)	−0.4833(2)	0.0449(5)
P	P^{0+}	3	0.12(1)	1/3	2/3	0.2481(25)
O_1	O^{1-}	3	0.21(4)	1/3	2/3	0.4174(91)
O_2	O^{1-}	9	0.50(5)	0.2540(18)	0.5079(36)	0.1818(55)
C	C^{0+}	9	0.50	0.3334(36)	0.1667(18)	0.2168(55)
O_3	O^{1-}	9	0.50	0.1881(26)	0.0940(13)	0.2016(31)
O_4	O^{1-}	18	1.00	0.4038(23)	0.0906(21)	0.2463(26)

注：数据引自西门露露等(1985)。

表2-6-7 大青山矿的热参数(10^4)

原子	u_{11}	u_{22}	u_{33}	u_{12}	u_{13}	u_{23}
Ce	86(12)	86(12)	65(20)	0	0	43(6)
Sr	109(14)	109(14)	342(32)	4(7)	−4(7)	57(13)
P	33(71)	33(71)	140(127)	0	0	16(35)
O_1	984(466)	984(466)	1658(889)	0	0	492(233)
O_2	209(137)	311(19o)	847(360)	−350(196)	−175(98)	156(95)
C	212(169)	56(121)	1151(718)	42(182)	84(364)	106(84)
O_3	96(107)	281(112)	183(147)	−56(51)	112(102)	48(54)
O_4	252(106)	213(98)	670(188)	25(105)	−91(101)	135(78)

注：数据引自西门露露等(1985)。

表2-6-8 大青山矿的键长

键长/Å		键长/Å	
P—O_2	1.512(025)	Sr—O_2	2.592(025)
P—O_1	1.562(088)	Sr—O_1	2.562
O_1—O_2	2.576(082)	Sr—O_4	2.576

键长/Å		键长/Å	
O_2—O_2	2.395(063)	Sr—O_4	2.771
C—O_3	1.273(038)	Sr—O_4	2.808
C—O_4	1.306(031)	平均	2.673
O_3—O_4	2.226(027)	Ce—O_1	2.300
O_4—O_4	2.240(041)	Ce—O_3	2.479
O_3—O_3	2.837(041)	Ce—O_4	2.672
O_4—O_4	2.845(045)	平均	2.577

注：数据引自西门露露等(1985)。

表 2-6-9　大青山矿的键角

键角/(°)		键角/(°)	
O_2—P—O_2	104.8(2.4)	O_4—Ce—O_3	144.2
O_1—P—O_2	113.9(2.1)	O_3—Ce—O_4	142.3
O_4—C—O_3	119.3(1.7)	O_3—Ce—O_4	72.7
O_4—C—O_4	118.1(4.0)	O_3—Ce—O_4	100.5
O_2—Sr—O_2	55.0(1.5)	O_4—Sr—O_4	67.0
O_4—Ce—O_3	69.8(1.0)	O_4—Sr—O_4	142.8
O_2—O_1—O_2	55.4(2.0)	O_3—Sr—O_3	60.7
O_4—O_4—O_3	60.4(1.2)	O_3—Sr—O_2	92.7
O_4—Ce—O_4	49.6	O_4—Sr—O_2	70.1
O_4—Ce—O_4	64.4	O_4—Sr—O_3	47.1
O_1—Ce—O_4	111.4	O_4—Sr—O_3	103.0

注：数据引自西门露露等(1985)。

大青山矿的结构属于方解石型。在菱面体单位晶胞中，Ce 分布在 *R* 格子的结点上，Sr 分布在靠近菱形面网的中心，CO_3 则处于接近晶棱中心的位置，PO_4 靠近 *R* 格子的体心。大青山矿的结构可以与碳钙镁石(Huntite)对比，其中 RE 系的元素 Ce 等代替了碳钙镁石中 Ca 的位置，Sr 则代替了 Mg 的位置，而每 4 个 CO_3 中有一个 CO_3 被 PO_4 所代替。CO_3 的平面接近垂直于 *c* 轴。F 及 OH 可能部分代替 O 的位置，但它们并无特定的结晶化学位置。Ce 周围有 10 个 O，Ce—O 平均键长 2.577 Å，形成 10 配位的不规则多面体(图 2-6-1a)。Sr 周围有 9 个 O，Sr—O 平均键长是 2.673 Å，形成 9 配位的不规则多面体(图 2-6-1b)。

[主要粉晶衍射数据 *d*/Å(*I*)]　5.02(3)，4.06(1)，3.95(6)，3.16(10)，2.89(1)，2.52(7)，2.315(2)，2.225(1)，2.110(5)，2.040(6)，1.964(3)，1.941(6)，1.895(4)，1.828(1)，1.801(1)，1.707(1)，1.690(1)，1.620(4)，1.552(4)，1.455(1)，1.358(4)，1.170(1)，1.079(1)，1.071(1)，1.035(4)，1.000(1)。详见表 2-6-10。

表 2-6-10　大青山矿的 X 射粉晶分析数据

I/I_0	*d*(*obs*)实测值/Å	*d*(*calc*)计算值/Å	*hkil*
30	5.020	5.029	$2\bar{1}\bar{1}0$
10	4.060	4.076	$01\bar{1}2$
60	3.950	3.938	2021
100	3.160	3.166	$20\bar{2}2$

续表

I/I_0	$d(obs)$实测值/Å	$d(calc)$计算值/Å	$hkil$
10	2.890	2.903	$3\bar{3}00$
70	2.520	2.514	$22\bar{4}0$
20	2.315	2.337	$31\bar{4}\bar{1}$
10	2.225	2.229	$0\bar{1}14$
50	2.110	2.111	$30\bar{3}3$
60	2.040	2.038	$20\bar{2}\bar{4}$
30	1.964	1.953	$2\bar{5}31$
60	1.941	1.946	$2\bar{4}23$
40	1.895	1.889	$21\bar{3}4$
10	1.828	1.833	$23\bar{5}2$
10	1.801	1.804	$1\bar{1}05$
10	1.707*		?
10	1.690	1.698	$02\bar{2}\bar{5}$
40	1.620	1.620	$6\bar{4}\bar{2}1$
40	1.552	1.550	$42\bar{2}2$
10	1.455	1.466	$4\bar{1}\bar{3}5$
40	1.358	1.355	$23\bar{5}5$
10	1.170	1.169	$26\bar{8}2$
10	1.079	1.080	$71\bar{8}3$
10	1.071	1.070	$62\bar{8}4$
40	1.035	1.033	$25\bar{7}6$
10	1.000	1.004	$52\bar{9}4$

注：数据引自任英忱等(1982)。* 可能是杂线，未进行指标化；强度目估，d 值未经修正。

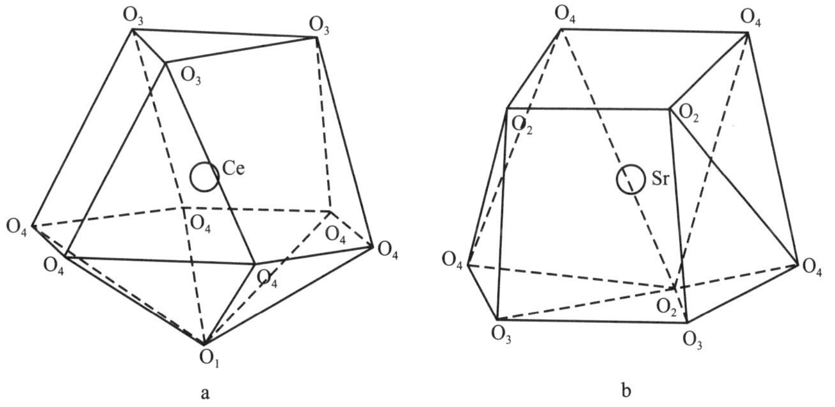

图 2-6-1　大青山矿的配位多面体

（据西门露露等，1985）

a—晶体结构在(001)面上的投影；b—六方晶胞晶体结构；c—菱面体晶胞晶体结构

[物理性质]　白-淡灰黄色；条痕白色。玻璃-油脂光泽。发育$(10\bar{1}1)$极完全解理；贝壳状断口。显微硬度 VHN=335 kg/mm²。密度 $D_{测量}=3.81\ g/cm^3$，$D_{计算}=3.71\ g/cm^3$。在紫外光下不发荧光。

[光学性质]　显微镜下无色。一轴负晶。折光率 $N_o=1.708$，$N_e=1.609$。高级白干涉色。

[化学成分]　大青山矿的化学成分分析结果见表 2-6-11，相应的化学式为$(Sr, Ca, Ba)_3REE$

$(PO_4)(CO_3)_{3-x}(OH, F)_y$，其中 Sr>Ca、Ba，而 OH>F，$x \approx y \approx 0.8$。

表 2-6-11 大青山矿的化学成分分析结果($w_B/\%$)

BaO	SrO	CaO	MnO	MgO	La_2O_3	Ce_2O_3	Pr_6O_{11}	Nd_2O_3	Sm_2O_3	Eu_2O_3	Gd_2O_3	Tb_4O_7	Dy_2O_3	Ho_2O_3
15.98	20.10	6.17	0.02	0.72	7.88	10.16	0.70	1.59	0.106	0.02	0.12	0.05	0.03	0.03
Er_2O_3	Tm_2O_3	Yb_2O_3	Lu_2O_3	ThO_2	Al_2O_3	Fe_2O_3	P_2O_5	CO_2	K_2O	Na_2O	H_2O^+	F	$-O=F_2$	合计
0.01	0.01	0.02	0.01	0.04	0.18	0.21	11.73	16.19	0.03	0.13	0.68	0.80	0.34	99.20

注：数据引自任英忱等(1982)。

[其他特性] 红外光谱特征(图 2-6-2)显示，该矿物有明显的 C-O，P-O 吸收带，前者为 1438 cm^{-1}、872 cm^{-1}；后者为 1178 cm^{-1}、1078 cm^{-1}、1040 cm^{-1}。

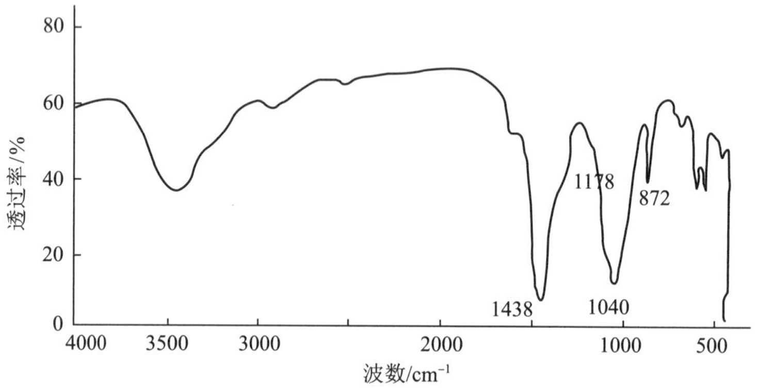

图 2-6-2 大青山矿的红外吸收谱线
(据任英忱等，1982)

十、硫碳钇钠石(Reederite-(Y))

1. 硫碳钇钠石的一般特征

[产地、产状及共(伴)生矿物] 产于碱性辉长-正长杂岩体内正长岩的方钠石捕虏体中，是一种非常少见的矿物。在加拿大魁北克 Mont Saint-Hilaire 产出，共(伴)生矿物有天然碱、碳钠钙石、碳铈钠石、钠锆石、方沸石和锰杂芒硝(Grice et al.，1995)。

[形貌特征] 板状-短粗状晶粒，最大粒径至 2 mm。

[晶体结构] 六方晶系；$P\bar{6}$。晶胞参数为 $a=8.763(1)$ Å，$c=10.736(2)$ Å；$Z=1$。

[主要粉晶衍射数据 *d*/Å(*I*)(*hkl*)] 2.532(100)(212)，4.39(80)(102)，2.774(80)(113)，2.240(80)(213)，6.200(40)(101)，1.657(40)(314)，2.067(30)(205)，3.801(20)(200)，2.872(20)(210)(PDF 48-1893)。

[物理性质] 黄色-橘棕色；条痕白色；透明；玻璃光泽。摩氏硬度 $H=3\sim3.5$。密度 $D_{测量}=2.91(3)$ g/cm³，$D_{计算}=2.85$ g/cm³。

[光学性质] 一轴负晶，可能为异常二轴负晶。折光率 $\omega=1.548(1)$，$\varepsilon=1.537(1)$。光轴角 $2V_{测量}=15°$。

[化学成分] 理想化学式为$(Na, Mn)_{15}Y_2(CO_3)_9(SO_3F)Cl$。加拿大 Mont Saint-Hilaire 产出样品的化学组成见表 2-6-12；相应的化学式为$(Na_{13.63}Al_{0.32}Mn_{0.22}Ca_{0.16}Fe_{0.07})_{\Sigma 14.40}(Y_{1.13}Ce_{0.27}Nd_{0.15}La_{0.11}Dy_{0.09}Er_{0.08}Gd_{0.06}Sm_{0.04}Pr_{0.03}Yb_{0.02})_{\Sigma 1.98}(CO_3)_{9.00}(SO_3F)_{0.79}(Cl_{0.72}F_{0.43})_{\Sigma 1.15}O_{0.74}$。

2. 在中国的产出情况

目前中国尚未发现硫碳钇钠石。

表 2-6-12　硫碳钇钠石的化学组成(w_B/%)

SO_3	CO_2	Al_2O_3	Y_2O_3	La_2O_3	Ce_2O_3	Pr_2O_3	Nd_2O_3	Sm_2O_3	Gd_2O_3	Dy_2O_3
5.07	[31.91]	1.31	10.24	1.39	3.54	0.36	1.99	0.52	0.8	1.39
Er_2O_3	Yb_2O_3	FeO	MnO	CaO	Na_2O	F	Cl	$-O=(F, Cl)_2$		合计
1.19	0.37	0.42	1.23	0.7	34.04	1.86	2.05	1.24		99.14

十一、硫碳钇钡钠石(Mineevite-(Y))

1. 硫碳钇钡钠石的一般特征

[产地、产状及共(伴)生矿物]　在分异碱性岩体伟晶岩中产出的稀有矿物。在俄罗斯科拉半岛 Lovozero 岩体的 Mt. Alluaiv 有发现。共(伴)生矿物有苏打石、天然碱、水碱、碳磷锰钠石、氟镁钠石、霓石、钠长石、闪锌矿和锰杂芒硝(Khomyakov et al., 1992)。

[形貌特征]　他形晶粒，最大至 1 cm。

[晶体结构]　六方晶系；$P6_3/m$。晶胞参数为 a=8.811(7)Å，c=37.03(3)Å；Z=2。

[主要粉晶衍射数据 *d*/Å(*I*)(*hkl*)]　2.829(100)(11$\underline{10}$)，2.270(90)(12$\underline{10}$)，2.531(71b)(030)，2.659(51b)(01$\underline{13}$)，1.660(46)(237)，4.79(42)(016)，3.32(40)(01$\underline{10}$)，7.61(39)，4.39(39)(110)(PDF 46-1420)。

[物理性质]　浅绿色-黄绿色；薄片几乎无色。透明。玻璃光泽，解理面为珍珠光泽。发育{0001}完全解理；不规则状断口。性脆。摩氏硬度 H=4。密度 $D_{测量}$=2.85(2) g/cm^3，$D_{计算}$=2.84 g/cm^3。在紫外光下发浅黄绿色荧光。

[光学性质]　一轴负晶。折光率 ω=1.536(2)，ε=1.510(2)。

[化学成分]　理想化学式为 $Na_{25}BaY_2(CO_3)_{11}(HCO_3)_4(SO_4)_2F_2Cl$。俄罗斯 Mt. Alluaiv 产出样品的化学组成见表 2-6-13；相应的化学式为 $Na_{25.30}Ba_{1.02}(Y_{1.11}Gd_{0.27}Dy_{0.20}Sm_{0.11}Ce_{0.07}Nd_{0.06}Er_{0.06}Tb_{0.04}La_{0.03}Ho_{0.02}Yb_{0.01})_{\Sigma 1.98}(CO_3)_{10.98}(HCO_3)_{3.92}(SO_4)_{2.03}F_{2.01}Cl_{1.02}$。

2. 在中国的产出情况

目前中国尚未发现硫碳钇钡钠石。

表 2-6-13　硫碳钇钡钠石的化学组成(w_B/%)

SO_3	CO_2	Y_2O_3	La_2O_3	Ce_2O_3	Nd_2O_3	Sm_2O_3	Gd_2O_3	Tb_2O_3	Dy_2O_3	Dy_2O_3
7.63	30.83	5.9	0.19	0.58	0.5	0.95	2.33	2.33	0.35	1.8
Ho_2O_3	Er_2O_3	Yb_2O_3	BaO	Na_2O	F	Cl	H_2O	$-O=(F, Cl)_2$		合计
0.15	0.51	0.06	7.33	36.87	1.8	1.7	[1.66]	1.14		100.00

十二、布羟碳锌石(Brianyoungite)

1. 布羟碳锌石的一般特征

[产地、产状及共(伴)生矿物]　发现于英国 Brownley Hill 以石灰岩为主岩的氧化铅-锌矿床，为成矿后期少见的次生矿物，共(伴)生矿物有石膏、菱锌矿黄铁矿和针铁矿。其他产地分布在比利时 Altenberg、德国 Alexander 和 Bastenberg 矿区等、希腊 Laurium 和澳大利亚 Broken Hill(Livingstone et al., 1993)。

[形貌特征]　晶体呈针叶片状，沿[010]延伸，长至 2 μm；集合体呈玫瑰花状。

[晶体结构]　单斜晶系(假斜方)或者斜方晶系；$P2_1/m$，$P2_1$，或者 $P222_1$。晶胞参数为 a=15.724(3)Å，b=6.256(5)Å，c=5.427(5)Å；β=90°；Z=4。

[**主要粉晶衍射数据 d/Å(I)(hkl)**]　15.44(100)(100)，7.88(100)(200)，2.714(40)(002)，1.565(30b)(023)，5.25(20)(300)，2.577(20)(202)，2.397(20)(321)，1.748(15)(900)(PDF 46-1431)。

[**物理性质**]　无色。半透明。玻璃光泽。发育{100}极完全解理，可能发育{001}解理。硬度未测。密度 $D_{测量}=3.93\sim4.09\ g/cm^3$，$D_{计算}=4.11\ g/cm^3$。

[**光学性质**]　二轴正晶。折光率 $\alpha=1.635$，$\beta=1.650$，γ=n.d.。光轴角 $2V$ 未测。

[**化学成分**]　理想化学式为 $Zn_3(CO_3)(OH)_4$；化学组成(w_B/%)为 ZnO 73.27，CO_2 9.91，SO_3 6.01，H_2O^+ 10.81，合计 100.00。英国 Brownley Hill 矿区产出样品的化学组成(w_B/%)为 ZnO 71.47，CO_2 9.90，SO_3 6.62，H_2O^+ 10.70，合计 98.69；相应的化学式为 $Zn_{2.93}[(CO_3)_{0.75}(SO_4)_{0.28}]_{\Sigma 1.03}(OH)_{3.97}$。

2. 在中国的产出情况

目前中国尚未发现布羟碳锌石。

十三、羟碳锰铅石(Philolithite)

1. 羟碳锰铅石的一般特征

[**产地、产状及共(伴)生矿物**]　产于变质铁锰矿体中，非常少见。产地在瑞典 Värmland 的 Långban。共(伴)生矿物有自然铅、自然铜、白氯铅矿、褐锰矿、黑锰矿、羟锰矿、含锰金云母、砷水锰矿和方解石(Kampf et al., 1998; Moore et al., 2000)。

[**形貌特征**]　晶体呈正方形板状，主要单形{001}、{111}，还有{110}、{112}，最大粒径至 0.3 mm；集合体呈壳状。肉眼可观察到双晶，[001]方向上有四个扇形带。

[**晶体结构**]　四方晶系；$P4_2/nnm$。晶胞参数为 $a=12.627(9)$ Å，$c=12.595(9)$ Å；$Z=2$。

[**主要粉晶衍射数据 d/Å(I)(hkl)**]　2.975(100)(330)，3.99(30)(301)，2.752(30)(421)，8.95(20)(110)，7.30(20)(111)，2.473(20)(413)，1.716(20)(633)，6.29(10)(002)(PDF 51-1455)。

[**物理性质**]　浅-中等苹果绿色；条痕白色；半透明；金刚光泽；贝壳状断口。性脆；摩氏硬度 $H=3\sim4$。密度 $D_{计算}=5.91\ g/cm^3$。

[**光学性质**]　异常二轴正晶。折光率 $n\geqslant1.92$。光轴角 $2V_{测量}=60°$。多色性：很弱，浅绿色-浅黄绿色。光性方位：$X\wedge a=45°$。

[**化学成分**]　理想化学式为 $Pb_{12}O_6Mn_7(SO_4)(CO_3)_4Cl_4(OH)_{12}$。瑞典 Långban 产出样品的电子探针分析结果(w_B/%)为：PbO 75.9，MnO 8.7，MgO 2.1，CO_2[4.9]，SO_3[2.2]，H_2O[3.0]，Cl 4.4，$-O=Cl_2$ 1.0，合计 100.02；相应的化学式为 $Pb_{12.32}(Mn_{4.45}Mg_{1.89})_{\Sigma 6.34}O_{5.31}(SO_4)_{1.00}(CO_3)_{4.04}Cl_{4.50}(OH)_{12.07}$。

2. 在中国的产出情况

目前中国尚未发现羟碳锰铅石。

十四、硫碳铅石(Leadhillite)

1. 硫碳铅石的一般特征

[**产地、产状及共(伴)生矿物**]　是铅矿床氧化带中不常见的一种次生矿物。产地分布在苏格兰 Leadhills、英国 Caldbeck Fells、奥地利 Bleiberg、美国 Beer Cellar 矿床等、纳米比亚 Tsumeb、澳大利亚 Dundas 等地。在苏格兰 Leadhills，共(伴)生矿物有白铅矿、铅矾、黄铅矾、铅蓝矾和青铅矿；在美国亚利桑那州 Mammoth-St. Anthony，与白铅矿、铅蓝矾、青铅矿、羟铜铅矿、银铜氯铅矿、碳硫氯铅矿、单斜水氯铅矿和水胆矾共(伴)生(Palache et al., 1951; Giuseppetti et al., 1990)。

［形貌特征］ 晶体最大至 13 cm，呈厚至薄板状沿［001］方向延长，呈筒状或假斜方六面体{101}和{$\bar{1}$42}，含超过 40 种单形形式；也呈粒状和块状。双晶很常见，双晶面{140}、{340}和{1$\bar{4}$0}，表现为假六方晶系晶群。

［晶体结构］ 单斜晶系（假六方）；$P2_1/a$。晶胞参数为 a=9.11(2)Å，b=11.59(3)Å，c=20.82(4)Å，β=90.46(2)°；Z=8。

［主要粉晶衍射数据 d/Å(I)(hkl)］ 3.57(100)(202)，2.939(70)(203)，2.314(70)(005)，11.57(55)(001)，4.53(55)(200)，2.892(55)(004)，2.621(55)(080)，2.112(55)(045)(PDF 35-617)。

［物理性质］ 无色、白色、灰色、浅黄色、黄色、黄绿色、浅绿色、浅蓝绿色、棕色。透明-半透明。树脂-金刚光泽，在{001}面上为珍珠光泽。发育{001}完全解理；贝壳状断口。具可切性。摩氏硬度 H=2.5~3。密度 $D_{测量}$=6.55 g/cm^3，$D_{计算}$=6.57 g/cm^3。在紫外光下能发浅黄色荧光。

［光学性质］ 在透射光下无色。二轴负晶。折光率 α=1.87(1)，β=2.00(1)，γ=2.01(1)。光轴角 2V 未测。光性方位：$Z=b$；$X\wedge c$=-5.5°。色散：$r<v$，强烈，水平。

［化学成分］ 理想化学式为 $Pb_4(SO_4)(CO_3)_2(OH)_2$；化学组成(w_B/%)为：PbO 82.75，CO_2 8.16，SO_3 7.42，H_2O 1.67，合计 100.00。美国密苏里州 Granby 产出样品的化学组成(w_B/%)为：PbO 82.44，CO_2 8.14，SO_3 7.33，H_2O 1.68，合计 99.59。

［与其他矿物种的关系］ 与亚硫碳铅石和三方硫碳铅石呈同质三象。

［微化反应］ 在热水中可分解。

2. 在中国的产出情况

硫碳铅石较为罕见，中国已报道的硫碳铅石产地仅有甘肃省酒泉市肃北县的金场沟金银钼钨矿床。金场沟矿床系列由有色、稀有和贵金属矿床组成，属花岗岩化热液成因。除Ⅲ矿段以外其余矿段矿石矿物主要为铅矿物(方铅矿、白铅矿、砷铅矿、硫碳铅石、黄铁矿和褐铁矿)，其次有毒砂、针铁矿、黄铜矿、铜蓝、孔雀石、白钨矿和黑钨矿等，偶见自然金，未发现银矿物(潘伯龄等，1989)。

十五、亚硫碳铅石(Macphersonite)

1. 亚硫碳铅石的一般特征

［产地、产状及共(伴)生矿物］ 产于铅矿床氧化带的一种不常见的次生矿物。主要产地分布在法国 Argentolle 矿区、苏格兰 Leadhills、英国 Red Gill 矿区、德国 Churfurst Ernst 矿区、希腊 Laurium、纳米比亚 Tsumeb 和美国亚利桑那州的 Moon Anchor 矿区。共(伴)生矿物有硫碳铅矿、三方硫碳铅石、白铅矿、铅蓝矾、磷氯铅矿、斜硫铅石、氯硫硅铅石、方铅矿和石英(Livingstone et al., 1984；Steele et al., 1998)。

［形貌特征］ 晶体常呈假六方晶体，薄板状{010}，最大粒径至 1 cm。常见聚片和接触双晶，结合面为{102}。

［晶体结构］ 斜方晶系；$Pcab$。晶胞参数为 a=10.383(2)Å，b=23.050(5)Å，c=9.242(2)Å；Z=8。

［主要粉晶衍射数据 d/Å(I)(hkl)］ 3.234(100)(251)，2.654(90)(351)，3.274(50)(052)，2.598(30)(172)，2.310(30)(004)，2.182(30)(263)，2.033(30)(234)，4.533(25)(012)(PDF 38-354)。

［物理性质］ 无色、白色、极浅的琥珀色；半透明；金刚-油脂光泽。发育{010}极完全解理；不平坦状断口。摩氏硬度 H=2.5~3。密度 $D_{测量}$=6.50~6.55 g/cm^3，$D_{计算}$=6.60~6.65 g/cm^3。在短波和长波紫外光下发亮黄色荧光。

［光学性质］ 二轴负晶。折光率 α=1.87，β=2.00，γ=2.01。光轴角 2$V_{测量}$=35°~36°。光性方位：$X=b$；$Y=c$；$Z=a$。色散中等，$r>v$。

［化学成分］ 理想化学式为 $Pb_4(SO_4)(CO_3)_2(OH)_2$；化学组成($w_B/\%$)为：PbO 82.75，CO_2 8.16，SO_3 7.42，H_2O 1.67，合计 100.00。典型产地样品的化学组成见表 2-6-14。

表 2-6-14 亚硫碳铅石的化学组成($w_B/\%$)

产地/成分	SO_3	CO_2	CuO	CdO	PbO	H_2O^+	合计	化学式
苏格兰 Leadhills	6.6	8.8	0.1	0.1	83.4	1.3	100.3	$(Pb_{4.08}Cu_{0.10}Cd_{0.07})_{\Sigma 4.25}(S_{0.90}O_4)(C_{1.09}O_3)_2(OH)_{1.58}$
法国 Argentolle	7.65	8.47			83.59	1.93	101.64	$Pb_{4.06}(S_{1.03}O_4)(C_{1.04}O_3)_2(OH)_{2.32}$

［与其他矿物种的关系］ 与硫碳铅石和三方硫碳铅石呈同质三象。

2. 在中国的产出情况

目前中国尚未发现亚硫碳铅石。

十六、三方硫碳铅石(Susannite)

1. 三方硫碳铅石的一般特征

［产地、产状及共(伴)生矿物］ 产于热液铅矿床氧化带的一种少见次生矿物，形成温度高于 80℃。产地分布在苏格兰 Susanna 矿区、英国 Caldbeck Fells、威尔士 Esgair Hir 矿区等、德国 Richelsdorfer 山等、美国 Mammoth-St. Anthony 矿区、巴西 Iporanga 和纳米比亚 Tsumeb。在苏格兰 Leadhills 的 Susanna 矿区，共(伴)生矿物有硫碳铅石、亚硫碳铅石、黄铅矾、铅蓝矾和白铅矿等(Palache et al., 1951；Mrose et al., 1969；Livingstone et al., 1985；Steele et al., 1999)。

［形貌特征］ 晶体呈等轴-尖菱面体，被柱面和底面所限，粒径最大至 8 cm。

［晶体结构］ 三方晶系；$P3$。晶胞参数为 $a=9.0718(7)$ Å，$c=11.570(1)$ Å；$Z=3$。

［主要粉晶衍射数据 d/Å(I)(hkl)］ 3.571(100)(112)，2.937(80)(113)，2.622(80)(300)，4.538(70)(110)，2.113(70)(222)，2.316(50)(204)，2.066(50)(214)，1.954(50)(223)(PDF 39-372)。

［物理性质］ 无色、白色、浅绿色、棕色；透明。硬度未测。密度 $D_{计算}=6.52\ g/cm^3$。

［光学性质］ 一轴晶，可能为异常双轴晶。折光率未测。光轴角 $2V_{测量}=0°\sim3°$。

［化学成分］ 理想化学式为 $Pb_4(SO_4)(CO_3)_2(OH)_2$；通过晶体结构分析推测成分组成。

［与其他矿物种的关系］ 与硫酸铅石和亚硫碳铅石呈同质三象。

2. 在中国的产出情况

目前中国尚未发现三方硫碳铅石。

第三章　不含附加阴离子而含 H_2O 的碳酸盐矿物

第一节　含中等半径阳离子的碳酸盐矿物

本类矿物共有4种，其中二水碳镁石(barringtonite)的矿物资料早在1965年即已公开发表，但该矿物种并未为CNMNC批准，所以本节收录矿物种3个，分别为碳氢镁石(Nesquehonite)、五水碳镁石(Lansfordite)和水碳镍石(Hellyerite)。只有碳氢镁石在中国有产出。

一、碳氢镁石(Nesquehonite)

1. 碳氢镁石的一般特征

[产地、产状及共(伴)生矿物]　常形成于近地表环境下，或呈煤矿中的盐华，或存在于蛇纹岩裂隙中，或沉积在温泉周围，或因失 CO_2 而产于溶洞中。产地主要分布在美国Nesquehoning、加拿大Rapid Creek、法国Lamure煤矿、奥地利Kraubath、意大利Rain、挪威Feragen超基性岩体、澳大利亚Paddy′s Rive矿床、南极洲Mt. Erebus和日本Yoshikawa。共(伴)生矿物有多水菱镁矿、球碳镁石、方解石、文石、纤水碳镁石、水菱镁矿、水镁石、菱水碳铁镁石和一水方解石(Palache et al., 1951; Kinsolving et al., 1950; Stephan et al., 1972; Gasiunas et al., 1973)。

[形貌特征]　晶体呈柱状、沿[010]延伸，{001}、{010}、{011}、{101}晶面条纹平行[010]，晶体最大粒径至3 cm；集合体呈放射雾状和扁平放射状外膜、葡萄状。发育双晶，一般在人工合成晶体上可见双晶面{001}。

[晶体结构]　单斜晶系(假等轴)；$P2_1/m$。晶胞参数为 $a=7.7053(11)$ Å，$b=5.3673(6)$ Å，$c=12.1212(11)$ Å，$\beta=90.451(13)°$；$Z=4$。

[主要粉晶衍射数据 d/Å(I)(hkl)]　6.48(100)(101)，3.85(75)(002)，2.617(55)(120)，3.03(30)(400)，3.23(20)($\bar{3}10$)，2.337(20)($\bar{2}21$)，1.925(16)(004)，1.798(14)(52)(PDF 20-669)。

[物理性质]　无色-白色；透明-半透明；玻璃-轻微油脂光泽。发育{101}完全、{010}中等解理；锯齿状-纤维状断口。摩氏硬度 $H=2.5$。密度 $D_{测量}=1.824\sim1.854$ g/cm³，$D_{计算}=1.856$ g/cm³。在短波紫外光下发出荧光。

[光学性质]　在透射光下无色。二轴负晶。折光率 $\alpha_{计算}=1.417$，$\beta=1.503(1)$，$\gamma=1.527(1)$。光轴角 $2V_{测量}=53°$。光性方位：$X=a$；$Y=b$；$Z\approx c$。色散：弱，$r<v$。

[化学成分]　理想化学式为 $Mg(CO_3)\cdot 3H_2O$，其化学组成(w_B/%)为MgO 29.13，CO_2 31.81，H_2O 39.06，合计100.00。美国宾夕法尼亚州Lansford产出样品的化学组成(w_B/%)为MgO 29.22，CO_2 30.22，H_2O 40.32，合计99.76。

[微化反应]　微溶于水。

2. 在中国的产出情况

碳氢镁石为五水碳镁石脱水的产物。已报道的碳氢镁石产地有青海省青海湖(孙大鹏等，2002)、西藏那曲地区班戈错盐湖(郑喜玉等，1981)。

二、五水碳镁石(Lansfordite)

1. 五水碳镁石的一般特征

[产地、产状及共(伴)生矿物] 发现于美国宾夕法尼亚州 Nesquehoning 无烟煤矿床，产在顶部页岩的下垂钟乳石中，或产于水菱镁矿矿床中(加拿大 Atlin)，或是超基性岩的风化产物(挪威 Sør-Trøndelag)。在意大利和日本海中也有产出。共(伴)生矿物有碳氢镁石、水碳镁矿和球碳镁石(Palache et al., 1951; Hill et al., 1982; 刘百年等, 1990)。

[形貌特征] 晶体少见，沿[001]方向延伸，主要单形有{100}、{110}和{001}，及其他十几种附加晶形，晶体最大粒径至 4 mm；或呈钟乳石状，以表面为晶面；或呈平行连晶并盐化。可观察到双晶。

[晶体结构] 单斜晶系；$P2_1/a$。晶胞参数为 a=12.4758(7) Å，b=7.6258(4) Å，c=7.3463(6) Å，β=101.762(6)°；Z=4。

[主要粉晶衍射数据 d/Å(I)(hkl)] 2.839(100)(221)，4.583(95)(111)，3.237(55)(220)，1.710(33)(40-4)，7.178(30)(001)，5.239(30)(20$\bar{1}$)，5.110(30)(11$\bar{1}$)，2.785(25)(320)(PDF 35-680)。

[物理性质] 无色-白色。透明-半透明，暴露在空气中变为不透明。新鲜时为玻璃光泽。发育{001}极完全、{100}完全解理。摩氏硬度 H=2.5。密度 $D_{测量}$=1.700 g/cm^3，$D_{计算}$=1.693 g/cm^3。

[光学性质] 在透射光下无色。二轴正晶。折光率 α = 1.456 ~ 1.465，β = 1.468 ~ 1.469，γ=1.507~1.508。光轴角 $2V_{测量}$=59°30′，$2V_{计算}$=59°20′。光性方位：X=b；Z=c；Y⊥{100}。

[化学成分] 理想化学式为 $Mg(CO_3)\cdot 5H_2O$；其化学组成(w_B/%)为 MgO 23.12，CO_2 25.23，H_2O 51.65，合计 100.00。意大利 Cogne 产出样品的化学组成(w_B/%)为 MgO 23.27，CO_2 25.09，H_2O 51.75，合计 100.11。

[变化] 在室温下缓慢风化产生碳氢镁石。

2. 在中国的产出情况

目前中国尚未发现五水碳镁石。

三、水碳镍石(Hellyerite)

1. 水碳镍石的一般特征

[产地、产状及共(伴)生矿物] 是覆盖在蛇纹岩剪切面上的矿物，非常罕见。产地在澳大利亚 Tasmania 的 Lord Brassey 矿区，共(伴)生矿物为翠镍矿、水镍石和水碳镍石(Williams et al., 1959; Threadgold, 1963)。

[形貌特征] 呈晶体碎片和微晶外壳，粒径最大至 2 mm。发育页片双晶，双晶面平行于完全解理方向。

[晶体结构] 单斜晶系；$C2/c$。晶胞参数为 a = 10.770 Å，b = 7.299 Å，c = 18.681 Å；β=94.00°；Z=8。

[主要粉晶衍射数据 d/Å(I)(hkl)] 9.4(100)(002)，6.06(100)($\bar{1}$10)，3.65(70)(020)，3.40(60)(022)，2.38(50)(130)，3.11(40)(006)，2.78(40)(313)，2.31(40)($\bar{1}$32)(PDF 12-276)。

[物理性质] 浅蓝色；半透明；玻璃光泽。发育一组极完全解理和两组不完全解理，后两组间夹角 112°并都与前者呈几乎垂直的方向。摩氏硬度 H=2.5。密度 $D_{测量}$=1.97 g/cm^3，$D_{计算}$=1.98 g/cm^3。

[光学性质] 二轴负晶。折光率 α = 1.455(2)，β = 1.503(2)，γ = 1.549(2)。光轴角 $2V_{测量}$ = 85°。多色性：X=Y=很浅的绿蓝色；Z=浅绿蓝色。

[化学成分] 理想化学式为 $Ni(CO_3)\cdot 6H_2O$；其化学组成(w_B/%)为 NiO 32.93，CO_2 19.41，

H_2O 47.66，合计 100.00。澳大利亚 Lord Brassey 矿区产出样品的化学组成（w_B/%）为 NiO 32.9，CO_2 22.8，H_2O 45.0，合计 100.7。

2. 在中国的产出情况

目前中国尚未发现水碳镍石。

第二节 含大半径阳离子（碱金属和碱土金属）的碳酸盐矿物

此类矿物一共有 10 种，分别为水碱（Thermonatrite）、泡碱（Natron）、天然碱（Trona）、单水碳钙石（Monohydrocalcite）、六水碳钙石（Ikaite）、钙水碱（Pirssonite）、针碳钠钙石（Gaylussite）、蓝铜钠石（Chalconatronite）、水碳镁钾石（Baylissite）和水碳钍钡钠石（Tuliokite）。其中 6 种在中国均有产出，产地基本集中于内蒙古、青海、西藏和新疆的盐湖中。

一、水碱（Thermonatrite）

1. 水碱的一般特征

［产地、产状及共（伴）生矿物］ 产状主要有三种，常产于盐湖中的土壤和矿床中；不常见于火山气孔中；也产于与碳酸盐岩有关的热液矿脉。所有沙漠里都有少量产出，其他主要产地分布在意大利 Vesuvius、俄罗斯科拉半岛碱性碳酸盐岩杂岩体、格陵兰 Ilímaussaq 侵入岩体、加拿大 Mont Saint-Hilaire、美国 Borax 和 Deep Spring 湖、肯尼亚 Bogoria 湖盆和南极洲 Mt. Erebus。共（伴）生矿物有天然碱、泡碱和岩盐等。

［形貌特征］ 针状晶体非常少见；常呈粉状结壳和盐华状产出。

［晶体结构］ 斜方晶系；$Pca2_1$。晶胞参数为 a=10.72 Å，b=5.249 Å，c=6.469 Å；Z=4。

［主要粉晶衍射数据 *d*/Å(*I*)(*hkl*)］ 2.768(100)(202)，2.753(60)(012)，2.372(60)(121)，2.678(55)(400)，2.684(50)(311)，2.475(30)(401)，2.010(25)(321)，5.35(20)(200)（PDF 8-448 人工合成）。

［物理性质］ 无色-白色、灰色、浅黄色；透明；玻璃光泽。发育{100}不完全解理；局部具可切性。摩氏硬度 H=1~1.5。密度 $D_{测量}$=2.255 g/cm³（人工合成样品），$D_{计算}$=2.262 g/cm³。

［光学性质］ 在透射光下无色。二轴负晶。折光率 α=1.420，β=1.506，γ=1.524。光轴角 $2V_{测量}$=48°。光性方位：X=b；Y=c；Z=a。色散：弱，$r<v$。

［化学成分］ 理想化学式为 $Na_2(CO_3)\cdot H_2O$，依靠 X 射线粉晶衍射和合成物质的光学成分来推断。

［微化反应］ 可溶于水，呈碱性。

［变化］ 容易脱水。

［参考文献］ Palache et al.，1951；Wu K K et al.，1975

2. 在中国的产出情况

中国水碱的产地主要分布在内蒙古、青海、云南、新疆和西藏。如内蒙古鄂尔多斯地区，是我国现代碱湖分布最集中的区域，各碱湖矿层的主要盐类矿物是泡碱，其次是芒硝、天然碱和石盐，并含少量氯碳钠镁石，其共生矿物还有单斜钠钙石、钙水碱和水碱（王吉平等，1999）。还有青海省海西大柴旦盐湖（孙大鹏等，1984）、云南省保山市腾冲市热海热田（Zhu M X et al.，1987）、新疆伊犁塔城市准噶尔盆地风城组碱湖沉积岩（Tang S Y et al.，2022）以及西藏那曲班戈错、郭加林错和尼玛县当雄错盐湖（郑喜玉等，1981；Yuan H R et al.，2005）。

二、泡碱（Natron）

1. 泡碱的一般特征

［产地、产状及共（伴）生矿物］ 形成于富含苏打的湖泊边缘，或在寒冷季节呈湖底沉淀物；少

量产于已分异的碱性地块，呈盐化物形成于火山岩之上。已知产地分布在匈牙利 Debrecen 和 Szeged 地区、奥地利 Salzburger Schacht、意大利 Vesuvius、俄罗斯 Mt. Alluaiv、美国 Mohave 沙漠、加拿大 Mont Saint-Hilaire 和澳大利亚南部 Fellmongery 湖泊周围。共(伴)生矿物有水碱、天然碱、芒硝、斜碳钠钙石、石膏和方解石等(Palache et al.，1951；Hintze，1929；Taga，1969)。

[形貌特征] 晶体呈粒状、细粒状，集合体呈壳状、盐华状和膜状。发育双晶{001}。

[晶体结构] 单斜晶系；*Cc*。晶胞参数为 $a=12.754$ Å，$b=9.009$ Å，$c=12.60$ Å；$\beta=115.8(5)°$；$Z=4$。

[主要粉晶衍射数据 d/Å(I)(hkl)] 3.036(100)($\bar{3}22$)，3.015(70)(113)，2.894(60)($\bar{1}31$)，5.37(45)($\bar{2}02$)，3.94(30)(112)，3.451(25)($\bar{2}22$)，4.50(20)(020)，2.381(20)($\bar{5}11$)(ICDD PDF 15-800；人工合成)。

[物理性质] 无色-白色，可能因含杂质而呈为黄色或灰色；半透明。玻璃光泽。发育{001}极完全、{010}不完全、{110}微解理。贝壳状断口；性脆。摩氏硬度 $H=1\sim1.5$。密度 $D_{测量}=1.440\ g/cm^3$，$D_{计算}=1.458\ g/cm^3$。

[光学性质] 在透射光下无色。二轴负晶。折光率 $\alpha=1.405(3)$，$\beta=1.425(3)$，$\gamma=1.440(3)$。光轴角 2*V* 大。光性方位：$X=b$；$Z\wedge c\approx41°$。色散：$r>v$，十字交叉。

[化学成分] 理想化学式为 $Na_2(CO_3)\cdot10H_2O$；其化学组成(w_B/%)为 Na_2O 21.66，CO_2 15.38，H_2O 62.96，合计 100.00。澳大利亚 Hall 产出样品的化学组成(w_B/%)为 Na_2O 21.50，CaO 0.18，MgO 0.15，CO_2 15.66，SO_3 0.83，Cl 0.41，H_2O 61.69，合计 100.42。

[微化反应] 溶于水中，尝之有碱味。

[变化] 在空气中迅速脱水形成水碱。

2. 在中国的产出情况

中国已报道的泡碱产地分布于内蒙古、西藏、新疆。主要是内蒙古阿拉善左旗腾格里沙漠地区盐湖(刘振敏，2000)和乌审旗古浩勒报吉淖湖相沉积物(田孝先，2000)，西藏那曲的班戈错和郭加林错盐湖(郑喜玉等，1981)、尼玛县当雄错盐湖(伍倩等，2013)和杜佳里硼砂湖(刘喜方等，2010)，新疆和田阿其克盐湖(李秉孝，1992)以及伊犁塔城准噶尔盆地风城组(唐勇等，2023)。

(1)内蒙古鄂尔多斯现代碱湖区中的泡碱

[产地、产状及共(伴)生矿物] 内蒙古鄂尔多斯地区是我国现代碱湖分布最集中的地区，地理上为鄂尔多斯高原的一部分。泡碱是本区各碱湖矿层中最重要的碱矿物，普遍存在于各个碱湖的矿层中。东部合同察汗淖碱湖矿层矿物组成单一，几乎全部由泡碱组成，除去矿层中的泥砂之外，矿层中的泡碱含量占可溶性盐碱类矿物的98%左右，芒硝、石盐含量很少，是较纯的泡碱矿层；中部的白彦淖和乌都淖矿层中泡碱含量为82%、84%；而西部的察汗淖和哈马尔太淖，泡碱含量则占55%~71%。本区从东往西泡碱在矿层中的含量呈现逐步降低的趋势，从东往西由单一泡碱型矿层转变为芒硝质、天然碱质泡碱矿层。各碱湖矿层中其他共(伴)生盐类矿物有芒硝、天然碱、石盐，以及少量针碳钠钙石、氯碳钠镁石、钙水碱和水碱。

[形貌特征] 单晶呈自形-半自形菱板状，通常构成块状或板状、菱板状集合体。

[物理性质] 无色，含杂质时为灰白色-灰黑色；透明。

[变化] 极易失水变成白色粉末状水碱。

(2)腾格里沙漠盐湖中的泡碱

[产地、产状及共(伴)生矿物] 腾格里沙漠处于内蒙古、甘肃、宁夏三省(自治区)交界地区。沙漠内部湖盆较多，盐湖数十个。本区盐湖沉积物有盐类矿物、盐湖碎屑沉积物中的碳酸盐矿物和粘土矿物三大类型。盐类矿物是区内盐湖中的主要矿物。盐类沉积有碳酸盐类、硫酸盐类和氯化物型盐类。对沙漠区腹地的通古诺尔和额很伊克尔两个盐湖及东南盐湖的研究表明，分析出的盐类矿物有

11 种，主要为方解石、白云石、水菱镁矿、天然碱、泡碱、芒硝、无水芒硝、碳钾钠矾、钾芒硝、石膏、石盐。其中泡碱主要分布在干涸的盐湖表层(刘振敏，2000)。

［形貌特征］ 泡碱颜色为白色和黄白色，呈皮壳状产出。

三、天然碱(Trona)

1. 天然碱的一般特征

［产地、产状及共(伴)生矿物］ 从盐湖中沉淀形成；也可以在干旱气候沿河岸盐化产出；少量形成于火山喷气作用活动形成。广泛分布于干旱地区，历史上重要的产地分布在埃及 Memphis 附近、非洲撒哈拉沙漠、肯尼亚 Magadi 湖、乍得 Chad 湖、乌干达西部 Katwe 湖、坦桑尼亚 Nyassa 湖、纳米比亚 Otjiwalundo 盐盆、美国 Searles 湖等、委内瑞拉 Lagunillas、土耳其 Beypazari 矿床、意大利 Vesuvius 等地。共(伴)生矿物有天然碱、水碱、岩盐、钙芒硝、无水芒硝、芒硝、石膏(碱性湖泊)；碳钠钙石、氯碳钠镁石、磷钠镁石和钙水碱(美国怀俄明州绿河组)(Palache et ak，1951；Pabst，1959；Choi et al.，1982；Pertlik，1986)。

［形貌特征］ 晶体以{001}、{100}为主，平面{001}，沿[010]延伸，带小晶面{201}、{$\bar{3}$01}、{211}、{$\bar{2}$11}和{411}，最大粒径至 10 cm；集合体呈纤维状或柱状块体、玫瑰花状。

［晶体结构］ 单斜晶系；*I*2/*a*。晶胞参数为 $a=20.106$ Å，$b=3.492$ Å，$c=10.333$ Å；$\beta=103.05°$；$Z=4$。

［主要粉晶衍射数据 ***d*/Å(*I*)(*hkl*)**］ 2.647(100)(411)，3.071(80)($\bar{6}$02)，4.892(55)(400)，9.77(45)(200)，2.444(30)($\bar{2}$13)，2.254(30)($\bar{6}$04)，2.029(30)(802)，3.196(20)($\bar{2}$11)(PDF 29-1447)。

［物理性质］ 无色、灰色、浅黄色、棕色；透明；玻璃光泽。发育{100}极完全解理、{$\bar{2}$11}和{001}不完全解理；不平坦-半贝壳状断口。摩氏硬度 $H=2.5\sim3$。密度 $D_{测量}=2.11$ g/cm^3，$D_{计算}=2.124$ g/cm^3。在短波紫外光发荧光。

［光学性质］ 在透射光下无色。二轴负晶。折光率 $\alpha=1.412\sim1.417$，$\beta=1.492\sim1.494$，$\gamma=1.540\sim1.543$。光轴角 $2V_{测量}=76°16'$，$2V_{计算}=74°$。光性方位：$X=b$；$Z\wedge c=83°$。色散：强，$r<v$。

［化学成分］ 理想化学式为 $Na_3(HCO_3)(CO_3)\cdot 2H_2O$；其化学组成($w_B$/%)为 Na_2O 41.13，CO_2 38.94，H_2O 19.93，合计 100.00。美国加利福尼亚州 Owens 湖产出样品的化学组成(w_B/%)为 Na_2O 41.00，CO_2 38.13，SO_3 0.70，Cl 0.19，H_2O 20.07，不溶物 0.02，$-O=Cl_2$ 0.04，合计 100.07。

［微化反应］ 溶于水，尝之有碱味。

2. 在中国的产出情况

中国已报道的天然碱产地主要位于内蒙古、河南、云南、西藏。具体有内蒙古阿拉善左旗腾格里沙漠(刘振敏，2000)、锡林郭勒盟苏尼特右旗查干诺尔盐湖(孙大鹏，1990；齐兵德等，2011)，河南省南阳市桐柏县泌阳盆地安棚矿床(杨清堂，1987；周天驹，1991；孙尚如，2004；陈小军等，2009)、吴城天然碱矿床(张友勋，1983)，云南省保山市腾冲市热海地热田、曲石硝塘坝温泉(Zhu et al.，1987)，西藏那曲班戈错、郭加林错盐湖(郑喜玉等，1981)、尼玛县当雄错盐湖(伍倩等，2013)，新疆日喀则阿其克盐湖(李秉孝，1992)、乌鲁木齐市达坂城盐湖(李秉孝，1992)、伊犁州塔城准噶尔盆地风城组(蒋宜勤等，2012)。

(1)内蒙古高原的天然碱湖中的天然碱

内蒙古高原天然碱湖主要分布在鄂尔多斯盆地北部、二连盆地中部、巴丹吉林沙漠和海拉尔盆地东南部。面积一般为数平方千米至数十平方千米，多被沙丘所环绕。一般碱湖中有两层天然碱层，它们主要由饱碱、芒硝、石盐和天然碱组成。个别碱湖的碱层中含有较多的天然碱，如查干诺尔等(孙大鹏，1990)。

(2)内蒙古鄂尔多斯现代碱湖区中的天然碱

[产地、产状及共(伴)生矿物] 内蒙古鄂尔多斯地区是我国现代碱湖分布最集中的地区，地理上为鄂尔多斯高原的一部分。天然碱集中分布于碱湖区的西南部乌都淖、哈马尔太淖和察汗淖，而东部和北部各碱湖几乎没有天然碱沉积。在有天然碱分布的几个碱湖矿层中，天然碱只分布于矿层的某些部位，在乌都淖，天然碱只存在于矿层底部；在哈马尔太淖和察汗淖则存在于矿层的中部和上部。共(伴)生盐类矿物有泡碱、芒硝、石盐以及少量针碳钠钙石、氯碳钠镁石、钙水碱和水碱。从碱湖矿层剖面来看，天然碱与芒硝呈互为消长关系，而天然碱和石盐则呈正相关(王吉平等，1999)。

[形貌特征] 晶体为板状、长板状，集合体呈放射状、马牙状。

[物理性质] 灰白色、灰色。

(3)腾格里沙漠盐湖中的天然碱

[产地、产状及共(伴)生矿物] 腾格里沙漠处于内蒙古、甘肃、宁夏三省(区)交界地区。沙漠内部湖盆较多，盐湖数十个。本区盐湖沉积物有盐类矿物、盐湖碎屑沉积物中的碳酸盐矿物和粘土矿物三大类型。盐类矿物是区内盐湖中的主要矿物。盐类沉积有碳酸盐类、硫酸盐类和氯化物型盐类。对沙漠区腹地的通古诺尔和额很伊克尔两个盐湖及东南盐湖的研究表明，分析出的盐类矿物有 11 种，主要为方解石、白云石、水菱镁矿、天然碱、泡碱、芒硝、无水芒硝、碳钾钠矾、钾芒硝、石膏、石盐。碳酸盐矿物主要分布于湖相含盐沉积中，广泛存在于盐湖化学沉积和粘土碎屑层中，天然碱主要分布于该区盐湖的盐类沉积层内，在通湖及额湖均有分布(刘振敏，2000)。

[形貌特征] 天然碱多以大小不等的颗粒状集合体产出。

(4)准噶尔盆地玛湖凹陷风城组中的天然碱

[产地、产状及共(伴)生矿物] 玛湖凹陷位于准噶尔盆地西北部，为准噶尔盆地中央凹陷次一级负向构造单元。玛湖凹陷风城组为碱湖相沉积。在玛湖凹陷风城组识别出天然碱、水硅钠石、碳酸钠钙石、氯碳钠镁石、丝硅镁石、磷钠镁石、碳钠镁石等碱性矿物及玄武岩等火山岩类矿物。风城组靠近碱湖中心发育大量碱性矿物，碱性矿物中天然碱为主要矿物类型(汪梦诗，2017；毛锐等，2023)。

[形貌特征] 在岩芯上观察到风城组中上部发育有黄白色针状、质硬、类似石膏的矿物。镜下对类似石膏的矿物进行观察，其可呈针状或放射状，质地较纯，主要含 Na、C、O 及 H 元素，推测可能为天然碱、重碳钠盐或者泡碱。进一步选取不同点进行探针分析，得到元素平均原子百分比，C 为 21.5%，O 为 58.5%，Na 为 20%，根据化学式比对，证实其为天然碱矿物。

[成因意义] 天然碱、重碳钠盐及泡碱是最常见的三种 Na 碳酸盐。它们的形成需要特定的 CO_2 浓度及温度。通过蒸发浓缩室内模拟(Eugster，1971)，认为在一个大气压下，低温、低 CO_2 浓度时，会形成泡碱沉积；而当 CO_2 浓度升高时，则会形成重碳钠盐；天然碱则是在相对高温的时候才会形成。风城组几乎未出现泡碱层，多为天然碱沉积，反映了当时较高的气温环境。

四、单水碳钙石(Monohydrocalcite)

1. 单水碳钙石的一般特征

[产地、产状及共(伴)生矿物] 形成于 pH 大于 8 和高镁钙比的沉积作用或生物活动，产在湖床沉积物中和湖泊边缘，也可能产生于空气中的悬浮物或有机质，保存在岩洞、洞穴次生化学沉积物和岩壳中；少量产于热液矿床。主要产地分布在吉尔吉斯斯坦 Issyk-Kol 湖、哈萨克斯坦 Maibalyk 和 Teke 湖、格陵兰 Sarfartoq 碳酸盐岩杂岩体、加拿大 Castleguard 溶洞、美国 Gunsight、爱尔兰 Muckross 矿床、瑞士 Gerstenegg-Sommerloch 隧道、捷克 Vrancice 矿床、保加利亚 Sedmochislenitsi 矿床、德国 Feengrotten 洞穴、法国 Rauenthal 和澳大利亚 Fellmongery 和 Butler 湖泊等地。共(伴)生矿物有方解石、文石、水菱镁矿和水碳镁石(Semenov，1964；Řídkošil et al.，1991；Effenberger，1980)。

[形貌特征] 少量呈菱面体晶体，最大粒径至 2 mm；常见呈球状和结壳状。

［**晶体结构**］ 六方晶系；$P3_121$ 或 $P322_1$。晶胞参数为 a=10.566 Å，c=7.5473 Å；Z=9。

［**主要粉晶衍射数据 *d*/Å(*I*)(*hkl*)**］ 4.33(100)(111)，3.08(80)(112)，1.9308(60)(411)，2.1665(55)(222)，2.829(50)(301)，2.375(35)(302)，5.28(30)(110)，1.9447(30)(303)(PDF 29-306)。

［**物理性质**］ 无色-白色；透明-不透明。硬度未测。密度 $D_{测量}$=2.389 g/cm^3(人工合成样品)，$D_{计算}$=2.482 g/cm^3。

［**光学性质**］ 一轴负晶。折光率 ω=1.590~1.591，ε=1.545~1.546。

［**化学成分**］ 理想化学式为 $Ca(CO_3)\cdot H_2O$；其化学组成(w_B/%)为 CaO 47.48，CO_2 37.27，H_2O^+ 15.25，合计 100.00。典型产地产出样品的化学组成如表 3-2-1 所示。

表 3-2-1 单水碳钙石的化学组成(w_B/%)

产地/成分	CO_2	FeO	Mgo	CaO	SrO	Na_2O	K_2O	H_2O^-	H_2O^+	不溶物	合计
吉尔吉斯斯坦 Issyk-Kol 湖	38.96			49.3					11.61	0.79	100.66
澳大利亚 Fellmongery 湖	33.6	0.13	2.49	42.5	0.4	0.69	0.07	2.1	15.9	5	102.88

	化学式
吉尔吉斯斯坦 Issyk-Kol 湖	$CaCO_3\cdot 0.65H_2O$
澳大利亚 Fellmongery 湖	$(Ca_{0.91}Mg_{0.07})_{\Sigma 0.98}CO_3\cdot 1.15H_2O$

2. 在中国的产出情况

单水碳钙石常温常压下不稳定，所以是一种少见的含水碳酸盐矿物，具有重要的环境意义。我国已报道的单水碳钙石产地仅见西藏那曲班戈县纳木错盐湖(李明慧等，2008)。

西藏纳木错沉积物中的单水碳钙石(单水方解石)

［**产地、产状及共(伴)生矿物**］ 纳木错位于青藏高原北部，微咸水湖，是世界上海拔最高的湖泊。纳木错沉积物中的主要矿物可分为两类：一是石英、长石和粘土矿物(绿泥石和伊利石)等非碳酸盐矿物；二是方解石、单水碳钙石和锰白云石等碳酸盐矿物。单水碳钙石是在纳木错钻取的湖芯中发现的，经 X 射线研究证实(图 3-2-1)，单水碳钙石出现深度为 0~258 cm(李明慧等，2008)。

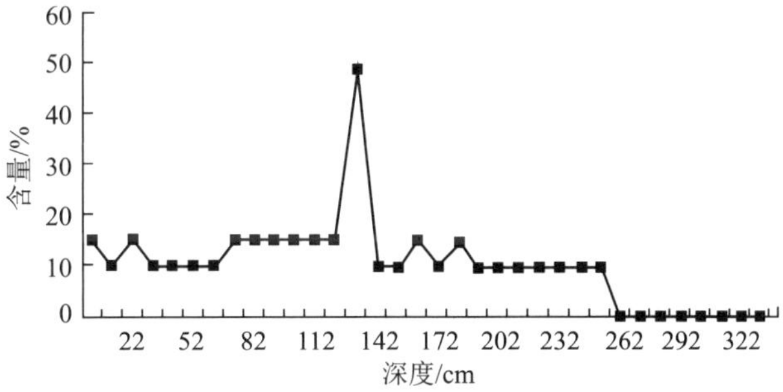

图 3-2-1 西藏纳木错沉积物单水碳钙石 X 射线分析

(据李明慧等，2008)

［**主要粉晶衍射数据**］ X 射线数据见表 3-2-2。

［**晶胞参数**］ 见表 3-2-2。三方晶系。

［**形貌特征**］ 矿物单晶体见图 3-2-2，可以看到晶体中 3 个明显的结晶面。

［**成因意义**］ 纳木错湖岸各级阶地沉积物中都不存在单水碳钙石，而湖底沉积物中出现许多该矿物的自形晶体，说明单水碳钙石是由湖水化学沉积形成。反应进行的条件是生成自由能△G<0。其形成不受季节限制，湖水性质为 pH=9.4，较高的 Mg/Ca 值(10.03~15.03)，咸水(矿化度为 1.7 g/L)。由

表 3-3 可以看出，细菌、绿藻、蓝藻、硅藻和介形虫等生物的介入是通过化学沉积形成单水方解石的重要原因，而碱性和低温环境则是矿物保存的必要条件。

表 3-2-2　单水碳钙石 X 射线数据及晶胞参数

晶面指数	Brooks et al.	JCPDS	Marschner	本次研究	JCPDS	Hull et al.	Taylor	Skinner et al.
a/nm	0.615	1.05536	0.6092	0.6080	0.60931	1.0544	1.0566	1.0602
c/nm	0.761	0.75446	0.7534	0.7536	0.75446	0.7559	0.7573	0.7548
Z	3	9	3	3	3	9	9	9
hkl	*d*/Å	*d*/Å(Sapozhaikov et al.)	*d*/Å	*d*/Å	*hkl*	*d*/Å	*d*/Å	*d*/Å
100	5.260	5.540	5.261	5.254	110	5.271	5.283	5.30
101	4.300	4.490	4.313	4.308	111	4.327	4.333	4.34
102	3.050	3.150	3.064	3.062	210	3.906	3.906	
111	2.804	2.900	2.820	2.815	102	3.491	3.499	
003			2.510		211	3.142	3.146	3.08
201	2.478	2.514	2.487	2.483	112	3.072	3.078	
112	2.356		2.366	2.366	300	3.042	3.050	
103	2.259	2.280	2.268		202	2.912	2.917	
202	2.152	2.170	2.159	2.158	301	2.825	2.829	2.838
210	1.982	1.989	1.993	1.990	220	2.634	2.642	
113		1.940	1.937		212	2.548	2.554	
211	1.918	1.926	1.928	1.924	003	2.520	2.524	
004	1.866				221	2.490	2.494	2.501
203	1.812	1.811	1.8185	1.815	103	2.430	2.434	
104		1.770	1.7730	1.776	302	2.372	2.375	2.380
212		1.746	1.7624		113	2.274	2.278	
300	1.758	1.746	1.7596		203	2.2065	2.2103	
301	1.710		1.7125		401	2.1845	2.1899	
114			1.6024		222	2.1625	2.1665	2.170
302			1.5935	1.600	312	2.103	2.0543	
213	1.552	1.553	1.5620		213	2.0315	2.0390	
220	1.520		1.5233	1.521	410	1.993	1.9968	2.004
221	1.485	1.480	1.4927		303	1.942	1.9447	
105	1.442		1.4495		411	1.9275	1.9308	1.935
311	1.430	1.423	1.4367	1.435	223	1.8225	1.8250	1.824
222	1.406		1.4120		114		1.7823	1.779
214			1.3695		330		1.7662	
312		1.358	1.3642		331		1.7152	
400			1.3192		143		1.5661	
223		1.303	1.3089		224		1.5338	
401	1.312		1.3002		061		1.4951	
					115		1.4559	
					333		1.4443	1.440

注：数据引自李明慧等(2008)。

倍数=2380 × 幅宽=8 mm 日期: 2007.5.22
EHT=15.00 kV 标号=6 时间: 10:27:03

图 3-2-2 西藏纳木错单水碳钙石形貌
（据李明慧等，2008）

表 3-2-3 不同沉积物中单水碳钙石的形成环境

沉积物类型	pH	矿化度	Mg/Ca	生物	其他
湖滩岩	>8.6	高	>10	蓝绿藻细菌	11 月气温 17 ℃，年降雨 700 mm
猪胆结石	高	高	高	细菌	猪细胞富镁、铁，磷酸盐 8.5%
湖泊沉积物		176~250 g/L	6.5~7.3	细菌和硅藻	气候干燥，年均温-10.2 ℃
石灰华和藻类生物礁	8.9~9.25	32.8 mmol/L	61.75	蓝绿藻	半湿润半干旱气候，年均温 16℃；降雨量 600 mm/a
细胞壁			高	绿藻	无定形碳酸钙
仙人掌			富镁	仙人掌、真菌	干燥环境，草酸钙
液体	高	20%	9.8	细菌	
土壤	高			花粉	干旱气候，草酸盐
海相峡湾石灰华	10.2~10.5	150~175 mmol/L	>12	细菌、红藻	冷水、富磷酸盐
湖泊沉积物	9.4	1.7 g/L	10.03~15.03	细菌、硅藻、绿藻、蓝藻和介形虫	气候干燥，年均温度 0℃；降雨 281.8 mm/a

注：数据引自李明慧等(2008)。

五、六水碳钙石(Ikaite)

1. 六水碳钙石的一般特征

[产地、产状及共(伴)生矿物] 形成于接近 0℃的、缺氧的、富含有机质的冰川海水和湖水中，温度稍高马上转变为方解石。研究样品主要产自格陵兰 Ika Fjord 的水样、南极洲 Bransfield Strait 的亚底层沉积物、大西洋 Zaire 深海扇、日本 Nankai Trough 沉积物和美国加利福尼亚州 Mono 湖(Pauly, 1963)。

[形貌特征] 晶体呈板状{001}，或呈菱面体碳酸盐矿物的假象，最大粒径至 5 cm；集合体可呈带气孔的块状。

[晶体结构] 单斜晶系；$C2/c$。晶胞参数为 a=8.87 Å，b=8.23 Å，c=11.02 Å；β=110.2°；Z=4。

[主要粉晶衍射数据 d/Å(I)(hkl)] 5.171(100)(002)，2.643(85)(221)，2.629(70)(310)，

2.804(50)(202), 2.464(33)(131), 4.162(29)(200), 2.774(27)($\bar{3}$11), 2.605(27)(130)(据 ICDD PDF 37-416；人工合成)。

［物理性质］ 棕色；透明。集合体性脆；硬度未测。密度 $D_{测量}=1.82\ g/cm^3$，$D_{计算}=1.831\ g/cm^3$。

［光学性质］ 二轴负晶。折光率 $\alpha=1.455\sim1.460$，$\beta=1.535\sim1.538$，$\gamma=1.545$。光轴角 $2V_{测量}=38°\sim45°$。光性方位：$Y=b$；$Z\wedge c=17°$。

［化学成分］ 理想化学式为 $Ca(CO_3)\cdot6H_2O$；其化学组成($w_B/\%$)为 CaO 26.94，CO_2 21.14，H_2O 51.92，合计 100.00。南极 Bransfield Strait 次底部沉积层产出的样品化学组成($w_B/\%$)为：CaO 26.92，CO_2 21.12，H_2O 51.34，合计 99.38。

［变化］ 高于 8℃时容易脱水成方解石。

2. 在中国的产出情况

目前中国尚未发现六水碳钙石。

六、钙水碱(Pirssonite)

1. 钙水碱的一般特征

［产地、产状及共(伴)生矿物］ 是产于盐湖沉积物中的一种少见矿物，也出现在已分异的碱性地块中。主要产地分布在美国加利福尼亚州的 Searles 湖等、阿根廷 Arizaro、秘鲁 Jequetepeque 河谷、纳米比亚 Otjiwalundo、土耳其 Beypazari 盆地和俄罗斯科拉半岛等地。共(伴)生矿物有氯碳钠镁石、天然碱和单斜钠钙石(美国 Borax 湖)，碳钠钙石、磷钠镁石、氯碳钠镁石、单斜钠钙石和天然碱(美国怀俄明州 John Hay)(Palache et al., 1951；Fahey et al., 1962；Corazza et al., 1967)。

［形貌特征］ 呈异极晶形，至 2 cm，可见单形{010}、{110}、{111}、{131}、{311}和大的{$\bar{1}$11}；集合体呈粒状、块状、盐华状。

［晶体结构］ 斜方晶系；*Fdd*2。晶胞参数为 $a=11.32(2)$ Å，$b=20.06(2)$ Å，$c=6.00(2)$ Å；$Z=8$。

［主要粉晶衍射数据 ***d*/Å(*I*)(*hkl*)**］ 2.506(100)(080), 2.654(90)(202), 2.565(80)(222), 5.133(71)(111), 2.020(70)(531), 4.928(60)(220), 3.153(50)(311), 2.885(50)(331)(PDF 22-476)。

［物理性质］ 无色-白色，当含有包体时为浅黄色-灰色；透明；玻璃光泽。贝壳状断口；性脆；摩氏硬度 $H=3\sim3.5$。密度 $D_{测量}=2.352\sim2.382\ g/cm^3$，$D_{计算}=2.367\ g/cm^3$。具热电性。

［光学性质］ 在透射光下无色。二轴正晶。折光率 $\alpha=1.504$，$\beta=1.509\sim1.510$，$\gamma=1.573\sim1.575$。光轴角 $2V_{测量}=31°26'$。光性方位：$X=a$；$Y=c$；$Z=b$。色散：弱，$r<v$。

［化学成分］ 理想化学式为 $Na_2Ca(CO_3)_2\cdot2H_2O$；其化学组成($w_B/\%$)为 CaO 23.16，Na_2O 25.61，CO_2 36.35，H_2O 14.88，合计 100.00。美国 Searles 湖样品的化学组成($w_B/\%$)为：CaO 23.38，Na_2O 25.70，K_2O 0.15，Al_2O_3 0.13，CO_2 36.07，SiO_2 0.29，H_2O 14.88，合计 100.60。

［微化反应］ 溶于水，残留 $CaCO_3$。

2. 在中国的产出情况

钙水碱在中国仅发现于内蒙古鄂尔多斯碱湖群的哈马尔太碱湖中(王吉平等，1999)。

内蒙古鄂尔多斯现代碱湖区中的钙水碱

［产地、产状及共(伴)生矿物］ 内蒙古鄂尔多斯地区是我国现代碱湖分布最集中的地区，均为第四纪形成的内陆湖盆，基底为白垩系伊金霍洛组砂岩。该区由东向西湖泊由咸水湖变为盐碱湖，湖盆面积逐渐缩小，湖中沉积的盐碱类矿物也发生着有规律的变化。钙水碱仅发现于西部哈马尔太碱湖的马牙碱层孔洞中，孔洞内的充填物为泥砂，钙水碱则存在于泥沙中，其共生矿物有氯碳钠镁石、针碳钠钙石、泡碱和天然碱(王吉平等，1999)。

［形貌特征］ 晶体呈薄片状六边形，晶形完好。

［物理性质］ 无色；透明。

［微化反应］ 缓慢溶于水。

七、针碳钠钙石(Gaylussite)

1. 针碳钠钙石的一般特征

［产地、产状及共(伴)生矿物］ 常产在碱湖中的蒸发岩或页岩中；少量产在碱性火山岩的细脉中。产地分布在委内瑞拉 Lagunillas、美国 Mono 等湖和 Carson 沙漠、肯尼亚 Amboseli 湖、坦桑尼亚 Eyasi 湖、南非 Zoutpan 农场、蒙古 Taboos-nor 盐湖、俄罗斯科拉半岛和南极洲 Mt. Erebus 附近等地。共(伴)生矿物有碳钠钙石、氯碳钠镁石、钙水碱和天然碱(美国怀俄明州绿河组)，水碱、碳钠钙石、氟盐、黑云母、针钠钙石、钾长石和霓石(俄罗斯 Khibiny 岩体)(Palache et al.，1951；Fahey，1962；Menchetti，1968)。

［形貌特征］ 呈平坦的楔形晶体，主要晶面有{110}、{011}、{001}，小的{010}、{100}、{$\bar{1}$01}、{$\bar{1}$12}；也呈柱状至双锥状晶体，沿[100]方向延伸，至 6 cm。

［晶体结构］ 单斜晶系；$C2/c$。晶胞参数为 a = 11.579 Å，b = 7.776 Å，c = 11.207 Å；β = 102.0°；Z=4。

［主要粉晶衍射数据 ***d*/Å(*I*)(*hkl*)***］ 3.21(100)(220)，2.636(100)(222)，6.41(95)(110)，2.727(90)($\bar{3}$21)，2.697(50)($\bar{2}$04)，2.509(50)(123)，4.50(45)($\bar{2}$11)，4.43(40)($\bar{1}$12)(PDF 21-343)。

［物理性质］ 无色-浅黄色或浅灰色、白色；条痕白色-浅灰色；透明-半透明；玻璃光泽。发育{110}极完全、{001}不完全解理。贝壳状断口；性很脆。摩氏硬度 H = 2.5 ~ 3。密度 $D_{测量}$ = 1.94 g/cm^3，$D_{计算}$ = 1.992 g/cm^3。

［光学性质］ 在透射光下无色。二轴负晶。折光率 α = 1.444，β = 1.516，γ = 1.523。光轴角 $2V_{测量}$ = 34°。光性方位：$X=b$；$Z \wedge c$ = -15°。色散：强，$r<v$，十字交叉状。

［化学成分］ 理想化学式为 $Na_2Ca(CO_3)_2 \cdot 5H_2O$；其化学组成($w_B$/%)为 CaO 18.94，$Na_2O$ 20.93，CO_2 29.72，H_2O 30.41，合计 100.00。蒙古 Taboos-nor 盐湖中产出样品的化学组成(w_B/%)为：CaO 19.02，Na_2O 20.40，MgO 0.01，MnO 0.01，Fe_2O_3 0.03，CO_2 30.02，SiO_2 0.08，H_2O 30.47，不溶物 0.16，合计 100.20。

［微化反应］ 在水中缓慢溶解并遗留 $CaCO_3$(方解石或文石)。

［变化］ 在干燥的空气中脱水并风化。

2. 在中国的产出情况

中国已发现的针碳钠钙石主要产于内蒙古和新疆的盐湖和碱湖区，以及青海的蒸发盆地内。典型产地为内蒙古鄂尔多斯现代碱湖(陈克造，1992；王吉平等，1999)，新疆乌鲁木齐市北沙窝盐湖(李秉孝，1992)，西藏那曲地区郭加林盐湖(杨绍修，1989)、双湖县朋彦错盐湖(郑喜玉等，1981)、阿里地区革吉县茶拉卡和恰茶卡(郑喜玉等，1981；杨少修，1989)、日喀则仲巴县扎布耶盐湖(郑绵平等，1987)。

(1)内蒙古鄂尔多斯现代碱湖区中的针碳钠钙石

［产地、产状及共(伴)生矿物］ 内蒙古鄂尔多斯地区是我国现代碱湖分布最集中的地区，地理上为鄂尔多斯高原的一部分。各碱湖矿层的主要盐类矿物是泡碱，其次是芒硝、天然碱、石盐及少量针碳钠钙石、氯碳钠镁石、钙水碱和水碱。其中针碳钠钙石主要富集于矿层顶底板泥中，在湖区边缘的个别砂层中非常富集，可构成针碳钠钙石层(王吉平等，1999)。

［形貌特征］ 晶形完好。

［物理性质］ 无色，透明。

［变化］ 在空气中风化较缓慢。

(2)青海柴达木盆地西部钻孔中的针碳钠钙石

青海柴达木盆地位于青藏高原北部，是昆仑山、阿尔金山和祁连山所围成的大型内陆湖盆，沉积和储存了巨量的蒸发岩、石油和天然气资源。在柴达木盆地西部的察汗斯拉图次级盆地取得千米深的钻孔，上部400 m主要为碳酸盐粘土(砂)层与蒸发盐层的交替，初步鉴定其中有针碳钠钙石，但其他矿物学特征不详(李明慧等，2010)。

(3)新疆北沙窝盐湖中的针碳钠钙石

［产地、产状及共(伴)生矿物］ 北沙窝盐湖属于新疆准噶尔盆地盐湖区，为芒硝盐湖。其中的针碳钠钙石可能由湖中碳酸钠型水和含钙高的卤水相互作用形成。与无水芒硝和微粒状石盐共生(李秉孝，1992)。

［形貌特征］ 晶形完好，一般粒径小于1 mm，个别达3 mm。

［主要粉晶衍射数据］ 见表3-2-4。

表3-2-4 新疆北沙窝盐湖针碳钠钙石的X射线衍射粉晶数据

d/Å	I	d/Å	I	d/Å	I	d/Å	I
6.43	67	(3.037)	5	2.217	13	1.674	11
5.686	7	2.922	10	2.179	10	1.541	12
5.504	8	2.731	56	2.139	12	1.511	3
4.516	21	2.698	21	1.996	18	1.49	6
4.44	24	2.64	69	1.93	16	1.445	3
3.95	6	2.515	57	7.9	13	1.418	1
(3.564)	3	2.483	2	1.86	5	1.355	4
3.424	7	2.422	5	1.828	17	1.299	4
3.311	11	2.353	5	1.791	8	1.214	2
3.211	100	2.258	12	1.732	14		

注：数据引自李秉孝(1992)。

［物理性质］ 透明-半透明。玻璃光泽。

［化学成分］ 化学式简写为$Na_2CO_3 \cdot CaCO_3 \cdot 5H_2O$。

［微化反应］ 略溶于水。

［光谱特征］ 红外光谱分析结果表明，特征波谱位于1660 cm^{-1}、1425 cm^{-1}、860 cm^{-1}、740 cm^{-1}、690 cm^{-1}、540 cm^{-1}，与已知资料一致。

差热分析结果表明有4个热效反应，分别为64℃、121℃、759℃、855℃，其中121℃热效应最为明显。

八、蓝铜钠石(Chalconatronite)

1. 蓝铜钠石的一般特征

［产地、产状及共(伴)生矿物］ 是铜质工艺品上铜绿中的矿物组分(埃及)；也是多金属矿床氧化带中的一种不常见得次生矿物。主要产地分布在埃及、澳大利亚、德国和美国等地。共(伴)生矿物有赤铜矿、氯铜矿(铜质工艺品的铜绿)；副氯铜矿、石膏、水胆矾、孔雀石、蓝铜矿、泻利盐、镍菱锰矿、镍孔雀石、水铝镍石、水羟碳铜石和镍铝矾(澳大利亚Carr Boyd Rocks矿床)(Frondel et al.，1955；Gettens et al.，1955；Mosset et al.，1978)。

［形貌特征］ 呈六方板状，具条带状的细粒外壳；集合体呈块状，呈水泡状和薄膜状。

［晶体结构］ 单斜晶系；$P2_1/n$。晶胞参数为$a = 9.702$ Å，$b = 6.095$ Å，$c = 13.825$ Å；$\beta =$

91.92°；$Z=4$。

［主要粉晶衍射数据 d/Å(I)(hkl)］ 6.90(100)(002)，3.68(90)($\bar{2}11$)，4.18(80)($\bar{1}12$)，5.18(70)(110)，2.852(70)($\bar{1}21$)，2.89(60)(213)，2.53(60)(221)，2.51(60)(015)(PDF 22-1458)。

［物理性质］ 浅蓝色-绿蓝色；透明。硬度“软”。密度 $D_{测量}=2.27\ g/cm^3$，$D_{计算}=2.305\ g/cm^3$（合成）。

［光学性质］ 二轴正晶。折光率 $\alpha=1.483$，$\beta=1.530$，$\gamma=1.576$。光轴角 $2V_{量}$大。多色性：X=几乎无色；Y=浅蓝色；Z=蓝色。光性方位：$Z\perp$水平方向；Y//延伸方向；$Z\wedge c$ 很小。

［化学成分］ 理想化学式为 $Na_2Cu(CO_3)_2\cdot 3H_2O$；其化学组成($w_B$/%)为 CuO 28.05，$Na_2O$ 21.85，CO_2 31.04，H_2O 19.06，合计 100.00。埃及产出样品的化学组成(w_B/%)为：CuO 29.2，R_2O_3 0.6，Na_2O 19.7，CO_2 30.5，SiO_2 0.4，H_2O 19.0，合计 99.4；相应的化学式为 $Na_{1.74}Cu_{1.00}(CO_3)_{1.89}\cdot 2.88H_2O$。

［微化反应］ 部分溶于水。

2. 在中国的产出情况

目前中国尚未发现蓝铜钠石。

九、水碳镁钾石(Baylissite)

1. 水碳镁钾石的一般特征

［产地、产状及共(伴)生矿物］ 发现于瑞士 Grimsel 山口以北 Gerstenegg-Sommerloch 电缆隧道中，是产在细晶花岗岩和花岗闪长岩裂隙中的一种次生矿物。共(伴)生矿物有碳钾铀矿、板碳铀矿、方解石和单水碳钙石(Walenta，1976；Bucat et al.，1977)。

［形貌特征］ 呈他形晶构成的细粒状结壳。发育聚片双晶。

［晶体结构］ 单斜晶系(假斜方)；$P2_1/a$。晶胞参数为 $a=12.37$ Å，$b=6.24$ Å，$c=6.86$ Å，β=114.5°；$Z=2$。

［主要粉晶衍射数据 d/Å(I)(hkl)］ 3.01(100)(120)，2.98(90)($\bar{1}12$)，6.31(80)(001)，3.13(80)(002)，2.56(80)(410)，2.46(80)($\bar{3}21$)，2.06(80)(321)，4.19(70)($\bar{2}10$)(PDF 29-1017)。

［物理性质］ 无色；透明-半透明。贝壳状断口。摩氏硬度 $H=2\sim3$。密度 $D_{测量}=2.01\ g/cm^3$(合成)，$D_{计算}=2.03\ g/cm^3$。

［光学性质］ 二轴正晶。折光率 $\alpha=1.465$，$\beta=1.485$，$\gamma=1.535$。光轴角 $2V_{测量}\approx64°$。

［化学成分］ 理想化学式为 $K_2Mg(CO_3)_2\cdot 4H_2O$。通过显微镜，配合光学和 X 射线数据测定 K 和 Mg 得到一致的结果，与合成物质的成分相同。

［微化反应］ 在水和潮湿环境中可溶。

2. 在中国的产出情况

目前中国暂无发现水碳镁钾石。

十、水碳钍钡钠石(Tuliokite)

1. 水碳钍钡石的一般特征

［产地、产状及共(伴)生矿物］ 发现于俄罗斯科拉半岛 Khibiny 地块的 Kirov 磷灰石矿床，产在霞石正长伟晶岩的热液脉中。共(伴)生矿物组合有碳磷锰钠石、白钛硅钠石、氟盐和微斜长石；钙水碱、碳钠钙石、天然碱、水碱、泡碱、氟盐、钠沸石、霓石和微斜长石(Yakovenchuk et al.，1990；

Yanova et al., 1990; Pekov, 1998)。

［形貌特征］ 呈柱状至菱面体晶形，至 4mm，以{10$\bar{1}$0}和{10$\bar{1}$1}为主。

［晶体结构］ 三方晶系；$R\bar{3}$。晶胞参数为 a=14.149 Å，c=8.594 Å；Z=3。

［主要粉晶衍射数据 d/Å(I)(hkl)］ 2.354(100)(051)，2.674(90)(140)，7.03(85)(101)，3.15(80)(122)，1.959(65)(152)，4.07(60)(211)，2.039(60)(422)，4.07(60)(211)(PDF 42-1395)。

［物理性质］ 浅-深灰色，可能因含有机质；白色条痕；透明；玻璃光泽；性脆。摩氏硬度 H=3~4。密度 $D_{测量}$=3.15(1)g/cm^3，$D_{计算}$=3.25 g/cm^3。具放射性。

［光学性质］ 在透射光下无色。一轴正晶。折光率 ω=1.574(2)，ε=1.587(2)。

［化学成分］ 理想化学式为 $Na_6BaTh(CO_3)_6 \cdot 6H_2O$；其化学组成($w_B$/%)为 BaO 15.72，$Na_2O$ 19.06，ThO_2 27.07，CO_2 27.07，H_2O 11.08，合计 100.00。俄罗斯产出样品的化学组成(w_B/%)为：BaO 14.6，Na_2O 17.9，CaO 0.1，Fe_2O_3 0.4，ThO_2 24.3，CO_2[25.5]，H_2O 14.0，合计 96.8；相应的化学式为 $Na_{5.99}(Ba_{0.99}Ca_{0.02})_{\Sigma 1.01}(Th_{0.95}Fe_{0.05})_{\Sigma 1.00}(CO_3)_{6.01} \cdot 8.06H_2O$。

2. 在中国的产出情况

目前中国尚未发现水碳钍钡钠石。

第三节　含稀土元素(REE)的碳酸盐矿物

这类矿物共计有 16 种，但碳钕钡石(Mckelveyite-(Nd))由于化学成分分析方面存在较大缺陷而被 CNMNC 否决。所以本节仅阐述碳钇锶石(Donnayite-(Y))、碳铈钙钡石(Ewaldite)、碳钇钡石(Mckelveyite-(Y))、水碳锆锶石(Weloganite)、水碳钙钇石(Tengerite-(Y))、凯水碳钙钇石(Kimuraite-(Y))、水碳钇石(Lokkaite-(Y))、水碳钠钇石(Shomiokite-(Y))、水碳镧铈石(Calkinsite-(Ce))、碳铈石(Lanthanite-(Ce))、碳镧石(Lanthanite-(La))、碳钕石(Lanthanite-(Nd))、阿水碳钠钇石(Adamsite-(Y))、水氯碳铜钇石(Decrespignyite-(Y))和水碳钙铈矿(Galgenbergite-(Ce))这 15 个矿物。15 种矿物中仅有碳铈石在中国白云鄂博矿床中有产出及研究。

碳钇钡石族

碳钇钡石族的化学通式为 $A_3B_3(CO_3)_6 \cdot 3H_2O$，其中 A=Na、Ca、Y+HREE、Zr，B=Sr、Ba、LREE，包括以下矿物种：

碳钇锶石	Donnayite-(Y)	$NaSr_3CaY(CO_3)_6 \cdot 3H_2O$	三斜/六方晶系
碳铈钙钡石	Ewaldite	$Ba(Na, Ca, Y, Ce, K)(CO_3)_2 \cdot 2.6H_2O$	六方晶系
碳钇钡石	Mckelveyite-(Y)	$NaCaBa_3Y(CO_3)_6 \cdot 3H_2O$	三斜/单斜晶系
水碳锆锶石	Weloganite	$Na_2Sr_3Zr(CO_3)_6 \cdot 3H_2O$	三斜晶系

一、碳钇锶石(Donnayite-(Y))

1. 碳钇锶石的一般特征

［产地、产状及共(伴)生矿物］ 产在加拿大 Mont Saint-Hilaire 碱性杂岩体的霞石正长岩里，分布于伟晶岩脉、晶洞和裂隙中。共(伴)生矿物有碳钇钡石、碳钇钡石、菱铈钙矿、斜方钠锆石、钠角闪石、霓石、方解石、闪锌矿、钠锆石、微斜长石、方沸石、钠沸石和绿泥石。此外，在俄罗斯科拉半岛 Khibiny 地块以及乌拉尔山脉南部 Vishnevogorsk 杂岩体中也有发现(Chao G Y et al., 1978; Trinh et al., 1992; Khomyakov, 1995)。

［**形貌特征**］ 呈板状、扁平状、碟状、柱状、筒状或楔状假六方体晶形，最大粒径至1 cm；或呈异极锥状晶，可见晶面{001}；集合体呈平行状、呈连生晶、不规则粒状。常见双晶，沿[103]方向旋转120°，映射面有{010}、{30$\bar{1}$}或{$\bar{3}\bar{3}$1}。

［**晶体结构**］ 三斜晶系（假六方），或六方晶系；$P1$ 或 $R3m$。晶胞参数为 a=9.000 Å，b=8.9999 Å，c=6.793 Å，α=102.77°，β=116.28°，γ=59.99°；Z=1（三斜晶系）。a=5.211(1) Å，c=18.57(7) Å；Z=3（六方晶系）。

［**主要粉晶衍射数据 *d*/Å(*I*)(*hkl*)**］ 2.839(100)($\bar{1}$12)，4.370(70)($\bar{2}\bar{1}$1)，6.10(40)(001)，2.598(40)($\bar{3}\bar{3}$1)，3.21(30)($\bar{2}\bar{1}$2)，2.038(30)($\bar{3}$12)，2.018(30)($\bar{2}\bar{4}$2)，1.978(30)($\bar{3}$03)(PDF 29-1445 三斜晶系)。

［**物理性质**］ 无色、浅黄色-黄色、白色、灰色，常见放射状色带；条痕白色；透明-不透明；玻璃光泽。发育{001}中等-不完全解理。摩氏硬度约为3。密度 $D_{测量}$ = 3.30(1) g/cm^3，$D_{计算}$ = 3.266 g/cm^3（三斜晶系）；$D_{计算}$ = 3.44(3) g/cm^3（六方晶系）。

［**光学性质**］ 二轴负晶。折光率 α=1.551~1.561，β=1.646(2)，γ=1.652(2)。光轴角 $2V_{测量}$=0°~30°。

［**化学成分**］ 理想化学式为 $NaSr_3CaY(CO_3)_6 \cdot 3H_2O$；加拿大 Mont Saint-Hilaire 和俄罗斯 Khibiny 产出样品的化学组成见表3-3-1。

表3-3-1 碳钇锶石化学组成(w_B/%)

产地	CO_2	Y_2O_3	La_2O_3	Ce_2O_3	Pr_2O_3	Nd_2O_3	Gd_2O_3	Dy_2O_3	Er_2O_3	Yb_2O_3	CaO	SrO	BaO
加拿大	[30.98]	13.10	0.45			1.83					5.75	35.80	0.85
俄罗斯	[29.94]	9.13	5.17	10.33	0.69	2.70	1.45	1.55	0.87	0.36	2.62	23.73	1.46

产地	Na_2O	H_2O	合计	化学式
加拿大	3.37	[6.34]	98.47	$Na_{0.93}(Ca_{0.87}Nd_{0.09}La_{0.03})_{\Sigma 0.99}(Sr_{2.95}Ba_{0.05})_{\Sigma 3.00}Y_{0.99}(CO_3)_6 \cdot 3H_2O$
俄罗斯	3.87	[6.13]	100.00	$Sr_{2.02}Na_{1.10}(Y_{0.72}Ce_{0.56}Ca_{0.42}La_{0.28}Nd_{0.14}Ba_{0.08}Dy_{0.07}Gd_{0.07}Pr_{0.04}Er_{0.04}Yb_{0.02})_{\Sigma 2.44}(CO_3)_6 \cdot 3H_2O$

［**与其他矿物种的关系**］ 属于碳钇钡石族；具 T、R 两种多型。

2. 在中国的产出情况

目前中国尚未发现碳钇锶石。

二、碳铈钙钡石（Ewaldite）

1. 碳铈钙钡石的一般特征

［**产地、产状及共(伴)生矿物**］ 发现于美国怀俄明州绿河组沉积建造钻孔岩芯中，产在白云石质泥灰岩的天然碱层，与碳钇钡石、碳钠钙石、硅钛钾钡矿、白钛石、水硅硼钠石和赤铁矿共生；在俄罗斯科拉半岛 Vuoriyarvi 碳酸盐岩杂岩体的碳酸盐岩和热液脉中也有发现，共(伴)生矿物有库氟碳铈钡石、锶铈磷灰石、萤石、硅钛铌钠矿、碳酸锶铈矿、菱铈钙矿、碳钇钡石、黄碳锶钠石、方解石、重晶石和正长石。此外，在加拿大 Mont Saint-Hilaire 也有产出(Donnay et al.，1971；Voloshin et al.，1992)。

［**形貌特征**］ 晶体呈板片-柱状或呈锥状六方体，最大粒径至5 mm；与碳钇钡石连生。

［**晶体结构**］ 六方晶系；$P6_3mc$。晶胞参数为 a=5.284~5.320 Å，c=12.78~12.84 Å；Z=2。

［**主要粉晶衍射数据 *d*/Å(*I*)(*hkl*)**］ 6.39(100)(002)，4.308(63)(101)，3.72(37)(102)，4.576(17)(100)，2.442(10)(112)，3.195(9)(004)，2.62(9)(104)，1.714(8)(211)(PDF 43-678)。

3.135(100)(103)，2.044(90)(114)，2.024(90)(203)，2.655(80)(110)，2.626(80)(104)，4.340(70)(101)，1.609(60)(213)，2.264(50)(201)(PDF 46-1453)。

［物理性质］ 蓝绿色、浅绿灰色；半透明。硬度未测。密度 $D_{测量}=3.25(5)\ g/cm^3$，为不纯的物质；$D_{计算}=3.37\ g/cm^3$。

［光学性质］ 一轴负晶。折光率 $\omega=1.646(3)$，$\varepsilon\leqslant1.572$。多色性：$O$=深蓝绿色；$E$=浅黄绿色。

［化学成分］ 理想化学式为 $Ba(Na,Ca,Y,Ce,K)(CO_3)_2\cdot2.6H_2O$。美国怀俄明州绿河组和俄罗斯 Vuoriyarvi 岩体中产出样品的化学组成见表3-3-2。后者相应的化学式为 $Ba_{1.00}(Ca_{0.48}RE_{0.20}Na_{0.15}K_{0.11}Sr_{0.03}U_{0.02})_{\Sigma0.99}(CO_3)_{2.00}$。

表3-3-2　碳铈钙钡石的化学组成(w_B/%)

产地	CO_2	UO_3	Fe_2O_3	RE_2O_3	CaO	SrO	BaO	Na_2O	K_2O	H_2O	不溶物	合计
美国怀俄明州绿河组	[27.9]	0.8	2	7.7	7.6	0.8	45	5.6	1.4		5.4	104.2
俄罗斯 Vuoriyarvi 岩体	[25.46]			11.57	5.57	6.72	34.6	3.53		[12.55]		100.00

［与其他矿物种的关系］ 属于碳钇钡石族。

2. 在中国的产出情况

目前中国尚未发现碳铈钙钡石。

三、碳钇钡石(Mckelveyite-(Y))

1. 碳钇钡石的一般特征

［产地、产状及共(伴)生矿物］ 发现于美国怀俄明州绿河组建造中的天然碱层，是一种稀有矿物，与碳铈钙钡石、锥辉石、“黑云母”、石英、硅钛钾钡矿、水硅硼钠石和白钛石共生；也产于已分异的碱性岩地块中，如俄罗斯科拉半岛矿床 Khibiny 地块，与碳铈钙钡石、锶铈磷灰石、萤石、硅钛铌钠矿、碳锶铈石、直氟碳钙铈矿、黄碳锶钠石、方解石、重晶石和正长石共生；还产于阿富汗 Khanneshin 碱性杂岩体中，与白云石、水碳镧铈石、碳铈钠石、黄碳钡钠石和重晶石共生；在加拿大魁北克省的 Mont Saint-Hilaire 也有产出(Milton et al., 1965; Donnay et al., 1971; Chao et al., 1978; Voloshin et al., 1990)。

［形貌特征］ 晶体呈板状-锥状，见以下单形：假菱面体{$10\bar{1}2$}、{$10\bar{1}1$}、{$000\bar{1}$}和小{0001}，晶面粗糙，最大粒径至5 cm。发育双晶，通过假菱面体[0001]以120°角旋转三次。

［晶体结构］ 三斜晶系(假三方)或单斜晶系；$P1$(三斜)或 Cc(单斜)。晶胞参数为 $a=9.170(3)$ Å，$b=9.169(3)$ Å，$c=7.075(2)$ Å；$\alpha=102.50(3)°$，$\beta=115.63(3)°$，$\gamma=59.99(3)°$；$Z=1$(三斜)。$a=15.8213(7)$ Å，$b=9.1364(4)$ Å，$c=13.7522(6)$ Å；$\beta=112.44(1)°$；Z 未知(单斜)。

［主要粉晶衍射数据 d/Å(I)］ 2.942(100)，4.47(85)，2.648(40)，6.40(35)，3.32(30)，2.040(30)，4.15(20)(样品产自美国)。

［物理性质］ 米黄色、绿灰色、红棕色，包含有机物质时变为黑色；透明-不透明，在薄片下透明；玻璃-黯淡光泽。摩氏硬度 $H=3.5\sim4$。密度 $D_{测量}=3.25(5)\ g/cm^3$，$D_{计算}=3.37\ g/cm^3$。具放射性。

［光学性质］ 一轴负晶。折光率 $\omega=1.644\sim1.66$，$\varepsilon=1.550\sim1.57$。多色性：绿色；$O>E$。

［化学成分］ 理想化学式为 $NaCaBa_3Y(CO_3)_6\cdot3H_2O$。美国怀俄明州 Diamond Alkali 三号钻孔中产出样品的化学组成见表3-3-3，相应的化学式为 $(Na_{1.26}K_{0.02})_{\Sigma1.28}(Ca_{0.71}U_{0.17})_{\Sigma0.88}(Ba_{2.64}Sr_{0.16})_{\Sigma2.80}(Y_{0.68}RE_{0.31})_{\Sigma0.99}(CO_3)_{5.98}\cdot3.22H_2O$。

表3-3-3　碳钇钡石的化学组成(w_B/%)

产地	CO_2	UO_2	ThO_2	Y_2O_3	RE_2O_3	CaO	SrO	BaO	Na_2O	K_2O	H_2O	合计
美国	25.7	4.6	0.1	7.7	5.7	4	1.7	40.6	3.9	0.1	6.1	100.2

［与其他矿物种的关系］ 属于碳钇钡石族。

2. 在中国的产出情况

目前中国尚未发现碳钇钡石。

四、水碳锆锶石（Weloganite）

1. 水碳锆锶石的一般特征

［产地、产状及共（伴）生矿物］ 产于与碱性辉长-正长杂岩有关的碱性岩中。在加拿大 Francon 采石场和 Mont Saint-Hilaire 有产出。共（伴）生矿物有方解石、石英、片钠铝石（Sabina et al.，1968；Chen et al.，1975；Grice et al.，1975）。

［形貌特征］ 呈近六方的晶体，一端呈锥状，一端为平坦的晶面，柱面发育深沟槽和条纹，最大粒径至 10 cm；集合体呈块状。发育双晶，绕［103］方向旋转 120°重叠。

［晶体结构］ 三斜晶系（假三方）；$P1$。晶胞参数为 $a=8.988$ Å，$b=8.988$ Å，$c=6.730$ Å，$\alpha=102.84°$，$\beta=116.42°$，$\gamma=59.99°$，$Z=1$。

［主要粉晶衍射数据 d/Å（I）（hkl）］ 2.817（100）（$\bar{1}\bar{2}2$），4.36（80）（$\bar{1}10$），2.594（70）（030），2.233（70）（$\bar{4}\bar{2}1$），2.012（70）（$\bar{2}22$），1.966（70）（$\bar{3}\bar{3}3$），1.907（70）（$2\bar{2}1$），2.382（60）（$0\bar{2}2$）（PDF 27-790）。

［物理性质］ 柠檬黄色、浅黄色、琥珀色，常见色带；在薄片下为无色；条痕白色；透明-半透明；玻璃光泽。发育{0001}假极完全解理；贝壳状断口。摩氏硬度 $H=3.5$。密度 $D_{测量}=3.20\sim3.22$ g/cm^3，$D_{计算}=3.208$ g/cm^3。具热电性。

［光学性质］ 二轴负晶。折光率 $\alpha=1.558(3)$，$\beta=1.646(3)$，$\gamma=1.648(3)$。光轴角 $2V_{测量}=15°$。

［化学成分］ 理想化学式为 $Na_2Sr_3Zr(CO_3)_6 \cdot 3H_2O$；化学组成（$w_B$/%）为 SrO 38.18，$Na_2O$ 7.61，ZrO_2 15.13，CO_2 32.44，H_2O 6.64 合计 93.36。加拿大 Francon 采石场产出样品的化学组成见表 3-3-4，相应的化学式为 $Na_{2.15}(Sr_{3.00}Ca_{0.18})_{\Sigma3.18}Zr_{1.06}(CO_3)_6 \cdot 3.75H_2O$。

表 3-3-4 水碳锆锶石的化学组成（w_B/%）

产地	CO_2	SiO_2	ZrO_2	Fe_2O_3	MgO	CaO	SrO	Na_2O	K_2O	H_2O^+	H_2O^-	合计
加拿大	30.72	0.25	15.26	0.03	<0.02	1.14	36.18	7.75	0.02	7.85	0.11	99.29

［与其他矿物种的关系］ 属于碳钇钡石族。

2. 在中国的产出情况

目前中国尚未发现水碳锆锶石。

水碳钙钇石族（Tengerite group）

凯水碳钙钇石	Kimuraite-（Y）	$CaY_2(CO_3)_4 \cdot 6H_2O$	斜方晶系
水碳钇石	Lokkaite-（Y）	$CaY_4(CO_3)_7 \cdot 9H_2O$	斜方晶系
水碳钙钇石	Tengerite-（Y）	$Y_2(CO_3)_3 \cdot 2\sim3H_2O$	斜方晶系

五、凯水碳钙钇石（Kimuraite-（Y））

1. 凯水碳钙钇石的一般特征

［产地、产状及共（伴）生矿物］ 发现于日本 Saga 省 Higashi-Matsuura 地区，产在碱性橄榄玄武岩的裂隙中。共伴生矿物有碳钕石、碳镧石、水碳钇石和羟碳钕石（Nagashima et al.，1986）。

［**形貌特征**］ 晶体呈鳞状片状；集合体呈球状，最大粒径至 100 μm。

［**晶体结构**］ 斜方晶系；*Immm*、*Imm*2、*I*212121 或 *I*222。晶胞参数为 a = 9.2545(8) Å，b = 23.976(4) Å，c = 6.0433(7) Å；Z = 4。

［**主要粉晶衍射数据 *d*/Å(*I*)(*hkl*)**］ 12.06(100)(020)，6.02(40)(040)，3.76(30)(051)，5.93(20)(011)，4.01(20)(060)，2.05(12)(0<u>11</u>1)，4.87(10)(031)，4.64(10)(200)(PDF 40-473)。

［**物理性质**］ 浅紫色-粉白色；半透明；玻璃光泽，解理面呈丝绢光泽。发育{010}极完全解理。摩氏硬度 H=2.5。密度 $D_{测量}$=2.6(1) g/cm^3，$D_{计算}$=2.98 g/cm^3。在短波和长波紫外光下发亮红紫色-紫色荧光。

［**光学性质**］ 二轴负晶。折光率 α=1.584(2)，β=1.612(2)，γ=1.626(2)。光轴角 $2V_{测量}$ = 70(5)°。光性方位：X=a；Y=b；Z=c.。色散：弱，$r<v$。

［**化学成分**］ 理想化学式为 $CaY_2(CO_3)_4 \cdot 6H_2O$。日本 Kirigo 产出样品的化学组成($w_B$/%)见表 3-3-5。

表 3-3-5 凯水碳钙钇石的化学组成(w_B/%)

CO_2	Y_2O_3	La_2O_3	Ce_2O_3	Pr_2O_3	Nd_2O_3	Sm_2O_3	Eu_2O_3	Gd_2O_3	Tb_2O_3	Dy_2O_3	Ho_2O_3	Er_2O_3	Tm_2O_3
29.13	29.41	0.5	0.02	0.37	2.97	0.95	0.39	2.49	0.36	2.44	0.62	1.69	0.17
Yb_2O_3	Lu_2O_3	CaO	H_2O	合计	化学式								
0.56	0.06	9.23	18.32	99.68	$Ca_{0.99}(Y_{1.57}Nd_{0.11}Gd_{0.08}Dy_{0.08}Er_{0.05}Sm_{0.03}Ho_{0.02}La_{0.02}Ho_{0.02}Pr_{0.02}Tb_{0.01}Eu_{0.01}Tm_{0.01})_{\Sigma 2.03}(CO_3)_4 \cdot 6.12H_2O$								

［**与其他矿物种的关系**］ 属于水碳钙钇石族。

2. 在中国的产出情况

目前中国尚未发现凯水碳钙钇石。

六、水碳钇石(Lokkaite-(Y))

1. 水碳钇石的一般特征

［**产地、产状及共(伴)生矿物**］ 为原生稀土矿物蚀变产生的一种次生矿物。在芬兰 Pyörönmaa 伟晶岩、瑞典 Ytterby 和 Åskagen 伟晶岩采石场、日本 Kirigo 和 Yokatake、加拿大魁北克省 Evans-Lou 采石场都有产出。共(伴)生矿物有水碳钙钇石(芬兰)；碳镧石和克水碳钙钇石(日本)(Perttunen, 1970; Nagashima et al., 1986)。

［**形貌特征**］ 呈纤维状晶束，最大粒径至 0.5 mm；集合体呈独立的放射状、粉状结壳。

［**晶体结构**］ 斜方晶系；*Pbmm*，*Pb*2*m*，*Cmmm* 或者 *Pbm*2。晶胞参数为 a=39.07~39.35 Å，b=6.079~6.104 Å，c=9.19~9.26 Å；Z=8。

［**主要粉晶衍射数据 *d*/Å(*I*)(*hkl*)**］ 3.81(100)(602)，4.59(75)(002)，3.90(60)(10 00)，6.51(55)(600)，9.77(50)(400)，5.79(45)(---)，2.931(40)(403)，19.6(35)(200)(PDF 25-170)。

［**物理性质**］ 白色，可能褪色成为浅黄色；半透明；性脆。硬度未测。密度 $D_{计算}$=2.92 g/cm^3。

［**光学性质**］ 二轴负晶。折光率 α=1.569，β=1.592，γ=1.620。光轴角 $2V$ 未测。光性方位：Z=c；正延性。

［**化学成分**］ 理想化学式为 $CaY_4(CO_3)_7 \cdot 9H_2O$；化学组成($w_B$/%)为 Y_2O_3 46.18，CaO 5.73，CO_2 31.51，H_2O 16.58 合计 100.00。芬兰 Pyörönmaa 伟晶岩和日本 Kirigo 产出样品的化学组成见表 3-3-6。

［**与其他矿物种的关系**］ 属于水碳钙钇石族。

表 3-3-6 水碳钇石的化学组成(w_B/%)

产地	CO_2	Y_2O_3	La_2O_3	Ce_2O_3	Pr_2O_3	Nd_2O_3	Sm_2O_3	Eu_2O_3	Gd_2O_3	Tb_2O_3	Dy_2O_3
芬兰	32.4	29.0	0.2	0.7	0.3	1.3	1.8		4.6	1.2	6.8
日本	28.09	20.64	0.33	0.43	0.61	7.13	3.84	1.72	7.47	1.22	6.02
产地	Ho_2O_3	Er_2O_3	Tm_2O_3	Yb_2O_3	Lu_2O_3	Fe_2O_3	CaO	H_2O^+	H_2O^-	H_2O	合计
芬兰	痕量	4	0.9	2.2	痕量	0.4	3.2	1.6	5.4		96.0
日本	1.12	2.35	0.28	0.8	0.1		5.25			14.13	101.53
化学式											
芬兰	$Ca_{0.23}RE_{3.85}(C_{1.05}O_3)_7 \cdot 3.85H_2O$										
日本	$Ca_{1.03}(Y_{2.00}Gd_{0.45}Nd_{0.40}Dy_{0.35}Sm_{0.24}Er_{0.14}Eu_{0.11}Tb_{0.07}Ho_{0.06}Yb_{0.04}Pr_{0.04}Ce_{0.03}Tm_{0.02}La_{0.02}Lu_{0.01})_{\Sigma 3.98}(CO_3)_{7.00} \cdot 8.60H_2O$										

2. 在中国的产出情况

目前中国尚未发现水碳钇石。

七、水碳钙钇石(Tengerite-(Y))

1. 水碳钙钇石的一般特征

[产地、产状及共(伴)生矿物] 为含钇矿物的蚀变产物，呈膜状。在瑞典 Ytterby、挪威 Roså s、芬兰 Pyörönmaa、日本 Iisaka and Suishoyama、加拿大 Evans-Lou、美国 Baringer Hill 等地的伟晶岩中均有产出。共伴生矿物有硅铍钇矿、水碳钇石、水碳钙钇石、氟碳铈矿、镧石、直氟碳钙铈矿、方解石和石英等(Palache et al., 1951; Miyawaki et al., 1993)。

[形貌特征] 少量晶体呈乳滴状，带放射状纤维内部结构，最大粒径至 1 mm；集合体常呈薄膜状和粉末状。

[晶体结构] 斜方晶系；*Pnnm*。晶胞参数 a=6.0783 Å，b=9.157 Å，c=15.114 Å；Z=4。或为 Bb21m；晶胞参数 a=6.083 Å，b=9.1745 Å，c=15.128 Å；Z=4。

[主要粉晶衍射数据 *d*/Å(*I*)(*hkl*)] 4.59(100)(020)，7.60(90)(002)，5.67(70)(101)，3.89(70)(101)，3.57(50)(113)，2.97(40)(123)，3.78(30)(004)，2.53(30)(220)(PDF 24-1419 人工合成)。

[物理性质] 白色；半透明；黯淡光泽，粉末状光泽。硬度未测。密度 $D_{测量}$ = 3.12 g/cm^3，$D_{计算}$=3.110 g/cm^3。

[光学性质] 二轴晶。折光率 α=1.587，β=1.692，γ=1.616。光轴角 2V 未测。

[化学成分] 理想化学式为 $Y_2(CO_3)_3 \cdot 2\sim3H_2O$。典型产地产出样品的化学组成见表 3-3-7。

表 3-3-7 水碳钙钇石的化学组成(w_B/%)

产地	CO_2	Y_2O_3	La_2O_3	Ce_2O_3	Pr_2O_3	Nd_2O_3	Sm_2O_3	Eu_2O_3	Gd_2O_3	Tb_2O_3
瑞典 Ytterby	[26.9]	26.5	0.2	1.5	0.6	5.1	4.4	n. d.	6.1	0.7
日本 Iisaka	32.35	46.46	0.17	0.17	0.09	0.52	0.39	0.01	1	0.22
产地/成分	Dy_2O_3	Ho_2O_3	Er_2O_3	Tm_2O_3	Yb_2O_3	Lu_2O_3	CaO	H_2O	合计	
瑞典 Ytterby	6.2	0.7	1.4	0.6	0.7	0.1	1.2	[17.1]	100.0	
日本 Iisaka	1.92	0.47	1.46	0.19	1.16	0.16	1.79	13.4	101.93	
化学式										
瑞典 Ytterby	$(Y_{1.14}Gd_{0.16}Dy_{0.16}Nd_{0.15}Sm_{0.12}Ce_{0.04}Er_{0.04}Tb_{0.02}Pr_{0.02}Yb_{0.02}Ho_{0.02}Tm_{0.01}La_{0.01})_{\Sigma 1.91}(CO_3)_{2.95} \cdot nH_2O$									
日本 Iisaka	$(Y_{1.70}Dy_{0.04}Er_{0.03}Yb_{0.02}Gd_{0.02}Nd_{0.01}Ho_{0.01}Sm_{0.01})_{\Sigma 1.84}C_{3.03}O_9 \cdot 3.07H_2O$									

［与其他矿物种的关系］ 属于水碳钙钇石族。

2. 在中国的产出情况

目前中国尚未发现水碳钙钇石。

未建族矿物

八、水碳钠钇石(Shomiokite-(Y))

1. 水碳钠钇石的一般特征

［产地、产状及共(伴)生矿物］ 产在伟晶岩裂隙中，是钾长石发生溶离的产物；或产于碱性辉长-正长岩杂岩体。发现于俄罗斯科拉半岛 Lovozero 地块的 Mt. Alluaiv，共(伴)生矿物有钠长石、钙霞石、霓石、斜钠锆石、天然碱、碳氧钠石、斜氟钠矾、氟盐、氟镁钠石、天然碱、碳磷锰钠石、菱铁矿和闪锌矿；也产于加拿大魁北克的 Mont Saint-Hilaire，与微斜长石、钠长石、霓石、方沸石、菱锰矿、异性石、钠锆石、闪锌矿和碳钠铈石共生(Khomyakov et al.，1994；Rastsvetaeva et al.，1996；Grice，1996；Pekov，1998)。

［形貌特征］ 晶体呈假六方短柱状，最大粒径至 2 mm，可见单形{010}、{110}、{111}和{011}；集合体呈玫瑰花状、块粒状，最大粒径至 30 cm。

［晶体结构］ 斜方晶系；$Pbn2_1$。晶胞参数为 $a=10.034\sim10.136$ Å，$b=17.348\sim17.358$ Å，$c=5.946\sim5.970$ Å；$Z=4$。

［主要粉晶衍射数据 *d*/Å(*I*)(*hkl*)］ 4.89(100b)(021)，2.862(100b)(241)，6.56(50)(120)，5.11(50b)(101)，4.34(50b)(220)，3.50(30)(221)，2.705(30)(122)，2.593(30b)(331)(PDF 49-1869)。

［物理性质］ 无色、粉色、浅黄色；半透明，小片透明；黯淡、蜡状-丝绢光泽。发育{110}极完全解理；{001}裂理。摩氏硬度 $H=2\sim3$。密度 $D_{测量}=2.52(5)$ g/cm³，密度 $D_{计算}=2.59$ g/cm³。

［光学性质］ 二轴正晶。折光率 $\alpha=1.528(2)$，$\beta=1.529(2)$，$\gamma=1.531(2)$。光轴角 $2V_{测量}=45°$。光性方位：$X=b$；$Y=c$；$Z=a$。色散：$r>v$。

［化学成分］ 理想化学式为 $Na_3Y(CO_3)_3 \cdot 3H_2O$；化学组成($w_B$/%)为 Y_2O_3 28.81，CaO 0.01，Na_2O 23.72，CO_2 33.68，H_2O 13.79，合计 100.01。俄罗斯 Mt. Alluaiv 和加拿大 Mont Saint-Hilaire 产出样品的化学组成(w_B/%)见表 3-3-8。

表 3-3-8 水碳钠钇石的化学组成(w_B/%)

产地	CO_2	Y_2O_3	La_2O_3	Ce_2O_3	Pr_2O_3	Nd_2O_3	Sm_2O_3	Gd_2O_3	Tb_2O_3	Dy_2O_3
俄罗斯	32.1	21.52		0.09				1.8	0.46	5.03
加拿大	[33.36]	19.05	0.2	1.81	0.52	2.79	0.95	1.05	0.36	2.81
产地	Ho_2O_3	Er_2O_3	Eu_2O_3	Yb_2O_3	Lu_2O_3	CaO	Na_2O	H_2O	合计	
俄罗斯	0.63	1.24				0.01	21.93	14.2	99.01	
加拿大	0.73	2.13	0	1.55	0.26		23.25	[13.66]	104.88	

化学式	
俄罗斯	$(Na_{2.93}Ca_{0.01})_{\Sigma 2.94}(Y_{0.79}Dy_{0.11}Gd_{0.04}Er_{0.03}Ho_{0.01}Tb_{0.01})_{\Sigma 0.99}(C_{1.06}O_3)_3 \cdot 3.26H_2O$
加拿大	$Na_{2.97}(Y_{0.67}Nd_{0.07}Dy_{0.06}Ce_{0.04}Er_{0.04}Yb_{0.03}Sm_{0.02}Gd_{0.02}Ho_{0.02}La_{0.01}Tb_{0.01}Pr_{0.01}Tm_{0.01}Lu_{0.01})_{\Sigma 1.02}(CO_3)_3 \cdot 3H_2O$

2. 在中国的产出情况

目前中国尚未发现水碳钠钇石。

九、水碳镧铈石(Calkinsite-(Ce))

1. 水碳镧铈石的一般特征

[产地、产状及共(伴)生矿物] 是黄碳锶钠石(burbankite)风化的产物，在美国蒙大拿州的Big Sandy Creek，产于复合岩体中穿切正长辉石岩的方解石脉中。其共(伴)生矿物有黄碳锶钠石、碳锶铈石、碳镧石、重晶石、针铁矿、方解石和黑云母。在俄罗斯科拉半岛Vuoriyarvi碳酸盐岩中也有发现，与重晶石、菱锶矿和黄铁矿共生；阿富汗Khanneshin碳酸盐岩岩体中产出的水碳镧铈石与白云石、碳钙钡石、碳铈钠石、碳钇钡石、重晶石和"绿泥石"共(伴)生(Pecora et al.，1953)。

[形貌特征] 晶体呈板状{010}，粒径最大至1 mm。常见双晶{101}，沿[100]方向复合和延伸。

[晶体结构] 斜方晶系；$P2_122_1$。晶胞参数为$a=9.57(2)$ Å，$b=12.65(8)$ Å，$c=8.94(2)$ Å；$Z=4$。

[主要粉晶衍射数据 *d*/Å(*I*)(*hkl*)] 6.54(100)(101)，3.27(50)(202)，4.78(40)(200)，4.49(40)(210)，2.931(30b)(311)，2.128(30)(143)，2.115(30)(402)，2.074(30)(412)(PDF 6-76)。

[物理性质] 浅黄色；透明。发育{010}完全、{101}极完全解理；{001}裂理(?)。摩氏硬度约为2.5。密度$D_{测量}=3.28$ g/cm^3，$D_{计算}=3.26$ g/cm^3。

[光学性质] 二轴负晶。折光率$\alpha=1.569$，$\beta=1.657$，$\gamma=1.686$。光轴角$2V_{测量}=54°$，$2V_{计算}=57.2°$。多色性：X=黄色；$Y=Z$=无色。光性方位：$X=b$；$Y=c$；$Z=a$。色散：弱，$r<v$。

[化学成分] 理想化学式为$Ce_2(CO_3)_3 \cdot 4H_2O$。产于美国蒙大拿州Big Sandy Creek的样品化学组成(w_B/%)为CO_2 23.93，La_2O_3 19.82，Ce_2O_3 32.05，Pr_2O_3 2.89，Nd_2O_3 7.97，H_2O 13.34，合计100.00；相应的化学式为$(Ce_{1.03}La_{0.67}Nd_{0.26}Pr_{0.10})_{\Sigma 2.06}(CO_3)_{3.00} \cdot 4.09H_2O$。

2. 在中国的产出情况

目前中国尚未发现水碳镧铈石。

十、碳铈石(Lanthanite-(Ce))

1. 碳铈石的一般特征

[产地、产状及共(伴)生矿物] 由早期形成的含稀土元素矿物蚀变或风化形成的一种稀有的次生矿物。在威尔士的Britannia矿区、瑞典Bastnäs矿区和Baringer Hill伟晶岩、俄罗斯Vuoriyarvi碳酸盐岩地块、中国白云鄂博及河北省承德和赤城、美国Sanford矿区和Big Sandy Creek、加拿大Mont Saint-Hilaire和格陵兰Qaqarssuk碳酸盐岩中都有产出。主要共(伴)生矿物有褐帘石和硅铈石(Palache et al.，1951；Bevins et al.，1985；Atencio et al.，1989；Dal Negro et al.，1977)。

[形貌特征] 晶体呈板状{010}，带菱形轮廓，最大粒径至5mm；集合体常呈粉状结壳。发育双晶{101}。

[晶体结构] 斜方晶系；*Pbnb*。晶胞参数为$a=9.482(6)$ Å，$b=16.938(11)$ Å，$c=8.965(3)$ Å，$Z=4$。

[主要粉晶衍射数据 *d*/Å(*I*)(*hkl*)] 8.47(100)(020)，3.255(73)(202)，4.746(65)(200)，3.028(65)(222)，4.462(62)(002)，4.125(40)(220)，3.943(38)(022)，4.211(35)(040)(PDF 38-377)。

[物理性质] 无色、白色、粉色、黄色；条痕白色；透明；玻璃-珍珠光泽。发育{010}完全云母片状解理。摩氏硬度约为2.5。密度$D_{测量}=2.76$ g/cm^3，$D_{计算}=2.79$ g/cm^3。

［光学性质］ 二轴负晶。折光率 $\alpha=1.532(2)$，$\beta=1.594(2)$，$\gamma=1.616(2)$。光轴角 $2V_{测量}=60(2)°$，$2V_{计算}=60°$。光性方位：$X=b$；$Y=c$；$Z=a$。色散：弱，$r<v$。

［化学成分］ 理想化学式为 $Ce_2(CO_3)_3 \cdot 8H_2O$。产于威尔士 Britannia 矿床的样品化学组成（w_B/%）为 CO_2 21.0，Y_2O_3 0.74，La_2O_3 14.44，Ce_2O_3 20.61，Nd_2O_3 14.78，Sm_2O_3 2.50，Gd_2O_3 1.53，H_2O 23.0，合计 98.6；相应的化学式为 $(Ce_{0.78}La_{0.55}Nd_{0.55}Sm_{0.09}Gd_{0.05}Y_{0.04})_{\Sigma 2.06}C_{2.97}O_{9.03} \cdot 7.96H_2O$。

［与其他矿物种的关系］ 与碳镧石、碳钕石等结构型。

2. 在中国的产出情况

目前中国仅在内蒙古白云鄂博矿床发现碳铈石。

内蒙古白云鄂博铁铌稀土矿床中的碳铈石

［产地、产状及共（伴）生矿物］ 产于内蒙古白云鄂博铁铌稀土矿床中，为表生稀土矿物，由黄河矿风化而成（张培善等，1986，1996）。

［形貌特征］ 风化土状。

［晶体结构］ 斜方晶系。

［主要粉晶衍射数据 *d*/Å(*I*)］ 9.1(9)，4.6(7)，4.15(5)，3.12(10)，2，61(6)，2.49(7)，2.24(5)，1.61(7)，1.52(5)，1，41(5)。

［物理性质］ 土黄色；珍珠光泽。

［光学性质］ 二轴负晶。折光率 $\alpha=1.613$，$\beta=1.587$，$\gamma=1.520$。光轴角 $2V_{测量}=63°$。

［化学成分］ 含碳铈石风化产物的化学组成（w_B/%）：REE_2O_3 41.70，Fe_2O_3 7.70，Al_2O_3 0.50，ThO_2 1.50，SiO_2 6.00，TiO_2 0.11，BaO 15.11，CaO 5.65，CO_2 14.00，H_2O 4.54，F 5.43，$-O=F_2$ 2.20，总计 104.44。与黄河矿比较，钡的含量减少，同时含有一定量的水，铁和硅的出现与其中含杂质有关，钡和氟则是原生矿物的残余。

以 REE 为 100%计，碳铈石的稀土配分（w_B/%）为：La 12.9，Ce 51.2，Pr 5.6，Nd 18.6，Sm 1.4，Eu 0.1，Gd 0.9，Tb 0.9，Yb 0.1，Dy 0.2。

十一、碳镧石（Lanthanite-(La)）

1. 碳镧石的一般特征

［产地、产状及共（伴）生矿物］ 由早期形成的含稀土元素矿物蚀变或风化形成的一种稀有的次生矿物。最早发现于瑞典 Bastnäs 矿区，后来在巴西 Curitiba、美国宾夕法尼亚州和康涅狄格州、日本 Niikoba 也有发现。主要共（伴）生矿物为褐帘石（Palache et al.，1951；Atencio et al.，1989；Dal Negro et al.，1977）。

［形貌特征］ 晶体呈板状{010}，带菱形轮廓，最大粒径至 5 mm；集合体常呈粉状结壳。发育双晶{101}。

［晶体结构］ 斜方晶系；*Pbnb*。晶胞参数为 $a=9.470$ Å，$b=16.902$ Å，$c=8.929$ Å；$Z=4$。

［主要粉晶衍射数据 *d*/Å(*I*)(*hkl*)］ 8.45(100)(020)，3.25(40)(202)，3.03(40)(222)，4.74(30)(200)，4.46(30)(002)，4.23(30)(040)，4.13(30)(220)，3.95(30)(022)（PDF 30-678）。

［物理性质］ 亮粉色、紫色；条痕白色；半透明；玻璃-珍珠光泽。发育{010}云母片状完全解理。摩氏硬度约为 2.5。密度 $D_{测量}=2.81\ g/cm^3$，$D_{计算}=2.82\ g/cm^3$。

［光学性质］ 在透射光中无色。二轴负晶。折光率 $\alpha=1.532(2)$，$\beta=1.589$，$\gamma=1.612$。光轴角 $2V_{计算}=60°$。光性方位：$X=b$；$Y=c$；$Z=a$。色散：$r<v$，弱。

［化学成分］ 理想化学式为 $La_2(CO_3)_3 \cdot 8H_2O$。产自巴西的样品的部分分析结果（w_B/%）为：La_2O_3 22.4，Pr_2O_3 4.5，Nd_2O_3 22.2，Sm_2O_3 3.4，Eu_2O_3 0.6，Gd_2O_3 1.7。

［与其他矿物种的关系］ 与碳铈石、碳钕石等结构型。

2. 在中国的产出情况

目前中国尚未发现碳镧石。

十二、碳钕石(Lanthanite-(Nd))

1. 碳钕石的一般特征

［产地、产状及共(伴)生矿物］ 由早期形成的含稀土元素矿物蚀变或风化形成的一种稀有的次生矿物。产于巴西 Curitiba、日本 Kirigo 和 Niikoba、俄罗斯 Pavlovsk 和美国宾夕法尼亚州 South Mountain(Dal Negro et al., 1977; Roberts et al., 1980)。

［形貌特征］ 晶体呈板状{010}，可见单形{001}、{010}、{100}、{101}和{121}，最大粒径至 3 mm；集合体常呈粉状结壳。常见双晶{101}。

［晶体结构］ 斜方晶系；*Pbnb*。晶胞参数为 $a=9.476(4)$ Å，$b=16.940(8)$ Å，$c=8.942(4)$ Å；$Z=4$。

［主要粉晶衍射数据 *d*/Å(*I*)(*hkl*)］ 8.50(100)(020)，3.252(63)(202)，3.038(58)(222)，4.473(56)(002)，4.741(52)(200)，4.139(34)(220)，3.953(32)(022)，2.579(30)(242)(PDF 42-593)。

［物理性质］ 亮粉色、紫色；条痕白色；半透明；玻璃-珍珠光泽。发育{010}完全、{101}中等解理；不平坦状断口。具可切性。摩氏硬度 $H=2.5\sim3$。密度 $D_{测量}=2.78\sim2.84$ g/cm^3，$D_{计算}=2.816$ g/cm^3。

［光学性质］ 在透射光中无色。二轴负晶。折光率 $\alpha=1.529\sim1.532$，$\beta=1.590\sim1.595$，$\gamma=1.614\sim1.617$。光轴角 $2V_{测量}=58°\sim61°$，$2V_{计算}=60°\sim63.5°$。光性方位：$X=b$；$Y=c$；$Z=a$。色散：弱，$r<v$。

［化学成分］ 理想化学式为 $Nd_2(CO_3)_3\cdot8H_2O$。巴西 Curitiba 和 Santa Isabel 产出样品的化学分析结果(w_B/%)如表 3-3-9 所示；前者相应的化学式为：$(Nd_{0.79}La_{0.73}Pr_{0.19}Sm_{0.14}Gd_{0.06}Eu_{0.06}Dy_{0.01}Y_{0.01})_{\Sigma1.99}(CO_3)_3\cdot8H_2O$。

表 3-3-9 碳钕石的化学分析结果(w_B/%)

产地	CO_2	ThO_2	Y_2O_3	La_2O_3	Ce_2O_3	Pr_2O_3	Nd_2O_3	Sm_2O_3	Eu_2O_3
巴西 Curitiba	22.15	0.03	0.22	19.44	0.03	5.18	21.84	4.1	1.64
巴西 Santa Isabel	21.43		0.94	22.28	0.29	3.89	22.77	3.57	0.37
产地	Gd_2O_3	Tb_2O_3	Dy_2O_3	Ho_2O_3	Er_2O_3	Yb_2O_3	H_2O	合计	
巴西 Curitiba	1.69		0.44				22.75	99.51	
巴西 Santa Isabel	2.2	0.13	0.58	0.33	0.2	<0.02	21		

［与其他矿物种的关系］ 与碳铈石、碳镧石等结构型。

2. 在中国的产出情况

目前中国尚未发现碳钕石。

十三、阿水碳钠钇石(Adamsite-(Y))

1. 阿水碳钠钇石的一般特征

［产地、产状及共(伴)生矿物］ 产于与碱性辉长-正长岩杂岩体的碱性伟晶岩脉中，为一种少见的晚期低温热液矿物。产地位于加拿大魁北克省的 Mont Saint-Hilaire。其共(伴)生矿物有重碳钠钇石、氟碳钠钇石、碳钇锶石、碳钠铈石和菱锰矿(Grice et al., 2000)。

［形貌特征］ 晶体呈针状至-纤维状，最大粒径至 2.5 cm，沿[001]方向延伸，平行{001}，可见单形{010}和{001}；集合体少见，呈球形放射状。常见双晶{001}。

［晶体结构］ 三斜晶系，由于双晶可呈假斜方晶系；$P\bar{1}$。晶胞参数为 a=6.262 Å，b=13.047 Å，c=13.22 Å；α=91.17°，β=103.70°，γ=89.99°；Z=4。

［主要粉晶衍射数据 d/Å(I)(hkl)］ 12.81(100)(001)，6.45(70)(002)，4.456(60)($\bar{1}20$)，4.291(60)(003)，2.571(60)(005)，2.050(50)($\bar{1}\bar{6}1$)，2.869(30)($\bar{1}\bar{2}4$)，3.267(25)(040)(PDF 54-703)。

［物理性质］ 无色、白色、浅粉色或浅紫色；条痕白色；透明-半透明。玻璃-珍珠光泽。发育{001}极完全、{100}和{010}完全解理。性脆。摩氏硬度 H=3。密度 $D_{测量}$=2.27(2) g/cm^3，$D_{计算}$=2.27 g/cm^3。

［光学性质］ 二轴负晶。折光率 α=1.480(4)，β=1.498(2)，γ=1.571(4)。光轴角 $2V_{测量}$=53(3)°，$2V_{计算}$=55°。光性方位：$Y=b$；$Z\wedge a$=14°。

［化学成分］ 理想化学式为 $NaY(CO_3)_2 \cdot 6H_2O$；化学组成(w_B/%)为：CO_2 25.89，Y_2O_3 33.21，Na_2O 9.11，H_2O 31.79，合计 100.00。加拿大 Mont Saint-Hilaire 产出样品的化学分析结果(w_B/%)如表 3-3-10 所示。

表 3-3-10 阿水碳钠钇石化学分析结果(w_B/%)

产地	CO_2	Y_2O_3	Ce_2O_3	Nd_2O_3	Sm_2O_3	Gd_2O_3	Tb_2O_3	Dy_2O_3
加拿大	25.1	22.88	0.37	1.41	1.02	1.92	0.56	3.28
产地	Ho_2O_3	Er_2O_3	Tm_2O_3	Yb_2O_3	CaO	Na_2O	H_2O	合计
加拿大	0.9	2.83	0.27	1.04	0.05	8.64	29.9	100.17
化学式								
$Na_{1.00}(Y_{0.72}Dy_{0.06}Er_{0.05}Gd_{0.04}Nd_{0.03}Yb_{0.02}Sm_{0.02}Ho_{0.02}Ce_{0.01}Tb_{0.01}Tm_{0.01})_{\Sigma 0.99}(CO_3)_{2.04} \cdot 5.94H_2O$								

2. 在中国的产出情况

目前中国尚未发现阿水碳钠钇石。

十四、水氯碳铜钇石(Decrespignyite-(Y))

1. 水氯碳铜钇石的一般特征

［产地、产状及共(伴)生矿物］ 是产于铜矿床氧化带的一种少见的次生矿物，稀土元素可能来源于周围沉积物。发现于澳大利亚南部的 Paratoo 铜矿床，其共(伴)生矿物有碳硅钙钇石、碳钇锶石、水羟碳钙钇石、孔雀石、绿脱石、方解石、石膏(Wallwork et al.，2002)。

［形貌特征］ 少数晶体呈薄的假六方形，最大粒径至 50μm，常弯曲；集合体呈星形玫瑰状和块状壳膜。

［晶体结构］ 单斜晶系；$P2/m$，$P2$，或者 Pm。晶胞参数为 a=8.899(6) Å，b=22.77(2) Å，c=8.589(6) Å，β=120.06(5)°；Z=4。

［主要粉晶衍射数据 d/Å(I)］ 6.241(100)，7.086(50)，3.530(40)，22.8(30)，7.463(30)，4.216(30)，3.336(30)(样品产自澳大利亚)。

［物理性质］ 深玫瑰蓝色-蓝绿色；条痕浅蓝色；透明；玻璃-珍珠光泽。摩氏硬度约为 4。密度 $D_{测量}$=3.64(2) g/cm^3，$D_{计算}$=3.92 g/cm^3。

［光学性质］ 在透射光下为很浅的蓝色。二轴负晶。折光率 α=1.604(4)，β=≈1.638，γ=1.638(3)。光轴角 $2V_{测量}$很小。多色性：中等，X=很浅的蓝色；Y=Z=绿蓝色；吸收性：$Z \approx Y \gg X$。

［化学成分］ 理想化学式为 $Y_4Cu(CO_3)_4Cl(OH)_5 \cdot 2H_2O$。澳大利亚 Paratoo 矿床产出样品的化学分析结果($w_B/\%$)如表 3-3-11 所示。

表 3-3-11 水氯碳铜钇石的化学分析结果($w_B/\%$)

产地	CO_2	Y_2O_3	La_2O_3	Pr_2O_3	Nd_2O_3	Sm_2O_3	Gd_2O_3	Tb_2O_3	Dy_2O_3
澳大利亚	19.8	42.2	0.3	0.1	1.3	1	4.8	0.4	3.7
产地	Ho_2O_3	Er_2O_3	CuO	CaO	Cl	H_2O	$-O=Cl_2$	合计	
澳大利亚	2.6	2.5	10.9	0.5	3	10.8	0.7	103.2	
	化学式								
澳大利亚	$(Y_{3.32}Gd_{0.24}Dy_{0.18}Ho_{0.11}Er_{0.12}Ca_{0.08}Nd_{0.07}Sm_{0.05}Tb_{0.02}La_{0.02})_{\Sigma 4.21}Cu_{1.22}(CO_3)_{4.00}Cl_{0.75}(OH)_{6.27} \cdot 2.20H_2O$								

2. 在中国的产出情况

目前中国尚未发现水氯碳铜钇石。

十五、水碳钙铈矿(Galgenbergite-(Ce))

1. 水碳钙铈矿的一般特征

［产地、产状及共(伴)生矿物］ 发现于奥地利施蒂里亚州 Galgenberg 铁路隧道中，产于钠长石-绿泥石片岩的小裂隙里，于方解石、菱铁矿、碳锶铈石、黄铁矿、高岭石、钠长石和绿泥石共(伴)生(Hollerer，1998；Walter et al.，2013)。

［形貌特征］ 晶体呈叶片-板状{001}，沿[010]方向延伸，可见单形{001}、{101}和{010}，最大粒径至 0.6 mm；集合体呈玫瑰花状，最大粒径至 1 mm。

［晶体结构］ 三斜晶系；$P\bar{1}$。晶胞参数为 $a=6.3916(5)$ Å，$b=6.4005(4)$ Å，$c=12.3898(9)$ Å，$\alpha=100.884(4)°$，$\beta=96.525(4)°$，$\gamma=100.492(4)°$；$Z=2$。

［主要粉晶衍射数据 d/Å(I)］ 5.052(100)，3.011(70)，3.006(66)，5.899(59)，3.900(51)，3.125(46)，2.526(42)(奥地利)。

［物理性质］ 无色-白色；条痕白色；半透明-透明；玻璃光泽。发育{001}极完全解理。参差状断口；性脆；硬度未测。密度 $D_{计算}=3.99$ g/cm³。

［光学性质］ 二轴负晶。折光率 $\alpha=1.635$，$\beta=1.725$，$\gamma=1.750$。光轴角 $2V_{计算}=53°$。

［化学成分］ 理想化学式为 $CaCe_2(CO_3)_4 \cdot H_2O$，其化学组成($w_B/\%$)为 CaO 9.70，$Ce_2O_3$ 56.74，CO_2 30.44，H_2O 3.12，合计 100.00。奥地利 Galgenberg 铁道隧道中产出样品的化学分析结果($w_B/\%$)为：CaO 9.49，Ce_2O_3 28.95，La_2O_3 11.70，Nd_2O_3 11.86，Pr_2O_3 3.48，CO_2[30.00]，H_2O[3.07]，合计 98.55。相应的化学式为 $Ca_{0.99}(Ce_{1.04}La_{0.42}Nd_{0.41}Pr_{0.12})_{\Sigma 1.99}(CO_3)_4 \cdot H_2O$。

2. 在中国的产出情况

目前中国尚未发现水碳钙铈矿。

第四章　含附加阴离子和 H_2O 的碳酸盐矿物

第一节　含中等半径阳离子的碳酸盐矿物

这类矿物共有 28 种，其中 17 种属于同一个矿物超族，即菱水碳铝镁石超族。包括红鳞铁镁石(Brugnatellite)和片碳镁石(Coalingite) 2 种超族矿物；羟碳镁石族的 6 种矿物：羟碳铁石(Caresite)、羟碳锰石(Charmarite)、氯镁铝石(Chlormagaluminite)、羟碳钴镍石(Comblainite)、羟碳镁石(Quintinit)和羟碳铝锌石(Zaccagnaite)；菱水碳铝镁石族的 9 种矿物：羟碳锰镁石(Desautelsite)、菱水碳铝镁石(Hydrotalcite)的两种多型[菱水碳铝镁石-2*H*(Hydrotalcite-2*H*)、菱水碳铝镁石-3*R*(Hydrotalcite-3*R*)]、菱水碳铁镁石(Pyroaurite)及其 3*R* 多型[菱水碳铁镁石-3*R*(Pyroaurite-3*R*)]、水碳铁镍石(Reevesite)、菱水碳铬镁石(Stichtite)及其 2*H* 单形[菱水碳铬镁石-2*H*(Stichtite-2*H*)]、水铝镍石(Takovite)。其余 11 种为未建族矿物种，包括有纤水碳镁石(Artinite)、水碳铜镁石(Callaghanite)、水氯碳镁石(Chlorartinite)、水碳铜石(Claraite)、球碳镁石(Dypingite)、水碳镁矿(Hydromagnesite)、水碳镁铝石(Indigirite)、水碳钠镍石(Kambaldaite)、羟碳镍石(Otwayite)、羟碳铝矿(Scarbroite)和威水碳镍石(Widgiemoolthalite)。

仅水碳镁石、纤水碳镁石、菱水碳铝镁石这 3 种矿物在中国有产地报道。

菱水碳铝镁石超族(Hydrotalcite supergroup)

红鳞铁镁石	Brugnatellite	$Mg_6Fe^{3+}(CO_3)(OH)_{13}\cdot 4H_2O$	六方晶系
片碳镁石	Coalingite	$Mg_{10}Fe_2^{3+}(CO_3)(OH)_{24}\cdot 2H_2O$	三方晶系

一、红鳞铁镁石(Brugnatellite)

1. 红磷铁镁石的一般特征

[产地、产状及共(伴)生矿物]　产于蛇纹岩中的一种热液蚀变矿物，与其他富镁矿物种排列在裂隙中。主要产地分布在意大利 Torre di Santa Maria、摩洛哥 Bou-Offrouh、苏格兰 Swinna Ness、挪威 Sannidal、加拿大 Bancroft、美国 Iron Hill 碳酸盐岩岩体和日本 Higashi Kurodaguchi 等地。共伴生矿物有温石棉、纤水碳镁石、水菱镁矿、鳞镁铁矿、菱镁矿、水镁石、文石等(Palache et al., 1944)。

[形貌特征]　晶体呈微小六边体或者三角鳞片{0001}，发育60°的晶面条纹；集合体呈薄层或叶片状块体，形成结核状、壳状和膜状。

[晶体结构]　六方晶系；$P6_3/mmc$。晶胞参数为 a=5.48 Å，c=16.0 Å；Z=1。

[主要粉晶衍射数据 *d*/Å(*I*)(*hkl*)]　7.93(100)(002)，3.96(90)(004)，2.00(70)(008)，2.35(60)(201)，2.63(50)(105)，1.56(40)(215)，1.53(40)(208)，1.69(30)(213)(PDF 14-365)。

[物理性质]　鲜粉色-黄色或棕白色；条痕白色；透明；珍珠光泽。发育{0001}极完全解理。摩氏硬度约为 2。密度 $D_{测量}$=2.14 g/cm^3，$D_{计算}$=2.21 g/cm^3。

[光学性质]　在透射光下无色-粉色；一轴负晶；折光率 ω=1.533~1.540，ε=1.505~1.515。多色性：ω=黄红色；ε=无色。

[化学成分]　理想化学式为 $Mg_6Fe^{3+}(CO_3)(OH)_{13}\cdot 4H_2O$，其对应的化学组成($w_B$/%)为：

Fe_2O_3 14.39，MgO 43.59，CO_2 7.93，H_2O 34.09，合计 100.00。意大利两个产地产出样品的化学组成($w_B/\%$)见表 4-1-1。

表 4-1-1 红磷铁镁石的化学组成($w_B/\%$)

产地	Fe_2O_3	MnO	MgO	H_2O	CO_2	不溶物	合计
Torre di Santa Maria	13.2	1.8	42.79	33.77	7.78	1.03	100.37
Viu	14.65	1.98	40.36	33.5	8.04	1.15	99.68

[与其他矿物种的关系] 属于菱水碳铝镁石超族。

2. 在中国的产出情况

目前中国尚未发现红磷铁镁石。

二、片碳镁石(Coalingite)

1. 片碳镁石的一般特征

[产地、产状及共(伴)生矿物] 发现于美国加利福尼亚州 Coalinga 附近，由蛇纹岩表面风化带中富铁水镁石演化而来(美国)；在加拿大 Muskox 侵入岩体中，产于层状超基性杂岩的蛇纹岩中的细脉里；还产于美国 Rockville 和 Cedar Hill 采石场、苏格兰 Hagdale、意大利 Montjovet、俄罗斯 Lower Tagil 地块、日本 Mashiki 和澳大利亚 Woodsreef 等地。在美国 Coalinga，其共(伴)生矿物有利蛇纹石、叶蛇纹石、温石棉、菱水碳铝镁石-菱水碳铁镁石、纤菱镁矿、水菱镁矿、水镁石、磁铁矿、铬铁矿、绿榴石和方解石(Mumpton et al., 1965；Jambor，1969；Pastor-Rodriguez，et al.，1971)。

[形貌特征] 呈不规则片晶，最大粒径至 0.2 mm；也可为等轴颗粒，与菱水碳铝镁石-菱水碳铁镁石或水镁石共生，最大粒径至 5 mm。常见双晶{0001}。

[晶体结构] 三方晶系；$R\bar{3}m$。晶胞参数为 a=3.12 Å，c=37.4 Å；Z=0.5。

[主要粉晶衍射数据 d/Å(I)(hkl)] 2.34(100)(018)，4.20(80)(009)，6.05(50)(006)，1.558(50)(00<u>24</u>)，13.4(40)(003)，2.67(30)(012)，1.884(30)(01<u>14</u>)，1.767(30)(10<u>16</u>)(PDF 26-1217)。

[物理性质] 深红棕色、棕色、稻黄色；半透明；树脂光泽。{0001}极完全解理；另一组与之呈 45°夹角。摩氏硬度 1~2。密度 $D_{测量}$=2.320 g/cm^3，$D_{计算}$=2.260 g/cm^3。

[光学性质] 在透射镜下为金黄棕色；一轴负晶，或为异常二轴晶。折光率 ω=1.588~1.606、1.620~1.634，ε=1.560~1.575、1.585~1.590。光轴角 $2V_{测量}$=5°~20°。多色性：显著，O=金黄棕色、深棕色；E=无色；$O>E$。

[化学成分] 理想化学式为 $Mg_{10}Fe_2^{3+}(CO_3)(OH)_{24}\cdot 2H_2O$。对应的化学组成($w_B/\%$)为：$Fe_2O_3$ 12.58，MgO 55.31，CO_2 5.43，H_2O_2 6.68，合计 100.00。典型产地产出样品的化学组成见表 4-1-2。

表 4-1-2 片碳镁石的化学组成($w_B/\%$)

产地	SiO_2	Fe_2O_3	FeO	MnO	MgO	CaO	H_2O^+	CO_2	合计
美国 Coalinga	1.7	18.3	n.d.		46.1	0.5	28.8	4.8	100.2
美国 Coalinga	4.82	16.97	0.05		46.43	0.38	27.53	3.87	100.05
加拿大 Muskox		20.9	0.7	1.0	42.9		32.0	1.6	99.1

产地	化学式
美国 Coalinga	$Mg_{10.08}Fe^{3+}_{2.08}C_{0.92}H_{27.85}O_{29}$
美国 Coalinga	$Mg_{10.16}Fe^{3+}_{2.06}C_{0.81}H_{28.28}O_{29}$
加拿大 Muskox	$Mg_{9.4}Mn_{0.2}Fe^{2+}_{0.1}Fe^{3+}_{2.3}(CO_3)_{0.32}(OH)_{25.66}\cdot 2.88H_2O$

［与其他矿物种的关系］ 属于菱水碳铝镁石超族。

2. 在中国的产出情况

目前中国尚未发现片碳镁石。

菱水碳铝镁石超族-羟碳镁石族(Quintinite group)

羟碳铁石	Caresite	$(Fe^{2+})_4Al_2(OH)_{12}(CO_3)\cdot 3H_2O$	三方晶系
羟碳锰石	Charmarite	$Mn_4Al_2(OH)_{12}(CO_3)\cdot 3H_2O$	六方晶系
氯镁铝石	Chlormagaluminite	$Mg_4Al_2(OH)_{12}Cl_2(H_2O)_2$	六方晶系
羟碳钴镍石	Comblainite	$Ni_6Co_2^{3+}(CO_3)(OH)_{16}\cdot 4H_2O$	三方晶系
羟碳镁石	Quintinite	$Mg_4Al_2(OH)_{12}(CO_3)\cdot 3H_2O$	六方/三方晶系
羟碳铝锌石	Zaccagnaite	$Zn_4Al_2(OH)_{12}(CO_3)\cdot 3H_2O$	六方/三方晶系

三、羟碳铁石(Caresite)

1. 羟碳铁石的一般特征

［产地、产状及共(伴)生矿物］ 产于碱性岩体，如霞石正长岩的小晶洞中等。在加拿大魁北克省 Mont Saint-Hilaire、Poudrette 采石场和蒙特利尔的 Corporation 采石场都有发现。共(伴)生矿物有微斜长石、方沸石、钠沸石、方解石、蛭石或蒙脱石族矿物、鲕绿泥石和霓石(Poudrette 采石场)；方沸石、微斜长石、钠沸石、四方钠沸石、霓石、菱铁矿、黑云母、锐铁矿、赤铁矿、诺三水铝石、丝钠铝石、磁绿泥石、基性异性石、锆石、萤石和黄铁矿共生(Corporation 采石场)(Chao G Y et al., 1997; Mills et al., 2012)。

［形貌特征］ 晶体呈薄片-板状{0001}，可见单形{0001}和{1010}；或呈锥状，最大粒径至 0.5 mm；集合体呈不规则状或玫瑰花状。

［晶体结构］ 三方晶系；$P3_112$，$P3_222$。晶胞参数为 $a=10.805$ Å，$c=22.48$ Å；$Z=6$。

［主要粉晶衍射数据 d/Å(I)(hkl)］ 7.49(100)(003)，3.746(50)(006)，2.314(50)(225)，2.625(40)(222)，1.948(40)(228)，1.526(20)(603)，1.558(15)(600)，1.729(10)(22 10)(PDF 51-1527)。

［物理性质］ 黄色-褐色，偶尔无色-淡蓝色；条痕白色；透明；玻璃光泽。发育(001)极完全解理；不平坦状断口。摩氏硬度 $H=2$。密度 $D_{测量}=2.59(1)$ g/cm^3，$D_{计算}=2.59$ g/cm^3。

［光学性质］ 一轴负晶。折光率 $\omega=1.599(1)$，$\varepsilon=1.570(1)$。光轴角 2V 未测。具多色性。

［化学成分］ 理想化学式为$(Fe^{2+})_4Al_2(OH)_{12}(CO_3)\cdot 3H_2O$。加拿大 Mont Saint-Hilaire 产出样品的化学组成(w_B/%)为：MgO 0.85，FeO 44.92，MnO 1.00，Al_2O_3 17.05，CO_2 7.31，H_2O 26.84，F 0.17，-O=F 0.07，合计 98.07。

［与其他矿物种的关系］ 属于菱水碳铝镁石超族-羟碳镁石族。

［微化反应］ 溶于 1∶1 的盐酸，遇 1∶1 硝酸和硫酸反应起泡。

2. 在中国的产出情况

目前中国尚未发现羟碳铁石。

四、羟碳锰石(Charmarite)

1. 羟碳锰石的一般特征

［产地、产状及共(伴)生矿物］ 为产于碱性岩中的晚期热液成因矿物。该矿物有两种多型，即

羟碳锰石-2*H* 和-3*T*。均发现于加拿大 Mont Saint-Hilaire 的碱性杂岩体中，2*H* 型样品采自 Demix 和 Poudrette 采石场；3*T* 型样品主要采自 Demix 采石场。其共(伴)生矿物有方沸石、钠沸石、微斜长石、霓石、星叶石、四方钠沸石、单斜钠锆石、方解石、菱铁矿、菱锰矿、黄碳锶钠石、锰白云石和一种角闪石相(Chao G Y et al., 1997)。

[形貌特征] 晶体呈六方板状，最大粒径至0.5 mm；沿[0001]堆积成塔状集合体，1 mm 长，有时也呈由薄云母片状晶体构成的星形集合体，堆积的板状晶体沿[0001]发育平行生长纹。最常见的单形为{0001}和{$10\bar{1}0$}(2*H* 型)；晶体呈{0001}薄片状，构成柱状晶体的帽端；或呈堆积板状晶体，最常见的单形也为{0001}和{$10\bar{1}0$}(3*T* 型)。

[晶体结构] 六方晶系；$P6_322$；晶胞参数为 a=10.985(5)Å，c=15.10(2)Å；Z=4(2*H* 型)。三方晶系；$P3_112$，$P3_222$；晶胞参数为 a=10.985(3)Å，c=22.63 Å；Z=6(3*T* 型)。

[主要粉晶衍射数据 *d*/Å(*I*)(*hkl*)] 7.55(100)(003)，3.77(90)(006)，2.67(70)(222)，2.346(70)(225)，1.973(60)(228)，1.586(30)(600)，1.552(30)(603)，1.747(15)(22<u>10</u>)(PDF 51-1526；3*T* 型)。

7.53(100)(002)，3.768(60)(004)，2.578(50)(222)，2.221(40)(224)，1.856(40)(226)，1.552(40)(226)，1.585(20)(600)，2.743(10)(220)(PDF 51-1529；2*H* 型)。

[物理性质] 橘-褐色、浅褐色、浅蓝色或无色；透明；密度 $D_{测量}$=2.47(1)g/cm^3，$D_{计算}$=2.50 g/cm^3(2*H* 型)。橘褐色-浅褐色；透明；密度 $D_{测量}$=2.48(1)g/cm^3，$D_{计算}$=2.50 g/cm^3(3*T* 型)。发育(001)极完全解理；不平坦断口。摩氏硬度 *H*=2。

[光学性质] 一轴负晶；折光率 ω=1.587(1)，ε=1.547(1)；浅蓝色者显弱多色性，ω=无色，ε=浅蓝色；橘-褐色者显强多色性，ω=橘-褐色，ε=极浅的褐色(2*H* 型)。一轴负晶；折光率 ω=1.587(1)，ε 未测；多色性：ω=褐色，ε=浅褐色(3*T* 型)。

[化学成分] 理想化学式为 $Mn_4Al_2(OH)_{12}(CO_3)\cdot 3H_2O$。加拿大 Mont Saint-Hilaire 产出样品的化学组成(w_B/%)见表 4-1-3。

表 4-1-3 羟碳锰石的化学组成(w_B/%)

多型	MgO	FeO	Fe_2O_3	MnO	Al_2O_3	CO_2	H_2O	F	-O=F	合计
2*H* 型	0.10	0.58		47.07	17.21	7.30	26.70	0.1	0.04	99.02
3*T* 型			0.26	46.53	16.49	7.20	26.54			97.02

[与其他矿物种的关系] 属于菱水碳铝镁石超族-羟碳镁石族。

[微化反应] 接触 1∶1 盐酸和硝酸冒泡，溶解于 1∶1 硫酸并起泡。

2. 在中国的产出情况

目前中国尚未发现羟碳锰石。

五、氯镁铝石(Chlormagaluminite)

1. 氯镁铝石的一般特征

[产地、产状及共(伴)生矿物] 包含在火山筒内的铁矿石矽卡岩中。发现于俄罗斯西伯利亚南部 Kapaevskaya 火山筒。共(伴)生矿物有磁铁矿、镁质绿泥石(Kashaev et al., 1982；Feoktistov et al., 1978)。

[形貌特征] 六方双锥晶体，呈集合体，大于1 mm。

[晶体结构] 六方晶系；$P6_3/mcm$，$P6_3cm$ 或 $P\bar{6}c2$。晶胞参数为 a=5.29 Å，c=15.46 Å；Z=1。

[主要粉晶衍射数据 *d*/Å(*I*)(*hkl*)] 7.67(100)(002)，1.839(100)(116)，2.34(90)(113)，2.17(90)(114)，1.526(90)(300)，1.496(90)(302)，3.86(80)(004)，2.60(80)(111)(PDF 38-446)。

［物理性质］ 无色-黄棕色；半透明。解理面为玻璃-珍珠光泽。发育{0001}极完全解理。硬度很软。密度 $D_{测量}=2.035\ g/cm^3$，$D_{计算}=2.06\ g/cm^3$。

［光学性质］ 在透射光下为无色；一轴正晶。折光率 $\omega=1.540(3)$，$\varepsilon=1.560(3)$。

［化学成分］ 理想化学式为 $Mg_4Al_2(OH)_{12}Cl_2(H_2O)_2$。俄罗斯 Kapaevskaya 火山筒中产出样品的化学组成见表 4-1-4。

表 4-1-4　氯镁铝石的化学组成($w_B/\%$)

产地	TiO_2	Al_2O_3	Fe_2O_3	FeO	MnO	MgO	Na_2O	Cl	H_2O^+	H_2O^-	CO_2	$-O=Cl_2$	合计
俄罗斯	0.20	21.20	1.15	4.10	0.05	30.84	0.36	11.31	27.19	5.20	1.10	2.55	100.20

［与其他矿物种的关系］ 属于菱水碳铝镁石超族-羟碳镁石族。

2. 在中国的产出情况

目前中国尚未发现氯镁铝石。

六、羟碳钴镍石(Comblainite)

1. 羟碳钴镍石的一般特征

［产地、产状及共(伴)生矿物］ 为铀矿床氧化带镍和钴硫化物矿物的蚀变产物。发现于刚果省 Shinkolobwe。共(伴)生矿物有沥青铀矿、变镁磷铀云母、硅钙铀矿、深黄铀矿、板铅铀矿、纤碳铀矿和水钴矿(Piret et al., 1980)。

［形貌特征］ 呈隐晶质结壳。

［晶体结构］ 三方晶系；$R\bar{3}m$，$R3m$，$R32$，$R\bar{3}$ 或 $R3$。晶胞参数为 $a=3.038$ Å，$c=22.79$ Å；$Z=3/8$。

［主要粉晶衍射数据 d/Å(I)(hkl)］ 7.64(100)(003)，2.567(70)(012)，3.808(50)(006)，2.278(50)(015)，1.934(40)(018)，1.489(30)(113)，1.519(20)(110)，2.606(5)(101)(PDF 33-429)。

［物理性质］ 绿松石蓝色；半透明。摩氏硬度约为 2。密度 $D_{测量}=3.05(2)\ g/cm^3$，$D_{计算}=3.16\sim3.31\ g/cm^3$。

［光学性质］ 在透射光下为黄绿色；一轴负晶。折光率 $\omega=1.690(2)(\omega')$，$\varepsilon=1.684(2)(\varepsilon')$。

［化学成分］ 理想化学式为 $Ni_6Co_2^{3+}(CO_3)(OH)_{16}\cdot 4H_2O$。刚果 Shinkolobwe 产出样品的化学组成见表 4-1-5。

表 4-1-5　羟碳钴镍石的化学组成($w_B/\%$)

UO_3	Co_2O_3	NiO	MgO	$H_2O^++CO_2$	H_2O^-	H_2O	P_2O_5	合计	化学式
4.24	20.8	39.3	0.30	21.29	11.59	[1.07]	[1.05]	99.64	$Ni^{2+}_{6.10}Co^{3+}_{2.90}(CO_3)_{1.32}(OH)_{18.27}\cdot 6.7H_2O$
5.2	20.2	38.4	[0.37]	20.96	8.69	[1.31]	[1.29]	96.42	$Ni^{2+}_{6.11}Co^{3+}_{2.89}(CO_3)_{1.02}(OH)_{18.84}\cdot 9.92H_2O$

［与其他矿物种的关系］ 属于菱水碳铝镁石超族-菱水碳铝镁石族

2. 在中国的产出情况

目前中国尚未发现羟碳钴镍石。

七、羟碳镁石(Quintinite)

1. 羟碳镁石的一般特征

［产地、产状及共(伴)生矿物］ 为产于霞石正长岩伟晶岩晶洞中的晚期热液成因矿物。该矿物有两种多型，即羟碳镁石-2*H* 和羟碳镁石-3*T*。羟碳镁石-2*H* 发现于巴西 Jacupiranga 矿区白云石质碳酸盐岩中，与白云石、磁铁矿、氟磷灰石、金云母、黄铁矿、方解石、黄铜矿和磁黄铁矿共生；羟碳

镁石-3T发现于加拿大Mont Saint-Hilaire的碱性杂岩体中，与方沸石、钠沸石、四方钠沸石、霓石、方解石、菱铁矿、萤石、黄铁矿、黑云母、碳钇锶石和碳锶铈石共生(Chao G Y et al.，1997)。

［形貌特征］ 2H型晶体呈等轴粒状，最大粒径至0.5 mm；或呈柱状晶体，长3 mm。3T型晶体呈六方板状{0001}，可见单形{0001}和{1010}，最大粒径至1 mm；集合体常呈玫瑰花状。

［晶体结构］ 六方晶系；$P6_322$；晶胞参数为a=10.571(1)Å，c=15.139(7)Å；Z=6(2H型)。三方晶系，$P3_112$，$P3_222$；晶胞参数为a=10.558(2)Å，c=22.71(3)Å；Z=6(3T型)。

［主要粉晶衍射数据 d/Å(I)(hkl)］ 7.57(100)(003)，3.778(90)(006)，2.57(40)(222)，2.281(40)(225)，1.932(40)(228)，1.524(20)(600)，1.493(20)(603)，1.721(10)($2\bar{2}10$)(PDF 51-1525)。

［物理性质］ 深橘红色-橘色-浅棕色(2H型)，明黄色-浅黄色(3T型)；透明；玻璃光泽。发育(001)极完全解理；不平坦状断口。摩氏硬度H=2。密度$D_{测量}$=2.14(1)g/cm^3，$D_{计算}$=2.15 g/cm^3(2H型)，$D_{计算}$=2.14 g/cm^3(3T型)。

［光学性质］ 一轴正晶(2H型)；一轴正晶或负晶(3T型)。折光率ω=1.533(1)，ε=1.533(1)。光轴角2V未测。2H型具多色性：ω=黄色，ε=浅黄色；3T型无多色性。

［化学成分］ 理想化学式为$Mg_4Al_2(OH)_{12}(CO_3)\cdot H_2O$。典型产地产出样品的化学组成见表4-1-6。

表4-1-6 羟碳镁石的化学组成(w_B/%)

产地/成分	MgO	FeO	Fe_2O_3	Al_2O_3	CO_2	H_2O	合计
巴西Jacupiranga(2H型)	33.19	0.74	1.15	20.52	9.17	33.80	98.57
加拿大Mont Saint-Hilaire(3T型)	34.08	0.29	0.80	21.14	9.35	34.43	100.09

［与其他矿物种的关系］ 属于菱水碳铝镁石超族-羟碳镁石族。

［微化反应］ 羟碳镁石-2H与1∶1盐酸、1∶1硝酸和1∶1硫酸均反应起泡，但反应程度依次增强。羟碳镁石-3T可以被1∶1盐酸轻微侵蚀，被1∶1硝酸强烈侵蚀，溶于1∶1硫酸。

2. 在中国的产出情况

目前中国上未发现羟碳镁石。

八、羟碳铝锌石(Zaccagnaite)

1. 羟碳铝锌石的一般特征

［产地、产状及共(伴)生矿物］ 产于大理岩方解石脉晶洞中，为闪锌矿被富铝热液流体蚀变的产物。发现于意大利Apuan Alps的Carrara盆地Calagio大理石采石场(2H型)和西班牙El Soplao洞穴内的含铝富锌铁锰质沉积中(3R型)。共(伴)生矿物有水锌矿和羟硅锌石(Merlino et al.，2001；Mills et al.，2012；Rafael et al.，2012)。

［形貌特征］ 晶体呈细小的六方形，延向平行[001]，长0.2 mm、厚0.02~0.03 mm。

［晶体结构］ 六方晶系；$P6_3/mmc$($P6_3mc$，$P\bar{6}2c$)；晶胞参数为a=3.0725(3)Å，c=15.114(4)Å(2H型)。三方晶系；$R\bar{3}m$；晶胞参数(Å)为a=3.06616(1)Å，c=22.6164(1)Å；Z=3(3R型)。

［主要粉晶衍射数据 d/Å(I)(hkl)］ 7.51(vs)(002)，3.794(m)(004)，1.542(ms)(108)，1.539(ms)(110)(2H型)。

［物理性质］ 白色；条痕白色；透明-半透明；亚玻璃光泽。因矿物表面常覆盖锌铝蛇纹石外壳而呈特特殊的螺旋状。发育(001)极完全解理(2H型)。半透明；白色-浅黄色；白色条痕；金刚光泽；发育一组极完全解理(3R型)。密度$D_{计算}$=2.82 g/cm^3。紫外光(360~370nm)照射下发蓝-黄色荧光(3R型)。

［光学性质］ 由于矿物粒度太小，未测(2*H*型)。一轴负晶；呈现高干涉色(3*R*型)。

［化学成分］ 理想化学式为$Zn_4Al_2(OH)_{12}(CO_3)\cdot 3H_2O$。意大利产地产出样品的电子探针分析结果($w_B/\%$)为：CuO 0.24。ZnO 56.01。$Al_2O_3$ 18.44。SiO_2 0.09。合计74.78，其中SiO_2为矿物外壳成分。西班牙产出样品的电子探针分析结果($w_B/\%$)为：ZnO 46.18，FeO 0.29，MgO 0.54，MnO 0.54，Al_2O_3 18.56，H_2O 26.00，CO_2 8.01；相应的化学式为$(Zn_{0.6}Al_{0.4})(OH)_2(CO_3)_{0.2}\cdot 0.5H_2O$。

［与其他矿物种的关系］ 属于菱水碳铝镁石超族-菱水碳铝镁石族。

2. 在中国的产出情况

目前中国尚未发现羟碳铝锌石。

菱水碳铝镁石超族-菱水碳铝镁石族(Hydrotalcite group)

菱水碳铝镁石族的化学通式为$M_6R_2^{3+}Z(OH)_{16}\cdot 4H_2O$，其中$M$=Mg、Fe、Ni，$R^{3+}$=Al、Cr、Co或Fe，$Z=CO_3$、Cl。

羟碳锰镁石	Desautelsite	$Mg_6(Mn^{3+})_2(CO_3)(OH)_{16}\cdot 4H_2O$	三方晶系
菱水碳铝镁石	Hydrotalcite	$Mg_6Al_2(CO_3)(OH)_{16}\cdot 4H_2O$	三方晶系
菱水碳铁镁石	Pyroaurite	$Mg_6Fe_2^{3+}(CO_3)(OH)_{16}\cdot 4H_2O$	三方晶系
水碳铁镍石	Reevesite	$Ni_6Fe_2^{3+}(CO_3)(OH)_{16}\cdot 4H_2O$	三方晶系
菱水碳铬镁石	Stichtite	$Mg_6Cr_2(CO_3)(OH)_{16}\cdot 4H_2O$	三方晶系
水铝镍石	Takovite	$Ni_6Al_2(CO_3)(OH)_{16}\cdot 4H_2O$	三方晶系

九、羟碳锰镁石(Desautelsite)

1. 羟碳锰镁石的一般特征

［产地、产状及共(伴)生矿物］ 发现于美国加利福尼亚州，与其他次生含镁矿物一起大量产在蛇纹岩角砾岩的裂隙中，是最晚形成的矿物；也产于日本 Shiraki 的沉积岩裂隙内的超基性岩中；美国宾夕法尼亚州 Cedar Hill 也有发现。共(伴)生矿物有水镁石、纤水碳镁石(美国)；文石、菱水碳铝镁石、菱锰矿和锰的氧化物矿物(日本)(Dunn et al., 1979; Inaba et al., 1983)。

［形貌特征］ 晶体呈六方晶屑，片状{0001}、{0001}和{$10\bar{1}0$}，最大粒径至0.2 mm；少量呈孤立的晶体，常见于微晶晶洞中；或呈块状薄膜。发育双晶，旋转轴为[0001]。

［晶体结构］ 三方晶系；$R\bar{3}m$或者$R3m$。晶胞参数为a=3.114(1)Å，c=23.39(2)Å；Z=3/8。

［主要粉晶衍射数据 ***d*/Å(*I*)(*hkl*)**］ 7.76(100)(003)，3.88(60)(006)，2.332(60)(015)，1.981(60)(018)，2.622(50)(012)，1.527(30)(113)，1.768(20)(10 10)，1.67(20)(01 11)(PDF 33-869)。

［物理性质］ 亮橘色；条痕浅橘黄色；半透明。发育{0001}极完全解理。摩氏硬度约为2。密度$D_{测量}$=2.13(2) g/cm³，$D_{计算}$=2.10 g/cm³。

［光学性质］ 一轴负晶。折光率ω=1.569(3)，ε=1.547(3)。多色性：强；ω=深橘红色；ε=浅橘红色。

［化学成分］ 理想化学式为$Mg_6(Mn^{3+})_2(CO_3)(OH)_{16}\cdot 4H_2O$，对应的化学组成($w_B/\%$)为：$Mn_2O_3$ 23.92，MgO 36.65，H_2O+CO_2 39.43，合计100.00。美国 Cedar Hill 采石场和日本 Shiraki 产出样品的化学组成见表4-1-7。

［与其他矿物种的关系］ 属于菱水碳铝镁石超族-菱水碳铝镁石族；与菱水碳铁镁石呈类质同象。

2. 在中国的产出情况

目前中国尚未发现羟碳锰镁石。

表 4-1-7　羟碳锰镁石的化学组成(w_B/%)

产地	Al_2O_3	Fe_2O_3	Mn_2O_3	MgO	CaO	H_2O+CO_2	合计
美国		痕量	23.04	35.88		[41.08]	100.00
日本	0.71	0.05	23.6	36.39	0.21	38.15	99.11

十、菱水碳铝镁石(Hydrotalcite)

1. 菱水碳铝镁石的一般特征

[产地、产状及共(伴)生矿物] 属于蛇纹岩中的一种次生矿物。主要产地分布在挪威 Snarum、意大利 Tonezza、捷克 Věžná、奥地利 Goles、加拿大 Kilmar 矿区、美国 Amity 附近和俄罗斯 Vuoriyarvi 碳酸盐岩杂岩体中的 Kovdor 等地。共(伴)生矿物有蛇纹石和白云石(Palache et al., 1944; Allmann et al., 1969)。

[形貌特征] 晶体呈典型的半球状，可见单形{0001}；或呈薄片-纤维状，少见自形棱柱状，最大粒径至 4mm；常呈叶片状，块状。

[晶体结构] 三方晶系；$R\bar{3}m$。晶胞参数为 a=6.151 Å，c=46.5 Å；Z=3。

[主要粉晶衍射数据 *d*/Å(*I*)(*hkl*)] 7.844(100)(006)，3.914(80)(018)，16.116(55)(003)，2.608(30)(024)，1.862(15)(21$\bar{1}$0)，2.023(12)(211)，1.576(12)($\bar{1}0\bar{2}$8)，4.341(10)(---)(PDF 41-1428)。

[物理性质] 白色，带棕色调；条痕白色；透明；绸缎-油脂-蜡状光泽。发育{0001}极完全解理。摩氏硬度 H=2。密度 $D_{测量}$=2.04 g/cm^3，$D_{计算}$=2.11 g/cm^3。有油腻感；易弯曲，没有弹性。

[光学性质] 在透射光下无色。一轴负晶，因受应力可能变为二轴晶。折光率 ω=1.510~1.518，ε=1.494~1.504。光轴角 $2V_{测量}$小。

[化学成分] 理想化学式为 $Mg_6Al_2(CO_3)(OH)_{16}\cdot 4H_2O$，其对应的化学组成($w_B$/%)为：MgO 40.04，$Al_2O_3$ 16.88，CO_2 7.29，H_2O 35.79，合计 100.00。挪威 Snarum 产出样品的化学组成(w_B/%)为：Al_2O_3 14.42，MgO 39.52，Fe_2O_3 2.44，CO_2 7.33，H_2O 36.28，不溶物 0.56，合计 100.55。

[与其他矿物种的关系] 属于菱水碳铝镁石超族-菱水碳铝镁石族。

2. 在中国的产出情况

产地分布于吉林省集安石棉矿床、陕西省汉中大安镇的金矿床和四川省雅安石棉矿床中。

十一、菱水碳铝镁石-2*H*(Hydrotalcite-2*H*)

1. 菱水碳铝镁石-2*H* 的一般特征

[产地、产状及共(伴)生矿物] 产自超基性岩石中的一种次要矿物。分布在挪威、俄罗斯、美国、加拿大和巴西等地、共伴生矿物有水滑石、蛇纹石和白云石等(Palache et al., 1944; Kapustin, 1971; Taylor, 1973; Mills et al., 2012)。

[形貌特征] 晶体呈六方柱状或六方双锥体，可见单形{0001}，最大粒径至 2 cm；集合体常为叶状块体，与水滑石共生。发育双晶，双晶面{0001}，双晶轴[0001]。

[晶体结构] 六方晶系；晶胞参数为 a=6.12 Å，c=15.324 Å；Z=1。

[主要粉晶衍射数据 *d*/Å(*I*)(*hkl*)] 7.67(100)(002)，1.84(60)(206)，2.60(50)(201)，2.34(40)(203)，2.17(40)(204)，2.00(40)(210)，2.49(30)(202)，1.525(30)(220)(PDF 14-525)。

[物理性质] 白色、浅蓝色-天蓝色、浅灰色、浅黄色、浅棕色、浅橘黄色-深红橘色，可呈色带；透明；解理面为蜡状-珍珠光泽。发育{0001}极完全解理。摩氏硬度 H=2。密度 $D_{测量}$=

2.05 g/cm³，$D_{计算}$ = 1.961 g/cm³。

［光学性质］ 在透射光下无色。一轴负晶，因受应力可能变为二轴晶。折光率 ω = 1.524(3)，ε = 1.510(3)。光轴角 $2V_{测量}$小。

［化学成分］ 理想化学式为 $Mg_6Al_2(CO_3)(OH)_{16} \cdot 4H_2O$，其对应的化学组成（$w_B$/%）为：MgO 40.04，$Al_2O_3$ 16.88，CO_2 7.29，H_2O 35.79，合计 100.00。挪威 Snarum 产出样品的化学组成（w_B/%）为：Al_2O_3 16.59，MgO 39.38，Fe_2O_3 0.21，CO_2 7.48，H_2O 36.34，合计 100.00。

［与其他矿物种的关系］ 属于菱水碳铝镁石超族-菱水碳铝镁石族。该矿物原命名为 Manasseite（水碳铝镁石），2012 年确定其为菱水碳铝镁石的 2*H* 多型（hydrotalcite-2*H*），Manasseite 作为种名被废弃。

2. 在中国的产出情况

目前中国尚未发现菱水碳铝镁石-2*H*。

十二、菱水碳铁镁石-2*H*（Pyroaurite-2*H*）

1. 菱水碳铁镁石-2*H* 的一般特征

［产地、产状及共（伴）生矿物］ 产于变质铁锰矿体内低温热液脉中（瑞典 Långban）；也产于蛇纹石化纯橄榄岩脉中（哈萨克斯坦 Zlatogor 侵入岩体）；也形成于变质层状锌矿体脉中（美国 Sterling Hill）；此外还产在俄罗斯科拉半岛 Phlogopite 矿床中。共（伴）生矿物有鳞镁铁矿、方解石（瑞典）；镁白孔雀石、菱镁矿（哈萨克斯坦）；鳞镁铁矿、硅锌矿、绿砷锌锰石、重晶石和闪锌矿（美国）等（Palache et al.，1951；Mumpton et al.，1965；Allmann et al.，1966；Ingram et al.，1967；Ivanov et al.，1986；Mills et al.，2012）。

［形貌特征］ 晶体呈宽底板状，被粗糙锥体和柱面包围的，常与菱水碳铁镁石连生。

［晶体结构］ 六方晶系；$P6_3/mmc$。晶胞参数为 a = 3.113(3) Å，c = 15.61(1) Å；Z = 1/4。

［主要粉晶衍射数据 d/Å(I)］ 7.78(10)，3.90(6)，2.54(5)，2.21(5)，1.87(5)，2.65(4)，2.39(3)（样品产自瑞典）。

［物理性质］ 奶油白色、浅黄色、橘黄色、浅棕色、几乎无色；透明-几乎不透明；蜡状-玻璃光泽，在解理面上为珍珠光泽。发育{0001}极完全解理。薄片易弯曲，无弹性。摩氏硬度 H = 2.5。密度 $D_{测量}$ = 2.11(3) g/cm³，$D_{计算}$ = 2.11 g/cm³。

［光学性质］ 在透射光下无色，一轴负晶。折光率 ω = 1.573(3)，ε = 1.550(3)。多色性：ω = 浅黄色-棕色；ε = 无色。

［化学成分］ 理想化学式为 $Mg_6Fe^{3+}_2(CO_3)(OH)_{16} \cdot 4H_2O$，其对应的化学组成（$w_B$/%）为：MgO 36.55，$Fe_2O_3$ 24.13，CO_2 6.65，H_2O 32.67，合计 100.00。瑞典 Långban 和哈萨克斯坦 Zlatogor 侵入岩产出样品的化学组成（w_B/%）如表 4-1-8 所示。

表 4-1-8 菱水碳铁镁石-2*H* 的化学组成（w_B/%）

产地/成分	SiO_2	Al_2O_3	Fe_2O_3	FeO	MnO	MgO	H_2O	CO_2	烧失量	合计
瑞典	0.41	0.11	23.19	0.10	0.28	35.44	33.62	7.01		100.16
哈萨克斯坦			24.3~26.5			35.9~43.1			40.6	

［与其他矿物种的关系］ 属于菱水碳铝镁石超族-菱水碳铝镁石族；与菱水碳铝镁石、菱水碳铬镁石、羟碳锰镁石呈类质同象并成固溶体系列。该矿物是 1940 年在瑞典 Långban 矿床发现的矿物种，最初根据瑞典斯德哥尔摩大学矿物学教授 Stens Anders Hjalmar Sjögren（1856—1922）的姓氏命名为 sjögrenite。但后续的研究表明它只是有效矿物种 pyroaurite（菱水碳铁镁石）的一种多型，而并非独立的有效矿物种（Mills et al.，2012）。目前 sjögrenite 为废弃的矿物种名。

2. 在中国的产出情况

目前中国尚未发现菱水碳铁镁石-2*H*。

十三、菱水碳铁镁石（Pyroaurite-3*R*）

1. 菱水碳铁镁石的一般特征

［产地、产状及共（伴）生矿物］ 产在热液脉中的一种低温矿物；或者产在蛇纹岩和蛇绿岩中；也是一种原生的风化产物。分布在瑞典 Långban 和 Nordmark、意大利 Val Malenco、奥地利 Kraubath、苏格兰 Leslie、俄罗斯 Vozhmin 地块、日本 Yoshikawa、加拿大 Kilmar、美国 Sterling Hill、南非 Phalaborwa 等地。共（伴）生矿物有菱水碳铁镁石-2*H*、方解石、菱镁矿、文石、水菱镁矿、纤菱镁矿、白云石、水镁石、斜方辉石、橄榄石、滑石、金云母和尖晶石（Palache et al.，1944；Mumpton et al.，1965；Ingram et al.，1967；Allmann，1968）。

［形貌特征］ 晶体呈厚-薄板状{0001}，常与菱水碳铁镁石-2*H* 平行连生；集合体呈纤维束状。

［晶体结构］ 三方晶系；$R\bar{3}m$；即菱水碳铁镁石-3*R* 多型。晶胞参数为 $a=3.1094(2)$ Å，$c=23.4117(9)$ Å；$Z=3$。

［主要粉晶衍射数据 *d*/Å（*I*）（*hkl*）］ 7.77（100）（006），3.89（80）（00$\underline{12}$），2.62（50）（024），2.33（50）（02$\underline{10}$），1.97（50）（10$\underline{22}$），1.550（20）（223），1.52（20）（226），1.76（10）（20$\underline{20}$），1.66（10）（11$\underline{24}$）（PDF 25-521）。

［物理性质］ 浅黄色、浅棕色、绿色；透明；蜡状-玻璃光泽，或为珍珠光泽。发育{0001}极完全解理。薄片易弯曲，没有弹性。摩氏硬度 $H=2.5$。密度 $D_{测量}=2.12$ g/cm^3，$D_{计算}=2.102$ g/cm^3。

［光学性质］ 在透射光下无色；一轴负晶，因受应力或成二轴晶。折光率 $\omega=1.564(3)$，$\varepsilon=1.543(3)$。光轴角 $2V_{测量}$小。多色性：ω=浅黄色、棕色、粉色，ε=无色。

［化学成分］ 理想化学式为 $Mg_6Fe_2^{3+}(CO_3)(OH)_{16}\cdot 4H_2O$，其对应的化学组成（$w_B$/%）为：MgO 36.55，$Fe_2O_3$ 24.13，CO_2 6.65，H_2O 32.67，合计 100.00。瑞典 Långban 产出样品的化学组成（w_B/%）如见表 4-1-9。

表 4-1-9 菱水碳铁镁石-3*R* 的化学组成（w_B/%）

产地	SiO_2	Al_2O_3	Fe_2O_3	FeO	MnO	MgO	H_2O^+	CO_2	合计
瑞典	0.41	0.11	23.19	0.10	0.28	35.44	33.62	7.01	100.16

［与其他矿物种的关系］ 属于菱水碳铝镁石超族-菱水碳铝镁石族；与菱水碳铝镁石、菱水碳铬镁石和羟碳锰镁石呈类质同象并与之成固溶体系列。

2. 在中国的产出情况

目前中国尚未发现菱水碳铁镁石。

十四、水碳铁镍石（Reevesite）

1. 水碳铁镍石的一般特征

［产地、产状及共（伴）生矿物］ 是产于高度风化的铁镍陨石中的一种蚀变矿物，如在 Wolf Creek 陨石中；或由石英岩和超基性岩接触带的镍矿石中的紫硫镍矿蚀变而成，如在南非 Bon Accord 地区；也产于铬钙石中，如苏格兰 Hagdale 采石场还有意大利 Ca'de Ladri、美国加利福尼亚州和新墨西哥州以及亚利桑那州、澳大利亚西部 Otway 勘探区。典型产地共（伴）生矿物有针铁矿、含镍磁赤铁矿、黄钾铁矾、富镍蛇纹石、磷灰石、复铁天蓝石（Wolf Creek 陨石中）；紫硫镍矿、铁镍石、镍滑石、镍绿泥石、欧珀和石英（南非 Bon Accord）；镍铁矾、水镍铁矾和羟镍石（苏格兰 Unst）（White et al.，1967；de Waal et al.，1971；Taylor，1973）。

[形貌特征] 晶体呈六方片状，至 0.1 mm，构成细粒集合体。

[晶体结构] 三方晶系；$R\bar{3}m$。晶胞参数为 a=6.164 Å，c=45.54 Å；Z=3。

[主要粉晶衍射数据 ***d*/Å(*I*)(*hkl*)**] 7.60(100)(006)，3.80(50)($00\underline{12}$)，2.60(50)(204)，1.947(40)($20\underline{16}$)，1.541(30)(220)，1.510(30)($21\underline{20}$)，1.735(20)(306)，2.51(15)($\underline{10}16$)，2.416(15)(208)(PDF 26-1286)。

[物理性质] 明黄色、绿黄色；薄片为金黄色；半透明。硬度未测。密度 $D_{测量}$=2.87 g/cm^3，$D_{计算}$=2.78～2.87 g/cm^3。

[光学性质] 一轴负晶。折光率 ω=1.72～1.735，ε=1.63～1.65。

[化学成分] 理想化学式为 $Ni_6Fe^{3+}_2(CO_3)(OH)_{16}\cdot 4H_2O$，其对应的化学组成($w_B$/%)为：$Fe_2O_3$ 18.40，NiO 51.63，H_2O 24.90，CO_2 5.07，合计 100.00。Wolf Creek 陨石中产出样品的化学组成(w_B/%)为：Fe_2O_3 18.1，NiO 52.1；相应的化学式为$(Ni_{5.19}Fe^{2+}_{0.14})_{\Sigma 5.33}Fe^{3+}_{2.00}(CO_3)(OH)_{16}\cdot 4H_2O$；南非 Bon Accord 产出样品的化学组成(w_B/%)为：SiO_2 1.33，Fe_2O_3 20.23，CoO 0.20，NiO 46.22，MgO 0.61，相应的化学式为$(Ni_{5.56}Fe^{2+}_{0.28}Mg_{0.14}Co_{0.02})_{\Sigma 6.00}Fe^{3+}_{2.00}(CO_3)(OH)_{16}\cdot 4H_2O$。

[与其他矿物种的关系] 属于菱水碳铝镁石超族-菱水碳铝镁石族。

2. 在中国的产出情况

目前中国尚未发现水碳铁镍石。

十五、菱水碳铬镁石(Stichtite)

1. 菱水碳铬镁石的一般特征

[产地、产状及共(伴)生矿物] 是蛇纹岩中的铬铁矿蚀变的产物。主要产地分布在澳大利亚 Tasmania 的 Stichtite 山、南非 Kaapsehoop 石棉矿床、津巴布韦 Darwendale 农场、摩洛哥 Bou Offroich、苏格兰 Cunningsburgh、瑞典 Långban、俄罗斯 Tyungur、加拿大 Langmuir 镇、巴西 Campo Formosa 和印度 Keonjhar 地区。共(伴)生矿物有铬铁矿和叶蛇纹石(Palache et al.，1944；Frondel，1941；Taylor，1973；Bookin et al.，1993；Mills et al.，2011；Mills et al.，2012)。

[形貌特征] 呈纤维或板状集合体，常呈缠绕状、弯曲状；呈十字纤维脉状和云母碎片屑。

[晶体结构] 三方晶系；$R\bar{3}m$。晶胞参数为 a=6.18 Å，c=46.834 Å；Z=3。

[主要粉晶衍射数据 ***d*/Å(*I*)(*hkl*)**] 7.76(100)(006)，3.90(29)($00\underline{12}$)，2.607(9)(024)，2.323(7)($02\underline{10}$)，1.976(6)($02\underline{16}$)，1.545(3)(220)，1.516(3)(226)，2.60(1)($00\underline{18}$)(PDF 45-1475)。

[物理性质] 淡紫色-玫瑰粉色；条痕为很浅的紫色至白色；透明；蜡状-树脂光泽，或为珍珠光泽。发育{0001}极完全解理。薄片易弯曲；无弹性；有油腻感。摩氏硬度 H=1.5～2。密度 $D_{测量}$=2.16 g/cm^3，$D_{计算}$=2.11 g/cm^3。

[光学性质] 在透射光下为淡紫色-玫瑰粉色；一轴负晶，或为异常二轴晶。折光率 ω=1.545(3)，ε=1.518(3)。光轴角 $2V_{测量}$小。多色性：弱；ω=深玫瑰粉色-淡紫色；ε=亮玫瑰粉色-淡紫色。

[化学成分] 理想化学式为 $Mg_6Cr_2(CO_3)(OH)_{16}\cdot 4H_2O$，其对应的化学组成($w_B$/%)为：$Cr_2O_3$ 23.24，MgO 36.98，CO_2 6.73，H_2O 33.05，合计 100.00。澳大利亚 Dundas 产出样品的化学组成(w_B/%)为：Cr_2O_3 14.15，MgO 37.72，Fe_2O_3 4.18，Al_2O_3 2.30，CO_2 7.15，H_2O 34.14，合计 99.64。

[与其他矿物种的关系] 属于菱水碳铝镁石超族-菱水碳铝镁石族。

2. 在中国的产出情况

目前中国尚未发现菱水碳铬镁石。

十六、菱水碳铬镁石-2*H*(Stichtite-2*H*)

1. 菱水碳铬镁石的一般特征

[产地、产状及共(伴)生矿物] 是蛇纹岩中铬铁矿蚀变的产物。主要产地分布在南非 Kaapsehoop 石棉矿床、澳大利亚 Tasmania 的 Adelaide 银铅矿床和苏格兰 Shetland 岛的 Hoo Field。共(伴)生矿物有菱水碳铬镁石、铬铁矿和叶蛇纹石(Palache et al.，1944；Frondel，1941；Taylor，1973；Mills et al.，2011；Mills et al.，2012)。

［形貌特征］ 晶体呈片状{0001}；集合体常呈纤维缠绕状块体，呈十字纤维脉状。

［晶体结构］ 三方晶系，空间群未测。晶胞参数为 a=6.17 Å，c=15.52 Å；Z=1。

［主要粉晶衍射数据 d/Å(I)(hkl)］ 未测。

［物理性质］ 艳紫色-玫瑰粉色；很浅的紫色-白色条痕；透明；蜡状-珍珠光泽。{0001}极完全解理。易弯曲但无弹性；有油腻感。摩氏硬度 H=1.5~2。密度 $D_{测量}$=2.10(5) g/cm^3，$D_{计算}$=2.11 g/cm^3。

［光学性质］ 在透射光下为紫色至淡玫瑰粉色；一轴负晶，或因扭曲为异常二轴晶。折光率 ω=1.557(3)，ε=1.529(3)。光轴角 $2V_{测量}$小。多色性：弱；ω=深玫瑰粉色-淡紫色；ε=淡玫瑰粉色-紫色。

［化学成分］ 理想化学式为 $Mg_6(Cr,Al)_2(CO_3)(OH)_{16}\cdot 4H_2O$。由于样品与菱水碳铬镁石紧密混合，缺纯净菱水碳铬镁石的分析数据。

［与其他矿物种的关系］ 属于菱水碳铝镁石超族-菱水碳铝镁石族。该矿物原命名 barbertonite，后来认识到 barbertonite 只是 Stichtite 的 2H 多型，目前 barbertonite 作为矿物种名已被废弃，而仅作为 Stichtite-2H 的同义词。

2. 在中国的产出情况

目前中国尚未发现菱水碳铬镁石-2H。

十七、水铝镍石(Takovite)

1. 水铝镍石的一般特征

［产地、产状及共(伴)生矿物］ 在塞尔维亚 Takovo，产在灰岩和变质蛇纹岩接触带的铝土矿中，与三水铝矿和水铝英石共生；在澳大利亚西部 Carr Boyd Rocks 镍矿床在，是镍硫化物的蚀变产物。典型产地还有法国 Blangvette West 矿床、新喀里多尼亚的 Muco、澳大利亚西部的 Agnew 镍矿床和 Dordie North 镍矿床、美国犹他州的 Wells Canyon 和加利福尼亚州的 Alpine 矿床等地。共(伴)生矿物还有镍孔雀石，镍绿泥石、菱镍矿、副氯铜矿、镍菱镁矿，石膏(澳大利亚 Kambalda)(Maksimovíc，1957，1970；Taylor，1973；Nickel et al.，1977)。

［形貌特征］ 呈微晶，板状晶体，晶粒至 1 μm；常呈脉状和块状。

［晶体结构］ 三方晶系；$R\bar{3}m$ 或者 $R3$。晶胞参数为 a=3.025~3.028 Å，c=22.45~22.595 Å；Z=3/8。晶体结构参数(原子坐标)见表 4-1-10。

表 4-1-10 水铝镍石晶体结构参数(原子坐标)

a=3.0290 Å，b=3.0290 Å，c=22.5995 Å，α=90°，β=90°，γ=120°，$R\bar{3}m$											
原子	x	y	z	occ	$Uiso$	U(1,1)	U(2,2)	U(3,3)	U(1,2)	U(1,3)	U(2,3)
Ni	0	0	0	0.623	0.0095	0.0077	0.0077	0.0132	0.00387	0	0
Al	0	0	0	0.377	0.0095	0.0077	0.0077	0.0132	0.00387	0	0
C	1/3	2/3	0.4992	0.17	0.063	0.074	0.074	0.40	0.037	0	0
O1	1/3	2/3	0.04374		0.0160	0.0178	0.0178	0.0124	0.0089	0	0
O2	0.168	0.168	0.5	0.17	0.036	0.040	0.040	0.022	0.015	0.0006	-0.0006
H	1/3	2/3	0.0822		0.019						

注：数据引自 Mills et al.(2012)。

［主要粉晶衍射数据 d/Å(I)(hkl)］ 7.54(100)(003)，2.553(80)(012)，3.77(70)(006)，

2.268(70)(015)，1.921(60)(018)，1.513(50)(110)，1.483(50)(113)，1.404(30)(116)(PDF 15-87)；与羟碳钴镍石非常接近。

［物理性质］ 蓝绿色、黄绿色；半透明。摩氏硬度约为2。密度 $D_{测量}=2.80\ g/cm^3$，$D_{计算}=2.95\ g/cm^3$。

［光学性质］ 一轴负晶。折光率 $\omega=1.602\sim1.605$，$\varepsilon=1.594\sim1.598$。光轴角 $2V_{测量}$小。

［化学成分］ 理想化学式为 $Ni_6Al_2(CO_3)(OH)_{16}\cdot4H_2O$。对应的化学组成($w_B/\%$)为：$Al_2O_3$ 12.58，NiO 55.31，H_2O 26.68，CO_2 5.43，合计100.00。典型产地产出样品的化学组成见表4-1-11，塞尔维亚的相应化学式为$(Ni_{4.94}Fe_{0.13}Mg_{0.10}Ca_{0.02}Al_{2.81})_{\Sigma8.00}(OH)_{14.42}(CO_3)_{2.27}\cdot5.42H_2O$。

表4-1-11 水铝镍石的化学组成($w_B/\%$)

产地	SiO_2	Al_2O_3	Fe_2O_3	NiO	ZnO	MgO	CaO	Na_2O	K_2O	H_2O^+	H_2O^-	CO_2	合计
塞尔维亚 Takovo	10.17	20.16	1.78	37.24			0.47	0.46	0.09	26.60	3.48	n.d.	100.45
澳大利亚 Agnew	6.20	16.00	1.16	41.15	0.03	0.45	0.11				25.38	11.14	101.62

［与其他矿物种的关系］ 属于菱水碳铝镁石超族-菱水碳铝镁石族。

2. 在中国的产出情况

目前中国尚未发现水铝镍石。

未建族矿物

十八、纤水碳镁石(Artinite)

1. 纤水碳镁石的一般特征

［产地、产状及共(伴)生矿物］ 在风化或蚀变的超基性岩中产出的低温矿物，常见于蛇纹岩中。在全世界各地均有产出，主要产地分布在意大利Lombardy、奥地利Kraubath、保加利亚Javornica、美国加利福尼亚州、日本Nakauri和俄罗斯西伯利亚Ijim等地。共(伴)生矿物有水镁石、水菱镁矿、鳞镁铁矿、温石棉、文石、方解石、白云岩和菱镁矿(Palache et al., 1951; de Wolff, 1952; Jagodzinski, 1965; Akao et al., 1977)。

［形貌特征］ 晶体常呈针状[010]，最长至2.5 cm；形成十字纤维脉、葡萄状结壳和球状或蝶形集合体。

［晶体结构］ 单斜晶系；$C2/m$。晶胞参数为 $a=16.560$ Å，$b=3.153$ Å，$c=6.231$ Å；$\beta=99.10°$；$Z=2$。

［主要粉晶衍射数据 d/Å(I)(hkl)］ 5.3384(999)($\bar{2}01$)，2.7292(690)(310)，2.7292(690)(600)，3.6840(622)($\bar{4}01$)，2.2098(574)($\bar{5}11$)，8.1758(502)(200)，2.7399(307)(202)，1.8626(280)($\bar{7}11$)(PDF 70-591)。

［物理性质］ 白色；条痕白色；透明；玻璃光泽，集合体为丝绢光泽。发育{100}极完全、{001}完全解理。性脆；摩氏硬度 $H=2.5$。密度 $D_{测量}=2.03\ g/cm^3$，$D_{计算}=2.033\ g/cm^3$。

［光学性质］ 在透射光下无色；二轴负晶。折光率 $\alpha=1.488(1)$，$\beta=1.534(1)$，$\gamma=1.556(1)$。光轴角 $2V_{测量}=70°$。光性方位：$Y=b$；$Z\wedge c=30°$。

［化学成分］ 理想化学式为 $Mg_2(CO_3)(OH)_2\cdot3H_2O$，其对应的化学组成($w_B/\%$)为：MgO 40.98 CO_2 22.38，H_2O 36.64，合计100.00。意大利Monte Ramazzo产出样品的化学组成($w_B/\%$)为：MgO 40.97，CO_2 22.36，H_2O 36.62，合计99.95。

［与其他矿物种的关系］ 与水氯碳镁石呈类质同象。

2. 在中国的产出情况

中国报道的纤水碳镁石产地只有新疆和田市玉田县的阿其可盐湖(李秉孝，1992)。但缺乏具体的研究资料。

十九、水碳铜镁石(Callaghanite)

1. 水碳铜镁石的一般特征

[产地、产状及共(伴)生矿物] 散布于闪长岩和蛇纹石化白云岩接触带。发现于美国内华达州Gabbs地区，共(伴)生矿物有菱镁矿、白云石、蛇纹石、水镁石和镁橄榄石(Beck et al.，1954；Brunton，1973)。

[形貌特征] 呈假八面体至双锥，主要单形{111}和{$11\bar{1}$}，次要单形{122}和{$12\bar{2}$}，最大粒径至3 mm；集合体呈产于脉中的结壳或者块体。

[晶体结构] 单斜晶系；$C2/c$。晶胞参数为$a=8.24$ Å，$b=11.80$ Å，$c=10.06$ Å；$\beta=107.3°$；$Z=4$。

[主要粉晶衍射数据 d/Å(I)(hkl)] 7.45(100)(011)，6.17(100)($\bar{1}11$)，3.87(90)($\bar{2}11$)，3.18(90)(211)，2.30(70)(142)，4.80(60)(002)，3.72(60)(022)，2.67(60)($\bar{3}11$)(PDF 11-332)。

[物理性质] 天蓝色；条痕白色；透明-半透明；玻璃光泽。{111}和{$11\bar{1}$}极完全解理；不规则状断口。性脆；摩氏硬度$H=3\sim3.5$。密度$D_{测量}=2.71$ g/cm^3，$D_{计算}=2.78$ g/cm^3。

[光学性质] 二轴负晶。折光率$\alpha=1.559$，$\beta=1.653$，$\gamma=1.680$。光轴角$2V_{测量}=55°$。多色性：蓝色；$Z>Y>X$。光性方位：$Z\wedge a=18°$。色散：强；$r>v$。

[化学成分] 理想化学式为$Cu_2Mg_2(CO_3)(OH)_6\cdot2H_2O$，其对应的化学组成($w_B$/%)为：MgO 21.57，CuO 42.56，CO_2 11.77，H_2O 24.10，合计100.00。美国内华达州Gabbs产出样品的化学组成(w_B/%)为：MgO 20.86，CuO 38.27，CaO 8.89，CO_2 11.46，H_2O 20.51，合计99.99；相应的化学式为$Cu_{1.93}Mg_{2.07}(CO_3)_{0.82}(OH)_{6.36}\cdot2H_2O$。

2. 在中国的产出情况

目前中国尚未发现水碳铜镁石。

二十、水氯碳镁石(Chlorartinite)

1. 水氯碳镁石的一般特征

[产地、产状及共(伴)生矿物] 产于火山裂隙周围的升华物中。发现于俄罗斯Kamchatka半岛的Tolbachik火山岩中，共(伴)生矿物有岩盐、石膏、文石、水碳镁石(Vergasova et al.，1998)。

[形貌特征] 呈粒状集合体，颗粒最大至0.01 mm。

[晶体结构] 三方晶系；$R3c$或者$R\bar{3}c$。晶胞参数为$a=23.163(4)$ Å，$c=7.221(2)$ Å；$Z=18$。

[主要粉晶衍射数据 d/Å(I)(hkl)] 11.66(100)(110)，3.000(45)(431)，3.26(30)(122)，3.40(20)(202)，3.35(16)(241)，6.69(12)(300)，4.37(12)(410)，3.88(12)(321)(PDF 7-278)。

[物理性质] 白色；条痕白色；半透明。硬度未测。密度$D_{计算}=1.84$ g/cm^3。

[光学性质] 一轴晶。折光率$n=1.510$。

[化学成分] 理想化学式为$Mg_2(CO_3)Cl(OH)\cdot2.5H_2O$，其对应的化学组成($w_B$/%)为：MgO 37.47，$CO_2$ 20.46，Cl 16.48，H_2O 29.31，$-O=Cl_2$ 3.72，合计100.00。俄罗斯Tolbachik火山岩中产出样品的化学组成见表4-1-12。

表 4-1-12 水氯碳镁石的化学组成($w_B/\%$)

SO_3	CO_2	MgO	CaO	Na_2O	K_2O	Cl	H_2O^+	H_2O^-	不溶物	$-O=Cl_2$	合计
0.25	15.35	26.26	3.70	1.33	0.52	13.65	19.52	8.39	14.40	3.08	100.29
化学式：$(Mg_{1.82}Ca_{0.18})_{\Sigma 2.00}(CO_3)_{0.98}Cl_{1.07}(OH)_{0.98}\cdot 3.05H_2O$											

[微化反应] 在水中缓慢溶解。

2. 在中国的产出情况

目前中国尚未发现水氯碳镁石。

二十一、水碳铜石(Claraite)

1. 水碳铜石的一般特征

[产地、产状及共(伴)生矿物] 产于铜锌矿床氧化带的一种少见次要矿物。发现于德国黑森林的 Clara 矿床，与孔雀石、蓝铜矿、橄榄铜矿、重晶石、萤石和石英共生；也产于匈牙利 Rudabúnya。共(伴)生矿物有孔雀石、钙铜矾和石膏(Walenta et al., 1982; Walenta, 1999)。

[形貌特征] 晶体呈板状-假菱面体；集合体呈结壳、球体，最大粒径至 0.5 mm。

[晶体结构] 三斜晶系；$P\bar{1}$ 或 $P1$。晶胞参数为 a=14.28 Å，b=8.03 Å，c=7.27 Å；α=79.16°，β=107.90°，γ=99.68°；Z=4。

[主要粉晶衍射数据 d/Å(I)(hkl)] 13.47(100)(110)，7.84(90)(202)，3.65(80)(414)，5.17(60)(303)，2.96(60)(515)，3.24(50)(441)，2.72(40)(624)，3.42(30)(611)；产自德国。

[物理性质] 蓝绿色；半透明；玻璃光泽。{$10\bar{1}0$}极完全解理。摩氏硬度约为 2。密度 $D_{测量}$=3.35 g/cm³，$D_{计算}$=3.34 g/cm³。

[光学性质] 一轴负晶，可能微弱显二轴负晶。折光率 ω=1.751(2)，ε=1.645(2)。光轴角 2V 未测。多色性：O=浅绿色-蓝绿色；E=无色-浅绿色。色散：$r\gg v$。

[化学成分] 理想化学式为$(Cu^{2+})_3(CO_3)(OH)_4\cdot 4H_2O$。德国 Clara 矿床产出样品的电子探针分析结果($w_B/\%$)为：CuO 52.2，ZnO 8.0，MnO 1.2，CO_2 11.6，H_2O[27.0]，合计 100.00；相应的化学式为$(Cu_{2.56}Zn_{0.38}Mn_{0.06})_{\Sigma 3.00}(CO_3)_{1.03}(OH)_{3.94}\cdot 3.85H_2O$。

2. 在中国的产出情况

目前中国尚未发现水碳铜石。

二十二、球碳镁石(Dypingite)

1. 球碳镁石的一般特征

[产地、产状及共(伴)生矿物] 产在蛇纹石的表面和裂隙面，或暴露表面中；可能为转储材料的最新成分。产地主要分布在挪威 Dypingdal、苏格兰 Hagdale、奥地利 Kraubath、日本 Yoshikawa、南极洲 Vestford 山、加拿大 Rapid Creek-Big Fish River 地区、美国 Sterling 山等地。共(伴)生矿物有水滑石、菱镁矿(挪威)；水镁石、红鳞镁铁矿、鳞镁铁矿、纤菱镁矿、水菱镁矿、水碳镁石(nesquehonite)等(日本 Yoshikawa; Raade, 1970; Dunn, 1979; Suzuki et al., 1973)。

[形貌特征] 呈肾状、葡萄状、鲕粒状，或呈由放射状针状-片状晶体构成的球状集合体，粒径大至 0.5 mm。

[晶体结构] 单斜晶系；空间群未测；晶胞参数未测。

[主要粉晶衍射数据 d/Å(I)] 10.6(100)，5.86(90)，6.34(60)，2.53(50)，2.17(50)，3.16(40)，3.07(40)，2.93(40)(PDF 23-1218)。

［物理性质］ 雪白色-灰色；半透明；珍珠光泽。硬度未测。密度 $D_{计算}=2.15\ g/cm^3$。在短波和长波紫外光下发浅蓝色荧光，部分发绿色磷光。

［光学性质］ 在透射光下无色；二轴正晶或负晶。折光率 $\alpha=1.508\sim1.515$，$\beta=1.510\sim1.521$，$\gamma=1.516\sim1.522$。光轴角 $2V_{计算}=44.5°$。光性方位：沿着平行 Y 方向。

［化学成分］ 理想化学式为 $Mg_5(CO_3)_4(OH)_2\cdot5H_2O$，其对应的化学组成($w_B/\%$)为：MgO 41.49，$CO_2$ 36.25，H_2O 22.26，合计 100.00。典型产地样品的化学组成见表 4-1-13。

表 4-1-13 球碳镁石的化学组成($w_B/\%$)

产地/成分	CO_2	SiO_2	Fe_2O_3	MgO	CaO	H_2O^+	H_2O^-	H_2O	合计
挪威	36.3		0.2	38.3	<0.2			22.7	99.5
日本	28.93	5.01	0.21	38.38	0.12	20.9	6.39		99.94

2. 在中国的产出情况

目前中国尚未发现球碳镁石。

二十三、水碳镁石(Hydromagnesite)

1. 水碳镁石的一般特征

［产地、产状及共(伴)生矿物］ 在蚀变的超基性岩石和蛇纹岩中以包壳和充填裂隙形式存在；也在低温热液蚀变白云岩捕虏体和大理石中存在；常见在洞穴中作为“月奶石”和洞穴堆积物的成分。分布非常广泛，有许多产地，研究比较多的样品一般来源于在美国、加拿大、巴西、奥地利、意大利、伊朗、津巴布韦、南极洲等地，是仅次于方解石和文石在洞穴中最常见的分布广泛的碳酸盐岩矿物。共(伴)生矿物有方解石、白云石、文石、水镁石、菱镁矿、纤水碳镁石、鳞镁铁矿、方镁石、“欧泊”和铬铁矿(Palache et al.，1951；Bariand et al.，1973；Akao et al.，1977；Hill et al.，1997)。

［形貌特征］ 晶体呈针状-叶片状{100}，可见单形{011}、{100}、{110}和{100}，最大粒径至 10 cm。集合体呈分散辐射状、块体或粉末状。常见双晶，发育聚片双晶{100}。

［晶体结构］ 单斜晶系(假斜方)；$P2_1/c$。晶胞参数为 $a=10.105(5)$ Å，$b=8.954(2)$ Å，$c=8.378(4)$ Å；$\beta=114.44(5)°$；$Z=2$。

［主要粉晶衍射数据 d/Å(I)(hkl)］ 5.79(100)(011)，2.899(80)(310)，9.20(40)(100)，6.40(40)($\bar{1}10$)，2.298(35)(400)，4.186(30)($\bar{1}02$)，3.317(30)($\bar{2}21$)，2.692(25)($\bar{3}21$)(PDF 25-513)。

［物理性质］ 无色-白色；半透明-透明；玻璃光泽，集合体呈丝绢光泽-珍珠光泽-黯淡光泽。发育{010}极完全解理。性脆；摩氏硬度 $H=3.5$。密度 $D_{测量}=2.24\sim2.25\ g/cm^3$，$D_{计算}=2.25\ g/cm^3$。

［光学性质］ 二轴正晶。折光率 $\alpha=1.523(3)$，$\beta=1.527(3)$，$\gamma=1.545(1)$。光轴角 $2V_{测量}=50°$。光性方位：$Z=b$；$X\wedge c=47°09'$。

［化学成分］ 理想化学式为 $Mg_5(CO_3)_4(OH)_2\cdot4H_2O$，其对应的化学组成($w_B/\%$)为：MgO 43.10，$CO_2$ 37.64，H_2O 19.26，合计 100.00。意大利 Emarese 产出样品的化学组成($w_B/\%$)为：MgO 43.16，CO_2 37.10，H_2O 19.65，合计 99.91。

2. 在中国的产出情况

中国的水碳镁石(文献中定名水菱镁矿、水纤菱镁矿)产地均分布在盐湖、石棉矿床和金矿床中。主要产地为西藏那曲班戈错盐湖(郑喜玉等，1981)、尼玛县杜佳里盐湖(Yu X H et al.，2024)、郭加林盐湖(郑喜玉等，1981)、申扎县色林错盐湖(顾兆炎等，1994)、阿里地区革吉县扎仓茶卡盐湖(郑喜玉等，1981)以及青海省海南的青海湖(孙大鹏等，2002)、海西的大柴旦盐湖(水菱镁矿)(孙大鹏等，1984)；吉林省通化市集安石棉矿床(水纤菱镁矿)、陕西省汉中市宁强县大安石棉矿床、四川省雅安市石棉县石棉矿和新康石棉矿；新疆巴音郭楞蒙古自治州若羌县红十井金矿(肖惠良等，2003)。缺乏比较详细的研究资料。

二十四、水碳镁铝石(Indigirite)

1. 水碳镁铝石的一般特征

[产地、产状及共(伴)生矿物] 产在热液脉型金-锑矿床氧化带页岩的裂隙中，较少见。在俄罗斯 Sakha 东北的 Sarylakh 金-锑矿床中有产出。其共(伴)生矿物有石膏、三水铝矿、高岭石、六水泻盐、水绿矾、铁的氧化物矿物、辉锑矿和石英(Indolev et al.，1971)。

[形貌特征] 晶体呈板状、纤维状，最大粒径至 1 mm；集合体呈放射玫瑰状。

[晶体结构] 未测。

[主要粉晶衍射数据 d/Å(I)] 5.80(100)，7.62(90)，5.24(90)，2.70(90)，2.60(90)，4.56(80)，1.625(50)，3.65(40)(PDF 25-510)。

[物理性质] 雪白色；半透明；玻璃-丝绢光泽，易弯曲。摩氏硬度约为 2。密度 $D_{测量}=1.6\ g/cm^3$。

[光学性质] 二轴晶。折光率 $\alpha=1.472(2)$，β 未测，$\gamma=1.502(2)$。光轴角 $2V$ 未测。光性方位：正延性，平行消光。

[化学成分] 理想化学式为 $Mg_2Al_2(CO_3)_4(OH)_2 \cdot 15H_2O$，其对应的化学组成($w_B$/%)为：MgO 12.46，$Al_2O_3$ 15.76，CO_2 27.22，H_2O 44.56，合计 100.00。俄罗斯 Sarylakh 矿床产出样品的化学组成见表 4-1-14。

[微化反应] 不溶于水、酒精或氨，遇酸或 KOH 溶液马上溶解。

表 4-1-14　水碳镁铝石的化学组成(w_B/%)

SO_3	CO_2	Al_2O_3	Fe_2O_3	MgO	CaO	H_2O	不溶物	合计
0.45	24.18	14.58	0.64	12.08	0.45	44.36	1.6	98.34
化学式：$Mg_{2.00}Al_{2.00}(CO_3)_{3.86}(OH)_{2.00} \cdot 15.36H_2O$								

2. 在中国的产出情况

目前中国尚未发现水碳镁铝石。

二十五、水碳钠镍石(Kambaldaite)

1. 水碳钠镍石的一般特征

[产地、产状及共(伴)生矿物] 存在于残留针铁矿中的一种次生矿物，这种针铁矿是由碳酸盐围岩和盐湖水中存在的紫硫镍矿-黄铁矿经过氧化作用形成的。发现于澳大利亚西部北 Widgiemooltha 西南 4 km 处的 132 North 镍矿床和 Kalgoorlie 以南 56 km 处的 Otter Shoot。共(伴)生矿物有菱镍矿、陨菱铁镍矿、文石、黄铁矿和针铁矿(Nickel et al.，1985；Engelhardt et al.，1985)。

[形貌特征] 呈六方柱状{$10\bar{1}0$}，可见单形{0001}和{$11\bar{2}1$}，最大粒径约至 50 μm，呈独立晶体或者放射状球形结核；集合体呈隐晶脉状、结核、粉状和块状。

[晶体结构] 六方晶系；$P6_3$。晶胞参数为 $a=10.327$ Å，$c=6.087$ Å；$Z=2$。

[主要粉晶衍射数据 d/Å(I)(hkl)] 9.03(100)(100)，4.490(90)(200)，3.613(40)(201)，2.681(40)(301)，2.584(40)(220)，2.519(40)(202)，2.263(40)(212)，1.97(30)(222)(PDF 39-316)。

[物理性质] 亮玻璃绿色-翡翠绿色，晶体有明显分带，显示清晰的核和半透明的边缘；块状为浅绿色。透明-半透明；断口为丝绢光泽。摩氏硬度约为 3。密度 $D_{测量}=3.18\ g/cm^3$，$D_{计算}=3.193\ g/cm^3$。

［光学性质］ 一轴正晶。折光率 $\omega=1.65$，$\varepsilon=1.69$。多色性：O=浅绿色；E=翡翠绿色。

［化学成分］ 理想化学式为 $NaNi_4(CO_3)_3(OH)_3 \cdot 3H_2O$，其对应的化学组成($w_B/\%$)为：NiO 55.04，$Na_2O$ 5.71，CO_2 24.32，H_2O 14.93，合计 100.00。澳大利亚西部 Kambalda 矿床中产出样品的化学组成($w_B/\%$)为：NiO 52.9，MgO 1.3，Na_2O 3.0，Al_2O_3 0.4，CO_2 27.5，SiO_2 0.2，SO_3 0.3，H_2O 12.5，合计 98.1；相应的化学式为 $Na_{0.52}(Ni_{3.90}Mg_{0.18})_{\Sigma 4.08}[(C_{1.15}Al_{0.01}Si_{0.01})_{\Sigma 1.17}O_{3.46}]_3(OH)_{1.98} \cdot 2.84H_2O$。

2. 在中国的产出情况

目前中国尚未发现水碳钠镍石。

二十六、羟碳镍石(Otwayite)

1. 羟碳镍石的一般特征

［产地、产状及共(伴)生矿物］ 产在蛇纹岩的脉中。发现于澳大利亚 Tasmania 的 Otway 镍矿勘探区，共(伴)生矿物有菱镁矿、镍纤蛇纹石、菱镍矿、碳硫绿镍矿、针硫镍矿、辉镍矿、含镍温石棉和磷灰石；在澳大利亚 Tasmania 的 Lord Brassey 矿区也有发现，与水镍石、水菱镍石、翠镍矿和磁铁矿共生(Nickel et al.，1977；Henry et al.，1992)。

［形貌特征］ 呈纤维簇状，最大至几百微米。集合体呈垂直于脉墙的、散开的、相连的、放射状，也呈球状、粘土状结壳。

［晶体结构］ 斜方晶系。晶胞参数为 $a=10.18$ Å，$b=27.4$ Å，$c=3.22$ Å；$Z=8$。

［主要粉晶衍射数据 ***d*/Å(*I*)(*hkl*)**］ 6.84(100)(040)，5.67(80)(140)，2.737(60)(0100)，3.022(50)(031)，2.529(50)(241)，2.242(50)(2110)，2.370(40)(440)，1.732(40)(1131)(PDF 29-868)。

［物理性质］ 亮绿色；不透明-半透明；丝绢-蜡状光泽。显微硬度 $VHN_{5g}=130\sim360$ kg/mm^2。密度 $D_{测量}=3.41$ g/cm^3，$D_{计算}=3.346$ g/cm^3。

［光学性质］ 在透射光下为浅绿色。二轴晶。折光率 $\alpha=1.65$，β 未测，$\gamma=1.72$。光轴角 $2V$ 未测。多色性：弱；垂直于纤维长向颜色最深。光性方位：平行消光；负延性。

［化学成分］ 理想化学式为 $Ni_2(CO_3)(OH)_2 \cdot H_2O$，其对应的化学组成($w_B/\%$)为：NiO 65.11，$CO_2$ 19.18，H_2O 15.71，合计 100.00。澳大利亚西部 Otway 矿床中产出样品的化学组成($w_B/\%$)为：NiO 62.87，MgO 1.14，CO_2 19.57，H_2O 16.42，合计 100.00；相应的化学式为 $(Ni_{1.90}Mg_{0.06})_{\Sigma 1.96}(CO_3)_{1.01}(OH)_{1.92} \cdot 1.10H_2O$。

2. 在中国的产出情况

目前中国尚未发现羟碳镍石。

二十七、羟碳铝石(Scarbroite)

1. 羟碳铝石的一般特征

［产地、产状及共(伴)生矿物］ 产于砂岩垂向裂隙中的自生矿物，可能是超浓盐湖近岸底部沉积物的干燥形成。在英国 Scarborough 附近的 South Bay 和 Northampton 的 Weston Favell、黑山 Nikšic′附近及加拿大 Muskiki 湖都有产出。共(伴)生矿物有多水碳铝石、三水铝矿、高岭石、方解石和石英(英国)；伊利石、高岭石、蒙脱石、绿泥石、碳钙镁石和石英(加拿大)(Dana，1892；Duffin et al.，1960；Brindley et al.，1960；Brindley，1980；King，1982)。

［形貌特征］ 晶体最大至 1μm，呈板状；也可呈结核和集合体，细粒致密块状。

［晶体结构］ 三斜晶系；$P\bar{1}$ 或 $P1$。晶胞参数为 $a=9.94$ Å，$b=14.88$ Å，$c=26.47$ Å；$\alpha=98.7°$，$\beta=96.5°$，$\gamma=89.0°$；$Z=8$。

［**主要粉晶衍射数据** ***d*/Å(*I*)(*hkl*)**］ 8.66(100)(003)，3.724(60)(222)，5.99(50)($\bar{1}$13)，4.331(50)(006)，8.34(40)($\bar{1}$02)，5.63(40)(014)，4.906(40)(030)，4.456(40)(202)(PDF 12-627)。

［**物理性质**］ 白色，可能褪色为灰色-棕色；半透明；黯淡光泽。易弯曲；呈粘土状，硬度较"软"。密度 $D_{测量}=2.01(1)\ g/cm^3$，$D_{计算}=2.03\ g/cm^3$。

［**光学性质**］ 二轴晶。折光率 $n=1.509$。

［**化学成分**］ 理想化学式为 $Al_5(CO_3)(OH)_{13}\cdot 5H_2O$，其对应的化学组成($w_B/\%$)为：$Al_2O_3$ 50.37，CO_2 8.70，H_2O 40.93，合计 100.00。英国 Scarborough 产出样品的化学组成见表 4-1-15。

表 4-1-15 羟碳铝石的化学组成($w_B/\%$)

SiO_2	SO_3	CO_2	Al_2O_3	MgO	Na_2O	K_2O	H_2O	合计	化学式
3.2	1.8	7.9	45.7	0.1	1.7	0.2	37.9	98.5	$Al_{5.0}(CO_3)(OH)_{12.9}\cdot 5.2H_2O$

2. 在中国的产出情况

目前中国尚未发现羟碳铝石。

二十八、威水碳镍石(Widgiemoolthalite)

1. 威水碳镍石的一般特征

［**产地、产状及共(伴)生矿物**］ 产在热液镍矿床的风化矿石中。产地位于澳大利亚西部 Widgiemooltha 西南 4 km 处的 132 North 镍矿床。共(伴)生矿物为菱镍矿(Nickel et al.，1993)。

［**形貌特征**］ 呈放射状纤维球体，最大至 3mm，粘结起来成块状体。

［**晶体结构**］ 单斜晶系(假斜方)；*P*21/*c*。晶胞参数为 $a=10.06(17)$ Å，$b=8.75(5)$ Å，$c=8.32(4)$ Å；$\beta=114.4(8)°$；$Z=2$。

［**主要粉晶衍射数据** ***d*/Å(*I*)(*hkl*)**］ 5.75(100)(011)，6.30(50)(110)，4.36(40)(020)，2.871(40)(022)，4.14(30)($\bar{1}$02)，2.120(30)(132)，2.458(20)(230)(PDF 46-1398)。

［**物理性质**］ 蓝绿色、草绿色；条痕浅蓝绿色。半透明；丝绢光泽；性脆。硬度未测。密度 $D_{测量}=3.13(1)\ g/cm^3$，$D_{计算}=3.24\ g/cm^3$。

［**光学性质**］ 在透射光下为蓝绿色；二轴正晶。折光率 $\alpha=1.630(5)$，β 未测，$\gamma=1.640(5)$。光轴角 $2V_{测量}$大。光性方位：负延性。

［**化学成分**］ 理想化学式为 $Ni_5(CO_3)_4(OH)_2\cdot 4\sim5H_2O$。澳大利亚西部 132 North 镍矿床产出样品的电子探针分析结果($w_B/\%$)为：MgO 2.4，NiO 54.6，CO_2 28.9，H_2O 17.0，合计 102.9；相应的化学式为 $(Ni_{4.62}Mg_{0.38})_{\Sigma 5.00}(CO_3)_{4.15}(OH)_{1.70}\cdot 5.12H_2O$。

2. 在中国的产出情况

目前中国尚未发现威水碳镍石。

第二节 含大和中等半径阳离子的碳酸盐矿物

本类矿物共计 12 种矿物，其中 7 种矿物属于水碳铝钡石族(Dresserite Group)，具体包括水碳铝钙石(Alumohydrocalcite)、水碳铝钡石(Dresserite)、水碳铝铅石(Dundasite)、多水碳铝钡石(Hydrodresserite)、一水碳铝钙石(Kochsándorite)、水碳铬铅石(Petterdite)和水碳铝锶石(Strontiodresserite)。其余 5 种为未建族矿物，为水羟碳铝锶石(Montroyalite)、副水碳铝钙石(Para-alumohydrocalcite)、碳钕铜铅石(Schuilingite-(Nd))、水碳镁钙石(Sergeevite)和水碳镍汞石(Szymańskiite)。仅水碳铝铅石一种矿物在中国有产出，产地为广西岛坪铅锌矿床。

水碳铝钡石族(Dresserite Group)

水碳铝钙石	Alumohydrocalcite	$CaAl_2(CO_3)_2(OH)_4 \cdot 3H_2O$	三斜晶系
水碳铝钡石	Dresserite	$BaAl_2(CO_3)_2(OH)_4 \cdot H_2O$	斜方晶系
水碳铝铅石	Dundasite	$PbAl_2(CO_3)_2(OH)_4 \cdot H_2O$	斜方晶系
多水碳铝钡石	Hydrodresserite	$BaAl_2(CO_3)_2(OH)_4 \cdot 3H_2O$	三斜晶系
一水碳铝钙石	Kochsándorite	$CaAl_2(CO_3)_2(OH)_4 \cdot H_2O$	斜方晶系
水碳铬铅石	Petterdite	$PbCr_2(CO_3)_2(OH)_4 \cdot H_2O$	斜方晶系
水碳铝锶石	Strontiodresserite	$SrAl_2(CO_3)_2(OH)_4 \cdot H_2O$	斜方晶系

一、水碳铝钙石(Alumohydrocalcite)

1. 水碳铝钙石的一般特征

[产地、产状及共(伴)生矿物] 为白云岩和灰岩中水铝英石或地开石的碳酸水在低温环境下反应生成矿物，其中含铬的矿物种常形成于蛇纹岩中蚀变的铬铁矿附近。在俄罗斯西伯利亚 Potekhina 村庄附近的铜-钒矿体、德国 Bergisch-Gladbach 附近的白云岩采石场、匈牙利 Bicske-Csordakút、英国 Scarborough、西班牙 Montcada、巴基斯坦 Chitral 均有发现。含铬的矿物种主要发现于波兰 Ruben 矿区、日本 Akenobe 矿区和美国 Mount Hamilton 等地。共(伴)生矿物有水铝英石、地开石、三水铝矿、石膏、文石、重晶石和铁锰氧化物矿物(Palache et al., 1951; Kautz, 1968, 1969; Paar, 1979; Roberts et al., 1983; Pekov, 1998)。

[形貌特征] 晶体呈纤维状和针状，最大粒径至 2.5 mm；集合体常呈放射状和球状，触感像水晶，也呈粉状块体。

[晶体结构] 三斜晶系；$P\bar{1}$ 或 $P1$。晶胞参数为 a=6.498(3)Å，b=14.457(4)Å，c=5.678(3)Å；α=95.83(5)°，β=93.23(3)°，γ=82.24(3)°；Z=2。

[主要粉晶衍射数据 *d*/Å(*I*)(*hkl*)] 6.18(100)(110)，7.15(80)(020)，6.44(80)(100)，3.216(50)(200)，5.12(40)(12)，2.851(40)(050)，3.225(30)(210)(PDF 42-592)。

[物理性质] 粉末呈白色-浅蓝色、浅黄色、奶油色、灰色，含铬的种为浅玫瑰色至深紫色；透明-不透明；玻璃光泽-珍珠光泽、土状光泽。发育{100}极完全、{010}不完全解理。性脆；摩氏硬度 H=2.5。密度 $D_{测量}$=2.21~2.24 g/cm³，$D_{计算}$=2.213 g/cm³。

[光学性质] 在透射光下无色；二轴负晶。光性方位：$X=b$；在 6°~10°消光。折光率 α=1.485~1.502，β=1.553~1.563，γ=1.570~1.585。光轴角 $2V_{测量}$=64°，$2V_{计算}$=50°~55°。

[化学成分] 理想化学式为 $CaAl_2(CO_3)_2(OH)_4 \cdot 3H_2O$。对应的化学组成($w_B$/%)为：$Al_2O_3$ 30.33，CaO 16.68，CO_2 26.19，H_2O 26.8，合计 100.00。典型产地产出样品的化学组成见表 4-2-1。

表 4-2-1 水碳铝钙石的化学组成(w_B/%)

产地	CO_2	Al_2O_3	Cr_2O_3	CaO	H_2O	合计	化学式
德国 Bergisch-Gladbach	24.2	31.3		17.8	26.7	100	
美国 Mount Hamilton	26.4	22	8.3	16.5	26.6	99.8	$Ca_{1.00}(Al_{1.57}Cr_{0.43})_{\Sigma 2.00}(CO_3)_2(OH)_4 \cdot 3H_2O$

[与其他矿物种的关系] 属于水碳铝钡石族；与水碳铬钙石呈类质同象。

[微化反应] 在沸水中分解为方解石和含水和铝的氧化物。

2. 在中国的产出情况

目前中国尚未发现水碳铝钙石。

二、水碳铝钡石(Dresserite)

1. 水碳铝钡石的一般特征

[产地、产状及共(伴)生矿物] 产在灰岩的碱性岩晶簇中。典型产地分布在加拿大魁北克省蒙特利尔岛的 Francon 采石场。共(伴)生矿物有水碳锆锶石、片钠铝石、石英和斜长石等(Jambor et al., 1969)。

[形貌特征] 晶体呈锥状、针状、叶片状{010}，沿[001]方向拉长；集合体常呈分散球形和半球形，晶粒最大至 3 mm。

[晶体结构] 斜方晶系；*Pbnm*。晶胞参数为 a=9.27 Å，b=16.83 Å，c=5.63 Å；Z=2。

[主要粉晶衍射数据 d/Å(I)(hkl)] 8.09(100)(110)，6.23(60)(120)，3.66(50)(131)，2.73(40)(241)，4.68(30)(021)，3.17(30)(141)，2.667(30)(022)，4.63(20)(111)(PDF 20-617)。

[物理性质] 白色；条痕白色；透明；玻璃-丝绢光泽。摩氏硬度 H=2.5~3。密度 $D_{测量}$=2.96(2)g/cm^3，$D_{计算}$=3.06 g/cm^3。

[光学性质] 一轴负晶。折光率 α=1.518，β 未测，γ=1.601(4)。光轴角 $2V_{测量}$=30°~40°。光性方位：X=a；Y=b；Z=c。

[化学成分] 理想化学式为 $BaAl_2(CO_3)_2(OH)_4 \cdot H_2O$，对应的化学组成($w_B$%)为：$CO_2$ 22.15，Al_2O_3 25.66，BaO 38.59，H_2O 13.60，合计 100.00。加拿大 Francon 采石场产出样品的化学组成(w_B/%)为：CO_2 22.2，Al_2O_3 25.6，SrO 0.8，BaO 36.6，H_2O 15.3，合计 100.5；相应的化学式为 $Ba_{0.99}Al_{2.03}(CO_3)_{2.03}(OH)_{4.01} \cdot 1.90H_2O$。

[与其他矿物种的关系] 属于水碳铝钡石矿物族；与水碳铝锶石呈类质同象并成系列。

2. 在中国的产出情况

目前中国尚未发现水碳铝钡石。

三、水碳铝铅石(Dundasite)

1. 水碳铝铅石的一般特征

[产地、产状及共(伴)生矿物] 在含铅矿床的氧化带中产出，不常见。典型产地分布在澳大利亚 Tasmania 的 Adelaide 和 Hercules 矿床、新西兰 Tui 矿床、威尔士 Welsh Foxdale 矿床、爱尔兰 Clements 矿床、英国 Mill Close 等矿床、德国 Bad Ems 和 Bad Harzburg 地区、奥地利 Pleschutz 和 Guttaring、意大利 Punta Sa Torre 等矿床、希腊 Kamariza 矿床、法国 Cap Garonne 矿床、摩洛哥 Touissit 矿床、纳米比亚 Tsumeb、美国墨西哥州 Kelly 矿床等。共(伴)生矿物有白铅矿、块黑铅矿、蓝铜矿、孔雀石、磷氯铅矿、砷铅矿、砷菱铅矾、砷铜铅矿、铬铅矿、三水铝石、水铝英石、褐铁矿等(Palache et al., 1951；Jambor et al., 1969；Cocco et al., 1972)。

[形貌特征] 晶体呈针状[001]，晶粒最大至 1 cm；常见球状集合体和簇状外壳，由半平行的晶体组成。

[晶体结构] 斜方晶系；*Pbnm*。晶胞参数为 a=9.05 Å，b=16.35 Å，c=5.61 Å；Z=4。晶体结构参数(原子坐标)见表 4-2-2。

表 4-2-2 水碳铝铅石的晶体结构参数(原子坐标)

a=9.08 Å，b=16.37 Å，c=5.62 Å，α=90°，β=90°，γ=90°，*Pbnm*				
原子	x	y	z	*Biso*
Pb	0.5131	0.4117	0.75	2.4
Al	0.3338	0.1998	0.998	2.3

$a=9.08$ Å，$b=16.37$ Å，$c=5.62$ Å，$\alpha=90°$，$\beta=90°$，$\gamma=90°$，*Pbnm*				
原子	*x*	*y*	*z*	*Biso*
C1	0.4172	0.3506	0.25	2.50
C2	0.7599	0.4502	0.25	2.80
O1	0.4027	0.3097	0.0521	2.7
O2	0.4599	0.4224	0.25	2.1
O3	0.7737	0.4112	0.0506	2.5
O4	0.7399	0.5242	0.25	2.8
OH1	0.1969	0.2076	0.25	1.9
OH2	0.4705	0.1856	0.75	1.9
OH3	0.4619	0.1668	0.25	2.4
OH4	0.2182	0.2375	0.75	2.4
Wat	0.1085	0.4576	0.25	3.90

注：数据引自 Cocco et al.（1972）。

［主要粉晶衍射数据 *d*/Å(*I*)(*hkl*)］ 7.91(100)(110)，3.60(80)(131)，3.08(60)(141)，4.63(50)(021)，3.23(50)(221)，2.667(50)(241)，2.968(40)(310)，2.643(40)(112)(PDF 21-936)。

［物理性质］ 白色-极浅的蓝色；透明；玻璃至丝绢光泽。{010}完全解理。摩氏硬度 2。密度 $D_{测量}=3.41$ g/cm^3，$D_{计算}=3.816$ g/cm^3。

［光学性质］ 在透射光下无色；二轴负晶。折光率 $\alpha=1.603(3)$，$\beta=1.716(3)$，$\gamma=1.742(3)$。光轴角 $2V_{测量}$很大。光性方位：$X=a$；$Y=b$；$Z=c$。

［化学成分］ 理想化学式为 $PbAl_2(CO_3)_2(OH)_4 \cdot H_2O$，对应的化学组成($w_B$/%)为：$CO_2$ 18.84，Al_2O_3 21.82，PbO 47.77，H_2O 11.57，合计 100.00。澳大利亚 Dundas 产出样品的化学组成(w_B/%)为：CO_2+H_2O 28.08，Al_2O_3 26.06，Fe_2O_3 5.50，PbO 41.86，合计 101.50。

［与其他矿物种的关系］ 属于水碳铝钡石矿物族。

2. 在中国的产出情况

水碳铝铅石是产于铅矿床氧化带的一种次生铅矿物。中国唯一报道的水碳铝铅石产地为广西桂林市恭城县的岛坪铅锌矿床，但无其他详细的研究资料。

四、多水碳铝钡石(Hydrodresserite)

1. 多水碳铝钡石的一般特征

［产地、产状及共(伴)生矿物］ 产在变质灰岩晶簇中的一种稀有矿物，分布于富片钠铝石硅质碳酸盐岩接触带附近。发现于加拿大魁北克省蒙特利尔岛的 Francon 采石场。共(伴)生矿物有水碳铝钡石、水碳锆锶石和石英等(Jambor et al.，1977；Szymánski，1982)。

［形貌特征］ 晶体呈针状[001]，晶粒最大至 1 mm，独立晶体显现明显的{010}和狭窄的{$2\bar{1}0$}和{102}晶面。集合体常呈球形或半球形。

［晶体结构］ 三斜晶系；*P*1。晶胞参数为 $a=9.7545(5)$ Å，$b=10.4069(5)$ Å，$c=5.6322(3)$ Å；$\alpha=95.695(5)°$，$\beta=92.273(5)°$，$\gamma=115.643(4)°$；$Z=2$。晶体结构参数(原子坐标)见表 4-2-3。

［主要粉晶衍射数据 *d*/Å(*I*)(*hkl*)］ 8.52(100)($\bar{1}10$)，3.42(70)(210)，3.10(60)(030)，4.26(50)($\bar{2}20$)，8.75(40)(100)，9.30(30)(010)，5.32(30)(110)，3.62(30)($\bar{2}01$)(PDF 29-145)。

表 4-2-3 多水碳铝钡石晶体结构参数(原子坐标)

a=9.7545 Å，b=10.4069 Å，c=5.6322 Å，α=95.695°，β=92.273°，γ=115.643°，$P\bar{1}$										
原子	x	y	z	$Uiso$	$U(1,1)$	$U(2,2)$	$U(3,3)$	$U(1,2)$	$U(1,3)$	$U(2,3)$
Ba	0.14318	0.18123	0.21261		0.0146	0.0154	0.0108	0.0064	0.0002	-0.0010
Al1	0	0.5	0.5		0.0108	0.0123	0.0040	0.0068	0.0014	0.0018
Al2	0	0.5	0		0.0105	0.0110	0.0044	0.0061	0.0011	0.0012
Al3	0.5	0.5	0		0.0099	0.0109	0.0049	0.0049	0.0011	0.0024
Al4	0.5	0.5	0.5		0.0101	0.0107	0.0041	0.0046	0.0005	0.0011
C1	0.0471	0.2772	0.7143		0.0116	0.0121	0.0105	0.0070	0.0015	0.0022
O1	0.0403	0.3368	0.9245		0.0172	0.0141	0.0066	0.0092	0.0018	0.0015
O2	0.0376	0.3351	0.5231		0.0192	0.0153	0.0067	0.0111	0.0018	0.0019
O3	0.0660	0.1642	0.6941		0.0292	0.0181	0.0136	0.0176	0.0048	0.0032
C2	0.3952	0.2263	0.6884		0.0147	0.0112	0.0097	0.0056	0.0028	0.0016
O4	0.4185	0.2917	0.9048		0.0205	0.0127	0.0078	0.0068	0.0010	0.0022
O5	0.4187	0.2969	0.5055		0.0191	0.0136	0.0072	0.0074	0.0015	0.0032
O6	0.3513	0.0926	0.6517		0.0521	0.0095	0.0204	0.0097	0.0139	0.0027
O7	0.1329	0.5925	0.7756		0.0107	0.0122	0.0063	0.0029	0.0015	0.0021
O8	0.3833	0.5120	0.7457		0.0107	0.0194	0.0076	0.0105	0.0014	0.0025
O9	0.1446	0.5636	0.2713		0.0105	0.0116	0.0077	0.0054	0.0002	0.0008
O10	0.6400	0.5367	0.7661		0.0086	0.0149	0.0067	0.0069	0.0006	0.0021
O11	0.1643	0.9554	0.9492		0.0223	0.0210	0.0281	0.0088	0.0083	0.0111
O12	0.5764	0.1591	0.1717		0.0442	0.0400	0.0404	0.0246	0.0036	0.0077
O13	0.3152	0.8664	0.3114		0.0311	0.0243	0.0398	0.0089	0.0093	-0.0016
H1	0.174	0.654	0.784	0.0097						
H2	0.327	0.528	0.749	0.0125						
H3	0.179	0.621	0.288	0.0099						
H4	0.678	0.507	0.773	0.0101						
H5	0.220	0.993	0.869	0.0238						
H6	0.202	0.920	0.029	0.0238						
H7	0.521	0.188	0.119	0.0415						
H8	0.581	0.167	0.319	0.0415						
H9	0.329	0.928	0.419	0.0317						
H10	0.404	0.893	0.261	0.0317						

注：数据引自 Szymański，1982。

[物理性质] 无色；条痕白色；半透明-透明；玻璃光泽。发育{010}和{$2\bar{1}0$}完全解理。摩氏硬度 H=3~4。密度 $D_{测量}$=2.80(2)g/cm³，$D_{计算}$=2.817 g/cm³。

[光学性质] 二轴负晶。折光率 α=1.502(2)，β=1.594(1)，γ=1.595(1)。光轴角 $2V_{测量}$=17(1)°。光性方位：X(65°，88°)；Y(-27°，46°)；Z(158.25°，44.5°)[c(0°，0°)和 b^*(0°，90°)用(Φ，ρ)]。

[化学成分] 理想化学式为 $BaAl_2(CO_3)_2(OH)_4 \cdot 3H_2O$；相应的化学组成($w_B$/%)为：$CO_2$ 20.31，Al_2O_3 23.53，BaO 35.38，H_2O 20.78，合计 100.00。加拿大 Francon 采石场产出样品的化学组成(w_B/%)为：CO_2 21.8，Al_2O_3 23.7，BaO 35.0，H_2O 20.3，合计 100.8。得到相应的化学式为

$Ba_{0.98}Al_{1.99}(CO_3)_{2.12}(OH)_{3.68} \cdot 2.97H_2O$。

[与其他矿物种的关系] 属于水碳铝钡石矿物族；与水碳铝钡石、水碳铝锶石等结构型。

[变化] 易脱水成为水碳铝钡石。

2. 在中国的产出情况

目前中国尚未发现多水碳铝钡石。

五、一水碳铝钙石(Kochsándorite)

1. 一水碳铝钙石的一般特征

[产地、产状及共(伴)生矿物] 产于褐煤矿床，为羟氧铝石、黄铁矿和方解石同时风化的次生矿物。发现于匈牙利 Transdanubian 东北部 Mány 煤矿，与水铝石紧密连生，其他共(伴)生矿物有方解石、石膏、石英、黄铁矿、软水铝石、白云石、高岭石、伊利石、水碳铝钙石和费羟铝矾(Sajó et al.，2007)。

[形貌特征] 晶体为针状-叶片状，可见单形{100}和{110}；集合体常呈放射状，最大粒径至 200~300 μm。

[晶体结构] 斜方晶系；*Pnma*。晶胞参数为 a=15.564(6)Å，b=5.591(4)Å，c=9.112(4)Å；Z=4。

[主要粉晶衍射数据 *d*/Å(*I*)] 5.9154(100)，7.8607(87)，4.3718(86)，7.7830(62)，2.9570(48)，2.9455(44)，1.9021(26)(匈牙利 Mány 煤矿)。

[物理性质] 白色-无色；条痕白色；透明-半透明；玻璃光泽，集合体呈丝绢光泽。无解理，断口未测。性很脆；摩氏硬度 H=2~2.5。密度 $D_{测量}$=2.486(20) g/cm³，$D_{计算}$=2.514 g/cm³。长波和短波紫外线下发淡黄色荧光。

[光学性质] 二轴负晶。折光率 α=1.597(3)，β 未测，γ=1.603(6)。光轴角 2V 未测。色散：弱；$r<v$。

[化学成分] 理想化学式为 $CaAl_2(CO_3)_2(OH)_4 \cdot H_2O$。通过对匈牙利 Transdanubian 山脉东北部 Tatabánya 煤田所采样品进行化学分析，得到相应的化学式为 $Ca_{0.9}Al_2(CO_3)_{1.9}(OH)_4 \cdot 1.3H_2O$。

[与其他矿物种的关系] 属于水碳铝铅石矿物族。

[微化反应] 在稀盐酸在快速溶解并起泡。

2. 在中国的产出情况

目前中国尚未发现一水碳铝钙石。

六、水碳铬铅石(Petterdite)

1. 水碳铬铅石的一般特征

[产地、产状及共(伴)生矿物] 是发现于澳大利亚 Red Lead 铅矿床中的一种稀有的次生矿物，可能是由含铬大气水蚀变方铅矿后形成的，与铅矾、赤铅矿和褐铁矿共生；也在德国 Callenberg 镍矿床中发现，产在蛇纹岩热液脉的氧化带，共(伴)生矿物包括赤铅矿、白铅矿、水锑铅矿、磷氯铅矿和方铅矿(Birch et al.，2000)。

[形貌特征] 晶体呈矩形，最大粒径至 15μm，{010}面平整并沿着[001]或[100]方向延长，在[001]方向有磨损和侵蚀的顶端。晶体松松地堆积并随意集合呈葡萄状、土状至多孔状结壳。

[晶体结构] 斜方晶系；*Pbnm*。晶胞参数为 a=9.0651 Å，b=16.3743 Å，c=5.7653 Å；Z=4。

[主要粉晶衍射数据 *d*/Å(*I*)(*hkl*)] 3.0805(100)(150)，2.7289(55)(060)，4.0938(50)(040)，2.0451(50)(080)，1.6377(20)(0100)，2.2629(15)(170)，7.9428(10)(110)，3.6317(10)(131)(PDF 52-1574)。

[物理性质] 浅-深丁香紫色、桃红紫色、浅灰色；条痕浅紫罗兰色；透明；珍珠-土状光泽。

发育{100}完全解理；可能有{010}解理。摩氏硬度约为2。密度 $D_{计算}=3.947\ g/cm^3$。

[光学性质] 二轴负晶。折光率 $\alpha=1.704(5)$，$\beta\approx1.802$，$\gamma=1.842(5)$。光轴角 $2V_{计算}\approx62°$。多色性：$X=Y=$无色至浅灰粉色；$Z=$灰粉色；$X<Z$。光性方位：$X=a$；$Y=b$；$Z=c$。

[化学成分] 理想化学式为 $PbCr_2(CO_3)_2(OH)_4\cdot H_2O$；对应的化学组成($w_B/\%$)为：$CO_2$ 17.02，Cr_2O_3 29.38，PbO 43.15，H_2O 10.45，合计100.00。澳大利亚Red Lead铅矿床产出样品的化学组成($w_B/\%$)为：CO_2 18.3，Al_2O_3 3.65，Cr_2O_3 22.64，PbO 43.33，Sb_2O_5 0.67，SrO 1.40，H_2O [10.01]，合计100.00；相应的化学式为 $(Pb_{0.99}Sr_{0.07})_{\Sigma1.06}(Cr_{1.52}Al_{0.36}Sb_{0.02})_{\Sigma1.90}(CO_3)_{2.12}(OH)_{3.62}\cdot1.02H_2O$。

[与其他矿物种的关系] 属于水碳铝钡石族；与水碳铝铅石呈类质同象。

2. 在中国的产出情况

目前中国尚未发现水碳铬铅石。

七、水碳铝锶石(Strontiodresserite)

1. 水碳铝锶石的一般特征

[产地、产状及共(伴)生矿物] 产于硅质碳酸盐岩的晶簇中，呈一种少见的晶质覆盖膜。在加拿大魁北克省蒙特利尔岛的Francon采石场发现，其共(伴)生矿物有石英、水碳锆锶石、片钠铝石和水羟碳铝锶石(Jambor et al.，1977；Roberts，1978)。

[形貌特征] 晶体呈板状，粒径最大至0.2 mm；集合体呈放射状，或形成环礁状边缘、平滑的小球形。

[晶体结构] 斜方晶系；*Pbnm*。晶胞参数为 $a=9.14$ Å，$b=15.91$ Å，$c=5.594$ Å；$Z=4$。

[主要粉晶衍射数据 *d*/Å(*I*)(*hkl*)] 7.93(100)(110)，4.39(80)(210)，3.002(70)(240)，2.648(6)，5.99(60)(120)，2.638(60)(112)，1.732(50)(172)，3.55(40)(131)(PDF 29-1295)。

[物理性质] 白色；透明-半透明；玻璃-丝绢光泽。硬度未测。密度 $D_{测量}=2.71\ g/cm^3$，$D_{计算}=2.76\ g/cm^3$。

[光学性质] 二轴负晶。折光率 $\alpha=1.510(4)$，$\beta=1.583(2)$，$\gamma=1.595(4)$。光轴角 $2V_{测量}=42.5(1)°$，$2V_{计算}=43°$。光性方位：Y//延长方向；$X\perp$延长方向位于平面上。

[化学成分] 理想化学式为 $SrAl_2(CO_3)_2(OH)_4\cdot H_2O$。加拿大Francon采石场产出样品的化学组成($w_B/\%$)为：$CO_2$ 9.2，Al_2O_3 29.13，CaO 2.78，SrO 24.36；相应的化学式为 $(Sr,Ca)_{1.00}Al_{2.00}(CO_3)_2(OH)_4\cdot H_2O$。

[与其他矿物种的关系] 属于水碳铝钡石矿物族；与水碳铝钡石呈类质同象并成系列。

2. 在中国的产出情况

目前中国尚未发现水碳铝锶石。

未建族矿物

八、水羟碳铝锶石(Montroyalite)

1. 水羟碳铝锶石的一般特征

[产地、产状及共(伴)生矿物] 在硅质碳酸盐岩的晶洞中产出。发现于加拿大魁北克省蒙特利尔岛的Francon采石场，共(伴)生矿物有钠长石、水碳铝锶石、方解石、石英、片钠铝石、铁白云石、萤石、重晶石、碳锶石、菱硫铁矿、白铁矿、黄铁矿、埃洛石、水铝石(Roberts et al.，1986)。

[形貌特征] 呈扁平或细长的多晶质半球体，有蜡状内核和放射纤维组成粗糙的外表，粒径最大至1 mm；或呈半球集合体。发育比较复杂的聚片双晶，带多重微晶。

［晶体结构］ 三斜晶系。晶胞参数为 a=7.14 Å，b=6.55 Å，c 未测；α 约 77.5°，β 未测，γ 未测；Z 未测。

［主要粉晶衍射数据 d/Å(I)］ 6.57(100)，3.283(55)，4.00(50)，3.190(50)，2.365(45b)，2.862(40)，2.551(40b)，2.481(40)(PDF 40-470)。

［物理性质］ 白色，因含包体而呈浅蓝色-灰色；条痕白色；半透明；黯淡光泽；不平坦-参差状断口。性脆；摩氏硬度 H=3.5。密度 $D_{测量}$=2.677(3) g/cm^3。在长波和短波紫外光下发白色荧光。

［光学性质］ 二轴负晶。折光率 α=1.515(5)，β=1.530(5)，γ=1.545(5)。光轴角 $2V_{测量}$=80(10)°，$2V_{计算}$=89°。光性方位：Y≈ 延长方向；X 和 Z 与平面呈 45°。

［化学成分］ 理想化学式为 $Sr_4Al_8(CO_3)_3(OH)_{26} \cdot 10H_2O$。加拿大 Francon 采石场产出样品的化学组成(w_B/%)为：CO_2 9.2，Al_2O_3 28.8，CaO 1.1，SrO 27.7，F 11.5，H_2O 24.6，$-O=F_2$ 4.8，合计 98.1；相应的化学式为$(Sr_{3.78}Ca_{0.28})_{\Sigma 4.06}Al_8(CO_3)_{2.96}$。

2. 在中国的产出情况

水羟碳铝锶石目前只在其模式产地产出，中国也尚未发现水羟碳铝锶石。

九、副水碳铝钙石(Para-alumohydrocalcite)

1. 副水碳铝钙石的一般特征

［产地、产状及共(伴)生矿物］ 产于自然硫矿床的氧化带，由水铝英石(allophane)分解形成。发现于俄罗斯 Vodin 矿床和土库曼斯坦 Gaurdak 矿床，共(伴)生矿物有石膏、方解石和多水高岭石；在英国 Hampstead Farm 采石场和 Boughton 也有发现，与水铝英石、羟碳铝石和水碳铝铅石共生(Srebrodol′skii，1974；1977；Pekov，1998)。

［形貌特征］ 晶体最大 0.01 mm；集合体呈放射纤维球。

［晶体结构］ 未测。

［主要粉晶衍射数据 d/Å(I)］ 7.90(100)，2.64(32)，6.20(30)，3.32(28)，3.90(25)，2.68(24)，4.04(20)(样品产于土库曼斯坦 Gaurdak 矿床)。

［物理性质］ 白色，薄片无色；半透明。摩氏硬度 H=1.75(5)。密度 $D_{测量}$=2.0 g/cm^3。

［光学性质］ 二轴负晶。折光率 α=1.473，β=1.492，γ=1.502。光轴角 $2V_{测量}$=69(7)°，$2V_{计算}$=70°。光性方位：负延性；消光角 10°~12°。

［化学成分］ 理想化学式为 $CaAl_2(CO_3)_2(OH)_4 \cdot 6H_2O$，对应的化学组成($w_B$/%)为：$CO_2$ 22.56，Al_2O_3 26.13，CaO 14.37，H_2O 36.94，合计 100.00。俄罗斯 Vodin 矿床产出样品的化学组成(w_B/%)为：SiO_2 0.35，CO_2 22.42，Al_2O_3 25.88，MgO 0.16，CaO 14.06，H_2O^+ 27.37，H_2O^- 9.36，合计 99.60；相应的化学式为$(Ca_{0.98}Mg_{0.01})_{\Sigma 0.99}Al_{2.00}(CO_3)_{2.00}(OH)_{4.00} \cdot 6.0H_2O$。

2. 在中国的产出情况

副水碳铝钙石是一种罕见的矿物，目前中国也尚未发现副水碳铝钙石。

十、碳钕铜铅石(Schuilingite-(Nd))

1. 碳钕铜铅石的一般特征

［产地、产状及共(伴)生矿物］ 产于热液有色金属矿床氧化带中的一种稀有次生矿物。典型产地分布在刚果(金)Katanga 省 Kamoto East 矿床和 Menda 的 Kasompi。共(伴)生矿物有碳铅钕矿、孔雀石、白铅矿、钼铅矿、硅铅铀矿、柱铀矿、硅钙铀矿、板铅铀矿、磷稀铀矿、水碳钇铀石、羟碳铀铈铜矿、橙红铀矿、晶质铀矿(Palache et al.，1951；Piret et al.，1982；Sarp et al.，1983；Schindler et al.，1999)。

［形貌特征］ 晶体呈针状，粒径最大至 1.5 mm，可见单形{110}、{010}、{0kl}；集合体呈近平行状，或呈壳状。

［**晶体结构**］ 斜方晶系；*Pmcn* 或 $P2_1cn$。晶胞参数为 a=7.419(2)Å，b=18.859(3)Å，c=6.395(1)Å；Z=4。晶体结构参数(原子坐标)见表 4-2-4。

［**主要粉晶衍射数据 *d*/Å(*I*)(*hkl*)**］ 9.46(100)(020)，6.06(90)(011)，4.487(90)(031)，3.849(90)(131)，4.718(60)(040)，4.797(50)(130)，2.932(50)(240)，2.636(40)(042)(PDF 41-583)。

表 4-2-4 碳钕铜铅石的晶体结构参数(原子坐标)

a=7.419 Å，b=18.859 Å，c=6.39 Å，α=90°，β=90°，γ=90°，$P2_1cn$					
原子	x	y	z	occ	$Uiso$
Pb	0.5	0.86016	0.3820		0.0158
Nd	0.0011	0.69205	0.1020	0.24	0.096
Y	0.0011	0.69205	0.1020	0.16	0.096
La	0.0011	0.69205	0.1020	0.04	0.096
Pr	0.0011	0.69205	0.1020	0.03	0.096
Sm	0.0011	0.69205	0.1020	0.12	0.096
Eu	0.0011	0.69205	0.1020	0.06	0.096
Gd	0.0011	0.69205	0.1020	0.18	0.096
Tb	0.0011	0.69205	0.1020	0.02	0.096
Dy	0.0011	0.69205	0.1020	0.13	0.096
Er	0.0011	0.69205	0.1020	0.03	0.096
Yb	0.0011	0.69205	0.1020	0.01	0.096
Cu	0.2934	0.5587	0.3115	0.92	0.0166
C1	0.159	0.840	0.108		0.018
C2	0.670	0.783	0.823		0.015
C3	-0.067	0.542	0.012		0.013
O1	0.251	0.8955	0.082		0.018
O2	0.047	0.8172	-0.026		0.017
O3	0.186	0.8038	0.276		0.018
O4	0.697	0.8401	0.720		0.014
O5	0.523	0.7720	0.919		0.020
O6	0.796	0.7346	0.819		0.015
O7	0.008	0.5539	0.191		0.023
O8	-0.095	0.5944	-0.115		0.021
O9	-0.098	0.477	-0.051		0.027
OH10	0.304	0.6517	0.166		0.012
Wat11	0.294	0.033	0.955		0.028

注：数据引自 Schindler et al. (1999)。

［**物理性质**］ 天蓝色、深蓝色；透明；金刚光泽。发育{110}完全、{100}不完全解理。摩氏硬度 H=3.5。密度 $D_{计算}$=4.50 g/cm³，$D_{计算}$=4.59 g/cm³。

［**光学性质**］ 二轴负晶。折光率 α=1.730，β=1.770，γ=1.795。光轴角 $2V_{测量}\approx60°\sim75°$，$2V_{计算}=56°\sim63°$。多色性：弱；X=无色至浅蓝色；Y=天蓝色；Z=蓝色。光性方位：$X=a$；$Y=c$；$Z=b$。

［**化学成分**］ 理想化学式为 $CuPbNd(CO_3)_3(OH)\cdot1.5H_2O$。刚果(金)Kasompi 产出样品的化学组成($w_B$/%)如表 4-2-5 所示。

表 4-2-5　碳钕铜铅石的化学组成($w_B/\%$)

CO_2	Y_2O_3	La_2O_3	Pr_2O_3	Nd_2O_3	Sm_2O_3	Eu_2O_3	Gd_2O_3	Tb_2O_3	Dy_2O_3	Er_2O_3	Yb_2O_3	Lu_2O_3	CuO
20. 74	2. 04	1	1. 14	8. 51	3. 44	2. 44	3. 95	痕量	3. 05		Trace	Trace	11. 89
20. 54	2. 9	0. 94	0. 8	6. 31	3. 16	1. 63	5. 12	0. 66	3. 74	0. 89	0. 3		11. 35

PbO	H_2O	合计	化学式
36. 03	5. 1	99. 33	$Pb_{1.04}Cu_{0.96}(Nd_{0.32}Gd_{0.14}Sm_{0.13}Y_{0.12}Dy_{0.11}Eu_{0.09}La_{0.04}Pr_{0.04})_{\Sigma 0.99}(CO_3)_{3.01}(OH)_{0.95}\cdot 0.85H_2O$
36. 85	4. 20	99. 39	$Pb_{1.05}Cu_{0.92}(Nd_{0.24}Gd_{0.18}Y_{0.16}Dy_{0.13}Sm_{0.12}Eu_{0.06}La_{0.04}Pr_{0.03}Er_{0.03}Tb_{0.02}Yb_{0.01})_{\Sigma 1.02}(CO_3)_3(OH)\cdot H_2O$

2. 在中国的产出情况

目前中国尚未发现碳钕铜铅石。

十一、水碳镁钙石(Sergeevite)

1. 水碳镁钙石的一般特征

[产地、产状及共(伴)生矿物]　为辉石-石榴子石矽卡岩中的一种风化产物。发现于俄罗斯Caucasus山脉北部的Malyi Mukulan锡矿床中。共(伴)生矿物有碳钙镁石、硅孔雀石、胆矾、羟胆矾、孔雀石、石膏、泻利盐和褐铁矿(Yakhontova et al., 1980; Pekov, 1998)。

[形貌特征]　晶体呈菱形，粒径最大至0. 5 μm，集合体呈球状结核和不规则脉状。

[晶体结构]　三方晶系。晶胞参数为 a=19. 01 Å，c=7. 82 Å；Z=3。

[主要粉晶衍射数据 *d*/Å(*I*)(*hkl*)]　2. 821(100)(---)，7. 14(30)(101)，3. 58(30)(202)，2. 87(30)(600)，1. 965(27)(811)，1. 755(20)(324)，3. 37(15)(122)，2. 683(8)(431)(PDF 41-1403)。

[物理性质]　白色；半透明；黯淡光泽；不平坦-贝壳状断口。摩氏硬度 H~3. 5。密度 $D_{测量}$=2. 55~2. 87 g/cm³，$D_{计算}$=2. 64 g/cm³。

[光学性质]　一轴晶。折光率 n=1. 581。双折射率：0. 010~0. 012。

[化学成分]　理想化学式为 $Ca_2Mg_{11}(CO_3)_9(HCO_3)_4(OH)_4\cdot 6H_2O$；相应的化学组成($w_B/\%$)为：$CO_2$ 43. 75，MgO 33. 90，CaO 8. 58，H_2O 13. 77，合计100. 00。俄罗斯Malyi Mukulan矿床产出样品的化学组成($w_B/\%$)为 SiO_2 0. 78，CO_2 43. 17，Al_2O_3 0. 21，FeO 1. 08，CuO 0. 64，MgO 33. 20，CaO 7. 80，H_2O 12. 88，合计99. 76。

2. 在中国的产出情况

水碳镁钙石目前只产于其模式产地，中国尚未发现水碳镁钙石。

十二、水碳镍汞石(Szymańskiite)

1. 水碳镍汞石的一般特征

[产地、产状及共(伴)生矿物]　产在含汞-镍硫化物矿床氧化带中的一种非常罕见的次生矿物，这种矿床存在于由蛇纹岩热液蚀变生成的硅质-碳酸盐岩中。在美国加利福尼亚州Clear Creek汞矿床的采石场发现，共(伴)生矿物有辰砂、橙汞矿、自然汞、硅汞石、针镍矿和石英(Roberts et al., 1990; Szymanski et al., 1990)。

[形貌特征]　晶体呈自形-半自形柱状[0001]，主要单形{$10\bar{1}0$}、{0001}，发育显著的平行[0001]的晶面条纹，粒径最大至0. 4 mm。

[晶体结构]　六方晶系；$P6_3$。晶胞参数为 a=17. 3984(7)Å，c=6. 0078(4)Å；Z=1。

[主要粉晶衍射数据 *d*/Å(*I*)]　14. 9(100)，5. 60(100)，3. 299(80)，2. 704(60)，2. 665(60)，3. 201(50)，2. 476(50)(样品产自美国加利福尼亚州Clear Creek采石场)。

［物理性质］ 蓝灰色-蓝绿色，在空气中变深至黑色；条痕浅蓝色；透明；玻璃光泽。发育$\{10\bar{1}0\}$不完全解理；不规则状-贝壳状断口。性脆；摩氏硬度未测。密度 $D_{计算}=4.86\ g/cm^3$。

［光学性质］ 一轴负晶。折光率 $\omega=1.795(3)$，$\varepsilon=1.786(3)$。多色性：O=黄绿色；E=蓝绿色；$O<E$。

［化学成分］ 理想化学式为 $Hg_{16}Ni_6(CO_3)_{12}(OH)_{12}(H_3O)_8\cdot 3H_2O$。美国加利福尼亚州 Clear Creek 采石场产出样品的化学组成（w_B/%）为 NiO 6.59，Hg_2O 72.14，MgO 1.67，CO_2 11.42，H_2O 8.18，合计 100.00；相应的化学式为 $(H_3O)_8Hg_{16}(Ni_{4.08}Mg_{1.92})_{\Sigma 6.00}(CO_3)_{12}(OH)_{12}\cdot 3H_2O$。

［变化］ 在光照下缓慢变暗。

2. 在中国的产出情况

目前水碳镍汞石除产于模式产地外，只发现于西班牙，中国尚未发现水碳镍汞石。

第三节　含大半径阳离子的碳酸盐矿物

本节一共有 13 种矿物，包括属于碳锶铈矿超族-碳锶铈矿族的 5 个矿物：碳锶铈石（Ancylite-(Ce)）、碳锶镧矿（Ancylite-(La)）、碳钙铈矿（Calcioancylite-(Ce)）、碳钙钕矿（Calcioancylite-(Nd)）、碳铅钕矿（Gysinite-(Nd)）；属于碳锶铈矿超族-弘三钕矿族的 2 个矿物：弘三钕矿（Kozoite-(Nd)）、弘三镧矿（Kozoite-(La)）；未建族矿物：单斜羟碳汞石（Clearcreekite）、羟碳钙钇石（Kamphaugite-(Y)）、羟碳钠铍石（Niveolanite）、羟碳汞石（Peterbaylissite）、氟碳钠钙石（Sheldrickite）和重碳钠钇石（Thomasclarkite-(Y)）。这 13 种矿物中仅碳锶铈矿、碳锶镧矿、碳钙铈矿 3 种矿物在中国有产出报道。

碳锶铈矿超族-碳锶铈矿族

碳锶铈矿族的化学通式为 $(M^{3+}_x M^{2+}_{2-x})(CO_3)_2[(OH)_x\cdot(2-x)H_2O]$，其中 $1.0<x\leq 1.5$，$M=La^{3+}$、Ce^{3+}、Nd^{3+}、Ca^{2+}、Sr^{2+} 和 Pb^{2+}。包括以下 5 种矿物：

碳锶铈矿	Ancylite-(Ce)	$CeSr(CO_3)_2(OH)\cdot H_2O$	斜方晶系
碳锶镧矿	Ancylite-(La)	$LaSr(CO_3)_2(OH)\cdot H_2O$	斜方晶系
碳钙铈矿	Calcioancylite-(Ce)	$(Ce, Ca, Sr)CO_3(OH, H_2O)$	单斜晶系
碳钙钕矿	Calcioancylite-(Nd)	$Nd_{2.8}Ca_{1.2}(CO_3)_4(OH)_3\cdot H_2O$	单斜晶系
碳铅钕矿	Gysinite-(Nd)	$PbNd(CO_3)_2(OH)\cdot H_2O$	斜方晶系

一、碳锶铈矿（Ancylite-(Ce)）

1. 碳锶铈矿的一般特征

［产地、产状及共（伴）生矿物］ 是产在霞石正长岩和碳酸盐岩中的一种不常见副矿物。共（伴生）矿物有氟碳钙铈矿、菱铈钙矿、氟碳钡铯矿、双晶石、霓石和微斜长石。主要产地分布在格陵兰 Narssârssuk、加拿大 Mont Saint-Hilaire 等、美国 Sheep Creek 等岩脉、俄罗斯 Lovozero、挪威 Langesundsfjord、中国山东微山、巴西 Jacupiranga 矿床、刚果（金）Lueshe 碳酸盐岩体等（Palache et al., 1951；Traill et al., 1960；Keidel et al., 1971；Dal Negro et al., 1975；Zaitsev et al., 1998）。

［形貌特征］ 晶体呈典型的假八面体{111}，被{120}晶面修饰，有弯曲的表面，或呈短柱状[001]，最长至 6 mm；常呈集合体、结壳。

［晶体结构］ 斜方晶系；*Pmcn*。晶胞参数为 $a=4.97\sim5.03$ Å，$b=8.49\sim8.53$ Å，$c=7.24\sim7.29$ Å；$Z=2$。

［**主要粉晶衍射数据** d/Å(I)(hkl)］ 2.9542(100)(102)，4.3607(75)(110)，3.7443(60)(111)，2.0889(60)(221)，2.0194(55)(212)，5.5629(38)(011)，2.5341(38)(200)，2.3353(36)(013)(PDF 51-1546)。

［**物理性质**］ 浅黄橘色、粉色、黄棕色-棕色、灰色；条痕白色；半透明。晶面为玻璃-暗淡光泽，破裂面为油脂光泽；参差状断口。坚硬，摩氏硬度 $H=4\sim4.5$。密度 $D_{测量}=3.82\sim4.30$ g/cm^3，$D_{计算}=4.15$ g/cm^3。

［**光学性质**］ 在透射光下无色；二轴负晶。折光率 $\alpha=1.615\sim1.654$，$\beta=1.695\sim1.733$，$\gamma=1.730\sim1.772$。光轴角 $2V_{测量}=70(5)°$。光性方位：$X=a$；$Y=b$；$Z=c$。色散：$r<v$。

［**化学成分**］ 理想化学式为 $CeSr(CO_3)_2(OH)\cdot H_2O$；相应的化学组成($w_B$/%)为 CO_2 22.99，Ce_2O_3 42.88，SrO 27.07，H_2O 7.06，合计 100.00。格陵兰 Narssârssuk 和俄罗斯 Khibiny 产出样品的化学组成(w_B/%)如表 4-3-1 所示。

表 4-3-1 碳锶铈矿的化学组成(w_B/%)

产地	CO_2	ThO_2	La_2O_3	$(La, Dy)_2O_3$	Ce_2O_3	Pr_2O_3	Nd_2O_3	Sm_2O_3	Gd_2O_3
格陵兰	23.28	0.2		24.04	22.22				
俄罗斯	23.44	0.53	13.08		23.4	1.94	5.35	0.29	0.14
产地	FeO	CaO	SrO	BaO	F	H_2O	$-O=F_2$	不溶物	合计
格陵兰	0.35	1.52	21.03			6.52		0.6	99.76
俄罗斯	0.19	1.35	23.97	0.59	2.15		0.9		95.52

	化学式
格陵兰	
俄罗斯	$(Sr_{0.86}Ca_{0.09}Ba_{0.01}Fe_{0.01})_{\Sigma0.97}(Ce_{0.53}La_{0.30}Nd_{0.12}Pr_{0.04}Sm_{0.01}Th_{0.01})_{\Sigma1.01}(CO_3)_2(OH)\cdot H_2O$

［**与其他矿物种的关系**］ 属于碳锶铈矿超族-族碳锶铈矿族；与碳钙铈矿、碳铅铈矿、碳锶镧矿呈类质同象。

2. 在中国的产出情况

中国报道的碳锶铈矿产地为山东省微山县微山稀土矿床(张培善等，1998)、辽宁省丹东市的赛马杂岩体(Wu B et al.，2019)和云南省红河州个旧岩体(Wang Y et al.，2023)。

山东省微山县微山稀土矿床中的碳锶铈矿

［**产地、产状及共(伴)生矿物**］ 产于山东微山霓辉正长岩的热液脉中，与氟碳铈矿、重晶石、方解石共生(张培善等，1998)。

［**形貌特征**］ 粒状，有斜方双锥聚晶。

［**晶体结构**］ 斜方晶系；空间群 *Pmcn*。晶胞参数为 $a=5.00$ Å，$b=8.56$ Å，$c=7.24$ Å；$Z=4$。

［**主要粉晶衍射数据**］ 见表 4-3-2。

表 4-3-2 山东微山稀土矿床中碳锶铈矿的粉晶衍射数据

I	d/Å	I	d/Å
1	5.50	3	1.89
9	2.75	3	1.84
9	2.07	2	1.82
2	3.30	2	1.73

续表

I	d/Å	I	d/Å
10	2.94	2	1.72
1	2.75	2	1.67
4	2.62	1	1.64
2	2.50	2	1.60
10	2.32	2	1.58
1	2.10	4	1.52
9	2.07	3	1.49
5	2.00	2	1.42
4	1.94	6	1.315

注：数据引自张培善等(1998)。

［物理性质］ 无色、淡黄色；偏光镜下无色透明；玻璃光泽。有(010)解理。密度 $D_{测量}$ = 3.96 g/cm^3。

［光学性质］ 二轴负晶。折光率 α=1.795，β=1.712，γ=1.663。光轴角大；干涉色高。

［化学成分］ 微山碳锶铈矿的化学全分析结果(w_B/%)为：Na_2O 0.21，K_2O 0.18，CaO 6.72，SrO 16.00，BaO 2.43，MgO 0.10，MnO 0.03，RE_2O_3 47.73，SiO_2 1.16，U_3O_8 0.01，CO_2 23.55，H_2O^+ 2.54，总计 100.66；为含钙的碳锶铈矿。其稀土元素以铈为主，次为镧等。晶体化学式为：$(Sr_{0.65}Ca_{0.43}Ba_{0.05})_{\Sigma 1.04}(Ce, La)_{1.02}[(CO_3)_2\cdot(OH)]$。

二、碳锶镧矿(Ancylite-(La))

1. 碳锶镧矿的一般特征

［产地、产状及共(伴)生矿物］ 出现在碱性岩体的霞石正长岩中的稀有矿物。发现于俄罗斯科拉半岛 Khibiny 地块和加拿大魁北克省 Saint-Amable 附近。共(伴)生矿物有霓石、星叶石、铈铌钙钛矿、碳钇锶石、锶铈磷灰石、库氟碳钇钡石、硅钛铌钠矿、黑云母、异性石、单斜钠锆石、鱼眼石、氟磷灰石和方解石(Yakovenchuk et al., 1997; Dal Negro et al., 1975)。

［形貌特征］ 晶体呈双锥状{111}、{120}、{101}，板状或者短柱状，晶面弯曲，粒径最大至 2 mm；集合体呈晶洞骸晶状或者树枝状。

［晶体结构］ 斜方晶系；*Pmcn*。晶胞参数为 a=5.072(3)Å，b=8.589(3)Å，c=7.276(3)Å；Z=2。晶体结构参数(原子坐标)见表 4-3-3。

［主要粉晶衍射数据 ***d*/Å(*I*)(*hkl*)**］ 2.955(100)(102)，4.36(92)(110)，3.705(90)(021)，2.664(89)(031)，3.738(88)(111)，2.358(87)(131)，2.092(80)(221)，4.29(66)(020)(PDF 50-1687)。

［物理性质］ 无色、浅黄灰色、黄棕色、黄色，薄片为无色-浅黄色；条痕白色；半透明；玻璃光泽；贝壳状断口。性脆；摩氏硬度 H=4~4.5。密度 $D_{测量}$=3.88 g/cm^3，$D_{计算}$=3.93 g/cm^3。

［光学性质］ 在透射光下无色。二轴负晶。色散：$r<v$。折光率 α=1.640(3)，$\beta_{计算}$=1.717，γ=1.731(3)。光轴角 $2V_{测量}$=70(5)°。

［化学成分］ 理想化学式为 $LaSr(CO_3)_2(OH)\cdot H_2O$；相应的化学组成($w_B$/%)为：$CO_2$ 23.07，La_2O_3 42.69，SrO 27.16，H_2O 7.08，合计 100.00。俄罗斯 Kola 半岛 Kukisvumchorr 山产出样品的化学组成(w_B/%)如表 4-3-4 所示；相应的化学式为 $(Sr_{0.89}Ca_{0.11}Ba_{0.02})_{1.02}(La_{0.60}Ce_{0.38}Nd_{0.02})_{\Sigma 1.00}(CO_3)_{1.96}(OH)_{1.12}\cdot H_2O$。

表 4-3-3 碳锶镧矿晶体结构参数(原子坐标)

原子	x	y	z	occ	$Uiso$	$U(1,1)$	$U(2,2)$	$U(3,3)$	$U(1,2)$	$U(1,3)$	$U(2,3)$
a=5.044 Å, b=8.541 Å, c=7.292 Å, α=90°, β=90°, γ=90°, $Pmcn$											
SrM	0.25	0.34134	0.64817	0.31	0.01080	0.00997	0.01079	0.01163	0	0	-0.00043
CaM	0.25	0.34134	0.64817	0.05	0.01080	0.00997	0.01079	0.01163	0	0	-0.00043
LaM	0.25	0.34134	0.64817	0.27	0.01080	0.00997	0.01079	0.01163	0	0	-0.00043
NdM	0.25	0.34134	0.64817	0.205	0.01080	0.00997	0.01079	0.01163	0	0	-0.00043
PrM	0.25	0.34134	0.64817	0.07	0.01080	0.00997	0.01079	0.01163	0	0	-0.00043
CeM	0.25	0.34134	0.64817	0.04	0.01080	0.00997	0.01079	0.01163	0	0	-0.00043
SmM	0.25	0.34134	0.64817	0.01	0.01080	0.00997	0.01079	0.01163	0	0	-0.00043
C	0.75	0.1918	0.813		0.0119	0.0118	0.0127	0.0111	0	0	0.0016
O_1	0.75	0.3213	0.7258		0.0233	0.0190	0.0180	0.033	0	0	0.0119
O_2	0.5219	0.1238	0.8519		0.0182	0.0135	0.0195	0.0217	-0.0019	0.0014	0.0019
Wat	0.25	0.4151	0.9771	0.5	0.0313	0.041	0.036	0.016	0	0	0.0053
OH	0.25	0.4151	0.9771	0.425	0.0313	0.041	0.036	0.016	0	0	0.0053
F	0.025	0.4151	0.9771	0.075	0.0313	0.041	0.036	0.016	0	0	0.0053

注：数据引自 Petersen et al.(2001)。

表 4-3-4 碳锶镧矿的化学组成(w_B/%)

CO_2	La_2O_3	Ce_2O_3	Pr_2O_3	Nd_2O_3	CaO	SrO	BaO	H_2O	合计
22.59	25.75	16.23	0.1	0.7	1.69	24.22	0.64	7.37	99.29
23.07	42.69					27.16		7.08	100

[与其他矿物种的关系] 属于碳锶铈矿超族-族碳锶铈矿族；与碳锶铈矿、碳钙镧矿和碳铅镧矿呈类质同象。

2. 在中国的产出情况

目前中国已报道的碳锶镧矿产地辽宁省丹东市的赛马杂岩体(Wu B et al., 2019)和云南省红河哈尼族彝族自治州个旧岩体(Wang Y et al., 2023)，但缺乏详细的研究资料。

三、碳钙铈矿(Calcioancylite-(Ce))

1. 碳钙铈矿的一般特征

[产地、产状及共(伴)生矿物] 发现于意大利 Baveno，是在花岗岩晚期晶洞中存在的一种稀有矿物；在美国宾夕法尼亚州 Cornog 和俄罗斯乌拉尔山脉也有发现，存在于阿尔卑斯型裂隙中；在加拿大 Mont Saint-Hilaire、格陵兰 Ilímaussaq 侵入体和俄罗斯 Kola 半岛的碱性岩中也有产出；还见于加拿大 Baffin 岛含白榴石金云火山岩脉中。此外，在奥地利 Kalcherkogel 隧道、德国 Eifel 附近、斯洛文尼亚的 Cezlak、挪威的 Tvedalen 等地也有发现。共(伴)生矿物有钾长石、钠沸石、霓石、单斜钠锆石、钙钛矿、星叶石、榍石、磷灰石、锐钛矿、直氟碳钙铈矿、石英、方解石、阳起石、黄铁矿(美国宾夕法尼亚州 Cornog)(Palache et al., 1951; Pekov et al., 1997)。

[形貌特征] 晶体呈假等轴状双锥-柱状，晶面弯曲，粒径最大至 2 mm；集合体呈近平行状，与碳酸锶铈矿呈带状交生。

[晶体结构] 单斜晶系(假等轴)；Pm。

[主要粉晶衍射数据 d/Å(I)] 2.94(100), 4.32(75), 2.33(45), 3.66(40), 2.07(35), 5.54(30), 2.00(30)(样品产自格陵兰 Ilímaussaq 侵入体)。

［**物理性质**］ 粉色、白色、灰色；条痕白色；透明-半透明；珍珠光泽，解理面为油脂光泽；参差状断口。略显脆性；摩氏硬度 $H=4\sim4.5$。密度 $D_{测量}=3.95\ g/cm^3$。在日光下为浅粉色，在室内荧光下发浅蓝灰色荧光。

［**光学性质**］ 在透射光下无色。二轴负晶。折光率 $\alpha=1.654(3)$，$\beta=1.733(3)$，$\gamma=1.772(3)$。光轴角 $2V_{测量}=60°$。色散：$r<v$；极弱。

［**化学成分**］ 理想化学式为(Ce，Ca，Sr)(CO_3)(OH，H_2O)；相应的化学组成($w_B/\%$)为 CO_2 22.88，Ce_2O_3 63.98，CaO 7.29，H_2O 5.85，合计 100.00。格陵兰 Ilímaussaq 侵入体和俄罗斯 Afrikanda 地块产出样品的化学组成如表 4-3-5 所示。

［**与其他矿物种的关系**］ 属于碳锶铈矿超族-族碳锶铈矿族；与碳锶铈石、碳钙钕矿呈类质同象。

2. 在中国的产出情况

中国已报道的碳钙铈矿唯一产地为云南省红河州个旧岩体(Wang Y et al.，2023)，但缺乏较详细的研究资料。

表 4-3-5 碳钙铈矿的化学组成($w_B/\%$)

产地	CO_2	La_2O_3	Ce_2O_3	Pr_2O_3	Nd_2O_3	Sm_2O_3	CaO	SrO	F	H_2O
格陵兰	n. d.	21.85	31.07	2.67	7.64	0.21	7.55	0.25	0.72	n. d.
俄罗斯	n. d.	11.44	30.97	2.62	9.31	0.65	6.59	6.68		n. d.
化学式										
格陵兰	$(Ca_{1.04}Sr_{0.02})_{\Sigma1.06}(Ce_{1.44}La_{1.02}Nd_{0.34}Pr_{0.12})_{\Sigma2.92}(CO_3)_4(OH)_3\cdot H_2O$									
俄罗斯	$(Ca_{0.92}Sr_{0.50})_{\Sigma1.42}(Ce_{1.46}La_{0.54}Nd_{0.44}Pr_{0.12}sm_{0.02})_{\Sigma2.58}(CO_3)_4(OH)_3\cdot H_2O$									

四、碳钙钕矿(Calcioancylite-(Nd))

1. 碳钙钕矿的一般特征

［**产地、产状及共(伴)生矿物**］ 在花岗岩晶洞中呈膜状产出。发现于意大利 Baveno 的 Montecatini 采石场。共(伴)生矿物有正长石、石英和钠长石等(Orlandi et al.，1990)。

［**形貌特征**］ 呈双锥板状晶体，晶粒最大至 1 mm，常近平行排列构成集合体。

［**晶体结构**］ 单斜晶系(假斜方)；*Pm*。晶胞参数为 $a=4.948$ Å，$b=8.469$ Å，$c=7.167$ Å；$\beta=90.04(3)°$；$Z=1$。晶体结构参数(原子坐标)见表 4-3-6。

表 4-3-6 碳钙钕矿的晶体结构参数(原子坐标)

$a=4.976$ Å，$b=8.468$ Å，$c=7.212$ Å，$\alpha=90.04°$，$\beta=90°$，$\gamma=90°$，*Pm*					
原子	*x*	*y*	*z*	*occ*	*Uiso*
NdM1	1/4	0.3399	0.3524	0.225	0.0132
CeM1	1/4	0.3399	0.3524	0.160	0.0132
SmM1	1/4	0.3399	0.3524	0.083	0.0132
GdM1	1/4	0.3399	0.3524	0.070	0.0132
YM1	1/4	0.3399	0.3524	0.065	0.0132
PrM1	1/4	0.3399	0.3524	0.037	0.0132
LaM1	1/4	0.3399	0.3524	0.035	0.0132
DyM1	1/4	0.3399	0.3524	0.017	0.0132
TmM1	1/4	0.3399	0.3524	0.007	0.0132

$a=4.976$ Å，$b=8.468$ Å，$c=7.212$ Å，$\alpha=90.04°$，$\beta=90°$，$\gamma=90°$，*Pm*					
原子	*x*	*y*	*z*	*occ*	*Uiso*
CaM1	1/4	0. 3399	0. 3524	0. 300	0. 0132
NdM2	1/4	0. 1677	0. 8517	0. 130	0. 0149
CeM2	1/4	0. 1677	0. 8517	0. 092	0. 0149
SmM2	1/4	0. 1677	0. 8517	0. 048	0. 0149
GdM2	1/4	0. 1677	0. 8517	0. 040	0. 0149
YM2	1/4	0. 1677	0. 8517	0. 037	0. 0149
PrM2	1/4	0. 1677	0. 8517	0. 022	0. 0149
LaM2	1/4	0. 1677	0. 8517	0. 020	0. 0149
DyM2	1/4	0. 1677	0. 8517	0. 010	0. 0149
TmM2	1/4	0. 1677	0. 8517	0. 004	0. 0149
CaM2	1/4	0. 1677	0. 8517	0. 596	0. 0149
NdM3	3/4	0. 6609	0. 6448	0. 203	0. 0102
CeM3	3/4	0. 6609	0. 6448	0. 145	0. 0102
SmM3	3/4	0. 6609	0. 6448	0. 075	0. 0102
GdM3	3/4	0. 6609	0. 6448	0. 063	0. 0102
YM3	3/4	0. 6609	0. 6448	0. 059	0. 0102
PrM3	3/4	0. 6609	0. 6448	0. 034	0. 0102
LaM3	3/4	0. 6609	0. 6448	0. 032	0. 0102
DyM3	3/4	0. 6609	0. 6448	0. 016	0. 0102
TmM3	3/4	0. 6609	0. 6448	0. 007	0. 0102
CaM3	3/4	0. 6609	0. 6448	0. 367	0. 0102
NdM4	3/4	0. 8440	0. 1445	0. 321	0. 0082
CeM4	3/4	0. 8440	0. 1445	0. 229	0. 0082
SmM4	3/4	0. 8440	0. 1445	0. 118	0. 0082
GdM4	3/4	0. 8440	0. 1445	0. 100	0. 0082
YM4	3/4	0. 8440	0. 1445	0. 093	0. 0082
PrM4	3/4	0. 8440	0. 1445	0. 054	0. 0082
LaM4	3/4	0. 8440	0. 1445	0. 050	0. 0082
LaM4	3/4	0. 8440	0. 1445	0. 025	0. 0082
DyM4	3/4	0. 8440	0. 1445	0. 011	0. 0082
TmM4	3/4	0. 8440	0. 1445	0. 321	0. 0082
C1	3/4	0. 191	0. 177		0. 017
C2	3/4	0. 312	0. 699		0. 017
C3	1/4	0. 817	0. 805		0. 007
C4	1/4	0. 687	0. 314		0. 011
O11	3/4	0. 325	0. 272		0. 012
O12	3/4	0. 194	0. 790		0. 008
O13	1/4	0. 695	0. 705		0. 033
O14	1/4	0. 831	0. 241		0. 028
O21	0. 529	0. 125	0. 143		0. 015

$a=4.976$ Å，$b=8.468$ Å，$c=7.212$ Å，$\alpha=90.04°$，$\beta=90°$，$\gamma=90°$，*Pm*					
原子	*x*	*y*	*z*	*occ*	*Uiso*
O22	0.520	0.383	0.649		0.018
O23	0.480	0.885	0.649		0.018
O24	0.473	0.622	0.353		0.021
O31	1/4	0.412	0.036		0.023
O32	1/4	0.082	0.526		0.016
O33	3/4	0.590	0.981		0.020
O34	3/4	0.899	0.463		0.015

注：数据引自 Orlandi et al. (1990)。

[主要粉晶衍射数据 *d*/Å(*I*)(*hkl*)] 4.26(100)(110)，2.905(90)(102)，2.048(80)(221)，3.67(70)(111)，2.320(70)(131)，1.979(70)(212)，5.49(60)(011)，2.625(40)(031)(PDF 42-1424)。

[物理性质] 浅粉色；条痕白色；透明；玻璃光泽；不规则状断口。性脆；摩氏硬度 $H=4\sim4.5$。密度 $D_{测量}>4.02$ g/cm³，$D_{计算}=4.08$ g/cm³。

[光学性质] 二轴负晶。折光率 $\alpha=1.660(1)$，$\beta=1.725(1)$，$\gamma=1.765(1)$。光轴角 $2V_{测量}=70°$，$2V_{计算}=74°$。光性方位：$Z=c$。色散：$r<v$，弱。

[化学成分] 理想化学式为 $Nd_{2.8}Ca_{1.2}(CO_3)_4(OH)_3 \cdot H_2O$。意大利 Baveno 产出样品的化学组成($w_B$/%)如表 4-3-7 所示。

表 4-3-7 碳钙钕矿的化学组成(w_B/%)

CO_2	La_2O_3	Ce_2O_3	Pr_2O_3	Nd_2O_3	Sm_2O_3	Eu_2O_3	Gd_2O_3	Dy_2O_3	Tm_2O_3	Y_2O_3	CaO	SrO	H_2O	合计
23.47	3.16	14.18	3.23	20.23	7.63	0	6.68	1.74	0.83	3.93	9.05	0	[5.87]	100.00
化学式														
$Ca_{1.20}(Nd_{0.90}Ce_{0.64}Sm_{0.33}Gd_{0.28}Y_{0.26}Pr_{0.15}La_{0.14}Dy_{0.07}Tm_{0.03})_{\Sigma 2.80}(CO_3)_{3.98}(OH)_{2.84} \cdot 1.01H_2O$														

[与其他矿物种的关系] 属于碳锶铈矿超族-族碳锶铈矿族；与碳钙铈矿、碳铅钕矿呈类质同象。

2. 在中国的产出情况

目前中国尚未发现碳钙钕矿。

五、碳铅钕矿(Gysinite-(Nd))

1. 碳铅钕矿的一般特征

[产地、产状及共(伴)生矿物] 产在含稀土铅矿床的氧化带中的稀有次生矿物，稀土可能来自蚀变的沥青铀矿。最初发现于刚果的 Shinkolobwe，在意大利的 Sa Duchessa 矿床和德国的 Glücksrad 矿床也有发现。共(伴)生矿物有碳钕铜铅石、孔雀石、白铅矿、钼铅矿、硅铅铀矿、自然金、斑铜矿、石榴子石、滑石-绿泥石(刚果(金)Shinkolobwe)；硅孔雀石、砷钇铜石、羟磷砷锌铜石、羟锑砷铜锌石(意大利 Sa Duchessa 矿床)(Sarp et al.，1985；Chabot et al.，1985；Olmi et al.，1991)。

[形貌特征] 晶体呈假八面体，粒径最大至 1 mm，可见单形{111}和{110}；集合体呈互结生长的圆状或呈薄膜状。可能沿着一个未确定的轴线形成{100}穿插双晶。

[晶体结构] 斜方晶系；*Pmcn*。晶胞参数为 $a=5.0028(8)$ Å，$b=8.555(1)$ Å，$c=7.2392(8)$ Å；$Z=2$。晶体结构参数(原子坐标)见表 4-3-8。

表 4-3-8　碳铅钕矿的晶体结构参数(原子坐标)

a=7.231 Å, b=4.964 Å, c=8.489 Å, α=90°, β=90°, γ=90°, $Pnma$											
原子	x	y	z	occ	$Uiso$	$U(1,1)$	$U(2,2)$	$U(3,3)$	$U(1,2)$	$U(1,3)$	$U(2,3)$
Nd	0.35584	0.25	0.83332		0.00774	0.0073	0.0066	0.0093	0	0.00035	0
C	0.1960	-0.25	0.6793		0.0074	0.007	0.006	0.009	0	0.0028	0
O1	0.1525	-0.0258	0.6121		0.0095	0.0106	0.0075	0.0103	0.0010	0.0005	0.0007
O2	0.0386	0.25	0.8949		0.0144	0.010	0.024	0.0089	0	0.0002	0
O3	0.2941	-0.25	0.8032		0.0141	0.021	0.008	0.0140	0	-0.0064	0
H	0	0.154	0.970	0.5	0.017						

注：数据引自 Fang et al. (2007)。

[主要粉晶衍射数据 d/Å(I)(hkl)]　4.3512(100)(110), 2.5212(49)(200), 3.7353(46)(111), 2.9587(44)(102), 5.5745(35)(011), 2.0853(32)(221), 3.7064(31)(021), 3.3568(26)(012)(PDF 45-1402)。

[物理性质]　浅粉色-红粉色；条痕白色-浅粉色；半透明；玻璃-油脂光泽。性脆，硬度未测。密度 $D_{计算}$=5.12~5.18 g/cm^3。

[光学性质]　二轴负晶。折光率 α=1.745(5), β=1.805(5), γ=1.840(5)。光轴角 $2V_{测量}$=70°, $2V_{计算}$=72.4°。光性方位：$X=c$；$Y=a$；$Z=b$。色散：$r<v$；可观察。

[化学成分]　理想化学式为 $PbNd(CO_3)_2(OH)\cdot H_2O$。典型产地产出样品的化学组成($w_B$/%)如表 4-3-9 所示。

表 4-3-9　碳铅钕矿的化学组成(w_B/%)

产地	CO_2	La_2O_3	Pr_2O_3	Nd_2O_3	Sm_2O_3	Eu_2O_3	Gd_2O_3	PbO	H_2O	合计
刚果(金)Shinkolobwe	20.1	5.8		38.9				29.1	[6.1]	100.0
意大利 Sa Duchessa 矿床		15.01	7.76	17.84	3.33	1.49	1.98	31.69		
化学式										
刚果(金)Shinkolobwe	$Pb_{0.59}(Nd_{1.04}La_{0.15})_{\Sigma 1.19}(CO_3)_{2.05}(OH)_{0.63}\cdot 1.2H_2O$									
意大利 Sa Duchessa 矿床	$Pb_{0.66}(Nd_{0.50}La_{0.44}Pr_{0.22}Sm_{0.09}Gd_{0.05}Eu_{0.04})_{\Sigma 1.34}(CO_3)_{2.13}(OH)_{1.06}\cdot 0.68H_2O$									

[与其他矿物种的关系]　属于碳锶铈矿超族-碳锶铈矿族；与碳钙钕矿、碳铅镧矿和碳铅铈矿呈类质同象。

2. 在中国的产出情况

碳铅钕矿是非常罕见的一种稀土矿物，目前中国尚未发现碳铅钕矿。

碳锶铈矿超族-弘三钕矿族(Ancylite supergroup)-(Kozoite group)

弘三镧矿	Kozoite-(La)	$La(CO_3)(OH)$	斜方晶系
弘三钕矿	Kozoite-(Nd)	$Nd(CO_3)(OH)$	斜方晶系

六、弘三镧矿(Kozoite-(La))

1. 弘三镧矿的一般特征

[产地、产状及共(伴)生矿物]　是产于碱性橄榄玄武岩裂隙中的一种稀有次生矿物，可能源于

热液作用。发现于日本Saga省Niikoba。共(伴)生矿物有碳钕石和凯水碳钙钇石(Miyawaki et al., 2000; Dexpert et al., 1974)。

［**形貌特征**］ 晶体呈斜方双锥，粒径最大至10 μm；常呈集合体。

［**晶体结构**］ 斜方晶系；*Pmcn*。晶胞参数为 a=4.9829(1)Å，b=8.5188(2)Å，c=7.2570(2)Å；Z=4。

［**主要粉晶衍射数据 *d*/Å(*I*)**］ 4.29(100)，2.93(89)，2.333(78)，2.060(78)，1.994(75)，3.69(72)，2.640(59)(样品产自日本Niikoba)。

［**物理性质**］ 浅粉紫色-白色；半透明；玻璃-黯淡光泽。硬度未测。密度 $D_{计算}$=4.77 g/cm^3。

［**光学性质**］ 二轴负晶。折光率 α=1.698(2)，β未测，γ=1.780(5)。光轴角2V未测。

［**化学成分**］ 理想化学式为La(CO_3)(OH)。日本Niikoba产出样品的化学组成如表4-3-10所示；相应的化学式为 $(Nd_{0.42}La_{0.30}Pr_{0.09}Sm_{0.07}Gd_{0.04}Eu_{0.02}Ca_{0.02}Y_{0.02})_{\Sigma 0.98}(CO_3)_{1.12}[(OH)_{0.68}(H_2O)_{0.23}]_{\Sigma 0.91}$。

表4-3-10 弘三镧矿的化学组成(w_B/%)

CO_2	Y_2O_3	La_2O_3	Ce_2O_3	Pr_2O_3	Nd_2O_3	Sm_2O_3	Eu_2O_3	Gd_2O_3	Tb_2O_3	Dy_2O_3	CaO	H_2O	合计
21.1	0.7	21.39	0.26	6.25	30.66	5.39	1.84	2.99	0.11	0.24	0.49	5.44	96.86

［**与其他矿物种的关系**］ 属于碳锶铈矿超族——弘三钕矿族；与弘三钕矿呈类质同象。

2. 在中国的产出情况

目前中国尚未发现弘三镧矿。

七、弘三钕矿(Kozoite-(Nd))

1. 弘三钕矿的一般特征

［**产地、产状及共(伴)生矿物**］ 产于碱性橄榄玄武岩的裂隙和晶洞中，发现于日本Saga省Niikoba；与碳钕石和凯水碳钙钇石共生(Miyawaki et al., 2000)。

［**形貌特征**］ 晶体呈菱形双锥习性，最大粒径至10 μm。

［**晶体结构**］ 斜方晶系；*Pmcn*。晶胞参数为 a=4.9829(1)Å，b=8.5188(2)Å，c=7.2570(2)Å；Z=4。

［**主要粉晶衍射数据 *d*/Å(*I*)(*hkl*)**］ 4.29(100)(110)，2.93(89)(102)，2.33(78)(131)，2.06(78)(221)，1.994(75)(212)，3.69(72)(111)，2.64(59)(031)，4.24(54)(020)(日本Saga)。

［**物理性质**］ 浅粉紫色-白色；透明；玻璃-粉状光泽。密度 $D_{计算}$=4.77 g/cm^3。

［**光学性质**］ 二轴晶。高双折射，折光率 α=1.698，γ=1.780。色散很强。

［**化学成分**］ 理想化学式为Nd(CO_3)(OH)；对应的化学组成(w_B/%)为 Nd_2O_3 76.04，CO_2 19.89，H_2O 4.07。日本Saga产出的样品化学组成(w_B/%)为：La_2O_3 21.39，Pr_2O_3 6.25，Ce_2O_3 0.26，Nd_2O_3 30.66，Sm_2O_3 5.39，Eu_2O_3 1.84，Gd_2O_3 2.99，Tb_2O_3 0.11，Dy_2O_3 0.24，Y_2O_3 0.70，CaO 0.49，CO_2 21.10，H_2O 5.44，合计96.86。相应的化学式为 $(Nd_{0.85}La_{0.61}Pr_{0.18}Sm_{0.14}Gd_{0.08}Eu_{0.05}Ca_{0.04}Y_{0.03}Ce_{0.01}Dy_{0.01})C_{2.24}H_{2.82}O_{8.88}$。

［**与其他矿物种的关系**］ 属于碳锶铈矿超族——弘三钕矿族；与弘三镧矿呈类质同象。

［**微化反应**］ 易溶于稀盐酸、起泡。

2. 在中国的产出情况

目前中国尚未发现弘三钕矿。

未建族矿物

八、单斜羟碳汞石(Clearcreekite)

1. 单斜羟碳汞石的一般特征

[产地、产状及共(伴)生矿物] 是一种非常罕见的矿物，可能是辰砂的蚀变产物。在美国加利福尼亚州的Clear Creek汞矿床附近的采石场发现。共(伴)生矿物有硫铬汞矿和辰砂(Roberts et al.，2001)。

[形貌特征] 晶体呈扁平状半自形，可见单形{001}和{010}，最大粒径至0.17 mm。

[晶体结构] 单斜晶系；$P2_1/c$。晶胞参数为$a=6.760(4)$ Å，$b=9.580(4)$ Å，$c=10.931(4)$ Å；$\beta=105.53(5)°$；$Z=4$。

[主要粉晶衍射数据 *d*/Å(*I*)] 2.831(100)，2.767(100)，4.62(90)，7.09(70)，5.32(40)，2.391(40)，5.40(30)(样品产自美国科罗拉多州Clear Creek采石场)。

[物理性质] 浅绿色；条痕浅绿黄色；透明；玻璃光泽。发育{001}完全解理。性脆；硬度较“软”。密度$D_{测量}=6.96$ g/cm^3。

[光学性质] 二轴晶。折光率$n_{计算}=2.06\sim2.12$。

[化学成分] 理想化学式为$Hg_3^{1+}(CO_3)(OH)\cdot2H_2O$；对应的化学组成($w_B$/%)为$CO_2$ 6.16，Hg_2O 87.54，H_2O 6.30，合计100.00。美国加利福尼亚州Clear Creek采石场产出样品的化学组成(w_B/%)为Hg_2O 84.65；相应的化学式为$Hg_{2.92}(CO_3)_{1.01}(OH)_{0.90}\cdot2.07H_2O$。

[与其他矿物种的关系] 与羟碳汞石呈同质二象。

2. 在中国的产出情况

目前中国尚未发现单斜羟碳汞石。

九、羟碳钙钇石(Kamphaugite-(Y))

1. 羟碳钙钇石的一般特征

[产地、产状及共(伴)生矿物] 发现于挪威Hørtekollen矿床，为产在接触变质矽卡岩中的一种晚期低温矿物；产于哈萨克斯坦一种交代蚀变碱性花岗岩；在南非Goudini火山，产于碳酸盐岩化的火山岩石英-重晶石脉中。典型产地还有挪威Høydalen和Tangen花岗伟晶岩、意大利Cala Francese、俄罗斯Kola半岛、匈牙利Szarvasko、加拿大魁北克省的Evans-Lou采石场、美国缅因州Gronci-Ellis花岗岩采石场、澳大利亚南部Paratoo铜矿床等。共(伴)生矿物有氟羟硅铝钇石(挪威)；氟钙钠钇石(哈萨克斯坦)；碳硅钇钙石、羟硅铍钇石(意大利Sardinia的Cal Francese)；碳硅钙钇石、碳钇锶石、水氯碳铜钇石(澳大利亚Paratoo矿床)(Raade et al.，1993；Rømming et al.，1993)。

[形貌特征] 晶体表面比较粗糙，呈板状{001}，有正方至八边形轮廓；集合体常呈玫瑰花状或球状，其中晶体近平行排列，粒径最大至4 mm，也可呈细粒块状和膜状。

[晶体结构] 四方晶系；$P4_12_12$。晶胞参数为$a=7.434(1)$ Å，$c=21.793(3)$ Å；$Z=8$。晶体结构参数(原子坐标)见表4-3-11。

[主要粉晶衍射数据 *d*/Å(*I*)(*hkl*)] 6.170(100)(102)，4.44(90)(104)，2.645(90)(220)，3.54(80)(202)，2.854(80)(214)，1.90(80)(228)，1.888(80)(20 10)，2.466(70)(216)(PDF 49-1818)。

[物理性质] 白色-无色、浅棕色、浅黄色或灰棕色；条痕白色；透明-半透明；玻璃光泽；不平坦状断口。性脆；摩氏硬度$H=2\sim3$。密度$D_{测量}=3.19(5)$ g/cm^3，$D_{计算}=3.14$ g/cm^3。

[光学性质] 一轴正晶，异常二轴正晶。折光率$\omega=1.611\sim1.620$，$\varepsilon=1.636\sim1.62$；$\alpha=1.627(2)$，$\beta=1.663(2)$，$\gamma=1.663(2)$。光轴角$2V_{测量}\approx15°$。光性方位：$X=c$。

表 4-3-11　羟碳钙钇石的晶体结构参数(原子坐标)

a=7.434 Å, b=7.434 Å, c=21.793 Å, α=90°, β=90°, γ=90°, $P4_12_12$				
原子	x	y	z	occ
Y1	0.99024	0.76810	0.56887	0.0087
Ca1	0.9975	0.2618	0.5633	0.0074
C1	0.6734	0.5487	0.5767	0.013
C2	0.3251	0.9596	0.5864	0.009
OH1	0.8126	0.0108	0.5357	0.012
Wat02	0.0146	0.3030	0.2776	0.019
O11	0.6910	0.7035	0.6021	0.015
O12	0.5441	0.4521	0.5873	0.025
O13	0.8047	0.5036	0.5387	0.022
O21	0.2867	0.8083	0.6096	0.018
O22	0.2867	0.8083	0.6096	0.018
O23	0.2109	0.2550	0.5468	0.016

注：数据引自 Rømming et al.(1993)。

[化学成分] 理想化学式为 $Ca_2Y_2(CO_3)_4(OH)_2 \cdot 3H_2O$；对应的化学组成($w_B$/%)为 Y_2O_3 39.75，CaO 19.74，CO_2 31.00，H_2O 9.51。挪威 Hørtekollen 矿床产出样品的化学组成见表 4-3-12，相应的化学式为 $Ca_{0.98}(Y_{0.80}RE_{0.14})_{\Sigma 0.94}(CO_3)_2(OH)_{0.77} \cdot 1.61H_2O$。

表 4-3-12　羟碳钙钇石的化学组成(w_B/%)

CO_2	Y_2O_3	Nd_2O_3	Sm_2O_3	Gd_2O_3	Dy_2O_2	Er_2O_3	Yb_2O_3	CaO	H_2O	合计
29.6	30.5	1.4	0.8	1.6	2.1	1.2	1.1	18.4	12.1	98.8

2. 在中国的产出情况

目前中国尚未发现羟碳钙钇石。

十、羟碳钠铍石(Niveolanite)

1. 羟碳钠铍石的一般特征

[产地、产状及共(伴)生矿物] 存在热液蚀变过碱性伟晶岩核部空洞中的晚期矿物。发现于加拿大魁北克省 Poudrette 采石场中伟晶岩中。共(伴)生矿物有钠长石、霓石、钠沸石、纤沸石、菱铁矿、碳钠铈石、水铌钠石和片钠铝石；更为罕见的有方沸石、石英、双晶石、钠锆石、斜方钠锆石、独居石、方解石、阿水碳钠钇石、水碳钠钇石、方铅矿、闪锌矿和金红石(Pekov et al., 2008)。

[形貌特征] 常呈纤维“似羊毛”集合体，最大粒径至 2 cm；或呈带四角或八角形截面的针状晶体构成的集合体，最大粒径至 1 cm。晶体平行于[100]方向延长，发育{100}晶面。

[晶体结构] 四方晶系；$P4/mcc$。晶胞参数为 a=13.1304(19)Å，c=5.4189(11)Å；Z=8。

[主要粉晶衍射数据 d/Å(I)] 13.01(100)，3.256(95)，9.20(62)，2.489(60)，2.693(44)，2.605(37)，3.611(34)(产地为加拿大魁北克省 Prodrette 采石场)。

[物理性质] 纤维状晶体无色，集合体呈雪白-珍珠白色；条痕白色；透明；丝绢光泽；无解理；参差状断口。针状晶体性脆，纤维状晶体有弹性。硬度未测。密度 $D_{计算}$=1.82~2.06 g/cm³(与水的含量多少有关，易互相转换)。

［光学性质］ 一轴正晶。折光率 ω=1.469(1)，ε=1.502(1)。

［化学成分］ 理想化学式为 $NaBe(CO_3)(OH)\cdot 2H_2O$。加拿大魁北克省 Prodrette 采石场产出样品的化学组成(w_B/%)为：Na_2O 19.81，K_2O 0.07，CaO 3.88，BeO 16.65，CO_2 29.81，H_2O 26.93，合计 97.15；相应的化学式为$(Na_{0.94}Ca_{0.10})_{\Sigma 1.04}Be_{0.98}(CO_3)_{1.00}(OH)_{1.10}\cdot 1.66H_2O$。

［微化反应］ 在 HCl 中弱起泡。

［变化］ 易潮解。

2. 在中国的产出情况

羟碳钠铍石是自然界发现的第一种天然铍碳酸盐矿物；目前中国尚未发现羟碳钠铍石。

十一、羟碳汞石(Peterbaylissite)

1. 羟碳汞石的一般特征

［产地、产状及共(伴)生矿物］ 发现于硅质碳酸盐岩石中的汞矿床中，非常罕见的由蛇纹岩热液蚀变生成的一种蚀变产物，可能为辰砂蚀变。典型产地在美国加利福尼亚州的 Clear Creek 汞矿床附近。共(伴)生矿物有含铁镁铬铁矿、含铁菱镁矿、辰砂、黑辰砂、自然汞和石英(Roberts et al., 1995)。

［形貌特征］ 晶体呈自形-半自形，最大粒径至 0.2 mm，沿平行[001]方向拉长，呈楔状、或板状；集合体为簇状。

［晶体结构］ 斜方晶系(假四方)；*Pcab*。晶胞参数为 a=11.130(2)Å，b=11.139(3)Å，c=10.725(3)Å；Z=8。

［主要粉晶衍射数据 ***d*/Å(*I*)(*hkl*)**］ 2.648(100)(223)，2.969(70)(231)，2.786(70)(040)，2.419(60)(241)，4.84(50)(012)，6.35(40)(111)，4.95(40)(120)，4.48(40)(211)(PDF 47-1861)。

［物理性质］ 黑色-深红棕色；薄片呈灰色带微蓝色调；条痕深棕黑色；不透明；半金属-金刚光泽；不规则状断口。性脆；摩氏硬度 H<5。密度 $D_{计算}$=7.14 g/cm^3。

［光学性质］ 二轴晶。多色性：弱；深灰色-棕色。弱-中等双折射。反射率如表 4-3-13 所示。

表 4-3-13 羟碳汞石的反射率

波长/nm	400	420	440	460	480	500	520	540	560	580	600	620	640	660	680	700
R_1/%	12.0	11.8	11.6	11.5	11.3	11.2	11.1	11.0	10.9	10.9	10.8	10.7	10.8	10.6	10.6	10.6
R_2/%	13.2	12.8	12.6	12.3	12.1	11.9	11.7	11.6	11.5	11.5	11.4	11.3	11.2	11.2	11.2	11.2

［化学成分］ 理想化学式为 $Hg_3(CO_3)(OH)\cdot 2H_2O$；对应的化学组成($w_B$/%)为 CO_2 6.16，Hg_2O 87.54，H_2O 6.30，合计 100.00。美国加利福尼亚州 Clear Creek 采石场产出样品的 Hg_2O 含量(w_B)为 87.4。

［与其他矿物种的关系］ 与单斜羟碳汞石呈同质二象。

2. 在中国的产出情况

目前羟碳汞石仅发现于其位于美国加利福尼亚州的模式产地。中国尚未发现羟碳汞石。

十二、氟碳钠钙石(Sheldrickite)

1. 氟碳钠钙石的一般特征

［产地、产状及共(伴)生矿物］ 产在碱性辉长-正长杂岩体内的霞石正长岩中，是其中大理岩捕虏体内稀有的晚期热液矿物。发现于加拿大魁北克省的 Mont Saint-Hilaire。共(伴)生矿物有碳钠钙石、针钠钙石、微斜长石、多硅锂云母、钠角闪石和辉钼矿(Grice et al., 1997)。

[**形貌特征**] 晶体呈块状，最大粒径至0.1 mm；集合体呈纤维状和薄鳞片状。发育双晶{001}。

[**晶体结构**] 六方晶系；$P3_2$。晶胞参数为 a=6.726(2)Å，c=15.044(4)Å；Z=3。晶体结构参数(原子坐标)见表4-3-14。

表4-3-14 氟碳钠钙石的晶体结构参数(原子坐标)

a=6.726 Å，b=6.726 Å，c=15.044 Å，α=90°，β=90°，γ=120°，$P3_2$				
原子	x	y	z	$Uiso$
Na	0.001	0.297	0.165	0.023
Ca1	0.6161	-0.0009	0	0.011
Ca2	-0.0011	0.6284	0.0045	0.008
Ca3	0.3706	0.3710	-0.0043	0.016
C1	-0.433	0.317	0.168	0.012
C2	-0.568	0.752	0.169	0.013
O1	0.664	0.348	0.090	0.016
O2	0.668	0.333	0.238	0.013
O3	0.353	0.273	0.167	0.017
O4	0.321	0.654	-0.092	0.015
O5	0.336	0.666	-0.239	0.015
O6	-0.354	0.921	0.165	0.025
OW	0.203	0.202	-0.169	0.022
F1	0.997	0.266	0.010	0.023
F2	0.271	0.002	-0.005	0.018
F3	0.730	0.734	-0.020	0.015

注：数据引自 Grice et al. (1997)。

[**主要粉晶衍射数据 d/Å(I)(hkl)**] 2.010(100)(213)，2.791(50)(113)，2.508(40)(006)，1.939(40)(300)，5.809(30)(100)，5.010(30)(003)，3.358(30)(110)，2.199(20)(210)(PDF 50-1577)。

[**物理性质**] 无色-白色；条痕白色；半透明；玻璃-丝绢光泽。发育{001}裂理；不平坦状断口。性脆；摩氏硬度 H=3。密度 $D_{测量}$=2.86(4)g/cm^3，$D_{计算}$=2.86 g/cm^3。

[**光学性质**] 一轴正晶。折光率 ω=1.538(2)，ε=1.563(4)。

[**化学成分**] 理想化学式为 $NaCa_3(CO_3)_2F_3 \cdot H_2O$；对应的化学组成($w_B$/%)为 CO_2 26.02，CaO 49.73，Na_2O 9.16，F 16.85，H_2O 5.33，$-O=F_2$ 7.09，合计100.00。加拿大Mont Saint-Hilaire产出样品的化学组成见表4-3-15，相应的化学式为 $Na_{1.01}(Ca_{2.97}Sr_{0.01})_{\Sigma 2.98}(CO_3)_2[F_{2.90}(OH)_{0.07}]_{\Sigma 2.97} \cdot H_2O$。

表4-3-15 氟碳钠钙石的化学组成(w_B/%)

CO_2	CaO	SrO	Na_2O	F	H_2O	$-O=F_2$	合计
[25.81]	48.84	0.36	9.16	16.17	5.61	6.81	99.14

2. 在中国的产出情况

目前氟碳钠钙石仅发现于其在加拿大魁北克省的模式产地，中国尚未发现氟碳钠钙石。

十三、重碳钠钇石(Thomasclarkite-(Y))

1. 重碳钠钇石的一般特征

[**产地、产状及共(伴)生矿物**] 少量产于与侵入碱性辉长-正长杂岩有关的伟晶岩脉中。发现于加拿大魁北克省的Mont Saint-Hilaire。共(伴)生矿物有文石、钠长石、方沸石、碳锶铈石、星叶石、

方解石、单斜钠锆石、片钠铝石、斜钠锆石、斜方板晶石、水铌钠矿、斜方钠锆石、方铅矿、锌日光榴石、微斜长石、辉钼矿、钠沸石、碳钠钕石、多硅锂云母、烧绿石、菱锰矿、金红石、针钠锰石、菱铁矿、闪锌矿和锆石(Grice et al., 1998)。

[形貌特征] 呈块状晶体，晶粒最大至 2 mm，可见单形显示{010}、{0$\bar{1}$0}、{101}、{$\bar{1}$01}、{111}、{$\bar{1}$11}、{1$\bar{1}$1}和{$\bar{1}\bar{1}$1}晶形；常见集合体。普遍发育{101}双晶。

[晶体结构] 单斜晶系；$P2$。晶胞参数为 a=4.556(1)Å，b=13.018(6)Å，c=4.556(2)Å；β=90.15(3)°；Z=1。晶体结构参数(原子坐标)见表 4-3-16。

表 4-3-16 重碳钠钇石的晶体结构参数(原子坐标)

a=4.556 Å，b=13.018 Å，c=4.556 Å，α=90°，β=90.15°，γ=90°，$P2$				
原子	x	y	z	$Uiso$
Na	0	0.3190	0	0.043
Y	0	0	0	0.0209
C	0	0.7819	0	0.031
O1	0.814	0.8320	0.204	0.049
OH2	0	0.6806	0	0.027
OH3	0.169	0.1673	0.210	0.048
OH4	0.199	-0.0380	0.500	0.032
Wat5	0.205	0.3911	0.499	0.057
Wat6	0.824	0.608	0.487	0.068
Wat7	0.5	0.0477	0.5	0.042

注：引自 Grice et al.(1998)。

[主要粉晶衍射数据 d/Å(I)(hkl)] 12.97(100)(010)，4.32(50)(110)，3.133(50)($\bar{1}$11)，2.016(40)(230)，6.52(30)(020)，4.57(30)(100)，3.223(30)($\bar{1}$01)，2.593(30)($\bar{1}$31)(PDF 51-1553)。

[物理性质] 白色-黄色；条痕白色；半透明；玻璃光泽。发育{010}极完全解理、{101}裂理；不平坦状断口。性脆；摩氏硬度 H=2~3，密度 $D_{测量}$=2.30(2)g/cm^3，$D_{计算}$=2.34 g/cm^3。

[光学性质] 二轴负晶。折光率 α=1.40(2)，β=1.540(4)，γ=1.540(4)。光轴角 $2V_{测量}$≤5°。

[化学成分] 理想化学式为 $NaY(HCO_3)(OH)_3 \cdot 4H_2O$。加拿大 Mont Saint-Hilaire 产出样品的化学组成见表 4-3-17，相应的化学式为 $(Na_{0.80}Ce_{0.18}Ca_{0.02})_{\Sigma1.00}(Y_{0.48}Ce_{0.21}La_{0.20}Nd_{0.12}Pr_{0.04}Er_{0.04}Sm_{0.03}Gd_{0.03}Yb_{0.03})_{\Sigma1.22}(HCO_3)[(OH)_{2.97}F_{0.03}]_{\Sigma3.00} \cdot 4.00H_2O$。

表 4-3-17 重碳钠钇石的化学组成(w_B%)

CO_2	ThO_2	Y_2O_3	La_2O_3	Ce_2O_3	Pr_2O_3	Nd_2O_3	Sm_2O_3	Gd_2O_3
12.00	0.54	14.52	8.63	17.11	1.92	5.63	1.22	1.22
Dy_2O_3	Er_2O_3	Yb_2O_3	CaO	Na_2O	F	H_2O	$-O=F_2$	合计
2.04	2.2	1.32	0.33	6.72	0.17	26.6	0.07	102.10

2. 在中国的产出情况

重碳钠钇石非常罕见，除加拿大和挪威外尚未发现，目前中国也未发现重碳钠钇石。

第五章 铀酰碳酸盐矿物

第一节 UO_2 ：CO_3 >1：1 的碳酸盐矿物

本节共计有矿物 6 种，包括黄碳钙铀矿(Urancalcarite)、黑碳钙铀矿(Wyartite)、奥水碳铀矿(Oswaldpeetersite)、铜铀矿(Roubaultite)、碳钇铀矿(Kamotoite-(Y))、水碳铀矿(Sharpite)。中国仅黄碳钙铀矿有产出报道，产地为中国湖南省某铀矿床。

一、黄碳钙铀矿(Urancalcarite)

1. 黄碳钙铀矿的一般特征

[产地、产状及共(伴)生矿物] 产在铀矿床氧化带中。典型产地分布在刚果(金)Katanga 省的 Shinkolobwe 和中国湖南省。共(伴)生矿物有晶质铀矿、硅钙铀矿、黑碳钙铀矿、橙红铀矿(刚果(金)Shinkolobwe)；红铀矿、橙黄铀矿、水丝铀矿、β-硅钙铀矿和纤碳铀矿(中国湖南省)(Deliens et al.，1984；王爱珍，1992)。

[形貌特征] 晶体呈针状[001]，可见单形{100}、{100}、{010}和{001}；集合体呈放射状，粒径最大至 4 mm。

[晶体结构] 斜方晶系；*Pbnm* 或 $Pbn2_1$。晶胞参数为 a = 15.42(3) Å，b = 16.08(4) Å，c = 6.970(6) Å；Z=4。

[主要粉晶衍射数据 *d*/Å(*I*)(*hkl*)] 8.06(100)(020)，4.02(80)(040)，3.488(70)(002)，3.193(50)(022)，2.101(50)(313)，2.829(40)(501)，7.00(30)(210)，3.278(25)(331)(PDF 38-350)。

[物理性质] 黄色；透明；玻璃光泽。摩氏硬度 H = 2～3。密度 $D_{测量}$ = 4.03 g/cm^3，$D_{计算}$ = 4.10 g/cm^3。具放射性。

[光学性质] 二轴负晶。折光率 α = 1.660(3)，β = 1.712(2)，γ = 1.736(2)。光轴角 $2V_{计算}$ = 66.6°。多色性：X=浅黄色；Y=Z=亮黄色。光性方位：X=a；Y=b；Z=c。

[化学成分] 理想化学式为 $Ca(UO_2)_3(CO_3)(OH)_6 \cdot 3H_2O$；相应的化学组成($w_B$/%)为：$UO_3$ 80.47，CO_2 4.13，CaO 5.26，H_2O 10.14，合计 100.00。刚果(金)Shinkolobwe 和中国湖南产出样品的化学组成如表 5-1-1 所示；前者相应的化学式为 $Ca_{0.83}(UO_2)_{2.93}(CO_3)_{1.19}(OH)_{5.14} \cdot 3.70H_2O$。

表 5-1-1 黄碳钙铀矿的化学组成(w_B/%)

产地	UO_3	P_2O_5	SiO_2	CO_2	MnO	PbO	CaO	Na_2O	K_2O	H_2O	合计
刚果(金)Shinkolobwe	78.68			4.93			4.36			10.61	98.58
中国湖南省	76.16	0.1	0.8	4.29	0.08	0.13	4.66	0.1	0.35	13.27	99.94

2. 在中国的产出情况

黄碳钙铀矿是自然界少见的表生铀矿物。目前中国已报道的黄碳钙铀矿唯一产地为湖南省某花岗岩型热液铀矿床的氧化带。

湖南省某花岗岩型热液铀矿床中的黄碳钙铀矿

[产地、产状及共(伴)生矿物] 中国的黄碳钙铀矿首次发现于湘南某花岗岩型热液铀矿床氧化

带的顶部，块状晶质铀矿的裂隙面上。其共生矿物包括红铀矿、橙黄铀矿、水丝铀矿、β-硅钙铀矿、纤碳铀矿等共生(王爱珍，1992)。

[晶体结构] 斜方晶系；空间何群 *Pbnm* 或 $Pbn2_1$。晶胞参数 $a=1.542$ nm，$b=1.608$ nm，$c=0.697$ nm；$V=1.728$ nm^3；$Z=4$。

[主要粉晶衍射数据 *d*/Å(*I*)(*hkl*)] X射线粉晶分析结果列于表5-1-2。主要强线为8.10(9)，7.20(10)，351(8)，3.15(9)。

表5-1-2 黄碳钙铀矿(B9-5)X射线粉晶分析数据

黄碳钙铀矿 B9-5		尤碳钙铀矿 B9-5		Urancalcarite		
$d_{测}$/Å	*I*	$d_{测}$/Å	*I*	*d*/Å	*I*	*hkl*
8.10	9	1.600	2	8.06	100	020
7.20	10	1.552	1	7.00	30	210
		1.440	1	6.35	15	101
		1.410	1	4.93	20	211
4.10	2	1.325	1	4.44	15	230
		1.272	1	4.02	80	040，311
3.68	3	1.201	1	3.717	10	231
3.51	8	1.151	1	3.488	70	002
				3.278	25	331
3.15	9			3.193	50	022
				3.126	10	122
2.80	1			2.829	40	501
				2.718	10	350
				2.660	10	521
2.54	2			2.536	10	332
				2.309	5	621
				2.141	5	352
				2.101	50	313，370
1.932	1			1.973	15	470
1.915	2			1.929	10	740
				1.859	15	503
				1.816	15	722
1.770	1			1.791	5	372，661
				1.745	10	004
1.715	2			1.701	20	204
				1.684	20	623

注：B9-5数据引自王爱珍(1992)；Urancalcarite数据源自Deliens et al.(1984)。

[形貌特征] 晶体极细小，大多数呈不规则粒状、片状晶体，集合体呈致密块状。

[物理性质] 黄色；条痕为淡黄色；玻璃光泽-土状光泽；透明。有一组平行于{001}的解理。摩氏硬度1~2。密度 $D_{测量}=4.0$ g/cm^3，$D_{计算}=4.76$ g/cm^3。在长波紫外线照射下发污黄绿色弱荧光，相对荧光强度为4%~6%(相对于铀玻璃G17荧光强度为100%)。

[光学性质] 偏光显微镜下呈淡黄色-绿黄色，不具多色性。二轴负晶。折光率 $\alpha=1.635$，$\beta=1.626$，$\gamma=1.595$。光轴角 $2V=40°\pm$。正交偏光显微镜下见有异常墨水蓝干涉色；斜消光。

[化学成分] 微量化学全分析和电子探针定量分析结果(表5-1-3)显示，其主要成分(w_B/%)为：CaO 4.08，UO_3 74.44，CO_2 4.29，H_2O 13.27。化学式为 $Ca(UO_2)_3(CO_3)(OH)_6 \cdot 5H_2O$。

表 5-1-3　黄碳钙铀矿的化学成分(w_B/%)

组分	化学全分析	电子探针分析	Urascalcarite
Na_2O	0.07	0.10	
K_2O	0.067	0.35	
CaO	4.08	4.66	4.36
MgO	0.21	—	
MnO	0.02	0.08	
PbO	0.16	0.13	
Al_2O_3	0.47		
TiO_2	0.09		
ThO_2	0.056		
UO_2	1.09		
UO_3	74.44	76.16	
SiO_2	0.64	0.80	78.68
P_2O_5	0.91	0.10	
CO_2	4.29	4.29*	4.92
H_2O±	13.27*	13.27*	10.61
总和	100.74	99	98.57

注：数据引自王爱珍(1992)，*为化学分析；Urancalcarite 数据源自 Deliens et al.(1984)。

[光谱特征]　红外光谱特征如图 5-1-1、表 5-1-4 所示，在 1390 cm^{-1} 和 1530 cm^{-1} 波数位置上发育两个强的吸收带，是$[CO_3]^{2-}$阴离子团的反对称伸缩振动引起的，810 cm^{-1} 波数位置上极弱的吸收带是$[CO_3]^{2-}$阴离子团的弯曲振动引起的，920 cm^{-1} 位置上的吸收带是$(UO_2)^{2+}$离子团的反对称伸缩振动引起的，3450 cm^{-1} 和 1620 cm^{-1} 位置上的吸收带分别是 H_2O 的伸缩振动和弯曲振动产生的。

表 5-1-4　黄碳钙铀矿红外线光谱图中的主要吸收带(cm^{-1})

$[CO_3]^{2-}$		$(UO_2)^{2+}$	H_2O	
v_1	v_2	v_2	v_5	v_6
1530、1390 双峰 s	810w	920s	3450	1620

注：数据引自王爱珍(1992)。

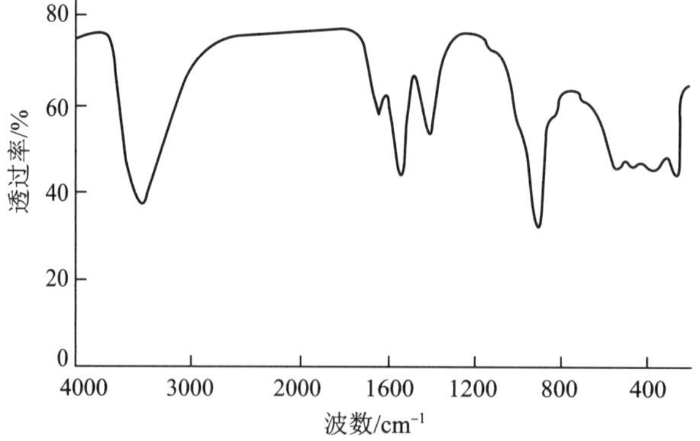

图 5-1-1　黄碳钙铀矿的红外光谱图

(据王爱珍，1992)

加热到1000℃时，本区黄碳钙铀矿失重明显地分为两段。第一段100~500℃，失重13.0%，是矿物失水引起的；第二段500~900℃，失重4.2%，是矿物中CO_2的逸失引起的(图5-1-2，表5-1-5)。

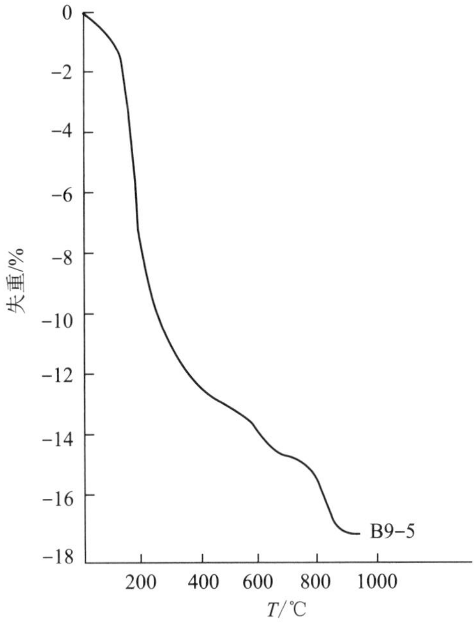

图5-1-2 黄碳钙铀矿的热重曲线
(据王爱珍，1992)

表5-1-5 黄碳钙铀矿的热重分析数据

温度/℃	失重/%
20~100	0.9
100~200	6.5
200~300	3.8
300~400	1.2
400~500	0.6
500~600	0.9
600~700	0.8
700~800	1.1
800~900	1.4
900~1000	0
总和	17.2

注：数据引自王爱珍(1992)。

黄碳钙铀矿的热重微分曲线(图5-1-3)与差热曲线相似，曲线中有两个吸热谷，其中200℃的强而尖的吸热谷是矿物失水引起的，840℃位置上的吸热谷是CO_2的逸失引起的。

[微化反应] 在冷稀盐酸中剧烈起泡。

二、黑碳钙铀矿(Wyartite)

1. 黑碳钙铀矿的一般特征

[产地、产状及共(伴)生矿物] 为铀矿床氧化带中稀有的次生蚀变产物。典型产地分布在刚果(金)Katanga省Shinkolobwe。共(伴)生矿物有红铅铀矿、纤碳铀矿、硅钙铀矿、橙红铀矿、水碳钙铀

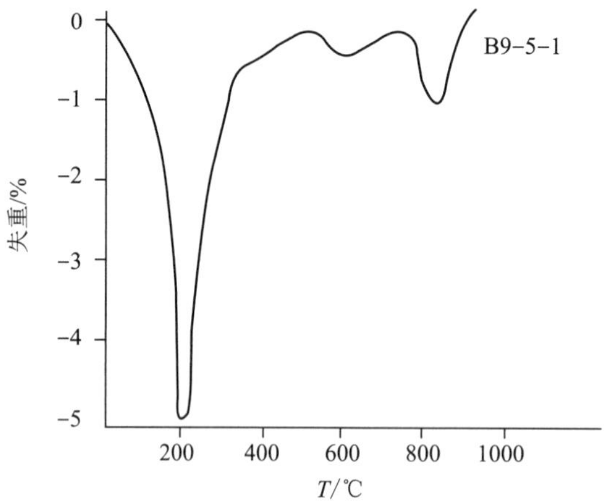

图 5-1-3　黄碳钙铀矿的热重微分曲线
（据王爱珍，1992）

矿和晶质铀矿（Guillemin et al.，1959；Bignand，1955；Clark，1960；Burns et al.，1999）。

［形貌特征］　晶体平行{001}，晶面条纹和晶体延长方向均沿[010]，见{110}晶形，晶粒最大至 3 mm。

［晶体结构］　斜方晶系；$P2_12_12_1$。晶胞参数为 a = 11.2706(8) Å，b = 7.1055(5) Å，c = 20.807(1) Å；Z=4。晶体结构参数（原子坐标）见表 5-1-6。

表 5-1-6　黑碳钙铀矿的晶体结构参数（原子坐标）

a=11.2706 Å，b=7.1055 Å，c=20.807 Å，α=90°，β=90°，γ=90°，$P2_12_12_1$				
原子	x	y	z	$Uiso$
U1	0.5595	0.2892	0.23948	0.0113
U2	−0.0593	0.2897	0.23585	0.0109
U3	0.2490	0.2919	0.28343	0.0117
Ca	−0.0734	0.4322	0.0469	0.0232
C	0.241	0.240	0.423	0.0320
O1	0.511	0.310	0.154	0.0197
O2	−0.011	0.314	0.156	0.0206
O3	0.110	0.109	0.2515	0.0062
O4	0.388	0.105	0.267	0.0182
O5	0.610	0.282	0.3205	0.0050
O6	−0.112	0.240	0.316	0.0281
O7	0.100	0.463	0.278	0.0152
O8	0.390	0.474	0.272	0.0158
O9	0.187	0.126	0.380	0.0373
O10	0.224	0.211	0.4817	0.0034
O11	0.286	0.384	0.3966	0.0034
OH12	0.752	0.285	0.1980	0.0156
Wat13	−0.252	0.235	0.0522	0.0367
Wat14	0.254	0.363	0.1670	0.0308
Wat15	0.459	0.028	0.0668	0.0358
Wat16	0.093	0.629	0.053	0.0161

$a=11.2706$ Å，$b=7.1055$ Å，$c=20.807$ Å，$\alpha=90°$，$\beta=90°$，$\gamma=90°$，$P2_12_12_1$				
原子	x	y	z	$Uiso$
Wat17	0.045	0.159	0.016	0.0084
Wat18	0.209	0.036	0.103	0.0091
Wat19	−0.079	−0.082	−0.058	0.0254

注：数据引自 Burns et al.（1999）。

［主要粉晶衍射数据 d/Å（I）（hkl）］ 10.3（100）（002），5.19（30）（112），3.47（10）（006），3.28（10）（311），2.592（6）（315），2.047（6）（219），4.26（5）（211），3.55（5）（020）（PDF 12-635）。

［物理性质］ 黑色、紫黑色，蚀变后为绿色；条痕棕紫色。不透明-半透明；玻璃-半金刚光泽；解理面为黯淡光泽。发育{001}极完全、{010}完全解理。摩氏硬度 $H=3\sim4$。密度 $D_{测量}=4.69(5)\ g/cm^3$。具放射性。

［光学性质］ 二轴负晶。折光率 α 未测，$\beta=1.89(2)$，$\gamma=1.91(2)$。光轴角 $2V_{测量}=48°$。多色性强：X=灰色；Y=紫色；Z=淡蓝色。光性方位：$X=c$；$Y=b$；$Z=a$。

［化学成分］ 理想化学式为 $CaU^{5+}(UO_2)_2(CO_3)O_4(OH)\cdot7H_2O$；相应的化学组成（$w_B$/%）为：$UO_3$ 52.71，U_2O_5 25.62，CO_2 4.05，CaO 5.17，H_2O 12.45，合计 100.00。刚果（金）Shinkolobwe 产出样品的化学组成如表 5-1-7 所示。

表 5-1-7　黑碳钙铀矿的化学组成（w_B/%）

样品	刚果（金）Shinkolobwe 样品 1	刚果（金）Shinkolobwe 样品 2
CO_2	3.6	3.4
UO_2	10.9	10.1
UO_3	71.6	70.7
CaO	6.8	6.3
H_2O	7.2	9.7
合计	92.9	90.5

2. 在中国的产出情况

目前中国尚未发现黑碳钙铀矿。

三、奥水碳铀矿（Oswaldpeetersite）

1. 奥水碳铀矿的一般特征

［产地、产状及共（伴）生矿物］ 产于科罗拉多-高原型沉积铀-钒矿床中。典型产地为美国犹他州的 Jomac 铀矿床。共（伴）生矿物有石膏、赤铜矿、铜矾、针铁矿、纤铁矿、硫硝镍铝石、水硫硝镍铝石和硅镁铀矿（Vochten et al.，2001）。

［形貌特征］ 晶体呈针状，主要单形{100}、{010}和{001}，发育明显的纵向条纹，粒径最大达 0.1 mm；集合体呈近平行的放射状。

［晶体结构］ 单斜晶系；$P2_1/c$。晶胞参数为 $a=4.1425(6)$ Å，$b=14.098(3)$ Å，$c=18.374(5)$ Å；$\beta=103.62(1)°$；$Z=4$。

［主要粉晶衍射数据 d/Å（I）］ 3.32（100），4.55（96），3.029（85），8.95（65），7.54（63），3.46（62），2.273（62）（样品产地为美国犹他州 Jomac 矿床）。

［物理性质］ 鲜黄色；条痕浅黄色。透明；玻璃光泽。发育平行晶体延长方向的一组解理；不规则状断口。弱脆性，摩氏硬度 $H=2\sim3$。密度 $D_{测量}>4.10\ g/cm^3$，$D_{计算}=4.45\ g/cm^3$。具放射性。

［**光学性质**］ 二轴负晶。折光率 $\alpha=1.583(2)$，$\beta=1.669(2)$，$\gamma=1.712(2)$。光轴角 $2V_{计算}=67.4(2)°$。多色性：$X=Y=$浅黄色-无色；$Z=$浅黄色。光性方位：$Z=a$；正延性。

［**化学成分**］ 理想化学式为$(UO_2)_2CO_3(OH)_2\cdot 4H_2O$；相应的化学组成($w_B/\%$)为：$UO_3$ 81.01，CO_2 6.23，H_2O 12.76，合计 100.00。美国犹他州 Jomac 矿床产出样品的化学组成($w_B/\%$)为：UO_3 81.47，CO_2[6.23]，H_2O 12.30，合计 100.00；相应的化学式为$(UO_2)_{2.03}(CO_3)_{1.01}(OH)_{2.05}\cdot 3.85H_2O$。

2. 在中国的产出情况

目前中国尚未发现奥水碳铀矿。

四、铜铀矿(Roubaultite)

1. 铜铀矿的一般特征

［**产地、产状及共(伴)生矿物**］ 产于含铜铀矿床氧化带，为沥青铀矿蚀变产生的一种稀有矿物。典型产地分布在刚果的 Kamoto 矿床和 Shinkolobwe 的 Musonoi 矿床，以及俄罗斯西伯利亚东部的 Komsomol 矿床。共(伴)生矿物有绿铀矿、硅铀矿、黄钙铀矿、硅铜铀矿、硅钙铀矿、水钴矿和晶质铀矿(刚果 Shinkolobwe)(Cesbron et al., 1970；Ginderow et al., 1985)。

［**形貌特征**］ 晶体呈板状{100}；集合体为玫瑰花状，大小至 3 mm。

［**晶体结构**］ 三斜晶系；$P\bar{1}$。晶胞参数为 $a=7.767(3)$ Å，$b=6.924(3)$ Å，$c=7.850(3)$ Å；$\alpha=92.16(4)°$，$\beta=90.89(4)°$，$\gamma=93.48(4)°$；$Z=1$。晶体结构参数(原子坐标)见表 5-1-8。

表 5-1-8 铜铀矿的晶体结构参数(原子坐标)

$a=7.767$ Å，$b=6.924$ Å，$c=7.850$ Å，$\alpha=92.16°$，$\beta=90.89°$，$\gamma=93.48°$，$P\bar{1}$										
原子	x	y	z	$Biso$	$B(1,1)$	$B(2,2)$	$B(3,3)$	$B(1,2)$	$B(1,3)$	$B(2,3)$
Cu	0.4994	0.2604	0.4929	1.1	0.0063	0.0046	0.0034	−0.0017	−0.0012	−0.0012
U1	0	0	0	0.81	0.0050	0.0022	0.0033	−0.0002	−0.0014	−0.0005
U2	0.1377	0.5179	0.1940	0.70	0.0041	0.0026	0.0025	−0.0002	0.0013	−0.0005
C	0.2305	0.0284	0.3134	1.0	0.0058	0.0035	0.0043	−0.0013	−0.0029	−0.0022
O1	0.1884	−0.0006	0.8649	1.9	0.0101	0.0069	0.0079	−0.0015	0.0011	−0.0007
O2	0.3332	0.5375	0.0721	1.8	0.0049	0.0150	0.0052	0.0003	−0.0002	−0.0025
O3	−0.0477	0.5010	0.3241	1.7	0.0063	0.0125	0.0052	−0.0005	0.0009	−0.0001
O4	0.1659	−0.1314	0.2480	1.8	0.0131	0.0000	0.0090	−0.0018	−0.0046	−0.0009
O5	0.0030	0.3143	0.9977	1.5	0.0088	0.0072	0.0051	−0.0052	−0.0019	−0.0007
O6	0.1839	0.1789	0.2406	2.2	0.0134	0.0061	0.0085	0.0014	−0.0085	−0.0008
O7	0.3411	0.0345	0.4409	1.2	0.0052	0.0057	0.0055	−0.0016	−0.0039	−0.0001
O8	0.3219	0.5412	0.4391	1.1	0.0038	0.0083	0.0033	−0.0020	0.0000	0.0000
O9	0.4075	0.2789	0.7261	1.8	0.0092	0.0108	0.0044	−0.0042	0.0000	−0.0019
O10	0.4210	0.7470	0.7476	1.9	0.0105	0.0099	0.0053	−0.0002	−0.0003	−0.0001
H1	0.235	0.448	0.503	3.3						
H2	0.354	0.208	0.779	2.9						
H3	0.481	0.333	0.812	1.5						
H4	0.403	0.663	0.800	2.2						
H5	0.321	0.831	0.739	3.9						

注：数据引自 Ginderow et al. (1985)。

［**主要粉晶衍射数据 d/Å(I)(hkl)**］ 5.55(100)($\bar{1}$01)，7.74(90)(100)，6.88(80)(010)，

3.45(80)(201)，3.23(80)($\bar{1}$20)，3.18(80)(2$\bar{1}$1)，3.50(70)($\bar{2}$01)，4.42(50)(1$\bar{1}$1)(PDF 25-318)。

[物理性质] 草绿色-苹果绿色；半透明；玻璃-微油脂光泽发育{100}极完全、{010}完全解理。摩氏硬度 H~3。密度 $D_{计算}$=4.71 g/cm³。具放射性。

[光学性质] 二轴正晶。折光率 α=1.700(2)，β=1.800(4)，γ=1.83(1)。光轴角 $2V$ 未测。多色性：X=Y=无色；Z=黄绿色。

[化学成分] 理想化学式为 $Cu_2O_2(UO_2)_3(CO_3)_2(OH)_2 \cdot 4H_2O$；相应的化学组成($w_B$/%)为：$UO_3$ 71.79，CO_2 7.36，CuO 13.31，H_2O 7.54，合计 100.00。刚果 Shinkolobwe 产出样品的化学组成(w_B/%)为：UO_3 71.16，CO_2 n.d.，SeO_2 0.30，CuO 13.50，H_2O 14.80，合计 102.46。

2. 在中国的产出情况

目前中国尚未发现铜铀矿。

五、碳钇铀矿(Kamotoite-(Y))

1. 碳钇铀矿的一般特征

[产地、产状及共(伴)生矿物] 产在含铀铜钴矿床的氧化带中。发现于刚果(金)Katanga 省的 Kamoto 矿床。共(伴)生矿物有晶质铀矿、硅钙铀矿、板铅铀矿、柱铀矿、黄钙铀矿、纤碳铀矿、硅铅铀矿、硅铀矿、碳铜铅铵石、羟碳铀钸铜矿、萨巴铀矿、磷稀铀矿、橙红铀矿和孔雀石(Deliens et al.，1986)。

[形貌特征] 晶体呈楔形尖叶片状，最大粒径至 2 cm，晶面条纹垂直于[100]伸长方向；集合体呈结壳。常见双晶{001}。

[晶体结构] 单斜晶系(假斜方)；$P2_1/a$。晶胞参数为 a=21.22(1)Å，b=12.93(1)Å，c=12.39(1)Å；β=115.3(1)°；Z=4。

[主要粉晶衍射数据 d/Å(I)(hkl)] 6.48(100)(020)，8.49(80)(011)，3.054(60)(402)，3.49(40)(222)，2.762(40)(422)，2.132(40b)(811)，1.749(40)(12$\bar{1}$3)，3.93(35)(212)(PDF 40-482)。

[物理性质] 亮柠檬黄色；半透明-透明；玻璃光泽。发育{001}、{010}完全解理。具可切性；硬度未测。密度 $D_{测量}$=3.93 g/cm³，$D_{计算}$=3.94 g/cm³。具放射性。

[光学性质] 二轴负晶。折光率 α=1.604(2)，β=1.667(2)，γ=1.731(3)。光轴角 $2V_{计算}$=87°。多色性：X=无色；Y=浅黄绿色；Z=亮黄色；$Z>Y>X$。光性方位：X=b；Z=a；$Y \wedge c$=25°。

[化学成分] 理想化学式为 $Y_2O_4(UO_2)_4(CO_3)_3 \cdot 14H_2O$。刚果 Kamoto 矿床产出样品的化学组成见表 5-1-9；相应的化学式为$(Y_{1.00}Nd_{0.26}Gd_{0.22}Sm_{0.20}Gd_{0.16})_{\Sigma 1.84}U_{4.07}(CO_3)_{3.02}O_{11.95} \cdot 14.55H_2O$。

表 5-1-9 碳钇铀矿的化学组成(w_B/%)

产地	UO_3	Y_2O_3	Nd_2O_3	Sm_2O_3	Gd_2O_3	Dy_2O_3	CO_2	H_2O	合计
刚果(金)Kamoto 矿床	63.39	6.19	2.36	1.91	2.1	1.64	7.24	[14.30]	99.13

2. 在中国的产出情况

目前中国尚未发现碳钇铀矿。

六、水碳铀矿(Sharpite)

1. 水碳铀矿的一般特征

[产地、产状及共(伴)生矿物] 产自热液铀矿床氧化带中形成的一种少见次生矿物。典型产地

分布在刚果(金)Katanga省的Shinkolobwe和法国Bessines附近的Brugeaud矿床和Haut-Rhin的Kruth等地。共(伴)生矿物有硅钙铀矿、黄钙铀矿、柱铀矿、板铅铀矿、橙红铀矿、绿铀矿、水斑铀矿和晶质铀矿等(Palache et al., 1951; Frondel, 1958; Chervet, 1960; Čejka et al., 1984)。

[形貌特征] 晶体呈细条状，最大粒径至5 mm；集合体呈半平行状，常见辐射纤维状或可能为壳状。

[晶体结构] 斜方晶系。晶胞参数为 a=21.99(2)Å，b=15.63(2)Å，c=4.487(4)Å；Z=2。

[主要粉晶衍射数据 d/Å(I)(hkl)] 4.49(100)(420), 3.93(60)(040), 2.99(60)(630), 2.447(60)(541), 11.00(40)(200), 5.34(40)(030), 3.18(40)(440), 2.62(40)(060)(PDF 12-164)。

[物理性质] 绿黄色、橄榄绿色、浅绿色、浅灰色。半透明。摩氏硬度 H=2.5~3。密度 $D_{测量}$>4.45 g/cm^3，$D_{计算}$=4.61 g/cm^3。具放射性。

[光学性质] 透射光下为浅黄色。二轴正晶。折光率 α=1.632~1.638，β与α接近，γ=1.720~1.722。2V未测。多色性微弱：X=Y=浅棕色，很浅的黄绿色；Z=浅黄绿色。光性方位：$Y\perp$长轴方向，Z//延伸方向；正延性，平行消光。

[化学成分] 理想化学式为 $Ca(UO_2)_6(CO_3)_5(OH)_4 \cdot 6H_2O$；化学组成($w_B$/%)为 UO_3 80.33，CO_2 10.30，CaO 2.62，H_2O 6.75，合计100.00。刚果(金)Shinkolobwe产出样品的化学组成(w_B/%)为 UO_3 81.04，CO_2 10.30，CaO 2.70，H_2O 6.81，合计100.85。相应的化学式为 $Ca_{1.02}(UO_2)_{6.01}(CO_3)_{4.96}(OH)_{4.14} \cdot 5.95H_2O$。

2. 在中国的产出情况

目前中国尚未发现水碳铀矿。

第二节 UO_2 : CO_3 =1 : 1 的碳酸盐矿物

本节共计有矿物4种，包括纤碳铀矿(Rutherfordine)、巴纤碳铀矿(Blatonite)、碳铀矿(Joliotite)、羟碳钇铀矿(Bijvoetite-(Y))。仅在中国湖南省某铀矿床中发现纤碳铀矿。

一、纤碳铀矿(Rutherfordine)

1. 纤碳铀矿的一般特征

[产地、产状及共(伴)生矿物] 为晶质铀矿蚀变形成的一种次生矿物。典型产地分布在坦桑尼亚Uluguru山脉、刚果(金)的Musonoi矿床和Kalongwe的Shinkolobwe、美国新罕尔什布州Beryl山和Palermo矿床等、英国的Loe Warren岩洞和South Terras矿床、法国的Les Mares和Rabéjac铀矿床、德国Krunkelbachtal矿床、澳大利亚Nabarlek铀矿床和Coppertop矿床。共(伴)生矿物有晶质铀矿、黄钙铀矿、橙红铀矿、柱铀矿、硅铅铀矿、板铅铀矿、硅钾铀矿、橙黄铀矿、黄钡铀矿、变铜铀云母、红铀矿、水丝铀矿和硅镁铀矿(Palache et al., 1951; Frondel et al., 1956; Clark et al., 1956; Finch et al., 1999)。

[形貌特征] 晶体呈板状[001]，可见单形{100}、{010}和{001}，最大粒径至3 mm；集合体常呈放射状、纤维状、席状，或呈粉状、土状-极细粒的致密块状体。

[晶体结构] 斜方晶系；$Imm2$。晶胞参数为 a=4.840(1)Å，b=9.273(2)Å，c=4.298(1)Å；Z=2。晶体结构参数(原子坐标)见表5-2-1。

[主要粉晶衍射数据 d/Å(I)(hkl)] 4.61(100)(020), 4.30(70)(110), 3.23(40)(101), 3.92(30)(011), 2.64(25)(121), 2.309(20)(040), 2.062(20)(211), 2.42(15)(200)(PDF 11-263)。

[物理性质] 浅黄色、绿黄色、橘黄色、琥珀棕色，可能呈色带分布；半透明；黯淡-土状光泽，放射状者呈丝绢光泽。发育{010}完全、{001}不完全解理。硬度未测。密度 $D_{测量}$=5.7 g/cm^3，

$D_{计算}$=5.682 g/cm^3。具放射性。

[光学性质] 二轴正晶。折光率 α=1.715～1.723，β=1.728～1.730，γ=1.755～1.795。光轴角 $2V_{测量}$大，$2V_{计算}$=53°。微弱多色性：X=无色；Y=浅黄色；Z=浅绿黄色。光性方位：$X=b$；$Y=c$；$Z=a$。

表 5-2-1　纤碳铀矿的晶体结构参数(原子坐标)

a=4.840 Å，b=9.273 Å，c=4.298 Å，α=90°，β=90°，γ=90°，*Imm*2									
原子	x	y	z	U(1,1)	U(2,2)	U(3,3)	U(1,2)	U(1,3)	U(2,3)
U	0	0	0	0.0055	0.0312	0.0076	0	0	0
C	1/2	0	0.3864	0.0120	0.0285	0.0097	0	0	0
O1	0	−0.1880	−0.0049	0.0309	0.0279	0.0263	0	0	0.0027
O2	0.2638	0	0.5066	0.0083	0.0448	0.0166	0	0.0039	0
O3	1/2	0	0.0795	0.0104	0.0979	0.0090	0	0	0

注：数据引自 Finch et al.(1999)。

[化学成分] 理想化学式为(UO_2)(CO_3)；化学组成(w_B/%)为 UO_3 86.67，CO_2 13.33，合计 100.00。典型产地产出样品的化学组成(w_B/%)见表 5-2-2。

表 5-2-2　纤碳铀矿的化学组成(w_B/%)

产地	坦桑尼亚	刚果(金)
CO_2	13.1	13.6
UO_3	86.7	86.6
H_2O^+	0.2	
合计	100.0	100.2

2. 在中国的产出情况

中国已报道的纤碳铀矿产地为湖南省某花岗岩型热液铀矿床的氧化带(王爱珍，1992)，但缺乏较详细的研究资料。

二、巴纤碳铀矿(Blatonite)

1. 巴纤碳铀矿的一般特征

[产地、产状及共(伴)生矿物] 发现于泥质砾岩中的铀矿床氧化带内，分布在石膏缝合线中。在美国犹他州的 Jomac 矿床有产出。共(伴)生矿物有石膏、硅钾铀矿、硫磷铝铁铀矿、变翠砷铜铀矿、纤碳铀矿、蓝铜矿、羟胆矾、碳酸盐质绒铜矿、孔雀石和锰质菱锌矿(Vochten et al., 1998)。

[形貌特征] 呈变形的针状晶体，常组成石棉状晶束，最大至 1 mm。

[晶体结构] 六方晶系。晶胞参数为 a=15.79(1)Å，c=23.93(3)Å；Z=36。

[主要粉晶衍射数据 *d*/Å(*I*)(*hkl*)] 3.056(100)(207)，6.56(77)(201)，6.91(55)(103)，7.86(47)(110)，4.76(40)(114)，4.34(36)(213)，3.39(33)(401)，5.07(31)(211)(PDF 51-1551)。

[物理性质] 淡黄色；条痕白色。透明。丝绢光泽。不平坦状断口。易弯曲。摩氏硬度 H=2～3。密度 $D_{测量}$=4.05(2) g/cm^3，$D_{计算}$=4.02 g/cm^3。在长波紫外光下发强烈的绿色荧光。具放射性。

[光学性质] 一轴正晶。折光率 ω=1.588(2)，ε=1.612(2)。光性方位：负延性。

[化学成分] 理想化学式为(UO_2)(CO_3)·H_2O；化学组成(w_B/%)为 UO_3 82.18，CO_2 12.64，H_2O 5.18，合计 100.00。美国犹他州 Jomac 矿床产出样品的化学组成(w_B/%)为 UO_3 81.98，CO_2 12.82，H_2O 5.38，合计 100.18；相应的化学式为$(UO_2)_{0.99}(CO_3)_{1.00}\cdot 1.03H_2O$。

2. 在中国的产出情况

巴纤碳铀矿为一种次生铀矿物，目前中国尚未发现巴纤碳铀矿。

三、碳铀矿(Joliotite)

1. 碳铀矿的一般特征

[产地、产状及共(伴)生矿物] 产自铀矿床氧化带的一种少见次生矿物。典型产地分布在德国黑森林的 Menzenschwand。共(伴)生矿物有黄钡铀矿、纤碳铀矿、水丝铀矿、重晶石和褐铁矿(Walenta，1976)。

[形貌特征] 晶体呈鳞片状和面状{100}，可见单形{100}、{010}和{001}；集合体常呈放射状球粒，最大粒径至 0.1 mm。

[晶体结构] 斜方晶系；*Pmmm*、*P*222 或 *Pmm*2。晶胞参数为 a=8.16 Å，b=10.35 Å，c=6.32 Å；Z=4。

[主要粉晶衍射数据 *d*/Å(*I*)(*hkl*)] 8.09(100)(100)，3.42(90)(201)，3.18(80)(130)，4.10(50)Å(200)，1.882(40)(340)，2.11(30)(003)，4.48(20)(111)，2.04(20)(400)(PDF 29-1378)。

[物理性质] 黄色；条痕黄色；透明；玻璃光泽。发育{100}极完全解理。摩氏硬度 H=1~2。密度 $D_{测量}$=4.04 g/cm^3，$D_{计算}$=4.55 g/cm^3。在长波和短波紫外光下发浅绿色-浅黄色荧光。具放射性。

[光学性质] 二轴负晶。折光率 α=1.596~1.604，β=1.636，γ=1.637~1.651。光轴角 $2V_{测量}$=小。多色性：X=无色；Z=黄色。光性方位：X=a；Y=b；Z=c。

[化学成分] 理想化学式为(UO_2)(CO_3)·$2H_2O$；化学组成(w_B/%)为 UO_3 78.14，CO_2 12.02，H_2O 9.84，合计 100.00。德国 Menzenschwand 产出样品的化学组成(w_B/%)为 UO_3 73.7，CO_2 12.5，(Pb，Ba)O 1.2。

2. 在中国的产出情况

目前中国尚未发现碳铀矿。

四、羟碳钇铀矿(Bijvoetite-(Y))

1. 羟碳钇铀矿的一般特征

[产地、产状及共(伴)生矿物] 产于含铀白云岩上部氧化带的底部，非常罕见。发现于刚果 Katanga 省的 Shinkolobwe。共(伴)生矿物有莱普生石、硅镁铀矿、板铅铀矿、硅钙铀矿、黄钙铀矿、纤碳铀矿、水丝铀矿、铜铀云母、硅铀矿、硅铅铀矿、柱铀矿和硅钴铀矿(Deliens et al.，1982；Li Y et al.，2000)。

[形貌特征] 晶体呈板状{001}，沿[110]方向延长，可见单形{$\bar{1}10$}，{$\bar{1}30$}，{010}，{130}，{$1\bar{1}0$}晶面，粒径最大至 3 mm。

[晶体结构] 单斜晶系；*C*2*ma*、*Cm*2*b* 或 *C*222。晶胞参数为 a=21.22(3)Å，b=45.30(7)Å，c=13.38(2)Å；Z=4。

[主要粉晶衍射数据 *d*/Å(*I*)(*hkl*)] 6.70(100)(002)，8.61(80)(041)，4.16(60)(402)，2.996(60)($1\underline{11}3$)，3.52(50)($2\underline{10}2$)，3.36(50)(482)，3.111(40)(463)，2.141(40)($3\underline{19}2$)(PDF 35-551)。

[物理性质] 硫磺色；透明-半透明；玻璃光泽。发育{001}完全解理。摩氏硬度 H=2，显微硬度 VHN=36 kg/mm^2。密度 $D_{计算}$=3.907 g/cm^3。具放射性。

[光学性质] 二轴正晶。折光率 α=1.600(2)，β=1.650(2)，γ=1.722(2)。光轴角 $2V_{测量}$=84°，$2V_{计算}$=83°。多色性：X=无色；Y=浅黄色；Z=深黄色。光性方位：X=c，Y=a，Z=b，$Z\wedge[110]$=25.1°。

[化学成分] 理想化学式为 $Y_8(UO_2)_{16}O_8(CO_3)_{16}(OH)_8\cdot39H_2O$。刚果 Shinkolobwe 产出样品的化学组成(w_B/%)为 UO_3 60.66，CO_2 8.88，Y_2O_3 7.52，Gd_2O_3 2.80，Tb_2O_3 0.96，Dy_2O_3 5.61，H_2O

13.57，合计 100.00。相应的化学式为 $(Y_{4.57}Dy_{2.06}Gd_{1.06}Tb_{0.36})_{\Sigma 8.05}(UO_2)_{14.54}(CO_3)_{13.83}O_8(OH)_{9.57}\cdot 38.86H_2O$。

2. 在中国的产出情况

目前中国尚未发现羟碳钇铀矿。

第三节 $UO_2:CO_3=1:1\sim 1:2$ 的碳酸盐矿物

本节共计有矿物 3 种，包括氧碳钙铀矿（Fontanite）、变碳钙铀矿（Metazellerite）和碳钙铀矿（Zellerite）。均无中国的产地报道。

一、氧碳钙铀矿（Fontanite）

1. 氧碳钙铀矿的一般特征

［产地、产状及共（伴）生矿物］ 产在铀矿床氧化带的一种稀少的次生矿物。发现于法国 Hérault 的 Rabéjac 铀矿床。共（伴）生矿物有黄钡铀矿和硅钙铀矿（Deliens et al.，1992）。

［形貌特征］ 晶体呈矩形、叶片状{010}，沿[001]方向延伸，最大粒径至 1.2 mm；集合体呈分叉的树枝状。

［晶体结构］ 斜方晶系；*Pmnm*、$Pmn2_1$ 或 $P2_1nm$。晶胞参数为 a=15.337(3) Å，b=17.051(3) Å，c=6.931(2) Å；Z=4。晶体结构参数（原子坐标）见表 5-3-1。

表 5-3-1 氧碳钙铀矿的晶体结构参数（原子坐标）

a=6.968 Å，b=17.276 Å，c=15.377 Å，α=90°，β=90.064°，γ=90°，$P2_1/n$										
原子	x	y	z	*Uiso*	U(1,1)	U(2,2)	U(3,3)	U(1,2)	U(1,3)	U(2,3)
U(1)	0.5267	0.2371	0.8372	0.025	0.011	0.044	0.020	−0.002	−0.003	0.002
U(2)	0.0267	0.2843	0.7301	0.024	0.011	0.036	0.024	−0.001	−0.002	0.002
U(3)	0.0257	0.1952	0.9483	0.024	0.010	0.043	0.019	−0.001	−0.003	0.002
Ca(1)	0.9410	0.5174	0.7848	0.043	0.037	0.052	0.039	−0.001	0.000	0.003
C(1)	0.5320	0.3175	0.6656	0.001						
C(2)	0.5270	0.1688	0.0150	0.006						
O(1)	0.0230	0.2880	0.9900	0.049						
O(2)	0.0400	0.3509	0.5966	0.015						
O(3)	0.5130	0.1440	0.7900	0.049						
Wat(4)	−0.0880	0.4550	0.9350	0.059						
O(5)	0.0130	0.3746	0.7780	0.054						
O(6)	−0.3160	0.1764	0.9690	0.036						
O(7)	0.8440	0.2340	0.8330	0.037						
O(8)	0.0280	0.1451	0.0940	0.035						
O(9)	0.6840	0.2920	0.7004	0.030						
O(10)	0.3700	0.3022	0.7074	0.032						
O(11)	0.2070	0.2380	0.8348	0.029						
O(12)	0.5410	0.3314	0.8904	0.036						
O(13)	0.3710	0.1867	0.9776	0.021						
O(14)	0.0360	0.0993	0.9098	0.030						
Wat(15)	0.7860	0.6070	0.8880	0.041						
Wat(16)	0.2390	0.4930	0.6900	0.055						
Wat(17)	0.2030	0.5710	0.8690	0.062						

续表

$a=6.968$ Å, $b=17.276$ Å, $c=15.377$ Å, $\alpha=90°$, $\beta=90.064°$, $\gamma=90°$, $P2_1/n$										
原子	x	y	z	$Uiso$	$U(1,1)$	$U(2,2)$	$U(3,3)$	$U(1,2)$	$U(1,3)$	$U(2,3)$
Wat(18)	0.8080	0.4980	0.6390	0.052						
Wat(19)	0.5900	0.4760	0.7980	0.082						
O(20)	0.0380	0.1998	0.6699	0.033						

注：数据引自 Hughes et al. (2003)。

[主要粉晶衍射数据 d/Å(I)(hkl)] 8.55(100)(020)，2.772(70)(511)，4.11(60)(301)，3.723(60)(240)，6.94(50)(210)，3.460(50)(002)，3.211(40)(022)，2.515(20)(531)(PDF47-1803)。

[物理性质] 亮黄色；条痕白色；透明；玻璃光泽。发育{100}、{010}和{001}完全解理。摩氏硬度 $H=3$。密度 $D_{测量}=4.10$ g/cm^3，$D_{计算}=4.19$ g/cm^3。在长波紫外光下发淡绿色荧光。具放射性。

[光学性质] 二轴负晶。光性方位：$X=b$；$Y=a$；$Z=c$。色散弱：$r<v$。折光率 $\alpha_{计算}=1.603$，$\beta=1.690(2)$，$\gamma=1.710(3)$。光轴角 $2V_{测量}=49(2)°$。

[化学成分] 理想化学式为 $Ca(UO_2)_3(CO_3)_2O_2 \cdot 6H_2O$；对应的化学组成($w_B$/%)为：$CO_2$ 15.38，UO_3 75.00，CaO 4.90，H_2O 4.72，合计 100.00。法国 Rabéjac 矿床产出样品的化学组成(w_B/%)为 CO_2 14.80，UO_3 76.14，CaO 4.15，H_2O[4.91]，合计 100.00。相应的化学式为 $Ca_{0.85}(UO_2)_{3.08}(CO_3)_{3.89} \cdot 3.15H_2O$。

2. 在中国的产出情况

目前中国尚未发现氧碳钙铀矿。

二、变碳钙铀矿(Metazellerite)

1. 变碳钙铀矿的一般特征

[产地、产状及共(伴)生矿物] 由碳钙铀矿(Zellerite)脱水而成。典型产地分布在美国怀俄明州 Lucky Mc 矿床和科罗拉多州 White Canyon 1 号矿床以及捷克 Jáchymov。共(伴)生矿物有碳钙铀矿(Zellerite)、石膏、褐铁矿、铁硫化物、柱铀矿、变钙铀云母、硅钙铀矿、碳铜钙铀矿和欧泊等(Coleman et al., 1966)。

[形貌特征] 晶体呈纤维状，与碳钙铀矿相似。

[晶体结构] 斜方晶系；$Pbn2_1$ 或 $Pbnm$。晶胞参数为 $a=9.718(5)$ Å，$b=18.226(9)$ Å，$c=4.965(4)$ Å；$Z=4$。

[主要粉晶衍射数据 d/Å(I)(hkl)] 9.10(100)(020)，3.79(50)(230)，4.70(35)(210)，4.30(35)(111)，4.55(18)(040)，4.41(18)(101)，3.98(18)(121)，3.17(18)(141)(PDF 19-258)。

[物理性质] 浅黄色。透明。粉末状光泽。硬度未测。密度 $D_{计算}=3.414$ g/cm^3。具放射性。

[光学性质] 二轴负晶。折光率 $n=1.626$。光轴角 $2V$ 未测。光性方位：$Z=c$。

[化学成分] 理想化学式为 $Ca(UO_2)(CO_3)_2 \cdot 3H_2O$。无分析数据。

2. 在中国的产出情况

目前中国尚未发现变碳钙铀矿。

三、碳钙铀矿(Zellerite)

1. 碳钙铀矿的一般特征

[产地、产状及共(伴)生矿物] 是铀矿石在低 pH 条件下风化的产物，很稀少，形成于氧化的

黄铁矿中。典型产地分布在美国怀俄明州 Lucky Mc 矿床和 Pat No. 8 矿床以及犹他州的 White Canyon No. 1 矿床等、以色列 Hatrurim 组建造和捷克 Jáchymov。共(伴)生矿物有变碳钙铀矿、石膏、褐铁矿、铁硫化物、柱铀矿、变钙铀云母、硅钙铀矿和欧泊(Coleman et al., 1966)。

[形貌特征] 晶体呈细发丝状、纤维状，粒径最长至 2 mm；集合体呈近放射状、细脉和结壳。

[晶体结构] 斜方晶系；*Pmmm* 或 $Pmn2_1$。晶胞参数为 a=11.220(15)Å，b=19.252(16)Å，c=4.933(16)Å；Z=4。

[主要粉晶衍射数据 *d*/Å(*I*)(*hkl*)] 9.66(100)(110)，4.848(50)(220)，5.591(35)(130)，3.651(35)(240)，4.407(25)(140)，7.33(18)(120)，2.947(14)(311)，2.687(10)(061)(PDF19-247)。

[物理性质] 浅柠檬黄色。透明。有一组平行于晶体延长方向的解理。摩氏硬度 H 约 2。密度 $D_{测量}$=3.25(1) g/cm^3，$D_{计算}$=3.242 g/cm^3。在长波和短波紫外光下发出不一致的荧光。具放射性。

[光学性质] 在透射光下为很浅的黄色。二轴正晶。多色性：$X=Y$=无色；Z=浅黄色。光性方位：$Z=c$。色散：$r<v$。折光率 α=1.536(5)，β=1.559(5)，γ=1.697(5)。光轴角 $2V_{测量}$=25°~30°。

[化学成分] 理想化学式为 $Ca(UO_2)(CO_3)_2 \cdot 5H_2O$；对应的化学组成($w_B$/%)为：$CO_2$ 16.92，UO_3 54.98，CaO 10.78，H_2O 17.32，合计 100.00。美国怀俄明州的 Lucky Mc 矿床产出样品的化学组成(w_B/%)为 CO_2 16.9，UO_3 53.9，CaO 10.3，H_2O^+ 12.3，H_2O -6.6，合计 100.00；相应的化学式为 $Ca_{1.00}(UO_2)_{1.03}(CO_3)_{2.09} \cdot 3.72H_2O$。

[与其他矿物种的关系] 与梅碳钙铀矿(meyrowitzite)呈同质二象。

2. 在中国的产出情况

目前中国尚未发现碳钙铀矿。

第四节 $UO_2 : CO_3 = 1 : 3$ 的碳酸盐矿物

本节共计有矿物 11 种，包括阿碳钾铀矿(Agricolaite)、氟碳钙铀矿(Albrechtschraufite)、碳钠钙铀矿(Andersonite)、碳镁铀矿(Bayleyite)、碳钠铀矿(Čejkaite)、碳钾铀矿(Grimselite)、绿碳钙铀矿(Liebigite)、水碳钙镁铀矿(Rabbittite)、碳钙镁铀矿(Swartzite)、碳铅铀矿(Widenmannite)和羟碳铀钙锌石(Znucalite)。仅见绿碳钙铀矿产于中国陕西省蓝田铀矿床中的报道。

一、阿碳钾铀矿(Agricolaite)

1. 阿碳钾铀矿的一般特征

[产地、产状及共(伴)生矿物] 发现于捷克 Jáchymov 的 Giftkiesstollen 废弃坑道中，产在片麻岩内铁白云石脉石晶洞里。与文石、胆矾、一水蓝铜矾、孔雀石、纤碳铀矿和假碳铜钙铀矿共生(Roman et al., 2011)。

[形貌特征] 晶体呈等轴状他形，最大粒径至 0.3 mm。

[晶体结构] 单斜晶系；*C*2/*c*。晶胞参数为 a=10.2380(2)Å，b=9.1930(2)Å，c=12.2110(3)Å；β=95.108(2)°。

[主要粉晶衍射数据 *d*/Å(*I*)(*hkl*)] 3.740(100)(202)，5.087(57)(200)，6.061(55)(002)，2.281(52)(402)，3.393(43)(113)，1.873(40)，2.408(33)，5.793(30)。

[物理性质] 黄色；条痕淡黄色；半透明；玻璃光泽。摩氏硬度 H=4。性脆；无解理和裂理；不规则状-不平坦状断口。密度 $D_{计算}$=3.531 g/cm^3。

[光学性质] 矿物颗粒太小，光学性质难以测定。

[化学成分] 理想化学式为 $K_4(UO_2)(CO_3)_3$。捷克 Jáchymov 产出样品的化学组成(w_B/%)为：UO_3 48.53，K_2O 31.49，CO_2 22.04；相应的化学式为 $K_{3.98}(UO_2)_{1.01}(CO_3)_{3.00}$。

2. 在中国的产出情况

目前中国尚未发现阿碳钾铀矿。

二、氟碳钙铀矿(Albrechtschraufite)

1. 氟碳钙铀矿的一般特征

[产地、产状及共(伴)生矿物] 发现于博物馆的一块板碳铀矿样品中，这块样品采自捷克Joachimsthal。共(伴)生矿物有板碳铀矿、晶质铀矿和白云石(Mereiter，1984；Ondruš et al.，1997)。

[形貌特征] 晶质体。

[晶体结构] 三斜晶系；$P\bar{1}$。晶胞参数为 a=13.562(3)Å，b=13.406(3)Å，c=11.636(3)Å；α=115.75(2)°，β=107.66(2)°，γ=92.86(2)°；Z=2。晶体结构参数(原子坐标)见表5-4-1。

表5-4-1 氟碳钙铀矿晶体结构参数(原子坐标)

a=13.569 Å，b=13.419 Å，c=11.622 Å，α=115.82°，β=107.61°，γ=92.84°，$P\bar{1}$											
原子	x	y	z	occ	$Uiso$	U(1,1)	U(2,2)	U(3,3)	U(1,2)	U(1,3)	U(2,3)
Mg	0.41979	0.42236	0.02416		0.01208	0.0103	0.0106	0.0196	0.0033	0.0071	0.0095
Ca1	0.48138	0.14003	-0.001359		0.01200	0.0101	0.0100	0.0176	0.00278	0.00448	0.0083
Ca2	0.26561	0.28073	0.11208		0.01607	0.0140	0.0172	0.0242	0.0048	0.0092	0.0142
Ca3	0.14312	0.49698	0.00952		0.01470	0.0109	0.0129	0.00244	0.00482	0.0079	0.0110
Ca4	0.84563	-0.14801	0.60690		0.02158	0.0198	0.0226	0.0241	0.0067	0.0067	0.0132
F1	0.42284	0.30237	0.07639		0.0158	0.0163	0.0146	0.0251	0.0075	0.0108	0.0140
F2	0.28315	0.42011	0.04822		0.0170	0.0138	0.0178	0.0292	0.0082	0.0125	0.0159
U1	0.785960	0.222723	0.024224		0.01188	0.00929	0.00999	0.02019	0.00339	0.00647	0.00949
O1	0.74685	0.15651	-0，1575		0.0227	0.0235	0.0224	0.0239	0.0046	0.0090	0.0122
O2	0.82393	0.2874	0.2066		0.0247	0.0239	0.0248	0.0246	0.0048	0.0082	0.0114
C1	0.6367	0.3698	0.0125		0.0133	0.0106	0.0134	0.0196	0.0028	0.0072	0.0098
O3	0.73351	0.39875	0.0304		0.0219	0.0117	0.0189	0.0469	0.0072	0.0148	0.0224
O4	0.61109	0.27159	0.0015		0.0201	0.0133	0.0142	0.0410	0.0051	0.0120	0.0181
O5	0.57073	0.43339	0.0070		0.0159	0.0120	0.0142	0.0292	0.0074	0.0097	0.0148
C2	0.7097	0.0058	-0.0043		0.0149	0.0143	0.0145	0.0209	0.0044	0.0079	0.0116
O6	0.65044	0.07884	-0.0028		0.0187	0.0126	0.0162	0.0344	0.0068	0.0112	0.0160
O7	0.80697	0.03892	0.0097		0.0209	0.0123	0.0173	0.0417	0.0064	0.0125	0.0192
O8	0.67681	-0.08996	-0.0198		0.0200	0.0175	0.0126	0.0372	0.0054	0.0140	0.0151
C3	0.9999	0.3096	0.0624		0.0156	0.0137	0.0139	0.0236	0.0031	0.0094	0.0108
O9	0.97519	0.21572	0.0643		0.0212	0.0133	0.0189	0.0433	0.0076	0.0122	0.0229
O10	0.92175	0.36065	0.0483		0.0198	0.0123	0.0183	0.0388	0.0077	0.0122	0.0195
O11	0.09083	0.34862	0.0737		0.0176	0.0108	0.0177	0.0294	0.0040	0.0091	0.0142
U2	0.712257	0.029017	0.409056		0.01376	0.01459	0.01152	0.01319	0.00350	0.00292	0.00546
O12	0.61179	0.0290	0.4798		0.0274	0.0248	0.0315	0.0275	0.0080	0.0124	0.0131
O13	0.81365	0.2859	0.3390		0.0236	0.0228	0.0221	0.0219	0.0027	0.0096	0.0062
C4	0.6096	0.1523	0.2797		0.0198	0.0239	0.0168	0.0190	0.0097	0.0056	0.0095
O14	0.6776	0.1997	0.4022		0.0337	0.0492	0.0159	0.0200	0.0090	-0.0053	0.0064
O15	0.58873	0.04167	0.2163		0.0213	0.0233	0.0144	0.0196	0.0038	0.0014	0.0067

续表

$a=13.569$ Å，$b=13.419$ Å，$c=11.622$ Å，$\alpha=115.82°$，$\beta=107.61°$，$\gamma=92.84°$，$P\bar{1}$											
原子	x	y	z	occ	$Uiso$	$U(1,1)$	$U(2,2)$	$U(3,3)$	$U(1,2)$	$U(1,3)$	$U(2,3)$
O16	0.56460	0.20789	0.2235		0.0232	0.0280	0.0212	0.0219	0.0122	0.0058	0.0128
C5	0.6672	−0.2150	0.2593		0.0144	0.0124	0.0144	0.0171	0.0020	0.0045	0.0085
O17	0.61595	−0.15313	0.2135		0.0203	0.0221	0.0127	0.0183	0.0030	−0.0010	0.0064
O18	0.73345	−0.15961	0.3839		0.0202	0.0236	0.0147	0.0157	0.0036	−0.0004	0.0066
O19	0.65280	−0.32068	0.1888		0.0182	0.0214	0.0106	0.0195	0.0038	0.0049	0.0061
C6	0.8780	0.1388	0.6711		0.0181	0.0192	0.0164	0.0166	0.0041	0.0060	0.0062
O20	0.84375	0.03029	0.6060		0.0230	0.0266	0.0150	0.0186	0.0027	−0.0005	0.0062
O21	0.82359	0.19240	0.6130		0.0236	0.0286	0.0151	0.0182	0.0038	0.0009	0.0053
O22	0.95725	0.1897	0.7792		0.0251	0.0190	0.0223	0.0203	0.0029	−0.0006	0.0036
OW1	0.4944	0.5398	0.2360		0.0363	0.0445	0.0247	0.0262	0.0014	0.0022	0.0082
H1A	0.5122	0.6073	0.2745		0.044						
H1B	0.5140	0.5184	0.2920		0.044						
OW2	0.16162	0.16731	0.1731		0.0213	0.0168	0.0215	0.0313	0.0076	0.0099	0.0162
H2A	0.1608	0.1028	0.1238		0.026						
H2B	0.1030	0.1779	0.1499		0.026						
OW3	0.3992	0.2770	0.3111		0.0356	0.0288	0.0465	0.0414	0.0111	0.0134	0.0285
H3A	0.4558	0.2679	0.3058		0.43						
H3B	0.381—	0.2362	0.3380		0.43						
OW4	0.16557	0.1755	−0.1257		0.0295	0.0237	0.0242	0.0307	0.0110	0.0065	0.0062
H4A	0.1777	0.1190	−0.1776		0.035						
H4B	0.1049	0.1763	−0.1589		0.035						
OW5	0.2896	0.4597	0.3224		0.0840	0.135	0.067	0.0303	0.066	0.013	0.0135
H5A	0.2820	0.5183	0.3218		0.101						
H5B	0.3113	0.4720	0.4005		0.101						
OW6	0.03802	0.58768	0.1502		0.0204	0.0188	0.0171	0.0247	0.0040	0.0079	0.0096
H6A	0.0432	0.6544	0.1770		0.024						
H6B	0.0553	0.5772	0.2155		0.024						
OW7	0.1406	0.3647	−0.2292		0.0306	0.0239	0.0354	0.0312	0.0112	0.0100	0.0140
H7A	0.1997	0.3635	−0.2282		0.037						
H7B	0.1096	0.3804	−0.2875		0.037						
OWB	0.26404	0.6352	0.2451		0.0316	0.0231	0.0267	0.0342	0.0053	0.0102	0.0054
H8A	0.2356	0.6826	0.2843		0.038						
H8B	0.3192	0.6665	0.2527		0.038						
OW9	0.9554	−0.2792	0.6310		0.0824	0.093	0.081	0.0398	0.064	−0.001	0.0120
H9A	0.0086	−0.2664	0.6934		0.099						
H9B	0.9598	−0.3278	0.5627		0.099						
OW10	0.648	−0.1445	0.4849		0.565	0.0283	0.082	0.0358	−0.0007	0.0143	0.0072
H10A	0.0258	−0.1165	0.5311		0.068						
H10B	0.9616	−0.2035	0.4218		0.068						
OW11	0.9914	−0.0199	0.8123		0.0379	0.0301	0.0324	0.0425	−0.0032	−0.0036	0.0221

$a=13.569$ Å，$b=13.419$ Å，$c=11.622$ Å，$\alpha=115.82°$，$\beta=107.61°$，$\gamma=92.84°$，$P\bar{1}$											
原子	x	y	z	occ	$Uiso$	$U(1,1)$	$U(2,2)$	$U(3,3)$	$U(1,2)$	$U(1,3)$	$U(2,3)$
H11A	0.0456	−0.0268	0.8572		0046						
H11B	0.9974	0.0451	0.8289		0.046						
OW12	0.6816	−0.0963	0.6487		0.0387	0.0419	0.0461	0.0448	0.0165	0.0231	0.0299
H12A	0.6311	−0.1194	0.5795		0.046						
H12B	0.6829	−0.0313	0.6962		0.046						
OW13	0.7301	−0.3298	0.4698		0.0889	0.061	0.042	0.132	−0.0128	−0.010	0.046
H13A	0.6872	−0.3525	0.3945		0.107						
H13B	0.7274	−0.3788	0.4910		0.107						
Wat14	0.4693	0.7833	0.3448		0.0729	0.056	0.047	0.129	0.0149	0.054	0.038
Wat15	0.9132	0.5259	0.3904		0.130	0.252	0.044	0.060	0.032	0.031	0.011
Wat16	0.6569	0.4376	0.3695		0.170	0.264	0.042	0.119	−0.030	−0.023	0.033
Wat17	0.1280	0.5998	0.4224		0.0976	0.096	0.115	0.090	−0.016	0.018	0.069
Wat18	0.5118	0.5130	0.4582	0.287	0.099						

注：引自 Mereiter K，2013。

［主要粉晶衍射数据 d/Å(I)(hkl)］ 未测。

［物理性质］ 黄绿色，半透明。摩氏硬度 $H=2\sim3$。密度 $D_{测量}=2.6$ g/cm^3，$D_{计算}=2.67$ g/cm^3。具放射性。

［光学性质］ 二轴晶。

［化学成分］ 理想化学式为 $Ca_4Mg(UO_2)_2(CO_3)_6F_2 \cdot 17H_2O$。据捷克 Jáchymov 样品化学成分分析结果，其化学式为 $MgCa_4F_2[(UO_2)(CO_3)_3]_2 \cdot 17H_2O$。

2. 在中国的产出情况

目前中国尚未发现氟碳钙铀矿。

三、碳钠钙铀矿(Andersonite)

1. 碳钠钙铀矿的一般特征

［产地、产状及共(伴)生矿物］ 产于含铀热液多金属矿床氧化带的一种不常见次生矿物；也可能形成于成矿后，覆盖于采矿通道壁上。在美国亚利桑那州 Hillside 矿床等、奥地利 Myrthengraben、英国 Geevor 矿床、瑞典 Stripa、捷克 Jáchymov、阿根廷 Huemul 矿床等地均有发现。共(伴)生矿物有板碳铀矿、碳镁铀矿、硅钾铀矿、绿碳钙铀矿和石膏(Palache et al.，1951；Frondel，1958；Coda et al.，1981；Axelrod et al.，1951)。

［形貌特征］ 晶体呈菱面体、假立方体或平板状，还有复合晶形，最大粒径至 1 cm；集合体常呈晶质外壳、粒状。

［晶体结构］ 三方晶系；$R\bar{3}m$。晶胞参数为 $a=17.902(4)$ Å，$c=23.734(4)$ Å；$Z=18$。晶体结构参数(原子坐标)见表 5-4-2。

［主要粉晶衍射数据 d/Å(I)(hkl)］ 5.6974(100)(211)，3.6882(100)(125)，5.2544(75)(122)，2.9999(75)(045)，4.3323(70)(303)，2.7928(70)(333)，5.1823(65)(300)，2.9804(65)(330)(PDF 45-1434)。

［物理性质］ 亮绿色－黄绿色；透明－半透明。硬度未测。密度 $D_{测量}=2.8$ g/cm^3，$D_{计算}=2.86$ g/cm^3。具放射性。在长波和短波紫外光下发亮浅绿色－黄绿色荧光。

表 5-4-2　碳钠钙铀矿晶体结构参数(原子坐标)

a=17.902 Å, b=17.902 Å, c=23.734 Å, α=90°, β=90°, γ=120°, $R\bar{3}m$										
原子	x	y	z	$Biso$	B(1,1)	B(2,2)	B(3,3)	B(1,2)	B(1,3)	B(2,3)
Na1	0.1842	-0.1842	0.1622	2.9	0.0030	0.0030	0.0013	0.0015	0.0002	-0.0002
Na2	0.1271	-0.1271	0.8912	3.6	0.0034	0.0034	0.0015	0.0009	-0.0003	0.0003
Ca	0.5442	-0.5442	0.0566	1.9	0.0019	0.0019	0.0008	0.0008	-0.0001	0.0001
U	0.22372	-0.22372	0.01171	0.00163	0.00163	0.00163	0.00086	0.00064	0.00002	-0.00002
C1	0.255	-0.255	0.901	4.0	0.0034	0.0034	0.0019	0.0006	0.0005	-0.0005
C2	0.349	0.421	0.066	2.0	0.0023	0.0017	0.0010	0.0009	0.0001	-0.0006
O1	0.2621	-0.2621	0.8471	2.3	0.0035	0.0035	0.0002	0.0018	-0.0002	0.0002
O2	0.5061	0.3134	0.0708	2.6	0.0034	0.0025	0.0011	0.0017	-0.0011	-0.0002
O3	0.2706	0.3857	0.0859	2.3	0.0020	0.0030	0.0007	0.0009	0.0005	0.0005
O4	0.3664	0.4594	0.0193	2.6	0.0026	0.0027	0.0011	0.0011	0.0008	0.0016
O5	0.4067	0.4133	0.0948	2.5	0.0031	0.0045	0.0008	0.0032	0.0003	0.0003
O6	0.2746	-0.2746	0.0489	3.3	0.0030	0.0030	0.0015	0.0011	-0.0008	0.0008
O7	0.1735	-0.1735	0.9757	2.8	0.0029	0.0029	0.0013	0.0017	-0.0002	0.0002
Wat1	0.5605	-0.5605	0.1622	2.3	0.0025	0.0025	0.0005	0.0006	-0.0001	0.0001
Wat2	0.4093	-0.4093	0.1379	2.2	0.0029	0.0029	0.0006	0.0016	-0.0002	0.0002
Wat3	0.403	0	0.5	2.8	0.0031	0.0024	0.0012	0.0012	-0.0003	-0.0006
Wat4	0.1830	0.1920	0.0593	4.9	0.0059	0.0087	0.0013	0.0054	-0.0002	0.0002

注：数据引自 Coda et al. (1981)。

[光学性质]　一轴正晶。折光率 ω=1.520，ε=1.540。多色性：O=无色；E=浅黄色。

[化学成分]　理想化学式为 $Na_2Ca(UO_2)(CO_3)_3 \cdot 6H_2O$；对应的化学组成($w_B$/%)为：$CO_2$ 20.50，UO_3 44.40，CaO 8.70，Na_2O 9.62，H_2O 16.78，合计 100.00。美国亚利桑那州 Hillside 矿床产出样品的化学组成(w_B/%)为 CO_2 19.6，SO_3 1.6，UO_3 43.4，MgO 0.50，CaO 8.90，Na_2O 9.30，H_2O[16.7]，合计 100.0；对应的化学式为 $Na_{2.00}(Ca_{0.92}Mg_{0.08})_{\Sigma 1.00}(UO_2)_{1.01}(CO_3)_{2.97} \cdot 5.92H_2O$。

[微化反应]　溶解于水中。

2. 在中国的产出情况

目前中国尚未发现碳钠钙铀矿。

四、碳镁铀矿(Bayleyite)

1. 碳镁铀矿的一般特征

[产地、产状及共(伴)生矿物]　常见于沉积岩型铀矿床中，为成矿后期的产物，和其他次生铀矿物呈膜状或盐霜状产出。产出比较丰富，典型产地分布在美国亚利桑那州的 Hillside 矿床、新墨西哥州 Ambrosia 湖、犹他州 Hideout No. 1 矿床、科罗拉多州 Garfield 和 Rifle 矿床等，加拿大 Rabbit Lake 铀矿床、摩洛哥 Azegour 附近，阿根廷 Huemul 矿床，法国 Mas-d'Alary 铀矿床和以色列 Hatrurim 等地。共(伴)生矿物有板碳铀矿、碳钠钙铀矿、碳钙镁铀矿、石膏(美国亚利桑那州 Hillside 矿床)；板碳铀矿、石膏(美国犹他州 Hideout 矿床)；钒钙铀矿、硅钙铀矿、绿碳钙铀矿、钒钾铀矿(美国怀俄明州 Powder River 盆地)等(Palache et al., 1951；Frondel, 1958；Weeks et al., 1954；Axelrod et al., 1951；Zhang Z Y et al., 1985)。

[形貌特征]　晶形完好，呈短柱状[001]，粒径至 0.1 mm；集合体常呈球状和分散结壳状。

［**晶体结构**］ 单斜晶系；$P2_1/a$。晶胞参数为 $a=26.65(5)$ Å，$b=15.31(5)$ Å，$c=6.53(2)$ Å，$\beta=93°04'$；$Z=4$。晶体结构参数(原子坐标)见表 5-4-3。

表 5-4-3 碳镁铀矿的晶体结构参数(原子坐标)

$a=26.560$ Å，$b=15.256$ Å，$c=6.505$ Å，$\alpha=90°$，$\beta=92.90°$，$\gamma=90°$，$P2_1/a$											
原子	*x*	*y*	*z*	*occ*	*Biso*	*U*(1,1)	*U*(2,2)	*U*(3,3)	*U*(1,2)	*U*(1,3)	*U*(2,3)
Mg1	0	0	0		2.1	0.022	0.034	0.023	-0.003	0.000	0.000
Mg2	0.5	0	0		2.2	0.028	0.028	0.027	-0.002	0.005	0.000
Mg3	0.23864	0.28485	0.0223		2.2	0.031	0.029	0.023	-0.005	0.001	0.001
U	0.16496	0.02120	0.4872		1.5	0.017	0.021	0.019		0.002	-0.003
O1	0.17694	0.0138	0.7597		2.6	0.034	0.040	0.025	0.007	0.000	-0.004
O2	0.15253	0.0287	0.2155		2.6	0.033	0.042	0.023	0.000	0.002	-0.003
C1	0.27154	0.0276	0.4332		2.2	0.024	0.029	0.031	0.000	0.005	-0.003
O11	0.24439	0.0972	0.4631		2.9	0.023	0.026	0.061	-0.001	0.007	0.000
O12	0.24735	-0.0452	0.4395		2.9	0.024	0.024	0.060	-0.003	0.011	-0.010
O13	0.31811	0.0323	0.4078		2.9	0.020	0.040	0.052	0.001	0.007	-0.004
C2	0.11505	-0.1475	0.4907		2.4	0.027	0.023	0.041	-0.002	0.000	0.002
O21	0.16303	-0.1370	0.4593		2.6	0.023	0.027	0.047	0.002	0.004	-0.005
O22	0.09142	-0.0740	0.5216		2.4	0.023	0.025	0.042	0.000	0.005	0.000
O23	0.09537	-0.2202	0.4953		4.8	0.031	0.029	0.123	-0.007	0.018	-0.008
C3	0.10844	0.1811	0.5418		2.1	0.029	0.028	0.021	0.001	0.001	-0.001
O31	0.08686	0.1038	0.5326		2.2	0.020	0.024	0.040	-0.002	0.002	-0.001
O32	0.1568	0.1801	0.5208		2.3	0.019	0.031	0.038	0.000	0.005	-0.005
O33	0.08378	0.2497	0.5704		2.8	0.029	0.023	0.054	0.005	0.004	-0.002
OW1	-0.00218	0.0698	-0.2729		3.1	0.027	0.066	0.026	-0.004	0.001	0.012
OW2	0.02728	0.1076	0.1574		3.4	0.051	0.043	0.033	-0.016	-0.007	-0.001
OW3	0.07226	-0.0424	-0.0554		3.0	0.026	0.061	0.029	-0.002	0.003	-0.007
OW4	0.47544	0.1199	-0.1115		3.5	0.052	0.039	0.043	0.009	0.007	0.007
OW5	0.56726	0.0611	0.1043		2.8	0.028	0.045	0.033	-0.001	0.004	0.000
OW6	0.46946	0.0286	0.2739		3.3	0.048	0.040	0.036	-0.010	0.017	-0.009
Wat7a	0.2357	0.4183	0.0827	0.5	3.2						
Wat7b	0.2146	0.3987	0.1544	0.5	3.8						
Wat8a	0.3114	0.3068	-0.0828	0.5	3.6						
Wat8b	0.3068	0.3456	-0.0432	0.5	2.6						
Wat9a	0.2442	0.1530	-0.0635	0.5	3.4						
Wat9b	0.2636	0.1695	-0.1141	0.5	3.8						
Wat10a	0.1699	0.2585	0.1360	0.5	2.8						
Wat10b	0.1739	0.2132	0.0759	0.5	3.6						
OW11	0.20505	0.3174	-0.2581		3.2	0.054	0.042	0.027	-0.020	-0.004	0.008
OW12	0.27017	0.2541	0.3070		3.4	0.057	0.034	0.037	-0.016	-0.013	0.011
OW13	0.15151	0.5219	-0.0080		3.7	0.046	0.051	0.045	0.000	0.008	0.002
OW14	0.59825	0.0726	0.5168		2.9	0.030	0.032	0.047	0.000	0.004	-0.004
OW15	0.48876	0.1834	0.4905		3.4	0.031	0.035	0.063	0.000	-0.002	-0.004
OW16	0.07168	0.2539	-0.0067		3.8	0.059	0.036	0.049	0.005	0.005	-0.002

$a=26.560$ Å, $b=15.256$ Å, $c=6.505$ Å, $\alpha=90°$, $\beta=92.90°$, $\gamma=90°$, $P2_1/a$											
原子	*x*	*y*	*z*	*occ*	*Biso*	*U*(1,1)	*U*(2,2)	*U*(3,3)	*U*(1,2)	*U*(1,3)	*U*(2,3)
OW17	0.14850	0.6487	0.2996		5.5	0.109	0.048	0.052	0.024	0.000	0.002
Wat18	0.41382	0.2467	0.0620		10.0	0.158	0.130	0.093	0.080	-0.040	-0.040
H1a	-0.03	0.066	-0.372		4.7						
H1b	0.028	0.072	-0.346		4.7						
H2a	0.043	0.102	0.292		4.7						
H2b	0.035	0.165	0.107		4.7						
H3a	0.102	-0.014	0		4.7						
H3b	0.078	-0.058	-0.195		4.7						
H4a	0.474	0.134	-0.256		4.7						
H4b	0.455	0.161	-0.044		4.7						
H5a	0.594	0.031	0.041		4.7						
H5b	0.575	0.061	0.25		4.7						
H6a	0.447	-0.006	0.349		4.7						
H6b	0.476	0.082	0.35		4.7						
H11a	0.222	0.361	-0.337		4.7						
H11b	0.191	0.274	-0.352		4.7						
H12a	0.268	0.199	0.379		4.7						
H12b	0.296	0.289	0.376		4.7						
H13a	0.163	0.532	-0.144		4.7						
H13b	0.143	0.577	0.049		4.7						
H14a	0.632	0.048	0.529		4.7						
H14b	0.601	0.135	0.535		4.7						
H15a	0.462	0.225	0.507		4.7						
H15b	0.52	0.215	0.485		4.7						
H16a	0.063	0.251	-0.151		4.7						
H16b	0.065	0.312	0.04		4.7						
H17a	0.154	0.614	0.421		4.7						
H17b	0.129	0.699	0.336		4.7						

注：数据引自 Mayer et al.（1986）。

［主要粉晶衍射数据 *d*/Å（*I*）（*hkl*）］ 7.66（100）（020），13.1（90）（110），3.83（60）（040），2.69（50）（422），2.21（50）（$\bar{1}$121），6.53（40）（001），5.85（40）（320），5.08（40）（$\bar{3}$11）（PDF 4-130）。

［物理性质］ 硫磺色；半透明；玻璃光泽，失水后变为污光泽。贝壳状断口，摩氏硬度 $H=2\sim2.5$。密度 $D_{测量}=2.05$ g/cm^3，$D_{计算}=2.06$ g/cm^3。具放射性。在长波和短波紫外光照射下发出弱的不稳定的黄绿色-浅绿色荧光。

［光学性质］ 二轴负晶。折光率 $\alpha=1.454\sim1.455$，$\beta=1.490\sim1.492$，$\gamma=1.500\sim1.502$。光轴角 $2V_{测量}=30°$，$2V_{计算}=45°\sim57°$。多色性：X=淡粉色；$Y=Z$=淡黄色-绿黄色。光性方位：$Z=b$；$X\wedge c=8°\sim15°$。

［化学成分］ 理想化学式为 $Mg_2(UO_2)(CO_3)_3(H_2O)_{12}\cdot6H_2O$；对应的化学组成（$w_B$/%）为：$CO_2$ 16.04，UO_3 34.76，MgO 9.80，H_2O 39.40，合计 100.00。美国亚利桑那州 Hillside 矿床产出样品

的化学组成(w_B/%)为 CO_2 16.72, SO_3 0.02, UO_3 35.28, MgO 9.76, Na_2O 0.21, K_2O 0.10, H_2O 37.91,合计 100.00;相应的化学式为 $Mg_{2.00}(UO_2)_{1.02}(CO_3)_{3.15}\cdot17.43H_2O$。

[微化反应] 溶于水。

[变化] 快速水解。

2. 在中国的产出情况

目前中国尚未发现碳镁铀矿。

五、碳钠铀矿(Čejkaite)

1. 碳钠铀矿的一般特征

[产地、产状及共(伴)生矿物] 发现于捷克 Jáchymov 的 Svornost 矿床中,呈薄层盐霜分布于与沥青铀矿相关的方解石脉之上。与碳钠钙铀矿和板碳铀矿共生(Petr et al., 2003)。

[形貌特征] 晶体大小 0.2~0.6 mm,呈明显的六方轮廓;集合体呈土状盐霜。

[晶体结构] 三斜晶系;$P1$ 或 $P\bar{1}$。晶胞参数为 a=9.291(2)Å, b=9.292(2)Å, c=12.895(2)Å; α=90.73(2)°, β=90.82(2)°, γ=120.00(1)°; Z=4。

[主要粉晶衍射数据 d/Å(I)(hkl)] 8.022(92)(100), 5.080(57)($\bar{1}02$), 5.024(60)($\bar{1}12$), 4.967(68)(012), 4.639(100)(110), 3.221(63)(004), 2.681(60)(300)。

[物理性质] 黄白色-米黄色;条痕淡黄色。玻璃光泽。密度 $D_{测量}$ = 3.67(1) g/cm^3, $D_{计算}$ = 3.766(5) g/cm^3。在短波和长波紫外光照射下发弱的黄-黄绿色荧光。

[光学性质] 因矿物颗粒太小,光学性质暂未测定。$n_{计算}$ = 1.5825。

[化学成分] 理想化学式为 $Na_4(UO_2)(CO_3)_3$,化学组成(w_B/%)为 Na_2O 21.39, MgO 0.15, FeO 0.53, UO_3 53.93, CO_2 24.00,合计 100.00。

2. 在中国的产出情况

目前中国尚未发现碳钠铀矿。

六、碳钾铀矿(Grimselite)

1. 碳钾铀矿的一般特征

[产地、产状及共(伴)生矿物] 产在矿化花岗闪长岩岩脉中的一种稀有次生矿物。发现于瑞士 Gerstenegg 和 Sommerloch 之间的一条电缆隧道中。共(伴)生矿物有板碳铀矿、水碳镁钾石、单水碳钙石和方解石等(Walenta, 1972)。

[形貌特征] 晶体呈六方柱状,主要单形{10$\bar{1}$0}, {10$\bar{1}$1}和{0001},粒径最大至 0.3 mm,集合体常呈他形细粒结壳。

[晶体结构] 六方晶系;$P\bar{6}2c$。晶胞参数为 a=9.30(2)Å, c=8.26(2)Å; Z=2。晶体结构参数(原子坐标)见表 5-4-4。

[主要粉晶衍射数据 d/Å(I)(hkl)] 5.78(100)(101), 8.06(80)(100), 3.63(80)(201), 3.08(80)(112), 4.66(70)(110), 2.86(70)(211), 2.67(70)(300), 2.02(70)(222)(PDF 25-679)。

[物理性质] 黄色;条痕浅黄色;半透明至-透明;玻璃光泽;贝壳状断口。性脆;摩氏硬度 H=2~2.5。密度 $D_{测量}$=3.30 g/cm^3, $D_{计算}$=3.27 g/cm^3。具放射性。

[光学性质] 一轴负晶或弱二轴负晶。折光率 ω=1.601(2), ε=1.480(2)。多色性显著:O=黄色;E=无色。

[化学成分] 理想化学式为 $K_3Na(UO_2)(CO_3)_3\cdot H_2O$。该矿物是根据与人工合成物光学性质和

X 射线衍射图谱的一致性来鉴定的。通过微量化学和电子探针分析确认天然矿物种的主要成分为 K、Na、U 和 CO_2。

［微化反应］ 在水中溶解。

2. 在中国的产出情况

目前中国尚未发现碳钾铀矿。

表 5-4-4　碳钾铀矿的晶体结构参数(原子坐标)

$a=9.2507$ Å，$b=9.2507$ Å，$c=8.1788$ Å，$\alpha=90°$，$\beta=90°$，$\gamma=120°$，$P\bar{6}2c$											
原子	*x*	*y*	*z*	*occ*	*Uiso*	*U*(1,1)	*U*(2,2)	*U*(3,3)	*U*(1,2)	*U*(1,3)	*U*(2,3)
K1	0.2897	0	0	0.821	0.0355	0.0420	0.0335	0.0282	0.0168	0.0047	0.0095
Na1	0.2897	0	0	0179	0.0355	0.0420	0.0335	0.0282	0.0168	0.0047	0.0095
Na2	1/3	2/3	0.75		0.0283	0.0347	0.0347	0.0154	0.0173	0	0
U	2/3	1/3	0.75		0.01364	0.01371	0.01371	0.01350	0	0.00685	0
C	0.9887	0.6296	0.75		0.024	0.019	0.021	0.032	0.010	0	0
O1	0.9697	0.4800	0.75		0.0282	0.0154	0.021	0.0499	0.011	0	0
O2	0.8497	0.6324	0.75		0.0314	0.022	0.025	0.050	0.0138	0	0
O3	2/3	1/3	0.9686		0.0352	0.0451	0.0451	0.0155	0.0226	0	0
O4	0.1293	0.7588	0.75		0.0341	0.0208	0.022	0.051	0.0045	0	0
Wat5	0	0	0.122	0.5	0.090	0.093	0.093	0.084	0.046	0	0

注：数据引自 Plasil et al.（2012）。

七、绿碳钙铀矿(Liebigite)

1. 绿碳钙铀矿的一般特征

［产地、产状及共(伴)生矿物］ 为产自碱性碳酸盐熔体中的一种由沥青铀矿蚀变的不常见次生产物。典型产地分布在土耳其 Edirne 省、捷克 Joachimsthal、德国 Schneeberg 等、波兰的 Schmiedeberg、英国 Wheal Basset、苏格兰 Tyndrum、法国 Mas-d'Alary 铀矿床、加拿大 Rabbit 湖、日本 Tono 矿床、刚果 Shinkolobwe 以及美国华盛顿州、科罗拉多州、怀俄明州和犹他州等地。共(伴)生矿物有晶质铀矿、板碳铀矿、β-硅钙铀矿、钒钙铀矿、钙铀云母、硅钙铀矿、碳镁铀矿、钒钾铀矿、石膏和方解石等(Palache et al.，1951；Evans et al.，1950；Frondel，1958；Mereiter，1982)。

［形貌特征］ 晶体少见，呈短柱状[001]，或呈等轴的、凸形圆晶面，粒径最大至 5 mm；集合体呈鳞片状或粒状、壳状和薄膜状。

［晶体结构］ 斜方晶系；*Bba*2。晶胞参数为 $a=16.699(3)$ Å，$b=17.557(3)$ Å，$c=13.697(2)$ Å，$Z=8$。晶体结构参数(原子坐标)见表 5-4-5。

表 5-4-5　绿碳钙铀矿晶体结构参数(原子坐标)

$a=16.699$ Å，$b=17.557$ Å，$c=13.697$ Å，$\alpha=90°$，$\beta=90°$，$\gamma=90°$，*Bba*2										
原子	*x*	*y*	*z*	*Biso*	*U*(1,1)	*U*(2,2)	*U*(3,3)	*U*(1,2)	*U*(1,3)	*U*(2,3)
Ca1	0.31411	0.20626	0.19102	1.76	0.0216	0.0216	0.0236	−0.0004	−0.0038	0.0006
Ca2	0	0	0.38804	1.58	0.014	0.0279	0.0183	0.0039	0	0
Ca3	0	0	−0.02542	1.37	0.0124	0.0225	0.0170	−0.0001	0	0
U	0.2382	0.04408	0	1.30	0.0108	0.0212	0.0174	−0.0011	0.0013	−0.0033
O1	0.2392	−0.0279	0.0919	2.1						
O2	0.2376	0.1158	−0.0912	2.6						

$a=16.699$ Å，$b=17.557$ Å，$c=13.697$ Å，$\alpha=90°$，$\beta=90°$，$\gamma=90°$，$Bba2$										
原子	x	y	z	$Biso$	$U(1,1)$	$U(2,2)$	$U(3,3)$	$U(1,2)$	$U(1,3)$	$U(2,3)$
C1	0.1805	-0.0657	-0.1376	2.0						
O11	0.2567	-0.0525	-0.1269	2.3						
O22	0.1353	-0.0224	-0.0854	1.8						
O13	0.1541	-0.1165	-0.1918	3.1						
C2	0.1249	0.1318	0.1102	1.5						
O21	0.1034	0.0809	0.0487	2.1						
O22	0.2017	0.1388	0.1216	2.0						
O23	0.0750	0.1718	0.1569	2.3						
C3	0.4042	0.0744	0.0331	1.7						
O31	0.3490	0.1081	0.0824	2.2						
O32	0.3793	0.0207	-0.0260	2.2						
O33	0.4776	0.0882	0.0414	2.2						
Wat11	0.3261	0.2843	0.0418	5.3						
Wat12	0.4587	0.2114	0.1704	3.1						
Wat13	0.1894	0.2690	0.2388	5.1						
Wat14	0.3533	0.3100	0.2943	4.6						
Wat21	0.1026	0.0015	0.2629	2.8						
Wat22	0.0073	0.1331	0.3361	2.8						
Wat31	0.0625	-0.0898	0.0937	2.3						
Wat32	0.0101	0.0990	-0.1486	2.8						
Wat41	0.1093	0.4147	0.1846	5.6						
Wat42	0.5239	0.2600	-0.0509	9.7	0.2364	0.0559	0.0757	-0.0172	0.0037	-0.0009
Wat43	0.3155	-0.1921	-0.0536	14	0.1070	0.1599	0.2650	0.0633	0.1050	0.1185

注：数据引自 Mereiter(1982)。

［主要粉晶衍射数据 *d*/Å(*I*)(*hkl*)］ 6.81(100)(121)，8.68(90)(020)，5.40(90)(022)，4.55(60)(222)，3.10(60)(143)，3.33(50)(151)，3.31(50)(422)，1.998(50)(802)(PDF 11-296)。

［物理性质］ 苹果绿色、金绿色、黄绿色；透明-半透明；解理面显玻璃-珍珠光泽。发育{100}解理。摩氏硬度 $H=2\sim3$。密度 $D_{测量}=2.41\ g/cm^3$，$D_{计算}=2.41\ g/cm^3$。具放射性。在长波和短波紫外光下发强绿色-蓝绿色荧光。

［光学性质］ 二轴正晶。折光率 $\alpha=1.494\sim1.501$，$\beta=1.498\sim1.505$，$\gamma=1.535\sim1.542$。光轴角 $2V_{测量}=37°\sim42°$。多色性：X=几乎无色；$Y=Z$=浅黄绿色。光性方位：$X=a$。色散中等：$r>v$。

［化学成分］ 理想化学式为 $Ca_2(UO_2)(CO_3)_3 \cdot 11H_2O$；对应的化学组成($w_B$/%)为：$CO_2$ 18.12，UO_3 39.27，CaO 15.40，H_2O 27.21，合计 100.00。捷克 Jáchymov 产出样品的化学组成(w_B/%)为 CO_2 23.87，UO_2 37.11，CaO 15.56，H_2O 23.35，合计 99.89。

2. 在中国的产出情况

绿碳钙铀矿较为罕见，中国报道的绿碳钙铀矿产地只有川北砂岩型铀矿床(铀钙石)(巫声扬等，1981)、陕西省宝鸡市陇县地区砂岩型铀矿(铀钙石)(彭大明，1999)、陕西省西安市蓝田铀矿床(张建国等，2004)、二连盆地2082地区铀矿化体(菱钙铀矿)(陈路路等，2013)和贵州省毕节市织金磷-稀土矿床(铀钙石)(李紫苇等，2024)。但缺乏相关的研究资料。

八、水碳钙镁铀矿(Rabbittite)

1. 水碳钙镁铀矿的一般特征

[产地、产状及共(伴)生矿物] 成矿期后的一种罕见的次生矿物。发现于美国犹他州 Emery 郡的 Lucky Strike 二号矿床和捷克 Jáchymov。共(伴)生矿物有水钠铀矾、水镁铀矾、红铀矿、石膏、赤矾和钴方解石(Thompson et al., 1955)。

[形貌特征] 晶体呈针状[001];集合体呈束状和呈盐霜状。

[晶体结构] 单斜晶系。晶胞参数为 $a=32.6(1)$ Å, $b=23.8(1)$ Å, $c=9.45(5)$ Å; $\beta=\sim90°$, $Z=8$。

[主要粉晶衍射数据 d/Å(I)(hkl)] 8.24(100)($\bar{2}01$), 7.79(80)($\bar{2}11$), 4.37(80)($\bar{6}21$), 4.71(70)(150), 11.3(50)(120), 5.83(50)(140), 5.72(50)(520), 4.81(50)($\bar{2}41$)(PDF 7-365)。

[物理性质] 浅绿色,绿黄色。半透明。丝绢光泽。可能发育{001}解理,还有两组柱状解理。摩氏硬度 $H=2.5$。密度 $D_{测量}=2.57$ g/cm^3, $D_{计算}=2.69$ g/cm^3。具放射性。在短波紫外光下发浅奶黄色荧光。

[光学性质] 二轴正晶。折光率 $\alpha=1.502(5)$, $\beta=1.508(2)$, $\gamma=1.525(5)$。光轴角 $2V_{测量}$大。光性方位: $Y=b$; $Z\wedge c\approx15°$。

[化学成分] 理想化学式为 $Ca_3Mg_3(UO_2)_2(CO_3)_6(OH)_4\cdot18H_2O$;对应的化学组成($w_B$/%)为: CO_2 17.77, UO_3 38.51, MgO 8.14, CaO 11.33, H_2O 24.25,合计 100.00。美国犹他州 Lucky Strike No. 2 矿床产出样品的化学组成(w_B/%)为 CO_2 17.8, UO_3 37.4, MgO 9.20, CaO 10.60, H_2O 24.50,不溶物 0.50,合计 100.0。

[微化反应] 在水中缓慢溶解。

2. 在中国的产出情况

目前中国尚未发现水碳钙镁铀矿。

九、碳钙镁铀矿(Swartzite)

1. 碳钙镁铀矿的一般特征

[产地、产状及共(伴)生矿物] 为多金属硫化物矿床氧化带中的一种次生矿物。典型产地分布在美国亚利桑那州 Hillside 矿床、科罗拉多州 Rift 矿床、杰弗逊州 Schwartzwalder 和犹他州 Coral。共(伴)生矿物有石膏、板碳铀矿、碳钠钙铀矿和碳镁铀矿(美国亚利桑那州 Hillside 矿床)等(Palache et al., 1951; Frondel, 1958; Mereiter, 1986)。

[形貌特征] 晶体呈柱状[001],最大粒径至约 0.3 mm;集合体呈盐霜状结壳。

[晶体结构] 单斜晶系; $P2_1/m$。晶胞参数为 $a=11.080(2)$ Å, $b=14.634(2)$ Å, $c=6.439(1)$ Å; $\beta=99.43(1)°$; $Z=2$。晶体结构参数(原子坐标)见表 5-4-6。

表 5-4-6 碳钙镁铀矿的晶体结构参数(原子坐标)

$a=11.080$ Å, $b=14.634$ Å, $c=6.439$ Å, $\alpha=90°$, $\beta=99.43°$, $\gamma=90°$, $P2_1/m$										
原子	x	y	z	$Biso$	$U(1,1)$	$U(2,2)$	$U(3,3)$	$U(1,2)$	$U(1,3)$	$U(2,3)$
Ca	0.58193	0.25	0.7741	1.7	0.015	0.025	0.024	0	0.001	0
Mg	0	0	0	1.8	0.020	0.024	0.025	−0.001	0.004	0.000
U	0.21979	0.25	0.55092	1.2	0.012	0.018	0.014	0	0.002	0
C1	−0.0435	0.25	0.4495	1.7	0.016	0.026	0.024	0	0.002	0

$a=11.080$ Å, $b=14.634$ Å, $c=6.439$ Å, $\alpha=90°$, $\beta=99.43°$, $\gamma=90°$, $P2_1/m$										
原子	x	y	z	$Biso$	$U(1,1)$	$U(2,2)$	$U(3,3)$	$U(1,2)$	$U(1,3)$	$U(2,3)$
C2	0.3541	0.818	0.6352	1.8	0.021	0.020	0.027	−0.001	0.002	0.000
O1	0.2293	0.25	0.2781	2.8	0.037	0.051	0.019	0	0.006	0
O2	0.2090	0.25	0.8250	2.5	0.029	0.046	0.018	0	0.006	0
O3	0.0194	0.1760	0.4866	3.0	0.020	0.022	0.072	0.000	−0.008	−0.002
O4	−0.1570	0.25	0.3857	2.6	0.017	0.038	0.043	0	0.003	0
O5	0.2370	0.0827	0.5678	2.1	0.018	0.021	0.040	−0.003	0.000	−0.002
O6	0.4049	0.1617	0.6391	2.1	0.017	0.021	0.041	−0.001	0.000	0.001
O7	0.4129	0.0107	0.6934	2.5	0.026	0.021	0.048	0.003	0.001	0.002
OW1	0.4917	0.25	0.0944	4.4	0.045	0.087	0.037	0	0.016	0
OW2	0.7912	0.25	0.9522	3.3	0.026	0.055	0.044	0	−0.002	0
OW3	0.6237	0.0824	0.9240	3.0	0.026	0.047	0.040	−0.003	0.001	0.01
OW4	0.6517	0.1553	0.5048	4.4	0.057	0.036	0.073	−0.020	0.042	−0.024
OW5	−0.0826	0.0323	0.2526	3.0	0.043	0.035	0.034	−0.014	0.018	−0.009
OW6	0.1683	0.0033	0.1830	3.9	0.027	0.077	0.044	0.012	−0.008	−0.024
OW7	0.0198	0.1382	−0.0485	3.6	0.055	0.029	0.053	−0.007	0.015	0.007
H11	0.405	0.25	0.095	7.2						
H12	0.533	0.25	0.238	7.2						
H21	0.809	0.25	0.103	7.2						
H22	0.868	0.25	0.900	7.2						
H31	0.561	0.052	0.830	4.8						
H32	0.625	0.058	0.063	4.8						
H41	0.734	0.167	0.482	4.8						
H42	0.628	0.096	0.450	4.8						
H51	−0.056	0.083	0.343	4.8						
H52	−0.135	−0.005	0.322	4.8						
H61	0.197	0.019	0.323	4.8						
H62	0.236	−0.032	0.133	4.8						
H71	0.099	0.163	0.004	7.2						
H72	0.002	0.150	−0.197	7.2						

注：数据引自 Mereiter(1986)。

［主要粉晶衍射数据 d/Å(I)(hkl)］ 8.76(100)(110)，5.50(100)(200)，7.31(90)(020)，4.82(80)(111)，2.91(80)(022)，2.06(80)(261)，1.707(80)($\bar{2}72$)，3.66(70)(300)(PDF 4-111)。

［物理性质］ 绿色；脱水时变为暗的浅黄色；透明。硬度未测。密度 $D_{测量}=2.3\ g/cm^3$，$D_{计算}=2.32\ g/cm^3$。在短波紫外光下发亮黄绿色荧光。具放射性。

［光学性质］ 二轴负晶。折光率 $\alpha=1.465$，$\beta=1.51$，$\gamma=1.540$。光轴角 $2V_{计算}=40°$。多色性：X=无色；$Y=Z$=黄色。色散：$r>v$。

［化学成分］ 理想化学式为 $CaMg(UO_2)(CO_3)_3 \cdot 12H_2O$；对应的化学组成($w_B$/%)为：$CO_2$ 18.07，UO_3 39.15，MgO 5.52，CaO 7.67，H_2O 29.59，合计 100.00。美国 Hillside 矿床产出样品的化学组成(w_B/%)为 CO_2 17.92，UO_3 38.85，MgO 5.47，Na_2O 0.26，K_2O 0.49，CaO 7.32，H_2O

29.69，合计 100.00。

［微化反应］ 在水中可溶。

2. 在中国的产出情况

目前中国尚未发现碳钙镁铀矿。

十、碳铅铀矿(Widenmannite)

1. 碳铅铀矿的一般特征

［产地、产状及共(伴)生矿物］ 是发现于德国 Michael 砷-铅热液矿床氧化带中的一种稀有的次生矿物；也发现于英国 Loe Warren 地下岩洞中，是硫化物被海水蚀变的产物；此外也发现于捷克的 Jáchymov。共(伴)生矿物有氧砷铅铀矿、水砷铅铀矿、白铅矿、方铅矿、石英(德国 Michael 矿床)；粒磷铅铀矿、晶质铀矿(英国 Loe Warren)(Walenta et al.，1961；Walenta，1976；Elton et al.，1995)。

［形貌特征］ 晶体呈板状{010}，沿着[001]方向拉长，粒径最大至 100 μm，可见单形{100}、{010}、{001}、{101}；集合体呈束状和垫状。

［晶体结构］ 斜方晶系；*Pnmm*、$Pnm2_1$ 或 $P22_12_1$。晶胞参数为 a=8.971~8.99 Å，b=9.36~9.381 Å，c=4.95~5.002 Å；Z=2。晶体结构参数(原子坐标)见表 5-4-7。

表 5-4-7 碳铅铀矿的晶体结构参数(原子坐标)

a=4.9770 Å，b=9.3869 Å，c=8.9597 Å，α=90°，β=90°，γ=90°，*Pmmn*											
原子	*x*	*y*	*z*	*occ*	*Uiso*	*U*(1,1)	*U*(2,2)	*U*(3,3)	*U*(1,2)	*U*(1,3)	*U*(2,3)
Pb1	0.5	0.7414	0.1723	0.926	0.056	0.087	0.038	0.044	0	0	-0.008
U1	0.5	0.5	0.5747	0.926	0.012						
O1	1	0.5	0.567		0.002						
O2	0.775	0.5	0.350		0.002						
O3	0.5	0.692	0.579	0.926	0.002						
C1	1	0.5	0.422		0.002						
O4	0.272	0.5	0.818		0.002						
C2	0.5	0.5	0.891		0.002						
O5	0.5	0.5	0.036		0.002						
O6	0.5	0.816	-0.078		0.002						
U2	0.5	0	0.893	0.074	0.07						
H1	0.5	0.89479	-0.117295		0.0023						

注：数据引自 Plasil et al.(2014)。

［主要粉晶衍射数据 ***d*/Å(*I*)(*hkl*)］ 2.345(100)(040)，4.16(84)(120)，3.235(33)(220)，2.989(14)(300)，2.409(14)(102)，4.05(10)(210)，2.564(9)(230)，3.97(8)(111)(PDF 48-1883)。

［物理性质］ 无色、极浅的绿黄色、黄色；条痕浅黄色。透明-半透明。珍珠-丝绢光泽。发育{010}极完全解理。摩氏硬度约为 2。密度 $D_{计算}$=6.89 g/cm^3。具放射性。

［光学性质］ 二轴负晶。折光率 α=1.803(5)，β=1.905(5)，γ=1.945(5)。光轴角 $2V_{测量}$=63°。光性方位：$X=b$；$Y=a$；$Z=c$。

［化学成分］ 理想化学式为 $Pb_2(UO_2)(CO_3)_3$；对应的化学组成(w_B/%)为：CO_2 15.27，UO_3 33.09，PbO 51.64，合计 100.00。德国 Michael 矿床和英国 Loe Warren 地下岩洞产出样品的电子探针分析结果如表 5-4-8 所示。

表 5-4-8　碳铅铀矿的电子探针分析结果(w_B/%)

产地	德国 Michael 矿床	英国 Loe Warren
CO_2	16.5	16.1
UO_3	34.2	31.8
PbO	48.3	51.7
合计	99.0	99.6

2. 在中国的产出情况

目前中国尚未发现碳铅铀矿。

十一、羟碳铀钙锌石(Znucalite)

1. 羟碳铀钙锌石的一般特征

[产地、产状及共(伴)生矿物]　产在以碳酸盐岩为主岩的多金属脉中，或产于邻近的氧化铀矿脉中，产于矿化后的废石场和采矿通道壁上。典型产地分布在捷克 Příbram 和 Jáchymov、法国 Mas-d'Alary 铀矿床。共(伴)生矿物有石膏、水锌矿、锌钙铜矾(Serpierite)、粒铁钒(Römerite)、闪锌矿、方铅矿、黄铁矿、方解石、文石(捷克 Příbram)；金刚石、水砷锌铀矿、水钼铀矿、羟钼钙铀矿、硅钙铀矿和水丝铀矿(法国 Mas-d'Alary 矿床)(Ondruš et al., 1990; Chiappero et al., 1993)。

[形貌特征]　晶体呈薄片状，粒径至 100 μm；集合体呈球状、箱状、结壳状。

[晶体结构]　单斜晶系。晶胞参数为 $a=10.722(2)$ Å，$b=6.259(1)$ Å，$c=25.355(1)$ Å；$\beta=101.13(1)°$；$Z=2$。

[主要粉晶衍射数据 *d*/Å(*I*)(*hkl*)]　25.20(100)(010)，2.702(90)(190)，6.13(70)(011)，2.718(70)(360)，6.27(60)(040)，3.162(60)(002)，1.578(60)(004)，5.642(50)(021)(PDF 46-1284)。

[物理性质]　白色、浅灰黄色、黄色；透明；丝绢光泽。发育{010}极完全解理。硬度未测。密度 $D_{测量}=3.01\sim3.1$ g/cm^3，$D_{计算}=3.15$ g/cm^3。具放射性。在长波和短波紫外光下发出强烈的黄绿色荧光。

[光学性质]　二轴负晶。折光率 $\alpha=1.556\sim1.563$，$\beta=1.600$，$\gamma=1.620\sim1.621$。光轴角 $2V_{测量}=50°\sim60°$，$2V_{计算}=66.4°$。光性方位：$X=c$；$Y=b$；$Z=a$。

[化学成分]　理想化学式为 $CaZn_{11}(UO_2)(CO_3)_3(OH)_{20}\cdot4H_2O$；对应的化学组成($w_B$/%)为：$CO_2$ 8.14，UO_3 17.64，ZnO 55.21，CaO 3.46，H_2O 15.55，合计 100.00。捷克 Příbram 矿床和法国 Mas-d'Alary 矿床产出样品的电子探针分析结果如表 5-4-9 所示。

表 5-4-9　羟碳铀钙锌石的电子探针分析结果(w_B/%)

产地	CO_2	UO_3	ZnO	CaO	H_2O	合计	化学式
捷克	8.25	17.42	56.75	4.06	15.37	101.85	$Ca_{1.15}Zn_{11.01}(UO_2)_{0.96}(CO_3)_{2.97}(OH)_{20.30}\cdot3.34H_2O$
法国	n. d.	18.51	53.52	3.55	n. d.		$Ca_{1.02}Zn_{10.70}(UO_2)_{1.06}(CO_3)_{3.06}(OH)_{19.44}\cdot4.16H_2O$

2. 在中国的产出情况

目前中国尚未发现羟碳铀钙锌石。

第五节　$UO_2:CO_3=1:4$ 的碳酸盐矿物

本节共计有两种矿物，即萨巴铀矿(Shabaite-(Nd))和碳铜钙铀矿(Voglite)。均无在中国的产地报道。

一、萨巴铀矿(Shabaite-(Nd))

1. 萨巴铀矿的一般特征

［产地、产状及共(伴)生矿物］ 为含铀铜钴矿床氧化带中的一种少见次生矿物。典型产地分布在刚果(金)Katanga省的Kamoto-East铜钴矿床。共(伴)生矿物有晶质铀矿、硅钙铀矿、水碳钇铀石、羟碳铀铈铜矿、磷稀铀矿、碳钕铅钙石、橙红铀矿(Deliens et al., 1989)。

［形貌特征］ 晶体呈圆形云母片状{010}，沿[100]方向延伸；集合体呈玫瑰状，最大粒径至5 mm。发育双晶{001}。

［晶体结构］ 单斜晶系；*P*2/*m*、*Pm* 或 *P*2。晶胞参数为 $a=9.208(5)$ Å，$b=32.09(3)$ Å，$c=8.335(4)$ Å；$\beta=90.3(1)°$；$Z=5$。

［主要粉晶衍射数据 *d*/Å(*I*)(*hkl*)］ 15.9(100)(020)，7.31(70)(021)，4.17(70)(002)，3.072(60b)(202)，4.58(50)(070)，4.01(30)(080)，9.20(20)(100)，5.80(20)(041)(PDF 46-1269)。

［物理性质］ 浅绿黄色、浅绿色；半透明-不透明；珍珠光泽。发育{010}极完全解理。摩氏硬度 $H=2.5$。密度 $D_{测量}=3.13(10)$ g/cm³，$D_{计算}=3.23$ g/cm³。具放射性。

［光学性质］ 透射光下为很浅的黄色。二轴负晶。折光率 $\alpha=1.534(2)$，$\beta_{计算}=1.590(4)$，$\gamma=1.600(2)$。光轴角 $2V_{测量}=44°$。光性方位：$Y=b$；$Z\wedge a=3°\sim4°$。

［化学成分］ 理想化学式为 $CaNd_2(UO_2)(CO_3)_4(OH)_2\cdot6H_2O$。刚果(金)Kamoto-East矿床产出样品的化学组成(w_B/%)见表5-5-1，相应的化学式为 $Ca_{1.01}(Nd_{0.76}Y_{0.42}Sm_{0.30}Dy_{0.14}Pr_{0.14}La_{0.08}Ce_{0.04})_{\Sigma1.88}(UO_2)_{1.00}(CO_3)_{4.08}(OH)_{1.50}\cdot5.57H_2O$。

表5-5-1 萨巴铀矿的化学组成(w_B/%)

UO_3	CO_2	Y_2O_3	La_2O_3	Ce_2O_3	Pr_2O_3	Nd_2O_3	Sm_2O_3	Dy_2O_3	CaO	H_2O	合计
30.32	18.92	4.91	1.5	0.5	2.36	13.58	5.54	2.96	5.99	13.49	100.07

2. 在中国的产出情况

目前中国尚未发现萨巴铀矿。

二、碳铜钙铀矿(Voglite)

1. 碳铜钙铀矿的一般特征

［产地、产状及共(伴)生矿物］ 是沥青铀矿的氧化产物，比较少见。典型产地分布在捷克的Eliáš矿床、美国犹他州的White Canyon一号矿床和亚利桑那州的Red Mesa Trading Post附近的勘探区。共(伴)生矿物有绿碳钙铀矿、硅铜铀矿、砷氢镁石、水砷镁石、碳钙铀矿和晶质铀矿(Palache et al., 1951；Frondel, 1958；Piret et al., 1979)。

［形貌特征］ 晶体呈菱形板状至鳞片状，最大粒径至0.5 mm，集合体呈平行堆积状和壳状。发育薄片状双晶，有高达30°的消光角。

［晶体结构］ 单斜晶系；$P2_1/m$ 或者 $P2_1$。晶胞参数为 $a=25.97\sim26.416$ Å，$b=23.702\sim24.50$ Å，$c=10.655\sim10.70$ Å；$\beta=103.63°\sim104.02°$；$Z=16$。

［主要粉晶衍射数据 *d*/Å(*I*)(*hkl*)］ 12.6(100)(200)，8.70(100)(21$\bar{1}$)，9.65(80)(11$\bar{1}$)，7.10(60)(201)，4.32(50)(42$\bar{2}$)，6.13(40)(040)，4.65(30)(241)，4.83(20)(22$\bar{2}$)(PDF 33-274)。

［物理性质］ 翡翠绿-亮草绿色，浅绿色；透明；解理面为珍珠光泽。发育{010}极完全解理。性脆；硬度未测。密度 $D_{测量}=2.8$ g/cm³，$D_{计算}=3.06$ g/cm³。具放射性。

［光学性质］ 二轴正晶。折光率 α=1.513~1.544，β=1.525~1.547，γ=1.542~1.564。光轴角 $2V_{测量}=60°$。多色性：X=深蓝色至蓝绿色；Y=深蓝绿色-蓝绿色；Z=浅黄色至黄色。光性方位：$X=b$；$Z\wedge c=33°\sim36°$。色散强：$r<v$。

［化学成分］ 理想化学式为 $Ca_2Cu(UO_2)(CO_3)_4\cdot6H_2O$，其化学组成（$w_B$/%）为：$CO_2$ 23.11，UO_3 37.54，CuO 10.44，CaO 14.72，H_2O 14.19，合计 100.00。捷克 Jáchymov 产出样品的化学组成（w_B/%）为：CO_2 26.41，UO_2 37.0，CuO 8.40，CaO 14.09，H_2O 13.9，合计 99.8；相应的化学式为 $Ca_{1.83}Cu_{0.77}(UO_2)_{1.00}(CO_3)_4\cdot6H_2O$。

2. 在中国的产出情况

目前中国尚未发现碳铜钙铀矿。

第六节 $UO_2:CO_3=1:5$ 的碳酸盐矿物

本节只有一种矿物，即碳铈铜铀矿（Astrocyanite-(Ce)），无在中国产出的报道。

碳铈铜铀矿（Astrocyanite-(Ce)）

1. 碳铈铜铀矿的一般特征

［产地、产状及共（伴）生矿物］ 产在铜钴矿床含铀矿体的氧化带中。在刚果（金）Katanga 省 Kamoto-East 铜钴矿床中发现。共（伴）生矿物有晶质铀矿、硅钙铀矿、水碳钇铀石、磷稀铀矿、萨巴铀矿、碳钕铅钙石、橙红铀矿（Deliens et al.，1990）。

［形貌特征］ 晶体呈板状{0001}，最大粒径至 1mm；集合体为玫瑰花状。

［晶体结构］ 六方晶系；$P6/mmm$、$P\bar{6}m2$、$P\bar{6}2m$、$P6mm$ 或 $P622$。晶胞参数为 a=14.96(2)Å，c=28.86(4)Å，Z=12。

［主要粉晶衍射数据 d/Å(I)(hkl)］ 6.73(100)(004)，3.72(90)(221)，4.16(60)(205)，4.30(50)(300)，13.3(40)(002)，2.488(40)(330)，2.154(40)(601)，2.071(40)(433)(PDF 42-1396)。

［物理性质］ 浅蓝色、亮蓝色、蓝绿色。半透明-不透明。玻璃光泽。发育{0001}解理。摩氏硬度 H=2~3。密度 $D_{测量}=3.80\ g/cm^3$，$D_{计算}=3.95\ g/cm^3$。具放射性。

［光学性质］ 一轴负晶。折光率 ω=1.688(2)，ε=1.638(2)。强多色性：O=蓝色；E=几乎无色。光性方位：E⊥{0001}。

［化学成分］ 理想化学式为 $Cu_2Ce_2(UO_2)(CO_3)_5(OH)_2\cdot1.5H_2O$。刚果（金）Kamoto-East 矿床产出样品的化学组成（w_B/%）见表 5-6-1，相应的化学式为 $Cu_{2.02}Ca_{0.11}(Ce_{0.74}Nd_{0.60}La_{0.22}Pr_{0.16}Sm_{0.12}Y_{0.01})_{\Sigma1.85}(UO_2)_{1.02}(CO_3)_{5.02}\cdot2.70H_2O$。

表 5-6-1 碳铈铜铀矿的化学组成（w_B/%）

UO_3	Ce_2O_3	Nd_2O_3	La_2O_3	Pr_2O_3	Sm_2O_3	Y_2O_3	CuO	CaO	CO_2	H_2O	合计
28.16	11.83	9.74	3.38	2.48	2	0.15	15.55	0.61	21.4	[4.70]	100.00

2. 在中国的产出情况

目前中国尚未发现碳铈铜铀矿。

第七节 含 SO_4 或 SiO_4 的碳酸盐矿物

本节共计两种矿物，即莱普生石（Lepersonnite-(Gd)）和板碳铀矿（Schröckingerite）。板碳铀矿在中国有产地报道。

一、莱普生石(Lepersonnite-(Gd))

1. 莱普生石的一般特征

[产地、产状及共(伴)生矿物] 产于含沥青铀矿白云石上部氧化带的底部。发现于刚果(金)Katanga省Shinkolobwe。共(伴)生矿物有羟碳钇铀石、硅镁铀矿、板铅铀矿、硅钙铀矿、黄钙铀矿、纤碳铀矿和水丝铀矿(Deliens et al., 1982)。

[形貌特征] 晶体呈放射针状[001];集合体呈乳状壳或球状,最大粒径至5 mm,

[晶体结构] 斜方晶系;*Pnnm*或者*Pnn*2。晶胞参数为 a=16.23(3)Å,b=38.74(9)Å,c=11.73(3)Å;Z=2。

[主要粉晶衍射数据 d/Å(I)(hkl)] 8.15(100)(200),3.65(70)(133),3.21(50)(253),2.86(40)(3111),4.06(15)(400),11.1(10)(011),6.46(10)(060),3.00(10)(2120)(PDF 35-552)。

[物理性质] 亮黄色;透明-半透明。硬度未测。密度 $D_{测量}$=3.97(5)g/cm^3,$D_{计算}$=4.01 g/cm^3。具放射性。

[光学性质] 二轴负晶。折光率 α=1.638(2),β=1.666(2),γ=1.682(2)。光轴角 $2V_{计算}$=73°。多色性:X=浅黄色;Y=Z=亮黄色。光性方位:Y=c。

[化学成分] 理想化学式为 $CaGd_2(UO_2)_{24}(CO_3)_8Si_4O_{28}\cdot 60H_2O$。刚果(金)Shinkolobwe产出样品的化学组成如表5-7-1所示。相应的化学式为 $Ca_{0.71}(Gd_{1.04}Dy_{0.52}Y_{0.32}Tb_{0.06})_{\Sigma 1.94}U_{23.95}C_{8.10}Si_{4.18}O_{100}\cdot 59.90H_2O$。

表5-7-1 莱普生石的化学组成(w_B/%)

SiO_2	UO_3	Y_2O_3	Gd_2O_3	Tb_2O_3	Dy_2O_3	CaO	H_2O	CO_2	合计
2.79	76.14	0.41	2.09	0.09	1.07	0.45	12.12	4.02	99.18

[与其他矿物种的关系] 与钕莱普生石呈类质同象。

2. 在中国的产出情况

莱普生石仅发现于其在刚果(金)的模式产地,中国也尚未发现莱普生石。

二、板碳铀矿(Schröckingerite)

1. 板碳铀矿的一般特征

[产地、产状及共(伴)生矿物] 铀矿床氧化带中的一种不常见的蚀变产物,也可能形成于成矿期后。产出十分丰富,可以构成铀矿床。典型产地分布在捷克Jáchymov矿床、奥地利Radhausberg矿床、英国Geevor矿床、瑞士Gerstenegg-Sommerloch电缆隧道、美国Lost Creek等众多矿床和阿根廷Soberanía矿床等。共(伴)生矿物有石膏、水碳钠钙铀矿、菱镁铀矿、碳钙镁铀矿、氟碳钙铀矿、绿碳钙铀矿、晶质铀矿和白云石(Palache et al., 1951;Frondel, 1958;Mereiter, 1986)。

[形貌特征] 少量晶体呈假六方状,最大粒径至6 mm,主要单形为{001}以及{100}、{101}、{201}、{102}、{104}和{108};集合体呈云母状、鳞片状、玫瑰状、球状,构成结壳和盐霜。

[晶体结构] 三斜晶系;$P\bar{1}$。晶胞参数为 a=9.634(1)Å,b=9.635(1)Å,c=14.391(2)Å;α=91.41(1)°,β=92.33(1)°,γ=120.26(1)°;Z=2。晶体结构参数(原子坐标)见表5-7-2。

[主要粉晶衍射数据 d/Å(I)] 7.26(10),4.796(8),8.48(7),2.876(7),14.28(3),5.421(2),4.167(2),人工合成样品。

表 5-7-2　板碳铀矿的晶体结构参数(原子坐标)

a=9.634 Å，b=9.635 Å，c=14.391 Å，α=91.41°，β=92.33°，γ=120.26°，$P\bar{1}$										
原子	x	y	z	B_{iso}	$U(1,1)$	$U(2,2)$	$U(3,3)$	$U(1,2)$	$U(1,3)$	$U(2,3)$
Na1	0.9807	−0.0171	0.2911	2.4	0.0209	0.0231	0.0466	0.0109	0.0022	0.0030
Ca1	0.65967	0.54833	0.22586	1.3	0.0136	0.0133	0.0221	0.0073	0.0009	0.0012
Ca2	0.85297	0.28170	0.22560	1.3	0.0126	0.0127	0.0242	0.0061	0.0011	0.0009
Ca3	0.39837	0.09304	0.22045	1.4	0.0136	0.0118	0.0261	0.0062	−0.0003	−0.0004
U	0.30069	0.63823	0.18883	1.0	0.0109	0.0098	0.0159	0.0052	0.0004	0.0001
O1	0.2897	0.6325	0.0629	1.9	0.035	0.028	0.017	0.021	−0.003	−0.004
O2	0.3115	0.6481	0.3119	2.2	0.034	0.029	0.020	0.017	0.004	0.003
C1	0.0441	0.7069	0.1963	1.3	0.015	0.013	0.021	0.006	0.000	0.000
O11	0.0179	0.5608	0.1909	1.8	0.015	0.012	0.036	0.007	0.001	0.002
O12	0.1928	0.8173	0.1893	1.6	0.015	0.013	0.037	0.008	0.000	0.001
O13	−0.0656	0.7391	0.2074	1.8	0.014	0.018	0.040	0.010	0.007	0.004
C2	0.6282	0.8963	0.2011	1.4	0.015	0.015	0.021	0.007	0.001	0.002
O21	0.5080	0.9210	0.1918	1.7	0.015	0.012	0.036	0.007	0.001	0.002
O22	0.5867	0.7453	0.1945	1.7	0.015	0.013	0.037	0.008	0.000	0.001
O23	0.7712	0.0059	0.2162	1.9	0.013	0.016	0.039	0.007	−0.003	−0.001
C3	0.2318	0.3119	0.1962	1.4	0.016	0.018	0.021	0.010	−0.001	−0.001
O31	0.3759	0.4324	0.1895	1.6	0.012	0.017	0.033	0.007	0.002	0.004
O32	0.1210	0.3507	0.1923	1.7	0.013	0.016	0.039	0.009	0.002	0.000
O33	0.2015	0.1710	0.2066	1.9	0.020	0.014	0.037	0.010	0.000	0.000
S	0.65277	0.32185	0.38397	1.4	0.0178	0.0177	0.0164	0.0091	0.0010	0.0011
O41	0.6288	0.1663	0.3458	2.0	0.030	0.017	0.029	0.013	0.001	−0.001
O42	0.5168	0.3389	0.3454	1.9	0.022	0.026	0.027	0.015	0.001	0.002
O43	0.8022	0.4518	0.3473	1.9	0.018	0.020	0.026	0.004	0.001	0.001
O44	0.6617	0.3300	0.4854	2.3	0.034	0.034	0.019	0.017	0.003	0.003
F	0.6365	0.3072	0.1744	1.5	0.018	0.016	0.024	0.010	0.001	0.001
Ow1	0.7486	0.7396	0.3686	3.2	0.056	0.041	0.028	0.034	−0.001	−0.001
Ow2	0.9786	0.2324	0.3686	3.2	0.026	0.059	0.032	0.019	−0.001	0.001
Ow3	0.2345	−0.0035	0.3642	3.1	0.048	0.026	0.030	0.010	0.002	0.001
Wat4	0.6508	0.5603	0.0554	2.6	0.046	0.037	0.023	0.026	0.003	−0.002
Ow5	0.8338	0.2207	0.0577	2.6	0.042	0.044	0.026	0.032	−0.001	0.003
Ow6	0.3798	0.0886	0.0493	3.5	0.043	0.038	0.032	0.006	0.001	0.002
Ow7	0.7096	0.6258	0.5568	2.6	0.029	0.032	0.040	0.018	0.002	−0.002
Ow8	0.9196	0.2984	0.5577	2.6	0.030	0.031	0.036	0.014	−0.002	−0.001
Ow9	0.3799	0.0873	0.5566	2.8	0.036	0.028	0.042	0.016	0.005	0.009
Wat10	0.9389	0.8427	0.0219	4.4	0.066	0.054	0.058	0.035	0.024	0.023
H1a	0.747	0.688	0.435	6.3						
H1b	0.692	0.796	0.378	6.3						
H2a	0.935	0.244	0.425	6.3						
H2b	0.094	0.291	0.378	6.3						
H3a	0.298	0.052	0.420	6.3						
H3b	0.179	−0.117	0.374	6.3						

$a=9.634$ Å，$b=9.635$ Å，$c=14.391$ Å，$\alpha=91.41°$，$\beta=92.33°$，$\gamma=120.26°$，$P\bar{1}$										
原子	*x*	*y*	*z*	*Biso*	*U*(1,1)	*U*(2,2)	*U*(3,3)	*U*(1,2)	*U*(1,3)	*U*(2,3)
H5a	0.822	0.292	0.017	6.3						
H5b	0.914	0.200	0.035	6.3						
H6a	0.468	0.157	0.013	6.3						
H6b	0.321	-0.016	0.017	6.3						
H7a	0.623	0.633	0.583	6.3						
H7b	0.677	0.514	0.548	6.3						
H8a	0.017	0.391	0.584	6.3						
H8b	0.839	0.329	0.549	6.3						
H9a	0.378	-0.004	0.583	6.3						
H9b	0.490	0.166	0.548	6.3						

注：数据引自 Mereiter(1986)。

[物理性质] 绿黄色。透明。半玻璃光泽，{001}解理面为珍珠光泽。发育{001}完全解理。易弯曲。摩氏硬度 $H=2.5$。密度 $D_{测量}=2.544\sim2.550$ g/cm^3，$D_{计算}=2.547$ g/cm^3。在紫外光下为强黄绿色荧光。具放射性。

[光学性质] 二轴负晶。折光率 $\alpha=1.489\sim1.496$，$\beta=1.537\sim1.545$，$\gamma=1.538\sim1.545$。光轴角 $2V_{测量}=0°\sim22.5°$。多色性：X=无色，浅黄色；$Y=Z$=绿黄色。光性方位：$X\approx c$；$Y\approx b$；$Z\approx a$。

[化学成分] 理想化学式为 $NaCa_3(UO_2)(SO_4)(CO_3)_3F\cdot10H_2O$，其化学组成($w_B$/%)为：$UO_3$ 32.19，SO_3 9.01，CO_2 14.86，CaO 18.93，Na_2O 3.49，F 2.14，H_2O 20.28，$-O=F_2$ 0.90，合计 100.00。美国怀俄明州 Wamsutter 产出样品的化学组成(w_B/%)是：UO_3 31.44，SO_3 9.17，CO_2 14.20，CaO 18.14，Na_2O 3.63，F 2.15，H_2O 20.15，不溶物 1.03，$-O=F_2$ 0.90，合计 100.81。相应的化学式为 $Na_{1.06}Ca_{2.92}(UO_2)_{0.98}(CO_3)_{2.91}(SO_4)_{1.03}F_{1.02}\cdot10.10H_2O$。

2. 在中国的产出情况

板碳铀矿为含铀矿床的一种不常见的表生矿物，又名板菱铀矿。我国报道的板碳铀矿产地主要为四川盆地北部中生代砂岩型铀矿床(朱觉人等，1981)、4210 砂岩型铀矿床(冯佩莘，1980)；甘肃省龙首山铀成矿带红石泉铀矿床、207 铀矿床、白水铀矿床(王木清等，1982；赵建国等，2009；廖明伟，2017；林兆民等，2022；王生云等，2022)；陕西省蓝田 401 铀矿床(陈振昌等，1984)；新疆柯尔克孜族自治州乌恰县巴什布拉克铀矿床(秦明宽等，2000)、鄂尔多斯盆地西南缘铀成矿区(段晓华等，2019)、准噶尔盆地砂岩型铀矿(秦明宽等，2017)、温泉县巴什干地区铀矿床(曹建林等，2017)、托里县科克加依拉克铀钼矿床(宋佳等，2015)；湖南省水口山-临武南北带铀成矿区(何友宇等，2016)。此外还发现板碳铀矿产于含铀煤矿床的氧化矿石中(板菱铀矿)，与铀黑、硅钙铀矿、硅镁铀矿、钒钙铀煤、钙铀云母和铜铀云母等共生(张淑苓等，1984)，但具体产地不明。

第六章　硝酸盐矿物

目前世界上已发现并被国际矿物协会新矿物及矿物分类和命名专业委员会(IMA CNMNC)批准的硝酸盐类矿物共计 12 种。按照国际上最普遍使用的 Nickel-Strunz 矿物分类方法，根据含 OH、H_2O 的不同情况分为 4 类：

第一类不含 OH 和 H_2O 的硝酸盐矿物；

第二类含 OH 的硝酸盐矿物；

第三类含 H_2O 的硝酸盐矿物；

第四类既含 OH、也含 H_2O 的硝酸盐矿物。

第一节　不含 OH 或 H_2O 的硝酸盐矿物

这类矿物共包括 4 个矿物种，即铵硝石(Gwihabaite)、钾硝石(Niter)、钠硝石(Nitratine)和钡硝石(Nitrobarite)。钠硝石和钾硝石在中国有产地报道，产地主要分布在新疆。

一、铵硝石(Gwihabaite)

1. 铵硝石的一般特征

[产地、产状及共(伴)生矿物]　呈壳状和盐霜状产于溶洞之中，为细菌作用于蝙蝠粪便而形成。典型产地是博茨瓦纳 Gewihaba 洞穴、纳米比亚 Doom Cave 寺和 Wow Gdoom Pothole、南非 Hall′s。共(伴)生矿物有石膏、钾石膏、六水铵镁矾、迪磷镁铵石、草酸钙石、草酸镁石、鸟粪石、磷铵石(博茨瓦纳 Gcwihaba 洞穴)；鸟粪石、磷铵石(纳米比亚 Wow Gdoom Pothole)；石膏、草酸钙石、草酸镁石和迪磷镁铵石(南非)(Martini，1996；Hill et al.，1997)。

[形貌特征]　晶体呈细长柱状，可见单形{110}、{100}和{111}，沿[001]方向延长，最大粒径至 5 mm；集合体呈分散状或石花状。

[晶体结构]　斜方晶系；*Pbnm*。晶胞参数为 $a=7.075$ Å，$b=7.647$ Å，$c=5.779$ Å；$Z=4$。晶体结构参数(原子坐标)见表 6-1-1。

表 6-1-1　铵硝石的晶体结构参数(原子坐标)

$a=7.98$ Å，$b=7.98$ Å，$c=9.78$ Å，$\alpha=90°$，$\beta=90°$，$\gamma=90°$，$P4_2$				
原子	*x*	*y*	*z*	*Biso*
N	0.25	0.25	0.518	0.7
O1	0.12	0.27	0.456	0.7
O2	0.38	0.23	0.456	0.7
O3	0.25	0.25	0.642	
N′	0.25	0.25	0.018	
O′1	0.12	0.23	0.956	
O′2	0.38	0.27	0.956	
O′3	0.25	0.25	0.142	
N	0	0	0.25	

$a=7.98$ Å，$b=7.98$ Å，$c=9.78$ Å，$\alpha=90°$，$\beta=90°$，$\gamma=90°$，$P4_2$				
原子	x	y	z	*Biso*
H1	0.076	0.076	0.19	
H2	0.076	-0.076	0.31	
N′	0.5	0	0.25	
H′1	0.576	0.076	0.19	
H′2	0.424	0.076	0.31	
N′	0.5	0.5	0.25	
H″1	0.424	0.424	0.31	
H″2	0.424	0.576	0.19	

注：数据引自 Amoros et al.（1962）。

［主要粉晶衍射数据 *d*/Å（*I*）（*hkl*）］ 3.194（100）（021），3.212（95）（210），2.595（90）（220），3.364（85）（120），3.863（75）（111），2.400（50）（130），3.805（35）（211），2.905（30）（121）（PDF 50-1566）。

［物理性质］ 无色；条痕白色。透明。玻璃光泽。摩氏硬度 $H\sim2$。密度 $D_{测量}=1.77\ g/cm^3$，$D_{计算}=1.80\ g/cm^3$。

［光学性质］ 二轴负晶。折光率 $\alpha=1.458$，$\beta=1.527$，$\gamma=1.599$。光轴角 $2V_{测量}=90°$，$2V_{计算}=87°$。光性方位：$X=b$；$Y=a$；$Z=c$。

［化学成分］ 理想化学式为（NH_4）（NO_3），其化学组成（$w_B/\%$）为：N_2O_5 67.47，（NH_4）$_2$O 32.53，合计 100.00。博茨瓦纳 Gcwihaba 溶洞中产出样品的化学组成（$w_B/\%$）为：N_2O_5 61.41，K_2O 10.40，（NH_4）$_2$O 25.09，合计 96.90；相应的化学式为$[(NH_4)_{0.81}K_{0.19}]_{\Sigma1.00}(NO_3)_{1.00}$。

［微化反应］ 在水中可溶，易潮解。

2. 在中国的产出情况

目前中国尚未发现铵硝石。

二、钾硝石（Niter）

1. 钾硝石的一般特征

［产地、产状及共（伴）生矿物］ 发现于一些洞穴中，由动植物有机质（如蝙蝠粪便、植物腐殖质）与渗透地下水的细菌作用形成；或呈干旱气候条件下土壤中的盐霜、悬崖表皮而存在。与钠硝石、水钙硝石、水镁硝石、泻利盐、石膏和方解石共（伴）生。产地数量有限，但在一些溶洞中能形成数千吨的富集。比较典型的较大产出规模的产地有意大利 Pulo di Molfetta 溶洞、美国新墨西哥州的 Socorro 熔岩通道和保加利亚 Rusensky Lom 溶洞（Palache et al.，1951；Kennedy et al.，1977；Hill et al.，1997）。

［形貌特征］ 晶体为针状；集合体呈丝簇状-树枝状，或呈花朵状，最大粒径至 2 cm。也常呈薄壳状、粒状、土状、粉状、块状。常见{110}双晶，形成假六方晶系三联晶。

［晶体结构］ 斜方晶系；*Pmcn*。晶胞参数为 $a=5.414$ Å，$b=9.164$ Å，$c=6.431$ Å；$Z=4$。晶体结构参数（原子坐标）见表 6-1-2。

［主要粉晶衍射数据 *d*/Å（*I*）（*hkl*）］ 3.78（100）（111），3.73（56）（021），3.033（55）（012），2.647（55）（112），2.661（41）（130），2.192（41）（221），2.763（28）（102），4.66（23）（110）（PDF 5-377）。

［物理性质］ 无色-白色，含杂质而呈灰色；条痕白色；透明；玻璃光泽。发育{011}近极完全、

{010}完全、{110}不完全解理；半贝壳状-不平坦状断口。性脆。摩氏硬度 $H=2$。密度 $D_{测量}=2.109(2)\,g/cm^3$，$D_{计算}=2.104\,g/cm^3$。

表 6-1-2　钾硝石的晶体结构参数(原子坐标)

$a=10.825$ Å，$b=18.351$ Å，$c=6.435$ Å，$\alpha=90°$，$\beta=90°$，$\gamma=90°$，$Cmc2_1$									
原子	x	y	z	$U(1,1)$	$U(2,2)$	$U(3,3)$	$U(1,2)$	$U(1,3)$	$U(2,3)$
K1	0	0.41703	0.2604	0.0274	0.0276	0.0381	0	0	-0.0011
K2	0.5	0.41679	0.2614	0.0286	0.0278	0.0352	0	0	-0.0009
K3	0.24980	0.16670	0.25104	0.0262	0.0280	0.0366	0	0.0004	0.0008
N1	0	0.2483	0.4125	0.021	0.030	0.028	0	0	0
N2	0.5	0.2469	0.4208	0.038	0.036	0.019	0	0	-0.002
N3	0.2497	0.4979	0.0911	0.026	0.031	0.024	0.007	-0.003	-0.001
O1	0	0.1807	0.4140	0.038	0.031	0.059	0	0	0.001
O2	0.5	0.1788	0.4138	0.045	0.025	0.044	0	0	0.002
O3	0.0999	0.2830	0.4206	0.031	0.047	0.042	-0.007	-0.004	-0.005
O4	0.3987	0.2809	0.4248	0.026	0.045	0.059	0.009	0.003	-0.010
O5	0.1506	0.5313	0.0984	0.029	0.036	0.057	0.002	-0.004	-0.001
O6	0.3479	0.5321	0.0896	0.028	0.037	0.066	-0.007	0.006	0.002
O7	0.2478	0.4296	0.0937	0.045	0.032	0.052	-0.003	0.000	-0.011

注：数据引自 Adiwidjaja et al. (2003)。

[光学性质]　二轴负晶。折光率 $\alpha=1.332$，$\beta=1.504$，$\gamma=1.504$。光轴角 $2V_{测量}=7°$。光性方位：$X=c$；$Y=a$；$Z=b$。色散弱：$r<v$。

[化学成分]　理想化学式为 $K(NO_3)$。矿物是根据与人工合成物质光学数据和 X 射线粉晶衍射图的一致性来鉴定的。

[微化反应]　可溶于水中，味咸而凉。

2. 在中国的产出情况

钾硝石为形成于炎热干燥环境中的风化产物。我国的钾硝石主要发现于新疆，多产于硝酸盐矿床、盐湖沉积物和矿床氧化带中。主要产地有巴音郭楞蒙古自治州若羌县大洼地盐湖和罗布泊盐湖(唐延龄，2005)、吐鲁番市乌勇布拉克盐湖(宣之强等，2011；张玉萍等，2013)、小横山钾硝石矿床(于漮，1995；郑喜玉，2000；唐延龄，2005)、鄯善县康古尔塔格金矿床(韩照信等，2004)、吐鲁番市托克逊县库米什盆地硝酸盐型钾盐矿床(王冰生，1993；黄铁栋，2005)、石英滩-裤子山地区盐湖(刘国庆等，2004)、吐鲁番康古尔塔格金矿床的氧化带(韩照信等，2004)等。

(1)新疆东天山南缘富钾硝酸盐盐湖中的钾硝石

新疆东部是中国主要的盐类矿床聚集区，在东天山南缘形成了巨大的富钾硝酸盐盐湖成矿带。富钾硝酸盐盐湖矿床固相、液相并存，既有固相的钾硝石矿层，同时也有赋存于化学堆积层晶间卤水、基岩裂隙水含水层和第四系粗屑堆积层孔隙水中的液相富钾硝酸盐矿床。固相富钾硝酸盐矿化赋存在干盐湖的石盐壳中，常覆盖整个盐湖，以石盐和钾硝石矿化为主，主要矿化物为钾硝石。钾硝石矿化通常位于晶间卤水水位之上、疏松泥沙质盐壳的块状盐壳中，厚度一般为 0.5~1.8 m，产状基本水平。液相富钾硝酸盐盐湖卤水通常与固相矿床共生，地表石盐壳中如果有富钾硝酸盐矿层存在，地下晶间卤水则可能是液相富钾硝酸盐矿床，两者互为依存(葛文胜等，2010)。

(2)新疆库米什断陷盆地内盐湖及钾硝石矿床中的钾硝石

库米什盆地是新生代断陷盆地，该盆地为天山南脉地槽褶皱带中一较大的山间盆地，呈南东东向展布，处于干燥大陆气候控制区，湖水一直处在蒸发浓缩状态，在上更新世后期开始有石盐矿生成，全新世后期地壳稳定，气候持续干旱，形成厚大的石盐主矿体，并且逐步进入干盐湖阶段，晶间卤水进一步浓缩，形成液相 KNO_3 矿，在其上形成了富钾石盐壳。

以乌勇布拉克钾硝石矿床为例。以水硝碱镁矾为主要工业矿物，硝酸盐沉积于湖表层市日对低洼处，赋存于地表盐壳层及下部的含粉砂石盐层内，以盐壳中含量高，为主要含矿层，呈似层状，厚度 0.1~0.3 m，矿体面积 2.5 km^2，呈椭圆状分布于盐湖低洼处，按盐壳形态，矿床按其赋存状态可分为固体矿和卤水矿两类，与水硝碱镁矾共生的矿物有钾硝石、钠硝石、杂卤石、芒硝、钠镁矾、石青、石盐、极少量的泻利盐等。地表松散矿层中的钾硝石占 30%，下部坚硬矿层中钾硝石占 20%~40%（王冰生，1993）。矿石可分为硬盐壳型泥砂质钾硝石矿石和松散状泥砂质钾硝石矿石两种。硬盐壳型分布于矿区边缘，灰黄色，蜂窝状结构、块状构造，盐类矿物呈他形晶-半自型晶交结于砂砾间。松散状矿石为该区主要矿石类型，呈土褐色，表层为一层 5 cm 的薄壳，下部松散，较潮湿，外观如细砂土，盐类矿呈细粒状混于其中。矿石中盐类矿物有硝酸盐、氯化物、硫酸盐 3 种，硝酸盐以钾硝石为主，钠硝石、钠硝矾及水硝碱镁矾少量，氯化物为石盐和少量钾石盐，硫酸盐为无水芒硝、石膏及钙芒硝等（黄铁栋，2005a，2005b；李博昀等，2005）。

三、钠硝石（Nitratine）

1. 钠硝石的一般特征

［产地、产状及共（伴）生矿物］ 主要产在沙漠盆地中的层状矿床和溶洞中，由在干旱和寒冷气候条件下地下水从上覆岩石中淋浸出的硝酸盐沉积而成。共（伴）生矿物有钾硝石、水钙硝石、泻利盐、芒硝、岩盐和石膏。典型产地包括智利 Tarapacá 地区和 Chuquicamata、阿根廷 Los Manos 溶洞、美国加利福尼亚州 Armagosa 河岸和死亡谷等很多地方（Palache et al., 1951；Göttlicher et al., 1978；Hill et al., 1997）。

［形貌特征］ 少量晶体呈菱面体｛10$\bar{1}$1｝，最大粒径至 3 mm；集合体呈钟乳石状、棉花状，也常呈粒状或块状结壳。

［晶体结构］ 三方晶系；$R\bar{3}c$。晶胞参数为 a=5.070 Å，c=16.829 Å；Z=6。晶体结构参数（原子坐标）见表 6-1-3。

表 6-1-3 钠硝石的晶体结构参数（原子坐标）

a=5.0718 Å，b=5.0718 Å，c=16.8336 Å，α=90°，β=90°，γ=120°，$R\bar{3}c$									
原子	x	y	z	$U(1,1)$	$U(2,2)$	$U(3,3)$	$U(1,2)$	$U(1,3)$	$U(2,3)$
Na	0	0	0	0.32929	0.032929	0.021531	0.016465	0	0
N	0	0	0.25	0.053194	0.053194	0.005066	0.026597	0	0
O	0.2499	0	0.25	0.043062	0.041795	0.035462	0.020897	-0.003166	-0.006333

注：数据引自 Ahtee et al.（1989）。

［主要粉晶衍射数据 d/Å（I）（hkl）］ 3.0378（100）（104），2.3116（26）（113），1.8972（17）（018），2.806（14）（006），2.1253（9）（202），2.5365（8）（110），1.8809（8）（116），1.6522（5）（211）（PDF 36-1474）。

［物理性质］ 无色-白色，因含杂质而呈红棕色调，柠檬黄色，灰色；透明；玻璃光泽。发育｛10$\bar{1}$1｝极完全解理、｛01$\bar{1}$2｝和｛0001｝不完全解理；贝壳状断口。摩氏硬度 H=1.5~2。密度 $D_{测量}$=2.24~2.29 g/cm^3，$D_{计算}$=2.25 g/cm^3。具一定程度的可切性。

［光学性质］ 在透射光下无色。一轴负晶。折光率 ω=1.587，ε=1.336。

［化学成分］ 理想化学式为 $Na(NO_3)$。矿物是根据与人工合成物质光学数据和 X 射线粉晶衍射图的一致性来鉴定的。

［与其他矿物种的关系］ 与方解石等结构型。

［**微化反应**］ 可溶于水，味苦、辣并凉。

［**变化**］ 湿度大于80%的环境中易潮解。

2. 在中国的产出情况

钠硝石主要产于炎热干燥地区，为风化作用的产物。中国的钠硝石产地主要分布在新疆鄯善县，并延伸至哈密境内，即吐鲁番-哈密地区，吐鲁番是世界第二钠硝石矿产地(云连涛，1994；郑喜玉等，1995)。该地区已发现许多硝酸盐矿床、矿点，如沙尔、了墩、小草湖、红台、四十里大墩、库姆塔格、大南湖、西戈壁、裤子山、大洼地、乌宗布拉克等(葛文胜等，2010)，在区域上已构成一个规模较大的硝酸盐成矿带，其中以鄯善县红台-小草湖钠硝石矿床、火焰山南麓赛尔盖甫-吐峪沟钠硝石矿床规模最大、最为著名。

已报道的产地有新疆吐鲁番盆地火焰山山麓(李秉孝，1992)、鄯善县康古尔-西峰金矿带康古尔金矿(韩照信等，2004)、库木库里盆地黑山尾地区钠硝石矿(刘国庆等，2005)、鄯善县沙尔湖地区盐类矿床(廖世斌，2017)、库米什盆地乌尊布拉克盐湖硝酸盐型钾盐矿床(王冰生，1993)、若羌县的大洼地盐湖和哈密市沙哈硝酸盐矿床(唐延龄，2005)、哈密西戈壁硝石矿区(侯家璇，2011)、大南湖钠硝石矿床(张志伟等，2011)等。

(1)新疆哈密市大南湖钠硝石矿床中的钠硝石

大南湖钠硝石矿床是主要由钠硝石、石盐、芒硝和无水芒硝等矿物组成的复合盐类矿床，产于新疆吐哈中生代盆地东段南缘的大南湖凹陷盆地中的第四系更新统及全新统的砂砾石层中。矿床成因属于多源表生孔隙卤水蒸发沉积矿床，主要有两种矿石类型，即含砾砂岩型石盐质钠硝石矿和角砾岩型石盐质钠硝石矿，以前者为主(张志伟等，2011)。

(2)新疆火焰山山麓砂泥岩中的钠硝石

钠硝石产于吐鲁番盆地北侧火焰山山麓与戈壁边缘地带交界处的砂泥岩中。在薄片中为重折率极高的微晶钠硝石集合体，呈次生浸染状充填于泥砂岩或脉状石盐晶体的晶面之间，分布无规律(李秉孝，1992)。

(3)新疆鄯善县黑山尾钠硝石矿床中的钠硝石

［**产地、产状及共(伴)生矿物**］ 黑山尾钠硝石矿床位于吐鲁番-哈密盆地北缘。盆地内第四系分布广泛，自山前向盆地中部依次分布有中上更新统残积层、全新统冲洪积扇组成的以砂砾石为主的山前倾斜平原及低洼处的湖积层。钠硝石矿体主要赋存于冲洪积残留台地上。钠硝石呈白色不规则的团块状(直径0.5~1.5 cm)、细脉状(脉宽1~3 mm)充填在砂砾石的孔隙、孔洞和裂隙中，为砂砾石的胶结物，或呈皮壳状包裹在砾石周围，壳厚度1~3 mm。钠硝石矿层胶结致密、坚硬(刘国庆等，2005)。

［**化学成分**］ 根据本区钠硝石矿石的化学成分分析结果(表6-1-4)，16个样品中有9个样品的$NaNO_3$含量达到边界品位(2%)，其中4个样品的$NaNO_3$含量达到工业品位(5%)，$NaNO_3$含量最高可达27.84%。

表6-1-4 新疆黑山尾钠硝石矿石的化学成分

样品编号	矿体厚度/m	Na^+/%	K^+/%	NO_3^-/%	$NaNO_3$/%	富集地段	$NaNO_3$平均含量/%
MHQjDO1	1.20	18.86	0.042	1.36	1.86		
MHDO2	0.73	21.35	0.076	1.94	2.66	Ⅱ	5.61
MHDO3	0.50	14.26	0.056	6.46	8.85		
MHDO4	0.30	24.50	0.024	0.21	0.29		
MHDO6	0.50	20.65	0.11	4.04	5.54	Ⅲ	3.99
MHQjDO7	0.60	18.72	0.083	1.76	2.41		
MHDO8	0.62	13.58	0.030	0.16	0.22		

续表

样品编号	矿体厚度/m	Na^+/%	K^+/%	NO_3^-/%	$NaNO_3$/%	富集地段	$NaNO_3$ 平均含量/%
MHDO9	0.78	24.80	0.060	0.36	0.49		
MHD10	0.80	21.97	0.038	2.66	3.64		
MHD11	0.92	23.18	0.051	3.24	4.44		
MHD12	1.00	19.32	0.12	16.04	21.98	I	12.27
MHD13	1.12	16.59	0.14	20.32	27.84		
MHD14	0.95	19.49	0.071	2.50	3.43		
MHD15	0.98	16.12	0.032	0.23	0.32		
MHD161	1.03	24.36	0.047	0.77	1.06		
MHQjD17	1.18	22.10	0.051	0.22	0.30		

注：数据引自刘国庆等(2005)。

(4)新疆鄯善县小草湖-红台硝酸盐矿床中的钠硝石

[产地、产状及共(伴)生矿物] 新疆鄯善县小草湖-红台硝酸盐矿床主要产于古近系—新近系桃树园子组上部碎屑岩中。矿体呈层状、似层状赋存于桃树园子组地层构成的洪积剥蚀残留台地上部近地表处，矿体埋探仅0~0.2 m。盐类矿物垂直分带明显，自上而下依次为硝酸盐、氯化物、硫酸盐。硝酸盐矿物主要为钠硝石，含微量钾硝石、钡硝石。(熊先孝，1992；云连涛．1994)。

[形貌特征] 钠硝石矿石类型简单，矿石由砾石、角砾、砂泥质和岩石碎屑及盐类矿物构成。钠硝石和伴生盐类矿物主要以胶结物形式出现，结晶细小。少数呈团块状、细脉状充填岩石孔隙或裂隙。

(5)新疆吐峪沟钠硝石矿床中的钠硝石

[产地、产状及共(伴)生矿物] 吐峪沟钠硝石矿床见于火焰山背斜南翼中段。矿区主要出露中生界侏罗系河湖相灰绿色长石石英砂岩、硬砂岩及砂质泥岩。第四系为黄色粘土、砂质粘土、亚砂土及残坡积层。钠硝石矿体为似层状，局部透镜状，赋于断裂破碎带与第四系砂土砾石层、残坡积层之中。在断裂破碎带，钠硝石常呈细脉状、网脉状、透镜状产出，局部呈鸡窝状，并且往往构成断裂角砾胶结物或充填于孔隙、裂隙之中，与正常围岩成渐变过渡关系(云连涛，1994)。

[形貌特征] 钠硝石以胶结物形式出现，胶结砂及砾石，在孔隙中呈团块状，局部为鸡窝状。钠硝石一般以集合体形式产出，在破碎带中，为白色纤维状、外貌酷似纤维状石膏，具丝绢光泽，纤维均垂直脉壁生长。砂砾层中钠硝石多为细粒状、团块状。

[物理性质] 钠销石性脆易溶，硬度小于指甲。

[化学成分] 矿石成分除 $NaNO_3$ 之外，还含 NaCl，两者不易区分。$NaNO_3$: NaCl 约为1 : 4。矿石 $NaNO_3$ 含量一般为10%~15%，个别可达25%。

[成因意义] 矿床成因属于孔隙-裂隙卤水充填矿床。区内钠硝石成矿作用与吐鲁番地区特殊的气候条件有紧密关系，受地形、岩性控制，断裂活动为钠硝石聚集创造了条件，其成矿时代应与区内其他硝酸盐矿床一致，为近代形成。

四、钡硝石(Nitrobarite)

1. 钡硝石的一般特征

[产地、产状及共(伴)生矿物] 发现于一块博物馆标本上，标本采自智利某硝酸盐矿床。共(伴)生的是充填夹杂物(Hintze，1930；Palache et al.，1951；Nowotny et al.，1983)。

[形貌特征] 晶体呈假八面体，可见单形{111}和{$\bar{1}$11}，最大粒径至4 mm。

[晶体结构] 等轴晶系；$Pa3$。晶胞参数为 $a=8.1184$ Å；$Z=4$。晶体结构参数(原子坐标)见表6-1-5。

表 6-1-5 钡硝石的晶体结构参数(原子坐标)

$a=8.1184$ Å，$b=8.1184$ Å，$c=8.1184$ Å，$\alpha=90°$，$\beta=90°$，$\gamma=90°$，$Pa3$									
原子	x	y	z	$B(1,1)$	$B(2,2)$	$B(3,3)$	$B(1,2)$	$B(1,3)$	$B(2,3)$
Ba	0	0	0	0.00444	0.00444	0.00444	0.00010	0.00010	0.00010
N	0.35139	0.35139	0.35139	0.00596	0.00596	0.00596	0.00102	0.00102	0.00102
O	0.28553	0.29105	0.47627	0.01020	0.00914	0.00762	0.00350	0.00370	0.00310

注：数据引自 Nowotny et al.(1983)。

[**主要粉晶衍射数据 *d*/Å(*I*)(*hkl*)**] 4.689(100)(111)，2.447(75)(311)，2.344(45)(222)，4.062(35)(200)，2.870(30)(220)，1.863(20)(331)，1.816(17)(420)，1.3723(15)(531)(PDF 24-53；人工合成样品)。

[**物理性质**] 无色，因局部因含充填物而呈棕黑色；透明；玻璃光泽。硬度未测。密度 $D_{测量}=3.250\ g/cm^3$(合成)，$D_{计算}=3.24\ g/cm^3$。具压电性。

[**光学性质**] 在透射光下无色。均质。在薄片中呈异常双折射，折光率 $n=1.5714$。

[**化学成分**] 理想化学式为 $Ba(NO_3)_2$。

[**微化反应**] 易溶于水。

2. 在中国的产出情况

目前中国尚未发现钡硝石。

第二节 含 OH 的硝酸盐矿物

这类矿物只有 2 个矿物种，即铜硝石(Gerhardtite)和单斜铜硝石(Rouaite)。

一、铜硝石(Gerhardtite)

1. 铜硝石的一般特征

[**产地、产状及共(伴)生矿物**] 是产在铜矿床氧化带的一种稀有的次生矿物。共(伴)生矿物有赤铜矿、孔雀石、绿盐铜矿、黄碘银矿、羟胆矾、假孔雀石、毛青铜矿、羟磷硝铜矿、氯铜矿、水羟氯铜矿。典型产地分布在美国亚利桑那州 United Verde 矿床等、刚果(金)的 Kalabi 和 Likasi、哈萨克斯坦 Dzhezkazgan、德国 Ramsbeck、法国 Roua 铜矿床和澳大利亚 Great Australia 和 Monakoff 矿床等地(Palache et al.，1951；Oswald，1961；Bovio et al.，1982)。

[**形貌特征**] 晶体呈厚板状{001}，呈菱形轮廓，{001}常发育显著的晶面条纹，粒径至 1.5 cm；集合体呈乳房状、粒状、油画状和块状。

[**晶体结构**] 斜方晶系；$P2_12_12_1$。晶胞参数为 $a=6.087(2)$ Å，$b=13.813(4)$ Å，$c=5.597(2)$ Å；$Z=4$。晶体结构参数(原子坐标)见表 6-2-1。

[**主要粉晶衍射数据 *d*/Å(*I*)(*hkl*)**] 6.91(100)(002)，2.624(80)(121)，2.310(80)(123)，1.579(80)(321)，2.595(70)(202)，3.454(60)(004)，2.797(60)(200)，2.669(60)(120)(PDF 14-687)。

[**物理性质**] 深绿色、翠绿色、蓝绿色；条痕浅绿色；透明；玻璃光泽。发育{001}极完全、{100}完全解理。易弯曲。摩氏硬度 $H=2$。密度 $D_{测量}=3.40\sim3.43\ g/cm^3$，$D_{计算}=3.389\ g/cm^3$。

[**光学性质**] 二轴正晶。折光率 $\alpha=1.703$，$\beta=1.713$，$\gamma=1.722$。光轴角 $2V_{测量}$大。多色性：$X=Y$=绿色；Z=蓝色。光性方位：$X=a$；$Y=b$；$Z=c$。色散：很强；$r<v$。

[**化学成分**] 理想化学式为 $Cu_2(NO_3)(OH)_3$；其化学组成($w_B/\%$)为：N_2O_5 22.49，CuO

66.26，H_2O 11.25，合计 100.00。美国亚利桑那州 United Verde 矿床产出样品的化学组成(w_B/%)为：N_2O_5 22.76，CuO 66.38，H_2O 11.26，合计 100.40。

表 6-2-1 铜硝石的晶体结构参数(原子坐标)

a=6.087 Å，b=13.813 Å，c=5.597 Å，α=90°，β=90°，γ=90°，$P2_12_12_1$										
原子	x	y	z	$Biso$	$B(1,1)$	$B(2,2)$	$B(3,3)$	$B(1,2)$	$B(1,3)$	$B(2,3)$
Cu1	0.7300	0.2473	0.5009		0.0035	0.0014	0.0066	−0.0001	−0.0001	−0.0006
Cu2	0.4820	0.2510	0.0083		0.0020	0.0016	0.0071	0.0001	0.0001	−0.0002
O1	0.4891	0.1372	0.6882		0.0030	0.0012	0.0170	−0.0011	−0.0023	−0.0001
O2	0.6211	0.0040	0.5499		0.0460	0.0032	0.0032	0.0047	0.0087	0.0008
O3	0.3929	0.008	0.8592		0.0266	0.0029	0.0063	−0.0003	0.0070	0.0021
N	0.4994	0.0455	0.6949		0.0087	0.0023	0.0024	−0.0005	−0.0020	−0.0017
O4	0.4868	0.3225	0.3812	0.54						
O5	0.7260	0.3101	0.8224	0.42						
O6	0.2380	0.3121	0.8235	0.17						
H1	0.4563	0.3855	0.4307	0.54						
H2	0.7925	0.3703	0.7994	0.42						
H3	0.2125	0.3798	0.8156	0.17						

注：数据引自 Bovio et al. (1982)。

[与其他矿物种的关系] 与单斜铜硝石呈同质二象。

2. 在中国的产出情况

目前中国尚未发现铜硝石。

二、单斜铜硝石(Rouaite)

1. 单斜铜硝石的一般特征

[产地、产状及共(伴)生矿物] 少量产于法国 Roua 热液铜矿床的赤铜矿晶洞中，硝酸盐组分可能来自蝙蝠或寄主岩石中的有机物质。共(伴)生矿物有赤铜矿、自然铜、自然银、微晶砷铜矿、砷铜矿、氯铜矾、橄榄铜矿、孔雀石、赛羟砷铜石和铜硝石。此外，在美国新泽西州 Sterling 山也有产出(Sarp et al.，2001)。

[形貌特征] 晶体平行{001}或沿[010]延伸或呈等轴状，可见单形{001}、{100}、{101}、{110}和{011}，粒径最大至 0.1 mm；可呈集合体。少见双晶{001}。

[晶体结构] 单斜晶系；$P2_1$。晶胞参数为 a=5.596(2) Å，b=6.079(2) Å，c=6.925(3) Å，β=94.67(2)°，Z=2。晶体结构参数(原子坐标)见表 6-2-2。

[主要粉晶衍射数据 d/Å(I)(hkl)] 6.91(100)，3.457(90)，2.669(80)，2.462(80)，2.250(50)，2.078(50)，2.154(40)(样品产自法国 Roua 矿床)。

[物理性质] 深绿色，蓝绿色-翠绿色；条痕绿色；透明；玻璃光泽。发育{001}极完全解理；参差状断口。性脆；硬度未测。密度 $D_{测量}$=3.38(2) g/cm³，$D_{计算}$=3.39 g/cm³。

[光学性质] 二轴正晶。折光率 α=1.700(2)，β=1.715(2)，γ=1.738(2)。光轴角 $2V_{测量}$=81.2°，$2V_{计算}$=79(1)°。多色性：X=深蓝绿色；Y=蓝绿色；Z=浅绿色-无色。光性方位：$Y=b$；$Z=c$；$X \wedge a$=5°。色散强：$r<v$。

[化学成分] 理想化学式为 $Cu_2(NO_3)(OH)_3$；其化学组成(w_B/%)为：N_2O_5 22.49，CuO 66.26，H_2O 11.25，合计 100.00。法国 Roua 矿床产出样品的电子探针分析结果(w_B/%)为：N_2O_5 21.64，CuO 65.5，H_2O 11.9，合计 99.64；相应的化学式为 $Cu_{1.99}(NO_3)_{0.97}(OH)_{3.19}$。

[与其他矿物种的关系] 与铜硝石呈同质二象。

表 6-2-2 单斜铜硝石的晶体结构参数(原子坐标)

a=5.605 Å, b=6.087 Å, c=6.929 Å, α=90°, β=94.48°, γ=90°, $P2_1$										
原子	x	y	z	Biso	B(1,1)	B(2,2)	B(3,3)	B(1,2)	B(1,3)	B(2,3)
Cu^{2+}1	-0.0015	0	0.9945	0.87	0.0055	0.0059	0.0056	0.0006	0.0012	0.0013
Cu^{2+}2	-0.5091	0.2483	-0.0024	0.83	0.0058	0.0042	0.0060	-0.0008	0.0008	0.0002
N	0.231	0.259	0.408	2.00	0.019	0.018	0.005	-0.002	0.002	-0.003
O4	0.207	0.251	0.223	1.40	0.016	0.008	0.005	-0.002	0.002	0.001
O5	0.387	0.157	0.496	4.01	0.026	0.049	0.008	0.008	-0.002	0.007
O6	-0.097	0.112	-0.492	3.78	0.037	0.033	0.010	-0.012	0.008	0.004
O1	0.869	0.252	0.857	1.06	0.008	0.007	0.007	0.002	0.002	0.005
O2	0.313	0.013	0.879	0.83	0.009	0.005	0.003	-0.009	0.000	0.003
O3	-0.313	0.002	-0.881	0.89	0.005	0.009	0.004	0.008	0.001	-0.004
H1	0.89	0.29	0.76	1						
H2	0.31	0.03	0.78	1						
H3	-0.28	0.01	-0.77	1						

注：数据引自 Effenberger(1983)。

2. 在中国的产出情况

目前中国尚未发现单斜铜硝石。

第三节 含 H_2O 的硝酸盐矿物

这类矿物只有 2 个矿物种，即水镁硝石(Nitromagnesite)和水钙硝石(Nitrocalcite)。中国已报道的水钙销石产地为新疆康古尔塔格金矿床。

一、水镁硝石(Nitromagnesite)

1. 水镁硝石的一般特征

[产地、产状及共(伴)生矿物] 是一种少见的洞穴沉积物，产于湿度高于 78%的环境，常为蝙蝠粪便的沥出产物；或是混合盐的组分。其共(伴)生矿物主要是水钙硝石(nitrocalcite)。典型产地为美国印第安纳州 Nicojack 岩洞和印第安纳州 Corydon 附近的洞穴、博茨瓦纳 Independence 岩洞、纳米比亚 Arnhem 和 Kimberlite 岩洞和意大利 Pulo di Molfetta 岩洞等(Palache et al., 1951; Mozzi et al., 1961; Hill et al., 1997)。

[形貌特征] 呈钟乳石状，绒毛状-土状盐霜和结壳。

[晶体结构] 单斜晶系；$P2_1/n$。晶胞参数为 a=6.194(2)Å，b=12.71(3)Å，c=6.600(2)Å；β=92.99(2)°；Z=2。晶体结构参数(原子坐标)见表 6-3-1。

表 6-3-1 水镁硝石晶体结构参数(原子坐标)

a=6.194 Å, b=12.707 Å, c=6.600 Å, α=90°, β=92.99°, γ=90°, $P2_1/c$									
原子	x	y	z	B(1,1)	B(2,2)	B(3,3)	B(1,2)	B(1,3)	B(2,3)
Mg	0	0.5	0.5	0.022150	0.004453	0.020436	-0.000394	-0.002563	0.000137
N4	0.4668	0.2040	0.5362	0.022784	0.005015	0.023641	0.000824	0.000025	0.001755
O5	0.6031	0.1301	0.5330	0.037773	0.007689	0.036670	0.005178	-0.000411	0.001454
O6	0.2814	0.1881	0.5685	0.030606	0.006974	0.046269	0.001495	0.003397	0.004615

$a=6.194$ Å, $b=12.707$ Å, $c=6.600$ Å, $\alpha=90°$, $\beta=92.99°$, $\gamma=90°$, $P2_1/c$									
原子	x	y	z	$B(1,1)$	$B(2,2)$	$B(3,3)$	$B(1,2)$	$B(1,3)$	$B(2,3)$
O7	0.5339	0.2962	0.5172	0.034114	0.006754	0.050119	0.000340	0.000607	0.001358
Wat1	−0.0358	0.3398	0.4764	0.030507	0.005504	0.036894	−0.000057	−0.004525	−0.000078
Wat2	0.3022	0.4805	0.6416	0.025542	0.006665	0.032348	0.000719	−0.007647	−0.000863
Wat3	−0.1432	0.4993	0.7750	0.038133	0.006789	0.028487	−0.000022	0.002152	−0.000451

注：数据引自 Braibanti et al.（1979）。

［主要粉晶衍射数据 d/Å(I)(hkl)］ 3.295(100)(002)，2.925(75)(022)，4.433(55)($\bar{1}$20)，5.840(45)(011)，4.154(35)(111)，3.190(35)(012)，2.688(35)(211)，2.077(30)($\bar{1}$13)(PDF 14-101 人工合成)。

［物理性质］ 无色-白色，因含蝙蝠粪便而呈黄色；透明。硬度未测。密度 $D_{测量}=1.46\sim1.58$ g/cm^3，$D_{计算}=1.64$ g/cm^3。

［光学性质］ 二轴负晶。折光率 $\alpha=1.34(1)$，$\beta=1.506(3)$，$\gamma=1.506(3)$。光轴角 $2V_{测量}=5°$。光性方位：$X=a$；$Z=b$。色散：弱，$r<v$。

［化学成分］ 理想化学式为 $Mg(NO_3)_2 \cdot 6H_2O$。没有天然矿物的定量分析数据，成分根据与人工合成物的一致性确定。

［微化反应］ 可溶于水，味苦。

［变化］ 易潮解。

2. 在中国的产出情况

目前中国尚未发现水镁硝石。

二、水钙硝石(Nitrocalcite)

1. 水钙硝石的一般特征

［产地、产状及共(伴)生矿物］ 常见于洞穴和碱性土壤中，形成具有季节性。典型产地有意大利的 Pulo di Molfetta 岩洞、法国 Limagne、南非 David's 和 Chaos 岩洞、纳米比亚北部 Ludwig 岩穴、美国亚利桑那州 Kartchner 山洞和澳大利亚的 Paddy's River 矿床。共(伴)生矿物有钾硝石、水镁硝石(洞穴中)；明矾石、文石、块磷铝矿、胶磷矿、纤磷钙铝石、磷铝钾石、石膏、碳钙镁石、水碳镁石、淡磷钾铁矿、碳氢镁石、钾硝石(澳大利亚 Paddy's 河矿床)(Palache et al.，1951；Leclair et al.，1977；Hill et al.，1997)。

［形貌特征］ 晶体少见，呈针状；集合体呈簇状和花朵状，粒径最大至 3 cm，更常呈棉花或块状盐霜。

［晶体结构］ 单斜晶系；$P2_1/n$。晶胞参数为 $a=14.8999(12)$ Å，$b=9.1551(5)$ Å，$c=6.2786(7)$ Å，$\beta=106.22(1)°$；$Z=4$。晶体结构参数(原子坐标)见表 6-3-2。

［主要粉晶衍射数据 d/Å(I)(hkl)］ 5.14(100)(011)，7.72(70)(110)，3.580(70)(400)，5.42(65)(101)，4.36(55)(120)，3.121(55)($\bar{4}$11)，2.810(55)(230)，5.04(35)($\bar{1}$11)(PDF 26-1406 人工合成)。

［物理性质］ 无色-奶白色。透明。丝绢光泽。硬度“软”。密度 $D_{测量}=1.90$ g/cm^3(人工合成样品)，$D_{计算}=1.91$ g/cm^3。

［光学性质］ 在透射光下无色。二轴负晶(人工合成样品)。折光率 $\alpha=1.465(3)$，$\beta=1.498(3)$，$\gamma=1.504(3)$。光轴角 $2V_{测量}=50(2)°$。光性方位：$X\perp$解理方向。

表 6-3-2 水钙硝石的晶体结构参数(原子坐标)

a=6.2786 Å，b=9.1551 Å，c=14.8999 Å，α=90°，β=106.22°，γ=90°，$P2_1/c$											
原子	x	y	z	occ	$Biso$	B(1,1)	B(2,2)	B(3,3)	B(1,2)	B(1,3)	B(2,3)
Ca	0.32775	0.41024	0.36704			0.01149	0.00516	0.00190	−0.00027	0.00139	−0.00029
N1	0.07165	0.37196	0.16956			0.01428	0.00680	0.00242	−0.00158	0.00175	−0.00057
O11	0.05757	0.48374	0.21718			0.02769	0.00679	0.00267	0.00346	0.00074	−0.00073
O12	0.18733	0.26869	0.21202			0.02296	0.00587	0.00389	0.00125	0.00200	−0.00024
O13	−0.02525	0.36516	0.08576			0.02321	0.01469	0.00220	−0.00092	0.00054	−0.00148
N2	0.48048	0.73285	0.40676			0.01436	0.00534	0.00223	−0.00070	0.00197	0.00031
O21	0.54009	0.62111	0.45857			0.02457	0.00503	0.00236	−0.00094	0.00084	0.00061
O22	0.54900	0.85477	0.43477			0.02875	0.00510	0.00386	−0.00325	0.00196	0.00003
O23	0.35068	0.71221	0.32758			0.01701	0.00897	0.00226	0.00007	0.00088	0.00016
Ow1	0.59973	0.46279	0.28249			0.02180	0.00768	0.00393	−0.00284	0.00500	−0.00141
Ow2	0.03795	0.53620	0.41525			0.02289	0.00698	0.00359	0.00322	0.00476	0.00131
Ow3	0.08003	0.22224	0.39698			0.02946	0.00722	0.00310	−0.00411	0.00227	−0.00032
Ow4	0.57447	0.19691	0.38527			0.03691	0.01251	0.00548	0.01060	0.00856	0.00337
H11	0.6203	0.3934	0.2512		3.19						
H12	0.5884	0.5413	0.2489		5.44						
H21	0.0252	0.6130	0.4109		3.62						
H22	0.0745	0.5148	0.4697	0.5	3.81						
H23	−0.1226	0.5006	0.3575	0.5	5.02						
H31	0.0765	0.1437	0.3661		3.95						
H32	0.1411	0.1855	0.4506		3.42						
H41	0.5789	0.1456	0.4220		4.28						
H42	0.7103	0.2093	0.3861		6.37						

注：数据引自 Leclair et al.(1977)。

[**化学成分**] 理想化学式为 $Ca(NO_3)_2 \cdot 4H_2O$。

[**微化反应**] 可溶于水，味辛辣而苦。

[**变化**] 在湿度高于 54%的环境中易潮解。

2. 在中国的产出情况

中国有报道的水钙硝石(钙硝石)产地只有新疆吐鲁番市鄯善县康古尔-西峰金矿带的康古尔塔格金矿床。此处为我国首次发现的水钙硝石产地(韩照信等，2004)。

新疆吐鲁番市康古尔铜金矿床中的水钙硝石

[**产地、产状及共(伴)生矿物**] 康古尔塔格金矿床位于新疆维吾尔自治区鄯善县东南部。矿床为火山岩区剪切带蚀变岩型金矿床，地处于我国大西北干旱地带，产出特有的氯化物-硫酸盐型氧化带矿物共生组合。氧化带分上、下两个氧化亚带，上亚带为铁锰的氧化物和氢氧化物、硝酸盐、碳酸盐及氯化物，分布于氧化带的上部；下亚带为硫酸盐及磷酸盐，分布于氧化带的下部。水钙硝石分布于上氧化亚带，和斜钠明矾、费羟铝矾、钾硝石、钠硝石共生，呈脉状充填于千糜岩裂隙中(韩照信等，2004)。

[**主要粉晶衍射数据 d/Å(I)**] 如表 6-3-3 所示，主要强线为 0.5195(10)，0.7760(7)，0.3589(7)，0.5367(6)，0.4392(6)，0.3121(6)，0.2823(6)，0.1502(5)。

表 6-3-3 新疆康古尔铜金矿床氧化带水钙硝石 X 射线粉晶衍射特征数据及与标准数据的对比

钙硝石(样 x9311)		钙硝石(JCPDS 卡)	
I/I_0	d/nm	I/I_0	d/nm
7	0.776	7	0.772
6	0.5367	7	0.542
10	0.5195	10	0.514
3	0.5040	4	0.504
6	0.4392	6	0.436
7	0.3589	7	0.3580
6	0.3121	6	0.3121
3	0.3033	3	0.3018
3	0.2956	3	0.2945
6	0.2823	6	0.2810
4	0.2305	4	0.2311
5	0.1502		

注：数据引自韩照信等(2004)。

［物理性质］ 无色。透明。玻璃光泽。摩氏硬度 $H=1\sim2$。

［微化反应］ 易溶于水，味苦。

第四节 含 OH 和 H_2O 的硝酸盐矿物

这类矿物包括 4 个矿物种，即硫硝镍铝石(Hydrombobomkulite)、羟磷硝铜石(Likasite)、硫硝铝镍石(Mbobomkulite)和斯万氮石(Sveite)。

一、水硫硝镍铝石(Hydrombobomkulite)

1. 水硫硝镍铝石的一般特征

［产地、产状及共(伴)生矿物］ 发现于南非 Mbobo Mkulu 岩洞，由来自风化铜镍硫化物的镍硫盐溶液与铝硅酸盐矿物和源于蝙蝠粪便的硝酸盐相互作用形成；也发现于沉积型铀-钒矿床，如美国犹他州 Jomac 矿床。共(伴)生矿物有水铝英石、硫硝镍铝石、铜矾石(南非 Mbobo Mkulu 岩洞)；奥水碳铀矿、赤铜矿、块铜矿、针铁矿、纤铁矿、硫硝镍铝石、硅镁铀矿和石膏(美国犹他州 Jomac 矿床)(Martini，1980)。

［形貌特征］ 集合体呈粉状结核和微晶质薄膜；脱水后呈鳞片状，脱落为微小的六方片状。

［晶体结构］ 单斜晶系。晶胞参数为 $a=10.145$ Å，$b=17.155$ Å，$c=20.870$ Å，$\beta=90.55°$，$Z=8$。

［主要粉晶衍射数据 d/Å(I)(hkl)］ 10.45(100)(002)，5.229(50)(004)，3.485(30)(006)，2.489(15)(254)，6.233(10)(121)，4.899(10)(201)，4.172(10)(005)，3.129(10)($\bar{2}42$)(PDF 35-697)。

［物理性质］ 蓝色；透明。发育{001}极完全解理。性脆，集合体易碎；硬度“很软”。密度未测。

［光学性质］ 在透射光下无色。二轴晶。具微弱的双折射。

［化学成分］ 理想化学式为(Ni，Cu)$Al_4(NO_3)_2(SO_4)(OH)_{12}\cdot14H_2O$。水硫硝镍铝石干燥去掉 32.10%的烧失量，通过 X 射线衍射图谱发现与硫硝镍铝石一致。

［变化］ 易脱水成为硫硝铝镍石。

2. 在中国的产出情况

目前中国尚未发现水硫硝镍铝石。

二、羟磷硝铜石(Likasite)

1. 羟磷硝铜石的一般特征

[产地、产状及共(伴)生矿物] 产于铜矿床氧化带中的一种少见的次生矿物。典型产地有刚果(金)Katanga省的Likasi矿床、哈萨克斯坦Dzhezkazgan、英国Hingston Down采石场、法国Huelgoat、美国亚利桑那州Copper Cities矿床、南澳Spring Creek矿床。共(伴)生矿物有赤铜矿、羟胆矾、孔雀石、自然铜、自然银、毛青铜矿、铜硝石、黄碘银矿和铁氧化物矿物(刚果(金)Likasi矿床)(Schoep et al., 1955; Deliens, 1973; Effenberger, 1986; Yoder et al., 2010)。

[形貌特征] 晶体呈板状{001},具矩形截面,最大粒径至1.5 mm,可见单形{010}、{100}、{101}、{012}、{014}和{018}。

[晶体结构] 斜方晶系;*Pcmn*。晶胞参数为a=5.830(1)Å,b=6.775(1)Å,c=21.711(5)Å;Z=4。晶体结构参数(原子坐标)见表6-4-1。

表6-4-1 羟磷硝铜石的晶体结构参数(原子坐标)

a=5.830 Å, b=6.775 Å, c=21.711 Å, α=90°, β=90°, γ=90°, *Pcmn*									
原子	x	y	z	U(1,1)	U(2,2)	U(3,3)	U(1,2)	U(1,3)	U(2,3)
Cu1	0.8224	0.25	0.1055	0.003	0.011	0.023	0	−0.001	0
Cu2	0.3284	0.25	0.1003	0.003	0.010	0.024	0	−0.003	0
Cu3	0	0	0	0.016	0.014	0.021	0.002	−0.004	−0.001
N	0.080	0.25	0.242	0.038	0.012	0.023	0	−0.001	0
O1	0.261	0.25	0.210	0.012	0.046	0.036	0	0.001	0
O2	−0.103	0.25	0.214	0.014	0.048	0.028	0	−0.006	0
O3	0.088	0.25	0.299	0.030	0.013	0.019	0	0.001	0
OH1	0.158	0.75	0.002	0.004	0.012	0.027	0	−0.008	0
OH2	0.076	0.060	0.086	0.017	0.009	0.018	−0.004	−0.005	0.002
OH3	0.573	0.055	0.109	0.006	0.011	0.026	−0.004	0.001	0.002
Wat1	0.082	0.75	0.170	0.029	0.019	0.026	0	0.000	0
Wat2	0.628	0.75	0.030	0.035	0.018	0.043	0	−0.005	0

注:数据引自Effenberger(1986)。

[主要粉晶衍射数据 d/Å(I)(hkl)] 5.75(100)(012),10.8(80)(002),2.722(70)(123),2.518(70)(018),2.168(70)(00 10),3.23(60)(022),3.18(60)(016),2.657(60)(211)(PDF 30-497)。

[物理性质] 蓝色;透明。发育{001}极完全解理。硬度未测。密度$D_{测量}$=2.96~2.98 g/cm^3,$D_{计算}$=2.97 g/cm^3。

[光学性质] 二轴晶。折光率α=1.61~1.615,β未测,γ=1.685~1.69。光轴角2V未测。多色性:X=浅绿蓝色;Y=紫蓝色。光性方位:X=a;Z=b。

[化学成分] 理想化学式为$Cu_3(NO_3)(OH)_5 \cdot 2H_2O$。矿物组分是通过晶体结构分析建立的。

2. 在中国的产出情况

目前中国尚未发现羟磷硝铜石。

三、硫硝铝镍石(Mbobomkulite)

1. 硫硝铝镍石的一般特征

[产地、产状及共(伴)生矿物] 发现于南非 Mbobo Mkulu 洞穴，是从洞穴顶部硫化物矿物中淋滤出的镍、铜氧化后形成的一种稀有矿物，与之发生反应的铝来自层状硅酸盐，而硝酸盐来自蝙蝠粪便；也产出于沉积型铀-钒矿床，如美国犹他州 Jomac 矿床。共(伴)生矿物有水铝英石、铜矾石、水硫硝镍铝石(南非 Mbobo Mkulu 岩洞穴)；奥水碳铀矿、赤铜矿、块铜矿、针铁矿、纤铁矿、水硫硝镍铝石、硅镁铀矿和石膏(美国犹他州 Jomac 矿床)(Martini，1980)。

[形貌特征] 晶体呈假六方体，最大粒径至 10 μm；沿[001]方向堆积呈玫瑰花状集合体，也可形成很细粒的粉状结核体。

[晶体结构] 单斜晶系；$P2_1$。晶胞参数为 a=10.171 Å，b=8.865 Å，c=17.145 Å，β=95.37°；Z=4。

[主要粉晶衍射数据 d/Å(I)(hkl)] 8.550(100)(002)，4.271(40)(004)，7.87(15)(011)，4.549(15)($20\bar{2}$)，3.179(15)(015)，3.054(15)(311)，2.512(15)(133)，2.004(15)(241)(PDF 35-696)。

[物理性质] 浅蓝色；半透明。发育{001}极完全解理。硬度“很软”。密度 $D_{测量}$=2.30 g/cm³，$D_{计算}$=2.344 g/cm³。

[光学性质] 在透射光下无色。二轴晶。折光率 α=1.515，β 未测，γ=1.585。光轴角 2V 未测。光性方位：$X' \wedge c \approx 10°$。

[化学成分] 理想化学式为$(Ni, Cu)Al_4(NO_3, SO_4)_2(OH)_{12} \cdot 3H_2O$。南非 Mbobo Mkulu 岩洞产出样品的化学组成(w_B/%)见表 6-4-2；相应的化学式为$(Ni_{0.57}Cu_{0.29})_{\Sigma 0.86}Al_{3.93}[(NO_3)_{1.50}(SO_4)_{0.25}]_{\Sigma 1.75}[(OH)_{11.45}F_{0.02}]_{\Sigma 11.47} \cdot 1.59H_2O$。

表 6-4-2 硫硝镍铝石的化学组成(w_B/%)

SO_3	N_2O_5	SiO_2	Al_2O_3	NiO	CuO	C	F	H_2O	$-O=F_2$	合计
3.81	15.23	1.91	39.42	7.98	4.28	0.26	0.07	27.9	0.03	100.83

2. 在中国的产出情况

目前中国尚未发现硫硝镍铝石。

四、斯万氮石(Sveite)

1. 斯万氮石的一般特征

[产地、产状及共(伴)生矿物] 呈结壳和盐霜产于洞穴顶部和洞壁上，由滴淌出的溶液沉淀而成。发现于委内瑞拉的 Autana 洞穴和美国加利福尼亚州 San Joaquin 山谷的东北部的一块岩石里。主要共(伴)生矿物为石英(Martini，1980；Graham et al.，1988)。

[形貌特征] 集合体呈疙瘩状，由扭曲的亚微观小薄片组成。

[晶体结构] 单斜晶系。晶胞参数为 a=10.89 Å，b=13.04 Å，c=30.71 Å；β=92.10°；Z=6。

[主要粉晶衍射数据 d/Å(I)(hkl)] 10.20(100)(003)，2.443(55)(309)，3.692(40)(018)，5.995(35)(022)，6.174(20)(104)，4.209(20)(032)，2.752(20)($33\bar{2}$)，8.04(15)(013)(PDF 33-986)。

[物理性质] 白色；透明。发育{001}完全解理。摩氏硬度 $H \approx 1$。密度 $D_{测量}$=2.0 g/cm³，$D_{计算}$=2.185 g/cm³。

［**光学性质**］ 在透射光下无色。二轴正晶。折光率 $\alpha=1.503(2)$，β 未测，$\gamma=1.535(2)$。光轴角 $2V_{测量}$ 小。

［**化学成分**］ 理想化学式为 $KAl_7(NO_3)_4(OH)_{16}Cl_2 \cdot 8H_2O$，其化学组成（$w_B/\%$）为：$N_2O_5$ 22.43，Al_2O_3 37.05，K_2O 4.89，Cl 7.36，H_2O 29.93，$-O=Cl_2$ 1.66，合计 100.00。委内瑞拉 Autana 洞穴产出样品的化学组成见表 6-4-3；相应的化学式为 $K_{1.07}Al_{7.07}(NO_3)_{3.28}(SO_4)_{0.32}(PO_4)_{0.02}Cl_{2.32}(OH)_{15.96} \cdot 7.77H_2O$。

表 6-4-3 斯万氮石的化学组成（$w_B/\%$）

SO_3	P_2O_5	N_2O_5	Al_2O_3	K_2O	$(NH_4)_2O$	Cl	H_2O	$-O=Cl_2$	C	不溶物	合计
2.65	0.17	18.26	37.12	5.18	<0.02	8.5	29.25	1.92	<0.30	0.1	99.31
		22.43	37.05	4.89		7.36	29.93	1.66			100.00

［**光谱特征**］ 失重分析曲线显示，240℃处有强吸热峰，包括200℃处的肩峰，相当于失重49%。400℃时吸热反应较弱，失重约6%。在1000℃时弱且宽，失重3%，在1150℃时弱，失重1%。

［**微化反应**］ 完全溶于 HCl 和 H_2SO_4，但难溶于 HNO_3。潮湿时呈胶状。极易潮解，形成 $Al(OH)_3$ 残留物。

［**变化**］ 在试管中加热时产生红棕色烟雾。

2. 在中国的产出情况

目前中国尚未发现斯万氮石。

主要参考文献和资料

北京铀矿地质研究所赛马矿床研究组. 1977. 我国东北赛马碱性岩体中的铀矿床. 中国科学,(5):466-483, 503-506.

中国科学院地球化学研究所. 1978. 矿物X-射线粉晶鉴定手册. 北京:科学出版社.

中国科学院地球化学研究所. 1988. 白云鄂博矿床地球化学. 北京:科学出版社.

中国科学院地球化学研究所稀有元素矿物研究组. 1972. 氟碳铈钡矿——一种稀土和钡的氟碳酸盐的新矿物. 地球化学,(1):86-91.

艾永富,马瑞志. 1983. 下兰家沟钼矿中菱锰矿-方解石共生组分特征及其对钼矿化的指示意义. 地质与勘探,(2):30-34.

安博博,尹京武,徐旸等. 2017. 陕西平利石板沟火成岩含稀土矿物的特征. 电子显微学报,36(5):484-491.

安正泽,张仁彪,陈甲才等. 2014. 贵州省松桃县道沱超大型锰矿的发现及其成因探讨. 矿床地质,33(4):870-884.

白嘉芬,王长怀,纳荣仙. 1985. 云南金顶铅锌矿床地质特征及成因初探. 矿床地质,(1):1-10.

白建勋. 1987. 新疆玛纳斯河一带砂金砂铂矿的成矿控制因素. 地质与勘探,(12):24-27.

白玉雷,徐志川. 1994. 四川丰都上二叠统生物礁的孔隙演化及含油气性. 石油勘探与开发,21(6):28-34.

包广萍,崔银亮,高建国. 2013. 滇东北茂租铅锌矿床热液方解石稀土元素地球化学特征. 矿物学报,33(4):681-685.

包正相,廖金华,刘建军. 1982. 龙山江家垭菱锌矿床初步研究. 地质地球化学,11:51-52.

鲍珏敏,万榕江,包正相. 2003. 湘西北菱锌矿床地质特征及形成机制. 湖北地矿,17(2):8-12.

鲍觉敏. 1987. 龙山菱锌矿矿床地质特征及其形成机理探讨. 湖南地质,(2):54-59.

鲍正襄,廖金华,刘建军. 1982. 龙山江家垭菱锌矿床初步研究. 地质地球化学,(11):51-52.

鲍正襄,万榕江,鲍珏敏. 2001. 湘西北菱锌矿床地质特征及形成机制. 湖南冶金,(1):24-27.

毕福志,袁又申. 1991. 山东乳山海滩岩及其重要科学意义. 现代地质,(2):201-207.

卞友艳,陈多福. 2014. 海底冷泉环境中的白云石(岩)研究现状. 矿物岩石地球化学通报,33(2):238-246.

蔡伯君,罗君烈. 1984. 滇西地洼区德钦-维西菱铁矿矿床的成矿特征. 大地构造与成矿学,(1):99-105.

蔡秀成,富毓德,唐荣炳. 1984. 白云鄂博地区方解石的类型和成因意义. 矿物学报,(02):160-166, 201.

蔡岩萍,李炯,梁海川等. 2011. 青海肯德可克矿区钴多金属矿地质特征及成因初探. 黄金科学技术,19(2):41-46.

蔡伊,张乾,张永斌等. 2015. 桂中镇圩碳酸盐岩型滑石矿床热液方解石的锶同位素研究. 地球化学,44(5):427-437.

蔡应雄,杨红梅,段瑞春等. 2014. 湘西-黔东下寒武统铅锌矿床流体包裹体和硫、铅、碳同位素地球化学特征. 现代地质,28(1):39-41.

曹冠勤,王齐政等. 1990. 河北阳原早更新世泥河泫组湖积菱镁矿矿床的发现及其意义. 河北地质学院学报,13(2):219-220.

曹建林,张磊,马传亮等. 2017. 新疆温泉县巴什干地区铀成矿地质特征及成矿条件. 现代矿业,33(9):34-38.

柴超,汪立今. 2012. 菱铁矿的拉曼光谱研究. 西部探矿工程,1:156-158, 162.

常永红,孙耀东. 2010. 新疆红山梁铜矿矿床地质及物化探特征. 资源环境与工程,(6):639-644.

陈柏林,董法先. 1997. 江西大背坞地区同构造变斑晶研究. 地质力学学报,02:92-100.

陈兵,汪雄武,彭慧娟等. 2009. 南秦岭青山金矿床地质特征、控矿因素及其成因探讨. 西北地质,(2):64-74.

陈晨,王成辉,赵芝等. 2020. 浙东南离子吸附型稀土矿床成矿规律与找矿方向探讨. 地质学报,94(1):270-286.

陈成业,王钦贤,陈多福. 2022. 台湾国姓地区中新世海相菱铁矿的成因. 沉积学报,40(6):1691-1701.

陈德潜,尹道玲,周剑雄等. 1994. 钇易解石族的端员——钛钇易解石的发现. 地质论评,(1):82-86.

陈德荣,肖平,秦兴刚. 2014. 贵州威宁下河坝铅锌矿地质特征及找矿方向. 西部探矿工程,26(10):115-117.

陈多福,陈先沛,陈光谦. 2002. 冷泉流体沉积碳酸盐岩的地质地球化学特征. 沉积学报,20(1):34-40.

陈繁荣,肖振宇. 1997. 江西银山矿床矿物共生组合的重新厘定及其成因意义. 矿床地质,04:22-27, 29-30.

陈更生,曾伟,杨雨等. 2005. 川东北部飞仙关组白云石化成因探讨. 天然气工业,(4):40-41, 6-7.

陈恒,胡瑞忠,毕献武等. 2012. 赣南6722铀矿床方解石Sm-Nd等时线年龄及其地质意义. 矿物学报,32(1):52-59.

陈化凯,张盼盼,李靖辉等. 2020. 豫西太平镇稀土矿床稀土元素赋存状态研究. 38(4):573-582.

陈开旭,姚书振,何龙清等. 2004. 云南兰坪白秧坪银多金属矿集区成矿流体研究. 地质科技情报,23(2):45-50.

陈克造. 1992. 中国盐湖的基本特征. 第四纪研究,(3):193-202.

陈丽蓉,张秀荣. 1989. 北部湾沉积物中自生针铁矿与菱锰矿团粒的研究. 海洋科学,1:6-10.

陈路路,聂逢君,严兆彬等. 2013. 中国北方砂岩型铀矿中铀的储集空间类型探讨. 沉积与特提斯地质,33(4):80-85.

陈启良. 2002. 滇东北渔户村组富铅锌矿成矿地质特征及找矿标志. 地质与勘探,38 (1):22-26.

陈松,代吉祥,陈松林等. 2022. 鄂东北孙冲锰矿床矿物学特征及其对矿床成因的指示. 矿产勘查,13(Z1):182-191.

陈天虎,陈骏,季峻峰 等. 2005. 洛川黄土纳米尺度观察:纳米棒状方解石. 地质论评,51(6):713-220.

陈伟. 2011. 云南马龙马鞍山铁矿成矿地质条件. 云南地质,(3):326-328.

陈小华. 2003. 梅山铁矿床菱铁矿的地质特征及成因探讨. 江苏地质,27(2):78-82.

陈小军,罗顺社,张建坤等. 2009. 安棚地区天然碱矿沉积特征及成因研究. 沉积与特提斯地质,29:42-46.

陈秀玲,方小敏,安芷生等. 2007. 黄土高原8.1Ma以来方解石记录的夏季风演化. 中国科学D辑:地球科学,37(1):61-70.

陈耀宇，代文军，魏学平等. 2014. 甘肃干沙鄂博稀土矿床地质特征及矿床成因分析. 甘肃地质，23(4)：52-62.
陈友良，魏佳，叶永钦等. 2012. 若尔盖铀矿田方解石稀土元素与碳氧同位素地球化学特征及其意义. 地球科学进展，27(10)：1061-1067.
陈振昌，张巨杰，杨瑞木等. 1984. 401矿区花岗岩型铀矿床成因探讨. 放射性地质，(4)：22-29，21.
陈振强. 1996. 锡铁山铅锌矿中石英、方解石的热发光研究. 矿产与地质，10(6)：412-416.
陈志明，于洁，侯奎. 1982. 冀西北宣龙地区菱铁矿的成因. 地质科学，4：395-402.
陈志勇，吴培康，吴志轩. 2000. 丽水凹陷石油地质特征及勘探前景. 中国海上油气地质，14(6)：384-391.
陈忠，黄奇瑜，颜文等. 2007. 南海西沙海槽的碳酸盐结壳及其对甲烷冷泉活动的指示意义. 热带海洋学报，(2)：26-33.
成田亮. 1959. 菱镁矿工业. 北京：地质出版社.
成晓啸，李平平，邹华耀等. 2013. 川东兴隆场地区长兴组白云岩地球化学特征及流体来源. 地质学报，(7)：1031-1040.
程湘，胡鹏，张海坤等. 2021. 锰矿主要类型、分布特点及开发现状. 中国地质，48(1)：102-119.
程晓玲. 2002. 溱潼凹陷北坡阜三段储层方解石化作用及形成机制探讨. 断块油气田，9(4)：6-9.
崔娜，王钦贤，贾子策等. 2023. 台湾国姓地区中新世海相菱铁矿结核成因——来自草莓状黄铁矿粒径和硫同位素的证据. 矿物岩石地球化学通报，42(6)：1372-1379.
崔银亮，杨灿. 1997. 云南勐腊新山菱铁-多金属矿床热水沉积成因. 有色金属矿产与勘查，(5)：19-23.
代吉祥，陈松林，陈松等. 2022. 鄂东北鹰嘴山锰矿床的矿物学与地球化学：对矿床成因的指示. 矿物学报，42(4)：503-515.
代世峰，任德贻，李丹等. 2006. 贵州大方煤田主采煤层的矿物学异常及其对元素地球化学的影响. 地质学报，(4)：589-597，617.
代文军，陈耀宇，马小云等. 2011. 甘肃大水金矿床方解石的稀土元素地球化学特征. 黄金，32(2)：24-29.
戴朝成，钟炽涛，刘晓东等. 2024. 内蒙古巴音戈壁盆地塔木素碱矿 Na-碳酸盐成因模式. 地球科学，49(4)：1207-1223.
单立华，丁汝福，徐九华. 2006. 加波萨尔扎河坝-哈希瓮地区成矿地质评价. 有色金属(矿山部分)，(6)：10-13.
单小莉，徐晟，郑玉壮. 2009. 新疆彩花沟含铜黄铁矿床找矿模式的建立. 新疆地质，(1)：32-37.
旦贵兵，杨大宏，沈史日. 2007. 四川宁南雀珠山地区铅锌矿床特征与找矿远景. 四川地质学报，(2)：96-98.
翟学良，张越. 2000. 太行山脉武安白云石热分解机理. 矿物学报，20(2)：160-163.
丁建华，陈正海，杨国俊等. 2013. 中国菱镁矿成矿规律及资源潜力分析. 中国地质，40(6)：1699-1711.
董春艳，迟效国，孙丰月等. 2005. 青海肯德可克钴铋金矿钴铋金的赋存状态及工艺特性研究. 矿产综合利用，(1)：29-33.
董娟，袁茂文，李成禄. 2022. 黑龙江多宝山矿集区二道坎银铅锌矿床热液菱锰矿地球化学特征及其指示意义. 吉林大学学报(地球科学版)，52(3)：855-865.
董林森，刘立，朱德丰等. 2011. 海拉尔盆地贝尔凹陷火山碎屑岩自生碳酸盐矿物分布及对储层物性的影响. 地球科学与环境学报，03：253-260.
董林森，刘立，曲希玉等. 2009. 松辽盆地南部红岗油田青山口组片钠铝石的结晶特征及成因探讨. 吉林大学学报(地球学报)，39(6)：1031-1041.
董平，李文达，王文斌等. 1995. 扬子型铜矿床矿物稀土元素地球化学. 火山地质与矿产，(2)：78-93.
董贞环，黄恒铨. 1980. 砂岩、粉砂岩中的菱铁矿胶结特征. 矿物岩石，(2)：60-62.
豆敬兆，王焰，谭伟等. 2024. 南岭地区离子吸附型稀土矿床基岩的稀土元素预富集机制探讨. 大地构造与成矿学，48(2)：200-212.
杜国云. 1996. 南京湖山地区方解石晶内变形的发现及其构造意义. 江苏地质，(03)：189-192.
杜品龙. 1984. 新疆某地自然硫矿床地质特征简介. 矿床地质，(4)：80-84.
杜韫华. 1982. 一种次生的片钠铝石. 地质科学，(4)：434-437.
段超，周涛发，范裕等. 2009. 庐枞盆地龙桥铁矿床中菱铁矿的地质特征和成因意义. 矿床地质，28(5)：643-652.
段晓华，张君弟. 2019. 鄂尔多斯盆地西南缘砂岩型铀矿赋矿地层及矿化特征. 铀矿地质，35(2)：88-94.
段永民，朱永新，李通国等. 2007. 甘肃西秦岭地区代家庄铅锌矿床的发现及意义. 地质与勘探，(1)：44-48.
段玉然，李维华. 1998. 香花石包头矿黄河矿及蓟县矿的拉曼光谱特征. 岩矿测试，17(3)：181-184.
樊祺诚，刘若新，徐平等. 1996. 大别山超高压变质镁铁-超镁铁岩中钛斜硅镁石(±钛粒硅镁石)-菱镁矿组合成因. 矿物岩石地球化学通报，15(1)：5-9.
范海福，张荣英，赵国俊. 1963. 黄河矿的晶体结构. 物理学报，19(7)：466-471.
范宏瑞，陶克捷，谢奕汉等. 2003. 白云鄂博 REE-Fe-Nb 矿床稀土氟碳酸盐矿物激光拉曼光谱特征及流体包裹体内稀土子矿物的鉴定. 岩石学报，(1)：169-172.
范景坤，张登龙，李子明，谢中华. 2001. 试析淮北矿区共伴生硬质高岭土矿物特征. 淮南工业学院学报，(4)：5-8，24.
范良明，刘文君. 1981. 石柱县洗脚溪铅锌矿区锌(镉)赋存状态的研究. 矿物岩石，(6)：117-118.
范良明，刘文君. 1982. 四川省石柱铅锌矿床氧化带中的水锌矿. 矿物岩石，(2)：68-73，136.
范绍明，牛为民. 1998. 对山西乡宁方解石矿地质特征的研究. 中国矿业，(02)：24-25.
范香连，彭方洪，田忠锋. 2012. 新疆鄯善县尖山菱镁矿地质特征与成因初探. 新疆有色金属，S1：9-12.
方贵聪，王登红，陈毓川等. 2021. 南岭铋矿床的产出特征及成因探讨. 地质学报，95(2)：317-335.

方怀宾，李春艳，裴中朝等. 2009. 新疆且日克其菱铁矿床地质特征. 科技信息，21：404-405，425.
方少仙，侯方浩，董兆雄等. 1999. 黔桂泥盆、石炭系白云岩的形成模式. 石油与天然气地质，(1)：36-40.
方涛，裘愉卓. 1997. 白云鄂博矿床稀土矿物稳定同位素特征及其意义. 矿床地质，(1)：32-41.
冯彩霞，毕献武，武丽艳等. 2011. 滇西北白秧坪多金属矿集区东矿带方解石REE地球化学特征及意义. 吉林大学学报(地球科学版)，41(5)：1397-1406.
冯昌荣. 2014. 瓦恰铜、铅锌多金属矿地质特征与矿床成因探讨. 西部探矿工程，26(6)：123-128.
冯佩莘. 1980. 四二一〇砂岩型铀矿含矿主岩特征及铀的富集作用. 矿物岩石，(2)：75-95.
冯雨周，陈华勇，郑惠等. 2024. 上寨离子吸附型稀土矿床褐帘石结构和成分特征及其对成矿的指示. 大地构造与成矿学，48(2)：248-258.
付金华，王宝清，孙六一等. 2011. 鄂尔多斯盆地苏里格地区奥陶系马家沟组白云石化. 石油实验地质，(3)：266-273.
付桥林，杜蔺，勾明明等. 2023. 云南维西大宝山铜多金属矿床望香台矿段矿石组合特征及成矿机制. 矿产勘查，14(5)：718-729.
付胜云，彭志刚，刘红梅. 2006. 湘西北铅锌矿带成矿地质特征. 国土资源导刊，(3)：99-103.
傅平秋，苏贤泽. 1987. 新矿物-白云鄂博矿. 矿物学报，1987(4)：289-297，385.
甘盛飞. 1988. 辽宁青城子铅锌矿田构造岩方解石组构分析. 桂林冶金地质学院学报，(02)：141-150.
高怀忠. 1989. 云南金顶铅锌矿床铅的次生硫化物富集作用及矿体特征. 地球科学，(5)：539-543.
高兰，杜勇，宋林山等. 2020. 喀喇昆仑火烧云深成菱锌矿矿床地质特征及成因. 地质论评，66(2)：365-379.
高翔，方勤方，姚薇等. 2013. 云南兰坪-思茅盆地勐野井钾盐矿床物质组分对成因的指示. 地球学报，34(5)：529-536.
高翔，王平康，李秋英等. 2010. 松科1井嫩江组湖相含铁白云石的准确定名和矿物学特征. 岩石矿物学杂志，29(2)：213-218.
高艺，刘宏杰. 2020. 锰矿资源现状及潜力预测. 中国锰业，38(2)：1-5.
高永宝，赵辛敏，赵晓健等. 2020. 新疆喀喇昆仑多宝山铅锌矿床矿物学、地球化学及成因. 西北地质，53(1)：122-137.
高永宝，薛春纪，曾荣. 2008. 兰坪金顶铅锌硫化物成矿中硫化氢成因. 地球科学与环境学报，30(4)：367-372.
高玉巧，刘立，蒙启安等. 2005a. 海拉尔盆地与澳大利亚Bowen-Gunnedah-Sydney盆地系片钠铝石碳来源的比较研究. 世界地质，24(4)：344-349.
高玉巧，刘立，曲希玉. 2005b. 片钠铝石的成因及其对CO_2天然气运聚的指示意义，地球科学进展，20(10)：1083-1088.
高玉巧，刘立. 2006. 自生片钠铝石的碳氧同位素特征及其成因意义. 高校地质学报，12(4)：522-529.
高玉巧，刘立，张福松等. 2007a. 海拉尔盆地乌尔逊凹陷片钠铝石的碳氧同位素组成及流体来源探讨，23(04)：831-838.
高玉巧，刘立. 2007b. 海拉尔盆地乌尔逊凹陷无机CO_2与油气充注的时间记录. 沉积学报，25(4)：547-582.
高玉巧，刘立，杨会东等. 2007c. 松辽盆地孤店二氧化碳气田片钠铝石的特征及成因. 石油学报，28(4)：62-67.
戈莹. 1992. 四川会理的文石晶体. 矿物岩石，(1)：8-11.
葛文胜，Michalski G，魏乐军等. 2010. 新疆吐-哈地区硝酸盐巨量富集特征及机制探讨. 矿床地质，29(S1)：437-438.
葛文胜，刘斌，邱斌等. 2010. 新疆东天山南缘富钾硝酸盐盐湖成矿带地质特征及资源潜力. 矿床地质，(4)：640-648.
巩鑫，付桥林，姜伟等. 2017. 云南大宝山铜矿区矿体地质特征及矿石体重与品位关系探讨. 矿产勘查，8(2)：300-305.
顾尚义，万国江，毛健全. 2007. 广西凭祥英安岩中方解石稀土元素地球化学研究. 地球与环境，35(1)：51-56.
顾晓敏. 2012a. 沿河县三角塘地区铅锌矿地质特征及找矿方向初探. 企业科技与发展，(8)：135-138.
顾晓敏. 2012b. 沿河县长润地区铅锌矿地质条件及找矿远景分析. 科技传播，(7)：35-36.
顾长光. 1990. 碳酸盐矿物热分解机理的研究. 矿物学报，10(3)：266-272.
顾兆炎，刘嘉麟，袁宝印等. 1994. 湖相自生沉积作用与环境——兼论西藏色林错沉积物记录. 第四纪研究，(2)：162-174.
关剑宇，赵祖应. 2002. 新疆西昆仑地区契列克其-卓木吉勒尔富铁富铜矿床地质特征及成因类型探讨. 新疆有色金属，(2)：1-4.
郭彩莲，焦和，李英等. 2013. 陕西红花坪铅锌矿中伴生银、镉、镓的赋存状态研究. 黄金科学技术，(2)：13-18.
郭大招，林小莹，董建国. 2004. 灵乡小包山矿床花斑状矿石特征及其形成机理分析. 资源环境与工程，(4)：17-21.
郭东旭，刘琰. 2017. 川西冕宁-德昌成矿带与碳酸岩相关稀土矿床中氟碳铈矿的产状和成分特点//中国矿物岩石地球化学学会矿床地球化学专业委员会，中国地质学会矿床地质专业委员会，矿床地球化学国家重点实验室. 第八届全国成矿理论与找矿方法学术讨论会论文摘要文集. 中国地质科学院地质研究所：2.
郭洪中，李兆麟. 1996. 凡口超大型铅锌矿床中方解石的某些标型特征. 矿物学报，(03)：327-332.
郭娜欣，刘善宝，陈振宇等. 2022. 江西崇义铁木里碱长花岗岩中铌和稀土元素的富集机制. 岩石学报，38(2)：371-392.
郭璇，朱永峰. 2011. 新疆西南天山小哈拉军山辉长岩体岩石学及地球化学研究. 地学前缘，18(2)：180-190.
韩雪，徐维海，罗云等. 2022. 南沙群岛南科1井白云岩发育特征及铁白云石成因机制的初步研究. 热带海洋学报，41(5)：74-88.
韩长江. 2007. 新疆尼勒克县圆头山铜矿地质特征及成因初探. 新疆有色金属，S1：35-39.
韩照信，栾丽君，王朝友. 2004. 康古尔塔格金矿床氧化带矿物初步研究及意义. 西安科技大学学报，24(3)：324-327.
郝玉兰. 2005. 淡水养殖珍珠的原位拉曼光谱研究及无机相相变分析. 广西大学硕士学位论文.
何明华. 2001. 黔东北及邻区早震旦世成锰期岩相古地理及菱锰矿矿床. 沉积与特提斯地质，(3)：39-47.
何松. 1987. 湖北黄冈县发现高品位含金石英脉型金矿. 地质与勘探，(9)：32.

何洧，刘亿，姚城等. 2013. 塔里木盆地中央隆起中部中下奥陶统白云石类型及形成机理. 海相油气地质，18(1)：59-66.
何文平，张斌，陈全树等. 2004. 豫西地区白云石矿产地质特征及利用前景. 华北国土资源，(3)：10-12.
何雪梅，胡燕. 2023. 皑如山上雪皎若云间月——从宝石学角度解读白铅矿. 自然资源科普与文化，(3)：40-43.
何友宇，姜必广，覃金宁等. 2016. 水口山-临武南北带铀成矿特征及成矿规律. 铀矿地质，32(2)：65-71，78.
和文言，喻学惠，莫宣学，和中华，李勇，黄行凯，苏纲生. 2012. 滇西北衙多金属矿田矿床成因类型及其与富碱斑岩关系初探. 岩石学报，(5)：1401-1412.
洪文兴，何松裕，黄舜华等. 1999. 稀土氟碳酸盐矿物的拉曼光谱研究. 光谱学与光谱分析，19(4)：546-549.
侯家璇. 2011. 利用新疆钠硝石矿生产硝酸钠浸取工艺的研究. 新疆有色金属，34(3)：54-56，58.
侯俭. 1990. 甘肃北山地区金矿床的基本特点. 黄金地质科技，(2)：11-15.
侯俭. 1992. 小秦岭金矿田的矿床特征及类型. 西北地质，13(2)：22-24.
胡承诚. 1991. 铜录山孔雀石的工艺性研究. 珠宝，(1)：41-45.
胡古月，孙新胜，郑军等. 2022. 辽东半岛海城-大石桥菱镁矿矿床成因探讨. 地质学报(创刊100周年)，96(4)：1340-1355.
胡欢，王汝成，陈卫锋等. 2012. 桂东北豆乍山产铀花岗岩的铀源矿物研究. 地质论评，68(6)：1066-1068.
胡林玉. 2007. 广东的四大玉石. 收藏家，(11)：58-66.
胡林玉. 2012. 这些玉石，与信宜南玉并称广东四大名石. 国土资源导刊，9(5)：74-75.
胡明安. 1989. 试论岩溶型铅锌矿床的成矿作用及其特点——以云南兰坪金顶矿床为例. 地球科学，(5)：531-538.
胡诗倩，彭建堂. 2015. 湘西合仁坪金矿床方解石的碳、氧同位素研究. 有色矿冶，31(3)：4-8.
胡秀军，张海军，杜金花等. 2011. 和静县哈勒哈特菱镁矿地质特征与找矿方向. 新疆地质，29(4)：442-447.
胡云喜，钟文丽，赵德虎等. 2020. 重庆城口左岚毒重石矿床地质特征及成矿模式. 中国金属通报，(9)：218-220.
胡宗全. 2003. 鄂尔多斯盆地上古生界砂岩储层方解石胶结物特征. 石油学报，(04)：40-43.
黄炳善，陆梅娟. 1992. 苏北阜宁组砂岩中片钠铝石的出现及其地质意义. 江苏地质，16(2)：81-85.
黄炳善. 1996. 金湖凹陷阜宁组砂岩中片钠铝石特征及对物性的影响. 石油勘探与开发，23(2)：32-34.
黄伯龄. 1987. 矿物差热分析鉴定手册. 北京：科学出版社.
黄富荣. 2000. 湖南七里坪夕卡岩型硼矿床的矿石特征及其矿床学意义. 化工矿产地质，22(4)：205-210.
黄圭成，汪雄武，杨世义等. 2001. 广东省新榕锰矿地质特征及成因探讨. 矿床地质，20(3)：243-250.
黄健，谭伟，梁晓亮等. 2022. 富稀土副矿物的风化特征及其对稀土成矿过程的影响——以广东仁居离子吸附型稀土矿床为例. 地球化学，51(6)：684-695.
黄丽萍. 2004. 论龙永煤田童子岩组菱铁矿及其岩相意义. 中国煤田地质，16(S)：35-37.
黄绍银. 1975. 观音山热液菱铁矿床的地质特征及找矿方向初步探讨. 地质与勘探，(2)：6-12.
黄舜华，王中刚，章钟嵋等. 1986. 氟碳铈矿形成条件的实验研究. 矿物学报，(2)：155-160.
黄思静，Hairuo Qing，裴昌蓉等. 2006. 川东三叠系飞仙关组白云岩锶含量、锶同位素组成与白云石化流体. 岩石学报，22(8)：2123-2132.
黄思静，2010. 碳酸盐岩的成岩作用. 北京：地质出版社.
黄思静，吕杰，兰叶芳等. 2011. 四川盆地西部中二叠统白云岩石的主要结构类型：兼论其与川东北上二叠统—三叠系白云岩/石的差异. 岩石学报，27(8)：2253-2262.
黄思静. 1985. 四川渠县龙门峡三叠系嘉陵江组第三、四段白云石有序度及其形成条件探讨. 矿物岩石，5(4)：57-62.
黄铁栋. 2005a. 新疆库米什断陷盆地内盐湖及钾硝石矿的形成. 水文地质工程地质，06：20-24.
黄铁栋. 2005b. 新疆乌勇布拉克盐湖的形成及硝酸钾矿床特征. 新疆地质，(1)：36-40.
黄小文，漆亮，孟郁苗. 2013. 东天山黑峰山、双峰山及沙泉子(铜)铁矿床的矿物微量和稀土元素地球化学特征. 矿床地质，32(6)：1188-1210.
黄学，蒙启安，张民志等. 2010. 海拉尔盆地碳钠铝石-柯绿泥石-钠板石三元共生特征及其油气地质意义. 石油学报，31(2)：259-263.
黄永健，张成江，汪云亮等. 1999. 龙门山造山带中段石英方解石脉的微量元素地球化学特征. 四川地质学报，19(4)：297-301.
黄增保，李葆华，董晓燕等. 2019. 北祁连干沙鄂博稀土元素矿床地质和矿床地球化学特征. 矿床地质，38(1)：129-143.
黄志诚，杨守业，陈智娜. 1996. 原生白云石与交代白云石的矿物学对比研究. 中国科学(D辑)，26(6)：544-550.
黄智龙，陈进，韩润生等. 2001. 云南会泽铅锌矿床脉石矿物方解石REE地球化学. 矿物学报，(04)：659-666.
黄智龙，李文博，陈进等. 2003. 云南会泽超大型铅锌矿床构造带方解石稀土元素地球化学. 矿床地质，(02)：199-207.
黄智龙，陈进，韩润生等. 2004. 云南会泽超大型铅锌矿床地球化学及成因——兼论峨眉山玄武岩与铅锌成矿的关系. 北京：地质出版社.
惠小朝，李子颖，冯张生等. 2014. 陕西华阳川铀多金属矿床铀赋存状态研究. 矿物学报，34(4)：573-580.
贾建业. 1993. 川陕交界一带毒重石和钡解石矿的地质特征及开发利用. 西北地质，(1)：20-22.
贾文强，由雪莲，朱玉瑞. 2015. 铁白云石成因及性质//中国地质学会沉积地质专业委员会，中国矿物岩石地球化学学会沉积学专业委员会. 2015年全国沉积学大会沉积学与非常规资源论文摘要集. 中国地质大学海洋学院；中国地质大学能源学院；青岛海洋地质研究所，1.
坚润堂，杨帆，赵献昆. 2017. 云南省勐腊县曼洒菱铁矿床Fe同位素特征及其地质意义. 岩石矿物学杂志，36(3)：389-401.
江洪良. 1980. 甘肃洛大菱铁矿床地质特征及成因的初步探讨. 西北地质，(2)：20-28.
姜亚琳，王蓉蓉，安燕飞等. 2015. 卧龙湖煤矿岩-煤蚀变带铁白云石形貌标型特征. 吉林大学学报(地球科学版)，45(S)：1501-1522.
蒋述兴，王锋. 2010. 临桂白云石的工艺矿物学研究. 矿产保护与利用，(6)：26-29.
蒋宜勤，文华国，祁利祺等. 2012. 准噶尔盆地乌尔禾地区二叠系风城组盐类矿物和成因分析. 矿物岩石，32(2)：105-114.
蒋裕强，董兆雄，陈善勇等. 2006. 千米桥地区奥陶纪海底及浅埋藏环境白云石化作用. 西部探矿工程，(9)：111-113.
焦健，李映涛，张哨楠等. 2016. 塔里木盆地玉北地区蓬莱坝组鞍形白云石地球化学特征. 石油实验地质，38(1)：99-107.
解庆林，马东升，刘英俊. 1996. 锡矿山锑矿床方解石的地球化学特征. 矿产与地质，(02)：23-28.
金博，安柱. 2016. 浙江淳安木瓜钨铋矿床地质特征及成因. 新疆有色金属，39(2)：57-60.
金小赤. 2002. 云南腾冲地块北部空树河组一个菱铁矿结核中的C、O同位素变化特征. 地球学报，(1)：37-41.
金中国，黄智龙. 2009. 黔西北垭都-蟒硐断裂带铅锌成矿地质特征及找矿潜力分析. 地质与勘探，45(2)：20-26.
金祖德. 1981. 个旧土状赤铁矿型锡矿成因的商榷. 地质与勘探，(1)：32-34.
孔令双. 1986. 湘潭锰矿碳酸锰矿石物质组成研究. 中国锰业，(4)：9-16.
库丽曼，刘树根，徐国盛等. 2007. 济阳坳陷下古生界碳酸盐岩储层形成机理和发育特征. 成都理工大学学报(自然科学版)，(2)：111-120.
蓝廷广，范宏瑞，胡芳芳等. 2011. 山东微山稀土矿矿床成因：来自云母Rb-Sr年龄、激光Nd同位素及流体包裹体的证据. 地球化学，(5)：428-442.
雷川，李红，杨锐等. 2012. 新疆乌鲁木齐地区中二叠统芦草沟组湖相微生物成因白云石特征. 古地理学报，14(6)：767-775.
雷和金，李国蓉，高鱼伟等. 2016. 四川盆地南部寒武系白云石地球化学特征与形成机制. 海相油气地质，21(3)：39-47.
李秉孝. 1992. 新疆现代盐湖盐类矿物及有关成盐机制. 湖泊科学，4(1)：48-55.
李秉校，董继和，高章洪等. 1981. 西藏盐湖盐类矿物的初步研究. 盐湖科技资料，(Z1)：1-8.
李博昀，熊先孝，刘振敏等. 2005. 新疆吐鲁番-哈密地区硝酸盐矿矿床类型、分布规律及找矿前景. 化工矿产地质，04:193-200.
李朝阳. 1995. 有关卡林型金矿的几点认识. 矿物学报，(2)：132-137.
李德敏，叶素娟，张国华. 1995. 莺歌海盆地LD1521构造莺黄组砂岩储层的成岩作用. 中国海上油气地质，9(5)：307-312.
李方华，樊汉节，杨大宇等. 1982. 黄河矿的电子显微镜研究. 物理学报，31(5)：571.
李光明，秦克章，丁奎首等. 2006. 冈底斯东段南部第三纪夕卡岩型Cu-Au±Mo矿床地质特征、矿物组合及其深部找矿意义. 地质学报，(9)：1407-1421，1489-1490.
李广运. 2013. 陕西平利县长梁重晶石矿地质特征及成因浅析. 科技信息，(5)：404-405.
李国蓉，曾允孚，周心怀等. 2004. 十万大山地区下-中泥盆统白云岩成岩层序地层学研究. 成都理工大学学报(自然科学版)，(6)：668-671.
李国蓉，刘正中，谢子潇等. 2020. 四川盆地西部雷口坡组非热液成因鞍形白云石的发现及意义. 石油与天然气地质，41(1)：164-176.
李红，柳益群，李文厚等. 2013. 新疆乌鲁木齐二叠系湖相微生物白云岩成因. 地质通报，(4)：661-670.
李红，柳益群，梁浩等. 2012. 新疆三塘湖盆地中二叠统芦草沟组湖相白云岩成因. 古地理学报，(1)：45-58.
李红亮，汪华，史习杰. 1999. 四川盆地川东地区上二叠统礁白云石的类型及其特征. 天然气勘探与开发，22(3)：25-28，39.
李红阳，杨秋荣，李英杰等. 2006. 安徽冬瓜山铜矿床的地球化学特征. 地球学报，06：551-556.
李红阳，杨竹森，蒙义峰等. 2004. 铜陵矿集区块状硫化物矿床地质特征. 矿床地质，(3)：327-333.
李宏涛. 2013. 河坝气藏飞仙关组三段储集岩特征及成岩作用. 石油学报，34(2)：263-271.
李虎侯. 1984. 一种方解石的热释光性质. 科学通报，(24)：1524-1525.
李徽. 1987. 铅洞山铅锌矿床白铅矿和菱锌矿的基本特征及银镉汞的地球化学. 西北地质，(2)：8-14.
李会稽. 2023. 彩虹色的雪花——美丽的白铅矿. 宝藏，6：1.
李家驹，傅平秋. 1963. 方解石晶体形变与其热发光的关系. 科学通报，(11)：58-60.
李军鹏，伊海生，林金辉等. 2008. 青藏高原沱沱河地区新生代湖相白云岩特征及其环境意义. 湖泊科学，(5)：613-622.
李莉，崔周旗，陶明华等. 2013. 饶阳凹陷宁81井区沙一段文石存在的主要原因探讨. 长江大学学报(自科版)，16：56-58.
李明慧，康世昌，朱立平等. 2008. 青藏高原扎布耶盐湖晚全新世气候环境演化. 干旱区地理，03：333-340.
李明慧，易朝路，方小敏等. 2010. 柴达木西部钻孔盐类矿物及环境意义初步研究. 沉积学报，28(6)：1213-1216.
李明慧，朱立平，康世昌等. 2008. 西藏纳木错沉积物中单水方解石的发现及成因分析. 矿物岩石，28(1)：1-7.
李明慧，易朝路，方小敏等. 2010. 柴达木西部钻孔盐类矿物及环境意义初步研究. 沉积学报，28(6)：1213-1228.
李宁，王琦，张良钜等. 2009. 广西梧桐菱锰矿的宝石学特征研究. 大众科技，(6)：129-130，122.
李荣清. 1988. 粤北凡口铅锌矿床方解石矿物学特征及其与成矿作用的关系. 岩石矿物学杂志，7(4)：347-355.
李荣清. 1992. 湘南地区多金属矿床中方解石的发光性. 湖南地质，(S1)：13-16.
李荣清. 1993. 湘南坪宝多金属成矿带方解石的某些标型特征. 矿物学报，13(1)：72-78.
李荣清. 1994. 湘南多金属矿床方解石形态及表面微形貌的研究. 湖南地质，(01)：25-28.

李荣清. 1995a. 湘南多金属矿床方解石中镁铁锰含量特征及其意义. 湖南地质, (02): 99-105.
李荣清. 1995b. 湘南多金属成矿区方解石的稀土元素分布特征及其成因意义. 矿物岩石, (04): 72-77.
李善平, 谢智勇, 李小雪等. 2013. 青海大风山天青石矿稀土元素地球化学特征及物源分析. 稀土, 34(1): 41-48.
李威, 张元元, 倪敏婕等. 2020. 准噶尔盆地玛湖凹陷下二叠统古老碱湖成因探究:来自全球碱湖沉积的启示. 地质学报, 94(6): 1839-1852.
李小渝. 2005. 四川德昌大陆槽稀土矿床地质特征. 矿床地质, (2): 151-160.
李晓安, 郭小飞, 代淑娟. 2014. 海城菱镁矿工艺矿物学研究. 中国矿业, 23(10): 125-127, 137.
李晓峰, 易先奎, 朱和平. 2009. 德兴金山金矿床成矿流体来源:小尺度构造和同位素地球化学证据. 矿床地质, (1): 42-52.
李兴民. 1989. 陕西洛南县大王西峪金矿床矿石特征及金的赋存和富集规律. 西北地质, (4): 19-25.
李卓仑, 陈晴, 王乃昂等. 2013. 河西走廊花海古湖泊全新世白云石的发现及其环境意义. 湖泊科学, 25(4): 558-564.
李紫苇, 谢玉玲, 秦绪岩等. 2024. 贵州织金磷-稀土矿床磷块岩的矿物组成及胶磷矿中杂质元素成因. 岩石矿物学杂志, 43(5): 1139-1156.
梁侯德. 1959. 广西南部上二叠纪合山层菱铁矿的发现及其分布规律. 地质论评, (9): 426-431.
梁婷, 王登红, 屈文俊等. 2007. 广西大厂锡多金属矿床方解石的REE地球化学特征. 岩石学报, 23(10): 2493-2503.
梁婉雪, 李秀华, 韩淑静. 1983. 云南勐野进钾盐矿中菱镁矿形态与盐度的关系. 矿物岩石, 2: 17-22.
梁英强. 1982. 淋积型孔雀石矿床. 地质与勘探, 11: 15-21.
梁有彬, 徐忠龙, 胡志银. 1981. 白云鄂博铁矿碳酸铈钠矿的发现与研究. 地质与勘探, (9): 29-33.
梁有彬, 魏明秀, 徐忠龙等. 1982. 白云鄂博钡白云石的发现与研究. 地质论评, 28(4): 360-363.
梁有彬, 徐忠龙, 胡志银. 1981. 碳酸铈钠矿的发现与研究. 地质与勘探, 9: 28-33.
梁有彬, 徐忠龙, 梁学谦等. 1982. 白云鄂博铁矿若干种矿物的新发现与研究. 冶金工业部地质研究所所报, 1: 94-98.
梁有彬. 1979. 白云鄂博铁矿区首次发现铀钍矿和碳酸铈钠矿. 地质与勘探, (8): 21.
梁有彬. 1990. 富锶文石的发现及其研究. 岩石矿物学杂志, (1): 79-84, 96.
廖宝丽, 卢媛杰, 李东升等. 2017. 黄色菱锌矿的矿物学特征及其前景分析. 世界有色金属, (21): 232-234.
廖明伟. 2017. 白水铀矿床控矿因素分析. 甘肃科技, 33(5): 22-23.
廖士范, 梁同荣, 曾明果. 1980. 盐地层中菱铁矿床风化铁帽的地球化学特征. 地球化学, (4): 323-332.
廖世斌. 2017. 新疆鄯善县沙尔湖地区盐类矿床成矿地质特征及找矿标志. 现代矿业, 33(1): 72-76.
林春明, 王兵杰, 张霞等. 2019. 渤海湾盆地北塘凹陷古近系湖相白云岩地质特征及古环境意义. 高校地质学报, 25(3): 377-388.
林锦英. 1982. 东海龙井1号钻井自生菱铁矿的一般特征和成因探讨. 上海地质, (2): 20-21.
林立青, 陈宗义, 万惠琴等. 1986. 菜园子菱铁矿床氢、氧、碳同位素特征及其地质意义. 贵州地质, (3): 240-247.
林伟志, 付成兵, 胡平等. 2024. 铜仁地区菱锰矿矿物学特征及其元素赋存状态研究. 无机盐工业, 56(6): 73-79.
林耀庭, 卞慕英. 2001. 碳酸盐组分在四川盆地三叠纪蒸发岩系中的分布及其成盐标志研究. 化工矿产地质, 03: 145-150.
林玉石, 张美良, 覃家铭等. 2009. 论洞穴石笋结构构造转变. 西北地质, (3): 36-46.
林月美, 张汉卿, 郑绵平. 1989. 新的锂矿物——扎布耶石的晶体结构. 科学通报, (12): 920-923.
林运淮, 陈世杨. 1985. 赣南花岗岩矿床. 地质与勘探, (3): 23-31.
林运淮. 1986. 赣南陆相火山岩矿床. 地质与勘探, (4): 22-28.
林兆民, 张嘉冕. 2022. 甘肃省207铀矿及富铀岩体特征研究. 甘肃地质, 31(4): 42-48.
刘百年, 周相廷, 崔秀山等. 1990. Synthesis of lansfordite $MgCO_3 \cdot 5H_2O$ and its crystal structure investigation. Science in China, Series B, 33 (11): 1350-1356.
刘秉光, 陆德复, 蔡新平等. 1999. 滇川西部金矿床研究. 北京: 海洋出版社: 90-125.
刘春, 张惠良, 张荣虎等. 2010. 库车坳陷古近系白云岩地球化学特征及成因. 沉积学报, (3): 518-524.
刘纯义. 1997. 四川菱镁矿地质特征及开发利用前景. 建材地质, S1: 132-133.
刘存革, 张钰, 吕海涛. 2008. 塔河油田中-下奥陶统古岩溶洞穴巨晶方解石成因及演化. 地质科技情报, 27(4): 33-38.
刘发荣, 杨凤辰, 刘立军等. 2001. 南坡方解石、白云石矿地质特征及其开发利用评价. 中国非金属矿工业导刊, (3): 31-33.
刘福辉. 1959. 川南乐平煤系中的菱铁矿. 地质论评, (5): 207-208.
刘国庆, 熊先孝, 郭洪周等. 2004. 遥感技术在新疆东部石英滩-裤子山地区盐湖硝酸盐资源评价中的应用. 化工矿产地质, (1): 29-34, 50.
刘国庆, 熊先孝, 郭洪周等. 2005. 新疆鄯善黑山尾地区钠硝石成矿远景分析. 化工矿产地质, (2): 91-95.
刘洪成, 宋振涛, 叶发旺. 2017. 龙首山芨岭岩体南带铀成矿地质条件及找矿方向. 矿产与地质, 31(4): 657-665.
刘焕品, 张永龄, 胡文清. 1985. 湖南省锡矿山锑矿床的成因探讨. 湖南地质, 1(1): 28-39.
刘集银, 王自友. 1988. 白云石的晶体结构特征和X-射线研究. 矿物岩石, 8(1): 28-33.
刘家军, 何明勤, 李志明等. 2004. 云南白秧坪银铜多金属矿集区碳氧同位素组成及其意义. 矿床地质, (1): 1-10.
刘家军, 李恩东, 龙训荣等. 2004. 新疆布隆金矿床的成矿特征与成矿时代. 地质与勘探, (5): 6-11.

刘建明，叶杰，徐九华等. 2003. 胶东金矿床碳酸盐矿物的碳-氧和锶-钕同位素地球化学研究. 岩石学报，(4)：775-784.
刘建明，刘家军. 1997. 滇黔桂金三角微细浸染型金矿床的盆地流体成因模式. 矿物学报，17(4)：448-456.
刘建清，陈文斌，杨平等. 2008a. 羌塘盆地中央隆起带南侧隆额尼-昂达尔错古油藏白云岩地球化学特征及成因意义. 岩石学报，24(6)：1379-1389.
刘建清，贾保江，杨平等. 2008b. 羌塘盆地中央隆起带南侧隆额尼-昂达尔错布曲组古油藏白云岩稀土元素特征及成因意义. 沉积学报，26(1)：28-38.
刘建清，杨平，陈文彬等. 2010. 羌塘盆地中央隆起带南侧隆额尼-昂达尔错布曲组古油藏白云岩特征及成因机制. 地学前缘，17(1)：311-320.
刘立，高玉巧，曲希玉等. 2006. 海拉尔盆地乌尔逊凹陷无机 CO_2 气储层的岩石学与碳氧同位素特征. 岩石学报，22(08)：2229-2236.
刘立，曲希玉，董林森等. 2009. 东北及邻区中生代盆地片钠铝石的分布、产状及其油气地质意义. 吉林大学学报(地球科学版)，39(1)：1-8.
刘立，朱德丰，曲希玉等. 2009. 海拉尔盆地乌尔逊凹陷幔源 CO_2 充注对下白垩统砂岩储层质量的影响. 岩石学报，25(10)：2311-2319.
刘丽红，黄思静，王春连等. 2010. 碳酸盐岩中方解石胶结物的阴极发光环带与微量元素构成的关系——以塔河油田奥陶系碳酸盐岩为例. 海相油气地质，15(1)：55-60.
刘敏，陈志明，陈其英. 1997. 有机质在宣龙地区菱铁矿形成中的作用. 沉积学报，03：98-104.
刘敏，叶连俊，陈志明等. 1998. 河北宣龙地区铁质包壳粒及其形成的微生物作用. 沉积学报，02：24-29.
刘琴. 2017. 内蒙扎鲁特旗好布勒图铜多金矿床地质特征及成因探讨. 华北国土资源，(2)：40-41.
刘庆民，李胜利，莘建宏等. 2013. 河北上官庄菱铁矿地质特征及矿床成因. 矿产勘查，(4)：402-408.
刘仁福，朱作山，李连生等. 1987. 内蒙东升庙含铜硫铁多金属矿区菱铁矿的发现及其找矿远景. 地质找矿论丛，2(1)：44-54.
刘世伟，朱春燕. 1998. 红叶子岩金矿Ⅰ号矿化带地质及矿化特征. 黑龙江地质，9(4)：34-40.
刘淑文，石顺，李荣西等. 2013. 扬子板块北缘马元铅锌矿床稀土元素地球化学研究. 矿床地质，(5)：979-988.
刘树晖，胡维元，陈焱彬. 1984. 贵州都匀牛场早泥盆世暗河沉积的成岩系列及淡水白云石. 石油与天然气地质，(1)：29-36，79.
刘堂，熊义军，谭亭等. 2016. 四川省会理县翟窝厂铜矿床地质特征及找矿标志. 四川建材，42(5)：161-163.
刘涛，刁进勇，张健. 2009. 山东苍山县龙宝山稀土矿地质特征. 科技信息，21：372-373.
刘铁庚，叶霖，王兴理，司荣军. 2005. 中国首次发现菱镉矿. 中国地质，03：443-446.
刘铁庚，张乾，叶霖等. 2004. 贵州牛角塘镉锌矿床中发现原生硫镉矿. 矿物学报，(2)：191-196.
刘婷，王汝成，陆现彩等. 2009. 南京栖霞山铅锌矿山中的现代钙华：一种高度富锌和锰的方解石. 科学通报，54(5)：624-631.
刘伟，邓明国，彭昭银. 2012. 云南省大红山铜铁矿床中菱铁矿的成因及赋存规律. 科学技术与工程，06：1234-1237.
刘文周. 2009. 云南茂租铅锌矿床地质地球化学特征及成矿机制分析. 成都理工大学学报(自然科学版)，36(5)：480-486.
刘喜方，郑绵平. 2010. 西藏聂尔错镁硼矿地质特征及成矿机制. 地质学报，84(11)：1601-1612.
刘晓春，徐培苍. 1993. 大别地区榴辉岩中几种超高压变质矿物研究. 矿物岩石，(4)：21-26.
刘欣，傅恒，李仲东等. 2011. 川东北地区长兴组-飞仙关组中金红石和菱锶矿的发现及成因解释. 成都理工大学学报(自然科学版)，38(3)：321-327.
刘新民，郭战峰，付宜兴等. 2007. 神农架地区灯影组储层成岩作用研究. 资源环境与工程，(3)：240-244.
刘琰，喻学惠，何明跃等. 2002. 云南兰坪富锶文石玉石的宝石学特征. 宝石和宝石学杂志，(4)：24-27，56.
刘琰，喻学惠，李成国等. 2003. 云南兰坪富锶文石的发现及其研究. 岩石矿物学杂志，(3)：285-289.
刘熠，师庆三，冯伟等. 2015. 沙立它克能托铜矿矿床地质特征浅析. 西部探矿工程，27(10)：162-164.
刘英超，侯增谦，于玉帅等. 2013. 西藏昌都地区拉拢拉类 MVT 铅锌矿床矿化特征与成因研究. 岩石学报，29(4)：1407-1426.
刘永先. 1995. 陕甘宁盆地中部气田奥陶系碳酸盐岩储层溶蚀及充填作用特征. 岩相古地理，(5)：43-51.
刘远征，罗红，刘欣. 2008. 阜新盆地沙海组三段浅层致密砂岩储层特征及成岩作用. 地质找矿论丛，23(1)：77-81.
刘振敏. 2000. 腾格里沙漠区盐湖物质成分研究. 盐湖研究，8(3)：21-26.
柳淮之. 1983. 滇西北三迭系含菱铁矿地层新资料. 桂林冶金地质学院学报，(1)：31-36，114.
柳牡丹. 2021. 广西宝石级菱锰矿矿物学特征研究. 大众标准化，(19)：237-239.
罗洪，任涛，管申进等. 2023. 云南大红山铜铁矿床稀土矿物特征及其地质意义. 矿物学报.
罗洁，岳素伟，郭红瑛等. 2022. 黄绿色菱锌矿玉的谱学特征及颜色成因初探. 光谱学与光谱分析，42(6)：1886-1890.
罗君烈，杨友华，赵准等. 1994. 滇西特提斯的演化及主要金属矿床成矿作用. 北京：地质出版社，157-214.
罗莉，皮道会，杨競红等. 2012. 秦岭大巴山地区紫阳毒重石矿床成因：矿石组构、氧化还原敏感元素和碳-氧同位素证据. 岩石学报，28(12)：4021-4030.
罗世清，卢建安，王立本等. 1993. 祁连山石——一种新的硼碳酸盐矿物. 矿物学报，(2)：97-101.
罗耀星，朱钧瑞，王耀坤. 1989. 从几个地质特征初步探讨大石桥晶质菱镁矿矿床成因. 矿床地质，8(1)：71-84.
罗勇，廖思平，杨武斌，单强，周昌平. 2011. 阿吾拉勒山琼布拉克铜矿床流体包裹体及碳氧同位素研究. 矿床地质，03：547-556.

吕杰，黄思静，黄可可等. 2013. 四川盆地西部中二叠统栖霞组中鞍形白云石的去白云化作用. 中南大学学报(自然科学版)，44(5)：1988-1995.
吕志成，刘丛强，刘家军等. 2004. 南秦岭毒重石成矿带矿床中的生物成因重晶石及其意义. 自然科学进展，14(8)：892-897.
吕志成，刘丛强，刘家军等. 2003. 紫阳黄柏树湾和竹山文峪河毒重石矿床碳、氧及硼同位素研究. 中国科学(D 辑)，33(3)：223-235.
吕志成，刘丛强，刘家军等. 2005. 紫阳黄柏树湾和竹山文峪河毒重石矿床锶同位素及碳氧同位素研究. 地球化学，34(6)：557-573.
马红艳，崔福斋. 2003. 淡水珍珠中球文石的 XRD 谱. 矿物学报，23(4)：371-373.
马红艳，戴塔根，袁奎荣等. 2001. 浙江雷甸淡水无光珠中球文石的首次确认. 矿物学报，21(2)：153-157.
毛德明. 2001. 黔西北铅锌矿床 REE 特征及其意义. 贵州地质，18(1)：12-17.
毛立音. 2000. 湖北四大玉石. 湖北地矿，(1)：62-63.
毛锐，赵磊，申子明等. 2023. 玛湖凹陷风城组碱性矿物特征及天然碱测井评价. 新疆石油地质，44(6)：667-673.
孟大维，龚俊锋，于梅花. 2001. 碱性花岗岩中稀土矿物微观地质异常及其意义. 地球科学，(5)：496-500.
孟大维，吴秀玲，杨光明等. 1994. 氟碳钙铈矿 $6R_2$ 新多型的高分辨电镜研究. 地球科学，(5)：655-661，719-720.
孟大维，吴秀玲，杨光明等. 1995. 氟碳钙铈矿结构中晶体缺陷的高分辨电镜研究. 矿物学报，(4)：378-382.
孟庆昌. 1981. 白云鄂博碳酸岩矿床的成因特征. 地质与勘探，(3)：10-17.
孟庆山. 2003. 阜新盆地王营矿气藏成因分析. 中国煤田地质，15(6)：24-26.
宓棉校，沈今川，潘宝明等. 1996. 氟碳铈矿和氟铈矿晶体结构的精确测定. 地球科学，(1)：66-70.
苗迪，方军，王兴昌. 2012. 吉林省小栗子铁矿地质特征及成因探讨. 吉林地质，01：63-67.
莫斯霖. 1987. 木圭锰矿 Co/Ni、Ba/Sr 比值特征及其指示意义. 地球化学，(2)：184-190.
牟雨亮，王甘露，付勇等. 2017. 黔东南石英脉型金矿床中铁白云石流体包裹体研究. 中国地质调查，4(5)：24-30.
缪峰，吕世海. 1988. 四川黑水锰铝榴石——菱锰矿型锰矿石强磁选初步研究. 中国锰业，(2)：37-42+49.
木合塔尔·买买提明. 2013. 新疆阿克陶县切列克其铁矿成因探讨. 新疆有色金属，(5)：19-22.
穆曙光，周茂，华永川. 1994. 川东北地区下三叠统飞仙关组白云岩成因类型. 天然气工业，14(3)：23-27.
聂凤军，裴荣富，吴良士等. 1994. 内蒙古乌拉山石英-钾长石脉金矿床铅和硫同位素研究. 矿床地质，(2)：106-117.
聂筑陵. 1986. 从菱铁矿矿物学研究论证菜园子菱铁矿床成因. 贵州地质，(4)：341-355.
牛浩斌，丁俊，李俊等. 2019. 滇西北衙铁金多金属矿床的成矿作用过程-来自菱铁矿元素地球化学特征的约束. 岩石矿物学杂志，38(4)：553-569.
牛林. 1994. 浪全金矿床矿石特征及成因. 地质与勘探，(3)：1-8.
潘伯龄，张建树，杨发昌. 1989. 金场沟金银铂钨矿床的成矿特征及其成因. 地质与勘探，7：16-22.
潘兆橹等，1994. 结晶学及矿物学上册(第三版). 北京：地质出版社.
庞江，罗静兰，马永坤等. 2019. 白云凹陷第三系储层中铁白云石的成因机理及与 CO_2 活动的关系. 地质学报，93(3)：724-737.
裴浩翔，付勇，徐志刚等. 2015. 贵州道坨锰矿菱锰矿的稀土元素特征. 沉积与特提斯地质，35(1)：76-85.
裴静娴，许学汉，李继亮. 1985. 二滩坝址 F-20 断层泥中方解石的热发光年龄测定. 中国科学(B 辑)，(03)：282-288.
彭大明. 1999. 秦岭铀资源研究. 铀矿地质，(3)：22-33.
彭华，王少君. 2001. 内蒙白云鄂博白云石和方解石的差热分析研究. 武汉理工大学学报，23(8)：30-32，41.
彭惠娟，汪雄武，周云等. 2009. 陕西省青山金矿床地质地球化学特征及成因初探. 黄金科学技术，(5)：16-23.
彭建堂，胡瑞忠，林源贤等. 2002a. 锡矿山锑矿床热液方解石的 Sm-Nd 同位素定年. 科学通报，47(10)：789-792.
彭建堂，胡瑞忠，邹利群等. 2002b. 湘中锡矿山锑矿床成矿物质来源的同位素示踪. 矿物学报，22(2)：156-159.
彭建堂，胡瑞忠，漆亮等. 2004. 锡矿山热液方解石的 REE 分配模式及其制约因素. 地质论评，(01)：25-32.
彭建堂，胡瑞忠. 2001. 湘中锡矿山超大型锑矿床的 C、O 同位素体系. 地质论评，47(1)：34-41.
彭润民. 1992. 内蒙古东升庙多金属硫铁矿床中菱铁矿地质特征及成因探讨. 化工地质，01:17-30.
彭文世，刘高魁. 1982. 矿物红外光谱图集. 北京：科学出版社.
漆智先，舒向伟，桑利，张永生. 2012. 潜江凹陷潜江组盐间泥质白云岩形成模式分析. 长江大学学报(自然科学版)，07：19-23，4-5.
齐兵德，谢星，邓良武等. 2011. 内蒙古苏尼特右旗查干诺尔天然碱矿成矿条件浅析. 四川地质学报，31(S1)：8-10.
祁家明，黄国龙，朱捌等. 2014. 粤北棉花坑铀矿床蚀变花岗岩副矿物特征研究. 88(9)：1691-1704.
千金子，付平秋，孙佑华等. 1982. 黄河矿超结构的测定. 物理学报，31(5)：577-584.
钱定福. 1979. 在我国发现的钙碳锶铈矿和碳铈钠矿. 地质论评，25(2)：29-35.
钱一雄，冯菊芳，何治亮等. 2017. 从岩石学及微区同位素探讨四川盆地灯影组皮壳-葡萄状白云石成因. 石油与天然气地质，38(4)：665-676.
秦朝建，裘愉卓，周国富等. 2007. 白云鄂博碳酸岩脉的显微共聚焦激光拉曼光谱分析. 矿物学报，(Z1)：400-405.
秦明宽，何中波，刘章月等. 2017. 准噶尔盆地砂岩型铀矿成矿环境与找矿方向研究. 地质论评，63(5)：1255-1269.
秦元奎，姚敬劬. 2011. 五峰县龙角坝铁矿区磁性铁矿层的发现及其地质意义. 资源环境与工程，04：299-303，317.
秦志军，陈丽华，李玉文等. 2016. 准噶尔盆地玛湖凹陷下二叠统风城组碱湖古沉积背景. 新疆石油地质，37(1)：1-6.

邱朝霞. 1991. 宁夏银南氧化带金矿床方解石的矿物学研究. 矿物学报,(01):21-26.
邱海峻,许志琴,张泽明等. 2002. 苏北高压变质带绿片岩中石榴石内文石包裹体的发现. 地质通报,10:617-624.
邱小平,胡世兴,王军等. 1997. 河北小营盘石英-碳酸盐型金矿床成矿作用. 地质学报,(4):350-359.
邱柱国. 1987. 沉积矿床成因亚类的划分及沉积菱铁矿的成因. 矿床地质,6(1):68-78.
曲凯,司马献章,李国武等. 2019. 我国首次发现的氟镧矿的矿物学研究. 矿物岩石地球化学通报,38(4):766-772.
曲希玉,刘立,高玉巧等. 2007. 苏仁诺尔断裂带含片钠铝石砂岩储层物性特征及成因. 大庆石油地质与开发,(4):35-37,42.
曲希玉,刘立,高玉巧等. 2010. 中国东北地区幔源-岩浆 CO_2 赋存的地质记录. 石油学报,31(1):61-67.
曲云伟,谢玉玲,尹淑苹等. 2021. 四川冕宁包子山稀土矿床富 Sr 碳酸岩的发现及意义. 岩石学报,37(9):2861-2874.
瞿永泽,徐林刚,毛景文等. 2018. 贵州铜仁地区南华系大塘坡组黑色页岩型菱锰矿碳、氧同位素特征及锰矿成矿作用. 矿床地质,37(1):50-66.
任广利,黄朝阳,杨敏等. 2024. 新疆火烧云铅锌矿床地球化学特征及其地质意义. 大地构造与成矿学,48(3):654-675.
任涛,韩润生. 2011. 中甸地区浪都夕卡岩型铜矿成矿期方解石稀土元素特征. 矿物学报,(S):633.
任雯. 2009. 新疆托里县阿达依斑岩铜矿点地质及地球化学异常特征. 新疆有色金属,S1:37-38,41.
任英忱,程敏清,王存昌. 1986. 江西盘古山石英脉型钨矿床钨铋矿物特征及矿物的垂直分带. 矿床地质,(2):63-74.
任英忱,西门露露,彭志忠等. 1982. 大青山矿——新发现的一种稀土矿物. 矿物学报,3(9):161-165.
任云生,刘连登,万相宗. 2006. 安徽铜陵包村金矿床地质特征及成因探讨. 地球学报,27(6):583-589.
阮汀. 1984. 石绿岩溶孔雀石矿床的年龄、成因及成矿意义. 地质与勘探,08:18-22,61.
桑树勋,郑永飞,张华等. 2004. 徐州地区下古生界碳酸盐岩的碳、氧同位素研究. 岩石学报,(3):707-716.
沙庆安. 1990. 黔桂地区二叠系综合研究——兼论含油气性. 北京:科学出版社,1990.
邵济安,张永北,张履桥等. 2003. 大同地区早中生代煌斑岩-碳酸岩岩墙群. 岩石学报,19(1):93-104.
沈冰,刘飞燕,朱志敏. 2006. 滇中地区层控菱铁矿成因机制探讨. 矿产与地质,(3):260-263.
沈今川,宓锦校. 1990. 黄河矿的一种特殊双晶的发现及其倒易点阵特征. 地球科学,(2):169-171.
沈今川,宓锦校. 1992. 对于氟碳钡铈矿(Cordylite-Ce)成分与结构的质疑. 岩石矿物学杂志,11(1):69-74(in Chinese with English abs.).
沈能平,彭建堂,袁顺达等. 2007. 湖北徐家山锑矿床方解石 C、O、Sr 同位素地球化学. 地球化学,36(5):479-485.
沈远仁. 1981. 哈母白祖菱铁矿床成矿特征及成因探讨. 地质论评,27(4):341-348.
盛雪芬,陈骏,蔡元峰等. 2005. 黄土沉积中蜗牛壳体矿物相转变现象. 科学通报,(7):698-702.
盛雪芬,杨杰东,李春雷等. 2000. 黄土和沉积岩中分离方解石和白云石的方法实验. 岩矿测试,(4):264-267.
施加辛. 1985. 西盟锡矿区发现磷酸铋矿物(暂名"西盟矿"). 云南地质,1985(1):32.
施倪承,马喆生,彭志忠. 1982. 碳铈钠石的晶体结构. 科学通报,1:42-45.
施玉娇,周奇明,王建超等. 2013. 云南大姚 BJQ 铜矿区地球化学特征及找矿前景预测. 矿产勘查,(2):177-182.
施泽民,叶幼兰. 1993. 四川牦牛坪稀土矿区的氟碳铈矿. 矿物岩石,03:42-47.
施泽民. 1992. 四川昌北 M 稀土矿床稀土元素的赋存状态及其配分特征. 稀土,03:1-9.
时国,田景春,张翔等. 2013. 南华北盆地上寒武统白云岩岩石学与地球化学特征及其成因探讨. 东华理工大学学报(自然科学版),(2):168-174.
舒小超,刘琰. 2017. 四川德昌大陆槽稀土矿床流体包裹体特征//中国地球物理学会,中国地震学会,全国岩石学与地球动力学研讨会组委会,中国地质学会构造地质学与地球动力学专业委员会,中国地质学会区域地质与成矿专业委员会. 2017 中国地球科学联合学术年会论文集(五十)——专题 104:深部矿产资源评价理论方法、专题 105:中国"三稀"矿产资源分布与成因. 中国地质大学(北京);中国地质科学院地质研究所:2.
双燕,毕献武,胡瑞忠等. 2006. 芙蓉锡矿方解石稀土元素地球化学特征及其对成矿流体来源的指示. 矿物岩石,26(2):57-65.
宋光永,刘树根,李森明等. 2011. 四川盆地东南地区林 1 井灯影组鞍形白云石成因及其意义. 海相油气地质,16(2):53-60.
宋佳,王谋. 2015. 新疆托里县科克加依拉克地区铀、钼矿成矿条件. 现代矿业,31(9):103-105.
宋绍华. 2013. 四川冕宁箐水沟稀土矿地质特征及找矿前景. 四川地质学报,(2):181-184.
宋土顺,马锋,刘立等. 2015. 大庆长垣扶余油层砂岩中方解石胶结物的碳、氧同位素特征及其成因. 石油与天然气地质,36(02):255-261.
宋新华,李红宇. 2009. 宁夏中卫市大铜沟铜矿地质特征及控矿因素浅析. 矿产与地质,(2):118-123.
宋扬,曲晓明,辛洪波,王志云,杜德道. 2013. 西藏班公湖岛弧带晚白垩世地壳伸展期间碳的壳内循环. 地质论评,(2):225-233.
宋志娇,陈翠华,宋玉坤等. 2015. 重庆高燕锰矿矿石工艺特征. 矿物学报,35(S1):820-821.
苏昭冰,江绍英. 1984. 与纤蛇紋石石棉共生矿物的红外光谱特征. 矿物岩石,(3):102-108.
孙大鹏,高章洪,马育华等. 2002. 表生作用条件下硼酸盐矿床的形成问题(英文). 盐湖研究,(1):45-60.
孙大鹏,高章洪,王克俊. 1984. 青藏高原盐湖硼酸盐形成问题. 沉积学报,2(4):111-126,138.
孙国涛,沈能平,苏文超等. 2015. 贵州苗龙金锑矿床方解石微量元素、Sr-Nd 同位素地球化学特征及其意义. 矿物学报,s1:242.

孙鹏慧，李景朝，肖克炎等．2018．中国菱镁矿成矿地质特征与资源潜力．地学前缘，25(3)：159-171．
孙尚如．2004．泌阳凹陷湖相白云岩层序地层学分析．西北地质，37(1)：30-35．
孙树林，董火根，卢华复．1990．川东断层岩中方解石的位错构造特征．地质论评，36(5)：460-466．
孙晓轩，王旭鹏，王乐峰．2012．西藏斯弄多铅锌矿床地质特征及成因分析．国土资源科技管理，(6)：31-37．
孙新春，李通国，魏志军等．2009．甘肃北山大口子铜金矿床地质特征及控矿因素分析．矿物学报，29(S1)：470-471．
孙彦达，张民志．2006．海拉尔盆地碳钠铝石特征及其地质意义．石油实验地质，28(5)：504-506．
孙玉宝．2007．安徽霍邱李老庄铁矿-菱镁矿矿床地质特征及矿床成因类型．矿产与地质，05：532-537．
孙志富，雒克定，谭发兰等．1994．一个新的铋亚碲酸盐矿物——平谷矿．矿物学报，(4)：315-321．
覃英，安正泽，王佳武等．2013．贵州松桃锰矿整装勘查区道坨隐伏超大型锰矿床的发现及地质特征．矿产勘查，4(4)：345-355．
谭茂，吴鹏，韩润生等．2022．会泽超大型铅锌矿床“矿石-接触带-围岩”白云石微区原位地球化学特征及其指示意义．矿物学报，42(3)：315-328．
唐菊兴，林文第，高德荣等．1998．四川庙子毒重石-钡解石-钡白云石型钡矿床的成因．矿床地质，(3)：264-276．
唐学渊，罗刚，霍加庆等．2014．青海格尔木市分水岭北西铜金矿找矿前景．四川地质学报，34(3)：355-358．
唐永永，毕献武，和利平等．2011．兰坪金顶铅锌矿方解石微量元素、流体包裹体和碳-氧同位素地球化学特征研究．岩石学报，27(9)：2635-2645．
唐勇，吕正祥，何文军等．2023．准噶尔盆地玛湖凹陷二叠系风城组白云质岩储集层白云石成因．石油勘探与开发，50(1)：38-50．
滕建彬．2018．东营凹陷利页1井泥页岩中白云石成因及层序界面意义．油气地质与采收率，25(2)：1-7，36．
田彩霞，张成江，武文秀．2013．从微量元素特征探讨砂西银铅锌矿床中方解石与成矿的关系．矿物学报，33(S2)：611-612．
田世洪，杨竹森，侯增谦等．2011．青海玉树东莫扎抓和莫海拉亨铅锌矿床与逆冲推覆构造关系的确定-来自粗晶方解石 Rb-Sr 和 Sm-Nd 等时线年龄证据．岩石矿物学杂志，30(3)：475-489．
田世洪，张桂兰，侯增谦等．2005．四川冕宁木落寨稀土矿床稳定同位素研究及其意义．矿床地质，(6)：647-655．
田孝先．2000．鄂尔多斯盆地浩勒报吉淖全新世盐湖特征．地质力学学报，(1)：84-89，94．
涂光炽．2010．涂光炽学术文集．北京：科学出版社．
涂荣祯．2005．龙永煤田童子岩组顶部鲕粒的矿物学特征及岩相意义．中国煤田地质，S1：51-52．
万平益．2002．巴山锰矿带地质特征、矿床成因及成矿远景分析．中国锰业，(3)：4-9．
汪方跃，张文奇，段留安等．2021．东秦岭地区一种富稀土热液型钡解石的发现及其意义．岩石矿物学杂志，40(2)：337-346．
汪梦诗．2017．玛湖凹陷风城组岩矿类型及其指示意义．地质论评，63(S1)：305-306．
汪训一、1982．桂林某些岩溶洞穴矿物．中国岩溶，(1)：42-50，85-86．
汪子杰，徐晓慧．2018．莱西塔埠头稀土矿氟碳铈矿 Th-Pb 定年及矿床成因．山东国土资源，34(10)：62-66．
王爱珍．1992．尤碳钙铀矿在我国首次发现．矿物学报，12(1)：78-82．
王冰生．1993．库米什盆地的硝酸盐型钾盐矿床．新疆地质，11(1)：74-79．
王春宏，葛良胜，郭晓东．2006．西藏崩纳藏布砂金矿中金的来源研究．黄金科学技术，(6)：1-12．
王春梅，黄思静，裴昌蓉等．2008．西湖凹陷古近系碳酸盐阴极发光特征分析．断块油气田，(2)：1-3．
王翠芝．1997．山东莱州菱镁矿地质特征及成因分析．地质与勘探，05：16-20．
王丹，袁苗，段文浩等．2011．川西北中二叠统栖霞组白云岩成因探讨．石油天然气学报，(6)：46-49，7．
王登红，陈毓川，徐志刚．2003．新疆阿尔泰印支期伟晶岩的成矿年代学研究．矿物岩石地球化学通报，(1)：14-17．
王东云，张赞勋，付林森等．1995．宝定山石窟造象岩壁风化产物化学特征及形成分析．工程地质学报．3(3)：18-30．
王汉辉，唐利，杨勃畅等．2023．东秦岭黄水庵碳酸岩型 Mo-REE 矿床方解石地球化学特征和氟碳铈矿 U-Th-Pb 年龄及其意义．西北地质，56(1)：48-62．
王鹤年，钱汉东．2012．对《论‘太湖冲击坑溅射物’》一文的答复．高校地质学报，(2)：390-394．
王怀智，张云政，李俊芳等．2010．河南栾川榆木沟钼矿床地质特征及找矿标志分析．中国钼业，34(3)：14-23．
王吉平，张幼勋，杨清堂等．1991．论河南安枷碱矿地质特征及其成因．地质论评，37(1)：42-50．
王吉平，周建民，马秀莲，杨清堂．1999．内蒙古伊克昭盟现代碱湖区矿层的矿物组成及分布特征．矿物学报，19(3)：315-319．
王加昇，李金龙，王子勇．2015．贵州板其卡林型金矿床方解石稀土特征及找矿意义．矿物学报，35(S1)：244．
王立本，周康靖．1995．Synchysite-(Y)(新奇钙钇矿)的晶体结构．岩石矿物学杂志，14(4)：336-344．
王林均，包广萍，崔银亮，李燕，向达福．2013．黔西北典型铅锌矿床碳-氧同位素地球化学研究．矿物学报，33(4)：709-712．
王六明．1988．一个新的矿床类型——滩羊河岩溶型菱锌矿矿床地质特征．中国岩溶，(S1)：90-95．
王茂．2021．嘉峪关市黑山白云石矿地质特征．甘肃冶金，43(1)：97-100，104．
王茂林，周进高，陈冬霞等．2013．白云石成因模式的研究进展及其适用性探讨．海相油气地质，18(2)：31-40．
王木清，涂江汉，伍舒梅等．1982．红石泉矿床含矿主岩及矿化特征．放射性地质，(5)：390-396．
王宁，刘卫国，徐黎明等．2008．青藏高原现代湖泊沉积物碳酸盐矿物氧同位素组成特征及影响因素．第四纪研究，(4)：591-600．
王盼盼，陈林，杨晓军等．2019．四川典型轻稀土赋存状态．矿产综合利用，(6)：60-64．

王平户，丁兆举. 2003. 青海小赛什腾斑岩型铜矿地质特征及成因探讨. 地质找矿论丛，(S1)：122-125.
王启华. 1989. 喀拉通克硫化矿床氧化带特征. 矿物岩石，(2)：73-81.
王尚彦，杨家騄. 1999. 贵州松桃桃子坪娄山关组白云岩 X 衍射特征及意义. 贵州地质，(2)：52-54.
王生云，吕荣平，范洪海等. 2022. 龙首山铀成矿带成矿规律与成矿模式. 世界核地质科学，39(3)：409-425.
王寿琼. 1996. 鄂西北地区耀岭河群同位素年龄讨论. 湖北地质，10(1)：48-55.
王恕一，叶德胜. 1985. 海南岛全新世海滩岩的胶结作用与成岩环境的关系. 沉积学报，(4)：45-53，155-156.
王松，丰成友，佘宏全等. 2008. 粤东麻坑非硫化物型锌矿锌的赋存状态及成因讨论. 地质学报，(11)：1547-1554.
王天华，邓长清，赵宁. 2020. 云南云龙县河口铜矿地质特征及成因分析. 云南地质，39(4)：474-480.
王彤，晏发明. 1989. 黑云霓石碳酸岩中的黄菱锶铈矿. 矿物学报，9(4)：345-351.
王文勇，黄文辉，唐鑫萍. 2012. 沾化凹陷邵 54 井湖相白云岩沉积特征分析. 石油天然气学报，(6)：17-20，164.
王希斌，郝梓国，李震等. 2002. 白云鄂博——一个典型的碱性-碳酸岩杂岩的厘定. 地质学报，(4)：501-524，581-582.
王鲜华，潘兆橹. 1996. 牦牛坪稀土矿区氟碳铈矿与氟碳钙铈矿(石)矿物学. 河北地质学院学报，Z1：307-313，479-480.
王鲜华，潘兆橹，廖立兵. 1995. 氟碳钙铈矿晶体结构解析探索. 地质论评，41(5)：409-414.
王鲜华，潘兆橹. 1996. 牦牛坪稀土矿区氟碳铈矿与氟碳钙铈矿矿物学. 河北地质学院学报，19(3-4)：307-313.
王贤觉，苏贤泽，郭其悌等. 1973. 钡-稀土氟碳酸盐族矿物的研究. 地球化学，(1)：31-38.
王小芬，杨欣，王起琮. 2011. 鄂尔多斯盆地奥陶系马家沟组白云石有序度研究. 新疆石油天然气，7(1)：12-16.
王小林，胡文暄，张军涛等. 2016. 塔里木盆地和田 1 井中寒武统膏岩层段发现原生白云石. 地质论评，62(2)：419-433.
王小林，金之钧，胡文暄等. 2009. 塔里木盆地下古生界白云石微区 REE 配分特征及其成因研究. 中国科学 D 辑:地球科学，39(6)：721-733.
王晓虎，薛春纪，李智明等. 2008. 扬子陆块北缘马元铅锌矿床地质和地球化学特征. 矿床地质，(1)：37-48.
王晓晓，韩作振，李明慧等. 2020. 柴达木盆地西部 SG-1 钻孔中白云石成因探讨. 高校地质学报，26(5)：520-529.
王晓颖，周建延，李婷. 2013. 江西新余式铁矿田变质作用基本特征. 资源调查与环境，34(3)：159-164.
王彦斌，曾普胜，李延河等. 2004. 云南金顶和白秧坪矿床 He，Ar 同位素组成及其意义. 矿物岩石，24(4)：76-80.
王彦博，王敏芳，胡太平. 2015. 湖南花垣狮子山矿床方解石稀土元素和碳-氧同位素地球化学特征研究. 矿物学报，35(S1)：728-729.
王英华. 1987. 广西涠洲岛现代白云石的发现及其意义. 沉积学报，5(3)：66-72.
王勇军，吴兴宇，张虎等. 2012. 四川布途金子铅锌矿地质特征及找矿前景. 山东科技大学学报(自然科学版)，31(2)：18-24.
王跃，朱祥坤. 2012. 铁同位素体系及其在矿床学中的应用. 岩石学报，28(11)：3638-3654.
王运，胡宝群，王倩等. 2018. 邹家山铀矿床伴生重稀土元素的赋存特征. 吉林大学学报(地球科学版)，48(3)：719-735.
王则江. 1981. 康滇地轴北段东缘晚震旦世沉积-再造铅锌矿床成矿地质特征. 地质与勘探，1981(10)：7-15.
王长青. 2011. 新疆阿勒泰市小红山铜矿特征及成矿机理. 新疆有色金属，(2)：19-20，22.
王兆成，袁兆平. 2008. 西藏波密多依弄巴铅锌矿床地质特征及找矿标志. 四川地质学报，(2)：109-111.
王臻，陈振宇，赵芝等. 2019. 赣南新元古代变质岩稀土矿物及其地球化学特征. 矿床地质，38(4)：837-850.
王振宇，吴丽，张云峰等. 2009. 塔中上奥陶统方解石胶结物类型及其形成环境. 地球科学与环境学报，31(3)：265-271.
王忠诚，范德廉，陈锦石. 1992. 大巴山下寒武统黑色岩系中毒重石矿床的成因探讨. 地质科学，(3)：237-248.
王忠诚，储雪蕾. 1993. 早寒武世重晶石与毒重石的锶同位素比值. 科学通报，38(16)：1490-1492.
韦晨，严再飞，黄智龙等. 2018. 黔西北纳雍枝铅锌矿床热液白云石地球化学特征及其找矿指示. 矿物学报，38(6)：666-674.
韦东晓，沈安江，王莹等. 2015. 塔北地区奥陶系碳酸盐岩缝洞充填方解石的阴极发光特征及对成岩环境的指示意义. 油气地质与采收率，22(4)：54-58.
韦刚健，于津生，桂训唐等. 1998. 蚀变珊瑚的氧碳同位素组成的环境意义探讨——以“南永一井”为例. 中国科学(D 辑:地球科学)，(5)：448-452.
魏爱英，薛传东，洪托等. 2011. 毛坪铅锌矿床 I 号矿群白云石的矿物学特征及其意义. 矿物学报，(S)：221-223.
魏菊英，王关玉. 1988. 同位素地球化学. 北京:地质出版社.
魏军. 2013. 山东省临沂市矿坑-马庄地区白云岩矿地质地球化学特征及成因研究. 科技信息，26：398-400.
魏喜，贾承造，孟卫工. 2008. 西沙群岛西琛 1 井碳酸盐岩白云石化特征及成因机制. 吉林大学学报(地球科学版)，(2)：217-224.
魏元柏，赵宇. 1995. 浙东地区银多金属矿床中菱锰矿的矿物学特征. 地质找矿论丛，(4)：40-47.
魏元柏，赵宇. 1996. 浙东地区银铅锌矿床菱锰矿的形成与银的矿化关系初探. 南京大学学报(自然科学版)，(4)：171-175.
魏元柏等. 1993. 浙江大岭口银铅锌矿床成矿物理化学条件的研究. 地质找矿论丛. 8(3)：42-51.
温利刚，曾普胜，詹秀春等. 2018. 迤纳厂矿床：一个“白云鄂博式”铁铜稀土矿床. 地学前缘，25(6)：308-329.
温利刚，曾普胜，詹秀春等. 2019. 云南禄丰鹅头厂铁铜矿床中稀土矿物的发现及意义. 岩石矿物学杂志，38(4)：477-497.
文冬光，曾建华. 1997. 泌阳碱矿形成的地球化学模拟研究. 地球科学，(1)：69-73.
文国璋，吴强，刘汉元等. 1993. 锡矿山超大型锑矿床控矿规律及形成机理初步研究. 地质与勘探，29(7)：20-27.
邬斌，王汝成，刘晓东等. 2018. 辽宁赛马碱性岩体异性石化学成分特征及其蚀变组合对碱性岩浆-热液演化的指示意义. 岩石学报，

34(6)：1741-1757.
邬立，赵璐，罗湘赣．2012．贵阳市乌当区地下热水水文地球化学过程研究．工程勘察，40(7)：50-54.
巫声扬，冯佩莘．1981．川北中生代砂岩型铀矿床铀的存在形式及其分布特征．矿物岩石，(6)：41-45，131-132.
吴德云，谢春林．1995．安棚碱矿石的分类及水溶特性与提高碱卤浓度分析．纯碱工业，(5)：39-43.
吴建新．2013．新疆青河加马特金铜矿地质特征及找矿标志．新疆有色金属，S2：70-71.
吴开兴，胡瑞忠，毕献武等．2010．滇西北衙金矿方解石的碳氧同位素特征及其成因．矿物学报，30(4)：463-469.
吴孔文，钟宏，朱维光等．2008．云南大红山层状铜矿床成矿流体研究．岩石学报，2045-2057.
吴鸣谦，马甲栋，邓军等．2024．巴尔哲锆-铌-铍-稀土矿床成矿精细过程研究．岩石学报，40(6)：1817-1836.
吴尚全．1986．我国首次发现的文象结构自然金．黄金，(2)：7-10.
吴胜华，刘家军，翟德高．2009．陕西大丫毒重石与杨寨重晶石矿床成矿流体特征与指示意义．矿物学报，s1：143-144.
吴胜华，刘家军，张霏等．2010．南秦岭钡成矿带重晶石与毒重石成矿特征．现代地质，24(2)：237-244.
吴素娟，黄思静，孙治雷等．2005．鄂尔多斯盆地三叠系延长组砂岩中的白云石胶结物及形成机制．成都理工大学学报(自然科学版)，32(6)：569-575.
吴为民，王子江．1993．贵州丹寨汞矿方解石的微观特征及其与构造成矿关系初探．矿物岩石，(03)：48-54.
吴新民，康有新，姜英泽等．1999．吉林大安北油田葡萄花储层岩石基本特征．西安石油大学学院学报，14(1)：6-10.
吴秀玲，杨光明，孟大维等．1994．氟碳铈矿/直氟碳钙铈矿混层结构中新规则混层矿物的超微结构研究．电子显微学报，(3)：200-204.
吴秀玲，杨光明，潘兆橹．1993．氟碳钙铈矿及 B_2S 规则混层矿物型体间共晶格取向连生的透射电镜研究．矿物学报，(3)：214-219，295-296.
吴义布，余君鹏，褚广博等．2024．中南祁连西段变粒岩型稀土矿床特征与找矿意义．中国稀土学报，48(3)：637-653.
吴永涛，韩润生．2018．滇东北矿集区茂租铅锌矿床热液白云石稀土元素特征．矿床地质，37(3)：656-666.
吴越．2013．川滇黔地区 MVT 铅锌矿床大规模成矿作用的时代与机制．中国地质大学(北京)博士学位论文.
伍倩，郑绵平，乜贞等．2013．西藏当雄错盐湖卤水冬季日晒蒸发实验研究．地质学报，87(3)：433-440.
武俊杰，缑明亮，陈文科等．2012．陕西楠木树铅锌矿工艺矿物学研究．矿业工程研究，27(3)：68-72.
武永强，潘永信．1995．太原西山奥陶系文石的成因．山西矿业学院学报，(1)：23-29.
西北地质科学研究所沙山铁矿组．1977．新疆库姆塔格菱铁矿床成矿地质特征．西北地质，(3)：1-14.
西门露露，彭志忠．1985．大青山矿的晶体结构．矿物学报，(2)：109-114.
夏文杰，李秀华．1986．青海小柴旦盐湖湖滩岩中原生白云石的发现及其意义．沉积学报，(2)：19-25，134.
夏学惠，赵玉海．2005．秦巴地区毒重石-重晶石矿床地质及成矿远景分析．化工矿产地质，27(4)：201-205.
向芳，张锦泉，陈洪德．1998．资阳地区震旦系充填白云石与古岩溶．成都理工学院学报，25(3)：436-442.
向世红，薛春纪，曹纪虎等．2013．河南内乡北部铅锌银矿方解石的碳氧同位素特征及地质意义．矿物岩石地球化学通报，32(3)：364-369.
肖春莲．2008．广东信宜银岩锡矿选别工艺流程的确定．矿业快报，(6)：70-72.
肖惠良，周济元，王鹤年等．2003．Geology，Geochemistry and Genesis of the Hongshijing Gold Deposit in Ruoqiang，Xinjiang．Chinese Journal of Geochemistry，(3)：280-288.
肖亮明，邹利群，李文革．2006．锡矿山锑矿床中方解石基本特征及与矿化的关系．中国矿山工程，35(6)：5-7，47.
校培喜，王永和，张汉文等．2001．阿尔金山中段高压-超高压带(含菱镁矿)石榴子石二辉橄榄岩的发现及其地质意义．西北地质，34(4)：67-74.
谢苗诺夫，张培善．1961．黄河矿——新发现的一种稀土矿物．科学通报，6：46-48.
谢齐文．2004．发现安徽庐江龙桥铁矿层具有泻湖相沉积特征的启示．安徽地质，(4)：318-320.
谢巧勤，周辉，陈天虎等．2011．黄土高原赵家川红粘土中白云石扫描电镜观察及意义//中国矿物岩石地球化学学会．中国矿物岩石地球化学学会第13届学术年会论文集．合肥工业大学资源与环境工程学院：1.
谢玉玲，徐九华，何知礼等．2000．太白金矿流体包裹体中黄铁矿和铁白云石等子矿物的发现及成因意义．矿床地质，19(1)：54-60.
辛存林，马维云，安国堡等．2013．甘肃龙首山207铀矿床成矿地质特征及其成矿机制探讨．地质学报，87(4)：577-590.
星玉才，何进，高旭升等．2013．豫西矿集区岩浆热液叠加改造型矿床特征．地质找矿论丛，28(4)：552-558.
熊先孝．1992．鄯善红台硝酸盐矿床地质特征及其成因探讨．化工地质，(4)：40.
徐霭君．1982．广东云浮大理岩中方解石显微特征及其成因．矿物学报，(01)：66-70，84.
徐翠香，陈宇迪，邹涛等．2024．不同产地蓝铜矿矿物学及谱学特征研究．光谱学与光谱分析，44(5)：1372-1378.
徐广平，张晓东，艾宁等．2011．宁夏卫宁北山地区铁矿区域成矿规律探讨．西北地质，(1)：39-47.
徐国风，丰树庄，左大华等．1982．河南某矿床岩浆热液成因菱铁矿的标型特征．地质科学，4：421-423.
徐九华，谢玉玲，李建平等．2001．四川冕宁牦牛坪稀土矿床流体包裹体中发现含锶和轻稀土的子矿物．自然科学进展，(5)：97-101.
徐衍彬，陈平，徐永成．1994．海拉尔盆地碳钠铝石分布与油气的关系．石油与天然气地质，15(4)：322-327.

许遵立. 1980. 浅谈主要锰碳酸盐矿物相沉积特征及应用. 地质与勘探,(8):6-9.
宣之强,焦鹏程,刘成林等. 2011. 新疆罗布泊钾盐矿床成因类型探讨. 化工矿产地质,33(1):21-26.
薛步高. 2003. 从"译文"想到龙潭多金属钨矿的重新评价. 矿产与地质,(2):145-149,144.
薛春纪,曾荣,高永宝等. 2006. 兰坪金顶大规模成矿的流体过程-不同矿化阶段流体包裹体微量元素约束. 岩石学报,22(4):1031-1039.
薛春纪,陈毓川,王登红等. 2003. 滇西北金顶和白秧坪矿床:地质和 He、Ne、Xe 同位素组成及成矿时代. 中国科学(D 辑),33(4):315-322.
薛春纪,陈毓川,杨建民等. 2002. 金顶铅锌矿床地质-地球化学. 矿床地质,21(3):270-277.
薛永超,彭世苾,朱红卫等. 2005. 新立油田泉三四段储层成岩作用及储集空间演化. 西安石油大学学报(自然科学版),20(4):10-16.
薛云兴,朱永峰. 2007. 克拉玛依侏罗纪橄榄玄武岩中菱铁矿的成因. 岩石学报,23(5):1108-1122.
鄢明才,迟清华. 1997. 中国东部地壳与岩石的化学组成. 北京:科学出版社.
闫斌. 2009. 陡山沱组盖帽白云岩和黑色页岩的铁同位素特征及古海洋意义. 中国地质科学院硕士学位论文.
闫升好,王安建,高兰等. 2000. 大水式金矿床稳定同位素、稀土元素地球化学研究. 矿床地质,19(1):37-45.
炎金才. 1993. 陕西双王金矿床含铁白云石的某些标型特征. 矿物岩石,13(4):27-33.
晏勇,陶平,刘锐. 2012. 贵州赫章县菜园子铁矿稀土元素地球化学研究. 贵州地质,(2):145-150.
杨锋,刘连登,陈国华等. 2001. 平度 1 号脉金矿晚期叠加成矿初探. 黄金,(5):1-5.
杨根生,印修章,付治国. 2006. 东沟特大型斑岩钼矿床物化探综合找矿信息研究. 地质找矿论丛,21(2):137-141.
杨光明,吴秀玲,潘兆橹. 1992. 氟碳钙铈矿中 6R 和 3R 多型微双晶结构的透射电镜研究. 地球科学,(4):447-454.
杨光明,吴秀玲,潘兆橹. 1993. 氟碳钙铈矿的 42R、48R 和 16H 新多型. 矿物学报,13(4):331-334.
杨建国,杨林海,吕昌国等. 2006. 西南天山布隆金矿床成矿作用同位素地质年代学. 地球学报,(1):51-55.
杨娇,戴建文,吴雪晴等. 2023. 珠江口盆地恩平凹陷新近系储层菱铁矿胶结物成因及对物性的影响. 地质科技通报,42(2):127-136.
杨杰华,李劲松,张萍. 1988. 南岭中段方解石的变形特征及其意义//中国地质科学院宜昌地质矿产研究所文集(13):12.
杨利翔,段红达,吴道鹏. 2008. 云南永平上别咧铜多金属矿成因. 云南地质,(2):203-209.
杨敏之,陶克捷. 1966. 东北-铅锌矿床氧化带中的菱锌矿晶体及其分带性. 地质论评,(1):8-14.
杨敏之. 2000. 分散元素矿床类型、成矿规律及成矿预测. 矿物岩石地球化学通报,(4):381-383.
杨敏之. 2003. 关门山铅锌矿床氧化带内镉的超常富集地球化学及其资源-环境利用方向. 地质找矿论丛,18(4):220-224.
杨清堂. 1987. 我国首次发现的碳氢钠石. 岩石矿物学杂志,(1):87-91,96.
杨瑞东,袁世婷,魏怀瑞等. 2011. 贵州石炭系"清镇式"铁矿沉积地球化学特征. 地质论评. 57(1):24-35.
杨少平,孔牧,刘应汉等. 2006. 西藏驱龙铜矿区水地球化学特征及其对铜矿化指示作用. 物探与化探,(6):509-512.
杨绍修. 1989. 青藏高原盐湖的形成与分布. 湖泊科学,1(1):28-36.
杨绍许,赵祥庭. 1996. 天台山磷质岩系锰矿的成因及磷锰离析成矿的规律. 中国锰业,03:9-13,23.
杨世礼. 1985. 广东石菉铜矿东段次生矿的地质特征. 矿床地质,(2):31-40.
杨守业,黄志诚,陈智娜. 1997. 原生白云石与交代白云石晶体的微结构对比研究. 岩石矿物学杂志,16(4):362-379.
杨万容,杨长庚,沈建伟. 2002. 湖南慈利晚二叠世长兴期珊瑚礁白云石化及其成岩环境. 地质学报,(1):114-123,148.
杨晓飞,刘畅,陈旭. 2013. 贵州白石溪锰矿矿石特征及成矿机制探讨. 矿产勘查,(1):52-55.
杨秀清,张旭升. 2021. 北祁连埃迪卡拉纪菱铁矿铁建造成因及其对海洋环境的约束. 科学通报,66:3032-3044.
杨秀清,张作衡. 2015. 北祁连镜铁山铁矿床菱铁矿地球化学特征及其对海洋环境的约束. 地质学报,89(S):305-306.
杨学明,杨晓勇,陈双喜等. 1999. 白云鄂博钡稀土氟碳酸盐矿物的新产状及其矿物学特征. 科学通报,44(9):984-988.
杨义录,鲍贤军. 2007. 从闪锌矿标型特征论台江龙井街铅锌矿成因. 贵州地质,(2):101-105.
杨永强,李丽. 2010. 非硫化物型锌矿床的地质特征和成因机制. 世界地质,(1):56-59.
杨岳清,胡涂声,罗展明. 1981. 离子吸附型稀土矿床成矿地质特征及找矿方向. 中国地质科学院院报,矿床地质研究所分刊,2(1):102-118.
杨占峰,朱智慧,王振江等. 2019. 白云鄂博主矿霓石型稀土铁矿石中稀土元素在独立矿物中的富集状况研究. 中国稀土学报,37(6):769-776.
杨主明,Pertlik F. 1993. 黄河矿晶体结构的重新测定及空间群对称的讨论. 地质科学,28(3),2211.
杨主明,陶克捷,张培善. 1998. 黄河矿-中华铈矿系列稀土矿物的多体性特征. 中国稀土学报,16(2):97-100.
杨主明,张建洪,潘兆橹. 1992. 氟碳钙铈矿的电子衍射研究. 地质科学,(1):20-25,105.
杨主明,Smith M,Henderson P,et al. 2002. 牦牛坪钙稀土氟碳酸盐多体矿物的成分特征及其成因意义. 中国稀土学报,20(1):61-67.
杨主明. 1996. 氟碳铈钡矿 $Ba_3Ce_2(CO_3)_5F_2$ 晶体结构重测. 地质科学,(2):140-146.
姚德贤. 1997. 广东富铁矿类型和分布规律. 南方钢铁,(5):24-27.
姚敬劬,王六明,苏长国等. 1995. 扬子地台南缘及其邻区锰矿研究. 北京:冶金工业出版社.
姚敬劬. 1991. 我国沉积碳酸盐型锰矿中菱锰矿的成分特征. 矿物学报,(1):13-20.

姚敬劬. 1992. 鄂东北早元古代沉积变质锰矿元素矿物组合特征. 岩石矿物学杂志,(3):257-266.

叶霖,刘铁庚. 2001. 贵州都匀牛角塘富镉锌矿床中镉的分布及赋存状态探讨. 矿物学报,01:115-118.

叶霖,刘铁庚. 2003. 破山独立银矿卤族元素地球化学. 地质与勘探,(4):41-45.

叶太平,韩雪,陈仁等. 2021. 滇黔桂典型锰矿床矿相学特征及其对成矿过程的指示. 地球学报,42(6):945-958.

银剑钊,史红云. 1995. 张家口宣化地区金矿地质. 北京:地质出版社.

尹锋,陈鸣. 2012. 岫岩陨石坑菱铁矿角砾岩的特征及成因. 地球化学,(6):538-544.

尹剑,王创新,黄克洲等. 2013. 新疆和静察汗乌苏金矿区铋与金矿化关系. 陕西地质,31(2):33-36.

尹路,瞿建华,祁利祺等. 2013. 准噶尔盆地风城地区二叠系白云岩化模式. 新疆石油地质,(5):542-544.

印莉虹,乔森,潘璐等. 2021. 方解石三维热释光特性研究. 矿物学报,41(03):301-311.

尤静静,高举,蒋之飞等. 2020. 鄂东北四方山-团山沟锰矿床矿物特征及成因. 中国锰业,38(5):14-21.

由雪莲,贾文强,徐帆等. 2018. 铁白云石矿物学特征及原生次生成因机制. 地球科学,43(11):4046-4055.

由雪莲,孙枢,朱井泉等. 2011. 微生物白云岩模式研究进展. 地学前缘,18(4):52-64.

于炳松,赖兴运,高志前. 2007. 克拉2气田砂岩储层中成岩方解石-白云石的平衡及其对储层质量的影响. 自然科学进展,17(3):339-345.

于炳松,董海良,蒋宏忱等. 2007. 青海湖底沉积物中球状白云石集合体的发现及其地质意义. 现代地质,21(1):66-70.

于潴. 1995a. 四川汉源菱镁矿. 建材地质,01:47-48.

于潴. 1995b. 我国第一个钾硝石矿在新疆发现. 建材工业信息,(23):18.

于皓丞,李俊,邱昆峰等. 2019. 西秦岭甘南早子沟金锑矿床白云石 Sm-Nd 同位素地球化学及其意义. 岩石学报,35(5):1519-1531.

于学峰,唐好生,韩作振等. 2010. 山东郗山-龙宝山地区与碱性岩有关的稀土矿床地质特征及成因. 地质学报,84(3):407-417.

于志超,刘立,曲希玉等. 2011. 松辽盆地南部红岗油田青山口组砂岩中片钠铝石的形成温度. 沉积学报,29(2):293-301.

余克服,赵焕庭,朱袁智. 1996. 南沙群岛永暑礁等8座环礁现代沉积物中 Ca、Sr、Mg 的特征. 海洋通报,(3):54-63.

余宽宏,操应长,邱隆伟等. 2016. 准噶尔盆地玛湖凹陷早二叠世风城组沉积时期湖盆古卤水演化及盐类矿物特征//中国矿物岩石地球化学学会岩相古地理专业委员会,中国矿物岩石地球化学学会沉积学专业委员会,中国地质学会沉积地质专业委员会,中国地质学会地层古生物专业委员会,中国地质学会煤田地质专业委员会. 第十四届全国古地理学及沉积学学术会议论文摘要集. 中国石油大学(华东)地球科学与技术学院;中国石油新疆油田分公司勘探开发研究院.

鱼鹏涛,梁杰,胡琼. 2010. 低品位氧化铅锌矿中锌铁赋存状态的研究. 毕节学院学报,(4):87-92.

俞永强,王利文. 2017. 青海哈图沟脑金铜多金属矿矿体特征及找矿远景. 中国锰业,35(5):66-69.

袁晓玲,侯其迪,王枫. 2018. 安徽贵池仰天堂锰矿锰的赋存状态研究. 安徽地质,28(4):270-275.

袁忠信,白鸽,张宗清. 2004. 白云鄂博矿床赋矿岩石的自交代现象及其意义. 岩石矿物学杂志,23(1):19-25.

原显顺. 2019. 山东微山稀土矿床的稀土矿物学研究. 矿产勘查,10(9):2229-2242.

云连涛. 1994. 新疆钠硝石矿床地质特征及找矿远景. 化工地质,16(3):154-162.

曾令熙,朱志敏. 2014. 重庆城口锰矿的工艺矿物学特征. 矿物学报,34(3):374-378.

曾祥涛,王建平,王可新等. 2011. 陕西双王金矿床五号矿体铁白云石微量元素原生晕特征研究. 矿物学报,31(S1):987-988.

曾长育,赵明臻,李红中等. 2015. 云开地块西南缘飞鹅岭矽卡岩型铅锌矿床中石英和方解石的矿物学特征研究. 光谱学与光谱分析,35(9):2558-2562.

詹涵钰,李占轲,武文辉等. 2019. 陕西大西沟喷流沉积型菱铁矿矿床地质特征及矿床成因. 矿床地质,38(1):1-20.

张宝贵,陈国玺,陈静渝. 1982. 湖南棠甘山层控锰矿床地质地球化学. 地球化学,(4):393-402,431-432.

张宝贵,陈国玺,陈静渝. 1987. 棠甘山层控锰矿床矿物地球化学研究. 地球化学,(2):176-183.

张宝贵,张月明等. 1975. 我国某地的碳酸钙镁矿. 地球化学,4(12):285-291.

张晨,段必飞. 2019. 云南省会泽县五星铅锌矿地质成因探讨. 中国金属通报,(12):49-50.

张德富,曹明轩,龚兴等. 2024. 赣南石头坪重稀土矿床赋矿母岩地质特征及成矿意义探讨. 东华理工大学学报(自然科学版),47(4):338-348.

张德考,龙应寿,冷代盛等. 1988. 四川西部渣陇锡多金属矿化特征及其发现意义. 四川地质学报,(1):29-39.

张刚生,丁世磊,邱树垣. 2005. 生物成因六方碳钙石矿物的 FTIR 光谱特征. 矿物岩石,25(1):6-9.

张刚生,李家珍. 1999. 来宾县二叠纪菊花石研究. 广西地质,12(2):39-42.

张国全,胡瑞忠,商朋强等. 2008. 302 铀矿床方解石 C-O 同位素组成与成矿动力学背景研究. 矿物学报,28(04):413-420.

张红芬,贾奎,崔茂才等. 2011. 云南永善长坪铁多金属矿矿床成因. 云南地质,(1):50-52.

张家菁,陈郑辉,王登红等. 2008. 福建行洛坑大型钨矿的地质特征、成矿时代及其找矿意义. 大地构造与成矿学,(01):92-97.

张建国,陈少卿,饶孙等. 2004. 中国国家原子能机构技术文件.

张江明,侯红星,宋丙剑. 2011. 河南省栾川县石瑶沟钼矿地质特征及找矿方向. 地质找矿论丛,26(4):378-384.

张金亮. 1995. 陆东凹陷九佛堂组储层岩石学及成岩作用. 西安石油学院学报,10(2):4-10.

张静,燕光谱,叶霖等. 2005. 河南内乡县银洞沟铅锌银矿床碳氢氧同位素地球化学. 岩石学报,21(5):1359-1364.

张军涛，何治亮，岳小娟等. 2017. 鄂尔多斯盆地奥陶系马家沟组五段富铁白云石成因. 石油与天然气地质，38(4)：776-783.
张军涛，胡文瑄，钱一雄等. 2008. 塔里木盆地中央隆起区上寒武统—下奥陶统白云岩储层中两类白云石充填物：特征与成因. 沉积学报，26(6)：957-966.
张军涛，胡文瑄，王小林. 2014. 塔里木盆地寒武系鞍状白云石孔隙充填物差异与成因. 沉积学报，32(2)：253-259.
张军涛，胡文暄，王小林等. 2011. 塔里木盆地西北缘寒武系中热水白云石团块特征及成因研究. 地质学报，85(2)：234-245.
张衎，朱祥坤. 2013a. 蓟县下马岭组菱铁矿的成因及古海洋意义. 地质学报，87(9)：1430-1438.
张衎，朱祥坤. 2013b. 蓟县下马岭组富菱铁矿地层的基本地质特征. 岩石矿物学杂志，32(4)：529-537.
张立飞，David J. Ellis，艾永亮等. 2002. 新疆西天山超高压变质榴辉岩. 岩石矿物学杂志，21(4)：371-386.
张丽，孙立强，陈卫锋等. 2018. 诸广南部产铀花岗岩长江岩体中的绿泥石和铀源矿物研究. 高校地质学报，24(1)：13-32.
张利忠，贺迎春，冯小社. 2021. 河南省嵩县地区稀土矿床地质特征及找矿标志. 稀土，42(6)：88-99.
张培善，陶克捷. 1981. 新矿物中华铈矿 $Ba_2Ce(CO_3)_3F$. 地质科学，(2)：195-196.
张培善，陶克捷. 1983. 氟碳铈钡矿(Cebaite)的新资料. 地质科学，(4)：409-413.
张培善，陶克捷. 1986. 白云鄂博矿物学. 北京：科学出版社.
张培善，陶克捷，杨主明等. 1996. 中国稀土矿物学. 北京：科学出版社.
张培善，陶克捷. 1982. 氟碳饰钡矿(Cebaite)的新资料. 地质科学，(4)：409-413.
张乾. 1993. 云南金顶超大型铅锌矿床的铅同位素组成及铅来源探讨. 地质与勘探，29(5)：21-28.
张庆松，郑立波，王光旺等. 2012. 西藏岗讲-白容斑岩铜钼矿地质特征及找矿方向. 地质找矿论丛，27(3)：300-307.
张如柏. 1986. 阿尔泰伟晶岩中发现泡铋矿. 科学通报，(11)：879.
张善德，张阳. 1999. 新庄井田高岭石粘土岩中菱铁矿的研究. 焦作工学院学报，05：341-344.
张生，李统锦. 1997. 广东长坑金银矿床石英和方解石的地球化学特征. 矿产与地质，(06)：38-43.
张淑苓，陈功，唐玉衡. 1984. 我国含铀煤矿床的某些地球化学特征. 沉积学报，(4)：77-87，134-135.
张帅，柳益群，焦鑫等. 2018. 准噶尔盆地吉木萨尔凹陷中二叠统芦草沟组云质岩沉积环境及白云石成因探讨. 古地理学报，20(1)：33-48.
张帅，夏国清，伊海生等. 2016. 羌塘盆地南部隆鄂尼地区布曲组鞍形白云石成因. 石油与天然气地质，37(4)：483-489.
张涛，沈玉林，李壮福等. 2018. 黔西织金矿区乐平世煤系菱铁矿成因探讨. 高校地质学报，24(4)：481-490.
张莼漪，张成君，安娟等. 2011. 青海寇查湖碳酸盐方解石中镁含量对湖泊水体盐度变化的响应. 海洋地质与第四纪地质，31(1)：135-141.
张文正，黄月明，宋国初等. 1996. 陕甘宁盆地上三叠统有机-生物成因次生淡水方解石的发现及地质意义. 科学通报，(18)：1689-1691.
张西营，马海州，韩凤清等. 2007. 德令哈盆地尕海湖 DG03 孔岩芯矿物组合与古环境变化. 沉积学报，(5)：767-773.
张相训. 1990. 桂西下甲方解石脉型水晶矿床特征及成因初步研究. 广西地质，3(2)：65-74.
张晓琳，传秀云. 2010. 山东平度六方柱状方解石的晶体学特征及环境意义. 矿物学报，(S)：107-108.
张信伦，杨晓飞，曾道国. 2009. 黔西北筲箕湾铅锌矿床地质特征及找矿标志. 矿产与地质，23(3)：219-224.
张星滨. 1999. 铅硐山铅锌矿床的氧化富集规律. 矿产与地质，(1)：63-65.
张秀莲，于德龙，王贤. 2003. 湖北宜昌地区寒武系碳酸盐岩岩石学特征及沉积环境. 古地理学报，02：152-161.
张一杰，沈玉林，杨天洋等. 2020. 层序格架制约下的菱铁矿发育特征——以黔西盘关地区晚二叠世煤系为例. 煤炭学报，45(S2)：976-985.
张莹莹，黄思静. 2012. 华庆地区长 6 油层组方解石胶结物特征. 岩性油气藏，24(2)：48-52，71.
张永生，金振奎，谭健. 1999. 鄂尔多斯地区奥陶系马四组麦粒状白云石的发现及其成因探讨. 岩石矿物学杂志，18(1)：18-25.
张永生. 2000. 鄂尔多斯地区奥陶系马家沟群中部块状白云岩的深埋藏白云石化机制. 沉积学报，03：424-430.
张幼勋. 1983. 河南吴城天然碱矿床地质特征及成因探讨. 矿床地质，(3)：69-71.
张玉萍，张明. 2013. 新疆乌勇布拉克盐湖中的硝酸钾矿床特征简述. 新疆有色金属，36(6)：17，19.
张云峰，王清晨. 2007. 济阳坳陷奥陶系碳酸盐岩及缝洞充填方解石 C、O 同位素特征及其意义. 地质科学，42(3)：570-578.
张泽明. 1992. 安徽岳西地区的含白云石柯石英榴辉岩. 岩石学报，8(1)：97-102.
张展适，华仁民，邓平朱捌等. 2005. 诸广下庄铀矿集区成矿过程中水岩作用的地质地球化学特征. 地球化学，34(5)：483-494.
张长青，毛景文，吴锁平等. 2005. 川滇黔地区 MVT 铅锌矿床分布、特征及成因. 矿床地质，(3)：336-348.
张正伟，李玉娇，周灵洁等. 2012. 黔东南铝土矿含矿岩系“煤-铝-铁结构”及地球化学特征. 地质学报，(7)：1119-1131.
张志伟，葛文胜，王凡等. 2011. 新疆哈密大南湖钠硝石矿床地质特征及成因探讨. 矿物学报，31(S1)：928-929.
赵安坤，时志强，王学峰等. 2022. 康滇古陆东侧上奥陶统五峰组-下志留统龙马溪组富有机质白云石特征及其地质意义. 矿物岩石地球化学通报，44(2)：307-316.
赵大贤，唐光庭. 1991. 云南西盟阿莫高温热液锡矿床的地球化学特征及成矿模式. 地质学报，(1)：42-57.
赵大贤. 1985. 勐腊新山含铜菱铁矿矿床特征及成因讨论. 云南地质，4(2)：136-146.

赵东旭. 1992. 湖南桃江奥陶系磨刀溪组锰质岩的内碎屑结构和重力流沉积. 岩石学报, (4): 386-394, 405-406.
赵光通, 都永生, 魏海成等. 2018. 班戈错盐湖古湖岸堤石英光释光年代学及其古环境指示意义研究. 盐湖研究, 26(3): 26-34.
赵海玲, 王成, 刘振文等. 2009. 松辽盆地中生代火山岩中的氟碳钙铈矿特征及成因意义. 地质找矿论丛, 24(3): 189-193.
赵建国, 王龙成. 2009. 红石泉铀矿床矿化特征及成因类型探讨. 黄金科学技术, 17(1): 38-41.
赵绳武. 1979. 对西秦岭泥盆系菱铁矿成因类型的认识及找矿意见. 西北地质, (3): 9-14.
赵文霞, 杨光明, 刘祥文. 1997. 三方晶系直氟碳钙铈矿在我国的发现及其透射电镜研究. 地球科学, 022(006): 579-583.
赵文俞, 刘嵘, 王勤燕等. 2001. 木兰山蓝片岩中两种文石的产出特征及其动力学意义. 地球科学, (6): 568-573.
赵以辛. 1994. 黑龙江省老柞山金矿方解石的天然热发光. 长春地质学院学报, (04): 373-377.
赵永山, 周云, 许成等. 2023. 桂东南燕山期花岗岩地球化学特征及其对稀土成矿的指示. 地质科学, 58(3): 890-909.
赵元艺, 崔玉斌, 赵希涛. 2010. 西藏扎布耶盐湖钙华岛钙华的地质地球化学特征及意义. 地质通报, (1): 124-141.
赵泽霖, 李俊建, 倪振平等. 2021. 华北地区菱镁矿成矿规律初探. 华北地质, 44(3): 50-57.
赵芝, 王登红, 陈郑辉等. 2017. 南岭离子吸附型稀土矿床成矿规律研究新进展. 地质学报, 91(12): 2814-2827.
赵芝, 王登红, 王成辉等. 2019. 离子吸附型稀土找矿及研究新进展. 地质学报, 93(6): 1454-1465.
郑绵平, 刘文高. 1987. 新的锂矿物——扎布耶石. 矿物学报, 7(3): 221-226, 293.
郑明华, 梅芳远. 1975. 我国某地碳酸盐岩层中含晶方解石脉型水晶矿床的发现及成矿特征. 成都地质学院学报, (Z1): 3-16.
郑荣才, 文华国, 郑超等. 2009. 川东北普光气田下三叠统飞仙关组白云岩成因——来自岩石结构与 Sr 同位素和 Sr 含量的证据. 岩石学报, 25(10): 2459-2468.
郑喜玉, 于升松. 1981. 西藏高原的盐湖资源及其利用. 地理科学, 1(1): 66-76.
郑喜玉. 1984. 新疆盐湖及其成因. 海洋与湖沼, (2): 168-178.
郑喜玉. 2000. 乌尊布拉克湖硝酸钾盐沉积特征. 盐湖研究, (1): 41-45, 52.
钟倩倩, 黄思静, 邹明亮等. 2009. 碳酸盐岩中白云石有序度的控制因素——来自塔河下古生界和川东北三叠系的研究. 岩性油气藏, 21(3): 50-55.
钟文华. 1989. 广西武宣朋村-盘龙中下泥盆统碳酸盐岩的成岩作用. 矿物岩石, (3): 72-80.
周冰, 朱德丰, 李春柏等. 2013. 海拉尔盆地贝尔凹陷含片钠铝石沉凝灰岩的成岩作用. 沉积学报, 31(3): 450-460.
周波, 李明, 段书府等. 2012. 巴楚地区寒武系碳酸盐岩白云石化机制. 石油勘探与开发, (2): 198-202.
周光明, 张兴润. 1992. 耳泽古溶洞中的菱铁矿——铁帽型金矿床的地质特征. 矿物岩石, (2): 43-52.
周国正. 2009. 织金煤田西南矿区菱铁矿产出形态及指相意义. 中国煤炭地质, 05: 17-19.
周怀玲, 张振贤. 1994. 广西二叠纪的菊花石. 广西地质, 7(3): 42-47.
周家喜, 黄智龙, 周国富等. 2012. 黔西北天桥铅锌矿床热液方解石 C、O 同位素和 REE 地球化学. 大地构造与成矿学, 36(1): 93-101.
周家云, 沈冰, 朱志敏等. 2006. 四川冕宁木洛稀土矿床地质特征. 稀有金属, (4): 494-499.
周建民, 王吉平. 1989. 河南泌阳凹陷含碱段的浅水蒸发环境. 沉积学报, 7(4): 149-156.
周莉, 于亨达, 杨海涛, 韩朝龙. 2012. 兴安矿深部软岩的扫描电镜-X 射线能谱分析. 黑龙江科技学院学报, (2): 148-153, 167.
周玲棣, 邓华兴. 1981. 我国某些稀土矿床中方解石的阴极射线发光性质. 矿物学报, (03): 161-165.
周琦, 杜远生, 颜佳欣等. 2007. 贵州松桃大塘坡地区南华纪早期冷泉碳酸盐岩地质地球化学特征. 地球科学(中国地质大学学报), 32(6): 845-852.
周世全, 张文杰, 乌庆安. 1986. 桐柏安棚碱矿中的碳氢钠石. 河南地质, (1): 12-14.
周四春, 张志全, 徐兴国. 1999. 锶矿 X 荧光勘查技术研究与应用. 地质与勘探, (4): 36-38.
周天驹. 1991. 河南省天然碱矿资源及其开发利用. 河南大学学报(自然科学版), 01: 31-35.
周维贵, 李余生, 朱明忠等. 2016. 重庆高燕地区菱锰矿热水沉积成因地球化学证据. 地质与资源, 25(2): 159-163.
周宗赟. 2019. 贵州从江八当锰矿矿床地质特征及其优质菱锰矿找矿标志. 西部探矿工程, 31(6): 153-157.
朱创业. 1998. 重庆玉峡锶矿床中分散元素锶的超常富集机制. 矿物岩石地球化学通报, (4): 48-50.
朱而勤. 1983. 东海北部的钙质结核. 中国科学(B 辑), 26(09): 849-856.
朱而勤. 1985. 东海高镁方解石结核的矿物学特征. 科学通报, (9): 689-693.
朱国林. 1984. 辽东半岛滑石-菱镁矿矿床地质特征及其成因. 长春地质学院学报, 2: 75-92.
朱华平, 张德全. 2002. 从南沙沟铅锌矿床地质特征讨论秦岭志留系铅锌矿的找矿前景. 矿床地质, 21(S1): 557-560.
朱继存. 1995. 安山岩中含铜氧化矿石物性分析及利用途径探析. 化工矿产地质, (4): 265-272.
朱京占, 张国辉, 杜青松等. 2013. "八〇一"稀有稀土矿床碱性花岗岩的含矿性、矿化规律及成因分析. 西北地质, 46(4): 207-214.
朱井泉. 1996. 上扬子台地三叠系碳酸盐岩中的特形白云石及其指相意义初探. 岩相古地理, 16(4): 32-39.
朱觉人, 巫声扬, 冯佩莘等. 1981. 四川盆地北部中生代砂岩型铀矿床成因探讨. 四川地质学报, 2(1): 53-63.
朱祥坤, 张衎, 张飞飞等. 2013. 蓟县中元古界下马岭组中菱铁矿的发现及其意义. 地质论评, 59(5): 816-822.
朱浙辉, 闫铁生. 2009. 桐庐县棽源方解石矿晶体生长理论浅析. 西部探矿工程, (S): 185-186.
朱志敏, 郑荣才, 罗丽萍等. 2008. 四川木洛稀土矿床方解石元素地球化学特征及其成因意义. 矿物学报, 28(4): 455-460.

祝寿泉. 2001. 广西东平锰矿半氧化带中的菱锰矿. 地质与勘探, (2): 58-61.

祝新友, 樊俊昌, 邓吉牛. 2006. 锡铁山矿床中石膏、菱铁矿成因研究与意义. 矿产与地质, (3): 205-210.

祝新友, 汪东波, 王书来. 2000. 新疆西昆仑地区大型铜矿成矿条件分析. 地质与勘探, (5): 42-46.

卓鱼周, 赵红格, 李蒙等. 2015. 白云石(岩)有机成因研究现状及进展. 矿物岩石地球化学通报, 34(3): 654-658.

邹金华, PhilipF. 1992. 米粒状白云石及其出溶成因. 沉积学报, 10(2): 45-53.

邹明亮, 黄思静, 胡作维等. 2008. 西湖凹陷平湖组砂岩中碳酸盐胶结物形成机制及其对储层质量的影响. 岩性油气藏, (1): 47-52.

Rollison H R 著. 杨学明, 杨晓勇, 陈双喜译. 2000. 岩石地球化学. 合肥: 中国科学技术大学出版社.

Abu-Jaber N S, Kimberley M M. 1992. Origin of ultramafic-hosted vein magnesite deposits. Ore Geology Reviews, 7: 155-191.

Adiwidjaja G, Pohl D. 2003. Superstructure of a-phase potassium nitrate. Acta Crystallographica, C59: i139-i140.

Ahtee M, Nurmela M, Suortti P, et al. 1989. Correction for preferred orientation in Rietveld refinement. Journal of Applied Crystallography 22: 261-268.

Akao M, Iwai S. 1977a. The hydrogen bonding of artinite. Acta Cryst., 33: 3951-3953.

Akao M, Iwai S. 1977b. The hydrogen bonding of hydromagnesite. Acta Cryst., 33: 1273-1275.

Alabaster C. 1990. Alstonite and barytocalcite from Llantrisant, South Wales and barytocalcite from Holwell, Mendip Hill, England. J. Russell Soc., 3(1): 1-6.

Allmann R, Jepsen H P. 1969. Die Struktur des Hydrotalkits. Neues Jahrb. Mineral., Monatsh., 544-551(in German with English abs.).

Allmann R. 1968. The crystal structure of pyroaurite. Acta Cryst., 24: 972-977.

Allmann R, Lohse H-H. 1966. Die Kristallstruktur des Sjögrenits und eines Umwandlungsproduktes des Koenenits(=Chlor-Manasseits) Neues Jahrb. Mineral., Monatsh., 161-181(in German with English abs.).

Amoros J L, Arrese F, Canut M. 1962. The crystal structure of the low-temperature phase of NH_4NO_3(V) at-150 deg C. Zeitschrift fur Kristallographie 117: 92-107.

Appleman D E. 1963. X-ray crystallography of wegscheiderite($Na_2CO_3 \cdot 3NaHCO_3$). Amer. Mineral., 48: 404-406.

Appleton J D, Bland D J, Nancarrow P H, et al. 1992. The occurrence of daqingshanite-(Ce) in the Nkombwa Hill carbonatite, Zambia. Mineral. Mag., 56: 419-422.

Arvidson R S, Mackenzie F T. 1999. The dolomite problem: control of precipitation kinetics by temperature and saturation state. Amer. Jour. Sci., 299: 257-288.

Atencio D, Bevins R E, Fleischer M, et al. 1989. Revision of the lanthanite group and new data for specimens from Bastnäs, Sweden and Bethlehem, USA. Mineral. Mag., 53: 639-642.

Axelrod J M, Grimaldi F S, Milton C, et al. 1951. The uranium minerals from the Hillside mine, Yavapai County, Arizona. Amer. Mineral., 36: 1-22.

Baldasari A, Speer J A. 1979. Witherite composition, physical properties, and genesis. Amer. Mineral., 64: 742-747.

Bao Z W, Zhao Z H. 2008. Geochemistry of mineralization with exchangeable REY in the weathering crusts of granitic rocks in South China. Ore Geology Reviews, 33: 519-535.

Bariand P, Cesbron F, Vachey H, et al. 1973. Hydromagnesite from Soghan, Iran. Mineral. Record, 4: 18-20.

Beck C W, Burns J H. 1954. Callaghanite, a new mineral. Amer. Mineral., 39: 630-635.

Bevins R E, Rowbotham G, Stevens F S, et al. 1985. Lanthanite-(Ce), $(Ce, La, Nd)_2(CO_3)_3 \cdot 8H_2O$, a new mineral from Wales, U. K. Amer. Mineral., 70: 411-413.

Bish D L, Brindley G W. 1977. A reinvestigation of takovite, a nickel aluminum hydroxy-carbonate of the pyroaurite group. Amer. Mineral., 62: 458-464.

Blaß G, Graf H W. 1995. Neufunde von bekannten Fundstellen(13). Mineralien-Welt, 6(3): 47-51.

Boni M, Gild H A, Balassone G, et al. 2007. Hypogene Zn carbonate ores in the Angouran deposit, NW lran. Miner. Deposita, 42: 799-822.

Bookin A S, Cherkashin V I, Drits V A. 1993. Polytype diversity of the hydrotalcite-like minerals. II. Determination of the polytypes of experimentally studied varieties. Clays and Clay Minerals, 41: 558-564.

Bore G. 2015. A review of supergene nonsulphide zinc(SNSZ) deposits—the 2014 update. In: Current Perspectives on Zinc Deposits. lrish Association for Economic Geology: 123-147.

Borodin V L, Lyutin V I, Ilyukhin V V, et al. 1979. Isomorphism between calcite-otavite. Doklady Acad. Nauk SSSR, 245, 1099-1101(in Russian).

Bovio B, Locchi S. 1982. Crystal structure of the orthorhombic basic copper nitrate, $Cu_2(OH)_3NO_3$. J. Cryst. Spectr. Res., 12: 507-517.

Boyton W V. 1984. Geochemistry of the rare earth elements: meteorite studies. Hendersou P. Rare Earth Element Geochemistry. Elservier, 63-114.

Braibanti A, Tiripicchio A, Lanfredi A M M, et al. 1979. The crystal structures of nitrates of divalent hexaquocations. II. Hexaquomagnesium nitrate. Acta Crystallographica B35:354-361.

Bridge P J, Just J, Hey M H. 1979. Georgeite, a new amorphous copper carbonate from the Carr Boyd mine, Western Australia. Mineral. Mag.,

43: 97-98.

Brindley G W, Comer J J. 1960. Electron-optical data for crystals of scarbroite. Mineral. Mag., 32: 363-365.

Brindley G W. 1980. Scarbroite, $Al_5(OH)_{13}CO_3 \cdot 5H_2O$, compared with gibbsite and hydrotalcite. Mineral. Mag., 43: 615-618.

Brunton G. 1973. Refinement of the callaghanite structure. Amer. Mineral., 58: 551.

Bucat R B, Patrick J M, White A H, et al. 1977. Crystal structure of baylissite, $K_2Mg(CO_3)_2 \cdot 4H_2O$. Australian J. Chem., 30: 1379-1382.

Bulakh A G, Kondrat'eva V V, Baranova E N. 1961. Carbocernaite, a new rare earth carbonate. Zap. Vses. Mineral. Obshch., 90: 42-49(in Russian).

Cesbron F, Gilles C, Pelisson P, et al. 1988. Laremondite-(Ce), un nouveau carbonate de terres rares de la famille de la burbankite. Compt. Rendus Acad. Sci. Paris, 307: 915-920(in French with English abs.).

Chang L L Y, Howie R A, Zussman J. 1996. Rock-forming minerals, (2nd edition), v. 5B, non-silicates.

Chao G Y, et al. 1985. Sabinaite: a new occurrence and new data. Can. Mineral., 23: 17-19.

Chao G Y, Gault R A. 1997. Quintinite-*2H*, quintinite-*3T*, charmarite-*2H*, charmarite-*3T* and caresite-*3T*, a new group of carbonate minerals related to the hydrotalcite-manasseite group. Canadian Mineralogist, 35: 1541-1549.

Chao G Y, Mainwaring P R, Baker J. 1978. Donnayite, $NaCaSr_3Y(CO3)_6 \cdot 3H_2O$, a new mineral from Mont Saint-Hilaire, Québec. Can. Mineral., 16: 335-340.

Charnock J M, Schofield P F, Henderson C M B, et al. 1996. Cu and Zn ordering in aurichalcite. Mineral. Mag., 60: 887-896.

Cheang K. 1977. Structure and polytypism in synchysite and parisite from Mont St. Hilaire, Quebec. MS thesis, Carleton University, Ottawa, Canada.

Chen C W, Huang C Y, Chen Z, et al. 2012. Miocene shallow-marine cold seep carbonate in fold-and-thrust western foothills, SW Taiwan. Journal of Asian Earth Sciences, 56: 200-211.

Chen J, Halls C, Stanley C J. 1992. Mineral association and mineralogical criteria for a B-F-Sn-Bi skarn in Damoshan, Gejiu, S. China. Chinese Journal of Geochemistry 11(2): 140-155.

Chen T T, Chao G Y. 1974. Burbankite from Mont St. Hilaire, Quebec. Can. Mineral., 12: 342-345.

Chen T T, Chao G Y. 1975a. Cordylite from Mont St. Hilaire, Quebec. Can. Mineral., 13: 93-94.

Chen T T, Chao G Y. 1975b. X-ray crystallography of weloganite. Can. Mineral., 13: 22-26.

Chen Y J, Pirajno F, Qi J P. 2008. The Shanggong gold deposit, Eastern Qinling Orogen, China: Isotope geochemistry and implications for ore genesis. Journal of Asian Earth Sciences, 33(3/4): 252-266.

Chevrier G, Giester G, Heger G, et al. 1992. Neutron single-crystal refinement of cerussite, $PbCO_3$, and comparison with other aragonite-type carbonates. Zeits. Krist., 199: 67-74.

Chi G X. 1992. Polygenetic Control of the Localization of Proximal versus Distal Deposits in the Xinlu Tin-Polymetallic Ore Field, Guangxi, Southern China. PhD Thesis, University of Chicoutimi (Québec), Canada.

Chi G X, Qing H R, Xue C J et al. 2005. An overpressured fluid system associated with the giant sandstone-hosted Jinding Zn-Pb deposit, western Yunnan, China. Biennial SGA Meeting, 8(1): 93-96.

Chiappero P J, Sarp H. 1993. Nouvelles données sur la znucalite et seconde occurrence: Le Mas d'Alary, Lodève(Hérault, France). Archs Sci. Genève, 46: 291-301(in French with English abs.).

Choi C S, Mighell A D. 1982. Neutron diffraction study of sodium sesquicarbonate dihydrate. Acta Cryst., 38: 2874-2876.

Church A, Jones A P. 1995. Silicate-carbonate immiscibility at Oldoinyo Lengai. J. Petrol., 36(4): 869-889.

Clark J R, Christ C L. 1956. Some observations on rutherfordine. Amer. Mineral., 41: 844-850.

Coda A, Della Giusta A, Tazzoli V. 1981. The structure of synthetic andersonite, $Na_2Ca[UO_2(CO_3)_3] \cdot xH_2O(x \approx 5.6)$. Acta Cryst., 37: 1496-1500.

Corazza E, Sabelli C. 1967. The crystal structure of pirssonite, $CaNa_2(CO_3)_2 \cdot 2H_2O$. Acta Cryst., 23: 763-766.

Corazza E, Sabelli C, Vannucci S. 1977. Dawsonite: new mineralogical data and structure refinement. Neues Jahrb. Mineral., Monatsh., 381-397.

Dal Negro A, Guiseppetti G, Tadini C. 1975. Refinement of the crystal structure of northupite: $Na_3Mg(CO_3)_2Cl$. Tschermaks Mineral. Petrog. Mitt., 22: 158-163.

Dal Negro A, Rossi G, Tazzoli V. 1977. The crystal structure of lanthanite. Amer. Mineral., 62: 142-146.

Dana E S. 1883. Dana's system of mineralogy, (5th edition).

Dana E S. 1892. Dana's system of mineralogy, (6th edition).

de Parseval P, Fontan F, Aigouy T. 1997. Composition chimique des minéraux de terres rares de Trimouns(Ariège, France). Compt. Rendus Acad. Sci. Paris, 324: 625-630(in French with English abs.).

de Villiers J P R. 1971. Crystal structures of aragonite, strontianite, and witherite. Amer. Mineral., 56: 758-767.

de Waal S A, Viljoen E A. 1971. Nickel minerals from Barberton, South Africa: IV. Reevesite, a member of the hydrotalcite group. Amer. Mineral., 56: 1077-1081.

de Wolff P M. 1952. The crystal structure of artinite, $Mg_2(OH)_2CO_3 \cdot 3H_2O$. Acta Cryst., 5: 286-287.

Deer W A, Howie R A, Zussman J, 1962. Rock-forming minerals, v. 5, non-silicates, Longmans: Lonoon, 308.

Degens E T, Epstein S. 1964. Oxygen and carbon isotope ratios in coexisting calcites and dolomites from recent and ancient sediments. Geochimica et Cosmochimica Acta, 28(1): 23-44.

Deliens M, Piret P. 1980. La kolwézite, un hydroxycarbonate de cuivre et de cobalt analogue à la glaukosphaerite et à la rosasite. Bull. Minéral., 103: 179-184(in French with English abs.).

Deliens M, Piret P. 1982. Bijvoetite et lepersonnite, carbonates hydrates d'uranyle et de terres rares de Shinkolobwe, Zaïre. Can. Mineral., 20: 231-238(in French with English abs.).

Deliens M, Piret P. 1989. La shabäite-(Nd), $Ca(TR)_2(UO_2)(CO_3)_4(OH)_2 \cdot 6H_2O$, nouvelle espèce minérale de Kamoto, Shaba, Zäire. Eur. J. Mineral., 1: 85-88(in French with English abs.).

Deliens M, Piret P. 1990. L'astrocyanite-(Ce), $Cu_2(TR)_2(UO_2)(CO_3)_5(OH)_2 \cdot 1.5H_2O$, nouvelle espèce minérale de Kamoto, Shaba, Zäire. Eur. J. Mineral., 2: 407-411(in French with English abs.).

Deliens M. 1973. La likasite de Likasi(République du Zäire). Bull. Minéral., 96: 143-145(in French).

Deliens M. 1975. La glaucosphaerite de Kasompi(Shaba méridional, Zaïre). Bull. Minéral., 98, 175-178(in French with English abs.).

Diao X, Wu M, Zhang D, et al. 2022. Textural Features and Chemical Evolution of Ta-Nb-W-Sn Oxides in the Jianfengling Deposit, South China. Ore Geology Reviews, 104690.

Dickens B, Bowen J S. 1971. The crystal structure of $BaCa(CO_3)_2$(barytocalcite). J. Res. Nat. Bur. Stnd., A-Phys. and Chem., 75A(3): 197-203.

Dickens B, Hyman A, Brown W E. 1971. Crystal structure of $Ca_2Na_2(CO_3)_3$(shortite). J. Res. Natl. Bur. Stnd., A. Physics and chemistry, 75(2): 129-135.

Dollase W A, Reeder R J. 1986. Crystal structure refinement of huntite, $CaMg_3(CO_3)_4$, with X-ray powder data. Amer. Mineral., 71, 163-166.

Donnay G, Donnay J D H. 1953. The crystallography of bastnaesite, parisite, roentgenite, and synchisite. Amer. Mineral., 38: 932-963.

Donnay G, Donnay J D H. 1971a. Ewaldite, a new barium calcium carbonate. I. Occurrence of ewaldite in syntactic intergrowth with mackelveyite [=mckelveyite-(Y)]. Tschermaks Mineral. Petrog. Mitt., 15: 185-200.

Donnay G, Preston H. 1971b. Ewaldite, a new barium calcium carbonate. II. Its crystal structure. Tschermaks Mineral. Petrog. Mitt., 15: 201-212.

Donnay G. 1953. Roentgenite [röntgenite], $3CeFCO_3 \cdot 2CaCO_3$, a new mineral from Greenland. Amer. Mineral., 38: 868-870.

Duffin W J, Goodyear J. 1960. A thermal and X-ray investigation of scarbroite. Mineral. Mag., 32: 353-362.

Dunn Pete J. 1986. A New Zinc Magnesium Carbonate and Data for other Unnamed Species from Franklin and Sterling Hill, New Jersey, Mineralogical Record, v. 17: 126-127.

Dunn P J, Peacor D R, Palmer T D. 1979. Desautelsite, a new mineral of the pyroaurite [hydrotalcite]group. Amer. Mineral., 64: 127-130.

Dunn P J. 1979. Contributions to the mineralogy of Franklin and Sterling Hill, New Jersey. Mineral. Record, 10: 160-165.

Effenberger H, Kluger F, Paulus H, et al. 1985. Crystal structure refinement of burbankite. Neues Jahrb. Mineral., Monatsh., 161-170.

Effenberger H, Kluger F, Pertlik F, et al. 1981a. Tunisit: Kristallstruktur und Revision der chemischen Formel. Tschermaks Mineral. Petrog. Mitt., 28: 65-77(in German with English abs.).

Effenberger H, Mereiter K, Zemann J. 1981b. Crystal structure refinements of magnesite, calcite, rhodochrosite, siderite, smithsonite, and dolomite, with discussion of some aspects of the stereochemistry of calcite type carbonates. Zeits. Krist., 156, 233-243.

Effenberger H, Zamann J. 1979. Verfeinerung der kristallstruktur des lithiumkarbonates, Li_2CO_3. Zeitschrift fur Kristallographie, 150: 133-138.

Effenberger H. 1979. Kristallstruktur und chemische Formel des Benstonits, $Ba_6Ca_6Mg(CO_3)_{13}$. Neues Jahrb. Mineral., Abh., 136: 326-337 (in German with English abs.).

Effenberger H. 1980. Die Kristallstruktur des Minerals Paralstonit. Neues Jahrb. Mineral., Monatsh., 353-363(in German with English abs.).

Effenberger H. 1980. The crystal structure of calcium carbonate monohydrate, $CaCO_3 \cdot H_2O$. 6th European Crystallographic Meeting, Barcelona, Spain.

Effenberger H. 1985. Single crystal X-Ray investigation of norsethite, $BaMg(CO_3)_2$: One more mineral with an aplanar carbonate group, Zeitschrift fur Kristallographie, 171: 275-280.

Effenberger H. 1986. Likasite, $Cu_3(OH)_5(NO_3) \cdot 2H_2O$: revision of the chemical formula and redetermination of the crystal structure. Neues Jahrb. Mineral., Monatsh., 101-110.

Effenberger H, Langhof H. 1984. On the aplanarity of the CO_3 group in buetschliite, dipotassium calcium carbonate, $K_2Ca(CO_3)_2$: a further refinement of the atomic arrangement. Acta Cryst., C40: 2999-1300.

Effenberger H. 1979. Kristallstruktur und chemische formel des benstonits, $Ba_6Ca_6Mg(CO_3)_{13}$ database code amcsd 0014709, Neues Jahrbuch fur Mineralogie, Abhandlungen 136:326-337.

Effenberger H. 1983. Verfeinerung der kristallstruktur des monoklinen ikupfer(II)-trihydroxi-nitrates $Cu_2(NO_3)(OH)_3$. Zeitschrift fur Kristallographie 165: 127-135.

Effenberger H. 1986. Likasite, $Cu_3(OH)_5(NO_3) \cdot 2H_2O$: revision of the chemical formula and redetermination of the crystal structure. Neues

Jahrb. Mineral., Monatsh., 101-110.

Effenberger H, Mereiter K, Zemann J. 1981. Crystal structure refinements of magnesite, rhodochrosite, siderite, smithsonite, and dolomite, with discussion of some aspects of the stereochemistry of calcite type carbonates. Zeits. Krist., 156, 233-243.

Elton J J, Hooper J J. 1995. Widenmannite from Cornwall, England: the second world occurrence. Mineral. Mag., 59: 745-749.

Engelhardt L M, Hall S R, White A H. 1985. Crystal structure of kambaldaite, $Na_2Ni_8(CO_3)_6 \cdot 6H_2O$. Amer. Mineral., 70: 423-427.

Erd R C, Cesbron F P, Goff F E, et al. 1981. Mcguinnessite, a new carbonate from California. Mineral. Record, 12: 143-147.

Eugster H P. 1971. Origin and Deposition of Trona, Contributions to Geology, 10(1): 57-63.

Fahey J J, Mrose M E. 1962. Saline minerals of the Green River Formation. U. S. Geol. Sur. Prof. Paper 405, 24: 35-36, 48-49.

Fahey J J, Yorks K P. 1963. Wegscheiderite($Na_2CO_3 \cdot 3NaHCO_3$), a new saline mineral from the Green River Formation, Wyoming. Amer. Mineral., 48: 400-403.

Fahey J J. 1962. Saline minerals of the Green River Formation. U. S. Geol. Surv. Prof. Paper 405, 24: 31-34, 47-48.

Farkas L, Bolzenius B H, Schäfer W, et al. 1988. The crystal structure of kutnohorite $CaMn(CO_3)_2$. Neues Jahrb. Mineral., Monatsh., 539-546.

Farkas L, Maksimović Z, Pantó G. 1985. X-ray powder data and unit cell of natural hydroxyl-bastnaesite-(Nd). Neues Jahrb. Mineral., Monatsh., 298-304.

Farmer V C. 1974. The infrared spectra of minerals. London: Mineral Soe Monog, 5.

Faust G T. 1953. Huntite, $Mg_3Ca(CO_3)_4$, a new mineral. Amer. Mineral., 38, 4-24.

Feng Z Z, Zhang Y S, Jin Z K. 1998. Types, origin and reservoir characteristics of dolostones of the Ordovician Majiagou Group, Ordos, North China Platform. Sedimentary Geology, 118: 127-140.

Feoktistov G D, Ivanov S I, Kashaev A A, et al, 1978. The occurrence of chlormanasseite [=chlormagaluminite] in the USSR. Zap. Vses. Mineral. Obshch., 107: 321-325(in Russian).

Fernandes N G, Tellgren R, Olovsson I. 1990. Structure and electron density of pentasodium trihydrogentetracarbonate. Acta Cryst., 46: 466-474.

Finch R J, Cooper M A, Hawthorne F C. 1999. Refinement of the crystal structure of rutherfordine. Can. Mineral., 37: 929-938.

Flink G. 1901. On the minerals from Narsarsuk on the firth of Tunugdliarfik in Southern Greenland. Meddel. øm Grønland, (24): 42-49.

Flügel L. 2004. Microfacies of Carbonate Rocks-Analysis, Interpretation and Application. Berlin: Springer-Verlag, 652-656.

Frondel C, Bauer L H. 1955a. Kutnahorite [kutnohorite]: a manganese dolomite. Amer. Mineral., 40: 748-760.

Frondel C, Gettens R J. 1955b. Chalconatronite, a new mineral from Egypt. Science, 122: 75-76.

Frondel C, Meyerowitz R. 1956. Studies of uranium minerals(XIX): rutherfordine, diderichite, and clarkeite. Amer. Mineral., 41: 127-133.

Frondel C. 1941. Constitution and polymorphism of the pyroaurite and sjogrenite groups. Amer. Mineral., 26: 295-315.

Frondel C. 1958. Systematic mineralogy of uranium and thorium. U. S. Geol. Sur. Bull. 1064: 115-128.

Garavelli C G, Vurro F, Fioravanti G C. 1982. Minrecordite, a new mineral from Tsumeb. Mineral. Record, 13: 131-136.

Gasiunas K, Kaminskas A, Kapacauskas I, et al. 1973. Nature of water in nesquehonite. Zh. Neorg. Khim. 18(9): 2332-2335(in Russian).

Gattow G, Zemann J. 1958. Neubestimmung der Kristallstruktur von Azurit, $Cu_3(OH)_2(CO_3)_2$. Acta Cryst., 11: 866-872(in German).

Ge X, Fan G, Li G, et al. 2017. Mianningite, (□, Pb, Ce, Na)(U^{4+}, Mn, U^{6+})Fe_2^{3+}(Ti, Fe^{3+})$_{18}O_{38}$, a new member of the crichtonite group from Maoniuping REE deposit, Mianning county, northwest Sichuan, China. European Journal of Mineralogy, 29: 331-338.

Gettens R J, Frondel C. 1955. Chalconatronite: an alteration product on some ancient Egyptian bronzes. Studies in Conservation, 2(2); 64-75.

Ghose S. 1964. The crystal structure of hydrozincite, $Zn_5(OH)_6(CO_3)_2$. Acta Cryst., 17: 1051-1057.

Giester G, Ni Y, Jarosch D, et al. 1998. Cordylite-(Ce): a crystal chemical investigation of material from four localities, including type material. Amer. Mineral., 83: 178-184.

Gilg H A, Boni M, Cook N J. 2008. A special issue devoted to nonsulfide Zn-Pb deposits-editorial. Ore Geology Reviews, 33(2): 115-116.

Gillet P H. 1993. Stability of magnesite $MgCO_3$ at mantle pressure and temperature conditions: a Raman Spectroscopic study. Am Miner., 78: 1328-1331.

Ginderow D. 1989. Structure de $Na_3M_3(CO_3)_5$(M=terre rare, Ca, Na, Sr), rattaché à la burbankite. Acta Cryst., C45: 185-187(in French with English abs.).

Giuseppetti G, Tadini C. 1974. Reexamination of the crystal structure of phosgenite, $Pb_2Cl_2(CO_3)$. Tschermaks Mineral. Petrog. Mitt., 21: 101-109.

Giuseppetti G, Mazzi F, Tadini C. 1990. The crystal structure of leadhillite, $Pb_4(SO_4)(CO_3)_2(OH)_2$. Neues Jahrb. Mineral., Monatsh., 255-268.

Goldbery R, Loughnan F C. 1970. Dawsonite and nordstrandite in the Permian Berry Formation of the Sydney Basin, New South Wales. Amer. Mineral., 55: 477-490.

Gong L X, Wang X G, Zhang D F, et al. 2023. Zircon as a Monitoring Tool for the Magmatic-Hydrothermal Process in the Granitic Bedrock of Shitouping Ion-Adsorption Heavy Rare Earth Element Deposit, South China. Minerals, 13(11)doi:10. 3390/min13111402.

Göttlicher S, Knöchel C D. 1978. Zur Kristallstruktur von Natriumnitrat. Zeits. Krist., 148: 101-105(in German with English abs.).

Graf D L, Bradley W F. 1962. The crystal structure of huntite. Acta Cryst., 15: 238-242.

Graf J L. 1984. Effects of Mississippi Valley-Type mineralization on REE patterns of carbonate rocks and minerals, Viburnum Trend, southeast Missouri. J. Geol., 92(3): 307-324.

Graham R C, Ervin J O, Graham W M. 1988. The occurrence and properties of sveite in the northeastern San Joaquin Valley, California. Program and Abstracts, Annual Clay Minerals Conference, 25, 50.

Grice J D, Gault R A, Rowe R. 2006. Qaqarssukite-(Ce), a new barium-cerium fluorcarbonate mineral species from Qaqarassuk, Greenland. The Canadian Mineralogist, 44: 1137-1146.

Grice J D, Gault R A, Roberts A C, et al. 2000. Adamsite-(Y), a new sodium-yttrium carbonate mineral species from Mont Saint-Hilaire, Quebec. Can. Mineral., 38: 1457-1466.

Grice J. 1996. The crystal structure of shomiokite-(Y). Can. Mineral., 34: 649-655.

Grice J C, Chao G Y. 1997a. Horváthite-(Y), rare-earth fluorocarbonate, a new mineral species from Mont Saint-Hilaire, Quebec. Can. Mineral., 35: 743-749.

Grice J D, Chao G Y. 1997b. Lukechangite-(Ce), a new rareearth-fluorocarbonate mineral from Mont Saint-Hilaire, Quebec. Amer. Mineral., 82: 1255-1260.

Grice J D, Dunn P J. 1989. Sclarite, a new mineral from Franklin, New Jersey, with essential octahedrally and tetrahedrally coordinated zinc: description and structure refinement. Amer. Mineral., 74: 1355-1359.

Grice J D, Perrault G. 1975. The crystal structure of triclinic weloganite. Can. Mineral., 13: 209-216.

Grice J D, Cooper M A, Hawthorne F C. 1999. Crystal-structure determination of twinned kettnerite. Can. Mineral., 37: 923-927.

Grice J D, Gault R A, Chao G Y. 1995. Reederite-(Y), a new sodium rare-earth carbonate mineral with a unique fluorosulfate anion. Amer. Mineral., 80: 1059-1064.

Grice J D, van Velthuizen J, Gault R A. 1994. Petersenite-(Ce), a new mineral from Mont Saint-Hilaire, and its structural relationship to other REE carbonates. Can. Mineral., 32: 405-414.

Gross S. 1977. The mineralogy of the Hatrurim Formation, Israel. Geol. Sur. Israel Bull. 70: 21-23.

Chen G N, Grapes R. 2007. Granite Genesis: In-Situ Melting and Crustal Evolution. Springer Verlag, 278 pp.

Chi G X. 1992. Polygenetic Control of the Localization of Proximal versus Distal Deposits in the Xinlu Tin-Polymetallic Ore Field, Guangxi, Southern China. PhD Thesis, University of Chicoutimi(Québec), Canada.

Gysi A P, Williams-Jones A E. 2015. The Thermodynamic Properties of Bastnasite-(Ce) and Parisit-(Ce). Chemical Geology, 392(21): 87-101.

Haacke D F, Williams P A. 1981. Stability of plumbonacrite. J. Inorg. Nucl. Chem., 43: 406.

Harding M M, Kariuki B M, Cernik R, et al. 1994. The structure of aurichalcite, $(Cu, Zn)_5(OH)_6(CO_3)_2$, determined from a microcrystal. Acta Cryst., 50: 673-676.

He L Q, Sony Y C, Chen K X et al. 2009. Thrust-controlled, sediment-hosted, Himalayan Zn-Pb-Cu-Ag deposits in the Lanping foreland fold belt, eastern marlin of Tibetan Plateau. Ore Geology heviews, 36(1-3): 106-132.

Heinrich E W. 1947. Beyerite from Colorado. Amer. Mineral., 32: 660-669.

Hendry J P. 2002. Geochemical trends and palaeohydrological significance of shallow burial calcite and ankerite cements in Middle Jurassic strata on the East Midlandsshelf(onshore UK). Sedimentary Geology, 151(1-2): 149-176.

Henry D A, Birch W D. 1992. Otwayite and theophrastite from the Lord Brassey mine, Tasmania. Mineral. Mag., 56: 252-255.

Hentschel G, Leufer U, Tillmanns E. 1978. Brenkit, ein neues Kalzium-Fluor-Karbonat vom Schellkopf/Eifel. Neues Jahrb. Mineral., Monatsh., 325-329(in German with English abs.).

Hill C, Forti P. 1997. Cave minerals of the world(2nd edition), National Speleological Soc., Huntsville, Alabama, 151-162.

Hill R J, Canterford J H, Moyle F J. 1982. New data for lansfordite. Mineral. Mag., 46: 453-457.

Hill R J. 1981. The structure of loseyite. Acta Cryst., 37: 1323-1328.

Hintze C. 1929. Handbuch der Mineralogie, Gruyter & Co., Berlin, I(3. 1): 2778-2787 [soda], 2786(in German).

Hintze C. 1930. Handbuch der Mineralogie. Gruyter & Co., Berlin, 1(3. 1): 2735-2739(in German).

Hoefs J. 1997. Stable Isotope Geochemistry. New York: Sprinter.

Hollerer C E. 1998. $Ca(REE)_2(CO_2)_4 \cdot H_2O$, a new mineral from Steiermark, Austria. Mitteil. Österr. Mineral. Ges., 143: 200-201(in German).

Horváth L, Gault R A. 1990. The mineralogy of Mont Saint-Hilaire, Quebec. Mineral. Record, 21: 284-359, 304.

Horváth L, Pfenninger-Horváth E, Gault R A, et al. 1998. Mineralogy of the Saint-Amable Sill, Varennes and Saint-Amable, Québec. Mineral. Record, 29: 83-118, esp. 96.

Howie R A, Broadhurst F M. 1958. X-ray data for dolomite and ankerite, Amer. Mineral., 43: 1210-1214.

Huang D H, Wang Y C, Nie F J, et al. 1984. Isotopic composition of sulfur, carbon and oxygen and source material of the Huanglongpu carbonatite vein-type of molybdenum(lead) deposits. Acta Geologica Sinica, 58(3): 252-264.

Huang D, Wang Y, Nie F, et al. 1984. Isotopic composition of sulfur, carbon and oxygen and source material of the Huanglongpu carbonatite vein-type of molybdenum(lead)deposits. Acta Geologica Sinica, 58: 252-264.

Huang Z L, Li X B, Zhou M F, et al. 2010. REE and C-O isotopic geochemistry of calcites from the word-class Huize Pb-Zn deposits, Yunnan, China: Implication for the ore genesis. Acta Geologica Sinica(English Edition), 84(3): 597-613.

Hughes J M, Yunxiang N. 1994. A high-precision crystal structure refinement of daqingshanite-(Ce)from the Nkombwa Hill carbonatite, Zambia. Mineral. Mag., 58: 493-496.

Inaba S, Minakawa T, Noto S. 1983. Desautelsite from(the quarry at)Shiraki, Mie Prefecture, Japan. Chigaku Kenkyu, 34: 89-95(in Japanese).

Indolev L N, Zhdanov Y Y, Kashertseva K I, et al. 1971. Hydrous carbonate of magnesium and aluminum-the new mineral indigirite. Zap. Vses. Mineral. Obshch., 100: 178-183(in Russian).

Ingram L, Taylor H W F. 1967. The crystal structures of sjögrenite and pyroaurite. Mineral. Mag., 36: 465-479.

Ivanov O K, Malinovskii Y A, Mozherin Y V. 1984. Pokrovskite. $Mg_2[(CO_3)(OH)_2]\cdot 0.5H_2O$-a new mineral from the Zlatogorskaya layered intrusive(Kazakhstan). Zap. Vses. Mineral. Obshch., 113: 90-95.

Ivanov O K, Mozzherin Y V, Vilisov V I. 1986. New data on sjögrenite. Izvestiya Akad. Nauk Kazakh. SSR, Geol. Ser. 1: 40-45(in Russian).

Jaffe H W, Meyerowitz R, Evans H T, et al. 1953. Sahamalite, a new rare earth carbonate mineral. Amer. Mineral., 38: 741-754.

Jagodzinski H. 1965. Kristallstruktur und Fehlordnung des Artinits $Mg_2[CO_3(OH)_2]\cdot 3H_2O$. Tschermaks Mineral. Petrog. Mitt., 10: 297-330(in German with English abs.).

Jambor J L, Pouliot G. 1965. X-ray crystallography of aurichalcite and hydrozincite. Can. Mineral., 8: 385-389.

Jambor J L, Sturman B D, Weatherly G C. 1980. Sabinaite, a new anhydrous zirconium-bearing carbonate mineral from Montreal Island, Quebec. Can. Mineral., 18: 25-29.

Jambor J L. 1969. Coalingite from the Muskox intrusion, Northwest Territories. Amer. Mineral., 54: 437-447.

Jansen G J, Magnin Jr G B, Levin B. 1959. Synthesis of bastnaesite. Amer. Mineral., 44: 180-181.

Jarosch D, Heger G. 1986. Neutron diffraction refinement of the crystal structure of aragonite. Tschermaks Mineral. Petrog. Mitt., 35: 127-131.

Jarosch D, Heger G. 1988. Neutron diffraction investigation of strontianite, $SrCO_3$. Bull. Minéral., 111: 139-142.

Jiang Z, Zhang Z, Duan S, et al. 2021. Genesis of the sediment-hosted Haerdaban Zn-Pb deposit, Western Tianshan, NW China: constraints from textural, compositional and sulfur isotope variations of sulfides. Ore Geology Reviews, 104527.

Johan Z, Povondra P, Slánsky E. 1969. Tunisite, a new carbonate from Tunisia. Amer. Mineral., 54: 1-13.

Jones B, Kahle C F. 1993. Morpbology, relationship, and origin of fiber and dendrite calcite crystals. Jorunal of Sedimentary Petrology, 63: 1018-1031.

Kampf A R, Moore P B, Jonsson E J, et al. 1998. Philolithite, a new mineral from Långban, Värmland, Sweden. Mineral. Record, 29: 201-206.

Kapustin Y L. 1971. Mineralogy of carbonatites. Nauka Publishers, Moscow, 152-153(in English).

Kapustin Y L. 1972. First find of huanghoite in the USSR. Doklady Acad. Nauk SSSR, 202: 422-425(in Russian).

Kashaev A A, Feoktistov G D, Petrova S V. 1982. Chlormagaluminite, $(Mg, Fe^{2+})_4Al_2(OH)_{12}(Cl_{12}, CO_3)_2\cdot 2H_2O$-a new mineral of the manasseite-sjögrenite group. Zap. Vses. Mineral. Obshch., 11: 121-127(in Russian).

Kaufman A J, Jacobsen S B, Knoll A H. 1993. The Vendian record of Sr and C isotopic variations in seawater: Implications for tectonics and paleoclimate. Earth Planet Sci Lett, 120(3/4): 409-430.

Kautz K. 1968. Ein Vorkommen von Alumohydrocalcit und Allophan bei Bergisch-Gladbach. Neues Jahrb. Mineral., Monatsh., 350-358(in German with English abs.).

Kautz K. 1969. Elektronenbeugung und Infrarot-Untersuchungen an Alumohydrocalcit. Neues Jahrb. Mineral., Monatsh., 130-137(in German with English abs.).

Keester K L, Johnson Jr G J, Vand V. 1969. New data on tychite. Amer. Mineral., 54: 302-305.

Keith M L, Weber J N. 1964. Carbon and oxygen isotopic composition of selected limestone and fossils. Geochimica et Cosmochimica Acta, 28: 1787-1816.

Kennedy S W, Odlyha M. 1977. Orientations and twinning in the structural transformation aragonite-type to calcite-like in potassium nitrate crystals. Acta Cryst., 33: 168-171.

Khin Z, Peters S G, Cromie P, et al. 2007. Nature, diversity of deposit types and metallogenic relations of South China. Ore Geology Reviews, 31: 3-47.

Khomyakov A P, Aleksandrov V V, Krasnova N I, et al. 1982. Bonshtedtite, $Na_3Fe(PO_4)(CO_3)$, a new mineral. Zap. Vses. Mineral. Obshch., 111: 486-490(in Russian).

Khomyakov A P, Bakhchisaraitsev A Y, Martynova A V, et al. 1990. Manganotychite $Na_6Mn_2(SO_4)(CO_3)_4$-a new mineral. Zap. Vses. Mineral. Obshch., 119(5): 46-49(in Russian).

Khomyakov A P, Kurova T A, Nechelyustov G N, et al. 1983. Barentsite, $Na_7AlH_2(CO_3)_4F_4$, a new mineral. Zap. Vses. Mineral. Obshch., 112: 474-479(in Russian).

Khomyakov A P, Malinovskii Y A, and Sandomirskaya S M. 1981. Ferrotychite $Na6Fe_2(SO_4)(CO_3)_4$-a new mineral. Zap. Vses. Mineral. Obshch. , 110: 600-603(in Russian).

Khomyakov A P, Polezhaeva L I, Sokolova E V. 1994. Crawfordite $Na_3Sr(PO_4)(CO_3)$: a new mineral from the bradleyite group. Zap. Vses. Mineral. Obshch. , 123(3): 41-49(in Russian with English abs.).

Khomyakov A P, Polezhaeva L I, Rogachev D L, et al. 1991. A new natural fluorocarbonate, $Na_3Ca(Mn, Ca)(CO_3)_3F$, from the Lovozero alkaline massif. Vestnik Moscow University, Series 4, Geology, 1: 85-88(in Russian).

Khomyakov A P, Polezhaeva L I, Yamnova N A, et al. 1992. Mineevite-(Y)-$Na_{25}Ba(Y, Gd, Dy)_2(CO_3)_{11}(HCO_3)_4(SO_4)_2F_2Cl$-a new mineral. Zap. Vses. Mineral. Obshch. , 121(6), 138-143(in Russian).

Khomyakov A P, Sandomirskaya S M, Malinovskii Y A. 1980. Iron eitelite, $Na_2(Mg, Fe)(CO_3)_2$-a new mineral variety. Doklady Acad. Nauk SSSR, 255: 190-192.

Khomyakov A P, Semenov E I, Kazakova M E, et al. 1979. Sidorenkite, $Na_3Mn(PO_4)(CO_3)$-a new mineral. Zap. Vses. Mineral. Obshch. , 108: 56-59(in Russian).

Khomyakov A P, Shumyatskaya N G, Polezhaeva L T. 1994. Shomiokite-(Y)-$Na_3Y(CO_3)_3 \cdot 3H_2O$-a new mineral. Zap. Vses. Mineral. Obshch. , 121: 129-132(in Russian).

Khomyakov A P. 1982. Natrite, Na_2CO_3-a new mineral. Zap. Vses. Mineral. Obshch. , 111, 220-225(in Russian).

Khomyakov A P. 1995. Mineralogy of hyperagpaitic alkaline rocks. Clarendon Press, Oxford, 82-83, 86-87.

King R J. 1982. A new occurrence of scarbroite in Britain. J. Russell Soc. , 1(1): 9-18.

Kinsolving M R, MacGillavry C, Pepinsky R. 1950. Twinning in nesquehonite, $MgCO_3 \cdot 3H_2O$. Amer. Mineral. , 35: 127.

Kirillov A S. 1964. A new variety of bastnäsite-hydroxyl-bastnäsite. Doklady Acad. Nauk SSSR, 159: 1048-1050(in Russian).

Kirillov A S. 1966. Hydroxyl-bastnäsite, a new mineral variety. Zap. Vses. Mineral. Obshch. , 95: 51-59(in Russian).

Klein C J, Fink R P. 1976. Petrology of the Sokoman Iron Formation in the Howells River area, at the western edge of the Labrador Trough. Econ. Geol. , 71: 453-487.

Knobloch D, Pertlik F, Zemann J. 1980. Crystal structure refinements of buetschliite and eitelite: a contribution to the stereochemistry of trigonal carbonate minerals. Neues Jahrb. Mineral. , Monatsh. , 230-236.

Kohls D W, Rodda J L. 1966. Gaspeite, $(Ni, Mg, Fe)(CO_3)$, a new carbonate from the Gaspe Peninsula, Quebec. Amer. Mineral. , 51, 677-684.

Konev A A, Vorobev E I, Piskunova L F, et al. 1991. Olekminskite $Sr(Sr, Ca, Ba)(CO_3)_2$-a new mineral and the new isomorphous series olekminskite-paralstonite. Zap. Vses. Mineral. Obshch. , 120(3): 89-96(in Russian).

Krivovichev S V, Burns P C. 2000a. Crystal chemistry of basic lead carbonates. II. Crystal structure of synthetic "plumbonacrite". Mineral. Mag. , 64: 1069-1075.

Krivovichev S V, Burns P C. 2000b. Crystal chemistry of basic lead carbonates. II. Crystal structure of synthetic shannonite. Mineral. Mag. , 64: 1063-1068.

Krivovichev S V, Armbruster T, Pekov I V. 2003. Cation frameworks in the structure of natural fluorcarbonates of barium and rare-earth elements: Crystal structure of kukharenkoite-(La), $Ba_2(La, Ce)(CO_3)_3F$. Zapiski Vseross. Mineral. Obshch. , 132(3): 65-72(in Russian with English abs.).

Kurova T A, Shumyatskaya N G, Voronkov A A, et al. 1980. Crystal structure of sidorenkite, $Na_3Mn(PO_4)(CO_3)$. Sov. Phys. Doklady Acad. Nauk SSSR, 25: 156-157(in Russian).

Kvasnitsa V B, Navaleva N B, Shumlyanskiy V A, et al. 1990. New rare-earth carbonate and phosphate finds in the Ukraine. Doklady Acad. Nauk SSSR, 314: 455-458(in Russian).

Lagerkrantz A, Sillén G. 1948. On the crystal structure of $Bi_2O_2CO_3$(bismutite) and $CaBi_2O_2(CO_3)_2$(beyerite). Arkiv Kemi, 25(20): 21.

Land L S. 1998. Failure to Precipitate Dolomite at 25℃ from Dilute Solution Despite 1000-Fold Oversaturation after 32 Years. Aquatic Geochemistry, 4(3-4): 361-368.

Landuyt J V. Amelinckx S. 1975. Multiple beam direct lattice imaging mixed-layer compounds of the bastnaesite-synchysite series. Am. Mineral. , 60: 351-358.

Lappin M A, Smith D C. 1978. Mantle-equilibrated orthopyroxene eclogite pods from the Basal geneisses in the Selje district, western Norway. J. Petrol. , 19: 530-584.

Le Bas M J, Spiro B, Yang X M. 1997. Oxyen, carbon and strontium isotopes study of the carbonatic dolomite host of the Bayan Obo Fe-Nb-REE deposit, Inner Mongolia, N. China. Mineralogical Magazine, 61(4): 531-541.

Leclair A, Monier J C. 1977. Liaisons hydrog`ene dans les cristaux de $Ca(NO_3)_2 \cdot 4H_2O$. Acta Cryst. , 33: 1861-1866(in French with English abs.).

Leufer U, Tillmanns E. 1980. Die Kristallstruktur von Brenkit, $Ca_2F_2CO_3$. Tschermaks Mineral. Petrog. Mitt. , 27: 261-266.

Levinson A A, Borup R A. 1962. Doverite [=synchysite-(Y)]from Cotopaxi, Colorado. Amer. Mineral. , 47: 337-343.

Levinson A A. 1966. A system of nomenclature for rare-earth minerals. Amer. Mineral. , 51: 152-158.

Li J, Chou I, Yuan S, et al. 2009. Homogenization Temperature Measurements in Hydrothermal Diamond-Anvil Cell for Melt and Fluid Inclusions from theJiajika Pegmatite Deposit, China. In AGU Fall Meeting Abstracts (Vol. 1, p. 2234).

Li M H, Fang X M, Wang J Y, et al. 2013. Evaporite minerals of the lower 538. 5 m sediments in a long core from the Western Qaidam Basin, Tibet. Quaternary International, 298: 123-133.

Li S. 1982. Geochemical features and petrogenesis of Miaoya carbonatites, Hubei Province. Geochemistry, 1(4): 409-420.

Li Y, Burns P C, Gault R A. 2000. A new rare-earth element uranyl carbonate sheet in the structure of bijvoetite-(Y). The Canadian Mineralogist, 38 (1): 153-162..

Li Z, Ye L, Hu Y, et al. 2018. Geological significance of nickeliferous minerals in the Fule Pb-Zn deposit, Yunnan Province, China. Acta Geochimica, 37: 684-690.

Liebich B W, Sarp H S. 1985. La structure cristalline de la defernite. Schweiz. Mineral. Petrog. Mitt., 65: 153-158 (in French with English abs.).

Lin Y L, Zhang H Q, Zheng M P. 1990. The crystal structure of zabuyelite. Kexue Tongbao, 35(6): 489-492(in English).

Lippmann F. 1962. Benstonite, $Ca_7Ba_6(CO_3)_{13}$, a new mineral from the barite deposit in Hot Spring County, Arkansas. Amer. Mineral., 47: 585-598.

Liu G X, Yuan F, Deng Y F, et al. 2020. Ore-fluid geochemistry of the Hehuashan Pb-Zn deposit in the Tongling ore district, Anhui province, China: Evidence from REE and C-H-O isotopes of calcite. Ore Geology Reviews, 117: 103-279.

Liu H S, Zhou J X, Zhang Y H, et al. 2024. Geology and in-situ S-Pb isotopes of the Luoboshan carbonate-hosted Pb-Zn deposit in Yunnan Province, SW China. Ore Geology Reviews, 170: 106-128.

Liu P, Li G W, Sun N Y, et al. 2024. Wenlanzhangite-(Y) from the Yushui deposit, South China: A potential proxy for tracing the redox state of ore formation. American Mineralogist, 109(10): 1738-1747.

Liu Q Q, Chi Q H, Wang X Q, et al. 2018. Distribution and influencing factors of rare earth elements in carbonate rocks along three continental-scale transects in eastern China. Earth Science Frontiers, 25(4): 99-115.

Livingstone A, Champness P E. 1993. Brianyoungite, a new mineral related to hydrozincite, from the north of England orefield. Mineral. Mag., 57: 665-670.

Livingstone A, Sarp H. 1984. Macphersonite, a new mineral from Leadhills, Scotland, and Saint-Prix, France-a polymorph of leadhillite and susannite. Mineral. Mag., 48: 277-282.

Livingstone A, Russell J D. 1985. X-ray powder data for susannite and its distinction from leadhillite. Mineral. Mag., 49: 759-761.

Maksimović Z, Pantó G. 1985. Hydroxyl-bastnaesite-(Nd), a new mineral from Montenegro, Yugoslavia. Mineral. Mag., 49: 717-720.

Maksimović Z, PantóG. 1978. Minerals of the rare-earth elements in karstic bauxites: synchisite-(Nd), a new mineral from the Grebnik deposit. Proc. 4th International Congress for the study of bauxites, alumina, and aluminum, Athens, 13 pp.

Maksimovíc Z. 1957. Takovite, a new mineral from Takovo, Serbia. Compt. Rend. Soc. serbe Géol, ann. 1955: 219.

Maksimovic Z. 1970. Features and genesis of takovite. Zap. Vses. Mineral. Obshch., 99: 595-600(in Russian).

Malinovskii Y A, Baturin S V, Belov N V. 1979. Crystal structure of Fe-tychite [ferrotychite]. Doklady Acad. Nauk SSSR, 249: 1365-1368 (in Russian).

Mandarino J A, Harris D C. 1965. New Canadian mineral occurrences: I. eucryptite, pollucite, rozenite, epsomite, dawsonite, fairchildite and bütschliite. Can. Mineral., 8: 377-381.

Markgraf S A, Reeder R J. 1985. High-temperature structure refinements of calcite and magnesite. Amer. Mineral., 70, 590-600.

Martin R, Mullis J, Nungässer W, et al. 1979. La tunisite des "Terres Noires" de la Drôme(France). Schweiz. Mineral. Petrog. Mitt., 59: 223-228(in French).

Martini J E J. 1980. Mbobomkulite, hydrombobomkulite and nickelalumite, new minerals from Mbobo Mkulu Cave, eastern Transvaal. Ann. Geol. Surv. South Africa, 14(2): 1-10.

Martini J E J. 1980. Sveite, a new mineral from Autana Cave, Territorio Federal Amazonas, Venezuela. Trans. Geol. Soc. S. Afr., 83: 239-241.

Martini J E J. 1996. Gwihabaite-$(NH_4, K)NO_3$, orthorhombic, a new mineral from Gcwihaba Cave, Botswana. Bull. South African Speleological Assoc., 36: 19-21.

McConnell J D C. 1960. Vaterite from Ballycraigy, Larne, Northern Ireland. Mineral. Mag., 32: 535-545.

McDonald A M, Chao G Y, Ramik R A. 1991. Rouvilleite, a new sodium calcium fluorocarbonate mineral from Mont Saint-Hilaire, Quebec. Can. Mineral., 29: 107-111.

McDonald A M. 1996. The crystal structure of sabinaite, $Na_4Zr_2TiO_4(CO_3)_4$. Can. Mineral., 34: 811-815.

McDonough W F, Sun S S. 1995. The composition of the Earth. Chemical Geology, 120(3/4): 223-253.

McGetchin T R, Besancon J R. 1973. Carbonate inclusions in mantle derived pyropes. Earth planet Sci Lett, 18: 408-410.

McKie D, Frankis E J. 1977. Nyerereite: a new volcanic carbonate mineral from Oldoinyo Lengai, Tanzania. Zeits. Krist., 145: 73-95.

Mclennan S M. 1989. Rare earth elements in sedimentary rocks: influence of provenance and sedimentary processes. Reviews in Mineralogy and Geochemistry, 21(1): 169-200.

Menchetti S. 1968. The crystal structure of gaylussite. Atti Rend. Accad. Lincei, 44: 680-694.

Menezes F L A D, Chaves M L S C, Chukanov N V, et al. 2018. Parisite-(La), ideally $CaLa_2(CO_3)_3F_2$, a new mineral from Novo Horizonte,

Bahia, Brazil. Mineralogical Magazine, 82 (1): 133-144.

Mercier N, Leblanc M. 1993a. Crystal growth and structures of rare earth fluorocarbonates: I. Structures of $BaSm(CO_3)_2F$ and $Ba_3La_2(CO_3)_5F_2$: revision of the corresponding huanghoite and cebaite type structures. Eur. J. Solid State Inorg. Chem., 30: 195-205.

Mercier N, Leblanc M. 1993b. Crystal growth and structures of rare earth fluorocarbonates: II. Structure of zhonghuacerite [=kukharenkoite-(Ce)] $Ba_2Ce(CO_3)_3F$. Eur. J. Solid State Inorg. Chem., 30: 207-216.

Mereiter K. 1986. Crystal structure and crystallographic properties of a schröckingerite from Joachimsthal. Tschermaks Mineral. Petrog. Mitt., 35: 1-18.

Mereiter K. 2013. Description and crystal structure of albrechtschaufite, $MgCa_4F_2[UO_2(CO_3)_3]_2 \cdot 17\sim18H_2O$. Mineralogy and Petrology, 107: 179~188.

Merlino S, Orlandi P. 2001. Carraraite and zaccagnaite, two new minerals from the Carrara marble quarries: their chemical compositions, physical properties, and structural features. American Mineralogist, 86: 1293-1301.

Messiga B, Kienast J R, Rebay G, et al. 1999. Cr-rich magnesiochloritoid eclogues from the Monviso ophiolites, Western Alps, Italy. Journal of Metamorphic Ceology, 17: 287-299.

Meyer H J. 1969. Struktur und Fehlordnung des Vaterits. Zeits. Krist., 128: 183-212(in German with English abs.).

Michael T Z, Klaus P S. 1992. Field studies on the migration of arsenic and cadmium in a carbonate gavel aquifer near Munich(Gearmany). Journal of hydrology, 133(3-4): 201-214.

Midgley H G. 1958. A further occurrence of phosgenite. Mineral. Mag., 31: 883.

Mills S J, Christy A G, Genin J-M R, et al. 2012. Nomenclature of the hydrotalcite supergroup: natural layered double hydroxides. Mineralogical Magazine, 76(5): 1289-1336.

Mills S J, Kartashov PM, Kampf A R, et al. 2012. Cordylite-(La), a new mineral species in fenite from the Biraya Fe-REE deposit, Irkutsk, Russia. Can. Mineral., 50: 1281-1290.

Mills S J, Whitfield P S, Kampf A R, et al. 2012. Contribution to the crystallography of hydrotalcites: the crystal structures of wodallite and takovite. Journal of Geosciences, 58:273-279.

Mills S J, Whitfield P S, Wilson S A, et al. 2011. The crystal structure of stitchtite, re-examination of barbertonite and the nature of polytypism in MgCr hydrotalcites. American Mineralogist, 96(1): 179-187.

Milton C, Axelrod J. 1947. Fused wood-ash stones: fairchildite(n. sp.) $K_2CO_3 \cdot CaCO_3$, buetschliite(n. sp.) $3K_2CO_3 \cdot 2CaCO_3 \cdot 6H_2O$ and calcite, $CaCO_3$, their essential components. Amer. Mineral., 32: 607-624.

Milton C, Axelrod J M, Grimaldi F S. 1955. New minerals, reedmergnerite($Na_2O \cdot B_2O_3 \cdot 6SiO_2$) and eitelite($Na_2O \cdot MgO \cdot 2CO_2$) associated with leucosphenite, shortite, searlesite, and crocidolite in the Green River Formation, Utah. Amer. Mineral., 40: 326-327(abs.).

Milton C, Ingram B, Clark J R, et al. 1965. Mckelveyite, a new hydrous sodium barium rare-earth uranium carbonate mineral from the Green River Formation, Wyoming. Amer. Mineral., 50: 593-612.

Minakawa T, Adachi T, Matsuda M. 1992. The first occurrence of hydroxylbastnäsite-(Ce) in Japan. Geoscience Magazine, 41: 155-159(in Japanese).

Mineev D A, Lavrischeva T I, Bykova A V. 1970. Yttrian bastnaesite-an alteration product of gagarinite. Zap. Vses. Mineral. Obshch., 99: 328-332.

Miyawaki R, Kuriyama J, Nakai I. 1993. The redefinition of tengerite-(Y), $Y_2(CO_3)_3 \cdot 2\text{-}3H_2O$, and its crystal structure. Amer. Mineral., 78: 425-432.

Miyawaki R, Shimazaki H, Shigeoka M, et al. 2011. Fluorokinoshitalite and fluorotetraferriphlogopite new species of fluoro-mica from Bayan Obo, Inner Mongolia, China. Clay Science, 15(1): 13-18.

Miyawaki R, Yokoyama K, Husdal T A. 2013. Bastnäsite-(Nd), a new Nd-dominant member of the bastnäsite group from the Stetind pegmatite, Tysfjord, Nordland, Norway. Eur. J. Mineral., 25: 187-191.

Moller P, Morieani C. 1983. On the geochemical fractionation of ram earth elements during the formation of Ca-minerals and its application to problems of the genesis of ore deposits. In; Augusthitis SS(ad.). The Siginificance of Trace Elements in Solving Pettogenetic Problems and Controversies. Theophrastus, Athena, 747-791.

Mondillo N, Herrington R, Boyce A J, et al. 2018. Critical elements in non-sulfide Zn deposits: a reanalysis of the Kahwe Zn-Pb ores(central Zambia). Mineralogical Magazine, 82(S1): 89-114.

Moore P B, Kampf A R, Sen Gupta P K. 2000. The crystal structure of philolithite, a trellis-like open framework based on cubic closest-packing of anions. Amer. Mineral., 85: 810-816.

Mosset A, Bonnet J-J, Galy J. 1978. Structure cristalline de la chalconatronite synthétique: $Na_2Cu(CO_3)_2 \cdot 3H_2O$. Zeits. Krist., 148: 165-177(in French with English abs.).

Mozzi R L, Bekebrede W R. 1961. Cell dimensions and space group of magnesium nitrate hexahydrate. Acta Cryst., 14: 1296-1297.

Mrose M E, Christian R P. 1969. The leadhillite-susannite relation. Can. Mineral., 10: 141(abs.).

Mrose M E, Chao E C T, Fahey J J, et al. 1961. Norsethite, $BaMg(CO_3)_2$, a new mineral from the Green River Formation, Wyoming. Amer.

Mineral. , 46: 420-429.

Mumpton F A, Jaffe H W, Thompson C S. 1965. Coalingite, a new mineral from the New Idria serpentine, Fresno and San Benito Counties, California. Amer. Mineral. , 50: 1893-1913.

Mwanje J, Kaahwa Y. 1977. Observations on Uganda tychite. Mineral. Record, 8: 396.

Nagashima K, Miyawaki R, Takase J, et al. 1986. Kimuraite, $CaY_2(CO_3)_4 \cdot 6H_2O$, a new mineral from fissures in an alkali olivine basalt from Saga Prefecture, Japan, and new data on lokkaite. Amer. Mineral. , 71: 1028-1033.

Ni Y, Hughes J M, Mariano A N. 1993. The atomic arrangement of bastnäsite-(Ce), $Ce(CO_3)F$, and structural elements of synchysite-(Ce), röntgenite-(Ce), and parisite-(Ce). Amer. Mineral. , 78: 415-418.

Ni Y, Post J E, Hughes J M. 2000. The crystal structure of parisite-(Ce), $Ce_2CaF_2(CO_3)_3$. Amer. Mineral. , 85: 251-258.

Nickel E H, Berry L G. 1981. The new mineral nullaginite and additional data on the related minerals rosasite and glaukosphaerite. Can. Mineral. , 19: 315-324.

Nickel E H, Robinson B W. 1985. Kambaldaite-a new hydrated Ni-Na carbonate mineral from Kambalda, Western Australia. Amer. Mineral. , 70: 419-422.

Nickel E H, Davis C E S, Bussell M, et al. 1977. Eardleyite [takovite] as a product of the supergene alteration of nickel sulfides in Western Australia. Amer. Mineral. , 62: 449-457.

Nickel E H, Robinson B W, MacDonald R D. 1977. Otwayite, a new nickel mineral from Western Australia. Amer. Mineral. , 62: 999-1002.

Nickel E H, Robinson B W, Mumme W G. 1993. Widgiemoolthalite: the new nickel analogue of hydromagnesite from Western Australia. Amer. Mineral. , 78: 819-821.

Nickel E H, Uricc J D. 1998. The IMA Commission on New Minerals and Mineral Names; Procedures and Guidelines on Mineral Nomenclature. Mimralogy and Petrology, 64(1-4): 237-263.

Nickel E H. 1973. An occurrence of gaspeite and pecoraite in the Nullagine region of Western Australia. Mineral. Mag. , 39, 113-115.

Nowotny H, Heger G. 1983. Structure refinement of strontium nitrate, $Sr(NO_3)_2$, and barium nitrate, $Ba(NO_3)_2$. Acta Crystallographica C39: 952-956.

Ohmoto H. 1986. Stable isotopes geochemistry of ore deposits. Reviews in Mineralogy and Geochemistry, 16: 491-559.

Olby J K. 1966. The basic lead carbonates. J. Inorg. Nucl. Chem. , 28: 2507-2512.

Onac B P, Bernhardt H J, Effenberger H. 2009. Authigenic burbankite in the Cioclovina Cave sediments(Romania), European Journal of Mineralogy 21:507-514.

Ondruš P, Veselovský F, Rybka R. 1990. Znucalite, $Zn_{12}(UO_2)Ca(CO_3)_3(OH)_{22} \cdot 4H_2O$, a new mineral from Příbram, Czechoslovakia. Neues Jahrb. Mineral. , Monatsh. , 393-400.

Orris G J, Grauch R I. 2002. Rare Earth Element Mines, Deposits, and Occurrences. Open-File Report 2002-189. US Geological Survey.

Oswald H R. 1961. Über natürlichen und künstlichen Gerhardtit. Zeits. Krist. , 116: 210-219(in German with English abs.).

O'Neil JR, Clayton R N, Mayeda T K. Oxygen isotope fractionation in divalent metal cabonates. J Chen Phys 1969, 51: 5547-5558. Paar W. 1979. Ein Vorkommen von Alumohydrocalcit von Chitral, Westpakistan, und neue Beobachtungen an chromhaltigem Alumohydrocalcit von Nowej Rudy, Polen(=Neurode, Schlesien). Aufschluss, 28: 269-272(in German).

Pabst A. 1959. On the hydrates of sodium carbonate, a correction, and the crystallography of trona. Amer. Mineral. , 44: 274-281.

Pabst A. 1973. The crystallography and structure of eitelite, $Na_2Mg(CO_3)_2$. Amer. Mineral. , 58: 211-217.

Palache C, Berman H, Frondel C. 1944. Dana's system of mineralogy, (7th edition), v. I.

Palache C, Berman H, Frondel C. 1951. Dana's system of mineralogy, (7th edition), v. II.

Pastor-Rodriguez J, Taylor H F W. 1971. Crystal structure of coalingite. Mineral. Mag. , 38: 286-294.

Pauly H. 1963. Ikaite, nyt mineral der danner skaer. Naturens Verdens, 1963: 168-192.

Pavlenko A S, Orlova L P, Akhmanova M V, et al. 1965. A thorium fluorcarbonate-thorbastnäsite. Zap. Vses. Mineral. Obshch. , 94: 105-113(in Russian).

Peacor D R, Rouse R C. 1988b. Holdawayite, $Mn_6(CO_3)_2(OH)_7(Cl, OH)$, a structure containing anions in zeolite-like channels. American Mineralogist, 73(5-6): 637-642.

Peacor D R, Essene E J, Rouse R C, et al. 1988a. Holdawayite, a new manganese hydroxyl-carbonate from the Kombat mine, Namibia. Amer. Mineral. , 73: 632-636.

Peacor D R, Sarp H, Dunn P J, et al. 1988. Defernite from the Kombat mine, Namibia: a second occurrence, structure refinement, and crystal chemistry. Amer. Mineral. , 73: 888-893.

Pecora W T, Kerr J H. 1953. Burbankite and calkinsite, two new carbonate minerals from Montana. Amer. Mineral. , 38: 1169-1183.

Pekov Igor V. 1998. Minerals first discovered on the territory of the former Soviet Union. Ocean Pictures, Moscow. 369pp.

Pekov I V, Chukanov N V, Belovitskaya Y V. 1998. Khanneshite and petersenite-(Ce) from the Khibiny massif. Zap. Vses. Mineral. Obshch. , 127(2): 92-100(in Russian with English abs.).

Pekov I V, Chukanov N V, Kononkova N N, et al. 2000. Remondite-(La), $Na_3(La, Ce, Ca)_3(CO_3)_5$-a new mineral of the burbankite family from Khibiny massif, Kola Peninsula. Zap. Vses. Mineral. Obshch., 129(1): 53-60(in Russian with English abs.).

Pekov I V, Chukanov N V, Kononkova N N, et al. 2003. Kukharenkoite-(La), $Ba_2(La, Ce)(CO_3)_3F$, a new mineral from Khibiny massif, Kola Peninsula. Zapiski Vseross. Mineral. Obshch., 132(3): 55-64(in Russian with English abs.).

Pekov I V, Zubkova N V, Chukanov N V, et al. 2008. Podlesnoite $BaCa_2(CO_3)_2F_2$ A new mineral species from the Kirovskii Mine, Khibiny, Kola Penninsula, Russia. Mineralogical Record, 39: 137-148.

Pekov I V. 1998. Minerals first discovered on the territory of the former Soviet Union. Ocean Pictures, Moscow.

Pekovi I V, Perchiazzi N, Merlino S, et al. 2007. Chukanovite, $Fe_2(CO_3)(OH)_2$, a new mineral from the weathered iron meteorite Dronino. Eur. J. Mineral., 19: 891-898.

Perchiazzi N. 2006. Crystal structure determination and Rietveld refinement of rosasite and mcguinnessite. Zeitschrift für Kristallographie, Suppl. No. 23: 505-510.

Pertlik F, Preisinger A. 1983. Crystal structure of sahamalite(Mg, Fe)$RE_2(CO_3)_4$. Tschermaks Mineral. Petrog. Mitt., 31: 39-46.

Pertlik F. 1981a. Structural investigations of synthetic fairchildite, $K_2Ca(CO_3)_2$. Zeits. Krist., 157: 199-205.

Pertlik F. 1981b. Verfeinerung der Kristallstruktur des Teschemacherits, $NH_4CO_2(OH)$. Tschermaks Mineral. Petrog. Mitt., 29: 67-74(in German with English abs.).

Pertlik F. 1986a. Ein vergleich von ergebnissen routinemässiger strukturbestimmungen mittels röntgen-bzw. neutronen-einkristalldaten am beispiel der Trona, $Na_3H[CO_3]_2 \cdot 2H_2O$. Mitt. Österr. Miner. Ges., 131: 7-14(in German).

Pertlik F. 1986b. Structures of hydrothermally synthesized cobalt(II) carbonate and nickel(II) carbonate. Acta Cryst., C42: 4-5.

Perttunen V. 1970. Lokkaite, a new hydrous RE-carbonate from Pyörönmaa pegmatite in Kangasala, SW-Finland. Bull. Geol. Soc. Finland, 43(1): 67-72.

Petr O, Roman S, Frantisek V, et al. 2003. Cejkaite, the triclinic polymorph of $Na_4(UO_2)(CO_3)_3$-a new mineral from Jáchymov, Czech Republic. American Mineralogist, 88: 686-693.

Piilonen P C, McDonald A M, Grice J D, et al. 2010a. Arisite-(Ce), a new rare-earth fluorcarbonate from the Aris phonolite, Namibia, Mont Saint-Hilaire and the Saint-Amable sill, Quebec, Canada. Can. Mineral., 48: 661-671.

Piilonen P C, McDonald A M, Grice J D, et al. 2010b. Arisite-(La), a new REE-fluorcarbonate mineral from the Aris phonolite(Namibia), with descriptions of the crystal structures of arisite-(La) and arisite-(Ce). Mineral. Mag., 74(2): 257-268.

Piret P, Deliens M. 1979. New crystal data for Ca, Cu, UO_2 hydrated carbonate: voglite. J. Appl. Cryst., 12: 616.

Piret P, Deliens M. 1980. La comblainite, $(Ni_x^{2+}, Co_{1-x}^{3+})(OH)_2(CO_3)_{(1-x)/2} \cdot yH_2O$, nouveau minéral du groupe de la pyroaurite. Bull. Minéral., 103: 113-117(in French with English abs.).

Plasil J, Fejfarova K, Skala R, et al. 2012. The crystal chemistry of the uranyl carbonate mineral grimselite, $(K, Na)_3Na[(UO_2)(CO_3)_3](H_2O)$, from Jachymov, Czech Republic.

Plasil J, Palatinus L, Rohlicek J, et al. 2014. Crystal structure of lead uranyl carbonate mineral widenmannite: Precession electron-diffraction and synchrotron powder-diffraction study. American Mineralogist 99:276-282.

Pohl B. 1990. Genesis of magnesite deposit-models and trends. Geologische Rundschau, 79: 291-299.

Pollard A M, Thomas R G, Williams P A, et al. 1991. The synthesis and composition of georgeite and its reactions to form other secondary copper (II) carbonates. Mineral. Mag., 55: 163-166.

Pring A, Wallwork K, Brugger J, et al. 2006. Paratooite-(La), a new lanthanum-dominant rare-earth copper carbonate from Paratoo, South Australia, Mineralogical Magazine, 70: 131-138.

Pryce M W, Just J. 1974. Glaukosphaerite: A new nickel analogue of rosasite. Mineral. Mag., 39: 737-743.

Qu K, Sima X, Zhou H, et al. 2019. In situ LA-MC-ICP-MS and ID-TIMS U-Pb ages of bastnäsite-(Ce) and zircon from the Taipingzhen hydrothermal REE deposit: New constraints on the later Paleozoic granite-related U-REE mineralization in the North Qinling Orogen, Central China. Journal of Asian Earth Sciences, 173: 352-363.

Raade G. 1970. Dypingite, a new hydrous basic carbonate of magnesium, from Norway. Amer. Mineral., 55: 1457-1465.

Rafael P L, Carlos R, Ángel L I, et al. 2012. Zaccagnaite-3*R*, a new Zn-Al hydrotalcite polytype from El Soplao cave(Cantabria, Spain). American Mineralogist, 97: 513-523.

Rastsvetaeva R K, Pushcharovskiy D Y, Pekov I G. 1996. Crystal structure of shomiokite-(Y), $Na_3Y(CO_3)_3 3H_2O$. Eur. J. Mineral., 8: 1249-1255.

Redfern S A, Wood B J, Henderson C M B. 1993. Static compressibility of magnesite to 20 GPa: implications for $MgCO_3$ in the lower mantle. Geophys Res Lett. 20: 2099-2102.

Reeder R J, Dollase W A. 1989. Structural variation in the dolomite-ankerite solid-solution series: an X-ray, Möossbauer, and TEM study. Amer. Mineral., 74: 1159-1167.

Ren Y C, Ximen L L, Peng Z Z. 1983. Daqingshanite-a new mineral recently discovered in China. Geochemistry, 2(2): 180-184(in English).

Řídkošil T, Sejkora J, Ondruš P. 1991. Monohydrocalcite from polymetallic vein of the Vrančice deposit, near Příbram, Czechoslovakia. Neues Jahrb. Mineral., Monatsh., 289-295.

Roberts A C, Bonardi M. 1983. The X-ray crystallography of a chromian alumohydrocalcite from the Akenobe mine, Hyogo Prefecture, Japan. Geol. Surv. Can. Paper 83-1A: 477-479.

Roberts A C, Chao G Y, Cesbron F. 1980. Lanthanite-(Nd), a new mineral from Curitiba, Paraná, Brazil. Geol. Surv. Canada, Paper 80-1C: 141-142.

Roberts A C, Jambor J L, Grice J D. 1986. The X-ray crystallography of rosasite from Tsumeb, Namibia. Powder Diffraction, 1: 56-57.

Roberts A C, Sterling J A R, Carpenter G J C, et al. 1995. Shannonite, Pb_2OCO_3, a new mineral from the Grand Reef mine, Graham County, Arizona, USA. Mineral. Mag., 59: 305-310.

Roberts A C. 1979. Paralstonite, a new mineral from the Minerva No. 1 mine, Cave-in-Rock, Illinois. Geological Survey of Canada Paper 79-1C, 99-100.

Roberts H H, Aharon P. 1994. Hydrocarbon-derived carbonate buildups of the northern Gulf of Mexico continental slope: A review of submersible investigations. Geo-Marine Lettern, 14(2-3): 135-148.

Roman S, Petr O, Frantisek V, et al. 2011. Agricolaite, a new mineral of uranium from Jachymov, Czech Republic. Mineralogy and Petrology, 103(1-4):169-175.

Rosenberg P E. 1991. Structural variation in the dolomite-ankerite solid-solution series: an X-ray, Mössbauer, and TEM study-discussion. Amer. Mineral., 76: 659-662.

Sabina A P, Jambor J L, Plant A G. 1968. Weloganite, a new strontium zirconium carbonate from Montreal Island, Canada. Can. Mineral., 9: 468-477.

Sabina A P. 1982. Some rare minerals of the Bancroft area. Mineral. Record, 13: 223-228.

Sahama T G, Lehtinen M. 1968. Bismutite of the granite pegmatites of Zambezia, Mozambique. Bull. Geol. Soc. Finland, 40: 145-150.

Sainoilov V S. 1991. The main geochemical features of carbonatites. Journal of Geochemical Exploration, 40: 251-262.

Sarp H, Cerny' R, Guenee L. 2001. Rouaite, $Cu_2(NO_3)(OH)_3$, un nouveau minéral: sa description et sa structure cristalline(Alpes-Maritimes, France). Riviéra Scientif., 85: 3-12(in French with English abs.).

Sarp H, Taner M F, Deferne J, et al. 1980. La defernite, $Ca_6(CO_3)_2(OH;Cl)_8 \cdot nH2O$; un nouveau carbonate de calcium chloro-hydroxylè. Bull. Mineral., 103: 185-189(in French with English abs.).

Sartori F. 1975. New data on alstonite. Lithos, 8: 199-207.

Sass R L, Scheuerman R F. 1962. The crystal structure of sodium bicarbonate. Acta Cryst., 15: 77-81.

Sato M, Matsuda S. 1969. Structure of vaterite and infrared spectra. Zeits. Krist., 129: 405-410.

Scharm B, Kühn P. 1983. Synchisite-(Nd), $Ca(Nd, Y, Gd, ...)F|(CO_3)_2$, a new mineral. Neues Jahrb. Mineral., Monatsh., 201-210.

Schlüter J, Malcherek T, Pohl D. 2007. Sanrománite, from the Santa Rosa mine, Atacama desert, Chile, a new mineral of the burbankite group, Neues Jahrbuch fur Mineralogie, Abhandlungen, 183: 117-121.

Schlüter J, Pohl D. 2005. Juangodoyite, $Na_2Cu(CO_3)_2$, a new mineral from the Santa Rosa mine, Atacama desert, Chile. N. Jb. Min. Abh. 182(1): 11-14.

Schoep A, Borchert W, Kohler K. 1955. La likasite $Cu_{12}(OH)_{12}(NO_3)_4(PO_4)_2$, nouveau minéral. Bull. Minéral., 78: 84-88(in French).

Secco L, Lavina B. 1999. Crystal chemistry of two natural magmatic norsethites, $BaMg(CO_3)_2$, from an Mg-carbonatite of the alkaline carbonatitic complex of Tapira(SE Brazil). Neues Jahrb. Mineral., Monatsh., 87-96.

Semenov E I, Chang P'ei-Shan. 1961. Huanghoite, a new rare-earth mineral. Scientia Sinica, 10: 1007-1011(in Russian).

Semenov E I. 1964. Hydrous carbonates of calcium and sodium. Kristallografiya(Sov. Phys. Crystal.), 9: 109-110(in Russian).

Shayan A. 1984. Strontium in huntites from Geelong and Deer Park, Victoria, Australia. Amer. Mineral., 69: 528-530.

Shi A G, Xu C, Fan Ch X, et al. 2024. Structural Defects of Heavy Rare Earth Element Minerals in Granite Accelerate Their Decomposition and Facilitate Mineralization During Weathering. *Economic Geology*, 119(4): 871-883.

Shi N C, Ma Z S, Peng Z Z. 1982. The crystal structure of carbocernaite. Kexue Tongbao, 27: 76-80(in English).

Smith J W, Milton C. 1966. Dawsonite in the Green River Formation of Colorado. Econ. Geol., 61: 1029-1042.

Smith W L, Stone J, Ross D R, et al. 1960. Doverite [=synchysite-(Y)], a possible new yttrium fluocarbonate from Dover, Morris Co., New Jersey. Amer. Mineral., 45: 92-98.

Speer J A, Hensley-Dunn M L. 1976. Strontianite composition and physical properties. Amer. Mineral., 61: 1001-1004.

Srebrodol'skii B I. 1974. Alumohydrocalcite. Izvest. Akad. Nauk., SSSR, Ser. Geol., 10: 88-96(in Russian).

Srebrodol'skii B I. 1977. Paraalumohydrocalcite-a new mineral. Zap. Vses. Mineral. Obshch., 106: 336-337(in Russian).

Steele I M, Pluth J J, Livingstone A. 1998. Crystal structure of macphersonite($Pb_4SO_4(CO_3)_2(OH)_2$): comparison with leadhillite. Mineral. Mag., 62: 451-459.

Steele I M, Pluth J J, Livingstone A. 1999. Crystal structure of susannite, $Pb_4SO_4(CO_3)_2(OH)_2$: a trimorph with macphersonite and leadhillite. Eur. J. Mineral., 11: 493-499.

Stephan G W, MacGillavry C H. 1972. The crystal structure of nesquehonite, $MgCO_3 \cdot 3H_2O$. Acta Cryst., 28: 1031-1033.

Strunz H. 1959. Tsumeb, seine Erze und Sekundar-mineralien, insbesondere der neu aufgeschlossen zweiten Oxydationszone. Fortschr. Mineral. , 37: 87-90(in German).

Styles M T, Young B R. 1983. Fluocerite and its alteration products from the Afu Hills, Nigeria. Mineral. Mag. , 47: 41-46.

Subias I, Fernándeznieto C. 1995. Hydrothermal events in the valle-de-tena(Spanish weatern pyrenees) as evidenced by fluid inclusions and trace element distribution from fluorite deposit. Chemical Geology, 124(3-4): 267-282.

Sun J, Zhu X K, Chen Y L, et al. 2013. lron isotopic constraints on the genesis of Bayan Obo ore deposit, lnner Mongolia, China. Precambrian Research, 235: 88-106.

Sun S S, McDonough W F. 1989. Chemical and isotopic Systematics of Oceanic Basalts: Implications for Mantic Composition and Processes. Geological Society of London Special Publications, 42: 313-345.

Süsse P. 1967. Verfeinerung der Kristallstruktur des Malachites, $Cu_2(OH)_2CO_3$. Acta Cryst. , 22: 146-151(in German with English abs.).

Suzuki J, Ito M. 1973. A new magnesium carbonate hydrate mineral, $Mg_5(CO_3)_4(OH)_2 \cdot 8H_2O$, from Yoshikawa, Aichi Prefecture, Japan. J. Japan. Assoc. Mineral. Petrol. Econ. Geol. 68: 353-361.

Taga T. 1969. Crystal structure of $Na_2CO_3 \cdot 10H_2O$. Acta Cryst. , 25: 2656-2658.

Tang S Y, Liu T B. 1999. Origin of the Early Sinian Minle manganese deposit, Hunan Province, China. Ore Geology Reviews, 15: 71-78.

Tang Y, Lv Z X, He W J, et al. 2022. Characteristics and Genesis of Alkaline Lacustrine Tight Oil Reservoirs in the Permian Fengcheng Formation in the Mahu Sag, Junggar Basin, NW China. Minerals, 12(8): 979.

Taylor H W F. 1973. Crystal structures of some double hydroxide minerals. Mineral. Mag. , 39: 377-389.

Taylor S R , Mclennan S M. 1985. The continental crust: its composition and evolution. The Journal of Geology, 94(4): 57-72.

Thi T T L, Pobedimskaya T N, Nadezhina T N, et al. 1984. The crystal structures of alkaline carbonates: barentsite, bonshtedtite and donnayite. Acta Cryst. , C40, supplement, C257(abs.).

Thomas J O, Tellgren R, Olovsson I. 1974. Hydrogen bond studies. LXXXIV. An X-ray diffraction study of the structures of $KHCO_3$ and $KDCO_3$ at 298, 219, and 95 K. Acta Cryst. , 30, 1155-1166.

Thompson M E, Weeks A D, Sherwood A M. 1955. Rabbittite, a new uranyl carbonate from Utah. Amer. Mineral. , 40: 201-206.

Threadgold I M. 1963. The crystal structure of hellyerite and nacrite. Dissertation Abs. , 24(1): 252-253.

Trinh L T, Pobedimskaya Y A, Fundamenskiy V S, et al. 1983. Crystal structure of barentsite. Doklady Acad. Nauk SSSR, 273: 699-704(in Russian).

Trinh L T, Pobedimskaya E A, Nadezhina T N, et al. 1992. Polymorphism of donnayite(Na, TR)$Sr(CO_3)_2 \cdot H_2O$. Moscow University Geol. Bull. , 47: 69-78(in Russian).

Tucker M E, Wright V P. 1990. Carbonate sedimentology. Oxford: Blackwell Publishing Company.

Vainshtein E E, Pozharitskaya L K, Turanskaya N V. 1961. Behavior of rare earths in the process of carbonatite formation. Geokhimiya, 11: 1031-1034(in Russian).

van Landuyt J, Amelinckx S. 1975. Multiple beam direct lattice imaging of new mixed-layer compounds of the bastnaesite-synchisite series. Amer. Mineral. , 60: 351-358.

van Velthuizen J, Gault R A, Grice J D. 1995. Calcioburbankite, $Na_3(Ca, REE, Sr)_3(CO_3)_5$, a new mineral species from Mont Saint-Hilaire, Quebec, and its relationship to the burbankite group of minerals. Can. Mineral. , 33: 1231-1235.

Vasconcelos C, McKenzie J A, Warthmann R, et al. 2005. Calibration of the ^{18}O paleothermometer for dolomite precipitated in microbial cultures and natural environments. Geology, 33: 317-320.

Vergasova L P, Filatov S K, Serafimova Y K, et al. 1998. Chlorartinite $Mg_2(CO_3)ClOH \cdot {}_3H_2O$-a new mineral from exhalations. Zap. Vses. Mineral. Obshch. , 127(2): 55-59(in Russian).

Voloshin A V, Subbotin V V, Yakovenchuk V M, et al. 1992. New data on ewaldite. Zap. Vses. Mineral. Obshch. , 121: 56-67(in Russian with English abs.).

Voloshin A V, Subbotin V V, Yakovenchuk V N, et al. 1990. Mckelveyite from carbonatites and hydrothermal metasomatites of Kola Peninsula alkaline rocks(first findings in the USSR). Zap. Vses. Mineral. Obshch. , 119(6): 76-86(in Russian with English abs.).

Walenta K, Dunn P J. 1982. Clarait, ein neues Karbonatmineral aus der Grube Clara(mittlerer Schwarzwald). Chem. Erde, 41: 97-102(in German with English abs.).

Walenta K. 1972. Grimselit, ein neues Kalium-Natrium-Uranylkarbonat aus dem Grimselgebiet(Oberhasli, Kt. Bern, Schweiz). Schweiz. Mineral. Petrog. Mitt. , 52(1): 93-108(in German with English abs.).

Walenta K. 1976. Baylissit, ein neues Karbonatmineral aus den Schweizer Alpen. Schweiz. Mineral. Petrog. Mitt. , 56: 187-194(in German with English abs.).

Walenta K. 1976. Widenmannit und Joliotit, zwei neue Uranylkarbonatmineralien aus dem Schwarzwald. Schweiz. Mineral. Petrog. Mitt. , 56: 167-185(in German with English abs.).

Walenta K. 1999. On the lattice constants of claraite. Der Erzgräber, 13: 20-22(in German).

Walenta K, Wimmenauer W. 1961. Die Mineralbestand des Michaelganges in Weiler bei Lahr(Schwarzwald). Jahreshefte geol. Landesamtes Baden-Württemberg, 4: 7-37(in German).

Wall F, Le Bas M J, Srivastava R K. 1993. Calcite and carbocernaite exsolution and cotectic textures in a Sr, REE-rich carbonatite dyke from Rajasthan, India. Mineral. Mag., 57: 495-513.

Wallwork K, Kolitsch U, Pring A, et al. 2002. Decrespignyite-(Y), a new copper yttrium rare earth carbonate chloride hydrate from Paratoo, South Australia. Mineral. Mag., 66: 181-188.

Walter F, Bojar H-P, Hollerer C E, et al. 2013. The crystal structure of galgenbergite-(Ce), $CaCe_2(CO_3)_4 \cdot H_2O$. Mineralogy and Petrology, 107(2): 189-199.

Wang J W, Becker U. 2009. Structure and carbonate orientation of vaterite($CaCO_3$). Am. Mineral., 94: 380-386.

Wang L B, Ni Y X, Bayliss P, et al. 1995. The atomic arrangement of synchysite-(Ce), $CeCaF(CO_3)_2$. The Canadian Mineralogist, 32: 865-871.

Wang L, Ni Y, Hughes JM, et al. 1994. The atomic arrangement of synchysite-(Ce), $CeCaF(CO_3)_2$. Can. Mineral., 32: 865-871.

Wang M, Hei L, Martin Y, et al. 2024. Enrichment of Rare Earth Elements During the Weathering of Alkaline Igneous Systems: Insights from the Puxiong Regolith-Hosted Rare Earth Element Deposit, SW China. Economic Geology, 119(1): 161-187.

Wang Q F, Deng J, Liu X F, et al. 2010. Discovery of the REE minerals and its geological significance in the Quyang bauxite deposit, West Guangxi, China. Journal of Asian Earth Sciences 39: 701-712.

Wang R C, Fontan F, Chen X M, et al. 2003a. Accessory minerals in the Xihuashan Y-enriched granitic complex, Southern China: A record of magmatic and hydrothermal stages of evolution. Canadian Mineralogist, 41: 727-748.

Wang R C, Hu H, Zhang A C, et al. 2003b. Yttrium zoning in garnet from the Xihuashan granitic complex and its petrological implications. Chinese Science Bulletin, (15): 1611-1615.

Wang S W, Gong S Y, Mii H S, et al. 2006. Cold-seep carbonate hardgrounds as the initial substrata of coral reef development in a siliciclastic paleoenvironment of southwestern Taiwan. Terrestrial Atmospheric and Oceanic Sciences, 17(2): 405-427.

Wang Y, Nestola F, Hou Z, et al. 2023. Bobtraillite from Gejiu hyperagpaitic nepheline syenite, southwestern China: new occurrence and crystal structure. European Journal of Mineralalogy, 35: 65-74.

Warren J. 2000. Dolomite: Occurrence, evolution and economically important associations. Earth-Science Reviews, 52(1/3): 1-81.

Watkinson D H, Chao GY. 1973. Shortite in kimberlite from the Upper Canada Gold mine, Ontario. J. Geology, 81: 229-233.

White J S, Jarosewich E. 1970. Second occurrence of benstonite. Mineral. Record, 1: 140-141.

White J S, Henderson Jr E P, Mason B. 1967. Secondary minerals produced by weathering of the Wolf Creek meteorite. Amer. Mineral., 52: 1190-1197.

Williams K L, Threadgold I M, Hounslow A W. 1959. Hellyerite, a new nickel carbonate from Heazlewood, Tasmania. Amer. Mineral., 44: 533-538.

Wood D A, Tarney J, Varet J, et al. 1979. Geochemistry of basalts drilled in the North Atlantic by IPOD Leg49: Implic for mantle heterogeneity. Earth and Planetary Science Letters, 42(1): 77-97.

Wright D T. 1999. The role of sulphate-reducing bacteria and cyanobacteria in dolomite formation in distal ephemeral lakes of the Coorong region, South Australia. Sediment Geol. 126: 147-157.

Wu B, Wen H J, Bonnetti C, et al. 2019. Rinkite-(Ce) in the nepheline syenite pegmatite from the Saima alkaline complex, northeastern China: Its occurrence, alteration, and implications for REE mineralization. The Canadian Mineralogist, 57(6): 903-924.

Wu K K, Brown I D. 1975. A neutron diffraction study of $Na_2CO_3 \cdot H_2O$. Acta Cryst., 31: 890-892.

Wu M, Samson I M, Qiu K, et al. 2021. Concentration mechanisms of rare earth element-Nb-Zr-Be mineralization in the Baerzhe deposit, Northeast China: Insights from textural and chemical features of amphibole and rare metal minerals. Economic Geology, 116(3): 651-679.

Xu T, Apps J A, Pruess K. 2004. Numerical simulation of CO_2 disposal by mineral trapping in deep aquifers. Applied Geochemistry, 19(6): 917-936.

Yakovenchuk V N, Pakhomovskii Y A, Voloshin A V, et al. 1990. Tuliokite $Na_6BaTh(CO_3)_6 \cdot 6H_2O$-a new hydrous carbonate of sodium, barium, and thorium from alkalic pegmatites of the Khibiny massif (Kola Peninsula). Mineral. Zhurnal, 12: 74-78 (in Russian with English abs.).

Yamnova N A, Pushcharovskiy D Y, Khomyakov A P, et al. 1991. Crystal structure of a new natural fluorocarbonate, $Na_3Ca(Mn, Ca)(CO_3)_3F$. Kristallografiya(Sov. Phys. Crystal.), 36: 30-33.

Yang H, Dembowski R F, Conrad P G, et al. 2008. Crystal structure and Raman spectrum of hydroxyl-bastnasite-(Ce), $CeCO_3(OH)$. American Mineralogist, 93(4): 698-701.

Yang J, Godard G, Kienast J R, et al. 1993. Ultrahigh-pressure(60 kbar) magnesite-bearing garnet peridotites from north eastern Jiangsu, China. Journal of Geology, 101: 541-554.

Yang X M, Yang X Y, Zheng Y F, et al. 2003. A rare earth element-rich carbonatite dyke at Bayan Obo, Inner Mongolia, North China. Mineralogy and Petrology, 78: 93-110.

Yang Z, Pertlik F. 1993. Huanghoite-(Ce), $BaCe(CO_3)_2F$, from Khibina, Kola Peninsula, Russia: redetermination of the crystal structure with a discussion on space group symmetry. Neues Jahrb. Mineral. , Monatsh. , 163–171.

Yang Z M. 1995. Structure redetermination of natural cebaite-(Ce), $Ba_3Ce_2(CO_3)_5F_2$. Neues Jahrb. Mineral. , Monatsh. , 56–64.

Yang Z M, Woolley A. 2006. Carbonatites in China: A review. Journal of Asian Earth Sciences, 27 (5): 559–575.

Yanova N A, Pushcharovskiy D Y, Voloshin A V. 1990. Crystal structure of tuliokite–a new sodium, barium, thorium carbonate. Doklady Acad. Nauk SSSR, 310: 99–102(in Russian).

Yegorov N K, Ushchapovskaya Z F, Kashayev A A, et al. 1988. Zemkorite–a new carbonate from kimberlites of Yakutia [Sakha]. Doklady Acad. Nauk SSSR, 301: 188–193(in Russian).

Yeremenko G K, Bel'ko V A. 1982. Khanneshite, $(Na, Ca)_3(Ba, Sr, RE, Ca)_3(CO_3)_5$–a new mineral of the burbankite group. Zap. Vses. Mineral. Obshch. , 111: 321–324(in Russian).

Yoder C H, Bushong E, Liu X, et al. 2010. The synthesis and solubility of the copper hydroxyl nitrates, gerhardtite, rouaite and likasite. Mineral. Mag. 74: 433–440.

Young B, Greenbank L, Nancarrow P H A. 1990. Alstonite *in situ*at Brownley Hill mine, Nenthead, Cumbria. Mineral. Mag. , 54: 515–516.

Yu J P, Wu Y B, Zhang C H, et al. 2023. Mineral Characteristics and the Mineralization of Leptynite–Type Nb–Ta Ore Deposit in the Western Qilian Orogenic Belt. Minerals, 13(2): 218.

Yu X H, Hu G Y, Chen Y C, et al. 2024. Genesis of the Large–Scale Kamado Magnesite Deposit on the Tibetan Plateau. Minerals, 14(1). doi: 10.3390/min14010045.

Yuan H R, Zheng M P, Si D X. 2005. Abstracts of the IX. International Conference on Salt Lake Research, September 26–30, Perth, Australia.

Zhang Z Y, Luo K D, Chen Z R. 1985. The crystal structure of bayleyite. Science in China, Series B, 28(4): 344–350.

Zaitsev A N, Wall F, Le Bas M J. 1998. REE–Sr–Ba minerals from the Khibina carbonatites, Kola Peninsula, Russia: their mineralogy, paragenesis, and evolution. Mineral. Mag. , 62: 225–250.

Zaitsev A N, Yakovenchuk V N, Chao G Y, et al. 1996. Kukharenkoite-(Ce), $Ba_2Ce(CO_3)_3F$, a new mineral from Kola peninsula, Russia, and Québec, Canada. Eur. J. Mineral. , 8: 1327–1336.

Zak L, Syneček V. 1956. Kettnerite. $(CaF)(BiO)CO_3$, a new mineral of the phosgenite–bismutite group: preliminary note. Časopis mineral. geol. , 1(3): 195–197(in Czech with English abs.).

Zak L, Syneček V. 1957. Bismuth minerals from Krupka(Graupen)in the Krušné hory(Erzgebirge). Univ. Carolina, Geol. 3(1): 1–46(in Czech with English summary).

Zhang R Y, Liou J G. 1994. Significance of magnesite paragenesis in ultrahigh – pressure metamorphic rocks. American Mineralogist, 79: 397–400.

Zhang R Y, Liou J G. 1996. Significance of coesite inclusions in dolomite from eclogue in the southern Dabie mountains, China. American Mineralogist, 80: 181–186.

Zhang R Y, Liou J G, Cong B L. 1995. Ultrahigh–pressure metamorphosed talc–, magnesite–and Ti–clinohumite–bearing mafic–ultramafic complex, Dabie Mountains, east central China. Journal of Petrology, 36: 1011–1038.

Zhang X X, Tang J X, Lin B, et al. 2023. Geochemistry of magnetite from the Mamupu Cu polymetallic deposit, Yulong belt, Tibet: Implications for magnetite genesis, stages and mechanism of formation. Ore Geology Reviews, 154: 105334.

Zhang Z, Yuan X J, Wang M S, et al. 2018. Alkaline–lacustrine deposition and paleoenvironmental evolution in Permian Fengcheng Formation at the Mahu sag, Junggar Basin, NW China. Petroleum Exploration and Development, 45(6): 1036–1049.

Zhao D, Han R, Liu F, et al. 2022. Constructing the deep–spreading pattern of tectono–geochemical anomalies and its implications on the Huangshaping W–Sn–Pb–Zn polymetallic deposit in southern Hunan, China. Ore Geology Reviews, 105040.

Zhao F, Yang F C, Xue S C, et al. 2024. Magmatic evolution and metallogenic diversity of the late Cretaceous granites in the Yidun terrane: Constraints from zircon and apatite geochemistry. Ore Geology Reviews, 169. 106084 doi:10.1016/j.oregeorev.2024.106084.

Zheng Y F, Hoefs J. 1993. Carbon and oxygen isotopic covariations in hydrothermal calcites. Mineralium Deposita, 28(2): 79–89.

Zhong S J, Alfonso M. 1995. Partitioning of Rare Earth Elements(REEs)between calcite and seawater solutions at 25℃ and 1 atm, and high dissolved REE concentrations. Geochimica et Cosmochimica Acta, 59: 443–453.

Zhou J X, Huang Z L, Zhou M F, et al. 2013a. Constraints of C–O–S–Pb isotope compositions and Rb–Sr isotopic age on the origin of the Tianqiao carbonate–hosted Pb–Zn deposit, SW China. Ore Geology Reviews, 53: 77–92.

Zhou J X, Huang Z L, Yan Z F. 2013b. The origin of the Maozu carbonate–hosted Pb–Zn deposit, southwest China: Constrained by C–O–S–Pb isotopic compositions and Sm–Nd isotopic age. Journal ofAsian Earth Sciences, 73: 39–47.

Zhou J X, Huang Z L, Zhou G F, et al. 2011. Tha trace elements and rare earth elements geochemistry of sulfide minerals of the Tianqiao Pb–Zn ore deposit, Guizhou Province, China. Acta Geologica Sinica(Ehglish Edition), 85(1): 189–199.

Zhu C, Wen H, Zhang Y, et al. 2018. Cd isotope fractionation during sulfide mineral weathering in the Fule Zn–Pb–Cd deposit, Yunnan Province, Southwest China. Science of the Total Environment, 616: 64–72.

Zhu M X, Tong W. 1987. Surface hydrothermal minerals and their distribution in the Tengchong geothermal area, China. Geothermics, 16: 181–195.

Zigan F, Joswig W, Schuster H D, et al. 1977. Verfeinerung der Struktur von Malachit, $Cu_2(OH)_2CO_3$, durch Neutronenbeugung. Zeits. Krist., 145: 412–426(in German with English abs.).

Zubkova N V, Pushcharovskiy D Y, Ivaldi G, et al. 2002. Crystal structure of natrite, –Na2CO3. Neues Jahrb. Mineral., Monatsh., 85–96.

Zubkova N V, Pushcharovsky D Y, Pekov I V, et al. 2007. The crystal structure of podlesnoite, $BaCa_2(CO_3)_2F_2$. Zeitschrift für Kristallographie, 222: 474–476.

矿物英文名称索引表

英文名称	中文名称	化学式	页码
Strontiodresserite	水碳铝锶石	$SrAl_2(CO_3)_2(OH)_4 \cdot H_2O$	680
Susannite	三方硫碳铅石	$Pb_4(SO_4)(CO_3)_2(OH)_2$	630
Sveite	斯万氮石	$KAl_7(NO_3)_4(OH)_{16}Cl_2 \cdot 8H_2O$	743
Swartzite	碳钙镁铀矿	$CaMg(UO_2)(CO_3)_3 \cdot 12H_2O$	721
Synchysite-(Ce)	直氟碳钙铈矿	$CaCe(CO_3)_2F$	587
Synchysite-(Nd)	直氟碳钙钕矿	$CaNd(CO_3)_2F$	596
Synchysite-(Y)	直氟碳钙钇石	$CaY(CO_3)_2F$	597
Szymańskiite	水碳镍汞石	$Hg_{16}Ni_6(CO_3)_{12}(OH)_{12}(H_3O)_8 \cdot 3H_2O$	683
Takovite	水铝镍石	$Ni_6Al_2(CO_3)(OH)_{16} \cdot 4H_2O$	667
Tengerite-(Y)	水碳钙钇石	$Y_2(CO_3)_3 \cdot 2\sim3H_2O$	649
Teschemacherite	碳铵石	$(NH_4)H(CO_3)$	15
Thermonatrite	水碱	$Na_2(CO_3) \cdot H_2O$	633
Thomasclarkite-(Y)	重碳钠钇石	$NaY(HCO_3)(OH)_3 \cdot 4H_2O$	696
Thorbastnäsite	水氟碳钙钍石	$ThCa(CO_3)_2F_2 \cdot 3H_2O$	557
Trona	天然碱	$Na_3(HCO_3)(CO_3) \cdot 2H_2O$	635
Tuliokite	水碳钍钡钠石	$Na_6BaTh(CO_3)_6 \cdot 6H_2O$	643
Tunisite	碳钠钙铝石	$NaCa_2Al_4(CO_3)_4(OH)_8Cl$	531
Tychite	杂芒硝	$Na_6Mg_2(CO_3)_4(SO_4)$	618
Urancalcarite	黄碳钙铀矿	$Ca(UO_2)_3(CO_3)(OH)_6 \cdot 3H_2O$	698
Vaterite	六方碳钙石	$Ca(CO_3)$	455
Voglite	碳铜钙铀矿	$Ca_2Cu(UO_2)(CO_3)_4 \cdot 6H_2O$	725
Wegscheiderite	碳氢钠石	$Na_5H_3(CO_3)_4$	16
Weloganite	水碳锆锶石	$Na_2Sr_3Zr(CO_3)_6 \cdot 3H_2O$	647
Widenmannite	碳铅铀矿	$Pb_2(UO_2)(CO_3)_3$	723
Widgiemoolthalite	威水碳镍石	$Ni_5(CO_3)_4(OH)_2 \cdot 4\sim5H_2O$	674
Witherite	毒重石	$Ba(CO_3)$	446
Wyartite	黑碳钙铀矿	$CaU^{5+}(UO_2)_2(CO_3)O_4(OH) \cdot 7H_2O$	701
Zabuyelite	扎布耶石	$Li_2(CO_3)$	9
Zaccagnaite	羟碳铝锌石	$Zn_4Al_2(OH)_{12}(CO_3) \cdot 3H_2O$	661
Zellerite	碳钙铀矿	$Ca(UO_2)(CO_3)_2 \cdot 5H_2O$	710
Zemkorite	碳钙钠石	$Na_2Ca(CO_3)_2$	486
Zincrosasite	铜锌孔雀石	$(Zn, Cu)_2(CO_3)(OH)_2$	508
Znucalite	羟碳铀钙锌石	$CaZn_{11}(UO_2)(CO_3)_3(OH)_{20} \cdot 4H_2O$	724

矿物中文名称索引表